레닌저

생화학 제7판 상

LEHNINGER
PRINCIPLES OF BIOCHEMISTRY

David L. Nelson | Michael M. Cox

대표역자 윤경식 · 김호식

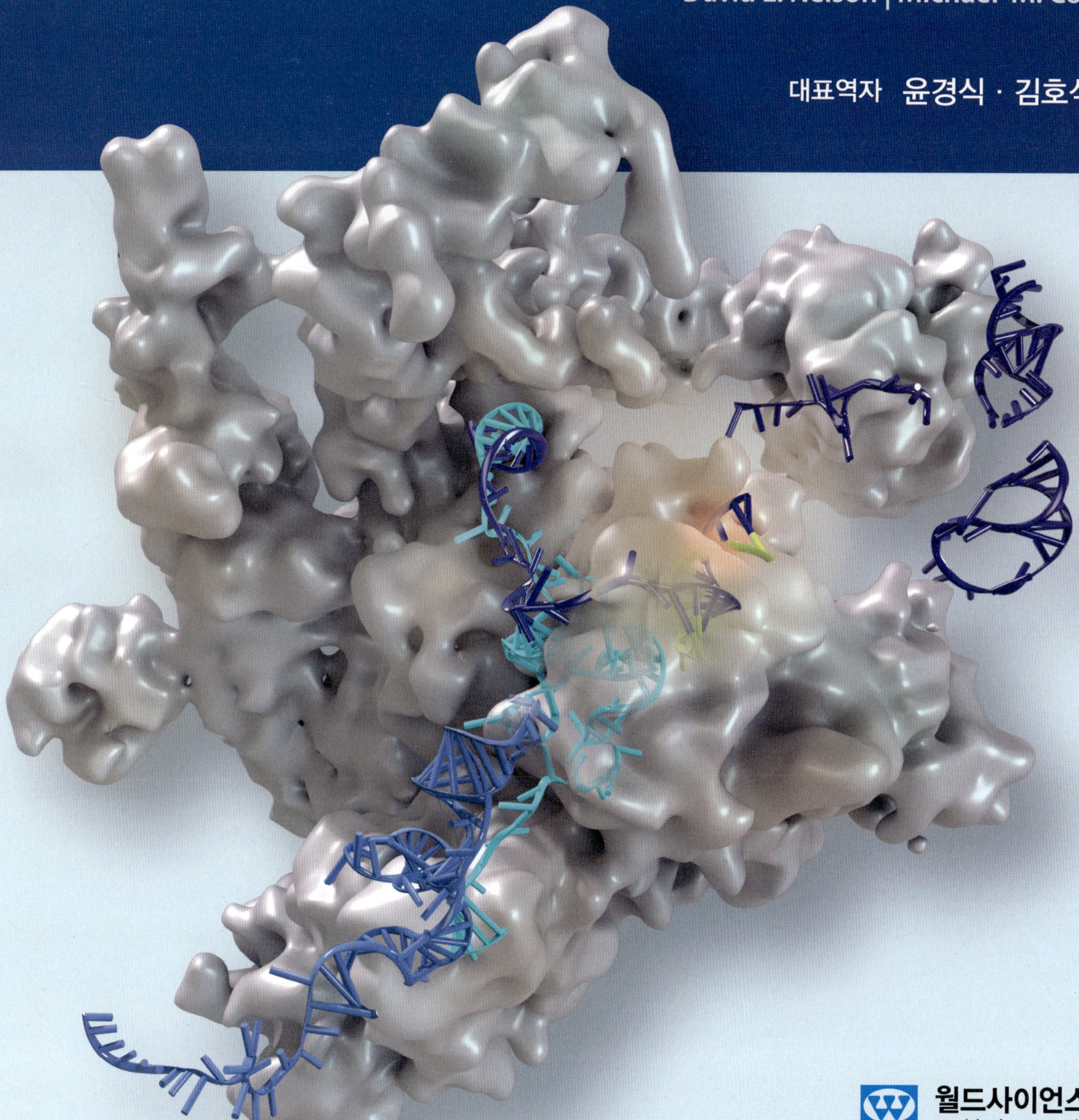

월드사이언스
worldscience.co.kr

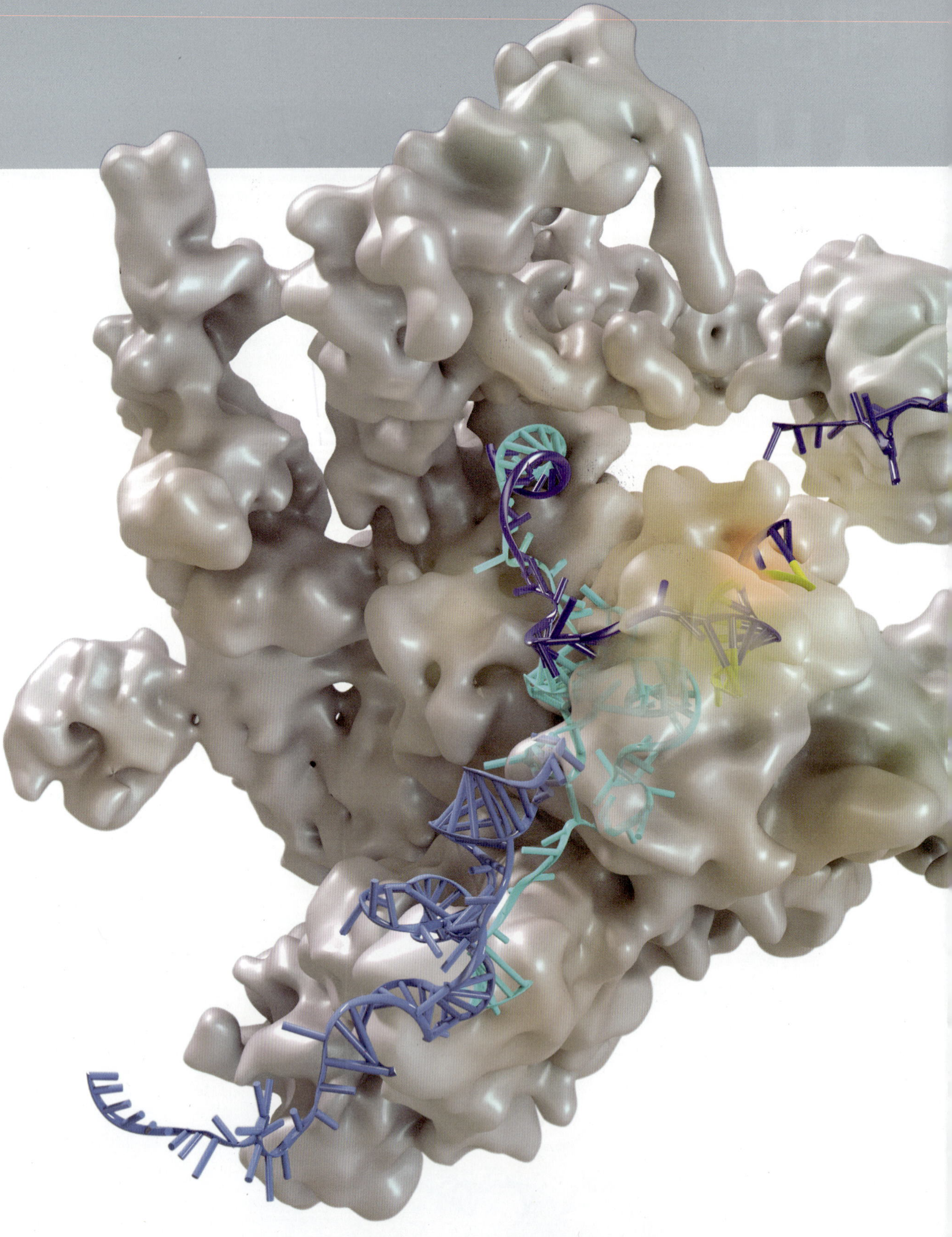

레닌저 생화학 상

Lehninger Principles of Biochemistry

7판

대표역자 윤경식 · 김호식

David L. Nelson

Professor Emeritus of Biochemistry
University of Wisconsin–Madison

Michael M. Cox

Professor of Biochemistry
University of Wisconsin–Madison

월드사이언스
worldscience.co.kr

Lehninger
Principles of Biochemistry

SEVENTH EDITION

레닌저 생화학 제7판 상

초판 발행 | 2018년 2월 20일
2쇄 발행 | 2019년 1월 20일

저 자 | David L. Nelson · Michael M. Cox
역 자 | 윤경식 · 김호식 · 강인숙 · 권소희 · 김정희 · 김 훈 · 박윤규 · 백행운
여의주 · 우현애 · 이승진 · 이효종 · 조용연 · 주상훈 · 최원재 · 최정혜 · 한병우
발 행 인 | 박선진
발 행 처 | (주)도서출판 월드사이언스

주 소 | 서울특별시 서초구 도구로 115, 1층(방배동, 월드빌딩)
등록일자 | 1988년 2월 12일
등록번호 | 제 16-1601호
대표전화 | (02) 581-5811~3
팩 스 | (02) 521-6418

E-mail | worldscience@hanmail.net
U R L | http://www.worldscience.co.kr

정 가 | **30,000원**
I S B N | 978-89-5881-271-5

이 도서의 국립중앙도서관 출판시도서목록(CIP)은 서지정보유통지원시스템 홈페이지(http://seoji.nl.go.kr)와 국가자료공동목록시스템(http://www.nl.go.kr/kolisnet)에서
이용하실 수 있습니다. (CIP제어번호: CIP2018001650)

To Our Teachers

Paul R. Burton
Albert Finholt
William P. Jencks
Eugene P. Kennedy
Homer Knoss
Arthur Kornberg
I. Robert Lehman
Earl K. Nelson
Wesley A. Pearson
David E. Sheppard
Harold B. White

저자에 대하여

David L. Nelson and Michael M. Cox. [출처: Robin Davies, UW–Madison Biochemistry MediaLab.]

데이비드 넬슨(David L. Nelson), 미국 미네소타(Minnesota)주, 페어몬트(Fairmont)에서 출생하고 1964년 성 올라프 대학(St. Olaf College)에서 화학과 생물학 학사학위를 취득하였다. 스탠포드의과대학 대학원에서 아서 콘버그(Arthur Kornberg)의 지도로 생화학 박사학위를 수여받은 후 하버드의과대학에서 알버트 레닌저(Albert Lehninger)의 최초 대학원생들 중의 한 명인 유진 케네디(Eugene P. Kennedy)의 실험실에서 박사후 연구원(postdoctoral fellow) 시절을 보냈다. 넬슨은 1971년 위스콘신주립대학교(Univ. Wisconsin-Madison)의 교수가 되었으며 1982년에 생화학과의 정교수가 되었다. 넬슨은 8년 동안 위스콘신주립대학교 생물학교육센터의 센터장이었으며 2013년에 명예교수가 되었다.

넬슨의 연구는 짚신벌레 *Paramedium*의 섬모운동(ciliary motion)과 세포외유출(exocytosis)을 조절하는 신호전달에 초점이 맞추어져 있다. 넬슨은 교직과 연구직 모두에서 탁월한 업적을 남기고 있다. 43년 동안 그는 (마이클 콕스와 함께) 생명과학 분야의 고급 생화학 학부생을 대상으로 생화학 전반에 걸친 상세한 강의를 했다. 그는 또한 간호학과 학생들과 생체막의 구조와 기능 및 분자신경생물학을 전공하는 대학원생에게도 생화학 강의를 하였다. 그는 탁월한 교육으로 Dreyfus Teacher-Scholar Award와 Atwood Distinguished Professorship 및 위스콘신주립대학교로부터 Underkofler Excellence in Teaching Award 등의 상을 수상하였다. 1991년에서 1992년까지는 스펠만 대학(Spelman College)의 화학과 생물학의 객원교수를 역임하였다. 그가 두 번째로 좋아하는 분야는 역사로서, 늘그막에는 학부생들에게 생화학의 역사를 가르치고 있으며, 매디슨 과학관(Madison Science Museum, 넬슨이 본 박물관의 창립관장임)에서 사용될 과학도구 골동품들을 수집하고 있다.

마이클 콕스(Michael M. Cox), 델라웨어(Delaware)주 윌밍턴(Wilmington)에서 출생하였다. 첫 번째 생화학 강의를 받을 때 레닌저의 생화학의 1판이란 책에 강한 영향을 받고 생화학의 매력에 이끌려 생화학을 전공으로 선택하게 되었다. 콕스는 1974년 델라웨어주립대학교를 졸업하고 브랜다이스(Brandeis)대학교로 가서 윌리암 젠크스(William P. Jencks)의 지도로 박사과정을 보냈으며 1979년부터는 스탠포드대학에서 로버트 레만(I. Robert Lehman)의 실험실에서 박사후 연구원 과정을 보냈다. 그는 1983년 위스콘신주립대학교(Univ. Wisconsin-Madison)로 옮겼고 1992년 생화학과 정교수가 되었다.

콕스의 박사과정 연구는 효소-촉매 반응에 대한 모델로서의 일반적인 산과 염기 촉매에 대한 것이었다. 스탠포드대학교에서는 유전자 재조합에 관련된 효소에 대한 일을 하였다. 특히 RecA 단백질에 대한 연구에 집중하여 단백질 분리 정제 기술과 분석방법을 개발하여 DNA 가지 이동과정을 도식화하는 것이었다. 이때 개발된 단백질 분리와 분석방법은 아직도 사용되고 있으며 유전자 재조합에 사용되는 효소의 탐구는 아직도 그의 주요 연구주제이다.

마이크 콕스는 거의 30여 년간 위스콘신에서 크고 정력적인 연구팀을 조직하여 DNA 이중가닥 절단에 대한 재조합에 의한 DNA 수복과 관련된 효소학과 위상학 및 열역학을 연구하였다. 이 연구는 세균의 RecA 단백질, 재조합 DNA 수복에 대한 부가적인 역할을 하는 다양한 단백질, 이온화 방사선 조사에 대한 극도의 저항성 유발에 대한 분자적 기초, 세균에서 일어나는 새로운 표현형의 방향성 진화 및 생명과학기술에 본 연구의 접목에 초점이 맞추어져 있다.

지난 30년 이상 학부생들의 생화학 강의뿐만 아니라 대학원생들을 위한 DNA 구조, DNA 위상학, 단백질-DNA 상호작용 및 재조합 분야의 생화학을 강의하고 있다. 최근의 프로젝트는 대학원 1학년생을 대상으로 한 전문가적 책임에 대한 새로운 강좌를 조직하는 것과 재능이 뛰어난 학부생들을 보다 이른 시기에 실험실로 유도하는 시스템 프로그램의 확립이다. 그는 연구 및 교육 쌍방의 업적으로 인해 Dreyfus Teacher-Scholar Award를 포함하여 1989년에는 생물화학분야의 Eli Lilly Award를 수상하였고 2009년에는 위스콘신주립대학교로부터 Regents Teaching Excellence Award를 수상하였다. 그는 생화학 학부 교육에 대한 새로운 기준을 제시하는 국가적인 노력에도 매우 활발히 참여하고 있다. 그의 취미는 정원 가꾸기, 와인 수집, 연구소 빌딩의 디자인 등이다.

과학의 본질에 대한 단상

21세기에 들어와서 전형적인 과학 교육은 설명되지 않는 과학에 대하여 흔히 철학적 지지를 남기거나 과도하게 단순화된 정의에 의존하고는 한다. 당신의 과학 분야 경력을 숙고하면서 다시 한 번 **과학**, **과학자**, **과학 방법**을 떠올려 보는 것은 매우 유용할 것이다.

과학(Science)은 자연세계를 생각하는 방법이기도 하고, 이러한 생각으로부터 나온 이론과 정보의 합이기도 하다. 과학의 힘과 성공은 검사될 수 있는 개념에 의존해서 진행되게 된다: 관찰될 수 있고 측정될 수 있으며 재현될 수 있는 자연현상에 대한 정보와 예측치를 보여 주는 이론. 과학의 발전은 흔히 설명되지는 않지만 중대한 연구계획 단계의 기본 가정에 의존한다: 우주에 존재하는 힘과 현상을 지배하는 법칙은 변화의 대상이 아니다. 노벨상 수상자인 자크 모노(Jacques Monad)는 이러한 기본 가정을 "객관성의 가정"이라고 언급하였다. 자연세계는 그래서 연구의 과정(과학 방법)을 통해서 이해될 수 있다. 과학이 우리들에게 장난을 치곤하는 우주의 삼라만상을 이해하는 데 늘 성공하지는 않는다. 객관성의 가정 이외에 과학이 신성한 가정을 갖지는 않는다. 유용한 과학적 생각으로는 (1) 과거에 반복해서 실증되었거나 현재 실증될 수 있는 일, (2) 정확히 새로운 현상을 예측할 수 있는 것과 (3) 자연세계 또는 우주에 대한 초점에 대한 것이 있다.

과학적인 생각은 많은 형태를 가진다. 과학자가 이러한 형태를 기술하는 용어들은 비과학자들이 적용하여 묘사하는 것들과는 꽤 다른 의미를 가지게 된다. **가설**(*hypothesis*)은 한 번이나 그 이상의 관찰에 대한 실험적으로 입증하거나 합리적인 설명이 제공되는 가정이나 생각을 말한다. 그러나 이러한 경우에 광범위한 실험적 입증이 없는 경우가 많다. **과학 이론**(*scientific theory*)은 단순한 예감 이상의 많은 것을 의미한다. 이는 어느 정도 구체화된 적이 있고 실험적 관찰을 통해서 설명이 되는 개념을 의미한다. 이론은 검증될 수 있고 새로운 추가적인 연구나 발상의 전환을 위한 기본이 되기도 한다. 과학 이론이 반복적으로 검증되고 여러 형태로 입증이 되었을 때, 이는 사실(fact)로 받아들여 질 수 있다.

과학이나 과학적인 생각으로 정의되는 것들은 그것이 논문으로 과학 잡지에 출판되었건 아니건 간에 다른 연구자들의 동료검토(peer review) 과정을 거쳐서 진행된다는 사실이 중요하다. 2014년 하반기에 전 세계에는 약 34,500여 종류의 동료검토 과정에 의해 출판되는 과학 잡지가 연간 약 250만 개의 논문들을 출판하여 모든 사람의 생득권인 정보의 수확을 풍부하게 하고 있다.

과학자들(sientists)은 자연세계를 이해하기 위하여 열정적으로 과학 방법을 적용시키는 사람들이다. 단순하게 과학 연구 분야의 높은 학위를 가지고 있다고 해서 과학자가 되는 것은 아니며, 그러한 학위가 없다고 하더라도 중요한 과학적 기여를 하지 못하는 것이 아니다. 과학자들은 새로운 사실이 요구하는 어떤 개념들에도 도전할 준비가 되어 있어야 한다. 과학자들은 반드시 자신이 찾은 개념을 측정가능하고 재현 가능한 관찰에 입각해서 발표해야 하고, 또한 이러한 발견을 거짓 없이 보고해야 할 의무를 가진다.

과학 방법(scientific method)은 과학적 발견을 이끌어 주는 여러 가지 길의 모음이라고 생각하면 된다. **가설**과 **실험** 방법에서 과학자들은 가설을 제시하고, 이를 실험 방법을 통하여 입증하게 된다. 매일매일 많은 생화학자들이 일하고 있는 이 과정은 이러한 방식으로 진행된다. 제임스 왓슨(James Watson)과 프란시스 크릭(Francis Crick)이 설명한 DNA 구조는 염기쌍이 폴리뉴클레오타이드 합성과정에서 중요한 정보전달의 기본이라는 가설을 이끌어냈다. 이 가설은 DNA 중합효소와 RNA 중합효소 발견에 대한 영감을 얻는 것을 도와주었다.

왓슨과 크릭은 **모델을 만들고 계산**(*model builiding and calculation*)하는 과정을 통하여 그들의 DNA 구조를 만들어냈다. 모델 수립과정과 계산과정에서는 다른 과학자들이 작성한 자료를 이용하였지만 실제적인 실험은 관여되지 않았다. 많은 모험적인 과학자들은 발견의 과정에서 "**탐험과 관찰**(*exploration and observation*)"이라는 방법을 적용하고 있다. 발견에 대한 역사적인 여행(찰스 다윈이 1831년 H.M.S 비글호를 타고 수행한 발견)이 행성의 지도를 그리고 생명체에 대한 정리 작업과 우리가 지구를 보는 방식에 대한 변화를 가지고 왔다. 현대의 과학자들도 다른 행성을 탐구하거나 대양의 깊이를 탐구할 때 비슷한 방식에 따라서 진행하고 있다. 가설과 실험의 유사한 형태로 **가설과 연역**(*hypothesis and deduction*)이 있다. 크릭은 전령 RNA(mRNA)의 정보를 단백질에 옮기는 번역과정에 반드시 접합자(adaptor) 분자가 있을 것이라고 추론하였다. 이러한 접합자 가설은 말론 호글랜드(Mahlon Hoagland)와 폴 자메크닉(Paul Zamecnik)에 의한 전달 RNA(tRNA)의 발견으로 이어졌다.

모든 발견에 이르는 과정이 계획으로 이루어지는 것은 아니다. 가끔은 뜻밖의 **발견**(*serendipity*)이 역할을 하기도 한다. 1928년의 알렉산더 플레밍(Alexander Fleming)에 의한 페니실린 발견이나 1980년대 초에 이루어진 토마스 체크(Thomas Cech)에 의한 RNA 촉매기능 발견은 모두 우연한 발견에 의해서 진행되었다. 물론 이들이 이러한 발견을 할 수 있도록 잘 준비되어진 과학자였기 때문에 가능했다. 영감(inspiration) 또한 중요한 연구의 진전에 기여하기도 한다. 중합효소연쇄반응(PCR) 실험법은 최근 생물공학의 중심연구 방법이 되고 있다. 이 발견은 Kary Mullis에 의해서 이루어졌는데, 이는1983년 북캘리포니아 지역의 여행 도중에 한 줄기 빛과 같은 영감에 의해서였다.

이러한 많은 과학 발견의 과정은 꽤 다르지만 가장 중요한 공통점을 한 가지 가지고 있다. 그것은 바로 자연세계에 대한 관심이다. 그들은 **재현성 있는 관찰과 실험**(*reproducible observation* and *experiment*)에 의존했다. 그들이 경험한 모든 생각, 인식, 실험적 사실들은 전 세계의 어느 지역에 있는 과학자들에 의해서건 검증되고 재현될 수 있었다. 또한 이러한 지식들은 다른 과학자들에 의해서 만들어진 새로운 가설과 새로운 발견에 사용될 수 있다. 모든 것을 이끄는 것은 과학이라는 영토 내에 적절히 포함되어 있는 정보이다. 우리들이 우주를 이해하려는 노력은 매우 힘든 수고를 요구한다. 동시에 자연세계의 어떤 부분을 이해하기 위하여 진행되는 인간의 노력은 꽤 흥분되는 일이며, 노력에 비하여 보상이 상당하기도 하고, 가끔 성공을 부르기도 한다.

저자서문

분자적 과정을 세포와 기관의 측면에서 볼 수 있도록 해 주는 기술의 지속적인 향상으로 생화학은 빠른 속도로 발전하고 있으며 새로운 경이와 새로운 도전을 낳고 있다. 본 책의 표지 그림은 활동하고 있는 이어맞추기소체를 묘사하고 있다. 이어맞추기소체는 진핵세포에서 가장 큰 분자기구들 중의 하나이지만, 이제서야 현대적인 구조분석이 이루어지고 있다. 이것은 분자구조 수준에서의 생명에 대한 우리의 현재 이해의 한 예이다. 이 그림은 매우 복잡한 반응 세트의 스냅사진으로 이전의 어떤 것보다 초점이 더 잘 맞추어져 있다. 그러나 이것은 세포에서 아직 밝혀지지 않았지만 결국은 미래의 책에서 기술될 많은 다른 복잡한 과정에 공간적으로 그리고 시간적으로 연결되어 있는 많은 단계 중 하나일 뿐이다. 레닌저 생화학(*Lehninger Principles of Biochemistry*)의 7번째 판에서의 우리의 목표는 항상 그렇듯이, 학생들에게 책이 압도적이지 않게 하면서 새롭고 흥미진진한 연구 결과를 포함시켜 균형을 잡는 것이다. 발전 사항을 포함시키는 주요 기준은 새로운 발견이 중요한 생화학의 원리(*principle of biochemistry*)를 설명하는 데 도움이 되느냐는 것이다.

이 교과서를 개정할 때마다 우리는 생화학이 오늘날 이해되고 실행되는 방식에 대해 학생에게 명확한 글쓰기와 어려운 개념에 대한 주의 깊은 설명 및 통찰력 있는 의사소통을 통해 레닌저 교과서의 최초판을 고전으로 만든 특성을 유지하기 위해 노력해 왔다. 우리는 이 교과서를 공동 저술하고 30년 동안 함께 생화학 입문을 가르쳤다. 그 기간 동안 매디슨 소재 위스콘신주립대학교(University of Wisconsin–Madison)의 수천 명의 학생들은 생화학을 보다 명확하게 제시하는 방법에 대한 끊임없는 아이디어를 제공하였다; 그들은 우리를 일깨우고 영감을 제시하였다. 이번 레닌저 생화학 7판이 생화학을 배우는 현재 학생들을 모든 곳에서 일깨워 주고, 우리가 생화학을 사랑하는 것처럼 그들도 생화학을 사랑하도록 그들 모두를 격려하기를 바란다.

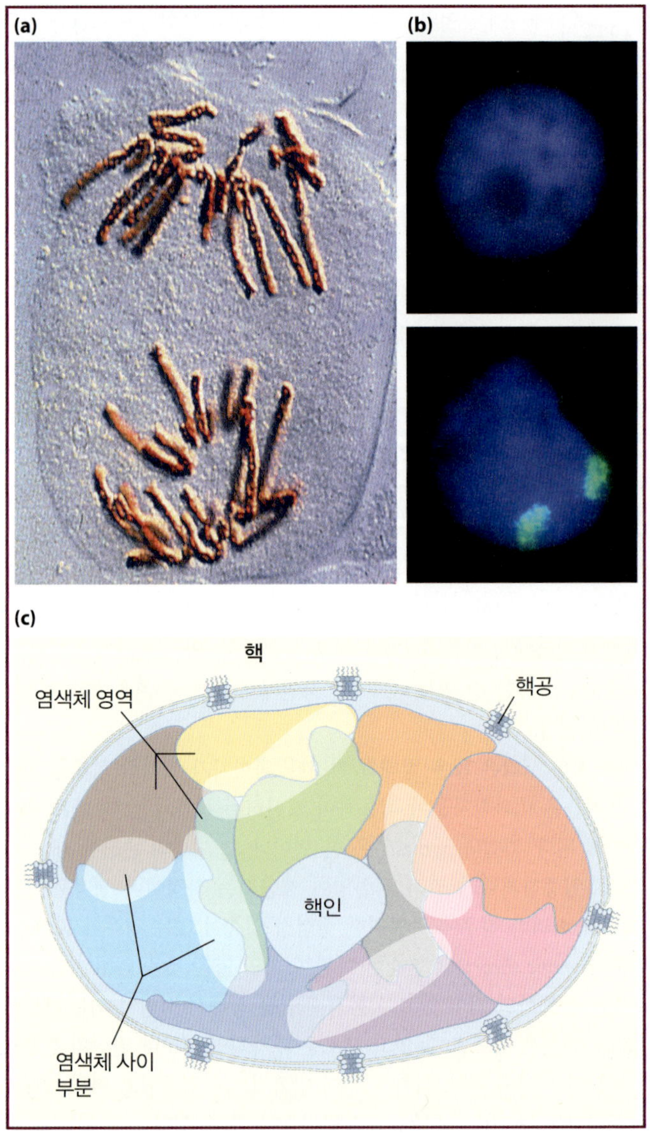

Photos: (a) Pr. G. Giménez-Martín/Science Source. (b) Karen Meaburn and Tom Misteli/National Cancer Institute.

진핵세포 핵에서 염색체의 조직화

새로운 최첨단 과학

이번 판에서 새롭게 또는 실질적으로 업데이트된 주제는 다음과 같다:

- 합성세포와 질환유전체학(제1장)
- 내재적으로 무질서한 단백질 부분(제4장)과 이것들의 신호전달에서의 중요성(제12장)
- 전-항정상태(pre-steady state) 효소역학(제6장)
- 유전자 주석(제9장)
- CRISPR를 이용한 유전자 편집(제9장)
- 생체막 교통과 동력학(제11장)
- NADH의 부가적인 역할(제13장)
- 셀룰로스 합성효소 복합체(제20장)
- 특화된 염증해소 촉진(pro-resolving) 매개자(제21장)
- 펩타이드 호르몬: 인크레틴과 혈중 포도당; 이리신과 운동(제23장)
- 염색체 영역(제24장)
- 진핵 DNA 복제의 새로운 세부정보(제25장)
- Cap-snatching; 이어맞추기소체 구조(제26장)
- 라이보소체 구출; RNA 편집 업데이트(제27장)
- 비암호 RNA의 새로운 역할(제26, 28장)

■ RNA 인식 모티프(제28장)

새로운 도구와 기술

시스템 생물학의 새로운 도구들은 생화학에 대한 우리의 이해를 계속 변화시키고 있다. 여기에는 새로운 실험 방법과 연구원에게 필수 불가결해진 대형 공공 데이터베이스가 포함된다. 레닌저 생화학의 이번 판에서 새로운 내용:

■ 차세대 DNA 서열분석에 이온반도체 서열분석(Ion Torrent)과 단일-분자 실시간(SMRT) 서열분석 플랫폼이 포함되며, 교과서에는 전통적인 생거 서열분석 다음에 기술되었다(제8장).

■ CRISPR에 의한 유전자 편집은 유전체학 논의에 대한 많은 업데이트 중의 하나이다(제9장).

■ LIPID MAPS 데이터베이스와 지질을 분류하는 시스템은 지질체학에 대한 논의에 포함되었다(제10장)

■ 초저온전자현미경은 새로운 별도설명에 기술되었다(제19장)

■ 모든 순간에 어느 유전자가 번역되고 있는지를 결정하는 라이보소체 프로파일링과 많은 관련 기술들이 심층 DNA 서열분석의 유용성과 힘을 보여주기 위하여 포함되었다(제27장)

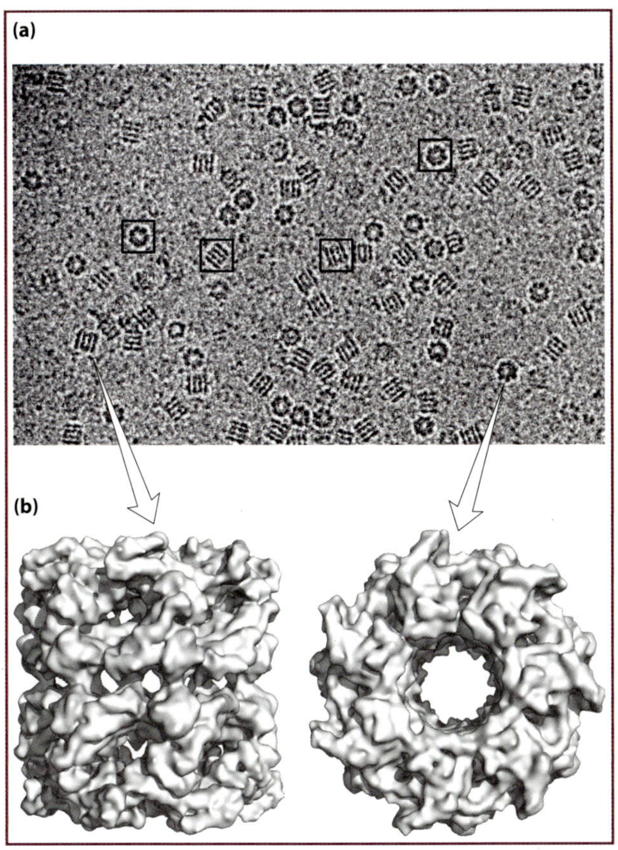

Photo: © Alberto Bartesaghi, PhD.

초저온전자현미경으로 결정된 GroEL 샤페론 단백질의 구조

■ 교과서에 언급된 NCBI, PDB, SCOP2, KEGG 및 BLAST와 같은 온라인 데이터 자원은 쉽게 참조 할 수 있도록 뒤의 마지막 쪽에 열거되었다.

새로운 식물대사의 통합

식물의 신진 대사가 모두 제19장의 산화인산화의 논의에서 분리되어 이제는 제20장 한 단원으로 통합되었다. 제20장에는 빛에 의한 ATP 합성, 탄소 고정, 광호흡, 글리옥실산 회로, 전분과 셀룰로스 합성, 그리고 식물 전체에서 이들 모든 활동의 통합을 보장하는 조절 기전이 포함된다.

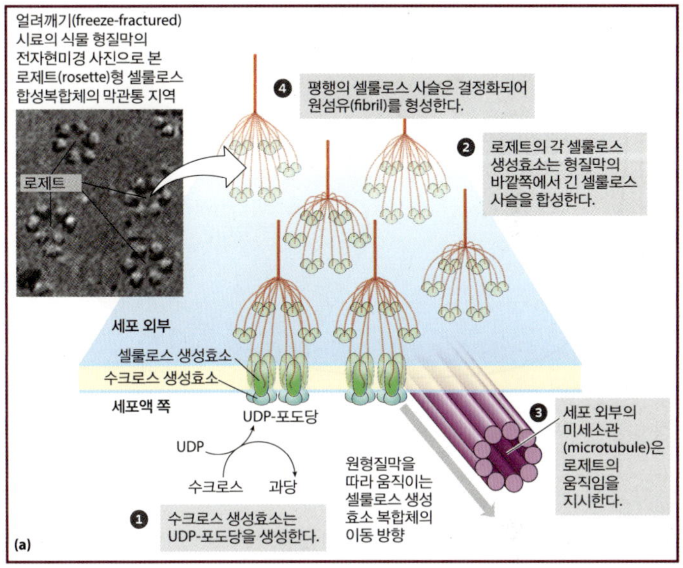

Photo: © Courtesy Dr. Candace H. Haigler, North Carolina State University and Dr. Mark Grimson, Texas Tech University.

셀룰로스의 합성 모델

의학적 통찰과 적용

이 아이콘은 책 전체에 걸쳐서 특별한 의학적 관심의 재료를 표시하기 위하여 사용된다. 선생으로서 우리의 목표는 학생들이 생화학을 배우고 생화학의 건강한 생명과 건강한 행성 사이의 관계를 이해하도록 하는 것이다. 많은 부분이 질환의 분자적 기전에 대하여 우리가 알고 있는 것을 탐구한다. 본 판에서 새롭고 업데이트 된 의학주제는 다음과 같다.

■ 업데이트 젖당 소화효소와 젖당 못견딤증(제7장)

■ 새로 추가 길란-바레 증후군과 갱글리오사이드(제10장)

■ 새로 추가 비타민 A 결핍증을 예방하기 위한 황금쌀 프로젝트(제10장)

■ 업데이트 다제내성(multidrug resistance) 운반자의 임상의학에서의 중요성(제11장)

■ 새로 추가 낭성섬유증(cystic fibrosis)에 대한 통찰과 치료법(제11장)

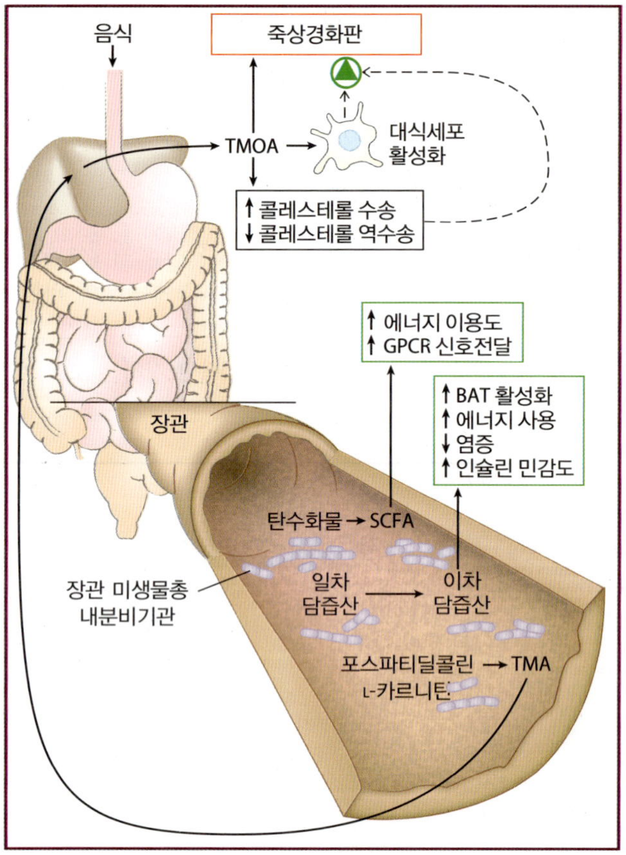

장 미생물 대사가 건강에 미치는 영향

- **업데이트** 대장암: 다단계 진행(제12장)
- **새로** 추가 신생아에서 미토콘드리아 질환을 진단하기 위한 아실-카니틴 스크리닝(제17장)
- **새로** 추가 미토콘드리아 질환과 미토콘드리아 공여 및 "세 부모 아기"(제19장)
- **업데이트** 콜레스테롤 대사, 죽상판 형성과 동맥경화증(제21장)
- **업데이트** 사이토크롬 P-450 효소와 약물 상호작용(제21장)
- **업데이트** 뇌에서 암모니아 독성(제22장)
- **새로** 추가 내분비 교란제로서의 제노바이오틱스(제23장)

특별 주제: 대사통합과 비만 및 당뇨병

심혈관 질환과 당뇨병을 포함한 비만과 이것의 의학적 파급 효과는 산업화된 세계에서 빠르게 퍼지고 있다. 이 책에는 비만과 건강 사이의 생화학적 연결에 관한 새로운 자료가 포함되어 있다. 당뇨병에 대한 우리의 초점은 대사와 이의 조절에 관한 통합 주제를 단원 전반에 걸쳐 제시한다. 대사와 비만 및 당뇨병의 상호작용을 강조하는 주제 중 일부는 다음과 같다.

- 치료받지 않은 당뇨병에서의 산증(제2장)
- 단백질 접힘의 장애, 췌장의 아밀로이드 침착과 당뇨병(제4장)
- **업데이트** 당뇨병의 진단과 치료에서 혈액 포도당과 당화 헤모글로빈(별도설명 7-1)
- 최종당화산물(advanced glycation end products, AEGs): 중증 당뇨병의 병리에 대한 역할(별도설명 7-1)
- 두 종류의 당뇨병에서 포도당과 물 운방 장애(별도설명 11-1)
- **새로** 추가 Na^+-포도당 운반자와 제2형 당뇨병 치료에 글리플로진의 이용(제11장)
- 제1형 당뇨병에서 포도당 흡수 결핍(제14장)
- MODY: 당뇨병의 아주 드문 형태(별도설명 15-3)
- 당뇨병과 기아 상태에서 케톤체의 과도한 생산(제17장)
- **새로** 추가 아미노산의 분해: 제2형 당뇨병에 대한 기여자로서의 메틸글리옥살(제18장)
- 췌장 β 세포의 미토콘드리아 결함으로 인한 희귀한 형태의 당뇨병(제19장)
- 제2형 당뇨병에서 타이아졸리딘다이온-촉진 글리세롤 생합성(제21장)
- 고농도의 혈액 포도당에 대응하는 인슐린의 역할(제23장)
- 혈액 포도당의 변화에 반응하여 췌장 β 세포에서 인슐린의 분비(제23장)
- 어떻게 인슐린이 발견되고 정제되었는가(별도설명 23-1)
- **새로** 추가 장, 근육과 지방조직으로부터의 호르몬 신호를 통합하는 데 있어서 시상하부의 AMP-의존 단백질 인산화효소(제23장)
- **업데이트** 세포 성장을 조절하는 데 있어서 mTORC1의 역할(제23장)
- **새로** 추가 열발생 조직에서 갈색과 베이지색 지방(제23장)
- **새로** 추가 운동과 아이리신 분비 촉진과 체중 감소(제23장)
- **새로** 추가 그렐린, PYY3-36과 카나비노이드의 영향을 받는 단기 섭식행동(제23장)
- **새로** 추가 에너지 대사와 지방생성에 영향을 주는 장내 미생물 공생자의 역할(제23장)
- 제2형 당뇨병에서 인슐린에 대한 조직의 무감각(제23장)
- **업데이트** 식이, 운동, 약물과 수술에 의한 제2형 당뇨병의 관리(제23장)

특별 주제: 진화

선충류에서 발달 경로를 연구할 때마다 그리고 종간 보존된 부분을 결정하거나 사람의 유전 질환의 원인이 되는 유전자를 검색함으로써 효소 활성 부위의 핵심 부분을 동정할 때마다 생화학자들은 진화론에 의지한다. 연구비 제공 기관은 얻어질 통찰력이 인간과 관련될 것으로 기대하면서 선충에 대한 연구를 지원한다. 효소 활성 부위의 기능적 잔기의 보존은 지구 상에 있는 모든 유기체의 공유된 역사를 전신화한다. 더 자주 질병 유전자를 찾는 것은 계통 발생학에서 정교한 운동이다. 따라서 진화는 우리의 규율을 위한 기본 개념이다. 진화론적 관점에서 생화학을 논하는 많은 분야의 일부는 다음과 같다:

- 진화를 허용하는 유전적 서론의 변화(제1장)
- 화학적 진화에서 생분자의 기원(제1장)
- 첫 번째 유전자와 촉매제로서의 RNA 또는 RNA 전구체 (제1, 26장)
- 생물학적 진화의 연대표(제1장)
- 초기 세포들에 의한 무기 연료의 사용(제1장)
- 더 단순한 세포로부터 진핵세포의 진화(세포내공생자 이론) (제1, 19, 20장)
- 단백질 서열과 진화 나무(제3장)
- 단백질 구조 비교에서 진화 이론의 역할(제4장)
- 세포의 항생제 저항성 진화(제6장)
- 아데닌 뉴클레오타이드가 많은 보조효소의 성분이 되는 것에 대한 유전적 설명(제8장)
- 비교 유전체학과 인간의 진화(제9장)
- 네안데르탈 선조를 이해하기 위한 유전체학의 이용(별도설명 9-3)
- V형과 F-형 ATP 분해효소의 진화적 관계(제11장)
- GPCR 시스템의 일반적 특징(제12장)
- β-산화 효소의 진화적 발산(제17장)
- 산소 광합성의 진화(제20장)
- 새로 추가 Planctomycete 세균에서 핵을 포함한 세포내 소기관의 존재(별도설명 22-1)
- 면역 시스템의 진화에서 트랜스포존의 역할(제25장)
- 트랜스포존, 레트로바이러스와 인트론의 공통 진화적 기원 (제26장)
- RNA 세계 가설의 통합 논의(제26장)
- 유전암호의 자연적 변이-법칙을 증명하는 예외들(별도설명 27-1)
- 유전암호의 자연적 그리고 실험적 확장(별도설명 27-2)
- 발달과 종분화에 대한 조절 유전자들(별도설명 28-1)

레닌저 강의의 특징

처음 생화학을 접한 학생들은 코스의 두 가지 중요한 측면에서 어려움을 겪는다: 양적 문제에 접근하고 그들이 생화학을 이해할 수 있도록 유기 화학에서 배운 것을 활용하기. 이 같은 학생들은 종종 기술

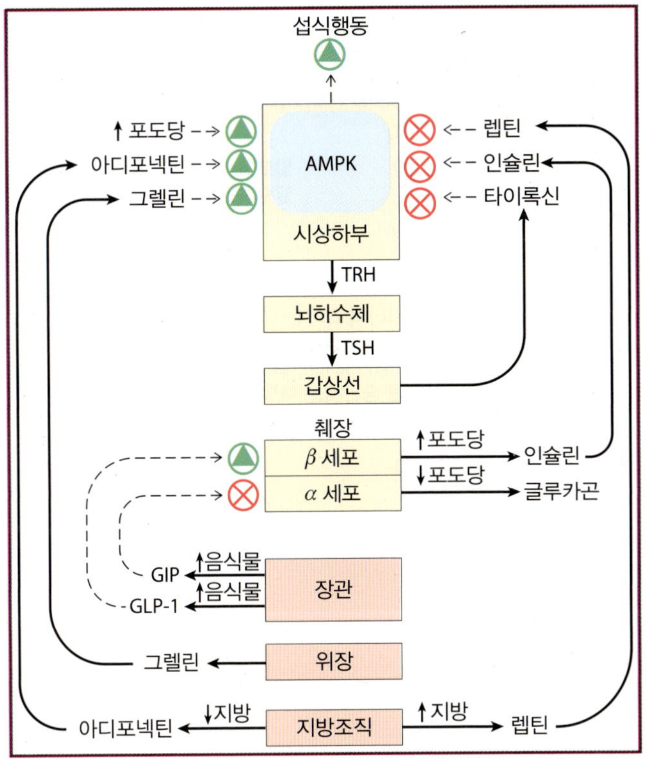

먹이 행동의 조절

되어 있지 않은 규칙이 있는 복잡한 언어를 배워야 한다. 학생들이 이러한 어려움에 잘 대처하도록 돕기 위해 다음과 같은 학습 보조자원을 제공한다 :

화학적 논리에 대한 초점

- 섹션 13.2 **화학적 논리와 공통된 생화학 반응** 학생들이 유기화학을 생화학에 연결하는 것을 돕기 위해 모든 대사 반응의 기반이 되는 공통 생화학 반응 형태에 대하여 논의한다.
- **화학적 논리** 그림들 기전의 대화를 강조하고 학습 경로를 더 쉽게 해주는 패턴을 도해한다. 화학적 논리 그림들은 해당과정(그림 14-3), 시트르산 회로(그림 16-7)과 지방산 산화(그림 17-9)를 포함한 중심 대사 경로에 대하여 각각 제공된다.
- **기전 그림** 학생들이 반응과정을 이해하는 것을 돕기 위한 단계별 기술을 특징으로 한다. 이 그림들은 첫 번째로 만나는 효소(카이모트립신, 그림 6-23) 기전에서 소개되고 세밀하게 설명된 일정한 관례를 사용한다.
- **참고문헌** 학생과 강사들은 각 단원의 참고문헌에 나열된 책에서 주제에 대한 더 많은 것을 찾을 수 있다. 참고문헌은 Sapling Plus for Lehninger platform을 통하거나 www.macmillanlearning.com/LehningerBiochemistry7e에서 접근할 수 있다. 각 목록에는 사용자들이 생화학의 역사와 현재 상태에 더 깊이 빠지게 도와주는 종설, 고전적 자료와 연구 논문이 들어있다.

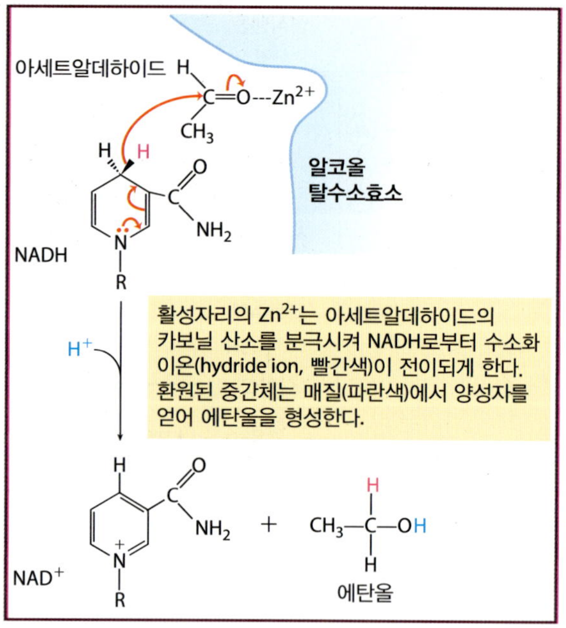

알코올 탈수소효소의 반응 기전

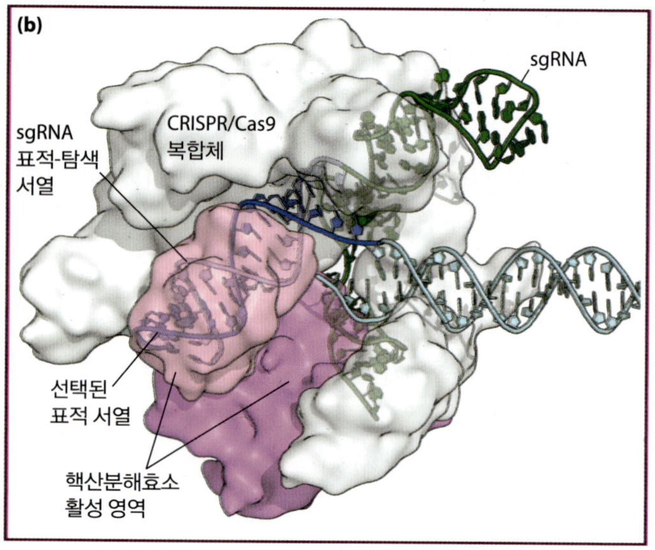

CRISPR/Cas9 구조

명확한 도해

- **고전적인 그림을 보다 간결하게 표현**하여 해석하고 배우기에 더 쉽게 하였다.
- **분자 구조**는 이 책을 위해 내부적으로 일관된 모양과 색 구성표를 사용하여 특별히 제작되었다.
- **번호가 매겨진 주석**이 첨부된 그림은 복잡한 과정을 설명하는 데 도움을 준다.
- **요약 그림**은 학생들이 세부 사항을 배우면서 큰 그림을 염두에 두도록 도와준다.

문제 해결 도구

- **In-Text Worked Examples**는 학생들이 가장 어려운 방정식을 통해 양적 문제 해결 능력을 향상시키는 데 도움을 준다.
- **600개가 넘는 단원 끝의 문제**는 학생들이 배운 것을 실제로 연습할 수 있는 기회를 제공한다.
- **자료 분석 문제**(각 단원의 끝에 있는 문제) 매사추세츠 보스턴 대학(University of Massachusetts Boston)의 브라이언 화이트(Brian White)가 기고하였으며 학생들로 하여금 그들이 배운 것을 연구하고 연구 문헌의 데이터 해석에 지식을 적용할 수 있도록 격려해 준다.

중요 관례들

각각의 생화학적 주제와 생화학적 문헌을 이해하는 데 필요한 많은 관례는 본문에서 분리되어 강조 표시되었다. 이 **주요 관례**에는 종종 말을 듣지 않고도 학생들이 순응할 것으로 기대되는 많은 가정과 관례의 선명한 기술을 포함한다(예를 들어, 펩타이드 서열은 왼쪽에서 오른쪽으로, 아미노 말단에서 카복실 말단으로; 뉴클레오타이드 서열은 왼쪽에서 오른쪽으로 5′-말단에서 3′-말단으로 적는다).

역자서문

생명과학이 바이오의료산업의 중심으로 급성장하고 있는 오늘날, 그 중심에 위치한 생명과학, 생화학, 분자생물학 관련 학과의 대표적인 교재로 사용하고 있는 Lehninger Principles of Biochemistry 7판을 번역할 수 있게 됨을 매우 기쁘게 생각한다. 1판과 2판 번역을 해 주신 서울의대 故 채범석 교수님과 3판 번역을 해 주신 고려의대 박길홍 교수님과 8분의 교수님, 그리고 4~6판 번역을 도와주신 많은 교수님들의 노력으로 7판 번역이 이전 판의 번역보다는 조금 수월하게 진행된 것 같다. 번역에 참여해주신 많은 교수님들과 특히 7판에서 적극적으로 번역에 참여해주신 약학대학의 생화학교실 교수님들께 감사드린다.

원내용은 영문판을 읽는 것이 가장 효과적일 것이다. 하지만 그 표현에 따르는 문제로 인해 학생들이 이해하기 어려운 부분에 대해서는 번역서를 참고하는 것도 한 방법이라 생각한다. 번역을 진행하면서 용어가 일부 통일이 안 된 부분과 4판부터 7판까지 숱하게 바뀌어 버린 용어들로 인하여 독자 제위들에게 늘 미안한 마음이지만 역자들의 능력 부족임을, 그리고 적절한 한글 용어를 통일하기 위한 노력이 그리 녹녹치 않음을 이해하신다면 부족한 부분을 함께 채워가는 마음으로 용서해 주실 것이라 믿어 본다.

이번 7판에 사용된 생화학 학술용어들은 대한의학협회의 용어사전 5.5판의 용어들을 참고하였고, 과학기술단체총연합회, 대한화학회, 대한생화학-분자생물학회, 대한해부학회의 용어사전이 많은 도움이 되었다. 이번 판에서 기본적인 용어를 사용하는 데 있어서 지켰던 원칙은 효소 이름의 한글화였다. 4~6판에서 효소와 화학물질 이름을 영어 발음대로 기술하였던 부분을 이번 7판에서는 가능한 한글용어를 사용하려고 노력하였고 전체적인 용어의 통일성이 유지되도록 노력하였다.

7판의 특징이라면, 다양한 장에서 새로운 사실들을 추가하였다는 점이다. 최근 가장 화제가 되고 있는 CRISPER에 대한 내용, 막의 이동과 관련된 기술들, 염색체 영역에 대한 내용, 라이보소체의 RNA 편집관련 내용, 비암호 RNA들의 새로운 역할들이 추가되었다. 또한 새로운 연구 방법론으로 각광받는 NGS 방법에 대한 기술들, CRISPER를 이용한 유전자 편집기술, 지질 MAPS 데이터베이스 활용과 지질체학 관련 내용들이 기술되었다. 식물대사와 관련된 내용뿐만 아니라 이제 생화학이 의학적 적용이 광범위하게 진행되면서 다양한 질병에 대한 새로운 지식들을 소개하고 있다.

특별한 주제로는 대사증후군과 같이 관심 가지는 영역, 비만과 당뇨의 연관성, 진화와 관련된 내용이 충실하게 보완되었으며, 학습을 보다 편리하게하기 위한 다양한 내용들이 온라인에서도 가능하도록 준비되었으니 독자 여러분들의 적극적 활용을 기대해본다.

이 책의 대표역자로 같이 수고해 주신 가톨릭의대 김호식 교수님께 늘 감사드리고, 가톨릭약대의 조용연 교수님께도 많은 감사를 드린다. 마지막으로, 이 책을 출판함에 있어서 번역을 승낙해 준 미국 Macmillan 출판사와 (주) 월드사이언스의 박선진 사장님과 정창기 실장님 및 편집부 여러분께도 깊은 감사를 드린다. 아무쪼록 이번 7판 레닌저가 세포와 세포를 구성하는 분자들의 대사 과정과 생명현상을 여러분이 이해하는 데 많은 도움이 되기를 바라면서 일부 부족하거나 수정이 필요한 부분에 대해서 많은 지적이 있기를 바란다.

2018. 2.

윤경식(sky9999@khu.ac.kr)

역자소개

성명	소속명	이메일
강인숙	경희대학교 의과대학	iskang@khu.ac.kr
권소희	연세대학교 약학대학	soheekwon@yonsei.ac.kr
김정희	경희대학교 치과대학	jhkimh@khu.ac.kr
김 훈	순천대학교 약학대학	hoon@scnu.ac.kr
김호식	가톨릭대학교 의과대학	hoshik@catholic.ac.kr
박윤규	고려대학교 의과대학	parkyg@korea.ac.kr
백행운	을지대학교 의과대학	baikhw@eulji.ac.kr
여의주	가천대학교 의과대학	euiju@gachon.ac.kr
우현애	이화여자대학교 약학대학	hawoo@ewha.ac.kr
윤경식	경희대학교 의과대학	sky9999@khu.ac.kr
이승진	충남대학교 약학대학	s.j.lee@cnu.ac.kr
이효종	인제대학교 약학대학	hjlee@inje.ac.kr
조용연	가톨릭대학교 약학대학	yongyeon@catholic.ac.kr
주상훈	대구가톨릭대학교 약학대학	sjoo@cu.ac.kr
최원재	경희대학교 의과대학	wchoe@khu.ac.kr
최정혜	경희대학교 약학대학	jchoi@khu.ac.kr
한병우	서울대학교 약학대학	bwhan@snu.ac.kr

Lehninger

Principles of Biochemistry

주요목차

목차

CHAPTER 1

생화학의 기반

우주는 약 150억 년 전에 고온이면서 원자핵보다 작은 고에너지 입자들의 대변혁적인 폭발로 생성되었다. 이때 순식간에 가장 간단한 원소들(수소와 헬륨)이 형성되었다. 우주가 팽창하고 식어 감에 따라 그러한 물질들은 중력의 영향으로 응축되어 행성을 형성하였다. 일부 행성들은 거대하게 형성된 다음 초신성과 같이 더 크게 폭발하면서 간단한 원자핵을 더 복잡한 원소로 융합하는 데 필요한 에너지를 방출하였다. 원자와 분자들이 먼지 분자의 소용돌이치는 덩어리를 형성하였고, 이들의 축적이 돌, 미행성, 행성을 만들었다. 수십억 년에 걸쳐 만들어진 것들이 현재의 지구이고 또한 지구 상에서 발견되는 화학원소들이다. 약 40억 년 전에 유기 화합물 또는 태양광선으로부터 에너지를 추출할 수 있는 능력을 가진 생명체, 즉 간단한 미생물들이 출현하였는데 이들은 그 에너지를 지표면의 간단한 원소 또는 화합물로부터 더 복잡한 수많은 **생체분자(biomolecule)**들을 만드는 데 사용하였다. 사람을 포함하여 모든 생명체는 우주 먼지로부터 형성되었다.

생화학은 수천 종의 생체분자들이 눈에 띄게 두드러진 생명체의 특성을 나타내기 위하여 어떻게 상호작용을 하는가라는 질문에 대한 이론을 정립하는 학문이다. 생체분자들을 각각 분리해서 연구해 보면, 그것들은 생명이 없는 물질의 작용과 관련된 모든 물리학 및 화학 법칙에 따르고 있으며 생명체에서도 똑같은 법칙이 적용된다. 생화학 연구의 목적은 생명체를 구성하는 무생명적 분자들이 생명현상을 유지하며 영속적으로 살아가기 위하여 무생명적 우주를 지배하는 물리적 화학 법칙에 의해 어떻게 상호반응하는가를 밝히는 것이다.

그렇지만 생명체는 생명이 없는 물질들과 구별되는 범상치 않은 특성들을 가지고 있다. 이와 같이 구별되는 특성들은 무엇일까?

고도의 화학적 복잡성과 미세 구조. 수천의 서로 다른 분자들이 세포의 복잡한 내부 구조를 이루고 있다(**그림 1-1a**). 이 분자들은 세포 내에서 각 단위체 특징적 서열과 독특한 3차 그리고 높은 특이성과 선택성이 있는 결합체를 갖는 매우 긴 폴리머(polymer)이다.

주위 환경에서 물질의 추출, 전환 및 에너지를 이용하는 체계(그림 1-1b)를 통해 생명체는 자신의 복잡한 구조들을 만들고 유지할 수 있으며, 기계적, 화학적, 삼투적, 그리고 전기적 일을 수행할 수 있다. 무생물들은 오히려 보다 무질서한 상태를 향해 점차 붕괴되어 결국에는 주위와 평형상태를 이루게 된다.

생물체를 이루는 각 구성성분들의 고유 기능과 이들 사이의 상호작용의 조절. 이것은 잎, 줄기 또는 심장, 폐와 같이 육안으로 볼 수 있는 구조들에서 뿐만 아니라, 핵 또는 엽록체와 같이 현미경으로 만 볼 수 있는 세포내 구조물들이나 개개의 화합물들에 있어서도 동일하다. 생명체의 화합물들 사이의 상호작용은 동적이어서, 어떤 한 구성성분의 변화는 이를 조정하거나 보상해 주는 또 다른 구성성분의 변화를 초래하므로 전체적으로는 구성성분 하나하나의 성질을 능가하는 어떤 특성을 보여 준다는 것이다. 이와 같은 분자들의 집합체가 하나의 프로그램을 수행하고 있으며, 그 최종 결과는 프로그램의 재생 및 그 분자들 집합체의 자체영속화가 되는 것이다. “이것이 생명이다.”

주위 환경 변화를 감지하고 반응하는 기전들. 생명체들은 세포 내부의 화학 또는 환경 내 그들의 위치를 조절하여 이러한 변화에 대하여 지속적으로 적응한다.

정확한 자기-복제와 자가 조립 능력(그림 1-1c). 하나의 세균 세포를 무균 영양배지에 놓아두면 24시간 내에 아주 똑같은 10억 개의 “딸” 세포들로 증식될 수 있다. 이들 세포 하나하나는

그림 1-1 생명 물질의 몇 가지 특징. **(a)** 전자현미경 사진에서 볼 수 있는 것과 같이 색깔로 나타낸 척추동물의 근육 조직의 얇은 절편에서 미시적 복잡성과 조직성이 있음을 알 수 있다. **(b)** 초원의 송골매는 더 작은 새를 잡아먹음으로써 영양분을 얻는다. **(c)** 생물의 번식은 완벽한 정밀도를 갖고 있다. [출처: (a) SPL/Science 제공. (b) W. Perry Conway/Corbis. (c) F1online digital Bildagentur GmbH/Alamy.]

그림 1-2 다양한 생명체는 공통의 화학적 특징을 가지고 있다. 새, 짐승, 식물, 그리고 토양의 미생물들은 사람과 같은 기본적인 구조 단위(세포)와 같은 종류의 단량체 소단위(뉴클레오타이드, 아미노산)로 구성된 같은 종류의 거대분자(DNA, RNA, 단백질)를 공유하고 있다. 그것들은 세포 구성물 합성에 같은 경로를 이용하고, 같은 유전암호를 공유하며, 같은 진화적 조상으로부터 유래하였다. 여기서 보여 주는 것은 Jan van Kessel the Younger(1626–1679)의 작품인 "에덴의 정원(The Garden of Eden)"의 일부이다. [출처: The Garden of Eden, 1659 (oil on canvas) by Janvan Kessel the Elder (1629–79)/Johnny van Haeften Gallery, London, UK/Bridgeman Images.]

수천 종류의 서로 다른 분자들을 포함하고 있으며 그 일부는 아주 복잡한 분자들이다. 그러나 각각의 세균은 원래 세균의 정확한 복사물이며, 이것은 전적으로 원래 세균 세포의 유전물질 내에 있는 정보에 의해서 만들어지는 것이다. 더 큰 스케일에서 척추동물의 자손들도 부모 유전자들의 결과로 부모와 매우 유사하다.

점진적 진화에 의한 세월에 따른 변화 능력. 생물체들은 새로운 환경에 대처해서 살아남기 위해 그들의 유전적 생존 전략을 변화시킨다. 진화적 변화의 결과가 외양적으로 다른 수없이 다양한 생명체들이지만(**그림 1-2**), 근본적으로는 부분적 계통에서 서로 관계가 있다. 이러한 생명체들의 근본적 단위는 유전자 서열이나 단백질 구조의 유사성과 같은 분자 수준에서 반영된다.

이와 같이 생명현상에 있어서 공통적 성질과 기본적인 통일성이 존재하지만, 생명체들을 일반화하기는 쉽지 않다. 지구는 매우 다양한 생명체들을 가진다. 생물들은 그들이 살고 있는 서식 환경, 즉 온천에서부터 북극의 툰드라나, 동물의 창자에서부터 대학의 기숙사에 이르기까지 상당히 넓은 범위에서 생화학적인 적응성을 나타내고 있으며, 이와 같은 적응성이 모든 생물이 갖는 기본적인 화학적 체제를 유지해 주는 것이다. 명확성을 기하기 위해서, 본 책에서도 어떤 원리의 정립에 있어서 종종 이러한 위험에 직면할 수 있겠으나, 그것은 여전히 유익한 것일 수 있다. 또한 점차 밝혀져 가고 있는 과학적 원리의 일반화에 있어서 예외적인 일들이 자주 지적될 것이다.

생화학은 모든 생물들이 공유하는 구조, 기전, 그리고 화학 반응들을 분자 수준에서 기술하고, 다양한 형태를 가지고 있는 모든 생명현상에 깔려 있는 공통적 원리들을 제공한다. 생화학이 의학, 농학, 영양학, 그리고 산업 등에 중요한 지식과 실제적인 응용에 관련된 정보를 제공하기도 하지만, 생화학의 궁극적인 목적은 생명 그 자체의 신비를 해명하는 데 있다.

서론인 이 장에서는 생화학의 세포적, 화학적, 물리적(열역학적) 및 유전적 배경과 세대를 통한 세포의 성질들의 변화 과정인 진화의 원리에 대해 간략하게 기술한다. 이 책을 읽어 나가면서 여러분들은 이 장에서 언급되는 내용들이 종종 참고할 수 있는 도움이 되는 내용들이라는 것을 알게 될 것이다.

1.1 세포적 기반

생명체의 다양성은 세포 수준에서 조차 뚜렷하다. 단세포 생물들은 단일 세포로 이루어져 있고 미시적인 반면, 다세포 생물은 여러 종류의 세포로 구성되어 있고 그 크기와 모양이 다르며 고유의 기능을 가지고 있다. 이와 같이 뚜렷한 차이가 있음에도 불구하고, 모든 생명체를 구성하는 세포는 생화학 수준에서 알 수 있는 바와 같이 근본적으로 공통적인 특성을 공유하고 있다.

세포는 모든 생명체의 구조적 기능적 단위이다

모든 종류의 세포들은 공통의 구조적인 특징을 가지고 있다(**그림 1-3**). **형질막(plasma membrane)**은 세포의 외부로부터 세포의 내용물을 격리하는 경계 부위이다. 형질막은 세포를 둘러 싼 지질(얇고, 단단하며, 소수성 경계를 형성함)과 단백질 분자들로 구성되어 있다. 이 막은 무기 이온과 전하나 극성을 띠는 대부분의 물질들이 자유롭게 이동되는 경계 부위이다. 형질막에는 특정 이온과 분자의 이동을 가능하게 하는 수송 단백질, 세포 밖에서 안으로 신호를 전달하는 수용체 단백질, 막과 연관된 반응 과정에 참여하는 효소 단백질 등이 있다. 형질막을 구성하는 각각의 지질과 단백질은 공유결합으로 연결되어 있지 않기 때문에 전체의 구조는 매우 유연하고 세포의 모양과 크기에 변화를 줄 수 있다. 세포가 성장함에 따라 새로 만들어진 지질과 단백질 분자는 형질막에 삽입된다. 세포분열에 의해서 생성되는 2개의 세포도 각각 형질막을 만든다. 이러한 성장과 분열은 막의 본래의 특성을 손상하지 않고 일어난다.

형질막에 의해 경계를 이룬 내부 부위를 **세포질(cytoplasm)**이라고 하는데(그림 1-3), 이것은 수용액 성분인 **세포액(cytosol)**과 특정 기능을 갖는 불용성의 다양한 부유입자들로 이루어져 있다. 이러한 입자 성분들은[미토콘드리아와 엽록체와 같은 막성 소기관들; 단백질 합성과 분해의 장소인 **라이보소체(ribosome)**와 **단백질분해효소복합체(proteasome)**와 같은 초분자구조들] 세포질이 150,000 *g*(*g*는 지구의 중력이다)로 원심분리될 때 침전한다. 상층액으로 남는 것이 세포액으로 고도로 농축된 액상이며 여러 가지 효소와 그것들을 암호화(encode)하고 있는 RNA 분자; 거대분자의 구성단위 분자(아미노산과 뉴클레오타이드); 생합성이나 분해 경로에서 생기는 중간체인 여러 종류의 **대사물질(metabolite)**; 효소-촉매 반응에서 중요한 작용을 하는 물질인 **보조효소(coenzyme)**; 무기물의 이온(예: K^+, Na^+, Mg^{2+}, Ca^{2+}) 등을 포함하고 있다.

모든 세포는 적어도 그 일생의 어느 시기에 **핵(nucleus)** 또는 **핵양체(nucleoid)**를 가지는데, 핵 또는 핵양체에는 모든 유전자의 온전한 집합체인 **유전체(genome)**가 들어 있으며, 이 유전체는 복제되고 저장이 가능한 DNA와 결합 단백질로 구성된다. 세균과 고세균에 있는 핵양체는 막에 의해 세포질과 분리되어 있지 않으나, 고등생물들에서 핵은 핵막이라고 불리는 이중막에 의해 둘러싸여 있다. 핵막을 가진 세포를 **진핵세포(eukaryote**; 그리스어로 *eu*는 "참"이란 뜻이고 *karyon*은 "핵"이란 뜻임)라 부른다. 핵막이 없는 미생물들을 전에는 **원핵세포(prokaryote**; 그리스어로 *pro*는 "전"이라는 뜻임)라고 불렀는데, 뒤에서 설명하겠지만 현재는 세균류(Bacteria)와 고세균류(Archaea)의 서로 다른 그룹으로 나눈다.

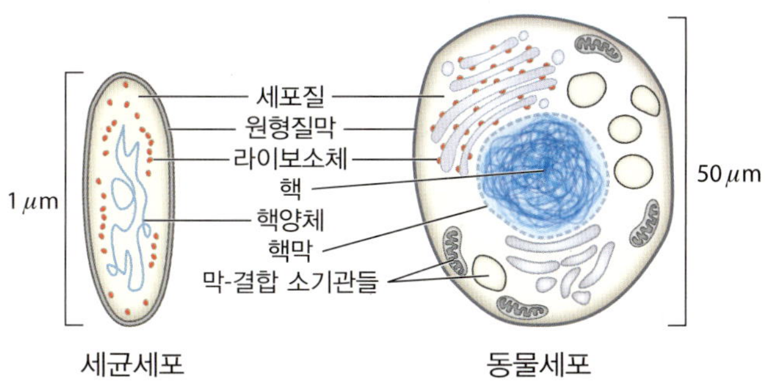

그림 1-3 살아 있는 세포의 일반적인 특징. 모든 세포들은 핵 또는 핵양체, 형질막, 그리고 세포질을 가지고 있다. 세포질액은 세포 추출물을 150,000 *g*로 1시간 원심분리해서 상층액에 남아있는 세포질 부분을 말한다. 진핵 세포들은 이런 방법의 원심분리에 의해서 침전되고 침전물에서 다시 회수될 수 있는 다양한 종류의 막-결합 소기관들(미토콘드리아, 엽록체)과 큰 입자들(예를 들어, 라이보소체)을 포함하고 있다.

세포의 크기는 확산에 의한 제한을 받는다

대부분의 세포는 현미경적인 크기로 우리의 맨 눈에는 보이지 않는다. 동물세포와 식물세포는 지름이 5~100 μm이며, 많은 단세포 생물들은 길이가 겨우 1~2 μm 밖에 안 된다(단위에 대한 정보와 약자에 대한 것은 본 책의 뒷표지 안쪽을 보시오). 세포의 크기를 한정하는 것은 무엇인가? 아마도 세포 크기의 하한은 세포가 필요로 하는 생체분자 각각의 최소의 수에 의해 결정되는 것으로 보인다. 가장 작은 세포는 마이코플라스마(mycoplasma)라고 알려진 일종의 세균이며, 지름이 300 nm이고, 부피는 약 10^{-14} mL이다. 세균 라이보소체는 그 가장 긴 부분이 약 20 nm이므로 몇 개의 라이보소체는 실질적으로 세포 부피의 상당한 부분을 차지하게 된다.

세포 크기의 상한은 수용액 중에 있는 용질 분자의 확산 속도에 의해 결정된다. 예를 들면, 산소(O_2) 소비 반응에 의해 에너지를 얻는 세균은 형질막을 가로지르는 주위의 용매로부터 확산에 의해 산소 분자를 얻어야 한다. 세포는 매우 작고, 그 부피에 대한 표면적의 비율이 매우 크므로 산소는 세포질의 모든 부분에 수월하게 확산되어 도달할 수 있다. 그러나 세포의 크기가 커짐에 따라 부피에 대한 표면적의 비율은 급속하게 낮아져서 확산에 의한 산소의 공급보다 대사에 의한 산소 소비가 빠르게 된다. 따라서 호기성 세포의 크기가 일정 한계를 넘어 이론적인 상한치를 넘게 되면 호기대사는 불가능하게 된다. 산소는 세포 외부에서 세포 안쪽의 다양

(a)

(b)

그림 1-4 대부분의 동물세포는 복합한 겹침 표면을 갖는다. 염색된 주사전자현미경 사진은 **(a)** 실험실에서 배양하는 암세포주 중 하나인 2개의 HeLa 세포의 고도의 구불구불한 표면과, **(b)** 다른 신경세포와 서로 연결을 만드는 많은 신경돌기를 갖고 있는 신경세포를 보여주고 있다. [출처: (a) NIH National Institute of General Medical Sciences. (b) 2012 National Cencer for Microsopy & Imaging Research]

한 구역으로 확산되어야 하는 많은 저분자 물질들 중에서 단 한 가지에 불과하고 부피에 대한 표면적 비율이 각각의 물질에 모두 똑같이 적용된다. 따라서 많은 종류의 동물세포는 부피 대비 표면적을 증가시키기 위해 고도의 접힘 또는 구불구불한 표면을 가짐으로써 주위 환경으로부터 고효율로 물질 흡수를 가능하게 한다(**그림 1-4**).

생명체에는 3가지 뚜렷한 영역이 있다

빠르고 비용이 적게 드는 DNA 염기서열 결정 기술의 발달로 개체들의 진화적 상관관계를 해독할 수 방법이 급속도록 개선되어 왔다. 다양한 개체의 유전자 염기서열 간의 유사성은 진화의 과정에 관한 깊은 식견을 제공한다. 염기서열의 유사성에 대한 해석을 근간으로 모든 생명체는 공통적 조상으로부터 진화되어 3가지 군[계(kingdom) 또는 영역(domain)] 중의 하나에 속한다고 볼 수 있다(**그림 1-5**). 단일세포로 된 미생물은 유전적 및 생화학적인 견지에서 **세균계(Bacteria)**와 **고세균계(Archaea)**의 두 집단으로 구분할 수 있다. 세균류는 흙, 표층수(surface water) 그리고 살아 있거나 부패한 생물 조직 등에 서식한다. 고세균류는 Carl Woese에 의해 1980년대

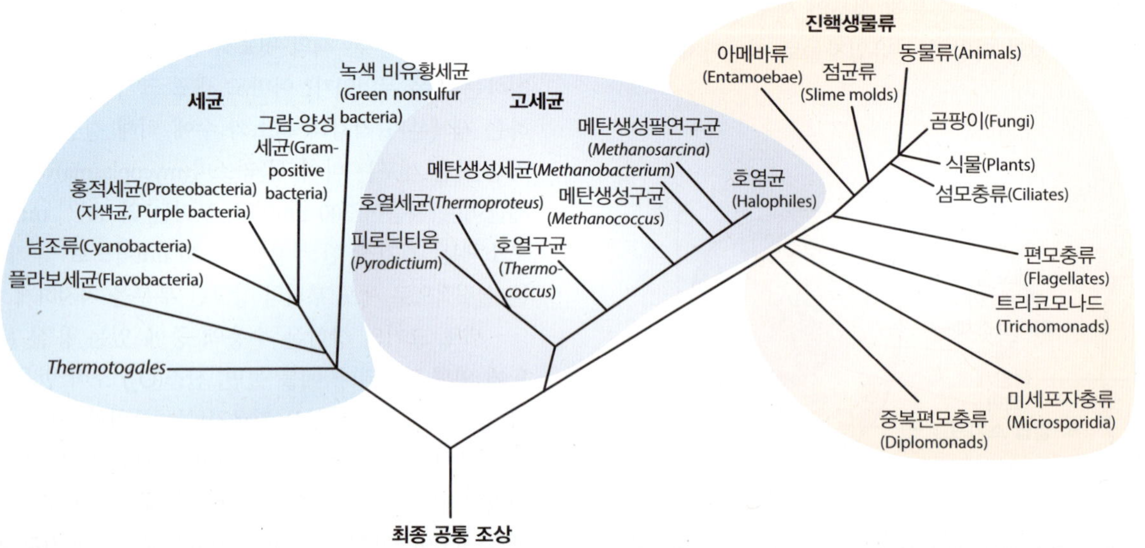

그림 1-5 생명체의 3영역의 계통발생. 계통발생학적 관계를 종종 이와 같은 "계통수"로 표시하기도 한다. 이 계통수의 기초는 각 그룹의 라이보소체 RNA의 뉴클레오타이드 서열에 대한 유사성이다; 서열의 유사성이 더 많을수록 가지의 위치가 근접해 있고, 가지 사이의 거리가 두 종 생명체 사이의 유연관계를 나타낸다. 계통수는 단일 단백질에서의 아미노산 서열의 유사성을 근거로 만들 수 있다. 예를 들면, 그림 3-35에서 GroEL 단백질(단백질 접힘을 돕는 세균 단백질의 하나)의 아미노산 서열을 기초로 계통수를 작성하여 비교하였다. 그림 3-36의 계통수는 종합형 계통수로서 이 생명체들의 진화적 유연관계를 추정하는 여러 가지 비교 요인들을 종합화한 것이다. [출처: Information from C. R. Woese, *Microbiol. Rev.* 51:221, 1987, Fig. 4.]

에 뚜렷한 영역으로 인정되었는데, 염분이 높은 호수, 온천, 진한 산성의 늪, 깊은 바다와 같은 매우 극한적인 환경에서 서식한다. 여러 가지 증거들이 고세균과 세균이 진화의 초기에 갈라진 것으로 암시하고 있다. 세 번째 영역인 **진핵생물(Eukarya)**을 구성하는 모든 진핵 생명체는 고세균과 같은 계열에서 진화되었다; 그러므로 진핵생물들은 세균보다 고세균에 더 가까운 관계에 있다.

고세균과 세균의 각 영역은 이들이 서식하는 환경에 따라 다시 소집단으로 구분된다. 산소의 공급이 풍부한 **호기성(aerobic)** 서식지에 사는 일부 생명체는 전자가 연료 분자로부터 산소로 전달될 때 에너지를 얻는다. 그러나 산소가 결여된 **혐기성(anaerobic)** 서식지에 사는 미생물들은 전자를 질산(N_2 형성), 황산(H_2S 형성), 이산화탄소(CH_4 형성) 등으로 전달할 때 에너지를 얻음으로써 혐기성 환경에 적응한다. 혐기적 환경에서 진화된 많은 생물들은 절대(*obligate*) 혐기성 생물일 수밖에 없으며, 이들은 산소가 있는 환경에 노출되면 죽는다. 그 외에 임의(*facultative*) 혐기성 생물은 산소의 유무와 관계없이 살 수 있다.

생물체들은 에너지와 생합성의 전구체들을 다양한 원천에서 다르게 얻는다

생물체는 그들의 세포 물질의 합성에 필요한 에너지와 탄소원 획득 방법에 따라 분류할 수 있다(**그림 1-6**에 요약). 에너지원에 따른 2개의 넓은 범주가 있다: 햇빛을 이용하는 **광영양생물(phototroph;** 그리스어로 *trophē*는 "영양"을 뜻함)과 화학적 연료를 산화시켜 에너지를 이용하는 **화학영양생물(chemotroph)**이다. 일부 화학영양생물은 HS^-에서 S^0(원소적 유황)로, S^0에서 SO_4^-로, NO_2^-에서 NO_3^-로, 또는 Fe^{2+}에서 Fe^{3+} 등과 같이 무기 연료들을 산화시킨다. 광영양생물과 화학영양생물은 필요한 탄소를 이산화탄소(CO_2)로부터 얻을 수 있는 생물인 **독립영양생물(autotroph)**과 탄소원으로 유기 영양물을 필요로 하는 **종속영양생물(heterotroph)**로 나눌 수 있다. 우리는 생명체의 영양섭취 방법을 이 용어들을 조합하여 기술할 수 있다. 예를 들어, 남조류들은 광영양생물이고; 사람은 화학영양생물이다. 더 세밀한 구분이 가능하고 많은 생명체들은 다양한 환경과 발달 상황 하에서 한 가지 이상의 원천으로부터 에너지와 탄소를 얻

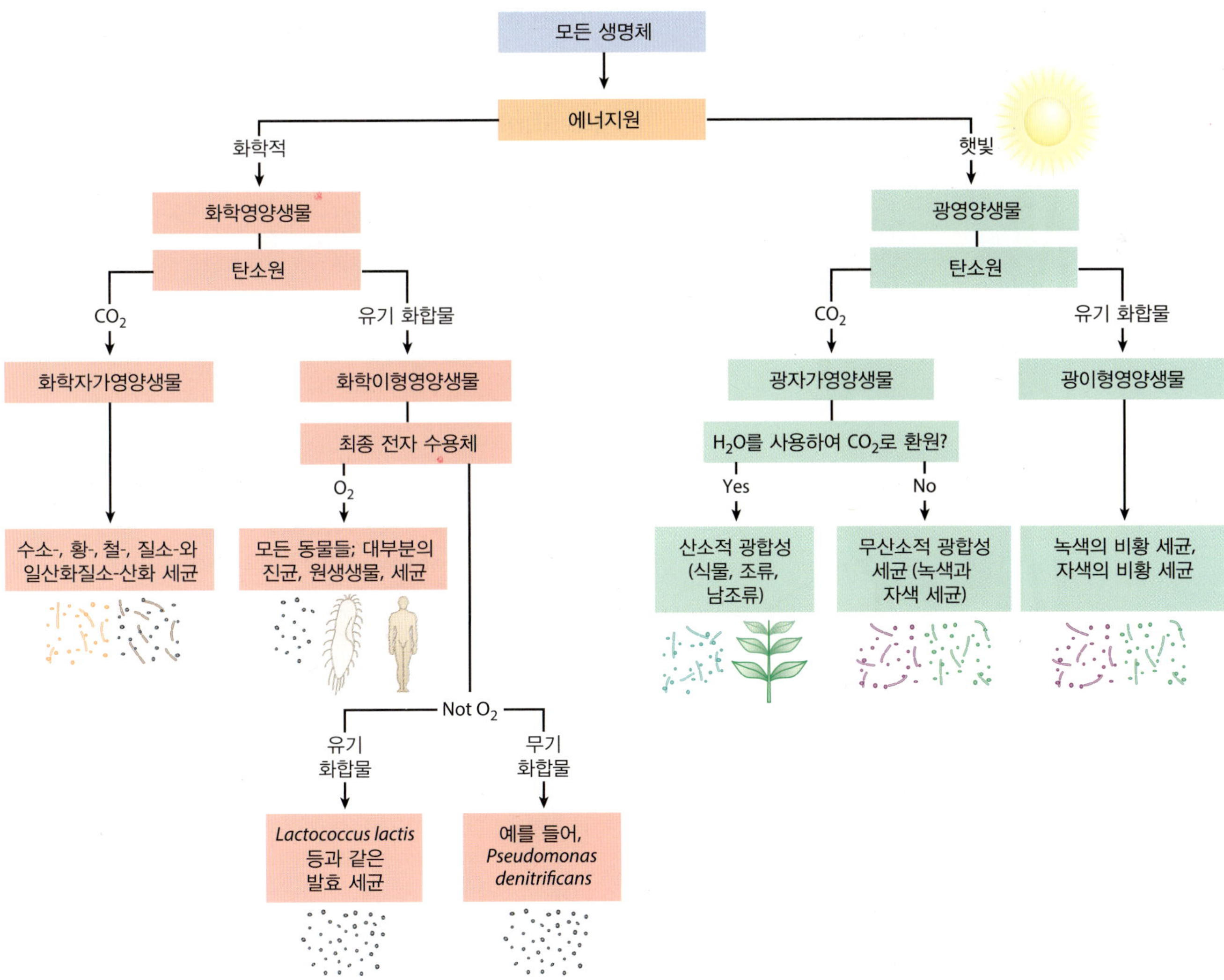

그림 1-6 생물은 에너지원(햇빛 또는 산화할 수 있는 화학물질)과 세포 물질의 합성에 필요한 탄소원에 따라서 분류된다.

을 수 있다.

세균과 고세균 세포들은 공통의 특징을 공유하지만 중요한 면에서 다르다

가장 잘 연구된 세균인 대장균(*Escherichia coli*)은 사람의 장관에 일반적으로 아무 해 없이 서식한다. 대장균 세포(**그림 1-7a**)는 길이가 약 2 μm이고 지름은 1 μm 이하의 난형(ovoid)이지만 다른 세균들은 구형이거나 막대-모양이기도 하다. 대장균에는 세포를 보호해주는 외막과 안쪽의 세포질과 핵양체를 둘러싸는 내부 형질막이 있다. 내막과 외막 사이에는 얇지만 대단히 단단한 펩티도글리칸(peptidoglycan) 층이 있으며, 이 세균의 원형질막은 지질 분자로 된 얇은 이중층과 그것을 관통하는 단백질로 구성되어 있다. 고세균의 막들도 비슷한 구조를 가지지만, 그들의 지질은 세균의 구조와는 다르다(그림 10-11을 참조). 세균과 고세균들은 외피에 그룹-특이한 특징들을 갖고 있다(그림 1-7b–d). 그람 염색(1982년에 Hans Peter Gram이 소개한)에 의하여 색깔을 갖게 되어 그람-양성이라고 불리는 일부 세균들은 원형질막 외부에 두꺼운 펩티도글리칸 층을 갖고 있으나 외막이 없다. 그람-음성 세균들은 복합 지다당(lipopolysaccharide)과 포린이라는 단백질이 삽입된 지질 이중층으로 구성된 외막을 갖고 있다. 포린은 저분자 화합물과 외막을 가로질러 확산하는 이온들에 대한 막투과 통로로 작용한다. 고세균의 형질막 외부의 구조는 종류마다 다르지만 펩티도글리칸 층이나 외피에 견고성을 부여하는 단백질을 갖고 있다.

대장균의 세포질은 약 15,000개의 라이보소체와 다양한 개수(10에서 수천)로 존재하는 1,000여 가지의 효소, 1,000여 가지의 작

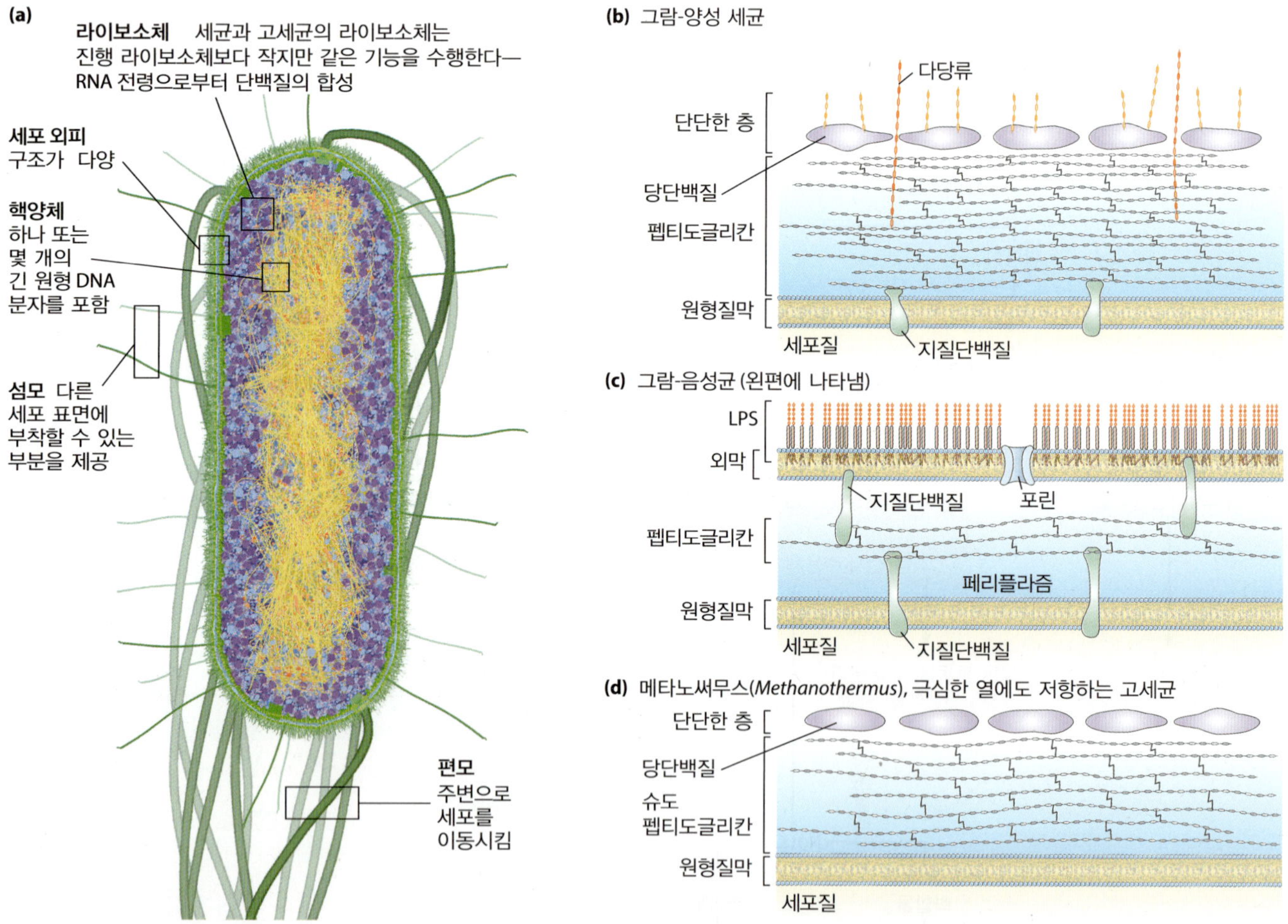

그림 1-7 세균과 고세균의 공통적인 구조적 특징들. (a) 대장균의 보정-비율 모형은 일부 공통적인 특징을 보여 준다. **(b)** 그람-양성균의 세포 외피는 바깥쪽 면에 두껍고 견고한 펩티도글리칸층을 가진 단일막이다. 다양한 다당류들과 다른 복합 중합체들은 펩티도글리칸과 얽혀 있고 당단백질들로 구성된 막성의 "단단한 층"이 전체를 싸고 있다. **(c)** 대장균은 그람-음성이고 이중막을 갖고 있다. 외막은 바깥쪽 면에 지질다당류를 갖고 있고 안쪽 면에는 인지질을 갖고 있다. 외막에는 단백질이 아닌 소분자들이 확산되도록 하는 단백질 통로[포린(porins)]가 박혀 있다. 인지질과 단백질로 구성된 내(원형질)막은 크고 작은 분자 모두에게 비투과적이다. 내막과 외막의 사이인 페리플라즘(periplasm)에는 얇은 층의 펩티도글리칸이 존재하여 세포 형태와 경도를 갖게 하지만 그람 염색약을 함유하지 않는다. **(d)** 고세균의 막들은 구조와 성분이 다양하지만 모두 펩티도글리칸과 유사한 구조나 막성의 단백질 껍질(견고한 층) 중 하나 또는 모두를 포함하는 외막으로 둘러싸인 단일막을 갖고 있다. [출처: (a) David D. Goodsell. (b, c, d) Information from S.-V. Albers and B. H. Meyer, *Nature Rev. Microbiol.* 9:414, 2011, Fig. 2.]

은(분자량 1,000 이하의) 크기의 유기 화합물(대사물질과 보조인자)들 그리고 다양한 무기 이온을 함유하고 있다. 핵양체는 하나의 원형 DNA 분자와 **플라스미드(plasmid)**라고 불리는 보다 작은 원형의 DNA 단편들이 들어 있는 세포질(대부분 세균의 것과 같은)을 함유하고 있다. 본래, 플라스미드의 몇 가지는 주위 환경에 있는 독소와 항생물질에 내성을 갖게 한다. 실험실에서 이러한 DNA 분절들은 다루기 쉽고 실험적 조작이 용이하므로 분자유전학자들에게 매우 유용하다(제9장 참조).

고세균뿐만이 아니라 다른 종류의 세균들도 이와 비슷한 생체분자들(biomolecules)을 포함하지만 각 종들은 서식지 환경과 영양소의 원천에 따라 물리적, 대사적으로 특화된 양상을 보인다. 예를 들어 남조류들은 빛으로부터 나오는 에너지를 포획하는 특화된 내막들을 갖고 있다(그림 20-27 참조). 많은 고세균들은 극한적 환경에서 살고 극한의 온도, 압력 또는 염분 농도에서 살아가도록 생화학적으로 적응하였다. 라이보소체 구조의 차이가 세균과 고세균이 독립된 영역을 구성했을 것이라는 첫 번째 힌트를 주었다. 대장균을 포함한 대부분의 세균은 다른 세포와는 달리 거의 독립적인 생활을 한다. 그러나 어떤 종의 세균은 바이오필름 또는 매트에 많은 수의 세포들이 서로 밀착하고 아래의 고형 기질이나 수분 표면에 붙어서 살기도 한다. 일부 세균(예를 들면, 점액세균, myxobacteria)은 단순한 사회적 행동을 나타내며 이웃하는 세포들 사이의 신호들에 반응하여 많은 세포의 집단을 형성한다.

진핵세포는 다양한 막성 소기관을 갖고 있으며, 이것들을 분리하여 연구할 수 있다

전형적인 진핵세포(**그림 1-8**)는 원핵세포보다 훨씬 더 커서, 보통 지름이 5~100 μm이고, 그 용적은 세균 용적의 수천 내지 수백만 배나 된다. 진핵세포의 두드러진 특징은 핵과 특정 기능을 갖는 막으로 둘러 싸인 다양한 소기관들을 갖고 있다는 것이다. 이러한 소기관들에는 세포에서 필요한 대부분의 에너지 추출 반응이 일어나는 **미토콘드리아(mitochondria)**; 지질과 막 단백질들의 합성과 가공에서 중심적인 역할을 하는 **세포질세망(endoplasmic reticulum)**과 **골지 복합체(Golgi complexes)**; 긴-사슬 지방산들이 산화되는 **과산화소체(peroxisomes)**; 그리고 필요 없는 세포의 찌꺼기들을 분해하는 소화효소들로 가득 찬 **용해소체(lysosomes)** 등이 있다. 식물세포에서는 이것 이외에도 **액포**(많은 양의 유기산을 저장하는)와 **엽록체**(햇빛이 광합성의 과정으로 ATP 합성을 유도하는)를 갖는다(그림 1-8). 많은 세포들의 세포질에는 또한 녹말과 지방과 같은 저장 영양소를 함유한 과립들이 존재한다.

생화학 연구는 클로드(Albert Claude), 드 듀브(Christian de Duve)와 팔레이드(George Palade) 등에 의해서 세포액으로부터 여러 가지 세포소기관을 각각 분리할 수 있는 방법을 개발함으로써 중요한 발전을 이루게 되었다. 이 실험방법은 생체분자와 큰 세포성분의 분리 및 그들의 구조와 기능을 연구하는 데 있어서 필수적 단계이다. 전형적인 세포 분획과정(**그림 1-9**)은 먼저 용액 중에서 세포나 조직을 부드럽게 파괴하여 세포를 분쇄하는 것이다. 이 처리로 형질막은 파괴되지만 대부분의 세포소기관은 온전하게 남아 있게 된다. 이어서 이 균질액을 원심분리하는데, 이때 핵, 미토콘드리아, 용해소체는 크기가 다르므로 서로 다른 속도로 침강된다.

일례로, 이 방법을 통해 용해소체는 분해효소를 가지고 있고, 미토콘드리아는 산화효소를 가지며, 엽록체는 광합성 색소를 가지고 있다는 것 등을 알아냈다. 특정 효소를 풍부하게 가지고 있는 세포소기관의 분리는 종종 효소의 정제에 있어서 대개 첫 번째 단계가 된다.

세포질은 세포골격으로 이루어져 있으며 지극히 동적이다

진핵세포를 전자현미경으로 관찰하면 몇 가지 종류의 단백질의 잔섬유들을 볼 수 있으며, 이들은 세포질에서 3차원의 그물구조를 형성하는데, 이를 **세포골격(cytoskeleton)**이라고 한다. 이들 세포질 잔섬유에는 그들의 폭(약 6~22 nm), 조성, 특이적 기능 등에 따라서 일반적으로 3가지 종류인 액틴 잔섬유(actin filament), 미세소관(microtubule), 중간 잔섬유(intermediate filament) 등으로 분류된다(**그림 1-10**). 이들 모두는 세포질의 구조와 조직화에 기여하며 세포의 모양을 유지한다. 액틴과 미세소관은 세포소기관들 또는 세포 전체의 이동에도 관여한다.

세포골격의 성분은 각각 단일의 단백질 소단위(subunit)들로 이루어져 있으며, 중합되어 균일한 두께의 잔섬유를 형성한다. 이러한 잔섬유들은 영속적인 구조가 아니며 끊임없이 소단위로 해리되기도 하고, 다시 잔섬유로 재구성되기도 한다. 세포 내에서의 이들 잔섬유들의 위치는 견고하게 고정되어 있지 않고, 유사분열, 세포질분열, 아메바 운동 또는 세포 모양 등의 변화에 따라 극적으로 변한다. 모든 형태의 잔섬유들의 형성과 해리 및 위치는 다른 단백질들에 의해 조절됨으로써 그 자체 또는 다른 잔섬유와 교차해서 결합하기도 하고, 잔섬유를 따라 세포질의 세포소기관들을 움직이게 하기도 한다. (세균은 유사한 기능을 하는 액틴-유사 단백질을 갖고 있다.)

세포 구조에 대하여 지금까지 간단히 살펴본 바에 의하면, 진핵세포는 구조를 만드는 섬유들이 그물 모양으로 얽혀있고 막으로 구획된 복잡한 구성물로 이루어져 있다(그림 1-8). 잔섬유들은 한쪽에서 해리되면 다른 한쪽에서는 재조합된다. 막으로 된 소포는 한 세포소기관에서 떨어져 나와 다른 막에 융합한다. 세포소기관들은 단백질 잔섬유를 따라 세포질에서 이동되며 그들의 이동은 에너지 의존성 운동단백질들에 의해 일어난다. **내막계(endomembrane system)**에 의해 개개의 대사과정은 분리되어 일어나며, 효소-촉매 반응이 일어날 수 있는 표면을 제공한다. **세포외팽출(exoxytosis)**과 **세포내함입(endocytosis)**은 세포 융합(각각 세포 밖과 안으로)과 분열에 의한 수송기전이다. 즉, 세포질과 세포외액 사이에서 세포 안에서 만든 단백질을 분비하고, 세포외액 성분을 유입하는 이동통로

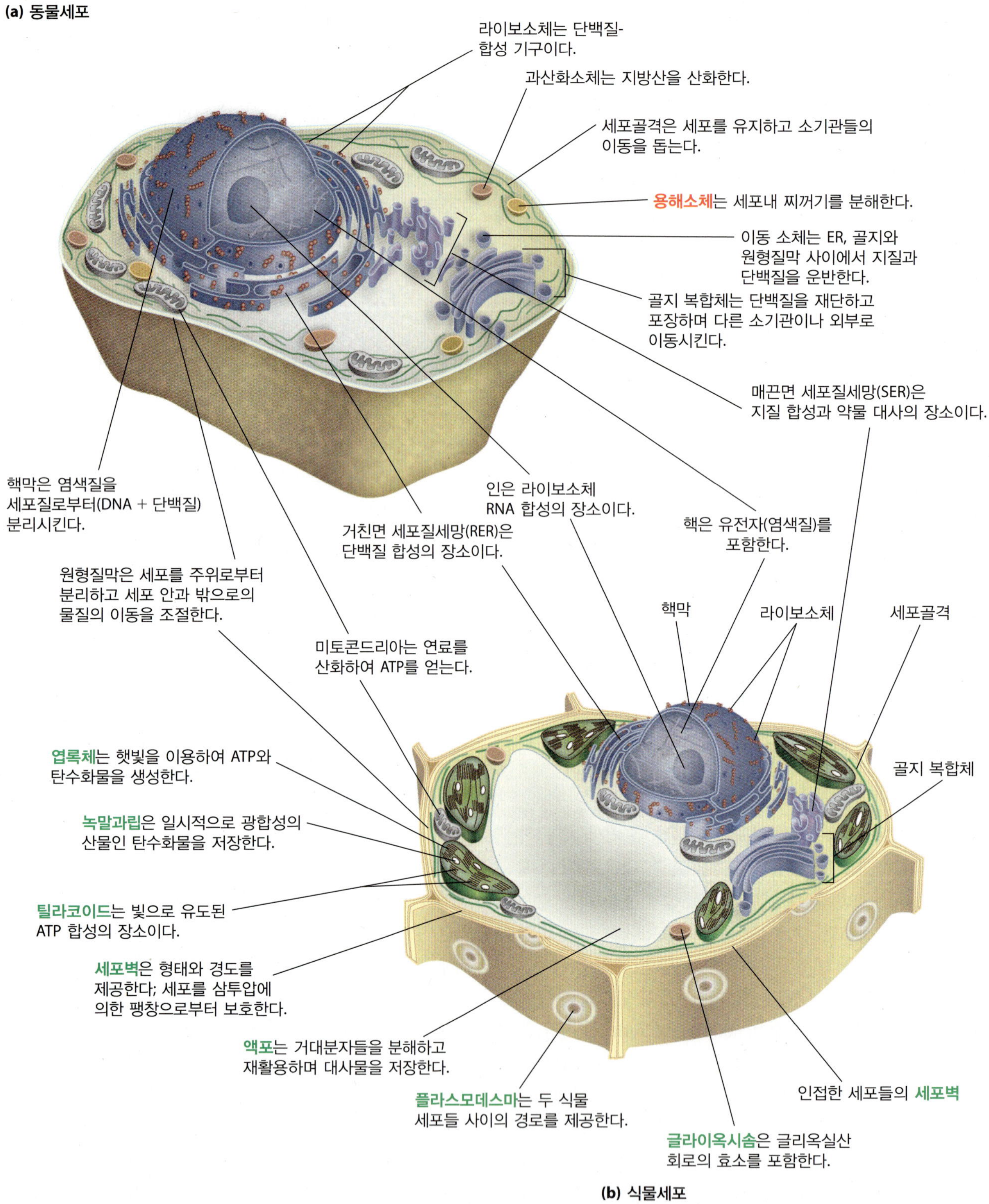

그림 1-8 진핵세포의 구조. 진핵세포의 대표적인 2종류의 모식도: (a) 동물세포 (b) 식물세포. 일반적으로 식물세포는 동물세포보다 지름이 크며 10~100 μm이다. 동물세포는 보통 5~30 μm이다. 적색으로 표시한 구조는 동물세포나 또는 식물세포에서만 존재한다. 진핵 미생물류(원생생물이나 진균류)는 동물세포 또는 식물세포의 구조와 유사하지만 여기에 표시되지 않은 특수한 세포소기관들을 가진다.

를 제공한다.

세포질의 구조적 구성은 결코 무작위로 된 것이 아니다. 세포소기관과 세포골격 성분들의 움직임과 존재하는 위치는 치밀하게 조절되며, 세포가 살아있는 특정 단계에서 진핵세포는 유사분열에서와 같이 매우 역동적이면서 정교하게 조화를 이루는 재구성이 일어난다. 세포골격과 세포소기관 간의 상호작용은 비공유결합적이고 가역적이며 다양한 세포 내외의 신호에 응답하여 반응이 조절되고 있다.

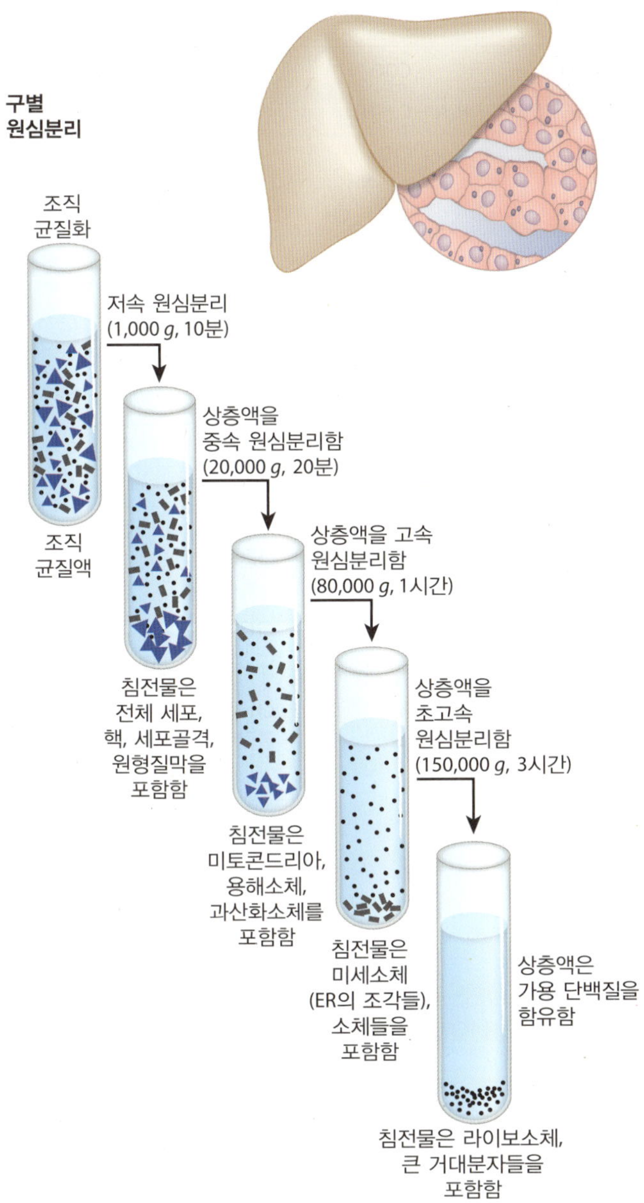

그림 1-9 조직의 세포하 분획. 간과 같은 조직은 기계적으로 균질화해서 세포를 분쇄하면 완충액에서 분산된 간세포의 내용물을 얻을 수 있다. 설탕 용액은 세포소기관들이 갖는 삼투압과 유사하므로 수용액인 소기관 내로의 확산은 일어나지 않으며 소기관들이 터지지 않는다(그림 2-13 참조). 현탁액 내의 크고 작은 입자는 서로 다른 속도로 원심분리함으로써 분리할 수 있다. 더 큰 입자들은 작은 입자들보다 더 빠르게 침전하고 수용성 물질들은 침전하지 않는다. 원심분리의 조건을 주의하여 결정함으로써 생화학적 특성화를 위한 세포하 분획들이 분리될 수 있다. [출처: Information from B. Alberts et al., *MolecularBiology of the Cell*, 2nd edn, Garland Publishing, Inc., 1989, p. 165.]

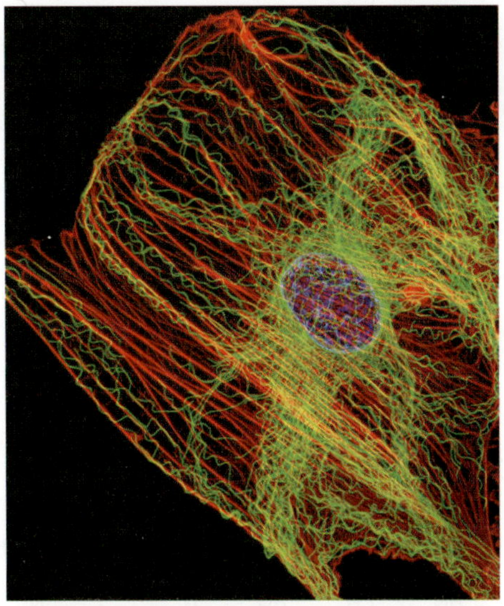

(a)

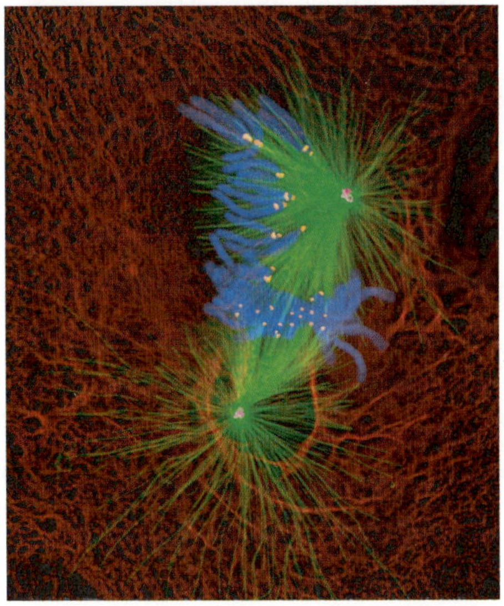

(b)

그림 1-10 세 종류의 세포골격 잔섬유: 액틴 잔섬유, 미세소관과 중간 잔섬유. 세포 구조성분은 특정 항체(특정 단백질을 인식하는)에 형광 화합물을 공유결합시킨 항체로 표지(염색)할 수 있다. 염색된 세포 표본은 형광현미경으로 관찰한다. **(a)** 소 폐동맥의 내피세포들. "스트레스 섬유(stress fibers)"라 불리는 액틴 잔섬유 다발은 붉은색으로 염색되었고; 세포 중간으로부터 방사상으로 퍼진 미세섬유들은 초록색; 염색체들(핵의)은 푸른색으로 염색된 것이다. **(b)** 체세포분열(유사분열)을 하고 있는 영원류(newt)의 폐세포. 농축된 염색체(푸른색)의 동원체(노란색)에 결합된 미세소관(초록색)들이 염색체를 서로 반대극(중심립)으로 잡아당기고 있는 모습. 케라틴으로 구성된 중간 잔섬유(붉은색)는 세포 구조를 유지해 준다. [출처: (a) James J. Daust and David G. Capco, Arizona State University/NIH National Institute of General Medical Sciences. (b) Dr. Alexey Khodjakov, Wadsworth Center, New York State Department of Health.]

세포는 초분자적 구조를 하고 있다

거대분자와 그의 구성성분인 단량체 소단위는 그 크기가 상당히 다르다(**그림 1-11**). 알라닌과 같은 아미노산 분자는 길이가 0.5 nm 이하이다. 적혈구의 산소 운반 단백질인 헤모글로빈은 약 600개의 아미노산으로 이루어져 있는데 이것은 4개의 긴사슬이 구형의 입체구조를 이루며 그 직경이 5.5 nm 정도이다. 즉, 단백질 분자들은 라이보소체(직경 약 20 nm)과 비교하면 아주 작은 것이며 또한 라이보소체는 직경이 1,000 nm나 되는 전형적인 미토콘드리아와 같은 세포소기관과 비교하면 매우 작은 세포소기관이다. 단순한 생체분자

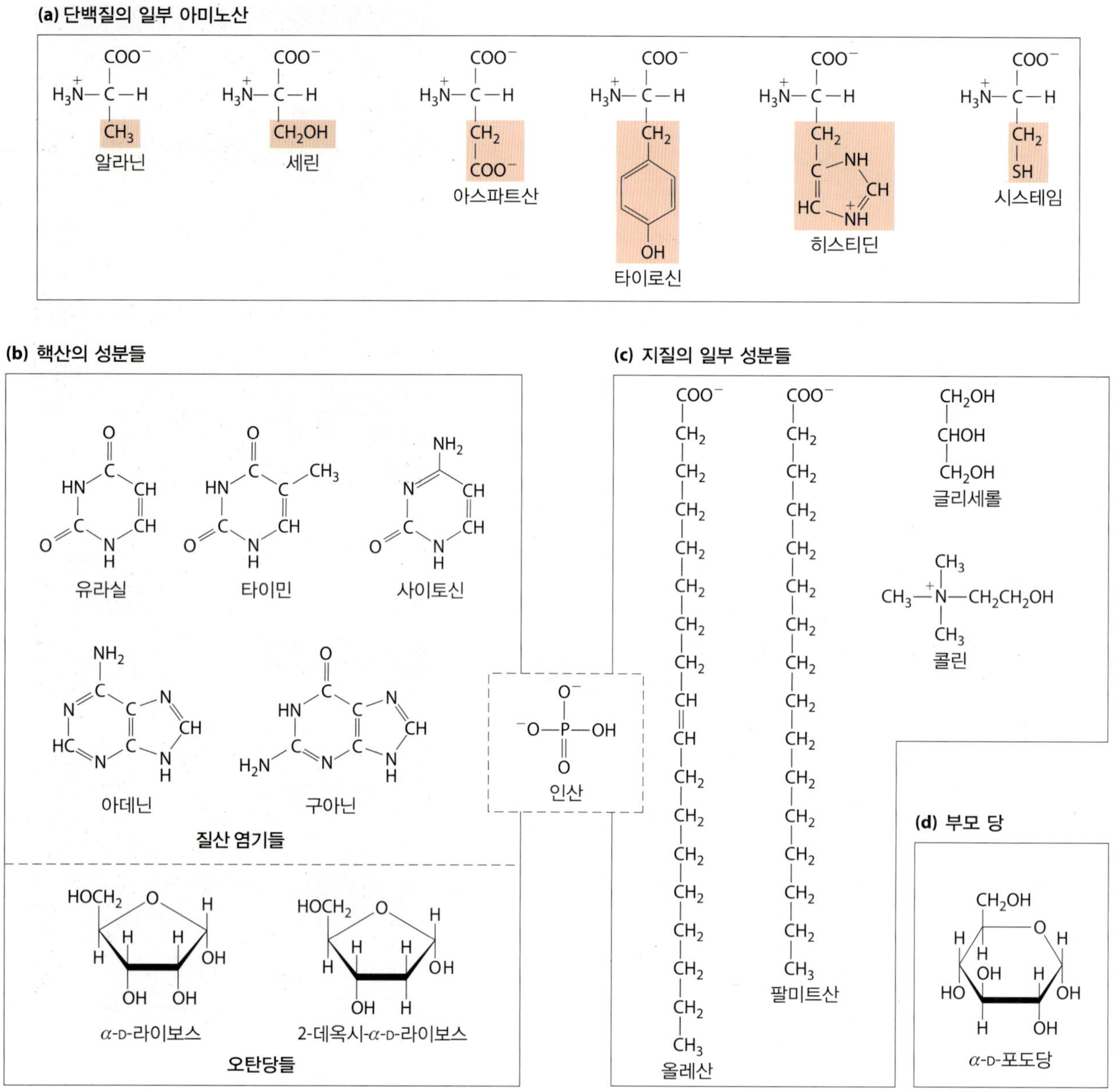

그림 1-11 대부분 세포 물질의 원료인 유기 화합물: 이것들이 생화학의 ABC이다. **(a)** 모든 단백질을 구성하는 20가지 아미노산 중 6가지(곁사슬은 엷은 빨간색으로 나타내었다); **(b)** 모든 핵산을 구성하는 5종류의 질소 함유 염기, 2종류의 5탄당 및 인산; **(c)** 막 지질의 5종류 화합물, 그리고 **(d)** 대부분의 당질의 원료인 모체 당 D-포도당.

는 순차적으로 점점 커져서 우리가 광학현미경으로 볼 수 있는 세포 구조가 되는 것이다. **그림 1-12**는 세포 조직화의 구조적 계층성을 도식화한 것이다.

단백질, 핵산, 그리고 다당류를 구성하는 단량체 소단위는 공유결합에 의해 결합된다. 그러나 초거대분자를 이루는 거대분자들 사이의 결합은 그 각각이 공유결합보다 약한 비공유결합에 의한다. 비공유결합에는 수소결합(극성 기 사이), 이온 상호작용(하전 기 사이), 소수성 상호작용(수용액에서 소수성 기 사이) 및 반데르발스 힘(van der Waals force; 또한 London force라고 불림) 등이 있는데, 이들 각각의 결합에너지는 공유결합의 것에 비해 매우 낮다. 이들 비공유결합들의 특성에 대한 것은 제2장에 기술하였다. 초거대분자를 이루는 거대분자 간에는 수없이 많은 비공유결합이 존재하므로 초거대분자는 이것들에 의해 구조적으로 안정된 독특한 구조를 만드는 것이다.

시험관내 실험을 통해 생체분자들 간의 중요한 상호작용을 알 수 있다

생물학적 현상을 이해하기 위한 하나의 접근방법이 세포로부터 분자들을 정제하여 세포 내에 존재하는 다른 분자들의 방해없이 시험관 내("in vitro"는 "in glass"라는 의미)에서 연구하는 것이다. 이

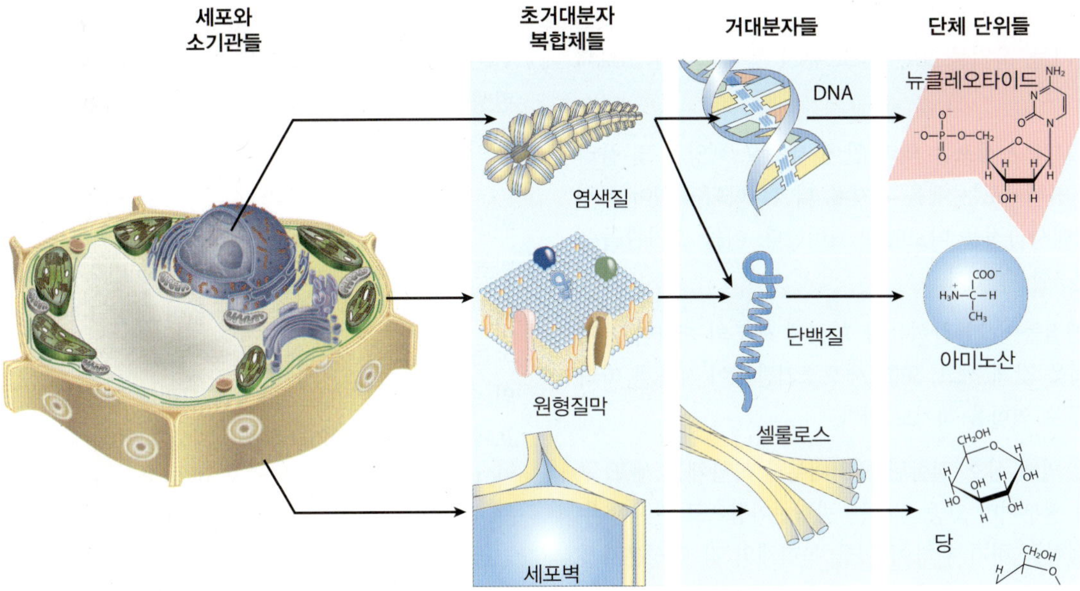

그림 1-12 세포에서 분자 구성의 구조 체계. 세포들의 소기관들과 그 외 상대적으로 큰 성분들은 초거대분자의 복합체로 구성되어 있으며, 이 초거대분자들은 더 작은 거대분자들과 이보다 더 작은 분자 아단위들로 구성된다. 예를 들어, 이 식물세포의 핵은 DNA와 염기성 단백질들[히스톤(histone)]로 구성된 초거대분자 복합체인 염색질을 포함한다. DNA는 단백질(아미노산)처럼, 단순한 단체 아단위들(뉴클레오타이드)로 구성된다. [출처: Information from W. M. Becker and D. W. Deamer, *The World of the Cell*, 2nd edn, Benjamin/Cummings Publishing Company, 1991, Fig. 2-15.]

연구방법을 통해 뚜렷한 실험결과를 얻을 수 있지만, 살아 있는 생체 내("in vivo"는 "in the living"이라는 의미)에서 일어나는 반응과 시험관 내에서 일어나는 반응이 매우 다를 수 있다는 것을 명심해야 한다. 정제 과정에서 제거되는 "방해" 물질들이 정제된 분자의 생물학적 기능 또는 조절 기능에 치명적으로 중요할 수도 있다. 예를 들어, 정제된 효소로 시험관내 실험을 할 경우 매우 잘 혼합된 용액 상태에서는 극히 낮은 농도의 효소로도 용액 내에서 효소 반응을 나타낸다. 그러나 세포 내에서 하나의 효소는 수천 가지의 다른 단백질들과 함께 젤과 같은 상태의 세포액에 존재하므로, 이들 단백질 중 일부는 이 효소와 결합하여 그 효소 반응에 영향을 줄 수 있는 것이다. 효소 중에는 다효소 복합체의 일부가 되어 있는 효소도 있다. 다효소 복합체 속에서 반응물은 용액 전체로 확산되지 않고 구성 효소들 중 한 효소에서 다른 한 효소로 통로를 따라 운반된다. 세포 내의 모든 알려진 거대분자들의 크기와 농도를 고려하면(**그림 1-13**) 세포액은 매우 밀집되고 거대분자들의 세포액에서의 확산은 다른 큰 구조물들과의 충돌에 의해 지체될 것이라는 것이 확실하다. 요약하면, 어떤 분자는 세포 내에서와 세포 외에서 매우 다른 작용을 할지도 모른다. 생화학의 중심적인 과제의 하나는 개개의 효소의 기능과 연관된 세포 조직과 거대분자의 영향을 해명하는 것, 즉 시험관내 뿐만 아니라 생체 내에서의 기능을 해명하는 것이다.

요약 1.1 세포적 기반

■ 모든 세포들은 원형질막으로 둘러싸여 있으며, 대사물, 보조효소, 무기이온 및 효소 등을 함유하는 세포질을 가지고 있고, 핵양체(세균과 고세균) 또는 핵(진핵생물) 내에 유전자 조합체를 갖고 있다.

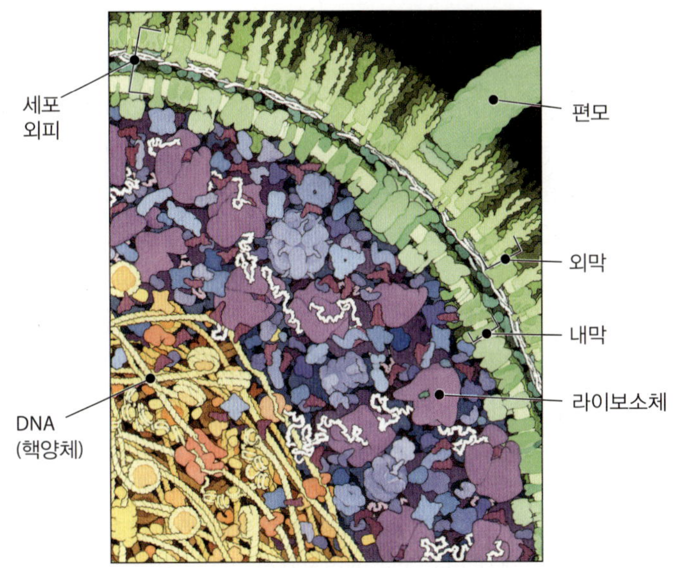

그림 1-13 세포질이 매우 밀집된 세포. David Goodsell에 의해 제안된 이 그림은 대장균의 일부분을 나타낸 것으로 거대분자의 상대적인 크기와 수를 정확히 표현하고 있다. 단백질과 핵산으로 매우 밀집되어 고도로 농축된 세포액은 생화학 연구에 사용되는 세포에 따라 추출된 구성성분이 다르게 되는데, 이것은 추출과정에서 세포액은 수십배 희석되고, 확산되는 거대분자의 상호작용은 매우 크게 변하기 때문이다. [출처: © David S. Goodsell 1999.]

■ 모든 생명체들은 세포의 활동을 수행하기 위해서 에너지의 원천을 필요로 한다. 광영양생물은 생명활동에 필요한 에너지로서 태

양광선을 사용하며, 화학영양생물은 연료들을 산화하여 전자를 전자수용체들인 무기물, 유기물 또는 산소 분자 등에 전달함으로써 에너지를 얻는다.

■ 세균 세포와 고세균 세포는 외피 안에 세포질, 핵양체 및 플라스미드를 갖는다. 진핵세포는 핵을 가지며, 다분획화되어 있어 특정 세포소기관들의 대사과정을 따로따로 격리한다. 이들 소기관들을 각각 분리하여 연구할 수 있다.

■ 세포골격 단백질들이 긴 잔섬유를 형성해 세포의 모양을 유지하게 하며, 견고성을 갖게 하고, 또한 세포소기관들이 세포를 따라 이동할 수 있는 통로 역할을 하기도 한다.

■ 비공유결합에 의해 상호 결합된 초거대분자 복합체는 세포 구조의 서열 체계의 일부이며 그중 일부는 광학현미경으로 관찰할 수 있다. 시험관내 실험을 하기 위하여 이들 복합체의 각 구성분자를 분리할 경우 생체 세포에 중요한 상호작용이 상실될 수도 있다.

1.2 화학적 기반

생화학은 생물의 형상과 기능을 화학적 기반에서 해명하는 것을 목적으로 한다. 18세기 말까지 화학자들은 생명물질의 조성이 비생명 물체의 것과 확실히 다르다고 결론지었다. 라보아지에(Antoine-Laurent Lavoisier; 1743–1794)는 “무기물의 세계”는 화학적으로 비교적 단순한 데 비해서 “식물과 동물의 세계”는 복잡하다는 것을 지적하였고, 동식물계는 탄소(C), 산소(O), 질소(N), 그리고 인(P) 등이 풍부한 화합물로 구성되어 있다는 것을 알아내었다.

20세기 중반까지 생화학자들은 효모(yeast)와 근육세포에서 일어나는 포도당 분해에 대한 연구들을 수행하여, 뚜렷이 다른 이 두 종류 세포에서의 화학 반응이 매우 유사하게 일어난다는 사실을 밝혔다. 즉, 효모와 근육세포에서 포도당을 분해할 때 10가지 같은 중간산물과 10가지 동일한 효소가 관여한다는 것을 알아냈다. 이어지는 연구들을 통해서 많은 종류의 생물에서 일어나는 여러 가지 생화학적 과정들이 일관성을 보인다는 것을 알아냈으며, 모노드(Jacques Monod)는 그 결론을 1954년에 다음과 같이 간결하게 제시하였다. “대장균에서 일어나는 생명현상의 진실들이 코끼리에서도 진실이다.” 모든 생명체는 공통의 진화적 기원을 공유하고 있다는 현존 이론적 근거의 일부는 화학 중간체들과 그 변환에 있어서 보편성을 갖는다는 면에 있으며 이것을 “생화학적 통일성(biochemical unity)”이라고도 부른다.

천연적으로 존재하는 90여 종의 원소 중에서 약 30종 이하의 원소만이 생물에게 필수적이다. 생체 물질에 있는 원소들에는 원자번호가 비교적 작은 것이 많으며 원자 번호가 34인 셀레늄(selenium, Se) 보다 큰 것은 3가지 밖에 없다(**그림 1-14**). 생명체를 구성하는 모든 원소를 원자수의 비율로 보면 상위에 있는 4종류의 원소들인 수소(H), 산소(O), 질소(N), 그리고 탄소(C)가 거의 대부분의 세포에서 99% 이상의 중량을 차지하고 있다. 이들 4종류의 원소는 각각 1, 2, 3, 4개의 화학결합을 만들 수 있는 매우 가벼운 원소들이다. 일반적으로 가장 가벼운 원소가 가장 강한 결합을 만든다. 미량원소들은 인체에 있어서 중량은 적지만 모두 생명현상에 필수적이다. 왜냐하면 이들은 효소를 비롯한 특정 단백질의 기능에 필수적이기 때문이다. 예를 들면, 헤모글로빈 분자의 산소 운반 능력은 그 질량의 단지 0.3%를 구성하는 4개의 철 이온에 절대적으로 의존한다.

생체분자는 여러 가지 작용기들을 갖는 탄소화합물이다

생명체를 구성하는 화학물질은 세포의 건조 중량의 절반 이상을 차지하는 탄소를 중심으로 체계화되어 있다. 탄소는 수소원자와 단일결합을 형성할 수 있고 산소 원자나 질소 원자와 단일 또는 이중결합을 만들 수 있다(**그림 1-15**). 생물학에 있어서 가장 중요한 것은 탄소원자끼리 전자쌍을 공유하여 각 탄소원자가 1~4개의 다른 탄소원자와 매우 안정한 단일결합을 형성할 수 있는 능력이다. 2개의 탄소원자는 또한 2개(또는 3개)의 전자쌍을 공유함으로써, 이중(또는 삼중) 결합을 형성한다.

탄소원자가 형성할 수 있는 4개의 단일결합은 결합 사이의 각도가 약 109.5°, 길이는 평균 0.154 nm 정도 되는 정사면체의 배치를 한다(**그림 1-16**). 각각의 단일결합은 자유롭게 회전이 되지만 매우 크거나 고도로 하전된 기(charged group)가 양쪽 탄소원자에 붙을 때에는 회전에 제한을 받게 된다. 이중결합의 길이는 더 짧고(약

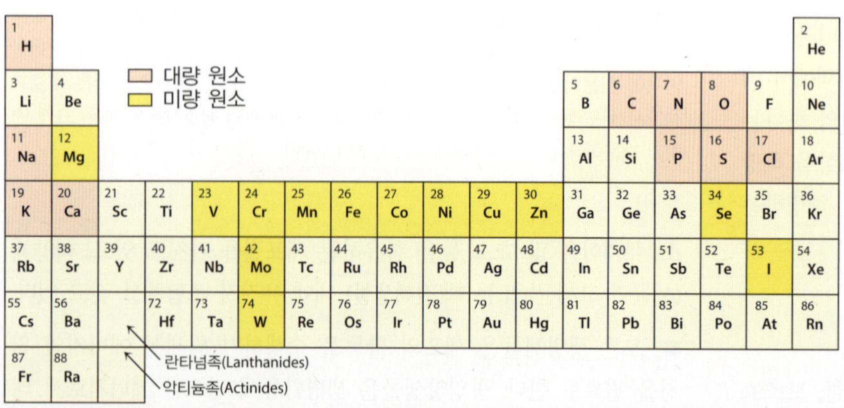

그림 1-14 동물의 생명과 건강에 필수적인 원소. 대량 원소(주황색)는 세포와 조직의 구조적 성분이고, 1일 섭취 요구량은 그램(g) 단위이다. 미량 원소(노란색)의 필요량은 대단히 적으며, 사람에서 철, 구리, 아연은 하루에 몇 mg 정도 필요하고 그 밖의 원소들은 좀 더 적게 필요하다. 식물과 미생물에 필요한 원소도 여기에 표시한 것과 유사하다; 다만 그들에 있어서 이들 원소들의 획득 방식과는 다르다.

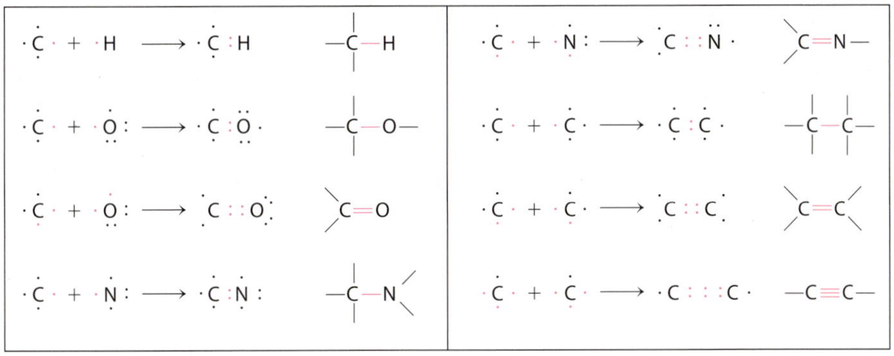

그림 1-15 탄소 결합의 다용성. 탄소원자는 탄소 또는 다른 원자와 단일결합, 이중결합, 삼중결합 등의 공유결합을 할 수 있다(빨간색). 삼중결합은 생체분자에서 드물다.

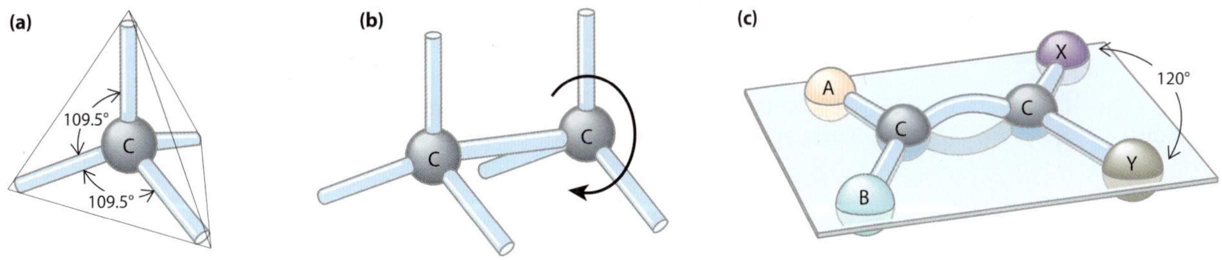

그림 1-16 탄소결합의 기하학적 배열. **(a)** 탄소원자는 4개의 단일결합으로 특징적인 정사면체 구조를 한다. **(b)** 탄소-탄소 간의 단일결합은 자유롭게 회전한다[예: 에탄(CH_3—CH_3)] **(c)** 이중결합은 단일결합보다 짧고, 자유롭게 회전을 할 수 없다. 이중결합을 한 탄소와 A, B, X, Y라고 표시한 원자는 모두 고정된 같은 평면상에 있다.

0.134 nm) 견고하며 그 축은 거의 회전되지 않는다.

공유결합으로 연결된 탄소원자들은 곧은 사슬(linear chain), 가지 사슬(branched chain), 고리(cyclic) 구조 등을 형성할 수 있다. 이와 같이 탄소가 갖는 결합의 다양성이 생명체의 기원과 진화의 과정에서 세포의 분자적 기계 장치를 위한 탄소 화합물의 선택에 있어서 주요한 요인이 된 것으로 생각된다. 어떠한 다른 화학 원소도 이처럼 매우 다른 크기, 모양, 조성 등을 가지고 있는 분자를 형성할 수 없는 것이다.

대부분의 생체분자는 탄화수소의 유도체라고 볼 수 있으며, 탄소에 결합된 수소원자가 여러 가지 작용기와 치환됨으로써 여러 종류의 유기 화합물이 만들어진다. 전형적인 유기 화합물의 종류로는 하나 또는 여러 개의 하이드록실기를 가지고 있는 알코올 화합물, 아미노기를 가지고 있는 아민 화합물, 카보닐기를 가지고 있는 알데하이드와 케톤 화합물, 카복실기를 가지고 있는 카복실산 화합물 등이 있다(**그림 1-17**). 많은 생체분자들은 각각 특유의 화학적 특성이나 화학 반응을 나타내는 2종류 이상의 작용기를 가지고 있다(**그림 1-18**). 화합물의 화학적 "특성"은 3차원 공간에서 작용기와 그들 배열의 화학적 성질에 의하여 결정된다.

세포는 보편적 집단의 작은 분자들을 함유하고 있다

모든 세포의 액상(세포액)에는 수천 가지의 서로 다른 작은 유기분자들(분자량 ~100에서 ~500)이 나노몰(nanomolar)에서 밀리몰(millimolar) 단위의 농도로 용해되어 있다(그림 15-4 참조). (분자량

별도설명 1-1 분자량, 분자질량과 그 단위

분자의 질량을 나타내는 방법에는 2가지가 있으며, 이 책에서는 모두 사용한다. 첫 번째인 **분자량**(*molecular weight*, 또는 **상대적 분자질량**)은 M_r로 표기하며, 어떤 물질의 분자량은 12번 탄소(^{12}C) 질량의 1/12에 대한 상대적 비로 정의한다. M_r은 단위가 없다. 두 번째, **분자질량**(*molecular mass*)은 m으로 표기하며, 이것은 단순히 한 분자의 질량 또는 분자량을 아보가드로수로 나눈 값으로 정의한다. 분자질량의 단위는 달톤(Da)으로 표기한다. 따라서 1달톤은 12탄소의 질량의 1/12에 해당되며, 1 kDa은 1,000 Da 그리고 1 MDa은 10^6 Da이다.

예를 들어, 물의 질량의 1,000배인 분자를 가정할 때, 이 분자를 M_r = 18,000 또는 m = 18,000 Da (또는 18 kDa) 분자로 표기한다. 그러나, M_r = 18,000 Da은 잘못된 표기이다.

한 원자나 분자의 질량을 표기하는 다른 하나의 편리한 단위는 원자질량단위(과거에는 amu로 표기, 현재는 u로 표기함)이다. 1 u는 12번 탄소 질량의 1/12로 정의한다. 12번 탄소원자질량의 실측치는 1.9926×10^{-23} g이므로, 1 u = 1.6606×10^{-24} g이다. 원자질량단위(u)는 질량분광법에 의해 관찰되는 봉우리 질량을 표시하는 데 편리하다(제3장 100쪽 참조).

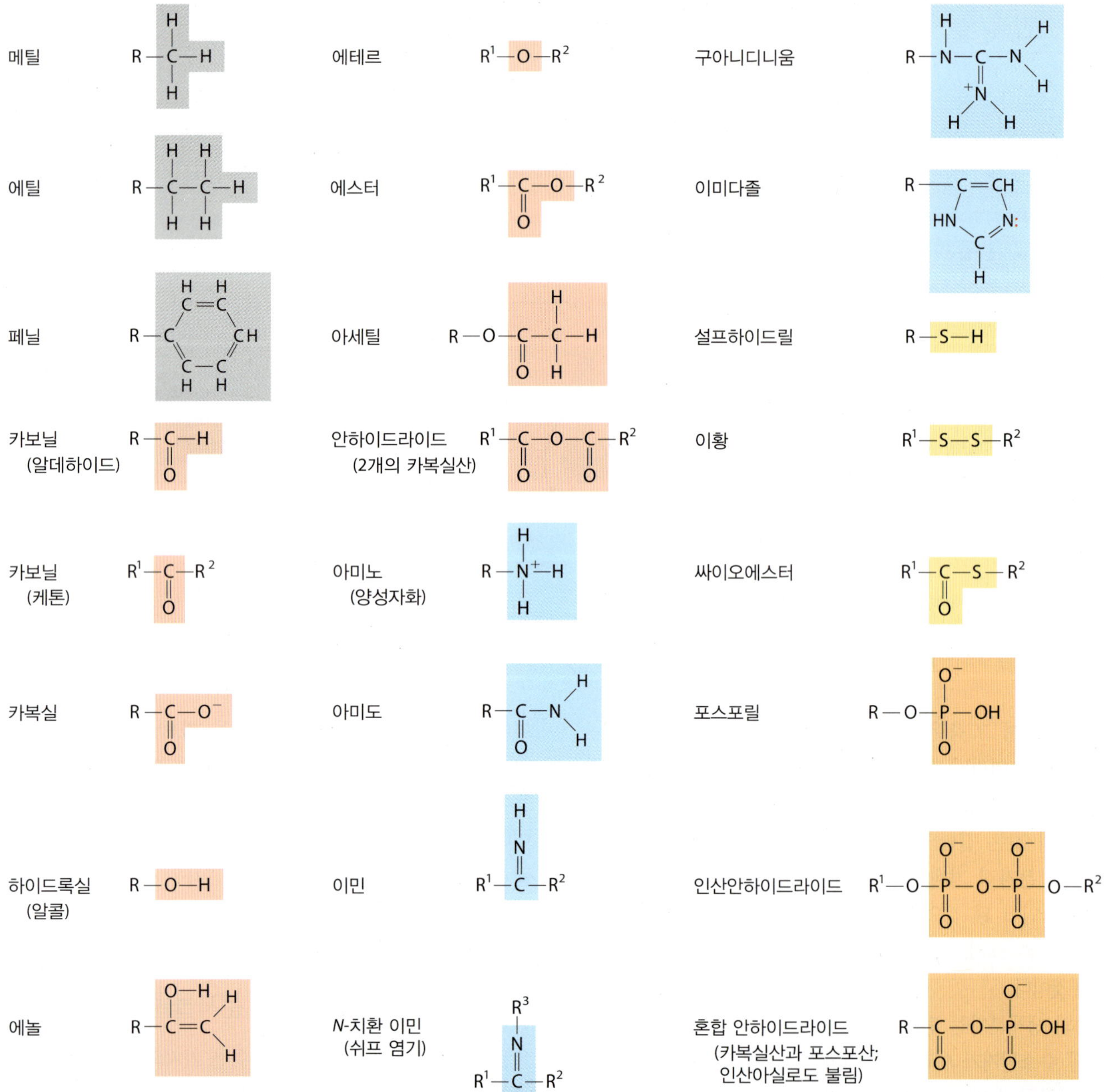

그림 1-17 생체분자에 공통적으로 존재하는 작용기. 작용기들은 기의 특징을 나타내는 원소를 전형적인 색깔로 표시하였다. 갈색은 C, 빨간색은 O, 파란색은 N, 노란색은 S, 주황색은 P. 이 그림과 이 책 전반에 걸쳐 R은 "어떤 치환물"을 나타낸다. 그것은 수소원자와 같이 간단한 것일 수도 있지만 대개 전형적으로 탄소를 함유하고 있는 성분이다. 2개 이상의 치환물이 분자에 나타나면 R^1, R^2 등으로 표시한다.

을 말하는 다양한 방법에 대해서는 별도설명 1-1 참조). 이것들은 거의 모든 세포에서 일어나는 주요 경로들의 중요한 대사물들이며—즉, 진화 과정에서 보존된 대사물들이자 경로들이라고 할 수 있다. 이와 같은 분자 집단에는 각종 아미노산, 뉴클레오타이드, 당 및 그것의 인산화 유도체, 수많은 종류의 모노-, 다이- 및 트라이-카복실산이 포함된다. 이들 분자들은 극성이거나 전하를 띠거나 수용성이다. 특정 막 운반체들이 일부 분자들을 세포 안이나 밖 또는 진핵세포에서 세포내 소기관 사이를 이동할 수 있도록 하지만, 이들 분자들은 형질막을 투과할 수 없어 세포 안에 갇혀 있다. 세포에 동일한 물질 집단이 보편적으로 존재한다는 것이 대사 체계의 보편성과 원시 조상세포에서 발생된 대사경로가 진화적으로 보존되어 있다는 것을 반영하는 것이다.

특정 세포나 생명체에는 그 밖의 작은 생체분자가 존재한다. 예를 들면, 유관속 식물들은 앞의 보편적 물질 집단 외에 **2차 대사물(secondary metabolite)**이라 불리는 작은 분자들을 가지는데, 이들도 식물 생명활동에 역할을 한다. 이와 같은 대사물에는 식물에서의 특징적인 향기를 내는 물질들과 사람에서는 생리적 효과를 갖지만 식물 자체에서는 다른 목적으로 사용되는 몰핀, 퀴닌, 니코틴 및

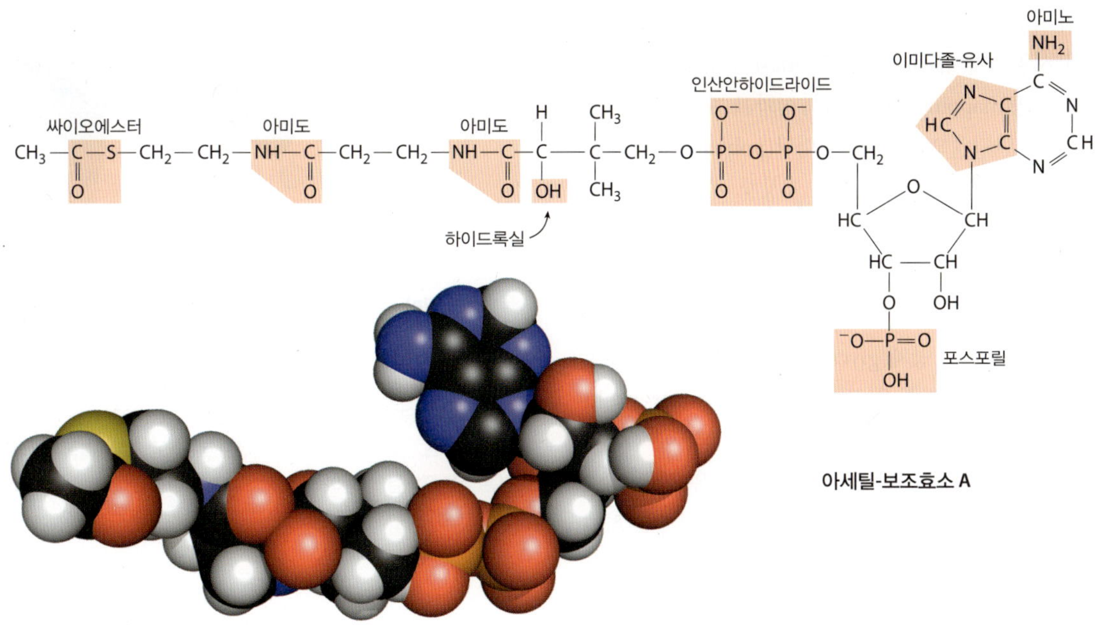

그림 1-18 하나의 생체분자에서 보이는 몇 가지 공통적 기능기들. 아세틸-보조효소 A는 약자로 아세틸-CoA로 쓰며, 몇 가지 효소 반응에서 아세틸기의 운반체가 된다. 이의 기능기는 구조식에 붉은색 상자로 표시하였다. 제2장에서 보겠지만, 이들 작용기는 pH에 따라서 양성자형 또는 비양성자형으로 존재한다. 공간채움 모형에서 N은 파란색, C는 검은색, P은 주황색, O는 빨간색, H는 하얀색이다. 왼쪽의 노란색 원자는 아세틸기와 보조효소 사이의 싸이오에스터결합에 관여하는 황(S)이다. [출처: Acetyl-CoA extracted from PDB ID 1DM3, Y. Modies and R. K. Wierenga, *J. Mol. Biol.* 297:1171, 2000.]

카페인 등이 있다.

하나의 세포 내에 있는 작은 분자들의 전체 집단을 "유전체(genome)"와 같은 형태의 용어로 **대사체(메타볼롬, metabolome)**라고 부른다. **대사체학(Metabolomics)**은 특정한 상황(약물이나 인슐린과 같은 생물학적 신호를 투여하고 난 후의 상황과 같은)에서 대사체의 전체적인 특성화를 수행하는 연구를 말한다.

거대분자들이 세포의 주요 구성성분이다

많은 생명분자들은 비교적 단순한 전구체가 모여서 이루어진 분자량이 ~5,000 이상인 중합체, 즉 **거대분자(macromolecule)**들이다. 작은 중합체는 **소중합체**[**oligomer**, 그리스어로 *oligos*는 "적은(few)"을 의미함]라 부른다. 단백질, 핵산 그리고 다당류는 분자량이 500 이하의 비교적 작은 화합물의 중합에 의해 만들어진 것이다. 거대분자의 합성은 세포의 주요한 에너지 소모 과정이다. 거대분자는 그것 자체가 다시 모여서 초거대분자 복합체가 되어 라이보소체와 같은 기능적 단위를 만든다. 표 1-1은 대장균의 주요한 생체분자들을 나타낸 것이다.

아미노산의 중합체인 **단백질(protein)**이 세포 중에서 (물 분자를 제외하고) 가장 많은 구성성분이다. 어떤 단백질은 촉매능을 가지는 효소로서의 기능을 하고, 또 다른 단백질은 생명체의 구조 성분, 신호 수용체 또는 세포 안팎으로 특이한 성분을 운반하는 수송체 등으로서 작용한다. 아마도 단백질이 모든 생체분자 중에서 가장 기능이 다양할 것이며 이러한 기능의 목록은 매우 길 것이다. 하나의 세포에서 기능을 하는 모든 단백질들의 총합이 그 세포의 **단백체(proteome)**이고, **단백체학(proteomics)**은 특정한 상황에서 이러한 단백질들의 전체적인 특성화를 수행하는 연구이다. **핵산(nucleic acid)**인 DNA와 RNA는 뉴클레오타이드의 중합체이다. 그것들은 유전정보를 저장하고 전달하며, 어떤 RNA 분자들은 초거

표 1-1 대장균 세포의 분자적 구성성분들

	세포 총중량 중 백분율	대략적인 다른 분자 종류의 수
물	70	1
단백질	15	3,000
핵산		
DNA	1	1–4
RNA	6	>3,000
다당류	3	20
지질	2	50[a]
단량체 소단위와 중간물질들	2	2,600
무기 이온들	1	20

출처: A. C. Guo et al., *Nucleic Acids Res.* 41:D625, 2013.
[a]만약 모든 지방산 치환기들의 순열 및 조합을 고려하면 이 수는 매우 커진다.

대분자 복합체에서 구조 및 촉매 역할을 한다. **유전체(genome)**는 세포 DNA의 전체 서열이며 **유전체학(genomics)**은 유전체의 비교 구조, 기능, 진화와 매핑(mapping)에 대한 특성화를 수행하는 것을 말한다. 포도당과 같은 단당들의 중합체인 **다당(polysaccharides)**은 3가지의 주요한 기능인 에너지 생성 연료의 저장체 기능, 세포벽(식물과 세균)의 견고한 구조 성분 기능, 특정 단백질에 특이 결합 부위를 갖는 세포 밖의 인식구조 성분 기능이다. 짧은 단당 중합체(소당)는 세포 표면에서 단백질 또는 지질과 결합하여 특이적인 세포 신호 분자로 작용한다. 세포의 **당체(glycome)**는 세포가 갖고 있는 탄수화물을 포함하는 모든 분자들을 말한다. 불용성(water-insoluble)의 탄화수소 유도체인 **지질(lipid)**은 막의 구성성분, 에너지 생성 연료의 저장체, 색소, 세포내 신호 분자 등의 역할을 한다. 세포의 지질-포함 분자들을 모두 합하여 **지질체(lipidome)**이라고 한다. 큰 해상력을 갖는 민감한 방법들을 적용하여 수십만 종류의 이러한 성분들을 구분하고 정량하는 것이 가능하여 변화하는 상황, 신호 또는 약물에 대한 변동을 정량하는 것도 가능하다. 시스템 생물학(systems biology)은 유전체학, 단백체학, 당체학과 지질체학의 정보들을 통합하여 일정한 상황 하에서 세포의 모든 활성과 외부의 신호들 또는 환경 또는 돌연변이에 의해 시스템이 교란될 때 일어나는 변화에 대한 분자적 그림을 제공하려는 시도이다.

단백질, 뉴클레오타이드, 다당, 그리고 지질 등을 구성하는 단량체 소단위의 수는 대단히 많다. 단백질의 분자량은 5,000에서부터 100만을 넘는 것도 있으며, 핵산은 수십억이고, 녹말과 같은 다당도 수백만에 이른다. 개개의 지질 분자는 대단히 작으며(분자량 750~1,500), 거대분자로는 분류되지는 않지만 많은 지질 분자가 비공유결합으로 결합하면 결과적으로 대단히 큰 구조가 된다. 세포막은 수많은 비공유결합성 지질 분자들의 집합체와 단백질 분자들로 이루어져 있다.

각 단백질과 핵산은 풍부한 정보를 가지고 있는 특유한 소단위 서열을 하고 있어서 이들 단백질과 핵산은 **정보 거대분자(informational macromolecule)**로 인정되고 있다. 앞에서 설명한 것처럼 일부 소당도 또한 정보 분자로 작용한다.

3차 구조는 위치배열 구조와 입체형태 구조로 설명된다

생체분자의 공유결합과 작용기는 그들의 분자 기능의 중심을 이루고 있지만, 생체분자를 구성하는 원자의 3차원 공간 중에서의 배치(입체화학)도 대단히 중요하다. 탄소 화합물은 일반적으로 동일한 화학결합과 동일한 화학식을 갖지만 원자 간의 공간에서의 정렬인 **위치배열(configuration)**이 서로 다른 분자인 **입체이성질체(stereoisomer)**로서 존재한다. 생체분자들 간의 분자적 상호작용은 분자들 간의 특이한 입체형태를 요구하며, **입체특이적(stereospecific)**이다.

그림 1-19는 간단한 분자의 입체화학 또는 위치배열을 나타내는 3가지 방법을 나타낸다. 투시도(perspective diagram)는 입체화학

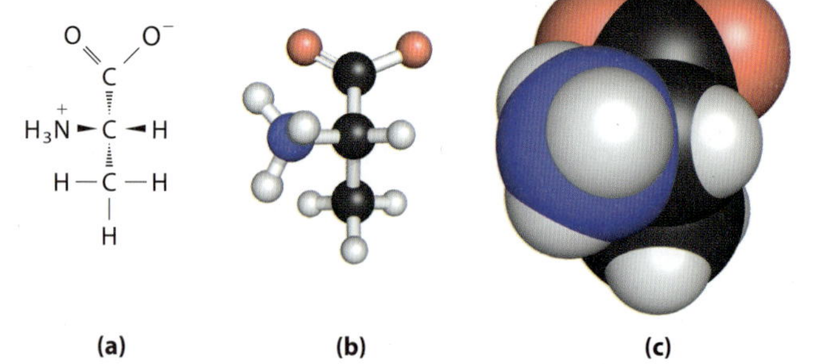

그림 1-19 분자의 표시법. 아미노산인 알라닌의 구조를 나타내는 3가지 표시법(여기서는 중성 pH에서 발견되는 이온 형태이다). **(a)** 투시법에 의한 구조식: 진한 쐐기(◀)는 독자를 향하여 지면의 위쪽으로 끝에서 원자와 결합하는 것을 의미한다. 점선 쐐기(┉)는 지면의 아래쪽으로 뻗어 있는 결합을 나타낸다. **(b)** 공막대 모형은 상대적 결합 길이와 결합 각도를 나타낸다. **(c)** 공간채움 모형에 있어서 각 원자는 상대적 반데르발스 반지름으로 나타낸다.

을 명확하게 나타내지만 공 막대 모형(ball-and-stick model)이 각 원자 간의 결합 각도와 중심으로부터의 길이를 가장 잘 나타내는 모델이다. 공간 채움 모형(space-filling model)에서는 각각의 원자의 반지름이 반데르발스 반지름에 비례하고, 이 모형의 윤곽이 분자에 의해 점유되는 공간을 정의한다(다른 분자의 원자들이 차지하는 공간의 부피는 배제된다).

위치배열은 (1) 자유롭게 회전할 수 없는 이중결합 또는 (2) 치환기가 특정한 방향으로 배열되어 있는 손대칭 중심 중 어느 한 가지가 존재하는가에 따라서 부여된다. 입체이성질체의 특성을 식별하는 방법은 공유결합을 일시적으로 깨지 않고서는 그들이 상호변환을 할 수 없다는 것이다. **그림 1-20a**는 말레산과 그의 이성질체인 퓨마르산의 위치배열을 보여 준다. 이 화합물들은 **기하이성질체(geometric isomer)** 또는 **시스-트랜스 이성질체(cis-trans isomer)**이다; 이들은 회전할 수 없는 이중결합에 결합되어 있는 치환기의 배치가 다르다(라틴어에서 *cis*는 "같은"—작용기가 이중결합의 같은 쪽에 위치—를 의미하며, *trans*는 "반대"—작용기가 이중결합의 반대쪽에 위치—를 의미함). 말레산(maleic acid, 세포질의 중성 pH에서 maleate)은 시스 이성질체이고, 퓨마르산은 트랜스 이성질체이다; 서로 분리될 수 있는 잘 알려진 화합물이고 각각은 독특한 화학적 성질을 가지고 있다. 이러한 분자들 중에서 하나에 상보적인 결합자리(예를 들면, 하나의 효소에서)는 다른 하나에 상보적이지 않을 것이며, 이것이 두 화합물들이 비슷한 화학적 구성에도 불구하고 각각 특징적인 생물학적 역할을 하는지를 설명해 준다.

두 번째 형태의 입체이성질체에서는 사면체 탄소원자에 결합한 4개의 다른 치환물이 공간에서 서로 다른 2가지 위치배열을 하여, 화학적 성질이 비슷하거나 동일하지만 어떤 물리적 및 생물학적 성질에서는 서로 다른 2가지의 입체이성질체를 만든다. 4개의 서로 다른 치환물을 가진 탄소원자를 비대칭이라고 하며 이 비대칭의 탄소를 **손대칭 중심(chiral center)**(그리스어 *chiros*는 "손"을 뜻함; 어

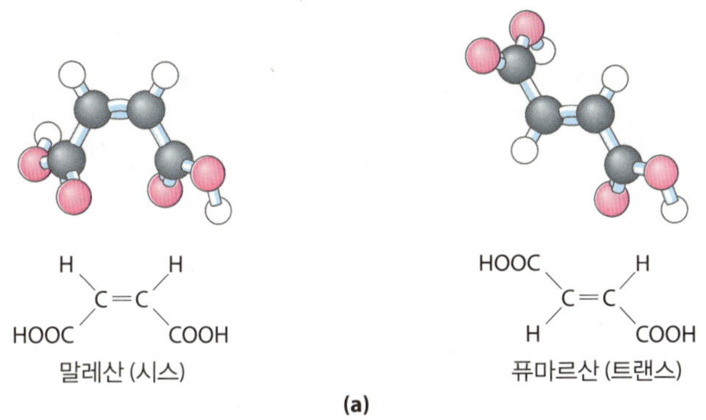

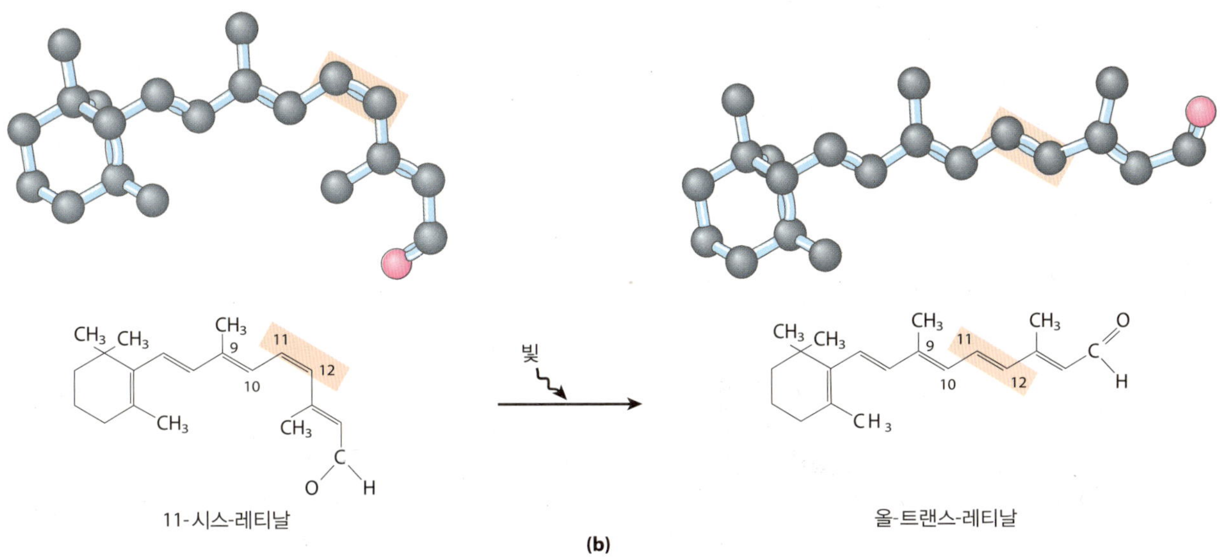

그림 1-20 기하학적 이성질체의 위치배열. (a) 말레산(pH 7에서는 말레에이트)과 퓨마르산(pH 7에서는 퓨마레이트)과 같은 이성질체는 공유결합을 깨뜨리지 않고는 상호전환될 수 없다. 여기에는 생리적 온도에서의 분자들의 평균적인 활동에너지 보다 많은 에너지의 투입이 필요하다. (b) 척추동물의 망막에서 빛을 감지할 때 최초의 반응은 11-시스-레티날에 의한 가시광선의 흡수이다. 흡수된 빛 에너지(약 250 kJ/mol)는 신경 충격을 일으키는 망막세포에서 전기적 변화를 유발하면서 11-시스-레티날(11-*cis*-retinal)을 올-트랜스-레티날(all-*trans*-retinal)로 변환시킨다. (레티날의 공막대 모형에서 수소원자들은 생략되어 있음에 주의하라.)

떤 입체이성질체는 구조적으로 오른손과 왼손의 관계와 같아서 손대칭성 이성질체라고도 함)이라고 부른다. 단지 하나의 손대칭 탄소를 가진 분자는 2개의 입체이성질체를 가질 수 있지만 2개 이상(n)의 손대칭 탄소가 존재하면 2^n개의 입체이성질체를 가질 수 있다. 이들 입체이성질체는 서로가 거울상(mirror image)이므로 **거울상이성질체(enantiomer)**라고 부른다(**그림 1-21**). 서로 거울상이 아닌 입체이성질체 쌍을 **부분입체이성질체(diastereomer)**라고 부른다(**그림 1-22**).

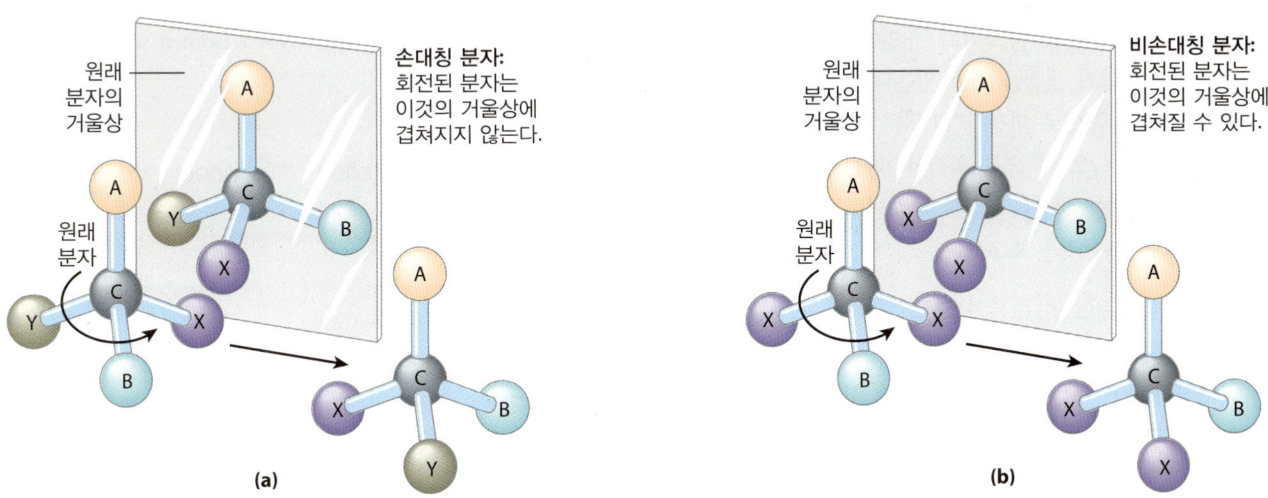

그림 1-21 분자의 비대칭성: 손대칭 분자와 비손대칭 분자. (a) 탄소원자가 4종류의 서로 다른 치환기(A, B, X, Y)를 가질 때, 그것은 서로 겹칠 수가 없는 거울상 관계를 나타내는 2가지 방법으로 배치된다(거울상이성질체). 이러한 탄소원자는 비대칭적이며, 이것을 손대칭 원자 또는 손대칭 중심이라 부른다. (b) 탄소원자에 단지 3가지만 서로 다른 기를 가질 때(즉, 같은 기가 두 번 일어난다)에는 단 1가지의 공간 배치만이 가능하며, 이 분자는 대칭적 또는 비손대칭이 된다. 이 경우 분자는 거울상에 겹쳐진다. 즉, A에서 C로 수직의 결합 축을 내려다 볼 때 왼쪽 분자를 시계 반대방향으로 회전시키면 거울상 분자를 만들 수 있다.

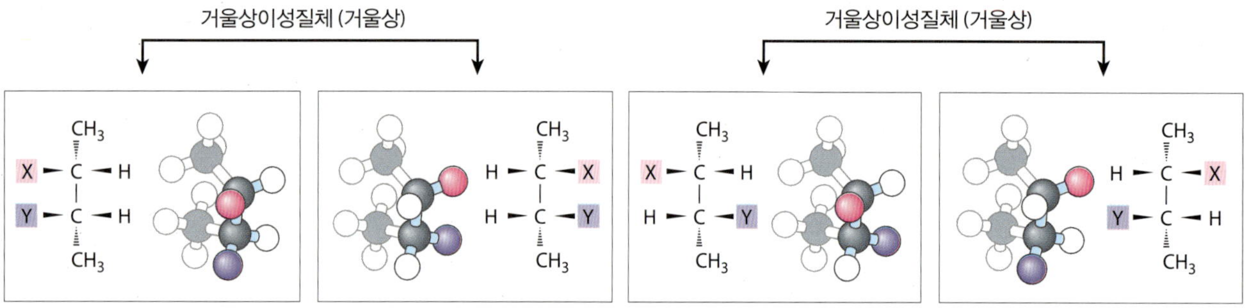

그림 1-22 거울상이성질체와 부분입체이성질체. 2,3-이치환 뷰테인(비대칭성 탄소 n = 2, 따라서 2^n = 4 입체이성질체)에는 4종류의 서로 다른 이성질체가 존재한다. 상자 안에 각각의 투시도와 독자가 모든 기를 볼 수 있도록 회전된 공막대 모형을 보여 주고 있다. 두 쌍의 입체이성질체들은 서로 거울상 관계이므로 거울상이성질체이다. 다른 쌍들은 거울상 관계가 아니므로 부분입체이성질체이다. [출처: Information from F. Carrol, *Perspectives on Structure and Mechanism in Organic Chemistry*, Brooks/Cole Publishing Co., 1998, p. 63.]

파스퇴르(Louis Pasteur)가 1843년도에 처음 관찰한 바와 같이(별도설명 1-2), 거울상이성질체는 거의 동일한 화학적 성질을 가지고 있지만 특징적인 물리적 성질인 평면-편광과의 상호 반응이 서로 다르다. 2종류의 거울상이성질체 용액은 각각 평면-편광 조사 시 서로 반대방향으로 회전하며, 2종류의 거울상이성질체를 같은 몰농도로 혼합한 용액[이를 **라세미 혼합물(racemic mixture)**이라 함]은 광학적 회전을 나타내지 않는다. 손대칭 중심이 없는 화합물도 평면-편광면을 회전하지 않는다.

›› 중요 관례: 생체분자 사이의 반응에서 입체화학의 중요성의 예에서 알 수 있는 바와 같이(아래 참조), 생화학자는 명확하게 입체화학을 알 수 있게 생체분자의 구조를 명명하고 표현하여야 한다. 하나 이상의 손대칭 중심을 가진 화합물에서 RS계에 의한 명명법이 가장 유용하다. RS계에서 손대칭 탄소에 붙어 있는 각 작용기는

별도설명 1-2 루이스 파스퇴르와 광학 활성: 포도주에 있는 진리(*In Vino, Veritas*)

1843년 파스퇴르(Louis Pasteur)는 포도주 저장용 나무통에 고인 결정체[라틴어로 "포도송이"를 의미하는 *racemus*로부터 유래된 라세미산(racemic acid)이라고도 부르는 파라타르타르산(paratartaric acid)]를 연구하는 중에 **광학활성(optical activity)** 현상과 직면하게 되었다. 그는 정밀한 핀셋으로 이들 2가지 결정체를 분리해서 조사해 본 결과 모양은 같으나 서로 거울상의 관계가 있음을 알았다. 그리고 이 2가지가 모두 타르타르산의 화학적 성질을 갖고 있는데, 용액에서 하나는 편광을 왼쪽으로 회전시키고(좌선성, levorotatory), 다른 하나는 오른쪽으로 회전시킨다는(우선성, dextrorotatory) 것을 밝혔다. 그 후 파스퇴르는 이 실험과 그 해석에 관한 것을 보고했다:

> 이성질체에서는 원소의 종류와 그 조합의 비율이 같으며, 원자의 배치만이 다르다... 이제 2가지 타르타르산의 분자 배열이 비대칭성이라는 것은 분명하다. 또한 이들의 배치는 역의 방향으로부터 비대칭성을 나타내는 것 이외에는 완전히 같다는 것도 알고 있다. 우선성인 산의 원자가 오른쪽 감기의 나선을 형성하는 것인지와 그들이 불규칙한 사면체의 정점에 위치하고 있는 것인지, 아니면 그들이 어떤 법칙에 따라서 배열되어 있는지는 아직 불분명하다.*

Lois Pasteur, 1822–1895 [출처: The Granger Collection.]

1951년 X-선 결정학적 연구에 의해 타르타르산의 좌선성과 우선성 형이 서로 거울상이라는 것이 분자 수준에서 확정되었고, 각각의 완전한 위치배열 구조가 확립되었다는 것을 우리는 알고 있다(그림 1). 같은 실험 방법으로 아미노산인 알라닌에 2가지의 거울상 입체이성질체(D와 L로 나타냄)가 존재한다는 것이 증명되었다. 단백질 내에 있는 알라닌은 전적으로 1가지 형으로만 존재한다(the L isomer; see chapter 3).

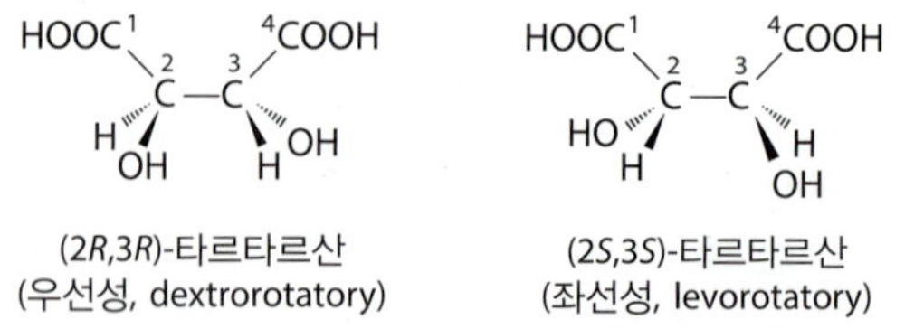

그림 1 파스퇴르는 타르타르산의 2가지 입체이성질체의 결정을 분리하였고, 분리된 두 용액은 편광을 같은 크기로 회전시키지만 서로 다른 방향으로 회전시킨다는 것을 보여 주었다. 이 우선형과 좌선형은 후에 여기에 나타낸 (*R,R*)와 (*S,S*) 이성질체가 되었다. 명명법의 RS 시스템은 본문에 기술되어 있다.

*From Pasteur's lecture to the Société Chimique de Paris in 1883, quoted in DuBos, R. (1976) *Louis Pasteur: Free Lance of Science*, p. 95, Charles Scribner's Sons, New York, 1976.

우선권(*priority*)이 할당되어 있다. 공통 치환물의 우선권은 다음과 같다.

$$—OCH_3 > —OH > —NH_2 > —COOH > —CHO > —CH_2OH > —CH_3 > —H$$

RS계에 의한 명명에서 손대칭 중심 원자는 관찰자로부터 멀리 떨어진 것은 가장 낮은 우선권을 갖는다는 것을 의미한다(아래 그림의 4). 나머지 다른 기(1~3)의 우선권이 시계 방향의 순서로 감소하면 위치배열은 (*R*) (라틴어 *rectus*는 "오른쪽"을 뜻함)이고; 시계 반대방향이면 입체형태는 (*S*) (라틴어 *sinister*는 "왼쪽"을 뜻함)이다. 이런 방법으로 각 손대칭 탄소는 (*R*) 또는 (*S*)로 표시하며, 화합물 이름에 이런 표시를 하는 것은 각 손대칭 중심의 입체화학에 대한 명확한 묘사를 제공한다.

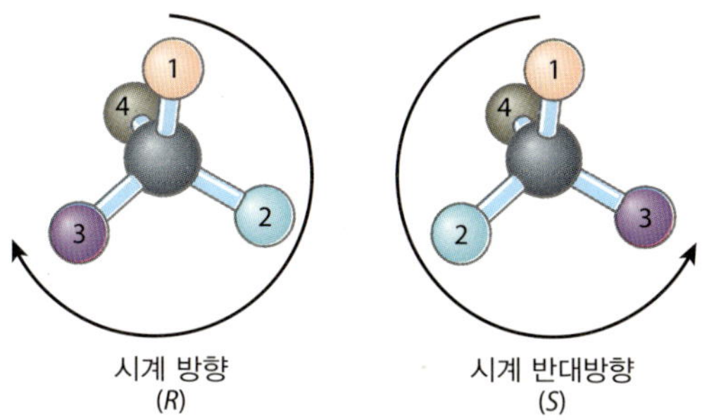

또 다른 입체이성질체의 명명법은 제3장에 설명된 바와 같이 D와 L 시스템이다. 단일 손대칭 중심을 갖는 분자(예, 글리세르알데하이드의 두 이성질체)는 보여지는 바와 같이 어느 명명법을 사용하여도 혼동되지 않는다.

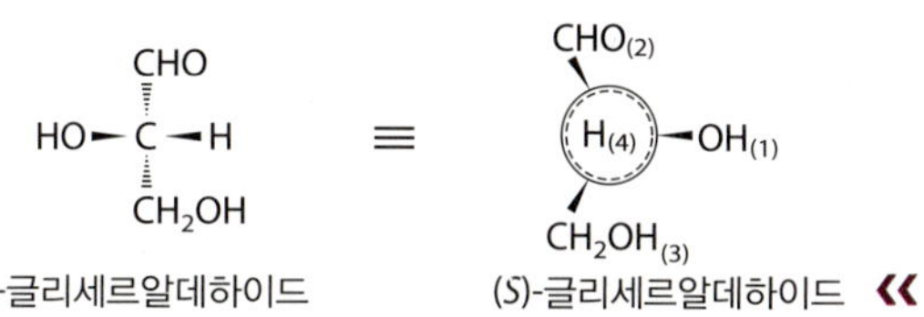

위치배열 구조와 달리 분자의 **입체형태(conformation)**는 결합의 회전이 자유롭기 때문에 어떤 결합도 깨뜨리지 않고 공간 중에서 서로 다른 위치를 자유롭게 취할 수 있는 치환기의 공간배치 구조를 말한다. 예를 들어, 단순 탄화수소인 에탄(ethane)에서는 탄소—탄소 간의 결합의 주위를 회전하는 것이 완전에 가까울 정도로 자유롭다. 에탄 분자는 회전의 정도에 따라서 여러 가지의 상호변환이 될 수 있는 서로 다른 많은 입체형태 구조가 가능하다(**그림 1-23**). 그 중에서 2가지의 입체형태 구조가 특히 흥미롭다. 즉, 가장 안정한 상태이고 주도적으로 존재하는 엇갈림(staggered) 입체형태 구조와 가장 불안정한 상태의 가림(eclipsed) 입체형태 구조이다. 이들의 구조는 서로 자유롭게 변환을 하므로 어느 특정 입체형태의 구조물을 순수하게 분리하는 것은 불가능하다. 그러나 각 탄소의 수소원자가 대단히 크거나 또는 전기적으로 하전이 된 작용기로 치환되었을 때에는 탄소—탄소 결합 주변의 회전은 방해를 받는다. 따라서 에탄 유도체의 안정된 입체형태 구조의 수는 한정되게 된다.

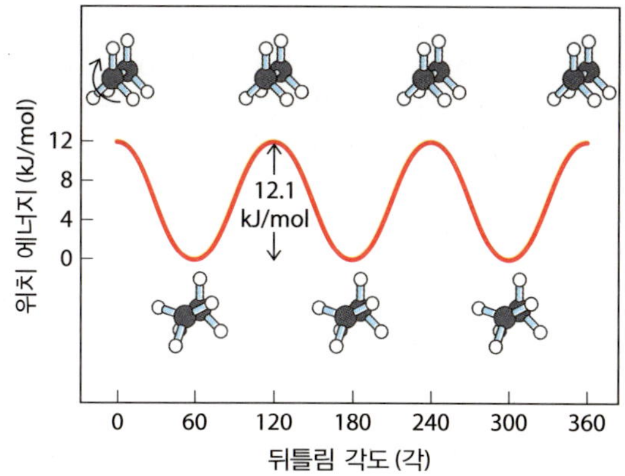

그림 1-23 입체형태 구조. 에탄(ethane)의 탄소—탄소 결합은 회전이 자유롭기 때문에 에탄은 여러 입체형태를 취할 수 있다. 공-막대 모형에서 전면의 탄소원자(독자가 볼 때)와 그것에 결합되어 있는 3개의 수소원자가 뒷면의 탄소원자를 중심으로 회전하면, 완전한 가림 입체형태(eclipsed; 뒤틀림 각이 0°, 120° 등)에서 그 분자의 위치에너지는 최대로 증가하고 완전히 엇갈린 입체형태(staggered; 뒤틀림 각이 60°, 180° 등)에서 최소로 떨어진다. 이 2종류 입체형태 사이에서 신속한 분자 내 전환(1초 간에 수 100만 회)에 필요한 에너지의 차이는 작기 때문에 가림형과 엇갈린 형을 따로 분리하는 것은 불가능하다.

생체분자 사이의 반응은 입체특이적이다

분자 사이의 생물학적 상호작용은 입체특이적이다. 그러한 상호작용에서의 "적합(fit)"은 입체화학적으로 정확하여야 한다. 크고 작은 생체분자의 3차원 구조(위치배열 구조와 입체형태 구조의 조합)는 그들의 생물학적 상호작용에서 매우 중요하다. 예를 들어, 효소와 반응물, 세포 표면 수용체와 호르몬, 항원과 항체의 반응들이다(**그림 1-24**). 정교한 물리적 방법을 이용한 생체분자의 입체화학적

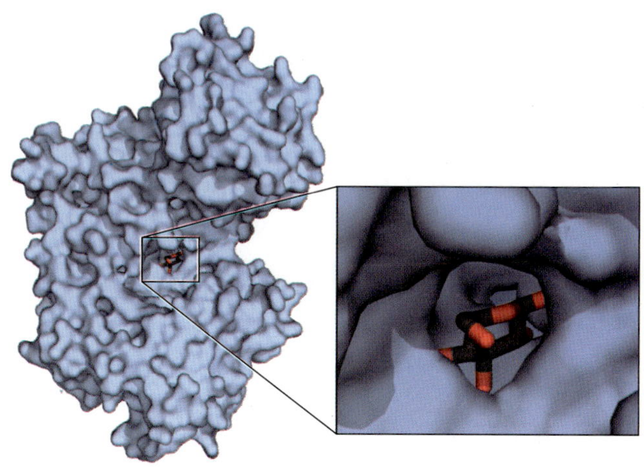

그림 1-24 거대분자와 작은 분자의 상보적 적합. 하나의 포도당 분자가 육탄당인산화효소 표면의 주머니에 들어가고 단백질과 당 사이의 몇 가지 비공유적 상호작용에 의하여 이 방향이 유지된다. 육탄당인산화효소 분자의 이 그림은 거대분자의 바깥 표면의 모양을 계산할 수 있는 컴퓨터 프로그램에 의하여 만들어졌으며, 분자에 있는 모든 원자의 반데르발스 반지름이나 물 분자가 침투할 수 없는 "용매 배제 부피(solvent exclusion volume)"에 의해 정의된다. [출처: PDB ID 3B8A, P. Kuser et al., *Proteins* 72:731, 2008.]

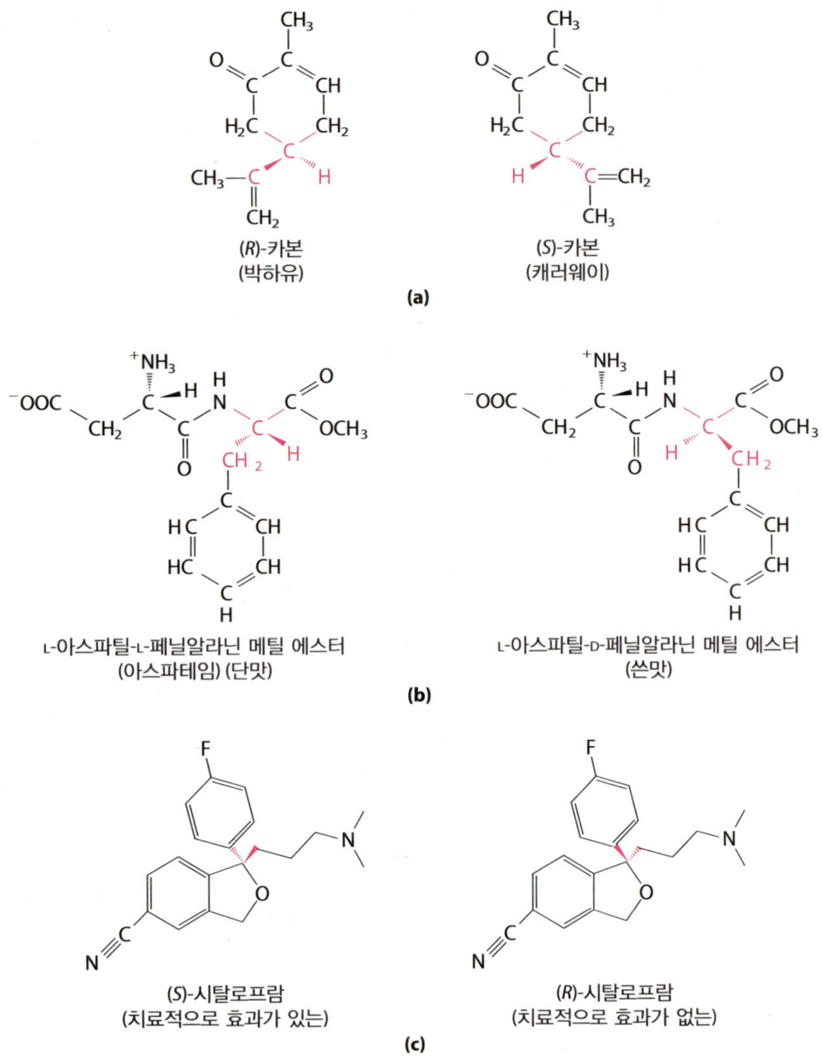

그림 1-25 입체이성질체들은 인간에서 다양한 효과들을 나타낸다. **(a)** 2종류의 카본(carvone)의 입체이성질체: (*R*)-카본(박하유로부터 분리된)은 박하 특유의 향을 가지고 있다; (*S*)-카본(캐러웨이 종자유로부터 분리)은 캐러웨이의 냄새가 난다. **(b)** 아스파테임은 NutraSweet이라는 상표의 인공 감미료로서 맛 수용체에 의해 쓴맛의 입체이성질체(오른쪽)와 쉽게 구별할 수 있으며, 2가지의 손대칭 탄소원자 중 하나의 위치배열이 다르다는 것 만이 이들의 차이점이다. **(c)** 항우울제 시탈로프람(상표로 Celexa라 함)은 세로토닌 재흡수의 선택적 저해제로서 그림의 2가지 라세미 혼합물인데, (*S*)-시탈로프람만이 치료 효과를 가진다. 입체화학적으로 순수 정제한 (*S*)-시탈로프람(escitalopram oxalate)이 Lexapro란 상표로 판매되고 있다. 예견할 수 있듯이 Lexapro의 효과적 투약량(effective dose)은 Celexa의 효과적 투약량의 1/20이다.

연구는 세포의 구조와 생물학적 기능을 밝히는 현대 연구과제에서 하나의 중요한 영역이다.

생명체에서 손대칭 분자는 그들 손대칭형 중 한 가지만 존재하는 것이 보통이다. 예를 들면, 단백질에서 아미노산은 L 이성질체만 존재하고 녹말의 단량체 소단위인 포도당은 D 이성질체만 존재한다(아미노산의 입체이성질체의 명명법에 대해서는 제3장에서; 당질에 대해서는 제7장에서 언급한다; 앞에서 설명한 RS계는 일부 생체분자에 매우 유용하다). 한편 실험실에서 비대칭성 탄소를 가지고 있는 화합물을 화학적으로 합성하면 가능한 모든 손대칭체(예를 들어, D와 L 형의 혼합물)를 얻을 수 있다. 그러나 살아 있는 세포에서는 오직 한 가지의 손대칭체 분자만 만드는데 그 이유는 그들을 합성하는 효소도 손대칭체이기 때문이다.

입체이성질체를 구별하는 능력인 입체특이성은 효소와 다른 단백질의 특성이며 살아 있는 세포의 분자 논리의 특징이 된다. 단백질의 결합자리가 어떤 손대칭 화합물의 이성질체와 상보적이면 왼손의 장갑이 오른손에 맞지 않는 것과 같이 다른 이성질체와는 상보적이 될 수 없다. 생체 시스템이 여러 입체이성질체를 구별하는 능력에 대한 몇 가지 좋은 예를 **그림 1-25**에 제시하였다.

생화학적으로 일어나는 공통된 화학 반응의 종류들은 제13장 대사 반응의 소개에서 기술되어 있다.

요약 1.2 화학적 기반

- 탄소원자는 결합능이 다양하기 때문에 탄소—탄소 골격에 다양한 작용기를 결합시켜 다양한 분자들을 만들 수 있다. 이들 작용기가 생체분자들이 갖는 생물학적 및 화학적 특성을 제공한다.

- 수천 종의 작은 분자들의 집단이 생체 세포에서 발견되며; 중심 대사경로에서 이 분자들의 상호전환은 진화 과정에서 보존되어 왔다.

- 단백질과 핵산은 단량체 소단위의 중합체이고, 이들의 결합 서열이 정보를 내포하고 있으며, 그 정보에 의하여 각 분자의 3차원적 구조 및 그 생물학적 기능이 결정된다.

■ 위치배열 구조를 갖는 분자는 이중결합이 파괴되어야 그 구조가 바뀐다. 4종류의 서로 다른 치환기를 갖는 탄소(손대칭 탄소)에 이들 치환기가 결합될 때 서로 다른 특성을 갖는 2종류의 입체이성질체가 만들어질 수 있다. 이 중 한 가지만 생물학적 활성을 갖는다. 분자의 입체형태 구조는 공유결합의 파괴없이 단일결합의 회전에 의하여 형성하는 공간에 원자가 배치된 것을 의미한다.

■ 생체분자들 간의 상호 반응은 거의 입체특이적이다: 즉, 반응물 사이에는 구조적 상보성이 요구된다.

1.3 물리적 기반

살아 있는 세포와 생명체들은 삶을 유지하고 자신을 증식하기 위하여 생물학적 일을 수행하여야 한다. 세포 내에서 일어나는 합성 반응도 공장의 합성 과정과 같이 에너지의 투입을 필요로 한다. 세균이나 올림픽 경기자가 운동을 할 때, 개똥벌레가 발광을 할 때, 뱀장어가 전기를 방전할 때에도 에너지는 소모된다. 또한 정보의 저장이나 발현에도 에너지가 필요하며 만일 에너지가 없다면 정보가 풍부한 구조물들은 필연적으로 혼란스럽게 되어 무의미해진다.

진화의 과정을 통해 세포들은 태양 광선이나 생체 연료로부터 에너지를 얻어서 그들이 수행하는 여러 에너지 소모 과정에 투입시키는 매우 효율적인 기전들을 발달시켜 왔다. 생화학적 연구목표 중의 하나는 살아 있는 세포에서 에너지가 어떤 과정을 통해 추출되고 운반되고 소비되는가를 정량적 및 화학적으로 밝히는 것이다. 우리는 세포에서 에너지의 변환이 이 우주의 에너지의 변환 과정과 같이 열역학적 법칙에 의해 이루어지고 있음을 생각할 수 있다.

생물은 동적 항정상태로 존재하며 결코 주변 환경과 평형을 이루지 않는다

살아 있는 생물에 들어 있는 분자와 이온들은 그 주변의 것들과는 종류나 농도에서 서로 다르다. 예를 들면, 연못에 사는 짚신벌레(paramecium), 바다에 사는 상어, 혈액 내에 존재하는 적혈구, 과수원의 사과나무 등은 모두가 자신들의 내부 환경의 조성이 주위 환경의 조성과 다르며 그들이 성숙한 후에는 모두 끊임없이 변화하는 환경에 대처하여 일정한 내부 환경 조성을 유지한다.

비록 생물의 화학적 조성이 장기간에 걸쳐서 거의 일정한 것이라고 하더라도 세포나 생명체 내의 분자의 수가 불변의 상태에 있다고는 결코 말할 수 없다. 작은 분자나 거대분자 그리고 초거대분자에 이르기까지 모든 분자들은 끊임 없이 합성되거나 분해되는데 이러한 반응계에서 물질과 에너지의 끊임 없는 흐름이 일어난다. 지금 여러분의 폐로부터 뇌로 산소를 운반해 주고 있는 헤모글로빈 분자들은 몇 개월 전에 합성된 것이다. 그러나 다음 달쯤에 그 분자들은 분해되어 새로운 분자들로 교체될 것이다. 여러분이 가장 최근에 섭취한 포도당이 지금 여러분의 혈류 속에서 순환하고 있다; 그러나 하루가 지나기도 전에 바로 이 포도당 분자들은 이산화탄소나 지방과 같은 다른 무엇인가로 전환되고 새로운 포도당의 공급으로 교체될 것이다. 따라서 여러분의 혈당량(혈액 중 포도당의 함량)은 하루 내내 거의 일정하게 유지된다. 혈액 중의 헤모글로빈과 포도당의 양이 거의 일정한 상태로 유지되고 있는 것은 그 각각의 합성 또는 섭취의 속도가 분해나 소비 또는 다른 어떤 생성물로의 전환의 속도와 균형을 잘 이루고 있기 때문이다. 그러므로 농도가 일정하다는 것은 **동적 항정상태**(*dynamic steady state*)의 결과라고 할 수 있다. 이와 같은 동적 항정상태를 유지하는 데에는 연속적인 에너지의 공급이 필요하다. 만약에 세포가 에너지를 생성하지 못하면 이 세포는 죽게 되고 분해되기 시작하여 주변과 평형을 이루게 된다. 아래에서 "항정상태"와 "평형"의 의미에 대하여 좀 더 자세히 알아보도록 하자.

생물은 주변 환경에서 얻은 에너지와 물질들을 변환시킨다

용액 내의 화학 반응에서 **반응계(system)**란 현재의 반응물과 생성물 및 이것들이 들어 있는 용매와 이를 둘러싸고 있는 대기, 즉 간단히 말해서 어떤 한정된 공간 내에 있는 모든 것이라고 정의할 수 있다. 반응계와 그것을 둘러싼 주위 환경이 합쳐져서 **우주(universe)**를 형성한다. 만일 반응계가 물질이나 에너지를 외계와 전혀 교환하지 않는다면 그 반응계는 **고립(isolated)**되어 있다고 하며, 만일 반응계가 에너지는 교환하지만 그것을 둘러싼 주위 환경과 물질을 교환하지 않는 경우를 **폐쇄(closed)** 반응계라고 한다. 만약 반응계가 주위 환경과 에너지 및 물질을 둘 다 교환하는 경우를 **개방(open)** 반응계라고 한다.

살아 있는 생명체는 개방 반응계이므로 그들은 주위 환경과 에너지 및 물질 모두를 교환하고 있다. 생물은 다음 둘 중 한 가지를 전략적으로 사용하여 외계로부터 자유에너지를 얻는다: (1) 생물은 주위 환경으로부터 화학연료(포도당 같은)를 섭취하고 그것을 산화함으로써 에너지를 추출한다(별도설명 1-3, 2번째 경우를 참조); 또는 (2) 생물은 태양광으로부터 에너지를 흡수한다.

열역학의 제1법칙은 물리학과 화학에서 발전된 것이지만 생물계에도 완전히 들어 맞으며 에너지 보존의 원리를 기술한 것이다: **어떠한 물리적 또는 화학적 변화에 있어서 그 에너지의 형태는 변화되더라도 우주에 존재하는 에너지의 총량은 일정하다는 것**이 제1법칙이다. 세포는 완벽한 에너지 형태의 변환장치이기 때문에 화학적, 전자기적, 기계적, 삼투 에너지 등을 매우 효율적으로 상호 변환시킬 수 있다(**그림 1-26**).

전자의 흐름이 생명체에 에너지를 제공한다

거의 모든 생물은 태양광의 방사에너지로부터 직접 혹은 간접적인 방법을 통해 에너지를 얻는다. 광영양생물에서 광합성 중에 빛에

별도설명 1-3 엔트로피: 질서의 파괴가 주는 이점

"엔트로피(entropy)"라는 말은, 문자 그대로 "내부 변화"를 의미한다. 이는 1851년 열역학 제2법칙 발표자 중 한 사람인 독일의 Rudolf Clausius에 의해서 처음으로 사용되었다. 엔트로피를 정량적으로 엄밀하게 정의하려면 통계학과 확률론이 필요하다. 그러나 그 성질은 각기 엔트로피의 한 측면을 나타내는 간단한 3가지 예를 들어 정량적으로 설명할 수 있다. 엔트로피의 주요한 표현은 **무작위성**(*randomness*) 또는 **무질서**(*disorder*)인데, 이것들은 각각 다른 의미를 지니고 있다.

경우 1: 주전자와 열의 흩어짐

끓는 물에서 발생되는 증기가 효과적인 일을 한다는 것은 누구나 잘 알고 있다. 부엌("외계")에서 100°C의 물이 가득 찬 주전자("계") 밑에 있는 버너를 끄고 식힌다고 하자. 주전자가 식어 갈 때는 일을 할 수 없고, 열은 주전자로부터 외계로 옮겨 간다. 외계(부엌)의 온도는 아주 조금씩 상승하여 마침내 완전한 평형에 이른다. 이 시점에서 주전자와 부엌의 모든 부분은 정확하게 같은 온도가 된다. 그리하여 처음 100°C의 뜨거운 물이 들어 있는 주전자 안에 응집되어 있던 잠재적으로 일할 수 있는 능력의 자유에너지를 잃게 되고 만다. 이것과 같은 양의 열에너지는 주전자 + 부엌("우주")에 여전히 존재하고 있지만 열은 완전히 흩어져 버리고 만다. 부엌 안에는 온도의 차이가 없으므로 이 에너지는 이미 이용할 수 없고 따라서 일을 할 수도 없다. 또한 부엌(외계)의 엔트로피 증가는 비가역적이다. 열이 자연스럽게 부엌으로부터 주전자로 돌아오고 그 온도를 다시 100°C로 상승시키는 일은 일상적인 경험으로 보아도 전혀 있을 수 없다.

경우 2: 포도당의 산화

엔트로피는 에너지의 상태뿐 아니라 물질의 상태도 된다. 호기성(종속영양) 생물은 외계로부터 얻은 포도당을 역시 외계에서 획득한 산소 분자를 이용한 산화를 통해 자유에너지를 추출한다. 이 산화 대사의 최종산물은 CO_2와 H_2O이며 이들은 외계로 되돌아간다. 이 과정에서 외계는 엔트로피가 증가하게 되는 반면 생물 자체는 항정상태(steady state)를 유지하고 있기 때문에 그 내부 질서는 변화를 일으키지 않는다. 이때 엔트로피 증가의 일부는 열의 발산에 의하여 생기지만 다른 종류의 무질서인 포도당의 산화(아래 반응식)로부터도 생긴다:

$$C_6H_{12}O_6 + 6O_2 \longrightarrow 6CO_2 + 6H_2O$$

이를 도식화해서 나타내면 아래와 같다;

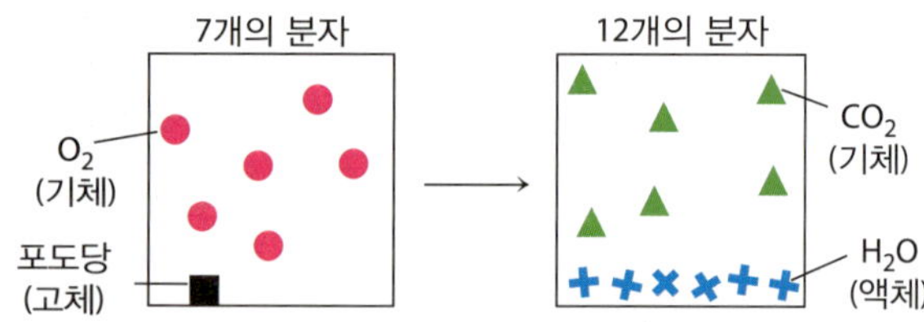

의한 물의 쪼개짐은 이산화탄소의 환원을 위한 전자를 방출하고 산소를 대기로 방출한다.

$$6CO_2 + 6H_2O \xrightarrow{\text{빛}} C_6H_{12}O_6 + 6O_2$$

(빛에 의한 CO_2의 환원)

비광합성 생명체(화학영양생물)들은 식물에 저장된 에너지가 풍부한 광합성 산물들을 산화시켜 그들이 필요로 하는 에너지를 얻고 이 과정 중에 생긴 전자들을 대기 중의 산소에 전달하여 물, 이산화탄소 그리고 그 밖의 최종 생성물을 형성하는데, 이렇게 형성된 물질들은 주위 환경 속에서 순환되고 있다.

$$C_6H_{12}O_6 + 6O_2 \longrightarrow 6CO_2 + 6H_2O + \text{에너지}$$

(에너지를 획득하는 포도당 산화과정)

따라서 독립영양생물과 종속영양생물들이 궁극적으로 태양에 의해 유도되는 O_2와 CO_2의 지구 전체적인 순환에 참여하여 두 생명체 부류들이 서로 의존하게 된다. 사실상 세포의 모든 에너지 변환은 한 분자에서 다른 분자로의 전자의 흐름, 다시 말하면 높은 전기화학 전위에서 낮은 전기화학 전위로의 "내리막(downhill)" 흐름이므로 (이는 마치 건전지 방출 전자회로에서의 전자 흐름과 유사함) 그 과정을 추적할 수 있다. 전자 흐름을 수반하는 이와 같은 반응들은 모두 **산화환원 반응(oxidation-reduction reaction)**이다. 따라서 하나의 반응물이 산화(전자를 잃음)되면 다른 반응물은 환원(전자를 얻음)된다.

질서를 생성하고 유지하려면 일과 에너지가 필요하다

이미 언급했듯이, DNA, RNA와 단백질들은 정보를 갖는 거대분자이다. 이들 분자들의 중합체의 소단위 사이의 공유결합을 형성하기 위하여 화학에너지를 사용하는 것 외에도 세포가 정확한 서열대로 소단위들을 배열하는 데에도 에너지가 투입되어야 한다. 혼합물 내에 존재하는 아미노산들이 자발적으로 어떤 특유의 서열을 가지는 하나의 단백질로 축합된다는 것은 절대로 일어날 수가 없다. 이것은 분자들이 집합할 때 질서가 증가한다는 것을 의미한다. 그러나 열역학 제2법칙에 의하면 우주에서 자연적인 에너지의 흐름은 항상 좀 더 무질서한 방향으로 향하고 있다는 것이다: **우주의 총 엔트로피**

1분자의 포도당과 6분자의 산소(합계 7분자) 중에 포함되는 원자들은 산화 반응에 의해 산산이 흩어져 합계 12분자 ($6CO_2$ + $6H_2O$) 중에 포함되어 존재하게 된다.

화학 반응이 일어나서 분자수가 증가되는 결과가 나타날 때마다(또는 포도당과 같은 고체가 액체 또는 기체로 변환되면 고체보다도 분자 운동성에서 더 자유롭게 되므로) 분자의 무질서, 즉 엔트로피가 증가한다.

경우 3: 정보와 엔트로피

다음은 율리어스 캐사르(*Julius Caesar*)의 제IV막 제3장에서 Brutus가 Mark Antony의 군대와 대전해야 함을 깨달았을 때 읊은 대사의 한 구절이다. 이는 영어 알파벳 125개의 글자가 훌륭하게 배열된 그리고 풍부한 정보를 가진 문장이다:

> There is a tide in the affairs of men,
> Which, taken at the flood, leads on to fortune;
> Omitted, all the voyage of their life
> Is bound in shallows and in miseries.

이 인용문은 분명히 설명한 사항 외에도 많은 숨겨진 의미를 담고 있다. 이 극의 복잡한 시간의 배열을 반영하고 있을 뿐 아니라 통솔자의 곤혹, 야망, 욕구 등의 극이 지닌 이념도 반영하고 있다. 또한 인간성에 대한 셰익스피어의 이해가 깊이 담겨 있으므로 매우 풍부한 정보를 지녔다고 하겠다.

그러나 이 인용문을 구성하고 있는 125개의 글자를 아래의 상자 그림에서와 같이 완전히 흩어 놓아 무질서하게 만들어 버리면 전혀 아무런 의미도 갖지 못하게 된다.

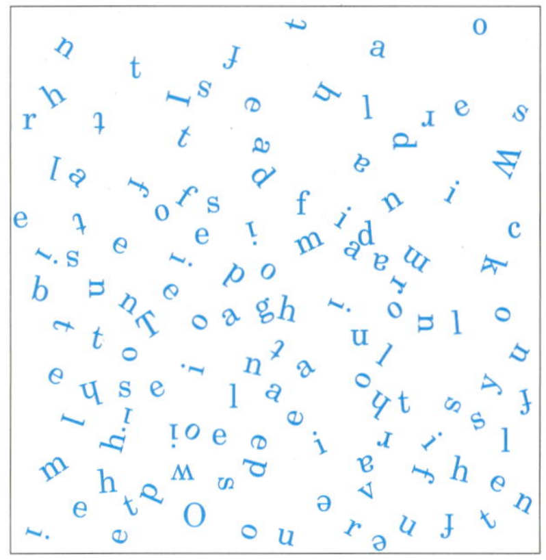

이렇게 흩어진 125개의 글자는 아무런 정보를 가지지 못하지만 엔트로피는 매우 커진다. 이 경우에서 결론지을 수 있는 것은 정보는 에너지의 한 형태이며 "음 엔트로피(negative entropy)"라 불린다는 사실이다. 실제로 컴퓨터 프로그램 이론의 기초인 정보이론(information theory)은 수학의 한 분야인데, 이 이론이 열역학 이론과 매우 관계가 깊다. 생물은 고도로 질서 있게 배열된 구조체로 매우 많은 정보를 풍부하게 가지고 있으므로 엔트로피가 부족하다.

(*entropy*)는 끊임없이 증가한다. 단량체 소단위로부터 거대분자의 합성이 일어나려면 이 반응계(이 경우는 세포)로 자유에너지가 반드시 공급되어야만 한다. 제13장에서는 산화-환원 반응의 양적 열역학에 대하여 논의한다.

›› 중요 관례: 화학 반응계에서 구성성분들의 무작위성(randomness) 또는 무질서(disorder)를 **엔트로피(entropy) *S***로 나타낸다(별도 설명 1-3). 반응계에서 무작위성의 변화를 엔트로피의 변화인 ΔS로 표시하는데, 무작위성이 증가될 때는 ΔS는 양의 값이 된다. 깁스(J. Willard Gibbs)는 화학 반응에서 에너지 변화와 관련된 이론을 제시했는데, 그는 어떤 폐쇄반응계에서 **자유에너지의 양(free-energy content, *G*)**은 3가지 종류의 양으로, 즉 **엔탈피(enthalpy, *H*;** 결합의 수와 종류를 반영하는), 엔트로피(entropy, *S*), 절대온도(*T*; 켈빈 단위)로 정의하고, 자유에너지 $G = H - TS$로 정의할 수 있음을 보여 주었다. 그러므로 어떤 화학 반응이 일정 온도에서 일어날 때 **자유에너지 변화(free-energy change, ΔG)**는 붕괴되기도 하고 또는 형성되기도 하는 화학결합과 비공유결합성 상호작용의 종류와 수를 반영하는 ΔH와 반응계의 무작위성의 변화를 나타내는 ΔS에 의해서 결정된다:

J. Willard Gibbs, 1839–1903
[출처: Science Source.]

$$\Delta G = \Delta H - T\Delta S$$

여기에서 정의에 의하면, 열을 방출하는 반응에서 ΔH는 음이고 반응계의 무작위성이 증가하는 반응에서 ΔS는 양이다. **‹‹**

ΔG가 음(−)의 값(반응에서 자유에너지가 방출되면)일 때에만 반응이 자발적으로 일어난다. 그러나 세포의 기능은 주로 단백질이나 핵산과 같은 거대분자에 의존하는데, 이 분자들의 형성에 필요한 자유에너지는 양(+)의 값이다: 즉, 이 거대분자들은 그들을 구성하는 단량체의 혼합물보다 덜 안정적이고 더 고도로 질서가 있다. 열역학적으로 불리한 반응, 바꾸어 말해 에너지 요구 반응[이를 **자유에너지증가(endergonic) 반응**이라 부름]을 수행하기 위하여 세포는 이 반응을 자유에너지를 방출하는 다른 반응[이를 **자유에너지감**

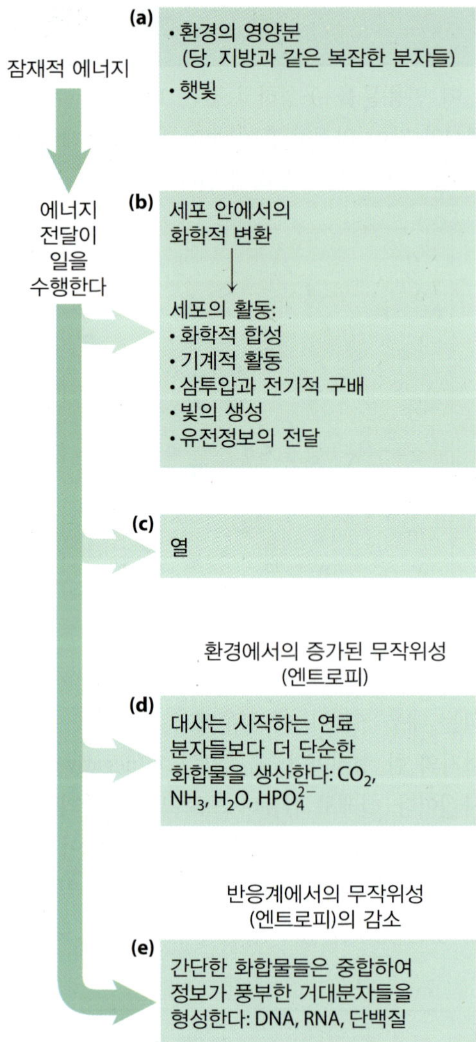

그림 1-26 살아 있는 생명체에서 에너지의 몇 가지 변환. 세포가 활동하기 위하여 대사에너지가 사용될 때, 복잡한 영양 분자들의 잠재적 에너지가 감소하면서 환경(엔트로피로 그 양이 표현됨)과 반응계의 합의 무작위성(randomness)은 증가한다. (a) 생물은 주변의 환경으로부터 에너지를 추출하고, (b) 그것의 일부를 일을 하기 위한 유용한 형태의 에너지로 전환하고, (c) 일부 에너지를 열로써 환경(외계)으로 되돌려 주며, (d) 출발 연료보다 덜 정돈된 최종산물 분자를 방출하여 우주의 엔트로피를 증가시킨다. 이러한 모든 변형의 한 가지 효과는 (e) 복잡한 거대분자의 형태에서 반응계의 질서(order)가 증가되는 것이다(무작위성의 감소). 제13장에서 엔트로피의 정량적인 것을 다룬다.

소(exergonic) 반응이라 부름]과 짝지어 일어나게 함으로써 전체 과정이 자유에너지감소 반응으로 되고 그 결과 자유에너지 변화의 총합은 음(−)이 된다.

짝지어진 생물학적 반응에서 보통의 자유에너지원은 삼인산 아데노신(ATP; **그림 1-27**)과 삼인산 구아노신(GTP)에서 인산기를 연결하는 인산무수결합(phosphoanhydride bond)을 가수분해할 때 방출되는 에너지이다. 여기서 Ⓟ가 인산기를 나타낸다.

아미노산 → 중합체	ΔG_1는 양(+)이다 (자유에너지증가)
ATP → AMP + Ⓟ—Ⓟ	ΔG_2는 음(−)이다 (자유에너지감소)
[or ATP → ADP + Ⓟ]	

이 반응들이 짝지어질 때, ΔG_1과 ΔG_2의 합은 음(−)으로서 전체 과정은 자유에너지감소 반응이다. 이와 같은 전략에 의하여 세포들은 생명에 필수적인 정보가 풍부한 중합체들을 합성하고 유지시킬 수 있다.

에너지 짝짓기는 생물의 반응들과 연결되어 있다

생체에너지학(*bioenergetics*; 생체에서의 에너지 변환에 대해 연구하는 학문)의 중심 주제는 연료 대사나 빛의 포착에서 얻은 에너지가 에너지 요구 반응과 짝짓는 방법에 대한 것이다. 에너지 짝짓기를 생각할 때, **그림 1-28a**에 나타낸 간단한 기계적 예를 생각해 보는 것이 유용할 것이다. 기울기가 있는 언덕의 꼭대기 부분에 있는 물체는 거기까지 끌어 올려진 결과로 인해 일정량의 위치에너지를 갖고 있게 된다. 그 물체는 언덕을 따라 아래로 미끄러져 움직이려는 경향이 있으며 바닥에 가까워짐에 따라서 그 물체가 갖고 있는 위치에너지를 상실하게 된다. 그러나 떨어지는 물체와 또 다른 작은 물체를 적당한 끈 도르래 장치(string-and-pulley device)로 연결하면 더 큰 물체의 자발적인 낙하운동은 더 작은 물체를 끌어올리는 일정량의 일을 수행할 수 있다. 일을 하는 데 실제로 이용될 수 있는 에너지를 **자유에너지 변화(free-energy change, ΔG)**라고 한다: 이것은 항상 방출된 에너지의 이론적인 양보다 다소 적은 양이 되는데 그 이유는 일부 에너지가 마찰열로 소모되기 때문이다. 더 큰 물체를 지면으로부터의 위치를 높일수록 낙하에 따라 방출되는 에너지(ΔG)는 더 크며 수행하는 일의 양도 더 많아진다. 큰 물체는 단지

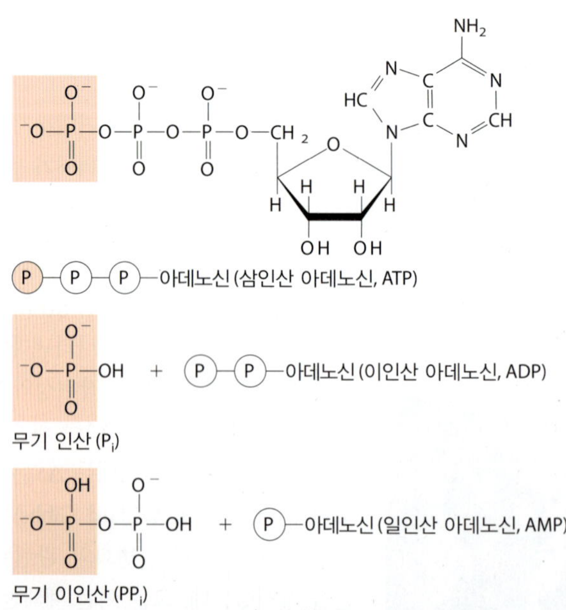

그림 1-27 삼인산 아데노신(ATP)은 에너지를 공급한다. 각 Ⓟ는 인산기를 나타낸다. ATP(분홍색)의 말단 인산기의 제거 반응, 즉 ADP와 무기인산(HPO_4^{2-})으로의 분해는 자유에너지감소 반응이며, 이 반응은 세포에 존재하는 여러 자유에너지증가 반응과 짝지어져 있다(그림 1-28b의 예처럼). ATP도 2개의 말단 인산기를 PP_i로 자주 약칭되는 무기 이인산($H_2P_2O_7^{2-}$)으로 분리하는 절단 과정을 통하여 여러 세포 반응으로 에너지를 공급한다.

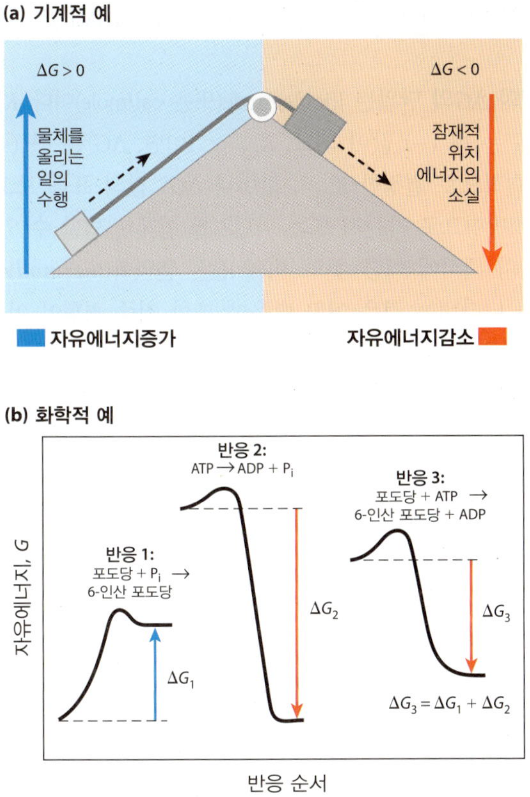

그림 1-28 기계적, 화학적 과정에서의 에너지 짝짓기. (a) 물체의 아래로의 이동은 기계적인 일을 할 수 있는 위치에너지를 방출한다. 자유에너지감소 과정(빨간색)인 자발적 아래로의 이동이 가능하게 되는 위치에너지는, 다른 물체의 자유에너지증가 과정(파란색)인 상향 운동과 짝지어진 결과이다. (b) 반응 1에서, 포도당과 무기 인산(P_i)으로부터 6-인산 포도당의 형성은 2종류 반응물보다 더 높은 에너지의 생성물을 만든다. 이 자유에너지증가 반응에서 ΔG는 양(+)이다. 반응 2에서, 삼인산 아데노신(ATP)의 자유에너지감소적 분해 반응이므로 이들 두 반응이 짝지어지면, 이 반응은 자유에너지증가 반응으로 진행된다. 자유에너지감소 반응은 큰 음(−)의 자유에너지 변화(ΔG_2)를 가지며, 자유에너지감소 반응은 작은 양(+)의 자유에너지 변화(ΔG_1)를 가진다. 따라서 이들이 짝지어진 반응 3은 반응 1과 2의 합으로 완성되며, 그 자유에너지 변화(ΔG_3)는 ΔG_1과 ΔG_2의 산술적인 합이다. ΔG_3의 값이 음(−)이므로 전체의 반응은 자유에너지감소 반응이고 자발적으로 진행한다.

작은 물체만을 끌어올릴 수 있는데 그 이유는 최초에 큰 물체가 평형의 위치에서 많이 벗어나 있기 때문이다: 그것은 이미 에너지의 유입 과정을 통해 미리 바닥으로부터 위쪽 위치에 와 있다는 것이다.

이 이론이 화학 반응에 어떻게 적용될까? 폐쇄 반응계에서의 화학적 반응은 **평형(equilibrium)**이 될 때까지 자발적으로 진행한다. 반응계가 평형에 이르면 생성물 형성의 비율은 생성물이 반응물로 변화하는 비율과 정확히 같다. 그러므로 반응물과 생성물의 농도에서의 순(net) 변화가 없다. 온도나 압력의 변화없이 반응계가 초기 상태에서 평형상태로 변화됨에 따른 에너지 변화가 자유에너지 변화(ΔG)인 것이다. ΔG의 크기는 특별한 화학 반응이나 반응계가 초기의 평형으로부터 얼마나 멀어져 있는가에 의존한다. 화학 반응에 관계되는 각각의 화합물은 결합의 종류와 수에 관계되는 일정량의 위치에너지를 가지고 있다. 자발적으로 일어나는 반응에서 생성물은 반응물보다 더 적은 자유에너지를 가지고, 반응은 자유에너지를 방출하고 일을 할 수 있게 한다. 이와 같은 반응이 자유에너지감소 반응이다; 이때 반응물로부터 생성물로의 자유에너지의 감소는 음(−)의 값으로 나타난다. 이와 반대로 자유에너지증가 반응은 에너지의 유입을 필요로 하며 그들의 ΔG 값은 양(+)이다. 기계적인 과정에서와 같이 자유에너지감소 반응에서 방출된 에너지의 일부만이 일을 수행하는 데 사용된다. 살아 있는 반응계에서 어떤 에너지는 열로 소모되거나 엔트로피를 증가시키는 데 소비된다.

K_{eq}와 $\Delta G°$는 자발적으로 진행되는 반응의 경향을 나타내는 척도이다

화학 반응이 반응 종점으로 가는 경향의 정도를 평형상수로 나타낼 수 있다. 아래의 화학 반응에서

$$aA + bB \longrightarrow cC + dD$$

평형상수 K_{eq}는 다음 식과 같이 주어진다.

$$K_{eq} = \frac{[C]^c_{eq}[D]^d_{eq}}{[A]^a_{eq}[B]^b_{eq}}$$

여기서 이 반응계가 평형에 도달하였을 때, $[A]_{eq}$와 $[B]_{eq}$는 각각 반응물 A의 농도와 반응물 B의 농도를 나타내며, 다른 것들도 같은 의미이다. K_{eq}는 무한한(이는 측정의 단위가 없음을 의미함)것이지만, 59쪽에서 설명한 바와 같이 이 책에서는 평형상수를 측정하는 데 몰라 농도가 사용되어야만 한다는 점에서 몰라 농도를 포함하고 있다. K_{eq}의 값이 크다는 것은 반응물이 거의 완전히 생성물로 될 때까지 반응이 진행되는 경향을 가짐을 의미한다.

연습문제 1-1 세포에서 ATP와 ADP가 평형상태에 있는가?

다음의 반응에 대한 평형상수 K_{eq}는 2×10^5 M이다:

$$ATP \longrightarrow ADP + HPO_4^{2-}$$

측정된 각 분자에 대한 세포내 농도가 [ATP] = 5 mM, [ADP] = 0.5 mM, $[P_i]$ = 5 mM이라면 살아 있는 세포에서 이 반응은 평형에 있는가?

풀이: 이 반응에 대한 평형상수의 정의는 다음과 같다:

$$K_{eq} = [ADP][P_i]/[ATP]$$

위의 측정값으로부터 우리는 질량-반응비(mass-action ratio) Q를 다음과 같이 계산할 수 있다:

$$Q = [ADP][P_i]/[ATP] = [0.5\ mM][5\ mM]/[5\ mM] = 0.5\ mM = 5 \times 10^{-4}\ M$$

이 값은 이 반응의 평형상수(2×10^5 M)와 큰 차이를 보이므로, 이 반응은 세포의 평형상태와는 매우 큰 차이를 보인다. 평형상태에서 예상되는 값보다 [ATP]는 매우 높고 [ADP]는 매우 낮다. 세포가 어

떻게 평형에서 이렇게 멀리 떨어진 [ATP]/[ADP] 비를 유지할 수 있을까? 계속적으로 에너지를 추출(포도당과 같은 영양분으로부터)해서 ADP와 P_i로부터 ATP를 만드는 데 이를 사용해서 가능해진다.

연습문제 1-2 세포에서 육탄당인산화효소(hexokinase) 반응은 평형상태에 있는가?

육탄당인산화효소에 의해 촉매되는 반응은 다음과 같다:

$$\text{포도당} + \text{ATP} \longrightarrow \text{6-인산 포도당} + \text{ADP}$$

평형상수 K_{eq}는 7.8×10^2이다. 살아 있는 대장균 세포에서 [ATP] = 5 mM; [ADP] = 0.5 mM; [포도당] = 2 mM; [6-인산 포도당] = 1 mM이다. 이 반응은 대장균에서 평형에 있는가?

풀이: 평형에서

$$K_{eq} = 7.8 \times 10^2 = \text{[ADP][6-인산 포도당]/[ATP][포도당]}$$

이다. 따라서, 살아 있는 세포에서 [ADP][6-인산 포도당]/[ATP][포도당] = [0.5 mM][1 mM]/[5 mM][2 mM] = 0.05이다. 그러므로 이 반응은 평형에서 멀리 떨어져 있다: 산물(6-인산 포도당과 ADP)의 세포내 농도는 평형에서 예상되는 값보다 훨씬 낮고 반응물의 농도는 훨씬 높다. 따라서 이 반응은 매우 강하게 오른쪽으로 진행하려는 경향을 갖는다.

깁스는 어떤 화학 반응의 자유에너지 변화(ΔG)를 각 특정 반응의 특성을 의미하는 상수인 **표준 자유에너지 변화(standard free-energy change, $\Delta G°$)**의 함수와 반응물과 산물의 초기 농도를 표현하는 용어로 정의됨을 제시하였으며, 이를 반응식으로 표시하면,

$$\Delta G = \Delta G° + RT \ln \frac{[\mathrm{C}]_i^c[\mathrm{D}]_i^d}{[\mathrm{A}]_i^a[\mathrm{B}]_i^b} \tag{1-1}$$

위 반응식에서 $[A]_i$는 반응물 A의 초기 농도이며 다른 것도 동일하고; R은 기체상수; T는 절대온도이다.

ΔG는 평형 위치에서 반응계가 떨어진 거리를 측정하는 것이다. 이 반응이 평형에 도달했을 때에는 반응은 정지되고 추진력은 남아 있지 않으며, 아무 일도 할 수 없다. 즉, $\Delta G = 0$이다. 이러한 특별한 경우에 $[A]_i = [A]_{eq}$가 되는 것이며, 다른 반응물과 생성물의 경우도 마찬가지이고,

$$\frac{[\mathrm{C}]_i^c[\mathrm{D}]_i^d}{[\mathrm{A}]_i^a[\mathrm{B}]_i^b} = \frac{[\mathrm{C}]_{eq}^c[\mathrm{D}]_{eq}^d}{[\mathrm{A}]_{eq}^a[\mathrm{B}]_{eq}^b}$$

그러므로 식 1-1에서 ΔG를 0으로, $[C]_i^c[D]_i^d/[A]_i^a[B]_i^b$를 K_{eq}로 넣으면 다음과 같은 관계식이 된다.

$$\Delta G° = -RT \ln K_{eq}$$

이 식에서 우리는 $\Delta G°$는 단순히 그 반응의 반응 방향성을 간단히 표시하는 두 번째 방법임을 알 수 있다. K_{eq}는 실험적으로 측정할 수 있으므로 각 반응의 특성인 열역학적 상수, 즉 $\Delta G°$을 결정할 수 있다.

$\Delta G°$와 ΔG의 단위는 J(joule)/mole(또는 cal/mole)이다. $K_{eq} \gg 1$이면, $\Delta G°$는 큰 (−) 값이 되고, $K_{eq} \ll 1$이면, $\Delta G°$는 큰 (+) 값이 된다. 실험적으로 결정한 K_{eq}의 값이나 $\Delta G°$ 값의 표를 보고, 어떤 반응이 정방향으로 가는지 또는 아닌지를 쉽게 판별할 수 있다.

$\Delta G°$의 해석에 대한 주의: 이와 같은 **열역학**(*thermodynamic*) 상수들이 나타내는 것은 어떤 반응에 대한 최종 평형이 어디에 위치하는 지를 알려주지만 그 평형에 얼마나 빨리 도달할 지에 대해서는 전혀 알려주지 못한다. 반응 속도에 대한 것은 **반응 속도론**(*kinetics*)의 매개변수로 알 수 있으며, 이에 대한 것은 제6장에서 자세히 다룰 것이다.

생물에서는 그림 1-28a의 기계적인 예에서와 같이 자유에너지 감소 반응이 불리한 반응을 유도하는 다른 자유에너지증가 반응과 짝지어질 수 있다. 그림 1-28b는 이러한 원리를 포도당 산화경로의 첫 단계 반응인 6-인산 포도당 합성의 경우에서 나타낸 것이다. 6-인산 포도당을 생성하는 가장 간단한 방법은 자유에너지증가 반응인 아래의 반응 1일 것이다:

반응 1: 포도당 + $P_i \longrightarrow$ 6-인산 포도당
[자유에너지증가; ΔG_1는 양(+)]

(지금은 이 화합물의 구조에 대해서 염두에 두지 말라; 그에 대한 것은 이 책의 뒤에서 자세히 기술할 것이다). 이 반응은 ΔG가 양이므로 자발적으로 일어나지 않는다. 두 번째 반응인 자유에너지감소 반응(반응 2)이 모든 세포에서 일어난다.

반응 2: ATP $\longrightarrow$ ADP + P_i [자유에너지감소; ΔG_2는 음(−)]

이 2가지 화학적 반응은 공통된 중간체인 P_i를 공유하고 있는데, P_i는 반응 1에서는 소비되고 반응 2에서는 생산된다. 따라서 이 2가지 반응은 세 번째 반응의 형태에서 짝지어질 수 있는데, 이는 위의 두 반응 양쪽에서 빠진 공통된 중간체 P_i를 가진 반응 1과 2의 합으로 써 나타낼 수 있다:

반응 3: 포도당 + ATP $\longrightarrow$ 6-인산 포도당 + ADP

반응 1에서 소비되는 것보다 더 많은 에너지가 반응 2에서 방출되기 때문에 반응 3에서 자유에너지 변화(ΔG_3)는 음(−)이며, 따라서 6-인산 포도당의 합성이 반응 3에 의해 일어날 수 있다.

연습문제 1-3 세 표준 자유-에너지 변화는 가감할 수 있다

포도당 + $P_i \longrightarrow$ 6-인산 포도당 반응에 대한 표준 자유에너지 변화가 13.8 kJ/mol이고 ATP $\longrightarrow$ ADP + P_i 반응에 대한 표준 자유에너지 변화가 −30.5 kJ/mol이라면 포도당 + ATP $\longrightarrow$ 6-인산 포도당 + ADP 반응에 대한 자유-에너지 변화는 얼마인가?

풀이: 이 반응에 대한 반응식을 다음과 같이 두 반응의 합으로 표현할 수 있다.

(1) 포도당 + $P_i \longrightarrow$ 6-인산 포도당 $\quad \Delta G_1^\circ = 13.8$ kJ/mol
(2) ATP $\longrightarrow$ ADP + P_i $\quad \Delta G_2^\circ = -30.5$ kJ/mol

합: 포도당 + ATP $\longrightarrow$ 6-인산 포도당 + ADP
$\Delta G_{합}^\circ = -16.7$ kJ/mol

위의 세 번째 반응으로 합쳐지는 두 반응에 대한 표준 자유-에너지 변화는 두 반응에 대한 각각의 값의 단순한 합이다. ΔG°의 음(−)의 값(−16.7 kJ/mol)은 이 반응이 자발적으로 일어나려는 경향을 나타낸다.

공통의 중간체를 통한 자유에너지감소 반응과 자유에너지증가 반응의 짝지음은 생명체계에서 에너지 교환의 핵심이다. 그림 1-28b의 반응 2에서 볼 수 있듯이 세포에서 에너지를 방출하는 ATP 분해 반응은 여러 자유에너지증가 반응을 진행시키게 한다. 모든 살아 있는 세포들은 평형 농도 이상의 ATP 농도를 유지하여야 하기 때문에 세포에서 ATP의 분해는 자유에너지감소 반응이다. 이러한 비평형에 의해 모든 세포에서 ATP가 화학에너지 운반체로 작용하게 하는 것이다. 제13장에서 더 자세히 보게 되겠지만, 자유에너지증가 반응을 추진하도록 에너지를 공급하는 것은 ATP의 단순한 분해라기보다는 다른 작은 분자(위의 경우에서는 포도당)로 ATP의 인산기를 전이하는 것이며 이 작은 분자는 ATP에 내재되었던 화학적 전위의 일부를 보존하게 된다.

연습문제 1-4 ATP 합성에 대한 에너지 비용

다음과 같은 반응에 대한 평형상수 K_{eq}가 2.22×10^5 M일 때,

$$\text{ATP} \longrightarrow \text{ADP} + \text{P}_i$$

25°C에서 ADP와 P_i로부터 ATP를 합성할 때 표준 자유-에너지 변화, ΔG°를 계산하라.

풀이: 먼저 위의 반응에 대한 ΔG°를 계산하면,

$$\begin{aligned}\Delta G^\circ &= -RT \ln K_{eq} \\ &= -(8.315 \text{ J/mol} \cdot \text{K})(298 \text{ K})(\ln 2.22 \times 10^5) \\ &= -30.5 \text{ kJ/mol}\end{aligned}$$

이것은 ATP의 ADP와 P_i로의 분해에 대한 표준 자유-에너지 변화이다. 이 반응의 역반응에 대한 표준 자유-에너지 변화는 같은 값을 갖지만 음양 표시가 반대이다. 따라서 위의 반응에 대한 역반응의 표준 자유-에너지 변화는 30.5 kJ/mol이 된다. 즉, 표준 상태(25°C, ATP, ADP, P_i의 농도가 1 M일 때)에서 1 mol의 ATP를 합성하기 위해서는 최소한 30.5 kJ의 에너지가 반드시 공급되어야 한다. 세포 내에서의 실제 표준 자유-에너지 변화는 대략 50 kJ/mol로 계산된 값보다 크게 된다. 이것은 세포 내의 ATP, ADP와 P_i의 농도가 표준 상태의 1 M이 아니기 때문이다(문제 풀이 13-2, 509쪽 참조).

연습문제 1-5 6-인산 포도당을 합성하기 위한 표준 자유-에너지 변화

생리적 상황(37°C, 사람의 장관에서 대장균이 자라는)에서 다음과 같은 반응에 대한 표준 자유-에너지 변화는?

$$\text{포도당} + \text{ATP} \longrightarrow \text{6-인산 포도당} + \text{ADP}$$

풀이: $\Delta G^\circ = -RT \ln K_{eq}$이며, 이 반응에 대한 K_{eq}가 7.8×10^2임을 이미 알고 있으므로, R, T와 K_{eq}에 대한 값을 대입하면,

$$\Delta G^\circ = -(8.315 \text{ J/mol} \cdot \text{K})(310 \text{ K})(\ln 7.8 \times 10^2) = -17 \text{ kJ/mol}$$

이 값이 문제 풀이 예 1-3의 계산 값과 아주 약간 다른 것에 주목하라. 예 1-3에서는 온도를 25°C(298 K)로 가정한 반면, 여기서는 생리적인 온도인 37°C(310 K)를 사용하였다.

효소가 일련의 여러 가지 화학 반응을 촉진한다

모든 생물학적 거대분자들은 그들을 구성하는 단량체 소단위들보다 열역학적으로 덜 안정하지만 역학적으로는 안정적이다. 즉, 그들의 비촉매적 분해는 매우 서서히(몇 초가 아니라 수년 이상) 일어나므로 생물의 시간 단위로 볼 때 이 분자들은 안정적이다. 실제로 모든 세포의 화학 반응은 생체 촉매인 **효소(enzyme)**의 존재로 인해 측정이 가능한 속도로 일어난다. 효소는 다른 촉매와 마찬가지로 반응 과정에 자신은 소모되지 않고 특이적인 화학 반응의 속도를 크게 높여 준다.

반응물(들)에서 생성물(들)까지의 경로에는 활성화 장벽이라고 부르는 하나의 에너지 장벽이 반드시 있게 되는데(**그림 1-29**), 어떤

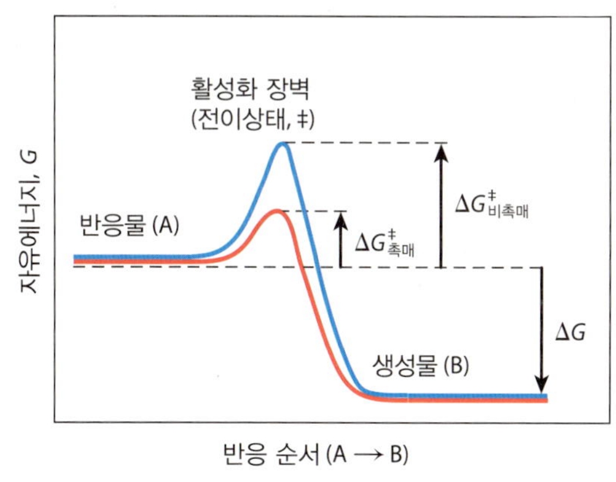

그림 1-29 화학 반응 동안의 에너지 변화. 반응물(A)이 생성물(B)로 변환되는 데 있어서 큰 음(−)의 자유에너지 변화(ΔG)에 의해 그림에서 보는 바와 같이 생성물이 반응물보다 안정하더라도 전이상태를 나타내는 큰 활성화 장벽을 넘지 않으면 안 된다. 활성화 장벽을 넘는 데 필요한 에너지를 활성화 에너지($\Delta G^\ddagger$)라 한다. 효소는 이 활성화 장벽을 저하시킴으로써 반응을 촉매한다. 즉, 효소는 전이상태의 중간체와 단단히 결합하고, 이 상호작용의 활성화 에너지를 $\Delta G^\ddagger_{비촉매}$(파란색 곡선)로부터 $G^\ddagger_{촉매}$(빨간색 곡선)로 감소시킨다. (활성화 에너지는 반응의 자유-에너지 변화(ΔG)와는 관계가 없다.)

반응이든 그것이 일어나기 위해서는 그 장벽을 반드시 극복하여야만 한다. 화합물에 존재하는 화학결합을 절단하고 새로운 결합을 형성하는 데는 일반적으로 먼저 존재하고 있는 결합을 파괴하는 것이 요구되는데, 이것은 반응물이나 생성물보다 자유에너지가 더 큰 **전이상태(transition state)**를 만들기 때문이다. 반응좌표에서 가장 높은 점이 전이상태를 나타내며 바닥상태와 전이상태의 반응물 사이의 에너지 차이가 **활성화에너지(activation energy, $\Delta G^{\ddagger}$)**이다. 효소는 전이상태에 더 잘 들어맞는 구조를 제시하게 해 줌으로써 반응을 촉매한다: 즉, 극성이나 전하 등의 입체화학 작용으로 전이상태에 상보적인 구조를 제공하는 것이다. 전이상태에 효소가 결합하는 반응이 자유에너지감소 반응이므로, 이 결합에서 방출되는 에너지가 그 반응의 활성화 에너지를 감소시켜 반응 속도가 크게 촉진된다.

2가지 이상의 반응물이 서로 가까운 효소 표면에 결합하거나 반응에 유리한 입체특이적인 배향 구조로 결합할 때에 더 쉽게 촉매 반응이 일어난다. 이 경우 반응물 사이의 생산적 충돌 가능성을 순차적으로 증가시키는 방법으로 반응이 이루어진다. 이러한 요인들과 제6장에서 논의될 그 밖의 요인들에 의해 촉매가 없는 반응에 비해 촉매가 있는 반응이 10^{12}배 이상의 속도로 진행된다(이것은 백만의 백만 배 빠른 것이다!).

몇 가지를 제외하고는 세포의 촉매제는 단백질이다(어떤 경우엔 RNA 분자가 촉매 역할을 한다. 제26장과 제27장에서 논의함). 또한 몇 가지를 제외하고 각 효소는 특이한 반응을 촉매하며 세포에서 각 반응은 서로 다른 효소에 의해서 촉매된다. 그러므로 각 세포마다 수천 개의 다른 효소들이 필요하다. 엄청나게 다양한 수의 효소들의 그 특이성 (반응물들 사이에서 구별하는 능력) 조절에 대한 감수성 등이 세포로 하여금 활성화 장벽을 선택적으로 낮출 수 있는 능력을 갖게 해준다. 이러한 선택성이 세포의 반응 과정을 효율적으로 조절하는 데 있어서 중요하다. 효소는 특정 시간에 효율적인 속도로 특이 반응을 진행하게 해 줌으로써 물질과 에너지가 세포 활성으로 연결되는 정도를 결정해 주는 것이다.

세포 내에서 효소에 의해 촉매되는 수천 가지의 화학 반응들을 **경로(pathway)**라고 하는데, 여기에는 일련의 연속된 반응 순서를 가지고 기능적으로 조직화되어 있어서 어떤 반응의 생성물이 다음에 이어지는 반응의 반응물이 된다. 어떤 경로에서는 유기 영양소를 분해하여 간단한 최종 생성물을 만드는데, 이것은 화학 에너지를 끌어내어 세포에 유용한 형태로 변환해 주기 위한 것이다. 이와 같은 분해적인 자유-에너지-생성 반응을 **이화(catabolism)** 대사라고 부른다. 이화 반응에서 방출되는 에너지는 ATP 합성에 사용된다. 그 결과 세포내 ATP 농도는 평형 농도 이상으로 되고 ATP 분해의 ΔG는 값이 크고 음(−)이다. 유사하게 이화 대사는 환원형 전자운반체인 NADH와 NADPH를 생성하고, 이 2가지는 ATP 생성 과정에서 전자공여체로 작용하거나 생합성 과정에서 환원 과정에 관여한다.

한편 작은 전구물질 분자들에서 출발하여 점차적으로 크고 복잡한 분자(단백질, 핵산 등이 포함됨)로 변환하는 경로가 있다. 이와 같은 합성 경로에는 항상 에너지의 투입이 필요한데 이를 **동화(anabolism)** 대사라고 부른다. 이와 같은 효소-촉매 반응의 그물망인 이화와 동화가 세포의 **대사(metabolism)**를 구성하고 있다. ATP(또는 에너지 측면에서 동등한 CTP, UTP, GTP)가 이화와 동화 그물망의 구성물들을 이어주는 중요한 연결체이다(**그림 1-30**). 중요한 세포 구성물인 단백질, 지질, 당질, 핵산 등에 작용하는 효소-촉매 반응의 연결 경로는 모든 생물에서 근본적으로 동일하다.

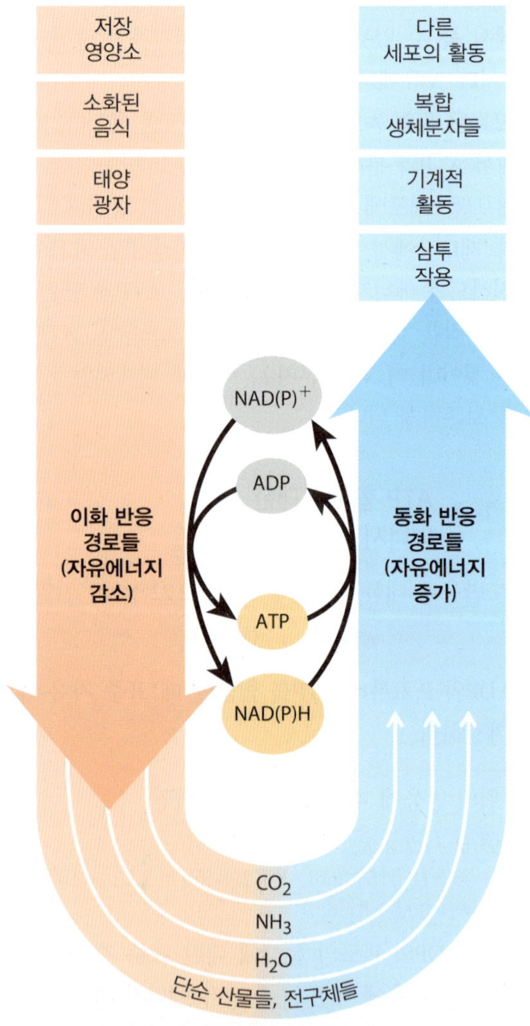

그림 1-30 대사에서 ATP와 NAD(P)H의 핵심적 역할. ATP는 에너지가 방출되는 세포 과정을 에너지가 필요로 하는 세포 과정에 연결해 주는 화학적 중간체이다. 세포에서 이것의 역할은 경제에서 돈의 역할과 유사하다. 그것은 자유에너지감소 반응에서는 "얻는/생산되는" 반응이고, 자유에너지증가 반응에서는 "소비되는/소모하는" 반응이다. NAD(P)H(nicotinamide adenine dinucleotide(phosphate))는 전자전달-보조인자로서 산화 반응으로부터 전자들을 받아 합성 반응의 여러 환원 반응에 그들을 공여해 준다. 이들은 상대적으로 낮은 농도로 존재하며, 이 보조인자들은 동화 반응에 필수적이며 이화 반응에 의해 지속적으로 생성되어야만 한다.

대사는 균형과 경제성을 유지하도록 조절되고 있다

살아 있는 세포들은 수천 가지나 되는 서로 다른 종류의 당질, 지방, 단백질, 핵산 분자 등과 그것들의 간단한 소단위들을 동시에 합성할 수 있을 뿐만 아니라, 세포가 놓여진 환경 속에서 세포가 필요로 하는 정확한 비율로 합성할 수도 있다. 예를 들면, 세포의 증식이 왕성할 때는 단백질과 핵산의 전구체들이 대량으로 만들어져야 하는 반면, 증식하지 않는 세포에서는 이러한 전구체들의 요구량이 훨씬 감소된다. 각 대사경로의 핵심 효소의 활성은 조절되고 있으므로 각 종류의 전구체 분자는 세포가 필요로 하는 양 만큼만 생성된다.

대장균에서 단백질의 구성 아미노산인 아이소류신의 합성 경로를 생각해 보기로 한다. 이 합성 경로는 5가지의 서로 다른 효소가 촉매하여 이루어지는 5단계로 일어난다(A에서 F까지는 경로의 중간체를 의미한다).

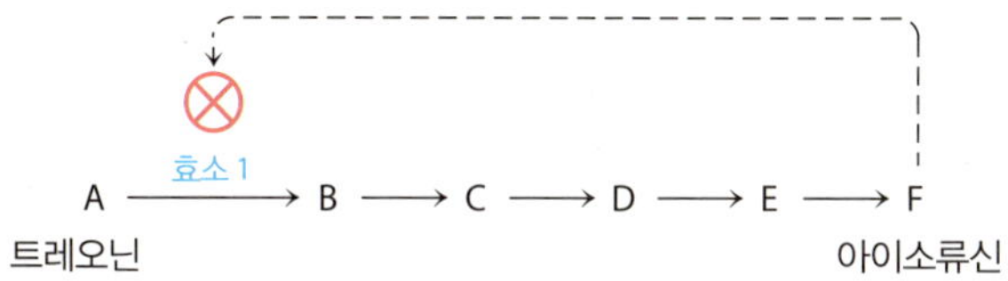

만일 세포가 단백질 합성에 필요한 양 보다 더 많은 아이소류신을 생성하기 시작하면 이용되지 않은 아이소류신이 축적된다. 높은 농도의 아이소류신은 이 대사경로의 첫 번째 효소의 촉매 활성을 저해하므로 즉각적으로 그 아미노산(아이소류신)의 생성을 저하시킨다. 이와 같은 **되먹임 억제(feedback inhibition)**는 각 대사 중간물질의 생성과 이용의 균형을 유지시켜 준다(이 책에서 효소 반응의 저해 시 ⊗ 기호를 사용할 것이다).

따로따로 분리된 경로라는 개념이 우리들로 하여금 대사를 이해하는 데 있어서 중요한 도구이지만, 이것은 단지 지나치게 단순화시킨 것 뿐이다. 세포 내에는 수천 종의 대사중간물이 있으며, 이들 중 많은 것이 한 개 이상의 경로에 관계된다. 대사를 서로 연계된 경로들의 그물망이라고 보는 것이 더 적합하다고 할 수 있다. 어떤 한 대사물의 농도 변화가 다른 경로에 영향을 미치며, 세포 경제면에서 파급 효과에 의한 다른 부문에의 작용을 통하여 물질흐름에 영향을 줄 것이다. 이와 같이 대사중간물이나 정량적 대사경로 사이의 복잡한 반응을 이해하는 것이 쉬운 일은 아니었다. 그러나 제15장에서 논의한 바와 같이, 새로운 접근방법인 **시스템 생물학(systems biology)**이 대사의 전체 조절기구를 알아내는 데 있어서 중요한 이정표를 제공하기 시작했다.

세포는 또한 대사산물의 필요량(증가 또는 감소)에 반응하여 자신의 촉매제인 효소의 활성을 조절한다; 이는 제28장의 주요 내용이다. 유전자 발현(세포에서 단백질을 활성화시키기 위한 DNA 정보의 번역)과 효소의 합성은 세포에서의 대사 조절의 또 다른 측면이다. 세포 대사에 대한 전체적인 조절을 설명할 때 모든 면을 전부 고려하여야 한다.

요약 1.3 물리적 기반

■ 살아 있는 세포는 개방계로서 주위 환경과 물질 및 에너지를 교환하며, 평형과 거리가 먼 동적 항정상태를 유지하기 위하여 에너지를 추출하고 전달한다. 에너지는 전자흐름을 통하여 ATP의 화학결합으로 전환하는 방법이며 태양광 또는 연료로부터 얻는다.

■ 평형을 향해 진행되는 화학 반응의 경향은 자유-에너지 변화, ΔG로 표시할 수 있는데, 이것은 두 요소를 갖고 있다: 엔탈피 변화량(ΔH)과 엔트로피(ΔS)이며, 그 관계식은 $\Delta G = \Delta H - T\Delta S$이다.

■ 어떤 반응의 ΔG가 음(−)이면, 이 반응은 자유에너지감소 반응으로써 반응은 종점으로 가는 경향을 보인다(정반응). ΔG가 양(+)이면 이 반응은 자유에너지증가 반응으로써 반응은 역반응으로 가는 경향을 보인다. 만약 이 두 반응이 제3의 반응을 산출하기 위해 합해지게 되면, 이때 전체 반응의 ΔG는 각각의 반응의 ΔG의 합이 된다.

■ ATP가 P_i와 ADP로 분해되는 과정은 큰 자유에너지감소 반응이며($-\Delta G$가 큰), 세포에서 많은 자유에너지감소 반응은 공통 매개체를 통하여 자유에너지증가 반응과 짝짓는 양상으로 일어난다.

■ 반응의 표준 자유-에너지 변화인 $\Delta G°$는 물리적 상수로써 $\Delta G° = -RT \ln K_{eq}$의 공식에서처럼 평형상수와 관련된다.

■ 세포에서 대부분의 자유에너지증가 반응은 이 반응을 촉매하는 효소가 존재하므로 매우 효율적으로 일어난다. 효소는 부분적으로는 전이상태를 안정화하고, 활성화 에너지 $\Delta G^{\ddagger}$를 낮추어 주며, 엄청난 범위까지 반응 속도를 증가시킨다. 세포 내에서 효소의 촉매 활성은 조절된다.

■ 대사는 세포 대사물을 전환시키는 여러 가지 일련의 반응들의 총합이다. 각 단계는 그 시점에서 세포가 필요로 하는 것을 제공하고, 단지 필요할 때만 에너지를 소비하도록 조절되고 있다.

1.4 유전적 기반

살아 있는 세포나 생명체가 갖고 있는 모든 성질 중에서 가장 주목할 만한 것은 아마도 수없이 많은 세대 간에서 거의 완벽한 정확도를 갖고 자신을 복제하는 번식 능력일 것이다. 이와 같이 유전적 특성이 연속성을 갖는 것은 수천 년 혹은 수백만 년에 걸쳐서 유전정보를 간직하고 있는 분자들의 구조가 변하지 않기 때문이다. 문명에 대한 역사적 기록들이 비록 구리에 새겨졌거나 돌에 조각되었던

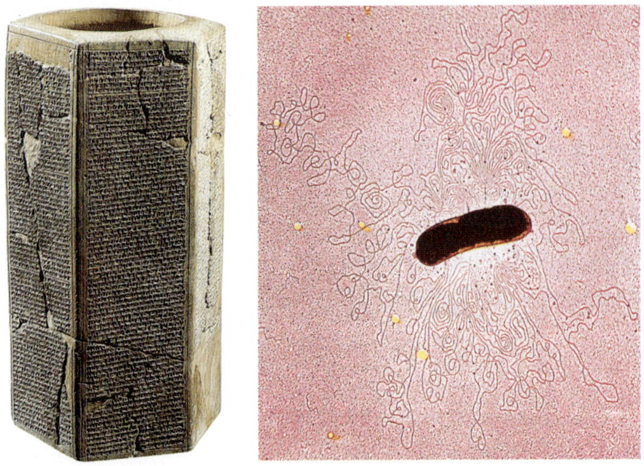

(a) (b)

그림 1-31 2종류의 고대문자. (a) 기원전 약 700년에 쓰던 Sennacherib의 프리즘에는 Sennacherib 왕의 통치시대의 몇 가지 역사적인 사실이 아시리아어(Assyria) 문자로 쓰여 있다. 이 프리즘에는 약 20,000개의 문자가 쓰여 있으며, 그 무게는 약 50 kg이고, 약 2,700년 간 거의 손상되지 않고 남아 있다. **(b)** 파괴된 세포로부터 누출된 대장균 1개의 DNA 분자는 세포 자체의 수백 배의 길이를 가지고 있으며, 세포의 구조와 기능을 특별히 결정하는 데 필요한 여러 가지 암호화된 정보를 가지고 있다. 이 세균의 DNA는 무게가 10^{-10} g으로 460만 글자(뉴클레오타이드)를 갖고 있으며, 과거 수백만 년 동안에 비교적 근소한 변화만 일어났다. (이 컬러화시킨 전자현미경 사진의 노란색 점과 검정 얼룩은 표본 제작 중에 인공적으로 생긴 것이다.) [출처: (a) Erich Lessing/Art Resource, New York. (b) Dr. Gopal Murti-CNRI/Phototake New York.]

라도(**그림 1-31**) 이런 기록물들이 1,000년 이상 계속 존속하는 일은 매우 드물다. 그러나 생물의 유전 지령은 훨씬 더 오래 기간에 걸쳐서 거의 변화가 없는 상태로 보존해 왔다는 좋은 증거가 있다. 예를 들면, 많은 세균이 40억 년 전의 세균과 거의 동일한 크기, 모양, 내부 구조 등을 갖고 있으며, 동일한 종류의 전구물질 분자들과 효소들을 함유하고 있다. 이와 같은 구조와 구성성분의 연속성은 유전물질 구조의 연속성의 결과인 것이다.

20세기 생물학의 근원적인 여러 가지 발견 중 하나의 큰 성과가 유전물질인 **데옥시라이보핵산(deoxyribonucleic acid, DNA)**의 화학적 특성과 그의 3차원적 구조의 해명이다. 이 DNA 중합체를 구성하는 단위체인 뉴클레오타이드(아래에 설명하듯이 정확히 말해서 데옥시라이보뉴클레오타이드)의 서열이 다른 모든 세포 구성성분의 형성을 지령하는 암호가 되고, 또한 세포가 분열할 때 자손들에게도 들어있는 것과 똑같은 DNA 분자들을 만들기 위한 본틀(template)이 된다. 생물종이 영속적으로 존재하려면 그 유전정보가 안정된 형태로 유지되어야 됨과 동시에 유전적 산물로 정확히 발현되어야만 한다. 유전정보의 효율적인 보존과 정확한 발현이 각 생물종(species) 간의 구별을 뚜렷하게 해주며 여러 세대에 걸치는 종의 연속성을 보장해 준다.

유전적 연속성은 단일 DNA 분자에 부여되어 있다

DNA는 길고 가느다란 유기중합체로서 원자 수준에서 일차원적(폭)으로, 인간의 수준에서는 다른 차원(길이; DNA의 길이가 몇 cm가 되는)으로 만들어지는 독특한 분자이다. 사람의 정자와 난자는 수십억 년의 진화에서 축적된 유전정보를 간직하고 있으며 이 정보들을 DNA 분자의 형태로 후손에 전해 주고 있다. DNA를 구성하는 뉴클레오타이드 소단위들의 서열이 유전정보의 암호이다.

일반적으로 화학적인 종의 특성을 말할 때, 우리는 아주 많은 수의 동일한 분자들의 평균적인 움직임을 말한다. 예를 들어, 피코몰(picomole; 약 6×10^{11} 분자들) 복합체에서 분자 하나의 움직임을 예측하기는 어렵지만, 아주 많은 분자들이 일반적인 움직임을 따르므로 분자들의 **평균적인** 움직임을 예측하는 것은 가능하다. 세포내 DNA는 매우 예외적이다. 대장균의 전체 유전 물질인 DNA는 4백 64만 개의 염기쌍으로 이루어져 있는 **단일 분자**이다. 만일 대장균이 세포분열을 통해 동일 개체를 만들어 낸다면 각각의 분자들은 모든 면에서 완벽하게 일치하여야만 한다. 이 과정에서 평균적인이라는 것은 존재할 수는 없다! 이 사실은 모든 세포에서 똑같다고 말하는 것이 옳다. 인간의 정자는 23개 염색체의 각각의 DNA 분자를 이에 상응하는 난자의 염색체 각각의 DNA 분자와 결합하기 위하여 난자에게로 와서 수정을 한다. 이 결합의 결과는 예측 가능하다: 25,000개의 유전자를 지닌 배아는 3억 개의 염기쌍으로 이루어져 있다. 이 얼마나 놀라운 화학적 위업인가!

연습문제 1-6 DNA 복제의 성실성

최초의 대장균의 전구세포가 35억 년 전에 탄생된 이후 정확히 복제되어 왔다면 최신 대장균 세포의 DNA의 세대 수는 얼마일지 계산하라. 이 세균 세포의 평균 세포분열 시간이 12시간(이것은 현대 세균의 추정 값이지만 조상 세균에 비해 낮게 계산된 수치임)이라고 단순히 가정하고 계산하라.

풀이:

$$(1\text{세대}/12\text{시간})(24\text{시간}/\text{일})(365\text{일}/\text{년})(3.5\text{년} \times 10^9\text{년})$$
$$= 2.6 \times 10^{12}\text{세대}$$

이 책의 1쪽에는 평균 5,000개의 글자를 가지고 있으므로 책 전체로는 약 500만 개의 글자를 가진다. 대장균의 염색체도 500만 염기쌍을 가진다. 만약에 이 책을 수작업으로 복사본을 작성하여 다음 수강 학생들에게 전달해 주고, 또 그 학생들이 수작업으로 복사해 다음 수강생들에게 전달해 주는 방식으로 해 나갈 때, 전달된 책(작성된 책)이 최초의 책과 어느 정도로 같을 것이라 생각하는가? 현재 이 책이 몇 조(trillion) 정도의 수작업을 통해 전달된 책의 하나라고 가정해 보라!

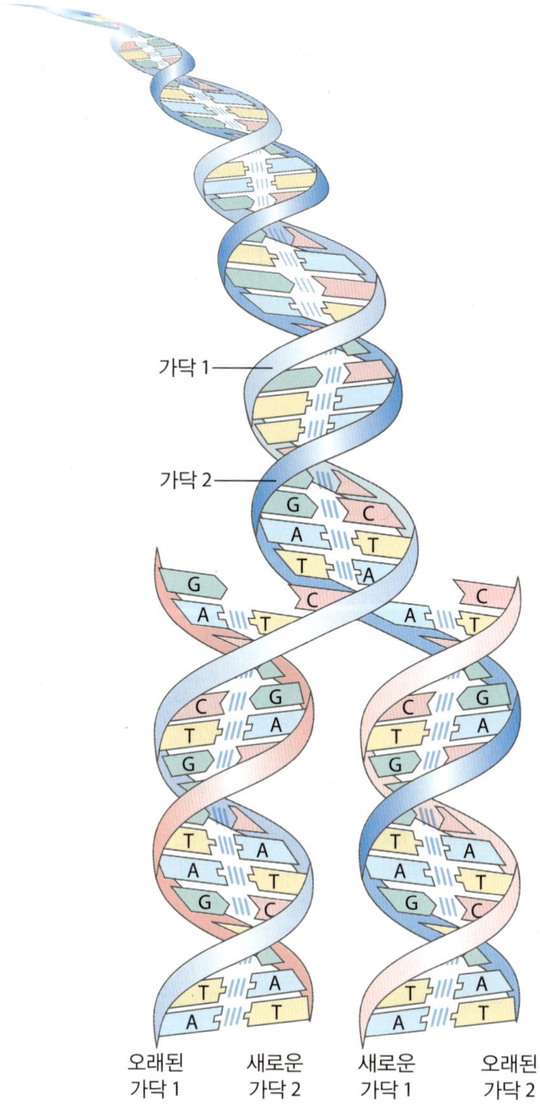

그림 1-32 DNA의 2가닥 사슬의 상보성. DNA는 4종류의 데옥시라이보뉴클레오타이드인 데옥시아데닐산(A), 데옥시구아닐산(G), 데옥시시티딜산(C), 데옥시티미딜산(T)이 공유결합된 선형 중합체이다. 특유의 3차원 구조를 갖는 각 뉴클레오타이드는 상보적 사슬의 뉴클레오타이드와 대단히 특별하지만 비공유결합적으로 연결될 수 있다. 즉, 항상 A는 T와 그리고 G는 C와 결합을 한다. 그러므로 이중나선 DNA 분자 중에서 한쪽 사슬의 뉴클레오타이드 전체 서열은 다른 쪽 사슬의 서열과 **상보적**이다. 상보적 뉴클레오타이드 사이의 수소결합으로 연결된 두 가닥들은 (여기서 수직의 엷은 파란색 선으로 표시된), 서로 꼬여서 DNA 이중나선을 형성한다. DNA의 복제 때 원래의 DNA의 2가닥 사슬(파란색)은 분리되며, 새로운 2가닥의 사슬(분홍색)이 합성되므로 각각은 원래의 사슬의 한쪽과 상보적인 서열을 가지게 된다. 그 결과, 원래의 DNA와 같은 2개의 이중나선형 DNA 분자가 생기게 된다.

DNA의 구조는 거의 완벽한 정확도를 갖고 복제되고 복구된다

살아 있는 세포가 자신의 유전물질을 보존하고 다음 세대를 위하여 자신의 유전물질을 복제할 수 있는 것은 이중나선 구조인 DNA 분자의 반쪽 사슬 사이에서 일어나는 구조적 상보성의 결과라고 할 수 있다(**그림 1-32**). DNA의 기본 단위는 4개의 서로 다른 단량체 소단위인 **데옥시라이보뉴클레오타이드(deoxyribonucleotide)**가 정교한 순서에 의해 연속적으로 배열되어 있다. 이 서열 순서가 유전정보를 암호화하고 있는 것이다. 이러한 2가닥의 중합체 사슬은 서로 뒤틀려서 DNA 이중나선을 형성하고 있는데, 이 이중나선의 한쪽 가닥 사슬을 구성하는 데옥시라이보뉴클레오타이드 각각이 반대쪽 가닥 사슬의 데옥시라이보뉴클레오타이드 각각과 상보적으로 쌍을 이루고 있다. 세포가 분열하기 전에 두 가닥의 DNA 사슬은 분리되며 각 사슬이 하나의 상보적인 가닥의 합성을 위한 본틀로 작용하므로 결국 2개의 똑같은 이중의 나선 분자가 만들어져 각각이 딸세포로 전달되는 것이다. 만일 한쪽의 가닥이 손상을 받게 되어도 반대쪽 가닥이 손상된 DNA의 복구를 위한 본틀로 작용하므로 정보의 연속성은 유지된다.

선상의 DNA 서열이 3차원 구조를 갖는 단백질의 암호가 된다

DNA 정보는 1차원 선상의 데옥시라이보뉴클레오타이드 소단위의 서열에 암호화되고 있지만 이 정보의 발현은 3차원의 세포에서 일어난다. 이와 같은 1차원에서 3차원으로의 변화는 2가지 단계에서 일어나고 있다. DNA의 데옥시라이보뉴클레오타이드 서열은 중간 운반체인 RNA를 통해 그에 대응하는 아미노산 서열을 갖는 단백질의 생성을 암호화하고 있다(**그림 1-33**). 이 단백질은 아미노산 서열에 의해서 결정되는 특정의 3차원 구조로 접혀지게 되는데, 주로 비공유결합들의 작용에 의해서 안정화된다. 접히는 단백질의 최종 모양은 아미노산 서열에 의하여 결정되지만 접힘 과정은 잘못 접히는 것을 방지해 주는 "분자 샤페론(molecular chaperone)" 단백질의 도움을 받는다(그림 4-30 참조). **고유 입체형태(native conformation)**라 불리는 정교한 3차원 구조는 그 단백질의 기능에 중요하다.

일단 고유 입체형태를 갖게 된 단백질은 다른 단백질들이나 핵산이나 지질과 비공유적으로 연합하여 염색체, 라이보소체, 막 등과 같은 초분자적 복합체를 형성한다. 이러한 복합체의 각 구성 분자들은 서로에 대한 강한 특이 친화성이 있는 결합 부위를 가지고 있으며 이 분자들은 자발적으로 기능적 복합체를 형성한다.

단백질 서열은 단백질이 고유 입체형태로 접히는 데 관여하는 모든 정보들을 지니고 있지만 접힘이 제대로 이루어지기 위하여 pH, 이온 강도, 금속이온의 농도 등의 적절한 환경을 필요로 한다. 그러므로 DNA 서열만으로 세포 내의 모든 정보를 해독하기에는 충분하지 못하다.

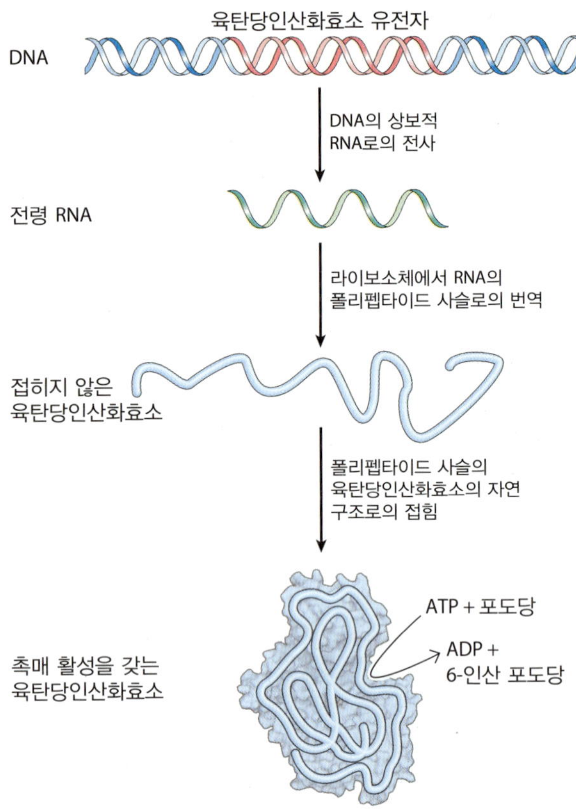

그림 1-33 DNA에서 RNA로, 단백질로, 효소(육탄당인산화효소)로. 단백질 육탄당인산화효소를 암호화하는 유전자의 단위로서 배열되어 있는 DNA(초록색)의 데옥시라이보뉴클레오타이드의 결합 서열은 상보적인 라이보뉴클레오타이드 서열을 갖는 RNA 분자로 전사된다. 다음에 이 RNA 서열은 육탄당인산화효소 단백질 사슬로 번역된 다음, 그것이 분자 샤페론의 도움을 받아 자연의 3-차원 형으로 접혀지게 된다. 육탄당인산화효소가 자연의 입체구조를 가지면 그 촉매 활성을 획득한다: 이것은 ATP를 인산공여체로 사용하여 포도당을 인산화시키는 반응을 촉매한다.

요약 1.4 유전적 기반

- 유전정보는 DNA에 있는 4종류 데옥시라이보뉴클레오타이드의 서열에 암호화되어 있다.
- 이중나선의 DNA 분자는 복제나 복구를 위한 내부 본틀을 가지고 있다.
- DNA 분자들은 분자량이 수백만 또는 수천만에 이를 정도로 이례적으로 크다.
- DNA의 거대한 크기에도 불구하고 뉴클레오타이드 서열은 매우 정확하며 아주 오랜 시간 동안 정확한 서열의 유지가 생명체의 유전적 영속성의 기초이다.
- 유전자 DNA가 암호화하는 단백질의 아미노산의 서열이 단백질 특유의 3차 구조를 만든다—이 과정은 또한 환경적 조건들에 의존적이다.
- 거대분자는 다른 거대분자와의 특이적 친화력에 의하여 초거대분자로 자체 조립이 일어난다.

1.5 진화적 기반

"생물학에서 진화학적인 관점을 제외하고 어떤 것도 이치에 맞지 않다."

—티오도시우스 도브잔스키(*Theodosius Dobzansky*), 미국 생물학 교사
1973년 3월

도브잔스키가 이 놀라운 일반론을 언급한 이래 수십 년 동안 생화학과 분자생물학의 커다란 발전을 통하여 이에 대한 정당성을 아주 확고하게 입증하였다. 문(phyla)을 망라하여 모든 생명체는 대사 과정과 유전자 서열에서 놀라울 정도로 유사성을 갖고 있다는 것이, 현존하는 모든 생물들은 공통의 진화적 조상을 가지고 있다는 것과 일련의 작은 변화(돌연변이)가 생태학적 적소에 있는 생명체에게 선택적으로 유리하게 작용하여 살아 남았을 것이라는 논쟁을 불러일으켰다.

유전자 지령의 변화에 의하여 진화가 발생한다

유전적 복제가 거의 완벽하게 일어나는 데도 불구하고, 드물지만 복제 과정에서 복구가 제대로 이루어지지 않을 경우에 DNA의 뉴클레오타이드 서열에 변화가 일어나는데, 이것을 **돌연변이(mutation)**라고 하며 세포 성분의 변화를 일으킨다. DNA의 한쪽 가닥에 잘못 복구된 손상이 있어도 같은 영향을 준다. DNA의 돌연변이는 생식세포에 의해 운반되어 그 자손들에게 이어지므로 생명체에게 해롭거나 치명적일 수 있다; 예를 들어 돌연변이에 의해 어떤 필수적인 대사 반응에 촉매 작용하는 효소의 합성이 결핍될 수 있다. 그러나 때로는 돌연변이에 의하여 생물 혹은 세포가 그의 환경에서 살아남는 것이 편리하게 될 수도 있다(**그림 1-34**). 즉, 돌연변이된 효소가 약간 다른 특이성을 획득할 수 있는데, 그 결과로 이 효소는 이전에 세포가 대사할 수 없었던 어떤 화합물을 반응물로 사용할 수가 있게 된다. 만일 어떤 돌연변이 세포집단이 이용할 수 있는 연료자원이 주위 환경에 매우 풍부하게 존재하여 그것을 이용할 수 있게 된다면, 그 돌연변이 세포는 다른 돌연변이가 없는[**야생형(wild-type)**] 세포에 비해 유리한 입장이 될 것이다. 돌연변이 세포와 그 자손 세포들은 새로운 환경에서 살아남을 수 있는 반면, 야생형 세포들은 굶어 죽게 될 것이다. 이것이 다윈이 자연선택설로 말하고자 했던 것이며—때로는 "적자생존"이라는 말로 요약된다.

가끔 전체 유전자의 2번째 복사본이 염색체 복제 결손의 결과로 염색체로 도입되는 경우가 있다. 이 유전자는 여분의 유전자가 되므로 이 유전자에서 일어나는 돌연변이는 유해하지 않다. 이것은 세포가 원래의 유전자나 기능을 유지하는 동시에 새로운 기능을 가진 유전자를 만들어 냄으로써 진화의 수단이 되기도 한다. 이러한 관점에서 볼 때 현존하는 생물의 DNA 분자들은 최초의 세포로부터 현재의 생명체까지의 긴 여행을 보여 주는 역사적 기록이라고 할 수 있다. DNA의 역사적인 자세한 전말은 아직 미완성이다. 진화

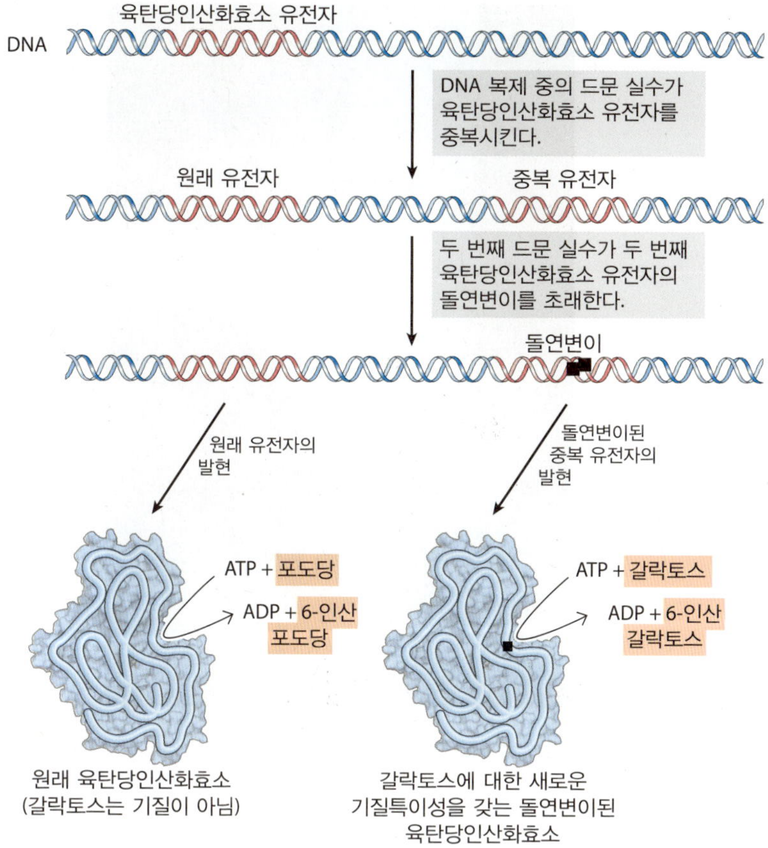

그림 1-34 유전자 중복과 돌연변이: 새로운 효소 활성을 갖기 위한 하나의 경로. 이 예에서, 하나의 가상적 생물의 단일 육탄당인산화효소 유전자는 드물지만 DNA 복제시 2개로 복제될 수 있을 것이며, 이러한 생명체는 이 유전자에 대한 2개의 복제물을 갖게 되고 그 중 하나는 불필요할 것이다. 수 세대를 거치면서 반복적인 복제가 이루어짐에 따라 드물게 오류가 일어나 불필요한 유전자의 뉴클레오타이드 서열의 변화, 즉 단백질의 서열 변화도 초래될 것이다. 매우 드물지만, 가설적인 상황에서 이 돌연변이 유전자로부터 만들어지는 단백질이 변형되어 새로운 기질인 갈락토스에 결합하는 경우도 있을 것이다. 돌연변이 유전자를 가지는 세포는 새로운 능력(갈락토스 대사)을 가지게 되는 것이며, 이 세포는 포도당이 아니고 갈락토스를 제공하는 생태적 환경에서 살아남도록 해 준다. 돌연변이 전에 유전자 중복이 일어나지 않으면 유전자 산물의 원래 기능은 상실된다.

과정 동안에 많은 돌연변이들이 없어지거나 또 다른 돌연변이가 일어난 것은 틀림없다. 그러나 DNA 분자는 우리가 가지고 있는 생물학적 역사를 연구하는 가장 좋은 자료이다. DNA 복제에서의 오류 빈도는 살아남지 못하는 딸세포에서 일어나는 수없이 많은 오류와 새로운 생태적 지위에서 돌연변이 세포로 살아남도록 허용하는 유전적 돌연변이를 막아 주는 아주 작은 오류의 평균을 나타내기 때문이다.

수십억 년 동안의 자연선택을 통하여 세포 시스템들이 기본적인 분자들의 화학적 및 물리적 성질을 최대한으로 잘 이용할 수 있도록 세포학적 체계를 변화시켜 온 것이다. 자연선택과 더불어 개체집단이 어떤 유전적 돌연변이를 갖게 된 우연성은 결과적으로 각각의 독특한 생태학적 상태에 적응한 수많은 다양한 개체들을 오늘날 우리들이 보는 상태로 진화시키게 되었다.

생체분자는 처음에 화학적 진화에 의하여 생겼다

이 장을 설명하면서 아직까지 최초 세포의 출현에 대한 진화에 관한 것을 살펴보지 못했다. 생명체에 존재하는 것과 달리 아미노산이나 당질과 같은 기본적인 생체분자를 포함한 여러 가지 유기 화합물들은 지구의 지각, 해수, 대기 중에 미량 밖에 존재하지 않는다. 그렇다면 최초의 생명체는 어떻게 고유의 유기 구성물들을 만들어 낸 것일까? 한 가지 가설에 의하면 이들 유기물들은 원시 대기 기체들이 자외선, 광선 및 화산 활동 등 환경의 강력한 열에너지에 의해 형성된 후 이들 화합물들이 고대의 해수로 녹아 들어가서 만들어졌다는 것이다.

이 가설, 즉 유기 생명분자의 무생물적인 기원에 관한 고전적인 실험이 1953년 밀러(Stanley Miller)에 의해서 우레이(Harold Urey) 실험실에서 실시되었다. 밀러는 암모니아, 메탄, 그리고 물과 수소의 혼합 가스를 만들고 한 쌍의 전극에서 생기는 전기 불꽃(번갯불을 모방)에 1주일 이상 노출시킨 다음에 밀폐된 반응 용기의 내용물을 분석했다(**그림 1-35**). 그 결과 여기서 생긴 혼합 가스층에 반응 전의 물질뿐만 아니라 일산화탄소와 이산화탄소가 혼합되어 있었다. 그리고 물 층에 몇 가지 종류의 아미노산, 하이드록실산, 알데하이드, 시안화수소(HCN) 등의 여러 가지 유기 화합물이 포함되어 있었다. 이 실험에 의하여 비교적 완화된 조건 하에서 단기간에 생체분자의 무생물적 합성이 가능하다는 것이 확립된 것이다. 밀러가 조심스럽게 저장해 둔 샘플들이 2010년에 다시 발견되어 더욱 예민하고 해상도가 높은 기술(고압 액체 크로마토그래피와 질량분광법)들로 분석되었을 때, 그의 원래의 관찰이 확인되었고 크게 확장되었다. 이전에 발표되지 않았던 H_2S(해저의 화산 불꽃의 "연기"를 모방하기 위해; **그림 1-36**)를 가스 혼합물에 포함시킨 밀러의 실험은 생명 탄생 이전의 진화 과정에서 합성 재료로 작용할 수 있는 다른 많은 간단한 화합물들과 함께 23개의 아미노산들과 7개의 유기황

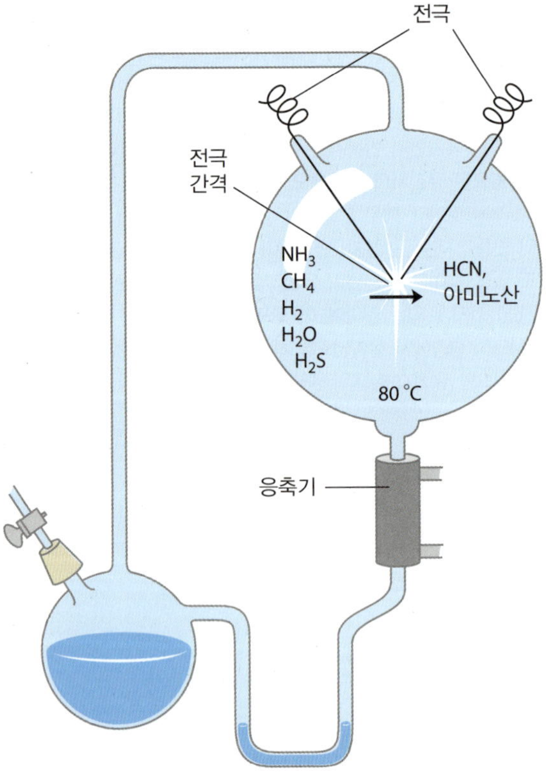

(a)

(b)

그림 1-35 생체분자들의 무생물적 생성. **(a)** 원시 대기의 조건 하에서 유기 화합물을 비생물학적으로 생성하는 것을 검증하기 위한 실험으로 밀러와 우레이가 사용한 불꽃 방전 장치. 장치 중의 가스 성분에 방전을 시킨 뒤에 응축해서 생성물을 모았다. 아미노산과 같은 생체분자들이 생성된 성분 중에 존재하였다. **(b)** 그 의 불꽃 방전 장치를 사용하고 있는 Stanley L. Miller (1930–2007). [출처: (b) Bettmann/Corbis.]

화합물들의 합성이 일어남을 보여 주었다.

더 정교한 여러 실험에서 폴리펩타이드와 RNA 유사 분자를 포함한 많은 생명체 화합물이 이러한 조건에서 생성될 수 있다는 좋은 증거들을 제공하였다. RNA 중합체가 생물학적으로 의미가 있는 반응에서 촉매로서 작용할 수 있으며(제26장과 제27장 참조), RNA는 전생물적 진화(prebiotic evolution)에서 촉매와 정보 저장의 장소로서 중요한 역할을 했을 것으로 생각된다. RNA의 단위체인

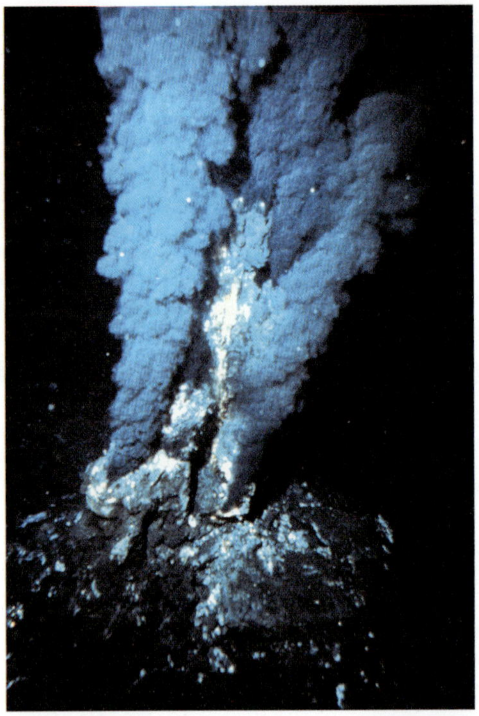

그림 1-36 검은 연기를 내뿜는 것들. 해저의 열수분출구는 미네랄이 풍부하게 녹아 있는 초고온수를 분출한다. 검은 "연기"는 분출된 용액들이 찬 해수를 만나 녹아 있던 황화물들이 침전될 때 형성된다. 고세균류와 몇 가지 두드러지게 복잡한 다세포 동물들을 포함하는 다양한 생명체들이 그러한 분출구 근처에서 발견되어 초기 생물 발생의 장소가 되어왔을 것으로 추측된다. [출처: P. Rona/OAR/National Undersea Research Program (NURP), NOAA.]

라이보뉴클레오타이드는 전생물학적 조건의 실험실에서는 형성되지 않는다. 즉, 이것은 전생물학적 진화가 RNA 그 자체가 아니라 RNA와 유사한 분자에서 시작되었을 가능성을 의미한다.

RNA와 그 전구체들이 최초의 유전자 및 촉매일지도 모른다

현존하는 생물에서 핵산은 효소의 구조를 특성화하는 유전정보를 암호화하고, 효소는 핵산의 복제와 복구에 대한 촉매 작용을 할 수 있다. 상호 의존하고 있는 이 2종류의 생체분자가 존재하는 것이 어려운 질문을 유발한다. 즉, DNA와 단백질 중의 어느 쪽이 먼저 나타났느냐 하는 것이다.

이에 대한 해답은 어느 쪽도 아닐지 모른다. RNA 분자가 자기 자신의 분자 합성에서 촉매로 작용하는 것이 발견됨으로써 RNA 또는 그와 비슷한 분자가 최초의 유전자이면서 동시에 최초의 촉매일 가능성을 제시한 것이다. 이 가설에 의하면(**그림 1-37**), 생물 진화의 가장 초기 단계의 하나는 원시 수용액 중에서 같은 서열의 다른 RNA 분자의 형성을 촉진할 수 있는 RNA 분자—자체복제, 자체영속 RNA—가 우연히 형성되었다는 것이다. 자체복제를 하는 RNA 분자의 농도가 1분자에서 2분자로, 2분자가 4분자로 되는 등

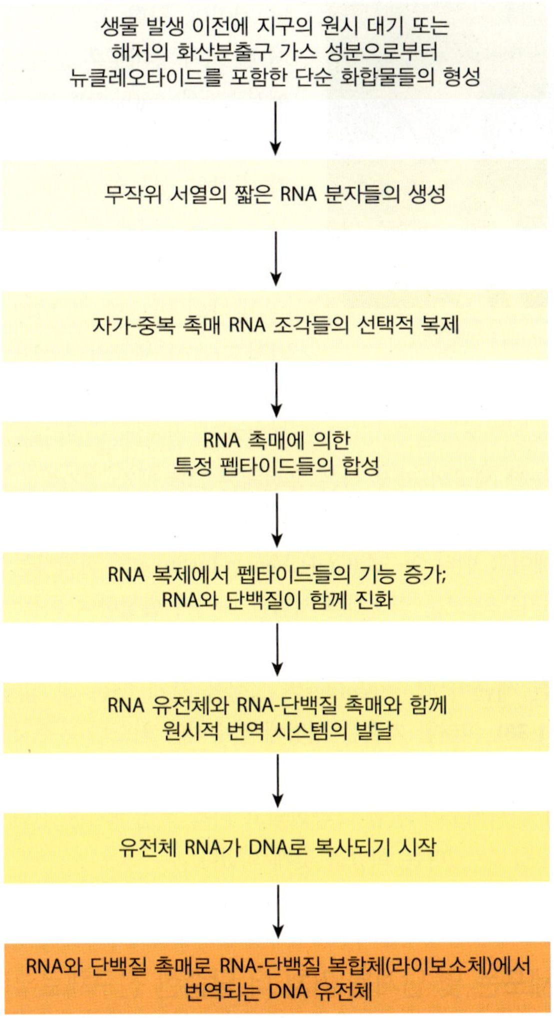

그림 1-37 가능성 있는 "RNA 세계"의 각본.

의 지수함수로 상승되었을 것이다. 자체복제의 정확도는 아마 완벽한 것이 아니므로 그 과정에서 많은 종류의 RNA가 생기게 되고 그 중의 몇 가지는 효율적으로 자체복제가 되었을 것이라고 생각된다. 뉴클레오타이드의 획득 경쟁에서 자체복제에 가장 효율이 좋은 서열은 이기고, 효율이 좋지 않은 복제물은 그 집단으로부터 사라지게 되었다고 생각된다.

"RNA 세계" 가설에 의하면, DNA(유전정보의 저장고)와 단백질(촉매)의 기능 분담은 최근에 와서 발전한 것이 된다. 자체복제를 하는 RNA 분자는 아미노산을 펩타이드로 축합하는 반응을 촉진할 수 있는 능력을 또 다시 획득해서 새로운 돌연변이체로 발전되었다는 것이다. 그리고 이렇게 합성된 펩타이드는 RNA의 자체복제 능력을 좀 더 증강시켰으며, RNA 분자와 보조 펩타이드의 쌍은 보다 효율적인 자체복제계를 만들 수 있도록 서열이 다시 변형되었을 것이라는 것이다. 현존하는 학설과 같이 세포내 라이보소체에 의한 단백질 합성 기구의 경우처럼 단백질이 아니라 RNA 분자들이 펩타이드 결합의 형성을 촉진한다는 최근의 주목할 만한 발견이 RNA 세계 가설과 확실히 일치한다.

이 원시적인 단백질 합성계의 진화가 일어난 후에도 다시 진화가 계속되었다. 즉, 자체복제를 하는 RNA 분자에 상보적인 서열을 가지고 있는 DNA 분자가 "유전" 정보를 보존하는 기능을 획득한 것이며, 또한 RNA 분자가 단백질 합성에 관여되도록 진화되었다. (제8장에서 DNA가 RNA보다 왜 더 안정적이며 더 나은 유전정보의 저장소로 되었는가에 대하여 설명한다.) 단백질에 다양한 촉매 활성이 있다는 것이 밝혀졌고, 그 이후로 그 기능을 받아들이게 되었다. 원시 수용액 중의 지질 같은 화합물들이 자체복제를 하는 분자들 집합체 주위에 비교적 투과성이 없는 막을 형성하였다. 이와 같이 지질로 둘러싸인 내부에서 단백질과 핵산의 농도가 자체복제에 필요한 분자의 상호작용에 가장 알맞게 된 것이다.

RNA 세계 시나리오는 지적으로 충족되지만 대답되지 않은 난제들을 남겨 놓았다; 초기 RNA 분자들을 만드는 데 필요했던 뉴클레오타이드들은 어디서 왔을까? 이러한 RNA 세계 시나리오에 대한 대체 가설은 단순한 대사경로들이 해저의 열수공과 같은 곳에서 먼저 진화되었을 것으로 추측한다. 일련의 연결된 화학 반응들이 거기서 지질막 또는 RNA가 출현하기 이전에 뉴클레오타이드와 같은 전구체들을 만들었을 것이다. 더 많은 실험적 증거 없이 이러한 가설들이 잘못되었다고 할 수 없다.

생물의 진화는 35억 년 이상 전부터 시작되었다

지구는 약 45억 년 전에 생성되었고 최초 생명 탄생은 증거에 의하면 35억 년 이상 전으로 추정되고 있다. 1996년 그린란드에서 연구하던 과학자들은 화석이 남아 있는 것은 발견하지 못했지만 뚜렷한 생물학적 기원으로 보이는 암석에 묻어 있는 탄소의 형태에서 38억 5천만 년 전까지 거슬러 올라가는 생명에 대한 화학적 증거를 발견했다. 지구 탄생 이후 최초의 10억 년 사이에 지구의 어딘가에서 최초의 유전물질인 본틀(RNA?)로부터 자체의 구조를 복제할 수 있는 최초의 단순한 생물이 생겼다는 것이다. 생명이 나타나기 시작할 즈음의 지구의 대기에는 산소가 거의 없었으며 또한 자연의 과정에서 만들어진 유기 화합물을 제거하는 미생물도 거의 없었으므로 이들 화합물은 상대적으로 안정적이었다. 이와 같은 안정성과 무한의 시간이 주어진 상황에서 믿을 수 없는 일이 일어났다. 즉, 유기 화합물이 진화하는 세포에 들어가서 효율적인 자체번식에 관여하는 촉매들을 점차 만들었다. 생물학적 진화의 과정이 이미 개시된 것이다.

최초의 세포는 아마 무기 연료를 사용하였을 것이다

가장 최초의 세포들은 환원적 대기(산소가 없는)에서 탄생하였을 것이며 그들은 아마도 초기 지구에서 풍부하였던 황화철이나 탄산철과 같은 무기적 연료로부터 에너지를 획득하였을 것이다. 예를 들면, 다음과 같은 반응은

$$FeS + H_2S \longrightarrow FeS_2 + H_2$$

ATP 또는 유사 에너지 화합물을 합성하기에 충분하다는 것이다. 그들이 필요로 하는 유기 화합물은 근본적으로 CO, CO_2, N_2, CH_4 등과 같은 원시 지구의 대기 성분들이 화산의 열과 번개 등의 비생물학적인 작용에 의하여 합성되었다. 또 다른 유기 화합물 기원이 지구 밖 우주 공간으로 제안되었다: 2006년 스타더스트(Stardust) 우주선이 혜성의 꼬리로부터 채취한 분진 입자들을 채취해 귀환했는데, 이 분진에는 다양한 유기분자들이 함유되어 있었다.

초기의 단세포 생물들은 점차로 그들이 속한 환경에 존재하는 화합물로부터 에너지를 추출하고 사용하여, 보다 많은 그들 자신의 전구체 분자들을 합성하는 능력을 점진적으로 얻게 되었다. 그 결과로 이들은 외계에서의 공급원에 덜 의존하게 되었다. 매우 중요한 진화상의 사건은 태양으로부터 가시광선을 얻을 수 있는 색소의 발달이며, 그 결과로 태양 에너지를 이용하여 이산화탄소를 환원함으로써("고정"시켜) 보다 복잡한 유기 화합물을 합성하게 되었다. 이와 같은 **광합성(photosynthesis)** 과정에서 최초의 수소 공여체는 아마 H_2S이었고, 그 부산물로 원소인 황(S) 또는 황산기(SO_4^{2-})를 만들었을 것이다. 그러나 세포가 진화하여 광합성 반응에서 물(H_2O)을 전자공여체로 이용할 수 있는 효소를 발달시켜, 산소(O_2)를 부산물로 제거할 수 있게 되었다. 오늘날의 남색균은 이와 같은 원시시대의 산소(O_2) 생성-광합성 생물의 후손이다.

생물의 진화 과정에서 가장 오래된 시대에는 지구의 대기에 산소가 거의 없었으므로 초기의 가장 오래된 세포는 혐기성이었을 것이다. 이러한 상태에서 화학종속영양생물은 전자를 O_2가 아니라 SO_4^{2-}와 같은 전자수용체에 보냄으로써 유기 화합물들을 CO_2로 산화할 수 있었고 생성물로서 H_2S를 생성했을 것이다. 산소를 생성하는 광합성 세균이 나타나게 됨으로써 지구의 대기에는 점점 산소가 풍부해졌으며, 이들 산소는 강력한 산화제로서 그리고 혐기성 생물들에 치명적인 물질이 되었다. 이른바 "산소의 대파괴"라 부르는 진화적 압력에 대응하여 일부 미생물 계열은 연료 분자로부터 산소에 전자를 전달함으로써 에너지를 얻을 수 있는 호기성 생물로 변환되었다. 유기분자에서 산소로 보내지는 전자전달은 많은 양의 에너지를 생산하기 때문에 호기성 생물들은 산소가 있는 환경에서 혐기성 생물들과 경합했을 때 에너지 측면에서 유리하게 되었다. 이와 같은 이점에 의해서 산소가 풍부한 환경에서 호기성 생물들이 우세하게 된 것이라고 해석할 수 있다.

오늘날의 세균류와 고세균류는 생물권에서 거의 모든 생태학적 환경에 서식하고 있으며 탄소와 에너지의 원천으로 모든 형태의 유기 화합물을 이용할 수 있는 생명체들이 있다. 담수나 해수에 서식하는 광합성 세균은 태양 에너지를 이용해서 당질이나 그 밖의 세포 구성물질을 만들고, 이들은 다시 다른 생물들의 먹이로 사용된다. 진화의 과정은 끊임 없이 지속될 것이며; 특히 빠르게 번식하는 세균 세포에서는 실험실에서 관찰이 가능한 시간 척도로 일어날 것이다. 진화 기전 연구에 있어서 한 가지 흥미로운 분야는 실험실에서 "합성(synthetic)" 세포(이미 알려진 정제된 성분을 기초로 실험자가 각각의 성분을 더해서 모든 성분으로 제공되게 하는 실험)의 생산에 목적을 두는 것이다. 이와 같은 방향의 연구의 첫 번째 단계는 가장 단순한 세균의 유전체 관찰을 통해 생명 유지에 필요한 최소수의 유전자를 결정하는 것이다. 독립-생활 가능한 세균의 가장 작은 유전체는 1.08 메가 염기쌍(1 메가 염기쌍은 100만 염기쌍)을 갖는 *Mycobacterium mycoides*이다. 2010년에 크레이그 벤터 연구소(Craig Venter Institute)의 과학자들은 마이코박테리움의 모든 염색체를 시험관 내에서 합성하여 이를 다른 종의 세균인 *Mycoplasma capricolum* 안(DNA가 제거된)으로 도입하여 다른 세균이 *M. mycoides*의 성질을 갖게 하는 데 성공하였다 **(그림 1-38)**. 이러한 기술은 생명에 필수적인 최소의 유전자를 갖는 합성세포를 생산하는 길을 열어 주었다. 이러한 세포로 우리는 실험실에서 원시세포가 점점 다양화되고 더욱 복잡해지는 진화의 과정을 연구할 수 있다는 희망을 갖게 되었다.

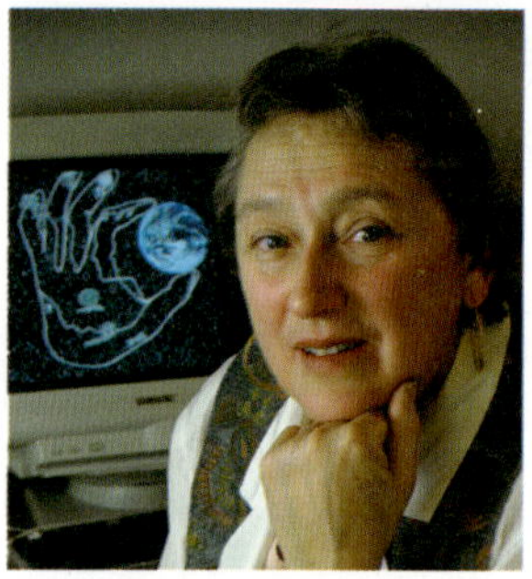

Lynn Margulis, 1938–2011
[출처: Ben Barnhart/UMass Magazine.]

진핵세포는 몇 단계를 거쳐 더 단순한 전구체로부터 진화하였다

화석 자료에 의하여 약 15억 년 전부터 더 크고 복잡한 생명체들, 아마도 최초의 진핵세포들이 나타나기 시작했다는 근거들이 있음을 보여 주고 있다**(그림 1-39)**. 원핵세포로부터 진핵세포에 이르는 상세한 진화과정을 화석자료만 가지고서는 알기는 어렵지만, 현대

그림 1-38 합성 세포. 이 세포들은 Mycoplasma mycoides와 친족관계에 있는 핵을 제거한 *Mycoplasma capricolum*에 실험실에서 합성한 Mycoplasma mycoides DNA를 주입하여 생산하였다. 이 합성 세포는 *M. mycodies*의 특성을 갖는 자손을 생산하였다. [출처: ©2012 National Center for Microscopy & Imaging Research.]

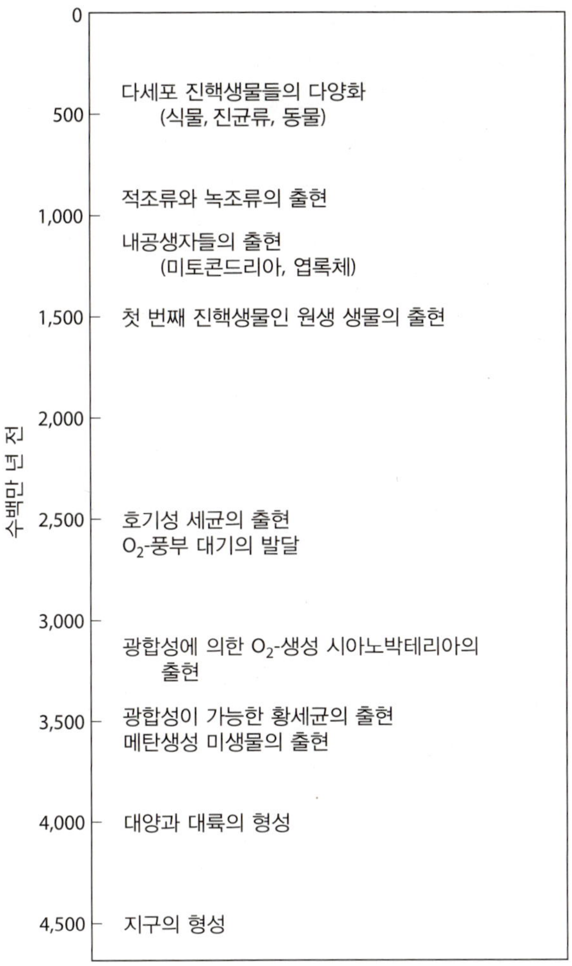

그림 1-39 지구 생명의 진화에 있어서 지표가 되는 사건들.

생물과의 형태학적 및 생화학적 비교에 의하여 진화의 과정이 화석 증거에서 나타난 결과와 일치한다고 추정하고 있다.

진화하는 데에는 주요한 3가지 변화가 있었을 것이다. 첫 번째, 세포가 보다 많은 DNA를 갖게 됨에 따라 DNA는 단백질과 명확하게 구별이 되는 특이한 복합체를 형성하여 빽빽하게 접혀져 있다가 세포분열시 딸세포에 DNA를 똑같이 나누어 주는 작업에 있어서 더욱 더 정교한 기전이 요구되었다. 단백질들이 접혀진 DNA를 안정화시키고 결국 만들어지는 DNA-단백질 복합체(즉, 염색체)들이 세포분열 때 서로 떨어질 수 있도록 해주는 특수한 단백질들을 요구하게 되었다. 두 번째, 세포가 커져감에 따라 DNA를 둘러싸는 이중막을 포함한 세포 내막계가 발달하였다. 이와 같은 막계에 의하여 핵 내에서의 DNA를 본틀로 하는 RNA 합성 과정과 세포질에서 라이보소체에서의 단백질 합성 과정이 분리되었다. 마지막으로, 광합성이나 호기성 대사를 할 수 없는 초기의 진핵세포들이 막에 싸인 호기성 세균 또는 광합성 세균을 영입하여 **내공생적 연합(endosymbiotic association)**을 형성하고 그것이 영속하게 되었다(**그림 1-40**). 일부 호기성 세균은 현대의 진핵세포 생물의 미토콘드리아로 진화했고, 다른 일부 광합성 남색균은 현대 식물세포의 선조에 해당하는 녹조류의 엽록체와 같은 색소체로 진화했다.

진화 과정 후기에 단세포 생물은 함께 집단을 이루는 것이 유리하다는 것을 알게 되고 그것으로 독립적인 경쟁자보다 큰 운동성, 효율성, 번식 성공 등을 얻게 된다. 더 나아가 이러한 집단적인 생물들은 개개의 세포 간에 영구적인 연관 관계를 만들고 결국에는 집단 내에서 특성화—세포가 분화하게 된다.

세포 특성화의 이점은 보다 복잡하고 매우 분화된 생물로의 진화를 일으킬 수 있다는 것이다. 즉, 어떤 세포는 감각 기능을 가지게 되고 다른 것은 소화, 광합성, 생식 기능 등의 여러 가지 기능을 가지게 된다. 많은 현대의 다세포 생물들은 자신을 유지하는 데 필요한 기능을 가진 각기 다른 유형의 수백 개의 세포들을 가지고 있다. 일찍이 진화되었던 기본적인 기전은 진화를 통해 더욱 더 다듬어지고 가꾸어져 왔다. 짚신벌레(*Paramecium*)의 섬모운동과 클라미도모나스(*Chlamydomonas*)의 편모운동을 일으키는 동일한 기전과 구조는 매우 분화된 척추동물의 정자세포에서도 같다.

분자 해부학이 진화적 유연관계를 밝혀준다

생화학자들은 진화적 관련성을 분석하거나 진화론을 재정립하는데 도입할 수 있는 세포의 분자해부학적 정보들에 관한 매우 풍부하고 훌륭한 증거들을 갖게 되었다. 수많은 진정세균과 40종 이상의 고세균; 효모(*Saccharomyces cerevisiae*)나 말라리아 원충(*Plasmodium*)과 같은 진핵생물; 애기 장대(*Arabidopsis thaliana*)나 벼 같은 식물; 꼬마선충(*Caenorhabditis elegans*), 초파리(*Drosophila melanogaster*), 쥐, 인간 등과 같은 다세포 동물들의 **유전체(genome**; 한 생명체의 모든 유전형질) 서열이 이미 완전히 밝혀졌다(표 1-2). 여기에 다른 생물들의 염기 서열들이 나날이 추가되고 있다. 이러한 염기 서열을 알아냄으로써 종 간의 상세한 그리고 양적 비교를 통하여 보다 심도 있는 진화 과정의 이해가 가능하다. 유전자 서열 분석을 이용한 분자계통발생학은 거시적인 구조에 기초를 둔 고전적인 계통발생학과 일치하지만 여러 면으로 보다 정확하다. 모든 생명체는 거시해부학적 측면에서 보면 계속적으로 갈라져 나오지만, 분자 수준에서 보면 생명의 기본 단위는 매우 명확하다. 분자 구조나 분자 기전은 아주 단순한 동물에서부터 가장 복잡한 동물에 이르기까지 매우 유사하다. 이러한 유사성은 단백질을 암호화하는 DNA 서열이나 단백질 서열에서 아주 쉽게 볼 수 있다.

2종류 유전자에서 DNA의 염기 서열이나 단백질의 아미노산 서열이 아주 유사할 경우에 이들 서열을 동종적(homologous)이라고 하며, 그에 의하여 합성된 단백질을 서로 **동종단백질(homolog)**이라 한다. 만일 같은 종의 개체에서 2개의 동종 유전자가 나타날 경우를 이원성(paralogous)이 있다고 하며, 이 유전자들의 단백질 산물을 **이원단백질(paralog)**이라 한다. 이원성 유전자들은 유전자 중복

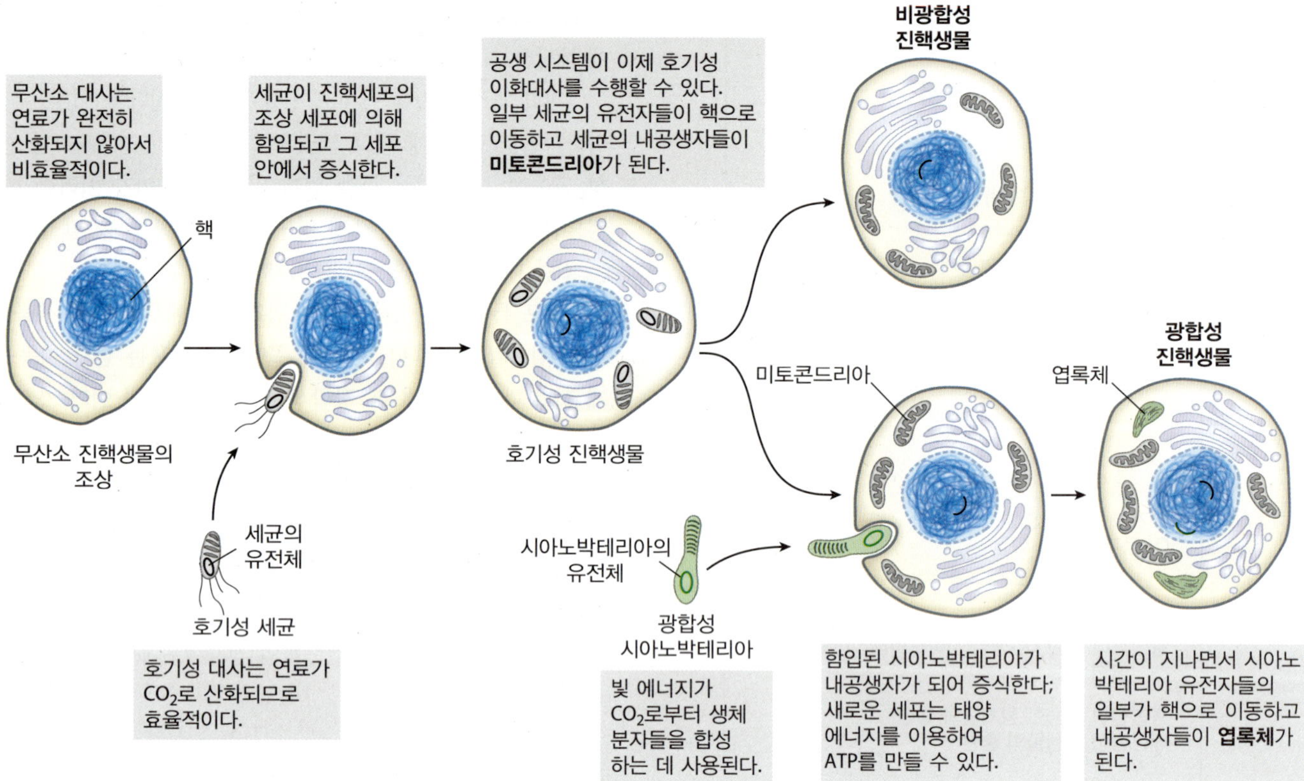

그림 1-40 내공생을 통한 진핵생물의 진화. 초기 진핵생물인 무산소생물이 유산소 이화대사를 수행할 수 있는 세균을 내공생으로 획득하게 되었으며, 오랜 세월 뒤에 이것이 미토콘드리아가 되었다. 이어서 광합성-사이아노박테리아가 일부 호기성 세포로 내공생하게 되었고, 이 세포들이 현대 녹조류와 식물의 광합성 색소체들의 전구체가 된 것이다.

표 1-2 전 유전체 염기서열이 완벽하게 해독된 개체들 중 몇 예

개체명	유전체의 크기 (염기쌍)	생물학적 특징
Nanoarchaeum equitans	4.9×10^5	공생성의 해양 고세균
Mycoplasma genitalium	5.8×10^5	기생성의 세균
Helicobactor pylori	1.6×10^6	위궤양 유발
Methanocaldococcus jannaschii	1.7×10^6	85°C에서 성장하는 고세균
Haemophilus influenza	1.9×10^6	세균성 독감 유발
Synechocystis sp.	3.9×10^6	남조류, 남색 세균
Bacillus subtilis	4.2×10^6	흔한 토양균
Escherichia coli	4.6×10^6	일부 종은 사람에서 병원성
Saccharomyces cerevisiae	1.2×10^7	단세포 진핵생물
Caenorhabditis elegans	1.0×10^8	다세포 유충
Arabidopsis thaliana	1.2×10^8	유관속식물
Drosophila melanogaster	1.8×10^8	파리(초파리)
Mus musculus	2.7×10^9	마우스
Homo sapiens	3.0×10^9	사람
Paris japonica	1.5×10^{11}	일본산 케노피 식물

출처: www.ncbi.nlm.nih.gov/genome; J. Pellicer et al., *Bot. J. Linn. Soc.* 164:10, 2010.

과 뒤따르는 유전자 서열상의 점진적인 변화에 의하여 만들어지는 것으로 보여진다. 전형적인 이원단백질은 진화 과정 동안에 서로 다른 기능을 획득하였음에도 불구하고, 서열뿐 아니라 3차 구조 또한 매우 유사하다.

서로 다른 종 사이에서 발견되는 두 상동유전자(또는 단백질)를 동일조상적(orthologous)이라고 하며, 그 단백질 산물을 **동일조상단백질(ortholog)**이라고 한다. 동일조상단백질은 일반적으로 두 생명체에서 같은 기능을 하며, 한 종에서 새로이 발견된 유전자가 다른 종의 유전자와 아주 높은 상동성을 갖고 있다면 이 유전자는 두 종 모두에서 같은 기능을 하는 단백질을 인지하는 것으로 생각할 수 있다. 이것은 특정 유전자 산물의 기능을 생화학적 분석없이 그 유전체 서열로 알아낼 수 있음을 의미한다. **주석 달린 유전체(annotated genome)**란 DNA 염기 서열뿐 아니라 다른 유전체 서열과의 분석을 통하여 각 유전자 산물에서 가능하다고 생각되는 기능까지 기술한 것이다. 이것은 유전체에서 인지되는 전달 기전을 알아냄으로써 우리가 단지 유전체 서열만으로도 생명체의 대사 기능을 유추할 수 있다는 것을 의미한다.

상동염색체 간의 염기 서열 차이를 통해 두 종이 얼마나 오래 전에 공통의 진화학적인 선조로부터 다른 진화적 운명으로 갈라져 나왔는지를 대략적으로 알 수 있다. 염기 서열의 차이가 많이 날수록 보다 일찍이 분리되어 나왔음을 의미한다. 두 종 간의 진화적 거리는 나뭇가지에서 근접 정도로 나타내는 계통수(phylogeny, family tree)로 표시할 수 있다(그림 1-5가 한 예이다).

진화가 일어남에 따라, 진화하는 개체의 유전체 변화를 반영하는 새로운 구조, 과정, 조절 기전이 알려지고 있다. 효모와 같은 간단한 진핵생물의 유전체에는 원핵생물에는 존재하지 않는 핵막 형성에 관여하는 유전자가 있어야 한다. 곤충의 유전체에는 효모에는 존재하지 않는 체절의 특성을 나타내는 데 관여하는 단백질을 인지하는 유전자가 있어야 한다. 모든 척추동물의 유전체에는 척주(spinal column)의 형성에 관여하는 유전자를 가지고 있어야 하며, 포유류의 유전체는 포유류의 특성인 태반 발달에 필요한 독특한 유전자를 가지고 있어야 한다. 각 문(phylum)에서 종 간의 모든 유전체를 비교하는 것은 신체의 형성과 발달 과정에서 발생하는 기본적 진화상의 변화에 결정적인 유전자의 동정을 가능하게 한다.

기능유전체학은 특정한 세포의 활동에 유전자를 연결할 수 있음을 보여 준다

유전체 서열이 완전히 알려지고 각각의 유전자의 기능을 알 수 있는 완전한 주석을 달게 되면, 분자유전학자들은 유전자들을 기능에 따라 (DNA 합성, 단백질 합성, ATP 생성 등의 과정으로) 나눌 수 있게 되며, 유전체의 어떤 부위가 각각의 세포 활성에 관여하는지를 알 수 있게 된다. 대장균(*E. coli*), 애기장대(*A. Thaliana*), 인간(*H. sapiens*) 등의 유전자에서 가장 큰 범주에 속하는 유전자는 아직 그 기능이 알려져 있지 않은 유전자들로서 약 40% 이상을 차지하고 있다. 이온이나 작은 분자들을 형질막을 통과하여 운반하는 수송체는 이 3종의 유전자에서 많은 부분을 차지하는데, 세균이나 식물에서 포유류의 경우보다 더 많은 부분을 차지한다(대장균 유전자 ~4,400개 중의 10%, 애기장대 유전자 ~27,000개 중의 약 8%, 인간 유전자 약 ~20,000개 중의 약 4%). 단백질과 단백질 합성에 필요한 RNA를 암호화하고 있는 유전자는 대장균에서는 전체 유전체의 3~4%를 차지하나, 보다 복잡한 애기장대의 세포에서는 단백질 합성에 필요한 유전자(약 2%) 보다 단백질을 세포 내의 종착점까지 운반하는 데 필요한 유전자(약 6%)가 더 많은 차지한다. 일반적으로 생명체가 복잡할수록 세포 과정 조절에 관여하는 유전자의 비율은 증대하는 데 반하여 ATP 및 단백질의 합성과 같은 기본적인 과정 또는 **항존유전자(housekeeping genes)**의 비율은 적어진다. 항존유전자들은 일반적으로 모든 조건에서 발현하고 많은 조절을 받지 않는다.

유전체 비교는 인류 생물학과 의학에서 그 중요성이 점차 증가하고 있다

침팬지와 인간의 유전체는 99.9%가 동일하지만 여전히 두 종 간의 차이는 매우 크다. 유전형질에서의 근소한 차이가 인간의 언어 획득, 침팬지의 뛰어난 운동 능력, 그 밖의 무수히 많은 차이 등을 만들어 낸다. 유전체 비교는 인간과 다른 영장류 간의 발달 과정에서 언어와 같은 복잡한 기능의 발생에 관여하는 유전자를 알아내는 데 유용하다. 이는 인간의 유전체와 비교 가능한 더욱 많은 영장류의 유전자가 알려질 때 더욱 확실하게 알 수 있을 것이다.

유사하게, 인간에서 유전형질의 차이는 인간과 침팬지의 차이와 비교해 볼 때 무시할 수 있을 정도로 아주 작지만, 이러한 차이가 건강의 차이나 또는 만성 질환에 대한 민감성의 차이 등과 같은 다양성을 나타낸다. 인간 사이의 염기 서열의 돌연변이에 대해 많은 것을 알아가고 있으며, 다음 세대에는 이러한 유전체 정보들은 질병의 진단과 치료에 이용할 수 있을 것이다. 또한 몇몇의 유전 질환에 대해서 투약에 의한 완화법을 대신하는 치료법이 나올 것으로 기대된다. 또한 특정 유전적 표지자와 관련된 질병의 민감도에 대해서 예측 가능해지고, 보다 향상된 예방법이 보급될 것이다. 오늘날의 "의학의 역사"는 "의학의 예측"으로 대치될 것이다. ■

요약 1.5 진화적 기반

■ 때때로 유전적 돌연변이는 생태학적 범주에서 생존과 번식에 우선적으로 선택되는 보다 잘 적응된 개체를 만든다. 이 돌연변이

와 자연선택의 과정은 태초의 세포로부터 지금 현존하는 모든 생명체가 유래하였다는 다윈의 진화론에 근거하고 있으며, 이것으로 모든 생물의 기본적인 유사성을 설명할 수 있다.

■ 생명체는 약 35억 년 전에 자체복제가 가능한 RNA를 함유하고 있는 막으로 둘러싸인 구획을 형성함으로써 태어난 것 같다. 태초의 세포를 구성하는 성분들은 번개나 고온의 작용으로 이산화탄소나 암모니아 등의 단순한 대기 성분으로부터 만들어졌다.

■ 초기 RNA 유전체의 촉매적 역할 및 유전적 역할은 시간이 흐르면서 DNA를 유전물질로 그리고 단백질을 주요 촉매군으로 분리시켰다.

■ 진핵세포는 내공생세균으로부터 광합성과 산화적 인산화 능력을 획득했다. 다세포 생물에서 분화된 세포들은 생명체의 생존에 필수적인 기능을 갖는 특수 세포로 분화되었다.

■ 계통학적으로 다른 (계통수의 다른 분지에 있는) 생물의 전체 유전체의 염기 서열에 대한 지식은 현존하는 생물의 진화와 기능을 이해할 수 있는 통찰력을 제공하고 인류 의학에 더욱 큰 기회를 제공한다.

핵심용어

굵게 표시된 용어들은 용어해설에 정의되어 있다.

문제

본 장의 내용과 관련된 문제는 아래와 같다. (이들 문제들을 풀기 위하여 책 뒷표지 안에 있는 표를 참고하시오.) 쉽게 참고하고 논의를 할 수 있도록 각 문제에 제목을 붙였다. 모든 숫자 문제들에서 정확한 수로 표현된 답이 있다는 사실을 명심하라. 간략한 해답은 부록 B에 제공하고 있다.

1. 세포의 크기와 그 구성성분.

(a) 세포를 10,000배로 확대한다면(전자현미경을 사용하는 전형적인 확대 값), 그것은 얼마나 크게 보이겠는가? 지름이 50 μm인 "전형적인" 진핵세포를 관찰한다고 가정하라.

(b) 이 세포가 근육세포라면, 얼마나 많은 액틴 분자들을 가지고 있겠는가? (단, 세포는 구형이며 다른 세포 성분이 존재하지 않으며; 액틴 분자는 지름이 3.6 nm인 구형; 구의 부피는 $4/3\pi r^3$이라는 가정 하에 풀어라.)

(c) 이 세포가 같은 크기의 간(liver) 세포라면, 얼마나 많은 미토콘드리아를 함유하겠는가? (단, 세포가 구형이며; 다른 세포 성분이 존재하지 않고; 미토콘드리아도 지름이 1.5 μm인 구형이라는 가정 하에 풀어라.)

(d) 포도당은 대부분 세포에서 주요 에너지를 생성하는 영양물질이다. 그것이 1 mM의 농도로 존재할 때 얼마나 많은 포도당 분자가 가상(구형)의 진핵세포에 존재하는지를 계산하여라. (비이온성 성분 1 mol의 분자수는 아보가드로수인 6.02×10^{23}이다.)

(e) 육탄당인산화효소는 세포의 포도당 대사에서 중요한 효소이다. 진핵세포에서 육탄당인산화효소 몰 농도가 20 μm이라면, 육탄당인산화효소 분자당 얼마나 많은 포도당 분자가 존재하겠는가?

2. 대장균의 성분. 대장균은 막대형이며, 길이는 약 2 μm, 지름은 0.8 μm이다. 원통의 용적은 $\pi r^2 h$이고 h는 원통의 높이이다.

(a) 대장균의 평균 밀도가(거의가 물로 되어 있는) 1.1×10^3 g/L라면, 1개 세포의 질량은 얼마인가?

(b) 대장균은 두께가 10 nm인 보호 세포벽을 가지고 있다. 이 세균의 전체 용적 중 세포벽이 차지하는 용적은 몇 %인가?

(c) 대장균은 단백질 합성을 하는 구상의 라이보소체(지름 18 nm)를 약 15,000개나 가지고 있기 때문에 신속하게 성장하고 증식한다. 세포의 전체 용적 중 라이보소체는 몇 %를 차지하는가?

3. 대장균 DNA 안의 유전정보. DNA 안에 함유되는 유전정보는 코돈(유전암호)이라 불리는 유전부호의 서열에 배열되어 있다. 각 코돈은 3개의 데옥시뉴클레오타이드(이중나선 DNA에서는 뉴클레오타이드 3쌍)의 특정한 서열이며, 각 코돈은 단백질을 구성하는 1개의 아미노산을 암호화하고 있다. 대장균 DNA 분자의 분자량은 약 3.1×10^9이다. 뉴클레오타이드 한 쌍의 평균 분자량은 660 g/mol이며, 각각의 뉴클레오타이드 쌍은 DNA 길이로 0.34 nm에 해당한다.

(a) 대장균 DNA 분자의 길이를 계산하라. 세포의 크기와 DNA 분자의 길이와 비교하라(문제 2 참조). DNA는 세포 안에 어떻게 저장될 것인가?

(b) 대장균의 단백질은 평균 400개의 아미노산으로 구성된다고 가정하라. 대장균 DNA 분자가 암호화하고 있는 단백질의 최대의 수를 구하라.

4. 세균의 빠른 대사 속도. 세균세포는 동물세포보다 대사 속도가 훨씬 빠르다. 이상적 조건에서 세균의 세포는 20분마다 크기가 2배로 되어 분열한다. 반면에 동물세포는 대략 24시간이 필요하다. 세균이 빠른 대사 속도를 갖기 위해서는 세포의 체적에 비해 표면적의 비율이 커야 한다.

(a) 왜 용적-대-표면적의 비가 대사의 최대 속도에 영향을 주는가?

(b) 임질의 원인이 되는 구상 세균인 임균(*Neisseria gonorrhoeae*, 지름 0.5 μm)의 용적-대-표면적의 비율을 계산하라. 그 비율 값을 커다란 진핵세포 중의 하나인 지름 150 μm의 구상 아메바의 값과 비교하라. 구의 표면적은 $4\pi r^2$이다.

5. 축삭에서의 빠른 이동. 신경세포는 길고 가는 축삭(axon)이라고 부르는 돌기를 가지고 있는데, 축삭은 신경계에서 신호를 전달하는 특수화된 구조를 하고 있다. 어떤 축삭은 길이가 2 m나 될 수 있다(예: 척수에서 시작하여 발가락 근육에서 끝나는 축삭). 축삭 기능에 필수적인 물질들이 작은 막 구조물인 소포에 들어 있는데, 이들 소포들은 세포체로부터 축삭의 끝 부분까지 미세소관을 따라 이동된다. 소포의 평균 속도가 1 μm/s라면 소포가 척수에 있는 세포체로부터 발가락에 있는 축삭에 끝까지 이동하는 데 시간이 얼마나 걸리겠는가?

6. 합성한 비타민 C는 천연의 것과 같은 효력이 있을까? 건강식을 취급하는 사람들의 주장 가운데 하나는 천연으로부터 얻은 비타민이 화학 합성품보다 건강에 좋다는 것이다. 예를 들면, 들장미의 열매에서 추출한 순수한 L-아스코브산(비타민 C)은 화학공장에서 제조한 순수한 L-아스코브산 보다 좋다고 한다. 이 2가지 기원의 비타민은 서로 다른가? 또한 생체는 이 비타민의 기원을 식별할 수 있는가?

7. 작용기의 확인. 그림 1-17과 1-18은 몇 가지의 흔한 생체분자의 작용기를 보여 준다. 생체분자의 성질이나 생물 활성은 주로 그 작용기에 의해서 결정되므로 그것들을 확인하는 것은 중요한 일이다. 아래의 화합물에 대해서 각 작용기에 동그라미를 치고 또 이름을 써라.

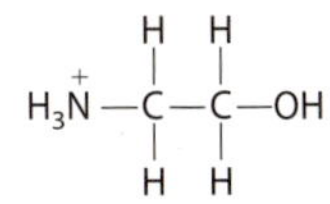

에탄올아민
(a)

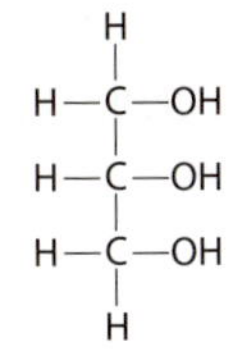

글리세롤
(b)

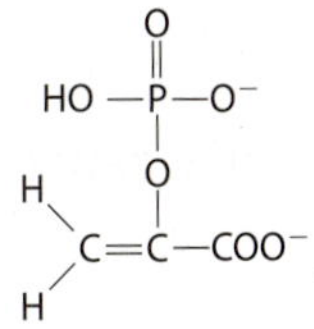

인산에놀피루브산,
포도당 대사의
중간체
(c)

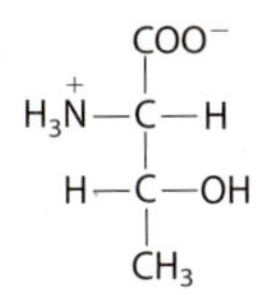

트레오닌,
아미노산
(d)

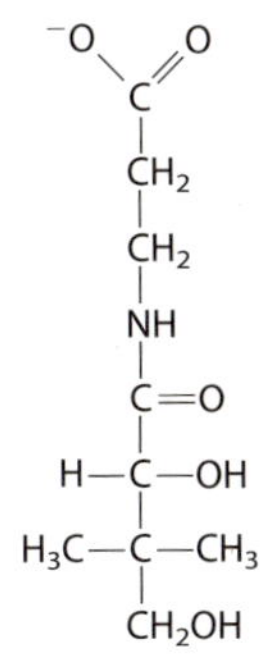

판토텐산,
비타민
(e)

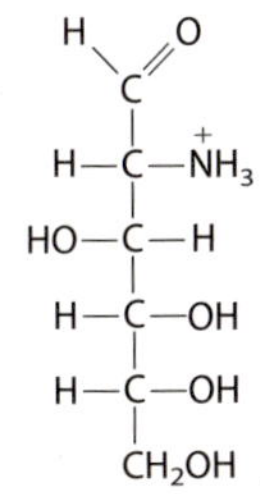

D-글루코사민
(f)

8. 약물 활성과 입체화학. 어떤 화합물 2개의 거울상이성질체 사이에는 생물 활성이 양적으로 전혀 다를 때가 있다. 예를 들면, 가벼운 천식의 치료에 사용되는 약제인 아이소프로테레놀(isoproterenol)의 D형 이성질체는 기관지 확장제로서 L형보다 활성이 50~80배 더 강하다. 아이소프로테레놀의 손대칭 중심을 확인하라. 또한 왜 이 2개의 거울상 이성질체에는 이와 같이 현저한 생물 활성의 차이가 있는가?

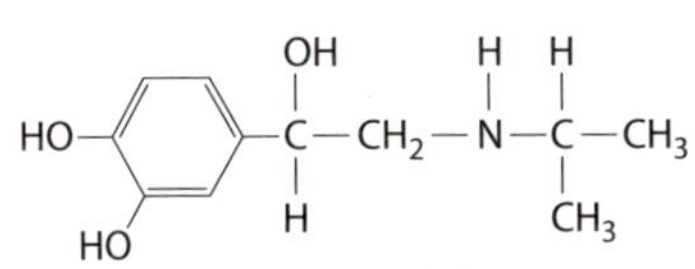

아이소프로테레놀

9. 생체분자 분리하기. 실험실에서 특정 생체분자(단백질, 핵산, 탄수화물, 지질 등)를 연구할 때, 대상 분자를 시료로부터 분리(정제)하는 것이 첫 번째로 할 일이다. 특별한 **정제** 기술은 책의 뒤에서 기술한다. 그러나 생체분자가 이루는 단량체 소단위를 보면, 그 생체분자를 분리하기 위한 몇 가지 특징들에 대한 어떤 생각을 갖게 할 것이다. (a) 아미노산과 지방산의 어떤 특징이 그들을 서로 분리시킬 수 있겠는가? (b) 뉴클레오타이드와 포도당은 어떤 특징이 그들을 서로 분리시킬 수 있겠는가?

10. 규소에 근거한 생활? 규소는 탄소와 같은 그룹의 주기율표에 있으며 탄소처럼 4개의 단일결합을 형성할 수 있다. 여러 공상 과학소설은 규소에 근거한 생활을 염두에 두고 쓰여지고 있다. 그것이 실현 가능한 것인가? 규소의 어떤 특징들이 생체분자를 형성하는 원소로서 탄소보다 적응하지 못하는 것일까? 이 질문에 대답하기 위하여 본 장에서 배운 탄소의 다양한 결합성에 대한 정보와 규

소의 결합 성질을 다룬 무기화학 교과서를 참고하여 답하여라.

11. 약물 작용과 분자의 모양. 몇 년 전, 두 제약회사는 덱세드린(Dexedrine)과 벤제드린(Benzedrine)이라는 상품명의 약품을 판매하고 있다. 약의 구조는 아래 그림과 같다.

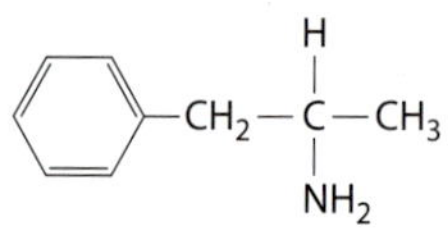

덱세드린과 벤제드린의 물리적 성질(C, H, N의 분석치, 녹는점, 용해도 등)은 동일하다. 덱세드린(현재도 판매 중)의 경우 경구 투여량은 1일 5 mg이지만, 벤제드린(현재 판매하지 않음)은 덱세드린의 2배이다. 이것은 같은 생리 반응을 나타내기 위하여 덱세드린에 비해 벤제드린 쪽이 상당히 많은 양을 필요로 한다는 것을 말해 준다. 위 경우에서 뚜렷한 모순점에 대하여 설명해 보라.

12. 복잡한 생체분자들의 구성단위. 그림 1-11은 복잡한 생체분자들의 주요 구성단위를 나타낸 것이다. 아래의 3가지의 주요한 생체분자(생체 pH에서의 이온화형을 나타낸)에 대해서 그것들을 구성하는 각 구성단위를 설명하라.

(a) 삼인산 구아노신(GTP), RNA의 전구체이며 에너지가 풍부한 뉴클레오타이드:

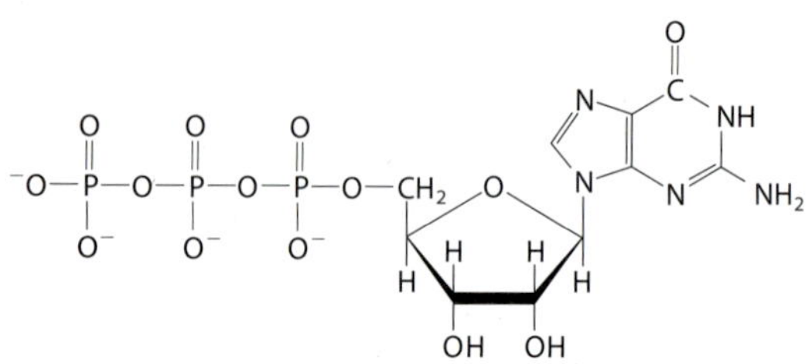

(b) 메싸이오닌 엔케팔린, 뇌의 아편제(opiate):

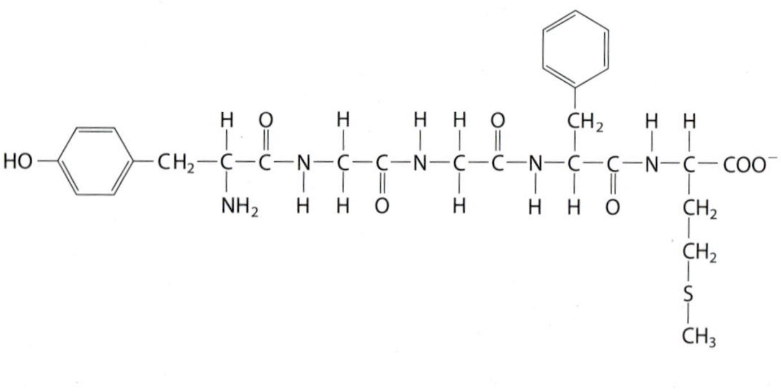

(c) 포스파티딜콜린, 많은 막 구조의 구성성분:

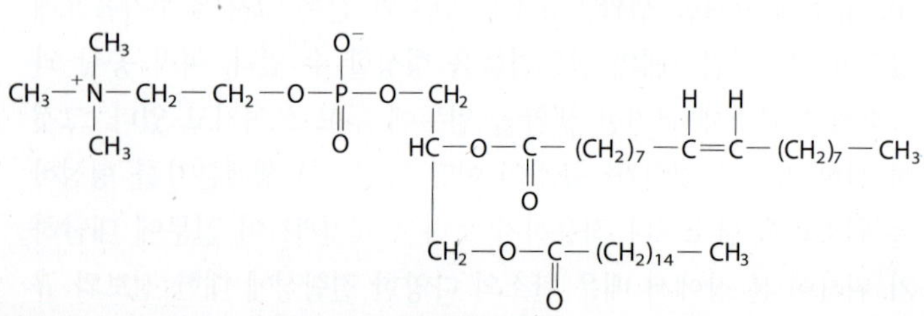

13. 생체분자의 구조결정. 미지의 물질 X가 토끼의 근육에서 분리되었다. X의 구조는 다음의 관찰과 실험에 의해 결정되었다. 정성분석한 결과, X는 C, H, O로만 이루어짐이 밝혀졌다. 한편 일정량의 X를 완전 산화시켜 생성된 H_2O와 CO_2의 양을 측정했다. 이 정량분석에 의해 X에는 C가 40.00%, H가 6.17%, O가 53.29%로 포함되어 있음을 알았으며, 질량분광법으로 측정된 X의 분자량은 90.00 m임을 알았다. 또한 X의 적외선분광법으로 이 분자는 이중결합을 1개 가지고 있음이 밝혀졌다. X는 물에 신속하게 녹아 산성을 나타냈다. X는 편광계에서 이 용액이 광학 활성을 보여 주고 있었다.

(a) X의 실험식 및 분자식을 적어라.

(b) 위의 분자식에 적합하며, 이중결합을 1개 가진 X의 가능한 구조를 적어라. 단, 고리 구조를 무시하고, 곧은 사슬과 가지 사슬 구조만을 생각한다. 산소 자체는 대단히 약한 결합을 형성하는 점에 유의한다.

(c) 관측된 광학 활성의 구조적 의의는 무엇인가? (b)에서 얻은 구조식 중 어떤 구조식이 이 관측 결과에 일치하는가?

(d) X 용액이 산성이라는 실험결과의 구조상의 의의는 무엇인가? (b)에서 얻은 구조식 중, 어떤 구조식이 이 실험결과에 일치하는가?

(e) X의 구조식은? 모든 데이터와 일치하는 구조식은 1개 이상 존재하는가?

14. RS 시스템을 이용하여 하나의 손대칭 탄소를 갖는 입체이성질체의 이름 정하기. 프로프라놀롤(propranolol)은 손대칭 화합물이다. (*R*)-프로프라놀롤은 피임제로 사용된다; (*S*)-프로프라놀롤은 고혈압을 치료하는 데 사용된다. 아래의 구조에서 손대칭 탄소를 표시하여라. 이것은 (*R*) 이성질체인가? 아니면 (*S*) 이성질체인가? 또 다른 이성질체를 그려라.

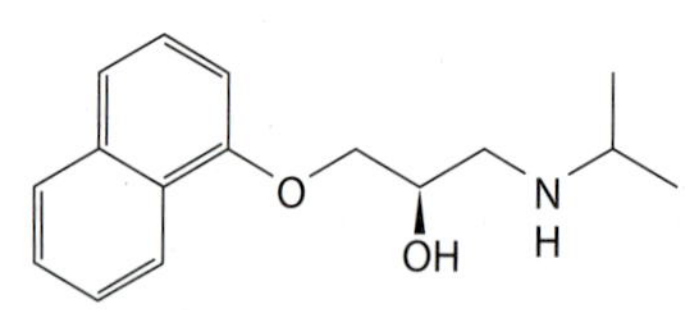

15. RS 시스템을 이용하여 2개의 손대칭 탄소를 갖는 입체이성질체의 이름 정하기. 메틸페니데이트(ritalin)는 주의력 결핍 과다행동장애(attention deficit hyperactive disorder, ADHD)를 치료하기 위하여 사용된다. (*S,S*) 이성질체는 항우울제이다. 아래의 구조에서 2개의 손대칭 탄소를 표시하라. 이것은 (*R,R*) 이성질체인가? 아니면 (*S,S*) 이성질체인가? 또 다른 이성질체를 그려라.

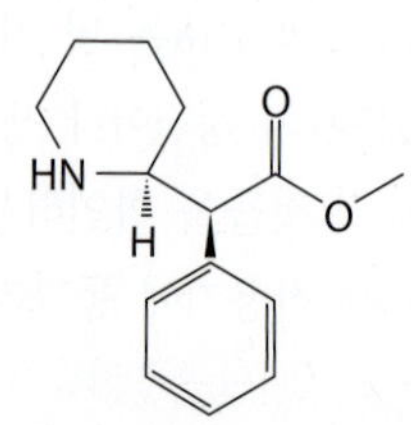

자료 분석형 문제

16. 단맛을 내는 분자들. 여러 가지 물질이 인간에게 단맛을 갖는다. 단맛은 분자가 혀 세포 표면에 존재하는 미각수용기의 하나인 단맛 수용기에 결합할 때 느낀다. 결합이 강할수록 수용기를 포화시키는 데 요구되는 농도가 낮으며 그 농도에서 단맛을 더 느끼게 한다. 단맛을 내는 분자와 단맛 수용기 사이의 표준 자유-에너지 변화($\Delta G°$)를 kJ/mol 또는 kcal/mol로 측정할 수 있다.

단맛을 설탕의 당도와의 비교치인 "몰 상대 당도(molar relative sweetness; MRS)"로 표시할 수 있다. 예를 들어, 사카린의 MRS가 161인데, 이는 사카린이 설탕에 비해 161배 달다는 의미이다. 실질적으로 이것은 사람에게 각 물질의 농도를 달리한 당 용액을 맛보게 하여 측정한 수치이다. 설탕 용액을 사카린 용액의 161배 농도로 만들어 조사하면 2가지는 동일한 단맛으로 느낀다.

(a) 수용기와의 결합 반응의 $\Delta G°$와 MRS의 관계는 무엇인가? 특히, $\Delta G°$가 더 음의 값을 보이면 MRS가 높은가 아니면 낮은가? 그 이유를 설명해 보라.

아래에 사람에게 단맛을 느끼게 하는 10가지 물질의 구조식을 제시하였다. 또한 각 물질의 MRS와 단맛 수용기에 대한 $\Delta G°$도 제시하였다.

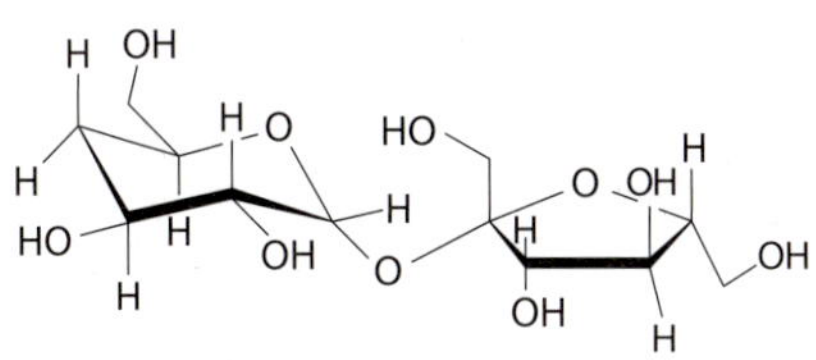

Deoxysucrose
MRS = 0.95
$\Delta G° = -6.67$ kcal/mol

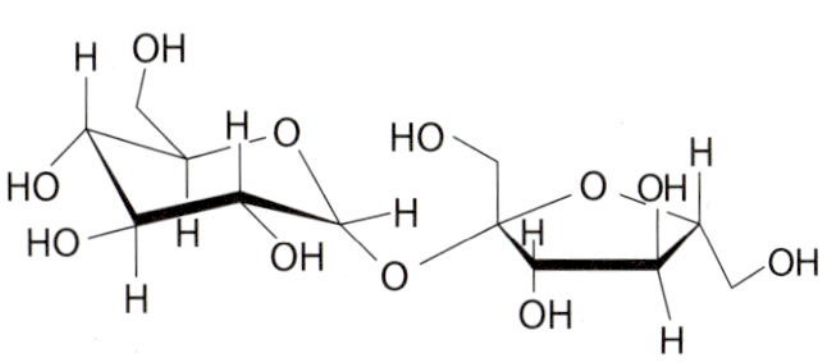

Sucrose
MRS = 1
$\Delta G° = -6.71$ kcal/mol

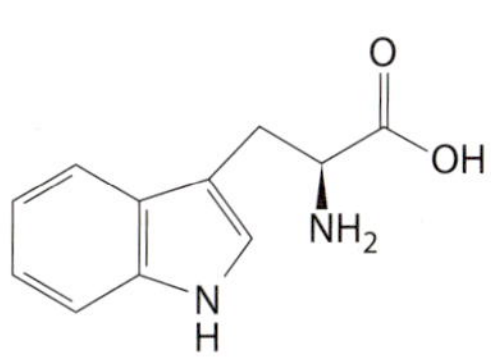

D-Tryptophan
MRS = 21
$\Delta G° = -8.5$ kcal/mol

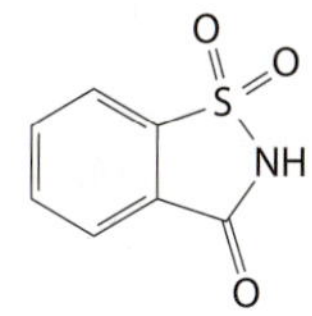

Saccharin
MRS = 161
$\Delta G° = -9.7$ kcal/mol

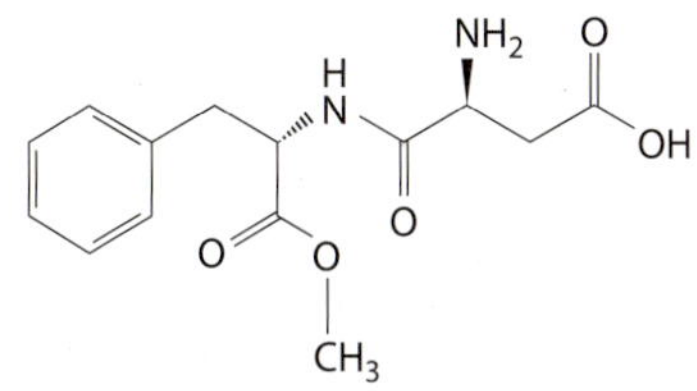

Aspartame
MRS = 172
$\Delta G° = -9.7$ kcal/mol

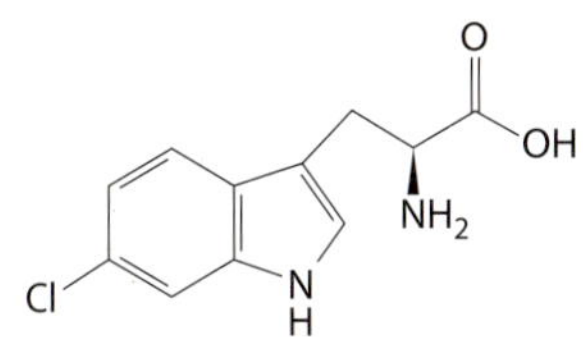

6-Chloro-D-tryptophan
MRS = 906
$\Delta G° = -10.7$ kcal/mol

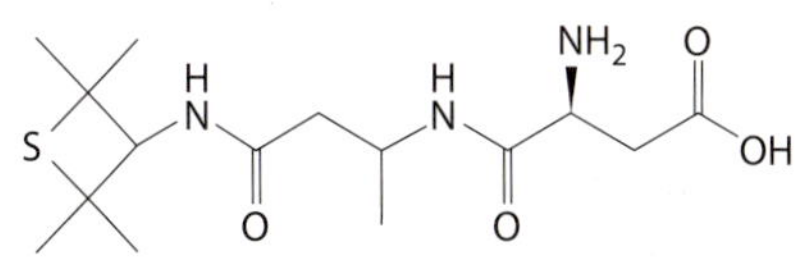

Alitame
MRS = 1,937
$\Delta G° = -11.1$ kcal/mol

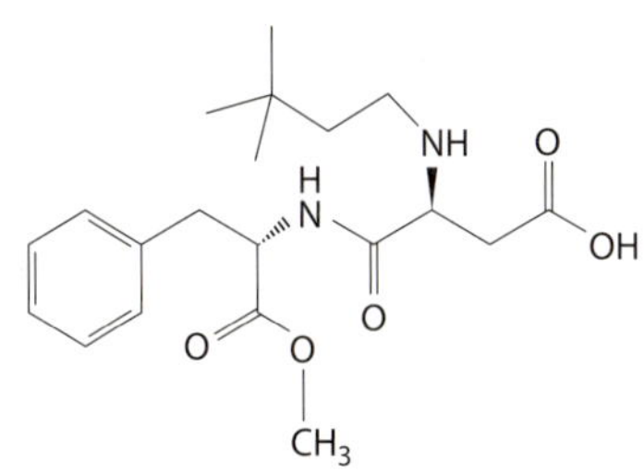

Neotame
MRS = 11,057
$\Delta G° = -12.1$ kcal/mol

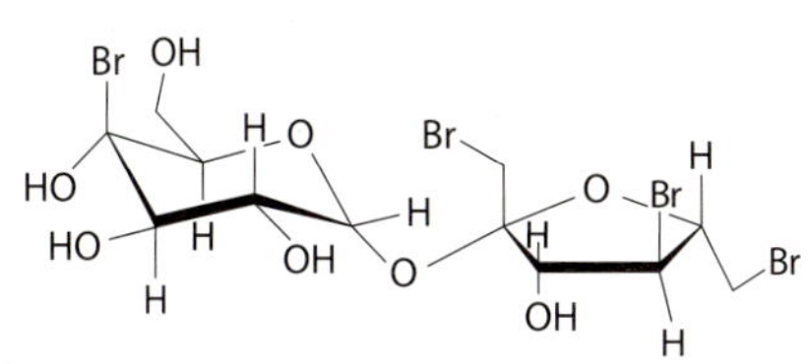

Tetrabromosucrose
MRS = 13,012
$\Delta G° = -12.2$ kcal/mol

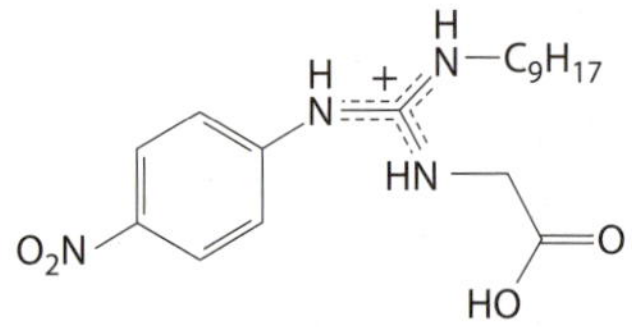

Sucronic acid
MRS = 200,000
$\Delta G^\circ = -13.8$ kcal/mol

2005년 Morini, Bassoli와 Temussi는 단맛을 내는 분자들의 단맛 수용기에 대한 결합모델에 대하여 컴퓨터-근거법("in silico" 법이라고도 함)을 사용하였다.

(b) 분자들의 당도 검사를 사람이나 동물 검사법보다 컴퓨터 모델로 하는 것이 유용한 이유는 무엇인가?

예전 검사법으로 Schallenberger와 Acree(1967)은 단 분자들은 모두 "AH-B" 작용기를 가진다고 암시하였는데, 여기서 "A와 B는 서로 2.5 Å(0.25 nm)보다는 길고, 4 Å(0.4 nm) 보다 짧은 거리를 가지는 전기음성 원자이다. H는 전기음성 원자 중 1개에 공유결합한 수소원자"이다.

(c) 전형적인 단일결합의 거리는 약 0.15 nm라고 할 때, 위에 나타낸 각 분자의 AH-B 기의 숫자를 계산해 보라.

(d) (c)에서 산출된 값을 근거로 하여 "AH-B 구조를 가지는 분자들은 단맛을 낼 것이다"에 대한 2가지 반대 이론을 말해보라.

(e) 위의 분자들 중 2가지는 AH-B 모델로 MRS와 ΔG°의 차이를 설명하는 데 사용될 수 있다. 이 2가지 분자는 어느 것이며, AH-B 모델을 지지하는 데 그들을 어떻게 사용할 것인가?

(f) 분자들의 상당 부분이 매우 관련된 구조를 가지더라도 MR S와 ΔG° 값은 차이가 난다. 그와 같은 2가지 예를 골라서 관찰한 단맛의 정도 차이를 AH-B 모델로 설명하기 어렵다는 것에 대해 설명해 보라.

Morini와 동료들은 그들의 컴퓨터-모델 연구에서 단맛 수용기의 3차원적 구조를 사용하고, 단맛 수용기에 결합하는 단맛 분자들의 ΔG°를 예견할 수 있는 GRAMM이라는 분자역학 프로그램을 사용한다. 첫째, 그들 모델에 대한 훈련을 통해, 그들은 ΔG° 값을 알고 있는 한 벌의 단맛 분자들("훈련군"이라 함)과 일치되는 ΔG°를 근거로 하여 모델의 기준표를 작성하였다. 이어서 새로운 실험군을 대상으로 ΔG°의 값을 예견하여 모델을 시험하였다.

(g) 왜 Morini 등은 그들의 모델을 훈련군과 별도로 실험군에 대해 시험하는 과정이 필요하다고 보는가?

(h) 연구자들은 시험군의 ΔG° 예측치가 실측치와 평균 1.3 kcal/mol 차이가 있음을 알아냈다. 위에 제시된 분자들에 표시된 값을 가지고 MRS 오류값을 추산해 보라.

참고문헌

Morini, G., A. Bassoli, and Temussi. 2005. From small sweeteners to sweet proteins: anatomy of the binding sites of the human T1R2_T1R3 receptor. *J. Med. Chem.* 48, 5520–5529.

Schallenberger, R.S. and T.E. Acree. 196.7 Molecular theory of sweet taste. *Nature* 216, 480–482.

PART I

구조와 촉매

생화학은 생명에 대한 화학일 뿐만 아니라 생명을 연구, 분석, 이해할 수 있게 한다. 생화학을 배우고자 하는 모든 학생들은 제I부에서 다루고 있는 용어들과 기본원리들을 숙지할 필요가 있다.

제I부에서는 세포 주요성분들의 구조와 기능을 다룰 것이다: 물(제2장), 아미노산과 단백질(제3~6장), 당과 다당류(제7장), 뉴클레오타이드와 핵산(제8장), 지방산과 지질(제10장), 생체막과 막 신호단백질(제11, 12장). 또한 구조와 기능의 맥락에서 생체물질을 연구하기 위한 기법들에 대한 내용을 추가하였다. 제9장 전체를 클로닝과 유전체학과 관계된 생물공학기법들에 대하여 할애하였다.

제2장은 물이라는 주제로 시작하는데, 왜냐하면 물의 특성은 모든 세포 구성 성분의 구조와 기능에 영향을 끼치기 때문이다. 어떤 유기물질에 대해 언급할 때 우선은 그것의 단일체 단위(아미노산, 단당류, 뉴클레오타이드, 지방산)의 공유결합적 화학에 대해 생각한 후에 고분자의 구조와 그 거대분자 복합체에 대해 기술하도록 하겠다. 중요한 사실은 생물체 내의 거대 고분자물질은 크지만 매우 질서정연하여 단일체 단위들의 특이 서열들을 가지고서 각각 고유의 구조와 기능을 갖는다는 것이다. 이러한 사실은 3가지 원칙으로 나누어 볼 수 있다: (1) 거대분자의 특별한 구조가 그 기능을 결정한다; (2) 비공유적 결합은 거대분자의 구조에 크게 영향을 미치고, 거대분자의 기능에도 영향을 미친다; (3) 거대고분자의 단일체 소단위는 특별한 서열을 갖고 있으며, 질서정연한 생명 상태는 이러한 서열에 의해 만들어지는 정보에 의존하게 된다.

구조와 기능의 관계는 단백질에서 두드러지며 단백질은 매우 다양한 기능을 나타낸다. 어떤 특별한 아미노산의 고분자서열은 머리카락이나 양모에서 보는 것 같은 질긴 섬유상 구조를 만든다; 다른 아미노산 서열은 혈액 내의 산소를 운반하는 단백질을 만든다; 어떤 것은 다른 단백질과 결합하고 아미노산끼리의 결합을 끊는 촉매 작용을 한다. 이와 비슷하게 다당류, 핵산, 지질의 기능 역시 그것들의 구조(기능적 고분자를 정확히 형성하는 특징적인 단일체 소단위와 함께)를 통해서 알 수 있다. 당은 서로 결합해 에너지를 저장하고 구조섬유를 이루기도 하고 특이물질을 인지하는 지점이 되기도 한다; 뉴클레오타이드는 DNA 또는 RNA로 결합되어 생명체의 청사진을 제공하고 지질의 집합체는 막을 형성한다. 제12장에서는 어떻게 특정한 신호체계가 생체 분자의 활동을 조절해서—세포 내, 장기 내, 장기간에—개체의 항상성을 유지하는가와 같은 생체 분자의 기능에 대해 다루고 있다.

단일체에서 더 큰 고분자로 옮겨감에 따라 공유결합보다는 비공유적 상호작용에 더 중점을 두게 될 것이다. 공유결합의 특성 때문에 단일체와 고분자에서 단일체 소단위를 연결하는 결합은 제한을 받게 된다. 하지만 실제로는 수많은 비공유 결합력이 거대분자의 형태를 유지시켜 생체 내에서 필요한 기능을 할 수 있는 유연성을 갖게 한다. 뒤에서 보겠지만, 비공유결합은 효소의 촉매작용, 핵산의 염기쌍들의 상보적 결합, 막을 이루는 지질의 배열과 작용에 필수적이다. 핵산에서는 단일체 소단위의 서열들이 정보를 많이 갖는다는 것이 논의될 것이다(제8장). 하지만 단백질과 몇몇 짧은 당고분자인 올리고당 역시 많은 정보-함유 물질이기도 하다. 아미노산의 배열이 단백질의 3차원 구조를 이루게 하는 접힘 정보를 제공하고 결국 그 단백질의 기능을 결정하게 된다. 어떤 올리고당 역시 특별한 배열과 3차원 구조를 이루고 있고 이것을 다른 거대분자들이 인지한다.

각 부류의 분자들은 비슷한 구조상의 체계를 가진다: 제한된 유연성을 가진 고정 구조의 소단위가 비공유적 결합에 의해 3차원 구조를 가진 거대분자를 이룬다. 이러한 거대분자들은 상호작용하여 초거대 구조와 세포소기관을 이루어 세포가 대사기능을 하도록 한다. 모두 합하여 제I부에서 말하는 분자들은 생명물질들이다.

CHAPTER 2

물

물은 생물계에서 가장 풍부한 물질로 대부분의 생물체에서 70% 또는 그 이상의 무게를 차지하고 있다. 지구에서의 첫 번째 생명체는 수용액 환경에서 탄생하였을 것이고 진화의 과정은 생명이 시작된 수용성 배지의 성질에 의하여 형상화되어 왔다.

따라서 이 장은 세포 구조와 기능의 여러 측면에 따른 물의 물리, 화학적 성질을 설명하는 것으로부터 시작한다. 물 분자 간의 강한 인력과 극히 일부가 이온화하는 경향은 생체 분자의 구조와 기능에 있어서 대단히 중요하다. 평형 상수, pH, 그리고 적정곡선을 이용하여 이온화에 대하여 간단히 설명하고 약산 또는 약염기, 그리고 그 염의 수용액이 몸 안에서 pH 변화에 대한 완충액으로서 어떻게 작용하는가를 살펴보자. 물 분자와 그의 이온화 생성물인 H^+와 OH^-는 단백질, 핵산, 지질을 포함하는 모든 세포 성분의 구조, 자기 집합(self-assembly) 그리고 특성에 매우 큰 영향을 준다. 생체 분자 간의 힘과 "인식"의 특이성에 필수적인 비공유결합성 상호작용은 물의 용매로서의 성질(자신끼리 및 용질과 수소결합을 이루는)에 의해 결정적으로 영향을 받는다.

2.1 수용액에서의 약한 상호작용들

물 분자 간의 수소결합은 물을 실온에서 액체로 만들고 냉온에서 결정상의 물(얼음)의 특징인 극단적인 질서구조를 갖게 하는 데 편리한 응집력을 갖게 한다. 극성이 큰 생체 분자는 물에 쉽게 용해되는데, 이들 생체 분자는 물-물 결합을 에너지 면에서 더 유리한 물-용질 결합으로 대치하기 때문이다. 이와 반대로 비극성의 생체 분자는 물과 물의 결합을 방해하므로 물과 용질간 결합을 형성할 수 없어 물에 녹기 어렵다. 수용액에서 비극성 분자는 서로 뭉치는 경향이 있다. 수소결합과 이온성, 소수성(hydrophobic 그리스어로 "물을 두려워 하는") 그리고 반데르발스 상호작용은 개별적으로는 약하지만 집단으로 되어 있으면 단백질, 핵산, 다당류와 막 지질의 3차원 구조에 매우 중대한 영향을 미치게 된다.

수소결합은 물이 특별한 성질을 갖게 한다

물은 대부분의 다른 용매보다 녹는점, 끓는점, 기화열이 높다(표 2-1). 이러한 특별한 성질은 물 분자 간의 강한 인력으로 내부 응집력이 크기 때문이다. H_2O 분자의 전자 구조를 보면 물 분자 간 인력을 이해하게 될 것이다.

물 분자의 각 수소원자는 산소원자와 전자쌍을 공유하고 있다. 물 분자의 기하학적 배치는 탄소의 sp^3 결합 궤도와 매우 유사한 산소원자의 외곽 전자 궤도의 형태로 설명할 수 있다(그림 1-16 참조). 이들의 궤도는 대략 정사면체로서 2개의 각각의 각 모퉁이에는 수소원자가 있고, 나머지 2개의 각에는 비공유전자쌍이 있다(**그림 2-1a**). H—O—H의 결합각은 104.5°이고, 완벽한 정사면체의 109.5° 보다도 좀 작은데, 이는 산소원자의 비결합 궤도에 의한 압축에 의해 발생한다.

산소의 원자핵은 수소의 원자핵(양성자)보다도 강하게 전자를 끌어 잡아당기므로 산소는 전기음성도가 더 높다. 따라서 H와 O 사이에서 전자를 공유하는 것은 동등하지 않으므로, 전자는 수소원자의 주변 보다는 산소원자의 주변에 높은 빈도로 존재한다. 이와 같이 등가가 아닌 전자공유의 결과로, 물 분자에는 각 H—O 결합의 방향에 따라서 2개의 전기 쌍극자가 존재하게 된다: 각 수소는 부분적인 양전하($\delta+$)를 갖고, 산소원자는 부분적으로 음전하($2\delta-$)를 띤다. 그 결과, 물 분자의 산소원자와 다른 물 분자의 수소원자와의 사이에 생기는 정전기적 인력 때문에 **수소결합**이 형성된다(그림 2-1b). 이 책 전반에 걸쳐, 수소결합을 그림 2-1b에서

표 2-1 몇 가지 흔한 용매의 녹는점, 끓는점, 기화열

	녹는점(°C)	끓는점(°C)	기화열(J/g)[a]
물	0	100	2,260
메탄올(CH_3OH)	−98	65	1,100
에탄올(CH_3CH_2OH)	−117	78	854
프로판올($CH_3CH_2CH_2OH$)	−127	97	687
뷰탄올($CH_3(CH_2)_2CH_2OH$)	−90	117	590
아세톤(CH_3COCH_3)	−95	56	523
헥세인($CH_3(CH_2)_4CH_3$)	−98	69	423
벤젠(C_6H_6)	6	80	394
뷰테인($CH_3(CH_2)_2CH_3$)	−135	−0.5	381
클로로폼($CHCl_3$)	−63	61	247

[a]각 액체의 끓는점에서 그리고 실기압에서 그 액체 1.0 g을 같은 온도에서 기체 상태로 전환시키는 데 필요한 열에너지. 이것은 액체상의 분자 간의 인력을 극복하는 데 필요한 에너지의 직접적인 측정값이다.

와 같이 3개의 파란 평행선으로 표시할 것이다.

수소결합은 공유결합보다 약하다. 액체인 물의 수소결합은, 물의 O—H 공유결합(470 kJ/mol)이나 C—C 공유결합(348 kJ/mol)과 비교하면, 약 23 kJ/mol 정도의 **결합 해리 에너지**(결합을 깨는 데 필요한 에너지)를 갖는다. 수소결합은 결합궤도에서 중복되므로 약 10%가 공유결합이고 약 90%는 정전기적이다. 실온에서 어떤 수용액의 열에너지(개개의 원자와 분자의 움직임에서 생기는 운동에너지)는 수소결합을 깨는 데 필요한 에너지와 같은 수준이다. 물을 가열할 때 그 온도가 상승하는 것은 개개의 물 분자의 운동이 보다 빨라지기 때문이다. 어떤 시점에서 액체 중의 대부분의 물 분자는 수소결합을 하고 있지만 각 수소결합의 수명은 1~20피코초(10^{-12}초)보다 작다. 한 수소결합이 깨지면 0.1피코초 이내로 다른 수소결합이 형성된다. 액체상인 물에 있어서 이와 같은 수소결합으로 된 단명한 물의 집단에 대해서 “흔들거리는 집단”이라는 적절한 표현이 사용되고 있다. H_2O 분자들 사이의 모든 수소결합은 액체인 물에 큰 내부 응집력을 갖게 한다. 수소결합을 이룬 물 분자의 확장 네트워크는 (단백질이나 핵산 같은) 용질 간에도 형성될 수 있어서 물리적인 접촉 없이 수 나노미터 간격으로 더 큰 물질과도 결합할 수 있다.

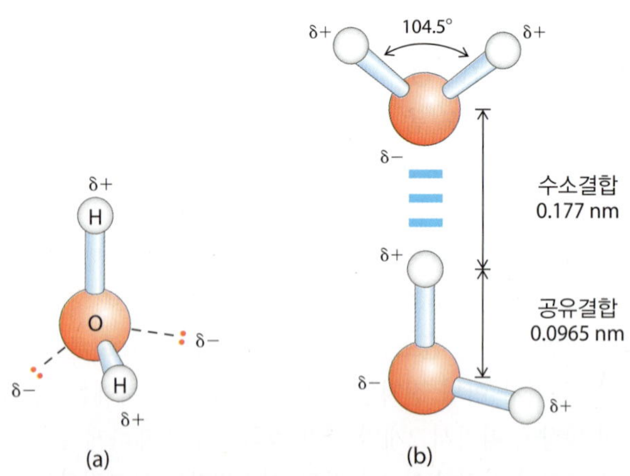

그림 2-1 물 분자의 구조. (a) 공-막대 모형으로 표시한 H_2O 분자의 쌍극자 성질. 파선은 비결합 궤도를 나타낸다. 산소원자의 주위에는 거의 정사면체에 가까운 외각 전자쌍의 배치가 있다. 두 개의 수소원자는 부분적인 양전하(δ^+)를 가지며, 산소원자는 부분적인 음전하($\delta-$)를 갖는다. (b) 2개의 물 분자는 수소결합(이 책 전체에서 3개의 파란선 표시)으로 연결되는데 이 결합은 위쪽의 산소원자와 아래쪽의 수소원자 사이에 이루어진다. 수소결합은 O—H 공유결합보다 길고 약하다.

산소원자의 주변을 도는 궤도가 정사면체에 가까운 구조(그림 2-1a)를 하고 있기 때문에 각 물 분자는 인접해 있는 물 분자 4개와 수소결합을 한다. 그러나 실온과 대기압에서 액체상의 물은 파괴되고 연속적인 운동상태에 있으므로, 어떤 순간에 각 물 분자는 평균 3.4 분자의 물과 수소결합을 형성하고 있다. 반면에, 얼음에서 각 물 분자는 공간에 고정된 채로 4개의 다른 물 분자와 수소결합을 형성하여 규칙적인 격자 구조를 만든다(**그림 2-2**). 얼음의 결정격자를 불안정화시켜 많은 수소결합을 파괴하기 위해서는 대량의 열에너지가 필요하며 이것이 물의 비교적 높은 녹는점을 설명한다(표 2-1). 얼음이 녹을 때나 물이 증발할 때 반응계는 열을 빼앗아 간다:

$$H_2O(\text{고체}) \longrightarrow H_2O(\text{액체}) \qquad \Delta H = +5.9 \text{ kJ/mol}$$
$$H_2O(\text{액체}) \longrightarrow H_2O(\text{기체}) \qquad \Delta H = +44.0 \text{ kJ/mol}$$

융해 또는 증발의 과정에서 보다 고도로 규칙적인 배열을 한 액체상의 물 분자가 불규칙한 수소결합의 배열 또는 기체 상태의 완전

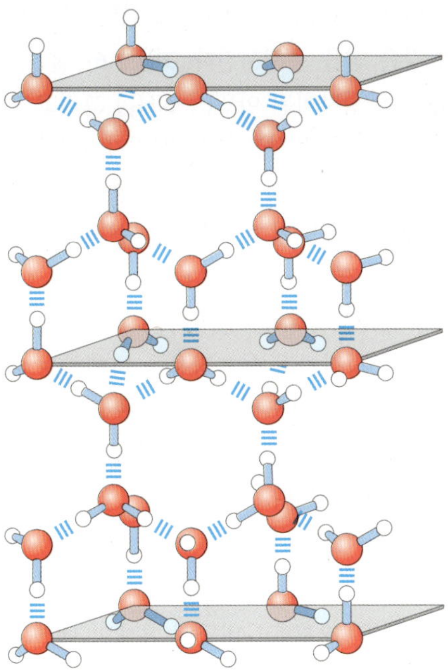

그림 2-2 얼음의 수소결합. 얼음에서 각 물 분자는 최대 4개의 수소결합을 형성하고 규칙적인 결정격자를 만든다. 이와 대조적으로, 실온에서 액체인 물에서는 각 물 분자가 다른 물 분자와 평균 3.4개의 수소결합을 형성한다. 이러한 결정격자 구조는 얼음이 액체인 물보다도 덜 조밀하게 만들어서 얼음이 물에 뜨게 된다.

히 불규칙한 배열의 물 분자로 변하면, 수용액의 엔트로피는 증가한다. 실온에서 얼음의 융해와 물의 증발은 모두 자발적으로 일어난다. 물 분자와 수소결합에 의해서 응집하려는 경향보다 무질서로 향한 에너지 추진력이 더 크기 때문이다. 자유에너지 변화(ΔG)의 과정이 자발적으로 일어나기 위해서는 음의 값을 가져야 한다는 것을 상기하기 바란다. 즉, $\Delta G = \Delta H - T\Delta S$, 여기서 ΔG는 반응의 추진력, ΔH는 결합의 형성과 파괴로부터의 엔탈피의 변화, ΔS는 무질서함의 변화이다. ΔH는 융해와 증발에 대해서는 양의 값이기 때문에 ΔG를 음의 값으로 하고 이들의 변화를 일으키는 엔트로피의 증대(ΔS)는 분명하다.

물은 극성용질과 수소결합을 한다

수소결합이 물에만 있는 것은 아니다. 수소결합은 어떤 전기음성 원자(보통은 전자 한 쌍만을 가진 산소나 질소 같은 수소 받개)와 같거나 다른 분자에 있는 전기음성도가 큰 원자(수소 주개)에 공유결합을 이룬 수소원자와의 사이에서 쉽게 형성된다(**그림 2-3**). 전기음성도가 크지 않은 탄소원자에 공유결합된 수소원자는 수소결합의 형성에 관여하지 않으므로 C—H 결합은 극히 약한 극성을 갖는다. 이 차이로 뷰탄올[$CH_3(CH_2)_2CH_2OH$]이 117°C라는 비교적 높은 끓는점을 가지고 있는데 반해, 뷰테인[$CH_3(CH_2)_2CH_3$]은 겨우 −0.5°C라는 끓는점 밖에 가지고 있지 않다. 뷰탄올은 높은 극성의 수산기를 가지고 있으므로 다른 뷰탄올 분자와 수소결

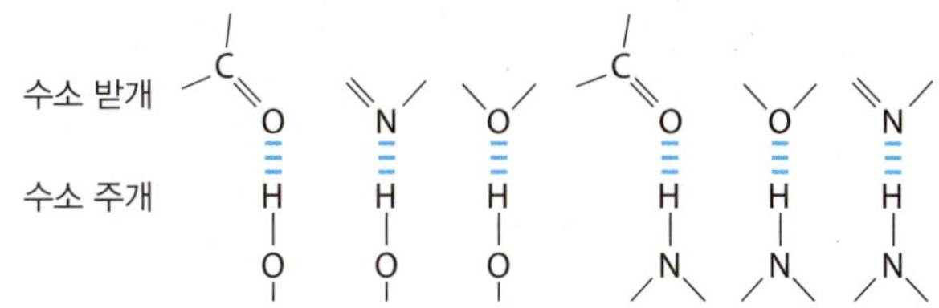

그림 2-3 생물계에서의 일반적인 수소결합. 수소 받개는 보통 산소이거나 질소이다. 수소 주개는 다른 전기음성 원자이다.

합을 형성할 수 있는 것이다. 당과 같이 전하가 없으나 극성이 있는 생체물질은 쉽게 물에 용해되는데, 당의 수산기 또는 카보닐 산소와 극성이 높은 물 분자와의 사이에서 생기는 많은 수소결합에 의한 안정화 효과 때문이다. 알코올, 알데하이드, 케톤 그리고 N—H 결합을 가지고 있는 화합물은 모두 물 분자와 수소결합을 형성하므로(**그림 2-4**) 물에 잘 녹는다.

수소결합은 결합된 분자들 간에 정전기적 인력이 최대가 되도록 놓여 있을 때 가장 강하며, 이 상태(정전기적 인력)는 수소원자와 그것을 공유한 2개의 원자가 직선상에 있을 때이다. 즉, 받개 원자가 주개 원자와 H 사이의 공유결합을 가진 선상에 있을 때이다(**그림 2-5**). 이러한 배열은 수소이온의 양전하가 직접 두 개의

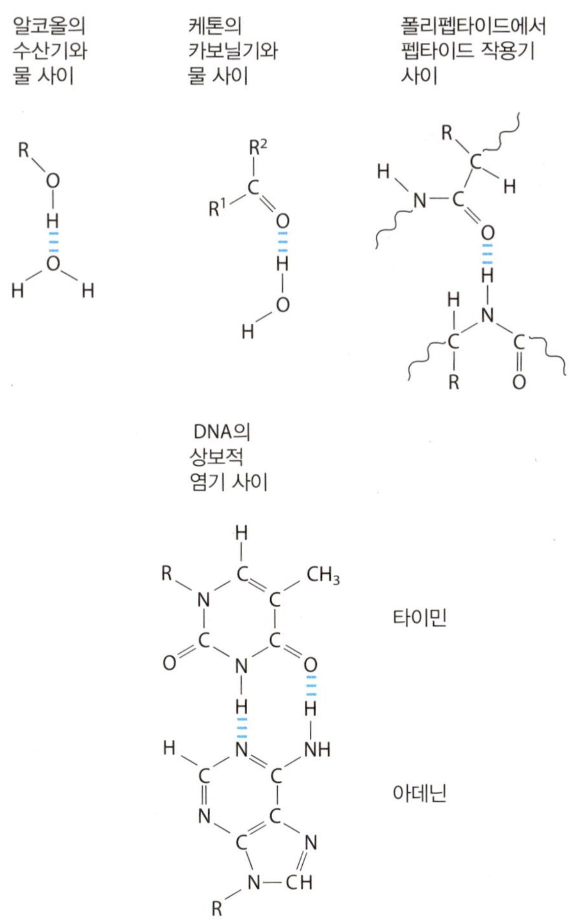

그림 2-4 생물학적으로 중요한 몇 가지 수소결합.

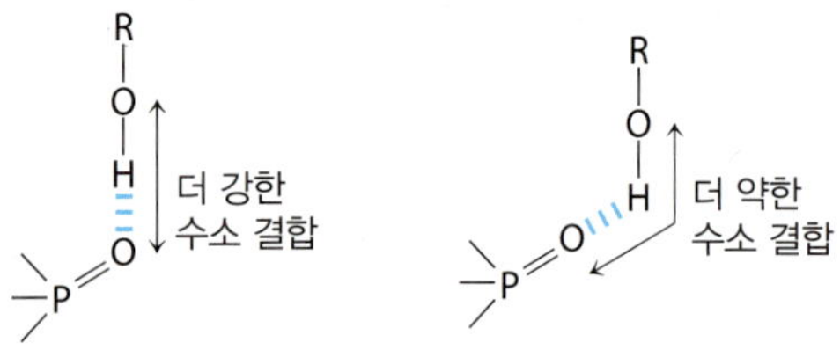

그림 2-5 수소결합의 방향성. 부분 전하 간의 인력(그림 2-1 참조)은 관여하는 3개의 원자(이 경우에는 O, H, O)가 직선상에 있을 때 최대가 된다. 수소결합 부위가 구조적으로 제한되어 있다면(예를 들면, 단일 단백질 분자의 부분으로 있을 때), 이 이상적인 결합 구조는 불가능하므로 수소결합은 더 약해진다.

부분적 음전하 간에 놓이게 한다. 이와 같이 수소결합은 방향성이 높으며 2개의 수소결합으로 된 분자 또는 기능기를 특별한 기하학 위치에 고정하는 능력을 가지고 있다. 이후에 보게 되겠지만, 이 수소결합의 성질 때문에 분자 내 수소결합을 많이 갖는 단백질과 핵산은 매우 정교한 3차원 구조를 갖는다.

물은 정전기적으로 하전된 용질과 결합한다

물은 극성 용매이다. 물은 하전되어 있거나 극성이 있는 화합물인 생체 분자를 쉽게 용해한다(표 2-2). 물에 쉽게 녹는 화합물은 **친수성(hydrophilic**, 그리스어로 "물을 좋아하는")이다. 이와는 대조적으로 클로로포름과 벤젠 같은 비극성의 용매는 극성이 높은 생체 분자를 잘 녹이지 않으나 지질과 왁스 같은 비극성(**소수성**)의 생체 분자를 쉽게 용해한다.

물은 Na^+과 Cl^- 이온을 수화해서 안정화시킴으로써 정전기적 상호작용을 약화시키고 결정격자로 회합하는 성향을 방해함으로써 NaCl과 같은 염을 용해시킨다(**그림 2-6**). 물은 이온화된 카복실산($—COO^-$), 양성자화된 아민($—NH_3^+$) 그리고 인산 에스터 또는 산무수물(anhydride)과 같은 기능기를 가지고 있는 화합물인 생체 분자를 또한 쉽게 녹인다. 물은 용질-용질 수소결합을 용질-물 수소결합으로 치환함으로써 화합물들을 쉽게 용해하여 용질 분자들끼리의 정전기적 결합을 방해한다.

용매 중의 쌍극자의 수를 반영하는 높은 유전율 때문에 물은 용해된 이온 간의 정전기적 상호작용을 차폐하는 데 매우 유효하다. 이들의 이온결합의 강도 또는 힘(F)은 전하(Q), 하전된 기 사이의 거리(r), 그리고 상호작용이 일어나는 용매의 유전율(ε, 단위가 없는 수이다)에 좌우된다.

$$F = \frac{Q_1 Q_2}{\varepsilon r^2}$$

25°C 물의 유전율은 78.5이고 비극성 용매인 벤젠의 유전율은 4.6이다. 따라서 용해된 이온 간의 이온상호작용은 극성이 낮은 환경에서 훨씬 강하다. 이 r^2에 대한 의존성은, 이온 간의 인력과 반발력이 한정된 거리 간에 작용한다는 것을 나타내고 있다. 수용액에서는(전해질 농도에 따라) 이 거리는 10~40 nm의 범위이다.

결정 물질이 용해하면서 엔트로피가 증가한다

NaCl과 같은 염이 용해하면, 결정격자로부터 유리된 Na^+와 Cl^- 이온이 매우 큰 운동 자유도를 얻게 된다(그림 2-6). 그 결과로 생긴 반응계의 엔트로피(무질서함)의 증가는 NaCl과 같은 염이 물에 쉽게 용해되도록 한다. 열역학적으로, 용액의 형성은 자유에너지

표 2-2 극성, 비극성 및 양친매성 생체 분자의 예(pH 7에서 이온형으로 나타냄)

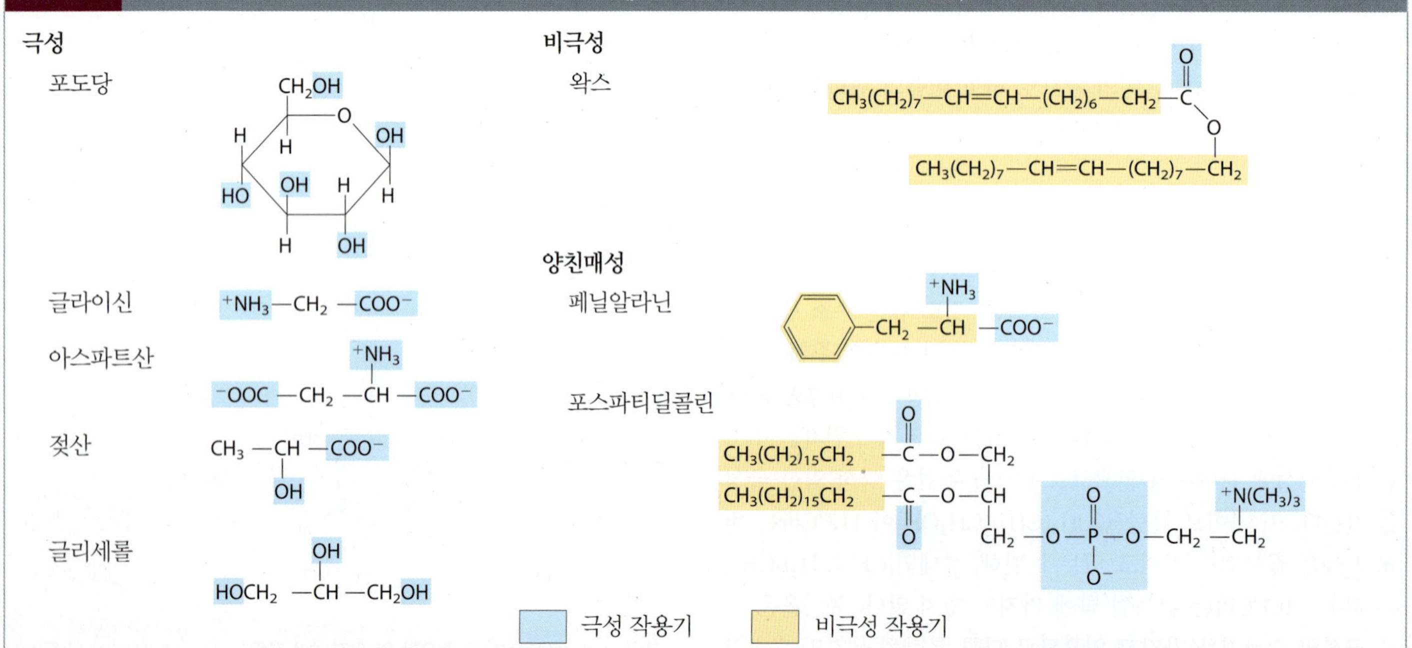

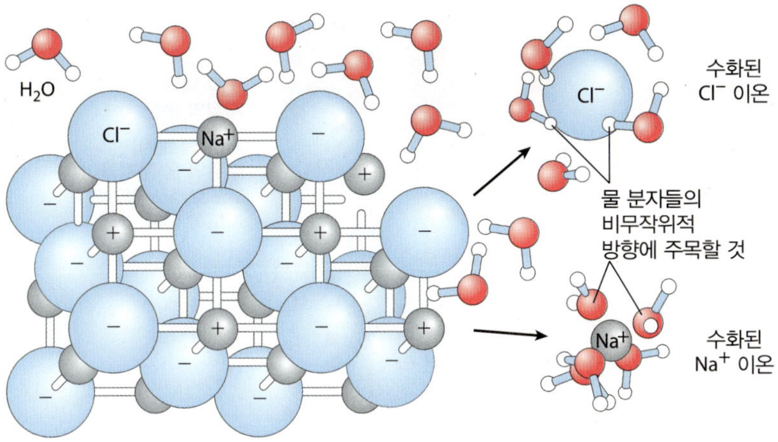

그림 2-6 용매로서의 물. 물은 이온을 수화함으로써 많은 결정 염류를 용해한다. 물 분자가 Cl$^-$과 Na$^+$ 이온의 주위에 응집하면 NaCl의 결정격자는 파괴된다. 이와 같이 이온의 전하가 부분적으로 중화되므로 격자 형성에 필요한 정전기적 인력이 약화된다.

의 변화에 따라서 일어난다. $\Delta G = \Delta H - T\Delta S$, 여기서 ΔH는 작은 양의 값을 $T\Delta S$는 큰 양의 값을 갖는다. 따라서 ΔG는 음의 값이 된다.

비극성 기체는 물에 잘 녹지 않는다

생물학적으로 중요한 기체인 CO_2, O_2, 그리고 N_2는 비극성이다. O_2와 N_2는 두 원자들이 전자를 동등하게 공유한다. CO_2에 있어서 각 C=O 결합은 극성이 있는데 이 2개의 쌍극자는 서로 역으로 향하고 있어서 서로를 삭제하게 된다(표 2-3). 불규칙적인 기체상으로부터 수용액 중으로 이들의 분자가 이동하는 것은 그들의 운동과 물 분자의 운동을 제한하므로 엔트로피가 감소한다. 이러한 기체의 비극성 상태와 엔트로피의 감소 때문에 용액 안으로 들어갈 때 물에 잘 녹지 않게 된다(표 2-3). 어떤 생물은 O_2의 운반을 촉진하는 수용성의 운반 단백질(예, 헤모글로빈과 마이오글로빈)을 가지고 있다. 이산화탄소(CO_2)는 수용액 중에서 탄산(H_2CO_3)을 형성하고 HCO_3^-(중탄산염) 이온으로서 운반되는데, 물(25°C에서 약 100 g/L)에 용해되든지 혹은 헤모글로빈에 결합하여 운반된다. 세 가지 서로 다른 기체인 NH_3, NO, H_2S 또한 어떤 생물에서는 생물학적인 역할을 가지고 있는데, 이들은 극성이 있고 쉽게 물에 녹아 이온화된다.

비극성 화합물은 물의 구조에 에너지적으로 불리한 변화를 일으킨다

물을 벤젠(benzene)이나 헥세인(hexane)과 혼합하면 2가지의 상(phase)이 형성되고, 어느 쪽의 액체도 서로 녹아서 합쳐지지 않는다. 벤젠, 헥세인과 같은 비극성 화합물은 소수성이다. 이것들은 물 분자와 에너지 면에서 유리한 상호작용을 할 수 없으며 물 분자 간의 수소결합의 형성을 방해한다. 물에 용해된 모든 분자 또는 이온은 바로 옆에 있는 몇 개의 물 분자 간의 수소결합의 형성을 방해하지만, 극성이 높은 용질 또는 하전되는 용질(NaCl과 같

표 2-3 물에 대한 기체의 용해도

기체	구조식[a]	극성	물에 대한 용해도(g/L)[b]
질소	N≡N	비극성	0.018 (40°C)
산소	O=O	비극성	0.035 (50°C)
이산화탄소	δ− ← → δ− O=C=O	비극성	0.97 (45°C)
암모니아	H H H | N ↓δ−	극성	900 (10°C)
황화수소	H H | S ↓δ−	극성	1,860 (40°C)

[a]화살표는 전기 쌍극자를 나타낸다; 화살표의 머리 부분에는 부분적인 음전하(δ−)가 있고, 꼬리 부분에는 부분적인 양전하(δ+; 여기에는 나타내지 않았다)가 있다.
[b]극성 분자는 낮은 온도에서도 상대적으로 높은 온도에 있는 비극성 분자보다 훨씬 잘 용해된다는 점을 주목하라.

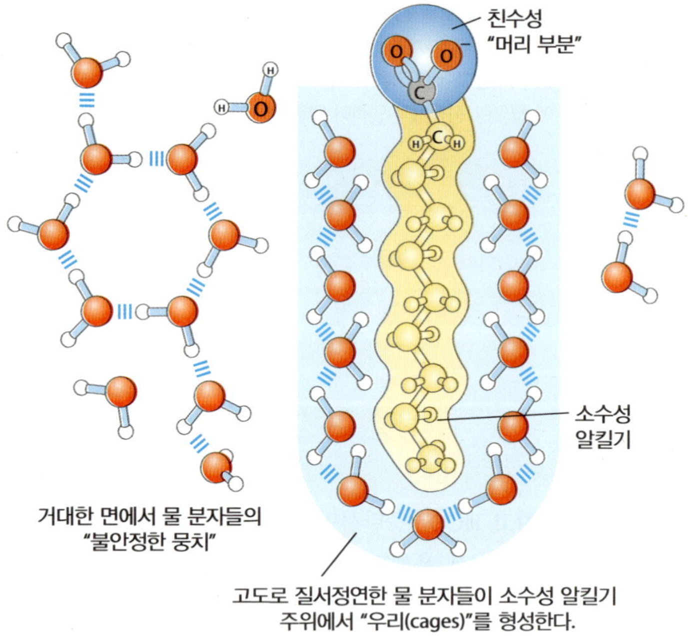

(a)

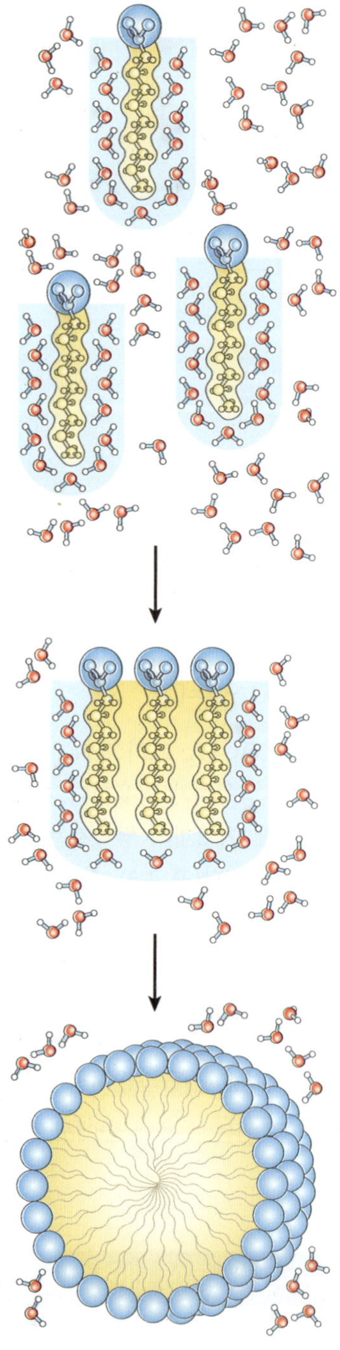

(b)

그림 2-7 수용액에서 양쪽성 화합물들. **(a)** 긴 사슬지방산들은 강한 소수성의 알킬 사슬을 갖고 있으며 각각의 사슬은 고도로 질서정연하게 배열된 물 분자 층에 싸여 있다. **(b)** 마이셀에서 서로 집단을 이루어 지방산 분자들은 소수성 표면을 가능한 한 작게 물로 노출시켜 물 분자들이 정돈된 물 껍질에서 필요하지 않게 한다. 고정된 물 분자들을 자유롭게 해서 얻게 되는 에너지가 마이셀을 안정화시킨다.

은)은 새로운 용질-물 간의 상호작용을 형성함으로써 잃어버린 물-물 수소결합을 보상한다. 이들의 용질을 용해시키기 위한 엔탈피 변화(ΔH)는 일반적으로 작다. 그러나 소수성 용질은 그와 같은 보상을 제공하지 않으며 그들을 물에 첨가하면 엔탈피는 조금 커진다. 물 분자 간의 수소결합의 파괴는 반응계로부터 에너지를 흡수한다. 또한, 물에 소수성 화합물을 용해하면 측정이 가능한 정도의 엔트로피의 감소가 일어난다. 비극성 용질의 바로 옆의 물 분자는 가능한 방향이 제한되어 각 용질 분자의 주위에는 대단히 규칙적인 새장과 비슷한 모양의 껍질이 생긴다. 이러한 물 분자들은 비극성 용질과 물의 **결정화합물(clathrates)**만큼 규칙적이지 않지만 효과는 양쪽 모두에서 똑같다. 물 분자의 규칙성은 엔트로피를 감소시킨다. 그러므로 엔트로피의 크기는 감소하고 규칙적인 물 분자의 수는 물 분자의 우리 내에 둘러싸인 소수성 용질의 표면적에 비례한다. 비극성 용질을 물에 용해하기 위한 유리에너지 변화는 비자발적이다. 즉, $\Delta G = \Delta H - T\Delta S$, 여기서 ΔH는 양의 값을 가지며 ΔS는 음의 값을 가지므로, ΔG는 양의 값이 된다.

양친매성(amphipathic) 화합물은 극성(또는 하전된) 영역과 비극성 영역을 가지고 있다(표 2-2). 양친매성 화합물이 물과 혼합될 때, 극성의 친매성 영역은 용매와 상호작용하여 용해되려는 경향이 있지만 비극성의 소수성 영역은 물과 접촉을 피하려는 경향이 있다(**그림 2-7a**). 분자의 비극성 영역은 수용성 용매에 대해서는 최소의 소수성 표면적을 만들기 위해 서로 뭉치게 되며 극성 영역은 용매와의 상호작용을 최대로 하게끔 배열된다(그림 2-7b). 이와 같은 물속에서의 양친매성 화합물의 안정한 구조를 **마이셀(micelle)**이라 하고 수백 또는 수천 개의 분자를 갖게 된다. 분자의 비극성 영역을 결합시키는 힘은 **소수성 상호작용(hydrophobic interactions)**이다. 이들의 결합강도는 비극성 분자 간의 고유의 인력에 의한 것이 아니다. 오히려 그것은 용질 분자의 소수성 부분

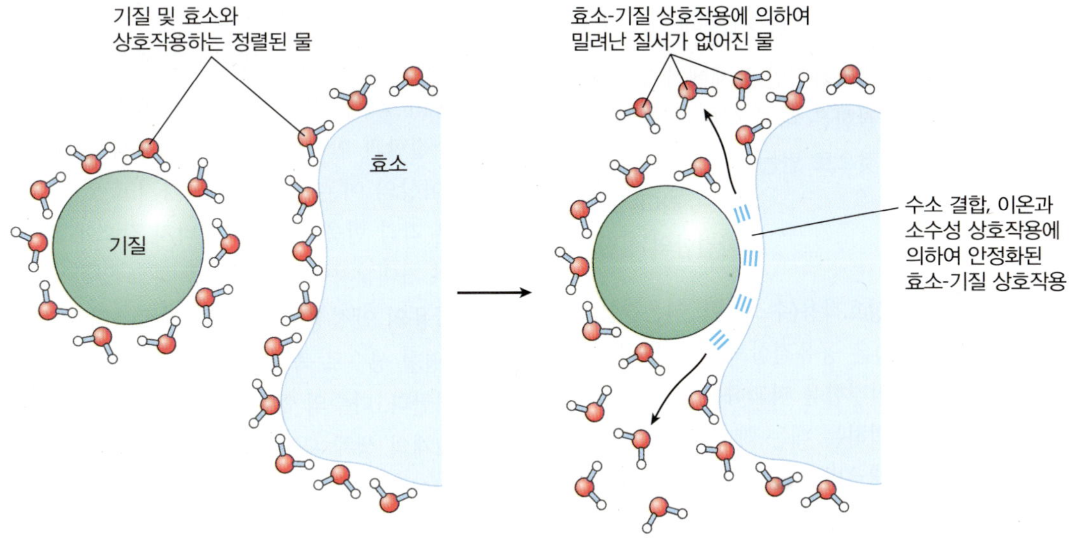

그림 2-8 규칙적인 물의 방출은 효소-기질 복합체의 형성을 돕는다. 분리되어 있는 효소와 기질은 모두 이웃하고 있는 물 분자들을 질서정연한 껍질로 만든다. 기질의 효소로의 결합은 정렬된 물의 일부를 방출시키고 결과적으로 엔트로피의 증가를 일으켜 효소-기질 복합체가 형성하는 방향으로 열역학적 압박을 가한다(196쪽 참조).

의 주위에 물 분자를 정렬시켜 생기는 엔트로피의 감소를 최소화하고 반응계가 최대의 열역학적 안정성을 이룸으로써 생긴다.

많은 생체 분자는 양친매성이다. 단백질, 색소, 어떤 비타민 그리고 막의 스테롤과 인산지방질은 극성과 비극성의 표면 영역을 모두 가지고 있다. 이들의 분자로부터 구성되는 구조는 비극성 영역 간의 소수성 상호작용에 의해서 안정화된다. 지질 사이 그리고 지질과 단백질 간의 소수성 상호작용은 생체막 구조의 중요한 결정요인이 되고 비극성 아미노산끼리의 소수성 상호작용은 또한 단백질의 3차원의 접혀지는 패턴을 안정화시킨다.

물과 극성 용질 간의 수소결합도 물 분자의 질서를 유지하게 하지만 그 효과는 비극성 용질의 경우보다는 덜 중요하다. 극성이 높은 기질이 효소의 상보적인 극성 표면에 결합하기 위한 추진력의 일부는 질서 있는 물을 효소가 기질로부터 떼어 낼 때에 증가하는 엔트로피이다(**그림 2-8**).

반데르발스 상호작용은 원자 간의 약한 인력이다

2개의 전하가 없는 원자가 서로 매우 근접해 있을 때 이들 주변의 전자구름은 서로 영향을 주게 된다. 하나의 핵 주위에 위치한 무작위적 변동은 일시적인 전기 쌍극자를 만들게 되고 근처에 있는 원자에 일시적으로 반대방향의 전기 쌍극자를 유인하게 한다. 이 2개의 쌍극자는 약하게 서로 끌어당겨서 2개의 핵을 접근시킨다. 이 약한 인력은 **반데르발스 결합**이다. 이 2개의 핵이 서로를 끌어당기면서 그들의 전자구름은 서로 반발하기 시작하고 어떤 지점에서 반데르발스 인력은 이 반발력과 정확하게 평형을 이루게 되고 핵은 반데르발스 접촉을 한다. 각 원자는 고유의 **반데르발스 반지름**이 있으며, 그것은 원자가 다른 원자에 접근하는 것을 허용하는 거리의 척도가 된다(표 2-4). 이 책에 있는 "공간-채움" 분자 모형에서 원자는 그들의 반데르발스 반경에 비례한 크기로 나타나 있다.

표 2-4 몇 가지 원소의 반데르발스 반지름과 공유(단일결합) 반지름

원소	반데르발스 반지름(nm)	단일결합의 공유 반지름(nm)
H	0.11	0.030
O	0.15	0.066
N	0.15	0.070
C	0.17	0.077
S	0.18	0.104
P	0.19	0.110
I	0.21	0.133

출처: 반데르발스 반지름에 대한 출처: R. Chauvin, *J. Phys. Chem.* 96:9194, 1992. For covalent radii, L. Pauling, *Nature of the Chemical Bond*, 3rd edn, Cornell University Press, 1960.

참고: 반데르발스 반지름은 원자의 공간채움 크기를 나타낸다. 2개의 원자가 공유결합으로 결합하면 결합점의 원자 반지름은 결합된 원자가 공유하는 전자쌍에 의하여 함께 끌어 당겨지기 때문에 반데르발스 반지름보다 작아진다. 반데르발스 상호작용 또는 공유결합의 핵 사이의 거리는 2개의 원자에 대한 각각 반데르발스 반지름 또는 공유결합 반지름의 합과 거의 같다. 따라서 탄소-탄소 단일결합의 길이는 약 0.077 nm + 0.077 nm = 0.154 nm이다.

약한 상호작용은 거대 분자의 구조와 기능에 중요하다

> 나는 구조화학의 방법들이 생리학적인 문제에까지 적용되어 감에 따라 생리학에서 수소결합은 다른 어떤 단일 구조보다도 중요하다는 것이 밝혀질 것으로 믿는다.
>
> —라이너스 폴링,
> 화학결합의 성질, 1939

지금까지 기술한 비공유결합성 상호작용(수소결합, 이온결합, 소수성 그리고 반데르발스 상호작용)은 공유결합보다 훨씬 약하다(표 2-5). 1몰(6×10^{23})의 C—C 단일결합을 파괴하는 데는 약 350 kJ, 그리고 1몰의 C—H 결합을 파괴하는 데는 약 410 kJ의 에너지가 필요하지만 1몰의 전형적인 반데르발스 상호작용을 파괴하는 데는 4 kJ 정도의 에너지로 충분하다. 소수성 상호작용도 그들이 높은 극성 용매(예를 들면, 농축된 염 용액)에 의해 추가적으로 힘을 받더라도 공유결합보다 훨씬 약하다. 이온결합과 수소결합은 용매의 극성에 따라 강도가 변하고 공유결합보다 현저히 약하다. 25°C의 물 용매에 있어서 이용할 수 있는 열에너지는 이들의 약한 상호작용의 강도와 같은 10배 수준이 되고 용질과 용매(물) 분자와의 상호작용은 용질-용질 간 상호작용과 거의 같은 정도로 유리한 것이다. 그 결과로 수소결합, 이온, 소수성, 반데르발스 결합이 끊임없이 형성되고 파괴된다.

표 2-5 수용성 용매에서 4가지 형태의 생체 분자 간의 비공유결합성("약한") 상호작용

수소결합	
중성기 사이	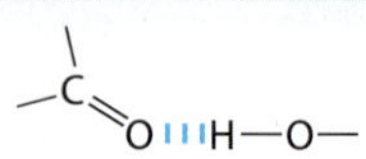
펩타이드 결합 사이	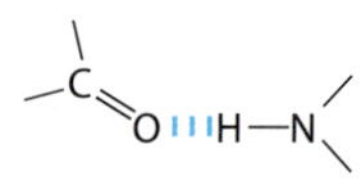
이온 상호작용	
인력	$-{}^{+}NH_3 \rightarrow\leftarrow {}^{-}O-C(=O)-$
반발력	$-{}^{+}NH_3 \longleftrightarrow H_3N^{+}-$
소수성 상호작용	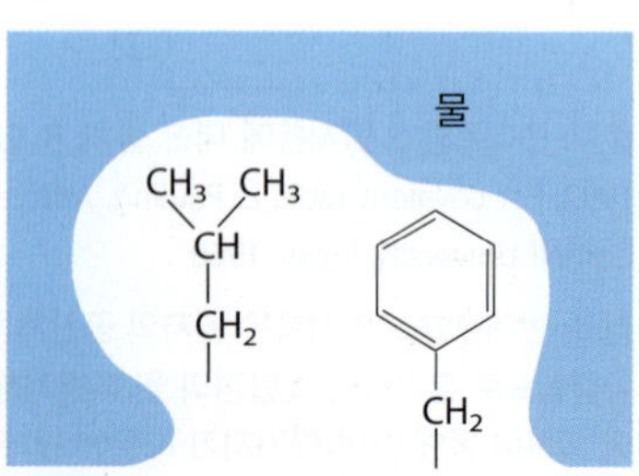
반데르발스 상호작용	가까이 근접한 2개의 원자

이들의 4가지 형태의 결합은 개별적으로는 공유결합에 비하면 약하지만 그 수가 많기 때문에 단백질과 핵산에 미치는 영향력이 매우 크다. 예를 들면, 어떤 효소의 기질에 대한 비공유결합은 수소결합과 반데르발스 상호작용과 함께 몇 개의 수소결합과 하나 이상의 이온 상호작용을 가지고 있다. 이들의 약한 결합의 형성은 각각 반응계의 유리에너지 감소에 기여한다. 작은 분자가 상대의 거대분자에 수소결합을 하고 있는 것 같은 비공유결합성 상호작용의 안정성은 결합에너지로부터 계산할 수 있다. 결합 반응의 평형 상수로 측정되는 안정성은 결합에너지와 함께 지수적으로 변화한다. 다수의 약한 비공유적(효소와 기질 결합 같은)으로 결합된 2개의 생체 분자를 해리하려면 이같이 많은 결합이 동시에 파괴되어야만 가능하다. 그러나 이와 같은 상호작용은 무작위로 동요하는 것이므로 동시성 파괴는 거의 불가능하다. 따라서 5~20개의 약한 상호작용에 의해서 주어진 분자의 안정성은 작은 결합에너지를 단순하게 더한 것보다 훨씬 크다.

단백질, DNA 그리고 RNA와 같은 거대 분자는 잠재적인 수소결합 또는 이온 상호작용과 반데르발스 상호작용 또는 소수성 상호작용을 하고 있는 자리를 많이 가지고 있으므로 다수의 작은 결합력의 누적 효과는 크다. 대부분의 거대분자의 가장 안정한(즉, 자연상태의) 구조는 약한 결합의 가능성이 최대가 되는 구조가 된다. 단일 폴리펩타이드 또는 폴리뉴클레오타이드 사슬이 3차원의 형태로 접혀지는 것은 이 원리에 의한 것이다. 특이 항체에 대한 항원의 결합도 다수의 약한 상호작용의 누적 효과에 의존한다. 앞에서 살펴본 바와 같이, 어떤 효소가 비공유적으로 기질과 결합할 때에 유리되는 에너지는 효소 촉매력의 주요한 원천이 된다. 세포의 수용체 단백질에 대한 호르몬 또는 신경전달물질의 결합 또한 약한 상호작용의 결과이다. 여러 가지 효소와 수용체의 커다란 크기에 관한 결론의 하나는 그들의 큰 표면이 약한 상호작용에 대해서 많은 기회를 제공하는 것이다. 분자 레벨에서 상호작용을 하는 생체 분자 간의 상보성은 분자의 표면에 있는 극성 기, 하전된 기 그리고 소수성 기 사이의 상보성과 약한 상호작용을 반영한다.

헤모글로빈(**그림 2-9**)과 같은 단백질의 구조를 X-선 결정분석기로 분석할 때(별도설명 4-5 참조) 물 분자가 결정구조의 일부로서 강하게 결합되어 있는 것이 보인다. RNA나 DNA의 결정에서도 물이 같은 양상을 띤다. 이런 결합된 물 분자는 핵자기공명법으로 수용액에서도 보이는데 용매의 "덩치가 큰" 물속의 특성과는 완전히 다르다. 예를 들면, 그것들은 삼투압적으로 비활성이다. 많은 단백질은, 물과 단단히 결합된 부분이 필수기능을 한다. 예를 들면, 광합성 과정 중 핵심반응은 빛이 생체막을 지나게 하는 데 일련의 전자전달 단백질을 통해 전자를 흐르게 함으로써 가능해진다(그림 20-21 참조). 이 핵심 단백질 중의 하나인 사이토크롬 *f*는 5개의 물 분자와 결합하고 있으며(**그림 2-10**), 이는 "양성자 건너뛰기(proton hopping)"의 과정(아래에 기술되었음)에 의한 양성

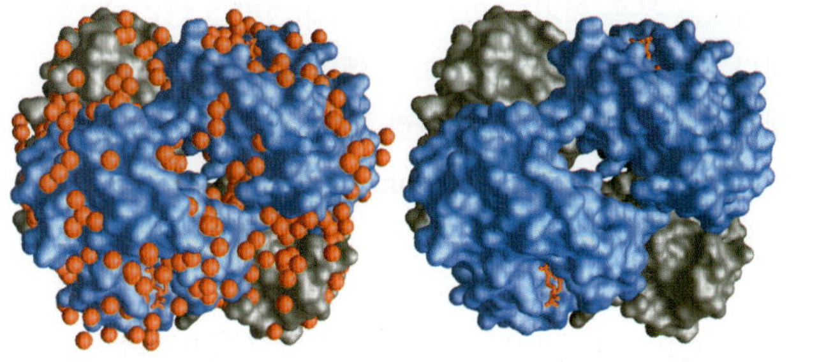

그림 2-9 헤모글로빈에서의 물의 결합. (a) 물 분자(빨간 공모양)가 결합된 것과 (b) 물 분자가 없는 헤모글로빈의 결정 구조. 물 분자는 단백질에 매우 단단하게 결합하여 X-선 회절 패턴에 영향을 준다. 헤모글로빈의 두 개의 α 소단위는 회색으로 표시되어 있고, 두 개의 β 소단위는 파란색으로 나타나 있다. 각 소단위에는 헴 기(붉은색 막대 구조)가 결합되어 있으며, 여기서는 β 소단위에서만 보인다. 헤모글로빈의 구조와 기능은 제5장에 자세히 설명되어 있다. [출처: PDB ID 1A3N, J. R. H. Tame and B. Vallone, *Acta Crystallogr. D* 56:805, 2000.]

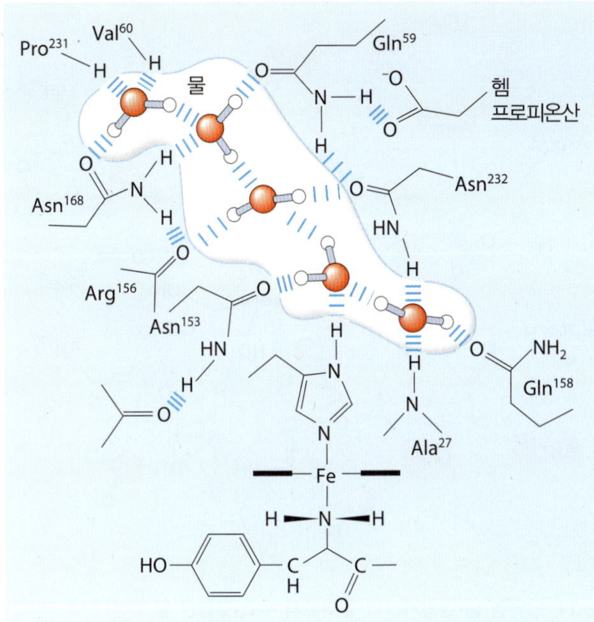

그림 2-10 사이토크롬 *f*의 물 사슬. 물은 막단백질인 사이토크롬 *f*의 양성자 통로에 결합되어 있는데, 이것은 엽록체의 광합성에서 에너지 포획 기구의 일부이다(그림 20-21 참조). 5개의 물 분자는 물 분자끼리 그리고 단백질의 기능기와 수소결합을 이루는데, 단백질과의 수소결합은 발린, 프롤린, 아르지닌과 알라닌 잔기의 펩타이드 골격 원자들과 3개의 아스파라진과 2개의 글루타민 잔기의 곁사슬 사이에서 이루어진다. 단백질은 결합된 헴(그림 5-1 참조)을 가지고 있고, 헴의 철 이온은 광합성에서 전자 흐름을 촉진한다. 전자 흐름은 막을 통과하는 양성자의 이동과 연계되어 있는데, 아마도 물 분자와 결합한 사슬을 통한 "양성자 건너뛰기"를 포함할 것이다(그림 2-14 참조). [출처: Information from P. Nicholls, *Cell. Mol. Life Sci.* 57:987, 2000, Fig. 6a (redrawn from PDB ID 1HCZ, S. E. Martinez et al., *Prot. Sci.* 5:1081, 1996).]

자들의 막을 통한 이동의 길을 제공하게 된다. 다른 광-추진 양성자 펌프인 박테리오로돕신은 양성자의 막이동에서 정밀하게 배열된 물 분자와의 결합을 이용한다(그림 20-29b 참조). 강하게 결합한 물 분자들은 또한 어떤 단백질의 리간드 결합자리에서 필수적인 부분을 형성하기도 한다. 한 예로, 세균의 아라비노스(arabinose)-결합 단백질에는 5개의 물 분자가 아라비노스 당과 당-결합자리의 아미노산 잔기들 사이의 결정적인 결합을 제공하는 수소결합을 형성한다(**그림 2-11**).

용질은 수용성 용액의 총괄성 특성에 영향을 준다

모든 용질은 용매인 물의 수증기압, 끓는점, 녹는점(어는점) 그리고 삼투압의 물리적 특성에 영향을 준다. 4개의 모든 특성에 대한 용질의 효과가 같은 기초를 가지고 있기 때문에 이것을 **총괄성**("함께 결합한") **특성**이라고 부른다. 물의 농도는 순수한 물보다 용액에서 더 낮다. 물의 총괄성 특성에 대한 용질의 농도의 효과는 용질의 화학적 특성과 관계없고 오로지 주어진 양의 물에서 용질 입자(분자, 이온)의 숫자에 좌우된다. 예를 들어, 용액에서 해리되는 NaCl은 포도당과 같은 해리되지 않는 용질의 같은 몰수보다 삼투압이 2배 크다.

물 분자는 높은 농도의 물의 영역에서 낮은 농도로 이동하려는 경향이 있다. 두 개의 다른 수용액이 반투과성 막(물은 통과시키지만 용질 분자는 통과시키지 않는)으로 분리되면 높은 농도에서 낮은 농도로 확산하는 물 분자는 삼투압을 일으킨다(**그림 2-12**). 물의 이동을 제지하는 데 필요한 힘으로서 삼투압 Π(그림 2-12c)은 반트호프 식(van't Hoff equation)에 의해 근사치를 얻는다.

$$\Pi = icRT$$

여기서 R은 기체 상수이고 T는 절대온도이다. i는 반트호프 계수이며 용질이 2개 또는 그 이상의 이온으로 해리되는 정도를 나타낸다. 용어 ic는 용질의 몰 농도 c와 반트호프 계수 i의 곱인 용액의 **오스몰농도(osmolarity)**이다. 묽은 NaCl 용액에서 용질은 용질 입자의 수를 2배로 하면서 완전히 Na^+과 Cl^-로 해리하고 따라서 $i = 2$가 된다. 모든 비이온화 용질에서 i는 1이다. 여러(n) 용질의 용액에서는 Π는 각 ic들의 합이 된다.

$$\Pi = RT(i_1c_1 + i_2c_2 + \cdots + i_nc_n)$$

삼투압의 차이로 인해 반투과막을 통과하는 물의 이동인 **삼투(osmosis)**는 세포에서 매우 중요하다. 원형질막은 대부분의 작은 분자, 이온 그리고 거대분자보다 물에 더 투과적이다. 이 삼투압은 부분적으로 지질 이중층을 통과하는 물의 단순 확산에 기인하고 부분적으로는 물의 통과를 선택적으로 허용하는 막에서의 단백질 통로(아쿠아포린, 그림 11-43 참조)에 기인한다. 동일한 오스몰 농도의 용액을 **등장액(isotonic)**이라고 한다. 등장액에 둘러

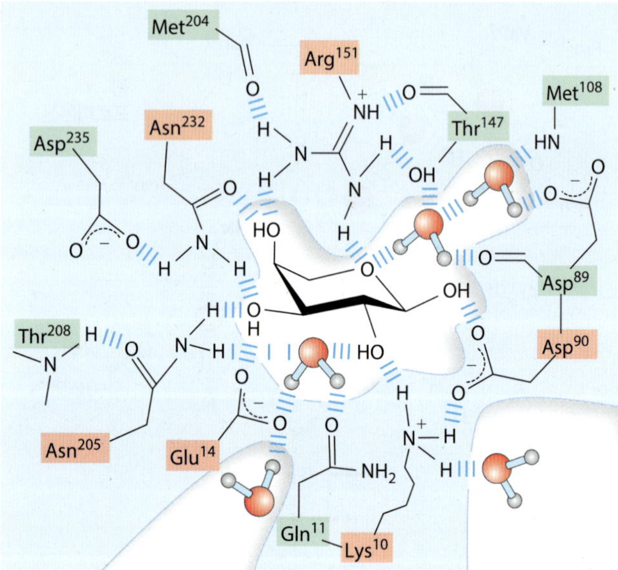

그림 2-11 단백질 당-결합자리의 일부로서 수소-결합된 물. 대장균의 L-아라비노스-결합 단백질에서 5개의 물 분자들이 당 아라비노스(중앙)와 최소한 13개의 아미노산 잔기들 사이의 수소-결합 상호작용의 그물망에서 필수적인 성분이다. 삼차원 구조에서 볼 때, 이러한 상호작용 기들은 결합 모이어티의 두 층을 구성한다; 첫 번째 층의 아미노산 잔기들은 빨간색으로 표시되었고 두 번째 층의 것들은 녹색으로 표시되었다. 수소결합의 일부는 명확히 하기 위해서 다른 것들보다 길게 그려졌다; 실제로 다른 것들보다 길지는 않다. [출처: Information from P. Ball, *Chem. Rev.* 108:74, 2008, Fig. 16.]

싸인 세포는 물을 얻지도 잃지도 않는다(**그림 2-13**). 세포액(cytosol)보다 더 높은 오스몰 농도의 용액인 **고장액(hypertonic)** 속에서 세포는 물이 흘러 나감에 따라 쪼그라든다. 세포액보다 더 낮은 오스몰 농도의 **저장액(hypotonic)** 용액 속에서는 세포가 부풀어 터지고 만다. 세포는 일반적으로 그들의 주변보다 고농도의 생체 분자와 이온을 가지고 있어서 삼투압은 물을 세포 안으로 유입하려는 경향이 있다. 만일 다소 균형이 맞지 않으면 이러한 내부로의 물의 이동은 원형질막을 팽창시키고 마침내 세포의 폭발을 일으킨다(삼투성 용해).

몇 가지 기전이 이런 파국을 방지하기 위해 장치되어 있다. 세균과 식물은, 매우 단단하면서 팽창하지 않는 세포벽이 삼투압을 막을 수 있는 강도로 원형질막을 둘러싸고 있어서 삼투성 용해를 방지한다. 심한 저장액에 사는 담수의 어떤 원생생물은 물을 세포 밖으로 내보내는 세포소기관(수축 액포)을 가지고 있다. 다세포 동물에서 혈장과 간질액(조직의 세포외액)은 오스몰 농도를 세포액과 비슷하게 유지한다. 혈장에 있는 고농도의 알부민과 다른 단백질들은 오스몰 농도 유지에 기여한다. 세포는 또한 주변 환경과 삼투압 균형을 유지하기 위해 Na^+과 같은 이온을 간질액으로 능동펌프한다.

오스몰 농도의 용질의 효과가 질량이 아니라 용해된 입자의

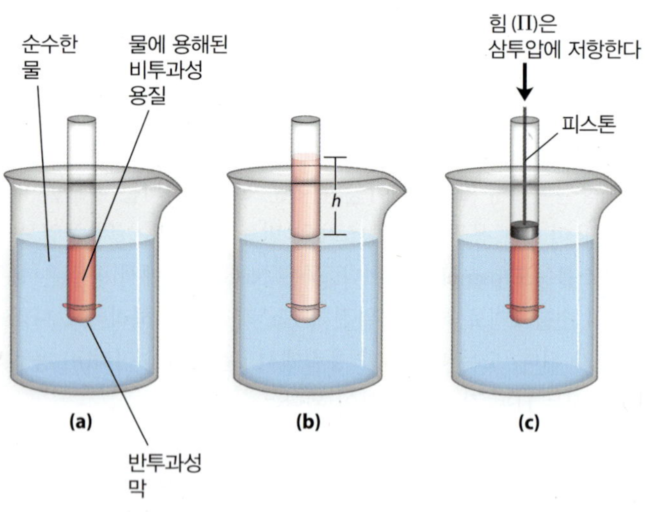

그림 2-12 삼투 현상과 삼투압의 측정. (a) 초기 상태. 시험관은 수용액을 가지고 있고, 비커는 순수한 물을 가지고 있으며, 반투과성 막은 용질이 아닌 물의 통과를 허용한다. 물은 막의 양쪽의 농도를 같게 하기 위하여 비커로부터 시험관으로 흐른다. (b) 최종 상태. 물은 비투과성 화합물인 용질로 이동하여 그것을 묽게 하기 위해 시험관 내에 있는 물기둥을 높게 한다. 평형 상태에서 시험관 내에 있는 용액에서 작용하는 중력은 물이 농도가 낮은 시험관으로 이동하려는 경향과 정확하게 균형을 유지한다. (c) 삼투압(Π)은 시험관의 용액이 비커의 용액 높이까지 되돌아오는 데에 적용되는 힘으로 측정한다. 이 힘은 (b)에서 기둥의 높이 *h*에 비례한다.

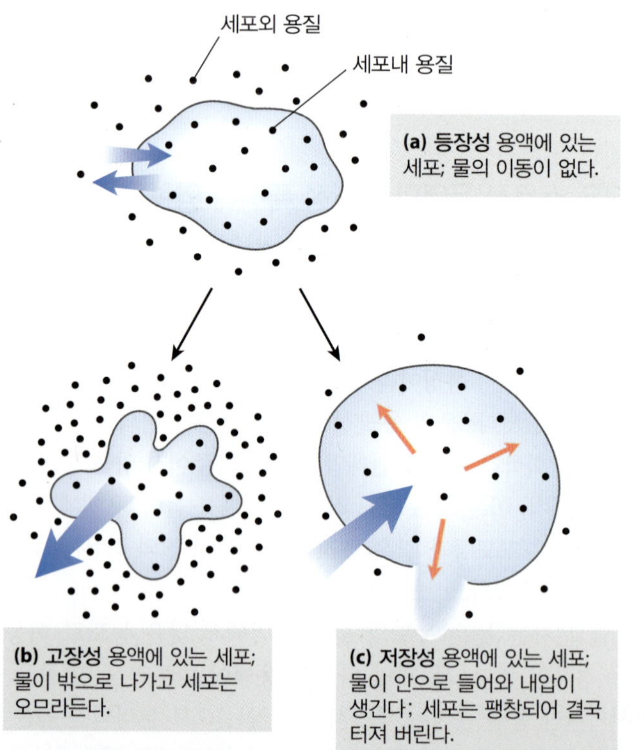

그림 2-13 세포 밖의 오스몰 농도가 형질막을 통과하는 물의 이동에 미치는 효과. 주변 매질(등장성 매질)과 삼투압이 균형을 이루고 있는 세포(a)가 고장성 용액(b) 또는 저장성 용액(c)으로 옮겨졌을 때, 물은 세포 안팎의 삼투압 농도를 같게 하는 방향으로 형질막을 통해 이동한다.

수에 있기 때문에 거대분자들(단백질, 핵산, 다당류)은 그들의 단일체 화합물의 동일한 질량보다 훨씬 더 적은 효과를 낸다. 예를 들면, 1,000 포도당 단위로 구성된 다당류 **그램**(*gram, g*)은 포도당 **밀리그램**(*miligram, mg*)과 동일한 몰 삼투압 농도의 효과를 갖는다. 포도당이나 다른 단당류보다 다당류(녹말 또는 글리코겐)로 저장 연료를 사용하는 것은 저장 세포 내에서 삼투압의 과도한 증가를 방지할 수 있다.

식물은 기계적인 단단함을 이루기 위해 삼투압을 사용한다. 액포에 있는 고농도의 용질은 물을 세포 내로 끌어 들인다(그림 2-13). 세포벽에 대하여 결과적으로 나타나는 삼투압(팽압)은 세포, 조직 그리고 식물체를 딱딱하게 한다. 샐러드에 있는 상추가 시든다면 그것은 물의 손실로 팽압이 감소되었기 때문이다. 삼투는 또한 실험 결과로도 입증된다. 예를 들면, 미토콘드리아, 엽록체 그리고 용해소체는 반투과성 막에 결합된다. 이러한 세포소기관들을 파괴된 세포로부터 분리하려면(그림 1-9 참조), 생화학자들은 등장성 용액에서 분획법을 실행해야 한다. 세포 분획법에서 사용되는 완충액은 보통 삼투성 용해로부터 세포소기관들을 보호하기 위해 충분한 농도의 설탕 혹은 불활성 용질이 쓰인다.

연습문제 2-1 세포소기관의 삼투압 I

살아 있는 용해소체에서 주요 용질은 KCl(~0.1 M)과 NaCl(~0.03 M)이라 하자. 실온(25°C)에서 용해소체를 분리할 때 팽창이나 용해를 방지하기 위해 사용되는 수크로스의 적정 농도는?

풀이: 용해소체에서 KCl과 NaCl이 내는 삼투력과 같은 수크로스 농도를 구해보자. 삼투압을 구하는 식(반트호프 식)은

$$\Pi = RT(i_1c_1 + i_2c_2 + i_3c_3 + \cdots + i_nc_n)$$

R은 기체상수 8.315 J/mol · K이고, T은 절대온도(켈빈), c_1, c_2와 c_3는 각 용질의 몰 농도, i_1, i_2와 i_3는 용액 속의 각 용질이 만든 조각수(KCl과 NaCl의 $i = 2$).

용해소체 내용물의 삼투압은

$$\begin{aligned}\Pi_{\text{lysosome}} &= RT(i_{\text{KCl}}c_{\text{KCl}} + i_{\text{NaCl}}c_{\text{NaCl}})\\ &= RT[(2)(0.1\text{ mol/L}) + (2)(0.03\text{ mol/L})]\\ &= RT(0.26\text{ mol/L})\end{aligned}$$

수크로스 용액의 삼투압은

$$\Pi_{\text{sucrose}} = RT(i_{\text{sucrose}}c_{\text{sucrose}})$$

이 경우에 수크로스는 이온화하지 않으므로 $i_{\text{sucrose}} = 1$이다. 따라서,

$$\Pi_{\text{sucrose}} = RT(c_{\text{sucrose}})$$

다음과 같을 때, 용해소체 내용물의 삼투압은 수크로스 용액과 같다.

$$\begin{aligned}\Pi_{\text{sucrose}} &= \Pi_{\text{lysosome}}\\ RT(c_{\text{sucrose}}) &= RT(0.26\text{ mol/L})\\ c_{\text{sucrose}} &= 0.26\text{ mol/L}\end{aligned}$$

그래서, 수크로스(분자량은 342)의 필요한 농도는(0.26 mol/L)(342 g/mol) = 88.92 g/L이다. 혹은 유효숫자를 계산에 넣는다면 c_{sucrose} = 0.09 kg/L이다.

연습문제 2-2 세포소기관에서의 삼투압 II

다당류인 글리코겐(254쪽) 용액을 이용하여 용해소체의 삼투압과 평형을 맞춘다고 하자(연습문제 2-1에서 기술한 것처럼). 100개 포도당의 선형중합체를 가정하자. 연습문제 2-1의 수크로스 용액처럼 같은 삼투압을 얻기 위해 필요한 중합체의 양을 계산하라. 포도당 중합체의 분자량은 약 18,000이고, 수크로스처럼 용액에서는 이온화하지 않는다.

풀이: 연습문제 2-1에서처럼,

$$\Pi_{\text{sucrose}} = RT(0.26\text{ mol/L})$$

비슷하게,

$$\Pi_{\text{glycogen}} = RT(i_{\text{glycogen}}c_{\text{glycogen}}) = RT(c_{\text{glycogen}})$$

수크로스 용액과 같은 삼투압을 얻기 위한 글리코겐 용액은

$$\begin{aligned}\Pi_{\text{glycogen}} &= \Pi_{\text{sucrose}}\\ RT(c_{\text{glycogen}}) &= RT(0.26\text{ mol/L})\\ c_{\text{glycogen}} &= 0.26\text{ mol/L} = (0.26\text{ mol/L})(18{,}000\text{ g/mol})\\ &= 4.68\text{ kg/L}\end{aligned}$$

또는, 유효숫자를 계산에 넣는다면, c_{glycogen} = 5 kg/L, 터무니없는 고농도이다.

나중에 보겠지만(254쪽), 간세포와 근육세포는 탄수화물을 저장하되 포도당이나 수크로스 같은 저분자 당이 아닌 글리코겐 같은 고분자중합체로 저장한다. 이는 세포가 많은 양의 글리코겐을 함유하여도 세포액의 삼투압에 미치는 영향을 최소화한다.

요약 2.1 수용액에서의 약한 상호작용들

- H와 O의 매우 다른 전기음성도는 물을 극성이 높은 분자로 만들어 자체적으로 그리고 용질과 수소결합을 할 수 있다. 수소결합은 일시적이고 주로 정전기적이며 공유결합보다는 약하다. 물은 극성(친수성) 용질에 대한 좋은 용매이고 그것들과 수소결합을 형성하며 하전된 용질과는 정전기적으로 상호작용한다.
- 비극성(소수성) 물질은 물에 잘 녹지 않는다; 이들은 용매와 수소결합을 형성할 수 없고 소수성 표면에서 물 분자가 에너지적으로 불리하게 질서정연하게 배열하도록 한다. 물에 노출되는 표면

을 최소화하기 위해 지질같은 비극성 물질은 응집물(마이셀)을 형성하는 데 소수성 부분이 내부에 모여 소수성 상호작용을 하고 극성 부분은 물과 상호작용한다.

■ 약한 비공유 상호작용은 많은 수로 단백질이나 핵산 같은 거대분자의 접힘에 결정적으로 영향을 준다. 가장 안정된 거대분자의 구조는 분자 내와 분자와 용매 사이의 수소결합이 최대가 되는 구조이다. 여기서 분자 내부의 소수성기 클러스터는 수용성 용매로부터 멀리 떨어져 있다.

■ 수용액의 물리적 성질은 용질의 농도에 크게 영향을 받는다. 반투막(외부로부터 세포를 나누는 형질막과 같은)에 의해 두 수용성 구획이 나누어질 때 물은 막을 통과하여 삼투압 균형을 이루도록 이동한다. 반투막을 가로질러 움직이는 물의 이러한 성향이 삼투압을 만든다.

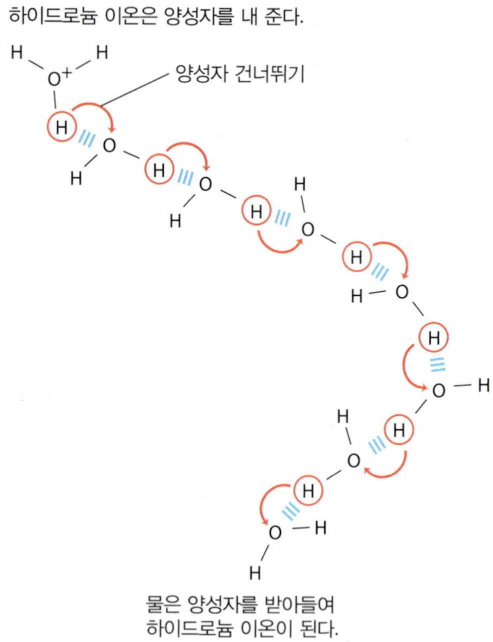

그림 2-14 양성자 건너뛰기. 일련의 수소결합을 하고 있는 물 분자 간의 양성자의 짧은 "건너뛰기(hop)"는 양성자의 매우 빠른 원거리 이동에 영향을 미친다. 하이드로늄 이온(위의 왼쪽)이 양성자를 잃고 떨어져 위치하고 있는 물 분자(아래)는 양성자를 획득하여 하이드로늄 이온이 된다. 양성자의 건너뛰기는 실제 확산보다 훨씬 빠르고 Na^+나 K^+처럼 다른 일가 양이온과 비교하여 수소이온의 매우 빠른 이동을 설명한다.

2.2 물, 약산 그리고 약염기의 이온화

물의 용매로서의 성질의 대부분은 하전되지 않은 H_2O 분자를 기초로 해서 설명할 수 있으나, 적은 양이지만 물이 이온화하여 수소이온(H^+)과 하이드록실 이온(OH^-)으로 되는 것도 고려하여야 한다. 모든 가역 반응과 마찬가지로 물의 이온화는 하나의 평형 상수에 의해 기술할 수 있다. 약산이 물에 용해되었을 때 그들은 이온화에 의해서 H^+을 내놓고 염기는 양성자화되면서 H^+을 사용한다. 이 과정은 평형 상수에 의해서 지배된다. 발생하는 총 수소이온 농도는 실험적으로 측정할 수 있고 pH로 표시한다. 물속에 있는 용질의 이온화 상태를 예측하기 위해서는 각 이온화 반응에 대한 적절한 평형 상수를 고려하여야 한다. 여기서 물의 이온화와 물에 용해된 약산과 약염기의 이온화에 대해서 간략하게 살펴보자.

순수한 물은 약하게 이온화된다

물 분자는 가역적으로 이온화하여 수소이온(H^+)과 하이드록실 이온(OH^-)을 생성하는 경향이 있으며 그 평형을 다음 식으로 나타낼 수 있다.

$$H_2O \rightleftharpoons H^+ + OH^- \qquad (2\text{-}1)$$

우리는 흔히 물의 생성물로 H^+을 생각하지만 자유 양성자는 용액에 존재하지 않는다. 물에서 형성된 수소이온은 즉시 **하이드로늄 이온(hydronium ion, H_3O^+)**으로 수화된다. 물 분자 사이의 수소결합은 순간적으로 해리하고 있는 양성자의 수화를 일으킨다.

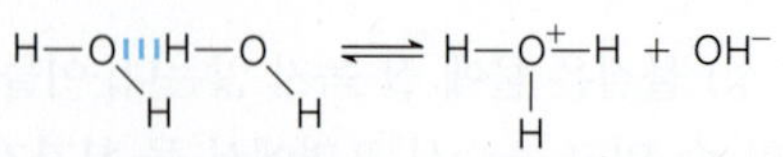

물의 이온화는 전기 전도도로 측정될 수 있다. 순수한 물은 H^+이 음극으로 이동하고 OH^-이 양극으로 이동할 때 전류를 운반한다. 전기장에서 하이드로늄 이온과 하이드록실 이온의 이동은 Na^+, K^+ 그리고 Cl^-과 같은 다른 이온들에 비하여 이례적으로 빠르다. 이런 이온의 빠른 이동은 **그림 2-14**에 나타난 일종의 "양성자 건너뛰기" 결과 생긴다. 개개의 양성자는 부피가 큰 용액을 통해 멀리 이동하지 않지만 수소결합된 물 분자 사이의 일련의 양성자 건너뛰기는 매우 짧은 시간 내에 먼 거리까지 이르는 양성자의 실제적인 이동을 일으킨다. H^+(그리고 또한 양성자 건너뛰기에 의해 반대 방향으로 바르게 이동하는 OH^-)의 이온의 빠른 이동, 수용액에서의 산-염기 반응은 일반적으로 매우 빠르다. 양성자 건너뛰기는 또한 생물학적 양성자-전달반응에서 매우 중요한 역할을 할 것이다(그림 2-10; 그림 20-29b 참조).

물의 가역적 이온화는 세포 기능에 있어서 매우 중요하기 때문에 물의 이온화의 정도를 정량적으로 나타낼 필요가 있다. 가역적인 화학반응의 몇 가지 성질에 대하여 간단하게 설명함으로써 이것이 어떻게 되는지를 알 수 있을 것이다.

어떤 화학 반응의 평형점은 **평형 상수(K_{eq},** 때로는 간단히 K로 표현)에 의해 정해진다. 즉, 일반화된 반응은,

$$A + B \rightleftharpoons C + D \qquad (2\text{-}2)$$

에 대해서 평형 상수는 평형시의 반응물(A와 B)과 생성물(C와 D)의 농도로써 정의할 수 있다.

$$K_{eq} = \frac{[C]_{eq}[D]_{eq}}{[A]_{eq}[B]_{eq}}$$

엄밀히 말하면, 농도라는 용어는 각 분자종의 **활동도**(*activity*) 또는 비이상 용액(nonideal solution)에 있어서의 유효 농도가 되어야 한다. 그러나 평형 상수는 평형시의 **농도**를 측정하여 근사치를 얻을 수밖에 없다. 이 논의의 범위에서 벗어나기 때문에 평형 상수는 무한하다. 우리는 몰 농도가 K_{eq}를 계산하는 데 사용되는 단위라는 것을 상기시키기 위해 이 책에서 사용되는 평형의 표현은 일반적으로 농도 단위(M)를 사용한다.

평형 상수는 특정한 온도에서 일정하며 어떤 화학 반응에 대해서도 고유하다. 평형 상수는 반응물과 생성물의 초기 양에 관계없이 그 반응의 최종 평형 혼합물의 조성을 결정하게 된다. 바꾸어 말하면 만일 모든 반응물과 생성물의 평형농도를 알고 있다면 어떤 온도에서 그 반응의 평형 상수를 계산할 수가 있다. 제1장에서 보았듯이, 표준 유리에너지 변화($\Delta G°$)는 K_{eq}과 직접적으로 관계가 있다.

물의 이온화는 평형 상수로 나타낸다

평형 시에 물의 이온화의 정도(식 2-1)는 작다. 25°C에서 순수한 물 10^9 분자 중에서 약 2 분자만이 이온화된다. 물의 가역적인 이온화에 대한 평형 상수는,

$$K_{eq} = \frac{[H^+][OH^-]}{[H_2O]} \tag{2-3}$$

이다. 25°C의 순수한 물의 농도는 55.5 M[1리터의 H_2O의 그램 수를 그램분자량으로 나눈 값: (1,000그램/리터)(18.015그램/몰)]이고 이 값은 H^+과 OH^-가 1×10^{-7} M이라는 매우 낮은 농도라는 것을 고려한다면 실질상 변화하지 않는다. 따라서 55.5M을 평형 상수의 식(식 2-3)에 대입하면 다음과 같은 식을 얻을 수 있다.

$$K_{eq} = \frac{[H^+][OH^-]}{[55.5\ \text{M}]}$$

이것은 정리하면 다음과 같이 된다.

$$(55.5\ \text{M})(K_{eq}) = [H^+][OH^-] = K_w \tag{2-4}$$

여기서, K_w는 (55.5 M)(K_{eq}), 즉 25°C에서 **물의 이온곱**이라고 한다.

K_{eq}의 값은 순수한 물의 전기 전도도의 측정으로 결정되고, 25°C에서 1.8×10^{-16} M이라는 것을 알게 된다. 이 값을 식 2-4에서 K_{eq}에 대입하면, 다음과 같은 물의 이온곱의 식을 얻을 수 있다.

$$K_w = [H^+][OH^-] = (55.5\ \text{M})(1.8 \times 10^{-16}\ \text{M})$$
$$= 1.0 \times 10^{-14}\ \text{M}^2$$

이와 같이 25°C의 수용액에 있어서의 $[H^+][OH^-]$은 항상 1×10^{-14} M^2와 같다. 순수한 물의 경우와 같이 H^+과 OH^-의 농도가 정확하게 같을 때 그 용액은 **중성 pH**라고 한다. 이 pH에서 H^+과 OH^-의 농도는 물의 이온곱으로부터 다음과 같이 계산할 수 있다.

$$K_w = [H^+][OH^-] = [H^+]^2 = [OH^-]^2$$

$[H^+]$에 대해서 식을 풀면,

$$[H^+] = \sqrt{K_w} = \sqrt{1 \times 10^{-14}\ \text{M}^2}$$
$$[H^+] = [OH^-] = 10^{-7}\ \text{M}$$

물의 이온곱은 일정하므로 H^+의 농도가 1×10^{-7} M 보다 클 때는 언제나 OH^-의 농도는 1×10^{-7} M 이하로 되지 않으면 안 되고 또한 그의 역도 성립이 된다. 염산 용액처럼 H^+의 농도가 높을 때 OH^- 농도는 매우 낮게 된다. 만일 OH^- 농도를 이미 알고 있으면 물의 이온곱으로부터 H^+ 농도를 계산할 수 있으며, 또한 그의 역도 가능하다.

연습문제 2-3 $[H^+]$ 계산

0.1 M NaOH 용액의 H^+ 농도는?

풀이: 물의 이온곱에 대한 식으로 시작해 보자.

$$K_w = [H^+][OH^-]$$

$[OH^-]$ = 0.1 M이고, $[H^+]$에 대해 풀면,

$$[H^+] = \frac{K_w}{[OH^-]} = \frac{1 \times 10^{-14}\ \text{M}^2}{0.1\ \text{M}} = \frac{10^{-14}\ \text{M}^2}{10^{-1}\ \text{M}}$$
$$= 10^{-13}\ \text{M}$$

연습문제 2-4 $[OH^-]$의 계산

H^+ 농도가 1.3×10^{-4} M인 용액의 OH^- 농도는 얼마인가?

풀이: 물의 이온곱에 대한 식으로 시작하자.

$$K_w = [H^+][OH^-]$$

$[H^+]$ = 1.3×10^{-4} M이고, $[OH^-]$에 대해 풀면

$$[OH^-] = \frac{K_w}{[H^+]} = \frac{1 \times 10^{-14}\ \text{M}^2}{0.00013\ \text{M}} = \frac{10^{-14}\ \text{M}^2}{1.3 \times 10^{-4}\ \text{M}}$$
$$= 7.7 \times 10^{-11}\ \text{M}$$

모든 계산에서 정확한 숫자의 유효 숫자로 답을 반올림하시오.

pH 값은 H^+과 OH^- 농도를 나타낸다

물의 이온곱 K_w은 **pH 값**의 기본이 된다(표 2-6). 그것은, 1.0 M H^+과 1.0 M OH^-농도 범위에 있는 어떤 수용액의 H^+ 농도(따라

표 2-6 pH 값

$[H^+]$ (M)	pH	$[OH^-]$ (M)	pOH[a]
$10^0(1)$	0	10^{-14}	14
10^{-1}	1	10^{-13}	13
10^{-2}	2	10^{-12}	12
10^{-3}	3	10^{-11}	11
10^{-4}	4	10^{-10}	10
10^{-5}	5	10^{-9}	9
10^{-6}	6	10^{-8}	8
10^{-7}	7	10^{-7}	7
10^{-8}	8	10^{-6}	6
10^{-9}	9	10^{-5}	5
10^{-10}	10	10^{-4}	4
10^{-11}	11	10^{-3}	3
10^{-12}	12	10^{-2}	2
10^{-13}	13	10^{-1}	1
10^{-14}	14	$10^0(1)$	0

[a]용액의 염기성의 정도는 OH^- 농도를 기술하는 데 pOH라는 표현을 때때로 사용한다. pOH는 pH의 표현과 대단히 유사한데, $pOH = -\log[OH^-]$라는 식으로 정의된다. 모든 경우에 pH + pOH = 14인 것에 주목하라.

서 OH^-)를 쉽게 나타내는 방식이다. **pH**란 용어는 다음과 같이 정의된다.

$$pH = \log\frac{1}{[H^+]} = -\log[H^+]$$

기호 p는 "음의 로그 값"을 의미한다. 25°C에서 정확하게 중성인 용액에서는 수소이온의 농도가 1.0×10^{-7} M이므로 그 pH는 다음과 같다.

$$pH = \log\frac{1}{1.0 \times 10^{-7}} = 7.0$$

정확하게 중성인 용액의 pH값이 7이라는 것은 임의로 된 것이 아니다. 그것은 우연의 일치에 의해 끝자리가 없는 수가 되는 25°C에서 물의 이온곱의 절대치로부터 유도된 것이다. 7 이상의 pH 용액은 알칼리성이나 염기성이다; OH^- 농도가 H^+ 농도보다 크다. 반대로 7 이하의 용액은 산성이다.

이 pH 값이 산술적이 아니라 대수적이라는 점에 특히 주의를 해야 한다. 두 용액의 pH가 1 단위만큼 다르다는 것은 한쪽 용액의 H^+ 농도가 다른 쪽 농도의 10배의 H^+ 농도를 가지고 있다는 것을 의미하고 그 차이의 절대적인 크기에 대해서 말하는 것은 아니다. **그림 2-15**는 일반적으로 볼 수 있는 몇 가지 수용액의 pH를 나타낸 것이다. 콜라(pH 3.0)나 붉은 포도주(pH 3.7)는 혈액(pH 7.4)보다도 약 10,000배나 H^+ 농도가 높다.

수용액에서 양성자가 해리되면 색의 변화를 일으키는 리트머스, 페놀프탈레인, 페놀레드 등 각종의 지시약 색소를 사용하여 pH 값을 대략 알 수 있다. 화학 실험실이나 임상 검사실에서는 pH를 정확하게 측정하기 위해서 H^+ 농도에 대해 선택적인 감수성을 가지며 Na^+나 K^+과 다른 양이온에 대해서는 둔감한 유리 전극을 사용한다. pH 미터는 이 전극으로부터의 신호를 증폭하여 pH가 확인된 용액에 의해서 생기는 신호와 비교하여 pH 값을 측정한다.

pH의 측정은, 생화학에 있어서 중요하고, 빈번하게 사용되는 실험기법 중의 하나이다. pH는 생체 거대분자의 구조와 활성에 영향을 준다. 예를 들면, 효소의 촉매 활성은 pH에 크게 영향을 받는다(그림 2-22 참조). 또한, 혈액이나 요의 pH 측정은 질병의 진단에도 흔히 사용되고 있다. 예컨대, 중증 당뇨병 환자의 혈장 pH는 흔히 정상치인 7.4보다 낮은 경우가 많다. 이러한 상태를 **산증(acidosis)**이라 한다. 어떤 질병에서는 혈액의 pH가 정상보다 높으며 이러한 상태를 **알칼리증(alkalosis)**이라고 한다. 극단적인 산증이나 알칼리증은 치명적일 수 있다. ■

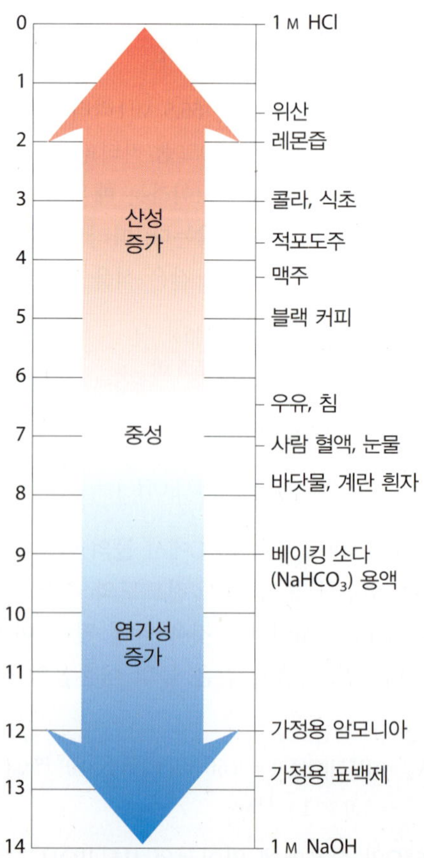

그림 2-15 몇 가지 수용액들의 pH.

약산과 약염기는 특징적인 해리 상수를 가지고 있다

일반적으로 염산, 황산과 질산은 강산이라 하며 묽은 수용액에서 완전히 이온화된다. 또한 강염기인 NaOH나 KOH도 마찬가지로 완전히 이온화된다. 생화학자들은 약산이나 약염기처럼 물에 녹았을 때 완전히 이온화되지 않는 성질에 보다 많은 관심을 가지고 있다. 약산과 약염기는 생체에서 흔히 볼 수 있으며, 대사와 조절에 중요한 역할을 하고 있다. 약산과 약염기의 수용액에서의 작용은 먼저 몇 가지의 용어를 정의하면 보다 잘 이해할 수 있다.

산은 양성자 주개 그리고 염기는 양성자 받개라고 정의한다. 어떤 양성자 주개와 그것에 대응하는 양성자 받개는 **짝산-염기쌍(conjugate acid-base pair)**을 구성한다(**그림 2-16**). 예컨대, 양성자 주개인 아세트산(CH_3COOH)과 그것에 대응하는 양성자 받개인 아세트산 음이온(CH_3COO^-)은 다음과 같은 가역 반응에 의해서 짝산-염기쌍을 구성한다.

$$CH_3COOH \rightleftharpoons CH_3COO^- + H^+$$

각각의 산은 수용액 중에서 양성자를 상실하는 경향이 있으며, 산이 강할수록 양성자를 상실하는 경향이 크다. 산(HA)은 모두 양성자를 상실하여 짝염기(A^-)를 형성하는 경향을 가지고 있으며, 그 정도는 다음과 같은 가역 반응의 평형 상수(K_{eq})에 의해서 결정된다.

$$HA \rightleftharpoons H^+ + A^-$$

여기서,

$$K_{eq} = \frac{[H^+][A^-]}{[HA]} = K_a$$

이와 같은 이온화 반응의 평형 상수는 일반적으로 **이온화 상수** 또는 **산 해리 상수**라고 한다. 이 해리 상수는 흔히 K_a(a는 산)로 나타낼 수 있으며 그 몇 가지 예를 그림 2-16에 나타내었다. 인산(phosphoric acid)이나 탄산(carbonic acid)과 같은 강산은 비교적 큰 해리 상수를 가지고 있으나 일수소인산(HPO_4^{2-})과 같은 약산은 해리 상수가 작음을 알 수 있다.

그림 2-16에는 또한 다음 식으로 정의되는 pH와 아주 유사한 **pK_a** 값을 나타내었다.

$$pK_a = \log\frac{1}{K_a} = -\log K_a$$

양성자를 해리하는 경향이 강할수록 산은 강해지고 그 pK_a는 작아진다. 뒤에 나오겠지만 약산의 pK_a는 매우 쉽게 구할 수 있다.

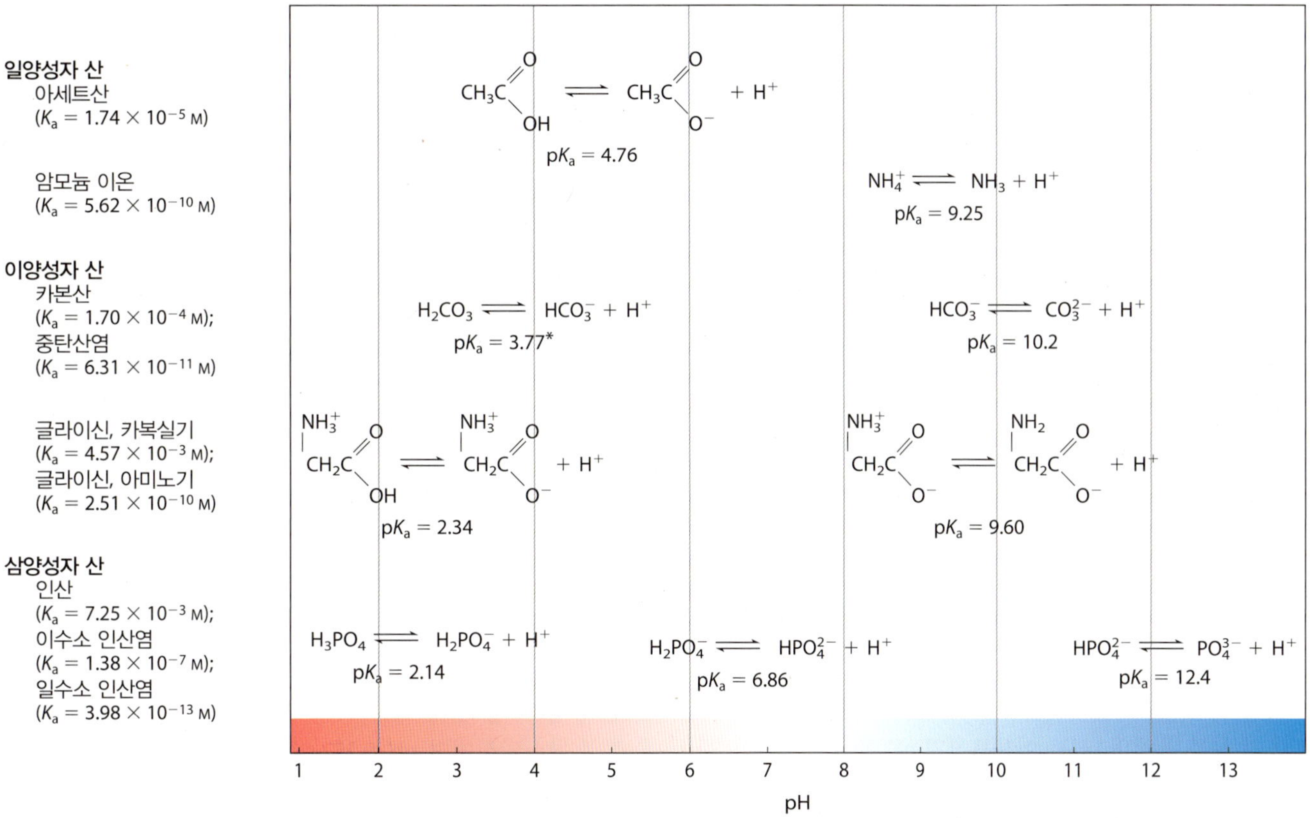

그림 2-16 짝산-염기쌍은 양성자 주개와 양성자 받개로 구성된다. 아세트산과 암모니아와 같은 화합물들은 일양성자(monoprotic) 제공자이다. 그것들은 단지 하나의 양성자만 잃는다. 다른 것은 이양성자 제공자(탄산과 글라이신) 또는 삼양성자 제공자(인산)이다. 각 쌍의 해리 반응은 pH 농도에 따라 일어나는 위치를 보여 준다. 각 반응에 대하여 평형 상수나 해리 상수(K_a)와 그의 음의 대수인 pK_a를 보여 주고 있다. *탄산(H_2CO_3)의 pK_a 값의 불일치에 대한 설명, 66쪽 참조

적정곡선은 약산의 pK_a를 나타낸다

적정은 어떤 용액에 들어 있는 산의 양을 정량하기 위하여 사용된다. 이 방법에서는 일정 양의 산을 농도를 정확하게 알고 있는 강염기, 일반적으로 수산화나트륨(NaOH) 용액으로 적정한다. NaOH는 산이 정확히 중화될 때까지 지시약 또는 pH 미터로 측정하면서 NaOH의 양을 조금씩 증가시킨다. 첨가된 NaOH의 양과 농도에 의하여 용액에서 적정한 산의 농도가 계산된다. 적정에서 산과 염기의 양은 당량이라는 용어로 표현되곤 하며, 1당량(equivalent)이란 산-염기 반응에서 수소이온 1몰과 반응하거나 또는 공급하는 물질의 양을 말한다.

중화점에 도달할 때까지 첨가된 NaOH의 양에 따르는 용액의 pH를 표시한 그림을 **적정곡선(titration curve)**이라 부르며 이 곡선으로부터 약산의 pK_a를 알 수 있다. 25°C에서 0.1 M NaOH로 0.1 M 아세트산 용액을 적정하는 경우를 생각해 보자(**그림 2-17**). 다음 두 가지 가역적 평형식이 그 과정에 포함된다(여기서는 아세트산을 간단히 HAc로 표현한다).

$$H_2O \rightleftharpoons H^+ + OH^- \qquad (2\text{-}5)$$

$$HAc \rightleftharpoons H^+ + Ac^- \qquad (2\text{-}6)$$

이 과정들은 각각 다음 식으로 나타낸 특정의 평형 상수에 따라야 한다.

$$K_w = [H^+][OH^-] = 1 \times 10^{-14}\ M^2 \qquad (2\text{-}7)$$

$$K_a = \frac{[H^+][Ac^-]}{[HAc]} = 1.74 \times 10^{-5}\ M \qquad (2\text{-}8)$$

NaOH가 첨가되기 이전에 적정을 개시할 때 아세트산은 이미 그 해리 상수로부터 계산할 수 있을 정도로 매우 소량이 이온화되어 있다(식 2-8).

NaOH를 연속적으로 조금씩 첨가해 가면 첨가된 OH^-은 식 2-7의 평형 관계를 충족시킬 정도로 용액 중의 유리된 H^+과 결합하며 물 분자를 형성한다. 유리 H^+이 제거되면서 HAc는 그 자신의 해리 상수를 만족시키기 위해서 다시 해리된다(식 2-8). 적정이 계속되면서 NaOH가 첨가됨에 따라서 HAc는 점점 이온화되고 Ac^-를 형성하게 된다. 정확하게 0.5당량의 NaOH가 첨가된 적정의 중간점에서는 최초의 아세트산 중의 1/2이 해리되어 양성자 주개의 농도[HAc]는 양성자 받개 농도[Ac^-]와 같아진다. 이 중간점에서 하나의 매우 중요한 관계가 성립된다. 즉, 아세트산과 아세트산 이온의 등몰 용액의 pH는 아세트산의 pK_a 값과 같은 것이다(pK_a = 4.76; 그림 2-16, 2-17). 모든 약산이 지니는 이 중요한 관계의 근거에 대해서는 뒤에 설명하기로 한다.

NaOH를 다시 조금씩 첨가하며 적정을 계속하면 남아 있는 해리되지 않은 아세트산은 서서히 아세트산 이온(CH_3COO^-)으로

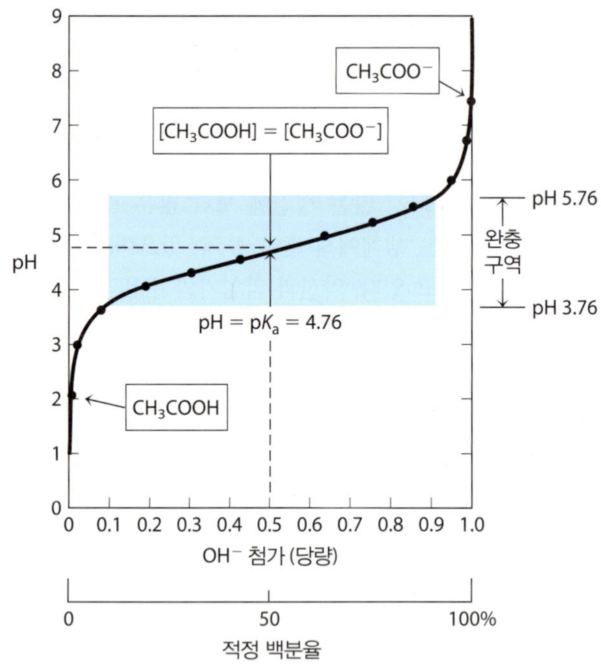

그림 2-17 아세트산의 적정곡선. 아세트산 용액에 NaOH을 조금씩 가하면서 혼합액의 pH를 측정한다. 이 pH 값을 첨가된 NaOH 양에 대하여 좌표를 작도한다. 여기서 NaOH의 양은 아세트산(CH_3COOH)을 탈양성자형인 아세트산염(CH_3COO^-)으로 변환시키는 데 필요한 NaOH의 총량의 분율로 표현한다. 이와 같이 하여 얻어진 각 점들을 이어서 적정곡선을 얻는다. 박스 안에는 지시된 점에서 우위를 차지하는 이온형이 표시되어 있다. 적정의 중간점에서 양성자 주개와 받개의 농도는 같다. 이 점의 pH는 pK_a와 수치적으로 같다. 회색 영역은 완충력이 있는 유용한 영역이고 일반적으로 약산의 10%와 90% 적정 사이에 있다.

바뀌게 된다. 그리고 적정의 종점은 약 pH 7.0에 이르게 된다. 여기에서 아세트산은 모두 양성자를 OH^-에게 빼앗기고 H_2O와 아세트산 이온을 형성한다. 이 적정을 하는 동안 각각의 평형 상수에 따른 2개의 평형(식 2-5, 2-6)이 공존한다.

그림 2-18에는 평형 상수가 다른 3종류의 약산, 즉 아세트산(pK_a = 4.76), $H_2PO_4^-$(pK_a = 6.86), 암모늄 이온 NH_4^+(pK_a = 9.25)의 적정곡선을 비교한 것이다. 이들 산의 적정곡선은 같은 모양을 하고 있지만, 산성도가 서로 다르므로 동일한 pH 축을 따라 평행 이동되고 있다. 아세트산은 3개의 산 중에서 K_a가 제일 높으므로(pK_a는 최저) 가장 강한 산이고 그 양성자를 쉽게 OH^-에게 빼앗긴다. 아세트산은 pH 4.76에서 이미 절반이 해리되어 있다. $H_2PO_4^-$는, 아세트산처럼 쉽게 양성자를 OH^-에게 빼앗기지는 않으며 pH 6.86에서 절반이 해리된다. 암모늄이온은 3개의 산 중에서 가장 약산이며 pH 9.25가 되어도 절반 밖에는 해리되지 않는다.

약산의 적정곡선은 약산과 그 음이온이-짝산-염기쌍-완충제로서 작용할 수 있다는 것을 보여주며 이에 대해서 다음에 기술하고자 한다.

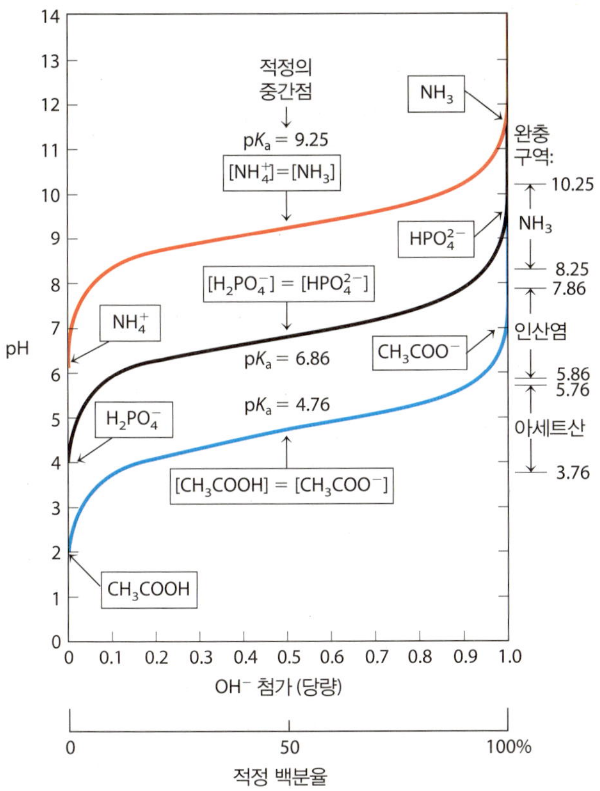

그림 2-18 세 가지 약산의 적정곡선의 비교. 세 가지의 약산인 CH_3COOH, $H_2PO_4^-$와 NH_4^+의 적정곡선의 비교. 적정곡선의 지시된 점에 있어서 우위를 차지하고 있는 이온형은 박스 안에 표시되어 있다. 완충능이 있는 구역은 그림의 오른쪽에 표시되어 있다. 짝산-염기쌍은 양성자 주개 분자 종의 약 10~90% 중화 범위에서 효과적인 완충제가 된다.

요약 2.2 물, 약산, 그리고 약염기의 이온화

■ 순수한 물은 약간 이온화되어 수소이온(하이드로늄 이온, H_3O^+)과 하이드록실이온(hydroxides ions)을 같은 수 만큼 생성한다. 이온화의 정도는 평형 상수로 표시하는 데, $K_{eq} = \dfrac{[H^+][OH^-]}{[H_2O]}$ 이고, 25°C에서 물의 이온곱, $K_w = [H^+][OH^-] = (55.5\ \text{M})(K_{eq}) = 10^{-14}\ \text{M}^2$이다.

■ 수용액의 pH는 수소이온 농도를 로그값으로 나타낸다.

$$\text{pH} = \log\frac{1}{[H^+]} = -\log[H^+].$$

■ 용액의 산도가 클수록 pH는 낮아진다. 부분적으로 이온화되어 수소이온을 방출하는 약산은 수용액의 pH를 낮춘다. 약염기는 수소이온을 받아들여 pH를 높인다. 이 과정의 정도는 각 특정한 약산이나 염기의 특징이고 다음과 같은 해리 상수로 나타낸다.

$$K_{eq} = \frac{[H^+][A^-]}{[HA]} = K_a.$$

■ pK_a는 로그값으로 나타내는데 약산이나 염기의 상대적 강도를 표현한다:

$$pK_a = \log\frac{1}{K_a} = -\log K_a.$$

■ 강산일수록 그 pK_a는 낮아진다; 강염기일수록 pK_a는 높아진다. pK_a는 실험적으로 측정할 수 있는데 산이나 염기를 위한 적정곡선의 중앙점에서의 pH가 된다.

2.3 생물계의 pH 변화에 대한 완충 작용

거의 모든 생물학적인 과정은 pH에 의존하고 있으며 pH의 작은 변화가 과정의 반응속도에 큰 변화를 일으킨다. 이것은 H^+ 이온이 직접 관여하는 많은 반응에 대해서 만이 아니고 H^+ 이온의 뚜렷한 역할이 없는 것 같은 반응에 대해서도 적용된다. 효소와 효소가 작용하는 반응물의 대부분은 특유의 pK_a 값을 가지고 있는 해리기를 포함하고 있다. 예를 들면, 아미노산의 양성자화된 아미노기와 카르복실기 그리고 뉴클레오타이드의 인산기는 약산으로서 기능을 한다. 즉, 그들의 이온화 상태는 그들이 녹아 있는 용액의 pH에 의존하게 된다. 앞에서 말한 바와 같이, 이온결합은 단백질 분자를 안정화하고 효소에 기질을 인식시켜 결합하게 하는 힘의 하나가 된다.

세포와 생명체들은 보통 pH 7 부근에서 특이적이고 일정한 세포액의 pH를 유지하고 있으며 생체 분자를 최적의 이온화 상태로 유지하고 있다. 다세포 생명체에 있어서 세포외액의 pH 또한 엄격하게 조절되고 있다. pH의 항상성은 주로 생물학적 완충제가 되는 약산과 그의 염기의 혼합물에 의해 이루어진다.

완충액은 약산과 그 짝염기의 혼합물이다

완충액(buffer)이란 소량의 산(H^+) 또는 염기(OH^-)가 첨가되었을 때 pH 변화에 저항하는 경향을 가진 수용액을 말한다. 완충계는 약산(양성자 주개)과 그의 짝염기(양성자 받개)로 이루어진다. 예컨대 그림 2-17에 있는 적정곡선의 중간점에서와 같이 아세트산과 아세트산 이온이 같은 농도의 혼합물을 이루면 하나의 완충계가 된다. 그림에서 알 수 있듯이, 아세트산의 적정곡선은 중간점인 pH 4.76의 양쪽에서 약 1 pH 단위의 범위에서 비교적 평탄한 기울기를 갖는 영역을 가진다. 이 영역에서는 완충계에 H^+ 또는 OH^-의 어느 한쪽에 조금씩 첨가했을 때 pH에 대한 효과는 완충액 범위 밖에 같은 양을 첨가했을 때 보다 훨씬 작다. 이 비교적 평탄한 영역은 아세트산-아세트산염 완충액의 **완충 영역**이며 그 중간점에서 양성자 주개인 아세트산과 양성자 받개인 아세트산 이온의 농도가 정확히 같아지고 이 반응계의 완충능이 최대가 된다. 즉, H^+ 또는 OH^-을 조금 증가시켜도 그 pH의 변화는 최소가 된다. 아세트산의 이 적정곡선에서 이 중간점의 pH는 pK_a과 같다. 아세트산 완충액계의 pH는 소량의 H^+ 또는 OH^-을 첨가하였을 때 약간 변하게 되는데 그 변동은 같은 양의 H^+(또는 OH^-)을 순수한 물이나 NaCl과 같이 완충능이 없는 용액에 강산 및 강염기의 염 용액을 첨가할 때 생기는 pH 변화와 비교해서 매우 작다.

완충 작용은 양성자 주개와 짝염기인 양성자 받개 용액이 거의 같은 농도로 존재하는 2가지 가역 반응의 평형으로부터 생긴다. 따라서 **그림 2-19**는 완충계가 어떻게 작용하는가를 설명한다. H^+ 또는 OH^-를 완충액에 첨가할 때는 언제나 약산과 그의 음이온의 상대 농도 비의 근소한 변화, 즉 pH의 근소한 변화가 생긴다. 완충계의 한 가지 성분의 농도 감소는, 또 다른 성분의 농도의 증가로 인해서 정확하게 균형을 이루게 된다. 완충액 성분의 총량은 변화되지 않고 그들의 비율만이 변화되는 것이다.

각 짝산-염기쌍은 유효한 완충제로서 작용할 수 있는 특유의 pH 영역을 가지고 있다(그림 2-18). 즉, $H_2PO_4^-/HPO_4^{2-}$쌍의 pK_a은 6.86이며 대략 pH 5.9와 pH 7.9 사이에서 유효한 완충계로서의 역할을 한다. 또한 NH_4^+/NH_3 쌍의 pK_a은 9.25이며 대략 pH 8.3과 10.3 사이에서 완충제로 작용할 수 있다.

헨더슨-하셀발흐식은 pH, pK_a 그리고 완충제 농도의 관계를 나타낸다

아세트산과 $H_2PO_4^-$ 그리고 NH_4^+의 적정곡선(그림 2-18)은 거의 같은 모양을 하고 있으며 이것은 이 곡선이 하나의 기본적 법칙 또는 관계가 있다는 것을 반영하고 있다는 것을 나타내고 있다. 이것은 사실이다. 모든 약산의 적정곡선은 **헨더슨-하셀발흐식**에 의해서 표현이 되며, 이는 척추동물의 혈액과 조직에서의 완충작용과 산-염기의 평형을 이해하는 데 중요하다. 이 식은 어떤 산의 해리 상수의 표현을 간단하게 표현하는 좋은 방법이다. 약산(HA)의 H^+과 A^-로의 해리에 대해서, 헨더슨-하셀발흐식은 다음과 같이 유도 할 수 있다.

$$K_a = \frac{[H^+][A^-]}{[HA]}$$

우선 $[H^+]$에 대해서 풀면,

$$[H^+] = K_a \frac{[HA]}{[A^-]}$$

다음에, 양변의 마이너스의 대수를 취하면,

$$-\log[H^+] = -\log K_a - \log\frac{[HA]}{[A^-]}$$

가 된다. $-\log\ [H^+]$를 pH로, $-\log\ K_a$를 pK_a로 바꾸면,

$$\mathrm{pH} = \mathrm{p}K_a - \log\frac{[HA]}{[A^-]}$$

가 된다. 그러면, 이제는 $-\log[HA]/[A^-]$의 부호를 바꾸는 것을 포함해서 역으로 하면 **헨더슨-하셀발흐식**은,

$$\mathrm{pH} = \mathrm{p}K_a + \log\frac{[A^-]}{[HA]} \qquad (2\text{-}9)$$

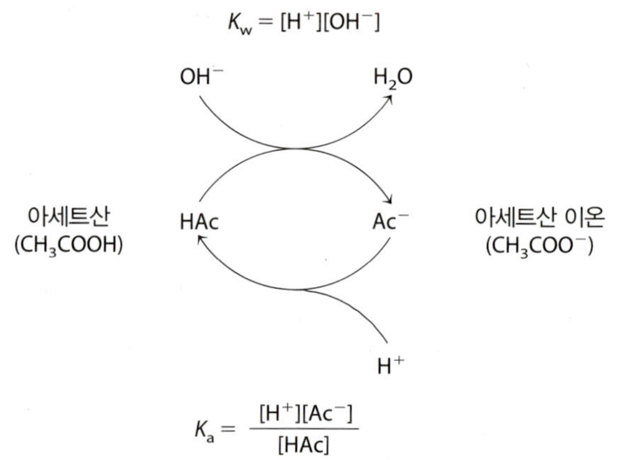

그림 2-19 완충계로서 아세트산-아세트산 이온 쌍. 이 반응계는 아세트산 해리의 가역성을 통해 H^+ 또는 OH^-를 흡수할 수 있다. 양성자 주개인 아세트산(HAc)은 반응계에 첨가되는 OH^-를 중화하여 H_2O를 생성하기 위하여 방출할 수 있는 예비 H^+를 포함하고 있다. 이것은 $[H^+][OH^-]$ 곱이 순간적으로 K_w(1 × 10^{-14} M^2)를 초과하기 때문에 일어난다. 평형은 이 곱이(25°C에서) 1 × 10^{-14} M^{2}와 같게 되고 순간적으로 H^+의 농도를 감소시키도록 재빨리 순응하게 된다. 그러나 $[H^+][Ac^-]/[HAc]$는 K_a보다 작기 때문에 HAc는 평형을 원래대로 되돌리기 위하여 다시 해리하게 된다. 마찬가지로 짝염기 Ac^-는 반응계에 가해진 H^+ 이온과 반응하여 또다시 이 2가지의 이온화 반응이 동시에 평형에 달하게 된다. 이와 같이 해서 아세트산과 아세트산 이온과 같은 짝산-염기쌍은 소량의 산 또는 염기를 가했을 때 pH의 변화에 저항하는 경향을 가지게 된다. 완충 작용은 단지 2가지의 가역 반응이 동시에 일어나고 평형 상수 K_w와 K_a에 의해 지배되면서 그들의 평형점에 도달한다.

이 식은 모든 약산의 적정곡선에 적합하고 수많은 중요한 정량적인 관계를 유도해 낼 수 있게 된다. 예를 들면 어떤 약산의 pK_a가 왜 그 적정곡선의 중앙점의 pH와 같은 것인지를 알 수 있게 된다. 이 중앙점에 있어서는, $[HA] = [A^-]$이므로, 다음 식이 된다.

$$\mathrm{pH} = \mathrm{p}K_a + \log 1 = \mathrm{p}K_a + 0 = \mathrm{p}K_a$$

헨더슨-하셀발흐식으로, (1) 주어진 pH와 양성자 주개와 양성자 받개의 몰 비로부터 pK_a 값을 계산할 수 있고, (2) 주어진 pK_a와 양성자 주개와 양성자 받개의 몰 비로부터 pH를 계산할 수 있으며, (3) 주어진 pH와 pK_a로부터 양성자 주개와 양성자 받개의 몰 비를 계산할 수 있다.

약산 또는 약염기는 pH 변화에 대해서 세포와 조직에 완충 작용을 한다

다세포 생물의 세포내액과 세포외액은 특유의 일정한 pH를 가지고 있다. 내부의 pH의 변화에 대한 생물의 첫 번째 방어선은 완충계가 된다. 대부분의 세포의 세포질은 고농도의 단백질을 가지고 있으며 그들은 약산 또는 약염기가 되는 기능기를 가지고 있는 많은 아미노산을 함유하고 있다. 예를 들면, 히스티딘의 곁사슬(**그림 2-20**)은 pK_a가 6.0이고 히스티딘 잔기를 가진 단백질은 중성 pH 부근에서 효과적으로 완충작용을 나타낸다.

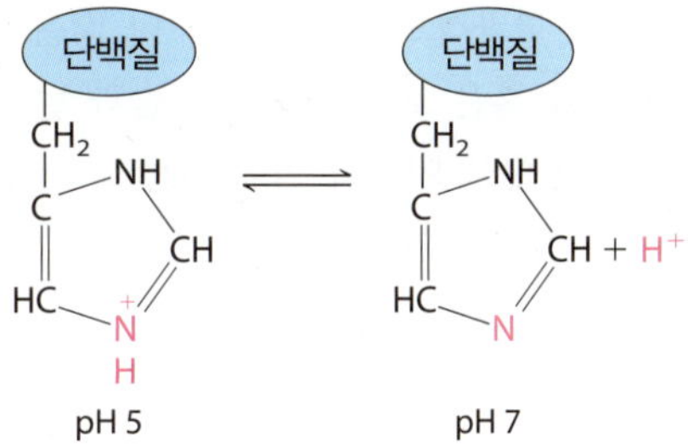

그림 2-20 히스티딘의 이온화. 단백질의 성분인 아미노산 히스티딘은 약산이다. 곁사슬의 양성자화된 질소의 pK_a 값은 6.0이다.

연습문제 2-5 히스티딘의 이온화

pH 7.3에서 양성자화되는 이미다졸(imidazole) 곁사슬을 갖는 히스티딘의 분획을 계산하라. 히스티딘의 pK_a 값은 $pK_1 = 1.8$, pK_2(이미다졸) $= 6.0$, $pK_3 = 9.2$이다(그림 3-12b 참조).

풀이: 히스티딘의 세 이온화기는 pK_a 값이 달라서 첫 번째 산(—COOH)이 완전히 이온화되고 나서야 두 번째(양성자화 이미다졸)가 양성자를 내놓기 시작하고, 두 번째가 완전히 이온화되면, 세 번째(—NH_3^+)가 해리를 시작하여 양성자를 낸다. (헨더슨-하셀발흐식으로 약산은 pK_a보다 낮은 2 pH 단위에서 1% 이온화부터 pK_a보다 높은 2 pH 단위에서 99% 이온화까지 쉽게 나타낼 수 있다; 그림 3-12b 참조). pH 7.3에서 히스티딘의 카복실기는 완전히 탈양성자화(—COO^-)되고 α-아미노기는 완전히 양성자화(—NH_3^+)된다. 그래서 pH 7.3에서 한 개의 이미다졸기가 부분적으로 해리되어 양성자화되는 것으로 예상할 수 있다(여기서 양성자화된 것을 $HisH^+$로 그렇지 않은 것은 His로 나타낸다).

헨더슨-하셀발흐식을 이용하여:

$$pH = pK_a + \log\frac{[A^-]}{[HA]}$$

$pK_2 = 6.0$과 $pH = 7.3$을 치환하면:

$$7.3 = 6.0 + \log\frac{[His]}{[HisH^+]}$$
$$1.3 = \log\frac{[His]}{[HisH^+]}$$

이것을 진수로 바꾸면 $1.3 = \frac{[His]}{[HisH^+]} = 2.0 \times 10^1$

[His] 대 $[HisH^+]$의 비율은 20대 1이다. 우리는 이 비율을 pH 7.3에서 양성자가 없는 형태의 총히스티딘 분율로 변환하려고 한다. 그 분획은 20/21(20파트 His당 1파트 $HisH^+$), 또는 약 95.2%; 나머지는 양성자화되어 약 5%이다.

많은 저분자량 대사산물과 마찬가지로 ATP와 같은 뉴클레오타이드는 세포액에 완충능이 있는 해리기를 가지고 있다. 고도로 분화된 세포소기관과 세포외 구획은 완충능이 있는 고농도의 화합물을 가지고 있다. 유기산은 식물세포의 액포를 완충시키고 암모니아는 요를 완충시킨다.

두 가지의 특별히 중요한 생물학적 완충계는 인산염과 중탄산염계이다. 인산염 완충계는 모든 세포의 세포질에서 작용하며 양성자 주개로서의 $H_2PO_4^-$과 양성자 받개로서의 $H_2PO_4^{2-}$로 구성되어 있다.

$$H_2PO_4^- \rightleftharpoons H^+ + HPO_4^{2-}$$

인산염 완충계는 $H_2PO_4^-$의 pK_a 6.86에 가까운 pH에서 최대의 완충능을 나타낸다(그림 2-16, 2-18). 그러므로 pH가 5.9~7.9의 범위에서 pH 변화에 저항하는 경향을 가지게 된다. 예를 들면, 포유류에서 세포외액과 대부분의 세포액은 6.9~7.4 범위의 pH를 가지고 있다.

연습문제 2-6 인산염 완충액

(a) 0.042 M NaH_2PO_4와 0.058 M Na_2HPO_4의 혼합액의 pH는 얼마인가?

풀이: 헨더슨-하셀발흐식을 이용하여,

$$pH = pK_a + \log\frac{[짝염기]}{[산]}$$

이 경우, 산은 $H_2PO_4^-$이고, 짝염기는 HPO_4^{2-}이다. 산과 짝염기와 pK_a(6.86)을 치환하면

$$pH = 6.86 + \log\frac{0.058}{0.042} = 6.86 + 0.14 = 7.0$$

우리는 답을 얻을 수 있다. 짝염기가 산보다 많을 때 산은 50% 적정보다 많아서 pH는 pK_a (6.86)보다 크고, 산은 정확히 50% 적정된다.

(b) 1.0 mL의 10.0 M NaOH가 (a)의 완충액에 첨가된다면 pH 변동이 얼마나 되겠는가?

풀이: 1리터의 완충액은 0.042몰의 NaH_2PO_4를 함유한다. 1.0 mL의 10.0 M NaOH(0.010몰)을 첨가하면 NaH_2PO_4(0.010몰)를 Na_2HPO_4에 적정하는 것과 같다. 0.032몰의 NaH_2PO_4와 0.068몰 Na_2HPO_4이 된다. 새로운 pH는

$$pH = pK_a + \log\frac{[HPO_4^{2-}]}{[H_2PO_4^-]}$$
$$= 6.86 + \log\frac{0.068}{0.032} = 6.86 + 0.33 = 7.2$$

(c) 1.0 mL의 10.0 M NaOH가 pH 7.0의 순수한 물 1리터에 첨가된다면 최종 pH는 얼마인가? (b)의 답과 비교하라.

풀이: NaOH는 Na^+와 OH^-로 완전 해리되어, $[OH^-] = 0.010$

mol/L = 1.0 × 10^{-2} M이 된다. pOH는 $[OH^-]$ 음의 로그값이어서 pOH = 2.0이 된다. pH + pOH = 14이므로 이 용액의 pH는 12가 된다.

NaOH를 첨가시 물의 pH는 7에서 12로 증가하고 (b)에서는 7에서 7.2로 증가하여 완충작용의 능력을 보여 준다.

혈장의 주요한 완충계는 중탄산염계이며 이것은 양성자 주개인 탄산(H_2CO_3)과 양성자 받개인 중탄산염(HCO_3^-)으로 구성된다.

$$H_2CO_3 \rightleftharpoons H^+ + HCO_3^-$$
$$K_1 = \frac{[H^+][HCO_3^-]}{[H_2CO_3]}$$

이 완충계는 다른 짝산-염기쌍보다 더 복잡하다. 왜냐하면, 탄산(H_2CO_3)은 용해되어 있는 이산화탄소(d)와 물로부터 다음의 가역반응을 통해서 만들어지기 때문이다.

$$CO_2(d) + H_2O \rightleftharpoons H_2CO_3$$
$$K_2 = \frac{[H_2CO_3]}{[CO_2(d)][H_2O]}$$

이산화탄소는 정상적인 상태에서는 기체이므로, 용해된 CO_2의 농도는 기체상인 $CO_2(g)$와의 평형에 의한 결과이다.

$$CO_2(g) \rightleftharpoons CO_2(d)$$
$$K_3 = \frac{[CO_2(d)]}{[CO_2(g)]}$$

중탄산염 완충계의 pH는, 양성자 주개인 H_2CO_3와 양성자 받개인 HCO_3^-의 농도에 의존한다. 그러나 H_2CO_3의 농도는 용해된 CO_2 농도에 의존하고, 그것은 다시 기체상인 CO_2 **분압**이라고 부르는 CO_2의 농도에 의존한다. 그러므로 기체상에 접촉한 중탄산염 완충액의 pH는 최종적으로 액체상인 HCO_3^- 농도와 기체상인 CO_2 분압에 의하여 결정된다.

중탄산염 완충계는 pH 7.4 근처에서 효과적인 생리적 완충작용을 갖는데, 혈장의 H_2CO_3은 폐의 공기지역에서 이산화탄소의 커다란 예비용량과 평형을 이루기 때문이다. 이 완충계는 3 가역 평형을 포함하는데 폐의 기체 CO_2 혈장의 중탄산염(HCO_3^-) 간의 경우이다(**그림 2-21**).

혈액에서는 격렬한 운동을 하는 근육조직에서 생성되는 젖산으로부터 H^+가 유리되는 것처럼 H^+이 증가할 수 있다. 반대로 단백질 분해 동안 생성되는 암모니아의 양성자화에서처럼 H^+을 잃을 수도 있다. 혈액이 조직을 통해 흐를 때 혈액에 H^+가 첨가되면 그림 2-21의 반응 1이 새로운 평형 쪽으로 진행되어 $[H_2CO_3]$가 증가한다. 차례로 혈액 중 $[CO_2(d)]$(반응 2)가 증가하고 따라서 폐의 공기 중에서 CO_2 분압(반응 3)이 증가하고 여분의 CO_2는 호흡으로 배출된다. 반대로 혈액의 pH가 높을 때는 반대 현상이 일어난다. 혈장의 $[H^+]$는 감소하여 더 많은 H_2CO_3가 해리하여 H^+와 HCO_3^-가 되게 하고 결과적으로 폐로부터 더 많은 CO_2가 혈장으로 녹게 한다. 호흡률 혹은 호흡 빈도는 들숨과 날숨의 비율을 말하는데 혈액 pH를 평형을 이루기 위해 빠르게 조정 작용을 한다. 호흡은 뇌간에서 조절되며 혈중 pCO_2의 증가 혹은 혈중 pH 감소가 감지되면 깊고 자주 호흡을 촉진한다.

과호흡은 때때로 스트레스나 불안에 의해 유발되는 급격한 호흡으로, 들이키는 산소와 내쉬는 이산화탄소의 정상적인 균형에 이상을 초래하여 과도한 이산화탄소 유출로 인하여 혈액 pH를 7.45 이상으로 높인다. 이 알칼리증은 현기증, 두통, 신체약화 및 졸도로 이어질 수 있다. 가벼운 알칼리증에 대한 하나의 대증요법으로는 종이봉투에 잠시 숨을 내쉬는 방법이 있다. 종이봉투의 공기가 이산화탄소로 풍부해지고, 다시 이 공기를 흡입하면 신체와 혈액의 이산화탄소 농도는 증가하고 혈액 pH는 감소한다.

혈장의 pH(7.4)에서 HCO_3^-에 비해 H_2CO_3은 매우 적은 양이 존재하는데 소량의 염기(암모니아 혹은 OH^-)가 첨가되면 이 H_2CO_3를 적정하여 완충 능력을 소모시킨다. 혈장을 완충하는 데 탄산(pK_a = 3.57)의 중요한 역할은 앞서 언급했던 완충액은 pK_a 위아래 1 pH 단위범위 내에서 가장 효과적이라는 말과 일치하지 않는다. 이 역설은 혈액내 $CO_2(d)$의 많은 양과 H_2CO_3로 빠른 평형 때문이라고 설명할 수 있다.

$$CO_2(d) + H_2O \rightleftharpoons H_2CO_3$$

임상의학에서 혈액 pH를 다른 혈액 가스들과 함께 관찰되는 용해된 CO_2의 용어로 단순히 표현하는 것이 중요하다. K_h라는 상수를 CO_2가 수화되어 H_2CO_3를 형성하는 반응에 대한 평형 상수라고 정의하면

$$K_h = \frac{[H_2CO_3]}{[CO_2(d)]}$$

(물의 농도가 너무 높아서 (55.5 M) 용해된 이산화탄소가 $[H_2O]$를 상당히 변화시키지 않으므로 $[H_2O]$는 상수 K_h의 일부가 된다.)

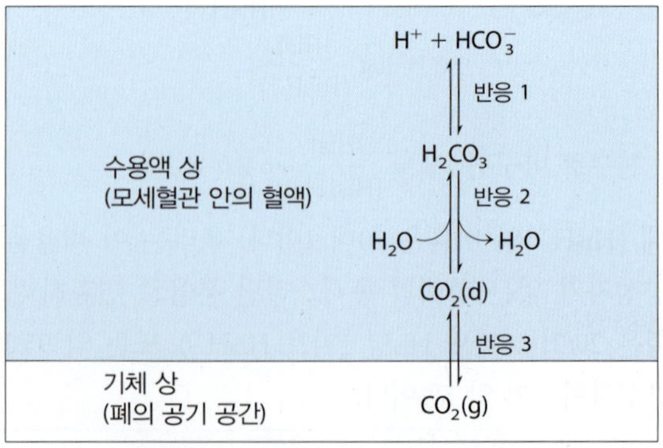

그림 2-21 중탄산염 완충계. 폐에서 공기가 순환되는 공간의 CO_2는 폐모세혈관을 지나는 혈장의 중탄산염 완충액과 평형이다. 용해된 CO_2의 농도는 호흡률에서 빠른 변화를 통해 조정될 수 있기 때문에, 혈액의 중탄산염 완충계는 CO_2의 큰 잠재적 저장량과 거의 평형을 이룬다.

CO_2(d) 축적을 계산에 고려하고 [H_2CO_3]를 K_h[CO_2(d)]로 표현하고 H_2CO_3의 산해리에 대한 등식에서 [H_2CO_3] 식을 치환한다.

$$K_a = \frac{[H^+][HCO_3^-]}{[H_2CO_3]} = \frac{[H^+][HCO_3^-]}{K_h[CO_2(d)]}$$

이제 H_2CO_3의 해리를 위한 전체 평형은 다음 용어로 표현된다.

$$K_hK_a = K_{combined} = \frac{[H^+][HCO_3^-]}{[CO_2(d)]}$$

우리는 새로운 상수 $K_{combined}$ 값과 pK 혹은 p$K_{combined}$를 실험적으로 결정된 $K_h(3.0 \times 10^{-3}$ M) 값과 $K_a(2.7 \times 10^{-4}$ M)으로부터 계산할 수 있다:

$$K_{combined} = (3.0 \times 10^{-3}\ \text{M})(2.7 \times 10^{-4}\ \text{M})$$
$$= 8.1 \times 10^{-7}\ \text{M}^2$$
$$pK_{combined} = 6.1$$

임상의학에서는 CO_2(d)를 짝산으로 간주하고 pK_a를 6.1로 간단히 계산하는데, pCO_2는 킬로파스칼(kPa; 폐의 pCO_2는 4.8 kPa)로 나타내고, [H_2CO_3]는 약 1.2 mM이다. 혈장[HCO_3^-]은 정상적으로 약 24 mM이므로 [HCO_3^-]/[H_2CO_3]는 약 20이다. 그리고 혈액 pH는 6.1 + log 20이므로 약 7.4가 된다. ■

당뇨병을 방치하면 치명적인 산증을 일으킨다

사람 혈장은 정상적으로 pH가 7.35에서 7.45를 갖는데, 혈액의 많은 효소들은 이 영역 내에서 최대 활성을 발휘하도록 설계되었다. 세포구조와 기능이 pH에 영향을 받는데 효소의 촉매활성은 특별히 민감하다. 효소는 **최적 pH(그림 2-22)**라고 하는 특징적인 pH에서 최대 촉매활성을 나타낸다. 이 최적 pH를 벗어나면 효소활성이 급격히 감소한다. 따라서 pH가 조금만 변해도 몇 가지 중요한 효소-촉매 반응은 큰 차이를 나타낸다. 세포와 체액에서 pH의 조절은 대사와 세포활성 모두에서 극히 중요하고 혈액 pH의 변화는 중대한 생리적인 결과를 나타낸다(별도설명 2-1에 잘 기술되었음).

치료되지 않은 당뇨병 환자는 병의 종류에 따라서 인슐린 부족 혹은 인슐린 저항성으로 혈액으로부터 조직으로 포도당을 흡수하는 데 장해가 생기고 조직이 저장된 지방산을 사용하도록 내몰린다. 뒤에 자세히 언급하겠지만(그림 23-31 참조), 지방산에 의존하면 고농도의 두 카복실산인 β-하이드록시부틸산과 아세토아세트산이 축적된다(혈장농도가 90 mg/100 mL, 요중농도가 5 g/24시간; 정상인은 각각 3 mg/100 mL, 125 mg/24시간 이하). 이 산들의 해리는 혈장의 pH를 7.35 미만으로 떨어뜨려 산증을 유발한다. 심한 산증은 두통, 몽롱함, 오심, 구토, 설사, 심하면 혼수와 경련을 유발한다. 몇 효소들은 정상적으로 작동하지 않는다. 어떤 환자가 고혈당과 낮은 pH, β-하이드록시부틸산과 아세토아세트산이 혈액과 소변에서 고농도로 존재한다면 당뇨병으로 진단될 것이다.

다른 상황도 산증을 유발한다. 금식과 기아는 저장된 지방산을 쓰게 만들어 당뇨병과 같은 결과를 낸다. 매우 심한 운동을 예로 들면, 육상선수나 사이클 선수처럼, 혈액에 일시적인 젖산의 축적을 유발한다. 신부전은 중탄산염 양을 조절하는 용량을 감소시킨다. 폐질환(폐기종, 폐렴, 천식)은 조직에서 연료의 산화로 발생한 CO_2를 처리하는 용량을 감소시키고 결과적으로 H_2CO_3의 축적을 야기한다. 산증은 기저질환을 치료하여야 하는데, 당뇨병은 인슐린으로, 폐질환은 스테로이드나 항생제로 치료하는 식이다. 심한 산증은 중탄산염 용액을 정맥주사하여 교정하여야 한다. ■

연습문제 2-7 중탄산염으로 산증 치료하기

중탄산염 용액을 정맥주사하면 왜 혈장 pH가 올라갈까?

풀이: [HCO_3^-] 대 [CO_2(d)]의 비율이 중탄산 완충액의 pH를 결정한다.

$$pH = 6.1 + \log\frac{[HCO_3^-]}{[H_2CO_3]}$$

[H_2CO_3] 농도는 이산화탄소의 부분압인 pCO_2에 직접적으로 연관된다. 그래서 [HCO_3^-]가 pCO_2 변동 없이 증가한다면 pH는 증가한다.

요약 2.3 생물계의 pH 변화에 대한 완충 작용

- 약산(혹은 염기)과 그 염기의 혼합물은 H^+나 OH^-를 첨가하는 pH 변화에 저항한다. 이 혼합물은 완충액으로 작용한다.
- 약산(혹은 염기)과 그 염의 용액의 pH는 다음과 같은 헨더슨-

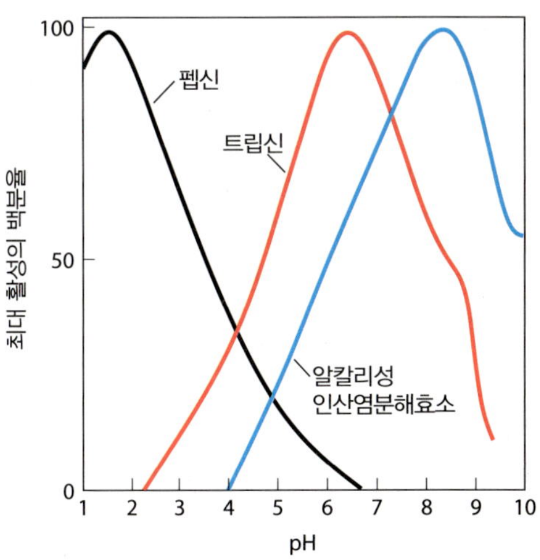

그림 2-22 몇 가지 효소의 최적 pH. 펩신은 위액으로 분비되는 소화 효소로 최적으로 작용하는 pH가 1.5 이하이다; 트립신은 소장에서 작용하는 소화 효소로 소장 공간의 중성 pH와 일치하는 최적의 pH를 갖고 있다; 뼈의 알칼리성 인산염분해효소는 뼈의 광물침착에 도움을 주는 것으로 여겨지는 가수분해효소이다.

별도설명 2-1 의학 자신이 스스로 실험용 토끼가 되다(집에서 시도하지 마시오!)

나는 사람을 더 산성이나 더 알칼리성이 되게 하면 어떤 일이 벌어질지 궁금했다... 보통은 토끼를 가지고 먼저 실험할 수도 있고, 몇 가지 연구도 해볼 수 있겠지만, 토끼는 감정표현이 어렵고 어떤 토끼들은 서로 간에 심각한 시도를 하지 않는다.

—J.B.S. Haldane, 가능한 세계(*Possible World*), Harper and Brothers, 1928

1세기 전에, 생리학자이자 유전학자인 J. B. S. Haldane과 그의 동료 H. W. Davies는 몸이 어떻게 혈액 pH를 조절하는지 연구하기 위해 스스로 실험하기로 결정했다. 그들은 중탄산나트륨을 마시고 과호흡을 하여 알칼리성으로 만들었는데, 이는 호흡곤란과 심한 두통을 남겼다. 그들은 염산을 마셔서 산성화하려고 원하는 효과를 얻으려면 1.5갤런(5.7리터)의 희석된 HCl이 필요하다고 계산했으며, 1파인트(0.47리터)만으로도 치아가 녹고 목에 화상을 입었다. 마지막으로, Haldane은 염화암모늄을 먹으면 몸에서 분해되어 염산과 암모니아가 방출될 것이라고 생각했다. 암모니아는 간에서 무해한 요소로 전환될 것이다. 염산은 모든 조직에 존재하는 중탄산나트륨과 결합하여 염화나트륨과 이산화탄소를 생성할 것이다. 이 실험에서. 호흡 곤란은 당뇨병 산증이나 말기 신장병에서와 유사하였다.

한편, 하이델베르그의 소아과 의사 Ernst Freudenberg와 Paul György는 손, 팔, 발, 후두에서 발생하는 테타니(수축성 근육 경련)를 연구하고 있었다. 그들은 계속되는 구토를 통해 많은 양의 염산을 잃어버린 환자에게 테타니가 때때로 나타나는 것을 알고 있었는데, 조직의 알칼리성이 테타니를 유발한다면 산성도가 그것을 치료할 것으로 추론하였다. 염화암모늄의 효과에 관한 Haldane의 논문을 읽고, 그들은 테타니가 있는 아기에게 염화암모늄을 주었고, 몇 시간 만에 테타니가 없어지는 것을 발견하자 기뻐하였다. 이 치료법은 테타니의 근본 원인을 제거하지는 못했지만 유아 및 의사에게 그 원인을 다루는 시간을 제공해 주었다.

하셀발흐식으로 나타낸다.

$$pH = pK_a + \log \frac{[A^-]}{[HA]}.$$

■ 세포와 조직에서 인산과 중탄산염 완충계는 세포 안과 세포외액의 적정 pH(pH 7 정도)를 유지하도록 한다. 효소들은 일반적으로 이 pH에서 최적으로 작동한다.

■ 의학적으로 혈액의 pH가 낮으면 산증 높으면 알칼리증을 일으키는데 모두 치명적이다.

2.4 반응물로 작용하는 물

물은 세포에서 화학반응이 일어나기 위한 용매로서만 아니라, 흔히 직접적인 반응 참여자가 되는 경우가 많다. ADP와 무기 인으로부터의 ATP의 생성은 물이 제거되는 **축합 반응(condensation reaction)**의 예가 된다(**그림 2-23**). 반대로 물의 첨가에 의한 분해 반응은 **가수분해 반응(hydrolysis reaction)**이다. 가수분해 반응은 단백질과 당질 그리고 핵산의 효소적 탈중합에 의한 것이다. **가수분해효소(hydrolase)**에 의해 촉매되는 가수분해 반응은 거의 모두가 항상 자유에너지 감소인데 가수분해의 단순한 역반응에 의해서 세포 내의 중합체가 그들의 소단위로부터 생성되는 반응은 자유에너지 증가이므로 그것만으로는 반응이 일어나지 않는다. 세포는 자유에너지 증가의 축합 반응을 ATP의 무수물 결합이 쪼개지는 것 같은 자유에너지 감소 과정과 짝지음으로써 열역학적인 장애물을 극복하고 있다.

물과 CO_2는 포도당과 같은 연료의 산화로 인한 최종 생성물이다. 이 과정의 전체 반응은 다음 식으로 요약할 수 있다.

$$\underset{\text{포도당}}{C_6H_{12}O_6} + 6O_2 \longrightarrow 6CO_2 + 6H_2O$$

고체 음식물과 저장 연료로부터 이와 같이 해서 생성되는 "대사수"는 매우 건조한 곳에서 서식하는 몇 가지 종류의 동물(게르빌스 쥐; 캥거루 쥐; 낙타)이 오랫동안 물을 마시지 않고 살아남을 만큼 충분하다.

적혈구에서 포도당 산화로 CO_2가 생성되면 더 잘 용해되는 HCO_3^-로 전환되고 이 반응은 탄산 탈수효소가 촉매한다.

$$CO_2 + H_2O \rightleftharpoons HCO_3^- + H^+$$

이 반응에서 물은 기질로서만 아니라 양성자 건너뛰기를 통해 수소결합된 물 네트워크를 형성함으로써 양성자 전이에서 기능한다

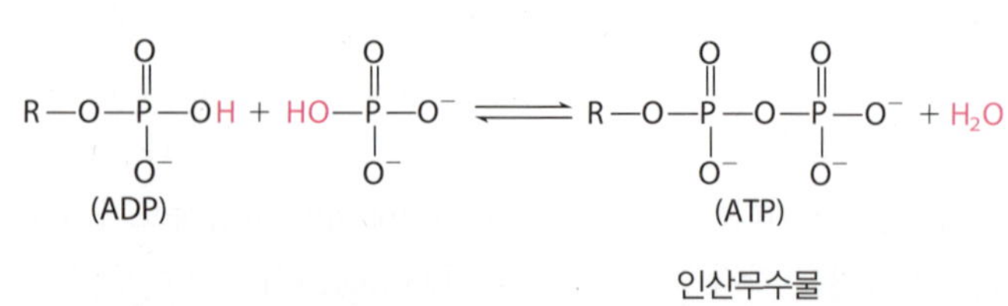

그림 2-23 생물학적 반응에 물의 참여. ATP는 ADP와 인산 사이의 축합 반응(물의 소실)에 의해 형성되는 인산무수물(phosphoanhydride)이다. R은 일인산 아데노신(AMP)을 나타낸다. 이 축합 반응에는 에너지가 필요하다. ADP와 인산을 형성하는 ATP의 가수분해(반응에 물이 첨가되는)는 같은 양의 에너지를 방출한다. 이러한 ATP의 축합과 가수분해 반응은 생물학적 과정에서 물의 반응물로서의 역할에 대한 단지 한 가지 예이다.

(그림 2-14).

녹색식물과 조류(algae)는 태양광선의 에너지를 이용해서 광합성 과정에서 물(H_2O)을 분해한다.

$$2H_2O + 2A \xrightarrow{\text{빛}} O_2 + 2AH_2$$

이 반응에서 광합성 생물의 종류에 따라서 A는 전자 받개의 분자종이 되고, 모든 생물에게 기본이 되는 산화-환원 서열(그림 20-14 참조)에서 물은 전자주개로 작용한다.

요약 2.4 반응물로 작용하는 물

■ 물은 많은 대사반응을 일으키는 용매 그리고 생화학 반응에서의 반응물 두 가지로서 작용한다. 예를 들면, 가수분해, 축합 반응, 산화-환원 반응이다.

2.5 생물을 위한 물 환경의 적합성

생물은 그의 수성환경에 적합하도록 설계되었으며 물의 특이한 성질을 이용하는 수단도 갖고 있다. 물의 높은 비열(1 g의 물을 1°C 만큼 상승시키는 데 필요한 열에너지)은 세포와 조직에 매우 유용하다. 이는 물이 "열의 완충액"으로 작용할 수 있고 세포는 대기의 온도가 변동되고 열이 대사산물로 형성되어도 체온을 비교적 일정하게 유지할 수가 있기 때문이다. 또한 어떤 척추동물에서는 물의 높은 기화열(표 2-1)이 땀을 통한 과잉 체열의 방출 수단으로 이용되고 있다. 액체인 물에서 수소결합에 의하여 생긴 고도의 내부 응집력은 식물의 증산과정을 통해서 용해된 영양물을 뿌리에서 잎으로 운반하는 데 이용되고 있다. 얼음은 액체인 물보다 밀도가 낮으며 이는 수생생물의 생활주기에서 중요한 생물학적 결과를 가져다 준다. 연못은 위에서부터 밑으로 얼어가고 위쪽의 얼음 층은 아래쪽의 물을 찬 외기로부터 차단해서 그 연못(그리고 그 속에 있는 생물)이 고체 상태로 어는 것을 막아주고 있다. 그러나 모든 생물에 있어서 더욱 중요한 것은, 세포의 거대분자, 특히 단백질과 핵산에 있는 여러 중요한 물리학적이고 생물학적인 성질이, 주위의 매질인 물 분자와의 상호작용으로부터 파생된다는 사실이다. 생물에 미치는 물의 영향은 매우 크고, 결정적이다. 외계 생명체가 있다 하더라도 그곳에 물이 풍부하지 않다면, 지구의 생물과 유사하지 않을 것이다.

핵심용어

굵게 표시된 용어들은 용어해설에 정의되어 있다.

pH 60
pK_a 61
가수분해(hydrolysis) 68
결합에너지(bond energy) 48
고장성(hypertonic) 56
등장성(isotonic) 56
마이셀(**micelle**) 52
물의 이온곱(ion product of water, K_w) 59
반데르발스 상호작용(van der Waals interactions) 53
산 해리 상수(acid dissociation constant, K_a) 61
산증(acidosis) 60
삼투(osmosis) 55
삼투압(osmolarity) 55
소수성(hydrophobic) 50
소수성 상호작용(hydrophobic interactions) 52
소수성 효과(hydrophobic effect) 52
수소결합(hydrogen bond) 48
알칼리증(alkalosis) 60
양친매성(amphipathic) 52
완충 구역(buffering region) 63
완충액(buffer) 63
저장성(hypotonic) 56
적정곡선(titration curve) 62
짝산-염기쌍(conjugate acid-base pair) 61
축합반응(condensation) 68
친수성(hydrophilic) 50
평형 상수(equilibrium constant, K_{eq}) 58
헨더슨-하셀발흐식(Henderson-Hasselbalch equation) 64

문제

1. **이온 결합 강도에 미치는 국부적 환경의 영향.** 효소의 ATP 결합 자리는 소수성 환경의 효소 내부에 묻혀 있다면, 물과 접촉하는 효소 표면에서는 효소와 기질 간 이온결합은 더 강해질까 약해질까. 왜 그럴까?

2. **약한 결합의 생물학적 이점.** 생체 분자 간의 상호작용은 종종 수소결합과 같은 약한 상호작용에 의해 안정화된다. 이것이 생물체에게 어떤 도움이 될 수 있는가?

3. **물에서 에탄올의 용해도.** 에탄올이 에탄보다 물에 잘 녹는 이유를 설명하라.

4. **수소이온 농도로부터 pH의 계산.** 다음과 같은 H^+ 농도를 갖는 용액의 pH는? (a) 1.75×10^{-5} mol/L; (b) 6.50×10^{-10} mol/L; (c) 1.0×10^{-4} mol/L; (d) 1.50×10^{-5} mol/L

5. **pH로부터 수소이온 농도 계산.** 다음과 같은 pH를 갖는 용약의 수소이온 농도는? (a) 3.82; (b) 6.52; (c) 11.11

6. **위액의 HCl의 산성도.** 식후 몇 시간이 지난 다음, 병원의 검사실에서 채취한 위액 10.0 mL를 중화하기 위해 0.1 M NaOH로 적정했더니 7.2 mL가 소모되었다. 위에는 섭취한 음식물이 포함되어 있지 않았기 때문에, 완충제는 존재하지 않는다고 가정한다. 이 위액의 pH는 얼마인가?

7. **강산 혹은 강염기의 pH 계산.** (a) 염산의 해리 반응을 써라. (b) 5.0×10^{-4} M HCl 용액의 pH를 계산하라. (c) NaOH를 위한 해리 반응을 써라. (d) 7.0×10^{-5} M NaOH 용액의 pH를 계산하라.

8. 강산의 농도로부터 pH 계산. 3.0 mL의 2.5 M HCl을 100 mL까지 물로 채워 희석한 용액의 pH는?

9. pH 변화에 따른 아세틸콜린 농도의 측정. 신경전달 물질 분자인 아세틸콜린의 농도는, 이 분자가 가스분해 될 때에 수반되는 pH의 변화로 정량할 수 있다. 아세틸콜린에스터 가수분해효소와 배양시키면 아세틸콜린은 콜린과 아세트산으로 정량적으로 분해되며, 아세트산은 아세트산 이온과 수소이온으로 해리된다.

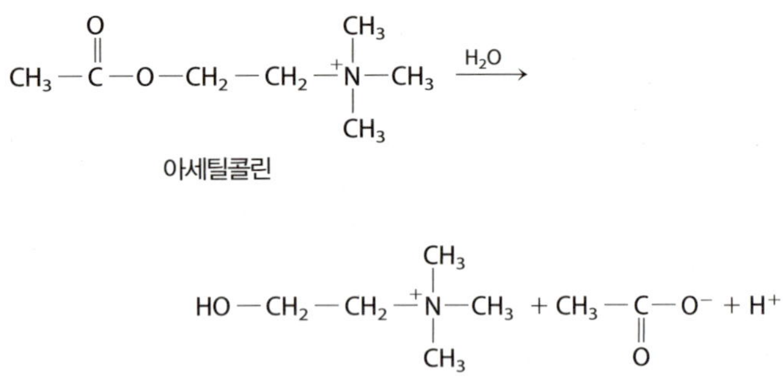

아세틸콜린 / 콜린 / 아세트산

한 분석의 예에서, 일정량의 아세틸콜린을 포함하는 수용액 15 mL의 pH는 7.65였다. 이를 아세틸콜린에스터 가수분해효소와 배양했더니, 그 용액의 pH가 결국 6.87로 감소되었다. 정량 혼합물에 완충액이 존재하지 않는 것으로 가정하면, 이 15 mL 시료 안에는 몇 몰의 아세틸콜린이 포함되어 있는지 계산하라.

10. pK_a의 물리적 의미. 다음 어떤 수용액이 최저 pH를 갖는가: 0.1 M HCl; 0.1 M 아세트산($pK_a = 4.86$); 0.1 M 포름산($pK_a = 3.75$)

11. K_a와 pK_a의 의미. (a) 강산은 약산에 비하여 양성자를 더 많이 또는 덜 잃는 특성을 가지는가? (b) 강산은 약산에 비하여 더 크거나 적은 K_a 값을 가지는가? (c) 강산은 약산에 비하여 더 크거나 적은 pK_a 값을 가지는가?

12. 인공식초, 식초를 만드는 한 가지 방법은(바람직한 방법이라고 할 수 없지만) 식초의 유일한 산성분인 아세트산 용액을 희석하여 적당한 pH(그림 2-15 참조)로 만들고 거기에 적절한 양의 향료를 첨가하면 된다. 아세트산(분자량 60)은 25°C에서 액체이며 그 밀도는 1.049 g/mL이다. 1 L의 인공식초를 만들려면 얼마의 아세트산을 증류수에 첨가해야 하는지를 계산하라(그림 2-16 참조).

13. 짝염기의 동정. 아래 각 쌍에서 짝염기는?

(a) $RCOOH$, $RCOO^-$　　(b) RNH_2, RNH_3^+

(c) $H_2PO_4^-$, H_3PO_4　　(d) H_2CO_3, HCO_3^-

14. 약산과 그의 짝염기의 혼합액에서 pH 계산. 다음과 같은 아세트산칼륨 대 아세트산($pK_a = 4.76$)의 몰 비를 갖는 희석액의 pH를 계산하라. (a) 2:1; (b) 1:3; (c) 5:1; (d) 1:1; (e) 1:10.

15. pH가 용해도에 미치는 영향. 물은 극성이 강한 수소결합을 만드는 성질이 있으므로 이온성(하전된) 화합물을 녹이는 뛰어난 용매이다. 이에 반하여, 벤젠과 같이 이온화하지 않는 비극성 유기물질은 비교적 물에 잘 녹지 않는다. 원리상으로 물에 대한 모든 산 또는 염기의 용해도는 하전형으로 분자가 변환함으로써 증대될 수 있다. 예컨대, 벤조산의 물에 대한 용해도는 작다. 물과 벤조산의 혼합물에 중탄산염 나트륨을 첨가하면, pH는 상승하고, 벤조산은 벤조산 이온으로 탈양성자화하여 물에 대해 완전히 녹게 된다.

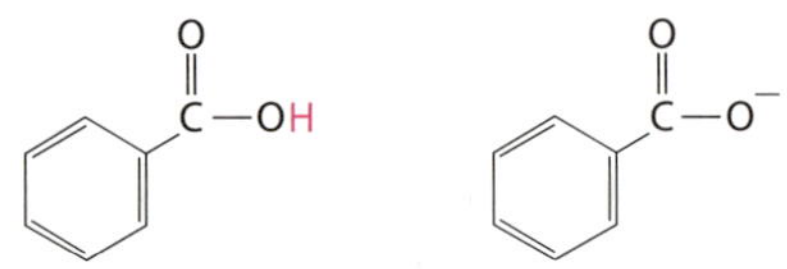

벤조산 $pK_a \approx 5$　　벤조산 이온

다음의 화합물은 0.1 M NaOH와 0.1 M HCl 수용액 중 어느 쪽을 첨가하면 물에 쉽게 녹겠는가? (해리할 수 있는 양성자는 빨간색으로 나타내었다.)

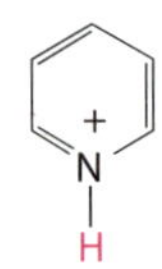

피리딘 이온 $pK_a \approx 5$

(a)

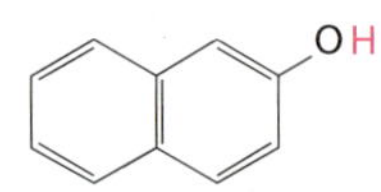

β-나프톨 $pK_a \approx 10$

(b)

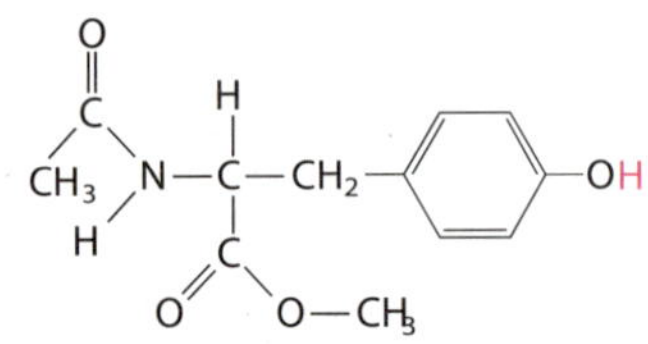

N-아세틸타이로신 메틸 에스터 $pK_a \approx 10$

(c)

16. 독담쟁이 덩굴로 인한 발진의 치료. 가려움을 수반하는 특징적인 발진을 일으키는 독담쟁이 덩굴(poison ivy)이나 독쐐기풀(poison oak)에 존재하는 화합물은 긴 사슬 알킬기로 치환된 카테콜(catechol)이다.

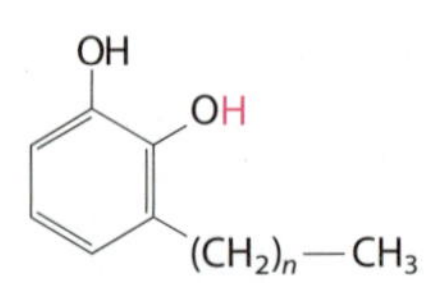

$pK_a \approx 8$

만일 독담쟁이 덩굴에 접촉되었다면, 다음 중에서 어떤 것을 환자의 환부에 처치하면 좋은가? 그 선택의 이유를 써라.

(a) 냉수로 환부를 씻는다.

(b) 묽은 식소, 또는 레몬즙으로 환부를 씻는다.

(c) 비누와 물로 환부를 씻는다.

(d) 비누, 물, 중조($NaHCO_3$)로 환부를 씻는다.

17. pH와 약물의 흡수. 아스피린은 pK_a가 3.5인 약산이다.

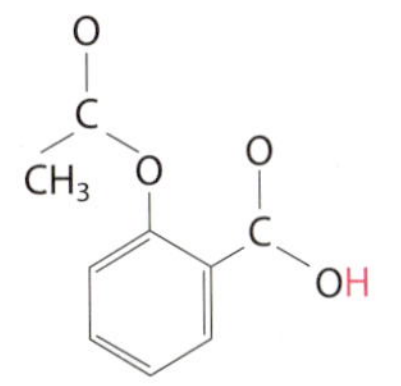

아스피린은 위나 소장의 내벽 세포를 통해 혈액으로 흡수된다. 물질이 흡수되기 위해서는 세포막을 쉽게 통과할 필요가 있으며, 세포막의 통과 속도는 분자의 극성에 의해 결정된다. 이온성이고(하전된) 극성이 높은 분자는 천천히 통과하고 중성의 소수성 분자는 신속하게 통과한다. 위 안에 있는 위액의 pH는 약 1.5이며, 소장 내의 pH는 약 6이다. 아스피린은 위 또는 장 가운데 어느 쪽에서 혈액 속으로 더 많이 흡수되는가? 그 이유를 밝혀라.

18. 몰 농도로부터 pH 계산. 염화암모늄 0.12 mol/L와 NaOH 0.03 mol/L(NH_4^+/NH_3의 pK_a는 9.25)를 함유하는 액체의 pH는?

19. 약산의 적정 후에 pH 계산. pK_a가 7.4인 화합물 100 mL의 1.0 M 용액은 pH가 8.0인데 30 mL의 1.0 M 염산을 첨가하면 pH는 얼마가 되는가?

20. 완충액의 성질. 아미노산인 글라이신은 생화학 실험에서 완충액의 주성분으로 흔히 사용된다. 그 pK_a 값이 9.6인 글라이신의 아미노기는 다음의 가역평형에 따라서 양성자화한 형($-NH_3^+$), 또는 유리 염기($-NH_2$)의 형으로 존재할 수 있다.

$$R-NH_3^+ \rightleftharpoons R-NH_2 + H^+$$

(a) 글라이신은 어떤 pH 영역에서 아미노기에 의해 효과적인 완충 효과를 나타내겠는가?

(b) pH 9.0의 0.1 M 글라이신 용액에서는 어느 정도의 글라이신이 그 아미노기를 $-NH_3^+$ 형으로서 가지고 있는가?

(c) pH 9.0의 0.1 M 글라이신 용액 1.0 L를 pH 10.0으로 정확하게 만들기 위해서는 5 M KOH 용액을 얼마나 첨가해야 하는가?

(d) 글라이신에 있는 아미노기의 99%가 $-NH^+$ 형일 때, 그 용액의 pH와 아미노기의 pK_a 사이에 어떤 수량적 관계가 성립되어야 하는가?

21. 적정에 의하여 이온화기의 pK_a 계산. 두 개의 이온화기를 갖는 화합물의 pK_a 값은 pK_1 = 4.10이고 pK_2는 7과 10 사이이다. 어느 생화학자가 pH 8.00, 1.0 M, 10 mL의 이 화합물 용액을 갖고 있다. 이 용액에 1.00 M HCl 용액 10 mL를 넣어 pH가 3.2가 되었다면, pK_2의 값은 얼마인가?

22. 다양성자산(polyprotic acid) 용액의 pH 계산. 히스티딘은 아래와 같이 pK_a가 1.8, 6.0, 9.2인 이온화기를 갖고 있다(His = imidazole group). 어느 생화학자가 pH 5.40의 0.100 M 히스티딘 용액 100 mL를 만들었다. 여기에 0.10 M HCl 용액 40 mL를 첨가한다면 pH는 얼마가 되겠는가?

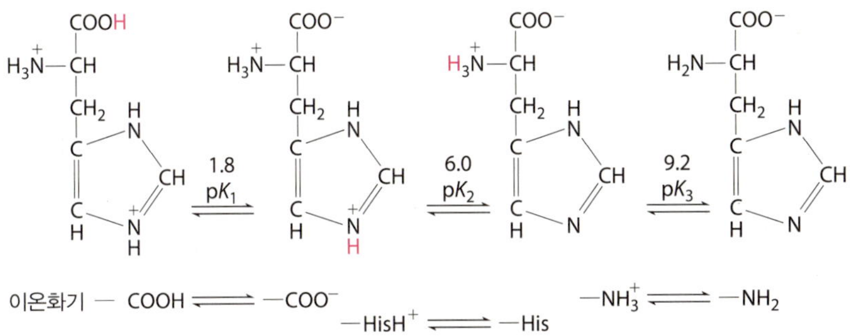

23. 적정 후 최종 pH로부터 원래 pH의 계산. 생화학자가 pK_a가 6.3인 약산 0.10 M, 100 mL를 제조하였다. 1.0 M HCl 용액 6.0 mL를 첨가하여 pH가 5.7이 되었다. 처음 용액의 pH는 얼마였는지를 계산하라.

24. 인산염완충액의 제조. HPO_4^{2-} 대 $H_2PO_4^-$를 어떤 몰 비로 하면 pH를 7.0으로 만들 수 있을까? 인산(H_3PO_4)는 삼양성자(triprotic) 산으로서 3개의 pK_a 값을 갖는다: 2.14, 6.86, 12.4 이다. 힌트: 단 한 개의 pK_a 값이 관련된다.

25. pH 미터의 보정용인 표준 완충액의 제조. 시판되는 pH 미터에 사용되는 유리 전극은 수소이온 농도에 비례하여 전기적인 응답을 나타낸다. 이 응답을 pH로 정확하게 변환시키기 위해서 유리 전극은 이미 농도를 알고 있는 H^+의 표준 용액으로 보정되어야 한다. 이수소 인산나트륨($NaH_2PO_4 \cdot H_2O$; FW 138)과 수소인산 나트륨(Na_2HPO_4; FW 142)을 사용하여 총인산 농도가 0.100 M이고 pH 7.00인 표준 완충액 1리터를 만들기 위해서는 각 인산염이 몇 g씩 필요한 지를 계산하라(그림 2-16 참조). 문제 24의 인산 pK_a 값을 참조하시오.

26. pH로부터 짝염기 대 약산의 몰비의 계산. pK_a가 6.0인 약산이 있는데, pH 5.0에서 짝염기와의 비율을 계산하라.

27. 알고 있는 pH와 완충능의 완충액 준비. 0.10 M 아세트산(pK_a = 4.76)과 아세트산나트륨이 있는데, 어떻게 1리터의 0.10 M 아세트산 완충액(pH 4.00)을 만들 수 있는가?

28. 완충액을 위한 약산의 선택. 다음 중 pH 5.0에서 가장 완충작용이 좋은 혼합물은? 포름산(pK_a = 3.8), 아세트산(pK_a = 4.76), 에틸아민(pK_a = 9.0). 선택한 이유를 간단히 설명하시오.

29. 완충액 계산. 리터당 0.01 M 젖산(pK_a = 3.86)과 0.05 M의 젖산나트륨을 함유한 완충액이 있다. (a) 완충액의 pH를 계산하라.

(b) 5 mL의 0.5몰 HCl을 1리터 완충액에 첨가했을 때 pH의 변화를 계산하라. (c) 같은 양의 HCl을 1리터 물에 가하면 pH 변동은 어떻게 되는가?

30. 몰 농도를 이용해서 pH 계산하기. 0.20 M 아세트산나트륨과 0.60 M 아세트산(pK_a = 4.76)을 함유하는 용액의 pH는 무엇일까?

31. 아세트염 완충액의 제조. 0.2 M 완충용액(pH 5.0)에 필요한 아세트산나트륨과 아세트산(pK_a = 4.76)의 농도를 계산하라.

32. 곤충 방어 분비액의 pH. 곤충이 적으로부터 자신을 방어하기 위해 분비하는 자극적인 액체가 있다. 그 액체를 분석한 결과 포름산염과 포름산($K_a = 1.8 \times 10^{-4}$) 1.45 M이었다. 포름산염 이온은 0.015 M이다. 그 용액의 pH는?

33. pK_a의 계산. 미지의 화합물 X는 pK_a 2.0인 카복실기와 pK_a 5에서 8인 다른 이온화기를 갖는다. 75 mL의 0.1 M NaOH를 100 mL의 0.1 M X 용액(pH 2.0)에 첨가할 때 pH는 6.72로 증가하였다. X의 두 번째 이온화기의 pK_a를 계산하라.

34. 알라닌의 이온 형태. 알라닌은 이양성자(diprotic) 산으로 두 개의 해리 반응을 갖는다(pK_a 값에 대해서는 표 3-1 참조). (a) 아래처럼 부분적으로 양성자화된 형태(양가이온; 그림 3-9 참조)가 있을 때, 수용액에서 많은 형태의 다른 두 가지 알라닌 형태의 화학구조(완전히 양성자화되고 완전히 탈양성자화된 형태)를 그려라.

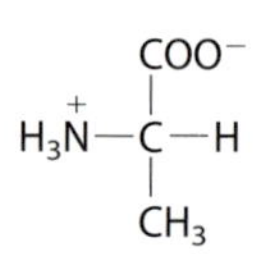

알라닌

알라닌의 세 가지 가능한 형태 중 다음 pH의 용액에서 가장 높은 농도로 존재하는 것은? (b) 1.0; (c) 6.2; (d) 8.02; (e) 11.9. 두 개의 pK_a 값과 관련한 pH의 용어로 답을 설명하라.

35. 호흡 속도에 의한 혈액 pH의 조절.

(a) 폐에 있는 CO_2의 분압은 호흡의 속도 및 깊이에 따라 신속하게 변동된다. 예컨대, 딸꾹질을 멈추는 데 일반적으로 사용되는 방법은 폐의 CO_2 농도를 증가시키는 방법이다. 이 방법은 호흡을 일시적으로 멈추거나, 매우 천천히 얕게 호흡하거나 또는 종이 주머니를 입에 대고 숨을 들이마셨다 내쉬었다 하는 것 등이다. 이러한 상태에서는 폐 내강에 있는 CO_2의 분압이 정상보다 높아진다. 이러한 조치에 의해 혈액의 pH가 어떠한 영향을 받는가를 정성적으로 설명하라.

(b) 단거리경주 주자가 100미터 경주를 하기 직전에, 폐의 CO_2를 제거하기 위해 흔히 30초 동안 빠르고 깊게 호흡을 한다. 이때 그들 혈액의 pH는 7.60으로 상승될 것이다. 왜 그렇게 되는지를 설명하라.

(c) 단거리를 뛰는 경우, 근육은 저장된 포도당으로부터 다량의 젖산($CH_3CH(OH)COOH$; $K_a = 1.38 \times 10^{-4}$ M)을 생성한다. 경주하기 전에 과호흡이 왜 필요한지 이 사실에 기초하여 설명하라.

36. 이산화탄소와 중탄산염 농도로부터 혈액 pH 계산. 총 CO_2 농도는 26.9 mM과 중탄산염 농도는 25.6 mM에서 혈장의 pH를 계산하라. 67쪽의 탄산의 pK_a는 6.1임을 상기하라.

37. 숨을 멈추는 것이 혈액 pH에 미치는 영향. 세포외액의 pH는 중탄산염/탄산 시스템이 완충작용을 한다. 숨을 참는 것은 혈액의 $CO_2(g)$ 농도를 증가시킨다. 이는 세포외액의 pH에 어떻게 영향을 미치는가? 이 완충계를 위한 관련 평형식을 나타냄으로써 설명하라.

자료 분석형 문제

38. "스위치되는" 표면활성제(surfactants). 소수성 물질은 물에 잘 녹지 않는다. 물은 흔히 용매로 쓰이지만 다음 특정 과정을 매우 어렵게 만든다: 접시의 기름기 있는 음식을 씻는 것, 엎질러진 기름을 닦는 것, 샐러드 드레싱의 기름과 물층이 잘 섞이게 만드는 것, 소수성과 친수성 부분을 동시에 갖는 화학반응을 수행하는 것.

표면활성제는 양친매적 화합물로서 비누, 세제, 유화제를 포함한다. 표면활성제를 사용할 때, 소수성 물질은 마이셀을 형성하여 수용액 속에서 뜬다(그림 2-7 참조). 마이셀은 소수성 코어를 갖고 있으며 소수성 물질과 표면활성제의 소수성 "꼬리"로 구성된다. 친수성 "머리"는 마이셀의 표면을 덮는다. 떠오른 마이셀을 유화(emulsion)라고 한다. 표면활성제의 머리 그룹이 더 친수적일수록 더 강력하며, 소수성 물질을 유화시키는 용량이 더 커지게 된다.

접시의 기름기를 제거하려고 비누를 쓸 때, 비누는 기름기와 유화되어 비누의 친수성 머리와 결합되어 물로 쉽게 제거된다. 이처럼, 세제는 기름을 유화시켜 물로 제거하는 데 사용된다. 상용 샐러드드레싱의 유화제는 물-기반 혼합액에 고르게 기름이 분포하도록 해준다.

어떤 상황에서는 "스위치되는" 표면활성제가 매우 유용하다. 이 물질은 표면활성제와 비표면활성제 사이에서 가역적으로 전환할 수 있다.

(a) "스위치되는" 표면활성제가 있다고 상상해보라. 어떻게 그것이 유출된 기름의 청소와 복구에 사용될 수 있는가?

Liu 등은 2006년 논문 "스위치되는 표면활성제"에서 전형적인 스위치되는 표면활성제를 설명하였다. 스위칭은 다음 반응에 기초한다.

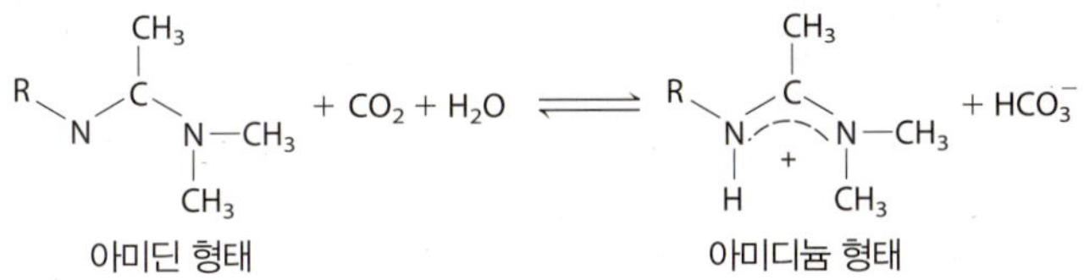

(b) 아미디늄 이온의 pK_a가 12.4이면 위 반응의 평형은 어느 쪽으로 진행되겠는가? (그림 2-16 참조) 힌트: 다음 반응을 상기할 것. $H_2O + CO_2 \rightleftharpoons H_2CO_3$.

Liu 등은 스위치되는 표면활성제인 R = $C_{16}H_{33}$을 만들었다. 우리는 그것을 s-surf라 한다.

(c) s-surf의 아미디늄 형태는 강력한 표면활성제이지만 아미딘 형태는 아니다. 그 이유를 설명하라.

Liu 등은 표면활성제 용액을 통해서 불어넣는 기체를 교환함으로써 s-surf의 두 형태 간에 전환이 가능하다는 것을 발견하였다. 이들은 s-surf 용액의 전기 전도도를 측정하여 이 전환을 입증하였다. 이온 화합물의 수용액은 비이온화합물 용액보다 높은 전도도를 갖는다. 그들은 물에서 s-surf의 아미딘 형태 용액으로 시작하였다. 결과는 아래와 같다. 점선은 한 기체에서 다른 것으로 전환되는 것을 가리킨다.

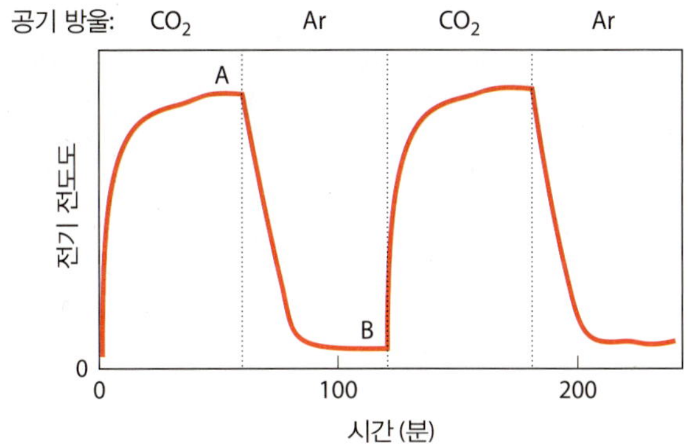

(d) A 지점에서 s-surf의 주성분은 어떤 형태인가? B 지점에서는?

(e) 시간 0부터 A 지점까지 전기 전도도는 왜 높아지는가?

(f) A 지점에서 B 지점까지 전기 전도도는 왜 떨어지는가?

(g) s-surf를 이용하여 기름을 제거하고 복구하는 데 어떻게 사용할 수 있을까?

참고문헌

Y. Liu, P.G. Jessop, M. Cunningham, C.A. Eckert, and C.L. Liotta. 2006. Switchable surfactants. *Science* 313:958–960.

CHAPTER 3

아미노산, 펩타이드, 단백질

단백질은 세포에서 실제로 일어나는 모든 과정을 중개하며 끊임없이 다양한 기능을 보인다. 생명현상의 분자적 기전을 밝혀내기 위하여 생화학자는 하나 또는 그 이상의 단백질에 대해 거의 필사적인 연구를 수행한다. 단백질은 모든 세포에 들어 있으며 또한 세포의 어느 곳에나 존재하는 가장 풍부한 거대분자이다. 단백질의 종류는 대단히 많으며 1개의 세포 내에서도 수천 가지의 서로 다른 단백질을 찾아볼 수 있다. 분자적 기전의 중재자로서 이 책의 제III부에서 언급하겠지만 단백질은 정보 흐름에 있어서 가장 중요한 최종 산물이다. 단백질은 유전 정보를 표현하기 위한 분자적인 수단이다.

비교적 간단한 단량체 소단위(monomeric subunit)는 몇 천 가지의 서로 다른 단백질 구조의 기본이 된다. 가장 원시적인 세균으로부터 가장 고등한 생물에 이르기까지 모든 단백질은 같은 20가지 아미노산으로 구성되었다. 특징적인 선상의 서열로 공유결합된 것이다. 이러한 각 아미노산은 특유의 화학적인 성질을 나타내는 곁사슬을 가지고 있어서, 이 20종류의 전구체 분자그룹은 단백질 구조의 언어로 쓰이는 알파벳과 같다고 볼 수 있다. 단백질은 몇 개의 아미노산 잔기로 이루어진 비교적 간단한 펩타이드에서 분자량이 수백만이나 되는 거대한 중합체(polymer)까지 존재한다.

특정 단백질을 만들기 위해서, 아미노산들은 특징적 선형 서열로 공유결합한다. 여기서 가장 주목할 점은 같은 20가지 종류의 아미노산들이 서로 다른 많은 조합과 서열로 결합하여 성질이나 활성이 현저하게 다른 단백질을 만들어 낼 수 있다는 것이다. 각각의 생물은 이러한 구성단위들로부터 효소, 호르몬, 항체, 수송체, 근섬유, 안구 수정체 단백질, 깃털, 거미줄, 코뿔소의 뿔, 우유 단백질, 항생물질, 버섯독 그리고 특유의 생물 활성을 가지고 있는 그 외의 무수히 많은 물질들을 만들어 낼 수 있는 것이다(**그림 3-1**). 이러한 단백질 산물 중 효소가 가장 다양하고 특이적이다. 거의 모든 세포반응의 촉매제로, 효소는 생명체의 화학을 이해하는 데 핵심이며, 생화학의 모든 과정에서 초점을 제공한다.

단백질의 구조와 기능은 이번 장 및 다음 3개 장의 주제이다. 이 장에서 우리는 아미노산, 펩타이드 그리고 단백질의 기본적 화학 성질부터 시작한다. 또한 생화학자들이 단백질을 가지고 어떻게 연구하는 지에 대해 알아보기로 한다.

3.1 아미노산

단백질은 아미노산의 중합체로서 각 **아미노산 잔기(amino acid residue)**는 독특한 공유결합에 의하여 다음 아미노산과 연결되어진다. ["잔기(residue)"라는 용어는 하나의 아미노산이 다른 아미노산과 결합할 때 물 분자가 소실됨을 반영한다.] 단백질은 여러 가지 방법에 의하여 그의 구성성분인 아미노산으로 분해될 수 있으며, 단백질의 가장 초기 연구는 자연스레 그러한 유리 아미노산 연구에 초점이 모아졌다. 20종류의 아미노산이 단백질들에서 일반적으로 발견된다. 최초로 발견된 아미노산은 1806년에 밝혀진 아스파라진(asparagine)이며, 20종류의 아미노산 중 가장 늦게 발견된 것은 트레오닌(threonine)으로 이것은 1938년이 되서야 발견되어졌다. 모든 아미노산은 관용명(trivial name) 또는 일반명(common name)을 가지고 있다. 어떤 것은 최초에 분리된 재료에 따라서 이름이 붙여지기도 했다. 아스파라진은 아스파라거스(asparagus)에서 최초로 발견되었고, 글루탐산(glutamate)은 밀(소맥)의 글루텐(gluten)에서 발견되었다; 타이로신(tyrosine)은 치즈로부터 처음으로 분리되었으며[그리스어의 *tyros*, "치즈(cheese)"로부터 유래됨]; 글라이신(glycine)은 그의 단맛 때문에 그렇게 명명되었다[그리스어의 *glykos*는 "달다(sweet)"].

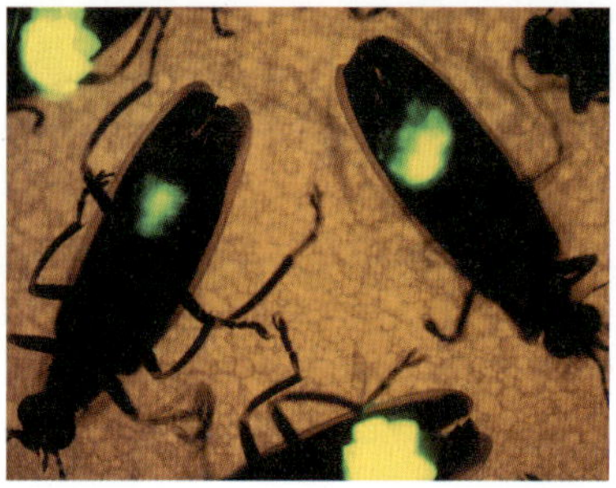
(a)

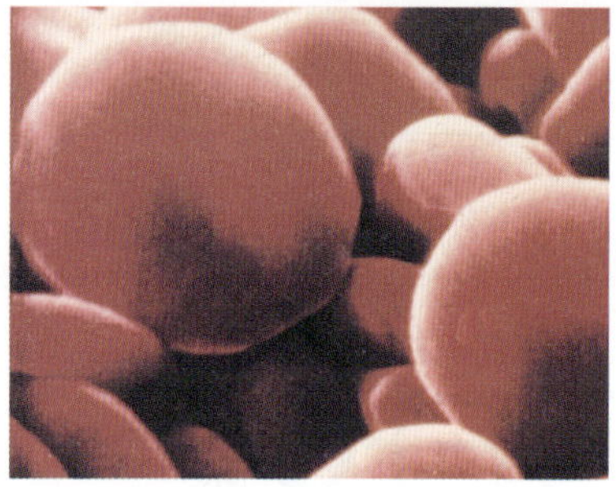
(b)

(c)

그림 3-1 단백질의 몇 가지 기능. (a) 개똥벌레의 빛은 효소인 루시퍼레이스(luciferase)에 의하여 촉매되는 루시페린(luciferin)과 ATP가 관여하는 광생성 반응의 결과이다(별도설명 13-1 참조). (b) 적혈구는 산소 운반 단백질인 헤모글로빈(hemoglobin)을 많이 함유하고 있다. (c) 모든 척추동물에서 만들어지는 단백질인 케라틴(keratin)은 털, 비늘, 뿔, 양모, 발톱, 깃털 등의 주요한 구성성분이 된다. 지구의 어느 한 지역에서는 검은코뿔소의 뿔로부터 얻은 분말이 성욕을 촉진시킨다는 속설이 일반인들에게 퍼짐으로써 무차별적으로 사냥하였으며, 이로 인해 야생 검은코뿔소는 멸종위기를 겪고 있다. 사실 코뿔소의 뿔가루의 화학 성분은 소 말굽가루의 화학 성분과 다르지 않다. [출처: (a) Jeff J. Daly/Alamy. (b) Bill Longcore/Science Source. (c) Mary Cooke/Animals Animals.]

아미노산은 공통의 구조적 특징을 가지고 있다

20종류의 표준 아미노산은 모두 α-아미노산이다. 이들은 모두 같은 탄소원자(α 탄소)에 1개의 카복실기와 1개의 아미노기가 결합되어 있다(**그림 3-2**). 아미노산은 곁사슬 또는 **R기(R group)**의 구조, 크기, 전하 등이 서로 다르며 이들이 아미노산의 물에 대한 용해도에 영향을 주고 있다. 이 20종류의 아미노산 외에도 흔한 것은 아니지만 다른 아미노산들이 존재한다. 단백질이 생합성된 후에 변형된 단백질 중에 존재하는 아미노산이나 생체 내에 존재하지만 단백질 내에는 존재하지 않는 아미노산들, 그리고 몇 개의 단백질에서만 특수하게 발견되는 두 개의 아미노산이 있다. 단백질의 표준 아미노산은 3-문자로 된 약어와 1-문자의 기호로 표기하는데(표 3-1), 이것은 단백질의 아미노산 구성이나 서열 순서를 나타내기 위한 속기법에 사용되고 있다.

›› 중요 관례: 아미노산의 3-문자 암호는 일반적으로 각 아미노산 이름의 앞의 3글자 약어로 구성되므로 명확하다. 1-문자 기호는 생물정보학 분야 창시자 중의 한 사람으로 인정되는 데이홉(Margaret Oaklley Dayhoff, 1925–1983)에 의해 고안된 된 것이다. 1-문자 기호는 아미노산 서열을 기술하는 정보 파일(펀치카드 컴퓨터 기술 시대에)의 크기를 줄이기 위한 시도를 반영한다. 이것은 쉽게 암기할 수 있도록 디자인되었고, 그 기원의 이해는 학생들이 그것을 암기하는 데 도움이 된다. 6개의 아미노산(CHIMSV)은 각 아미노산 명칭의 첫 글자가 고유하여 그것이 기호로 사용된다. 5개의 아미노산(AGLPT)은 각 아미노산 명칭의 첫 글자가 고유하지는 않지만 단백질에서 가장 보편적인 아미노산의 명칭을 표시하도록 하였다(예를 들어, 류신이 라이신보다 보편적이다. 또 다른 예인 4개의 아미노산은 음성학적으로 암시될 수 있는 약자(RFYW: aRginine, Fenylalanine, tYrosine, tWiptophan)이다. 나머지 아미노산들은 기호 지정이 더욱 어렵다. DNEQ는 그 아미노산 명칭 내에서 또는 명칭에서 연상되는 기호가 지정된 것이다(asparDic, asparagiNe, glutamEke, Q-tamine). 마지막 남은 것이 라이신이다. 앞에 나타낸 바와 같이 알파벳 중에 몇 글자만 남게 되는데, 라이신 기호가 K가 된 것은 L과 가까운 알파벳이 지정된 것이다. **‹‹**

Margaret Oakley Dayhoff, 1925–1983

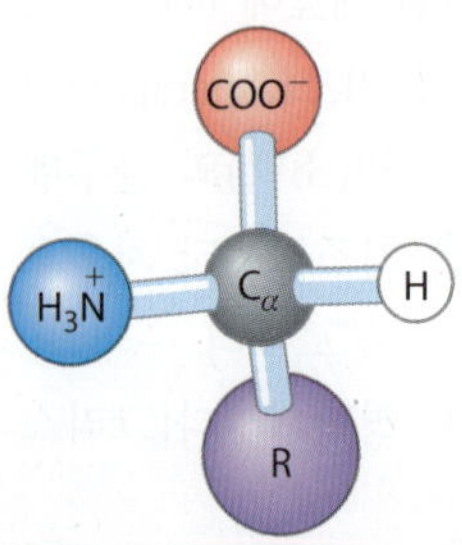

그림 3-2 아미노산의 일반 구조. 이 구조는 단백질의 모든 α-아미노산에 공통된 것이다(고리형 아미노산인 프롤린은 제외함). α-탄소(회색)에 붙은 R기 또는 곁사슬(보라색)은 각 아미노산에 따라 다르다.

글라이신을 제외한 모든 표준 아미노산들은 α-탄소원자에 4개의 다른 차환기가 결합되어 있다: 카복실기, 아미노기, R기, 그리고 수소원자가 결합되어 있다(그림 3-2; 글라이신에서는 R기가 또 다른 수소원자이다). 따라서 α-탄소원자는 **손대칭 중심(chiral center)**이다(17쪽). 아미노산의 α-탄소원자 주위의 결합궤도(bonding orbital)는 정사면체의 서열을 하고 있기 때문에 각각 서로 다른 4개의 치환기는 공간 중에서 서로 다른 2가지 배치를 취할 수 있고, 아미노산은 2개의 입체이성질체(stereoisomer)를 갖게 된다. 이 2가지의 형은 서로 겹쳐질 수가 없는 거울상 관계에 있으며(**그림 3-3**), **거울상이성질체(enantiomer)**라고 불리는 입체이성질체이다(그림 1-21 참조). 손대칭 중심을 가지고 있는 모든 분자는 또한 **광학 활성(optically active)**을 갖고 있다. 즉, 그들은 입체이성질체에 따라 서로 다른 회전 방향으로 평면 편광(plane-polarized light)을 회전시킬 수 있다(별도설명 1-2 참조).

›› 중요 관례: 아미노산 내의 탄소들을 구분하는 데 사용되는 2가지 규칙은 실질적으로 혼란을 야기할 수 있다. R기의 탄소들은 α

표 3-1 단백질에서 발견되는 표준 아미노산과 관련된 특성과 관용명

아미노산	단축형 이름	분자량[a]	pK_a 값			pI (등전점)	소수성 지표[b]	단백질에서의 비율(%)[c]
			pK_1 (—COOH)	pK_2 ($-NH_3^+$)	pK_R (R기)			
비극성, 지방족 R기								
글라이신	Gly G	75	2.34	9.60		5.97	−0.4	7.2
알라닌	Ala A	89	2.34	9.69		6.01	1.8	7.8
프롤린	Pro P	115	1.99	10.96		6.48	−1.6[d]	5.2
발린	Val A	117	2.32	9.62		5.97	4.2	6.6
류신	Leu L	131	2.36	9.60		5.98	3.8	9.1
아이소류신	Ile I	131	2.36	9.68		6.02	4.5	5.3
메싸이오닌	Met M	149	2.28	9.21		5.74	1.9	2.3
방향족 R기								
페닐알라닌	Phe F	165	1.83	9.13		5.48	2.8	3.9
타이로신	Tyr Y	181	2.20	9.11	10.07	5.66	−1.3	3.2
트립토판	Trp W	204	2.38	9.39		5.89	−0.9	1.4
극성, 비전하 R기								
세린	Ser S	105	2.21	9.15		5.68	−0.8	6.8
트레오닌	Thr T	119	2.11	9.62		5.87	−0.7	5.9
시스테인[e]	Cys C	121	1.96	10.28	8.18	5.07	2.5	1.9
아스파라진	Asn N	132	2.02	8.80		5.41	−3.5	4.3
글루타민	Gln Q	146	2.17	9.13		5.65	−3.5	4.2
양전하 R기								
라이신	Lys K	146	2.18	8.95	10.53	9.74	−3.9	5.9
히스티딘	His H	155	1.82	9.17	6.00	7.59	−3.2	2.3
아르지닌	Arg R	174	2.17	9.04	12.48	10.76	−4.5	5.1
음전하 R기								
아스파트산	Asp D	133	1.88	9.60	3.65	2.77	−3.5	5.3
글루탐산	Glu E	147	2.19	9.67	4.25	3.22	−3.5	6.3

[a]분자량은 그림 3-5에 제시한 구조식에 근거하여 산출된 값이다. 아미노산들이 폴리펩티드를 형성할 때 물(분자량 = 18)은 빠진다.

[b]R기의 소수성과 친수성을 합한 지표이다. 이 값은 아미노산의 곁사슬이 소수성 용매에서 물로 전환시키는 데 필요한 자유에너지(ΔG)를 반영한다. 전하를 가지거나 극성 곁사슬을 가지는 아미노산들은 이 전환이 수월하고(ΔG < 0), 비극성 또는 소수성 곁사슬을 가지는 아미노산들은 이 전환이 수월하지 않다. 제11장 참조. 출처: J. Kyte and R. F. Doolittle, *J. Mol. Biol.* 157:105, 1982.

[c]1,150종류 이상의 단백질에서 평균적인 존재 비. 출처: R. F. Doolittle, in *Prediction of Protein Structure and the Principles of Protein Conformation* (G. D. Fasman, ed.), p. 599, Plenum Press, 1989.

[d]원래 구성된 것 같이, 소수성 지수는 단백질의 표면에 아미노산 잔기가 나타나는 빈도를 고려한다. 프롤린은 종종 β 돌기의 표면에 나타나므로, 메틸렌 기의 사슬보다 낮은 점수를 갖는다.

[e]시스테인은 (+)의 소수성 지표를 가지지만 일반적으로 극성 아미노산으로 분류한다. 이것은 시스테인 내의 설프하이드릴기(—SH)가 약산으로 작용하여 산소나 질소와 약한 수소결합을 할 수 있음을 시사한다.

탄소 다음의 탄소부터 β, γ, δ, ε 등으로 명명한다. 다른 대부분의 유기물질은 단순히 한쪽 끝에서부터 탄소원자의 숫자가 매겨진다. 이때 가장 높은 원자번호의 원자를 치환기로 가지는 탄소에 가장 우선순위(C-1)를 준다. 이 후자의 규칙에서는 아미노산의 카복실기의 탄소가 C-1이 되고, α 탄소는 C-2가 된다.

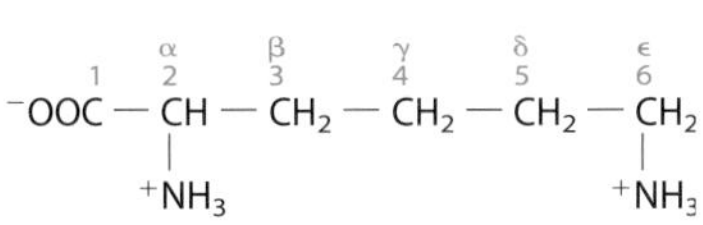

라이신

이형고리(heterocyclic) R기(히스티딘 같이)를 가진 아미노산

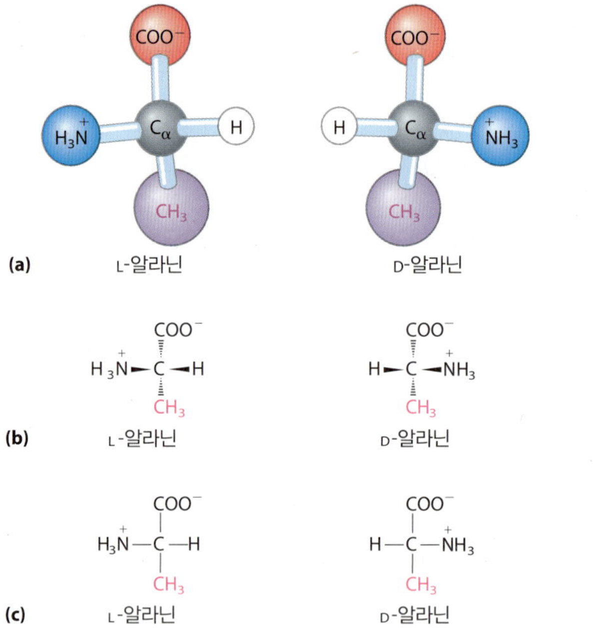

그림 3-3 α-아미노산의 입체이성질체. (a) 알라닌의 2가지 입체이성질체. L-알라닌과 D-알라닌은 서로 겹쳐질 수 없는 거울상이성질체(enantiomer)이다. **(b, c)** 입체이성질체의 공간 중에서 위치배열을 나타내기 위한 2가지의 서로 다른 관용적 표현. 투시식(perspective formula) (b)에서 쐐기 모양의 결합은 지면의 위쪽으로, 점선은 지면의 아래쪽으로 뻗어 있다. 투영식(projection formula) (c)에서는 수평의 결합은 지면의 위쪽으로, 수직의 결합은 지면의 아래쪽으로 뻗어 있는 것으로 볼 수 있다. 그림에도 투영식은 입체 구조와 관계없이 쓰일 때가 있다.

과 같은 경우에 그리스 문자 체계가 애매모호하여 숫자로 표기하는 규칙이 사용된다. 곁사슬에 가지를 가지는 아미노산에서는 같은 경우의 탄소에 대해 그리스 문자 다음에 숫자를 붙인다. 따라서 류신은 δ1과 δ2 탄소를 가진다(그림 3-5 구조를 참조). ≪

입체이성질체의 명명법은 비대칭 탄소원자 주위의 정사면체에서 서로 다른 4개의 치환기의 **절대위치배열(absolute configuration)**을 명시하기 위하여 개발되었다. 3탄당인 글리세르알데하이드(glyceraldehyde)의 절대위치배열에 기초를 두고 있는 **D, L 체계(D, L system)**에 의하여(**그림 3-4**), 단순당과 아미노산의 절대위치배열이 명시된다. 3탄당인 글리세르알데하이드의 절대위치배열는 1891년 에밀 피셔에 의해 제안된 규정이다. (피셔는 글리세르알데하이드의 비대칭 탄소가 무엇인지 알았지만 절대위치배열에 대하여는 추측만 해야 했다; 후에 그의 추측은 X-선 회절분석에 의하여 입증되었다.) 모든 손대칭 화합물의 입체이성질체에서 L-글리세르알데하이드와 같은 위치배열을 가지고 있는 것은 L형, D-글리세르알데하이드와 같은 입체이성질체는 D형이라고 명명하고 있다. L-알라닌의 작용기는 단순 화학에 의하여 L-글리세르알데하이드의 작용기와 상관관계를 가진다. 그래서 L-알라닌의 카복실기는 L-글리세르알데하이드의 알데하이드기처럼 손대칭 중심에서 동일한 위치에 존재한다. 왜냐하면 알데하이드는 한 단계 산화에 의하여 쉽게 카복실기로 변형될 수 있기 때문이다. 역사적으로 볼 때 비슷한 *l*과 *d* 표기법이 좌회전성(levorotatory, 빛을 왼쪽으로 회전시킨다)과 우회전성(dextrorotatory, 빛을 오른쪽으로 회전시킨다)에 사용되었다. 하지만 모든 L-아미노산이 좌회전성은 아니다. 그림 3-4에 보이는 규정은 절대위치배열에 대한 잠재적 모호함을 피하기 위하여 필요하다. 피셔의 규정에서 L과 D는 손대칭 탄소 주위의 4개의 치환물의 절대위치배열에만 적용되는 것이고 분자의 광학적 성질에는 적용이 되지 않는다.

손대칭 중심 주위의 배열을 규정 짓는 또 다른 체계로 **RS 체계(RS system)**가 있다. 이 방법은 유기 화학의 체계적인 명명법에서 사용되는 것으로서 하나 이상의 손대칭 중심을 가지고 있는 분자들의 배열을 더 정밀하게 묘사한다(19쪽).

단백질의 아미노산 잔기는 L 입체이성질체이다

하나의 손대칭 중심을 가지고 있는 거의 모든 생체 물질은 자연계에서 D 또는 L의 어느 한 가지 입체이성질체로만 존재한다. 단백질 분자 중에 존재하는 아미노산 잔기는 오로지 L 이성질체이다. D-아미노산 잔기는 세균 세포벽의 일부 펩타이드 또는 어떤 펩타이드 항생물질 같은 아주 일부의(일반적으로 작은) 펩타이드에서만 찾아볼 수 있다.

단백질의 아미노산 잔기가 모두 L 입체이성질체라는 것은 주목할 만한 일이다. 일반적인 화학 반응에 의하여 손대칭 화합물이 생성될 때, D와 L 이성질체의 라세미 혼합물(racemic mixture)이 생성되고, 이들을 화학자들이 구별하고 분리하기가 어렵다. 그러나 생명체에서 D와 L 이성질체는 오른손과 왼손의 차이와 같이 생각할 수 있다. 단백질의 안정되고 반복적인 하부 구조를 형성하려면(제4장) 일반적으로 그것을 구성하는 아미노산들이 하나의 입체화학적 연속체(series)를 이루어야 한다. 세포는 아미노산의 L 이성질체를 특이적으로 합성할 수 있는데, 효소의 활성 자리가 비대칭적(asymmetric)이어서 그 촉매 하는 반응이 입체특이적이기 때문이다.

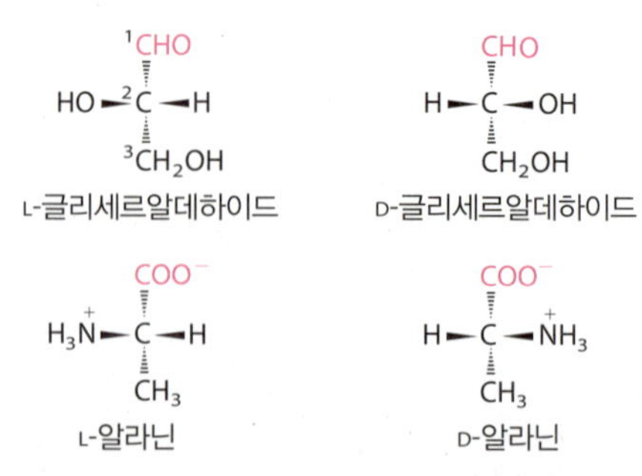

그림 3-4 알라닌의 입체이성질체와 L- 및 D-글리세르알데하이드의 절대위치배열의 입체적 관계. 이들의 투시식에서는 손대칭 탄소를 중심으로 탄소가 수직으로 놓여 있다. 이 분자 중의 탄소는 말단의 알데하이드 또는 카복실 탄소(빨간색)로부터 시작해서 번호를 붙이는데, 그림처럼 위로부터 밑으로 향해서 1에서부터 3의 순서로 번호가 붙여진다. 이와 같이 표시할 때, 아미노산의 R기(이 경우에 알라닌의 메틸기)는 언제나 α 탄소의 밑에 쓰이게 된다. L-아미노산은 왼쪽에 α-아미노기를 가지고 있고, D-아미노산은 오른쪽에 α-아미노기를 가지고 있다.

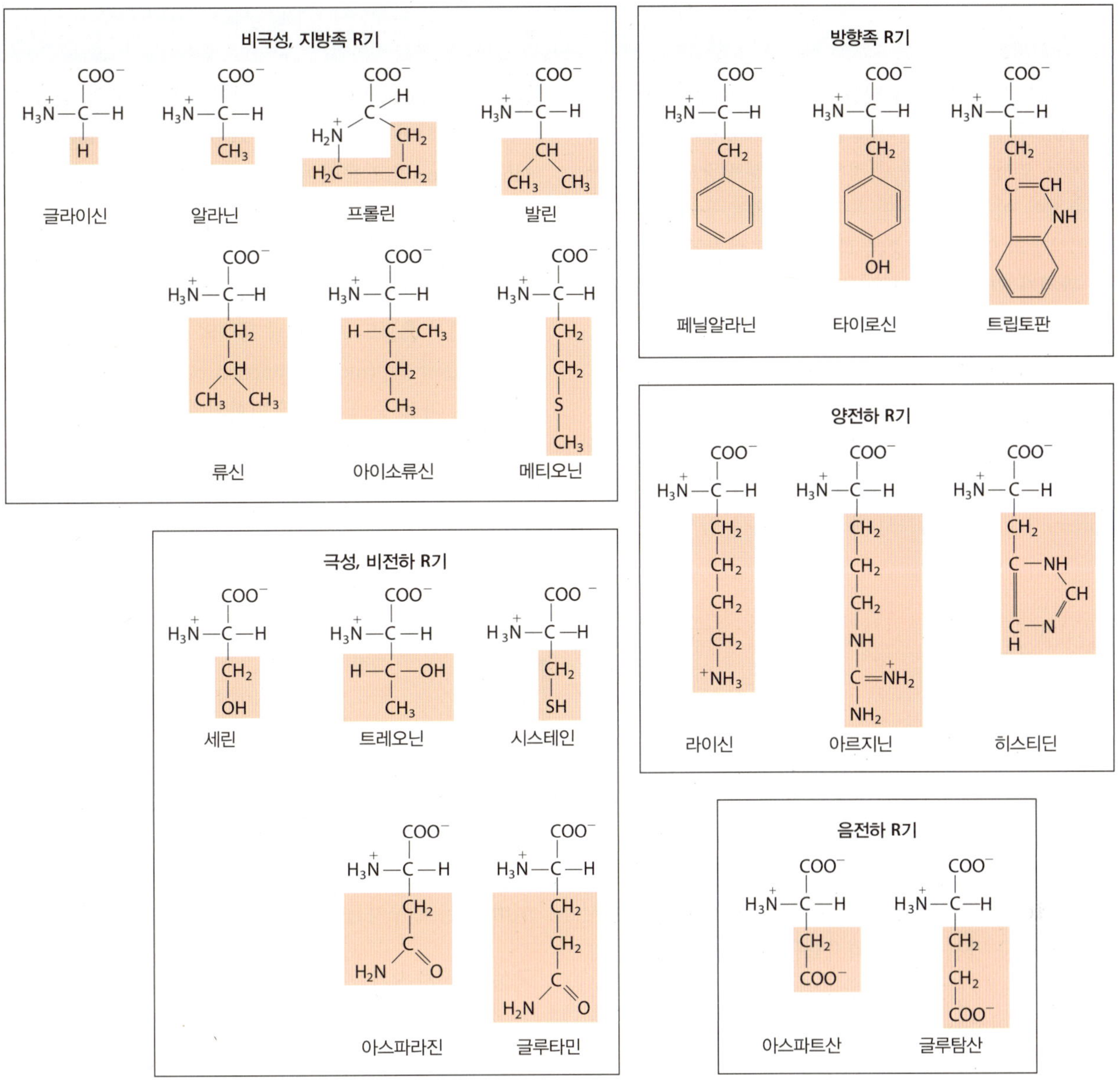

그림 3-5 단백질을 구성하는 20개의 표준 아미노산. 그림은 pH 7.0에서의 상태, 즉 아미노기와 카복실기가 이온화된 상태로 표시되었다. 표시가 안 된 부분은 모든 아미노산에서 공통의 부분이다. 주황색으로 가려진 부분은 R기에 해당한다. 히스티딘의 R기는 비극성처럼 보이는데, 이것의 pK_a(표 3-1 참조) 값은 pH 7.0에서 적지만 유의한 양이 양전하를 띠다는 것을 말해 준다. 히스티딘의 양성자화된 형태는 그림 3-12b 위에 나타내었다.

아미노산은 R기에 따라 분류할 수 있다

표준 아미노산의 화학적 특성을 이해하는 것은 생화학을 이해하는 데 대단히 중요하다. 아미노산은 R기의 성질(표 3-1), 특히 **극성(polarity)** 또는 생물학적 pH(pH 7.0 정도)에서 물과 상호작용하는 경향에 따라서 주요 5가지 군으로 분류할 수 있다. 아미노산의 R기는 그 극성의 차이가 매우 커서 전혀 극성이 없는 비극성, 즉 소수성(물에 녹지 않는)인 R기에서부터 고도로 극성인 친수성(물에 녹는) R기까지 폭이 넓다. 일부 아미노산, 특히 글라이신, 히스티딘, 시스테인 등은 성격을 규정하기가 다소 어렵거나 특정 군에 완벽히 일치하지 않는다. 그 아미노산들이 특정 군에 지정된 것은 절대적 기준에서라기 보다 고려된 판단의 결과이다.

20종류의 표준 아미노산의 구조는 **그림 3-5**와 같으며 각각의 성질은 표 3-1에서 보는 바와 같다. 아미노산은 각 군내에서도 R기의 극성, 크기, 형태 등에 단계가 있다.

비극성, 지방족 R기 이 종류의 아미노산에 속하는 R기는 비극성이고 소수성이다. **알라닌**, **발린**, **류신**, 그리고 **아이소류신**의 곁사슬은 단백질 내부에서 뭉치(cluster)를 형성하는 경향이 있으며 소수성 상호작용을 통해 단백질 구조를 안정화시킨다. **글라이신**은 가장 간단한 아미노산의 구조를 하고 있다. 이 아미노산은 분류상 비극성군이긴 하지만 매우 작은 곁사슬을 가지기 때문에 소수성 효과에 의해 유도되는 상호작용들에는 크게 기여하지 못한다. 황을 포함하는 2종류 아미노산 중의 하나인 **메싸이오닌**은 곁사슬에

별도설명 3-1 실험방법 분자에 의한 빛의 흡수: 람베르트-베르(Lambert-Beer) 법칙

많은 생체 분자는 특정 파장의 빛을 흡수한다. 예를 들어, 트립토판은 280 nm의 빛을 흡수한다(그림 3-6 참조). 분자를 발견하거나 용액에서 분자의 농도를 측정하는 데 분광광도계에 의한 흡광도의 측정이 이용된다. 어떤 특정 파장에서 용액에 의하여 흡수되는 입사광의 양은 흡수층(투과 길이)의 두께와 흡광 물질의 농도와 관계가 있다(그림 1). 이 2가지 관계를 람베르트-베르 법칙이라 하며, 다음과 같은 식으로 표시된다.

$$\log \frac{I_0}{I} = \varepsilon c l$$

이 식에서 I_0는 입사광의 세기, I는 투과광의 세기, ε은 몰 흡광계수(l/mol-cm), c는 흡광 시료의 농도(mol/l), l은 흡광 시료의 투과 길이(cm)가 된다. 람베르트-베르 법칙에서 입사광은 단색(monochromatic)이고 평행이어야 하며 용매와 용질 분자가 임의로 배합되어 있다고 가정하고 있다. 식에서 $\log(I_0/I)$는 **흡광도(absorbance)**라고 불리며 A로 표기한다.

1.0 cm의 큐벳 셀(cell)의 흡광 용액은 투과 길이의 각 1 mm마다 입사광의 일정량을 흡수하는 것이 아니고 일정한 비율을 흡수하는 것에 주목하여야 한다. 그런데 투과의 길이를 고정한 흡수층에서 **흡광도 A는 흡광 용액의 농도에 직접적으로 비례한다.**

몰 흡광계수(molar extinction coefficient)는 흡광 물질의 성질, 용매, 파장 등에 따라서 변화되며, 또한 흡광 물질이 다른 흡수 성질을 갖는 이온화 상태와 평형을 이룬다면 pH에 의하여 변화된다.

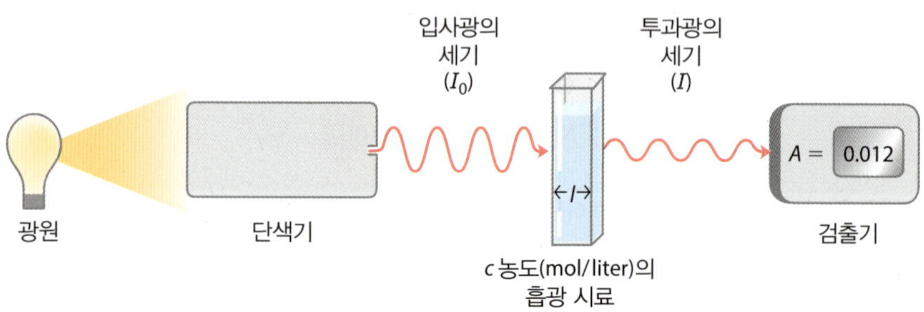

그림 1 분광광도계의 주요 구성. 광원은 넓게 퍼진 스펙트럼을 따라 빛을 보낸다. 그 다음 단색기는 특정 파장의 빛을 선택적으로 투과시킨다. 단색광은 큐벳 내의 시료를 통과하며 일부는 흡광 물질의 농도에 비례하여 시료에 흡수된다. 시료의 흡광도, $\log(I_0/I)$는 흡수하는 물질의 농도에 비례한다. 투과된 빛은 검출기에 의하여 측정된다.

하나의 비극성 싸이오에터(thioether) 기를 가지고 있다. **프롤린**은 특이한 고리형 구조를 가진 지방족 곁사슬을 가진다. 프롤린 잔기의 2차 아미노(이미노) 기는 프롤린을 함유하고 있는 폴리펩타이드 부위의 구조적 유연성을 감소시키는 단단한 입체형태이다.

방향족 R기 **페닐알라닌**, **타이로신**, 그리고 **트립토판**은 방향족 곁사슬을 가지고 있으며 상대적으로 비극성(소수성)이다. 이들은 모두 소수성 상호작용에 관여할 가능성이 있다. 타이로신의 하이드록실기는 수소결합을 형성할 수 있고, 일부 효소에서 중요한 작용기로 작용한다. 타이로신과 트립토판은 페닐알라닌보다 상당히 극성이 높은데, 이것은 타이로신의 하이드록실기와 트립토판의 인돌 고리의 질소 원자 때문이다.

트립토판, 타이로신 그리고 페닐알라닌(훨씬 약한 정도로)은 자외선을 흡수한다(**그림 3-6**; 별도설명 3-1 참조). 이것은 대부분의 단백질이 파장 280 nm에서 특유의 강한 흡광성을 나타내는 이유이며, 이는 연구자들이 단백질 연구 시 이용하는 특징이다.

극성, 비전하 R기 이들의 아미노산의 R기는 물과 수소결합을 하는 작용기를 가지고 있으므로, 비극성 아미노산의 R기보다 친수성이고 물에 녹기 쉽다. 이 종류의 아미노산에는 **세린**, **트레오닌**, **시스테인**, **아스파라진**과 **글루타민**이 포함된다. 세린과 트레오닌의

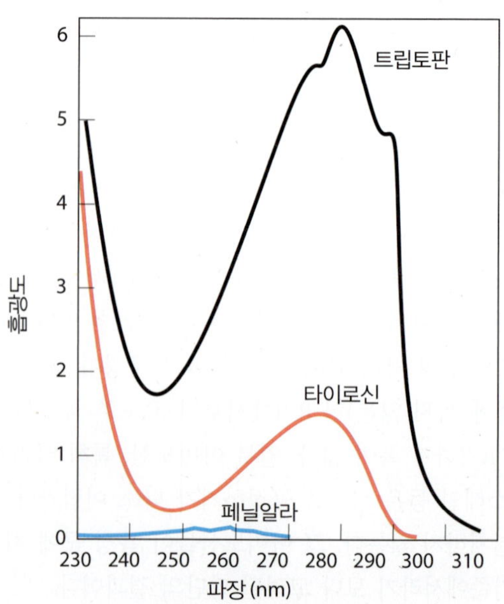

그림 3-6 방향족 아미노산에 의한 자외선의 흡광도. pH 6.0에서 방향족 아미노산인 트립토판과 타이로신의 빛의 흡수 스펙트럼의 비교. 아미노산은 같은 조건하에서 같은 몰량(10^{-3} M)으로 존재하고 있다. 트립토판의 흡광도는 타이로신의 흡광도의 4배가 된다. 트립토판과 타이로신의 최대 흡광도가 파장 280 nm 부근이라는 점에 주목을 해야 된다. 세 번째 방향족 아미노산인 페닐알라닌의 흡광도는(보여 주진 않음) 대개 단백질의 흡광도에 거의 영향을 미치지 않는다.

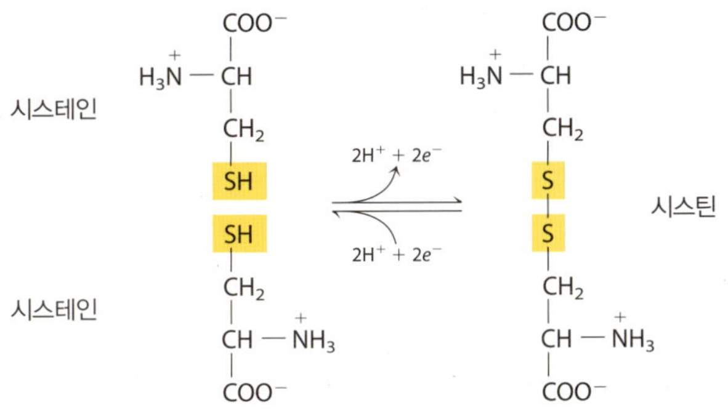

그림 3-7 두 시스테인 분자의 산화에 의한 가역적인 이황결합(disulfide bond)의 형성. 시스테인 잔기 사이의 이황결합은 많은 단백질의 구조를 안정화시킨다.

극성은 그의 하이드록실기에 의한 것이며, 아스파라진과 글루타민의 극성은 아마이드기 때문이다. 시스테인(cysteine)은 여기서 열외자인데 설프하이드릴기(—SH)에 의한 그것의 극성이 상당히 약하기 때문이다. 시스테인은 약산성이고 산소 또는 질소와 약한 수소결합을 할 수 있다.

아스파라진과 글루타민은 단백질에서 발견되는 2가지의 다른 아미노산인 아스파트산과 글루탐산 각각의 아마이드(amide)이고 산 또는 염기에 의하여 쉽게 가수분해된다. 시스테인은 산화되어, **시스틴(cystine)**이라고 불리는 공유결합으로 연결된 이합체의 아미노산을 형성하는데, 이 시스틴은 2개의 시스테인 분자가 이황결합으로 연결된 것이다(**그림 3-7**). 이황결합으로 연결된 잔기는 매우 큰 소수성(비극성)을 갖는다. 이황결합은 하나의 폴리펩타이드의 부분 사이에서 또는 서로 다른 폴리펩타이드 사슬들 간에 공유결합을 형성함으로써 많은 단백질들의 구조 형성에 있어 중요한 역할을 한다.

양전하 (염기성) R기 대부분의 친수성 R기는 양전하를 띠거나 음전하를 띤다. pH 7.0에서 R기가 상당한 양전하를 띠는 아미노산에는 그 지방족 사슬의 ε 위치에 제2의 아미노기를 가지고 있는 **라이신**, 양전하를 띠는 구아니디노기(guanidino group)를 가진 **아르지닌** 그리고 방향족 이미다졸기(imidazol group)를 가지고 있는 히스티딘이 있다. **히스티딘**은 거의 중성의 pK_a를 가진 이온화할 수 있는 곁사슬을 가지고 있는 유일한 아미노산이다. 히스티딘 잔기는 양성자 주개 또는 받개로 작용함으로써 많은 효소-촉매 반응을 촉진한다.

음전하 (산성) R기 pH 7.0에서 R기가 전체적으로 음전하를 가지고 있는 2가지 아미노산은 **아스파트산**과 **글루탐산**이고, 이들은 각각 제2의 카복실기를 가지고 있다.

특수한 아미노산 역시 중요한 기능을 갖는다

모든 단백질에 공통적으로 존재하는 20종류의 표준 아미노산 외에 단백질은 폴리펩타이드 내의 표준 아미노산 잔기의 변형(즉, 합성 후 변형)에 의하여 생성된 잔기를 가질 수 있다(**그림 3-8a**). 특수한 아미노산 중에 프롤린의 유도체인 **4-하이드록시프롤린**과 라이신으로부터 유래된 **5-하이드록시라이신**이 있다. 4-하이드록시프롤린은 식물 세포벽의 단백질 중에서 찾아볼 수 있으며, 두 아미노산 모두 결합조직 중의 섬유 단백질인 콜라젠에서 찾아볼 수 있다. **6-*N*-메틸라이신**은 근육의 수축 단백질인 마이오신(myosin)의 구성성분이다. 그 밖의 중요한 특수한 아미노산으로 **γ-카복시글루탐산(γ-carboxyglutamate)**이 있는데, 이것은 혈액응고 단백질인 프로트롬빈(prothombin)이나 생물학적 기능의 부분으로 Ca^{2+} 이온과 결합하는 단백질들에서 찾아볼 수 있다. 또한 복잡한 것으로는 섬유 단백질인 엘라스틴(elastin) 중에서 발견되는 4분자의 라이신 잔기 유도체인 **데스모신(desmosine)**이 있다.

셀레노시스테인(selenocysteine)과 **pyrrolysine**은 특이한 경우이다. 이들 희귀 아미노산 잔기는 단백질 합성 후 수정에 의하여 생성되기 보다 제27장에 설명된 것처럼 유전자 코드의 특이적 적용을 통해 단백질 합성 중에 유도된다. Selenocysteine은 시스테인의 황 대신에 셀레늄(selenium)을 함유한다. 실제로 세린으로부터 유도되는 selenocysteine은 매우 일부의 알려진 단백질들의 구성요소이다. pyrrolysine은 여러 메탄생성 고세균류와 한 종류의 알려진 박테리아류의 일부 단백질들에서 발견되며 메탄 생합성에 중요한 역할을 한다.

단백질 중의 어떤 아미노산 잔기들은 단백질의 기능을 변경하기 위해 일시적으로 수정되기도 한다. 즉, 특정 아미노산 잔기에 인산기, 메틸기, 아세틸기, 아데닐기, ADP-라이보실기 또는 다른 작용기의 부가가 그 단백질 활성을 증가 또는 감소시킬 수 있다(그림 3-8b). 인산화는 특히 일반적 조절 변형이다. 단백질 조절 전략으로서의 공유결합 변형에 대한 것은 제6장에서 더 상세히 다루기로 한다.

그 밖에도 여러 가지 기능을 하지만 단백질의 구성성분에는 포함되지 않고 세포에서 발견되는 아미노산이 약 300종류나 알려져 있다. **오니틴(ornithine)**과 **시트룰린(citrulline**, 그림 3-8c)은 아르지닌의 생합성(제22장)과 요소 회로(제18장)에 있어서 중요한 중간체(대사물)라는 점이 주목할 만하다.

아미노산은 산과 염기로 작용할 수 있다

아미노산들의 아미노기와 카복실기 및 일부 아미노산이 가지는 이온성 R기는 약산 또는 약염기로 작용한다. 이온화할 수 있는 R기가 없는 아미노산이 중성 pH의 물에 용해되면 양극성 이온이나 **양쪽성이온(zwitterion)**[독일어의 zwitterion는 "혼성 이온(hybrid ion)"]으로 존재하므로 산 또는 염기로 작용할 수 있다(**그림 3-9**). 이와 같이 이중의(산-염기) 성질을 나타내는 물질은 **양쪽성**이며 종종 **양쪽성전해질(ampholyte**, "amphoteric electrolyte"에서 유래)이라고 부르기도 한다. 알라닌과 같이 단순한 모노아미노 모노카복

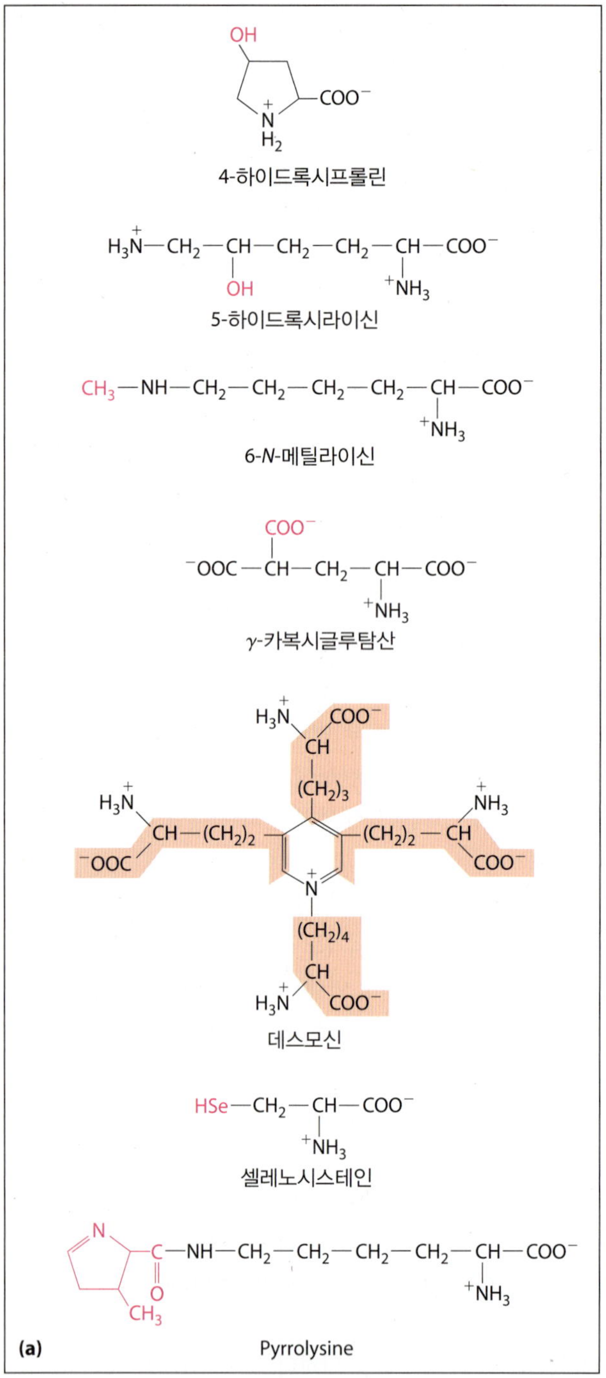

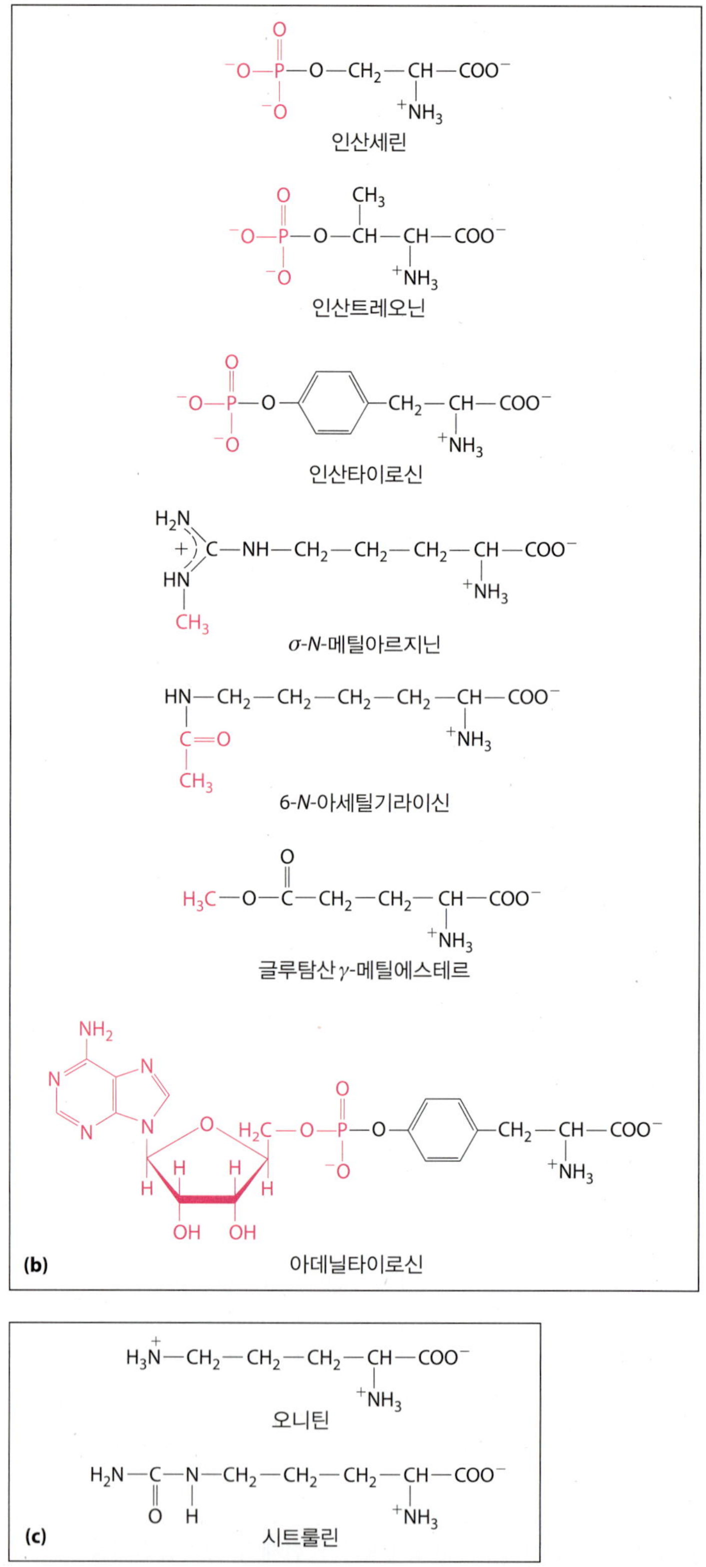

그림 3-8 특수 아미노산. (a) 단백질 중에서 찾아볼 수 있는 몇 가지의 특수 아미노산. 모든 것은 표준 아미노산으로부터 유도된다. 변형 작용에 의하여 첨가되는 여분의 작용기(functional group)는 빨간색으로 표시되었다. 데스모신(desmosine)은 4개의 라이신 잔기로부터 형성되고 그것의 탄소 골격은 주황색으로 가려져 있다. 변동이 된 탄소원자들을 표시하기 위하여 이러한 구조들의 이름에서 숫자나 그리스 문자를 사용하고 있음을 주목하라. (b) 단백질 활성의 조절에 관여하는 가역적 아미노산 변형. 인산화가 가장 보편적인 조절 변형이다. (c) 단백질에서는 발견되지 않는 오니틴과 시트룰린은 아르지닌의 생합성과 요소 회로의 중간체이다.

실 α-아미노산이 완전히 양성자화될 때, 즉 카복실기와 아미노기 모두가 양성자를 내는 경우에는 사실상 이양성자산(diprotic acid)이 된다; 이것은 두 작용기인 —COOH와 —NH_3^+를 가지므로 2개의 양성자를 제공할 수 있다.

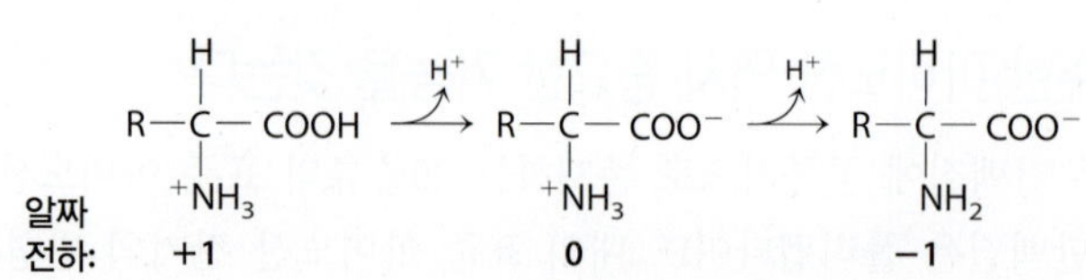

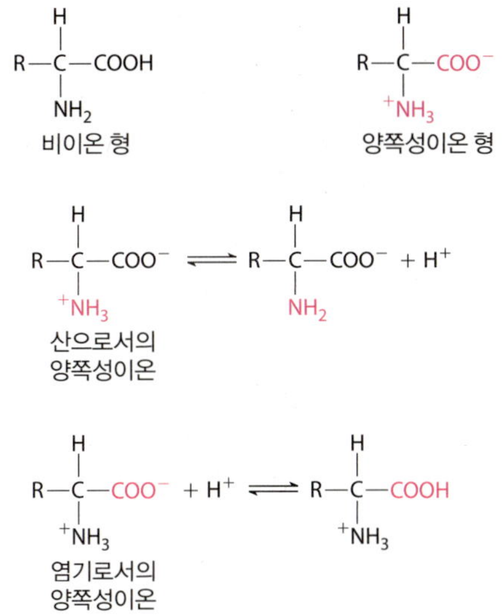

그림 3-9 아미노산의 비이온 형태와 양쪽성이온 형태. 비이온 형은 용액 상태에서 유의하게 발생하지 않는다. 중성 pH에서는 양쪽성이온이 우세하다. 양쪽성이온은 산(양성자 주개) 또는 염기(양성자 받개)로 작용할 수 있다.

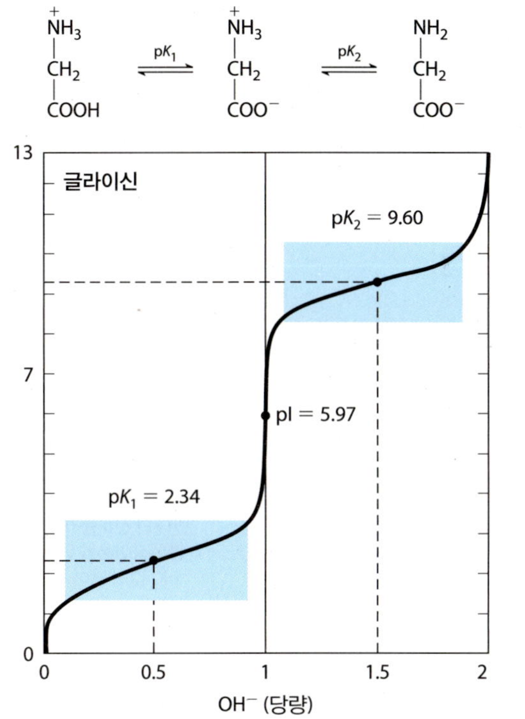

그림 3-10 아미노산의 적정곡선. 25°C에서 0.1 M 글라이신의 적정곡선을 여기에 나타내었다. 적정 중의 중요한 점에서 우세한 이온의 종류를 그래프의 상부에 표기했다. pK_1 = 2.34와 pK_2 = 9.60을 중심으로 하는 사각형 부분은 완충 작용이 가장 강한 부위가 된다. OH^- 1당량은 첨가된 0.1 M NaOH이다.

아미노산은 특징적인 적정곡선을 가지고 있다

산-염기 적정은 단계적으로 양성자를 첨가하거나 제거하는 것이다(제2장). **그림 3-10**은 이양성자의 형태인 글라이신의 적정곡선이다. 글라이신의 2개의 이온화기인 카복실기와 아미노기를 강한 염기인 NaOH로 적정한다. 이 곡선에서는 뚜렷한 2가지 단계를 찾아볼 수 있는데 이는 글라이신의 두 가지 다른 그룹의 탈양성자화에 대응한다. 이 두 단계는 아세트산과 같은(그림 2-17 참조), 일양성자산(monoprotic acid)의 적정곡선과 형태가 비슷하며 같은 방법으로 해석할 수 있다. 매우 낮은 pH에서 주로 존재하는 글라이신의 이온 종(ionic species)은 완전히 양성자화된 형태의 $^+H_3N—CH_2—COOH$이다. 이 적정의 첫 단계에서, 글라이신의 —COOH 기가 양성자를 잃는다. 이 적정 과정의 중간점에서 양성자 주개($^+H_3N—CH_2—COOH$)와 양성자 받개($^+H_3N—CH_2—COO^-$)가 같은 몰농도로 존재하게 된다. 약산의 적정에서처럼 pH가 적정하고 있는 양성자화된 기의 pK_a와 같게 되는 중간지점에서 변곡점에 도달한다(그림 2-18 참조). 글라이신에서 적정의 중간점의 pH는 2.34로 글라이신에 있는 카복실기(—COOH)의 pK_a(그림 3-10에서 pK_1로 표시됨)는 2.34이다. (pH와 pK_a는 각각 양성자의 농도와 이온화의 평형 상수의 단순하고 편이적인 표시라고 설명한 제2장의 내용을 다시 생각해 보자. pK_a란 어떤 기가 양성자를 내보내는 척도가 되고 그 경향은 pK_a가 1이 올라갈 때마다 10배 감소하게 된다.) 계속 글라이신 적정을 진행시켜 나아가면 pH 5.97에서 또 다른 중요한 점에 이른다. 이 점은 또 다른 변곡점으로, 제1의 양성자 제거가 완료되고 제2의 양성자 제거가 시작되는 점이다. 이 pH에서 글라이신은 주로 양극성 이온 $^+H_3N—CH_2—COO^-$로서 존재한다. 이 적정곡선에서 변곡점의 중요성에 대하여 뒷부분에서 다시 한 번 언급하게 될 것이다(그림 3-10에서의 pI로 표지됨).

적정의 두 번째 단계는 글라이신의 $—NH_3^+$기에서 양성자를 제거하는 것이다. 이 단계 중간점의 pH는 9.60으로 $—NH_3^+$기의 pK_a 값(그림 3-10에서 pK_2로 표지됨)과 동일하다. 대부분의 글라이신이 $H_2N—CH_2—COO^-$의 형태로 존재하는 지점인 pH 12에서 적정이 완전하게 이루어진다.

우리는 글라이신의 적정곡선을 통하여 여러 가지 중요한 정보를 얻을 수 있다. 첫째로, 두 이온화 기 각각의 pK_a 값을 정량적으로 측정할 수 있다: —COOH 기는 2.34, $—NH_3^+$ 기는 9.60. 글라이신의 카복실기는 아세트산의 카복실기[제2장에서 보는 것처럼 pK_a가 4.76인데, 이것은 카복실기가 지방족 탄화수소(aliphatic hydrocarbon)기가 치환되지 않은 것에 붙어 있을 경우의 평균임]보다 100배 이상의 산성도를 갖는다(훨씬 쉽게 이온화됨). 이런 글라이신의 교란된 pK_a 값은 기본적으로 근처 α-탄소원자의 양전하를 가진 아미노기와 양성자 사이에서의 반발력에 의한 것이다(**그림 3-11**). 결과물인 양쪽성이온의 반대되는 전하는 다소 안정화된다. 이와 비슷하게 글라이신의 아미노기의 pK_a 값도 아미노기 평균 pK_a 값에 비해 낮게 나타난다. 이러한 효과는 주로 카복실기 내의 전기음성도가 큰 산소원자에 의한 전자철회 때문으로 아미노기에서의 양성자의 분리를 촉진시킨다. 그러므로 α-아미노기의 pK_a 값은 메틸아민과 같은 지방족 아민의 pK_a 값보다 낮다(그림

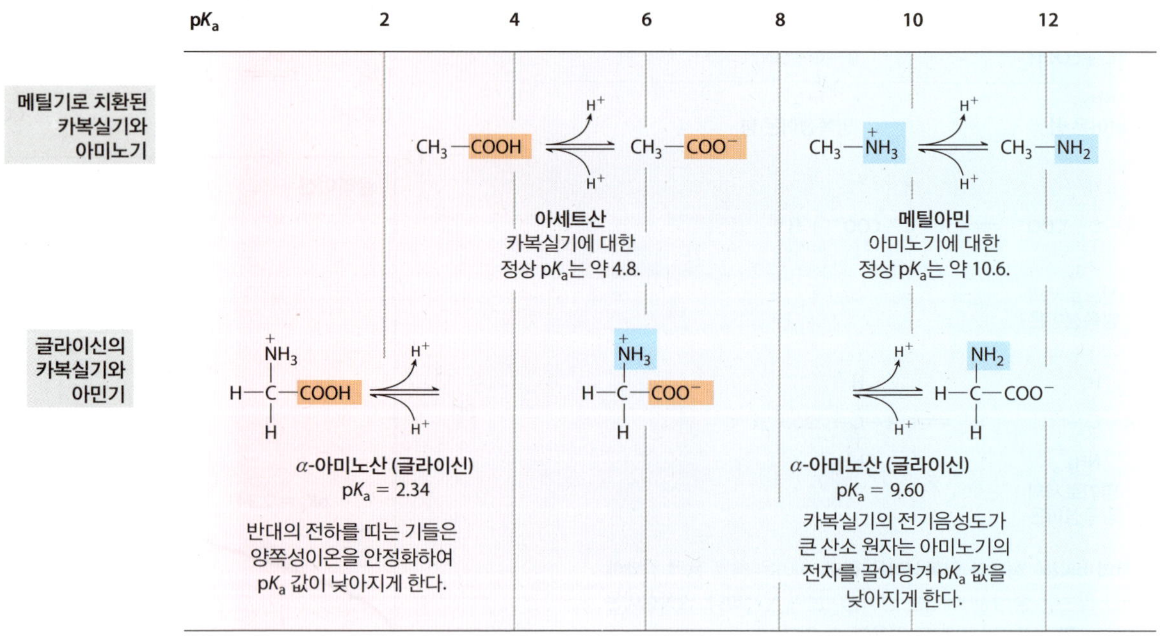

그림 3-11 화학적 환경이 pK_a에 미치는 효과. 글라이신에서 이온화가 가능한 기의 pK_a 값은 메틸기가 치환된 아미노기나 카복실기보다 낮다. pK_a 값이 낮은 쪽으로 이행하는 것은 분자 내부의 상호작용 때문이다. 비슷한 효과가 인접한 화학적 기에 의하여 일어날 수 있는데 한 예로 효소의 활성자리에서 그러하다.

3-11). 간단히 말해서 어떤 작용기의 pK_a는 그것의 화학적 환경에 의하여 크게 영향을 받는다. 이것은 특이적인 잔기의 양성자 주개/받개의 교란된 pK_a 값에 의존하는 적응 반응 기전을 절묘하게 촉진하기 위하여 효소의 활성자리에서 일어나는 상황과 같은 현상이다.

글라이신의 적정곡선에서 얻을 수 있는 두 번째 정보는 이 아미노산이 완충 작용을 나타내는 2개의 영역을 가지고 있다는 것이다. 제1의 영역은 처음 pK_a 2.34의 양쪽으로 대략 pH 1 단위에 걸치는 적정곡선 상에서 비교적 편평한 부분인데 이것은 글라이신이 pH 2.34 부근에서 좋은 완충제라는 것을 나타낸다. 또 하나의 완충대(buffering zone)는 pH 9.60을 중심으로 하는 범위에 있다(결과적으로 글라이신은 세포 내액이나 혈액의 pH인 7.4 부근에서는 좋은 완충제가 되지 않는다는 점에 유의) 글라이신의 완충 범위 내에서 헨더슨-하셀발흐식을 사용하면 어떤 pH에서 완충액을 만들기 위해 필요한 글라이신의 양성자 주개와 받개의 비를 계산할 수 있다.

적정곡선으로부터 아미노산의 전하를 예측할 수 있다

아미노산을 적정해서 얻을 수 있는 또 하나의 중요한 정보는 아미노산의 알짜(net) 전하와 용액의 pH와의 관계이다. 글라이신의 적정곡선에서 두 단계 사이의 변곡점인 pH 5.97에서 글라이신은 완전히 이온화된 양극성 이온형으로 존재하지만, 알짜 전하는 띠지 않는다(그림 3-10). 알짜 전하가 제로인 이 특징적인 pH를 **등전점(isoelectric point)** 또는 **등전 pH(isoelectric pH)**라고 부르고, **pI**로 표시한다. 곁사슬에 해리기를 가지고 있지 않은 단순하게 글라이신의 등전점은 2개의 pK_a 값의 산술적 평균이 된다:

$$pI = \frac{1}{2}(pK_1 + pK_2) = \frac{1}{2}(2.34 + 9.60) = 5.97$$

그림 3-10에서 분명히 보이듯이, 글라이신은 등전점보다 높은 pH에서 음전하를 띠게 되므로 전기영동을 하면 양극 방향으로 이동한다. 한편, 등전점 이하의 모든 pH에서 글라이신의 실제 전하는 양전하를 띠고 이로 인하여 음극 방향으로 이동한다. 글라이신 용액의 pH가 등전점으로부터 멀어질수록 글라이신 분자들의 실제 전하가 커지게 된다. 예를 들면, 글라이신은 pH 1.0에서는 거의 모두 $^+H_3N—CH_2—COOH$로 존재한다. pH 2.34에서는 $^+H_3N—CH_2—COOH$와 $^+H_3N—CH_2—COO^-$가 같은 수로 존재하며 평균 또는 실제의 양전하는 0.5이다. 어떤 아미노산에 대해서도 임의의 pH에서 알짜 전하의 부호와 크기를 같은 방법으로 예측할 수 있다.

아미노산은 각각의 산-염기 성질이 다르다

많은 아미노산의 공통된 성질에 의하여 아미노산의 산-염기로서의 행동을 간단하게 일반화할 수 있다. 첫째, α-아미노기 1개, α-카복실기 1개 그리고 이온화될 수 없는 R기를 가지고 있는 모든 아미노산은 글라이신과 흡사한 적정곡선을 나타낸다(그림 3-10). 이 군의 아미노산은 동일하지는 않지만 매우 흡사한 pK_a 값을 가지고 있다. —COOH 기의 pK_a 값은 1.8에서 2.4 사이에 있으며, $—NH_3^+$ 기의 pK_a 값은 8.8에서 11.0 사이에 있다(표 3-1). 이와 같은 pK_a 값의 차이는 R기에 의해 부여되는 화학적 환경을 반영한

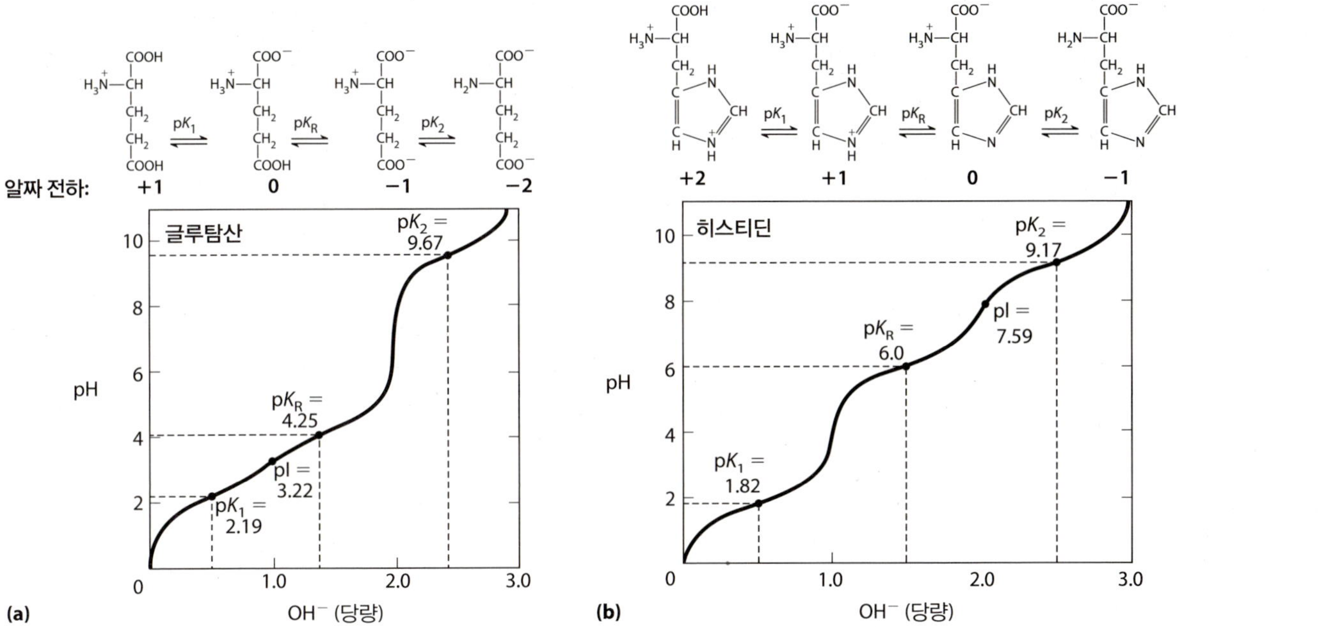

그림 3-12 (a) 글루탐산과 (b) 히스티딘의 적정곡선. R기의 pK_a는 pK_R로 표기되어 있다.

다. 둘째, 이온화될 수 있는 R기를 가진 아미노산은 3개의 가능한 이온화 단계에 대응하는 3단계로 이루어진 더 복잡한 적정곡선을 가지고 있다. 따라서 이들은 3개의 pK_a 값을 갖는다. 이온화될 수 있는 R기의 적정에 대응하는 추가적인 단계는 어느 정도 카복실기의 적정, 아미노기의 적정 또는 그 둘 모두의 단계와 겹치게 된다. 이 군에 속하는 2가지의 아미노산인 글루탐산과 히스티딘의 적정곡선은 **그림 3-12**에 있다. 이 군에 속하는 아미노산의 등전점은 이온화되는 R기의 성질을 반영한다. 예를 들면, 글루탐산의 등전점은 글라이신의 pI 값보다 훨씬 낮은 3.22이다. 이것은 2개의 카복실기가 존재하기 때문이다. 이 기는 그 pK_a의 평균 값(3.22)에서 −1의 알짜 음전하를 띠게 되고 아미노기에 의한 +1의 하전과 균형을 이루게 된다. 마찬가지로 양성자화에 의하여 양전하를 띠는 2개의 기를 가지는 히스티딘의 pI는 7.59(아미노기와 이미다졸기의 pK_a 값의 평균)이므로 글라이신의 pI보다 훨씬 높다.

마지막으로, 위에서 지적한 것처럼 수용액 환경에 자유로이 개방되어 노출되어 있는 일반적인 조건하에서 히스티딘만이 대부분의 동물과 세균의 세포 내액과 세포 외액의 중성 pH 부근에서 상당한 완충력을 나타내는 R기(pK_a = 6.0)를 가진다(표 3-1).

요약 3.1 아미노산

■ 단백질에는 잔기로 일반적으로 발견되는 20개의 아미노산이 존재하는데 이것들은 α-아미노기, α-카복실기 그리고 α-탄소에 치환된 특징적인 R기를 가진다. 글라이신을 제외한 모든 아미노산의 α-탄소는 비대칭이고 따라서 아미노산은 최소 2개의 입체이성질체가 존재한다. 기준 분자가 되는 L-글리세르알데하이드의 절대위치배열과 같은 배치를 가진 L-입체이성질체만이 단백질에서 발견된다.

■ 흔하지 않은 아미노산도 존재하는데 단백질의 성분(단백질 합성 후에 표준 아미노산의 잔기의 수정을 통하여 생성)이나 유리 대사물로 존재한다.

■ 아미노산은 R기의 극성과 전하(pH 7에서)에 따라 5가지 종류로 분류할 수 있다.

■ 아미노산은 그 산-염기 특성이 다양하며 특징적인 적정곡선을 갖는다. 비이온화 R기를 가진 모노아미노-모노카복실 아미노산은 낮은 pH에서 이양성자산($^+H_3NCH(R)COOH$)이며 pH가 증가하면서 여러 가지 다른 이온 형태로 존재한다. 이온화 R기를 가진 아미노산은 추가적인 이온 종을 갖는데, 이것은 용액의 pH와 R기의 pK_a에 의존한다.

3.2 펩타이드와 단백질

이제 아미노산의 중합체인 **펩타이드(peptide)**와 **단백질(protein)**에 대하여 살펴보자. 생물계에 존재하는 펩타이드의 크기는 2~3개의 아미노산 밖에 갖고 있지 않은 작은 분자부터 몇 천 개나 되는 아미노산을 가지고 있는 거대분자에 이르기까지 광범위하다. 여기서는 이러한 중합체의 기본적인 화학적 특성에 초점을 맞추기로 한다.

펩타이드는 아미노산 사슬이다

2분자의 아미노산은 **펩타이드 결합(peptide bond)**이라고 불리는 치환 아마이드 결합(amide linkage)에 의하여 공유결합을 형성하여

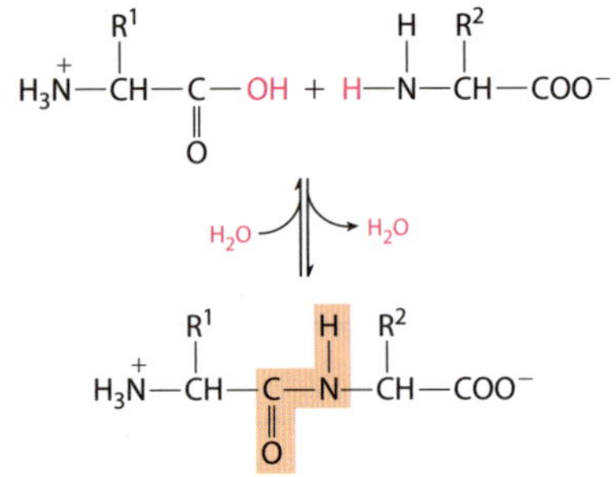

그림 3-13 축합 반응에 의한 펩타이드 결합의 형성. 한 아미노산(R^2기를 가짐)의 α-아미노기는 친핵기(nucleophile)로 작용해서 다른 아미노산(R^1기를 가짐)의 하이드록실기와 반응하여 펩타이드 결합을 형성한다(주황색을 칠한 곳). 아미노기는 좋은 친핵기이지만 하이드록실기가 잘 분리되지 않아서 쉽게 치환되지 않는다. 생리적 pH에서는 이 같은 반응은 크게 일어나지 않는다.

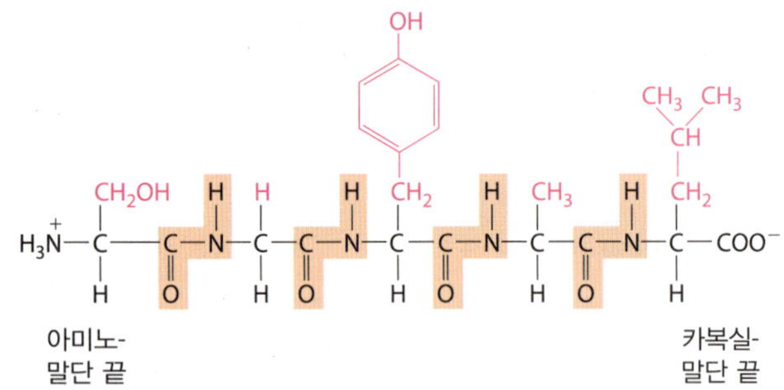

그림 3-14 펜타펩타이드인 세릴글라이실타이로시닐알라닐류신(serylglycyltyrosylalanylleucine), Ser-Gly-Tyr-Ala-Leu 또는 SGYAL의 구조. 펩타이드의 명명은 관례적으로 왼쪽 아미노 말단 잔기로부터 시작한다. 펩타이드 결합은 주황색으로 표시하고 R기는 빨간색으로 표시했다.

다이펩타이드(dipeptide)가 된다. 이런 종류의 결합은 아미노산 1분자의 α-카복실기와 또 다른 아미노산 1분자의 α-아미노기로부터 H_2O를 제거함(탈수)으로써 이루어진다(**그림 3-13**). 펩타이드 결합의 생성은 세포에서 일어나는 일반적인 반응인 축합 반응의 한 예이다. 그림 3-13에서 보이는 이 반응의 평형은 생성물(다이펩타이드)보다도 오히려 반응물(아미노산)에 더 유리하다. 이 반응을 열역학적으로 일어나기 쉽게 하려면 카복실기를 화학적으로 변형시키거나 활성화시켜서 하이드록실기가 좀 더 쉽게 떨어져 나가도록 해야 한다. 이 문제에 대한 화학적인 접근에 대해서는 이 장의 후반부에 설명하기로 하고 펩타이드 결합의 생성에 대한 생물학적인 설명은 제27장에서 주제로 다루기로 한다.

3분자의 아미노산은 2개의 펩타이드 결합에 의하여 연결되어 트라이펩타이드를 만든다. 같은 방법으로 테트라펩타이드, 펜타펩타이드 등이 만들어진다. 몇 개의 아미노산이 이와 같이 결합된 경우 그 구조를 **올리고펩타이드(oligopeptide)**라 하고 많은 아미노산이 결합된 경우를 **폴리펩타이드(polypeptide)**라 한다. 단백질은 수천 개의 아미노산 잔기를 가지고 있다. "단백질" 또는 "폴리펩타이드"라는 용어는 때로는 같은 의미로 사용하는 경우가 있으나 일반적으로 폴리펩타이드라고 부를 때는 분자량이 10,000 이하인 것을 말하고 단백질이라고 부를 때는 그 이상의 분자량을 가질 때이다.

그림 3-14는 펜타펩타이드의 구조를 나타낸 것이다. 이미 언급한 것처럼 펩타이드 중의 아미노산 단위를 일반적으로 잔기라고 부른다(아미노기로부터 수소원자를 그리고 카복실기로부터 하이드록실기 부분을 상실하고 남아 있는 것). 펩타이드에서 결합하지 않은 α-아미노기를 가지고 있는 펩타이드 사슬의 말단에 있는 아미노산 잔기를 **아미노-말단(amino-terminal)** 잔기(*N*-말단 잔기)라고 하며, 그 반대쪽 말단에 결합하지 않은 카복실기 잔기를 **카복실-말단(carboxyl-terminal)** 잔기(*C*-말단 잔기)라고 한다.

›› 중요 관례: 하나의 펩타이드나 폴리펩타이드 또는 단백질의 아미노산 서열을 표시할 때 아미노-말단 아미노산은 왼쪽 끝에, 카복실-말단 아미노산은 오른쪽 끝에 제시된다. 서열도 아미노-말단 아미노산에서 시작하여 왼쪽에서부터 오른쪽으로 읽어 나간다. **‹‹**

펩타이드 결합의 가수분해는 자유에너지감소 반응이지만 그 활성화 에너지(28쪽)가 높기 때문에 반응은 서서히 일어난다. 그 결과 단백질 중의 펩타이드 결합은 매우 안정되어 있으며 대부분의 세포내 조건에서 평균적으로 약 7년의 반감기($t_{1/2}$)를 가지고 있다.

펩타이드는 이온화 경향에 따라 분류될 수 있다

펩타이드는 양쪽 말단의 한쪽에는 결합되지 않은 α-아미노기를, 다른 한쪽에는 결합되지 않은 α-카복실기를 가지고 있다(**그림 3-15**). 이들은 유리 아미노산에서 하듯이 이온화된다. 펩타이드의 양쪽 말단 부위 외의 모든 아미노산들의 α-아미노기와 α-카복실기는 펩타이드 결합의 형태로 공유결합을 하고 있기 때문에 이

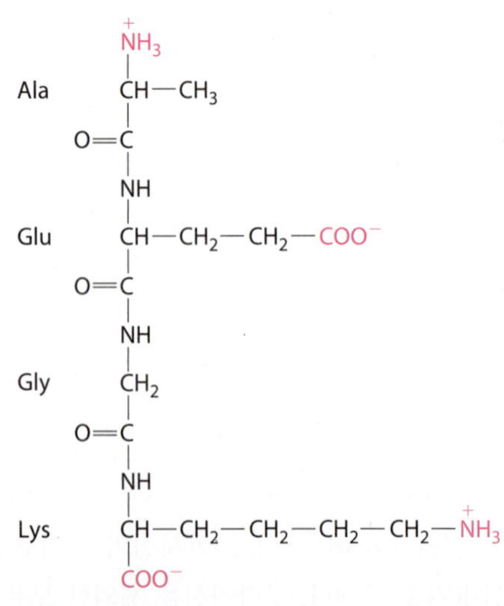

그림 3-15 알라닐글루타밀글라이실라이신(Alanylglutamylglycyllysine). 이 테트라펩타이드는 결합하지 않은 α-아미노기와 결합하지 않은 α-카복실기를 각각 하나씩 가지며, 2개의 이온화가 가능한 R기를 갖는다. pH 7.0에서 이온화하는 기는 빨간색으로 나타나 있다.

표 3-2 몇 가지 단백질에 대한 분자적 정보

단백질	분자량	잔기의 수	폴리펩타이드 사슬의 수
사이토크롬 *c*(사람)	12,400	104	1
리보핵산분해효소 A(소의 이자)	13,700	124	1
라이소자임(계란 흰자)	14,300	129	1
마이오글로빈(말의 심장)	16,700	153	1
카이모트립신(소의 이자)	25,200	241	3
카이모트립시노젠(소)	25,700	245	1
헤모글로빈(사람)	64,500	574	4
혈청 알부민(사람)	66,000	609	1
육탄당인산화효소(효모)	107,900	972	2
RNA 중합효소(대장균)	450,000	4,158	5
아포지질단백질 B(사람)	513,000	4,536	1
글루타민 합성효소(대장균)	619,000	5,628	12
타이틴(사람)	2,993,000	26,926	1

온화되지 않으며, 따라서 펩타이드 전체의 산-염기 성질에 영향을 미치지 않는다. 그러나 몇몇 아미노산의 R기는 이온화되며(표 3-1), 이런 종류의 아미노산이 펩타이드에 존재하면 R기는 그 분자의 전체적인 산-염기 성질에 영향을 미친다(그림 3-15). 따라서 펩타이드의 산-염기로서의 성질은 사슬의 양쪽 끝에 있는 결합되지 않은 1개의 α-아미노기와 1개의 α-카복실기 그리고 이온화될 수 있는 R기의 성질과 그의 수로부터 예측할 수 있다.

펩타이드는 유리 아미노산과 마찬가지로 특유의 적정곡선과 등전 pH(pI)를 가지고 있다. 등전 pH(pI)일 때 펩타이드는 전장(electric field)에서 이동하지 않는다. 이러한 특성들은 이 장의 뒷부분에서 설명된 것처럼 펩타이드나 단백질을 분리하는 기술들에 이용되고 있다. 아미노산이 한 펩타이드의 잔기일 때 이온화 가능한 R기의 pK_a 값이 어느 정도 변할 수 있다는 것은 중요하다. 다른 펩타이드의 R기와의 상호작용, α-카복실기와 α-아미노기의 전하 손실 그리고 주위 환경 요소들은 pK_a 값에 영향을 미칠 수 있다. 표 3-1에 있는 R기의 pK_a 값은 주어진 기가 이온화되는 pH 영역을 알아내기 위하여 유용하게 이용될 수 있지만 펩타이드 상의 아미노산에 그대로 적용될 수 있는 것은 아니다.

생물학적 활성이 있는 펩타이드와 폴리펩타이드의 크기는 다양하다

생물학적 활성 펩타이드와 폴리펩타이드의 분자량과 기능의 관련성에 대한 일반론은 없다. 자연에 존재하는 펩타이드의 길이는 2개의 아미노산 잔기부터 수천 개의 잔기에 이르는 범위를 가진다. 심지어 가장 작은 펩타이드도 생물학적으로 중요한 효력을 가질 수도 있다. 예를 들어, 상업적으로 합성된 다이펩타이드인 L-아스파틸-L-페닐알라닌 메틸 에스터(L-aspartyl-L-phenylalanine methyl ester)를 생각해 보자. 이 화합물은 아스파테임(aspartame) 또는 뉴트라스위트(NutraSweet)로 더 잘 알려져 있는 인공 감미료이다.

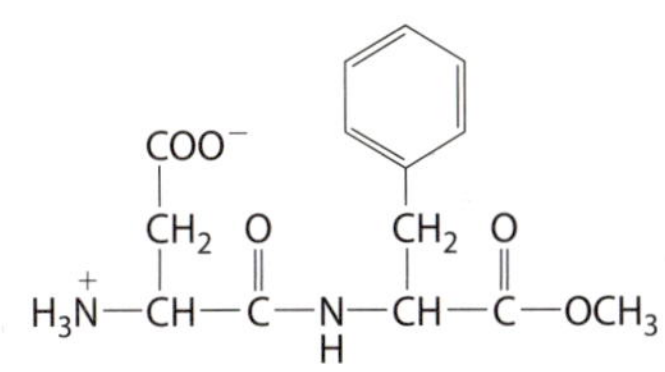

L-아스파틸페닐알라닌 메틸 에스터
(아스파테임)

수많은 작은 펩타이드들은 매우 소량으로도 효력을 발휘한다. 예를 들면, 척추동물 호르몬의 상당수는 작은 펩타이드이다(제23장). 옥시토신(oxytocin; 아미노산 9잔기)은 뇌하수체 후엽으로부터 분비되어 자궁의 수축을 자극하고 갑상샘자극호르몬 분비인자(thyrotropin-releasing factor; 아미노산 3잔기)는 시상하부에서 생성되어 뇌하수체 전엽에서 갑상샘자극호르몬(thyrotropin)의 분비를 촉진시킨다. 아마니틴(amanitin)과 같이 매우 유독한 버섯의 독도 다른 많은 종류의 항생제처럼 작은 펩타이드이다.

단백질의 폴리펩타이드 사슬은 얼마나 길까? 표 3-2에서 보듯이 단백질의 폴리펩타이드 사슬의 길이는 상당히 다양하다. 사람의 사이토크롬 *c*(cytochrome *c*)는 104개 잔기의 아미노산이 한 가닥 사슬에 결합되어 있으며 소의 카이모트립시노젠(chymotrypsinogen)은 245개의 아미노산 잔기로 이루어졌다. 극단적인 경우로 타이틴(titin)이 있는데, 타이틴은 척추동물 근육의 구성성분으로 거의 27,000개에 이르는 아미노산 잔기로 되어 있고 분자량이 약 3,000,000이다. 자연계의 많은 단백질들은 타이틴보다 훨씬 작은 작으며, 2,000개 미만의 아미노산 잔기를 가지고 있다.

일부 단백질들은 한 가닥의 폴리펩타이드 사슬로 구성되어 있고, 어떤 단백질들은 **다중소단위체체(multisubunit)**라고 불리는 단백질로 2개 이상의 폴리펩타이드 사슬을 가지고 있고, 이 사슬들은 비공유결합으로 연결되어 있다(표 3-2). 다중소단위체 단백질에 있는 개개의 폴리펩타이드 사슬은 동일한 것도 있고 서로 다른 것도 있다. 적어도 2개가 동일하다면 그 단백질은 **소중합체(oligomeric)** 단백질이라 부르고 그 동일한 단위체는 **기본단위체(protomer)**라고 부른다. 예를 들면, 헤모글로빈은 2개의 동일한 α 사슬과 2개의 동일한 β 사슬로 모두 4개의 사슬을 가지고 있으며, 이 4개는 모두 비공유결합 상호작용에 의하여 연결되어 있다. 각각의 α 사슬 소단위는 이 다중소단위체 단백질 구조 내에서 동일한 방법으로 β 사슬 소단위와 짝을 이룬다. 그래서 헤모글로빈은 4개의 폴리펩타이드 소단위로 된 사합체(tetramer)이면서 2개의 $\alpha\beta$ 기본단위체($\alpha\beta$ protomer)로 된 이합체(dimer)이기도 하다.

몇몇 단백질들은 공유결합으로 연결된 2개 이상의 폴리펩타이드로 구성되어 있다. 예를 들어, 인슐린의 두 폴리펩타이드 사슬은 이황결합으로 연결되어 있다. 이 경우 개개의 폴리펩타이드는 소단위로 간주하지 않고 사슬로 생각한다.

단백질의 아미노산 조성도 매우 변화가 심하다. 하나의 단백질 내에 20가지 종류의 표준 아미노산이 단백질 중에 같은 양이 들어 있는 경우는 거의 없다. 어떤 아미노산은 단백질 1분자당 단지 1개만 있기도 하고 전혀 없기도 하다. 또 어떤 아미노산은 한 단백질에 다량으로 존재하기도 한다. 표 3-3은 소의 사이토크롬 *c*와 소의 소화 효소인 카이모트립신의 불활성 전구체인 카이모트립시노젠의 아미노산 조성이다. 이 2가지의 단백질은 서로 매우 다른 기능을 가지고 있으며 또한 함유하고 있는 각 아미노산의 상대적인 수도 상당히 다르다.

아미노산 이외의 다른 화학적 성분을 가지고 있지 않은 단순

표 3-3 2가지 단백질의 아미노산 조성

	소 사이토크롬 *c*		소 카이모트립시노젠	
아미노산	분자 당 잔기의 수	전체에 대한 백분율*	분자 당 잔기의 수	전체에 대한 백분율[a]
Ala	6	6	22	9
Arg	2	2	4	1.6
Asn	5	5	14	5.7
Asp	3	3	9	3.7
Cys	2	2	10	4
Gln	3	3	10	4
Glu	9	9	5	2
Gly	14	13	23	9.4
His	3	3	2	0.8
Ile	6	6	10	4
Leu	6	6	19	7.8
Lys	18	17	14	5.7
Met	2	2	2	0.8
Phe	4	4	6	2.4
Pro	4	4	9	3.7
Ser	1	1	28	11.4
Thr	8	8	23	9.4
Trp	1	1	8	3.3
Tyr	4	4	4	1.6
Val	3	3	23	9.4
총	104	102	245	99.7

참고 : 산 가수 분해와 같은 일부 일반적인 분석에서 Asp 및 Asn은 서로 쉽게 구별되지 않으며, 함께 Asx (또는 B)로 지정된다. 비슷하게, Glu 및 Gln이 구별 될 수 없는 경우, 이들은 함께 Glx (또는 Z)로 표시된다. 또한, Trp는 산 가수 분해에 의해 파괴된다. 완전한 아미노산 함량에 대한 정확한 값을 얻으려면 추가적인 절차를 진행해야 한다.

[a]반올림으로 인해 백분율은 100%가 되지 않는다.

표 3-4 접합단백질

분류	보조단	예
지질단백질	지질	혈액의 β_1-지질단백질
당단백질	탄수화물	면역글로불린 G
인산단백질	인산기	우유의 케이신
헴단백질	헴(철 포르피린)	헤모글로빈
플라보단백질	플라빈 뉴클레오타이드	석신산 탈수소효소
금속단백질	철	페리틴
	아연	알코올 탈수소효소
	칼슘	칼모둘린
	몰리브데넘	다이나이트로저네이스
	구리	플라스토사이아닌

단백질의 대략적인 아미노산 잔기 수는 분자량을 110으로 나누어 계산할 수 있다. 20가지 종류의 표준 아미노산의 평균 분자량은 약 138이지만 대부분의 단백질에서는 더 작은 아미노산들이 많이 차지하고 있다. 다양한 아미노산들의 단백질 내에서의 비율을 고려한다면(표 3-1; 그 평균은 1,000개 이상의 다른 단백질의 아미노산 구성을 조사하여 결정되었다) 아미노산의 평균 분자량은 거의 128이 된다. 각 펩타이드 결합을 만드는 데 1분자의 물(분자량 18)이 제거되므로 단백질 중의 아미노산 잔기의 평균 분자량은 128 − 18 = 110이 된다.

일부 단백질은 아미노산 이외의 화학 군을 함유하고 있다

효소 라이보핵산분해효소 A(ribonuclease A)와 카이모트립시노젠과 같은 많은 단백질은 아미노산 잔기만을 가지고 있고 다른 화학기를 함유하지 않고 있는데 이것들을 단순 단백질이라고 한다. 그러나 일부 단백질은 아미노산 외에 몇 가지의 화학 성분을 더 가지고 있어 **접합단백질(conjugated protein)**이라 불린다. 접합단백질의 비아미노산 부분은 **보조단(prosthetic group)**이라고 불린다. 접합단백질은 보조단의 화학적인 성질에 따라 분류된다(표 3-4). 예를 들면, **지질단백질(lipoprotein)**은 지질을, **당단백질(glycoprotein)**은 당질을, **금속단백질(metalloprotein)**은 특이적인 금속을 함유한다. 많은 단백질은 하나 이상의 보조단을 가지고 있다. 보통 보조단은 단백질의 생물학적 기능의 수행에서 중요한 역할을 하고 있다.

요약 3.2 펩타이드와 단백질

- 아미노산은 펩타이드 결합을 통하여 공유적으로 연결되어 펩타이드와 단백질을 생성한다. 세포는 일반적으로 수천 가지 단백질을 함유하는데 각각의 단백질은 서로 다른 생물 활성을 갖는다.
- 단백질은 100개에서 수천 개의 아미노산 잔기로 구성된 매우 긴 폴리펩타이드 사슬이다. 그러나 자연계의 어떤 펩타이드는 단지 몇 개의 아미노산 잔기로만 구성되어 있다. 어떤 단백질은 소단위라 불리는 폴리펩타이드 사슬들이 비공유적으로 결합되어 이루어진다.
- 단순 단백질을 가수분해하면 아미노산만이 생긴다. 접합단백질은 금속이나 유기 보조단 같은 다른 성분을 추가로 함유한다.

3.3 단백질의 연구

생화학자들이 단백질의 구조와 기능을 이해하려면 여러 종류 단백질에 대한 많은 연구 결과가 필요하다. 단백질을 상세하게 연구하려면 특정 단백질을 여러 가지 다른 단백질로부터 분리해야 하고 그것의 성질을 결정하기 위한 기술들이 있어야 한다. 그것에 필요한 방법들은 생화학 자체만큼이나 오랫동안 생화학의 중심적인 위치를 차지했던 학문 분야인 단백질화학으로부터 유래된다.

단백질은 분리되고 정제될 수 있다

어떤 단백질의 성질, 아미노산 조성, 아미노산 서열 등이 결정되기 전에 그 단백질을 순도가 높은 시료로 만드는 것이 필수적이다. 세포는 몇 천 가지나 되는 다른 종류의 단백질을 가지고 있다. 그렇다면 단백질은 어떻게 정제되는가? 단백질 분리 방법은 다른 단백질과 구별되는 그 단백질의 특징들인 단백질의 크기, 전하 그리고 결합력 등의 특이성에 기초한 것이다. 이러한 것들은 최근 단백질 분리 과정을 단순화시킬 수 있는 DNA 클로닝과 유전체 서열 분석과 연관된 최신 방법들에 의해 보완되었다. 제8장과 9장에 소개된 새로운 방법들은 인공적으로 분리가 될 단백질들을 한쪽 또는 양쪽 끝에 몇 개 혹은 많은 아미노산 잔기를 붙임으로써 변형시킨다. 그래서 그 편리성은 분리된 단백질의 활성을 잠재적으로 변형시키는 결과를 야기한다. 단백질을 자연적인 상태(세포 내에서 기능을 발휘하는 형태)로 분리하는 것은 대개 여기에 소개된 방법들에 의존한다.

일반적으로 단백질 시료는 조직이나 미생물이다. 어떤 단백질이든 정제 과정의 첫 번째 단계는 이러한 세포들을 깨트려서 그들의 단백질을 분리시켜 **조추출물(crude extract)**이라 부르는 용액 상태로 만드는 일이다. 필요하다면 세포하 분획(subcellular fraction)을 준비하거나 특정 소기관을 분리하기 위하여 분별원심분리법(differential centrifugation)을 사용할 수도 있다(그림 1-9 참조).

추출물이나 세포소기관이 준비되면 그들이 가진 하나 또는 그 이상의 단백질을 정제하기 위한 여러 가지 방법이 이용될 수 있다. 일반적으로 단백질의 크기나 전하와 같은 어떤 특성을 기초로 하여 추출물에 어떠한 처리를 함으로써 서로 다른 **분획(fraction)**으로 분리할 수 있다. 이 과정을 **분획법(fractionation)**이라고 한다. 정제에서 초기 분획단계는 pH, 온도, 염 농도 그 밖의 요소 등에 의하여 복합적으로 영향을 받는 단백질의 용해도 차이를 이용한다. 단백질의 용해도는 일반적으로 고염 농도에서 낮아지는데 이 효과를 "염석(salting out)"이라 한다. 특정 염을 정확한 양으로 첨가하여 나머지 단백질은 그대로 녹아 있는 상태로 특정 단백질을 선택적으로 침전시킬 수 있다. 황산암모늄[$(NH_4)_2SO_4$]은 특히 효과적으로 종종 이러한 목적으로 이용된다. 따라서 침전된 단백질은 용액에 남아 있는 단백질로부터 저-속도 원심분리에 의해 분리된다.

원하는 단백질이 들어 있는 용액은 다음의 정제 단계를 거치기 전에 종종 다른 과정을 필요로 한다. 예를 들어, 단백질의 크기를 이용하여 그 단백질을 용매로부터 분리해 내는 과정인 **투석법(dialysis)**이 있다. 부분 정제된 추출물을 준투과 막으로 된 낭이나 관 속에 넣는다. 이것을 적당한 이온 세기를 가진 많은 양의 완충용액에 넣으면 이 막을 통하여 염과 완충액의 교환은 가능하지만 단백질의 통과는 불가능하다. 그러므로 이러한 투석 과정을 통하여 막으로 된 낭 속에는 큰 단백질이 남게 되고 막 내부와 외부의 용액이 평형상태에 이를 때까지 단백질 외의 다른 용질의 농도가 낮아질 것이다. 예를 들면, 투석법은 단백질 시료로부터 황산암모늄을 제거시키기 위하여 사용할 수 있다.

단백질 분리를 위하여 가장 좋은 방법은 **관 크로마토그래피(column chromatography)**인데, 이것은 단백질의 전하와 크기, 결합 친화력(binding affinity), 다른 특성의 차이 등을 이용하는 것이다(**그림 3-16**). 적당한 화학 특성을 가진 구멍이 많은 고체 물질(고정상, stationary phase)을 원통 내에 채우고 완충 용액(이동상, mobile phase)을 그것에 흘려보낸다. 단백질 용액을 위쪽 부분에 부어 넣으면 큰 이동상 내에 넓은 띠를 형성하면서 고체 기질(solid matrix)을 통하여 스며들어간다. 개개의 단백질은 그들의 특성에 따라 원통 속을 더 빠르게 혹은 더 느리게 이동한다.

이온-교환 크로마토그래피(ion-exchange chromatography)법은 주어진 pH에서 단백질이 가지는 알짜 전하(net electric charge)의 하전성과 전하량의 차이에 의해 분리하는 방법이다(**그림 3-17a**). 관 속의 기질은 합성 중합체(수지, resin)로서 전하를 띤 기를 가지고 있는데; 음이온 기를 가지는 경우 **양이온 교환체(cation exchanger)**라고 하며 양이온 기를 가지는 경우 **음이온 교환체(anion exchanger)**라고 부른다. 각 단백질의 관 내 이온 기에 대한 친화도는 pH(분자의 이온화 정도를 결정해 주는)와 용액 내의 경쟁적 유리 염 이온들의 농도에 의해 영향을 받는다. 기질에 결합된 단백질의 분리는 이동상(용액)의 pH 그리고/또는 염 농도를 단계적으로 변화시켜 pH나 염의 농도 기울기를 구축하면 분

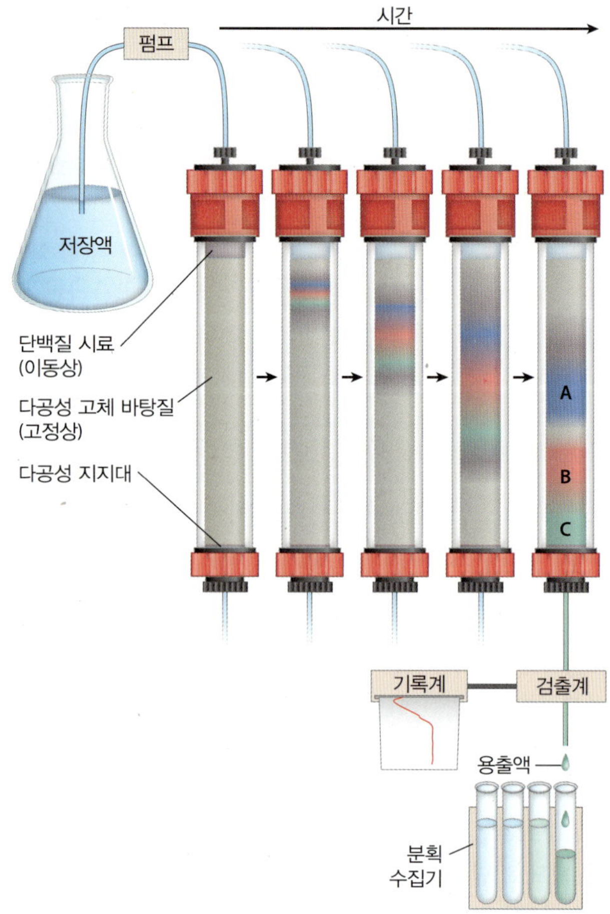

그림 3-16 관 크로마토그래피. 대개 플라스틱이나 유리로 만들어진 크로마토그래피 관의 기본 요소는 지지대의 역할을 하는 다공성 고체 물질을 플라스틱이나 유리로 만들어진 관 안에 포함한다. 이동상인 용액이 고정상인 기질을 통하여 흐른다. 관을 통과하여 아래쪽으로 나오는 용액(용출액)은 위의 저장소에서 공급되는 용액에 의하여 계속적으로 대체된다. 분리할 단백질 용액을 관의 꼭대기에 층을 이루게 놓고 고체 기질을 통과하도록 한다. 꼭대기에 추가적으로 용액을 더 넣어 준다. 단백질 용액은 관에 가해진 단백질 용액의 처음의 깊이가 되는 이동상 내에서 띠를 형성하게 된다. 단백질이 관을 통하여 이동함에 따라(여기서는 5가지의 다른 시간으로 나타냈다) 단백질은 기질 물질과의 반응의 정도에 따라 다르게 지체된다. 전체 단백질의 띠는 관을 이동함에 따라 점점 넓어진다. 단백질 개개의 띠(파란색, 빨간색, 초록색으로 보이는 A, B, C처럼)는 서로 각각으로부터 분리되어 넓은 단백질 띠 안에서 각각의 띠를 형성한다. 분리가 잘 되게 하려면(해상도를 높이려면) 관의 길이를 증가시키면 된다. 그러나 각각의 단백질 띠도 시간이 지남에 따라 확산에 의하여 퍼져서 넓어지므로, 이것 때문에 해상도가 낮아질 수 있다. 이 경우 A가 B, C로부터 잘 분리되긴 했지만 확산에 의한 퍼짐 현상이 B, C의 완전한 분리를 방해한다.

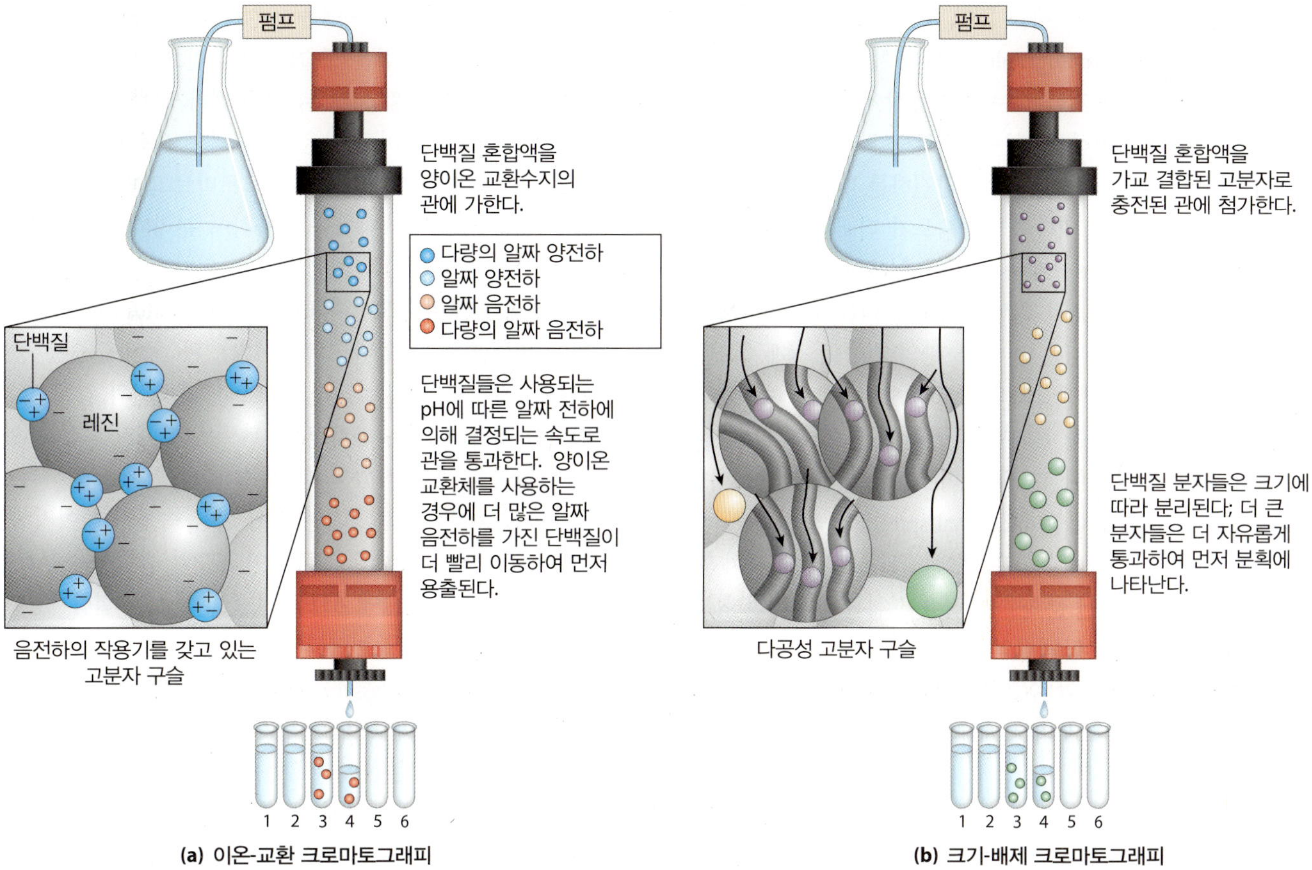

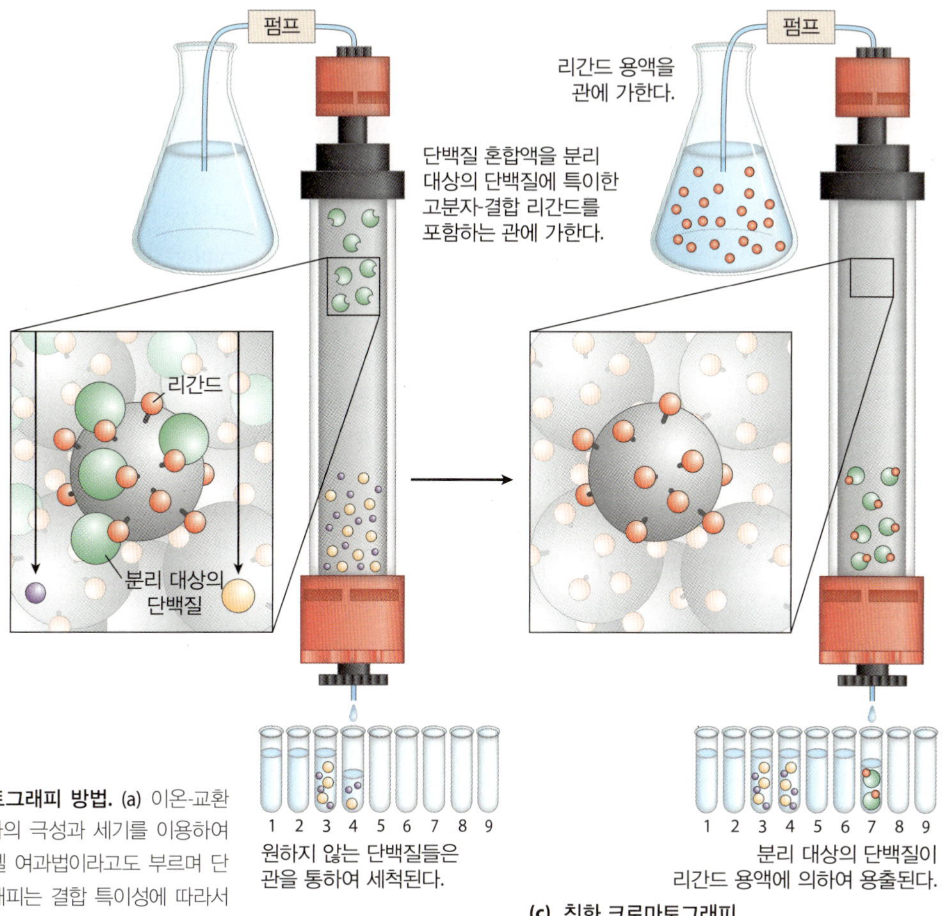

그림 3-17 단백질 정제에 사용되는 3가지 크로마토그래피 방법. (a) 이온-교환 크로마토그래피는 주어진 pH에서 단백질의 알짜 전하의 극성과 세기를 이용하여 분리하는 방법이다. (b) 크기-배제 크로마토그래피는 젤 여과법이라고도 부르며 단백질을 크기에 따라서 분리한다. (c) 친화 크로마토그래피는 결합 특이성에 따라서 단백질을 분리하는 방법이다. 상세한 것은 본문을 참조하라.

리를 최적화시킬 수 있다. 예를 들어, **양이온-교환 크로마토그래피(cation-exchange chromatography)**에서 고체 기질은 일정한 pH에서 음전하를 띠는 작용기를 갖는다. 이동상에서 알짜 양전하를 띠는 단백질은 알짜 음전하를 띠는 단백질보다 고체 기질을 보다 느리게 통과한다. 왜냐하면 전자(알짜 양전하를 띠는 단백질)의 경우 고정상과의 상호작용에 의하여 이동속도가 더 지체되기 때문이다.

이온-교환 크로마토그래피 관에서 이동상(단백질 용액)에서 단백질 띠의 팽창은 단백질 특성의 차이에 의한 분리와 확산적 퍼짐 현상에 의하여 나타나는 것이다. 관의 길이를 길게 하면 알짜 전하가 다른 두 유형 단백질의 해상도는 일반적으로 증가한다. 그런데 단백질 용액이 관을 통과할 수 있는 속도는 관 길이가 길면 감소한다. 단백질 용액이 관 속에 머무르는 시간이 길어지면 각 단백질의 확산적 퍼짐 현상(diffusional spreading)의 결과로 해상도가 낮아질 수 있다. 단백질-함유 용액이 관을 통과해 순차적으로 나오는 연속적인 단백질 분획을 일정량 시험관에 수집한다. 각 분획을 분석하여 원하는 단백질의 존재와 그 외 이온강도, 총 단백질 농도 등의 특성들을 알 수 있다. 분리하려 했던 단백질 분획들만을 모두 모으면 이 크로마토그래피 단계의 단백질 분리는 완성된다.

연습문제 3-1 펩타이드의 이온 교환

생화학자 한 사람이 이온교환 크로마토그래피법으로 2종류의 펩타이드 분리하기를 원한다. 사용하려는 관의 이동상의 pH에서 한 펩타이드 A는 라이신(Lys), 아르지닌(Arg), 히스티딘(His) 잔기들보다 글루탐산(Glu)과 아스파르트산(Asp) 잔기들을 많이 함유하므로 알짜 전하가 −3이고 다른 펩타이드 B는 알짜 전하가 +1이다. 양이온-교환 수지를 사용한 크로마토그래피에서 어느 펩타이드가 먼저 빠져 나오겠는가? 또 음이온-교환 수지에서는 어느 펩타이드가 먼저 빠져 나오겠는가?

풀이: 양이온-교환 레진은 음성 전하를 가져 양(+)으로 하전된 분자와 결합하므로 관에서 흐름이 지체된다. 펩타이드 B는 순 알짜 전하가 양(+)이므로 펩타이드 A보다 양이온-교환 수지에 강력히 결합하므로 펩타이드 A가 먼저 빠져 나올 것이다. 음이온-교환 수지를 사용할 경우에는 펩타이드 B가 먼저 빠져 나올 것이다. 펩타이드 A는 음전하를 가지므로 양(+)으로 하전된 수지와 반응하므로 분출 속도가 지연되는 것이다.

그림 3-17에서는 이온 교환 크로마토그래피와 함께 2가지의 다른 관 크로마토그래피를 보여 주고 있다. **크기-배제 크로마토그래피(size-exclusion chromatography)**는 젤 여과법이라고도 불리는데(그림 3-17b), 단백질을 크기에 따라 분리한다. 이 방법에서 큰 단백질이 작은 단백질보다 관에서 더 빨리 용출된다. 고체상(solid phase)은 특정 크기의 구멍을 가진 가교 폴리머 구슬(bead)로 구성되어 있다. 큰 단백질은 구슬의 구멍 안으로 들어갈 수 없어서 그냥 관을 통과하는 짧은(빠른) 길을 택하게 된다. 작은 단백질은 구멍 안으로 들어가 미로 같은 길에 의해 속도가 늦어져 더 천천히 관을 통과하게 된다. 크기-배제 크로마토그래피는 그림 3-19에 기술된 것들과 유사한 방법을 사용하여 분리가 될 단백질의 대략적인 크기를 측정하는 데 사용될 수도 있다.

친화 크로마토그래피(affinity chromatography)는 결합 특이성에 바탕을 두고 있다(그림 3-17c). 관 속의 구슬은 공유결합에 의하여 부착되어 있는 리간드(ligand; 단백질과 같은 고분자에 결합하는 작용기 또는 분자)라고 부르는 화학기를 갖고 있다. 단백질 혼합물을 관에 가했을 때, 특정 화학 기에 결합하는 단백질은 관 속의 구슬과 결합하고, 따라서 이동 속도가 늦어지게 된다. 예를 들어, 만약 한 단백질의 기능이 ATP와 결합하는 성질을 가진다고 할 때, 관 속 구슬에 ATP와 비슷한 물질을 결합시켰다면 이 단백질을 분리할 수 있는 친화 기질을 만들 것이다. 단백질 혼합물 용액이 관을 통해 이동하는 중에 ATP-결합 단백질들(원하는 단백질 포함된)이 기질에 결합된다. 관 속의 결합하지 않은 단백질들을 씻어 낸 후, 결합된 단백질은 고농도의 염이나 유리 리간드(이 경우 ATP나 ATP유도체)를 포함하는 용액을 통과시켜서 용출한다. 염이 부동성 리간드와 결합된 단백질과의 이온 결합을 간섭하여 결합력을 약화시키는 것이다. 유리 리간드는 구슬에 결합된 리간드와 경쟁하여 기질로부터 단백질을 떼어내는 것이다. 이 관에서 용출된 단백질이 그것을 용출시키기 위해 사용된 리간드에 결합된 경우도 종종 있다.

현재의 한층 더 발전된 크로마토그래피 방법으로 **HPLC**, 즉 **고성능 액체 크로마토그래피(high-performance liquid chromatography)**가 있다. HPLC는 고압 펌프를 이용하여 단백질 분자를 빠르게 원통 아래쪽으로 이동시킨다. 이것은 가압 흐름의 압도적인 힘에 견딜 수 있도록 고품질의 크로마토그래피 물질로 이루어져 있다. 원통 내의 통과 시간을 감소시킴으로써 HPLC는 단백질 띠의 확산을 제한할 수 있어서 그 성능을 매우 향상시킨다.

이전에 순수하게 분리된 적이 없는 단백질의 정제는 이미 확립된 전례들과 상식으로 지도된다. 많은 경우에 단백질을 완벽하게 정제하는 데에는 몇 가지의 서로 다른 방법을 연속해서 사용해야 한다. 예를 들어, 한 단계에서 ATP에 결합하지 않는 단백질들로부터 ATP-결합 단백질들을 분리하였다면, 다음 단계에서는 그 ATP-결합 단백질들을 크기나 전하에 근거한 분리 방법을 이용하여 분리해야 한다. 방법의 선택은 어느 정도 경험적인 것이므로, 가장 효과적인 방법을 결정하기 전에 많은 전략을 짜서 시도해 보고 가장 효과적인 것을 찾도록 해야 한다. 유사한 단백질을 위하여 개발된 정제법을 지침으로 사용함으로써 때때로 시행착오를 최소한으로 줄일 수 있다. 공표된 정제 방법은 수천 가지 단백질에 이용할 수 있다. 총량과 불순물의 수가 대단히 많을 때, 처음

표 3-5 가상 효소의 정제 진행표

진행 단계	분획 부피 (ml)	총 단백질 (mg)	활성 (단위)	비활성 (단위/mg)
1. 세포의 조추출물	1,400	10,000	100,000	10
2. 황산암모늄에 의한 침전	280	3,000	96,000	32
3. 이온-교환 크로마토그래피	90	400	80,000	200
4. 크기-배제 크로마토그래피	80	100	60,000	600
5. 친화 크로마토그래피	6	3	45,000	15,000

참조: 모든 자료는 위에 보여 준 과정을 시행한 다음의 시료의 상태를 나타낸다. 활성과 비활성은 96쪽에 정의되어 있다. 5단계 이후, 효소는 원 추출물의 특이적 활성의 증가에 비례하여 1,500배에 정제되고, 효소의 수율은 45%인데, 이는 총활성의 회복으로 반영된다.

에는 "염석(salting out)"과 같은 값이 싼 방법을 사용하는 것이 상식이다. 크로마토그래피법은 때때로 초기 단계에서는 비실용적이다. 왜냐하면 필요한 크로마토그래피용 용매의 양이 시료의 크기와 함께 증대되기 때문이다. 각 정제 단계가 완성됨에 따라 시료의 크기는 점점 작아지게 되므로(표 3-5) 좀 더 정교한(그리고 고가의) 크로마토그래피를 응용할 수 있다.

전기영동으로 단백질을 분리하고 그 특징도 알아낼 수 있다

단백질을 분리하는 또 다른 중요한 방법으로 전장 내에서 하전된 단백질의 이동에 기초한 방법인 **전기영동(electrophoresis)**이 있다. 이 방법은 단백질을 대량으로 정제하는 목적으로는 그렇게 많이 사용되지 않는다. 즉, 대량 정제가 목적인 경우에는 좀 더 간단한 다른 방법이 흔히 사용되는데 전기영동이 간혹 단백질의 구조와 기능에 부정적 영향을 주기 때문이다. 그러나 전기영동은 분석 방법으로서 특히 유용하다. 이 방법이 유리한 점은 단백질이 분리될 뿐 아니라 눈으로 볼 수 있으므로 혼합물에 들어 있는 다른 단백질 수 또는 특정 단백질 시료의 순도를 연구자가 재빨리 추정할 수 있는 것이다. 또한 전기영동에 의하여 등전점과 대략적인 분자량(molecular weight)과 같은 단백질의 중요한 성질을 결정하는 데 이용될 수 있다.

단백질 전기영동은 가교 고분자(cross-linked polymer)로 구성된 폴리아크릴아마이드 젤(polyacrylamide gel)에서 수행된다(**그림 3-18**). 폴리아크릴아마이드 젤은 분자체(molecular sieve)로서 작용하고 대략적으로 분자량에 대한 전하의 비에 비례해서 단백질의 이동을 늦추게 된다. 또한 이동은 단백질의 형태에 의해서도 영향을 받는다. 전기영동에 있어서 거대분자를 이동시키는 힘(핵산도 또한 단백질과 같은 방법으로 분리된다)은 전위(electrical potential) E가 된다. 분자의 전기영동의 이동도 μ는 전위에 대한 입자의 속도 V의 비가 된다. 전기영동의 이동도(electrophoretic mobility)는 또한 분자의 알짜 전하 Z를 마찰 계수(frictional coefficient) f로 나눈 것과 같다. 이 관계식은 다음과 같다.

$$\mu = \frac{V}{E} = \frac{Z}{f}$$

전기영동 과정에서 젤에서의 단백질의 이동은 단백질의 크기와 모양에 의하여 결정된다.

순도와 분자량을 추정하는 데 일반적으로 이용되는 전기영동법에서는 계면활성제인 **도데실 황산 소듐(sodium dodecyl sulfate, SDS)**을 사용한다.

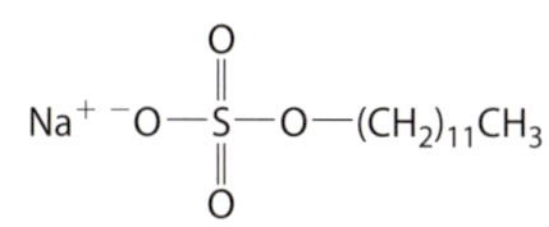

도데실 황산 소듐
(SDS)

단백질은 분자량의 1.4배의 SDS와 결합하여 아미노산 잔기 당 거의 1분자의 SDS가 붙게 된다. 결합된 SDS는 전체적으로 다량의 알짜 음전하를 띠게 되어 단백질 고유의 전하는 의미가 없게 되고 각 단백질마다 매우 유사한 질량 당 전하 비(ratio of charge)를 가지게 된다. 또한 SDS가 결합을 하면 단백질의 본래의 고차원 구조가 변화되어 대부분의 단백질은 매우 비슷한 막대형으로 된다. 따라서 SDS를 사용하는 전기영동에서는 오로지 질량(분자량)에 의하여 단백질이 분리되는 것으로 작은 폴리펩타이드가 더 빠르게 이동하게 된다. 전기영동을 한 후에 젤과는 반응을 하지 않고 단백질에 결합하는 쿠마시 블루(Coomassie blue)와 같은 색소로 염색하면 눈으로 단백질을 볼 수 있다(그림 3-18b). 따라서, 연구자들은 단백질의 띠(band)의 수가 정제가 진행됨에 따라서 감소되는 것을 봄으로써 단백질의 분리의 정도를 모니터링할 수 있게 된다. 이미 알고 있는 분자량의 단백질이 젤에서 이동하는 위치와 비교할 때 미지 단백질의 위치는 그 분자량에 대한 괜찮은 근사치를 제공할 수 있다(**그림 3-19**). 만일 그 단백질이 2가지 또는 그 이상의 소단위를 가지고 있으면 각 소단위는 일반적으로 SDS 처리에 의하여 분리되고 각각에 해당하는 별개의 띠가 나타나게 될 것이다.

등전 집중법(isoelectric focusing)은 단백질의 등전점(isoelectric point, pI)을 결정하기 위하여 사용되는 방법이다(**그림 3-20**). 저 분자량의 유기산과 염기의 혼합물[(양쪽성전해질(ampholyte);

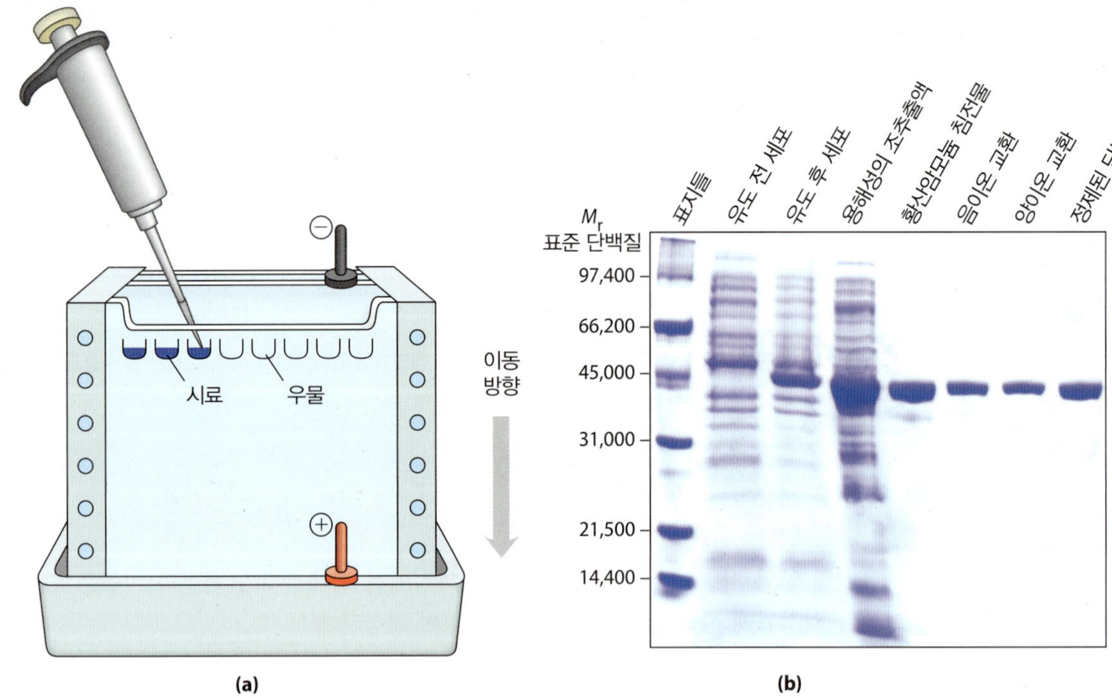

그림 3-18 전기영동. (a) 폴리아크릴아마이드 젤의 맨 위에 있는 우물(well) 또는 함몰 부위(depression)에 서로 다른 시료를 넣는다. 전류를 흘려주면 단백질은 젤 내에서 이동한다. 젤은 전장에 의해서 발생하는 단백질 이동뿐만이 아니라 작은 온도 기울기에 의하여 생기는 대류전류를 최소로 한다. (b) 단백질은 전기영동 후에 단백질과 결합하지만 젤과는 결합하지 않는 쿠마시 블루와 같은 염색제로 염색하면 눈으로 볼 수 있다. 젤 상의 각 띠는 서로 다른 단백질(또는 단백질 소단위)을 나타낸다. 작은 단백질일수록 젤의 아래쪽 가까이에서 볼 수 있다. 사진은 대장균 RecA 단백질(제25장에 기술됨)의 정제 단계에 따른 전기영동 사진이다. RecA 단백질에 대한 유전자가 클로닝되어(제9장) 그 유전자의 발현(단백질의 합성)이 조절될 수 있었다. 첫 번째 줄은 분자량 표지들로 쓰이는 표준 단백질(분자량이 알려진)의 영동상이다. 그 다음의 두 줄은 대장균에서 RecA 단백질의 합성을 유도하기 전과 후의 단백질이다. 네 번째 줄은 세포 조추출액 중에 존재하는 단백질을 나타낸다. 그 다음의 줄들(왼쪽부터 오른쪽으로)은 각각 연속적인 정제 단계에 따른 단백질을 나타낸다. 가장 왼쪽에서 볼 수 있듯이 최종적으로 정제된 단백질은 단일 폴리펩타이드 사슬(분자량 ~38,000)이다. [출처: (b) Dr. Julia Cox.]

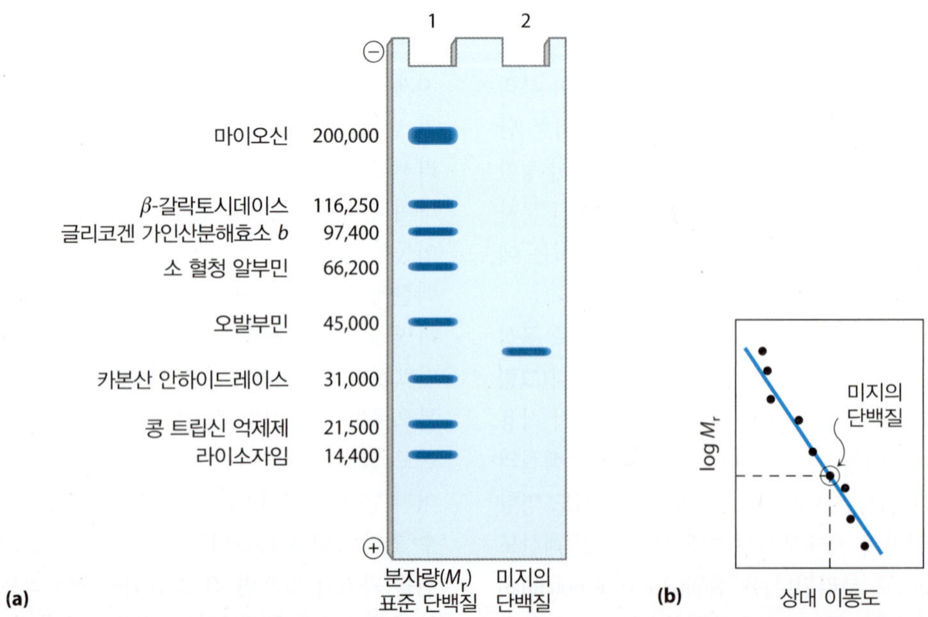

그림 3-19 단백질 분자량의 추정. SDS 폴리아크릴아마이드 젤 상에서 단백질의 전기영동 이동도는 분자량(M_r)과 관계가 있다. (a) 이미 알고 있는 분자량의 표준 단백질(첫 번째 줄)을 전기영동한다. 이들의 표지 단백질로 미지 단백질의 분자량(두 번째 줄)을 어림잡기 위하여 같이 전기영동을 한다. (b) 전기영동 시의 상대적 이동도(relative migration)에 대하여 표지 단백질의 분자량의 대수(log M_r)를 좌표화하면 알지 못하는 단백질의 분자량을 그래프로부터 읽을 수 있다. (유사한 방식으로 크기-배제 관에서 재현 가능한 지체 시간을 갖는 표지 단백질들의 세트가 지체 시간 대 log M_r에 대한 표준 곡선을 만드는 데 이용된다.)

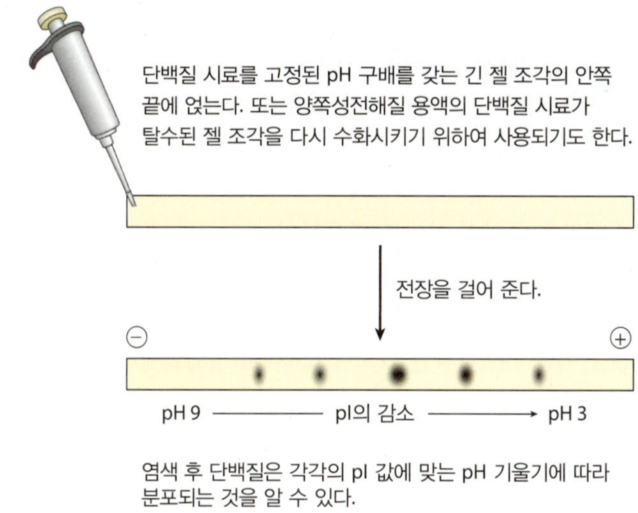

그림 3-20 등전 집중법. 이 기술은 등전점(isoelectric point, pI)에 의하여 단백질을 분리하는 것이다. 단백질 혼합액을 고정된 pH 구배를 포함하는 긴 젤 조각에 위치시킨다. 전장을 걸면 단백질은 젤에 스며들며 각각의 pI와 같은 값의 pH에 도달할 때까지 이동된다. pH = pI일 때 단백질의 알짜 전하는 영(0)이 된다.

81쪽]은 젤을 가로질러 생기는 전장 내에 분배되어 pH 기울기가 형성된다. 단백질의 혼합물이 전개되면 각 단백질은 그것의 pI와 일치하는 pH에 도달할 때까지 이동한다. 이와 같이 함으로써 서로 다른 등전점을 가지고 있는 단백질은 젤 중에서 여러 가지로 분배된다.

등전 집중법과 SDS 전기영동을 순차적으로 결합시키는 **이차원 전기영동(two-dimensional electrophoresis)**은 단백질의 복잡한 혼합물을 분석할 수 있다(**그림 3-21**). 이것은 등전 집중법 또는 SDS 전기영동을 단독으로 하는 것보다도 더 감도가 높은 분석법이 된다. 이차원 전기영동은 서로 다른 pI를 가지고 있는 같은 분자량의 단백질 또는 아주 유사한 pI를 가지고 있으나 분자량이 다른 단백질을 분리할 수 있다.

분리되지 않는 단백질도 정량화될 수 있다

단백질을 정제하기 위하여 분리 과정의 각 단계마다 다른 많은 단백질이 섞여 있는 상태에서 목적하는 단백질을 검출하고 정량하는 방법을 찾는 것은 중요하다. 그리고 단백질의 크기와 물리학적 성질 또는 추출물 중에 있는 단백질의 총량 중에서 어떤 단백질이 차지하는 비율에 관한 정보가 없는 상태에서 정제하지 않으면 안 되는 경우가 종종 있다. 어떤 용액 또는 조직의 추출물에서 효소의 양은 효소가 나타내는 촉매 효과(catalytic effect), 즉 효소가 존재할 때 기질이 반응 생성물로 변화하는 속도의 증대에 의하여 정량화된다. 이 목적을 위하여 (1) 촉매 작용이 일어나는 전체 반응식, (2) 기질의 소멸과 반응 생성물의 출현을 결정하기 위한 분석법, (3) 효소가 금속 이온 또는 보조효소와 같은 보조인자를 필요로 하는지에 대한 여부, (4) 효소 활성의 기질 농도에 대한 의존성,

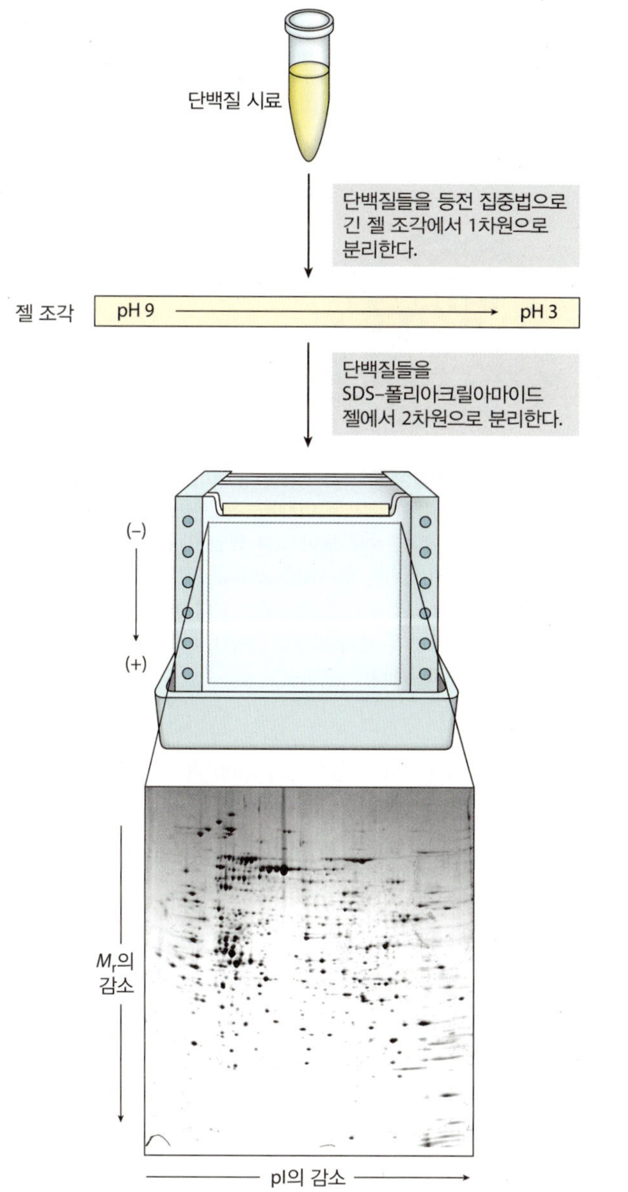

그림 3-21 이차원 전기영동. 먼저 단백질을 등전 집중법에 의하여 가는 줄의 젤에서 분리한다. 다음에 그 젤을 제2의 판 모양의 젤 상에 수평으로 놓고 단백질을 SDS 폴리아크릴아마이드 젤 전기영동에 의하여 분리한다. 수평 방향의 분리는 pI의 차이를 반영하고 수직 방향의 분리는 분자량의 차이를 반영한다. 즉, 원래의 단백질 성분이 두 방향으로 전개된다. 수천 개의 세포내 단백질들이 이 방법으로 분석될 수 있다. 각 단백질 점들은 젤로부터 오려져 질량분광법으로 동정될 수 있다(그림 3-30과 3-31 참조). [출처: Courtesy of Axel Mogk, from A. Mogk et al., *EMBO J.* 18:6934, 1999, Fig. 7A.]

(5) 최적 pH, 그리고 (6) 효소가 안정적으로 높은 활성을 나타내도록 하는 온도 범위 등을 알아야 한다. 효소는 일반적으로 최적 pH와 25~38°C의 범위 중에 몇 가지 편리한 온도에서 정량화된다. 또한 실험적으로 측정되는 초기 반응 속도가 효소 농도에 비례하도록 하기 위해서 일반적으로 대단히 높은 농도의 기질이 사용된다(제6장).

국제협정에 의하여 효소 활성의 1.0 단위는 최적(optimum)의

그림 3-22 활성 대 비활성. 이 2가지 용어의 차이는 공기돌이 들어 있는 2개의 비커를 예로 들어 설명될 수 있다. 두 비커에는 빨간색 공기돌이 같은 수로 들어있지만 다른 색 공기돌은 다른 수로 들어 있다. 만일 이 공기돌이 단백질을 나타낸다고 생각하면 이 2개의 비커는 빨간색을 나타내는 단백질에 관해서는 같은 **활성**(*activity*)을 가지고 있다. 그러나 두 번째 비커는 보다 높은 **비활성**(*specific activity*)을 가지고 있다. 그 이유는 두 번째 비커에 전체에 비하여 보다 높은 비율의 빨간색 공기돌이 존재하기 때문이다.

측정 조건인 25°C에서 1분 동안 1.0 μmol의 기질의 변화를 일으키는 효소의 양으로 정의한다(일부 단백질의 경우에 이 정의는 불편할 수 있어 다르게 정의되기도 한다). **활성(activity)**이란 용어는 용액 중의 효소의 총 단위에 적용된다. **고유활성(specific activity)**은 단백질 1 mg 당 효소의 단위 수가 된다(**그림 3-22**). 고유활성은 효소의 순도에 대한 척도가 되며 효소가 정제됨에 따라 증대되는데 효소가 순수하게 되면 비활성은 최대가 되고 일정하게 된다(표 3-5).

각 정제 단계를 거친 다음 그 시료의 활성(단위)을 측정하고 단백질 총량을 각각 따로 측정하여 계산한 비율은 고유활성을 나타낸다. 일반적으로 활성과 총량은 각 단계가 진행됨에 따라 활성은 감소하는데 이것은 항상 어느 정도의 손실이 있기 때문이며, 단백질의 불활성화나 크로마토그래피의 재료 또는 용액 중에 있는 다른 분자들과 비이상적인 상호작용으로 인하여 생길 수 있다. 분리의 목적이 원하지 않는 또는 비특이적인 단백질을 가능한 한 많이 제거하는 것이기 때문에 총단백질 양은 감소한다. 이어지는 단계에서 비특이적인 단백질의 손실이 활성의 손실보다도 훨씬 크다. 따라서 총활성이 떨어짐에도 불구하고 고유활성은 증대된다. 분리 과정의 결과는 표 3-5와 유사한 정제 진행표에 정리된다. 더 이상 정제해도 고유활성이 증대하지 않을 때 또는 단일 단백질만이 검출될 때(예를 들면, 전기영동법에 의해서) 그 단백질은 순수하다고 볼 수 있다.

효소가 아닌 단백질은 별도의 정량 방법이 필요하다. 운반 단백질은 운반하는 분자와의 결합으로 정량화되며, 호르몬과 독소는 그들이 나타내는 생물학적 효과에 의하여 정량화된다. 예를 들면 성장호르몬은 어떤 배양 세포의 성장을 촉진시킨다. 어떤 종류의 구조 단백질은 조직 중량 내에서 큰 분획을 나타내므로 기능적 연구 없어도 용이하게 추출하고 정제할 수 있다. 접근 방법은 단백질 자체가 그렇듯이 여러 가지가 있을 수 있다.

요약 3.3 단백질의 연구

■ 단백질은 특성의 차이를 활용하여 분리하고 정제할 수 있다. 단백질은 특정 염을 첨가하거나 pH나 온도를 변화시켜서 선택적으로 침전시킬 수 있다. 크기, 결합 친화도, 전하, 다른 특성의 차이 등을 이용하는 다양한 크로마토그래피 방법들이 있다. 크로마토그래피 방법에는 이온-교환 크로마토그래피, 크기-배제 크로마토그래피, 친화 크로마토그래피, 고성능 액체 크로마토그래피 등이 있다.

■ 전기영동은 질량 또는 전하에 기초를 두고 분리한다. SDS 젤 전기영동과 등전 집중법은 따로 이용할 수 있고 함께 이용하여 분리능을 더 높일 수 있다.

■ 모든 정제 방법은 다른 단백질이 존재하는 조건하에서 원하는 단백질의 양이나 활성을 측정할 수 있는 방법이 요구된다. 정제 단백질의 순도는 고유활성을 측정함으로써 추정할 수 있다.

3.4 단백질의 구조: 1차 구조

하나의 단백질을 정제하는 것은 그 단백질의 구조와 기능에 대한 생화학적 정밀 분석에 앞선 준비 과정에 불과하다. 그러면 어떻게 단백질이 효소, 호르몬, 구조 단백질 또는 항체가 되는 것인가? 그것들은 화학적으로 서로 어떻게 다른가? 가장 명확한 구별점은 구조적인 것이고 이제부터 그 단백질 구조에 대해 알아본다.

단백질과 같은 거대분자의 구조는 일종의 개념상의 분류 체계로 정리된 복잡한 여러 등급으로 기술될 수 있다. 단백질의 구조는 일반적으로 네 등급으로 정의내릴 수 있다(**그림 3-23**). 하나의 폴리펩타이드 사슬에서 아미노산 잔기를 연결하는 모든 공유결합(주로 펩타이드 결합과 이황결합)을 **1차 구조(primary structure)**라 한다. 1차 구조에서 가장 중요한 요소는 아미노산 잔기의 서열(*sequence*)이다. **2차 구조(secondary structure)**는 반복적 구조 양상을 보여 주는 독특하게 안정된 아미노산 잔기의 배열을 말한다. **3차 구조(tertiary structure)**는 하나의 폴리펩타이드가 3차원적으로 접힌 전체 외관을 나타낸다. 단백질이 2개 이상의 폴리펩타이드 소단위를 가질 경우, 그 폴리펩타이드들의 공간적 배치를 **4차 구조(quaternary structure)**라고 한다. 단백질에 대한 탐구는 결국은 수십 개 또는 수천 개의 소단위로 구성된 복잡한 단백질 기구를 포함하게 될 것이다. 이제 이 장의 나머지 부분에서 단백질의 1차 구조에 초점을 맞추어 설명할 것이고 그 위 단계 구조들에 대해서는 제4장에서 논의한다.

1차 구조의 차이는 대단히 유용하게 이용된다. 각각의 단백질

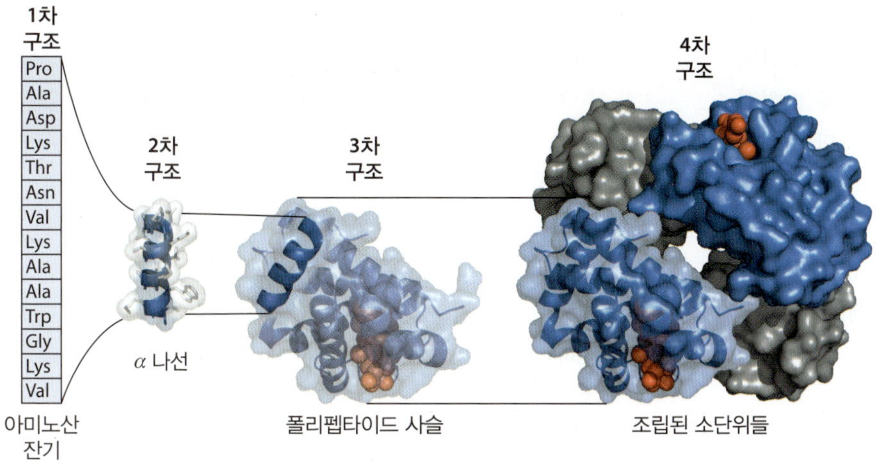

그림 3-23 단백질 구조의 단계. 1차 구조는 펩타이드 결합으로 연결된 아미노산의 서열로 구성되고 이황결합을 포함한다. 이렇게 형성된 폴리펩타이드는 α 나선 같은 **2차 구조**로 배열될 수 있다. 이 나선 구조는 접혀진 폴리펩타이드의 3차 구조의 일부가 되며, 이 **3차 구조**는 하나의 소단위가 되어 여기서 헤모글로빈의 경우처럼 다중소단위체 단백질의 **4차 구조**를 형성한다. [출처: PDB ID 1HGA, R. Liddington et al., *J. Mol. Biol.* 228:551, 1992.]

은 일정 수의 아미노산 잔기 수와 서열을 가진다. 제4장에서 보겠지만, 단백질의 1차 구조가 그 단백질의 독특한 3차 구조로 접혀지고 그 구조가 단백질의 기능을 결정하는 데 있어서 결정적 요인이다. 먼저 아미노산의 서열과 단백질 기능이 밀접하게 관계가 있다는 경험적인 단서를 생각한 다음에 어떻게 해서 아미노산 서열이 결정되는가를 기술하고 끝으로 이 정보가 적용되는 많은 용도에 대해서 설명하기로 한다.

단백질의 기능은 아미노산 서열에 의존한다

대장균은 약 3,000가지 종류의 서로 다른 단백질을 만든다. 사람은 훨씬 많은 수의 단백질을 암호화(이 책의 제3부에 기술된 유전적 과정을 통하여)하는 ~20,000개의 유전자를 갖고 있다. 두 경우 모두에서 서로 다른 유형의 단백질은 특정한 3차원적 구조를 갖게 하는 특유의 아미노산 서열을 갖고 있다. 또한 이러한 구조는 특정한 기능을 지정한다.

몇 가지 간단한 관찰을 하게 되면 일차 구조, 즉 단백질의 아미노산 서열의 중요성을 알 수 있게 된다. 첫째로, 이미 주목한 바와 같이 서로 다른 기능을 하는 단백질은 언제나 다른 아미노산 서열을 가지고 있다는 것이다. 둘째로, 사람의 수많은 유전병은 결함이 있는 단백질을 만드는 것이 원인이 된다는 것을 알게 되었다. 결함은 아미노산 서열 중 단일 변화(예; 낫세포 빈혈증, 제5장에 기술됨)에서부터 폴리펩타이드 사슬 중 상당 부분의 결실[뒤시엔느-근위축증(Duchenne muscular dystrophy): 단백질 디스트로핀을 암호화하는 유전자의 대량 결손이 짧아진 불활성형 단백질 생성을 가져옴]까지 광범위하다. 끝으로 서로 다른 생물 종에서 유사한 기능을 갖고 있는 단백질을 비교하여 보면 이 단백질들은 때로 대단히 유사한 아미노산 서열을 가지고 있다는 것을 알 수 있다. 즉, 단백질의 1차 구조와 기능 사이의 관계가 밀접하다는 것은 명백하다.

특정한 단백질의 아미노산 서열은 절대적으로 고정되어 있거나 불변인가? 그렇지 않다. 어느 정도 유연성이 있을 수 있다. 사람의 단백질의 20~30%는 개인 사이에 아미노산 서열의 변이가 있는 **다형성(polymorphism)**을 갖고 있다. 이렇게 많은 서열의 변동은 단백질의 기능에 거의 또는 전혀 영향을 주지 않는다. 또한 관계가 대단히 먼 생물 종에 있어서 대체적으로 유사한 기능을 나타내는 단백질의 전체 크기나 아미노산 서열이 매우 상이한 경우가 많다.

1차 구조 중 어떤 부위의 아미노산 서열이 생물학적 기능에 영향을 주지 않고 변화를 갖는 경우도 있지만, 대부분의 단백질은 그들의 생물학적 기능에 필수적인 중요 부위를 가지고 있으며, 이 서열은 보존되고 있다. 중요한 역할을 하는 서열 부분이 단백질마다 달라서, 서열을 구조에 그리고 구조를 기능에 결부시키는 것을 복잡하게 한다. 그러나 이 문제를 생각하기 전에 서열 정보(sequence information)를 어떻게 얻을 수 있는가를 공부해야 한다.

수많은 단백질의 아미노산 서열이 밝혀졌다

1953년에 2가지의 큰 발견으로 인하여 생화학에 새로운 시대가 열리게 되었다. 그 해에 영국의 왓슨(James D. Watson)과 크릭(Francis Crick)은 DNA의 이중나선 구조(double-helical structure)를 추정하고 DNA의 정확한 복제에 대하여 구조적인 근거를 제시했다(제8장). 그들의 제안에는 유전자가 암호화된 유전정보를 가지고 있다는 생각이 포함되어 있었다. 같은 해에 Frederick Sanger는 호르몬인 인슐린(**그림 3-24**)을 이루는 폴리펩타이드 사슬의 아미노산 서열을 판독했다. 폴리펩타이드의 아미노산 서열을 밝히는 것

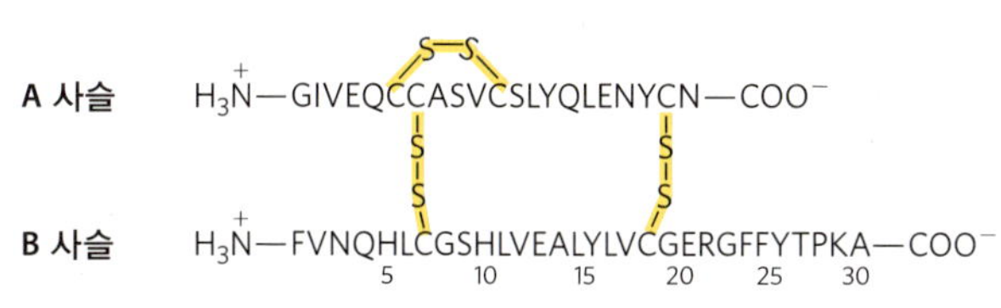

그림 3-24 소 인슐린의 아미노산 서열. 두 가닥의 폴리펩타이드 사슬이 이황 가교결합(disulfide cross-linkage, 노란색)에 의하여 연결되어 있다. A 사슬은 사람, 돼지, 개, 토끼, 향유고래 등의 인슐린에서 동일하다. 소, 돼지, 개, 염소, 말의 B 사슬은 동일하다.

은 오랫동안 매우 절망적일 만큼 어려운 일이라고 생각해 왔던 여러 연구자들을 놀라게 했다. DNA의 뉴클레오타이드 서열과 단백질의 아미노산 서열 사이에 어떤 관계가 있다는 것이 곧 밝혀졌다. 이런 발견이 있고서 불과 10년 후 DNA 염기서열을 단백질 분자의 아미노산 서열과 연계하는 유전코드가 밝혀지게 되었다(제27장). 요즘 단백질의 아미노산 서열 결정은 유전체 데이터베이스의 DNA 서열로부터 간접적으로 되는 경우가 가장 흔하다. 그러나 현대 단백질 화학 분야에서는 폴리펩타이드 서열 분석에 아직도 전통적인 방법을 자주 사용하고 있다. 그 전통적인 방법과 거기에서 유래된 몇몇 기술들에 대하여 정리해 보고자 한다.

단백질 화학은 고전적인 폴리펩타이드 서열 분석 방법에서 유래된 방법에 의해 풍부해졌다

인슐린 단백질의 서열을 결정하기 위하여 Fred Sanger에 의해 1950년대에 사용된 방법들이 **그림 3-25**에 현대적인 형태로 요약되었다. 이런 방법으로 전체 서열이 결정된 단백질들은 몇 가지가 안 된다. 위에서 언급하였듯이, 단백질의 서열은 일반적으로 그것을 코드하는 유전자의 서열로부터 예측이 가능한데, 그 유전적 서열은 계속 증가하고 있는 유전체 데이터베이스에서 손쉽게 얻을 수 있다. 그러나 전통적인 서열 분석 방법들은 생화학자들에게 다양한 방법들을 제공하였고 그림 3-25의 거의 모든 방법들이 때로는 다른 목적으로 사용되기도 하지만 생화학 실험실들에서 널리 사용되는 방법들을 이용한다.

Frederick Sanger, 1918–2013 [Source: UPI/Corbis-Bettmann.]

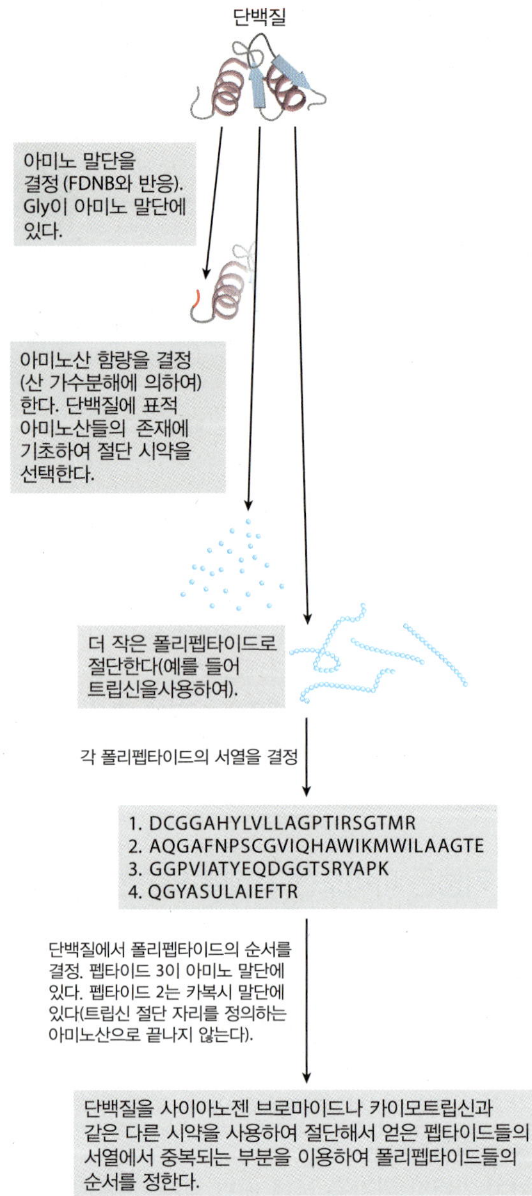

그림 3-25 직접적인 단백질 서열 결정. 여기서 보여 주는 과정은 Fred Sanger가 인슐린의 서열을 결정하기 위하여 개발한 것이며, 곧 이어 다른 많은 단백질들의 서열 결정에 사용되었다. FDNB는 1-fluoro-2,4-dinitrobenzene이다(본문과 그림 3-26 참조).

큰 단백질들의 서열을 분석하기 위한 전통적인 방법에서는 아미노 말단 잔기가 먼저 표지되고 이것을 알아낸다. 아미노-말단의 α-아미노기는 1-플루오로-2,4-다이나이트로벤젠(1-fluoro-2,4-dinitrobenzene, FDNB), 댄실 염소(dansyl chloride)와 댑실 염소(dabsyl chloride)로 표지될 수 있다(**그림 3-26**).

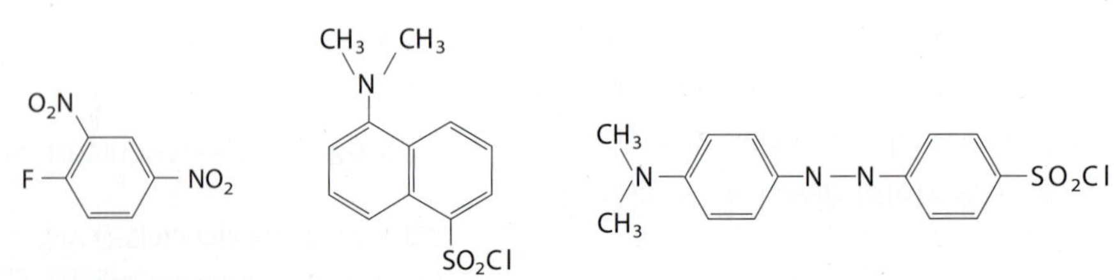

FDNB 댄실 클로라이드 댑실 클로라이드

그림 3-26 아미노 말단의 α-아미노기를 변형하는 데 사용되는 시약들.

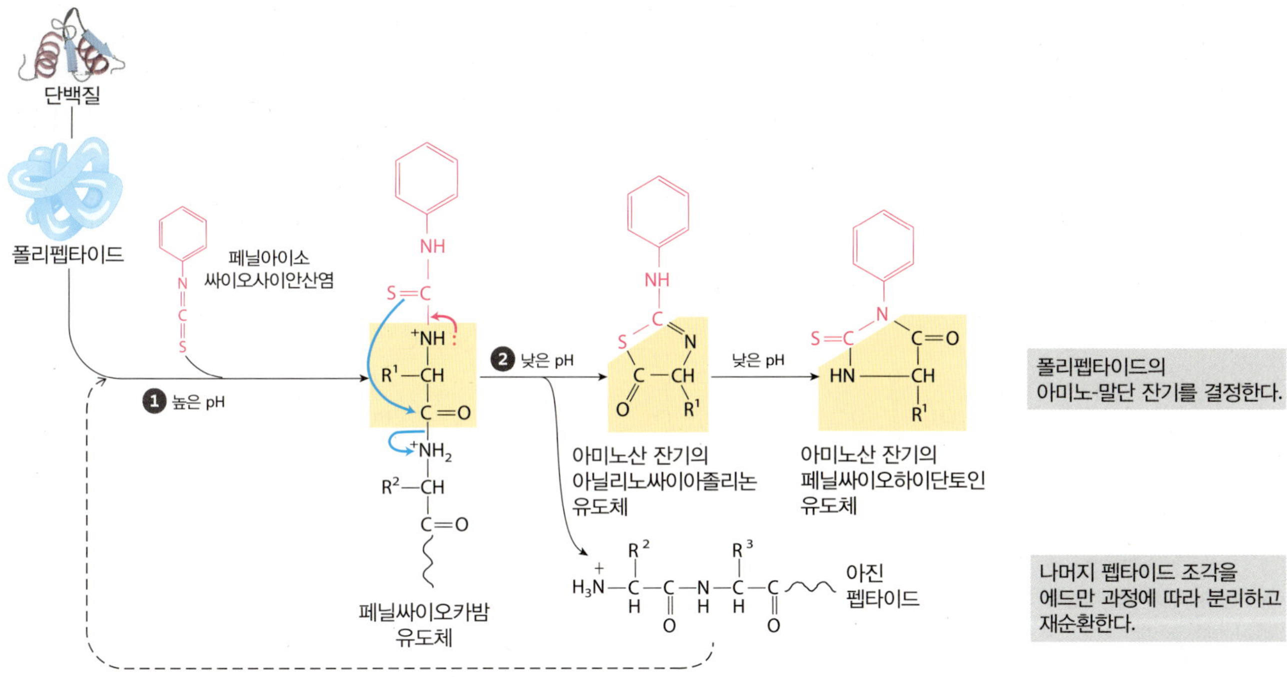

그림 3-27 Pehr Edman에 의하여 개발된 단백질 서열 결정의 화학. 단백질 또는 폴리펩타이드의 아미노 말단에서 가장 가까운 펩타이드 결합이 두 단계로 절단된다. 두 단계는 매우 다른 반응 조건(❶단계에서는 염기성 조건, ❷단계에서는 산성)에서 수행되어 첫 번째 단계를 두 번째 단계가 시작되기 전에 완전히 마치도록 한다.

화학적 서열 분석 과정은 에드만(Pehr Edman)에 의하여 고안된 2단계 과정에 기초하고 있다(**그림 3-27**). **에드만 분해법(Edman degradation)**은 펩타이드의 아미노-말단 잔기만을 표지하여 제거하고 그 밖의 모든 펩타이드 결합은 그대로 보존한다. 펩타이드를 약한 알칼리 조건에서 페닐아이소싸이오사이안산염(phenylisothiocyanate)과 반응시키면 아미노-말단 아미노 잔기는 페닐싸이오카바모일(phenylthiocarbamoyl, PTC) 부가물로 변한다. PTC 부가물 다음의 펩타이드 결합은 무수 트라이플루오로아세트산(anhydrous trifluoroacetic acid) 조건에서 절단되며, 아미노-말단 아미노산은 아닐리노싸이아졸리논 유도체(anilinothiazolinone derivative)로 제거된다. 유도체화된 아미노산은 유기 용매로 추출하여 산성 용액으로 처리하면 더 안정된 형태인 페닐싸이오하이단토인(phenylthiohydantoin) 유도체로 바뀌며, 이것을 확인한다. 염기성 조건과 이어서 산성 조건하에서 수행하는 일련의 반응을 이용하면 전체 반응을 조절할 수 있다. 아미노-말단 아미노산과의 개개 반응은 펩타이드 내의 다른 펩타이드 결합에 영향을 주지 않고 끝낼 수 있다. 이 과정은 전형적으로 일직선 상에 있는 40개의 아미노산 잔기들이 동정될 때까지 반복될 수 있다. 에드만 분해의 과정은 자동화되었다.

큰 단백질들의 서열을 결정하기 위하여 서열 분석 방법들의 초기 발명자들은 이황결합을 제거하고 단백질들을 더 작은 폴리펩타이드들로 정확히 절단하는 방법들을 개발해야 했다. 이황결합의 비가역적 절단을 위한 2가지 방법이 **그림 3-28**에 개괄되었다. **단백질분해효소(protease)**는 펩타이드 결합의 가수분해적 절단을 촉매한다. 일부 단백질분해효소들은 특정한 아미노산 잔기들에 인접한 펩타이드 결합(표 3-6)만을 절단하여 폴리펩타이드 사슬을 예상할 수 있고 재현성이 있는 방법으로 조각낸다. 몇 가지 화학 시약들도 특정 잔기 근처의 펩타이드 결합을 자른다. 단백질분해효소들 중에서 소화효소인 트립신은 Lys 또는 Arg의 카보닐기가 관여하는 펩타이드 결합만을 가수분해하고 이 반응은 폴리펩타이드 사슬의 길이나 아미노산 서열과는 상관이 없다. Lys 또는 Arg 잔기가 3개가 포함된 폴리펩타이드는 트립신에 의하여 대개 4개의 작은 펩타이드 조각이 만들어진다. 이러한 것들의 1가지 예외는 카복실 말단의 Lys 또는 Arg이다. 단백질을 더 작은 펩타이드로 절단하는 시약의 선택은 단백질을 아미노산들로 환원하는 산을 사용하여 먼저 전체 단백질의 아미노산 조성을 결정함으로써 도움을 받을 수 있다. 트립신은 Lys과 Arg잔기를 어느 정도 갖고 있는 단백질들에만 사용될 수 있을 것이다.

고전적인 서열 분석에서 큰 단백질은 다른 단백질분해효소 또는 절단시약을 사용하여 각 조각의 끝이 다르도록 두 번 절단될 수 있다. 두 세트의 조각들은 분리되고 서열이 결정되게 된다. 원래 단백질에 있던 조각의 순서는 두 세트의 조각들의 중복되는 서열을 조사하여 결정될 수 있다.

전체 단백질의 서열을 결정하는 데 더 이상 사용되지 않더라도 전통적인 서열 결정 방법들은 실험실에서는 아직도 유용한 방법이다. 아미노 말단으로부터 몇 개의 아미노산들의 서열을 에드만 화학으로 결정하는 것은 막 분리가 된 단백질의 정체를 확인하

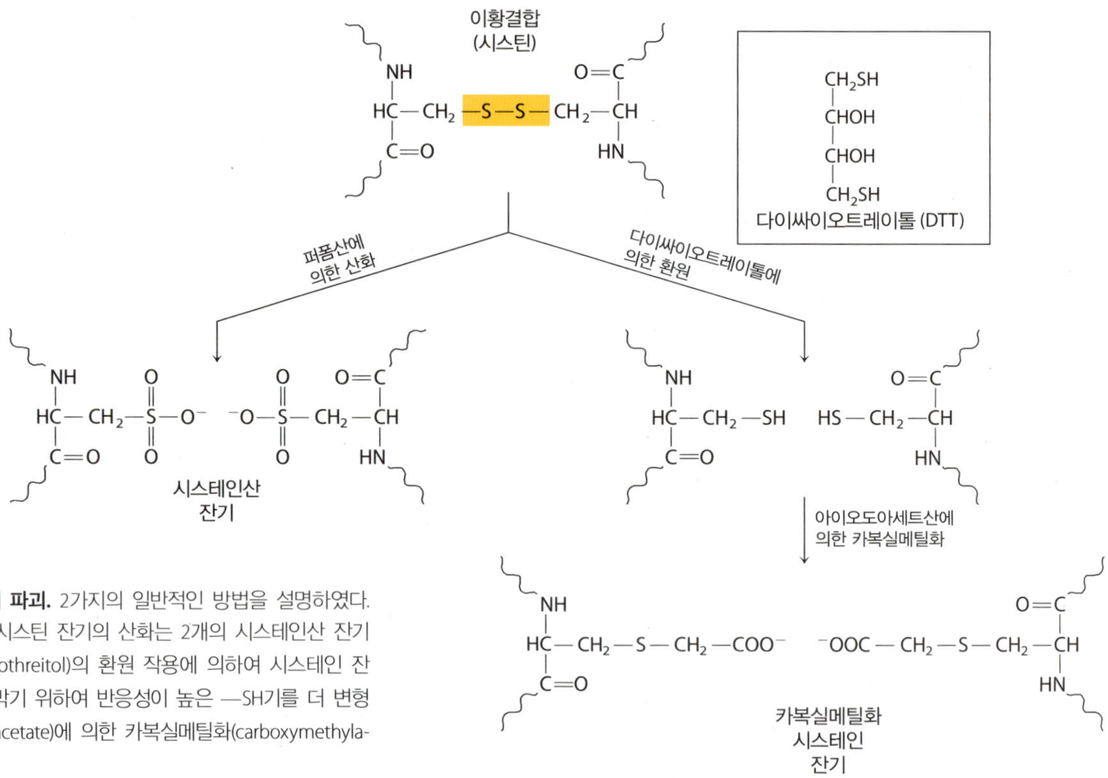

그림 3-28 단백질에서 이황결합의 파괴. 2가지의 일반적인 방법을 설명하였다. 과포름산(performic acid)을 사용한 시스틴 잔기의 산화는 2개의 시스테인산 잔기를 만든다. 다이싸이오트레이톨(dithiothreitol)의 환원 작용에 의하여 시스테인 잔기를 만든 후에 이황결합의 재생을 막기 위하여 반응성이 높은 —SH기를 더 변형시켜야 한다. 아이오도아세트산(iodoacetate)에 의한 카복실메틸화(carboxymethylation)가 이 목적에 사용된다.

표 3-6 폴리펩타이드를 조각내는 몇 가지 흔한 방법들의 특이성

시약 (생물학적 출처)[a]	절단 부위[b]
트립신(소, 이자)	Lys, Arg (C)
서브막실라러스 균 단백질분해효소(생쥐 위턱밑샘)	Arg (C)
카이모트립신(소 이자)	Phe, Trp, Tyr (C)
포도알균(*S. aureus*) V8 단백질분해효소(세균 포도알균)	Asp, Glu (C)
Asp-*N*-단백질분해효소(세균 녹농균 [*P. fragi*])	Asp, Glu (N)
펩신(돼지 위)	Leu, Phe, Trp, Tyr (N)
펩타이드내부분해효소 Lys C(세균 *Lysobacter enzymogenes*)	Lys (C)
브롬화 사이아노젠	Met (C)

[a]브롬화 사이아노젠을 제외한 다른 모든 단백질은 단백질분해효소이다. 효소와 시약은 모두 시판되고 있는 것이다.

[b]단백질분해효소와 시약에 대한 1차 인식 부위를 제공하는 잔기; 펩타이드 결합의 절단은 지적한 아미노산 잔기의 카보닐기(C) 또는 아미노기(N)에서 일어난다.

거나 특별한 활성에 기초하여 분리가 된 미지의 단백질을 동정하기에 충분하다. 전통적인 서열 결정법의 각 단계에서 사용되는 기술들도 다른 목적들에도 유용하다. 예를 들어, 이황결합을 절단하는 방법들은 필요한 경우에 단백질을 변형하는 데 사용될 수 있다. 더욱이, 아미노 말단의 아미노산을 표지하려는 노력은 단백질의 특정 기들과 반응하는 다양한 시약들의 개발을 이루어냈다. 아미노 말단의 α-아미노기를 표지하는 시약들은 Lys 잔기들의 일차 아민들을 표지하는 데 사용될 수 있다(그림 3-26). Cys 잔기들의 sulfhydryl 기는 iodoacetamide, maleimide, benzyl halides와 bromomethyl ketone으로 변형될 수 있다(**그림 3-29**). 다른 아미노산 잔기들은 단백질을 검출하거나 기능적 연구에 도움을 줄 수 있는 색소나 다른 분자들에 연결될 시약에 의해 변형될 수 있다.

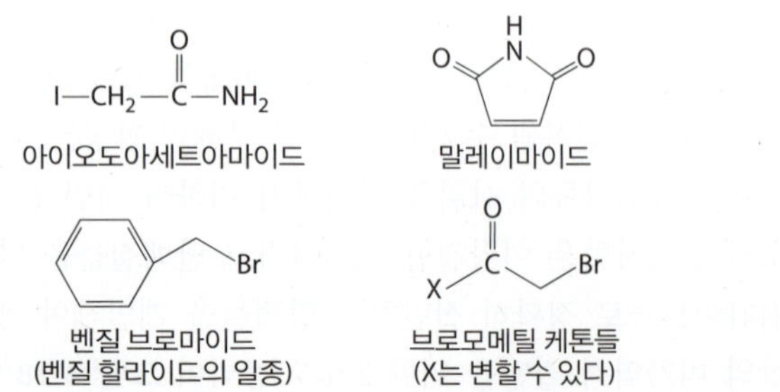

그림 3-29 Cys 잔기들의 설프하이드릴기를 변형하는 시약들. (그림 3-28 참조.)

질량분광법은 아미노산 서열을 결정하는 대체 방법을 제공한다

질량분광법(mass spectrometry)의 현재적 변형은 위에서 기술한 서열 분석 방법의 중요한 대체 방법을 제공한다. 질량분광법은 어떤 단백질의 분자량을 결정하는 매우 정교한 방법을 제공할 수 있을 뿐만 아니라 그 외에 훨씬 더 많은 것들을 할 수 있다. 특히 질량분광법의 몇 가지 변형 방법은 하나의 단백질 시료에서 여러 개의 짧은 폴리펩타이드 분절(20~30개의 아미노산 잔기들)들의 서열을 매우 빨리 분석해 제공할 수 있다.

질량분광법은 화학에서 없어서는 안 될 중요한 도구가 되었다. **분석물질(analytes)**로 불리는 분석될 시료들은 진공상태에서 먼저 이온화된다. 새롭게 전하를 가지게 된 분자는 전기장이나 자기장 내로 유도되어질 때 그들의 질량과 전하의 비(m/z)에 따라 전기장을 통과하는 데 이러한 특성을 이용하여 매우 높은 정밀도로 분석물질의 질량(m)을 추정할 수 있다.

오랫동안 질량분광법이 사용되어 왔지만 단백질이나 핵산과 같은 거대분자에 응용되지는 못하였다. m/z 측정은 분자가 기체 상에 있을 때 이루어지며 거대분자를 기체 상으로 만들려면 열이나 다른 처리가 필요한데 문제는 이런 조건이 거대분자의 급속한 붕괴를 초래한다는 것이다. 1998년에서야 이 문제를 해결할 2가지의 기술이 개발되었다. 첫 번째는 단백질을 빛 흡수 기질(light-absorbing matrix)에 두는 것이다. 단백질은 짧은 펄스의 레이저 빛에 의하여 이온화된 후 기질로부터 진공계로 탈착된다. **기질 보조 레이저 탈착/이온화 질량분광법(matrix-assisted laser desorption/ionization mass spectrometry**, 또는 **MALDI MS)**의 과정은 많은 거대분자의 질량 측정에 성공적으로 사용되었다. 두 번째의 성공적인 방법은 용액 중의 거대분자가 액체 상에서 기체 상으로 곧바로 바뀌도록 한다. 분석물질의 용액은 높은 전하를 유지하고 있는 바늘을 통과하여 용액에 퍼져서 전하를 가진 아주 작은 미세방울(microdroplet)로 된다. 용매 주변의 거대분자는 재빠르게 증발되어 커다란 거대분자 이온을 형성함으로써 파괴되지 않고 기체 상으로 바뀐다. 이러한 기술을 **전자분무 이온화 질량분광법(electrospray ionization mass spectrometry**, 또는 **ESI MS)**이라 부른다. 바늘을 통과할 때 추가되는 양성자는 거대분자에 하전을 더해 준다. 분자의 m/z는 진공실에서 분석될 수 있다.

질량분광법은 단백체 연구, 효소학, 단백질 화학 등을 위한 풍부한 정보를 제공한다. 이러한 기술은 아주 적은 양의 시료를 필요로 하며 따라서 2차원 전기영동 젤로부터 분리한 작은 양의 단백질에도 쉽게 응용할 수 있다. 정확하게 측정된 단백질 분자 질량은 분자 동정의 주요 지표 중의 하나가 된다. 일단 단백질의 질량을 정확하게 알면, 질량분석법은 보조인자, 금속 이온, 공유결합 수정 시 질량의 변화를 확인하는데 위한 정확하고 간편한 방법이다.

ESI MS로 단백질 분자의 질량을 결정하는 과정을 **그림 3-30**에서 도식화하였다. 단백질을 기체 상으로 주입하고 나면 그 단백질은 용매로부터 수많은 양성자를 획득하여 양전하를 띠게 된다. 이렇게 되면 각기 다른 질량과 전하의 비를 갖는 물질의 스펙트럼이 생성된다. 각각의 연속된 봉우리는 1개의 종에 부합한다. 하나의 질량 차이나 하나의 전하 차(1개의 양성자)에 의하여 이웃한 봉우리와 구별되어진다. 단백질의 질량은 이웃한 2개의 봉우리를 보고 알 수 있다.

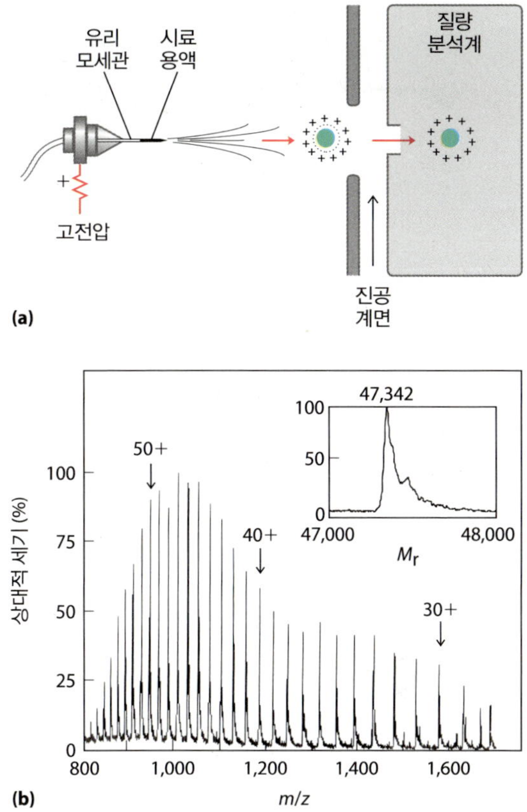

그림 3-30 단백질의 전자분무 질량분석법. (a) 단백질 용액은 높은 전압의 전기장 흐름에 놓여 있는 바늘을 통하여 지나감으로써 높은 전하를 띠는 미세방울 사이로 분사된다. 미세방울은 증발하고 m/z 측정을 위하여 이온(이 경우에는 양성자가 첨가됨)이 질량분석계로 들어간다. (b) 스펙트럼은 봉우리 군으로 이루어진다. 연속성 봉우리(오른쪽에서 왼쪽으로)는 질량과 전하가 하나씩 증가된 전하를 띠는 종에 해당한다. 우측 상단의 작은 그림은 컴퓨터에 의하여 변형된 스펙트럼을 보여 준다. [출처: Information from M. Mann and M. Wilm, *Trends Biochem. Sci.* 20:219, 1995.]

질량분광법은 짧은 폴리펩타이드의 서열 결정에도 사용될 수 있으며 알려져 있지 않은 단백질의 빠른 규명을 위하여 중요한 방법으로 떠오르고 있다. 서열 정보는 **직렬 MS(tandem MS)**나 **MS/MS**라 불리는 기술을 사용하여 알 수 있다. 단백질을 함유한 용액은 우선 더 짧은 펩타이드로 가수분해하여 조각화하기 위한 단백질분해효소나 화학 약품을 처리한다. 그 다음 혼합물을 장치(직렬식의 두 질량분석계가 필수적인) 안으로 넣는다(**그림 3-31a**, 위). 첫째, 펩타이드 혼합물은 분리되고 이온화된 조각들은 몇몇 과정을 거치면, 잘려서 생긴 여러 형태의 펩타이드들 중 하나만이 다

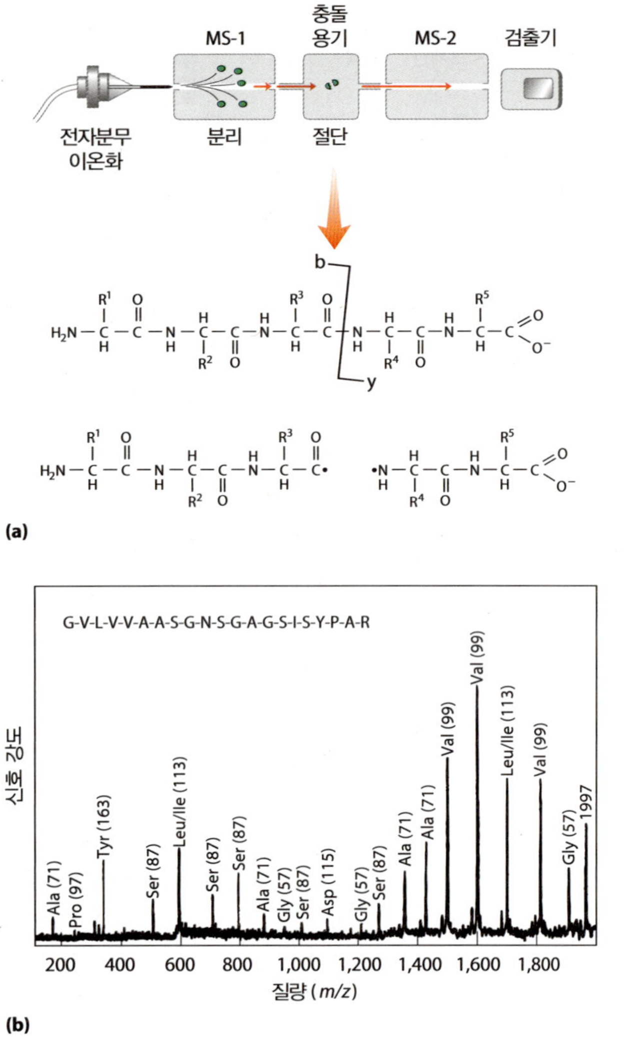

그림 3-31 직렬 질량분석계를 이용한 단백질 서열 정보의 획득. (a) 단백질 가수분해 후, 단백질 용액을 질량분석계(MS-1) 내로 집어 넣는다. 다른 펩타이드들은 구별되고 오직 하나만이 선택되어 다음 단계로 진행된다. 선택된 펩타이드는 두 질량분석계 사이에서 더 작게 절단되고 각 조각의 m/z가 두 번째 질량분석계(MS-2)에서 측정된다. 두 번째 절단 과정에서 많은 이온들이 생겨나는데, 이는 그림에서 볼 수 있는 것처럼 펩타이드 결합이 끊어지기 때문이다. 아미노기 말단이나 카복실기 말단에 전하가 남아 있는 것에 따라 각각 b형과 y형 이온으로 명명된다. (b) 하나의 작은 펩타이드(21개의 잔기) 시료로부터 생성된 펩타이드 조각을 나타내는 봉우리들로 이루어진 전형적인 스펙트럼. 표시된 봉우리는 아미노산 잔기들로부터 유래한 y형 이온이다. 각 봉우리 위의 괄호 안의 숫자는 아미노산 이온의 분자량이다. 연속되는 봉우리는 원래의 펩타이드에서의 특정 아미노산의 질량에 의하여 구별된다. 분석된 서열이 위에 표시되었다. [출처: Information from T. Keough et al., *Proc. Natl. Acad. Sci. USA* 96:7131, 1999, Fig. 3.]

른 끝에서 나타나게 된다. 선택된 펩타이드 시료는 전하를 띠는 분자로서 2개의 질량분석계 사이의 진공관을 통과하게 된다. 충돌 용기(collision cell) 안에서 헬륨이나 아르곤 같은 "충돌 기체(collision gas)"와의 고 에너지 충돌에 의하여 펩타이드는 더 작은 조각으로 나눠진다. 개별 펩타이드는 평균적으로 오직 한 곳에서 끊어진다. 그 끊김은 가수분해는 아니지만, 대부분 펩타이드 결합에서 일어난다.

두 번째 질량분석계에서 전하를 띠는 모든 조각의 m/z 비를 측정한다(비전하 조각은 인식되지 않는다). 이들은 하나 이상의 봉우리 단(set)을 만들어낸다. 주어진 봉우리 단(그림 3-31b)은 동일한 형태의 결합(펩타이드의 다른 부위에 존재하는)이 파괴되어 생성된 것으로 전하를 띠는 조각을 나타내는 것이다. 그리고 결합이 파괴되는 부위는 카복실 말단이든 아미노 말단이든 동일한 쪽에서 유도된다. 주어진 봉우리 단의 각각의 연속된 봉우리는 앞서의 봉우리보다 하나의 아미노산이 줄어든 것이다. 봉우리 간의 질량 차이는 각 단계에서 잃은 아미노산에 의한 것으로서 펩타이드의 서열을 알려준다. 다만 질량이 같은 류신과 아이소류신은 구분이 모호하다. 여러 봉우리 단들이 만들어진다 하더라도 가장 두드러진 2가지 단들은 일반적으로 펩타이드 결합의 절단으로부터 유래된 전하들 띤 절편들로 구성된다. 1가지 단으로부터 유래한 아미노산 서열은 다른 하나에 의해 확인되어 얻어진 서열 정보의 신빙성을 증가시킨다.

단백질 서열 정보를 얻는 다양한 방법들은 상호 보완적이다. 에드만 분해법은 때로는 단백질이나 펩타이드의 아미노 말단으로부터 서열 정보를 얻는 데 특히 편리하다. 그러나 이것은 질량분광법에 비하여 상대적으로 느리고 많은 양의 단백질 시료를 필요로 한다. 질량분광법은 적은 양의 시료나 혼합 시료의 분석에 이용될 수 있다. 이것은 서열 정보를 제공하지만 절단 과정은 예상하지 못했던 서열의 단절 부분을 만들 수 있다. 오늘날 대부분의 단백질 서열들이 유전자 암호에 대한 우리의 이해(제27장)를 통하여 유전체 DNA 서열로부터 추출(제8장)되지만 직접적인 단백질 서열 분석이 미지의 단백질 시료를 동정하는 데에는 간혹 필수적이다. 두 가지 단백질 서열 결정 방법들은 새롭게 분리된 단백질들을 명백하게 동정할 수 있도록 해준다. 질량분광법은 소량으로 존재하는 단백질들을 동정하는 첫 번째 방법이다. 한 예로, 폴리아크릴아마이드 젤의 단일 띠의 단백질에서 추출되는 수백 나노그램의 단백질의 분석에 이 방법은 충분히 민감하다. 질량분광법에 의한 직접 서열 분석은 또한 인산기의 첨가나 다른 변형들을 밝힐 수 있다(제6장). 어떤 서열분석법이든 진핵세포들에서 전령 RNA의 편집에 의한 단백질 서열의 변화를 밝혀낼 수 있다(제26장). 따라서, 이러한 방법들은 단백질과 이의 기능을 연구하는 데 사용되는 확고한 도구가 된다.

작은 펩타이드와 단백질은 화학적으로 합성할 수 있다

많은 펩타이드는 약리학적 물질로서 잠재적 유용성이 있고 그들을 생산하는 것은 상업적으로 상당히 중요하다. 하나의 펩타이드를 얻는 데에는 3가지 방법이 있다. (1) 조직으로부터의 정제. 이 방법은 때때로 매우 낮은 농도로 존재하는 몇몇 단백질에 있어서는 어려움이 있다. (2) 유전공학(제9장) 또는 (3) 직접적인 화학 합성. 이제 강력한 기술에 의하여 많은 경우 화학적으로 직접 합성할 수 있게 되었다. 상업적 응용뿐만 아니라 큰 단백질의 특정 펩타이드 조각의 합성은 단백질의 구조와 기능을 연구하기 위한 중요한 방법으로 부상하고 있다.

단백질의 복잡성 때문에 4~5개 이상의 아미노산 잔기를 가지는 펩타이드에 대해서는 종래의 전통적인 유기화학적 합성법은 비실용적이다. 한 가지 문제는 각 단계 후의 산물을 정제하는 것이 어렵다는 것이다.

1962년 메리필드(R. Bruce Merrifield)는 이 기술에 있어서 주요 돌파구를 제시했다. 그의 기술 혁신은 펩타이드의 한쪽 끝을 고체 지지대(solid support)에 부착한 상태에서 합성하는 것이다. 지지대는 불용성의 중합체로서 관 속에 존재하며 크로마토그래피 방법에서 사용되는 것과 유사하다. 펩타이드는 이 지지대 위에서 형성되며 반복되는 과정에서 한 번에 하나씩의 아미노산이 더해진다(**그림 3-32**). 이 회로의 각각의 연속된 단계에서 보호 화학기

그림 3-32 불용성 고분자 지지대 상에서 펩타이드의 화학적 합성. ❶에서 ❹의 반응 과정은 각각의 펩타이드 결합을 만드는 데 필요하다. 9-플루오레닐메톡시카보닐(Fmoc) 기(파란색 부분)는 잔기(주황색 부분)의 α-아미노기에서 불필요한 반응을 막는다. 화학적 합성은 카복실 말단에서 아미노 말단으로 진행되며 생체의 단백질 합성 방향과 반대가 된다(제27장).

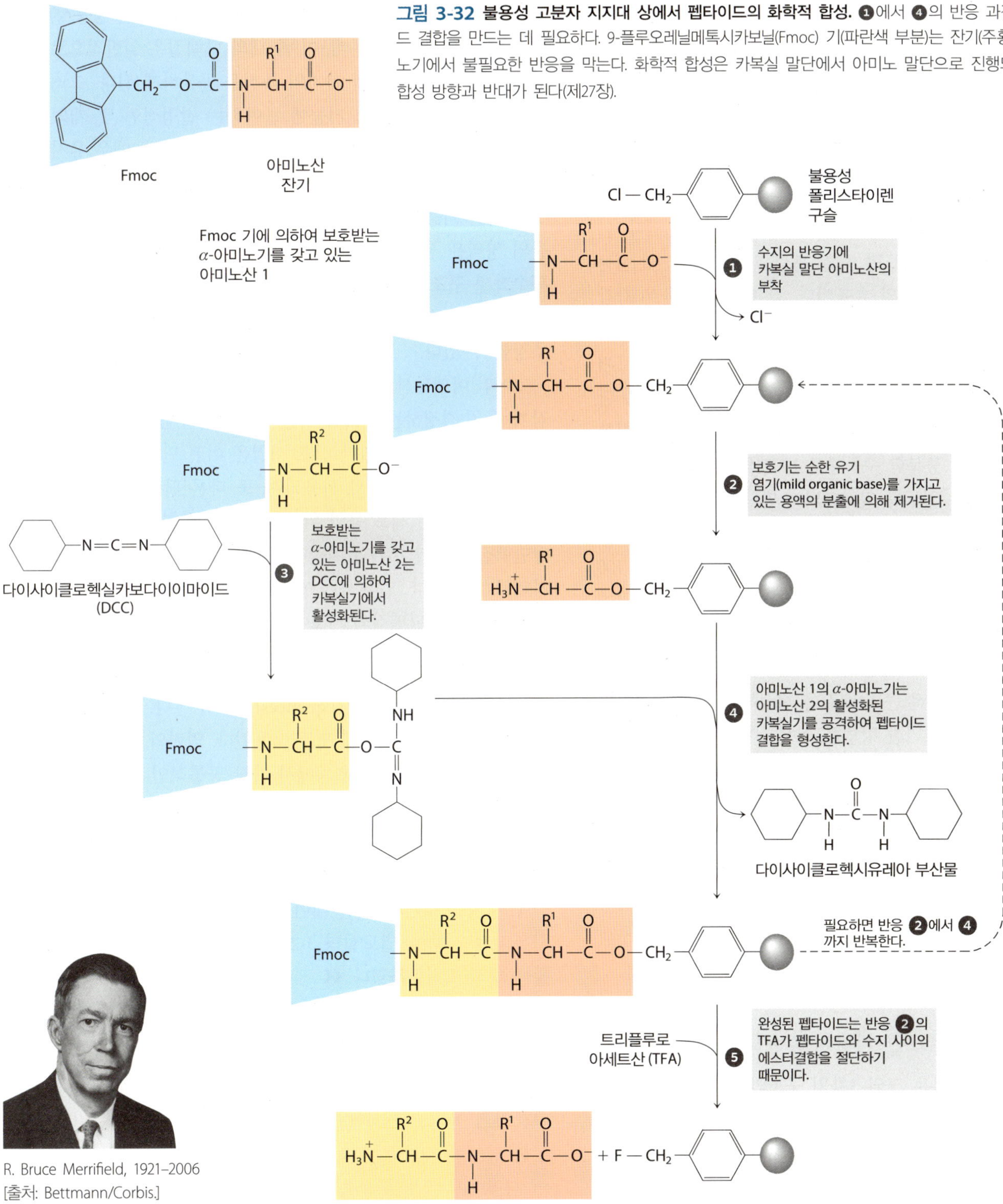

R. Bruce Merrifield, 1921–2006
[출처: Bettmann/Corbis]

표 3-7 펩타이드 합성에서 총수득률에 미치는 단계별 수득률의 영향

최종 폴리펩타이드의 잔기 수	단계별 수득률이 아래와 같을 때의 최종 펩타이드의 총수득률 (%)	
	96.0%	99.8%
11	66	98
21	44	96
31	29	94
51	13	90
100	1.8	82

(protective chemical groups)가 원치 않는 다른 반응을 막는다.

화학적인 펩타이드 합성을 위한 기술은 자동화되어 있다. 이 과정의 가장 중대한 한계(에드만 서열 분석 과정도 갖고 있는)는 각 화학 회로(chemical cycle)의 효율이다. 각 단계의 효율은 각각의 새로운 아미노산이 추가되는 수득률이 96.0% 대 99.8%일 때를 기준으로 다양한 길이의 펩타이드의 전체 수득률을 계산함으로써 확인할 수 있다(표 3-7). 이 단계에서의 불완전한 반응은 다음 단계에서 불순물(더 짧은 펩타이드 형태)을 만들어 낼 수 있다. 화학 공정은 빠른 시일 내에 충분한 수득률로 100개의 아미노산 잔기로 된 단백질을 합성할 수 있도록 최적화되어 있다. 핵산의 합성에서도 이와 유사한 방법이 응용된다(그림 8-33 참조). 이 기술은 획기적이지만 생물학적 과정과 비교해 볼 때 아직 미미한 것이다. 100개의 아미노산으로 이루어진 동일한 단백질을 세균은 약 5초 만에 정확하게 합성할 수 있다.

펩타이드를 효율적으로 연결하기 위한 여러 가지 새로운 방법의 모색을 통하여 비교적 큰 단백질을 형성하는 합성 펩타이드의 조립이 가능해졌다. 이러한 방법을 이용하여 세포내 단백질에서는 찾아볼 수 없는 새로운 형태의 단백질 화학기를 정확히 위치시킴으로써 만들어 낼 수 있다. 이런 새로운 형태의 단백질은 효소의 촉매작용의 이론을 검증하거나 새로운 화학적 특성을 지닌 단백질을 만들거나 또는 특정 구조를 형성할 수 있는 단백질 서열들을 만드는 새로운 방법을 제시한다. 끝으로 이 방법을 통하여 수용액 상태에서 펩타이드의 1차 구조와 3차 구조와의 연관성에 대한 지식을 더욱 확장시킬 수 있을 것이다.

아미노산의 서열은 중요한 생화학적 정보를 제공한다

단백질의 아미노산 서열은 그의 3차원 구조와 기능, 세포에서의 위치, 진화에 대한 통찰력 등을 제공하게 된다. 이 통찰력의 대부분은 이미 알고 있는 단백질과 관심 있는 단백질의 유사성을 검색하는 것으로부터 끌어낼 수 있다. 수천 가지의 서열이 이미 알려졌으며, 구축된 데이터베이스는 인터넷을 통하여 이용할 수 있다. 새로 얻은 서열을 대량으로 구축된 정보와 비교했을 때 놀랍고 명백한 관계가 밝혀지는 경우가 많다.

그러나 아직도 단순한 아미노산 서열이 어떻게 3차 구조를 결정하는지를 잘 알지 못할 뿐더러 서열 정보로부터 그 기능을 예측할 수도 없다. 하지만 구조와 기능상의 일부 특징을 공유하는 단백질족(protein family)이 아미노산 서열의 유사성에 근거한다는 것이 점차로 널리 밝혀지고 있다. 개개의 단백질은 일반적으로 아미노산 서열의 유사성의 정도(서열의 25% 이상의 서열 상동성)에 의하여 족으로 나누어지는데, 이 족 내의 단백질은 일반적으로 구조상 및 기능상 적어도 몇 가지의 특징을 공유하게 된다. 그러나 어떤 단백질의 경우 특정 기능에 관여하는 결정적인 몇 개의 아미노산에 의하여 단백질족에 포함되는 경우도 있다. 매우 유사한 다수의 기본 구조 또는 "영역(domain)"(제4장에서 더 자세히 정의될 것이다)이 기능적으로는 관계가 없는 많은 단백질에 존재한다. 이들의 영역은 상당한 안정성을 보이며 또한 특정한 환경에 대하여 특수화된 구조 입체형태로 접혀져 있는 경우가 많다. 단백질족에 있어서 구조상 및 기능상의 유사성으로부터 진화론적 관계 또한 추정할 수 있다.

어떤 아미노산 서열은 단백질의 세포내 위치, 화학적 수정, 반감기 등을 결정하는 신호로 작용하는 경우가 많다. 일반적으로 아미노 말단에 있는 특별한 신호 서열은 어떤 단백질을 세포로부터 유출하기 위한 표적으로 사용되며; 또 다른 단백질을 핵, 세포 표면, 세포질, 다른 세포 등의 위치 분포하도록 한다. 그 밖의 서열은 당단백질의 당질 부위와 지질단백질의 지질과 같은 보조단의 부착자리로 작용한다. 일부 신호에 대한 특징이 잘 알려져 있으므로, 새롭게 발견된 단백질의 서열에서 쉽게 확인될 수 있다(제27장).

›› **중요 관례:** 단백질 서열에 들어 있는 기능적 정보의 상당 부분은 **공통 서열(consensus sequences)**로부터 온다. 이 용어는 DNA, RNA 또는 단백질 서열에 모두 적용된다. 일련의 핵산이나 단백질 서열들을 비교할 때 각 위치에서 가장 공통적인 염기서열이나 아미노산 서열들을 가질 때 이것을 공통 서열이라고 한다. 이와 같은 서열 중 일부분들은 진화적으로 보존된 기능을 가지는 도메인을 나타내기도 한다. 인터넷에서 이용할 수 있는 수학적 도구가 공통 서열을 찾거나 서열 데이터베이스에서 그들을 확인하는 데 사용되기도 한다. 별도설명 3-2에 공통 서열을 보이는 일반 관례들에 대해 도식화하였다. ‹‹

단백질 서열은 지구상 생명체의 역사를 밝히는 데 도움이 된다

단백질의 아미노산 서열을 나타내는 단순 문자열은 놀랍도록 풍부한 정보를 가지고 있다. 더 많은 단백질 서열이 알려짐에 따라 이 서열에서 정보를 추출할 수 있는 더 강력한 방법들의 개발이

별도설명 3-2 공통 서열과 서열 로고

공통 서열은 여러 가지 방법으로 나타낼 수 있다. 그림 1에 제시한 (a) P고리라 부르는 ATP-결합 구조(별도설명 12-2 참조)와 EF-손이라 부르는 Ca^{2+}-결합구조(그림 12-12 참조)의 공통 서열에서 예를 사용하여 2종류의 약정 도식에 대해 알아본다. 여기에 기술한 법칙들은 웹사이트인 PROSITE(expasy.org/prosite)의 서열 비교에서 사용하는 방법을 적용한 것이다; 그들은 아미노산을 1-문자 기호로 사용한다.

[AG]-x(4)-G-K-[ST].

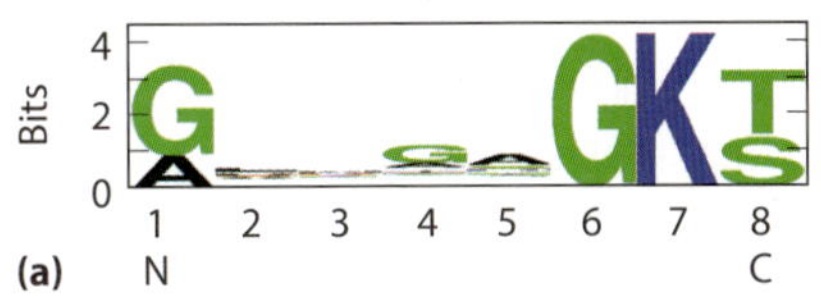

D-{W}-[DNS]-{ILVFYW}-[DENSTG]-[DNQGHRK]-{GP}-[LIVMC]-[DENQSTAGC]-x(2)-[DE]-[LIVMFYW].

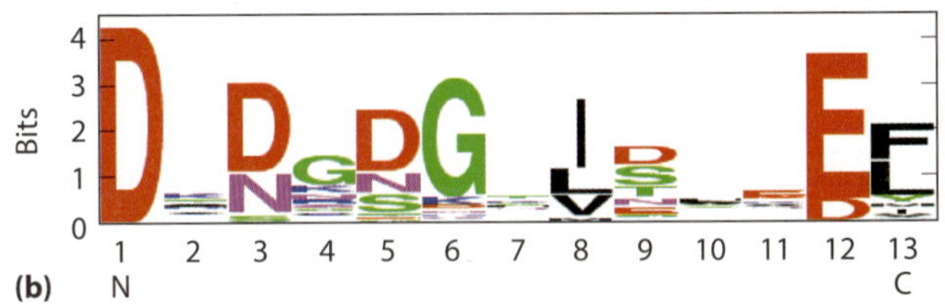

그림 1 두 가지 공통 서열의 표현 **(a)** P loop, ATP 결합구조 **(b)** EF 손, Ca^{2+}-결합구조 [출처: Sequence data for (a) from document ID PDOC00017 and for (b) from document ID PDOC00018, www.expasy.org/prosite, N. Hulo et al., *Nucleic Acids Res.* 34:D227, 2006. Sequence logos created with WebLogo, http://weblogo.berkeley.edu, G. E. Crooks et al., *Genome Res.* 14:1188, 2004.]

공통 서열을 표시하는 한 가지 방법은(그림 (a)와 (b)의 위쪽에 표시한 것과 같이) 그 위치를 하이픈으로 표시한다. x로 표시된 부분에는 어떤 아미노산이든지 들어갈 수 있다는 것을 의미한다. 불명확한 부위는 중괄호([ ])로 표시하며, 그 위치에 들어갈 가능성이 있는 아미노산을 적는다. 예를 들어, (a)에서 [AG]는 알라닌 또는 글라이신이 들어갈 수 있다는 뜻이다. 한 위치에는 몇 종류의 아미노산 만이 들어갈 수 있으며, 그 위치에 들어갈 수 없는 아미노산들은 대괄호({ })로 표시한다. (b)에서 {W}는 그 위치에 트립토판 이 외의 아미노산이 들어갈 수 있음을 의미한다. 반복되는 아미노산은 괄호에 반복 숫자로 나타낸다. (a)에서 (4)는 x-x-x-x를 의미하며, x(2,4)는 x-x 또는 x-x-x 또는 x-x-x-x를 의미한다. 양식이 서열의 아미노-말단이나 카복실-말단에 한정되어 있을 경우에는 각각 <로 시작하거나 >로 끝나는 것으로 표시한다. 위 그림의 예에는 없음). 양식의 종결은 피리어드를 찍는다. 이러한 법칙들을 (a)의 공통 서열에 적용해 설명하면, 첫 번째 위치에 알라닌이나 글라이신이 있으며, 이어서 4 위치에는 어떤 아미노산이 올 수 있고, 그 다음 위치에 글라이신(G)과 라이신(K)이 이어지며, 마지막에 세린(S)이나 트레오닌(T)이 자리한다는 것이다.

서열 로고는 아미노산(또는 핵산)의 다양한 서열 배치를 더 정보적인 그래프 형태로 나타내는 것이다. 각 로고는 서열 중간 위치에 기호를 쌓아 올린 형태로 표시한다. 올려 놓은 문자의 전체 높이는 서열에서 그 아미노산의 보존 정도를 나타내며, 각 심볼의 높이는 그 아미노산(또는 뉴클레오타이드) 상대적 빈도를 나타낸다. 아미노산 서열에서 각 아미노산의 색깔은 아미노산의 특성을 나타내는 것으로서, 극성 아미노산들(G, S, T, Y, C, Q, N)은 초록색, 염기성 아미노산들(K, R, H)은 청색, 산성 아미노산들(D, E)은 빨간색, 소수성 아미노산들(A, V, L, I, P, W, F, M)은 검은색으로 표시한다. 이 도식에서 표시된 아미노산의 분류는 표 3-1과 그림 3-5의 것들과는 조금 다르다. 방향족 곁사슬을 가지는 아미노산들 중 페닐알라닌(F)과 트립토판(W)은 비극성으로 타이로신(Y)은 극성으로 분류한다. 글라이신(G)은 극성 아미노산으로 분류한다. 특정 위치에 다수의 아미노산들이 있음을 주목하라. 그들이 동일 가능성으로 나타나지는 않는다. 일반적으로 그들 중 하나 또는 작은 수의 아미노산이 주로 나타난다. 로고는 우세성을 명확히 해주고, 단백질 내 공통 서열을 명확히 나타낸다. 그러나 로고에서는 특정 위치에 존재할 수 있는 일부 아미노산 잔기가 불명확한 경우도 있다. 예를 들어, (b)의 EF-손 8번 위치에 종종 시스테인(Cys)이 출현하기도 한다.

주요한 생화학적 사업이 되었다. 유전자와 단백질 서열과 고분자 구조 등을 포함한 끊임없이 확장되고 있는 생물학적 데이터베이스에서 이용 가능한 정보들의 분석은 **생물정보학(bioinformatics)**이라 부르는 새로운 학문 분야를 탄생시켰다. 이 분야 출연의 성과는 컴퓨터 프로그래밍의 지속적 발전으로 과학자, 학생 및 관심 있는 지식층들 누구든지 인터넷을 통한 정보수집이 유용하도록 하였다는 것이다. 개개 단백질의 기능은 그 단백질의 3차 구조에 기인하며 3차 구조는 주로 1차 구조에 의하여 결정된다. 따라서 단백질 서열에 의하여 전달되는 생화학적 정보는 원칙적으로 구조적 및 기능적 원리에 대한 우리의 이해에 의하여 제한될 수 있다. 끊임없이 발전하고 있는 생물정보학이 새로운 단백질들에서의 기능적 절편의 확인을 가능하게 해주며, 데이터베이스에 이미 기재된 단백질과의 분석을 통해 서열이나 구조의 관계를 정립하는 데 도움을 주고 있다. 다른 수준의 질문으로써 단백질 서열은 우리에게 단백질이 어떻게 진화되었고 궁극적으로는 지구 상에서 생명체가 어떻게 진화되었는가에 대하여 답을 주기 시작하였다.

분자 진화론 분야는 1960년대 중반에 진화를 연구하기 위하여 뉴클레오타이드 서열과 단백질 서열의 사용 수준을 진보시킨

Emile Zuckerkandl과 Linus Pauling의 업적으로 거슬러 올라간다. 이 전제는 놀라울 정도로 간단하다. 만일 두 생물체가 밀접하게 관련이 있다면, 그들의 유전자와 단백질의 서열은 서로 비슷해야 한다는 것이다. 두 생물체들 사이의 진화 거리가 증가할수록 서열은 서로 점점 더 다르게 된다. 이러한 접근법의 가능성은 1970년대에 Carl Woese가 고세균을 세균이나 진핵생물과는 구별되는 생물체로 정의하기 위하여 라이보소체 RNA(ribosomal RNA)의 서열을 사용함에 따라 인식되기 시작했다(그림 1-5 참조). 단백질 서열은 이용이 가능한 정보를 크게 개선하는 기회를 제공한다. 세균에서부터 인간까지 많은 생물체들을 연구하는 유전체 사업(genome projects)의 태동으로 이용이 가능한 서열의 수가 빠른 속도로 증가하고 있다. 이러한 정보는 생물학적 역사를 추적하는 데 이용할 수 있다. 남은 문제는 유전적 상형문자(genetic hieroglyphics)를 읽는 법을 배우는 일이다.

진화는 간단하게 직선적인 경로를 따라 일어나지 않았다. 단백질 서열에 저장된 진화에 관한 정보를 캐내기 위한 어떠한 시도에서도 복잡한 문제들이 많다. 어떤 단백질에 있어 그 활성에 필수적인 아미노산 잔기들은 진화적 시간을 거치는 동안에 보존된다. 기능에 덜 중요한 잔기들은 시간이 지남에 따라 변할 수 있으며(즉, 한 아미노산이 다른 아미노산으로 치환됨), 이러한 가변적 잔기들은 진화를 추적하는 데 사용되는 정보를 제공할 수 있다. 그러나 아미노산 치환이 항상 무작위로 일어나지는 않는다. 1차 구조의 일부 위치에서는 단백질 기능을 유지할 필요성은 특정 아미노산 치환만 허용될 수 있음을 의미할 수 있다. 몇몇 단백질들은 다른 단백질들에 비해 더 많은 치환 가능한 아미노산 잔기들을 갖고 있다. 이러한 이유와 다른 이유들 때문에 단백질들은 서로 다른 속도로 진화될 수 있다.

진화 역사를 추적함에 있어 복잡하게 만드는 또 다른 요소에는 **수평적 유전자 전이(horizontal gene transfer)**라고 불리는 흔치 않은 과정이 있는데, 이것은 하나의 유전자 또는 유전자 군들이 한 생물체로부터 다른 생물체로 전이되는 현상이다. 전이된 유전자들은 유래된 원래 생물체에 있는 유전자들과 아주 비슷할 것이고 다른 유전자들은 서로 상당히 관계가 적은 것으로 나타날 것이다. 수평적 유전자 전이의 한 예시로 항생제 내성 유전자가 세균 집단내에서 최근에 빠르게 퍼지는것을 들 수 있다. 이 전이된 유전자들로부터 유래된 단백질들은 숙주 생물체와 아주 제한된 진화적 역사를 공유하므로 세균 진화를 연구함에 있어서 좋은 대상은 아니다.

분자 진화론의 연구는 일반적으로 밀접하게 관련된 같은 족의 단백질에 초점을 맞추고 있다. 대부분의 경우에 있어서 분석을 위하여 선정된 족들은 초기 생존 가능 세포(earliest viable cell)에 존재했을 세포 대사에 필수적인 기능을 갖고 있다. 이는 수평적 유전자 전이에 의하여 상대적으로 최근에 도입됐을 가능성을 크게 줄여 준다. 예를 들면, EF-1α(elongation factor 1α)는 모든 진핵생물에서 단백질 합성에 관여한다. 같은 기능을 갖는 비슷한 단백질인 EF-Tu는 세균에서 발견된다. 서열과 기능의 유사성은 EF-1α와 EF-Tu가 공통 조상을 공유하는 단백질들의 족에 속한다는 것을 나타낸다. 같은 단백질 족에 속한 구성원들을 **동종 단백질(homologous protein)** 또는 **동종체(homolog)**라 부른다. 동종 개념은 더 상세히 구분할 수가 있다. 만일 한 족에 속한 두 단백질(두 동종체)이 같은 종에 존재한다면 두 단백질을 **이원체(paralog)**라 하고 서로 다른 종에 존재하는 두 동족을 **동원체(ortholog)**라 한다. 진화를 추적하는 과정은 우선 적절한 동종 단백질의 족을 확인한 후 그 단백질들을 이용하여 진화 경로를 재구성하는 것이다.

동종체는 점점 강력해지는 컴퓨터 프로그램을 이용하여 확인할 수 있는데, 이런 프로그램들은 2개 이상의 선택된 단백질 서열을 직접 비교하거나 1개의 선택된 단백질 서열과 진화적 관계에 있는 단백질 서열을 찾을 수 있다. 전자식 탐색 과정은 1개의 서열을 서로 잘 맞는 부분을 찾을 때까지 다른 서열과 맞물려 미끄러뜨리는 것으로 생각할 수 있다. 서열 정렬 시 두 서열에서 아미노산이 일치되는 위치는 양의 점수를 부과하여 (이때의 점수는 프로그램마다 다름) 정렬의 우수함을 측정한다. 탐색 과정이 좀 더 복잡한 경우가 있다. 때로는 서로 비교되는 단백질이 두 개의 서열 구획에서는 잘 일치하고, 이 두 구획을 연결하는 서열이 길이가 다르고 덜 일치하는 서열로 되어있다. 이 경우 두 일치하는 부분을 동시에 정렬시킬 수가 없다. 이러한 문제를 다루기 위하여 컴퓨터 프로그램은 더 짧은 서열에 "간격(gap)"을 첨가하여 두 서열을 정렬시킨다(**그림 3-33**). 물론 충분한 숫자의 간격을 첨가하면 어느 두 서열이든지 일부분 정렬시킬 수 있다. 따라서 유익하지 않은 정렬을 피하기 위하여 프로그램은 첨가된 각각의 간격에 대하여 감점을 주어 전체적인 정렬 점수를 낮춘다. 계산 시행착오를 거쳐 프로그램은 간격 첨가는 최소화하고 일치하는 아미노산 잔

```
대장균(E. coli)       TGNRTIAVYDLGGGTFDISIIEIDEVDGEKTFEVLATNGDTHLGGEDFDSRLINYL
막대균(B. subtilis)   DEDQTILLYDLGGGTFDVSILELGDG      VFEVRSTAGDNRLGGDDFDQVIIDHL
                                               └──┘
                                               간격
```

그림 3-33 간격을 사용하여 단백질 서열을 정렬시키기. 잘 연구된 세균인 대장균과 막대균에서 유래한 Hsp70 단백질(단배질-접힘 샤페론의 큰 부류)의 한 부분의 서열을 정렬시키는 법을 보여 주고 있다. 막대균 서열에 간격을 첨가하여 간격의 양쪽에 있는 아미노산 잔기들이 더 잘 정렬됨을 알 수 있다. 서로 일치하는 아미노산 잔기들은 음영으로 표시되어 있다. [출처: Information from R. S. Gupta, *Microbiol. Mol. Biol. Rev.* 62:1435, 1998, Fig. 2.]

기는 최대화하는 최적 점수를 주는 정렬을 선택하게 된다.

일치하는 아미노산들을 찾아내는 것이 서로 관련된 단백질을 알아내거나 또는 더 중요하게 관련된 단백질이 진화적 시간 척도에서 얼마나 밀접하게 관련되어 있는지를 알아내는 데 가끔 부적합한 경우가 있다. 더 유용한 분석법은 치환된 아미노산의 화학적 특성을 고려하는 방법이다. 아미노산 치환이 단백질 족 내에서 발견될 때 많은 치환은 보존적이다(즉, 아미노산 잔기가 비슷한 화학적 특성을 갖는 잔기로 치환됨). 예를 들어, 한 단백질의 아스파트산 잔기가 같은 족의 다른 단백질의 글루탐산으로 치환된 경우가 있다(두 아미노산은 음전하를 가짐). 이러한 보존적 치환은 논리적으로 볼 때 아스파트산 잔기가 소수성인 페닐알라닌 잔기로 치환된 경우보다 서열 정렬에서 더 높은 점수를 받아야 한다.

서열 유사성과 진화적 연관성을 찾기 위한 대부분의 노력에서 단백질 서열(단백질 서열 결정 또는 단백질을 암호화하는 DNA 서열 결정으로부터 유래)은 비유전자 핵산 서열(단백질 또는 기능적인 RNA를 암호화하지 않는 DNA 서열)보다 더 우수하다. 핵산은 4가지 종류의 잔기(염기)를 갖고 있어 비동족성 서열의 무작위 정렬은 최소한 25%의 위치에서 일치를 보이게 된다. 몇몇 간격을 첨가하면 일치하는 잔기들의 비율을 40% 이상 높일 수 있으며 관련성 없는 서열들이 우연히 정렬될 확률이 상당히 높아진다. 단백질에 있는 20가지의 다른 아미노산 잔기들은 정보 가치가 없는 우연한 정렬이 일어날 확률을 크게 낮추어 준다.

서열 정렬을 생성하는 데 이용되는 프로그램은 정렬의 신뢰성을 검증하는 방법에 의하여 보완된다. 일반적으로 전산화된 검증법은 비교하는 단백질들 중에서 하나의 아미노산 서열을 뒤섞어 무작위 서열(random sequence)을 만들고 프로그램으로 하여금 뒤섞은 서열과 뒤섞이지 않은 서열을 정렬시키게 한다. 새로운 정렬에 점수를 부과하고 뒤섞기(shuffling)와 정렬을 여러 차례 반복한다. 뒤섞기 하기 전의 최초의 정렬은 무작위 정렬에 의하여 생성된 점수 분포 내에 있는 어느 정렬보다 훨씬 높은 점수를 가져야 한다. 이를 통하여 서열 정렬이 동족 짝을 찾았다는 확신을 높여 준다. 유의성 있는 정렬 점수가 없다고 해서 두 단백질 사이에 진화적 연관성이 없다는 것을 의미하는 것이 아니라는 것에 주의하자. 제4장에서 보여 주는 것처럼, 3차원 구조의 유사성은 때때로 서열 유사성이 시간에 따라 없어진 진화적 관계를 보여 준다.

진화를 탐구하기 위하여 단백질 족을 이용할 때 가능한 한 가장 넓은 범위의 생물체들에서 비슷한 분자적 기능을 갖는 족 구성원들을 찾는 것이 필요하다. 족으로부터 얻는 정보는 이 생물체들의 진화를 추적하는 데 이용될 수 있다. 선택된 단백질 족에서의 서열의 분산(divergence)을 분석함으로써 연구자들은 생물체를 진화적 관계에 기초한 부류(class)로 분류할 수 있다. 이 정보들은 생물체의 좀 더 생리학적 및 생화학적 조사를 통하여 조정할 수 있다.

단백질 서열의 특정 조각은 하나의 분류군에서 발견되나 다른 군에서는 발견되지 않을 수가 있다. 이 조각은 발견된 군에 대한 **지문 서열(signature sequence)**로 이용될 수 있다. 지문 서열의 예는 EF-1a/EF-Tu 단백질의 아미노 말단 근처에 12개의 아미노산이 첨가된 경우인데, 이것은 모든 시원세균과 진핵생물에서 발견되나 세균에서는 발견되지 않는다(**그림 3-34**). 이러한 지문은 진핵생물과 시원세균의 진화적 관련성을 확립하는 데 도움을 주는 많은 생화학적 단서 중의 하나이다. 다른 지문 서열들은 여러 다른 분류학적 지위의 생명체들 간의 진화적 상관관계의 정립을 가능하게 해 준다.

단백질의 전체 서열을 고려함으로써 연구자들은 현재 개개 분류군에 있는 많은 종에 대한 더 정교한 진화 계통도(evolutionary tree)를 작성할 수 있게 되었다. **그림 3-35**는 GroEL 단백질(모든 세균에 존재하는 단백질의 적절한 접힘을 도와주는 단백질)의 서열 분산에 기초한 세균에 대한 진화 계통도를 보여 준다. 계통도는 여러 단백질의 서열에 근거하면서 개개 종의 독특한 생화학적 및 생리학적 특성에 대한 자료로 서열 정보를 보완함으로써 개선할 수 있다. 계통도를 만들 수 있는 각각 장점과 단점이 있는 많은 방법과, 진화적 관계를 표시할 수 있는 많은 방법이 있다. 그림 3-35에서 선의 자유 종료점(free end point)은 "외부 교점(external node)"이라 하고, 이것들은 현존하는 종들을 나타내며 각각 명칭이 붙게 된다. 2개의 선이 만나는 점은 "내부 교점(internal node)"이라 하며 멸종된 조상 종을 나타낸다. 대부분의 그림(그림 3-35 포함)에서 교점을 연결하는 선의 길이는 하나의 종과 다른 종을 구별하는 치환된 아미노산의 수와 비례한다. 만일 현존하는 2종을 같은 내부 교점(2종의 공통 조상을 나타냄)으로 추적하면, 각각의 외부 교점을 내부 교점과 연결하는 선의 길이는 조상과 현존하는 종을 구별하는 치환된 아미노산의 수를 표시한다. 하나의 현존

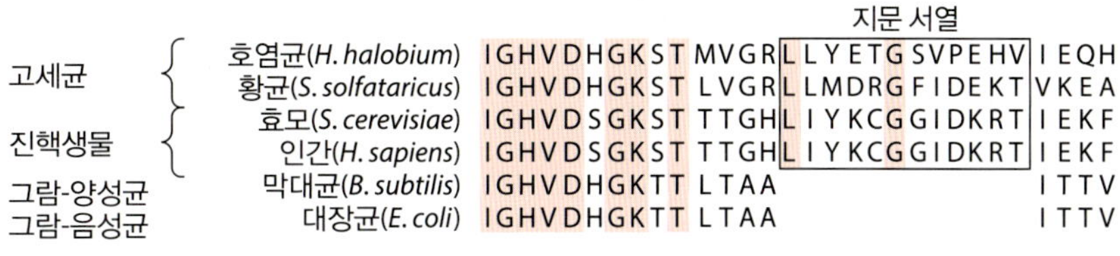

그림 3-34 EF-1α/EF-Tu 단백질 족의 지문 서열. 지문 서열(상자 내)은 서열의 아미노-말단 근처에 첨가된 12개의 아미노산이다. 모든 종에서 정렬된 잔기들은 음영으로 되어 있다. 시원세균과 진핵생물은 첨가된 서열이 서로 다르지만 지문을 갖고 있다. 지문 서열의 변이는 지문이 두 군의 공통 조상에서 처음 나타난 이후 일어난 중요한 진화적 분산을 나타낸다. [출처: Information from R. S. Gupta, *Microbiol. Mol. Biol. Rev.* 62:1435, 1998, Fig. 7.]

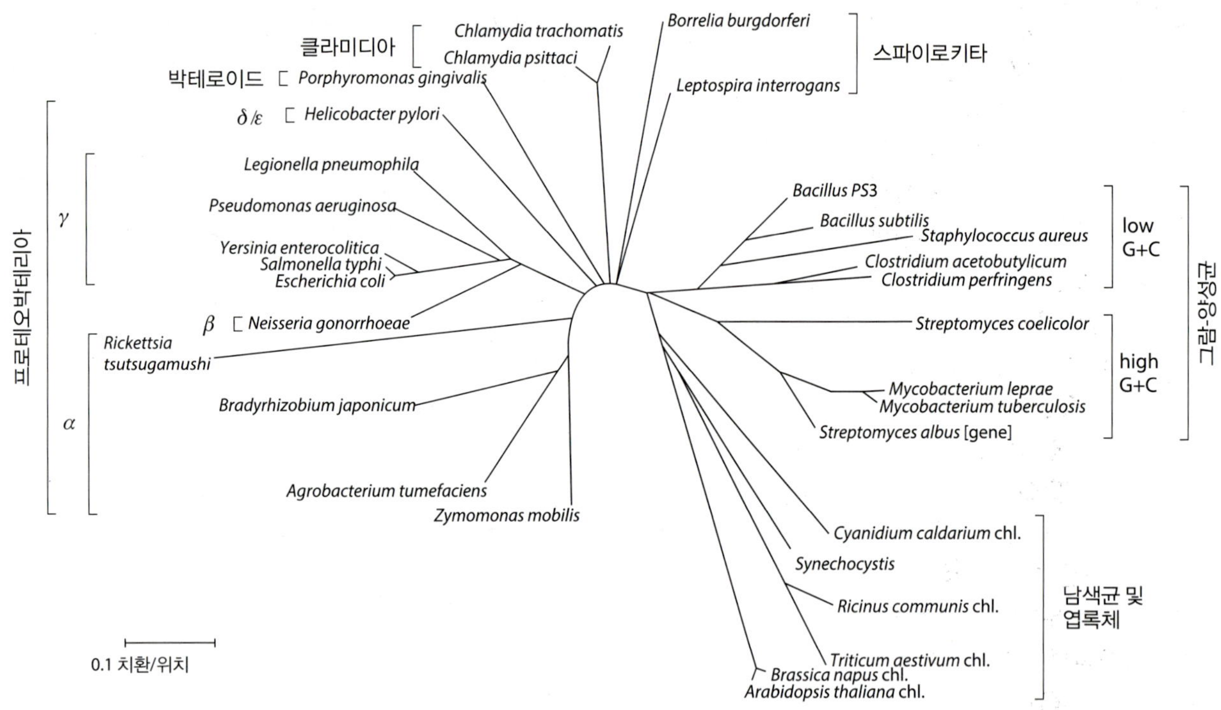

그림 3-35 아미노산 서열의 비교로부터 유래된 진화 계통도. GroEL 단백질 족에서 관찰된 서열 분산에 기초한 세균의 진화 계통도. 이 계통도는 몇몇 비세균 종들의 엽록체가 포함되어 있다(오른쪽 밑). [출처: Information from R. S. Gupta, *Microbiol. Mol. Biol. Rev.* 62:1435, 1998, Fig. 11.]

하는 종을 공통 조상을 통하여 다른 현존하는 종과 연결하는 모든 선의 길이의 합은 두 현존하는 종들을 구별하는 치환된 아미노산의 수를 나타낸다. 여러 종들이 분기하는 데 얼마나 많은 시간이 필요한 지를 결정하려면 화석 기록과 다른 출처로부터의 정보를 비교함으로써 계통도를 조정해야 한다.

데이터베이스에서 보다 많은 서열 정보를 이용하는 것이 가능해 짐에 따라 다양한 다른 단백질에 기초한 진화 계통도를 만들 수 있게 되었다. 그리고 우리는 이러한 계통도를 나날이 늘어나는 더 복잡한 분석방법들로부터 밝혀지는 유전체 정보들을 근거로 재정립할 수 있다. 이런 모든 작업은 지구 상의 모든 생명체들의 진화와 유연관계를 기록하는 상세한 생명 계통도를 만들기 위한 방향으로 진행시키고 있다. 진화의 줄거리는 계속 연구되고 있으며(**그림 3-36**), 이에 대한 질문과 답변은 인간이 어떻게 그 자신과 주변 세계를 보는가 하는 원리가 된다. 분자진화론은 21세기 과학 분야에서 가장 역동적인 개척적인 분야가 될 것으로 전망된다.

요약 3.4 단백질의 구조: 1차 구조

■ 단백질 기능의 차이는 아미노산 구성과 서열의 차이에 기인한다. 일부 서열의 변이는 특정 단백질에서 기능에 거의 또는 전혀 영향을 주지 않으면서 일어날 수 있다.

■ 아미노산 서열은 특정 펩타이드 결합을 절단하는 시약을 이용하여 폴리펩타이드를 더 작은 펩타이드로 쪼갠 후 각각의 펩타이드 조각의 서열을 자동 에드만 분해법으로 결정하고 다른 시약으로 쪼개진 조각들이 서로 겹치는 부분들을 찾아 순서를 결정함으로써 유추할 수 있다. 단백질 서열은 또한 DNA 내의 유전자의 뉴클레오타이드 서열로부터 유추하거나 질량분광법으로 유추할 수 있다.

■ 짧은 단백질과 펩타이드(100 아미노산 잔기까지)는 화학적으로 합성할 수 있다. 펩타이드는 고체 지지대에 한 번에 한 아미노산 잔기씩 붙이는 방법으로 만들 수 있다.

■ 단백질 서열은 단백질 구조와 기능 외에도 지구 상에 존재하는 생명체의 진화에 관한 풍부한 정보의 공급원이다. 동종 단백질들의 아미노산 서열 변화를 분석함으로써 진화를 추적할 수 있는 복잡한 방법들이 개발되고 있다.

핵심용어

굵게 표시된 용어들은 용어해설에 정의되어 있다.

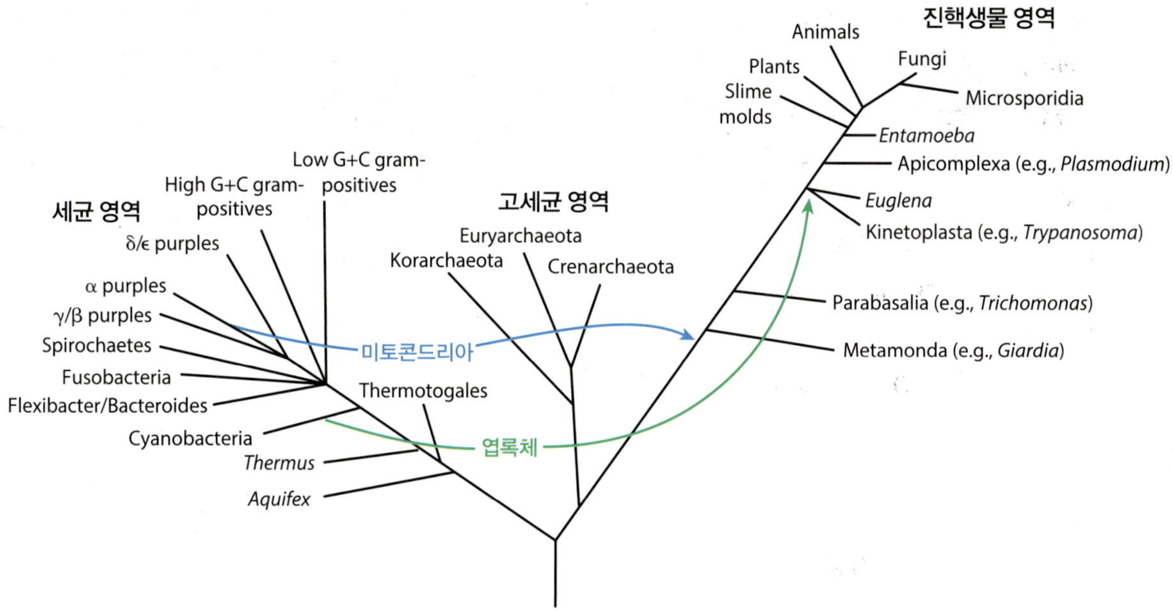

그림 3-36 생명의 공통 계통도. 여기에 보인 계통도는 여러 가지 다른 단백질 서열과 유전체 정보들을 근거로 작성된 것이다. 계통도는 현재까지 얻은 정보들의 일부에 지나지 않을 뿐 아니라 풀어야 할 문제들의 한 가닥일 뿐이다. 여기에 보인 각 기재군의 내용들 자체가 복잡한 진화 이야기이다. LUCA는 모든 다른 생명체들의 진화가 시작된 마지막 공통의 조상이다. 파란색과 초록색 화살표는 특정 형태의 세균들이 진핵 세포들로 내공생 동화 과정을 거쳐 각각 미토콘드리아와 엽록체가 되었음을 표시한다(그림 1-40 참조). [출처: Information from F. Delsuc et al., *Nature Rev. Genet.* 6:363, 2005, Fig. 1.]

문제

1. 시트룰린의 절대 입체형태. 수박으로부터 얻을 수 있는 시트룰린 구조이다. 이것은 D-아미노산인가, L-아미노산인가? 위의 답의 이유를 설명하라.

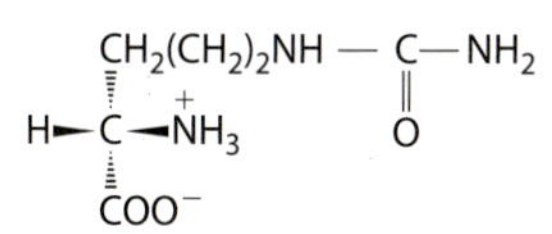

2. 글라이신의 적정곡선과 산-염기 성질 사이의 관계. pH 1.72인 0.1 M 글라이신 용액 100 mL를 2 M NaOH 용액으로 적정했다. 적정하는 동안에 pH를 측정하여 그 결과를 다음 그래프와 같이 나타냈다. 적정에서 가장 중요한 점은 그래프상의 I에서 V까지의 점이다. 다음의 각 설명문 (a)~(o)에 적정곡선 상의 적절한 중요점을 대응시키고 그 이유를 설명하라.

(a) 글라이신이 $^{+}H_3N—CH_2—COOH$의 형태로 우세하게 존재한다.

(b) 글라이신의 총 전하의 평균이 +1/2이다.

(c) 글라이신 분자의 아미노기의 절반이 이온화된다.

(d) pH가 카복실기의 pK_a와 같다.

(e) pH가 양성자화된 아미노기(^+H_3N)의 pK_a와 같다.

(f) 글라이신의 완충능이 최대가 된다.

(g) 글라이신의 총전하의 **평균**이 영(0)이 된다.

(h) 글라이신의 카복실기가 완전하게 적정된다(제1당량점, first equivalence point).

(i) 글라이신이 완전하게 적정된다(제2당량점).

(j) 우세한 분자 종의 구조가 $^+H_3N—CH_2—COO^-$이다.

(k) 글라이신의 총 전하의 평균이 −1로 된다.

(l) 글라이신이 $^+H_3N—CH_2—COOH$와 $^+H_3N—CH_2—COO^-$의 50:50의 혼합물로 된다.

(m) 이곳은 등전점이다.

(n) 이곳은 최종 적정점이다.

(o) 글라이신을 유효한 완충액으로 사용할 때 이 부분의 완충능이 가장 나쁜 pH 영역이다.

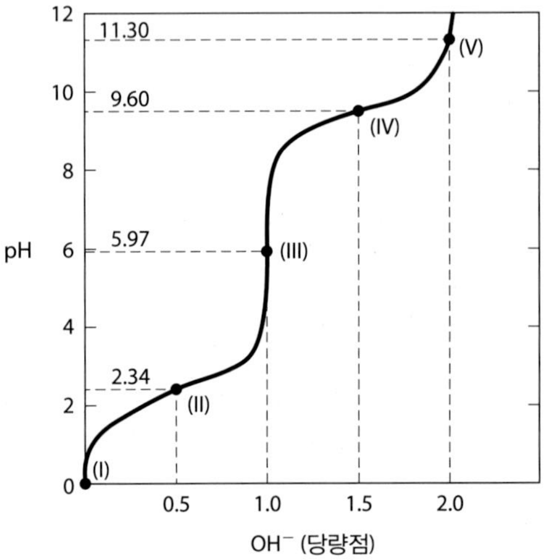

3. 전혀 전하를 띠고 있지 않은 알라닌은 어느 정도 존재하는가? 등전점과 동일한 pH에서 알라닌의 알짜 전하가 0이다. 알짜 전하가 0인 알라닌은 2개의 구조[양쪽성이온 구조와 전하를 띠고 있지 않은 구조 (그림)]로 나타낼 수 있는데, 등전점(pI)에서 알라닌의 주된 구조는 양쪽성이온 구조이다.

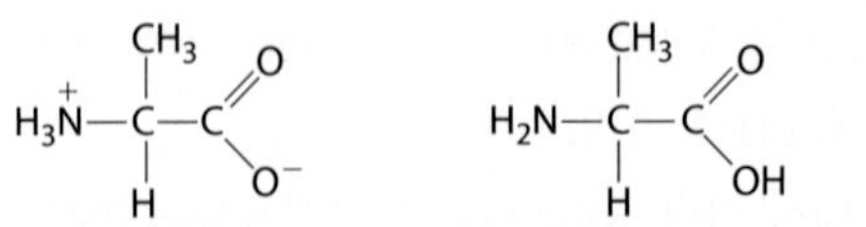

양쪽성이온 구조　　전하를 띠고 있지 않은 구조

(a) 등전점에서 알라닌의 주요한 구조는 왜 전하를 띠지 않고 양쪽성이온을 띠는가를 설명하라.

(b) 등전점에서 전혀 전하를 띠고 있지 않은 형태로서 존재하는 알라닌의 비율을 추정하라. 그리고 그 근거를 말하라.

4. 히스티딘의 이온화 상태. 아미노산에 있어서 이온화할 수 있는 각각의 기는 전하를 띤 상태 또는 중성의 상태 중 어느 하나로 존재한다. 작용기의 전하는 그 pK_a와 용액의 pH 사이의 관계에 따라 결정된다. 이 관계는 헨더슨-하셀발흐(Henderson-Hasselbalch) 식으로 나타낼 수 있다.

(a) 히스티딘은 이온화될 수 있는 3개의 작용기를 가지고 있다. 이 3개의 이온화에 관련되는 평형식을 쓰고 각 이온화에 대한 적절한 평형상수(pK_a)를 구하라. 각 이온화 상태에서 히스티딘의 구조를 그려라. 각각 이온화 상태에서 히스티딘 분자의 알짜 전하를 구하라.

(b) pH 1, 4, 8, 12인 경우에 히스티딘의 주된 이온화 상태의 구조를 그려라. 각각의 이온화될 수 있는 기를 독립하여 처리함으로써 결정된다는 점에 주의하라.

(c) pH 1, 4, 8, 12에서 히스티딘의 알짜 전하는 얼마인가? 각 pH에서 히스티딘은 전기영동 시 양극(+)과 음극(−) 중 어느 방향으로 이동하는가?

5. 이온-교환 크로마토그래피에 의한 아미노산의 분리. 아미노산 혼합물의 분석은 우선 이온 교환 크로마토그래피에 의하여 혼합물을 구성성분으로 분리하는 것으로부터 시작된다. 소량의 혼합물을 설폰산 잔기를 가지고 있는 양이온 교환수지(그림 3-17a 참조)에서 아미노산은 그의 이동을 방해하는 2가지 요인 때문에 서로 다른 속도로 관으로부터 유출된다. 그 요인으로 (1) 음전하를 띤 관 위의 설폰산 기와 양전하를 띤 아미노산의 작용기 사이의 이온 상호작용, (2) 아미노산 곁사슬과 매우 소수성인 폴리스타이렌(polystyrene) 골격과의 소수성 상호작용에 따라 서로 다른 속도로 내려간다. 다음 아미노산의 각 쌍 중 어느 쪽이 pH 7.0인 완충액에 의하여 이온 교환 관으로부터 먼저 용출되는가?

(a) Asp와 Lys

(b) Arg와 Met

(c) Glu와 Val

(d) Gly와 Leu

(e) Ser와 Ala

6. 아이소류신의 광학 이성질체의 명명. 아미노산 아이소류신의 구조는 다음 그림과 같다.

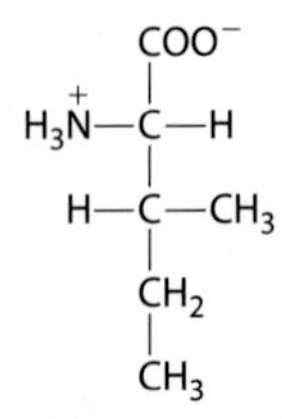

(a) 손대칭 중심은 몇 개인가?

(b) 광학 이성질체는 몇 개인가?

(c) 아이소류신의 각 광학이성질체에 대한 투시식을 써라.

7. 알라닌 및 폴리알라닌의 pK_a 값의 비교. 아미노산인 알라닌의

적정곡선에서 pK_a 값이 2.34와 9.69인 곳에서 2개 작용기(카복실기와 양성자가 붙은 아미노기)의 이온화가 나타나게 된다. 알라닌으로 구성되는 다이펩타이드, 트라이펩타이드, 4개 이상의 올리고펩타이드 등을 적정하면 pK_a의 실험값은 다르지만 2개의 작용기 이온화를 볼 수 있다. pK_a 값의 경향을 다음의 표와 같이 요약하였다.

아미노산 또는 펩타이드	pK_1	pK_2
Ala	2.34	9.69
Ala–Ala	3.12	8.30
Ala–Ala–Ala	3.39	8.03
Ala–$(Ala)_n$–Ala, $n \geq 4$	3.42	7.94

(a) Ala–Ala–Ala의 구조식을 써라. pK_1과 pK_2에 관련되는 작용기를 나타내라.

(b) pK_1 값은 Ala로부터 Ala의 올리고펩타이드로 변함에 따라 증대된다. 이 변화를 설명하라.

(c) pK_2 값은 Ala로부터 Ala의 올리고펩타이드로 변함에 따라 감소된다. 이 변화를 설명하라.

8. 단백질의 크기. 한 가닥의 폴리펩타이드 사슬 중에 682개의 아미노산을 가지고 있는 단백질의 대략적인 분자량은 얼마인가?

9. 소 혈청 알부민의 트립토판 잔기의 수. 정량적으로 아미노산을 분석한 결과, 소 혈청 알부민(BSA)은 분자량이 204인 트립토판을 중량으로 0.58% 함유하고 있다.

(a) 소 혈청 알부민의 **최소** 분자량(즉, 단백질 분자당 단지 한 가지의 트립토판 잔기가 있다고 가정하고)을 계산하라.

(b) 소 혈청 알부민의 분자량은 젤 여과법에 따르면 약 70,000으로 추정된다. 혈청 알부민 한 분자에는 몇 잔기의 트립토판이 존재하는가?

10. 단백질의 소단위 조성. 젤 여과법으로 측정한 어느 단백질의 분자량이 400 kDa이었다. SDS 존재 하에 젤 전기영동을 실시한 결과, 이 단백질은 180, 160 그리고 60 kDa 위치의 3 밴드를 보였다. SDS와 다이싸이오트레이톨(dithiothretol) 존재 하에 젤 전기영동을 실시한 결과에서 이 단백질은 160, 90 그리고 60 kDa 위치의 3 밴드를 보였다. 이 단백질의 소단위 조성을 결정해 보라.

11. 펩타이드의 알짜 전하. 어떤 펩타이드는 아래와 같은 서열을 가진다.

Glu–His–Trp–Ser–Gly–Leu–Arg–Pro–Gly

(a) pH 3, 8, 11에서 이 분자의 알짜 전하를 계산하라. (표 3-1에 주어진 곁사슬, 말단 아미노기, 카복실기 등의 pK_a 값을 사용할 것.)

(b) 이 폴리펩타이드의 pI를 계산하라.

12. 펩신의 등전점. 펩신은 위의 분비샘에 분비하는 여러 가지 소화효소들(큰 단백질 전구체)에서 이름지어졌다. 이런 분비샘은 또한 음식 내의 물질을 녹이는 염산을 분비한다. 이것은 각각의 단백질에서 펩신의 효소 작용에 의한 절단이 가능하도록 한다. 음식, HCl, 소화 효소 등의 혼합에 의하여 pH 1.5 정도의 미즙(chyme)처럼 된다. 펩신 단백질의 등전점(pI)은 얼마로 추측할 수 있는가? 펩신에서 이러한 pI가 주어지기 위하여 반드시 존재해야 하는 작용기는 무엇인가? 단백질에서 어떠한 아미노산이 그와 같은 작용기를 제공하는가?

13. 히스톤의 등전점. 히스톤은 진핵세포의 핵단백질이다. 히스톤은 많은 인산기를 함유한 데옥시라이보핵산(DNA)과 단단하게 결합되어 있다. 히스톤의 등전점은 약 10.8로 매우 높다. 히스톤에서 어떠한 아미노산이 비교적 많이 존재해야 하는가? 어떻게 하여 이 잔기들은 히스톤을 DNA와 단단하게 결합시키고 있는가?

14. 폴리펩타이드의 용해성. 폴리펩타이드를 분리하는 한 가지 방법은 용해도 차이를 이용하는 것이다. 큰 폴리펩타이드의 물에 대한 용해성은 R기의 상대적 극성, 특히 해리기(ionized group)의 수에 의존한다. 따라서 해리기가 많을수록 폴리펩타이드는 가용성이 된다. 아래의 폴리펩타이드 중에 어느 것이 지정된 조건에서 물에 잘 녹겠는가?

(a) $(Gly)_{20}$ 또는 $(Glu)_{20}$, pH 7.0

(b) $(Lys–Ala)_3$ 또는 $(Phe–Met)_3$, pH 7.0

(c) $(Ala–Ser–Gly)_5$ 또는 $(Asn–Ser–His)_5$, pH 6.0

(d) $(Ala–Asp–Gly)_5$ 또는 $(Asn–Ser–His)_5$, pH 3.0

15. 효소의 정제. 생화학자는 새로운 효소를 발견하고 정제하여 다음과 같은 정제표를 작성한다.

절차	총단백질량 (mg)	활성 (단위)
1. 조추출물	20,000	4,000,000
2. 침전물 (염석)	5,000	3,000,000
3. 침전물 (pH)	4,000	1,000,000
4. 이온-교환 크로마토그래피	200	800,000
5. 친화 크로마토그래피	50	750,000
6. 크기-배제 크로마토그래피	45	675,000

(a) 이 표 중에서 주어진 정보로부터 각각의 정제 후 효소 용액의 특이 활성을 계산하라.

(b) 이 효소에 대하여 사용한 정제 중에서 어떤 것이 가장 효과적인가(즉, 어느 것이 가장 크게 순도를 높여 주는가)?

(c) 이 효소에 대하여 사용한 정제 중에서 어떤 것이 가장 비효과적인가?

(d) 이 표 중에서 6단계의 정제 과정 후의 효소가 순수하다는 것을 무엇으로 알 수 있는가? 이 효소 시료의 순도를 추산하기 위

하여 이 밖에 무엇을 해야 되는가?

16. 투석. 정제한 단백질이 pH 7의 500 mM NaCl을 함유한 Hepes(*N*-(2-hydroxyethyl) piperazine-*N′*-(2-ethanesulfonic acid) 완충액에 녹아 있다. 이 단백질 1 ml 시료를 투석막에 넣고 1 L의 0 mM NaCl을 함유한 Hepes 완충액으로 투석하였다. 작은 분자들이나 이온들(Na^+, Cl^- 및 Hepes와 같은)은 투석막을 가로질러 확산될 수 있지만 단백질은 그렇지 못한다.

(a) 투석에서 평형에 도달했을 때, 단백질 시료 내의 NaCl 농도는 얼마인가? 투석 중에 용량의 변화는 없었다고 가정한다.

(b) 원래의 단백질 시료 1 mL를 0 mM NaCl을 함유한 Hepes 완충액 100 mL로 연속 2번 투석하였다고 할 때, 단백질 시료 내의 최종 NaCl 농도는 어떻게 되겠는가?

17. 펩타이드 분리. pH 7.0에서 양이온-교환 중합체로 채워진 관 크로마토그래프를 할 때, 다음 3가지 펩타이드는 어떤 순서로 용출되겠는가? 그들의 아미노산 조성은 아래와 같다.

펩타이드 A: Ala 10%, Glu 5%, Ser 5%, Leu 10%, Arg 10%, His 5%, Ile 10%, Phe 5%, Tyr 5%, Lys 10%, Gly 10%, Pro 5%, 그리고 Trp 10%.

펩타이드 B: Ala 5%, Val 5%, Gly 10%, Asp 5%, Leu 5%, Arg 5%, Ile 5%, Phe 5%, Tyr 5%, Lys 5%, Trp 5%, Ser 5%, Thr 5%, Glu 5%, Asn 5%, Pro 10%, Met 5%, 그리고 Cys 5%.

펩타이드 C: Ala 10%, Glu 10%, Gly 5%, Leu 5%, Asp 10%, Arg 5%, Met 5%, Cys 5%, Tyr 5%, Phe 5%, His 5%, Val 5%, Pro 5%, Thr 5%, Ser 5%, Asn 5%, 그리고 Gln 5%.

18. 뇌 펩타이드인 류신 엔케팔린의 아미노산 서열 결정. 뇌의 어떤 부위에서 신경전달에 영향을 주는 펩타이드 군이 정상적인 뇌 조직에서 분리되었다. 이 펩타이드들은 모르핀이나 날록손(naloxone)과 같은 아편제와 결합하는 특이 수용체와 결합되므로 아편 유사물(opoids)라고 알려져 있다. 따라서 일부의 아편 유사물은 아편제의 성질과 유사하다. 이 펩타이드를 뇌 자체의 '진통제'라고 생각하는 연구자도 있다. 아래 정보를 사용하여 아편 유사물인 류신 엔케팔린(leucine enkephalin)의 아미노산 서열을 결정하라. 그리고 그 구조가 각 정보와 일치하는 이유를 설명하라.

(a) 110°C 6 M HCl 용액에 의하여 완전히 가수분해하여 아미노산의 분석을 실시하면 Gly, Leu, Phe, Tyr 등의 몰 비가 2:1:1:1이 된다는 것을 알았다.

(b) 펩타이드를 1-플루오로-2,4-다이나이트로벤젠으로 처리하여 완전히 가수분해한 뒤, 크로마토그래피로 조사했더니 타이로신의 2,4-다이나이트로페닐 유도체가 형성된 사실을 알았다. 그리고 유리 타이로신은 없었다.

(c) 펩타이드를 펩신으로 완전히 분해하고 이어서 크로마토그래피로 조사한 결과 Leu, Phe을 함유하는 펩타이드뿐만 아니라 1:2의 비율로 Tyr과 Gly을 함유하고 있는 트라이펩타이드를 얻었다.

19. 막대균(*Bacillus brevis*)에서 얻을 수 있는 폴리펩타이드 항생물질의 구조. 이 막대균의 추출액 중에는 항균성 펩타이드가 포함되어 있다. 이러한 펩타이드 항생물질은 금속 이온과 복합체를 형성하여 세포막을 통과하는 이온 운반을 방해하고 몇몇 종류의 세균을 죽인다. 이 펩타이드의 구조는 다음과 같은 관찰에 의하여 결정되었다.

(a) 이 펩타이드를 산으로 완전 가수분해하고 아미노산을 분석했더니 같은 몰의 Leu, Orn, Phe, Pro, Val 등이 생성되었다. Orn은 오니틴인데, 이것은 단백질 중에는 존재하지 않지만 몇몇 종류의 펩타이드에서 발견되는 아미노산이다. 그 구조는 다음과 같다.

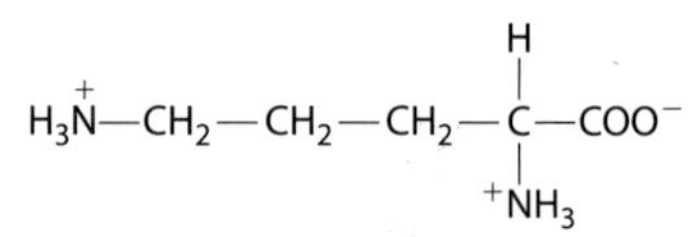

(b) 분자량을 측정하니 약 1,200이었다.

(c) 펩타이드 카복시말단분해효소(carboxypetidase)를 처리해 본 결과, 이 펩타이드는 가수분해되지 않았다. 이 효소는 이 폴리펩타이드의 카복실 말단 잔기의 가수분해를 촉진한다. (단, 이 잔기는 프롤린이 아니며 유리 카복실기를 가지지 않는다.)

(d) 이 펩타이드를 1-플루오르-2,4-다이나이트로벤젠으로 처리하여 완전 가수분해한 뒤, 크로마토그래피에 의하여 분석해 보니 유리 아미노산과 아래와 같은 유도체가 생성되었다.

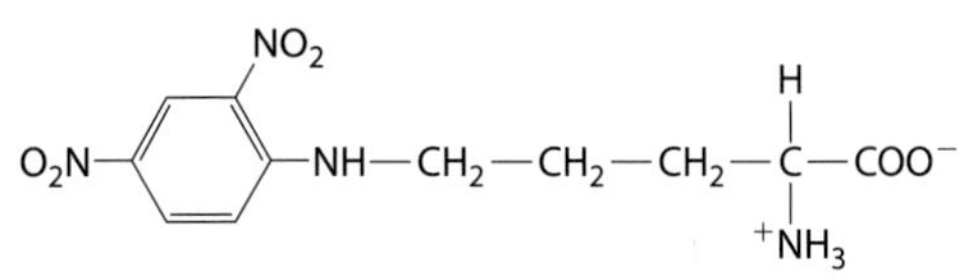

(힌트: 이 2,4-다이나이트로페닐 유도체는 펩타이드 내의 α-아미노기보다 곁사슬의 아미노기와 결합하여 생긴다.)

(e) 이 펩타이드를 부분 가수분해한 뒤, 크로마토그래피로 분리하여 아미노산 서열을 조사했더니 아래와 같은 다이펩타이드 및 트라이펩타이드를 생성하였다(아미노 말단의 아미노산은 항상 왼쪽으로 한다).

Leu–Phe Phe–Pro Orn–Leu Val–Orn
Val–Orn–Leu Phe–Pro–Val Pro–Val–Orn

이상의 정보를 이용하여 이 펩타이드 항생물질의 아미노산 서열을 결정하라. 그리고 그 이유를 말하라. 구조식을 알았으면 그것이 위의 실험 사실과 각각 일치함을 설명하라.

20. 펩타이드 서열 결정의 효율. Lys–Arg–Pro–Leu–Ile–Asp–Gly–Ala의 1차 구조를 가지는 한 펩타이드를 에드만 방법(Edman procedure)으로 서열을 알았다. 만약 각 에드만 회로에서 효율이 96%였다면 네 번째 회로에서 유리되는 아미노산이 류신이 되는 것은 몇 %를 차지할까? 계산을 2번 하라(각 회로는 99%의 효율성을 가지고 있다고 가정하라).

21. 서열 비교. 분자 샤페론(molecular chaperone; 제4장에 기술)이라 불리는 단백질은 다른 단백질 접힘 과정을 돕는다. 세균에서 포유류까지의 생명체에서 발견되는 한 종류의 샤페론은 열 충격 단백질 90(heat shock protein 90; Hsp90)이다. 모든 Hsp90은 10개 아미노산으로 이루어진 "지문 서열"을 가지며, 이 단백질 서열은 데이터베이스에서 항상 확인된다. 이 지문 서열의 2가지 표시가 다음과 같다.

Y-x-[NQHD]-[KHR]-[DE]-[IVA]-F-[LM]-R-[ED].

(a) 이 서열에서 어떤 아미노산 잔기들이 불변인가(모든 종에 보존적인)?

(b) 어떤 위치의 아미노산(들)이 양(+) 전하를 띠는 곁사슬을 가진 아미노산인가? 각 위치에서 어떤 아미노산이 더 보편적으로 발견되는 것인가?

(c) 어떤 위치(들)이 음(−) 전하를 띠는 곁사슬을 가진 아미노산에 제한적인가? 각 위치에서 어떤 아미노산이 더 우선적인가?

(d) 다른 어떤 아미노산보다 더 잘 나타나는 하나의 아미노산이 있지만 그 위치에 다른 아미노산이 나타날 수 있는 자리는 어디인가? 또한 그 위치에는 어떤 아미노산이 가장 잘 출현하는가?

22. 크로마토그래피 방법들. 아래의 서열과 같은 3개의 펩타이드가 혼합된 용액이 있다.

1. ATKNRASCLVPKHGALMFWRHKQLVSDPIL QKRQHILVCRNAAG
2. GPYFGDEPLDVHDEPEEG
3. PHLLSAWKGMEGVGKSQSFAALIVILA

위의 펩타이드들 중 다음의 크로마토그래피 과정 중에서 어느 것이 가장 느리게 이동하겠는가?

(a) 이온-교환 수지; 양이온으로 코팅된 비드

(b) 이온-교환 수지; 음이온으로 코팅된 비드

(c) 위의 펩타이드처럼 작은 펩타이드들을 분리하기 위해 설계된 크기-배제(젤-여과) 컬럼

(d) 어느 펩타이드가 다음의 서열 로고와 같은 ATP-결합 모티프를 포함하는가?

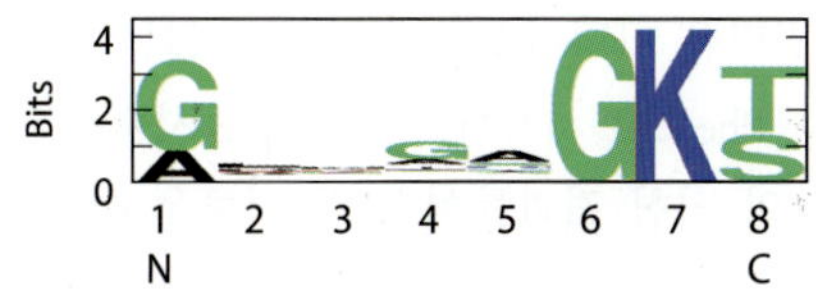

자료 분석형 문제

23. 인슐린의 아미노산 서열 결정. 그림 3-24는 호르몬인 인슐린의 아미노산 서열을 보여 주고 있다. 이 구조는 Frederick Sanger와 그의 동료들에 의하여 결정된 것이다. 이 작업의 대부분은 1945년부터 1955년까지 *Biochemical Journal*에 시리즈로 게재되었다.

Sanger와 그의 동료들이 1945년에 이 일을 시작했을 때, 인슐린은 이황결합에 의해 연결된 2개 내지 4개의 펩티드 사슬로 구성된 단백질로 알고 있었다. Sanger와 그의 동료들은 단백질 서열을 연구하는 몇 가지 단순한 실험법을 개발하였다.

*FDNB*로 처리. FDNB(1-fluoeo-2,4-dinitrobenezene)는 단백질의 유리 아미노기(아미도기와 구아니디노기는 아님)와 반응하여 아미노산의 다이니트로페닐(dintorphenyl; DNP) 유도체를 만든다.

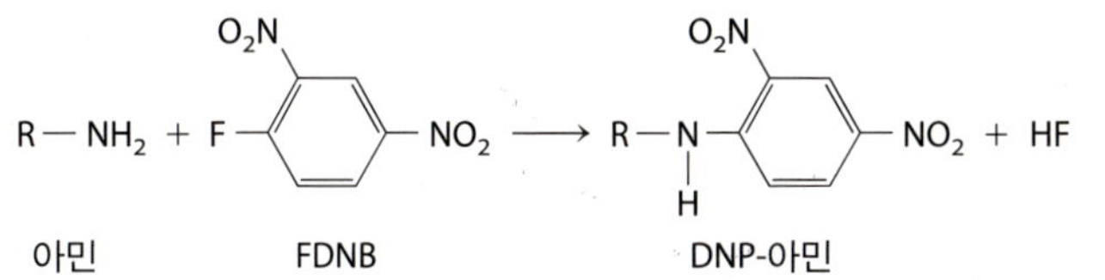

산 가수분해. 단백질에 10% HCl을 넣고 여러 시간 끓이면 모든 펩타이드 결합과 아마이드 결합은 가수분해된다. 짧게 처리하면 작은 폴리펩타이드들을 만들고; 긴 시간 처리하면 단백질은 분해되어 구성 아미노산들로 쪼개진다.

시스테인의 산화. 단백질을 과포름산으로 처리하면 모든 이황결합은 절단되고 모든 시스틴 잔기는 시스테인산 잔기로 바뀐다(그림 3-28 참조).

여지 크로마토그래피. 얇은층 크로마토그래피(그림 10-25 참조)보다 더 원시적인 이 방법은 각 아미노산의 화학적 특성들에 근거한 분리법으로서 단일 아미노산(어떤 경우에는 디펩타이드)을 확인한다. 얇은 층 크로마토그래피는 큰 펩타이드를 분리할 수 있다.

첫 번째 논문(1945)에서 보고한 바와 같이, Sanger는 인슐린을 FDNB로 반응시킨 다음, 그 단백질은 가수분해시켰다. 그는 여러 종류의 유리 아미노산들과 단지 3종류의 DNP-아미노산인 α-DNP-글라이신(DNP가 α-아미노기에 결합된), α-DNP-페닐알라닌, ε-DNP-라이신(DNP가 ε-아미노기에 결합된)이 나타남을 발견하였다. Sanger는 이와 같은 결과에서 인슐린은 2종류의 단백질 사슬로 이루어져 있으며 그중 한 사슬의 N-말단 아미노산은 글라이신이며, 다른 한 사슬의 N-말단 아미노산은 페닐알라닌이라고 설명하였다. 또한 두 사슬 중 하나에는 라이신을 가지지만 그 아미노

산 잔기가 N-말단은 아니라고 설명하였다. 그는 Gly으로 시작하는 사슬을 A-사슬, Phe으로 시작하는 사슬을 B-사슬로 명명하였다.

(a) Sanger의 실험 결과들이 그의 결론을 어떻게 지지하는지 설명하라.

(b) 결과들이 알고 있는 인슐린의 구조(그림 3-24 참조)와 일치하는가?

그 이후의 논문(1949)에서 Sanger는 각 인슐린 사슬 중 첫 몇 개의 아미노산(N-말단의)을 알아내는 데 이 방법을 어떻게 사용했는지를 기재하였다. 예를 들어, B-사슬에 대하여 그는 다음과 같은 순서로 수행하였다.

1. A-사슬과 B-사슬을 분리하기 위해 인슐린을 산화시켰다.
2. 여지 크로마토그래피법으로 B-사슬을 순수 분리하였다.
3. B-사슬을 FDNB로 처리하였다.
4. 미약한 산-가수분해로 작은 펩타이드들이 생성되도록 하였다.
5. DNP-펩타이드를 가지는 펩타이드들만 분리하였다.
6. 4개의 DNP-펩타이드를 얻었고, 이들을 각각 B-1에서 B-4까지 명명하였다.
7. 각 DNP-펩타이드를 강하게 가수분해하여 구성 유리 아미노산들로 분해시켰다.
8. 각 펩타이드들의 가수분해 산물을 여지 크로마토그래피하여 아미노산들을 확인하였다.

그 결과는 다음과 같았다.

B1: 단지 α-DNP-Phe

B2: α-DNP-Phe; Val

B3: Asp; α-DNP-Phe; Val

B4: Asp; Glu; α-DNP-Phe; Val

(c) 이들 자료를 근거로 B-사슬의 N-말단으로부터의 4 아미노산 서열은 무엇이겠는가? 그 이유를 설명해 보라.

(d) 위의 결과가 알고 있는 인슐린(그림 3-24 참조)의 서열과 일치하는가? 어떤 차이가 있는지 설명해 보라.

Sanger와 그의 동료들은 A-사슬과 B-사슬의 전체 서열을 결정하는 데 이와 같은 방법을 사용하였다. 그들이 결정한 A-사슬의 구조는 다음과 같았다(왼쪽이 아미노 말단).

1 5 10
Gly–Ile–Val–Glx–Glx–Cys–Cys–Ala–Ser–Val–
15 20
Cys–Ser–Leu–Tyr–Glx–Leu–Glx–Asx–Tyr–Cys–Asx

산-가수분해는 모든 Asn을 Asp로 또 모든 Gln을 Glu로 전환시키므로, 이들 아미노산 잔기는 각각 Asx와 Glx로 표기해야만 했다(펩타이드 내에서 정확한 아미노산 잔기는 확인 불가). Sanger는 이러한 문제점을 펩타이드 결합은 절단하지만 Asn과 Gln의 아마이드 결합은 절단하지 못하는 프로테아제 효소를 사용하여 작은 펩타이드를 얻었다. 이어서 그는 펩타이드들을 산-가수분해시킬 때 각 펩타이드에서 방출되는 NH_4^+를 측정함으로써 각 펩타이드 내에 존재하는 아마이드기의 수를 결정하였다. A-사슬의 실험 결과에서 얻은 결과는 아래와 같다: 펩타이드가 순수 정제된 것이 아니라서 그 수가 개략적이긴 해도 Sanger의 목적을 이루는 데는 충분했다.

펩타이드 명	펩타이드 서열	펩타이드 내 아마이드기의 수
Ac1	Cys–Asx	0.7
Ap15	Tyr–Glx–Leu	0.98
Ap14	Tyr–Glx–Leu–Glx	1.06
Ap3	Asx–Tyr–Cys–Asx	2.10
Ap1	Glx–Asx–Tyr–Cys–Asx	1.94
Ap5pa1	Gly–Ile–Val–Glx	0.15
Ap5	Gly–Ile–Val–Glx–Glx–Cys–Cys–Ala–Ser–Val–Cys–Ser–Leu	1.16

(e) 이들 데이터를 근거로 A-사슬의 아미노산 서열을 결정해 보라. 그와 같이 결정한 이유를 설명해 보라. 얻은 결과를 그림 3-24와 비교해 보라.

참고문헌

Sanger, F. 1945. The free amino groups of insulin. *Biochem. J.* 39:507–515.

Sanger, F. 1949. The terminal peptides of insulin. *Biochem. J.* 45:563–574.

CHAPTER 4

단백질의 3차원 구조

단백질들은 큰 분자들이다. 전형적인 단백질의 공유 골격은 수백 개의 독립적인 개별 결합을 가진다. 이 결합들은 자유회전이 가능하므로 원칙적으로 단백질은 한없이 다양한 입체형태(conformation)를 가질 수 있다. 그러나 각각의 단백질이 그들만의 특이한 화학적 및 구조적 기능을 가지고 있다는 것은 그들이 각각 고유한 3차원적 구조를 가지고 있으리라는 것을 강력하게 시사하고 있다(**그림 4-1**). 이 구조가 어떻게 안정하고, 어떤 인자들이 이런 구조의 형성을 인도하고 무엇으로 유지되는가? 1920년대 말까지 헤모글로빈(hemoglobin, 분자량 64,500)과 효소인 유레에이스(urease, 분자량 483,000)를 포함하여 여러 단백질들이 결정화되었다. 일반적으로 결정 속에 보이는 규칙적인 분자의 배열은 그 결정이 동일한 분자로 구성되어 있을 때만 가능하다는 사실과 많은 단백질이 결정화 될 수 있다는 사실은 매우 큰 단백질이라 하더라도 독특한 구조를 가진 서로 뚜렷이 구별되는 화학적 본체라는 증거를 강력하게 시사한다. 이러한 결론은 단백질과 그 기능에 대한 생각에 획기적인 영향을 미쳤지만 이것이 갖고 있는 통찰은 완전하지 않았다. 단백질 구조는 놀라운 방법으로 항상 가변적이다. 구조의 변화는 단백질의 구조 자체 만큼이나 단백질의 기능에도 중요하다.

이 장에서는 6가지의 논점에 대해 강조하면서 단백질의 구조에 대해 살펴보려 한다. 첫 번째 논점은 단백질의 3차원 구조는 아미노산의 서열에 의하여 결정된다는 것이다. 두 번째 논점은 단백질의 기능은 구조에 의존적이라는 것이다. 세 번째 논점은 분리된 단백질은 대개 1개 또는 몇 개의 안정적인 구조로 존재한다는 것이다. 네 번째 논점은 주어진 단백질에 대하여 특정한 구조가 유지되도록 안정화시키는 중요한 힘은 비공유결합 상호작용이라는 것이다. 특히, 소수성 효과가 중요하다. 다섯 번째 논점은 수많은 단백질의 고유한 구조 중에 단백질의 구조를 체계적으로 이해할 수 있도록 해 주는 공통적 구조 패턴이 존재한다는 것이다. 마지막 논점은 단백질 구조들은 정적이지 않다는 것이다. 모든 단백질들은 미묘한 변화에서 급격한 변화까지 다양한 입체형태의 변화를 일으킨다. 많은 단백질들의 일부분은 뚜렷한 구조를 갖지 않는다. 일부 단백질들 혹은 단백질의 일부분에서는, 정확한 구조가 없다는 것이 이것들의 기능에 결정적이기도 하다.

4.1 단백질 구조의 개관

어떤 단백질에서 혹은 단백질의 어떤 부분에서 원자들의 공간적 배열을 **입체형태(conformation)**라고 한다. 단백질 혹은 단백질 절편이 취할 수 있는 입체형태란 공유결합을 끊지 않고 이룰 수 있는 어떤 형태의 구조라도 모두 포함하는 것이다. 예를 들면, 어떤 단일결합에 대한 회전에 의해서도 입체형태의 변화가 일어날 수 있다. 몇 백 개의 단일결합을 가지고 있는 단백질은 이론적으로 수많은 입체형태가 가능하지만, 실제로 생물학적 조건하에서는 하

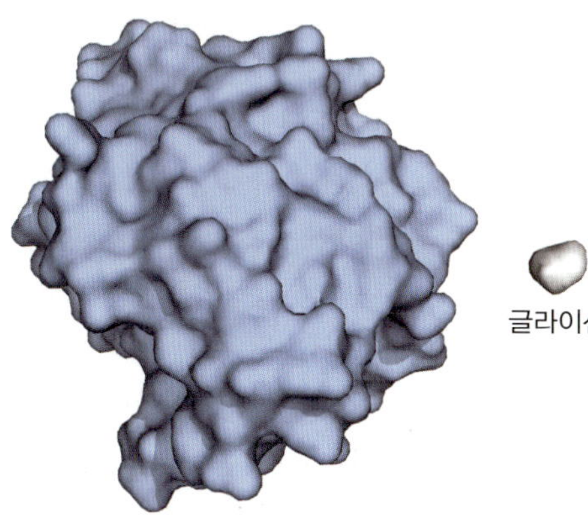

그림 4-1 구단백질인 카이모트립신(chymotrypsin) 효소의 구조. 크기를 비교하기 위해 글라이신 (파란색) 분자를 보여 줌. 알려진 단백질의 3차원 구조는 단백질 자료 은행(Protein Data Bank) 또는 PDB(별도설명 4-4 참조)에 수집 및 정리되어 있다. 여기서 보여 주는 영상들은 PDB 파일 6GCH로부터 얻어진 자료를 사용하여 나타냈다. [출처: PDB ID 6GCH, K. Brady et al., *Biochemistry* 29:7600, 1990.]

나 혹은 몇 개만의 입체형태로 존재하는데 후자의 경우가 더 일반적이다. 여러 개의 안정된 입체형태를 가진다는 것은 대부분의 단백질이 다른 분자와 결합하거나 반응을 매개할 때 입체형태에 변화가 일어난다는 것을 의미한다. 어떤 주어진 조건에서 존재하는 입체형태는 열역학적으로 가장 안정한, 즉 가장 낮은 깁스(Gibbs) 자유에너지(*G*)를 가진 상태이다. 기능적 입체형태로 접힌 상태의 단백질을 **자연 단백질(native protein)**이라고 부른다.

대부분의 단백질들에게 특정 구조 또는 소규모 구조 세트들이 기능에 중요하다. 그러나 많은 경우에서 단백질의 부분들은 뚜렷한 구조가 없다. 이러한 단백질 부분들은 내재적으로 불규칙적이다. 전체 단백질 내재적으로 불규칙하지만 완전히 기능을 하는 경우들도 있다.

어떤 원리가 단백질의 가장 안정적인 입체형태를 결정하는가? 단백질의 입체형태를 이해하기 위해서는 제3장에서 다룬 단백질의 1차 구조로부터 2차, 3차 및 4차 구조를 통하여 단계적으로 배워나가야 한다. 이러한 전통적인 접근법 외에도 이 복잡한 문제에 대하여 중요한 체계성을 부여해 줄 수 있는 단백질의 초2차 구조, 접힘들, 또는 구조 요소(motif)라고 불리는 일반적이고 분류 가능한 접힘 패턴들이 점점 많이 알려지고 분류가 가능해지고 있다는 점에 새로이 주목해야 한다. 먼저 이런 구조의 기초적인 원리부터 소개한다.

단백질의 입체형태는 주로 약한 상호작용에 의하여 안정화된다

단백질의 구조에서 **안정성(stability)**이라는 말은 자연 입체형태(native conformation)를 유지하려고 하는 경향으로 정의할 수 있다. 자연 단백질은 겨우 안정화된 상태이다; 생리적 조건에서 접힌 상태와 풀린 상태의 ΔG가 20 내지 65 kJ/mol에 불과하다. 주어진 폴리펩타이드 사슬은 이론적으로 헤아릴 수 없이 많은 다른 입체형태를 가질 수 있다. 그 결과 단백질이 풀린 상태는 엔트로피가 높은 상태라고 할 수 있다. 이 엔트로피와 더불어 폴리펩타이드 사슬의 여러 작용기와 용매(물) 사이의 수소결합이 폴리펩타이드 사슬을 풀린 상태로 유지하려는 성향을 갖게 한다. 이 효과에 반하여 단백질의 자연 입체형태를 안정화시키는 화학적 상호작용에는 공유결합에 속하는 이황결합(disulfide bond)과 제2장에서 기술된 수소결합, 소수성결합, 이온결합 등 비공유성 약한 상호작용(weak interaction)들이 포함된다.

많은 단백질의 경우, 이황결합을 가지고 있지 않다. 대부분 세포 내의 환경은 글루타싸이온(glutathione)과 같은 환원제의 농도가 높아 매우 환원력이 큰 상태여서 대부분의 설프하이드릴기(sulfhydryl)들은 환원 상태로 남아 있게 된다. 세포 밖의 환경은 보다 산화적이어서 이황결합이 더 쉽게 형성된다. 진핵생물에서 이황결합은 분비된 세포 밖 단백질(예를 들면, 인슐린과 같은 호르몬)에서 주로 발견된다. 이황결합은 박테리아의 단백질에서도 흔치 않지만 호열균(thermophilic bacteria)이나 고세균(archaea)에서는 단백질을 안정화시키는 데 필요한 이황결합을 가진 단백질들이 흔히 발견된다. 이는 이들 세균이 고온의 생활 환경에 적응하는 과정에서 생긴 것으로 추측된다.

대부분의 생물에서 발견되는 세포내 단백질에 대해서는 약한 상호작용이 폴리펩타이드 사슬이 2차와 3차 구조로 접히는 데 있어서 특히 중요하다. 또 여러 개의 폴리펩타이드 사슬이 서로 결합하여 형성하는 4차 구조도 이 약한 상호작용에 의존한다.

하나의 공유결합을 깨뜨리기 위해서는 200 내지 460 kJ/mol의 에너지가 필요한 반면에 약한 상호작용의 경우에는 단지 0.4 내지 30 kJ/mol에 의해서도 파괴될 수 있다. 단일 폴리펩타이드에서 서로 멀리 떨어진 부위를 연결하고 있는 이황결합과 같이 단백질이 자연 상태를 유지하는 것에 기여하는 개개의 공유결합은 개개의 약한 상호작용에 비하여 분명히 더 강하다. 그러나 약한 상호작용들은 그 수가 아주 많기 때문에 단백질의 구조를 안정화시키는 힘에서 훨씬 우세한 역할을 한다. 일반적으로 가장 자유에너지가 낮은 단백질의 입체형태(즉, 가장 안정적인 입체형태)는 약한 상호작용의 수가 극대화되어 있는 상태이다.

단백질의 안정성은 단순히 그 안에 참여하고 있는 수많은 약한 상호작용의 형성을 위한 자유에너지의 산술적인 합만으로 설명할 수 없다. 단백질이 접히는 과정 중에 모든 수소결합이 만들어지기 위하여 같은 기와 물 사이의 수소결합(비슷한 강도의)은 끊어졌다. 주어진 수소결합에 의한 최종적인(net) 안정성이나 접힌 상태와 풀린 상태 사이의 자유에너지 차이는 거의 0에 가까울 수 있다. 이온 상호작용은 안정적이거나 불안정적일 수 있다. 따라서 단백질의 자연 입체형태가 왜 유리한가를 설명하기 위한 다른 이유를 찾아야 할 것이다.

단백질 안정성에 대한 약한 상호작용의 기여도를 주의 깊게 조사하면 일반적으로 **소수성 효과(hydrophobic effect)**가 가장 우세하다는 것을 알 수 있다. 순수한 물은 수소결합으로 연결된 H_2O 분자의 그물 구조로 되어 있다. 다른 어떤 분자도 물 분자만큼 수소결합을 강하게 만들지 못한다. 따라서 수용액 내에 다른 분자가 존재하면 반드시 물 분자 사이의 수소결합을 방해하게 된다. 물 분자가 소수성 분자를 둘러싸게 되면 수소결합의 최적 배열은 소수성 분자 주위에 물 분자로 구성된 고도로 구조화된 껍질(shell) 또는 **용매화 층(solvation layer)**이 형성된다(그림 2-7 참조). 용매화 층에서 이러한 물 분자의 질서도 증가는 자발적으로는 일어날 수 없는 물의 엔트로피의 감소를 의미한다. 그러나 비극성기들이 함께 뭉치(cluster)를 이루고 있으면 물을 향한 표면적이 줄어들어 용매화 층의 크기가 감소한다. 그 결과 자발적인 물의 엔트로피 증가를 초래한다. 제2장에 기술되었듯이, 이러한 엔트로피의 증가야말로 수용액 중에 있는 소수성기를 서로 결합하게 하는 열역학적 추진력이다. 그리하여 소수성 아미노산의 곁사슬들이 물로부터 멀리 떨어지기 위하여 단백질의 내부로 밀집하려는 경향이 생기게 된다(물에 떨어진 기름방울을 생각해 보아라). 대부분 단백질의 아미노산 서열들은 소수성 아미노산 사슬들의 유의한 함량을 특징으로 한다(특히, Leu, Ile, Val, Phe과 Trp). 이러한 것들은 단백질이 접힐 때 소수성 단백질 중심을 이루도록 무리지어 위치한다.

생리적 조건에서 단백질 내의 수소결합과 이온결합의 형성은 주로 이와 같은 엔트로피 효과에 의하여 추진된다. 극성기는 보통 물과 수소결합을 형성하고 따라서 물에 용해된다. 그러나 일반적으로 순수한 물은 다른 어떤 액체나 용액보다도 단위질량당 수소결합 수가 많다. 그래서 최대의 강한 극성을 가진 물질이라 하더라도 용해도에는 한계가 있다. 왜냐하면, 그들이 존재함으로써 단위질량 당 수소결합 수가 감소하기 때문이다. 그러므로 극성 분자의 주변에도 구조화된 물의 용매화 껍질이 어느 정도는 형성되게 된다. 하나의 거대분자 안에 있는 2개의 극성기 사이의 분자 내 수소결합을 형성하기 위한 에너지의 대부분이 이 극성기와 물 분자 사이의 수소결합의 제거에 의하여 상쇄된다 하더라도 이 분자 내 상호작용이 형성될 때 구조화된 물의 유리가 접힘을 위한 엔트로피의 추진력이 될 수 있다. 그러므로 단백질 내에 약한 상호작용이 형성될 때 생기는 최종적인 자유에너지 변화의 대부분은 소수성 표면을 매몰함으로써 생기는 주변 수용액 중의 엔트로피 증가에 의하여 추진된다. 이 엔트로피의 증가는 폴리펩타이드 사슬이 하나의 접힌 입체형태로 속박되는 과정에서 잃게 되는 많은 양의 입체형태 엔트로피를 상쇄하고도 남는다.

소수성 상호작용은 단백질의 입체형태를 안정화시키는 데 특별히 중요하다; 단백질의 내부에는 소수성 아미노산의 곁사슬로 촘촘히 찬 중심부(core)가 있다. 또 어떤 극성 또는 이온 기라도 단백질의 내부에 수소결합이나 이온 상호작용을 위한 적절한 상대를 갖는 것이 중요하다. 하나의 수소결합이 자연 구조의 안정화에는 조금 밖에 기여하지 않지만 만일 소수성의 단백질의 핵심에 상대를 가지지 않은 수소결합하는 기가 있다면 이들은 이 입체형태를 강하게 **불안정화**(*destabilization*)시켜서 열역학적으로 부적합한 상태로 만든다. 이러한 기들이 둘러싸고 있는 용액 중에서 이들의 상대와 결합함으로써 생기는 자발적 반응을 선호하는 자유-에너지의 변화는 접힌 상태와 펼쳐진 상태에서의 자유-에너지 차이보다 더 클 수 있다. 뿐만 아니라 단백질 내의 수소결합들은 아래에 기술한 것처럼 최대의 수소결합을 이루는 반복적인 2차 구조에서는 서로 협동적으로 작용한다(즉, 하나의 수소결합이 형성되면 다음 것은 더 쉽게 형성된다). 이러한 방법으로 수소결합은 단백질 접힘 과정을 유도하는 데 중요한 역할을 하는 경우가 많다.

이온쌍 혹은 염다리를 형성하는 반대의 전하를 띤 작용기들 간의 상호작용은 단백질의 구조를 안정화하거나 반대로 불안정화하는 양쪽 효과가 다 있다. 수소결합의 경우와 마찬가지로 전하를 띤 아미노산 곁사슬들은 단백질이 펼쳐져 있을 때는 물 분자 또는 염과 상호작용하는데, 접혀 있는 단백질의 전체적인 안정성에 대한 염다리의 효과를 평가함에 있어서 이러한 상호작용의 상실이 고려되어야 한다. 그러나 염다리는 그것의 강도가 증가함에 따라 유전상수 ε이 낮은 쪽으로 이동하게 된다(50쪽). 즉, 극성인 수용액($\varepsilon \cong 80$) 쪽에서 비극성인 단백질의 내부($\varepsilon \cong 4$) 쪽으로 이동한다. 따라서 매몰되어 있는 염다리는 특히 부분적으로든 전체적으로든 단백질의 구조 안정화에 있어서 중요하게 기여한다. 이러한 경향은 호열 생물(thermophilic organism)의 단백질에서 매몰되어 있는 염다리가 빈번하게 나타나는 것을 설명해 준다. 또한, 이온성 상호작용은 단백질의 구조적 유연성을 제한하고, 비특이적인 소수성 효과를 통한 비극성 그룹 간의 모임이 제공할 수 없는 특이한 단백질 구조에 유일성을 제공한다.

단백질의 촘촘히 쌓인 원자의 환경에서 약한 상호작용의 또 다른 형태인 반데르발스 상호작용(53쪽)이 유의한 효과를 나타낸다. 반데르발스 상호작용은 카보닐기와 같은 지속적인 전자 쌍극자들과 어떤 원자 주위의 전자구름의 변동으로 유래되는 일시적인 쌍극자와 원자 및 쌍극자를 갖고 있는 다른 원자와의 상호작용에 의해 유도되는 쌍극자들이 관여하는 쌍극자-쌍극자 상호작용이다. 원자들이 서로 접근함에 따라 이러한 쌍극자-쌍극자 상호작용들은 매우 제한된 거리(0.3에서 0.6 nm)에서 작동하는 분자 간 인력을 제공한다. 반데르발스 상호작용은 약하고 개별적으로는 전체적인 단백질 안정성에 미미하게 기여한다. 그러나 잘 접혀진 단백질에서나, 상보적인 표면에서의 단백질과 다른 단백질 또는 분자들 사이의 상호작용에서는 이러한 상호작용들의 수가 실질적이 될 수 있다.

이 장에서 다루는 대부분의 구조 형태는 다음 2가지의 단순한 규칙을 반영한다: (1) 소수성 잔기는 물 분자로부터 멀리 떨어져 주로 단백질 내부에 매몰되어 있다는 것이고, (2) 단백질 내부의 수소결합과 이온성 상호작용의 수는 극대화되어 있어서 적절한 상대와 쌍을 이루지 않고 있는 수소결합하는 기와 이온성 기의 수를 줄여 준다. 막 단백질(제11장에서 다룰 것임)과 내인적으로 무질서하거나 그러한 절편들을 가진 단백질은 약간 다른 규칙을 따른다. 이는 그들의 특징적 기능과 환경을 반영하지만, 약한 상호작용은 여전히 가장 중요한 요인이다. 예를 들어, 수용성이지만 내재적으로 불규칙적인 단백질 절편들에는 전하를 띤 (특히, Arg, Lys, Glu) 혹은 작은(Gly, Ala) 아미노산 잔기들이 풍부하여 안정적인 소수성 중심부를 형성할 기회가 거의 없다.

펩타이드 결합은 고정된 평면구조이다

공유결합도 폴리펩타이드의 입체형태를 유지시키는 중요한 강제력으로 작용한다. 1930년대 말에 Linus Pauling과 Robert Corey는 오늘날 우리가 이해하고 있는 단백질 구조에 대한 지식의 기초가 되는 일련의 연구를 시작했다. 그들은 펩타이드 결합을 자세히 분석하는 것으로 시작했다.

Linus Pauling, 1901–1994
[출처: Nancy R. Schiff/Getty Images.]

Robert Corey, 1897–1971
[출처: Courtesy California Institute of Technology Archives.]

이웃하고 있는 아미노산 잔기의 α 탄소는 C_α—C—N—C_α로 배열된 3개의 공유결합에 의하여 연결되어 있다는 것이다. 그들은 아미노산과 간단한 다이펩타이드(dipeptide), 트라이펩타이드(tripeptide) 등의 결정에 대하여 X선 회절 연구를 통하여 펩타이드 C—N 결합이 단순한 아민의 C—N 결합보다 조금 더 짧다는 것과 펩타이드 결합에 관여하는 원자들이 모두 한 평면상에 있다는 것을 증명하였다. 이것은 카보닐기의 산소원자와 아마이드 질소(amide nitrogen) 원자 간에 공명 혹은 부분적으로 두 쌍의 전자를 공유한다는 것을 의미한다(**그림 4-2a**). 산소원자는 부분적인 음전하를 가지고 있고 질소원자는 부분적인 양전하를 가지고 있어서 아주 작은 전기 쌍극자를 만들어낸다. **펩타이드기(peptide group)**의 6개의 원자는 하나의 평면에 놓여 있는데 카보닐기의 산소원자와 아마이드 질소의 수소원자는 서로 트랜스(trans) 위치에 있다. Pauling과 Corey는 이러한 결과로부터 C—N 결합은 부분적으로 이중결합의 성질을 가졌으므로 자유로이 회전할 수 없다는 결론을 내렸다. N—C_α와 C_α—C 결합에서는 자유로운 회전이 가능하다. 폴리펩타이드 사슬의 골격은 C_α를 공통된 회전점으로 하여 일련의 고정된 평면들이 연속적으로 연결되어 있는 모양으로 묘사할 수 있다(그림 4-2b). 이와 같은 펩타이드 결합의 고정된 성질은 1개의 폴리펩타이드 사슬이 취할 수 있는 입체형태의 범위를 제한한다.

펩타이드의 입체형태는 ϕ(phi), ψ(psi), ω(omega)라고 하는 3개의 이양면각[dihedral angle; 또는 비틀림각(torsion angle)이라고도

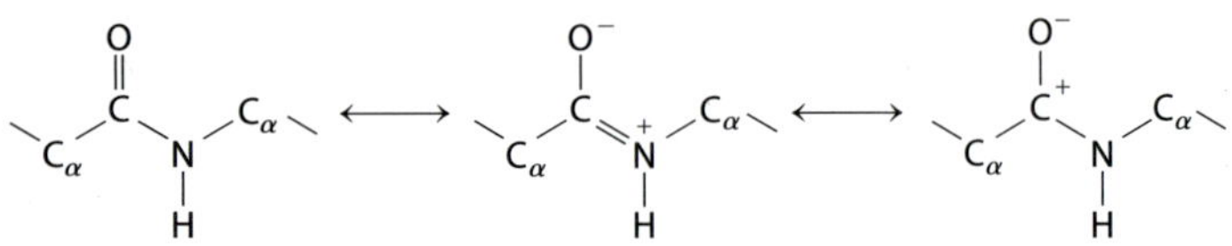

(a)

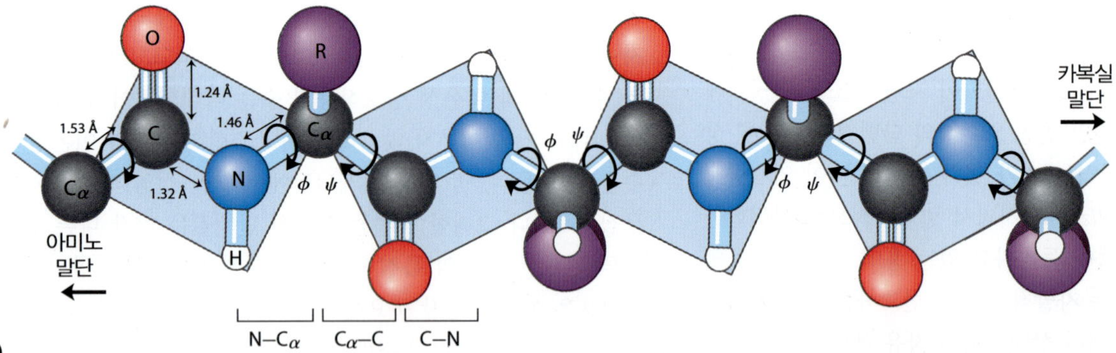

(b)

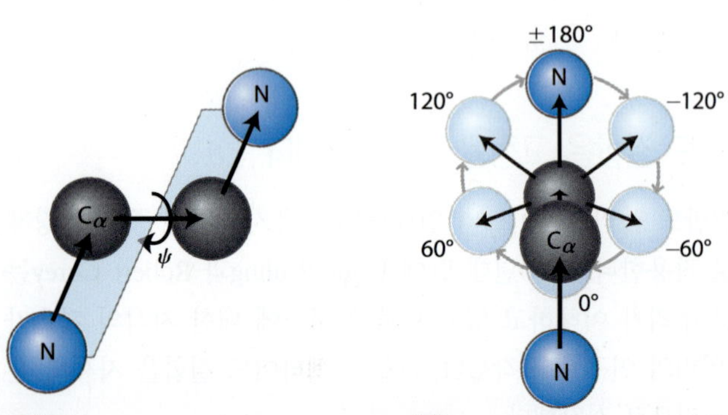

(c) (d)

그림 4-2 평면상 펩타이드 기. (a) 각각의 펩타이드 결합은 공명(resonance)에 의하여 다소 이중결합의 성질을 가지고 있으며, 자유회전이 되지 않는다. 펩타이드 결합의 질소원자는 보통 부분 양성 전하로 표시되지만, 결합 궤도와 양자역학을 주의 깊게 분석하면 질소원자의 순전하(net charge)가 실제로는 중성이거나 약간 음전하임을 알게 된다. (b) 폴리펩타이드 사슬에서 이웃하는 α 탄소 사이에는 3개의 결합이 존재한다. N—C_α와 C_α—C 결합은 자유회전이 가능하며 이들에 대한 결합각은 각각 ϕ와 ψ로 나타낸다. C—N 펩타이드 결합은 자유로이 회전할 수 없다. 펩타이드 골격 내에 다른 단일결합들도 곁사슬의 크기나 전하에 의하여 회전이 제한될 수 있다. (c) ψ를 정의하기 위한 원자들과 평면들. (d) 편의상 첫 번째 원자와 네 번째 원자가 가장 멀리 떨어진 위치에 있어서 펩타이드가 완전히 펼쳐져 있을 때 ϕ와 ψ를 180°(또는 −180°)로 한다. 또 첫 번째 원자를 중심으로 봤을 때 네 번째 원자가 시계 방향으로 회전하면 ϕ와 ψ가 증가하는 것으로 한다. 실제 단백질에서는 어떤 입체형태(예를 들면, 0°인 경우)는 원자 사이에 공간적 겹침 때문에 가능하지 않다. (b)부터 (d)에 나타낸 원자를 표시하는 공 모형은 반데르발스(van der Waals) 반경보다 작게 나타냈다.

함]에 의해서 정의된다. 이들 3개의 각도는 각각 펩타이드 골격에서 반복되는 3개의 결합에 대한 각도를 의미하며, 이양면각은 2개의 펩타이드 평면의 교차점에서의 이루는 각도를 의미한다. 펩타이드의 경우 펩타이드 평면은 펩타이드 골격의 결합벡터에 의해서 정의된다. 2개의 연속적인 결합벡터가 하나의 평면을 정의하고 3개의 연속적인 결합벡터가 2개의 평면을 정의하는데(중심의 결합벡터가 두 평면에 대하여 공통임, 그림 4-2c), 이 두 평면 사이의 각도가 단백질의 입체형태를 기술하는 데 사용된다.

›› **중요 관례:** 펩타이드에서 중요한 이양면각은 4개의 연속적인 주사슬(펩타이드 골격) 원자를 연결하는 3개의 결합벡터에 의해서 정의된다(그림 4-2c). ϕ는 C—N—C_α—C (N—C_α 결합에 대하여 회전이 일어남), ψ는 N—C_α—C—N 결합이 각각 관여한다. 폴리펩타이드가 완전히 펼쳐진 입체형태를 취하고 모든 펩타이드기가 동일 평면상에 있을 때 ϕ와 ψ를 ±180°라고 정의한다(그림 4-2d). 중심 결합벡터를 벡터 화살표 방향(그림 4-2c에 ψ로 나타냄)으로 보면 먼 쪽(네 번째) 원자가 시계 방향으로 회전함에 따라 이양면각이 증가한다(그림 4-2d). 원래 위치인 ±180°에서 시작하여 이양면각이 −180°에서 증가하기 시작하여 0°에 도달하면 첫 번째와 네 번째 원자가 겹쳐 보이게 된다. 계속 회전하여 이양면각은 0°에서 +180°(−180°와 같은 위치임)까지 증가하고 구조는 다시 완전히 펼쳐진 모양으로 된다. 세 번째 이양면각인 ω는 많은 경우에 고려되지 않는다. ω는 C_α—C—N—C_α 결합이 관여한다. 이 경우 중심결합은 펩타이드 결합이기 때문에 회전이 제한되어 있다. 펩타이드 결합은 정상적으로(시간의 99.6% 동안) 트랜스 위치배열로 존재하는데, 이때 ω값은 ±180°로 제한된다. 매우 드문 시스 펩타이드 결합에서는 ω = 0°이다. ‹‹

원리적으로는 ϕ와 ψ가 −180°와 +180° 사이의 어느 값이든 취할 수 있으나 실제로는 폴리펩타이드 골격과 아미노산의 곁사슬의 원자들에 의한 입체 간섭(steric interference) 때문에 제한된 값을 갖는다. ϕ와 ψ가 모두 0°가 되는 입체형태를 취할 수 없는 것도 이런 이유 때문이다(그림 4-2d). 이것은 회전 각도에 대하여 기술할 때 기준점으로 사용될 뿐이다. 입체적으로 가능한 ϕ와 ψ 값의 관계를 정리해서 도시한 것이 G. N. Ramachandran에 의하여 제시된 **라마찬드란 도표(Ramachandran plot)**이다(그림 4-3). 이 도표는 국제적 데이터베이스에 등록된 3차원 단백질 구조의 질을 테스트하는 데 유용하게 사용된다.

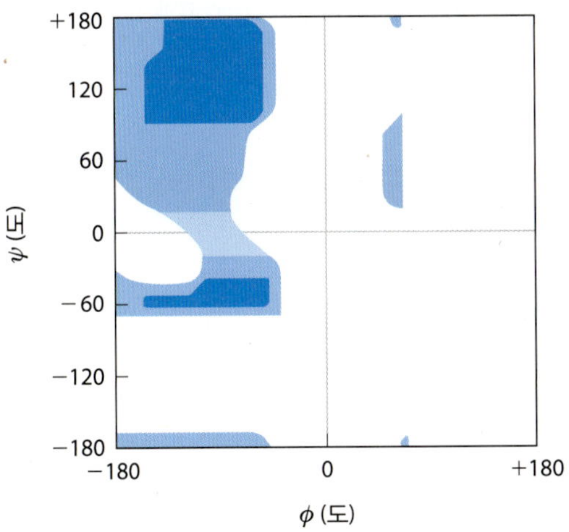

그림 4-3 L-알라닌 잔기의 라마찬드란 도표. 펩타이드의 입체형태는 ϕ와 ψ의 값으로 정해진다. 이양면각과 반데르발스 반경을 이용한 계산을 기초로 했을 때 거의 공간적인 방해를 받지 않는 입체형태가 가능한 형태로 간주된다. 그림에서 짙은 파란색 음영은 공간적인 겹침을 포함하지 않는 완전히 허용된 입체형태를 나타낸다. 중간 톤의 파란색 음영은 원자들의 비선호적인 접촉으로 인해 극히 제한적으로 허용되는 입체형태를 나타내고, 옅은 파란색 음영은 이양면각의 유연성이 거의 없을 때에만 허용되는 입체형태를 나타낸다. 흰색 음영은 허용되지 않는 입체형태를 나타낸다. 이 그림의 비대칭성은 아미노산 잔기들의 L-입체화학 때문이다. 가지 없는 곁사슬을 가진 다른 L-아미노산의 좌표는 거의 이와 동일하다. 발린, 아이소류신, 트레오닌 등과 같이 가지 달린 곁사슬을 가진 아미노산에 대하여 허용된 영역은 알라닌의 경우보다 작다. 입체적으로 방해를 적게 받는 글라이신은 허용된 입체형태의 범위가 아주 넓다. 프롤린의 좌표 값에 대하여 허용된 범위는 아주 크게 제한되어 있다. 왜냐하면 고리 모양의 곁사슬 때문에 ϕ 값이 −35°에서 −85° 범위로 제한되기 때문이다. [출처: Information from T. E. Creighton, *Proteins*, p. 166. © 1984 by W. H. Freeman and Company. Reprinted by permission.]

요약 4.1 단백질 구조의 개관

■ 일반적인 단백질은 그 기능을 반영하는 하나 또는 그 이상의 3차원 구조를 가졌다. 일부 단백질은 내부적으로 무질서인 부분을 가지고 있다.

■ 단백질의 구조는 많은 약한 상호작용에 의하여 안정화된다. 대부분의 수용성 단백질의 구 모양을 안정화시키는 데 기여하는 주된 요소는 비극성 분자나 그룹들이 모였을 때 주변물의 엔트로피 증가로부터 유래하는 소수성 효과이다; 반데르발스 상호작용도 기여한다. 수소결합과 이온 상호작용은 열역학적으로 가장 안정한 어떤 특정 구조를 이루도록 최적화되어 있다.

■ 비펩타이드성 공유결합, 특히 이황결합은 일부 단백질의 구조적 안정화에 기여한다.

■ 폴리펩타이드 골격에 있는 공유결합의 본성이 구조에 제한을 가한다. 펩타이드 결합은 부분적으로 이중결합의 성질을 지니고 있어서 펩타이드기에 있는 6개의 원자를 모두 하나의 고정된 평면상에 놓이게 한다. N—C_α와 C_α—C 결합에서는 자유로운 회전이 가능하여 결합각 ϕ와 ψ 값이 각각 주어진다. 다만, 그 ϕ와 ψ 값은 공간과 다른 제약들에 의해 제한된다.

■ 라마찬드란 도표는 펩타이드 골격에서 허용되거나 공간적 제한에 의해 허용되지 않는 ϕ와 ψ 이양면각들의 조합에 대한 시각적 기술이다.

4.2 단백질의 2차 구조

2차 구조(secondary structure)라는 용어는 주어진 폴리펩타이드에 대하여 일부 제한된 부분의 입체형태를 언급할 때 쓰이는 말이며, 곁사슬에 의한 입체형태나 다른 부분과의 관계에서 생기는 입체형태와는 상관없이 폴리펩타이드 골격의 주사슬을 이루는 원자들의 국소적 공간배치를 기술한다. 폴리펩타이드 사슬의 특정 부분에서 이양면각 ϕ와 ψ가 연속적으로 같은 값 혹은 비슷한 값을 취하면 규칙적인 2차 구조가 나타난다. 특별히 안정적이면서 많은 단백질에서 광범위하게 나타나는 몇몇 유형의 2차 구조가 있다. 가장 흔히 발견되는 것은 α 나선(helix)과 β 입체형태이다. 그 외 β 돌이(turn)도 흔히 발견된다. 규칙적인 패턴이 발견되지 않는 2차 구조를 정의되지 않은 무작위 코일(random coil)이라고 한다. 그러나 이 무작위 코일이란 말은 이러한 부분의 구조를 적절하게 설명하고 있는 용어라고 보기는 어렵다. 어떤 단백질에서든지 펩타이드 골격은 무작위적이지 않다; 이러한 부분은 변하지 않고 일정하게 유지되며, 특정 단백질의 구조와 기능에 매우 특이적이다. 여기서는 흔히 나타나는 규칙적인 유형만을 논의할 것이다.

α 나선은 흔한 단백질 2차 구조이다

Pauling과 Corey는 펩타이드 결합의 C=O와 N—H와 같은 극성 화학 기에서 수소결합의 중요성에 대하여 알고 있었다. 그리고 그들은 1930년대에 단백질 X-선 연구의 선구자였던 William Astbury의 실험 결과를 알고 있었다. Astbury는 모발과 양모를 구성하고 있는 단백질(섬유단백질인 α-케라틴)이 5.15~5.2 Å마다 반복되는 규칙적인 구조를 가지고 있다는 것을 밝혔다. (Å은 물리학자 Anders J. Ångström의 이름에서 유래하였는데 0.1 nm에 해당한다. 비록 SI 단위는 아니지만 구조 생물학자들이 원자 간의 거리를 나타내는 단위로 널리 사용하고 있다. 1 Å은 대략 전형적인 C—H 결합의 길이에 해당한다.) 이 정보와 그들의 펩타이드 결합에 대한 데이터를 기초로 하여 정확하게 만들어진 모형의 도움으로 Pauling과 Corey는 단백질 분자의 가장 그럴듯한 입체형태를 만들어내기 시작했다.

첫 번째의 비약적 발전은 1948년에 이루어졌다. 옥스퍼드대학의 방문 교수였던 Pauling은 몸이 아파 며칠 동안 그의 아파트에서 휴식을 취하였다. 읽는 것에 싫증이 난 Pauling은 몇 장의 종이와 연필을 잡고 폴리펩타이드 사슬에 의해 만들어질 수 있는 가능한 안정한 구조를 생각하였다. 그가 생각해 낸 모델은 후에 Corey와 Herman Branson과의 공동 연구로 확인되었으며, 폴리펩타이드 사슬이 취할 수 있는 가장 간단한 정렬로 내부의 수소결합의 사용을 최대로 한다. 이것은 나선구조로 Pauling과 Corey는 이를 **α 나선(helix)**이라고 불렀다(**그림 4-4**). 이 구조에서 폴리펩타이드 사슬

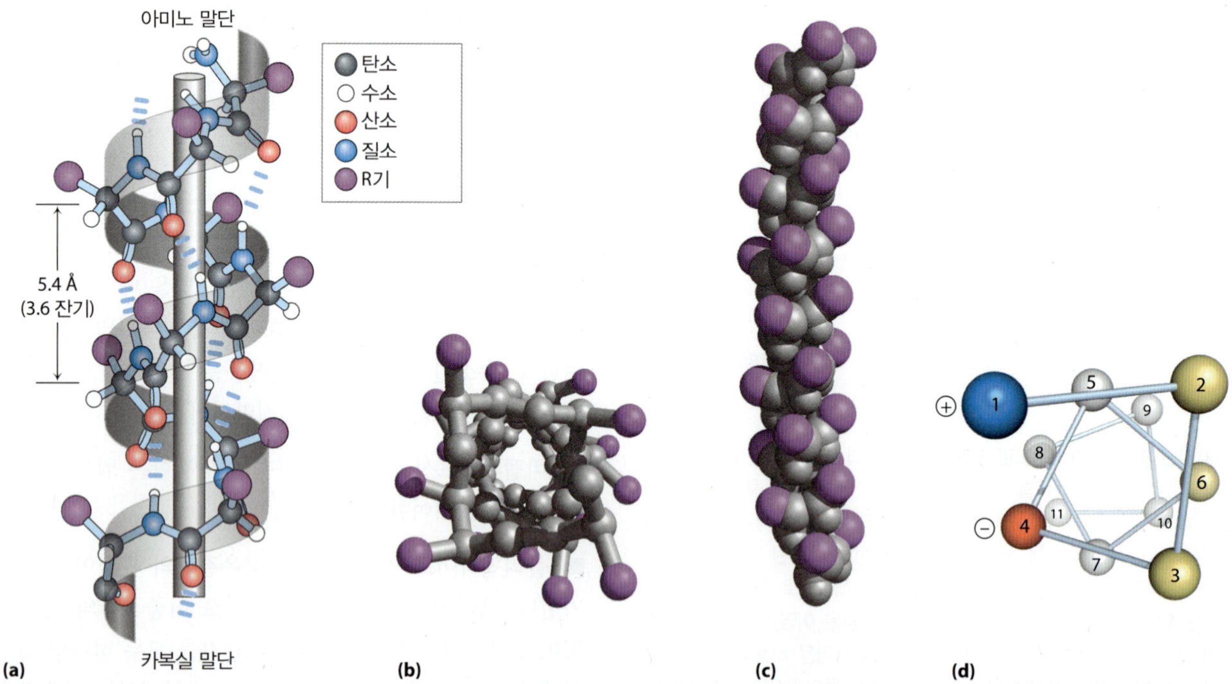

그림 4-4 α 나선 구조의 각각 다른 측면을 보여 주는 모형들. (a) 사슬 내 수소결합을 보여 주는 공막대 모형. 반복되는 단위는 나선의 1회전이며 3.6개 잔기에 해당한다. (b) α 나선을 장축 방향으로부터 밑으로 내려다 본 그림이다. 보라색 공으로 표시한 R기의 위치에 유의하라. 나선의 배열을 강조하는 데 사용되는 공막대 모형은 공이 각각의 원자의 반데르발스 반경을 반영하지 않기 때문에 나선의 중심이 비어 있다는 잘못된 인상을 준다. (c) 이 공간채움 모델이 보여 주듯이 α 나선의 중심에 있는 원자들은 서로 가깝게 밀착되어 있다. (d) α 나선의 나선 바퀴 투영. 이 표시 방법은 특별한 성질을 가진 표면을 색깔로 표현할 수 있다. 예를 들면, 노란색으로 나타낸 잔기는 소수성으로 여기에 나타낸 나선과 동일한 혹은 다른 폴리펩타이드에 속하는 다른 부분과의 접촉면을 함께 나타낼 수 있다. 빨간색과 파란색의 잔기는 나선에서 2개의 잔기를 사이에 두고 떨어져 있는 음으로 또는 양으로 하전된 곁사슬 간에 상호작용할 수 있는 가능성을 표시한다. [출처: (b, c) Derived from PDB ID 4TNC, K. A. Satyshur et al., *J. Biol. Chem.* 263:1628, 1988.]

표 4-1 단백질의 일반적인 2차 구조 형성을 위한 이상적인 ϕ와 ψ 각들

구조	ϕ	ψ
α 나선	−57°	−47°
β 입체형태		
역평행	−139°	+135°
평행	−119°	+113°
콜라젠 삼중나선	−51°	+153°
β 돌이 형태 I		
i + 1[a]	−60°	−30°
i + 2[a]	−90°	0°
β 돌이 형태 II		
i + 1	−60°	+120°
i + 2	+80°	0°

주의: 실제 단백질에서 이양면각들은 이러한 이상적인 값에서 대개 어느 정도 변하게 된다.

[a]i + 1과 i + 2 각들은 β 돌이의 두 번째와 세 번째 아미노산 잔기에 해당하는 각이다.

의 골격은 나선의 중심부를 따라 길게 그어진 상상의 축 둘레를 따라 촘촘히 감겨 있고 아미노산 잔기의 R기는 나선 골격의 바깥쪽으로 돌출되어 있다. 반복되는 단위는 나선을 1회전하는 구조이고, 길이는 축 방향으로 5.4 Å으로 Astbury가 모발 케라틴(keratin)의 X-선 분석으로 관찰했던 주기성과 거의 일치했다. 원형적인 α-나선의 아미노산 잔기들의 골격 원자들은 α-나선 입체형태를 정의하는 특징적인 이양면각들의 세트를 갖고 있으며(표 4-1), 각 나선의 1회전에 3.6개의 아미노산이 존재한다. 각 나선의 실제 단백질의 α-나선 분절에서 보이는 이양면각은 위 값에서 조금 틀어져 있고 하나의 연속적인 분절에서 조차 조금씩 다른 값들을 갖는데, 이로부터 나선축의 구부림과 비틀림이 생긴다. Pauling과 Corey는 α-나선의 오른손 감김과 왼손 감김의 양변형들을 모두 고려하였다. 마이오글로빈과 다른 단백질들의 3차원 구조의 곧 이은 규명이 오른손 감김 α-나선이 공통적인 형태임을 보여 주었다(별도설명 4-1). 확장된 왼손 감기 α-나선들은 이론적으로 덜 안정적이고 단백질에서는 관찰되지 않았다. α-나선이 α-케라틴에서 주된 구조임이 증명되었다. 더 일반적으로 모든 아미노산 잔기들의 1/4은 α-나선로 발견되고 정확한 비율은 단백질마다 크게 다르다.

어떻게 해서 다른 가능한 입체형태보다 α 나선이 잘 형성되는가? 나선 구조의 내부에 수소결합이 최적화되어 있다는 것으로 부분적인 설명을 하고 있다. 이 구조는 펩타이드 결합의 전자적으로 음인 질소원자에 결합된 수소원자와 펩타이드 결합의 아미노 말단 쪽의 네 번째 아미노산의 음전하를 띤 카보닐 산소의 사이에 형성되는 수소결합에 의하여 안정화된다(그림 4-4a). α 나선 안에서 모든 펩타이드 결합(사슬의 양쪽 말단에 가까이 있는 것을 제외하고)이 이러한 수소결합에 참여한다. 각각의 연속적인 α 나선의 회전은 3개 내지 4개의 수소결합을 통하여 그 다음 회전을 붙잡고 있는 셈이다. 이러한 모든 수소결합이 전체 α 나선 구조를 상당히 안정화시키고 있는 것이다. α-나선 분절의 양 끝에는 수소결합의 나선 패턴에 참여할 수 없는 3개 또는 4개의 아마이드 카보닐 또는 아미노 기들이 항상 있다. 이것들은 주위의 용매에 노출되어 물과 수소결합을 하거나, 단백질의 다른 부분들이 필요한 수소-결합 파트너를 제공하기 위해 나선에 덮개를 씌운다.

지속된 실험을 통하여 L- 또는 D-아미노산으로 이루어진 폴리펩타이드 사슬은 모두 α 나선을 형성할 수 있다는 것이 밝혀졌다. 그러나 이 경우 모든 잔기가 둘 중의 한 가지의 입체이성질체에 속해야 한다. 즉, 1개의 D-아미노산은 L-아미노산으로 이루어진 규칙적인 구조를 깨뜨릴 것이고 그 반대도 마찬가지일 것이다. D-아미노산으로 이루어진 가장 안정적인 α 나선 형태는 왼손 감김이다.

별도설명 4-1 실험방법 오른손 감김과 왼손 감김 구별하는 방법

나선 구조가 오른손 감김인가 왼손 감김인가를 아는 간단한 방법이 있다. 두 손을 주먹쥔 후 엄지를 펴서 똑바로 세워보라. 오른손을 보고 엄지가 가리키는 방향으로 나선이 진행한다고 생각해 보라. 엄지 외의 다른 네 손가락은 그림과 같은 방향(시계 방향)으로 엄지를 감고 올라가는 나선이라 생각하면 된다. 이렇게 생긴 나선이 오른손 감김이 된다. 왼손은 왼쪽 엄지손가락을 반시계 방향으로 감고 올라가는 왼손 감김 나선을 나타낸다.

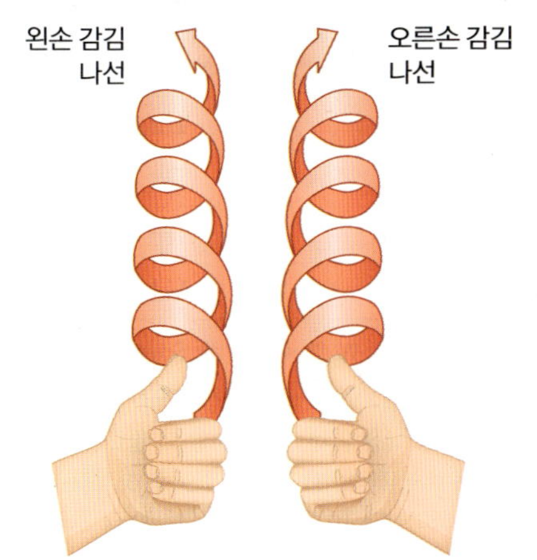

연습문제 4-1 2차 구조와 단백질의 크기

연속적인 80개의 아미노산 잔기로 구성된 단일 폴리펩타이드의 길이는?

풀이: 물이상적인 α 나선은 회전당 3.6개의 잔기를 가지며, 나선축을 따라서 5.4 Å 만큼 진행한다. 따라서 하나의 잔기는 축을 따라 1.5 Å 만큼 진행한다. 그러므로 이 폴리펩타이드의 길이는 80 잔기 × 1.5 Å/잔기 = 120 Å.

아미노산 서열이 α 나선의 안정성에 영향을 준다

모든 폴리펩타이드가 안정적인 α 나선을 만드는 것은 아니다. 폴리펩타이드에 있는 각각의 아미노산 잔기는 α 나선을 형성하는 내재적인 성향을 가지고 있다(표 4-2). 이 성향은 R기의 성질과 ϕ와 ψ의 값을 결정하는 인접하는 주사슬 원자의 능력에 어떤 영향을 주는지를 반영하여 정해진다. 거의 모든 실험 모델에서 알라닌이 α 나선을 형성하기 위한 가장 큰 성향을 보인다.

또한 각 아미노산 잔기의 이웃하는 잔기에 대한 상대적 위치도 중요하다. 곁가지 간의 상호작용이 α 나선 구조를 안정화시키거나 아니면 불안정화시킬 수 있다. 예를 들면, 다수의 Glu 잔기로 이루어진 부위를 가지고 있는 폴리펩타이드 사슬은 pH 7.0에서 α 나선을 만들지 않는다. 인접한 Glu 잔기가 가지고 있는 카복실기의 음전하가 서로 강하게 반발하여 α 나선의 형성을 방해한다. 마찬가지 이유로 Lys이나 Arg 잔기가 많이 인접해 있으면 pH 7.0에서 R기가 양전하를 가지므로 서로 반발하여 α 나선의 형성을 방해한다. 부피가 큰 그리고 모양이 특별한 아미노산인 Asn, Ser, Thr, 그리고 Cys 등이 서로 가까이 있으면 α 나선을 불안정화시킨다.

사슬에서 양쪽 방향으로 3개(가끔 4개) 거리에 있는 아미노산 잔기의 곁사슬끼리 주목할 만한 상호작용이 있으면 α 나선에 꼬임이 생긴다. α 나선을 나선 바퀴로 나타내보면 이것을 확연히 알 수 있다(그림 4-4d). 양으로 하전된 잔기가 음으로 하전된 잔기와 3개 잔기만큼 떨어져서 있는 경우 자주 발견되는데 이들 사이에 이온 상호작용이 성립한다. 같은 거리에 배치된 2개의 방향족 아미노산 잔기는 소수성 상호작용을 하게 한다.

Pro 잔기나 Gly 잔기는 α 나선의 형성에 어느 정도 제약을 준다. 이 두 아미노산은 α 나선을 형성하는 경향이 가장 작다. 프롤린의 질소원자는 고정된 고리의 일부분이어서(그림 4-8 참조), N—C_α 결합에 대한 회전이 가능하지 않다. 이리하여 프롤린은 α 나선에 불안정화시키는 꼬임을 가져온다. 게다가 펩타이드 사슬에서 프롤린의 질소원자는 치환된 수소가 없어서 다른 잔기와 수소결합을 이룰 수가 없다. 이와 같은 이유 때문에 α 나선에서 프롤린은 거의 찾아 볼 수 없다. 글라이신은 또 다른 이유 때문에 α 나선에서 자주 보이지 않는다: 글라이신은 다른 어떤 아미노산보다도 입체형태 면에서 유연하다. 글라이신 중합체는 α 나선과 매우 다른 코일(coil) 구조를 형성한다.

마지막으로 폴리펩타이드 사슬에서 α 나선의 안정성에 영향을 주는 또 하나의 요인은 α 나선 부분의 끝에서 가까운 위치에 어떤 아미노산 잔기가 있느냐 하는 것이다. 각 펩타이드 결합에는 아주 작은 전기적 쌍극자가 있다(그림 4-2a). 이러한 쌍극자가 수소결합을 통하여 계속 연결되어 있으므로 α 나선의 길이가 증대됨에 따라 쌍극자도 커진다(**그림 4-5**). 쌍극자의 부분적인 양전하와 음전하는 N 말단과 C 말단 가까이에 있는 아미노기와 카복실기에 각각 귀속된다. 이러한 이유로 인하여 음으로 하전된 아미노산이 나선 부분의 N 말단 가까이에서 흔히 발견된다. 여기서 이들은 나선 쌍극자의 양전하와 상호작용하여 안정화시킨다. 나선 N 말단 가까운 곳에 양으로 하전된 아미노산이 오면 나선을 불안정화시킨다. 나선의 C 말단 가까운 곳에서는 반대의 현상이 나타난다.

요약하면, α 나선의 안정성에 영향을 주는 5가지 제약이 있다. (1) α 나선을 이루기 위한 개개 아미노산의 내재적인 성향; (2) 잔기의 R기끼리의 상호작용, 특히 3개(혹은 4개) 거리로 떨어져 있는; (3) 인접한 R기의 덩치 크기; (4) Pro과 Gly 잔기의 존재; (5) 나선 부분 끝에서의 아미노산 잔기들과 α 나선의 전기 쌍극자 간의 상호작용 등이 그것이다. 주어진 폴리펩타이드 사슬의 분절이 α 나선으로 접히려는 경향은 그 분절의 아미노산 잔기의 종류와 서열에 의존하게 된다.

표 4-2 여러 아미노산의 α 나선을 형성하는 성향

아미노산	$\Delta\Delta G°$ (kJ/mol)[a]	아미노산	$\Delta\Delta G°$ (kJ/mol)[a]
Ala	0	Leu	0.79
Arg	0.3	Lys	0.63
Asn	3	Met	0.88
Asp	2.5	Phe	2.0
Cys	3	Pro	>4
Gln	1.3	Ser	2.2
Glu	1.4	Thr	2.4
Gly	4.6	Tyr	2.0
His	2.6	Trp	2.0
Ile	1.4	Val	2.1

출처: 모든 값(프롤린 제외)은 J. W. Bryson et al., Science 270:935, 1995. Proline data from J. K. Myers et al., *Biochemistry* 36:10,923, 1997에서 인용함.

[a]$\Delta\Delta G°$는 각 아미노산이 α 나선 입체구조를 취할 때 필요한 자유에너지 변화의 차이 값을 알라닌에 대한 상대적인 값으로 나타낸 것. 숫자가 클수록 α 나선 구조를 취하기 어려움을 의미한다. 여기에 나타낸 값은 여러 번의 다른 실험과 여러 가지 다른 실험 방법에 의한 것을 혼용한 것임.

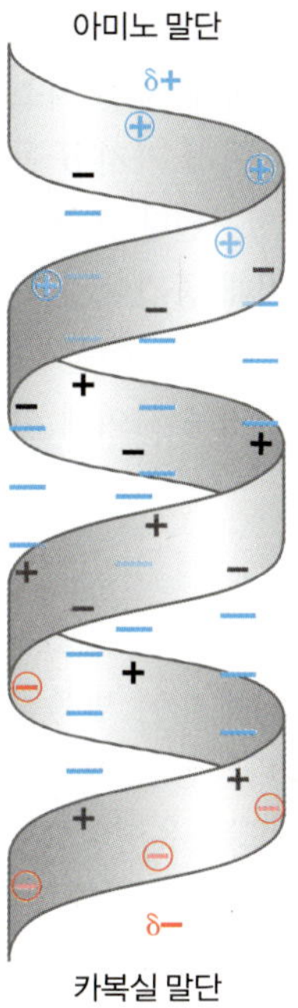

그림 4-5 나선 쌍극자. 1개의 펩타이드 결합 전기적 쌍극자(그림 4-2a 참조)는 사슬 내 수소결합을 통하여 α 나선 분절을 따라 전해져 전체 나선 쌍극자가 된다. 이 그림에서 각 펩타이드 결합의 아미노기와 카보닐기의 성분을 각각 +와 −의 기호로 표시했다. 나선의 양쪽 말단 가까이에 있어서 수소결합을 하지 않은 아미노기와 카보닐기 성분은 빨간색으로 표시했다.

β 입체형태는 폴리펩타이드 사슬을 판 구조로 조직화한다

1951년에 Pauling과 Corey는 두 번째 유형의 반복 구조인 β 입체형태를 예측했다. 이 구조는 폴리펩타이드 사슬이 더 많이 신장된 입체형태로 이 구조는 특징적인 이양면각들의 세트에 따라 정렬된 골격 원자들에 의해 다시 정의된다(표 4-1). β 입체형태에서 폴리펩타이드 사슬의 골격은 나선 구조가 아니고 톱니 모양(zigzag)으로 신장되어 있다(**그림 4-6**). 톱니모양의 폴리펩타이드 사슬의 부분들이 서로 나란히 배열되어 **β 판(β sheet)**이라고 불린다. 각 폴리펩타이드 분절들의 톱니 구조는 전체적인 판의 주름진 형태를 나타나게 한다. 판의 내부에서 인접한 폴리펩타이드 사슬의 분절 사이에 수소결합이 생긴다. β 판을 이루는 각각의 폴리펩타이드 사슬의 분절들은 폴리펩타이드 사슬의 직선에서 서로 가까이 위치할 수 있지만 서로 멀리 떨어져 있을 수도 있다; 심지어 서로 다른 폴리펩타이드 사슬에 속해 있을 수도 있다. 서로 이웃하는 아미노산의 R기들은 톱니 모양의 구조로부터 서로 반대 방향으로 돌출되어 있어서 그림 4-6의 옆면 그림에 보이듯이 교대로 배열되어 있다.

β 판 구조에 있는 이웃하는 폴리펩타이드 사슬들은 그 놓인 방향이 평행일 수도 있고 역평행일 수도 있다(아미노 말단에서 카복실 말단으로의 방향이 같거나 반대임). 이들 구조는 어느 정도 비슷하나, 평행 입체형태에서 반복되는 단위의 길이가 더 짧고(7 Å인 것에 반하여 6.5 Å으로) 수소결합의 패턴이 다르다. 나선 간 수소결합들은 필수적으로 역평행 β 판에서 선상에 존재하지만(그림 2-5 참조) 뒤틀리거나 평행 변이체들에 존재하는 수소결합들은 선상에 있지 않다. 이상적인 구조는 표 4-1에 제시된 결합 각도를 나타낸다; 이 값들은 실제 단백질에서는 조금씩 변동하여 위의 α 나선에서 보았던 것처럼 구조적 변이를 초래하게 된다.

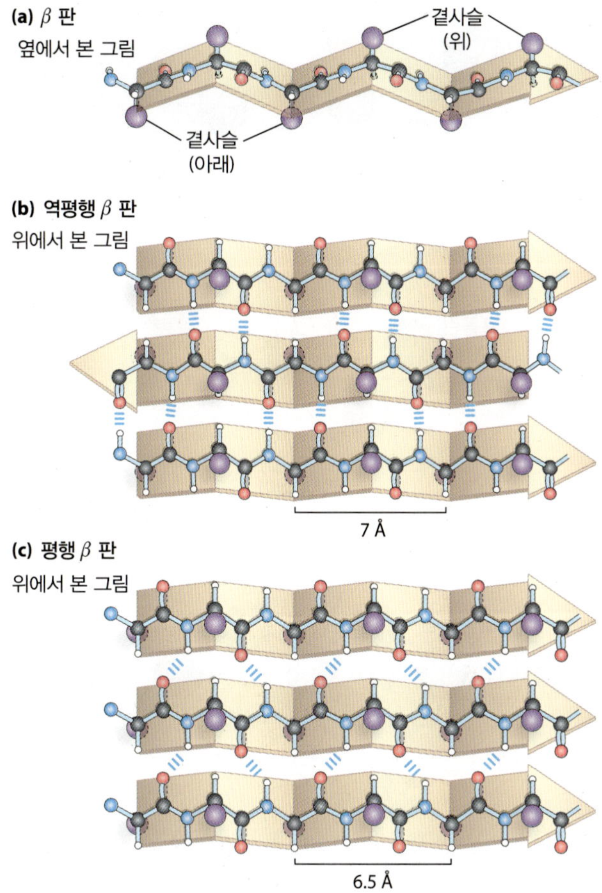

그림 4-6 폴리펩타이드 사슬의 β 입체형태. 위에서 본 그림(a)과 옆에서 본 그림(b, c)은 β 판으로부터 튀어나온 R기를 나타내고, 펩타이드 결합이 만드는 평면에 의하여 만들어진 주름 모양을 강조하고 있다(이 구조의 다른 이름이 β-병풍 구조이다). 근접해 있는 사슬 간의 수소결합에 의한 교차연결도 나타내고 있다. 서로 이웃해 있는 사슬의 아미노 말단에서 카복실 말단으로의 방향(화살표)이 반대 방향이면 (b) 역평행 β 판을 형성하고, 같은 방향이면 (c) 평행 β 판을 형성한다.

β 돌이는 단백질에서 흔하다

촘촘하게 접힌 구조를 갖는 구단백질에서 일부 아미노산 잔기들은 폴리펩타이드 사슬의 방향이 반전되는 돌이 또는 루프(loop)를 이룬다(**그림 4-7**). 이들은 연속적인 α 나선이나 β 입체형태의 흐름을 이어 주는 연결 요소이다. 특히 인접한 2개의 역평행 β 판을 연결하는 **β 돌이**가 흔하다. 이 구조는 4개의 아미노산 잔기가 관여하는 180° 회전이며 첫 번째 잔기의 카보닐 산소가 네 번째 잔기의 아미노기의 수소와 수소결합을 한다. 가운데 2개의 잔기의 펩타이드 기들은 어떤 잔기 간의 수소결합에도 참여하지 않는다. 몇 가지 형태의 β 돌이가 밝혀졌으며, 각 형태는 일정한 형태의 회전을 구성하는 4개의 아미노산 잔기들을 연결하는 결합들의 ϕ와 ψ 각들로 정의된다(표 4-1). Gly과 Pro 잔기는 β 돌이에서 흔히 볼 수

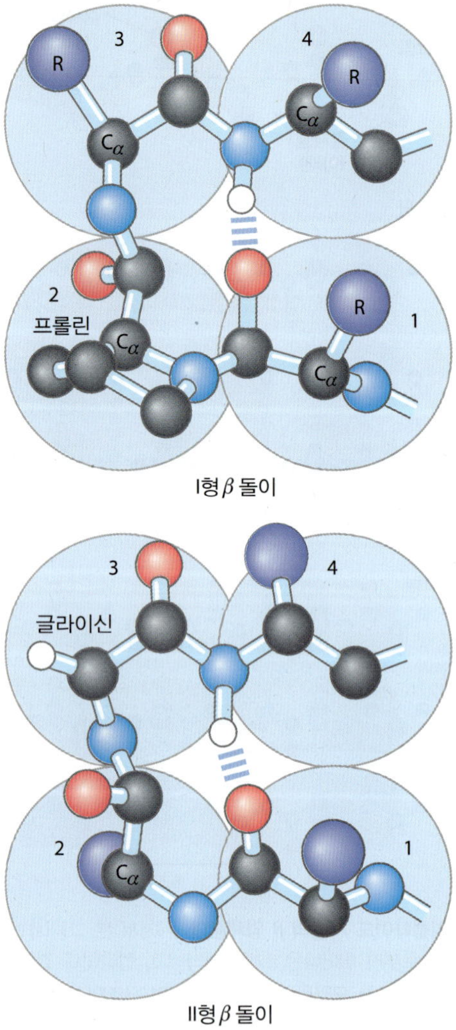

그림 4-7 β 돌이의 구조. I형과 II형 β 돌이가 가장 흔하며, 돌이의 펩타이드 골격에 의해 만들어지는 ϕ와 ψ 각에 의해 구분된다(표 4-1 참조). I형이 II형보다 두 배 이상 많이 존재한다. 많은 아미노산 잔기들이 이 돌기를 가지지만, 몇 가지 편향적 성향이 뚜렷하다. 프롤린은 I형 돌기의 두 번째 자리의 가장 일반적인 잔기로 약 16%를 나타낸다. 프롤린은 II형돌기의 두 번째 자리의 가장 일반적인 잔기로 약 23%를 나타낸다. 가장 눈에 띄는 편향성은 II형 돌기의 75% 이상에서 나타나는 세 번째 자리의 글라이신이다. 굽이를 이루는 첫 번째 잔기와 네 번째 잔기의 펩타이드 간에 수소결합을 주목하라. (각각의 아미노산 잔기는 크고 푸른색 원으로 나타냄. 모든 H 원자를 이 그림에서 표시하지 않았다.)

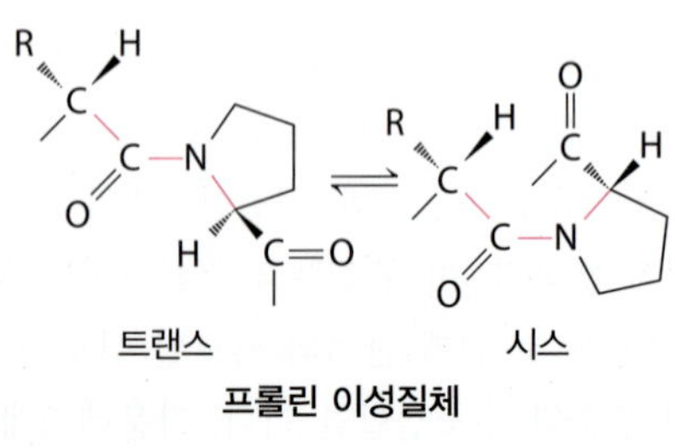

그림 4-8 프롤린의 이미노(imino) 질소가 관여하는 펩타이드 결합의 트랜스(trans)와 시스(cis) 이성질체. 프롤린 외의 아미노산 잔기 간의 펩타이드 결합 중 99.95% 이상은 트랜스 위치배열이다. 그러나 프롤린의 이미노 질소가 관여하는 펩타이드 결합에서는 약 6%가 시스 위치배열이고 그 대부분은 β 돌이 부위에서 볼 수 있다.

있는데, Gly은 작고 유연하기 때문이고 Pro은 이미노(imino) 질소를 포함하는 펩타이드 결합이 급격한 회전을 가능하게 하는 시스(cis) 위치배열(**그림 4-8**)을 쉽게 가지기 때문이다. 여러 가지 β 돌이 가운데 그림 4-7에 나타낸 2가지가 가장 흔히 발견된다. β 돌이는 단백질의 표면 근처에서 흔히 볼 수 있는데, 이때 중간에 있는 2개의 아미노산 잔기의 펩타이드 기가 물과 수소결합을 이룰 수 있다. 훨씬 덜 흔한 γ 돌이는 첫 번째와 세 번째 잔기들 사이에 수소결합을 가진 3잔기 돌이이다.

흔한 2차 구조는 특징적인 이양면각을 갖는다

몇 가지 특별한 단백질(예; 콜라젠, 그림 4-13 참조)에 다른 반복적인 구조가 있긴 하지만 α 나선과 β 입체형태가 다양한 단백질에서 광범위하게 발견되는 반복적인 2차 구조이다. 모든 유형의 2차 구조는 각 잔기의 이양면각 ϕ와 ψ로 완벽하게 기술될 수 있다. 라마찬드란 도표에 나타난 바와 같이 α 나선과 β 입체형태는 입체적으로 허용된 비교적 제한된 영역 안에 있다(**그림 4-9a**). 이미 알려진 단백질의 구조로부터 얻은 아미노산 잔기의 ϕ와 ψ 값은 대부분 α 나선과 β 입체형태에서 기대할 수 있는 값 근처에 고밀도로 분포하고 있었다(그림 4-9b). 이러한 구조 안에서 발견되는 아미노산으로 이 영역을 벗어나는 것은 글라이신뿐이다. Gly은 곁가지가 매우 작으므로 다른 아미노산에서는 입체적으로 허락되지 않는 여러 가지 입체형태에 참여할 수가 있다.

흔한 2차 구조는 원형 이색성(circular dichroism)에 의해서 측정될 수 있다

분자구조에 비대칭성이 있으면 좌선성 대 우선성 평면 편광의 흡수에 있어서 차이가 생긴다. 이러한 차이를 측정하는 것을 **원형 이색성(circular dichroism, CD) 분광법(spectroscopy)**이라고 한다. 접힌 단백질과 같이 규칙이 있는 구조는 정점 혹은 양수 값이나 음수 값의 영역을 갖는 흡수 스펙트럼을 갖는다. 단백질에 대한 흡수 스펙트럼은 원자외선 영역(190 nm에서 250 nm)에서 얻어지는데 이 영역에서 빛을 흡수하는 본체 또는 발색단(chromophore)은 펩타이드 결합 자체이다. 펩타이드가 접힌 환경에 있을 때 흡광신호가 얻어진다. 좌선성과 우선성 평면 편광의 몰 흡광계수(molar extinction coefficient)의 차이($\Delta\varepsilon$)를 진동수에 대한 함수로 표시한다(별도설명 3-1 참조). α 나선과 β 입체형태는 특징적인 CD 스펙트럼을 갖는다(**그림 4-10**). CD 스펙트럼을 이용하면 단백질이 적절한 접힘 상태에 있는지 또는 어느 정도의 분획이 공통적인 2가지 2차 구조로 접혀 있는지 알 수 있을 뿐만 아니라 접힌 상태와 펼쳐진 상태 사이에 전이되는 것을 모니터링할 수 있다.

요약 4.2 단백질 2차 구조

- 2차 구조는 폴리펩타이드 사슬의 특정 부분에서 주사슬 원자

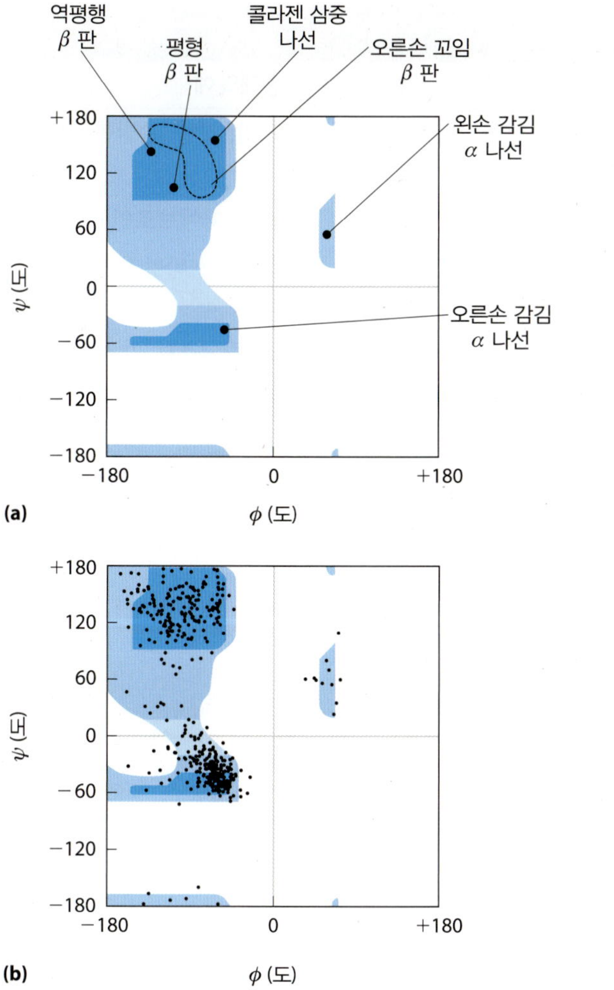

그림 4-9 여러 구조의 라마찬드란 도표. **(a)** 여러 가지 허용된 2차 구조에 대한 ϕ와 ψ의 값을 그림 4-3의 도표 위에 겹쳐서 나타냄. 여러 개의 아미노산 잔기를 거쳐서 왼손 감김 α 나선이 존재하는 것은 이론적으로는 가능하지만 단백질에서는 관찰되지 않는다. **(b)** 토끼에서 분리한 피루브산 인산화효소(pyruvate kinase)에서 글라이신을 제외한 모든 아미노산 잔기에 대한 ϕ와 ψ의 값을 이론적으로 가능한 입체형태의 도표 (그림 4-3) 위에 겹쳐서 나타내었다. 작고 유연한 글라이신 잔기들은 흔히 예측되는 범위(파란색) 밖의 값을 가지므로 제외하였다. [출처: (a) Information from T. E. Creighton, *Proteins*, p. 166. © 1984 by W. H. Freeman and Company (b) Courtesy of Hazel Holden, University of Wisconsin–Madison, Departmentof Biochemistry.]

들의 국소적 공간 배열이다.

■ 가장 흔한 2차 구조는 α 나선과 β 입체형태, 그리고 β 돌이이다.

■ 폴리펩타이드의 부분 중 2차 구조를 이루고 있는 부분은 이 부분을 구성하고 있는 모든 아미노산에 대하여 ϕ와 ψ 값이 알려지면 완전하게 정의될 수 있다.

■ 원형 이색성 분광법은 흔한 2차 구조를 측정하는 방법으로 단백질의 접힌 상태를 모니터링할 수 있다.

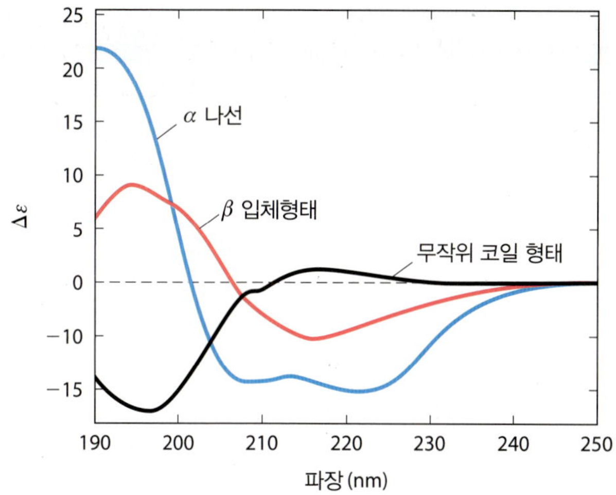

그림 4-10 원형 이색성 분광법(circular dichroism spectroscopy). 전체적으로 α 나선, β 입체형태, 또는 변성된 무작위 코일 형태로 존재하는 폴리라이신의 스펙트럼을 나타내었다. Y 축의 단위는 CD 실험에서 가장 흔히 사용되는 단위를 단순화하여 나타냈다. 이 곡선들은 α 나선, β 입체형태, 그리고 구조화되지 않은 것에 대한 차이를 나타내고 있으므로 주어진 단백질에 대한 CD 스펙트럼은 2가지의 가장 흔한 2차 구조로 이루어진 부분의 분율을 대략적으로 나타낼 수 있다. 자연 단백질(native protein)의 CD 스펙트럼은 접힌 상태에 대한 벤치마크로 사용될 수 있으므로 단백질의 변성이나 용액 상태의 변화에 따른 입체형태 변화를 모니터링 할 수 있다.

4.3 단백질의 3차 및 4차 구조

어떤 단백질을 구성하는 모든 원자의 전체적인 3차원적 배열을 단백질의 **3차 구조(tertiary structure)**라 한다. "2차 구조"라는 말이 1차 구조상 근접해 있는 아미노산 잔기들의 공간적인 배열을 가리키는 반면 3차 구조는 아미노산 서열에서 더 긴 범위(*longer-range*)를 포함한다. 폴리펩타이드 서열에서 멀리 떨어진 아미노산 잔기들과 서로 다른 유형의 2차 구조에 속하는 잔기들이 단백질의 완전히 접힌 구조 안에서 상호작용할 수 있다. 폴리펩타이드 사슬에서 굽이(β 돌이를 포함하여)의 위치와 방향과 각도는 특정한 굽이를 만드는 Pro, Thr, Ser, Gly 등의 아미노산 수와 위치에 의하여 결정된다. 여러 폴리펩타이드 사슬의 분절들은 서로 상호작용할 때 이 분절 사이에 작용하는 여러 종류의 약한 상호작용에 의하여(그리고 이황 교차연결과 같은 공유결합에 의하여) 3차 구조의 특정한 위치에 고정되어 있다.

어떤 단백질은 동일한 혹은 서로 다른 2개, 혹은 그 이상의 독립된 폴리펩타이드 사슬 혹은 소단위(subunit)를 가지고 있다. 3차원 복합체에서 이러한 단백질 소단위의 배열이 **4차 구조(quaternary structure)**를 이룬다.

이러한 높은 단계의 구조를 고려함에 있어서 단백질을 두 종류로 분류하는 것이 유용하다: 긴 가닥(strand)이나 판상(sheet)으로 배열된 폴리펩타이드 사슬을 가진 **섬유단백질(fibrous protein)**, 그리고 공 모양(spherical)의 혹은 구 모양(globular)으로 접혀 있는 폴

표 4-3 섬유단백질의 2차 구조와 성질

구조	특징	존재의 예
α 나선과 이황결합에 의하여 교차연결됨	다양한 단단함과 유연성을 가진 불용성의 질긴 방어 구조	모발, 깃털, 손발톱의 α-케라틴
β 입체형태	부드럽고 유연한 잔섬유	명주 파이브로인
콜라젠 삼중나선	신축성이 없는 고도의 인장 강도	힘줄, 뼈 바탕질의 콜라젠

리펩타이드 사슬을 가진 **구단백질(globular protein)**이다. 이 두 종류는 구조적으로 분명하게 구별이 된다: 섬유단백질은 대개 한 종류의 2차 구조로 되어 있고 그것의 3차 구조 또한 상대적으로 간단하다. 구단백질은 여러 유형의 2차 구조를 가지고 있다. 이 2가지 단백질은 기능적으로도 다른데, 척추동물에서 몸을 지탱하고 모양을 이루고 외부로부터 보호해 주는 구조물은 주로 섬유단백질로 이루어지고, 대부분의 효소와 조절 단백질들은 구단백질이다.

섬유성 단백질은 구조적인 기능에 알맞게 되었다

α-케라틴, 콜라젠(collagen), 그리고 명주 파이브로인(fibroin)은 단백질의 구조와 생물학적 기능의 관계를 극명하게 보여 준다(표 4-3). 섬유성 단백질은 그들이 속한 구조물에 강도와 유연성을 부여하기 위한 공통적인 특징을 가지고 있다. 각각의 경우에 가장 기본적인 단위는 2차 구조가 단순하게 반복된 요소들이다. 모든 섬유성 단백질은 물에 녹지 않는데 이런 성질은 단백질의 내부 뿐 아니라 그 표면에도 소수성 아미노산들이 높은 농도로 존재하기 때문이다. 이러한 소수성 표면은 많은 유사한 폴리펩타이드 사슬들이 서로 뭉쳐서 정교한 초분자적 복합체를 형성할 때 대부분 내부에 파묻힌다. 섬유성 단백질의 바탕을 이루는 구조적 단순성은 위에서 공부한 단백질 구조의 기본적인 원리의 일부를 설명하는데 특히 유용하다.

α-케라틴 α-케라틴은 높은 강도를 가지도록 진화되었다. 이 단백질은 포유동물에서만 발견되며, 모발, 양모, 손톱, 발톱, 깃, 뿔, 발굽 그리고 피부 외층 등의 건조 중량의 대부분을 차지한다. α-케라틴은 중간 잔섬유(intermediated filament, IF) 단백질이라고 불리는 광범위한 단백질 족(family)의 일부이다. 다른 IF 단백질은 동물세포의 세포골격에서 발견된다. 모든 IF 단백질은 구조와 관련된 기능을 가지며 α-케라틴에 의하여 예시된 구조적 특징을 공유한다.

α-케라틴의 나선은 다른 많은 단백질과 마찬가지로 오른손 감김 구조이다. 1950년대 초에 Francis Crick과 Linus Pauling은 각각 독립적으로 케라틴의 α 나선이 감긴 코일(coiled coil)로 이루어져 있다고 제안했다. 서로 평행한(아미노 말단이 서로 같은 방향으로 놓여 있음) α-케라틴의 2개의 가닥이 서로 싸고돌아서 과도하게 비틀린(supertwisting) 감긴 코일을 이룬다. 과도꼬임 구조는 전체적인 구조에 강도를 증가시키는데, 이는 마치 두 가닥의 줄을 꼬아서 강한 줄을 만드는 것과 같다(그림 4-11). 감긴 코일에서 α 나선의 축이 꼬여 있는 것이 Pauling과 Corey가 예측했던 α 나선의

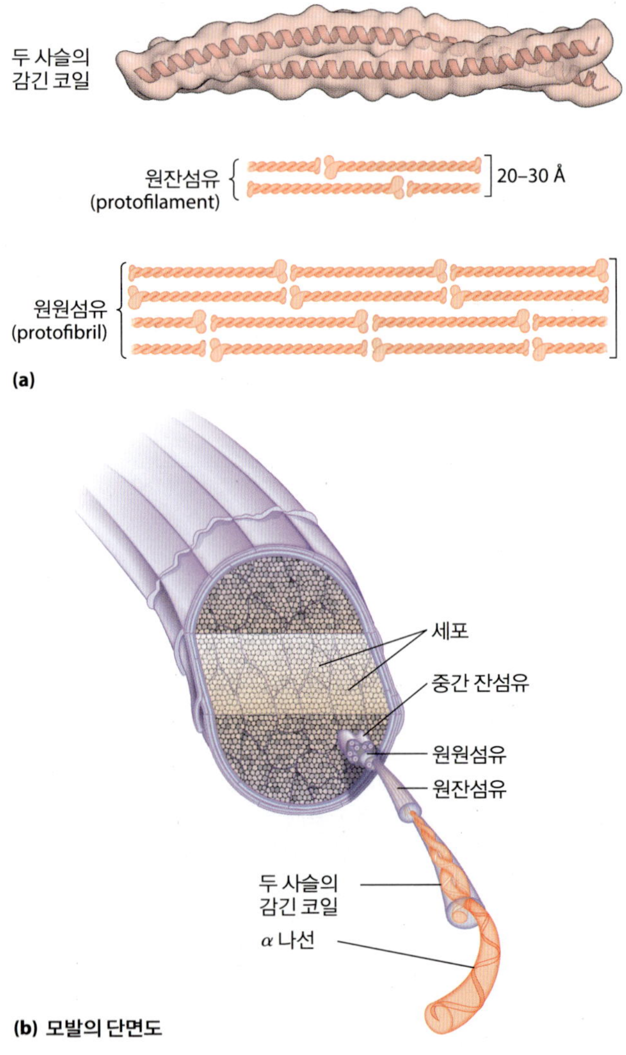

그림 4-11 모발의 구조. (a) 모발 α-케라틴은 아미노 말단과 카복실 말단 가까이에 좀 더 두꺼운 부분을 가진 기다란 α 나선이다. 쌍으로 된 나선이 왼손 감김으로 서로 꼬여서 이중의 감긴 코일을 형성한다. 그 다음에 이것들이 합쳐서 원잔섬유(protofilament)와 원원섬유(protofibril)라고 하는 더 높은 고차 구조를 형성한다. 4가닥의 원원섬유(α-케라틴이 모두 32가닥)가 합쳐져서 중간 잔섬유(intermediate filament)를 형성한다. 다양한 하위 구조 중에서 두 사슬로 이루어진 감긴 코일은 각각이 서로 꼬이는 구조를 보이나 어느 쪽으로 꼬이는지를 비롯하여 구조에 관한 다른 자세한 사실들은 아직 밝혀지지 않고 있다. (b) 모발은 많은 α-케라틴 잔섬유의 배열로 이루어지며 (a)에서 나타낸 하위 구조들로 구성된다. [출처: (a) PDB ID 3TNU, C. H. Lee et al., *Nature Struct. Mol. Biol.* 19:707, 2012.]

별도설명 4-2 퍼머넌트 웨이브는 생화학적 기술이다

모발은 수증기에 노출되면 펴질 수 있다. 분자적인 수준에서 모발 α-케라틴의 α 나선은 완전히 펴진 β 입체형태 구조가 될 때까지 늘려질 수 있다. 이것을 냉각시키면 자발적으로 α 나선의 입체형태로 돌아온다. 이와 같은 α-케라틴의 독특한 "신장성"과 많은 이황결합 교차연결들은 퍼머넌트 웨이브(permanent wave)의 기초가 된다. 웨이브나 혹은 컬(curl)을 하기 위하여 모발을 우선 적절한 모양의 틀에 감아준다. 다음에는 보통 싸이올기(thiol), 혹은 설프하이드릴기(—SH)를 포함한 화합물인 환원제 용액을 머리카락에 바르고 가열한다. 이 환원제는 이황결합을 환원하여 2개의 시스테인으로 만듦으로써 이황결합 교차연결을 끊는다. 뜨거운 수증기는 수소결합을 끊어주어 폴리펩타이드 사슬의 α 나선이 풀리게 한다. 시간이 경과한 뒤에 환원제를 제거하고 산화제를 바르면 서로 이웃하는 폴리펩타이드 사슬에서 쌍을 이루는 시스테인 잔기 사이에 이황결합이 만들어지는데, 이것은 환원제를 처리하기 전에 있던 시스테인 잔기 쌍과는 다른 새로운 이황결합들이다. 머리를 감고 냉각시키면 폴리펩타이드 사슬은 α 나선 입체형태로 되돌아간다. 이제 모발 섬유 안에서 새로운 이황결합이 형성되어 α 나선의 코일 다발이 비틀거리거나 구부러져서 모발은 원하는 유형의 컬(curl)이 된다. 자연적으로 컬인 모발을 펴는 데에도 같은 과정이 적용된다. 모발은 성장을 하기 때문에 퍼머넌트 웨이브(혹은 모발 펴기; hair straightening)는 실제로 영원한 것은 아니다. 이전의 모발을 대체한 새로운 모발에는 α-케라틴이 자연적인 패턴의 이황결합을 갖고 있다.

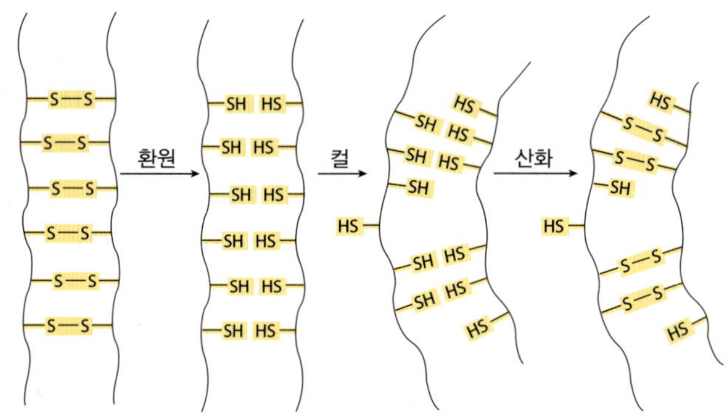

1회전이 5.4 Å이라고 했던 것과 모발의 X선 회절에서 관찰된 5.15 ~ 5.2 Å(152쪽)과의 차이를 설명해 준다. 과도꼬임 나선은 α 나선과는 반대로 왼손 감김 구조이다. 2개의 α 나선이 접촉하는 표면은 소수성 아미노산 잔기로 이루어져 있고 이들의 곁사슬은 규칙적으로 서로 맞물리는 양상을 취한다. 이것은 왼손 감김의 과도꼬임 구조에서 폴리펩타이드 사슬이 촘촘히 뭉쳐지도록 만든다. 따라서 α-케라틴에 Ala, Val, Leu, Ile, Met, Phe 등 소수성 아미노산이 풍부하다는 것은 놀랄만한 것이 아니다.

α-케라틴의 감긴 코일에서 각각의 폴리펩타이드 사슬의 α 나선 2차 구조의 축이 왼손 감김으로 꼬여서 초나선(superhelix)을 이루는 것이 주종을 이루고 있어서 비교적 간단한 3차 구조를 가지게 된다. 2개의 α 나선의 폴리펩타이드가 서로 감겨 꼬인 것은 4차 구조의 한 예이다. 이런 종류의 감긴 코일은 잔섬유성 단백질(filamentous protein)과 근육 단백질인 마이오신(myosin)에 공통적으로 보이는 구조적 요소이다(그림 5-27 참조). α-케라틴의 4차 구조는 더 복잡해 질 수 있다. 많은 감긴 코일 구조가 모여서 모발의 중간 잔섬유를 형성하는 α-케라틴의 배열처럼 커다란 초분자 복합체를 만든다(그림 4-11b).

섬유성 단백질의 강도는 다중 나선의 "밧줄" 내의 폴리펩타이드 사슬 간에, 그리고 초분자 조립체 내에 이웃하는 사슬 간에 공유결합 교차연결에 의하여 더 강화된다. α-케라틴에서 4차 구조를 안정화시키는 교차연결은 이황결합이다(별도설명 4-2). 코뿔소의 뿔처럼 가장 강하고 질긴 α-케라틴의 경우에 아미노산 잔기의 18% 이상이 이황결합에 참여하고 있는 시스테인이다.

콜라젠 α-케라틴과 마찬가지로 **콜라젠**도 강도를 가지도록 진화되었다. 콜라젠은 힘줄, 연골, 뼈의 유기 바탕질, 눈의 각막과 같은 결합조직 중에서 볼 수 있다. 콜라젠의 나선은 α 나선과 다른 독특한 2차 구조이다. 이것은 왼손 감김 구조이며 1회전당 3개의 아미노산 잔기를 가지고 있다(**그림 4-12**와 표 4-1). 콜라젠도 감긴 코일 구조이지만 다른 3차 및 4차 구조를 가지고 있다. α 사슬(α 나선과 구별해야 함)이라고 불리는 3개의 독립된 폴리펩타이드가 서로 과도하게 꼬여 있다. 콜라젠의 초나선 꼬임은 α 사슬의 왼손 감김과 반대로 오른손 감김이다.

척추동물의 콜라젠에는 많은 유형이 있다. 전형적으로 콜라젠은 35%의 Gly, 11%의 Ala, 21%의 Pro과 4-Hyp(4-hydroxyproline, 색다른 아미노산; 그림 3-8a 참조)을 함유한다. 음식으로 쓰이는 젤라틴(gelatin)은 콜라젠에서 유래된 것으로 콜라젠은 사람의 식이에 필수적인 많은 아미노산의 함량이 매우 낮기 때문에 영양 가치는 거의 없다. 콜라젠의 색다른 아미노산 조성은 콜라젠 나선의 독특한 구조와 관계가 있다. 콜라젠에서 아미노산 서열은 일반적으로 Gly-X-Y의 트라이펩타이드의 단위체가 반복되어 있다. 여기서 X는 Pro이고 Y는 4-Hyp인 경우가 많다. 오직 Gly 잔기만이 각 α 사슬 사이의 매우 빈틈 없는 접합 부위에 수용될 수 있다(그림 4-12b); Pro과 4-Hyp 잔기가 콜라젠 나선의 예리한 꼬임을 가능하게 한다. 콜라젠의 아미노산 서열과 과도꼬임(supertwisted) 4차 구조는 콜라젠의 3개 폴리펩타이드가 매우 단단하게 뭉치도록 해준다. 4-Hyp은 콜라젠의 구조에서 특별한 역할을 한다—그리고 인간의 역사에서도(별도설명 4-3).

별도설명 4-3 의학 왜 선원, 탐험가, 대학생들은 싱싱한 과일과 야채를 먹어야 하나?

...이러한 재앙과 함께 비 한 방울 떨어지지 않았던 이 나라의 비위생적 환경에서 우리는 야영병(camp-sickness)에 휩쓸렸다. 사지의 살은 모두 시들어 비틀어지고 다리의 피부는 낡은 장화처럼 온통 까맣고 곰팡이 냄새나는 천 조각들로 얼룩졌다. 우리 중 이 병에 걸린 사람들의 잇몸에 새살이 돋았고, 아무도 이 병으로부터 탈출하여 죽음의 아가리로부터 벗어나지 못했다. 신호는 이랬다: 코에서 피가 흐르기 시작하면 곧 죽음에 직면했다.

—*The memoirs of Lord of Joinville*, ca. 1300*

이 발췌문은 루이 9세의 군대가 7차 십자군 원정(1248~1254)이 끝날 무렵 괴혈병에 시달려 약해진 십자군이 이집트인들에게 전멸되었던 Fariskur 전투의 바로 직전에 겪었던 곤경에 대하여 기술하고 있다. 이 13세기의 군인들을 괴롭혔던 만성 질환의 정체는 무엇이었을까?

괴혈병은 비타민 C 또는 아스코브산(ascorbic acid, ascorbate)의 결핍 때문에 생긴다. 비타민 C는 무엇보다 콜라젠에 있는 프롤린과 라이신의 수산화 반응에 필요하다. 따라서 괴혈병은 전신적인 결합조직의 퇴행을 특징으로 하는 결핍증이다. 진행된 괴혈병의 증상으로는 약한 혈관 때문에 오는 다수의 작은 출혈, 치아 망실, 상처 치유 불량, 오래된 상처의 재발, 골 통증과 골 퇴행, 결국에는 심장 마비 등이 나타난다. 비타민 C 결핍증이 가벼운 경우에는 피로감, 민감함, 감기 증상의 악화 등이 동반되기도 한다. 대부분의 동물들은 많은 양의 비타민 C를 만든다. 포도당에서 아스코브산으로 전환하는 대사 과정은 네 단계의 효소 반응이다. 그러나 진화의 경로 상에서 인간과 몇몇 동물들(고릴라, 기니피그, 과일박쥐 등)은 이 대사경로의 마지막 효소를 잃어버려서 아스코브산을 식이를 통하여 섭취해야만 한다. 비타민 C는 여러 가지 과일과 채소류에 풍부하다. 하지만, 1800년대까지 말린 음식 또는 겨울이나 긴 여행을 위해서 저장한 음식에는 비타민 C가 포함되지 않았다.

괴혈병은 이미 기원전 1500년경에 이집트인들에 의하여 기록되었고, 기원전 5세기경 히포크라테스의 저술에도 기술되어 있다. 1500년에서 1800년에 걸친 유럽인들의 탐사 항해가 있기까지 일반인들에게 널리 주목받지 못했다. 마젤란(Ferdinand Magellan)이 최초로 세계일주 항해를 하는 동안 80%의 선원이 괴혈병으로 희생되었다. Jaques Cartier가 성 로렌스 강을 탐사하기 위한 두 번째 항해를 했을 때(1535~1536)에도 그의 선원들은 아메리카 원주민들이 비타민 C를 함유하고 있어서 괴혈병을 치료하고 예방하는 삼목차(cedar tea)를 만드는 것을 가르쳐 줄 때까지 수많은 생명의 위협과 재앙을 겪어야만 했다. 유럽에서 괴혈병의 겨울 창궐은 19세기에 감자 농사가 남미로부터 들어와 널리 보급되면서 점차 사라졌다.

1747년에 스코틀랜드 왕립 해군의 외과의사인 린드(James Lind)는 유사 이래 최초의 통제된 임상 연구를 수행하였다. 50문 군함인 *HMS Salisbury*호에서 긴 항해를 하는 동안 린드는 괴혈병에 걸린 12명의 선원을 선발해서 두 군으로 나누었다. 두 군의 사람들에게 모두 똑같은 식이를 주면서 그 당시 추천된 괴혈병의 치료제는 따로 주었다. 레몬과 오렌지가 주어졌던 선원들은 회복되어 일자리로 돌아갔다. 끓인 사과 주스가 주어진 선원들은 아주 약간 호전되었다. 나머지 사람들은 계속해서 악화되었다. 린드의 괴혈병의 치료에 대한 논문(*Treatise on the Scurvy*)은 1753년에 출판되었지만 그후 40년 동안이나 왕립 해군에서는 아무런 조치도 취하지 않았다. 1795년에 영국 해군 본부는 모든 선원들에게 농축된 라임과 레몬주스의 지급을 의무화하였다(그래서 영국 수병을 "limeys"라고 부른다). 괴혈병은 그 후에도 1932년에 피츠버그 대학의 헝가리 과학자인 Albert Szent-Györgyi와 W. A. Waugh와 C. G. King이 아스코브산을 분리하여 합성할 때까지 다른 나라에서 계속 문제로 남아 있었다.

James Lind, 1716–1794; naval surgeon, 1739–1748 [출처: Library, Archive and Family History Enquiries, Royal College of Physicians of Edinburgh.]

L-아스코브산(비타민 C)은 백색 및 무취의 결정형 분말이다. 물에 잘 녹으며 유기 용매에는 비교적 녹지 않는다. 잘 마른 상태에서 암소에 보관하면 상당히 긴 시간 동안 안정적으로 보관할 수 있다. 이 비타민을 적당량 매일 섭취하는 것에 대하여는 아직 논쟁 중이다. 미국에서 일일 권장량은 남자 90 mg, 여자 75mg이다. 영국은 40 mg, 오스트레일리아는 45 mg 그리고 러시아는 50~100 mg을 권장한다. 감귤과 그 외 거의 모든 신선한 과일들과 함께 비타민 C의 좋은 함유원으로는 고추, 토마토, 감자, 브로콜리 등이 있다. 하지만 과일이나 야채에 포함된 비타민 C는 과도한 요리나 오랜 보관에 의하여 파괴된다.

그러면 왜 건강을 위하여 아스코브산이 그토록 필요한가? 흥미롭게도 콜라젠 형성에 있어서 중요한 역할을 한다. 이 책에서 언급했지만 콜라젠은 반복되는 트라이펩타이드 단위체인 Gly–X–Y로 구성된다. 여기서 X와 Y는 대개 프롤린이나 4-하이드록시프롤린이다(프롤린 유도체인 4*R*-L-하이드록시프롤린). 프롤린의 고리는 정상적으로 C_γ-엔도와 C_γ-엑소 2개의 주름진 입체구조가 섞인 혼합물로 존재한다(그림 1). 콜라젠 나선 구조는

*From Ethel Wedgwood, *The Memoirs of the Lord of Joinville: A New English Version*, E. P. Dutton and Company, 1906.

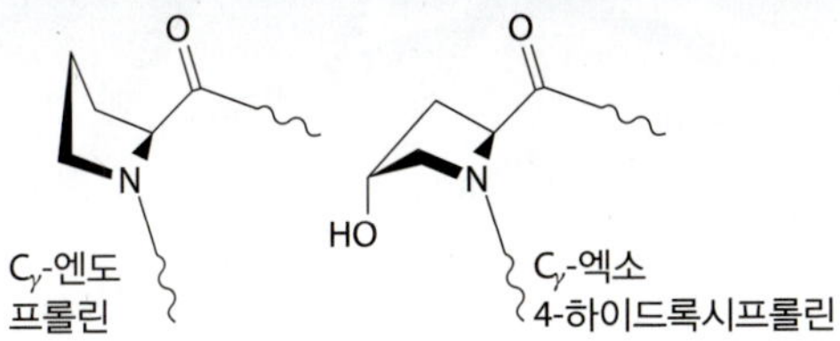

그림 1 C_γ-엔도 입체형태의 프롤린과 C_γ-엑소 입체형태의 4-하이드록시프롤린.

Y 위치에 C_γ-엑소 입체형태의 프롤린/4-하이드록시프롤린을 필요로 하고, 이 입체형태는 4-하이드록시프롤린의 C-4 위치에 하이드록실기 치환기에 의하여 강화된다. 그러나 콜라젠 구조는 X 위치에 C_γ-엔도 입체형태의 프롤린/4-하이드록시프롤린을 필요로 하고 여기에 4-Hyp가 오게 되면 나선이 불안정하게 된다. 비타민 C가 없으면 Y 위치에 있는 프롤린을 수산화할 수 없고, 이것은 콜라젠 불안정화를 가져와 결국 괴혈병에서 보이는 결합조직의 문제를 야기한다.

콜라젠의 전구물질인 프로콜라젠에 있는 특정한 프롤린 잔기의 수산화에는 프롤릴 4-수산화효소 효소의 활성을 필요로 한다. 이 효소(분자량 240,000)는 $\alpha_2\beta_2$ 사합체이고 모든 척추동물에서 발견된다. 프롤린을 수산화하는 활성은 α 소단위가 가지고 있다. 각각의 α 소단위는 비헴성 철(Fe^{2+}) 원자를 하나씩 함유하고 있으며, 이 효소는 그 반응에서 α-케토글루타르산을 필요로 하는 수산화효소의 한 종류이다.

정상적인 프롤릴 4-수산화효소 반응(그림 2a)에서 α-케토글루타르산 한 분자와 O_2 한 분자가 효소에 결합한다. α-케토글루타르산이 산화탈카복실화 되어서 CO_2와 석신산(succinate)을 형성한다. 나머지 산소원자 하나는 프로콜라젠의 적절한 프롤린 잔기를 수산화하는 데 사용된다. 이 반응에는 아스코브산이 필요하지 않다. 그러나 프롤릴 4-수산화효소는 또한 프롤린 수산화 반응과 맞물려 있지 않은 α-케토글루타르산의 산화탈카복실화 반응을 촉매한다. 그리고 이 반응이 아스코브산을 필요로 한다(그림 2b). 이 반응에서 헴에 있는 Fe^{2+}가 산화되는데, 이 산화된 형태의 효소는 활성이 없다. 즉, 프롤린 수산화 반응을 하지 못한다. 아스코브산은 효소의 헴 철 이온을 환원하여 효소활성을 회복하는 데 소모된다.

괴혈병은 오늘날에도 여전히 문제로 남아 있다. 이 만성적인 질병은 영양가 있는 음식이 희귀한 먼 나라뿐 아니라 미국의 대학 캠퍼스에서 발견된다. 어떤 학생들이 먹는 야채라고는 토스트 샐러드에 포함된 것뿐이고 이 학생들은 과일 하나 먹지 않고 하루를 넘긴다. 1998년에 Arizona 주립대학의 학생 230명을 대상으로 한 연구에 따르면 약 10%의 학생들이 심각한 비타민 C 결핍증을 갖고 있었고 2명의 학생은 괴혈병으로 나타날 만큼 낮은 수준의 비타민 C 결핍증을 보였다. 겨우 절반의 학생들이 일일 권장량의 비타민 C를 섭취하고 있는 것으로 나타났다.

신선한 과일과 야채를 먹도록 하라.

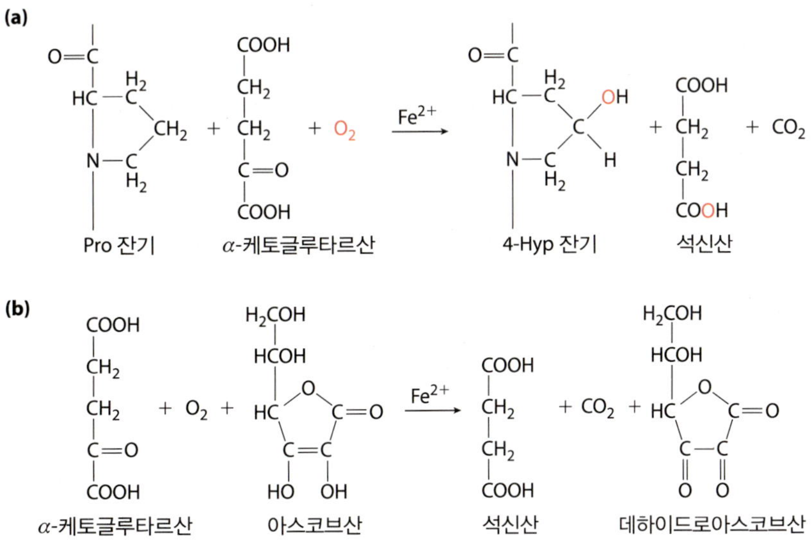

그림 2 프롤릴 4-수산화효소에 의하여 촉매되는 반응들. **(a)** 프롤린 수산화 반응과 맞물린 정상적인 반응은 아스코브산을 필요로 하지 않는다. O_2에서 유래된 2개의 산소원자의 운명이 빨간색 글씨로 나타나 있다. **(b)** 프롤린 수산화 반응과 맞물려 있지 않은 α-케토글루타르산의 산화탈카복실화 반응. 아스코브산이 이 과정에서 정량화학적으로 (stoichiometrically) 소모되어 데하이드로아스코브산(dehydroascorbate)으로 전환된다.

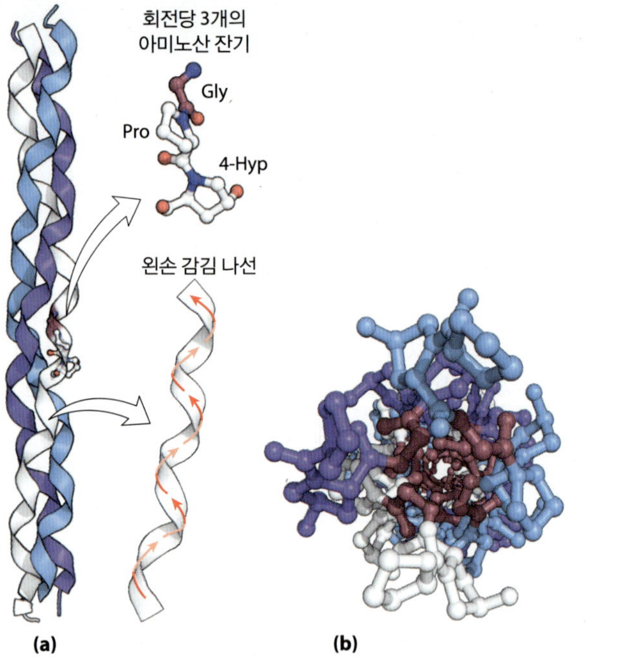

그림 4-12 콜라젠의 구조. (a) 콜라젠의 α 사슬은 이 단백질에만 있는 독특하게 반복되는 2차 구조를 가지고 있다. Gly-X-Pro 또는 Gly-X-4-Hyp의 트라이펩타이드 서열의 반복은 3잔기마다 1회전하는 왼손 감김의 나선 구조를 취한다. 이 그림에서 나타낸 모형을 위한 반복되는 서열은 Gly-Pro-4-Hyp이다. (b) 3가닥 사슬로 된 콜라젠 초나선 구조를 한쪽 끝에서 본 모양을 공막대 모형으로 나타낸 것이다. 글라이신은 빨간색으로 표시했다. 글라이신은 크기가 작아서 3가닥 사슬이 틈새 없이 접촉하는 부위에 필요하다. 이 그림에서 공은 원자 각각의 반데르발스 반경을 반영하지 않았다. 3가닥의 초나선 구조의 중심은 여기에서 보듯이 속이 빈 구조가 아닌 꽉 찬 구조이다. [출처: Modified from PDB ID 1CGD, J. Bella et al., *Structure* 3:893, 1995.]

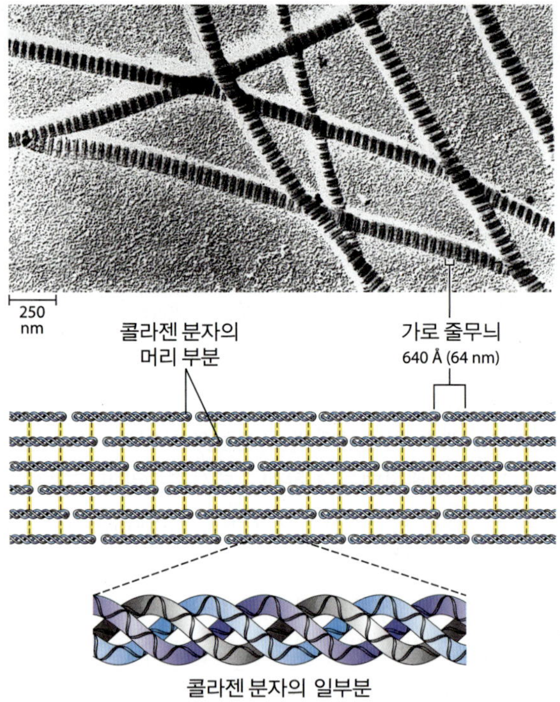

그림 4-13 콜라젠 원섬유(fibril)의 구조. 콜라젠(분자량 300,000)은 길이가 약 3,000 Å이고 두께가 15 Å인 막대 모양의 분자이다. 나선형으로 서로 감긴 3가닥의 α 사슬들은 서로 다른 서열을 가질 수 있으나 각각 약 1,000개의 아미노산 잔기로 이루어져 있다. 콜라젠 섬유는 강도를 위하여 서로 엇갈리게 정렬하고, 교차연결된 콜라젠 분자들의 모임으로 되어 있다. 특이성 있는 정렬과 교차연결의 정도는 조직에 따라 다르고 전자현미경에서 보면 특징적인 가로줄 무늬를 만든다. 여기에 보이는 예에서 4분자마다 머리 부분이 나란히 배열되어 640 Å 간격의 줄무늬가 생긴다. [현미경 사진 출처: J. Gross/Biozentrum, University of Basel/Science Source.]

콜라젠의 삼중나선(triple helix)에서 α 사슬의 서로 촘촘한 꼬임 구조는 같은 단면적의 강선보다도 더 큰 인장 강도를 갖도록 해준다. 콜라젠 원섬유(**그림 4-13**)는 서로 다른 정도의 인장 강도를 제공하기 위하여 다양한 방법으로 결합되는 삼중나선 구조로 된 콜라젠 분자(트로포콜라젠이라고도 부름)가 모여서 이룬 초분자 복합체이다. 콜라젠 분자의 α 사슬과 콜라젠 원섬유의 콜라젠 분자는 Lys, HyLys(하이드록시라이신, 5-hydroxylysine; 그림 3-8a 참조) 또는 X, Y 위치에 드물게 오는 His 잔기가 참여하는 흔치 않은 유형의 공유결합에 의하여 교차연결되어 있다. 이 결합은 데하이드로하이드록시라이시노노류신(dehydrohydroxylysinonorleucine)과 같은 비표준 아미노산 잔기를 만든다. 사람의 결합조직이 나이가 들수록 경직되고 부서지기 쉬운 것은 콜라젠 원섬유 내에 공유결합으로 된 교차연결이 축적되기 때문이다.

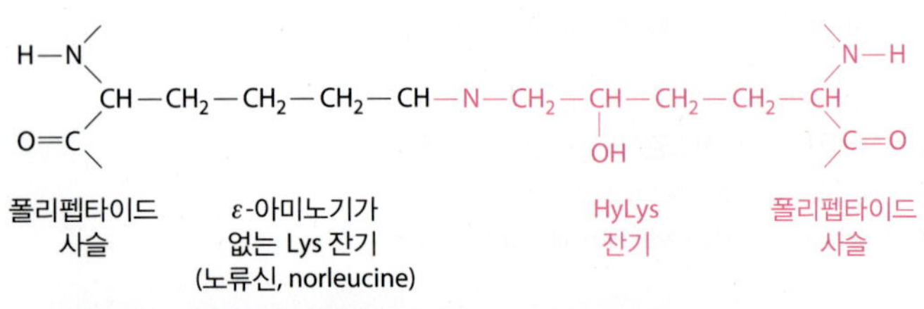

데하이드로하이드록시라이시노노류신(ehydrohydroxylysinonorleucine)

전형적인 포유류는 각기 다른 조직에 존재하는 30가지 이상의 콜라젠에 구조적 변이들을 가지고 있다. 이것들은 그 기능과 서열이 어느 정도 다르다. 인간에서 나타나는 몇 가지 콜라젠 구조의 유전적인 결함은 이 단백질의 3차원 구조와 아미노산 서열 사이의 밀접한 상관관계를 설명해 준다. 불완전 뼈발생(osteogenesis imperfecta)은 유아기의 뼈발생 장애가 특징적이며 각각 다른 증상의 중증도를 보이는 최소한 8가지의 변형이 발생한다. Ehlers-Danlos 증후군은 관절이 느슨해지는 것이 특징으로 사람에게서 최소한 6가지의 변형이 나타난다. 유명한 작곡가 파가니니(Nicolo Paganini, 1782~1840)는 바이올린을 연주할 때 거의 불가능해 보이는 기교를 사용하는 것으로 유명하였다. 그는 일종의 Ehlers-Danlos 증후군을 앓고 있었으며 이것이 그의 관절이 잘 휘도록 해 주었던 것이다. 이 2가지 병 중의 일부 변형은 치명적일 수 있는 반면, 다른 것들은 평생 동안 문제를 일으키기도 한다.

2가지 병의 모든 변형들은 다른 콜라젠 단백질들의 α 사슬에 있는 1개의 Gly 잔기가 더 큰 R기를 갖는 아미노산(Cys이나 Ser 같은)으로 치환되어 발생한다(각각의 질병에서 서로 다른 Gly 잔기가 해당됨). 이와 같이 잔기 하나의 치환이 콜라젠 기능에 치명적인 영향을 가져 오는데 이는 이들이 콜라젠의 독특한 나선 구조

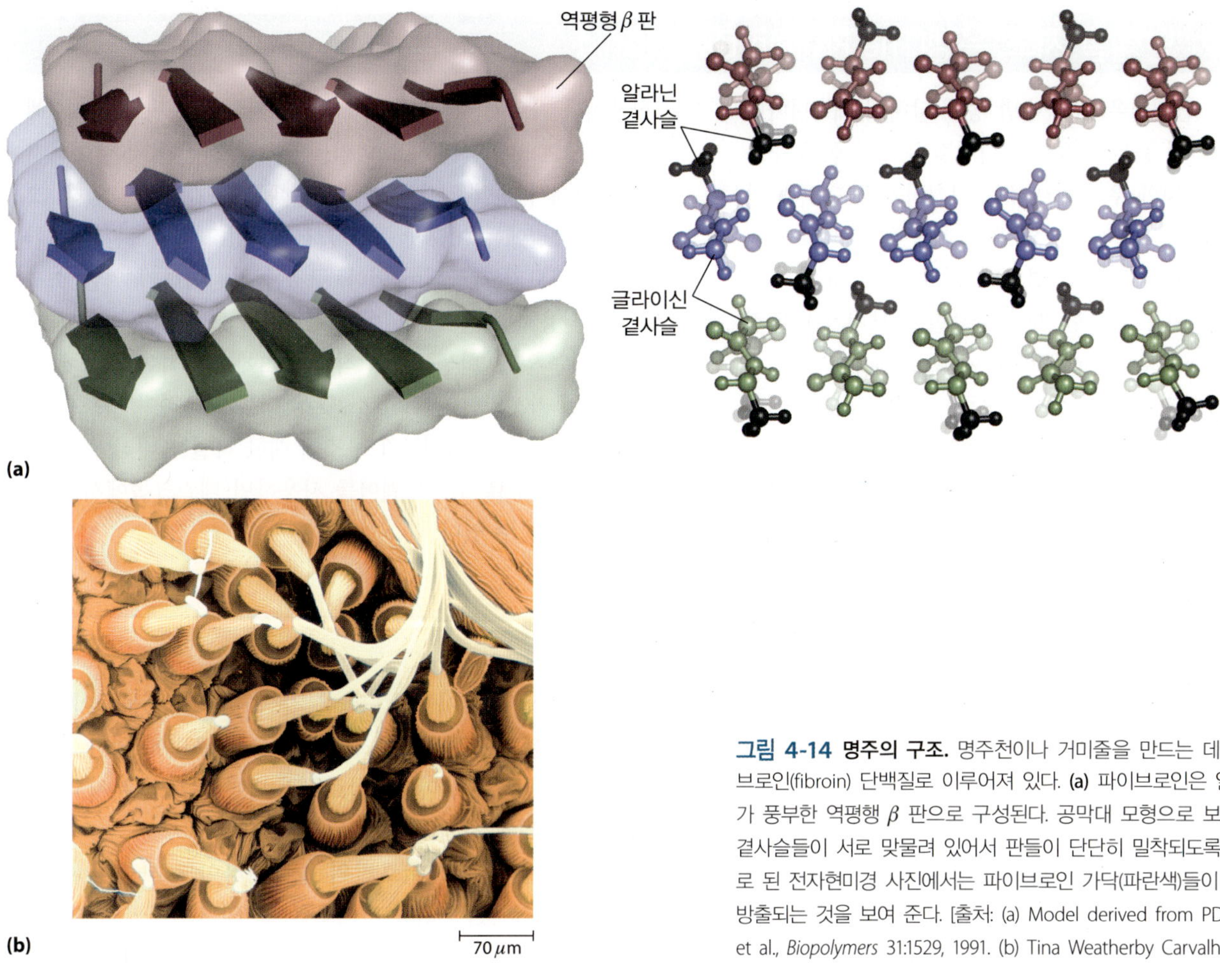

그림 4-14 명주의 구조. 명주천이나 거미줄을 만드는 데 사용되는 섬유는 파이브로인(fibroin) 단백질로 이루어져 있다. **(a)** 파이브로인은 알라닌과 글라이신 잔기가 풍부한 역평행 β 판으로 구성된다. 공막대 모형으로 보여 주듯이 크기가 작은 곁사슬들이 서로 맞물려 있어서 판들이 단단히 밀착되도록 되어 있다. **(b)** 이 컬러로 된 전자현미경 사진에서는 파이브로인 가닥(파란색)들이 거미의 방적돌기로부터 방출되는 것을 보여 준다. [출처: (a) Model derived from PDB ID 1SLK, S. A. Fossey et al., *Biopolymers* 31:1529, 1991. (b) Tina Weatherby Carvalho/MicroAngela.]

를 제공하는 Gly-X-Y 반복 구조를 붕괴시키기 때문이다. 콜라젠의 삼중나선 구조(그림 4-12)에서 실질적인 구조의 손상 없이는 Gly이 다른 아미노산 잔기와 바뀔 수 없다. ■

명주 파이브로인(silk fibroin) 명주의 단백질인 파이브로인은 거미와 곤충에 의하여 만들어진다. 폴리펩타이드 사슬의 대부분은 β 입체형태로 구성된다. 파이브로인에는 알라닌과 글라이신 잔기가 많으며, 이는 β 판을 조밀하게 만들고 곁사슬의 맞물림을 가능하게 한다(**그림 4-14**). 전체적인 구조는 β 판의 폴리펩타이드 내의 모든 펩타이드 결합 사이에 광범위한 수소결합과 판 사이에 반데르발스 상호작용의 최적화에 의하여 안정화된다. β 판은 이미 고도로 신장되어 있으므로 명주는 더 이상 늘어나지 않는다(그림 4-6). 그러나 전체 구조는 매우 유연하다. 왜냐하면 α-케라틴의 이황결합과 같은 공유결합에 의해서가 아니라 많은 약한 상호작용에 의해서 판들이 서로 부착되어 있기 때문이다.

구단백질의 구조적 다양성은 기능적 다양성을 반영한다

구단백질에서 폴리펩타이드 사슬의 여러 분절(또는 여러 개의 폴리펩타이드 사슬)은 서로 등을 대고 접혀져 있어서 섬유 단백질보다 더 촘촘한 모양을 만들고 있다(**그림 4-15**). 이 접힘은 또한 단백질이 넓은 영역의 생물학적 기능을 수행할 수 있도록 구조적 다양성을 제공한다. 구단백질에는 효소, 수송(transport) 단백질, 운동(motor) 단백질, 조절 단백질, 면역글로불린 그리고 그와 많은 기능을 수행하는 단백질들이 있다.

최초로 밝혀진 단백질 구조로부터 수집한 원칙에서 구단백질의 구조에 대한 논의를 시작할 것이다. 이어서 단백질의 하위 구조에 대한 구체적인 설명과 비교 분류가 이어질 것이다. 이런 논의는 단백질 자료은행(the Protein Data Bank)과 같은 데이터베이스를 인터넷으로 접근할 수 있어서 가능하다(별도설명 4-4).

그림 4-15 구단백질의 구조는 촘촘하고 다양하다. 사람의 혈청 알부민(분자량 64,500)은 585 잔기로 되어 있는 1가닥 사슬이다. 이 단백질이 완전히 신장된 β 입체형태 또는 α 나선으로 존재한다고 가정했을 때 단일 폴리펩타이드 사슬이 취할 수 있는 대체적인 크기를 표시했다. 또 자연 구단백질일 때 X-선 결정학으로 측정된 이 단백질의 실제 크기를 표시하는데, 이 크기에 맞추려면 폴리펩타이드 사슬은 대단히 촘촘하게 접혀져 있어야 한다.

별도설명 4-4 단백질 자료 은행(The Protein Data Bank)

3차 구조가 알려진 단백질은 현재 수만 종에 달하며 매 2년마다 배가되고 있다. 이렇게 풍부한 정보는 단백질 구조와 함께 구조와 기능의 관련성에 대한 우리의 이해를 혁신시키고, 단백질 자료를 분류해서 밝혀지는 단백질 간의 유사성을 훑어봄으로써 현재의 단백질에 이르게 된 진화의 경로도 알 수 있게 해준다. 그 중 생화학자들에게 이용 가능한 가장 중요한 정보처가 **단백질 자료 은행**(**the Protein Data Bank, PBD**; www.rcsb.org)이다.

PBD는 오늘날까지 알려진 실험적으로 결정된 생물학적 거대분자(단백질, RNA, DNA 등을 모두 포함한)의 3차 구조에 대한 기록의 모음이다. 각각의 구조에는 PDB ID라고 하는 네 글자로 된 확인 라벨이 주어져 있다. 이 책에 실린 모든 PDB에서 유래한 구조를 나타낸 그림의 설명에 이 라벨이 제공되므로 배우는 학생이나 가르치는 사람들이 그들 스스로 같은 구조를 조사해 볼 수 있다. PDB에 있는 자료 파일들은 모두 완전한 것은 아니지만 분자 내에서 개별 원자들의 공간적 배열을 기술하고 있다. 그리고 추가 파일에는 어떻게 구조가 결정되었고 정확도는 어떠한지에 대한 정보가 제공되어 있다. 구조를 가시화하기 위한 소프트웨어를 사용하면 원자 배열에 대한 정보가 거대분자의 영상으로 변환될 수 있다. 학생들에게 직접 PDB에 접속하여 자료에 링크되어 있는 가시화하기 위한 소프트웨어를 사용하여 구조를 조사해 보기를 권한다. 거대분자 구조에 대한 파일을 내려 받을 수 있고, JSmol의 무료 소프트웨어를 사용하면 데스크톱에서도 구조를 조사해 볼 수 있다.

마이오글로빈은 구단백질 구조의 복잡성에 대한 초기 단서를 제공한다

구단백질의 3차원 구조를 밝히는 첫 번째 돌파구는 1950년대에 John Kendrew와 그의 동료들이 수행한 마이오글로빈의 X-선 회절 연구로부터 나왔다. 마이오글로빈은 근육의 산소 결합 단백질로 그 크기가 (분자량 16,700) 비교적 작다. 이것의 기능은 산소를 저장하고, 수축하는 근육 조직에서 산소의 분산을 빠르게 촉진하는 데 있다. 마이오글로빈은 그 서열이 밝혀진 153개의 아미노산 잔기로 이루어진 1개의 폴리펩타이드 사슬과 1개의 철 원포르피린(protoporphyrin) 또는 헴(heme) 기로 이루어져 있다. 헴 기는 적혈구의 산소 결합 단백질인 헤모글로빈에서도 찾아볼 수 있는데, 이것은 마이오글로빈과 헤모글로빈이 진한 적갈색을 갖도록 한다. 마이오글로빈은 고래, 바다표범, 돌고래 등 잠수 포유동물의 근육에 많이 들어 있어서 이들의 근육은 갈색이다. 이 동물들이 긴 시간 동안 잠수할 수 있는 것은 근육 마이오글로빈에 의한 산소의 저장과 분포 때문이다. 마이오글로빈과 다른 글로빈 분자의 활성은 제5장에서 훨씬 자세히 다루어질 것이다.

그림 4-16은 마이오글로빈의 폴리펩타이드 사슬이 어떻게 3차원적으로 접혀있는지, 즉 마이오글로빈의 3차 구조를 여러 가지 방법으로 나타내고 있다. 단백질에 의하여 둘러싸인 붉은 기가 헴이다. 마이오글로빈 분자의 골격은 굽이 혹은 β 돌이로 나누어진 8개의 비교적 직선인 α 나선 분절들로 이루어져 있다. 가장 긴 α 나선은 23개의 아미노산 잔기를 가지고 있고 가장 짧은 것은 7개를 가지고 있다. 모든 나선은 오른손 감김 구조이다. 마이오글로빈에 있는 70% 이상의 잔기들이 α 나선에 속한다. X선 분석법에 의하여 접힌 사슬 내의 거의 모든 공간을 차지하는 각 곁사슬의 정확한 위치가 밝혀졌다.

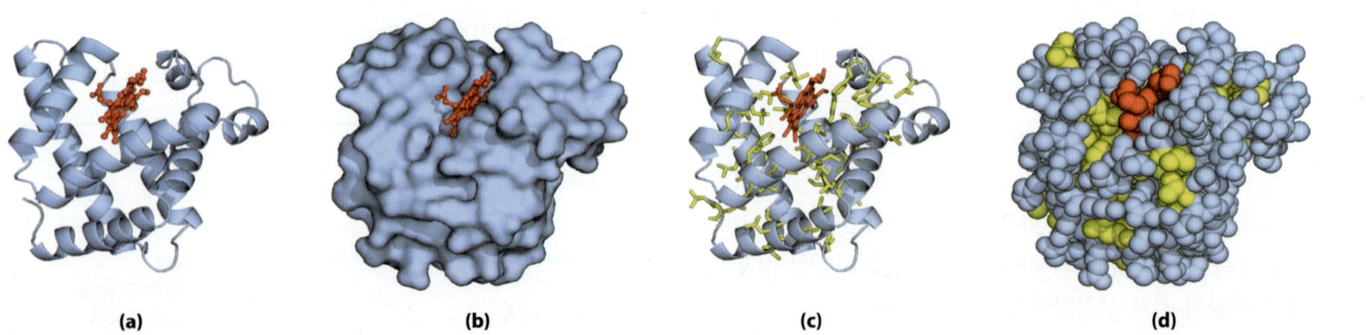

그림 4-16 향유고래 마이오글로빈의 3차 구조. 단백질이 놓인 방향은 모든 그림에서 다 비슷하다; 헴은 빨간색으로 표시했다. 이 그림은 마이오글로빈 구조 뿐만 아니라 단백질의 구조를 나타내는 여러 가지 방법을 보여 준다. **(a)** 폴리펩타이드의 골격을 Jane Richardson에 의하여 소개된 리본 모형으로 나타낸 것으로 2차 구조의 부분들이 잘 드러나는 방법이다. α 나선 구역들이 눈에 띈다. **(b)** 표면의 윤곽을 나타내는 상은 다른 분자가 결합할 수 있는 단백질의 주머니를 시각화하는 데 유용하다. **(c)** Leu, Ile, Val, Phe들의 소수성 잔기의 곁사슬(노란색)을 포함하고 있는 리본 모형. **(d)** 모든 아미노산의 곁사슬을 나타내는 공간채움 모형. 각 원자는 차지하는 크기에 해당하는 반데르발스 반경을 가진 구로 표시하였다. 소수성 잔기는 노란색으로 표시했는데, 그 대부분은 단백질 내부에 파묻혀 있어 보이지 않는다. [출처: PDB ID 1MBO, S. E. Phillips, *J. Mol. Biol.* 142:531, 1980.]

마이오글로빈의 구조로부터 많은 중요한 결론이 도출된다. 아미노산의 곁사슬의 배치에 따라 소수성 상호작용에 의하여 확보되는 높은 안정성을 가진 구조가 결정된다. 대부분의 소수성 곁사슬은 마이오글로빈 분자의 안쪽에 있어 물에 노출되지 않는다. 2개를 제외한 모든 극성 곁사슬들은 분자의 바깥쪽 표면에 위치하고 모두 수화된다. 마이오글로빈 분자는 매우 치밀한 구조를 가지고 있어서 내부에 단지 4개의 물 분자만이 들어갈 수 있다. 이와 같이 조밀한 소수성 중심은 구단백질에 있어 전형적인 구조이다. 유기 액체에 있어서 원자에 의하여 차지되는 공간의 분획은 0.4 내지 0.6이다. 구단백질에서 이 분획은 0.75이므로 결정체의 것과 비교할 만하다(전형적인 결정체에서는 0.70 내지 0.78로 이론적인 최대치에 가깝다). 이와 같이 조밀한 환경에서 약한 상호작용은 서로 강화된다. 예를 들면, 핵심부의 비극성 곁사슬은 서로 매우 근접하고 있으므로 짧은 범위의 반데르발스 상호작용이 소수성 상호작용의 안정화에 상당히 기여한다.

마이오글로빈의 구조로부터 얻은 추론으로 몇 가지의 예측을 확인하고, 2차 구조에 몇 가지 새로운 요소들이 도입되었다. Pauling과 Corey가 예견했듯이 모든 펩타이드 결합은 평면적인 트랜스 위치배열을 취한다. 마이오글로빈의 α 나선은 이런 유형의 2차 구조가 존재한다는 최초의 직접적인 실험 증거를 제공하였다. 마이오글로빈에 있는 4개의 Pro 중 3개가 굽이(bend)에서 나타난다. 네 번째 Pro 잔기는 α 나선에 있으면서 조밀하게 나선을 꾸리는 데 필수적인 비틀림(kink)을 만든다.

납작한 헴 기는 마이오글로빈 분자의 틈 또는 주머니 안에 위치한다. 헴 기 중앙의 철 원자는 헴의 평면에 수직 방향으로 2개의 배위결합 위치를 가지고 있다(**그림 4-17**). 이 중의 하나는 93번 위치의 히스티딘 잔기의 곁사슬과 결합하고, 다른 하나에는 산소 분자가 결합한다. 이 주머니 속에서 헴 기가 용매에 접근하는 것은 상당히 제한되어 있다. 이것은 헴의 기능에 매우 중요한데, 헴 기가 산소화된 용액에 유리되어 있다면 산소 분자와 가역적으로 결합하는 활성을 가진 헴 기의 제1철 (Fe^{2+}) 이온이 산소 분자와 결합하지 않는 제2철 (Fe^{3+}) 이온으로 재빨리 산화되어 버리기 때문이다.

여러 다른 종들의 마이오글로빈 구조들이 밝혀지면서 연구자들은 산소나 다른 분자가 마이오글로빈에 결합할 때 어떤 구조적 변화가 일어나는지 알게 되었다. 그리하여 처음으로 단백질의 구조와 기능 간의 자세한 상관관계를 이해할 수 있게 되었다. 그 후로 수백 개의 단백질이 비슷한 방법으로 분석되었다. 오늘날에는 핵자기공명 분광학(nuclear magnetic resonance, NMR spectroscopy)과 같은 기술이 X-선 분석 자료를 보완하여 단백질 구조에 대한 더 많은 정보를 제공한다(별도설명 4-5). 게다가 많은 생물체의 유전체 DNA의 염기서열 분석(제9장)에 의하여 서열은 알지만 기능을 모르는 단백질의 유전자를 수천 개나 동정하였다. 이러한 일들이 현재에도 진행 중에 있다.

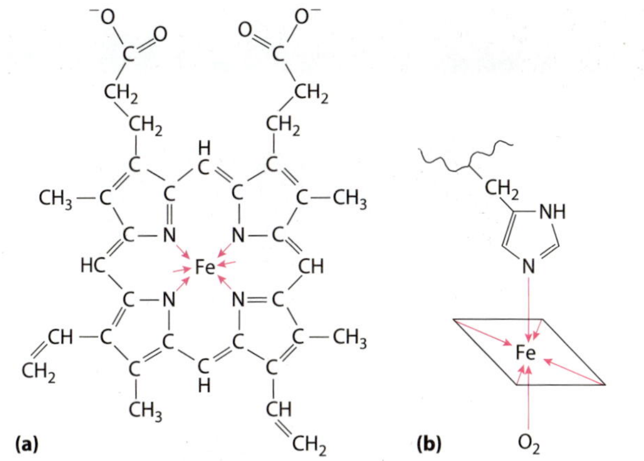

그림 4-17 헴 기. 헴 기는 마이오글로빈, 헤모글로빈, 사이토크롬 등과 그 밖의 많은 헴 단백질에 있다. **(a)** 헴은 원포르피린(protoporphyrin)이라고 하는 복잡한 고리형 유기화합물 구조와 그것에 결합되어 있는 2가 철 원자(Fe^{2+})로 되어 있다. 이 철 원자는 6개의 배위결합을 가지고 있는데 그 중의 평면을 형성하는 4개는 편평한 포르피린 분자에 결합되고 2개는 그것에 대하여 수직으로 결합되어 있다. **(b)** 마이오글로빈과 헤모글로빈에서 2개의 수직의 배위결합 중 1개가 히스티딘 잔기의 질소원자에 결합한다. 다른 1개는 O_2 분자의 결합자리로서 사용되기 때문에 "열려 있다."

구단백질은 다양한 3차 구조를 갖는다

수천 개의 다른 구단백질들의 3차 구조들에 대해 지금 우리가 아는 것들로부터 마이오글로빈은 폴리펩타이드 사슬이 접힐 수 있는 수많은 방법 중 한 예에 지나지 않는다는 것이 분명하게 되었다. 표 4-4는 크기가 작고 단일사슬로 이루어진 여러 가지 구단백질에서 α 나선과 β 입체형태에 속하는 분획을 각 유형의 전체 아미노산 잔기에 대한 퍼센트로 나타낸 것이다. 이 단백질들은 각각

표 4-4 몇 가지 단일사슬 단백질에서 α 나선과 β 입체형태의 대략적인 함유량

	잔기 (%)[a]	
단백질 (총 잔기 수)	α 나선	β 입체형태
카이모트립신 (247)	14	45
라이보핵산분해효소 (124)	26	35
펩타이드카복시말단분해효소 (307)	38	17
사이토크롬 c (104)	39	0
라이소자임 (129)	40	12
마이오글로빈 (153)	78	0

출처: Data from C. R. Cantor and P. R. Schimmel, Biophysical Chemistry, Part I: The *Conformation of Biological Macromolecules*, p. 100, W. H. Freeman and Company, 1980.

[a]폴리펩타이드 사슬에서 α 나선이나 β 입체형태로 설명할 수 없는 부분은 굽이와 불규칙하게 꼬이거나 늘여진 신장 구조로 이루어져 있다. α 나선이나 β 입체형태 분절들은 가끔 본래의 입체적 및 기하학적 정상 구조에 약간의 변형을 가질 수 있다.

별도설명 4-5 실험방법 단백질의 3차원 구조를 결정하기 위한 방법

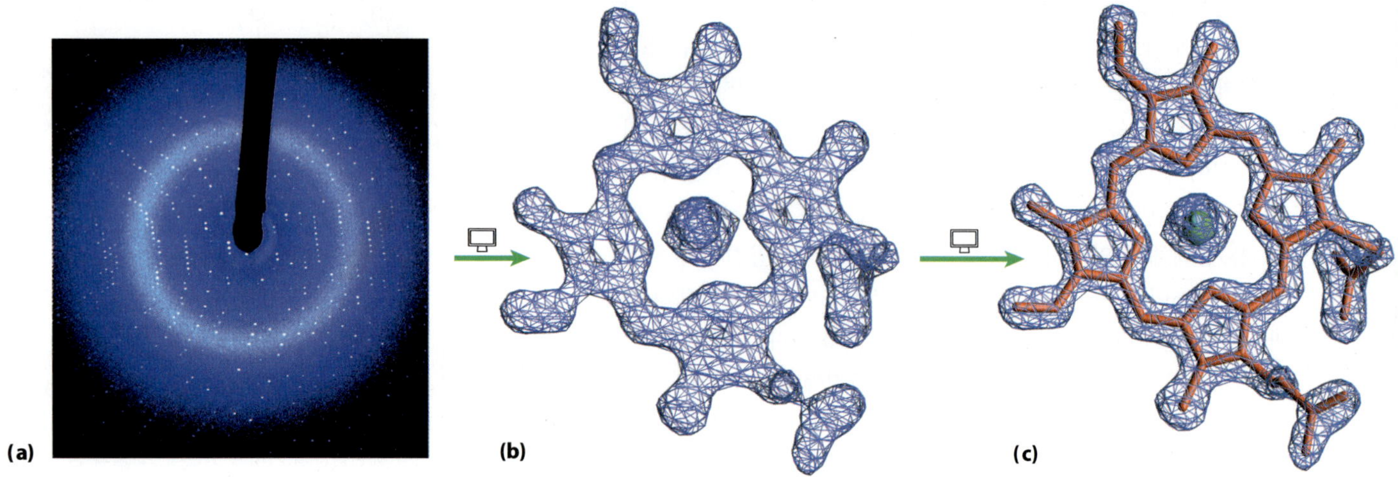

X-선 회절(X-Ray Diffraction)

일정한 파장을 가지고 있는 X 광선(beam)을 결정에 쪼이면 원자 주위의 전자에 의하여 빛살이 회절되어 사진 필름에 점들로 나타난다. 이 회절점의 위치와 강도를 측정함으로써 결정격자(crystal lattice) 내 원자의 공간배치(spacing)를 결정할 수 있다. 예를 들어, 염화나트륨 결정의 X-선 분석에 의하면 Na^+와 Cl^- 이온은 단순한 입방체의 격자를 이루며 배치되어 있는 것으로 나타난다. 단백질처럼 대단히 큰 것이라 할지라도 복잡한 유기화합물에 있는 여러 가지 서로 다른 종류의 원자의 공간 배치를 X-선 회절법으로 해석할 수 있다. 그러나 복잡한 분자의 결정을 해석하는 기술은 구조가 단순한 소금 결정에 비하면 훨씬 더 힘든 일이다. 왜냐하면 결정구조에 있어서 반복되는 양상을 가지는 분자가 단백질과 같이 큰 분자인 경우 이 분자 안에 있는 수많은 원자들이 수천 개의 회절점을 만들어서 컴퓨터가 아니면 분석할 수 없기 때문이다.

광학현미경에서는 상이 어떻게 만들어지는가를 생각해 보라. 점광원(point source)으로부터 나온 광선은 대상물이 있는 곳에 초점을 만든다. 그리고 이 광선은 대상물에 의하여 산란되고 그 산란 광선들은 일련의 렌즈에 의하여 다시 집광되어 대상물의 확대된 상을 만들게 된다. 이 시스템을 사용하여 구조를 결정할 경우 대상물의 최소 크기, 즉 현미경의 분해능(resolving power)은 광 파장에 의하여 결정되며 이 경우 가시광선의 파장은 400에서 700 nm의 범위를 갖는다. 입사광 파장의 절반보다 작은 대상물은 해상되지 않는다. 단백질 같이 작은 물질을 분석하기 위해서는 0.7에서 1.5 Å 범위의 파장을 가진 X-선을 사용해야 한다. 그러나 X-선을 집광하여 상으로 만들 수 있는 렌즈가 존재하지 않으므로 대신에 회절된 X-선의 패턴을 직접 모아서 수학적 분석 기술을 통하여 상으로 재구성한다.

X-선 결정학에서 얻어진 정보의 양은 시료 내의 구조가 얼마나 규칙적으로 배열되어 있는가에 따른다. 모발과 양모와 같은 섬유단백질처럼 어느 정도 규칙적으로 배열되어 있는 구조의 회절 패턴을 해석한 초기의 연구에서 몇 가지 중요한 구조상의 변수들을 얻었다. 그러나 섬유단백질이 만드는 정렬된 다발 형태는 결정이 아니다. 즉, 분자들이 단지 옆에서 옆으로 배열된 형태이지 모든 분자가 같은 방향으로 정렬한 것이 아니다. 단백질의 3차원 구조에 대한 더 상세한 정보를 얻기 위해서는 고도의 규칙성을 가지고 배열되어 있는 단백질 결정이 요구된다. 단지 결정화가 어렵다는 이유 때문에 많은 중요한 단백질들의 구조가 아직 알려지지 않고 있다. 실제 실험하는 사람들은 단백질을 결정화하는 것을 셀로판테이프로 볼링공들을 고정시켜 쌓는 것에 비유하고 있다.

X-선으로 구조를 분석하는 데 몇 가지의 단계가 있다(그림 1). 결정을 X-선원과 검출기 사이의 X-선 빛살 내에 놓아두면 반사상(reflection)이라 하는 규칙적인 배열의 점들을 얻는다. 그 점들은 회절된 X-선 광선에 의하여 만들어지는데 분자 중의 각 원자들 하나하나가 각 점들의 형성에 기여한다. 푸리에 변환(Fourier transform)이라는 수학적인 처리에 의하여 모든 점들의 전체적인 회절 양상으로부터 단백질의 전자 밀도 지도가 재구성된다. 사실 컴퓨터는 "계산적 렌즈"의 역할을 한다. 다음에 전자 밀도 지도에 일치하는 단백질 구조의 모형이 만들어진다.

John Kendrew는 향유고래(sperm whale)의 근육으로부터 얻은 마이오글로빈 결정의 X-선 회절 양상이 거의 25,000개의 반사상을 가진 대단히 복잡한 것임을 알아냈다. 이 회절 양상의 컴퓨터 분석은 단계적으로 이루어졌다. 해상도가 각 단계마다 개선되어 1959년까지 단백질 중 수소가 아닌 모든 원자들의 위치를 결정할 수 있었다. 화학 분석에 의하여 얻어진 이 단백질의

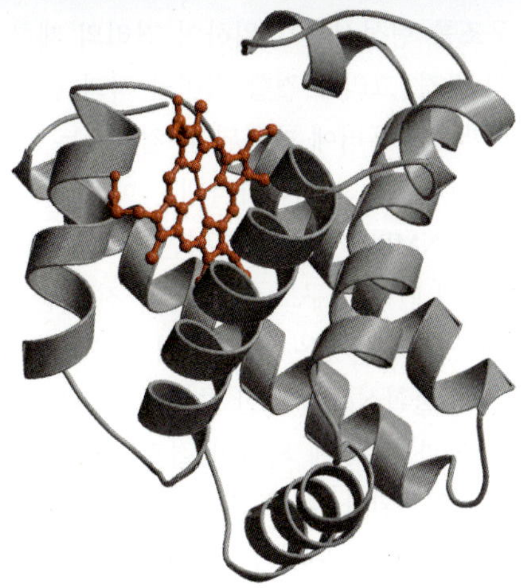

(d)

그림 1 X-선 결정학에 의한 향유고래의 마이오글로빈의 구조 결정 과정. **(a)** 단백질 결정으로부터 X-선 회절 양상을 얻는다. **(b)** 회절 양상으로부터 자료를 단백질의 3차원적 전자 밀도를 계산하는 데 사용한다. 여기에서 전체 구조 중 일부인 헴의 전자 밀도를 보여 준다. **(c)** 가장 큰 전자 밀도를 보이는 부분은 원자핵의 위치를 가리키며, 이 자료는 조각을 맞추어 최종 구조를 만드는 데 사용된다. 여기의 헴 구조는 전자 밀도 지도로 모형화한다. **(d)** 향유고래의 헴을 포함한 마이오글로빈의 완성된 구조. [출처: (a, b, c) Courtesy of George N. Phillips, Jr., University of Wisconsin–Madison, Department of Biochemistry. (d) PDB ID 2MBW, E. A. Brucker et al., *J. Biol. Chem.* 271:25,419, 1996.]

아미노산 서열은 분자 모형과 일치했다. 그 이래로 몇 천 가지의 단백질의 구조가 비슷한 해상도 수준으로 결정되었다. 그 중 많은 것들은 마이오글로빈보다 훨씬 복잡한 것이다.

결정 내의 물리적 환경은 용액 내 혹은 살아 있는 세포 내의 환경과 같지 않다. 결정은 그 분석으로부터 알게 된 구조에 시간 및 공간적 평균을 부과하고, X-선 회절 분석은 단백질 내의 분자 운동에 대하여는 거의 아무런 정보도 제공하지 않는다. 결정 내의 단백질 입체형태는 원칙적으로 우연한 단백질-단백질 상호작용과 같은 비생리적 요소에 의하여 영향을 받을 수 있다. 그러나 결정의 분석에 의하여 얻어진 구조 정보와 다른 방법(예를 들면, NMR; 아래에서 설명한 것과 같이)에 의하여 얻어진 구조 정보를 비교하면 결정 분석에 의하여 얻어진 구조가 거의 언제나 단백질의 기능적 입체형태를 보여 준다. X-선 결정학은 NMR을 사용하여 구조를 분석하기에 너무 큰 단백질을 분석하는 데 성공적으로 적용될 수 있다.

핵자기 공명(Nuclear Magnetic Resonance, NMR)

X-선 결정학은 결정화할 수 있는 분자에만 가능하다는 제한이 있지만, 핵자기 공명 연구는 용액 내의 거대분자에 대하여 실행할 수 있다는 이점이 있다. 또한 NMR은 입체형태 변화, 단백질 접힘, 다른 분자와의 상호작용 등 단백질 구조의 동적인 면을 조명할 수 있다.

NMR은 원자핵의 양자역학적 성질인 핵스핀 각운동량을 표현한 것이다. ^{1}H, ^{13}C, ^{15}N, ^{19}F, ^{31}P 등을 포함한 단지 몇 가지의 원자만이 NMR 신호를 일으키는 핵스핀을 가지고 있다. 핵스핀은 자기적 쌍극자를 생성한다. 단일 형태의 거대분자를 함유하고 있는 용액에 정지하고 있는 강한 자기장이 가해지면 이 자기장 안에서 자기적 쌍극자는 평행(저에너지) 또는 역평행(고에너지)의 2개의 방향 중 하나의 방법으로 배열된다. 적절한 진동수(고주파 범위 내에 있는 공명 진동수)를 가진 전자기 에너지의 짧은($\sim 10\ \mu s$) 펄스가 자기장에 배열된 핵과 직각 방향으로 가해진다. 핵이 고에너지 상태로 전환될 때 약간의 에너지가 흡수되는데, 이 결과 얻어지는 흡수 광선띠(spectrum)에는 그 핵의 종류가 무엇인지에 대한 정보와 바로 가까운 주변의 화학적 환경에 대한 정보를 가지고 있다. 동일한 시료에 대하여 여러 번 실험한 자료를 평균화하면 신호-잡음비가 증가하고 그림 2에서 나타낸 것과 같은 NMR 광선띠가 만들어진다.

^{1}H는 고도의 민감성을 갖고 있고 자연계에 풍부하기 때문에 NMR 실험에서 매우 중요하다. 거대분자에서 ^{1}H의 NMR 광선띠는 매우 복잡할 수 있다. 조그만 단백질조차 수백 개의 ^{1}H 원자를 가지고 있어서 일반적으로 분석하기에 너무 복잡한 1차원적 NMR 광선띠를 나타내게 된다. 단백질의 구조 분석은 2차원 NMR 기술의 출현으로 가능하게 되었다(그림 3). 이러한 방법들은 공간 속의 가까운 원자에서 핵스핀의 거리 의존 짝짓기[핵오버하우저 효과(nuclear Overhauser effect, NOE) 방법이 새로워

(다음 페이지에 계속)

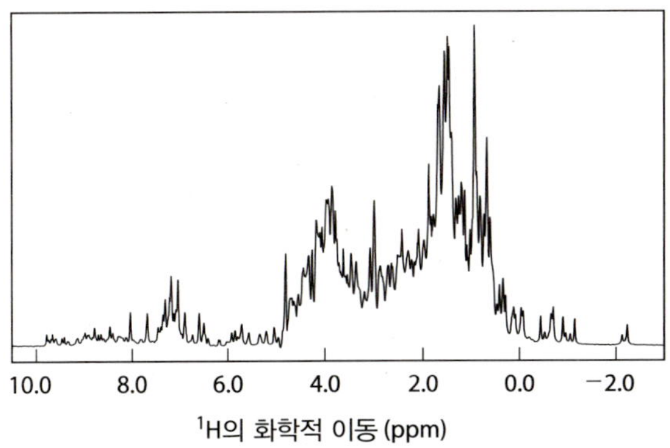

그림 2 바다 붉은장구벌레(marine blood worm) 글로빈의 1차원 NMR 광선띠. 이 단백질과 향유고래의 마이오글로빈은 구조적으로 상당히 비슷하다. 이것들은 같은 족의 단백질 구조에 속하며 산소 운반 기능도 같다. [출처: Data from B. F. Volkman, National Magnetic Resonance Facility at Madison.]

별도설명 4-5 실험방법 단백질의 3차원 구조를 결정하기 위한 방법 (계속)

진 NOESY에서] 혹은 공유결합으로 연결된 원자에서 핵스핀의 짝짓기(총상관 분광법 또는 TOCSY)의 측정을 가능하게 한다.

2차원 NMR 광선띠를 완전한 3차원 구조로 해독하는 것은 손이 많이 가는 작업이다. NOE 신호는 개개 원자 사이의 거리에 대하여 약간의 정보를 제공하지만, 이 거리 제한이 유용하자면 각각의 신호를 일으키는 원자가 동정되어야 한다. 보충적인 TOCSY 실험은 어떤 NOE 신호가 공유결합으로 연결된 원자를 반영하는지를 확인하는 데 도움을 줄 것이다. 어떤 양상의 NOE 신호는 α 나선과 같은 2차 구조와 관련되어 있다. 현대 유전공학(제9장)의 기술을 이용하여 희귀 방사선 동위원소인 ^{13}C 혹은 ^{15}N을 포함하는 단백질을 제조할 수 있다. 이러한 원자들에 의하여 생성된 새로운 NMR 신호와 치환으로부터 생긴 ^{1}H 신호와의 짝짓기는 개개의 ^{1}H에 대한 NOE 신호의 지정에 도움을 준다. 폴리펩타이드의 아미노산 서열에 대한 지식이 이 과정에 도움이 된다.

3차원 구조를 형성시키기 위하여 거리의 제한이 손대칭성, 반데르발스의 반경, 그리고 결합 길이와 각과 같은 알려진 기하학적 제한과 함께 컴퓨터에 제공된다. 컴퓨터는 NOE 거리 제한과 일치된 입체형태의 범위를 나타내는 매우 밀접한 구조 족을 만든다(그림 3c). NMR에 의하여 형성된 구조의 불확실성은 부분적으로 용액 내의 단백질 구조 내의 분자 진동[숨쉬기(breathing)로 알려진] 때문이고, 이것은 제5장에서 더 자세히 다룰 것이다. 정상적인 실험의 불확실성이 또한 중요한 역할을 할 수 있다.

X-선 결정학과 NMR에 의하여 결정된 단백질 구조는 일반적으로 서로 잘 일치된다. 어떤 경우에는 단백질 외측에 특정 아미노산 곁사슬의 정확한 위치가 가끔 차이가 나는데 이것은 결정에서 근접한 단백질 분자의 채움과 관련된 효과 때문이다. 살아 있는 세포에서 거대분자의 구조에 대한 이용 가능한 정보가 빠르게 증가하고 있는데, 두 기술 모두 그 중심에 놓여 있다.

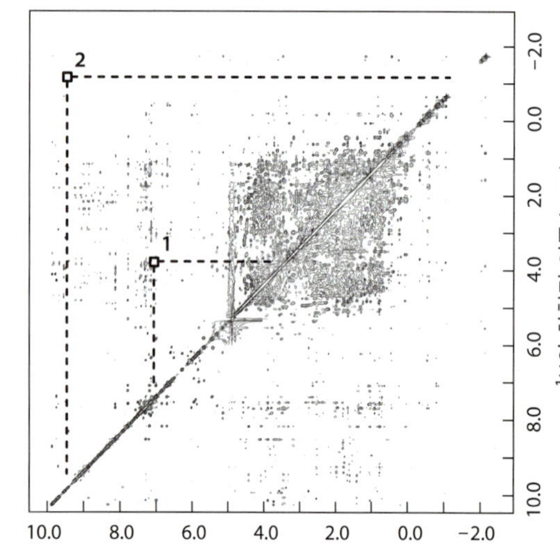

(a)

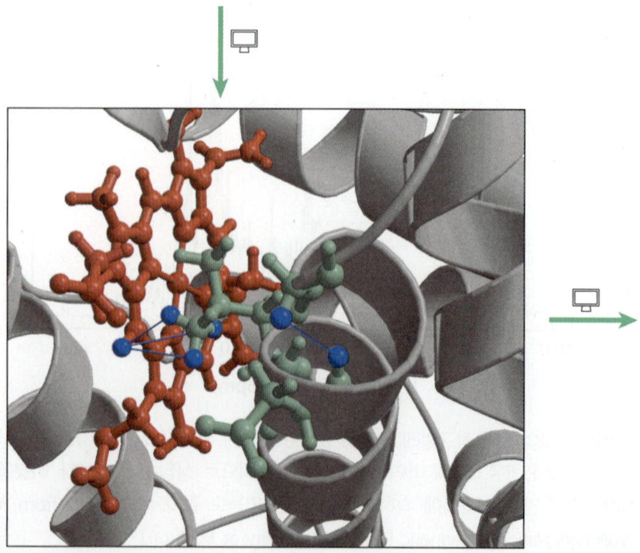

(b)

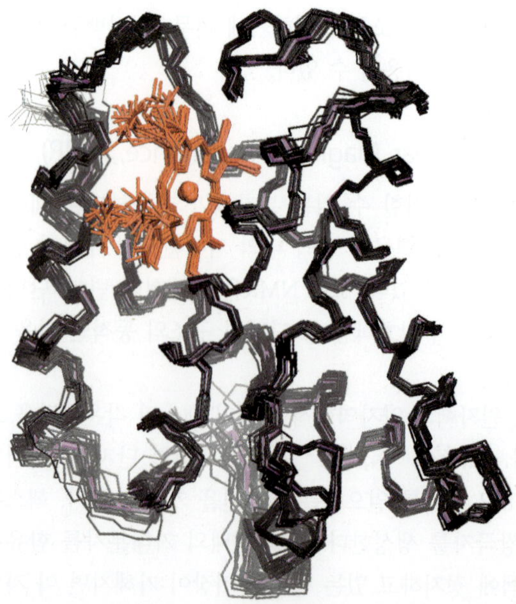

(c)

그림 3 글로빈의 3차원 구조를 만들기 위한 2차원 NMR의 이용. 글로빈은 그림 2의 자료를 만들기 위하여 사용되었던 같은 단백질이다. 2차원 NMR 광선띠에서 대각선은 1차원 NMR 광선띠와 일치한다. 대각선 바깥쪽에 있는 점은 1차원 NMR 광선띠에서 멀리 떨어진 신호를 만들게 되는 ^{1}H 원자들의 근거리 상호작용에 의하여 만들어지는 NOE 신호이다. **(a)**에서 2개의 이러한 상호작용이 확인되었고 그들의 정체가 **(b)**에서 파란색 실선으로 나타나있다. 3개의 선은 헴의 수소원자와 단백질의 메틸기 사이의 상호작용 2를 나타낸다. 메틸기는 빠르게 회전하여 3개의 수소원자가 똑같이 상호작용과 NMR 신호에 기여한다. 이 정보들은 **(c)**에서와 같이 완전한 3차 구조를 결정하는 데 사용된다. (c)에 보이는 단백질 골격을 나타내는 많은 선들은 NMR 자료에서 보이는 거리 제한 조건과 일치하는 구조 족을 나타내고 있다. 마이오글로빈(그림 1)과 구조적 유사성이 분명하게 보인다. 이 단백질은 두 그림에서 같은 방향으로 놓여 있다. [출처: Data and assistance with figure design courtesy of B. F. Volkman, National Magnetic Resonance Facility at Madison. (b) PDB ID 1VRF and (c) PDB ID 1VRE, B. F. Volkman et al., *Biochemistry* 37:10,906, 1998.]

독특한 구조를 가지고 있고 각각의 생물학적 기능에 적응된 것들이다. 하지만 이 단백질들은 모두 마이오글로빈과 여러 가지 중요한 성질들을 공유하고 있다. 모두 다 아주 조밀하게 접혀 있고, 소수성 아미노산들은 내부를 향한 방향(물로부터 떨어져서)으로 배열되어 있고 친수성 곁사슬들은 표면에 있다. 이러한 구조들은 많은 수소결합과 몇몇 이온 상호작용에 의해서 안정화되어 있다.

초보자들이 구단백질(특히, 마이오글로빈보다 훨씬 큰)의 매우 복잡한 3차 구조를 접근하기 위해서는 여러 가지 다른 단백질 또는 전혀 관련되어 있지 않은 단백질들에서 흔히 나타나는 공통적인 구조 패턴에 초점을 맞추는 것이 좋다. 전형적인 구단백질의 3차원 구조는 α 나선과 β 판 입체형태가 연결 분절에 의하여 연결되어 있는 폴리펩타이드 분절들의 집합체라고 볼 수 있다. 따라서 단백질의 구조란 이런 분절들이 어떻게 쌓여 있고, 연결 분절이 어떻게 배치되어 있는가에 의해서 정의될 수 있다.

완전한 3차원 구조에 대한 이해를 위해서는 이러한 접힘 패턴에 대해 알아야 한다. 먼저 단백질의 구조 패턴과 폴리펩타이드 사슬에서의 요소를 기술하기 위해 중요한 2가지 용어를 정의하고, 그런 후에 접힘 규칙에 대하여 논의하겠다.

첫 번째 용어는 **모티프(motif)** 또는 **접힘(fold)**이라고도 부르는 **초2차 구조(supersecondary structure)**이다. 모티프 또는 접힘이란 2개 또는 그 이상의 2차 구조와 이들의 연결이 관여하는 인지 가능한 접힘 패턴이다. 모티프 중 매우 단순한 것은 2개의 2차 구조 요소가 서로 기대어 접힌 것으로 단백질의 작은 부분만을 나타내기도 한다. **β-α-β 루프**를 예로 들 수 있다(그림 4-18a). 모티프는 또한 β 통(barrel)과 같이 매우 정교한 것도 있어서 다수의 단백질 분절들이 참여하기도 한다(그림 4-18b). 어떤 경우에는 하나의 큰 motif가 단백질 전체를 이루기도 한다. "접힘"이 다소 좀 더 복잡한 접힘 패턴에 더 많이 보편적으로 적용되기는 하지만 "모티프"와 "접힘"은 서로 교환적으로 사용된다. 이 용어들은 유리한 접힘 패턴을 의미하기도 하며 그러한 패턴을 기술하는 데 유용하다. 모티프라고 정의된 분절은 그 자체로 안정적인 경우도 있고 그렇지 않은 경우도 있다. 앞에서 논한 α-케라틴의 감긴 코일 구조도 잘 연구된 모티프 중의 하나인데, 다른 많은 단백질에서도 나타난다. 주의할 점은 모티프가 2차 구조와 3차 구조 사이에 속하는 계통적(hierarchical) 구조 요소는 아니라는 점이다. 이것은 단순한 접힘 패턴이다. 비슷한 의미를 갖는 용어로 "초2차 구조"라는 말도 쓰이는데 이는 계통성을 암시하는 뜻이 있어서 다소 오류를 가지고 있다고 본다.

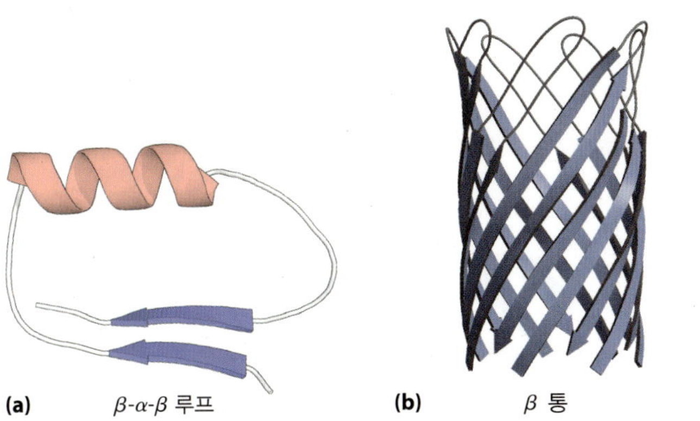

그림 4-18 모티프. (a) 간단한 모티프인 β-α-β 루프. (b) 좀 더 정교한 모티프인 β 통. 이 β 통은 α 헤모라이신(세포막에 구멍을 만들어서 세포를 죽이는 황색포도알균의 독소)의 단일한 영역이다. [출처: (a) Derived from PDB ID 4TIM, M. E. Noble et al., *J. Med. Chem.*, 34:2709, 1991. (b) Derived from PDB ID 7AHL, L. Song et al., *Science* 274:1859, 1996.]

구조 패턴을 기술하는 두 번째 용어는 **영역(domain)**이다. 영역이라는 말은 1981년에 제인 리차드슨(Jane Richardson)에 의하여 정의되었는데, 독립적으로 안정되어 있으면서 전체 단백질에 대하여 동작을 수행할 수 있는 폴리펩타이드 사슬의 일부를 일컫는다. 수백 개 이상의 아미노산 잔기로 이루어진 폴리펩타이드는 흔히 2개 혹은 그 이상의 영역으로 구분되어 접혀 있는데 때로는 이들 영역들이 서로 다른 기능을 가지고 있다. 많은 경우에 있어서 큰 단백질의 한 영역이 폴리펩타이드 사슬에서 따로 떨어져 나오더라도 (예를 들면, 단백질 분해에 의한 절단) 올바른 3차원 구조를 유지한다. 하나의 단백질이 여러 개의 많은 영역을 가진 경우 각각의 영역마다 둥근 돌출부를 형성할 수도 있으나(그림 4-19), 일반적으로 영역 사이의 광범위한 접촉으로 개개의 영역이 구별되지 않는 경우가 많다. 서로 다른 영역들은 작은 분자와의 결합이나 다른 단백질과의 상호작용과 같은 서로 다른 기능을 가진다. 작은 단백질들은 대개 1개의 영역만을 가진다(영역 자체가 단백질임).

폴리펩타이드의 접힘은 일련의 물리적 및 화학적 구속력들에게 지배되며 흔한 단백질 접힘 유형들에 대한 연구로부터 여러 가지 규칙이 도출되었다.

1. 소수성 효과는 단백질 구조의 안정에 크게 기여한다. 물 분자를 배제하기 위한 소수성 아미노산 곁사슬을 내부에 묻기 위하여 적어도 두 층의 2차 구조가 요구된다. 단순한 모티프인 α-β-α 루프(그림 4-18a)는 그와 같은 2개의 층을 만든다.
2. α 나선과 β 입체형태가 하나의 단백질에서 발견될 때 일반적

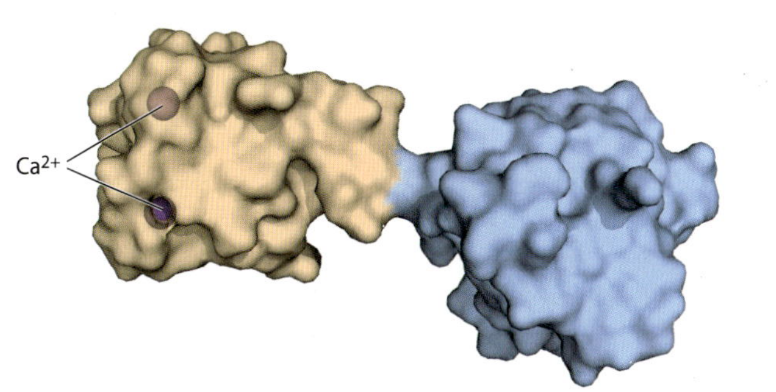

그림 4-19 트로포닌(troponin) C 폴리펩타이드의 구조 영역. 근육에 있는 이 칼슘 결합 단백질은 2개의 독립된 칼슘 결합 영역들(갈색과 파란색으로 표시된)을 가지고 있다. [출처: PDB ID 4TNC, K. A. Satyshur et al., *J. Biol. Chem.* 263:1628, 1988.]

으로 서로 다른 구조 층에서 발견된다. 이것은 β 입체형태(그림 4-6)에 속하는 폴리펩타이드 분절의 골격이 이웃해 있는 α 나선과 수소결합을 잘 이루지 못하기 때문이다.

3. 아미노산 서열에서 서로 이웃하는 폴리펩타이드 분절들은 대개 접힌 구조에서도 서로 가까이에 놓여 있다. 비록 폴리펩타이드에서 서로 멀리 떨어져 있는 분절들도 3차 구조에서 가까이 올 수 있지만 이것은 예외적인 것이다.

4. β 입체형태는 각 부분들이 오른손 감김으로 약간 꼬여 있을 때 가장 안정되어 있다. 이것은 β 판 사이에 상대적 배열과 그 사이를 연결해 주는 폴리펩타이드 연결의 방향에 영향을 미친다. 예를 들어, 2개의 평행한 β 가닥은 반드시 교차되는 가닥에 의하여 연결되어야 한다(**그림 4-20a**). 원리적으로 이 교차는 오른손 또는 왼손 감김의 입체형태가 모두 가능하나 단백질에서는 거의 항상 오른손 감김 형태이다. 오른손 감김 연결은 왼손 감김보다 짧고 작은 각으로 굽는 경향이 있어 쉽게 형성된다. β 판의 비틀림은 또한 여러 개의 분절이 합쳐져 이루는 구조에서도 독특한 비틀림의 원인이 된다. 이렇게 해서 생기는 구조의 2가지의 예는 β 통(그림 4-18b)과 비틀린 β 판 (그림 4-20c)인데, 이들은 큰 구조의 핵심 부위를 차지한다.

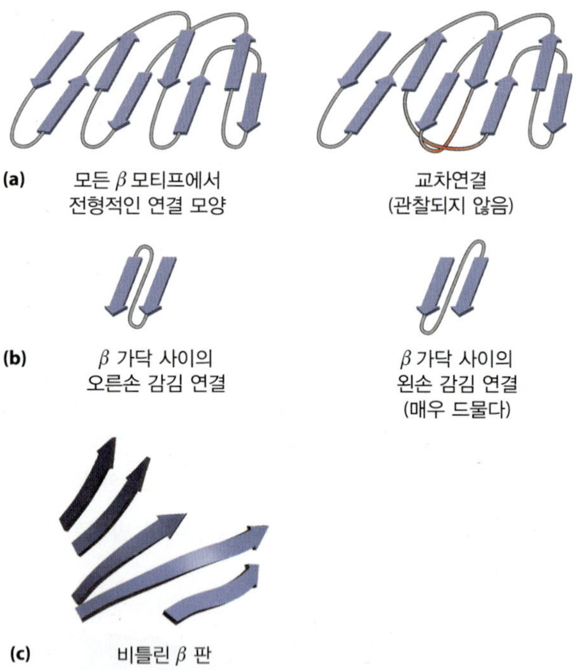

그림 4-20 단백질의 몇 가지 안정적인 접힘 양상. **(a)** 층으로 된 β 판의 β 가닥 사이의 연결. 그림에서 가닥들은 한쪽 끝으로부터 보이도록 그리고 꼬임이 없도록 나타냈다. 관찰자로부터 가까운 쪽 끝의 연결은 두꺼운 선으로 나타내었고 먼 쪽의 연결은 가는 선으로 나타내었다. 주어진 끝의 연결(예를 들면, 관찰자 가까이)은 서로 교차하지 않는다. **(b)** β 가닥에서 오른손 꼬임을 갖기 때문에 가닥 사이의 교차는 대개 오른손 감김으로 만들어진다. 왼손 감김의 연결은 더 예리한 각을 만들며 가로지르기 때문에 형성되기 어렵다. **(c)** 비틀린 β 판은 대장균의 광분해효소(photolyase, 어떤 종류의 DNA 손상을 복구하는 광분해효소 단백질)의 한 영역이다. β 판의 접힘을 강조하기 위하여 연결 루프는 생략되었다. [출처: (c) Derived from PDB ID 1DNP, H. W. Park et al., *Science* 268:1866, 1995.]

이런 규칙들에 따라 단순한 것으로부터 복잡한 모티프들이 형성된다. 예를 들어, β 가닥들이 통을 형성하도록 일련의 β-α-β 루프들이 배열되어 매우 안정되고 흔한 모티프인 **α/β 통(α/β barrel)**을 만든다(**그림 4-21**). 이 구조에서 각각의 평행한 β 분절들은 α 나선 분절에 의하여 연결되며 모든 연결은 오른손 감김이다. α/β 통은 많은 효소에서 발견되는데, 대개 통 한쪽 끝 가까이에 주머니를 형성하여 보조 인자나 기질과 결합하는 자리를 가지고 있다. 비슷한 접힘 양식을 갖는 영역들은 그것들을 구성하는 α 나선과 β 판의 길이가 다를지라도 같은 모티프를 가진다는 것에 주의하라.

일부 단백질 또는 단백질 분절들은 내재적으로 무질서하다

단백질 구조의 이해에 대한 수십 년 간의 발전에도 불구하고 많은 단백질들은 결정화가 될 수 없어 현재 사용되고 있는 고전적인 방법으로 3차원 구조를 결정하기가 어렵다(별도설명 4-5 참조). 설령 결정화가 성공한다 하더라도 단백질의 일부분은 결정 안에서 충분히 무질서하여 결정된 구조는 이러한 부분을 포함하지 않는다. 때로는 결정화를 어렵게 하는 미묘한 구조적 특징 때문이기도 하다. 그러나 좀 더 명확한 이유가 있는데: 일부 단백질들과 단백질 분절들은 수용액 상태에서 규칙적인 구조가 없다.

일부 단백질들이 일정한 구조가 없이도 기능한다는 개념은 많은 다양한 단백질들의 자료를 다시 해석한 결과의 산물이다. 인간 단백질의 1/3은 구조가 없거나 구조가 없는 분절들을 갖고 있다. 모든 생명체들은 이 카테고리에 속하는 단백질들을 갖고 있다. 내재적으로 **무질서한 단백질(intrinsically disordered protein)**들은 고전적인 구조화된 단백질들과 다른 성질을 갖고 있다. 이것들은 소수성 중심부가 없고 대신에 Lys, Arg과 Glu과 같은 전하를 띠는 아미노산 잔기들을 고밀도로 갖고 있는 것이 특징이다. Pro 잔

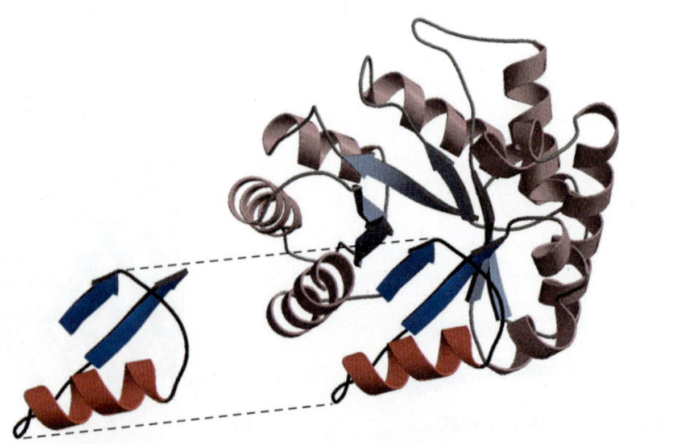

그림 4-21 작은 모티프로 큰 모티프의 조립. α/β 통은 더 단순한 β-α-β 루프 모티프의 반복 구조로부터 생긴 흔한 모티프이다. 이 α/β 통은 토끼의 피루브산 인산화효소 효소(당분해 과정의 한 효소)의 한 영역이다. [출처: Derived from PDB ID 1PKN, T. M. Larsen et al., *Biochemistry* 33:6301, 1994.]

기들도 규칙적인 구조를 깨뜨리므로 이러한 단백질에 특징적으로 많이 포함되어 있다.

구조적 무질서와 높은 전하의 밀도는 큰 구조들에서 간격자(spacer), 절연체(insulator) 또는 연결자(linker)로서 일부 단백질들의 기능을 도와줄 수 있다. 다른 무질서 단백질들은 청소부(scavenger)로 용액에서 이온과 저분자들에 결합하여 저장소나 쓰레기 더미로 작용한다. 그러나 많은 내재적으로 무질서한 단백질들은 중요한 단백질 상호작용 그물망의 중심에 있다. 규칙적인 구조의 결핍은 일종의 기능적 혼란(functional promiscuity)을 용이하게 하여 하나의 단백질이 여러 파트너들과 상호작용할 수 있도록 허용한다. 일부 내재적으로 무질서한 단백질들은 다른 단백질들의 기능을 흔하지 않은 기전으로 억제하도록 작용한다: 그들의 표적 단백질들을 감싸는 방법으로. 하나의 무질서 단백질은 여러 개 심지어 수십 개의 단백질 파트너를 가질 수 있다. 구조적 무질서는 억제 단백질이 여러 표적 단백질들을 다양한 방법으로 감싸도록 해 준다. 내재적으로 무질서한 단백질인 p27은 포유류의 세포분열을 조절하는 데 결정적인 역할을 한다. 이 단백질은 수용액 상태에서 일정한 구조가 없다. 이것은 세포분열을 돕는 단백질 인산화 효소(protein kinase, 제6장 참조)로 불리는 몇 개의 효소들을 감싸서 기능을 억제한다. p27 단백질의 유연한 구조가 그 단백질을 다양한 표적 단백질에 구조적으로 순응하도록 해 준다. 정상적으로 세포분열을 조절하는 능력을 상실한 세포들인 인간 종양세포들은 일반적으로 p27 단백질의 수준이 저하되어 있고 p27 단백질의 수준이 낮을수록 암환자의 예후가 불량하다. 유사하게 내재적으로 무질서한 단백질들은 신호경로를 구성하는 단백질 그물망의 중앙에서 허브나 주형으로서 흔히 존재한다. 이 단백질들 또는 단백질의 일부분들은 많은 다양한 결합 파트너들과 상호작용하게 된다. 그들은 흔히 다른 단백질들과 상호작용할 때 질서 있는 구조를 취하지만 이들이 취하는 단백질의 구조는 결합 파트너에 따라 달라진다. 포유류 단백질인 p53도 세포분열을 조절하는 데 중요하다. 이것은 구조 분절과 무구조 분절 모두를 포함하며 다양한 분절들이 수십 가지의 다른 단백질들과 상호작용한다. 카복실 말단의 구조가 없는 p53의 분절이 최소한 4개의 다른 단백질결합 파트너들과 상호작용하고 각 구조들에서 다양한 구조를 취한다(**그림 4-22**).

단백질 모티프는 단백질 구조적 분류에 기초가 된다

현재 단백질 데이터 은행(PDB)에 10만 이상의 단백질 구조가 저장되어 있다. 단백질의 구조 원리, 단백질의 기능, 단백질의 진화

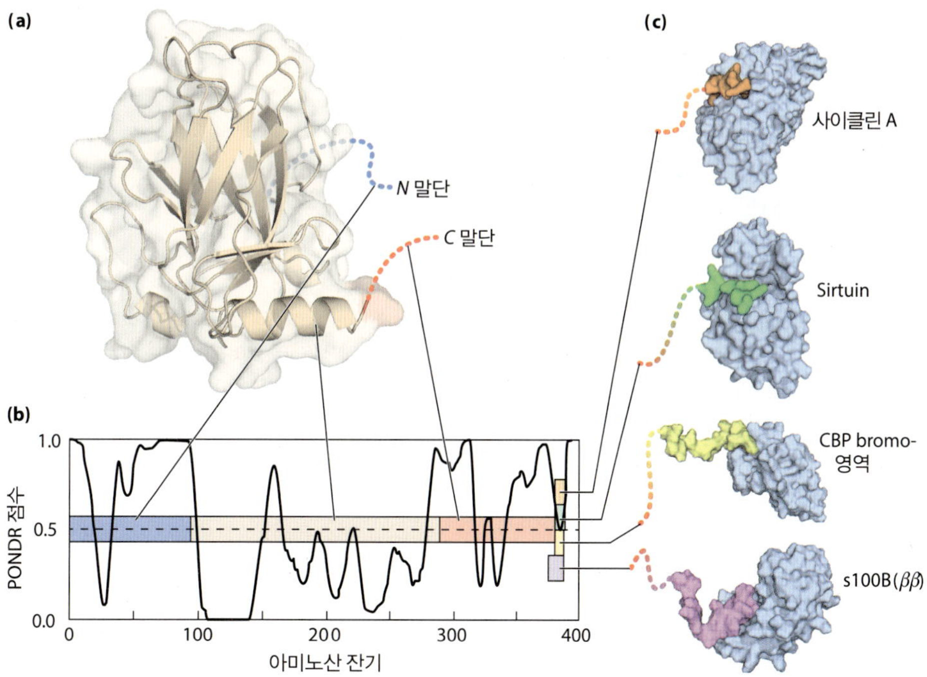

그림 4-22 p53 단백질의 내재적으로 무질서화된 카복실 말단의 결합 파트너와의 결합. **(a)** p53 단백질은 몇 개의 다양한 조각들로 이루어져 있다. 중심 영역(central domain)만이 질서 정연하다. **(b)** p53 단백질의 직선 서열이 색깔 있는 막대로 표시되었다. 중첩된 그래프는 PONDR(자연적으로 무질서한 부분의 예상 지표, Predictor of Natural Disordered Regions) 점수와 단백질 서열의 관계에 대한 도표를 나타낸다. PONDR은 일정한 아미노산 잔기가 내재적으로 무질서한 구역에 있을 가능성이 있는지를 예상하는 알고리즘 중에서 가장 잘 사용되는 것들 중의 하나로 주변의 아미노산 서열과 아미노산 구성에 기초하고 있다. 1.0이란 점수는 단백질이 무질서할 확률이 100%라는 것을 나타낸다. 실제 단백질 구조에서 tan 중심 영역은 질서 정연하다. 아미노 말단(파란색)과 카복실 말단(빨간색) 구역은 무질서하다. 카복실 말단의 맨 끝 부위에 결합 파트너들을 많이 갖고 있으며, 각각의 것들과 결합하면 접힌다; 그러나 결합이 일어날 때 만들어 질 것으로 추측되는 3차원 구조는 여기서 나타낸 각각의 결합에 따라 다양하며, 따라서 이 카복실-말단 조각의 색이 각 복합체에서 다양한 색으로 표시되었다. [출처: Information from V. N. Uversky, *Intl. J. Biochem. Cell Biol.* 43:1090, 2011, Fig. 5. (a) Derived from PDB ID 1TUP, Y. Cho et al., *Science* 265:346, 1994. (c) Cyclin A: PDB ID 1H26, E. D. Lowe et al., *Biochemistry* 41:15,625, 2002; sirtuin: PDB ID 1MA3, J. L. Avalos et al., *Mol. Cell* 10:523, 2002; CBP bromodomain: PDB ID 1JSP, S. Mujtaba et al., *Mol. Cell* 13:251, 2004; s100B(ββ): PDB ID 1DT7, R. R. Rustandi et al., *Nature Struct. Biol.* 7:570, 2000.]

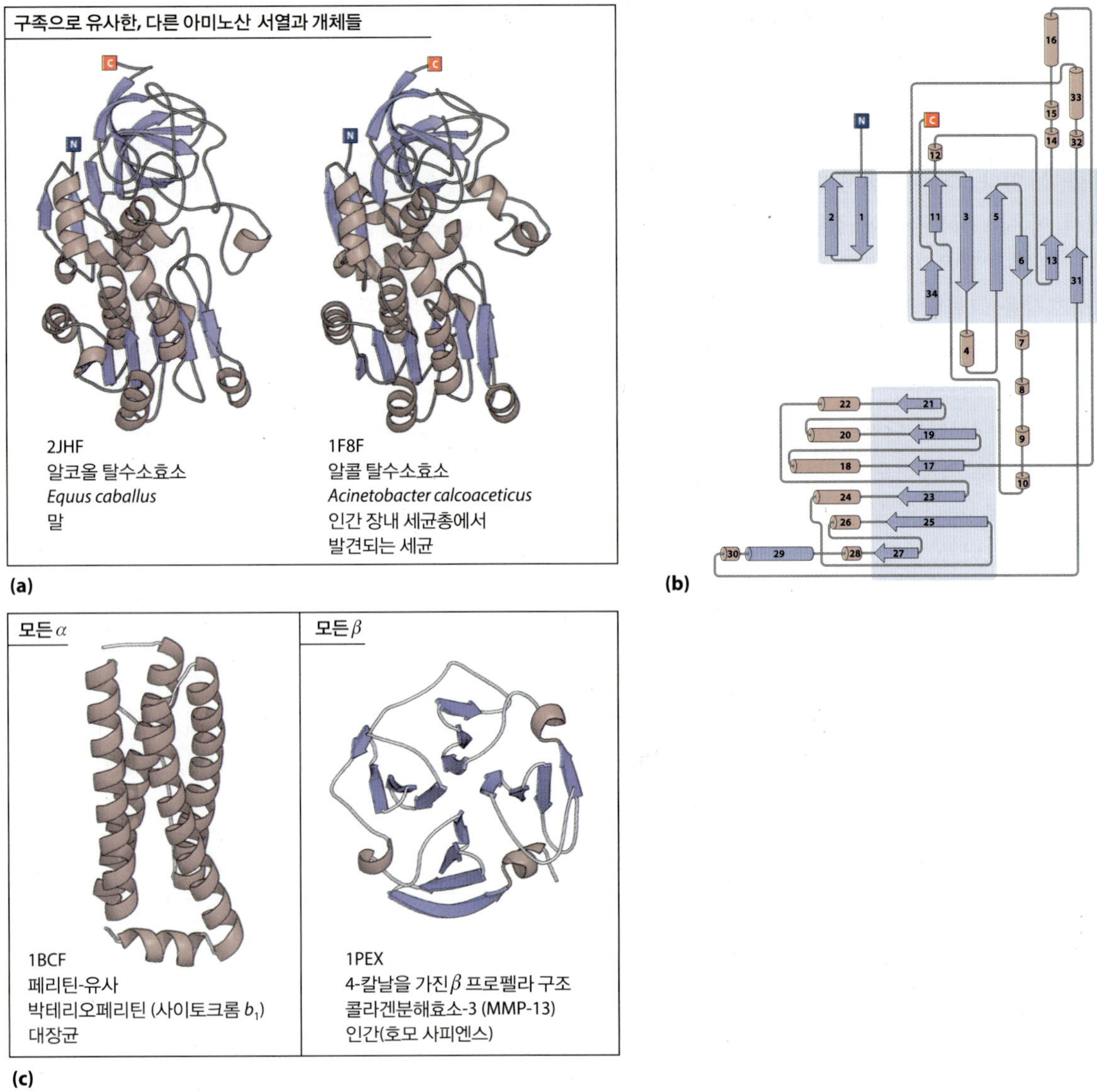

그림 4-23 모티프에 기초한 단백질 구조. (a) 두 개의 다른 생명체의 효소 알코올 디하이드로게네이즈의 구조적 도표들. 그런 비교들은 기능뿐 아니라 구조를 보존하는 진화적 관례를 보여준다. (b)의 알코올 탈수소효소의 위상기하학 도표. 위상기하학 도표들은 2차 구조의 기본요소들과 이차원에서의 그들의 상호작용을 시각화하는 방법을 제공한다. 그리고 구조적 접힘과 모티프를 비교하는 데 매우 유용할 수 있다. (c)는 단백질 접힘을 4가지 종류로 분류한다. 모든 α, 모든 β, α/β, $\alpha + \beta$ 등이 있다. 모든 α, 모든 β 접힘의 예시들은 SCOP 데이터베이스(http://scop2.mrc-lmb.cam.ac.uk) 내 그들의 구조적 분류 결과(PBD ID, fold 이름, 단백질 이름 그리고 출처 생물)로 보여진다. PDB ID는 Protein Data Bank(www.pdb.org)에서 각각의 구조에 고유하게 주어진 접근 코드이다. [출처: (a) PDB ID 2JHF, R. Meijers et al., *Biochemistry* 46:5446, 2007; PDB ID 1F8F, J. C. Beauchamp et al. (c) PDB ID 1BCF, F. Frolow et al., *Nature Struct. Biol.* 1:453, 1994; PDB ID 1PEX, F. X. Gomis-Ruth et al., *J. Mol. Biol.* 264:556, 1996.]

에 관한 방대한 양의 정보가 이 데이터들에 있다. 다행히 다른 데이터베이스가 이 정보를 정리하고 더 쉽게 액세스할 수 있도록 한다. Structural Classification of Proteins 데이터베이스 또는 SCOP2 (http://scop2.mrc-mb.cam.ac.uk)에서 PDB의 모든 단백질 정보를 다음 4가지 카테고리 내에서 검색할 수 있다.: (1) 단백질의 관계, (2) 구조적 분류, (3) 단백질의 유형, (4) 진화적 사건. 제1 카테고리는 선택사항을 제공하는데 단백질은 그 구조적 특징, 진화적 관계들 또는 다른 것(후자는 공통의 모티프와 하위 접힘를 정의하려는 시도)의 관점에서 검색될 수 있다. 두 번째 선택사항은 모든 PDB 구조를 그들의 2차 구조 요소에 따라 구성하는 것이다: 그 2차 구조 요소는 **모든 α, 모든 β, α/β** (α 및 β 조각들 산재나 변경) 및 **$\alpha + \beta$**(α 및 β 영역이 다소 분리된 것). 세 번째 분류는 가용성(구형), 막 모양 섬유질 및 본질적으로 구조화되지 않은 단백질 등의 단백질 종류에 따라 단백질 구조를 구성하는 것이다. 마지막 분류는 진화적으로 관련된 단백질의 구조 재배열 및 고유한 특징을 추적하는 것이다. **그림 4-23**은 SCOP2에서 얻은 단백질 모티브의 예를 보여 각 카테고리에서 검색 가능성을 보여준다. 이 그림은 또한 단백질에서 2차 구조 요소 및 2차 구조의 세그먼트 간의 관계를 나타내는 다른 방법을 소개하고 있다—**위상기하학 도표(topology diagram)**.

접는 패턴의 수는 무한하지 않다. PDB에 저장된 80,000개 이상의 다른 단백질 구조 안에는 약 1,200가지 접힘 또는 모티프만 있다. 오랜 구조 생물학의 발전을 감안할 때, 새로운 주제는 이제 매우 드물게 발견된다. 같은 영역이나 모티프 구조가 반복적으로 나타나는 예가 많다. 이것은 단백질의 3차 구조가 아미노산 서열보다 더 신뢰성 있게 보존되고 있다는 것을 나타낸다. 단백질 구조를 비교하면 진화에 대하여 많은 정보를 얻을 수 있다. 1차 구조에서 유의성 있는 유사성을 가진 단백질, 즉 분명하게 유사한 3차 구조와 기능을 가진 단백질을 같은 **단백질 족(protein family)**에 속한다고 한다. PDB의 단백질 구조들은 약 4,000가지 다른 단백질 족에 속한다. 일반적으로 한 단백질 족 안에서 강한 진화적 상관관계가 존재한다. 예를 들어, 글로빈 족에 마이오글로빈과 구조나 서열에서 유사성을 보이는 많은 다른 단백질들이 있다(별도 설명 4-5와 제5장에서 다시 예로 사용된 단백질에서 보듯이). 1차 서열의 유사성이 거의 없는 2개 이상의 단백질 족들이 때로는 동일한 주요 구조 모티프를 사용하고 기능적 유사성을 보이기도 한다; 이러한 단백질을 **초족(superfamily)**으로 분류한다. 비록 시간적 및 기능적 차이로 인하여 다른 적응 압력을 받고 증거가 되는 서열 사이의 상관관계가 많이 지워져 버렸다 하더라도 한 초족 내의 족 사이에 진화적 상관관계가 있을 수 있다고 생각한다.

어떤 한 족의 단백질이 세균, 고세균(Archaea), 진핵생물(Eukarya) 등의 3가지 모든 생물 영역에 널리 퍼져 있을 수 있다는 것은 이 족이 매우 오래된 기원을 가지고 있다는 것이다. 다른 족은 매우 작은 군의 생물체에서만 나타날 수 있고 이것은 이 구조물이 최근에 생긴 것이라는 것을 가리킨다. SCOP와 같은 데이터베이스에 있는 구조 분류법을 사용하여 구조 모티프의 자연사를 거슬러 추적하면 수많은 진화적 상관관계를 추적하기 위하여 시행하는 서열분석법을 강력하게 보완할 수 있을 것이다. SCOP 데이터베이스는 관찰된 구조적 특징들에 기초를 한 올바른 진화의 체제에 단백질을 적절히 위치시키기 위하여 일일이 손으로 구축되었다.

구조적 모티프는 단백질 족과 초족을 결정하는 데 특히 중요하다. 단백질 사이의 개선된 단백질 분류와 비교 체계는 필연적으로 새로운 기능적 상관관계를 밝히게 한다. 생체에서 단백질은 중심적인 역할을 하기 때문에 이러한 구조 비교는 각 단백질의 진화에서 전체 대사경로의 진화 역사까지 생화학의 모든 면을 밝히는 데 도움을 줄 수 있다.

단백질 4차 구조는 간단한 이합체부터 거대한 복합체까지 매우 다양하다

많은 단백질은 여러 개(2개에서 수백 개까지)의 폴리펩타이드 소단위를 가지고 있다. 폴리펩타이드 사슬들이 합쳐져서 다양한 기능을 제공할 수 있다. 여러 개의 다중소단위를 가진 많은 단백질은 조절 기능을 갖는다; 작은 분자들이 소단위와 결합하면 소단위 간의 상호작용에 영향을 주어서 조절 분자나 기질의 작은 농도 변화에 반응하여 단백질의 활성에 큰 변화를 야기시킬 수 있다(제6장). 어떤 경우에는 분리된 소단위들이 각각 촉매작용이나 조절작용과 같이 별개이지만 연관된 기능을 수행하는 경우가 있다. 이 장의 앞에서 소개한 섬유단백질과 바이러스의 외피 단백질과 같은 단백질 간의 결합은 주로 구조적 역할을 담당한다. 몇몇 아주 큰 단백질 조립체는 복합적인 다단계 반응의 장소가 된다. 그 한 예가 단백질 합성의 장소인 라이보소체로 수십 개의 단백질 소단위와 여러 개의 구조적 RNA 분자로 구성되어 있다.

여러 개의 소단위들을 가진 단백질을 **다합체(multimer)**라고 한다. 단지 몇 개의 소단위를 가진 다합체를 **과합체(oligomer)**라고 한다. 만일 다합체가 서로 다른 많은 소단위로 이루어져 있으면 그 단백질의 전체적인 구조는 비대칭적이고 매우 복잡할 것이다. 그러나 대부분의 다합체는 동일한 소단위로 이루어져 있거나 또는 다른 소단위로 구성된 군을 반복적으로 가지고 있어서 대칭적인 방법으로 구성되어 있다. 제3장에서 다루었듯이, 다합체 단백질의 그런 반복적인 구조는 하나의 소단위로 이루어질 수도 있고 여러 개의 소단위가 모인 하나의 군일 수 있는데, 이런 구조를 **원단위체(protomer)**라 한다.

최초로 3차원 구조가 밝혀진 과합체 단백질은 헤모글로빈(hemoglobin, 분자량 64,500)인데, 이것은 4개의 폴리펩타이드 사슬과 제1철 이온(Fe^{2+})을 가지고 있는 4개의 헴 보조단으로 되어 있다(그림 4-17). 글로빈(globin)이라 불리는 단백질 부분은 두 가닥의 α 사슬(각 사슬에 141 아미노산 잔기)과 2가닥의 β 사슬(각 146 아미노산 잔기)로 되어 있다. 여기서 α와 β는 2차 구조를 의미하는 것이 아니다. 생화학의 기초를 시작한 학생들에게는 실제로 혼동이 될 수도 있는데, 어떤 종류의 2차 구조가 그 소단위에서 우세하냐와는 상관없이 그리스문자 α와 β(그리고 γ와 δ 그리고 다른 것들은)가 다합체 단백질 안에서 2가지의 다른 종류의 소단위를 구분하기 위하여 자주 사용된다. 헤모글로빈의 크기는 마이오글로빈보다 4배나 크기 때문에 X-선 분석을 이용해서 3차원 구조를

Max Perutz, 1914–2002 (왼쪽), and John Kendrew, 1917–1997
[출처: Corbis/Hulton Deutsch Collection.]

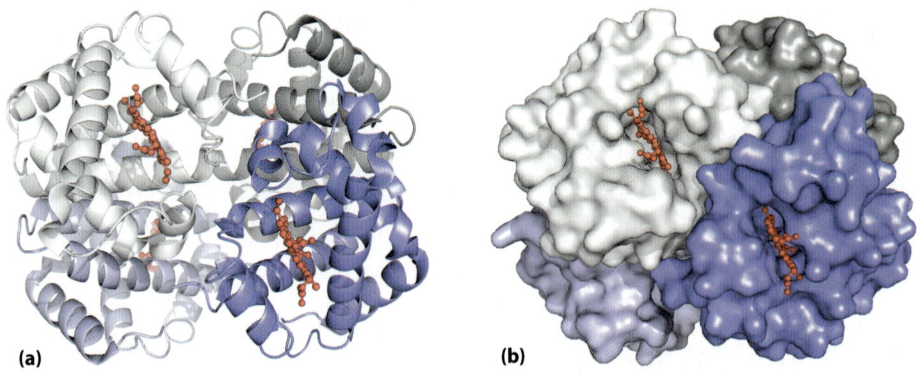

그림 4-24 데옥시헤모글로빈(deoxyhemoglobin)의 4차 구조. X-선 회절 분석에 의하여 밝혀진 데옥시헤모글로빈(헴 기에 결합한 산소 분자가 없는 헤모글로빈)의 구조는 4개의 폴리펩타이드 소단위가 어떻게 하나로 뭉치는지를 보여 준다. **(a)** 리본 모형은 헴 보조단들의 위치와 2차 구조적 요소들의 관계를 표시하고 있다. **(b)** 표면 윤곽 모형은 헴 보조단이 결합하는 소단위 주머니 구조를 표시하고 있다. α 소단위는 회색, β 소단위는 파란색으로 표시되었다. 빨간색으로 표시한 헴 기들은 비교적 서로 멀리 떨어져 있다. [출처: PDB ID 2HHB, G. Fermi et al., *J. Mol. Biol.* 175:159, 1984.]

해명하는 데 보다 많은 시간과 노력이 필요했고, 마침내 1959년에 Max Perutz와 John Kendrew 및 그 동료들에 의하여 밝혀지게 되었다. 헤모글로빈의 소단위들은 대칭 쌍의 배열 구조를 하고(그림 4-24), 각 쌍은 α 소단위와 β 소단위를 1개씩 가지고 있다. 그러므로 헤모글로빈은 사합체(tetramer)라 하기도 하고 $\alpha\beta$ 원단위체의 이합체라고도 한다. 이러한 특정 소단위들의 헤모글로빈 기능에서의 역할은 제5장에서 자세히 논의될 것이다.

요약 4.3 단백질의 3차 및 4차 구조

■ 3차 구조란 폴리펩타이드 사슬의 완전한 3차원 구조를 말한다. 3차 구조에 근거해서 말하면 2가지 종류의 단백질이 있다: 섬유성 단백질과 구단백질.

■ 주로 구조적 역할을 하는 섬유성 단백질은 단순하고 반복적인 2차 구조의 요소들을 가지고 있다.

■ 구단백질은 동일한 폴리펩타이드 사슬 내에 여러 가지의 2차 구조를 가지고 있어 더 복잡한 3차 구조를 가진다. X-선 회절 분석으로 그 구조가 알려진 첫 번째 단백질은 마이오글로빈이다.

■ 매우 복잡한 구단백질의 구조는 모티프나 초2차 구조라고 불리는 접힘 패턴 또는 접힘을 조사함으로써 분석될 수 있다. 알려진 수천의 단백질 구조는 일반적으로 겨우 수백 가지의 모티프의 조합으로 조립된다. 매우 안정적이고 독립적으로 접힐 수 있는 폴리펩타이드 사슬의 한 부분을 영역이라고 부른다.

■ 일부 단백질들과 단백질 분절들은 내재적으로 무질서하여 일정한 구조가 없다. 이러한 단백질들은 특징적인 아미노산으로 구성되어 있어 더 유연한 구조를 갖는다. 이러한 무질서 단백질들의 일부는 구조적 성분 또는 청소부로 작용한다: 다른 것들은 많은 다양한 단백질 파트너들과 상호작용하여 유용한 억제자 또는 단백질 상호작용 그물망의 중심 성분으로 작용한다. 다합체 단백질이나 아주 큰 복합체 단백질의 소단위들 사이에 상호작용의 결과로 4차 구조가 생긴다. 어떤 다합체 단백질은 원단위체라고 하는 하나 또는 여러 개 소단위의 모임으로 된 반복적인 단위를 가지고 있다.

4.4 단백질의 변성과 접힘

단백질은 놀라울 정도로 불안정하게 존재한다. 우리가 이미 보았듯이 자연적인 단백질 입체형태는 단지 일부만 안정적이다. 또한 대부분의 단백질들은 기능을 발휘하기 위해서 입체형태의 유연성을 유지하여야 한다. 일정한 상황하에서 필요한 세포내 활성 단백질의 일정한 세트를 계속적으로 유지하는 것을 **단백질 균형(proteostasis)**이라고 한다. 세포의 단백질 균형은 단백질 합성과 접힘, 부분적으로 풀린 단백질들의 재접힘과 비가역적으로 풀리거나 더 이상 필요하지 않은 단백질들의 격리와 분해에 대한 경로들의 조화로운 작용을 필요로 한다. 모든 세포에서 수백 개의 효소와 특별한 단백질들이 그 그물망에 관여한다.

그림 4-25에서 볼 수 있는 것처럼, 단백질의 일생은 합성과 이후의 분해보다 훨씬 더 많은 것들을 포함하고 있다. 대부분 단백질의 매우 적은 안정성은 접힌 상태와 풀린 상태 사이의 약한 균형을 만들 수 있다. 단백질들이 라이보소체에서 만들어지면서(제27장), 그들의 자연적인 입체형태로 접혀야만 한다. 간혹 이런 현상이 자발적으로 일어나기도 하지만 더 많은 경우에는 특별한 효소들과 샤페론(chaperon)이라는 복합체의 도움으로 일어난다. 이와 같은 여러 접힘을 도와주는 것들은 일시적으로 풀린 단백질들을 다시 접히도록 한다. 적절하게 접히지 않은 단백질들은 흔히 단백질을 "끈끈하게(sticky)"하는 소수성 표면을 노출하여 불활성의 응집체(aggregate)를 만든다. 이러한 응집체들은 정상적인 기능이 결핍되지만 불활성이지도 않다; 이런 것들의 세포내 축적은 당뇨병에서부터 파킨슨병과 알츠하이머병에 이르기까지 다양한 질환의 중심에 있다. 따라서 모든 세포들이 비가역적으로 잘못 접힌 단백

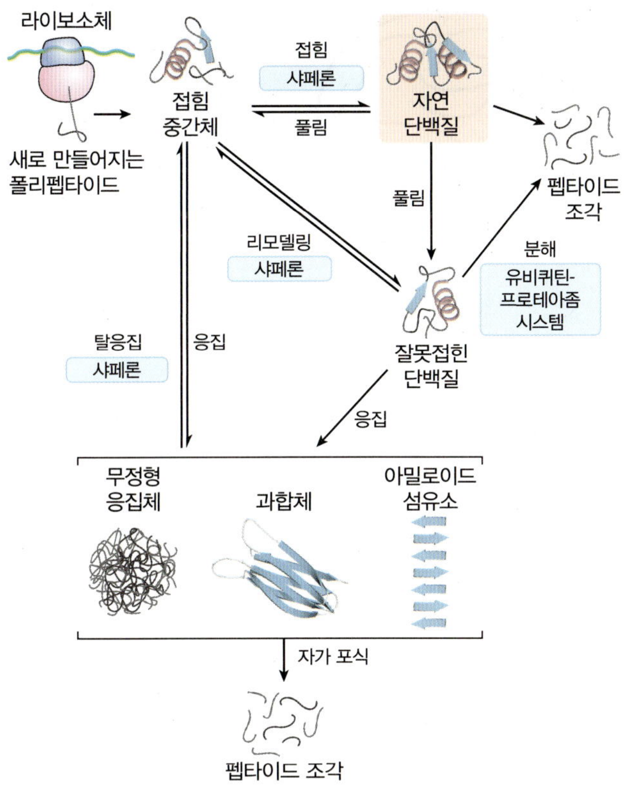

그림 4-25 단백질 항상성에 기여하는 경로들. 3가지 과정이 단백질 항상성에 기여하며 일부의 경우에는 다중의 경로가 기여한다. 첫째, 단백질들은 라이보소체에서 합성된다. 둘째, 다중의 경로들이 단백질 접힘에 기여한다. 이러한 경로 중 많은 것에 샤페론이란 복합체의 활성이 관여한다. 샤페론(샤페로닌을 포함한)은 또한 부분적으로 그리고 일시적으로 풀린 단백질의 재접힘에도 기여한다. 마지막으로 비가역적으로 풀린 단백질들은 격리되고 몇 가지 부가적인 경로에 의하여 분해되게 된다. 샤페론의 품질-조절 활성과 분해 경로에서 벗어난 부분적으로 풀린 단백질들과 단백질-접힘 중간체들은 응집되어 무질서한 응집체와 질서가 있는 아밀로이드-유사 응집체들을 형성하게 되어 질환의 발병과 노화 과정에 기여하게 된다. [출처: Information from F. U. Hartl et al., *Nature* 475:324, 2011, Fig. 6.]

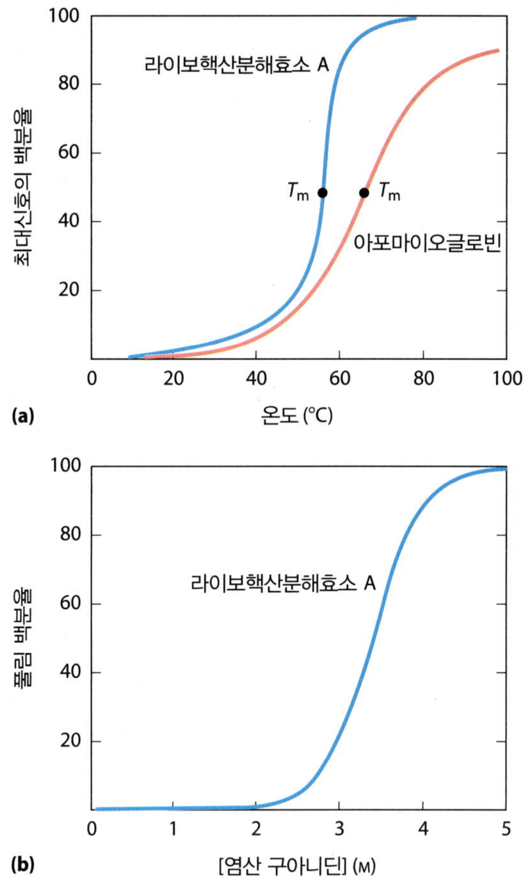

그림 4-26 단백질 변성. 서로 다른 두 조건에서 변성된 단백질에 대한 결과를 보여 주고 있다. 각각의 경우 접힌 상태에서 풀린 상태로 매우 갑작스럽게 전환되는 것은 풀리는 과정이 협동적이라는 것을 의미한다. **(a)** 말의 아포마이오글로빈(헴 보조단이 없는 마이오글로빈)과 라이보핵산분해효소 A(이황결합은 손상되지 않은 상태; 그림 4-27 참조)의 열 변성. 변성을 일으키는 온도 범위의 중간점을 녹는점(melting temperature, T_m)이라고 한다. 아포마이오글로빈의 변성은 단백질에서 나선구조의 양을 측정하는 기술인 원형 이색성(circular dichroism)에 의하여 추적되었다(그림 4-10 참조). 라이보핵산분해효소 A의 변성은 트립토판 잔기의 환경 변화에 영향을 받는 단백질의 내인성 형광의 변화에 의하여 측정되었다. **(b)** 원형 이색성의 변화에 의하여 추적된 손상되지 않은 이황결합을 가진 라이보핵산분해효소 A의 염산 구아니딘(GdnHCl)에 의한 변성. [출처: (a) Data from R. A. Sendak et al., *Biochemistry* 35:12,978, 1996; I. Nishii et al., *J. Mol. Biol.* 250:223, 1995. (b) Data from W. A. Houry et al., *Biochemistry* 35:10,125, 1996.]

질들의 재활용과 또는 분해에 대한 정교한 경로를 가지고 있다는 것은 놀라운 것이 아니다.

이제 단백질의 접힌 상태와 그렇지 않은 상태 사이의 전환과 이러한 전환을 조절하는 경로들의 그물망에 대하여 알아보기로 하자.

단백질 구조의 상실은 기능 상실을 초래한다

단백질 구조는 특정한 세포 환경에서 기능을 발휘하도록 진화되었다. 세포 안과 다른 조건은 결국 크건 작건 단백질 구조의 변화를 야기할 수 있다. 기능의 상실을 초래하기에 충분한 단백질 3차원 구조의 상실을 **변성(denaturation)**이라고 한다. 변성된 상태가 반드시 단백질의 접힘이 완전히 풀어지고 입체형태가 헝클어진 것은 아니다. 대부분의 조건에서 변성된 단백질은 잘 밝혀지지 않았지만 부분적으로 접힌 형태의 조합으로 존재한다.

대부분의 단백질은 복잡한 방법으로 단백질 내 약한 상호작용(주로 수소결합)에 영향을 끼치는 열을 가함으로써 변성된다. 만약 온도를 천천히 올리면 일반적으로 단백질의 입체형태는 좁은 온도 범위에서 일어나는 갑작스런 구조나 기능의 손실이 있을 때까지 손상되지 않고 남아 있다(그림 4-26). 이러한 갑작스런 변화가 의미하는 것은 접힘이 풀리는 것은 협동적인 과정으로 단백질의 한 부분의 구조가 상실되면 다른 부분을 불안정화시킨다는 것이다. 단백질에 대한 열의 효과는 구조에 의하여 경감될 수 있다. 높은 열에도 안정한 호열성 세균(thermophilic bacteria)의 단백질은 상당히 뜨거운(~100°C) 온천수에도 기능을 수행하도록 진화되었다. 이런 단백질의 접힌 구조는 종종 다른 생명체의 그것과 비슷하지만, 여기서 설명한 몇 가지 원칙들을 극단적으로 취한다. 그런 단백질은 종종 표면에 전하를 띈 잔기들의 높은 밀도, 내부의 소수성 밀집, 이온 짝의 그물망에 의해 덜 유연한 접힘 등의 특징을 가지는데 이런 특징은 그 단백질들이 높은 온도에서 접힘이 풀리는 것에 대해 덜 민감하도록 한다.

단백질은 단지 가열뿐만 아니라 극단의 pH, 알코올과 아세톤처럼 혼합 가능한 유기 용매, 요소나 염산 구아니딘과 같은 용질, 계면 활성제 등에 노출되어도 변성이 된다. 이러한 변성제(denaturing agent)는 폴리펩타이드 사슬의 공유결합을 파괴하지 않는다는 의미에서 비교적 순한 처리법이라 할 수 있다. 유기용매, 요소, 계면활성제 등의 작용은 주로 단백질의 안정된 핵심을 유지하고 있는 비극성 아미노산 곁가지들의 소수성 결합을 파괴하는 데 있다; 요소는 일부 수소결합을 깬다. 그리고 극단의 pH는 단백질의 알짜 전하를 변화시켜서 정전기적 반발을 불러일으키고 부분적으로 수소결합을 파괴한다. 이런 여러 가지 처리로 생긴 변성 상태가 모두 동일하지는 않다.

변성은 노출된 소수성 표면이 서로 연합하여 만들어지는 단백질 응집체의 결과로 흔히 단백질의 침전을 일으킨다. 응집체들은 흔히 고도로 무질서하다. 계란 흰자위를 끓인 후에 볼 수 있는 단백질 침전이 한 예이다. 우리가 앞으로 보겠지만, 일부의 단백질에서 더 규칙적인 응집체들도 볼 수 있다.

아미노산 서열이 3차 구조를 결정한다

구단백질(globular protein)의 3차 구조는 그것의 아미노산 서열에 의하여 결정된다. 이에 대한 가장 중요한 증거는 몇 가지 단백질의 변성이 가역적이라는 실험 결과로부터 왔다. 어떤 종류의 구단백질은 가열, 극단적인 pH, 변성제 등에 의하여 변성되는데, 만일에 본래의 입체구조를 안정하게 유지할 수 있는 조건으로 되돌리게 되면 원래의 입체구조와 생물학적 활성을 다시 회복하게 된다. 이 과정을 **재생(renaturation)**이라고 한다.

라이보핵산분해효소의 변성과 재생은 고전적인 예가 되는데, 이는 1950년대에 Christian Anfinsen에 의하여 증명되었다. 정제한 라이보핵산분해효소는 환원제의 존재하에서 고농도의 요소 용액으로 처리하면 완전히 변성된다. 환원제는 4개의 이황결합을 끊어서 8개의 Cys 잔기로 변화시키고, 요소는 안정화되어 있는 소수성 상호작용을 파괴해서 결과적으로 폴리펩타이드 사슬 전체가 접혀져 있는 입체형태로부터 자유롭게 된다. 라이보핵산분해효소의 변성은 촉매활성의 완전한 상실을 동반한다. 요소와 환원제를 제거하면 무작위적인 코일 상으로 변성된 라이보핵산분해효소는 자발적으로 올바른 3차원 구조로 다시 접혀지게 되고, 그의 촉매활성은 완전히 회복된다(**그림 4-27**). 라이보핵산분해효소가 다시 접히는 것(refolding)은 대단히 정확하며, 재생한 라이보핵산분해효소 분자의 4개의 사슬 내 이황결합은 원래의 라이보핵산분해효소

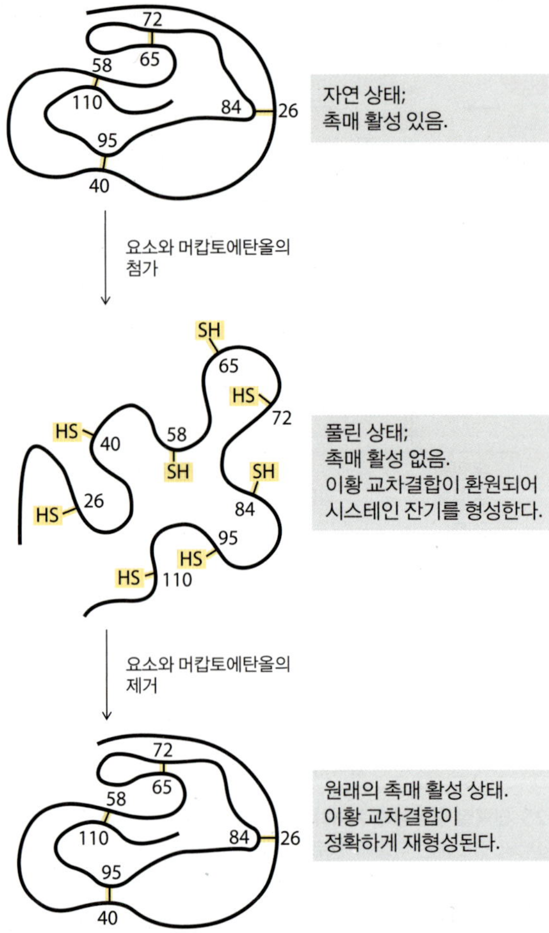

그림 4-27 변성되어 풀린 라이보핵산분해효소의 재생. 요소는 라이보핵산분해효소를 변성시키고 머캅토에탄올($HOCH_2CH_2SH$)은 이황결합을 환원시킴으로써 절단된 8개의 시스테인 잔기를 생성한다. 재생은 정확한 이황결합의 복원을 포함한다.

의 것과 동일한 위치에 재생하게 된다. 그후에 화학적으로 합성된 촉매활성이 있는 라이보핵산분해효소를 사용하여 비슷한 결과를 얻었다. Anfinsen이 정제한 라이보핵산분해효소에 섞여 있는 몇몇 사소한 오염물질들이 효소의 재생에 기여하였을 가능성을 배제함으로써 이 효소가 자발적으로 접힌다는 사실에 대한 어떤 의심도 없애 버렸다.

Anfinsen의 실험은 폴리펩타이드 사슬의 아미노산 서열에 본래의 자연 3차원 구조로 접혀지는 데 필요한 모든 정보가 담겨있다는 것을 최초로 증명했다. 그후의 연구에 의해서 이것은 작고 내재적으로 매우 안정된 몇몇의 단백질에 대해서만 성립한다는 것이 밝혀졌다. 비록 모든 단백질은 자연 입체형태로 접힐 수 있는 가능성은 가지고 있지만, 다음에 설명하는 것과 같이 많은 경우에 있어서 어떤 도움을 필요로 한다.

폴리펩타이드는 단계적으로 재빨리 접혀진다

살아있는 세포에서 단백질은 아미노산으로부터 매우 빠른 속도로

합성된다. 예를 들면, 대장균에서는 37°C에서 100개의 아미노산 잔기로 되어 있는 완전한 생물학적 활성이 있는 단백질을 약 5초 내 만들 수 있다. 그러나 라이보소체에서 폴리펩타이드 결합의 합성만으로는 충분하지 않다; 단백질은 반드시 접혀야 한다.

이와 같은 폴리펩타이드 사슬이 어떻게 하여 자연 입체형태에 도달하는 것일까? 많이 양보해서 각각의 아미노산 잔기가 평균적으로 10가지의 서로 다른 입체형태를 가질 수 있다고 가정하면 이 폴리펩타이드는 10^{100}개의 다른 입체형태를 가질 수 있다. 또 단백질이 고유의 생물학적 활성을 가지는 상태를 찾을 때까지 그 골격의 모든 단일결합에 대한 가능성 있는 모든 입체형태를 시도하는 무작위 과정에서 자발적으로 스스로 접힌다고 가정해 보라. 만일 각각의 입체형태가 가능한 가장 짧은 시간(~10^{-13}초까지 또는 분자가 한번 진동하는 데 필요한 시간)에 하나씩 만들어진다면 모든 가능한 입체형태를 만들어 보는 데 약 10^{77}년이 걸릴 것이다. 그러므로 단백질이 접혀지는 것은 완전히 무작위적인 시행착오 과정이 아니고 지름길이 있는 것이 틀림없다. 이것은 1968년에 Cyrus Levinthal에 의하여 지적되었는데, 이것을 때로는 Levinthal 역설(Levinthal's paradox)이라고 한다.

큰 폴리펩타이드 사슬이 접혀지는 경로는 분명히 복잡하다. 하지만 작은 단백질들의 구조를 그들의 아미노산 구조를 근거로 예측할 수 있는 견고한 알고리즘을 만들기 충분할 정도로 이 분야는 빠르게 진보하였다. 주 접힘과정 기전은 단계적인 것이다. 먼저 부분적인 2차 구조가 형성된다. 어떤 아미노산 서열은 우리가 앞서 살펴본 2차 구조의 조건에 따라 쉽게 α 나선과 β 판을 형성한다. 폴리펩타이드 사슬의 1차 서열에서 서로 가까이 위치하는 하전된 기들이 관여하는 이온 상호작용이 이러한 초기 단계를 유도하는 중요한 역할을 할 수 있다. 국소적 구조의 형성 후에 안정한 접힌 구조들을 만들도록 밀접해진 2차 구조의 두 요소 사이의 더 큰 범위의 상호작용이 뒤 따른다. 소수성 상호작용들은 비극성 아미노산 곁가지들의 응집이 중간물질과 최종적으로 접힌 구조에 엔트로피적으로 안정화를 제공하는 전 과정을 통하여 중요한 역할을 한다. 이 과정은 완전한 영역들이 만들어지고 전체 폴리펩타이드가 접혀질 때까지 계속된다(**그림 4-28**). 주목해야 할 것은 근거리의 상호작용(폴리펩타이드 서열에서 서로 가깝게 위치한 잔기쌍들 사이에)에 의해 지배되는 단백질들은 더 복잡한 접힘 패턴과 다양한 분절들 사이의 많은 원거리 상호작용을 갖는 단백질들보다 더 빠르게 접히는 경향이 있다. 여러 영역을 갖는 더 큰 단백질들이 합성되면서 아미노 말단 근처의 영역(먼저 합성이 되는)들이 전체 폴리펩타이드가 조립되기 전에 접히게 된다.

열역학적으로 접힘과정은 자유에너지 깔때기(free-energy funnel) 형태로 나타날 수 있다(**그림 4-29**). 접히지 않은 상태는 높은 수준의 입체형태 엔트로피와 상대적으로 높은 자유에너지를 의미한다. 접힘이 진행될수록 좁아지는 깔때기는 단백질이 자연적인 상태에 접근하면서 탐색되어야 할 입체형태적 공간이 감소하는

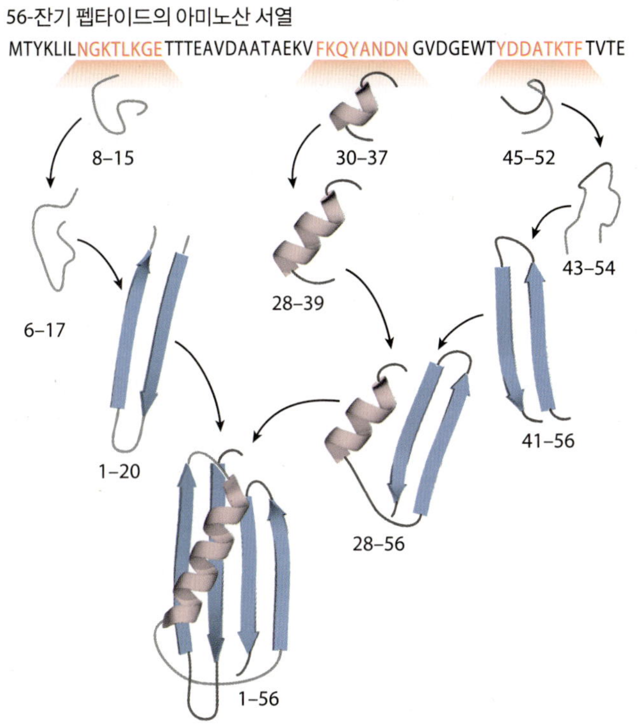

그림 4-28 소형 단백질에 대한 단백질-접힘 경로. 컴퓨터 모델링에 기초한 위계 질서적 경로를 나타냈다. 2차 구조의 작은 구역들이 먼저 조립되고 서서히 더 큰 구조로 포함된다. 이 모델을 위해 사용된 프로그램은 아미노산 서열로부터 소형 단백질들의 3차원 구조를 예상하는 데 매우 성공적이었다. 숫자는 이 56잔기 펩타이드 중 각 단계에서 최종 구조를 획득하게 된 아미노산 잔기들을 나타낸다. [출처: Information from K. A. Dill et al., *Annu. Rev. Biophys.* 37:289, 2008, Fig. 5.]

것을 반영한다. 깔때기의 측면을 따라 있는 작은 함몰 부위는 접힘과정을 잠시 늦출 수 있는 반안정적인(semistable) 중간체를 나타낸다. 깔때기의 바닥 부분에서 접힘의 중간체의 총체는 하나의 자연 입체형태(또는 자연 입체형태의 작은 세트 중 하나)로 줄어든다. 깔때기는 접힘 경로의 복잡성, 반안정적인 중간체의 존재 여부와 특정 중간체들이 잘못 접힌 단백질들의 응집체로 조립될 수 있는 가능성에 따라 다양한 형태를 가질 수 있다(그림 4-29).

열역학적 안정성은 단백질의 구조 전체에 일정하게 분포하지 않는다; 단백질 분자는 높은 안정성을 가진 부분과 낮은 안정성을 가진 부분을 가지고 있다. 예를 들면, 어떤 단백질이 낮은 구조적 안정성을 가진 분절에 의하여 연결된 2개의 안정된 영역을 가질 수 있다. 낮은 안정성을 가진 부위는 단백질이 2개 혹은 그 이상의 상태로 입체형태를 바꿀 수 있도록 해준다. 다음 두 장에서 다루겠지만 주어진 단백질에 있어서 안정성의 변화는 단백질의 기능에 있어서 필수적이다. 내재적으로 무질서한 단백질들 또는 단백질 분절들은 전혀 접히지 않는다.

단백질의 접힘과 구조에 대한 이해가 증진됨에 따라, 아미노산 서열로부터 단백질의 구조를 예측하기 위해 점점 복잡한 컴퓨터 프로그램들이 개발되고 있다. 단백질의 구조를 예측하는 것은 생물정보학의 분야이며, 이 분야에서의 발전 정도는 CASP(Critical

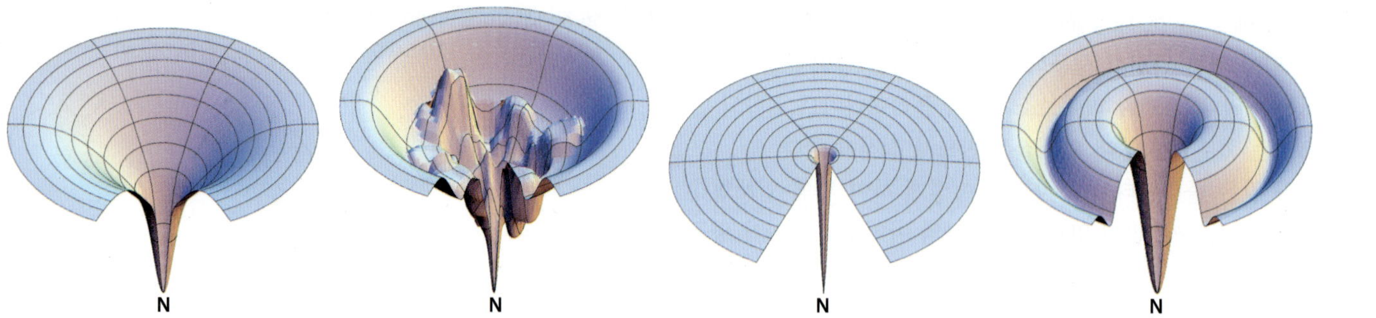

그림 4-29 자유-에너지 깔때기로 나타낸 단백질 접힘의 열역학. 단백질이 접힘에 따라 구조에 의해서 만들어질 수 있는 입체형태적 공간이 제한된다. 이것이 깊이를 나타내는 Δ*G*와 자연구조(N)를 나타내는 깔때기 바닥(가장 낮은 자유-에너지 지점)의 3차원 열역학 깔때기로 모델링되었다. 특정 단백질에 대한 깔때기는 접힘 경로에서 접힘 중간체들의 수와 형태에 따라서 다양한 형태를 가질 수 있다. 큰 안정성과 일정한 수명을 갖는 접힘 중간체들은 부분적인 자유-에너지 최소로 나타내질 수 있다—깔때기 표면의 함몰 부위. **(a)** 간단하지만 상대적으로 넓고 부드러운 깔때기는 다중의 접힘 경로를 갖는 단백질을 나타내지만(즉, 단백질의 다른 부분들이 접히는 순서는 어느 정도 무작위적일 것이다), 의미 있는 안정성을 갖는 접힘 중간체들이 없는 3차원 구조를 취한다. **(b)** 이 깔때기는 자연적인 구조로의 다중의 경로에서 큰 안정성을 갖는 다중의 접힘 중간체들을 잠재적으로 가질 수 있는 더욱 전형적인 단백질을 나타낸다. **(c)** 큰 안정성을 갖는 접힌 중간체들을 갖지 않고 단 하나 또는 단 몇 가지의 생산적인 접힘 경로를 갖는 하나의 안정적인 구조를 갖는 단백질은 자연적인 형태로 이르는 좁은 함몰을 갖는 깔때기로 나타난다. **(d)** 거의 모든 경로에서 실제적인 안정성을 갖는 접힘 중간체를 갖는 단백질(즉, 특정 모티프 또는 영역이 항상 빠르게 접히지만 다른 부분들은 더 천천히 그리고 무작위의 순서로 접히는 단백질)은 자연적인 형태로 이르는 함몰 주위에 큰 함몰을 갖는 깔때기로 표현된다. [출처: Information from K. A. Dill et al., *Annu. Rev. Biophys.* 37:289, 2008, Fig. 9.]

Assessment of Structural Prediction) 대회라 불리는 격년으로 열리는 행사에 의해서 알려지고 있다. 전 세계의 참가자들은 주어진 단백질(구조가 이미 결정되었으나 출판되지 않은 단백질)의 구조를 바르게 예측할 수 있는지를 겨룬다. 가장 성공적인 팀이 CASP 학회의 강연자로 초대된다. 이러한 노력의 성공은 작은 단백질을 올바르게 예측하는 것이 일반적으로 되어가면서 매우 빠르게 개선되고 있다.

몇 가지 단백질은 도움을 받아 접힌다

모든 단백질이 세포 내에서 합성되면서 자발적으로 접혀지는 것은 아니다. 많은 단백질의 접힘은 부분적으로 접혔거나 부적절하게 접힌 폴리펩타이드와 상호작용하여, 올바른 접힘과정을 촉진하거나 올바른 접힘이 일어날 수 있는 미세환경을 제공하는 단백질인 **분자 샤페론(molecular chaperone)**을 필요로 한다. 박테이라에서 사람에 이르는 생명체들에서 다양한 종류의 분자 샤페론들이 발견되었다. 샤페론의 두 가지 주요 종류가 잘 연구되어 있는데 **Hsp70** 족과 **샤페로닌(chaperonin)**이 그것이다.

Hsp70 족의 단백질들은 일반적으로 분자량이 70,000 가까이 되며, 상승한 온도에 의하여 스트레스를 받는 세포에서 더 풍부하게 발현된다[그래서 분자량 70,000인 열충격 단백질, *h*eat *s*hock *p*rotein (Hsp) 70이라고 한다]. Hsp70은 소수성 잔기가 많은 접혀지지 않은 폴리펩타이드 부분에 결합을 한다. 그래서 이 샤페론들은 아직 접히지 않은 합성되는 폴리펩타이드와 열에 의하여 변성된 단백질을 "보호한다". Hsp70은 또한 막을 가로질러 이동하기까지 접혀지지 않은 상태로 있어야 하는 어떤 단백질들의 접힘을 차단한다(제27장에 기술하였음). 어떤 샤페론들은 또한 과합체 단백질의 4차 구조의 형성을 촉진한다. Hsp70은 몇 가지 다른 단백질(Hsp40을 포함)과 ATP 가수분해가 관여하는 회로에서 폴리펩타이드와 결합하고 방출한다. **그림 4-30**은 진핵세포의 Hsp70과 Hsp40를 예로 들어서 샤페론-도움 접힘(chaperone-assisted folding)에 대하여 설명하고 있다. Hsp70 샤페론의 접히지 않은 폴리펩타이드에 대한 결합은 단백질 응집체를 해체하거나 새로운 단백질 응집체가 생성되는 것을 방지한다. 결합된 폴리펩타이드가 방출될 때, 이것은 자연적인 형태로 다시 접히는 기회를 얻게 된다. 접힘이 충분히 빠르게 일어나지 않으면 폴리펩타이드는 다시 결합되고 이 과정이 반복된다. 다른 경로로, Hsp70-결합 폴리펩타이드는 샤페로닌으로 전달되게 된다.

샤페로닌은 자발적으로 접히지 않는 많은 세포 단백질의 접힘을 위하여 필요한 정교한 단백질 복합체이다. 대장균에서 약 10%에서 15%의 세포 단백질은 정상적인 조건에서 접히기 위하여 GroEL/GroES라는 내재성 샤페로닌 체계를 필요로 한다(세포가 열에 의하여 스트레스를 받으면 30%까지 이런 도움이 필요하다). 진핵세포에서 이와 유사한 샤페로닌 시스템이 Hsp60으로 불린다. 이 단백질들은 어떤 세균 바이러스의 성장(growth)을 위하여 필요한 것으로 발견되면서 처음으로 알려졌다(따라서 "Gro"가 붙음). 이 족에 속하는 단백질들은 일련의 다중소단위 고리의 구조를 하고 있고 서로 등을 마주한 2개의 방(chamber)을 구성한다. 접히지 않은 단백질들은 먼저 GroEL 방의 맨 끝 근처의 노출된 소수성 표면에 결합한다. 단백질은 이어서 GroEL 방에 갇히고 GroES "뚜껑(lid)"이 일시적으로 씌워진다(**그림 4-31**). GroEL은 실제적인 입

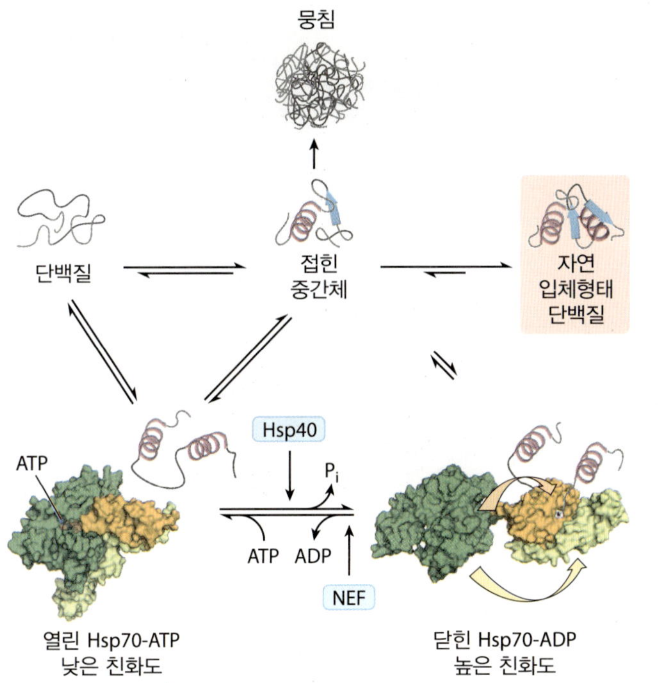

그림 4-30 단백질의 접힘에서의 샤페론. Hsp-70 종류의 샤페론이 폴리펩타이드와 결합하고 방출시키는 순환 경로를 진핵세포의 샤페론 Hsp70과 Hsp40으로 설명한 것이다. 샤페론은 기질 단백질의 접힘을 능동적으로 촉진하는 것이 아니고, 대신에 풀려 있는 폴리펩타이드의 뭉침을 방해한다. 풀리거나 부분적으로 접힌 단백질은 우선적으로 열려 있는 ATP-결합형태의 Hsp70에 결합한다. Hsp40은 이어서 이 복합체와 상호작용하고 ATP 가수분해를 촉진하여 복합체를 닫힌 형태로 만든다. 여기서 주황색으로 표시한 영역과 노란색은 턱의 두 부분과 같이 서로 작용하여 풀린 단백질의 내부를 잡게 된다. ADP의 분리와 Hsp70의 재순환은 또 다른 단백질인, 뉴클레오타이드-교환 인자(NEF, nucleotide-exchange factor)의 상호작용이 필요하다. 폴리펩타이드 분자 무리의 경우, Hsp70에 의한 부분 접힘 단백질의 일시적인 결합 이후에 폴리펩타이드의 일부는 자연 입체형태로 방출된다. 남아 있는 것들은 Hsp70에 의하여 재결합되거나 샤페로닌 체계(chaperonin, Hsp60; 그림 4-31 참조)로 전환된다. 세균에서 Hsp70과 Hsp40 샤페론은 각각 DnaK와 DnaJ라고 한다. DnaK와 DnaJ는 일부 바이러스 DNA 분자의 실험실 내 복제과정에 필요한 단백질들로 처음 발견되었다(그래서 "Dna"라는 이름이 붙었다). [출처: Information from F. U. Hartl et al., *Nature* 475:324, 2011, Fig. 2. Open Hsp70-ATP: PDB ID 2QXL, Q. Liu and W. A. Hendrickson, *Cell* 131:106, 2007. Closed Hsp70-ADP: derived from PDB ID 2KHO, E. B. Bertelson et al., *Proc. Natl. Acad. Sci. USA* 106:8471, 2009, and PDB ID 1DKZ, X. Zhu et al., *Science* 272:1606, 1996.]

체형태의 변화를 겪으며, 이런 변화는 ATP 가수분해를 저하시키는 것과 GroES의 결합 및 방출을 조절하는 것과 맞물려 있다. 방 안에서 단백질은 접히는 데 약 10초가 걸리며 이 시간은 결합된 ATP의 가수분해에 필요한 시간이다. 단백질을 방 안에 가두는 것은 부적절한 단백질 응집을 방지하고, 폴리펩타이드 사슬이 접히는 중에 탐색할 수 있는 입체형태적 공간도 제한한다. 단백질은 GroES 뚜껑이 분리될 때 방출되지만 접힘이 완전하지 않으면 빨리 재결합하여 위의 과정을 다시 거친다. GroEL 복합체의 2개의 방은 접히지 않은 폴리펩타이드 기질들의 결합과 방출을 교대로 한다. 진핵생물에서 Hsp60 시스템은 단백질을 접게 하는 유사한 과정을 이용한다. 그러나 GroES 뚜껑 대신에 소단위들의 끝 영역으로부터의 돌출부가 접히고 그 방에 근접한다. ATP 가수분해 순환도 Hsp60 복합체 내에서는 더 느리며, 이로 인해 안에 갇힌 단백질들이 접히는 데 더 많은 시간을 허용한다.

마지막으로, 많은 단백질의 접힘과정은 이성질체화(isomerization) 반응을 촉매하는 2가지 효소를 필요로 한다. **이황화 단백질 이성질화효소(protein disulfide isomerase, PDI)**는 자연 입체형태가 형성되기까지 이황결합을 뒤섞거나 상호교환하는 작용을 촉매하는 효소로 널리 분포되어 있다. PDI의 기능 중에 부적절한 이황교차결합을 가진 접힘 중간체의 제거를 촉매하는 작용도 있다. **펩타이드 프롤릴 시스-트랜스 이성질화효소(peptide prolyl cis-trans isomerase, PPI)**는 Pro 잔기 펩타이드 결합의 시스와 트랜스 이성질체 상호교환을 촉매한다(그림 4-8). 이것은 시스 입체형태의 Pro 펩타이드 결합을 가진 단백질의 접힘에서 느린 단계가 될 수 있다.

단백질 접힘의 결함은 광범위한 사람의 유전질환에서 분자적 기전이 될 수 있다

단백질 접힘을 도와주는 많은 과정에도 불구하고 잘못 접힌 단백질이 생긴다. 사실, 모든 세포에서 단백질의 잘못된 접힘은 심각한 문제이며, 전체 합성된 폴리펩타이드의 1/4 이상이 올바르게 접히지 않아서 파괴된다. 어떤 경우에는 잘못된 접힘이 심각한 질병을 유발시키거나 유발에 기여한다.

제2형 당뇨병, 알츠하이머병(Alzheimer disease), 헌팅톤병(Huntington disease) 그리고 파킨슨병(Parkinson disease)을 포함한 많은 경우가 공통적으로 잘못된 접힘으로부터 생긴다. 대개의 경우, 정상적으로 세포에서 분비되는 가용성 단백질이 풀린 상태로 분비되어 불용성의 세포외 **아밀로이드(amyloid)** 섬유로 전환된다. 이러한 질병을 통칭 **아밀로이드증(amyloidoses)**라고 한다. 이 섬유는 고도로 조직화되어 있고 가지를 가지고 있지 않으며, 7에서 10 nm의 직경을 이루고 있고, 높은 함량의 β 판 구조를 가지고 있다. β 분절은 섬유의 축에 대해서 직각 방향으로 놓여 있다. 어떤 아밀로이드 섬유는 그림 4-32에 나타낸 것처럼 긴 두층의 β 판이 전체적인 구조로 이루어져 있다.

많은 단백질들이 정상적으로 접힌 또 다른 입체형태의 일환으로 아밀로이드 섬유소 구조를 취하기도 하는데 대개 이러한 단백질들은 β 판과 α 나선의 핵심부에 방향족 아미노산들을 높은 농도로 가지고 있다. 단백질들은 불완전하게 접힌 입체형태로 분비된다. 핵심 β 판(혹은 그것의 일부)은 단백질의 나머지 부분이 올바로 접히기 전에 형성되므로, 2개 혹은 그 이상의 불완전하게 접힌 단백질 분자에 속한 β 판들이 서로 결합하여 아밀로이드 섬유소를 형성하기 시작한다. 이러한 섬유소가 세포외 공간에서 성장한다. 이렇게 되면 단백질의 다른 부분은 다르게 접혀서 성장

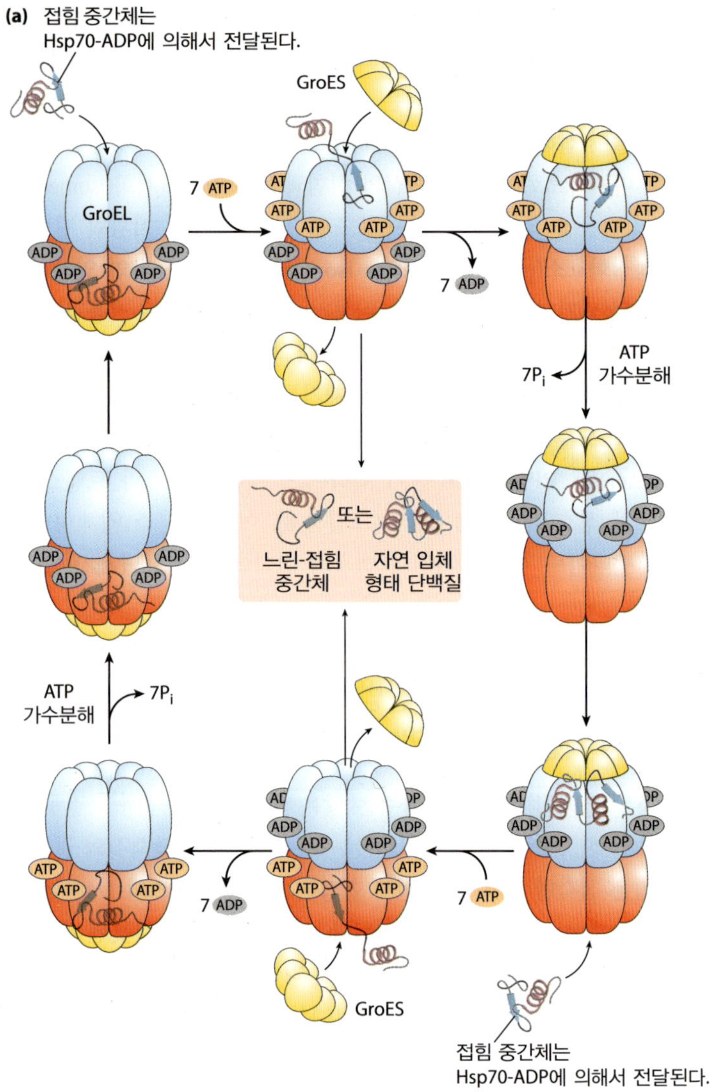

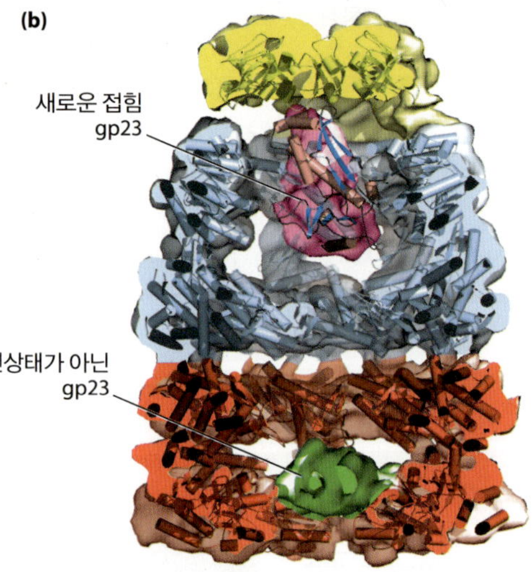

그림 4-31 단백질의 접힘에서의 샤페로닌. **(a)** 대장균 샤페로닌 GroEL(Hsp60 단백질 족 하나)과 GroES의 예상 작용 경로. 각 GroEL 복합체는 칠합체 고리 2개로 형성되는 2개의 큰 주머니로 이루어져 있다(각 소단위의 분자량은 57,000). 역시 칠합체인 GroES(소단위 분자량 10,000)는 GroEL 주머니 중 하나를 막는다. 풀린 단백질과 같이 있는 주머니는 cis라고 한다; 반대편은 trans라고 한다. 칠합체 고리 안쪽의 소단위에 결합한 7 ATP가 가수분해되는 시간 동안, cis 주머니에서 접힘이 일어난다. GroES와 ADP 분자는 이어서 해리되고, 단백질이 유리된다. GroEL/Hsp60 체계의 두 주머니들은 결합과 손님 단백질의 접힘을 교대로 진행한다. **(b)** GroEL/GroES 복합체 단면상. A 나선적 이차구조는 투명한 표면구조 내에 원기둥으로 표현된다. 접힌 단백질(gp23)은 위쪽 주머니의 큰 내부공간 내에서 보여지고; 접히지 않은 gp23은 아래 주머니에서 보여진다. [출처: (a) Information from F. U. Hartl et al., *Nature* 475:324, 2011, Fig. 3. (b) Surface view of GroEL/GroES with unfolded gp23: EMDB-1548, D. K. Clare et al., *Nature* 457:107, 2009; GroEL/GroES: PDB ID 2CGT, D. K. Clare et al., *J. Mol. Biol.* 358:905, 2006; folded gp23: PDB ID 1YUE, A. Fokine et al., *Proc. Natl. Acad. Sci. USA* 102:7163, 2005.]

하는 섬유소의 β 판 핵심 밖에 위치한다. 이 구조를 안정화시키는 방향족 잔기들의 효과는 그림 4-32c에 나타내었다. 대개의 단백질 분자들이 정상적으로 접히기 때문에 아밀로이드증에서 증상의 시작은 매우 느리다. 만일 어떤 사람이 아밀로이드 섬유소를 형성하기 좋은 위치에 방향족 잔기로 치환된 돌연변이를 유전적으로 받았다면 병증이 이른 나이에 시작된다.

진핵세포에서 분비될 단백질들은 세포질세망(endoplasmic reticulum, ER)에서 접힘이 시작된다(제27장의 경로 참조). 스트레스 상황이 발생하거나 단백질 합성이 ER의 단백질 접힘 능력을 초과하게 되면 풀린 단백질들이 축적될 수 있다. 이러한 상황은 풀린 단백질 반응(unfolded protein response, UPR)을 유발한다. UPR을 구성하는 일련의 전사조절자들이 다양한 시스템들이 작동하도록 하여 ER에서 샤페론의 농도를 증가시키거나 전체적인 단백질 합성의 속도를 낮추도록 또는 2가지가 모두 일어나도록 한다. UPR이 작동하기 전에 만들어지는 아밀로이드 응집체는 제거되기도 한다. 일부는 **자가포식(autophagy)**에 의해 제거된다. 이 과정에서 이러한 응집체들은 먼저 막에 싸이고 결과적으로 소포가 만들어지며 소포 안의 내용물들은 소포가 세포질내 용해소체(lysosome)와 결합한 후에 분해된다. 또는 잘못 접힌 단백질들은 유비퀴틴-프로테아솜(ubiquitin-proteasome) 시스템이라는 단백질분해효소(protease) 장치에 의해 분해될 수 있다(제27장에 기술). 이러한 장치들 중에서 어떤 것이라도 결핍이 되면 잘못 접힌 단백질을 처리하는 능력에 감소가 일어나 아밀로이드-관련 질환들이 발병할 수 있는 가능성이 커지게 된다. UPR은 많은 단밸질 인자들과 신호들을 포함한 매우 복잡한 반응이고 UPR 구성요소의 불활성 단백질의 잘못 접힘 정도에 긍정적 혹은 부정적 영향을 가진다. 이 시스템은 단백질 잘못접힘(아밀로이드) 질환들에 매력적인 약물 표적이다.

어떤 아밀로이드증은 여러 조직을 침범하는 전신적인 질환이다. 원발성 전신 아밀로이드증은 잘못 접혀진 면역글로불린의 가벼운 사슬(제5장에 기술됨) 또는 단백 분해에서 유래된 가벼운 사슬의 조각으로 구성된 섬유소의 축적에 의해서 야기된다. 평균 발

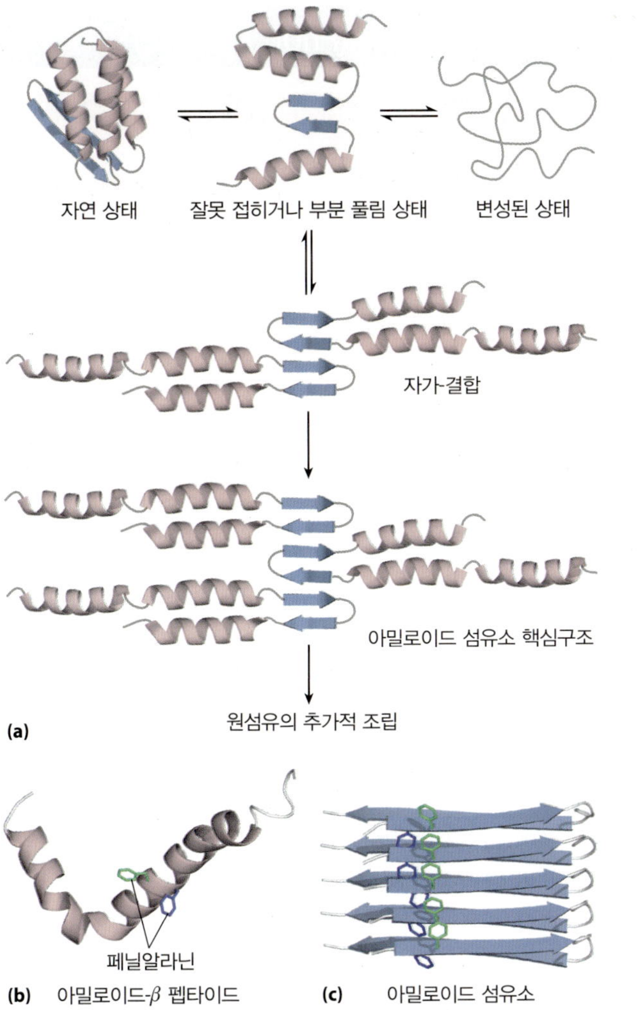

그림 4-32 질병 유발 아밀로이드 섬유소의 형성. (a) 정상 구조가 β 판 부위를 포함하는 단백질 분자가 부분적으로 접혀 있다. 일부 작은 수의 분자들에서 접힘이 완성되기 전에 한 폴리펩타이드 사슬의 β 판 부위가 다른 폴리펩타이드 사슬에 있는 같은 부위와 결합하여 아밀로이드의 개시체를 이룬다. 추가적인 단백질 분자들이 이 아밀로이드에 결합하여 확장하여 섬유소를 만든다. (b) 아밀로이드-β 펩타이드는 커다란 단백질의 2개의 α 나선 분절로 시작된다. 이 커다란 단백질의 단백분해 절단과정에 의해서 상대적으로 불안정한 아밀로이드-β 펩타이드가 분리되어 α 나선 구조를 상실한다. 이것이 아밀로이드 섬유소로 조립될 수 있게 되어(c), 알츠하이머 환자의 신경조직의 외부에 특징적인 플라크를 형성하는 데 기여한다. 방향족 곁사슬들은 아밀로이드 구조의 안정화에서 중요한 역할을 담당한다. 아밀로이드는 β 판 구조가 풍부한데, β 사슬이 아밀로이드 섬유소의 축에 대하여 직각으로 배열되어 있다. 아밀로이드-β 펩타이드에서는 평행한 두 층의 β 판이 신장된 구조를 취한다. 다른 것들은 왼손 감김 β 나선의 형태를 취한다. [출처: (a) Information from D. J. Selkoe, *Nature* 426:900, 2003, Fig. 1. (b) PDB ID 1IYT, O. Crescenzi et al., *Eur. J. Biochem.* 269:5642, 2002. (c) PDB ID 2BEG, T. Luhrs et al., *Proc. Natl. Acad. Sci. USA* 102:17,342, 2005.]

병 연령은 65세이다. 환자는 피로감, 잠긴 목소리, 부종, 체중 감소 등의 증상을 나타내며 최초 진단 후 1년 이내에 사망하는 경우가 많다. 대개 신장과 심장이 가장 영향을 많이 받는 장기이다. 어떤 아밀로이드증은 다른 질환과 연관되어 있다. 류마티스 관절염, 결핵, 낭성 섬유증(cystic fibrosis)과 같은 만성 감염성 혹은 염증성 질환과 어떤 종류의 암을 가진 환자에서는 혈청 아밀로이드 A(serum amyloid A, SSA)라 불리는 아밀로이드를 만들기 쉬운 폴리펩타이드 분비가 급격히 상승한다. 이 단백질 혹은 그것의 조각이 비장, 신장, 간, 심장 주변 등의 결합조직에 축적된다. 이러한 상태의 사람들을 2차성 전신 아밀로이드증이라고 하는데, 초기 침범된 기관에 따라 광범위한 증상을 나타낸다. 이러한 질병들은 일반적으로 수년 내에 사망에 이르게 한다. 80종류 이상의 아밀로이드가 트랜스티아이레틴(transthyretin: 갑상샘 호르몬을 결합, 운반하여 전신과 뇌조직에 분배하는 단백질)의 돌연변이와 관련되어 있다. 이 단백질의 다양한 돌연변이가 여러 조직 주변에 농축된 아밀로이드 축적을 야기하여 여러 가지 증상을 생기게 한다. 아밀로이드는 또 라이소자임, 섬유소원 A의 α 사슬, 아포지질단백질 A-I, A-II 등의 여러 단백질의 유전적 돌연변이와 관련되어 있다. 이 모든 단백질에 대해서는 이후의 장에 기술되어 있다.

어떤 아밀로이드 병은 특정한 기관에 관련되어 있다. 아밀로이드를 만들기 쉬운 단백질들은 일반적으로 침범된 조직에서만 분비되는데 이러한 국소적으로 높은 농도로 인해 이 조직의 주변에 아밀로이드 축적이 일어난다(어떤 단백질들은 전신적으로 분포하기도 하지만). 아밀로이드 축적의 흔한 위치로 인슐린 분비와 포도당 대사의 조절을 담당하는 췌장의 소도 β 세포 주변을 들 수 있다(그림 23-27 참조). 소도 아밀로이드 폴리펩타이드(islet amyloid polypeptide: IAPP) 또는 아밀린(amylin)이라 불리는 작은 펩타이드(37 아미노산)가 β 세포에서 분비되어 소도 주변에 아밀로이드 축적을 일으켜 서서히 세포를 파괴한다. 건강한 성인은 100만에서 150만 개의 췌장 β 세포를 가지고 있다. 이 세포들의 점진적 소실과 함께 포도당 항상성이 영향을 받아 점차 감소하여 50% 이상의 세포 소실이 오면 제2형(비인슐린-의존성) 당뇨병으로 발달한다.

특히, 노년층에서 신경퇴행을 야기하는 아밀로이드 축적에 의한 병들은 특별한 부류의 국소 아밀로이드증이다. 알츠하이머병은 신경세포에 의한 세포외 아밀로이드 축적과 관련되어 있으며(그림 4-32b), 아밀로이드 β-펩타이드는 대부분의 인간 조직에서 발견되는 막횡 단단백질(아밀로이드-β-전구 단백질)로부터 유래된 것이다. 아밀로이드 β-펩타이드가 전구 단백질의 부분으로 될 때 이 펩타이드는 2개의 α-나선 분절들로 구성되어 있다. 외부와 내부 영역이 특정 단백질분해효소에 의해 떨어져 나가면 상대적으로 불안정한 아밀로이드 β-펩타이드는 막을 떠나고 α-나선 분절 구조를 잃는다. 그러면 이것은 두 층의 확장된 평행 β 판 구조를 취할 수 있고 천천히 아밀로이드 섬유로 조립될 수 있다(그림 4-32c). 이 아밀로이드 섬유들의 축적이 알츠하이머병의 주된 원인으로 보이나 알츠하이머병 환자에서는 타우(tau)라고 불리는 단백질이 관여하는 제2유형의 아밀로이드 유사 응집이 신경세포 내에 축적되는 경우도 있다. 타우 단백질의 유전적 돌연변이는 알츠하이머병을 일으키지는 않는다. 그러나 똑같이 파괴적인 이마관자엽 치매

별도설명 4-6 의학 잘못된 단백질 접힘에 의한 죽음: 프리온 병(Prion Disease)

잘못된 뇌단백질 접힘은 포유류에서 많은 희귀 퇴행성 뇌질환들의 원인 인자로 밝혀지고 있다. 아마 이들 중 가장 잘 알려진 병은 소 해면뇌병증(BSE: bovine spongiform encephalopathy, 광우병, mad cow disease로도 알져짐)일 것이다. 관련된 질환으로 사람의 쿠루(kuru)와 크로이츠펠트-야콥병(Creutzfelt-Jacob disease) 그리고 양의 면양떨림병(scrapie)과 사슴 및 말코손바닥사슴(elk)의 만성 소모성 질환이 있다. 이 질병들에 걸린 뇌는 자주 구멍 투성이가 되므로 이를 해면뇌병증(spongiform encephalopathy)이라고도 한다(그림 1). 점진적인 뇌의 퇴화는 체중감소, 산만한 행동, 자세, 균형과 협응(coordination) 기능의 문제, 인지능력의 상실 등을 포함하는 다양한 종류의 신경 증상을 야기한다. 이런 병들은 치명적이다.

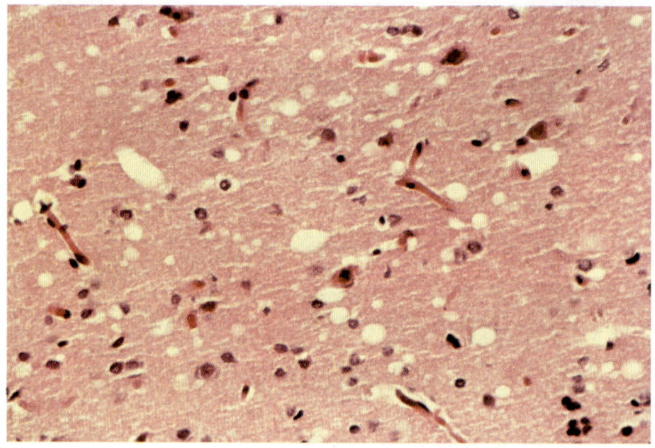

그림 1 크로이츠펠트-야콥병을 가진 환자의 대뇌겉질의 염색 단면 사진으로 가장 특징적인 신경조직학적 특징인 해면(공포) 형태의 퇴화를 보이고 있다. 노란 공포는 세포 안에 존재하고 대부분 신경세포의 연접전(presynapse) 및 연접후(postsynapse) 돌기에 발생한다. 공포의 크기는 직경 20에서 100 μm까지 다양한 크기를 가지고 있다. [출처: Ralph C. Eagle, Jr./Science Source.]

1960년대에 연구자들은 병을 일으키는 원인 인자를 분리해 보고 그 안에 핵산이 없음을 알았다. Tikvah Alper는 그 병인이 단백질이라고 제안했다. 처음에 이러한 생각은 이단적이었다. 그 때까지 모든 병을 일으키는 원인(바이러스, 세균, 진균류 등)은 핵산을 포함하였고, 이들의 독성은 유전적 생식과 확산이라고 여겨져 왔다. 그러나 특히 Stanley Prusiner가 수행한 연구를 비롯한 40년간의 연구 결과에서 해면뇌병증의 원인은 다르다는 증거를 제시하고 있다.

감염 물질은 Prusiner가 **프리온(prion)** 단백질(prion protein, PrP)이라 부른 단일 단백질(분자량 28,000)로 밝혀졌다. 이 이름은 *pro*teinaceous *in*fectious에서 유래하였으나 Prusiner는 "proin"보다 "prion"이 더 듣기가 좋다고 생각했다. 프리온 단백질은 모든 포유류에 있어서 뇌의 정상적인 구성성분이다. 포유류의 뇌 조직에서 이 단백질의 역할은 자세히 알려져 있지 않지만 분자적 신호전달 기능을 가진 것으로 생각된다. PrP 유전자(따라서 단백질 자체)를 가지고 있지 않은 몇몇 생쥐의 변종들은 뚜렷하게 병에 걸리지 않는다. 정상적인 세포성 PrP 또는 PrP^{C}가 변형된 형태인 PrP^{Sc}(Sc는 scrapie를 나타냄)로 존재할 때만 병에 걸린

(frontotemporal dementia)와 파킨슨증(파킨슨병을 닮은 증상을 나타냄)을 일으킨다.

그 외 다른 여러 신경퇴행성 상태들이 잘못 접힌 단백질의 세포내 집합에 관련되어 있다. 파킨슨병에서는 잘못 접힌 형태의 α 시뉴클레인(synuclein)이 루이소체(Lewy body)라 불리는 구상의 섬유상 덩어리로 집합된다. 헌팅톤병에서는 긴 폴리글루타민 반복을 가진 헌팅틴(huntingtin)이란 단백질이 관여한다. 어떤 사람에서는 폴리글루타민 반복의 길이가 정상보다 더 길어서 더 섬세한 형태의 세포내 응집이 생긴다. 파킨슨병과 헌팅톤병에 관여하는 인간의 돌연변이 단백질들이 초파리에서 발현되면 이 파리들은 눈의 변형, 떨림(tremor)과 조기 사망과 같은 신경변성을 명백히 나타낸다. 이러한 모든 증상들은 Hsp70 샤페론의 발현이 증가되면 크게 억제된다.

단백질의 잘못된 접힘이 항상 아밀로이드를 형성하고 심각한 병을 일으키는 것은 아니다. 예를 들면, 낭성 섬유증(cystic fibrosis)은 막에 결합한 단백질로 염소 이온의 통로 역할을 하는 낭성 섬유증 막횡단 전도 조절자(*c*ystic *f*ibrosis *t*ransmembrane conductance *r*egulator, CFTR)의 결함에 의한 것이다. 가장 흔한 돌연변이는 CFTR의 508번 위치에 있는 페닐알라닌의 결손에 의한 것으로 부적절한 단백질의 접힘을 야기한다(별도설명 11-2 참조). 콜라젠(130쪽)에서 질병과 관련된 많은 돌연변이 또한 접힘의 결함을 야기한다. 특별하고 주목할 만한 유형의 단백질 잘못 접힘을 프리온 병(prion disease)에서 볼 수 있다(별도설명 4-6). ■

요약 4.4 단백질의 변성과 접힘

- 특정한 상황 하에서 필요한 세포내 활성 단백질의 총합을 유지—단백질 균형이라고 불리는—하는 것에는 폴리펩타이드 사슬을 접고, 다시 접고 분해하는 정교한 일련의 경로와 과정이 관여한다.

- 대부분 단백질의 3차원 구조와 기능이 변성에 의하여 파괴되는 걸로 보아 구조와 기능의 상관관계를 알 수 있다. 일부 변성된 단백질들이 자발적으로 생물학적 활성을 가진 형태로 회복될 수 있는 걸로 보아 단백질의 3차 구조는 아미노산 잔기의 서열에 의하여 결정될 것이다.

다. PrP^C의 구조는 2개의 α-나선을 특징으로 한다. PrP^{Sc}의 구조는 매우 다르며 많은 부분이 아밀로이드-유사 β 판으로 전환된다(그림 2). PrP^{Sc}와 PrP^C의 상호작용이 PrP^C를 PrP^{Sc}로 변환시켜서 점점 더 많은 세포성 단백질이 병을 일으키는 형태로 전환되는 도미노 효과를 개시한다. PrP^{Sc}의 존재가 어떻게 하여 해면뇌병증을 일으키게 하는 지는 아직 잘 모른다.

프리온 병의 유전형에서 PrP를 지정하는 유전자에 돌연변이가 있어서 초래한 1개의 아미노산 잔기 변화 때문에 PrP^C가 PrP^{Sc}로 더 잘 바뀌는 것으로 생각되고 있다. 프리온 병에 대해서 완전히 이해하려면 프리온 단백질이 어떻게 뇌 기능에 영향을 주는지에 대한 새로운 정보를 기다려야 한다. PrP의 구조에 대한 정보는 프리온 단백질이 상호작용을 하여 그들의 입체형태를 바꾸게 하는 분자 과정을 이해하기 위한 첫 걸음이다(그림 2). 프리온의 중요성은 해면뇌병증을 넘어 확장한다. 프리온유사 단백질들이 파킨슨 질환을 닮은 다계통위축증(multiple system atrophy, MSA) 같은 신경퇴화질환의 원인이 될 가능성이 있다는 증거들이 쌓이고 있다.

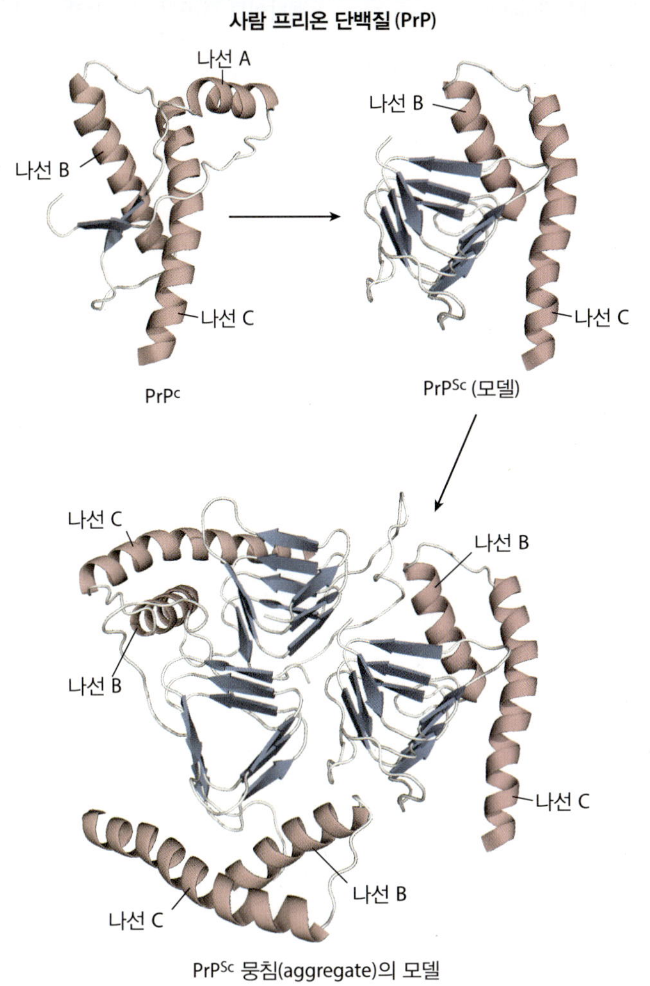

그림 2 질병-유발 입체형태인 잘못 접힌 PrP^{Sc}와 PrP^{Sc} 뭉침(aggregate)의 모델과 사람 PrP 구형 영역의 구조. α 나선에 일어나는 입체형태의 변화를 설명하기 위하여 표시하였다. A 나선은 잘못 접힌 입체형태의 β-판 구조로 들어간다. [출처: Human PrP from PDB ID 1QLX, R. Zahn et al., *Proc. Natl. Acad. Sci. USA* 97:145, 2000. Models from C. Govaerts et al., *Proc. Natl. Acad. Sci. USA* 101:8342, 2004.]

■ 세포 내에서 단백질의 접힘은 일반적으로 체계적이다. 처음에는 부분적인 2차 구조가 생기고 뒤이어 모티프와 영역으로 접힐 것이다. 수많은 접힘 중간체들이 아주 빠르게 단 하나의 자연 입체형태에 도달하게 된다.

■ 많은 단백질의 접힘은 Hsp70 샤페론과 샤페로닌에 의하여 촉진된다. 이황결합의 형성과 Pro 펩타이드 결합의 시스-트랜스 이성질체화는 특정 효소에 의하여 촉매된다.

■ 잘못된 단백질 접힘은 아밀로이드증을 포함하는 광범위한 인간 질병들의 분자적 기전으로 작용한다.

핵심용어

굵게 표시된 용어들은 용어해설에 정의되어 있다.

α 나선(α helix) 120
α-케라틴(α-keratin) 126
β 돌이(β turn) 123
β 입체형태(β conformation) 123
β 판(β sheet) 123
2차 구조(secondary structure) 120
3차 구조(tertiary structure) 125
4차 구조(quaternary structure) 125
Hsp70 146
과합체(oligomer) 140
구단백질(globular protein) 126
내재적 무질서 단백질(intrinsically disordered protein) 138
다합체(multimer) 141
단백질 균형(proteostasis) 142
단백질 자료 은행[Protein Data Bank (PDB)] 132
단백질 족(protein family) 141
라마찬드란 도표(Ramachandran plot) 119
명주 파이브로인(silk fibroin) 131
모티프(motif) 137
변성(denaturation) 143
샤페로닌(chaperonin) 146
샤페론(chaperone) 146
섬유단백질(fibrous protein) 125
소수성 상호작용(hydrophobic interaction) 116
아밀로이드(amyloid) 148
아밀로이드증(amyloidoses) 147
영역(domain) 137
용매화 층(solvation layer) 116
원단위체(protomer) 141
원형 이색성 분광법[circular dichroism(CD) spectroscopy] 124
이황화 단백질 이성질화효소 [protein disulfide isomerase (PDI)] 147
입체형태(conformation) 115
위상기하학 도형 (topology

문제

1. 펩타이드 결합의 성질. X-선 회절에 의한 결정 펩타이드의 연구에서 Linus Pauling과 Robert Corey는 펩타이드 결합 중의 C—N 결합이 전형적인 C—N 단일결합(1.49 Å)과 CN 이중결합(1.27 Å)의 중간 길이(1.32 Å)라는 것을 발견했다. 또한 그들은 펩타이드 결합이 평면적이라는 사실(즉, C—N 기와 결합하고 있는 4개의 원자가 모두 동일 평면상에 있음)을 알아냈고, C—N 기와 결합하고 있는 2개의 α-탄소원자는 항상 서로 트랜스 위치(즉, 펩타이드 결합을 사이에 두고 반대쪽에 있음)라는 것을 발견했다.

(a) 펩타이드 결합 중의 C—N 결합의 길이는 그 결합의 강도와 종류에 대하여 무엇을 의미하는가? 즉, 이 결합은 단일결합, 이중결합, 또는 삼중결합 중 어느 것인가?

(b) Pauling과 Corey의 관찰은 C—N 펩타이드 결합 주위의 회전성에 대하여 어떤 의미를 가지는가?

2. 섬유단백질의 구조와 기능의 상관관계. William Astbury는 양모의 X-선 양상이 양모의 섬유의 길이를 따라 약 5.2 Å의 간격으로 배치되어 반복되는 구조 단위를 나타낸다는 것을 발견했다. 그가 양모를 증기로 가열하여 잡아 늘렸을 때, X-선 양상은 7.0 Å 간격의 새로운 반복 구조 단위를 나타냈다. 양모를 증기로 가열하여 잡아당긴 후 다시 수축되도록 놓으면 본래의 약 5.2 Å과 일치되는 X-선 양상을 보였다. 이런 관찰은 양모의 분자 구조에 중요한 단서를 제공하였지만 Astbury는 당시에 그것을 설명할 수 없었다.

(a) 양모 구조에 관한 현재의 지식에 기초하여 Astbury의 관찰을 설명하여라.

(b) 양모 스웨터나 양말은 뜨거운 물에 빨거나 뜨거운 건조기로 말릴 때 줄어든다. 반면 비단은 그러한 조건에서도 줄어들지 않는다. 이유를 설명하여라.

3. 모발 α-케라틴이 합성되는 속도. 사람의 경우 모발의 성장은 1년에 15~20 cm의 속도로 진행된다. 이 성장은 모두 모발 섬유의 기저부에서만 일어난다. 모발 섬유의 기저부에서 살아 있는 표피세포 내에 α-케라틴 섬유가 합성되어 밧줄과 같은 모양으로 다발을 이룬다(그림 4-11 참조). α-케라틴의 구조를 이루는 기본 요소는 α-나선으로 1회전당 3.6개의 아미노산을 가지며, 1회전당 5.4 Å을 진행한다(그림 4-4a 참조). α-나선인 케라틴 사슬의 생합성이 모발 성장의 속도 조절 인자라 가정하고, 관찰된 모발의 연간 성장을 설명하기 위하여 α-케라틴 사슬의 펩타이드 결합이 합성되어야 하는 속도(1초당 펩타이드 결합 수)를 계산하여라.

4. pH가 α-나선 2차 구조의 입체형태에 미치는 영향. 폴리펩타이드의 α-나선 입체형태가 불규칙적인 코일 모양으로 변화하면 비선광도(specific rotation)가 현저하게 감소된다. 비선광도란 어떤 용액이 평면 편광을 회전시키는 능력을 나타내는 척도이다. L-글루탐산 잔기로만 구성된 폴리펩타이드인 폴리글루탐산은 pH 3에서 α-나선의 입체형태를 가진다. 그러나 pH가 7로 증가되면 그 용액 고유의 비선광도가 현저하게 저하된다. 마찬가지로 폴리라이신(L-라이신 잔기)은 pH 10에서 α-나선이지만 pH가 7로 감소되면 다음 그림과 같이 비선광도가 저하된다.

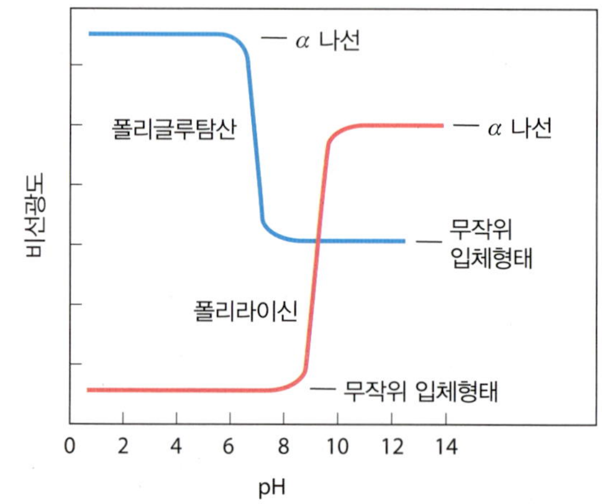

pH의 변화가 폴리글루탐산과 폴리라이신의 입체형태에 미치는 영향을 설명하라. 이와 같이 조그만 pH의 차이에 의하여 입체형태에 커다란 변화가 일어나는 까닭은 무엇인가?

5. 이황결합은 많은 단백질의 성질을 결정한다. 자연에 존재하는 많은 단백질은 이황결합을 매우 많이 가지고 있어서 그 기계적인 성질(인장 강도, 점성, 경도 등)은 이황결합의 정도와 상관이 있다.

(a) 소맥에서 볼 수 있는 글루테닌(glutenin)은 이황결합이 풍부한 단백질이고, 이 이황결합들이 소맥분으로 만든 반죽(dough)의 접착성과 신축성을 나타내게 한다. 이와 비슷하게 거북 등껍질의 질기고 단단한 성질은 그것의 α-케라틴 분자가 대단히 많은 이황결합을 함유하고 있기 때문이다. 단백질에서 이황결합의 함량과 기계적 성질 간의 상관성의 분자적 근거는 무엇인가?

(b) 대부분의 구단백질은 간단히 65°C 정도만 가열해도 변성되어 그 활성을 잃는다. 그러나 많은 이황결합을 가지고 있는 구단백질을 변성시키기 위해서는 더 많은 시간 동안 보다 높은 온도에서 가열처리를 할 필요가 있다. 이와 같은 단백질의 한 예로써 58개의 아미노산 잔기를 가진 1가닥 사슬로 되어 있으며 3개의

이황결합을 가지고 있는 소 이자 트립신 억제제(bovine pancreatic trypsin inhibitor, BPTI)가 있다. 변성된 BPTI의 용액을 냉각시키면 단백질 활성이 회복된다. 이 성질의 분자적 근거는 무엇인가?

6. 이양면각들. 펩타이드 골격에 의해 형성되는 일련의 비틀림각(torsion angle) ϕ와 ψ가 밑에 나타나 있다. 이것들 중 어떤 것이 이상적인 콜라젠 삼중나선의 ϕ와 ψ에 해당하는가? 그림 4-9를 참고하여라.

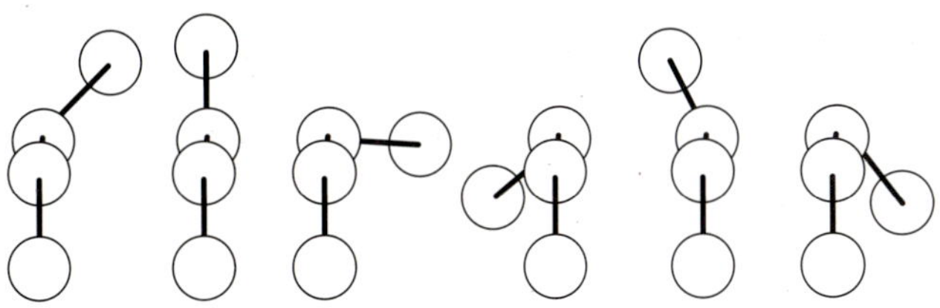

(a) (b) (c) (d) (e) (f)

7. 아미노산 서열과 단백질 구조. 어떻게 단백질이 접히는지를 점점 이해하면서 과학자들은 1차 아미노산 서열의 자료로부터 단백질 구조를 예측할 수 있게 되었다. 다음 아미노산 서열을 보고 답하라.

1	2	3	4	5	6	7	8	9	10
Ile–	Ala–	His–	Thr–	Tyr–	Gly–	Pro–	Phe–	Glu–	Ala–
11	12	13	14	15	16	17	18	19	20
Ala–	Met–	Cys–	Lys–	Trp–	Glu–	Ala–	Gln–	Pro–	Asp–
21	22	23	24	25	26	27	28		
Gly–	Met–	Glu–	Cys–	Ala–	Phe–	His–	Arg		

(a) β 돌이가 일어날 수 있는 부분은 어디인가?

(b) 사슬 내 이황 교차결합이 일어날 수 있는 부분은 어디인가?

(c) 위의 아미노산 서열이 큰 구단백질의 일부분이라고 가정하면, 다음 아미노산 잔기: 아스파트산, 아이소류신, 트레오닌, 알라닌, 글루타민, 라이신의 위치(단백질의 안쪽과 바깥쪽)를 지적하고, 그 이유를 설명하라. (힌트: 표 3-1 소수성 지표 참조)

8. 자주색 막 단백질의 박테리오로돕신(Bacteriorhodopsin). 적절한 환경에서 호염균인 *Halobacterium halobium*은 박테리오로돕신으로 알려진 막 단백질(분자량 26,000)을 합성한다. 이 단백질 분자는 레티날(retinal)을 포함하고 있어서 (그림 10-20 참조) 자주색을 띠며 세포막에 모여서 "자반(purple patch)"을 형성한다. 박테리오로돕신은 빛에 의하여 활성화되는 양성자 펌프로서 작용하여 세포 활동에 필요한 에너지를 공급한다. 이 단백질의 X-선 분석에 의하면 박테리오로돕신은 평행하는 7개의 α 나선으로 구성되며 각각의 분절들이 세균 세포막(두께 45 Å)을 가로지르고 있다. 이 막을 완전히 가로지르기 위해서는 α 나선의 분절 하나가 적어도 몇 개의 아미노산으로 구성되어야 하는지를 계산하여라. 박테리오로돕신 단백질 중 얼마의 비율이 막에 걸쳐져 있는 α 나선에 존재하는지 구하여라. (아미노산 잔기의 분자량은 110을 사용한다.)

9. 단백질 구조 용어. 마이오글로빈은 모티프, 영역, 완전한 3차원 구조 중 어느 것에 해당하는가?

10. 라마찬드란 도표의 해석. 아래의 (a)와 (b) 두 단백질 중에서 라마찬드란 도표 (c)와 (d)에 각각 해당하는 것은 어느 것이라 생각하며 그 이유를 말하라. [출처: (a) PDB ID 1GWY, J. M. Mancheno et al., *Structure* 11:1319, 2003. (b) PDB ID 1A6M, J. Vojtechovsky et al., *Biophys. J.* 77:2153, 1999.]

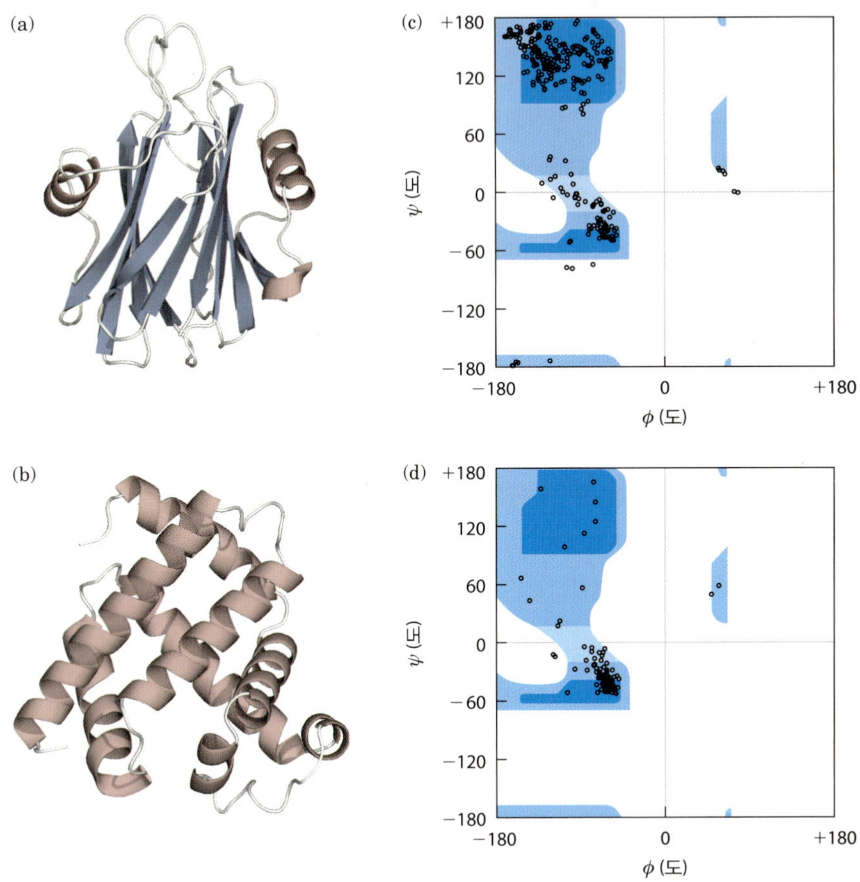

11. 가스 괴저(gas gangrene)의 원인이 되는 세균의 발병 작용. 병원성이 강한 혐기성 세균인 *Clostridium perfringens*는 동물의 조직 구조가 파괴되는 질병인 가스 괴저의 원인이 되며, 다음과 같은 배열을 한 폴리펩타이드, 즉 그림에서 빨간색으로 나타낸 위치의 폴리펩타이드 결합을 가수분해하는 강력한 효소를 분비한다.

$$\text{—X—Gly—Pro—Y—} \xrightarrow{H_2O} \text{—X—COO}^- + H_3\overset{+}{N}\text{—Gly—Pro—Y—}$$

여기에서 X와 Y는 20개의 아미노산 중의 한 가지이다. 이러한 효소의 분비는 이 세균이 사람의 조직으로 침입하는 데 어떤 작용을 하는가? 이 효소는 왜 세균 자체에는 작용하지 않는가를 설명하여라.

12. 다합체 단백질에 존재하는 폴리펩타이드 사슬의 수. 132,000의 분자량을 가진 과합체 단백질의 시료(660 mg)를 화학반응이 완결될 때까지 약알칼리 조건에서 충분한 양의 1-플루오로-2,4-다이나이트로벤젠(1-fluoro-2,4-dinitrobenzen, Sanger 시약)과 반응시켰다. 이어서 이 단백질의 펩타이드 결합을 진한 HCl 속에서 가열하여 완전히 가수분해하였다. 이 가수분해물은 다음의 화합물을 5.5 mg 함유한다는 사실이 발견되었다.

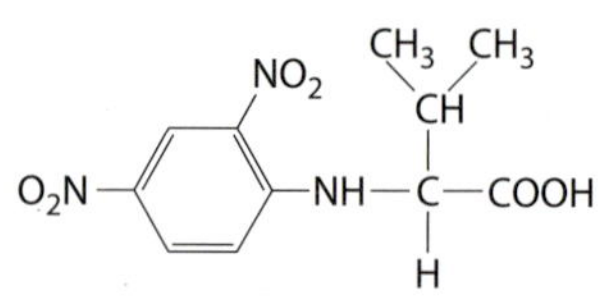

그러나 다른 아미노산의 α-아미노기의 2,4-다이나이트로페닐(2,4-dinitrophenyl) 유도체는 발견되지 않았다.

(a) 이 정보가 과합체 단백질에 있는 폴리펩타이드 사슬의 수를 결정하는 데 어떻게 이용될 수 있는지 그 이유를 설명하라.

(b) 이 단백질에 있는 폴리펩타이드 사슬의 수를 계산하여라.

(c) 이 단백질의 폴리펩타이드 사슬들이 동일한 것인지 다른 것인지를 결정하려면 어떤 다른 단백질 분석 방법이 사용될 수 있는가?

13. 2차 구조 예측하기. 다음 펩타이드들 중에서 어느 것이 α 나선 구조를 취하기 쉽겠는가? 그 이유는?

(a) LKAENDEAARAMSEA

(b) CRAGGFPWDQPGTSN

14. 질병에서 아밀로이드 섬유. 페놀 레드(phenol red: 독성이 없는 약물 모델로 사용함)와 같은 여러 개의 작은 방향족 분자는 실험실 모델에서 아밀로이드의 형성을 억제한다. 이러한 작은 방향족 화합물에 대한 연구의 목적은 초기 알츠하이머병을 가진 사람의 뇌에서 아밀로이드 형성을 효과적으로 억제하는 약물을 발견하기 위한 것이다.

(a) 왜 방향족 치환기를 가진 분자가 아밀로이드 형성을 차단하는지 제시하시오.

(b) 어떤 연구자들은 알츠하이머병에 사용되는 약물이 제2형 당뇨병(성인 발병)을 치료하는 데 효과적일 것이라고 제안하였다. 왜 하나의 약물이 서로 다른 2개의 병을 치료하는 데 효과가 있겠는가?

인터넷을 활용한 생화학 학습

15. 인터넷의 단백질 모델. 크론병(Crohn's disease, 일종의 염증성 장 질환)을 가진 한 집단의 환자들을 대상으로 원인 물질을 확인하기 위한 시도로 작은창자 점막을 생검하였다. 크론병을 가진 환자에서 다른 종류의 염증성 장 질환 환자나 병에 걸리지 않은 대조군에서보다 더 높은 수치를 보이는 한 단백질을 발견하였다. 이 단백질을 분리하여 다음과 같이 부분적인 아미노산 서열을 얻었다(왼쪽에서 오른쪽으로 읽어나감).

EAELCPDRCI	HSFQNLGIQC	VKKRDLEQAI
SQRIQTNNNP	FQVPIEEQRG	DYDLNAVRLC
FQVTVRDPSG	RPLRLPPVLP	HPIFDNRAPN
TAELKICRVN	RNSGSCLGGD	EIFLLCDKVQ
KEDIEVYFTG	PGWEARGSFS	QADVHRQVAI
VFRTPPYADP	SLQAPVRVSM	QLRRPSDREL
SEPMEFQYLP	DTDDRHRIEE	KRKRTYETFK
SIMKKSPFSG	PTDPRPPPRR	IAVPSRSSAS
VPKPAPQPYP		

(a) 당신은 UniProt (www.uniprot.org) 같은 단백질 데이터베이스를 이용하여 이 단백질을 확인할 수 있다. 홈페이지에서 BLAST search에 대한 링크를 선택하고, BLAST 페이지에서 적절한 검색 영역에 단백질 서열의 약 30개 잔기를 입력하고 분석하라. 이렇게 분석한 결과, 이 단백질의 정체는 무엇인가? 단백질 정보원(Protein Information Resource, PIR; pri.georgetown.edu/pirwww), 단백질 구조의 분류(Structural Classification of Proteins, SCOP; http://scop.berkerley.edu), 그리고 Prosite(http://us.expasy.org/prosite) 등이 처음에 이용하기 좋은 사이트들이다.

(b) 이 단백질의 아미노산 서열의 다른 부분도 사용해 보라. 항상 같은 결과를 얻는가?

(c) 단백질의 3차원 구조에 관한 정보를 제공하는 웹사이트는 많다. 단백질 자료은행(Protein Data Bank, PDB; www.rcsb.org/pdb)이나 Structural Classification of Proteins(SCOP2; http://scop2.mrc-lmb.cam.ac.uk)과 같은 데이터베이스 사이트를 이용해서 단백질의 2차, 3차, 그리고 4차 구조에 대한 정보를 구하라.

(d) 웹을 검색하여 단백질의 세포내 기능에 관한 정보를 찾아보라.

자료 분석형 문제

16. 거울상 단백질. 제3장에서 언급하였듯이, "단백질 분자에 존재하는 아미노산 잔기들은 예외없이 좌선성(L) 입체이성질체이다." 이러한 선택성이 적절한 단백질 기능을 위해서 필수적인 것인지 아니면 진화과정의 우연인지는 불분명하다. 이 의문을 해결하기 위하여 Milton과 그 동료들은 우선성(D) 입체이성질체로 이루어진 효소에 대한 연구결과를 발표하였다(1992). 이들이 선택한 효소는 HIV가 만든 비활성인 바이러스 전구 단백질을 활성형으로 전환시켜 주는 단백질 가수분해 효소인 HIV 단백질분해효소였다.

그 전에 Wlodauwer와 동료들이 그림 3-32에서 보여 준 과정을 이용하여 L-아미노산으로부터 HIV 단백질분해효소를 완전하게 화학적으로 합성(L-효소)하였다고 보고하였다(1989). 정상적인 HIV 단백질분해효소는 67번과 95번에 2개의 시스테인 잔기를 가지고 있다. 시스테인 잔기를 가지고 있는 단백질의 화학적 합성은 기술적으로 어렵기 때문에 Wlodauwer와 동료들은 단백질에 있는 2개의 시스테인 잔기를 합성된 L-α-아미노-n-부틸산(Aba)으로 치환하였다. 저자들의 언급에 따르면 "합성에서의 어려움을 줄이고 산물을 다루기 쉽게 하기 위하여" 치환하였다고 하였다.

(a) Aba의 구조가 아래 나타나 있다. 왜 이것이 시스테인 잔기에 대한 적절한 대처물이 될 수 있는가? 어떤 환경에서 적절하지 못하겠는가?

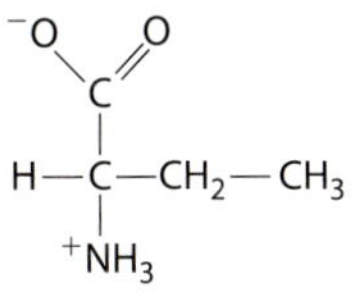

L-α-Amino-n-butyric acid

Wlodauwer와 동료들은 새로 합성된 단백질을 6 M 염산구아니딘에 녹여서 변성시켰다. 그리고 중성 완충액(10% glycerol, 25 mM 인산나트륨, pH 7)에 대해 서서히 투석하여 단백질이 접히도록 하였다.

(b) 이런 방법으로 합성되고 변성된 다음, 접힌 단백질들은 활성을 가지지 않을 것이라고 예측하는 많은 이유가 있다. 그러한 이유를 3가지 제시하라.

(c) 흥미롭게도 이렇게 만들어진 L-단백질분해효소는 활성이 있었다. 이 결과는 자연상태의 HIV 단백질분해효소에서 이황결합의 역할에 대하여 어떤 것을 암시하고 있는가?

새로운 연구에서 Milton과 그 동료들은 이전 연구(Wlodauwer 등)에서와 같은 실험과정을 사용하여 D-아미노산으로부터 HIV 단백질분해효소를 합성하였다. 형식적으로 D-단백질분해효소의 접힘에 대하여 다음의 3가지 가능성이 있다. (1) L-단백질분해효소와 같은 모양이거나 (2) L-단백질분해효소의 거울상이거나 (3) 활성이 없는 다른 어떤 구조일 수 있다.

(d) 각각의 가능성에 대하여 어떤 결과일지를 결정하고 그 결정에 대하여 설명하여라.

사실, D-단백질분해효소는 활성이 있었다. 그것은 특별히 합성된 기질을 절단하였으며 특이한 억제제에 의하여 억제되었다. D-효소와 L-효소의 구조를 알기 위하여 Milton과 그 동료들은 D와 L 형태의 손대칭 펩타이드 기질에 대한 2가지 형태의 효소 활성과 D와 L 형태의 손대칭 펩타이드 유사 억제제에 의한 억제를 시험하였다. 두 형태 모두 비손대칭 억제제인 에반스 블루(Evans blue)에 의한 억제에 대해서도 시험되었다. 그 결과는 다음 표에 나타냈다.

	기질 가수분해		억제: 펩타이드 억제제		억제: 에반스 블루
HIV 단백질분해효소	**D-기질**	**L-기질**	**D-억제제**	**L-억제제**	**(비손대칭)**
L-단백질분해효소	−	+	−	+	+
D-단백질분해효소	+	−	+	−	+

(e) 이 결과는 3가지 모델 중 어느 것을 지지하는가? 당신의 추론을 설명하시오.

(f) 에반스 블루는 왜 2가지 형태의 단백질분해효소를 다 억제하였는가?

(g) 카이모트립신이 D-단백질분해효소를 분해하겠는가? 이유를 설명하시오.

(h) D-아미노산으로부터 합성하여 재생(renaturation)하면 활성이 있는 효소를 얻을 수 있다고 기대하는가? 이유를 설명하시오.

참고문헌

Milton, R.C., S.C. Milton, and S.B. Kent, 1992. Total chemical synthesis of a D-enzyme: the enantiomers of HIV-1 protease show demonstration of reciprocal chiral substrate specificity. *Science* 256:1445–1448.

Wlodawer, A., M. Miller, M. Jaskólski, B.K. Sathyanarayana, E. Baldwin, I.T. Weber, L.M. Selk, L. Clawson, J. Schneider, and S.B. Kent, 1989. Conserved folding in retroviral protease: crystal structure of a synthetic HIV-1 protease. *Science* 245:616–621.

CHAPTER 5

단백질의 기능

단백질은 다른 분자와 상호작용을 통하여 기능을 발휘한다. 단백질의 3차 구조를 아는 것은 단백질의 기능을 이해하기 위한 중요한 부분이며, 구조생물학은 종종 분자 간 상호작용에 대한 정보를 제공한다. 그러나 앞에서 학습한 단백질의 구조는 언뜻 보기에 정지 상태이다. 단백질은 역동적인 분자로서, 다른 분자와의 상호작용은 단백질 구조상 형태의 크고 작은 변화에 의해 생리적으로 중요한 방식으로 영향을 받는다. 이 장과 다음 장에서는 단백질이 어떻게 다른 분자와 상호작용을 하는지 그리고 이러한 상호작용이 역동적인 단백질 구조와 어떻게 관련이 있는지 알아본다. 우리는 이러한 상호작용을 두 가지로 나누었다. 어떤 상호작용은 반응의 촉매 또는 **효소**—제6장에서 다루게 될-의 작용에 의해 상호작용하는 분자의 화학적 배치나 조성이 변화한다. 또 다른 상호작용은 상호작용하는 분자의 화학적 구조나 조성이 변화하지 않으며, 이 장에서 그러한 상호작용을 다루게 될 것이다.

단백질이 다른 분자와 상호작용하여 관련 분자를 변화시키지 않음에도 중요하다는 것은 비직관적인 것처럼 보인다. 이러한 상호작용의 대부분은 순식간에 일어나지만, 이 장에서 자세히 살펴볼 주제인 산소 운반, 면역 기능, 근육 수축 등과 같은 복잡한 생리적 과정의 기초가 된다. 이러한 과정을 수행하는 단백질들은 단백질 기능의 주요 원리를 보여준다. 이 중 일부는 앞의 제4장에서 이미 언급된 것이다:

많은 단백질의 기능은 다른 분자와의 가역적인 결합을 수반한다. 단백질에 가역적으로 결합한 분자를 **리간드(ligand)**라고 부른다. 리간드는 다른 단백질을 포함한 어떤 종류의 분자여도 가능하다. 단백질-리간드 상호작용의 일시적이고 순간적인 특성은 생명체에 필수적이며, 개체로 하여금 변화하는 환경과 대사 조건에 빠르고 가역적으로 반응하게 한다.

리간드는 단백질에 있는 **결합자리(binding site)**라고 불리는 자리에 결합한다. 결합자리는 크기, 모양, 전하, 소수 또는 친수 성질 등에서 리간드와 상보적이다. 나아가 단백질-리간드 상호작용은 특이적이다: 단백질은 주위에 있는 수천 개의 다른 분자를 구별하여, 선택적으로 단지 하나 혹은 몇 개의 분자와 결합한다. 어떤 단백질은 여러 개의 다른 리간드에 대하여 서로 다른 여러 결합자리를 가질 수도 있다. 이 특이적인 분자 상호작용(molecular interaction)은 생명체에서 고도의 질서 유지에 결정적이다. (이 논의에서 단백질의 여러 부분과 비특이적으로 약하게 상호작용하는 물의 결합은 제외한다. 제6장에서 많은 효소에 대한 특이적 리간드로서 물을 다룰 것이다.)

단백질은 유연한 물질이다. 단백질 내 아미노산 잔기의 분자 진동과 미세한 움직임을 반영하는 입체형태(conformation)의 변화는 극히 세밀하다. 이런 단백질의 움직임을 "숨을 쉬고 있다(breathe)"라고 표현한다. 입체형태의 변화는 또한 아주 역동적일 수 있어 단백질의 주요 부분이 수 나노미터를 움직이기도 한다. 특이적 입체형태의 변화는 단백질의 기능에 중요하다.

단백질과 리간드의 결합은 종종 단백질 입체형태의 변화를 야기한다. 입체형태의 변화는 결합자리를 리간드에 더 상보적이 되도록 만들어 줌으로써 더욱 강한 결합을 가능하게 한다. 단백질과 리간드 사이에 일어나는 구조적 적응을 **유도 적합(induced fit)**이라고 한다.

다중소단위 단백질에 있어서, 하나의 소단위에서 일어나는 입체형태 변화는 종종 다른 소단위들의 입체형태에 영향을 미친다.

리간드와 단백질 사이의 상호작용은 1개 이상의 또 다른 리간드와의 특이적 상호작용을 통하여 조절된다. 또 다른 리간드는 첫 번째 리간드의 결합에 영향을 주는 단백질의 입체형태의 변화를 일으킬 수 있다.

효소는 단백질 기능의 특별한 예를 보여 준다. 효소는 다른 분자들과 결합하여 화학적으로 변형시킨다. 즉, 효소는 반응을 촉매한다. 효소에 의하여 작용을 받는 분자는 리간드라고 하기 보다는 **반응 기질(reaction substrate)**이라고 부른다. 리간드 결합자리는 **촉매자리(catalytic site)** 또는 **활성자리(active site)**라고 부른다. 이 장은 단백질의 비촉매적 기능에 대하여 주로 논의할 것이다. 제6장에서 생화학의 중심 주제인 효소에 의한 촉매작용을 다루게 될 것이다. 이 장의 주제인 결합, 특이성, 입체형태의 변화 등은 화학적 변형에 작용하는 단백질의 부가적인 요소와 함께 다음 장에서도 계속될 것이다.

5.1 단백질과 리간드의 가역적 결합: 산소결합 단백질

마이오글로빈(myoglobin)과 **헤모글로빈(hemoglobin)**은 가장 많이 연구되었고 가장 잘 이해된 단백질이다. 이들은 3차원 구조가 결정된 첫 번째 단백질이며 생화학적 과정에서 가장 중심이 되는 단백질에 대한 리간드의 가역적 결합에 대한 거의 모든 양상을 보여 준다. 단백질 기능에 대한 이러한 고전적 모델은 우리에게 단백질이 어떻게 작용하는지에 대하여 많은 정보를 제공한다.

산소는 헴 보조단(prosthetic group)에 결합할 수 있다

산소는 수용액에서 잘 녹지 않는다(표 2-3 참조). 만일 산소가 쉽게 혈청에 녹는다면 충분한 양이 조직으로 운반될 수 없다. 또한 수 밀리미터 이상의 떨어진 조직으로 산소가 확산되기에 비효과적이다. 보다 큰 다세포 동물들의 진화는 산소를 운반하고 저장할 수 있는 단백질들의 진화에 의존하였다. 그러나 단백질을 구성하는 아미노산 곁사슬 중에 어떠한 것도 산소분자들과 가역적으로 결합하기에 적합하지 않다. 이 역할은 산소에 강하게 결합하려는 경향이 있는 철과 구리와 같은 전이 금속(transition metal)들이 수행한다. 다세포 생물들은 산소 운반을 위하여 가장 보편적인 철과 같은 금속의 성질을 이용한다. 그러나 유리 철(free iron)은 하이드록실 라디칼과 같은 반응성이 매우 큰 산소종의 생성을 촉진하여 DNA와 다른 고분자들을 손상시킬 수 있다. 그러므로 세포 내에서 사용되는 철은 격리된 상태 또는 활성을 줄인 상태로 결합되어 있다. 다세포 생물에서는 특히 산소를 운반하는 철은 먼 거리까지 운반되어야 한다. 철은 종종 **헴(heme** 또는 haem)이라 불리는 보조단에 편입되어 있으며, 이 보조단은 단백질에 결합되어 있다. (보조단은 단백질의 기능이 발휘되도록 단백질과 영구적으로 결합된 화합물이라는 제3장의 내용을 기억하라.)

헴은 **프로토포르피린(protoporphyrin)**이라고 부르는 복잡한 유기 고리 구조로 구성되어 있으며, 하나의 철 원자가 Fe^{2+} 상태로 결합되어 있다(**그림 5-1**). 철 원자는 6개의 배위 결합을 가지는데, 4개의 결합은 편평한 **포르피린 고리(porphyrin ring)** 구조 부분에 있는 질소원자에, 2개의 결합은 포르피린에 수직으로 결합을 하고 있다. 배위 결합된 질소원자(전자를 주는 성격을 지닌)는 헴 철이 Fe^{3+} 상태로 전환되는 것을 방지하도록 돕는다. Fe^{2+} 상태에 있는 철은 산소와 가역적으로 결합하나 Fe^{3+} 상태의 철은 산소와 결합하지 않는다. 헴은 산소를 운반하는 많은 단백질뿐만 아니라 시토크롬과 같은 산화환원(전자 전달) 반응에 관여하는 단백질에서도 발견된다(제19장).

유리 헴 분자(단백질에 결합하지 않은 헴)에서 Fe^{2+}는 2개의 "열린" 배위 결합 상태이다. 한 분자의 산소가 두 유리 헴 분자(혹은 2개의 유리 Fe^{2+})와 동시에 반응하면 비가역적으로 Fe^{2+}를 Fe^{3+}로 전환시킨다. 헴을 포함하는 단백질에서 단백질 구조 내에

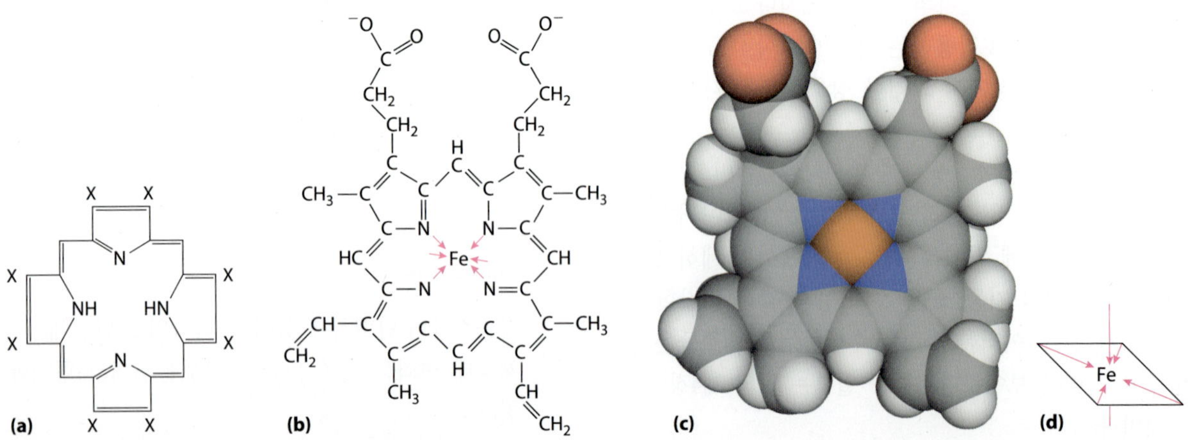

그림 5-1 헴. 헴 기는 마이오글로빈, 헤모글로빈, **헴 단백질**로 불리는 많은 단백질 등에 존재한다. 헴은 Fe^{2+} 상태의 철 원자와 결합하는 프로토포르피린 IX인 복잡한 유기 고리 구조로 되어 있다. **(a)** 포르피린은 프로토포르피린 IX의 오직 한 예로 X로 표시된 위치에 하나 이상의 치환이 가능한 자리를 가진 메텐 다리로 연결된 4개의 피롤 고리로 구성되어 있다. **(b, c)** 헴의 다른 표시들. 헴의 철 원자는 6개의 배위 결합을 가진다. 4개는 편평한 포르피린 고리계의 면에 결합되어 있고, **(d)** 2개는 그 면에 수직으로 있다. [출처: (c) Heme extracted from PDB ID 1CCR, H. Ochi et al., *J. Mol. Biol.* 166:407, 1983.]

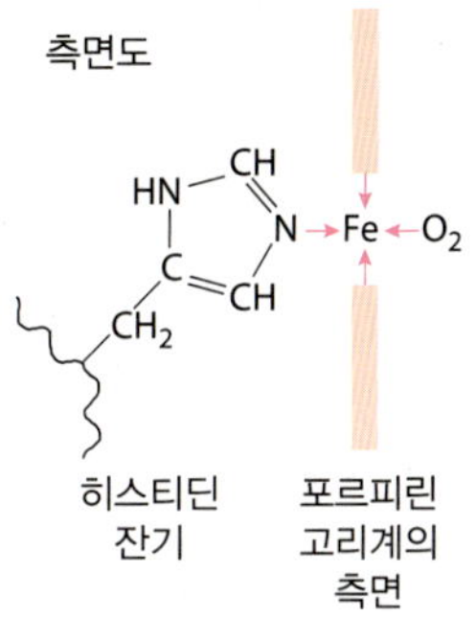

그림 5-2 옆에서 본 헴 기. 그림 5-2 옆에서 본 헴 기. 이 그림은 포르피린 고리계에 수직으로 위치하는 2개의 철의 배위결합을 보여 준다. 두 결합 중 하나는 마이오글로빈의 His^{93}, 인접한 히스티딘 잔기 또는 His F8(α나선의 F에 위치한 8번째 잔기, 그림 5-3 참조)이라 하고, 다른 결합은 산소를 위한 결합자리이다. 남아 있는 4개의 배위결합은 편평한 포르피린 고리계의 면에 있으면서 이 면에 결합되어 있다.

깊숙이 헴을 격리시킴으로써 이 반응은 방지할 수 있다. 따라서 2개의 "열린" 배위 결합에 대한 접근이 제한되어 있다. 글로빈에서 2개의 열린 배위 중 한 곳은 **근위 히스티딘(proximal His)**이라고 불리며 종 간 보존성이 높은 히스티딘 잔기의 곁사슬에 있는 질소와 결합한다. 다른 하나의 "열린" 배위 결합은 산소분자(O_2)를 위한 결합자리이다(**그림 5-2**). 산소가 결합하면 헴 철의 전자 성질이 변한다; 이러한 이유로 산소가 소모된 정맥혈에서는 어두운 자주색으로, 산소가 풍부한 동맥혈에서는 밝은 빨간색으로 색깔이 변하게 된다. 일산화탄소(NO)와 일산화질소(NO) 같은 몇몇 작은 분자들은 산소보다 훨씬 더 큰 친화력으로 헴 철과 결합한다. 일산화탄소가 헴에 결합했을 때 산소의 결합이 차단되는데, 이것은 일산화탄소가 호기성 생물에 매우 독성이 있는 이유이다(나중에 논의되는 주제, 별도설명 5-1). 산소결합 단백질(oxygen-binding protein)들은 헴을 둘러싸거나 격리시킴으로써 일산화탄소와 다른 작은 분자들의 헴 철에 대한 접근을 조절한다.

글로빈들은 산소결합 단백질 족이다

글로빈들은 유사한 1차와 3차 구조를 갖고 있는 광범위한 단백질 족이다. 글로빈들은 모든 종류의 진핵세포들에서 공통적으로 발견되며, 심지어 일부 세균에서도 발견된다. 일부는 산소, 산화질소 또는 일산화탄소의 인지에서 역할을 하지만 대부분은 산소 운반 또는 저장 기능을 한다. 단순한 선형 기생충 *Caenorhabditis elegans*는 33개의 다양한 글로빈들에 대한 유전자를 갖고 있다. 인간과 다른 포유류에서는 최소한 4가지의 글로빈들이 있다. 단일체(monomer)인 마이오글로빈은 근육조직에서 산소 확산을 용이하게 한다. 마이오글로빈은 특히 바다표범과 고래와 같이 잠수를 하는 해양포유류의 근육에 풍부하게 존재하여, 바다 속에서 오랜 기간 이동하는 동안 산소를 저장하는 기능을 담당한다. 사합체(tetramer)인 헤모글로빈은 혈류에서 산소 운반을 담당한다. 단일체 뉴로글로빈(neuroglobin)은 대개 신경세포에서 발현되고 뇌를 저산소 또는 허혈(혈액 공급의 제한)에서 보호한다. 또 다른 단일체 글로빈인 사이토글로빈(cytoglobin)은 혈관벽에 높은 농도로 존재하며 일산화질소(NO)의 양을 조절한다(제12장 및 13장에서 논의될 것임).

마이오글로빈은 산소에 대한 하나의 결합자리를 갖고 있다

마이오글로빈(분자량 16,700: 약자 Mb)은 단일 폴리펩타이드로 153개의 아미노산 잔기와 1개의 헴 분자를 가진다. 전형적인 형태의 글로빈 폴리펩타이드로서, 굽이(bend)로 연결된 8개의 α-나선 분절(α-helical segment)로 이루어져 있다(**그림 5-3**). 이 단백질의 아미노산 잔기의 약 78%는 이러한 α 나선에서 발견된다.

단백질 기능에 대한 세부적인 논의를 할 때 단백질 구조는 필연적으로 포함된다. 마이오글로빈에 관한 설명을 용이하게 하기 위하여 먼저 글로빈의 고유한 구조적 특징들을 소개하고자 한다. 그림 5-3에서 본 것처럼, 나선형 부분은 A부터 H까지 표시된다. 각각의 아미노산 잔기는 아미노산 서열 상의 위치나 개개의 α 나선 분절의 서열상 내 위치로 표현된다. 예를 들어, 마이오글로빈 헴에 배위 결합하는 히스티딘 잔기 His^{93}(마이오글로빈 폴리펩타이드 서열의 아미노 말단으로부터 93번째 아미노산 잔기)은 His F8(α나선 F에서 8번째 잔기)로도 불린다. 그 구조에서 굽이는 AB, CD, EF, FG 등으로 표현하는데, 이것은 그것들이 연결하고 있는 α-나선 분절을 나타낸다.

단백질-리간드 상호작용은 정량적으로 표현할 수 있다

마이오글로빈의 기능은 단백질이 산소와 결합하는 능력뿐 아니라, 산소의 방출이 필요한 시간과 장소에서 산소를 방출할 수 있는 능력에 좌우된다. 생화학에서 어떤 기능을 이해하기 위하여 종종 이

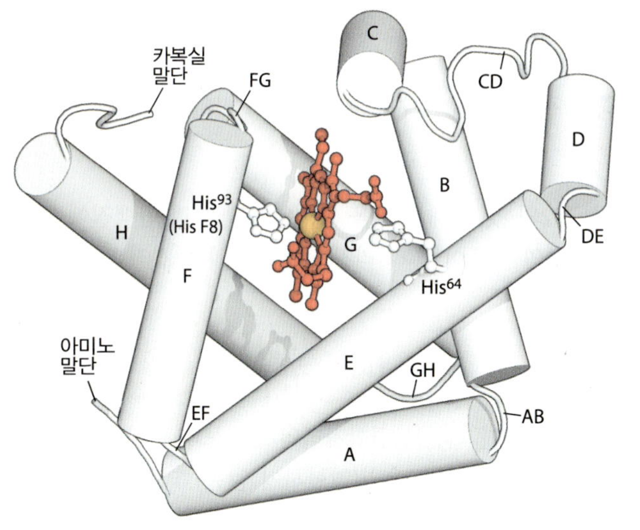

그림 5-3 마이오글로빈. 8개의 α-나선 분절(여기서 원통으로 표시)은 A부터 H까지 표시된다. 그들을 연결하는 굽이 내의 비나선 부분은 AB, CD, EF 등으로 표시되어 그들이 연결하는 분절을 나타낸다. BC와 DE를 포함하는 몇 개의 굽이는 급하게 휘어 있고, 아무 잔기를 포함하지 않으며, 일반적으로 표시되지 않았다. (D와 E 사이의 짧은 분절은 컴퓨터 표현에 의한 인위적인 것이다.) 단백질의 다른 분절들 내 아미노산 잔기들이 또한 참여하고 있으나, 거의 E와 F 나선에 의하여 만들어진 주머니에 헴이 결합되어 있다. [출처: PDB ID 1MBO, S. E. Phillips, *J. Mol. Biol.* 142:531, 1980.]

런 형태의 가역적인 단백질-리간드 상호작용(protein-ligand)을 고려한다. 그러므로 이러한 상호작용을 정량적으로 기술하는 것은 많은 생화학적 연구에서 매우 중요한 부분이다.

일반적으로 리간드(L)에 대한 단백질(P)의 가역적인 결합을 간단한 **평형식(equilibrium expression)**으로 기술할 수 있다.

$$\mathrm{P} + \mathrm{L} \rightleftharpoons \mathrm{PL} \tag{5-1}$$

반응식은 k_a와 k_d가 속도 상수(rate constant)인 평형 상수 K_a로 표현된다(자세한 설명은 아래쪽에 있음).

$$K_a = \frac{[\mathrm{PL}]}{[\mathrm{P}][\mathrm{L}]} = \frac{k_a}{k_d} \tag{5-2}$$

K_a라는 용어는 연합 상수(association constant)이며 복합체와 복합체의 비결합 구성물 사이의 평형을 나타낸다(산 해리 상수로 표현된 K_a와 혼동하지 말 것: 61쪽 참조). 연합 상수는 단백질에 대한 리간드 L의 친화도를 나타낸다. K_a는 M^{-1}의 단위를 가진다; 더 큰 K_a 값은 단백질에 대한 리간드의 더 큰 친화도에 해당한다.

평형이라는 용어인 K_a는 또한 PL 복합체를 형성하는 정반응(결합) 속도와 역반응(분리) 속도 간의 비율과 동등하다. 결합속도와 분리속도는 각각 k_a와 k_d라는 속도 상수로 표현된다. 다음 장에서 더 자세히 논의 되겠지만, 속도 상수는 전체 반응물 중 주어진 시간 내에 반응하는 반응물의 분율을 나타내는 비례 상수(proportionality constants)이다. PL $\longrightarrow$ P + L으로 표시되는 분리 반응처럼 1개의 분자가 관여하는 반응을 1차 서열(*order*)이라고 하고 속도 상수(kd)는 속도에 역비례(s-1) 단위로 나타낸다. P + L $\longrightarrow$ PL로 되는 결합 반응처럼 반응이 2개의 입자를 수반할 때를 2차 서열이라고 하고 속도 상수(k_a)는 $\mathrm{M}^{-1}\ \mathrm{s}^{-1}$ 단위로 나타낸다.

›› 중요 관례: 평형 상수는 대문자 *K*로 나타내고 속도 상수는 소문자 *k*로 나타낸다. **‹‹**

식 5-2의 첫 번째 부분을 재배열하면 유리 단백질에 대한 결합 단백질의 비율이 유리 리간드의 농도와 직접적으로 비례함을 알 수 있다.

$$K_a[\mathrm{L}] = \frac{[\mathrm{PL}]}{[\mathrm{P}]} \tag{5-3}$$

리간드의 농도가 리간드 결합자리의 농도보다 훨씬 높을 때, 단백질과 리간드의 결합은 유리(결합하지 않는) 리간드의 농도를 크게 변화시키지 않는다. 즉, [L]은 상수로 남는다. 이러한 조건은 세포에서 단백질에 결합하는 대부분의 리간드에 광범위하게 적용될 수 있으며, 결합 평형에 대한 설명을 단순화시킬 수 있다.

따라서 단백질에서 리간드가 결합된 리간드 결합자리의 분율 *Y*로부터 결합 평형을 생각해 볼 수 있다.

$$Y = \frac{\text{리간드가 결합한 자리}}{\text{총 결합자리}} = \frac{[\mathrm{PL}]}{[\mathrm{PL}] + [\mathrm{P}]} \tag{5-4}$$

[PL]을 K_a[P][L]로 치환하고(식 5-3 참조), 항을 재배열하면 다음과 같은 식을 얻는다.

$$Y = \frac{K_a[\mathrm{L}][\mathrm{P}]}{K_a[\mathrm{L}][\mathrm{P}] + [\mathrm{P}]} = \frac{K_a[\mathrm{L}]}{K_a[\mathrm{L}] + 1} = \frac{[\mathrm{L}]}{[\mathrm{L}] + \frac{1}{K_a}} \tag{5-5}$$

K_a의 값은 유리 리간드의 농도 [L]에 대한 Y의 도표로부터 결정될 수 있다(**그림 5-4a**). $x = y(y + z)$ 유형의 식은 쌍곡선으로 표현되므로 *Y*는 [L]의 쌍곡선 함수이다. 리간드 결합자리의 분율은 [L]이 증가할수록 점진적으로 포화에 근접한다. 리간드 결합자리의 반이 리간드로 채워질 때(즉, $Y = 0.5$)의 [L]은 $1/K_a$에 해당한다.

그러나 **해리 상수(dissociation constant, K_d)**를 사용하는 것이 보다 일반적이고 직관적으로 단순하다. **K_d**는 K_a의 역수이고($K_d = 1/K_a$) 몰 농도(M) 단위로 주어진다. K_d는 리간드 해리에 대한 평형 상수이다. 관계식은 다음과 같이 표현될 수 있다.

$$K_d = \frac{[\mathrm{P}][\mathrm{L}]}{[\mathrm{PL}]} = \frac{k_d}{k_a} \tag{5-6}$$

$$[\mathrm{PL}] = \frac{[\mathrm{P}][\mathrm{L}]}{K_d} \tag{5-7}$$

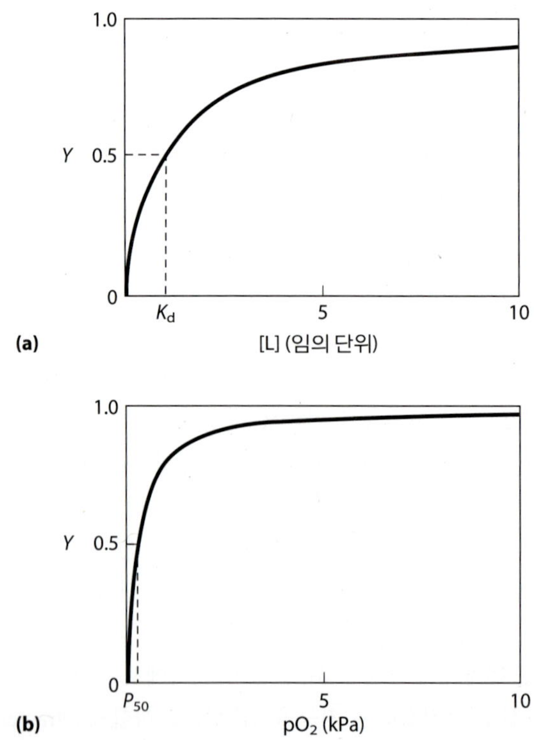

그림 5-4 리간드 결합의 그래프. 채워진 리간드 결합자리의 분획 *Y*이 유리 리간드 농도에 대하여 작도되었다. 두 곡선은 직각 쌍곡선이다. **(a)** 리간드 L에 대한 가상적인 곡선. 리간드 결합자리의 절반이 채워졌을 때 [L]은 $1/K_a$ 또는 K_d와 동일하다. 곡선은 $Y = 1$에서 수평의 점근선이 되고, $[\mathrm{L}] = -1/K_a$에서 수직 점근선이 된다(그림에서 보여 주지 않음). **(b)** 마이오글로빈에 대한 산소의 결합을 나타낸 곡선. 용액 위의 공기내 산소의 분압은 킬로파스칼(kPa)로 나타내었다. 산소는 P_{50}이 오직 0.26 kPa일 때 마이오글로빈과 강하게 결합한다.

표 5-1 몇 가지 단백질의 해리 상수

단백질	리간드	K_d (M)[a]
아비딘(계란 흰자위)	바이오틴	1×10^{-15}
인슐린 수용체(사람)	인슐린	1×10^{-10}
항-HIV 면역글로불린(사람)[b]	gp41(HIV-1 표면 단백질)	4×10^{-10}
니켈-결합 단백질(대장균)	Ni^{2+}	1×10^{-7}
칼모듈린(쥐)[c]	Ca^{2+}	3×10^{-6}
		2×10^{-5}

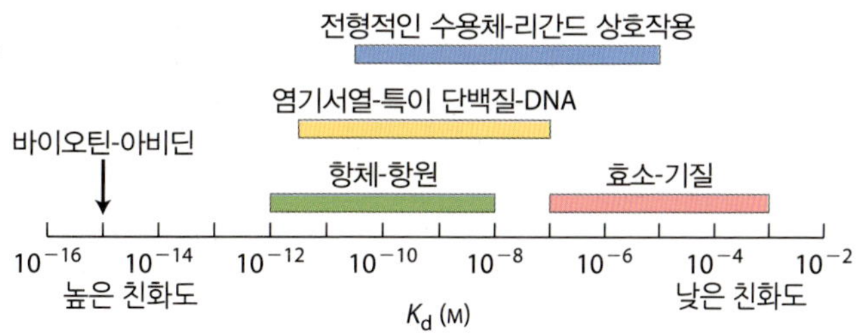

색칠된 막대는 생물학적 체계에서 다양한 종류의 상호작용에서의 전형적인 해리 상수 범위를 나타낸다. 단백질 아비딘과 보조효소인 바이오틴 간의 결합과 같은 몇몇 상호작용은 정상 범위에 존재하지 않는다. 아비딘-바이오틴 상호작용은 너무 단단해서 비가역적 반응으로 여겨진다. 염기서열 특이 단백질-DNA 상호작용은 다른 DNA 자리에 일반적으로 결합하는 것과는 반대로 DNA내 특별한 염기서열에 결합하는 단백질을 나타낸다.

[a]표시한 해리 상수는 특정한 용액상태 하에서만 유효하다. 단백질-리간드 상호작용에 대한 K_d 값은 용액의 염 농도, pH 또는 다른 가변 요인의 변화에 따라 때때로 몇 배 범위까지 달라질 수 있다.

[b]이 면역글로불린은 HIV에 대한 백신을 개발하는 노력의 일부분으로 정제되었다. 면역글로불린(이 장의 뒤에서 기술됨)은 매우 가변적이고, 여기서 나타낸 K_d은 모든 면역글로불린의 특징으로 고려되어서는 안 된다.

[c]칼모듈린은 칼슘에 대해 4개의 결합자리를 가지고 있다. 여기에 나타낸 값은 측정된 한 세트에서 관찰되어지는 가장 높고 가장 낮은 친화 결합자리를 반영한다.

$$Y = \frac{[L]}{[L] + K_d} \quad (5\text{-}8)$$

[L]이 K_d와 같을 때, 리간드 결합자리의 반이 리간드로 채워진다. [L]이 K_d 보다 아래로 떨어지면, 리간드가 결합한 단백질은 점차적으로 작아진다. 리간드 결합자리가 90% 이상 채워지려면, [L]이 K_d 보다 9배 이상 커야 한다.

실제로 리간드에 대한 단백질의 친화도를 표현할 때 종종 Kd가 K_a 보다 많이 사용된다. K_d가 낮으면 낮을수록 단백질에 대한 리간드의 친화도가 높다는 것을 의미한다. 수학은 이것을 간단한 식으로 표현할 수 있다: K_d는 리간드 결합자리에 리간드가 절반 채워졌을 때 리간드의 몰 농도이다. 이런 점에서 그 단백질은 리간드 결합에 있어서 절반 포화 상태에 도달했다고 말한다. 단백질이 리간드에 보다 단단히 결합할수록 리간드가 결합자리의 절반을 채우기 위하여 요구되는 리간드의 농도는 낮아지며, 다시 말해 K_d 값이 작아진다. 몇몇 대표적인 해리 상수를 표 5-1에 제시하였다; 해리 상수 비율은 생물학적 체계에서 보이는 전형적인 해리 상수 범위를 나타낸다.

연습문제 5-1 수용체-리간드 해리 상수

2개의 단백질 A와 B는 아래쪽에 있는 결합 곡선에 따라 L이라는 동일한 리간드와 결합한다.

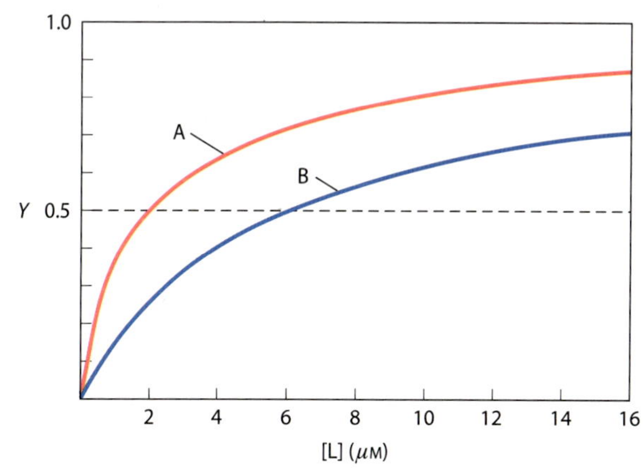

각 단백질의 해리 상수인 K_d는 얼마인가? 어느 단백질(A 또는 B 중에서)이 리간드 L에 대하여 더 큰 친화도를 갖는가?

풀이: 그래프로부터 해리 상수를 결정할 수 있다. Y가 리간드에

결합한 결합자리 비율을 나타내기 때문에 결합자리의 절반이 채워진 상태에서, 즉 결합 곡선이 $Y = 0.5$인 선과 교차하는 자리에서, 리간드의 농도가 해리 상수이다. X 단백질의 $K_d = 2\ \mu M$이고 Y 단백질의 $K_d = 6\ \mu M$이다. A는 Y보다 낮은 [L]에서 반포화 상태가 되기 때문에 A가 리간드에 더 높은 친화력을 가지고 있다.

마이오글로빈에 산소가 결합할 때 위에서 논한 양식을 따르지만, 산소는 기체이고 실험실에서 보다 편리하게 실험할 수 있도록 그 공식을 약간 수정해야 한다. 먼저 우리는 식 5-8에서 [L]을 녹아 있는 산소 농도로 치환하면 다음과 같은 공식을 얻을 수 있다.

$$Y = \frac{[O_2]}{[O_2] + K_d} \qquad (5\text{-}9)$$

어떤 리간드에 대하여 K_d는 리간드 결합자리가 절반이 채워졌을 때의 $[O_2]$와 같기 때문에, K_d는 $[O_2]_{0.5}$이고 식 5-9는 다음과 같이 표현된다.

$$Y = \frac{[O_2]}{[O_2] + [O_2]_{0.5}} \qquad (5\text{-}10)$$

산소를 리간드로 사용하는 실험에서, 변하는 것은 용액 위에 가스 형태의 산소 분압(pO_2)이다. 산소 분압은 용액에 녹아 있는 산소의 농도를 측정하는 것보다 쉬우며, 용액 내 휘발성 물질의 농도는 항상 기체의 국소 분압에 비례한다. 만약 우리가 $[O_2]_{0.5}$에서 산소의 분압을 P_{50}으로 정의한다면, 식 5-10을 치환하여 다음과 같은 식을 얻는다.

$$Y = \frac{pO_2}{pO_2 + P_{50}} \qquad (5\text{-}11)$$

pO_2에 대한 Y와 연관된 마이오글로빈의 결합 곡선은 그림 5-4b와 같다.

단백질 구조는 리간드가 결합하는 방식에 영향을 준다

리간드가 단백질에 결합할 때 위에서 제시된 식처럼 간단한 경우는 거의 없다. 상호작용은 단백질 구조에 의하여 영향을 받고 때로는 단백질 입체 형태의 변화를 수반한다. 예를 들어, 헴이 다양한 리간드와 결합할 때의 특이성은 헴이 마이오글로빈의 구성 요소일 때 달라진다. 일산화탄소가 유리 헴 분자에 결합할 때 산소보다 20,000배 이상 강하게 결합하나(즉, 유리 헴 분자에 대한 CO 결합의 K_d 혹은 P_{50}은 O_2에 비하여 20,000배 이상 낮음) 마이오글로빈에 결합되어 있는 헴에 결합할 때에는 산소보다 단지 약 40배 강하게 결합한다. 유리 헴에서 일산화탄소의 결합력이 강한 이유는 일산화탄소와 산소의 오비탈(orbital) 구조가 Fe과 결합하는 반응하는 방식의 차이에 기인한다. 일산화탄소와 산소의 동일한 오비탈 구조는 헴에 결합할 때 결합 기하구조(binding geometry)의 차이를 유도한다(**그림 5-5a, b**). 헴이 글로빈에 결합되어 있을 때

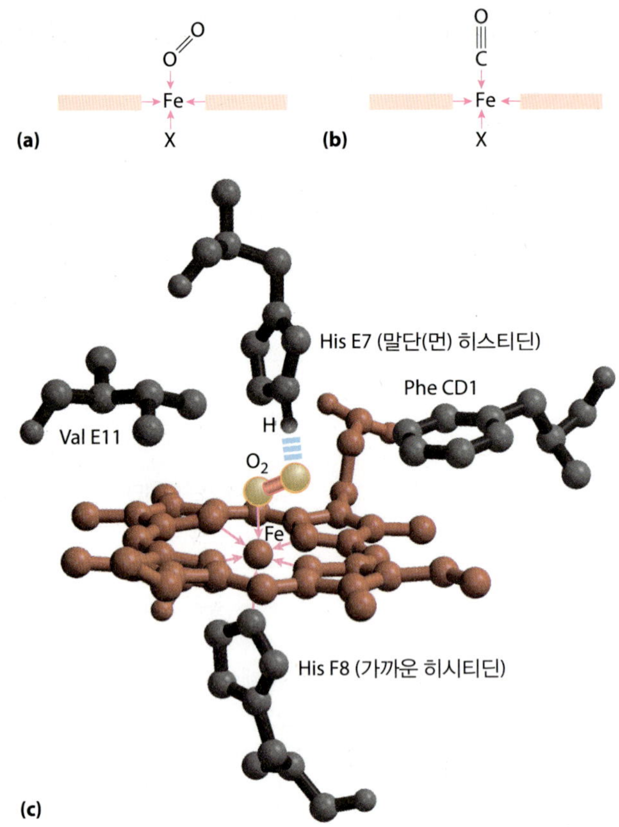

그림 5-5 마이오글로빈 헴과 리간드의 결합의 의한 입체 효과. (a) 산소는 산소 축에 비스듬한 각도로 마이오글로빈에 의하여 쉽게 수용될 수 있는 결합 형태를 갖게 된 헴과 결합한다. (b) 일산화탄소는 포르피린 고리의 면에 수직인 CO 축을 가지고 유리 헴과 결합한다. (c) 헴 주위의 주요한 아미노산 잔기의 배열을 보여 주는 마이오글로빈 헴의 또 다른 그림. 결합된 산소는 먼 히스티딘 E7(His64)과의 수소결합을 통하여 산소의 결합을 더 촉진한다. [출처: (c) Derived from PDB ID 1MBO, S. E. Phillips, *J. Mol. Biol.* 142:531, 1980.]

일산화탄소와 산소가 헴에 대한 상대적 친화도의 변화는 글로빈 구조에 의해 조절된다.

헴이 글로빈에 결합되어 있을 때, 산소에 대한 선택적 친화도는 **말단 히스티딘(distal His)**(글로빈의 His^{64} 또는 His E7)의 존재로 인하여 증가하게 된다. 철-산소 복합체는 철-일산화탄소 복합체보다 극성을 띤다. 결합하는 철 원자의 부분 산화(partial oxidation)로 인하여 결합산소의 산소 원자 주변에 부분 음성 전하(partial negative charge)가 존재한다. HisE7의 이미다졸 곁사슬과 결합된 산소분자 간 수소결합이 이 극성 복합체를 전기적으로 안정화시킨다(그림 5-5c). 따라서, 산소에 대한 마이오글로빈의 친화도는 약 500배 선택적으로 증가한다. 그러나 마이오글로빈의 철-일산화탄소 결합에는 그러한 효과가 존재하지 않는다. 결과적으로, 유리 헴은 산소에 비해 일산화탄소에 대한 친화력이 20,000배 더 높으나, 헴이 마이오글로빈에 포함되어 있으면 일산화탄소에 대한 친화력이 감소되어, 산소 대비 일산화탄소에 대한 친화력이 40배 높다. 산소의 결합에 있어 정전기적 효과는 일부 무척추동물의 헤모글

로빈에서 좀더 효과적일 수 있다. 왜냐하면 결합 부위의 두 그룹이 결합 산소와 강한 수소결합을 형성함으로써 헴 그룹이 이산화탄소보다 산소에 더 강하게 결합할 수 있게 되기 때문이다. 이러한 글로빈의 산소 선택적 친화도는 생리적으로 중요하며, 헴 분해대사(제22장 참조) 또는 다른 기원에서 발생한 일산화탄소에 의해 중독되지 않도록 도움을 준다.

마이오글로빈의 헴에 대한 산소의 결합력은 또한 단백질 구조의 분자 운동 또는 "숨쉬기(breathing)"에 의해 영향을 받는다. 이 헴 분자의 산소는 접힌 폴리펩타이드 안에 깊이 묻혀 있어, 주위 용액에서 리간드 결합자리까지 가는 직접적인 통로가 제한되어 있다. 만약 단백질이 경직되어 있다면, 산소는 헴 주머니로 용이하게 들어가거나 나올 수 없을 것이다. 그러나 아미노산 곁사슬의 빠른 분자적 유연성으로 인해 단백질 구조에 순간적인 공간이 생기며, 산소는 이 공간을 통하여 들어갔다 나왔다 이동하게 된다. 마이오글로빈에서 빠른 분자적 요동에 관한 컴퓨터 모의 시험(simulation)을 통해 이러한 통로가 많이 존재한다는 것이 제안되었다. 말단 히스티딘(disital His)은 헴의 철 주변의 주요 주머니(pocket)에 대한 접근을 통제하는 관문 역할을 한다. 히스티딘이 주머니를 여닫는 회전은 나노초(10^{-9}초) 단위로 발생한다. 미세한 구조 변화라도 단백질의 활성에 중요하게 작용한다.

말단 히스티딘의 기능은 어떤 글로빈에서는 다소 다르다. 뉴로글로빈, 사이토글로빈과 식물과 무척추동물에서 발견되는 일부 글로빈에서, 말단 히스티딘(His E7)은 리간드가 결합하는 장소에 위치하는 헴 철과 직접적으로 배위되어 있다. 이러한 글로빈에서는 결합 과정 중에 산소 또는 다른 리간드들이 먼 히스티딘을 치환해야만 한다. 이는 먼 히스티딘과 산소 간에 수소 결합을 다시 형성함으로써 이루어진다.

헤모글로빈은 혈액에서 산소를 운반한다

동물의 혈액에서 운반되는 거의 모든 산소는 적혈구(erythrocyte, red blood cell)의 헤모글로빈과 결합하여 운반된다. 건강한 사람의 적혈구는 지름이 6~9 μm의 작고 양면의 가운데가 오목한 원반 모양이다. 그들은 **혈구모세포(hemocytoblast)**라는 전구 줄기세포(precursor stem cell)로부터 형성된다. 성숙 과정에서 줄기세포는 많은 양의 헤모글로빈을 만드는 딸세포를 생산하며, 이 세포는 핵, 미토콘드리아, 소포체 등과 같은 내부 소기관들을 소실한다. 따라서 적혈구는 분열을 할 수 없는 불완전하게 퇴화한 세포로서 인체에서 약 120일 정도 생존할 수 있다. 적혈구의 주요 기능은 세포질에 매우 높은 농도(적혈구 무게의 34% 정도)로 녹아 있는 헤모글로빈을 운반하는 것이다.

폐에서 심장을 거쳐 말초 조직으로 가는 동맥혈의 헤모글로빈은 약 96%가 산소로 포화되어 있다. 심장으로 돌아오는 정맥혈의 헤모글로빈은 약 64%만이 포화되어 있다. 즉, 조직을 통하여 지나가는 100 mL의 혈액이 운반하는 산소 중 약 3분의 1만 해리되는데, 이것은 대기압과 체온 상태에서 6.5 mL의 산소 기체에 해당된다.

마이오글로빈은 산소와 포물선형 곡선 형태의 결합력을 보이며 상대적으로 용해산소 농도의 작은 변화에 비교적 덜 민감하기 때문에 산소 저장 단백질로서의 기능을 수행할 수 있다(그림 5-4b). 헤모글로빈은 여러 개의 소단위와 여러 개의 산소결합자리를 갖으며 산소 운반에 보다 더 적합하다. 이제 앞으로 보게 되겠지만, 여러 개의 소단위로 이루어진 단백질에서는 소단위 사이의 상호작용으로 인해 리간드 농도의 작은 변화에도 매우 민감하게 반응할 수 있다. 헤모글로빈에서 소단위 사이의 상호작용은 산소에 대한 단백질의 친화도를 바꿀 수 있는 입체 형태의 변화를 유도한다. 산소결합을 조절함으로써 산소 운반 단백질(O_2-transport protein)이 조직에서 필요로 하는 산소량의 변화에 반응할 수 있다.

헤모글로빈 소단위는 구조적으로 마이오글로빈과 유사하다

헤모글로빈(분자량 64,500; 약자 Hb)은 지름이 약 5.5 nm이고 거의 구형이다. 이것은 4개의 헴 보조단을 갖는 사합체 단백질(tetrameric protein)로 각각의 헴 보조단은 각각 폴리펩타이드와 연결되어 있다. 성인 헤모글로빈은 2개의 α 사슬(각각 141개 잔기)과 2개의 β 사슬(각각 146개 잔기) 등 2가지 종류의 글로빈을 가지고 있다. 비록 α와 β 소단위의 폴리펩타이드 서열에서 아미노산 잔기간 유사성이 절반 이상이나, 두 소단위의 3차원 구조는 매우 유사하다. 더욱이 이들의 구조는 마이오글로빈의 구조와 매우 유사하지만(**그림 5-6**), 3개의 폴리펩타이드(α 및 β 소단위의 폴리펩타이드와 마이오글로빈)의 아미노산 서열은 단지 27곳만 동일하다(**그림 5-7**). 3개의 폴리펩타이드는 글로빈 단백질 족에 속한다. 마이오글로빈에서 사용되었던 α 소단위의 나선들의 명명법이 α 소단위에 짧은 D 나선이 없다는 것을 제외하면 헤모글로빈 폴리펩타

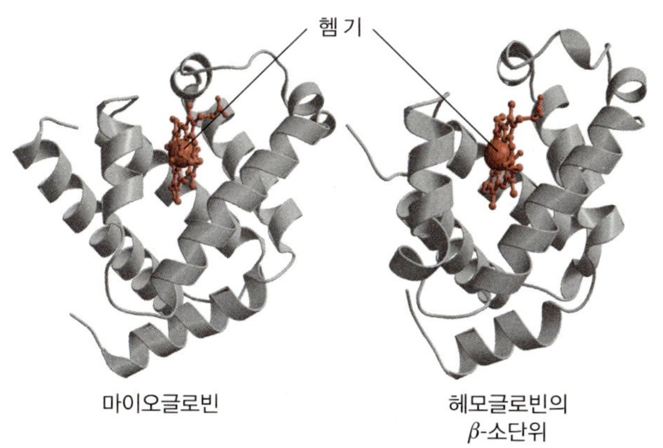

그림 5-6 마이오글로빈과 헤모글로빈 β-소단위의 구조 비교. [출처: (left) PDB ID 1MBO, S. E. Phillips, *J. Mol. Biol.* 142:531, 1980. (right) Derived from PDB ID 1HGA, R. Liddington et al., *J. Mol. Biol.* 228:551, 1992.]

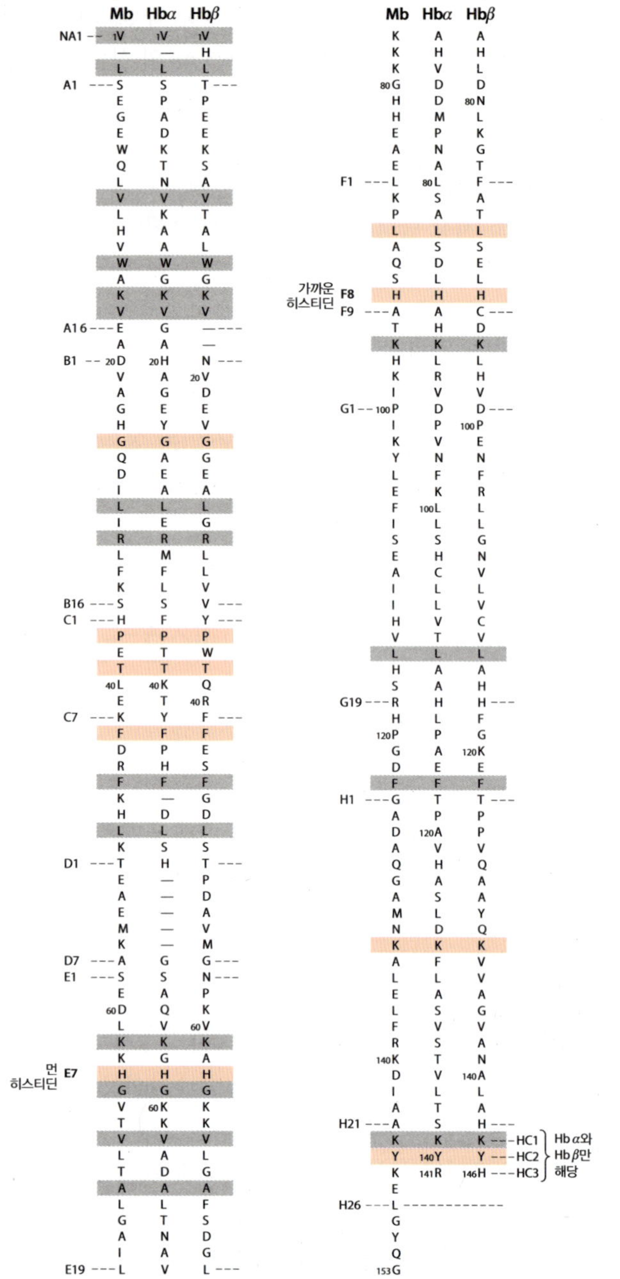

그림 5-7 고래 마이오글로빈과 사람 헤모글로빈 α와 β 사슬의 아미노산 서열. 점선은 나선 경계를 표시한다. 서열을 이상적으로 배열하기 위하여 비교된 서열에 소수의 아미노산이 존재하는 2개의 Hb 서열에 짧은 틈들을 도입하였다. Hbα에 없는 D 나선을 제외하고 이 배열은 모든 3개의 구조(음영 부분)에서 동일한 아미노산 잔기의 공통적인 위치를 강조하는 나선 표기 관례를 이용하였다. 옅은 빨간색 음영의 잔기들은 알려진 모든 글로빈에 보존되어 있다. 아미노산에 대한 공통 나선 문자와 숫자 표기는 반드시 폴리펩타이드에서 아미노산 직선 서열에 있는 공통의 위치에 해당하는 것은 아니다. 예를 들면, 먼 히스티딘 잔기는 3개의 모든 구조에서 His E7이다. 그러나 Mb, Hbα, Hbβ 등의 직선 서열에서 각각 His^{64}, His^{58}, His^{63} 등에 해당한다. 첫 번째 (A)와 마지막 (H) α-나선 분절을 이후의 아미노 말단과 카복실 말단에 있는 비나선 잔기들은 각각 NA와 HC로 표시되었다.

이드에도 적용된다. 헴-결합 주머니는 대부분 각 소단위의 E 나선과 F 나선으로 구성되어 있다.

헤모글로빈의 4차 구조는 서로 다른 소단위 간 강한 상호작

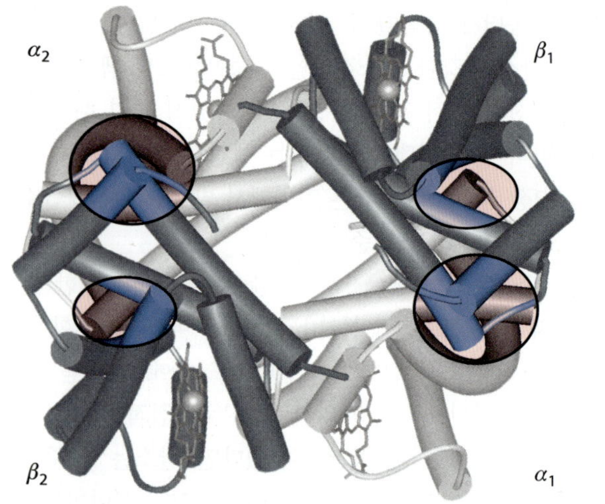

그림 5-8 헤모글로빈 소단위 사이의 우세한 상호작용. 이 그림에서 α 소단위는 밝게, β 소단위는 어둡게 나타냈다. 가장 강력한 소단위 상호작용(가장 밝게 표시함)은 다른 소단위들 사이에 일어난다. 산소가 결합할 때 $\alpha_1\beta_1$ 사이의 접촉에서 변화가 거의 없지만, $\alpha_1\beta_2$ 사이의 접촉은 여러 개의 이온쌍들이 파괴되며 큰 변화가 온다. [출처: PDB ID 1HGA, R. Liddington et al., *J. Mol. Biol.* 228:551, 1992.]

용을 한다는 점이 특징적이다. $\alpha_1\beta_1$ 접촉면 및 $\alpha_2\beta_2$ 접촉면에 각각 30개 이상의 잔기가 포함되어 있고 상호작용이 매우 강하기 때문에, 요소(urea)를 헤모글로빈에 가볍게 처리할 경우 사합체가 $\alpha\beta$ 이합체로 분리되지만, $\alpha\beta$ 이합체는 분리되지 않는다. $\alpha_1\beta_2$(그리고 $\alpha_2\beta_1$) 접촉면에는 19개의 잔기를 포함하고 있다(**그림 5-8**). 그 접촉면을 안정화시키는 데 소수성 상호작용이 절대적이지만, 또한 많은 수소결합과 몇몇 이온결합(때때로 염다리결합이라고 함)이 존재하고 있다. 이들의 중요성은 아래에서 논의될 것이다.

헤모글로빈은 산소와 결합할 때 구조가 변화된다

X-선 분석을 통해 헤모글로빈의 **R 상태(R state)**와 **T 상태(T state)**가 2가지 주요 입체 형태임을 알 수 있다. 두 형태 모두 산소와 결합할 수 있지만, R 상태에 있는 헤모글로빈이 산소에 대한 친화도가 훨씬 높다. 산소결합은 R 상태를 안정화시킨다. 실험적으로 산소가 없을 때 T 상태가 보다 더 안정하며 이 형태가 **데옥시헤모글로빈(deoxyhemoglobin)**의 주된 입체형태가 된다. T와 R은 본래 "긴장된(tense)" 그리고 "이완된(relaxed)"에서 유래한 것이다. T 상태가 더 많은 이온쌍에 의하여 안정화되며, 이온쌍 중의 많은 부분들이 $\alpha_1\beta_2$(그리고 $\alpha_2\beta_1$) 접촉면에 존재한다(**그림 5-9**). 산소가 T 상태 헤모글로빈의 한 소단위에 결합하게 되면 R 상태로 입체형태의 변화가 시작된다. 전체 단백질이 이러한 변화를 거칠 때 개개의 소단위의 구조 변화는 미미하지만 $\alpha\beta$ 소단위 쌍은 서로 미끄러지고 회전하여 β 소단위들 사이의 주머니는 좁아지게 된다(**그림 5-10**). 이러한 과정에서 T 상태를 안정시키는 이온쌍들은 깨지고 새로운 이온쌍들이 형성된다.

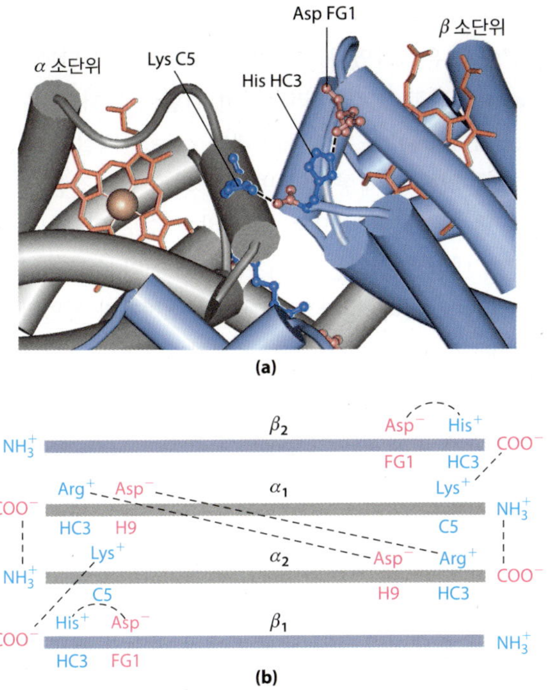

그림 5-9 데옥시헤모글로빈의 T 상태를 안정화시키는 몇 가지의 이온쌍. (a) T 상태에서 데옥시헤모글로빈 분자의 일부분에 대한 근접도. β 소단위(파란색)의 His HC3와 Asp FG1 이온쌍 사이의 상호작용과 α 소단위(회색)의 Lys C5와 β 소단위의 His HC3(이것의 α-카복실기)의 상호작용을 점선으로 표시하였다. (HC3는 β 소단위의 카복실 말단의 잔기임을 기억할 것.) **(b)** 이 이온쌍들 사이의 상호작용과 (a)에서 보이지 않은 다른 것들 사이의 상호작용이 헤모글로빈의 펼쳐진 폴리펩타이드 사슬 모양에 나타나 있다. [출처: (a) PDB ID 1HGA, R. Liddington et al., *J. Mol. Biol.* 228:551, 1992.]

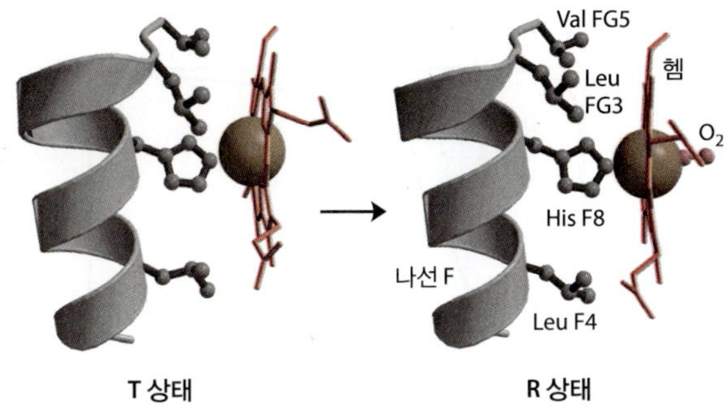

그림 5-11 데옥시헤모글로빈에 산소가 결합할 때 헴 주변의 입체형태의 변화. 헴이 산소와 결합할 때 F 나선의 위치 변화는 T → R 전이를 유발시키는 조정의 하나로 생각된다. [출처: T state: derived from PDB ID 1HGA, R. Liddington et al., *J. Mol. Biol.* 228:551, 1992. R state: derived from PDB ID 1BBB, M. M. Silva et al., *J. Biol. Chem.* 267:17,248, 1992; R state modified to represent O2 instead of CO.]

Max Perutz는 T → R 전이(T → R transition)는 헴을 둘러싸고 있는 중심 아미노산 곁사슬의 위치 변화에 의하여 유발된다고 제시하였다. T 상태에서 포르피린(porphyrin)은 약간 주름져 있기 때문에 헴 철이 인접 히스티딘(His F8) 방향으로 약간 돌출되게 된다. 산소의 결합으로 인하여 헴이 보다 더 평면 모양을 취하게 되고 인접 히스티딘 및 붙어 있는 F 나선의 위치가 변하게 된다(**그림 5-11**). 이러한 변화가 $\alpha_1\beta_2$ 접촉면에 있는 이온쌍들을 조절하게 된다.

헤모글로빈은 산소와 협동적으로 결합한다

헤모글로빈은 pO_2가 13.3 kPa 정도인 폐에서 효과적으로 산소와 결합해야 하고, pO_2가 4 kPa인 조직에서 산소를 쉽게 해리하여야 한다. 마이오글로빈 또는 포물선형 결합 곡선 형태로 산소와 결합하는 또 다른 단백질은 **그림 5-12**에서 설명된 이유로 인해 이러한

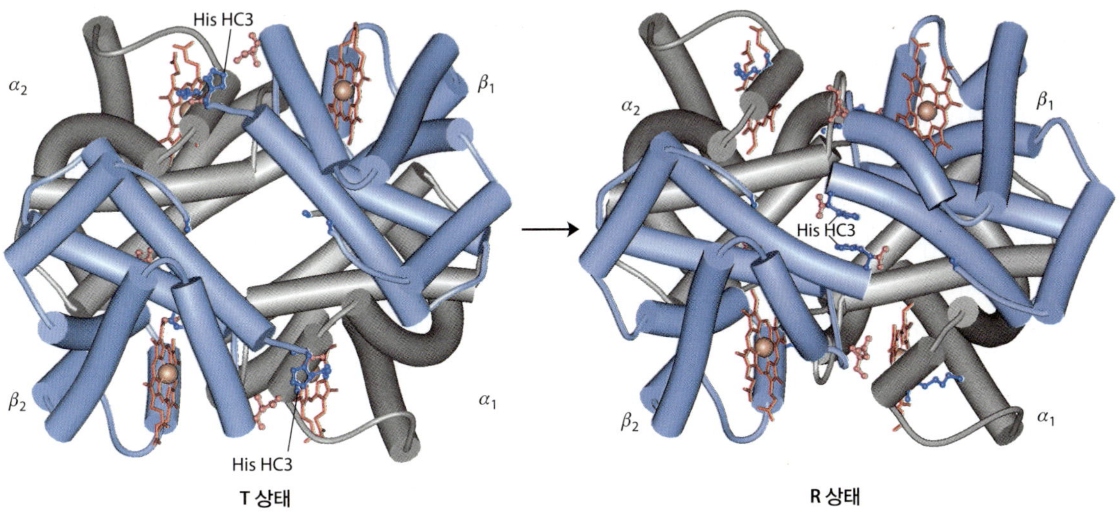

그림 5-10 T → R 전이. 그림 5-9와 같이 이러한 데옥시헤모글로빈 그림에서 β 소단위는 파란색이고 α 소단위는 회색이다. 이온쌍에 참여하는 양이온 곁사슬과 사슬 말단은 파란색으로 그들의 음이온 상대는 빨간색으로 표시하였다. 각 α 소단위의 Lys C5와 각 β 소단위의 Asp FG1은 보이지만 표시되지는 않았다(그림 5-9a와 비교하라). 분자가 그림 5-9에서 보다 약간 다른 방향으로 있다. T 상태에서 R 상태로의 전이는 소단위 쌍들을 상당히 움직이게 하여 몇몇 이온쌍들에 영향을 준다. 가장 두드러진 것은 T 상태에서 이온쌍에 참여하는 β 소단위의 카복실 말단에 있는 His HC3 잔기가 R 상태에서 분자의 중앙으로 회전하여 이제 더 이상 이온쌍이 아니다. T → R 전이의 또 하나의 극적인 결과는 β 소단위 사이의 주머니가 좁아지는 것이다. [출처: T state: PDB ID 1HGA, R. Liddington et al., *J. Mol. Biol.* 228:551, 1992. R state: PDB ID 1BBB, M. M. Silva et al., *J. Biol. Chem.* 267:17,248, 1992.]

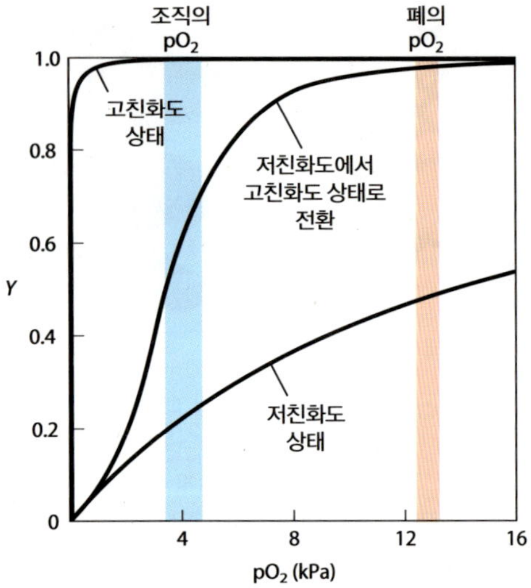

그림 5-12 S자형(협동적) 결합 곡선. S자형 결합 곡선은 친화도가 낮은 상태에서 높은 상태로의 전환을 나타내는 혼성 곡선으로 보일 수 있다. S자형 결합 곡선에 나타나는 것과 같이 협동적 결합은 헤모글로빈을 조직과 폐 사이의 작은 차이의 산소 농도에 더 민감하게 하여, 산소분압이 높은 폐에서 산소와 결합하고 산소분압이 낮은 조직에서 해리하도록 한다.

기능을 하기에 적합하지 않다. 산소와 높은 친화도로 결합하는 단백질은 폐에서 산소와 효과적으로 결합할 수 있지만, 조직에서 그만큼 해리시킬 수 없다. 반면, 조직에서 쉽게 산소를 해리시킬 수 있을 정도의 낮은 친화도로 산소와 결합하는 단백질은 폐에서 그만큼 많은 산소를 가져올 수 없다.

헤모글로빈은 더 많은 산소가 점차 결합함에 따라 낮은 친화도 상태(T 상태)에서 높은 친화도 상태(R 상태)로 전환함으로써 이 문제를 극복한다. 결과적으로 헤모글로빈은 산소에 대하여 혼성 S형(hybrid-S shaped) 또는 S자형 결합 곡선(sigmoid binding curve)를 가지게 된다(그림 5-12). 단일 리간드 결합자리를 가진 단일 소단위 단백질은 S자형 결합 곡선을 만들 수 없다. 왜냐하면, 비록 결합으로 인해 입체형태가 변화하더라도 각각의 리간드 분자가 독립적으로 결합을 하여 리간드가 다른 분자에 결합하는 데 영향을 미칠 수 없기 때문이다. 반면에 헤모글로빈에서 각각 소단위에 산소가 결합하면 산소결합에 대한 인접 소단위의 친화도에 영향을 미칠 수 있다. 데옥시헤모글로빈에 결합하는 첫 번째 산소분자는 T 상태의 소단위에 결합하기 때문에 친화력이 약하다. 그러나 이 결합은 입체형태의 변화를 일으키고 인접한 소단위에 영향을 미쳐 다음 산소분자의 결합을 용이하게 해 준다. 일단 산소가 첫 번째 소단위에 결합하면 두 번째 소단위의 T → R 전이는 보다 쉽게 일어나게 된다. 마지막 산소분자(4번째)는 이미 R 상태로 되어 있는 소단위의 헴과 결합하게 되므로, 첫 번째 산소보다 훨씬 높은 친화도로 결합하게 된다.

입체다른자리 단백질(allosteric protein)이란 한 자리에 리간드가 결합했을 때 같은 단백질의 다른 자리의 결합 속성에 영향을 줄 수 있는 단백질을 말한다. 입체다른자리(allosteric)의 어원은 그리스어 *allos* "다른(other)"과 *stereos* "고체(solid)" 또는 "모양(shape)"에서 유래하였다. 따라서 입체다른자리 단백질은 **조정자(modulator)**라고 일컫는 리간드의 결합에 의하여 유도된 "다른 모양(other shape)" 또는 입체형태를 갖는 단백질이라 할 수 있다. 조정자에 의한 입체형태의 변화에 의해 단백질은 보다 활성화된 형과 덜 활성화된 형으로 서로 바뀔 수도 있다. 입체다른자리 단백질에 대한 조정자는 억제자(inhibitor)일 수도 있고 활성자(activator)일 수도 있다. 정상적 리간드와 조정자가 동일할 때 **동질(homotropic)** 상호작용이라 하고, 조정자가 통상의 리간드가 아닌 다른 분자일 때 **이질(heterotropic)** 상호작용이라 한다. 어떤 단백질은 2개 이상의 조정자를 가짐으로써 동질과 이질 상호작용을 둘 다 가질 수 있다.

헤모글로빈과 산소의 결합에서 본 것과 같이, 다합체 단백질(multimeric protein)에 한 리간드가 협동적으로 결합하는 것은 다합체 단백질에서 흔히 볼 수 있는 입체다른자리 결합(allosteric binding)의 한 형태이다. 헤모글로빈에서 산소가 결합하면 빈 상태의 남아 있는 결합자리의 산소에 대한 친화도에 영향을 미칠 수 있으므로, 산소는 리간드인 동시에 활성화 동질 조정자로 간주될 수 있다. 각각의 소단위에서 산소의 결합자리는 오직 한 자리 밖에 없으므로, 협동성을 유도하는 입체다른자리 효과(allosteric effect)는 소단위-소단위 상호작용에 의하여 한 소단위에서 다른 소단위로 전해지는 입체형태의 변화에 의하여 매개된다. S자형 결합 곡선은 협동적 결합(cooperative binding)의 지표이다. 협동적 결합은 리간드 농도에 보다 민감한 반응을 일으킬 수 있고 많은 다합체 단백질의 기능에 중요하게 작용한다. 입체다른자리의 원리는 제6장에서 보게 될 조절 효소(regulatory enzyme)에 쉽게 적용된다.

협동적인 입체형태의 변화는 제4장에 서술한 바와 같이 한 단백질 내 다른 부위의 구조적 안정성이 변화함으로써 초래된다. 입체다른자리 단백질의 결합자리는 입체형태가 빈번히 변화하거나 내재적 무질서도(intrinsic disorder)를 갖는 상대적으로 불안정한 분절과, 이 불안정한 분절에 근접해 존재하는 안정한 분절로 이루어져 있다(**그림 5-13**). 리간드가 결합하면 이 단백질 내의 움직임이 높은 부위는 특정 입체형태로 안정화될 수 있으며, 인접 폴리펩타이드 소단위의 입체형태에 영향을 줄 수 있다. 만약 전체 결합자리가 매우 안정하다면, 리간드가 결합할 때의 구조적 변화는 결합자리에서 거의 일어나지 않을 것이며 단백질의 다른 자리로 전달되지 않을 것이다.

마이오글로빈의 경우처럼 산소 외에 다른 리간드들이 헤모글로빈에 결합할 수 있다. 그 중요한 예로써 일산화탄소(CO)는 산소보다 약 250배 더 잘 결합할 수 있다. (사람 헤모글로빈에서의 산소와 말단 히스티딘 간의 수소결합은 대부분 포유동물에서의 마이오글로빈에서의 결합보다 강하지 않기 때문에, 일산화탄소 대비 산소에 대한 결합은 그렇게 증가하지 않는다.) 사람에게 CO가 노출되면 불행한 결과를 초래할 수 있다(별도설명 5-1).

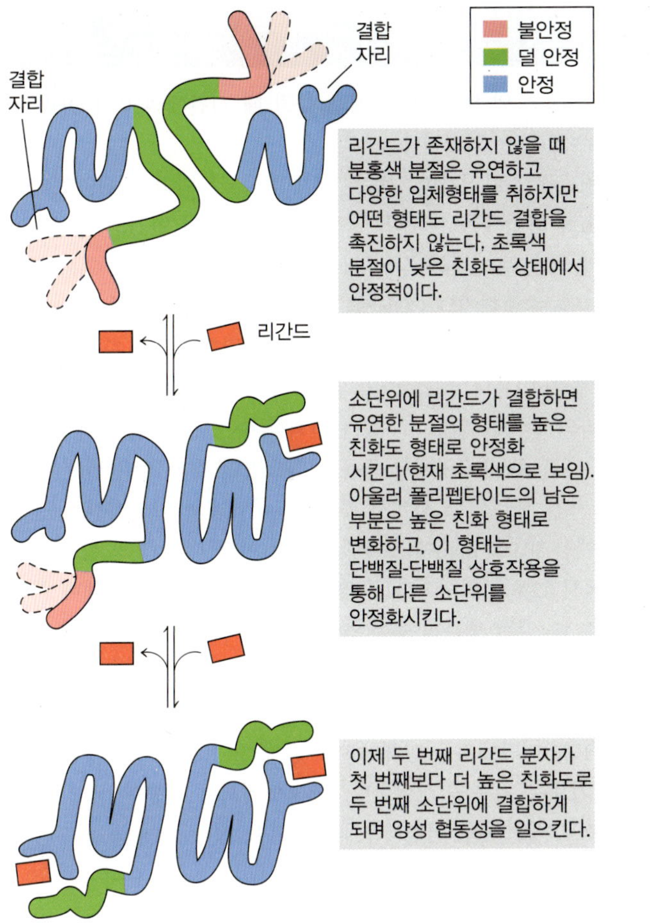

그림 5-13 리간드와 협동적 결합을 하는 다중소단위 단백질의 구조 변화. 단백질 분자 전체의 구조 안정성은 같지 않다. 여기서 보이는 것은 안정성이 높은(파란색), 중간(초록색), 낮은(빨간색) 영역을 가진 가상적인 이합체 단백질이다. 리간드 결합자리는 높은 및 낮은 안정성 분절 2개로 이루어져 있으므로 리간드에 대한 친화력은 비교적 낮다. 리간드가 결합함으로써 일어나는 입체변화는 단백질을 낮은 친화력에서 유도 적합 형태인 높은 친화력 상태로 바꾼다.

협동적 리간드 결합은 정량적으로 기술할 수 있다

헤모글로빈에 대한 산소의 협동적 결합은 1910년 Archibald Hill에 의하여 처음으로 분석되었다. 이 결과를 바탕으로 다중소단위 단백질(multisubunit proteins)의 협동적 리간드 결합에 대한 연구의 일반적 접근법이 얻어졌다.

n개의 결합자리를 갖는 단백질에서 평형식 5-1은 다음과 같이 된다.

$$\mathrm{P} + n\mathrm{L} \rightleftharpoons \mathrm{PL}_n \tag{5-12}$$

결합 상수에 대한 식은 다음과 같다.

$$K_\mathrm{a} = \frac{[\mathrm{PL}_n]}{[\mathrm{P}][\mathrm{L}]^n} \tag{5-13}$$

Y에 대한 식(식 5-8 참조)은 다음과 같다.

$$Y = \frac{[\mathrm{L}]^n}{[\mathrm{L}]^n + K_\mathrm{d}} \tag{5-14}$$

재배열한 후 양변에 log를 취하면 다음과 같다.

$$\frac{Y}{1-Y} = \frac{[\mathrm{L}]^n}{K_\mathrm{d}} \tag{5-15}$$

$$\log\left(\frac{Y}{1-Y}\right) = n \log\,[\mathrm{L}] - \log K_\mathrm{d} \tag{5-16}$$

여기서 $K_\mathrm{d} = [\mathrm{L}]^n_{0.5}$

식 5-16은 **Hill 식(Hill equation)**이고, log[L]에 대한 log[Y/(1 − Y)]의 도표를 **Hill 도표(Hill plot)**라 한다. 수식에 근거하여 Hill 도표는 n의 기울기를 가지고 있어야 한다. 그러나 실험적으로 결정된 기울기는 실제 결합자리의 수를 나타내지 않으며, 결합자리 간 상호작용의 정도(degree)를 나타낸다. 그러므로 Hill 도표의 기울기는 n_H로 표시하고 **Hill 계수(Hill coefficient)**라 한다. Hill 계수는 협동성의 정도를 나타낸다. 만약 n_H이 1이라면 리간드 결합은 협동적이지 않다. 이러한 상황은 비록 다중소단위 단백질이라도 소단위 사이에 상호작용이 없는 상황에서 초래될 수 있다. n_H이 1보다 크면 리간드 결합은 양성 협동성(positive cooperativity)임을 의미한다. 이것은 헤모글로빈처럼 리간드 한 분자가 결합함으로써 다른 결합을 촉진시키는 상황에서 볼 수 있다. 이론적인 n_H의 상한 값은 $n_\mathrm{H} = n$일 때이다. 이러한 경우 결합은 모두 협동적으로 일어나게 되고, 단백질의 모든 결합자리는 리간드와 동시에 결합하며 어떠한 조건에서도 리간드가 부분적으로 포화되는 단백질은 없다. 이러한 상한 값에 실질적으로 도달하는 경우는 없으며, n_H의 측정값은 단백질에서 항상 실제 리간드의 결합자리 수보다 작다.

n_H이 1보다 작은 것은 음성 협동성(negative cooperativity)을 나타내며, 한 분자의 결합이 다른 분자의 결합을 방해하는(*impede*)것을 나타낸다. 잘 알려진 음성 협동성의 경우는 드물다.

Hill 식을 헤모글로빈에 대한 산소의 결합에 이용하려면 [L] 대신 $\mathrm{pO_2}$로, K_d 대신 P^n_{50}로 치환하여야 한다.

$$\log\left(\frac{Y}{1-Y}\right) = n \log \mathrm{pO_2} - n \log P_{50} \tag{5-17}$$

마이오글로빈과 헤모글로빈에 대한 Hill 도표를 **그림 5-14**에 나타내었다.

2가지 모형이 협동적 결합의 기전을 제시한다

생화학자들은 이제 헤모글로빈의 T와 R 상태에 대하여 많은 것을 알고 있다. 그러나 T에서 R로의 전이가 어떻게 일어나는지에 대하여 밝혀져야 할 것들이 많이 남아 있다. 여러 결합자리를 가진 단백질에 리간드가 협동적 결합을 하는 것에 대한 두 모형이 이 문제를 생각하는 데 많은 영향을 미치고 있다.

첫 번째 모형은 Jacques Monod, Jeffries Wyman, Jean-Pierre Changeux 등에 의하여 1965년에 제시되었으며, 이것은 **MWC 모델**

별도설명 5-1 의학 일산화탄소: 비밀 암살자

2000년 8월 Arizona의 호수 Lake Powell. 한 가족이 대여한 요트에서 휴가를 즐기고 있었다. 그들은 텔레비전과 에어컨을 사용하기 위하여 전기 발전기의 스위치를 켰다. 약 15분 정도 지난 후 8살과 11살의 두 형제가 수영하기 위하여 배 끝의 갑판에서 뛰어내렸다. 그 갑판 바로 아래에 발전기의 배기구가 있었다. 2분 내에 두 소년은 갑판 아래 공간에 농축된 배기구의 일산화탄소에 취하여 맥을 못 추게 되고 말았다. 결국 둘 다 익사하였다. 이들의 죽음은 유사한 설계도에 의하여 제조된 요트와 연관된 1990년대에 있었던 일련의 죽음과 함께 결국 리콜과 발전기의 배기구 조립의 재설계를 가져왔다.

일산화탄소는 무색 및 무취의 가스로서 세계적으로 1년 중독사의 절반이 넘는 사망의 원인이 된다. 일산화탄소는 헤모글로빈에 대해 산소보다 약 250배 더 높은 친화도를 가진다. 따라서 상대적으로 낮은 수준의 일산화탄소가 꽤 많은 비극적 효과를 가질 수 있다. 일산화탄소가 헤모글로빈과 결합할 때 그 복합체를 카복시헤모글로빈(COHb)이라고 한다.

약간의 일산화탄소는 자연 현상에 의하여 생성된다. 그러나 지역적으로 고농도의 일산화탄소는 일반적으로 오직 인간의 활동에 의하여 생성된다. 화석 연료의 불완전한 연소에 의한 부산물로서 엔진과 난로의 배기구가 일산화탄소의 중요한 원천이다. 미국에서 매년 거의 4,000명이 사고에 의하거나 의도적인 일산화탄소 중독으로 죽는다. 많은 사고로 인한 죽음은 가정의 난로가 잘못 작동하여 일산화탄소가 누출되어 집 안으로 새어 들어오는 경우와 같이 밀폐된 공간에 검출되지 않은 일산화탄소가 축척되어 발생한다. 한편 일산화탄소의 중독은 열린 공간에서도 일어날 수 있다. 발전기, 선외 모터(outboard motor), 트랙터 엔진, 레저 카(recreational vehicle), 잔디 깎는 기계 등의 배기구 주위에서 의심하지 않고 일하거나 숨을 들이키는 사람에게 일어날 수 있다.

대기 중의 일산화탄소의 농도는 거의 위험하지 않다. 일산화탄소의 농도는 마을에서 멀리 떨어진 곳이나 사람이 살지 않는 지역에서는 0.05 ppm 미만 정도이며 북반구의 어떤 도시는 3~4 ppm 정도이다. 미국에서는 하루 8시간 사람이 일하는 작업장의 일산화탄소의 농도를 국가[직업 안전과 보건부(Occupational Safety and Health Administration, OSHA)]에서 50 ppm으로 제한하고 있다. 일산화탄소가 헤모글로빈에 강한 결합을 한다는 사실은 사람이 일정한 낮은 농도의 일산화탄소에 노출될 때 시간에 따라 COHb가 축척될 수 있다는 의미이다.

평균적으로 건강한 사람은 전체 헤모글로빈의 1%나 1% 미만이 COHb로 복합체를 이룬다. 일산화탄소는 담배 연기의 생성물이기 때문에 많은 흡연자는 전체 헤모글로빈의 3%에서 8% 수준까지 골초는 15% 수준까지의 COHb를 가진다. 여러 시간 동안 570 ppm 일산화탄소를 함유한 공기에서 호흡하는 사람의 COHb 수준은 50%에서 평형을 이룬다. 대기 중의 일산화탄소 함량과 혈액 중의 COHb 수준과의 관계를 말할 수 있는 신뢰할 수 있는 방법이 개발되었다(그림 1). Lake Powell에서 죽음을 일으켰던 것과 같은 발전기 배기구를 가진 요트의 조사에서 수영 갑판 아래의 일산화탄소 농도는 6,000에서 30,000 ppm에 도달했고 갑판 아래 대기 중의 산소 농도는 21%에서 12%로 떨어졌다. 수영 갑판 위에서도 수분 이내에 사망을 일으킬 수 있는 충분히 높은 농도인 7,200 ppm 수준 이상의 일산화탄소가 검출되었다.

사람이 COHb에 의하여 어떠한 영향을 받는가? 전체 헤모글로빈의 10% 미만에서는 인체에 아무런 증상이 관찰되지 않는다. 15%에서 가벼운 두통을 경험한다. 20-30%에서는 두통이 심해지고, 일반적으로 메스꺼움, 어지러움, 혼란, 혼미, 시각 장애 등을 수반한다.

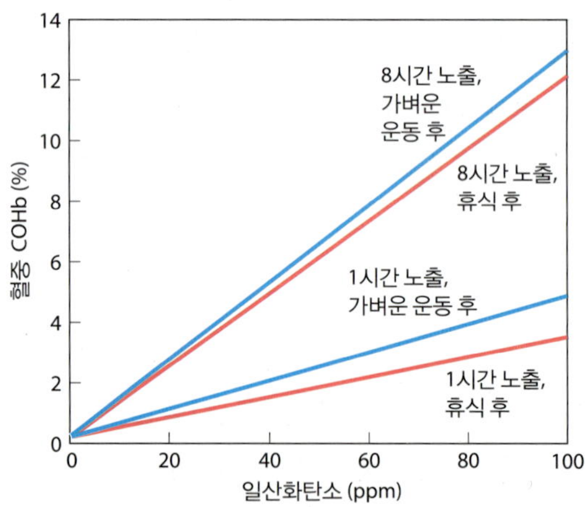

그림 1 혈액의 COHb 농도와 주변 공기의 CO 농도와의 관계. 4가지 경우의 노출 조건을 비교하였다. 즉, 길고 짧은 노출 시간의 비교 그리고 휴식과 가벼운 운동 후 노출의 비교. [출처: Data from R. F. Coburn et al., *J. Clin. Invest.* 44:1899, 1965.]

(MWC model) 또는 **협동 모델(concerted model)**이라고 불린다(그림 5-15a). 협동 모델은 협동적으로 결합하는 단백질의 소단위들이 기능적으로 같고, 각 소단위는 (적어도) 2가지 입체형태로 존재할 수 있으며, 모든 소단위들은 한 입체형태에서 다른 입체형태로 동시에 전환이 일어난다고 가정하고 있다. 이 모형에서 단백질의 소단위들은 어느 것도 다른 입체형태를 가지지 않는다. 두 입체형태는 평형을 이루고 있다. 리간드는 둘 중의 어느 형태와도 결합할 수 있으나 각각 다른 친화도로 결합한다. (리간드가 없을 때 더 안정적인) 낮은 친화력을 갖는 입체형태에 리간드가 연속적으로 결합함으로써 좀 더 높은 친화력을 갖는 입체형태로 전환이 일어나게 된다.

두 번째 모형은 **순차 모형(sequential model)**인데, 1966년 Daniel Koshland와 동료들에 의하여 제시되었다(그림 5-15b). 이 모델에서 리간드 결합은 각각의 소단위의 입체형태의 변화를 유도

이 증상들은 산소를 주입해 줌으로 해서 사라진다. COHb가 30-50%에서 신경학적 증상은 더욱 심해지며, 거의 50% 수준에서는 의식을 잃고 혼수상태에 빠지게 된다. 호흡 장애가 뒤 따를 수 있다. 오랜 노출과 함께 영구적인 손상도 일어난다. 일반적으로 죽음은 COHb 농도가 60% 이상일 때 일어났다. Lake Powell에서 죽은 소년의 해부 결과 COHb의 수준이 59%와 52%이었다.

헤모글로빈에 대한 일산화탄소의 결합은 운동(그림 1)과 고도에 따른 공기의 압력 변화를 포함한 많은 인자들에 의하여 영향을 받는다. 흡연자는 일산화탄소의 공급원에 노출되면 비흡연자보다 높은 COHb의 바닥 농도 때문에 보다 빠른 증상을 자주 나타낸다. 조직에 산소 공급하는 것을 감소시킬 수 있는 심장과 폐의 상태나 혈액 질환을 가진 사람은 낮은 수준의 일산화탄소 노출에도 역시 여러 증상을 경험할 수 있다. 태아는 특별히 일산화탄소 독성에 위험이 크다. 왜냐하면 태아 헤모글로빈은 성인의 헤모글로빈에 비하여 일산화탄소에 대한 더 높은 친화도를 가지기 때문이다. 일산화탄소의 노출에 의하여 태아는 사망하였으나 어머니는 회복된 경우가 보고되어 있다.

여러 심각한 빈혈 상태에 있는 사람들이 활성 헤모글로빈의 절반 정도의 보충으로 비교적 기능을 잘 유지하는 사실을 고려할 때 사람의 헤모글로빈 절반을 COHb로 잃어버리는 것이 치명적이라는 사실은 놀라운 것처럼 보인다. 그러나 헤모글로빈에 일산화탄소가 결합하는 것은 산소와 결합할 수 있는 자원(pool)에서 단백질을 제거하는 것 이상의 일이다. 이것은 남은 헤모글로빈의 소단위들의 산소에 대한 친화력에 영향을 미친다. 일산화탄소가 사합체 헤모글로빈의 1개 혹은 2개의 소단위들과 결합할 때 나머지 소단위에서 산소에 대한 친화도가 상당히 높아진다(그림 2). 그러므로 결합 일산화탄소 두 분자를 가진 헤모글로빈 사합체는 폐에서 효과적으로 산소와 결합할 수 있지만 조직에서는 매우 작은 양의 산소만 해리한다. 조직에서 산소 결핍은 빠르게 심각해진다. 이러한 문제에 추가하여 일산화탄소의 영향은 헤모글로빈의 작용만 방해하는 데 국한되지 않는다. 일산화탄소는 다른 헴 단백질과 다양한 금속 단백질에 결합한다. 이 상호작용의 영향은 아직 잘 이해되지 않고 있다. 그러나 급성이지만 치명적이지 않은 일산화탄소 중독이 나타내는 장기간의 영향들 중 일부의 원인이 될 것이다.

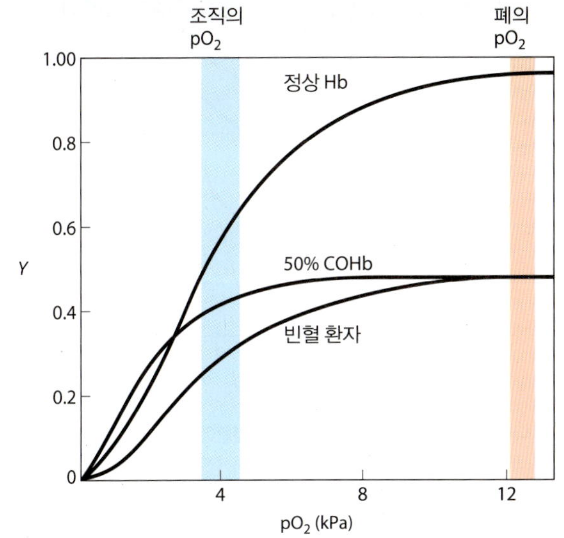

그림 2 몇 가지 산소결합 곡선: 정상 헤모글로빈, 50% 기능을 가진 빈혈 환자의 헤모글로빈, CO가 소단위에 50% 결합한 헤모글로빈 등에 대한 것임. 사람 폐와 조직의 pO_2를 나타냈다. [출처: Data from F. J. W. Roughton and R. C. Darling, *Am. J. Physiol.* 141:17, 1944.]

일산화탄소 중독이 의심스러울 때는 일산화탄소 발생원으로부터 사람을 빨리 분리시키는 것이 필수적이다. 그러나 이것이 언제나 빠른 회복을 가져오지는 않는다. 사람을 일산화탄소 중독 자리에서 보통의 야외 대기로 옮길 때 산소는 헤모글로빈의 일산화탄소를 치환하기 시작한다. 그러나 COHb 농도는 다소 천천히 떨어진다. 반이 떨어지는 데 걸리는 시간은 개인적인 인자나 환경적인 인자에 의존하며 2시간에서 6.5시간 사이이다. 만약 마스크를 사용하여 100% 산소를 흡입시키면 교환율은 약 4배 증가할 수 있다. 만약 3기압(303 kPa) 압력의 100% 산소를 공급하면 산소-일산화탄소 교환에 걸리는 반감기는 수십 분으로 감축될 수 있다. 그러므로 적절한 장비를 갖춘 의료팀에 의한 신속한 처치가 매우 중요하다.

모든 가정에 일산화탄소 검출기를 갖추는 것을 많이 권장한다. 이것은 가능한 비극을 피할 수 있는 단순하고 값싼 장치이다. 우리는 이 부분에 대한 연구를 마친 후 즉시 가족을 위하여 여러 개의 새로운 일산화탄소 검출기를 구입하였다.

할 수 있다. 한 소단위의 입체형태의 변화는 인접한 소단위의 유사한 변화를 유도하고 동시에 두 번째의 리간드 분자 결합을 더 잘하게 한다. 이 모델에는 협동 모형보다 많은 잠재적인 중간체 상태들이 존재한다. 두 모델은 서로 배타적이지 않다; 협동 모델은 순차 모델의 "전부 아니면 전무(all-or-none)"인 제한된 경우로 보여질 수 있다. 제6장에서 입체다른자리 효소를 알아 볼 때 이 모델들을 이용할 것이다.

헤모글로빈도 또한 H^+와 CO_2를 운반한다

폐에서 조직으로 세포가 필요로 하는 거의 모든 산소를 운반하는 것에 더해 헤모글로빈은 세포 호흡의 2가지 종산물인 H^+와 CO_2를 조직에서 배출 장소인 폐와 신장으로 운반한다. 미토콘드리아에서 유기 연료의 산화로 생성된 CO_2는 수화되어 중탄산염(bicarbonate)으로 된다.

$$CO_2 + H_2O \rightleftharpoons H^+ + HCO_3^-$$

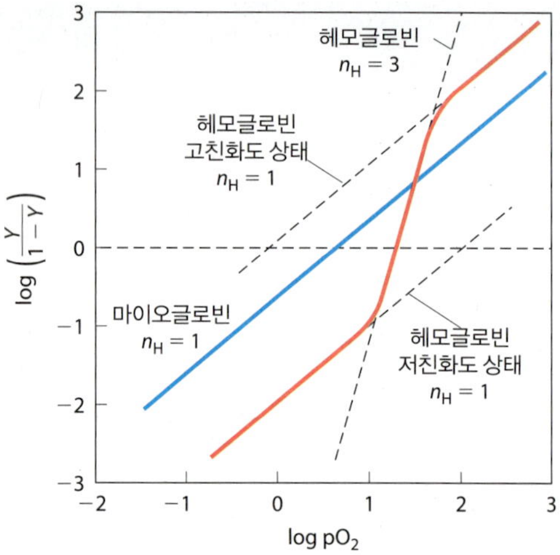

그림 5-14 마이오글로빈과 헤모글로빈의 산소결합에 대한 Hill 도표. n_H = 1일 때 분명한 협동성은 없다. 관찰된 헤모글로빈의 최대 협동성은 대략 n_H = 3에 해당한다. 이것은 고도의 협동성을 나타내지만 n_H는 헤모글로빈의 산소결합자리 수인 n보다 적다. 이것은 입체다른자리 결합 양상을 나타내는 단백질에서 전형적인 것이다.

이 반응은 특히 적혈구에 풍부하게 존재하는 **탄산 탈수효소(carbonic anhydrase)**에 의하여 촉매된다. 이산화탄소(CO_2)는 수용액에서 잘 녹지 않는다. CO_2가 만약 중탄산염으로 전환되지 않는다면 CO_2 거품(bubble)이 조직과 혈액에서 형성될 것이다. 탄산 탈수효소에 의해 촉매되는 반응식에서 보는 것과 같이 CO_2의 수화(hydration)는 조직에서 H^+ 농도의 증가를 초래한다(pH의 감소). 헤모글로빈과 산소의 결합은 pH와 CO_2 농도에 의하여 크게 영향을 받는다. 따라서 CO_2와 중탄산염 사이의 상호전환은 혈액에서 산소의 결합과 해리의 조절에 있어서 아주 중요하다.

헤모글로빈은 조직에서 형성된 전체 H^+의 약 40%와 CO_2의 15~20% 정도를 폐와 신장으로 운반한다. (나머지 H^+은 혈중 중탄산염 완충액에 의하여 흡수되고 나머지 CO_2은 용해된 HCO_3^-와 CO_2로 운반된다.) H^+와 CO_2의 결합은 산소의 결합과 반비례한다. 상대적으로 낮은 pH와 높은 CO_2 농도를 가진 말초 조직에서 헤모글로빈의 산소에 대한 친화도는 H^+와 CO_2가 결합함에 따라 낮아진다. 그리고 산소가 조직으로 해리된다. 반대로 폐의 모세혈관에서는 CO_2가 배출되고 혈액 pH가 오름에 따라 헤모글로빈의 산소에 대한 친화도가 높아지고 말초 조직으로 운반하기 위하여 보다 많은 O_2와 결합한다. 헤모글로빈의 산소에 대한 결합과 해리에 미치는 pH와 CO_2 농도의 효과를 1904년에 이를 발견했던 덴마크의 생리학자인 Christian Bohr(물리학자 Niels Bohr의 아버지)의 이름을 따서 **보어 효과(Bohr effect)**라고 부른다.

헤모글로빈과 산소 1분자의 결합 평형은 다음 반응으로 나타낼 수 있다.

$$Hb + O_2 \rightleftharpoons HbO_2$$

그러나 이것은 완전한 표현이 아니다. 이 결합 평형에 대한 H^+ 농도의 효과를 설명하기 위하여 다음과 같이 다시 쓸 수 있다.

$$HHb^+ + O_2 \rightleftharpoons HbO_2 + H^+$$

여기에서 HHb^+는 헤모글로빈의 양성자화 형태(protonated form)를 나타낸다. 이 공식은 우리에게 헤모글로빈의 산소-포화도 곡선이 H^+ 농도에 의하여 영향을 받는다는 것을 알려준다(**그림 5-16**). O_2와 H^+는 모두 헤모글로빈에 결합하지만 역친화도를 가지고 있다. 폐와 같이 O_2 농도가 높을 때 헤모글로빈은 O_2와 결합하고 양성자를 해리시킨다. 말초 조직처

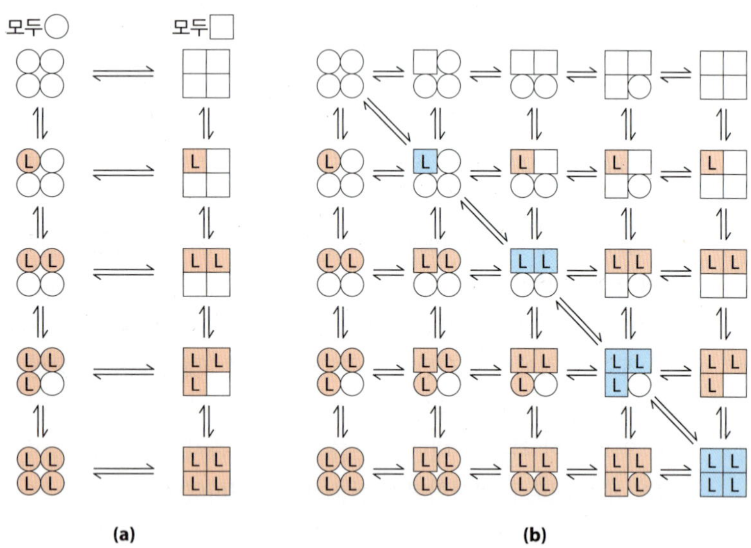

그림 5-15 협동적 리간드 결합 과정에서 단백질의 활성 및 불활성 형태의 상호전환에 대한 2가지 일반적 모델. 모델들은 협동적 결합을 보이는 효소(제6장)를 포함한 어떤 단백질에도 적용할 수 있지만 이 모델이 원래 헤모글로빈을 위하여 제안되었기 때문에 여기서 4개의 소단위가 보여진다. **(a)** 협동 또는 전부—혹은—전무 모형(MWC 모형)에서 모든 소단위는 모두 ○(낮은 친화도 혹은 불활성) 혹은 모두 □(높은 친화도 혹은 활성)의 동일한 형태로 존재하는 것으로 가정된다. ○와 □형 사이의 평형 상수 K_{eq}에 따라서 1개 이상의 리간드 분자(L)의 결합은 평형을 □형 쪽으로 당긴다. L이 결합된 소단위는 음영을 주었다. **(b)** 순차 모형에서 각 개개의 소단위는 ○형이거나 □형일 수 있다. 그러므로 매우 많은 수의 형태가 가능하다. 대부분의 소단위는 파란색 음영의 상태로 대부분의 시간을 보내게 된다.

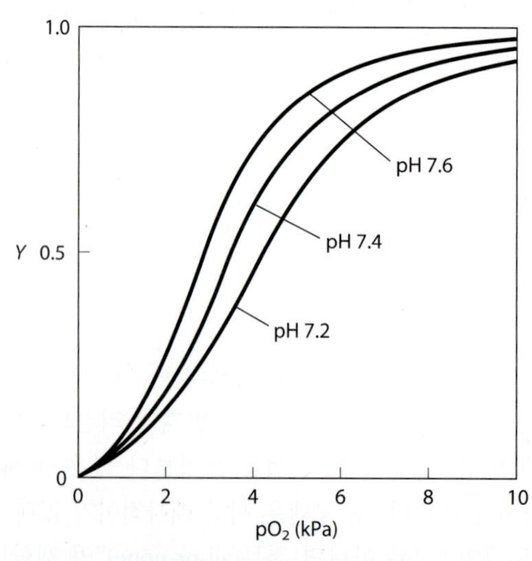

그림 5-16 헤모글로빈과 산소의 결합에 대한 pH의 효과. 혈액의 pH는 폐에서 7.6이며 조직에서 7.2이다. 헤모글로빈 결합에 실험적 측정은 보통 pH 7.4에서 행하여진다.

럼 산소 농도가 낮을 때 H^+가 결합하고 O_2가 해리된다.

산소와 H^+는 헤모글로빈의 같은 자리에 결합하지 않는다. 산소는 헴의 철 원자에 결합하는 반면에 H^+는 단백질의 여러 곳의 아미노산 잔기에 결합한다. 보어 효과에 대한 주요 기여는 β 소단위의 His^{146}(His HC3)에 의하여 만들어진다. 이 잔기가 양성자화되면(protonated) Asp^{94}(Asp FG1)와 하나의 이온쌍을 형성한다. 이 이온쌍은 T 상태에 있는 데옥시헤모글로빈의 안정화를 돕는다(그림 5-9). 그 이온쌍은 His HC3의 양성자화 형태를 안정화시키면서 T 상태에서 이 잔기가 비정상적으로 높은 pK_a를 가지게 한다. pK_a는 R 상태에서 정상 값인 6.0으로 떨어진다. 왜냐하면 이온쌍이 형성될 수 없으며, 이 잔기는 폐의 혈액 pH인 pH 7.6에서 옥시헤모글로빈의 대부분에서 양성자화되어 있지 않기 때문이다. H^+ 농도가 상승할수록 His HC3의 양성자화는 T 상태로 전환을 유리하게 하여 산소의 해리를 촉진시킨다. α 소단위의 아미노 말단 잔기와 다른 특정 His 잔기들과 다른 기들의 양성자화가 아마도 유사한 효과를 가질 것이다.

따라서 헤모글로빈의 4개 폴리펩타이드 사슬이 헴 기에 대한 산소결합뿐 아니라 특정 아미노산 잔기에 대한 H^+ 결합에 대하여 서로 정보를 교환하는 것을 보게 된다. 그리고 아직도 더 많은 이야기가 있다. 헤모글로빈은 또한 산소결합과 반비례적으로 CO_2에 결합한다. CO_2는 각 글로빈 사슬의 아미노-말단에서 α-아미노기에 카바메이트(carbamate) 작용기로서 결합하여 카바미노헤모글로빈(carbaminohemoglobin)을 형성한다:

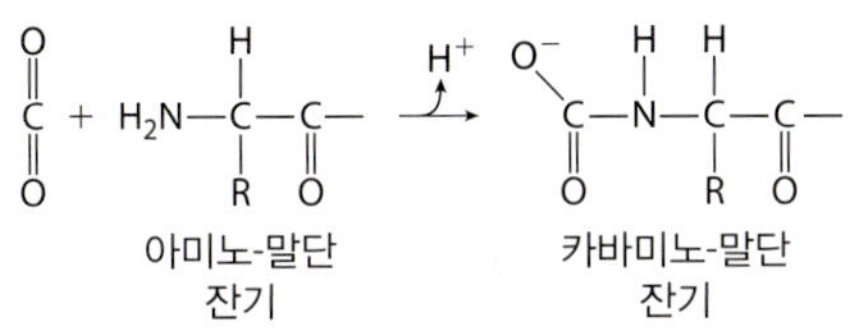

이 반응은 H^+를 생성하며 보어 효과에 기여한다. 결합한 카바메이트는 부가적인 염다리(salt bridge)를 형성(그림 5-9에 나타내지 않았다)하여 T 상태를 안정화시키고 산소 해리를 촉진시킨다.

말초 조직처럼 CO_2 농도가 높을 때, 어떤 CO_2는 헤모글로빈에 결합하고 O_2에 대한 친화도는 감소하면서 O_2 해리를 초래한다. 반대로 헤모글로빈이 폐에 도달할 때 O_2의 고농도는 O_2 결합을 촉진하고 CO_2 해리를 촉진한다. 한 폴리펩타이드 소단위에서 다른 소단위로 리간드 결합 정보를 교환하는 능력은 헤모글로빈 분자로 하여금 적혈구에 의한 O_2, CO_2, H^+ 등의 운반을 통합하는 데 있어 잘 적응하도록 한다.

헤모글로빈과 산소의 결합은 2,3-양인산글리세르산에 의하여 조절된다

헤모글로빈과 **2,3-양인산글리세르산(2,3-bisphosphoglycerate, BPG)**의 상호작용은 헤모글로빈의 기능을 더 상세히 보여 주며, 이질성 입체다른자리 조절의 한 예가 된다.

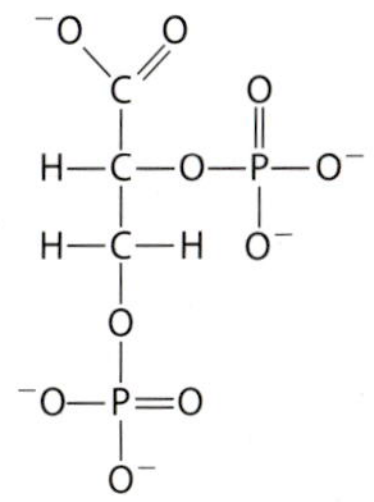

2,3-양인산글리세르산

BPG는 적혈구에 비교적 다량 존재한다. 헤모글로빈을 분리하면 거기에 상당량의 결합 BPG가 있는데, 이를 완전히 제거하기가 쉽지 않다. 사실 우리가 여기까지 논의했던 헤모글로빈에 대한 산소 결합 곡선은 결합 BPG의 존재 하에 얻어진 것이다. BPG는 헤모글로빈의 산소에 대한 친화력을 크게 감소시키는 것으로 알려졌다. 산소의 결합과 BPG의 결합 사이에는 반비례 관계가 있다. 그러므로 헤모글로빈에 대한 다른 결합 과정을 기술할 수 있다:

$$\text{HbBPG} + O_2 \rightleftharpoons \text{HbO}_2 + \text{BPG}$$

BPG는 산소결합자리에서 먼 곳에 결합하면서 폐에서 pO_2와 관련하여 헤모글로빈의 산소결합 친화도를 조절한다. BPG는 높은 지대에서 사용할 수 있는 낮은 pO_2에 대한 생리적인 적응에 있어서 중요한 역할을 한다. 해변을 슬슬 걷는 건강한 사람에서 조직에 전달되는 O_2의 양이 혈액에 의하여 운반되어질 수 있는 최대치의 거의 40%에 해당하도록 헤모글로빈에 산소의 결합이 조절된다(**그림 5-17**). 만일 어떤 사람이 pO_2가 상당히 낮은 4,500미터 고도의 산으로 재빨리 옮겨졌다면 조직에 운반되는 O_2의 양은 감소될 것이다. 그러나 높은 곳에서는 단 몇 시간 후에 혈액 내 BPG 농도가 증가하기 시작하여 헤모글로빈의 산소에 대한 친화도를 감소시키게 된다. BPG 양에 의한 이 조절은 폐에서 O_2의 결합에는 단지 작은 효과를 갖지만 조직에서 O_2의 해리에는 상당한 효과를 나타낸다. 그 결과 조직에 O_2의 전달은 혈액에 의하여 운반되어질 수 있는 것의 거의 40% 수준으로 회복된다. 그 사람이 해수면에 돌아오게 되면 상황은 역전된다. 폐나 순환계의 부적절한 기능으로 인해 말초 조직에 낮은 산소 상태인 **저산소증(hypoxia)**에 걸린 사람도 적혈구의 BPG 양이 증가한다.

BPG의 헤모글로빈 결합자리는 T 상태의 β 소단위들 사이의 공동(cavity)이다(**그림 5-18**). 이 공동은 양전하를 띤 아미노산 잔기들로 나열되어 있어 BPG의 음전하를 가진 작용기들과 상호작용을 한다. O_2와 달리 1분자의 BPG가 헤모글로빈 사합체에 결합한다. BPG는 T 상태를 안정화시킴으로써 산소에 대한 헤모글로빈의 산소 친화도를 낮춘다. R 상태로의 전환은 BPG에 대한 결합 부위를 좁게 해서 BPG 결합을 차단하게 한다. BPG가 없을 때 헤모글로빈은 더 쉽게 R 상태로 바뀌어진다.

BPG에 의한 헤모글로빈의 산소결합 조절은 태아 발달에 중요한 역할을 한다. 태아는 산소를 자기 엄마의 혈액으로부터 취하여야 하기 때문에 태아 헤모글로빈은 엄마의 헤모글로빈보다 산소

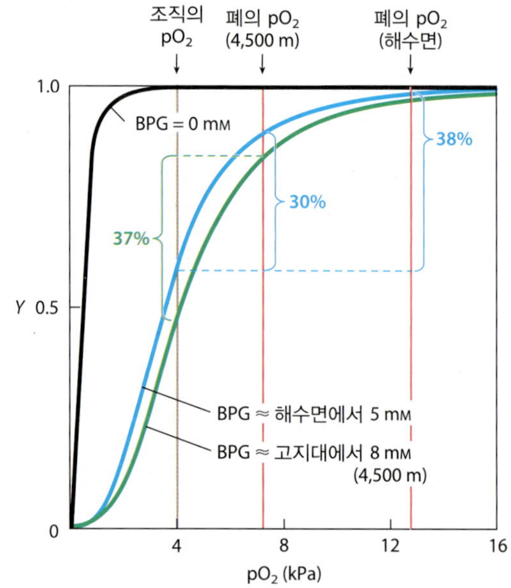

그림 5-17 헤모글로빈과 산소의 결합에 대한 2,3-bisphosphoglycerate(BPG)의 효과. 정상인의 혈액에서 BPG의 농도는 해수면에서 약 5 mM이고 고지대에서 8 mM이다. BPG가 완전히 없을 때 헤모글로빈은 산소와 강하게 결합하고 결합 곡선은 쌍곡선형이 된다. 실제로 산소결합 협동성에서 측정된 Hill 계수는 BPG가 헤모글로빈에서 제거될 때 단지 약간 감소(3에서 약 2.5로)되지만 S자형 곡선의 올라가는 부분은 원점에 가까운 매우 작은 부분에 한정된다. 해수면에서 헤모글로빈은 폐에서 산소로 거의 포화되지만 조직에서는 단지 60%만 포화된다. 그러므로 조직에서 유리되는 산소의 양은 혈액에 의하여 운반될 수 있는 최대의 양의 거의 38%에 가깝다. 고지대에서는 약 1/4이 감소되어 최대치의 30%로 감소된다. 그러나 BPG 농도의 증가는 산소에 대한 헤모글로빈의 친화도를 떨어뜨려 운반될 수 있는 것의 거의 37%가 다시 조직으로 운반된다.

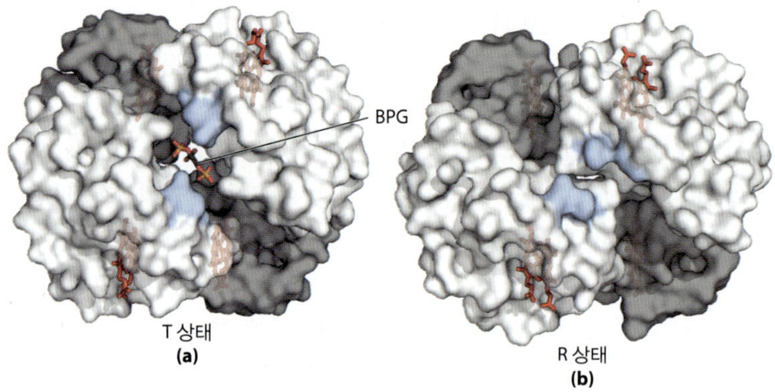

그림 5-18 데옥시헤모글로빈과 2,3-bisphosphoglycerate(BPG)의 결합. **(a)** BPG 결합은 여기에서 망의 표면 모양으로 보이는 T 상태 데옥시헤모글로빈을 안정화시킨다. BPG의 음전하들이 T 상태에서 β 소단위들 사이의 주머니를 둘러싼 여러 개의 양전하 기(표면 윤곽 모양에서 푸른색으로 보임)와 상호작용한다. **(b)** 산소화에 의하여 R 상태로 전이되었을 때 BPG 결합 주머니는 사라진다. (그림 5-10과 비교하라.) [출처: (a) PDB ID 1B86, V. Richard et al., *J. Mol. Biol.* 233:270, 1993. (b) PDB ID 1BBB, M. M. Silva et al., *J. Biol. Chem.* 267:17,248, 1992.]

에 대하여 더 큰 친화도를 가져야 한다. 태아에서 β 소단위 대신 γ 소단위가 합성되어 $\alpha_2\gamma_2$ 헤모글로빈이 만들어진다. 이 사합체는 정상적인 성인 헤모글로빈보다 훨씬 낮은 BPG에 대한 친화도를 갖고 산소에 대하여는 더 높은 친화도를 갖는다. 산소결합 단백질-헤모글로빈은 입체다른자리 조절에 민감하다.

낫적혈구 빈혈증은 헤모글로빈의 분자 질환이다

구단백질의 2차, 3차, 4차 구조와 그들의 생물학적 기능을 결정하는 데 아미노산 서열의 중요성은 인간의 유전 질환인 낫적혈구 빈혈증(sickle-cell anemia)에 의하여 명확하게 증명되었다. 500개 이상의 헤모글로빈의 유전적 다양성이 인간에게 나타나는 것으로 알려져 있다. 이 중에서 일부는 극히 드물게 발생한다. 이 다양성의 대부분은 단일 아미노산 잔기의 차이에서 발생한다. 헤모글로빈 구조와 작용에서 그 효과는 대개 미비하나 때로는 심각할 수도 있다. 각각의 헤모글로빈 변종은 변형된 유전자 산물이다. 변종 유전자(variant gene)는 대립유전자(alleles)로 불린다. 인간은 일반적으로 각각의 유전자의 두 복제물을 가지고 있기 때문에 한 개인은 하나의 대립유전자에 대하여 2개의 복제물[따라서 그 유전자에 대하여 동형접합(homozygous)임]이나 2개의 다른 대립유전자의 각각에 대한 하나의 복제물(이형접합, heterozygous)을 갖게 된다.

낫적혈구 빈혈증은 양측 부모로부터 낫적혈구 헤모글로빈에 대한 대립유전자를 물려 받은 개인에서 발생하는 유전병이다. 이들의 적혈구 수는 적고 역시 비정상이다. 혈액은 비정상적으로 많은 수의 미성숙 세포들과 함께 많은 수의 길고 가는 초승달 모양인 낫 모양의 적혈구를 가지고 있다(**그림 5-19**). 낫적혈구 헤모글로빈(HbS)은 산소를 잃게 될 때 물에 용해되지 않고 튜브형 섬유로 모여 중합체(polymer)를 형성한다(**그림 5-20**). 정상 헤모글로빈(HbA)은 탈산소화(deoxygenation)되어도 수용성 상태로 남는다. 탈산소화 헤모글로빈 S의 불용성 섬유는 적혈구를 낫 모양으로 변형

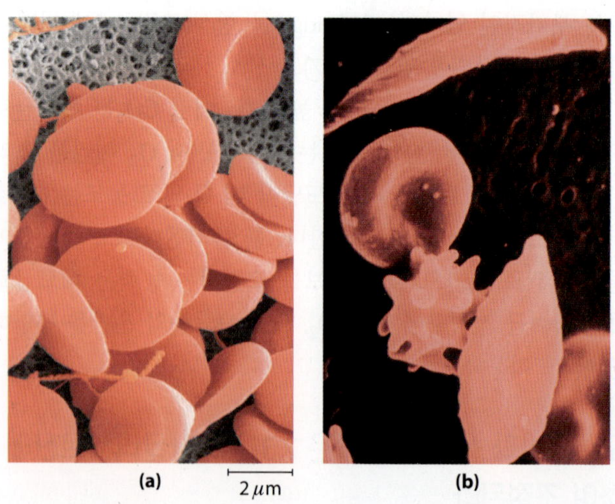

그림 5-19 일정한 컵 모양의 정상 적혈구**(a)**와 낫적혈구 빈혈에서 보이는 여러 가지 모양의 적혈구**(b)** 비교. 이 세포들은 정상적인 모양부터 가시 또는 낫 모양까지 다양하게 나타난다. [출처: (a) A. Syred/Science Source. (b) Jackie Lewin, Royal Free Hospital/Science Source.]

시킨다. 혈액에 산소가 적어질수록 낫적혈구의 비율은 높게 증가한다.

헤모글로빈 S의 변화된 성질은 1개의 아미노산이 치환되기 때문이다. 두 β 사슬의 6번 위치에 존재하는 Glu 대신에 Val이 치환된 것이다. Glu는 pH 7.4에서 음전하를 갖는 반면에 Valine의 R기는 전하가 없다. 그러므로 헤모글로빈 S는 헤모글로빈 A보다 2개의 적은 음전하를 갖게 된다. 2개의 β 사슬 각각에서 1개씩 적은 음전하를 가진다. Val에 의한 Glu의 치환은 β 사슬의 6번 위치에서 "끈끈한(sticky)" 소수성 접촉점을 그 분자의 외부 표면에 만든다. 이 들러붙은 부분이 데옥시헤모글로빈(deoxyHb) S를 비정상적으로 서로 연결하여 이 질환의 특징이 되는 긴 섬유상 응집체(fibrous aggregate)를 형성한다. 산소결합 단백질-Hb의 결함은 심각한 유전질환을 야기한다.

낫적혈구 빈혈증은 생명을 위협하고 고통스러운 질환이다. 낫적혈구 빈혈증 환자는 운동시 위기를 반복적으로 경험한다. 그들은 허약하고 어지럽고 짧은 숨을 쉬고 심잡음(heart murmur) 및 맥박수의 증가를 경험한다. 헤모글로빈 양은 정상인 수치인 15~16 g/100 mL의 절반인데, 이것은 낫적혈구가 쉽게 부서지고 깨지기 때문이다; 그 결과 빈혈을 초래한다[anemia는 "혈액의 결핍(lack of blood)"]. 더욱 심각한 결과는 길고 비정상적인 형태의 세포에 의해 말초 혈관이 막혀 심한 통증을 일으키고 정상 기관의 작용을 방해하게 된다. 이것이 이 질병을 가진 많은 사람들의 주요 조기 사망 원인이다.

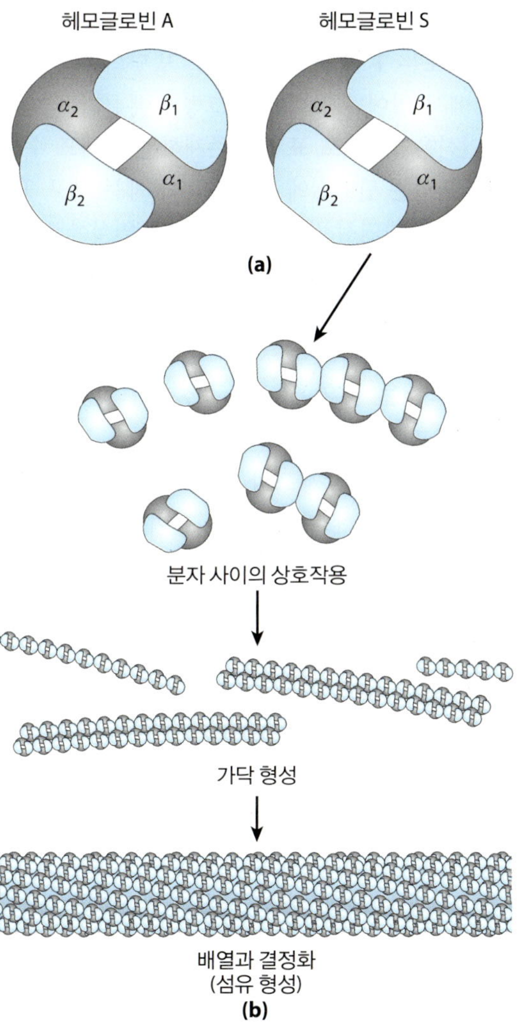

그림 5-20 정상 및 낫적혈구 헤모글로빈. (a) 헤모글로빈 A와 헤모글로빈 S의 입체형태 사이의 미묘한 차이는 β 사슬에서 1개의 아미노산 변화에 기인한다. (b) 이 변화의 결과로서 데옥시헤모글로빈 S은 그의 표면에 소수성 부착점을 가진다. 이것이 분자를 가닥으로 응집시켜 불용성 섬유로 배열하게 한다.

치료를 받지 않은 사람은 보통 어릴 때 사망한다. 흥미롭게도 낫적혈구 대립유전자는 아프리카의 특정 지역에서 흔하다. 한 대립유전자의 존속에 관한 연구에서 동형접합인 사람은 분명히 치명적인 반면, 이형접합인 사람은 치명적인 형태의 말라리아에 대해서 작지만 의미 있는 저항성을 보인다. 이형접합인 개인은 낫적혈구 형질이라고 부르는 더 가벼운 질환을 경험하게 된다; 적혈구의 약 1%만이 탈산소화된 낫모양이다. 이 사람들은 활발한 운동과 순환계에 대한 다른 스트레스만 피한다면 완전히 정상적인 삶을 살 수 있다. 이형접합인 상태에 의하여 얻어진 말라리아에 대한 저항성은 동형접합인 상태의 해로운 효과와 균형을 이루는 자연 도태의 결과로서 대립유전자 인구를 만들게 된다. ■

요약 5.1 단백질과 리간드의 가역적 결합: 산소결합 단백질

■ 단백질 기능은 종종 다른 분자와 상호작용을 일으킨다. 한 단백질에 의하여 결합된 분자는 리간드라 불리고, 결합되는 단백질 자리는 결합자리라 불린다. 단백질은 리간드가 결합될 때 입체형태의 변화가 일어날 수 있다. 이 과정을 유도 적합이라 한다. 다중소단위 단백질에서 하나의 소단위에 리간드가 결합하는 것은 다른 소단위의 리간드 결합에 영향을 미칠 수 있다. 리간드 결합은 조절이 가능하다.

■ 마이오글로빈은 산소가 결합하는 헴이라 불리는 보조단을 포함한다. 헴은 포르피린과 배위 결합을 하는 Fe^{2+}의 단일 원자로 이루어져 있다. 산소는 마이오글로빈과 가역적으로 결합한다. 간단한 가역적 결합은 결합 상수 K_a 또는 해리 상수 K_d에 의하여 나타낼 수 있다. 마이오글로빈과 같은 단일체 단백질에서 한 리간드에 의하여 점유되는 결합자리의 분획은 리간드 농도의 포물선형(hyperbolic) 함수이다.

■ 정상 성인의 헤모글로빈은 2개의 α와 2개의 β 등 4개의 헴 함유 소단위를 갖는다. 그들의 구조는 서로 비슷하고 마이오글로빈의 구조와 유사하다. 헤모글로빈은 T와 R이라고 불리는 2개의 상호교환 가능 상태로 존재한다. T 상태는 산소가 결합되지 않을 때 가장 안정하다. 산소결합은 R 상태로의 전환을 촉진한다.

■ 헤모글로빈에 대한 산소의 결합은 입체다른자리 조절이고 협동적이다. 산소분자가 하나의 결합자리에 결합할 때 헤모글로빈

은 다른 자리들에 영향을 주는 입체형태의 변화를 일으킨다. 이것은 입체다른자리의 습성의 한 예이다. 소단위-소단위 상호작용에 의하여 중계된 T와 R의 형태 변화는 협동적 결합을 일으킨다. 협동적 결합은 S자형 결합 곡선을 보이게 되고 Hill 도표(Hill plot)에 의하여 분석될 수 있다.

- 다중소단위 단백질과 리간드의 협동적 결합을 설명하기 위하여 협동 모델과 순차 모델 등 2개의 주요한 모델이 제안되었다.
- 헤모글로빈은 또한 H^+와 CO_2와 결합한다. 결합은 T 상태를 안정화시키는 이온쌍을 형성하게 하고 산소에 대한 단백질의 친화도를 감소시킨다(보어 효과). 그리고 헤모글로빈의 산소결합은 T 상태에 결합하여 T 상태를 안정화시키는 2,3-양인산글리세르산에 의하여 조절된다.
- 낫적혈구 빈혈은 헤모글로빈의 β 사슬 안의 1개의 아미노산 치환(Glu^6가 Val^6으로)에 의하여 발생하는 유전병이다. 그 변화는 헤모글로빈 표면 위에 소수성 부착점을 만들어 헤모글로빈 분자가 응집하게 되어 섬유 다발이 만들어진다. 이 동형접합 상태는 심각한 의학적 합병증을 유발한다.

5.2 단백질과 리간드 사이의 상보적 상호작용: 면역계와 면역글로불린

산소결합 단백질에 대한 논의는 이 단백질의 형태가 어떻게 헴 작용기에 대한 작은 리간드(O_2 또는 CO)의 결합에 영향을 주고 또 영향을 받는가를 보여 주었다. 그러나 대부분의 단백질-리간드 상호작용은 보조단(prosthetic group)과 연관되어 있지 않다. 대신에 리간드에 대한 결합자리는 BPG에 대한 헤모글로빈 결합자리와 유사하다. 즉, 고도의 특이적 결합 상호작용을 할 수 있게 배열된 아미노산 잔기로 된 단백질 안의 갈라진 틈과 같다. 리간드가 단지 작은 구조적 차이만을 가지고 있을 때라도 리간드 사이의 효과적인 식별은 결합자리에서 일어난다.

모든 척추동물들은 "자아(self)"와 "비자아(non-self)"를 구별하여 비자아로 인식되는 것을 파괴시킬 수 있는 면역계를 갖고 있다. 이런 방법으로 면역계는 바이러스, 세균 등 개체에 위험이 될 수 있는 병원체와 분자 등을 제거한다. 생리학적 차원에서 침입자에 대한 면역계의 반응은 많은 종류의 단백질, 분자, 세포들 사이의 정교하고 협동적인 상호작용들이다. 그러나 각 단백질 수준에서 면역 반응은 정확한 민감도와 특이성 있는 생화학계가 어떻게 단백질과 리간드의 가역적 결합을 이용하는가를 보여 준다.

면역 반응은 특별한 계통의 세포와 단백질로 이루어진다

면역은 골수(bone marrow)의 미분화된 줄기세포로부터 형성된 **대식세포(macrophage)** 및 **림프구(lymphocyte)**를 포함한 다양한 **백혈구(leukocyte)**에 의하여 유지된다. 백혈구는 혈류를 떠나 조직을 순찰하는데, 각각의 세포는 감염을 알리는 분자를 인지하고 그것에 결합할 수 있는 하나 이상의 단백질을 생산한다.

면역 반응은 2개의 상보적인 계통, 즉 체액성 및 세포성 면역계로 구성된다. **체액성 면역계(humoral immune system**, 라틴어로 *humor*는 액체를 뜻함)는 세균 및 세포 외 바이러스(체액에서 발견되는)에 반응할 뿐만 아니라 개체에 들어온 각각의 외부 단백질에도 반응한다. **세포성 면역계(cellular immune system)**는 바이러스에 감염된 숙주세포와 여러 기생충 및 외부 조직도 파괴한다.

체액성 면역 반응의 중심 단백질은 **항체(antibody)** 혹은 **면역글로불린(immunoglobulin)**이라 불리며, **Ig**로 표시되는 수용성 단백질이다. 면역글로불린은 세균, 바이러스, 외부물질로 인식된 큰 분자 등에 결합하여 이것들을 파괴한다. 혈액 단백질의 20%을 구성하는 면역글로불린은 **B 림프구(B lymphocyte)** 또는 **B 세포**에서 만들어지는데, 골수(*b*one marrow)에서 발달이 완료되기 때문에 그렇게 부른다.

세포성 면역 반응의 중심 단백질은 세포독성 **T 세포(cytotoxic T cell, T_C cell** 그리고 **살해 T 세포**)로 알려진 **T 림프구(T lymphocyte)** 또는 **T 세포**인데, 이들은 발달의 마지막 단계가 흉선(thymus)에서 일어나기 때문에 그렇게 부른다. 감염된 세포나 기생충의 인식은 T_C 세포 표면에 존재하는 **T-세포 수용체(T-cell receptor)**라 불리는 단백질에 의한다. 수용체는 세포 표면에 있으며 형질막을 관통하면서 세포 외 리간드를 인식하고 결합하여 세포내 변화를 유발한다.

세포독성 T 세포에 추가하여 인터루킨(interleukin)을 포함한 사이토카인(cytokine)이라고 부르는 가용성 신호 분자를 생성하는 기능을 하는 **보조 T 세포(helper T cell, T_H cell)**가 있다. T_H 세포는 큰포식세포와 상호작용한다. T_H 세포는 특이 항원과 결합할 수 있는 T_C 세포와 B 세포의 선택적 증식을 자극하는 감염된 세포와 병원체의 파괴에 간접적으로 관여한다. **클론 선택(clonal selection)**이라는 이런 과정은 특이 병원체에 반응하는 면역계 세포 수를 증가시킨다. T_H 세포의 중요성은 AIDS(후천성면역결핍증, acquired immune deficiency syndrome)을 유발하는 바이러스인 HIV(human immunodeficiency virus)에 의해 야기된 전염병으로부터 잘 알 수 있다. HIV 감염의 주요 대상은 T_H 세포이다. 이 세포가 제거됨으로써 점차적으로 전체적인 면역계가 그 능력을 상실하게 된다. 표 5-2에 면역계의 다양한 백혈구의 기능을 요약하였다.

B 세포가 생산하는 항체든 T-세포의 표면에 있는 수용체이든 면역계의 각 인식 단백질은 모든 다른 것과 구별하여 어떤 특별한 화학 구조에 특이적으로 결합한다. 인간은 독특한 결합 특이성을 갖는 10^8개 이상의 다른 종류의 항체를 만들 수 있다. 이러한 엄청난 다양성은 바이러스나 침입 세포(invading cell)의 표면에 있는 어떠한 화학적 구조도 1개 이상의 항체에 의하여 인지되고 결합되는 것을 가능하게 한다. 항체 다양성은 제25장에서 다루게 되는 유전자 재배열 기전을 통한 한 세트(set)의 면역글로불린 유전자가

표 5-2 면역계와 관련된 백혈구의 몇 가지 유형

세포 형태	기능
큰대식세포	포식작용에 의해 큰 입자와 세포를 섭취한다.
B 림프구(B 세포)	항체를 생산하고 분비한다.
T 림프구(T 세포)	
세포독성(죽이는 자) T 세포(T_C)	T-세포 표면의 수용체를 통하여 감염된 숙주세포와 상호작용한다.
도우미 T 세포(T_H)	대식세포와 상호작용하여 세포독성 T 세포(T_C), 도우미 T 세포(T_H)를 자극하고, B 세포를 증식시키는 사이토카인(인터루킨)을 분비한다.

무작위적 재조합을 하여 만들어진다(그림 25-43 참조).

항체나 T-세포 수용체와 그들이 결합하는 분자 사이의 상호작용은 독특하여 특수한 어휘를 사용하여 기술한다. 면역 반응을 나타내는 분자나 병원체는 **항원(antigen)**이라 불린다. 항원은 바이러스, 세균의 세포벽, 개개의 단백질 및 다른 거대분자 등이 될 수 있다. 복잡한 항원은 많은 다른 항체에 결합된다. 각각의 항체나 T-세포 수용체는 오로지 **항원 결정소(antigenic determinant)** 또는 **항원 결정 부위(epitope)**라 불리는 항원의 특정 분자 구조와 결합한다.

면역계가 세포 대사의 공동 중간체나 생성물 같은 작은 분자와 반응하는 것은 비생산적이다. 분자량 5,000 이하의 분자는 일반적으로 항원이 아니다. 그러나 실험실에서 작은 분자를 큰 단백질에 공유결합으로 결합시킬 수 있으며 이런 형태로서 면역 반응을 유발할 수 있다. 이 작은 분자들을 **합텐(hapten)**이라고 부른다. 단백질에 연결된 합텐에 반응하여 생산된 항체는 유리 상태에서 똑같은 작은 분자와 결합할 수 있다. 이러한 항체들은 이 장의 뒤에서 기술한 분석 검사의 개발이나 촉매 항체에 사용되기도 한다(그림 3-17c 참조). 지금부터는 항체와 항체의 결합 특성에 대해 좀 더 자세히 알아본다.

항체는 2개의 동일한 항원 결합자리를 가진다

면역글로불린 G(IgG)는 항체 분자의 주요 부류로서 혈청에서 가장 많은 단백질이다. IgG는 4개의 폴리펩타이드를 가진다. 무거운 사슬로 불리는 큰 사슬 2개와 가벼운 사슬로 불리는 작은 사슬이 2개 있고, 이들은 비공유결합과 이황결합(disulfide bond)으로 연결되어 분자량 150,000의 복합체를 형성하고 있다. IgG 분자의 무거운 사슬들은 한 끝에서 상호작용을 하고, 그 다음에 개별적으로 각각 가벼운 사슬과 상호작용을 하여 Y자 모양의 분자를 형성한다(**그림 5-21**). IgG 분자의 가지와 IgG 분자의 받침대를 구분하는 "경첩(hinge)"에서 면역글로불린은 단백질분해효소에 의하여 절단

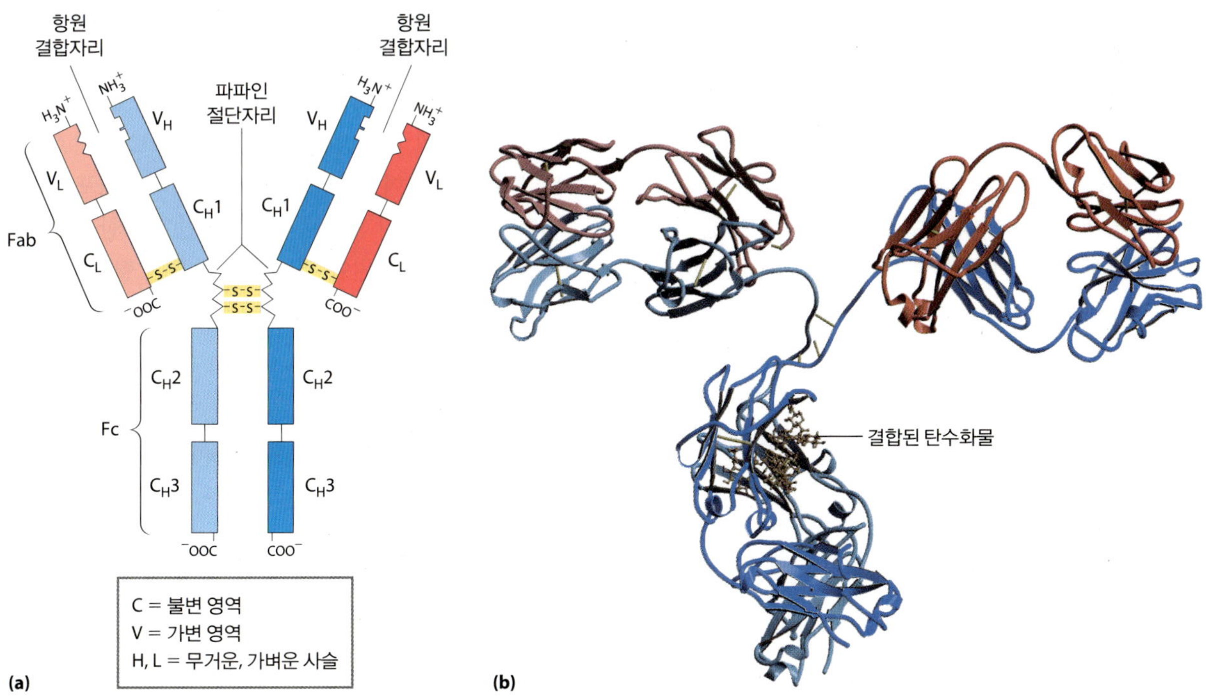

그림 5-21 면역글로불린 G의 구조. (a) 무거운 사슬과 가벼운 사슬의 쌍은 합하여 Y자 모양의 분자를 형성한다. 2개의 항원 결합자리가 1개의 가벼운 사슬(V_L)과 1개의 무거운 사슬(V_H)로부터 가변 영역의 조합에 의하여 만들어진다. 파파인에 의한 분해로 경첩 영역에서 단백질은 Fab 와 Fc 영역으로 분리된다. 이 분자의 Fc 부분은 또한 결합되어 있는 탄수화물을 함유한다((b)에서 보여짐). (b) 결정화되고 구조가 분석된 첫 번째 완전한 IgG 분자의 리본 모형. 비록 이 분자는 2개의 동일한 무거운 사슬(2개의 파란색 음영부분)과 2개의 동일한 가벼운 사슬(빨간색 부분)을 갖고 있으며, 그림에서 비대칭적 입체형태로 결정화되었다. 입체형태의 유연성은 면역글로불린의 기능에 중요할 것이다. [출처: (b) PDB ID 1IGT, L. J. Harris et al., *Biochemistry* 36:1581, 1997.]

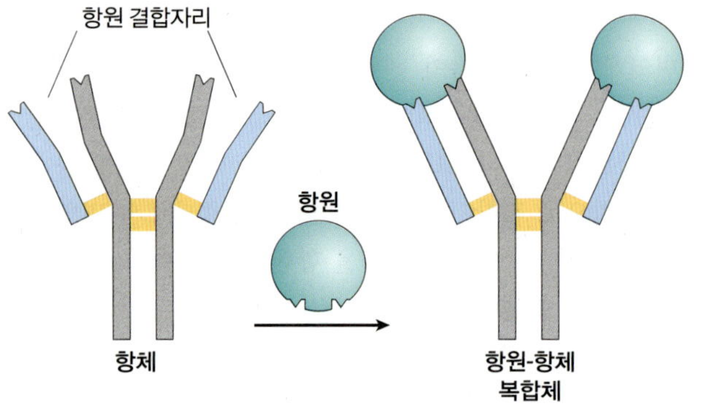

그림 5-22 IgG와 항원의 결합. 항원에 대한 적절한 맞춤을 유도하기 위하여 IgG의 결합자리는 종종 약간의 입체형태의 변화를 일으킨다. 이러한 유도 적합은 많은 단백질-리간드 상호작용에서 공통적이다.

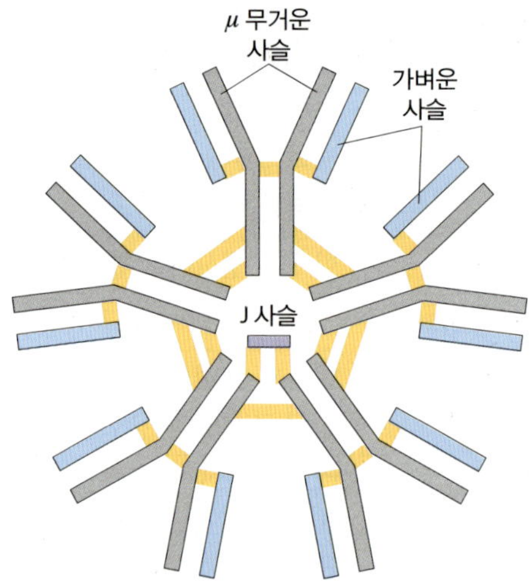

그림 5-23 면역글로불린 단위의 IgM 오합체(pentamer). 오합체는 이황결합에 의하여 교차연결(노란색)되어 있다. J 사슬은 IgA와 IgM에 존재하며 분자량 20,000의 폴리펩타이드이다.

될 수 있다. 단백질분해효소 파파인에 의하여 절단되면, 쉽게 결정화(crystalization)되기 때문에 **Fc**라 불리는 받침대 조각과 항원 결합 조각(*a*ntigen-*b*inding fragment)인 **Fab**라 불리는 2개의 가지를 유리시킨다. 각 가지는 하나의 단일 항원 결합자리를 갖고 있다.

면역글로불린의 기본적인 구조는 Gerald Edelman과 Rodney Porter에 의하여 처음으로 확립되었다. 각 사슬은 확인될 수 있는 영역으로 구성된다. 어떤 것은 한 IgG에서 다음 IgG까지 서열과 구조가 일정하고 또 어떤 것은 다양한 형태를 취한다. 불변 영역(constant domains)은 모든 β 부류 단백질에서 잘 보존된 구조 모티프인 **면역글로불린 접힘(immunoglobulin fold)**이라 불리는 특징적인 구조를 갖는다(제4장). 불변 영역은 각 무거운 사슬에 3개 그리고 각 가벼운 사슬에 1개가 있다. 또한 무거운 사슬 및 가벼운 사슬은 각각 아미노산 서열에 변이가 잘 일어나는 하나의 가변 영역을 갖는다. 가변 영역은 항원 결합자리(그림 5-21)를 만들어 항원-항체 복합체를 형성하도록 한다**(그림 5-22)**.

많은 척추동물의 IgG는 다섯 부류의 면역글로불린 중 하나이다. 각 부류는 특징적인 무거운 사슬을 가진다. 이들은 IgA는 α, IgD는 δ, IgE는 ε, IgG는 γ, 그리고 IgM는 μ로 표기된다. 모든 부류의 면역글로불린에서 가벼운 사슬은 2가지 종류로 구별되며 그들을 카파(κ)와 람다(λ)로 표기한다. **IgD**와 **IgE**의 전체적인 구조는 IgG의 구조와 비슷하다. **IgM**은 단일체로서 막 결합 형태로 존재하기도 하고 또는 단일체가 교차결합된 오합체의 분비형으로 존재하기도 한다**(그림 5-23)**. **IgA**는 주로 타액, 눈물, 유선액 등의 분비물에 존재하고 단일체, 이합체, 또는 삼합체로 존재한다. IgM은 B 림프구에서 제일 먼저 생성되는 항체이며 1차 면역 반응의 첫 단계에 작용하는 주요 항체이다. 어떤 B 세포들은 곧바로 IgD(같은 세포에 의하여 생성되는 IgM과 같은 항원 결합자리를 가지는)를 생산하기도 하지만, IgD의 독특한 기능은 잘 알려져 있지 않다.

위에 서술한 IgG는 기억 B 세포에 의하여 시작되는 후기 면역 반응의 주요 항체가 된다. 생명체에서 진행되는 항원에 대한 면역의 일부분에서 이미 언급한 것처럼, IgG는 혈청 내에 가장 많이 존재하는 면역글로불린이다. IgG는 침범한 세균이나 바이러스와 결합하여 침입자를 포획하거나 파괴하는 대식세포와 같은 백혈구들을 활성화시키고 또한 다른 면역 반응들을 활성화시킨다. 대식세포의 세포 표면의 또 다른 종류의 수용체들은 IgG의 Fc 부분을 인식하여 결합한다. 이 IgG의 Fc 수용체가 항체-병원체 복합체(antibody-pathogen complex)와 결합하면 대식세포는 포식작용에 의하여 이 복합체를 잡아먹는다**(그림 5-24)**.

IgE는 알레르기 반응에서 중요한 역할을 하는데, 그 반응에서 혈액에 존재하는 호염기성 백혈구[basophils(포식 백혈구, phagocytic leukocytes)] 그리고 조직에 광범위하게 존재하는 히스타민 유리 세포인 비만세포(mast cell)와 상호작용한다. IgE는 Fc 부위를 통하여 호염기성 백혈구나 비만세포의 특이적 Fc 수용체와 결합한다. 이 형태로 IgE는 항원에 대한 일종의 수용체로 역할을 수행한다. 항원이 결합하면 세포는 혈관 투과력을 증가시키고 확장시키는 히스타민과 그 밖의 다른 생물학적 활성 아민들을

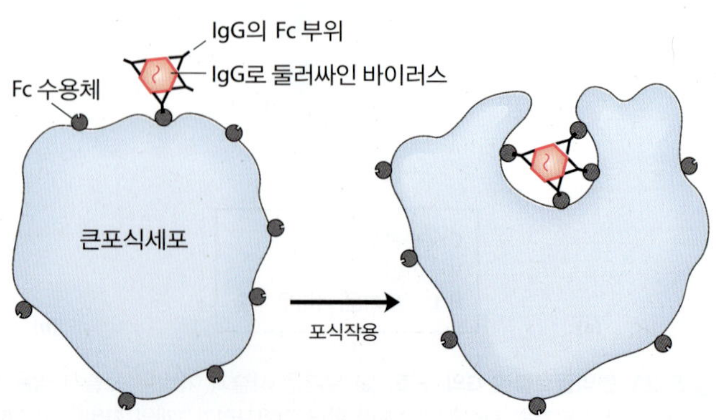

그림 5-24 대식세포에 의한 항체와 결합된 바이러스의 포식작용. 바이러스와 결합된 항체의 Fc 부위는 대식세포 표면의 Fc 수용체와 결합하여 대식세포로 하여금 바이러스를 포식하여 파괴하도록 촉발한다.

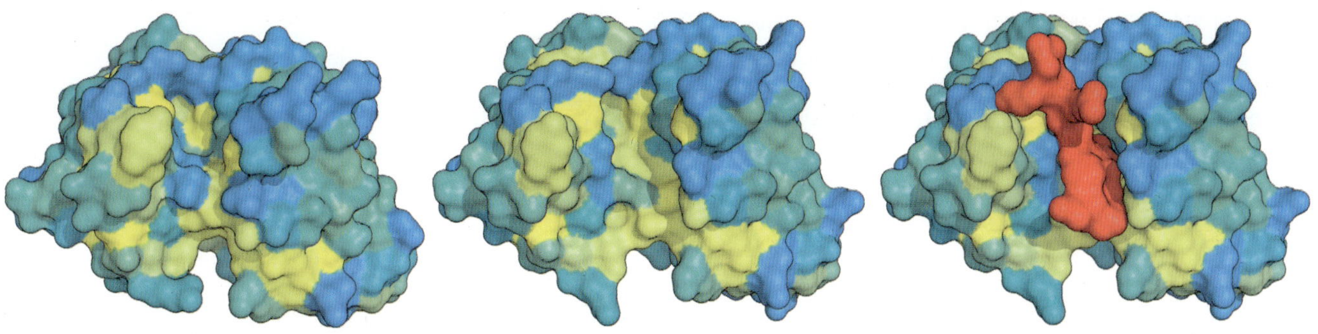

그림 5-25 항원과 IgG의 결합에서의 유도 적합. 표면 윤곽으로 보이는 분자는 IgG의 Fab 조각이다. 이 IgG와 결합한 항원은 HIV로부터 만들어진 작은 펩타이드이다. 무거운 사슬(파란색)의 2개의 잔기와 가벼운 사슬(분홍색)의 1개의 잔기는 참고용으로 색깔로 나타내었다. **(a)** 항원이 없을 때 항원 결합자리로 내려다 본 Fab 조각의 그림. **(b)** 같은 그림이지만 Fab 조각은 "결합" 입체형태이다; 달라진 결합자리에 대한 시야를 방해하지 않도록 그림에서 항원을 제거시켰다. 결합 공간이 어떻게 확대되고 여러 개의 잔기가 위치를 이동하였는가를 주목하라. **(c)** (b)와 같은 그림이지만 결합자리에 빨간 막대 구조로 항원이 그려져 있다. [출처: (a) PDB ID 1GGC, R. L. Stanfield et al., *Structure* 1:83, 1993. (b, c) PDB ID 1GGI, J. M. Rini et al., *Proc. Natl. Acad. Sci. USA* 90:6325, 1993.]

생산하도록 유도된다. 혈관에 대한 이 영향은 염증이 유발된 장소로 면역계 세포와 단백질의 이동을 용이하게 하는 것으로 생각된다. 그들은 또한 정상적인 알레르기 증상들을 유발한다. 화분(pollen)이나 다른 알레르기 항원(allergen)은 외부 물질로 인식되어 정상적으로 병원체에 대하여 갖추어진 면역 반응을 촉발한다. ■

항체는 단단하게 또한 특이적으로 항원과 결합한다

항체의 결합 특이성은 무거운 사슬과 가벼운 사슬의 가변 영역의 아미노산 잔기에 의하여 결정된다. 이 영역의 잔기들은 변이가 많지만 동일한 정도로 다양하지 않다. 몇 가지 잔기들은 특히 항원 결합자리 안의 잔기들은 변이가 아주 심하여(hypervariable) 특별히 다른 것 같다. 특이성(specificity)은 전하, 극성, 비극성, 수소결합 등이 다른 잔기들의 위치와 형태에 의하여 항원과 항원 결합자리 사이의 화학적 상보성(complementarity)에 의하여 부여된다. 예를 들면, 음전하를 가진 잔기들로 구성된 결합자리는 상보적 위치에 양전하를 가진 항원과 결합할 수 있다. 많은 예에서 상보성은 항원과 결합자리의 구조에 리간드가 접근하면서 서로 영향을 주는 상호작용에 의하여 얻어진다. 그러므로 항체나 항원의 입체형태의 변화는 상보성 잔기들이 충분히 상호작용을 할 수 있도록 일어난다. 이것은 유도 적합(induced fit)의 하나의 예이다. HIV(모델 항원)에서 유래한 펩타이드와 Fab 분자 사이의 복합체는 **그림 5-25**에 나타난 바와 같이 이러한 성질의 일부를 설명해 준다. 이 예에서 항원이 결합할 때 관찰되는 구조의 변화는 특별히 인상적이다.

전형적인 항체-항원 상호작용은 매우 강하며 K_d 값이 10^{-10} M 정도(더 낮은 K_d는 더 강한 결합 상호작용에 해당함을 기억하라; 표 5-1 참조)로 낮은 것이 특징이다. K_d는 결합을 안정화시키는 다양한 이온, 수소결합, 소수성, 반데르발스 등의 상호작용에서 유래된 에너지를 나타낸다. 10^{-10} M의 K_d를 생산하는 데 필요한 결합 에너지는 약 65 kJ/mol이다.

항원-항체 상호작용은 여러 가지 중요한 분석 과정의 기초가 된다

항체의 특별한 결합 친화도와 특이성 때문에 항체를 유용한 분석 시약으로 사용한다. 2가지의 유형의 항체 제제, 즉 다클론(polyclonal) 및 단클론(monoclonal) 항체가 사용된다. **다클론 항체(polyclonal antibody)**는 동물에 주입한 단백질처럼 하나의 항원에 반응한 많은 수의 다른 B 림프구에 의하여 형성된다. 각각의 B 림프구 무리의 세포들은 각각 다른 항원 결정 부위(epitope)에 특이적으로 결합하는 항체를 생산한다. 따라서 다클론 제제는 한 단백질의 다른 부분을 인지하는 항체들의 혼합물로 얻어진다. 반면에 **단클론 항체(monoclonal antibody)**는 세포 배양에서 성장한 동일한 B 세포(한 **클론**) 무리에 의하여 합성된다. 이러한 항체는 단일성을 가져서 모두 같은 항원 결정 부위를 인지한다. 단클론 항체를 생산하는 기술은 George Köhler, Cesar Milstein에 의하여 개발되었다.

항체의 특이성은 실제적으로 이용되고 있다. 선택된 항체를 수지에 공유결합으로 부착시켜 그림 3-17c에서와 같은 형태의 크로마토그래피 관에 사용될 수 있다. 단백질의 혼합물을 관에 넣어

Georges Köhler, 1946–1995
[출처: Bettman/Corbis.]

Cesar Milstein, 1927–2002
[출처: Corbin O'Grady Studio/Science Source.]

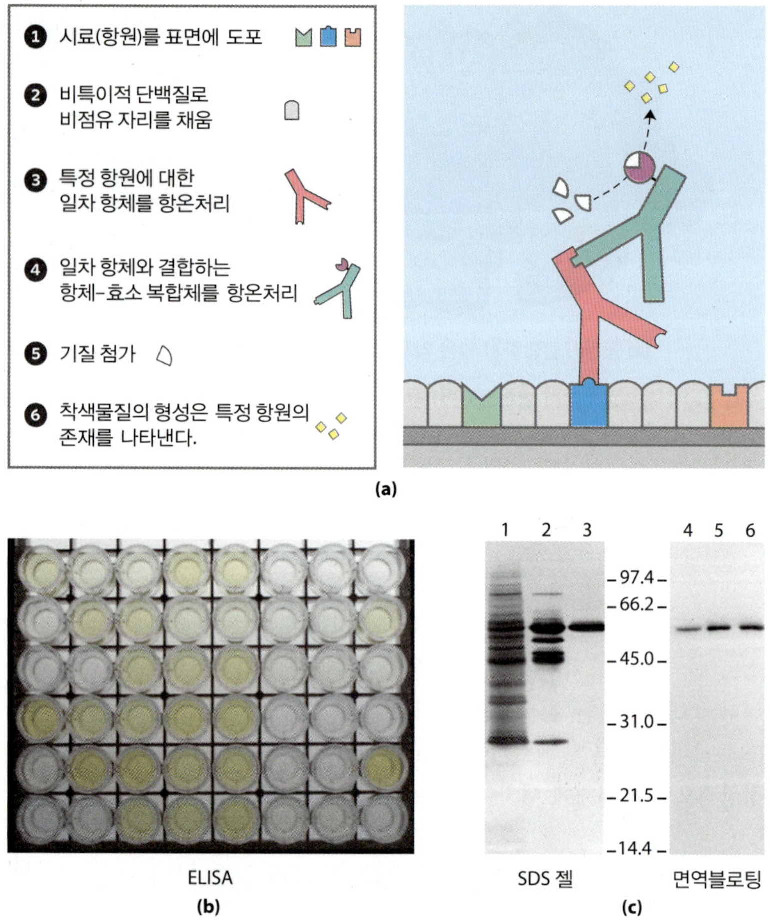

그림 5-26 항체 기술. 항원에 대한 항체의 특이적 반응이 혼합 시료에서 특정 단백질을 확인하고 정량하는 여러 기술의 근거가 된다. **(a)** 일반적인 방법의 도해. **(b)** 혈액 시료에서 HSV 항체의 존재를 시험하는 ELISA. 홈(well)을 HSV의 항체가 결합할 항원으로 도포한다. 2차 항체는 고추냉이 과산화효소와 결합된 항인간 IgG이다. (a)에 보여진 과정을 수행한 후 많은 양의 HSV 항체를 갖는 혈액 시료는 보다 밝은 노란색으로 전환된다. **(c)** 면역블로팅. SDS 젤에 줄 1-3이 있다; 단백질 인산화효소의 정제에서 연속된 단계의 시료가 분리되어 쿠마시블루(Coomassie blue)로 염색된다. 줄 4-6은 동일한 시료이지만 SDS 젤에서 분리된 후 전기영동으로 나이트로셀룰로스 막으로 옮겨진 것을 보여 준다. 그리고 막은 단백질 인산화효소에 대한 항체로 감지된다. SDS 젤과 면역블로팅 사이의 숫자는 분자량(M_r, 10^3)을 가리킨다. [출처: (b, c) State of Wisconsin Lab of Hygiene, Madison, WI.]

줄 때 다른 단백질이 씻겨서 제거되는 동안 항체는 표적 단백질과 특이적으로 결합하여 관 속에 남아 있게 한다. 그 후 표적 단백질은 염 용액이나 다른 제제에 의하여 수지로부터 용출될 수 있다. 이것은 단백질 정제를 위한 강력한 기술이다.

다른 다목적 분석 방법으로 항체에 방사능 표지를 하거나 쉽게 감지할 수 있는 다른 반응물에 부착시킬 수 있다. 항체가 표적 단백질과 결합하면 그 표지에 의하여 용액 내 단백질의 존재 유무나 겔 또는 심지어 세포 내에서 단백질의 위치를 알 수 있다. 이 과정의 여러 변형들을 **그림 5-26**에 나타내었다.

ELISA(enzyme-linked immunosorbent assay, **효소면역측정법**)는 시료 내 항원의 존재를 빠르게 검색하고 정량화할 수 있다(그림 5-26b). 시료 단백질들을 보통 96-홈(well) 폴리스티렌 판의 비활성 표면에 흡착시킨다. 이 표면에 비싸지 않은 비특이적 단백질(종종 탈지 건조 분말의 케이신) 용액으로 씻어 주는데, 이는 다음 단계에서 사용하는 단백질이 빈자리에 비특이적으로 흡수되는 것을 차단하기 위해서이다. 이 표면에 대상 단백질에 대한 항체, 즉 1차 항체를 함유하고 있는 용액으로 처리한다. 결합하지 않은 항체를 씻어 제거하고 1차 항체에 대한 항체가 들어 있는 2차 항체 용액으로 처리한다. 이 2차 항체는 발색을 일으키는 반응을 촉매하는 효소와 결합되어 있다. 결합하지 않은 2차 항체를 씻어 제거한 후 항체 결합 효소의 기질을 가한다. 반응물의 생성(색의 강도로 나타남)은 시료 내의 대상 단백질의 농도에 비례한다.

면역블로팅 분석법(Immunoblot assay, 그림 5-26c)에서 젤 전기영동에 의하여 분리된 단백질은 전기영동으로 나이트로셀룰로스 막에 전달된다. 그 막을(위에 언급된 ELISA처럼) 차단시킨 후 1차 항체, 효소가 연결된 2차 항체, 그리고 그 효소의 기질을 연속적으로 처리한다. 오직 대상 단백질을 함유한 띠(band)에만 착색된 침전물이 형성된다. 면역블로팅은 시료 내의 미량의 성분을 감지하고 그 분자량의 근사치를 제공한다.

다음 장에서 항체의 다른 면을 보게 될 것이다. 그것은 의학 분야에서 매우 중요하며 단백질의 구조와 유전자의 작용에 대하여 많은 것을 알려 줄 것이다.

요약 5.2 단백질과 리간드 사이의 상보적 상호작용: 면역계와 면역글로불린

■ 면역 반응은 일련의 특별한 백혈구와 그것과 연관된 단백질 사이의 상호작용에 의하여 이루어진다. T 림프구는 T-세포 수용체를 생산한다. B 림프구는 면역글로불린을 생산한다. 클론 선택(clonal selection)이라는 과정에서 보조 T 세포는 특정 항원에 결합하는 면역글로불린이나 T-세포 수용체를 생산하는 B 세포와 세포독성 T 세포의 증식을 유도한다.

■ 사람은 다른 생물학적 기능을 가진 다섯 부류의 면역글로불린을 갖고 있다. 가장 많은 부류는 IgG으로 2개의 무거운 사슬과 2개의 가벼운 사슬로 되어 있는 Y자 모양의 단백질이다. Y 구조의 위쪽 말단에 가까운 영역은 많은 종류의 IgG에서 고도의 변이성을 보이고 2개의 항원 결합자리를 형성한다.

■ 면역글로불린은 일반적으로 거대한 항원의 항원 결정 부위에만 결합한다. 이 결합은 종종 IgG의 입체형태의 변화를 초래하며, 이 변화는 항원에 대한 유도 적합이다.

■ 면역글로불린의 정교한 결합 특이성은 ELISA와 면역블로팅과 같은 분석 기술에 이용된다.

5.3 화학에너지에 의해 조절되는 단백질의 상호작용: 액틴, 마이오신, 분자 모터

생명체는 움직인다. 세포들도 움직인다. 세포의 소기관과 거대분자도 움직인다. 대부분의 이러한 운동은 단백질에 기초한 매혹적인 분자 모터(molecular motor) 부류의 작용에 의하여 일어난다. 큰 응집체를 이룬 모터 단백질(motor protein)은 보통 ATP로부터 나오는 화학에너지를 받아 일정하고 한 방향성을 갖는 힘으로 축적되어 주기적인 입체형태의 변화를 일으킨다. 이 힘은 분열하는 세포에서 염색체를 분리시키는 작은 힘과 1/4톤의 표범이 공중으로 뛰어 오르게 하는 거대한 힘 등과 같이 다양하다.

예측하는 대로 모터 단백질 사이의 상호작용은 단백질 결합자리에서 이온, 수소결합, 소수성, 반데르발스 등의 상호작용의 상보적인 배열로서 이루어진다. 그러나 모터 단백질에서 이러한 상호작용은 예외적으로 높은 수준의 시간과 공간적인 조직화를 이룬다.

모터 단백질은 근육 수축, 미세소관(microtubule)을 따라 소기관들의 이동, 박테리아 편모(flagella)의 회전, DNA를 따라 단백질의 이동 등에 관여한다. 카이네신(kinesin)과 다이네인(dynein) 단백질은 세포에서 미세소관을 따라 이동하고 세포분열하는 동안 소기관을 잡아당기기도 하고 염색체를 재조합하기도 한다. 다이네인과 미세소관의 상호작용은 진핵세포의 편모 및 섬모(cilia) 운동을 일으킨다. 박테리아에서 편모운동은 편모의 받침대에서 복잡한 회전식 모터에 의하여 일어난다(그림 19-41 참조). 나선효소(helicase), 중합효소(polymerase) 그 외 단백질 등은 DNA 대사에서 그들의 기능을 수행하는 중에 DNA를 따라 이동한다(제25장). 여기에서 우리는 단백질이 어떻게 화학에너지를 운동으로 전환시키는가에 대한 하나의 체계로 잘 연구된 척추동물 골격근의 수축 단백질(contractile protein)의 예에 초점을 맞추기로 한다.

근육의 주 단백질은 마이오신과 액틴이다

근육의 수축력은 마이오신과 액틴 두 단백질의 상호작용에 의하여 일어난다. 이러한 단백질은 순간적인 상호작용을 일으키고 서로 미끄러지면서 수축을 유도하는 잔섬유로 정렬되어 있다. 액틴과 마이오신은 근육 단백질 양의 80%를 차지한다.

마이오신(myosin; 분자량 520,000)은 6개의 소단위로 이루어져 있다: 2개의 무거운 사슬(각 사슬의 분자량 220,000)과 4개의 가벼운 사슬(각 사슬의 분자량 20,000)로 구성되어 있다. 무거운 사슬은 전체 구조의 대부분에 해당한다. 이것은 카복실 말단에서 연장된 α 나선으로 배열하고, α-케라틴과 유사하게(**그림 5-27a**) 섬유성 및 좌선성 감긴 코일(coiled coil)의 형태로 서로 감싸고 있다. 아미노 말단에서 각각의 무거운 사슬은 ATP가 가수분해되는 자리가 있는 큰 구형 영역을 가진다. 가벼운 사슬들은 구형 영역과 연결되어 있다. 마이오신을 단백질 분해효소 트립신으로 간단하게 처리하면 섬유 꼬리(fibrous tail)가 대부분 절단되고 단백질이 가벼운 부분마이오신(meromyosin)과 무거운 부분마이오신으로 나뉘게 된다(그림 5-27b). 마이오신 소조각 1(subfragment 1, S1) 또는 간단히 마이오신 머리 부분이라고 부르는 구형 영역은 파파인(papain)에 의하여 잘려져서 무거운 부분마이오신으로부터 유리된다. 이 과정에서 생성되는 S1 조각이 근육 수축을 가능하게 하는 모터 영역이다. S1 조각은 결정화되어 그 구조가 밝혀졌다. Ivan Rayment와 Hazel Holden에 의하여 결정된 S1 조각(S1 fragment)의 전체적인 구조는 그림 5-27c에서 보인다.

근육 세포에서 마이오신 분자들은 집합하여 **굵은 잔섬유(thick filament, 그림 5-28a**)라 불리는 구조를 형성한다. 이러한 막대같은 구조는 수축 단위의 핵심으로서 역할을 한다. 굵은 잔섬유 내에서 수백 개의 마이오신 분자가 긴 양극성 구조로 형성하는 것과 관련된 섬유 "꼬리"들과 함께 배열된다. 구형 영역은 일정하게 쌓여진 배열 안에서 이 구조의 어느 한쪽의 말단으로부터 불쑥 나와 있다.

두 번째로 중요한 근육 단백질인 **액틴(actin)**은 거의 모든 진핵세포에서 풍부하다. 근육에서 G-액틴(globular actin, 구형 액틴; 분자량 42,000)이라 불리는 단일체 액틴 분자는 F-액틴(*filamentous* actin, 잔섬유형 액틴)이라 불리는 긴 중합체 형성과 연관이 있다. 가는 **잔섬유(thin filament**, 그림 5-28b)는 단백질 트로포닌(troponin)과 트로포마이오신(tropomyosin, 아래쪽 설명 참조)과 함께 F-액틴으로 구성되어 있다. 가는 잔섬유의 잔섬유 부분은 연속된 단일체 액틴 분자들이 한쪽 말단 부위에 첨가되어 모이게 된다. 이에 부가하여 각 단일체 분자는 ATP와 결합하여 ADP로 가수분해하고 잔섬유 내의 모든 액틴 분자들은 ADP와 복합체를 만든다. 그러나 이러한 액틴에 의한 ATP 가수분해는 잔섬유의 집합에만 기능을 한다; 그것은 근육 수축 시에 소모되는 에너지에 직접적으로 공헌하지는 않는다. 가는 잔섬유 내의 각 액틴 단일체는 하나의 마이오신 머리 부분에 강하고 특이적으로 결합할 수 있다(그림 5-28c).

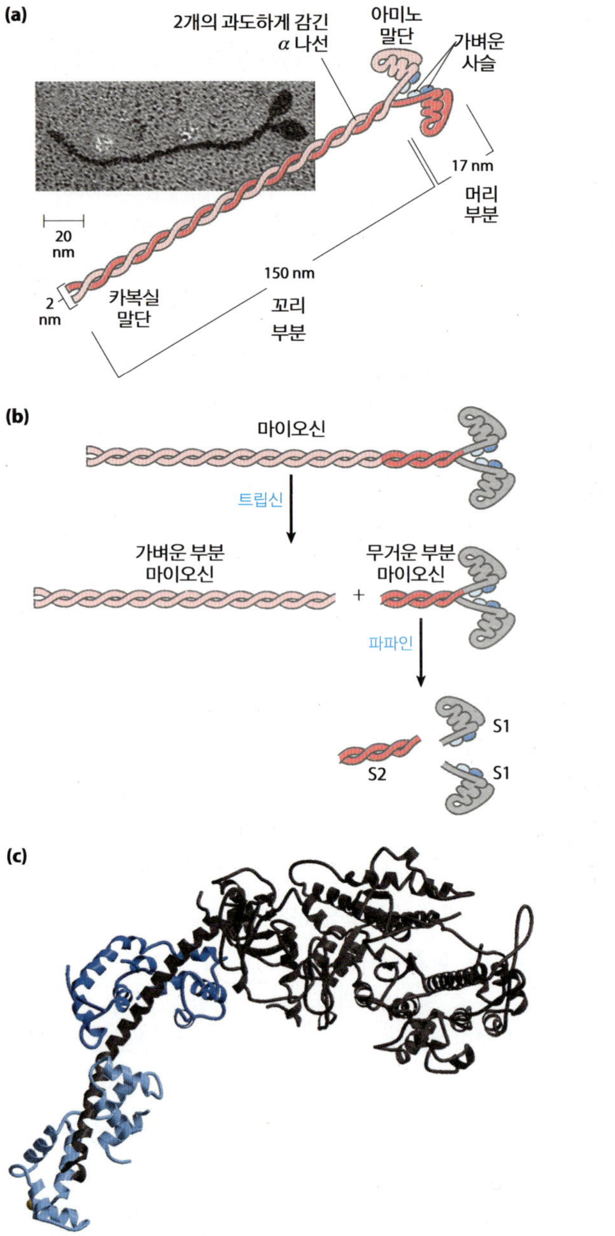

그림 5-27 마이오신. (a) 마이오신은 2개의 무거운 사슬(2개의 분홍색 음영)로서 펼쳐진 감긴 코일(꼬리)을 형성한 카복실 말단과 구형 영역(머리)을 갖는 아미노 말단으로 구성된다. 2개의 가벼운 사슬(파란색)은 마이오신 머리 부분과 결합되어 있다. (b) 트립신과 파파인으로 자르면 꼬리로부터 마이오신 머리(S1 절편)가 분리된다. (c) 리본은 마이오신 S1 절편을 나타낸다. 무거운 사슬은 회색이며 2개의 가벼운 사슬은 파란색이다. [출처: (a) Takeshi Katayama, et al. "Stimulatory effects of arachidonic acid on myosin ATPase activity and contraction of smooth muscle via myosin motor domain," *Am. J. Physiol. Heart Circ. Physiol.* Vol 298, Issue 2, pp. H505-H514, February 2010, Fig. 6b. (c) Courtesy of Ivan Rayment, University of Wisconsin–adison, Enzyme Institute and Department of Biochemistry; PDB ID 2MYS, I. Rayment et al., *Science* 261:50, 1993.]

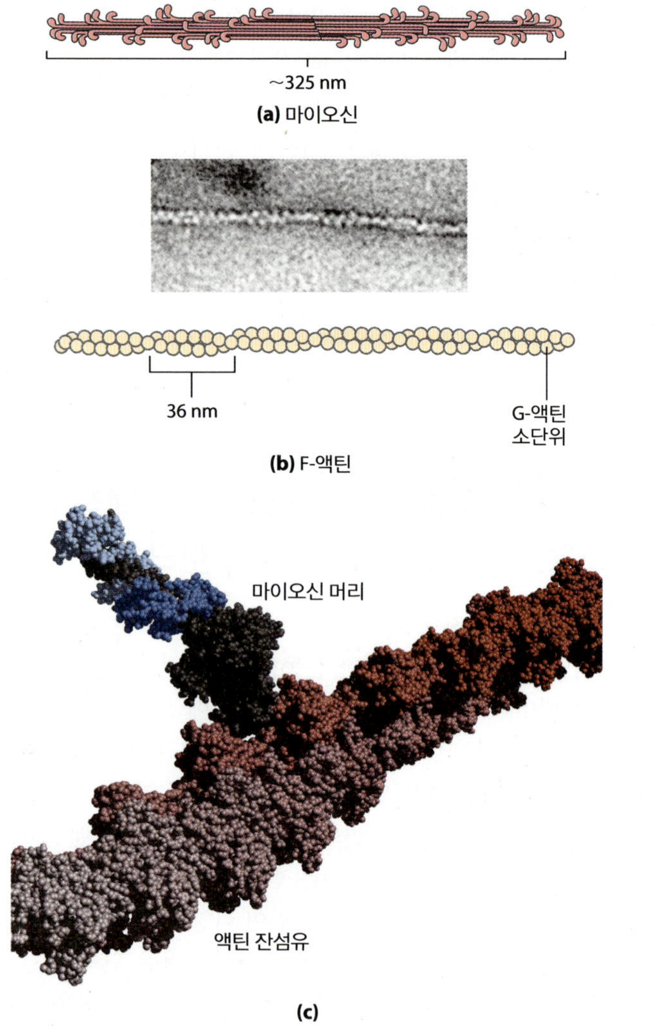

그림 5-28 근육의 주요 성분. (a) 마이오신은 뭉쳐서 굵은 잔섬유라 불리는 양극성 구조를 이룬다. (b) F-액틴은 G-액틴 단일체의 잔섬유 결합으로 22로 중합체가 되며, 우선성의 두 가닥의 형태로 나타난다. (c) 액틴 잔섬유(빨간색 음영)와 잔섬유 안에서 액틴 단일체에 결합한 마이오신 머리 부분(회색과 파란색의 2개의 가벼운 사슬)의 공간채움 모형(Ivan Rayment로부터 제공받음). [출처: (b) Dr. Roger W. Craig PhD, University of Massachusetts Medical School. (c) Courtesy of Ivan Rayment, University of Wisconsin–.Madison, Enzyme Institute and Department of Biochemistry; PDB ID 2MYS, I. Rayment et al., *Science* 261:50, 1993.]

그 밖의 다른 단백질들이 가는 잔섬유와 굵은 잔섬유를 질서정연한 구조로 만든다

골격근은 평행하는 **근섬유(muscle fiber)** 다발들로 이루어져 있으며, 각각의 섬유는 많은 세포가 같이 합쳐져서 직경 20~100 μm의 매우 긴 다핵세포(multinucleated cell)로서 때로는 근육의 길이만큼 펼쳐진다. 반면에 각각의 섬유는 직경 2 μm의 약 1,000개의 **근육원섬유(myofibril)**를 갖고 있고, 각 근원섬유는 대단히 많은 수의 규칙적으로 배열된 굵고 가는 잔섬유(filament)들로 구성되어 있으며, 다른 단백질들과 복잡하게 연결되어 있다(**그림 5-29**). **근육세포질세망(sarcoplasmic reticulum)**이라 불리는 편평한 막소포(membranous vesicle) 계가 각 근육원섬유를 둘러싸고 있다. 전자현미경을 통하여 관찰해 보면 근섬유들은 **A 띠**와 **I 띠(A and I band)**라 불리는 높고 낮은 전자 밀도 지역이 교대로 나타나는 것을 보게 된다(그림 5-29b, c). A와 I 띠는 굵고 가는 잔섬유들이 배

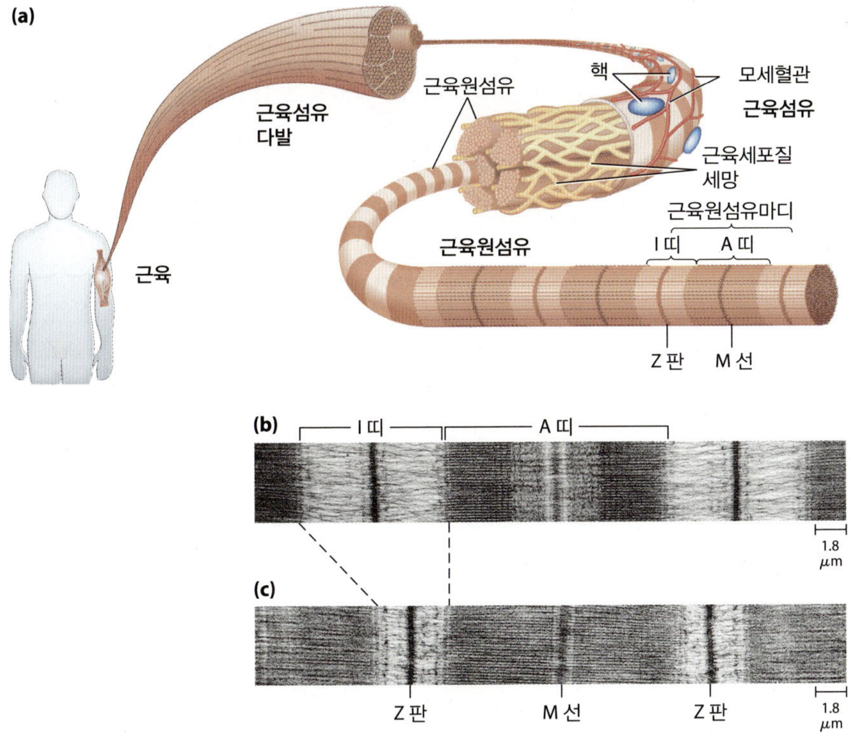

그림 5-29 골격근. (a) 근육섬유는 많은 전구세포가 융합된 하나의 긴 다핵세포로 구성되어 있다. 근육섬유는 섬유의 안쪽에 근육세포질세망의 막에 의하여 둘러싸여 있는 많은 근육원섬유(단지 여기에서 단순화시켜 6개로 보인다)들이 들어 있다. 근육원섬유의 굵고 가는 잔섬유의 구성은 줄무늬 모양으로 보여진다. 근육이 수축할 때 이완되고(b) 수축된(c) 근육의 전자현미경 사진에서 보듯이 I 띠는 좁아지고 Z 판은 서로 더 가까이 모여진다. [출처: (b, c) James E. Dennis/Phototake.]

열되어 있고, 이 잔섬유들은 나란히 있으면서 부분적으로 겹쳐 있어 그렇게 보인다. I 띠는 횡단면상에서 보면 오직 가는 잔섬유 다발로 되어 있다. 더 짙은 A 띠는 굵은 잔섬유 길이만큼 펼쳐져 있으면서 나란히 있는 굵고 가는 잔섬유들이 겹쳐 있는 부분을 포함한다. I 띠는 이등분하면 가는 잔섬유에 수직이고 가는 잔섬유가 부착되어 있는 정박소로 작용하는 **Z 판(Z disk)**이라 불리는 얇은 구조가 된다. A 띠 역시 **M 선(M line)** 또는 M 판(M disk)이라 불리는 가는 선에 의하여 이등분되어 있는데, 이 선은 굵은 잔섬유의 중앙 부분에서 높은 전자 밀도를 갖는 영역이다. 가는 잔섬유 다발에 의하여 어느 한쪽의 끝에 삽입되는 굵은 잔섬유로 이루어진 전체적인 수축 단위를 **근육원섬유마디(sarcomere)**라고 한다. 삽입된 다발의 배열은 굵고 가는 잔섬유를 서로 미끄러지게 하는데(아래에 언급되는 기전에 의하여), 이것은 각 근육원섬유마디의 점진적인 단축을 일으킨다(**그림 5-30**).

가는 액틴 잔섬유는 규칙적인 패턴으로 Z 판의 끝 부분에 붙어 있다. 그 조합은 더 적은 근육 단백질인 **α-액티닌(α-actinin)**, **데스민(desmin)** 그리고 **비멘틴(vimentin)**을 포함한다. 가는 잔섬유는 또한 네불린(nebulin, 약 7,000 아미노산 잔기)이라 불리는 큰 단백질을 포함하고 있는데, 이것은 잔섬유의 길이를 이룰 만큼 충분히 긴 나선형의 구조를 갖는다고 생각된다. M 선은 비슷하게 굵은 잔섬유를 구성하고 있다. 그것은 단백질, **파라마이오신(paramyosin)**, **C-단백질(C-protein)** 그리고 **M-단백질(M-protein)**을 갖고 있다. **타이틴(titin)**이라고 불리는 또 다른 부류의 단백질은 현재까지 알려진 가장 큰 단일 폴리펩타이드 사슬로서(인간 심근의 타이틴은 26,926개의 아미노산 잔기를 가짐), 두꺼운 잔섬유를 Z 판에 연결하고 전체 구조에 부가적 조직을 제공한다. 그들의 구조적 기능 중에 단백질 네불린과 타이틴은 각각 가는 잔섬유와 굵은 잔섬유의 길이를 조절하는 "분자 자(molecular ruler)"로서 역할을 한다. 타이틴은 Z 판으로부터 M 선까지 확장되어 있어 근육원섬유마디 자체의 길이를 조절하고 근육의 지나친 확장을 방지한다. 특징적인 근육원섬유마디 길이는 척추동물의 근육 조직마다 다른데, 그것은 상당 부분이 조직의 다른 타이틴의 변이체 때문이다.

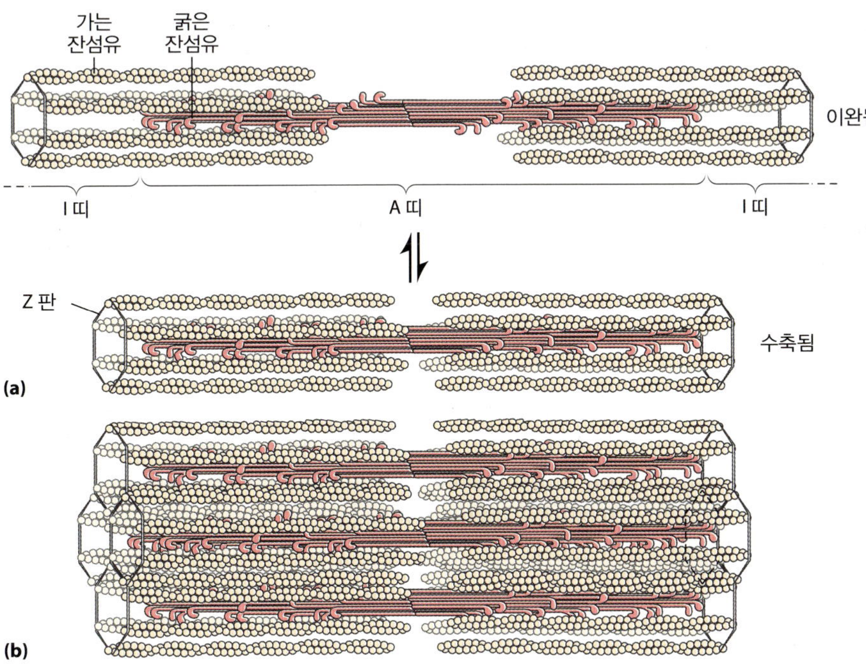

그림 5-30 근육 수축. 굵은 잔섬유는 많은 마이오신 분자들의 회합으로 만들어진 양극성 구조이다. (a) 근육 수축은 굵고 가는 잔섬유가 서로 지나면서 인접한 I 띠에 있는 Z 판들이 서로 접근하면서 일어난다. (b) 굵고 가는 잔섬유가 서로 끼워져 각각의 굵은 잔섬유가 6개의 가는 잔섬유로 둘러싸이게 된다.

마이오신의 두꺼운 잔섬유는 액틴의 가는 잔섬유를 따라 미끌어진다

모든 단백질과 리간드의 상호작용과 같이 마이오신과 액틴 사이의 상호작용은 약한 결합들을 포함한다. ATP가 마이오신에 결합되어 있지 않을 때 마이오신의 머리 부분의 표면은 액틴에 단단히 결합되어 있다(**그림 5-31**). ATP가 마이오신에 결합되어 ADP와 인산염으로 가수분해될 때, 협동적이고 주기적인 일련의 입체형태의 변화가 일어나는데, 마이오신이 F-액틴 소단위를 방출하고 가는 잔섬유를 따라 더 먼 곳의 소단위와 결합된다.

그 주기는 4가지 주요 단계로 이루어진다(그림 5-31). 단계 ❶에서 ATP는 마이오신에 결합하고 마이오신 분자에 틈이 열리면 액틴-마이오신의 상호작용이 깨져 결합되어 있는 액틴은 떨어지게 된다. 그리고 단계 ❷에서 ATP는 가수분해되고, 액틴의 입체형태가 “고에너지” 단계로 변화하여 마이오신 머리 부분을 움직이고 액틴의 가는 잔섬유에 대한 방향을 변화시킨다. 그러면 마이오신은 바로 유리된 것보다 Z 판에 더 가까워진 F-액틴 소단위에 약하게 결합한다. 단계 ❸에서 ATP의 가수분해 산물인 인산이 마이오신으로부터 유리됨에 따라 또 다른 입체형태의 변화가 일어나는데, 이때 마이오신의 갈라진 틈이 가까워지고 이때 마이오신-액틴의 결합이 더 강해진다. 이것은 단계 ❹로 빨리 이어진다. “강타(power stroke)” 단계에서 마이오신의 머리 부분의 입체형태는 본래의 휴지 단계로 되돌아가는데, Z 판 쪽으로 마이오신의 꼬리를 잡아당기도록 결합된 액틴에 대한 방향이 바뀌게 된다. 그 후 ADP는 유리되고 그 주기가 끝나게 된다. 각 주기는 약 3 내지 4 pN(piconewtons)의 힘을 생산하고 굵은 잔섬유를 가는 잔섬유에 대하여 5~10 nm 이동시킨다.

굵은 잔섬유에 많은 마이오신의 머리 부분이 있기 때문에 어느 주어진 순간에 약간은 (아마 1~3%) 가는 잔섬유에 결합되어 있다. 이것은 개개의 마이오신의 머리 부분이 결합된 액틴 소단위를 유리시킬 때 굵은 잔섬유가 거꾸로 역류하는 것을 막아 준다. 따라서 굵은 잔섬유는 인접한 가는 잔섬유를 지나 활발하게 이동한다. 한 근육세포 안의 많은 근육원섬유마디 사이의 이 협동적인 과정이 근육의 수축을 일으킨다.

신경계의 적절한 신호에 반응하여 수축이 일어나게 하기 위해서는 이 액틴과 마이오신의 상호작용은 조절되어야 한다. 이 조절은 두 단백질, 즉 **트로포마이오신(tropomyosin)**과 **트로포닌(troponin)**의 복합체에 의하여 일어난다(**그림 5-32**). 트로포마이오신은 가는 잔섬유에 결합하여 마이오신의 머리 부분의 부착 자리를 차단한다. 트로포닌은 Ca^{2+} 결합 단백질이다. 신경 자극은 근육세포질세망으로부터 Ca^{2+}을 유리시킨다. 유리된 Ca^{2+}은 트로포닌에 결합하고(다른 단백질-리간드 상호작용) 트로포마이오신-트로포닌 복합체에서 입체형태의 변화를 일으켜 가는 잔섬유의 마이오신 결합자리를 노출시키면 수축이 뒤따른다.

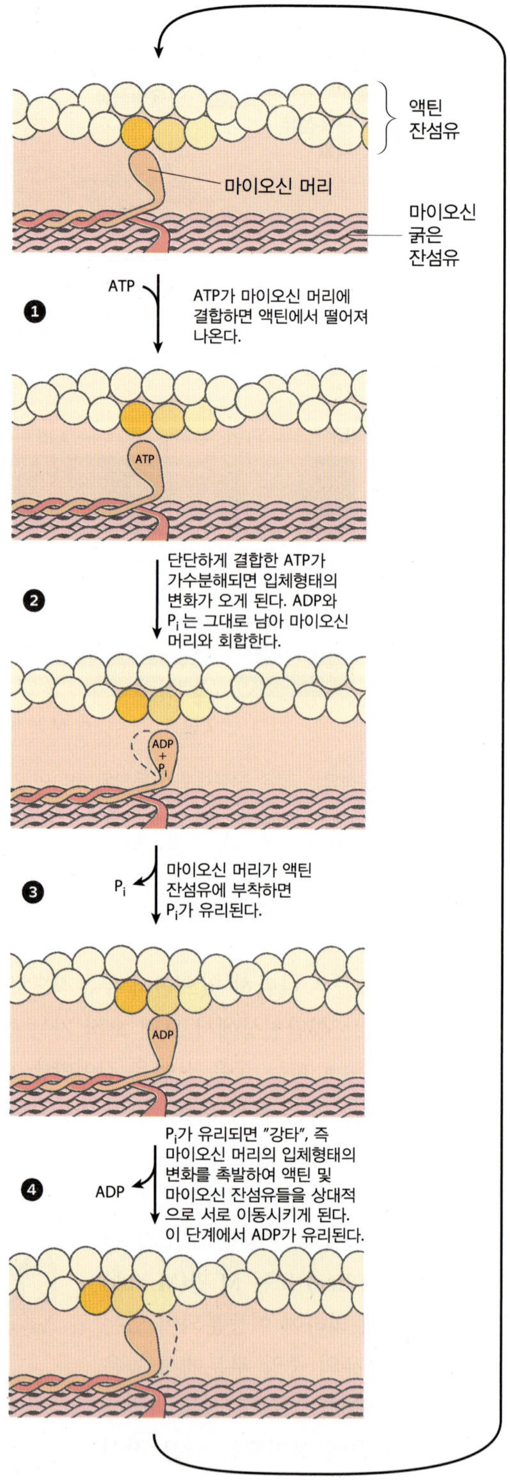

그림 5-31 근육 수축의 분자 기전. ATP 가수분해 주기의 단계에 연결되어 있는 마이오신 머리의 입체형태의 변화는 마이오신이 액틴 소단위로부터 단계적으로 해리하게 한다. 그 후 액틴 잔섬유를 따라 다른 먼 액틴 소단위와 결합한다. 이런 방식으로 마이오신 머리는 가는 잔섬유를 따라 미끄러지면서 굵은 잔섬유 층을 가는 잔섬유 층으로 끌어당긴다(그림 5-30 참조).

움직이는 골격은 단백질에 있어 공통적인 2가지 종류의 분자 기능, 즉 결합과 촉매를 요구한다. 액틴-마이오신이나 항원과 면역글로불린의 상호작용과 같은 단백질-리간드 상호작용은 가역적이

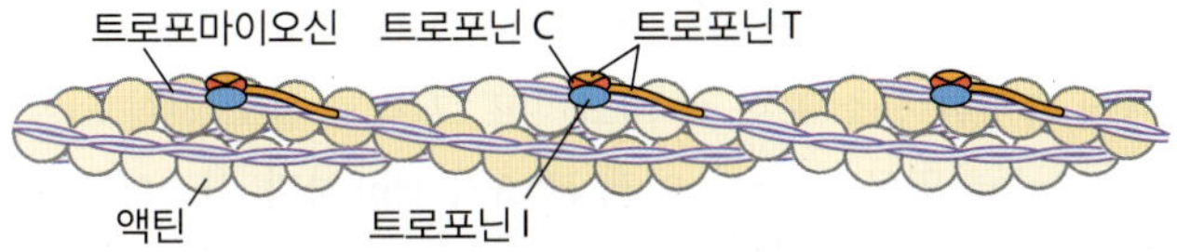

그림 5-32 트로포마이오신과 트로포닌에 의한 근육수축 조절. 트로포마이오신과 트로포닌이 가는 잔섬유의 F 액틴에 결합한다. 이완된 근육에서 이 두 단백질은 마이오신의 결합자리를 차단하기 위해 액틴 섬유 주위에 배열되어 있다. 트로포마이오신은 α-케라틴에 있는 것과 같은 구조적 모티프(motif)를 가지고 있는 α-나선 형태로 된 이중나선 구조로 되어 있다(그림 4-11 참조). 이는 2개의 액틴 사슬 주위를 감싸는 머리-꼬리 중합체를 형성한다. 트로포닌은 38.5 nm의 규칙적인 간격으로 액틴-트로포마이오신 복합체에 결합되어 있다. 트로포닌은 I, C, T라고 하는 3개의 서로 다른 소단위로 구성되어 있다. 트로포닌 I는 액틴에 마이오신 머리의 결합을 차단한다; 트로포닌 C는 Ca^{2+}의 결합자리를 갖고 있다; 트로포닌 T는 전체 트로포닌 복합체를 트로포마이오신에 연결한다. 근육이 수축하기 위한 신경 신호를 받으면, 근육세포질세망으로부터 Ca^{2+}이 방출되고(그림 5-29a 참조), 트로포닌 C에 Ca^{2+}이 결합한다. 이것은 트로포닌 C의 구조 변화를 야기함으로써 트로포닌 I와 트로포마이소신의 위치를 변경하고 결국 트로포닌 I에 의한 차단을 풀어주고 근육 수축이 일어나도록 한다.

고 참여하는 인자들을 변하지 않은 채로 남겨둔다. 그러나 ATP가 마이오신에 결합될 때 ATP는 ADP와 Pi로 가수분해된다. 마이오신은 액틴 결합 단백질일 뿐만 아니라 하나의 효소, 즉 ATP 분해효소이기도 하다. 화학적 변형을 촉매 작용하는 효소의 기능은 다음 장의 주제이다.

요약 5.3 화학에너지에 의하여 조절되는 단백질의 상호작용: 액틴, 마이오신, 분자 모터

■ 단백질-리간드 상호작용은 모터 단백질에서 특별한 정도의 공간적 및 시간적 조직화를 이루게 된다. 근육 수축은 마이오신에 의한 ATP의 가수분해에 연결된 마이오신과 액틴 사이의 상호작용의 결과이다.

■ 마이오신은 2개의 무거운 사슬과 4개의 가벼운 사슬로 되어 있고, 1개의 섬유성 감긴 코일(꼬리) 영역과 1개의 구형(머리) 영역을 만든다. 마이오신 분자는 굵은 잔섬유를 만들면서 주로 액틴으로 구성된 가는 잔섬유를 따라서 미끄러진다. 마이오신에서 ATP의 가수분해는 마이오신 머리 부분에서 일련의 입체형태의 변화와 연결되어 있고, 마이오신이 F-액틴 소단위로부터 해리되어 가는 잔섬유를 따라서 더 나아가 다른 F-액틴과 최종적인 재결합을 하게 한다. 그러므로 마이오신은 액틴 잔섬유를 따라서 미끄러진다.

■ 근육 수축은 근육세포질세망으로부터 Ca^{2+}의 유리에 의하여 자극받는다. 그 Ca^{2+}은 단백질 트로포닌에 결합하여 트로포닌-트로포마이오신 복합체의 입체형태의 변화를 일으켜 주기적인 액틴-마이오신 상호작용을 유발한다.

핵심용어

굵게 표시된 용어들은 용어해설에 정의되어 있다.

B 림프구 또는 B 세포(B lymphocytes or B cells) 174
ELISA 178
Hill 식(Hill equation) 167
T 림프구 또는 T 세포 (T lymphocytes or T cells) 174
결합자리(binding site) 157
근육원섬유마디(sarcomere) 181
글로빈(globins) 159
다클론 항체(polyclonal antibodies) 177
단클론 항체(monoclonal antibodies) 177
리간드(ligand) 157
림프구(lymphocytes) 174
마이오신(myosin) 179
면역글로불린 접힘 (immunoglobulin fold) 176
면역글로불린(immunoglobin) 174
면역블롯팅 (immunoblotting) 178
보어 효과(Bohr effect) 170
액틴(actin) 179
연합 상수(association constant, K_a) 160
웨스턴블롯팅(Western blotting) 178
유도 적합(induced fit) 157
입체다른자리 단백질(allosteric protein) 166
조정자 (modulator) 166
평형식(equilibrium expression) 160
포르피린(porphyrin) 158
합텐(hapten) 175
항원 결정 부위(epitope) 175
항원(antigen) 175
항체(antibody) 174
해리 상수(dissociation constant, K_d) 160
헤모글로빈 (hemoglobin) 158
헴(heme) 158

문제

1. 친화도와 해리 상수의 관계. 단백질 A는 리간드 X에 대하여 10^{-6} M K_d를 가지는 1개의 결합자리를 가진다. 단백질 B는 리간드 X에 대하여 10^{-9} M K_d를 가지는 1개의 결합자리를 가진다. 어느 단백질이 리간드 X에 대하여 더 높은 친화도를 가지는가? 두 단백질에서 K_d를 K_a로 바꾸어라.

2. 음성 협동성. 다음의 어느 상황이 $n_H < 1.0$을 가지는 Hill 작도를 만드는가? 각 경우에 대해 설명하라.

(a) 이 단백질은 여러 개의 소단위로 구성되며, 각 소단위는 각각 1개의 리간드 결합자리를 가진다. 한 자리에 리간드의 결합은 다른 자리의 리간드에 대한 결합 친화력을 감소시킨다.

(b) 이 단백질은 각 자리에 대한 리간드의 친화력이 다른 2개의 리간드 결합자리를 가진 단일 폴리펩타이드이다.

(c) 이 단백질은 1개의 리간드 결합자리를 가진 단일 폴리펩타이드이다. 정제되었을 때 이 단백질 시료는 이질성이고, 일부 단백질은 부분적으로 변성되어 더 낮은 친화력을 갖기도 한다.

3. 헤모글로빈의 산소에 대한 친화도. 다음의 변화는 헤모글로빈의 산소 친화도에 어떠한 효과를 주는가? (a) 혈장 pH가 7.4에

서 7.2로 떨어짐. (b) 폐에서 CO_2의 분압이 6 kPa(숨을 멈춤)에서 2 kPa(정상)으로 감소. (c) BPG 수준이 5 mM(정상 지대)에서 8 mM(고산 지대)로 증가. (d) 정상 실내 공기 내부의 1 ppm의 CO 농도가 굴뚝이 작동하지 않거나 새는 집에서 30 ppm의 CO 농도로 증가

4. 가변적 리간드 결합 I. 단백질 칼시뉴린(clacineurin)은 $8.9 \times 10^3\ M^{-1}s^{-1}$의 연합 속도를 가지고 단백질 칼모듈린(calmodulin)에 결합하고, 전체적인 해리 상수 K_d는 10 nM이다. 적절한 단위를 포함하여 해리 속도, k_d를 계산하시오.

5. 가변적 리간드 결합 II. 결합 단백이 리간드 L과 K_d가 400 nM로 결합한다. Y가 (a) 0.25, (b) 0.6, (c) 0.95 존재할 때 존재하는 리간드의 양은 얼마인가?

6. 가변적 리간드 결합 III. 3개의 막 수용체 단백질은 호르몬에 강하게 결합한다. 아래의 표에 제시된 자료를 바탕으로, (a) 단백질 2의 호르몬 결합에 대한 K_d는 얼마인가(적절한 단위를 포함하라)? (b) 3개의 단백질 중에서 이 호르몬에 가장 강하게 결합하는 것은 무엇인가?

호르몬	Y		
농도 (nM)	단백질 1	단백질 2	단백질 3
0.2	0.048	0.29	0.17
0.5	0.11	0.5	0.33
1	0.2	0.67	0.5
4	0.5	0.89	0.8
10	0.71	0.95	0.91
20	0.83	0.97	0.95
50	0.93	0.99	0.98

7. 헤모글로빈에서 협동성. 적절한 조건에서 헤모글로빈은 4개의 소단위로 해체된다. 유리된 α 소단위는 산소와 결합하지만 산소 포화 곡선은 S자형이기보다 포물선형이다. 더구나 α 소단위에 대한 산소와 결합은 H^+, CO_2, BPG 등의 존재에 의하여 영향을 받지 않는다. 이 관찰은 헤모글로빈의 협동성의 근원에 대하여 무엇을 가리키는가?

8. 태아와 모체 헤모글로빈의 비교. 임신한 포유류의 산소 운반 연구에서 태아와 모체 혈액의 헤모글로빈의 산소 포화 곡선이 같은 조건에서 크게 다른 점을 보여 주었다. 모체의 적혈구가 HbA($\alpha_2\beta_2$)를 가지는 반면 태아 적혈구는 2개의 α와 2개의 γ 소단위로 구성된 헤모글로빈의 구조 변이체 HbF($\alpha_2\beta_2$)를 포함한다.

(a) 생리적 조건에서 헤모글로빈 HbA와 HbF 중 어느 것이 산소에 대하여 높은 친화도를 가지는가? 설명하라.

(b) 산소 친화도의 차이는 어떠한 생리학적 중요성을 가지는가?

(c) 시료 HbA와 HbF에서 모든 BPG를 조심스럽게 제거하였을 때에 측정한 산소 포화 곡선(그리고 그 결과 산소 친화도)은 왼편으로 이동하였다. 그러나 이제 HbA가 HbF보다 산소에 대하여 보다 큰 친화도를 갖는다. BPG를 다시 도입하였을 때 산소 포화 곡선은 그래프에서 보이는 것과 같이 정상으로 되돌아온다. 헤모글로빈의 산소 친화도에 대한 BPG의 효과는 무엇인가? 이 정보를 가지고 태아와 모체의 헤모글로빈에 대한 다른 산소 친화도를 어떻게 설명할 수 있는가?

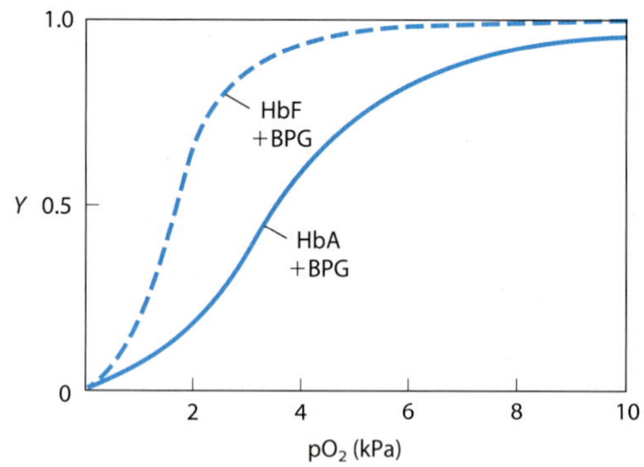

9. 헤모글로빈 변이체. 헤모글로빈에는 약 500개의 자연적으로 일어나는 변이체가 있다. 대부분은 1개의 글로빈 폴리펩타이드 사슬에서 1개의 아미노산 치환에 기인한다. 모든 변이체가 해로운 결과를 초래하는 것은 아니지만 어떤 변이체는 임상적인 질병을 일으킨다. 간단한 예을 아래에 나열하였다.

- HbS (sickle-cell Hb): 표면에서 하나의 Glu를 Val으로 치환
- Hb Cowtown: T 상태 안정화에 관여하는 이온쌍의 제거
- Hb Memphis: 표면에서 비슷한 크기의 잔기를 비전하 극성 잔기로 치환
- Hb Bibba: α 나선에 관여하는 1개의 Leu를 Pro으로 치환
- Hb Milwaukee: 1개의 Val을 Glu으로 치환
- Hb Providence: 사합체의 중심 공동에 정상적으로 튀어나온 1개의 Lys을 Asn으로 치환
- Hb Philly: 1개의 Tyr을 Phe로 치환하여, $\alpha_1\beta_1$ 접합 부위에서 수소결합을 파괴

다음의 각각에 대하여 위의 변이체를 선택하라

(a) 병리 증상을 거의 나타내지 않을 Hb 변이체는?

(b) 등전 분리 젤에 걸었을 때 HbA와 다른 pI 값을 나타낼 가능성이 가장 큰 변이체(들)는?

(c) BPG 결합의 감소와 산소에 대한 헤모글로빈의 전체적인 친화도의 증가를 나타낼 가능성이 가장 큰 변이체(들)는?

10. 산소결합과 헤모글로빈의 구조. 한 생화학 팀이 헤모글로빈의 소단위들 사이의 접합 부위 지역을 변형시키기 위해 유전공학적 방법을 사용하였다. 만들어진 헤모글로빈 변이체는 용액 내에서 $\alpha\beta$ 이합체로 존재한다(드물게 $\alpha_2\beta_2$ 사합체 형태도 있을 것이다).

이 변이체는 산소와 더 강하게 결합하는지 또는 약하게 결합하는지 설명하라.

11. 항체와의 가역적 (그러나 강한) 결합. 항체가 5×10^{-8} M의 K_d로 항원과 결합한다. 어떤 항원 농도에서 Y가 (a) 0.2, (b) 0.5 (c) 0.6, (d) 0.8이 될 것인가?

12. 단백질에서 구조-기능 관계를 탐색하는 항체의 이용. 단클론 항체는 G-액틴에 결합하지만 F-액틴에는 결합하지 않는다. 이 사실은 그 항체가 인식하는 항원 결정 부위에 관하여 무엇을 말하는가?

13. 면역계와 백신. 숙주 개체는 새로운 항원에 대하여 면역 반응을 높이기 위해서는 시간이 필요하다. 때로는 며칠이 필요하다. 그러나 기억 세포는 전에 만났던 병원체에 대하여 빠른 반응이 가능하게 한다. 특정한 바이러스 감염에 대하여 방어하기 위한 백신은 약해진 혹은 죽은 바이러스나 바이러스 단백질 껍질로부터 유래된 단백질로 구성된다. 환자에게 주사할 때 백신은 일반적으로 감염과 질병을 일으키지 않는다. 그러나 백신은 기억 세포의 생산을 자극하며 효과적으로 면역계에 바이러스 조각이 어떻게 생겼는지를 알려준다. 다음 감염 시에 이 세포들은 바이러스에 결합할 수 있고 빠른 면역 반응을 일으킨다. HIV를 포함하여 어떤 병원체는 면역계를 피하기 위한 기전을 개발해서 그들에 대한 효과적인 백신 개발을 어렵게 하거나 불가능하게 한다. 병원체가 면역계를 피하기 위하여 어떠한 전략을 사용할까? 항체나 혹은 T-세포 수용체가 병원체의 표면에 나타날 수 있는 어떠한 구조와도 결합할 수 있고, 일단 결합하면 병원체가 파괴된다고 가정하라.

14. 어떻게 우리가 "뻣뻣하게(stiff)" 되는가? 고등 척추동물이 죽으면 그 근육은 ATP가 고갈되고 굳어진다. 이 상태를 사후경직(rigor mortis)라고 한다. 이 경직 상태의 분자적 근거를 설명하라.

15. 다른 관점으로 본 근육원섬유마디. 근육원섬유마디에서 굵고 가는 잔섬유의 대칭성은 6개의 가는 잔섬유가 통상적으로 각각의 굵은 잔섬유를 육각형 배열로 둘러싸고 있다. 다음의 관점에서 근원섬유를 단면(횡단)을 그려라. (a) M 선에서, (b) I 띠를 통하여, (c) A 띠의 밀집 지역을 통하여, (d) M 선 가까이의 A 띠의 덜 밀집한 지역을 통하여(그림 5-29b, c 참조).

인터넷을 활용한 생화학 학습

16. 라이소자임과 항체. 세포에서 단백질이 어떻게 작용하는가를 완전하게 알기 위해서는 단백질이 다른 세포 성분들과 어떻게 상호작용하는가를 3차원적으로 보면 도움이 된다. 다행스럽게 이것은 무료로 사용할 수 있고 대부분의 운영 체제에서 사용 가능한 Jmol과 같은 온라인 단백질 데이터베이스를 이용함으로써 가능하다.

이 연습에서 라이소자임 효소(제4장)와 항라이소자임 항체의 Fab 단백질 사이의 상호작용을 시험할 것이다. IgG1 Fab 조각-라이소자임 복합체(항체-항원 복합체)의 구조를 조사하기 위하여 PDB identifier 1FDL을 사용하라. 아래의 질문에 대답하기 위해 단백질 정보은행(www.rcsb.org)에서 구조정리 페이지(structure summary page)에 있는 내용을 사용하고, Jmol 또는 이와 유사한 프로그램을 사용하여 구조를 보라.

(a) 3차원 모형에서 어느 사슬이 항체 조각에 해당하는 것이고 어느 것이 항원, 즉 라이소자임에 해당하는 것인가?

(b) Fab 조각에서 어떤 2차 구조가 제일 많은가?

(c) Fab 조각의 무거운 사슬과 가벼운 사슬에 얼마나 많은 아미노산 잔기가 있는가? 라이소자임에는? 항체 조각의 항원 결합자리와 상호작용하는 라이소자임의 백분율을 예측하라.

(d) 라이소자임과 항원-항체 접촉 부위에 위치하는 Fab 무거운 사슬과 가벼운 사슬의 가변 부위에 있는 특이한 아미노산 잔기를 확인하라. 그 잔기들은 폴리펩타이드 사슬의 1차 서열과 근접하는가?

17. Protein Data Bank에서 항체 탐색. www.rcsb.org/pdb/101/motm.do?momID=21에서 이 달의 분자(Molecule of the Month)를 이용하여 아래 연습을 완료하라.

(a) 웹 페이지의 첫 번째 면역 글로불린 이미지 (PDB ID 1IGT에서 파생 된 이미지)에 얼마나 많은 특정 항원 결합 사이트가 존재하는가?

(b) 바이러스가 폐로 들어갔을 때, 바이러스에 결합하는 항체를 하나 이상의 생산하는 데 얼마나 걸리는가?

(c) 당신의 혈액 속에는 얼마나 많은 종류의 항체가 존재하는가?

(d) www.rcsb.org/pdb/explore/explore.do?structureId=1igt 연결을 선택하여 웹 페이지에서 면역 글로불린 분자(PDB ID 1IGT)의 구조를 탐색하시오. PDB 사이트에서 제공되는 구조 뷰어 중 하나를 사용하여 이 면역 글로불린의 리본 구조를 만드시오. 두 개의 가벼운 사슬과 두 개의 무거운 사슬을 확인하고, 다른 색상을 지정하시오.

자료 분석형 문제

18. 단백질 역할. 1980년대에 액틴과 마이오신의 구조는 그림 5-28a, b에서 보여진 정도의 해상력을 가지고 알려졌다. 비록 연구자들은 마이오신의 S1 부위가 액틴과 결합하고 ATP를 가수분해한다는 것은 알고 있었지만, 마이오신 분자의 어떤 부위에서 수축력

을 생산하는지에 대해서는 실질적인 논쟁이 있었다. 이 당시, 마이오신 내 힘 생성 기전에 대한 2개의 경쟁 모델이 제시되었다.

"경첩(hinge)" 모델에서 S1은 액틴에 결합하지만, 당기는 힘은 마이오신 꼬리 내 경첩지역의 수축에 의해 일어난다. 경첩지역은 마이오신 분자의 무거운 부분마이오신(meromyosin) 내 트립신이 가벼운 부분마이오신을 절단하는 곳 가까이에 있다(그림 5-27b 참고). 이곳은 그림 5-27a에서 "2개의 과도하게 감긴 α 나선"으로 표시된 지점이다. "S1" 모델에서 당기는 힘은 S1 "머리"로부터 만들어지며 꼬리는 단지 구조적 지지를 수행한다.

많은 연구들이 수행되었지만 결정적인 증거를 제시하지 못했다. 1987년 스탠포드 대학의 James Spudich와 연구진은 결정적이지는 않지만 이러한 논쟁을 해결하기 위한 연구 결과를 발표하였다.

DNA 조합 기술이 생체 내(in vivo)에서 이 문제를 해결할 수 있을 만큼 발달되지 못했기 때문에 Spudich와 연구진은 흥미로운 시험관내(in vitro) 이동 측정법(mobility assay)을 사용하였다. 조류인 *Nitella*는 종종 길이가 몇 센티미터이고 직경이 1 mm인 매우 긴 세포를 갖는다. 이 세포들은 긴축을 따라 움직이는 액틴섬유를 가지고 있으며 액틴섬유를 노출시킬 수 있도록 세포를 따라 자를 수 있다. Spudich와 연구진은 마이오신이 수축 근육에서 하는 것처럼 마이오신으로 덮인 플라스틱 구슬(bead)이 ATP가 있을 때 액틴섬유를 "걷는 것(walk)"과 같은 현상을 목격하였다.

이 연구에서 그들은 구슬에 마이오신을 붙이기 위해 아주 분명한 방법을 사용하였다. "구슬"은 작은 박테리아(*Staphylococcus aureus*) 세포의 응집이었다. 이 세포들은 표면에 항체 입자의 Fc 지역에 결합하는 단백질을 가지고 있다(그림 5-21a). 이 항체는 마이오신 입자의 꼬리를 따라 여러(알려지지 않은) 자리에 결합한다. 구슬-항체-마이오신 복합체가 완전한 마이오신 입자와 준비되었을 때, 이 복합체는 ATP가 존재하는 상태에서 *Nitella* 액틴섬유를 따라 움직일 것이다.

(a) 구슬-항체-마이오신 복합체가 분자 수준에서 어떻게 생겼을 것인지 그림표로 그려라.

(b) 왜 구슬이 액틴섬유를 따라 움직이기 위해서 ATP가 요구되어졌는가?

(c) Spudich와 연구진은 마이오신 꼬리에 결합된 항체를 사용하였다. 만약 그들이 정상적으로 액틴에 결합하는 S1 부분에 결합된 항체를 사용했다면 이 연구가 왜 실패했을까? 만약 그들이 액틴에 결합된 항체를 사용했다면 이 연구가 왜 실패했을까?

힘 생산을 야기하는 마이오신 부분에 관심을 둔 Spudich와 연구진은 2개의 부분 마이오신 입자를 만들기 위해 트립신을 사용하였다(그림 5-27b 참조): (1) 짧은 시간 트립신으로 마이오신을 분해하여 만들어진 무거운 부분마이오신(heavy meromyosin, HMM); HMM은 S1과 경첩을 포함한 꼬리 부분으로 구성된다; 그리고 (2) 트립신으로 보다 오랫동안 HMM을 분해하여 얻어진 짧은 무거운 부분마이오신(short heavy meromyosin, SHMM), SHMM은 S1과 경첩이 없는 꼬리의 짧은 부분으로 구성된다. 마이오신을 트립신으로 짧은 시간 분해하면 마이오신 입자 내 결합된 하나의 특별한 펩타이드 결합을 절단됨으로써 HMM과 가벼운 부분마이오신이 생성된다.

(d) 왜 트립신이 마이오신 내의 다른 펩타이드 결합이 아닌 이 특별한 펩타이드 결합을 먼저 공격할까?

Spudich와 연구진은 마이오신, HMM 그리고 SHMM의 양을 다르게 한 구슬-항체-마이오신 복합체를 준비하였고, ATP가 존재하는 상태에서 *Nitella* 액틴섬유를 따라 움직이는 이 복합체의 속도를 측정하였다. 아래 그래프는 이 결과를 나타낸다.

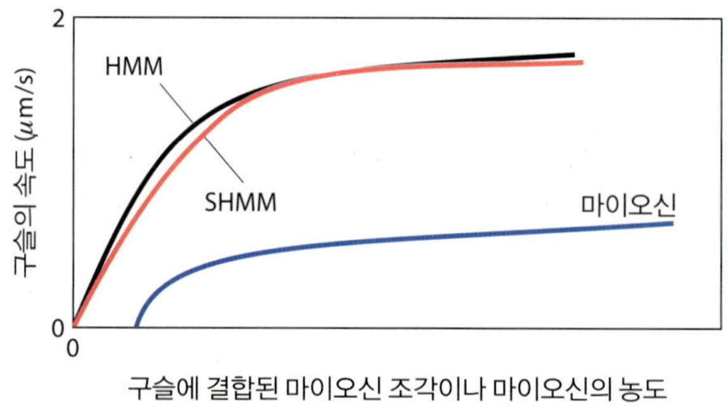

(e) 어떤 모델("S1" 또는 "경첩")이 이 결과와 일치하는가? 이유를 설명하라.

(f) 왜 구슬의 속도가 마이오신 농도가 증가함에 따라 증가하는지 그럴듯하게 설명하라.

(g) 왜 높은 마이오신 농도에서 구슬의 속도가 정점기(plateau)에 도달하는지 그럴듯하게 설명하라.

SHMM을 얻기 위하여 트립신으로 더 오랫동안 분해를 시키는 것은 마이오신 꼬리의 절단에 추가로 마이오신 폴리펩타이드 뼈대의 다른 특별한 자리의 절단과 같은 부작용이 일어난다. 이 두 번째 절단은 S1 머리 내에서 일어난다.

(h) 이 정보를 바탕으로, SHMM은 아직도 액틴섬유를 따라 움직이는 것이 왜 놀라운 일일까?

(i) S1 머리의 3차 구조가 완전한 SHMM 내에 남아 있는 것으로 밝혀졌다. 폴리펩타이드 뼈대가 절단되고 더 이상 연속적이지 않음에도 불구하고 단백질이 어떻게 완전하고 역할을 수행할 수 있게 남아 있는지 그럴듯하게 설명하라.

참고문헌

Hynes, T.R., S.M. Block, B.T. White, and J.A. Spudich. 1987. Movement of myosin fragments in vitro: domains involved in force production. *Cell* 48:953–963.

CHAPTER 6

효소

생명에는 2가지 근본적인 조건이 있다. 첫째, 생명체는 스스로 복제할 수 있어야 하고(제III부에서 다루는 주제); 둘째, 효율적이고 선택적으로 화학 반응을 촉매할 수 있어야 한다. 촉매의 중요성은 생화학을 처음 배우는 학생에게 놀라운 것이 될지 몰라도 증명해 보이는 것은 어렵지 않다. 제1장에서 기술한 대로 생명체는 환경으로부터 에너지를 이용한다. 예를 들면, 우리 대부분은 당이 첨가된 음식이나 음료수 또는 설탕 자체 등의 형태로 상당량의 수크로스(sucrose, 보통 설탕)를 생체 연료로 소비한다. 산소의 존재 하에서 수크로스가 CO_2와 H_2O로 전환되는 과정은 에너지를 매우 많이 발산하는 과정(exergonic)으로서, 우리가 생각하고, 움직이고, 맛보고, 보는 데 사용되는 자유에너지를 방출한다. 그러나 선반에 놓여 있는 한 봉지의 설탕은 CO_2와 H_2O로 거의 전환되지 않고 수년 간 보존된다. 위와 같은 화학 반응은 열역학적으로는 자발적으로 일어날 수 있지만 대단히 느리게 진행된다. 그러나 수크로스가 사람(또는 대부분의 생명체)에 의하여 흡수되면, 수초 내에 화학에너지를 방출한다. 차이점은 촉매 작용(catalysis)이다. 촉매 작용이 없으면 수크로스의 산화 과정과 같은 화학 반응이 필요한 시간대에서 일어날 수 없으며 생명을 유지할 수도 없다.

이 장에서는 생체의 반응 촉매제로서 대단히 주목을 받고 있으며, 고도로 특수화된 단백질인 효소에 대하여 기술하기로 한다. 효소는 엄청난 촉매능(catalytic power)을 가지고 있으며, 그 힘은 일반적으로 합성 촉매나 무기 촉매보다 훨씬 크다. 효소는 자신의 기질에 대한 고도의 특이성을 가지고 있으며, 화학 반응을 촉진시키고 아주 온화한 조건의 온도와 pH 상태의 수용액에서 작용한다. 이와 같은 성질을 모두 갖춘 비생물적인 촉매는 거의 찾아볼 수 없다.

효소는 모든 생화학적 과정에서 중추적인 역할을 한다. 효소는 체계화된 순서로 작용함으로써 대사경로가 몇 백 가지나 되는 반응들을 순차적으로 촉매하고, 그에 따라서 영양물질을 분해하고 화학에너지의 보존과 전환 및 생체 고분자 물질의 합성 과정과 같은 대사경로가 수백 가지가 넘는 반응들을 촉매한다.

효소의 연구는 실제적인 면에서도 대단히 중요하다. 어떤 종류의 질병, 특히 유전병에서 조직 중의 어떤 한 가지 또는 몇 가지의 효소가 부족하거나 또는 완전히 결여될 수 있다. 다른 질환에서 특정 효소의 활성이 필요 이상으로 활성화된 것이 원인이 될 수 있다. 따라서 혈장, 혈구, 또는 조직 시료 중에서 몇 종류의 특정 효소의 활성을 측정하는 방법은 특정 질병을 진단하는 데 있어서 중요하다. 대부분의 약물은 그 생물학적 효과를 효소와의 상호작용을 통하여 나타낸다. 따라서 효소는 의학에서 뿐만 아니라 화학공업, 식품가공, 농업 등에 있어서도 매우 유용한 수단이 되고 있다.

이 장에서는 우선 효소의 여러 가지 성질과 촉매능의 원리를 기술하고, 이어서 효소를 논의하는 데 있어 많은 개념을 제공해 온 효소 반응속도론(enzyme kinetics)을 소개하기로 한다. 그 다음에 효소 기전에 대한 특별한 예를 이미 앞에서 언급한 원리를 곁들여 소개하기로 한다. 마지막으로 효소 활성이 어떻게 조절되는지에 대하여 기술하기로 한다.

6.1 효소의 개요

생화학 역사의 대부분은 효소 연구에 대한 역사라고 해도 과언이 아니다. 생물학적 촉매는 1700년대 말 위의 분비액에 의하여 육류가 소화되는 연구를 통하여 처음으로 밝혀져 보고되었고, 1800년대에 녹말이 타액 또는 여러 가지의 식물 추출액에 의하여 당으로 변한다는 시험 연구도 이어졌다. 1850년대에 Louis Pasteur는 효모에 의하여 당이 발효되어 알코올을 만드는 반응이 "발효소(ferments)"에 의하여 촉매된다고 결론을 내렸다. 그는 발효소가 살아

Eduard Buchner, 1860–1917 [출처: Science Museum/ Science & Society Picture Library.]

James Sumner, 1887–1955 [출처: ©Courtesy Division of Rare and Manuscript Collections, Carl A. Kroch Library, Cornell University, Ithaca, NY. RMC2005_1073.]

J. B. S. Haldane, 1892–1964 [출처: Hans Wild/The LIFE Picture Collection/Getty Images.]

있는 효모 세포의 구조로부터 분리될 수 없다는 가설을 제시했는데, 이 이론이 그 후 수십 년간 지배적이었던 생기론(vitalism)이었다. 그런데 1897년에 Eduard Buchner가 효모의 추출물이 당을 알코올로 발효하는 능력을 가지고 있다는 것을 발견함으로써 발효는 세포로부터 분리되어도 여전히 촉매 작용을 할 수 있는 분자에 의하여 촉진된다는 것을 제시하였다. Buchner의 실험은 생기론 시대의 끝과 생화학이라는 과학의 시작을 알려주는 것이다. Frederick W. Kühne은 이 분자를 **효소(enzyme)**라고 명명하였다.

1926년에 James Sumner는 유레에이스(urease)를 결정형으로 순수하게 분리하는 데 성공하여 그 당시에는 아직 초보적인 단계였던 효소의 연구에 획기적인 진전을 가져왔다. 그는 유레에이스의 결정이 단백질로만 되어 있다는 것을 발견하고 모든 효소는 단백질이라고 가정하게 되었다. 그러나 그 당시에는 이 이론을 증명할 만한 다른 실례들이 없었기 때문에 이 이론은 곧바로 받아들여지지 않았다. 1930년대에 들어와서 John Northrop과 Moses Kunitz가 펩신과 트립신을 결정화하고, 그것들도 단백질이라는 것을 밝혀 낸 뒤에야 Sumner의 생각은 널리 받아들여지게 되었다. 이 시기에 J. B. S. Haldane은 효소라는 제목의 논문을 썼다. 비록 이 논문에서 효소의 분자적 성질에 대하여 완전히 평가되지는 않았으나 기질과 효소 사이의 약한 결합으로 인한 상호작용에 의하여 촉매 반응을 진행시킨다는 주목할 만한 내용을 제시하였다. 이 생각은 효소의 촉매 작용(enzymatic catalysis)에 관한 오늘날의 이해에 기초가 되었다.

20세기 후반에 이르러서 효소에 대하여 광범위한 연구를 하게 되었다. 그 결과 오늘날에는 효소가 수천 가지나 순수하게 분리되었으며, 그 중의 많은 효소의 구조와 화학기전이 밝혀지게 되었고 일반적인 효소의 작용 방법에 대한 이해도 가능하게 되었다.

대부분의 효소는 단백질이다

촉매 활성을 가지고 있는 RNA 분자(제26장)의 몇 가지 예를 제외하면 모든 효소는 단백질이다. 효소의 촉매 활성(catalytic activity)은 전적으로 자연 상태의 단백질 입체형태(conformation)에 의존한다. 예를 들면, 효소를 변성시키거나 소단위로 해리시키면 효소 촉매 활성은 대개 소실된다. 또한 효소를 기본 구조 단위인 아미노산으로 분해하면 효소의 촉매 활성은 항상 파괴된다. 단백질 효소들의 1차, 2차, 3차 그리고 4차 구조는 효소의 촉매 활성에 있어서 대단히 중요하다.

다른 단백질과 마찬가지로 효소는 12,000에서 1,000,000에 이르는 분자량을 가지고 있다. 효소 중에는 활성을 위하여 아미노산 잔기 외의 화학 기를 필요로 하지 않는 것도 있다. 또 다른 효소 중에는 **보조인자(cofactor)**라고 부르는 화학 성분을 부수적으로 필요로 한다. 보조인자는 한 가지 또는 여러 개의 Fe^{2+}, Mg^{2+}, Mn^{2+}, 또는 Zn^{2+}와 같은 무기 화합물(표 6-1)인 경우도 있고 또한 **보조효소(coenzyme)**라는 복잡한 유기화합물 또는 금속유기화합물 분자인 것도 있다. 보조효소는 특이적 작용기의 일시적인 운반체로서 작용한다(표 6-2). 보조효소의 대부분은 음식물에 소량 존재하여 필요한 유기 영양소인 비타민류로부터 유래된다. 보조효소에 대하여는 제II부의 대사경로에서 좀 더 상세하게 기술하기로 한다. 효소 중에는 활성을 발휘하기 위하여 보조효소와 1개 또는 여러 개의 금속 이온 등을 모두 필요로 하는 것이 있다. 보조효소 또는 금속 이온이 효소 단백질과 아주 단단히 또는 나아가 공유결합을 하고 있을 때 이것을 **보조단(prosthetic group)**이라고 부른다. 보조효소와 금속 모두 또는 그 중 하나와 결합하여 완전한 촉매 활성을 가지는 효소를 **완전효소(holoenzyme)**라고 부른다. 그러한 효소의 단백질 부분을 **아포효소(apoenzyme)** 또는 **아포단백질(apoprotein)**이라고 부른다. 끝으로 효소 단백질 중에는 인산화(phosphorylation), 당화(glycosylation) 또는 그 밖의 과정을 통하여 공유 결합적으로 변형된 것도

표 6-1 효소에 대한 보조인자로 작용하는 무기원소

이온	효소
Cu^{2+}	사이토크롬 산화효소
Fe^{2+} 또는 Fe^{3+}	사이토크롬 산화효소, 과산화수소분해효소, 과산화효소
K^{+}	피루브산 인산화효소
Mg^{2+}	육탄당인산화효소, 포도당 6-인산염분해효소, 피루브산 인산화효소
Mn^{2+}	아르지닌분해효소, 라이보뉴클레오타이드 환원효소
Mo	다이나이트로지네이스
Ni^{2+}	유레에이스
Zn^{2+}	탄산 탈수효소, 알코올 탈수소효소, 펩타이드카복시말단분해효소 A와 B

표 6-2 특정 원자나 기능기의 일시적인 운반체의 역할을 하는 보조효소

보조효소	전달되는 화학기의 예	포유동물에서의 식이성 전구체
바이오시틴	CO_2	바이오틴
보조효소 A	아실기	판토텐산과 그 밖의 화합물
5′-데옥시아데노실코발라민 (보조효소 B_{12})	H 원자와 알킬기	비타민 B_1
플라빈 아데닌 다이뉴클레오타이드	전자	라이보플라빈 (비타민 B_2)
리포산	전자와 아실기	음식물에는 요구되지 않음
니코틴아마이드 아데닌 다이뉴클레오타이드	수소 음이온 (:H^-)	니코틴산 (나이아신)
인산 피리독살	아미노기	피리독신 (비타민 B_6)
사수소폴산	1-탄소기	폴산
파이로인산 타이아민	알데하이드	타이아민 (비타민 B_1)

주의: 이들 보조효소들의 작용 기전과 구조에 대해서는 제III부에서 기술하였다.

있다. 이와 같은 변형 과정의 많은 경우가 효소 활성 조절에 관여하고 있다.

효소는 촉매하는 반응에 따라 분류된다

많은 효소는 그 기질의 명칭 또는 효소의 활성을 나타내는 명칭에 "-에이스(-ase)"라는 접미사를 붙여 명명되고 왔다. 즉, 유레에이스(urease)는 요소의 가수분해를 촉매하며 DNA 중합효소(DNA polymerase)는 뉴클레오타이드 중합 반응을 촉매하여 DNA를 합성한다. 어떤 효소들은 특정 반응을 촉매하는 것으로 알려지기 전의 광범위한 활성 기능에 따라 명명되기도 한다. 예를 들면, 음식물의 소화에 관여하는 펩신(pepsin)이라는 효소는 그리스어의 "소화(*pepsis*)"에서 왔으며, 라이소자임(lysozyme)은 세균의 세포벽을 용해(lysis)시키는 효소 활성에서 명명되었다. 또 다른 효소들의 경우 그들 자체의 어원에 의하여 명명되기도 한다: 트립신(*trypsin*)은 그리스어의 "닳게 하다(tryein)"를 어원으로 하는데, 글리세린으로 이자 조직을 문질러 닳게 하면 나온다는 데서 명명되었다. 또한 1가지의 효소가 2개 또는 그 이상의 이름을 가지고 있는 경우도 있고, 2가지의 서로 다른 효소에 같은 이름이 붙여진 경우도 있다. 이와 같은 명칭 상의 모호함과 새로 발견되는 효소 수의 계속적인 증가 때문에 효소를 명명하고 분류하기 위한 방식이 국제적인 합의에 의하여 채택되고 있다. 이 방식은 모든 효소를 촉매하는 반응의 형태에 따라 주로 6가지 부류(class)로 대별하고 각각의 부류를 다시 여러 가지 하위부류(subclass)로 나눈다(표 6-3). 각각의 효소에 4개의 숫자로 된 분류번호와 그것이 촉매하는 반응을 나타내는 계통명이 부여되고 있다. 예를 들어 다음의 반응, 즉

$$\text{ATP} + \text{D-포도당} \longrightarrow \text{ADP} + \text{6-인산 D-포도당}$$

을 촉매하는 효소의 공식적인 계통명은 ATP: 포도당 인산전달효소(ATP: glucose phosphotransferase)이며, 이것은 이 효소가 ATP로부터 포도당으로 인산기의 전달을 촉매하는 것을 나타내고 있다. 이 효소의 분류번호(Enzyme Commission number: E.C. number)는 2.7.1.1이다. 여기서 첫 번째 숫자 (2)는 부류 명칭(전달효소)을, 두 번째 숫자 (7)은 하위부류(인산기 전달효소)를, 세 번째 숫자 (1)은 하이드록실기를 수용체로 가지는 인산기 전달효소를, 네 번째 숫자 (1)은 인산기의 수용체로서 D-포도당을 나타내고 있다. 많은 효소의 경우 보통은 상용명을 사용하며, 이 경우는 육탄당인산화효소(hexokinase)이다. 지금까지 알려진 수천이나 되는 효소에 대한

표 6-3 효소의 국제 분류법

분류번호	분류명	촉매 반응 유형
1	산화환원효소(oxidoreductase)	전자의 전이 (수소 음이온 또는 H 원자)
2	전달효소(transferase)	기 전달(group transfer) 반응
3	가수분해효소(hydrolase)	가수분해 반응 (작용기를 물로 전이)
4	분해효소(lyase)	이중결합으로의 기의 부가 또는 기의 제거(이중결합 또는 고리 이탈)를 통한 C—C, C—O, C—N 또는 다른 결합의 절단
5	이성질화효소(isomerase)	분자 내 기 전이에 의한 이성질체 형성
6	연결효소(ligase)	ATP 또는 유사한 보조인자의 분해와 짝지어진 축합 반응에 의한 C—C, C—S, C—O, C—N 결합 형성

상세한 목록과 기술은 IUBMB(International Union of Biochemistry and Molecular Biology)의 효소명명위원회에 의하여 관리되고 있다(www.chem.qmul.ac.uk/iubmb/enzyme). 이 장에서 모든 효소들의 공통적인 성질과 특징에 대하여 기술하기로 한다.

요약 6.1 효소의 소개

- 생명은 효소라는 강력하고 특이성이 있는 촉매에 의존한다. 대부분의 생화학 반응은 효소에 의하여 촉매된다.
- 촉매 활성을 가지는 몇몇 RNA 분자를 제외하고 모든 효소는 단백질이다. 많은 효소들은 반응을 촉매하기 위하여 단백질이 아닌 보조효소나 보조인자를 필요로 한다.
- 효소는 그들이 촉매하는 반응 형태에 따라 분류한다. 모든 효소들은 공식적인 E.C. 분류번호와 계통명을 가지며, 또한 대부분은 상용명을 가진다.

6.2 효소의 작용

효소에 의한 촉매 반응은 생명체에 절대적으로 필요하다. 만일 촉매가 없다면 생체 내의 반응은 매우 느리게 진행될 것이다. 왜냐하면 대부분의 생체 분자는 세포 안에서 중성의 pH, 온화한 온도 그리고 수용액이라는 조건 하에서 대단히 안정하기 때문이다. 그러나 생화학 반응의 대부분은 불안정한 전하를 띤 중간체의 일시적인 생성이라든지, 반응에 관여하는 2개 이상의 분자들이 정확한 각도에서의 융합 등과 같이 세포 내에서는 도저히 일어날 수 없을 것 같은 화학 반응을 포함하고 있다. 음식물의 소화, 신경의 신호 전달, 근육의 수축 등에 관여하는 반응은 촉매 없이는 도저히 보통의 속도로 일어날 수 없는 것이다.

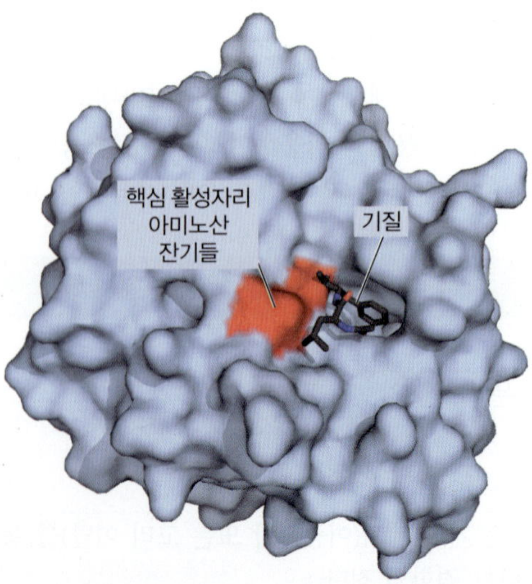

그림 6-1 효소의 활성자리에서 효소와 기질의 결합. 이 효소는 카이모트립신(chymotrypsin)이며, 결합된 기질은 빨간색(PDB ID 7GCH)으로 나타나 있다. 활성자리의 주요 아미노산은 효소 표면에 빨간색의 큰 반점으로써 표시하고 있다. [출처: PDB ID 7GCH, K. Brady et al., *Biochemistry* 29:7600, 1990.]

효소는 특정 반응이 에너지 면에서 쉽게 일어나도록 특별한 환경을 만들어 줌으로써 이와 같은 문제를 해결하고 있다. 효소 촉매 반응(enzyme-catalyzed reaction)의 특징은 **활성자리(active site)**라고 부르는 효소 분자의 극히 한정된 부분의 영역에서 일어난다는 것이다(**그림 6-1**). 효소의 활성자리와 결합해서 효소의 작용을 받는 분자를 **기질(substrate)**이라고 부른다. 활성자리 표면에는 기질과 결합하여 기질의 화학적 변환을 촉매할 수 있는 치환기를 가진 아미노산 잔기들이 배열되어 있다. 종종 활성자리는 기질을 에워싸서 수용액으로부터 완전하게 격리시킨다. 1880년에 Charles-Adolphe Wurtz에 의하여 그 존재가 처음으로 제안되었던 효소-기질 복합체(enzyme-substrate complex)는 효소 작용의 핵심이 되었으며, 효소 촉매 반응의 속도론적(kinetic) 해석을 위한 수학적 처리나 효소 반응 기전의 이론적인 설명의 기초가 되고 있다.

효소는 반응의 평형에는 영향을 주지 않고 반응 속도에 영향을 준다

간단한 효소 반응을 아래와 같은 식으로 나타낼 수 있다.

$$E + S \rightleftharpoons ES \rightleftharpoons EP \rightleftharpoons E + P \qquad (6\text{-}1)$$

여기서 E는 효소, S는 기질, P는 반응 생성물을 나타내고, ES는 효소와 기질의 일시적 복합체 그리고 EP는 효소와 생성물의 일시적 복합체를 나타낸다.

촉매 작용을 이해하기 위해서는 반응 평형(reaction equilibrium)과 반응 속도(reaction rate)의 중요한 차이에 대하여 올바르게 이해해 두지 않으면 안 된다. 촉매의 작용은 반응 속도를 증가시키는 데 있다. 촉매는 반응의 평형에는 영향을 주지 않는다. (반응물과 산물의 알짜 변화가 없을 때 반응이 평형에 있음을 상기하라.) $S \rightleftharpoons P$와 같은 대개의 반응은 반응 중 에너지 변화를 나타내는 그림인 반응 좌표도(reaction coordinate diagram, **그림 6-2**)로 표시할 수 있다. 제1장에서 언급한 바와 같이, 생물체 내에서의 에너지는 자유에너지(free energy) G로 표시한다. 이 좌표도에서 반응

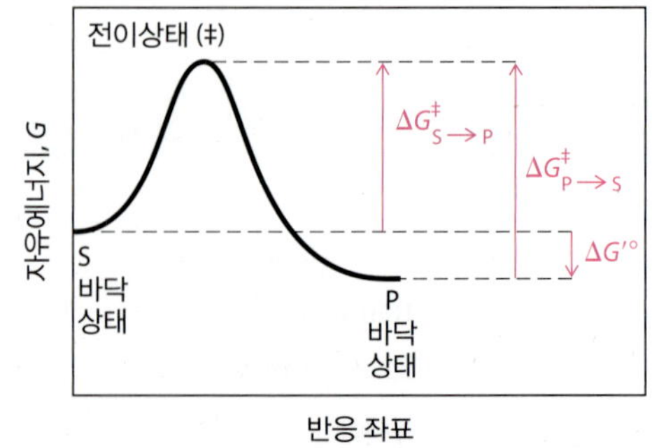

그림 6-2 화학 반응 좌표도. 이 그림은 반응 S → P의 진행에 대한 반응계의 자유에너지를 그린 것이다. 이와 같은 좌표도는 반응이 일어나는 동안 에너지의 변화를 나타내며, 횡축(반응 좌표)은 S가 P로 변할 때 반응의 화학 변화(예, 결합의 분리나 형성)의 진행을 나타내고 있다. $\Delta G^{\ddagger}$는 S → P와 P → S 반응의 활성화 에너지이다. $\Delta G'^{\circ}$는 S → P의 방향일 때 전체 표준 자유에너지 변화를 나타낸다.

의 진행에 따른 자유에너지의 변화(반응 좌표)를 도시한 것이다. 정방향 반응이나 역방향 반응의 시작점을 **바닥상태(ground state)**라고 부르는데, 이것은 주어진 조건에서 분자(S 또는 P)에 의하여 시스템에 주어지는 자유에너지이다.

›› 중요 관례: 반응에 따른 자유에너지의 변화를 나타내기 위하여, 우선 표준 상태(온도 298 K; 기체의 부분 압력 1 atm 또는 101.3 kPa; 용질의 농도는 각 1 M)를 정하고, 이 반응계에 있어서 에너지 변화를 $\Delta G°$, 즉 **표준 자유에너지 변화(standard free-energy change)**로 표시한다. 생물계에서 H^+이온 농도는 보통은 1 M 이하로 존재하므로 생화학자는 *pH 7.0*에서 표준 자유에너지 변화를 생화학적 **표준 자유에너지 변화(biochemical standard free-energy change, $\Delta G'°$)**라고 정의하고 있으며, 이 책에서도 이것을 사용하고 있다. $\Delta G'°$에 대한 좀 더 상세한 정의에 대하여는 제13장에서 기술하기로 한다. **‹‹**

S와 P 사이의 평형은 각각의 바닥 상태(ground state) 자유에너지 차이에 의하여 좌우된다. 그림 6-2를 예로 들면, P의 바닥상태의 자유에너지는 S의 자유에너지보다 낮으므로 그 반응에 대한 $\Delta G'°$는 음(발열 반응)이고, 평형 상태에서 S보다 P가 많다(평형 상태가 P쪽으로 향하고 있다). 평형의 위치와 방향은 어떤 촉매에 의하여도 영향을 받지 않는다.

평형이 유리하다는 것이 S → P 전환이 측정할 수 있을 정도의 속도로 일어날 것이라는 것을 의미하는 것은 아니다. 반응 속도는 완전히 별개의 매개 변수에 의존한다. S와 P 사이에는 에너지 장벽(energy barrier)이 있다. 이 에너지는 반응기를 적당한 위치로 배열하거나, 일시적으로 불안정한 전하를 형성하거나, 결합을 재배열하거나, 반응이 어느 방향으로든 진행하는 데 필요한 그 밖의 변화를 유도하는 데 필요하다. 이것은 그림 6-2와 그림 6-3에서 에너지의 "언덕(hill)"으로 표현되고 있다. 분자들은 반응을 진행하기 위하여 이 장벽을 넘어야 하며, 보다 높은 에너지 상태까지 높아 져야 한다. 이 에너지 언덕의 꼭대기는 같은 확률로 S 상태로 또는 P 상태로 될 수 있는 지점이다(양쪽 다 내리막이다). 이

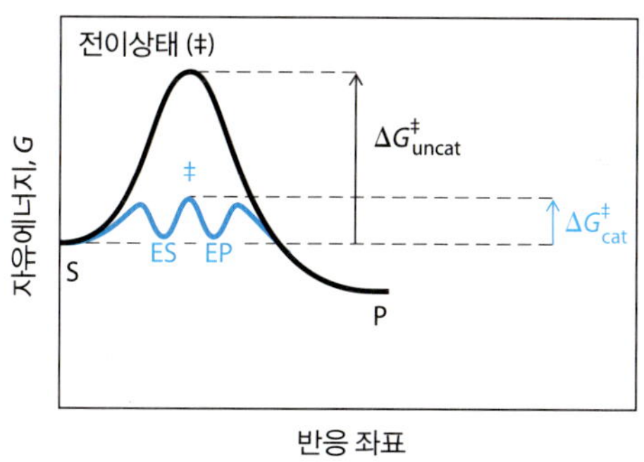

그림 6-3 효소 촉매 반응과 비촉매 반응을 비교한 반응 좌표도. 반응 S → P에서 ES와 EP의 중간체는 효소에 의한 촉매 반응의 에너지 곡선에서 최저점을 차지한다. $\Delta G^{\ddagger}_{uncat}$와 $\Delta G^{\ddagger}_{cat}$는 각각 비촉매 반응과 촉매 반응의 활성화 에너지를 나타낸다. 효소 촉매 반응의 활성화 에너지가 더 낮다.

것을 **전이상태(transition state)**라고 부른다. 전이상태는 어느 정도의 안정성을 가지고 있는 특정의 화학 종(chemical species)이 아니며, 또한 반응 중간체(ES 또는 EP같은)와 혼동해서도 안 된다. 전이 상태는 결합의 파괴와 형성 그리고 전하의 변화 등과 같은 현상이 기질과 생성물에 균등하게 진행될 수 있는 어떤 시점에 도달한 그 순간의 것을 가리키는 것이다. 바닥상태와 전이상태의 에너지 수준의 차를 **활성화 에너지(activation energy, $\Delta G^{\ddagger}$)**라고 부른다. 반응 속도는 이 활성화 에너지에 의하여 좌우된다. 즉, 활성화 에너지가 높을수록 반응은 늦게 일어나게 된다. 온도나 압력을 높여 주게 되면 에너지의 장벽을 넘어가는 데 충분한 에너지를 갖는 분자의 수가 많아지기 때문에 반응 속도가 증가한다. 또한 활성화 에너지는 촉매를 가해 줌으로써 낮출 수 있다(**그림 6-3**). **촉매제는 반응의 활성화 에너지를 낮춤으로써 반응속도를 증가시킨다.**

촉매제(catalyst)는 반응 평형에 영향을 주지 않으며, 효소도 예외는 아니다. 식 6-1에서 양 방향의 화살표는 S → P의 반응을 촉매하는 효소는 모두 P → S의 반응도 촉매하는 것을 나타내고 있다. 효소는 단지 S와 P의 상호변환(interconversion)을 촉진(*accelerate*)시킬 뿐이다. 즉, 효소는 반응 과정에서 소비되지도 않고 또한 평형점을 바꾸지도 않는다. 적당한 효소가 존재하면 반응 속도가 증대되어 평형 상태에 빨리 도달하게 된다.

이 일반적인 원칙을 수크로스와 O_2로부터 CO_2와 H_2O가 되는 반응을 예로 들어 설명해 보자.

$$C_{12}H_{22}O_{11} + 12O_2 \rightleftharpoons 12CO_2 + 11H_2O$$

일련의 별개 반응을 통하여 일어나는 이 전환은 아주 큰 음의 값의 $\Delta G'°$를 갖고, 평형점에서 수크로스의 양은 무시할 정도로 매우 적어진다. 하지만 수크로스가 산소와 반응하기 전에 넘어야 할 활성화 에너지의 장벽이 아주 높기 때문에 수크로스는 안정된 화합물이다. 수크로스는 용기 내에서 산소와 반응하지 않고 거의 무한대로 보관할 수 있다. 그러나 세포 내에서 수크로스는 효소가 관여하는 일련의 촉매 반응에 의하여 쉽게 CO_2와 H_2O로 분해된다. 이 효소들은 반응을 촉진시킬 뿐만 아니라 반응을 유기적으로 체계화해서 조절하여 방출되는 에너지의 상당량은 다른 화합물의 형태로 회수시켜 세포의 다른 일에 사용되도록 하고 있다. 수크로스(그리고 다른 당)가 분해되는 이 반응 경로를 세포의 1차 에너지 생성 경로(primary energy-yielding pathway)라고 하며, 이 경로의 효소들에 의하여 생물학적으로 필요한 시간대에 반응이 차례로 진행된다.

모든 반응은 몇 가지 단계가 있으며, **반응 중간체(reaction intermediate)***라고 불리는 일시적인 화학종의 형성과 붕괴가 수

* 본 장에서 단계(*step*)와 중간체(*intermediate*)는 단일 효소-촉매 반응 경로에 서 화학종들을 지칭한다. 많은 효소들이 관여하는 대사경로들의 관점에서 이러한 용어들은 약간 다르게 사용된다. 어떤 경로에서 하나의 완전한 효소 반응은 "단계"로 자주 지칭되고, 한 효소 반응의 산물(경로에서 다음 효소의 기질이 되는)은 경로의 "중간체"로 불린다.

반된다. 이 반응 중간체는 반응 경로에서(분자 진동 ~10^{-13}초 보다 긴) 제한된 존재 시간을 갖는 모든 화학종이다. S ⇌ P의 반응이 하나의 효소에 의하여 촉매될 때, S와 P는 안정된 화학종이지만 ES나 EP 복합체는 중간체로 간주될 수 있다(식 6-1). ES나 EP 복합체는 반응 좌표에서 계곡 부분에 위치한다(그림 6-3). 또한, 효소 촉매 반응 과정에서 가끔 덜 안정한 화학 중간체가 존재하기도 한다. 이와 같이 연속적인 2개의 반응 중간체의 상호변환이 하나의 반응 단계를 구성한다. 하나의 반응에 몇 가지의 단계가 일어나는 경우, 전체 속도는 활성화 에너지가 가장 높은 단계(또는 몇 단계들)에 의하여 결정되는데, 이것을 **속도-제한 단계(rate-limiting step)**라고 부른다. 간단한 예를 들면, S와 P의 상호 변환 좌표에서 속도-제한 단계는 자유에너지 준위가 가장 높은 점에 해당된다. 실제로 속도-제한 단계는 반응 조건에 따라 변화되고, 많은 효소에 있어서 몇 단계의 활성화 에너지는 거의 비슷하여 이 단계들은 모두 부분적으로 속도-제한 단계가 된다.

활성화 에너지는 화학 반응에 대한 에너지 장벽이다. 이 장벽은 생명 자체에 대단히 중요하다. 한 분자가 특정 반응을 거치는 속도는 활성화 에너지가 증가할수록 감소한다. 만일 그와 같은 에너지의 장벽이 없으면 복잡한 거대분자는 좀 더 단순한 분자의 형태로 자발적으로 변화되려 할 것이다. 또한 세포가 가지는 복잡하면서도 고도의 질서정연한 구조나 대사경로는 존재할 수 없게 된다. 진화 과정을 통하여 효소는 세포가 살아가는 데 필요한 반응에 있어서 선택적으로 활성화 에너지를 저하시키도록 적응되어 왔다.

반응 속도와 평형은 정확한 열역학적 정의를 가진다

반응 평형은 반응의 표준 자유에너지 변화 $\Delta G'^\circ$와 밀접하게 관련되어 있고, 반응 속도는 활성화 에너지 $\Delta G^\ddagger$와 관련되어 있다. 효소가 어떻게 작동하는지를 이해하기 위해서는 이들의 열역학적인 관계를 이해하는 것이 필요하다.

S ⇌ P와 같은 평형은 **평형 상수, K_{eq}** 또는 간단히 K로 표시한다(25쪽). 생화학적 반응 과정에서 사용하는 표준 상태에서 평형 상수는 K'_{eq}(또는 K')으로 표시한다.

$$K'_{eq} = \frac{[P]}{[S]} \tag{6-2}$$

열역학에서 K'_{eq}과 $\Delta G'^\circ$의 관계는 다음의 식과 같다.

$$\Delta G'^\circ = -RT \ln K'_{eq} \tag{6-3}$$

여기서 R은 기체상수, 8.315 J/mol·K이고, T는 절대 온도 298 K (25°C)이다. 식 6-3에 대하여는 제13장에서 상세하게 기술하기로 한다. 여기서 중요한 것은 평형 상수는 그 반응의 전체 표준 자유에너지 변화와 직접 연관되어 있다는 점이다(표 6-4). 큰 음의 값의 $\Delta G'^\circ$는 반응 평형이 선호되는 것(평형 상태에서 기질보다 산물이 더 많이 존재하는 반응)을 나타내지만, 앞에서 설명한 바와 같이 그 반응이 빠른 속도로 진행되리라는 것을 의미하는 것은 아니다.

표 6-4 K'_{eq}와 $\Delta G'^\circ$의 관계

K'_{eq}	$\Delta G'^\circ$ (KJ/mol)
10^{-6}	34.2
10^{-5}	28.5
10^{-4}	22.8
10^{-3}	17.1
10^{-2}	11.4
10^{-1}	5.7
1	0.0
10^{1}	−5.7
10^{2}	−11.4
10^{3}	−17.1

주의: 이 관계는 $\Delta G'^\circ = -RT \ln K'_{eq}$에 의하여 계산된다(식 6-3).

어떤 반응의 속도는 반응물의 농도와 일반적으로 k로 표시하는 **속도 상수(rate constant)**에 의하여 결정된다. S가 P로 되는 단일분자(unimolecular)의 반응에서 단위 시간당 반응하는 S의 양을 의미하는 반응 속도 V는 다음의 **속도식(rate equation)**으로 표시된다.

$$V = k[S] \tag{6-4}$$

이 반응에서 속도는 단지 기질, S의 농도에 의하여 결정된다. 이와 같은 반응을 1차 반응(first-order reaction)이라고 부른다. 인자 k는 주어진 조건(pH, 온도 등)에서 반응의 확률을 나타내는 비례 상수이다. 여기에서 k는 1차 속도 반응 상수(first-order reaction constant)가 되고 그 단위는 s^{-1}와 같이 시간의 역수가 된다. 만약에 1차 반응의 속도 상수가 0.03 s^{-1}이라면, 1초 동안에 가용 기질 S 중에서 3%가 P로 변환되는 것으로(정량적으로) 해석될 수 있다. 속도 상수가 2,000 s^{-1}의 반응은 순식간에 종료된다. 또한 반응 속도가 두 가지의 서로 다른 화합물의 농도에 의존하거나 또한 같은 화합물이라도 2개의 분자가 반응에 참여할 때, 반응은 2차 속도(second-order) 반응이 되며, k는 2차 속도 상수(단위 $M^{-1}s^{-1}$)가 된다.

$$V = k[S_1][S_2] \tag{6-5}$$

전이상태 이론(transition-state theory)에 의하면 속도 상수와 활성화 에너지를 관련시키는 식이 유도될 수 있다.

$$k = \frac{\mathbf{k}T}{h} e^{-\Delta G^\ddagger/RT} \tag{6-6}$$

여기에서 **k**는 볼츠만 상수(Boltzmann constant), h는 플랑크 상수(Planck's constant)이다. 이 식에서 중요한 것은 속도 상수 k와 활성화 에너지 $\Delta G^\ddagger$는 지수 함수적인 반비례의 관계에 있다는 점이다. 간단히 정리하면, 이 관계식은 활성화 에너지가 낮으면 반응 속도는 커지게 된다는 개념의 기초가 된다.

이제부터 효소는 어떤(*what*) 작용을 하는가라는 문제로부터 효소는 어떻게(*how*) 작용을 하는가 하는 문제로 돌아가고자 한다.

효소의 촉매능과 특이성은 몇 가지 기본 원리에 의해 설명된다

효소는 탁월한 능력을 가진 촉매이다. 효소는 반응 속도를 10^5배에서 10^{17}배까지 증대시킨다(표 6-5). 또한 효소는 대단히 특이적이어서 아주 비슷한 구조를 가지고 있는 기질들을 쉽게 구별할 수 있다. 이와 같이 효소가 대단히 선택적이고 엄청나게 반응 속도를 증가시키는 것을 어떻게 설명할 수 있을까? 또한 특이적 반응에서 활성화 에너지를 극도로 낮출 수 있는 에너지는 어디서 오는 것일까?

이 질문에 대하여 구별되지만 서로 연관된 2가지의 답이 있다. 첫째는 효소 촉매 반응 동안에 공유결합의 재배열에 있다. 대부분의 효소가 촉매하는 화학 반응은 기질과 효소의 작용기(특정 아미노산의 곁사슬, 금속 이온, 보조효소 등) 사이에서 일어난다. 효소의 촉매 작용기(catalytic functional group)가 기질과 일시적인 공유결합을 형성하여 기질을 활성화시킴으로써 반응을 일으키거나 특정기가 기질에서 효소로 일시적으로 이동된다. 많은 경우 이와 같은 반응은 효소 활성자리에서만 일어난다. 효소와 기질 사이의 공유결합을 통하여 에너지 준위가 낮은 대체 반응 경로를 형성하여 활성화 에너지를 낮춘다(그러므로 반응 속도가 촉진된다). 공유결합 재배열의 특이적인 반응 양식은 6.4절에서 살펴보기로 한다.

둘째는 효소와 기질 사이의 비공유 상호작용(*noncovalent interaction*)에 있다. 약한 비공유 상호작용들은 단백질 구조와 단백질-단백질 상호작용들을 안정화시키는 것을 도와준다고 설명한 제4장을 상기하라. 이와 똑같은 상호작용들이 효소기질을 포함한 단백질과 작은 분자들 사이의 복합체 형성에 결정적이다. 활성화 에너지를 낮추는 데 필요한 대부분의 에너지는 기질과 효소 사이의 약한 비공유 상호작용으로부터 얻어진다. 효소는 특이적인 ES 복합체(ES complex)를 형성한다는 점에서 대부분의 다른 촉매들과 구별된다. 이 ES 복합체에서 기질과 효소의 상호작용은 단백질 구조를 안정화시키는 수소결합, 소수성과 이온 상호작용 등과 같은 힘에 의한다(제4장). ES 복합체 내부에 약한 결합을 형성함으로써 이 상호작용을 안정화시킬 정도의 작은 자유에너지를 방출한다. 이와 같은 효소-기질 상호작용에 의하여 얻어진 에너지를 **결합 에너지(binding energy, ΔG_B)**라고 부른다. 이 결합 에너지의 의미는 단지 효소-기질 간의 상호작용의 안정화에만 국한되지 않는다. **결합 에너지는 효소가 반응의 활성화 에너지를 저하시키는 데 사용하는 자유에너지의 중요한 공급원이다.**

표 6-5 효소에 의한 속도 상승률	
사이클로필린	10^5
탄산 탈수효소	10^7
인산 삼탄당 이성질화효소	10^9
펩타이드카복시말단분해효소 A	10^{11}
포스포글루코뮤테이스	10^{12}
석시닐-CoA 전달효소	10^{13}
유레에이스	10^{14}
일인산 오로티딘 탈카복실화효소	10^{17}

이 2가지의 기본적이며 서로 연관된 원리에 의하여 효소가 어떻게 비공유결합 에너지를 사용하는가를 일반적으로 설명할 수 있다.

1. 효소의 촉매능은 대부분 효소와 기질 사이에 여러 개의 약한 결합과 상호작용을 형성할 때 방출되는 자유에너지로부터 유래된다. 이 결합 에너지가 촉매 작용뿐만 아니라 특이성에 기여한다.
2. 약한 결합은 반응의 전이상태에서 최적이 된다. 즉, 효소의 활성자리는 기질 그 자체에 대하여 상보적(complementary)인 것이 아니라 효소 반응 시 기질이 반응산물로 전환되면서 거치는 전이상태에 대하여 상보적이다.

위와 같은 주제는 효소를 이해하는 데 매우 중요하며, 이제 우리의 주요 관심의 대상이 된다.

효소와 기질 사이의 약한 상호작용은 전이상태에서 최적이 된다

효소는 반응의 활성화 에너지를 낮추는 데 어떻게 결합 에너지를 사용하는가? 효소 반응 기전에 대한 최초의 생각은 ES 복합체의 형성으로 설명하였으나 그 자체로는 설명되지 않는다. Emil Fischer는 효소의 특이성에 대한 연구하던 중 1894년에 효소는 구조적으로 기질과 상보적이어서 마치 자물쇠와 열쇠(lock and key)와 같이 딱 들어맞는다는 가설을 제안하였다(**그림 6-4**). 2개의 생체 분자의 특이적인(배타적이고) 상호작용이 서로 상보적인 구조를 가지고 있는 분자 표면에 의하여 매개된다는 이 뛰어난 생각은 그 후의 생화학 발전에 큰 영향을 주었고 이러한 상호작용은 여러 가지 생화학 반응의 핵심이 되었다. 그러나 "자물쇠와 열쇠"의 가설을 효소의 촉매 반응에 적용할 때 오해할 수 있다. 기질에 대하여 완전히 상보적인 효소는 우리가 다음에 보여 주듯이 매우 약한 효소일 수 있다.

여기에서 자성을 띤 금속 봉을 부러뜨리는 반응을 상상해 보자. 비촉매 반응은 **그림 6-5a**에 보였다. 이 반응을 촉매하는 2개의 효소(2개의 "봉 절단효소")를 상상해 보자. 실제 효소가 사용하는 결합 에너지 대신에 자성을 이용한다고 가정한다. 먼저 기질에 완전히 상보적인 하나의 효소를 디자인하자(그림 6-5b). 이 봉 절단효소의 활성자리는 자석으로 둘러싸인 주머니 모양이 된다. 반

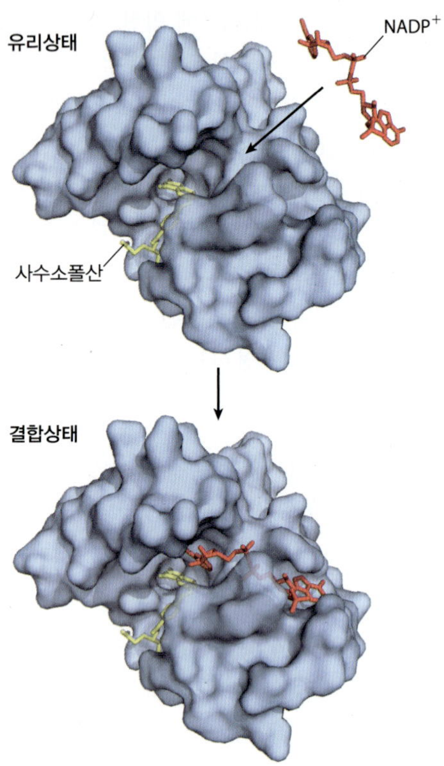

그림 6-4 효소의 결합자리와 기질의 상보적 형태. 효소 이수소폴산 환원효소(dihydrofolate reductase)와 기질 $NADP^+$(빨간색), 유리상태(위), 결합상태(아래); 결합된 또 다른 기질 사수소폴산(tetrahydrofolate, 노란색)도 보인다. 이 모델에서 $NADP^+$는 Emil Fischer의 '자물쇠와 열쇠' 가설에서와 같이 그 형태와 이온의 성질의 면에서 상보성을 나타내는 주머니와 결합한다. 실제로 단백질과 리간드(이 경우, 기질) 사이의 상보성은 제5장에서 본 것과 같이 아주 완벽하다. [출처: PDB ID 1RA2, M. R. Sawaya and J. Kraut, *Biochemistry* 36:586, 1997.]

응(절단)을 하기 위하여 이 봉은 반응의 전이상태가 되어야만 하는데, 이 봉이 너무 완벽하게 활성자리에 끼워져 있으므로 구부릴 수가 없다. 왜냐하면 봉을 구부리는 것은 기질과 효소 간의 자기적 상호작용을 어느 정도 제거하게 되기 때문이다. 이와 같은 경우에 효소는 촉매 반응을 방해하고, 촉매 반응 대신에 오히려 기질을 안정화시키게 된다. 이 반응을 반응 좌표도(그림 6-5b)에서 살펴보면, 이런 종류의 ES 복합체는 에너지 좌표도에서 기질이 유리되기 어려운 에너지 수준에 달하게 된다. 이러한 효소는 쓸모없게 된다.

Michael Polanyi(1921)와 Haldane(1930)에 의하여 처음 제안된 효소 촉매에 관한 새로운 이론이 1946년 Linus Pauling과 1970년대에 William P. Jencks에 의하여 다듬어졌다. 즉, 반응을 촉매하기 위해서는 효소가 효소는 **반응 전이상태**(*reaction transition state*)와 상보적이어야 한다. 다시 말하면 기질과 효소 간의 최적 상호작용은 전이상태에서만 일어난다는 것을 의미한다. 그림 6-5c는 효소가 어떻게 작용하는가를 보여 주고 있다. 금속 봉은 봉 절단효소에 결합되어 있으나 자기적 상호작용의 극히 일부만이 ES 복합체를 형성하는데 사용된다. 결합되어 있는 기질이 전이상태에 도달하려면 자유에너지의 증가가 반드시 필요하다. 봉을 구부려서 휘

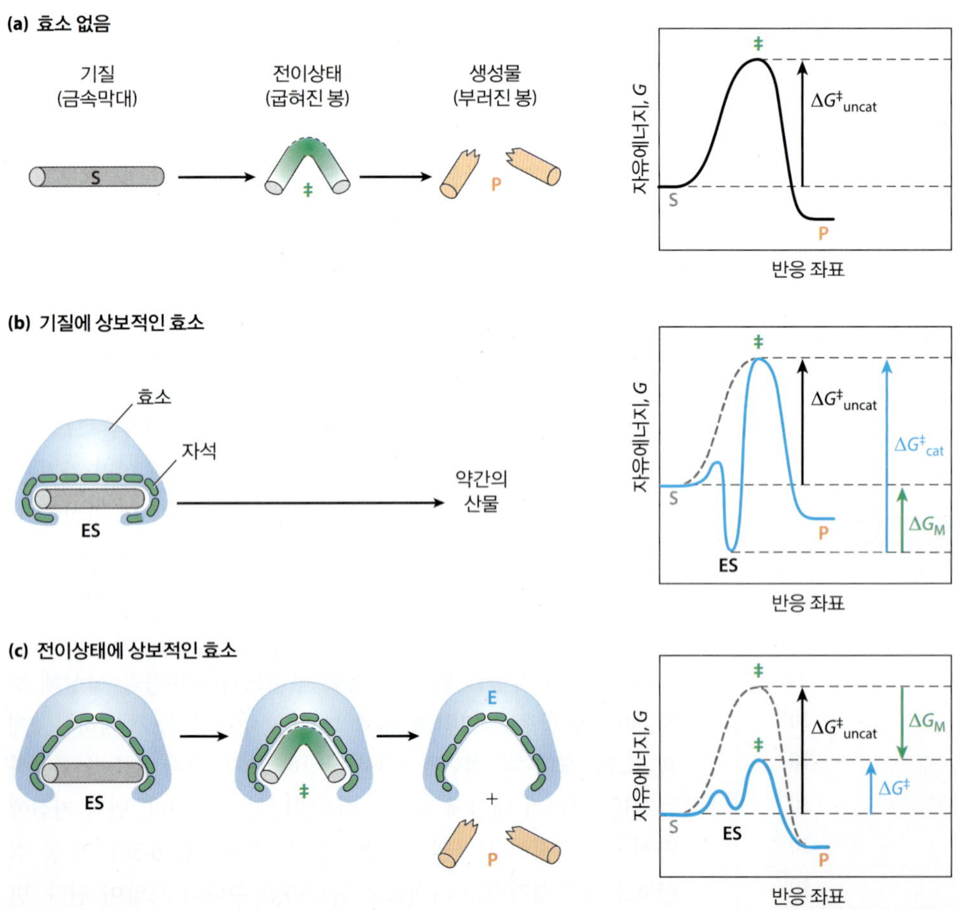

그림 6-5 금속 봉의 절단을 촉매하는 가상적인 금속 봉 절단효소(stic-kase). **(a)** 봉이 절단되기 전에 먼저 구부러져야 한다[전이상태(transition state)]. 금속 봉 절단효소의 경우 효소와 기질 간의 약한 결합의 상호작용 대신에 자기적 상호작용(magnetic interaction)이 작용하게 된다. **(b)** 이 효소는 금속 봉(기질)과 상보적으로 나열된 자석으로 둘러싸인 주머니를 가지고 있으며 기질을 안정화한다. 봉과 효소 간의 자기적 인력 때문에 구부러지는 것이 방지된다. **(c)** 반응의 전이상태에 상보적인 효소는 금속 봉을 불안정한 상태로 하고 반응의 촉매에 기여한다. 자기적 상호작용의 결합 에너지는 금속 봉을 구부리는 데 필요한 자유에너지의 증가를 보충하게 된다. 반응 좌표도(우측)는 기질에 상보적인 경우와 전이상태에 상보적인 경우의 에너지 변화를 표시하고 있다(EP 복합체는 생략하였음). ΔG_M은 비촉매와 촉매 반응의 전이상태 에너지의 차이를 나타내며, 금속 봉과 효소의 자기적 상호작용에 의한다. 효소가 기질(b)에 상보적인 경우, ES 복합체는 보다 안정하고 바닥 상태의 자유에너지는 기질만 있을 때보다 낮다. 그 결과 활성화 에너지가 증가하게 된다.

어지고 또한 부분적으로 절단된 구조로 만드는 데 필요로 하는 자유에너지의 증가는 전이상태에서 효소와 기질 간에 형성되는 자기적 상호작용(결합 에너지)과 상쇄되어 "보상"되는 것이다. 이와 같은 상호작용의 대부분은 봉의 절단점 부위에서 떨어진 부분에 관여하고 있으며, 절단효소와 봉의 반응하지 않는 부분의 상호작용이 봉을 절단하는 촉매 반응에 필요한 에너지를 제공하고 있다. 이 "에너지 보상"에 의하여 활성화 에너지가 낮추어지게 되고 따라서 반응 속도는 증대되는 것이다.

실제의 효소에서도 비슷한 원리로 작용한다. 약한 상호작용이 ES 복합체에서 일부분 형성되지만, 기질과 효소 간의 약한 상호작용에 의한 완전한 상보적인 결합은 기질이 전이상태에 도달할 때 비로소 형성된다. 이 상호작용을 형성할 때에 방출되는 자유에너지(결합 에너지)의 일부는 에너지 언덕의 정점에 도달하는 데 필요한 에너지로 일부 상쇄된다. 반응이 일어나기 어려운 활성화 에너지($\Delta G^{\ddagger}$, 양의 값)와 반응이 일어나기 쉬운 결합 에너지(ΔG_B, 음의 값)의 차이가 더 낮은 **알짜(*net*)** 활성화 에너지가 된다(**그림 6-6**). 효소에서도 전이상태는 안정한 상태가 아니고, 기질이 에너지 언덕의 정점에 있는 대단히 짧은 시간이다. 효소가 촉매하는 반응은 에너지 언덕의 높이가 매우 낮기 때문에 비효소 반응보다 훨씬 빠르다. 여기서 중요한 효소 반응의 원리는 **효소와 기질간 약한 결합의 상호작용이 효소 촉매 반응의 주요한 에너지원이 된다는 것이다**. 이와 같은 약한 상호작용에 관여하고 있는 기질의 부분은 절단이나 변화를 받는 부위로부터 약간 떨어진 곳에 있다. 따라서 전이상태에서 형성되는 약한 상호작용이 촉매에 중요한 역할을 하게 된다.

촉매를 추진하기 위하여 많은 수의 약한 상호작용이 요구된다는 점은 효소(또는 몇몇 보조효소)가 큰 분자량을 갖는 이유 중의 하나가 된다. 효소는 이온결합, 수소결합, 그 외 다른 상호작용 등을 위하여 작용기들을 가지고 있어야 하며, 또한 결합 에너지가 전이상태에서 최적화되도록 이것들을 아주 정확한 위치에 자리 잡게 하여야 한다. 대부분 기질이 움푹 패인 공간(활성자리)에

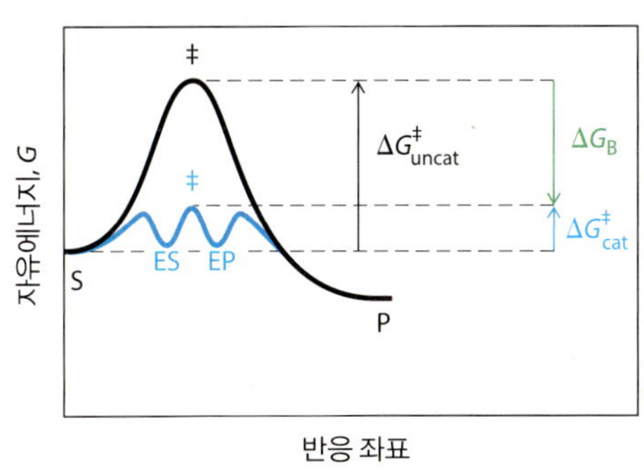

그림 6-6 촉매 반응에서 결합 에너지의 역할. 반응의 활성화 에너지를 낮추기 위하여 반응계는 $\Delta G^{\ddagger}$가 저하되는 만큼에 해당하는 에너지의 양을 취득해야 한다. 이 에너지는 주로 전이상태에서 기질과 효소 간에 약한 비공유결합이 형성되어 생기는 결합 에너지(ΔG_B)로부터 거의 조달된다. ΔG_B의 역할은 그림 6-5의 ΔG_M과 유사하다.

자리 잡음으로 적당한 결합이 완성되며, 그 공간에서 기질은 물로부터 효과적으로 제거된다. 단백질의 크기는 상호작용을 하는 그룹들을 적절히 유지하고 활성자리 공간의 붕괴를 막는 거대구조(superstructure)에 필요한 크기를 반영한다.

결합 에너지는 반응 특이성과 촉매에 이용된다

효소에 의하여 반응이 대단히 빠른 속도로 진행되는 것을 결합 에너지를 이용하여 정량적으로 설명할 수 있는가? 그렇다. 참고로 식 6-6에 의하여 계산을 하면, 보통의 세포내 조건에서 1차 반응을 10배 가속시키기 위하여 약 5.7 kJ/mol의 $\Delta G^{\ddagger}$가 감소하여야 한다. 하나의 약한 상호작용을 통하여 만들어지는 에너지는 일반적으로 4 내지 30 kJ/mol로 계산된다. 이와 같은 약한 상호작용을 여러 개 형성함으로써 생기는 에너지에 의하여, 효소가 반응 속도를 매우 증가시키는 데 필요한, 60 내지 100 kJ/mol의 활성화 에너지의 저하를 가져올 수 있다.

촉매에 필요한 에너지를 공급하는 결합 에너지는 효소의 **특이성(specificity)**도 제공한다. 특이성이란 기질 및 이와 경쟁하는 분자를 식별할 수 있는 효소의 능력을 말한다. 개념적으로 특이성은 촉매와 쉽게 구별이 된다. 그러나 촉매와 특이성은 거의 같은 현상으로부터 생기기 때문에 실험적으로 구별하기가 매우 어렵다. 만약 전이상태에서 효소 활성자리의 작용기가 기질과 다수의 약한 상호작용을 형성하도록 최적 배치를 갖추고 있다면, 그 효소는 다른 어떤 기질과 같은 정도로 결합할 수 없을 것이다. 예를 들어, 기질이 효소의 특정 Glu 잔기와 수소결합을 만드는 하이드록실 작용기를 가지고 있다면, 특정 위치에 이와 같은 하이드록실기를 가지고 있지 않은 분자는 상기 효소의 기질이 되기 어려울 것이다. 또한 어떤 분자가 특별한 작용기를 가지고 있으나 효소에 그 작용기와 결합할 수 있는 부위가 없을 때 그와 같은 분자는 효소로부터 배제될 것이다. 일반적으로 **특이성(*specificity*)**이란 효소와 그것의 특정 기질분자 간에 다수의 약한 결합이 형성되어 유도된다.

촉매에 있어서 결합 에너지의 중요성은 쉽게 증명될 수 있다. 예를 들어, 당 분해효소인 인산 삼탄당 이성질화효소(triose phosphate isomerase)는 3-인산 글리세르알데하이드와 인산 다이하이드록시아세톤 간의 상호 전환을 촉매한다.

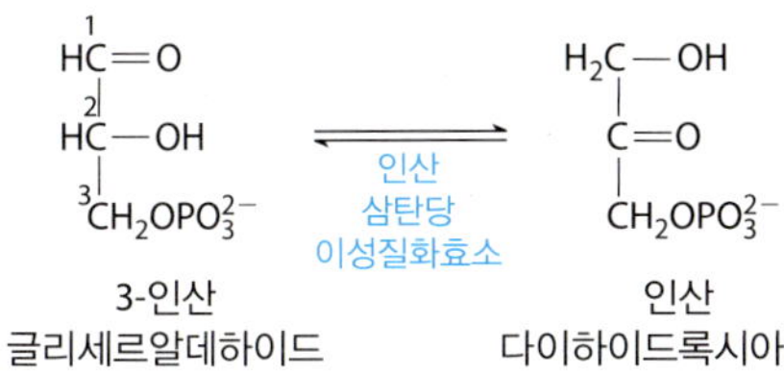

이 반응은 1번과 2번 탄소에 있는 카보닐(carbonyl)기와 하이드록실기를 재배치한다. 그러나 효소 반응의 촉매 촉진율의 80% 이상은 기질의 3번 탄소에 있는 인산 그룹에 대한 효소-기질 상호작용

에 의하여 이루어진다는 사실이 밝혀졌다. 이것은 기질로서 3-인산 글리세르알데하이드와 글리세르알데하이드(3번 탄소에 인산기가 없는)를 사용하여 효소 촉매 반응을 비교함으로써 알게 되었다.

위에 개괄된 일반적인 원리는 지금까지 알려진 많은 촉매 반응의 기전에서 설명될 수 있다. 이들의 기전은 서로가 배타적이 아니며, 하나의 효소가 자신의 작용 기전에 몇 가지의 반응 기전을 합치기도 한다.

반응이 일어나기 위하여 무엇이 필요한가를 생각하자. 반응 장벽인 $\Delta G^{\ddagger}$에 관여하는 중요한 물리적 및 열역학적 요소로 다음과 같은 4가지 인자를 생각할 수 있다. (1) 수용액 내에서 분자들의 엔트로피(entropy, 운동의 자유도), 즉 이것은 분자들이 서로 반응하려는 확률을 감소시킴; (2) 수소결합으로 된 물의 친수화, 즉 물은 수용액에서 대부분의 생체 분자를 둘러싸 안정화시키는 작용을 함; (3) 많은 반응에서 발생하는 기질의 구조적 뒤틀림; (4) 효소 분자에서 촉매 작용에 관여하는 작용기의 적절한 배열의 필요성 등이 그것이다. 결합 에너지는 이들 모두의 장벽을 극복하는 데 사용될 수 있다.

첫째, 기질이 효소에 결합함으로써 얻어지는 이점의 하나는 반응하려는 2가지 기질 사이 간 상대적 움직임이 대폭적으로 제한되는 것, 즉 **엔트로피의 감소(entropy reduction)**이다. 결합 에너지는 기질이 반응하는 데 필요한 적절한 배치를 유지해 준다. 이것은 촉매 반응에 있어서 큰 기여를 하는데, 그 이유는 용액에서는 분자 간의 생산적인 충돌(collision)이 대단히 적기 때문이다. 즉, 기질과 기질 분자를 적절한 위치로 고정시키기 위해 계획적으로 위치한 효소의 작용기 사이에 약한 상호작용으로 기질은 효소 상에 정밀하게 조정된다. 여러 연구에 의하여 2가지 반응물의 운동을 제한하면 반응 속도가 엄청나게 상승된다는 것을 알게 되었다(그림 6-7).

둘째, 기질과 효소 사이에 약한 결합의 형성은 결과적으로 기질의 **탈용매화(desolvation)**를 가져온다. 다시 말하면 기질과 물 사이에 존재하는 수소결합의 대부분 또는 전부가 효소-기질 간의 상호작용으로 치환된다.

셋째, 반응 전이상태에서 형성되는 약한 상호작용에 의한 결합 에너지는 기질이 반응하는 데 진행될 모든 뒤틀림, 주로 전자의 재배치에 의한 뒤틀림을 열역학적으로 보상하는 데 도움을 준다.

마지막으로, 효소 자체도 기질과 결합을 하면 입체형태의 변화가 생기는데, 이 변화는 기질과 여러 개의 약한 상호작용이 형성됨으로써 유도된다. 이것을 **유도 적합(induced fit)**이라고 하며, 이 기전은 1958년에 Daniel Koshland에 의하여 제창되었다. 운동성은 활성자리 근처에 있는 효소의 작은 부분에 영향을 미칠 수도 있고, 전체 도메인의 위치 변화를 동반할 수도 있다. 전형적으로 일련의 연결된 움직임이 효소 전체적으로 일어나 궁극적으로는 활성자리가 필요한 구조로 변하게 한다. 유도 적합에 의하여 효소의 특이적인 작용기는 반응을 촉매하기 위한 최적의 위치로 이동

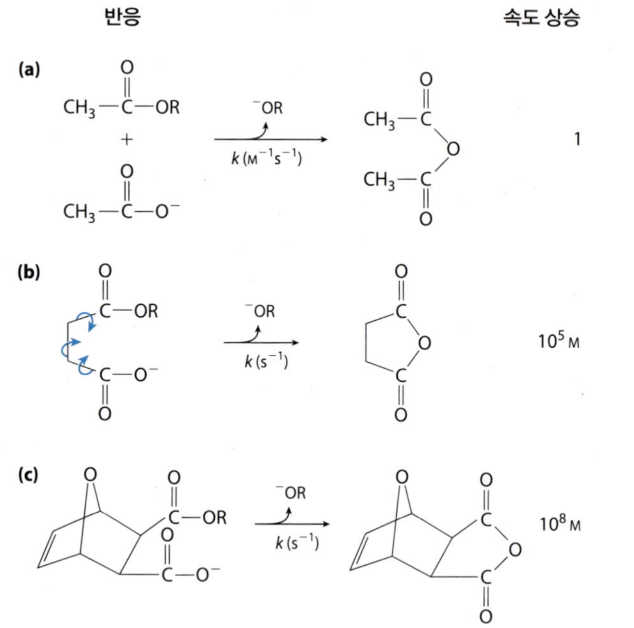

그림 6-7 엔트로피의 감소에 의한 속도의 상승. 이 그림에서는 에스터(ester)가 카복실산기와 반응하여 무수물(anhydride)이 생성되는 반응을 보여 주고 있다. R 기는 각 경우에서 똑같다. **(a)** 이러한 이분자 반응(bimolecular reaction)에서 k는 $M^{-1}s^{-1}$ 단위를 갖는 2차(second order) 속도 상수이다. **(b)** 2개의 반응기가 하나의 분자 내에 있을 때 움직임의 자유도가 덜 함으로 그 반응은 훨씬 빠르다. 이 단일분자 반응(unimolecular reaction)에서 k는 s^{-1} 단위를 갖는다. (b)의 속도 상수를 (a)의 속도 상수로 나누면 약 10^5 M의 속도 상승이 일어난다. (이 속도 상승은 단일 분자와 이분자 반응을 비교하고 있기 때문에 몰(molarity) 단위를 갖는다.) 다른 식으로 말하면, (b)에서 반응물이 1 M로 존재한다면 반응기들은 10^5 M의 농도로 존재하고 있는 것처럼 행동한다. (b)에서 반응물은 약 3개의 결합(구부러진 화살로 나타낸)에서 회전의 자유도를 갖지만 이것은 여전히 (a)에 비해서 상당한 엔트로피의 감소를 나타낸다. (b)에서 회전하는 결합이 **(c)**와 같이 제한되면 엔트로피는 더 감소되고 반응은 (a)에 비해서 10^8 M의 속도 상승을 보인다.

한다. 이러한 입체형태의 변화에 의하여 전이상태에서 추가적인 약한 결합들의 형성이 가능하게 된다. 따라서 효소의 새로운 입체형태에 의하여 촉매 특성이 향상된다. 우리가 지금까지 살펴본 바와 같이 유도 적합은 리간드가 단백질에 가역적으로 결합하는 공통된 특징을 가지고 있다(제5장). 유도 적합은 또한 거의 모든 효소가 기질과 상호작용을 하는 데 중요하다.

특이적 촉매 작용기는 촉매 반응에 기여한다

대부분의 효소에서 ES 복합체를 형성하는 데 사용되는 결합 에너지는 전체 촉매 반응 기전에 관여하는 요소들 중의 하나일 뿐이다. 일단 기질이 효소에 결합하면 적절한 위치에 배치되어 있는 효소의 촉매 작용기는 여러 가지 기전에 의하여 결합의 절단과 형성을 돕는다. 이 기전에는 일반적 산-염기 촉매 작용(general acid-base catalysis), 공유결합성 촉매 작용(covalent catalysis), 금속이온 촉매 작용(metal ion catalysis) 등이 있다. 이것들은 결합 에너지의 기초를 둔 기전과 분명히 구별이 된다. 왜냐하면 이들의 반

응은 일반적으로 기질과 일시적인 **공유적** 상호작용을 만들거나 기질 또는 기질로부터 작용기의 전이가 일어나기 때문이다.

일반적 산-염기 촉매 작용 양성자 전이는 생화학에서 가장 흔한 단일 반응이다. 하나 또는 많은 양성자 전이들이 세포 내에서 발생하는 대부분의 반응 과정 중에 일어난다. 많은 생화학 반응에서는 전하를 띠고 있는 불안정한 중간체가 형성되고, 이들은 바로 원래의 반응물로 되돌아가려는 경향이 있어서 반응의 진행을 방해한다(**그림 6-8**). 하전된 중간체는 양성자를 전달받아 안정화되어 보다 쉽게 생성물로 분해된다. 이 양성자는 효소와 기질 또는 중간체 간에 전달된다.

산과 염기에 의한 촉매의 효과는 비효소 모델 반응을 사용하여 자주 연구된다. 비효소 반응에서 물의 성분 자체 또는 그 밖의 약산과 약염기가 양성자의 양성자 주개나 받개가 될 수 있다. 물 속에 존재하는 $H^+(H_3O^+)$ 또는 OH^- 이온만을 사용하는 촉매 형태를 **특이적 산-염기 촉매 작용(specific acid-base catalysis)**이라 칭한다. 만일 중간체와 물 분자 간에 양성자를 주고받는 것이 중간체가 반응물로 되돌아가려는 것보다 빠르다면, 그 중간체는 일단 형성되기만 하면 충분히 안정화된다. 이 경우, 물 이외의 양성자 주개 또는 양성자 받개에 의한 추가적인 촉매 반응은 일어나지 않는다. 하지만 많은 경우 물 분자가 반응물의 분해를 막기에 충분하지 않다. 이러한 경우 수용액에서 비효소 반응을 위하여 약산과 약염기가 반응 속도를 촉진시키기 위하여 추가될 수 있다. 여러 종류의 약한 유기산은 양성자 주개로서, 약한 유기 염기는 양성자 받개로서 물 분자의 역할을 보조할 수 있다. **산-염기 촉매 작용(general acid-base catalysis)**이란 물 대신 약산 또는 약염기가 관여하는 양성자 전이를 의미한다.

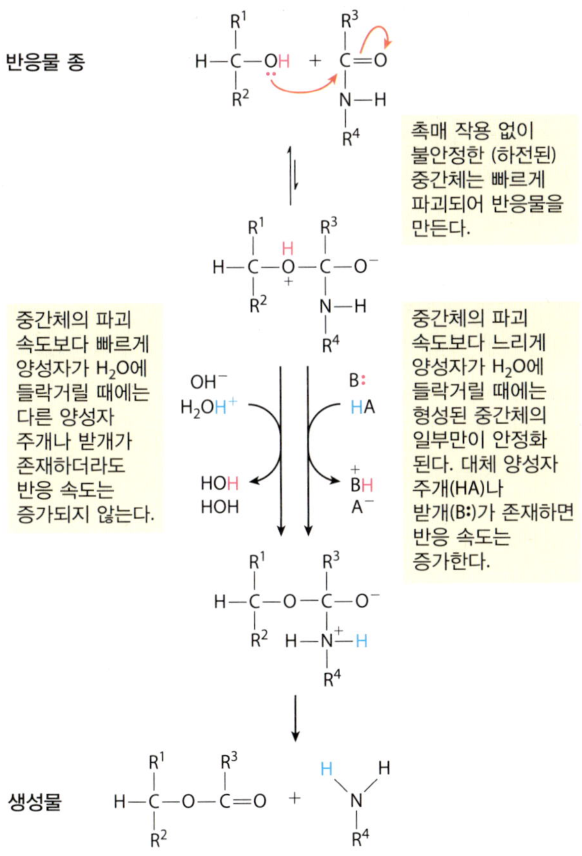

그림 6-8 **아마이드를 절단하는 동안 생성되는 불리한 전하를 촉매가 우회하는 방법.** 여기에 보인 아마이드 결합의 가수분해는 카이모트립신(chymotrypsin)이나 그 밖의 단백질분해효소(protease)에 의하여 촉매되는 것과 같은 반응이다. 전하 발생은 불리한 상태인데, 이것은 H_3O^+[특이적 산 촉매 작용(specific acid catalysis)]나 일반적인 산을 나타내는 HA[일반적 산 촉매 작용(general acid catalysis)]에 의하여 양성자가 제공됨으로써 저지할 수 있다. 이와 비슷하게 전하는 OH^-[특이적 염기 촉매 작용(specific base catalysis)] 또는 일반적인 염기인 B: [일반 염기 촉매 작용(general base catalysis)]에 의하여 양성자를 추출함으로써 중화될 수 있다.

산-염기 촉매 작용은 물을 양성자 주개나 받개로서 이용할 수 없는 효소의 촉매자리에서 매우 중요하다. 여러 아미노산의 곁사슬은 양성자 주개나 받개로서 작용할 수 있다(**그림 6-9**). 이러한 작용기들은 효소의 활성자리에 정확하게 배치되어 양성자 전달을 촉진하며, 반응 속도를 10^2에서 10^5 정도까지 증가시킨다. 이런 종류의 촉매 반응이 대부분의 효소에서 일어난다.

공유결합성 촉매 작용 공유결합성 촉매 작용에서는 효소와 기질 사이에 일시적인 공유결합이 형성된다. A와 B 사이의 결합이 가수분해되는 경우를 살펴보면,

$$A{-}B \xrightarrow{H_2O} A + B$$

공유결합성 촉매(친핵성 반응기 X:를 갖는 효소)가 존재하는 경우, 이 반응은 다음과 같이 된다.

$$A{-}B + X{:} \longrightarrow A{-}X + B \xrightarrow{H_2O} A + X{:} + B$$

아미노산 잔기	일반적인 산 형태 (양성자 주개)	일반적인 염기 형태 (양성자 받개)
Glu, Asp	$R{-}COOH$	$R{-}COO^-$
Lys, Arg	$R{-}\overset{+}{N}H_3$	$R{-}\ddot{N}H_2$
Cys	$R{-}SH$	$R{-}S^-$
His	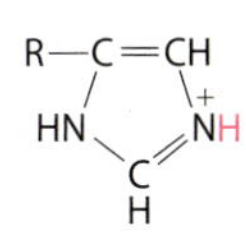	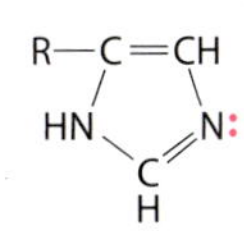
Ser	$R{-}OH$	$R{-}O^-$
Tyr	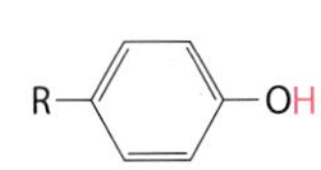	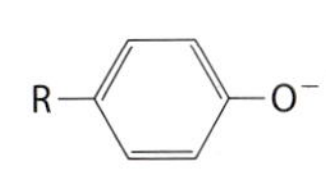

그림 6-9 **일반적인 산-염기 촉매 작용을 하는 아미노산.** 많은 유기물의 반응은 양성자 주개(일반 산)와 양성자 받개(일반 염기)로 촉진된다. 몇몇 효소의 활성자리는 여기에 나타낸 아미노산 작용기를 가지고 있는 것이 있으며, 그것들은 촉매 작용에서 양성자 주개와 양성자 받개로서 관여하고 있다.

공유 중간체가 생성되거나 깨지는 것은 반응을 위한 새로운 반응경로를 창출한다. 그러나 촉매는 새로운 반응경로가 비촉매 반응보다 활성화 에너지가 낮을 때에만 효소 반응이 일어난다. 새로운 경로의 두 단계 모두 비촉매 반응보다 빨라야만 된다. 그림 6-9에의 모든 것을 포함하여 많은 아미노산의 곁사슬과 효소 보조인자의 기능기는 기질과 공유결합을 형성할 때 친핵기(nucleophile)로서 작용할 수 있다. 이와 같은 공유결합 복합체는 항상 반응이 더 진행하여 유리 효소를 재생하게 된다. 효소와 기질 사이에 형성된 공유결합은 특정 기능기나 보조효소에 특이적으로 후에 진행될 반응을 위하여 기질을 활성화시킨다.

금속 이온 촉매 작용 금속은 효소와 강하게 결합되어 있거나 또는 용액에서 기질과 같이 들어옴으로써 여러 가지 방법으로 촉매 작용에 참여할 수 있다. 효소에 결합된 금속과 기질 간의 이온 상호작용은 기질을 반응하기 쉬운 상태로 만들거나 하전된 전이상태를 안정화시키는 역할을 한다. 금속과 기질 간 약한 결합을 형성하는 것은 처음에 기술한 효소-기질 간의 결합 에너지를 사용하는 것과 유사하다. 금속은 또한 금속 이온의 산화 상태를 가역적으로 변화시킴으로써 산화-환원 반응을 촉매한다. 지금까지 알려진 효소 중에서 대략 1/3 정도가 촉매 활성을 위하여 한 가지 또는 그 이상의 금속 이온을 필요로 한다.

대부분의 효소는 반응 속도를 촉진시키기 위하여 몇 가지의 촉매 방법을 같이 사용한다. 좋은 예로써 카이모트립신에 의한 반응에서는 공유결합성 촉매 작용, 일반적 산-염기 촉매 작용, 전이상태 안정화 등을 사용한다. 카이모트립신의 반응에 대해서는 6.4절에서 상세하게 다루도록 한다.

요약 6.2 효소의 작용

■ 효소는 보통 반응 속도를 10^5에서 10^{17}배로 증대시키는 강력하고 효과적인 촉매제이다.

■ 효소 촉매 반응은 기질과 효소의 복합체(ES 복합체)를 형성하는 것이 특징이다. 그 결합은 활성자리라고 하는 효소의 주머니 부위에서 생긴다.

■ 효소와 그 밖의 촉매제의 기능은 반응의 활성화 에너지 $\Delta G^{\ddagger}$를 저하시키고, 이로써 반응 속도를 촉진시키는 것이다. 하지만 반응의 평형은 효소에 의해 영향 받지 않는다.

■ 효소 반응 속도를 촉진시키기 위하여 사용되는 에너지의 대부분은 기질과 효소 사이의 약한 상호작용(수소결합, 소수성 상호작용, 이온 상호작용 등)으로부터 생긴다. 효소의 활성자리는 이 약한 상호작용의 대부분이 반응의 전이상태에서만 생겨서 전이상태를 안정화시키도록 조직화되어 있다.

■ 효소의 크기가 큰 이유 중의 하나는 다수 중첩된 상호작용이 필요하기 때문이다. 결합 에너지 ΔG_B는 활성화에 필요한 에너지, $\Delta G^{\ddagger}$를 몇 가지 방법으로 상쇄하는 데 사용된다. 예를 들어, 기질의 엔트로피를 감소시키거나 기질의 탈용매화에 또는 효소 입체형태의 변화(유도 적합)를 일으키는 데 사용된다. 결합 에너지는 또한 기질에 대한 효소의 정확한 특이성을 설명해 준다.

■ 효소에 의한 다른 촉매 작용 기전으로 일반적 산-염기 촉매 작용, 공유결합성 촉매 작용, 금속 이온 촉매 작용 등을 들 수 있다. 촉매 반응은 종종 기질과 효소 사이의 새로운 낮은 에너지 반응경로를 제공하기 위하여 일시적인 공유 상호작용이나 효소로 또는 효소로부터 작용기가 전달되는 반응을 포함한다. 모든 경우에서 효소는 반응이 완성되면 결합되지 않은 상태로 되돌아간다.

6.3 효소 작용 기전 연구를 위한 효소 반응속도론

생화학자는 정제된 효소의 작용 기전을 연구하기 위하여 공통적으로 몇 가지 방법을 사용한다. 단백질의 3차 구조는 중요한 정보를 제공한다. 이 정보는 고전적인 단백질 화학과 현대적인 한 자리 특이 변이 유발(site-directed mutagenesis, 유전공학에 의하여 아미노산 서열을 바꾸는 기술; 그림 9-10 참조) 방법에 의하여 강화되었다. 이러한 방법은 효소학자가 효소의 구조와 작용에 관한 각각의 아미노산의 역할에 대하여 연구하는 것을 가능하게 하였다. 그러나 효소 기전을 이해하기 위한 가장 오래된 방법이면서 대단히 중요한 연구 방법은, 반응 속도를 결정하고 이것이 실험의 여러 매개변수에 따라서 어떻게 변화하는가를 연구하는 **효소 반응속도론(enzyme kinetics)**이다. 여기에서 기초적인 효소 촉매 반응의 속도론에 대하여 소개한다. 보다 더 상세한 내용은 이 장의 끝에 소개한 도서를 참고하기 바란다.

기질 농도는 효소 촉매 반응의 속도에 영향을 준다

효소의 촉매 반응의 속도에 영향을 주는 핵심 요소 중 하나는 기질의 농도 [S]이다. 그러나 시험관 내에서 반응하는 동안 기질이 생성물로 변환되기 때문에 [S]는 변하게 되고, 이에 따라 기질 농도의 영향을 연구하는 것은 복잡하게 된다. 속도론적 실험을 간단하게 하는 한 가지 방법으로는 **초기 속도 V_0(initial rate** 또는 **initial velocity)**를 측정하는 것이다**(그림 6-10)**. 전형적인 반응에서 효소는 나노 몰(nanomolar quantities) 단위로 존재하며, 반면에 [S]는 이보다 5 내지 6 차수 높게 존재한다. 만약 반응이 시작된 후에 대단히 짧은 시간(60초 이하)만 측정한다면, [S]의 변화는 몇 % 이내로 한정되어 [S]는 일정하다고 볼 수 있다. 그러면 V_0는 [S]의 함수로 표현될 수 있으며, [S]는 관찰자에 의하여 조정된다. 효소의 농도가 일정할 때 [S]의 변화가 V_0에 미치는 영향은 **그림 6-11**과 같다. 기질의 농도가 상대적으로 낮을 때 V_0는 [S]가 증가함에

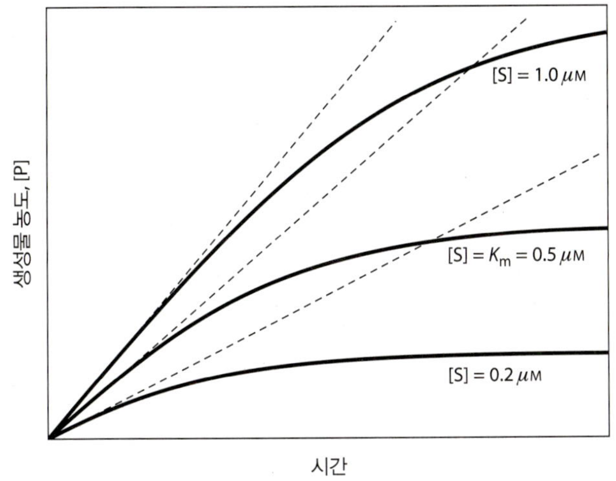

그림 6-10 효소 촉매 반응의 초기 속도. 하나의 이론적인 효소는 S ⇌ P의 반응을 촉매하고, 효소의 양이 충분히 존재하여 반응의 최대 속도 V_{max} = 1 μM/min이며, 미하엘리스 상수 K_m(본문 설명 참조)은 0.5 μM이다. 위 그림은 기질 농도가 K_m 보다 낮거나 같거나 높은 경우의 진행 곡선이다. 효소-촉매 반응은 기질이 생성물로 전환됨에 따라 그 속도가 감소한다. 각각의 곡선에 시간이 0일 때 접선이 각 반응의 초기 속도 V_0를 나타낸다.

따라 거의 직선적으로 증가한다. 기질 농도를 좀 더 높이면, V_0는 [S]가 증가됨에 따라서 점차적으로 작게 증가한다. 결국에는 기질 농도를 높여도 V_0가 거의 증가되지 않는 수준까지 도달하게 된다. 이 극한치에 가까운 V_0를 **최대속도 V_{max}(maximum velocity)**라 한다.

효소-기질 복합체(ES complex)는 촉매에 관한 논의에서 출발점이 되었던 것과 같이 속도론 양상을 이해하는 데 핵심이 된다.

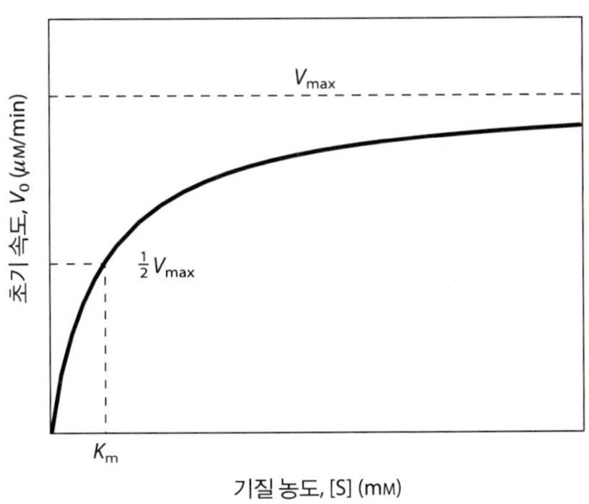

그림 6-11 효소 촉매 반응에서 기질 농도가 초기 속도에 미치는 영향. V_0는 최대 속도 V_{max}에 접근하지만 결코 도달하지 않으므로, V_{max}의 값은 이 그림에서 근사치로 구할 수 있다. V_0가 최대 속도의 절반이 되는 때의 기질 농도는 미하엘리스 상수 K_m이 된다. 이와 같은 실험에서 효소의 농도 [E]는 일반적으로 대단히 낮아서 [S]가 낮거나 상대적으로 낮다고 하더라도 [S] >> [E]가 된다. 여기에서 표시한 단위는 효소-촉매 반응에 있어서 전형적인 것이며, V_0와 [S]의 의미를 알기 쉽게 하기 위하여 사용하였다. (위 곡선은 V_{max}에서 하나의 점근선을 가진 직각 쌍곡선의 일부만 나타냈음에 유의하라. 이 곡선이 [S] = 0 아래로 계속되면, [S] = $-K_m$에서 하나의 수직 방향의 점근선에 접근하게 된다.)

Wurtz의 뒤를 이은 Victor Henri는 1903년 그림 6-11의 속도 곡선(kinetic pattern)을 통해 효소가 그의 기질 분자와 결합하여 ES 복합체를 형성하는 것이 효소 반응에 필수적인 단계라는 것을 제안하였다. 이 이론은 1913년에 Leonor Michaelis와 Maud Menten에 의하여 효소 작용의 일반적인 이론으로 확대되었다. 그들은 효소가 먼저 가역적으로 기질과 결합하여 비교적 빠른 가역 단계에서 효소-기질 복합체를 형성한다고 가정하였다.

$$E + S \underset{k_{-1}}{\overset{k_1}{\rightleftharpoons}} ES \tag{6-7}$$

이어서 ES 복합체는 속도가 늦은 두 번째 단계에서 분해되어 유리 효소와 생성물을 만든다.

$$ES \underset{k_{-2}}{\overset{k_2}{\rightleftharpoons}} E + P \tag{6-8}$$

이 두 번째 단계의 반응(식 6-8)은 반응 전체의 속도를 제한하기 때문에 전체 반응의 속도는 두 번째 단계의 반응물인 ES의 농도에 비례하게 된다.

Leonor Michaelis, 1875–1949
[출처: Rockefeller Archive Center.]

Maud Menten, 1879–1960
[출처: Courtesy Archives Service Center, University of Pittsburgh.]

효소 촉매 반응의 어떤 순간을 보면 효소는 기질과 결합되어 있지 않은 유리 형태인 E와 결합 형태인 ES의 2가지 형태로 존재하고 있다. [S]가 낮을 때 대부분의 효소는 결합되어 있지 않은 형태 E로 존재한다. 이런 정도에서는 기질의 농도가 증가됨에 따라서 식 6-7의 평형은 ES를 생성하는 방향으로 진행되기 때문에 반응 속도는 [S]에 비례한다. 촉매 반응의 최대 속도(V_{max})는 실제로 모든 효소가 ES 복합체의 형으로 존재하고 [E]는 무시할 수 있을 정도로 낮을 때 관찰된다. 이때 효소는 기질에 의하여 "포화(saturated)" 되어 기질의 농도를 더 증가시켜도 반응 속도에 영향을 주지 않는다. 이 상태는 [S]가 대단히 높아 사실상 모든 유리 효소가 ES 형태로 존재할 때에 생긴다. ES 복합체가 분해되어 생성물, P를 만든 후 효소는 유리 형태로 되어 또 다른 기질 분자와의 반응을 촉매한다(포화 상태에서 매우 빠르게 일어날 것이다). 이상과 같은 포화 효과는 효소 촉매에 있어서 매우 특징적인 성질이 되고, 이와 같은 특성 때문에 그림 6-11에서 볼 수 있는 정점지속(plateau) 상태를 나타낸다. 그림 6-11의 모양을 때때로 포화 속도론(saturation kinetics)이라 한다.

효소가 처음에 매우 많은 과잉의 기질과 반응을 하면 **전-항정상태(pre-steady state)**라고 하는 초기 일시적 기간이 생기는데, 이 기간 동안에 ES의 농도가 점차 늘어간다. 이 기간은 보통 대단히 짧게 단지 100만 분의 1초 정도 지속되기 때문에 쉽게 관찰되지 않으며, 그림 6-10에서는 분명하지 않다. 이 반응은 곧 바로 **항정상태(steady state)**로 되고, [ES](그 밖의 중간체의 농도)는 전 시간에 걸쳐 거의 일정하게 된다. 항정상태에 대한 개념은 1925년에 G. E. Briggs와 Haldane에 의하여 처음으로 도입되었다. 앞에서도 논의됬듯이 효소는 대개 기질 농도보다 수십 배 낮은 농도로 존재하는 강력한 촉매제이다. 일단 일시적 기간 또는 전항정상태가 지나가면[종종 단지 1개의 효소적 전환(turnover) 이후, 여기서 전환이란 한 분자의 기질이 한 분자의 효소에 의해 한 분자의 생성물로 변환되는 것], 생성물은 일시적 효소-기질 복합체가 항정상태를 유지하는 한 기질이 소비되는 것과 같은 속도로 생성된다. 초기 속도(V_0)는 반응의 초기 단계에 국한되지만, 측정된 V_0는 일반적으로 항정상태를 반영한다. 이와 같은 초기 속도의 분석을 **항정상태 반응 속도론(steady-state kinetics)**이라 한다.

기질 농도와 효소 반응 속도 사이에 정량적인 관계가 있다

[S]와 V_0의 관계를 나타낸 곡선(그림 6-11)은 거의 모든 효소에 있어서 일반적으로 같은 형태로 나타난다[직각 쌍곡선(rectangular hyperbola)으로 접근]. 이와 같은 쌍곡선 형태는 미하엘리스-멘텐(Michaelis-Menten)식에 의하여 대수적으로 나타낼 수 있다. 미하엘리스와 멘텐은 ES 복합체가 분해되어 생성물과 유리 효소를 만드는 과정이 효소 반응의 속도 제한 단계(rate-limiting step)가 된다는 기본적인 가정에 기초하여 이 식을 유도하였다. 그 식은 다음과 같다.

$$V_0 = \frac{V_{max}[S]}{K_m + [S]} \tag{6-9}$$

위 식에서 중요한 변수인 [S], V_0, V_{max}, 미하엘리스 상수로 불리는 K_m들은 모두 실험적으로 쉽게 측정할 수 있다.

여기서 미하엘리스-멘텐식의 유도를 위하여 필요한 기본적인 이론과 대수적인 단계를 전개하고자 한다. 이 식은 Briggs와 Haldane에 의하여 도입된 항정상태의 가정(steady state assumption)을 포함한다. 이 식의 유도는 ES의 생성과 분해를 나타내는 2가지의 기본적인 반응(반응식 6-7과 식 6-8)으로부터 시작된다. 반응의 초기 단계에서 생성물의 농도 [P]는 아주 낮기 때문에 P → S로 가는 역반응(k_{-2}로 표시)은 무시할 수 있다. 이러한 가정은 중요하지는 않지만 식을 단순하게 만들 수 있다. 그러면 전체 반응은 다음과 같이 된다.

$$E + S \underset{k_{-1}}{\overset{k_1}{\rightleftharpoons}} ES \xrightarrow{k_2} E + P \tag{6-10}$$

V_0는 ES가 분해되어 생성물을 만드는 반응에 의하여 결정되며 [ES]로 표시할 수 있다.

$$V_0 = k_2[ES] \tag{6-11}$$

식 6-11에서 [ES]는 실험적으로 쉽게 측정할 수 없기 때문에 이 용어를 다른 형태로 나타내는 식을 찾아야 한다. 우선 $[E_t]$라는 용어를 도입한다. $[E_t]$는 효소의 전체 농도(유리 효소와 결합 효소의 합)를 나타낸다. 따라서 유리 효소, 즉 결합되지 않은 효소의 농도는 $[E_t] - [ES]$로 표시할 수 있다. 또한 [S]는 보통 $[E_t]$보다 훨씬 크기 때문에 효소에 결합하는 기질의 농도는 언제나 전체 [S]에 비하면 무시할 수 있다. 이와 같은 전제 조건에서는 다음과 같은 방법으로 V_0를 쉽게 측정할 수 있는 변수로서 표현할 수 있다.

제1단계 ES의 생성과 분해에 대한 반응 속도는 속도 상수 k_1(생성)과 $k_{-1} + k_2$(분해)에 의하여 진행되는 단계에서 결정되며, 다음과 같은 식으로 표시할 수 있다.

$$\text{Rate of ES formation} = k_1([E_t] - [ES])[S] \tag{6-12}$$

$$\text{Rate of ES breakdown} = k_{-1}[ES] + k_2[ES] \tag{6-13}$$

제2단계 이 단계에서 중요한 가정은 반응의 초기 속도는 [ES]가 일정한 항정상태—즉, ES의 생성 속도와 분해 속도는 같은—를 반영한다는 것이다. 이것을 **항정상태의 가정**이라고 한다. 따라서 항정상태에서 식 6-12와 6-13은 같게 되며 다음과 같은 식이 유도된다.

$$k_1([E_t] - [ES])[S] = k_{-1}[ES] + k_2[ES] \tag{6-14}$$

제3단계 일련의 대수적 단계로부터 [ES]에 대해 식 6-14를 풀 수 있다. 우선 왼쪽의 식을 전개하고 오른쪽 식을 간단히 정리하면, 다음과 같이 된다.

$$k_1[E_t][S] - k_1[ES][S] = (k_{-1} + k_2)[ES] \tag{6-15}$$

$k_1[ES][S]$의 항을 양변에 더해 주어 식을 간단히 정리하면

$$k_1[E_t][S] = (k_1[S] + k_{-1} + k_2)[ES] \tag{6-16}$$

이 식으로부터 [ES]를 구하면

$$[ES] = \frac{k_1[E_t][S]}{k_1[S] + k_{-1} + k_2} \tag{6-17}$$

속도 상수를 하나로 정리하면, 이 식은 더욱 간단히 된다.

$$[ES] = \frac{[E_t][S]}{[S] + (k_{-1} + k_2)/k_1} \tag{6-18}$$

여기서 $(k_{-1} + k_2)/k_1$을 미하엘리스 상수(**Michaelis constant, K_m**)

라고 정의한다. 이것을 식 6-18에 대입하면 식은 좀 더 간단히 된다.

$$[ES] = \frac{[E_t][S]}{K_m + [S]} \quad (6\text{-}19)$$

제4단계 V_0는 [ES]를 사용해서 나타낸다. 식 6-19의 우변을 식 6-11의 [ES]로 치환하면,

$$V_0 = \frac{k_2[E_t][S]}{K_m + [S]} \quad (6\text{-}20)$$

이 식은 좀 더 간단히 정리될 수 있다. 효소가 기질에 포화되었을 때(즉, $[ES] = [E_t]$일 때), 반응은 최대 속도 V_{max}가 되므로 V_{max}는 $k_2[E_t]$로 정의된다. 이것을 식 6-20에 대입하면 식 6-9와 같이 된다.

$$V_0 = \frac{V_{max}[S]}{K_m + [S]}$$

이 식을 **미하엘리스-멘텐식(Michaelis-Menten equation)**이라고 하며 단일 기질 효소-촉매 **반응의 속도식(rate equation)**이 된다. 이 식은 초기 속도 V_0, 최대 속도 V_{max}와 초기의 기질 농도 [S], 미하엘리스 상수 K_m에 관계되는 모든 것들 사이의 정량적인 관계를 설명하고 있다. K_m은 농도의 단위로 표시된다. 이 식은 실험적으로 관찰한 것과 부합하는가? 그렇다. **그림 6-12**에서 보는 바와 같이 기질 농도가 극단적으로 아주 높을 때와 낮을 때를 생각해 보면 이를 확인할 수 있다.

V_0가 V_{max}의 절반이 되는 경우에(그림 6-12) 미하엘리스-멘텐식으로부터 또 하나의 중요한 수치 관계가 유도된다.

$$\frac{V_{max}}{2} = \frac{V_{max}[S]}{K_m + [S]} \quad (6\text{-}21)$$

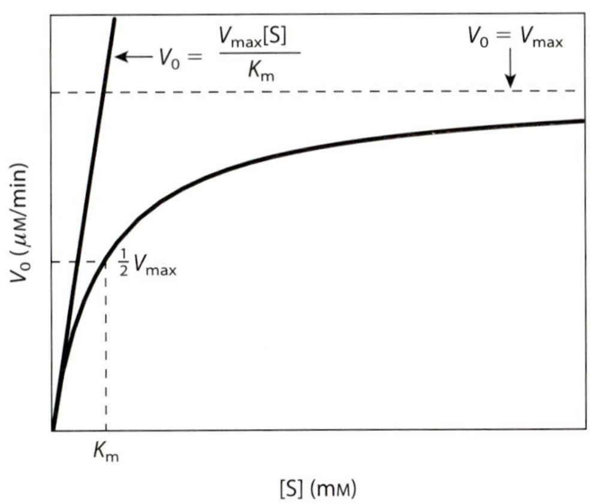

그림 6-12 기질 농도에 대한 초기 속도의 의존성. 이 그림은 기질 농도가 높은 곳과 낮은 곳에서 곡선의 한계를 결정하는 속도론적 매개변수를 나타내고 있다. [S]가 낮을 때, 즉 $K_m \gg [S]$일 때 미하엘리스-멘텐식(식 6-9)에서 분모의 [S]는 무시할 수 있기 때문에 식은 단순화되어 $V_0 = V_{max}[S]/K_m$이 되고, 그림에서 보는 바와 같이 V_0는 [S]와 직선 관계를 나타내고 있다. [S]가 높을 때, 즉 $[S] \gg K_m$일 때 미하엘리스-멘텐식에서 분모인 K_m은 무시할 수 있으므로 식은 $V_0 = V_{max}$로 간단하게 된다. 이것은 [S]가 높을 때 활성이 일정한 극한치를 보이는 것에서도 알 수 있다. 따라서 미하엘리스-멘텐식은 V_0가 [S]에 의존하는 관찰 결과와 잘 들어맞고, 곡선의 모양은 기질 농도가 낮을 때는 V_{max}/K_m로, [S]가 높을 때는 V_{max}로 표현된다.

이것을 V_{max}로 나누면, 다음과 같은 식을 얻을 수 있다.

$$\frac{1}{2} = \frac{[S]}{K_m + [S]} \quad (6\text{-}22)$$

여기서 K_m에 대하여 식을 풀면 $K_m + [S] = 2[S]$가 된다. 즉,

$$K_m = [S] \text{일 때, } V_0 = ½V_{max} \quad (6\text{-}23)$$

이것은 대단히 유용하고 실제적인 K_m의 정의이다. 다시 말하면 K_m은 V_0가 V_{max}의 절반이 될 때 기질 농도와 같게 된다.

미하엘리스-멘텐식(식 6-9)은 K_m과 V_{max} 값을 실제로 구할 때(별도설명 6-1) 그리고 뒷부분에서 다루게 되는 반응 억제제의 작용을 분석할 때(209쪽 별도설명 6-2 참조) 유용한 다른 형태의 식으로 변형될 수 있다.

속도론의 매개변수들은 효소 활성을 비교하는 데 사용한다

미하엘리스-멘텐식과 이 식의 기본이 된 특이한 속도론적 기전을 구별하는 것이 중요하다. 이 식은 대다수의 많은 효소의 속도론적 양상을 나타내며, V_0가 [S]에 대하여 쌍곡선 관계를 나타내는 모든 효소는 **미하엘리스-멘텐 속도론(Michaelis-Menten kinetics)**에 따른다는 것을 나타내고 있다. $V_0 = ½V_{max}$일 때 $K_m = [S]$라는 실제적인 규칙(식 6-23)은 미하엘리스-멘텐 속도론을 충족시키는 모든 효소에 적용된다(미하엘리스-멘텐 속도론에 대한 가장 중요한 예외는 6.5절에서 설명하는 조절 효소이다). 그러나 이 식은 미하엘리스와 멘텐에 의하여 제창된 비교적 단순한 두 단계의 반응 기전(식 6-10)에만 의존되는 것은 아니다. 미하엘리스-멘텐 속도론을 따르는 많은 효소들은 전혀 다른 반응 기전을 가지고 있으며, 또한 6가지 또는 8가지의 단계로 되어 있는 반응을 촉매하는 효소가 위와 동일한 항정상태의 속도론적 반응을 나타내는 경우도 적지 않다. 따라서 많은 효소에 대하여 식 6-23이 성립하여도 V_{max}와 K_m의 크기와 참뜻은 효소에 따라서 각각 다르다. 이것은 항정상태 효소 속도론의 중요한 한계점이 된다. V_{max}와 K_m의 매개변수는 어떤 효소에서도 실험적으로 구할 수 있으나 이들 자체로부터 반응에서 개개의 반응 단계의 수, 속도, 화학적인 성질 등에 대하여 거의 어떠한 정보도 얻을 수 없다. 그럼에도 불구하고 항정상태 속도론은 효소에 의한 촉매 작용을 특징적으로 설명하고 비교하는 가장 일반적인 방법이다.

V_{max}와 K_m의 해석 그림 6-12는 K_m의 근사 값을 구하는 간단한 도표를 보여 주고 있다. 좀 더 편리한 방법으로 별도설명 6-1에서 보여 주는 바와 같이 **이중-역수 도표(double-reciprocal plot)**가 있다. K_m은 효소에 따라서 아주 다르며, 또한 같은 효소일지라도 기질에 따라서 다르다(표 6-6). 이 용어는 (때로는 적절하지 않지만) 때때로 기질에 대한 효소의 친화도의 지표로 사용된다. K_m의 실질적인 의미는 반응의 각 단계의 수와 각각의 상대 속도값은 각

별도설명 6-1 미하엘리스-멘텐식의 변환: 이중-역수 도표(double-reciprocal plot)

미하엘리스-멘텐식(Michaelis-Menten equation)

$$V_0 = \frac{V_{max}[S]}{K_m + [S]}$$

은 실험 자료를 도표화할 때 보다 편리한 대수식으로 변환할 수 있다. 일반적 변환 중의 하나는 단지 미하엘리스-멘텐식의 양변에 역수를 취하는 방법이며, 다음과 같은 식을 구할 수 있다.

$$\frac{1}{V_0} = \frac{K_m + [S]}{V_{max}[S]}$$

이 식의 오른쪽 항의 분자의 각 성분을 분리하면,

$$\frac{1}{V_0} = \frac{K_m}{V_{max}[S]} + \frac{[S]}{V_{max}[S]}$$

을 구할 수 있다. 이 식은 다음과 같은 식으로 정리된다.

$$\frac{1}{V_0} = \frac{K_m}{V_{max}[S]} + \frac{1}{V_{max}}$$

미하엘리스-멘텐식의 이러한 형태를 **라인웨버-버크식(Lineweaver-Burk equation)**이라 한다. 미하엘리스-멘텐식을 따르는 효소의 경우, $1/V_0$ 대 1/[S]의 도표(지금까지 사용한 V_0 대 [S] 도표의 "이중 역수")에서 일직선을 얻을 수 있다(그림 1). 이 직선은 기울기가 K_m/V_{max}이고, $1/V_0$ 축 위의 절편이 $1/V_{max}$, 1/[S] 축 위의 절편이 $-1/K_m$이 된다. 이중-역수 도표, 즉 라인웨버-버크 도표는 V_{max}를 보다 정확하게 구할 수 있게 해 준다는 커다란 장점을 가지고 있다. 반면 간단한 V_0 대 [S] 도표에서는 근삿값의 V_{max} 밖에 얻을 수 없다(그림 6-12 참조).

미하엘리스-멘텐식은 다르게 여러 종류로 변환되었는데, 각각의 변환식은 효소 속도론 자료를 분석하는 데 특별한 장점을 갖는다(이 장의 문제 16번 참조).

효소 반응 속도의 이중-역수 도표는 특정 유형의 효소 반응 기전 사이의 비교(그림 6-12 참조)와 효소의 억제 분석(별도설명 6-2 참조)에서 대단히 유용하다.

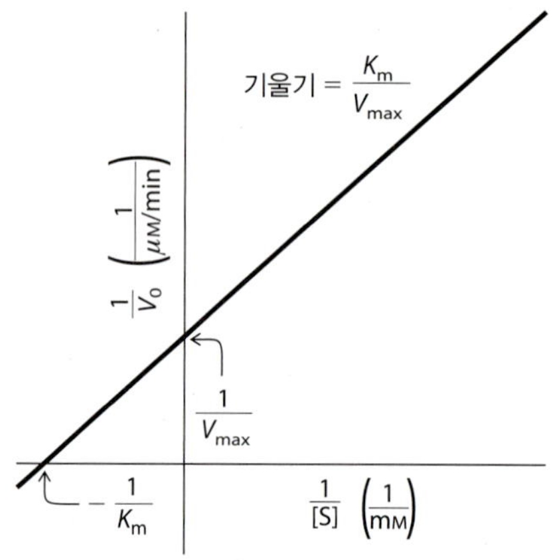

그림 1 이중-역수 또는 라인웨버-버크 도표

반응 기전의 특징적인 성질에 의하여 결정된다. 두 단계의 반응에서 K_m은 다음과 같이 정의된다.

$$K_m = \frac{k_2 + k_{-1}}{k_1} \quad (6\text{-}24)$$

k_2가 속도-제한 단계가 될 경우, $k_2 << k_{-1}$이므로 K_m은 k_{-1}/k_1으로 간단하게 표시되며, 이것을 ES 복합체의 **해리상수(dissociation constant) K_d**라고 정의한다. 이 조건에서 K_m은 ES 복합체에 있어서 기질에 대한 효소의 친화성의 지표가 된다. 그러나 이 이론이 대부분의 효소에 적용되지 않는다. 때로는 $k_2 >> k_{-1}$인 경우에 $K_m = k_2/k_1$이 된다. 또 다른 경우에 k_2와 k_{-1}이 비슷한 경우 K_m은 3가지의 속도 상수에 의하여 아주 복잡하게 되는 경우도 있다(식 6-24). 미하엘리스-멘텐식과 효소의 특이적 포화 양상은 계속 적용될 수 있으나, K_m은 기질 친화도의 단순한 지표로 여겨져서는 않는다. 또한 ES 복합체 형성이 된 후에 많은 단계를 거치는 반응도 매우 흔하다. 이 경우에 K_m은 많은 속도 상수에 의한 대단히 복잡한 함수가 된다.

표 6-6 효소와 기질의 K_m 값

효소	기질	K_m(mM)
육탄당인산화효소 (뇌)	ATP	0.4
	D-포도당	0.05
	D-프럭토스	1.5
탄산 탈수효소	HCO_3^-	26
카이모트립신	글라이실타이로시닐글라이신	108
	N-벤조일타이로신아마이드	2.5
β-갈락토시데이스	D-젖당	4.0
트레오닌 탈수효소	L-트레오닌	5.0

V_{max}의 크기 또한 효소에 따라서 대단히 다르다. 어떤 효소가 미하엘리스-멘텐 기전의 두 단계로 반응한다면 $V_{max} = k_2[E_t]$로 나타낼 수 있으며, 여기에서 k_2는 속도제한 단계가 된다. 그러나 반응 단계의 수와 속도제한 단계는 효소에 따라서 각기 다르다. 생성물이 유리되는 EP → E + P 과정이 속도제한 단계가 되는 일반적인 반응을 예로 들어 보자. 반응 초기에서([P]가 낮을 때) 전체 반응은 다음과 같이 표시될 수 있다.

$$E + S \underset{k_{-1}}{\overset{k_1}{\rightleftharpoons}} ES \underset{k_{-2}}{\overset{k_2}{\rightleftharpoons}} EP \overset{k_3}{\rightleftharpoons} E + P \quad (6\text{-}25)$$

이 경우, 포화 상태에서 대부분의 효소는 EP 복합체를 형성하고

표 6-7 효소의 전환수(turnover number), k_{cat}

효소	기질	k_{cat} (s^{-1})
과산화수소분해효소	H_2O_2	40,000,000
탄산 탈수효소	HCO_3^-	400,000
아세틸콜린에스터분해효소	아세틸콜린	14,000
β-락타메이스	벤질페니실린	2,000
퓨마르산효소	퓨마르산	800
RecA 단백질 (ATP 분해효소)	ATP	0.5

있으며, $V_{max} = k_3[E_t]$가 된다. 효소 촉매 반응의 포화 상태에서 속도제한 단계의 속도를 나타내는 데에는 보다 일반적인 속도 상수 $\mathbf{k_{cat}}$을 정의하면 편리하다. 만일 반응이 몇 단계로 구성되어 있고, 그 중 하나가 확실한 속도제한 단계인 경우에 k_{cat}은 그 제한 단계의 속도 상수에 해당하게 된다. 식 6-10의 경우와 같은 간단한 반응에서는 $k_{cat} = k_2$가 되고, 식 6-25의 반응에서는 $k_{cat} = k_3$가 된다. 몇 단계에서 부분적으로 반응의 속도를 제한할 경우에 k_{cat}는 개개의 반응 단계의 속도 상수로 된 복잡한 함수가 된다. 미하엘리스-멘텐식에서는 $k_{cat} = V_{max}/[E_t]$가 되고, 식 6-9는 다음과 같이 전환된다.

$$V_0 = \frac{k_{cat}[E_t][S]}{K_m + [S]} \tag{6-26}$$

여기서 상수 k_{cat}은 1차 속도 상수이며 시간의 역수를 단위로 가진다. 또한 이것은 **전환수(turnover number)**라고도 불린다. 이것은 효소가 기질로 포화되었을 때 단위 시간당 1개의 효소 분자에 의하여 생성물로 바뀌는 기질 분자의 수를 말하는 것이다. 표 6-7은 몇 가지 효소의 전환수를 보여 주고 있다.

촉매 기전과 효율성의 비교 속도론의 매개변수인 k_{cat}와 K_m은 그 반응 기전이 단순하든지 복잡하든지 여러 가지 효소를 연구하고 비교하는 데 있어서 유용하다. 각각의 효소는 세포의 환경, 효소가 생물체 내에서 촉매하는 기질의 농도, 촉매되는 반응의 화학 등을 반영하는 값인 k_{cat}와 K_m을 가지고 있다.

매개변수 k_{cat}와 K_m은 또한 효소의 효율성을 평가하는 데에도 이용되지만 2가지 매개변수 중 하나만으로는 불충분하다. 서로 다른 반응을 촉매하는 2가지의 효소가 같은 k_{cat}(전환수) 값을 가지고 있더라도 비촉매 반응의 속도가 다를 수 있으며, 그렇게 되면 효소에 의한 속도 증가는 크게 다를 수 있다. 실험적으로 한 효소에 대한 K_m은 그 기질의 세포내 농도와 비슷한 경향이 있다. 세포 내에 대단히 낮은 농도로 존재하는 기질에 작용하는 효소는 더 많이 존재하는 기질에 작용하는 효소보다 대체적으로 더 낮은 K_m 값을 갖는다.

서로 다른 효소의 촉매 효율성이나, 같은 효소에 의한 다른 기질의 전환수를 비교하는 가장 좋은 방법은 두 반응의 k_{cat}/K_m비를 비교하는 것이다. 이 매개변수는 때로는 **특이성 상수(specificity constant)**라고 부르며, E + S가 E + P로 전환하는 속도 상수이다. $[S] \ll K_m$일 때 식 6-26은 다음과 같은 형으로 전환된다.

$$V_0 = \frac{k_{cat}}{K_m}[E_t][S] \tag{6-27}$$

이 경우에는 V_0는 2가지의 반응물, 즉 $[E_t]$와 $[S]$의 농도에 의존한다; 따라서 이 식은 2차 속도식이 되고 k_{cat}/K_m은 $M^{-1}s^{-1}$의 단위를 가지는 2차 속도 상수가 된다. k_{cat}/K_m은 상한이 있으며, 그 상한은 수용액 중에서 E와 S가 서로 확산되는 속도에 따라서 결정된다. 이 확산에 의한 상한은 10^8와 10^9 $M^{-1}s^{-1}$ 정도가 되고 많은 효소가 이 범위 가까이의 k_{cat}/K_m을 가지고 있다(표 6-8). 이러한 효소들은 완벽한 촉매가 되었다고 말할 수 있다. k_{cat}과 K_m이 서로 다른 값을 가질 경우 최대치를 만들어 낼 수 있음을 주지하라.

연습문제 6-1 K_m의 결정

다음과 같은 화학 반응을 촉매하는 효소가 발견되었다.

$$\text{SAD} \rightleftharpoons \text{HAPPY}$$

표 6-8 k_{cat}/K_m 값이 확산에 의한 상한(10^8~10^9 $M^{-1}s^{-1}$)에 근접하는 효소

효소	기질	k_{cat} (s^{-1})	K_m (M)	k_{cat}/K_m ($M^{-1}s^{-1}$)
아세틸콜린에스터분해효소	아세틸콜린	1.4×10^4	9×10^{-5}	1.6×10^8
탄산 탈수효소	CO_2	1×10^6	1.2×10^{-2}	8.3×10^7
	HCO_3^-	4×10^5	2.6×10^{-2}	1.5×10^7
과산화수소분해효소	H_2O_2	4×10^7	1.1×10^0	4×10^7
크로토네이스	크로토닐-COA	5.7×10^3	2×10^{-5}	2.8×10^8
퓨마르산효소	퓨마르산	8×10^2	5×10^{-6}	1.6×10^8
	말산	9×10^2	2.5×10^{-5}	3.6×10^7
β-락타메이스	벤질페니실린	2.0×10^3	2×10^{-5}	1×10^8

출처: A. Fersht, *Structure and Mechanism in Protein Science*, p. 166, W. H. Freeman and Company, 1999.

연구자들은 이 효소를 해피에이스(happyase)로 명명하였다. 또한 해피에이스의 k_{cat}는 600 s^{-1}이라는 사실을 밝혀내었다. 그리고 이 해피에이스를 이용하여 다양한 실험을 실시하였다.

$[E_t]$ = 20 nM, [SAD] = 40 μM, 반응 속도 V_0 = 9.6 μM s^{-1}일 때, 기질 SAD에 대한 K_m을 계산해 보아라.

풀이: k_{cat}, $[E_t]$, [S], V_0 값은 이미 알고 있고, 문제는 K_m을 구하는 것이다. 미하엘리스-멘텐식에 $k_{cat}[E_t]$를 V_{max}에 대입한 식 6-26을 사용하여 이 문제를 풀 수 있다. 이미 문제에 주어져 있는 값을 식 6-26에 대입하여 K_m에 대해서 풀면 다음과 같다.

$$V_0 = \frac{k_{cat}[E_t][S]}{K_m + [S]}$$

$$9.6\ \mu M\ s^{-1} = \frac{(600\ s^{-1})(0.020\ \mu M)(40\ \mu M)}{K_m + 40\ \mu M}$$

$$9.6\ \mu M\ s^{-1} = \frac{480\ \mu M^2\ s^{-1}}{K_m + 40\ \mu M}$$

$$9.6\ \mu M\ s^{-1}(K_m + 40\ \mu M) = 480\ \mu M^2\ s^{-1}$$

$$K_m + 40\ \mu M = \frac{480\ \mu M^2\ s^{-1}}{9.6\ \mu M\ s^{-1}}$$

$$K_m + 40\ \mu M = 50\ \mu M$$

$$K_m = 50\ \mu M - 40\ \mu M$$

$$K_m = 10\ \mu M$$

위 식을 이용하여 문제를 푸는 것보다 간단하게 풀 수 있는 방법도 있다. 예를 들어, $k_{cat}[E_t] = V_{max}$라는 사실을 이용하여 V_{max}(문제에서는 600 s^{-1} 0.020 μM = 12 μM s^{-1}이다)를 먼저 구하는 방법이 있다. 이 값을 이용하면 식 6-26은 양변을 V_{max}로 나누어 간단하게 정리할 수 있다.

$$\frac{V_0}{V_{max}} = \frac{[S]}{K_m + [S]}$$

그러므로, V_0/V_{max} = 9.6 μM s^{-1}/12 μM s^{-1} = [S]/(K_m + [S])이 성립한다. 이는 K_m = 0.25[S], 즉 10 μM이라는 답을 간단하게 얻을 수 있다.

연습문제 6-2 [S]의 결정

해피에이스를 사용하는 다른 실험에서 $[E_t]$ = 10 mM이 사용되었고, 반응 속도 V_0 = 3 μM s^{-1}로 측정되었다. 이 실험에서 사용된 [S]는 무엇인가?

풀이: 연습문제 6-1과 동일한 방식으로 풀어보면 V_{max} = 6 μM s^{-1}임을 알 수 있다. V_0가 정확히 V_{max}의 1/2임을 알 수 있다. V_0 = 1/2V_{max}인 경우, 정의에 의하여 K_m = [S]이다. 따라서 이번 문제의 답인 [S]는 K_m과 같다. 즉, 10 μM이 될 것이다. 하지만 V_0가 1/2V_{max}가 아닌 경우 V_0/V_{max} = [S]/(K_m + [S])를 사용하는 것이 [S]를 구하는 가장 쉬운 방법이다.

대다수의 효소는 2가지 이상의 기질이 참여하는 반응을 촉매한다

지금까지 [S]가 어떻게 하나의 기질 분자를 갖는 단순한 효소 반응(S → P)의 속도에 영향을 미치는가를 살펴보았다. 그러나 많은 효소 반응에서는 2가지(또는 그 이상)의 서로 다른 기질 분자가 효소에 결합하여 반응에 참여하고 있다. 거의 모든 효소 반응의 2/3는 2개의 기질과 2개의 산물을 가진다. 이들은 대개 하나의 기질로부터 다른 기질로 작용기를 전달하거나, 또는 하나의 기질이 산화하면서 다른 기질이 환원되는 경우의 반응이다. 예를 들면, 육탄당인산화효소(hexokinase)에 의하여 촉매되는 반응의 경우, ATP와 포도당이 기질 분자이고 ADP와 6-인산 포도당이 생성물이다.

$$\text{ATP + 포도당} \longrightarrow \text{ADP + 6-인산 포도당}$$

이와 같은 2개의 기질을 이용하는 반응 속도도 미하엘리스-멘텐 방법으로 분석할 수 있다. 육탄당인산화효소는 각각의 기질에 대하여 고유의 K_m을 갖는다(표 6-6).

2가지의 기질이 사용되는 효소 반응에서 하나의 원자 또는 작용기가 하나의 기질로부터 또 다른 하나의 기질로 전이되는 것이 보통이다. 이와 같은 반응들은 몇 가지의 반응 경로 중의 하나에 의하여 진행된다. 몇몇 경우는 2가지의 기질이 반응 과정의 어떤 시점에서 동시에 효소에 결합해서 비공유결합성 삼중 복합체를 형성한다(**그림 6-13a**). 이때 기질은 무작위로 결합하거나 특이적으로 정해진 순서에 따라서 결합한다. 다른 경우는 첫 기질이 생성물로 변환된 후 다음의 기질이 결합하기 전에 떨어져서 삼중 복합체가 형성되지 않는다. 이 경우의 한 예가 핑퐁(ping-pong), 즉 이중-치환 기전(double-displacement mechanism)이다(그림 6-13b).

W. W. Cleland에 의해 개발된 기호를 사용하면 여러 개의 기질과 생성물로 이루어진 반응식을 묘사하는 데 편리하다. **클리랜드 명명법(Cleland nomenclature)**이라고 불리는 이 시스템에 따르면, 기질은 효소에 결합하는 순서인 A, B, C, D로, 생성물은 분리되어 나가는 순서인 P, Q, S, T로 표시한다. 기질의 개수가 1, 2, 3, 4인 효소 반응을 일컬어 각각 단일(uni), 이중(bi), 삼중(ter), 사중(quad)으로 표기한다. 효소는 대개 E라고 나타내며, 만일 반응 중에 수식되었다면 연속적으로 F, G 등으로 표시한다. 반응의 진행은 수평선으로, 연속적인 화합물 종류(chemical species)들은 아래쪽으로 나타낸다. 반응에 대체경로가 있다면 수평선은 두 갈래로 나뉜다. 결합하거나 유리되는 기질, 생성물 등이 관여하는 단계는 수직선으로 표기된다.

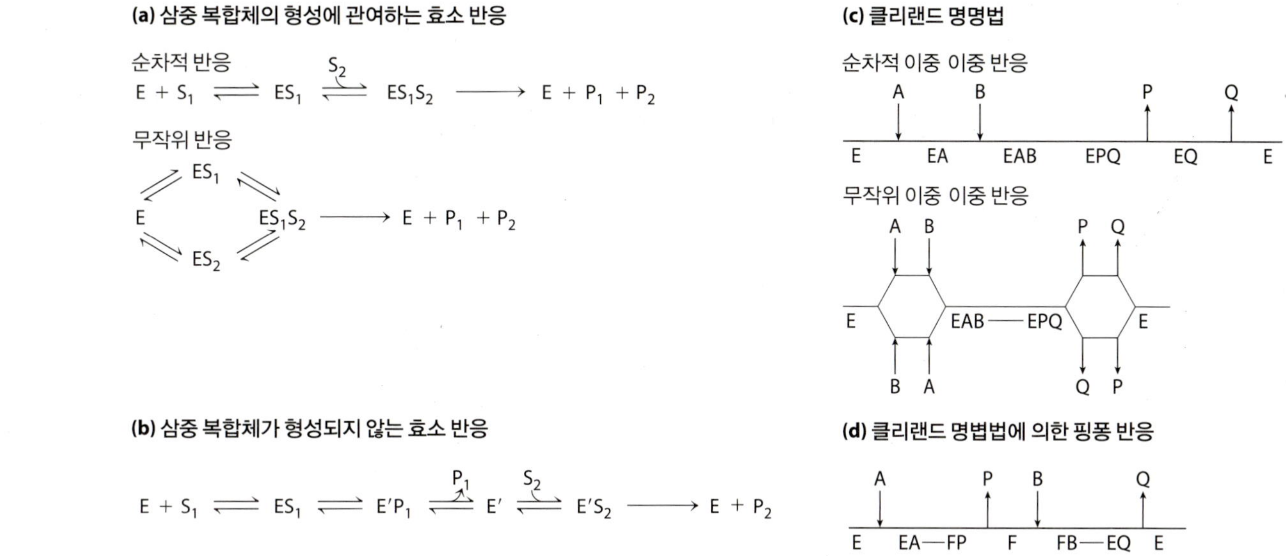

그림 6-13 효소 촉매에 의한 두 기질 반응의 일반적인 기전. (a) 효소와 2가지의 기질은 결합하여 삼중 복합체를 형성한다. 순차적인 결합에서는 반드시 기질 1이 기질 2보다 먼저 결합되어야 한다. 반면 무작위 반응에서는 순서에 상관없이 결합한다. (b) 하나의 효소-기질 복합체가 형성된 후 하나의 생성물이 복합체를 떠난다. 이어 변경된 효소가 다른 기질과 결합하여 두 번째 복합체를 이룬 후 두 번째 생성물도 유리되고 효소가 재생된다. 기질 1은 작용기를 효소에 전하고 (공유적으로 변형된 E′을 형성하고) 이어서 효소는 기질 2에 전한다. 이것을 핑퐁 기전 또는 이중-치환 기전이라고 한다. (c) 클리랜드(Cleland) 명명법을 따른 삼중 복합체의 형성. 순차적인 이중 이중 반응(ordered bi bi)과 무작위 이중 이중 반응(random bi bi)에서 생성물의 방출은 기질의 결합과 같은 양상을 따른다—모두 순차적 또는 모두 무작위. (d) 클리랜드 명명법으로 표기된 핑퐁 또는 이중치환 반응.

두 개의 기질과 두 개의 생성물(bi bi)이 관여하는 흔한 반응으로서 순서의존적 이중이중 반응(ordered bi bi reaction)과 무작위 이중이중 반응(random bi bi reaction)이 기호에 따라 식 16-13c에 표기되었다. 후자의 예에서 생성물이 방출되는 것은 무작위이며 두 짝의 분기로 표기되었다. 드물게 기질의 결합이 순서 의존적이며 생성물 방출은 무작위거나 또는 그 반대여서 진행선 상의 한쪽이나 다른 쪽 끝의 분기가 제거된다. 핑퐁 반응에서 3중 복합체가 부재하므로 반응경로는 효소의 이차 형태인 F가 일시적으로 생성된다(그림 6-13d). 이 형태는 첫 번째 기질 A로부터 작용기가 전달되어 효소에 일시적 공유 결합이 형성되는 형태이다. 위에서 언급되었듯이 그러한 반응은 작용기가 기질 A에서 효소로 전달되고 다시 기질 B로 전달되기 때문에 종종 이중치환 반응(double-displacement reaction)으로 불린다. 기질 A와 기질 B는 효소에서 서로 동시에 만나지 않는다.

미하엘리스-멘텐의 항정상태 속도론은 효소 반응의 중간체나 반응 단계의 수에 대해 제한된 정보만을 제공한다. 그러나 삼중 중간체를 형성하는 반응과 핑퐁 경로와 같이 삼중 중간체를 형성하지 않는 반응을 구분하는 데 사용될 수 있다(**그림 6-14**). 효소 반응의 억제에 대해 앞으로 나오게 되겠지만, 항정상태 속도론을 통해 삼중 중간체와의 반응에서 기질 또는 생성물이 순서의존적 반응을 할지 무작위 반응을 할지 식별할 수 있다.

효소 활성은 pH에 의하여 영향을 받는다

일반적으로 항정상태 속도론은 효소의 특징과 효소적 효용성을 평가할 수 있는 정보를 제공한다. 추가적인 정보는 반응 조건 중 특히 pH가 변화할 때 실험적 변수인 k_{cat}과 k_{cat}/K_m가 어떻게 변화하는지 조사함으로써 추가적인 정보를 얻을 수 있다. 효소는 활성이 최고가 되는 최적 pH(또는 pH 범위)를 가지고 있다(**그림**

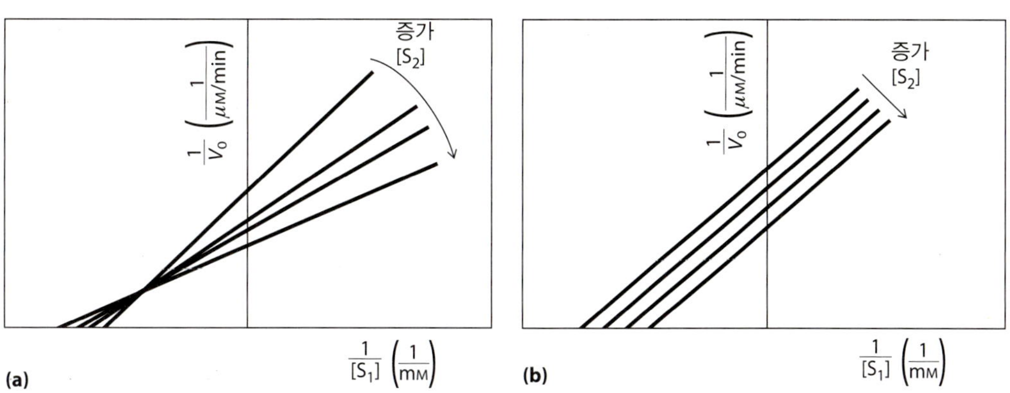

그림 6-14 두 기질 반응의 항정상태 속도론. 이 이중-역수 도표(별도설명 6-1 참조)에서는 기질 2의 농도를 일정하게 유지한 채 기질 1의 농도를 변화시킨 것이다. 기질 $[S_2]$를 몇 가지로 변화시켜 이 실험을 반복하면 몇 가지 별도의 선을 얻을 수 있다. (a) 교차되는 선은 이 반응에서 삼중 복합체가 형성됨을 나타낸다; (b) 평행인 선은 핑퐁 (이중-치환) 경로를 나타낸다.

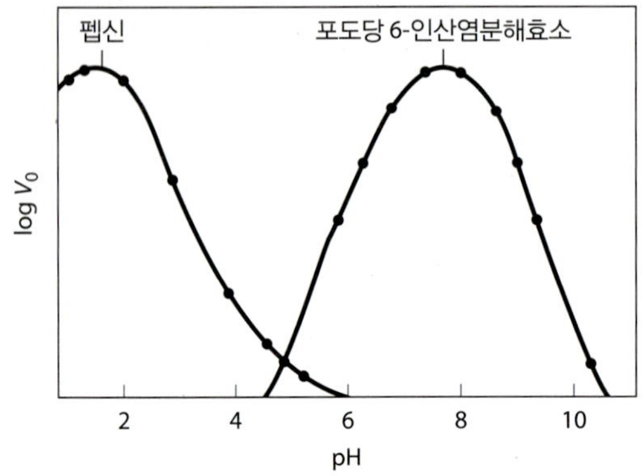

그림 6-15 **2가지 효소의 pH-활성 도표.** 이와 같은 곡선은 여러 가지 다른 pH의 완충액 중에서 반응시키고 초기 속도를 측정하여 작성한다. pH는 $[H^+]$에 있어 10 배수의 변화를 반영하는 대수 값이기 때문에 V_0의 변화도 대수 값으로 좌표화된다. 효소 활성의 최적 pH는 일반적으로 그 효소가 정상적으로 발견되는 환경의 pH와 가깝다. 위의 소화 과정에서 단백질의 특정 펩타이드 결합을 가수분해하는 펩신의 최적 pH는 약 1.6이다. 위액의 pH는 1과 2 사이이다. 간세포의 포도당 6-인산염분해효소(glucose 6-phosphatase)는 최적 pH가 약 7.8이며, 혈액으로 포도당을 방출하는 역할을 한다. 간세포 세포질의 일반적인 pH는 약 7.2이다.

6-15). 그 이상 또는 그 이하의 pH에서 효소의 활성이 감소한다. 이것은 효소의 활성자리에서 중요한 기능을 하고 있는 아미노산의 곁사슬이 약한 산과 염기로서 작용하고 있다는 것을 생각하면 당연한 것이다. 이 중요한 기능은 이온화 상태를 유지하는 것에 의존되며, 또 달리 단백질의 이온화된 곁사슬은 단백질 구조를 유지하는 상호작용에 중요한 역할을 한다. 예를 들면, His 잔기에서 양성자를 제거하면 효소의 활성이 있는 입체 배열을 안정화시키는 데 필수적인 이온결합이 소멸될 수도 있다. 기질에 이온화 상태가 변할 수 있는 작용기가 있는 경우는 매우 드물다.

활성을 변화시키는 pH의 범위는 어떤 아미노산이 활성에 관여하고 있는가를 알아내는 단서가 된다(표 3-1 참조). 예를 들면, pH 7.0 부근에서 활성이 변화되면 His 잔기의 이온화가 관계되는 경우가 많다. 그러나 pH의 영향을 해석하는 데 주의를 필요로 한다. 단백질 분자에서 조밀한 상태일 때 아미노산 곁사슬의 pK_a는 크게 바뀔 수 있다. 예를 들면, 가까이 존재하는 양전하는 Lys 잔기의 pK_a를 낮추고 음전하는 pK_a를 올린다. 이와 같은 영향에 의하여 때때로 pK_a가 유리 아미노산의 값으로부터 pH 값이 몇 단위 변할 때가 있다. 예를 들어, 아세토아세트산 탈카복실화효소에 들어 있는 Lys 잔기는 그 부근에 존재하는 양전하의 정전기적 영향에 의하여 pK_a가 6.6(유리 라이신 pK_a는 10.5)이 된다.

전항정상태(pre-steady state)의 속도론은 특이적 반응 단계에 대한 증거를 제공한다

전항정상태를 검사함으로써 항정상태 속도론에 의한 반응 기전에 대한 정보가 때때로 대단히 더 강화될 수 있다. 식 6-25와 같이 세 단계로 구성된 반응 기전을 갖는 효소를 생각해 보자

$$E + S \underset{k_{-1}}{\overset{k_1}{\rightleftharpoons}} ES \underset{k_{-2}}{\overset{k_2}{\rightleftharpoons}} EP \xrightarrow{k_3} E + P$$

이 반응식에 대한 전체적인 촉매 효용성은 항정상태 속도론에 의해 평가될 수 있지만 각 단계의 속도는 이 방법으로 결정될 수 없고 속도가 낮은 (속도결정) 단계를 확인할 방법이 거의 없다. 각 단계의 속도 상수를 측정하기 위해서 반응은 전항정상태 동안 연구되어야 한다. 효소 촉매 반응에서 첫 번째 전환 반응은 수 초 또는 수천 분의 일초만에 일어나며, 연구자들은 이 시간 범위 안에서 혼합 및 시료 채취를 위한 특별한 도구를 사용한다(**그림 6-16a**). 붙어 있는 분자들을 유리시키기 위한 산(acid)을 적절한 시점에 첨가하고 빠르게 섞어서 단백질을 변형시킨 후, 반응이 종료되면 단백질에 붙은 생성물을 정량적으로 측정한다. 전항정상태 속도론에 대한 자세한 설명은 이 책의 범위 밖이지만, 우리는 식 6-25와 같은 반응경로를 갖는 효소의 단순한 예로써 이러한 방법론이 매우 유용함을 알 수 있다. 이러한 예는 또한 반응을 촉매하는 속도가 상대적으로 느려서 전항정상태를 보다 쉽게 볼 수 있는 효소에서도 관련될 수 있다.

많은 효소들에 있어서 생성물의 분리는 속도결정단계이다. 이러한 예로서(그림 6-16b, c) 생성물의 분해 속도 (k_3)는 생성 속도 (k_2)보다 낮다. 따라서 생성물의 분해는 항정상태에서 보이는 속도를 따라간다. 어떻게 k_3가 속도결정단계임을 알 수 있겠는가? 느린 k_3는 이전 단계들이 상대적으로 빠르기 때문에 전항정상태에서 생성물을 폭발적으로 생성시킨다. 이 폭발적 증가는 효소 활성자리당 한 개의 기질 분자가 한 개의 생성물로 변환되는 것을 의미한다. 생성물이 만들어지는 겉보기 속도는 결합된 생성물이 천천히 유리되기 때문에 항정상태까지 늦춰진다. 효소의 첫 번째 전환 반응 후 각 전환 반응은 느린 생성물 유리 단계를 거쳐야 한다. 그러나 첫 번째 변환 반응에서 생성물이 빠르게 생성되는 것은 많은 정보를 제공해 준다. 효소 분자의 존재 하에 한 분자의 생성물이 생성될 때(그림 6-16c), 항정상태의 진행선을 역으로 해서 0시간으로 조정하여 측정된 폭발적 증가치는 가능한 최대치 증폭에 해당된다. 이는 생성물의 방출이 실제 속도 결정단계라는 증거를 제공한다. 화학적 반응 속도 상수 k_2는 폭발적 증가 단계에서 관찰된 반응 속도에서 유도될 수 있다. 물론 효소는 항상 식 6-25의 단순한 반응식을 따르지는 않는다. 공식적으로 폭발적 증가의 관찰은 속도 결정단계(전형적으로 생성물의 유리 또는 효소 구조 변화, 또는 다른 화학 단계들)가 생성물의 형성을 관찰하여 이루어진다. 추가적인 실험과 분석으로 다단계 효소 반응의 각 단계의 속도를 결정할 수 있다. 전항정상태 속도론을 응용한 몇 가지 예를 특정한 효소에 대한 설명으로 6.4절에서 기술한다.

효소는 가역적 또는 비가역적으로 억제된다

효소 억제제(enzyme inhibitor)는 촉매를 방해하여 효소 반응을 느리게 하거나 멈추게 하는 분자 물질이다. 효소는 사실상 세포 내

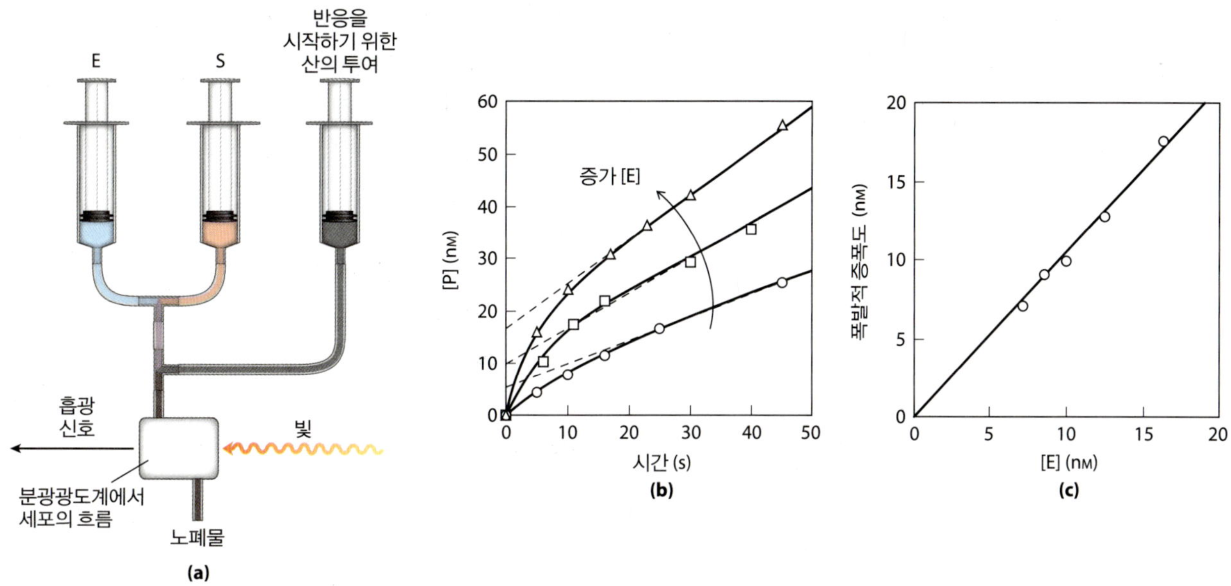

그림 6-16 전항정 상태 속도론(pre-steady state kinetics). 전항정 상태를 구성하는 일시적 시기는 종종 수초 또는 수천분의 일초동안 존재하기 때문에 이를 관찰하기 위해서는 특별한 장비가 필요하다. **(a)** 흐름 정지(stopped-flow) 장비라고 불리는 빠르게 섞어주는 장비의 단순한 개요. 효소(E)와 기질(S)은 기계적으로 조절되는 주입기의 도움으로 섞어진다. 반응을 또 다른 주입기로 변성을 유도하는 산(denaturing acid)을 계산된 시점에 주입함으로써 멈추고, 생성된 반응물의 양을, 이 경우 분광광도계를 통해, 측정한다. **(b)** 효소 반응에 대한 실험적 데이터는 처음 5~10초간 나타나는 전항정상태를 보여준다. 이것은 비교적 느린 반응이며 전항정상태를 편리하게 보여주기 위한 예로 사용되었다. 15초 후 선의 기울기는 항정상태를 반영한다. 이 기울기를 원점 시간(zero time)으로 외삽하면(점선) 폭발시기의 증폭을 볼 수 있다. 전항정상태동안 반응의 진행은 일차적으로 반응의 화학적 단계를 반영한다(자세한 내용은 나타내지 않았다). 폭발적 증폭이 존재하는 것은 P를 생성하는 화학적 단계 후의 반응이-이 경우 반응물의 방출 단계- 속도결정단계라는 것을 의미한다. 시간이 0일 때 외삽된 절편이 [E]가 증가함에 따라 증가하고 있다는 것을 주목하라. **(c)** [E]에 대한 폭발적 증폭의 도표는 증폭 기간(전항정 상태) 동안 각 활성자리당 생성물 1분자가 생성됨을 보여준다. 이는 생성물을 방출하는 3단계 반응이 속도결정단계는 것을 보여준다. 왜냐하면 이것은 이와 같은 단순한 효소 반응에서 생성물을 형성한 후 뒤따르는 유일한 단계이기 때문이다. 이 반응의 효소는 26장에 기술된 촉매 RNA중에 하나인 RNase P이다. [출처: (b, c) J. Hsieh et al., *RNA* 15:224, 2009.]

의 모든 과정을 촉매하고 있으므로 지금까지 알려져 있는 대부분의 중요 약품들이 효소 억제제라고 해도 놀랄만한 일은 아니다. 예를 들면, 아스피린(acetylsalicylate)은 프로스타글란딘(prostaglandin)을 합성하는 첫 단계에 작용하는 효소의 활성을 억제한다. 프로스타글란딘은 동통을 일으키는 등 많은 과정에 관여한다고 알려진 물질이다. 효소 억제제에 대한 연구는 효소 반응 기전에 대하여 중요한 정보를 제공하고 몇 가지 대사경로를 확인하는 데 유용하다. 효소 억제제에는 크게 나누어 가역적(reversible)인 것과 비가역적인(irreversible)것, 2가지 부류가 있다.

가역 억제(reversible inhibition) 가역 억제의 한 가지 흔한 유형은 **경쟁 억제(competitive inhibition)**라고 한다(**그림 6-17a**). **경쟁 억제제(competitive inhibitor)**는 효소의 활성자리에 대하여 기질과 경쟁한다. 억제제(I)가 활성자리를 차지하면 기질이 효소에 결합하는 것을 막는다. 많은 수의 경쟁 억제제는 기질과 구조가 비슷하며, 효소와 결합해서 효소-억제제(EI) 복합체를 형성하지만 촉매 반응이 진행되지는 않는다. 이러한 유형의 순간적인 결합일지라도 효소의 효율성을 감소시킨다. 이러한 억제제의 분자적 기하학을 고려함으로써 정상 기질의 어느 부위가 효소에 결합하는지 결론지을 수 있다. 항정상태 속도론에 의하여 경쟁 억제를 정량적으로 분석할 수 있다. 경쟁 억제제가 존재할 때 미하엘리스-멘텐식(식 6-9)은 다음과 같이 된다.

$$V_0 = \frac{V_{\max}[\mathrm{S}]}{\alpha K_{\mathrm{m}} + [\mathrm{S}]} \tag{6-28}$$

여기에서

$$\alpha = 1 + \frac{[\mathrm{I}]}{K_{\mathrm{I}}}\text{이고,}\quad K_{\mathrm{I}} = \frac{[\mathrm{E}][\mathrm{I}]}{[\mathrm{EI}]}\text{이다.}$$

식 6-28은 경쟁 억제의 중요한 점을 기술하고 있다. 실험적으로 결정된 αK_m, 즉 억제제가 존재할 때 관찰된 K_m을 보통 "겉보기(apparent) K_m"이라 부른다.

결합한 억제제는 효소를 불활성화시키지 않는다. 억제제가 유리될 때, 기질은 결합하여 반응할 수 있다. 억제제는 효소에 가역적으로 결합하기 때문에, 기질을 점점 더 가해 주기만 하면 경쟁은 기질 쪽으로 기울게 된다. 기질의 농도가 억제제의 농도보다 훨씬 높을 때, 억제제가 효소에 결합할 가능성은 최소가 되고 반응은 정상적 V_{max}를 나타내게 된다. 그러나 $V_0 = 1/2V_{max}$가 될 때의 기질 농도, 즉 겉보기 K_m은 억제제의 존재로 인하여 α 만큼 증가된다. 이와 같이 겉보기 K_m에 영향을 주고 V_{max}에 영향을 주지 않는다는 것은 경쟁 억제의 특징이 되며, 이것은 이중-역수 도표(별도설명 6-2)에서도 알 수 있다. 억제제의 결합에 대한 평형 상

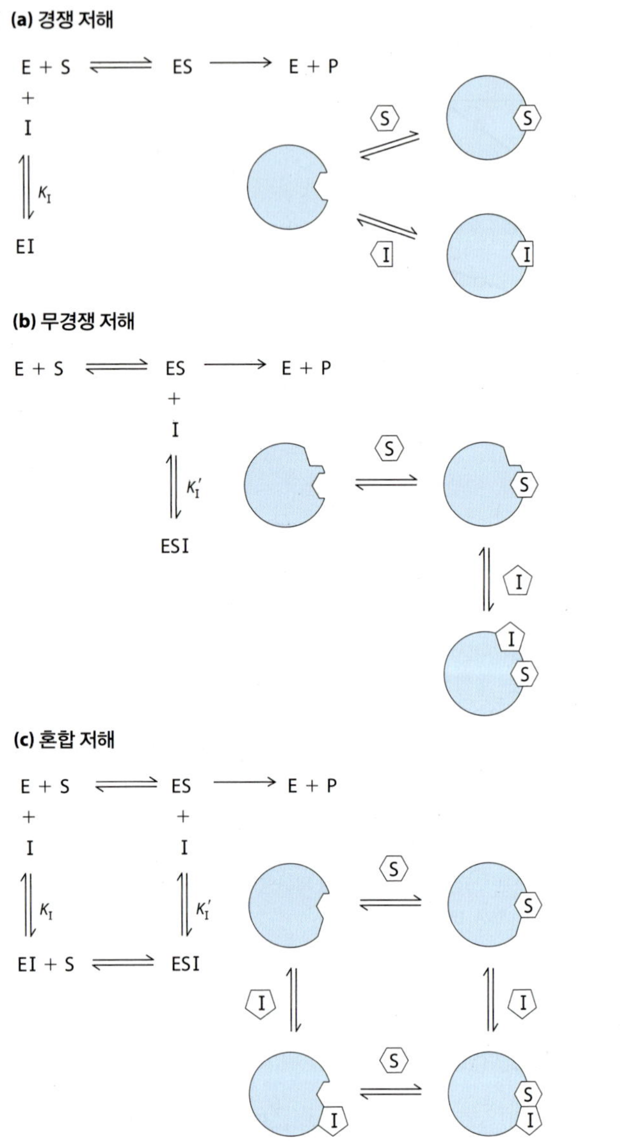

그림 6-17 가역 억제의 3가지 유형. (a) 경쟁 억제제는 효소의 활성자리와 결합한다; K_I는 억제제가 E에 결합할 때의 평형 상수이다. (b) 무경쟁 억제제는 다른 자리와 결합한다. 그러나 이것은 단지 ES 복합체에만 결합한다. K_I'은 억제제가 ES에 결합할 때의 평형 상수이다. (c) 혼합 억제제는 다른 자리와 결합하지만 E 또는 ES에 결합할 수 있다.

수 K_I도 같은 도표에서 구할 수 있다.

활성자리 경쟁에 근거한 의학적 치료법은 가스 라인의 동결방지 용매로 사용되는 메탄올을 마신 환자의 치료에 사용된다. 간 효소인 알코올 탈수소효소(alcohol dehydrogenase)의 작용에 의하여 메탄올은 인체의 많은 조직에 치명적인 폼알데하이드(formaldehyde)로 전환된다. 눈은 폼알데하이드에 특히 예민해서 메탄올을 마시면 실명되는 것이 일반적이다. 에탄올은 알코올 탈수소효소의 대체 기질로서 메탄올과 효과적으로 경합한다. 에탄올 또한 알코올 탈수소효소의 기질로 되어 경쟁 억제제인 것 같은 효과를 나타내며, 효소가 아세트알데하이드로 전환시킴에 따라 에탄올의 농도는 감소된다. 따라서 메탄올 중독의 치료를 위하여 에탄올을 혈중에 수 시간 동안 일정 농도로 유지시키기 위하여 서서히 정맥주사를 한다. 이렇게 함으로써 폼알데하이드 형성을 늦추게 되고, 이는 신장이 메탄올을 소변으로 배출시키기 위해 여과하여 내보내는 과정의 위험을 경감시킨다. ■

가역 억제의 다른 2가지 유형은 무경쟁 억제와 혼합형 억제이다. 이들은 흔히 단일 기질 효소로 정의되는데, 실제로 2가지 이상의 기질을 갖는 효소에서만 관찰된다. **무경쟁 억제제(uncompetitive inhibitor**, 그림 6-17b)는 기질 활성자리와 다른 곳에 억제제가 결합하는 경쟁 억제와 달리 ES 복합체에만 결합할 수 있다. 무경쟁 억제제가 존재할 때 미하엘리스-멘텐식은 다음과 같이 변환된다.

$$V_0 = \frac{V_{max}[S]}{K_m + \alpha'[S]} \qquad (6\text{-}29)$$

여기에서

$$\alpha' = 1 + \frac{[I]}{K_I'} \text{이고 } K_I' = \frac{[ES][I]}{[ESI]} \text{이다.}$$

식 6-29에서 기술되었듯이, 높은 농도의 기질에서 V_0는 V_{max}/α'에 접근한다. 따라서 무경쟁 억제제는 측정된 V_{max}를 낮춘다. V_{max} 절반에 도달하는 데 필요한 [S]가 α' 요인 만큼 감소하기 때문에 겉보기 K_m역시 감소한다. 이러한 양상은 다음과 같이 설명될 수 있다. 효소는 무경쟁 억제제가 결합되어 있을 때 불활성화되나 억제제는 기질과 결합자리에 대해 경쟁하지 않기 때문에, 억제제는 효율적으로 반응에서 기질 분자의 일정 부분을 효과적으로 제거하게 된다. V_{max}가 [E]에 의존한다면 겉보기 V_{max}는 감소하고, 억제제가 효소-기질 복합체(ES)에만 결합한다면 효소-기질 복합체(유리 효소가 아닌)만이 반응 중에서 제거되며, $1/2V_{max}$에 도달하기 위해 필요한 [S](즉, K_m)은 같은 양만큼 감소하게 된다.

혼합 억제제(mixed inhibitor, 그림 6-17c) 역시 기질 활성자리와 다른 곳에 결합하지만, E 또는 ES에 결합하게 된다. 혼합 억제를 나타내는 속도식은 다음과 같다.

$$V_0 = \frac{V_{max}[S]}{\alpha K_m + \alpha'[S]} \qquad (6\text{-}30)$$

여기서, α와 α'은 위에서 정의한 바와 같다. 혼합 억제제는 보통 K_m과 V_{max} 모두에 영향을 준다. 실험에서 드물게 확인되는 $\alpha = \alpha'$인 특별한 경우를 고전적으로 **비경쟁 억제(noncompetitive inhibition)**라고 정의하여 왔다. 식 6-30을 검토하면, 비경쟁 억제제가 V_{max}에는 영향을 주지만 K_m에는 영향을 주지 않는 이유를 알 수 있다.

식 6-30은 가역 억제제의 영향을 나타내는 일반적인 표현이다. 이 식은 단순화시켜 $\alpha' = 1.0$ 또는 $\alpha = 1.0$일 때 각각 경쟁 억제 또는 무경쟁 억제를 나타낸다. 이 식으로부터 개별적인 속도론적 매개변수에 대한 억제제의 영향을 요약할 수 있다. 모든 가역

별도설명 6-2 억제의 기전을 결정하는 속도론적 실험

이중-역수 도표(별도설명 6-1 참조)에 의하여 효소의 억제제가 경쟁적, 무경쟁적, 혼합형인가를 쉽게 결정할 수 있다. 2조의 실험을 준비해서 반응 속도를 측정하는데 각 조의 효소 농도는 일정하게 해 둔다. 먼저 한 조의 실험에서 [S]를 일정하게 유지하고 억제제 농도 [I]를 증대시키면서 초기 속도 V_0에 미치는 영향을 측정한다(여기서는 나타내지 않음). 다음 한 조의 실험에서 [I]를 일정하게 유지하고 [S]를 변화시킨다. $1/V_0$ 대 $1/[S]$을 도표화한다.

그림 1은 한 세트의 이중-역수 도표인데, 직선 하나는 억제제가 없는 경우에 얻었고, 다른 직선 2개는 다른 농도의 경쟁 억제제가 존재하는 경우에 얻은 것이다. 경쟁 억제제 [I]를 증가시키면 $1/V_0$ 축 위의 절편은 같지만 기울기가 다른 일련의 직선을 얻을 수 있다. $1/V_0$ 축 위의 절편은 $1/V_{max}$과 같기 때문에 경쟁 억제제의 존재로 인해 V_{max}는 변화되지 않는다는 것을 알 수 있다. 즉, 경쟁 억제제의 농도와 관계없이 어느 정도 높은 기질 농도가 존재하면 경쟁 억제제는 반드시 효소의 활성자리에서 축출된다. 그림 윗부분에 도표의 근거가 되는 식 6-28의 재정리된 변환식이 있다. α 값은 주어진 [I]에서 기울기의 변화로부터 계산할 수 있다. [I]와 α를 알면 다음의 식으로부터 K_I의 값을 계산할 수 있다.

$$\alpha = 1 + \frac{[I]}{K_I}$$

무경쟁과 혼합 억제제에 대하여, 그림 2와 3에서 보는 바와 같이 반응 속도에 대한 유사한 도표로부터 일련의 직선들을 얻을 수 있다. 이 경우에 좌표 축 위의 절편의 변화는 V_{max}와 K_m의 변화를 가져온다.

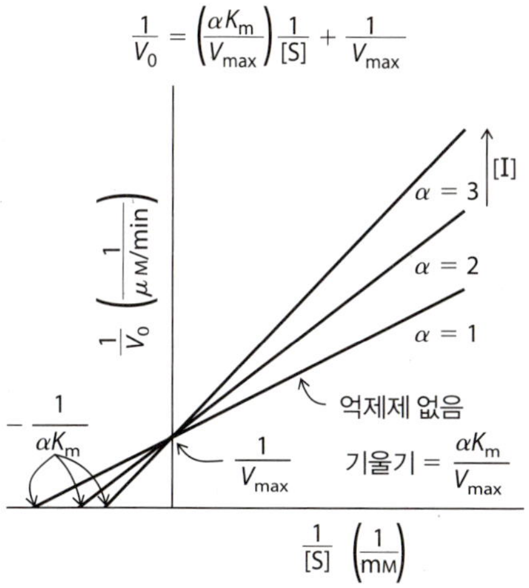

그림 1 경쟁 억제

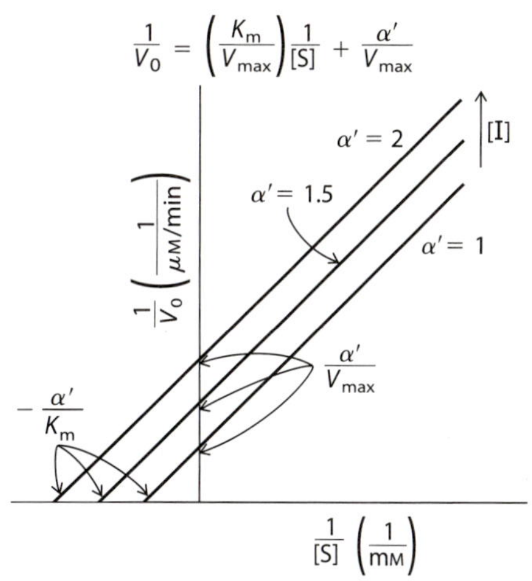

그림 2 무경쟁 억제

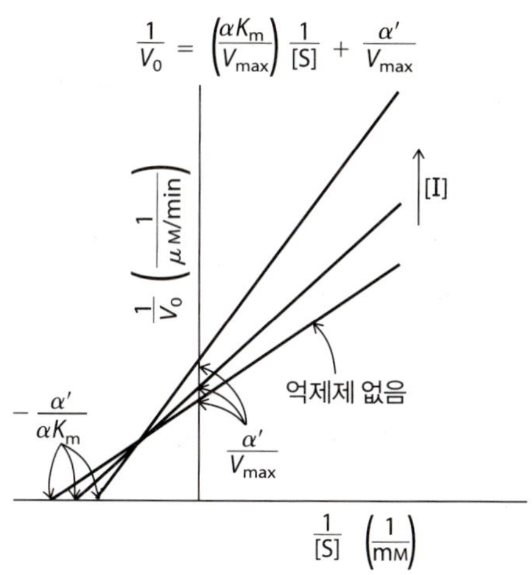

그림 3 혼합 억제

억제제에서 기질 농도가 상당히 높을 때 식 6-30의 우변은 항상 V_{max}/α'로 간단히 되기 때문에 겉보기 $V_{max} = V_{max}/\alpha'$가 된다. 경쟁 억제제에서 $\alpha' = 1.0$이므로 이는 무시될 수 있다. 겉보기 V_{max}에 대한 이러한 식을 취하면서, 가역 억제제가 존재할 때 매개변수가 어떻게 변하는지를 알기 위해서도 겉보기 K_m에 대한 일반적인 식을 도출할 수 있다. 항상 겉보기 K_m은 V_0가 겉보기 V_{max}의 1/2일 때 또는 보다 일반적으로 $V_0 = V_{max}/2\alpha'$일 때의 기질 농도 [S]와 같다. 이 상태는 $[S] = \alpha K_m/\alpha'$일 때 충족된다. 그러므로 겉보기 $K_m = \alpha K_m/\alpha'$이다. 이 식은 표 6-9에 요약한 것처럼, α 또는 α'가 1.0일 때 (무경쟁이나 경쟁 억제제에 대하여) 간단해진다.

실제로 무경쟁 억제와 혼합 억제는 2가지 이상의 기질(예, S_1과 S_2)을 갖는 효소에서만 관찰되고, 이런 효소의 실험적 분석에서 대단히 중요하다. 하나의 억제제가 정상적으로 S_1에 의하여 점유되어 있는 자리에 결합한다면, 이 억제제는 $[S_1]$이 변하는 실험에서 경쟁 억제제로서 작용할 수도 있다. 하나의 억제제가 정상적으로 S_2에 의하여 점유되어 있는 자리에 결합한다면, 그것은 S_1의 혼합 또는 무경쟁 억제제로서 작용할 수도 있다. 실제 관찰되는 억제 양상은 S_1과 S_2의 결합 사건이 순서적이냐 또는 무작위적이냐에 따라 좌우된다. 따라서 기질이 결합하고 산물이 활성자리를 떠

표 6-9 겉보기 V_{max}와 K_m에 대한 가역 억제의 효과

억제 형태	겉보기 V_{max}	겉보기 K_m
없음	V_{max}	K_m
경쟁	V_{max}	αK_m
무경쟁	V_{max}/α'	K_m/α'
혼합	V_{max}/α'	$\alpha K_m/\alpha'$

나는 순서가 결정될 수 있다. 반응 생성물 중의 하나를 억제제로서 이용하는 것은 때때로 특히 유용하다. 2개의 반응 생성물 중 하나만 존재하면 역반응이 일어나지 않는다. 그러나 생성물은 일반적으로 활성자리의 어느 부위에 결합하여 두 번째 생성물이 존재하지 않을 때 억제제로서 작용하게 된다. 생성물과 억제제를 조합과 양을 달리하는 항정상태 속도론 연구와 전항정상태 분석을 이용하여 두 기질 반응에 대한 기전을 상세히 알아낼 수 있다.

연습문제 6-3 억제제가 K_m에 주는 영향

해피에이스(예제 6-1 및 6-2 참조)를 연구하는 연구자들이 STRESS라는 화합물이 해피에이스의 잠재적 경쟁 억제제인 것을 발견하였다. STRESS 1 nM을 첨가하면 SAD에 대해 측정된 K_m이 2배 증가한다. 이때, α와 α' 값은 얼마인가?

풀이: 경쟁 억제제가 존재할 때 측정된 겉보기 K_m은 αK_m으로 정의된다. SAD에 대한 K_m이 1 nM STRESS에 의하여 2배 증가하기 때문에 α 값은 2가 된다. 경쟁 억제제의 α' 값은 정의에 의하여 1이 된다.

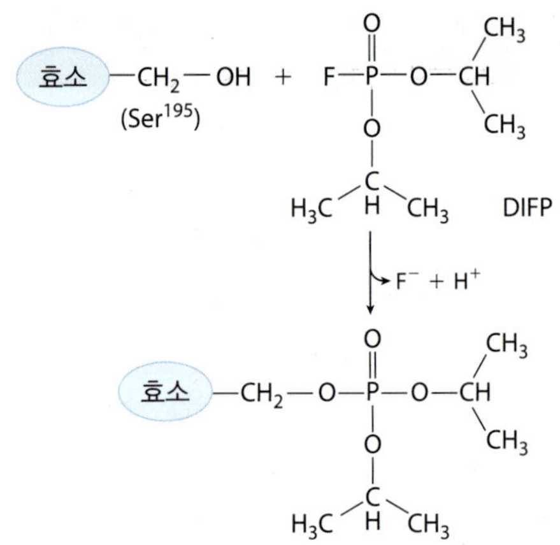

그림 6-18 비가역 억제. 다이아이소프로필플루오르인산(diisopropylfluorophosphate, DIFP)은 카이모트립신의 Ser^{195}와 반응하여 효소를 비가역적으로 억제한다. 이것에 의하여 Ser^{195}가 카이모트립신에서 핵심적인 활성자리의 Ser 잔기라는 것을 알았다.

비가역 억제(irreversible inhibition) 비가역 억제제는 효소의 활성에 필수적인 효소의 작용기와 공유결합을 하거나 파괴하며, 특별히 안정된 비공유적 결합체를 형성한다. 비가역 억제제와 효소 사이에 공유결합이 형성되는 것은 효과적으로 효소를 억제할 수 있는 효율적인 방법이다. 비가역 억제제는 반응 기전을 연구하는 데 필요한 또 하나의 유용한 도구이다. 효소가 불활성화된 후 억제제와 공유결합을 하고 있는 아미노산을 확인함으로써 활성자리에 들어 있는 촉매 작용의 핵심이 되는 아미노산을 확인할 수 있다. 그 예를 **그림 6-18**에 보였다.

비가역 억제제의 특별한 종류로 **자살 불활성제(suicide inactivator)**라는 것이 있다. 이 억제제는 특정 효소의 활성자리에 결합할 때까지 비교적 불활성인 상태에 있다. 자살 불활성제는 최초의 몇 단계는 정상적인 효소 반응을 진행시키는데, 그 이후 정상적인 생성물을 만드는 대신에, 효소와 공유적으로 결합하는 반응성이 매우 높은 화합물로 바뀐다. 이 물질들은 보통의 효소 반응 기전을 이용해서 효소를 불활성화시키기 때문에 **기전-기반 불활성제(mechanism-based inactivator)**라고 불린다. 자살 불활성제는 신약을 탐색하는 최신 방법인 **합리적 약물 설계**(*rational drug design*)의 중심적 역할을 하고 있다. 이 방법으로 기질과 반응 기전에 근거하여 새로운 기질을 합성한다. 잘 설계된 자살 불활성제는 하나의 효소에 특이적이며 효소의 활성자리에 결합하기까지 불활성인 상태에 있으므로 이 방법에 기초한 약물은 부작용이 거의 없는 장점을 가진다(별도설명 6-3 참조). 의학적으로 중요한 비가역 저해제의 몇 가지 예를 6.4절의 끝 부분에 기술한다.

비가역적 억제제는 효소에 공유적으로 결합할 필요가 없다. 결합이 충분히 단단하므로 억제제가 드물게만 해리된다면 비공유적 결합도 충분하다. 단단히 결합하는 억제제를 어떻게 개발할 수 있을까? 효소들은 자신이 촉매하는 반응들의 전이상태와 가장 단단하게 결합하도록 진화하였다는 것을 상기하라. 원칙적으로 반응 전이상태를 닮은 분자를 디자인할 수 있다면 이러한 분자는 효소에 단단하게 결합할 것이다. 전이상태가 직접적으로 관찰되지 않더라도 화학자들은 반응 기전들에 대한 축적된 지식에 기초하여 전이상태의 대략적인 구조를 예측할 수도 있다. 전이상태는 단어 자체가 의미하듯이 일시적이고 매우 불안정하여 이러한 분자들과 효소 사이의 결합 상호작용을 직접 측정하는 것은 불가능하다. 그러나 일부의 경우에서 전이상태를 닮은 안정한 분자들이 디자인될 수 있다. 이러한 것들을 **전이-상태 유사체(transition-state analogs)**라고 부른다. 이것들은 기질 자체보다 활성화 자리에 더 잘 들어맞기 때문에(즉, 더 많은 약한 상호작용들을 형성한다) ES 복합체에서 기질이 결합하는 것보다 더 단단히 효소에 결합한다. 전이-상태 유사체에 대한 생각은 1940년대에 Pauling에 의해 제안되었고 다양한 효소들을 사용하여 연구되어 왔다. 예를 들어, 당분해 효소 알돌레이스(aldolase)를 억제하도록 디자인된 전이-상태 유사체들은 기질보다 만 배 정도 더 단단하게 효소에 결합한다(**그림 6-19**). 이러한 실험들은 전이-상태 유사체가 완전하게 전이상태를 모방하지 못한다는 제한을 갖고 있다. 그러나 일부 유사체들은 표적 효소에 정상적인 기질이 결합하는 것 보다 10^2에서 10^8배 더 단단히 결합하여, 효소 활성화 자리가 실제로 전이상태에 상보적이라는 좋은 증거를 제공한다. 전이-상태 유사체의 개념은 새로운 약제를 설계하는 데 중요하다. 곧 보게 되겠지만, 단백분해효소(protease) 억제제로 불리는 강력한 항-HIV 약물은 부분적으로 전이-상태 유사체에 강력하게 결합하는 것으로부터 설계되었다.

별도설명 6-3 의학 생화학적 트로이의 목마를 이용한 아프리카 수면병의 치료

아프리카 수면병(sleeping sickness) 또는 아프리카 트리파노소마증(trypanosomiasis)은 트리파노솜(trypanosome, 그림 1)이라는 단세포 진핵세포(protists)에 의해서 발생한다. 이 병과 그 외 트리파노솜이 일으키는 병들은 많은 개발도상국들에서 의학적으로 그리고 경제적으로 중요하다. 이 병은 20세기 후반까지 거의 치료가 불가능하였다. 이 기생충이 숙주의 면역체계를 회피하는데 새로운 기전을 이용하였기에 백신은 효과적이지 못하였다.

트리파노솜의 세포 표면은 단일 단백질로 싸여 있으며, 이 단백질이 면역체계가 반응하는 항원이 된다. 그러나 거의 모든 감염에서 유전적 재결합(표 28-1 참조)이라는 과정에 의하여 감염시킨 세포들 중의 일부가 면역체계가 감지하지 못하는 새로운 단백질 표면을 갖게 된다. 이러한 "표면 변화"의 과정은 수백 번이라도 일어날 수 있다. 그 결과 만성적으로 주기적 감염이 발생한다: 인간 숙주는 열을 발생시키고, 이 열은 면역 체계가 첫 번째 감염원을 제거함에 따라 수그러든다; 표면이 변한 트리파노솜이 이제 두 번째 감염의 씨앗을 뿌리고 또 열이 다시 난다. 이러한 순환은 몇 주에 걸쳐서 반복될 수 있고, 이 과정에서 약해진 환자는 사망에 이른게 된다.

효소학과 대사에 대한 지식에 기초한 몇 가지 현대적 방법들이 아프리카 수면병을 치료하기 위하여 동원되었다. 최소한 한 가지 방법에서 기전에 기초한 효소 불활성제(자살 억제제)와 같은 약제를 이용한다. 트리파노솜의 대사에서 취약한 부분은 폴리아민(polyamine) 생합성 경로이다. 폴리아민인 스퍼민(spermine)과 스퍼미딘(spermidine)은 DNA 포장(packaging)에 관여하여 빠르게 분열하는 세포에서 다량으로 필요하다. 폴리아민 합성의 첫 번째 단계는 오니틴 탈카복실화효소(ornithine decarboxylase)에 의해 촉매되며, 피리독살 인산(pyridoxal phosphate, PLP)이라는 보조효소를 필요로 한다. 비타민 B_6에서 유도된 PLP는 관여한 반응의 아미노산 기질들에 공유결합을 하고 다양한 반응이 쉽게 일어나도록 전자 흡입부(electron sink)로 작용한다(그림 22-32 참조). 포유류 세포에서 오니틴 탈카복실화효소는 신속하게 전환되어 효소의 분해와 합성의 일정한 순환을 이루고 있다. 그러나 일부 트리파노솜에서 효소(잘 이해되지 않은 이유로)는 안정하므로 새롭게 합성된 효소에 의해 즉시 교체되지 않는다. 따라서, 이 효소에 지속적으로 결합하는 오니틴 탈카복실화효소의 억제제는 불활성화된 효소가 즉시 대치될 수 있는 사람 세포에서는 별 효과를 보이지 않으나 트리파노솜에는 영향을 미치게 된다.

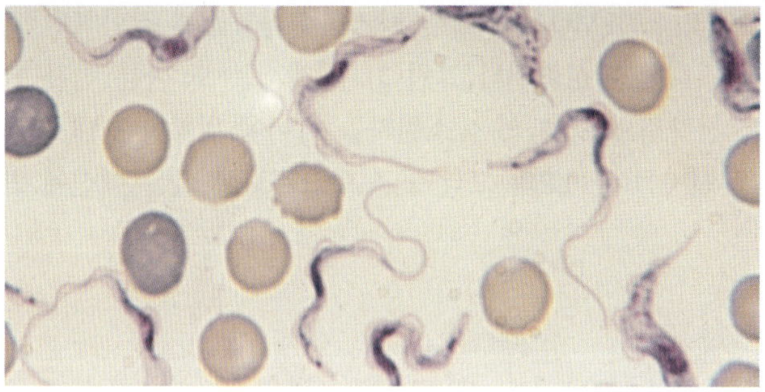

그림 1 아프리카 수면병의 원인으로 알려진 몇몇 트리파노솜의 하나인 *Trypanosoma brucei rhodesiense*. [출처: John Mansfield, University of Wisconsin–Madison, Department of Bacteriology.]

오니틴 탈카복실화효소에 의해 촉매되는 정상 반응의 처음 몇 단계들이 그림 2에 나타나 있다. CO_2가 방출되면 전자 이동은 역전되고 퓨트레신(putrescine)이 생성된다(그림 22-32 참조). 이 기전에 기초하여 몇 가지 자살 억제제들이 설계되었고, 그 중 하나가 다이플루오로메틸오니틴(difluoromethylornithine, DFMO)이다. DFMO는 수용액에서 비교적 안정하다.

(다음 페이지에 계속)

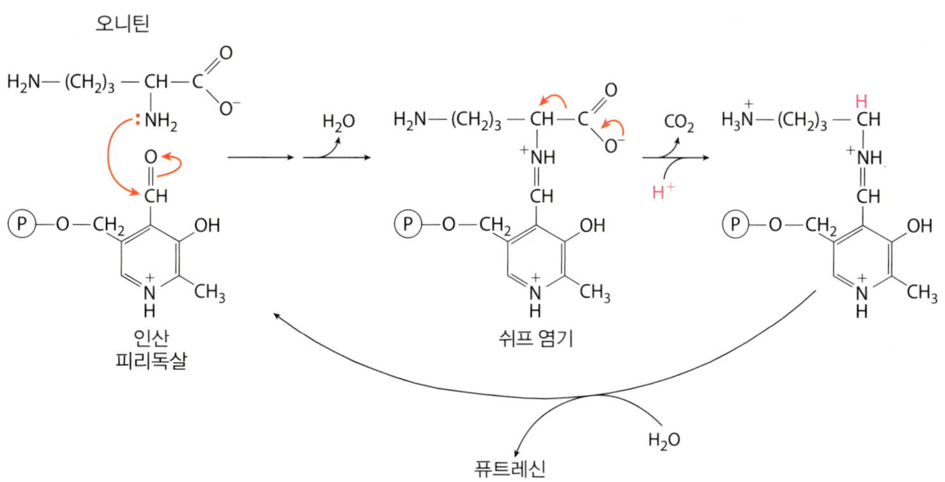

그림 2 오니틴 탈카복실화효소의 반응 기전

별도설명 6-3 의학 생화학적 트로이의 목마를 이용한 아프리카 수면병의 치료 (계속)

그러나 DFMO가 오니틴 탈카복실화효소에 결합하면 효소는 급격히 불활성화된다(그림 3). 억제제는 또 다른 전자 흡입부를 전략적으로 2개의 불소원자들 사이에 위치한 형태로 제공한다. 전자들이 PLP의 고리 구조 안으로 들어가는 대신에 반응은 불소원자의 탈락을 일으킨다. 이제 효소 활성화 자리의 Cys 잔기의 —S는 매우 반응성이 높은 PLP-억제제 연결체(adduct)와 비가역적 반응 방식으로 복합체를 형성한다. 이런 방법으로 억제제는 효소 자체의 반응 기전을 효소를 억제하는 데 이용한다.

DFMO는 아프리카 수면병에 매우 효과가 있음이 임상 시험에서 증명되었고, *Trypanosoma brucei gambiense*에 의해 발생하는 아프리카 수면병의 치료에 사용되고 있다. 이와 같은 접근 방법은 다양한 질환들을 치료하는 데 있어서 큰 희망을 갖게 한다. 효소의 작용 기전과 구조에 기초한 약물의 설계는 시행착오 과정을 거쳐 약제를 개발하던 전통적인 방법의 취약점을 보충해 줄 수 있다.

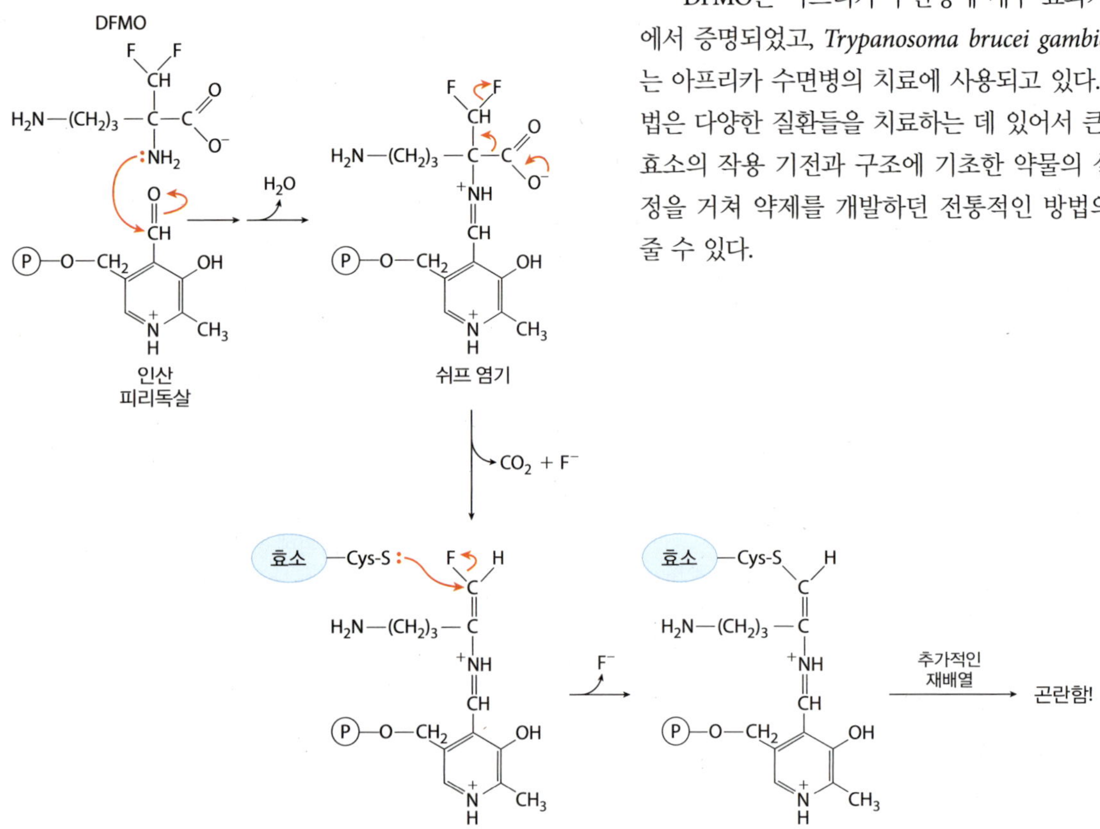

그림 3 DFMO에 의한 오니틴 탈카복실화효소의 억제.

요약 6.3 효소 작용 기전 연구를 위한 효소 반응속도론

■ 대부분의 효소는 공통의 속도론적 특성을 가지고 있다. 기질이 효소에 첨가되면 그 반응은 급격하게 항정상태에 도달하는데, 이 상태에서는 ES 복합체를 형성하는 속도가 분해되는 속도와 균형을 맞추게 된다. [S]가 증가됨에 따라 일정 농도를 갖는 효소의 촉매 활성은 쌍곡선 모양으로 고유의 최대 속도 V_{max}에 근접하게 된다. 이 점에서 실제적으로 모든 효소는 기질과 복합체를 형성한다.

■ V_{max}의 절반의 반응 속도를 나타내는 기질 농도는 미하엘리스 상수 K_m이고, 이 K_m은 특정의 기질에 작용하는 각 효소에 대하여 고유한 값을 갖는다. 미하엘리스-멘텐식

$$V_0 = \frac{V_{max}[S]}{K_m + [S]}$$

는 효소 반응의 초기 속도를 상수 K_m을 포함하여 [S]와 V_{max}의 함수로써 나타내고 있다. 미하엘리스-멘텐 속도론은 항정상태 속도론으로 불리기도 한다.

■ K_m과 V_{max}는 서로 다른 효소에 대하여 서로 다른 의미를 갖는다. 포화 상태에서 효소 촉매 반응의 제한 속도는 회전수 k_{cat}로 표시된다. 그리고 k_{cat}/K_m비는 촉매의 효율성에 대한 좋은 자료가 된다. 미하엘리스-멘텐식은 두 기질 반응(bisubstrate reaction)에도 적용되며, 이 경우에 삼중 복합체(ternary complex) 경로 또는 핑퐁(이중-치환) 경로가 존재한다.

■ 모든 효소는 최대 활성을 갖는 최적 pH(또는 pH 범위)를 가진다.

■ 전항정상태 속도론은 효소반응 기전에 대한 부가적인 통찰을 제시할 수 있다.

■ 어떤 효소의 가역 억제에는 경쟁, 무경쟁, 혼합형 등이 있다.

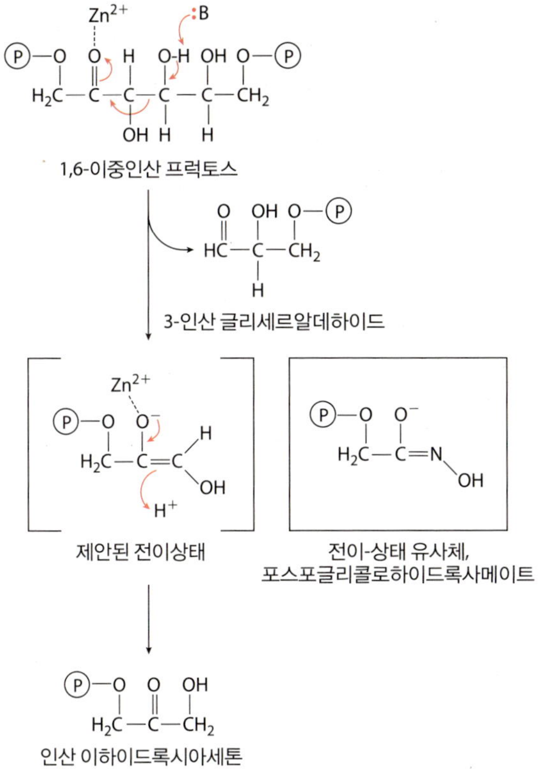

그림 6-19 전이-상태 유사체. 당분해 작용에서 부류 II 알돌레이스는 1,6-이중인산 프럭토스(fructose 1,6-bisphosphate)의 절단을 촉매하여 3-인산 글리세르알데하이드와 인산 이하이드록시아세톤을 형성한다(동물과 고등식물에서 발견되는 부류 I 알돌레이스의 예는 그림 14-6을 참조). 반응은 역 알돌 축합-유사 기전(reverse aldol condensation-like mechanism)에 의해 진행된다. 화합물 포스포글리콜로하이드록사메이트(phosphoglycolohydroxamate)는 제안된 에네디올산(enediolate) 전이상태를 닮았고 인산 이하이드록시아세톤보다 거의 10,000배 더 효소와 잘 결합한다.

경쟁 억제제는 기질과 경쟁하여 활성자리에 가역적으로 결합하지만 효소에 의하여 자신의 구조가 변하지 않는다. 무경쟁 억제제는 ES 복합체에만 결합하고, 이때 억제제가 결합하는 부위는 활성자리와는 다른 곳이다. 혼합 억제제는 E 또는 ES에 결합하며, 이 경우에도 활성자리와 다른 곳에 결합한다. 비가역 억제제는 공유결합이나 또는 매우 안정된 비공유결합을 형성함으로써 활성 부위에 영구적으로 결합한다.

6.4 효소 반응의 예

지금까지 촉매 작용의 일반적인 원리와 효소 반응을 나타내기 위하여 사용되는 몇 가지의 속도론 매개변수를 소개하는 데 초점을 맞추어 왔다. 이제 특이적인 효소 반응의 예를 몇 가지 들어보기로 한다.

정제된 효소의 활성에 대한 반응 기전을 완전하게 이해하려면 모든 기질, 보조인자, 생산물, 반응 조절자 등의 규명이 필요하다. 더불어 (1) 효소와 결합된 반응 중간체가 생기는 시차적 순서, (2) 각각의 중간체와 전이상태의 구조, (3) 중간체 사이의 상호전환 속도, (4) 효소와 각각의 중간체와의 구조적 관계, (5) 중간 복합체와 전이상태에 관여하는 모든 반응 또는 상호작용을 하는 작용기에 의하여 제공되는 에너지에 대한 이해가 필요하다. 정확하게 이 기준을 모두 충족시킬 정도로 연구된 효소는 아마 아직 없는 것 같다.

여기에서 4종류의 효소에 대한 반응 기전을 설명하기로 한다. 즉, 카이모트립신(chymotrypsin), 육탄당인산화효소(hexokinase), 엔올레이스(enolase), 라이소자임(lysozyme) 등이다. 이것들을 예로 든 것은 이 효소들이 모든 종류의 효소 화학을 설명할 수는 없지만, 부분적으로는 이것들이 가장 잘 알려진 효소에 속하고 또한 부분적으로는 이것들이 이 장에서 기술된 일반적인 원리를 잘 보여주기 때문이다. 여기서는 몇 가지의 원리를 중점적으로 설명하고 동시에 그 원리를 강조하는 중요한 실험을 함께 설명하려고 한다. 카이모트립신은 효소 기전을 설명하는 데 사용되는 일반적인 예로서 사용되었다. 많은 반응 기전에 관한 상세한 사항과 실험적 증거는 생략했는데, 어떤 책도 이런 효소에 대한 풍부한 실험적인 역사를 완벽하게 기술할 수 없기 때문이다. 또한 많은 효소의 촉매 작용에 있어서 보조효소의 특별한 역할에 대한 부분도 매우 간략히 언급되었다. 보조효소의 기능은 화학적으로 다양한데, 이 책의 제II부에서 각각에 대하여 기술할 것이다.

카이모트립신의 반응 기전에는 세린 잔기의 아실화와 탈아실화가 관여한다

소 이자의 카이모트립신(분자량, 25,191)은 펩타이드 결합의 가수분해를 촉매하는 단백질 분해효소이다. 이 단백질분해효소는 방향족 아미노산 잔기(Trp, Phe, Tyr 등)에 인접한 펩타이드 결합에 특이적으로 작용한다. 카이모트립신의 3차원 구조는 **그림 6-20**에 보였으며, 여기에서 활성자리의 작용기를 강조하여 표시하였다. 이 효소 반응은 효소에 의한 전이상태의 안정화에 대한 원리를 나타내고, 또한 일반적 산-염기 촉매 반응과 공유결합성 촉매 반응의 고전적인 예를 제공한다.

카이모트립신은 최소한 10^9배 만큼 펩타이드 결합의 가수분해 속도를 증가시킨다. 이 효소는 펩타이드 결합에 물을 직접적으로 공격하는 반응을 촉매하지 않는다; 대신에 일시적인 공유결합성 아실-효소 중간체(acyl-enzyme intermediate)를 형성한다. 따라서 이 효소 반응은 2가지의 독특한 단계를 가진다. 아실화(acylation) 단계에서는 펩타이드 결합이 파괴되고 펩타이드 카보닐 탄소와 효소 사이에 에스터 결합이 형성된다. 탈아실화(deacylation) 단계에서는 에스터결합이 가수분해되어 효소가 다시 재생된다.

공유결합을 하고 있는 아실-효소 중간체(acyl-enzyme intermediate)의 첫 번째 증거는 전항정상태 속도론의 고전적인 적용으로부터 유래되었다. 카이모트립신은 폴리펩타이드 뿐만 아니라 작

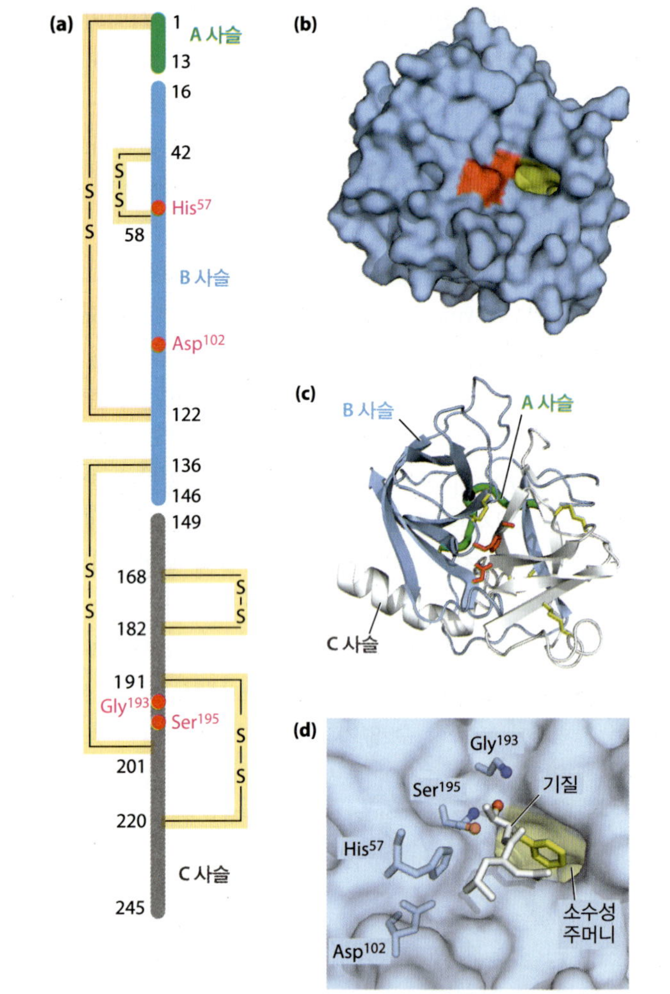

그림 6-20 카이모트립신의 구조. **(a)** 이황결합과 촉매 작용에 중요한 아미노기를 보여 주는 1차 구조 그림. 단백질은 이황결합으로 연결된 3개의 폴리펩타이드 사슬로 되어 있다. (카이모트립신의 잔기 숫자는 그림 6-39에 설명되어 있다. 14, 15, 147, 148 등의 잔기는 빠져 있다.) 활성자리의 아미노산은 3차원 구조에서 함께 모여 있다. **(b)** 카이모트립신의 표면을 강조한 그림. 방향족 아미노산 곁사슬이 결합하는 주머니 부위를 녹색으로 표시하였다. 핵심적인 활성자리의 잔기가 되는 Ser^{195}, His^{57}, Asp^{102} 등은 빨간색으로 표시하였다. 촉매에서 이것들의 기능은 그림 6-23에서 설명한다. **(c)** 리본 모형의 폴리펩타이드 골격. 이황결합은 노란색으로 표시하였다; 3개의 사슬은 (a) 부분에 나타낸 것처럼 색으로 나타내었다. **(d)** 기질(하얀색과 노란색)과 결합한 활성자리를 확대한 그림. Ser^{195}의 하이드록실기는 기질의 카보닐기를 공격한다(산소는 빨간색); 생성되는 산소의 음전하는 그림 6-22에 언급하는 바와 같이 옥시 음이온(oxyanion) 구멍(Ser^{195}와 Gly^{193}에서 아마이드 질소는 파란색)에 의하여 안정화된다. 기질(노란색)의 방향족 아미노산 곁사슬은 소수성 주머니에 들어간다. 잘리는 펩타이드 결합의 아마이드 질소(독자들 방향으로 튀어나와 있는 부분과 폴리펩타이드 사슬 기질의 나머지 방향으로 뻗어 있는)는 파란색으로 표시되어 있다. [출처: (b, c, d) PDB ID 7GCH, K. Brady et al., *Biochemistry* 29:7600, 1990.]

은 에스터 화합물과 아마이드(amide) 화합물의 가수분해도 촉매한다. 이 반응들은 작은 기질과의 사이의 결합 에너지가 작기 때문에 반응은 아주 느리므로(전항정상태 역시 상당히 길다), 이러한 반응에 대한 연구를 보다 쉽게 할 수 있다. 1954년 B. S. Hartley와 B. A. Kilby의 연구에 의하면 에스터인 *p*-나이트로페닐아세트산(*p*-nitrophenylacetate)이 카이모트립신에 의해 가수분해되는 반응에서, *p*-나이트로페놀(*p*-nitrophenol)의 방출을 측정한 결과, 초기에는 폭발적인 반응을 한 후 이어서 낮은 속도 반응이 유지되었다(**그림 6-21**). 반응 시간 원점(zero time)을 외삽하여 추정해 보면 초기의 폭발적인 반응의 단계에서 방출되는 *p*-나이트로페놀은 그 반응에 관여하는 효소 분자의 수에 상응한다는 것을 알 수 있었다(효소 분자의 작은 부분은 불활성화 상태이다). 그들은 이 현상은 *p*-나이트로페놀의 방출이 모든 효소 분자의 급격한 아실화 단계에서 발생하며, 그 후의 효소의 대사 전환은 연이은 느린 속도의 탈아실화 단계로 인하여 제한된다고 생각했다. 이와 유사한 반응은 많은 다른 효소에서 찾아 볼 수 있다. 폭발적 단계를 관찰하는 것은 속도론을 이용하여 한 반응의 구성 단계를 나누게 하는 또 다른 예가 된다.

카이모트립신 반응 기전의 또 다른 특징은 pH에 대한 반응 의존성을 분석함으로써 밝혀졌다. 카이모트립신에 의하여 촉매되는 분해 반응의 속도는 일반적으로 pH에 비례한 종 모양의 양상을 나타낸다(**그림 6-22**). 그림 6-21a에 나타난 비율은 낮은(포화되기 전, subsaturating) 기질 농도에서 얻어지며, 이것은 k_{cat}/K_m을 나타낸다(반응식 6-27 참조, 203쪽). 각각의 pH에서 다른 기질 농도

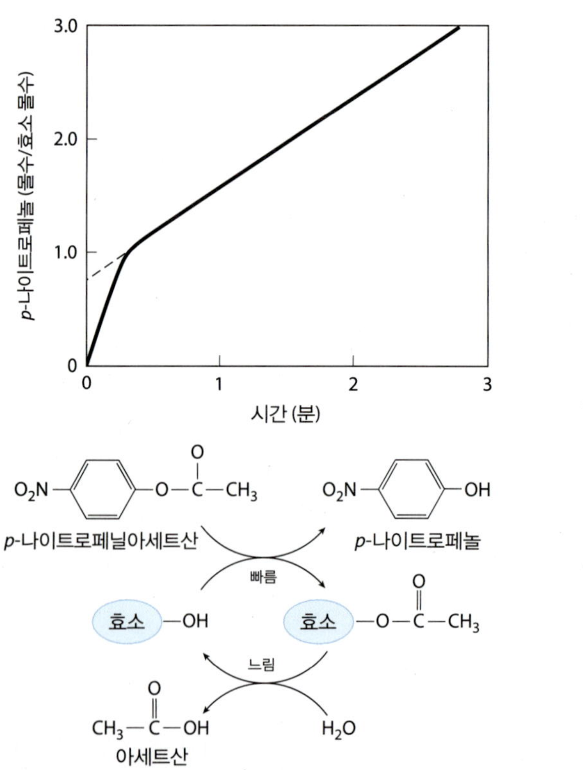

그림 6-21 아실-효소 중간체를 보여 주는 전항정상태(pre-steady state) 속도론. 카이모트립신에 의한 *p*-나이트로페닐아세트산(p-nitrophenylacetate)의 가수분해는 유리되는 *p*-나이트로페놀(착색 산물)에 의하여 측정된다. 처음에 이 반응은 급격한 *p*-나이트로페놀의 방출을 초래하는데, 첨가해 준 효소량과 거의 화학양론적 관계를 보인다. 이것은 반응의 빠른 아실화 반응 단계를 반영한다. 다음에 이어지는 반응은 속도가 느려지게 되는데, 이것은 느린 속도의 탈아실화 반응에 의하여 효소 회전수가 제한을 받기 때문이다.

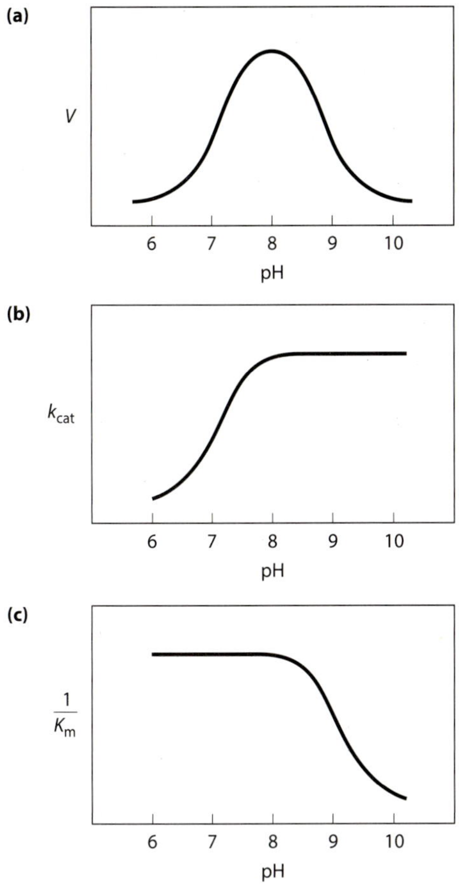

그림 6-22 카이모트립신 촉매 반응의 pH 의존성. (a) 카이모트립신에 의한 절단의 속도는 최적이 pH 8.0인 종 모양의 pH-속도 도표를 보여 준다. 도표화된 속도(v)는 낮은 기질 농도에서 나타나고 또한 k_{cat}/K_m을 나타낸다. 각 pH에서 k_{cat}와 K_m을 각기 결정하는 속도론적 방법을 사용하여 이 도표를 구성요소로 분할할 수 있다. 이것이 완료되면(**b, c**), pH 7 이상에서 전이(transition)는 k_{cat}의 변화 때문이고, pH 8.5 이상에서 전이는 $1/K_m$의 변화 때문이라는 것이 명확해진다. 속도론 및 구조적인 연구에 의하면 (b)와 (c)에 보여 준 전이는 His^{57} 곁사슬(기질이 결합하지 않았을 때)과 Ile^{16}의 α-아미노기(B 사슬의 아미노말단에 있는)의 이온화 상태를 반영하고 있다. 최적의 활성을 위하여 반드시 His^{57}은 양성자화가 안 되고 Ile^{16}은 양성자화되어야 한다.

에 따른 속도를 완벽히 분석함으로써, k_{cat}과 K_m 각 항의 기여도를 결정할 수 있다. 먼저 각각의 pH에서 최고 속도를 측정한 후 pH에 따른 k_{cat} 에 대한 도표를 구할 수 있다(그림 6-22b); 각각의 pH에서 K_m을 구함으로써 pH에 따른 $1/K_m$ 도표를 구할 수 있다(그림 6-22c). 속도와 구조적인 분석에 의해 k_{cat}의 변화는 57번 His의 이온화 상태를 나타내는 것이라고 밝혔다. 낮은 pH에서 k_{cat}의 감소는 57번 His의 양성화에 기인한다(그 결과 반응 ❷단계에서 Ser^{195}로부터 양성자를 추출할 수 없다; **그림 6-23** 참조). 이 속도 감소는 카이모트립신의 기전에서 일반적인 산과 염기의 촉매 작용의 중요성을 제시한다. $1/K_m$ 항(term)의 변화는 Ile^{16}(카이모트립신의 3개의 폴리펩타이드 사슬 중의 하나의 아미노 말단에 있는)의 α-아미노기의 이온화를 나타낸다. 이 기는 Asp^{194}와 염다리(salt bridge)를 형성하여 효소의 활성 상태를 안정화시킨다. 이 작용기가 높은 pH에서 양성자를 소실할 때, 염다리는 사라지고 구조적인 변화는 소수성 주머니를 닫으며 그 곳에 기질의 방향족 아미노산의 곁사슬이 삽입된다(그림 6-20). 기질은 더 이상 적절하게 결합하지 못하게 되고 속도론적으로 K_m이 증가한다.

그림 6-23에서 보였듯이, 아실화 반응에서 친핵체(nucleophile)는 Ser^{195} 잔기의 산소가 된다. (반응 기전에서 이런 기능을 보이는 Ser 잔기를 가진 단백질분해효소를 **세린 단백질분해효소**라 부른다.) Ser이 생리학적 pH에서 양성자화가 되지 않은 형태로 상당한 농도로 존재하기에는 이것의 하이드록실기의 pK_a가 너무 높다. 그러나 카이모트립신에는 Ser^{195}가 His^{57}과 Asp^{102}와 함께 연결되어 **촉매 삼연체(catalytic triad)**라는 수소결합 망을 이루고 있다. 펩타이드 기질이 카이모트립신에 결합할 때, 입체형태의 미세한 변화는 His^{57}과 Asp^{102} 사이의 수소결합을 압박하여, 낮은 장애의 수소결합이라고 불리는, 강력한 결합을 생성한다. 이와 같은 촉진된 결합은 His^{57}의 pK_a를 약 7(유리 히스티딘의 경우)로부터 12 이상까지 증가시키며, 이것은 히스티딘 잔기를 Ser^{195}의 하이드록실기로부터 양성자를 제거할 수 있는 효율적인 일반 염기(general base)로서 작용하게 한다. 탈양성자화는 Ser^{195}의 하이드록실기에서 매우 불안정한 양전하가 생성되는 것을 막고, 이 Ser 곁사슬의 친핵성이 증대되게 한다. His^{57}도 또한 반응 후반기에서 양성자 주개로서 작용을 하여 기질의 치환 부위[떨어져 나가는 기(leaving group)]의 아미노기에 양성자를 이동시킨다.

Ser^{195} 잔기의 산소가 기질의 카보닐기를 공격하면서 카보닐 산소가 음전하를 받아드릴 때 매우 짧은 수명의 사면체형 중간체(tetrahedral intermediate)가 생긴다(그림 6-23, ❷단계). 이 전하는 옥시안이온 구멍(oxyanion hole)이라고 불리는 효소의 한 주머니(pocket) 부위에서 형성되고, 그 전하는 카이모트립신 골격에 있는 2개의 펩타이드 결합의 아마이드 기와 수소결합에 의하여 안정화된다. 이 수소결합들 중의 하나(Gly^{193}에 의해 제공된)는 이 중간체에서만 그리고 그 형성과 분해를 위한 전이상태에서만 존재한다. 이 수소결합은 전이상태에 도달하는 데 필요한 에너지를 감소시키고 있다. 이것은 효소 촉매 반응에 있어서 전이상태 상보성을 통해 촉매 반응에서 결합 에너지를 이용하는 한 예를 보여 주고 있다.

단백질분해효소에 대한 기전 이해는 HIV 감염증을 위한 새로운 치료방법의 개발로 이어졌다

새로운 약제는 거의 항상 효소를 억제하도록 설계된다. HIV를 치료하기 위해 개발된 가장 성공한 치료법들이 좋은 예가 된다. 인간 면역결핍 바이러스(human immunodeficiency virus, HIV)는 후천성 면역결핍증후군(acquired immune deficiency syndrome, AIDS)의 원인균이다. 2015년 현재 전 세계적으로 대략 3천 4백만에서 4천 1백만 명의 사람들이 HIV에 감염되어 있으며, 해마다 2백만 명이 신규 감염되고 1백 2십만 명이 사망하는 것으

반응 기전을 어떻게 읽을 것인가—보충학습

공유결합을 만들거나 부수는 화학 반응 기전을 약식으로 "전자 밀어내기(electron pushing)"로 알려진 점과 곡선 화살표로 표시한다. 공유결합은 공유하는 전자쌍으로 이루어져 있다. 반응 기전에 중요한 결합을 하지 않은 전자는 점으로 표시한다($-\ddot{O}H$). 곡선 화살표(⌒)는 전자쌍의 이동을 나타낸다. 하나의 전자(유리 라디칼 반응처럼)가 이동하는 것은 한 방향만 있는 (낚시 바늘 형태) 화살표를 사용한다(⌒). 많은 반응 단계들은 비공유전자쌍을 포함한다(카이모트립신의 기전처럼).

어떤 원자는 다른 원자보다 정전기적으로 음성도가 더 높다; 즉, 그들은 더 강력하게 전자를 끌어당긴다. 이 책에 나오는 원자들의 상대적인 전기 음성도는 철 > 산소 > 질소 > 탄소 ≈ 황 > 인 ≈ 수소의 순서로 높다. 예를 들면 어떤 C=O(카보닐) 결합을 만드는 2개의 전자쌍은 동등하게 공유되지 않고 전기 음성도가 높은 산소가 전자를 더 끌어당기기 때문에 탄소는 상대적으로 전자가 결핍된 상태가 된다. 많은 반응은 전자가 풍부한 원자(친핵체: nucleophile)를 포함하고, 이들은 전자가 결핍된 원자(친전자체: electrophile)와 반응한다. 생화학에 나오는 일반적인 친핵체와 친전자체의 예를 오른쪽에 나타내었다.

일반적으로 반응 기전은 친핵체의 비공유전자쌍에서 시작한다. 기전 그림에서 전자를 밀어내는 화살표의 뿌리는 전자쌍의 점에서 시작하며 화살표의 머리는 전자에 의하여 공격받는 친전자체의 중심으로 향한다. 비공유전자쌍은 친핵체에서 일반적인 음전하를 제공할 수 있고, 음전하 기호는 그 자체가 비공유전자쌍을 나타내며 화살표의 출발점으로서 역할을 한다. 카이모트립신의 작용 기전에서 단계 ❶과 ❷ 사이의 ES 복합체에서 친핵체의 전자쌍은 Ser^{195}의 하이드록실기의 산소에서 제공된다. 이 전자쌍[하이드록실 산소의 8개의 원자가 전자(valence electron) 중의 2개]은 곡선 화살표의 출발점이 된다. 이 전자쌍의 공격에서 친전자체의 중심은 잘려지게 되는 펩타이드 결합의 카보닐(carbonyl) 탄소이다. C, O, N 원자는 최대 8개의 원자가 전자를 가지며, H는 최대 2개의 원자가 전자를 가진다. 이런 원자는 가끔 그들의 최대 전자 할당량(allotment)보다 작은 불안정한 상태에서 발견되지만 C, O, N 등은 8 이상을 가질 수 없다. 그러므로 카이모트립신의 Ser^{195}으로부터 전자쌍이 기질의 카보닐 탄소를 공격할 때 하나의 전자쌍은 탄소원자가 표면(shell)으로부터 치환된다(탄소에 5개의 결합을 할 수 없다!). 이런 전자는 정전기적으로 더 음이온 경향의 카보닐 산소로 이동한다. 산소는 이런 화학 반응 전후에 8개의 원자가 전자를 가지지만 탄소와 공유되는 수는 4에서 2로 감소된다. 그리고 카보닐 산소는 음전하를 취한다. 다음 단계에서 산소에 음전하를 제공하는 전자쌍은 다시 돌아가 탄소와 재결합하며 카보닐 결합을 재안정화시킨다. 다시 한 번 전자쌍은 탄소로부터 치환되어야 하며, 이때 이 전자쌍이 펩타이드 결합의 아미노기와 공유하며 펩타이드 결합을 분해시킨다. 나머지 단계는 유사한 양상을 따른다.

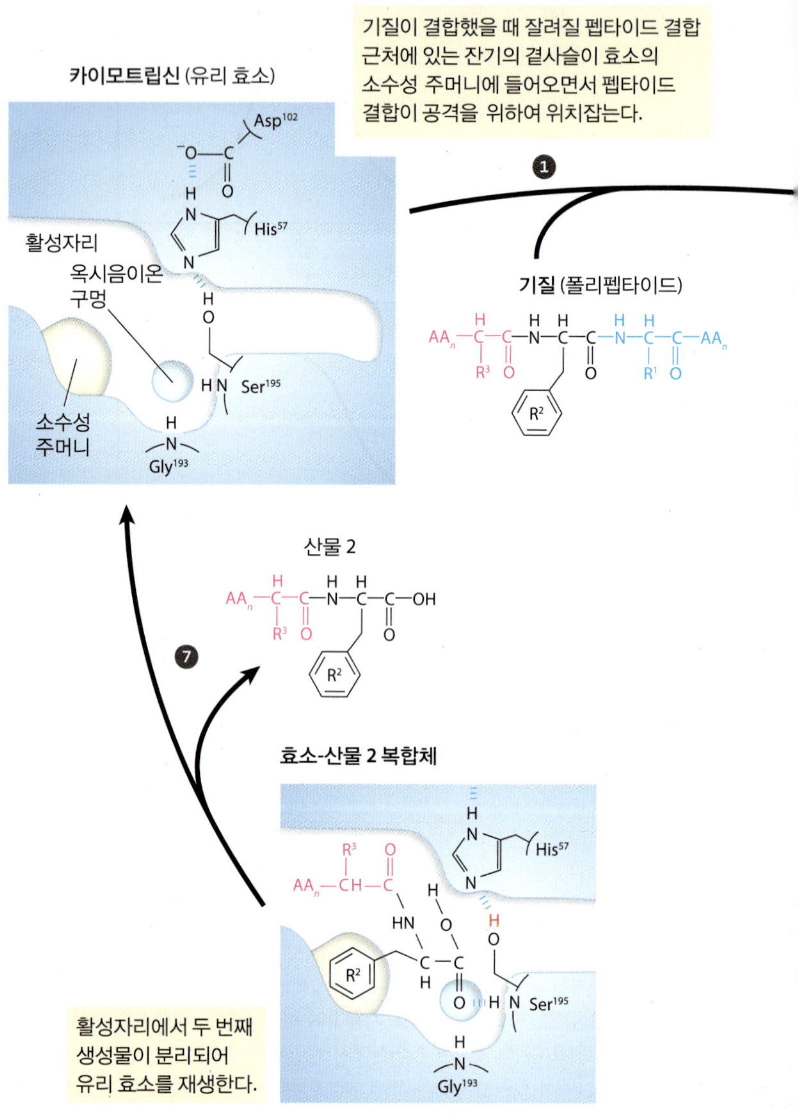

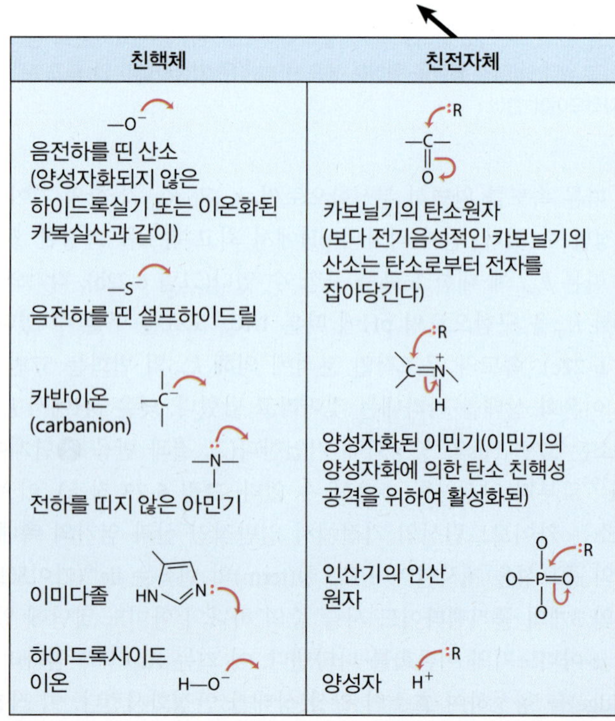

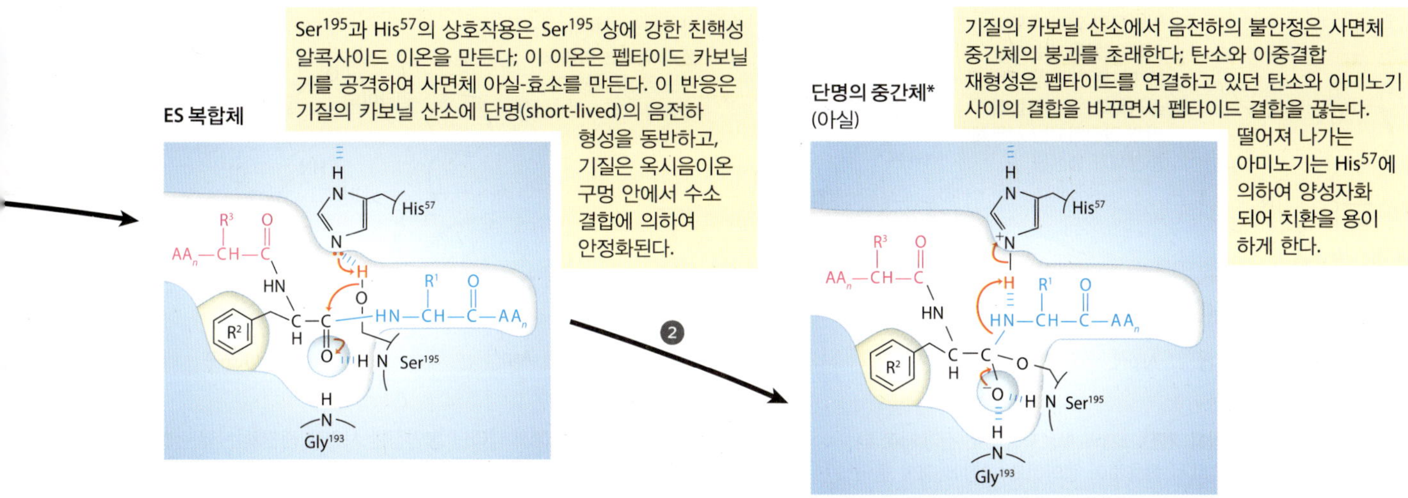

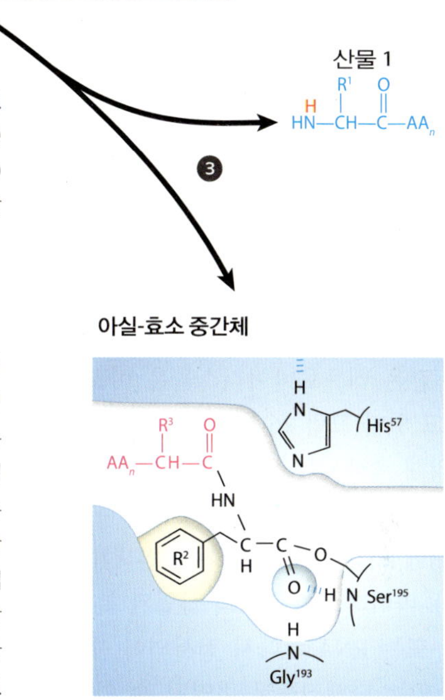

기전 그림 6-23 카이모트립신에 의한 펩타이드 결합의 가수분해 반응. 반응은 2가지 단계로 나누어진다. 아실화(acylation) 단계(단계 ❶에서 ❹까지)에서, 공유결합적인 아실-효소 중간체(acyl-enzyme intermediate)의 형성은 펩타이드 결합의 절단과 짝지워 연결되어 있다. 탈아실화(deacylation) 단계(단계 ❺에서 ❼까지)에서, 탈아실화는 유리 효소를 재생한다; 이것은 본질적으로 물 반사경(water mirroring)과 함께 아실화 단계의 역반응이다. 기질의 아민(amine) 구성분의 역할은 그 반대이다.

*카이모트립신 반응 경로에서 사면체 중간체와 그 후에 형성되는 두 번째 사면체 중간체는 종종 전이상태라고 불리는데, 이것은 혼동을 일으킬 수 있다. 중간체는 한정된 생명주기를 가지는 어떤 화학종인데, 여기서 "한정된(finite)"은 분자적인 진동(~10^{-13}초)을 위하여 요구되는 시간보다 긴 것으로 정의된다. 전이상태는 간단하게 반응 단계에서 형성되는 최대 에너지종(maximum-energy species)이고 한정된 생명주기를 가지지 않는다. 카이모트립신 반응에서 형성되는 사면체 중간체는 에너지적으로나 구조적으로 이들의 형성과 분해를 유도하는 전이상태와 매우 닮았다. 그러나 중간체는 완전한 결합 형태의 명확한 단계를 나타내는 반면에 전이상태는 반응 과정의 한 부분이다. 카이모트립신의 경우, 중간체와 실제적인 전이상태 사이의 밀접한 상관관계를 고려해 볼 때 그들 사이의 차이점은 일반적으로 명확하지 않다. 더구나 종종 전이상태의 안정화라고 불리는 옥시안이온 구멍에 있는 질산아마이드와 음전하를 띤 산소와의 결합 또한 이 경우 중간체를 안정화시키는 역할을 한다. 모든 중간체가 단명하는 것이 아니기 때문에 중간체는 전이상태와 닮았다. 카이모트립신 아실-효소 중간체는 상당히 더 안정되고, 검출이 용이한 덕분에 연구가 잘 되어 있다. 그리고 이것은 결코 전이상태와 혼동되지 않는다.

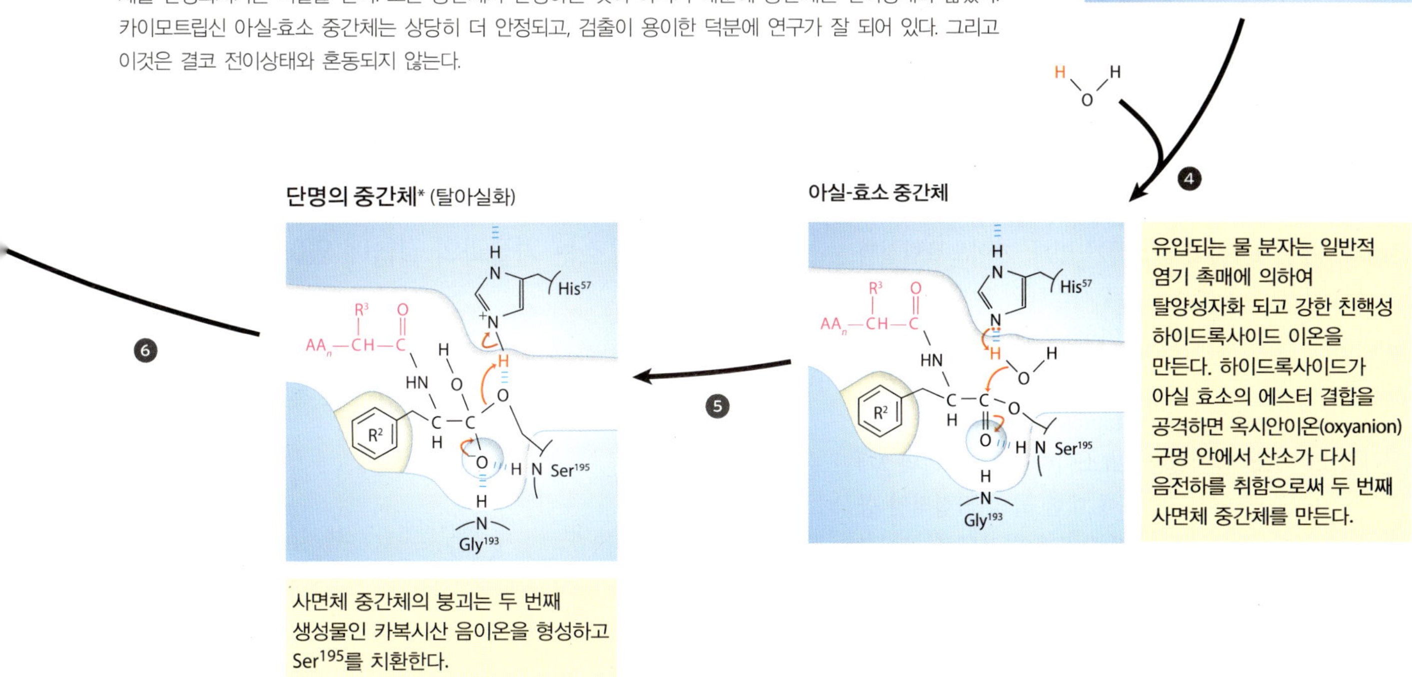

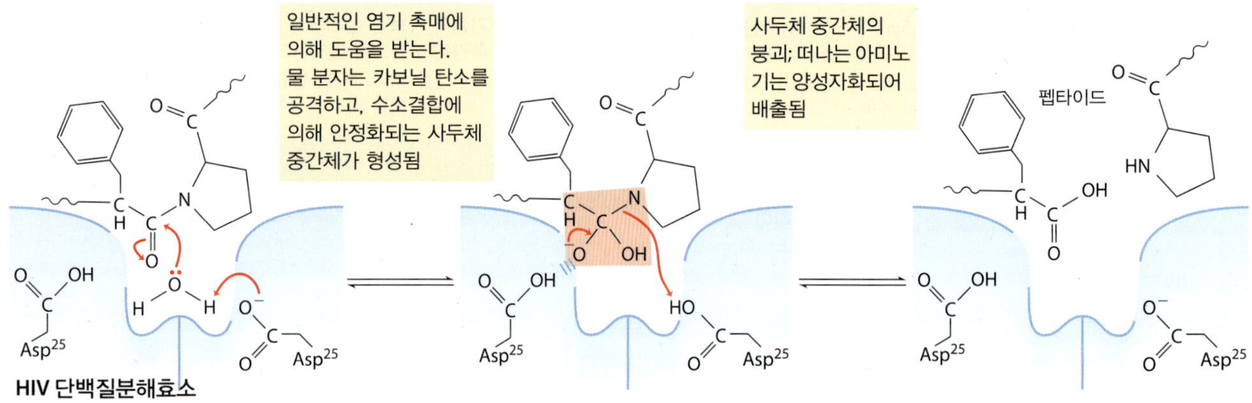

그림 6-24 HIV 단백질분해효소의 작용 기전. 2개의 활성자리 Asp 잔기(서로 다른 소단위의)는 일반적 산-염기 촉매제로서 작용하여 펩타이드 결합에 대한 물의 공격을 촉진시킨다. 반응 과정에서 나타난 불안정한 사면체 중간체는 옅은 빨간색으로 표시되어 있다.

로 추산된다. AIDS는 1980년대에 처음으로 전 세계적인 유행을 일으켰다; 곧 HIV가 발견되었고 **레트로바이러스(retrovirus)**로 동정되었다. 레트로바이러스는 RNA 유전체와 RNA를 사용하여 상보성 DNA의 합성을 유도할 수 있는 효소인 역전사효소(reverse transcriptase)를 갖고 있다. HIV를 이해하고 HIV 감염증에 대한 치료법을 개발하려는 노력들은 수십 년간의 효소의 작용 기전과 다른 레트로바이러스들의 성질에 대한 기초 연구에서 도움을 받았다.

HIV와 같은 레트로바이러스들은 비교적 간단한 생활사(life cycle)를 갖고 있다(그림 26-32 참조). 이것의 RNA 유전체는 역전사효소에 의해 촉매되는 몇 단계의 과정을 거쳐 이중나선 DNA로 전환된다(제26장에 기술되었음). 이중나선 DNA는 인티그레이스(integrase)에 의해 숙주세포 핵의 염색체로 삽입된다(제25장에 기술되었음). 바이러스 유전체의 삽입된 복사물은 계속 잠복해 있을 수 있다. 또는 RNA로 다시 전사되어 새로운 바이러스 입자들을 만들 수 있는 단백질들로 번역될 수 있다. 대부분의 바이러스 유전자들은 큰 다중단백질들(polyproteins)로 번역되고, 이것들은 HIV 단백질분해효소에 의해 절단되어 바이러스를 만드는 데 필요한 각각의 단백질이 된다(그림 26-33 참조). 이 주기에는 단지 3개의 주요 효소만이 있다—역전사효소, 인티그레이스와 단백질분해효소. 따라서 이 효소들이 가장 유망한 약물 표적으로 대표된다.

단백질분해효소에는 4가지의 소부류가 있다. 카이모트립신과 트립신과 같은 세린 단백질분해효소들과 시스테인 단백질분해효소(활성자리에서 시스테인이 세린과 비슷한 촉매 역할을 수행하는)는 공유적인 효소-기질 복합체를 특징으로 하지만, Asp 단백질분해효소와 금속 단백질분해효소(metalloprotease)는 그렇지 않다. HIV 단백질분해효소는 Asp 단백질분해효소이다. 활성-자리의 2개의 Asp 잔기들은 절단될 펩타이드 결합에 대한 물의 직접적인 공격을 도와준다**(그림 6-24)**. 이러한 첫 번째 공격의 산물은 카이모트립신의 작용에서 많이 보았던 불안정한 사면체 중간체이다. 이 중간체의 구조와 에너지는 반응 전이상태와 비슷하다. HIV 단백질분해효소의 억제제로 개발된 약제들은 효소와 비공유적 복합체를 형성하지만 매우 단단하게 결합하여 비가역적 억제제로 간주될 수도 있다. 단단한 결합은 부분적으로 전이-상태 유사체의 설계로부터 유도되었다. 이러한 약제들의 성공은 강조할 만한 가치가 있다. 본 장에서 학습한 촉매 원리들은 기억해야 할 단지 난해하기만 한 관념들이 아니다—이것들의 적용은 생명을 구한다.

HIV 단백질분해효소는 Phe과 Pro 잔기들 사이의 펩타이드 결합을 가장 효과적으로 자른다. 따라서 활성자리는 잘리는 결합에 바로 인접한 방향족 기들과 결합하는 주머니를 갖고 있다. 몇 가지 HIV 단백질분해효소 억제제들의 구조가 **그림 6-25**에 나타나 있다. 이것들의 구조는 다르게 보이지만 모두 핵심 구조—벤질기를 포함하는 가지 옆에 위치한 하이드록실기를 갖는 주 사슬—을 공유하고 있다. 이러한 배열은 벤질기를 방향족(소수성) 결합 주머니에 표적한다. 인접한 하이드록실기는 정상 반응의 사면 중간체의 음으로 하전된 산소를 모방하여 전이-상태 유사체를 제공한다. 각 억제제 구조의 나머지는 효소 표면의 다양한 틈에 딱 들어 맞아 결합하도록 설계되었다. 이러한 효과적인 약제들의 사용은 수백만 명의 HIV 감염자와 AIDS 환자들의 수명과 삶의 질을 크게 증가시켰다. 2015년 초반, HIV에 감염된 3백 7십만 명의 사람들 중 1백 5십만 명이 항-역전사효소 치료제를 투여 받고 있다. ■

육탄당인산화효소는 기질과의 결합에 있어서 유도 적합을 이룬다

효모의 육탄당인산화효소(분자량 107,862)는 두 기질 효소(bisubstrate enzyme)로서 다음과 같은 가역적 반응을 촉진한다.

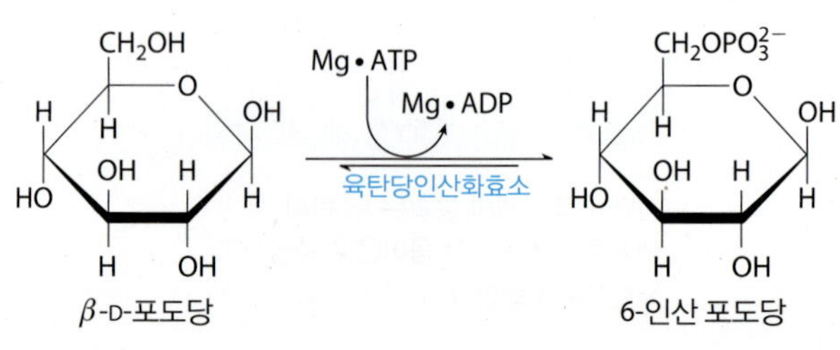

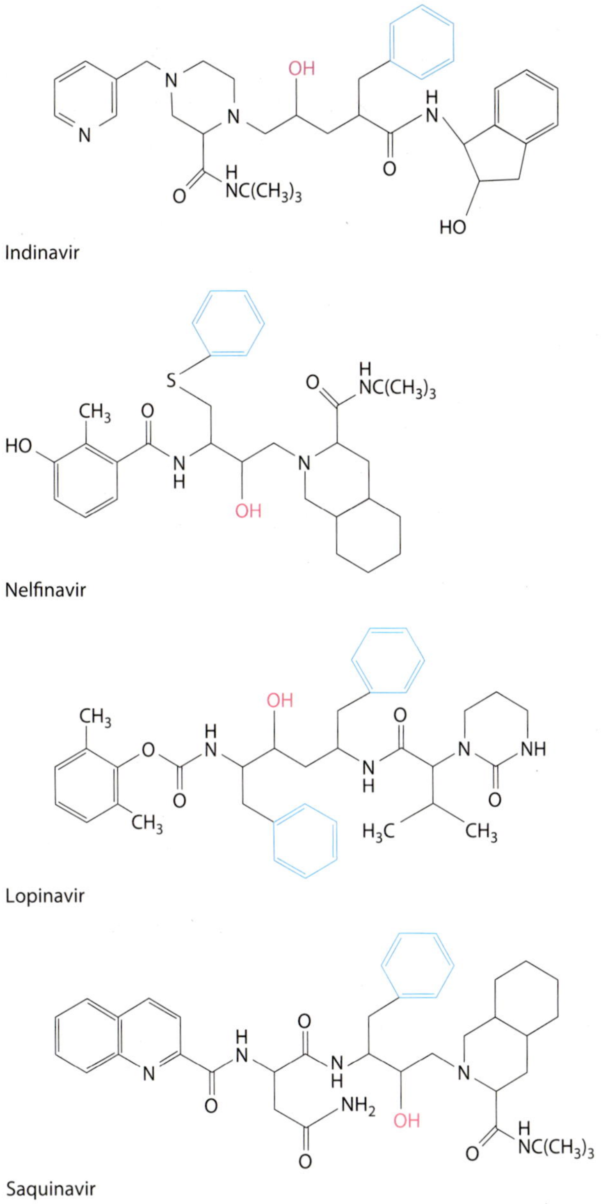

그림 6-25 HIV 단백질분해효소 억제제. 하이드록실기(빨간색)는 전이상태 유사체로서 작용하여 사면체 중간체의 산소와 같은 역할을 한다. 인접한 벤질기(파란색)는 약물이 활성자리에 제대로 위치할 수 있도록 도와준다.

ATP와 ADP는 항상 금속 이온 Mg^{2+}와 복합체를 형성하여 효소와 결합한다.

육탄당인산화효소의 반응에서 ATP의 γ-인산은 포도당의 C-6의 하이드록실기로 전달된다. 이 하이드록실기는 물과 화학 반응성이 유사하며, 물은 자유롭게 효소의 활성자리로 들어 갈 수 있다. 그러나 육탄당인산화효소는 물 보다 포도당 쪽에 10^6배나 반응성이 높다. 육탄당인산화효소가 포도당과 물을 식별할 수 있는 것은 적합한 기질이 결합했을 때 효소의 입체형태가 변화하기 때문이다(**그림 6-26**). 이와 같이 육탄당인산화효소는 유도 적합(induced fit)의 좋은 예가 된다. 포도당이 존재하지 않을 때 효소는 활성자리의 아미노산 곁사슬이 반응 부위에 위치하지 않는 불

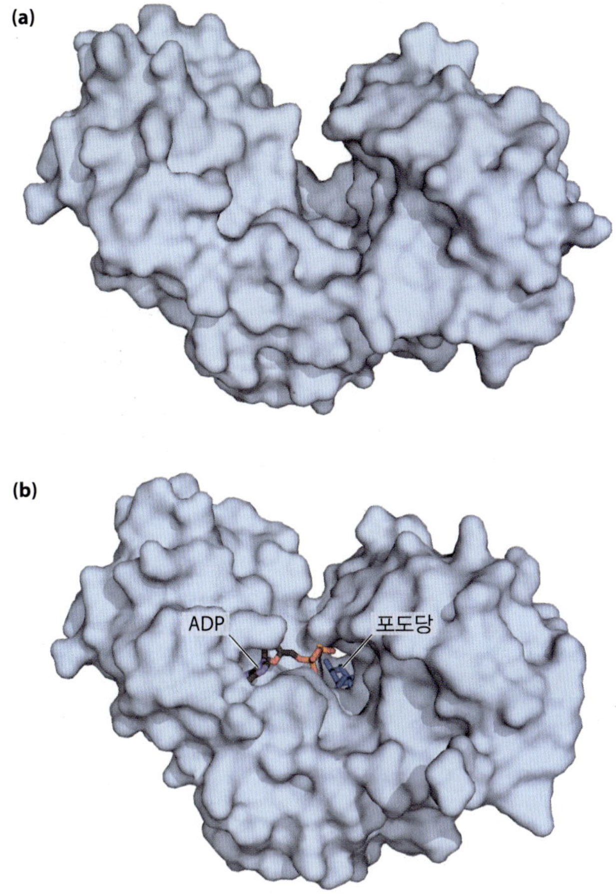

그림 6-26 육탄당인산화효소의 유도 적합. (a) 육탄당인산화효소는 U자 모양 구조를 갖는다. (b) D-포도당(빨간색)의 결합으로 유도된 입체형태의 변화에서 양쪽 끝이 서로 잡아당기게 된다. [출처: (a) PDB ID 2YHX, C. M. Anderson et al., *J. Mol. Biol.* 123:15, 1978. (b) PDB ID 2E2O, modeled with ADP derived from PDB ID 2E2Q, H. Nishimasu, et al., *J. Biol. Chem.* 282:9923, 2007.]

활성인 입체형태로 존재한다. 포도당(물이 아닌)와 Mg·ATP가 결합할 때, 이들의 상호작용으로부터 나온 결합 에너지는 육탄당인산화효소의 입체형태의 변화를 유도하여 촉매적으로 활성형을 만든다.

이 모델은 속도론적 연구를 통하여 더욱 강화되었다. 포도당과 입체화학적으로 비슷하지만 탄소 하나가 적은 오탄당인 자일로스(xylose)는 육탄당인산화효소와 결합할 수 있는 반면에 인산화될 수 없다. 그러나 반응 혼합물에 자일로스를 첨가하면 ATP 가수분해 속도가 증가된다. 확실히 자일로스가 결합하면 육탄당인산화효소를 활성형으로 바꾸도록 충분히 유도하고 이에 따라 효소는 "속아 넘어(tricked)"가 물을 인산화한다. 또한 육탄당인산화효소 반응은 효소의 특이성이 항상 한 화합물만 결합하는 간단한 문제가 아니라 다른 점이 있음을 보여 준다. 육탄당인산화효소의 경우, 반응의 특이성은 ES 복합체 형성 단계가 아니라, 후속 촉매 단계의 상대적 속도에서 관찰된다. 인산화 그룹을 수용할 수 있는 기질인 포도당이 존재하면 반응 속도는 크게 증가한다.

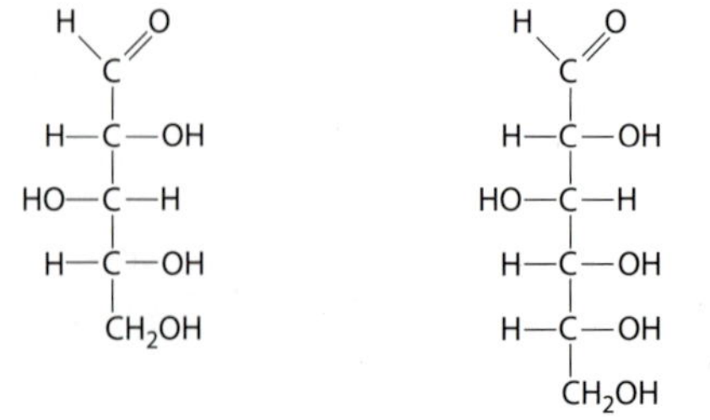

자일로스 포도당

유도적합은 카이모트립신에서와 같이 육탄당인산화효소의 촉매 반응의 한 측면이며, 육탄당인산화효소는 몇 가지 촉매 전략을 사용한다. 예를 들어, 활성자리의 아미노산 잔기는(기질 결합에 따른 효소의 입체 형태 변화로 유도되어 자리잡게 된) 일반 산-염기 촉매 반응(general acid-base catalysis)과 전이 상태 안정화(transition-state stabilization)에 참여한다.

엔올레이스의 반응 기전은 금속 이온을 필요로 한다

또 다른 당분해 효소인 엔올레이스는 2-인산글리세르산(2-phosphoglycerate)을 인산엔올피루브산(phosphoenolpyruvate)으로 전환하는 가역적 탈수반응을 촉매한다.

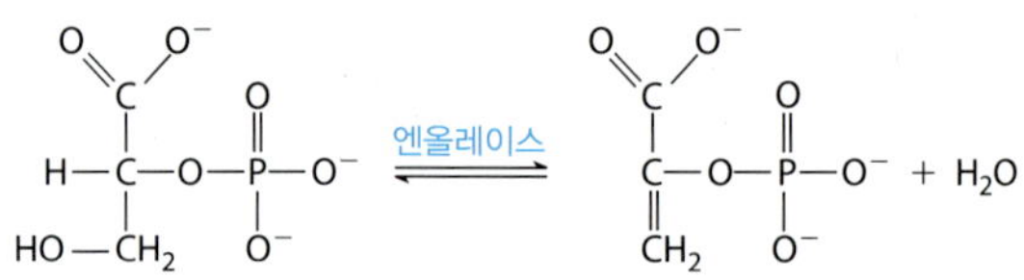

2-인산글리세르산 인산엔올피루브산

이 반응은 효소적 보조인자 사용의 예를 보여 주며, 이 경우는 금속 이온(보조 효소 기능의 예는 별도설명 6-3에서 제공되었다)이다. 효모 엔올레이스(분자량 93,316)는 소단위당 436개의 아미노산 잔기를 갖는 이합체(dimer)이다. 엔올레이스 반응은 금속 이온 촉매의 한 유형을 보여 주고 일반적 산-염기 촉매 반응과 전이상태의 안정화에 기여하는 또 다른 예를 보여 준다. 이 반응은 2단계에 걸쳐서 진행된다(**그림 6-27a**). 먼저 Lys^{345}는 일반적 염기(general base) 촉매로 작용하여 2-인산글리세르산의 C-2로부터 양성자를 빼앗는다; 그 다음 Glu^{211}는 이탈기(leaving group)인 —OH에 양성자를 전해주는 일반적 산(general acid) 촉매로 작용한다. 2-인산글리세르산의 C-2에 있는 양성자는 산성이 크지 않아서 Lys^{345}에 의해 쉽게 제거되지 않는다. 그러나 인접 카르보닐 그룹 중의 전기음성도가 높은 산소 원자는 C-2로부터 전자를 잡아당겨 결합된 양성자를 좀 더 취약하게 만든다. 효소의 활성자리에서는 2-인산글리세르산의 카르보닐 그룹은 2개의 결합된 Mg^{2+}이온과 강한 이온 상호작용을 하게 되어(그림 6-27b), 카르보닐 그룹에 의한 전자 끌기(electron withdrawal)을 더욱 강하게 한다. 종합하면, 이러한 효과는 C-2의 양성자를 충분히 산성화(pKa를 낮춤)시켜 하나의 양성자를 추출해내어 반응을 시작하게 한다. 불안정한 이놀레이트(enolate) 중간체가 형성될 때, 금속 이온은 카르보닐 산소 원자와 서로 근접하도록 일시적으로 위치하여 (카르보닐 산소 원자에 있는) 두 음성 전하를 방어한다. 활성자리의 다른 아미노산 잔기와 수소을 결합하는 것도 역시 전체 기전에 기여를 한다. 여러 상호작용은 엔올산 중간체(enolate intermediate)와 그 생성을 진행시키는 전이상태 모두를 효율적으로 안정화시킨다.

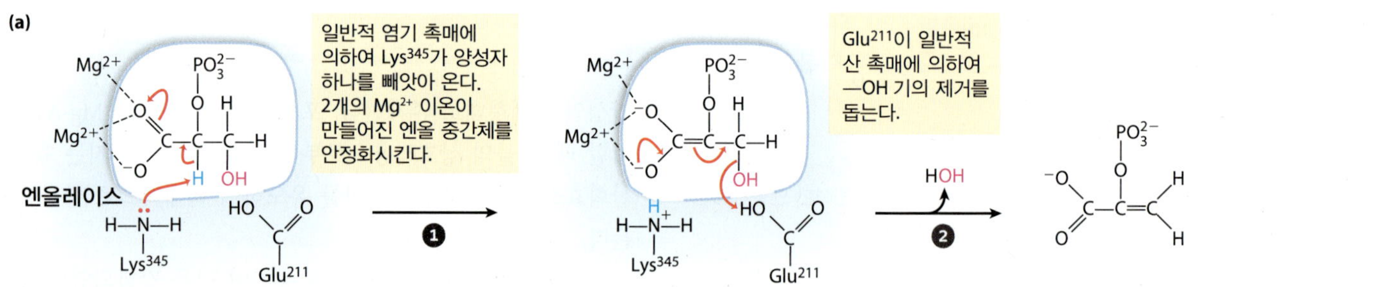

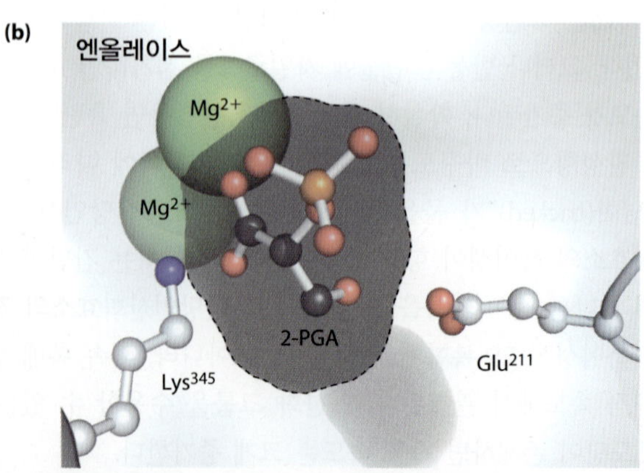

기전 그림 6-27 엔올레이스에 의하여 촉매되는 두 단계 반응. **(a)** 엔올레이스가 2-인산글리세르산(2-PGA)을 인산엔올피루브산으로 전환하는 기전. 2-인산글리세르산의 카복실기는 활성자리에서 2개의 Mg^{2+} 이온과 배위결합을 하고 있다. **(b)** Mg^{2+} 이온 및 엔올레이스의 활성자리(갈색의 윤곽선)의 Lys^{345}, Glu^{211}과 연관되어 있는 기질 2-PGA. 질소는 파란색, 인은 주황색이고, 수소원자는 보이지 않는다. [출처: (b) PDB ID 1ONE, T. M. Larsen et al., *Biochemistry* 35:4349, 1996.]

라이소자임은 2개의 연속적인 친핵성 치환 반응을 이용한다

라이소자임(lysozyme)은 눈물이나 달걀의 흰자에서 발견되는 자연적인 항균 물질이다. 달걀 흰자에서 분리한 라이소자임(분자량 14,296)은 129개의 아미노산 잔기로 구성되어 있는 단일체이다. 이것은 1965년에 David Phillips와 그의 연구진에 의하여 3차 구조가 밝혀진 최초의 효소이다. 이 구조는 안정화 역할을 하는 4개의 이황결합(disulfide bond)과 활성자리를 포함하는 하나의 틈(cleft)을 갖는다(**그림 6-28a**). 50년 이상의 연구는 이 효소의 구조와 활성에 대한 상세한 모습과 더불어 어떻게 생화학 연구가 발전되었는가에 대한 흥미로운 이야기거리를 제공하였다.

라이소자임의 기질은 많은 세균의 세포벽에서 발견되는 탄수화물인 펩티도글라이칸(peptidoglycan)이다. 라이소자임은 2종류의 당 잔기, 즉 *N*-아세틸뮤라민산(*N*-acetylmuramic acid; Mur2Ac)과 *N*-아세틸글루코사민(*N*-acetylglucosamine; GlcNAc) (그림 6-28b) 사이의 (β1 → 4) 글라이코사이드 C—O 결합(258쪽 참조)을 절단한다. 이 당 잔기를 다른 효소학 책에서는 각각 NAM과 NAG로 부르기도 한다. 펩티도글라이칸의 구조에서 번갈아 나타나는 Mur2Ac과 GlcNAc의 6개의 잔기는 활성자리에 결합하며 이들이 결합하는 부위를 A에서 F까지 표기하였다. 결합 방식에 대한 구조적 모형화에 의하면 Mur2Ac가 B, D, F 부위에 결합하는 것으로 제한되기 때문에 Mur2Ac의 락틸(lactyl) 곁사슬은 C와 E 부위에 결합될 수 없다. 결합된 글라이코사이드 결합 중에서 하나의 글라이코사이드 결합만이 절단되며, 이 절단 위치는 D 부위의 Mur2Ac 잔기와 E 부위의 GlcNAc 잔기 사이가 된다. 활성 부위의 핵심 촉매 아미노산 잔기는 Glu[35]와 Asp[52]이다(**그림 6-29a**). 이 반응은 물로부터 —OH를

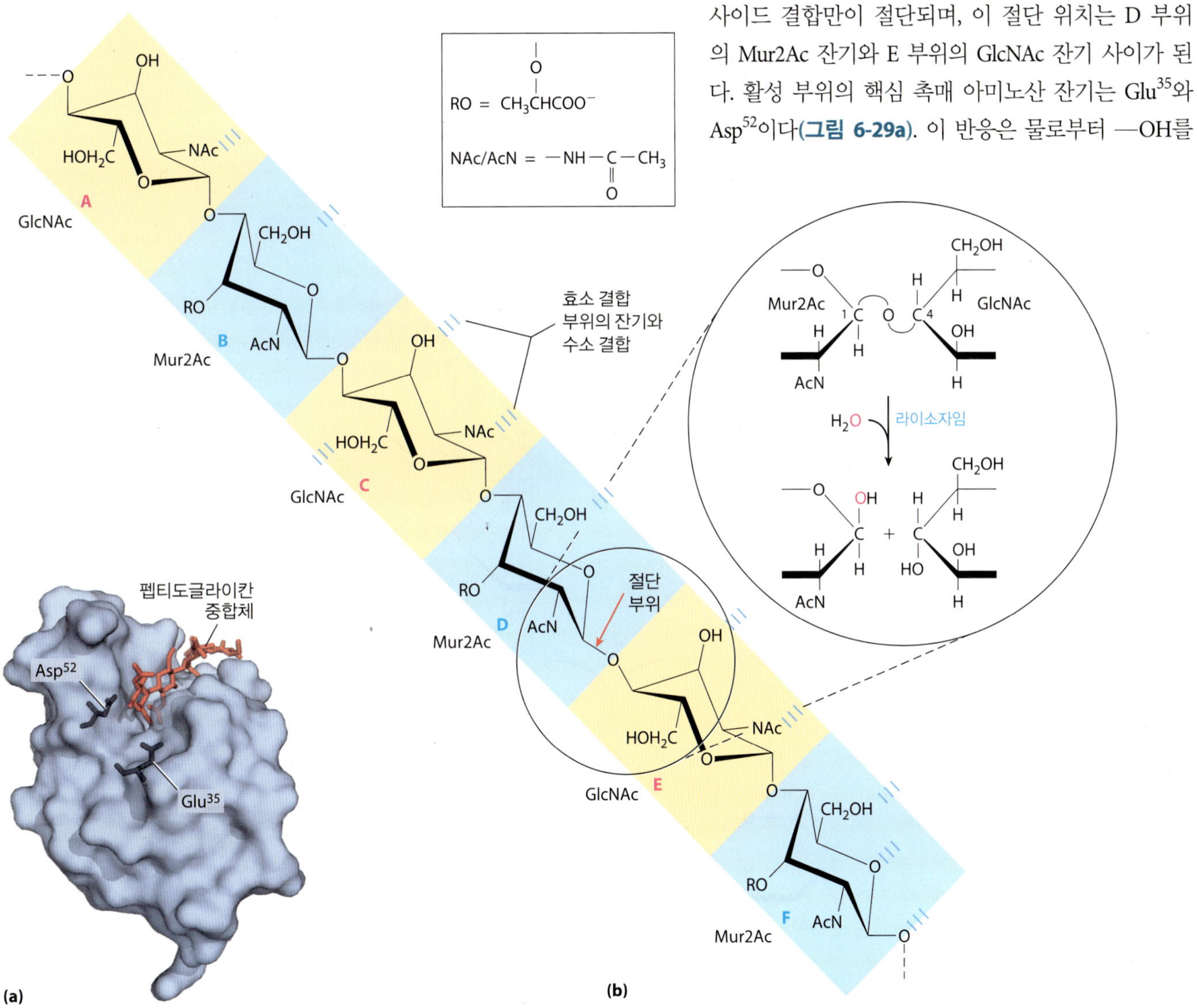

그림 6-28 계란 흰자의 라이소자임과 그것의 촉매 반응. (a) 효소의 리본 그림. 효소의 활성 부위인 Glu[35]와 Asp[52]는 파란색 막대 구조로 나타냈으며, 결합된 기질은 빨간색으로 나타내었음(PDB ID 1LZE). (b) 계란 흰자의 라이소자임에 의하여 촉진된 반응. 펩티도글라이칸 중합체의 분절과 라이소자임이 결합하는 부위인 그림자 처리된 A부터 F가 보인다. 빨간색 화살표로 나타낸 것 같이 부위 D와 E에 결합된 당 잔기 사이의 글라이코사이드 C—O 결합이 절단된다. 가수분해 반응은 삽입된 그림에 나타나 있으며, H_2O의 산소의 운명은 빨간색으로 나타내었다. Mur2Ac는 *N*-아세틸뮤라믹산(*N*-acetylmuramicacid); GlcNAc는 *N*-아세틸글루코사민(*N*-acetylglucosamine); RO—는 락틸(젖산)기를 나타낸다. —NAc와 AcN—은 *N*-아세틸기를 나타낸다. [출처: (a) PDB ID 1LZE, K. Maenaka et al., *J. Mol. Biol.* 247:281, 1995.]

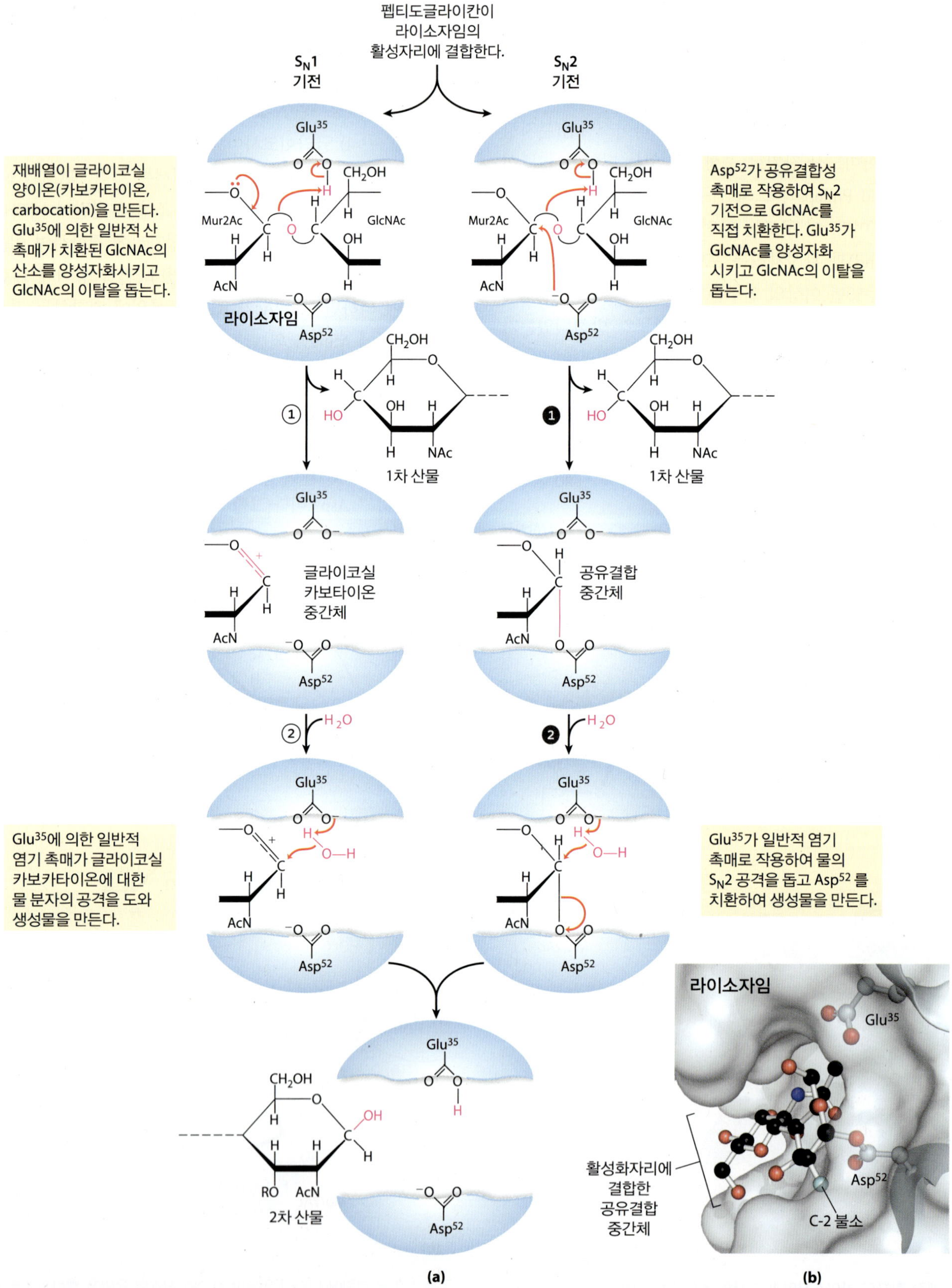

기전 그림 6-29 라이소자임 반응. 이 반응에서(본문 참조), Mur2Ac의 C-1의 생성물로 도입된 물은 원래의 글라이코사이드 결합과 같은 입체배치를 나타낸다. 그러므로 반응은 '기존입체배열유지(retention of configuration)'와 함께하는 분자적인 치환이다. **(a)** 2가지의 제안된 경로는 잠재적으로 전체적인 반응과 특징을 설명한다. S_N1 경로(왼쪽)는 원래의 Phillips의 기전이다. S_N2 경로(오른쪽)는 최근의 자료와 가장 잘 부합되는 기전이다. **(b)** 공 막대 구조로 나타낸 공유결합적인 효소-기질 중간체가 있는 라이소자임의 표면 이미지 그림. 활성 부위 잔기의 곁사슬은 리본에서 튀어나온 공 막대 구조로 나타내었다. [출처: (b) PDB ID 1H6M, D. J. Vocadlo et al., *Nature* 412:835, 2001.]

사용하여 Mur2Ac의 C-1에 있는 GlcNAc를 치환하는 친핵성 치환 반응(nucleophilic substitution)이다.

확인된 활성자리의 잔기들과 효소의 자세한 구조는 1960년대에 효소의 반응 기전을 밝히는 데 길을 열어 놓은 것처럼 보였다. 그러나 특정 반응 기전을 밝히는 명확한 증거가 그 후 약 40년 동안 제시되지 못하고 있다. 라이소자임에 의하여 촉매되는 글라이코사이드 결합의 분해 반응에서 관찰되는 생성물을 설명할 수 있는 화학적으로 납득할 만한 2가지의 기전이 있다. 첫 번째 작용 기전은 Phillips와 그의 연구진에 의하여 제안된 해리 기전(S_N1-형)이다(그림 6-29a, 왼쪽). 이 기전에서 GlcNAc는 먼저 ①단계에서 뒤쪽의 글라이코실 양이온(카보카타이온, carbocation) 중간체를 남기며 해리된다. 이 기전에서 일탈된 GlcNAc는, 소수성 주머니에 존재해서 카복실기가 비정상적으로 아주 높은 pK_a 값을 갖게 되는 Glu^{35}와 일반적 산 촉매 반응에 의하여 양성자화된다. 이 카보카타이온은 인접한 고리의 산소원자에 의하여 공명구조로 되어 안정화되고, 또한 이웃하는 Asp^{52}의 음전하와 정전기적 상호작용을 하게 되어 안정화된다. ②단계는 물이 Mur2Ac의 C-1을 공격하여 최종 생산물을 만든다. 대체 작용 기전(그림 6-29a, 오른쪽)은 2개의 연속적인 직접 치환(S_N2-형) 단계를 포함한다. ❶단계에서 Asp^{52}는 Mur2Ac의 C-1을 공격하여 GlcNAc를 치환한다. 첫 번째 기전처럼 Glu^{35}은 일탈된 GlcNAc를 양성자화하는 일반적 산으로 작용한다. ❷단계에서 물은 Mur2Ac의 C-1을 공격하여 Asp^{52}을 치환하고 최종 산물을 생산한다.

Phillips의 기전(S_N1)은 30년 이상 보편적으로 받아들여져 왔다. 그러나 여기에는 몇 가지의 상충되는 의견들이 존재해 왔으며 이를 위한 실험은 계속되었다. 과학적인 방법은 때로는 논점을 천천히 진보시키고 정말 통찰력 있는 실험은 설계하기가 어려울 수 있다. Phillips의 기전에 반박하는 초기의 이론들은 제안으로서 인정되긴 하였지만 완전히 설득력을 가지지는 못했다. 예를 들면, 제안된 글라이코실 양이온의 반감기는 10^{-12}초로 계산되었는데, 이 시간은 분자의 진동보다 길었으나 다른 분자들이 필요로 하는 확산 보다는 충분히 길지 못했다. 더욱 중요한 것은 라이소자임은 "기존 구조 유지 글라이코시데이스(retaining glycosidase)"라고 불리는 효소 족에 속하는 효소로서, 이 족에 속하는 모든 효소의 생성물은 기질과 똑같은 아노머 위치배열(anomeric configuration)을 가지고 있다(탄수화물의 아노머 위치배열은 제7장에 기술되어 있다). 또한 이 족에 속하는 모든 효소는 대체(S_N2) 경로에서 제안된 것과 같은 반응성이 강한 공유결합성 중간체를 가지는 것으로 알려져 있다. 이 때문에 Phillips의 기전은 밀접하게 연관된 효소에 대한 실험 결과들과 어긋나게 되었다.

2001년 Stephen Withers와 그의 연구진에 의한 설득력 있는 실험에 의하여 명확하게 S_N2 경로를 지지하게 되었다. 이 연구자들은 돌연변이 효소(35번째 Glu를 Gln으로 치환)와 반응의 중요 단계의 속도를 느리게 하는 인위적으로 만든 기질을 이용함으로써 순간적 포착이 어려운 공유결합성 중간체를 안정화할 수 있었다. 결국 이 실험은 질량분광계와 X-선 구조결정법을 이용하여 공유결합성 중간체를 직접 관찰할 수 있도록 하였다(그림 6-29b).

라이소자임 반응 기전은 현재 밝혀졌는가? 아니다. 과학적인 방법의 핵심은 전에 Albert Einstein이 언급한 것처럼, "많은 양의 실험이 옳다는 것을 증명할 수 없다. 반면에 단 한 번의 실험으로도 틀린 것을 증명할 수 있다"는 것이다. 라이소자임 기전 연구에서 누군가는(경우에 따라서는 다수가) 공유결합성 중간체의 안정화를 위하여 C-1과 C-2 위치에 불소(fluorine)를 치환하여 만든 인위적인 기질에 대하여 이 인공 기질이 반응 경로를 변경할지 모른다고 반박할지도 모른다. 전기음성도가 매우 높은 플루오린이 S_N1 경로에서 나타날 수 있는 글라이코실 양이온 중간체에서 이미 전자가 결핍된 옥소카베니움(oxocarbenium)을 불안정화시킬 수도 있다. 그러나 현재 S_N2 경로는 확보된 자료에 가장 부합되는 기전이다.

효소 기전을 이해하여 유용한 항생제를 개발하다

페니실린은 1928년 Alexander Fleming에 의해서 최초로 발견되었지만 비교적 불안정한 화합물인 페니실린이 세균 감염의 약물 치료제로 사용되기까지는 15년이 더 걸렸다. 페니실린은 세균의 삼투성 용해(osmotic lysis)를 막는 단단한 세포벽의 중요한 요소인 펩티도글라이칸의 합성을 억제한다. 펩티도글라이칸은 다당류와 펩타이드가 트랜스펩타이드분해효소(transpeptidase) 반응을 포함하여 여러 단계를 거쳐 교차 결합된 형태를 띠고 있다(**그림 6-30**). 바로 이 반응이 페니실린과 이와 관련된 화합물에 의하여 저해된다(**그림 6-31a**). 이 화합물 모두는 펩티도글라이칸 전구체의 D-Ala-D-Ala 부분의 배열을 모방하고 있다. 전구체의 펩타이드 결합이 매우 반응성이 높은 β-락탐 고리(β-lactam ring)로 치환된다. 페니실린이 트랜스펩타이드분해효소에 결합할 때 활성자리의 Ser이 β-락탐 고리의 카보닐기를 공격하고 페니실린과 효소 사이에 공유결합을 형성한다. 하지만, 이 이탈기는 β-락탐 고리의 나머지 부분과 결합되어 있으므로 남아있게 된다(그림 6-31b). 이 공유결합 복합체는 비가역적으로 효소를 불활성화시킨다. 따라서 세균의 세포벽 합성을 막게 되고, 대부분의 세균은 삼투압에 의하여 약한 내막이 터져서 죽게 된다.

인류가 페니실린과 유도체를 사용함에 따라 병원균들은 β-락탐 항생제를 분해하여 비활성화시키는 효소인 **β-락타메이스(β-lactamase**, **그림 6-32a**)를 생산하는 방향으로 진화하였다. 그것에 의하여 세균들이 항생제에 면역력을 가지게 되었다. β-락타메이스 유전자는 β-락탐 항생제 사용(종종 과용)에 노출된 세균들 사이에서 급속도로 확산되었다. 인류의 치료제가 발전하게 되어 클라불란 산(clavulanic acid)을 찾았는데, 이것은 '자살 억제제'로서 β-락타메이스를 비가역적으로 불활성화시킨다(그림 6-32b). 클라불란 산

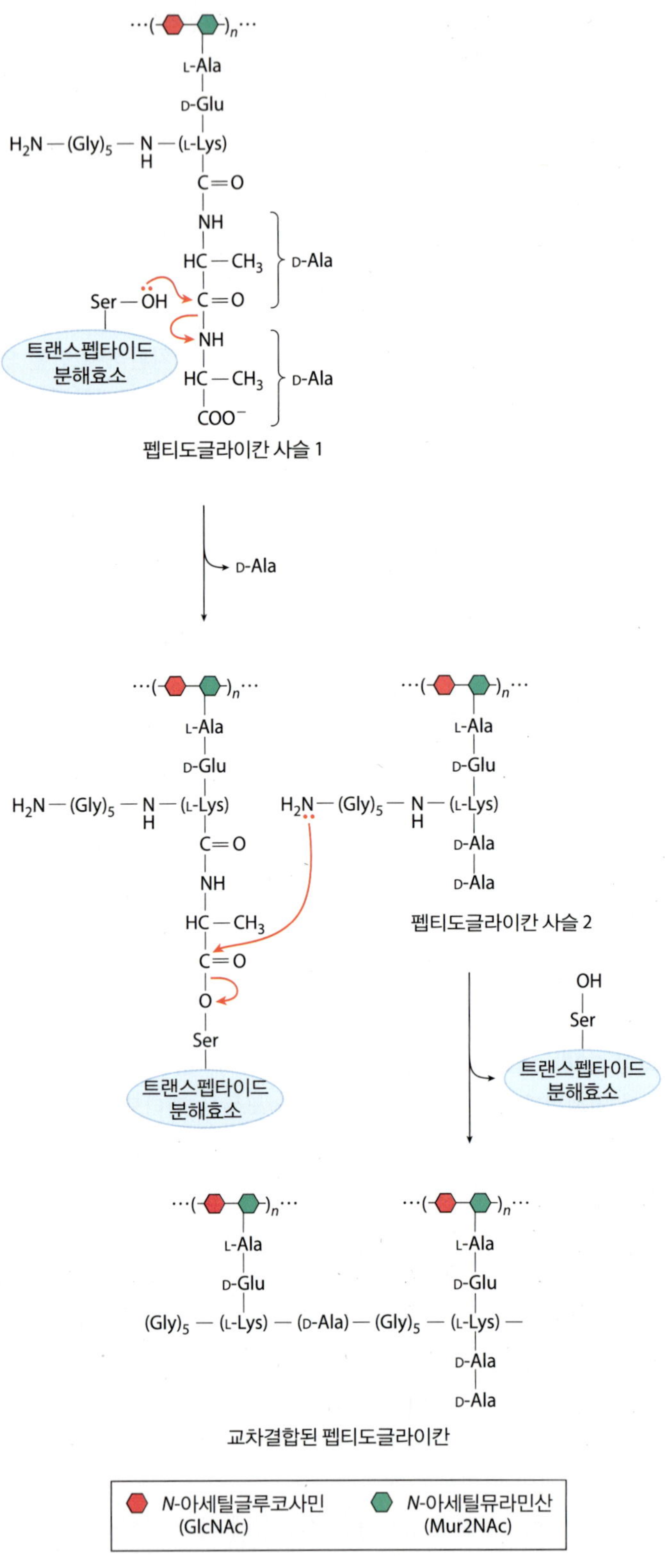

그림 6-30 트랜스펩타이드분해효소 반응. 이 반응은 2개의 펩티도글라이칸 전구체를 보다 큰 중합체로 연결하는 반응이다. 이 반응은 활성자리 Ser과 키모트립신의 기전과 비슷한 공유결합 촉매 기전에 의해서 진행된다. 펩티도글라이칸은 자연에서 D-아미노산 잔기가 발견될 수 있는 몇 안 되는 물질 중 하나임을 주목하라. 활성자리 Ser은 2개의 D-Ala 잔기 사이에 있는 펩타이드 결합의 카보닐을 공격하여, 말단의 D-Ala 잔기를 방출하면서 효소와 기질 간의 공유 에스터결합을 형성한다. 두 번째 펩티도글라이칸 전구체의 아미노기가 이 에스터결합을 공격하여 효소와 치환하면서 두 전구체를 교차결합시킨다.

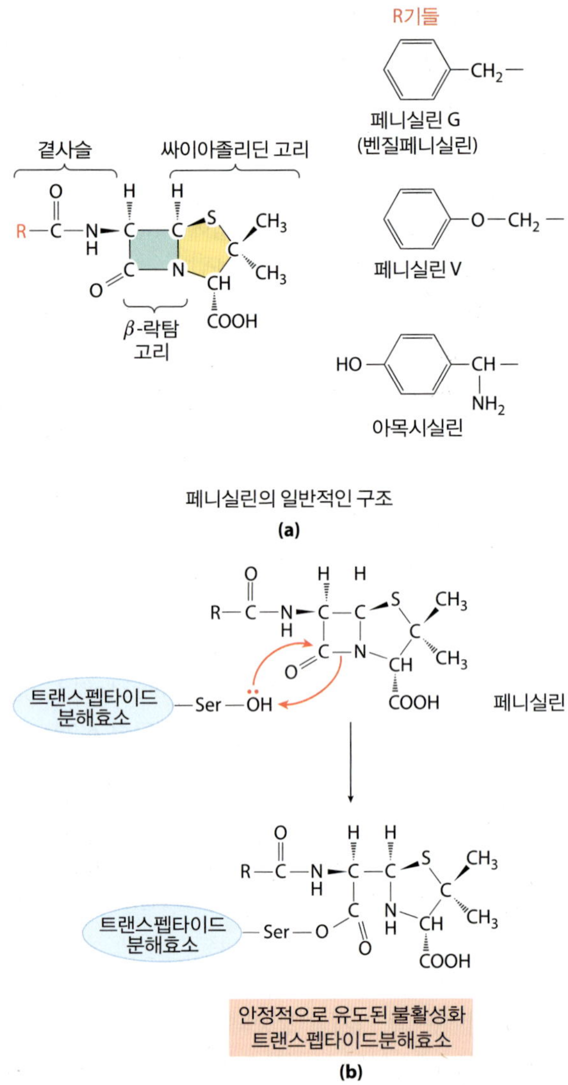

그림 6-31 β-락탐 항생제에 의한 트랜스펩타이드분해효소 저해. (a) β-락탐 항생물질은 5 구성요소로 이루어진 싸이아졸리딘(five-membered thiazolidine) 고리가 4 구성요소로 이루어진 β-락탐 고리와 결합된 형태이다. β-락탐 고리는 경직되어 있으며 펩티도글라이칸 합성 저해에 필수적인 아마이드의 일부분을 포함하고 있다. R기는 페니실린의 종류에 따라 다르다. 페니실린 G는 최초로 분리되었고 현재에도 가장 효과적이다. 하지만 위산에 의해 분해되므로 반드시 주사해야만 한다. 페니실린 V는 효과적이고 산에 안정하므로 섭취해도 된다. 아목시실린은 그 활용도가 매우 넓고 섭취해도 되므로 현재 가장 많이 처방되는 β-락탐 항생제이다. (b) 트랜스펩타이드분해효소 활성자리 Ser에 의하여 β-락탐 고리의 아마이드 잔기에 대한 공격이 진행되면 공유결합성 아실-효소 생성물이 만들어진다. 이 생성물의 가수분해는 매우 천천히 진행되기 때문에 부가 생성물의 형성이 실제적으로 비가역적이고, 따라서 트랜스펩타이드분해효소가 불활성화된다.

은 β-락탐 항생제의 구조를 모방하여 β-락타메이스의 활성자리에 있는 Ser과 공유결합을 형성한다. 이 결합은 구조적 재배열을 유도하여 더욱 민감한 유도체를 생성하게 하고, 이것을 활성자리에 있는 다른 친핵분자들이 공격하여, 효소는 비가역적으로 아실화되고 불활성화된다. 일반적으로 많이 사용되는 오그멘틴(augmentin)은 아목시실린(amoxicillin)과 클라불란 산의 조합으로 이루어져 있

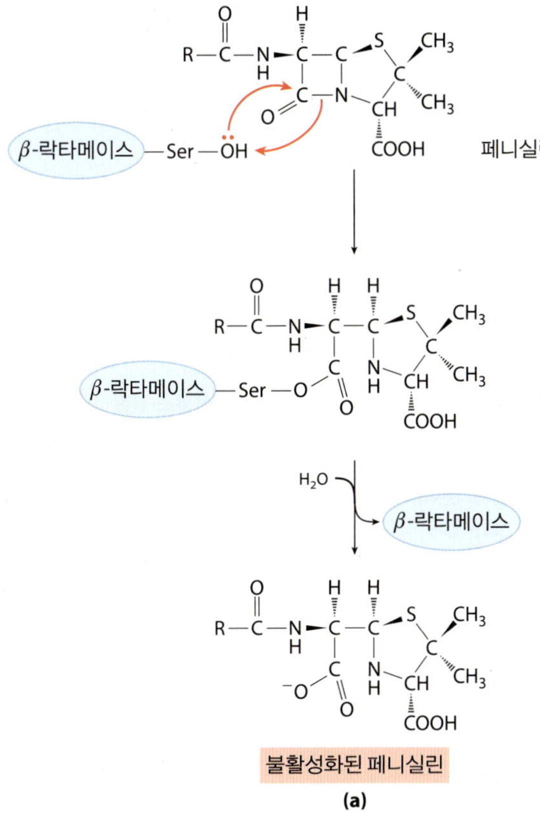

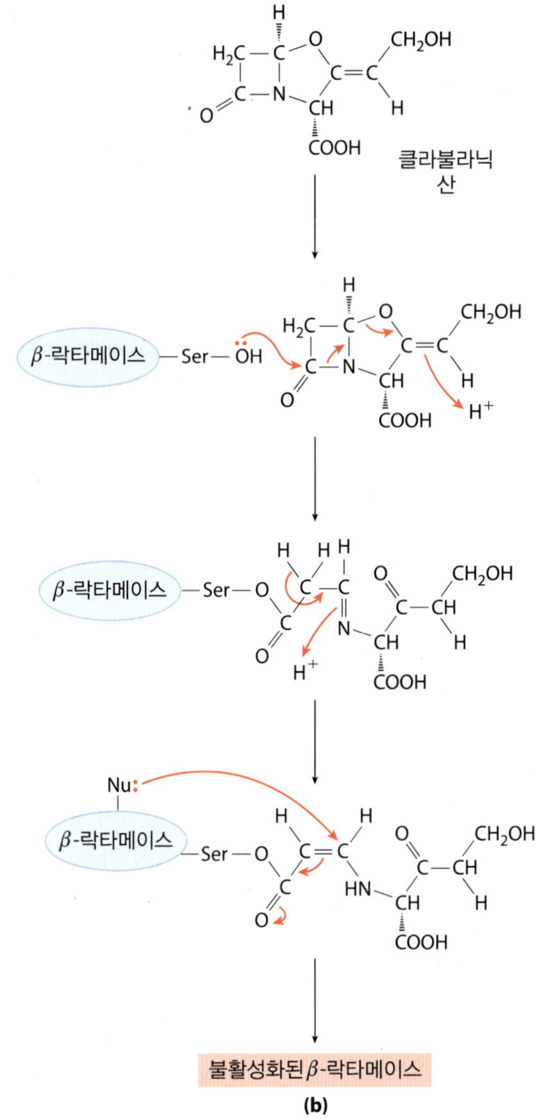

그림 6-32 β-락타메이스와 β-락타메이스의 억제. (a) β-락타메이스는 β-락탐 항생제의 β-락탐 고리의 분해를 촉진하여 항생제를 불활성화시킨다. (b) 클라불라닉 산은 '자살 억제제(suicide inhibitor)'이며, β-락타메이스의 일반적인 화학기전을 사용하여 활성자리에 반응성 종(reactive species)을 형성한다. 이 반응성 종은 활성자리에 있는 다양한 기에 의해 공격을 받아 효소를 비가역적으로 아실화시킨다.

다. 하지만 인류와 세균의 화학 전쟁의 순환은 아직 끝나지 않았다. 최근 아목시실린과 클라불란 산에 면역력을 가진 병원균(β-락타메이스가 클라불란 산에 반응하지 않도록 돌연변이를 일으킨)이 발견되었다. 가까운 미래에 새로운 항생제 개발이 산업 성장에 일익을 담당할 것이다. ■

요약 6.4 효소 반응의 예

■ 카이모트립신은 작용 기전이 잘 알려진 세린 단백질분해효소이며, 일반적 산-염기 촉매 작용, 공유결합성 촉매 작용, 전이상태의 안정화 등의 특징을 보인다.

■ 육탄당인산화효소는 기질과 반응시에 결합 에너지를 사용하는 유도 적합의 좋은 예가 된다

■ 엔올레이스 반응은 금속 이온 촉매에 의하여 진행된다.

■ 라이소자임이 2가지의 연속적인 친핵성 치환 반응을 촉진할 때 공유결합성 촉매 작용과 일반적 산 촉매 작용 반응을 이용한다.

■ 효소 작용 기전을 이해하면 효소 작용을 억제하는 약물 개발이 가능하다.

6.5 조절 효소

포도당이 다단계 반응을 통하여 젖산으로 분해되는 과정이나 간단한 전구체로부터 다단계 반응을 통하여 아미노산으로 합성되는 과정에서 볼 수 있듯이, 세포 내의 대사과정에서는 하나의 대사경로를 진행하기 위하여 여러 가지의 효소가 순차적으로 협력한다. 이와 같은 효소계에서 하나의 효소의 반응 생성물이 다음 반응의 기질이 된다.

각각의 대사경로에 있는 효소의 대부분이 지금까지 기술한 속도론을 따른다. 그러나 대사경로는 전체의 반응 속도에 더 큰 영향을 끼치는 1개 또는 그 이상의 효소가 있다. 이 **조절효소(regulatory enzyme)**는 특정 신호에 대하여 촉매 활성을 증대시키거나 감소시킨다. 조절효소에 의하여 촉매되는 반응의 속도 보정과 이로 인한 전체 대사 순서의 속도 보정으로 세포가 성장과 복구에 필요한 생체 분자와 에너지 요구의 변화에 대처할 수 있다.

조절 효소의 활성은 다양한 방법으로 조절된다. **입체다른자**

리효소(allosteric enzyme)는 **입체다른자리 조절자(allosteric modulator)** 또는 **입체다른자리 효과자(allosteric effector)**라고도 불리는 조절 화합물이 가역적 및 비공유적 결합을 함으로써 기능을 하며, 이 화합물은 일반적으로 작은 대사물이나 보조인자이다. 다른 효소는 **가역적 공유결합 변형(covalent modification)**에 의하여 조절을 받는다. 이와 같은 2종류의 조절 효소는 다중소단위(multisubunit) 단백질이며, 그 중에서 다수는 조절자리와 활성자리가 서로 다른 소단위에 있다. 대사계는 적어도 효소 조절을 위해 2가지의 다른 기전을 갖는다. 어떤 효소는 분리되어 있는 **조절 단백질(regulatory protein)**이 효소에 결합할 때 효소가 촉진되기도 하고 억제되기도 한다. 다른 경우는 **단백질 절단**에 의하여 펩타이드 조각이 떨어져나감으로써(proteolytic cleavage) 활성화된다. 이 방식은 효과자-매개 조절(effector-mediated regulation)과 달리 비가역적이다. 두 기전의 중요한 예는 소화, 혈액 응고, 호르몬 작용, 시각(vision) 등의 생리적인 과정에서 들 수 있다.

세포의 성장과 생존은 자원을 효율적으로 이용할 수 있는 것에 좌우되며, 이 효율성은 조절 효소에 의하여 가능하게 된다. 서로 다른 계통(system)에서 서로 다른 조절 유형이 있으므로 한 가지 원칙에 의해 조절될 수 없다. 어느 정도 입체다른자리 조절(비공유결합성)은 세포 조건의 변화에 따라서 활성이 높거나 낮더라도 항상 있어야 할 필요가 있는 대사경로에서 아주 세밀하게 조절을 하고 있다. 공유결합성 조절은 전부 아니면 전무(all or none)일 수 있으며(보통 단백질분해 절단과 같은 경우), 또한 활성에 미묘한 변화를 유도할 수 있다. 하나의 조절 효소에서 다양한 형태의 조절 양식을 볼 수도 있다. 이 장의 남은 지면에서 효소의 조절에 관하여 다룰 것이다.

입체다른자리효소는 조절자의 결합에 반응하여 입체형태의 변화를 일으킨다

제5장에서 살펴보았듯이, 입체다른자리 단백질은 조절자가 결합하면 "다른 모양" 또는 입체형태의 변화를 가져온다. 하나 또는 그 이상의 조절자에 의하여 유도되는 입체형태의 변화가 효소를 더 활성화시키거나 덜 활성화시키는 등의 상호전환을 시키는 것처럼, 같은 개념이 특정 조절 효소에도 적용된다. 입체다른자리효소에 대한 조절자는 반응을 억제하거나 촉진한다. 종종 기질 자체가 조절자이기도 하다; 기질과 조절자가 동일한 조절 효소를 동질조절(homotropic) 효소라고 부른다. 이 효과는 산소가 헤모글로빈에 결합할 때의 효과와 비슷하다(제5장 참조): 리간드(효소의 경우에 기질)의 결합은 그 단백질의 다른 위치에 그 다음의 활성에 영향을 주는 입체형태의 변화를 일으킨다. 대부분의 경우에 입체적인 변화는 상대적으로 비활성의 입체형태(T 상태로 자주 불림)를 더 큰 활성의 입체형태(R 상태)로 전환한다. 조절자가 그 조절 효소의 기질이 아닌 다른 분자일 때 그 효소를 이질조절(heterotropic) 효소라

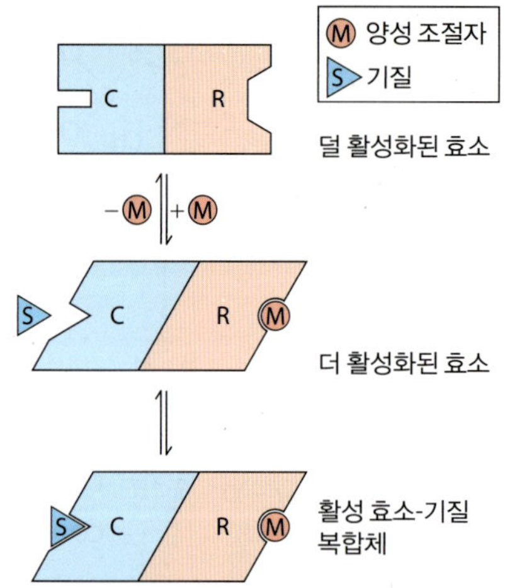

그림 6-33 입체다른자리효소의 소단위 사이의 상호작용과 억제제와 활성자와의 상호작용. 많은 입체다른자리효소에서 기질 결합자리와 조절자 결합자리가 각각 촉매자리(C)와 조절자리(R)라는 서로 다른 소단위에 존재한다. 양성(촉진) 조절자(M)가 조절 소단위의 특정 자리에 결합하면 입체형태의 변화를 통하여 정보가 촉매 소단위로 전해져서 소단위가 활성화되고 기질(S)이 높은 친화성으로 결합을 가능하게 한다. 조절자가 조절 소단위로부터 해리되면 효소는 다시 불활성 또는 활성이 낮은 상태로 되돌아간다.

고 말한다. 입체다른자리 조절자는 무경쟁적 및 혼합 억제제와 혼동해서는 안 된다는 것에 주목해야 한다. 무경쟁 및 혼합형은 효소의 제2의 자리에 결합하지만 반드시 활성형과 불활성형 사이의 입체형태 변화를 매개하지 않고 반응속도론의 결과도 다르다.

입체다른자리 조절 효소의 성질은 단순한 비조절 효소의 성질과 상당히 다르다. 그 중 몇 가지의 차이는 구조적인 것이다. 입체다른자리효소는 일반적으로 활성자리 이외에 조절자 결합을 위하여 하나 이상의 조절 자리, 즉 입체다른자리를 갖는다(**그림 6-33**). 한 효소의 활성자리가 그 기질에 특이적인 것과 같이 각 조절자리는 그 조절자에 대하여 특이적이다. 여러 가지 조절자를 갖는 효소는 일반적으로 각각에 대하여 다른 특이적인 결합자리를 갖는다. 동질조절 효소에서는 활성자리와 조절자리가 같다.

입체다른자리효소는 일반적으로 비입체다른자리효소보다 크고 복잡하다. 대부분은 2개 이상의 소단위를 갖는다. 전형적인 예가 피리미딘 뉴클레오타이드 생합성의 첫 반응을 촉매하는 아스파트산 트랜스카바모일레이스(aspartate transcarbamoylase, ATCase로 흔히 약칭)이며, 이 효소는 카바모일 인산과 아스파트산의 반응을 촉매하여 카바모일 아스파트산을 형성한다:

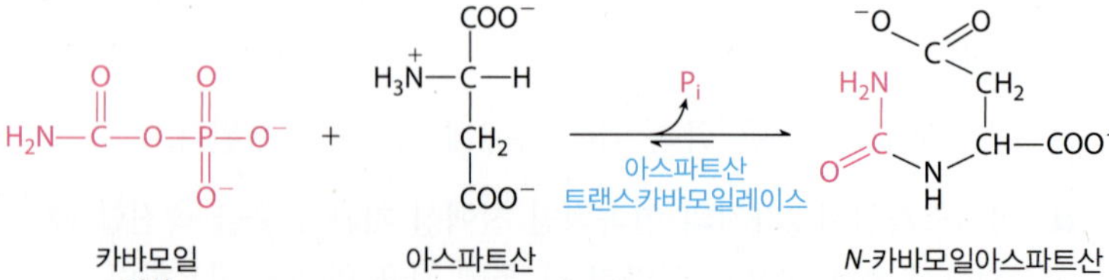

ATCase는 6개의 촉매 소단위(2개의 삼합 복합체로 구성됨)와 6개의 조절 소단위(3개의 이합 복합체로 구성됨)로 구성된 12개의

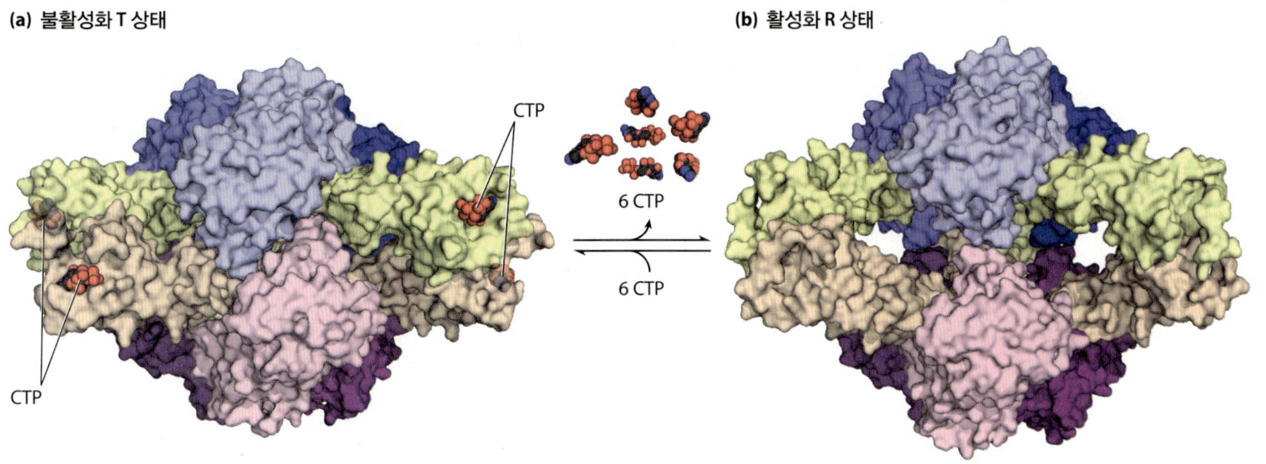

그림 6-34 조절 효소 아스파트산 트랜스카바모일레이스(aspartate transcarbamoylase)의 2가지 측면도. 효소의 (a) 불활성화 T 상태와 (b) 활성화 R 상태를 보여 주고 있다. 이 입체다른자리 조절 효소는 2개의 촉매 작용 뭉치를 가지고 있고, 각각은 3개의 촉매 폴리펩타이드 사슬(파란색과 보라색 음영 표시)을 가진다. 또한 이 효소는 3개의 조절 작용 뭉치를 가지며, 각각은 2개의 조절 폴리펩타이드 사슬(베이지색과 노란색 표시)을 가진다. 조절 작용 뭉치는 촉매 작용 소단위를 둘러싸 삼각형(이 측면도에서는 뚜렷하지 않다)의 점을 형성한다. 입체다른자리 조절자(CTP를 포함하여)의 결합자리는 조절 소단위에 있다. 조절자가 결합하면 효소의 입체형태와 활성이 크게 변한다. 뉴클레오타이드 합성에 있어서 이 효소의 역할과 그 조절 작용은 제22장에서 상세하게 기술한다. [출처: (a) PDB ID 1RAB, R. P. Kosman et al., *Proteins* 15:147, 1993. (b) PDB ID 1F1B, L. Jin et al., *Biochemistry* 39:8058, 2000.]

폴리펩타이드 사슬을 갖고 있다. **그림 6-34**는 X-선 분석으로 밝혀진 이 효소의 4차 구조를 보여 주고 있다. 이 효소는 아래에 상세하게 기술된 바와 같이 촉매 소단위들이 협동적으로 기능함으로써 조절성 행동을 나타낸다. 조절 소단위들은 각각 양의 조절자와 음의 조절자로 작용하는 ATP와 CTP에 대한 결합자리를 갖고 있다. CTP는 경로의 마지막 산물들 중의 하나이며, CTP에 의한 음의 조절을 통해 CTP가 풍부한 상태에서 ATCase의 작용을 억제할 수 있다. 반면에 높은 ATP 농도는 세포내 대사가 견실히 일어나고, 세포가 성장하고 있으며, 부가적인 피리미딘 뉴클레오타이드들이 RNA 대사와 DNA 복제를 유지하는 데 필요할 것이라는 것을 나타내는 것이다.

입체다른자리효소의 속도론적 특성은 미하엘리스-멘텐 양상과 다르다

입체다른자리효소는 미하엘리스-멘텐 속도론과 다른 V_0와 [S] 사이의 관계를 보인다. 입체다른자리효소는 [S]가 충분히 높을 때 포화현상을 보이는데, 다수의 입체다른자리효소는 V_0와 [S]의 도표(**그림 6-35**)에서 비조절 효소에서 볼 수 있는 쌍곡선(hyperbolic)이 아닌 S자형(sigmoid) 포화곡선을 나타낸다. S자형 포화곡선에서 반응 속도가 최대치의 절반이 될 때의 [S] 값을 구할 수 있으나, 그것을 K_m이라고 할 수는 없다. 왜냐하면 이 효소는 쌍곡선의 미하엘리스-멘텐식을 따르지 않기 때문이다. 그 대신에 입체다른자리효소에 의한 촉매 반응에서 최대 속도의 절반에 해당하는 속도를 보이는 기질 농도를 나타내는 기호로서 $[S]_{0.5}$ 또는 $K_{0.5}$를 사용한다(그림 6-35).

S자형 속도론적 양상(sigmoid kinetic behavior)은 일반적으로 단백질 소단위들 사이의 협동적 상호작용을 나타낸다. 다시 말하면 하나의 소단위의 구조가 변화하면 인접한 소단위의 구조 변화로 신호가 보내지게 된다. 이것은 소단위 표면에서 비공유결합 상호작용에 의한다. 이 원리는 비효소 단백질인 헤모글로빈에 산소가 결합하는 과정에서 잘 알려져 있다. S자형 속도론적 양상은 소단위의 상호작용에 대한 협동 모형과 순차 모형에 의하여 설명된다(그림 5-15 참조).

ATCase는 효과적으로 동질과 이질 조절반응 양상을 보여준다. 기질인 아스파트산과 카바모일 인산이 효소에 결합하면 점진적으로 상대적으로 비활성의 T 상태에서 활성이 강한 R 상태로의 전환을 일으킨다. 이것이 [S]가 증가함에 따라 V_0가 쌍곡선형이 아닌 S자형이 되게 한다. S자형 속도론의 한 가지 특징은 조절자의 농도에 작은 변화가 생겨도 활성에 큰 변화를 줄 수 있다는 것이다. 그림 6-35a에서 알 수 있듯이, 곡선의 가파른 부분에서 비교적 작은 [S]의 증가에도 큰 V_0의 증가를 일으킨다.

ATCase의 이질입체다른자리 조절은 ATP와 CTP와의 결합에 의해 발생한다. 이질다른자리조절 효소에 대하여 활성자는 곡선이 더욱 쌍곡선이 되게 하고 $K_{0.5}$는 감소되는 반면에, V_{max}는 변화하지 않게 하여 일정한 기질 농도에서 속도의 상승을 가져오게 된다. ATCase에서는 ATP와의 결합이 이러한 것이 일어나게 하고, 효소는 충분히 높은 농도의 ATP 존재 하에서 활성화된 R 상태의 특징인 V_0 대 [S] 곡선을 나타낸다(어떤 [S]에 있어서도 V_0가 더 높아진다, 그림 6-35b). 음의 조절자(억제자)는 ATCase 속도론에 대한 CTP의 효과에서 볼 수 있는 것처럼 더 심한 S자형의 기질포화 곡선(substrate-saturation curve)이 되게 하고 $K_{0.5}$를 증가하게 한다(음의 조절자에 대한 곡선 참조, 그림 6-35b). 다른 어떤 이질조절 입체다른자리효소는 활성자에 반응하여, V_{max}는 증가하고 $K_{0.5}$는 별로 변하지 않는다(그림 6-35c). 이와 같이 이질조절 입체다른

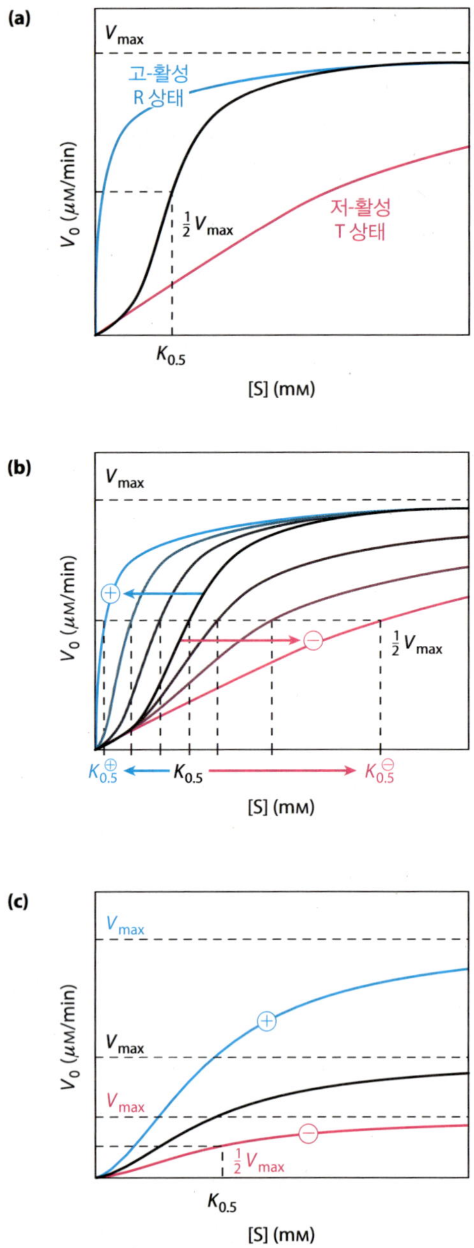

그림 6-35 대표적인 입체다른자리효소의 기질 활성 곡선. 입체다른자리효소가 조절자에 대하여 복잡하게 대응하는 3가지의 예. **(a)** 기질이 양성(촉진) 조절자, 즉 활성자로도 작용하는 동질조절 효소의 S자형 곡선. 헤모글로빈의 산소 포화곡선과 유사하다는 점을 주목하라(그림 5-12 참조). S자형 곡선은 기질이 낮은 농도에서는 주로 상대적으로 불활성화 T 상태로, 높은 농도에서는 주로 더 활성화된 R 상태로 존재하는 하이브리드 곡선이다. 순수한 T와 R 상태의 곡선은 따로 색깔로 작도되었다. ATCase는 이것과 비슷한 속도론적 형태를 나타낸다. **(b)** V_{max}의 변화 없이 $K_{0.5}$가 변화하는 입체다른자리효소에서 양성 조절자(+)와 억제 조절자(−)의 영향. 가운데 곡선은 조절자가 없을 때 기질-활성 관계를 보여 주고 있다. 가운데 곡선은 조절자가 없을 때 기질-활성 관계를 보여 주고 있다. ATCase의 경우에 CTP는 음성 조절자이며, ATP는 양성 조절자이다. **(c)** V_{max}는 변하고 $K_{0.5}$는 거의 일정한 흔하지 않은 조절 형태.

자리효소는 효소에 따라 억제 조절자, 촉진 조절자 또는 이들 2종류 모두를 갖기 때문에 기질포화 곡선에 있어서 서로 다른 형태의 반응을 나타낸다.

몇 가지 효소는 가역적 공유결합 변형에 의하여 조절된다

또 하나의 중요한 조절 효소 종류에서, 활성은 효소 분자의 하나 또는 그 이상의 아미노산 잔기의 공유결합 변형에 의하여 조절된다. 단백질에서 모두 500종류 이상의 공유결합 변형이 발견된다. 흔한 수식 잔기(modifying group)들은 인산, 아세틸, 아데닐릴(adenylyl), 유리딜릴(uridylyl), 메틸, 아마이드, 카복실, 미리스토일(myristoyl), 팔미토일(palmitoyl), 프레닐(prenyl), 하이드록실, 황산, 아데노신 이인산 라이보실(adenosine diphosphate ribosyl)기 등이 있다(**그림 6-36**). 유비퀴틴(ubiquitin)이나 수모(sumo) 같은 특별한 변형 기를 사용하는 단백질도 있다. 이와 같이 다양한 기들은 일반적으로 별개의 효소에 의하여 조절 효소에 공유결합적으로 결합되거나 제거된다. 어떤 효소의 아미노산이 수식될 때, 변경된 성질을 가진 아미노산이 그 효소에 효율적으로 도입된다. 아미노산에 전하가 도입된다면, 효소의 국부적 성질을 변경시켜 입체형태의 변화를 유도할 수 있다. 소수성기의 도입은 생체막에 회합하게 할 수 있다. 이런 변화는 종종 상당히 중요하며 변형된 효소가 기능을 수행하는 데 결정적이다.

효소 변형은 워낙 다양한 관계로 인해 자세히 다루기가 어렵지만 몇 가지 예를 드는 것은 매우 유익하다. 메틸화에 의한 조절의 한 예는 세균의 메틸기 수용 화학주성 단백질(methyl-accepting chemotaxis protein)이다. 이 단백질은 세균을 용액에서 좋아하는 유인물(설탕 같은) 쪽으로 가까이 오게 하거나 좋아하지 않는 화학물질로부터 멀어지도록 운동하게 하는 계(system)의 일부이다. 메틸화시키는 물질은 *S*-아데노실메싸이오닌(*S*-adenosylmethionine, adoMet)이다(그림 18-18 참조). 아세틸화는 진핵생물에서 효소를 포함한 수용성 단백질의 거의 80% 정도를 차지하는 공통적인 변형으로 아미노 말단이 아세틸화된다. 유비퀴틴(ubiquitin)은 단백질 가수분해(proteolytic degradation)가 미리 정해져 있는 단백질에 부가된다(그림 27-49 참조). 유비퀴틴화는 조절 기능도 가질 수 있다. 수모(sumo)는 진핵생물의 핵단백질에 결합하여 전사, 염색질 구조, DNA 복구 등의 조절 역할을 한다.

ADP-라이보실화(ADP-ribosylation)는 몇 개의 단백질에서 관찰되는 대단히 흥미로운 반응이다. ADP-라이보스는 니코틴 아마이드 아데닌 다이뉴클레오타이드(nicotinamide adenine dinucleotide, NAD)로부터 유래된다(그림 8-41 참조). 이런 종류의 변형은 세균 효소 다이나이트로제네이스 환원효소(dinitrogenase reductase)에서 일어나는데 생물학적 질소 고정의 중요한 경로를 조절한다. 디프테리아(diphtheria) 독소와 콜레라(cholera) 독소는 세포의 핵심 효소나 단백질의 ADP-라이보실화(및 불활성)를 촉매하는 효소이다.

인산화(phosphorylation)는 가장 중요한 조절성 변형이다. 진핵세포 내 모든 단백질의 1/3이 인산화되고, 하나 또는 (종종) 다수의 인산화가 사실상 각각의 조절 과정의 주요 부분이 된다. 어떤

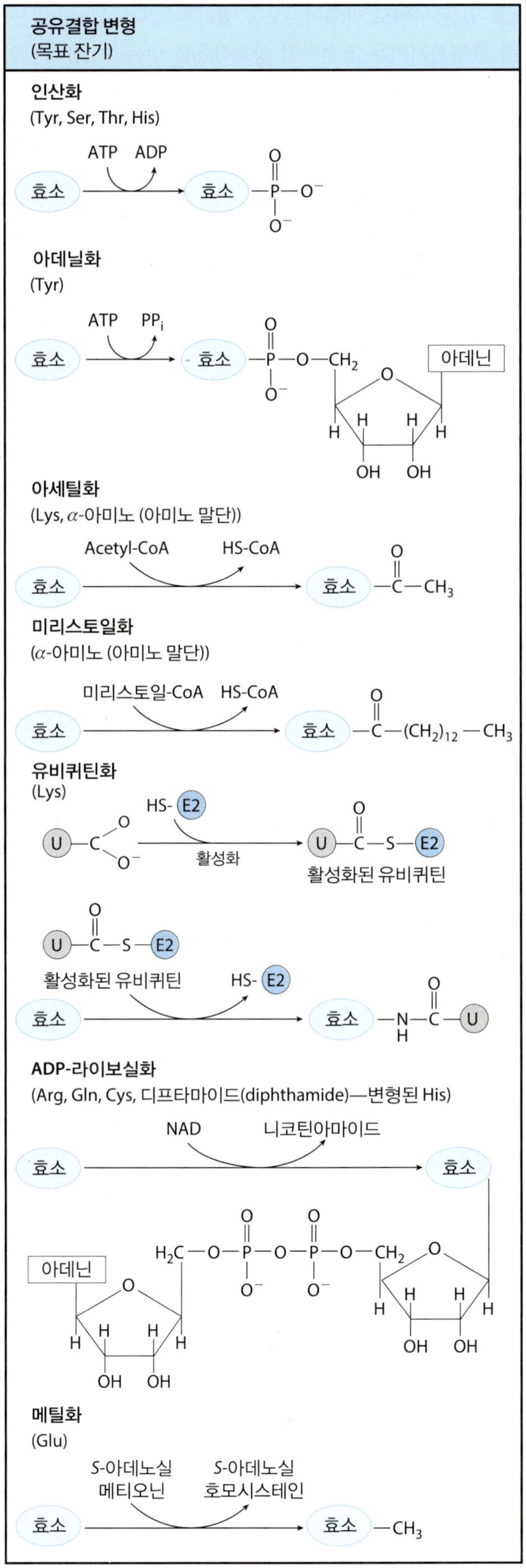

그림 6-36 몇 가지 효소 변형 반응들.

단백질은 오직 하나의 인산화 잔기를 갖고 또 어떤 것들은 여러 개를 가지며, 소수의 단백질은 수십 개의 인산화 잔기를 갖는다. 이러한 공유결합 변형은 많은 조절 과정의 중심에 있기 때문에 아래에서 약간 상세히 다루고, 12장에서 보다 상세히 설명할 것이다.

이 모든 유형의 변형은 이 책의 뒷 장에서 다시 접하게 될 것이다.

인산기는 단백질의 구조와 촉매 활성에 영향을 준다

단백질의 특정 아미노산 잔기에 인산기를 부착하는 것은 **단백질 인산화효소(protein kinase)**에 의하여 촉매된다. 인간 유전체(genome)에서는 중요 효소로 대응되는 500개 이상의 유전자가 발견된다. 그들이 촉매하는 반응에서 삼인산 뉴클레오사이드(nucleoside triphosphate)에서 유래된 α-인산 그룹은 타겟 단백질에 존재하는 특정 Ser, Thr, Tyr 등의 잔기에 전달된다. 이것은 약간 극성을 띄던 타겟 단백질에 부피가 크고 하전된 그룹을 도입하는 것이다. 인산기의 산소는 단백질 하나 또는 여러 개의 기와 수소결합을 할 수 있는데, 보통 α 나선의 시작 부위의 펩타이드 골격의 아마이드 기나 또는 Arg 잔기의 전하를 띤 구아니디늄(guanidinium) 기와 결합한다. 인산화된 곁사슬의 이중 음전하는 이웃하는 음전하(Asp 또는 Glu) 잔기를 밀어낼 수도 있다. 변형된 곁사슬이 3차원적 구조에 중요한 결정적인 부위에 위치할 때 인산화는 효소의 입체형태, 나아가 기질과의 결합 및 촉매 작용 등에 큰 영향을 줄 수 있다. 동일한 표적 단백질의 인산기를 제거하는 것은 **인산단백질 인산분해효소(phosphoprotein phosphatase)**—간단히 **단백질 인산분해효소(protein phosphatase)**라 부르는—에 의하여 촉매된다.

인산화에 의한 효소 조절의 중요한 예가 근육이나 간(제15장)에 존재하는 글리코겐 가인산분해효소(glycogen phosphorylase, 분자량 94,500)이고, 이 효소는 다음과 같은 반응을 촉매한다.

$$\underset{\text{글리코겐}}{(\text{포도당})_n} + P_i \longrightarrow \underset{\substack{\text{짧아진}\\\text{글리코겐}\\\text{사슬}}}{(\text{포도당})_{n-1}} + \text{1-인산 포도당}$$

이렇게 생성된 1-인산 포도당은 근육에서 ATP 생성에 사용되거나, 간에서 유리 포도당으로 전환된다. 여기서 주목해야 할 것은 글리코겐 가인산분해효소는 촉매 반응에서 인산기의 공여체로 ATP나 다른 뉴클레오타이드 삼중인산을 이용하지 않으므로 단백질 인산화효소가 아니라는 것이다. 그러나 이 효소는 자신을 인산화시키는 단백질 인산화효소의 기질이다. 아래의 논의에서처럼, 우리의 관심 대상인 인산기들은, 촉매 작용과 차별되는, 효소의 조절에 관여하는 것들이다.

글리코겐 가인산분해효소는 2가지 형태로 나타난다: 활성이 더 높은 가인산분해효소(phosphorylase) *a*와 활성이 더 낮은 가인산분해효소(phosphorylase) *b*이다(**그림 6-37**). 가인산분해효소 *a*는

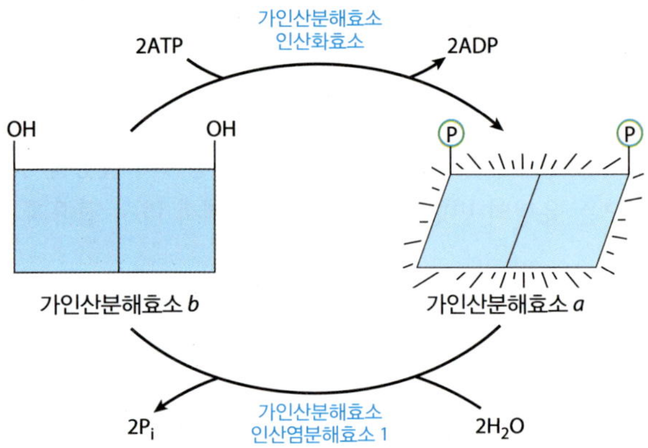

그림 6-37 인산화에 의한 근육 글리코겐 가인산분해효소 활성 조절. 효소의 더 활성화된 형태인 가인산분해효소 *a*에서 특이한 Ser 잔기들이 각 소단위에서 하나씩 인산화된다. 가인산분해효소 *a*는 인단백질 인산염분해효소(phosphoprotein phosphatase, PP) 1에 의하여 촉진되는 이러한 인산기들의 효소적 소실에 의하여 덜 활성화된 가인산분해효소 *b*로 전환된다. 가인산분해효소 *b*는 가인산분해효소 인산화효소의 작용에 의하여 가인산분해효소 *a*로 다시 전환(재활성화)될 수 있다.

2개의 소단위로 구성되어 있으며, 그 각각에 하나의 특정 Ser 잔기를 가지고 있는데, 이 잔기의 하이드록실기가 인산화된다. 이 세린 인산 잔기는 효소가 최대의 활성을 갖는 데 필요하다. 이 인산기는 가인산분해효소 인산염분해효소(phosphorylase phosphatase)라는 별도의 효소에 의하여 가수분해되어 제거된다:

$$\underset{(\text{활성이 높은})}{\text{가인산분해효소 } a} + 2H_2O \longrightarrow \underset{(\text{활성이 낮은})}{\text{가인산분해효소 } b} + 2P_i$$

위 반응에서 가인산분해효소 *a*는 각각의 글리코겐 가인산분해효소의 소단위에서 하나씩 존재하는 2개의 세린 인산 공유결합이 절단되어 가인산분해효소 *b*로 바뀌게 된다.

가인산분해효소 *b*는 가인산분해효소 *a*와 반대로 또 다른 효소인 가인산분해효소 인산화효소(phosphorylase kinase)에 의한 공유결합 변환에 의하여 활성이 있는 가인산분해효소 *a*로 다시 활성화된다. 이 효소는 가인산분해효소 *b* 중에 있는 두 개의 특정 Ser 잔기의 하이드록실기에 ATP로부터 유래한 인산기를 전이하는 반응을 촉매한다:

$$2\text{ATP} + \underset{(\text{활성이 낮은})}{\text{가인산분해효소 } b} \longrightarrow 2\text{ADP} + \underset{(\text{활성이 높은})}{\text{가인산분해효소 } a}$$

골격근이나 간에서 글리코겐을 분해하는 반응은 이 2가지 형태의 글리코겐 가인산분해효소의 비율의 변화에 의하여 조절된다. 가인산분해효소 *a*와 *b*는 2차, 3차, 4차 구조가 서로 다르다: 2개의 형이 서로 상호전환할 때 촉매 활성자리의 구조가 변화되며 결과적으로 촉매 활성도 변한다.

인산화에 의한 글리코겐 가인산분해효소의 조절 양식은 인산기 첨가에 따른 효소의 구조와 촉매 활성에의 영향을 보여 준다. 비인산화 상태에서 이 단백질의 각 소단위는 많은 염기성 잔기를 포함하는 아미노 말단에 있는 20개 잔기들이 다수의 산성 아미노산을 갖고 있는 부위로 맞추어지도록 접혀져 있다(folded); 이는 입체형태를 안정화시키는 정전기적 상호작용을 만든다. Ser^{14}가 인산화되면 이와 같은 상호작용을 방해하여 산성 환경에서 아미노 말단 영역을 꺼내어 Ⓟ-Ser과 여러 개의 Arg 곁사슬 사이에 상호작용을 하는 입체형태로 만든다. 이와 같은 입체형태에서 이 효소는 훨씬 더 활성을 갖게 된다.

효소의 인산화는 다른 방법, 즉 기질 결합 친화성(substrate-binding affinity)을 바꿈으로써 촉매 활성에 영향을 줄 수 있다. 예로서, 아이소시트르산 탈수소효소(isocitrate dehydrogenase; 시트르산 회로의 효소: 제16장)가 인산화되면 인산기에 의한 정전기적 반발에 의해 활성자리에 아이소시트르산(하나의 트라이카복시산)이 결합하는 것이 억제된다.

다중 인산화는 활성을 정교하게 제어한다

조절 받는 단백질에서 전형적으로 인산화되는 Ser, Thr, Tyr 등의 잔기는 특이적 단백질 인산화효소(표 6-10)에 의하여 인식되는, 공통서열(consensus sequence)이라고 부르는, 공통 구조 모티프(structural motifs) 내에 존재한다. 어떤 인산화효소는 친염기성(basophilic)이어서 염기성 이웃을 갖는 잔기를 인산화하는 것을 선호한다. 또 다른 효소는 프롤린 잔기와 이웃한 잔기를 선호하는 것 같이 다른 기질 선호도를 갖는다. 그러나 아미노산 서열은 주어진 잔기가 인산화될 것인가를 결정하는 데에만 중요한 요소가 아니다. 단백질의 접힘으로 1차 서열에서는 멀리 있는 잔기를 가까이 옮긴다. 그 결과 만들어지는 3차 구조가 단백질 인산화효소가 주어진 잔기에 접근하여 기질로서 인식할 수 있는지를 결정할 수 있다. 특정 단백질 인산화효소의 기질 특이성에 영향을 주는 또 다른 요인은 다른 인산화 잔기와의 근접성이다.

인산화에 의한 조절은 종종 아주 복잡하다. 어떤 단백질은 여러 가지 다른 단백질 인산화효소에 의하여 인식되는 상동서열을 갖는데, 이 단백질 인산화효소들은 각각 단백질을 인산화시켜 그 단백질의 효소 활성을 바꿀 수 있다. 어떤 경우에 있어서 인산화 과정은 계층적(hierarchical)이다. 즉, 어떤 인산기는 이웃 잔기가 먼저 인산화되어야만 인산화될 수 있다. 예를 들면 글리코겐을 생합성하기 위하여 단일체 포도당을 축합하는 반응을 촉매하는 글리코겐 생성효소(glycogen synthase, 제15장)는 특정 Ser 잔기가 인산화되면 불활성화되며, 또한 효소 내 4개의 자리를 인산화시키는 적어도 4개의 다른 단백질 인산화효소에 의하여도 조절될 수 있다 **(그림 6-38)**. 예를 들어, 이 단백질은 인산화 자리 중의 하나가 카제인 인산화효소 II(casein kinase II)에 의하여 인산화되어야 비로소 글리코겐 생성효소 인산화효소 3(glycogen synthase kinase 3)의 기질이 된다. 어떤 인산화는 다른 인산화보다 글리코겐 생성효소의 활성을 더 억제하며, 어떤 조합의 인산화는 그 효과가 누적되어 나타난다. 이러한 다중 조절적 인산화(multiple regulatory phosphorylation)는 효소 활성을 대단히 정교하게 조절할 수 있는 가능

표 6-10 단백질 인산화효소의 상동서열

단백질 인산화효소	상동서열 및 인산화된 잔기
단백질 인산화효소 A	-x–R–[RK]–x–[ST]–B-
단백질 인산화효소 G	-x-R-[RK]–x-[ST]–x-
단백질 인산화효소 C	-[RK](2)-x-[ST]-B-[RK](2)-
단백질 인산화효소 B	-x-R-x-[ST]-x–K-
Ca^{2+}/칼모듈린 인산화효소 I	-B-x-R-x(2)-[ST]-x(3)-B-
Ca^{2+}/칼모듈린 인산화효소 II	-B-x-[RK]-x(2)-[ST]-x(2)-
미오신 가벼운 사슬 인산화효소 (민무늬 근육)	-K(2)-R-x(2)-S-x-B(2)-
가인산분해효소 *b* 인산화효소	*-K-R-K-Q-I-S-V-R-*
세포외 신호 조절 인산화효소 (ERK)	-P-x-[ST]-P(2)-
사이클린 의존 단백질 인산화효소 (cdc2)	-x-[ST]-P-x-[KR]-
케이신 인산화효소 I	-[SpTp]-x(2)-[ST]-B[a]
케이신 인산화효소 II	-x-[ST]-x(2)-[ED]-x-
β-아드레날린성 수용체 인산화효소	-[DE](*n*)-[ST]-x(3)
로돕신 인산화효소	-x(2)-[ST]-E(*n*)-
인슐린 수용체 인산화효소	-x-E(3)-Y-M(4)-*K(2)-S-R-G-D-Y-M-T-M-Q-I-G-K(3)-L-P-A-T-G-D-Y-M-N-M-S-P-V-G-D-*
표피 성장 인자(EGF) 수용체 인산화효소	*-E(4)-Y-F-E-L-V-*

출처: L. A. Pinna and M. H. Ruzzene, *Biochim. Biophys.* Acta 1314:191, 1996; B. E. Kemp and R. B. Pearson, *Trends Biochem. Sci.* 15:342, 1990; P. J. Kennelly and E. G. Krebs, *J. Biol. Chem.* 266:15,555, 1991.

참고: 연역된 상동서열(로마체)과 알려진 기질로부터 얻은 실제 서열(이탤릭체)을 여기에 나타내었다. 인산화되는 Ser (S), Thr (T), 또는 Tyr (Y) 잔기는 빨간색으로 나타내었다; 모든 아미노산 잔기는 1 문자 약자로 나타내었다(표 3-1 참조). x는 모든 아미노산; B는 모든 소수성 아미노산; Sp, Tp는 카이네이스의 인식을 위하여 이미 인산화된 Ser, Thr, 그리고 Tyr 잔기를 나타낸다.

[a]최적 목표 부위는 이미 인산화된 잔기와 목표 Ser/Thr 잔기 사이에 2개의 아미노산 잔기를 가진다; 이 사이에 1개 또는 3개의 잔기가 끼어 있는 목표 부위는 낮은 속도로 반응한다.

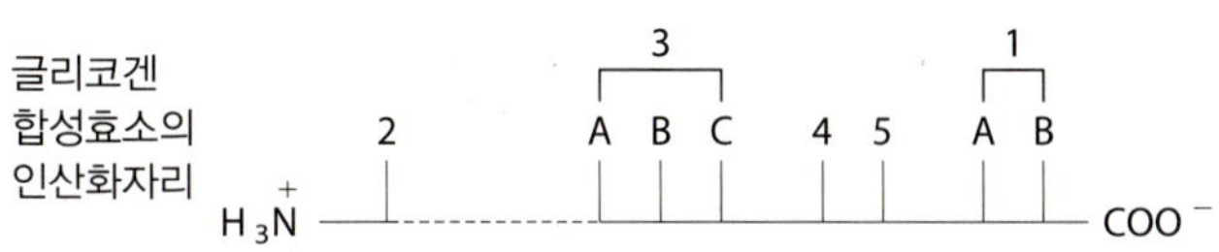

인산화효소	인산화 자리	생성효소 불활성화의 정도
단백질 인산화효소 A	1A, 1B, 2, 4	+
단백질 인산화효소 G	1A, 1B, 2	+
단백질 인산화효소 C	1A	+
Ca^{2+}/칼모듈린 인산화효소	1B, 2	+
가인산분해효소 *b* 인산화효소	2	+
카제인 인산화효소 I	최소한 9	+ + + +
카제인 인산화효소 II	5	0
글리코겐 합성효소 인산화효소 3	3A, 3B, 3C	+ + +
글리코겐 합성효소 인산화효소 4	2	+

그림 6-38 다중 조절 인산화. 효소 글리코겐 합성효소는 세포의 단백질 인산화효소 중 하나에 의하여 인산화되기 쉬운 5개의 지정된 영역에 적어도 9개의 독립된 인산화자리를 갖고 있다. 따라서 이 효소의 조절은 이원적인 스위치(켜짐/꺼짐)의 사항이 아니고 다양한 신호에 광범위하게 반응하는 정교한 활성의 조절에 관한 사항이다.

성을 제공한다.

효율적인 조절 기전으로 작용하기 위하여 인산화는 가역적이어야 한다. 일반적으로 인산기는 다른 효소에 의하여 붙여지고 제거되므로 이 과정은 별도로 조절될 수 있다. 세포는 특이적인 Ⓟ–Ser, Ⓟ–Thr, Ⓟ–Tyr 에스터를 가수분해하여 인산을 유리시키는 인산단백질 인산염분해효소(phosphoprotein phosphatase) 족을 갖고 있다. 인산단백질 인산염분해효소는 작은 범위의 인산단백질에만 작용하는 것으로 알려져 있지만 단백질 인산화효소보다는 낮은 기질 특이성을 보인다.

몇 가지의 효소와 단백질은 효소 전구체의 단백질 분해적 절단 반응을 통하여 조절된다

어떤 효소들은 **효소원(zymogen)**이라고 하는 활성이 없는 전구체

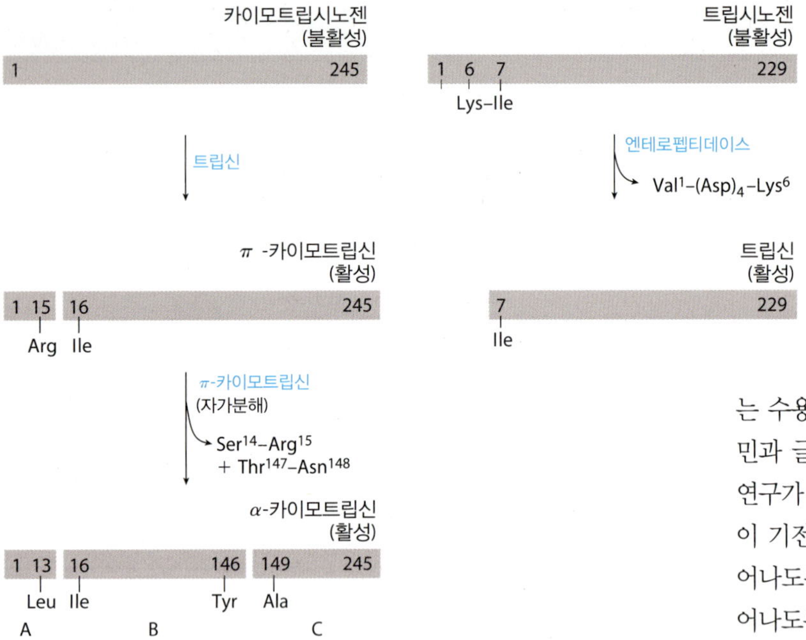

그림 6-39 단백질분해적 절단에 의한 효소원의 활성화. 카이모트립신(chymotrypsin)과 트립신(trypsin)이 자신의 효소원인 카이모트립시노젠(chymotrypsinogen)과 트립시노젠(trypsinogen)으로부터 만들어지는 것을 나타내었다. 막대는 폴리펩타이드 사슬의 아미노산 서열을 나타내고 숫자는 잔기의 상대적인 위치를 나타낸다(아미노 말단의 잔기가 1번이다). 절단에 의하여 생기는 폴리펩타이드 분절의 말단에 있는 잔기는 막대의 밑에 표시하였다. 최종의 활성 형태에서 몇 잔기들의 숫자는 생략된 것에 유의하라. 카이모트립신의 3개의 폴리펩타이드 사슬(A, B, C)은 이황결합에 의하여 연결되어 있음을 상기하라(그림 6-20 참조).

가 절단되어 활성 효소가 된다. 위나 이자에 있는 많은 단백질분해효소(protease)가 이와 같이 조절되고 있다. 카이모트립신과 트립신은 처음에 각각 카이모트립시노젠(chymotrypsinogen)과 트립시노젠(trypsinogen)으로 합성된다**(그림 6-39)**. 특이적 절단이 일어나면 단백질 입체형태의 변화가 일어나 효소의 활성자리가 표면에 노출된다. 이런 유형의 활성화는 비가역적이므로 이 효소를 다시 불활성화시키기 위해서 다른 조절 기전이 필요하게 된다. 단백질분해효소는 억제 단백질이 이 효소의 활성자리에 단단히 결합하면 불활성화된다. 예를 들면, 이자 트립신 억제제(pancreatic trypsin inhibitor; 분자량 6,000)는 트립신과 결합해서 그 활성을 억제한다. α-안티프로티네이스(α-antiproteinase; 분자량 53,000)는 중성구 엘라스테이스(neutrophil elastase, 중성구는 백혈구의 한 유형이다; 엘라스테이스는 결합조직의 성분인 엘라스틴에 작용하는 단백질분해효소이다)를 억제한다. 담배의 연기에 노출되면 초래될 수 있는 α_1-안티단백질분해효소 결핍증은 폐기종(emphysema)을 비롯한 폐의 손상에 관련된다.

단백질분해효소만이 단백질 분해로 활성화되는 단백질이 아니다. 그러나 다른 경우에는 전구체를 효소원이라 하지 않고 더 일반적으로 **전구단백질(proprotein)** 또는 **전구효소(proenzyme)**라고 부른다. 예를 들면, 결합조직 단백질 콜라젠은 처음에 프로콜라젠(procollagen)이라고 불리는 가용성 전구체로 합성된다.

단백질 분해적으로 활성화된 효소원들의 연쇄반응이 혈액 응고를 일으킨다

혈전(blood clot)은 섬유소(fibrin)가 주성분인 단백질 유사 섬유에 의해 교차연결되고 안정화된 혈소판이라는 세포 조각들의 응집체이다**(그림 6-40a)**. 섬유소(fibrin)는 섬유소원(fibrinogen)으로 불리는 수용성의 효소원으로부터 유래한다. 섬유소원은 혈장에서 알부민과 글로불린 다음으로 가장 풍부한 단백질이다. 혈전의 형성은 연구가 잘 된 **조절 연쇄반응(regulatory cascade)**의 예를 제공한다. 이 기전은 분자 신호에 대하여 매우 예민하고 증폭하는 반응이 일어나도록 한다. 이 경로들은 또한 몇 가지 다른 형태의 조절이 일어나도록 한다.

조절 연쇄반응에서 신호들은 단백질 X의 활성화를 유도한다. 단백질 X는 단백질 Y의 활성화를 촉매한다. 단백질 Y는 단백질 Z의 활성화를 촉매하고 계속 교대적으로 이런 촉매 반응이 일어난다. 단백질 X, Y와 Z는 촉매이고 사슬에서 다수의 다음 단백질을 활성화하므로 각 단계에서 신호들이 증폭된다. 어떤 경우에 활성화 단계에서 단백질 가수분해적 절단이 일어나며 효율적으로 비

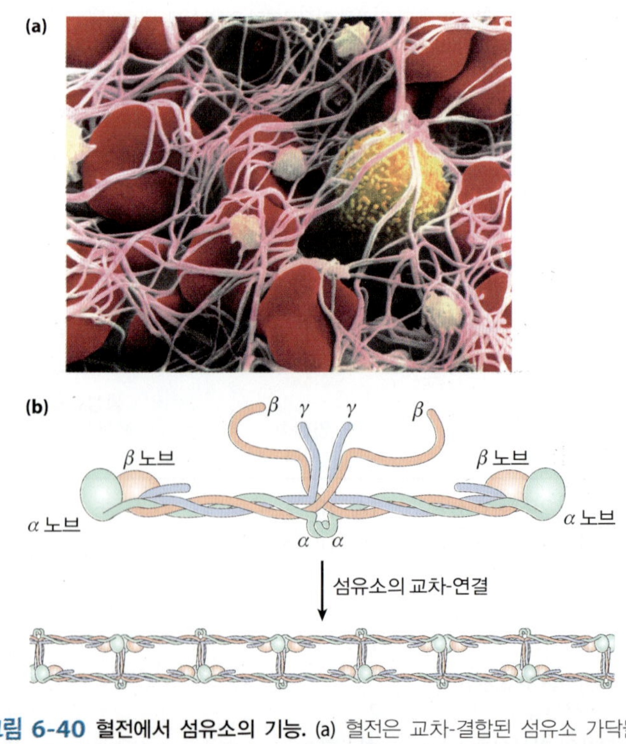

그림 6-40 혈전에서 섬유소의 기능. **(a)** 혈전은 교차-결합된 섬유소 가닥들로 서로 연결되어 응집된 혈소판들로 구성된다. 적혈구(빨간색)도 기질에 갇혀 있다. **(b)** 수용성의 혈장 단백질 섬유소원(fibrinogen)은 α, β와 γ 소단위들의 2개의 복합체($\alpha_2\beta_2\gamma_2$)로 구성된다. α와 β 소단위들(보여지지 않음)로부터 아미노-말단 펩타이드의 제거는 더 고도의 복합체 형성을 유도하고 결국 공유결합 교차-연결이 형성되어 섬유소 섬유가 형성된다. "노브(knobs)"는 단백질가수분해된 소단위 말단에 존재하는 구형의 영역이다.

가역적이다. 다른 경우에는 활성화는 인산화와 같은 단백질 변형 단계를 수반함으로써 가역적이다. 조절 연쇄반응은 발달 과정 중의 세포 운명 결정의 일부 과정, 망막 막대세포(rod cell)에 의한 빛의 수용, 프로그램된 세포사망(세포고사, apoptosis)과 혈액 응고 과정을 포함한 다양한 생물학적 과정들을 지배한다.

섬유소원(fibrinogen)은 다르지만 진화적으로 관련된 형태의 소단위 3개로 구성된 이질삼합체($\alpha_2\beta_2\gamma_2$)의 이합체이다(그림 6-40b). 섬유소원은 각 α 소단위의 아미노-말단에서 16개의 아미노산 잔기들과 각 β 소단위의 아미노-말단에서 14개의 아미노산 잔기들이 제거되면서 섬유소(fibrin)($\alpha_2\beta_2\gamma_2$)로 전환되고 혈액 응고를 위하여 활성화된다. 펩타이드의 제거는 세린 단백질분해효소인 **트롬빈(thrombin)**에 의하여 촉매된다. α와 β의 소단위들에서 새롭게 노출되는 아미노 말단은 각각 γ와 β 소단위들의 카복실 말단 구형 부분에서 결합자리들에 정확히 맞게 된다. 이러한 상호작용은 한 소단위의 특정 Lys 잔기들과 다른 소단위의 Gln 잔기들과의 중합에 의해 만들어지는 공유 교차-연결에 의하여 안정화되고, 이 반응은 트랜스글루타미네이스(transglutaminase)인 **인자 XIIIa(factor XIIIa)**에 의하여 촉매된다. 결과적으로 만들어지는 교차-연결된 섬유, 섬유소는 혈전이 단단히 연결되는 것을 돕는다.

섬유소를 생산하는 섬유소원의 활성화는 1개가 아닌 2개의 평행하지만 서로 얽혀 있는 조절 연쇄반응들의 최종점이다**(그림 6-41)**. 이것들 중의 하나는 접촉(contact) 활성화 경로라 부른다("접촉"은 이 시스템의 핵심 구성성분들과 상처 부위에 모여든 혈소판 표면에 노출된 음전하의 인지질들과의 상호작용을 말한다). 이 경로의 모든 구성성분들이 혈장에서 발견되므로 이것은 **내인성 경로(intrinsic pathway)**로도 불린다. 두 번째 경로는 조직 인자 또는 **외인성 경로(extrinsic pathway)**이다. 이 경로의 주요 구성성분 단백질인 **조직인자(tissue factor, TF)**는 혈류에 있지 않다. 대부분 두 경로의 단백질 인자들은 로마 숫자로 표시된다. 이와 같은 인자들의 많은 것들은 카이모트립신-유사 세린 단백질분해효소로 간에서 효소원 전구체로 합성되어 혈액으로 분비된다. 다른 인자들은 세린 단백질분해효소에 결합하여 활성화를 돕는 조절 단백질들이다.

혈액 응고는 상처 부위에서 순환하는 **혈소판(platelet)**의 활성화로 시작된다. 혈소판은 핵이 없는 특수한 세포 조각이다. 조직 손상은 각 혈관들을 싸는 상피세포층 아래에 존재하는 콜라겐 분자들이 혈액에 노출되게 한다. 활성화는 각 혈소판 표면의 음전하를 띤 인지질이 노출되게 하고 **트롬복산(thromboxanes**, 375쪽)과 같은 신호 분자들의 분비를 유도하며, 트롬복산은 더 많은 혈소판의 활성화를 돕는다. 활성화된 혈소판들은 상처 부위에 응집하여 약한 혈전을 만든다. 이제 혈전을 견고화하기 위해 응고 연쇄반응에 의해 만들어지는 섬유소가 필요하다.

외인성 경로가 먼저 작동한다. 조직 손상은 섬유아세포와 내피세포층 아래의 평활근 세포들의 막에 전체적으로 박혀 있는 TF

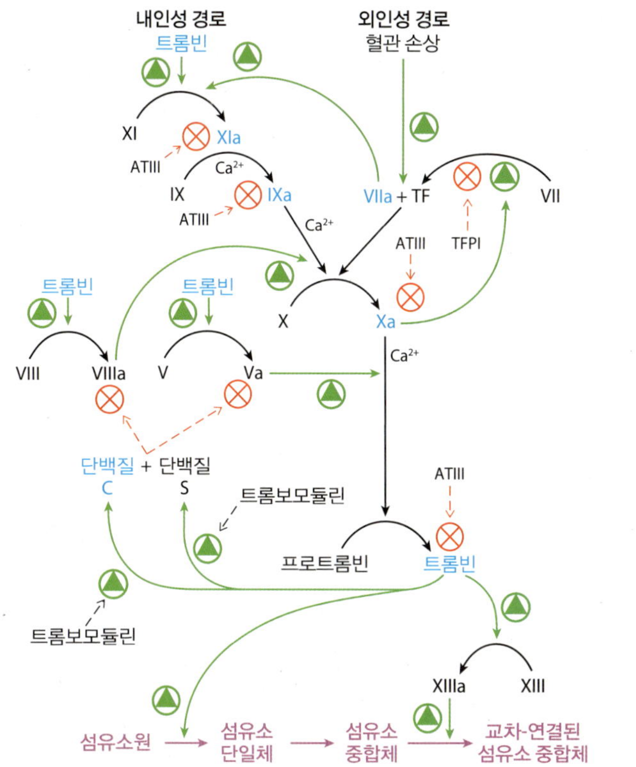

그림 6-41 지혈의 연쇄반응. 활성화된 섬유소를 형성하는 섬유소원(fibrinogen) 절단 유도 내인성 및 외인성 경로들이 나타나 있다. 이 경로에서 활성화된 세린 단백질분해효소는 파란색으로 표시되었다. 녹색 화살표는 활성화 단계를 나타내고 빨간색 화살표는 억제성 과정을 표시한다.

에 혈장을 노출시킨다. 초기 복합체는 TF와 혈장에 존재하는 **인자 VII** 사이에 형성된다. 인자 VII은 세린 단백질분해효소의 효소원이며, TF는 인자 VII의 활성화에 필요한 조절 단백질이다. 인자 VII은 **인자 Xa**(또 다른 세린 단백질분해효소)에 의한 단백질가수분해적 절단에 의해 활성화 형태인 **VIIa**로 전환된다. TF-VIIa 복합체는 이후 **인자 X**를 절단하고 활성화된 Xa를 만든다.

TF-VIIa가 X를 자르는 데 필요하고 Xa가 TF-VII를 자르는 데 필요하다면, 이 과정이 어떻게 시작하게 되는가? 조직 손상 후에 즉시 활성화된 소량의 TF-VIIa 복합체를 만들기에 충분한 미량의 인자 VIIa는 혈액에 항상 존재한다. 이것은 인자 Xa가 형성되게 하고 초기 되먹임 고리(feedback loop)를 만든다. 인자 Xa의 농도가 증가하기 시작하면(조절단백질인자 Va와 복합체를 만들어서) Xa는 프로트롬빈을 절단하여 활성화된 트롬빈을 형성하게 하고 트롬빈은 섬유소원을 절단한다.

즉, 외인성 경로는 트롬빈의 급격한 증가를 일으킨다. 그러나 TF-VIIa 복합체는 **조직인자단백질억제자(tissue factor protein inhibitor, TFPI)**라는 단백질에 의하여 기능이 빠르게 차단된다. 혈전 형성은 내인성 경로의 구성성분들의 활성에 의하여 유지된다. **인자 IX**는 혈액 응고 과정의 초기에 TF-VIIa에 의하여 활성화된 세린 단백질분해효소 **인자 IXa**로 전환된다. 인자 IXa는 조절단백질 **VIIIa**와 복합체 상태에서 상대적으로 안정하고 인자 X의

IXa로의 단백질가수분해적 전환에 대한 또 다른 효소를 제공한다. 활성화된 IXa는 세린 단백질분해효소 인자 XIa에 의해서도 만들어질 수 있다. 대부분의 XIa는 되먹임 고리에서 트롬빈에 의한 **인자 XI** 효소원의 절단에 의해 만들어진다.

조절되지 않는 채로 남게 되면, 혈액 응고는 결국에는 혈관의 막힘에 이르고 심장 발작이나 뇌졸중을 일으킨다. 즉, 더 많은 조절이 필요하게 된다. 딱딱한 혈전이 생기면서 조절 경로들은 응고 연쇄반응이 활성화되어 있는 시간을 제한하기 위해 이미 활동하고 있다. 섬유소원을 절단하는 것에 더하여 트롬빈은 또한 내피세포들의 혈관 표면에 박혀 있는 단백질인 **트롬보모듈린(thrombomodulin)**과 복합체를 형성한다. 트롬빈-트롬보모듈린 복합체는 세린 단백질분해효소로 효소원 형태의 **단백질 C(protein C)**를 절단한다. 활성화된 단백질 C는 조절 작용을 하는 **단백질 S(protein S)**와 복합체를 이루어 인자 Va와 VIIIa를 불활성화시키고 전체적인 반응의 저하를 유도한다. 또 다른 단백질인 **안티트롬빈 III(antithrombin III, ATIII)**는 세린 단백질분해효소 억제자이다. ATIII는 Arg 잔기를 통하여 트롬빈과 인자 Xa과 같은 세린 단백질분해효소의 활성-자리 내 Ser과 1:1 공유복합체를 형성한다. 이러한 2개의 조절 시스템들은 TFPI와 함께 응고 연쇄반응을 활성화하는 데 필요한 TF의 역치 또는 노출 수준을 정하는 것을 돕는다. 혈액에서 단백질 C 또는 ATIII를 없애거나 수준을 감소시키는 유전적 결함들은 **혈전증(thrombosis**, 혈전의 부적절하게 과도한 생성)의 위험을 크게 증가시킨다.

혈액 응고의 조절은 의학에 있어서 특히, 수술 중 혈액 응고의 예방과 심장 마비 또는 뇌졸중의 위험이 있는 환자에서 중요한 역할을 한다. 혈액 응고의 억제를 위한 몇 가지의 다른 의학적 접근법이 사용 가능하다. 첫 번째 방법은 우리가 고려하지 않았던 혈액 응고 연쇄반응 단백질들의 또 다른 특징을 이용한다. 단백질 C와 S와 함께 인자 VII, IX, X와 프로트롬빈은 그들의 기능에 결정적인 칼슘-결합자리를 갖고 있다. 각각의 경우에, 칼슘-결합자리들은 각 단백질들의 아미노 말단 근처에서 다수의 Glu 잔기들의 **γ-카복시글루탐산(γ-carboxyglutamate, Gla**로 약칭; 81쪽) 잔기로 변형되어 형성된다. Glu에서 Gla로의 변형은 지용성 비타민 K의 기능에 의존하는 효소들에 의하여 이루어진다(379쪽). 결합한 칼슘은 이러한 단백질들이 활성화된 혈소판의 표면에 나타나는 음전하를 띈 인지질에 부착하도록 하여 응고 인자들이 혈전이 형성되어야 할 곳에 효과적으로 모이도록 한다. **와파린[warfarin**, Coumadin(상품명)]과 같은 비타민 K 길항제는 항응고제로 매우 효과적이라는 것이 증명되었다. 두 번째 항응고 방법은 헤파린을 투여하는 것이다. **헤파린(heparin)**은 황의 함량이 높은 다당류(그림 7-22 참조)이다. 이것들은 ATIII의 인자 Xa와 트롬빈에 대한 친화도를 높임으로써 주요 연쇄반응 요소들이 쉽게 불활성화되도록 한다.(그림 7-26 참조) 마지막으로 **아스피린[aspirin**(아세틸살리실 산, acetylsalicylic acid; 그림 21-15b)]도 항응고제로 효과적이다. 아스피린은 트롬복산의 합성에 필요한 효소인 사이클로옥시제네이스(cyclooxygenase)를 억제한다. 아스피린은 혈소판으로부터 트롬복산의 분비를 감소시키기 때문에, 혈소판들의 응집 능력이 감소한다.

혈액 응고 연쇄반응의 구성성분들이 결핍되어 태어난 사람들은 출혈의 경향을 보이며, 이러한 경향은 경증에서부터 본태적으로 조절이 불가능하여 치명적인 상황을 초래하는 중증의 경우까지 다양하다. 혈액 응고에 필요한 단백질들에 대응되는 유전자들의 결함은 혈우병이라는 질환을 초래한다. 혈우병 A는 인자 VIII의 결핍으로부터 발생하는 성-연관 소인이다. 이것이 가장 흔한 인간의 혈우병이며, 전 세계적으로 5000명당 1명의 확률로 유병된다. 혈우병 A의 가장 유명한 예는 유럽의 왕가에서 일어난 것이

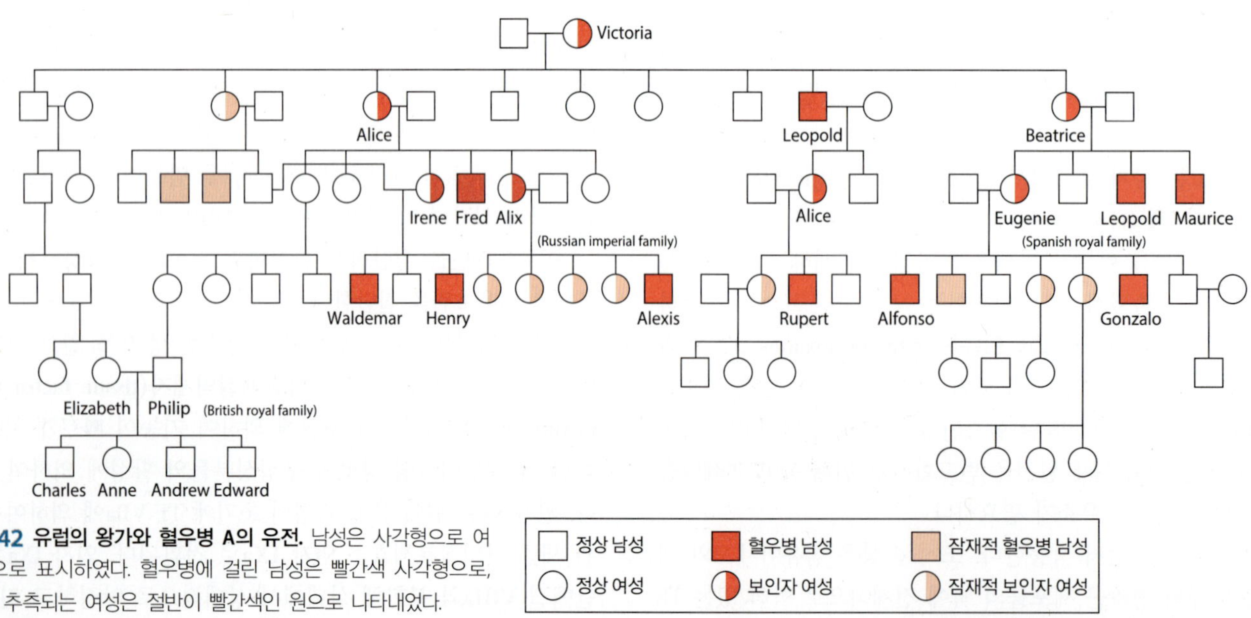

그림 6-42 유럽의 왕가와 혈우병 A의 유전. 남성은 사각형으로 여성은 원으로 표시하였다. 혈우병에 걸린 남성은 빨간색 사각형으로, 보인자로 추측되는 여성은 절반이 빨간색인 원으로 나타내었다.

다. 빅토리아 여왕(1819–1901)은 확실히 보인자였다. 여왕의 8번째 자녀인 레오폴드 왕자(Prince Leopold)가 혈우병 A에 걸려 31세에 사망하였다. 여왕의 딸들 중 최소한 2명이 보인자였으며, 결함이 있는 유전자를 유럽의 다른 왕가로 전달하였다(**그림 6-42**). ■

몇 가지 조절 효소는 여러 가지 조절 기전을 사용한다

글리코겐 가인산분해효소는 저장형 포도당을 에너지 생산 탄수화물 대사로 공급하는 경로의 첫 번째 반응을 촉매한다(제14, 15장). 이 과정은 중요한 대사경로이고 그 조절 방식은 아주 복잡하다. 글리코겐 가인산분해효소의 일차적인 조절은 그림 6-37에서 보는 바와 같이 공유결합 변형에 의하지만, 이 효소는 가인산분해효소의 활성자로 작용하는 AMP나 억제자인 6-인산 포도당과 ATP 등에 의하여 입체다른자리 조절도 받게 된다. 게다가 인산기를 붙이고 제거하는 효소는 자신에 의하여 조절되는데, 이 조절은 혈당을 조절하는 호르몬의 수준에 의한다(그래서 전체 경로는 호르몬 수준에 민감하다; **그림 6-43**; 제15장과 23장 참조).

다른 복잡한 조절 효소들은 주요 대사의 분기점에서 발견된다. 세포 대사(제22장)에 환원성 질소를 도입시키는 과정의 한 단계를 촉매하는 세균의 글루타민 합성효소(glutamine synthetase)는 지금까지 알려져 있는 효소 중에서 가장 복잡한 조절 효소 중의 하나이다. 이 효소는 입체다른자리 조절(최소한 8개의 서로 다른 조절자)을 받으며, 또한 가역적인 공유결합 변형과 다른 조절 단백질의 결합에 의하여 조절되는데, 이것은 특징적인 대사경로의 조절에 대해 논의할 때 자세하게 다룰 것이다.

효소 활성을 조절하는 데 이런 복잡성의 유리한 점은 무엇인가? 우리는 이 장의 서두에서 바로 생명의 존재에 미치는 촉매 작용의 중요성을 강조하였다. 촉매 작용의 조절 또한 생명에 필수적이다. 세포에 있는 가능한 모든 반응이 동시에 촉매된다면 거대분자와 대사물은 훨씬 더 간단한 화합물로 아주 빨리 분해될 것이다. 대신에 세포는 자신들이 필요한 반응만 주어진 순간에 촉매할 것이다. 세포는 화학 자원이 풍부할 때 포도당과 다른 대사물질을 합성하고 저장하며, 화학 자원이 적을 때 이 저장물을 세포 대사의 연료로 사용한다. 화학에너지는 경제적으로 사용되는데 세포가 필요할 때 여러 대사경로에 보내진다. 특정 반응에 특이적이고 강력한 촉매가 이용되는 것은 이들 반응의 조절을 가능하게 한다. 바꾸어 말하면 이것

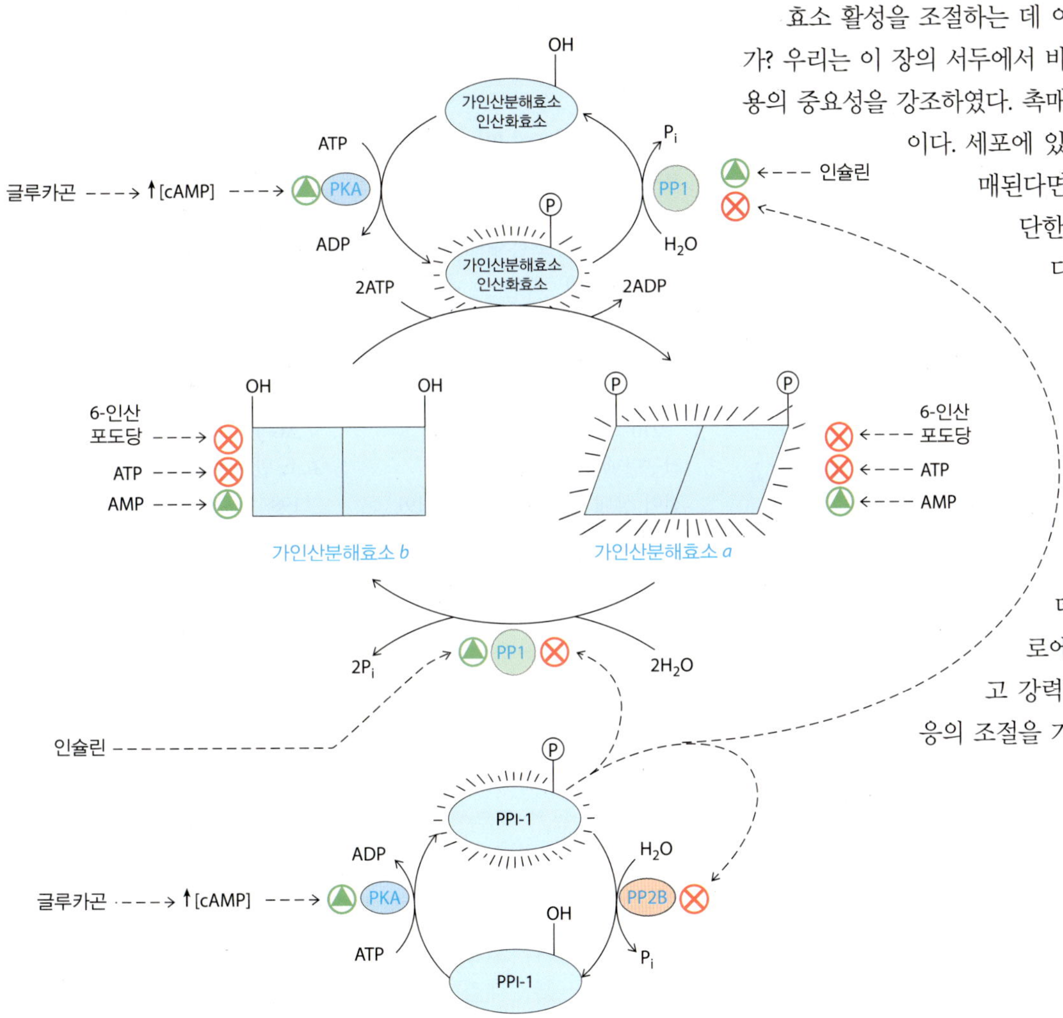

그림 6-43 인산화에 의한 근육 글리코겐 가인산분해효소 활성의 조절. 근육의 글리코겐 가인산분해효소의 활성은 그림 6-37의 공유 변형(인산화)보다 훨씬 더 많은 것들이 관여하는 다중수준계(multilevel system)에 의하여 조절된다. 입체다른자리 조절과 인산화와 탈인산화에 관여하는 효소에 작용하는 호르몬의 수준에 민감한 조절적 연쇄반응(regulatory cascade)도 중요한 역할을 한다. 효소의 2가지 형태의 활성은 모두 효소의 독립된 자리에 결합하는 활성자(AMP)와 억제자(6-인산 포도당과 ATP)에 의하여 입체다른자리 방식으로 조절된다. 또한 가인산분해효소 인산화효소와 가인산분해효소 탈인산화효소1(PP1)의 활성은 글루카곤과 에피네프린 등의 호르몬에 반응하는 짧은 경로를 통하여 조절된다. 하나의 경로는 가인산분해효소 인산화효소와 인산단백질 탈인산화효소 억제제-1(PPI-1)의 인산화를 유도한다. 인산화된 가인산분해효소 인산화효소는 활성화되고 다시 글리코겐 가인산분해효소를 인산화하여 활성화시킨다. 동시에 인산화된 PPI-1은 PP1과 결합하여 이것을 억제시킨다. PPI-1은 또한 PPI-1을 탈인산화(불활성화)시키는 효소인 인산단백질 인산염분해효소 2B(PP2B)를 저해함으로써 자기 자신을 활성형(인산화된)으로 유지한다. 이러한 방법으로 글리코겐 가인산분해효소의 *a*형과 *b*형의 평형이 결정적으로 활성이 더 높은 글리코겐 가인산분해효소 *a*쪽으로 치우치게 된다. 가인산분해효소 인산화효소의 두 형태는 Ca^{2+} 이온에 의하여 어느 정도 활성화되는 것에 주목하라(나타내지 않았음). 이 경로는 제14, 15, 23장에 좀 더 자세히 설명하였다.

이 우리가 생명이라고 부르는 복잡하고 고도로 조절된 교향악을 것이다.

요약 6.5 조절 효소

■ 세포에서 대사경로의 활성은 특정 효소 활성의 제어에 의하여 조절된다.

■ 입체다른자리효소의 활성은 조절자리에 특이적인 조절자가 가역적으로 결합함으로써 조절된다. 조절자는 기질 그 자체이거나 다른 대사물일 수 있다. 그리고 조절자의 효과는 억제적일 수도 있고 촉진적일 수도 있다. 입체다른자리효소의 속도론적 양상은 효소 단백질의 소단위 사이의 협동적인 상호작용을 나타낸다.

■ 다른 형태의 조절 효소는 활성에 필요한 특이적인 작용기의 공유결합 변형을 통하여 조절된다. 특이적인 아미노산 잔기의 인산화는 효소 활성을 조절하는 공통적인 방식이다.

■ 많은 단백질가수분해효소들은 효소원이라 불리는 불활성의 전구체로 합성되며, 이 중 작은 펩타이드 조각이 절단됨으로써 활성화된다.

■ 혈액 응고는 단백질가수분해에 의하여 활성화되는 효소원으로 이루어진 2가지의 조절 연쇄반응에 의하여 매개되며, 이 두 연쇄반응은 상호 연결되어 있다.

■ 중요한 대사경로의 교차점에서 효소는 작동자들의 복잡한 조합에 의하여 조절될 수 있으며, 상호 연관된 대사경로 활성의 효율적인 조정을 가능하게 한다.

핵심용어

굵게 표시된 용어들은 용어해설에 정의되어 있다.

문제

1. **옥수수의 단맛 유지.** 갓 수확한 옥수수의 단맛은 알맹이 속의 당 농도가 높기 때문이다. 가게에서 산 옥수수(수확 후 며칠이 지난 것)는 그다지 달지 않다. 그것은 옥수수 내의 유리당의 약 50%가 수확 후 하루 만에 녹말로 바뀌기 때문이다. 옥수수의 신선한 단맛을 유지하기 위하여 껍질을 벗긴 옥수수 열매를 끓는 물에 2~3분 담근 후 ("데침") 이어서 찬물로 식혀 준다. 이와 같이 처리한 옥수수를 냉장고에 보존하면 단맛이 유지된다. 이러한 방법의 생화학적 근거는 무엇인가?

2. **효소의 세포내 농도.** 세균 세포에 있는 효소의 실제 농도의 근사치를 알기 위하여 우선 세포의 세포질 용액에 약 1,000 종류의 효소가 같은 농도로 포함되어 있고 각 효소는 분자량이 100,000이라고 가정하자. 그리고 세균 세포가 원통형(지름 1.0 μm, 길이 2.0 μm)이라고 하자. 또한 세포질(비중 1.20)에는 그 중량의

20%가 수용성 단백질이며, 그것들이 모두 효소라고 가정할 때, 이 가상적인 세포 내 효소의 평균 몰농도를 계산하라.

3. 유레에이스에 의한 반응 속도의 상승. 유레에이스(urease)는 pH 8.0, 20°C에서 요소의 가수분해 속도를 10^{14}배 상승시킨다. 지금 주어진 양의 유레에이스가 주어진 양의 요소를 20°C, pH 8.0에서 5분 동안에 완전히 가수분해시킨다고 하자. 이와 같은 양의 요소를 같은 조건에서 효소가 없는 상태로 가수분해한다면 어느 정도의 시간이 걸릴 것인가? 이 두 반응이 모두 멸균된 계에서 실시되고 세균에 의한 요소의 분해는 없는 것으로 가정한다.

4. 효소의 열에 의한 변성에 대한 보호. 효소 용액을 가열할 때 효소의 변성 때문에 촉매 활성은 시간에 따라 점차로 소실된다. 효소 육탄당인산화효소 용액을 45°C에서 12분 동안 두면 그 활성이 50% 소실되었지만, 그 기질 중 하나가 과량으로 존재한 상태에서 45°C에 방치할 경우에는 12분 동안 단지 3%만 그 활성이 소실되었다. 육탄당인산화효소의 열 변성이 기질 중 하나가 존재할 때 지연되는 이유는?

5. 효소의 활성자리의 필요조건. 펩타이드카복시말단분해효소(carboxypeptidase)는 그 펩타이드 기질로부터 카복시말단의 아미노산 잔기를 차례로 제거하는데, 이 효소는 307개의 아미노산으로 된 단일 폴리펩타이드이다. 활성자리는 촉매 활성에 필수인 2개의 그룹 Arg^{145}와 Glu^{270}으로 형성되어 있다.

(a) 펩타이드카복시말단분해효소의 사슬이 완전히 α 나선이라고 볼 때 Arg^{145}와 Glu^{270}은 얼마나 멀리 (Å 단위로) 떨어져 있는가? (힌트: 그림 4-4a 참조)

(b) 이러한 거리로 떨어져 있는 이 2개의 아미노산이 어떻게 몇 Å 공간에서 일어나는 반응을 촉매할 수 있는가?

6. 젖산 탈수소효소의 정량적 측정법. 근육의 효소인 젖산 탈수소효소는 다음 반응을 촉매한다.

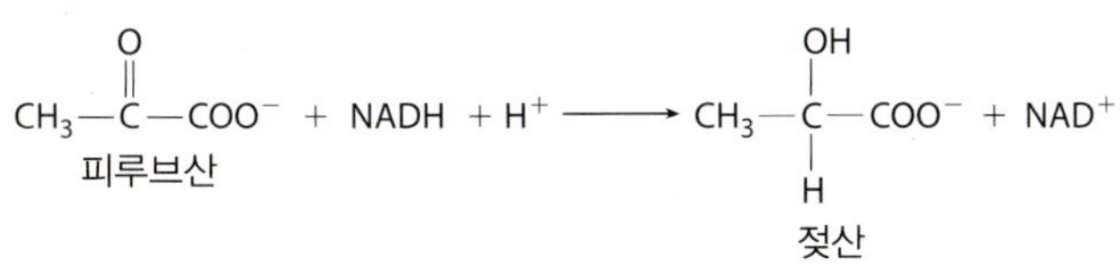

NADH와 NAD^+는 각각 보조효소 NAD의 환원형과 산화형이다. NADH 용액은 340 nm에서 빛을 흡수하지만 NAD^+는 그렇지 않다. 이 성질을 이용하여 용액 중의 NADH의 농도를 정량할 수 있다. 젖산 탈수소효소의 정량적 측정을 위하여 NADH의 이러한 성질을 어떻게 사용할 수 있는지 설명하라.

7. 반응에서 효소의 영향. 아래의 간단한 반응을 촉매하는 모든 효소는 다음 보기의 효과 중 어느 것을 가능하게 하겠는가?

$$S \underset{k_2}{\overset{k_1}{\rightleftharpoons}} P \quad \text{여기서} \quad K'_{eq} = \frac{[P]}{[S]}$$

(a) K'_{eq}의 감소; (b) k_1의 증가; (c) K'_{eq}의 증가; (d) $\Delta G^{\ddagger}$의 증가; (e) $\Delta G^{\ddagger}$의 감소; (f) $\Delta G'^{\circ}$음수 값의 증가; (g) k_2의 증가

8. 반응 속도와 기질 농도와의 관계: 미하엘리스-멘텐식.

(a) k_{cat}가 30.0 s^{-1}, K_m이 0.0050 M의 효소가 최대 속도의 1/4을 나타내는 기질의 농도는 얼마인가?

(b) 기질 농도가 $1/2K_m$, $2K_m$, $10K_m$인 경우의 속도를 V_{max}에 대한 비율로 표시하라.

(c) 반응 X $\rightleftharpoons$ Y를 촉매하는 하나의 효소가 2가지의 세균에서 분리되었다. 이것들은 X에 대하여 같은 V_{max}와 다른 K_m 값을 갖는다. 효소 A의 K_m은 2.0 μM이고, B의 K_m은 0.5 μM이다. 아래 그림은 같은 농도의 효소와 [X] = 1 μM일 때의 속도론을 보여 준다. 어느 곡선이 어느 효소에 해당되는가?

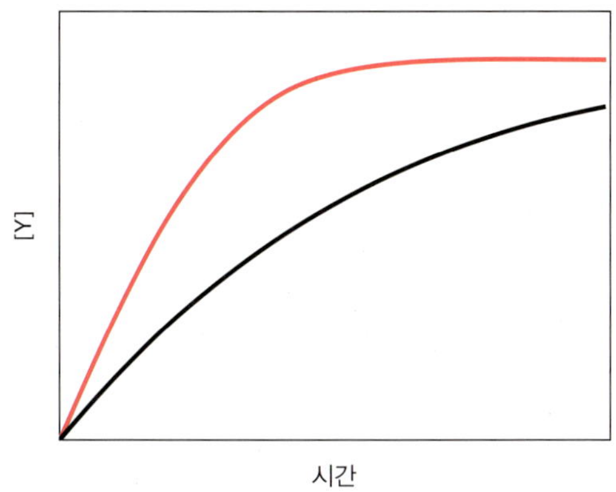

9. 미하엘리스-멘텐식의 활용 I. 효소가 반응 A $\rightleftharpoons$ B를 촉매한다. 이 효소는 2 nM로 존재하며 V_{max}는 1.2 μM s^{-1}이다. 기질 A에 대한 K_m은 10 μM이다. 기질의 농도가 (a) 2 μM, (b) 10 μM, (c) 30 μM일 때, 반응의 초기 속도 V_0를 계산하라.

10. 미하엘리스-멘텐식의 활용 II. 효소가 반응 M $\rightleftharpoons$ N를 촉매한다. 이 효소는 1 nM로 존재하며 V_{max}는 2 μM s^{-1}이다. 기질 A에 대한 K_m은 4 μM이다. (a) k_{cat}는 얼마인가? (b) α'가 2.0인 무경쟁억제제가 충분량 공존할 때 V_{max}와 K_m은 얼마인가?

11. 미하엘리스-멘텐식의 활용 III. 한 실험실에서 새로운 형태의 해피에이스(happyase)를 발견하고, 이를 해피에이스*라고 하였다. 이것은 다음과 같은 화학 반응을 촉매한다. HAPPY $\rightleftharpoons$ SAD. 발견된 해피에이스*의 특성을 찾아내보자.

(a) 첫 번째 실험에서 $[E_t]$ = 4 nM일 때, V_{max} = 1.6 μM s^{-1}임을 알았다. 이를 토대로 할 때 해피에이스*의 k_{cat}는 얼마인가? (적당한 단위를 포함할 것)

(b) 다른 실험에서 $[E_t]$ = 1 nM이고 [HAPPY]가 30 μM일 때, V_0 = 300 nM s^{-1}임이 밝혀졌다. 기질 HAPPY에 대한 해피에이스*의 K_m은 얼마인가? (적당한 단위를 포함할 것)

(c) 추가적인 연구를 통해 앞에서 사용된 정제된 해피에이스*가 가역 억제제인 ANGER에 의해 오염되었음을 알게 되었다. 해

피에이스* 준비에서 ANGER를 조심스럽게 제거하여 위의 두 실험을 재반복하였다. (a) 실험에서의 V_{max}는 4.8 μM s^{-1}로 증가하였고 (b) 실험에서의 K_m은 15 μM이 되었다. 억제제 ANGER의 α와 α'을 구하라.

(d) 위 문제에서 얻어진 정보를 통해 ANGER가 어떤 유형의 억제제인지 설명하라.

12. 미하엘리스-멘텐식의 활용 IV. X $\rightleftharpoons$ Y와 같은 화학 반응에서 촉매 작용을 하는 효소가 있다. 기질 A의 K_m은 4 μM, K_{cat}은 20 min^{-1}이다.

(a) 한 실험에서 [A] = 6 mM일 때, V_0는 480 nM min^{-1}이었다. 사용된 $[E_t]$는 얼마인가?

(b) 다른 실험에서 $[E_t]$ = 0.5 μM일 때, 측정된 V_0는 5 μM min^{-1}이었다. 사용된 [A]는 얼마인가?

(c) 화합물 Z는 이 효소의 강력한 경쟁 억제제로 α 값이 10이었다. (a) 실험과 같은 값의 $[E_t]$를 사용하고 [A]의 값만 변화시키고 V_0가 240 nM min^{-1}이 되도록 Z를 첨가하였다. 이 실험에서 사용된 [A]는 얼마인가?

(d) 위에서 주어진 반응 속도 변수를 바탕으로 이 효소가 촉매 완벽성(catalytic perfection)을 달성했다고 할 수 있는가? 촉매 완벽성을 정의하는 반응 속도 변수를 사용하여 답을 간단히 설명하라.

13. 실측에 의한 V_{max}와 K_m의 측정. 효소 촉매 반응의 V_{max}와 K_m 값을 정확하게 구하기 위하여 도표를 사용하는 방법이 있지만(별도설명 6-1 참조), 기질 농도를 증가시키면서 반응 속도를 측정함으로써 빨리 측정값을 구할 수 있다. 다음 자료의 효소 촉매 반응의 V_{max}와 K_m 값을 계산하라.

[S] (M)	V_0(μM/min)
2.5×10^{-6}	28
4.0×10^{-6}	40
1×10^{-5}	70
2×10^{-5}	95
4×10^{-5}	112
1×10^{-4}	128
2×10^{-3}	139
1×10^{-2}	140

14. 프로스타글란딘 합성효소의 특성. 프로스타글란딘은 척추동물의 조직에 대하여 여러 가지 중요한 작용을 갖는 지방산 유도체인 아이코사노이드에 속한다. 프로스타글란딘은 발열과 염증과 그에 수반되는 통증을 일으키는 데 관여한다. 프로스타글란딘은 프로스타글란딘 엔도퍼옥사이드 생성효소에 의하여 촉매되는 반응에서 20-탄소 지방산인 아라키돈산으로부터 유도된다. 고리산소화효소라고 하는 이 효소는 산소를 이용하여, 아라키돈산을 많은 다른 프로스타글란딘의 직접 전구체인 PGG_2로 전환시킨다. (프로스타글란딘 합성은 제21장에 설명되어 있다.)

(a) 아래에 주어진 반응속도론 자료는 프로스타글란딘 엔도퍼옥사이드 생성효소에 의하여 촉매되는 반응에 관한 것이다. 첫 두 칸에 초점을 두고, 이 효소의 V_{max}와 K_m을 구하라.

[아라키돈산] (mM)	PGG_2의 생성 속도 (mM/min)	10 mg/mL 이부프로펜 존재 하에서 PGG_2의 생성 속도(mM/min)
0.5	23.5	16.67
1.0	32.2	25.25
1.5	36.9	30.49
2.5	41.8	37.04
3.5	44.0	38.91

(b) 이부프로펜(ibuprofen)은 프로스타글란딘 엔도퍼옥사이드 생성효소의 억제제이다. 프로스타글란딘의 합성을 억제함으로써 이부프로펜은 염증과 통증을 감소시킨다. 표의 첫 번째와 세 번째 칸에 있는 자료를 이용하여 이부프로펜이 프로스타글란딘 엔도퍼옥사이드 생성효소에 작용하는 억제 유형을 결정하라.

15. 그래프를 사용한 V_{max}와 K_m의 측정. 다이펩타이드(dipeptide)인 글라이실글라이신을 가수분해하는 작은창자 펩타이드분해효소의 촉매 활성에 대한 연구의 과정에서 다음과 같은 데이터를 얻었다.

글리아실글라이신 + H_2O → 2글라이신

[S](mM)	생성물 (μmol/min^{-1})
1.5	0.21
2.0	0.24
3.0	0.28
4.0	0.33
8.0	0.40
16.0	0.45

그래프 분석(별도설명 6-1과 연관된 그래프를 참조)을 이용하여 이 효소와 기질에 대한 K_m과 V_{max}를 구하라.

16. 이디-호프스티(Eadie-Hofstee) 식. 결과를 활용하여 속도론적 척도를 유도하기 위하여 미하엘리스-멘텐식을 전환하는 몇 가지 방법이 있으며, 각각은 분석되는 자료의 세트에 따라 다른 이점을 갖고 있다. 한 가지 변형은 미하엘리스-멘텐식에 이중 역수를 취한 라인웨버-버크식이며, 라인웨버-버크식의 양변을 V_{max}로 곱하여 재배열하면 이디-호프스티(Eadie-Hofstee) 식이 된다:

$$V_0 = (-K_m)\frac{V_0}{[S]} + V_{max}$$

효소 촉매 반응의 V_0 대 V_0/[S]의 도표는 아래와 같다. 파란선은 억제제가 없을 때 얻어진 것이다. 경쟁 억제제가 반응액에 가해졌을 때 A, B, C 중 어느 선이 효소 활성을 보이겠는가? (힌트: 반응

식 6-30 참조)

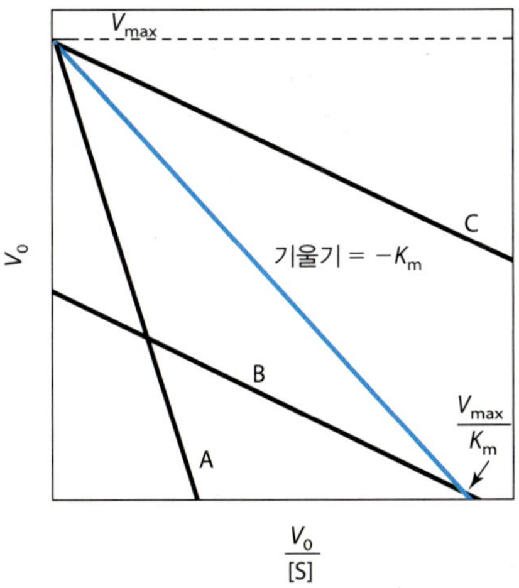

17. 탄산 탈수효소의 전환수. 적혈구의 탄산 탈수효소(carbonic anhydrase, 분자량 30,000)는 알려진 것 중에서 가장 높은 전환수를 갖는 효소 중의 하나이며, CO_2의 가역적인 수화를 촉매한다.

$$H_2O + CO_2 \rightleftharpoons H_2CO_3$$

이 반응은 조직에서 폐로 CO_2를 운반하는 데 중요하다. 만일 순수한 탄산 탈수효소 10.0 μg이 37°C에서 1분간 0.30 g의 CO_2의 수화를 최대 속도로 촉매한다면, 탄산 탈수효소의 전환수(k_{cat})는 얼마인가? (단위: min^{-1}).

18. 경쟁 억제제에 대한 속도식의 유도 경쟁 억제를 당하는 효소의 속도식은 다음과 같다.

$$V_0 = \frac{V_{max}[S]}{\alpha K_m + [S]}$$

전체 효소의 새로운 정의를 다음과 같이 한다.

$$[E_t] = [E] + [ES] + [EI]$$

이 장 본문에서 제공한 α와 K_I에 대한 정의를 이용하여 위의 속도식을 유도하라. 참고로 미하엘리스-멘텐식의 방법을 이용하라.

19. 효소의 비가역 억제 많은 효소들은 Hg^{2+}, Cu^{2+}, Ag^+과 같은 중금속 이온에 의하여 비가역 억제를 받는다. 이 이온들은 필수적인 설프하이드릴기와 반응하여 머캅타이드(mercaptide)를 생성한다.

$$\text{Enz–SH} + Ag^+ \longrightarrow \text{Enz–S–Ag} + H^+$$

Ag^+의 설프하이드릴기에 대한 친화성은 매우 크며, Ag^+은 —SH기를 정량적으로 적정하는 데 사용될 수 있다. 순수한 효소 1.0 mg/mL 용액 10.0 mL에 효소를 완전히 불활성화시키는 데 충분한 양의 $AgNO_3$를 첨가하였다. 0.342 μmol의 $AgNO_3$가 소모되었다면 효소의 최소 분자량은 얼마인가? 이와 같이 하여 구한 값은 왜 최소 분자량 밖에 되지 않을까?

20. 차별화된 효소 억제의 임상 적용. 사람의 혈청에는 산성 인산염분해효소(acid phosphatase)로 알려져 있는 효소군이 있다. 이 효소는 약한 산성의 조건(pH 5.0)에서 생체의 인산 에스터를 가수분해한다.

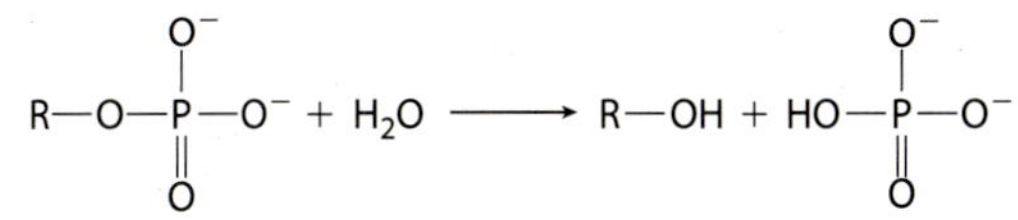

산성 인산염분해효소는 적혈구, 간, 신장, 비장, 전립선 등에서 만들어진다. 전립선에서 유래되는 이 효소는 임상적으로 매우 중요하다. 왜냐하면 이 효소의 혈중 농도 상승은 전립선암의 징후가 되기 때문이다. 전립선에서 유래된 인산염분해효소는 타트르산(tartrate) 이온에 의하여 강하게 억제되는데, 다른 조직에서 유래된 산성 인산염분해효소는 억제되지 않는다. 이것을 이용하여 사람 혈청 중에서 전립선에서 유래된 산성 인산염분해효소의 활성만을 특이적으로 측정하는 방법을 확립하려면 어떻게 해야 하는가?

21. 아세타졸아마이드(acetazolamide)에 의한 탄산 탈수효소의 억제. 탄산 탈수효소는 아세타졸아마이드라는 약물에 의하여 강하게 억제된다. 이 약물은 이뇨제(요의 생성을 촉진시키는)로 쓰이며 또한 녹내장(안구의 고압이 특징인)의 치료에도 사용된다. 탄산 탈수효소는 이러한 경우나 다른 분비 과정에서 각종 체액의 pH나 중탄산염 함량을 조절한다는 점에서 매우 중요한 역할을 하고 있다. 아래 그림은 탄산 탈수효소 반응의 초기 반응속도(V_{max}의 백분율로서)에 대한 [S]와의 관계(위쪽 곡선)를 구한 실험 결과를 나타낸 것이다. 아세타졸아마이드의 존재 아래 동일한 실험을 하면 아래쪽 곡선이 된다. 곡선을 바탕으로 효소의 경쟁 및 혼합 억제의 속도론적 성질에 대한 지식을 사용하여 아세타졸아마이드에 의한 억제의 성질을 결정하라. 그 이유를 설명하라.

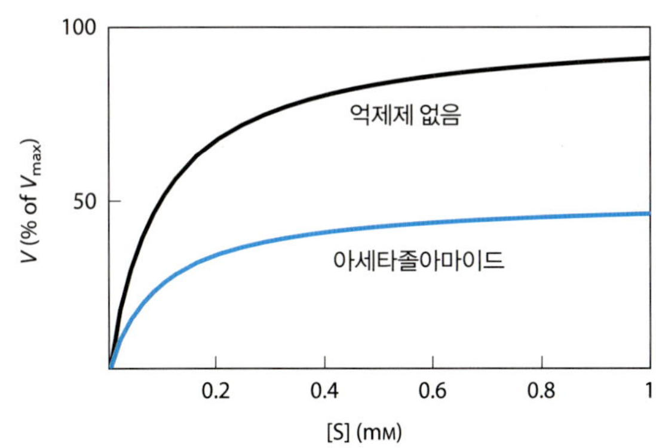

22. 가역 억제제의 효과. 관찰된 K_m(겉보기 $K_m = \alpha K_m/\alpha'$)에 대한 가역 억제제의 효과를 설명할 수 있는 식을 유도하라. 6-30의 방정식과 겉보기 K_m이 $V_0 = V_{max}/2\alpha'$에서의 [S]와 같다는 점을 사용하여 시작하라.

23. 라이소자임의 최적 pH. 라이소자임은 활성자리의 촉매 작용에 필수적인 2개의 아미노산 잔기, 즉 Glu^{35}와 Asp^{52}를 가지고 있다. 이 2개의 아미노산 잔기의 카복실 곁사슬의 pK_a 값은 각각 5.9 및 4.5이다. 라이소자임의 최적 pH인 pH 5.2에서 이 잔기들의 이

온화 상태(양성자화된 또는 탈양성자화된)는 어떠한가? 이 2개의 아미노산 잔기의 이온화 상태는 아래 그림에 나타난 라이소자임의 pH 활성 곡선을 어떻게 설명할 수 있겠는가?

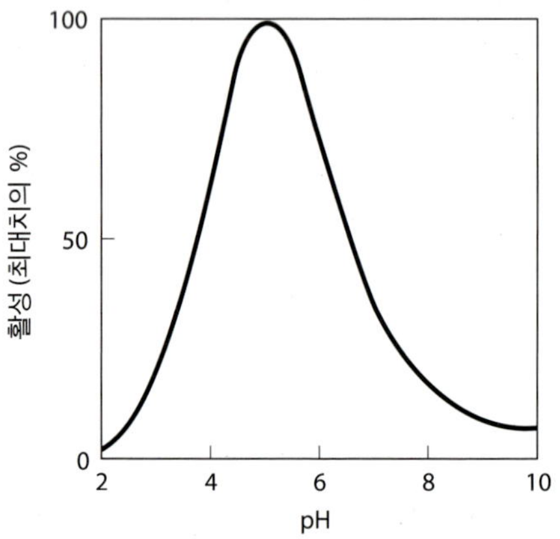

자료 분석형 문제

24. 젖산 탈수소효소(lactate dehydrogenase)의 탐구 및 변형계획. 효소의 구조를 조사하면 단백질의 구조와 기능에 관계되는 여러 아미노산사이의 관계에 관한 가설이 나온다. 이 가설을 검정하는 하나의 방법으로 DNA 재조합 기술을 사용하여 효소의 돌연변이를 만들어 변경된 형태의 구조와 기능을 확인하는 방법이 있다. 여기에 사용되는 기술에 대해서는 제9장에서 설명한다.

이러한 종류의 분석의 예로는 1989년 출판된 Clarke와 그의 동료들이 연구한 젖산 탈수소효소 효소에 관한 업적이 있다. 젖산 탈수소효소(LDH)는 피루브산을 NADH로 환원하여 젖산을 형성하는 과정(14.3절 참조)을 촉매한다. 이 효소의 활성자리의 구조를 아래에 보였다. 피루브산은 가운데 위치하고 있다.

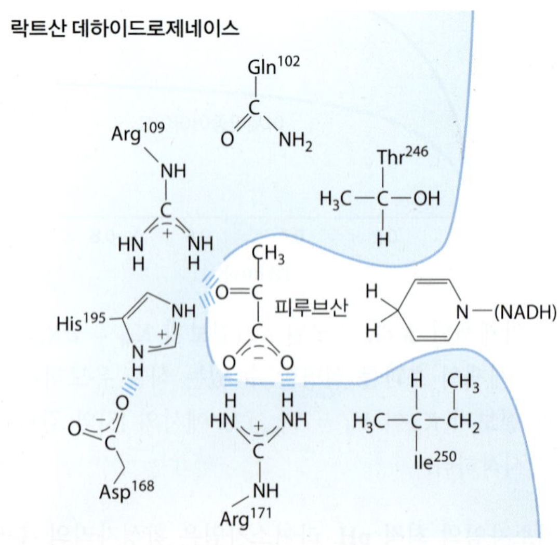

이 반응의 기전은 대부분의 NADH 환원 과정과 비슷하다(그림 13-24 참조). 이는 그림 14-8에 나와 있는 과정 중 ❷단계와 ❸단계의 역반응과 유사하다. 아래 보인 것과 같이 피루브산 분자의 강력한 극성을 가진 카보닐기가 전이상태에서 관여된다.

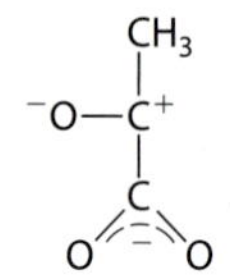

(a) Arg[109] 대신 Gln을 치환한 LDH 돌연변이는 피루브산에 겨우 5%만이 결합하고, 정상적인 효소에 비해 0.07%의 활성을 보인다. 이러한 효과에 대하여 설명하라.

(b) Arg[171]이 Lys로 바뀐 LDH 돌연변이는 기질에 대한 결합도가 정상적인 효소의 0.05%에 그쳤다. 왜 이런 극적인 변화가 일어나는지 설명하라.

(c) LDH의 결정 구조에서 Arg[171]의 구아니디늄기와 피루브산의 카보닐기가 “포크” 모양의 입체 배치로 동일 평면상에 정렬되어 있다. 이를 바탕으로 Arg[171] 대신 Lys으로 치환하였을 때 나타나는 급격한 변화에 대해서 설명하라.

(d) Ile[250]을 Gln으로 치환한 LDH 돌연변이는 NADH와 결합이 낮아진다. 이러한 결과에 대하여 설명하라.

Clarke와 그의 동료들은 피루브산이 아닌 옥살아세트산과 결합하여 이것을 환원시키는 LDH 돌연변이를 만드는 계획을 세웠다. 이들은 Gln[102]를 Arg로 단일 치환하여 피루브산을 젖산으로 환원시키는 대신 옥살아세트산을 말산으로 환원시키는 돌연변이를 만들었다. 그러므로 LDH가 말산 탈수소효소로 전환되었다.

(e) 결합된 옥살아세트산과 LDH 돌연변이의 활성자리의 구조를 그려라.

(f) 이 돌연변이 효소가 왜 피루브산보다 옥살아세트산을 “선호”하는지에 대하여 설명하라.

(g) 저자들은 더 큰 아미노산을 활성자리에 치환함으로써 더 큰 기질이 결합된다는 사실에 놀랐다. 이러한 결과에 대하여 설명하라.

참고문헌

Clarke, A.R., T. Atkinson, and J.J. Holbrook. 1989. From analysis to synthesis: new ligand binding sites on the lactate dehydrogenase framework, Part I. *Trends Biochem. Sci.* 14:101–105.

Clarke, A.R., T. Atkinson, and J.J. Holbrook. 1989. From analysis to synthesis: new ligand binding sites on the lactate dehydrogenase framework, Part II. *Trends Biochem. Sci.* 14:145–148.

CHAPTER 7

탄수화물과 당생물학

탄수화물(carbohydrate)은 지구 상에서 가장 풍부한 생체분자이다. 매년 1,000억 톤 이상의 물과 이산화탄소가 광합성에 의하여 셀룰로스(섬유소, cellulose)와 다른 식물성 산물로 전환된다. 어떤 탄수화물[당(sugar)과 녹말(starch)]은 세계의 대부분 지역의 주민들에게 주식이 되며, 탄수화물의 산화는 대부분의 비광합성 세포에서 에너지 획득의 중심 경로가 된다. 탄수화물 중합체(polymer, 글라이칸이라고도 불림)들은 세균이나 식물의 세포벽 또는 동물의 결합조직에서 구조적 및 방어적 성분이 되기도 한다. 어떤 탄수화물의 중합체는 뼈대의 관절에서 윤활제로서 작용하기도 하고 세포 상호 간의 인식이나 부착을 매개하기도 한다. 단백질이나 지질과 공유결합으로 연결되어 있는 더 복잡한 탄수화물 중합체를 **당포합체(glycoconjugate)**라고 부르는데, 이들은 분자 스스로의 세포내 위치나 대사적 운명을 결정하는 신호(signal)로 작용하기도 한다. 이 장에서는 탄수화물과 당포합체들의 주요 종류를 소개하고, 이들의 구조적 및 기능적 역할에 대한 몇 가지 예를 들겠다.

탄수화물(Carbohydrate)이란 폴리하이드록시 알데하이드(polyhydroxy aldehyde) 혹은 폴리하이드록시 케톤(polyhydroxy ketone) 또는 가수분해되었을 때, 이러한 화합물들이 나올 수 있는 물질을 총칭해서 말한다. 모두는 아니지만 많은 탄수화물을 $(CH_2O)_n$이란 조성식으로 표현할 수 있다; 한편 질소, 인, 황 등을 포함하는 것들도 있다. 탄수화물은 크기에 따라 3가지로 분류된다. 즉, 단당, 소당, 다당 등이다("saccharide"는 설탕을 의미하는 그리스어 *sakcharon*에서 나온 말이다). **단당(monosaccharide)** 또는 단순당(simple sugar)은 하나의 폴리하이드록시 알데하이드나 케톤 단위로 되어 있다. 자연계에 가장 풍부한 단당은 육탄당인 D-포도당(D-glucose)인데, 덱스트로스(dextrose)라고도 한다. 4개 이상의 탄소를 가진 단당은 고리 구조로 존재하는 경향이 있다.

소당(oligosaccharides, 少糖)은 단위 단당이나 잔기(residue)들이 특징적인 당화결합(glycosidic bond)으로 이어져 만들어진 짧은 사슬로 되어 있다. 그중 가장 풍부한 것은 2개의 단위 단당으로 이루어진 **이당(disaccharide)**이다. 이당의 전형적인 예로 슈크로스[sucrose, 또는 수수당(cane sugar)]가 있는데, 이것은 육탄당인 D-포도당과 D-프럭토스(D-fructose)로 이루어져 있다. 모든 단당과 이당은 접미사 "-오스(-ose)"로 끝나는 이름을 가지고 있다. 세포에서 3개 이상의 단위로 구성된 소당은 유리 상태로 존재하지 않고, 비당성 분자(지질 또는 단백질)와 결합된 당포합체 형태로 존재한다.

다당(polysaccharide)은 20개 이상의 단위 단당을 포함하는 당 중합체를 말하는데, 어떤 것은 수백에서 수천 개의 단위로 구성된 것도 있다. 셀룰로스와 같이 선형사슬(linear chain)로 된 다당도 있고 글리코겐(glycogen)과 같이 가지사슬(branched chain)로 된 다당도 있다. 글리코겐과 셀룰로스는 둘 다 D-포도당 단위의 반복적인 연결로 이루어졌다는 점에서는 같지만, 단위체를 연결하는 당화결합의 유형이 달라서 결국에는 놀랍도록 다른 성상과 생물학적 역할을 가지게 된 것이다.

7.1 단당과 이당

탄수화물 중에서 가장 간단한 것은 단당인데, 이들은 2개 이상의 하이드록실기(hydroxyl group)를 가진 알데하이드이거나 케톤이다. 육탄당인 포도당이나 프럭토스는 5개의 하이드록실기를 가지고 있다. 하이드록실기가 붙어 있는 여러 개의 탄소는 각각 손대칭 중심(chiral center)이 되므로 자연계에 여러 개의 입체이성체(stereoisomer)가 존재한다. 당에 작용하는 효소들은 엄격하게 입체 특이적이며 K_m 값이나 결합상수에 반영되듯이 10^3배 이상으로 다른 입체이성체에 비하여 하나의 입체이성체를 선호하므로 당에 있어서 입체이성질(stereoisomerism)은 생물학적 의미가 있다. 여러

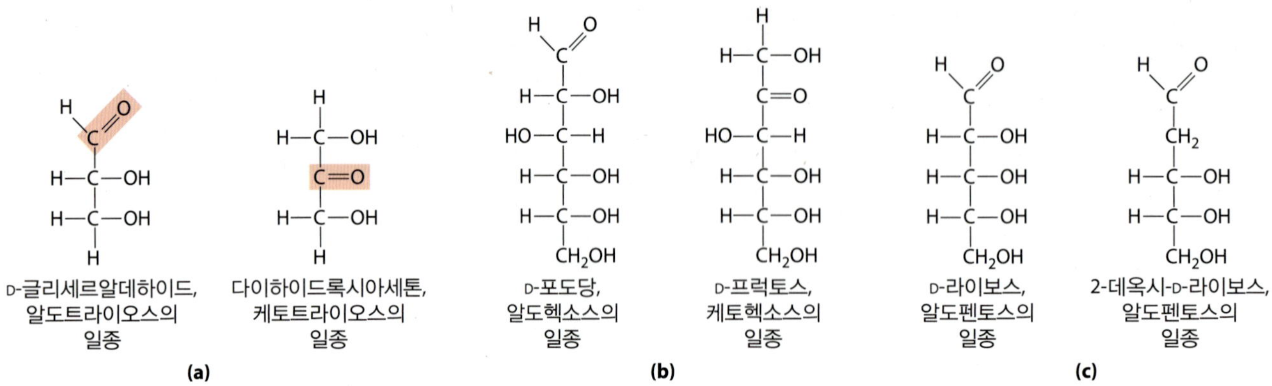

그림 7-1 대표적인 단당. (a) 2개의 삼탄당인 알도스와 케토스. 각각의 카보닐기는 음영으로 나타나 있다. (b) 2개의 흔한 헥소스. (c) 핵산의 펜토스 성분. D-라이보스는 라이보핵산(RNA)의 구성성분이며, 2-데옥시-D-라이보스는 데옥시라이보핵산(DNA)의 구성성분이다.

분의 오른손에 왼손 장갑을 끼는 것처럼 효소의 결합자리에 잘못된 당 입체이성체를 맞추는 것은 어렵다.

여기에서 기본 뼈대가 3~7개의 탄소로 되어 있는 단당들의 종류를 설명하는 것으로 시작하고, 이들의 구조와 입체이성체 그리고 3차원적 구조를 지면에 나타내는 방법을 설명하기로 한다. 그 다음에 단당의 카보닐기(carbonyl group)에 의한 몇 가지 화학반응을 살펴보겠다. 그것의 한 예로 같은 분자에 있는 하이드록실기와의 결합은 오탄당 혹은 육탄당을 고리형(cyclic form) 구조로 존재하게 하고(수용액에서 이 형태가 우세하다), 새로운 손대칭 중심을 만들게 하여 이런 종류의 화합물에 입체화학적 복잡성을 더해준다. 고리형 구조에서 각각의 탄소원자에 대한 위치배열(configuration)을 명확하게 기술할 수 있는 명명법과 이러한 구조를 지면 위에 나타낼 수 있는 방법에 대하여 좀 더 자세하게 기술하려고 한다; 이러한 정보들은 나중에 제2부에서 단당의 대사를 논의하는 데 도움이 될 것이다. 또 다음 장에서 다룰 몇 가지 중요한 단당의 유도체들도 소개한다.

단당의 2종류는 알도스와 케토스이다

단당은 무색의 결정형 고체이며, 물에 잘 녹으나 비극성 용매에는 녹지 않는다. 대부분 단맛을 가지고 있다(별도설명 7-2 참조, 252쪽). 일반적인 단당 분자의 뼈대는 모든 탄소원자가 단일결합(single bond)으로 연결되며 가지를 치지 않은 탄소 사슬이다. 열린 사슬 형태에서 탄소원자 중 하나는 산소원자와 이중결합으로 연결되어 카보닐기를 이루며 다른 탄소원자는 각각 하이드록실기를 하나씩 가지고 있다. 카보닐기가 탄소 사슬 끝에 있으면(즉, 알데하이드기이면) 이 단당은 **알도스(aldose)**라고 불리며, 카보닐기가 다른 어떤 위치에 있으면(즉, 케톤기이면) 이 단당을 **케토스(ketose)**라고 부른다. 가장 간단한 단당으로 탄소가 3개인 2가지의 트라이오스(trios)가 있는데, 그것들은 알도트라이오스(aldotriose)인 글리세르알데하이드(glyceraldehyde)와 케토트라이오스(ketotriose)인 다이하이드록시아세톤(dihydroxyacetone)이다(**그림 7-1a**).

뼈대에 4, 5, 6, 7개의 탄소원자를 가진 단당을 각각 사탄당(테트로스, tetrose), 오탄당(펜토스, pentose), 육탄당(헥소스, hexose), 칠탄당(헵토스, heptose)이라고 한다. 각각의 사슬 길이에 대하여 각각 알도스와 케토스가 있다: 이들을 알도테트로스(aldotetrose)와 케토테트로스(ketotetrose), 알도펜토스(aldopentose)와 케토펜토스(ketopentose) 등으로 부른다. 헥소스에는 알도헥소스(aldohexose)인 D-포도당과 케토헥소스(ketohexose)인 D-프럭토스(그림 7-1b)가 있는데, 이들은 자연계에 가장 흔한 단당들이다. 알도펜토스인 D-라이보스(D-ribose)와 2-데옥시-D-라이보스(2-deoxy-D-ribose, 그림 7-1c)는 뉴클레오타이드(nucleotide)와 핵산의 구성성분이 된다(제8장).

단당에는 비대칭 중심이 있다

다이하이드록시아세톤을 제외한 모든 단당은 1개 이상의 비대칭 탄소원자, 즉 손대칭 탄소원자를 가지고 있어서 광학 활성을 가진 이성체로 존재한다(17~18쪽). 가장 간단한 알도스인 글리세르알데하이드는 하나의 손대칭 중심(가운데 탄소원자)을 가지고 있어서 2개의 광학 이성체, 즉 **거울상이성질체(enantiomer)**를 가진다(**그림 7-2**).

» **중요 관례:** 관례에 의하여 이 두 형태 중 하나를 D 이성체, 다른 하나를 L 이성체라고 한다. 손대칭 중심을 갖는 다른 생체분자와 마찬가지로 당의 절대 위치배열이 X-선 결정학에 의하여 밝혀졌다. 3차원적인 당의 구조를 지면 위에 나타내기 위하여 흔히 **피셔 투영식(Fisher projection formula)**이 사용된다(그림 7-2). 피셔 투영식에서 수평 결합은 지면 밖으로 독자를 향해 있고, 수직 결합은 지면 뒤로 독자로부터 떨어져 있다. «

일반적으로 n개의 손대칭 중심을 가진 분자는 2^n개의 입체이성체를 가진다. 글리세르알데하이드는 $2^1 = 2$개를 가지며; 4개의 손대칭 중심을 가진 알도헥소스는 $2^4 = 16$개의 입체이성체를 가

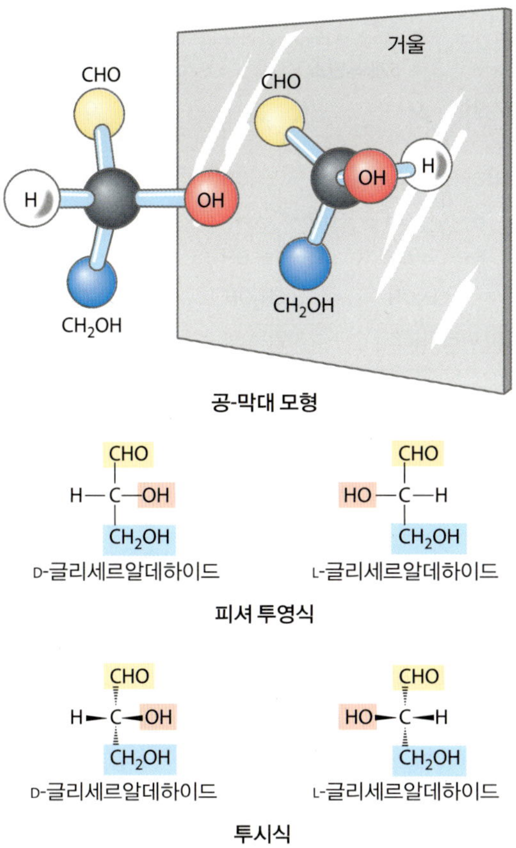

그림 7-2 글리세르알데하이드의 2가지 이성체를 나타내는 3가지 방법. 입체이성체는 서로의 거울상이다. 공-막대 모형은 실제 위치배열을 나타낸다. 투시식에서 실선의 쐐기 모양의 결합이 독자를 향해 있고, 점선의 쐐기 모양의 결합은 독자로부터 떨어져 있다는 것을 상기하라(그림 1-19 참조).

진다. 각각의 사슬 길이를 가진 단당에 대하여 입체이성체는 카보닐 탄소에서 가장 먼 손대칭 중심의 위치배열에 따라 2가지 군으로 나눈다. 이 기준이 되는 탄소의 위치배열이 D-글리세르알데하이드의 위치배열과 같으면 D 이성체, L-글리세르알데하이드의 위치배열과 같으면 L 이성체라고 한다. 카보닐 탄소를 위쪽에 두었을 때 기준이 되는 탄소의 하이드록실기가 투영식의 오른쪽에 있으면 D 이성체, 왼쪽에 있으면 L 이성체가 되는 것이다. 16개의 가능한 알도헥소스 중 8개는 D 형이고 다른 8개는 L 형이다. 생물체에서 대부분의 헥소스는 D 이성체이다. 왜 D 이성체일까? 흥미롭지만 아직 밝혀지지 않은 질문이다. 단백질에서 발견되는 모든 아미노산들은 두 가지의 가능한 입체이성체들 중에서 배타적으로 L 형의 한 가지임을 상기하라. 진화 과정 중에 일어난 단 하나의 입체이성체에 대한 선호도를 유지하게 될 것 같다(78쪽).

그림 7-3은 3개에서 6개의 탄소원자를 갖는 모든 알도스와 케토스들의 D 입체이성체의 구조를 나타낸다. 당의 탄소들은 카보닐기에 가장 가까운 사슬의 끝에서부터 숫자가 매겨진다. C-2, C-3 또는 C-4에서 입체화학이 다른 8개의 D-알도헥소스들 각각은 그들만의 이름을 갖고 있다: D-포도당, D-갈락토스, D-만노스 등등(그림 7-3a). 4개와 5개의 탄소 케토스들은 해당하는 알도스의 이름에 “ul”을 삽입하여 명명한다; 예를 들어, D-리뷸로스(ribulose)는 알도펜토스인 D-라이보스(ribose)에 해당하는 케토펜토스이다. (제20장에서 녹색 식물에 의한 대기의 이산화탄소 고정에 대하여 논의를 할 때 리뷸로스의 중요성이 명확해질 것이다.) 케토헥소스들은 다른 방법으로 명명된다; 예를 들면, 프럭토스[과일(fruits)을 뜻하는 라틴어 *fructus*에서 유래; 과일이 이러한 당의 하나의 원천이다]와 소르보스[sorbose, 마가목(mountain ash)의 속명인 *Sorbus*에서 유래하였으며, 마가목 식물은 당알코올 성분인 소비톨(sorbitol)이 풍부한 열매인 장과(berry)를 맺는다]이다. 하나의 탄소원자 주위의 위치배열만 다른 2개의 당을 **에피머(epimer)**라고 한다; D-포도당과 D-만노스는 C-4에서 다른 D-포도당과 D-갈락토스처럼 C-2에서의 입체화학만이 다른 에피머이다(**그림 7-4**).

일부 당들은 자연적으로 L 형태로 발생한다; L-아라비노스와 당포합체(glycoconjugates)의 공통 성분인 몇 가지 당유도체들의 L 이성체가 그 예이다(7.3절).

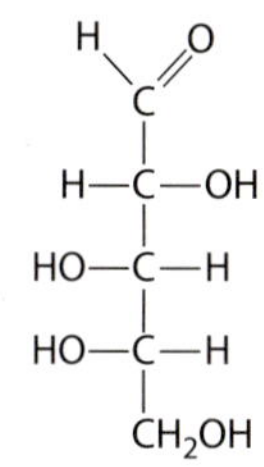

L-아라비노스

흔한 단당들은 고리형 구조를 갖는다

지금까지 각종 알도스와 케토스의 구조를 편의상 곧은 사슬 구조로 나타내었다(그림 7-3, 7-4). 실제로 알도테트로스나 5개 이상의 탄소를 뼈대로 갖는 모든 단당은 수용액에서 카보닐 탄소가 같은 분자의 하이드록실기와 공유결합으로 연결된 고리형(cyclic 혹은 ring) 구조로 존재한다. 이러한 고리 구조의 형성은 알데하이드나 케톤이 알코올과 반응하여 **헤미아세탈(hemiacetal)**이나 **헤미케탈(hemiketal)**이라는 유도체를 만드는 일반적인 반응의 결과이다. 2분자의 알코올은 카보닐 탄소에 첨가될 수 있다; 첫 번째 첨가의 산물이 헤미아세탈(알도스에 대한 첨가) 또는 헤미케탈(케토스에 대한 첨가)이다. 만약 —OH와 카보닐기들이 같은 분자에서 온다면 5- 또는 6-원소의 고리가 만들어질 것이다. 두 번째 알코올 분자의 첨가는 완전한 아세탈 또는 케탈을 만들고(**그림 7-5**), 이렇게 형성된 결합은 당화결합이다. 반응하는 2분자들이 모두 단당이면 형성되는 아세탈과 케탈은 이당이다.

알코올의 첫 번째 분자와의 반응은 부가적인 손대칭 중심(카보닐 탄소)을 만든다. 알코올이 카보닐 탄소의 앞 또는 뒤를 공격하는 2가지 방식 중 어느 것으로도 첨가가 될 수 있어서 이 반응은 α와 β로 지칭되는 2가지의 입체이성체 배열 중 어떤 것이라도 만들 수 있다. 예를 들어, D-포도당은 수용액에서 분자 내 헤미

(a) D-알도스

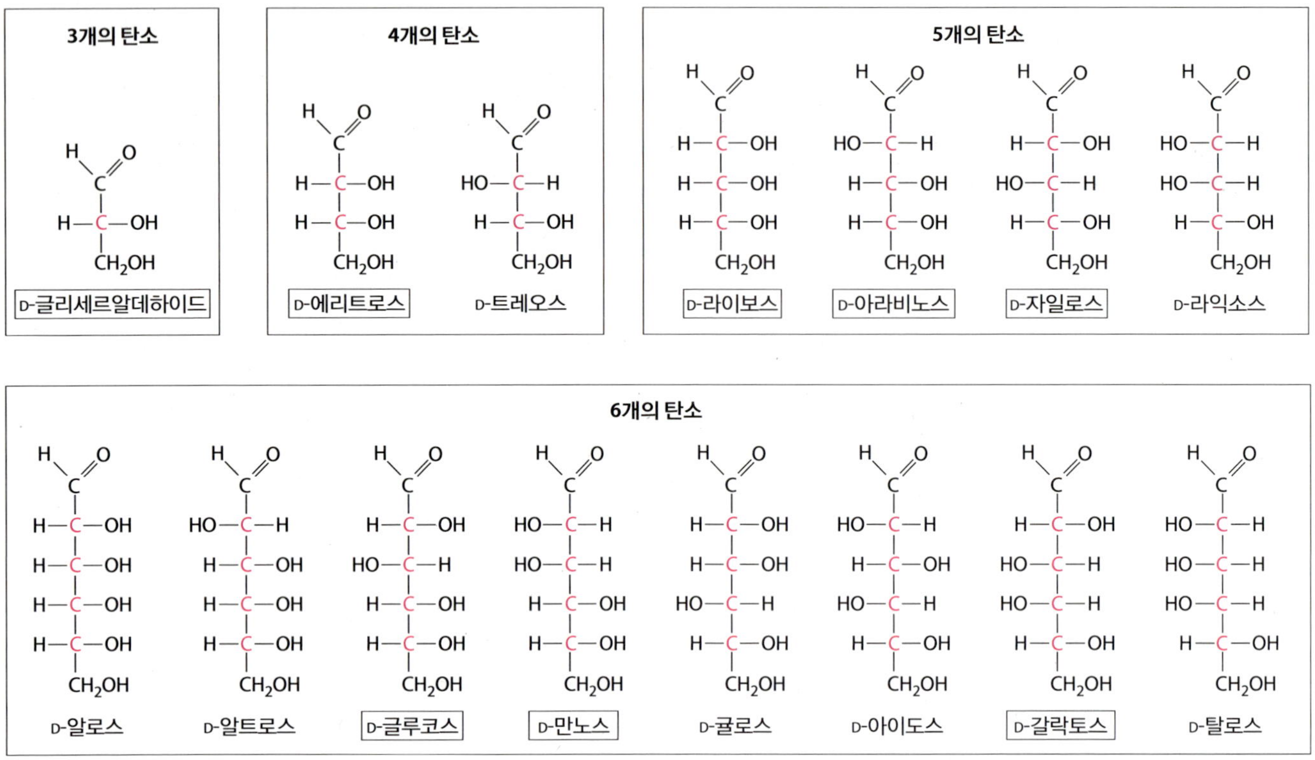

(b) D-케토스

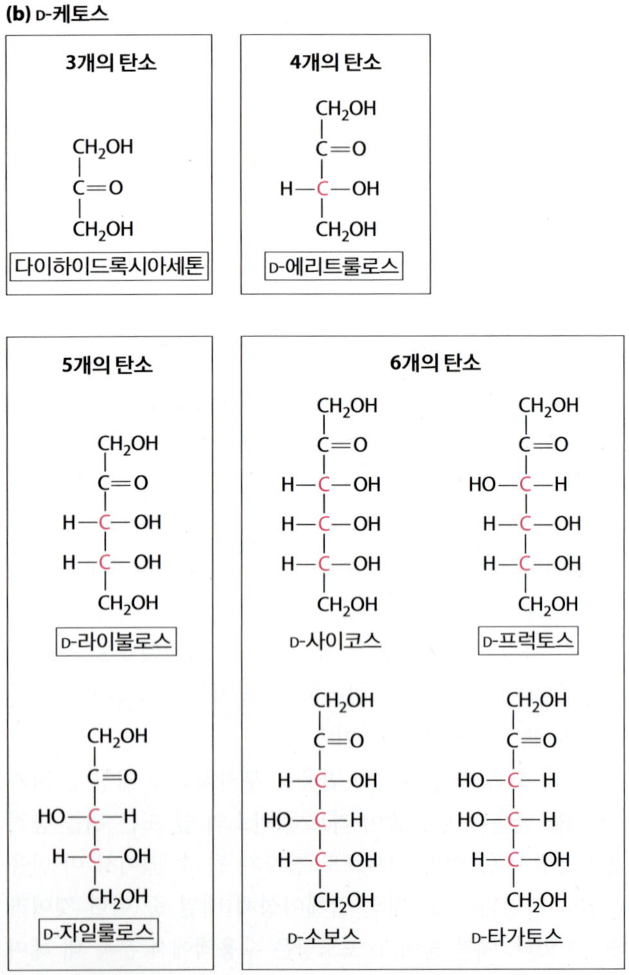

그림 7-3 알도스와 케토스. 탄소원자를 3~6개 갖고 있는 **(a)** D-알도스와 **(b)** D-케토스 계열을 투영식으로 나타낸 것. 빨간색의 탄소원자는 손대칭 중심이다. 모든 이성체에서 **카보닐 탄소에서 가장 멀리 떨어진** 손대칭 탄소가 D-글리세르알데하이드의 손대칭 탄소와 같은 위치배열을 하고 있다. 네모 안에 이름이 붙은 당은 자연계에 가장 흔한 것들이다. 이 당들은 이 장과 나중에 나오는 장에서 다시 보게 될 것이다.

아세탈로 존재하는데, 여기에서 C-5의 자유로운 하이드록실기가 알데하이드기의 C-1과 반응하여 C-1이 비대칭 탄소로 되면서 α와 β라 부르는 2개의 입체이성체가 형성된다(**그림 7-6**). 헤미아세탈 또는 헤미케탈 탄소원자에 대한 위치배열만 다른 단당의 이성체들을 **아노머(anomer)**라고 하며, 카보닐 탄소원자를 **아노머 탄소(anomeric carbon)**라고 한다.

6-원자 고리 화합물을 **피라노스(pyranose)**라고 하는데, 이것은

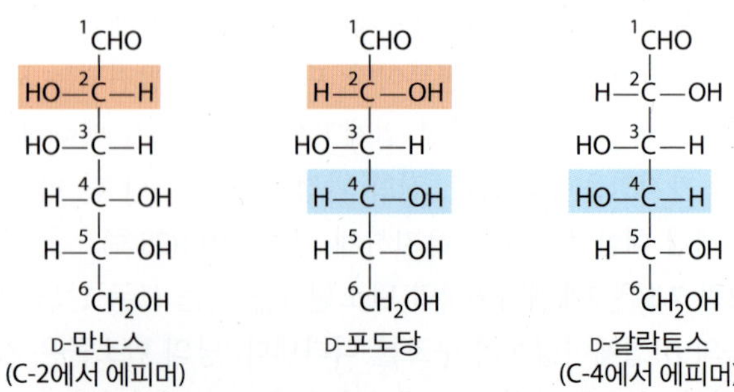

그림 7-4 에피머. 투영식으로 나타낸 D-포도당과 2가지 에피머. 각각의 에피머는 D-포도당과 하나의 손대칭 중심(옅은 빨간색 또는 파란색 음영)에서 위치배열이 다르다.

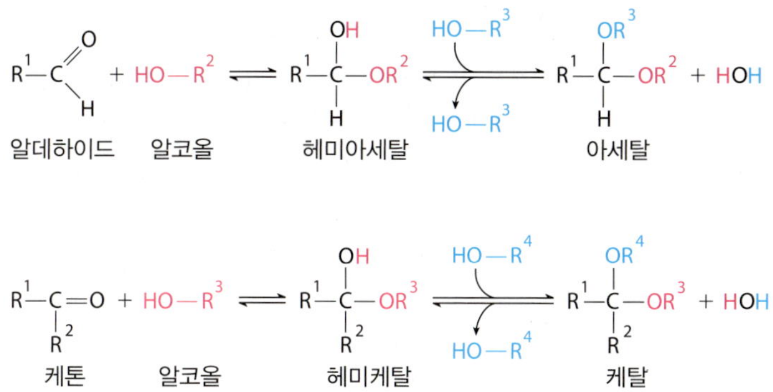

그림 7-5 헤미아세탈과 헤미케탈의 형성. 알데하이드나 케톤은 알코올과 1:1의 비로 반응하여 카보닐 카본에 새로운 손대칭 중심을 만들면서 각각 헤미아세탈과 헤미케탈을 형성한다. 두 번째 알코올 분자가 치환되면 아세탈이나 케탈이 만들어진다. 두 번째 알코올이 다른 당 분자의 일부분일 때, 당화결합이 형성된다.

6-원자 고리 화합물인 피란(pyran)을 닮았기 때문이다(**그림 7-7**). D-포도당의 2가지 고리형 구조의 계통명은 α-D-글루코피라노스(α-D-glucopyranose)와 β-D-글루코피라노스(β-D-gluco-pyranose)이다. 프럭토스와 같은 케토헥소스에도 α와 β 아노머 형태의 고리형 화합물로 발생한다. 이들 화합물에서 C-5(또는 C-6)의 하이드록실기는 C-2의 케톤기와 반응하여 헤미케탈 연결을 포함하는 **퓨라노스[furanose** 또는 피라노스(pyranose)] 링을 형성한다(그림 7-5); 혼합형이나 유도체 중에서 이 당의 더 보편적인 아노머는 β-D-프럭토퓨라노스(β-D-fructofuranose)이다.

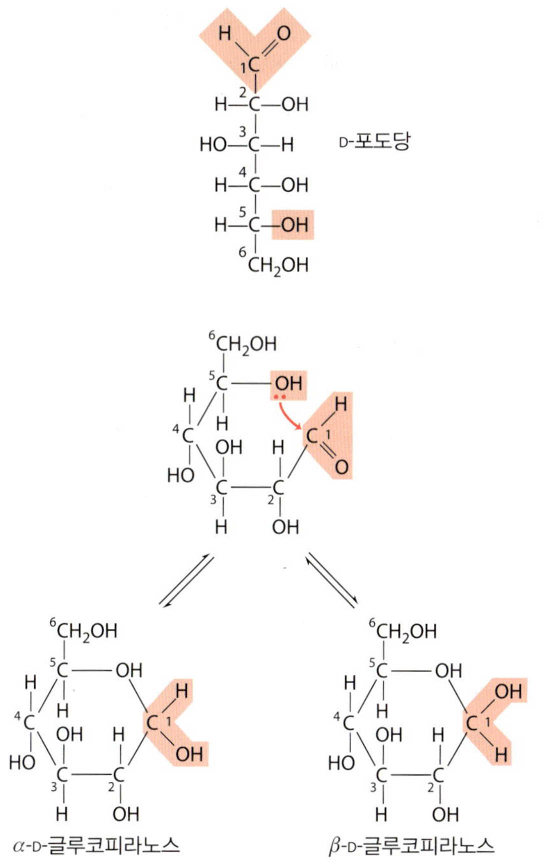

그림 7-6 2가지 고리형 포도당의 형성. C-1의 알데하이드기와 C-5의 하이드록실기가 반응하여 헤미아세탈 결합을 형성하게 되면, 그 탄소 주위의 입체화학만 차이가 나는 α와 β 아노머인 2가지 입체이성체 중 하나가 만들어진다. α와 β 아노머의 상호전환을 변광회전(mutarotation)이라고 한다.

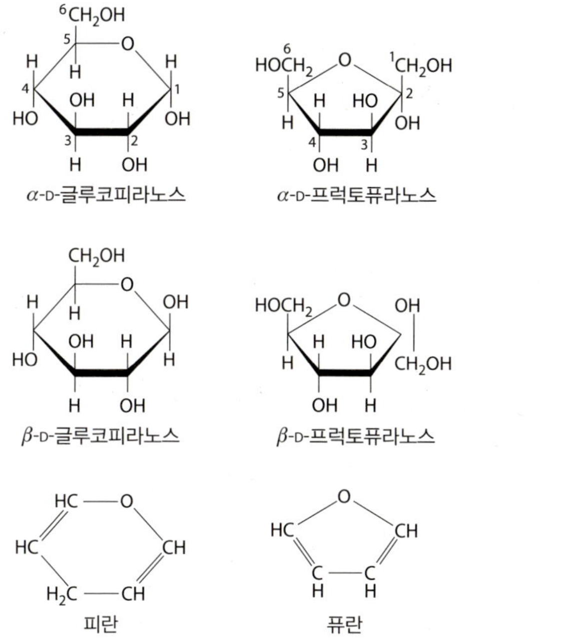

그림 7-7 피라노스와 퓨라노스. 여기에 D-포도당의 피라노스 형과 D-프럭토스의 퓨라노스 형이 호어스 투시식으로 나타나 있다. 고리에서 독자에게 가장 가까운 쪽의 가장자리가 굵은 선으로 나타나 있다. 이 호어스 투시식에서 고리의 평면 아래에 있는 하이드록실기는 피셔 투영식의 오른쪽에 위치한다(그림 7-6과 비교). 피란과 퓨란은 비교를 위하여 보여 주고 있다.

단당의 고리형 구조는 당의 선형 구조에 보편적으로 사용되는 피셔 투영식보다 **호어스 투시식(Haworth perspective formula)**으로 더 정확히 표현된다. 호어스 투시식에서 6-원자 고리로 만들어지는 면이 종이의 면과 거의 수직이 되도록 기울여 표시되며, 그림 7-7에서처럼 독자에게 가장 가까운 결합을 먼 것들 보다 진하게 그려 나타낸다.

›› 중요 관례: D-헥소스의 피셔 투영식을 분자의 고리 구조를 나타내는 호어스 투시식으로 전환하기 위해서 6-원자 고리(5개의 탄소와 1개의 산소, 위 오른쪽에)를 그린 후에 아노머 탄소로 시작하여 시계 방향으로 탄소들의 번호를 매긴 후 하이드록실기들을 위치시킨다. 하이드록실기가 피셔 투영식에서 오른편에 있으면 호어스 투시식에서는 고리면의 아래에 위치한다; 피셔 투영식에서 왼쪽이라면 호어스 투시식에서는 면의 위쪽에 위치한다. 말단의—CH_2OH 기는 D-거울상이성질체(enantiomer)에서는 위로 향하고 L-거울상이성체에서는 아래로 향한다. 아노머 탄소의 하이드록실기는 위 또는 아래를 향할 수 있다. D-헥소스의 아노머 하이드록실기가 C-6와 고리의 같은 쪽에 있을 때, 구조가 β로 정의된다; C-6의 반대편에 있을 때의 구조를 α라고 한다.

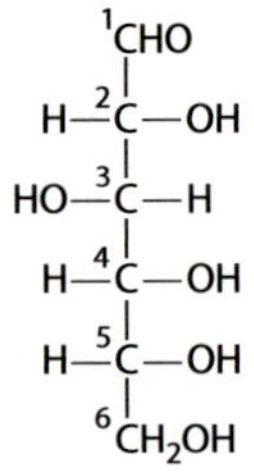

D-포도당
피셔 투영식

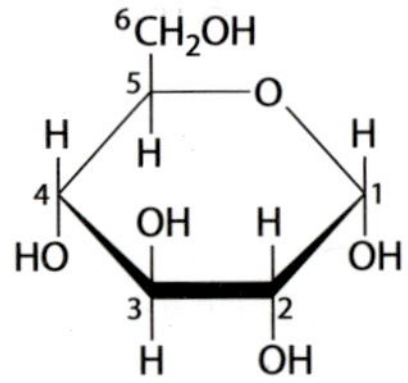

α-D-글루코피라노스
호어스 투영식

연습문제 7-1 피셔 투영식을 호어스 투시식으로 전환하기

D-만노스와 D-갈락토스에 대한 호어스 투시식을 그려라.

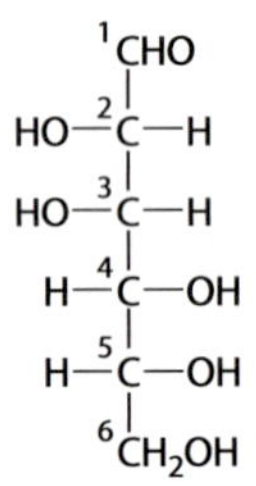

D-만노스

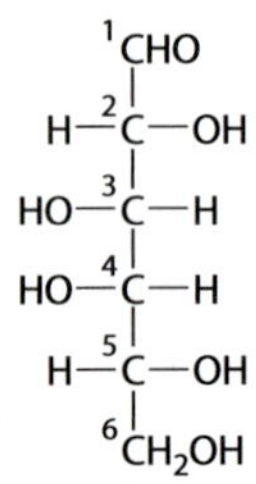

D-갈락토스

풀이: 피라노스는 6-원자 고리이므로 위의 오른쪽에 산소원자가 위치하는 6-원자 호어스 구조로 시작한다. 탄소원자들의 번호를 알도스 탄소로부터 시계 방향으로 매긴다. 만노스의 경우, 하이드록실기들을 C-2의 위, C-3의 위와 C-4의 아래에 위치시킨다(피셔 투영식에서 이 하이드록실기들은 각각 만노스 구조의 왼쪽, 왼쪽과 오른쪽에 위치하기 때문이다). 갈락토스의 경우, 하이드록실기들은 각각 C-2의 아래, C-3의 위, C-4의 위에 위치하게 한다. C-1의 하이드록실기는 위나 아래 모두 괜찮다; 이 탄소의 위치에 따라 α와 β 위치배열이 가능하게 된다.

연습문제 7-2 당 이성체들에 대한 호어스 투시식을 그리기

α-D-만노스와 β-L-갈락토스에 대한 호어스 투시식을 그려라.

풀이: 연습문제 7-1에서 D-만노스의 호어스 투시식은 C-1에서 위나 아래로 향하는 하이드록실기를 갖을 수 있다고 하였다. 중요 관례에 따라, D-만노스에서 C-6의 하이드록실기가 위로 향하면, C-1 하이드록실기는 아래를 향한다.

β-L-갈락토스의 경우, 거울상인 L-갈락토스의 피셔 투영식을 정확히 그리기 위하여, D-갈락토스의 피셔 투영식을 이용하라 L-갈락토스에서 C-2, C-3, C-4, C-5의 하이드록실기들은 각각 왼쪽, 오른쪽, 오른쪽, 왼쪽에 위치한다. 이제 6-원자 고리의 호어스 투시식을 그릴 수 있다. 여기서 C-2, C-3, C-4의 하이드록실기들은 피셔 투영식에서 각각 왼쪽, 오른쪽, 오른쪽에 위치하였으므로 위, 아래, 아래로 향한다. 또한 β 형을 그려야 하므로 아노머 탄소의 하이드록실기는 아래를 향한다(C-5에서와 같은 쪽에).

D-포도당의 α와 β 아노머는 수용액에서 **변광회전(mutarotation)**이라는 과정을 통하여 상호변환된다(그림 7-6). 이 과정에서 하나의 고리형(예를 들어, α 아노머)이 선형(linear form)으로 열리고 다시 닫히면서 β 아노머를 만든다. 따라서 α-D-포도당 수용액과 β-D-포도당 수용액은 결국 동일한 광학적 성질을 가진 평형 혼합물(equilibrium mixture)을 형성한다. 이 혼합물은 1/3 가량의 α-D-포도당과 2/3 가량의 β-D-포도당 그리고 아주 적은 양의 선형과 5-원자 고리형[글루코퓨라노스(glucofuranose)]으로 이루어져 있다.

그림 7-7에서 볼 수 있는 호어스 투시식들은 고리 형태의 단당들의 입체화학을 나타내는 데 보편적으로 사용된다. 그러나 6-원자 고리형의 피라노스 고리는 호어스 투시식이 보여 주는 것처럼 평편한 것이 아니고, 2가지 "의자"형 입체형태를 갖게 된다(**그림 7-8**). 제1장(16~19쪽)에서 다루었듯이 한 분자에서 2개의 입체형태(*conformation*)는 공유결합의 절단없이 서로 상호전환될 수 있지만 2개의 **위치배열**(*configuration*)이 상호전환되기 위해서는 공유결합의 절단이 필요하다. 예를 들면, α와 β 위치배열의 경우 고리에 참여하고 있는 산소원자에 연결된 결합이 절단되어야 하는 반면, 2개의 의자형이 상호전환되기 위해서는 결합의 절단이 필요

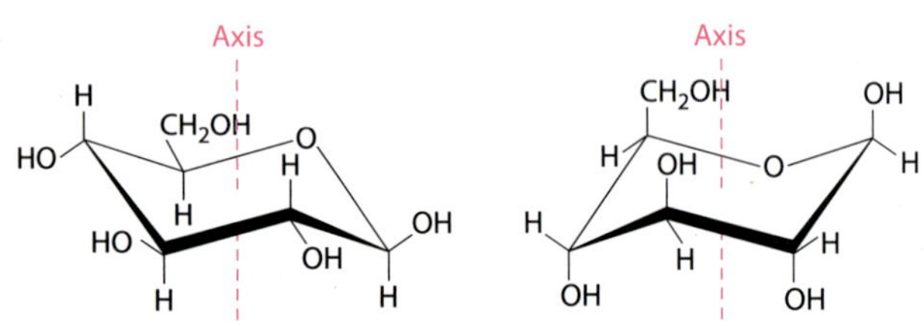

β-D-글루코피라노스의 2가지 가능한 의자형
(a)

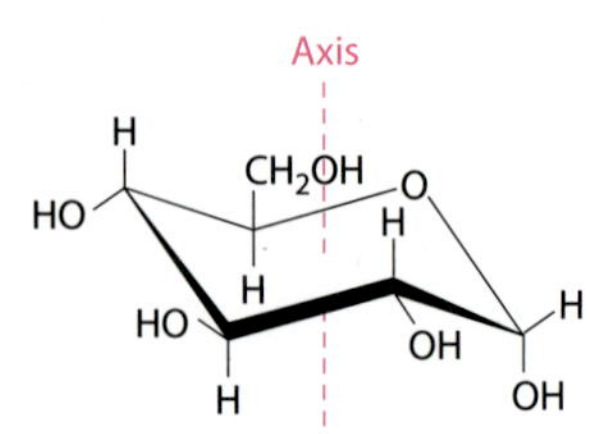

α-D-글루코피라노스
(b)

그림 7-8 피라노스의 입체형태 도식. (a) 피라노스 고리의 2가지 의자형. 탄소 고리에 붙는 치환기나 수소원자의 결합이 고리를 통과하는 수직축과 평행하게(수직 방향, axial, ax) 투시되거나 직각으로(수평 방향, equatorial, eq) 투시될 수 있다. 이 2가지 입체형태 **이성체**(*conformer*)는 고리 구조가 쪼개지지 않고서는 서로 상호전환될 수 없다. 그러나 1몰 당 약 46 KJ의 에너지를 투입하면 2가지 의자형을 상호 전환시킬 수 있다. 다른 입체형태의 하나인 "배(boat)"형(여기에 나타내지 않음)은 아주 덩치가 큰 치환기를 가진 유도체에서만 보인다. (b) 선호형 α-D-글루코피라노스의 의자형 입체형태.

치 않다. 단위 단당의 특이적인 3차원 구조는 다당의 생물학적 성질과 기능을 결정하는 데 매우 중요하다는 것을 알게 될 것이다.

생물체는 다양한 헥소스 유도체를 포함하고 있다

포도당, 갈락토스, 만노스 등과 같은 간단한 헥소스 외에도 여러 가지 당 유도체들이 있는데, 이들은 원래 당의 하이드록실기가 다른 물질로 치환되어 있거나 탄소원자가 카복실기(carboxyl group)로 산화되어 있다(**그림 7-9**). 글루코사민(glucosamine), 갈락토사민(galactosamine), 만노사민(mannosamine) 등에서 C-2 위치의 하이드록실기가 아미노기(amino group)로 치환되어 있다. 이 아미노기는 거의 모든 경우에 있어서 *N*-아세틸글루코사민(*N*-acetylglucosamine)처럼 아세트산(acetic acid)에 의하여 축합되어 있다. 이 글루코사민 유도체들은 세균의 세포벽과 같은 구조적 중합체를 구성하는 부분으로 작용한다. L-갈락토스와 L-만노스의 C-6 위치의 하이드록실기가 수소로 치환되면 각각 L-퓨코스(L-fucose)와 L-람노스(L-rhamnose)가 된다. L-퓨코스는 당단백질 혹은 당지질과 같은 복합당의 소당 성분으로 발견되고, L-람노스는 식물의 다당류에서 발견된다.

포도당의 카보닐(알데하이드) 탄소가 카복실산으로 산화되면 글루콘산(gluconic acid)이 된다. 글루콘산은 양 전하를 띄는 약물[퀴닌(quinine)과 같은] 또는 이온(Ca^{2+}과 같은)들과 같이 투여되는 카운터이온(counterion)으로 의학에서 사용된다. 마찬가지로 각각의 알도스가 산화되면 **알돈산(aldonic acid)**이 된다. 포도당, 갈락토스, 만노스 등에서 탄소 사슬의 반대쪽 끝인 C-6의 탄소가 산화되면 글루큐론산(glucuronic acid), 갈락튜론산(galacturonic acid), 만뉴론산(mannuronic acid) 등과 같이 각각에 해당하는 **유론산(uronic acid)**들이 생긴다. 알돈산과 유론산은 모두 락톤(lactone)이라고 부르는 매우 안정적인 분자 내 에스터를 형성한다(그림 7-9

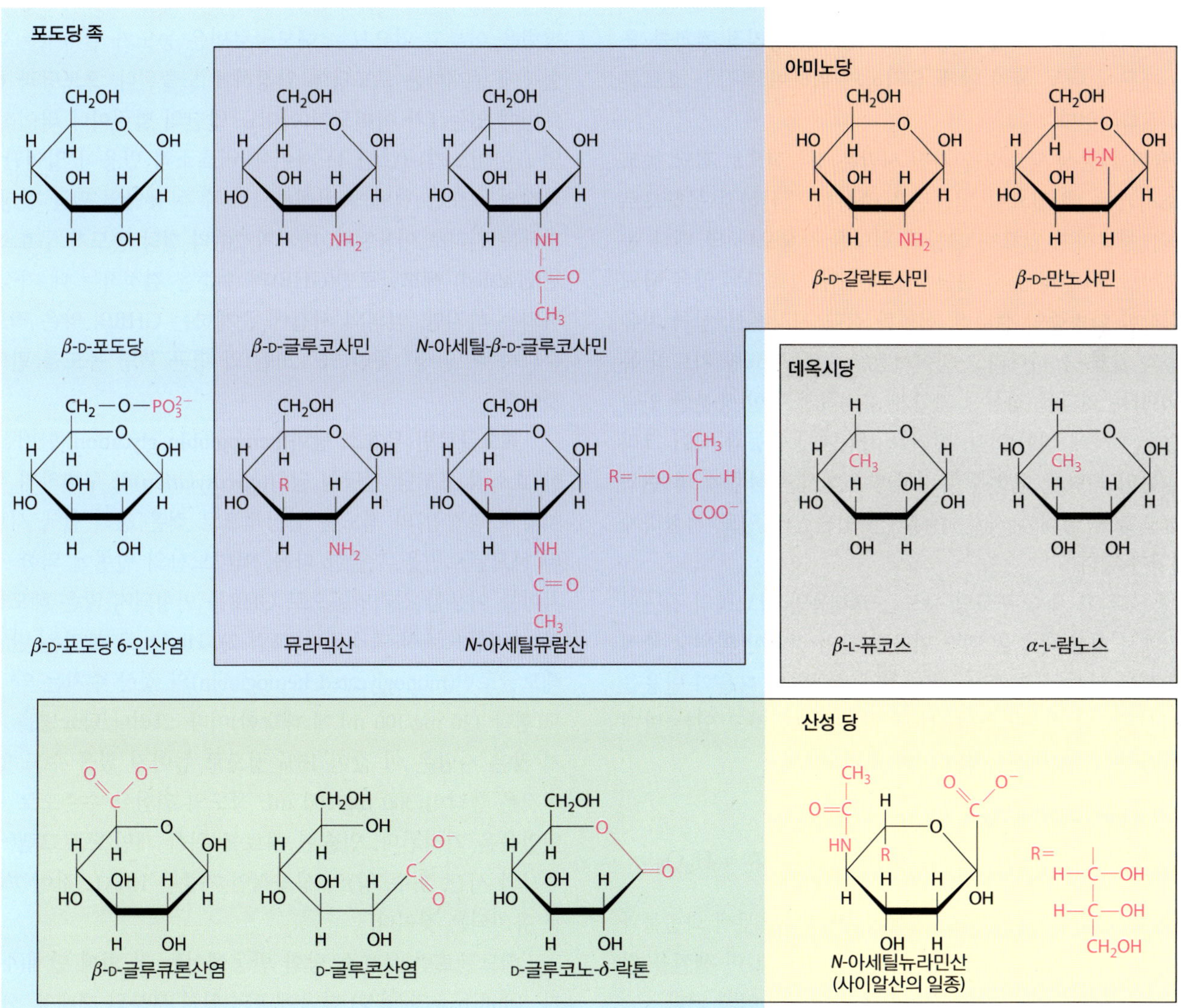

그림 7-9 생물계에 중요한 몇 가지 헥소스 유도체. 아미노 당에서 원래 헥소스의 —OH기가 —NH_2기로 치환되어 있다. —OH를 —H로 치환하면 데옥시 당이 된다. 여기에 나타나 있는 데옥시 당은 자연계에 L 이성체로 존재한다는 사실을 주목하라. 산성 당은 카복실기를 갖고 있는데, 이것은 중성 pH에서 음전하를 띤다. D-글루코노-δ-락톤은 D-글루콘산의 C-1의 카복실기와 C-5(δ 탄소라고도 함)의 하이드록실기 사이에 에스터 결합이 형성되어 만들어진다.

왼쪽 아래). 사이알산은 같은 9 탄소골격을 갖는 당의 족(family)이다. 이 중에서 *N*-아세틸뉴라민산[*N*-acetylneuraminic acid, 간단히 사이알산(sialic acid)이라고 흔히 불림]은 *N*-아세틸만노사민(*N*-acetylmannosamine)의 유도체로 동물세포 표면의 많은 당단백질과 당지질에서 발견되며, 다른 세포들이나 세포외 탄수화물-결합 단백질들의 인식부위를 제공한다. 산성 당 유도체의 카복실기는 pH 7에서 이온화되므로 정확히 말하면 카복실산염(carboxylate), 즉 글루큐론산염(glucuronate), 갈락튜론산염(galacturonate) 등으로 부른다.

탄수화물의 생합성과 대사에서 중간체는 당 그 자체가 아니라 인산화된 유도체인 경우가 많다. 인산이 당의 하이드록실기와 축합되면 6-인산 포도당(glucose 6-phosphate)에서 보는 것과 같이 인산 에스터를 만든다(그림 7-9). 6-인산 포도당은 포도당을 산화하여 에너지를 얻는 경로에서 첫 번째 대사체이다. 당 인산(sugar phosphate)은 중성 pH에서 상대적으로 안정적이고 음전하를 띤다. 세포 안의 당 인산화의 한 가지 효과는 당이 세포 밖으로 확산되어 나가는 것을 방지하는 것이다; 세포는 일반적으로 인산화된 당을 위한 형질막 운반체가 없다. 인산화는 또한 당 대사의 다음 과

별도설명 7-1 의학 당뇨병의 진단과 치료에서 혈당의 측정

포도당은 뇌 조직의 가장 중요한 연료이다. 뇌에 도달하는 포도당의 양이 너무 적으면 무기력, 혼수, 영구적인 뇌 손상 그리고 사망에 이르기까지 심각한 결과를 초래한다(그림 23-25 참조). 동물들에서는 뇌의 수요를 만족시키기에 충분한 혈당 농도(약 5 mM)를 유지하고, 너무 높은 경우에도 심각한 생리적 결과를 초래하기 때문에 너무 높지 않게 유지하기 위하여 복잡한 호르몬 작용이 진화되었다.

인슐린 의존성 당뇨병을 가진 사람은 정상적으로 혈당 농도를 감소시키는 데 필요한 인슐린을 충분히 생산하지 못하므로 당뇨병을 치료하지 않으면 그들의 혈당은 정상보다 몇 배나 높게 상승한다. 이렇게 높은 혈당은 오랫동안 치료되는 않은 당뇨병의 심각한 합병증인 신부전, 심혈관 질환, 시각손실, 상처 치유 불량 등의 원인 중 하나라고 믿어져 왔으므로, 당뇨병 치료의 목적 중 하나는 혈당을 정상에 가깝게 유지하기 위한 충분한 인슐린의 공급(주사에 의한)이다. 이러한 사람에게 운동과 식이 그리고 인슐린의 적당한 균형을 유지하기 위해서는 하루에 몇 번씩 혈당 농도를 측정해야 하고 주사되는 인슐린의 양도 적절하게 조절되어야 한다.

혈중 그리고 요중 포도당 농도는 오랫동안 당뇨병의 진단시험을 위해서 사용되어 온 펠링 반응과 같이 간단한 환원당 측정법에 의해서 분석될 수 있다. 현대적인 측정법은 다음의 반응을 촉매하는 포도당 산화효소(oxidase) 효소를 포함하고 있는 막대에 단지 한 방울의 혈액을 가하기만 하면 된다.

$$\text{D-포도당} + O_2 \xrightarrow{\text{포도당산화효소}} \text{D-글루코노-}\delta\text{-락톤} + H_2O_2$$

두 번째 효소 퍼옥시데이스(peroxidase)가 H_2O_2와 무색 화합물과의 반응을 촉매하여 색깔을 띄는 화합물을 만들고 이 색깔을 간단한 분광광도계법으로 정량이 되면 혈당 농도를 알게 된다.

혈당은 식사와 운동 시간에 따라 다르므로 한 번의 측정값이 수 시간 혹은 수일 동안의 평균 혈당을 반영한다고 볼 수 없다. 따라서 매우 위험한 혈당의 증가가 감지되지 않을 수 있다. 평균 포도당 농도는 포도당이 적혈구에 있는 산소 운반 단백질인 헤모글로빈(163쪽)에 주는 효과를 조사함으로써 측정될 수 있다. 적혈구 막에 있는 운반체는 세포 내와 혈중 포도당 농도와 평형을 이루고 있으므로 헤모글로빈은 농도가 얼마이든지 간에 혈중에 존재하는 포도당에 일정하게 노출된다. 포도당과 헤모글로빈에 있는 1차 아미노기(아미노 말단의 발린이나 라이신 잔기의 ε-아미노기) (그림 1) 사이에 비효소적 반응이 일어난다. 이 과정의 속도는 혈당에 비례하므로 수주 동안의 평균 혈당을 평가하는 원리로 이용된다. 마지막 2주의 혈당 농도가 무효소 당화된(glycated) 헤모글로빈(GHB)의 수준을 결정하는 데 가장 중요하기는 하지만, 임의의 시간에 존재하는 GHB의 양은 적혈구가 순환하는 "일생" 동안(약 120일)의 평균 혈당 농도를 반영하는 것이다.

헤모글로빈 무효소 당화[**hemoglobin glycation**, 단백질에 대한 효소적 포도당 전달인 당화(*glycosylation*)와 구별하기 위하여 이렇게 명명함]의 정도는 임상적으로 적은 양의 혈액 시료로부터 헤모글로빈을 추출한 다음, 아미노산의 변형에 의한 전하의 차이를 이용한 전기영동으로 GHB를 변형되지 않은 헤모글로빈과 분리함으로써 측정된다(그림 2). HbA1c로 불리는 단일당화 헤모글로빈(monoglycated hemoglobin)의 정상 수치는 약 5% 정도(혈당 120 mg/100 mL에 해당함)이다. 그러나 당뇨병을 치료하지 않은 사람은 이 값이 13% 정도로 높아져 있을 수도 있는데, 이것은 혈당이 300 mg/100 mL 정도의 위험한 수준으로 높아져 있었음을 가리킨다. 인슐린 치료를 위한 개인 프로그램(인슐린 주사의 시간, 횟수, 양)의 성공적인 기준은 HbA1c 값이 7% 정도로 유지되는 것이다.

헤모글로빈 무효소 당화 반응에서는 첫 번째 단계(쉬프 염기. Schiff base의 형성) 다음에 탄수화물 부분의 재배열, 산화, 탈수를 통해 진행 당화 종산물(*a*dvanced *g*lycation *e*nd product*s*, AGEs)이라는 불균질성 혼합물이 만들어진다. 이 생성물은 적혈

정에서 일어나는 여러 가지 화학반응을 위하여 당을 활성화한다. 다음 장에서는 몇 가지 중요한 인산화된 당의 유도체들에 대하여 논의할 것이다.

단당은 환원성을 가지고 있다

단당은 제2구리 이온(Cu^{2+})과 같이 상대적으로 약한 산화제에 의하여 산화될 수 있다. 이때 카보닐 탄소가 카복실기로 산화된다. 포도당이나 다른 당과 같이 제2구리 이온을 환원시킬 수 있는 당을 **환원당(reducing sugar)**이라고 한다. 이때 포도당은 산화되어 카복실산의 복합 혼합물이 된다. 이것이 당의 존재를 정성적으로 시험하는 펠링 반응(Fehling's reaction)의 원리이다. 당의 수용액에 의하여 환원되는 산화제의 양을 측정함으로써 그 당의 농도를 측정할 수 있다. 이러한 환원당의 측정법은 당뇨병(diabetes mellitus)의 진단에서 혈액이나 요 중에 상승된 포도당을 검출 및 측정하기 위한 방법으로 오랫동안 사용되어 왔다(별도설명 7-1). ■

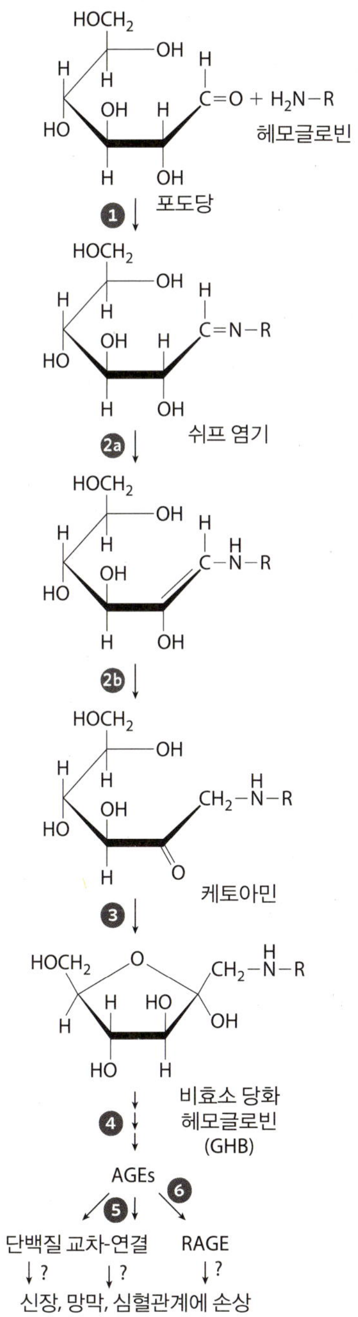

그림 1 헤모글로빈의 1차 아민기에 대한 포도당의 비효소적 반응은 ❶ 쉬프 염기의 형성으로 시작하여 ❷ 안정된 생성물을 만드는 아마도리 재배열(Amadori rearrangement); ❸ 그리고 이런 케토아민(ketoamine)이 고리화되면 GHB를 만든다. ❹ 다음 반응은 ε-*N*-카복시메틸라이신(ε-*N*-carboxylmethyllysine)이나 메틸글리옥살(methylglyoxal)과 같은 진행 당화 종산물(AGEs)을 생성하고 ❺ 이 물질들이 다른 단백질들을 교차연결함으로써 손상을 주어 병리적 변화를 일으킨다. ❻ AGE에 의해 활성화된 AGE 수용체 (RAGE)는 염증을 포함하는 하위 이벤트를 촉진한다.

구를 떠나서 단백질들 간에 공유성 교차연결을 형성하여 정상적인 단백질의 기능을 방해한다(그림 1). 당뇨병을 가진 사람에서 AGEs가 비교적 높은 농도로 축적되면 중요한 단백질을 교차연결하여 신장이나 망막 그리고 심혈관계 손상을 주는 당뇨병의 특징이 나타나게 된다. 이러한 발병 과정은 약물작용의 잠재적 표적이 될 수 있다. AGEs는 막 관통 수용체인 RAGEs를 통해 작용하며, 당뇨병과 관련된 염증 반응을 촉발한다.

분석 ID	퍼센트	시간(분)	면적
주사시점	0.0	0.11	17,682
A1a	0.4	0.30	8,051
A1b	1.0	0.45	19,267
A1c	5.9	1.10	110,946
A0	92.6	1.56	1,727,669

전체 면적 1,883,615

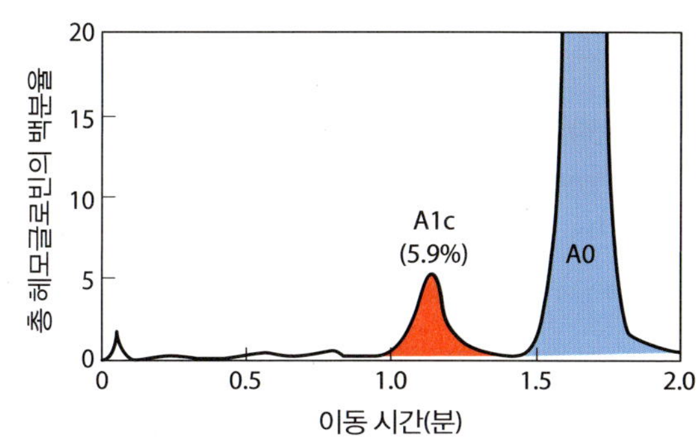

그림 2 가는 유리 모세관에서의 무당화(A0) 및 단일당화(A1c) 헤모글로빈의 전기영동 패턴(415nm 흡광도에 의해 검출됨). 피크 아래 영역을 적분하면 GHB(HbA1c)의 양을 총 헤모글로빈의 백분율로 계산할 수 있다. 여기에 표시된 것은 HbA1c 수치가 정상인 사람의 양상(5.9 %)이다.

이당은 1개의 당화결합을 가지고 있다

말토스(maltose), 젖당(lactose), 슈크로스(sucrose) 등과 같은 이당은 **O-당화결합(O-glycosidic bond)**이라는 공유결합에 의하여 2개의 단당 분자가 연결되어 구성된다. 이 결합은 보통 고리형태에서 형성되며, 한 단당 분자의 하이드록실기가 다른 단당 분자의 아노머 탄소와 반응함으로써 형성된다(**그림 7-10**). 이 반응은 헤미아세탈(예를 들면, 글루코피라노스)과 알코올(2번째 당 분자의 하이드록실기)로부터 아세탈이 형성되는 것을 나타내며(그림 7-5), 그 결과 형성되는 화합물을 당화물(glycoside)이라고 부른다. 당화결합은 산에 의하여 쉽게 가수분해되지만 염기에 대하여 안정적이다. 그러므로 이당은 묽은 산 용액에서 끓이기만 하면 쉽게 가수분해되어 그 구성 단당으로 유리된다. **N-당화결합(N-glycoside bond)**은 당의 아노머 탄소를 당단백질(그림 7-30 참조)이나 뉴클레오타이드(그림 8-1 참조)의 질소원자에 결합시킨다.

당의 구리 이온에 의한 산화 반응(이 반응이 일어나야 환원당이라고 한다)은 선형 분자에서만 일어나는데, 이 선형 분자는 고리형 분자와 평형 상태에 있다. 아노머 탄소가 당화결합에 참여하면(즉, 화합물이 완전히 아세탈이거나 케탈일 때; 그림 7-5 참조), 그림 7-6에서와 같은 선형과 고리형 사이의 간편한 상호전환이 일어나지 않는다. 카보닐 탄소는 당이 선형일 때만 산화가 될 수 있어 당화결합의 형성은 당이 환원할 수 없게 한다. 일반적으로 이당이나 다당을 기술함에 있어서 유리 아노머 탄소(당화결합에 참여하지 않은 아노머 탄소)가 있는 쪽의 말단을 **환원 말단(reducing end)**이라고 부른다.

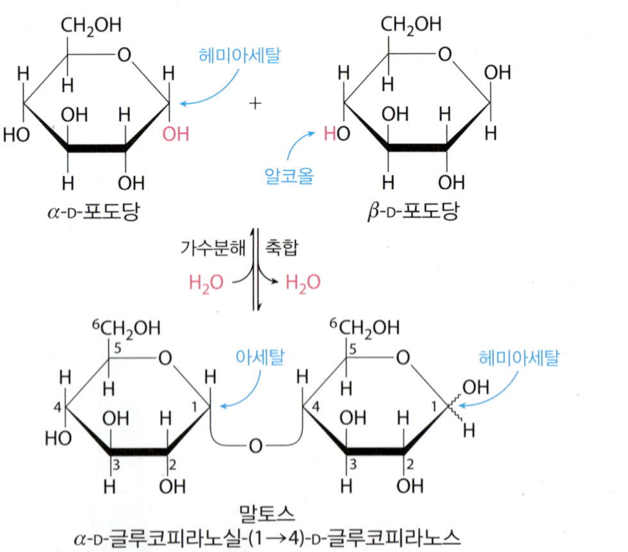

그림 7-10 말토스의 형성. 이당은 2개의 단당에 의하여 형성되는데(여기에서 두 분자의 D-포도당), 오른쪽 포도당 분자의 —OH(알코올)가 왼쪽 포도당 분자의 분자 내 헤미아세탈과 축합되어 H_2O가 제거되고 당화결합이 형성되어 이당이 만들어진다. 이 반응의 역반응은 가수분해, 즉 H_2O가 당화결합을 공격하는 것이다. 말토스 분자는 당화결합에 포함되지 않은 C-1에 환원형 헤미아세탈을 가지고 있다. 변광회전으로 헤미아세탈의 α와 β형이 상호전환하기 때문에 이 위치에 연결되어 있는 결합은 구조가 α나 β일 수 있다는 것을 나타내기 위하여 때때로 물결선으로 표시한다.

이당인 말토스(그림 7-10)는 2분자의 포도당으로 구성되어 있는데, 한 포도당 잔기의 C-1(아노머 탄소) 원자가 다른 포도당 잔기의 C-4와 당화결합을 하고 있다. 이 이당은 여전히 유리 아노머 탄소(그림 7-10)에서 오른쪽 포도당 잔기의 C-1를 가지고 있으므로 환원당이다. 당화결합에서 아노머 탄소의 위치배열은 α 형이다. 유리 아노머 탄소를 가지고 있는 포도당 잔기는 α와 β-피라노스 형을 모두 취할 수 있다.

›› 중요 관례: 말토스와 같은 이당을 명확하게 명명하기 위하여 그리고 더 나아가 더 복잡한 소당들을 명명하기 위하여 몇 가지 규칙이 있다. 관습상 비환원 말단을 왼쪽에 두고 다음 순서에 의하여 "구성해 간다". (1) 첫 단당(왼쪽에 있는)을 두 번째 당에 연결시키는 아노머 탄소의 위치배열(α 또는 β)을 적는다. (2) 비환원 잔기의 이름을 적는다; 5탄소 고리형인지 아니면 6탄소 고리형인지 구별하기 위하여 "퓨라노(furano)" 혹은 "피라노(pyrano)"라는 말을 이름에 삽입해 넣는다. (3) 당화결합에 의하여 연결된 2개의 탄소 번호를 괄호 안에 화살표로 연결하여 표시한다; 예를 들면, (1→4)는 첫 번째 잔기의 C-1이 두 번째 잔기의 C-4와 결합되었음을 가리킨다. (4) 두 번째 잔기의 이름을 표시한다. 만일 세 번째 잔기가 있으면 같은 방법에 의하여 두 번째 당화결합을 기술한다. (복잡한 다당에 대한 기술을 간단히 하기 위하여 표 7-1에 나타낸 것과 같이 각각의 단당에 대하여 세 글자로 된 약자나 색깔이 있는 기호를 사용한다.) 이와 같이 소당을 명명하는 방법에 따르면 말토스는 α-D-글루코피라노실-(1→4)-D-글루코피라노스가 된다. 이 책에 나오는 대부분의 당은 D 거울상이성질체이고 헥소스

표 7-1 흔한 단당과 몇 가지 유도체의 기호와 약자

아베쿠오스	Abe	글루큐론산	◆ GlcA
아라비노스	Ara	갈락토사민	□ GalN
프럭토스	Fru	글루코사민	◪ GlcN
퓨코스	▲ Fuc	N-아세틸갈락토사민	■ GalNAc
갈락토스	● Gal	N-아세틸글루코사민	■ GlclNAc
포도당	● Glc	아이듀론산	◆ IdoA
만노스	● Man	뮤람산	Mur
람노스	Rha	N-아세틸뮤람산	Mur2Ac
라이보스	Rib	N-아세틸뉴라민산 (사이알산의일종)	◆ Neu5Ac
자일로스	★ Xyl		

주의: 흔히 사용되는 관례상 6탄당은 원형, N-아세틸헥소사민은 사각형, 헥소사민은 대각선으로 나뉘어진 사각형으로 나타낸다. "글루코"를 가진 당들은 모두 파란색, "갈락토"를 가진 것은 노란색, "만노"를 가진 당들은 녹색으로 나타낸다. 다른 치환기들은 필요에 따라 추가할 수 있다: 황(S), 인(P), O-아세틸(OAc) 또는 O-메틸(OMe)과 같이 표기한다.

는 주로 피라노스 형으로 존재하기 때문에 우리는 그런 물질들에 대하여 보통 아노머 탄소의 위치배열과 당화결합으로 연결된 탄소의 이름만 붙이는 약칭을 쓴다. 이 약칭 명명법에 의하면 말토스는 Glc(α1→4)Glc로 표시된다. «

이당인 젖당(**그림 7-11**)은 가수분해시 D-갈락토스와 D-포도당을 만들며, 자연계에서 젖(milk)에만 존재한다. 젖당은 포도당 잔기의 아노머 탄소가 산화될 수 있으므로 환원성 이당이다. 이 당의 약칭은 Gal(β1→4)Glc이다. 젖당분해효소(lactase)는 소장의 소화과정을 개시하는 효소로 유당-불내증(lactose-intolerance)인 사람에게는 없다. 이 효소는 젖당의 (β1→4) 결합을 끊어 소장에서 흡수할 수 있는 단당으로 분해한다. 다른 이당류와 마찬가지로 젖당은 소장에서 흡수되지 못하며, 유당불내증인 사람의 경우 소화되지 않은 젖당이 대장으로 이동하게 된다. 여기에서, 용해된 젖당 때문에 증가된 삼투압은 장에서 혈류로 물이 흡수되는 것을 방해하여 설사와 같은 묽은 변의 원인이 된다. 또한, 장내 세균에 의해 젖당이 발효되면서 대량의 이산화탄소를 발생시키는데, 이는 유당불내증에 관련된 팽만감, 경련, 가스를 유발한다.

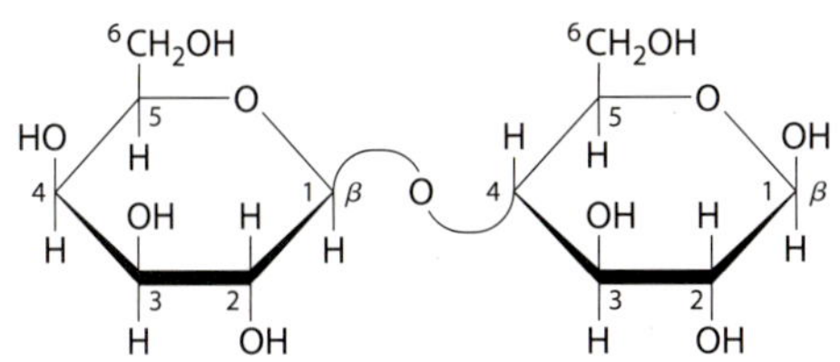

젖당 (β 형)
β-D-갈락토피라노실-(1→4)-β-D-글루코피라노스
Gal(β1→4)Glc

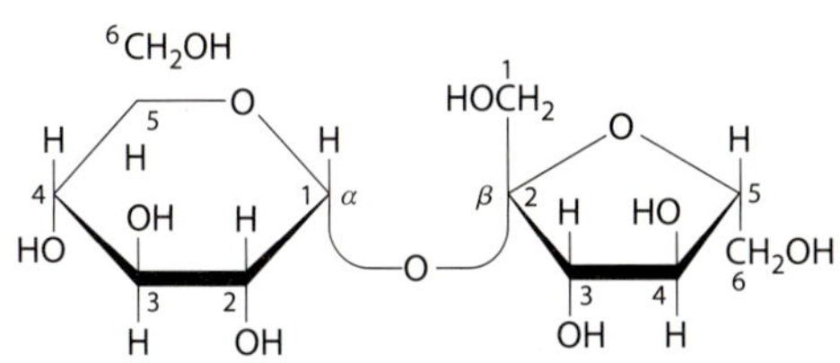

슈크로스
β-D-프럭토퓨라노실 α-D-글루코피라노사이드
Fru(2β↔α1)Glc ≡ Glc(α1↔2β)Fru

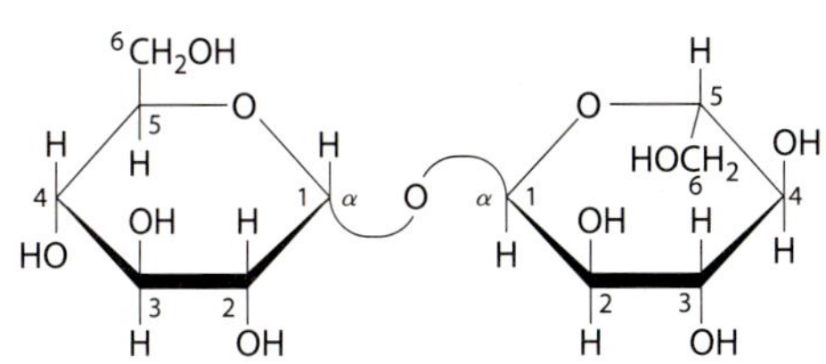

트레할로스
α-D-글루코피라노실 α-D-글루코피라노사이드
Glc(α1↔1α)Glc

그림 7-11 2가지 흔한 이당. 그림 7-10의 말토스와 같이 호어스 투시식으로 나타내었다. 각각의 이당에 대하여 일반명, 정식 계통명, 약어 등이 주어져 있다. 슈크로스는 전형적으로 보여지는 것처럼 포도당을 왼쪽에 나타내었지만 공식 명칭은 포도당을 원래(parent) 글라이코사이드로 한다. 슈크로스에 대한 2개의 단축 기호는 동등하다(≡).

슈크로스(설탕)는 포도당과 프럭토스의 이당이다. 이것은 식물에서 합성될 뿐 동물에서는 합성되지 않는다. 말토스나 젖당과는 달리 슈크로스는 유리 아노머 탄소가 없다; 두 잔기의 아노머 탄소 모두가 당화결합에 참여한다(그림 7-11). 그러므로 슈크로스는 비환원당이다. 이 환원성 이당은 당화물(glycoside)이라고 명명한다; 이 경우 결합된 부위가 둘 다 아노머 탄소이다. 약칭 명명법에서 아노머 탄소 번호와 위치배열을 나타내기 위하여 양방향 화살표가 쓰인다. 따라서, 슈크로스의 축약된 명칭은 Glc(α1↔2β) Fru 혹은 Fru(β2↔1α)Glc이다. 슈크로스는 광합성에서 중요한 중간체이다; 많은 식물에서 잎으로부터 다른 부위로 탄수화물이 운반되는 주요 형태이다.

트레할로스(trehalose), Glc(α1↔1α)Glc(그림 7-11)는 D-포도당의 이당인데, 슈크로스와 같이 비환원당이다. 트레할로스는 곤충의 순환액인 혈림프(hemolymph)의 주요 성분이며 에너지 저장물질로 작용하기도 한다.

젖당은 젖이 단맛을 내게 하며, 슈크로스는 물론 설탕이다. 트레할로스는 또한 상업적으로 감미제(sweetener)로 쓰인다. 별도설명 7-2에서 사람이 어떻게 단맛을 느끼고 아스파탐(aspartame)과 같은 인공 감미제가 작용하는지를 설명하였다.

요약 7.1 단당과 이당

- 당(탄수화물)은 알데하이드나 케톤기 그리고 2개 이상의 하이드록실기를 포함하고 있는 화합물이다

- 일반적으로 단당은 여러 개의 손대칭 중심 탄소를 가지고 있어서 다양한 입체화학 형태를 취할 수 있으며, 이러한 입체구조는 피셔 투영식에 의하여 지면 위에 표현된다. 오직 하나의 탄소 위치에서 위치배열이 다를 때 에피머라고 한다.

- 단당은 흔히 알데하이드나 케톤기가 같은 분자 내의 하이드록실기와 결합하여 헤미아세탈 혹은 헤미케탈을 형성하며 이때 고리 구조가 형성된다; 이러한 입체 구조는 호어스 투영식에 의하여 표현된다. 알데하이드나 케톤기에 있는 탄소원자(아노머 탄소)는 α와 β의 2가지 위치배열을 취할 수 있다. 그리고 이들은 서로 변광회전에 의하여 상호전환이 가능하다. 고리형 분자와 평형 상태에 있는 선형 분자의 아노머 탄소는 쉽게 산화될 수 있고 환원당이 된다.

- 첫 단당 분자의 하이드록실기가 두 번째 단당 분자의 아노머 탄소에 결합하여 아세탈을 형성한다. 이러한 이당에서 당화결합이 아노머 탄소가 산화되지 않도록 보호함으로써 비환원당이 되게 한다.

- 소당은 단당 몇 개가 당화결합에 의하여 결합된 짧은 중합체이다. 소당의 환원 말단은 단위 단당의 아노머 탄소가 당화결합에 참여하지 않은 사슬의 한쪽 끝에 위치하고 있다.

별도설명 7-2 당은 달고, 그리고 . . . 그 외의 사실들

단맛은 사람이 느낄 수 있는 기본적인 5가지 맛 중의 하나이다(그림 1); 나머지 맛들은 신맛, 쓴맛, 짠맛과 감칠맛(우마미, umami)이다. 단맛은 혀 표면의 미뢰(taste bud)에 존재하는 미각세포(gustatory cells) 원형질막의 단백질 수용체에 의하여 느껴진다. 사람에서 2개의 밀접하게 연관된 유전자(*TIR2*와 *TIR3*)들이 단맛 수용체를 암호화한다(그림 2). 적절한 구조의 분자가 이 세포의 단맛을 인지하는 수용체의 세포외 영역에 결합하면 세포에서 일련의 반응(GTP-결합 단백질의 활성화를 포함하여; 그림 12-16 참조)들이 일어나 뇌로 전달되는 전기적 신호로 변환되고 뇌에

그림 1 단맛 수용체에 대한 강력한 자극. [출처: David Cook/blueshiftstudios/Alamy.]

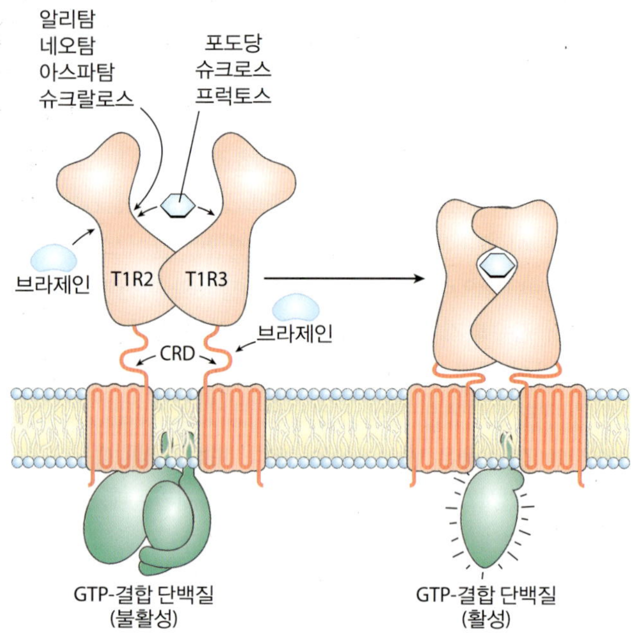

그림 2 단맛 물질에 대한 수용체와 단맛 성분들. 다양한 단맛 성분들과의 결합 부위(짧은 화살표들)가 표시되었다. 각 수용체는 세포 외의 시스테인-풍부 영역(cysteine-rich domain, CRD)과 신호전달 수용체들의 공통적인 특징인 7 횡단막 나선의 막 영역을 갖고 있다. 인공감미료들은 2개의 수용체 소단위 중에서 하나에만 결합하고 자연적인 당들은 2가지에 모두 결합한다. 이러한 인공감미료들에 대한 구조는 제1장의 문제 16번을 참조하라. T1R2 and T1R3 are the proteins encoded by the genes *T1R2* and *T1R3*. [출처: Information from F. M. Assadi-Porter et al., *J. Mol. Biol.* 398:584, 2010, Fig. 1.]

■ 이당과 소당에 대한 명명법은 단당의 순서, 각 아노머 탄소의 위치배열, 당화결합에 참여하는 탄소 원자번호 등을 지정한다.

7.2 다당

자연계의 대부분의 탄수화물은 분자량이 큰(분자량 20,000 이상) 중합체인 다당으로 존재한다. 다당은 **글라이칸(glycan)**이라고도 불리며, 반복되는 단위 단당의 종류, 사슬의 길이, 단위를 연결하는 결합의 양식, 그리고 가지의 분지 정도 등에 따라 서로 구별된다. 한 가지의 단당으로만 구성된 것을 **동질다당(homopolysaccharide)**이라고 하며, 2가지 이상의 단당에 의하여 구성된 것을 **이질다당(heteropolysaccharide)**이라고 한다(**그림 7-12**). 어떤 동질다당은 생체 연료로 쓰는 단당의 저장형으로 역할을 한다; 녹말과 글리코겐은 이런 유형의 동질다당이다. 다른 종류의 동질다당[예를 들면, 셀룰로스(cellulose)나 키틴(chitin)]은 식물의 세포벽이나 동물의 바깥 뼈대(exoskeleton)에서 구조적 요소로 역할을 한다. 이질다

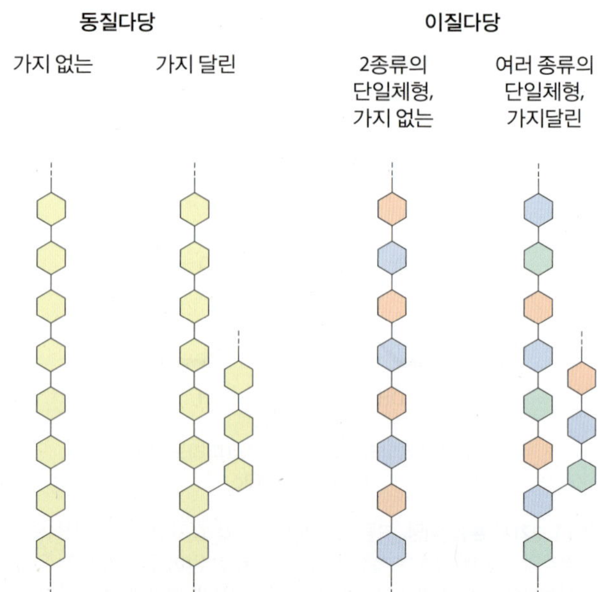

그림 7-12 동질다당과 이질다당. 다당은 다양한 길이의 직선 사슬이나 곁사슬 안에 1종류 또는 2종류 이상의 단당으로 구성되어 있다.

서 "달다"고 해석된다. 진화의 과정 중에 대부분의 생명체에게 주된 에너지원인 탄수화물과 같은 중요 영양분을 포함하는 음식물에 포함된 성분들의 맛을 느끼는 능력이 선택되어 왔을 것이다. 슈크로스, 포도당과 프럭토스를 포함한 대부분의 단순한 당들이 단맛을 내지만 단맛 수용체에 결합하는 다른 부류의 화합물들도 있다; 글라이신, 알라닌과 세린은 약하게 단맛이 나고 해가 없다; 니트로벤젠(nitrobenzene)과 에틸렌글리콜(ethylene glycol)은 단맛이 강하게 나지만 독성이 있다. (에틸렌글리콜 중독에 대한 흥미로운 의학적 비밀에 대해서는 별도설명 18-2를 참조.) 몇 가지 자연적 산물들은 특히 달다: 스테비아(stevia, *Stevia rebaudiana* Bertoni)의 잎에서 분리된 당 유도체인 스테비오사이드(stevioside)는 같은 양의 슈크로스(설탕)에 비하여 수백 배 더 달고 가봉과 카메룬의 오우블리 바인(Oubli vine, *Pentadiplandra brazzeana* Baillon)의 열매에서 분리된 54개의 아미노산으로 구성된 작은 단백질인 브라제인은 몰농도 기준으로 슈크로스에 비하여 약 17,000배가 달다. 아마도 이렇게 열매들이 달게 된 것은 동물들이 열매를 먹도록 자극하여 씨앗들을 널리 퍼뜨림으로써 새로운 식물들이 쉽게 정착할 수 있게 하기 위해서일 것이다.

칼로리가 높은 당을 첨가하지 않고도 음식이 단맛을 내게 함으로써 체중-감소 보조제로 사용될 수 있도록 인공 감미료(sweeteners)를 개발하려는 데 많은 흥미들을 갖고 있다. 인공감미료인 아스파탐(aspartame)은 생물학에 있어서 입체화학의 중요성을 보여 준다(그림 3). 단맛 수용체의 단순한 모델에 의하면 결합에는 수용체의 세 자리가 관여한다: AH^+, B^-와 X. AH^+ 자리는 감미료 분자의 카보닐 산소와 같은 부분적인 음전하와 수소결합을 할 수 있는 알코올 또는 아민기를 포함하고 있다; 아스파탐의 카복실산은 그러한 산소를 포함하고 있다. B^- 자리는 감미료 분자의 부분적 양전하 원자와 수소결합을 할 수 있는 부분적 음전하의 산소를 갖는 화학기를 포함한다. 자리 X는 다른 두 기들에 수직으로 위치하고 아스파탐의 벤젠 고리와 같은 감미료 분자의 소수성 패치 부위와 상호작용할 수 있다.

그림 3의 왼편에서처럼 공간적으로 정확히 맞게 될 때 단맛 수용체는 자극되고 "단맛" 신호가 뇌로 전달된다. 공간적으로 일치하지 않으면 그림 3의 오른편에서처럼 단맛 수용체는 자극되지 않는다; 이런 경우에는 아스파탐의 "잘못된" 입체이성체에 의하여 또 다른 수용체(쓴맛에 대한)가 자극된다. 입체이성질이 정말로 문제인 것이다!

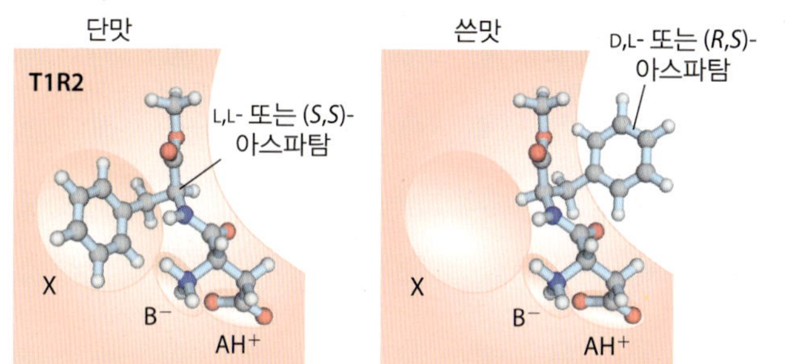

그림 3 아스파탐의 2가지 이성체의 맛에 대한 입체화학적 기초.
[출처: Information from http://chemistry.elmhurst.edu/vchembook/549receptor.html, © Charles E. Ophardt, Elmhurst College.]

당은 모든 식물과 동물 그리고 세균에서 세포 밖의 지지물을 제공한다. 예를 들면, 세균의 외피(envelop)의 견고한 층에서 발견되는 펩티도글라이칸(peptidoglycan)은 부분적으로 이질다당인데, 2가지 다른 단위 단당이 번갈아 연결되어 형성된다(그림 6-28 참조). 동물의 조직에서 세포 밖 공간을 몇 가지 종류의 이질다당이 차지하고 있는데, 이들은 각각의 세포를 함께 붙잡아 세포, 조직, 장기 등을 지지하여 이들을 보호하고 형태를 유지하는 바탕질(matrix)을 형성한다.

단백질과 달리 다당은 일정한 분자량을 가지고 있지 않다. 이 차이는 2가지 중합체의 합성 방식이 다르기 때문에 생긴다. 제27장에서 다루겠지만, 단백질은 정해진 서열과 길이를 가진 전령 RNA(messenger RNA)라는 본틀(template)에 따라 이를 정확하게 따르는 효소에 의하여 합성된다. 다당의 합성을 위한 본틀은 없다; 다당의 합성을 위한 프로그램은 중합 반응을 촉매하는 효소의 내재적인 성질이어서 이 합성 과정에 정해진 정지점(stop point)이 없다. 따라서, 산물들의 길이가 다양해진다.

몇 가지 동질다당은 연료 저장형으로 존재한다

가장 중요한 저장형 다당으로 식물 세포에 녹말(starch)이 있고 동물에는 글리코겐(glycogen)이 있다. 이 2가지 다당은 모두 세포에서 큰 덩어리나 과립으로 존재한다. 녹말과 글리코겐 분자는 아주 많은 하이드록실기가 노출되어 있어서 물과 수소결합을 만들기 쉽기 때문에 고도로 수화되어 있다. 녹말은 대부분의 식물세포에서 합성될 수 있지만(그림 20-5 참조), 특히 감자의 덩이줄기나 종자 등에 풍부하다.

녹말(Starch)은 아밀로스(amylose)와 아밀로펙틴(amylopectin)이라는 2가지 포도당 중합체를 포함한다(**그림 7-13**). 아밀로스는 D-포도당 잔기들의 ($\alpha 1 \rightarrow 4$) 결합(말토스에서와 같이)에 의하여 가지 없는 긴사슬이 연결되어 있다. 이러한 사슬의 분자량은 수천에서 백만 이상까지 다양하다. 아밀로펙틴의 분자량 또한 매우 커서 2억 정도나 되지만 아밀로스와 다른 점은 가지가 매우 많다는 것이다. 아밀로펙틴에서도 연속되는 포도당 잔기들을 연결하는 당화 결합은 ($\alpha 1 \rightarrow 4$) 결합이다; 분지점(24~30개의 잔기마다 있음)에서

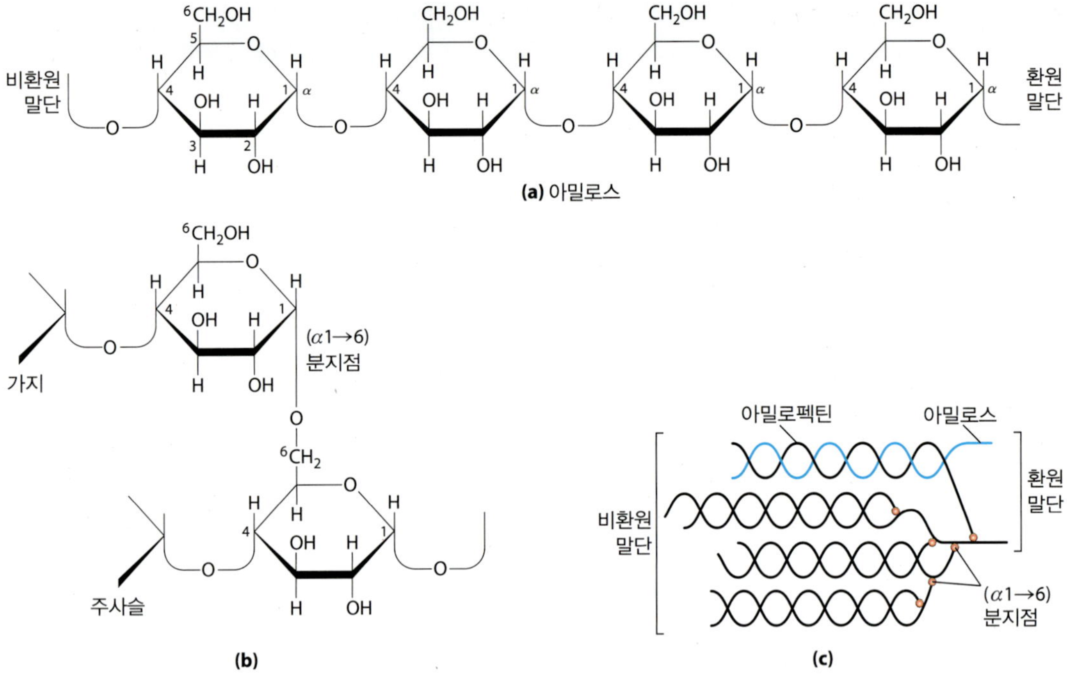

그림 7-13 글리코겐과 녹말. **(a)** D-포도당 잔기가 (α1→4) 결합으로 이어진 선형 중합체인 아밀로스의 짧은 분절. 하나의 사슬은 수천 개의 포도당 잔기로 되어 있다. 아밀로펙틴에서 여러 분지점을 이와 비슷한 방법으로 구성된 사슬들이 연결하고 있다. 글리코겐도 같은 기본 구조를 가지고 있지만 아밀로펙틴보다 많은 수의 가지를 가지고 있다. **(b)** 글리코겐과 아밀로펙틴의 분지점 (α1→6). **(c)** 녹말 과립에 존재할 것으로 생각되는 아밀로스와 아밀로펙틴 뭉치. 아밀로펙틴 사슬(검은색)은 서로 또는 아밀로스 사슬(파란색)과 이중나선 구조를 구성한다. 아밀로펙틴은 흔히 (α1→6) 분지점(빨간색)을 갖는다. 바깥쪽 가지의 비환원 말단에 있는 포도당 잔기가 녹말을 에너지원으로 사용하기 위하여 세포 안으로 옮기는 동안에 효소에 의하여 잘려나간다. 글리코겐은 유사한 구조를 가지고 있지만 보다 더 분지되어 있고 치밀하다.

의 결합은 (α1→6) 결합이다.

글리코겐(Glycogen)은 동물 세포의 주요 저장형 다당이다. 아밀로펙틴과 같이 (α1→4) 결합으로 연결된 포도당 소단위와 (α1→6) 결합으로 연결된 가지를 가지고 있지만 분지점이 훨씬 많아서 (평균 8~12 잔기마다 있음) 녹말보다 더 조밀한 구조를 가지고 있다. 글리코겐은 간에 가장 풍부하며 중량으로 7%를 차지한다; 근육에도 존재한다. 간세포에서 글리코겐은 큰 과립으로 존재하는데(그림 15-26 참조), 이것은 분자량이 수백만이고 매우 조밀한 가지를 가진 하나의 글리코겐 분자로 구성된 작은 과립들이 뭉쳐진 덩어리이다. 이러한 커다란 글리코겐 과립에는 이것을 합성하고 분해하는 데 필요한 효소도 포함되어 있다(그림 15-42 참조).

글리코겐의 각 가지는 비환원성 당 단위로 끝나기 때문에 n 개의 가지를 가진 글리코겐은 $n + 1$개의 비환원 말단을 가지고 있으며 단 하나의 환원 말단을 가지고 있다. 글리코겐이 에너지원으로 사용될 때 비환원 말단으로부터 한 번에 하나씩 포도당 단위가 떨어져 나오게 된다. 따라서 비환원 말단에만 작용하는 분해효소들이 동시에 많은 가지 말단에서 한꺼번에 작용하여 분해를 가속화한다.

왜 포도당은 단일체(monomeric) 형으로 저장되지 않을까? 간세포에 저장된 글리코겐의 양을 포도당 농도로 환산하면 0.4 M에 해당한다. 글리코겐은 불용성인데다 실제 농도는 0.01 μM이어서 세포 안 삼투압에 거의 영향을 주지 않는다. 만일 세포가 0.4 M의 포도당을 가지고 있다면 세포 안 삼투압이 증가하고 다량의 물이 유입되어 세포가 파열될 것이다(그림 2-13 참조). 더 나아가 0.4 M의 세포 안 포도당 농도와 5 mM(포유류의 혈중 농도)의 세포 밖 농도가 만드는 매우 높은 농도 기울기를 거슬러서 포도당을 세포 안으로 이동시키는 데 막대한 양의 자유-에너지가 필요하게 될 것이다.

덱스트란(dextran)은 세균과 효모에서 발견되는 다당으로 (α1→6) 결합으로 연결된 폴리-D-포도당(poly-D-glucose)이다; 모든 덱스트란은 (α1→3) 가지를 가지고 있고, 어떤 것은 (α1→2) 또는 (α1→4) 가지를 가지고 있다. 치아의 표면에서 자라는 세균에 의하여 형성된 치면 플라크(dental plaque)에는 덱스트란이 풍부하다. 합성된 덱스트란이 상품으로 사용되기도 한다. 예를 들면, 세파덱스(Sephadex)는 크기 배제 크로마토그래피(size-exclusion chromatography)에서 단백질 분획화에 사용된다(그림 3-17b 참조). 이러한 제품들의 덱스트란은 화학적으로 교차연결되어 여러 가지 다양한 정도의 다공성을 갖는 불용성 물질을 형성하여 다양한 크기의 거대분자가 들어올 수 있게 된다.

몇 가지 동질다당은 구조적 역할을 한다

불용성의 질긴 섬유질인 **셀룰로스(cellulose)**는 식물의 세포벽에

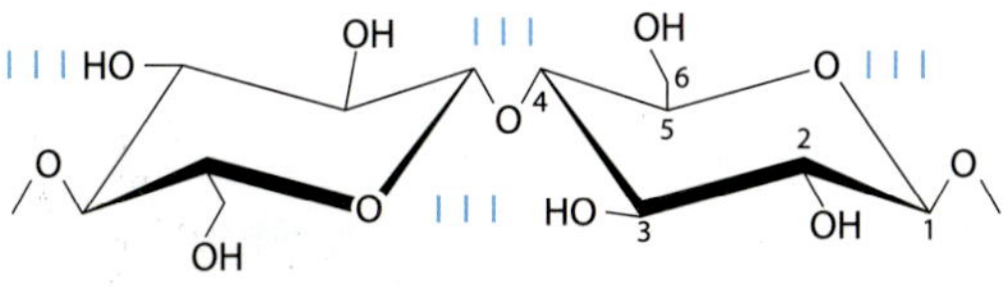

그림 7-14 셀룰로스. 셀룰로스 사슬의 2종류 단위: D-포도당 잔기가 (β1→4) 결합으로 연결되어 있다. 고정된 의자 구조는 서로에 대하여 회전할 수 있다.

서 발견되는데, 특히 줄기, 대, 몸통, 그리고 모든 식물체의 목질부 등에 풍부하다. 목재는 거의 셀룰로스로 이루어져 있고 솜(cotton)도 거의 순수한 셀룰로스이다. 아밀로스와 마찬가지로, 셀룰로스 분자는 10,000~15,000개의 D-포도당 단위로 구성된 가지 없는 동질다당이다. 그러나 거기에는 매우 중요한 차이가 있다: 아밀로스, 아밀로펙틴, 글리코겐 등에서 포도당 잔기는 α 위치배열을 가지고 있는 반면, 셀룰로스는 β 위치배열을 가지고 있다(**그림 7-14**). 아밀로스에서는 포도당 잔기가 (α1→4) 당화결합에 의하여 연결된 반면, 셀룰로스는 포도당이 (β1→4) 당화결합에 의하여 연결되어 있다. 이 차이로 인하여 셀룰로스와 아밀로스가 전혀 다른 구조와 물리적 성질을 갖게 되는 것이다. 셀룰로스의 강한 섬유성 성질은 상업적으로 유용하여 판지(cardboard)나 절연물질뿐만 아니라 면직물이나 리넨 직물의 주원료로 사용된다. 또한, 셀룰로스는 셀로판, 레이온, 리오셀계 직물의 공업용 생산시 시작 물질(starting material)로 사용된다.

식이로 섭취된 글리코겐과 녹말은 타액과 장에서 분비되고 포도당 단위 사이의 (α1→4) 당화결합을 절단하는 α-아밀로스분해효소(α-amylase)와 글라이코시데이스(glycosidase)에 의하여 가수분해된다. 대부분의 동물은 셀룰로스를 연료원으로 사용할 수 없는데, 그 이유는 (β1→4) 당화결합을 분해하는 효소가 없기 때문이다. 흰개미(termite)는 셀룰로스(즉, 목질)를 잘 소화하는데, 그것은 흰개미 창자에 서식하고 있는 공생 미생물인 *Trichonympha*가 (β1→4) 당화결합을 가수분해하는 효소인 셀룰레이스(cellulase)를 분비하기 때문이다(**그림 7-15**). 분자유전학적 연구에 의하여 셀룰로스-분해효소들이 절지동물(arthropods)과 선형동물(nematodes)을 포함한 다양한 무척추동물의 유전체 속에 존재하는 것이 밝혀졌다. 척추동물에는 셀룰레이스가 없으나 반추동물만은 예외이다: 소, 염소와 양과 같은 반추동물은 반추위(rumen, 4개의 위에서 첫 번째 공간)에 셀룰로스를 가수분해할 수 있는 공생 미생물을 갖고 있어 부드러운 풀의 셀룰로스를 분해하여 섭취할 수 있게 해 주지만 나무의 셀룰로스는 분해하지 못한다. 반추위에서의 발효에 의해 아세트산(acetate), 프로피온산(propionate)과 베타-하이드록시부틸산(β-hydroxybutyrate)이 만들어지고 이것들은 젖의 당을 만드는 데 이용된다.

바이오매스(biomass)에는 셀룰로스가 풍부하여 탄수화물에서 가솔린의 첨가제로 사용되는 에탄올로의 발효의 시작 물질로 사용될 수 있다(지팽이풀은 일반적인 바이오연료 작물이다).

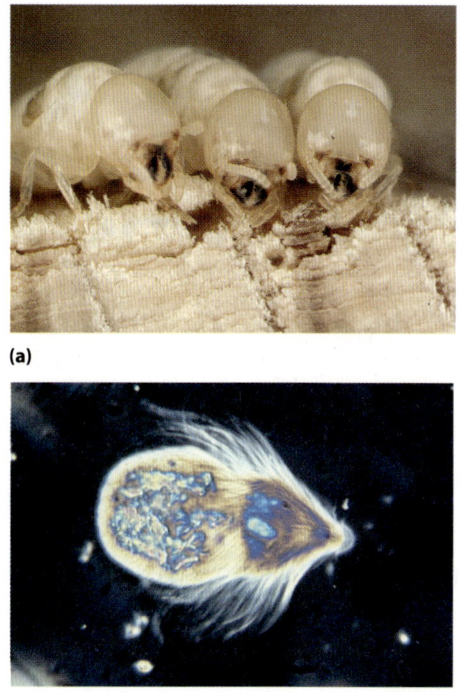

(a)

(b)

그림 7-15 트리코님파(*Trichonympha*)에 의한 셀룰로스의 분해. **(a)** 흰개미(*Cryptotermes domesticus*)는 셀룰로스가 풍부한 목재 입자를 갉아 먹고 섭취한다. **(b)** 흰개미의 장에 공생하는 원생동물인 트리코님파는 셀룰로스의 (β1→4) 당화결합을 자르는 셀룰레이스를 생산한다. 이 효소를 통해 나무는 원생동물과 그 숙주인 흰개미류에게 대사할 수 있는 당(포도당)의 공급원이 될 수 있다. 많은 무척추동물들이 셀룰로스를 소화할 수 있지만 척추동물 중에 셀룰로스를 음식물로 사용할 수 있는 것은 반추동물들(소, 양, 염소) 뿐이다. 반추동물의 반추위(rumen)에는 셀룰레이스를 분비하는 세균과 원생생물이 가득 들어있다. [출처: (a) David McClenaghan/CSIRO Entomology. (b) Eric V. Grave/Science Source.]

1년에 지구에서 만들어지는(주로 광합성 생물에 의해서) 바이오매스의 양은 발효에 의하여 모두 에탄올로 전환될 경우 1조 배럴의 원유가 만들 수 있는 에너지에 해당하는 양이다. 바이오에너지로의 바이오매스 전환에서 사용될 수 있는 가능성 때문에 셀룰레이스와 같은 셀룰로스-분해효소들이 활발하게 연구되고 있다. 세균 *Clostridium cellulolyticum*의 바깥 표면에서 발견되는 셀룰로솜(cellulosome)이라는 초분자 구조는 셀룰레이스의 촉매 소단위와 함께 1개 이상의 셀룰레이스 분자를 세균 표면에 붙잡아 주는 단백질들과 셀룰로스와 결합하여 이것을 촉매자리에 위치시켜 주는 소단위를 포함하고 있다.

광합성 바이오매스의 주요 부분은 식물과 나무들의 목질부이며, 이것은 셀룰로스에 더하여 화학적으로 생물학적으로 쉽게 소화가 되지 않는 탄수화물로부터 유래한 몇 가지의 다른 폴리머로 구성되어 있다. 예를 들어, 리그닌(lignins)은 목질부의 약 30%를 구성한다. 페닐알라닌과 포도당을 포함한 전구체로부터 합성되는 리그닌은 복합폴리머로 셀룰로스와 공유 교차-연결을 하고 있어 셀룰레이스에 의한 셀룰로스의 분해를 어렵게 한다. 바이오매스로부터 에탄올의 생산에 목질이 사용되려면 목질 부분을 소화시키

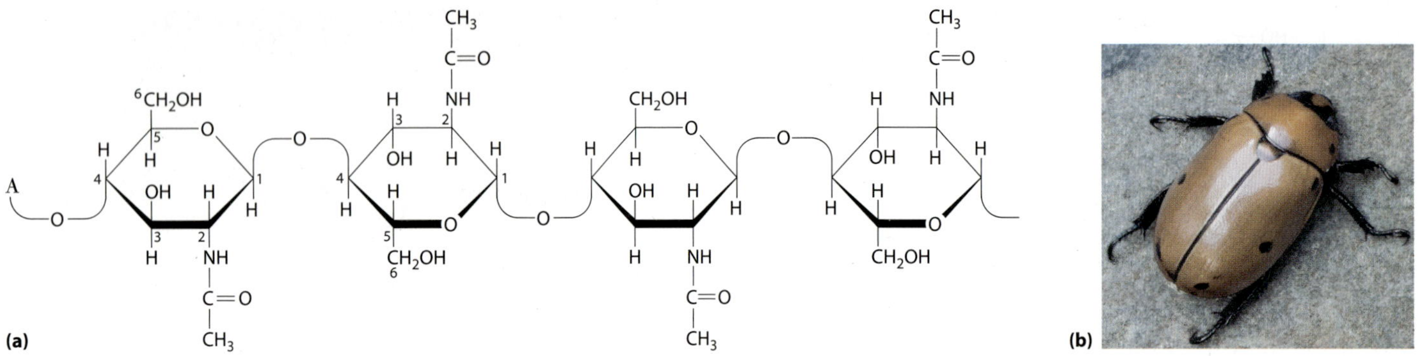

그림 7-16 키틴. (a) *N*-아세틸-D-글루코사민 단위가 (β1→4) 결합으로 연결된 동질다당인 키틴의 짧은 분절. (b) 키틴으로 만들어진 표면 갑주(바깥뼈대)를 가진 포도나무 투구벌레(*Pelidnota punctata*).

는 더 좋은 방법들이 개발되어야 할 필요가 있다.

키틴(chitin)은 (β1→4) 결합으로 연결된 *N*-아세틸글루코사민 단위가 연결된 선형 동질다당이다(**그림 7-16**). 셀룰로스와 비교하여 유일한 차이점은 C-2 위치의 하이드록실기가 아세틸화된 아미노기에 의하여 치환되어 있다는 점이다. 셀룰로스처럼 키틴은 긴 섬유질을 만들고 척추동물에 의하여 소화되지도 않는다. 또한 키틴은 수백만 종이나 되는 절지동물(예를 들면, 곤충, 가재, 게 등)의 단단한 바깥 뼈대의 주요한 성분이며, 자연계에서 셀룰로스 다음인 두 번째로 풍부한 다당으로 전체 생물계에서 매년 대략 10억 톤의 키틴이 생산된다.

입체 인자와 수소결합이 동질다당의 접힘에 영향을 준다

3차 구조에 있어서 다당의 접힘(folding)은 폴리펩타이드의 구조를 결정하는 것과 같은 원리를 따른다: 공유결합으로 어느 정도 고정된 구조를 가진 단위들이 분자 내 혹은 분자 간에 존재하는 수소결합, 소수성 상호작용, 반데르발스 상호작용과 전하를 가진 중합체의 정전기 상호작용 등 약한 상호작용에 의하여 안정화된 거대 분자의 3차 구조를 형성하게 되는 것이다. 다당은 대단히 많은 하이드록실기를 가지고 있기 때문에 전체 구조에 있어서 수소결합이 특별히 중요한 영향력을 가진다. 글리코겐, 녹말, 그리고 셀룰로스 등은 다음에 논의할 당단백질과 당지질의 소당 성분과 마찬가지로 모두 피라노사이드 (6-원자 고리구조를 가짐) 단위로 구성되어 있다. 이러한 분자들은 2개의 탄소원자 사이를 다리 놓는 산소원자(당화결합)에 의하여 연결된 고정된 구조를 가진 피라노스 고리들의 일련의 연속체라고 볼 수 있다. 원리적으로 보면 2개의 잔기를 연결하는 C—O 결합은 자유 회전이 가능하지만(그림 7-14), 폴리펩타이드(그림 4-2, 4-9 참조)처럼 치환기에 의한 입체 장애 때문에 양쪽의 결합에 대한 자유 회전은 제한된다. 따라서 이러한 분자의 3차원 구조는 펩타이드 결합에 의하여 만들어지는 이면각 ϕ와 ψ를 기술하는 것과 유사한 방법인 당화결합(**그림 7-17**)에 의하여 만들어지는 이면각 ϕ와 ψ의 크기로 기술할 수 있다.

피라노스 고리와 거기에 부착된 치환기들의 부피와 아노머 탄소에 대한 전자 효과가 각도 ϕ와 ψ에 제한을 주므로, ϕ와 ψ에 대한 함수로 나타낸 에너지 지도에서 보듯이 어떤 입체형태는 다른 입체형태보다 매우 안정적일 수 있다는 것이다(**그림 7-18**).

녹말과 글리코겐의 (α1→4) 결합으로 연결된 사슬에 대하여 가장 안정적인 3차원 구조는 조밀하게 감긴 나선(tightly coiled helix)인데(**그림 7-19**), 이것은 사슬 간 수소결합에 의하여 안정화되기 때문이다. 가지가 없는 아밀로스에서 이 구조는 매우 규칙적

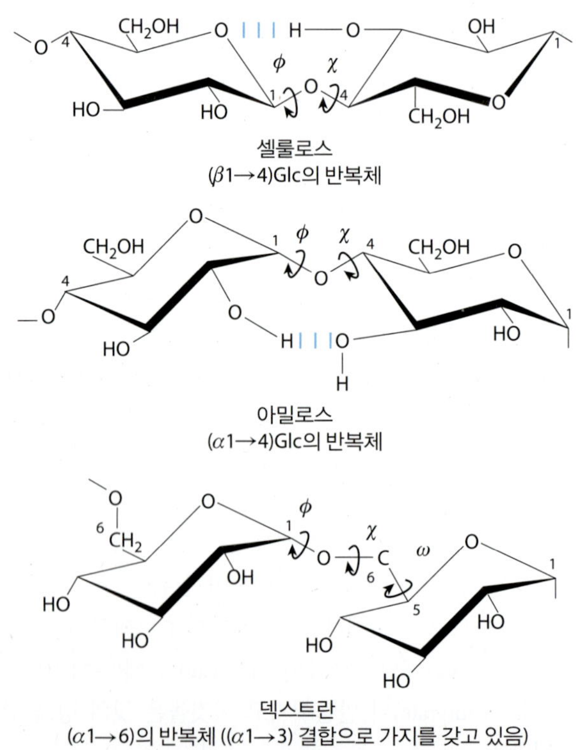

그림 7-17 셀룰로스, 아밀로스, 덱스트란 등의 당화결합의 입체형태. 중합체는 고정된 피라노스 고리가 회전이 자유로운 결합인 당화결합으로 연결되어 있음을 나타내고 있다. 덱스트란에서 C-5와 C-6 사이의 결합에 대하여 자유로운 회전[비틀림각 ω(오메가)]이 가능함을 주목하라.

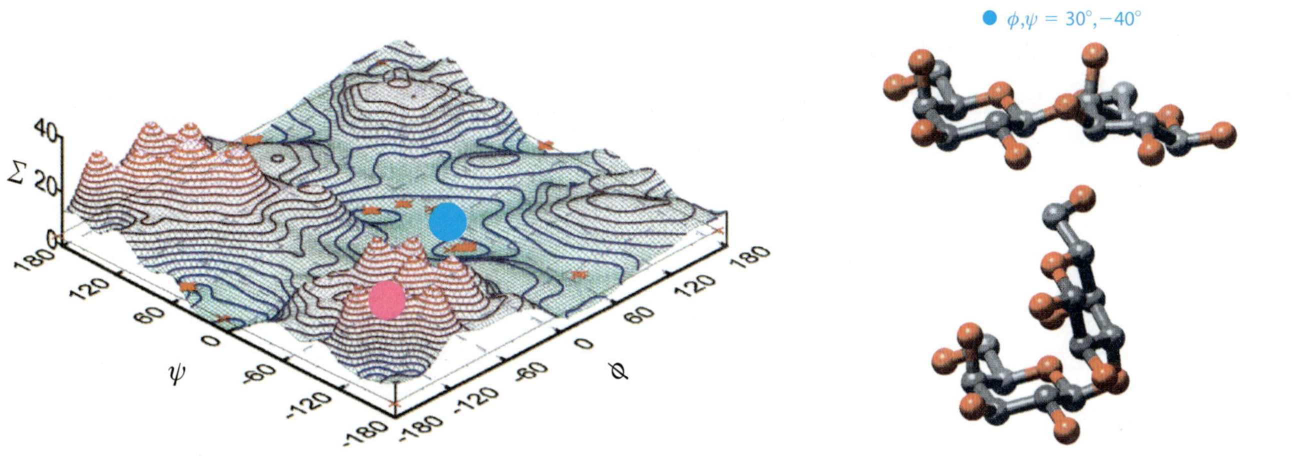

(a) (b)

그림 7-18 소당과 다당이 선호하는 입체형태 지도. 이웃하는 고리의 공간적 관계를 나타내는 비틀림각 ϕ와 ψ(그림 7-17 참조)는 원리적으로 0°에서 360° 사이의 어느 값이나 취할 수 있다. 실제로 비틀림각이 어떤 특정 각도일 때, 공간적으로 방해를 받는 입체형태를 갖도록 하는 반면, 다른 각도에서는 수소결합을 최대화한다. **(a)** 각각의 ϕ와 ψ의 값에 대하여 상대적인 에너지를 최소에너지 상태에서 시작하여 1 kcal/mol 간격으로 그려진 에너지 등고선을 이용하여 나타내면 그 결과가 선호하는 입체형태의 지도가 된다. 이것은 펩타이드에 대한 라마찬드란(Ramachandran) 도표와 유사한 것이다(그림 4-3, 4-9 참조). **(b)** 이당인 Gal(β1→3)Gal의 형태 중 에너지 면에서 양쪽 극단; 이 값들은 에너지 지도 (a) 위에 빨간색 점과 파란색 점에 해당한다. 빨간색 점은 선호도가 가장 낮은 입체형태이며 파란색 점은 선호도가 가장 큰 입체형태에 해당한다. 그림 7-17의 3개의 다당의 입체형태가 X-선 결정학에 의하여 알려졌는데, 이들은 모두 지도에서 에너지가 가장 낮은 구역에 해당한다. [출처: (a) Courtesy of H.-J. Gabius and Herbert Kaltner, University of Munich, from a figure provided by C.-W. von der Lieth, Heidelberg.]

이어서 결정화가 가능하고, 따라서 X-선 회절에 의한 구조 결정도 가능하다. 각 잔기는 바로 직전 잔기와 60° 각도를 이루므로 이 나선 구조에서 1회전에 6개의 잔기가 있다. 아밀로스의 나선 중심은 아이오딘 이온(I_3^- 또는 I_5^-)이 들어가기에 정확히 꼭 맞는 크기와 모양으로 되어 있어 진한 남색의 복합체를 만들 수 있다. 이 아이오딘과의 상호작용은 아밀로스에 대하여 흔히 사용하는 정량 시험법이다.

셀룰로스의 가장 안정적인 3차원 구조는 의자 모양의 각 잔기가 이웃하는 잔기들과 180° 회전해서 이루어지는 곧게 뻗은 사슬 형태이다. 이 모양에서 모든 하이드록실기가 이웃 사슬과 수소결합을 이루는 데 참여할 수 있다. 나란히 근접해 있는 여러 개의 사슬들이 사슬 간 그리고 사슬 내에 형성되는 수소결합의 그물 구조에 의하여 안정화되면서 커다란 장력을 가진 곧고 매우 안정적인 초분자 섬유를 만들어낸다(**그림 7-20**). 이러한 성질로 인하여 셀룰로스는 수천 년 문명에 있어서 매우 유용한 물질이 되었다. 파피루스, 종이, 마분지, 레이온(rayon), 단열 타일, 그 밖의 다양하고 유용한 재료들이 셀룰로스로부터 얻어진다. 이러한 재료는 수분 함유량이 비교적 낮은데, 이는 셀룰로스 분자 사이에 광범위한 수소결합이 형성됨으로써 이 분자가 가지는 수소결합 능력을 충족하기 때문이다.

세균과 조류의 세포벽은 구조적 이질다당을 함유한다

세균의 세포벽의 단단한 성분(펩티도글라이칸, peptidoglycan)은 *N*-아세틸글루코사민과 *N*-아세틸뮤람산 잔기가 (β1→4) 결합에 의하여 교대로 연결된 이질다당이다(그림 20-30 참조). 이러한 선형 중합체가 세포벽에 나란히 놓인 채로 짧은 펩타이드에 의하여 교차연결되는데, 정확한 구조는 세균의 종류에 따라 다르다. 펩타이드 교차연결이 이 다당 사슬을 서로 접합하여 단단한 껍질(sheath)

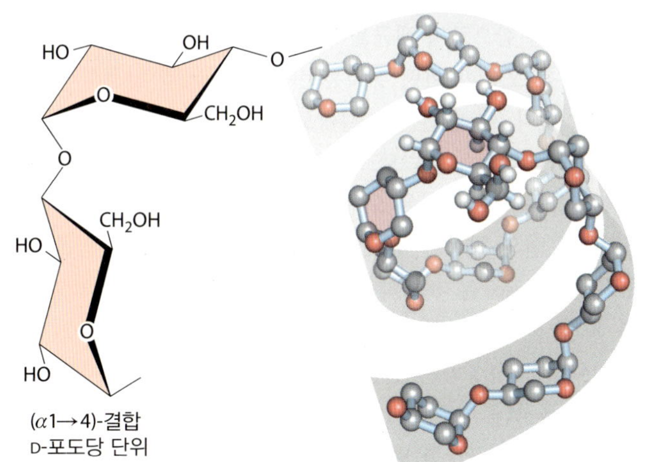

(a) (b)

그림 7-19 녹말(아밀로스)의 구조. (a) 이웃하고 있는 고정된 의자형끼리 가장 안정한 형태를 취하는 입체형태에서 다당의 사슬은 셀룰로스와 같이 선형(그림 7-14 참조)이 아니고 굽은 모양이다. **(b)** 아밀로스 일부분의 모델. 명확하게 나타내기 위해 하나의 포도당 잔기 외의 다른 모든 하이드록실기는 생략되었다. 분홍색으로 음영된 2개의 잔기를 (a)에 나타낸 화학 구조와 비교해 보라. 아밀로스, 아밀로펙틴, 글리코겐 등에서 (α1→4) 결합의 입체형태는 이 중합체가 촘촘히 감긴 나선 구조가 되게 한다. 이러한 조밀한 구조는 여러 세포에서 보이는 저장된 녹말과 글리코겐의 조밀한 과립을 생성하게 한다(그림 20-2 참조). [출처: (b) PDB ID 1C58, K. Gessler et al., *Proc. Natl. Acad. Sci. USA* 96:4246, 1999.]

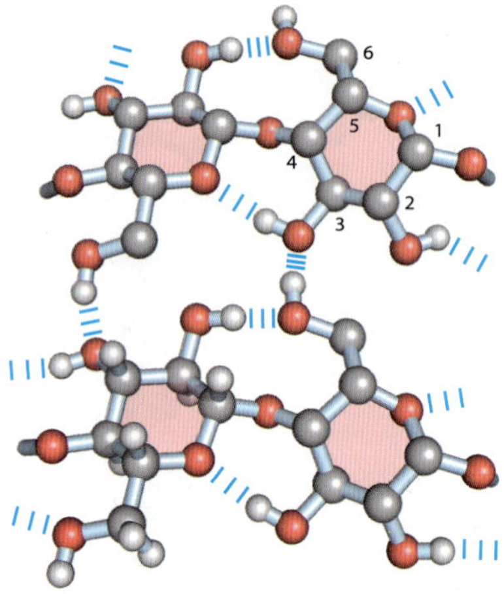

그림 7-20 셀룰로스 사슬. D-포도당 잔기들과 수소결합 교차-연결을 보여 주는 2개의 평행한 셀룰로스 사슬의 축소도. 아래 왼쪽의 헥소스 단위에서 모든 수소 원자들이 보여지고 있다; 다른 3개의 헥소스 단위에서 탄소에 붙은 수소들은 수소결합에 참여하지 않기 때문에 명확하게 하기 위하여 생략되었다.

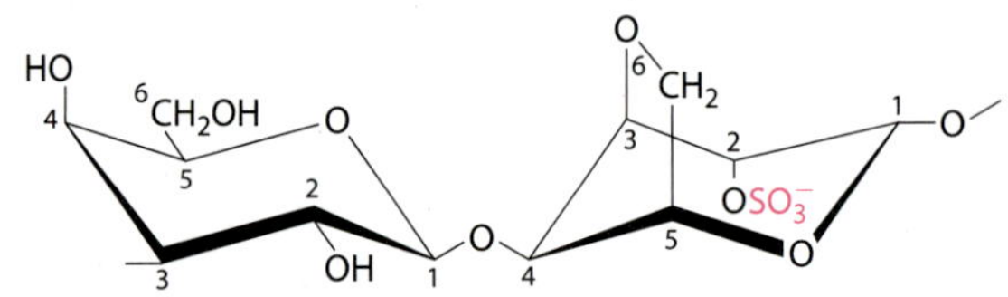

아가로스
3)D-Gal(β1→4)3,6-무수-L-Gal2S (α1의
반복 단위

그림 7-21 아가로스. 반복하는 단위는 3,6-무수-L-갈락토스(에터 고리가 C-3와 C-6을 연결하고 있다)에 (β1→4) 연결된 D-갈락토스로 구성되어 있다. 이 단위들은 (α1→3) 당화결합에 의하여 연결되어 600에서 700 잔기 길이의 중합체를 만든다. 3,6-무수-L-갈락토스 잔기들 중 아주 적은 부분은 C-2 위치에 황산 에스터를 가지고 있다(여기서 보이는 것처럼). 계통명 안의 반괄호는 단복 단위가 양쪽 끝에서 확장되어 있음을 표시한다.

을 만드는데, 이 껍질이 세포 전체를 싸서 물의 삼투성 유입에 의한 세포의 팽창과 용해를 방지한다. 라이소자임은 *N*-아세틸글루코사민과 *N*-아세틸뮤람산 사이의 (β1→4) 당화결합을 분해하여 세균을 죽인다(그림 6-28 참조). 라이소자임은 주로 눈물에 있는데, 아마 세균에 의한 눈의 감염을 방어할 것이다. 또 어떤 세균 바이러스(bacterial virus)에서도 생산되는데, 이는 바이러스의 생활사에서 필수적인 단계인 숙주 균으로부터 바이러스가 분리되는 단계에서 필요하다. 페니실린(penicillin)과 그 유사 항생제들은 이 교차연결의 합성을 방해하여 삼투성 용해에 저항하지 못하는 약한 세포벽이 되도록 함으로써 세균을 죽인다(223쪽).

해초류를 포함한 어떤 홍조류는 **한천(agar)**을 함유한 세포벽을 가지고 있다. 이 한천은 D-갈락토스와 C-3과 C-6 사이에 에터(ether) 결합을 갖는 L-갈락토스 유도체로 구성되고 황산화된 이질다당의 혼합물이다. 한천은 모두 동일한 골격 구조를 가졌지만 황산과 피루브산의 함량이 각기 다른 다당류의 복잡한 혼합물이다. **아가로스(agarose**, 분자량 약 150,000)는 하전된 기(황산과 피루브산)를 가장 적게 포함하고 있는 한천의 성분이다(**그림 7-21**). 아가로스는 젤을 형성하는 뚜렷한 성질이 있어서 생화학 실험실에서 매우 유용하다. 아가로스 부유액을 가열하고 나서 식히면 아가로스가 이중나선 구조를 형성한다: 2개의 분자가 3개의 잔기마다 한 바퀴씩 평행 방향으로 함께 꼬인다; 이때 중심의 빈 공간에는 물 분자가 잡혀 있다. 이러한 구조물들이 서로 연합하여 많은 양의 물을 붙잡아 두는 3차원 바탕질인 젤을 형성하는 것이다. 아가로스 젤은 DNA 염기 서열분석에 있어서 필수적인 핵산의 분리를 위한 전기영동에서 불활성 지지물로 사용된다. 한천은 또한 세균 집락의 성장을 위한 표면을 제공하기 위하여서 사용된다. 한천의 또 다른 상업적 용도는 비타민이나 약을 싸는 캡슐을 만드는 데 사용하는 것이다; 마른 한천 물질은 위장 내에서 쉽게 녹으며 대사적으로 불활성이다.

당아미노글라이칸은 세포 밖 바탕질에 있는 이질다당이다

다세포 동물 조직의 세포 밖 공간은 젤과 같은 물질인 **세포 밖 바탕질(extracellular matrix, ECM)**로 차 있는데, 이를 바탕질(ground substance)이라고도 한다. 이것은 조직의 세포를 서로 지지해 주고 각각의 세포에 영양분과 산소를 확산시켜 보내 주는 통로 역할을 한다. 섬유모세포(fibroblast)와 그 밖의 결합조직 세포를 둘러싸고 있는 세포 밖 바탕질은 이질다당과 콜라젠(collagen), 엘라스틴(elastin), 파이브로넥틴(fibronectin) 등과 같은 섬유단백질이 서로 맞물려 그물과 같이 구성되어 있다. 기저막(basement membrane)은 표피세포의 안쪽 표면을 두르고 있는 특별한 세포 밖 바탕질인데, 특이한 콜라젠, 라미닌(laminin)과 이질 다당류로 구성되어 있다. **당아미노글라이칸(glycosaminoglycan)**인 이 이질다당들은 이당 단위가 반복되어 형성된 선형 중합체 족이다(**그림 7-22**). 이것들은 동물과 세균에서만 발견되고 식물에는 존재하지 않는다. 2개의 단당 중 한쪽은 항상 *N*-아세틸글루코사민이거나 *N*-아세틸갈락토사민(*N*-acetylgalactosamine)이고 다른 쪽은 대부분의 경우에 있어서 유론산인데, 대개는 D-글루큐론산(D-glucuronic acid)이거나 L-아이듀론산(L-iduronic acid)이다. 어떤 당아미노글라이칸은 에스터화(esterification)되어 있는 황산기를 포함하고 있다. 유론산 잔기의 황산기와 카복실기의 조합으로 당아미노글라이칸은 높은 농도의 음전하를 가진다. 인접하는 전하들 사이의 반발력을 최소화하기 위하여 당아미노글라이칸 분자는 용액 중에서 곧게 뻗은 입체형태를 가지고 있어서 음으로 하전된 카복실기가 번갈아가며 나선의 옆쪽으로 나타나는 막대 모양을 형성하고 있다고 가정된다(그림 7-22의 헤파린에서 보듯이). 신장된 막대모양은 또한 음으로 하전된 황산기가 가장 멀리 떨어져 있게 해 준다. 당아미노글라이칸의 이러한 황산화된 잔기와 그렇지 않은 잔기들의 특이한 패턴이 이들과 정전기 상호작용으로 결합하는 다양한 단백질 리간드들에

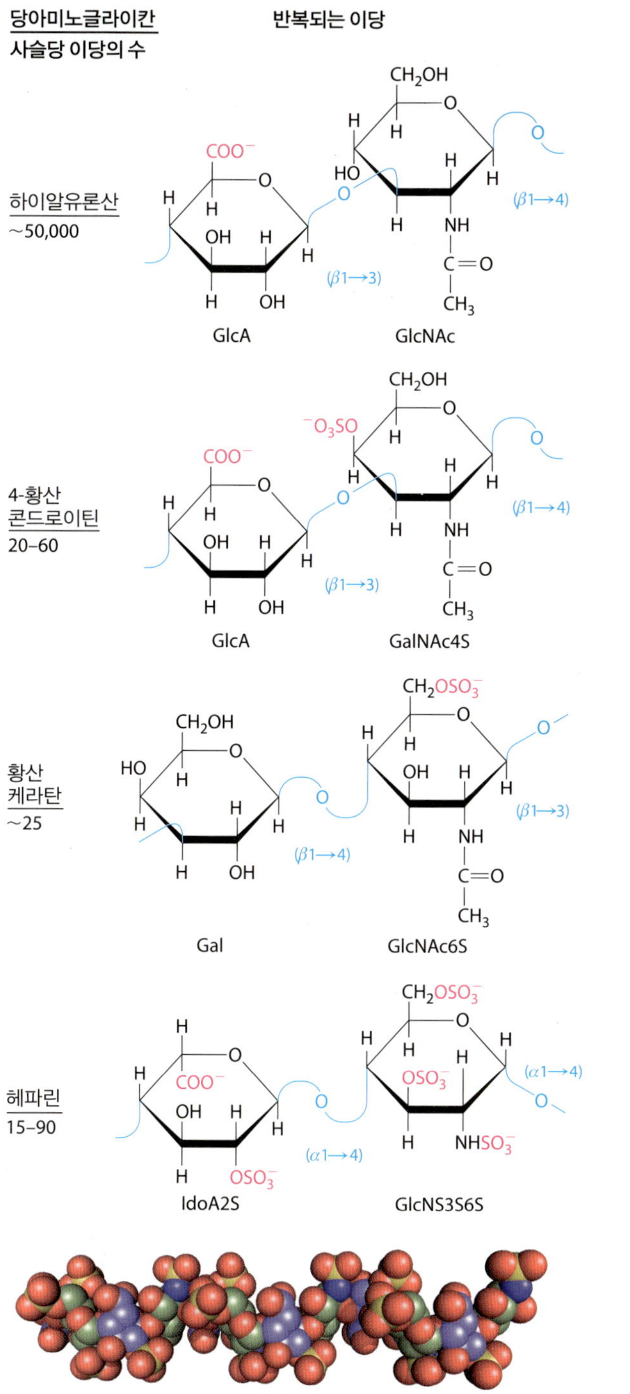

헤파린 분절

그림 7-22 세포 밖 바탕질에서 발견되는 몇 가지 흔한 당아미노글라이칸의 반복 단위. 분자는 유론산과 아미노 당(황산 케라탄은 예외) 잔기가 번갈아 연결된 혼성중합체(copolymer)로 하이알유로난을 제외하면 일부 잔기는 황산 에스터를 가지고 있다. 이온화된 카복실기와 황산기(투시식에서 빨간색으로 나타냄) 때문에 이 중합체는 특징적으로 강한 음전하를 띤다. 치료에 쓰이는 헤파린은 많은 양의 아이듀론산(IdoA)과 일부 적은 양의 글루큐론산(GlcA, 생략됨)을 함유하고, 일반적으로 고도로 황산화되어 있고, 그 길이에 있어서 일정하지 않다. 공간채움 모델은 핵자기 공명 분광법(NMR spectroscopy)에 의해 결정된 용액 상태의 헤파린 분절을 나타낸 것이다. 황산 아이듀론산과 황산 글루코사민에 있는 탄소를 각각 파란색과 녹색으로 나타내었다. 산소와 황 원자는 각각의 표준 색상인 빨간색과 노란색으로 나타내었다. 명확성을 위해서 수소원자는 생략하였다. 황산 헤파란(생략됨)은 헤파린과 비슷하지만 GlcA의 비율이 높고, 황산기가 적고, 덜 규칙적으로 배열된다는 점 등이 다르다. [출처: Molecular model: PDB ID 1HPN, B. Mulloy et al., *Biochem. J.* 293:849, 1993.]

의하여 인식되는 부위로 작용한다. 황산화된 당아미노글라이칸은 세포 밖 단백질에 부착하여 단백질글라이칸(proteoglycan)을 형성한다(7.3절).

하이알유로난(hyaluronan, 또는 하이알류론산, hyaluronic acid) 이라는 당아미노글라이칸은 D-글루큐론산 잔기와 *N*-아세틸글루코사민 잔기가 번갈아 결합되어 있다(그림 7-22). 기본적인 이당 단위가 50,000번까지 반복되어 있어 하이알유로난은 100만이 넘는 분자량을 가진다; 맑고 매우 점성이 높은 용액을 만들어 관절의 윤활액에서 윤활제 역할을 하고, 척추동물 안구에서 젤리 정도의 경도를 제공하여 유리체액(vitreous humor)을 구성한다(그리스어 *hyalos*는 "유리(glass)"를 뜻하며; 하이알유로난은 유리와 같이 투명한 모습을 보일 수 있다). 하이알유로난은 또한 연골과 힘줄(tendon)에 있는 세포 밖 바탕질의 필수적인 구성성분인데, 바탕질의 다른 성분과 강하게 상호작용하여 장력과 탄성을 제공한다. 하이알유로니데이스(hyaluronidase)는 일부 병원성 세균에서 분비되는 효소인데, 하이알유로난의 당화결합을 분해해서 세균이 조직을 더 쉽게 침범하도록 하는 역할을 한다. 많은 생물체의 정자에 이것과 유사한 효소가 있어서 난자의 바깥쪽 당아미노글라이칸 껍질을 가수분해하여 정자가 안으로 침투할 수 있도록 한다.

다른 당아미노글라이칸은 3가지 점에서 하이알유로난과 다르다: 이들은 일반적으로 더 짧은 중합체이고 특이적인 단백질에 공유결합을 통하여 연결(단백질글라이칸)되어 있으며, 1 또는 2개 모두의 단일체 단위가 하이알유로난의 단위들과 다르다. **황산 콘드로이틴(chondroitin sulfate**, 그리스어 *chondros*는 "연골")은 연골, 힘줄, 인대, 심장판막, 대동맥의 벽에 장력을 부여한다. **황산 더마탄(dermatan sulfate**, 그리스어 *derma*는 "피부")은 피부에 유연성을 부여하고 혈관과 심장 판막에도 있다. 황산 더마탄은 황산 콘드로이틴에 있었던 많은 글루큐론산 잔기가 5-에피머인 아이듀론산(IdoA)으로 치환되어 있다.

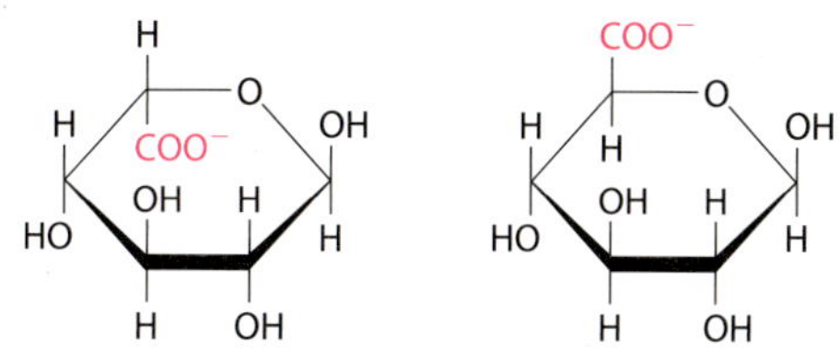

α-L-아이듀론산 (IdoA) β-D-글루큐론산 (GlcA)

황산 케라탄(keratan sulfate, 그리스어 *keras*는 "뿔")은 유론산이 없고 황산염 함량이 다양하다. 이들은 각막, 연골, 뼈 조직 등과 죽은 세포로 이루어진 다양한 양상의 각질 조직, 뿔, 털, 발굽, 손톱, 발톱 등에 존재한다. **황산 헤파란(heparan sulfate**, 그리스어 *hēpar*는 "간")은 모든 동물 세포에서 만들어지며 다양한 배열의

표 7-2 몇 가지 다당의 구조와 역할

중합체	형태[a]	반복 단위[b]	크기 (단당 단위의 수)	역할/의미
녹말				에너지 저장: 식물에서
아밀로스	동질	(α1→4)Glc, 선형	50~5,000	
아밀로펙틴	동질	(α1→4)Glc, 24-30 잔기마다 (α1→6)Glc 가지를 가짐	10^6까지	
글리코겐	동질	(α1→4)Glc, 8-12 잔기마다 (α1→6)Glc 가지를 가짐	50,000까지	에너지 저장: 세균과 동물의 세포
셀룰로스	동질	(β1→4)Glc	15,000까지	구조: 식물의 세포벽에 경직도와 강도를 제공함
키틴	동질	(β1→4)GlcNAc	매우 크다	구조: 곤충, 거미, 갑각류 등의 바깥뼈대에 경도와 강도를 제공함
덱스트란	동질	(α1→6)Glc, (α1→3) 가지를 가짐	다양함	구조: 세균의 세포 밖 접착제
펩티도글라이칸	이질-; 펩타이드가 부착됨	4)Mur2Ac(β1→4)GlcNAc(β1	매우 크다	구조: 세균의 세포벽에 경도와 강도를 제공함
아가로스	이질	3)D-Gal(β1→4)3,6-수-L-Gal(α1	1,000	구조: 해조류의 세포벽 물질
하이알유로난 (당아미노 글라이칸)	이질; 산성임	4)GlcA(β1→3) GlcNAc(β1	100,000까지	구조: 척추동물의 피부와 결합조직에서 세포 밖 바탕질을 형성; 관절에 점성과 윤활 작용을 제공함

[a]각 중합체는 동질다당과 이질다당으로 분류된다.
[b]펩티도글라이칸, 아가로스, 하이알유로난 등의 반복 단위의 약자는 이당 단위의 반복을 중합체가 포함하고 있다는 것을 나타낸다. 예를 들면, 하나의 이당 단위의 GlcNAc는 다음 이당 단위의 첫 잔기에 (β1→4)로 결합하고 있다.

황산화된 당과 황산화되지 않은 당을 포함한다. 사슬의 황산화된 분절이 성장인자(growth factor), ECM 성분, 그리고 혈장에 존재하는 다양한 효소와 인자 등을 포함하는 다양한 단백질과 상호작용할 수 있게 해 준다. 헤파린은 주로 비만세포(mast cell, 백혈구의 한 종류)에서 유래한 황산 헤파란의 고도로 황산화된 세포내 분획이다. 헤파린의 생리학적인 역할이 아직 명확하지는 않지만 정제된 헤파린은 단백질분해효소 억제제인 항트롬빈(antithrombin)과 결합하여 혈액 응고를 억제하는 데 사용하는 치료제로 쓰인다 (그림 7-27 참조).

표 7-2는 7.2절에 기술된 다당들의 조성, 성상, 역할, 분포 등을 요약하여 나타내고 있다.

요약 7.2 다당

■ 다당(글라이칸)은 저장 에너지원이며, 세포벽과 세포 밖 바탕질의 구조적 성분으로 작용한다.

■ 동질다당인 녹말과 글리코겐은 식물, 동물, 세균 등의 세포의 저장 에너지원이다. 이들은 (α1→4) 결합으로 연결된 D-포도당으로 구성되어 있으며, 약간의 가지를 가지고 있다.

■ 셀룰로스, 키틴, 덱스트란 등과 같은 동질다당은 구조적 역할을 한다. D-포도당 잔기들이 (β1→4) 결합으로 연결되어 구성된 셀룰로스는 식물의 세포벽에 강도와 경도를 제공한다. *N*-아세틸글루코사민이 (β1→4) 결합으로 연결된 중합체인 키틴은 절지동물의 바깥뼈대에 강도를 제공한다. 덱스트란은 어떤 종류의 세균 겁질에 접착성을 제공한다.

■ 동질다당은 3차원 구조로 접힌다. 피라노스 고리의 의자형은 본질적으로 고정성을 가진다. 그러므로 중합체의 입체형태는 고리와 당화결합에 있는 산소원자 간의 결합에 대한 회전에 의하여 결정된다. 녹말과 글리코겐은 사슬 내 수소결합에 의하여 나선 구조를 갖는다. 셀룰로스와 키틴은 길고 곧은 사슬을 형성하여 이웃하는 사슬들과 서로 상호작용한다.

■ 세균과 조류의 세포벽은 이질다당에 의하여 강화되어 있다; 세균의 경우에 펩티도글라이칸이고 홍조류의 경우에 한천이다. 펩티도글라이칸에서 반복되는 이당은 GlcNAc(β1→4) Mur2Ac이고, 아가로스에서 D-Gal (β1→4) 3,6-무수-L-Gal이다.

■ 당아미노글라이칸은 세포 밖 이질다당으로 둘 중 한쪽 단위 단당은 유론산이고 다른 쪽은 *N*-아세틸화된 아미노 당이다. 헤파린과 황산 헤파린 중의 일부 하이드록실기와 일부 글루코사민의 아미노기에 대한 황산 에스터화는 매우 높은 밀도의 음전하를 제공하여 이 분자가 곧은 모양의 입체형태를 갖도록 한다. 이러한 중합체(하이알유로난, 황산 콘드로이틴, 황산 더마탄, 황산 케라탄)는 세포 밖 바탕질에 점성, 접착성, 장력 등을 제공한다.

7.3 당포합체: 단백질글라이칸, 당단백질, 당지질

다당과 소당은 저장 연료(녹말, 글리코겐, 덱스트란)의 역할과 구조 물질(셀룰로스, 키틴, 펩티도글라이칸)의 역할 외에 정보 운반체의 역할도 한다: 이들은 세포와 세포 사이 혹은 세포와 세포외 환경과의 사이에 통신을 제공하기도 하고, 어떤 것은 단백질이 운반되고 위치하여야 할 세포내 소기관을 표지해 주는 역할도 하며, 단백질이 잘못 형성되거나 너무 많이 형성되었을 때 파괴하기 위한 꼬리표로서의 역할도 하며, 세포 밖 신호 분자(예를 들면, 성장인자) 나 세포 밖 기생생물(세균이나 바이러스) 등에 대한 인지 부위로서의 역할도 한다. 대부분의 진핵세포에는 형질막의 성분에 부착되어 수 나노미터 두께의 탄수화물층(글라이코칼릭스, glycocalyx)을 이루는 특이한 소당 사슬을 가지고 있다. 이 탄수화물층이 세포가 환경에 보여 주는 정보가 풍부한 표면으로서의 역할을 한다. 이러한 소당은 세포와 세포의 인식, 부착, 발생 동안의 세포의 이동, 혈액 응고, 면역 반응, 상처치유 과정 그리고 많은 다른 세포생물학적 과정들에 중심적인 역할을 한다. 대부분의 경우에 있어서 정보를 전달하는 탄수화물이 단백질이나 지질에 공유결합으로 연결되어 생물학적 활성 물질인 **당포합체(glycoconjugate)**를 형성한다(그림 7-23).

단백질글라이칸(proteoglycan)은 세포 표면과 세포 밖 바탕질에 있는 거대분자인데, 1 이상의 황산화된 당아미노글라이칸 사슬이 막단백질 또는 분비단백질에 공유결합되어 있는 것이다. 당아미노글라이칸 사슬은 다당 부분에 있는 음전하에 의한 정전기적 상호작용을 통하여 세포 밖 단백질들과 결합할 수 있다. 단백질글라이칸은 세포 밖 바탕질의 주성분이다.

당단백질(glycoprotein)은 단백질에 공유결합되어 있는 다양한 복잡성을 지닌 하나 혹은 몇 개의 소당을 가지고 있다. 이것들은 대개 형질막의 바깥쪽 표면[글라이코칼릭스(glycocalyx)의 일부분으로서], 세포 밖 바탕질, 혈액 등에서 발견된다. 세포 안에서 골지 복합체, 분비과립, 용해소체(lysosome) 등과 같은 특이적 세포 소기관에서 발견된다. 당단백질의 소당 부분은 단백질글라이칸의 당아미노글라이칸 사슬과 같이 불균일하다; 정보가 풍부하여 렉틴(lectin)이라고 불리는 탄수화물 결합단백질에 대한 고도의 특이성과 높은 친화력을 갖는 인식자리를 형성한다. 일부 세포질과 핵 내 단백질도 당화될 수 있다.

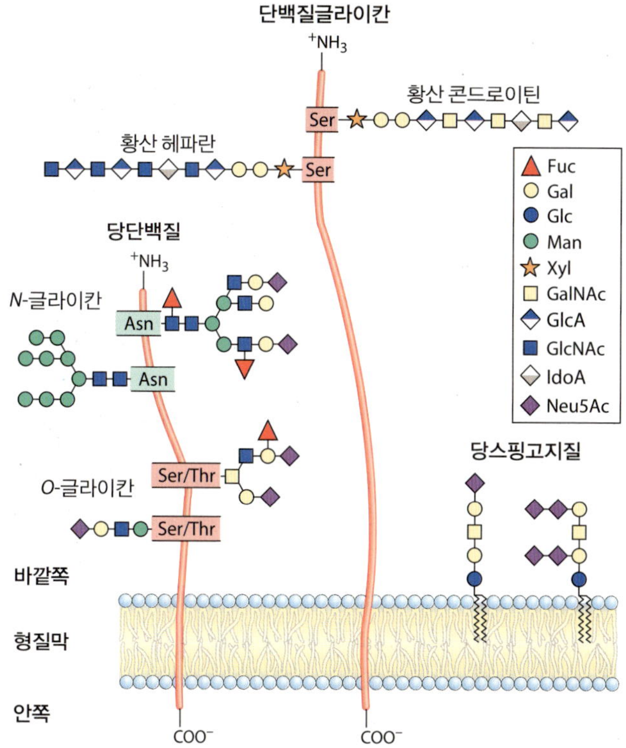

그림 7-23 당포합체. 몇 가지의 전형적인 단백질글라이칸, 당단백질과 당스핑고지질의 구조는 본문에 기술되었다.

당스핑고지질(Glycosphingolipid)은 친수성 머리 부위(hydrophilic head group)가 소당으로 된 막 스핑고지질이다. 당단백질의 경우처럼 소당 부위가 렉틴에 의해 특이적으로 인식되는 부위로 작용한다. 뇌와 신경들에는 당지질이 풍부하여 신경 전달에 도움이 되고 마이엘린(myelin)을 형성한다. 당지질은 또한 세포의 신호전달에서도 역할을 한다. 스핑고지질(Sphingolipid)들은 제10장과 11장에서 더 자세히 다루어 질 것이다.

단백질글라이칸은 세포 표면과 세포 밖 바탕질에서 당아미노글라이칸을 함유하는 거대분자이다

포유류의 세포는 적어도 40종류의 단백질글라이칸을 생산할 수 있다. 이 분자들은 성장 인자의 활성과 부착 등 여러 가지 세포 활성에 영향을 주어 조직을 체계화하는 역할을 한다. 기본적인 단백질글라이칸의 구조는 "핵심 단백질(core protein)"에 공유결합된 당아미노글라이칸으로 구성되어 있다. 결합하는 부위는 보통 세린 잔기이고, 여기에 당아미노글라이칸이 사당 다리(tetrasaccharide bridge)를 통하여 연결되어 있다(그림 7-24). 세린 잔기는 일반적으로 -Ser-Gly-X-Gly-(여기에서 X는 어떤 아미노산 잔기라도 됨)의 서열 안에 있는데, 이 서열을 가진 모든 단백질이 당아미노글라이칸과 결합하는 것은 아니다.

많은 단백질글라이칸은 세포 밖 바탕질로 분비되지만 일부

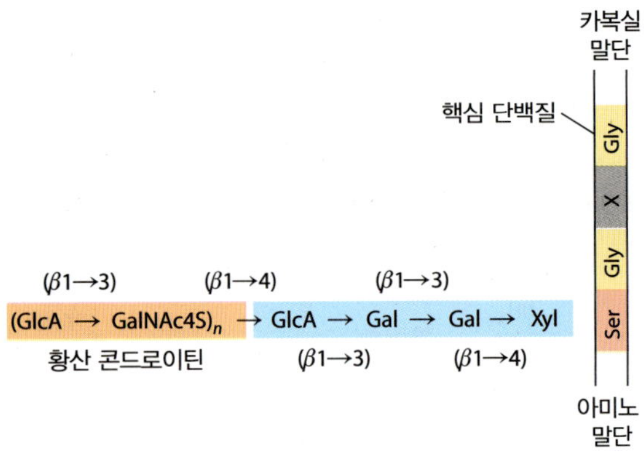

그림 7-24 사당 다리를 보여 주는 단백질글라이칸의 구조. 전형적인 사당 다리(파란색)는 당아미노글라이칸—이 경우 황산 콘드로이틴(오렌지색)—을 핵심 단백질의 세린 잔기(빨간색)에 연결한다. 사당 다리의 환원 말단에 있는 자일로스(Xylose) 잔기의 아노머 탄소가 세린 잔기의 하이드록실기에 연결되어 있다.

분은 내재 막단백질(integral membrane protein)로 존재한다(그림 11-6 참조). 예를 들면, 조직화된 세포군을 다른 세포군으로부터 분리하는 판 모양의 세포 밖 바탕질(기저막, basal lamina)은 여러 개의 황산 헤파란 사슬이 공유결합으로 연결된 핵심 단백질(분자량 20,000~40,000) 족을 포함한다. 막 황산 헤파란 단백질글라이칸에는 2가지 주요 족이 있다. **신데칸(syndecan)**은 하나의 막 횡단 영역(transmembrane domain)과 세포외 영역을 가지고 있는데, 세포외 영역에 3개에서 5개의 황산 헤파란 사슬, 어떤 경우에는 황산 콘드로이틴 사슬이 연결되어 있다**(그림 7-25a)**. **글라이피칸(glypican)**은 막지질인 포스파티딜이노시톨(phosphatidylinositol, 그림 11-13 참조)의 유도체인 지질 닻(lipid anchor)에 의하여 막에 연결되어 있다. 신데칸과 글라이피칸은 2가지 모두 세포 표면으로부터 세포 밖 공간으로 떨어져 나올 수 있다. ECM에 있는 단백질분해효소가 신데칸의 외부영역(ectodomain, 형질막 바깥쪽의 영역)을 막 가까운 위치에서 절단하여 방출하고, 인지질분해효소(phospholipase)가 막지질과의 연결을 절단하여 글라이피칸을 방출한다. 이 기전들은 세포가 표면의 특징을 빠르게 바꿀 수 있는 방법을 제공한다. 이러한 쉐딩(shedding)은 고도로 조절되고 암세포와 같이 분열이 활발한 세포에서 활성화된다. 단백질글라이칸 쉐딩은 세포-세포 인지와 부착 그리고 세포의 증식과 분화에 관련되어 있다. 여러 가지의 황산 콘드로이틴 단백질글라이칸과 황산 더마탄(dermatan sulfate) 단백질글라이칸도 존재하는데, 어떤 것은 막에 결합되어 있고 ECM에 분비되는 것도 있다.

당아미노글라이칸은 다양한 세포 밖 리간드와 결합하여 이 리간드가 세포 표면의 특정한 수용체와 상호작용하는 것을 조절한다. 황산 헤파란에 대한 자세한 연구에 의하여 영역 구조가 제멋대로 되어 있지 않다는 것이 밝혀졌다; 어떤 영역(전형적으로 3~8개의 이당 단위 길이에 해당됨)은 서열과 특정한 단백질을 결합하는 능력에 있어서 이웃하는 영역과 다르다. 고도로 황산화된 영역(NS 영역이라 함)은 변형되지 않은 GlcNAc과 GlcA 잔기를

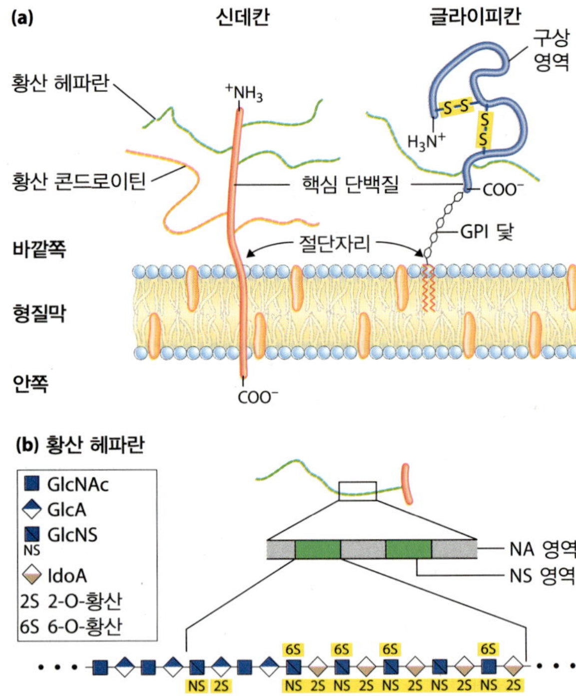

그림 7-25 2가지 족의 막단백질글라이칸 구조. **(a)** 형질막의 신데칸과 글라이피칸의 모식도. 신데칸은 비극성 아미노산 잔기와 형질막의 지질간의 소수성 상호작용에 의하여 막에 결합되어 있으며, 막 표면 가까운 부분 한곳이 단백분해로 절단되면 방출될 수 있다. 전형적인 신데칸에서는 세포 밖 표면에 있는 아미노 말단 영역이 3개의 황산 헤파란 사슬과 2개의 황산 콘드로이틴 사슬에(그림 7-24와 같은 사당 다리에 의하여) 공유결합되어 있다. 글라이피칸은 공유결합으로 연결된 막지질[GPI 닻(anchor); 그림 11-13 참조]에 의하여 막에 결합되어 있으며 인지질분해효소에 의하여 지질-단백질 결합이 절단되면 떨어져 나온다. 모든 글라이피칸에는 14개의 보존된 Cys 잔기가 이황결합을 형성하여 단백질 부분을 안정화시킨다. 2개 혹은 3개의 당아미노글라이칸 사슬이 막 표면 가까운 곳의 카복실 말단에 부착되어 있다. **(b)** 황산 헤파란의 사슬을 따라서 황산화된 당이 많은 부위를 NS 영역(녹색)이라하고, 이에 교대하여 나타나며 변형되지 않은 GlcNAc와 GlcA 잔기로 구성된 부위를 NA 영역(회색)이라고 한다. NS 영역의 한 예를 더 자세히 나타내고 있는데, 이 곳에는 C-6 위치에 황산 에스터를 가진 GlcNS(*N*-황 글루코사민, *N*-sulfoglucosamine) 잔기와 C-2 위치에 황산 에스터를 가진 GlcA와 IdoA 잔기와 같이 변형된 잔기들이 높은 밀도로 존재한다. NS 영역의 정확한 황산화 양상은 단백질글라이칸마다 다르다. [출처: (a) Information from U. Häcker et al., *Nature Rev. Mol. Cell Biol.* 6:530, 2005. (b) Information from J. Turnbull et al., *Trends Cell Biol.* 11:75, 2001.]

가진 영역(*N*-아세틸화된 또는 NA 영역)과 번갈아 나타난다(그림 7-25b). NS 영역의 정확한 황산화 패턴은 여러 가지 단백질글라이칸마다 다르다; GlcNAc-IdoA 이합체에 대하여 가능한 변형(modification)의 수를 고려하면 적어도 32가지의 서로 다른 조합의 이당이 가능하다. 더 나아가서 같은 종류의 핵심 단백질이 다른 종류의 세포에서 합성되었을 때 다른 황산 헤파란 구조를 나타낼 수 있다.

정확히 구성된 NS 영역들을 가진 황산 헤파란 분자들은 세포 밖 단백질들과 신호전달 분자들에 특이적으로 결합하여 그것들의 활성에 변화를 준다. 이러한 활성의 변화는 결합에 의하여 유도된 단백질의 입체형태의 변화에 기인하거나**(그림 7-26a)**, 2개의 근접

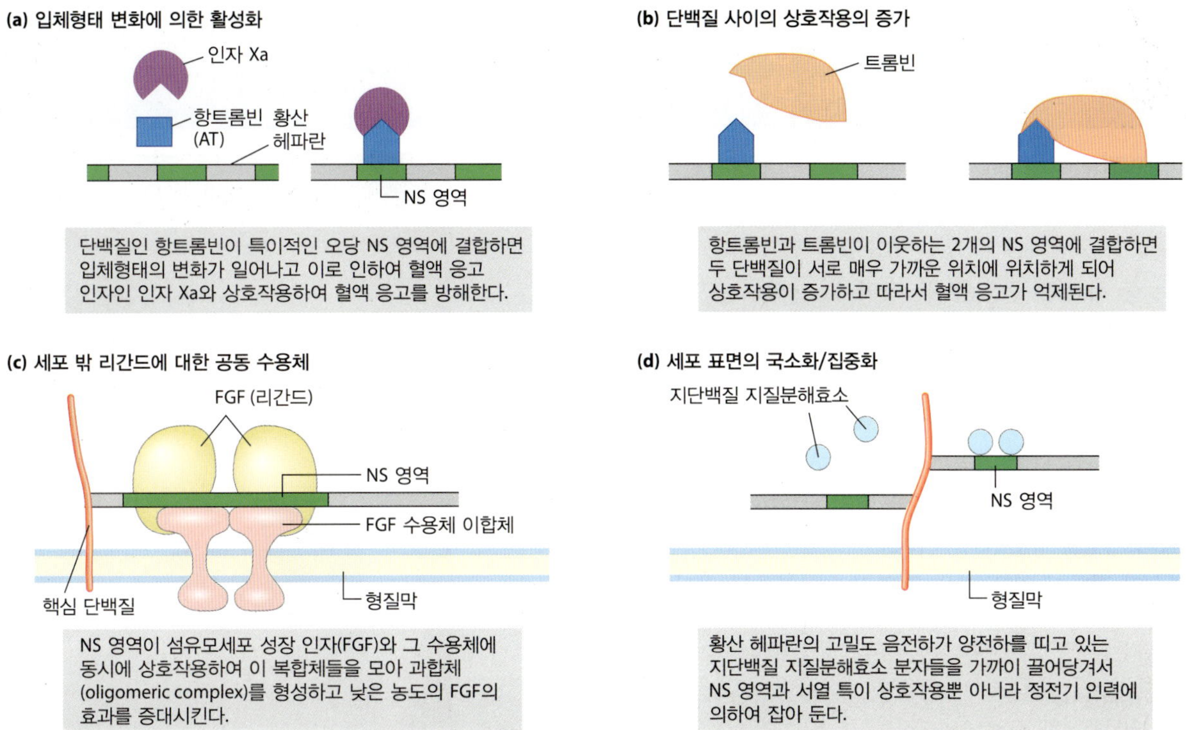

그림 7-26 4가지 유형의 황산 헤파란의 NS 영역과 단백질과의 상호작용. [출처: Information from J. Turnbull et al., *Trends Cell Biol.* 11:75, 2001.]

해 있는 황산 헤파란 영역들이 각각 서로 다른 2개의 단백질과 결합하여 그것들을 서로 가까이 끌어 모아서 단백질 간의 상호작용을 항진시키는 것이다(그림 7-26b). 세 번째의 일반적인 작용기전은 세포 밖 신호전달 분자(예를 들면, 성장 인자)들이 황산 헤파란에 결합하여 그들의 국소적인 농도가 증가하게 되고 따라서 세포 표면에 있는 성장 인자 수용체와의 상호작용을 증진시키는 것이다. 이런 경우, 황산 헤파란이 공동수용체(coreceptor)로 작용한다고 한다(그림 7-26c). 예를 들면, 세포의 분열을 자극하도록 신호를 주는 세포 밖 단백질인 섬유모세포 성장 인자(fibroblast growth factor, FGF)는 표적 세포의 형질막에 있는 신데칸 분자의 황산 헤파란 부분에 먼저 결합한다. 신데칸은 FGF를 형질막 FGF 수용체에 전달하고, 이때 비로소 FGF가 수용체와 올바르게 상호작용하여 세포분열을 촉발하게 된다. 마지막으로 또 다른 형태의 기전에서는 NS 영역들은 세포 외부의 다양한 수용성 분자들과 상호작용하여—정전기 상호작용이든 그 외 다른 방법이든—세포 표면에서의 국소 농도를 높게 유지한다(그림 7-26d).

혈액 응고에 필수적인 단백분해효소 트롬빈(그림 6-41 참조)은 불완전한 혈액 응고를 막는 다른 혈액 단백질인 항 트롬빈에 의해 억제된다. 항트롬빈은 황산 헤파란의 없는 경우 트롬빈에 결합하거나 트롬빈을 억제하지 않는다. 황산 헤파란이나 헤파린이 존재하면, 트롬빈의 항트롬빈에 대한 결합 친화력은 2,000배 증가하고, 트롬빈이 강하게 억제된다. 황산 헤파란의 짧은 (16개의 잔기) 분절의 존재하에 트롬빈과 항트롬빈을 결정화하면, 음으로 하전된 황산 헤파란 유사체는 두 단백질의 양전하를 띤 부분과 가교를 형성하면서 입체다른자리성 변형을 일으키고 트롬빈의 단백분해효소 활성이 억제된다(**그림 7-27**). 두 단백질에서 황산 헤파란

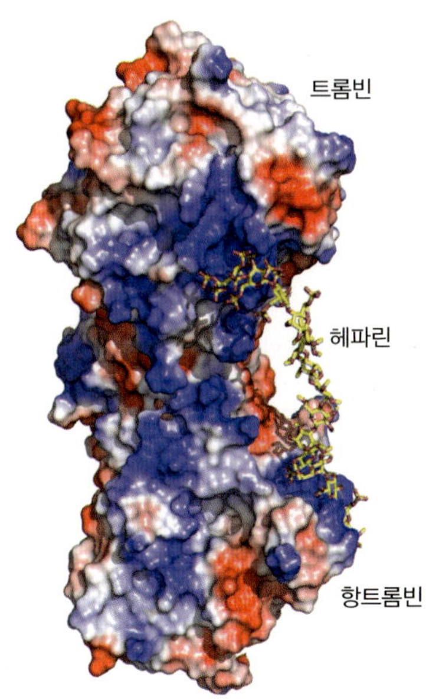

그림 7-27 항트롬빈에 대한 트롬빈의 결합을 증가시키는 황산 헤파란의 분자적 기초. 동시에 결정화된 트롬빈, 항트롬빈 및 16개 잔기의 황산 헤파란-유사 중합체의 구조에서, 두 단백질의 황산 헤파란 결합 부위는 Arg 및 Lys 잔기가 풍부하다. 파란색으로 표시된 이러한 양전하 영역은 음으로 하전된 황산 헤파란의 많은 황산염 및 카르복실산염과 강력한 정전기 상호작용을 허용한다. 결과적으로, 황산 헤파란이 존재할 때의 트롬빈에 대한 항트롬빈의 친화도는 황산 헤파란이 없을 때보다 10^3배 더 크다. 이 두 단백질의 정전기적 성질을 표현할 때, 트롬빈과 항트롬빈의 음으로 하전된 잔기가 풍부한 영역은 빨간색으로 나타냈다. [출처: PDB ID 1TB6, W. Li, et al., *Nature Struct. Mol. Biol.* 11:857, 2004.]

별도설명 7-3 의학 황산화 당아미노글라이칸의 합성의 결합이나 분해는 심각한 인체 질환을 유발할 수 있다

당아미노글라이칸(glycosaminoglycan)의 합성에는 단량체인 당을 활성화시키고, 막을 가로질러 수송하며, 활성화된 당을 다당으로 축합하고, 황산염을 첨가할 수 있는 효소들이 필요하다. 인간의 이러한 효소 중 하나의 돌연변이는 당아미노글라이칸(또는 그것들로부터 형성된 단백질글라이칸)의 구조적 결함을 일으킬 수 있다. 그 결과 세포 신호전달, 세포 증식, 조직 형태형성(形態形成), 또는 성장인자와의 상호작용 등의 넓은 범위의 결함 중 하나일 수 있다(그림 1). 예를 들어, GlcNAc-GlcA의 이당체 단위를 연장하는 데 문제가 생기면 다수의 큰 뼈에 골극(bone spurs)이 발생하는 뼈의 이상을 유발한다(그림 2).

분해효소의 결함이 있을 경우, 불완전하게 분해된 당아미노글라이칸의 축적으로 인해, 관절의 경직은 있으나 지적상태 및 수명은 정상인 샤이증후군(Scheie syndrome)과 같은 중등도 질환에서부터 비대화된 내부장기, 심장질환, 왜소증, 정신지체, 조기 사망을 특징으로 하는 헐러증후군(Hurler syndrome)과 같은 심각한 질환까지 나타날 수 있다. 당아미노글라이칸은 예전에 점액다당체(mucopolysaccharides)로 불렸고, 이들의 분해과정에서의 유전적 결함으로 인한 질환은 종종 점액다당증(mucopolysaccharidoses)으로 불린다.

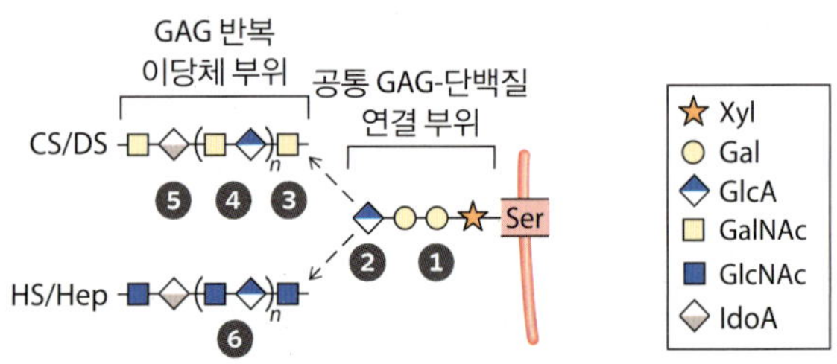

그림 1 코어 단백질의 Ser 잔기의 연결지점을 통해 붙어있는 당아미노글라이칸(GAGs), 황산 콘드로이틴 또는 황산 더마탄(CS/DS) (위), 그리고 황산 헤파란 또는 헤파린(HS/Hep)(아래)의 정상 구조가 보이는 단백질글라이칸의 단편모습. 특정 생합성 효소가 돌변변이로 인해서 결손된 경우, 번호 붙여진 요소들이 합성 중인 올리고당(oligosaccharides)에 첨가되지 못하고, 끝이 잘린 산물이 생기게 된다. 기능에 이상이 있는 GAGs는 잘린 지점에 따라 여러 형태의 인체 질환을 나타낸다: ❶ 프로게로이드형 엘러스-단로스증후군(Progeroid-type Ehlers-Danlos syndrome)—과신장성 관절, 무른 피부(fragile skin), 조로(premature aging); ❷ 단신(short stature) 또는 빈번한 관절 탈구; ❸ 신경병증(신경 손상); ❹ 골격 결함; ❺ 조울증 또는 횡격막탈장(diaphragmatic hernia); ❻ 큰 골극 형태의 골 기형(bone deformation).

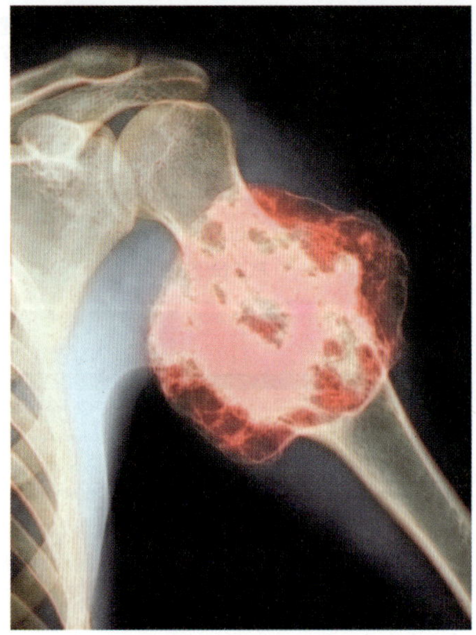

그림 2 GlcNAc-GlcA 이당체가 합성 중인 황산 헤파란 또는 헤파린(heparin) 사슬에 첨가되지 못하는 유전적 결함에서 기인한 유전성 다발성 외골종증(hereditary exostoses)의 골 기형 특성(그림 1의 ❻ 참조). X-ray 사진에서 상완골(humerus)의 과도한 뼈의 성장을 인위적으로 붉은색으로 표시하였다. [출처: CNRI/Science Photo Library/Science Source.]

및 헤파린에 대한 결합 부위는 Arg 및 Lys 잔기가 풍부하며; 아미노산의 양전하는 당아미노글라이칸의 황산염과 정전기적으로 상호작용한다. 항트롬빈은 또한 황산 헤파란에 의존하는 과정에서 다른 두 가지 혈액 응고 단백질(IXa 및 Xa 인자)을 억제한다.

황산 헤파란에 있어서 황산화된 영역의 올바른 합성의 중요성은 IdoA의 C-2 하이드록실기에 황산화를 일으키는 효소가 결핍되어 있는 "유전자결손(knockout)" 생쥐에서 밝혀졌다. 이러한 동물은 콩팥이 없고 뼈대와 눈에 심각한 발생학적 결함을 가지고 태어난다. 다른 연구에서는 막 단백질글라이칸이 간에서 혈액으로부터 지질단백질(lipoprotein)의 제거율에 중요하다는 것을 증명하였다. 마지막으로 신경계에서 축삭이 자라나는 경로가 황산 헤파란과 황산 콘드로이틴을 함유하는 단백질글라이칸에 의해 영향 받는다는 증거가 많아지고 있는데, 이들은 축삭 성장을 위한 방향성 단서를 제공한다.

인간에서 단백질글라이칸과 그와 관련된 당아미노글라이칸이 갖는 기능의 중요성은 이러한 고분자의 합성 또는 분해를 차단하는 돌연변이 효과에서도 볼 수 있다(별도설명 7-3).

어떤 단백질글라이칸에서 하나의 하이알유로난에 많은 핵심 단백질들이 결합하여 **단백질글라이칸 응집체(aggregate)**라는 거대한 초분자 조립체를 형성할 수 있다. 많은 황산 콘드로이틴과 황산 케라탄 사슬이 삼당 다리를 통하여 아그레칸(aggrecan) 핵심 단백질(분자량 250,000)의 세린 잔기에 연결되어 분자량 $\sim 2 \times 10^6$

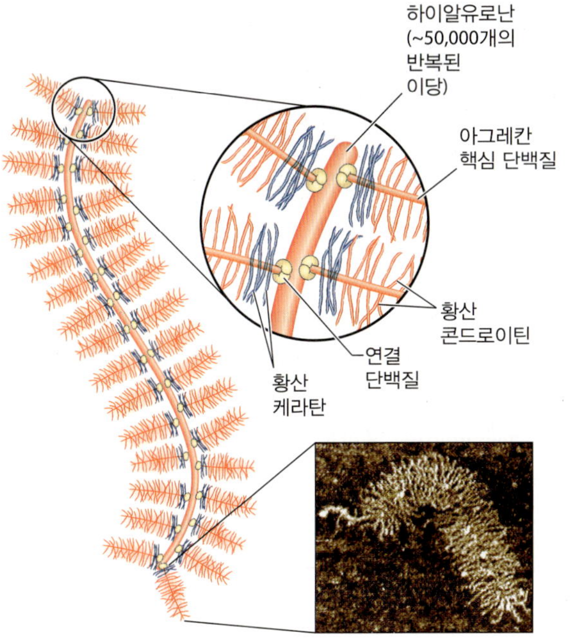

그림 7-28 세포 밖 바탕질의 단백질글라이칸 응집체. 많은 아그레칸을 가진 단백질글라이칸의 모식도. 긴 하이알유로난 분자 하나에 약 100개의 아그레칸 핵심 단백질이 비공유결합으로 연결되어 있다. 각 아그레칸 분자는 공유결합으로 연결된 황산 콘드로이틴과 황산 케라탄을 많이 갖고 있다. 각 핵심 단백질과 하이알유로난 뼈대 사이의 접합 부위에 존재하는 연결 단백질이 핵심 단백질-하이알유로난 상호작용을 매개한다. 현미경 사진은 원자현미경(atomic force microscope)으로 본 아그레칸 한 분자를 보여 주고 있다(별도설명 19-2 참조). [출처: Micrograph courtesy of Laurel Ng. Reprinted with permission from Ng, L., Grodinsky, A., Patwari, P., Sandy, J., Plaas, A. H. K., & Ortiz, C. (2003) Individual cartilage aggrecan macromolecules and their constituent glycosaminoglycans visualized via atomic force microscopy. *J. Struct. Biol.* 143:242–257, Fig. 7a left © Elsevier.]

의 아그레칸 단일체(monomer)를 만든다. 100개 이상의 이러한 "장식된(decorated)" 핵심 단백질들이 하나의 매우 긴 하이알유론산에 결합하여 단백질글라이칸 응집체(분자량 > 2×10^8)를 형성하는데(**그림 7-28**), 이것과 수화로 동반하는 물을 합한 부피가 세균 세포 하나와 동일한 크기를 차지한다! 아그레칸은 연골의 ECM에 있는 콜라젠과 강하게 상호작용하여 이 결합조직의 발생, 장력, 탄성에 기여한다.

콜라젠, 엘라스틴, 파이브로넥틴 등과 같은 섬유단백질들이 이렇게 거대한 세포외 단백질글라이칸과 섞여 짜여서 전체 세포 밖 바탕질에 강도와 탄성을 주는 교차연결된 그물 구조를 형성하게 된다. 이러한 단백질의 일부는 다부착성, 즉 하나의 단백질이 여러 가지 다른 바탕질 분자와 결합하는 자리를 가지고 있다. 예를 들어, 파이브로넥틴은 피브린(섬유소), 황산 헤파란, 콜라젠, 그리고 세포 내부와 세포 밖 바탕질 사이의 신호전달을 매개하는 형질막 단백질 족의 일종인 인테그린(integrin)이 결합하는 각각의 영역을 갖고 있다. 세포-바탕질 사이의 상호작용에 대한 전체 그림(**그림 7-29**)에 일련의 세포와 세포 밖 분자들과의 상호작용을 보여 주고 있다. 이러한 상호작용은 세포가 세포 밖 바탕질에 닻을

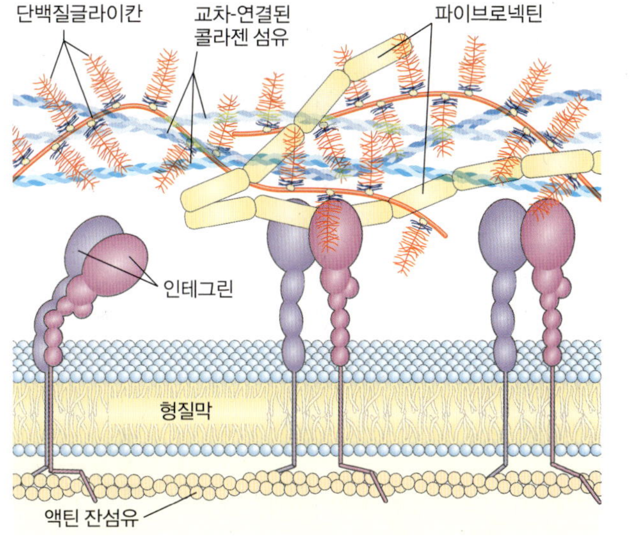

그림 7-29 세포와 세포 밖 바탕질 사이의 상호작용. 세포와 세포 밖 바탕질의 단백질글라이칸 사이의 연합은 막 단백질(인테그린)과 인테그린 및 단백질글라이칸 2가지 모두에 대한 결합 부위를 갖고 있는 세포 밖 단백질(이 예에서는 파이브로넥틴)에 의하여 매개된다. 콜라젠 섬유가 파이브로넥틴 및 단백질글라이칸에 밀접하게 연합되어 있는 것에 주목하라.

내리는 역할을 할 뿐 아니라 피부와 관절의 강도와 탄성을 제공한다. 또한 발생하는 조직에서 세포의 이동을 안내하는 경로를 제공하고, 형질막을 가로질러 양쪽 방향으로 정보를 전달한다.

당단백질은 소당과 공유결합으로 부착하고 있다

당단백질은 탄수화물-단백질의 포합체로 글라이칸 성분이 단백질글라이칸의 당아미노글라이칸보다 더 작고 가지가 있으며 구조적으로 다양하다. 탄수화물은 아노머 탄소에서 당화결합을 통하여 세린이나 트레오닌 잔기의 —OH에 연결되어 있거나(*O*-결합) 아스파라진 잔기의 아마이드(amide) 질소에 연결되어(*N*-결합) 있다(**그림 7-30**). 일부 당단백질은 단일의 소당 사슬만 가지지만 많은 당단백질들은 하나 이상의 사슬을 가지고 있다; 탄수화물은 당단백질의 질량에 있어서 1%에서 70%까지 차지하기도 한다. 포유류의 단백질 중 절반은 당화되어 있으며, 약 1%의 유전자가 이들 소당의 합성과 부착에 관여하는 효소를 암호화한다. *N*-결합 사슬의 부착은 공통서열(consensus sequence) N-{P}-[ST]에 의존한다; 모든 가능성 있는 자리가 사용되는 것은 아니다. (공통서열을 표시하는 방법에 대해서는 별도설명 3-2 참조). *O*-결합 사슬의 부착을 위한 서열에는 글라이신, 발린, 프롤린 잔기가 풍부한 경향이 있지만, 특정한 공통서열은 없는 것처럼 보인다.

세포질과 핵에서 발견되는 한 분류의 당단백질들은 단백질 내의 당화된 위치가 독특한 성질을 갖는다; 세린 잔기의 곁가지에 있는 하이드록실기에 *O*-당화결합으로 연결된 *N*-아세틸글루코사민 한 잔기만을 가지고 있다. 이러한 변형은 가역적이고 단백질 활성의 어떤 단계에서 인산화되는 자리의 세린 잔기와 일치하

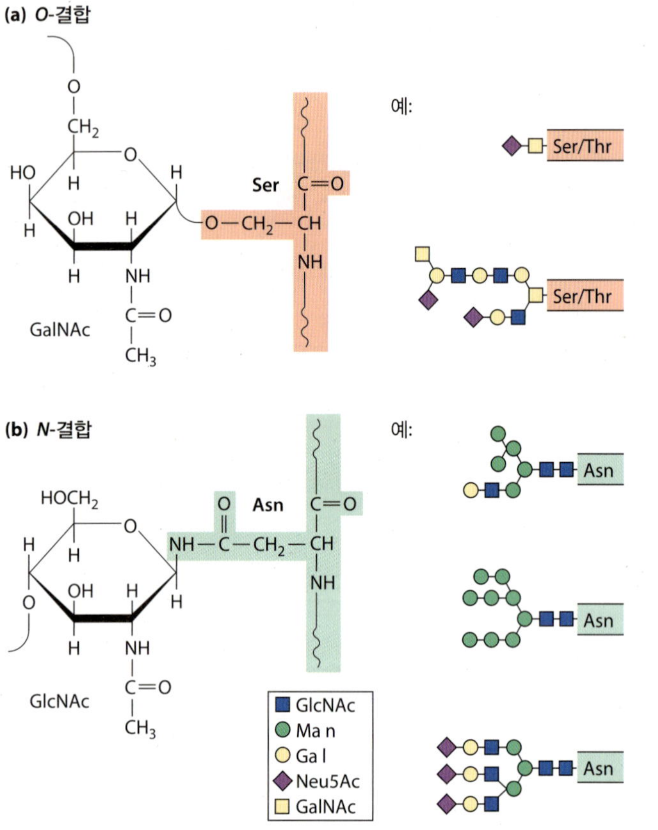

그림 7-30 당단백질에서 소당 결합. **(a)** *O*-결합 소당은 Ser 또는 Thr 잔기(분홍색)의 하이드록실기에 당화결합을 가진다. 소당의 환원 말단의 당을 GalNAc로 나타내었다. 하나의 단순 사슬과 복잡한 사슬을 나타냈다. **(b)** *N*-결합 소당은 Asn 잔기(녹색)의 아마이드 질소에 *N*-당화결합을 가진다. GlcNAc를 말단 당으로 나타냈다. 당단백질에 *N*-결합 3가지 가장 흔한 소당 사슬을 나타냈다. 소당 구조를 완전히 기술하려면 각각의 당화결합에 대한 위치배열과 입체 이성체(α 또는 β)에 대한 기술이 필요하다.

기도 한다. 이 2가지 변형은 서로 배타적이고 이런 유형의 당화는 단백질의 활성 조절에 있어서 매우 중요하다고 알려져 있다. 제12장에서 단백질 인산화의 내용으로 다룰 것이다.

제11장에서 다루겠지만, 형질막의 바깥 표면에는 가변적인 복잡성을 가진 소당과 공유결합되어 있는 많은 막 당단백질들이 있다. **점액소(mucin)**는 분비되거나 막에 존재하는 당단백질로 수많은 *O*-결합 소당 사슬을 가지고 있다. 점액소는 대부분의 분비물에 존재한다; 점액에 미끄러운 특성을 제공한다.

당질체학(glycomics)은 단백질과 지질에 부착된 것을 포함한 세포와 조직에서 탄수화물 성분의 전체의 체계적인 특징을 연구하는 분야이다. 당단백질에 대해서는 어떤 단백질이 당화되어 있는지, 각각의 소당이 어떤 아미노산 서열에 부착되어 있는지를 결정하는 것을 의미한다. 이것은 쉽지 않은 도전이지만 가치가 있다. 왜냐하면 정상적인 당화의 패턴과 암과 유전적 질환 또는 발생 동안에 이러한 패턴이 어떻게 변화하는 지에 대한 통찰력을 제공할 것이기 때문이다. 세포의 전체 탄수화물 성분의 성질을 분석하는 현재의 방법은 질량 분석법의 복잡한 응용에 의존한다(그림 7-39 참조).

다양한 당단백질의 수많은 *O*- 그리고 *N*-결합 소당의 구조가 알려져 있다; 그림 7-23과 30은 그중 전형적인 몇 가지의 예를 나타내고 있다. 제27장에서 어떤 특정한 단백질이 특정한 소당 부분을 얻게 되는 기전에 대해서 알아볼 것이다.

대부분의 혈액 단백질을 포함하여 진핵 세포에서 분비되는 많은 단백질들이 당단백질이다. 예를 들어, 면역글로불린(항체)과 난포자극 호르몬(follicle-stimulating hormone, FSH), 황체형성 호르몬(luteinizing hormone, LH), 갑상선자극 호르몬(thyroid-stimulating hormone, TSH) 등과 같은 호르몬들도 모두 당단백질들이다. 락트알부민(lactalbumin)을 포함한 많은 유단백질(milk protein)과 이자에서 분비되는 단백질[라이보핵산분해효소(ribonuclease)와 같은]들은 용해소체에 포함된 대부분의 단백질처럼 당화되어 있다.

단백질에 소당을 추가하는 것의 생물학적 이점들이 서서히 드러나고 있다. 친수성이 강한 탄수화물 뭉치가 그것이 포함되는 단백질의 극성과 수용성을 변화시킨다. 세포질세망(endoplasmic reticulum)에서 새로 합성되어 골지 복합체(Golgi complex)에서 정교하게 다듬어지는 단백질에 소당 사슬이 결합하면 목적지 표지(destination label)로서 역할을 하며, 잘못 접힌 단백질을 분해되게 표지(그림 27-41, 27-42 참조) 함으로써 단백질 품질 관리의 역할을 하기도 한다. 단백질의 어느 한 곳에 수많은 음으로 하전된 소당이 뭉치를 이루고 있으면 그들 사이의 반발력 때문에 단백질이 이 부분에서 길게 늘어선 막대 모양을 선호하게 된다. 음으로 하전된 소당의 덩치가 어떤 단백질을 단백분해효소의 공격으로부터 방어하기도 한다. 이러한 단백질 구조에 대한 전체적인 물리적 영향 외에도 당단백질의 소당은 더 특이한 생물학적 효과를 갖는다(7.4절). 정상적인 단백질 당화의 중요성은 사람에서 적어도 40가지의 당화이상에 의한 유전질환으로부터 명확하게 확인되었다. 당화이상은 심각한 신체적 정신적 발육 결함을 보일 뿐 아니라 그중 일부는 치명적이다.

당지질과 지질다당은 막의 성분이다

당단백질만 복잡한 소당 사슬을 가지고 있는 유일한 세포 성분이 아니다; 몇몇의 지질도 공유결합으로 연결된 소당을 가지고 있다. **강글리오사이드(ganglioside)**는 진핵세포의 막 지질인데, 막의 바깥 표면을 이루는 이 지질의 극성 머리 부분은 사이알산(그림 7-9)과 다른 단당 잔기를 함유하는 복잡한 소당으로 이루어져 있다. 강글리오사이드의 어떤 소당 성분은 혈액형 결정에 관여하는 당단백질에 있는 소당과 동일하여 역시 혈액형 결정(그림 10-14 참조)에 기여한다. 당단백질의 소당 성분처럼 막 지질의 소당도 일반적으로 아마도 거의 항상 형질막의 바깥쪽에서 발견되는 것 같다.

지질다당(lipopolysaccharide)은 대장균(*Escherichia. coli*)이나 살모넬라균(*Salmonella typhimurium*)과 같은 그람 음

성균 외막 표면의 주요한 특징이다. 이것은 척추동물의 면역계에서 세균 감염에 반응하여 생산하는 항체의 주된 표적이 되어 균주의 혈청형(serotypes)을 결정하는 중요한 요소가 된다(혈청형이란 항원성에 근거하여 구별되는 균주들이다). 살모넬라균의 지질다당은 2개의 글루코사민 잔기와 결합된 6개의 지방산을 가지고 있는데, 글루코사민 잔기 하나가 복잡한 소당의 부착점이 된다(**그림 7-31**). 대장균은 비슷하지만 독특한 지질다당을 가지고 있다. 어떤 세균에 있는 지질다당의 지질 A 부분은 내독소(endotoxin)라 불리는데 이것이 그람 음성균의 감염으로 인한 독소 충격 증후군(toxic shock syndrome)에서 나타나는 치명적인 혈압 강하를 일으킨다. ■

요약 7.3 당포합체: 단백질글라이칸, 당단백질, 당지질

■ 단백질글라이칸은 하나 혹은 여러 개의 당아미노글라이칸이라 불리는 황산 헤파란, 황산 콘드로이틴, 황산 케라탄 등과 같은 큰 글라이칸이 핵심 단백질에 공유결합된 당포합체이다. 단백질글라이칸은 막횡단 펩타이드나 공유결합된 지질에 의하여 형질막의 바깥쪽에 결합되어 있어서 세포 사이나 세포와 세포 밖 바탕질 사이에서 부착점, 인식점, 정보 수송 등을 제공한다.

■ 당단백질은 아스파라진 또는 세린/트레오닌 잔기에 공유결합으로 연결된 소당을 포함하고 있다. 글라이칸은 당아미노글라이칸보다 작고 가지를 가지고 있다. 많은 분비된 단백질도 그렇지만 세포 표면과 세포 밖 단백질들은 대부분 당단백질이다. 공유결합된 소당은 단백질의 접힘과 안정성에 영향을 주며 새로 합성된 단백질이 적당한 장소로 운반되는 과정에 긴요한 정보를 제공하고 다른 단백질에 의한 특이적인 인식을 가능하게 한다.

■ 당질체학은 세포나 조직에서 당을 포함하는 분자 전체 성분과 이들 성분의 기능을 결정하는 것이다.

■ 동식물의 당지질과 세균의 지질다당은 형질막의 구성성분으로 공유결합된 소당 사슬이 세포 표면에 노출되어 있다.

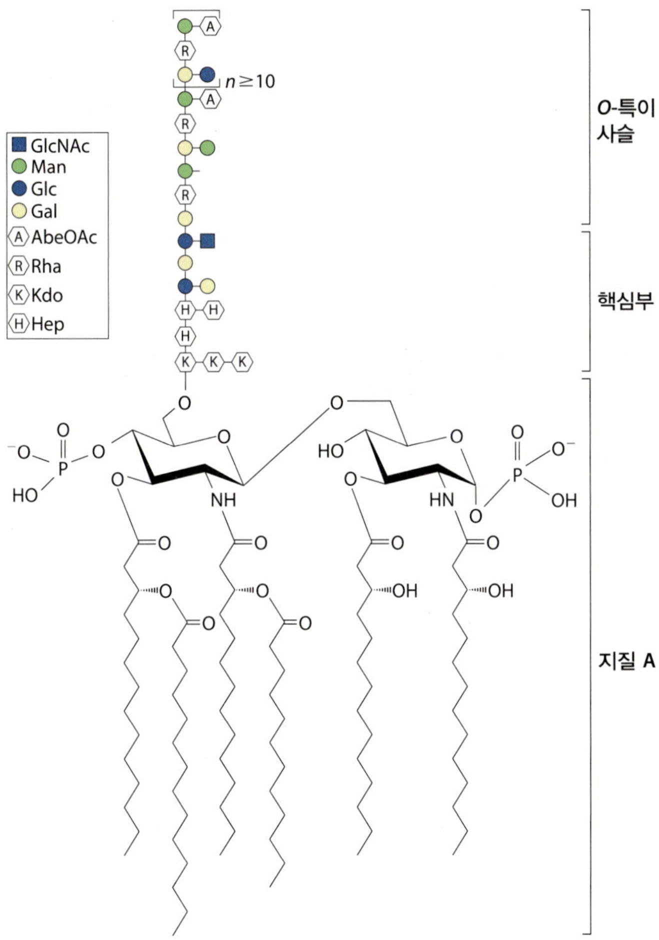

그림 7-31 세균의 지질다당. 살모넬라균(*S. typhimurium*) 외막에 있는 지질다당의 모식도. Kdo는 3-데옥시-D-만노-옥툴로손산으로 전에는 케토데오시옥톤산로 불렸다. Hep는 L-**글리세로**-D-**만노**-헵토스이다; AbeOAc는 하이드록실기 하나가 아세틸화된 아베쿠오스(3,6-다이데옥시헥소스)이다. 이 분자의 지질 A 부위에 6개의 지방산이 있다. 균종이 다르면 지질다당의 구조에 미묘한 차이가 나지만 공통적으로 지질 구(지질 A), 핵심 소당, 세균의 혈청형(면역 반응성)의 주요 결정인자인 "*O*-특이" 사슬 등을 갖고 있다. 그람 음성균인 *S. typhimurium*과 *E. coli* 외막에 지질다당 분자가 많이 있어 세포 표면이 사실상 *O*-특이 사슬로 덮여 있는 것과 같다.

7.4 정보 분자로서의 탄수화물: 당 암호

당생물학(Glycobiology)은 당포합체의 구조와 기능에 대한 연구로 생화학과 세포생물학의 가장 활발하고 흥미로운 분야 중의 하나이다. 세포가 특이적 소당을 세포 안 단백질의 표적화(targeting), 세포 간 상호작용, 조직의 발달, 세포 밖 신호전달 등을 위하여 중요한 정보를 암호화하는 데 사용한다는 것이 명확해졌다. 여기에서는 당포합체의 다양한 구조와 생물학적 활성을 보여 주기 위한 소수의 예만 논의한다. 제20장에서 펩티도글라이칸을 포함한 다당 생합성을 논의하고 제27장에서 당단백질에 있는 소당 사슬의 조립을 다룰 것이다.

소당과 다당 구조 분석을 위한 방법이 향상됨에 따라 당단백질과 당지질에 있는 소당이 놀랍도록 다양하고 복잡하다는 것을 알게 되었다. 그림 7-30에서 보는 바와 같이, 많은 당단백질에서 볼 수 있는 전형적인 소당 사슬을 주목해 보자. 이 중 가장 복잡한 것은 14개의 단당 잔기를 갖고 있는데, 이것들은 4종류의 단당이 (1→2), (1→3), (1→4), (1→6), (2→3), (2→6) 등과 같이 아주 다양한 방법으로 연결되어 있으며, 각각 α나 β 위치배열을 하고 있다. 핵산이나 단백질에서 볼 수 없는 가지달린 구조가 소당에서 흔하다. 소당을 형성하기 위하여 20가지의 서로 다른 단당이 주어질 수 있다고 합리적인 가정을 하면 수십억의 서로 다른 육합체 소당이 가능하다; 20가지 아미노산으로부터 6.4×10^7 (20^6)가지의 헥사펩타이드가 가능하고, 4가지 뉴클레오타이드로부터 4,096 (4^6)가지의 헥사뉴클레오타이드가 가능하다는 것과 비교가 된다. 만일 하나 이상의 잔기에 황산화에 의한 변이가 가능함을 추가하여 생각한다면 가능한 소당의 수는 2자리 수만큼 늘어나게 되는 것이다. 실제에 있어서는 가능한 조합의 일부만 발견되는데 이는 생합성에 관여하는 효소의 종류와 전구물질의 조달 가능성의 제한 때문이다. 소당은 구조적 정보가 엄청나게 풍부하여 적절한 크기에서도 정보의 밀도에 있어서 핵산과는 비교도 할 수 없을 뿐더러 핵산을 훨씬 능가하는 것이다. 그림 7-23과 7-30에 나타난 각각의 소당은 고유한 3차원 얼굴—당 암호(sugar code)의 단어들—을 가지고 있어서 이들과 상호작용하는 단백질에 의하여 읽혀질 수 있다.

렉틴은 당 암호를 읽는 단백질로 많은 생물학적 과정을 매개한다

렉틴(lectin)은 모든 생물체에서 발견되는 단백질로 강한 친화력과 높은 특이성을 가지고 탄수화물과 결합한다. 렉틴은 매우 다양한 세포 간의 인식, 신호전달, 부착 과정(adhesion process), 새로 합성된 단백질의 세포 안에서의 표적화 등에서 역할을 한다. 식물의 렉틴은 종자에 많은데 곤충과 다른 약탈자에 대한 방어물로 작용한다. 실험실에서 정제된 식물성 렉틴은 각기 서로 다른 소당 성분을 가진 당단백질과 글라이칸을 검출하고 분리하는 유용한 시약이다. 여기서 우리는 동물세포에서 렉틴의 역할 중 몇 가지 소수의 예만을 논의할 것이다.

혈액에서 순환하는 어떤 펩타이드 호르몬은 소당 성분을 가지고 있는데, 이것이 호르몬의 순환 반감기에 강력한 영향을 미친다. 뇌하수체에서 분비되는 펩타이드 호르몬인 황체형성 호르몬과 갑상샘자극 호르몬[타이로트로핀(thyrotropin)]은 *N*-결합 소당이 연결되어 있는데, 이 소당 성분은 간세포의 렉틴(수용체)이 인식하는 이당인 GalNAc4S(β1→4)GlcNAc로 끝난다(GalNAc4S는 C-4 위치의 하이드록실기에 황산화된 *N*-아세틸갈락토사민이다). 수용체-호르몬의 상호작용은 황체형성 호르몬과 갑상샘자극 호르몬의 흡수와 분해를 매개하여 혈액 내의 농도를 감소시킨다. 그리하여 이 호르몬들의 혈액 농도는 주기적으로 상승[뇌하수체에서의 파동적 분비(pulsatile secretion)로 인하여]과 하강[간세포에 의한 지속적 파괴(continual destruction)로 인하여]를 반복한다.

많은 혈장 당단백질의 소당 사슬 끝에 위치한 Neu5Ac(사이알산) 잔기(그림 7-23)는 이 단백질들이 간에서 흡수되어 분해되지 않도록 보호한다. 예를 들면, 구리를 함유하고 있는 혈청 당단백질인 세룰로플라스민은 Neu5Ac으로 끝나는 여러 개의 소당 사슬을 가지고 있다. 혈청 당단백질로부터 사이알산을 제거하는 기전은 불분명하다. 그것은 아마도 침입한 병원체에 의해서 만들어지는 사이알리데이스[sialidase, 뉴라미니데이스(neuraminidase)라고도 부름]라는 효소활성에 의하거나 서서히 일정한 속도로 분비되는 세포외 효소들에 의해 일어날 것이다. 간세포의 형질막에 있는 렉틴 분자[아사이알로당단백질(asialoglycoprotein) 수용체; "asialo"는 사이알산이 없음을 의미]는 마지막 Neu5Ac 잔기에 의하여 더 이상 "보호" 받지 않는 갈락토스 잔기를 가진 소당 사슬에 특이적으로 결합한다. 수용체와 세룰로플라스민 사이의 상호작용은 세룰로플라스민의 세포내함입(endocytosis)과 파괴를 촉발한다.

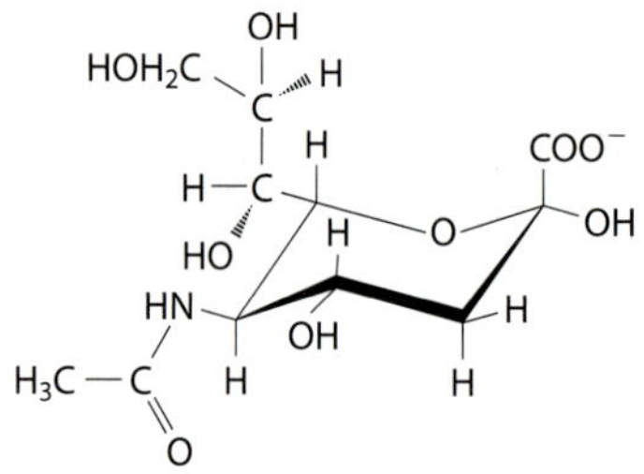

N-아세틸뉴라민산 (Neu5Ac)
(사이알산의 일종)

비슷한 기전이 포유류의 혈류로부터 오래된 적혈구를 제거하는 데 관여하고 있는 것이 분명하다. 새로 합성된 적혈구는 말단에 Neu5Ac로 끝나는 소당을 함유하는 막 당단백질을 여러 개 가지고 있다. 실험실에서, 실험용 동물로부터 채취한 혈액 시료를 시험관 안에서 뉴라미니데이스로 처리하여 사이알산을 제거한 다음 다시 혈류로 넣어주면 처리된 적혈구들은 수 시간 내에 혈류에서 없어진다; 그러나 온전한 소당을 가진 적혈구(채취한 적혈구를 뉴라미니데이스 처리 없이 다시 신체로 넣어줌)는 수일 동안 계속 순환한다.

사람의 렉틴이든 아니면 감염체의 렉틴이든 세포 표면의 렉틴은 사람 질병의 발생에도 중요하다. **셀렉틴(selectin)**은 형질막 렉틴 족에 속하는 것으로 광범위한 세포생물학적 현상에서 세포 상호 간의 인식과 부착에 관여한다. 이러한 세포생물학적 현상의 하나가 면역세포[백혈구(leukocytes)]가 모세혈관 벽을 뚫고 혈액에서 감염이나 염증이 있는 조직으로 이동하는 것이다(**그림 7-32**). 감염이 있는 자리에서 모세혈관의 내피세포(endothelial cell) 표면에 있는 P-셀렉틴이 순환하는 백혈구의 당단백질에 특이적인 소당 성분과 상호작용한다. 이러한 상호작용으로 인하여 백혈구의 속도가 느려지게 되고 백혈구가 모세혈관의 내피세포에 부착하여 굴러가게 된다. 두 번째 상호작용인 백혈구 형질막에 있는 인테그린 분자(470쪽)와 내피세포의 표면에 있는 부착 단백질 사이의 상호작용이 백혈구를 완전히 멈추게 하고 혈관벽을 통과하여 감염된 조직으로 이동하고 거기에서 면역학적 공격을 하도록 한다. 2개의 서로 다른 셀렉틴이 이 "림프구 귀소(lymphocyte homing)"라고 불리는 과정에 참여한다: 내피세포 표면의 E-셀렉틴과 백혈구 표면의 L-셀렉틴이 각각 백혈구와 내피세포 표면에 있는 그들의 인지체 소당과 각각 결합한다.

사람의 셀렉틴은 류마티스양 관절염(rheumatoid arthritis), 천식(asthma), 건선(psoriasis), 다발성 경화증(multiple sclerosis) 등의 병과 이식된 장기의 거부 반응 등에서 염증 반응을 매개하므로 셀렉틴에 의해 매개되는 세포 부착을 억제할 수 있는 약물의 개발에 큰 관심이 모아지고 있다. 많은 암(cancer)들은 정상적으로 태아세포에서만 발현되는 항원(사이알 루이스 x 또는 사이알 Le^x)을 발현하는데, 이것들이 순환계에 들어가면 종양세포의 생존과 전이를

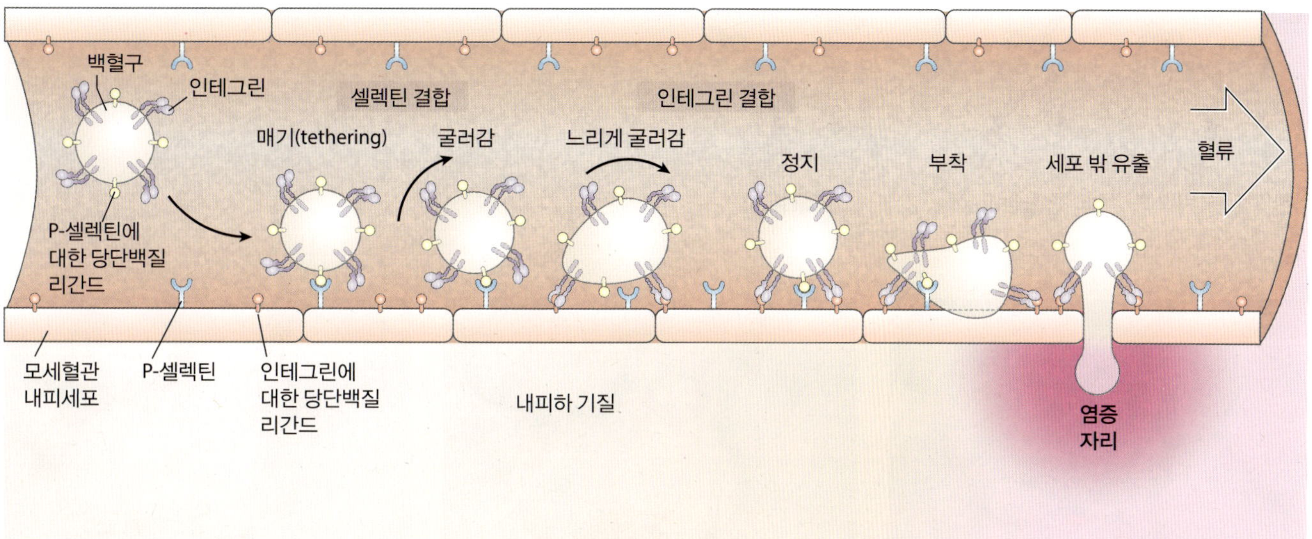

그림 7-32 감염이나 상처 부위로 향하는 림프구 이동에서 렉틴-리간드 상호작용의 역할. 모세혈관을 순환하는 백혈구는 모세혈관 내피세포 형질막의 P-셀렉틴 분자와 백혈구 표면의 P-셀렉틴에 대한 당단백질 리간드와의 일시적인 상호작용으로 느려진다. P-셀렉틴 분자와 연속적으로 상호작용하면서 백혈구는 모세혈관 표면을 굴러간다. 염증 부위 근처에서 모세혈관 표면의 인테그린이 백혈구 표면에 있는 리간드와 더 강하게 상호작용하여 백혈구가 단단히 부착하게 된다. 백혈구는 굴러가기를 멈추고 염증 자리에서 나오는 신호의 영향을 받아 염증 자리를 향하여 이동하면서 혈관 밖 유출(extravasation, 모세혈관 벽을 빠져나감)을 시작한다.

촉진시킨다. 사이알로 당단백질의 사이알 Le^x 부분을 모방하거나 소당의 생합성을 변화시키는 탄수화물 유도체들이 셀렉틴에 대해 특이성을 갖는 약물로 만성염증성 질환이나 전이성 질환들을 치료하는 데 효과가 입증될 것이다.

인플루엔자(influenza) 바이러스를 비롯하여 여러 가지 동물 바이러스들은 숙주세포의 표면에 배열된 소당과 상호작용을 통하여 그들의 숙주세포에 부착된다. 인플루엔자 바이러스의 렉틴은 HA(hemagglutinin, 적혈구 응집소) 단백질이라고 하는데, 이것은 바이러스의 감염과 진입에 필수적이다. 바이러스가 숙주세포로 들어간 다음 증식하고 새로 합성된 바이러스 입자가 세포로부터 일부분의 형질막으로 둘러싸여진 채 출아된다. 이때 바이러스의 사이알리데이스(뉴라미니데이스)가 숙주세포의 소당의 사이알산 말단을 제거하여 바이러스 입자가 세포로부터 분리되도록 하고 바이러스 입자끼리 응집하지 않도록 한다. 이제 또 한 차례의 감염이 시작될 수 있는 것이다. 항바이러스 약제인 오셀타미버[oseltamivir, 타미플루(Tamiflu)]와 자나미버[zanamivir, 렐렌자(Relenza)]가 임상적으로 독감을 치료하는 데 사용된다. 이 약들은 당 유사체로 숙주세포의 소당과 경쟁적으로 결합함으로써 바이러스의 사이알리데이스를 억제한다(**그림 7-33**). 이렇게 하여 바이러스가 감염된 세포에서 떨어져 나오지 못하게 하고 바이러스 입자들이 서로 응집하게 하여 새로운 감염 주기의 시작을 차단한다.

어떤 병원균은 숙주세포에 세균이 부착하게 하거나 독소가 세포 안으로 진입하도록 매개하는 렉틴을 가지고 있다. 예를 들어, 헬리코박터균(*Helicobacter pylori*)은 이 세균의 막에 있는 렉틴과 위장(stomach) 상피세포의 막 당단백질의 특이적인 소당과의 상호작용에 의하여 위장의 안쪽 표면에 부착한다(**그림 7-34**). *H. pylori*의 렉틴에 의하여 인식되는 결합 부위 중에 소당 루이스(Lewis) b(Le^b)가 있는데, 이것은 O형 혈액형에 대한 결정인자로 작용하는 당단백질과 당지질들의 일부이다(그림 10-14 참조). 이러한 관찰은 A형이나 B형의 혈액형을 가진 사람보다는 O형을 가진 사람들이 여러 배 더 높은 위궤양 빈도를 가졌다는 것을 설명하는 데 도움이 된다; *H pylori*가 O형의 상피세포를 더 효과적으로 공격한다. 화학적으로 합성된 Le^b 소당 유사체가 이런 유형의 위궤양을 치료하는 데 유용할 것이다. 이것을 경구 투여했을 때 세균의 렉틴과의 결합에서 위장 당단백질과 경쟁하여 세균의 부착(그에 따른 감염)을 예방할 수 있다.

주로 개발도상국에 널리 퍼져 있는 가장 파괴적인 인간 기생충 질환 중에서 어떤 것은 기생충을 보호해 주는 특별한 표면 소당을 가지고 있는 진핵 미생물에 의한다. 이러한 생물체들로는 아프리카 수면병(African sleeping sickness)과 샤가스 병(Chagas disease)을 일으키는 트리파노솜(trypanosome, 별도설명 6-3 참조), 말라리아 기생충인 사일열원충(*Plasmodium falciparum*), 아메바성 이질(amoebic dysentery)을 일으키는 이질아메바(*Entamoeba histolytica*) 등이 있다. 이 특별한 소당 사슬의 합성을 방해하는 약물을 발견할 기대로 많은 연구가 기생충 자체의 증식뿐 아니라 이러한 소당 합성의 경로에 대해서도 행해지고 있다. ■

렉틴은 또한 세포 안에서 세포의 특정 구역으로의 이동을 위해서 단백질을 분류하는 데 작용할 수 있다(제27장 참조). 예를 들어, 6-인산 만노스를 포함하는 소당이 골지 복합체에 있는 새로 합성된 단백질을 용해소체로 운반하도록 표지한다(그림 27-41 참조).

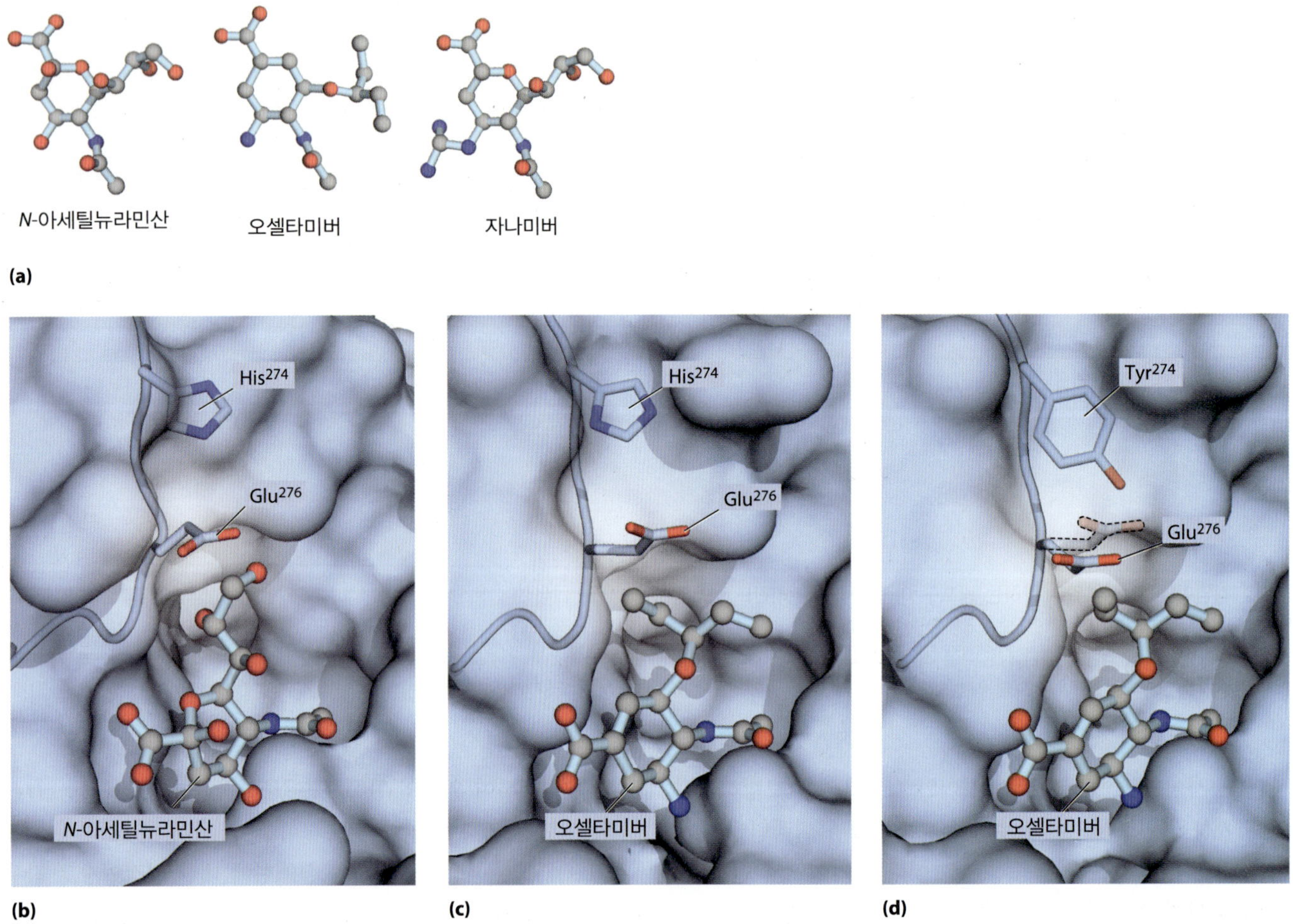

그림 7-33 *N*-아세틸뉴라민산과 항바이러스 약제, 오셀타미버(oseltamivir)에 대한 인플루엔자 뉴라미니데이스의 결합자리. **(a)** 이 효소에 대한 정상적인 결합 리간드는 사이알산, *N*-아세틸뉴라민산이다. 오셀타미버와 자나미버(zanamivir)와 같은 약제는 효소의 같은 자리를 차지하여 경쟁적으로 효소를 억제함으로써 숙주 세포로부터 바이러스의 분비를 차단한다. **(b)** 결합자리에서 *N*-아세틸뉴라민산과의 정상적인 상호작용. **(c)** 오셀타미버는 근처의 Glu 잔기들을 밖으로 밀쳐 내면서 이 자리에 맞게 들어갈 수 있다. **(d)** 인플루엔자 바이러스의 뉴라미니데이스 유전자의 돌연변이는 이 Glu 잔기 근처의 His을 Tyr의 더 큰 곁사슬로 치환할 수 있다. 오셀타미버는 이제 효과적으로 Glu를 밀쳐내지 못하고 결합자리에 훨씬 덜 결합하지 못하여 돌연변이 바이러스가 효과적으로 오셀타미버에 저항하도록 해 준다. [출처: (b) PDB ID 2BAT, J. N. Varghese et al., *Proteins* 14:327, 1992. (c) PDB ID 2HU4, R. J. Russell et al., *Nature* 443:45, 2006. (d) PDB ID 3CL0, P. J. Collins et al., *Nature* 453:1258, 2008.]

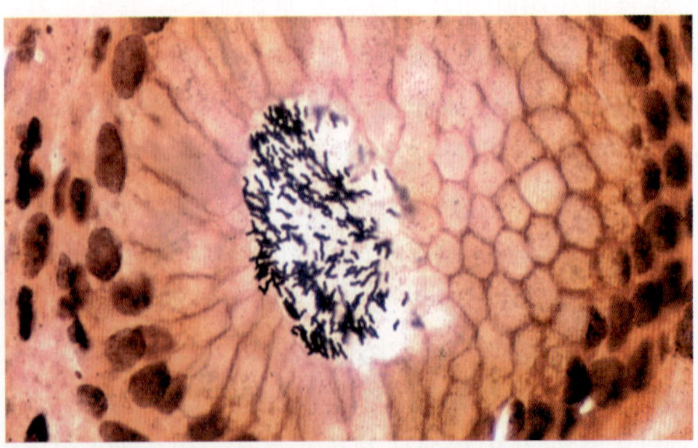

그림 7-34 발생하고 있는 궤양. 위 표면에 부착한 헬리코박터균(*H. pylori*) 세포. 이 세균 표면의 렉틴과 위 상피세포의 Le^{b} 소당(혈액형 항원의 일종)과의 상호작용으로 궤양이 발생한다. [출처: R. M. Genta/Miraca Life Sciences Research Institute, Irving, Texas, and D. Y. Graham/Veterans Affairs Medical Center, Houston, Texas.]

렉틴-탄수화물 상호작용은 고도로 특이적이며 많은 경우에 다가 결합이다

소당에 매우 높은 밀도의 정보가 단 하나의 단백질 분자에 의하여 읽혀질 만큼 충분히 크기가 작고 본질적으로 수적 제한이 없는 독특한 "단어"로 되어 있는 당 암호를 제공한다. 렉틴은 탄수화물 결합자리에 매우 정교한 분자적 상보성을 가지고 있어서 오직 정확한 탄수화물 결합 파트너와의 상호작용만 허락한다. 그 결과 이 상호작용은 예외적으로 아주 높은 특이성을 갖게 되는 것이다. 소당과 렉틴의 탄수화물 결합 영역(carbohydrate-binding domain, CBD) 사이의 친화도는 그리 높지 않지만(*Kd* 값, micromolar에서 milimolar 정도) 하나의 렉틴이 여러 개의 CBD를 가지고 있으므로 실제의 친화도는 렉틴의 다가성에 의해서 종종 크게 증가한다. 흔히 막의 표면에서 발견되듯이 뭉치로 존재하는 소당이 각각 렉틴의 CBD와 결합하여 상호작용을 강화한다. 하나의 세포가 여러 개

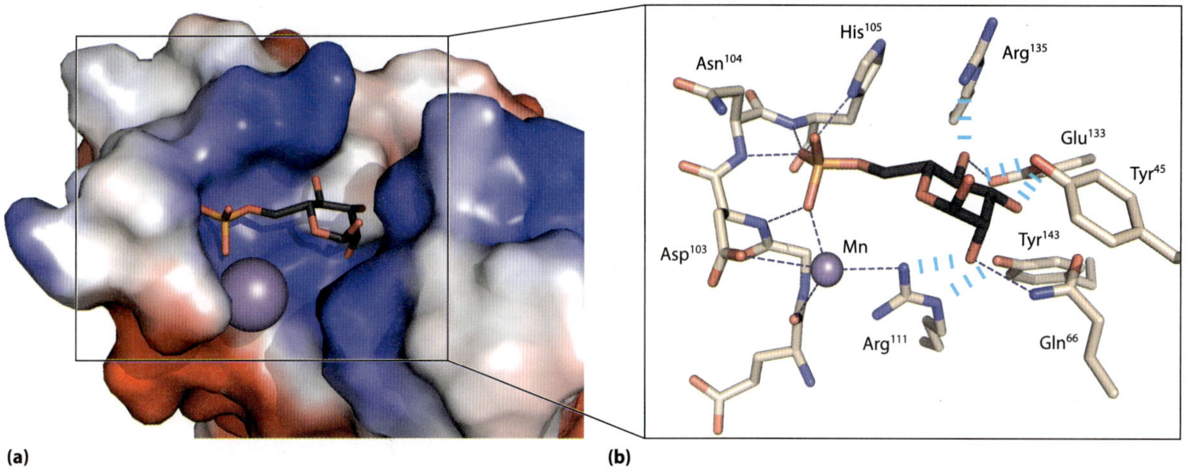

그림 7-35 렉틴과 탄수화물의 상호작용에 대한 세부 사항. **(a)** 6-인산 만노스와 복합체를 이루고 있는 소의 6-인산 만노스 수용체의 구조. 단백질은 색깔을 사용하여 전하량을 표시하는 표면 윤곽 이미지로 나타냈다: 빨간색은 음전하 우세; 파란색은 양전하 우세를 나타낸다. 6-인산 만노스는 막대 모형으로 나타냈고 망간 이온을 보라색으로 나타냈다. **(b)** 결합 부위를 확대한 모습. 6-인산 만노스가 Arg^{111}과 수소결합을 하고 있으면서 망간 이온(명확성을 위하여 반데르발스 반지름보다 작게 그림)과 배위결합을 하고 있다. 만노스의 각 하이드록실기는 단백질과 수소결합을 한다. 6-인산 만노스의 인산기에 있는 산소와 수소결합하고 있는 His^{105}은 낮은 pH에서 양성자가 첨가되어 용해소체 안에서 수용체와 6-인산 만노스가 분리되도록 하는 데 작용하는 잔기이다. [출처: (a, b) PDB ID 1M6P, D. L. Roberts et al., *Cell* 93:639, 1998.]

의 렉틴 수용체를 발현하고 있으므로 상호작용의 접착력(avidity)은 서로 협동하여 세포가 부착하고 구를 수 있을 만큼 강하게 된다(그림 7-32).

6-인산 만노스 수용체/렉틴 구조의 X-선 결정학 연구는 렉틴의 6-인산 만노스와의 상호작용을 자세하게 밝혀주고, 렉틴-당 상호작용에서 결합의 특이성과 이가 양이온의 역할을 설명해 준다 **(그림 7-35a)**. 105번째 히스티딘은 인산기의 산소원자 중 하나와 수소결합을 이루고 있다(그림 7-35b). 6-인산 만노스의 꼬리표가 붙은 단백질이 용해소체(골지 복합체보다 내부 pH가 낮음)에 도달하면, 이때 수용체는 6-인산 만노스에 대한 친화성을 잃게 된다. 아마 이러한 결합의 변화는 His^{105} 양성자가 첨가되기 때문인 것 같다.

이와 같은 매우 특이적인 결합 외에도 여러 가지 탄수화물이 렉틴과 결합하는 데 참여하는 더 많은 일반적인 상호작용이 있다. 예를 들면, 많은 당 분자들은 한쪽은 극성이 강한 반면 다른 쪽은 약하다**(그림 7-36)**; 극성이 더 강한 쪽은 렉틴과 수소결합을 이루는 반면 극성이 약한 쪽은 비극성 아미노산 잔기와 소수성 상호작용을 가진다. 이 모든 상호작용의 총합으로 렉틴과 그 짝이 되는 탄수화물 사이에 매우 높은 친화도와 특이성을 가진 결합이 생긴다. 이것은 세포 사이 또는 세포 안의 많은 과정에서 중심이 되는 여러 가지 정보의 전달의 한 예를 나타낸다. **그림 7-37**에 당 암호에 의하여 매개되는 생물학적 상호작용들의 예를 요약하여 나타냈다.

요약 7.4 정보 분자로서의 탄수화물: 당 암호

■ 단당은 입체화학적, 당화결합의 위치, 치환기의 유형과 방향, 가지의 유형과 수 등에 있어서 서로 다르고 끝없이 다양한 구조의 소당으로 조립될 수 있다. 글라이칸은 핵산이나 단백질보다 더 높은 밀도의 정보를 가질 수 있다.

■ 매우 높은 특이성을 가지고 탄수화물과 결합하는 단백질인 렉틴은 흔히 세포의 외부 표면에서 발견되는데, 이곳에서 이것은 다른 세포와의 상호작용을 촉발한다. 척추동물에서 소당 꼬리표는 펩타이드 호르몬이나 순환 단백질 혹은 혈구 세포들의 분해 속도를 지배하는 렉틴에 의하여 "읽혀"진다.

■ 바이러스 병원체와 일부 진핵 생물에 속하는 기생충이 동물의 표적 세포에 부착하는 것은 병원체에 있는 렉틴과 표적세포 표면

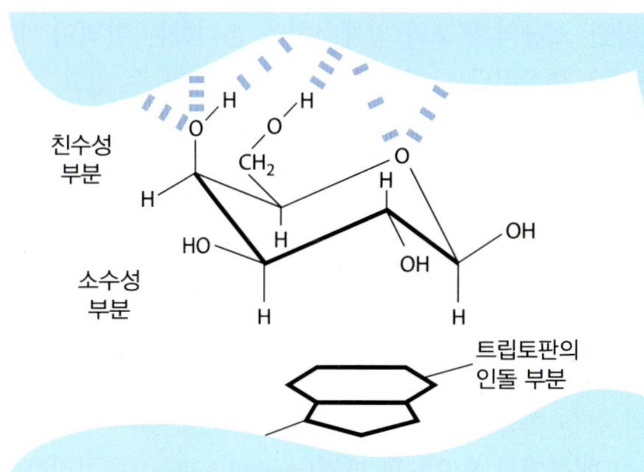

그림 7-36 당 잔기의 소수성 상호작용. 갈락토스와 같은 당 잔기는 극성이 더 강한 부분(의자형의 위쪽 고리 산소와 하이드록실기들이 있는 쪽)이 있어서 렉틴과 수소결합을 하는 데 이용될 수 있고, 또한 극성이 약한 부분도 가지고 있어서 Trp의 인돌 고리와 같은 단백질의 비극성 곁가지 부분과 소수성 상호작용을 이룰 수 있다. [출처: Information from a figure provided by Dr. C.-W. von der Lieth, Heidelberg; H.-J. Gabius, *Naturwissenschaften* 87:108, 2000, Fig. 6.]

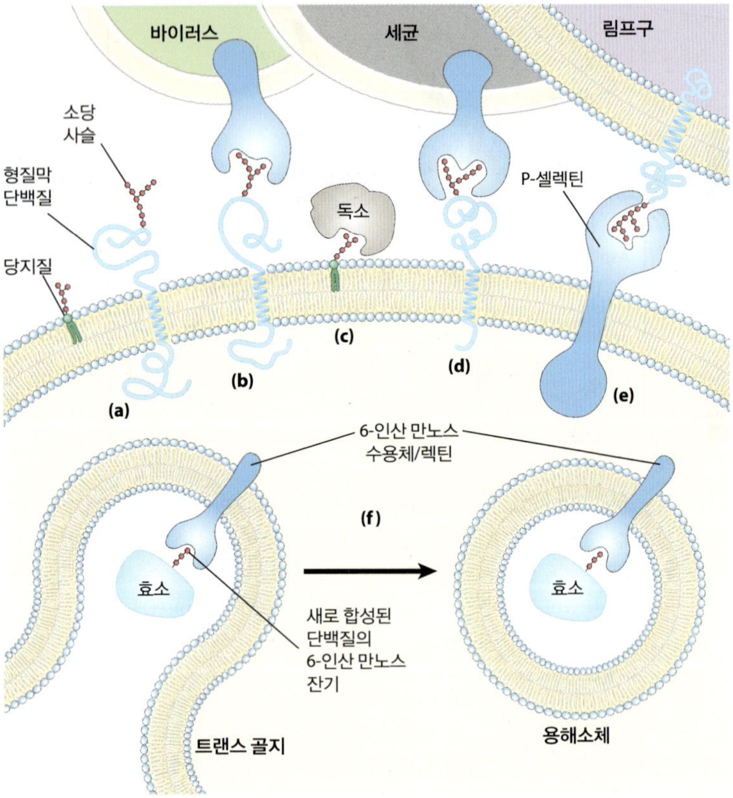

그림 7-37 세포 표면의 인식과 부착에 대한 소당의 역할. (a) 독특한 구조의 소당(육각형 줄로 표현함)은 형질막의 바깥쪽에 있는 다양한 당단백질이나 당지질의 구성성분으로 세포 밖 환경의 렉틴과 높은 특이성과 친화도를 가지고 상호작용을 한다. (b) 인플루엔자 바이러스처럼 동물세포를 감염하는 바이러스는 감염의 첫 단계로 세포의 당단백질과 결합한다. (c) 콜레라 독소와 백일해 독소는 세포로 침입하기 전에 표면의 당지질과 결합한다. (d) 헬리코박터균(*H. pylori*) 같은 몇 가지 세균은 부착하고 나서 집락을 형성하거나 동물세포에 침입한다. (e) 어떤 세포의 형질막에 있는 셀렉틴이라는 렉틴은 감염 부위에서 백혈구가 모세혈관 벽의 내피세포와 상호작용하는 것과 같은 세포-세포 사이의 상호작용을 매개한다. (f) 트랜스 골지 복합체에 있는 6-인산 만노스 수용체/렉틴은 용해소체 효소의 소당에 결합하여 용해소체로 이동하도록 표적화한다. [출처: Information from N. Sharon and H. Lis, *Sci. Am.* 268 (January):82, 1993.]

에 있는 소당 사이의 결합을 통하여 일어난다.

■ 렉틴과 당의 복합체에 대한 X-선 결정학적 분석은 이 두 분자 사이에 매우 정밀한 상보성이 있음을 밝혀냈다. 이 상보성으로 인하여 렉틴의 탄수화물과의 상호작용은 매우 강하고 특이적이다.

7.5 탄수화물 연구

생물학적 인식 과정에서 소당 구조의 중요성이 부각되는 것에 힘입어 복잡한 소당의 구조와 입체화학을 분석하는 방법이 개발되었다. 소당은 핵산이나 단백질과 달리 가지를 칠 수 있고 여러 가지 화학적 방법으로 연결되기 때문에 소당에 대한 분석은 매우 복잡하다. 많은 소당과 다당은 매우 높은 밀도의 전하를 가지고 있고, 당아미노글라이칸에 있는 황 에스터는 분해되기 쉽기 때문에 분석을 더 어렵게 한다.

아밀로스와 같이 비교적 간단하고 선형인 중합체에 대해서는 당화결합의 위치를 결정하기 위하여 완전 메틸화(exhaustive methylation)와 같은 전통적인 방법이 사용된다: 원래 상태의 다당을 강한 염기성 매질에서 요오드화 메틸(methyl iodide)로 처리하여 모든 유리 하이드록실기를 산에 안정적인 메틸 에터로 전환한 다음, 이 메틸화된 다당을 산성에서 가수분해시킨다. 그렇게 만들어진 단당 유도체에 있는 유일한 유리 하이드록실기는 당화결합에 참여하였던 것이다. 가지에 있는 것을 포함하여 단당 잔기의 서열을 결정하기 위해서는 비환원 말단으로부터 한 번에 잔기 하나씩 제거하기 위하여 특이성이 알려진 엑소글라이코시데이스(exoglycosidase)가 사용된다. 이 엑소글라이코시데이스의 알려진 특이성으로 인하여 결합의 위치와 입체화학을 추론할 수 있는 경우가 많다.

분석을 위해서 당단백질이나 당지질의 소당 성분은 정제된 효소 처리에 의하여 분리되는데, 특이적으로 *O*- 혹은 *N*-결합을 하고 있는 소당을 분해하는 글라이코시데이스나 지질의 머리 부분을 제거하는 지질분해효소(lipase)가 사용된다. 또 다른 방법으로는 *O*-결합된 글라이칸은 하이드라진(hydrazine)을 처리함으로써 당단백질로부터 분리될 수 있다.

이렇게 만들어진 탄수화물 혼합물로부터 개개의 성분을 분리하는 데에는 용매에 의한 분획 침전법(fractional precipitation), 이온 교환 혹은 크기 배제 크로마토그래피(그림 3-17 참조) 등을 포함한 단백질이나 아미노산을 분리하는 방법과 동일한 기술을 사용한다 **(그림 7-38)**. 고도로 정제된 렉틴을 불용성 지지물에 공유결합시킨 것은 탄수화물을 위한 친화 크로마토그래피에 흔히 이용된다.

소당과 다당을 강산에서 가수분해하면 단당의 혼합물을 얻는데, 크로마토그래피 기법으로 동정하고 정량되어 중합체의 전체 조성을 알아내게 된다.

소당의 분석에 있어서 질량분광법이나 고해상 핵자기공명분광법(high-resolution NMR spectroscopy)에 대한 의존도가 늘어가는 추세이다. 제3장에서 기술한 기질 보조 레이저 탈착/이온화 질량분광법(matrix-assisted laser desorption/ionization mass spectrometry; MALDI MS)과 직렬(tandem) 질량분광법(MS/MS)은 소당과 같이

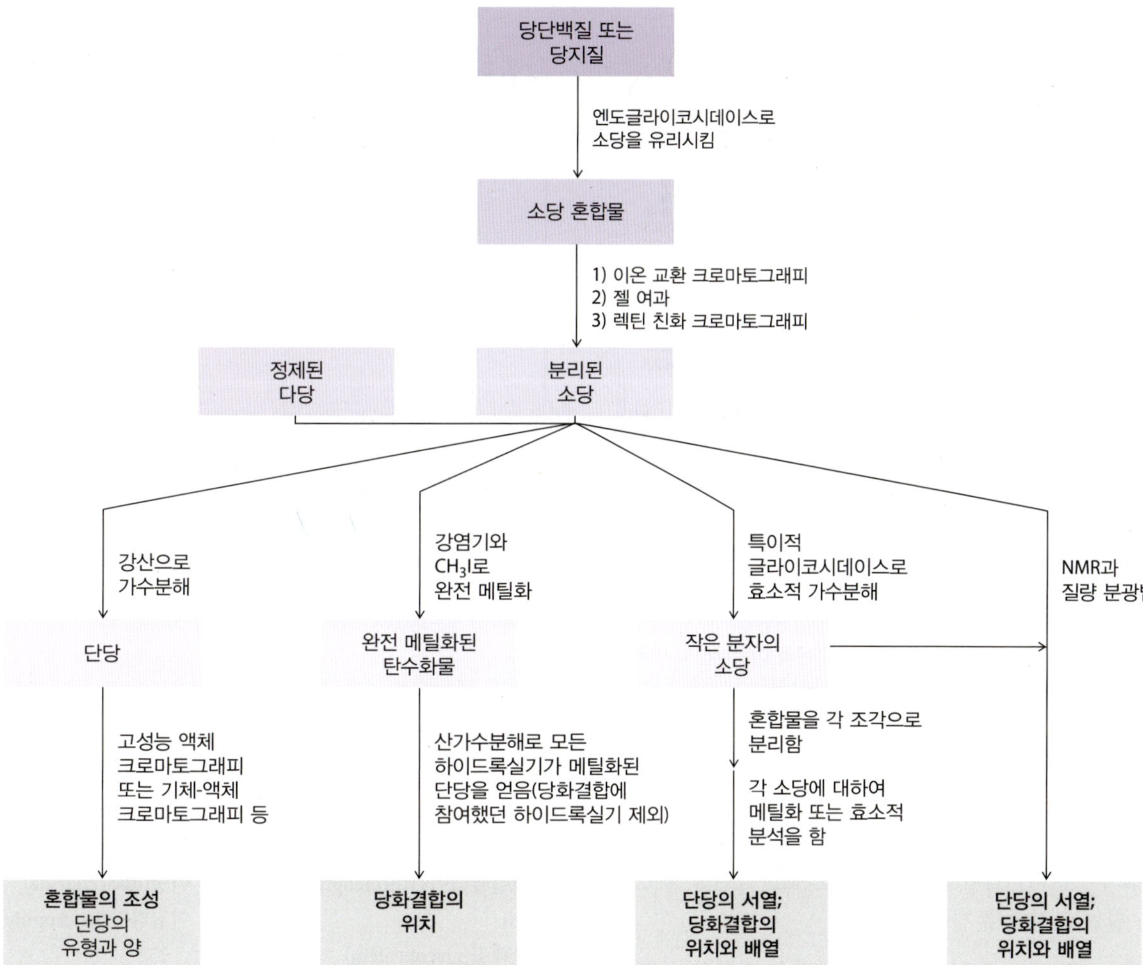

그림 7-38 탄수화물 분석법. 분석의 첫 단계에서 정제된 탄수화물의 특성을 완전히 밝히기 위해서는 종종 4가지 분석 경로를 모두 거쳐야 한다.

극성 화합물에 적용이 가능하다. MALDI MS는 분자 이온의 질량을 결정하는 데 있어서 매운 예민한 방법이다(이 경우에는 전체 소당 사슬; **그림 7-39**). MS/MS는 분자 이온과 많은 조각들 특히 당화결합에서 끊어진 조각들의 질량을 알아낼 수 있다. NMR 분석(별도설명 4-5 참조) 하나로도 특히 중간 크기의 소당에 대하여 서열, 결합의 위치, 아노머 탄소의 위치배열 등 더 상세한 정보를 얻을 수 있다. 예를 들어, 그림 7-22에 공간채움 모델로 나타낸 헤파린 분절의 구조는 모두 NMR 분석법으로 얻은 것이다. 소당의 구조를 일상적으로 결정하기 위하여 자동화된 절차와 상용화된 기구를 사용하지만, 한 종류 이상의 결합으로 연결된 가지가 있는 소당의 서열을 결정하는 것은 한 종류의 결합으로 이루어진 단백질이나 핵산의 선형 서열을 결정하는 것보다 훨씬 더 어려운 문제이다.

탄수화물에 대한 연구에서 또 하나의 중요한 도구가 화학적 합성인데, 특히 당아미노글라이칸과 소당의 생물학적 기능을 이해하기 위한 방법으로 강력한 접근법이다. 이러한 합성에 관여된 화학은 매우 어렵지만, 탄수화물 화학자들은 짧은 분절의 어떤 당아미노글라이칸이든 입체화학, 가지의 길이 황산화 유형 등을 정확하게 합성할 수 있으며, 그림 7-30에 보인 것보다 훨씬 복잡한 소당을 합성할 수 있다. 고체상(solid-phase) 소당합성은 펩타이드 합성(그림 3-32 참조)과 같은 원리(또한 같은 장점)에 근거를 두고 있지만, 정확한 하이드록실기가 당화결합에 참여할 수 있도록 하는 차단기(blocking group)와 활성화기(activating group) 등 탄수화물 화학에 고유한 몇 가지 도구를 필요로 한다. 이러한 형태의 합성적 접근법들은 천연자원에서 정제된 소당을 적당한 양으로 얻는 것이 어렵기 때문에 현재 지대한 관심의 분야이다.

특정한 소당에 대하여 특이한 친화도를 갖는 단백질들을 동정하기 위하여 **소당 마이크로어레이(oligosaccharide microarray)**가 사용된다. DNA 마이크로어레이의 원리와 마찬가지이지만 좀 더 해결해야 할 기술적 문제들이 있다(그림 9-22, 9-23). 순수한 소당들이 유리 슬라이드에 마이크로 단위의 방울 상태로 붙고 슬라이드는 형광 분자가 붙은 잠재적 렉틴(글라이칸-결합 단백질)에 노출된다(**그림 7-40**). 흡착되지 않은 모든 단백질들이 세척되고 나서 마이크로어레이를 형광현미경으로 관찰하면 렉틴이 인식하는 소당들을 동정할 수 있고 형광을 정량하면 렉틴-소당 친화도를 대략적으로 측정할 수 있다.

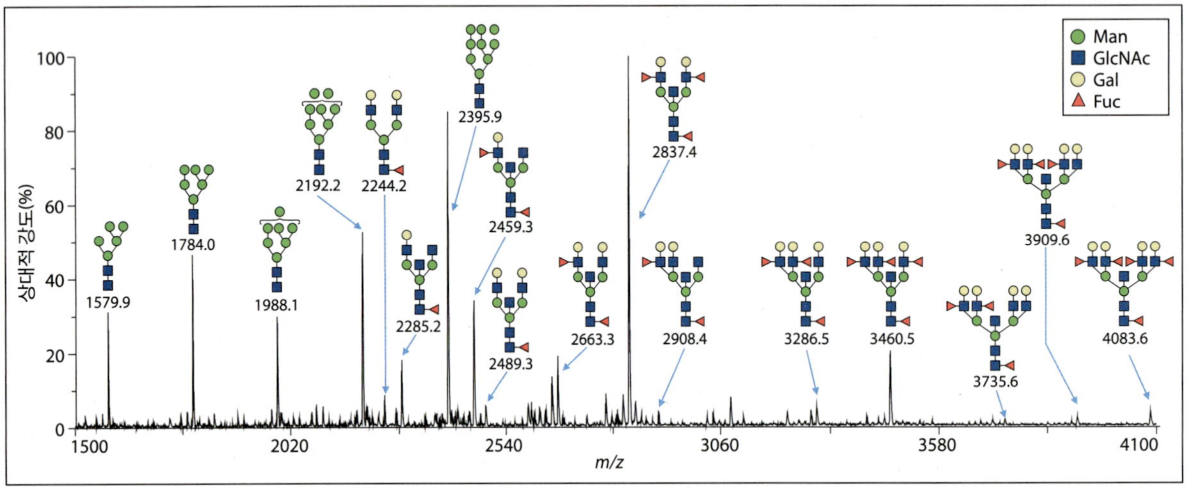

그림 7-39 한 무리의 당단백질에서 과정의 분리와 정량. 이 실험에서는 신장 조직에서 얻은 단백질 추출액을 처리하여 당단백질로부터 소당을 분리하고, 분리된 소당을 기질-보조 레이저 탈착/이온화 질량분광법(matrix-assisted laser desorption/ionization mass spectrometry; MALDI MS)으로 분석하였다. 각각의 서로 다른 소당들은 그것의 분자량에 해당하는 봉우리를 만들며, 곡선의 아랫부분의 면적은 그 소당의 양을 반영한다. 이 예에서 가장 뚜렷한 소당(질량 2837.4 u)은 13개의 당 잔기로 구성되어 있다. 이 방법으로 7개에서 19개까지의 잔기를 가진 소당들이 구별되었다. [출처: Courtesy of Anne Dell. Reprinted with permission from E. M. Comelli et al., *Glycobiology* 16:117, 2006, Fig. 3.]

요약 7.5 탄수화물 연구

■ 소당과 다당의 완벽한 구조를 확립하기 위하여 분지점의 위치, 각 가지에 있는 서열, 각각 단위 단당들의 위치배열, 각 당화결합의 위치 등을 모두 알아야 한다. 따라서 이 문제는 단백질이나 핵산의 분석보다 훨씬 복잡한 문제이다.

■ 소당과 다당의 구조는 대개 여러 가지 방법을 조합하여 결정한다; 입체화학을 결정하거나 후속적인 분석을 위한 더 작은 조각을 얻기 위하여 특이적인 효소로 가수분해한다; 당화결합의 위치를 결정하기 위해서는 메틸화 분석을 이용한다; 당의 서열과 아노머 탄소의 위치배열을 결정하기 위하여 단계적 분해를 이용한다.

■ 질량분광분석과 고해상도 NMR 분광법은 소량 시료의 탄수화물 분석에 적용이 가능하며, 당 서열, 아노머 탄소나 그 외 다른 탄소 위치의 위치배열, 당화결합의 위치 등에 대한 필수적인 정보를 얻어낼 수 있다.

■ 고체상 합성법은 렉틴-소당 상호작용을 밝히는 데 큰 가치가 있는 정해진 소당을 얻을 수 있는 방법이며 임상적으로 유용해질 것이다.

■ 순수한 소당에 대한 마이크로어레이는 특이도와 특정 소당에 대한 렉틴 결합의 친화도를 결정하는 데 유용하다.

핵심용어

굵게 표시된 용어들은 용어해설에 정의되어 있다.

문제

1. 당 알코올. 당 알코올로 알려진 단당 유도체에서 카보닐기의

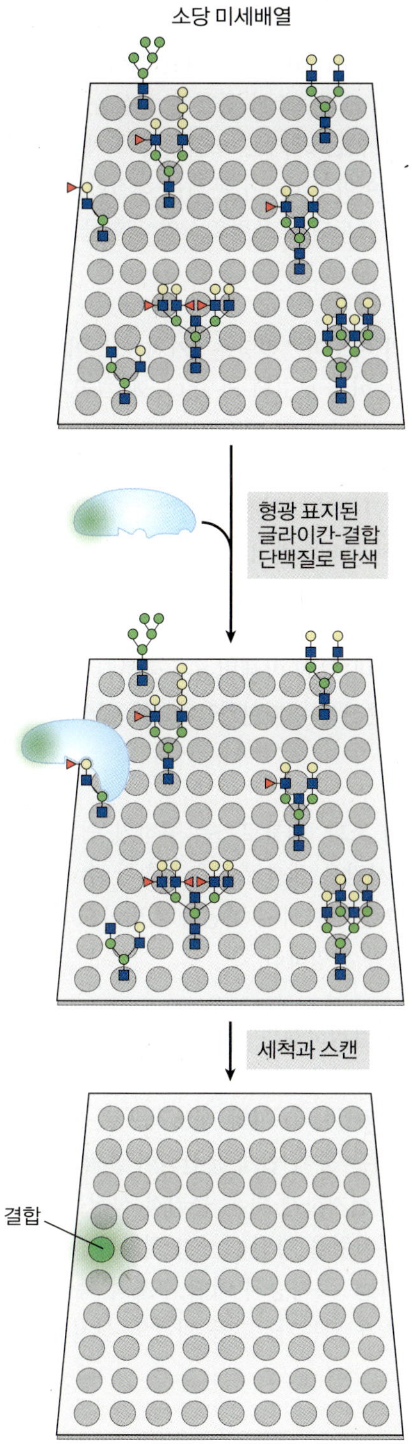

그림 7-40 렉틴에 의한 탄수화물 결합의 특이도와 친화도를 결정하기 위한 소당 미세배열. 합성하거나 자연상태에서 분리한 순수한 소당 시료 용액을 유리 슬라이드 위에 미세한 방울로 얹어 놓고 화학적 반응성이 없는 스페이서(spacer)를 통하여 유리에 부착시킨다. 각 점은 다른 소당을 나타낸다. 검사할 단백질 시료를 먼저 형광 표지자와 포합시키고 시료를 슬라이드 위에 붓고 평형이 되기를 기다린 후 흡착되지 않은 단백질들을 세척하도록 한다. 형광현미경으로 미세배열을 관찰하면 어느 점들이 단백질을 흡착했는지 알 수 있고(녹색으로 빛난다), 형광의 강도를 측정하면 단백질-소당 결합 친화도를 대략적으로 측정할 수 있다. [출처: Information from P. H. Seeberger, *Nature Chem. Biol.* 5:368, 2009, Fig. 2a.]

산소는 하이드록실기로 환원된다. 예를 들어, D-글리세르알데하이드는 글리세롤로 환원될 수 있다. 그러나 이 당 알코올은 더 이상 D나 L로 명명되지 않는다. 왜 그런가?

2. 에피머 알기. 그림 7-3을 이용하여 (a) D-알로스, (b) D-굴로스, (c) D-라이보스에 대해서 각각 2번 탄소, 3번 탄소, 4번 탄소에서의 에피머를 지적하시오.

3. 단당 오사존(osazone) 유도체의 녹는점. 많은 탄수화물은 페닐하이드라진(phenylhydrazine, $C_6H_5NHNH_2$)과 반응하여 오사존이라는 밝은 노란색 결정의 유도체를 형성한다:

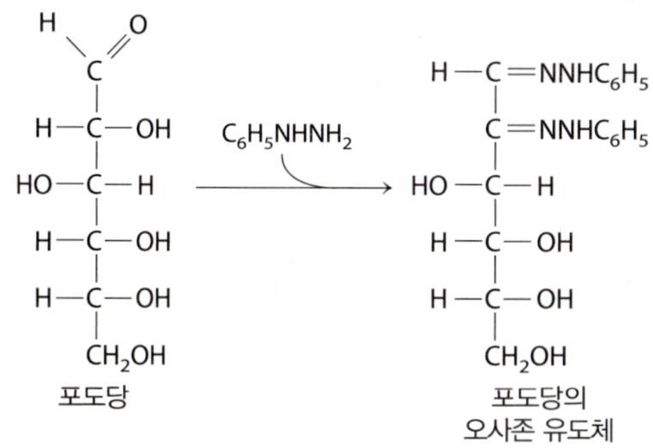

이 유도체의 녹는점은 쉽게 결정되며, 각 오사존마다 다른 녹는점을 가진다. 이 정보는 HPLC나 기체-액체 크로마토그래피가 개발되기 전에 단당을 확인하는 데 도움을 주었다. 아래 나열된 것은 어떤 알도스-오사존 유도체의 녹는점(MP)이다:

단당	탈수 단당의 MP(°C)	오사존 유도체의 MP(°C)
포도당	146	205
만노스	132	205
갈락토스	165~168	201
탈로스	128~130	201

표가 보여 주듯이, 어떤 유도체로 되기 전의 단당들은 녹는점이 다르지만 유도체들은 녹는점이 같다. 왜 포도당과 만노스 그리고 갈락토스와 탈로스는 녹는점이 같은 오사존 유도체를 형성하는가?

4. 위치배열과 입체형태. α-D-포도당의 입체 배열이 바뀌어 β-D-포도당으로 되려면 어느 결합이 끊어져야 하는가? D-포도당이 D-만노스로 바뀌려면 어느 결합이 끊어져야 하는가? D-포도당 한 가지 "의자"형이 다른 의자형으로 바뀌려면 어느 결합이 끊어져야 하는가?

5. 데옥시 당. D-2-데옥시갈락토스는 D-2-데옥시글루코스와 동일한 화학물질인가? 설명하라.

6. 당 구조. 다음 각각의 쌍에 대하여 공통적인 구조적 특징과 다른 점을 기술하라. (a) 셀룰로스와 글리코겐; (b) D-포도당과 D-프럭토스; (c) 말토스와 슈크로스.

7. 환원당. α-D-글루코실-(1→6)-D-만노사민의 구조식을 그리고 이 구조를 환원당이게 하는 부분에 동그라미를 하시오.

8. 헤미아세탈과 당화결합. 헤미아세탈과 당화물 사이의 차이점을 설명하시오.

9. 꿀의 맛. 꿀에 있는 프럭토스는 주로 β-D-피라노스 형이다. 이는 알려진 가장 단 탄수화물로 포도당의 2배 정도 달다. 프럭토스의 β-D-퓨라노스 형은 덜 달다. 꿀의 당도는 고온에서 점점 감소한다. 역시 프럭토스의 함량이 높은 옥수수 시럽(옥수수 시럽에 있는 많은 포도당을 프럭토스로 전환시킨 상품)도 뜨거운 음료가 아니고 차가운 음료를 달게 하는 데 사용된다. 프럭토스의 어떤 화학적 성질로 이 2가지 관찰 사항을 설명할 수 있겠는가?

10. 혈액 포도당 측정에 있어서 포도당 산화효소. *Penicillium notatum*이라는 곰팡이에서 분리한 포도당산화효소는 β-D-포도당을 D-글루코노-β-락톤(D-glucono-β-lactone)으로 산화시킨다. 이 효소는 포도당의 β 아노머에 매우 높은 특이성을 가지고 있어서 α 아노머에 영향을 주지 않는다. 이런 특이성에도 불구하고 포도당 산화효소에 의한 반응이 일반적으로 혈중 총 포도당, 즉 β-와 α-D-포도당의 혼합물을 측정하는 임상검사법에 사용된다. 어떻게 이것이 가능한가? 혈당을 측정하는 데 있어서 포도당 산화효소는 펠링 시약과 비교할 때 더 적은 양의 포도당을 측정할 수 있다는 것 외에 어떤 장점을 제공하는가?

11. 인버테이스는 슈크로스를 "전환" 시킨다. 슈크로스에 비해 이를 구성하는 단당인 D-포도당과 D-프럭토스의 동일 몰량 혼합물이 더 달콤하다. 단맛을 높이는 것 외에도 프럭토스는 식품의 질감을 개선하고 결정화를 줄이며 수분을 증가시키는 흡습성이 있다.

식품 산업에서 가수분해한 슈크로스는 전환당(invert sugar)이라고 불리며, 이를 가수분해하는 효모의 효소는 인버테이스(invertase)라고 불린다. 가수분해 반응은 일반적으로 용액 중에서 특이적인 회전을 측정하여 모니터링한다. 이때 슈크로스의 양의 값(+66.4°)은 D-포도당(비선광도 = +52.7°)와 D-프럭토스(비선광도 = −92°)가 생성되면서 점차 음의 값으로 변한다.

당화결합의 화학에 대한 지식에 기초하여, 어떻게 하면 가정용 주방에서 비효소적인 방법으로 슈크로스를 전환당으로 가수분해할 수 있겠는가?

12. 액체로 채워진 초콜릿의 제조. 중심에 액체를 함유하는 초콜릿의 생산은 효소공학을 응용한 재미있는 예이다. 향이 첨가된 액상의 중심 대부분은 단맛을 내기 위하여 프럭토스가 풍부한 당의 수용액으로 이루어져 있다. 기술적인 어려움은 다음과 같다: 최종 생산물은 액상의 프럭토스가 풍부한 중심을 가지지만 초콜릿으로 코팅할 때 녹아 있는 뜨거운 초콜릿을 고체상의(또는 거의 고체인) 핵심부에 부어야 한다. 이 문제를 해결할 방법을 제안하라. (힌트: 슈크로스는 포도당과 프럭토스의 혼합물보다 더 낮은 용해도를 갖는다.)

13. 슈크로스의 아노머? 젖당은 2가지 아노머 형으로 존재하지만 슈크로스의 아노머는 보고된 바 없다. 왜 그런가?

14. 젠티오바이오스(Gentiobiose). 젠티오바이오스(D-Glc(β1→6)D-Glc)는 일부 식물의 당화물에서 발견되는 이당이다. 이 명칭의 약자에 근거해서 젠티오바이오스의 구조를 그리시오. 이것은 환원당인가? 이것은 변광회전을 하겠는가?

15. 환원당 알아내기. *N*-아세틸-β-D-글루코사민(그림 7-9)은 환원당인가? D-글루콘산은 어떠한가? 이당인 GlcN(α1→1α)Glc는 환원당인가?

16. 셀룰로스의 소화. 셀룰로스는 구하기 쉽고 값싼 포도당을 형성할 수 있다. 사람은 셀룰로스를 소화할 수 없다. 왜 그런가? 만약 당신에게 그런 능력이 부여된다면 받아드리겠는가? 당신의 대답에 대한 이유를 설명하라.

17. 셀룰로스와 글리코겐의 물리적 성질. 목화(*Gossypium*)의 씨실(seed thread)에서 얻은 거의 순수한 셀룰로스는 질긴 섬유상이고 물에 완전히 불용성이다. 이와 대조적으로 근육이나 간에서 얻은 글리코겐은 뜨거운 물에 쉽게 분산되어 혼탁한 용액으로 된다. 비록 이들 물질은 현저하게 다른 물리적 성질을 지녔지만 둘 다 비교할 수 있는 분자량을 가진 (1→4) 결합된 D-포도당 중합체로 구성되어 있다. 이들 두 다당의 어떤 구조적 특징이 서로 다른 물리적 성질의 기초가 되는가? 그들 각각의 성질의 생물학적 이점을 설명하라.

18. 다당의 크기. 각각 분자량이 200,000인 한 분자의 셀룰로스와 한 분자의 아밀로스의 크기를 비교하라.

19. 대나무의 성장 속도. 열대성 식물인 대나무의 줄기는 최적 조건에서 하루에 0.3 m씩 눈에 띄게 자란다. 줄기가 거의 전적으로 성장 방향으로 배열되어 있는 셀룰로스 섬유로 구성되어 있다고 가정하고, 주어진 성장 속도대로 셀룰로스 사슬이 자라기 위해서는 당의 잔기가 효소에 의하여 1초에 몇 개씩 첨가되어야 하는지를 계산하여라. 셀룰로스 분자에 들어 있는 각 D-포도당의 단위 길이는 약 0.5 nm이다.

20. 에너지 저장형의 글리코겐: 엽조(game bird)는 얼마나 오랫동안 날 수 있는가? 고대로부터 뇌조, 메추라기, 꿩 등과 같은 어떤 엽조들은 쉽게 지치는 것으로 알려져 있다. 그리스의 역사가인 Xenophon은 다음과 같이 기술했다. "능에(bustard)를 누군가가 잽싸게 날아오르게 하면 잡을 수 있는데, 왜냐하면 그것은 자고새(partridge)처럼 단거리만 날아가다가 곧 지치기 때문이다; 그리고 그것의 고기는 맛있다." 엽조의 날개 근육은 ATP의 형태로 에너지를 얻기 위하여 거의 전적으로 1-인산 포도당(glucose-1-phosphate)에 의존한다(제14장). 엽조에서 1-인산 포도당은 글리코겐 가인산 분해효소라는 효소에 의하여 근육 속에 저장되어 있던 글리코겐이 분해되면서 형성된다. ATP의 생성 속도는 글리코겐이 분해될 수 있는 속도에 의하여 제한받는다. "겁에 질려 날아가는" 동안 엽조의 글리코겐 분해 속도는 매우 높아서 1분 동안에 신선한 조직 1 g당 대략 120 μmol의 1-인산 포도당이 생긴다. 날개 근육은 보통 무게 비율로 0.35%의 글리코겐을 포함한다고 할 때 엽조는 얼마나 오랫동안 날 수 있겠는가? (글리코겐에 있는 포도당 잔기의 평균 분자량을 162 g/mol이라고 가정하라.)

21. 두 이형태체(conformer)의 상대적 안정도. 그림 7-18b에 나타낸 2가지 구조는 왜 그렇게 다른 에너지(안정도)를 갖는지 설명하라. 힌트: 그림 1-23 참조.

22. 용액 중의 황산 콘드로이틴의 부피. 황산 콘드로이틴의 한 가지 중요한 기능은 마찰과 충격에 탄력을 제공하는 젤리형의 매질을 형성하여 관절에서 윤활제 역할을 하는 것이다. 이러한 기능은 황산 콘드로이틴의 독특한 성질과 연관되어 있는 것 같다: 분자가 차지하는 부피는 탈수된 고체보다 용액에서 훨씬 더 크다. 왜 분자가 차지하는 부피가 용액에서 그렇게 더 큰가?

23. 헤파린의 상호작용. 음전하를 강하게 띠는 당아미노글라이칸인 헤파린을 임상에서 항응고제로 사용한다. 혈액 응고를 억제하는 항트롬빈을 포함하여 여러 혈장 단백질과 결합하여 작용하는데, 헤파린과 항트롬빈 III가 1:1로 결합하면 단백질 입체형태를 변화시켜서 응고 억제 능력을 크게 증가시키는 것 같다. 항트롬빈 III의 어떤 아미노산 잔기가 헤파린과 상호작용할 것 같은가?

24. 삼당의 순열. 4-황산 *N*-아세틸글루코사민(GlcNAc4S)과 글루큐론산(GlcA)으로 구성된 가능한 삼당의 개수를 어떻게 측정하겠는가? 그중 10개를 그려 보라.

25. SDS 폴리아크릴아마이드(polyacrylamide) 젤 전기영동에 미치는 사이알산의 영향. 모두 똑같은 아미노산 서열을 가졌지만 말단에 사이알산 잔기를 가진 소당 사슬을 0개, 1개, 2개, 3개 가진 4가지 형태의 단백질을 가지고 있다고 가정하자. 이 4가지 당단백질의 혼합물을 SDS 폴리아크릴아마이드 젤 전기영동(그림 3-18 참조)으로 분리하고 단백질을 염색하였을 때 기대되는 젤 패턴을 그리고 각각의 띠를 구별해서 표시하라.

26. 소당의 정보 함량. 어떤 당단백질의 탄수화물 부분은 세포의 인식을 위한 부위로 작용한다. 이 기능을 수행하기 위하여 당단백질의 소당 성분은 매우 다양한 형태로 존재하는 것이 가능해야 한다. 다음 중 어느 것이 더 다양한 구조를 만들 수 있겠는가: 즉 5개의 다른 아미노산 잔기로 이루어진 올리고펩타이드인가 아니면 5개의 다른 단당 잔기로 이루어진 소당인가? 그 이유를 설명하라.

27. 아밀로펙틴에서 분지 정도의 결정. 아밀로펙틴에서 분지 정도[(α1→6) 당화결합의 수]는 다음의 절차에 의하여 결정할 수 있다. 아밀로펙틴을 메틸화 시약(메틸 아이오딘)으로 완전히 처리하여 하이드록실기의 모든 수소를 메틸기로 치환, 즉 —OH를 —OCH_3으로 전환한다. 처리된 시료의 모든 당화결합을 수용성 산(aqueous acid)에서 가수분해한 후 2,3-다이-*O*-메틸포도당(2,3-di-*O*-methylglucose)의 양을 결정한다.

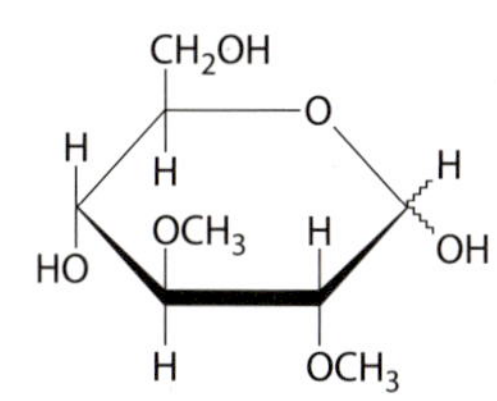

2,3-다이-*O*-메틸글루코스

(a) 아밀로펙틴에서 분지점 (α1→6)의 수를 결정하는 절차의 기본 사항을 설명하라. 메틸화 그리고 가수분해하는 동안 아밀로펙틴의 분지되지 않은 포도당 잔기는 어떻게 되는가?

(b) 아밀로펙틴 258 mg을 위에서 기술한 대로 처리하여 12.4 mg의 2,3-다이-*O*-메틸포도당을 얻었다. 아밀로펙틴에서 (α1→6) 분지를 포함하는 포도당 잔기의 백분율을 결정하라. (아밀로펙틴에 있는 포도당 잔기의 평균 분자량을 162 g/mol이라고 가정하라.)

28. 다당의 구조 분석. 구조를 모르는 다당을 분리하여 완전히 메틸화하고 가수분해하였다. 산물을 분석하니, 2,3,4-트라이-*O*-메틸-D-포도당(2,3,4-tri-*O*-methyl-D-glucose)와 2,4-다이-*O*-메틸-D-포도당(2,4-di-*O*-methyl-D-glucose) 그리고 2,3,4,6-테트라-*O*-메틸-D-포도당(2,3,4,6-tetra-*O*-methyl-D-glucose)의 3가지 메틸화 당(methylated sugar)이 20:1:1의 비율로 섞여 있었다. 이 다당의 구조는 무엇인가?

자료 분석형 문제

29. ABO 혈액형 항원 구조의 결정. 사람의 ABO 혈액형 시스템은 1901년에 처음 발견되었고, 1924년에 이러한 소질이 3개의 대립인자를 가진 단일 유전자 부위에서 유전된다는 것이 밝혀졌다.

1960년에 모건(W. T. J. Morgan)은 당시 ABO 항원구조에 대하여 알려진 것을 요약하는 논문을 발표하였다. 그 논문이 발표될 때에는 A, B, O 항원의 구조가 완전히 알려져 있지 않았다; 이 논문은 과학적 지식이 발전하는 과정이 어떤 것인지 보여 주는 좋은 예이다.

알져지지 않은 생물학적 화합물의 구조를 결정하기 위해서 연구자는 2가지 기본적인 문제를 해결해야 한다: (1) 만일 당신이 그것이 무엇인지 알지 못한다면 어떻게 그것이 순수하다고 알 수 있겠는가? (2) 당신이 그것이 무엇인지 알지 못한다면 어떻게 당신이 사용한 추출과 정제 과정이 그것의 구조를 변화시키지 않았다는 것을 알겠는가? 모건은 여러 가지 방법으로 첫 번째 문제를 해결했다. 그의 논문에 기술된 한 가지 방법은 "분획 용해도 시험 후에 일정한 분석 값"의 관찰이었다(312쪽). 이 경우에 분석값이란 화학적 조성, 녹는점 등의 측정이었다.

(a) 화학적 기법에 대한 지식에 근거해서 모건이 말한 "분획 용해도 시험"이란 무엇인가?

(b) 왜 순수한 물질에 대한 분획 용해도 시험으로부터 얻어진 분석값은 일정하고 순수하지 않은 물질로부터 얻어진 분석값은 일정하지 않는가?

모건은 각각 다른 시료에 있는 물질들의 면역학적 활성을 측정함으로써 두 번째 문제를 해결했다.

(c) 특히 두 번째 문제를 해결하기 위해서 단순한 정성적(어떤 물질의 유무를 결정하는 것) 측정이 아닌 정량적(활성의 수준을 측정하는 것) 측정이 왜 모건의 연구에 있어서 중요한가?

혈액형 항원의 구조는 그림 10-14에 나타나 있다. 모건은 이 논문(314쪽)에 당시에 알려진 A, B, O의 3가지 항원의 특성에 대한 목록을 싣고 있다.

1. B형 항원은 A나 O보다 더 높은 갈락토스 함유량을 보인다.
2. A형 항원은 B나 O보다 더 많은 아미노 당을 함유한다.
3. A 항원의 글루코사민/갈락토사민 비는 약 1.2이며 B항원의 비는 2.5였다.

(d) 이러한 소견들 중 어느 것이 구조가 알려진 혈액형 항원과 일치하는가?

(e) 모건의 결과와 알려진 구조 사이에 일치하지 않는 점을 어떻게 설명하겠는가?

그 후 연구에서 모건과 그 동료들은 혈액형 항원에 대한 구조적 정보를 얻기 위하여 매우 재치있는 기법을 사용했다. 항원을 특이적으로 분해하는 효소가 발견되었다. 그러나 매우 조잡한 제제만 가능하여 아마도 특이적인 효소 외에 다른 효소도 포함하고 있었을 것으로 생각된다. 이 조잡한 효소 제제에 의한 항원의 분해는 반응액에 특정한 당분자를 가함으로써 억제될 수 있었다. 혈액형 항원에서 발견되는 당만이 억제 효과를 보이곤 했다. 원충류인 트리코모나스(*Trichomonas foetus*) 균으로부터 얻은 효소제제는 3가지 모든 항원을 분해하였고 특정한 당을 가하면 억제되었다. 어떤 당의 존재 하에 트리코모나스 균의 효소가 혈액형 항원에 작용했을 때 몇 퍼센트의 물질이 변하지 않고 남아 있는지에 대한 연구 결과가 아래 표에 요약되어 있다.

	변하지 않은 기질 (%)		
가해진 당	A 항원	B 항원	O 항원
비교실험(당 없음)	3	1	1
L-퓨코스	3	1	100
D-퓨코스	3	1	1
L-갈락토스	3	1	3
D-갈락토스	6	100	1
N-아세틸글루코사민	3	1	1
N-아세틸갈락토사민	100	6	1

O 항원에 대해, 비교실험과 L-퓨코스의 결과를 비교했을 때 L-퓨코스가 항원의 분해를 억제했다는 것을 알 수 있었다. 이것은 과량의 반응 산물이 반응의 평형을 이동시켜서 더 이상 기질의 분해를 방해하는 산물 억제(product inhibition)의 예이다.

(f) O 항원은 갈락토스를 포함하고 있지만, *N*-아세틸글루코사민과 *N*-아세틸갈락토사민은 어느 것도 항원의 분해를 억제하지 않았다. 이 결과에 근거하면 트리코모나스 균의 효소는 엔도글라이코시데이스(endoglycosidase)인가? 아니면 엑소글라이코시데이스(exoglycosidase)인가? (엔도글라이코시데이스는 내부 잔기 사이의 결합을 끊는다; 엑소글라이코시데이스는 중합체의 말단으로부터 한 번에 하나씩의 잔기를 제거한다.) 당신의 추론에 대한 근거를 설명하라.

(g) 퓨코스는 A 항원과 B 항원에도 존재한다. 이 항원들의 구조에 근거해서 볼 때 왜 퓨코스는 트리코모나스 균의 효소에 의한 이들 항원의 분해를 억제하지 못했는가? 어떤 구조가 만들어졌겠는가?

(h) 문제 (f)와 (g)의 어떤 결과가 그림 10-14에 나타낸 구조와 일치하는가? 당신의 추론의 근거를 설명하라.

참고문헌

Morgan, W.T.J. 1960. The Croonian Lecture: a contribution to human biochemical genetics; the chemical basis of blood-group specificity. *Proc. R. Soc. Lond. B Biol. Sci.* 151:308–347.

CHAPTER 8

뉴클레오타이드와 핵산

뉴클레오타이드(nucleotides)는 세포 대사에 있어 다양한 역할을 담당한다. 이것들은 대사 반응에서 에너지 화폐, 호르몬과 다른 세포외 자극에 대한 세포의 반응에서 필수적인 화학적 연결자, 일련의 효소 보조인자, 대사 중간물을 구성하는 구조 성분 등으로 작용한다. 뉴클레오타이드의 가장 중요한 기능은 핵산, 즉 **데옥시라이보핵산(deoxyribonucleic acid, DNA)**과 **라이보핵산(ribonucleic acid, RNA)**의 구성 요소로서 유전 정보를 포함하는 분자 저장고가 된다. 모든 단백질 나아가 모든 생체 분자와 세포 구성성분의 구조는 세포에 존재하는 (또는 바이러스) 핵산의 뉴클레오타이드 서열로 설계된 정보의 산물인 것이다. 유전 정보를 저장하고 다음 세대로 전달하는 능력은 생명의 기본적인 조건이다.

이 장에서는 대부분의 세포에서 찾아볼 수 있는 뉴클레오타이드와 핵산의 화학적 성질에 관한 개요를 소개한다. 핵산의 기능에 관해서는 이 책의 제III부에서 좀 더 상세하게 검토하기로 한다.

8.1 몇 가지 기본 사항

세포에 존재하는 모든 단백질의 아미노산 서열과 모든 RNA의 뉴클레오타이드 서열은 세포 DNA의 뉴클레오타이드 서열에 의하여 결정된다. 단백질이나 RNA와 같이 생물학적 기능을 가지고 있는 산물을 합성하는 데 필요한 정보를 가지고 있는 DNA 분자의 분절(segment)을 **유전자(gene)**라고 한다. 일반적으로 세포에는 수천 개의 유전자가 존재하기 때문에 당연히 DNA 분자는 상당히 크다. 지금까지 알려져 있는 DNA의 유일한 기능은 생물학적 정보를 저장하고 전달하는 것이다.

RNA들은 세포에서 더 광범위한 기능을 가지고 있으며 몇 가지 종류로 나뉜다. **라이보소체 RNA(ribosomal RNA, rRNA)**는 단백질을 생합성하는 복합체인 라이보소체(ribosome)의 구성성분이다. **전령 RNA(messenger RNA, mRNA)**는 1개 또는 몇 개의 유전자로부터 단백질 합성에 필요한 유전 정보를 라이보소체로 운반하는 전령사이다. **전달 RNA(transfer RNA, tRNA)**는 연결자(adapter) 분자로서 mRNA에 들어 있는 유전 정보를 충실하게 그 특이적 해당 아미노산 서열로 번역하는 기능을 담당한다. 이러한 3가지 주요 RNA들 외에도 여러 가지의 특수한 기능을 가지고 있는 RNA들이 존재하는데, 이것은 제III부에서 상세하게 기술하기로 한다.

뉴클레오타이드와 핵산은 특징적인 염기와 오탄당을 가지고 있다

뉴클레오타이드(nucleotides)는 3가지의 특징적인 구성성분을 가지고 있다: (1) 질소 염기[nitrogenous (nitrogen-containing) base], (2) 오탄당[pentose, 펜토스] 그리고 (3) 인산염(phosphate)이다(**그림 8-1**). 인산기가 없는 분자를 **뉴클레오사이드(nucleoside)**라 한다. 질소 염기들은 2종류의 모체 화합물인 **피리미딘(pyrimidine)**과 **퓨린(purine)**의 유도체이다. 보통의 뉴클레오타이드에서 볼 수 있는 염기와 오탄당은 이종고리 화합물(heterocyclic compound)이다.

›› 중요 관례: 모체 구조에 있는 탄소원자와 질소원자에 관례대로 번호를 붙여 많은 유도체의 명명과 동정 시에 이를 활용하게 된다. 오탄당 고리에 있는 탄소원자의 명명법은 제7장에서 언급하는 원칙에 따르는데, 뉴클레오타이드와 뉴클레오사이드의 오탄당 고리의 탄소원자의 번호에는 질소 염기에 붙이는 번호와 구별하기 위하여 프라임 부호(′)를 붙여서 표시한다. **‹‹**

뉴클레오타이드의 염기는 (피리미딘의 경우는 N-1, 퓨린의 경우 N-9에서) 오탄당 고리의 1′ 탄소와 *N*-β-글라이코사이드 결합(*N*-β-glycosyl bond)에 의하여 공유결합을 하고 있으며, 인산은 5′ 탄소원자와 에스터 결합을 형성하고 있다. *N*-β-글라이코사이드 결

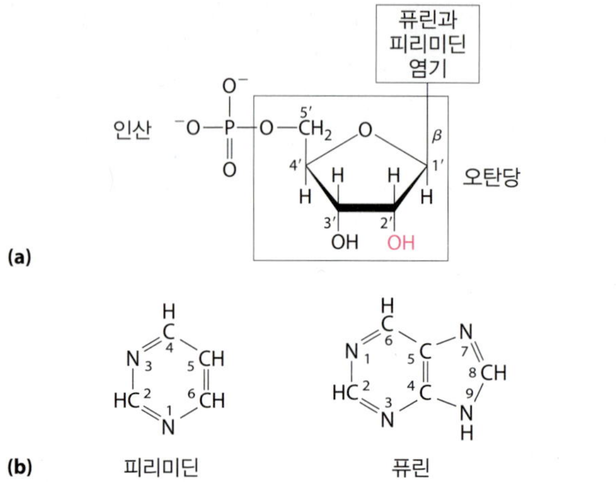

그림 8-1 뉴클레오타이드의 구조. (a) 관례적인 방법으로 오탄당 고리에 번호를 붙인 일반적인 구조. 이것은 라이보뉴클레오타이드이다. 데옥시라이보뉴클레오타이드에서는 2′ 탄소에 붙어 있는 —OH기(빨간색)가 —H로 치환되어 있다. (b) 뉴클레오타이드와 핵산의 퓨린과 피리미딘 염기의 모체 화합물로서 관례적으로 번호를 붙이는 법을 보여 주고 있다.

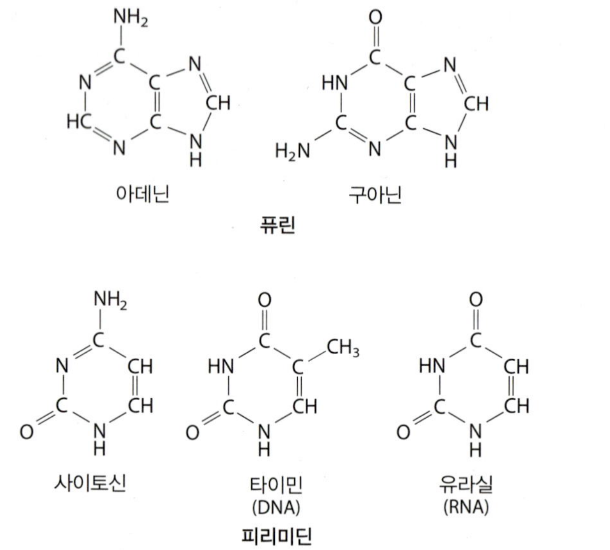

그림 8-2 핵산을 구성하는 주요 퓨린 및 피리미딘 염기. 이 염기들의 일반적인 명칭 중에는 그 염기가 발견된 상황을 반영한 것도 있다. 예를 들면, 구아닌은 구아노(guano, 새의 배설물 거름)에서 처음으로 분리되었고, 타이민은 가슴샘(thymus) 조직에서 처음으로 분리되었다.

합은 *O*-글라이코사이드 결합(*O*-glycosidic bond)의 형성(그림 7-30 참조)과 마찬가지로 탈수 반응에 의하여 형성된다(하이드록실기는 오탄당로부터, 수소원자는 염기로부터 유래한다).

DNA와 RNA는 2개의 주요 퓨린 염기인 **아데닌(adenine**, A)과 **구아닌(guanine**, G) 그리고 2개의 주요 피리미딘을 포함한다. 피리미딘의 한 종류인 **사이토신(cytosine**, C)은 DNA와 RNA에 공통적으로 나타나지만 두 번째 피리미딘의 경우 각각 다르게 나타난다. 즉, DNA에 **타이민(thymine**, T)이, RNA에 **유라실(uracil**, U)이 있다. 매우 드문 경우에 RNA에 타이민이 혹은 DNA에 유라실이 존재한다. 이 5개 주요 염기들의 구조를 **그림 8-2**에 나타냈고, 이들의 염기에 대응하는 뉴클레오타이드와 뉴클레오사이드들의 명칭을 표 8-1에 정리하였다.

핵산들은 2가지 종류의 오탄당을 가지고 있다. DNA의 반복 단위가 되는 데옥시라이보뉴클레오타이드는 2′-데옥시-D-라이보스(2′-deoxy-D-ribose)를 가지고 있으며, RNA의 라이보뉴클레오타이드는 D-라이보스(D-ribose)를 가지고 있다. 두 형태의 오탄당은 모두 뉴클레오타이드 내에서 β-퓨라노스(5원자 고리형)의 구조를 취하고 있다. **그림 8-3**에서 보듯이 오탄당 고리는 평면에 있지 않고 일반적으로 "주름진(puckered)" 다양한 입체형태 중의 한 가지를 취한다.

표 8-1 뉴클레오타이드와 핵산의 명명법

염기	뉴클레오사이드	뉴클레오타이드	핵산
퓨린			
아데닌	아데노신	아데닐산	RNA
	데옥시아데노신	데옥시아데닐산	DNA
구아닌	구아노신	구아닐산	RNA
	데옥시구아노신	데옥시구아닐산	DNA
피리미딘			
사이토신	사이티딘	사이티딜산	RNA
	데옥시사이티딘	데옥시사이티딜산	DNA
타이민	타이미딘 또는 데옥시타이미딘	타이미딜산 또는 데옥시타이미딜산	DNA
유라실	유리딘	유리딜산	RNA

참조: "뉴클레오사이드"와 "뉴클레오타이드"는 라이보-와 데옥시라이보- 형을 둘 다 포함하는 일반명이다. 또한 여기에서 라이보뉴클레오사이드와 라이보뉴클레오타이드는 단순히 뉴클레오사이드와 뉴클레오타이드(즉, 라이보아데노신을 아데노신으로)로 표현하였고, 데옥시라이보뉴클레오사이드와 데옥시라이보뉴클레오타이드는 데옥시뉴클레오사이드와 데옥시뉴클레오타이드(즉, 데옥시라이보아데노신을 데옥시아데노신으로)로 표현하였다. 2가지 형태의 명칭이 허용되지만 약식 명칭이 더 흔하게 사용된다. 타이민은 예외인데, "라이보타이미딘"은 RNA에서 희귀하게 나타나는 타이미딘을 표현하기 위하여 사용한다.

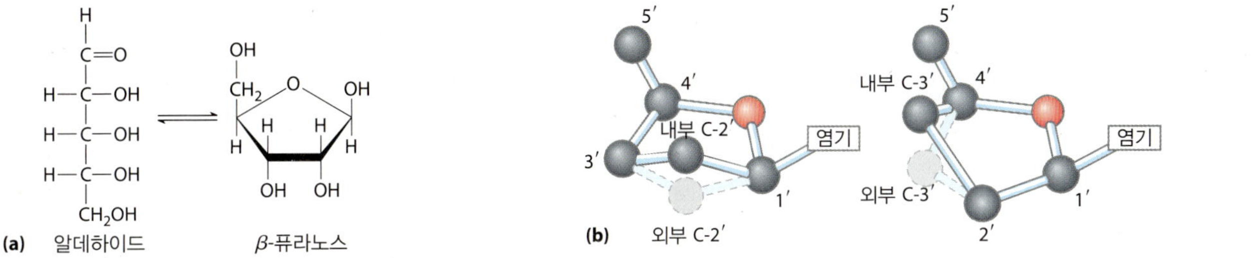

그림 8-3 라이보스의 입체형태. (a) 용액에서 유리 라이보스의 곧은 사슬형(알데하이드)과 고리형(β-퓨라노스)은 평형으로 있다. RNA에는 고리형 β-D-라이보퓨라노스만 존재한다. 데옥시라이보스도 용액에서 유사하게 상호전환을 하지만 DNA에는 전적으로 β-2′-데옥시-D-라이보퓨라노스만 존재한다. (b) 뉴클레오타이드에서 라이보퓨라노스 고리는 4개의 다른 주름진 입체형태로 존재한다. 모든 경우 5개 원자 중 4개는 단일 평면에 있다. 5번째 원자(C-2′ 또는 C-3′)는 평면을 기준으로 C-5′ 원자와 같은 쪽(endo, 내부)에 있거나 반대쪽(exo, 외부)에 있다.

›› 중요 관례: DNA와 RNA는 2가지 다른 특징—즉, 다른 오탄당과 DNA에는 타이민이, RNA에는 유라실이 존재하는 차이—이 존재하지만 핵산의 정체를 정의해 주는 것은 오탄당이다. 만약 핵산이 2′-데옥시-D-라이보스를 포함하고 있다면 설사 유라실 염기를 가지고 있다 하더라도 DNA로 정의된다. 비슷하게 만약 핵산이 D-라이보스를 가지는 경우라면, 염기의 조성이 무엇이든지 간에 RNA라고 하는 게 맞다. ‹‹

그림 8-4에 DNA의 구조 단위인 4개의 주요 **데옥시라이보뉴클레오타이드[deoxyribonucleotide**(deoxyribonucleoside 5′-mono-

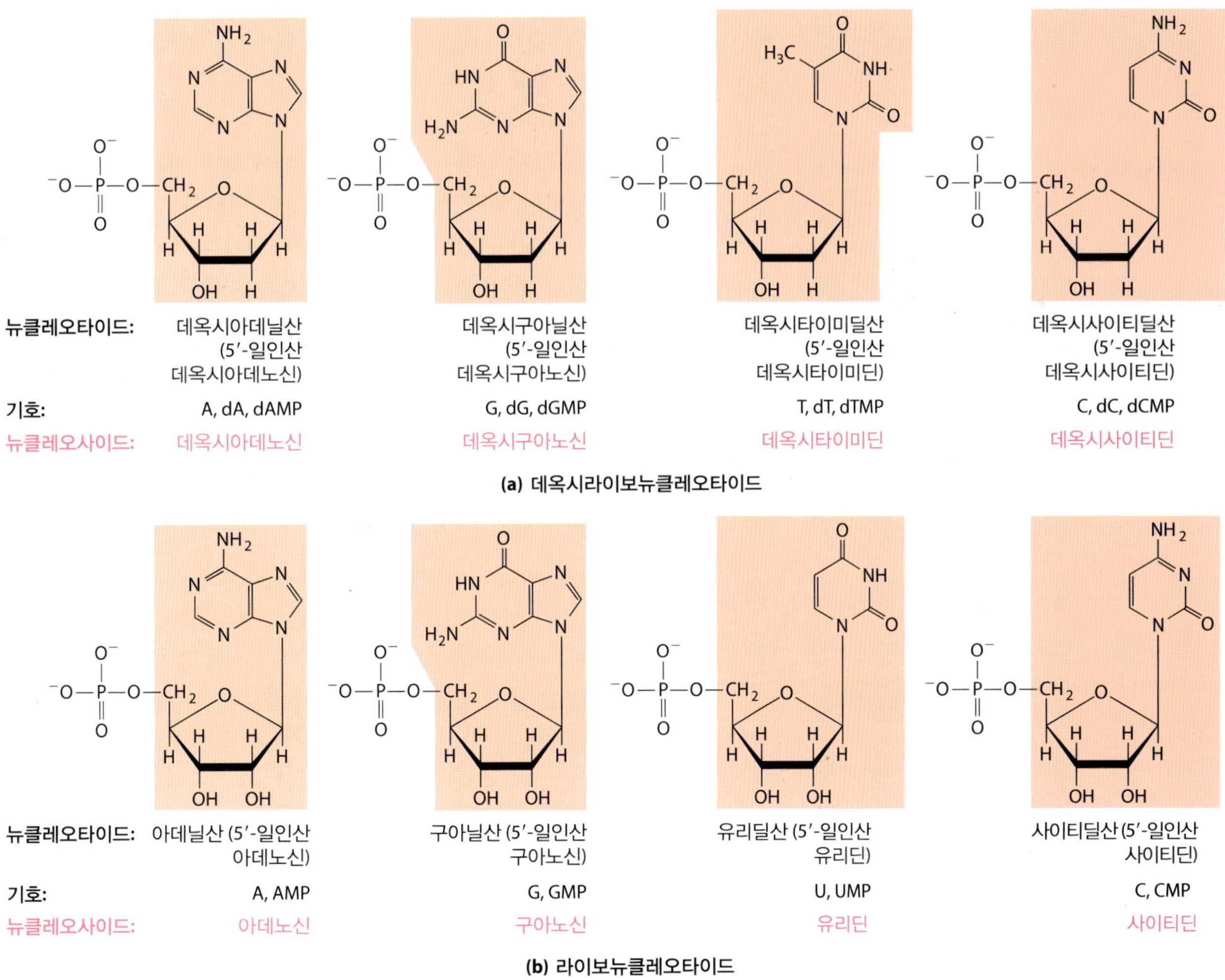

그림 8-4 핵산의 데옥시라이보뉴클레오타이드와 라이보뉴클레오타이드. 모든 뉴클레오타이드는 pH 7.0에서 유리 형태로 나타난다. DNA의 뉴클레오타이드 단위는 (a) 일반적으로 A, G, T, C, 때로는 dA, dG, dT, dC로 표기한다; RNA의 뉴클레오타이드 단위는 (b) A, G, U, C로 표기한다. 유리 형태에 있어서 데옥시라이보뉴클레오타이드는 일반적으로 dAMP, dGMP, dTMP, dCMP로 줄여 쓰고, 라이보뉴클레오타이드는 AMP, GMP, UMP, CMP로 줄여 쓴다. 각 뉴클레오타이드에 대하여 더 흔히 쓰이는 이름을 괄호로 묶여진 완전한 이름 앞에 적었다. 모든 약식의 표기에 있어서 인산기는 5′ 위치에 결합되어 있는 것으로 한다. 각 분자의 뉴클레오사이드 부분은 빨간색 음영으로 표시했다. 이 그림과 이후의 그림에서 고리 탄소는 표시하지 않는다.

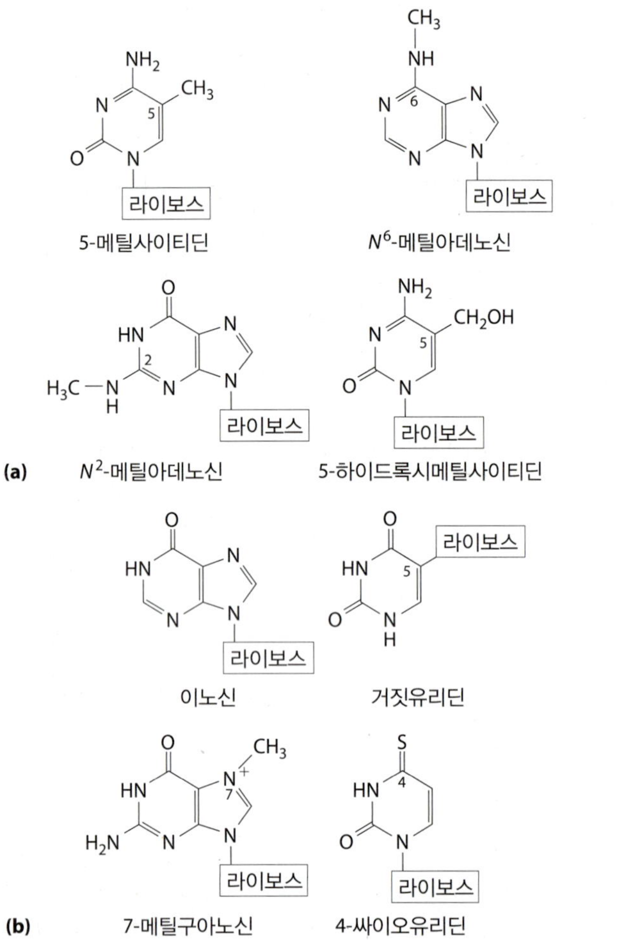

그림 8-5 뉴클레오사이드로 나타낸 몇 가지 소수의 퓨린과 피리미딘 염기. (a) DNA에서 볼 수 있는 소수의 염기. 5-메틸사이티딘은 동물과 고등식물의 DNA에서 볼 수 있으며, N^6-메틸아데노신은 세균의 DNA에서, 5-하이드록시메틸사이티딘은 동물이나 특정 박테리오파지에 감염된 세균의 DNA에서 볼 수 있다. (b) tRNA에서 볼 수 있는 몇 가지 소수의 염기. 이노신은 염기인 하이포잔틴을 포함한다. 거짓유리딘(pseudouridine)은 유리딘처럼 유라실을 함유하는 것에 주목하라; 차이점은 라이보스의 부착점이 다른데 유리딘에서 유라실은 피리미딘의 정상적인 부착점인 N-1을 통해서 결합하고 거짓유리딘은 C-5를 통해서 결합한다.

phosphates; 때로는 deoxynucleotides와 deoxynucleoside triphosphates로 불린다)]와 RNA의 구조 단위인 4개의 주요 **라이보뉴클레오타이드[ribonucleotide**(ribonucleoside 5′-monophosphate)]의 구조와 명칭을 표시하였다.

뉴클레오타이드는 일반적으로 주요 퓨린과 피리미딘을 포함하지만, 그 이외의 소수의 염기(minor base) 또한 DNA와 RNA에 존재한다**(그림 8-5)**. 이러한 소수의 염기 중에서 DNA에 가장 흔하게 나타나는 것은 주요 염기(major base)의 특정 부위가 메틸화된 것이다; 일부 바이러스 DNA에 하이드록시메틸화되거나 글루코실화되어 있는 염기가 존재하기도 한다. 이와 같이 DNA 분자에서 나타나는 변형되거나 이례적인 염기들은 주로 유전 정보를 조절하거나 방어하는 역할을 한다. 많은 종류로 구성된 이러한 소수의 염기들은 RNA에도 존재하며, 특히 tRNA에서 많이 볼 수 있다(그림 8-25, 26-22 참조).

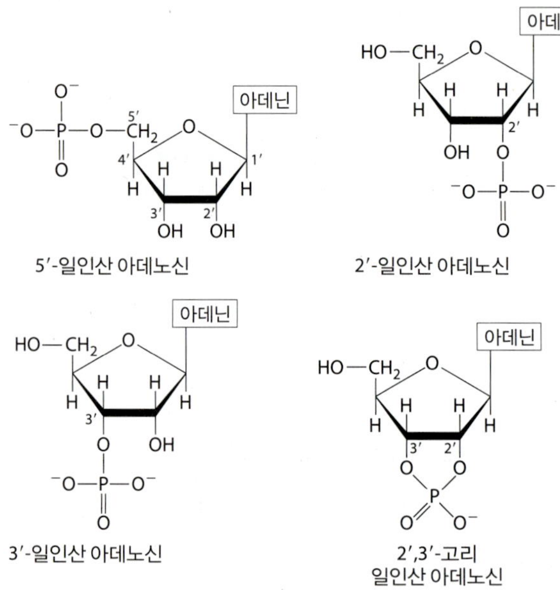

그림 8-6 몇 가지의 일인산 아데노신. 2′-일인산, 3′-일인산, 2′,3′-고리 일인산 아데노신 등은 RNA가 효소와 알칼리에 의하여 가수분해될 때 생성된다.

›› 중요 관례: 소수 염기의 명명법은 좀 복잡해서 혼란을 일으킬 수 있다. 많은 소수의 염기는 주요 염기와 마찬가지로 일반명을 가지고 있다. 예를 들면, 하이포잔틴(hypoxanthine)이 이에 해당하며, 이것의 뉴클레오사이드 형태가 그림 8-5에 표시된 이노신(inosine)이다. 이 염기의 여러 가지 치환체를 명명할 때, 퓨린이나 피리미딘 고리 안의 원자가 치환된 경우에 통상적으로 사용하는 방법(여기서 사용된)은 치환기가 부착된 원자의 고리 내 위치를 숫자로 표시하는 것이다. 즉, 5-메틸사이토신(5-methylcytosine), 7-메틸구아닌(7-methylguanine), 5-하이드록시메틸사이토신(5-hydroxymethylcytosine)(그림 8-5에 뉴클레오사이드의 형태로 나타냄) 등의 형태이다. 이 경우에 치환기가 부착된 원소명(N, C, O)은 표기하지 않는다. 그러나 치환된 원자가 고리 밖에 있는 경우(exocyclic, 고리 구조 안에 존재하지 않음)에는 치환된 원자의 원소 기호를 표기하고, 그 원자가 결합되어 있는 고리의 위치를 위첨자로 표기한다. 즉, 아데닌의 C-6에 결합한 아미노기의 질소는 N^6로 표시하고, 이와 같은 방법으로 구아닌의 C-6과 C-2에 결합한 카보닐기의 산소와 아미노기의 질소를 각각 O^6와 N^2로 표시한다. 고리 밖의 원자에서 치환이 일어난 염기의 예로 N^6-메틸아데노신(N^6-methyladenosine)과 N^2-메틸구아노신(N^2-methylguanosine)이 있다(그림 8-5). **‹‹**

세포에 오탄당 고리의 5′ 탄소 외의 위치에 인산기가 결합되어 있는 뉴클레오타이드도 존재한다**(그림 8-6)**. **고리형 2′,3′-일인산 라이보뉴클레오사이드(ribonucleoside 2′,3′-cyclic monophosphate)**는 분리할 수 있는 중간체이고, **3′-일인산 라이보뉴클레오사이드(ribonucleoside 3′-monophosphate)**는 RNA가 특정 라이보핵산분해효소(ribonuclease)에 의하여 가수분해된 종산물이

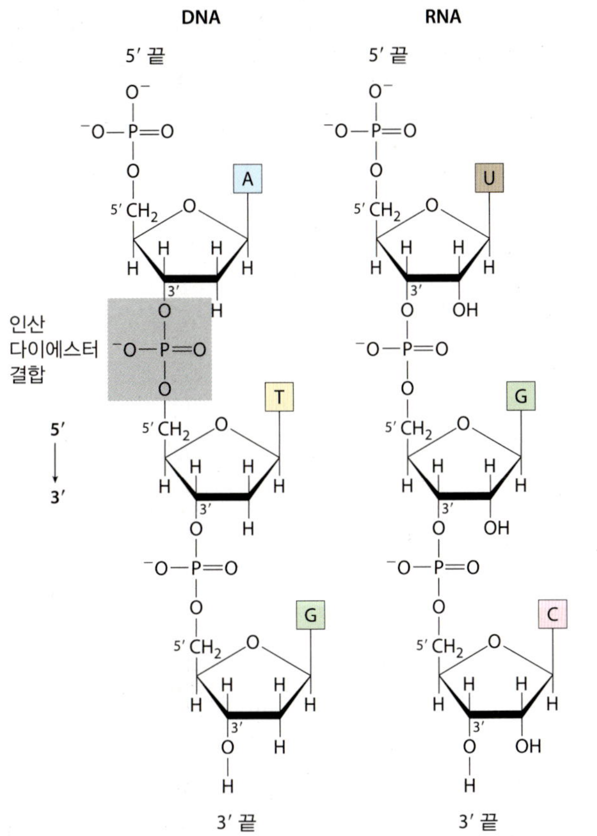

그림 8-7 DNA와 RNA에서 공유결합에 의하여 형성되는 골격의 인산다이에스터 결합. 인산다이에스터결합(DNA에 있는 하나를 회색의 음영으로 표시했다)은 연속적인 뉴클레오타이드 단위를 연결한다. 2종류의 핵산에서 오탄당과 인산기가 교대로 결합되어 있는 골격은 극성이 대단히 높다. 거대분자의 5′ 끝은 5′ 위치에 뉴클레오타이드가 없고, 3′ 끝은 3′ 위치에 뉴클레오타이드가 없다.

다. 그 밖에도 고리형 3′,5′-일인산 아데노신(adenosine 3′,5′-cyclic monophosphate, cAMP)과 고리형 3′,5′-일인산 구아노신(guanosine 3′,5′-cyclic monophosphate, cGMP) 등이 있는데, 이것에 대해서는 본 장의 끝에서 기술하기로 한다.

핵산에서 뉴클레오타이드는 인산다이에스터결합에 의하여 연속적으로 연결되어 있다

DNA와 RNA의 연속되어 있는 뉴클레오타이드는 인산기 "다리(bridge)"에 의하여 공유결합으로 연결된다. 즉, 첫 번째 뉴클레오타이드의 5′-인산기가 다음 뉴클레오타이드의 3′-하이드록실기에 연결되어 **인산다이에스터결합(phosphodiester linkage)**을 형성한다(**그림 8-7**). 따라서 핵산의 공유결합 골격(covalent backbone)은 인산기와 오탄당 잔기가 번갈아 결합된 구조를 갖게 되며, 질소 염기는 그 골격에 일정한 간격으로 결합된 곁사슬(side group)로 존재하게 된다. DNA와 RNA의 골격은 모두 친수성(hydrophilic)이다. 당 잔기의 하이드록실기는 물과 수소결합을 형성한다. 인산기는 pK_a 값이 거의 0이기 때문에 pH 7에서 완전히 이온화되어 음전하를 띠게 되지만 이 음전하는 일반적으로 단백질, 금속 이온, 폴리아민(polyamine) 등의 양전하와 이온 상호작용(ionic interaction)을 통하여 중화된다.

›› 중요 관례: DNA와 RNA에 존재하는 모든 인산다이에스터결합은 사슬을 따라서 같은 방향으로 위치하고 있어서(그림 8-7), 각 핵산 가닥에 특이적 극성(polarity)을 부여하여 5′ 끝과 3′ 끝이 구별된다. **5′ 끝(5′ end)**은 5′ 위치에 뉴클레오타이드가 없는 부위이고, **3′ 끝(3′ end)**은 3′ 위치에 뉴클레오타이드가 결여된 부위라 정의한다. 기타의 잔기(주로 하나 이상의 인산기)가 한쪽 끝 혹은 양쪽 끝에 존재할 수도 있다. 핵산 가닥의 5′→3′ 방향이라는 것은 핵산을 구성하는 뉴클레오타이드들을 연결하는 인산다이에스터결합의 방향이 아니라 각 가닥의 말단을 지칭하는 것이다. **‹‹**

DNA와 RNA의 공유결합 골격을 구성하는 인산다이에스터 결합은 서서히 비효소적으로 가수분해되는 특성을 갖는다. 알칼리 조건의 시험관에서 RNA는 빠르게 가수분해되는 특성을 보이는 반면 DNA는 안정적이다; RNA의 2′-하이드록실기(DNA에 존재하지 않는다)가 직접 반응에 관여하기 때문이다. RNA에 염기가 작용하면 우선 고리형 2′,3′-일인산 뉴클레오타이드(cyclic 2′,3′-monophosphate nucleotides)가 생성되고 그것이 빠르게 가수분해되어 2′- 및 3′-일인산 뉴클레오사이드(2′- and 3′-nucleoside monophosphates)의 혼합물이 생성된다(**그림 8-8**).

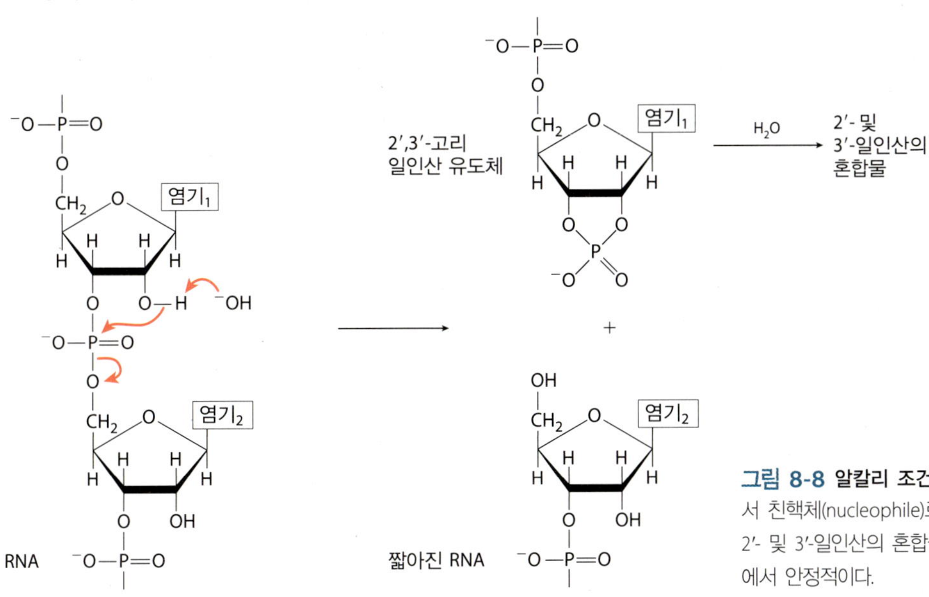

그림 8-8 알칼리 조건에서 RNA의 가수분해. 2′-하이드록실기는 분자 내 치환에서 친핵체(nucleophile)로 작용한다. 2′,3′-고리 일인산 유도체는 다시 가수분해되어 2′- 및 3′-일인산의 혼합물이 생성된다. DNA는 2′-하이드록실기가 없어서 같은 조건에서 안정적이다.

핵산의 뉴클레오타이드 서열은 도식적으로 표기할 수 있는데, 다음 페이지에 5개의 뉴클레오타이드 단위로 되어있는 DNA 분절로 예시하였다. 인산기는 Ⓟ로 표시하고 각각의 데옥시라이보스는 수직의 선으로 표시하며, C-1′은 선의 상단에 그리고 C-5′은 선의 하단에 위치한다[항상 유념해야 할 점은 당은 핵산 내에서 항상 닫힌 고리 β-퓨라노스 형(closed-ring β-furanose form)의 구조를 갖고 있는 점이다]. 뉴클레오타이드들을 연결하는 선(Ⓟ을 통과하는 사선)들은 뉴클레오타이드의 데옥시라이보스의 중앙(C-3′)으로부터 다음 데옥시라이보스의 하단(C-5′)으로 비스듬하게 그어져 있다.

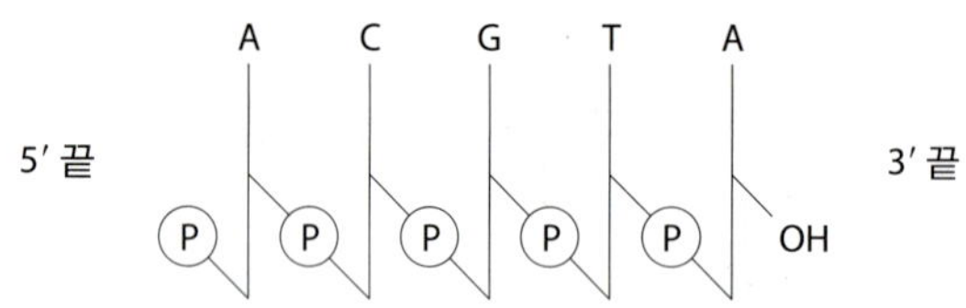

이러한 오데옥시라이보뉴클레오타이드를 더 간단히 표시하면 pA-C-G-T-A_{OH}, pApCpGpTpA와 pACGTA이다.

›› 중요 관례: 1가닥의 핵산 구조를 표기할 때 항상 5′ 끝은 왼쪽에 적고 3′ 끝은 오른쪽에 적는다. 즉, 5′→3′ 방향으로 표기한다. **‹‹**

짧은 핵산은 **올리고뉴클레오타이드(oligonucleotide)**라고 한다. 여기서 "짧다"는 정의는 다소 임의적인 것이지만 일반적으로 50개 이하의 뉴클레오타이드로 된 중합체를 올리고뉴클레오타이드라고 한다. 그 이상의 길이를 갖는 핵산은 **폴리뉴클레오타이드(polynucleotide)**라고 한다.

뉴클레오타이드 염기의 성질은 핵산의 3차원 구조에 영향을 미친다

유리 피리미딘과 퓨린은 약한 염기성 화합물이므로 염기라고 한다. RNA와 DNA에 공통적인 피리미딘과 퓨린은 방향족 분자(aromatic molecule, 그림 8-2)로서 이 구조의 특성은 핵산의 구조, 전자의 분포, 광흡수성 등에 중요한 영향을 미친다. 고리에 있는 각 원자 사이의 공명(resonance)에 의하여 대부분의 결합은 부분적으로 이중결합과 같은 성질을 갖는다. 이 결과로 피리미딘은 평면 구조를 그리고 퓨린은 약간 주름진 거의 평면과 같은 구조를 취한다. 유리 피리미딘과 퓨린 염기는 주위의 pH에 따라서 2가지 이상의 호변이성체 형태(tautomeric form)을 취할 수 있다. 예를 들면, 유라실은 락탐(lactam), 락팀(lactim), 이중 락팀형(double lactim form) 등의 형태를 취한다(**그림 8-9**). 그림 8-2에 나타나 있는 구조는 pH 7.0에서 주로 존재하는 호변이성체(tautomer)이다. 공명의 결과로 모든 뉴클레오타이드 염기는 자외선을 흡수하는 성질을 띠게 되며, 이로 인하여 핵산은 260 nm 근처 파장의 빛을 강하게

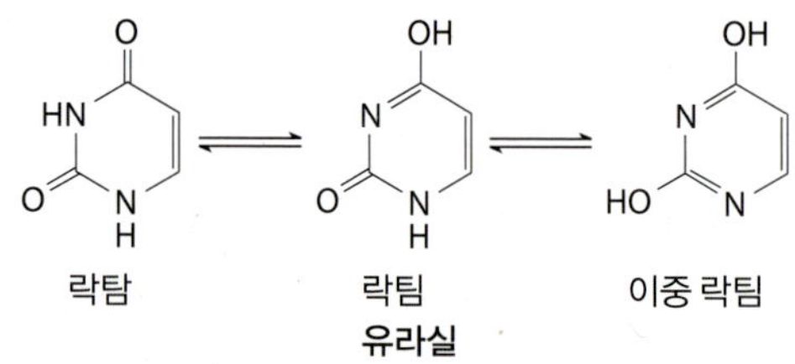

그림 8-9 유라실의 호변이성체 형태. pH 7.0에서 주로 락탐 형이 존재하며 다른 형태는 pH가 감소됨에 따라 주로 존재하게 된다. 다른 유리 피리미딘과 유리 퓨린도 호변이성체 형이 있지만 매우 드물게 관찰된다.

흡수하는 특성을 가진다(**그림 8-10**).

퓨린과 피리미딘 염기는 소수성(hydrophobic) 분자이므로 세포의 중성에 가까운 pH에서 상대적으로 물에 불용성이다. 산성 또는 알칼리성 pH에서 염기가 전하를 띠게 되어 물에 대한 용해도가 증가한다. 핵산의 염기 사이에 2가지 종류의 중요한 상호작용이 존재한다. 2개 이상의 염기들이 고리 구조의 평면에 차곡차곡 위치함으로써(마치 동전을 쌓아 놓은 것처럼) 발생하는 소수성 치쌓기 상호작용(hydrophobic stacking interaction)이 그 하나이다. 치쌓기 상호작용에는 소수성 상호작용 외에도 염기 사이의 반데르발스 상호작용과 쌍극자-쌍극자 상호작용(dipole-dipole interaction)이 관여한다. 염기 치쌓기 상호작용은 염기와 물의 접촉을 최소화할 뿐 아니라 뒤에서 다시 언급하겠지만 핵산의 3차원 구조를 안정화시키는 데 매우 중요하다.

피리미딘과 퓨린의 작용기(functional group)는 고리 질소, 카보닐기, 고리 밖 아미노기(exocyclic amino group) 등이다. 아미노기와 카보닐기 사이의 수소결합이 핵산의 2개(드물게 3가닥이나 4가닥)의 상보적 나선 사이의 가장 중요한 상호작용 방식이다. 가장

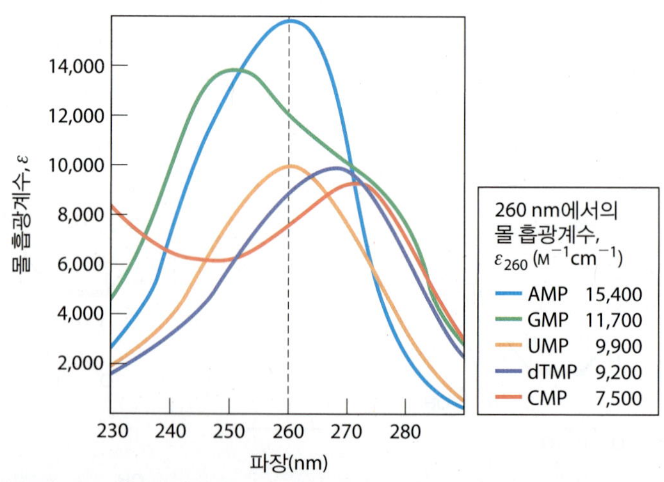

그림 8-10 흔한 뉴클레오타이드의 흡수 빛띠. 빛띠는 파장에 따른 몰 흡광계수(molar absorption coefficient)의 변화로 나타나 있다. 260 nm와 pH 7.0에서 몰 흡광계수(ε_{260})가 표에 나열되어 있다. 뉴클레오사이드뿐 아니라 각각에 해당하는 라이보뉴클레오타이드와 데옥시라이보뉴클레오타이드의 빛띠도 거의 동일하다. 뉴클레오타이드 혼합물의 흡광도를 측정할 때 260 nm의 파장(수직으로 그어진 점선)을 사용한다.

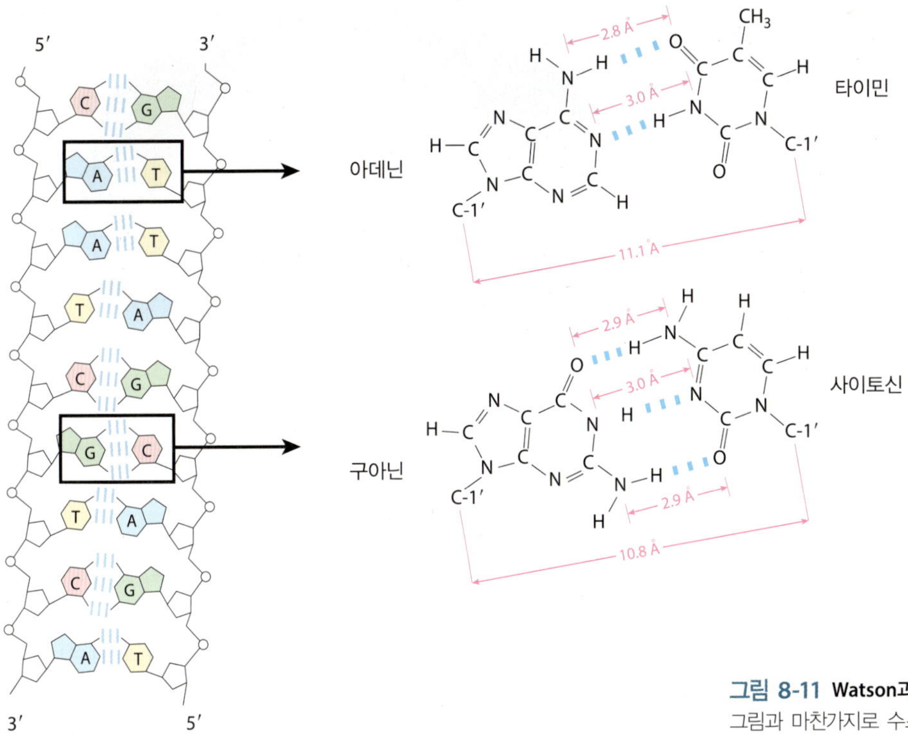

그림 8-11 Watson과 Crick이 밝힌 염기쌍에서 수소결합의 양상. 여기에서 다른 그림과 마찬가지로 수소결합을 3개의 파란색 선으로 표시하였다.

보편적인 수소결합의 형태는 1953년에 James D. Watson과 Francis Crick이 밝힌 A와 T(또는 U) 그리고 G와 C 간의 특이적 결합이다(**그림 8-11**). 이중가닥의 DNA와 RNA 내의 거의 모든 염기쌍은 이 2종류의 **염기쌍(base pairs)**으로 구성되는데, 이것은 그림 8-2에서 보이는 호변이성체와 관련이 있다. 이 단원의 후반부에서 논의하겠지만, 이 특이적 염기쌍에 의하여 유전 정보의 복제가 가능한 것이다.

James D. Watson [출처: UPI/Bettmann/Cobis.]

Francis Crick, 1916–2004 [출처: UPI/Bettmann/Cobis.]

요약 8.1 몇 가지 기본 사항

■ 뉴클레오타이드는 질소 염기(퓨린 또는 피리미딘), 오탄당 그리고 1개 이상의 인산기로 구성되어 있다. 핵산은 이러한 뉴클레오타이드의 중합체로서 오탄당의 5′-인산기와 그 다음 당의 3′-하이드록실기 간의 인산다이에스터결합에 의하여 연결된다.

■ 핵산에는 RNA와 DNA 2가지 종류가 있다. RNA의 뉴클레오타이드는 라이보스를 구조 내에 가지고 있으며 공통적인 피리미딘 염기는 유라실과 사이토신이다. DNA의 뉴클레오타이드는 2′-데옥시라이보스를 포함하고 공통적인 피리미딘 염기는 타이민과 사이토신이다. RNA와 DNA 모두의 주요 퓨린은 아데닌과 구아닌이다.

8.2 핵산의 구조

1953년에 Watson과 Crick이 DNA의 구조를 밝힌 것은 획기적인 일로 과학에 완전히 새로운 영역을 탄생시켰으며 관련된 여러 분야에 큰 영향을 미쳤다. 여기에서 DNA의 구조와 이를 발견하게 된 경과 및 최근의 보다 진전된 지식 등에 대하여 기술하기로 한다. 또한 RNA의 구조에 대하여 소개한다.

단백질의 구조(제4장)에서 논의했던 것과 마찬가지로 핵산의 구조 또한 1차, 2차, 3차 구조를 단계별로 살펴보는 것이 편리하다. 핵산의 1차 구조는 공유결합으로 형성된 구조와 뉴클레오타이드의 서열을 지칭한다. 핵산의 일부 또는 전체 뉴클레오타이드에 의하여 형성되는 규칙적이고 안정된 핵산의 구조를 2차 구조라 한다. 이 장의 나중에 언급되는 모든 핵산의 구조는 2차 구조에 해당한다. 진핵세포의 염색질(chromatin)이나 세균의 핵양체(nucleoid) 내에 큰 염색체(chromosome)가 복잡하게 접혀져 있는 구조나 큰 tRNA 분자 또는 rRNA 분자가 정교하게 접혀있는 구조를 3차 구조라고 한다. DNA의 3차 구조는 제24장에서 그리고 RNA의 3차 구조는 제26장에서 논의하기로 한다.

DNA는 유전 정보를 저장하고 있는 이중나선이다

DNA는 1868년에 Friedrich Miescher에 의해 처음으로 분리되어 특성이 알려졌다. 그는 인산을 함유하는 물질을 "뉴클레인(nuclein)"이라고 명명하였다. Oswald T. Avery, Colin Macleod 그리고 Maclyn McCarty의 연구가 있었던 1940년대까지 DNA가 유전 물질이라는 것에 대한 강력한 증거는 없었다. Avery와 그의 동료들은 폐렴사슬알균(*Streptococcus pneumoniae*)의 병원성(virulent) 균주에서의 추출물이 비병원성 균주를 병원성 균주로 형질전환(transformation)시키는 것을 발견했다. 그들은 다양한 화학실험을 통해 병원성 균주로부터 추출한 DNA(예를 들어, 단백질, 탄수화물 또는 RNA가 아니라)가 병원성에 대한 유전 정보를 갖고 있다고 결론을 내렸다. 그 후 1952년에 Alfred D. Hershey와 Martha Chase의 방사성 동위원소를 표지한 DNA와 단백질을 가지고 진행한 실험에서, 세균바이러스(박테리오파지, bacteriophage)는 숙주세포인 대장균을 감염시킬 때 유전정보를 운반하는 DNA(단백질이 아님)를 변형시켜서 이루어진다는 사실을 확인하였다.

DNA의 구조를 해명하는 데 중요한 또 다른 단서는 1940년대 후반 Erwin Chargaff와 그의 동료들의 연구에 의하여 제시되었다. 이들은 DNA를 구성하는 4가지 뉴클레오타이드의 조성이 종에 따라 다른 비율로 나타나며 특정 염기의 양이 서로 매우 밀접하게 관련되어 있음을 발견했다. Chargaff는 여러 다른 종의 DNA로부터 수집한 이러한 자료를 토대로 다음의 결론을 내렸다:

1. DNA를 구성하고 있는 염기 조성은 종에 따라서 다르다.
2. 같은 종의 다른 조직에서 분리된 DNA의 염기 조성은 같다.
3. 어느 한 종의 염기 조성은 그 생물의 연령, 영양 상태, 환경의 변화 등에 영향을 받지 않는다.
4. 모든 세포의 DNA에서 아데노신 잔기의 수는 종과 상관없이 타이미딘 잔기의 수와 같으며(A = T), 구아노신 잔기의 수는 사이티딘 잔기의 수와 같다(G = C). 이 상관성을 토대로 피리미딘 잔기의 합은 퓨린 잔기의 합과 같다. 즉, A + G = T + C.

이러한 정량적 상관관계를 "샤가프의 법칙(Chargaff's rule)"이라 하는데, 이것은 그 후에 많은 연구자들에 의하여 확인되었다. 이 법칙은 DNA의 3차 구조를 해명하는 열쇠가 되었으며, 유전 정보가 어떻게 해서 DNA에 암호화되고 한 세대에서 다음 세대로 이어져 가는가를 해명하는 단서를 제공하였다.

DNA의 구조를 더 자세히 밝히기 위하여, Rosalind Franklin과 Maurice Wilkins는 보다 효과적 방법인 X-선 회절법(x-ray diffraction)을 사용하여(별도설명 4-5 참조) 1950년대 전반에 DNA 가닥을 분석하였다. 비록 결정으로부터의 회절에 대한 분자적 정의는 부족하였지만, DNA 가닥으로부터 생성된 X-선 회절 양상은 구조를 규명하는 데 유용한 정보를 제공했다(**그림 8-12**). 이 양상으로부터 DNA 분자는 나선 모양이며, 장축을 따라서 길이가 다른 2개의 주기성(첫 번째 주기는 3.4 Å, 두 번째 주기는 34 Å 간격)을 가지고 있다는 것이 유추되었다. 문제는 이러한 X-선 회절 결과뿐만 아니라 Chargaff에 의하여 발견된 특이적 염기 조성의 특성(A = T, G = C)을 만족하면서 그 밖의 DNA의 화학적 성질을 포괄적으로 설명할 수 있는 DNA의 3차 구조 모형을 만드는 것이었다.

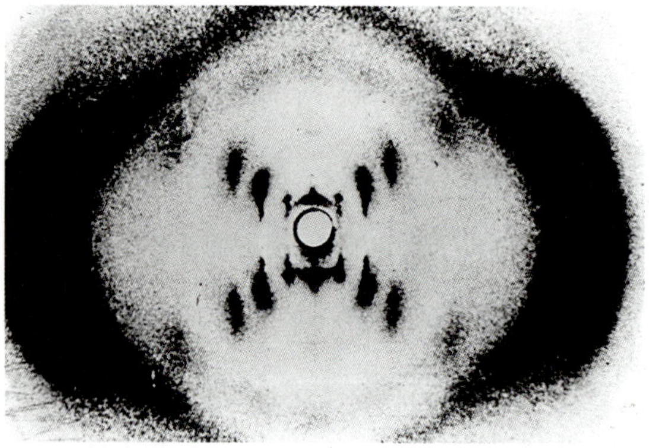

그림 8-12 DNA 섬유의 X-선 회절 양상. 중앙부에서 십자형을 이루는 점이 나선 구조를 나타내며 왼쪽과 오른쪽의 짙은 띠는 되풀이하는 염기에 의한 것이다. [출처: Science Source]

1953년에 Watson과 Crick은 지금까지의 모든 결과를 설명할 수 있는 DNA의 3차 구조 모형을 고안해냈다. 이것은 2개의 나선형 DNA 사슬이 같은 축의 주위를 오른쪽으로 감고 있는 이중나선(right-handed double helix)으로 이루어져 있다(나선 구조의 오른쪽 감기와 왼쪽 감기에 대한 설명은 별도설명 4-1을 참조). 데옥시라이보스와 인산기가 교대로 나열된 친수성 골격(hydrophilic backbone)은 이중나선의 외측에서 주위의 물과 접한다. 각 데옥시라이보스의 퓨라노스 고리는 C-2′ 내부 입체형태(endo conformation)를 취한다. 각 가닥의 퓨린과 피리미딘 염기는 이중나선의 내부에 차곡차곡 쌓여 있는데(stacked), 소수성(hydrophobic)이고 평면인 이들의 고리 구조는 서로 대단히 근접해 있으며 장축에 대하여 수직으로 배열되어 있다. 이러한 2가닥의 보완적인 짝짓기(offset pairing)로 DNA의 2가닥 표면에 **큰 고랑(major groove)**과 **작은 고랑**

Rosalind Franklin, 1920–1958
[출처: Science Source.]

Maurice Wilkins, 1916–2004
[출처: UPI/Bettmann/Cobis.]

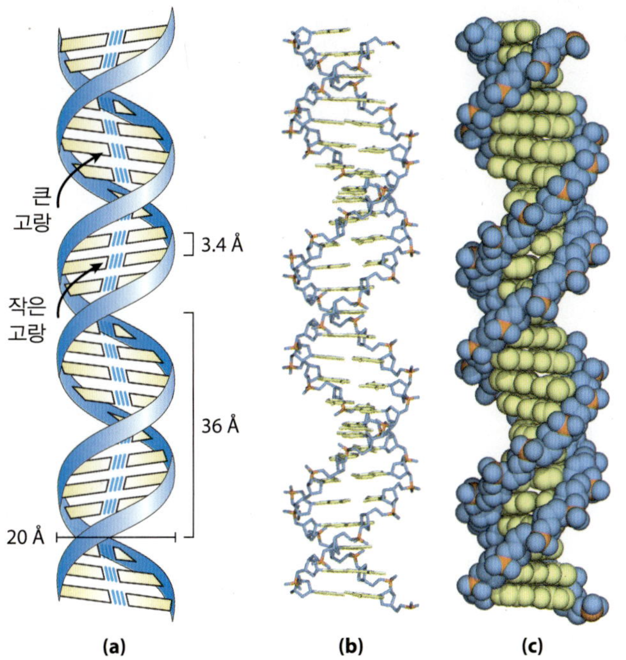

그림 8-13 DNA의 구조에 대한 Watson-Crick 모형. 최초의 모형에서 나선 1회전은 10개의 염기쌍 또는 34 Å(3.4 nm)의 길이를 차지한다고 제안했다; 그 후의 연구에서 1회전은 10.5개의 염기쌍 또는 36 Å(3.6 nm)의 길이를 차지하는 것으로 밝혀졌다. (a) 나선의 크기를 나타낸 모식도. (b) 골격과 염기의 쌓임을 나타내는 막대 모형. (c) 공간채움 모형.

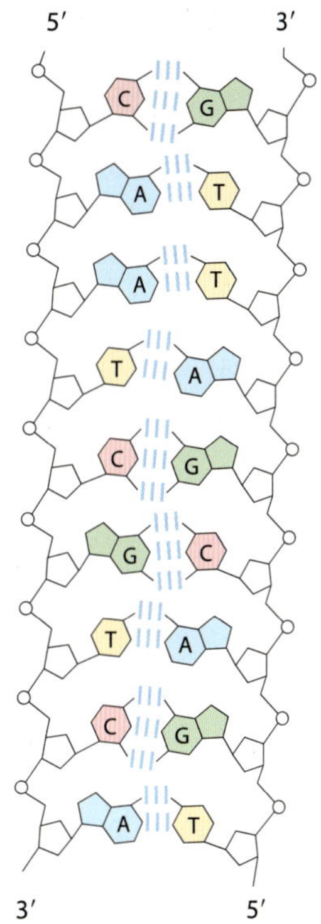

그림 8-14 DNA 이중나선에서 가닥의 상보성. DNA에서 역평행으로 배열한 상보성 가닥은 Watson과 Crick에 의해 제안된 짝짓기 법칙을 따른다. 염기쌍을 형성하여 역평행으로 배열한 가닥은 염기 조성이 서로 다르다: 왼쪽 가닥의 조성은 $A_3T_2G_1C_3$이고, 오른쪽 가닥의 조성은 $A_2T_3G_3C_1$이다. 또한 각 사슬을 5′→3′ 방향으로 읽으면 서열도 다르다. 염기 당량을 주목하라: 이중나선에서 A = T, 그리고 G = C이다.

(minor groove)이 나타나게 된다(**그림 8-13**). 한쪽 가닥의 각 뉴클레오타이드 염기는 같은 평면상에서 다른 쪽 가닥의 염기와 짝을 짓고 있다. Watson과 Crick은 그림 8-11과 같은 G와 C 및 A와 T 사이의 수소결합 염기쌍들이 이 모형에 가장 잘 들어맞을 뿐 아니라 모든 DNA에서 G = C 및 A = T로 나타나는 샤가프의 법칙에도 잘 들어맞는다는 사실을 알아냈다. 여기서 주목해야 할 점은 G와 C 사이에 3개의 수소결합이 존재할 수 있으나(G≡C로 기호화함), A와 T 사이에는 2개의 수소결합(A═T로 표시) 만이 가능하다는 것을 염두에 두어야 한다. G와 C 그리고 A와 T가 아닌 다른 염기 간의 짝짓기는(정도의 차이는 있으나) 이중나선 구조를 불안정하게 하는 경향이 있다.

Watson과 Crick이 모형을 구축할 때 각 DNA 가닥이 **평행(parallel)**하게 위치할지 아니면 **역평행(antiparallel)**으로 위치할지, 즉 3′,5′-인산다이에스터결합이 같은 방향으로 위치할지 아니면 반대 방향으로 뻗어갈지를 결정해야 했다. 그 중 역평행 구조가 가장 적합한 모형으로 제시되었는데, 추후의 DNA 중합효소(DNA polymerase, 제25장)를 사용한 연구를 통하여 2가닥이 실제로 역평행이라는 실험적 근거를 얻었고, X-선 회절 분석을 통하여 실질적으로 확인되었다.

Watson과 Crick은 DNA 섬유의 X-선 회절 양상에서 나타나는 주기성을 설명하기 위하여 사용한 분자 모형으로 이중나선 내에서 염기가 서로 3.4 Å 떨어져서 수직으로 쌓여져 있는 구조를 만들었다; 약 34 Å 거리의 두 번째 반복성은 이중나선의 1회전당 10개의 염기쌍이 존재하는 데에 기인한다. 수용액에서는 그 구조가 약간 달라져서 나선 회전당 10.5개의 염기쌍이 존재하게 된다(그림 8-13).

그림 8-14에서 보는 바와 같이, 역평행으로 배치된 이중나선 DNA의 각 폴리뉴클레오타이드 사슬은 염기의 서열과 조성이 같지 않은 대신 서로 **상보적인(complementary)** 서열을 하고 있다. 한쪽 사슬에 아데닌이 있으면 반대편 사슬에 대응하는 위치에 반드시 타이민이 존재하며, 마찬가지로 한쪽에 구아닌이 있을 때 반대편에 반드시 사이토신이 있게 된다.

DNA 이중나선(double helix 혹은 duplex)은 2가지의 힘, 즉 상보적 염기쌍 간의 수소결합(그림 8-11)과 염기 치쌓기 상호작용에 의하여 유지된다. DNA 가닥 간의 상보성은 염기쌍 간에 형성되는 수소결합의 특이성에 의한 것이다. 그러나 수소결합은 그 구조의 안정화에는 크게 기여하지 않는다. 이중나선 구조는 골격의 인산기의 음전하를 막아주는 금속 양이온과 상보적인 염기쌍 사이의 치쌓기 상호작용에 의해서 주로 안정화된다. 근접한 G≡C 염기쌍 사이의 염기 치쌓기 상호작용은 인접한 A═T 염기쌍 또는 모든 4개의 염기를 포함한 염기쌍 사이의 상호작용보다 더 강하다. 이러한 성질 때문에 G≡C 염기쌍 비율이 높은 DNA 이중나선이 더 안정하다.

이러한 DNA의 이중나선 구조 모형의 중요한 특징들은 많은 화학적 및 생물학적 증거들로 지지되었다. 게다가 이 모델에 의하여 유전 정보의 전달 기전이 바로 제시될 수 있었다. 이 모형의 본질은 두 DNA 가닥의 상보성이다. 확실한 연구 결과가 나오기 전

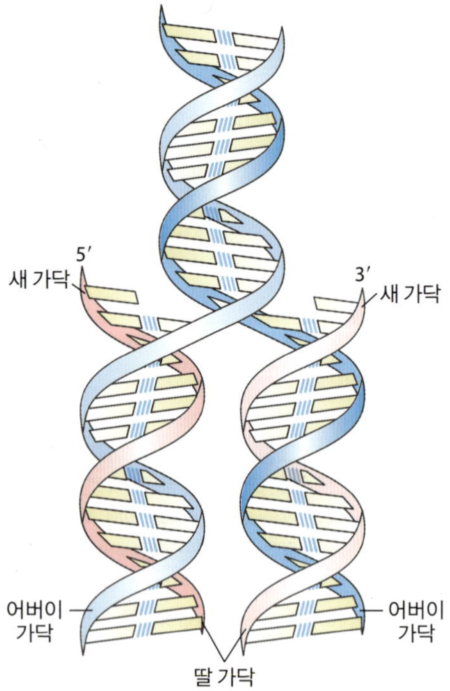

그림 8-15 Watson과 Crick에 의해 제안된 DNA의 복제. 이 전에 존재하던 혹은 "부모(parent)" 가닥이 분리되어 각각이 상보적인 "딸(daughter)" 가닥(분홍색으로 표시)을 생합성하기 위한 틀이 된다.

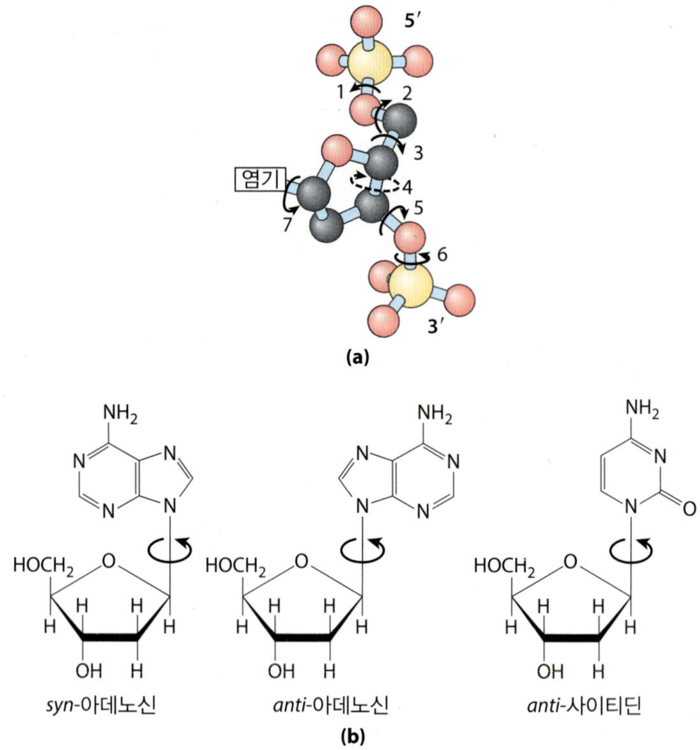

그림 8-16 DNA의 구조적 변이. (a) DNA에서 뉴클레오타이드의 입체형태는 7개의 다른 결합 주위에서의 회전에 의하여 영향을 받는다. 6개의 결합은 자유롭게 회전한다. 결합 4 주위에서 회전이 제한되어 고리 주름(ring pucker)이 생기는데, 여기에서 5-원자 고리형인 퓨라노스 고리의 원자 하나가 나머지 4개의 원자에 의해 만들어지는 평면의 밖에 있다. 이 입체형태는 그 원자가 평면에 대해서 C-5′와 같은 쪽으로 아니면 반대쪽으로 놓이는가에 따라 내부(endo)나 외부(exo)로 표현된다(그림 8-3b 참조). (b) 뉴클레오타이드의 퓨린 염기에서 결합된 라이보스 단위에 대하여 안티(anti)나 신(syn)의 오직 2가지 입체형태만이 입체구조적으로 허락된다. 피리미딘은 안티 입체형태로 존재한다.

에 이미 Watson과 Crick은 이 구조가 (1) DNA 2가닥을 분리하고 (2) 각 가닥에 상보적인 가닥을 합성한다는 것으로부터 논리적으로 완전하다는 것을 알 수 있었다. 각각의 새로운 가닥을 이루는 뉴클레오타이드는 위에서 언급한 짝짓기 규칙에 의하여 특이성을 가지는 서열로 연결되므로 각각의 앞서 존재하던 가닥은 자신의 상보성 가닥의 합성을 유도하기 위한 본틀(template)로서 기능을 하게 된다(**그림 8-15**). 이러한 가설은 실험적으로 확인되어 우리가 유전을 생물학적으로 이해하는 데 혁명을 가져왔다.

DNA는 다른 3차원 형태로 존재할 수 있다

DNA는 매우 유연한 분자이다. 당-인산기(포스포데옥시라이보스) 골격에 있는 많은 결합 주위로 상당한 회전이 가능하고, 열 요동(thermal fluctuation)에 의하여 각 가닥이 휘거나 신장되거나 짝이 풀리는[융해되는(melting)] 것이 가능하다. Watson-Crick DNA 구조와 상당한 차이를 보이는 다양한 구조가 세포 속에서 발견되는데, 이들의 일부 혹은 모두가 DNA 대사에 있어 중요한 역할을 담당할 것으로 생각된다. 이러한 구조 변이에서도 Watson과 Crick이 주창한 DNA의 주된 성질, 즉 가닥의 상보성, 역평행 가닥, A=T 및 G≡C 사이의 염기쌍 등은 그대로 유지되고 있다.

DNA의 구조 변이는 다음의 3가지에 의하여 일어난다: 데옥시라이보스의 가능한 다른 입체형태, 포스포데옥시라이보스 골격을 이루는 인접한 결합 주위의 회전(**그림 8-16a**), C-1′-*N*-글라이코사이드 결합(C-1′-*N*-glycosyl bond) 주위의 자유회전(그림 8-16b) 등. 공간적 장애(steric constraints)로 퓨린 뉴클레오타이드 내의 퓨린들이 데옥시라이보스에 대하여 취할 수 있는 안정된 입체형태는 신(syn)과 안티(anti)의 2가지로 제한된다(그림 8-16b). 피리미딘은 당과 피리미딘 C-2에 있는 카보닐 산소와의 입체 간섭 때문에 일반적으로 안티 입체형태로 존재한다.

Watson-Crick 구조는 또한 **B형 DNA(B-form DNA)** 혹은 B-DNA라고 한다. B형은 생리적 조건에서 무작위 서열 DNA 분자의 가장 안정된 구조이고, 따라서 DNA의 성질에 관한 연구를 할 때 기준이 되는 구조이다. **A형**과 **Z형**은 DNA 구조의 2가지 변이들로서 결정 구조(crystal structure)를 통하여 그 구조가 매우 잘 밝혀져 있다. 이 3가지 DNA 입체형태와 각각의 특성을 요약하여 **그림 8-17**에 나타냈다. A형은 상대적으로 물이 없는 용액에서 형성되기 쉽다. 이때 DNA는 여전히 오른쪽 감기의 이중나선을 취하고 있으나 나선의 폭이 더 넓어지고 나선의 1회전당 염기쌍의 수는 B-DNA처럼 10.5개가 아니고 11개이다. A-DNA에서 염기쌍의 평

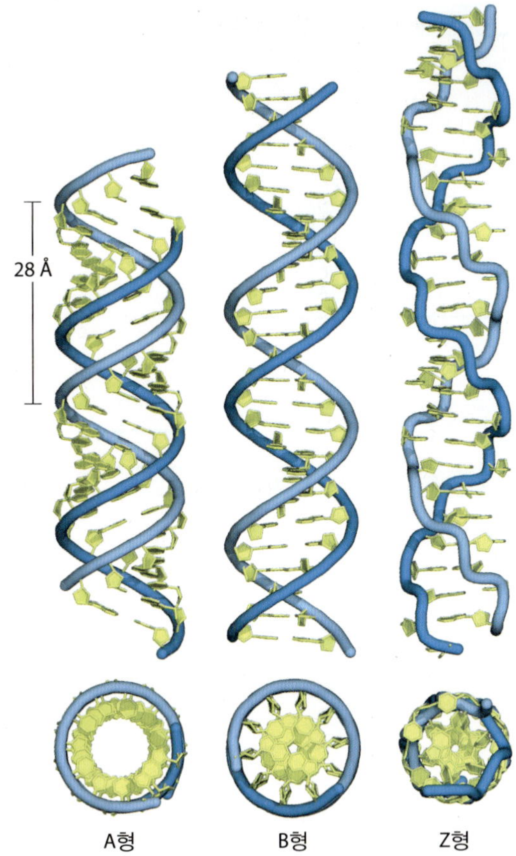

	A형	B형	Z형
나선의 방향	오른손 감기	오른손 감기	왼손 감기
지름	~26 Å	~20 Å	~18 Å
나선 회전당 염기쌍	11	10.5	12
염기쌍당 나선의 높이	2.6 Å	3.4 Å	3.7 Å
나선축에 대한 염기의 정상 기울기	20°	6°	7°
당 주름 입체형태	C-3′ 내부	C-2′ 내부	피리미딘은 C-2′ 내부; 퓨린은 C-3′ 내부
글라이코사이드 결합 입체형태	Anti	Anti	피리미딘은 anti; 퓨린은 syn

그림 8-17 A형, B형, Z형 DNA의 비교. 그림에 나타난 각 구조는 36개의 염기쌍으로 되어 있다. 라이보스와 염기는 노란색으로 표시되었다. 인산다이에스터 골격은 파란색의 줄로 표시되었다. 파란색은 이후의 장들에서 DNA 가닥을 나타내는 색이다. 3가지 형태의 DNA의 일부 특성을 표로 요약하였다.

면이 B-DNA에 비해서 약 20° 기울어져 있으므로 나선축에 대하여 완벽한 수직은 아니다. 이런 구조적인 변화로 큰 고랑은 깊어진 반면에 작은 고랑은 더 얕아져 있다. DNA의 결정 형성을 촉진시키는 시약은 DNA를 탈수시키는 경향이 있어서 대부분의 짧은 DNA 분자는 흔히 A형으로 결정화된다.

Z형 DNA는 B형과 좀 더 뚜렷하게 다른 양상을 하고 있다; 우선 가장 큰 차이로 나선이 왼쪽 감기로 되어 있다. 나선 1회전당 염기쌍의 수는 12개이며 구조가 더 늘씬하고 길게 보인다. DNA의 골격은 지그재그(zigzag)와 같은 모양을 한다. 어떤 특정한 뉴클레오타이드 서열은 다른 구조보다 왼쪽 감기 Z형 나선 구조로 더 잘 형성된다. 대표적인 예로 퓨린과 피리미딘이 교대로 늘어서 있는 서열, 특히 사이토신과 구아닌(즉, 나선구조에 C≡G 그리고 G≡C 염기쌍의 교대 배열) 또는 5-메틸-사이토신과 구아닌 잔기가 교대로 늘어선 서열을 들 수 있다. Z-DNA가 왼쪽 감기 나선을 형성하기 위하여 퓨린 잔기가 신(syn) 입체형태를 취하며 안티(anti) 입체형태를 취하는 피리미딘과 교대로 배열된다. 큰 고랑은 Z-DNA에서 거의 나타나지 않고 작은 고랑은 좁고 깊다.

A-DNA가 세포 속에 존재하는지는 불확실하지만 일부 Z-DNA의 짧은 영역이 원핵생물과 진핵생물에서 확인되었다. 이 Z-DNA 영역들은 일부 유전자 발현의 조절 또는 유전자 재조합(genetic recombination)에 있어서 아직 밝혀지지 않은 역할을 할 가능성이 있다.

특정 DNA 서열은 특이한 구조를 형성한다

그 밖의 염기 서열에 따른 많은 DNA 구조 변이(structural variation)는 큰 염색체에서 확인되었는데, 이 특수한 구조 변이들은 바로 근접해 있는 DNA의 기능과 대사에 영향을 미칠 수 있다. 예를 들면, 1가닥에 아데노신 잔기가 4개 이상으로 연속적으로 나타나면 DNA 나선이 구부러져 굽이(bend)가 나타난다. 연속되는 6개의 아데노신들은 약 18°의 굽이를 만든다. 이러한 DNA 서열과 기타 서열에서 나타나는 굽이 구조는 DNA에 특정 단백질이 결합하는 데 있어 중요한 역할을 할 수 있다.

보다 흔하게 나타나는 DNA 서열로 **회문(palindrome)**이 있다. 회문이란 ROTATOR와 NURSES RUN과 같이 앞뒤 어느 쪽에서 읽어도 동일한 단어, 구절, 문장 등을 말한다. DNA에서 2가닥에 거쳐 두 방향의 대칭성을 가지는 **역반복 서열(inverted repeat)**이 나타나는 DNA 부분을 회문이라 칭한다(**그림 8-18**). 이러한 역반복 서열은 각각의 가닥 내에서 자체 상보적(self-complementary)이어서 **머리핀(hairpin)** 구조나 **십자형** 구조(**cruciform** 또는 cross-shaped structure)를 형성할 수 있다(**그림 8-19**). DNA의 각 서열에 역반복 서열이 나타나는 경우에는 **거울상 반복(mirror repeat)**이라 한다. 거울상 반복의 경우는 동일 가닥에 상보적 서열을 가지고 있지 않기 때문에 머리핀 구조나 십자형 구조를 형성할 수 없다. 이러한 서열들은 실제로 모든 큰 DNA 분자에서 볼 수 있는데, 몇 개에서 수천 개의 염기쌍에 걸쳐 나타나기도 한다. 세포 속에

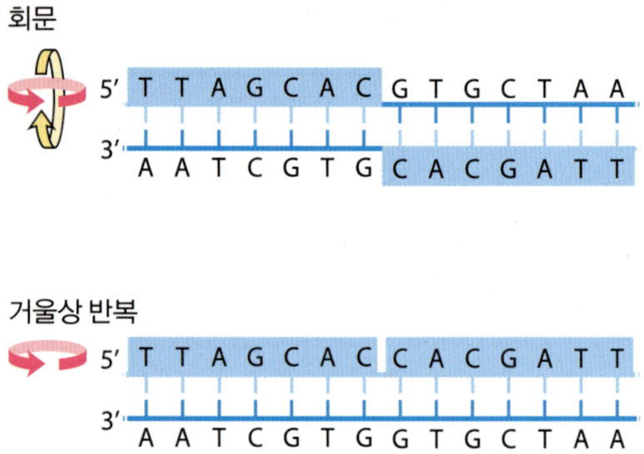

그림 8-18 회문과 거울상 반복. 회문은 2회 대칭이 존재하는 2가닥 핵산의 서열이다. 반복 서열(음영으로 나타낸 서열)끼리 중첩시키기 위하여 색으로 표시한 화살표가 지시하듯이 수평축에 대해서 180° 회전시킨 후에 수직축에 대하여 180° 회전시켜야 한다. 이에 대하여 거울상 반복은 각 가닥 내에 대칭 서열을 가지고 있다. 반복 서열끼리 중첩시키기 위하여 단지 수직축에 대하여 180° 돌리면 된다.

서 어느 정도의 회문 서열이 십자형 구조로 존재하는지 알 수 없지만 실제 대장균 체내에서 일부 십자형 구조가 확인되었다. 자체 상보적 서열을 가지고 있는 단일가닥의 DNA(혹은 RNA)가 수용액에 노출되면 여러 개의 머리핀 구조를 갖는 복잡한 구조를 형성한다.

몇 가지 특이적 DNA 구조들은 3가닥 심지어 4가닥의 DNA로 형성된다. Watson-Crick 염기쌍(그림 8-11)을 이루는 뉴클레오타이드들은 세 번째 가닥과 추가적인 수소결합을 형성할 수 있는데, 특히 큰 고랑에 나열하고 있는 작용기들과 그 결합을 형성한다. 예를 들어, G≡C 뉴클레오타이드 쌍의 구아노신 잔기는 세번째 가닥의 사이티딘 잔기(양성자가 부가되어 있는 경우)와 짝지을 수 있고(**그림 8-20a**), A=T 쌍의 아데노신은 타이미딘과 짝지을 수 있다. 세 번째 DNA 가닥의 수소결합에 참여하는 원자인 퓨린의 N-7, O^6, N^6를 흔히 **후그스틴 위치(Hoogsteen position)**라 하고, 이렇게 왓슨-크릭 짝짓기가 아닌 짝짓기를 **후그스틴 짝짓기(Hoogsteen pairing)**이라 한다. 이것은 1963년에 처음으로 이러한 특이적 짝짓기의 가능성을 인지한 Karst Hoogsteen의 이름을 딴 것이다. 후그스틴 짝짓기에 의하여 **삼중가닥 DNA(triplex DNA)**가 형성될 수 있다. 그림 8-20(a, b)에 나타낸 삼중가닥은 낮은 pH에서 가장 안정적인데, 이것은 C≡G·C^+ 삼중자(triplet)가 형성되려면 사이티딘에 양성자가 부가되어야 하기 때문이다. 삼중가닥 DNA에서 사이토신의 pK_a는 >7.5으로 정상값인 4.2와 다르다. 삼중가닥 DNA도 마찬가지로 그 서열이 피리미딘이나 퓨린만으로 이루어진 긴 서열에서 가장 잘 형성된다. 일부 삼중가닥 DNA의 경우 2가닥의 피리미딘 가닥과 1개의 퓨린 가닥 또는 2가닥의 퓨린 가닥에 1가닥의 피리미딘 가닥으로 형성되기도 한다.

4개의 DNA 가닥 또한 서로 짝을 지어 사중가닥(tetraplex 또는 quadruplex)을 형성할 수 있는데, 구아노신 잔기의 비율이 매우 높게 나타나는 DNA 서열(그림 8-20c, d)에서만 가능하다. 구아노신 사중가닥, 즉 **G 사중가닥(G tetraplex)**은 매우 다양한 조건

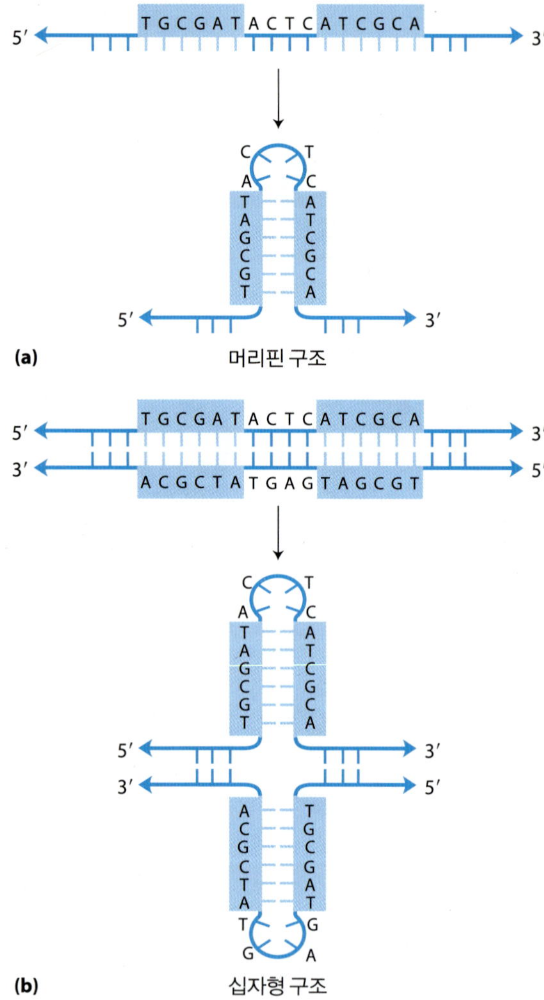

그림 8-19 머리핀 구조와 십자형 구조. 회문 서열이 있는 DNA(또는 RNA)는 동일 가닥 내에서 염기쌍을 형성하여 2가지 구조 중 1가지 구조를 형성할 수 있다. **(a)** 단일가닥의 DNA(또는 RNA)만으로 형성되면 머리핀 구조라고 한다. **(b)** 2가닥 DNA의 모든 가닥이 관여하면 십자형 구조가 형성된다. 파란색 음영은 동일한 가닥 또는 상보성 가닥의 상보적 서열과 짝지을 수 있는 비대칭 서열을 강조한다.

하에서 매우 안정적이다. 사중가닥 내의 각 가닥의 방향성은 그림 8-20e에 나타낸 바와 같이 다양하게 존재한다.

살아 있는 세포의 DNA에서 많은 서열 특이적 DNA 결합 단백질(제28장)들이 인식하는 부위는 회문으로 배열되어 있으며, 삼중나선을 형성할 수 있는 폴리피리미딘이나 폴리퓨린 서열은 일부 진핵세포 유전자의 발현 조절 부위에 나타난다. 이론적으로 이러한 서열들과 짝지어 삼중가닥 DNA를 형성하도록 합성한 DNA 가닥은 유전자 발현을 방해할 수 있다. 이런 식으로 세포의 대사를 조절하는 접근 방식은 의학과 농업 등의 분야에 활용될 가능성이 높아 이에 대한 상업적 관심이 집중되고 있다.

전령 RNA는 폴리펩타이드 사슬을 암호화한다

이제 DNA 구조에서 DNA에 들어 있는 유전 정보의 발현으로 주제를 돌려보자. RNA는 세포에 존재하는 두 번째 주요 핵산으로서

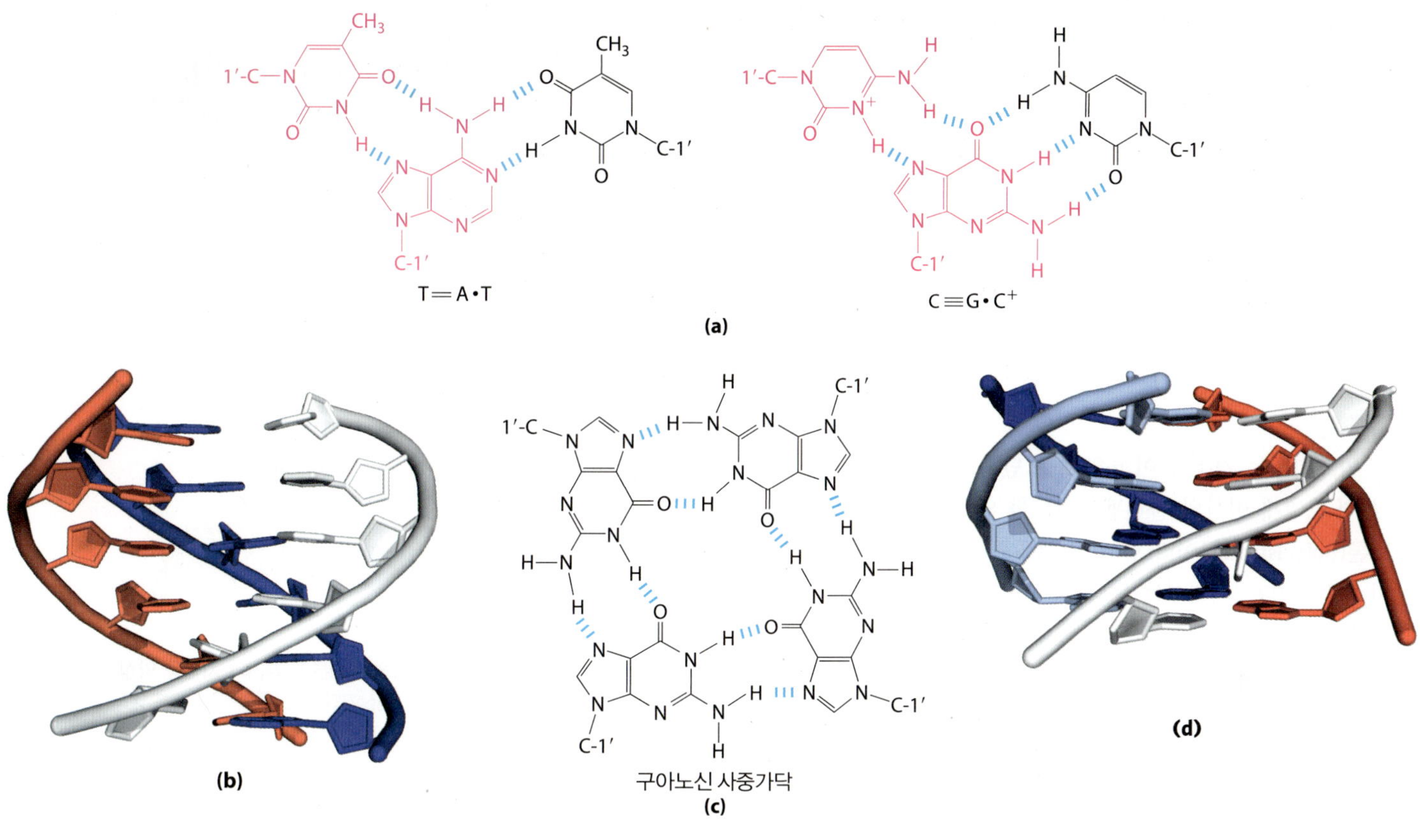

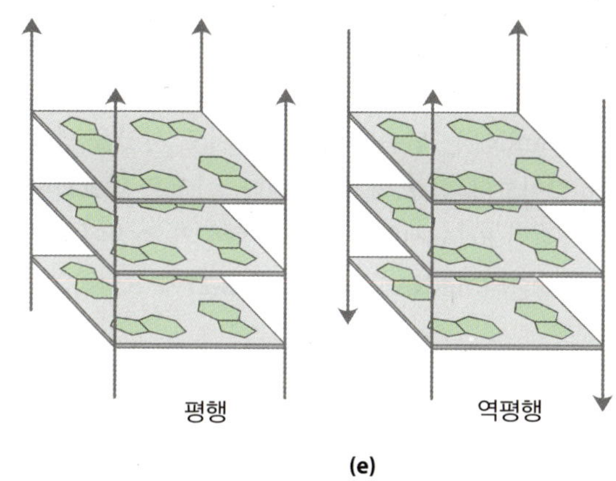

그림 8-20 3개 또는 4개의 DNA 가닥을 포함하는 DNA 구조. **(a)** 특성이 잘 밝혀진 삼중가닥 DNA의 한 형태의 염기 짝짓기 양상. 각 경우의 후그스틴 쌍(Hoogsteen pair)은 빨간색으로 나타나 있다. **(b)** 2개의 피리미딘 가닥(빨간색과 하얀색; 서열 TTCCT)과 하나의 퓨린 가닥(파란색; 서열 AAGGAA)을 함유하는 삼중나선 DNA. 파란색과 하얀색 가닥은 역평행으로 배열되어 있고 정상적인 왓슨-크릭 염기쌍 양상을 유지한다. 세 번째(모두 피리미딘) 가닥(빨간색)은 퓨린 가닥에 평행하고 비-왓슨-크릭 수소결합으로 짝지어 있다. 삼중가닥 DNA를 측면에서 본 그림으로 6개의 삼중자가 나타나 있다. **(c)** 구아노신 사중가닥 DNA에서 염기 짝짓기 양상. **(d)** 구아노신 사중가닥 DNA에서 연속하는 사중자 4개의 구조. **(e)** 구아노신 사중가닥 DNA에서 가능한 가닥들의 방향성(orientation)의 변이. [출처: (b) Modified from PDB ID 1BCE, J. L. Asensio et al., *Nucleic Acids Res.* 26:3677, 1998. (d) PDB ID 244D, G. Laughlan et al., *Science* 265:520, 1994.]

다양한 기능을 가지고 있다. 유전자 발현에서 RNA는 매개자 역할을 수행하는데, DNA의 암호화된 정보를 이용하여 실제 기능을 수행하는 단백질의 아미노산 서열을 지정해 주는 역할을 담당한다.

진핵생물에서 대부분의 DNA는 핵 안에 존재하는 반면에 단백질 합성은 세포질의 라이보소체에서 일어나므로 핵으로부터 세포질로 유전 정보를 운반해 줄 DNA 외의 다른 분자가 반드시 필요하다. 1950년대 초반에 RNA가 가장 가능성 있는 후보로 거론되었다: RNA는 핵과 세포질 모두에서 발견될 뿐 아니라 단백질 합성이 증가할 때 세포질 RNA의 양과 전환속도(turnover rate)도 증가하기 때문이다. 이와 같은 일련의 관찰 결과들을 토대로 몇몇의 연구자들에 의하여 RNA가 유전 정보를 DNA에서 라이보소체의 단백질 생합성 장치로 운반하는 기능을 담당할 것이라고 제안되었다. 1961년에 François Jacob과 Jacques Monod는 이 일련의 과정에 관한 통합된(결과적으로 사실로 입증된) 기전을 제시했다. 그들은 전체 세포 RNA 중에서 DNA에서 라이보소체로 유전 정보를 운반하는 기능을 담당하는 RNA를 "전령 RNA(messenger RNA, mRNA)"라 하였다. DNA 본틀로부터 mRNA가 형성되는 과정을 **전사(transcription)**라고 한다. 이 전령 RNA들은 라이보소체에서 폴리펩타이드 사슬의 아미노산 서열을 결정해 주는 본틀의 역할을 담당한다. 서로 다른 유전자의 mRNA는 그 길이가 다양하지만 특정 유전자로부터 유래된 mRNA는 일반적으로 정해진 크기를 가진다.

세균과 고세균(archaea)에서 하나의 mRNA 분자가 1개 이상의 폴리펩타이드 사슬을 암호화(coding) 한다. 1개의 폴리펩타이

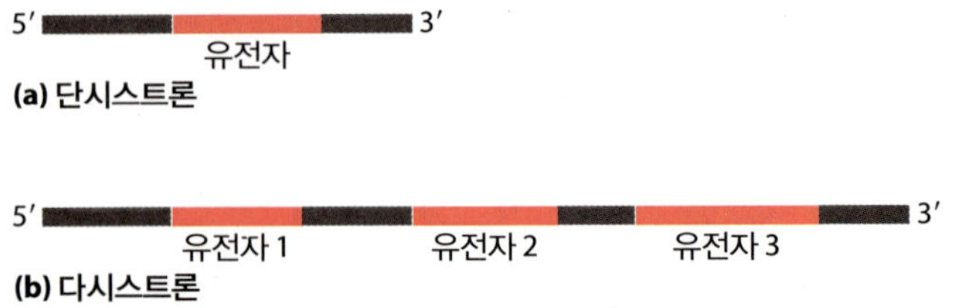

그림 8-21 세균의 mRNA. 모식도는 세균의 단시스트론(a)과 다시스트론(b) mRNA를 나타내고 있다. 빨간색 분절은 유전자 산물을 암호화하는 RNA를 나타낸다; 회색 분절은 비암호(noncoding) RNA를 나타낸다. 다시스트론 전사물(transcript)에서 비암호 RNA가 3개의 유전자를 구분하고 있다.

드만 암호화하는 경우에 이 mRNA는 **단시스트론(monocistronic)**이라 하고, 2개 이상의 폴리펩타이드를 암호화하는 경우를 **다시스트론(polycistronic)**이라 한다. 진핵세포에서 대부분의 mRNA는 단시스트론이다. (여기서는 논의를 목적으로 "시스트론"은 유전자를 가리킨다. 이 용어 자체는 유전학에서 역사적인 유래를 가지고 있는 용어로서 정통의 유전학적 정의는 이 책의 범위를 벗어난다.) mRNA의 최소 길이는 그것이 암호화하는 폴리펩타이드 사슬의 길이에 따라 결정된다. 예를 들면, 100개의 아미노산 잔기로 구성된 폴리펩타이드 사슬은 각 아미노산이 뉴클레오타이드 삼중자(nucleotide triplet)에 의하여 암호화되기 때문에 최소 300개의 뉴클레오타이드 서열을 지닌 mRNA를 필요로 한다(단백질 합성에 대하여 제27장에서 자세히 논의하기로 한다). 그러나 DNA로부터 전사된 mRNA는 단순히 폴리펩타이드 서열을 암호화하는 데 필요한 길이보다 항상 약간 더 길다. 이것은 암호화에 관여하지 않는 부가적인 RNA 서열이 단백질 합성의 조절에 필요하기 때문이다. 원핵생물의 mRNA 구조를 **그림 8-21**에 요약하였다.

많은 RNA는 더 복잡한 3차원 구조를 갖는다

mRNA는 세포에 있는 몇 가지 종류의 RNA 중 하나이다. 전달 RNA(transfer RNA)는 단백질 합성에서 연결자 분자(adapter molecule)의 기능을 담당한다; 한쪽 끝이 아미노산과 공유결합으로 연결되어 있는 tRNA는 아미노산이 연장하는 폴리펩타이드에 올바른 서열로 연결되도록 mRNA와 짝지어 준다. 라이보소체 RNA(ribosomal RNA)는 라이보소체의 구조를 이루는 구성성분이다. 그 밖에도 효소활성을 갖는 라이보자임(ribozyme)을 포함하는 특수한 기능을 지니는 광범위한 종류의 RNA들이 존재한다. 이들에 대해서는 제26장에서 상세하게 기술하기로 한다. 이러한 다양하고 때로 복잡한 RNA의 기능들은 DNA보다 훨씬 더 복잡한 구조적 다양성을 반영한다.

DNA의 전사 산물은 항상 단일가닥의 RNA이다. 단일가닥은 오른쪽 방향의 나선 입체형태(right-handed helical conformation)(**그림 8-22**)를 취하는 경향이 있는데, 이때 주를 이루는 염기 치쌓기 상호작용은 퓨린과 피리미딘 사이 또는 두 피리미딘 사이의 것

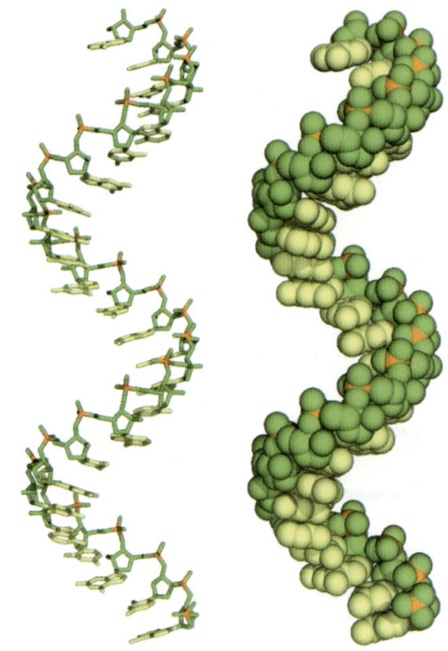

그림 8-22 단일가닥 RNA의 전형적인 오른쪽 감기의 치쌓음 양상. 염기는 노란색, 인 원자는 주황색, 라이보스와 인산기의 산소는 녹색으로 표시되어 있다. 파란색이 DNA를 나타내는 데 사용되듯이 녹색은 뒷장에서 RNA를 나타나는 데 사용된다.

보다 두 퓨린 사이에서 가장 강하게 나타난다. 퓨린-퓨린 상호작용은 워낙 강해서 2개의 퓨린 사이에 피리미딘이 끼어 있으면 피리미딘은 쌓임 구조에서 밀려나고 두 퓨린끼리 상호작용을 한다. 분자 내에 자체 상보적 서열이 있으면 그 구조가 더 복잡해진다. RNA는 RNA뿐 아니라 DNA와도 상보적 부위를 통하여 염기쌍을 형성할 수 있다. 염기쌍을 형성하는 원칙은 DNA의 경우와 마찬가지이다: G는 C와 A는 U(혹은 일부 RNA에 드물게 존재하는 T)와 쌍을 이룬다. 단 2가닥 단일나선의 RNA에서 상보적 서열들이 짝짓기를 할 때 허용되는 G와 U 잔기 간의 염기쌍은 DNA에서 나타나지 않는 예외이다(그림 8-24 참조). 염기쌍을 형성한 RNA 사슬 또는 RNA-DNA 이중가닥은 DNA의 경우와 마찬가지로 서로의 사슬 방향과 역평행이 된다.

완전히 상보적인 서열의 RNA가 존재할 때 주로 형성되는 이중나선 구조는 오른쪽 감기의 A형 이중나선 구조이다. 그러나 완전히 짝짓기를 하는 긴 구역의 RNA 가닥들은 흔하지 않다. 단백질과 같이 RNA들의 3차 구조는 복잡하고 독특하다. 특히 염기 치쌓기 상호작용과 같은 약한 상호작용은 DNA처럼 RNA의 구조를 안정시키는 주된 역할을 한다. Z형 나선 구조는 시험관에서 (염의 농도가 매우 높거나 또는 고온의 조건에서) 형성되는 경우가 있다. RNA의 B형 구조는 아직 관찰된 바가 없다. 규칙적인 A형 이중나선 구조는 하나 혹은 양쪽 가닥에 잘못 짝지어진 혹은 짝지어지지 않은 염기가 존재하는 경우 아주 흔하게 끊기게 되는데, 이것은 결과적으로 돌출부(bulge) 또는 내부 루프(inernal loop) 구조를 만든다(**그림 8-23**). 머리핀 루프 구조(hairpin loops)는 가까이

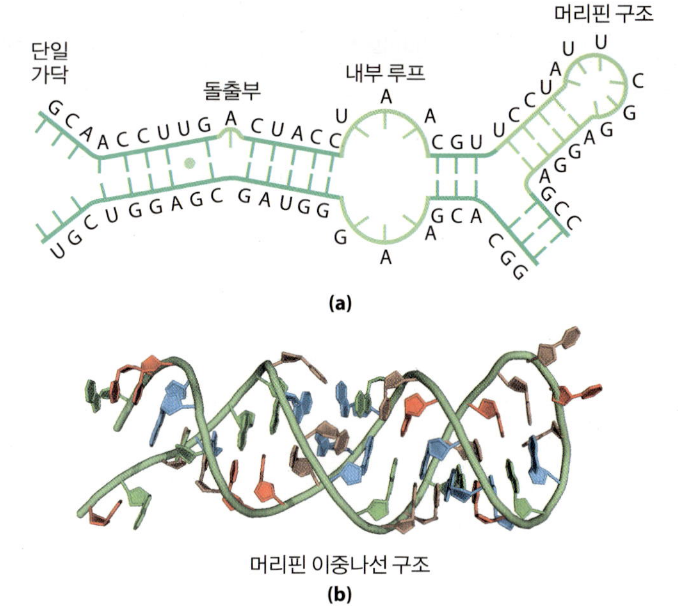

그림 8-23 RNA의 2차 구조. (a) 돌출부, 내부 루프, 머리핀 루프. (b) 짝지은 부위는 일반적으로 머리핀 구조에서 볼 수 있는 것과 같이 A형 오른쪽 감기 나선을 형성한다. [출처: (b) Modified from PDB ID 1GID, J. H. Cate et al., *Science* 273:1678, 1996.]

위치하는 자체 상보적 서열들 사이에서 형성된다. 많은 RNA에서 염기쌍을 형성하여 나선 구조를 취할 수 있는 가능성은 크며(**그림 8-24**), 그 결과로 형성된 머리핀 구조는 RNA에서 볼 수 있는 가장 전형적인 2차 구조이다. RNA 머리핀 구조의 끝에서 UUCG와 같은 특정의 짧은 염기 서열이 종종 나타나는데, 이 경우 특히 견고하고 안정된 루프를 형성하는 것으로 알려져 있다. 이러한 서열은 RNA 분자가 해당하는 정확한 3차 구조를 형성하는 시작점으로 작용하는 것으로 보인다. 왓슨-크릭의 염기쌍 형성에 속하지 않는 수소결합들도 부가적으로 구조에 중요한 기여를 하고 있다. 예를 들면, 라이보스의 2′-하이드록실기는 다른 잔기들과 수소결합을 형성할 수 있다. 이러한 일련의 특성들은 효모의 페닐알라닌 전달 RNA(폴리펩타이드에 Phe 잔기를 끼워 넣는 데 관여하는 tRNA)와 단백질 효소처럼 3차원 구조에 따라 그 기능이 결정되는 2개의 RNA 효소, 즉 라이보자임의 구조에서 현저하게 나타난다(**그림 8-25**).

RNA의 구조 및 그 구조와 기능 간의 상관관계를 분석하는 일은 최근 각광받는 연구 분야로서 단백질의 구조를 분석하는 것과

그림 8-24 RNA에서 염기쌍을 형성한 나선 구조. 여기에 대장균의 RNA 분해효소 P라는 효소의 M1 RNA 성분이 취할 수 있는 2차 구조가 나타나 있는데, 머리핀 구조가 많이 존재한다. 단백질 성분(그림에 나타나 있지 않음)도 가지고 있는 RNA 분해효소 P는 전달 RNA를 가공할 때 작용한다(그림 26-26 참조). 2개의 대괄호로 묶은 것은 3차 구조에서 짝지을 수 있는 추가적인 상보성 서열을 나타낸다. 파란색 점은 비-왓슨-크릭 GU 염기쌍(사각형에 삽입한 그림)을 나타낸다. GU 염기쌍은 미리 합성된 RNA 가닥이 서로 접혀지거나 결합될(anneal) 때에만 가능하다. RNA 합성 동안에 G 본틀에 대하여 U를 끼워 넣거나 그 반대로 하는 RNA 중합효소는 없다. [출처: B. D. James et al., *Cell* 52:19, 1988.]

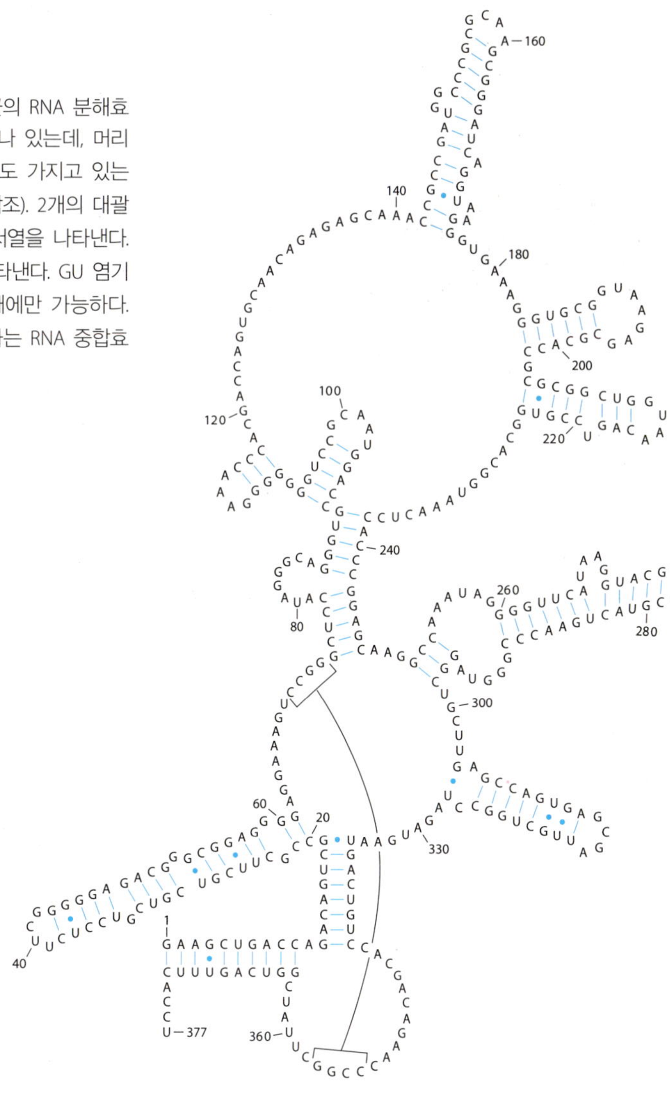

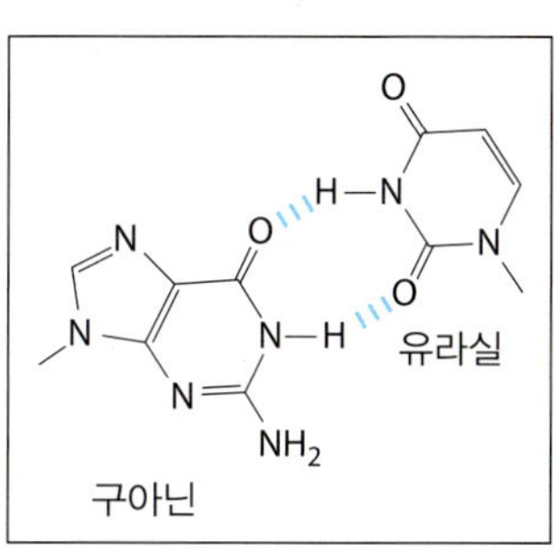

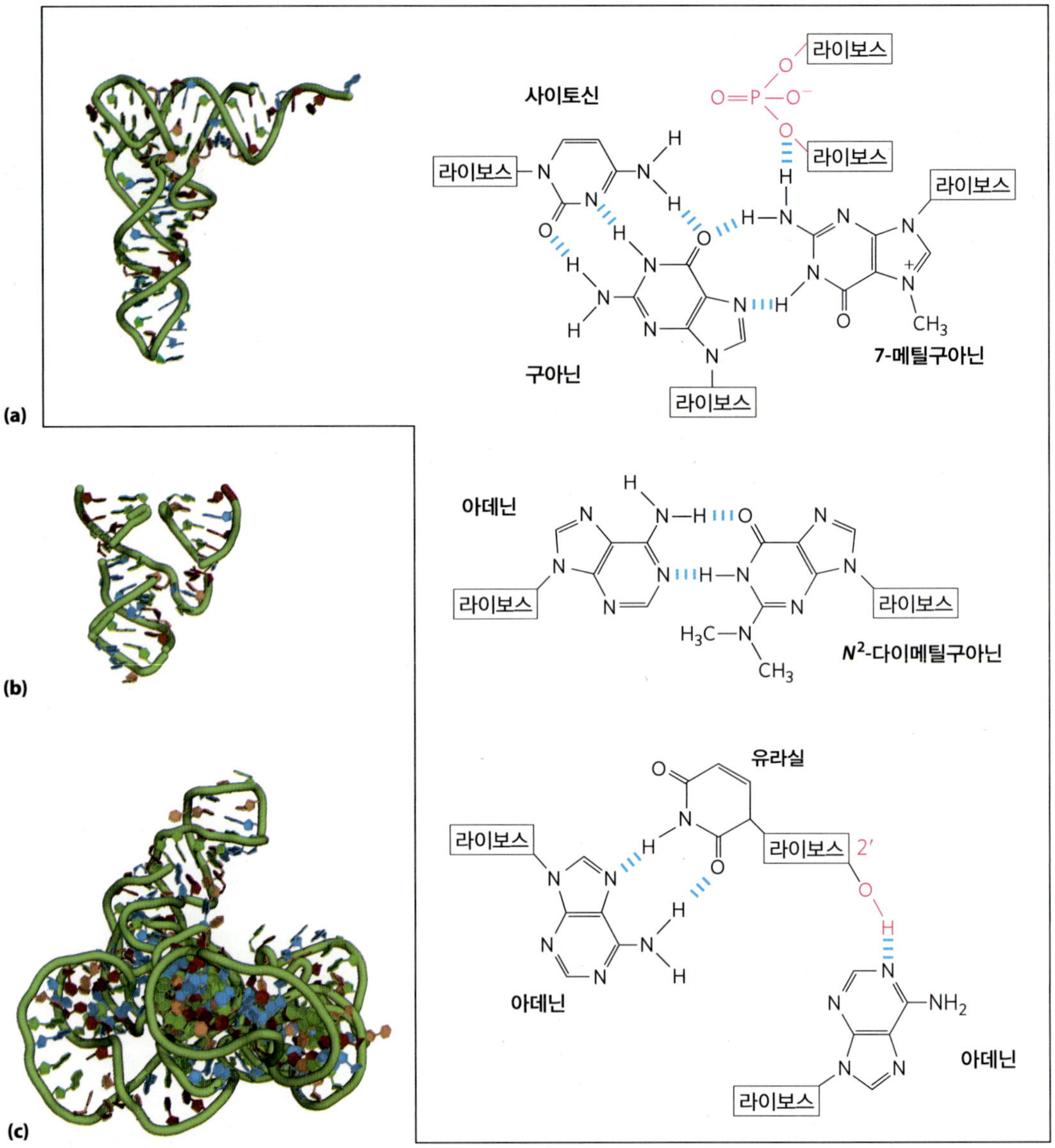

그림 8-25 RNA의 3차원 구조. **(a)** 효모 페닐알라닌 tRNA의 3차원 구조. 일부의 보기 드문 염기 짝짓기 양상이 이 tRNA에서 관찰된다. 라이보스 인산다이에스터 결합의 산소와 라이보스의 2′-하이드록실기가 각각 수소결합에 관여하고 있는 것에도 주목하라(둘 다 빨간색으로 표시). **(b)** 어떤 식물 바이러스에서 추출한 망치머리 라이보자임(활성자리의 2차 구조가 망치의 머리처럼 생겨서 이렇게 명명됨, PDB ID 1MME를 변형). 라이보자임 혹은 RNA 효소는 주로 RNA 대사에 관여하는 다양한 반응을 촉매한다. 이 RNA들의 복잡한 3차원 구조는 제6장의 단백질 효소에서 기술되었듯이 촉매 고유의 복잡성을 반영한다. **(c)** 섬모를 가진 원생동물인 *Tetrahymena thermophila*의 인트론으로 알려진 mRNA 분절. 이 인트론(라이보자임)은 mRNA 가닥의 엑손 사이에서 이것 자체가 절단되는 것을 촉매한다(제26장에서 논의). [출처: (a) PDB ID 1TRA, E. Westhof and M. Sundaralingam, *Biochemistry* 25:4868, 1986. (b) Modified from PDB ID 1MME, W. G. Scott et al., *Cell* 81:991, 1995. (c) Modified from PDB ID 1GRZ, B. L. Golden et al., *Science* 282:259, 1998.]

같은 정도로 매우 복잡하다. 우리가 RNA 분자의 다양한 역할에 대하여 알게 될수록 그 구조를 이해하는 것이 매우 중요해 지고 있다.

요약 8.2 핵산의 구조

■ DNA가 유전 정보를 가지고 있다는 것은 여러 가지 실험에 의하여 증명되었다. 특히, Avery-MacLeod-McCarty의 실험은 한 균주로부터 분리된 DNA가 다른 균주의 세포로 들어가 그 형질을 전환시킬 수 있으며 공여자 균주의 유전적 형질을 일부 부여할 수 있다는 사실을 밝혔다. Hershey-Chase의 실험은 숙주세포에서 세균바이러스의 복제를 위한 유전 정보를 가지고 있는 것은 세균바이러스의 단백질로 구성된 외피가 아닌 DNA라는 사실을 증명하였다.

■ 얻을 수 있었던 실험결과들을 기초로 하여 Watson과 Crick은 자연계의 DNA는 오른쪽 감기의 이중나선을 형성하며 역평행으로 배치된 2개의 사슬로 이루어져 있다는 가설을 제시했다. 그 가설

에 따르면 상보적인 염기쌍 A=T와 G≡C가 나선 내에서 수소결합을 통하여 형성되고, 외부에는 친수성인 당-인산기 골격이 배치된다. 염기쌍은 장축에 대하여 수직면 상에 3.4 Å의 간격을 두고 쌓여 있으며, 이중나선의 1회전당 10.5개의 염기쌍이 존재한다.

■ DNA는 몇 종류의 구조를 취할 수 있다. Watson-Crick B형 DNA의 2가지 변이형인 A형과 Z형은 DNA 결정 구조를 통하여 그 특성이 밝혀졌다. A형 나선은 같은 서열을 가진 B형 나선보다 길이가 짧으며 직경이 큰 점이 특징이고, Z형은 왼쪽 감기로 된 나선이다. DNA의 특이적인 서열에 의하여 구조 변이가 생기는 경우도 있다.

■ 전령 RNA는 DNA에서 단백질을 합성하는 라이보소체로 유전 정보를 운반하는 역할을 한다. 전달 RNA와 라이보소체 RNA도 단백질 합성에 관여하고 있다. RNA는 구조적으로 매우 복잡하다; 단일가닥 RNA는 머리핀, 이중가닥 영역, 복잡한 루프 등으로 접혀질 수 있다.

8.3 핵산의 화학

DNA의 유전 정보의 저장고로서 그 역할은 그 고유의 안정성에 그 근간을 두고 있다. 화학적 변성은 효소의 촉매가 없는 한 일반적으로 매우 느리게 나타난다. 그러나 세포에서 유전 정보를 오랜 기간 동안 아무런 변화 없이 저장하는 것이 매우 중요하기 때문에, 아무리 매우 천천히 일어나는 반응이라고 하더라도 DNA의 구조에 변화를 일으키는 반응은 생리학적으로 매우 중요한 의미를 지닐 수 있다. 발암(carcinogenesis)이나 노화(aging)와 같은 과정들은 DNA에 서서히 축적되는 비가역적인 변화와 밀접하게 연관되어 있다. 이와는 달리 파괴적인 변화를 일으키지 않고 DNA의 기능에 필수적인 화학적 변화들도 존재하는데, DNA 복제나 전사 과정에 선행되어야 하는 이중나선가닥의 분리(strand separation) 등이 여기에 속한다. 핵산의 화학에 대한 이해는 생리적 과정들에 대한 지식을 제공할 뿐 아니라 분자생물학, 의학, 법의학 등의 분야에서 이용되고 있는 매우 효율적인 일련의 기술들을 제공해 주었다. 이제 DNA의 화학적 특성들과 이러한 실험 기술들 중 일부를 살펴보고자 한다.

이중나선 DNA와 RNA는 변성될 수 있다

조심스럽게 분리 정제한 본연의 DNA(native DNA)는 pH 7.0, 실온(25°C)의 수용액 상태에서 매우 점도가 높다. 이 수용액의 pH를 급격히 변화시키거나 온도를 80°C 이상으로 상승시키면 용액 중의 DNA는 물리적인 변화를 일으켜 그 점도가 급격히 저하된다. 열과 극단의 pH는 구단백질(globular protein)에 변성을 일으키는 것과 마찬가지로 DNA 이중나선의 변성(denaturation) 또는 융해(melting)를 일으킨다. 염기쌍 간의 수소결합과 염기 치쌓기 상호

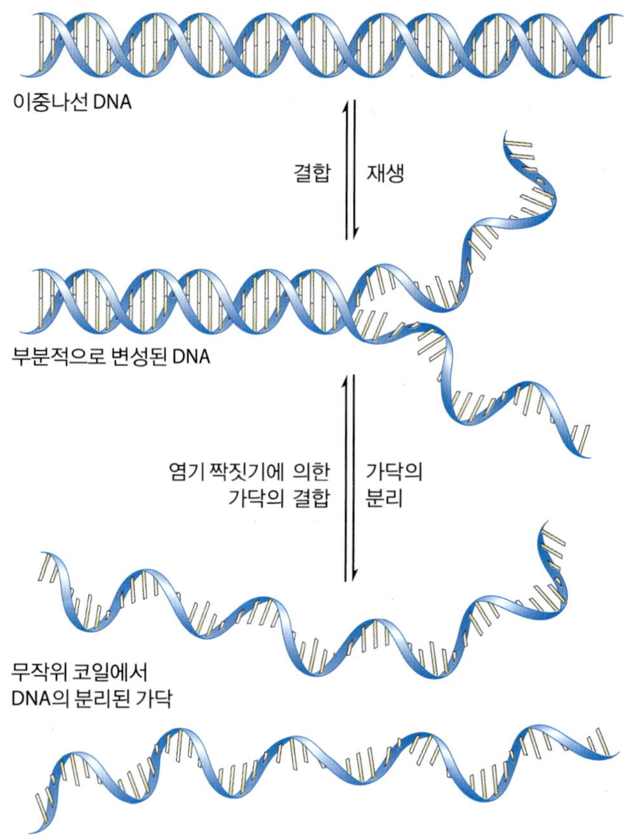

그림 8-26 DNA의 가역적 변성과 재생.

작용이 파괴되어 이중나선 구조가 풀려 2가닥의 DNA 사슬이 분자 전체에 걸쳐 서로 완전히 분리된 상태 또는 일부가 분리된 상태[부분 변성(partial denaturation)]가 된다. 그러나 DNA 분자 내의 공유결합은 끊어지지 않는다(**그림 8-26**).

부분 변성된 DNA 분자의 재생(renaturation)은 이중나선 중에서 12개 혹은 그 이상의 잔기만이라도 2가닥 간에 접합이 되어 있으면 신속하게 한 단계(one-step)로 진행된다. pH와 온도가 생리적 조건으로 되돌아오면 DNA 사슬의 풀려진 부분은 자발적으로 다시 감기거나 **결합되어(anneal)** 본연의 2가닥을 형성하게 된다(그림 8-26). 그러나 DNA가 완전히 분리된 상태에 있으면 DNA의 재생은 두 단계로 진행된다. 첫 번째 단계는 비교적 느리게 진행되는 단계로 2가닥의 DNA 사슬이 무작정 충돌하면서 상대 가닥을 "찾아내어" 상보적인 이중나선을 짧게 형성한다. 두 번째 단계는 훨씬 빠르게 일어난다: 나머지 짝짓지 않은 염기들이 연속적으로 염기쌍을 찾아서 "지퍼(zipper)"를 채우듯이 이중나선을 다시 형성한다.

핵산 내에 쌓여진 염기 간의 밀접한 상호작용에 의하여 염기들이 사슬로 쌓여져 있는 경우는 같은 농도의 유리 뉴클레오타이드가 있는 용액에 비해 상대적으로 자외선의 흡광도가 감소되는 효과가 나타난다. 또한 이러한 흡광도는 상보적인 핵산끼리 짝을

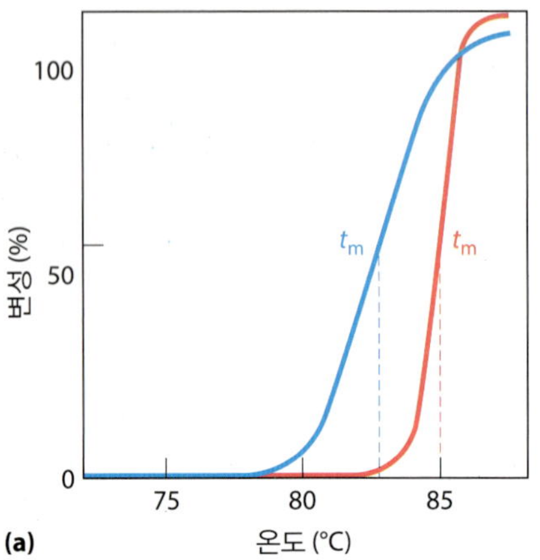

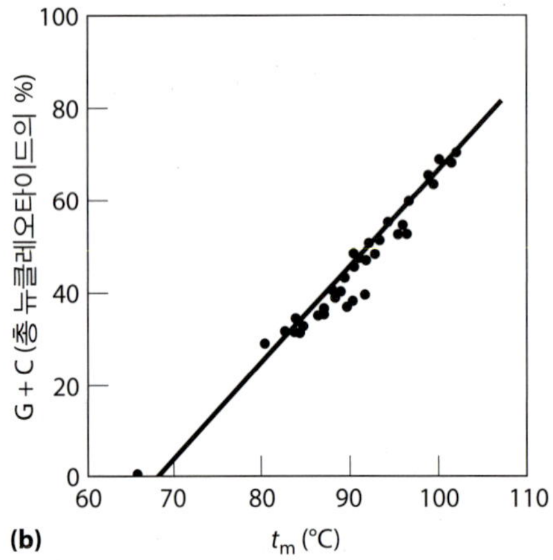

그림 8-27 DNA의 열 변성. (a) 2가지 DNA 시료의 변성 또는 융해 곡선. 염기 전환의 중점에 해당하는 온도(t_m)가 녹는점이다; 녹는점은 pH, 이온 강도, DNA의 크기, 염기의 조성 등에 의존한다. (b) t_m과 DNA의 G + C 함량과의 상관관계. [출처: (b) Adapted from J. Marmur and P. Doty, *J. Mol. Biol.* 5:109, 1962.]

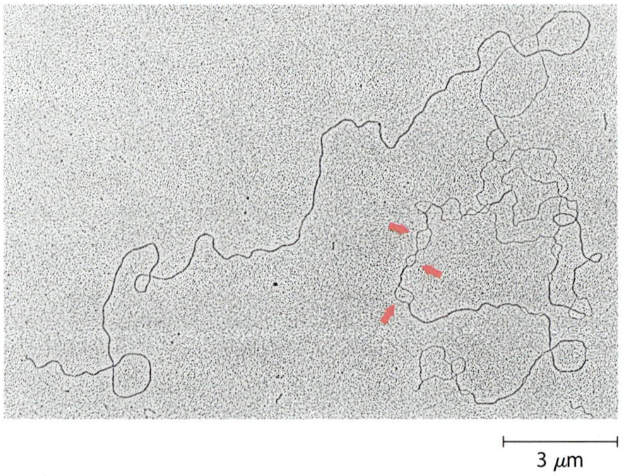

그림 8-28 부분적으로 변성된 DNA. 이 DNA는 부분적으로 변성된 후에 표본으로 제작되는 동안 재생되지 않도록 고정되었다. 전자현미경 사진에서 DNA를 가시화하기 위하여 전처리를 하면 DNA의 직경은 약 5배로 증폭되고 나선의 미세한 구조가 없어진다. 그러나 길이를 측정할 수 있고 단일가닥으로 된 부위와 2가닥으로 이루어진 부위를 쉽게 구별할 수 있다. 화살표는 변성된 결과에 의해 생긴 일부 단일가닥으로 구성된 거품을 표시하고 있다. 변성된 부위는 재생력이 매우 높으며 A=T 염기쌍이 풍부하다. [출처: Ross B. Inman.]

지어 이중나선으로 존재하면 더욱 감소된다. 이러한 효과를 흡광 감소 효과(hypochromic effect)라고 한다. 이중나선 핵산의 변성은 이와 반대되는 결과를 초래한다: 즉, 흡광도가 점차 증가되는 흡광 증가 효과(hyperchromic effect)가 나타난다. 이중가닥 DNA로부터 변성된 단일가닥으로 전환은 260 nm에 UV 흡광도를 조사하여 발견할 수 있다.

바이러스 또는 세균의 DNA 용액을 서서히 가열하면 변성이 일어난다(**그림 8-27**). 각 종 DNA는 고유의 변성 온도(denaturation temperature) 또는 녹는점(melting point, t_m; DNA의 절반이 단일나선으로 변성되는 온도)을 가지고 있다: DNA의 녹는점은 G≡C 염기쌍의 함량이 많을수록 높다. 이것은 G≡C 염기쌍이 3개의 수소결합으로 연결되어 A=T 염기쌍보다 해리되는 데 더 많은 열에너지를 필요로 하기 때문이다. pH와 이온 강도를 고정한 상태에서 DNA 시료의 녹는점을 조심스럽게 측정하면 그 염기의 조성을 추정할 수 있다. 또한 변성 조건을 조심스럽게 조절하면 대부분의 DNA는 그대로 유지한 상태에서 A=T 염기쌍이 많은 부위만을 선택적으로 변성시킬 수 있다. 이와 같이 변성된 부위[거품(bubble)이라 함]는 전자현미경으로 관찰할 수 있다(**그림 8-28**). DNA 가닥의 분리는 생체 내의 DNA 복제와 전사 등의 과정에서 일어나야 한다. 뒤에서 기술하겠지만, 이러한 과정들이 시작되는 부위에는 흔히 A=T 염기쌍의 조성이 높다.

2개의 RNA 사슬로 구성되거나 또는 DNA와 RNA가 각각1가닥을 이루는[RNA-DNA 혼성체(RNA-DNA hybrid)] 이중가닥의 경우도 변성될 수 있다. 특히 RNA 이중가닥(RNA duplex)은 DNA 이중가닥보다 열변성에 대해서 더 안정하다. 중성의 pH에서 RNA 이중나선의 변성 온도는 같은 서열의 DNA 분자의 온도보다 흔히 20°C 이상 높다. RNA-DNA 혼성체의 안정성은 일반적으로 RNA와 DNA 이중가닥의 안정성의 중간이다. 이러한 열안정성의 차이에 관한 물리적인 근거는 아직 알려져 있지 않다.

연습문제 8-1 DNA의 염기 짝짓기

2개의 미확인 세균종인 X, Y로부터 추출한 DNA의 아데닌 구성은 전체 염기 중 각각 32%와 17%이다. 당신이 예상하는 2개의 DNA 시료의 아데닌, 구아닌, 타이민과 사이토신의 상대적 비율은 어떻게 되는가? 당신은 이 예측을 하는 데 어떤 가정을 사용하였는가? 이 종들 중 하나는 온천(64°C)에서 추출하였다. 어떤 종이 호열성(thermophilic) 세균이라고 생각하는가? 그리고 그 이유는 무엇인가?

풀이: 어떤 2가닥의 DNA에서 A = T와 G = C는 동일할 것이다. X라는 종에서 획득한 DNA는 32%의 A를 가지므로 T의 비율 또한 32%일 것이다. 이 가정에 의해서 염기의 64%는 A=T 염기쌍이므로, G≡C 염기쌍은 36%이고 이는 18%의 G와 C로 각각 구성될

것이다. 종 Y의 경우에도 마찬가지로 풀어보면 A가 17%, T가 17%이며, 이는 A═T 염기쌍이 34%를 차지하게 되고, G≡C 염기쌍은 66%이고 이는 33%의 G와 C로 각각 구성될 것이다. 이러한 계산은 양쪽 DNA 분자가 모두 2가닥으로 구성되어 있다는 가정에 기인한다.

G + C의 비율이 DNA 분자에서 높을수록 녹는점이 높을 것이다. 높은 G + C의 비율(66%)을 보이는 종 Y가 더 호열성 세균일 가능성이 높다; 그 이유는 DNA가 높은 녹는점을 가지기 때문에 온천과 같은 높은 온도에서 더 안정될 것이다.

뉴클레오타이드와 핵산은 비효소적 변환(nonenzymatic transformation)을 겪는다

퓨린 및 피리미딘 그리고 이들이 구성하는 뉴클레오타이드들은 공유결합의 구조를 변화시키는 많은 반응이 자발적으로 일어난다. 이 반응들의 속도는 일반적으로 매우 느리다. 그러나 세포에서 유전 정보의 변화는 매우 치명적이기 때문에 이 반응들의 생리적 중요성은 매우 크다. DNA에 있는 유전 정보를 비가역적으로 변화시키는 DNA의 구조적 변화를 **돌연변이(mutation)**라 한다. 많은 실험들을 통하여 특정 개체의 노화와 발암 과정에 이 돌연변이의 축적이 매우 밀접하게 관련되어 있음이 증명되었다.

몇몇 뉴클레오타이드 염기에서 고리 밖(exocyclic) 아미노기가 저절로 소실된다[탈아미노화(deamination), **그림 8-29a**]. 예를 들어, 일반적인 세포 조건에서(DNA 내의) 사이토신이 유라실로 바뀌는 탈아미노화는 24시간 동안에 약 10^7 사이티딘 잔기당 하나의 비율로 일어난다. 이것은 포유동물 세포에서 평균적으로 하루에 약 100번의 자발적 반응이 일어나는 셈이다. 아데닌과 구아닌의 탈아미노화는 이보다 약 1/100 정도의 속도로 일어난다.

사이토신의 탈아미노화는 그 속도가 느려서 그 해가 별로 없어 보이지만 DNA가 유라실 대신에 타이민을 지니고 있어야 하는 확실한 이유가 된다. 사이토신의 탈아미노화 산물인 유라실은 본래 DNA에는 있을 수 없는 잔기이기 때문에 쉽게 인식되어 DNA 복구계(repair system)에 의하여 제거된다(제25장). 만약 DNA가 본래 유라실을 포함하고 있었다면 사이토신의 탈아미노화로부터 생긴 유라실을 정상의 유라실과 구별하기 힘들어 질 것이고, 복구되

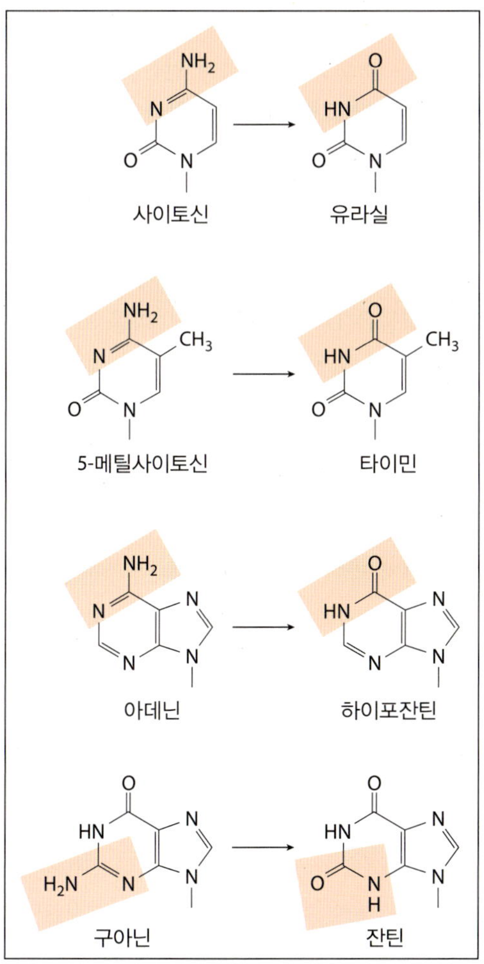

(a) 탈아미노화 반응

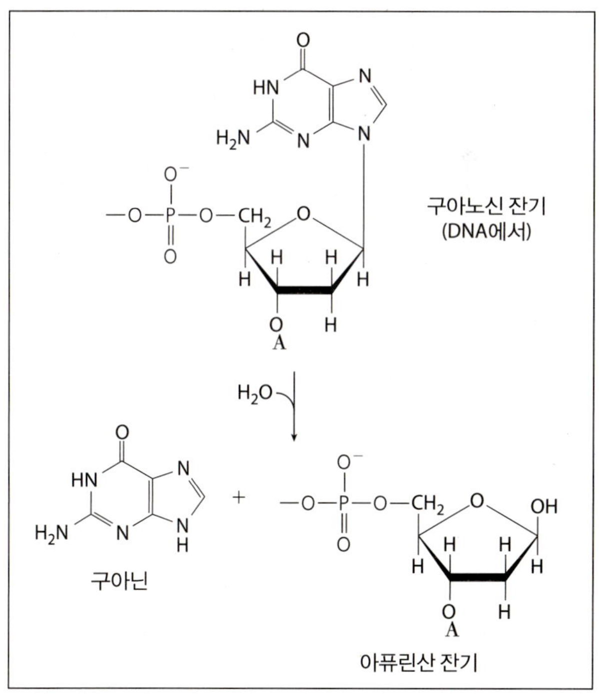

(b) 탈퓨린화 반응

그림 8-29 뉴클레오타이드에서 잘 알려진 몇 가지의 비효소 반응. **(a)** 탈아미노화 반응. 이 그림에서 염기만 나타나 있다. **(b)** *N*-β-글라이코사이드 결합이 가수분해되어 퓨린이 소실되는 탈퓨린화 반응. 유사한 반응에 의해 피리미딘도 소실되지만 매우 늦게 일어난다. 탈퓨린화 후에 데옥시라이보스는 남지만 염기는 없는 부위를 탈염기 자리(abasic site) 또는 AP 자리(apurinic site 또는 아주 드물게 apyrimidinic site)라고 한다. 탈퓨린화 후에 남아 있는 데옥시라이보스는 즉시 β-퓨라노스에서 알데하이드 형태로 전환되어(그림 8-3 참조) 이 자리의 DNA를 더욱 불안정화시킨다. 그 외의 비효소 반응은 그림 8-30과 8-31에 나타나 있다.

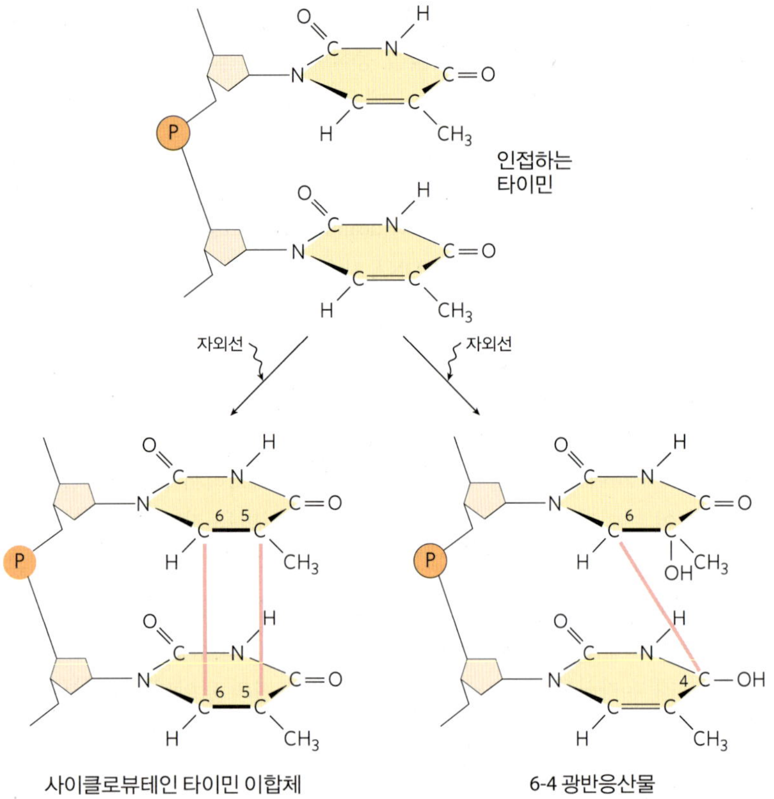

(a)

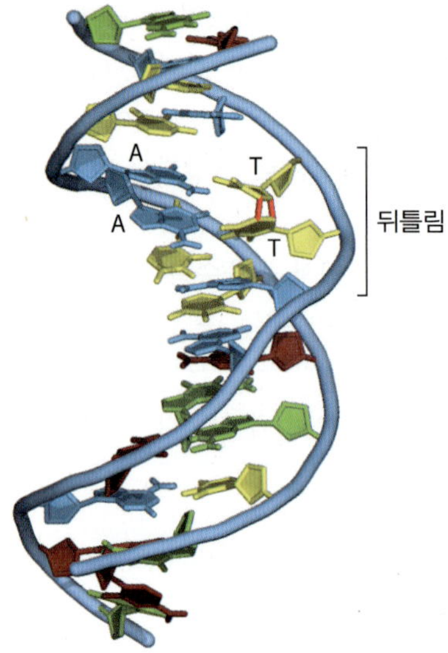

(b)

그림 8-30 자외선에 의하여 유도되는 피리미딘 이합체의 형성. **(a)** 한 형태의 반응(왼쪽)에서 C-5와 인접하는 피리미딘 잔기의 C-6가 반응하여 사이클로뷰틸 고리가 형성된다. 다른 반응(오른쪽)에서 한 피리미딘의 C-6와 이웃하는 피리미딘의 C-4가 결합하여 6-4 광반응산물이 생성된다. **(b)** 사이클로뷰테인 피리미딘 이합체가 형성되면 DNA에 굽이나 뒤틀림이 생긴다. [출처: (b) PDB ID 1TTD, K. McAteer et al., *J. Mol. Biol.* 282:1013, 1998.]

지 않은 유라실은 복제하는 동안 아데닌과 염기쌍을 형성하여 영구적인 서열의 변화를 초래할 것이다. 따라서 사이토신의 탈아미노화는 모든 세포의 DNA에서 점진적으로 G≡C 염기쌍을 감소시키고 A=U 염기쌍을 증가시키게 되어 수천 년 후에는 G≡C 염기쌍과 이에 의존하는 유전자 암호가 소멸될 것이다. 진화에서 타이민이 DNA를 구성하는 4가지 염기 중의 하나로 자리 잡은 것은 유전 정보의 장기 저장을 가능케 한 중요한 전환점이 되었다.

데옥시라이보뉴클레오타이드에서 또 하나의 중요한 반응은 염기와 오탄당 간의 *N*-*β*-글라이코사이드 결합이 가수분해되어 AP(apurinic, apyrimidinic) 부위 또는 탈염기 부위(abasic site)와 같은 DNA 손상부위(DNA lesion)를 만드는 것이다(그림 8-29b). 이 반응은 피리미딘보다 퓨린에서 더 빠른 속도로 일어난다. 일반적인 세포 조건에서 24시간에 10^5개당 하나의 퓨린(포유류 세포당 10,000개)이 DNA에서 사라진다. 라이보뉴클레오타이드와 RNA에서는 이러한 탈퓨린화(depurination)가 훨씬 느려서 생리적으로 중요하게 고려되지 않는다. 시험관 내에서 탈퓨린화는 희석한 산을 첨가하면 촉진된다. DNA를 pH 3에 방치해 두면 퓨린 염기가 선택적으로 제거되어 아퓨린산(apurinic acid)이라는 유도체가 생긴다.

이 밖에도 방사선에 의하여 촉진되는 반응이 있다. 자외선을 쬐면 2개의 에틸렌기가 축합되어 사이클로뷰테인 고리(cyclobutane ring)가 형성된다. 세포에서, 같은 반응이 핵산의 인접한 피리미딘 염기 간에 일어나면 사이클로뷰테인 피리미딘 이합체(dimer)가 형성된다. 이 반응은 동일 DNA 가닥의 인접한 타이민 잔기 간에서 가장 흔하게 일어난다(**그림 8-30**). 자외선에 의하여 형성되는 또 다른 산물로 6-4 광반응산물(6-4 photoproduct)이라 부르는 피리미딘 이합체가 있다. X-선이나 감마선과 같은 이온화 방사선은 공유결합으로 이루어진 핵산 골격의 절단을 초래할 뿐 아니라 고리 열기(ring opening)와 염기 조각내기(fragmentation) 등을 유발한다.

거의 모든 생물은 DNA에 화학적 변화를 초래할 수 있는 고에너지의 방사선에 노출된다. 태양광 빛띠의 상당 부분을 차지하는 자외선 영역 근방의 방사선(200~400 nm의 파장)은 세균과 사람 피부세포의 DNA에 피리미딘 이합체 형성과 같은 일련의 화학 변화를 일으키는 것으로 알려져 있다. 우리는 라듐, 플루토늄, 우라늄, 라돈, ^{14}C, ^{3}H 등과 같은 방사성 원소에서 나오는 방사선 외에도 지구 내부까지 깊이 침투할 수 있는 우주선(cosmic ray)의 형태로 이온화 방사선(ionizing radiation)이 끊임없이 내리쬐는 환경에 살고 있다. 의학 및 치의학적 검사와 암과 그 밖의 질병의 방사선 요법에 사용되는 X-선 또한 다른 형태의 이온화 방사선이다. 환경적 원인에 의한 모든 DNA 손상의 약 10%가 자외선과 이온화 방사선 때문인 것으로 추정된다.

DNA는 또한 산업 활동의 부산물로 환경에 방출되는 반응성 화학물질들에 의해서도 손상될 수 있다. 이런 화합물은 그 자체는 해롭지 않지만 세포에서 대사되어 해롭게 되는 것들이 많다. 이러한 화합물은 크게 2가지로 분류된다(**그림 8-31**); (1) 탈아미노화제(deaminating agent), 특히 아질산(nitrous acid, HNO_2) 혹은 세포에

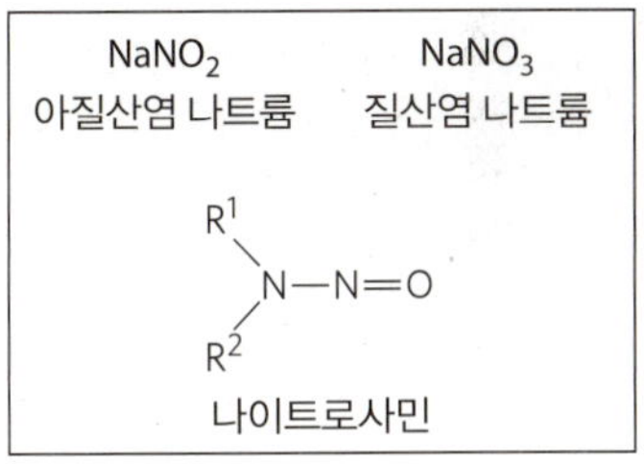

(a) 아질산 전구체

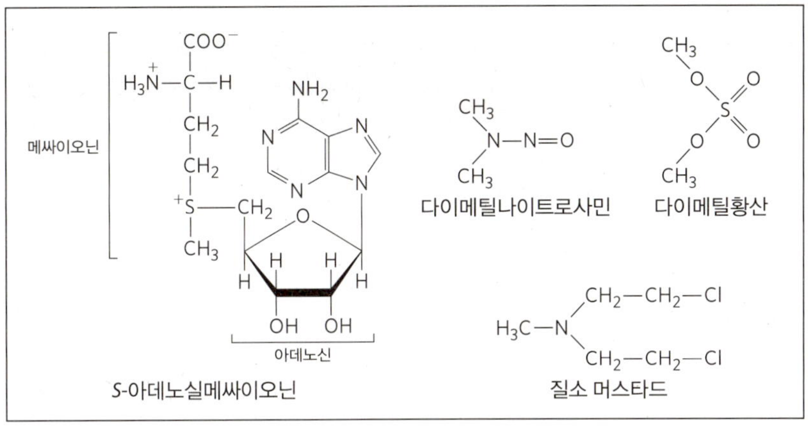

(b) 알킬화제

그림 8-31 DNA 손상을 일으키는 화학물질. (a) 탈아미노화 반응을 촉진하는 아질산의 전구체. (b) 알킬화제. 대부분은 비효소적으로 변형된 뉴클레오타이드를 생성한다.

서 아질산 또는 아질산염(nitrite)으로 대사되는 화합물, (2) 알킬화제(alkylating agent).

아질산은 나이트로사민(nitrosamine)과 같은 유기 전구물질과 아질산염 및 질산염(nitrate salt)으로부터 형성되는데, 이것은 염기의 탈아미노화를 촉진시키는 강력한 화합물이다. 아황산수소염(bisulfite)도 유사한 효과를 나타낸다. 이 2가지 종류의 화합물은 유해한 세균의 번식을 억제할 목적으로 가공식품의 방부제로 사용한다. 이렇게 사용해도 발암의 위험성이 유의하게 높지 않은 이유는 매우 미량으로 사용하여 전반적 DNA 손상 수준에 기여하는 바가 미미하기 때문인 것으로 생각된다. (방부제를 사용하지 않았을 경우에 생기는 식품의 손상에 의해 가능한 건강 위험이 DNA 손상에 대한 위험보다 훨씬 더 크다.)

알킬화제는 DNA의 특정 염기의 구조를 변화시킬 수 있다. 예를 들면, 대단히 반응성이 높은 시약인 다이메틸황산염(dimethylsulfate, 그림 8-31b)은 구아닌을 메틸화하여 O^6-메틸구아닌(O^6-methylguanine)을 형성하는데, 이것은 사이토신과 염기쌍을 이루지 못한다.

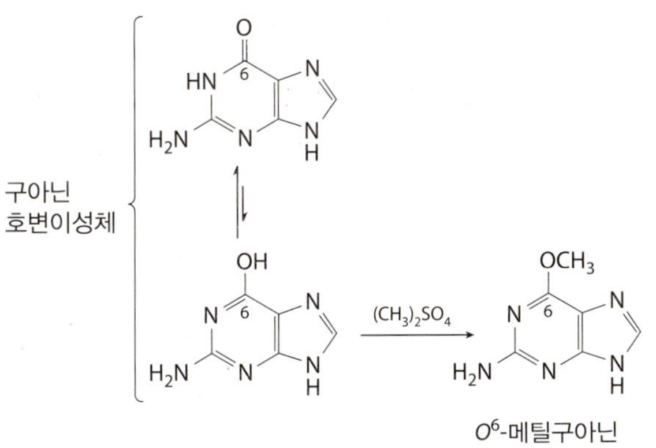

많은 유사한 반응이 세포에 정상적으로 존재하는 *S*-아데노실메싸이오닌(*S*-adenosylmethionine)과 같은 알킬화제에 의해서도 일어난다.

DNA에 돌연변이를 일으키는 가장 중요한 인자는 산화 손상일 것이다. 과산화수소, 하이드록실 라디칼(hydroxyl radical), 초과산화물 라디칼(superoxide radical) 등과 같은 반응산소종(reactive oxygen species)은 방사선 조사나 호기성 대사에서 생성되는 부산물이다. 이러한 반응산소종은 데옥시라이보스와 염기 성분의 산화로부터 DNA 가닥의 절단에 이르기까지 DNA에 매우 심각하고 복잡한 일련의 손상을 일으킨다. 산화적 DNA 손상의 대부분은 반응산소종의 일종인 하이드록실 라디칼에 의해서 유발된다. 세포는 이와 같은 반응산소종들을 제거하기 위한 정교한 방어 기전을 가지고 있는데, 반응산소종을 해가 없는 물질로 전환시키는 과산화수소분해효소(catalase)나 초과산화물 불균등분해효소(superoxide dismutase) 등의 효소가 이에 속한다. 그러나 이러한 세포 방어 기전을 벗어난 일부 반응산소종은 DNA에 손상을 유발한다. 이러한 손상 정도의 정확한 양은 알 수 없지만 사람 세포에 있는 개개의 DNA는 날마다 수천의 유해한 산화 반응에 노출되고 있다.

여기에서 소개한 반응들은 DNA를 손상시키는 반응 중 가장 잘 알려져 있는 것만 예로 든 것이다. 음식, 물, 공기 등에 있는 많은 발암물질(carcinogenic compound)들은 DNA의 염기를 변화시킴으로써 발암 효과를 나타낸다. 그럼에도 불구하고 DNA는 유일하게 생화학적 복구계의 특혜를 누리고 있는 거대분자이기 때문에 RNA나 단백질보다 그 속성을 잘 유지할 수 있는 것이다. 이러한 복구 과정들(제25장에 기술됨)은 DNA 손상의 영향을 크게 경감시킨다. ■

일부 DNA 염기는 메틸화된다

DNA 분자의 특정 뉴클레오타이드 염기는 효소에 의하여 메틸화(methylated)된다. 아데닌과 사이토신은 구아닌과 타이민보다 메틸화가 더 잘 된다. 메틸화(methylation)는 일반적으로 DNA 분자의 특정한 서열이나 부위에 한정되어 나타난다. 메틸화의 일부의 기능은 매우 잘 알려져 있으나 아직도 그 기능이 불분명하다. 지금까지 알려져 있는 모든 DNA 메틸레이스(DNA methylase)는 메틸기의 공여자로 *S*-아데노실메싸이오닌을 사용한다(그림 8-31b). 대장균에 2가지의 주된 메틸화계(methylation systems)가 존재한다.

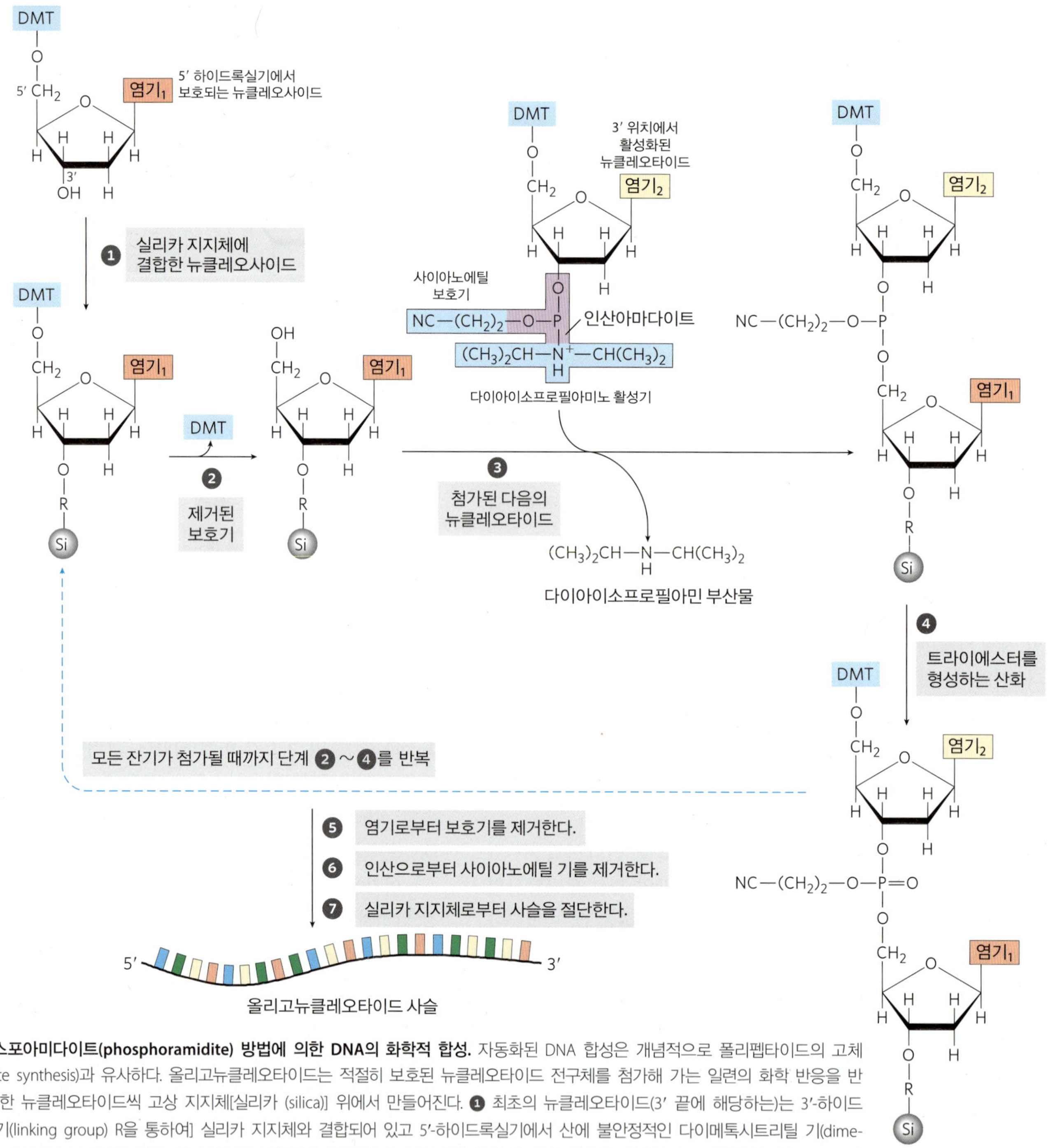

그림 8-32 포스포아미다이트(phosphoramidite) 방법에 의한 DNA의 화학적 합성. 자동화된 DNA 합성은 개념적으로 폴리펩타이드의 고체상 합성(solid-state synthesis)과 유사하다. 올리고뉴클레오타이드는 적절히 보호된 뉴클레오타이드 전구체를 첨가해 가는 일련의 화학 반응을 반복하여 한 번에 한 뉴클레오타이드씩 고상 지지체[실리카 (silica)] 위에서 만들어진다. ❶ 최초의 뉴클레오타이드(3′ 끝에 해당하는)는 3′-하이드록실기에서[연결기(linking group) R을 통하여] 실리카 지지체와 결합되어 있고 5′-하이드록실기에서 산에 불안정적인 다이메톡시트리틸 기(dimethoxytrityl group, DMT)로 보호되고 있다. 모든 염기의 반응기도 화학적으로 보호되어 있다. ❷ 관을 산으로 세척하여 보호작용을 하는 DMT 기를 제거한다(DMT 기는 색을 가지고 있으므로 이 반응은 분광학적으로 확인이 된다). ❸ 다음의 뉴클레오타이드는 다이아이소프로필아미노기(diisopropylamino group)로 활성화되어 붙어 있는 뉴클레오타이드와 반응하여 5′,3′ 결합을 형성하는데, 과정 ❹에서 이 결합은 요오드(iodine)에 의해서 산화되어 인산트라이에스터결합(phosphotriester linkage)을 형성한다. [인산기의 산소원자의 하나는 사이아노에틸 보호기(cyanoethyl protecting group)를 가진다.] 반응 ❷에서 ❹까지 모든 뉴클레오타이드가 첨가될 때까지 반복된다. 각 단계에서 과잉의 뉴클레오타이드는 다음의 뉴클레오타이드가 첨가되기 전에 제거된다. 단계 ❺와 ❻에서 염기와 인산기에 남아 있는 보호기는 제거되고 ❼에서 올리고뉴클레오타이드는 고상 지지체에서 분리되어 정제된다. RNA의 화학적 합성은 라이보스 3′ 하이드록실기의 반응성에 영향을 주지 않으면서 2′ 하이드록실기를 보호해야 하기 때문에 약간 더 복잡하다.

하나는 자신의 DNA를 메틸기로 표시하고 메틸기가 없는 외부 DNA(foreign DNA)는 파괴해서 세포가 자신의 DNA와 외부 DNA를 식별하는 데 도움을 주는 방어 기전으로 작용한다[이것은 제한-변형계(restriction-modification system)로 알려져 있다; 322쪽 참조]. 또 다른 하나는 (5′) GATC(3′) 서열의 아데노신 잔기를 N^6-메틸아데노신(N^6-methyladenosine)으로 메틸화한다(그림 8-5a). 이것은 DNA를 복제하는 동안에 가끔씩 생기는 잘못 짝지어진 염기쌍을 복구하는 체계의 구성 요소인 Dam(*D*NA *a*denine *m*ethylation) 메틸레이스에 의하여 매개된다(그림 25-21 참조).

진핵세포에서 DNA의 사이토신 잔기의 약 5%가 메틸화되어 5-메틸사이티딘(5-methylcytidine)으로 존재한다(그림 8-5a). 메틸화는 CpG 서열에서 가장 빈번하게 일어나서 DNA의 양쪽 가닥에 대칭적으로 메틸-CpG(methyl-CpG)가 생긴다. 진핵세포의 큰 DNA 분자 내에서 CpG 서열이 메틸화되는 정도는 부위에 따라 다르다.

이제 화학적 DNA 합성이 자동화되었다

핵산 화학 분야의 비약적인 발전을 가능하게 한 기술로 원하는 서열의 짧은 올리고뉴클레오타이드를 빠르고 정확하게 화학적으로 합성하는 기술을 들 수 있다. 화학적 방법으로 핵산을 합성하는 기술은 1970년대 H. Gobind Khorana 등에 의하여 처음 개발되었다. Robert Letsinger와 Marvin Caruthers가 이 방법을 개량하여 포스포아미다이트(phosphoramidite) 방법이라는 현재 널리 사용되는 화학적 합성법을 이룩하였다(**그림 8-32**). 합성 반응은 Merrifield가 펩타이드 합성에 사용한 것과 유사한 원리를 적용하여 길어지는 가닥을 고형 지지체(solid support)에 부착하여 진행하였고(그림 3-32 참조), 쉽게 자동화되었다. 각 뉴클레오타이드를 첨가하는 과정은 그 효율이 상당히 높아서 70개나 80개의 뉴클레오타이드 길이의 중합체는 일반 실험실에서도 합성이 가능하고 몇몇 연구실에서는 훨씬 긴 가닥의 합성도 가능하다. 원하는 서열의 DNA 중합체를 비교적 저렴하게 얻을 수 있게 됨에 따라 생화학의 모든 분야에서 유용하게 사용되고 있다.

유전자 서열은 중합효소연쇄반응으로 증폭될 수 있다

제9장에 기술된 유전체 프로젝트(genome projects)는 수천 가지 생명체들의 완전한 유전체 서열을 포함하는 온라인 자료은행(databases)을 만들었다. 연구 대상의 DNA 절편에서 최소한 끝 부분의 서열이라도 알고 있다면, 이 DNA 절편의 복사물을 1983년 Kary Mullis가 고안한 **중합효소연쇄반응(polymerase chain reaction, PCR)**을 이용해서 엄청난 양으로 증폭할 수 있다. 증폭된 DNA는 다양한 목적으로 사용될 수 있다.

그림 8-33에서 볼 수 있듯이, PCR 과정은 **DNA 중합효소(DNA polymerase)**에 의존한다. 이 효소는 DNA 본틀을 사용하여 데옥시리보뉴클레오타이드들(dNTPs)로부터 DNA 가닥들을 합성

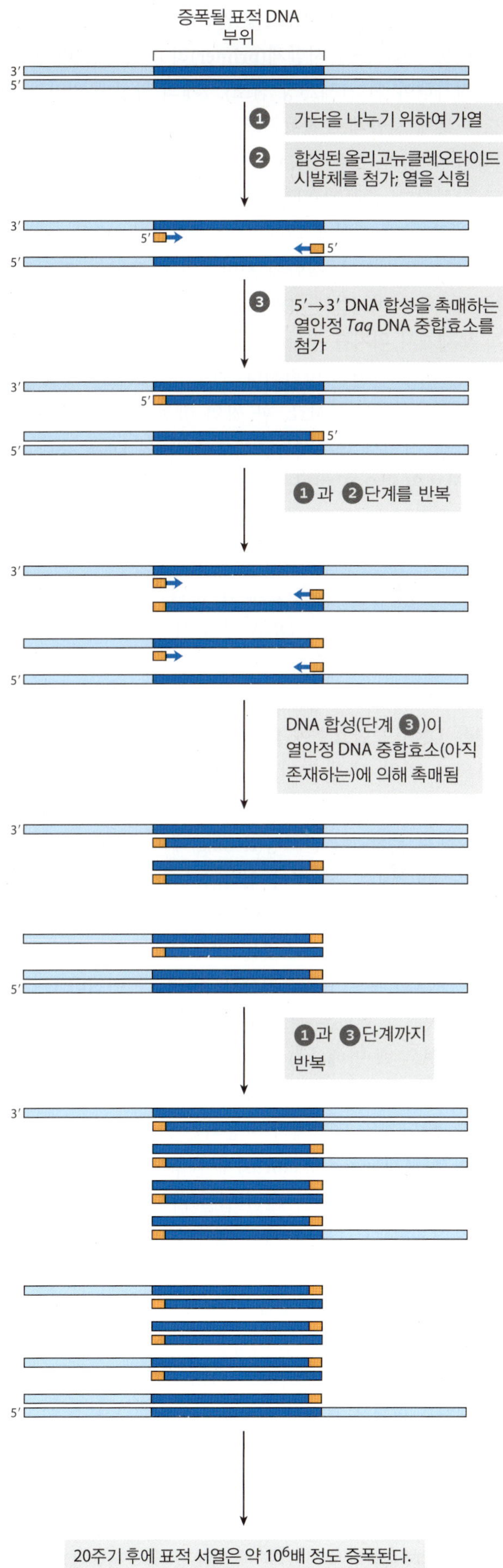

그림 8-33 중합효소연쇄반응(PCR)을 이용한 특정 DNA 단편의 증폭. PCR 과정은 3단계로 이루어져 있다. DNA 가닥에 열을 가하여 분리시킨다. 증폭하고자 하는 부분(진한 파란색) 양끝에 짧은 합성 DNA 시발체(주황색)를 충분히 결합시킨다. DNA 중합효소에 의한 중합반응에 의하여 새로운 DNA가 합성된다. 열에 안정한 DNA 중합효소인 *Taq*는 열을 가하는 단계에서 변성되지 않는다. 이 과정을 유전자 증폭기를 이용하여 25에서 30번 주기로 계속 반복시킨다.

한다. DNA 중합효소들은 DNA를 완전히 새로 만드는 것이 아니라 뉴클레오타이드들을 **시발체(primer)**라고 하는 이미 존재하는 가닥에 첨가해야 한다(제25장 참조). 2개의 합성 올리고뉴클레오타이드는 복제 시발체로 작용하게 되는데 DNA 중합효소에 의하여 신장될 수 있다. 모든 DNA 중합효소들은 DNA를 5′→3′의 방향으로 합성한다. 증폭될 단편의 끝 바로 옆의 위치에서 그 표적 DNA의 양쪽 가닥 서열에 대해 각각 상보적인 2개의 올리고뉴클레오타이드를 합성한다. 결합된 시발체의 3′ 끝이 서로 마주 보는 방향이 되도록 하여 원하는 DNA 조각을 가로질러서 합성이 일어나도록 복제개시 위치를 정한다.

PCR은 아주 간편한 방법이다. 기본적인 PCR은 증폭될 DNA 절편을 포함하는 DNA 시료, 한 쌍의 합성된 올리고뉴클레오타이드 시발체, 삼인산 데옥시뉴클레오사이드와 DNA 중합효소 등 4가지의 성분을 필요로 한다. 그 과정은 세 단계로 이루어져 있다(그림 8-33). ❶단계는 DNA를 변성시키기 위해 반응물을 잠깐 가열하여, 두 가닥으로 분리한다. ❷단계는 반응물을 냉각하여 시발체들이 DNA에 결합할 수 있게 한다. 많은 양의 시발체가 존재하는 상태는 변성된 2개의 DNA 가닥(시발체에 비하여 매우 적은 농도로 존재하는)들이 다시 결합하기 전에 각 시발체가 변성된 DNA 가닥에 결합할 확률을 높여 준다. ❸단계는 시발체가 붙은 절편은 DNA 중합효소에 의하여 dNTP를 사용하여 선택적으로 증폭된다. 가열, 냉각 그리고 복제의 순환을 자동화 과정으로 두 세 시간 동안 25~30번 되풀이하여, 시발체로 둘러싼 DNA 조각을 증폭해서 분석이나 클로닝(cloning)에 이용한다. 클로닝에 대한 내용은 제9장에서 자세히 논의하기로 한다. 간단히 말하면 증폭된 DNA는 숙주 세포에서 복제될 수 있는 서열은 갖는 또 다른 DNA 절편에 결합한다. 각 주기는 표적 DNA 절편의 양을 2배씩 증가시켜 DNA의 농도가 지수적으로 증가한다. 인접한 DNA 서열도 증가하지만, 그 효과는 빠르게 중요하지 않게 된다. 20주기 후에 DNA 절편은 백 만배(2^{20}) 이상 증가하고, 30주기 후에는 10억배 이상 증폭된다. 시료에 있는 다른 DNA들은 증폭되지 않은 채로 남는다. ❸단계의 PCR에서 사용되는 합성효소는 *Taq* 중합효소[호열성 세균(*Thermus aquaticus*)에서 유래]와 같이 열에 안정한 DNA 중합효소로 이 효소는 매번 열을 가하는 단계(❶단계)에서도 활성을 유지하므로 다시 보충할 필요가 없다.

PCR법은 어떠한 표본에서도 DNA 한 분자와 같이 작은 양을 검출하고 증폭하게 해 줄 정도로 민감도가 충분히 높다. 이중나선의 DNA는 매우 안정적인 구조이지만 시간이 지날수록 다양한 효소반응을 통해서 천천히 분해된다. 그러나 DNA는 40,000년이 지난 표본에서도 PCR을 통해서 성공적으로 클로닝할 수 있었다. 이러한 기술은 미라로 남아 있는 인간과 맘모스와 같이 멸종된 동물에서 추출한 DNA 절편을 클로닝하는 데 이용되면서 분자고고학(molecular archaeology)과 분자고생물학(molecular paleontology)이라는 새로운 분야를 탄생시켰다. 매장된 곳에서 나온 DNA는 PCR에 의해 증폭이 되고 고대 인류의 이동사를 추적하는 데에도 이용이 되었다(그림 9-33 참조). 역학자들은 인체 병원성 바이러스의 진화를 추적하기 위하여 현재까지 남아 있는 인간의 조직에서 PCR에 의해 증폭된 DNA를 이용할 수 있다. 따라서 표본에 존재하는 서너 가닥의 DNA를 증폭할 수 있는 때문에, PCR은 법의학에서도 위력적인 새로운 기술이다(별도설명 8-1). 이것은 또한 유전질환의 출산 전 태아 진단뿐만 아니라 증상을 일으키기 전에 바이러스 감염을 검출하거나 암의 특정 타입 선별에도 이용될 수 있다.

PCR 방법은 극도로 민감하여 시료의 오염이 심각한 문제를 야기한다. 법의학과 고대의 DNA 검사 등 많은 적용 분야에서 대조군 시료를 사용하여 증폭된 DNA가 연구자나 오염된 세균으로부터 유래되지 않았음을 확실히 해야 한다.

긴 DNA 가닥의 염기 서열을 분석할 수 있다

유전 정보 저장고로 작용하는 능력에 있어서 DNA 분자의 가장 중요한 특성은 뉴클레오타이드 염기서열이다. 1970년대 후반까지 5개나 10개의 뉴클레오타이드를 포함하는 핵산의 염기서열을 알아내는 것 조차 어려워서 많은 노력을 필요로 했다. 1977년 개발된 새로운 2가지의 염기서열 분석법은 훨씬 큰 DNA 분자의 염기서열도 수십 년 전에는 상상할 수도 없었을 만큼 쉽게 결정할 수 있게 되었다. 그 중 한 가지 기술은 Alan Maxam과 Walter Gilbert에 의한 것이고 또 다른 기술은 Frederick Sanger에 의하여 개발된 것인데, 이들의 방법은 뉴클레오타이드 화학과 DNA 대사에 대한 향상된 이해와 뉴클레오타이드 1개 밖에 차이나지 않는 크기의 DNA 가닥을 분리할 수 있는 전기영동 기술 덕택에 가능하게 된 것이다. DNA의 전기영동은 단백질의 경우와 유사하다(그림 3-18의 전기영동에 관한 내용 참조).

비록 두 가지 방법이 전략면에서 비슷하지만, 다이데옥시 사슬 종료 서열분석법(dideoxyl chain-termination sequencing)으로 알려진 **Sanger 방법**은 기술적으로 더 쉽고 현대 염기서열 분석법의 기본이 되었다(**그림 8-34**). 이 방법은 새로운 DNA 가닥의 합성에 의존한다. PCR과 마찬가지로, 이 방법은 분석하고자 하는 DNA 가닥에 상보적인 DNA 가닥을 합성하기 위해 DNA 중합효소와 시발체를 이용한다. 각각의 추가된 데옥시뉴클레오타이드는 본틀 가닥과 상보적인 염기쌍을 이룬다. Sanger 방법에 의해서 얻어진 염기서열은 분석되는 본틀 가닥에 상보적인 염기서열을 갖는 새롭게 합성된 가닥의 서열이다.

DNA 중합효소에 의한 반응에서 시발체의 3′-하이드로실기는 다음 dNTP와 새로운 인산다이에스터결합을 한다(그림 8-34a). Sanger 방법에서 다이데옥시뉴클레오타이드(dideoxynucleotide, ddNTP)라 불리는 뉴클레오타이드 유사체는 본틀 가닥에 결합하지만 다음 뉴클레오타이드가 결합하는 데 필요한 3′-하이드로실기

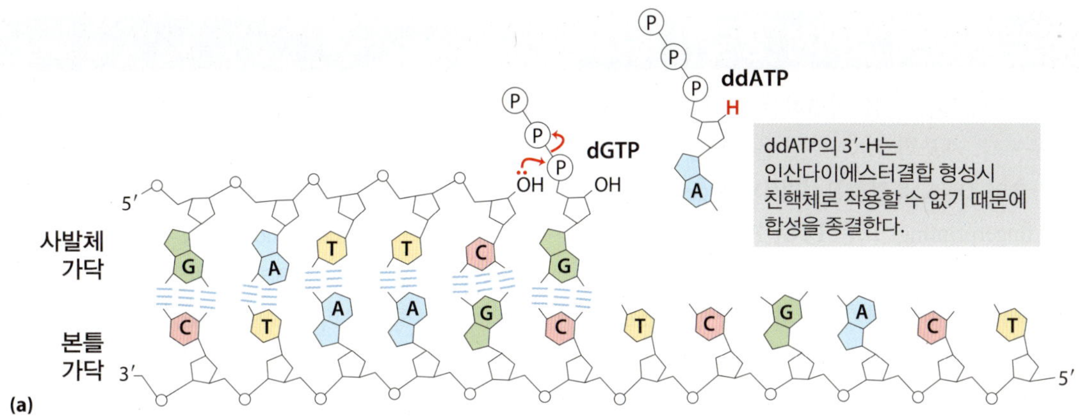

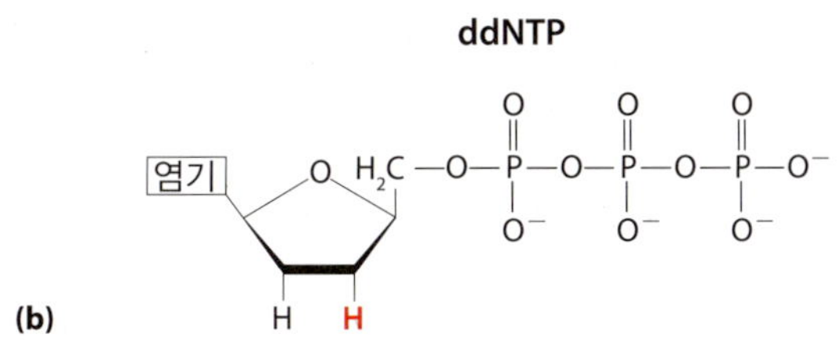

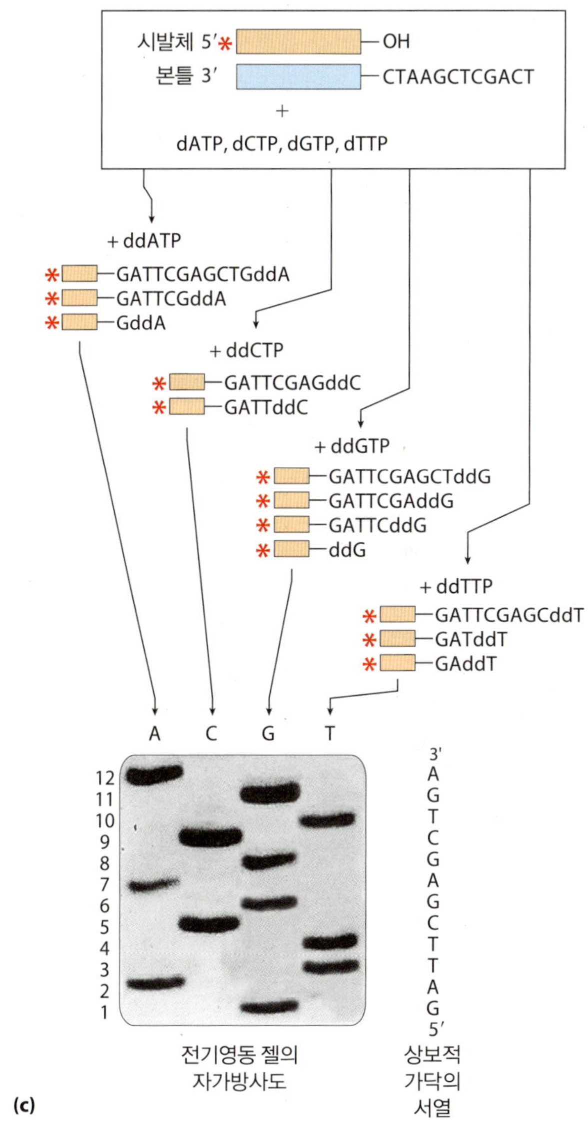

그림 8-34 Sanger 방법에 의한 DNA 염기서열의 결정. 이 방법은 DNA 중합효소에 의한 DNA 합성 기전(제25장)을 이용한 것이다. **(a)** DNA 중합효소는 뉴클레오타이드가 첨가되는 시발체(짧은 올리고뉴클레오타이드가닥)와 각각의 새로운 뉴클레오타이드를 선택해 주는 본틀 가닥을 필요로 한다. 세포에서 시발체의 3′-하이드록실기가 첨가되는 삼인산 데옥시뉴클레오사이드(dNTP)와 반응하여 새로운 인산다이에스터결합을 형성한다. Sanger 방법에서 DNA 합성을 중지시키기 위하여 삼인산 다이데옥시뉴클레오사이드(ddNTP) 유사체를 사용한다. (Sanger 방법은 다이데옥시법으로도 알려져 있다.) dNTP 대신에 ddNTP가 삽입되면 유사체가 첨가된 후 가닥의 연장이 멈추는데, ddNTP는 다음 단계가 진행되는 데 필요한 3′-하이드록실기가 없기 때문이다. **(b)** 삼인산 다이데옥시뉴클레오사이드(ddNTP) 유사체는 라이보스 고리의 3′ 위치에 하이드록실기(빨간색) 대신 수소를 갖고 있다. **(c)** 서열을 결정하고자 하는 DNA를 본틀 가닥으로 사용하고 방사성 물질이나 형광 물질로 표지된 짧은 시발체를 본틀에 결합시킨다. 단일 ddNTP(예를 들면, ddCTP 소량을 다른 조건들은 정상인 반응계에 첨가)를 첨가해 주면 가닥의 합성이 dC가 정상적으로 존재하는 위치에서 조기에 종결된다. ddCTP보다 dCTP를 과량 넣어 주면 dC가 첨가될 때마다 유사체가 유입될 기회는 작다. 그러나 ddCTP는 충분한 양이 존재하기 때문에 합성 동안 어느 지점에서 각각의 새 가닥에 최소한 하나의 ddC가 유입될 확률은 확실히 높아진다. 결과적으로 C 잔기로 끝나는 표지된 조각의 혼합물 용액을 얻는다. 서열 내 각 C 잔기의 위치에 대응하는 길이의 조각 모음을 전기영동으로 분리하면 서열 내 C 잔기의 위치가 확인된다. 이 과정을 4종류의 ddNTP에 대해서 각각 반복하여 시행하면 염기서열을 젤의 자가방사도에서 직접 판독할 수 있다. DNA 조각이 짧을수록 빨리 움직이므로 젤의 바닥 근처에 있는 조각이 시발체(5′ 말단)에 가장 가까운 위치의 뉴클레오타이드를 나타내고, 서열은 젤의 바닥부터 위로(5′→3′ 방향으로) 판독된다. 이렇게 얻어진 서열은 분석되고 있는 가닥에 상보적인 가닥의 서열이라는 것을 주목하라. [출처: (c) Dr. Lloyd Smith, University of Wisconsin–Madison, Department of Chemistry.]

가 없기 때문에 DNA 합성을 종결한다(그림 8-34b). 예를 들어, 훨씬 많은 양의 dCTP(다른 세 가지 dNTP와 함께)를 포함한 반응에 소량의 ddCTP가 첨가되면 DNA 중합효소가 본틀 가닥에서 G를 만날 때마다 두 뉴클레오타이드는 경쟁하게 된다. 일반적으로 dC가 첨가되면 가닥 합성은 계속된다. 때때로 ddC가 대신 그 위치에 첨가되어 가닥의 합성이 종결된다. 따라서 합성된 가닥의 일부는 dC가 정상적으로 첨가되는 모든 위치에서 ddC가 첨가되어 합성이 조기 종결된다. ddCTP보다 dCTP를 과량 넣어주면, dCTP 대신 ddCTP가 유입될 기회는 적다. 그러나 ddCTP는 충분한 양이 존재하기 때문에 합성 동안 어느 지점에서 각각의 새 가닥에 최

별도설명 8-1 법의학에 있어서 강력한 무기

전통적으로 범죄의 현장에서 범인을 식별하는 가장 정확한 방법 중의 하나가 지문이다. 재조합 DNA 기술을(제9장 참조) 기반으로 한 발전된 기술이 **DNA 유전형분석법(DNA genotyping)** [DNA 지문법(DNA fingerprinting) 또는 DNA Profiling이라고도 불림]으로서 어떤 다른 식별 방법보다 더 강력하다. 이 방법은 개인들 사이의 작은 서열 차이인 **염기서열의 다양성(sequence polymorphism)**에 기반을 둔다. 개인마다 평균 1,000 bp 마다 1개의 염기쌍이 차이를 보인다. 이런 차이를 법의학적 판명에 이용하는 것이 영국의 유전학자 Alec Jeffreys에 의해 1985년 처음 소개되었다. 원형의 인간 유전체 서열(최초로 분석된 인간 유전체)과의 차이는 인구 집단의 일부에서 나타나며, 모든 개인은 이러한 원형의 서열에서 조금씩의 차이를 갖고 있다.

현대 법의학적 작업은 **짧은 단위 반복(short tandem repeats, STRs)** 서열의 길이 차이에 초점을 맞추고 있다. STR은 짧은 DNA 서열로 염색체의 특정 부위에서 연속적으로 배열되어 여러 번 반복된다; 보통 반복서열은 4 염기쌍 길이이다. DNA 유전형분석법에 사용되는 STR loci는 4에서 50 반복 길이[4중 뉴클레오타이드(tetranucleotide)의 경우 16에서 200 염기쌍 길이]로 짧고 인구 집단에서 다양한 길이의 변화를 보인다. 20,000개 이상의 4중 뉴클레오타이드 STR loci가 알려졌고, 모든 형태의 STR은 백만 개 이상 인간 유전체에 존재할 것이며, 이는 인간 DNA의 약 3%에 해당한다.

각 개인에서 특정 STR의 길이는 중합효소연쇄반응의 도움으로 결정될 수 있다(그림 8-33 참조). PCR의 사용은 또한 STR 길이 측정 방법이 범죄 현장에서 채취된 아주 작은 양의 DNA에도 적용될 수 있도록 민감하게 만들었다. STR에 접해 있는 DNA 서열들은 각각의 STR의 종류에 독특하고 모든 인간에게 동일(아주 드문 돌연변이들을 제외하고)하다. PCR의 시발체는 이 접해 있는 DNA 서열을 목표로 하며, 그 STR을 건너서 DNA가 증

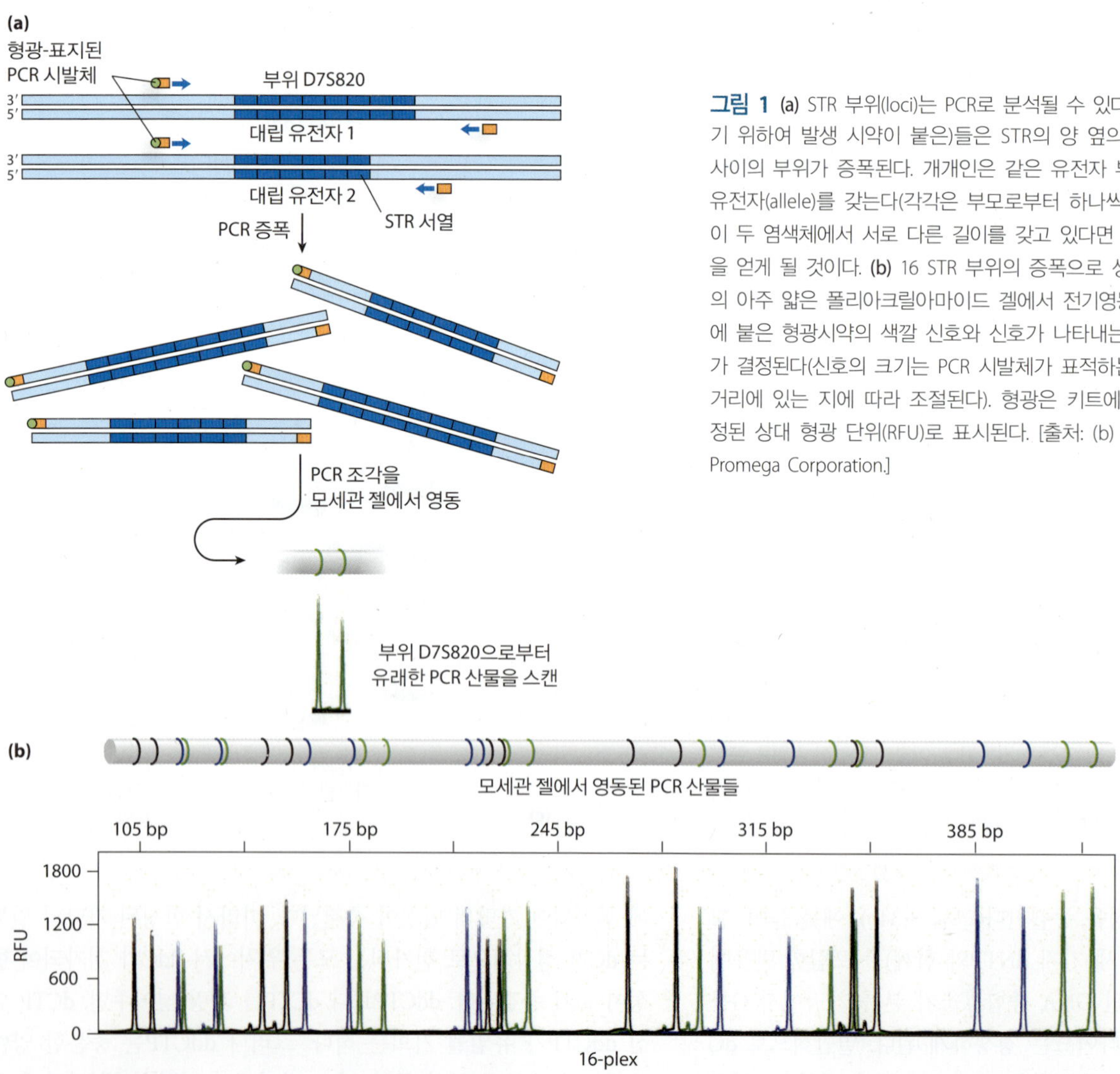

그림 1 (a) STR 부위(loci)는 PCR로 분석될 수 있다. PCR 시발체(검출을 쉽게 하기 위하여 발생 시약이 붙은)들은 STR의 양 옆의 서열을 표적하고 이 서열들 사이의 부위가 증폭된다. 개개인은 같은 유전자 부위에 보통 2개의 다른 대립 유전자(allele)를 갖는다(각각은 부모로부터 하나씩 유전된다). 만약 STR 서열들이 두 염색체에서 서로 다른 길이를 갖고 있다면 길이가 다른 2개의 PCR 산물을 얻게 될 것이다. (b) 16 STR 부위의 증폭으로 생긴 PCR 산물들이 모세관 속의 아주 얇은 폴리아크릴아마이드 겔에서 전기영동된다. PCR에 사용된 시발체에 붙은 형광시약의 색깔 신호와 신호가 나타내는 크기에 따라 어느 부위인지가 결정된다(신호의 크기는 PCR 시발체가 표적하는 서열이 STR에서 어느 정도 거리에 있는 지에 따라 조절된다). 형광은 키트에 포함된 표준물질에 따라 측정된 상대 형광 단위(RFU)로 표시된다. [출처: (b) Courtesy of Carol Bingham, Promega Corporation.]

폭되도록 제작된다(그림 1a). PCR 산물의 길이는 시료 안의 STR 길이를 반영한다. 인간은 양쪽 부모로부터 하나씩의 유전자를 물려 받기 때문에 한 쌍의 유전자에서 STR의 길이는 종종 다르며 하나의 개체에서 길이가 다른 2개의 STR 을 생성한다. PCR 산물들은 모세관의 얇은 폴리아크릴아마이드 젤에서 전기영동된다. 결과적으로 나타나는 밴드들은 정확히 각 PCR 조각의 크기를 나타내는 피크(peak)로 전환되어 각 STR의 길이를 나타내게 된다. 다중의 STR 부위의 분석은 특정 개개인에 독특한 신상정보를 생성할 수 있다(그림 1b). 이러한 과정은 각 위치에 특이하고 다양한 PCR 산물들을 구분하는 것을 돕도록 발색시약이 연결된 PCR 시발체를 포함한 상업적으로 얻을 수 있는 키트를 사용하여 이루어진다. PCR 증폭은 연구자들이 단 1가닥의 머리카락, 한 방울의 혈액, 강간당한 피해자에서 나온 적은 양의 정액 또는 몇 달 혹은 심지어 몇 년이 된 시료 등에서도 얻을 수 있는 1 ng 이하의 부분적으로 손상된 DNA에서도 STR 유전형을 얻는 것이 가능하도록 해 준다. 좋은 STR 유전형을 얻게 된다면 잘못 동정할 확률은 $1/10^{18}$ 이하이다.

STR 분석의 성공적인 법의학적 사용은 표준화를 요구하였고, 1995년에 영국에서 처음으로 시도되었다. 미국에서는 DNA 종합지표시스템[Combined DNA Index System, 코디스(CODIS)]라 불리는 기준이 1998년 만들어졌다. 코디스 시스템은 미국 내에 어떠한 DNA 확인 실험에 반드시 존재하는 13개의 잘 알려진 STR 부위를 기본으로 한다(표 1). 아멜로제닌(amelogenin) 유전자도 표지로 사용된다. 인간의 성 염색체에 존재하는 이 유전자는 X와 Y 염색체에서 약간 다른 길이를 갖고 있다. 아멜로제닌 유전자를 포함하는 PCR 증폭은 DNA의 주인의 성별을 알게 해주는 다양한 크기의 결과물을 만들어낸다. 2015년 중반까지, 코디스 데이터베이스는 1,400 백만 개 이상의 STR 유전형을 갖고 있었으며, 274,000이 넘는 법정 사건들을 도왔다.

DNA 유전형분석법은 사건에서 유죄와 무죄를 판결할 때 사용이 되어 왔고, 친자 확인을 하기 위한 경우에도 사용되었다. 미국의 경우 DNA 증거를 근거로 적어도 330건의 유죄 판결 후의 무죄 입증에 사용되었다. 국제적 STR 유전형분석 데이터베이스가 성장하고 기준들이 명확해짐에 따라서 법정에서 이러한 과정들의 효과는 계속적으로 커질 것이다. 심지어 매우 오래된 의문도 해결될 수가 있다. 1996년에는 DNA 지문법으로 1918년 암살당한 마지막 러시아 황제와 그의 가족들의 유골을 확인하는데 도움이 되기도 하였다.

표 1 코디스 데이터베이스에 사용되는 유전자 부위들의 특성

유전자 부위	염색체	반복 모티프(범위)	반복 길이[a]	대립 유전자수[b]
CSF1PO	5	TAGA	5–16	20
FGA	4	CTTT	12.2–51.2	80
TH01	11	TCAT	3–14	20
TOPX	2	GAAT	4–16	15
VWA	12	[TCTG][TCTA]	10–25	28
D3S1358	3	[TCTG][TCTA]	8–21	24
D5S818	5	AGAT	7–18	15
D7S820	7	GATA	5–16	30
D8S1179	8	[TCTA][TCTG]	7–20	17
D13S317	13	TATC	5–16	17
D16S539	16	GATA	5–16	19
D18S51	18	AGAA	7–39.2	51
D21S11	21	[TCTA][TCTG]	12–41.2	82
아멜로제닌[c]	X, Y	해당 없음		

출처: Data from J. M. Butler, *Forensic DNA Typing*, 2nd edn, Elsevier, 2005, p. 96

[a]반복되는 길이는 인구에서 얻어졌다. 부분적 혹은 결함이 있는 반복들은 어떤 대립유전자에 포함되어 있을 수 있다.

[b]다른 대립유전자의 수는 인구의 데이터에서 얻어졌다. 많은 개개인에 대한 신중한 분석은 법정에서 유전자 감식 사용에 있어 우선적으로 필요한 조건이다.

[c]아멜로제닌은 X와 Y 염색체에서 길이가 약간 다른 유전자로 성별을 감별하는 데 사용된다.

소한 하나의 ddC가 유입될 확률은 확실히 높아진다. 그 결과 ddC 잔기로 끝나는 DNA 조각의 혼합물이 얻어진다. 본틀의 각각의 G 잔기는 다양한 길이의 C로 끝나는 DNA 조각이 만들어진다. 전기영동으로 분리된 다른 크기의 조각은 합성된 DNA 가닥의 C 잔기 위치를 나타낸다.

이 실험 방법이 처음 개발되었을 때, 그 과정은 4개의 ddNTPs를 각각 포함한 4개의 시험관에서 따로 나누어 반복 실험하였다. 방사능으로 표지된 시발체는 DNA 합성 반응 동안에 생성된 DNA 조각을 확인하는 데 이용되었다. 합성된 DNA 가닥의 염기서열은 젤의 자가방사도(autoradiogram)로부터 직접 판독할 수 있다(그림 8-34c). DNA 조각이 짧을수록 빨리 움직이므로, 젤의 바닥 근처의 조각이 시발에(5′ 끝) 가장 가까운 위치의 뉴클레오타이드를 나타내고, 서열은 젤의 바닥부터 위로 읽으면 된다(5′→3′ 방향).

DNA 서열 분석은 각 반응에 사용하는 4개의 ddNTPs를 각각 다른 색깔을 내는 형광 꼬리표로 표지하는, 즉 Sanger 방법의 변형에 의해 처음으로 자동화되었다(**그림 8-35**). 이 기술로 4개의 ddNTP 모두를 하나의 반응에 도입할 수 있었다. 이 방법을 통해 수 시간 내에 수천 개의 뉴클레오타이드를 포함하는 DNA 분자의 서열을 알아 낼 수 있었고, 수백 개의 생명체에서 전체 유전체의 염기서열을 이 방법으로 밝혀냈다. 예를 들어, 인간 유전체 사업(Human Genome Project)은 12년에 걸친 전 세계의 수십 개의 실험실의 노력으로 인간 세포 안의 3.2×10^9 염기쌍의 서열을 밝힐 수 있었다(제9장 참조). Sanger 염기서열 분석법은 짧은 DNA 조각의 서열을 분석하는 데 여전히 사용되고 있다.

유전체 서열분석 기술은 빠르게 발전하고 있다.

DNA 서열분석 기술은 계속 발전하고 있다. 현재 인간 유전체 서열은 하루 또는 이틀 만에, 그리고 세균 유전체는 몇 시간 만에 완전히 해독될 수 있다. 유전체 서열이 각 개인의 건강 정보에 항상 기록될 날이 곧 도래할 것이다. 이러한 발전은 차세대(next-generation) 또는 "넥스트-젠(next-gen)" 서열분석으로 불리는 방법에 의하여 가능해졌다. 서열분석 전략은 Sanger 방법과 어떤 면에서는 유사하고 어떤 면에서는 완전히 다르다. 기술의 혁신이 과정의 최소화, 용량의 대규모화와 함께 비용의 절감을 이룩하였다.

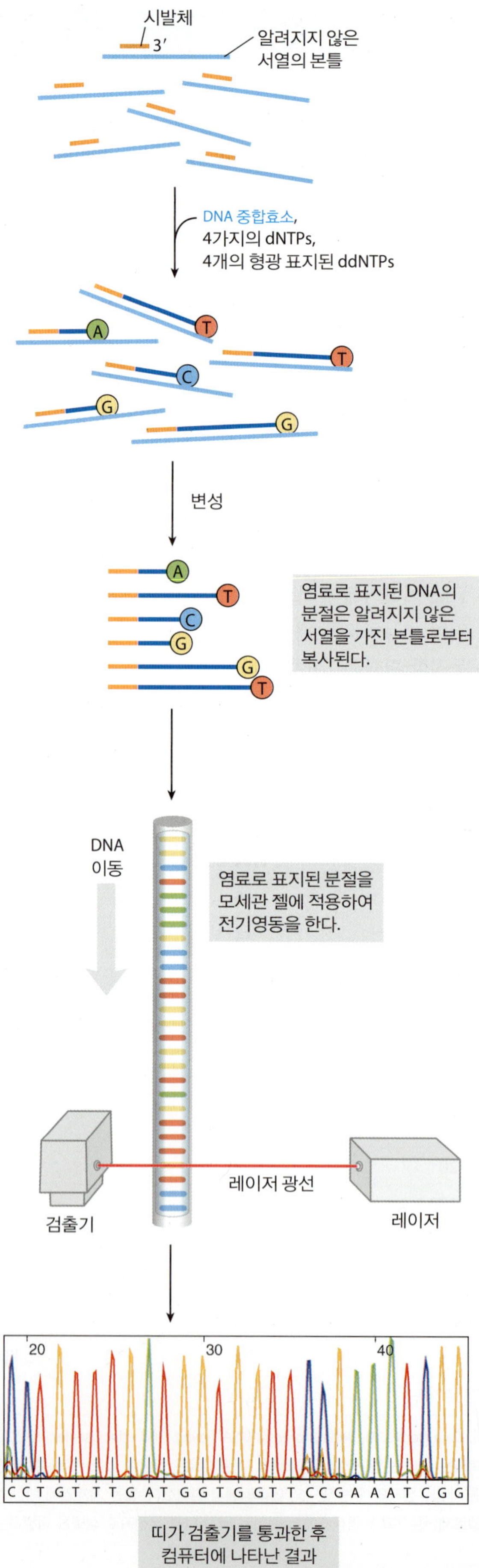

그림 8-35 DNA의 서열분석 반응을 자동화하는 전략. Sanger 방법에서 사용된 각 다이데옥시뉴클레오타이드와 형광분자를 결합하여 표지된 뉴레오타이드에서 반응이 종결되는 모든 조각이 특정한 색을 띠게 할 수 있다. 4종류의 표지된 ddNTP 모두를 하나의 관에 첨가한다. 결과적으로 착색된 DNA 조각이 모세관에 함유된 단일 전기영동 젤에서 크기에 따라 분리된다(더 빨리 이동하게 하는 개량된 전기영동법). 모든 주어진 길이의 조각들이 각각 하나의 띠(band)를 나타내면서 모세관 젤을 이동하게 되고, 레이저 광선을 이용하여 각 띠에 해당하는 색을 검출한다. 띠들이 검출기를 지나면서 색의 서열이 결정되면 DNA의 염기서열이 읽혀지게 된다. 이 정보는 직접 컴퓨터에 입력되어져서 염기서열이 결정된다. [출처: Data provided by Lloyd Smith, University of Wisconsin–Madison, Department of Chemistry.]

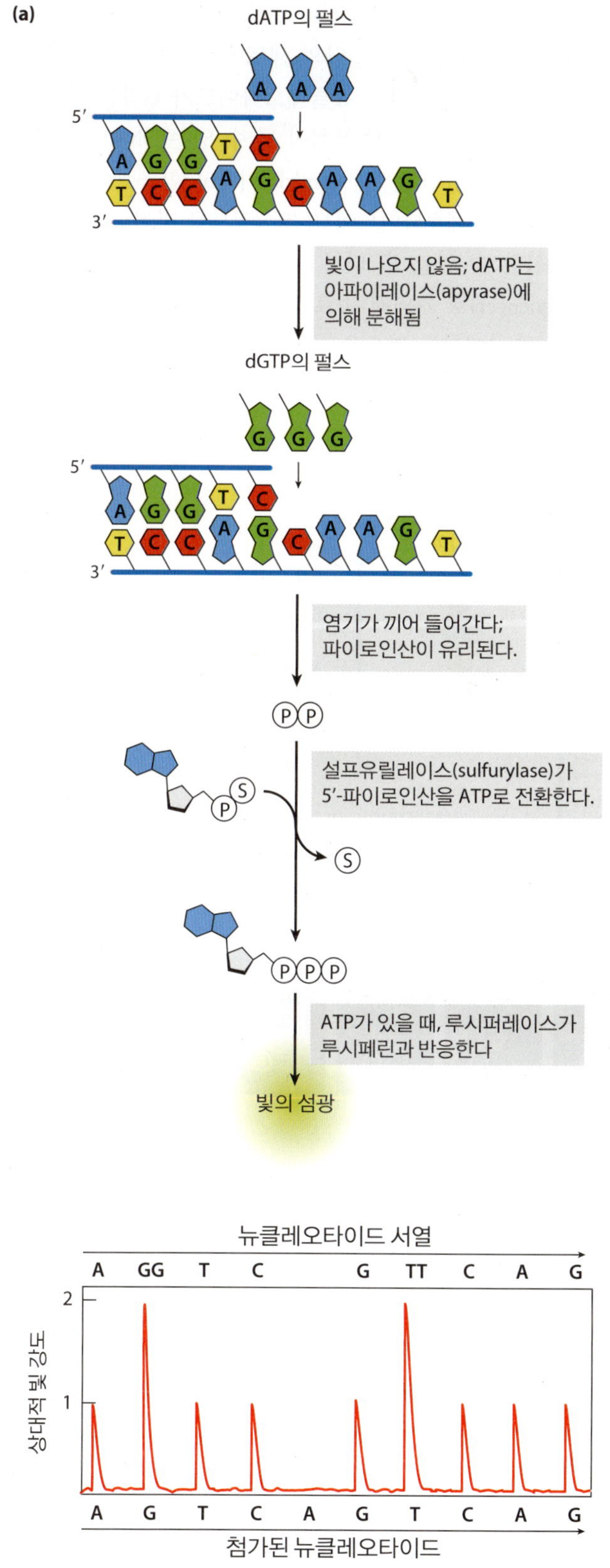

유전체 서열은 몇 단계로 생산된다. 먼저, 유전체 서열을 무작위로 잘라서 수백 염기쌍 길이의 조각으로 만든다. 알려진 염기서열의 합성된 올리고뉴클레오타이드들을 모든 DNA 조각들의 양 끝에 연결함으로써 각각의 DNA 분자에 대한 표식 가능 부위를 만든다. 각각의 조각들을 고형의 표면에 부착하고 PCR을 사용하여 증폭한다. 고형의 표면은 액상 용액이 시료 위를 흐르게 하는 통로의 일부이다. 결과적으로 수 센티미터의 고형 표면에 수백만 개의 DNA가 집단적으로 부착되고, 각 집단은 무작위적인 유전체 DNA 조각으로부터 유래한 단일 DNA 서열의 복사물을 몇 개씩 포함하고 있다. 이러한 수백만 개의 집단을 동시에 서열분석하여, 각 집단의 서열이 컴퓨터에 저장됨으로써 차세대 서열분석법의 효율성이 증가한다.

광범위하게 사용되는 2가지의 차세대 서열분석방법은 서열분석 반응을 수행하기 위하여 다른 전략을 사용한다. 2가지 방법으로 생성되는 새롭게 합성된 DNA 가닥의 서열은 분석되는 DNA 본틀의 서열과 상보적이다. 이 중에서 454 서열분석(여기서 숫자는 과학적 의미가 전혀 없으며 단지 개발 단계를 나타내는 코드에 불과하다)은 뉴클레오타이드의 첨가가 빛의 섬광에 의하여 검출되는 **파이로서열분석(pyrosequencing)** 전략을 사용한다(**그림 8-36**). 4가지의 삼인산 데옥시뉴클레오타이드(dNTP)가 한 번에 하나씩 반응 표면으로 보내진다. 뉴클레오타이드 용액은 DNA 중합효소가 본틀의 염기에 상보적인 뉴클레오타이드를 어느 집단이든 첨가할 정도의 시간만큼만 표면에 지체되어 있는다. 여분의 뉴클레오타이드는 다음 뉴클레오타이드들이 분출되기 전에 아파이레이스(apyrase)라는 효소에 의하여 빨리 제거된다. 특정 뉴클레오타이드가 DNA 가닥에 성공적으로 첨가되면 파이로인산(pyrophosphate)이 부산물로 분리된다. 표면을 채우고 있는 용액에 설퓨릴레이스(sulfurylase)라는 또 다른 효소가 있으며, 이것은 파이로인산을 ATP로 전환한다. 즉, ATP의 출현은 뉴클레오타이드가 DNA에 첨가되었다는 신호이다. 또한 용액에는 루시퍼레이스(luciferase)와 이

그림 8-36 차세대 파이로서열분석법. (a) 파이로서열분석법은 분석되는 DNA 본틀의 서열과 상보적인 뉴클레오타이드의 첨가를 검출하기 위해 빛의 섬광을 이용한다. 각각의 분석될 DNA 절편은 작은 DNA 포합 비드에 부착되고 PCR에 의해 비드 상에서 증폭된다. 각 비드는 현탁액에 잠기고 피코타이터 판의 작은(약 29 μm) 구멍에 놓여진다. 루시퍼레이의 루시페린과 ATP의 반응은 뉴클레오타이드가 각 구멍의 특정 DNA 뭉치에 첨가될 때 빛이 나오게 한다. (b) 454 서열분석 과정의 한 주기의 매우 작은 부분에 대한 영상. 각각의 하얀색 원은 하나의 DNA 절편 뭉치로 원은 여러 주기 동안에 동일한 뭉치를 표시한다. 이 경우에 위(또는 아래)의 원을 왼쪽에서 오른쪽으로 줄을 따라 읽는 것이 이 뭉치의 서열을 알게 해 준다.

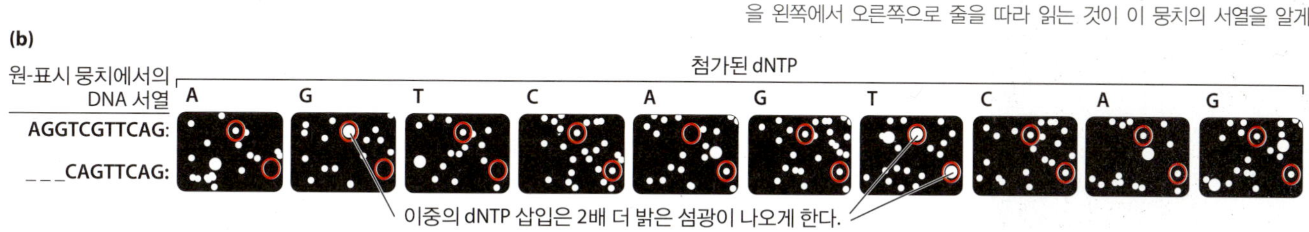

효소의 기질인 루시페린(luciferin, 루시퍼레이스는 개똥벌레가 빛을 만들 때 사용하는 효소이다; 별도설명 13-1 참조)이 존재한다. ATP가 만들어질 때 루시퍼레이스는 루시페린에 작용하여 빛을 만든다. 작은 빛의 섬광들이 집단적으로 발생하면 발산되는 빛의 형상이 기록된다. 예를 들어, dCTP가 용액에 첨가되면 본틀에 G가 있는 집단에서만 빛이 나오고, C는 이어서 만들어지는 사슬에 첨가되는 다음 뉴클레오타이드이다. 연속적으로 2, 3 또는 4 G 잔기들이 본틀에 있으면, 같은 수의 C 잔기들이 한 주기에서 만들어지는 가닥에 첨가될 것이다. 이것은 빛의 섬광으로 기록되며 1개의 C가 첨가될 때 보다 2배, 3배, 4배 더 강한 강도로 기록될 것이다. 유사하게 dGTP가 첨가되면 다른 집단의 세트에서 섬광이 나오게 될 것이고, 이것이 서열에서 다음 뉴클레오타이드가 G라는 것을 알려준다. 이 방법에 의하여 즉시 분석이 될 수 있는 DNA의 길이—판독 길이(read length) 또는 "판독(read)"이라고 함—는 일반적으로 400에서 500 뉴클레오타이드이고, 계속적으로 발전하고 있다.

이를 대신할 수 있는 또 다른 방법은 일루미나 서열분석기(Illumina sequencer)로 **가역적 종료자 서열분석(reversible terminator sequencing)**이라는 기술을 이용하는 것이다(**그림 8-37**). 유

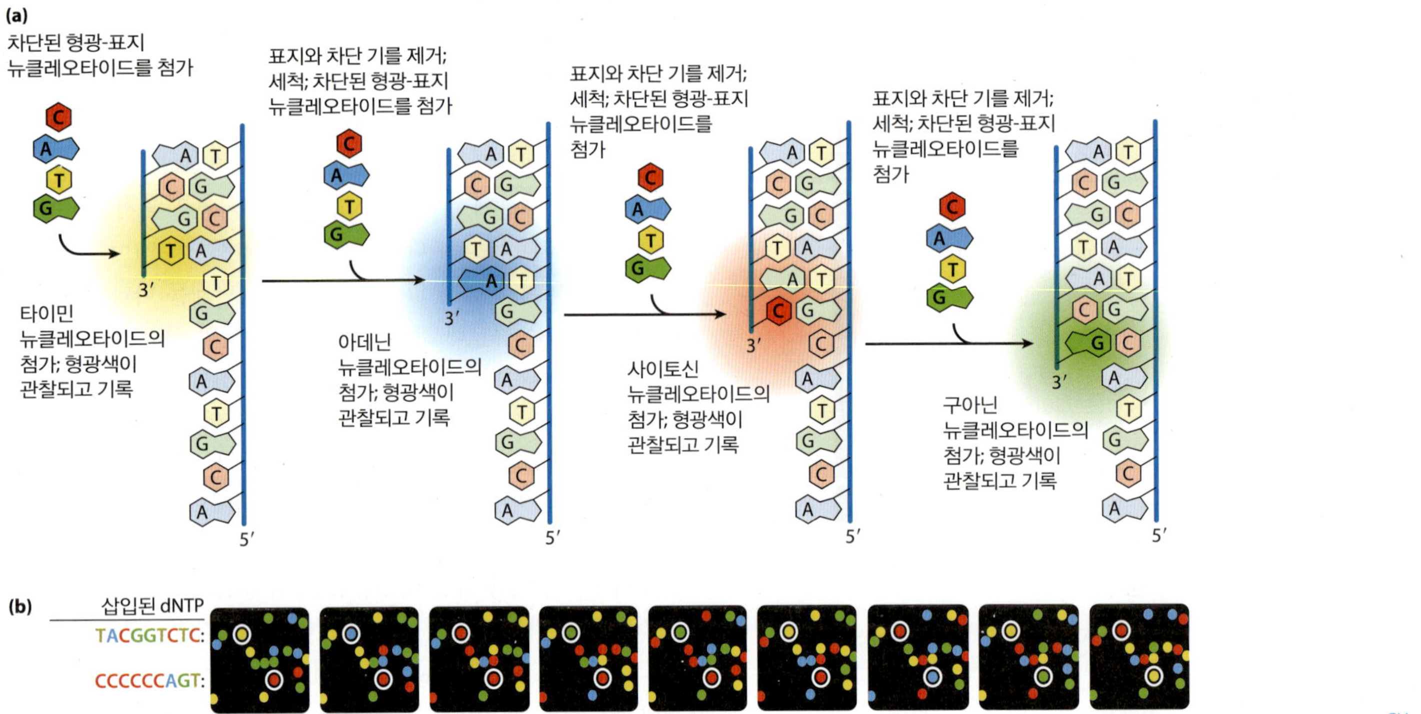

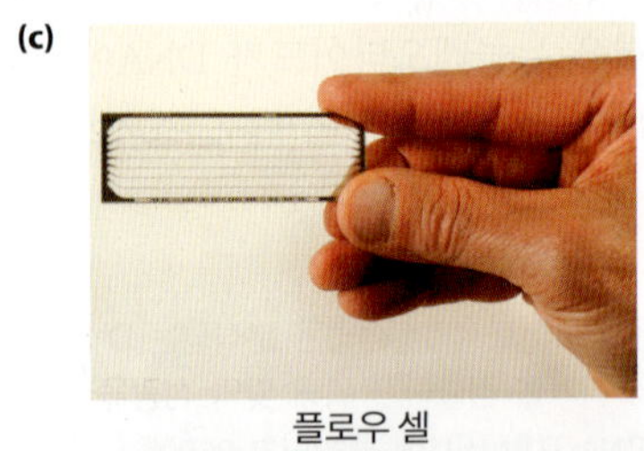

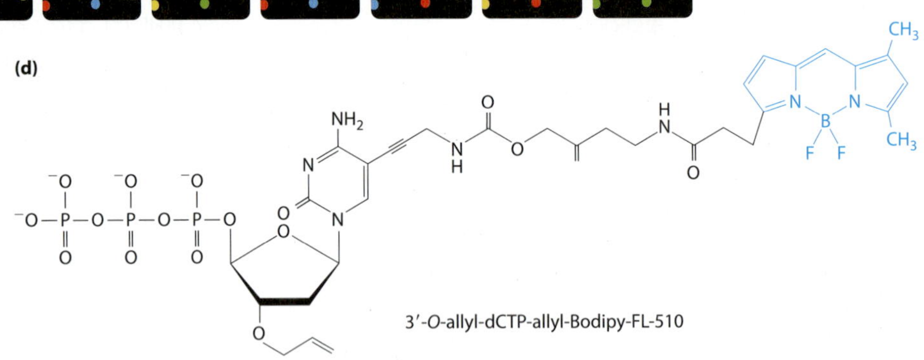

그림 8-37 차세대 가역적 종료자 서열분석법. **(a)** 가역적 종료자 서열분석법은 뉴클레오타이드를 동정하기 위하여 형광 표지자를 사용한다. 각 형광-표지 뉴클레오타이드의 차단 그룹들은 각 주기마다 다수의 뉴클레오타이드가 첨가되는 것을 방지한다. **(b)** 일루미나 서열분석 과정의 매우 작은 부분에서 9번의 계속적인 주기. 각 색깔이 있는 점은 플로우 셀(flow cell)에 고착된 DNA 올리고뉴클레오타이드의 위치를 표시한다. 원으로 표시된 뭉치들은 표면에서 동일한 점을 나타내고 표시된 서열을 알게 해 준다. 결과는 자동적으로 기록되고 디지털화되어 분석된다. **(c)** 차세대 서열분석기에 사용되는 전형적인 플로우 셀. 수백만 개의 DNA 조각들이 동시에 8개의 채널에서 분석되어 서열을 결정할 수 있다. **(d)** 데옥시라이보뉴클레오타이드가 dCTP인 경우에는 가역적 종료자 서열분석에 사용하기 위해 변형한다. 염기가 형광을 띠고 3′ 위치를 화학적으로 차단하다. 형광 표지와 3′ 차단기를 화학적 또는 광분해적으로 제거하여 다음 뉴클레오타이드의 첨가를 위해 3′-하이드록실기를 남긴다. 가역적 종료자 서열분석에 사용되는 변형된 뉴클레오타이드는 전매 특허이다. **(e)** 서열 분석 반응 동안의 한 채널 표면의 일부. [출처: (c) Courtesy Michael Cox Lab. (e) Courtesy Illumina, Inc.]

전체 서열을 무작위로 자르고 DNA 조각들의 끝에 이미 알고 있는 서열의 올리고뉴클레오타이드를 연결시킨 후 이 DNA 조각들을 표면에 부착하고 PCR을 사용하여 증폭한다. 이 서열에 상보적인 서열분석 시발체를 첨가한다. 여기에 다른 형광으로 표지된 4개의 다른 데옥시뉴클레오타이드(A, T, G 또는 C)와 DNA 중합효소를 첨가한다. 이 특수한 종료 뉴클레오타이드들(terminator nucleotides)은 3′ 끝에 부착된 차단기를 갖고 있어서 하나의 뉴클레오타이드만이 각 가닥에 첨가되는 것을 허용한다. 중합효소는 각 집단의 가닥에 적절한 뉴클레오타이드를 첨가한다. 다음에, 레이저 광선이 모든 형광 표지들을 활성화하고, 전체 표면의 형상이 각 집단에 첨가된 색을 나타냄으로써 어떤 염기인지를 알 수 있게 해 준다. 그리고 형광 표지와 차단기들은 화학적으로 또는 광분해적으로 제거되어 새로운 뉴클레오타이드가 각 집단에 첨가되도록 준비한다. 서열분석 과정은 단계적이다. 비록 세분화가 계속되고 있다 할지라도, 이 방법에 의한 판독 길이는 더 짧으며, 집단당 100에서 200 뉴클레오타이드가 일반적이다.

이러한 점점 더 강력한 방법을 사용하여 한 개체의 전체 유전체 서열을 결정하는 것은 훨씬 빠르고 저렴해졌다. 수백 쌍의 염기서열을 알아도 특정 염색체상의 그 염기서열의 위치를 모른다면 거의 가치가 없을 수 있다. 수백 만개의 짧은 DNA 조각의 서열을 복잡하고 인접한 유전체 서열로 해독하기 위해서는 중복되는 DNA 조각들을 컴퓨터를 이용하여 일렬로 정렬하는 것이 필요하다(**그림 8-38**). 유전체 내의 특정 뉴클레오타이드가 평균적으로 나타나는 횟수를 **염기서열 깊이(sequencing depth)** 또는 염기서열 커버리지(sequencing coverage)라 한다. 대부분의 경우에 충분한 많은 수의 무작위 DNA 조각의 염기서열이 분석되어 유전체의 각각

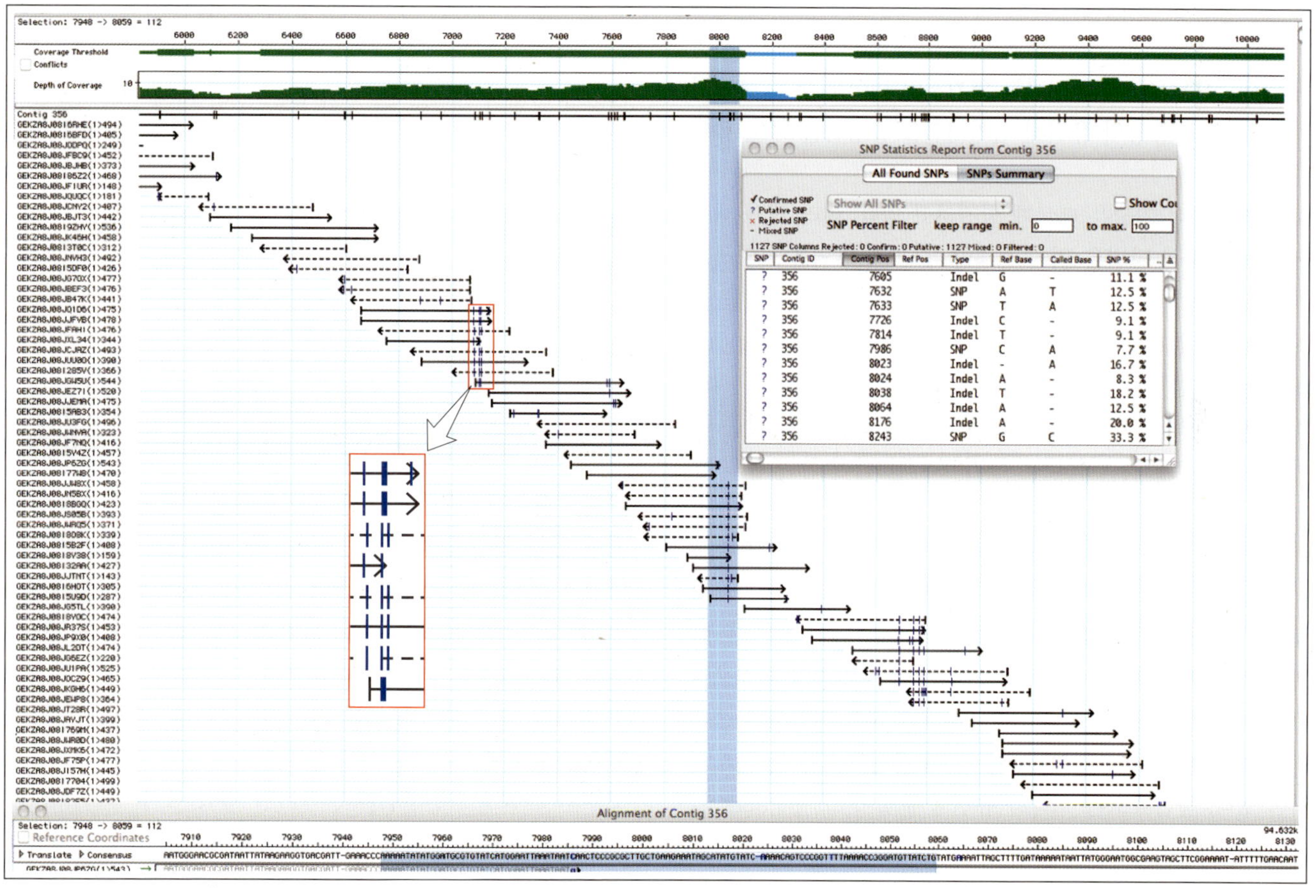

그림 8-38 서열 조립. 유전체 서열에서 유전체의 각 염기쌍은 몇 개의 때로는 수십 개의 판독(reads)이라고 불리는 서열 조각들에 반영된다. 여기서 보여 주는 것은 454 서열분석기로 만들어진 판독으로 대장균의 새로운 변종의 서열의 일부분이다. 위의 숫자는 임의적으로 정의된 "0"에 상대적인 유전체의 염기쌍 위치를 나타낸다. 모든 서열들은 356으로 지정된 특정한 긴 컨티그에서 유래하였다. 판독들은 수평 화살표로 나타내지며 각각에 대한 컴퓨터-할당 표식자가 왼쪽에 나열되었다. DNA 가닥 조각들은 무작위로 서열이 결정되었고, 1가닥(5′→3′, 왼쪽에서 오른쪽으로)으로부터 얻어진 서열들이 굵은 화살표로 나머지 가닥(5′→3′, 오른쪽에서 왼쪽으로)에서 얻어진 서열이 점선으로 표시된다(후자의 서열들은 전체적인 데이터 세트와 합쳐질 때 상보적 서열로 자동적으로 기록된다). 위의 포함 한계(coverage threshold)가 서열 품질의 척도이다. 더 넓은 녹색의 막대기는 결과에서 높은 신뢰도를 얻기 위하여 충분히 여러 번 반복하여 얻어진 서열들을 표시한다. 포함선(coverage line)의 깊이는 특정의 염기쌍이 서열 판독에서 얼마나 여러 번 나타나는 지를 표시한다. 수직의 파란색 막대기는 그림의 바닥에 있는 서열선에서 진하게 표시된 서열의 일부분을 나타낸다. SNP 통계 보고는 판독의 일부에서 단일뉴클레오타이드 다형성(SNPs; 제9장 참조)이 나타나는 것으로 보이는 위치의 목록이다. 이러한 SNP가 예상되는 부분들은 흔히 부가적인 서열분석에 의해 조사된다. 이것들은 각 판독을 나타내는 수평선 안에서 가늘고 파란색의 수직 사선으로 표시된다.

의 뉴클레오타이드는 평균 30-40회 염기서열이 분석된다(30-40× 커버리지). 특정 뉴클레오타이드의 커버리지가 다를 수 있지만(일부는 100회 염기서열이 분석되고 일부는 더 적게 분석된다), 이 수준은 대부분의 유전체 뉴클레오타이드가 최소 10회 이상 분석되는 것이고, 대부분의 서열분석 오류는 감지되어 제거된다. 중복된 부분들은 컴퓨터가 하나의 조각에서 다른 조각으로 서열을 추적하게 하여 염색체의 서열을 알 수 있게 해 준다. 이 방법은 **컨티그(contig)**라고 불리는 길고 연속적인 서열들을 조립할 수 있게 한다. 성공적인 유전체 서열분석 과정에서 많은 컨티그들이 수백만 염기쌍까지 확장될 수 있다. 어쩔 수 없이 생기는 빈 간격(gap)을 채우고 반복 서열들을 다루기 위해서는 특별한 전략들이 필요하다.

일부의 응용분야의 경우 훨씬 많은 양의 유전체 DNA의 염기서열을 분석하여 염기서열 깊이를 100배 또는 심지어 1000배를 증가시킨다. 때때로 **딥 시퀀싱(deep sequencing)**이라고 하는 방법이, 돌연변이나 다른 유전체 변이가 한 개체의 다양한 종류의 세포 안에 존재하는지 여부를 결정하는 데 이용될 수 있다. 또한 딥 시퀀싱은 종양이 성장함에 따라 빈번한 염기서열 변이로 매우 불안정한 유전체를 갖는 종양의 유전체 염기서열을 동정하는 데도 유용하다.

DNA 서열분석 기술은 빠르게 발전하고 있다. 여러 개의 새로운 차세대 서열분석 방법은 위에 설명한 두 가지 방법을 보완하고 있으며, 이 방법이 다른 많은 응용분야를 대체하고 있다. 예를 들어, **이온 반도체 염기서열분석(ion semiconductor sequencing)**(Ion Torrent이라는 상품명을 가진 방법의 핵심)이라 불리는 방법은 454 또는 일루미나 염기서열 방법과 유사하게 고정된 DNA 조각을 이용한다. 4개의 dNTPs가 반복되는 주기마다 한 번에 한 종류의 뉴클레오타이드가 삽입되고, 다음 주기 전에 제거된다. 합성되고 있는 가닥의 특정 지점에 특정 dNTP의 추가는 합성반응에서 방출된 양성자를 측정함으로써 검출된다. **단일 분자 실시간 염기서열분석(single-molecule real-time (SMRT) sequencing)**이라는 또 다른 방법은 점점 더 민감한 빛을 검출할 수 있는 기술의 발명으로 가능해졌다. 유동 세포 (flow cell)에는 수백만 개의 정밀하게 설계된 구멍이 있고, 그 구멍의 바닥에는 DNA 중합효소가 한 분자씩 부착되어 있다. 중합효소는 조각난 유전체 분절이 그 구멍으로 확산되어 들어가면 그 분절을 붙잡는다. 이어서 표지된 dNTPs가 확산되어 들어가서 합성되고 있는 DNA에 결합하면 새로 추가된 뉴클레오타이드로부터 각기 다른 색을 띠는 형광 부분이 방출된다. 혁신적인 빛 검출 체계는 구멍의 바닥에서 나오는 섬광의 색을 기록하고 각각의 추가된 뉴틀레오타이드를 식별한다. 이 방법은 정확하며 최대 약 10,000 염기쌍까지 긴 판독 길이를 생성할 수 있다.

요약 8.3 핵산의 화학

- 자연계의 DNA는 고온이나 극도의 pH에서 각 가닥이 가역적으로 풀려 분리된다. G≡C 염기쌍의 함량이 많은 DNA는 A=T 함량이 많은 DNA보다 녹는점이 높다.
- DNA는 비교적 안정된 중합체이다. 일부 염기의 탈아미노화, 염기와 당 사이의 *N*-글라이코사이드 결합의 가수분해, 방사선에 의한 피리미딘 이합체의 생성, 산화적 손상 등의 자발적 반응들은 그 속도가 매우 느리게 일어난다. 그러나 세포의 유전정보 물질은 변화에 매우 낮은 내성을 지니므로 이러한 반응들은 그 속도가 매우 느림에도 불구하고 중요한 의미를 지닌다.
- 알고 있는 서열의 올리고뉴클레오타이드는 빠르고 정확하게 합성될 수 있다.
- 중합연쇄반응은 표적 DNA 단편의 끝의 서열을 아는 경우에 DNA 증폭을 편리하고 빠르게 할 수 있는 실험 방법이다.
- 유전자나 짧은 DNA 분절의 서열은 Sanger 다이데옥시 염기서열 분석법에 기반한 자동화된 방식으로 결정된다.
- 전체 유전체를 포함한 DNA 서열은 차세대 염기서열분석 등의 다양한 방법의 개발로 수 시간 또는 수일 내에 효율적으로 결정될 수 있다.

8.4 뉴클레오타이드의 그 밖의 기능

뉴클레오타이드는 핵산의 소단위로서의 기능 외에도 모든 세포에서 에너지 운반자, 효소 보조 인자(cofactor)의 성분, 화학적 전령(chemical messenger) 등의 다양한 기능을 가지고 있다.

뉴클레오타이드는 세포에서 화학 에너지를 운반한다

라이보뉴클레오타이드의 5′ 하이드록실기에 공유결합으로 연결되어 있는 인산기에 추가적으로 1개 또는 2개의 인산이 더 존재하기도 한다. 이러한 분자들을 일-, 이-, 삼인산 뉴클레오사이드(nucleoside mono-, di-, triphosphates)라고 한다(**그림 8-39**). 일반적으로 라이보스에 가까운 쪽으로부터 각 인산기들을 α, β, γ로 지정한다. 삼인산 뉴클레오사이드가 가수분해되면 매우 다양한 생화학 반응을 추진할 수 있는 화학 에너지가 공급된다. 5′-삼인산 아데노신(adenosine 5′-triphosphate, ATP)이 이런 목적으로 가장 널리 사용되는데, 일부 반응에는 UTP, GTP, CTP가 사용되기도 한다. 삼인산 뉴클레오사이드는 제25장과 제26장에서 기술하겠지만 DNA와 RNA 합성의 활성 전구체(activated precursor)로도 역할을 한다.

ATP와 그 밖의 삼인산 뉴클레오사이드가 가수분해될 때 방출되는 에너지는 삼인산기의 구조로 설명할 수 있다. 라이보스와 α 인산기의 결합은 에스터(ester) 결합이다. α와 β, γ 결합은 인산무수물(phosphoanhydride) 결합이다(**그림 8-40**). 에스터 결합의 가수분해는 표준 조건에서 약 14 kJ/mol의 에너지를 방출하는 것에 비하여 각 무수물 결합이 가수분해되면 약 30 kJ/mol의 에너지가 방출된다. ATP의 가수분해는 흔히 생합성에 있어서 중요한 열역학

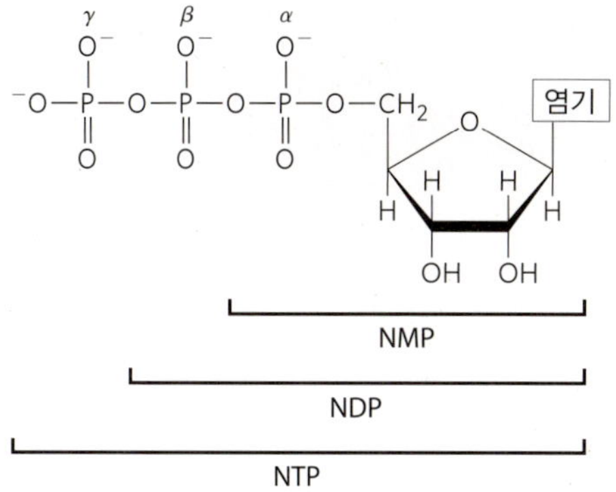

5′-인산 라이보뉴클레오사이드의 약자			
염기	일-	이-	삼-
아데닌	AMP	ADP	ATP
구아닌	GMP	GDP	GTP
사이토신	CMP	CDP	CTP
유라실	UMP	UDP	UTP

5′-인산 데옥시라이보뉴클레오사이드의 약자			
염기	일-	이-	삼-
아데닌	dAMP	dADP	dATP
구아닌	dGMP	dGDP	dGTP
사이토신	dCMP	dCDP	dCTP
타이민	dTMP	dTDP	dTTP

그림 8-39 인산 뉴클레오사이드. 5′-일인산, 이인산, 삼인산 뉴클레오사이드(NMP, NDP, NTP)의 일반적인 구조와 표준 약자. 인산 데옥시라이보뉴클레오사이드(dNMP, dNDP, dNTP)에서 오탄당은 2′-데옥시-D-라이보스이다.

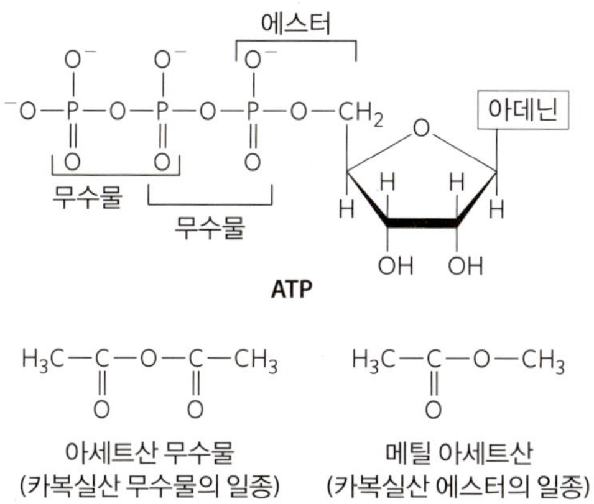

그림 8-40 ATP의 인산에스터결합과 인산무수물 결합. 인산무수물 결합의 가수분해가 에스터 결합의 가수분해보다 많은 에너지를 방출한다. 비교를 위하여 카복실산 무수물과 카복실산 에스터가 나타나 있다.

적 역할을 담당한다. 자유-에너지 변화가 양의 값을 나타내는 반응과 짝짓게 되면 ATP 가수분해는 전반적인 반응의 평형을 생성물이 합성되는 방향으로 이동시킨다(192쪽의 식 6-3에 기술된 평형 상수와 자유-에너지 변화의 상관관계를 참조).

아데닌 뉴클레오타이드는 많은 효소 보조인자의 성분이다

광범위한 화학적 기능을 담당하는 다양한 효소 보조인자들의 성분에 아데노신이 포함된다(**그림 8-41**). 이 보조인자들은 아데노신을 포함한다는 것 외에 아무런 구조적 공통점이 없다. 어떤 보조인자에서도 아데노신이 직접 일차적 기능에 관여하지 않으나 아데노신을 제거하면 그 보조인자의 활성이 현저히 감소된다. 예를 들면, 아세토아세트산(acetoacetate)의 보조효소 A(coenzyme A) 유도체인 아세토아세틸 CoA(acetoacetyl CoA)의 경우에 아데닌 뉴클레오타이드[이인산 3′-인산아데노신(3′-phosphoadenosine diphosphate)]를 제거하면 β-케토아실-CoA 전달효소(β-ketoacyl-CoA transferase, 지방질 대사에 관여하는 효소)의 기질로서의 반응성이 10^6배나 감소된다. 이와 같이 아데노신이 필요한 이유는 상세하게 연구되어 있지 않으나 효소와 기질 (또는 보조인자) 사이에서 촉매 작용과 초기 효소-기질 복합체를 안정시키는 데 사용하는 결합 에너지에 관여하고 있을 것이다(제6장). β-케토아실-CoA 전달효소의 경우에 보조효소 A의 뉴클레오타이드 성분이 기질(아세토아세틸-CoA)을 활성자리로 끌어넣는 것을 도와주는 결합 "손잡이(handle)"와 같은 역할을 하는 것으로 보인다. 그 밖의 뉴클레오타이드 보조인자에 있어서도 뉴클레오사이드 부분은 비슷한 역할을 할 것으로 생각된다.

그렇다면 왜 다른 큰 분자보다 아데노신이 이러한 구조에 이용되고 있는 것일까? 이 의문에 대한 답으로 진화 과정의 경제적 효율성이 관여할 것이다. 아데노신은 제공할 수 있는 잠재적인 결합 에너지의 양으로 볼 때는 특이할 것이 없다. 아데노신의 중요성은 특별한 화학적 특성에 있는 것이 아니라 한 가지 화합물을 여러 용도로 사용할 수 있다는 진화론적 이점에 있다. ATP가 광범위한 화학 에너지원으로 사용되므로 그 밖의 뉴클레오타이드보다 ATP를 합성하는 체계가 보다 발달하였고, 그 결과 풍부해진 ATP를 여러 가지 다양한 구조물의 일부로 이용하게 된 것은 당연한 귀결일 것이다. 이러한 경제적 효율성의 효과는 단백질의 구조에서도 찾아볼 수 있다. 아데노신과 결합하는 단백질 영역(domain)은 다양한 여러 효소들에서 공유될 수 있다. **뉴클레오타이드 결합 접힘(nucleotide-binding fold)**이라 불리는 이러한 영역은 ATP 및 뉴클레오타이드 보조인자와 결합하는 많은 효소에서 발견된다.

몇 가지 뉴클레오타이드는 조절 분자로서 작용한다

세포는 호르몬이나 다른 외부의 화학적 신호들을 통하여 그 환경에 반응한다. 이러한 세포 밖의 화학 신호["1차 전령(first messengers)"]가 세포 표면의 수용체와 결합하면 많은 경우 세포 내부에 **2차 전령(second messenger)**이 생성되는데, 이들에 의하여 세포 내부에 적절한 변화가 일어난다(제12장). 많은 경우에 2차 전령의

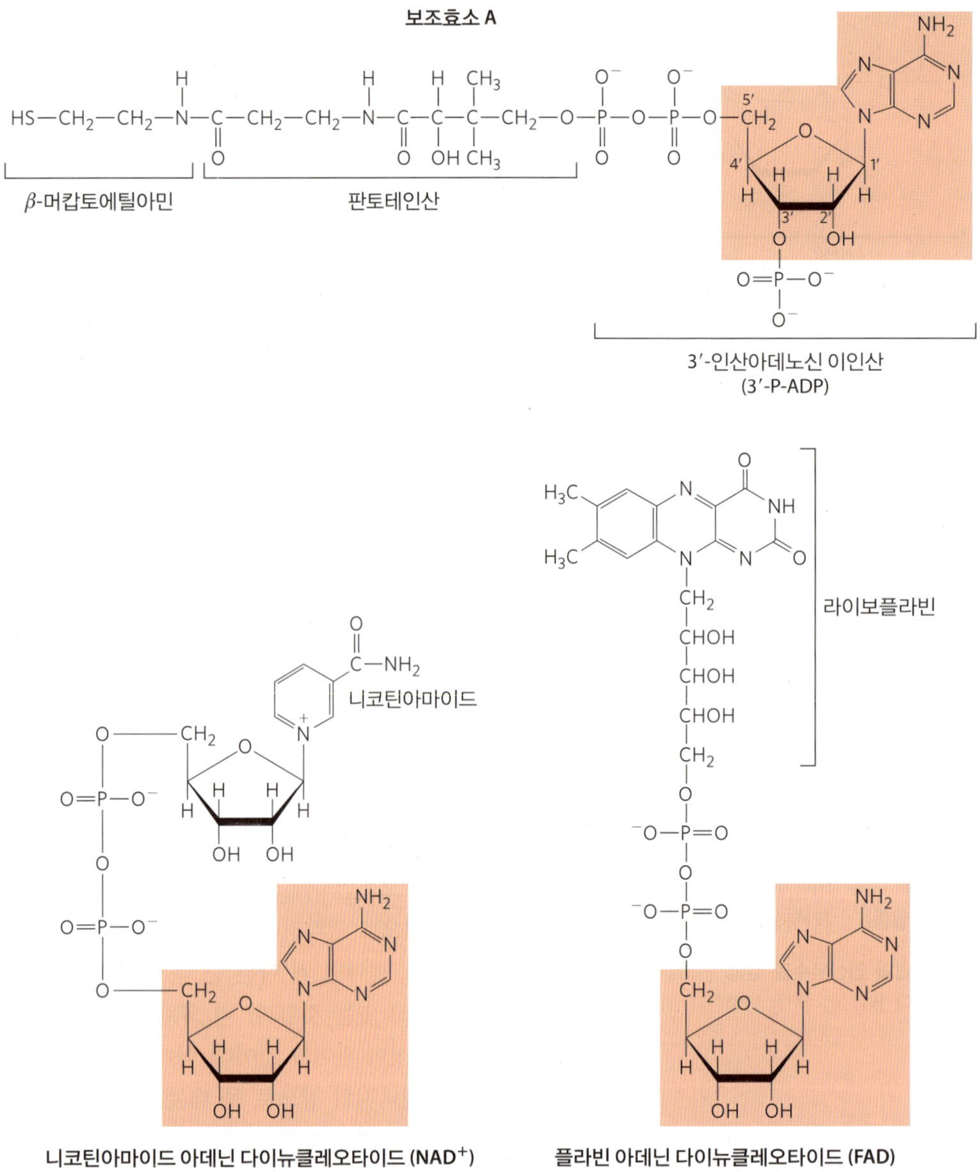

그림 8-41 아데노신을 포함하는 몇 가지 보조효소. 아데노신 부분은 엷은 빨간색 음영으로 표시되어 있다. 보조효소 A(CoA)는 아실기 전달 반응에 관여한다; 아실기(아세틸기나 아세토아세틸기 같은)는 성분인 β-머캅토에틸아민과 싸이오에스터 결합을 통하여 CoA에 연결되어 있다. NAD^+는 수소 음이온 전달에, 그리고 비타민 B_2(라이보플라빈)의 활성형인 FAD는 전자전달에 관여한다. 아데노신을 함유하는 다른 보조효소인 5′-데옥시아데노실코발라민은 비타민 B_{12}(별도설명 17-2 참조)의 활성형으로 인접한 탄소원자 사이의 분자내 기의 전달에 관여한다.

역할을 뉴클레오타이드가 담당하고 있다(**그림 8-42**). 가장 대표적인 것 중 하나로 **3′,5′-고리 일인산 아데노신[adenosine 3′,5′-cyclic monophosphate(cyclic AMP 또는 cAMP)]**을 들 수 있는데, 이것은 세포막 안쪽에 결합되어 있는 효소인 아데닐산 고리화효소(adenylate cyclase)에 의하여 ATP로부터 합성된다. 고리 AMP(cyclic AMP)는 실제로 식물 외의 거의 모든 세포에서 조절 기능을 수행한다. 3′,5′-고리 일인산 구아노신(guanosine 3′,5′-cyclic monophosphate, cGMP) 또한 많은 세포에 존재하면서 조절 기능을 수행한다.

또 다른 조절 뉴클레오타이드인 ppGpp(그림 8-42)는 세균에서 아미노산 결핍에 의하여 단백질 합성이 저하될 때 이에 반응하여 생성된다. 이 뉴클레오타이드는 단백질 합성에 사용되는 rRNA와 tRNA 분자들(그림 28-22 참조)의 합성을 억제함으로써 불필요한 핵산의 합성을 방지한다.

아데닌 뉴클레오타이드는 또한 신호로써 작용한다

ATP와 ADP는 또한 인간을 포함한 많은 단세포 및 다세포 생물에서 신호 분자로서 작용한다. 포유류에서 특정 뉴런은 연접(synapse)에서 ATP를 방출하는데, 연접 후 세포(postsynaptic cell)의 P_{2X} 수용체에 결합하여 막 전위의 변화 또는 맛, 염증 및 평활근 수축을 비롯한 다양한 생리적 과정을 개시하는 세포

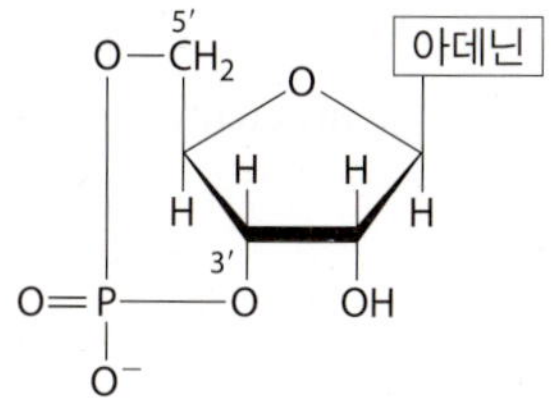

3′,5′-고리 일인산 아데노신
(고리 AMP; cAMP)

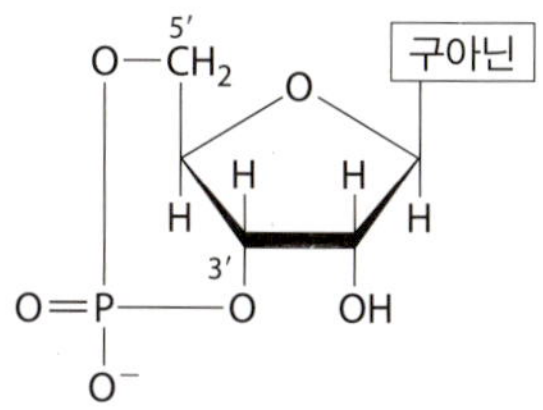

3′,5′-고리 일인산 구아노신
(고리 GMP; cGMP)

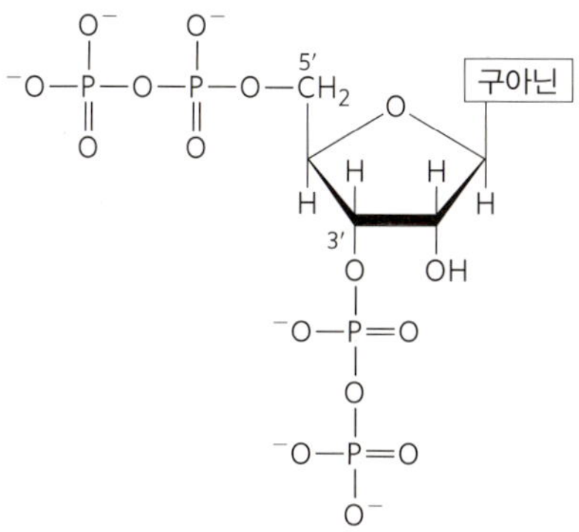

3′-이인산, 5′-이인산 구아노신
(사인산 구아노신; ppGpp)

그림 8-42 3가지의 조절 뉴클레오타이드.

내 2차 전령 방출을 유발한다. 통증을 매개하는 ATP 수용체의 한 가지 중요한 종류는 약물 개발의 확실한 표적이다. 세포 외 ADP는 민감한 세포 유형에서 P_{2Y} 수용체를 통해 작용하는 신호 분자이다. ADP가 혈소판의 P_{2Y} 수용체에 결합하는 것을 방지함으로써, clopidogrel (Plavix)은 심장 질환 환자에서 바람직하지 않은 혈액 응고를 억제한다. 신호 경로에 대해서는 제12장에서 자세히 기술한다. ■

요약 8.4 뉴클레오타이드의 그 밖의 기능

- ATP는 세포에서 화학 에너지를 운반하는 중심 분자로 작용한다. 다양한 효소 보조인자에 아데노신 성분이 존재하는 것은 결합 에너지의 필요성과 관련 있다.
- 고리 AMP(cyclic AMP)는 아데닐산 고리화효소에 의하여 ATP로부터 만들어지는데, 이것은 호르몬이나 다른 화학 신호에 반응하여 생성되는 대표적인 2차 전령이다.
- ATP와 ADP는 다양한 신호 경로에서 신경전달물질로써 작용한다.

핵심용어

굵게 표시된 용어들은 용어해설에 정의되어 있다.

문제

1. **뉴클레오타이드의 구조.** DNA의 퓨린 뉴클레오타이드에서 수소결합을 형성할 수 있으나 Watson-Crick 염기 짝짓기에는 관여하지 않는 것은 퓨린 고리의 어느 위치인가?

2. **상보적 DNA 가닥의 염기서열.** 이중나선 DNA에서 1가닥의 서열이 (5′)GCGCAATATTTCTCAAAATATTGCGC(3′)이다. 상보적 가닥의 염기서열을 써라. 이 DNA 분절에 포함되어 있는 특이한 구조는 어떤 형태인가? 이 이중가닥 DNA가 형성할 수 있는 가

능한 대체 구조는 어떤 것이 있는가?

3. 인체의 DNA. 지구에서 달까지(약 320,000 km) 이중나선 DNA 분자를 펼쳐 놓았을 때 그 분자의 질량을 그램 단위로 계산하라. DNA 이중나선의 무게는 1,000 뉴클레오타이드 쌍 당 약 1×10^{-18} g이고 각 염기쌍은 3.4 Å씩 떨어져 있다. 흥미 있는 비교를 위하여 언급하면 당신의 몸은 약 0.5 g의 DNA를 함유하고 있다!

4. DNA의 굽음(bending). 5개의 염기쌍으로 이루어진 폴리(A) 영역이 DNA 가닥에 20°의 굴곡을 일으킨다고 가정하자. 2개의 연속적인$(dA)_5$ 구역의 중심 염기쌍(5개 중 3번째)이 (a) 10 염기쌍 떨어져 있을 때; (b) 15 염기쌍 떨어져 있을 때 DNA에 생기는 총 굽이를 계산하라. DNA 이중나선에서 1회전당 10개의 염기쌍이 존재한다고 가정한다.

5. DNA 구조와 RNA 구조의 차이. 머리핀 구조는 RNA나 DNA 단일가닥의 회문 서열에서 형성될 수 있다. RNA에서 길고 염기가 완전히 쌍을 이룬(끝을 제외하고) 머리핀 모양의 나선 구조는 이와 비슷한 DNA의 머리핀 모양의 나선 구조와 어떤 차이가 있는가?

6. 뉴클레오타이드의 화학. 많은 진핵생물의 세포에는 DNA 중의 틀린 짝 G≡T를 선택적으로 찾아 복구하는 고도로 분화된 체계가 존재한다. 틀린 짝은 G≡C(A=T가 아님) 염기쌍으로 복구된다. 이 G-T 틀린 짝 복구 기전(G-T mismatch repair mechanism)은 모든 틀린 짝을 복구하는 일반적인 체계와 다르게 특이적 기전으로 따로 존재한다. 세포가 G-T 틀린 짝을 복구하는 특별히 분화된 체계를 왜 따로 필요로 하는지 그 이유를 제시하라.

7. 핵산의 변성. 이중가닥 DNA 올리고뉴클레오타이드가 있다. 1가닥이 TAATACGACTCACTATAGGG의 서열을 갖고 있고 녹는점(t_m)이 59°C이다. 동일한 서열의 RNA 이중가닥(T 대신에 U를 넣어서)이 만들어진다면 이것의 녹는점은 더 높겠는가 아니면 더 낮겠는가?

8. 자연적인 DNA 손상. DNA에서 데옥시라이보스와 퓨린은 N-글라이코실 결합의 가수분해가 ATP 부위를 만든다. AP 부위는 DNA에 잘못 짝지어진 염기쌍이 만드는 것보다 더 열역학적 불안정을 일으킨다. 이 효과는 완전히 이해하지 못한다. AP 부위의 구조를 설명하고 (그림 8-29b 참조) 몇몇이 염기 감소의 화학적 중요성을 설명하라.

9. 핵산의 서열로부터 구조를 예상하기. 서열이 분석된 염색체의 일부가 다음과 같은 서열을 1가닥에 갖고 있다.

ATTGCATCCGCGCGTGCGCGCGCGATCCCGTTACTTTCCG

이 서열 중에서 어느 부분이 Z 입체형태를 갖게 될 확률이 제일 높은가?

10. 핵산의 구조. 이중가닥 DNA가 변성되면 이것의 자외선 흡광도가 증가한다(흡광 증가 효과; hyperchromic effect). 그 이유를 설명하라.

11. 단백질과 핵산이 섞여 있는 용액의 단백질 농도 측정. 단백질과 핵산이 혼합되어 있는 용액의 단백질이나 핵산의 농도는 서로 다른 광흡수 성질을 이용하여 추정할 수 있다: 단백질은 280 nm에서 그리고 핵산은 260 nm에서 최대 흡광도를 가진다. 혼합물에서 각각의 농도는 280 nm와 260 nm에서 용액의 흡광도(A)를 측정하고 아래의 표에 나타난 280 nm와 260 nm 흡광도의 비율인 $R_{280/260}$; 총질량 중의 핵산의 비율; 상수 F, 즉 A_{280}을 보정하여 보다 정확한 단백질 농도를 추정할 수 있는 상수 등을 사용하여 구할 수 있다. 단백질 농도(mg/ml) = $F \times A_{280}$(큐벳의 폭은 1 cm로 가정한다). A_{280} = 0.69이고, A_{260} = 0.94인 용액의 단백질 농도를 계산하라.

$R_{280/260}$	핵산의 비율(%)	F
1.75	0.00	1.116
1.63	0.25	1.081
1.52	0.50	1.054
1.40	0.75	1.023
1.36	1.00	0.994
1.30	1.25	0.970
1.25	1.50	0.944
1.16	2.00	0.899
1.09	2.50	0.852
1.03	3.00	0.814
0.979	3.50	0.776
0.939	4.00	0.743
0.874	5.00	0.682
0.846	5.50	0.656
0.822	6.00	0.632
0.804	6.50	0.607
0.784	7.00	0.585
0.767	7.50	0.565
0.753	8.00	0.545
0.730	9.00	0.508
0.705	10.00	0.478
0.671	12.00	0.422
0.644	14.00	0.377
0.615	17.00	0.322
0.595	20.00	0.278

12. DNA 성분의 용해도. 다음에 열거한 물질들의 구조식을 그리고 각각의 물에 대한 상대적 용해도의 서열을 매겨라 (가장 잘 녹는 것에서 잘 안 녹는 순서로) : 데옥시라이보스, 구아닌, 인산. 이들의 서로 다른 용해도는 이중가닥 DNA의 3차원 구조와 부합한다. 어떻게 연관되는가?

13. 중합연쇄반응(PCR). 하나의 염색체 DNA 서열의 1가닥이 아래에 나타나있다. 연구자가 중합효소연쇄반응을 이용하여 빨간색으로 표시된 DNA 조각을 증폭하고 분리하고자 한다. 이 DNA 부분을 증폭하는 데 사용될 수 있는 각각 20개 뉴클레오타이드 길이로 2개의 PCR 시발체를 설계하라. 시발체를 이용하여 생성된 중합효소연쇄반응의 최종 산물은 빨간색 바깥쪽의 서열을 포함해서는 안 된다.

5′ – – – AATGCCGTCAGCCGATCTGCCTCGAGTCAATCGA
TGCTGGTAACTTGGGGTATAAAGCTTACCCATGGTATCGTAG
TTAGATTGATTGTTAGGTTCTTAGGTTTAGGTTTCTGGTATT
GGTTTAGGGTCTTTGATGCTATTAATTGTTTGGTTTTGATTT
GGTCTTTATATGGTTTATGTTTTAAGCCGGGTTTTGTCTGG
GATGGTTCGTCTGATGTGCGCGTAGCGTGCGGCG – – –3′

14. 유전체 서열분석. 대형 유전체 서열분석 프로젝트에서 초기 자료는 보통 서열정보가 없는 여러 간격들을 보인다. 간격을 메우기 위하여 각 컨티그의 끝에서 5′-끝 가닥에 상보적인(즉, 3′-끝 가닥에 동일한) DNA 시발체들이 유용하게 사용된다. 이러한 시발체들이 어떻게 사용되는지를 설명하라.

15. 차세대 염기서열분석법. 가역적 종료자 서열분석에서 각 뉴클레오타이드의 3′-차단기가 Sanger 방법에서 사용되는 다이데옥시뉴클레오타이드에 있는 3′-수소로 대체된다면 서열 분석은 어떻게 되는가?

16. Sanger 염기서열의 논리. DNA 염기서열을 위한 Sanger(dideoxy) 방법에서 다이데옥시뉴클레오타이드 삼염기의 작은 양은—ddCTP를 말함—같이 반응하는 dCTP의 많은 양과 함께 염기서열 반응에 합쳐진다. 만약 dCTP가 생략된다면 무슨 결과가 일어나는가?

17. DNA 염기서열의 분석. 다음 DNA 조각의 염기서열을 Sanger 방법으로 분석하였다. 빨간색 별표는 형광 표지를 나타낸다.

*5′ ——— 3′-OH
3′ ——— ATTACGCAAGGACATTAGAC---5′

DNA 시료를 DNA 중합효소와 아래에 명시한 뉴클레오타이드 혼합물 (적절한 완충액 내에 있음) 각각과 반응시켰다. 다이데옥시뉴클레오타이드(ddNTP)는 상대적으로 소량이 첨가되었다.

1. dATP, dTTP, dCTP, dGTP, ddTTP
2. dATP, dTTP, dCTP, dGTP, ddGTP
3. dATP, dCTP, dGTP, ddTTP
4. dATP, dTTP, dCTP, dGTP

결과적으로 생성된 DNA를 아가로스 젤 전기영동으로 분리한 결과 젤 위에 형광의 띠가 아래와 같이 위치하였다. 아래 그림의 레인 1은 뉴클레오타이드 혼합물 1과 섞어 반응시킨 결과물의 띠 양상이다. 모든 혼합물과의 반응물들을 같은 젤에서 전기영동시킨다고 가정했을 때, 젤의 나머지 레인은 어떻게 보일 것인지 그려 보아라.

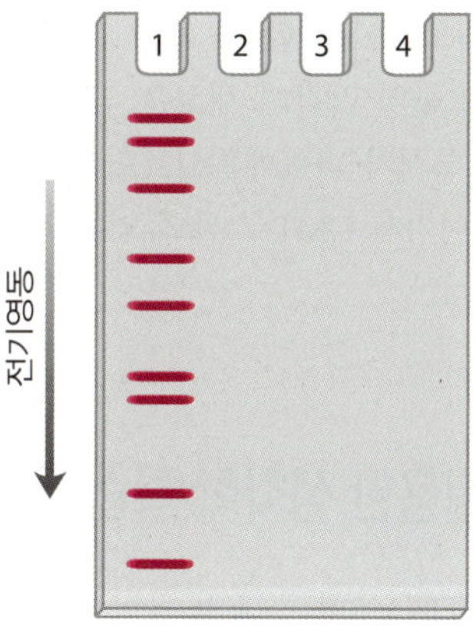

18. 뱀독 포스포다이에스터분해효소. 핵산 외부가수분해효소(exonuclease)는 폴리뉴클레오타이드 가닥의 끝에서부터 차례대로 뉴클레오타이드를 잘라내는 효소이다. 뱀독 포스포다이에스터분해효소(snake venom phosphodiesterase)는 결합하지 않은 3′-하이드록실기가 있는 올리고뉴클레오타이드의 3′ 끝에서부터 뉴클레오타이드를 가수분해하는 효소로서 라이보스나 데옥시라이보스의 3′-하이드록실기와 다음 뉴클레오타이드의 인산기 사이를 잘라낸다. 이 효소는 단일가닥의 DNA나 RNA에 작용하며 염기 특이성은 없다. 이 효소는 현대의 핵산 서열분석 기술이 개발되기 전에 염기 서열분석에 사용되었다. 다음 서열을 가진 올리고뉴클레오타이드를 뱀독 포스포다이에스터분해효소로 부분 소화(partial digestion)시켰을 때의 산물은 어떻게 나타나는지를 기술하라.

(5′)GCGCCAUUGC(3′)—OH

19. 세균 내생포자의 DNA 보존. 세균 내생포자(bacterial endospore)는 세포 대사를 더 이상 원활히 수행할 수 없는 환경에 노출되었을 때 형성된다. 예를 들어, 땅에 사는 균인 고초균(*Bacillus subtilis*)은 한 가지 이상의 영양소가 결핍되면 포자형성(sporulation)을 시작한다. 이것은 작고 대사적으로 휴면 중인 구조로서 검출될 만한 대사 없이 거의 무한정 생존할 수 있다. 포자에는 1,000년이 넘는 휴지기 동안에도 DNA에 잠재적으로 치명적일 수 있는 돌연변이가 축적되는 것을 방지하는 기전이 있다. *B. subtilis* 포자는 돌연변이를 촉진하는 열, 자외선, 산화제 등에 대하여 성장하고 있는 세포보다 훨씬 높은 저항력을 지니고 있다.

(a) 포자에서 잠재적인 DNA 손상을 방지하는 한 가지 요소는 수분 함량이 매우 적다는 것이다. 이것이 일부 유형의 돌연변이에 어떤 영향을 미치는가?

(b) 내생포자에는 작은 산 용해 단백질[small acid-soluble protein (SASP)]이라는 것이 있는데, 이것은 DNA와 결합하여 사이클로뷰테인 형태의 이합체가 형성되는 것을 방지한다. 무엇이 사이클로뷰테인 이합체를 만들고, 세균 내생포자는 이것의 형성을 방지하는 기전을 왜 필요로 하는가?

20. 올리고 뉴클레오타이드 합성. 그림 8-35와 같이 합성할 올리고 뉴클레오티드에 붙일 각각의 새로운 염기는 3′하이드록시가 활성화되고 5′하이드록시가 다이메톡시트릴리[dimethoxytrityl(DMT)] 그룹에 붙어있다. 여기서 DMT 그룹의 기능은 무엇인가?

인터넷을 활용한 생화학 학습

21. DNA의 구조. DNA 3차 구조의 규명을 통하여 연구자들은 어떻게 DNA가 한 세대에서 다음 세대로 정확히 정보를 복제해서 전달할 수 있는지를 이해할 수 있게 되었다. 2가닥 DNA의 2차 구조를 보기 위하여 단백질 자료은행 웹사이트(Protein Data Bank Web site: www.rcsb.org/pdb)에 접속하라. DNA의 2가지 형태에 대한 자료 화면을 검색하기 위하여 아래 열거한 PDB 인식자(PDB identifier)를 사용하라. RasMol이나 Chime을 이용하여 구조를 열어보고 다른 보기 조건(different viewing options)을 사용하여 다음의 연습 문제들을 풀어보라.

(a) 141D; HIV-1(AIDS를 일으키는 바이러스) 유전체의 끝 부위에 있는 그리고 고도로 보존되어 있는 DNA 반복 서열인 141D에 대한 파일을 검색하라. 그 분자를 공-막대 구조(ball-and-stick structure)로 나타내라. DNA 나선의 각 가닥의 당-인산 골격을 확인하라. 각 염기들을 위치시킨 후 그 위치를 확인하라. 이 분자의 5′ 끝은 어느 쪽인가? 큰 고랑과 작은 고랑을 위치시켜라. 이것은 오른손 감기 나선인가 아니면 왼손 감기 나선인가?

(b) 145D; Z 입체형태의 DNA인 145D에 대한 파일을 검색하라. 그 분자를 막대나 공-막대 구조로 나타내라. DNA 나선의 각 가닥의 당-인산 골격을 확인하라. 이것은 오른손 감기 나선인가 아니면 왼손 감기 나선인가?

(c) DNA의 2차 구조를 완전히 이해하기 위하여 분자 구조를 입체적으로 보아라. 조절 메뉴(control menu)에서 Select > All, then Style > Sterographic > Cross-eyed or Wall-eyed. (입체안경을 갖고 있다면 적절한 것을 선택하라.) 2개의 DNA 분자 영상이 보일 것이다. 모니터(wall-eyed)로부터 당신의 코를 약 10인치 가량 떨어져 앉은 다음 코 끝에(cross-eyed) 눈의 초점을 맞추어 보라. 배경에 3개의 DNA 나선상이 보일 것이다. 초점을 코끝에서 중간에 있는 상으로 옮기면 중간상이 3차원으로 보일 것이다. (참고로 두 저자 중에서 한 사람만 이것을 할 수 있었다.)

자료 분석형 문제

22. DNA구조에 대한 Chargaff's 연구. "DNA는 유전정보가 저장된 이중나선이다"라는 장에서 Erwin chargaff와 그의 동료가 찾은 4개의 결과가 요약되어 포함되었다("샤가프의 법칙"; 286쪽). 이 문제는 당신이 이들 결과에 대한 Chargaff 입증을 조사할 것이다.

한 논문에서 Chargaff(1950)는 그의 분석방법과 결과들을 서술하였다. 간단히 말해 그는 DNA 샘플을 산으로 처리하여 염기를 제거했고 종이 크로마토그라피에 의해 그 염기들을 분리하고, UV 분광으로 그 양을 측정하였다. 그의 결과는 3개의 표로 보여진다. 몰 비(*molar ratio*)는 시료 안에 각각의 염기의 몰(mole) 수에 대한 인산염(phosphate) 이온의 몰 수의 비율이다. 이것은 각각의 특정한 염기 안에 대표적인 염기의 전체 수의 비율을 나타낸다; 회수량(*recovery*)은 4개 염기의 총합이다(분자 비율의 총합): DNA 안에 모든 염기의 회수량은 1.0이다.

Molar ratios in ox DNA

	Thymus			Spleen		Liver
Base	**Prep. 1**	**Prep. 2**	**Prep. 3**	**Prep. 1**	**Prep. 2**	**Prep. 1**
Adenine	0.26	0.28	0.30	0.25	0.26	0.26
Guanine	0.21	0.24	0.22	0.20	0.21	0.20
Cytosine	0.16	0.18	0.17	0.15	0.17	
Thymine	0.25	0.24	0.25	0.24	0.24	
Recovery	*0.88*	*0.94*	*0.94*	*0.84*	*0.88*	

Molar ratios in human DNA

	Sperm		Thymus	Liver	
Base	**Prep. 1**	**Prep. 2**	**Prep. 1**	**Normal**	**Carcinoma**
Adenine	0.29	0.27	0.28	0.27	0.27
Guanine	0.18	0.17	0.19	0.19	0.18
Cytosine	0.18	0.18	0.16		0.15
Thymine	0.31	0.30	0.28		0.27
Recovery	*0.96*	*0.92*	*0.91*		*0.87*

Molar ratios in DNA of microorganisms

	Yeast		Avian tubercle bacilli
Base	**Prep. 1**	**Prep. 2**	**Prep. 1**
Adenine	0.24	0.30	0.12
Guanine	0.14	0.18	0.28
Cytosine	0.13	0.15	0.26
Thymine	0.25	0.29	0.11
Recovery	*0.76*	*0.92*	*0.77*

(a) 이러한 데이터를 바탕으로, chargaff는 "같은 종의 다른 조직의 DNA 조성의 차이점은 발견되지 않았다"고 결론지었다. 이것은 이 장의 결론 2번과 일치한다. 그러나 회의적인 사람들은 위의 데이터를 보고 "그것들은 내가 보기엔 확실히 달라보인다"라고 주장하였다. 만약에 당신이 Chargaff라면 회의적인 사람들의 마음을 납득할 수 있도록 어떻게 설득하겠는가?

(b) 정상세포와 간암세포에서 DNA 염기 구성의 차이는 두드러지지 않는다. 당신은 Chargaff의 기술이 정상과 암세포에서 DNA의 차이점을 구별할 수 있는 적합한 기술이라고 생각하는가? 당신의 이유를 설명해보라.

당신이 기대했던 것처럼 Chargaff의 데이터는 완전히 납득하기 어려웠다. 그래서 그는 다음 논문에서 밝혔듯이 기술을 좀 더 향상시켜 다양한 유기체의 DNA의 염기의 분자 비율을 1951년의 논문에 보고하였다.

Source	A:G	T:C	A:T	G:C	Purine:pyrimidine
Ox	1.29	1.43	1.04	1.00	1.1
Human	1.56	1.75	1.00	1.00	1.0
Hen	1.45	1.29	1.06	0.91	0.99
Salmon	1.43	1.43	1.02	1.02	1.02
Wheat	1.22	1.18	1.00	0.97	0.99
Yeast	1.67	1.92	1.03	1.20	1.0
Haemophilus influenzae type c	1.74	1.54	1.07	0.91	1.0
E. coli K-12	1.05	0.95	1.09	0.99	1.0
Avian tubercle bacillus	0.4	0.4	1.09	1.08	1.1
Serratia marcescens	0.7	0.7	0.95	0.86	0.9
Bacillus schatz	0.7	0.6	1.12	0.89	1.0

(c) 이 장에서 결론 1에 기술된 것에 따르면, "DNA의 염기 구성은 종마다 다르다" 지금까지 밝혀진 데이터를 이용하여 이러한 결론을 지지하는 논쟁을 해보라.

(d) 결론 4에 따르면 "모든 세포의 DNA는 종에 관계없이 A + G = T + C"이다. 지금까지 밝혀진 데이터를 이용하여 이러한 결론을 지지하는 논쟁을 해보라.

Chargaff의 의도는 "사합체 핵산 가설"을 반박하기 위한 것이었다; 사합체 핵산 가설은 DNA가 단조로운 사합체 중합체 $(AGCT)_n$라는 것이고, 따라서 이것들은 연속적인 정보를 포함할 수 없다. 비록 위에 제시된 자료들이, DNA는 단순한 사합체 핵산이라는 것은 아니지만, 만약 그러하다면 모든 샘플의 분자비율은 각 염기마다 0.25이다. 여전히 다른 유기체의 DNA는 약간 더 복잡한 형태를 이룰 가능성이 있지만, 그러나 여전히 단조롭고 반복되는 염기서열이다.

이 문제를 해결하기 위해서, Chargaff는 밀의 싹으로부터 DNA를 채취하였고, 여러 시간 동안 핵산 가수분해 효소를 처리하였다. 각각의 시간 동안, 몇몇 DNA는 작은 단편으로 되었고; 남은, 큰 단편을 그는 '중심체'라고 명명하였다.

아래의 표에서 보는 것과 같이, 19%의 '중심체'는 81%가 분해되고 남은 것이고; 8%의 '중심체'는 나머지 92%가 분해되고 남은 '중심체'이다.

Base	Intact DNA	19% Core	8% Core
Adenine	0.27	0.33	0.35
Guanine	0.22	0.20	0.20
Cytosine	0.22	0.16	0.14
Thymine	0.27	0.26	0.23
Recovery	*0.98*	*0.95*	*0.92*

(e) 당신이라면, 이러한 데이터를 이용하여, 밀의 싹 DNA가 단순한 반복적인 염기서열이 아니라는 것을 어떻게 주장하겠는가?

참고문헌

Chargaff, E. 1950. Chemical specificity of nucleic acids and mechanism of their enzymic degradation. *Experientia* 6:201–209.

Chargaff, E. 1951. Structure and function of nucleic acids as cell constituents. *Fed. Proc.* 10:654–659.

CHAPTER 9

DNA-기반 정보기술

이 책에서 밝혀진 분자들과 시스템들의 복잡성은 때로는 생화학적 진실을 감출 수가 있다: 우리가 배운 것은 단지 시작에 불과하다. 새로운 단백질들과 지질들과 탄수화물들과 핵산들은 매일 발견되고 우리는 이러한 것들의 기능에 대한 단서 조차 모른 경우가 있다. 우리는 얼마나 많은 것들을 만나야 하고 그것들은 무엇을 하게 될 것인가? 심지어 잘 특성화된 생분자들도 연구자들에게 셀 수없이 많은 기전적 그리고 기능적 질문들을 던지고 있다. 세포 전체의 DNA에 자유로운 접근을 제공하는 기술로 유전체 진행이 가속화되고 있다.

1920년에 독일의 식물학자 Hans Winkler에 의해 만들어진 "유전체"라는 단어는 **유전자**와 **염색체**의 마지막 음절을 결합하여 간단하게 유래되었다. 오늘날의 **유전체(genome)**는 생물의 완전한 하나의 반수체 유전자로 정의된다. 본질적으로 유전체는 생물을 식별하는 데 필요한 하나의 유전정보이다. 성적으로 번식하는 유기체의 경우, 유전체는 한 세트의 상염색체와 각각의 성염색체 중 하나를 포함한다. 세포가 DNA를 함유하고 있는 세포기관을 가지고 있을 때, 세포기관의 유전적 성분은 핵의 일부로 간주되지 않는다. 대부분의 진핵세포에서 발견되는 미토콘드리아와 광합성을 하는 세포소기관인 엽록체는 각각 고유한 유전체를 가지고 있다. DNA나 RNA로 구성된 유전물질을 가진 바이러스의 경우, 유전체는 바이러스를 형성하는 데 필요한 핵산의 완전한 사본이다.

우리 손 안에 있는 수천 개의 완성된 유전체 서열들은 이러한 방대한 일을 미리 볼 수 있게 해준다. 간단히 말해, 우리는 전형적인 유전체에서 유전자의 절반 이상을 포함하는 DNA의 대부분의 기능을 알지 못한다. 그와 같은 유전체 서열들은 또한 선례가 없었던 기회를 제공한다. DNA에 담겨져 있는 것보다 세포 또는 생명체에 대한 더 큰 정보의 원천은 없다. 그러한 정보를 추출하는 작업은 현재 모든 생화학 분야의 중심에 있는 복잡한 DNA-기반 정보기술을 낳았다. 우리가 이제 다루는 기술들은 이 이후의 단원에서 탐구하는 모든 주제를 밝히는 데 관여한다.

연구의 대상으로서, DNA는 크기라는 특별한 문제를 제시한다. 염색체들은 어떤 세포에서든 가장 큰 생분자들이다. 연구자들은 어떻게 수백만 또는 수십억의 계속된 염기쌍을 갖고 있는 염색체에서 아주 작은 부분만을 차지하는 정보를 어떻게 찾을 수 있는가? 이 의문에 대한 해결책은 1970년대에 나타나기 시작했다.

수십 년간 유전학, 생화학, 세포생물학과 물리화학 분야에서 연구하고 있는 수많은 과학자들에 의해 이루어진 발전으로 Paul Berg, Herbert Boyer, Stanley Cohen 등의 연구실에서는 훨씬 더 큰 염색체에서 작은 DNA 단편의 위치를 정하고 그것을 분리하고 정제하여 연구하는 데 필요한 기술을 개발하게 되었다. DNA 클로닝(cloning) 기술은 현대적 **유전체학(genomics)**과 세포와 개체 수준에서 생화학을 연구하는 학문인 **시스템 생물학(systems biology)**에 기여하는 많은 기술들이 탄생하도록 길을 열어주었다.

모든 학생들과 강사들은 본 단원의 주제들을 고려할 때 모순에 직면할 것이다. 첫째로, 우리가 기술하는 방법들은 DNA와 RNA 대사에 대한 우리의 이해가 발전함으로써 가능해졌다. 따라서, 이러한 방법들이 작동하는 방법들을 이해하기 위해서는 DNA 복제, RNA 전사, 단백질 합성과 유전자 조절에 대하여 이해해야만 한다. 그러나 동시에 현대 생화학은 같은 방법들에 무척 크게 의존하여 이러한 방법의 적절한 도입이 없이는 어느 분야의 원리

Paul Berg
[출처: NIH National Library of Medicine.]

Herbert Boyer
[출처: Courtesy Dr. Jane Gitschier.]

Stanley N. Cohen
[출처: NIH National Library of Medicine.]

도 알아내기가 매우 어렵다. 이러한 방법들을 이 책의 초반에 제시함으로써 우리는 이것들이 미묘하게 서로 연관되어 두 분야의 발전에 기여하였고 새로운 발견들이 가능해졌음을 알려주고자 한다. 우리가 필연적으로 제공해야 하는 배경은 방법의 소개에 대한 것 뿐만이 아니라 우리가 이 책의 후반에서 보게 될 DNA와 RNA 생화학의 기본에 대하여 예습을 할 수 있게 해준다.

우리는 DNA 클로닝의 기초적인 생화학적 원리의 개요를 살펴보고 생화학의 발전을 지지하고 가속하는 많은 새로운 기술들의 응용 범위와 잠재력에 대하여 설명하고자 한다.

9.1 유전자와 그 산물에 대한 연구

한 여성 연구자가 인간 질환에 열쇠가 될 것으로 알고 있는 새로운 효소를 분리하였다. 그녀는 이것의 구조를 밝히고 연구하기 위하여 대량의 단백질을 분리해서 결정화하기를 기대하고 있다. 또한 그녀는 이것이 촉매하는 반응을 이해하기 위하여 활성화 자리의 아미노산을 변경하기를 원하고 있다. 따라서 그녀는 이 효소가 다른 단백질들과 어떻게 상호작용하는지 그리고 세포 내에서 어떻게 조절되는지를 밝히기 위한 정교한 연구계획을 세웠다. 이 모든 것들은 그리고 그 이상의 것들은 이 효소를 암호화하는 유전자를 얻을 수 있다면 가능해질 것이다. 불행하게도, 그 유전자는 수십억 염기쌍 크기의 인간 염색체 안에서 단지 수천 개의 염기쌍에 불과하다. 그녀가 필요한 작은 단편들을 어떻게 분리해서 연구할 수 있을까? 이것에 대한 해답은 DNA 클로닝과 클로닝된 유전자들을 조작하도록 개발된 방법들에 의해 가능해졌다.

유전자들은 DNA 클로닝에 의해 동정될 수 있다

클론이란 동일한 복제물을 말한다. 이 용어는 원래 하나의 세포를 분리하고 그것을 증식시켜 연구를 위한 동일한 세포 집단을 만들어 내는 데 적용하였다. DNA에 적용할 경우 클론은 특정 유전자 단편의 많은 동일한 복사물을 말한다. 간략히 설명하면, 우리 연구자들은 큰 염색체로부터 특정한 유전자나 DNA 단편을 잘라내고 그것을 작은 운반체 DNA 분자에 붙인 후 미생물들이 이것의 많은 복사물들을 만들도록 해야 한다. 이 모든 과정을 **DNA 클로닝(DNA cloning)**이라 한다. 이 결과 특정한 유전자나 DNA 단편은 선택적으로 증폭이 되어 이것들의 동정과 연구가 쉬워지도록 한다. 고전적으로 생물체로부터 DNA 클로닝을 수행하기 위해서는 다음과 같은 다섯 단계의 일반적인 과정을 거쳐야 한다:

1. **복제할 DNA 절편의 획득.** 제한효소라 불리는 미세한 분자가위는 DNA의 특정 서열을 인식하고 DNA를 복제에 적합한 작은 크기로 잘라준다. 또는 유전자 DNA를 원하는 크기의 조각으로 무작위로 절단할 수 있다. 표적화된 유전체 일부 영역의 서열은 흔히 알려져 있기 때문에(데이터베이스에서 사용 가능) 복제될 일부 DNA 단편은 중합효소연쇄반응(PCR)에 의해 증폭되거나 단순히 합성된다(두 방법은 제8장에 서술).
2. **자기 자신을 복제할 수 있는 작은 *DNA* 분자를 선택.** 이러한 작은 DNA를 **클로닝 매개체(vector)**라고 한다(매개체는 운반체이다). 실험실에서 사용되는 대부분의 클로닝 매개체는 자연에서 발생하는 박테리아 또는 효모와 같이 하부 진핵생물에서 발견되는 작은 DNA 분자의 변형된 형태이다. 작은 바이러스 DNA도 이러한 역할을 할 수 있다.
3. **두 DNA 단편을 공유결합으로 연결.** DNA 연결효소가 이 역할을 한다. 두 가지 이상의 재료에서 유래된 DNA 단편들이 공유결합으로 연결되어 구성된 DNA 분자를 **재조합 DNA (recombinant DNA)**라고 한다.
4. **재조합 DNA를 시험관으로.** DNA 복제를 위한 효소적 장치를 제공하는 숙주세포로 이동.
5. **재조합 DNA가 들어 있는 숙주세포를 선택 또는 확인.** 클로닝 매개체는 일반적으로 매개체가 결핍된 세포가 죽는 환경에서 숙주세포가 살아남을 수 있게 하는 특징을 갖는다. 따라서 매개체를 포함하는 세포는 해당 환경에서 "선택가능"하다.

이러한 일을 수행하는 데 이용되는 방법과 그와 연관된 작업들을 총괄하여 **재조합 DNA 기술(recombinant DNA technology)** 또는 좀 더 형식적으로 **유전공학(genetic engineering)**이라고 한다.

우선 재조합 DNA 제작에 최초로 사용된 생명체이며 여전히 가장 일반적인 숙주세포인 **대장균**(*Escherichia coli*)을 이용한 DNA 클로닝에 초점을 맞추어서 설명하겠다. **대장균**은 다음과 같은 많은 장점을 가지고 있다. 즉, DNA 대사 과정(그리고 많은 다른 생

표 9-1 재조합 DNA 기술에 이용되는 일부 효소들

효소	기능
II형 제한 핵산내부분해효소	특정한 염기서열에서 DNA를 절단한다.
DNA 연결효소	2개의 DNA 분자 또는 단편을 이어준다.
DNA 중합효소 I(대장균)	3′ 끝에서 뉴클레오타이드를 단계적으로 첨가시켜 이중가닥의 빈 공백을 메워 준다.
역전사효소	RNA 분자에 대한 DNA 복제물을 만든다.
폴리뉴클레오타이드 인산화효소	표지를 위하여 폴리뉴클레오타이드의 5′-OH 끝에 인산을 더하거나 연결하도록 해 준다.
끝전달효소	선상의 이중가닥의 3′-끝에 동형중합체(homopolymer) 꼬리를 더해 준다.
핵산 외부가수분해효소 III	DNA 가닥의 3′ 끝에 뉴클레오타이드 잔기를 제거한다.
박테리오파지 λ 핵산 외부가수분해효소	단일가닥 3′ 끝을 노출시키기 위하여 이중가닥의 5′ 끝에서 뉴클레오타이드를 제거한다.
알칼리성 인산염분해효소	5′ 또는 3′ 끝(혹은 모두 다)에서 끝의 인산을 제거한다.

화학적 과정)이 이미 잘 알려져 있고 박테리오파지(bacteriophage)와 플라스미드(plasmid)와 같은 대장균과 연관된 많은 클로닝 매개체가 잘 규명되어 있으며 한 대장균에서 다른 균으로 DNA를 옮길 수 있는 효과적인 기술이 가능하다. 여기서 논의되는 원리들은 다른 생명체들에서의 DNA 클로닝에 폭넓게 적용될 수 있으며, 다른 생물체에서의 DNA 클로닝에 대해서는 이 장의 후반부에서 좀 더 심도 있게 설명하기로 한다.

제한 핵산내부분해효소와 DNA 연결효소는 재조합 DNA를 제작하도록 한다

수십 년 간의 핵산 대사 과정에 대한 연구 덕분에 현재 이용 가능해진 효소들은 재조합 DNA 기술에 있어서 특히 중요하다(표 9-1). 특히 두 종류의 효소가 재조합 DNA 분자의 제작과 증식을 위한 일반적인 과정에 핵심적인 역할을 한다(**그림 9-1**). 첫째는 **제한 핵산내부분해효소[restriction endonucleases**; 제한효소(restriction enzyme)로도 불린다]로 특정한 DNA 서열을 절단하여 더 작은 단편으로 만들어낸다. 두 번째는 **DNA 연결효소(DNA ligase)**로서 이것을 이용하여 클로닝될 DNA 단편을 적당한 클로닝 매개체와 연결시킬 수 있다. 이렇게 해서 만들어지는 재조합 매개체는 숙주세포로 도입되며, 여기서 세포가 여러 세대에 걸쳐 세포분열을 하는 과정에서 그 단편도 함께 증폭된다.

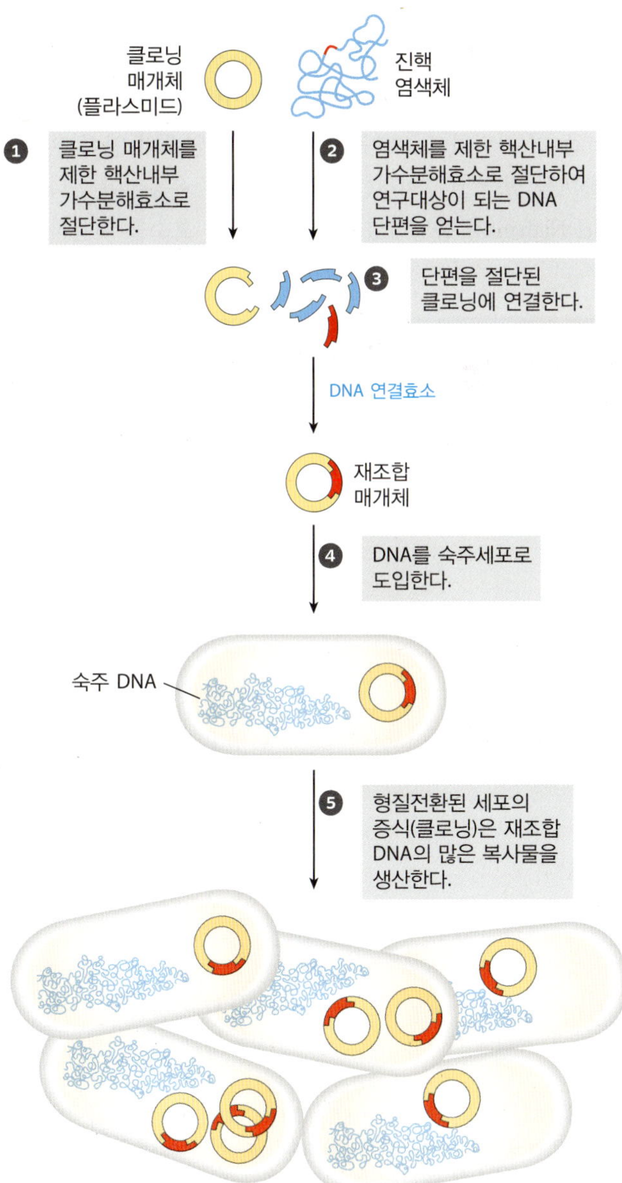

그림 9-1 DNA 클로닝의 개략적인 묘사. 제한 핵산내부분해효소로 진핵생물의 염색체를 절단하여 연구자가 관심 있는 DNA의 단편을 확보한다. 단편을 분리한 후에 제한 핵산내부분해효소로 역시 절단한 클로닝 매개체에 연결시킨다. 그 결과 만들어진 재조합 DNA는 그것이 복제할 수 있는(클로닝되는) 숙주세포에 도입된다. 플라스미드와 같은 일반적인 클로닝 매개체에 비해 대장균의 염색체 크기가 여기에 표현된 것보다 훨씬 더 크다는 것에 주목하라.

제한 핵산내부분해효소는 많은 종의 세균들에게서 발견되었다. 1960년대에 Werner Arber는 이들의 생물학적 역할이 외래 DNA(예, 감염성 바이러스의 DNA 등)를 인식하여 절단하는 것이라는 것을 발견하였고, 그런 절단된 DNA를 **제한되어** 있다라고 하였다. 숙주세포의 DNA에서 제한 핵산내부가수분해효소에 의해 인지되는 서열은 특정한 DNA 메틸화효소(methylase)에 의해 메틸화되어 보호됨으로써 절단되지 않는다. 세균에서 이와 같은 제한 핵산내부분해효소와 그에 대응하는 메틸화효소는 때때로 **제한-변형시스템(restriction-modification system)**이라고 불린다.

제한 핵산내부분해효소에는 I, II, III형의 세 가지가 있다. I형과 III형은 일반적으로 크고, 여러 개의 소단위(subunit)로 구성된 복합체로서 제한 핵산내부분해효소의 활성과 메틸화효소 활성을 둘 다 가지고 있다. I형 제한 핵산내부분해효소는 인식 부위에서 1,000개 이상의 염기쌍이 떨어진 임의의 위치에서 DNA를 절단한다. III형 제한 핵산내부분해효소는 인식 부위에서 25개 염기쌍만큼 떨어진 위치에서 DNA를 절단한다. 이 두 가지 형태의 효소는 모두 ATP의 에너지를 이용하여 DNA를 따라 움직인다. 1970년 Hamilton Smith에 의해 처음 분리가 된 **II형 제한 핵산내부분해효소**는 좀 더 간단하고 ATP를 필요로 하지 않으며 인식 부위 내에서 DNA를 절단한다. 이러한 효소들이 매우 유용성이 높다는 것을 Daniel Nathans가 증명하였으며, 그는 이들 효소를 이용하여 유전자와 유전체의 위치 지정과 분석을 위한 새로운 방법을 처음으로 개발하였다.

수천의 제한 핵산내부분해효소들이 다른 세균들에 의해서 발견되었으며, 100여 개가 넘는 다른 DNA 염기서열이 1개 이상의 이런 효소들에 의해 인지된다. 이렇게 인지되는 서열은 보통 4개에서 6개의 염기쌍의 길이이고 회문배열 구조(palindromic)로 되어 있다(그림 8-18 참조). 일부 II형 제한 핵산내부분해효소에 의해 인지되는 몇 개의 서열들이 표 9-2에 나타나 있다.

일부 제한 핵산내부분해효소는 2개의 DNA 가닥 끝 부위에 2개 내지 4개의 염기가 쌍을 이루지 못한 채로 남겨져 톱니모양(staggered)의 절단면을 형성하게 된다. 이들은 서로 간에 또는 다른 DNA 단편의 상보적인 끈끈한 끝과 염기쌍을 이룰 수 있기 때문에 이것을 **끈끈한 끝(sticky end)**이라고 한다**(그림 9-2a)**. 또 다른 제한 핵산내부분해효소는 마주보는 인산다이에스터 결합에서 DNA의 두 가닥을 절단하여 양쪽 끝 모두 염기쌍을 이루지 못한 염기가 없게 된 상태로 남겨지게 되는데, 이것을 **무딘 끝(blunt end)**이라 한다(그림 9-2b).

제한 핵산내부분해효소로 유전체 DNA를 절단함으로써 생기는 DNA 단편의 평균 크기는 그 DNA 분자 내에서 특이적인 제한효소 부위가 나타나는 빈도에 의존한다. 즉, 이는 인식 서열의 크기에 보다 더 의존적이라 할 수 있다.

표 9-2 II형 제한 핵산내부분해효소의 인지 염기서열

효소	인지 서열	효소	인지 서열
*Bam*HI	↓ * (5′) G G A T C C (3′) C C T A G G * ↑	*Hin*dIII	↓ (5′) A A G C T T (3′) T T C G A A ↑
*Cla*I	↓ * (5′) A T C G A T (3′) T A G C T A * ↑	*Not*I	↓ (5′) G C G G C C G C (3′) C G C C G G C G ↑
*Eco*RI	↓ * (5′) G A A T T C (3′) C T T A A G * ↑	*Pst*I	* ↓ (5′) C T G C A G (3′) G A C G T C ↑ *
*Eco*RV	↓ (5′) G A T A T C (3′) C T A T A G ↑	*Pvu*II	↓ (5′) C A G C T G (3′) G T C G A C ↑
*Hae*III	↓* (5′) G G C C (3′) C C G G *↑	*Tth*111I	↓ (5′) G A C N N N G T C (3′) C T G N N N C A G ↑

주의: 화살표는 각 제한 핵산내부분해효소에 의해 잘리는 인산이에스터 결합을 표시한다. 별표는 해당하는 메틸레이스에 의해 메틸화되는 염기들을 표시한다(알려진 곳에서). N은 어느 염기나 될 수 있다. 각 효소의 이름은 효소가 유래된 세균 종들의 3글자 약어(이탤릭체)로 구성되며 간혹 균주 표시와 같은 세균 종에서 동정된 것들을 구분하기 위한 로마 숫자가 뒤에 이어서 나온다. 즉, *Bam*HI은 *Bacillus amyloliquefaciens*, 균종 H에서 첫 번째로 동정된 제한 핵산내부분해효소이다.

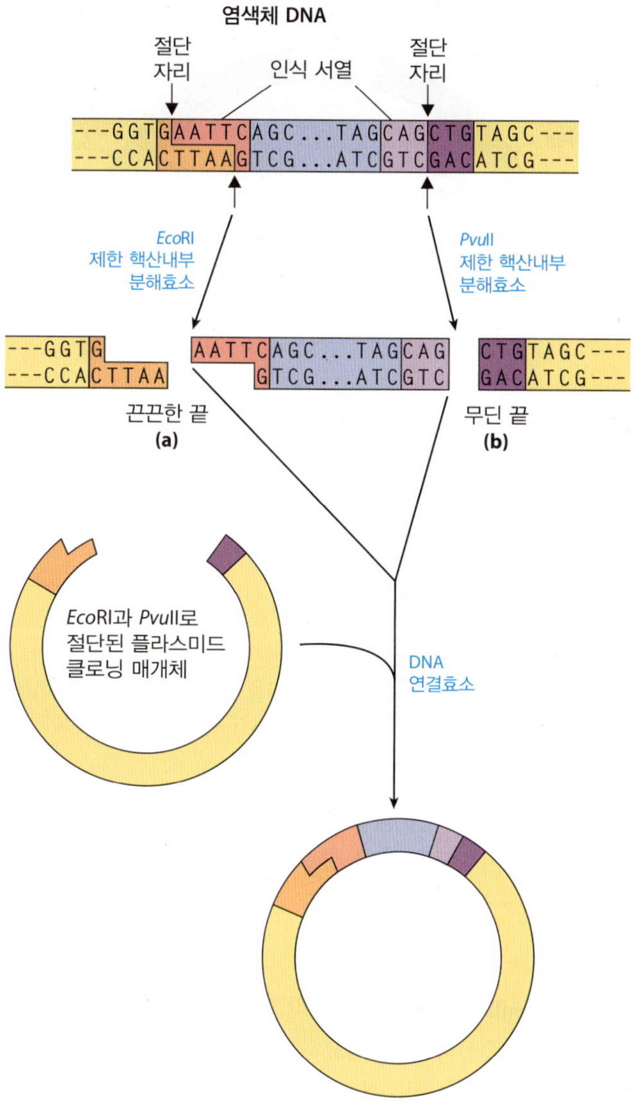

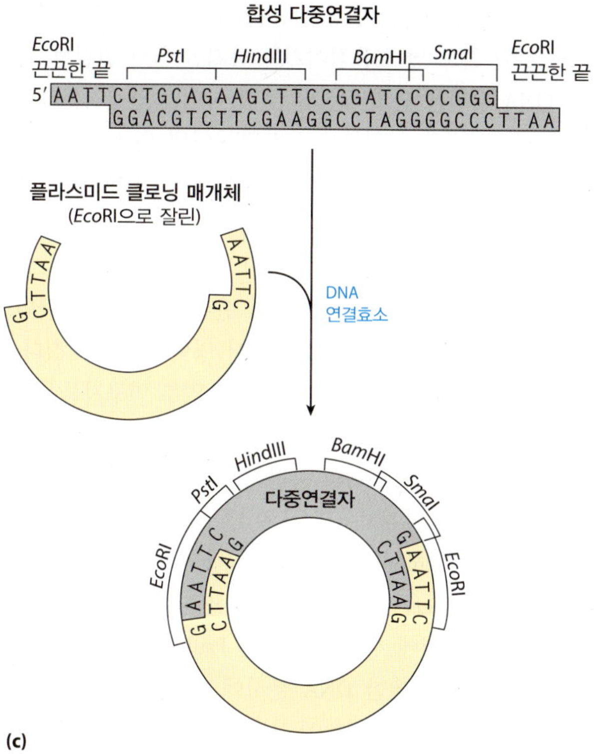

그림 9-2 제한 핵산내부분해효소를 이용하여 DNA 분자의 절단. 제한 핵산내부분해효소는 특정한 염기서열만 인지하고 절단하여 (a) 끈끈한 끝 또는 (b) 무딘 끝을 형성한다. 잘려진 단편들은 클로닝 매개체(플라스미드)와 같은 다른 DNA에 연결될 수 있다. 상보적인 끈끈한 끝에 결합할 경우, 반응이 더욱 쉽게 일어난다. 무딘 끝(데옥시 end)을 가진 DNA 단편들은 상보적인 끈끈한 끝보다 낮은 효율로 결합하게 되고, 일반적으로 다른 끈끈한 끝을 가진 DNA 단편들(비상보적인 DNA)과는 결합하지 않는다. (c) 몇 종류의 제한 핵산내부분해효소에 대해 인지되는 염기서열을 가진 합성 DNA 단편은 제한 핵산내부가수분해효소에 의해 절단된 플라스미드를 삽입할 수 있다. 이 삽입체를 연결자(linker)라고 하고 여러 개의 제한효소 인지 부위를 가진 삽입체를 다중연결자(polylinker)라고 한다.

4개의 모든 뉴클레오타이드가 균일하게 분포된 무작위 서열을 가진 DNA 분자에서는, *Bam*HI과 같은 제한 핵산내부분해효소에 의해 인지되는 6개의 염기쌍 서열은 GC 함량이 50%를 가진다고 볼 때 평균적으로 매 4^6(4,096)개의 염기쌍마다 한 번씩 나타나게 될 것이다. 4개의 염기쌍 서열을 인지하는 효소들은 무작위 서열을 가진 DNA 분자에서 더 작은 DNA 단편을 만들어낸다. 즉, 이 크기를 인식하는 서열이 매 4^4(256)개의 염기쌍마다 한 번씩 나타날 것이 기대되기 때문이다. 특정한 인식 서열은 이런 수치보다 더 낮은 빈도로 나타나는 경향을 보이는데, 이는 DNA의 뉴클레오타이드의 서열이 무작위적이지 않고 4개의 뉴클레오타이드의 양이 균등하지 않기 때문이다. 큰 DNA를 제한 핵산내부분해효소로 절단했을 때 생성되는 단편의 평균적인 크기는 효소 반응이 완결되기 전에 간단히 종결함으로써 증가시킬 수 있는데 그 결과를 부분 절단(partial digestion)이라고 한다. 절편의 크기는 귀소핵산내부분해효소(homing endonuclease)라는 특별한 종류를 사용하였을 때 증가될 수 있다(그림 26-37 참조). 이것들은 더 긴 크기의 DNA 서열을 인식하고 절단한다(14-20 염기쌍).

일단 DNA 분자가 단편으로 절단되면 이미 알고 있는 크기의 특정한 단편은 아가로스 젤이나 아크릴아마이드 젤 전기영동(302쪽) 또는 HPLC(92쪽)에 의해 농축될 수 있다. 일반적으로 전형적인 포유류 유전체를 제한 핵산내부분해효소로 절단하면 전기영동이나 HPLC로 특정한 DNA를 분리하기 어려울 정도로 너무나 많은 다양한 단편이 생기게 된다. 종종 특정 유전자 또는 원하는 DNA 조각을 클로닝하는 중간 단계로 DNA 라이브러리(DNA library)를 제작하기도 한다(9.2절에 기술되었음).

표적 DNA 단편이 분리되면 DNA 연결효소를 이용하여 이와 유사하게 절단된 클로닝 매개체에 연결된다—그것은 똑같은 제한효소에 의해 절단이 된 매개체이다. 예를 들어, 일반적으로 *Eco*RI에 의해 생긴 단편은 *Bam*HI에 의해 생긴 단편과 연결되지 않을 것이다. 제25장에 더 자세히 설명이 되어 있지만(그림 25-16 참조), DNA 연결효소는 ATP 또는 유사한 요소를 사용하여 새로운 인산다이에스터(phosphodiester) 결합을 형성한다. 서로 상보적인 끈끈한 끝의 염기쌍은 연결 반응을 매우 빠르게 진행시킨다(그림 9-2a). 무딘 끝도 덜 효율적이기는 하지만 역시 연결될 수 있다. 새로운 DNA 서열은 연결되는 끝 부위 사이에 **연결자(linker)**라는 합성된 DNA 단편을 삽입함으로써 만들어낼 수 있다. 여러 개의 제한 핵산내부분해효소에 인식되는 서열을 가진 DNA 서열을 **다중연결자(polylinker)**라고 하며, 이 부분은 절단과 연결에 의해 추가적인 DNA가 삽입될 수 있는 유용한 곳이다(그림 9-2c).

선택적으로 연결되는 2개의 DNA 단편에서 끈끈한 끝의 효용성은 가장 초기 재조합 DNA 실험에서 명백하게 밝혀졌다. 제한 핵산내부분해효소가 널리 이용되기 전에 일부 연구자들은 끈끈한 끝이 박테리오파지 λ 핵산 외부가수분해효소(exonuclease)와 끝 전달효소(terminal transferase)의 복합적인 상호작용에 의해 만들어질 수 있다는 것을 발견하였다(표 9-1). 연결될 단편들에는 상보적인 동질중합체(homopolymer) 꼬리가 붙어있다. 1971년에 Peter Lobban과 Dale Kaiser는 이 방법을 자연 상태의 DNA 단편들을 연결하는 첫 번째 실험에 사용하였다. 곧 Paul Berg의 연구실에서 박테리오파지 λ에서 유래한 DNA 분자에 simian virus 40(SV40)의 DNA 조각을 연결시키는 실험에 유사한 방법이 사용되어 서로 다른 종에서 유래한 DNA 조각으로 최초의 재조합 DNA 분자를 만들게 되었다.

클로닝 매개체는 삽입된 DNA 조각을 증폭시킨다

숙주세포에 클로닝할 수 있는 형태로 재조합 DNA를 전달하는 것과 그것을 증폭시키는 데 관여되는 원리는 대장균으로 하는 실험에 흔히 사용되는 세 가지의 일반적인 클로닝 매개체인 플라스미드, 박테리오파지 그리고 세균 인공염색체(Bacterial Artificial Chromosome, BAC)를 살펴봄으로써 이해할 수 있다.

플라스미드 플라스미드는 숙주 염색체와 별개로 복제될 수 있는 원형의 DNA 분자이다. 자연적으로 발생하는 세균 플라스미드의 크기는 5,000개에서 400,000개 염기쌍 정도에 이른다. 세균에서 발견되는 많은 플라스미드들은 분자적 기생충에 지나지 않는다. 바이러스와 유사하지만 한 세포에서 다른 세포로 전달되는 능력이 더 많이 제한되어 있다. 숙주세포에서 생존하기 위하여 플라스미드들은 복제와 유전자 발현을 위하여 숙주세포의 자원을 이용할 수 있게 하는 몇 가지의 특별한 서열을 포함하고 있다.

자연에서 발견되는 플라스미드를 보통 세포에서 공생(symbiosis)의 역할을 하고 있다. 이러한 플라스미드들은 세포에게 항생제에 대한 저항성을 부여하거나 새로운 기능을 수행할 수 있게 하는 유전자를 제공하게 된다. 예를 들어, *Agrobacterium tumefaciens*의 Ti 플라스미드는 숙주 세균이 식물 세포에서 군락을 이루어 식물의 자원을 이용하도록 해 준다. 플라스미드들이 세균 또는 진핵 숙주세포에서 성장하고 생존하도록 하는 이와 같은 원리들이 특정한 DNA 분절을 클로닝하기 위한 매개체를 제작하려는 분자

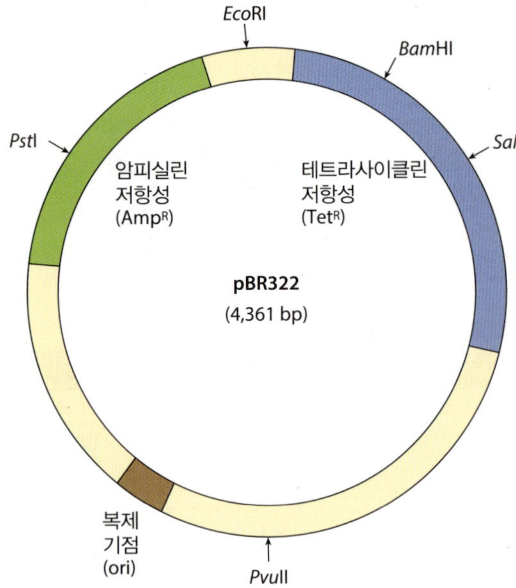

그림 9-3 대장균 플라스미드 pBR322의 구조. *Pst*I, *Eco*RI, *Bam*HI, *Sal*I, 그리고 *Pvu*II에 대한 일부 중요한 제한효소 인지 부위의 위치와 암피실린과 테트라사이클린 내성유전자(*amp*^{R}, *tet*^{R}) 그리고 복제기점(*ori*)을 표시하였다. 이것은 1977년에 만들어졌고 대장균에서 클로닝하기 위해 제조된 초기 플라스미드 중 하나이다.

생물학자에게 유용하다. 고전적인 대장균 플라스미드 pBR322는 1977년에 제작되었고 유용한 클로닝 매개체로서 좋은 특징을 보여 준다(**그림 9-3**).

1. pBR322는 세포성 효소에 의해 복제가 개시되는 **복제기점(origin of replication)**, 즉 **ori**를 갖고 있다(25장 참조). 이는 플라스미드가 증식하는 데 필요하고, 세포 내에서 10~20개 정도로 복제물을 유지하도록 복제 과정을 제한하는 조절시스템이 존재한다.
2. 테트라사이클린(tetracycline)과 암피실린(ampicillin)이라는 항생제에 저항성을 제공하는 유전자인 Tet^{R}과 Amp^{R}을 포함하여 온전한 플라스미드 또는 재조합된 플라스미드를 가지는 세포를 구별할 수 있도록 해 준다(아래에서 논의).
3. pBR322의 몇 가지 독특한 인지 서열들은 여러 가지 제한 핵산내부분해효소(*Pst*I, *Eco*RI, *Bam*HI, *Sal*I, *Pvu*II)의 표적이 되어 플라스미드가 외래 DNA를 삽입하기 위해 나중에 절단될 수 있는 부위를 제공한다.
4. 전체적으로 작은 크기(4,361 염기쌍)이기 때문에 플라스미드의 세포내 도입과 DNA의 생화학적 조작이 용이하다. 더 큰 크기의 플라스미드에서 분자생물학자들에게 필요 없는 많은 DNA 단편들을 제거함으로써 간단히 작은 크기의 플라스미드를 만들 수 있다.

보편적인 플라스미드 매개체에 삽입된 복제 개시점은 원래 자연에서 발견되는 플라스미드로부터 유래하였다. pBR322에서와

같이 각 개시점들은 특정한 플라스미드 복제수를 유지하기 위하여 조절된다. 사용되는 개시점에 따라서 세포내 플라스미드의 복제수는 하나에서부터 수백 또는 수천까지 다양하여 연구자들에게 많은 선택을 할 수 있도록 해 준다. 같은 세포에서 동일한 복제 개시점을 사용하는 두 가지의 다른 플라스미드는 기능할 수 없는데, 하나의 조절이 또 다른 하나의 조절을 방해하기 때문이다.

실험실에서 작은 플라스미드들은 **형질전환(transformation)**이라는 과정을 통해 세균 세포내로 도입될 수 있다. 세포가 DNA를 취하기 위해서는, 세포(일반적으로 *E. coli*)와 플라스미드 DNA를 0°C에서 염화칼슘 용액에 함께 배양한 후 37~ 43°C의 온도로 신속히 변화시켜 열충격을 가한다. 그 이유에 대해서는 잘 알려져 있지 않지만 일부 세포에서는 이러한 방법으로 DNA가 도입된다. *Acinetobacter baylyi*와 같은 몇몇 세균은 DNA의 흡수를 위해서 자연적으로 반응력이 있기 때문에 염화칼슘을 처리하는 과정이 필요하지 않다. 또 다른 방법으로는, 플라스미드 DNA와 함께 배양된 세포를 고전압 펄스에 노출시키는 것인데 이러한 방법을 **전기천공법(electroporation)**이라 하며 일시적으로 큰 분자가 통과할 수 있도록 세포막을 변화시키는 방법이다.

사용된 방법에 관계없이 극소수의 세포만이 실제로 플라스미드 DNA를 받아들이기 때문에 플라스미드 DNA가 도입된 세포를 선택해 내는 수단이 필요하다. 일반적인 방법은 선택(selectable) 표지와 스크리닝 표지라는 두 가지의 플라스미드의 유전자 중에서 하나를 이용하는 것이다. **선택 표지(selectable marker)**들은 세포의 성장을 허용하거나[양의 선택(positive selection)] 또는 일정한 상황 하에서 세포를 죽인다[음의 선택(negative selection)]. 플라스미드 pBR322는 양과 음의 선택 두 가지 모두에 대한 예를 제공한다(**그림 9-4**). **스크리닝 표지(screenable marker)**는 세포가 색깔이나 형광을 나타내는 분자를 생산하도록 하는 단백질을 암호화한다. 유전자가 존재해도 세포에는 해가 없으며 플라스미드를 포함하는 세포들은 군락(colony)이 색이나 형광을 띠므로 쉽게 알아낼 수 있다.

플라스미드의 크기가 증가할수록 전형적인 세균 세포를 정제된 DNA로 형질전환하는 것이 힘들어진다. 물론 이 과정이 매우 효과적인 과정은 아니다. 따라서 플라스미드를 매개체로 사용할 때 DNA 조각이 15,000 염기쌍 이상으로 길어지면 클로닝하기 어려워진다.

RecA 단백질(제25장 참조)이라는 재조합효소(recombinase)에 대한 유전자를 이용하여 클로닝 매개체로서 플라스미드의 사용을 설명하도록 하자. 대부분의 세균에서 RecA에 대한 유전자는 수백만 염기쌍으로 이루어진 염색체에 존재하는 수천 개의 유전자들 중의 하나이다. *recA* 유전자는 단지 1,000 bp의 길이이다. 플라스미드는 이러한 크기의 유전자를 클로닝하는 데 좋은 선택이 될 것이다. 뒤에서 기술되어 있는 바와 같이, 클로닝된 유전자는 다양한 방법으로 변동될 수 있고 유전자 변이체들은 높은 수준으로 발현되어 단백질의 분리를 가능하게 해 준다.

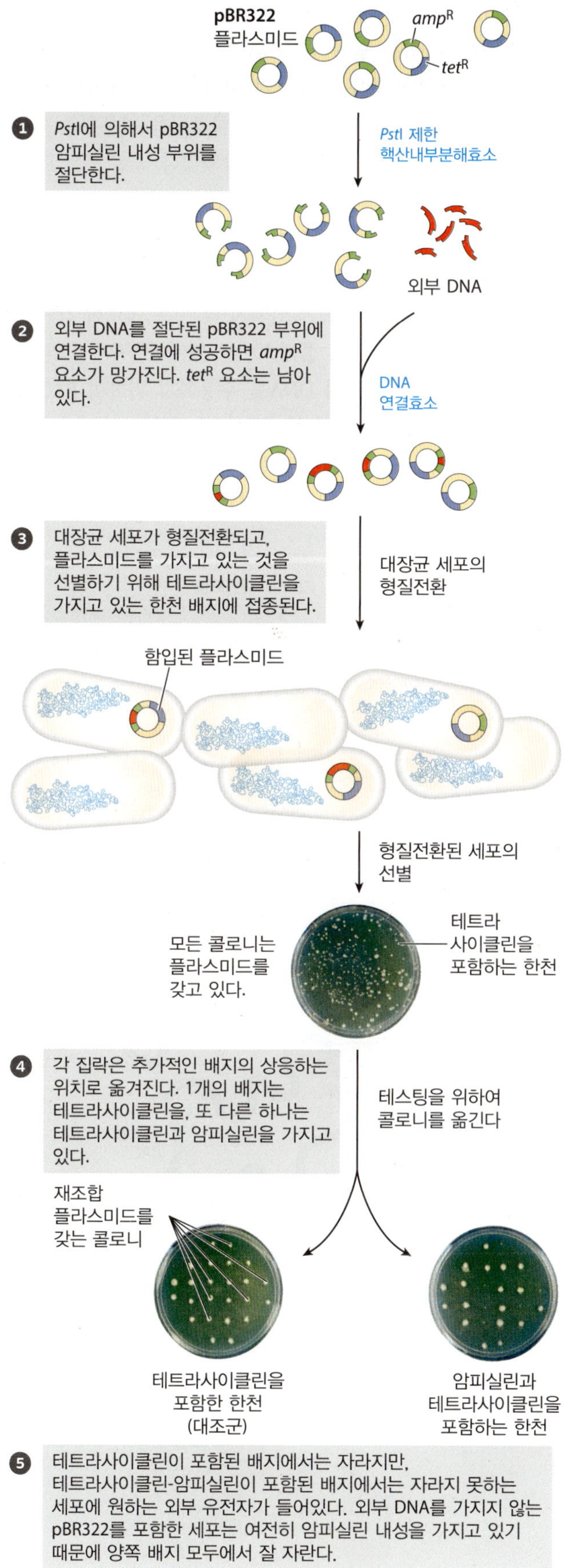

그림 9-4 pBR322를 가진 대장균에 외부 DNA 클로닝. [출처: Elizabeth A. Wood, University of Wisconsin-Madison, Department of Biochemisrty.]

세균 인공염색체 연구자들은 pRB322 같은 플라스미드 클로닝 매개체에 삽입할 수 있는 훨씬 긴 DNA 단편을 복제하고 싶은 경우가 있다. 이러한 필요성을 충족하기 위하여 매우 긴(전형적으로 100,000에서 300,000 bp) DNA 조각의 클로닝을 허용하는 특징들을 갖도록 플라스미드 매개체들이 개발되었다. 클로닝된 DNA와 같이 큰 단편이 첨가되면 이러한 매개체들은 염색체로 생각될 정도로 충분히 크기에 **세균 인공염색체(bacterial artificial chromosome)** 또는 **BAC**이라고 한다(**그림 9-5**).

BAC 매개체(어떤 DNA도 삽입되지 않은)는 비교적 간단한 플라스미드로 일반적으로 다른 플라스미드 매개체들보다 그렇게 더 크지는 않다. 매우 긴 분절의 DNA를 수용하기 위하여 BAC 매개체들은 세포당 1~2개 정도의 복제물을 유지하는 안정된 복제기점들을 갖고 있다. 적은 복제물 수는 원하지 않는 재조합 반응들에 대한 기회를 제한하기 때문에 큰 DNA 분절을 클로닝하는 데 유용하다. 원하지 않는 재조합 반응들은 클로닝된 DNA들을 시간이 경과함에 따라서 예상할 수 없이 변경시킬 수 있다. BAC 매개체는 재조합된 염색체들이 세포분열 시에 딸세포들로 정확히 나누어지도록 돕는 단백질에 대한 *par* 유전자들도 포함한다. 그래서 몇 개 안 되는 복제물이 존재할 때도 각 딸세포들이 하나의 복제물을 포함할 확률을 높인다. BAC 매개체는 선택할 수 있는 표지와 스크리닝할 수 있는 표지를 모두 포함한다. 그림 9-5의 BAC 매개체는 항생제 클로람페니콜(chloramphenicol)에 대한 저항성 유전자(Cam^R)를 갖고 있다. 매개체를 포함하는 세포는 항생물질을 포함하는 한천배지에서 생존할 수 있으므로 원하는 세포를 선택적으로 증식시킬 수 있다. β-갈락토시데이스(β-galactosidase)라는 효소의 생산에 필요한 *lacZ* 유전자는 어느 세포가 클로닝된 DNA가 삽입된 플라스미드(여기서는 염색체)를 포함하는지를 나타낼 수 있는 스크리닝 표지이다. β-갈락토시데이스는 무색의 5-브로모-4-클로로-3-인돌릴-β-D-갈락토피라노사이드(5-bromo-4-chloro-3-indolyl-β-D-galactopyranoside, X-gal)를 파란색 산물로 전환하는 것을 촉매한다. 유전자가 온전하게 발현된다면 이것을 포함하는 군락은 파란색이 되고 클로닝이 된 DNA가 끼어 들어가서 유전자의 발현이 제대로 되지 않으면 군락은 하얀색이 된다.

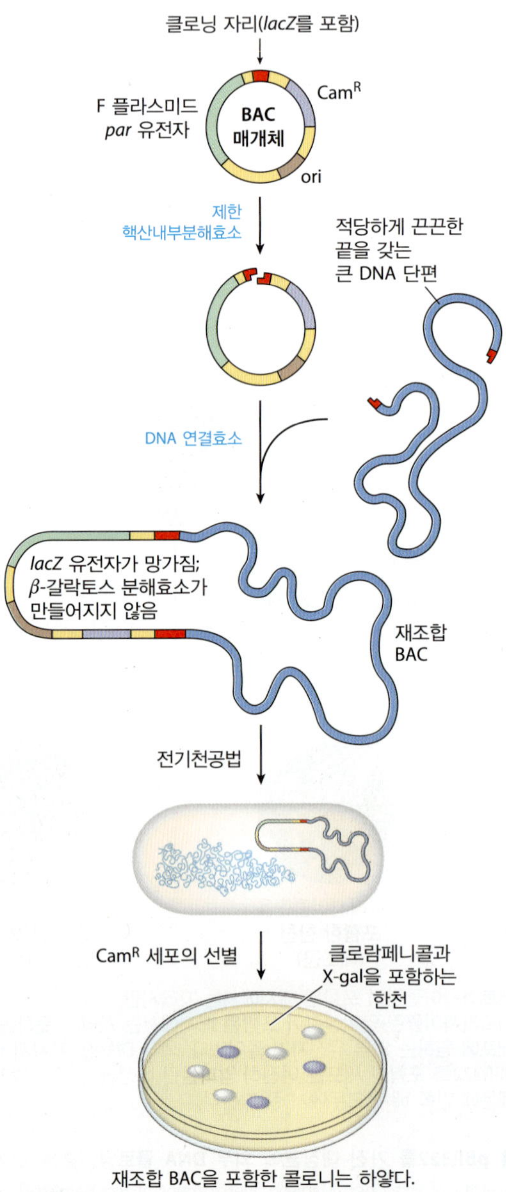

효모 인공염색체 대장균과 함께 효모 유전학은 매우 잘 발달된 분야이다. 효모 *Saccharomyces cerevisiae*는 단지 14×10^6개 염기쌍으로 되어 있어서, 대장균 염색체보다는 4배 정도 큰 크기이고 그 염기서열이 완전히 밝혀진 상태이다. 실험실에서 유지하고 대량으로 증식시키기가 매우 쉬운 미생물이다. 발현 매개체는 앞에서 서술한 대장균 매개체의 이용에서와 같은 원리를 이용하여 효모에 이용할 수 있도록 제작되었다. 현재 DNA를 효모세포에 넣고 빼낼 수 있도록 하여 주는 편리한 방법들은 진핵세포의 생화학을 연구하는 데 있어서 많은 부분을 손쉽게 한다. 일부 재조합 플라스미드는 다수의 복제기점을 가지고 있고, 여러 종(예를 들어, 효모 또는 대장균)에서 사용할 수 있도록 하는 다른 요소들을 가지게 된

그림 9-5 세균 인공염색체(BAC)를 이용한 클로닝 매개체. 이 매개체는 비교적 간단한 플라스미드로 복제를 조절하는 복제기점인 *ori*를 가지고 있다. F 플라스미드에서 유래한 *par* 유전자는 세포가 분열할 때 딸세포에 플라스미드가 분포할 수 있도록 해 준다. 이것은 플라스미드 복제물이 거의 존재하지 않을 때 조차도 각 딸세포가 플라스미드 한 개를 가지고 있을 가능성을 증가시킨다. 이 낮은 복제물 수(copy number)는 큰 DNA 조각을 클로닝하는 데 유용하다. 이는 시간이 지날수록 거대한 클론 DNA를 예측할 수 없이 변경시키는 원하지 않는 재조합 반응이 일어날 기회를 제한하기 때문이다. 선택적 표지인자들이 BAC에 포함되어 있다. *lacZ* 유전자(β-갈락토스 가수분해효소 생산에 필요)는 활성 클로닝 지역에 있어서, 클로닝된 DNA가 삽입됨으로써 불활성화된다. 전기천공법(electroporation)으로 재조합 BAC를 세포에 도입하는 방법은 변형된 세포벽을 가진 세포를 사용함으로써 반응이 쉽게 일어난다. 재조합 DNA는 항생제 클로람페니콜(Cam^R)에 대한 내성 여부에 의해서 선별된다. 플레이트 역시 색깔을 띤 산물을 생산하는 β-갈락토스 가수분해효소를 갖는 콜로니는 BAC 매개체 내에 DNA가 삽입되어 있지 않으면 파란색으로 바뀌고, 원하는 DNA가 삽입되어 있는 콜로니는 흰색을 띠게 된다.

다. 두 가지 혹은 더 많은 종의 세포에서 발현될 수 있는 플라스미드를 **왕복 매개체(shuttle vector)**라고 부른다.

큰 유전체를 다루는 작업과 높은 수용력을 가진 클로닝 매개체의 필요성으로 인해 **효모 인공염색체(yeast artificial chromosome, YAC)**가 개발되었다(**그림 9-6**). YAC 매개체는 효모의 핵 내에서 진핵생물의 염색체를 유지하는 데 필요한 모든 요소를 가지고 있다. 이들은 효모의 복제기점, 두 개의 선택 표지인자와 세포분열 시에 염색체의 안정성과 정확한 분리(제24장 참조)에 필요한 특수한 서열들[염색체의 끝분절(telomere)과 중심절(centromere) 부위에서 유래한]을 갖고 있다. 클로닝에 사용되기에 앞서 그 매개체는 원형 세균성 플라스미드처럼 증식되며 이를 분리한다. 제한핵산내부분해효소(그림 9-6에서 *Bam*HI)로 절단하면 두 개의 끝분절 서열(TEL) 사이에 있는 DNA가 제거되고, 일직선으로 된 DNA의 끝 부분에 끝분절이 남게 된다. 또 다른 제한효소 부위(그림 9-6에서 *Eco*RI)가 절단되면 매개체가 두 개의 단편으로 나뉘게 된다. 이것을 매개체 팔(vector arm)이라고 하며 각각은 서로 다른 선택적 표지 인자를 가진다.

유전체 DNA는 적당한 크기의 분절을 얻기 위하여 제한효소로 부분 절단하여 만들어진다. 그런 다음 유전체 DNA 단편들을 **펄스 필드 젤 전기영동(pulse field gel electrophoresis)**으로 분리하는 데, 이 방법은 매우 큰 DNA 조각들을 분리할 수 있게 해 주는 변형된 전기영동 방법이다(그림 3-18 참조). 약 200만 염기쌍까지의 적당한 크기의 DNA 단편들을 만들어 놓은 매개체 팔과 혼합하여 연결되도록 한다. 결합 혼합물을 이제 효모 염색체로 여겨질 수 있는 구조와 크기의 큰 DNA 분자가 효모세포(세포벽을 부분적으로 분해하도록 미리 처리된)를 형질전환하는 데 사용한다. 두 개의 선택 표지 유전자를 전부 필요로 하는 배지에서 배양하면 두 매개체 팔 사이에 큰 삽입물이 끼워져 있는 인공염색체를 포함한 효모세포만이 자라는 것을 확인할 수 있다(그림 9-6). YAC 클론의 안정성은 어느 정도까지는 크기의 증가와 함께 증가한다. 15만 염기쌍 이상이 삽입된 것들은 거의 일반 세포의 염색체만큼 안정한 반면 10만 염기쌍 이하로 삽입되면 세포분열 동안에 점차 소멸되어 버린다(그래서 효모세포 클론은 짧은 삽입물이 끼워져 있거나 두 매개체의 끝이 서로 연결되어 있으면 대개 발견되지 않는다). 어느 한쪽이라도 끝분절이 없는 YAC은 빠르게 분해된다.

BAC과 함께 YAC은 매우 긴 DNA 분절을 클로닝하는 데 사용될 수 있다. 또한 YAC에 클로닝된 DNA는 염색체 대사, 유전자 조절과 발현의 기전과 그 외 진핵세포 분자생물학의 많은 문제에 대한 특별한 서열들에 대한 기능을 연구하기 위하여 변형될 수 있다.

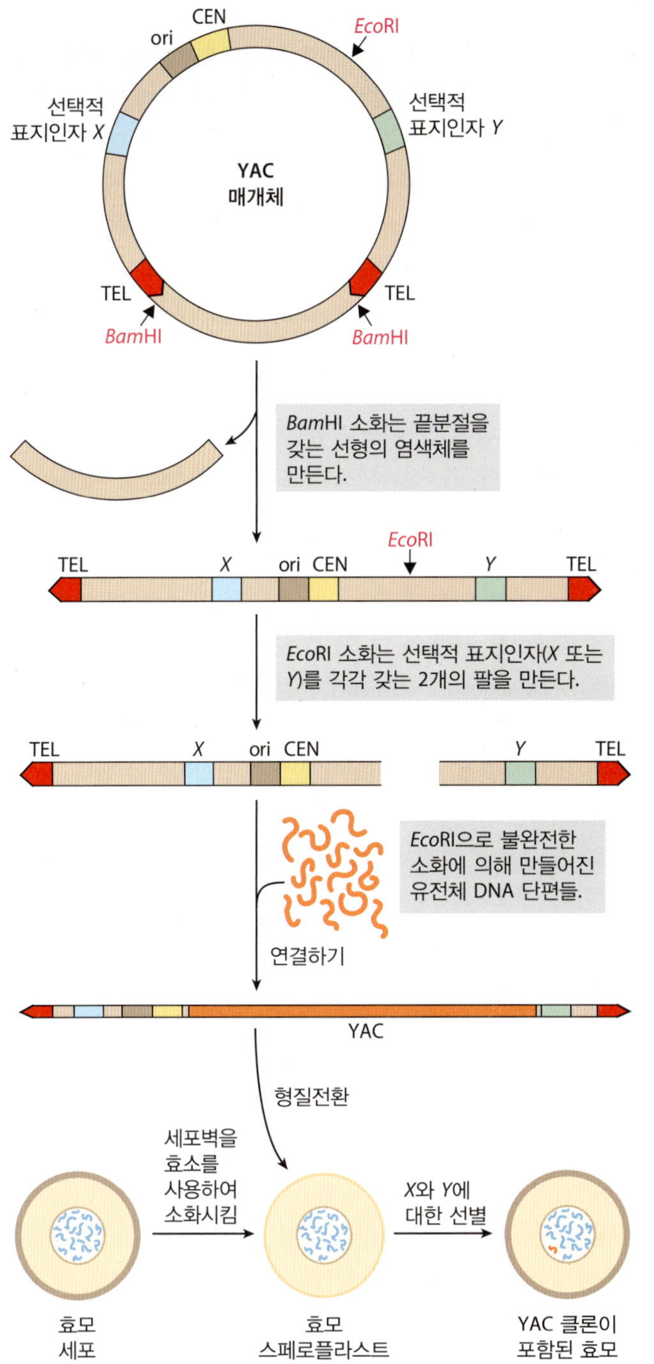

그림 9-6 효모 인공염색체(YAC)의 구조. YAC 매개체는 복제기점(ORI), 동원체(CEN), 2개의 끝분절(TEL) 그리고 선택적인 표지인자(*X*와 *Y*)를 가지고 있다. *Bam*HI과 *Eco*RI으로 절단하면 2개의 분리된 DNA 팔이 생성되며, 각각은 끝분절 끝 부분과 1개의 선택적 표지인자를 가지고 있다. 큰 조각의 DNA(예를 들어, 인간 유전체에서 유래한 2 × 10^6개 염기쌍 이상)는 효모 인공염색체를 만들기 위해 팔에 연결시킬 수 있다. YAC은 준비된 효모 세포[세포벽을 제거하여 스페로플라스트(spheroplast)를 형성한]를 형질전환시키는 데 이용될 수 있고 *X*와 *Y*로 선택될 수 있다. 살아남은 효모세포는 DNA 삽입물을 증폭시킨다.

클로닝된 유전자는 단백질 생산을 증폭하기 위하여 발현될 수 있다

흔히 그 단백질이 상업적으로, 치료적으로 또는 연구에서의 가치를 가지고 있을 때 유전자 자체보다 클로닝된 유전자의 산물이 주요한 관심의 대상이 될 수 있다. 생화학자들은 단백질 기능의 탐구, 반응 기전 연구, 단백질에 대한 항체 생산, 시험관 내에서 정제된 성분들을 이용하여 복잡한 세포 활성들을 재구성, 단백질 결합 파트너의 조사와 같은 다양한 목적에 정제된 단백질을 이용한다. DNA, RNA, 그리고 단백질 대사와 대장균 내에서 그것들의 조절 기전의 기본을 이해하게 됨으로써 단백질 산물 연구를 위한 클로닝된 유전자를 발현시킬 수 있게 되었다. 일반적인 목표는 숙주세포가 유전자의 단백질 산물을 매우 높은 수준으로 생산하도록 클로닝된 유전자 주위의 서열들을 변경하는 것이다.

우리는 한 예로 세균에서 진핵단백질의 발현을 사용할 것이다. 진핵세포의 유전자들은 세포에서 전사와 조절에 필요한 서열들을 유전자 주위에 함께 갖고 있으나 이러한 서열들이 세균에서는 기능하지 않다. 즉, 진핵세포의 유전자들은 대장균 내에서 그들의 발현이 조절되는 데 필요한 촉진자(promoter, RNA 중합효소가 어디에 결합하여 mRNA 합성을 개시할지에 대해 지시해 주는 서열), 리보솜-결합 위치(ribosome-binding site, mRNA의 단백질로의 번역을 허용하는 서열)와 그 외 추가적인 조절 서열 등의 DNA 서열요소(DNA sequence element)가 결여되어 있다. 따라서, 매개체 DNA 내에 진핵세포 유전자와 관련되는 적당한 위치에 전사와 번역에 필요한 세균성 조절 서열이 반드시 삽입되어야 한다.

클로닝된 유전자를 발현시키는 데 필요한 전사와 번역의 신호를 가진 클로닝 매개체를 흔히 **발현 매개체(expression vector)**라고 한다. 클로닝된 유전자가 가지고 있는 촉진자 조절 서열을 매개체가 제공하는 더욱 효과적이고 편리한 형태의 것으로 대체함으로써 그 유전자의 발현 정도가 조절된다. 일반적으로는 특성이 잘 규명된 촉진자와 조절 효소를 클로닝하는 데 필요한 몇 가지 제한효소의 근처에 위치시킴으로써 제한효소가 작용하는 부분에 삽입되는 유전자는 조절 촉진자의 영향으로 발현된다(**그림 9-7**). 이런 매개체의 일부는 그 유전자에서 유래한 mRNA의 발현을 증가시키는 세균 리보솜 결합부위(제27장)나 전사종결서열(제26장)과 같은 다른 특징을 가지고 있는 경우도 있다. 어떤 경우에는 복제된 유전자가 매우 효율적으로 발현되어 단백질 생성물이 세포 단백질의 10% 이상을 차지하기도 한다. 이러한 농도에서 일부 외래 단백질은 숙주세포(일반적으로 대장균)를 죽일 수 있으므로 복제된 유전자의 발현은 계획된 세포 수확 전 몇 시간으로 제한되어야 한다.

많은 다양한 시스템이 재조합 단백질을 발현하는 데 사용된다

모든 살아 있는 생명체는 유전체 DNA 속의 유전자들을 발현할 수 있는 능력을 갖고 있다; 즉 원칙적으로 어떤 생명체든지 다른 종(이종의)들로부터의 단백질을 발현하는 숙주로 작용할 수 있다. 거의 모든 종류의 생명체는 실제로 이러한 목적에 사용되어 왔고 각 숙주의 형태는 나름의 장점과 단점을 갖고 있다.

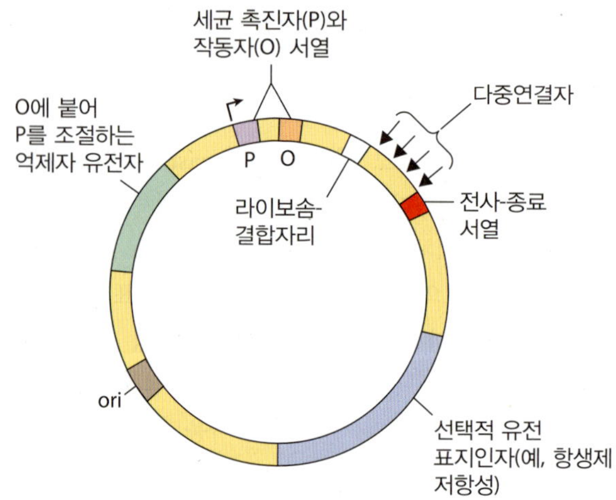

그림 9-7 전형적인 대장균 발현 매개체의 DNA 서열들. 발현시킬 유전자를 촉진자(P) 근처의 다중연결자 내 제한효소 부분 중 한 곳에 삽입시킨다. 이 촉진자는 삽입된 유전자의 전사가 효과적으로 일어날 수 있도록 해 주고, 전사 종결 서열은 때때로 mRNA가 만들어지는 양과 안정성을 높이는 역할을 하게 된다. 작동자(operator, O)는 그곳에 결합하는 억제자(repressor)를 통해서 조절 받는다. 라이보솜 결합자리는 이 유전자에서 만들어진 mRNA의 효과적인 번역에 필요한 서열 신호를 제공한다. 선택적 표지인자는 재조합 DNA가 포함되어 있는 세포를 선택할 수 있도록 하는 데 사용된다.

세균 세균, 특히 대장균은 단백질 발현을 위한 가장 보편적인 숙주로 남아 있다. 대장균과 다른 많은 세균에서 유전자 발현을 지배하는 조절 서열들은 잘 알려져 있으며, 클로닝된 단백질을 높은 수준으로 발현하기에 알맞게 도구화되어 있다. 세균은 실험실에서 비싸지 않은 배지로 보관하고 배양하기가 간편하다. DNA를 세균 내로 집어넣고 여기서 DNA를 추출하는 효과적인 방법들 또한 개발되었다. 세균은 상업적 배양기구에서 대량으로 성장시킬 수 있어 클로닝된 단백질의 풍부한 원료를 제공한다. 그러나 문제점도 있다. 세균에서 발현될 때 이종의 단백질들은 정확하게 접히지 않고 많은 단백질들이 활성을 갖는 데 필요한 공유적 변형이나 단백질 가수분해적 절단(proteolytic cleavage)이 일어나지 않는다. 유전자 서열의 어떤 특징들이 특정 유전자가 세균에서 발현되는 데 어렵게 할 수도 있다. 한 예로, 내재적으로 무질서한 부분은 진핵단백질에서 더 흔하다. 많은 진핵단백질들은 세균에서 발현되면 봉입체(inclusion body)라는 불용성의 세포내 침전물로 응집한다. 이러한 그리고 다른 많은 이유들로 일부 진핵단백질들은 세균에서 분리될 때 활성이 없거나 전혀 발현이 되지 않기도 한다. 이러한 문제들을 해결하는 것을 돕기 위하여 진핵단백질 샤페론이나 진핵단백질을 변형하는 효소들과 같이 발현을 증가시킬 수 있는 장치가 존재하도록 조작한 새로운 세균 숙주들이 계속 개발되고 있다.

세균에서 단백질 발현을 위한 많은 특별한 시스템들이 있다. 락토스 오페론(제28장 참조)과 관련된 촉진자와 조절 서열들은 흔히 전사를 지시하기 위하여 연구대상의 유전자에 융합된다. 클로닝된 유전자는 락토스가 성장 배지에 첨가될 때 전사된다. 그러나

락토스 체계에서 조절은 "느슨(leaky)"하다; 락토스가 없을 때 완전히 꺼지지 않는다—클로닝된 유전자가 숙주세포에 독성을 나타낸다면 문제가 될 가능성이 있다. Lac 촉진자로부터의 전사는 또한 일부의 응용에 충분할 정도로 효과적이지 않다.

대체 방법은 박테리오파아지 T7이라는 세균 바이러스에서 발견된 촉진자와 RNA 중합효소를 사용하는 것이다. 클로닝된 유전자가 T7 촉진자에 융합되면 대장균 RNA 중합효소에 의하여 전사되지 않고 대신 T7 RNA 중합효소에 의하여 전사된다. 이 중합효소를 암호화하는 유전자는 정확한 조절을 할 수 있는 구조물로 같은 세포로 분리되어 클로닝될 수 있다(T7 RNA 중합효소의 조절된 생산을 허용한다). 중합효소는 또한 매우 효율적이고 T7 촉진자에 융합된 대부분의 유전자들의 발현을 높은 수준으로 지시한다. 이 체계는 세균 세포에서 RecA 단백질을 발현시키는 데 사용되어 왔다(**그림 9-8**).

효모 효모 *Saccharomyces cerevisiae*가 아마도 가장 잘 알려진 진핵 생명체일 것이고 실험실에서 기르고 조작하기에 가장 쉬운 것들 중의 하나일 것이다. 세균처럼 이 효모는 비싸지 않은 배지에서 자랄 수 있다. 효모는 DNA 매개체를 집어넣기 위해 손상시키기가 어려운 강한 세포벽을 갖고 있어, 효모보다 세균이 유전공학과 매개체 유지의 많은 것들을 실험하기에 더 편리하다. 이러한 이유로 효모 매개체가 세균에서 먼저 번식되었고 이러한 목적을 위해 매우 좋은 이동 매개체(shuttle vectors)들이 몇 가지 개발되었다.

효모에서 단백질 발현의 원리들은 세균에서의 원리와 동일하다. 클로닝된 유전자들은 높은 수준의 발현을 지시할 수 있는 촉진자에 연결되어 있어야 한다. 예를 들어, 효모 *GAL1*과 *GAL10* 유전자들은 세포수준의 조절을 받아 효모 세포들이 갈락토스 배지에서 자라면 발현이 되고 효모가 포도당 배지에서 자라면 발현이 중지된다. 즉, 이종 유전자가 똑같은 조절 서열을 사용하여 발현이 된다면 그 유전자의 발현은 단지 세포 증식을 위한 적절한 배지를 선택하는 것만으로 조절될 수 있다.

세균에서 단백질 발현과 동반되는 똑같은 문제가 효모에서도 일어난다. 이종 단백질들은 적절히 접히지 않고 효모에는 단백질을 활성화 형태로 변형하는 데 필요한 효소가 없거나 단백질의 발현이 유전자 서열의 특징 때문에 어려워지기도 한다. 그러나, *S. cerevisiaes*는 진핵 세포이므로 진핵 유전자(특히 효모 유전자)의 발현은 세균에서 보다 이 세포에서 때때로 더 효율적일 수 있다. 산물의 접힘과 변형도 세균에서 발현되는 단백질에 대한 것보다 더 정확할 수 있다.

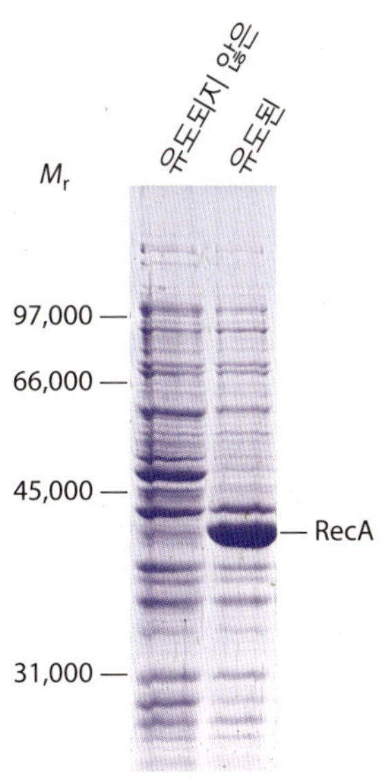

그림 9-8 세균 세포에서 RecA 단백질의 조절된 발현. RecA 단백질에 대한 유전자가 박테리오파지 T7 촉진자에 융합되어 발현 매개체에 클로닝되었다. 정상적인 성장 조건(유도되지 않은)에서는 RecA 단백질이 나타나지 않는다. T7 RNA 중합효소가 세포에서 유도되면 *RecA* 유전자가 발현되어 많은 양의 RecA 단백질이 합성된다. 표준 분자량 표지인자의 젤에서의 위치가 표시되었다. [출처: Courtesy Rachel Britt, Department of Biochemistry, University of Wisconsin–Madison.]

곤충과 곤충 바이러스 배큘로바이러스는 이중-나선 DNA 유전체를 갖는 곤충 바이러스이다. 이들이 곤충 애벌레 숙주를 감염시키면 세포에 기생하면서 애벌레를 죽이고 바이러스 생산을 위한 공장으로 바꾸어 버린다. 감염 과정의 후기에 바이러스들은 두 가지 단백질[p10과 폴리헤드린(polyhedrin)]을 많은 양으로 만드는 데 이것들 중 어느 것도 배양된 곤충 세포에서 바이러스 생산에 필요하지 않다. 이 단백질에 대한 유전자들은 이종 단백질에 대한 유전자로 대치될 수 있다. 결과적으로 만들어지는 바이러스가 곤충 세포 또는 애벌레를 감염시키는 데 사용되면 이종 단백질은 매우 높은 수준—감염 주기의 마지막에 존재하는 총 단백질의 약 25%까지—으로 만들어지게 된다.

Autographa californica 다중캡시드 핵다면바이러스(multicapsid nucleopolyhedrovirus, AcMNPV)는 단백질 발현에 가장 자주 사용되는 배큘로바이러스이다. 이것은 직접적인 클로닝을 하기에는 너무 큰 유전체(134,000 bp)를 갖고 있다. 바이러스 분리도 또한 복잡하다. 이러한 문제점들은 **백미드(bacmids)**를 만듦으로써 해결되었는데 백미드란 대장균에서 백미드가 증식을 할 수 있게 하는 서열들과 함께 모든 배큘로바이러스 유전체를 포함하는 큰 원형 DNA를 말한다(**그림 9-9**). 연구대상 유전자는 작은 플라스미드에 클로닝되고 더 큰 플라스미드와 생체 내에서 자리-특이 재조합(site-specific recombination)에 의해서 합쳐진다(그림 25-38 참조). 재조합된 백미드는 분리되어 곤충 세포로 도입(transfect)된다[**유전자 도입(transfection)**이란 용어는 형질전환에 사용되는 DNA가 바이러스 서열을 포함하고 바이러스의 증식을 일으킬 때 사용된다]. 이후에 감염 주기가 끝나면 단백질을 회수하게 된다. 백미드 시스템은 상업적으로 광범위하게 이용 가능하다. 배큘로바이러스는 모든 단백질에 대하여 성공적이지는 않다. 그러나 이러한 시스템으로 곤충 세포들은 고등의 진핵세포들의 단백질-변형 패턴을 성공

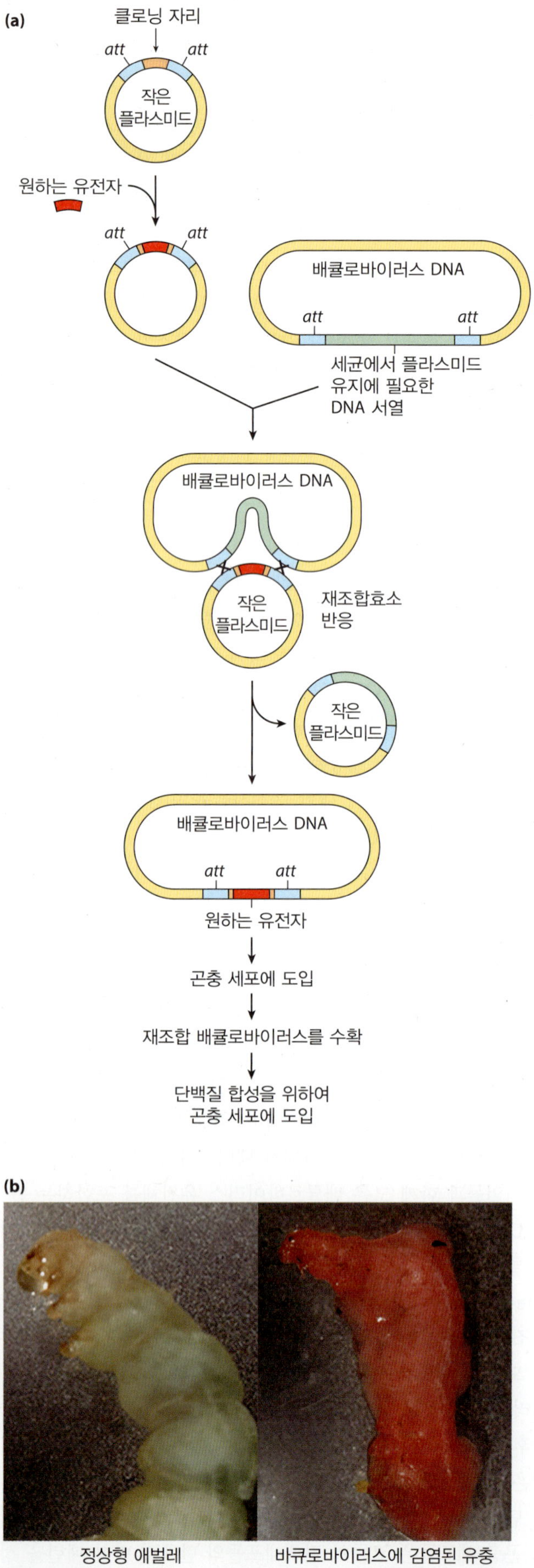

그림 9-9 배큘로바이러스를 이용한 클로닝. (a) 여기서는 배큘로바이러스에서 단백질 발현에 사용되는 전형적인 매개체를 보여 주고 있다. 원하는 유전자를 자리-특이 재조합효소에 의해 인식되는 두 자리(*att*) 사이의 작은 플라스미드(왼쪽)에 클로닝하고 배큘로바이러스로 자리-특이 재조합 현상(그림 25-38 참조)에 의해 도입한다. 이것은 곤충 애벌레 세포를 감염시키는 데 사용되는 원형 DNA 산물을 만든다. 원하는 유전자는 감염 주기 동안 정상적으로는 배큘로바이러스 표피 단백질을 발현하는 촉진자 아래에서 매우 높은 수준으로 발현된다. (b) 사진은 양배추 루페 나방의 유충이다. 사진의 오른쪽 유충에는 빨간색을 나타내는 베큘로바이러스의 재조합 단백질을 감염시켰다. 왼쪽은 감염되지 않은 유충. [출처: (b) USDA-ARS.]

적으로 복제할 수도 있고 활성을 갖고 정확하게 변형된 진핵단백질들을 생산할 수도 있다.

포유류 세포의 배양 클로닝된 유전자를 포유류 세포에 도입하는 가장 간편한 방법은 바이러스를 이용하는 것이다. 이 방법은 바이러스가 자신의 DNA나 RNA를 세포 내로 삽입할 수 있는 자연적인 능력을 이용하는 것이다. 아데노바이러스(adenovirus)와 레트로바이러스(retrovirus)를 포함하여 다양하게 제작된 포유류 바이러스들이 매개체로서 활용가능하다. 연구 대상의 유전자의 발현을 바이러스 촉진자로 조절할 수 있도록 클로닝한다. 바이러스가 자연적인 감염 기전을 사용하여 재조합 유전체를 세포 내로 도입하면 이 세포에서 클로닝된 단백질이 발현된다. 이 시스템은 단백질들이 일시적(바이러스 DNA가 숙주세포 DNA와 떨어져서 유지되다가 결국에는 분해되는) 또는 영구히(바이러스 DNA가 숙주세포 유전체로 삽입되는) 발현되도록 할 수 있는 장점이 있다. 숙주세포를 정확하게 선택함으로써 단백질의 활성화 형태로의 적절한 번역후 변형을 확실하게 할 수 있다. 그러나 포유류 세포들을 조직배양에서 키우는 것은 비용이 매우 많이 들기에, 일반적으로 단백질을 많은 양으로 생산하는 것 보다는 생체 내에서 단백질의 기능을 실험하는 데 이용된다.

클로닝된 유전자의 변화는 변형된 단백질을 만들어낸다

클로닝 기술은 단백질을 대량 생산할 뿐만 아니라 그들의 원래 형태에서 정밀하게 변화시킨 단백질 산물을 만들어내는 데 이용될 수 있다. 특정한 아미노산들은 **부위 특이적 변이생성(site-directed mutagenesis)** 기술을 이용하여 각각 치환될 수 있다. 이 기술은 연구자들이 단백질의 일차구조에 특정한 변화를 일으켜 이러한 변화들이 단백질의 접힘, 삼차구조와 활성에 미치는 영향을 조사할 수 있게 해준다. 단백질의 구조와 기능을 연구하는 이 강력한 기술은 클로닝된 유전자의 DNA 서열을 변화시킴으로써 아미노산 서열을 바꾸는 방법이다. 만약 적절한 제한효소 부위가 바꾸고자 하는 서열 양 옆에 있다면, DNA 일부 조각을 제거한 후 원하는 변화 외에는 원래와 동일한 배열합성 DNA 조각을 삽입함으로써 간단히 변화시킬 수 있다(**그림 9-10a**).

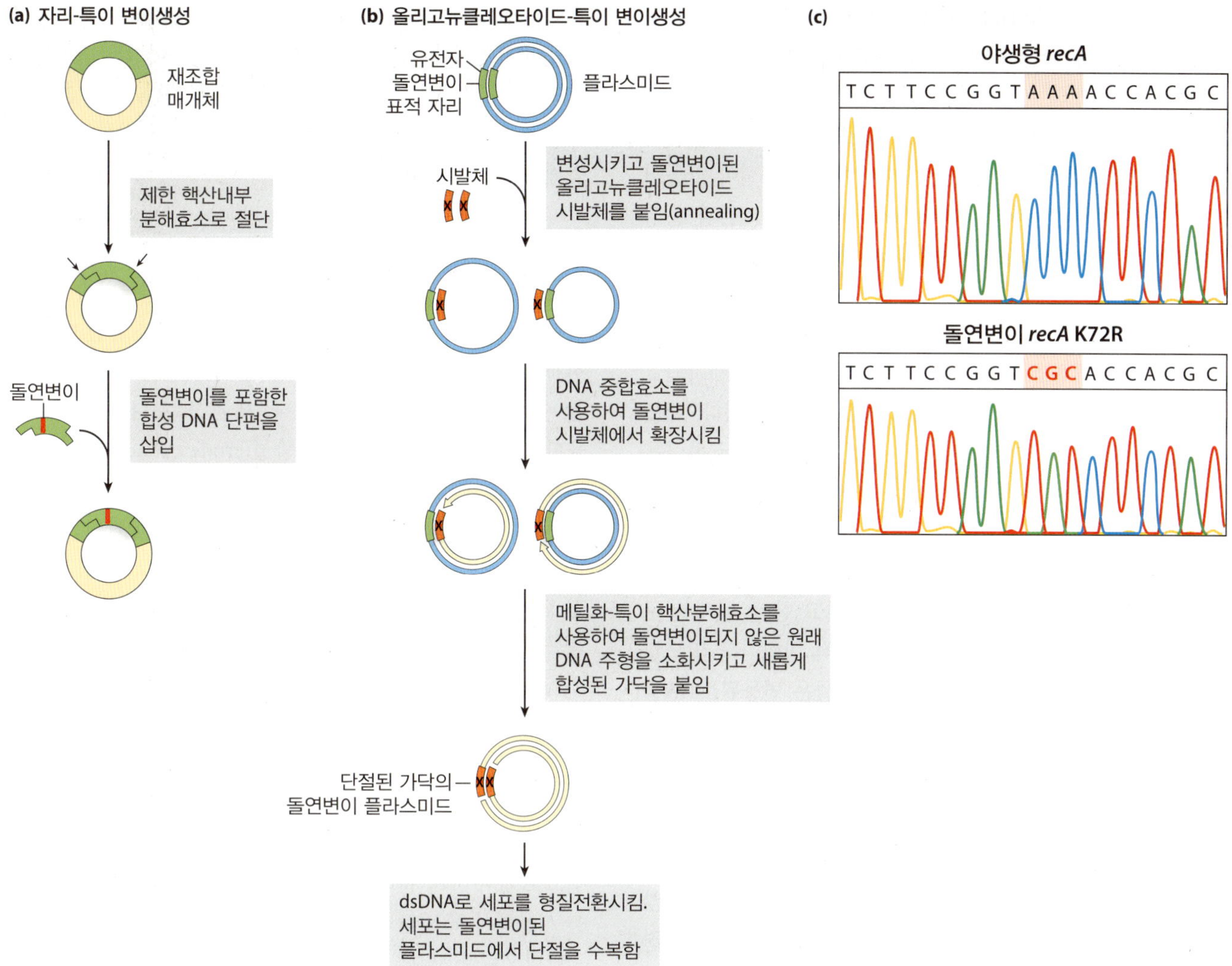

그림 9-10 자리-특이적인 변이생성에 대한 두 가지 접근 방법. (a) DNA 조각을 합성하여 제한 핵산내부분해효소에 의해 절단되어 제거된 DNA 단편을 대체하는 데 사용된다. (b) 올리고뉴클레오타이드는 한 위치에서 원하는 서열 변화를 시켜서 제작한다. 이것은 변형이 일어나는 유전자의 단일가닥 복제물에 부합화되며 이중가닥 DNA 합성에 대한 시발체로 작용하여 세포를 형질전환시키게 된다. 세포성 틀린짝(mismatch) 복구는 일반적으로 원하는 서열 변화를 반영하는 틀린짝의 약 50%를 변형시킨다. (c) 자동 서열 분석기(그림 8-35 참조)의 결과가 정상형 RecA 유전자(위)와 변동된 RecA 유전자(아래)의 서열을 비교하여 코돈 72가 AAA에서 CGC로 변화하여 Lys(K) 대신 Arg(R)을 지정함을 보여 준다. [출처: (c) Elizabeth A. Wood, University of Wisconsin Madison, Department of Biochemistry.]

적당한 위치에 제한효소 부위가 없을 때에는 **올리고뉴클레오타이드 특이적 변이생성(oligonucleotide-directed mutagenesis)**이라는 연구방법을 특정한 DNA 서열의 변화를 일으키는 데 사용할 수 있다(그림 9-10b). 원하는 특정 염기 변화가 도입된 두 개의 짧고 상보적인 합성된 DNA 가닥들이 적절한 원형 DNA 매개체 안에서 클로닝된 유전자의 단일가닥에 염기쌍을 형성하여 결합된다. 이렇게 결합된 두 가닥의 올리고뉴클레오타이드들은 플라스미드 매개체에 상보적인 가닥을 양방향으로 합성하는 데 있어서 시발체로 작용하여 돌연변이를 포함하는 두 개의 상보적인 가닥을 만든다. 중합효소연쇄반응(polymerase chain reaction, PCR; 그림 8-33 참조) 기술을 이용한 몇 번의 선택적인 증폭 주기 후에 돌연변이를 포함한 DNA가 우월적으로 많게 되고 세균을 형질전환하는 데 사용될 수 있다. 형질전환된 대부분의 세균들은 돌연변이를 갖고 있는 플라스미드를 포함하게 될 것이다. 필요하다면, 돌연변이가 없는 주형 플라스미드 DNA는 제한효소 DpnI을 사용하여 선택적으로 절단되어 제거될 수 있다. 주로 정상적인 *E. coli*에서 분리되는 주형 플라스미드는 회문 GATC 서열(dam 자리라고 불림; 그림 25-21 참조)의 모든 복사물에 메틸화된 A 잔기를 갖고 있다. 돌연변이를 포함하는 새로운 DNA는 증폭이 시험관 내에서 일어나므로 메틸화된 A 잔기를 갖고 있지 않다. DpnI은 한쪽 또는 양쪽 가닥에서 A 잔기가 메틸화된 것을 선택적으로 절단하여 주형만을 제거한다.

예로서 세균 *recA* 유전자로 돌아가 보자. 이 유전자의 산물인 RecA 단백질은 몇 가지 활성을 갖고 있다(25.3절 참조). 이것은

DNA에 결합하여 섬유성(filamentous) 구조를 형성하여 유사한 서열의 두 개의 DNA가 나란히 배열하게 하고 ATP를 가수분해한다. RecA 단백질의 352개의 아미노산 잔기들 중에서 72위치의 Lys 잔기가 ATP 가수분해에 관여한다. Lys^{72}를 Arg으로 변화시켜 결합은 하지만 ATP를 가수분해하지 못하는 RecA 변형 단백질이 만들어질 수 있다(그림 9-10c). 이러한 변형 RecA 단백질의 제작과 분리는 이 단백질의 기능에서 ATP 가수분해의 역할에 대한 연구를 촉진하였다.

한 개 이상의 염기쌍 변화도 유전자에 도입될 수 있다. 유전자의 큰 부분들은 제한효소로 분절을 절단해 냄으로써 제거되고 나머지 부분들이 연결되어 더 작은 유전자를 만들 수 있다. 예를 들어, 어느 단백질이 두 영역을 갖고 있다면 영역 중에서 하나를 암호화하는 유전자 단편은 제거되고 두 영역 중 나머지 하나만을 갖는 단백질이 만들어질 수 있다. 두 개의 서로 다른 유전자의 일부분을 연결하여 새로운 조합을 만들 수 있고, 이렇게 융합된 유전자의 산물을 **융합단백질(fusion protein)**이라고 한다. 현재 연구자들은 실질적으로 시험관 내에서 어떤 유전적 변화라도 일으킬 수 있는 정교한 방법들을 가지고 있다. 연구자들은 변동된 DNA를 세포 내로 재도입함으로써 이러한 변화의 결과를 연구할 수 있다.

말단 꼬리는 친화성 정제를 위해 결합 부위를 제공한다

친화 크로마토그래피(affinity chromatography)는 단백질 정제를 위한 효율적인 방법 중 하나이다(그림 3-17c 참조). 불행하게도 많은 단백질들이 컬럼 기질에 편리하게 부착될 수 있는 리간드에 결합하지 않는다. 그러나 거의 모든 단백질에 대한 유전자는 변형되어 친화 크로마토그래피에 의해 분리될 수 있는 융합단백질로 발현될 수 있다. 표적단백질을 암호화하는 유전자는 단순하고 안정한 리간드에 높은 친화도와 특이도로 결합하는 펩타이드 또는 단백질을 암호화하는 유전자에 연결될 수 있다. 이러한 목적으로 사용되는 펩타이드 또는 단백질을 **꼬리표(tag)**라고 한다. 꼬리표 서열들이 유전자에 첨가되어 결과적으로 만들어지는 단백질들이 아미노 또는 카복실 말단에 꼬리표를 갖게 된다. 가장 흔하게 꼬리표로 사용되는 단백질이나 펩타이드를 이들과 결합하는 리간드와 함께 표 9-3에 정리하였다.

표 9-3 일반적으로 사용하는 단백질 꼬리표

꼬리 단백질/펩타이드	분자량(kDa)	움직이지 않는 리간드
단백질 A	59	IgG의 Fc 단백질
$(His)_6$	0.8	Ni^{2+}
글루타싸이온-*S*-전달효소(GST)	26	글루타싸이온
말토스-결합 단백질	41	말토스
β-갈락토스 분해효소	116	*p*-Aminophenyl-*β*-D-thiogalactoside(TPEG)
키틴-결합 영역	5.7	키틴

글루타싸이온-*S*-전달효소(glutathione *S*-transferase, GST) 꼬리를 사용하는 시스템에 초점을 맞추어 일반적인 과정이 설명될 수 있다(**그림 9-11**). GST는 단단하고 명확하게 글루타싸이온 분자와 결합하는 작은 효소(분자량 26,000)이다. 표적 유전자에 GST 유전자 서열을 융합시키면 이 융합 단백질은 글루타싸이온과 결합할 수 있는 능력을 얻을 수 있다. 세균 또는 다른 숙주 기관에서 융합 단백질이 발현되고, 조추출물(crude extract)을 준비한다. 관(column)을 교차결합된 아가로스와 같은 안정된 중합체의 미세 구슬(beads)에 결합된 리간드(이 경우에는 글루타싸이온)를 포함한 다공성의 기질로 채운다. 추출물을 이 기질 속으로 통과시키면 융합 단백질은 글루타싸이온과 결합하여 움직이지 못하게 된다. 추출물의 다른 단백질들은 관을 통과하므로 세척하여 버린다. GST와 글루타싸이온 사이의 결합은 강력하지만 공유결합은 아니다. 따라서 융합 단백질은 관으로부터 높은 농도의 소금을 함유하거나 자유 글루타싸이온을 함유한 액체를 사용해서 조심스럽게 녹여서 분리낼 수 있다. 이 방법으로 융합 단백질을 좋은 효율과 높은 순수성으로 얻을 수 있다. 몇 가지 상업적으로 이용 가능한 방법으로 순수하게 분리한 융합 단백질을 단백질분해효소(protease)를 사용해서 표적 단백질과 이와 융합된 꼬리의 접합부분의 근처를 절단함으로써 꼬리를 부분적으로 또는 완전하게 제거할 수 있다.

6개 정도의 히스티딘 잔기의 간단한 서열로 구성된 짧은 꼬리는 널리 이용되거나 적용되고 있다. 이 히스티딘 꼬리 또는 히스 꼬리표(His tag)는 니켈 이온과 단단하고 확실하게 결합한다고 알려져 있다. 니켈 2가 이온(Ni^{2+})이 단단하게 결합된 크로마토그래피 배지를 사용하여 추출물 중에서 히스 꼬리표가 달린 단백질을 효율적으로 분리할 수 있다. 말토스와 결합하는 단백질과 같은 더 큰 꼬리표들은 다른 방법에 의해서 정제할 경우 단백질 접힘이 방해되거나 불용성이어서 불활성화되는 단백질들에 대한 안정성 결손을 보상하고 용해도를 높여서 분리할 수 있도록 한다.

말단 꼬리표를 사용하는 친화 크로마토그래피는 강력하고 편리하다. 꼬리표들은 수많은 연구에서 성공적으로 사용되었다; 많은 경우에 꼬리표가 없었다면 이 단백질들의 분리와 연구는 불가능했을 것이다. 예를 들어, 꼬리표는 단백질 접힘에 부정적인 효과를 나타낼 수 있다. 단백질분해효소에 의해 꼬리표가 제거되더라도 하나 이상의 아미노산이 표적 단백질 뒤에 남아서 단백질의 활성에 영향을 줄 수도 있을 것이다. 수행될 실험의 형태와 이것으로부터 얻어지는 결과들은 단백질 기능에 대한 꼬리표들의 미세한 효과라도 측정할 수 있는 잘 설계된 대조군을 이용하여 항상 평가되어야 한다.

중합효소연쇄반응은 편리한 클로닝에 사용될 수 있다

PCR에 사용되는 시발체의 설계는 표적화되는 염색체에 존재하지 않는 추가 DNA를 각 말단에 포함시킴으로써 증폭될 부분을 변경할 수 있다(그림 8-33 참조). 예를 들어, 증폭된 DNA는 클로닝을 용이하게 하기 위해 말단에 제한효소 절단부위가 포함될 수 있다 **(그림 9-12)**.

PCR의 많은 변형들이 이 방법의 활용도를 증가시켰다. 예를 들어, RNA의 서열은 첫 번째 PCR 주기를 DNA 중합효소처럼 작용하지만 RNA 주형을 사용하는 역전사효소(reverse transcriptase, 그림 8-33a 참조)를 사용하여 증폭될 수 있다(그림 9-12). RNA 주형으로부터 DNA 가닥이 만들어진 다음에, 나머지 주기들은 DNA 중합효소를 사용하여 일반적인 PCR 방법에 따라 수행된다. 이 방법을 **역전사효소 PCR(reverse transcriptase PCR, RT-PCR)**이라고 하며 죽은 조직이 아니라 살아 있는 세포(DNA로부터 RNA를 전사하는)에서 유래한 서열들을 검출하는 데 사용될 수 있다.

PCR 방법은 시료에서 특정 서열들의 상대적 복사물의 수를 측정하는 정량 방법으로 활용될 수 있다. 이러한 방법을 **정량적 PCR(quantitative PCR)** 또는 **qPCR**이라고 한다. 암조직에서 어떤 유전자들의 발현이 증가되는 것처럼 DNA 서열들이 시료에 일반적인 수준보다 더 많이 존재한다면 qPCR은 그 서열이 더 많이 존

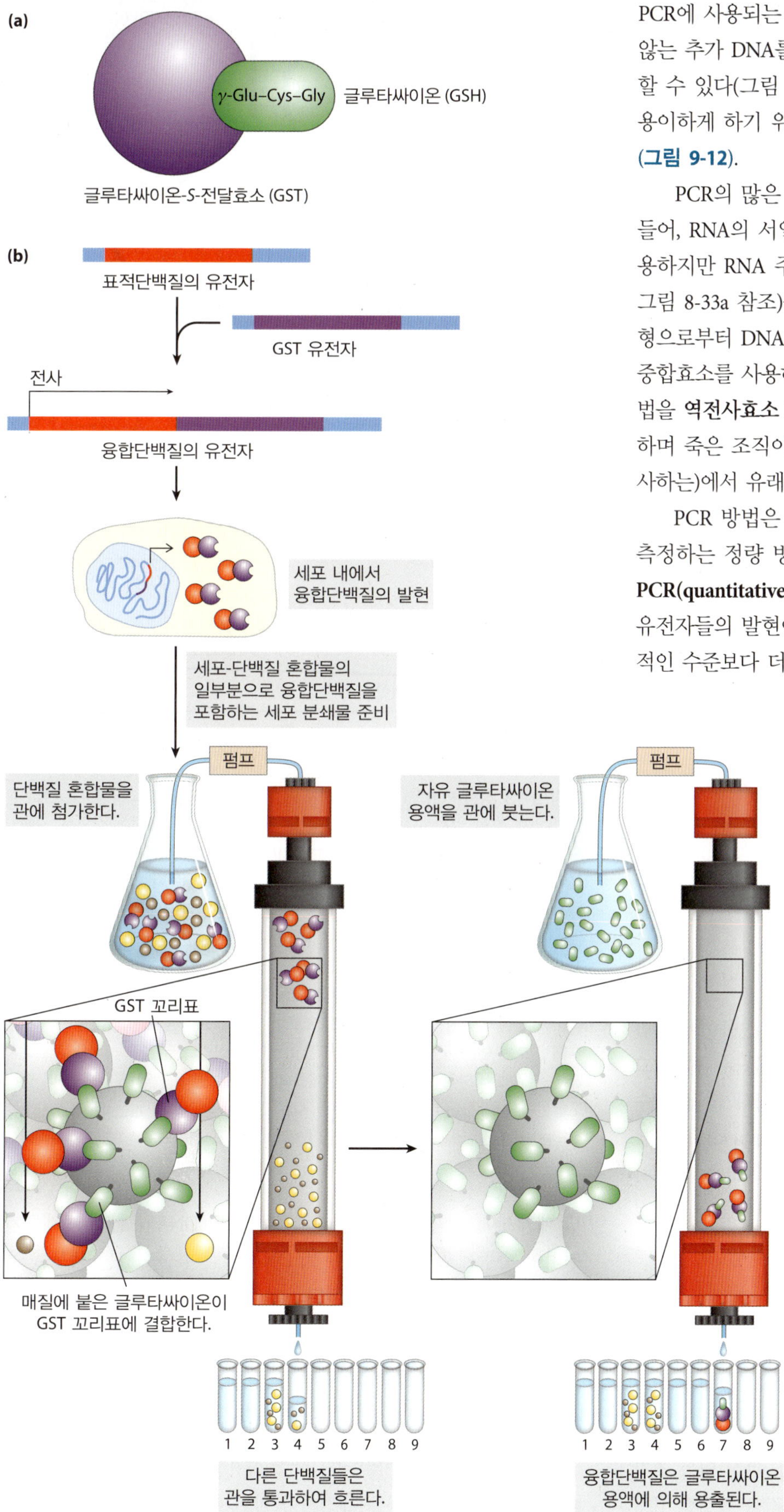

그림 9-11 꼬리표가 달린 단백질을 사용한 단백질 정제. (a) 글루타싸이온-S-전달효소(Glutathione-S-transferase, GST)는 글루타싸이온(Glu 곁사슬의 카복실 탄소에 Cys-Gly 이중펩타이드가 결합하여 GSH라고 약칭함)에 결합하는 작은 효소(보라색으로 표시)이다. **(b)** GST 꼬리표는 일반적인 기술을 사용하여 목적 단백질의 카복실기 말단에 융합시킨다. 꼬리가 달린 단백질은 숙주세포에서 발현이 되고 세포를 분해했을 때 천연 그대로의 추출물에 존재한다. 추출물을 움직이지 않는 글루타싸이온을 포함한 기질의 친화 크로마토그래피(그림 3-17c 참조)에서 반응시킨다. 다른 단백질들은 빠르게 관을 통과할 때 GST-꼬리표가 달린 단백질은 글루타싸이온과 결합을 하고 관을 통과하는 속도도 느리다. 그 다음으로 목적 단백질을 높은 소금 농도를 가지거나 또는 자유 글루타싸이온을 가진 액체를 사용해서 관으로부터 녹여서 분리한다.

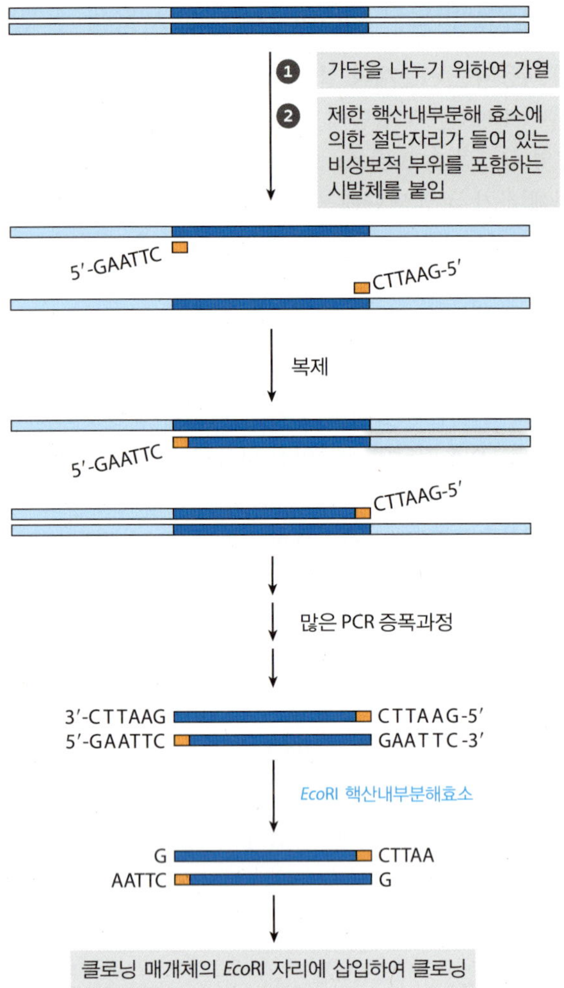

그림 9-12 PCR로 증폭된 DNA 절편의 클로닝. DNA는 연쇄중합반응(그림 8-33 참조)에 의해 증폭된 DNA를 복제한다. 시발체는 제한효소로 절단된 비상보적인 말단을 가질 수 있다. 비록 시발체가 DNA의 일부분 밖에 결합하지 못하지만 PCR 과정을 통해 DNA는 증폭된다. 이 부위에서 증폭된 점착 말단을 가진 단편은 증폭된 DNA가 클로닝 매개체에 결합하는 데 사용된다.

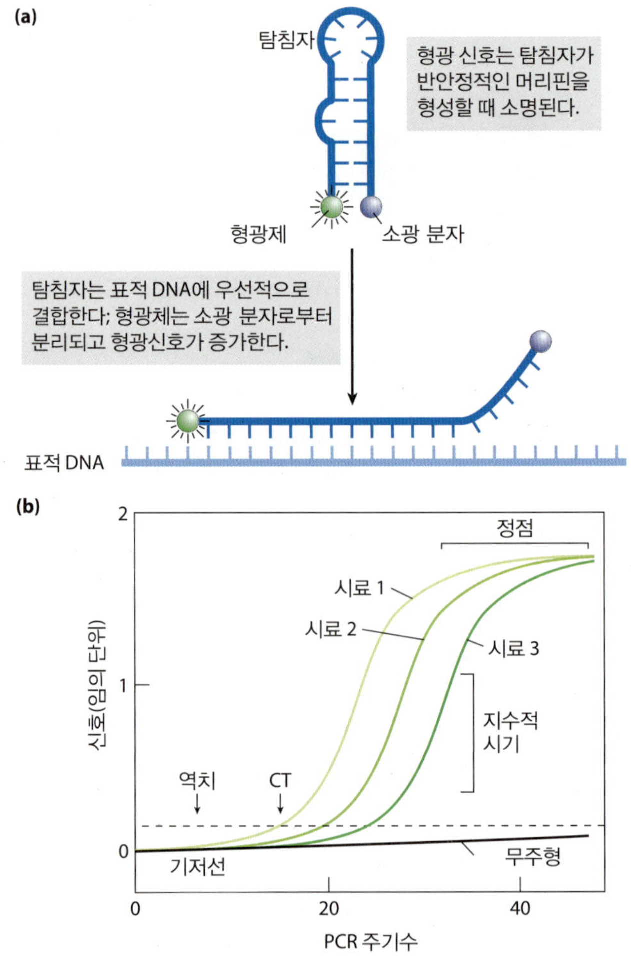

그림 9-13 정량 PCR. PCR은 세심하게 PCR 증폭의 진행을 모니터링하고 DNA 분절이 언제 특정 역치 수준까지 증폭되었는지를 결정함으로써 정량적으로 사용될 수 있다. **(a)** PCR 산물의 양은 증폭되는 DNA 분절에 상보적인 보고자 올리고뉴클레오타이드에 붙은 형광 탐침자의 수준을 측정하여 결정된다. 탐침자 형광은 같은 올리고뉴클레오타이드에 붙은 형광소광제(quencher) 때문에 초기에는 검출되지 않는다. 보고자 올리고뉴클레오타이드가 증폭된 DNA 분절의 복사물에 상보적으로 쌍을 이루면 형광이 소광제에서 분리되어 형광이 나온다. **(b)** PCR 반응이 진행되면서 표적 DNA 분절의 양은 지수적으로 증가하고 형광 신호도 올리고뉴클레오타이드 탐침자가 증폭된 단편에 붙음으로써 지수적으로 증가한다. 많은 PCR 주기 후에 신호는 반응 구성물들이 고갈되면서 정점에 이른다. 분절이 하나의 시료에서 다른 부위에 비하여 많은 양으로 존재할 때 증폭은 정해진 역치 수준을 더 빨리 도달한다. "무주형(no template)" 선은 시료 DNA가 첨가되지 않은 대조군에서 관찰되는 배경신호의 느린 증가를 따른다. CT는 역치를 처음으로 넘는 주기수이다.

재한다는 결과를 보여 준다. 간략히 설명하면 PCR 산물이 존재할 때 형광신호를 발산하는 탐침자(probe)를 넣고 PCR을 수행한다(**그림 9-13**). 시료에 연구 대상의 서열이 다른 서열들보다 더 높은 수준으로 존재하면 PCR 신호는 미리 결정된 역치(threshold)에 더 빨리 도달하게 될 것이다. 역전사효소 PCR과 실시간 PCR을 함께 사용하면 다양한 환경하에서 특정 RNA 분자의 상대적 농도를 측정할 수 있다. 마지막으로 우리가 앞으로 논의할 것처럼, PCR은 강력한 DNA 서열 분석 방법의 개발을 촉진하였다.

요약 9.1 유전자와 그 산물에 대한 연구

■ DNA 클로닝과 유전공학은 DNA를 절단하고 DNA 조각을 연결하여 새로운 조합인 재조합 DNA를 만드는 과정을 포함하고 있다.

■ 클로닝이란 효소에 의해 DNA를 절단하는 것; 관심 있는 조각을 선택하고 가능하다면 변형시키는 것; DNA 조각을 적절한 클로닝 매개체에 삽입하는 것; 매개체를 삽입된 DNA와 함께 복제하기 위하여 숙주세포에 도입하는 것; DNA 조각이 들어있는 세포를 동정하고 분리하는 것을 포함한다.

■ 유전자 클로닝을 위한 핵심효소는 제한 핵산내부분해효소(특히 II형)와 DNA 연결효소이다.

■ 클로닝 매개체로는 플라스미드 그리고 아주 긴 DNA 삽입물을 위한 세균 인공염색체(BAC)와 효모 인공염색체(YAC)가 있다.

■ 유전공학은 클로닝된 유전자를 발현시키거나 변형시키도록 세

포를 조작한다.

- 클로닝된 유전자를 변형시켜 단백질 또는 펩타이드를 관심 있는 단백질에 결합시켜 융합 단백질을 만들 수 있다. 더해진 펩타이드 부분은 관심 있는 단백질을 검출할 때나 편리한 친화 크로마토그래피로 정제할 때 이용될 수 있다.
- 중합효소연쇄반응(PCR)은 클로닝을 위하여 DNA 또는 RNA의 선택된 단편의 증폭을 가능케 하고 유전자 복사수를 결정하거나 유전자 발현을 정량적으로 모니터링하도록 조정할 수 있다.

9.2 단백질 기능을 이해하기 위한 DNA-기반 방법들의 활용

단백질 기능은 세 가지 단계로 기술될 수 있다. **표현형 기능(phenotypic function)**은 생명체의 각 개체에 대한 단백질의 효과를 나타내는 말이다. 예를 들어, 단백질의 결손이 생명체의 성장을 지체시키거나 발달과정을 변동시키며, 심지어 사망을 일으키기도 한다. **세포 기능(cellular function)**은 세포 수준에서 어떤 단백질의 상호작용에 대한 네트워크를 말한다. 다른 단백질과의 상호작용을 파악하는 것은 그 단백질이 참여하는 대사 과정의 종류들을 정의하는 것을 도와줄 수 있다. 마지막으로 **분자 기능(molecular function)**이란 어느 단백질의 정확한 생화학적 활성을 말하며 여기에는 효소가 촉매하는 반응 또는 수용체에 결합하는 리간드에 대한 세부적인 사항 등이 포함된다. 특성화되지 않았거나 잘 알려지지 않은 수천여 가지 단백질들의 기능을 이해하려는 시도는 다양한 기술을 탄생시키게 되었다. DNA-기반 방법들은 이러한 노력에 결정적인 기여를 하였으며 다른 세 가지 수준에 대한 정보도 제공할 수 있다. 이러한 기술을 통해 특정 단백질이 언제 발현되는지, 세포 내에서의 위치, 상호작용하는 다른 세포의 구성요소, 단백질이 결핍되었을 때 세포에 어떤 현상이 발생하는지 확인할 수 있다.

DNA 라이브러리는 유전정보에 대한 특별한 목록이다

DNA 라이브러리(DNA library)는 염기서열 분석, 유전자 발굴, 또는 유전자 기능 연구를 위한 DNA 재료를 포함하는 DNA 클론의 수집물이다. DNA 라이브러리는 DNA가 유래된 시료와 라이브러리 사용의 최종 목적에 따라 다양한 형태로 얻어질 수 있다.

가장 큰 것이 **유전체 라이브러리(genomic library)**이다. 이것은 특정한 생물체의 유전체 전체를 수천 개의 조각으로 절단하여 모든 조각을 클로닝 매개체에 삽입하여 클론을 만든다. 이것은 재조합 매개체들의 복잡한 혼합물을 만들게 되며 각 재조합 매개체는 다양한 DNA 조각을 포함한다. 라이브러리를 만드는 일의 시작은 제한 핵산내부분해효소를 이용하여 DNA를 **부분적으로** 절단하여 클로닝될 DNA를 다양한 크기의 단편 가운데 나타나게끔 하는 것이다. 단편 크기의 범위는 클로닝 매개체와 상호 호환될 수 있는 것을 선택하고, 실질적으로 모든 서열들이 라이브러리 내 여러 클론들 중에 존재하여야 한다. 클로닝하기에 너무 크거나 작은 단편은 원심분리나 전기영동에 의하여 제거된다. BAC이나 YAC과 같은 클로닝 매개체 역시 같은 제한 핵산내부분해효소로 절단하여 유전체 DNA 단편과 연결한다. 이렇게 연결된 DNA 혼합물은 각각의 다른 재조합 DNA 분자를 가진 세포의 라이브러리를 제작하기 위하여 형질전환에 의해 세균나 효모에 도입된다. 이상적으로는 유전체 내의 모든 DNA가 라이브러리 내에 존재한다. 형질전환된 각 세균들은 집락(colony) 또는 같은 세포의 "클론(clone)"을 형성하면서 자라게 되며, 이들은 동일한 재조합 플라스미드를 보유하게 된다.

유전자 또는 단백질의 기능을 정의하기 위해서는 더 특수한 라이브러리를 사용한다. 그 한 예가 특정한 개체 또는 심지어 어떤 세포나 조직에서 발현이 되는—RNA로 전사되는—DNA 서열만을 포함하는 라이브러리이다. 이러한 라이브러리에는 전사되지 않은 DNA는 포함되어 있지 않다. 연구자들은 특정 개체 또는 그 개체에서 유래한 어떤 세포에서의 mRNA를 우선 추출하여 **상보적 DNA(complementary DNA, cDNA)**를 만든다. **그림 9-14**에서 도해된 이에 대한 다단계 반응은 주형 RNA로부터 DNA를 합성하는 역전사 효소에 의존한다. 그 결과 나온 이중가닥 DNA 조각들을 적당한 매개체에 삽입하고 클로닝하여 **cDNA 라이브러리(cDNA library)**라고 불리는 클론의 집단을 만든다. 특정 단백질에 대한 유전자가 이 라이브러리에서 존재한다는 것은 이 라이브러리가 유래한 세포와 상황에서 이 유전자가 발현된다는 것을 내포하는 것이다.

서열과 구조적 연관성은 단백질의 기능에 대한 정보를 제공한다

많은 유전체의 서열을 분석하는 또 다른 주요한 이유 중의 하나는 유전체를 비교함으로써 유전자의 기능을 추정하는 데이터베이스를 제공하기 위한 것으로 이러한 연구 분야를 **비교유전체학(comparative genomics)**이라고 한다. 이 분야는 진화생물학에 깊이 뿌리 박혀 있으며, 실제로 가능하게 되었다. 종종 새롭게 발견된 유전자가 과거에 다른 종 또는 같은 종에서 발견된 유전자와 염기서열이 연관되어 있는 경우가 있는데, 그 기능은 그들과의 상호관계에 의하여 전적으로 혹은 부분적으로 알 수 있게 된다. 서로 다른 종에서 출현하지만 염기서열과 기능적인 관계가 명백한 유전자를 **동원체(동일 조상 유전자, ortholog)**라고 한다. 한 가지 종 안에서 서로 연관되어 유사한 서열을 가지는 유전자를 **이원체(다른 조상 유전자, paralog)**라고 한다. 우리는 단백질의 맥락에서 이 용어들을 제3장에서 소개했다. 단백질과 마찬가지로, 한 종에서 유전자의 기능에 관한 정보는 적어도 일시적으로 두 번째 종에서 발견되는 이종상동성 유전자에 기능을 부여하는 데 사용될 수 있다. 만

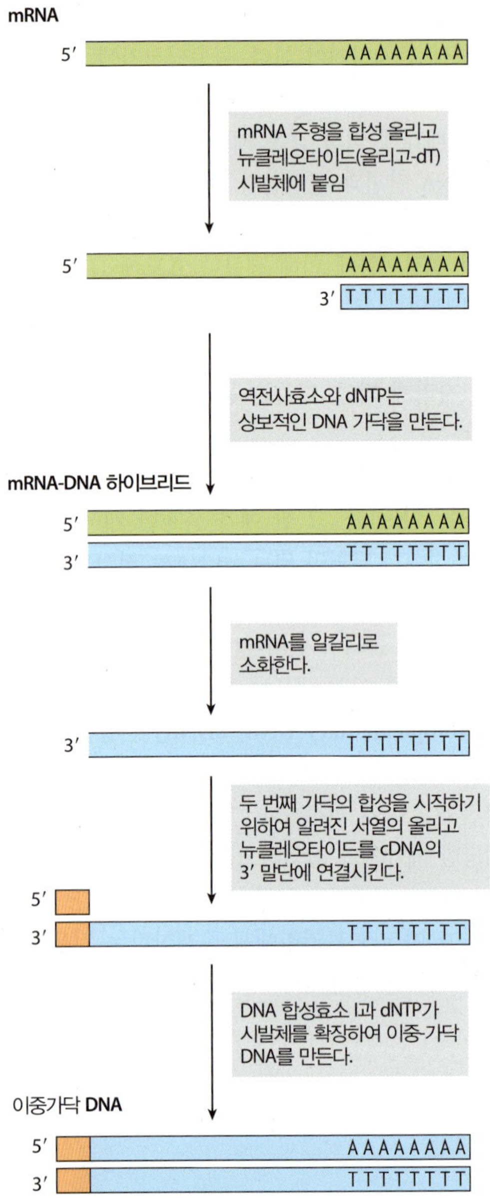

그림 9-14 mRNA에서 cDNA 라이브러리의 구축. 실제적으로 세포에서 나온 mRNA는 수천 개의 유전자에서 전사된 것을 포함하는 것이고 여기에서 만들어진 cDNA는 거기에 상응하는 이형적인 것이 될 것이다. 이 방법으로 만들어진 두 가닥의 DNA는 적절한 클로닝 매개체로 삽입된다. 역전사효소는 RNA 또는 DNA의 주형에서 DNA를 합성할 수 있다(그림 26-32 참조). 두 번째 DNA 가닥의 합성을 시작하기 위하여 알려진 서열의 올리고뉴클레오타이드를 첫 번째 가닥의 3′ 말단에 연결시키고 만들어진 이중-가닥 cDNA를 플라스미드에 클로닝한다.

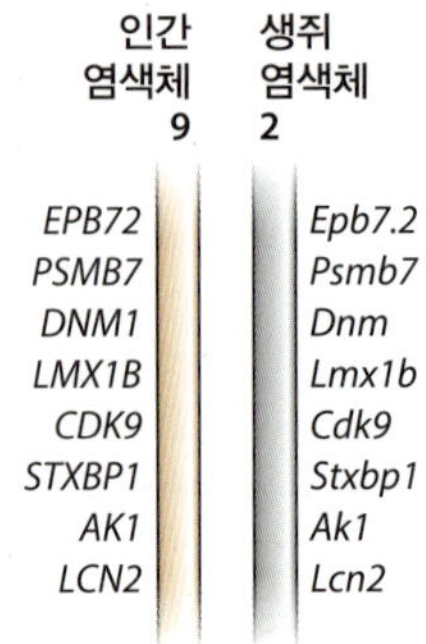

그림 9-15 생쥐와 인간 유전체의 신테니. 생쥐와 인간 유전체에서 염색체 상에서 서로 밀접하게 연관된 유전자의 서열이 동일한 긴 부위를 가지고 있는데, 이를 신테니라고 한다. 이 도표는 인간 9번 염색체와 생쥐의 2번 염색체를 보여 주고 있다. 이 부위에 있는 유전자들은 같은 유전자 서열을 가지고 있을 뿐 아니라 매우 높은 상동성을 보여 주고 있다. 쓰여 있는 유전자의 이름이 다른 것은 두 개체 사이의 유전자 명명법이 다르기 때문이다. [출처: Information from T. G. Wolfsberg et al., *Nature* 409:824, 2001 Fig. 1.]

약 한 가지 종에서 그 유전자의 기능이 밝혀졌다면, 이 정보는 두 번째 종에서 발견된 동일조상 유전자의 기능을 추정하는 데 사용된다. 이런 동정법은 비록 세균과 사람처럼 서로 먼 종 간에도 많은 동일조상 유전자들이 발굴되었지만, 생쥐와 사람 간의 비교 등 서로 가까운 종끼리의 비교 시 훨씬 용이하게 된다. 때때로 심지어 염색체 상의 유전자의 순서가 매우 가까운 종 사이에서 큰 부분에 걸쳐 보존되어 있다(**그림 9-15**). 보존된 유전자의 순서를 **신테니(synteny)**라고 하고, 관련된 부위 내에서 동일한 위치에 있는 유전자 간의 직접적인 관계에 대한 부가적인 정보를 제공한다.

다른 한편, 특정한 구조 모티프(제4장)와 연관된 어떤 염기서열들은 단백질 내에서 동일할 것이다. 구조적인 성분의 존재는 아마도 ATP의 가수분해를 촉매하거나, DNA에 결합하거나 또는 아연이온과 결합하거나 하는 등의 분자적인 기능을 결정하는 것을 도와주게 된다. 이러한 연관성은 고도의 컴퓨터 프로그램의 발전에 더해져서 결정되어지지만 유전자와 단백질 구조에 대해서 현재 알려져 있는 정보와 특정한 구조적인 선율과 연관된 서열에 대한 능력에 의해 제한을 받는다. 진화 중에 잘 보존된 효소 활성부위에서의 서열은 전형적으로 촉매 기능과 관련되며, 이것들의 동정은 효소의 반응 메카니즘을 정의하는 중요한 단계이다. 반응 메커니즘은 또한 의약 제제로 사용될 수 있는 새로운 억제제를 개발하는데 필요한 정보를 제공한다.

융합단백질과 면역형광법은 세포 내에서 단백질의 위치를 알 수 있게 해 준다

흔히 유전자 산물의 기능에 대한 중요한 단서를 세포 안에서의 위치의 파악으로부터 얻을 수 있다. 예를 들어, 핵에서만 발견되는 단백질은 이 소기관에 특유한 기능인 전사, 증폭 또는 염색체 농축과 같은 기능에 관여할 수 있을 것이다. 연구자들은 흔히 세포 또는 생명체 내에서 단백질의 위치를 알아내려는 목적으로 융합단백질을 제작한다. 가장 유용한 융합 단백질들 중의 일부는 표지단백질들을 부착함으로써 연구자들이 직접 눈으로 보거나 면역형광법을 이용하여 단백질의 위치를 결정할 수 있게 해 준다. 가장 유용한 것은 표지된 단백질의 위치를 시각화하거나 면역 형광법을 이용해 알 수 있다.

특히 유용한 표지는 **녹색 형광단백질(green fluorescent protein, GFP)**이다(**그림 9-16**). 이는 Osamu Shimomura에 의해 발견되었고, Martin Chalfie가 제시한 바와 같이 연구 대상의 단백질을 표지화하는 표적 유전자와 융합된 GFP 유전자는 높은 형광을 발하게 되어—파란색 파장에 노출될 때 빛을 내게 된다—살아 있는 세포에서 직접 볼 수 있게 된다. GFP는 *Aequorea victoria*라는 해파리에서 유래된 단백질이다. 이것은 β-통 구조를 가지고 있고 통

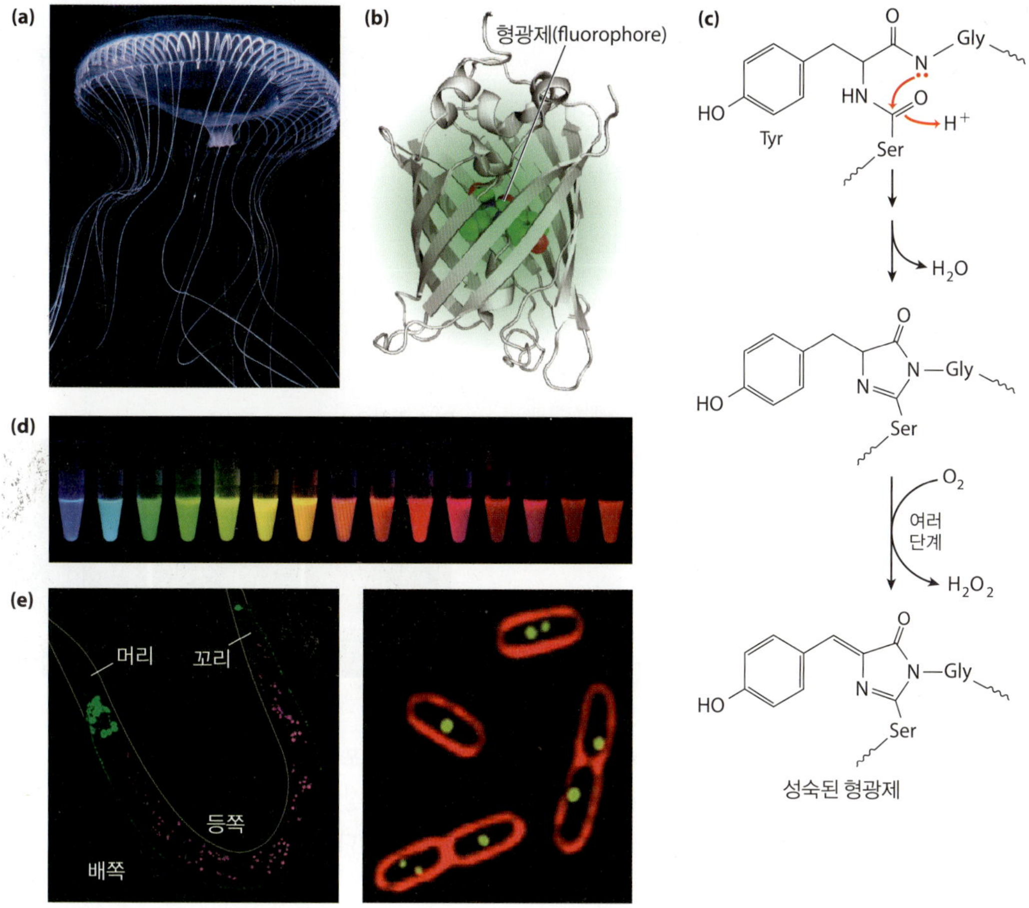

그림 9-16 녹색 형광단백질(GFP). **(a)** GFP는 워싱턴 퓨젯 사운드(Puget Sound)에 서식하는 해파리인 *Aequorea victoria*에서 파생된다. **(b)** GFP 단백질은 β-원통 구조를 갖고 있다; 형광제(공간-채움 모델로 보여줌)는 원통의 가운데에 있다. **(c)** GFP는 세 개의 아미노산 서열로부터 유도된다 : $-Ser^{65}-Tyr^{66}-Gly^{67}-$. 형광은 여러 단계의 산화반응과 내부 재배열을 통해서 이루어진다. 간단한 메커니즘을 보여주고 있다. **(d)** 가시광선 영역의 거의 모든 색깔의 GFP의 변이들이 이미 사용가능하다. **(e)** GLR1-GFP 융합단백질은 예쁜꼬마선충(*Caenorhabditis elegans*)에서 밝은 녹색의 형광을 낸다(왼쪽). GLR1은 신경조직의 글루탐산 수용체이다(스스로 형광을 내는 지방 방울들이 자홍색으로 색이 잘못 입혀졌다). 대장균(오른쪽)의 막들이 빨간 형광시약으로 염색되었다. 세포들은 플라스미드에 결합하는 단백질을 GFP에 융합하여 발현한다. 녹색점들은 플라스미드의 위치를 표시한다. [출처: (a) Chris Parks/ImageQuestMarine. (b) PDB ID 1GFL, F. Yang et al., *Nature Biothechnol.* 14:1246, 1996. (c,d) Courtesy of Roger Tsien, University of Californain, San Diego, Department of Pharmacology, and Paul Steinbach. (e) (왼쪽) Courtesy Penelope J. Brockie and Andres V. Maricq, Department of Biology, University of Utah; (오른쪽) courtesy Joseph A. Pogliano, from J. Pogliano et al. (2001), Multicopy plasmids are clustered and localized in *Escjerichia coli*, *Proc. Natl. Acad. Sci. USA* 98:4486–4491.]

의 가운데에 형광발색단(fluorophore, 단백질의 형광 성분)이 있다. 형광발색단은 몇몇 아미노산의 산화와 재배열에 의해 나오는 것이다. 이 반응은 자가촉매적(autocatalytic)이고 산소 분자만이 필요하므로, GFP는 대부분의 세포에서 활성형으로 쉽게 복제가 된다. 이 단백질 중에서 단지 몇 개의 분자가 형광현미경 하에서 관찰되어 세포 내에서 그것의 위치와 이동에 대한 연구를 가능하게 해준다. 세심한 단백질 공법은 Roger Tsien에 의해 GFP의 색을 비롯한 다양한 성질(밝기, 안정성)의 돌연변이 형(그림 9-16d)을 만들어내고 있고 다른 종에서 연관된 단백질들을 분리해내고 있다. GFP와의 융합이 연구하고자 하는 단백질의 기능 또는 특성을 손상시키지 않는다면, 융합 단백질을 사용하여 일정한 조건 하에서 세포 내 단백질의 위치를 밝히고 다른 표지 단백질과의 상호작용을 알 수 있다. 한 예로, 이 기술을 이용하여 GLR1(신경조직의 글루탐산 수용체, glutamate receptor)을 GLR1-GFP 융합단백질로 선충인 *Caenorhabditis elegans*에 발현시켜 관찰할 수 있었다(그림 9-16e). Shimomura, Chalfie, Tsien은 화학 분야에서 생화학적 연구

Osamu Shinomura [출처: Josh Reynolds/AP Images.]

Martin Chalfie [출처: Diane Bondareff/AP Images.]

Roger Y. Tsien [출처: HO/Reuters/Corbis.]

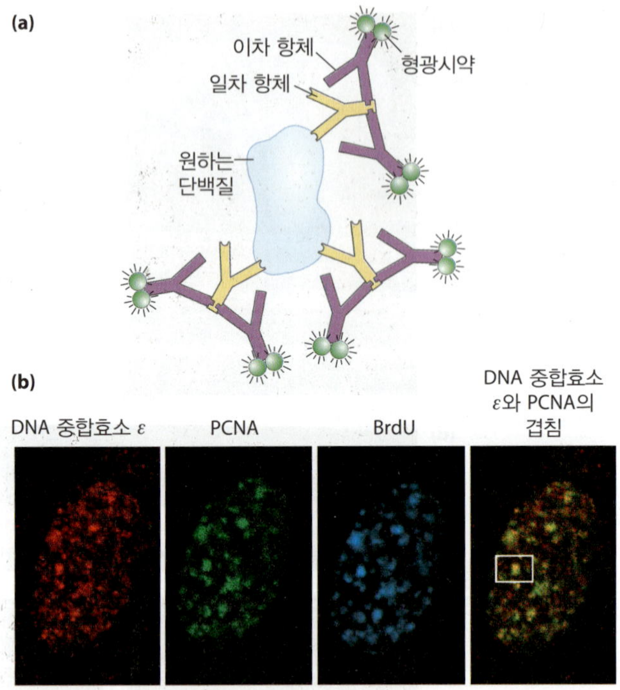

그림 9-17 간접 면역형광법. (a) 원하는 단백질을 일차 항체에 결합시키고 이차 항체를 넣어준다; 이 이차 항체에는 하나 이상의 형광기들이 붙어있고 일차 항체에 결합한다. 다중의 이차 항체들이 일차 항체에 결합할 수 있어 신호를 증폭한다. 원하는 단백질이 세포 내부에 있다면 세포는 먼저 고정되고 투과되고 나서 2개의 항체를 연속적으로 넣어준다. (b) 마지막 결과는 밝은 점들이 원하는 단백질(들)의 세포내 위치를 나타내는 그림이다. 그림들은 사람 섬유모세포의 핵을 보여주며, DNA 중합효소 ε 및 DNA 중합효소의 중요한 부가 단백질인 PCNA와 뉴클레오타이드 유사체인 브로모-데옥시유리딘(BrdU)에 대한 항체와 연속적으로 형광 표지로 염색되었다. BrdU는 짧은 시간에 첨가되며 DNA 복제가 활발하게 일어나는 부위를 나타낸다. 염색의 패턴은 DNA가 활발히 합성되는 구역에 DNA 중합효소 ε과 PCNA가 같이 위치하고 있음을 보여 준다. 그런 부위를 흰색 상자 안에서 볼 수 있다. [출처: (b) Fuss, J. and Linn, S., 2002, "Human DNA polymerase ε colocalizes with proliferating cell nuclear antigen and DNA replication late, but not early, in S phase," *J. Biol. Chem* 277:8658–8666. Courtesy Jill Fuss, University of California, Berkeley.]

를 위한 도구로서 GFP를 개발해 2008년 노벨상을 받았다.

많은 경우에 있어서 살아 있는 세포에서 GFP 융합단백질의 관찰이 가능하지 않거나 실용적이지 못하고 바람직하지 못하다. GFP 융합단백질이 불활성이거나 관찰될 수 있을 만큼 충분한 양으로 발현되지 않을 수 있다. 이 경우에 **면역형광법(immunofluorescence)**이 내재적(변동되지 않은) 단백질을 관찰하는 다른 방법이 될 수 있다. 이 방법은 세포의 고정이 필요하므로 세포는 죽게 된다. 연구 대상의 단백질은 때때로 **항원요소 꼬리표(epitope tag)**와의 융합단백질로 발현된다. 항원요소 꼬리표는 잘 특성화되어 있는 단일클론 항체(상업적으로 얻을 수 있는)에 단단하게 결합하게 되는 짧은 단백질 서열이다. 형광분자(형광발색단)들을 이 항체에 결합시킨다. 좀 더 흔한 방법에서는 표적 단백질이 변동되지 않는다. 이 단백질은 이 단백질에만 특이한 항체에 결합한다. 다음에 이차 항체를 넣어 일차 항체와 결합시키며, 이차 항체는 형광발색단을 갖고 있다(**그림 9-17a**). 이러한 간접적 방법의 한 가지 변형은 바이오틴(biotin) 분자를 일차 항체에 결합시키고 형광발색단과 복합체를 형성한 스트렙타비딘[streptavidin, 바이오틴과 결합하는 단백질인 아비딘(avidin)과 구조적으로 유사한 세균 단백질; 표 5-1 참조]을 첨가하는 것이다. 바이오틴과 스트렙타비딘의 결합은 현재까지 알려진 결합 중에서 가장 강력하고 특이한 반응들 중의 하나이며 각 표적단백질에 대한 다양한 형광발색단을 첨가할 수 있으므로 이 방법은 매우 예민하다. 결국 최종 데이터는 세포 안에서 보고자 하는 단백질의 위치를 나타내는 현미경 사진이다.

cDNA나 cDNA 조각들을 매개체에 클로닝하여 보고자 유전자(reporter gene)라는 표지에 대한 DNA 서열과 융합시킴으로써 매우 특화된 cDNA 라이브러리들을 만들 수 있다. 융합된 유전자는 보고자 구조물(reporter construct)라고도 불린다. 예를 들어, 라이브러리의 모든 유전자들이 GFP 유전자에 융합될 것이다(**그림 9-18**). 라이브러리의 각 세포는 이러한 융합유전자들의 하나를 발현한다. 각 유전자 산물의 세포내 위치는 융합유전자를 적절한 수준으로 발현하는 세포에서 빛의 초점으로 발견될 것이다. 단, 이것은 그 유전자가 정상적인 기능과 위치를 나타낼 것이라는 추측을 전제로 하는 것이다.

단백질-단백질 상호작용은 세포와 분자적인 기능을 밝히는 데 도움을 준다

어떤 단백질의 기능을 밝히는 데 있어서 또 하나의 열쇠는 그것이 무엇과 결합하는가를 밝히는 것이다. 단백질-단백질 상호작용의 경우 기능을 알고 있는 단백질과 기능을 모르는 단백질이 결합은 기능적 연관관계의 강력한 영향을 제공한다. 이러한 노력을 위한 기법은 매우 다양하다.

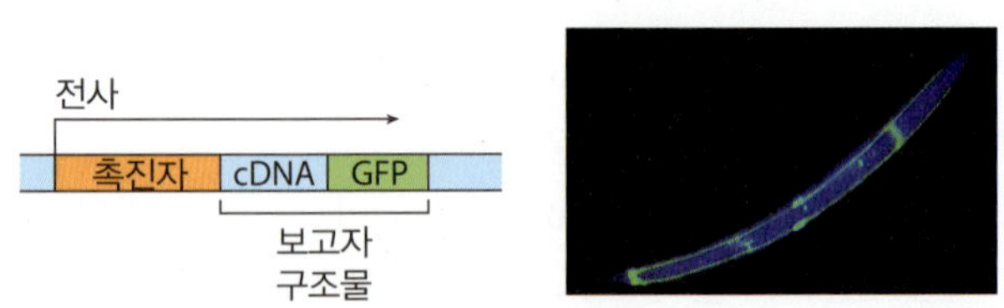

그림 9-18 특별한 DNA 라이브러리. GFP 유전자의 뒤에 추가된 cDNA의 클로닝은 보고자 구조물을 만든다. RNA 전사는 원하는 유전자와 보고자 유전자(여기서는 GFP)를 연속으로 진행하게 되고 mRNA 전사물이 융합단백질로 발현된다. 단백질 중 GFP에 해당하는 부분은 형광현미경에서 관찰된다. 여기서는 한 가지 유전자에 대한 예를 보여 주고 있지만, 수천 개의 유전자가 비슷한 방법으로 GFP에 융합될 수 있고 각 세포 또는 생명체가 GFP에 융합된 단백질을 발현하는 라이브러리로 저장될 수 있다. 융합단백질이 적절하게 발현된다면 세포나 생명체 안에서 이의 위치를 알아낼 수 있다. 이 사진은 선충류에서 GFP 융합단백질이 전 몸체를 통해서 단지 4곳의 "touch" 신경원에서만 발현되고 있는 것을 보여 준다. [출처: Courtesy of Kevin Strange, PhD, and Michael Christensen, PhD, Department of Pharmacology, Vaderbilt University Medical Center.]

단백질 복합체의 분리 실험에서 암호화된 유전자가 융해되면서 유전자에 항원결정인자 표식을 하게 되면 유전자의 단백질 산물은 항원요소 꼬리표와 결합하는 항체를 사용함으로써 침전시킬 수 있으며, 이 과정을 **면역침전(immunoprecipitation)**이라고 한다 (**그림 9-19**). 만약 표식된 단백질이 세포 내에서 발현되면, 그것과 결합하는 다른 단백질도 역시 함께 침전될 것이다. 연관된 단백질의 동정은 표지된 단백질의 단백질-단백질 상호작용의 일부를 보여 준다. 이런 과정의 변형 방법은 다양하다. 예를 들면, 연관된 단백질의 동정은 표지된 단백질의 단백질-단백질 상호작용의 일부를 보여 준다. 이런 과정의 변형 방법은 다양하다. 예를 들면, 표지된 단백질을 발현하고 있는 세포 추출물을 항체가 단단하게 결합되어 있는 관에 넣어준다(친화 크로마토그래피에 대한 그림 3-17c 참조). 표지된 단백질은 항체와 결합하게 되고, 표지된 단백질과 상호작용을 하는 단백질도 종종 관 안에 남아있게 된다. 단백질과 꼬리표 간의 결합은 특정 단백분해효소에 의해 절단되고 단백질의 결합체는 관으로부터 배출되어 분석된다. 연구자들은 이 방법을 이용하여 세포 내에서 단백질 상호작용의 복잡한 네트워크를 밝힐 수 있다. 원칙적으로 단백질-단백질 상호작용을 분석하기 위한 크로마토그래피 방법은 적절한 크로마토그래피 배지에 부착될 수만 있다면 어떤 단백질 꼬리표(히스 꼬리표, GST 등)와도 함께 사용될 수 있다.

이 방법의 선택성은 **직렬친화분리꼬리표[tandem affinity purification (TAP) tag]**에 의해 향상되었다. 두 개의 꼬리표를 표적단백질에 연속적으로 융합시킨다(**그림 9-20**). 첫 번째 꼬리표는 단백질 A(protein A)이다. 단백질 A는 **포도상구균**(*Staphylococcus aureus*)의 표면에서 발견되는 단백질로 포유류 면역글로불린 G(immunoglobulin G)에 단단히 결합한다. 두 번째 꼬리표는 칼모듈린-결합 펩타이드(calmodulin-binding peptide)가 흔히 사용된다.

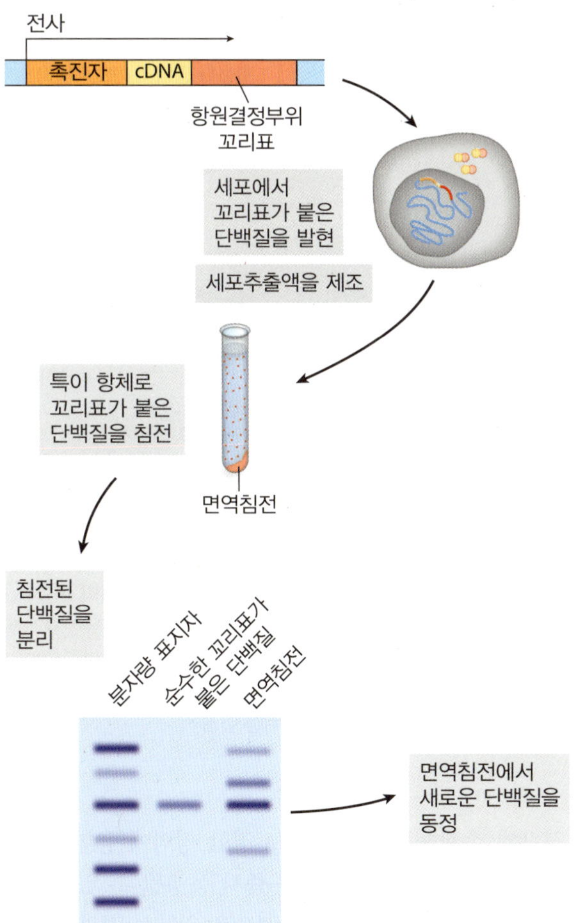

그림 9-19 단백질-단백질 상호작용을 연구하기 위한 항원결정부위 꼬리표의 사용. 만약 원하는 유전자가 항원결정부위 꼬리표(Epitope tag)에 대한 유전자 뒤에 클로닝 된다면 결과적으로 나오는 융합단백질은 항원결정부위와 결합하는 항체에 의하여 침전될 수 있다. 꼬리표가 붙은 단백질과 결합하는 다른 단백질 또한 침전되므로 단백질-단백질 상호작용을 설명하는 데 도움이 된다.

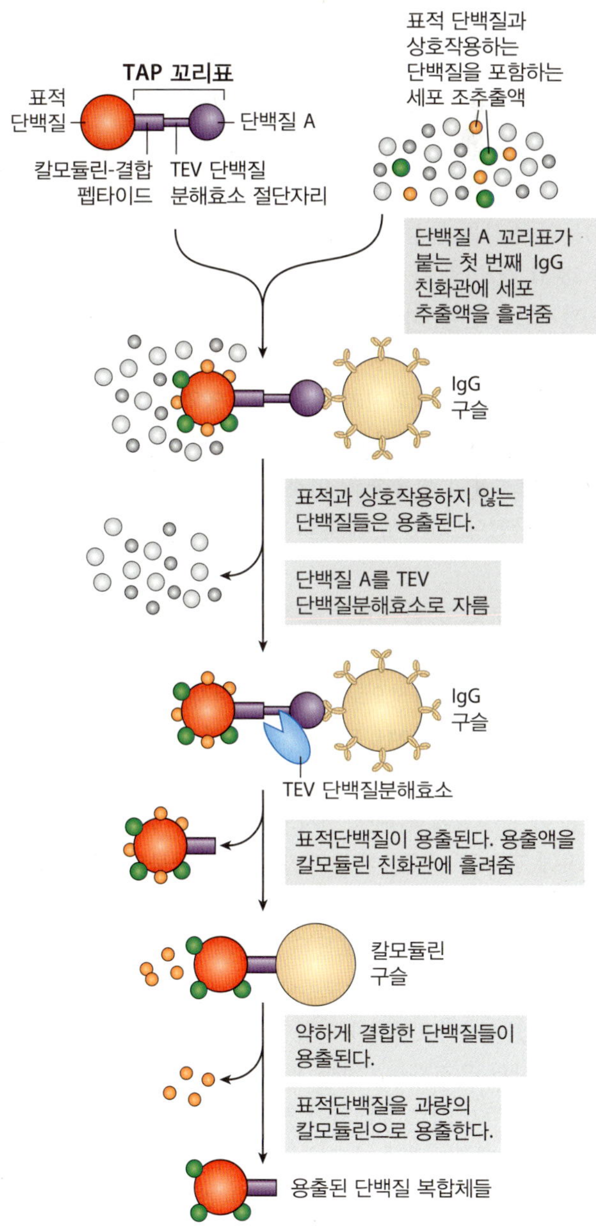

그림 9-20 직렬 친화 분리(TAP) 꼬리표. TAP-꼬리표가 붙은 단백질과 연관된 단백질들이 본문에 기술한 것처럼 2 번의 연속적인 친화 분리법에 의하여 분리된다.

TAP이 달린 융합단백질을 포함하는 조추출물을 단백질 A가 결합하는 IgG가 붙어 있는 관을 통과시킨다. 결합하지 않은 세포 단백질들의 대부분은 세척을 통해 제거되지만 세포 안에서 표적단백질과 정상적으로 상호작용하는 단백질들은 남게 된다. 첫 번째 꼬리표는 매우 특이한 단백질분해효소인 TEV 단백질분해효소에 의해 융합단백질로부터 제거되고, 짧아진 융합 표적단백질(fusion target protein) 및 표적단백질에 비공유적으로 결합된 단백질들은 관에서 용출된다. 용출액은 두 번째 꼬리표와 결합하는 칼모듈린이 붙어 있는 기질을 포함하고 있는 관을 통과시킨다. 약하게 결합된 단백질들은 다시 세척으로 제거된다. 두 번째 꼬리표가 제거되고 표적단백질은 결합된 단백질들과 함께 관에서 용출된다. 두 번의 연속적인 분리과정은 약하게 결합된 오염물들을 제거하여 위양성을 최소화시키므로 두 단계를 거치는 동안 계속 남아있는 단백질 상호작용은 기능적으로 중요할 가능성이 크다.

효모 이중-혼성 분석(Yeast Two-Hybrid Analysis) 단백질-단백질의 상호작용을 밝히기 위한 정교한 유전학적 접근법은 효모에서 *GAL* 유전자(갈락토스 대사에 관여하는 효소들을 암호화하는 유전자)들의 전사를 활성화시키는 Gal4 단백질[Gal4 protein(Gal4p); 그림 28-31 참조]의 특성을 이용하는 것이다. Gal4p는 두 개의 영역을 가지고 있는데, 하나는 특정한 DNA의 서열과 결합하는 것이고, 다른 하나는 인접한 유전자로부터 mRNA를 합성시키기 위해 RNA 중합효소를 활성화시키는 것이다. 영역이 분리되어 있을 때는 안정하지만, RNA 중합효소가 활성화되기 위해서는 활성화 영역과의 상호작용이 필요하고, 이것은 DNA 결합 영역이 제자리를 찾도록 요구한다. 그래서 제대로 기능을 하려면 두 영역이 같이 있어야 한다.

효모 이중-혼성 분석에서 분석하려는 유전자의 단백질-암호화(protein-coding) 부위를 Gal4p의 DNA-결합 영역이나 활성화 영역에 융합시킨다. 결과적으로 생기는 유전자는 일련의 융합단백질들을 발현한다(**그림 9-21**). DNA-결합 영역에 융합된 단백질이 활성화 영역에 융합된 단백질과 상호작용한다면, 전사가 활성화될 것이다. 이 활성화에 의해서 전사되는 보고자 유전자는 일반적으로 성장에 필요한 단백질이나 색깔이 있는 산물의 생성을 촉매하는 효소이다. 따라서, 적절한 배지에서 성장할 때 한 쌍의 상호작용 단백질들을 포함하는 세포들은 그렇지 않은 것들과 쉽게 구분된다. 많은 유전자들이 한 효모주에서 Gal4p의 DNA 결합 영역과 융합되어 있는 라이브러리가 만들어질 수 있다. 두 번째 효모주에서 연구대상의 유전자는 Gal4p 활성화 영역 유전자에 융합된다. 두 개의 효모주가 서로 교배되어 집락 내에서 각자 이배체로 성장하게 된다. 선택배지에서 자라거나 적절한 색깔을 나타내는 세포들 만이 연구대상의 유전자가 파트너와 결합하여 보고자 유전자의 전사가 일어나도록 허용한 것들이다. 이 방법은 세포 내의 단백질 상호작용을 대규모로 검색할 수 있도록 해 준다. 선택적으로 남은 집락에 존재하는 Gal4p DNA-결합 영역에 융합된 상호작용 단백질은 DNA 서열 분석을 통해 즉시 동정될 수 있다. 다단백질 복합체(multiprotein complex)의 형성으로 위양성 결과가 나올 수도 있다.

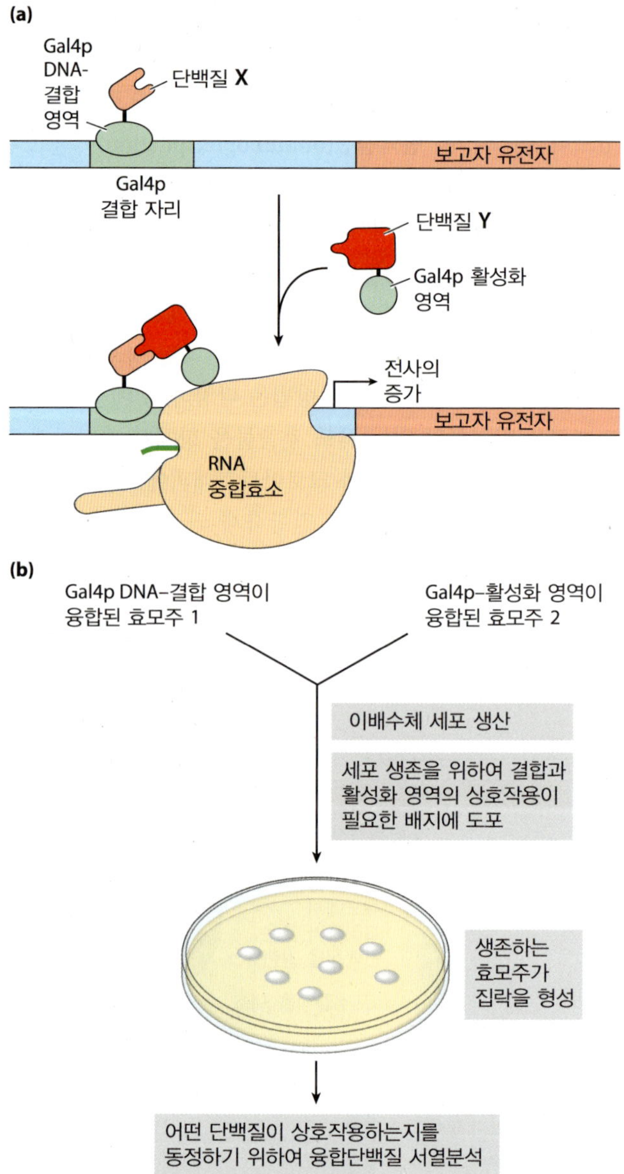

그림 9-21 효모 이중-하이브리드 분석방법. **(a)** 단백질-단백질 상호작용을 검출하기 위한 이 시스템은, 상호작용을 하는 두 단백질, X와 Y에 융합되어 있는 효모 Gal4p의 DNA-결합 영역과 활성화 영역을 함께 가져오는 것을 이용하고 있다. 이러한 상호작용은 보고자 유전자의 발현을 활성화시킨다. **(b)** 2개의 융합은 각각 다른 효모주에서 일어난 후, 교배된다. 교배된 혼합물은 보고자 유전자가 발현되지 않으면 효모가 생존할 수 없는 배지 상에서 배양된다. 그래서 모든 살아 있는 집락은 상호적인 융합쌍을 가지고 있는 것이다. 생존하고 있는 집락의 융합단백질의 서열 분석은 어떤 단백질이 상호작용하는지를 밝혀준다.

단백질의 세포내 위치를 결정하고 분자적 상호작용을 밝히는 모든 기법들은 단백질의 기능을 알기 위한 중요한 단서를 제공한다. 그러나 이런 방법들이 고전적인 생화학을 대체하지는 않는다.

이러한 기법은 단지 중요한 새로운 생물학적 문제들에 접근하고자 하는 도전적인 길을 제공해 준다. 생화학과 분자생물학의 혁신적인 방법들이 동시에 쌍을 이루어 이용될 때에, 새로운 단백질뿐만 아니라 새로운 생물학적 과정과 기전을 발견하는 데 가속도가 붙을 것이다.

DNA 미세배열은 RNA 발현 패턴과 그 외 다른 정보들을 제공한다

DNA 미세배열(DNA microarray)은 DNA 라이브러리, PCR 기술 및 부합화 기술이 함께 어우러져서 고안된 기술이다. 가장 흔하게 사용되는 기술은 포토리소그래피라고 불리며 이는 시퀀스가 알려진 수십에서 수백여 개 유전자의 DNA 조각이 고형표면에서 직접 합성이 된다(**그림 9-22**). 수천 개의 관여하지 않는 시퀀스가 생성되며, 작은 부분 또는 점들이 수 평방 센티미터 크기의 표면에 놓이게 된다. 미리 디자인된 시퀀스의 패턴은 특정 유전자로부터 분리된 시퀀스를 포함하고 있는 수천 개의 점으로 되어 있다. 결과적으로 만들어지는 미세배열은 칩(chip)으로도 불리며 세균이나 효모의 유전체 또는 더 큰 유전체에서 선택된 유전자 패밀리로부터 유래한 서열들을 포함하게 될 것이다. 일단 제작되면 미세배열은 특정한 세포들 또는 그러한 세포들에서 발현되는 유전자를 동정하기 위한 세포 배양으로부터 얻은 mRNA 혹은 cDNA를 탐침으로 사용할 수 있다.

미세배열은 한 생명체에서 발현되는 모든 유전자들에 대한 스냅 사진을 제공하여 발생과정에서 각 단계 또는 특정한 환경 하에서 발현되는 유전자에 대한 정보를 줄 수 있다. 예를 들어, 두 가지 다른 발생 단계의 세포로부터 모든 mRNA가 분리되어 역전사효소에 의하여 cDNA로 변환될 수 있다. 형광표지된 데옥시뉴클레오타이드를 사용하여 하나의 cDNA 시료는 빨간색으로 다른 하나는 초록색으로 만들 수 있다(**그림 9-23**). 두 시료로부터 만들어진 cDNA를 혼합하여 미세배열에 대한 탐침으로 사용한다. 각각의 cDNA들은 미세배열에서 cDNA로 전환된 mRNA를 암호화하는 유전자에 해당하는 하나의 점에만 결합한다. 녹색 형광을 띤 점은 발달 단계에서 좀 더 발현이 많은 mRNA를 나타내고, 붉은색 형광을 띤 것은 다른 단계에서 더 많이 발현되는 mRNA를 나타낸

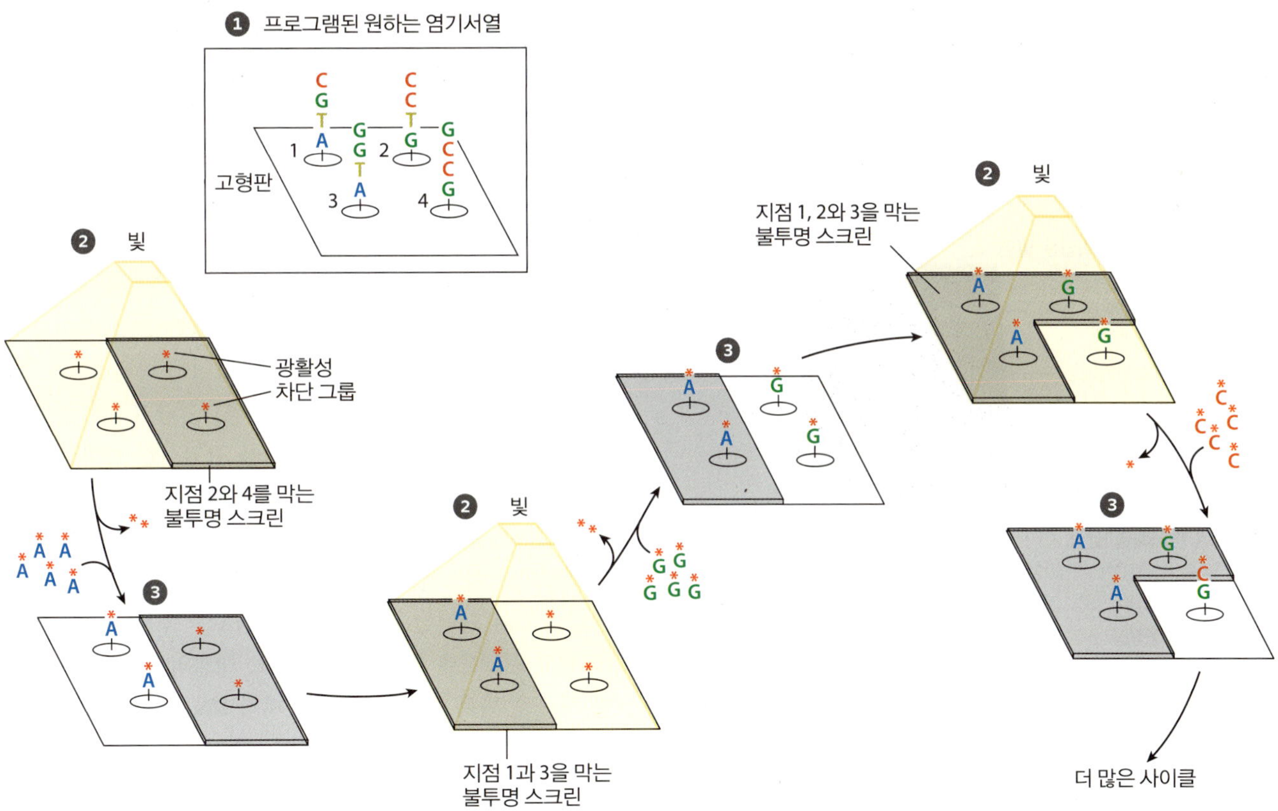

그림 9-22 DNA 미세배열을 제작하기 위한 포토리소그래피. ❶ 컴퓨터는 고형판 위의 각 지점으로 올리고뉴클레오타이드가 합성되도록 프로그램화되어 있다. ❷ 그 표면의 활성화된 그룹은 초기에는 섬광에 의해 제거될 수 있는 광활성 차단 그룹이 붙어 있으므로 불활성화되어 있다. 표면을 덮고 있는 스크린은 표면의 일부분에서 오는 빛을 차단하여 활성화를 방지한다. 다른 부분들 또는 "점"들은 노출된다. ❸ 활성화된 뉴클레오타이드 1개(예, A*)를 포함하는 용액이 점들 위로 세척된다. 뉴클레오타이드의 5′ 수산기는 원하지 않는 반응이 일어나는 것을 막기 위하여 차단되어 있고 적절한 점들에서 3′ 수산기를 통해 표면 그룹들과 연결되어 있다. 표면은 나머지 활성화된 뉴클레오타이드(G*, C*, T*)를 각각 포함하는 용액으로 계속적으로 세척된다. 각각의 위치에 빛을 비추기 전에 적절한 위치에서 뉴클레오티드 또는 표면 그룹의 빛에 견딜 수 있는 차단 그룹을 제거한다(단계 ❷와 ❸, 반복). 한 번에 하나씩 추가된 뉴클레오티드를 첨가하여 스크린과 라이트를 사용하여 각 지점에 올바른 순서로 정확한 뉴클레오티드가 첨가되도록 한다. 이 과정은 필요한 순서를 반복하여 DNA 미세배열의 수천 개의 지점들에 축적될 때까지 한다.

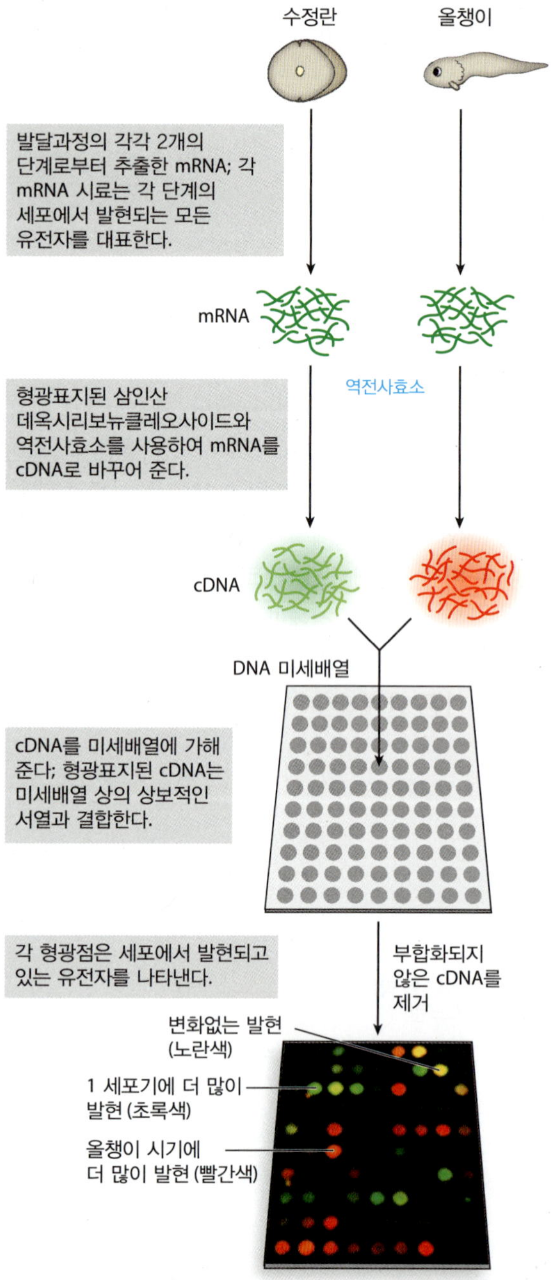

그림 9-23 DNA 미세배열 실험. 미세배열은 무엇이든지 간에 알려진 DNA 서열로부터 만들어질 수 있다. DNA가 고형 지지체에 부착되면 미세배열은 다른 형광-표지된 핵산으로 조사될 수 있다. 여기서 mRNA 시료들은 발달의 두 단계에 있는 개구리 세포로부터 얻어졌다.

다. 그리고 노란색 형광을 띤 것은 두 단계 모두에서 같은 수준으로 발현되는 mRNA이다. 격자 상에서 원래 각 점 내에 집적된 서열의 절대치보다 상대적인 양을 측정하기 위해 두 가지 시료를 혼합하여 사용함으로써 미세배열 안의 점과 점 사이에 있을 수 있는 반응하는 DNA 양의 부정확성에 의해서 생기는 문제들을 보정할 수 있다. 형광이 표시하는 점들은 세포가 채취된 시점에서 세포에서 발현되는 모든 유전자의 스냅 사진을 제공하게 되며 이는 유전체 규모로 유전자의 발현이 분석됨을 의미한다. 기능이 알려지지 않은 유전자에 대해서는, 그것의 발현 시간과 상황으로 보아 세포에서의 역할에 관한 중요한 단서를 제공한다.

비활성 또는 교체 되는 유전자는 CRISPR 기법을 통해 기능을 밝힐 수 있다

유전자의 기능을 이해하기 위한 가장 유용한 방법 중 하나는 유전자를 바꾸거나 해당 유전자를 삭제하는 것이다. 연구자는 유전자 변형이 세포의 성장이나 기능에 어떻게 영향을 미치는지 조사할 수 있다. 유전체를 수정할 수 있는 방법들은 매년 점점 더 고도화되고 있다. 보편적인 전략은 세포막을 세포에 주입하는 것인데, 그것은 기능적으로 치명적인 사고를 유발하는 부위에서 흥미 있는 유전자를 제거하기 위해 세포의 유전자를 주입하는 것이다. 진핵세포에서 이런 판단은 비상동말단연결(NHEJ)을 촉진하는 세포 시스템에 의해 가장 보편적으로 수리된다. 이는 제25장에서 설명하는 과정이다. 비상동말단연결은 이중가닥의 고장을 봉하지만, 공정은 부정확하다. 수리 과정에서 종종 삭제되거나 추가되는 경우, 유전자 조작을 하는 경우가 많다. 박테리아에 도입된 이중가닥은 대개 동종 재조합 시스템에 의해 더 정확하게 수리되지만(제25장 참조), 비활성되는 돌연변이가 나타날 수 있다. 몇몇 핵산들은 거의 모든 것을 정확하게 겨냥할 수 있도록 설계되었지만, 그 과정은 2011년 **CRISPR/Cas 시스템**이 출현하기 전까지는 비용이 많이 들었다.

"CRISPR"는 약어로, 박테리아 유전체에서 정기적으로 반복되는 일련의 과정으로 이루어져 있으며, 규칙적으로 짧은 시간 간격으로 반복된다. Cas(CRISPR-*as*sociated) 단백질은 핵이다. CRISPR 서열과 CAS 단백질은 박테리오파지 감염에 박테리아가 생존할 수 있게 도와주는 면역 시스템의 구성성분이다. CRISPR 염기서열은 박테리아를 죽이지 않고, 박테리아를 감염시킨 박테리아 병원균으로부터 유래된 박테리아 유전체에 포함되어 있다. 바이러스 서열은 CRISPR 서열과 분리된 간격자 서열이다. 같은 박테리오파지가 CRISPR/Cas 시스템을 기반으로 박테리아를 공격하게 되면, CRISPR 서열과 Cas 단백질은 바이러스 DNA를 동시에 제거한다. 우선, CRISPR 서열들은 RNA로 번역되고, 개개의 바이러스 간격자 서열은 가까운 반복 RNA를 포함한 **지침 RNAs(guide RNAs, gRNAs)**에 의해서 분해된다. 어떤 경우에는 gRNAs는 하나 또는 여러개의 Cas 단백질과 복합체를 형성하여 **전사촉진 RNA(trans-activating CRISPR RNA, tracrRNA)**라고 부르는 단백질이 된다. 복합체의 결합 결과는 박테리오파지 DNA의 침투를 야기하고, Cas 단백질과 함께 핵의 활성을 분해하고 파괴한다.

현재 기술은 연쇄상구균에서 간단한 CRISPR/Cas 시스템의 발견에 의해 가능하게 된 것이다. 이 시스템은 단일 Cas 단백질, Cas9, 분해된 DNA가 필요하다. Jennifer Doudna와 Emmanuelle

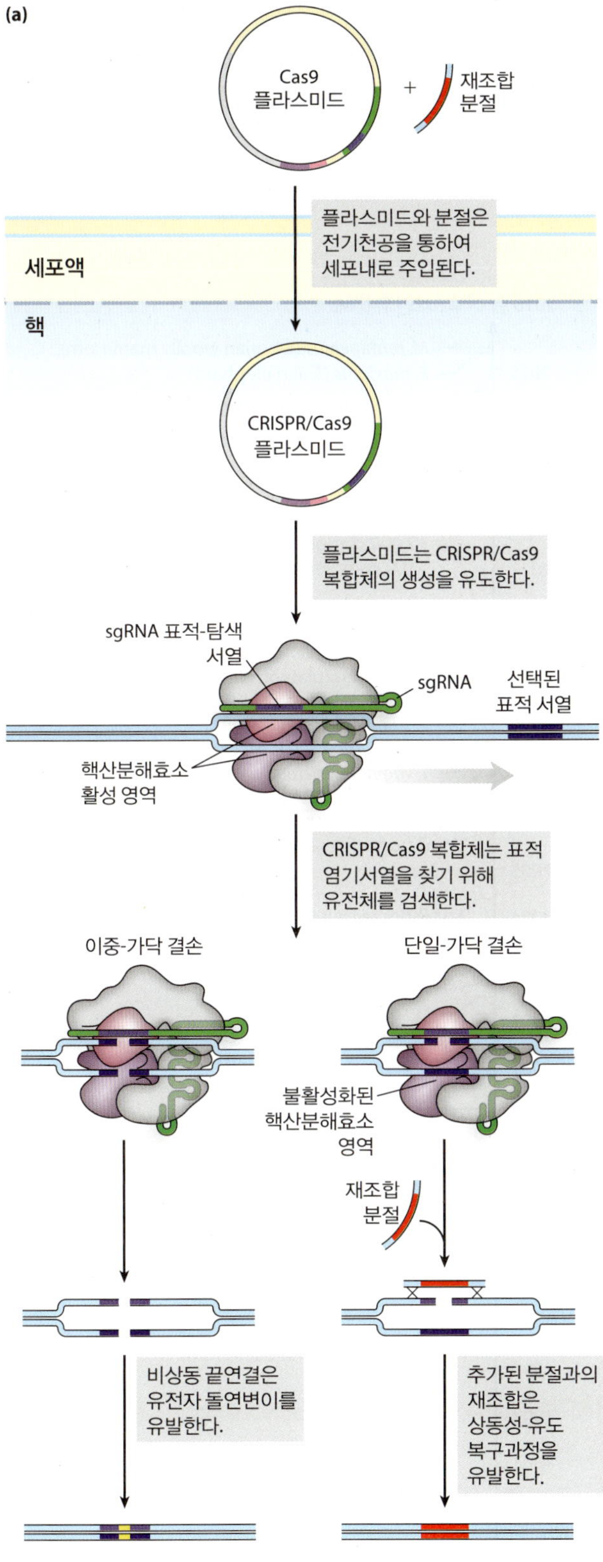

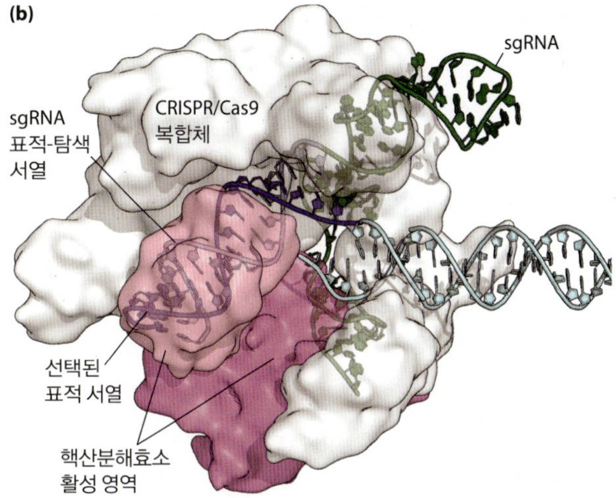

그림 9-24 유전공학을 위한 CRISPR/Cas9 시스템. **(a)** sgRNA와 Cas9 단백질에 의해 입력된 유전자들은 목표 유전체가 변화를 일으킬 때 세포 안으로 들어간다. sgRNA는 유전체의 목표 서열을 선택할 수 있는 일시적인 부위를 갖는다(보라색). 이 지역은 목표로 지정했던 서열을 포함하여 조작할 수 있다. CRISPR sgRNA와 Cas9 단백질의 구성으로 된 복합체는 세포 안에서 형성되고, DNA의 선택된 목표 지점에 결합한다. 그 결합된 구조를 그림에 보여준다**(b)**. 과정은 (a) 왼쪽에 있다. Cas9 단백질의 두 개의 핵 활성자리는 각각의 DNA 가닥을 대상에서 분리하여 이중가닥을 생성한다. 이중가닥의 깨짐은 항상 일반적으로 접합이 일어날 때 접합부위의 뉴클레오타이드를 제거하거나 활성화시키는 비상동성 말단접합에 의해 교정된다. 그렇지 않고, 오른쪽 과정처럼 하나의 핵 위치가 비활성화되면 Cas9 핵 활성은 목표 서열의 단일가닥 깨짐을 만든다. 재조합형 기증자 DNA 조각이 존재하는 경우(조각은 빨간색), 목표 순서와 동일한 순서를 유지하되 원하는 순서 변경을 포함한다. 상동 DNA 재조합은 기증자 DNA와 일치하도록 절단자리의 순서를 바꿀 때도 있다. [출처 : PDB ID 4UN3, C. Anders et al., *Nature* 513:569, 2014]

Charpentier 같은 많은 실험실들에서 cas9 하나의 단백질과 gRNA와 tracrRNA를 결합시켜 넣은 **단순 지침 RNA(single guide RNA, sgRNA)**로 구성된 간소한 CRISPR/Cas9 시스템을 만들었다. 지침 서열은 대부분의 다른 유전체 서열의 목표물을 대체할 수 있다 **(그림 9.24)**. Cas9는 두 개의 핵 도메인으로 분리된다. 한 도메인은 sgRNA와 쌍을 이루는 DNA 가닥을 분해하고, 다른 도메인은 DNA 가닥의 반대 가닥을 분해한다. 비활성상태인 한 도메인은 한 가닥을 분해하여 단일가닥을 깨뜨리고, 얇게 만드는 효소를 만든다. sgRNA는 DNA 표적 서열과의 결합, 그리고 절단을 위한 핵산분해효소 영역의 활성화를 위해 두 가지 작업 모두에서 필요하다.

플라스미드를 형성하기 위해서 필요한 단백질과 CRISPR/Cas9의 RNA 구성성분들은 전기천공법을 통해 세포 안으로 주입할 수 있다(325쪽). 많은 생물의 세포 안에서 목표화된 유전자는 10%에서 50%정도의 비활성상태이다. 만약 간단한 유전자의 비활성보다 유전체의 변화(돌연변이)가 필요하다면, 분할자리를 포함하거나, 원하는 변화를 포함하여 CRISPR/Cas9 플라스미드를 통해 세포로 들어갈 수 있다. 이 재조합은 불필요하기도 하지만, 그러나 표적 자리에서 **이중-가닥** 결손보다는 틈(nick)을 만드는 방식으로 어느 정도 성공율을 향상시킨다(그림 9-24).

CRISPR/Cas9에 대한 새로운 기술이 빠르게 개발되고 있다. 잠재성을 가지고 있는 치료법들은 여전히 많은 세월 동안 사용되고 있지만, 이 개발은 많은 인간의 질병과 유전적 질병, HIV 등을 위한 미래의 치료법이 될 것이다.

요약 9.2 단백질 기능을 이해하기 위한 DNA-기반 방법들의 활용

■ 단백질은 표현형, 세포 또는 분자 기능 수준에서 연구될 수 있다.

■ 다양한 DNA 라이브러리들은 단백질 기능에 대한 정보를 생산하는 여러 형태에 관한 연구의 시작이 될 수 있다.

■ 연구자들은 연구 대상의 유전자를 녹색 형광단백질이나 항원요소 꼬리표와 융합시켜 유전자 산물의 세포내 위치를 직접 또는 면역형광법으로 볼 수 있다.

■ 단백질의 다른 단백질들 또는 RNA와의 상호작용은 항원요소 꼬리표를 이용하여 면역침전 또는 친화 크로마토그래피로 연구될 수 있다.

■ 미세배열은 세포의 자극제, 변화 과정 또는 변하는 환경에 반응하는 유전자들의 표현 패턴에 의해 변화할 수 있다.

■ CRISPR/Cas9 시스템은 비활성화된 유전자 또는 달라진 서열의 기능을 조사함으로써 강력하고 저렴한 방법을 제공해준다.

9.3 유전체학과 인간 이야기

DNA 서열 분석 방법은 1990년대 세균들에 대한 유전체 서열의 완전한 해독으로 이어졌다. 인간 유전체에 대한 완전한 서열 분석 2가지가 2001년에 발표되었다. 하나는 James Watson과 Francis Collins가 각각 초기와 후기에 이끌었던 대규모의 공익적 연구비로 연구된 것이고, 다른 하나는 Craig Venter가 이끈 개인적인 노력에 의한 것이다. 이 업적은 전 세계적으로 수십 개의 연구소들이 10여 년 동안 집중적인 연구를 수행한 결과이지만 단지 시작일 뿐이다. DNA 서열 자료은행은 모든 형태의 수천 가지 생명체의 완전한 유전체 서열을 포함하고 있다. 우리는 이제 광대한 정보의 원천을 효과적으로 탐색하기 시작했을 뿐이다. 새로운 배열 기술의 도래와 더불어, 인간 유전체를 서열화하는 데(제8장 참조) 필요한 시간은 몇 년에 서 몇 일로 단축되었다.

Francis S. Collins
[출처: Alex Wong/Getty Images.]

J. Craig Venter
[출처: Shawn Thew/Stringer/AFP/Getty Images.]

인간 유전체는 유전체 서열 결정 과정에서 점점 더 작은 부분을 차지하고 있다. 수천 종의 다른 종들의 유전체는 현재 살아있는 유기체의 박테리아류, 고세균류, 진핵생물류 등 세 개의 영역 전체에 걸쳐서 유전체의 복잡성을 관찰하고 공개적으로 이용할 수 있게 되었다(**그림 9-25**). 많은 초기 연구 프로젝트들은 연구

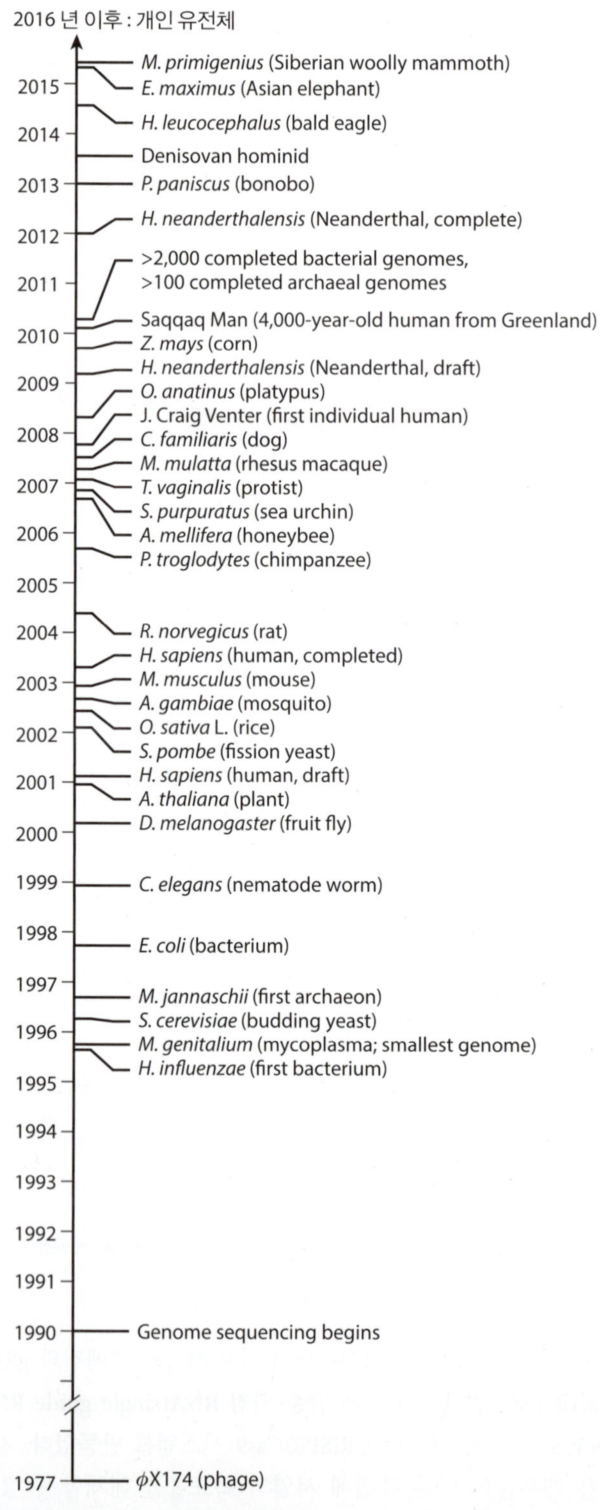

그림 9-25 유전체 염기 서열 분석 일정표.

소에서 흔히 쓰이는 종들에 초점을 맞추었지만, 이제는 실용적이고 의학적, 농업적, 그리고 진화적인 이익을 포함한다. 알려진 박테리아 계의 유전체는 서열화되어 있다. 진핵생물 유전체 서열 수는 수천 개에 달한다. 수천 개의 인간 유전체가 배열되어 있고, 숫자가 증가하면서, 개인화된 약이 현실화되어 가고 있다(별도설명 9-1). 호모 사피엔스와 같은 멸종된 종들과 지난 천 년 전에 죽은 사람들의 유전체들은 순서대로 서열화되어 있다. 각 유전체 배열은 실험자들을 위한 국제적인 자원이 된다. 요약하자면, 그들은 다양한 종류의 유전자 변형 유전자를 찾아내는 데 도움이 되는 광범위한 비교를 제공하고, 종이나 종의 특이한 유전자를 구별할 수 있는 광범위한 비교를 제공한다. 유전자를 지도하고, 새로운 단백질과 질병과 관련된 유전자를 식별하고, 의학적 이해 관계의 유전적 패턴을 규명하며, 우리의 진화론을 추적하는 것이 우리의 진화론 중의 하나이다.

별도설명 9-1 의학 개인 유전체 의학

쌍둥이 Noah Beery와 Alexis Beery가 태어났을 때 뇌성마비(cerebral palsy)를 의심하게 하는 증상을 보였다. 아이들의 부모인 Joe와 Retta는 이후에 행해진 치료에 만족하지 못하고 다섯 살인 아이들을 미시간주의 전문의에게 데리고 갔으며 DOPA-반응성 dystonia로 진단을 다시 받았다. 치료 방법이 고안되어 증상을 성공적으로 억제하였고 아이들이 정상적인 생활을 할 수 있게 하였다. 그러나 Alexis는 12살 때 생명을 다시 위태롭게 하는 심한 기침과 호흡곤란을 겪었다. 이런 상황에서 의사가 아닌 사람들은 Alexis를 다시 살려야만 했다. 증상은 dystonia와 관련된 것처럼 보이지 않았다. Noah가 다음 차례일까? 낙담하기도 하고 깊이 걱정을 하면서 쌍둥이의 부모는 Noah와 Alexis의 완전한 유전체 서열 분석을 하기를 원했다. 다른 사람들에게는 이상하게 보일 수도 있는 이러한 결정이 이 가족에게는 당연한 것이었다. Joe는 많은 DNA-서열 분석 센터에서 사용되는 DNA 서열 결정법을 개발한 Life technologies 사의 chief information officer이었다. Noah와 Alexis의 서열결정은 휴스턴의 Baylor 의과대학 인간 유전체 서열 분석센터에서 이루어졌다. 결과는 결정적이었다. 이 쌍둥이는 DOPA를 만드는 유전자에 결손이 있을 뿐만 아니라 호르몬 중의 하나인 세로토닌(serotonin)의 잠재적 결손도 갖고 있었다. 치료의 방법을 약간 수정하여 Noah의 생명에 치명적인 증상을 겪지 않도록 하였으며 똑같은 치료를 동생인 Alexis에게도 행하였다. 이 2명은 현재 정상적인 생활을 하고 있다.

인간 유전체 서열의 첫 번째 초안이 12년간 30억 달러의 비용을 사용하여 2001년에 완성되었다. 비용은 예상했던 것 보다 크게 감소하였고(그림 1) 새롭게 완성된 인간 유전체 서열들은 이제 아주 흔하게 되었다. 인간 유전체 서열을 천 달러에 분석하는 것이 이제는 가시적인 현실이 되었고 이 기술이 곧 쉽게 사용되리라는 희망을 주고 있다. 사람의 건강에 영향을 주는 대부분의 유전체 서열 변화는 단백질-암호화 유전자에 있을 것이라고 생각되므로 더 싼 대체 방법은 유전체 중에서 약 1%에 해당하는 암호화 부위 유전자, 즉 **엑솜(exome)**만의 서열을 결정하는 것이다.

첫 번째 인간 유전체 서열은 몇 명의 개인들의 DNA 혼합물로부터 유래한 일배체 유전체로부터 얻어졌다. 2004년의 고품질 서열의 완성은 이 서열을 인간 유전체 서열의 참고 서열로 확립하였다. 곧 이어 여러 개인들의 이배체 유전체로부터 인간 유전체 서열이 완성되어 개인들 사이에 유전적 변이가 얼마나 많이 존재하는지를 보여 주었다. 참고 서열과 비교하여 전형적인 사람은 약 350만 개의 SNP(이것들 중 약 60%는 이형으로 2개의 염색체 중에서 하나에만 존재한다)와 수십만 개의 작은 삽입(insertion)과 결손(deletion) 그리고 복제수(copy number)의 변화를 갖고 있다. SNP 중에서 매우 작은 부분(5,000~10,000)만이 유전자에 의해 암호화되는 단백질의 아미노산 서열에 영향을 준다.

이러한 복잡성은 최소한의 짧은 기간에 전체 유전체 서열결정에 의한 성공적인 진단은 법칙이라기보다는 예외에 가깝다는 것을 확신시켜 준다. 그러나 인간 유전체만큼 빠르게 발전하는 분야는 몇 개 되지 않는다. 이 기술이 폭넓게 사용 가능해지고 원인이 되는 유전적 변이를 분석하는 기술들이 발전해 감에 따라 성공적인 사례 수는 급속히 증가하고 있다.

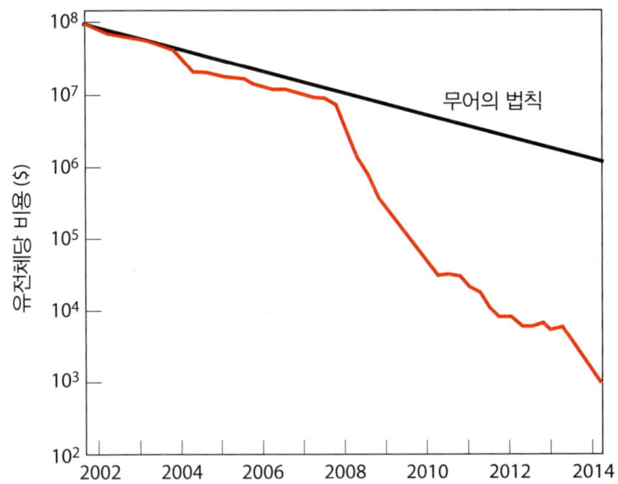

그림 1 2008년 1월 이래, 인간 유전체 서열 분석에 드는 비용은 컴퓨터의 처리 비용 산출 예측보다도 훨씬 빨리 감소하고 있다(무어의 법칙). [출처: Data from the National Human Genome Research Institute.]

주석은 유전체의 설명을 제공한다

유전체 서열은 단순히 A, G, T, C 잔여물의 유전자 서열을 의미하며, 그 서열을 해석하기 전까진 의미가 없다. **유전체 주석**의 과정은 유전자의 위치와 다른 중요한 서열들에 대한 정보를 산출한다. 유전체 주석은 연구자가 사용할 수 있는 정보를 서열로 변환한다. 그리고 그것은 전형적으로 과학 수사의 가장 일반적인 목표인 RNA를 포함한 유전자 재조합 유전자를 포괄하는 유전체 DNA에 초점을 맞추고 있다. 40% 또는 그 이상의 새롭게 발견된 서열의 유전체들은 아직 알려지지 않거나 희소한 유전자들을 포함하고 있다.

비교 유전체를 응용하는 웹 기반 프로그램을 사용하여, 과학자들은 유전자 위치를 정의할 수 있고, 이전에 다른 유전체에서 연구한 유전자와의 유사성을 기초하여 잠정적인 유전자 기능을 생각할 수 있다. 고전적인 BLAST(기초 위치 정렬 조사 프로그램) 알고리즘은 연구원이 탐구하고 있는 모든 유전체 데이터베이스를 빠르게 검색할 수 있게 해 주며, 특히 유전자 조작과 그 기능을 조사하는 데 유용하다. BLAST는 NCBI(국립생명공학정보센터) 사이트(www.ncbi.nlm.nih.gov)에서 사용할 수 있는 많은 자원 중에 하나이고, 국립보건원과 Ensembl 사이트(www.ensembl.org)에서 후원을 받으며 EMBL-EBI(유럽 분자생물학연구소-유럽 생명정보학협회)와 웰컴 트러스트 생어 연구소에서 공동 후원을 받는다.

새롭게 묘사된 유전체 배열은 아직 특성화되지 않은 약 40% 정도의 많은 유전체 단위와 유전자들의 특별한 도전을 의미한다. 이러한 유전체 요소들의 기능을 약화시키는 것은 아마도 수십 년이 걸릴 것이다. 많은 현재의 실험적인 접근법들은 다시 한번 유전자 변형 유전자에 초점을 맞추고 있다. 유전자가 비활성화되거나 유기체가 비활성화되었을 때 유기체의 다른 성질의 변화는 유전자의 단백질 제품의 표현 기능에 관한 정보를 제공한다. 맥주효모균 과 애기장대 식물들을 포함하는 여러 개의 유전체를 위해 유전자를 불활성시키는 모음이 유전 공학에 의해 개발되었다. 유기체의 모음의 클론 각각은 다른 불활성화 유전자를 가지고 있으며, 그 유기체의 상당수의 유전자들(생명이 매 순간 필요한 핵심 유전자를 제외하고)은 불활성 세트에 포함되어 있다. 효모와 같은 단세포 유기체들의 경우, 이러한 모음에 포함된다. 생쥐와 같은 복잡한 다세포 동물의 경우, 한 번에 하나의 돌연변이를 연구하는 여러 많은 연구 그룹에 의해서 오랜 시간에 걸쳐서 만들어진다.

인간 유전체는 유전자들과 다른 형태의 많은 서열들을 포함하고 있다

빠르게 증가하고 있는 데이터베이스는 생화학의 전반적인 영역뿐만 아니라 우리 스스로 생각했던 모든 방향을 변화시키기에 충분하다. 유전체 정보는 현재에도 계속 축적되고 있다. 우리 자신의 유전체는 무엇을 갖고 있으며 다른 생명체와의 비교를 통해 무엇을 알 수 있게 하는가?

어떤 면에서 우리는 처음에 상상했던 것처럼 복잡하지는 않다. 3.2 × 10^9 염기쌍 길이의 인간 유전체 안에 대략 100,000개의 유전자가 있을 것이라는 수십 년 동안의 추측은 우리가 단지 25,000개의 단백질 암호 유전자만을 갖고 있다는 발견으로 대치되었다. 이러한 개수는 초파리(13,600)의 두 배가 되지 않으며 선충류(20,000)와 큰 차이가 나지 않고 쌀(38,000)보다는 적다.

그러나 다른 측면으로 우리는 우리가 알고 있었던 것보다 훨씬 더 복잡하다. 진핵 염색체 구조와 서열의 연구는, 대부분이 아니라면, 많은 진핵 유전자들이 폴리펩타이드 산물의 아미노산 서열을 암호화하지 않는 끼어들어간(intervening) DNA 조각들을 포함하고 있다는 것을 알게 해 주었다. 이러한 번역되지 않는 삽입 서열들은 유전자의 뉴클레오타이드 서열과 암호화된 폴리펩타이드의 아미노산 서열 간의 일직선적 대응 관계를 깨뜨린다. 이러한 비번역 DNA 조각들을 개재 서열(intervening sequences) 또는 **인트론(introns)**이라고 하고 암호화 조각들을 **엑손(exons)**이라고 한다(**그림 9-26**). 세균 유전자들은 인트론을 거의 포함하지 않는다. 인트론들은 일차 RNA 전사체로부터 제거되고 엑손들이 잘라 이어져서 전사체를 형성하고, 이 전사체는 연속적인 번역을 통하여 단백질 산물을 형성한다(제26장 참조). 엑손은 자주(그러나 항상은 아니다) 단일 영역의 더 크고 여러 영역의 단백질을 암호화한다. 유전자 발현과 RNA 잘라잇기의 또 다른 방법은 엑손의 다양한 조합의 생산을 허용하여 단일 유전자에서 한 가지 이상의 단백질이 합성되도록 유도한다. 사람은 많은 형태의 단백질 영역을 식물, 원충과 파리와 공유하지만 우리는 더 복잡한 조합으로 사용하여 더 복잡한 단백질을 만든다. 유전자 발현과 RNA 스플라이싱의 대표적인 방식은 하나의 유전자로부터 하나 이상의 단백질이 생성될 수 있게 만들어 주는 엑손의 조합을 허용하는 것이다.

포유류와 몇 가지 다른 진핵세포들에서 전형적인 유전자는 엑손 DNA보다 훨씬 더 높은 비율의 인트론 DNA를 갖고 있다;

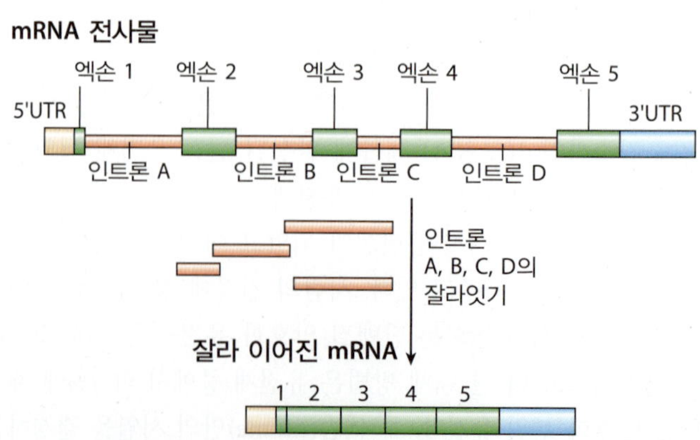

그림 9-26 인트론과 엑손. 이 유전자 전사물은 5′와 3′ 비번역 부위(5′UTR, 3′UTR)와 함께 5개의 엑손과 4개의 인트론을 포함한다. 잘라잇기(splicing)는 인트론을 제거하여 단백질로 번역되는 mRNA 산물을 만든다.

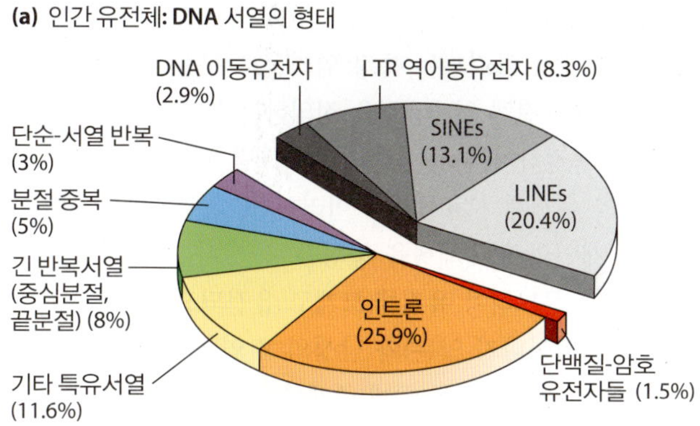

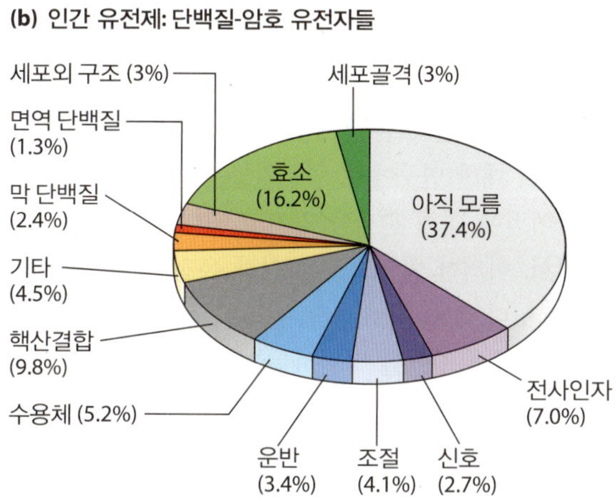

그림 9-27 인간 유전체의 스냅 사진. **(a)** 이 파이 도형은 우리의 유전체에서 다양한 서열들의 비율을 보여 준다. 전체 유전자 DNA의 거의 절반을 나타내는 전위 유전단위의 반은 회색 음영으로 표시되어 있다. LTR 역이동유전자는 긴 말단 반복서열을 가진 역이동유전자를 말한다(그림 26-36 참조). 긴 조각 핵 요소들과 단편적인 핵 요소들은 특히 흔한 DNA 이동유전자들의 특별한 종이다. **(b)** 인간 유전체 안에서 대략 25,000 단백질-암호 유전자들이 단백질 산물들의 형태에 따라 분류될 수 있다. [출처 : (a) Data from T. R. Gregory, *Nature Rev. Genent.* 6:699, 2005. (b) Data from http://pantherdb.org.]

대부분의 경우에서 인트론의 기능은 확실하지 않다. 인간 DNA의 단지 1.5%만이 단백질 산물에 대한 정보를 함유하고 있는 "암호화(coding)" 또는 엑손 DNA이다(**그림 9-27a**). 그러나 훨씬 더 큰 인트론들을 포함시키면 인간 유전체의 30% 정도가 유전자로 구성되어 있는 것이다. 기능에 따라서 단백질-암호화 유전자들을 분류하는 노력들이 진행되고 있다(그림 9-29b).

인간 유전체에서 유전자들이 상대적으로 적은 부위를 차지한다는 사실은 DNA의 많은 부분을 설명하지 못한 채로 남겨 놓았다. 비유전자 DNA의 많은 부분은 여러 종류의 반복서열의 형태로 존재한다. 아마도 가장 놀라운 것은 대략 인간 유전자의 절반 정도가 이동 요소(transposable elements)로부터 유래한 중증도로 반복되는 서열이다. 이동 요소는 수백에서 수천 염기쌍 길이의 DNA 조각으로 유전체의 한 곳에서부터 다른 곳으로 이동할 수 있다. Barbara McClintock에 의해서 처음 발견된 이동 요소 또는 **이동유전자(transposons)**는 일종의 분자기생충이다. 이것들은 효율적으로 그리고 대개는 수동적으로 거의 모든 생명체의 유전체에 기생한다. 많은 이동유전자들은 제25장에 더 자세히 기술된 바와 같이 전위(transposition) 과정 자체를 촉매하는 단백질들을 암호화하는 유전자들을 포함하고 있다. 인간 유전체에는 몇 가지 종류의 이동유전자가 있다. 복제의 결과로 많은 수가 증가되어 생성된 정확한 DNA 조각들은 이항 작용을 동시에 일으킨다. 리트랜스포존(retransposons)들은 DNA에서 RNA로 역전사가 이루어지는 중개를 통해 다른 유전체에 위치한 것으로부터 바뀌는 RNA 종양 바이러스와 관련이 깊다. 어떤 것은 활동적이어서 적은 빈도로 이동을 하지만 대부분은 비활동적이고 돌연변이에 의해 변동된 진화의 흔적들이다. 이동유전자의 움직임은 다른 유전체 시퀀스의 재분배를 유도할 수 있다.

단백질-암호 유전자들(엑손과 인트론을 모두 포함하여)과 이동유전자들이 설명되고 나면 전체 DNA의 대략 25% 정도가 남게 된다. 인간 유전체 프로젝트에 대한 후속 조치로서, ENCODE 계획이 2003년 인간 유전체의 기능적 요소를 규명하기 위해 미국 국립유전체 연구소에 의해 발족되었다. 세계적인 컨소시엄 지도 아래의 연구 단체들이 참여한 연구단의 연구가 공개되었다. 그 연구는 인간 유전체에 있는 DNA의 대부분은 적어도 하나 이상의 세포 또는 조직 형태로 RNA에 넣어지거나 염색질 구조의 기능적 측면에 관여하고 있다는 결과를 보여준다(80% 이상, 대부분 트렌스포존 포함). 나머지 20%에 해당하는 유전자 재조합 DNA는 2만 개의 단백질 암호화 유전자와 다수의 추가 유전자 암호화 기능의 발현에 영향을 미치는 규제 요소를 포함하고 있다. 인간의 유전병과 관련된 많은 돌연변이들은 한 개 이상의 유전자에 영향을 미친다. 제26장과 27장에서 설명한 바와 같이, 새로운 기능성 계층의 새로운 분류는 빠른 속도로 발견되고 있다. 다양한 선별 방법에 의해 식별되는 이 기능들 중 많은 부분은 이전에 존재했던 것으로 추정되는 RNA-암호화 유전자에 의해 생산된다.

인간 유전체의 또 다른 3% 정도는 **단순-서열 반복(simple-sequence repeats, SSR)**이라는 고도로 반복되는 서열로 구성된다. 일반적으로 10 bp보다 작은 길이로 SSR은 세포에서 수백만 번까지 반복되며 인간 세포의 대사에 기능적으로 중요하다. SSR DNA의 가장 특별한 예는 중심분절과 끝분절에서 찾을 수 있다(제24장 참조). 예를 들어, 인간의 생체 해부는 GGTTAG 시퀀스가 2,000개 이상 연속으로 구성되어 있다. 게다가, 단순한 시퀀스의 반복이 유전체 전체에 걸쳐 일어난다. 이러한 분리되어 반복되는 시퀀스들은 반복배열들을 포함하고 있다. 이것을 **단편 직렬 반복 부위(short tandem repeats, STR)**라고 한다. 다양한 선별 방법에 의해 식별되는 이 기능들 중 많은 부분은 이전에 존재했던 것으로 추정되는 RNA-coding 유전자에 의해 생산된다(별도설명 8-1 참조).

이러한 모든 정보들은 우리에게 인간 각 개인들 사이의 유사성과 차이점에 대하여 무엇을 말해 주는가? 인간 집단 안에는 **단**

일 뉴클레오타이드 다형성(single nucleotide polymorphism) 또는 SNPs[스닙스(snips)로 발음됨]라는 수백만 개의 단일-염기 변형이 존재한다. 인간 개개인은 다른 사람과 평균적으로 1,000 bp당 1의 비율로 다르다. 이러한 변형들의 많은 것들이 SNPs의 형태로 존재하지만 더 넓은 범위의 결손, 삽입과 작은 재조합들도 발생한다. 이러한 미묘한 유전적 차이로부터 우리가 알고 있는 머리카락의 색깔, 키, 시력, 알러지, 발 크기와 행동 등과 같은 인간의 다양성이 시작된다.

감수분열 중의 유전적 재조합과 염색체 분배의 과정은 이러한 작은 유전적 변형들을 섞고 짝지어져서 유전자들의 다양한 조합들이 유전된다(제25장 참조). 두 가지의 그러한 유전적 변형들이 다른 염색체에 있을 때, 각 개인들에서 유전되는 특정 변형들은 무작위적 기회의 결과이다. 유전적 변형들이 같은 염색체에 있을 때, 이 변형들이 같이 유전될 가능성은 이 변형들 사이의 거리에 반비례하게 될 것이다. 같은 염색체에 인접하여 존재하는 SNPs와 다른 유전적 차이들의 집단은 재조합에 거의 영향을 받지 않고 대개 함께 유전된다; 이러한 변형들의 그룹을 **일배체형(haplotypes)**라고 한다. 일배체형은 특정 인구 집단과 집단 안에서 특정 개인들에 대한 편리한 표식을 제공한다.

일배체형을 정의하는 데는 몇 단계가 필요하다. 우선, SNPs를 포함하는 위치가 다양한 개인들의 유전체 DNA 시료에서 동정된다(**그림 9-28a**). 각 SNP는 다음 SNP와 수천 염기쌍까지 떨어져 있을 수 있다. 두 번째, 염색체에서 거리가 가까워서 같이 유전되는 SNP들은 일배체형으로 편집된다(그림 9-28b). 각 일배체형은 다양한 SNP 위치에서 발견되는 특정 염기들로 구성된다. 마지막으로 표지(tag) SNP—전체 일배체형을 정의하는 부분적 SNP들—가 각 일배체형을 동정하기 위하여 선택된다(그림 9-28c). 연구자들은 인구 집단들의 유전체 시료들에서 이러한 표지 부위만의 서열을 분석하여 각 개인의 일배체형을 동정할 수 있다. 특히 안정된 일배체형들이 미토콘드리아 유전체(모계로 유전되고 절대로 감수분열 시 재조합이 일어나지 않는)와 남성의 Y 염색체(단지 3%만이 재조합되는 X 염색체와 상동한)에 존재한다.

유전체 서열 분석은 우리 인류에 대해 알게 해 준다

유전체 서열 분석 프로젝트들의 일차적인 목적은 엑손 서열, 조절 부위와 그 외 중심 분절과 끝분절 같은 특징적 유전체 부위와 같은 기능적 중요성이 있는 보존된 유전적 요소들을 동정하는 것이다. 인간 유전체에 대한 연구에서, 연구원들은 인간 유전체와 다른 유기체들의 차이점에 대해 관심을 가지고 있다. 진화론적 이론의 힘에 의존하면서, 이러한 차이점들은 인간 유전병의 분자적인 기초를 드러낼 수 있다. 그들은 유전자, 유전자 변형 그리고 인간 유전체 고유의 유전적 특징들을 식별하는 데 도움을 줄 수 있고 인간의 유전자 특성에 기여할 가능성이 있다.

인간 유전체는 모든 염색체의 큰 부분에 걸쳐 다른 포유류 유전자들과 매우 밀접하게 연관되어 있다. 하지만, 수십억 개의 염기쌍들로 측정된 유전체의 경우, 불과 몇 퍼센트의 차이는 수백만

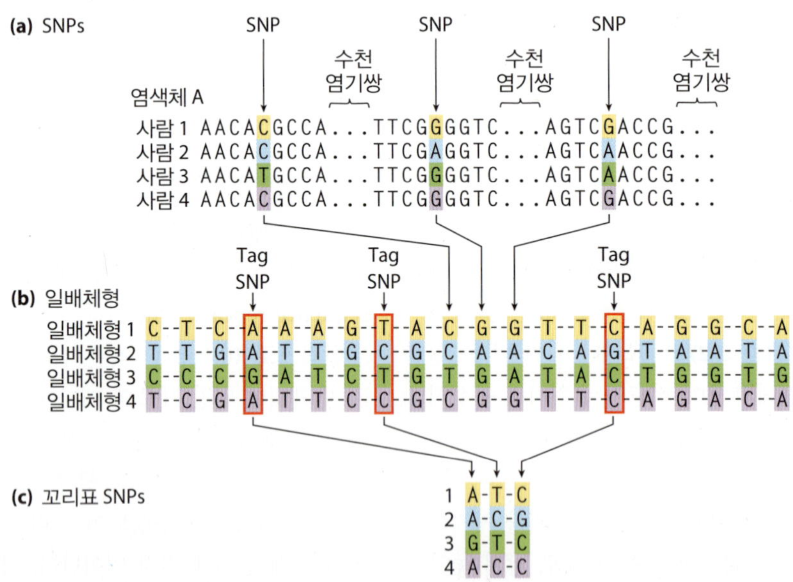

그림 9-28 일배체형의 동정. (a) 인간 유전체에서 단일염기다형성(SNP)의 위치는 유전체 표본에서 확인될 수 있다. 단일염기다형성(SNP)은 알려진 유전자의 일부인지 아닌지에 상관 없이 유전체의 어느 부분이든 존재할 수 있다. (b) 단일염기다형성(SNP) 그룹은 다형성으로 엮는다. 단일염기다형성은 여기에 보여지는 네 개의 가상 개인에서와 같이 전체 인구에 따라 달라진다. 그러나 다형성을 정의하기 위해 선택된 단일염기다형성들은 종종 특정한 개인의 대부분의 것과 동일하다. 몇 개의 하위 단위체(표지 단일염기다형성, 빨간색 선)가 다형성을 결정하는 것으로 선택되어 있으며, 이들은 개인의 기호를 식별하는 과정을 간소화하기 위해 사용된다. (c) 예를 들어, 여기에 표시된 위치가 A-T-C 순으로 배열되어 있는 경우, 유럽 북부 지역에 위치한 인구 1 지역당 1/40이 고유한 모집단의 특성을 지닐 수 있다. 그리고 G-T-C 순으로 배열되어 있는 경우, 아시아에 위치한 인구 1 지역당 1/4이 고유한 모집단의 특성을 지닐 수 있다. 이러한 종류의 다중 경로는 선사 시대의 인간들의 이주를 추적하는 데 사용된다. [출처 : Information from International HapMap Consortium, *Nature* 426:789, 2003, Fig. 1.]

개의 유전자 구별을 더해 줄 수 있다. 이들 중에서 유전체학을 탐구하고, 유전체학을 사용하는 것을 연구하기 위해서, 연구자들은 우리의 거대한 뇌, 언어 능력, 또는 유전자 변형 능력의 분자 기반을 탐구할 수 있다.

우리와 생물학적으로 가장 가까운 침팬지와 보노보(bonobo)의 유전체 서열은 몇 가지 중요한 단서를 제공하고 비교 과정을 예시할 수 있다. 인간과 침팬지들은 약 7백만 년 전에 공통의 조상을 갖고 있다. 두 종 사이의 유전체 차이는 두 가지 형태로 나눠어진다; 염기쌍 변화(SNPs)와 많은 형태의 더 큰 범위의 유전체 재정렬. 단백질-암호화 부위의 SNPs는 종종 아미노산 변화를 초래하여 계통수를 만드는 데 사용될 수 있다(**그림 9-29a**). 진화 과정 동안, 염색체의 분절은 한 쪽 분절의 중복(duplication), 동일 염색체의 다른 팔로 복사본 전위, 및 이들 둘 사이의 재조합의 결과로 역위(inverted)될 수 있다. 또한, 염색체 1번, 12번, 15번 16번 그리고 18번의 융합도 일어난다. 다른 영장류에서 발견되는 두 염색체가 융합되어 하나의 인간 염색체 2번을 형성하였다(그림 9-29b). 즉, 인간 진화 계통은 다른 영장류들의 특징인 24쌍의 염색체가 아니라 23쌍의 염색체를 갖는다. 인류로 진화하는 중에 나타난 융합은 이후에 이러한 융합이 없는 다른 영장류들과의 교배에 대한 주요 장벽으로 작용했었을 것이다.

우리가 염기쌍의 변화를 본다면, 공개된 사람과 침팬지의 유전체는 염기쌍 수준에서 단지 1.23% 만이 다르다(사람과 사람 사이의 0.1%의 차이와 비교). 우리가 사람과 침팬지에서 알려진 다형성의 위치를 또 무시한다면(이것들이 각 종을 정의하는 진화적 변화를 반영하는 것 같지는 않다), 차이는 약 1.06%, 즉 100 bp당 1로 줄어든다. 이러한 작은 백분율은 3,000만 개의 염기쌍 변화로 말할 수 있으며 이들 중 일부는 단백질 기능과 유전자 조절에 영향을 미친다.

사람과 침팬지를 구분하는 유전체 재정렬에는 수천 염기쌍이 관여하는 삽입, 결손, 역위와 중복뿐만이 아니라 단지 몇 개의 염기쌍이 관여하는 5백만 개의 삽입과 결손도 포함된다. 유전체 변동의 주요 원인인 이동유전자 삽입을 포함하면, 사람과 침팬지 유전체 사이의 차이는 증가한다. 침팬지 유전체는 두 종류의 역이동유전자를 가지며 이는 인간 유전체에서는 발견되지 않는다(제26장 참조). 또한 재배열의 또 다른 형태(특히, 분절 복제의 경우)는 영장류에서 공통적으로 나타난다. 염색체 분절의 복제는 이들 분절을 포함하는 유전자들의 발현 변화를 초래할 수 있다. 사람과 침팬지 유전체 사이의 차이는 유전체의 또 다른 3%를 나타내는 약 9,000만 bp로 증가한다. 사실상 각 종들은 단일-뉴클레오타이드 변화보다 더 많은 염기쌍들에 영향을 미치는 염색체 삽입, 중복과 다른 재정렬이 일어난 4,000만에서 4,500만 bp로 구성된 각각의 유전체에 독특한 DNA 조각들을 갖고 있다. 즉, 침팬지와 사람사이의 전체적인 유전체의 차이는 유전체의 약 4%에 해당한다.

사람에게 독특한 특징과 관련이 있는 유전체의 특성을 알아

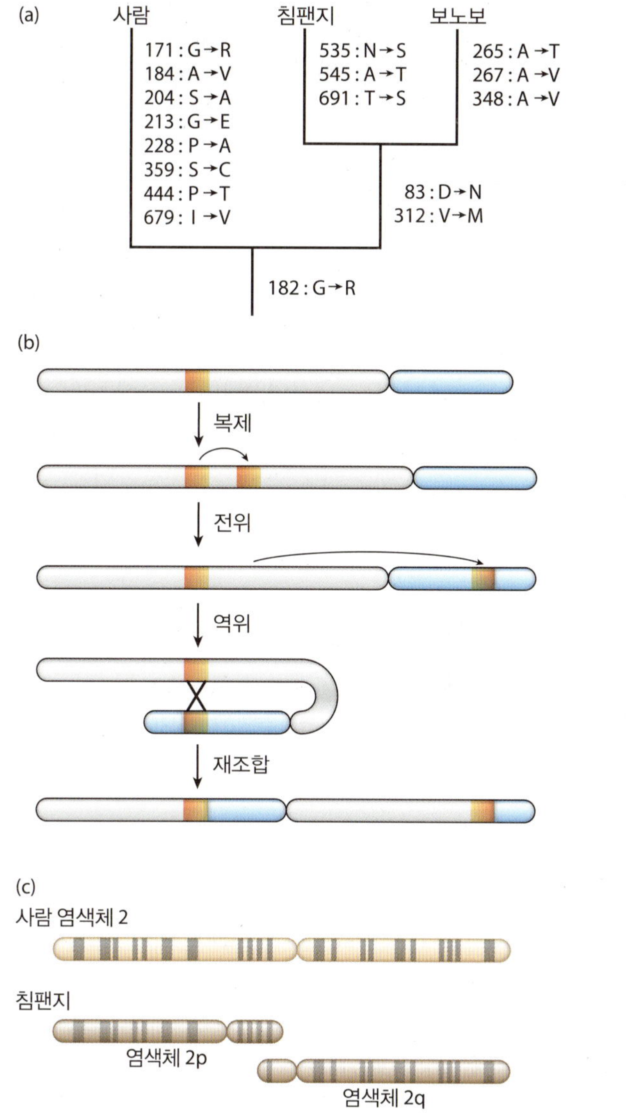

그림 9-29 인간 계열 진화에서의 유전체 변동. **(a)** 이와 같은 영장류의 진화수는 생식 과정에서 많은 일들을 조절하는 프로게스테론에 대한 수용체의 서열로부터 얻어졌다. 유전자가 암호화하는 단백질은 다른 것들 보다 더 많은 진화적 변동을 겪었다. 사람, 침팬지와 보노보에 특유한 아미노산 변화가 목록으로 정리되었다. **(b)** 염색체 부분의 역전을 초래할 수 있는 다단계 과정 중 하나이다. 유전자나 염색체 부분이 복제된 다음, 다른 염색체로 옮겨 간다. 두 부분의 재결합은 그들 사이의 DNA를 역전시킬 수 있다. **(c)** 침팬지 염색체 2p와 2q에 존재하는 유전자들은 사람 염색체 2번의 유전자들과 상동이다. 이는 침팬지에서 사람으로 진화하는 중의 어느 시기에 두 염색체가 하나로 융합되었음을 암시해 주는 것이다. 여기에 표시된 것처럼 특정 염료에 의해 생성된 띠 모양의 띠를 그림과 같이 시각화할 수 있다. [출처: (a) Information from C. Chen, *Mol. Phylogenet. Evol.* 47:637, 2008.]

내는 것은 벅찬 과제이다. 침팬지와 인간의 유사한 조상에서 유사한 진화의 비율을 가정한다면, 침팬지의 절반이 침팬지 혈통을 나타내고 절반은 인간의 혈통을 상징한다. 두 개의 유전자 염기 서열을 **외집단**이라고 부르는 더 먼 종의 연관성과 비교하여, 우리는 공통 조상에 어떤 변이가 있었는지를 알아 낼 수 있다. 사람과 침팬지 유전체 사이가 차이가 있는 로커스(locus) X를 생각해 보자

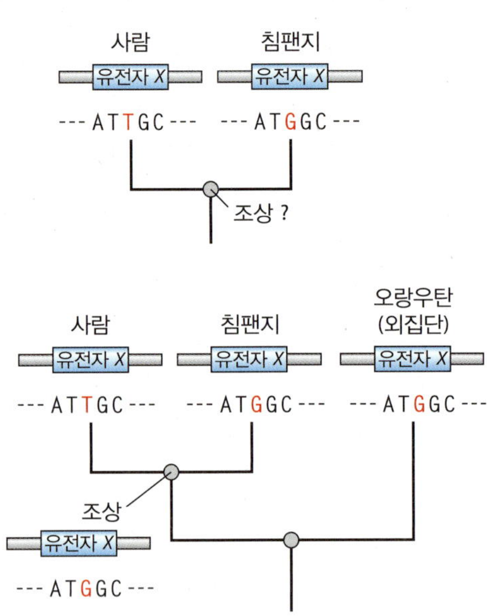

그림 9-30 한 조상 계열에 특유한 서열 변동의 결정. **(a)** 사람과 침팬지에서 동일한 가상적 유전자의 서열이 비교되었다. 마지막 공통의 조상에서 이 유전자의 서열은 알려지지 않았다. **(b)** 오랑우탄 유전체가 외집단으로 사용된다. 오랑우탄 유전자의 서열은 침팬지 유전자의 서열과 동일하다. 이것은 사람과 침팬지 사이의 차이를 일으키는 돌연변이가 현대 사람으로의 계통에서 발생했다는 것이 거의 확실하다는 것과 사람과 침팬지(그리고 오랑우탄)의 공통 조상은 침팬지에서 현재 발견되는 서열을 가졌다는 것은 의미한다.

(그림 9-30). 외집단인 오랑우탄 계열은 침팬지-사람 공통의 조상 이전에 침팬지와 사람으로부터 갈라졌다. 로커스 X의 서열이 오랑우탄과 침팬지에서 동일하다면 이 서열은 아마도 침팬지-인간 조상에서 존재했을 것이고 사람의 서열은 인간 계열에 특이한 것이다. 사람과 오랑우탄에서 동일한 서열은 인간-특이 유전체 특징에서 제외될 수 있다. 밀접하게 관련된 외집단들과의 비교의 중요성은 오라우탄, 짧은꼬리원숭이(macaques)와 그 외 많은 영장류들의 유전체 서열 결정에 새로운 노력들을 기울이도록 하였다. 인간과 인간에 대한 특별한 의미를 지닌 유전자 분석과 유전자 변형의 분석을 인간과 비교하는 것은 인간과 인간의 유전자 분석을 능가한다.

사람의 뛰어난 뇌 기능과 같은 특별한 특징들의 유전학적 토대에 대한 탐구는 두 가지 보완적인 접근법으로부터 도움을 얻을 수 있다. 첫 번째는 다른 영장류들로부터 엄청난 차이를 보이는 유전체 부분을 찾는 것이다. 이것에는 다수의 유전자 중복 또는 다른 영장류에서는 볼 수 없는 큰 유전체 조각의 첨가가 포함된다. 두 번째는 사람과 관련된 여러 상황들에 관여하는 것으로 알려진 유전자들을 찾는 것이다. 뇌 기능을 예로 든다면, 돌연변이가 되었을 때 인지나 다른 정신적 장애에 기여하는 유전자들을 찾으려고 할 것이다.

특정한 유전자 변형 변화는 때때로 특정한 유전자나 지역에 집중되어 있어 이러한 유전자나 지역이 특별한 인간의 특성에 대한 역할을 담당했다는 것을 암시한다. 원칙적으로, 생물학적 특징들은 유전자 변형 유전자의 변화, 또는 규제 과정에서 변화를 반영할 수 있다. 몇몇 종의 단백질 암호화 유전자들은 가속화된 발산의 증거를 보여 준다(대부분의 다른 유전자들 보다 많은 아미노산이 존재한다). 이것들은 화학감각 인식, 면역 기능, 생식 기능에 관여하는 유전자를 포함한다. 이러한 경우에, 모든 영장류들에게 중요한 생리학적 기능들을 반영하는 급속한 진화 과정은 명백하다. 가속화된 진화의 증거를 보여 주는 또 다른 부류의 유전자는 다른 유전자 발현에 관여하는 암호화된 전사들이다(제26장 참조).

주목할 것은 사람의 계통 분석은 아직까지 뇌의 발달 또는 크기에 관여하는 단백질-암호 유전자들의 유전적 변화를 많이 찾지 못했다는 것이다. 영장류의 뇌에서 특유하게 기능하는 대부분의 유전자들은 다른 조직에서 기능하는 유전자들보다 훨씬 더 잘 보존되어 있다. 그러나 유전자 발현에서의 차이가 일부에서 관찰되고 있다. 유전자 조절과 관련된 유전체 구역에서의 변화를 분석하면 신경 발달과 영양에 관여하는 유전자들이 주로 영향을 받는다. 다양한 RNA-암호 유전자들도 가속화된 진화의 증거를 보여주며 이것들 중에서 일부의 발현은 뇌에 집중되어 있다**(그림 9-31)**. 발견되고 있는 많은 새로운 부류의 RNA들(제26장 참조)은 진화가 생명 시스템의 작동을 어떻게 변화시켰는지에 대한 우리의 시각을 급진적으로 변화시키려고 하는 것 같다. 어떤 유전자들이 발현이 되는지가 언제, 어디서 그리고 얼마나 많이 발현되는지 만큼이나 중요하지 않을 것이라는 것이 점점 확실해지고 있다.

유전체 비교가 질환에 관여하는 유전자들의 위치를 알아내는 데 도움을 준다

인간 유전체 프로젝트의 동기 중 하나는 유전자 기반의 유전 질환의 발견을 가속화할 수 있는 잠재력이었다. 그러한 약속이 실현되었다: 유전 질환과 관련된 인간 변이 기형인 4,500명 이상의 인간 돌연변이들이 특정 유전자에 매핑되어 있다. 일부 질병 유전자 연구자들은 지금까지 이러한 작업이 비교적 쉬운 사례들을 발견했을 뿐이며, 아직도 많은 도전들이 남아 있다고 경고한다.

지난 두 차례의 **접근법**은 연결 분석을 사용하지만 진화생물학에서 파생된 또 다른 접근 방법을 사용한다. 간단히 말해서, 질병 상태에 연관된 유전자는 인간 유전체 전체에 걸쳐 일어나는 유전자 변형 신경 교종에 비례하여 매핑된다. 우리는 알츠하이머병과 관련된 하나의 유전자를 찾는 과정을 예로 들어 설명할 수 있다. 미국에서 발생하는 이 질환의 약 10% 정도는 유전적 소인의 결과로 발생한다. 돌연변이가 되면 조기 발병 알츠하이머병(early onset of Alzheimer disease)을 일으킬 수 있는 몇 가지의 다양한 유전자들이 발견되었다. 그런 유전자들 중 하나인 PSI은 프리세닐린(presenilin)-1 단백질을 암호화하며 이의 발견은 연관분석을 활발

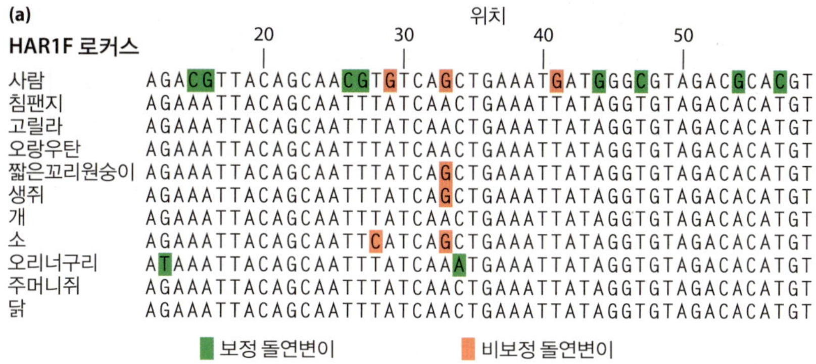

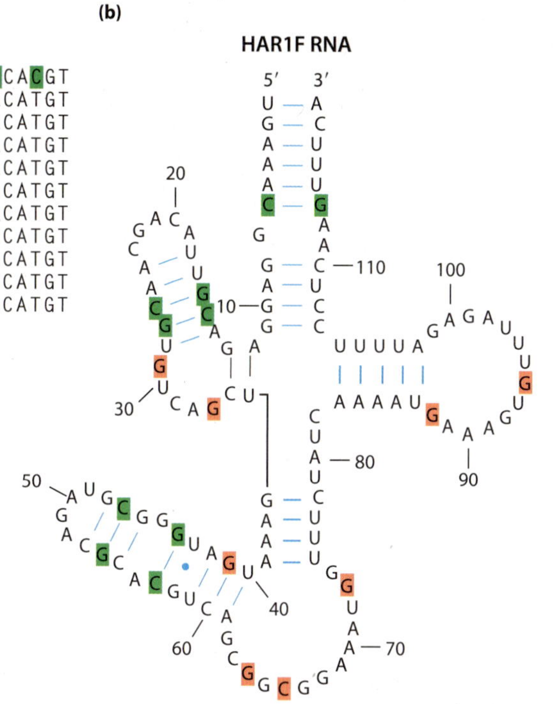

그림 9-31 일부 인간 유전자들의 가속화된 진화. (a) HAR1F 로커스는 척추동물에서 매우 잘 보존된 비암호화(noncoding) RNA를 지정한다. 사람에서 HAR1F 유전자는 특이한 숫자의 돌연변이(분홍색 음영)들을 나타내어 진화가 가속화되었다는 증거를 제시한다. (b) HAR1F RNA의 이차 구조는 여러 쌍의 고리를 가지고 있다. 음영 처리된 녹색 구조의 많은 변화들은 이 RNA 보조 구조의 맥락에서 보상된다. 루프의 한쪽 면에 대한 변경은 루프의 다른 쪽과 적절한 기초 짝짓기를 허용하는 보정 변경에 의해 미러링된다. 비보정 변화는 빨간색으로 음영처리된 부분이다. [출처: Information from T. Marques-Bonet, *Annu. Rev. Genomics Hum. Genet.* 10:355, 2009.]

하게 사용하도록 하였다. 이 조사는 특정 질병, 특히 치매에 의해 영향을 받는 많은 사람들을 가진 대가족으로부터 시작된다. 1900년대 초반에 이 유전자를 찾는 데에 사용된 많은 가족들 중 두 명이 **그림 9-32a**에 나타나 있다. 이러한 유형의 연구에서, DNA 시료는 영향 받은 가족 구성원과 영향 받지 않는 가족 구성원 모두로부터 수집된다. 연구원들은 특히 가까운 가족 구성원을 중점적으로 질병이 있거나 없는 군을 비교해 가며 질병과 연관된 유전자의 특정 지역을 조사한다. 특별히 비교한 것은 인간 유전체 프로젝트에 밝혀진 각 염색체의 SNP 위치를 특징지어 지도화한 것이다. 질병의 원인이 되는 유전자를 자주 규명하는 SNP들을 밝혀내면서, 연구자들은 점차적으로 DNA를 단일 염색체로 중성화할 수 있다. *PS1* 유전자의 경우, 공동유전은 14번 염색체에 있는 마커에서 가장 강했다(그림 9-32b).

염색체는 매우 큰 DNA 분자이며 염색체 하나에 유전자를 해독하는 것은 단지 전투의 일부분일 뿐이다. 사람의 염색체에는 질병을 일으키는 돌연변이가 있지만, 모든 개개의 인간 유전체에는 수천 개의 SNP와 다른 변화들이 있다. 간단히 말해서 염색체 전체를 분해하는 것은 그 질병과 연관된 다른 변화나 다른 변화를 드러내지 않을 것이다. 대신에, 연구자들은 그 질병의 발생과 더 밀접한 간격을 두고 관심 염색체에서 발생하는 것으로 알려진 다형성의 조밀한 패널에 초점을 맞추며 부수적이고 밀접한 연관성을 지닌 통계학적 방법에 의존한다. 표지자가 질환유전자에 더 근접하여 위치할수록, 질환 유전자와 함께 유전될 가능성이 높을 것이다. 이러한 과정은 유전자를 포함하는 염색체의 부위를 지시할 수 있다. 알츠하이머병의 예에서, 연관 분석은 질환-유발 유전자는 D14S43이란 SNP 로커스에 가까운 어딘가에 있을 것이라는 것을 알려 주었다(그림 9-32c).

질환 유전자를 찾는 마지막 단계들은 인간 유전체 자료은행을 다시 사용한다. 이 유전자를 포함하는 국소적인 부위가 사용되고 이 안의 유전자가 동정되게 된다. 환자와 정상인을 포함하여 많은 개인들로부터 얻은 DNA를 이 부위에 걸쳐서 서열 결정을 한다. 이 과정은 점점 더 많은 사람들을 분석함으로써 환자에서는 항상 존재하고 정상인에서는 존재하지 않는 유전자 변형들을 동정하게 된다. 이러한 탐색은 특정 대사 경로들이 다른 경로들 보다 더 질환 상태를 유발할 가능성이 높기 때문에 표적 부위 유전자들의 기능을 이해함으로써 도움을 받을 수 있다. 1995년에 알츠하이머병과 관련이 있는 염색체 14번의 *S182*란 유전자가 동정되었다. 이 유전자의 산물은 프리세닐린(presenilin)-1이라 명명되었고 유전자는 곧 *PS1*으로 다시 명명되었다.

많은 인간 유전병은 단일 유전자의 돌연변이 혹은 그 규칙과 관련된 순서에 의해 야기된다. 동일하거나 관련된 유전 질환을 유발하는 특정 유전자의 여러 가지 변종이 인간 모집단에 존재할 수 있다. 예를 들어, *PS1*들의 변형이 일어나고 있는데, 이것은 모두 치매의 초기 증상의 위험성을 증가시킬 수 있는 것이다. 또 다른 극단적인 예로는 1,000여 종 이상의 알려지지 않은 변종들이 인구에 존재한다. 이 변종들 중 몇몇은 무해한 것들이다; 몇몇은 낫 모양 적혈구빈혈증에서부터 지중해빈혈까지 다양한 질병들을 일으킨다.

더욱 복잡한 경우는 2개의 다른 유전자에 존재하는 돌연변이(각각의 단독으로는 질환을 일으키지 않는다)에 의해 발생하거나 특정한 상황이 다른 유전자의 유의하지 않은(단독 발생시 해가 없

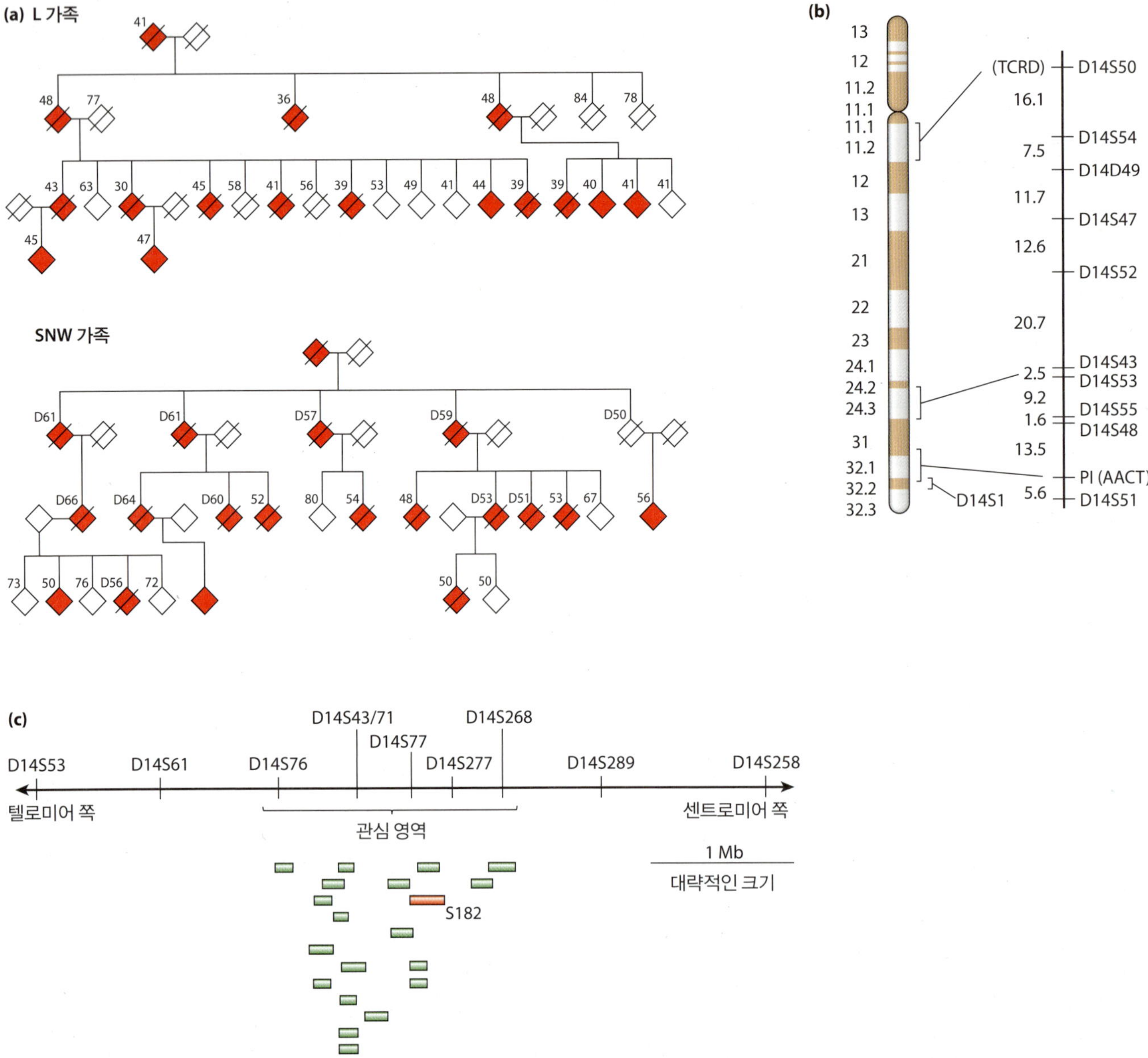

그림 9-32 질환유전자 발견을 위한 연관분석. **(a)** 조기-발병 알츠하이머병에 걸린 두 가족에 대한 가계도는 연구하는 시기에 사용가능한 데이터에 기초하고 있다. 빨간색 기호는 질병에 걸린 개인을 표시하고 사선은 연구시작 전이나 후에 사망한 것을 나타낸다. 각 기호 위의 숫자는 연구할 때 또는 사망할(D와 함께 표시) 때 사람의 나이를 나타낸다. 가족의 사생활을 보호하기 위하여 성별은 표시되지 않았다. **(b)** 염색시약으로 밴드가 형성된 염색체 14. 염색체 표지자의 위치는 오른쪽에 재조합의 빈도를 반영하는 센티모건(centimorgan) 단위의 유전적 거리와 함께 나타나 있다. TCRD[T-세포 수용체 델타(T-cell receptor delta)]와 PI[AACT, α1-안티카이모트립신(α1-antichymotrypsin)]은 인구집단에서 변동이 되어 있어 염색체 매핑(mapping)에서 SNP와 함께 표지자로 사용된 유전자들이다. **(c)** 환자와 정상인의 DNA를 비교하여 결국 19개의 유전자들을 포함하는 관심 영역이 D14S43 근처에서 정해졌다. *S182*로 표지된 유전자는 프리세닐린(presenilin)-1을 암호화한다. [출처: (a,b) Information from G. D. Schellenberg et al., Science 258:668, 1992. (3) Information from R. Sherrington et al., *Nature* 375:754, 1995.]

는) 돌연변이에 의하여 위중해질 때이다. 그러한 이중 유전자 질환을 일으키는 유전자와 돌연변이를 동정하는 것은 매우 어렵고 때로는 작고, 지역적으로 동떨어진 근친교배의 비율이 높은 인구집단에서만 발견되기도 한다.

유전체 자료은행들은 특히 질환에 대한 생화학적 정보가 알려졌을 때 질환 유전자들을 동정하는 또 다른 경로를 개척하였다. 알츠하이머병의 경우에서 아밀로이드 β-단백질의 변연부(limbic)와 대뇌의 연합 피질(association cortex)에서의 축적은 최소한 증상의 발현을 담당한다. 프리세닐린-1(과 염색체 1번에 있는 유전자에 의해 암호화된 관련 단백질인 프리세닐린-2)의 결합은 아밀로이드 β-단백질의 피질에서의 농도 상승을 유도한다. 유전자의 단백질 산물에 대한 기능적 정보와 단백질-상호작용 그물망, SNP 위치에 집중적인 자료들과 다른 자료들이 특정 질환 발병에 대한 후보 유전자 동정의 능률적이고도 간소한 경로를 제공한다. 질환에 기여할 것으로 생각되는 효소 또는 다른 단백질들에 대하여 어느 정도의 지식을 갖고 있는 연구자는 이러한 자료은행을 사용하여 관련된 기능을 수행하는 단백질들을 암호화하는 것으로 알려진 유전자들의 목록, 부가적으로 이 목록에 속한 유전자들에 대한 기능은 모르지만 상동성 유전자들에 대한 목록, 표적 단백질 또는 다른 생명체의 상동 단백질과 상호작용하는 것으로 알려진 단백질들의 목록과 유전자 위치에 대한 지도를 만들 수 있다. 선택된 가계도의 자료로부터 잠재적으로 관련성이 있는 유전자들의 짧은 목록이 빠르게 결정되기도 한다.

이러한 접근법들은 인간 질환에만 국한되지 않는다. 똑 같은 방법들이 다른 동물과 식물에서 질환을 일으키거나 또는 원하는 특성들을 만드는 유전자들을 동정하는 데 사용될 수 있다. 물론, 그들은 또한 연구원들이 관심을 가질 수 있는 관찰 가능한 특성에 연관된 유전자를 추적하는 데 사용될 수 있다. ■

유전체 서열들은 우리의 과거에 대한 정보와 미래에 대한 기회를 제공한다

약 70,000년 전에 아프리카의 작은 집단이 홍해를 건너 아시아로 향하는 길을 찾았다. 아마도 작은 배를 건조할 수 있는 기술의 발전으로 용기를 얻거나 전쟁 또는 기아로부터 탈출하기 위하여 또는 단순한 호기심에 의하여 그들은 물이라는 장벽을 건넜을 것이다. 그 첫 번째 이주에는 1,000명 정도가 참여하고 수천 년 후에 Tierra del Fuego(남아메리카의 남단에 위치)에 도착할 때까지 멈추지 않았다. 이 과정에서 호모 네안데르탈인(*Homo neanderthalensis*)을 포함하여 이전 인류의 조상(hominid)들의 유라시아(Eurasia)로의 확장은 대체되었다. 호모 에렉투스(homo erectus)와 다른 인류의 조상들이 네안데르탈인이 나타나기 전에 사라졌던 것처럼 네안데르탈인도 사라졌다.

어떻게 현대의 사람이 수십만 년 전에 처음으로 아프리카에 출현하게 되었는지와 그들이 결국에는 아프리카로부터 이주하게 된 이야기는 우리들의 DNA에 적혀 있다. 여러 종족들의 유전체 서열을 사용하여 영장류와 인류의 조상의 진화가 더 날카로운 초점에 들어오게 되었다. 현존하는 인류에 존재하는 일배체형을 사용하여 우리는 조상들의 대담한 이주의 경로를 찾을 수 있다(**그림 9-33a**). 네안데르탈인들은 단순히 대체되지 않았다. 다른 종족과의 혼합이 일어났다(그림 9-33b). 예민한 PCR-기반 방법들을 사용하여 네안데르탈인 유전체의 서열이 거의 완전하게 해독되었다(별도설명 9-2). 비-아프리카인들 유전체의 약 5% 정도는 네안데르탈인들로부터 유래하였다. 일부 인구집단들은 최근에 발견된 또 다른 종족인 데니소반(Denisovans)으로부터도 유전체 DNA를 획득하였다. 네안데르탈 DNA는 인간에게 더 복잡한 면역계를 갖게 해서 우리들이 감염에 더 저항할 수 있게 해줬을 뿐만 아니라 자가면역

별도설명 9-2 인류의 가까운 미래에 대해 알게 되었다

현존하는 인류와 네안데르탈인들은 최근 30,000년 전까지 유럽과 아시아에서 공존하였다. 인간과 네안데르탈인의 조상은 해부학적으로 현대의 인간이 출현하기 전인 370,000년 전에 갈라졌다. 네안데르탈인들은 도구를 사용하였으며 작은 집단을 이루어 살았고 시체를 매장하였다. 현대의 인간과 관계있는 것으로 알려진 인류의 조상, 호미니드(hominid) 중에서 네안데르탈인이 가장 가깝다. 수십만 년 동안 그들은 유럽과 서아시아의 넓은 지역에서 거주하였다(그림 1). 인간이 무엇인가가라는 질문에 대한 답을 침팬지 유전체가 어느 정도 말해줄 수 있다면 네안데르탈인의 유전체는 아마도 더 많은 것을 말해 줄 수 있을 것이다. 무덤에서 채취된 뼈와 그 외 유물들에 네안데르탈인의 유전체 DNA의 조각들이 묻혀있다. 법의학적 이용을 위해 개발된 기술(별도설명 8-1 참조)들과 고대 DNA 연구들이 합하여

(다음 페이지에 계속)

그림 1 네안데르탈인들은 30,000년 전까지 유럽과 서부 아시아의 대부분을 차지하였다. 주요 네안데르탈인들의 고고학적 지역들을 여기서 보여 주고 있다(독일의 네안데르탈 지역으로 이 집단의 이름이 붙여지게 되었다).

별도설명 9-2 인류의 가까운 미래에 대해 알게 되었다 (계속)

네안데르탈 유전체 프로젝트가 시작되었다.

이 노력은 현재 살아 있는 종들에 대한 유전체 프로젝트와는 다르다. 네안데르탈 DNA는 적은 양으로 존재하고 다른 동물들과 세균들의 DNA가 혼합되어 있다. 네안데르탈 DNA를 어떻게 얻을 것이며 분석된 DNA 서열이 네안데르탈인의 것이라고 어떻게 확신할 수 있을까? 해답은 생명공학의 혁신적인 응용에 의하여 얻어졌다. 본질적으로 네안데르탈인의 뼈와 다른 유물에서 발견되는 작은 양의 DNA 조각들이 라이브러리로 클로닝되고 클로닝된 DNA는 다른 오염물들과 함께 모두 무작위로 서열이 분석된다. 서열 분석 결과는 알려진 인간 유전체와 침팬지 유전체 자료은행과 비교된다. 네안데르탈 DNA에서 유래된 조각들은 사람과 침팬지 DNA와 밀접하게 관련된 서열을 갖고 있어 세균이나 곤충의 DNA 조각들과 컴퓨터 분석에 의하여 쉽게 구분된다. 네안데르탈 DNA 조각들이 모두 서열 결정되면 고대의 시료들에서 이러한 조각들과 중복되는 서열 조각들을 찾는 데 사용될 수 있다. 밀접한 관련이 있는 현대의 인간 DNA의 오염은 미토콘드리아 DNA를 조사하여 해결될 수 있다. 인구 집단들은 미토콘드리아에 즉시 동정이 가능한 일배체형을 갖고 있고(유전체 차이를 구분하는 세트, 그림 9-28 참조), 네안데르탈 시료의 분석은 네안데르탈 미토콘드리아 DNA도 특징적인 일배체형을 갖고 있음을 보여 주었다. 네안데르탈 시료에서 사람 자료은행에는 없지만 침팬지 자료은행에 있는 염기쌍의 차이가 일부 존재하는 것은 사람이 아닌 호미니드(non-human hominid) 서열이 발견된다는 더 중요한 증거이다.

이러한 도전적인 시도들은 가시적이 되었다. 2009년 초에 발표된 네안데르탈 유전체 서열의 초안은 유전체 서열의 약 60% 이상을 포함하고 있다. 단지 얼마의 시간이 지나면 전체 서열이 결정될 것이다. 자료는 현대의 사람들과 네안데르탈인들이 약 700,000년 전에 공통의 조상을 갖고 있다는 것에 대한 증거를 제공한다(그림 2). 미토콘드리아 DNA 분석은 이 두 집단이 같은 경로로 지내왔고 약 300,000년 이상의 기간 동안 유전자의 이동이 있었다는 것을 시사한다. 이후에 두 계통 간에 약간의 혼합이 있었다는 증거가 있기는 하지만 해부학적으로 현대의 사람들이 출현하면서 두 계통으로 분리가 되었다.

다양한 유물들로부터 얻어진 네안데르탈 DNA의 확장된 라이브러리들은 결국에 네안데르탈인들의 유전적 다양성과 아마도 네안데르탈인들의 이동의 분석을 가능하게 하여 호미니드의 과거에 대한 흥미로운 시각을 제공할 것이다.

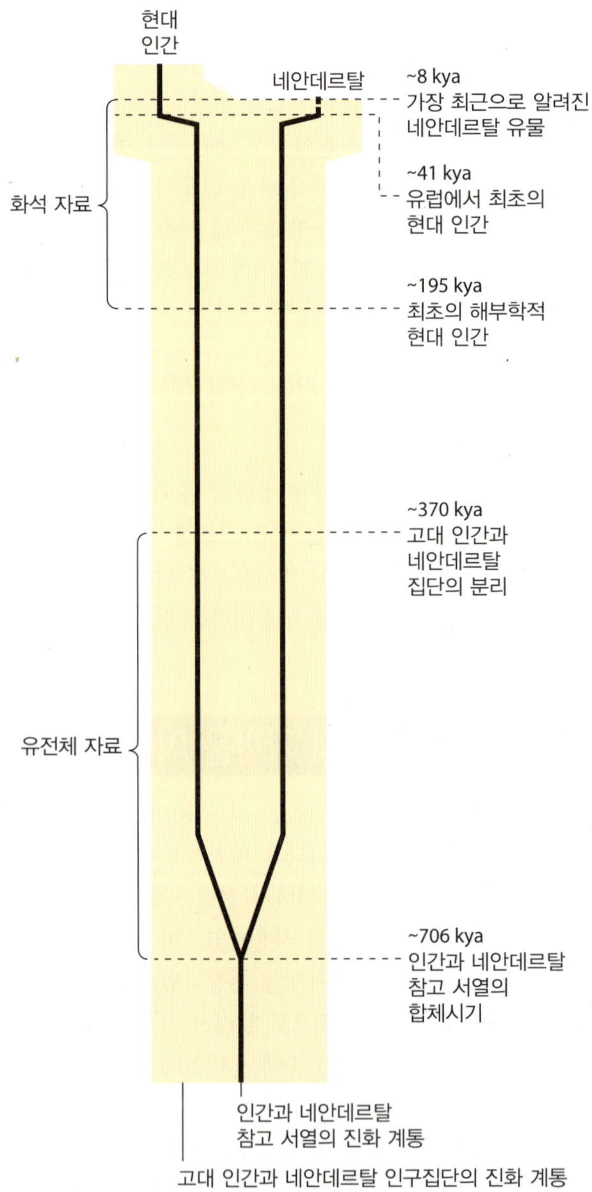

그림 2 이 그림은 사람과 네안데르탈(검정선) 유전체 서열의 분리와 고대 사람과 네안데르탈 집단(노란색 음영)의 분리를 보여 주고 있다. 유전체 자료는 약 45,000년 전까지 인구집단들의 혼합이 약간 있었다는 증거를 제공한다. [출처: Information from J. P. Noonan et al., *Science* 314:1113, 2006.]

질환에는 좀 더 민감해지게 하였다. 우리의 과거 이야기는 오늘날에 살고 있고 또한 과거 수천 년 동안 살았던 인간 유전체가 점점 더 조립되어감에 따라 형태를 갖추었다.

유전질환들의 원인이 되는 유전자들이 더 많이 밝혀짐에 따라 개인의 유전체 서열에 대한 의학적 전망이 커지고 있다. 유전체 서열에 대한 지식은 또한 그것들의 변동에 대한 전망을 제공하고 있다. 연구와 상업적인 목적을 위하여 세균과 효모에서부터 식물과 포유류에 이르기까지 생명체들의 DNA 서열들을 재단하는

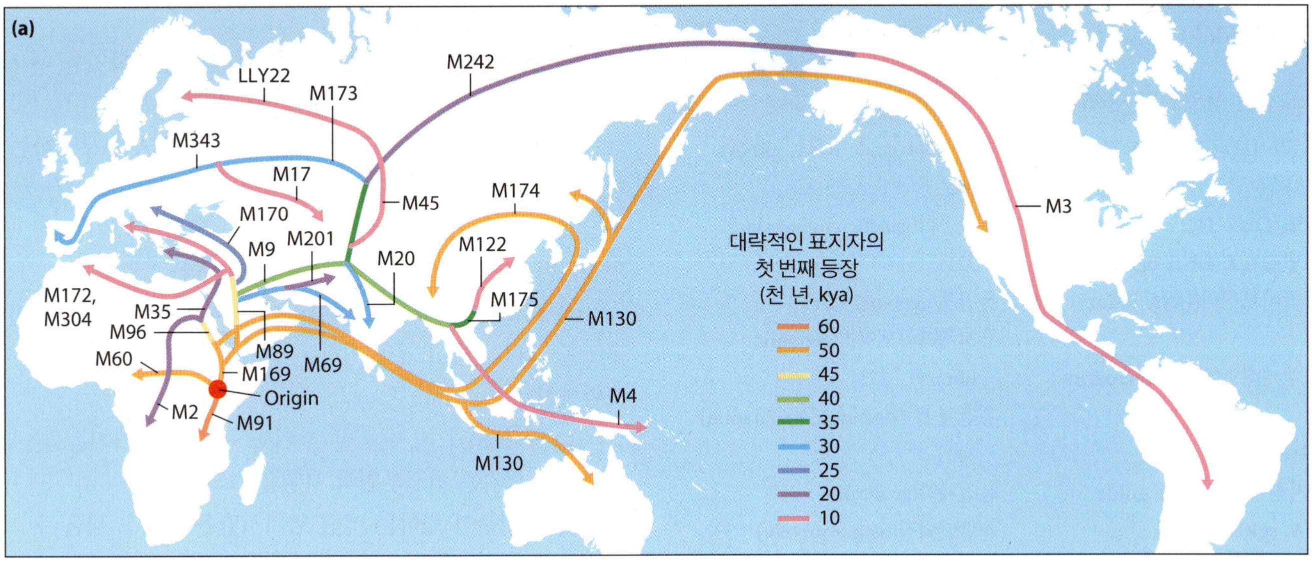

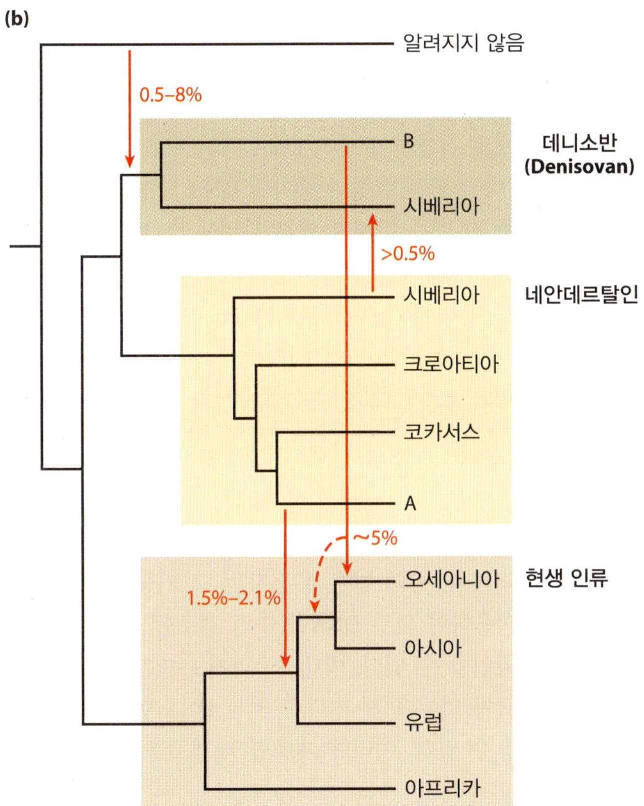

그림 9-33 인간 이동의 경로들. (a) 인구집단의 일부분이 더 큰 집단에서 떨어져 이주할 때 전체적인 유전적 다양성에서 일부만이 이동하게 된다. 즉, 일부 일배체형들이 이주하는 집단에 존재하지만 많이는 아니다. 동시에 돌연변이에 의해 오랜 기간에 걸쳐 새로운 일배체형이 만들어진다. 이 지도는 Y 염색체의 유전적 표지자(M 또는 LLY 숫자로 정의된 일배체형)들의 분석을 통해 만들어졌다. 유전적 시료들은 지도에 표시된 경로를 따라 지정학적 위치에서 오랫동안 정착한 토착 인구집단에서 채취되었다. 이주하는 경로에서 갑자기 나타나는 일배체형은 격리된 인구집단에서 특정 SNP 위치에서 새로운 변화(돌연변이)가 일어났음을 반영하는 것으로 이를 "설립자 사건(founder events)"이라고 부른다. 새로운 일배체형을 갖는 인구집단들은 아마도 설립자 인구집단으로부터 전달되었을 것이므로 이것은 연구자들이 그 위치로부터 이주를 추적할 수 있게 해준다. 약어 *kya*는 "천 년 전(thousand years ago)"를 의미한다. (b) 인간 이동은 결국 밀접하게 관련된 여러 종의 호미니드(hominid) 그룹을 옮겼지만 일부 혼합이 발생하기 전에는 사라졌다. 네안데르탈인과 데니소반인과 같은 고대인류와 현생인류의 상세한 유전체 염기서열로부터 얻어진 정보를 근거로 하여, 이 계통수는 유전자 흐름에서 일련의 사건을 보여준다. 네안데르탈인(A)의 알려지지 않은 그룹에서 얻어진 DNA는 유라시아(eurasian) 유산을 가진 모든 인간의 유전체에 기록되어져 있다. 알려지지 않은 조상으로부터 데니소반(Denisovan) 계열(B)로 옮겨진 DNA는 오늘날 호주와 태평양 섬(오세아니아) 원주민의 조상의 DNA에 기여했다. [출처: (a) Information from G. Stix, *Sci. Am.* 299 (July):56, 2008. (b) Information from S. Pääbo, *Cell* 157:216,2014.]

것은 이제 아주 흔한 일이다. 인간의 유전질환들을 인간 유전자 치료법으로 완치하려는 노력들은 아직 실현되지 않았지만 유전자 전달의 기술들은 꾸준히 발전하고 있다. 현대 유전체학보다 더 많이 우리의 미래에 영향을 줄 수 있는 과학 분야는 몇 개되지 않을 것이다.

요약 9.3 유전체학과 인간 이야기

■ 인간 유전체의 약 30% 정도는 단백질을 암호화하는 유전자의 엑손과 인트론에 존재한다. DNA의 거의 절반은 기생충적인 이동 유전자로부터 유래하였다. 나머지 중의 많은 부분이 많은 형태의 RNA들을 암호화한다. 단순-서열 반복들이 센트로미어와 텔로미어를 구성한다.

■ 인류를 정의하는 유전자의 변동은 다른 영장류와의 비교 유전체학을 통해 부분적으로 구분될 수 있다.

■ 비교유전체학은 유전질환을 정의하는 유전자 변화의 위치를 파악하는 데 사용될 수 있고 인간 조상들의 수천 년에 걸친 진화와 이주를 연구하는 데 사용될 수 있다.

핵심용어

굵게 표시된 용어들은 용어해설에 정의되어 있다.

cDNA 라이브러리(cDNA library) 335
CRISPR/Cas 342
DNA 연결효소(DNA ligases) 322
DNA 라이브러리(DNA library) 335
DNA 미세배열(DNA microarray) 341
꼬리표(tag) 332
단순 지침 RNA(single guide RNA, sgRNA) 343
단일 뉴클레오타이드 다형성(single nucleotide polymorphism, SNP) 348
동원체(orthologs) 335
매개체(vector) 320
발현 매개체(expression vector) 328
배큘로바이러스(baculovirus) 330
백미드(bacmid) 329
부위 특이적 변이생성(site-directed mutagenesis) 330
비교유전체학(comparative genomics) 335
상보적인 DNA(complementary DNA, cDNA) 335
세균인공염색체(bacterial artificial chromosome, BAC) 326
시스템 생물학(systems biology) 319
신테니(synteny) 336
지침 RNA(guide RNA, gRNA) 342
유전공학(genetic engineering) 321
유전체(genome) 319
유전체라이브러리(genomic library) 335
유전체 주석(genome annotation) 346
유전체학(genomics) 319
융합단백질(fusion protein) 332
이원체(paralogs) 335
일배체형(haplotype) 348
재조합 DNA 기술(recombinant DNA technology) 320
재조합 DNA(recombinant DNA) 320
전사촉진 CRISPR RNA (transactivating CRISPR RNA, tracrRNA) 342
정량적 PCR(quantitative PCR, qPCR) 333
제한 핵산내부분해효소(restriction endonucleases) 321
클로닝(cloning) 320
플라스미드(plasmid) 324
항원요소 꼬리표(epitope tag) 338
효모 이중-혼성 분석(yeast two-hybrid analysis) 340
효모 인공 염색체(yeast artificial chromosome, YAC) 327

문제

1. 클로닝된 DNA의 조작. 두 개 또는 그 이상의 DNA 단편을 연결할 때, 연구원은 다음 실험에 보이는 것처럼 여러 가지 섬세한 방법으로 연결점에서 염기서열을 조정할 수 있다.

(a) *Eco*RI 제한효소로 절단하여 생성되는 선형 DNA의 끝 구조를 그려라(*Eco*RI이 인지하는 염기서열로부터 남아있는 서열을 포함한다).

(b) DNA 중합효소 I과 4가지 삼인산 데옥시뉴클레오사이드로 이 부분의 끝 염기서열에 반응시킨 결과 형성된 구조를 그려라(그림 8-34 참조).

(c) (b)에서 생긴 구조의 두 끝 부위를 연결하였을 때 생기는 연결부위의 서열을 그려라(그림 25-16 참조).

(d) (a)에서 생긴 구조가 단일가닥의 DNA만 분해하는 핵산가수분해효소를 처리하여 생기는 구조를 그려라.

(e) 구조(b)가 가지는 끝 부위와 구조(d)가 가지는 끝 부위가 연길되어 생기는 연결부위의 서열을 그려라.

(f) *Pvu*II 제한효소로 절단하여 생기는 선형 DNA 단편의 끝 구조를 그려라(*Pvu*II가 인지하는 염기서열로부터 남아있는 서열을 포함하여).

(g) 구조(b)가 가지는 끝 부위와 구조(f)가 가지는 끝 부위가 연결되어 생기는 연결부위의 서열을 그려라.

(h) 여러분이 원하는 어떤 염기서열을 가지고 짧은 두 가닥의 DNA 서열을 합성할 수 있다고 가정하자. 이런 합성 단편과 (a)에서(g)까지 나와 있는 방법을 통해 DNA 분자로부터 *Eco*RI 제한효소 인지 부분을 제거하고 대략 같은 부위의 새로운 *Bam*HI 제한효소 부분을 통합하는 실험 방법을 고안하라(그림 9-2 참조).

(i) PstI으로 절단하여 생긴 DNA 단편으로 구조 (a)와 연결 가능한 4가지 다른 짧은 합성 이중가닥 DNA 단편을 제작하라. 이들 합성 단편 중 한 개는 마지막 연결 부위에 *Eco*RI과 *Pst*I에 대한 인지 염기서열을 포함하는 염기서열로 제작하도록 한다. 두 번째와 세 번째 합성 단편에는 연결 부위가 *Eco*RI 또는 *Pst*I만 인지하는 서열을 포함하도록 서열을 제작하라. 네 번째 단편의 서열은 연결 부분에 *Eco*RI과 *Pst*I에 대해 인지하는 서열이 없도록 제작하라.

2. 재조합 플라스미드의 선택. 외래 DNA 단편을 플라스미드에서 클로닝할 때 이것은 종종 (pBR322의 테트라시클린 내성 유전자와 같은) 선택적 표지 인자가 방해 받는 위치에 단편을 삽입하는 것이 유리하다. 방해 받은 유전자는 그 기능을 소실하게 되는데 이것을 이용하여 외부 DNA를 가진 재조합 플라스미드를 포함한 클론을 확인할 수 있다. 박테리오파지 λ 매개체를 이용하면 이렇게 할 필요가 없이 쉽게 커다란 외부 DNA 단편이 합쳐진 매개체를 구별할 수 있다. 이러한 재조합 매개체를 어떻게 확인할 수 있는가?

3. DNA 클로닝. 플라스미드 클로닝 매개체인 pBR322(그림 9-3 참조)는 제한 핵산내부분해효소 *Pst*I으로 절단될 수 있다. 진핵생물 유전체에서 분리한 DNA 단편(역시 *Pst*I으로 절단하여 생성된 것)을 준비된 매개체에 삽입하여 연결시킨다. 연결된 DNA의 혼합물은 세균을 형질전환하는 데 이용되고 플라스미드를 포함하고 있는 세균은 테트라사이클린이 있는 배지에서 증식되므로 선별되어진다.

(a) 원하는 재조합 플라스미드 외에 어떤 종류의 플라스미드가 테트라사이클린 내성을 가지는 형질전환된 세균 사이에서 발견될 수 있겠는가? 그들을 어떻게 구분할 수 있는가?

(b) 클로닝된 DNA 조각이 1,000 염기쌍의 길이이고 끝에서 250 염기쌍 부위에 *Eco*RI 인지 부위가 있다. 세 가지 다른 재조합 플라스미드를 *Eco*RI으로 절단하고 젤 전기영동으로 분석하여 아래와 같은 패턴이 나타났다. 각각의 패턴은 클로닝된 DNA에 관하여 무엇을 의미하고 있는가? pBR322에서 *Pst*I과 *Eco*RI 제한효소 인지 부위가 약 750 염기쌍 정도 서로 떨어져 잇는 것을 주목하라. 클론이 삽입되지 않은 완전한 플라스미드는 4,361 염기쌍이다. 네 번째 레인의 크기 표지자(size marker)는 언급된 모든 뉴클레오타이드를 포함하고 있다.

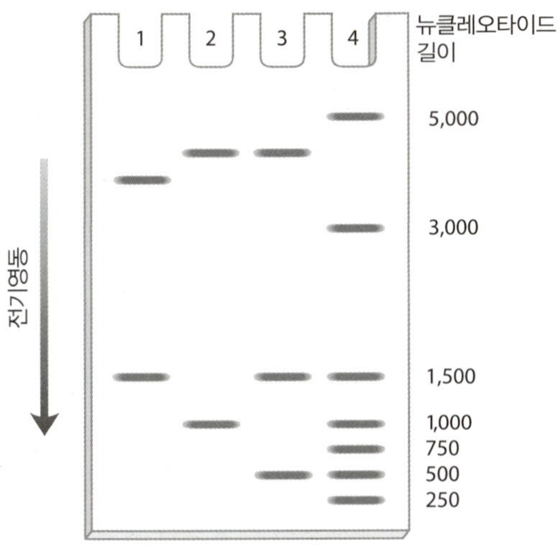

4. 제한효소. 2가닥 DNA 분자 중에서 한 가닥의 부분 서열이 다음과 같다.

5′ – – – GACGAAGTGCTGCAGAAAGTCCGCGTTATAGGCAT GAATTCCTGAGG – – – 3′

제한효소 *Eco*RI과 *Pst*I의 절단위치는 아래와 같다.

```
EcoRI      ↓ *                      PstI          * ↓
     (5′) G A A T T C (3′)              (5′) C T G C A G (3′)
          C T T A A G                        G A C G T C
                  * ↑                          ↑  *
```

이 DNA가 *Eco*RI과 *Pst*I 모두에 의해 잘릴 경우에 만들어지는 DNA의 조각의 두 가닥의 서열을 적어라. 이중 DNA 조각의 위 가닥은 위에 보여준 가닥의 서열에서 유도되어야 한다.

5. 유전적 질병에 대한 진단 검사의 설계. 헌팅턴병(HD)은 퇴행성 신경질환으로 정신적, 운동성, 그리고 인지 기능이 완만하고 비가역적인 손상을 나타내는 특징이 있다. 증상은 일반적으로 중년에 나타나지만 발병은 어떤 나이에서도 나타날 수 있다. 이 질병의 진행은 15년에서 20년간 지속된다. 이 질병에 대한 분자생물학적 원리는 잘 알려져 있다. HD에 근거한 유전적 돌연변이는 기능이 알려지지 않은 단백질(분자량 350,000)을 암호화하는 유전자라는 것이 밝혀졌다. HD가 발병하지 않은 사람에서는 이 단백질의 아미노 끝을 암호화하는 유전자가 CAG(글루타민) 코돈이 6~39번 반복된 서열을 가지고 있다. HD가 성인이 되어서 발병하는 사람들에게서 이 코돈은 전형적으로 40~55번 반복되어 있다. HD가 유년기에 발병하는 사람들에서는 70번 이상 반복되어 있다.

이렇게 간단한 트리뉴클레오타이드 반복서열의 길이가 각 개인들이 HD가 발병될 것인지 아닌지 그리고 어느 시기에 이 증상이 나타나게 될지도 대략 알려주게 된다. HD 유전자는 3,143개의 코돈으로 이루어져 있고 그 중 아미노 끝 암호서열의 일부가 아래에 나타나 있다. DNA의 뉴클레오타이드 서열은 검은색으로, ORF[열린 해독틀(open reading frame)]의 아미노산 서열은 파란색으로, CAG 반복서열은 진한 색으로 표시되어 있다. 그림 27-7을 이용하여, 유전자 코드를 해석하고, HD에 대해 혈액을 이용하여 실험할 수 있는 PCR 검사에 대하여 그 개요를 서술하라. PCR 시발체는 25개 뉴클레오타이드로 이루어진 것으로 가정한다. 일반적으로, 단백질을 암호화하고 있는 암호화 유전자 서열(이 서열은 유전자로부터 전사된 mRNA의 서열과 동일하다)에 대한 별다른 정보가 없다면, 그것은 왼쪽에서 오른쪽으로, 5′에서 3′으로 읽는다.

```
307 ATGGCGACCCTGGAAAAGCTGATGAAGGCCTTCGAGTCCCTCAAGTCCTTC
1   M  A  T  L  E  K  L  M  K  A  F  E  S  L  K  S  F

358 CAGCAGTTCCAGCAGCAGCAGCAGCAGCAGCAGCAGCAGCAGCAGCAGCAG
18  Q  Q  F  Q  Q  Q  Q  Q  Q  Q  Q  Q  Q  Q  Q  Q  Q

409 CAGCAGCAGCAGCAGCAGCAGCAACAGCCGCCACCGCCGCCGCCGCCGCCG
35  Q  Q  Q  Q  Q  Q  Q  Q  Q  P  P  P  P  P  P  P  P

460 CCGCCTCCTCAGCTTCCTCAGCCGCCGCCG
52  P  P  P  Q  L  P  Q  P  P  P
```

출처: The Huntington's Disease Collaborative Research Group, *Cell*, 72:971

6. 원형 DNA 분자를 검출하기 위한 PCR의 이용. 섬모로 둘러싸인 원생생물이 가지고 있는 유전체 DNA는 때때로 결실되어 버린다. 이러한 결실(deletion)은 일반적으로 세포성 교배와 연관된 예정된 반응이라 할 수 있다. 연구자는 DNA가 부위 특이적인 재조합 과정에서 결실된 것으로 제안하였다. 다음과 같이, 결국 원형의 DNA 반응 산물처럼 결실된 DNA를 가지게 된다.

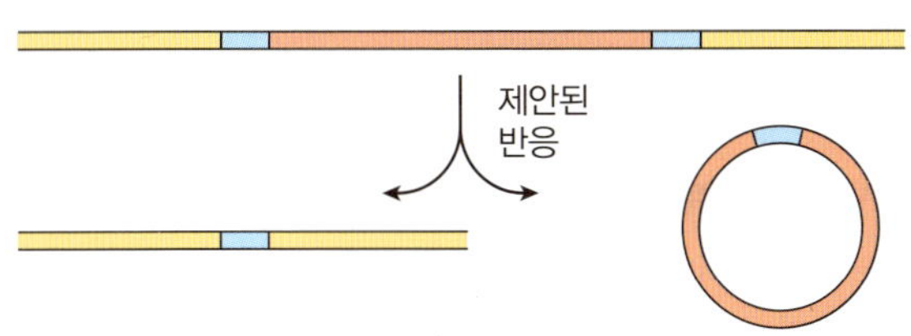

연구자가 PCR을 이용하여 어떻게 원생생물의 추출물에서 소실된 DNA의 원형형태가 존재하는지를 발견할 수 있는지를 제시해 보라.

7. 식물성장. 녹색 형광단백질(그림 9-16 참조)을 만들어 내는 식물은 인공정원의 토양에서 적당한 물을 주면 어두운 곳에서도 자랄 수 있지만 반딧불의 루시퍼레이스를 만들어 내는 식물은 자랄 수 없다(그림 8-36 참조). 이 관찰을 설명하라.

8. 염색체 조각의 지도화. 염색체의 한 부위에서 분리한 서열이 중복되는 클론의 그룹이 A에서 F까지 표기되어 있다. 각 클론은 재한효소에 의해 분리되어 절단되고 아가로스 젤 전기영동에 의해 단편들을 전개시켰다. 그 결과가 아래의 그림에 나타나 있다. 각 클론에 나타난 것을 종합하여 모두 9개의 다른 절단된 조각이 나타나 있다. 이 정보를 이용하여 염색체상에서의 각 제한절편의 순서를 추정하라.

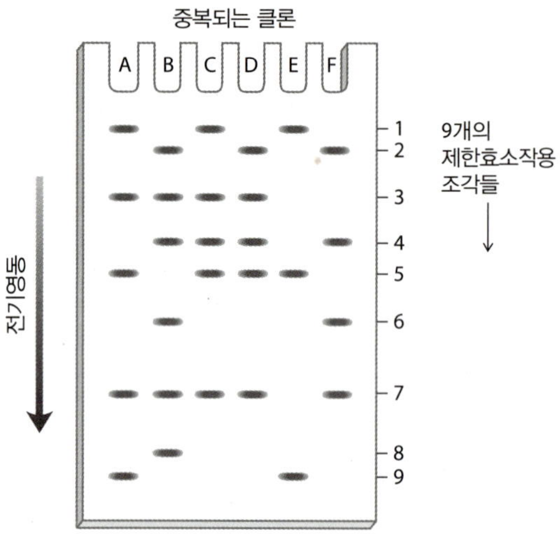

9. 면역형광. 세포내 단백질을 검출하기 위한 면역형광법의 보편적인 방법에 의하면 연구자들은 2개의 항체를 사용한다. 첫 번째 것은 연구 대상의 단백질에 특이하게 결합한다. 두 번째 항체는 간편한 관찰을 위하여 형광시약으로 표지되었고 첫 번째 항체에 결합한다. 원칙적으로 첫 번째 항체에도 표지를 할 수 있어 한 단계를 생략할 수도 있을 것이다. 왜 두 번의 항체를 연속적으로 사용하는가?

10. 효모 이중하이브리드 분석. 여러분이 곰팡이에서 새로운 단백질을 이제 막 발견한 연구자라고 가정해 보자. 이 단백질과 상호작용하는 다른 단백질들을 검출하기 위한 효모 이중하이브리드 실험법을 설계하고 이것이 어떻게 새로운 단백질의 기능을 결정하는 데 도움을 줄 수 있는지를 설명하라.

11. DNA 미세배열을 제작하기 위한 포토리소그래피의 이용. 그림 9-22는 포토리소그래피를 이용하여 DNA 미세배열 또는 DNA 칩을 제작하기 위한 첫 번째 과정을 보여 주고 있다. 그림의 첫 번째 패널에서 보이는 원하는 염기서열(각 4개의 점상에 다른 4개의 뉴클레오타이드 서열)을 얻기 위하여 필요한 나머지 과정들을 기술하라. 각 과정이 끝나면, 각 점에 부착되어 있는 결과적인 뉴클레오타이드 서열을 부여하라.

12. 비교유전체학에서 외집단의 사용. 다음과 같은 서열을 갖는 가상의 단백질들이 오랑우탄, 침팬지와 사람에서 발견되었다(빨간색은 아미노산 차이를 표시한다):

사람: ATSAAG**Y**DEWEGGK**V**LIHL – – KLQNRGALL ELDIGAV

오랑우탄: ATSAAG**W**DEWEGGK**V**LIHL**DG**KLQNRGALL ELDIGAV

침팬지: ATSAAG**W**DEWEGGK**I**LIHL**DG**KLQNRGALL ELDIGAV

(점선은 서열에서 잔기들이 없는 결손을 표시한다.)

어느 단백질 서열이 침팬지와 사람의 마지막 공통의 조상에서 존재했을 가능성이 가장 클 것으로 생각되는가?

13. 인간 이주 I. 북미 및 남미의 아메리카 인디언 집단은 동북아시아 인구 집단의 일배체형을 추적할 수 있는 미토콘드리아 DNA 일배체형을 가지고 있다. 북아메리카 북부 지역의 알류트(Aleut)와 에스키모(Eskimo) 인구집단을 다른 아메리카 원주민과 아시아를 연결하는 동일한 일배체형의 하위 집단을 가지고 있으며, 또한 이는 아시아 인종을 추적 할 수 있는 여러 종류의 일배체형을 가지지만 미국의 다른 지역의 원주민 개체에서는 발견할 수 없다. 이에 대한 가능한 설명을 하라.

14. 인간 이주 II. 데니소바인에서 유래된 DNA는 토착 원주민과 멜라네시아 섬사람들의 유전체에서 발견될 수 있다. 그러나 동일한 DNA 마커는 아프리카 태생의 사람들의 유전체에서 발견되지 않는다. 설명해보라.

15. 질환유전자의 탐색. 여러분이 희귀한 유전질환의 유전적 바탕을 찾고자 하는 유전자 탐색자라고 생각해 보자. 질환에 걸린 여섯 가족의 가계도를 조사하였으나 일정하지 않은 결과를 얻었다. 2 가계에는 질환이 염색체 7번의 표지자와 함께 유전되었다. 다른 4 가계에서는 질환이 염색체 12번의 표지자와 함께 유전되었다. 이것이 어떻게 일어날 수 있을지 설명하라.

자료 분석형 문제

16. HincII: 첫 번째 제한 가수분해효소. 첫 번째로 발견된 제한효소가 실제 사용된 것은 1970년 2개의 논문에 발표되었다. 첫 번째 논문에서는 Smith와 Wilcox가 이중가닥 DNA를 절단하는 효소를 분리하는 것을 발표하였다. 그들은 효소를 처리한 DNA의 점도가 낮아지는 것을 측정하여 처음으로 효소의 가수분해 활성을 증명하였다.

(a) 왜 효소를 처리하면 DNA 용액의 점도가 낮아지는가?

저자들은 ^{32}P가 표지된 DNA에 효소를 처리한 후 트리클로로아세트산(TCA)를 첨가하여 핵산내부분해효소 인지 핵산 외부가수분해효소 인지 결정하였다. 그들의 실험조건 하에서 단일 뉴클레오타이드는 TCA에 녹아야 하고 올리고뉴클레오타이드는 침전되어야 한다.

(b) TCA에 녹지 않는 ^{32}P가 표지된 재료는 ^{32}P가 표지된 DNA와 핵산분해효소를 처리하여 형성된다. 이 발견에 기초로 한 것은 핵산내부분해효소 또는 핵산 외부가수분해효소인가? 이에 대하여 설명하라.

폴리뉴클레오타이드가 절단되면 인산은 제거되지 않고 DNA 단편의 5′ 또는 3′ 말단에 부착되어 남아 있다. Smith와 Wilcox는 다음과 같은 과정으로 핵산분해효소를 사용하여 단편상의 인산의 위치를 결정하였다.

1. 표지되지 않은 DNA에 핵산분해효소를 처리한다.
2. 샘플(a) γ-^{32}P가 표지된 ATP와 폴리뉴클레오타이드 인산화효소(ATP γ-인산의 5′ OH에는 부착하지만 5′ 인산, 3′ OH 또는 3′ 인산에는 부착하지 않음)를 처리한다. ^{32}P가 표지된 DNA 양을 측정한다.
3. 샘플(B) 1단계에서 얻어진 샘플에 γ-^{32}P가 표지된 ATP와 폴리뉴클레오타이드 인산화효소에 이어서 알칼리 인산화효소(5′과 3′ 말단의 인산기를 제거)를 처리한다. ^{32}P가 표지된 DNA 양을 측정한다.

(c) Smith와 Wilcox는 샘플 A가 136 count/min의 ^{32}P를 갖고; 샘플 B가 3,740 count/min를 갖는 것을 발견하였다. 핵산분해효소의 절단은 DNA 단편의 5′ 또는 3′ 말단상의 인산을 제외하는가? 이에 대하여 설명하라.

(d) 핵산분해효소를 처리한 T7 DNA 박테리오파지는 대략 40개의 다양한 길이의 특이적인 단편을 형성한다. 이 결과는 무작위로 이중가닥을 절단하는 것과 대조적으로 DNA의 특정 서열을 인식하는 효소와 어떻게 일치하는가?

이 시점에서 그들은 위치 특이적인 절단에 관한 두 가지의 가능성을 제시하였다. 이 절단은 (1) 인식 위치 아니면 (2) 인식 위치와 근접하지만 인식된 서열이 아닌 지점에서 발생된다. Kelly와 Smith는 이 논쟁을 다루기 위해 다음과 같은 단계에 따라 핵산분해효소를 사용한 일반적인 DNA 단편의 5′ 말단 서열을 결정하였다.

1. T7 DNA 파지에 효소를 처리한다.
2. 단편의 5′ 인산을 제거하기 위하여 알칼라인 인산화효소를 처리한다.
3. 인산화된 단편의 5′ 말단을 표지하기 위해 γ-^{32}P가 표지된 ATP와 폴리뉴클레오타이드 인산화효소를 처리한다.
4. 단일체, 이합체, 삼합체 뉴클레오타이드의 혼합물 절단하기 위해 표지된 분자에 DNA 분해효소를 처리한다.
5. 얇은 막 크로마토그래피를 이용하여 서열을 알고 있는 올리고 뉴클레오타이드와 대조하여 표지된 단일체, 이합체, 삼합체 뉴클레오타이드의 서열을 결정한다.

표지된 결과는 다음과 같이 판명된다 : 단일 뉴클레오타이드: A와 G; 이합체 뉴클레오타이드: (5′)-ApA-(3′)과 (5′)-GpA-(3′); 삼량 뉴클레오타이드: (5′)-ApApC-(3′)과 (5′-)GpApC-(3′).

(e) 절단 모델은 이 결과와 일치하는가? 이에 대하여 설명하라 Kelly와 Smith는 단편의 3′ 말단의 서열을 결정하기 위하여 진행하였다. 그들은 5′-TpC-3′와 5′-TpT-3′ 혼합물을 발견하였다. 그들은 다른 삼량뉴클레오타이드의 3′ 말단의 서열을 결정하지 않았다

(f) 이 결과를 기초로 하였을 때 핵산분해효소의 인식 서열은 무엇이고 DNA 골격이 절단되는 위치는 어느 서열인가? 당신 답을 위해 표 9-2를 사용하여 모델을 만들어라.

참고문헌

Kelly, T.J., and H.O. Smith. 1970. A restriction enzyme from *Haemophilus influenzae*: II. Base sequence of the recognition site. *J. Mol. Biol.* 51:393–409.

Smith, H.O., and K.W. Wilcox. 1970. A restriction enzyme from *Haemophilus influenzae*: Ⅰ. Purification and general properties. *J. Mol. Biol.* 51:379–391.

CHAPTER 10

지질

생물체의 지질은 화학적으로 다양한 화합물의 집합으로 물에 대하여 불용성이라는 공통적인 특징으로 정의할 수 있다. 이 지질의 생물학적 기능 또한 화학적 특성만큼이나 다양하다. 지방과 기름은 여러 생물에서 에너지의 주요한 저장 형태이고, 인지질과 스테롤은 생체막의 중요한 성분이다. 그 밖의 지질은 비록 양이 상대적으로 적으나 효소의 보조인자, 전자 운반체, 광흡수 색소, 단백질에 대한 소수성 닻(anchor), 막 단백질의 접힘을 돕는 "샤페론(chaperon)", 소화관의 유화제(emulsifying agent), 호르몬, 그리고 세포 속의 전령자 등의 중요한 역할을 하고 있다. 이 장에서 지질의 화학 구조와 물리적 특성을 중심으로 각 형태 별로 대표적인 지질을 소개하고자 한다. 이 장에서 지질에 대한 설명은 기능에 따른 분류를 기준으로 하겠지만, 사실상 수천 종의 다양한 지질들이 화학적 구조에 따른 8가지의 일반적인 범주 안에 구성되어 있다(표 10-2 참조). 제17장에서 에너지 획득을 위한 지질의 산화를 소개하고 제21장에서 지질의 합성에 대하여 논의하기로 한다.

10.1 저장 지질

생명체에서 에너지의 저장형으로 가장 보편적으로 사용되는 지방과 기름은 **지방산(fatty acid)** 유도체들이다. 지방산은 탄화수소(hydrocarbon)의 유도체이며, 그 산화된 정도를 살펴보면 화석 연료(fossil fuel)에 들어 있는 탄화수소와 동일한 수준으로 매우 낮다(즉, 높은 환원 상태이다). 세포에서 지방산이 산화(CO_2와 H_2O로) 되는 것은 마치 내연 기관에서 화석 연료가 잘 조절되는 상태에서 신속하게 연소되는 것과 같은 엄청난 자유에너지 감소반응이다.

여기에서 가장 흔히 볼 수 있는 생명체의 지방산 구조와 명명법을 소개한다. 또한 지방산을 함유하는 화합물인 트라이아실글리세롤(triacylglycerol)과 밀랍(wax)을 통하여 이런 종류의 화합물의 구조적 다양성과 물리적 특성을 설명하기로 한다.

지방산은 탄화수소의 유도체이다

지방산은 4~36개의 탄소로 이루어진 탄화수소 사슬(C_4에서 C_{36})을 가진 카복실산(carboxylic acid)이다. 어떤 지방산에서는 이 탄화수소 사슬이 가지가 없고 완전히 포화(이중결합이 없는)되어 있는 반면, 다른 지방산은 1개 이상의 이중결합을 포함하고 있다(표 10-1). 몇몇 지방산은 탄소 3개의 고리, 하이드록실기(hydroxyl group), 메틸기 등의 가지를 가지고 있다.

›› 중요 관례: 이 화합물들의 간략한 명명법에서 사슬의 길이(탄소수)와 이중결합의 수를 콜론(:)으로 분리하여 나타낸다. 예를 들어, 16개 탄소로 구성된 포화지방산인 팔미트산(palmitic acid)은 16:0으로, 그리고 18개의 탄소와 1개의 이중결합을 갖는 올레산(oleic acid)은 18:1로 간략하게 쓸 수 있다. 이중결합의 위치는 Δ(델타) 다음에 어깨번호를 붙여서 표시하는데, 예를 들어 탄소수 20개의 지방산으로 9번과 10번 탄소(카복실기 탄소를 1번 탄소로 한다) 사이에 그리고 12번과 13번 탄소에 이중결합을 갖는 것은 20:2($\Delta^{9,12}$)로 표기한다.

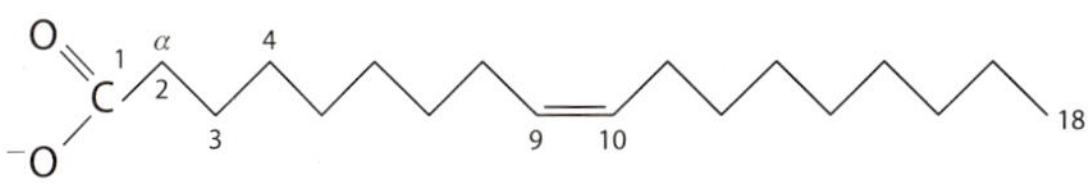

18:1(Δ^9) 시스-9-옥타데센 산[*cis*-9-Octadecenoic acid] **‹‹**

가장 흔히 존재하는 지방산은 사슬의 탄소수가 12~24개로 짝수이고 가지가 없는 형태이다(표 10-1). 제21장에서도 언급하겠지만, 지방산이 짝수의 탄소수를 가진 이유는 생합성 과정 중 탄소 2개(acetate)가 한 단위로 축합되기 때문이다.

표 10-1 자연계에 존재하는 몇 가지 지방산: 구조, 특성, 명명법

탄소뼈대	구조[a]	계통명[b]	일반명	녹는점(°C)	30°C에서의 용해도 (mg/g 용매)	
					물	벤젠
12:0	$CH_3(CH_2)_{10}COOH$	*n*-도데칸산	로르산(*laurus*는 라틴어로 "월계수")	44.2	0.063	2,600
14:0	$CH_3(CH_2)_{12}COOH$	*n*-테트라데칸산	미리스트산(*myristica*는 라틴어로 육두구 속)	53.9	0.024	874
16:0	$CH_3(CH_2)_{14}COOH$	*n*-헥사데칸산	팔미트산(*palma*는 라틴어로 "종려나무")	63.1	0.0083	348
18:0	$CH_3(CH_2)_{16}COOH$	*n*-옥타데칸산	스테아르산(*stear*는 그리스어로 "경질 지방")	69.6	0.0034	124
20:0	$CH_3(CH_2)_{18}COOH$	*n*-아이코산산	아라키드산(*arachis*는 라틴어로 콩 속)	76.5		
24:0	$CH_3(CH_2)_{22}COOH$	*n*-테트라코산산	리그노세르산(*lignum*은 라틴어로 "나무" + *cera*, "밀납")	86.0		
16:1(Δ^9)	$CH_3(CH_2)_5CH{=}CH(CH_2)_7COOH$	시스-9-헥사데켄산	팔미톨레산	1에서 −0.5		
18:1(Δ^9)	$CH_3(CH_2)_7CH{=}CH(CH_2)_7COOH$	시스-9-옥사데켄산	올레산(*oleum*은 라틴어로 "기름")	13.4		
18:2($\Delta^{9,12}$)	$CH_3(CH_2)_4CH{=}CHCH_2CH{=}C_H(_CH_2)_7COOH$	시스,시스-9,12-옥타데카다이엔산	리놀레산(*linon*은 그리스어로 "아마")	1~5		
18:3($\Delta^{9,12,15}$)	$CH_3CH_2CH{=}CHCH_2CH{=}CHCH2CH{=}CH(CH_2)_7COOH$	시스-,시스-,시스-9,12,15-옥타데카트라이엔산	α-리놀렌산	−11		
20:4($\Delta^{5,8,11,14}$)	$CH_3(CH_2)_4CH{=}CHCH_2CH{=}CHCH_2CH{=}CHCH_2CH{=}CH(CH_2)_3COOH$	시스-,시스-,시스-,시스-5,8,11,14-아이코사테트라엔산	아라키돈산	−49.5		

[a]모든 산은 비이온화 형으로 표시하였다. pH 7에서 모든 유리 지방산은 이온화된 카복실산을 갖고 있다. 탄소원자의 번호 매김은 카보닐 탄소에서 시작하는 것에 주목하라.

[b]접두사 *n*-은 "정상적인" 가지 없는 구조를 의미한다. 예를 들어, "도데칸"은 단순히 12개의 탄소원자를 의미하며 여러 가지의 가지 형태로 정렬될 수 있다; "*n*-도데칸"은 직선의 가지 없는 형태를 나타낸다. 불포화지방산에 대한 각각의 이중결합의 입체배열을 표시했다; 생물계의 지방산의 입체배열은 거의 항상 시스형이다.

이중결합의 위치에도 일반적인 규칙이 있다. 즉, 대부분의 단일 불포화지방산(mono-unsaturated fatty acids)에서 이중결합이 9번과 10번 탄소(Δ^9) 사이에 있으며, 다불포화지방산(polyunsaturated fatty acids, PUFAs)에 있는 그 밖의 이중결합은 Δ^{12}와 Δ^{15}에 있는 것이 일반적이다(아라키돈산은 예외이다). 대부분의 다불포화지방산에서 단일결합과 이중결합이 교대로 짝지어져(—CH=CH—CH=CH—) 나타나지 않고, 하나의 메틸렌(methylene) 기로 분리되어 있다(—CH=CH—CH_2—CH=CH—). 자연계에 존재하는 거의 모든 불포화지방산의 이중결합은 시스 입체배열(cis configuration)을 하고 있다. 트랜스(trans) 지방산은 젖소의 반추위에서 발효되어 생성되며 유제품과 고기로부터 얻을 수 있다.

>> **중요 관례:** 체인의 메틸기 끝 부분으로부터 3, 4번째 탄소 사이에 이중결합을 가지는 **다불포화지방산(PUFAs)** 종류들은 인간의

영양에 있어서 매우 중요하다. 다불포화지방산의 생리적인 역할은 카복실 말단보다 사슬의 메틸 말단 근처의 첫 번째 이중결합의 위치가 매우 중요하기 때문에, 메틸 말단 탄소를 기준으로 이중결합 위치를 표시하는 지방산 명명법이 주로 사용된다. 메틸기의 탄소, 즉 카복실기로부터 가장 멀리 떨어진 탄소를 그리스 알파벳 맨 마지막 글자인 ω(omega) 탄소라 명명하고 1번으로 한다(이 경우 카복실 말단의 탄소가 가장 높은 번호를 갖게 된다). 이러한 규정으로 3번 탄소와 4번 탄소 사이에 이중결합을 가지는 다불포화지방산을 **오메가-3 (ω-3) 지방산**이라 명명하고, 6번 탄소와 7번 탄소 사이에 이중결합을 가지는 경우 **오메가-6 (ω-6) 지방산**이라 명명한다. 아래 그림과 같이 아이코사펜타엔산(eicosapentaenoic acid, EPA)은 표준명명법에서는 20:5($\Delta^{5,8,11,14,17}$)로 표기하지만, 오메가-3 위치의 이중결합이 생물학적으로 중요하기 때문에 오메가-3 지방산으로도 부른다.

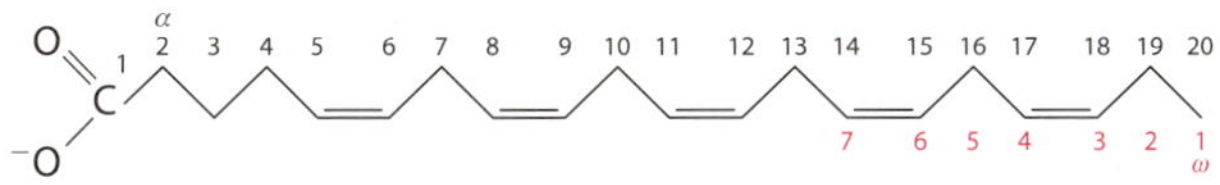

20:5($\Delta^{5,8,11,14,17}$) 아이코사펜타엔산(Eicosapentaenoic acid, EPA)

인간은 오메가-3 다불포화지방산인 알파-리놀렌산(alpha-linolenic acid, ALA; 18:3($\Delta^{9,12,15}$))을 합성하는 데 필요한 효소들을 갖고 있지 않다. 그러므로 반드시 식이로써 이를 섭취해 주어야 한다. 리놀렌산으로부터 인간은 세포내 기능에 중요한 다른 2종류의 오메가-3 다불포화지방산을 합성해낸다: 아이코사펜타엔산(eicosapentaenoic acid, EPA; 20:5($\Delta^{5,8,11,14,17}$))과 도코사헥사엔산(docosahexaenoic acid, DHA; 22:6($\Delta^{4,7,10,13,16,19}$)). 식이에서의 오메가-6와 오메가-3 다불포화지방산들의 불균형은 높은 심혈관계 질환의 발병과 관련이 있다. 오메가-6와 오메가-3의 최적의 섭취 비율은 1:1과 4:1의 사이지만, 대부분의 북아메리카인들의 섭취 비율은 10:1에서 30:1에 가깝다. 이것은 심장병과 뇌졸중의 높은 발병을 이끈다. 낮은 심혈관 질환의 발병과 관련이 있는 "지중해식 식이(Mediterranean diet)"는 잎이 많은 채소들(샐러드)과 생선 기름에서 얻어지는 오메가-3 다불포화지방산이 훨씬 풍부하다. 생선 기름은 특히 아이코사펜타엔산(EPA)과 도코사헥사엔산(DHA)이 충분하며, 종종 심혈관계 질환의 병력을 가진 사람들에게 처방된다. ■

지방산이나 지방산을 함유하는 화합물의 물리적인 성질은 탄화수소 사슬의 길이와 불포화도에 의하여 크게 좌우된다. 지방산이 물에 잘 녹지 않는 이유는 탄화수소 사슬이 비극성이기 때문이다. 예를 들면, 라우르산(lauric acid, 12:0, 분자량 200)은 물에 대한 용해도가 0.063 mg/g으로 포도당(분자량 180)의 물에 대한 용해성(1,100 mg/g)보다 훨씬 낮다. 지방산 아실 사슬(fatty acyl chain)이 길수록, 그리고 이중결합의 수가 적을수록 물에 대한 용해성은 낮아진다. 카복실기는 극성이기(중성 pH에서 이온화되어 있다) 때문에 짧은사슬 지방산은 물에 조금만 녹게 된다.

녹는점(melting point) 역시 탄화수소 사슬의 길이와 불포화도에 따라 크게 영향을 받는다. 실온(25°C)에서 12:0 내지 24:0 정도의 포화지방산은 밀랍과 같은 굳기를 갖고 있는 반면, 같은 사슬 길이의 불포화지방산은 기름과 같은 액상(oily liquid)이다. 이러한 녹는점의 차이는 지방산 분자가 채워진 정도가 다르기 때문인데 **(그림 10-1)**, 완전히 포화된 화합물의 경우, 각각의 탄소-탄소 결합을 중심으로 자유로운 회전이 가능하기 때문에 탄화수소 사슬은 상당한 유연성을 가지게 되며, 사슬이 완전히 펼쳐져 주변 원자들의 입체 장애(steric hindrance)가 거의 없는 안정된 입체형태(conformation)가 된다. 이 분자들은 사슬을 따라 모든 원자들이 인접한 분자의 사슬 원자들과 반데르발스 결합을 형성하며 거의 결정 구조와 같이 단단히 채워질 수 있다. 불포화지방산의 경우, 시스 이중결합이 탄화수소 사슬에 비틀림을 유발한다. 이러한 비틀림을 하나 이상 가지고 있는 지방산은 완전히 포화된 지방산처럼 단단히 채워질 수 없게 되고 지방산 서로의 상호작용은 약하게 된다. 이와 같은 특성 때문에 불포화지방산의 조밀하지 못한 배열을 흩트리는 데 열에너지가 적게 필요하므로, 같은 길이 사슬을 가진 포화지방산보다 녹는점이 낮다(표 10-1).

척추동물에서 유리 지방산(1개의 결합하지 않은 카복실기를 갖는, 에스터화 되지 않은 지방산)은 운반 단백질인 혈청 알부민과 결합하여 혈액을 따라 순환하고 있다. 그러나 지방산은 대부분

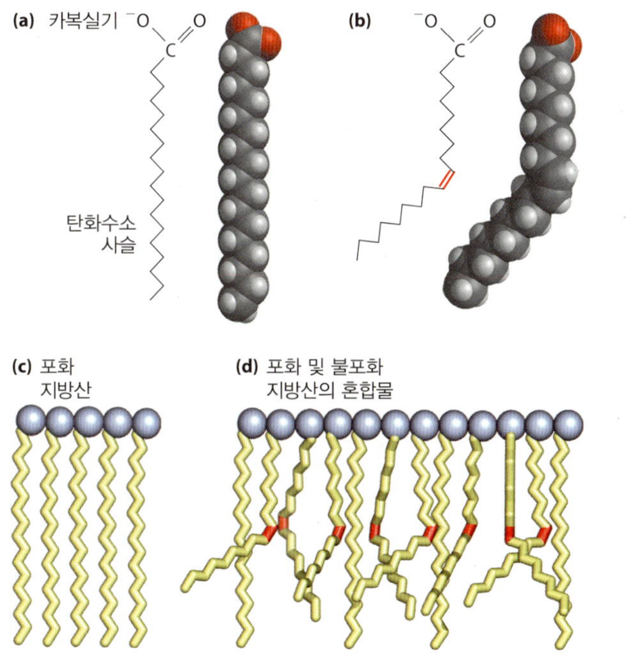

그림 10-1 안정한 응집체로의 지방산 뭉침. 뭉침의 정도는 포화도에 의해 좌우된다. (a) 평상시 쭉 펼쳐진 입체형태를 갖는 완전히 포화된 스테아르산(18:0, pH 7에서 스테아르산염이 된다)의 2가지 그림. (b) 올레산(18:1(Δ^9), 올레산염에 있는 시스형의 이중결합(적색)은 탄소원자 사이에서 회전되지 않으며, 탄화수소 꼬리에 단단한 굽이(rigid bend)가 생기게 된다. 그 외의 다른 결합에서는 자유롭게 회전이 된다. (c) 쭉 펼쳐진 그리고 완전히 포화된 지방산들은 거의 결정 구조처럼 뭉쳐져 있으며, 많은 소수성 상호작용에 의해서 안정화되어 있다. (d) 시스형 이중결합(적색)이 존재할 때 이와 같은 견고한 입체형태를 만들 수 없으므로 덜 안정적인 응집체(aggregate)가 된다.

에스터(ester) 또는 아마이드(amide)와 같은 카복실산 유도체로서 혈장에 존재한다. 이 지방산 유도체들은 전하를 띠는 카복실기가 없기 때문에 일반적으로 유리 지방산보다 물에 잘 녹지 않는다.

트라이아실글리세롤은 글리세롤의 지방산 에스터이다

지방산에서 만들어진 가장 간단한 지질은 **트라이아실글리세롤(triacylglycerol)**인데, 일반적으로 트라이글리세라이드(triglyceride), 지방(fat) 또는 중성 지방(neutral fat)이라고 부르기도 한다. 트라이아실글리세롤은 1분자의 글리세롤과 각각 에스터결합을 하고 있는 3분자의 지방산들로 구성된다(**그림 10-2**). 에스터와 결합한 3개의 지방산이 모두 같은 종류인 경우에 단순 트라이아실글리세롤이라고 하며 함유된 지방산에 따라서 명명된다. 예를 들면, 에스터결합된 지방산이 16:0, 18:0 또는 18:1인 단순 트라이아실글리세롤을 각각 트라이팔미틴(tripalmitin), 트라이스테아린(tristearin), 트라이올레인(triolein)이라고 부른다. 대다수 자연계에 존재하는 형태는 혼합 트라이아실글리세롤(mixed triacylglycerols)로써 2종류 또는 3종류의 서로 다른 지방산을 함유한 것으로 이들 화합물을 정확히 명명하기 위해서는 각 지방산의 위치와 이름이 명시되어야만 한다.

트라이아실글리세롤은 글리세롤의 극성이 있는 하이드록실기와 지방산의 극성이 있는 카복실기가 에스터결합한 것이기 때문에 비극성의 소수성 분자로 되고 본질적으로 물에 불용성이 된다. 기름이 물보다 비중이 작으므로 기름-물 혼합물(예를 들어, 기름과 식초로 만든 샐러드 드레싱)은 2개의 층이 되며, 지질은 그 비중이 물보다 낮기 때문에 기름은 물(수층) 위에 뜨게 된다.

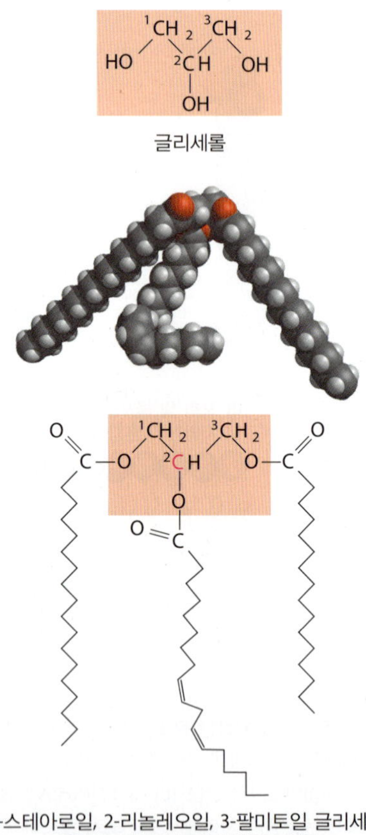

그림 10-2 글리세롤과 트라이아실글리세롤. 여기서 볼 수 있는 혼합 트라이아실글리세롤은 3개의 서로 다른 지방산이 글리세롤 뼈대에 결합되어 있다. 글리세롤이 1번과 3번에 서로 다른 지방산을 가지고 있을 때 2번 탄소는 손대칭 중심이 된다(17쪽).

트라이아실글리세롤은 저장 에너지와 단열재를 제공한다

대부분의 진핵세포에서 트라이아실글리세롤은 액상의 세포액에서 현미경으로 관찰할 수 있는 미세한 기름 방울(oily droplet)의 분리상을 형성하여 대사에 필요한 연료의 저장고 역할을 한다. 척추동물에서 지방세포(adipocytes 또는 fat cells)라고 불리는 분화된 세포는 세포 전체를 거의 다 차지할 정도로 많은 양의 작은 지방 방울(fat droplet) 형태로 많은 양의 트라이아실글리세롤을 저장하고 있다(**그림 10-3a**). 트라이아실글리세롤은 여러 종류의 식물의 씨앗에도 기름 형태로 저장되어 있으며, 종자의 발아(germination) 시에 필요한 에너지와 생합성 물질의 전구체로 이용된다(그림 10-3b). 지방세포와 발아 중인 씨앗에 저장된 트라이아실글리세롤의 가수분해를 촉매하는 효소인 **지질분해효소(lipase)**가 지방산을 유

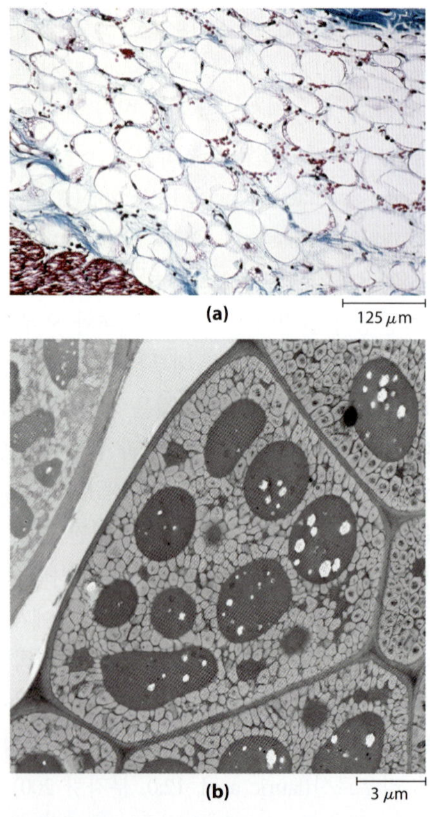

그림 10-3 세포에 저장되어 있는 지방. **(a)** 사람의 백색지방조직(white adipose tissue)의 단면. 각 세포에는 지방 방울(fat droplet)이 들어 있으며, 지방 방울(하얀색)이 매우 커서 핵(빨간색)을 원형질막 쪽으로 밀쳐 내는 것을 볼 수 있다. **(b)** 식물인 애기장대(*arabidopsis*) 씨앗의 떡잎 세포의 단면. 크고 진한 구조물은 밝은 색깔의 기름 덩어리에 둘러싸인 단백질 덩어리이다. [출처: (a) Biophoto Associates/Science Source. (b) Courtesy Howard Goodman, Department of Genetics, Harvard Medical School.]

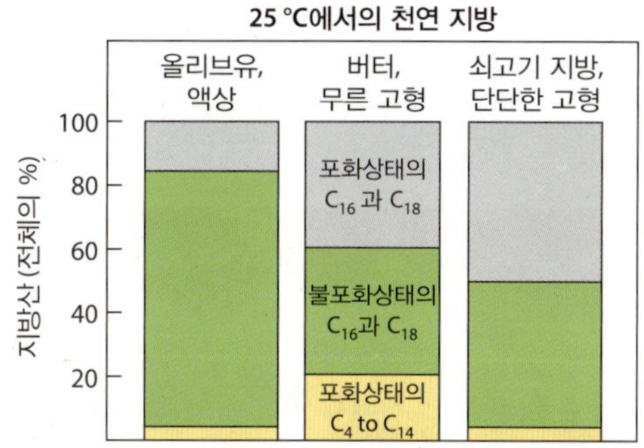

그림 10-4 3가지 식품의 지방의 지방산 조성. 올리브기름, 버터, 쇠고기 등의 지방은 각각 지방산 조성이 다른 트라이아실글리세롤로 구성되어 있다. 이런 지방들의 녹는점, 즉 실온(25°C)에서 물리적 상태는 지방산 조성과 직접적으로 관련이 있다. 올리브기름은 긴사슬(C_{16}과 C_{18}) 불포화지방산이 많은 양을 차지하므로 25°C에서 액상으로 존재한다. 버터의 경우는 긴사슬(C_{16}과 C_{18}) 포화지방산의 비율이 높아 녹는점이 올라가게 되며, 실온에서 무른 고형으로 있게 된다. 쇠고기 지방은 포화지방산의 비율이 훨씬 높아 단단한 고형이다.

리하여 에너지를 필요로 하는 다른 조직에 연료로 공급한다.

트라이아실글리세롤은 저장 연료로서 글리코겐이나 녹말과 같은 다당보다 2가지의 월등한 이점이 있다. 첫째, 지방산의 탄소 원자들은 당보다 더 환원된 상태이므로 트라이아실글리세롤이 산화되면 당질보다 2배 이상의 에너지(단위 무게당)를 생성한다. 둘째, 트라이아실글리세롤은 소수성이면서 수화되어 있지 않으므로, 수화되어 있는 다당(다당 g당 물 2g)을 연료로 갖고 있는 때와 달리 지방을 연료로 사용할 경우에 수화와 관련하여 여분의 물을 가지고 있을 필요가 없다. 사람은 주로 지방세포로 구성되어 있는 지방조직을 피하, 복강, 젖샘(mammary glands) 등에 가지고 있다. 지방세포에 15~20 kg의 트라이아실글리세롤을 저장하고 있는 약간 비만한 사람의 경우에 저장된 지방만 가지고도 한 달 정도 필요한 에너지를 충족시킬 수 있다. 이것과 대조적으로 글리코겐은 하루 사용량에도 미치지 못하는 적은 에너지 밖에 저장할 수 없다. 포도당이나 글리코겐과 같은 당질은 물에 쉽게 녹기 때문에 대사 에너지가 필요할 때 신속한 에너지 공급원이 된다는 이점이 있다.

어떤 동물에서는 피하에 저장된 트라이아실글리세롤이 저장된 에너지로서의 역할을 할 뿐만 아니라 낮은 기온에 대비한 단열재(insulation)로써 기능을 한다. 바다표범, 물개, 펭귄, 그리고 그 밖의 극지방에 살고 있는 온혈동물들은 피하가 충분한 양의 트라이아실글리세롤로 채워져 있다. 동면하는 동물들(예를 들어, 곰 같은)에 있어서 동면 전에 축적한 막대한 양의 지방은 저장 에너지와 단열재 역할을 한다(별도설명 17-1 참조).

요리할 때 쓰이는 기름의 부분적인 수소화는 안정성은 향상되지만 건강에 해로운 트랜스지방산을 생성한다

식물성 기름, 낙농제품, 동물성 지방 등에 함유된 대부분의 천연 지방은 단순 및 혼합 트라이아실글리세롤들이 복합적으로 섞여 있는데, 사슬의 길이나 포화도가 서로 다른 다양한 지방산을 포함하고 있다(**그림 10-4**). 옥수수기름, 올리브기름과 같은 식물성 기름은 대부분 불포화지방산을 갖는 트라이아실글리세롤이 많아 실온에서 액상이다. 트라이스테아린(tristearin)과 같이 포화지방산만을 가지고 있는 트라이아실글리세롤은 소고기 지방의 주성분으로 실온에서 하얀색을 띄는 고형 기름이다.

지질이 많은 식품이 공기 중의 산소에 오래 노출되면 변질되어 악취가 나게 된다. 불쾌한 맛과 냄새는 불포화지방산의 이중결합이 산화 분해되어 사슬의 길이가 짧아져서 휘발성이 높은 알데하이드(aldehydes)나 카복실산(carboxylic acids)을 생성하는 산패(rancidity)의 결과이다. 이들 화합물들은 휘발성이 높아 쉽게 공기를 통해 확산되고 악취를 낸다. 20세기에는 요리에 쓰는 기름의 유통기한을 연장시키기 위해, 또는 음식을 튀기는 고온에서의 안정성을 증가시키기 위해 식물유의 부분적인 수소화를 통해서 상업적 식용유가 생산되었다. 이러한 과정은 지방산에 있는 많은 시스 이중결합을 단일결합으로 전환시키고 기름의 녹는점을 증가시켜서 상온에서 더 고체에 가깝게 한다(마가린은 이러한 방법으로 식물유로부터 얻는다). 하지만 부분적인 수소화는 원치 않는 또 다른 효과를 가지는데, 일부의 시스 이중결합들이 트랜스 이중결합으로 전환되는 것이다. 트랜스 지방산(단순히 "트랜스 지방"이라고도 한다)의 섭취가 심혈관계 질환의 발병률을 높인다는 강력한 증거가 있으며, 이러한 지방의 섭취를 피하는 것이 관상동맥질환의 위험을 대체로 감소시킨다. 트랜스 지방산의 섭취는 혈중의 트라이아실글리세롤과 LDL("유해한 콜레스테롤")의 농도를 증가시키고, HDL("유익한 콜레스테롤")의 농도를 낮추며, 이런 변화만으로도 관상동맥질환을 일으키기에 충분하다. 그러나 트랜스 지방산은 더 심각한 위해 효과를 지니고 있다. 예를 들어, 체내의 염증반응을 증가시키는 것으로 보이는데, 이는 심장질환의 또 다른 위험인자이다. (제21장 참고—LDL과 HDL의 설명 및 건강에 미치는 효과.) 이제 전 세계에서 규제기관들은 가공식품, 포장식품의 생산에서 트랜스 지방산의 사용을 제한하거나 금지하고 있다. ■

밀랍은 저장 에너지와 방수제의 역할을 한다

생체에 있는 밀랍(wax)은 긴사슬(C_{16}~C_{30})의 알코올과 함께 긴사슬(C_{14}~C_{36})의 포화 및 불포화지방산의 에스터들이다(**그림 10-5**). 이들의 녹는점(60~100°C)은 일반적으로 트라이아실글리세롤보다 높다. 해양 미생물의 먹이사슬에서 제일 아래에 있는 플랑크톤에게 밀랍은 대사연료의 주요 형태이다.

밀랍은 또한 물을 싫어하는 성질(water-repellent)과 단단한 굳기(firm consistency) 때문에 자연계에서 또 다른 다양한 작용을 한다. 척추동물의 일부 피부 분비선(glands)에서 밀랍을 분비하여 모발과 피부를 보호하며, 그것들을 부드럽고 매끄럽게 하고, 물에 젖지 않게 한다. 조류 특히 물새들은 부리의 분비선에서 밀랍을 분

그림 10-5 생물의 밀랍. (a) 벌집밀랍(beeswax)의 주성분이 되는 트라이아콘탄일팔미트산염(triacontanylpalmitate)은 알코올인 트라이아콘탄올(triacontanol)을 가진 팔미트산의 에스터이다. (b) 밀랍으로 만들어진 벌집은 25°C에서 굳은 상태로 단단하며, 물이 전혀 스며들지 않는다. "왁스(wax)"라는 말은 "벌집의 재료"라는 의미를 가진 고대 영어 weax에서 유래된 것이다. [출처: (b) iStockphoto/Thinkstock.]

비하여 깃털이 물에 젖지 않도록 한다. 서양감탕나무(holly), 석남화(rhododendrons), 옻나무(poison ivy), 그리고 여러 열대 식물 등의 윤기 나는 잎들은 두터운 밀랍 층으로 덮여 있어서 기생충으로부터 잎을 보호하고 과도한 수분의 증발을 막아준다.

생체에서 만들어지는 밀랍은 약품, 화장품, 기타 산업 등에서 다양한 용도로 사용되고 있다. 어린 양모로부터 얻는 라놀린(lanolin), 벌집밀랍(beeswax, 그림 10-5), 브라질 야자나무에서 얻는 카노바 밀랍(carnauba wax), 고래 유래의 경납유(spermaceti oils)에서 추출한 밀랍 등은 로션, 연고, 광택제 등의 생산에 널리 이용된다.

요약 10.1 저장 지질

- 지질은 물에 녹지 않는 세포 성분으로 다양한 구조를 가지며, 비극성 용매로 추출할 수 있다.
- 거의 모든 지방산은 많은 지질에 탄화수소 성분을 제공하는데, 일반적으로 짝수 개(대개 12개에서 24개)의 탄소원자로 이루어져 있고, 포화 또는 불포화된 채로 존재하며, 거의 대부분 시스 입체배열의 이중결합을 가지고 있다.
- 트라이아실글리세롤은 글리세롤 분자의 3개의 하이드록실기에 각각 에스터결합으로 연결된 지방산 분자들을 가지고 있다. 단순 트라이아실글리세롤은 1종류의 지방산만 가지고 있으며, 혼합 트라이아실글리세롤은 2종류 내지는 3종류의 지방산을 포함하고 있다. 트라이아실글리세롤은 원래가 주로 저장 지방이며 여러 가지 식품들에 존재한다.
- 트랜스 지방산이 식이에 포함될 경우 심혈관 질환 위험성이 증가하기 때문에, 가공식품 제조에 트랜스 지방산 사용은 엄격하게 규제되고 있다.
- 밀납은 긴사슬 지방산과 긴사슬 알코올의 에스터화합물이다.

10.2 막의 구성요소 지질

생체막(biological membrane)의 가장 중요한 구조적 특성은 지질 이중층으로 되어 있어 극성 분자와 이온에 대한 장벽을 이룬다는 것이다. 막 지질은 양극성(amphipathic)으로써 한 분자에서 한쪽 끝은 소수성(hydrophobic)이고 다른 쪽 끝은 친수성(hydrophilic)을 나타낸다. 각각 분자들 간의 소수성 상호작용과 물과의 친수성 상

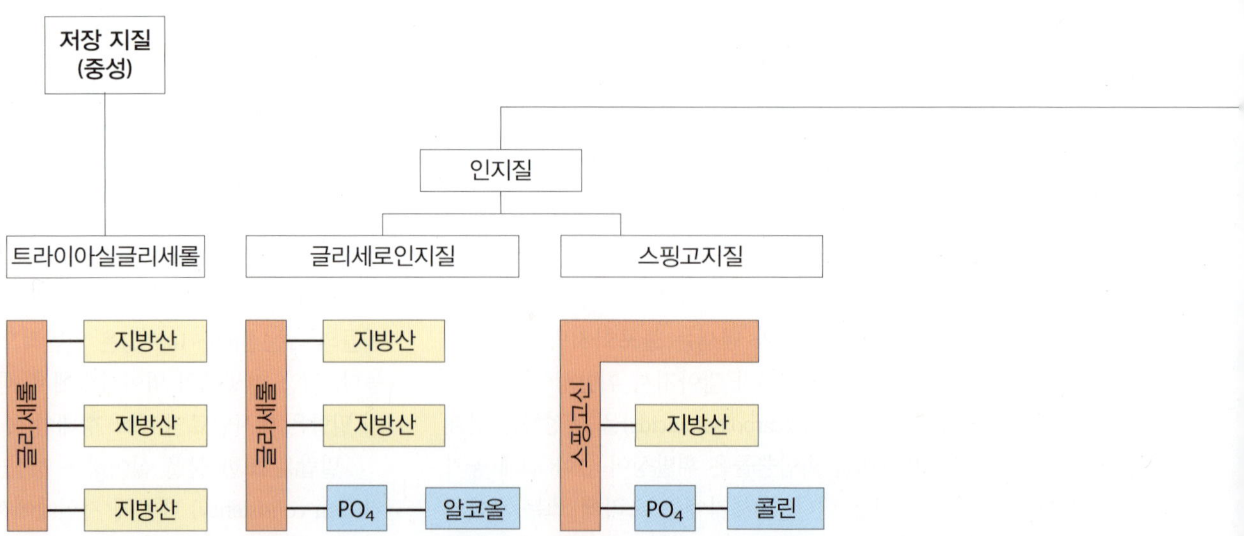

그림 10-6 저장 지질과 막 지질의 몇 가지 흔한 형태. 여기에 나타나 있는 모든 지질은 그 뼈대(분홍색)에 글리세롤이나 스핑고신을 가지고 있으며, 그 뼈대에 1개 이상의 긴사슬 알킬기(노란색)와 극성 머리 부분(파란색)이 부착하고 있다. 트라이아실글리세롤, 글리세로인지질, 갈락토지질, 황지질 등에서 알킬기는 에스터결합 지방산이다. 스핑고지질은 스핑고신 뼈대와 아마이드 결합을 하고 있는 하나의 지방산을 갖고 있다. 고세균(archaea)의 막 지질은 다양하다; 여기에 보여 주고 있는 것은 2개의 길고 가지

호작용을 통하여 막 이중층(membrane bilayer)이라 불리는 구조로 채우게 된다. 이번 절에서 5종류의 일반적인 막 지질들에 대하여 언급할 것인데, 글리세롤에 결합되어 있는 2개의 지방산이 소수성 부위를 형성하는 글리세로인지질(glycerophopholipid), 글리세롤에 2개의 지방산이 에스터화되어 있는 것은 같지만, 인산화지질의 특징적인 인산이 결핍되어 있는 갈락토지질과 황화지질, 글리세롤의 양쪽 끝에 2개의 매우 긴 알킬사슬이 에터결합을 하고 있는 고세균(archaea)의 4개의 에터를 가지는 지질, 1개의 지방산에 지방산 아민(fatty amine)인 스핑고신(sphingosine)이 결합된 스핑고지질(sphingolipids), 그리고 융합된 4개의 탄화수소 고리가 서로 연결된 구조가 특징인 스테롤(sterol)이다.

이들 양극성 화합물의 친수성 부위는 스테롤의 경우에 스테롤 고리의 한쪽 끝에 있는 1개의 —OH 기와 같이 단순하거나 혹은 경우에 따라서 좀 더 복잡하기도 한다. 글리세로인지질과 어떤 종류의 스핑고지질은 극성 머리 부분에 인산다이에스터결합으로 소수성기가 연결되어 있는 **인지질(phospholipid)**이며, 다른 종류의 스핑고지질은 인산염이 없고 단당이나 복잡한 과당을 극성 끝에 가지고 있는 **당지질(glycolipid)**이다(**그림 10-6**). 이 종류의 막지질에 지방산 "꼬리(tail)"가 무엇이고 극성 "머리(head)"가 무엇인가에 따라서 수없이 많은 종류의 지질이 존재하게 된다. 생체막에서 지질의 배열과 구조 그리고 기능적 역할에 대해서는 다음 장에서 설명하기로 한다.

글리세로인지질은 포스파티드산의 유도체이다

글리세로인지질[**glycerophospholipids** 또는 인산글리세라이드(phophoglycerides)라고도 부른다]은 막 지질로서 이들은 글리세롤의 1번과 2번 탄소에 에스터결합된 2개의 지방산과 3번 탄소에 인산다이에스터결합된 극성이 매우 크거나 전하를 띠는 기로 구성되어 있다. 글리세롤은 전구손대칭(prochiral) 상태로 비대칭 탄소가 없다. 그러나 한쪽 끝에 인산이 붙는 경우에 손대칭 화합물이 되므로, L-글리세롤 3-인산, D-글리세롤 1-인산, *sn*-글리세롤 3-인산 등으로 정확하게 명명해야 한다(**그림 10-7**). 모든 글리세로인지질은 포스파티드산(phosphatidic acid, **그림 10-8**)의 유도체로서 머리 부분의 극성 알코올 종류에 따라 그 이름이 붙여진다. 예를 들면, 포스파티딜콜린(phosphatidylcholine)이나 포스파티딜에탄올아민(phosphatidylethanolamine)의 경우, 극성 머리 부분에 콜린(choline)이나 에탄올아민(ethanolamine)을 갖고 있다. 카디오리핀은 하나의 글리세롤 분자를 머리로 하여 두 개의 포스파디드산이 꼬리로 결합한 형태이다(그림 10-8). 카디오리핀은 대부분의 박테리아 세포

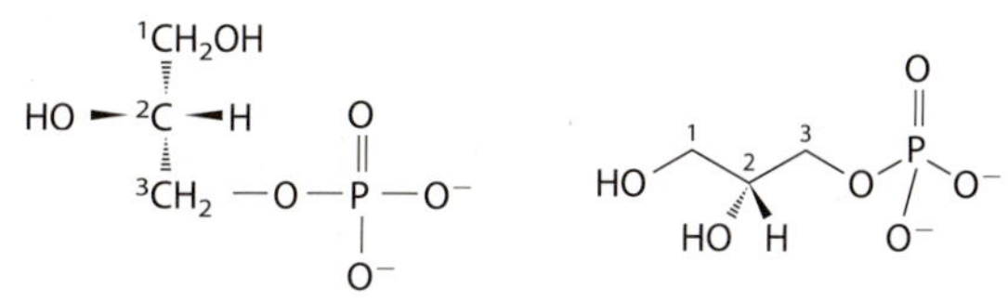

그림 10-7 인지질의 뼈대인 3-인산 L-글리세롤. 글리세롤은 C-2에서 대칭면을 갖고 있기 때문에 분자 자체는 손대칭성이 없다. 그러나 글리세롤은 $—CH_2OH$의 어느 쪽이든 인산염같은 것으로 치환하면 손대칭 화합물로 전환될 수 있다; 즉 글리세롤은 전구손대칭성이다. 인산 글리세롤의 모호하지 않은 하나의 명명법은 D, L계(78쪽에 설명되어 있음)인데, 이 방법에서 이성질체는 글리세르알데하이드 이성질체와의 입체화학적 관계에 따라 명명된다. 이 체계에 의하면 대부분의 지질에서 발견되는 인산 글리세롤의 입체이성질체는 3-인산 L-글리세롤이나 1-인산 D-글리세롤 등으로 정확하게 명명된다. 입체이성질체를 구체화하는 다른 방법은 입체특이명명법(stereospecific numbering system, *sn* 법)인데, 이 방법에서 정의에 의한 C-1은 전구-S 위치를 점유하는 전구손대칭 화합물의 그룹이다. 이 체계에서 인지질의 인산 글리세롤의 가장 흔한 형태는 3-인산 *sn*-글리세롤이다. 고세균에서는 L이 아닌 D-글리세롤 3-인산이 사용된다.

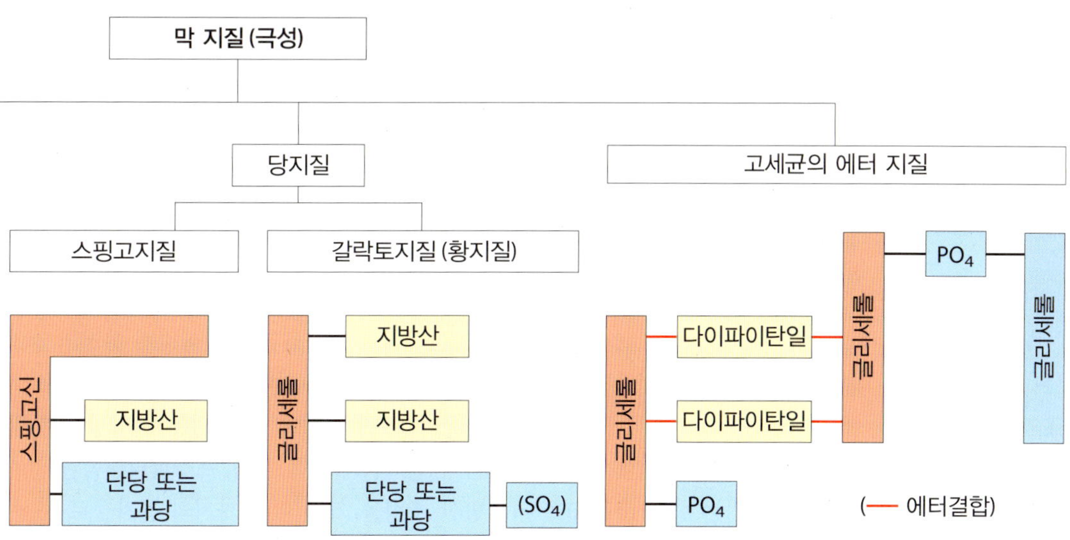

달린 알킬 사슬이며, 각각의 끝에서 글리세롤 부분과 에터결합으로 연결되어 있다. 인지질에서 극성 머리 부분은 인산다이에스터결합으로 연결되어 있고, 당지질은 머리 부분 당과 뼈대 글리세롤 사이에 직접적인 글라이코사이드 결합을 가지고 있다.

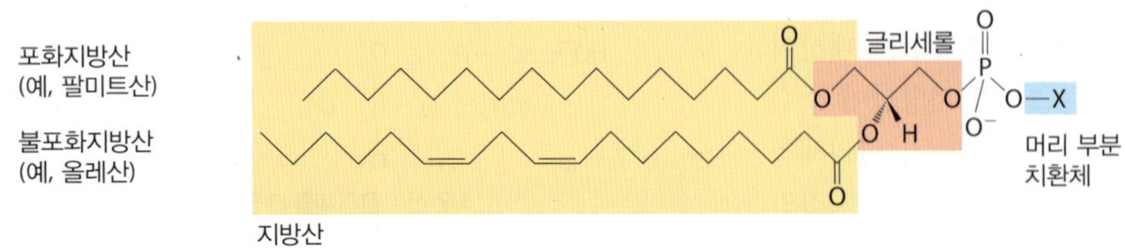

글리세로인지질의 이름	머리 부분 잔기	X의 구조식	알짜 전하 (pH 7에서)
포스파티드산	—	—H	−2*
포스파티딜에탄올아민	에탄올아민	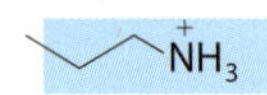	0
포스파티딜콜린	콜린	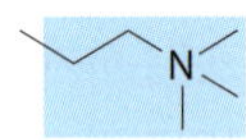	0
포스파티딜세린	세린	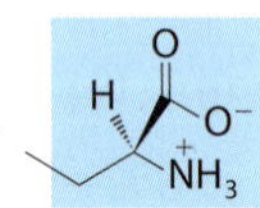	−1
포스파티딜글리세롤	글리세롤	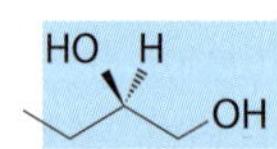	−1
4,5-이중인산 포스파티딜이노시톨	4,5-이중인산 *myo*-이노시톨	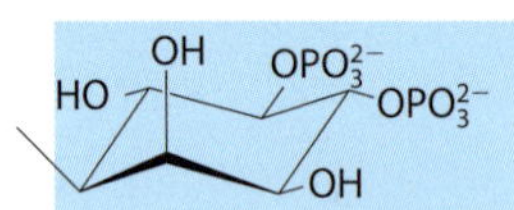	−4*
카디오리핀	포스파티딜-글리세롤	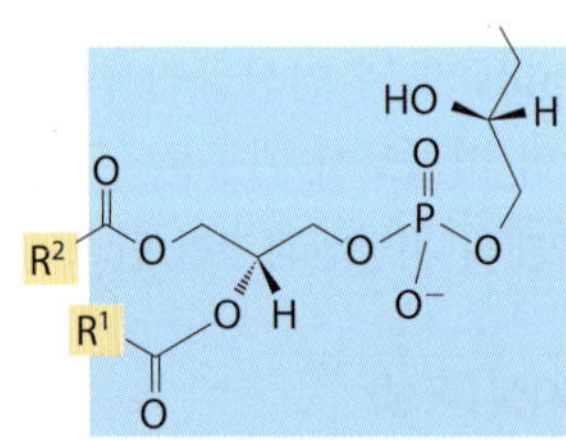	−2

그림 10-8 글리세로인지질. 흔한 글리세로인지질은 다이아실글리세롤이 머리 부분의 알코올에 인산다이에스터결합을 통하여 연결되어 있다. 인산모노에스터인 포스파티드산이 글리세로인지질의 모체가 된다. 각각의 유도체는 접두사 "포스파티딜-"뒤에 머리 부분 알코올(X)의 이름을 붙여 명명한다. 카디오리핀의 경우 2개의 포스파티드산이 하나의 글리세롤을 머리로 공유하고 있다 (R^1과 R^2는 지방 아실 그룹이다). *각각의 인산 에스터는 약 −1.5의 전하를 가지고 있으며, —OH 기는 pH 7에서 부분적으로만 이온화함에 주목할 것.

막에 존재하며, 진핵세포의 경우 생합성이 일어나는 미토콘드리아의 내막에서 거의 배타적으로 존재한다. 카디오리핀의 진핵세포 내 위치는 미토콘드리아의 기원에 대한 내공생 가설을 뒷받침한다(그림 1-40 참조).

모든 글리세로인지질에서 극성 머리 부분은 인산다이에스터 결합으로 글리세롤과 결합하게 된다. 이때 인산기는 중성 pH 7.0에서 음성 전하를 띠고 있다. 극성 알코올은 음성으로 하전될 수도 있고(4,5-이중인산 포스파티딜이노시톨, phosphatidylinositol 4,5-bisphosphate), 중성(포스파티딜세린, phosphatidylserine), 또는 양성(포스파티딜콜린, 포스파티딜에탄올아민)으로 하전될 수도 있다. 제11장에서 언급하겠지만, 이렇게 하전된 전하가 막의 표면 특성을 나타내는 데 중요하게 기여한다.

글리세로인지질에 들어 있는 지방산에는 많은 종류가 있다. 따라서 인지질은(예를 들어, 포스파티딜콜린의 경우) 각각 독특한 지방산 조성을 가진 여러 가지의 분자들로 구성될 수 있다. 각각의 분자 종에 따른 분포는 같은 종이라도 기관이나 조직에 따라 특이적이며, 동일한 세포나 조직에서도 글리세로인지질의 종류에 따라 다르다. 일반적으로 글리세로인지질은 글리세롤의 1번 탄소

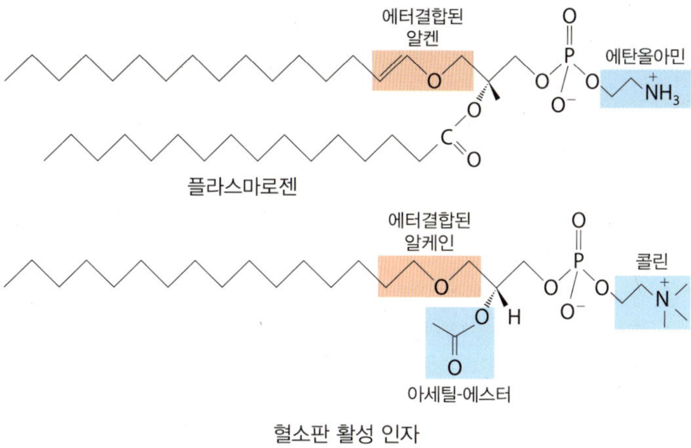

그림 10-9 에터 지질. 대부분의 글리세로인지질이 에스터결합을 하는 지방산을 가지고 있는 반면 플라스마로겐은 에터결합된 1개의 알켄일 사슬을 가지고 있다(그림 10-8과 비교). 혈소판 활성 인자는 글리세롤의 C-1 위치에 에터결합된 긴 알킬 사슬이 있으며, C-2에 아세트산이 에스터결합되어 있다. 아세트산이 에스터결합되어 있으므로 대부분의 글리세로인지질과 플라스마로겐에 비해 물에 훨씬 잘 녹는다. 플라스마로겐은 머리 부분의 알코올로서 에탄올아민을 가지고, 혈소판 활성 인자는 머리 부분의 알코올로서 콜린을 가지고 있다.

에 C_{16} 혹은 C_{18}인 포화지방산을 그리고 2번 탄소에 C_{18} 혹은 C_{20}인 불포화지방산을 가진다. 극히 적은 예를 제외하고 지방산과 극성 머리 부분의 변이가 생물학적으로 어떤 중요성이 있는지 알려진 바가 별로 없다.

몇 가지 인지질은 지방산이 에터결합으로 연결되어 있다

어떤 동물조직이나 단세포 생물에는 **에터 지질(ether lipid)**이 풍부하다. 에터 지질은 2개의 아실 사슬 중의 하나가 글리세롤에 에스터결합이 아닌 에터결합으로 되어 있는 것이다. 에터결합된 사슬은 알킬 에터 지질과 같이 포화되기도 하고 **플라스마로젠(plasmalogen)**과 같이 1번과 2번 탄소 사이에 이중결합을 형성하기도 한다(**그림 10-9**). 척추동물의 심장 조직은 에터 지질이 많은 것이 독특한데, 심장에 있는 인지질의 절반 정도가 플라스마로젠이다. 호염성 세균이나 섬모를 가지고 있는 원생생물, 그리고 몇몇 무척추동물 등의 생체막에도 에터 지질이 많이 포함되어 있다. 에터 지질이 이 생체막에서 어떤 기능을 하는지 아직 알려지지 않았으나, 아마 막 지질로부터 에스터결합된 지방산을 분해하는 인지질분해효소의 작용에 대하여 저항성이 있다는 것이 이들의 기능에 중요할지도 모른다.

적어도 1개의 에터 지질, 즉 **혈소판 활성인자(platelet-activating factor)**는 강력한 분자 신호이다. 이것은 호염기 세포(basophil)라고 불리는 백혈구에서 분비되어 혈소판 응집과 혈소판의 세로토닌(serotonin, 혈관수축제) 분비를 촉진시킨다. 또한 간, 민무늬근육(smooth muscle), 심장, 자궁, 폐 등의 조직에서 다양한 효과를 나타내며 염증 반응과 알레르기 반응에서도 중요한 역할을 한다. ■

엽록체는 갈락토지질과 황지질을 포함한다

막 지질의 두 번째 군인 **갈락토지질(galactolipids)**은 식물 세포에 주로 존재한다. 이것은 1,2-다이아실글리세롤의 3번째 탄소에 1개 또는 2개의 갈락토스 잔기가 글라이코사이드 결합을 하고 있다(**그림 10-10**; 그림 10-6 참조). 갈락토지질은 엽록체의 틸라코이드 막(thylakoid membranes, 내막)에 존재하며 관속 식물의 전체 막 지질의 70~80%를 차지한다. 그들은 아마도 생명권에서 가장 많은 막 지질일 것이다. 토양성분 중에서 인산기는 한정된 영양분이다. 식물은 이의 극복을 위해서 인산의 사용을 더 중요한 역할에 한정시키고 지질막 성분에서는 인산기를 배제하게 된 것으로 보인다. 식물 막은 또한 황지질(sulfolipids)을 가지고 있다. 그것은 글라이코사이드 결합으로 다이아실글리세롤에 황화 포도당 잔기가 결합한 구조이다. 황지질의 머리 부분에 있는 황은 인지질의 인산기와 같이 음전하를 띤다.

고세균은 독특한 막 지질을 가지고 있다

주로 극한 환경—예를 들어, 높은 온도(온천수), 낮은 pH, 높은 이

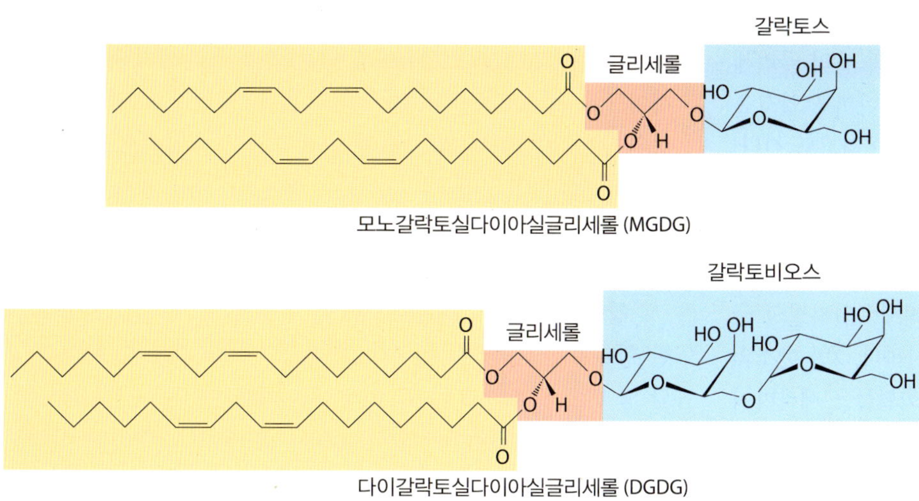

그림 10-10 엽록체 막의 2가지 당지질. 모노갈락토실다이아실글리세롤(MGDGs)과 다이갈락토실다이아실글리세롤(DGDGs)에서 아실기는 다중 불포화이며, 머리 부분은 전하를 띠고 있지 않다.

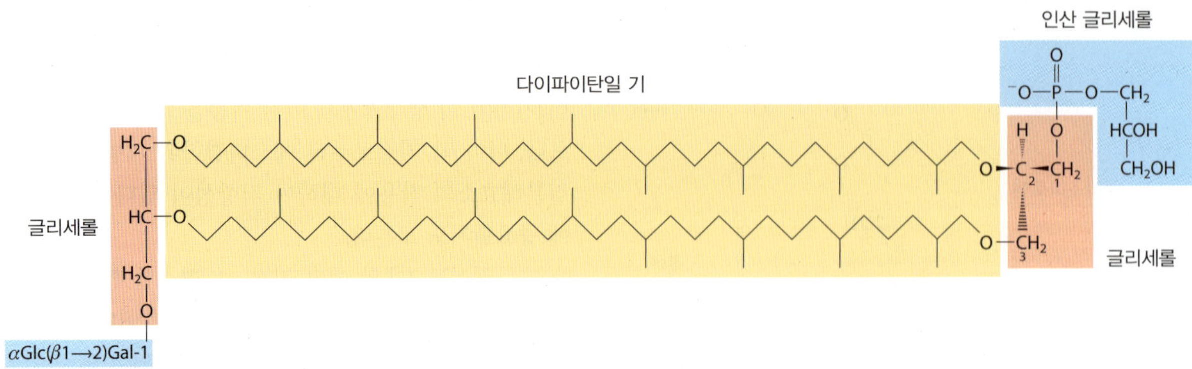

그림 10-11 고세균에서만 발견되는 막 지질. 이 다이파이탄일 테트라에터 지질에서 다이파이탄일 부분(노란색)은 끝과 끝이 축합된 8개의 5-탄소 아이소프렌 기로 구성된 긴 탄화수소이다. (이 끝-끝 축합은 아이소프렌 단위의 축합임, 그림 21-36 참조; 또한 다이파이탄일 기를 그림 20-8a의 엽록소의 20-탄소 파이톨(phytol) 곁사슬과 비교하라.) 이 펼쳐진 형태에서 다이파이탄일 기는 진정세균과 진핵세포의 막 지질에서 전형적으로 보이는 16-탄소 지방산 길이의 약 2배이다. 고세균 지질의 글리세롤 부분은 S 입체배열을 갖고 있는 진정세균과 진핵세포와 반대로 R 입체배열을 하고 있다. 고세균의 지질은 글리세롤의 치환체가 다르다. 여기에 보이는 분자에서 글리세롤 중 하나는 이당인 α-글루코피라노실-(1→2)-β-갈락토퓨라노스에 연결되어 있고, 다른 하나는 인산 글리세롤의 머리 부분에 연결되어 있다.

온 강도 등—의 생태계에서 사는 고세균(archae)은 양쪽 말단에 글리세롤이 결합한 긴사슬(32개 탄소) 가지의 탄화수소가 있는 막 지질을 가지고 있다(**그림 10-11**). 이 결합은 에터결합임에도 불구하고 낮은 pH나 높은 온도에서 진핵세포나 진정세균(eubacteria) 지질의 에스터결합보다 가수분해에 훨씬 더 안정적이다. 이 고세균의 지질은 쭉 펼쳐진 형태로 인지질이나 스핑고지질보다 2배 길고, 표면 막의 넓이도 2배 정도 넓다. 쭉 펼쳐진 분자의 각각의 끝에 인산기나 당 잔기와 결합한 글리세롤이 있는 극성 머리를 가지고 있다. 글리세롤 다이알킬 글리세롤 테트라에터(glycerol dialkyl glycerol tetraethers, GDGTs)처럼 이러한 화합물의 일반적인 이름은 그들의 독특한 구조를 반영한다. 고세균 지질의 글리세롤 부분은 진핵세포나 진정세균 지질의 그 부분과 같은 입체이성질체가 아니다. 고세균은 중심 탄소가 R 입체배열이고, 진핵세포나 진정세균의 경우는 S 입체배열이다(그림 10-7).

스핑고지질은 스핑고신의 유도체이다

스핑고지질(sphingolipids)은 막 지질 중에서 네 번째로 큰 종류인데, 이것도 역시 1개의 극성 머리 부분과 2개의 비극성 꼬리 부분을 가지고 있으나 글리세로인지질이나 갈락토지질과 달리 글리세롤을 포함하고 있지 않다. 스핑고지질은 긴사슬의 아미노 알코올인 스핑고신[sphingosine, 4-스핑게닌(4-sphingenine)이라고도 한다] 또는 그 유도체 1분자, 긴사슬지방산 1분자, 그리고 글라이코사이드 결합 또는 인산다이에스터결합을 통하여 연결되어 있는 극성 머리 부분 등으로 구성되어 있다(**그림 10-12**).

스핑고신 분자의 1, 2 및 3번 탄소들은 글리세로인지질의 글리세롤에 있는 3개의 탄소기와 구조적으로 유사하다. 2번 탄소의 —NH_2에 아마이드 결합으로 지방산이 연결된 화합물을 **세라마이드(ceramide)**라고 하는데, 이것은 다이아실글리세롤과 구조적으로 유사하다. 세라마이드는 모든 스핑고지질에서 공통적인 기본적 구조 단위가 된다.

스핑고지질에는 머리 부분이 다른 3가지의 아류, 즉 스핑고마이엘린, 중성(비전하의) 당지질, 강글리오사이드 등이 있다. **스핑고마이엘린(sphingomyelins)**은 극성의 머리 부위로 인산콜린(phosphocholine)이나 인산에탄올아민(phosphoethanolamine)을 가지고 있기 때문에 글리세로인지질과 함께 인지질로 분류되기도 한다(그림 10-6). 실제로 스핑고마이엘린은 일반적인 성질, 3차원 구조, 머리 부분에 전하가 없다는 점 등에서 포스파티딜콜린과 유사하다(**그림 10-13**). 스핑고마이엘린은 동물 세포의 형질막에 존재하며 또한 신경세포의 축삭을 둘러싸서 절연시키는 껍질막인 말이집(myelin)에도 많이 있으므로 스핑고마이엘린이라는 이름을 붙이게 되었다.

당스핑고지질(glycosphingolipids)은 형질막의 바깥쪽에 주로 존재하며, 머리 부분에 세라마이드의 1번 탄소의—OH에 직접 연결되어 있는 1개 이상의 당을 가지고 있으나 인은 함유하고 있지 않다. **세레브로사이드(cerebrosides)**는 세라마이드(ceramide)에 1개의 당이 연결된 것으로 신경 조직 세포의 형질막에서 주로 갈락토스를 포함하고 있는 것이 발견되며, 그 외의 조직 세포의 형질막에서 주로 포도당을 포함하고 있는 것이 주로 나타난다. **글로보사이드(globosides)**는 중성(하전되지 않은) 당스핑고지질로 2개 이상의 당을 포함하고 있는데, 주로 D-포도당, D-갈락토스, *N*-아세틸-D-갈락토사민 등을 가지고 있다. 세레브로사이드와 글로보사이드는 pH 7에서 전하를 띠지 않으므로 **중성 당지질(neutral glycolipid)**이라 부르기도 한다.

강글리오사이드(gangliosides)는 스핑고지질 중에서 가장 복잡한 형태로서 과당을 극성 머리 부분에 가지고 있으며, 이것의 말단 당 단위로 하나 또는 둘 이상의 *N*-아세틸누라민산(Neu5Ac)이 있는데, 이를 간단히 사이알산(sialic acid)이라고도 부른다. 사이알산으로 인해 pH 7에서 음의 전하를 갖게 되는데, 이런 특징으로

Johann Thudichum, 1829–1901
[출처: J. L. W. Thudichum, Tubingen, F. Pietzcker (1898).]

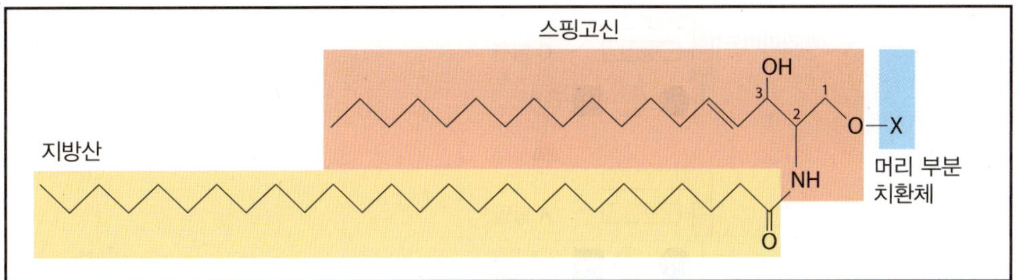

스핑고지질의 명칭	머리 부분 잔기	X의 구조식
세라마이드	—	—H
스핑고마이엘린	인산콜린	$-\overset{O}{\overset{\parallel}{P}}(O^-)-O-CH_2-CH_2-\overset{+}{N}(CH_3)_3$
중성 당지질 글루코실세레브로사이드	포도당	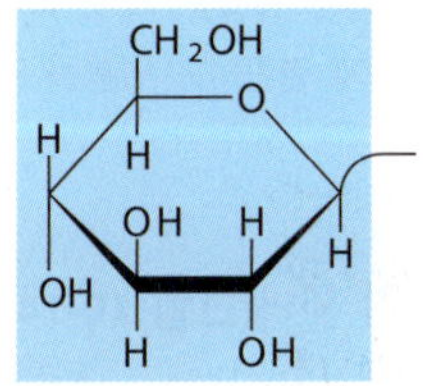
락토실세라마이드 (글로보사이드의 일종)	이당-, 삼당-, 사당	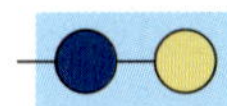
강글리오사이드 GM2	복합 과당	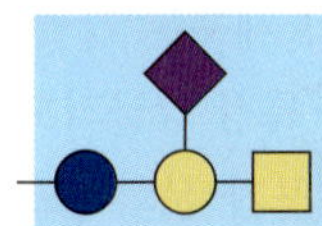

그림 10-12 스핑고지질. 스핑고신의 극성 끝에 있는 처음 3개의 탄소는 글리세로인지질의 뼈대를 이루는 글리세롤의 3개의 탄소와 유사하다. C-2 아미노기에 지방산이 아마이드 결합을 하고 있다. 스핑고지질 중의 지방산은 대개 포화지방산이거나 단일 불포화지방산으로 16, 18, 22, 24개의 탄소원자로 구성되어 있다. 세라마이드가 이 화합물들의 모체가 되는데, 개개의 스핑고지질은 C-1에 결합한 극성 머리 부분(X)에 따라서 다르다. 강글리오사이드는 대단히 복잡한 과당들이 머리 부분에 결합되어 있다. 이 그림에서 당은 표준 약자를 사용하여 표 7-1처럼 나타내었다.

글로보사이드와 구분된다. 사이알산 잔기를 1개 가진 강글리오사이드는 GM(*M*은 mono-를 나타낸다) 군에, 2개를 가진 것은 GD(*D*는 di-를 나타낸다) 군에, 3개를 가진 것은 GT 군에, 4개를 가진 것은 GQ 군에 포함된다.

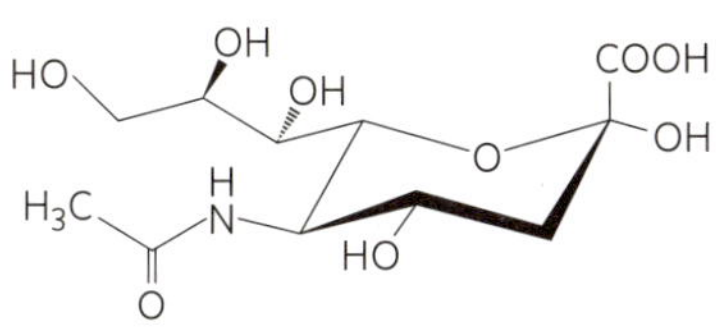

α-*N*-아세틸뉴라민산(사이알산)
(Neu5Ac)

세포 표면의 스핑고지질은 생물학적 인식 자리가 된다

1세기 전에 의사이면서 화학자였던 Johann Thudichum에 의하여 스핑고지질이 발견되었을 때 이 물질의 생물학적 역할은 스핑크스와 같이 불가사의했기 때문에 그는 스핑크스의 이름을 따서 스핑고지질이라고 명명했다. 사람에서 60종의 서로 다른 스핑고지질이 세포막에서 발견되었다. 이 중에 많은 수가 특히 신경세포의 형질막에서 현저하게 나타나며, 일부는 세포 표면에서 명확한 인식 자리로 작용한다. 개별 스핑고지질의 고유 기능에 대해서는 일부만 알려져 있다. 어떤 스핑고지질의 탄수화물 부분은 사람의 혈액형을 결정하며, 이에 따라 안전하게 수혈을 받을 수 있는 혈액

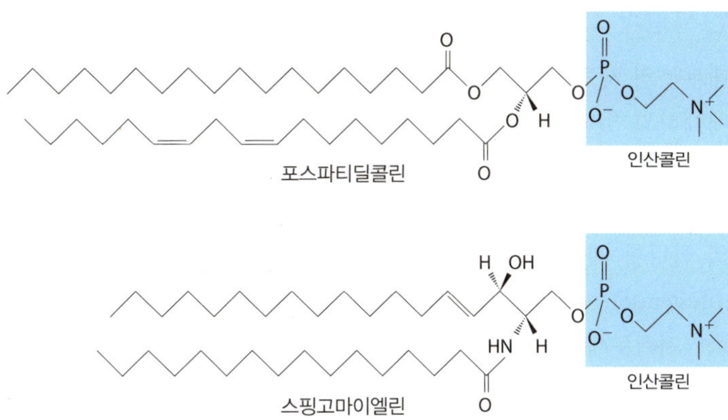

그림 10-13 막 지질의 2가지 형태의 분자 구조는 비슷하다. 포스파티딜콜린(글리세로인지질)과 스핑고마이엘린(스핑고지질)은 비슷한 크기와 물리적 성질을 갖지만, 막에서 다른 역할을 수행할 것이다.

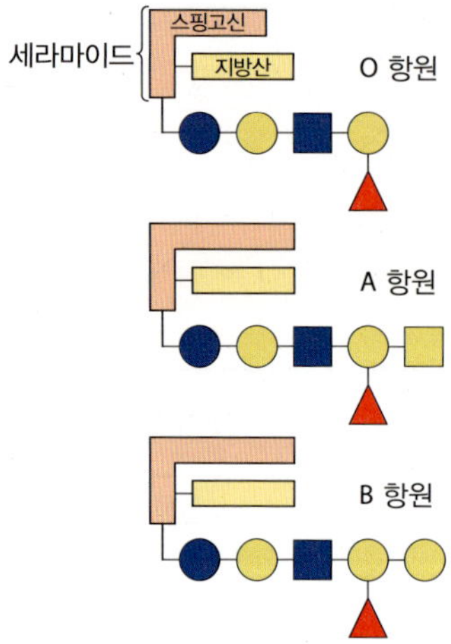

그림 10-14 **혈액형을 결정하는 당스핑고지질.** 사람의 혈액형(O, A, B)은 이 당스핑고지질 머리 부분의 과당의 종류에 따라서 부분적으로 결정된다. 3가지 종류의 과당은 각 O, A, B 혈액형을 가진 사람들의 어떤 혈액 단백질에 각각 동일하게 결합하고 있음을 알 수 있다. 여기서 당은 표준기호로 나타내었다(표 7-1 참조).

형도 결정하게 된다(**그림 10-14**).

강글리오사이드는 세포의 바깥쪽에 집중되어 있고, 그곳에서 세포 밖의 분자와 이웃 세포의 표면을 인식한다. 형질막의 강글리오사이드의 종류와 양은 태아 발생 과정에서 급격하게 변화한다. 종양 세포는 강글리오사이드의 새로운 보충을 위해 합성을 유도한다. 특정 강글리오사이드는 매우 저농도에서도 배양중인 신경 종양세포가 분화하도록 유도하기도 한다. 길랑-바레 증후군은 신체 내에서 자신의 강글리오사이드에 대한 항체를 생성하는 심각한 자가면역질환으로 말초신경세포의 염증성 손상, 이로 인한 일시적인 혹은 영구적인 마비를 동반한다. 콜레라는 소장에서 *Vibrio cholera* 박테리아에서 분비된 콜레라 독소가 소장상피세포의 특정 강글리오사이드에 결합한 후 세포 내부로 침입하면서 발생한다(별도설명 12-1 참조). 다양한 강글리오사이드의 생물학적 역할을 밝혀내는 일이 앞으로의 연구과제로 남아 있다.

인지질과 스핑고지질은 용해소체에서 분해된다

대부분의 세포는 지속적으로 막 지질을 분해하고 새로운 것으로 대체하고 있다. 글리세로인지질 분자의 가수분해가 가능한 각각의 결합자리마다 이를 특이적으로 분해하는 효소가 존재한다(**그림 10-15**). A형 인지질분해효소(phospholipase)는 2개의 지방산 중의 하나를 제거하여 라이소인지질을 생성한다. [이 에스터분해효소(esterase)는 플라스마로젠의 에터결합은 분해하지 못한다.] 라이소인지질분해효소(lysophospholipase)는 나머지 지방산을 제거한다.

강글리오사이드는 단계적으로 당 단위를 제거하여 최종적으로 세라마이드를 생성하는 일단의 용해소체 효소들에 의하여 분해된다. 이런 가수분해 효소들에 유전적인 결함이 있으면, 세포 속에 강글리오사이드가 축적되어 심각한 질환을 유발한다(별도설명 10-1).

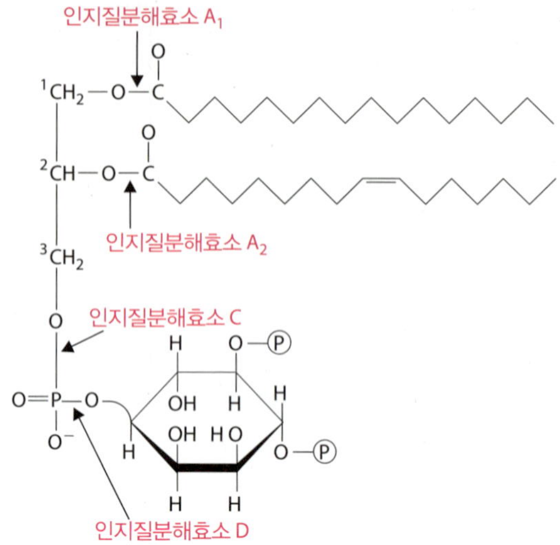

그림 10-15 **인지질분해효소의 특이성.** 인지질분해효소 A_1과 A_2는 온전한 글리세로인지질의 글리세롤 뼈대의 C-1과 C-2에 있는 에스터결합을 각각 가수분해한다. 인지질분해효소 A에 의해 1개의 지방산이 유리되면, 두 번째 지방산은 라이소인지질분해효소(표시되지 않음)에 의해서 절단된다. 인지질분해효소 C와 D는 각각 머리 부분에 있는 인산다이에스터결합들 중 하나를 끊는다. 어떤 종류의 인지질분해효소는 4,5-이중인산 포스파티딜이노시톨이나 포스파티딜콜린과 같은 한 종류의 글리세로인지질에만 작용을 하는 반면, 다른 인지질분해효소는 그와 같은 특이성이 적다.

스테롤은 융합된 4개의 탄소 고리를 가지고 있다

스테롤(sterols)은 대부분의 진핵세포의 막에 존재하는 구조 지질이다. 막 지질의 5번째 군인 스테롤이 갖는 특징적인 구조는 4개의 융합 고리로 이루어진 스테로이드 핵인데, 이 중에서 3개의 고리는 6개의 탄소로 되어 있으며, 1개의 고리는 5개의 탄소로 되어 있다(**그림 10-16**). 스테로이드 핵은 거의 평면 구조를 하고 있으며, 비교적 견고하므로 단단하게 융합된 고리들은 탄소-탄소 결합 사이에서 회전을 할 수 없다. 동물 조직의 주요 스테롤인 **콜레스테롤(cholesterol)**은 극성 머리 부분(3번 탄소의 하이드록실기)과 탄소 16개 지방산이 펼쳐진 것과 거의 같은 길이가 되는 비극성

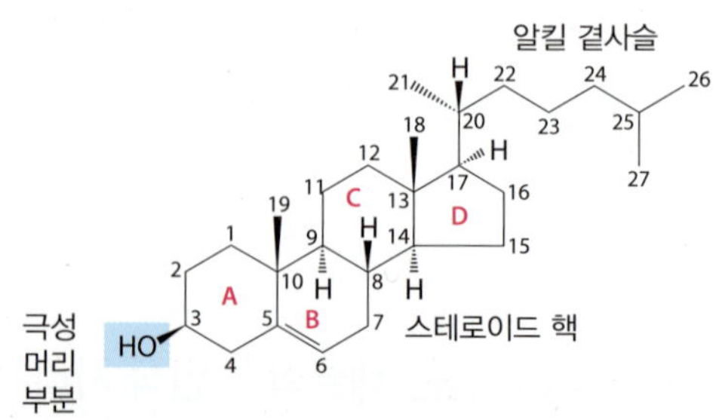

그림 10-16 **콜레스테롤.** 투명한 표면 윤곽 모형을 통하여 콜레스테롤 분자의 막대 구조를 볼 수 있다. 화학적 구조에서 스테로이드 핵을 가지고 있는 유도체들과의 비교를 용이하게 하기 위하여 고리들을 A에서 D까지 명시하였고, 탄소원자는 파란색으로 번호를 붙였다. 3번 탄소에 위치한 하이드록실기(파란색 음영)가 극성 머리 부분이 된다. 스테롤의 저장 또는 운반을 위하여 하이드록실기에 지방산을 붙여 스테롤 에스터 형태로 만들어야 한다.

별도설명 10-1 의학 막 지질의 비정상적인 축적에 의하여 유발되는 유전병

세포막의 극성 지질들은 항상 일정한 대사 과정을 반복하고 있는데, 합성과 분해의 속도는 정상적으로 그 균형을 유지하고 있다. 지질의 분해는 각각의 공유결합을 특이적으로 분해할 수 있는 용해소체의 가수분해효소들에 의하여 촉진된다. 이 가수분해효소들(그림 1)에 의한 스핑고지질들의 가수분해에 이상이 있을 때 중간 분해산물들이 조직에 축적되어 심각한 질병을 야기한다. 50여 종 이상의 질병들이 용해소체의 가수분해효소 이상과 관련된 것으로 밝혀졌으며, 이들 질병들은 각각 가수분해 단백질 유전자의 단일 돌연변이에 기인한다.

예를 들면, 니이만-픽 병(Niemann-Pick disease)은 스핑고마이엘린에서 인산콜린을 잘라 내는 효소인 스핑고마이엘리네이스(sphingomyelinase)의 드문 유전적 결함에 의하여 발생하는데, 그 결과 스핑고마이엘린이 뇌, 비장, 간 등에 축적된다. 이 질병은 유아기에 뚜렷해져 지능발육이 지연되거나 조기에 사망한다. 보다 흔히 볼 수 있는 유전병은 타이-삭스 병(Tay-Sachs disease, 그림 2)으로 이 질병에서는 헥소사미니데이스 A(hexosaminidase A)의 결핍으로 뇌와 비장에 특이적인 강글리오사이드 GM2가 축적된다. 타이-삭스 병은 진행성 발육부진, 마비, 실명 등의 증상을 보이며, 3~4세에 사망하게 된다.

유전 상담을 통해서 많은 종류의 유전병을 예측하고 사전에 예방할 수 있다. 곧 부모가 되려는 남녀들을 대상으로 비정상 효소의 존재 여부를 확인할 수 있는데, DNA를 검사하면 정확한 결함의 본질과 자식에게 나타날 위험까지 알 수 있다. 임신 중에 태반의 일부(chorionic villus sampling, 융모막 융모 채취)나 태아를 둘러싸고 있는 양수로부터(amniocentesis, 양수천자) 태아 세포를 얻은 후 동일한 방법으로 검사할 수 있다.

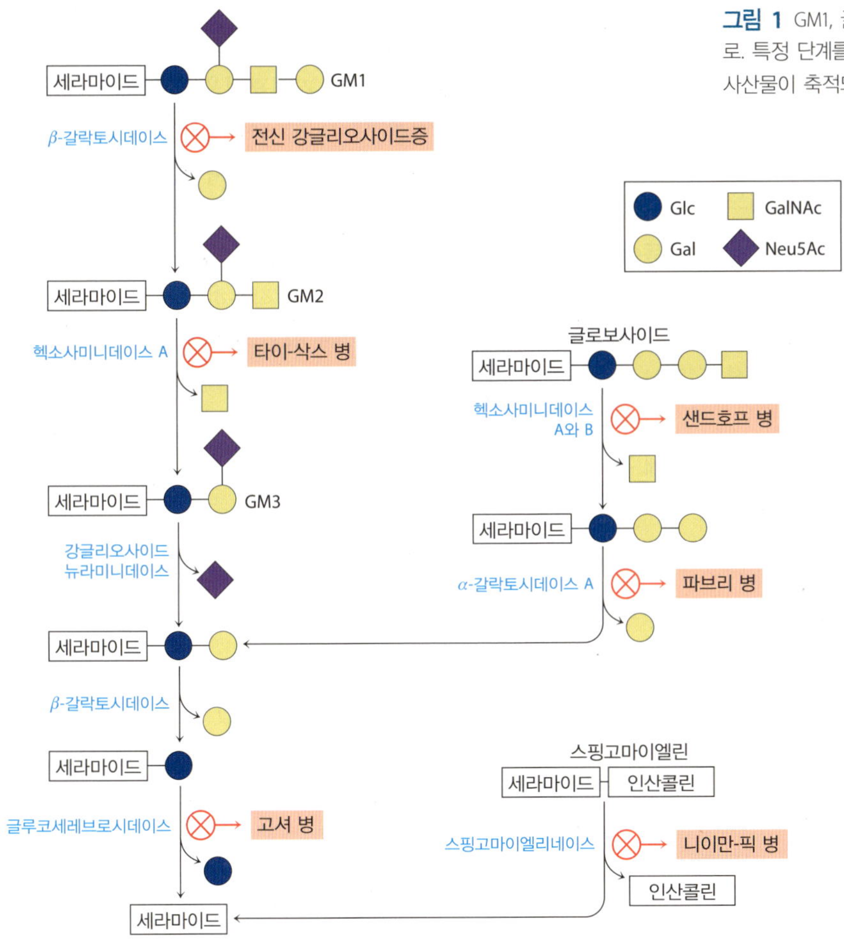

그림 1 GM1, 글로보사이드, 스핑고마이엘린 등에서 세라마이드까지의 분해 경로. 특정 단계를 가수분해하는 효소의 결손은 ⊗로 표시되어 있고, 부분적인 대사산물이 축적되어 발생하는 질병도 나타내었다.

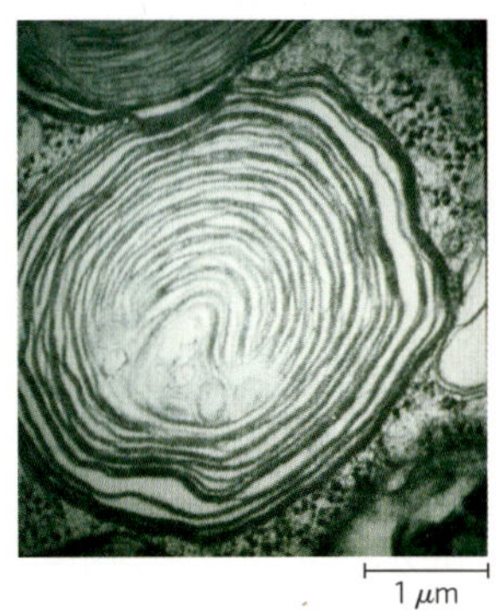

그림 2 타이-삭스 병에 걸린 태아의 뇌 세포 부위를 찍은 전자현미경 사진으로 용해소체에서 비정상적인 강글리오사이드의 축적을 보여 주고 있다.

탄화수소 몸통(스테로이드 핵과 17번 탄소의 탄화수소 곁사슬)으로 구성된 양극성 분자이다. 이와 유사한 스테롤이 다른 진핵세포에서도 관찰되는데, 예를 들면 식물의 스티그마스테롤과 곰팡이의 어고스테롤 등이다. 세균은 스스로 스테롤을 합성할 수 없지만 일부 세균은 외부의 스테롤을 자신의 막으로 받아들일 수 있다. 모든 진핵세포에서 스테롤은 지용성 비타민, 퀴논(quinone), 10.3절에서 설명할 돌리콜(dolichol) 등과 마찬가지로 간단한 탄소 5개의 아이소프렌(isoprene) 소단위로부터 합성된다.

스테롤은 막의 성분이라는 역할 외에도 특이적인 생물학적 활성을 갖는 여러 다양한 산물의 전구체로도 이용된다. 예를 들어, 스테로이드 호르몬은 유전자 발현을 조절하는 강력한 생물학적 신호이며, 콜레스테롤의 극성 유도체인 **쓸개즙산(bile acids)**은 창자 내에서 계면활성제로 작용하여 식이성 지질을 유화함으로써 소화 효소인 지질분해효소(lipase)가 쉽게 작용할 수 있게 한다.

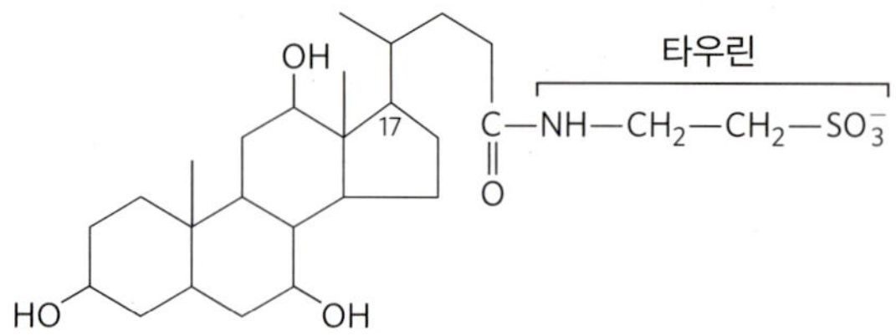

타우로콜린산
(쓸개즙산)

우리는 다음 장인 제11장에서 생체막 콜레스테롤의 구조적 기능에 관하여 알아보고, 제12장에서 스테로이드 호르몬의 신호전달에 관하여, 제21장에서 콜레스테롤의 생합성 과정과 지질단백질 운반체에 의한 콜레스테롤의 수송 과정에 대하여 알아볼 것이다.

요약 10.2 막의 구성요소 지질

■ 극성 머리 부분과 비극성 꼬리를 가지고 있는 극성 지질은 막의 주요 성분이다. 양적으로 가장 풍부한 것은 글리세로인지질이며, 이는 글리세롤에 존재하는 2개의 하이드록실기에 에스터결합된 2개의 지방산 분자와 인산다이에스터결합으로 세 번째 하이드록실기에 에스터결합된 이차 알코올 머리 부분으로 구성된다. 그 외 극성 지질로는 스테롤이 있다.

■ 머리 부분의 구조가 서로 다르며, 흔한 글리세로인지질은 포스파티딜에탄올아민과 포스파티딜콜린이다. 글리세로인지질의 극성 머리 부분은 pH 7 근처에서 전하를 갖는다.

■ 엽록체 막에는 갈락토지질과 황지질이 주목할 만큼 풍부한데, 전자는 한두 개의 갈락토스 잔기가 결합한 다이아실글리세롤이고, 후자는 황화당 잔기(sulfonated sugar residues)가 결합하여 머리 부분에 음전하를 띠는 다이아실글리세롤이다.

■ 고세균은 글리세롤의 양 끝에 긴사슬 알킬기가 에터결합한 지질과 글리세롤에 당 잔기와 인산기가 결합하여 음전하를 제공하는 지질을 막 지질로 가지고 있다. 이 지질은 고세균이 사는 극한 환경에서 안정적이다.

■ 스핑고지질은 긴사슬의 지방족 아미노 알코올인 스핑고신을 포함하고 있으나 글리세롤은 없다. 스핑고마이엘린은 인산과 콜린 그리고 2개의 긴 탄화수소 사슬을 가지고 있다. 하나는 지방산에서 그리고 나머지 하나는 스핑고신에서 유래한 것이다. 스핑고지질에는 세레브로사이드, 글로보사이드, 강글리오사이드 등과 같이 당 성분을 포함하고 있는 3개의 다른 종류가 있다.

■ 스테롤은 4개의 융합 탄소 고리와 1개의 하이드록실기를 가지고 있다. 동물의 주요 스테롤 중의 하나인 콜레스테롤은 막의 구조적 성분이고 스테로이드 화합물들의 전구체이다.

10.3 신호, 보조인자, 색소 등으로 작용하는 지질

지금까지 알아본 2가지 종류의 지질(저장 지질과 구조 지질)은 세포의 주요 성분이다. 즉, 막 지질은 대부분의 세포에서 건조 중량의 5~10%를 차지하며 저장 지질의 경우에 지방세포 중량의 80% 이상을 차지한다. 몇 가지 중요한 예외를 제외하고 이 지질들은 세포 속에서 **수동적인** 역할 밖에 하지 않는다. 지질 연료는 효소에 의하여 산화될 때까지 저장되어 있으며, 막 지질은 세포와 세포 속 구획들을 둘러싸서 비투과성 장벽을 형성한다. 양적으로 훨씬 적은 또 다른 군의 지질은 대사산물과 전령으로서 대사 과정에서 **능동적인** 역할을 한다. 어떤 종류는 혈액을 따라 서로 다른 조직으로 운반되는 호르몬이나 세포 밖의 신호(호르몬이나 성장 인자)에 반응하여 생성되는 세포 속의 전령과 같이 강력한 신호로 작용하기도 하며, 또 다른 것들은 엽록체나 미토콘드리아의 전자전달 반응이나 다양한 글라이코실화(당의 첨가) 반응의 당 전달 과정에서 효소의 보조인자로 작용한다. 세 번째 군의 지질은 교대로 나타나는 이중결합 체계를 가진 것으로 가시광선을 흡수하는 색소 분자들이다. 이 군의 어떤 것은 시각이나 광합성과 같이 빛을 포획하는 색소로 작용하며, 또 다른 것은 호박이나 당근의 주황색 빛깔이나 카나리아 깃털의 밝은 노란색과 같은 자연계의 색상들을 만들어 낸다. 마지막으로 식물에서 생성되는 휘발성 지질의 거대 그룹은 공기를 통해 전달되는 신호로서 작용하여, 식물이 서로 신호를 전달하고 동물을 끌어 들이며 적을 물리치도록 한다. 우리는 이 절에서 생물학적으로 활성을 가진 몇 가지의 대표적인 지질에 대하여 설명할 것이며, 다음 장에서 그들의 합성과 생물학적 역할에 관하여 좀 더 자세히 알아볼 것이다.

포스파티딜이노시톨과 스핑고신 유도체는 세포 내부의 신호로 작용한다

포스파티딜이노시톨과 그것의 인산화 유도체는 세포의 구조와 대사 과정을 여러 단계에서 조절하는 역할을 한다. 형질막의 안쪽(세포질 쪽)에 존재하는 4,5-이중인산 포스파티딜이노시톨(phosphatidylinositol 4,5-bisphosphate, PIP_2, 그림 10-15)은 세포 밖 신호가 형질막의 특이적 수용체와 결합할 때 세포 속에서 유리되는 전령 분자들의 저장고 역할을 한다. 예를 들면, 바소프레신 호르몬과 같은 세포 밖 신호가 막에 있는 특정 인지질분해효소 C(phospholipase C)를 활성화하면, 인지질분해효소 C는 4,5-이중인산 포스파티딜이노시톨을 가수분해하여 세포 내부의 전령으로 작용하는 수용성 1,4,5-삼중인산 이노시톨(inositol 1,4,5-trisphosphate, IP_3)과 형질막에 남게 되는 다이아실글리세롤의 2가지 산물을 만든다. IP_3는 소포체로부터 Ca^{2+}의 유리를 촉발시키고, 증가된 세포내 Ca^{2+}와 다이아실글리세롤은 효소 단백질 인산화효소 C(Protein Kinase

C, PKC)를 활성화시킨다. 특정 단백질들을 인산화함으로써, 이 효소는 세포 밖 신호에 대한 세포의 반응을 일으킨다. 이 신호 기전은 제12장에서 보다 자세하게 설명할 것이다(그림 12-11 참조).

이노시톨 인지질은 또한 세포 신호전달이나 세포외유출에 관여하는 특정 초분자 복합체의 핵 형성에 중요한 역할을 담당한다. 어떤 신호전달 단백질들은 세포막의 3,4,5-삼중인산 포스파티딜이노시톨(phosphatidylinositol 3,4,5-trisphosphate)에 특이적으로 결합하여 막의 세포질 쪽 표면에서 다효소 복합물이 만들어지게 한다. 세포 밖 신호에 의해 3,4,5-삼중인산 포스파티딜이노시톨이 형성되면 형질막의 표면에 단백질이 모여 신호 복합체를 이룬다(그림 12-20 참조).

막 스핑고지질 또한 세포 내 전령의 기본 물질의 역할을 담당한다. 세라마이드와 스핑고마이엘린(그림 10-12)은 모두 강력한 단백질 인산화효소의 조절 물질이며, 세라마이드나 그 유도체들은 세포의 분열, 분화, 이동, 예정 세포사멸(apoptosis, 세포자멸사라고도 한다. 제12장 참조)과 관련되어 있다고 알려져 있다.

아이코사노이드는 주위의 세포로 신호를 전달한다

아이코사노이드(eicosanoid)는 주변분비(paracrine) 호르몬인데, 혈액을 따라 다른 조직이나 기관으로 가서 작용하는 것이 아니라 호르몬이 합성된 곳 주위의 인근 세포에만 작용을 나타내는 물질이다. 이러한 지방산 유도체들은 척추동물의 조직에서 여러 가지로 극적인 효과를 나타낸다. 이들은 생식 기능, 염증 반응, 발열, 상해나 질병과 연관된 통증, 혈액 응고의 형성, 혈압 조절, 위산 분비, 사람의 건강과 질병 등에서 기타 여러 과정들에 관련이 있는 것으로 알려져 있다.

모든 아이코사노이드는 탄소 20개의 다불포화지방산인 아라키돈산(arachidonic acid), 20:4($\Delta^{5,8,10,14}$)(**그림 10-17**)에서 유도된 것으로 "20"이란 뜻의 그리스어 *eikosi*에서 그 이름이 유래되었다. 아이코사노이드에는 프로스타글란딘, 트롬복산, 류코트라이엔, 리폭신 등의 4가지 종류가 있다.

프로스타글란딘(prostaglandin, PG)은 탄소 5개로 이루어진 고리를 가지고 있다. 프로스타글란딘이란 말은 Bengt Samuelsson과 Sune Bergstrom에 의하여 전립샘 조직에서 처음으로 발견된 것에서 유래되었다. PGE2와 2계열 프로스타글란딘은 아라키돈산으로부터 합성되고, 3계열 프로스타글란딘은 EPA로부터 유래된다(그림 21-12 참조). 프로스타글란딘은 다양한 기능을 가진다. 몇몇은 분만이나 월경 시의 자궁 민무늬근육의 수축을 유발한다. 다른 것들은 특정 기관으로 가는 혈류의 흐름과 각성-수면 회로(wake-sleep cycle)에 영향을 주고, 또는 에피네프린이나 글루카곤과 같은 호르몬에 대한 조직의 반응성에 영향을 준다. 세 번째 군의 프로스타글란딘은 체온을 올리고(발열) 염증 반응과 통증을 유도한다.

트롬복산(thromboxanes, TX)은 에터결합을 포함하는 6원환 구조를 가지고 있다. 트롬복산은 혈소판에서 만들어지는데, 혈액 응고의 형성은 물론 혈액 응고가 부위의 혈류 감소를 유도한다. 비스테로이드 항염증제(NSAID)[예를 들면, 아스피린, 이부프로펜

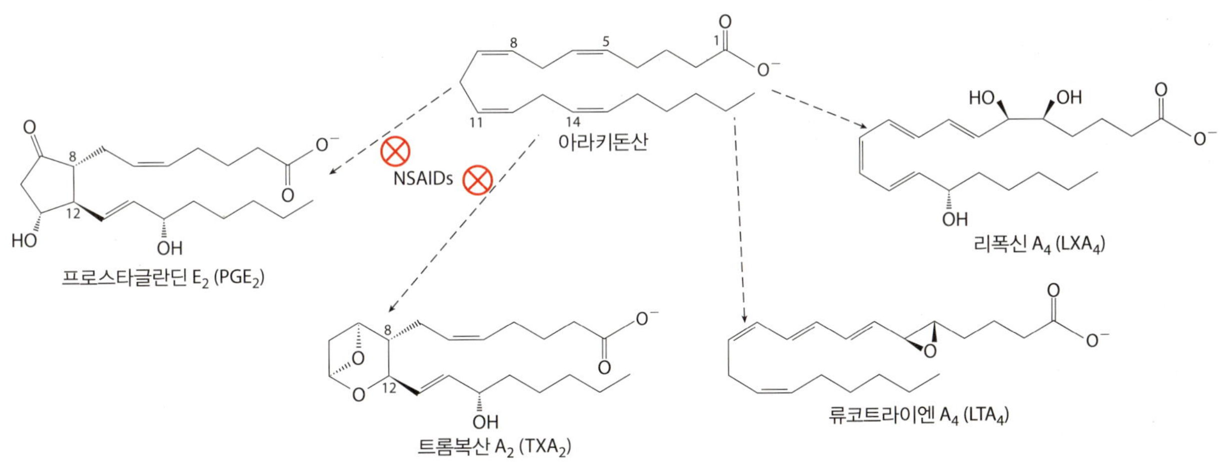

그림 10-17 아라키돈산과 몇 가지의 아이코사노이드 유도체. 아라키돈산(pH 7에서 염으로 존재)은 프로스타글란딘, 트롬복산, 류코트라이엔을 포함하는 아이코사노이드의 전구체이다. 프로스타글란딘 E_1에서 아라키돈산의 8번째 탄소와 12번째 탄소가 연결되어 특징적인 5-원소 고리를 형성한다. 트롬복산 A_2에서 아라키돈산의 8번째의 탄소와 12번째의 탄소가 연결되고 여기에 산소원자가 첨가되어 6-원소 고리를 형성한다. 아스피린, 아세트아미노펜, 이부프로펜 등과 같은 비스테로이드 항염증제(NSAID)는 고리산소화효소(프로스타글란딘 H_2 합성효소)를 억제하여 아라키돈산으로부터 프로스타글란딘과 트롬복산의 합성을 저해한다. 류코트라이엔 A_4는 교대로 나타나는 3개의 일련의 이중결합을 가지고 있으며, 고리 구조가 없는 선형이다. 리폭신 역시 선형구조를 가진 아리키돈산 유도체로 여러 개의 하이드록실기를 갖고 있다.

John Vane (1927–2004), Sune Bergström (1916–2004), and Bengt Samuelsson [출처: Ira Wyman/Sygma/Corbis.]

(ibuprofen), 메클로페남산염(meclofenamate) 등]들이 아라키돈산에서 프로스타글란딘과 트롬복산이 만들어지는 초기 과정을 촉매하는 프로스타글란딘 H_2 합성효소[고리산소화효소 2(cyclooxygenase 2) 또는 COX-2라고도 함]를 억제한다는 사실이 John Vane에 의하여 알려졌다(그림 10-17; 그림 21-12 참조).

류코트라이엔(leukotrienes, LT)은 백혈구(leukocytes)에서 처음 발견되었으며, 교대로 나타나는 이중결합(conjugated double bond)을 3개 가지고 있다. 이 류코트라이엔은 강력한 생물학적 신호이다. 예를 들면, 류코트라이엔 A_4에서 유래된 류코트라이엔 D_4는 폐기도 민무늬근육의 수축을 유발하는데, 류코트라이엔이 과량으로 합성되면 천식 발작(asthmatic attack)을 일으킨다. 따라서 류코트라이엔의 합성이 프레드니손(prednisone) 같은 항천식 약물의 한 가지 표적이 되는 것이다. 벌침, 페니실린, 기타 여러 가지 화합물 등에 대하여 과민한 사람에게 일어나는 아나필락시스 쇼크(anaphylactic shock)의 경우에 폐 민무늬근육의 강력한 수축은 치명적일 수 있는 알레르기 반응 중 한 가지이다.

리폭신(lipoxins, LX)은 류코트라이엔과 같이 선형 아이코사노이드이다. 화학구조상 탄소사슬을 따라 여러 개의 —OH기를 갖고 있으며, 이들 화합물들은 강력한 항염증 활성을 갖고 있다(그림 10-17). 매일 복용하는 낮은 용량 (81 mg)의 아스피린으로 생합성이 촉진되기 때문에, 심혈관질환 환자들에게 저용량 아스피린이 흔히 처방된다. ■

스테로이드 호르몬은 조직 간의 정보를 전달한다

스테로이드는 스테롤이 산화되어 생긴 유도체로서 스테롤 핵은 가지고 있으나 콜레스테롤의 D 고리에 결합된 알킬 사슬이 없으며 콜레스테롤보다 극성이다. 스테로이드 호르몬은 합성된 곳에서 단백질 운반체와 결합하여 같이 혈류를 타고 표적 조직으로 운반되는데, 그곳에서 세포 속으로 들어가 핵 내에 존재하는 매우 특이성이 높은 수용체 단백질과 결합하여 유전자 발현과 대사 과정에 변화를 일으킨다. 호르몬은 각각의 수용체에 대하여 매우 높은 친화력을 가지므로 매우 낮은 농도[나노몰(nanomolar) 또는 그 이하의]에서도 충분히 표적 조직의 반응을 유발할 수 있다. 스테로이드 호르몬의 주요 군은 남성 및 여성 성호르몬 그리고 부신겉질에서 만들어지는 호르몬인 코티솔과 알도스테론이다(**그림 10-18**). 프레드니손(prednisone)과 프레드니솔론(prednisolone)은 강력한 항염 작용을 하는 스테로이드 약물로서 인지질분해효소(phospholipase) A_2에 의한 아라키돈산의 유리를 억제하여 결과적으로 류코트라이엔, 프로스타글란딘, 트롬복산 등의 합성을 억제하게 되어 항염 반응을 매개하게 된다. 스테로이드는 천식 및 류마티스 관절염 등의 치료를 포함한 여러 분야에서 의학적으로 많이 활용되고 있다. ■

관다발 식물은 유사스테로이드인 브라시놀라이드(brassinolide, 그림 10-18)를 함유하고 있는데, 이것은 줄기의 성장 속도를 증가시키거나 성장 과정 동안 세포벽에서 셀룰로스 미세원섬유의 방향에 영향을 주는 강력한 성장 조절자이다.

관다발 식물은 수천 가지의 휘발성 신호를 생성한다

식물은 꽃가루 매개자를 유인하고, 초식동물을 쫓아내거나 식물을 초식동물로부터 막아 주는 생물체를 끌어 들이고, 다른 식물들과 소통하는 데 사용되는 수천 가지의 다양한 친유성 화합물, 즉 휘발성 물질을 생성한다. 예를 들어, 막 지질의 18:3($\Delta^{9,12,15}$) 지방산 유도체인 자스몬산(jasmonate)은 곤충이 가한 손상에 대해 식물의

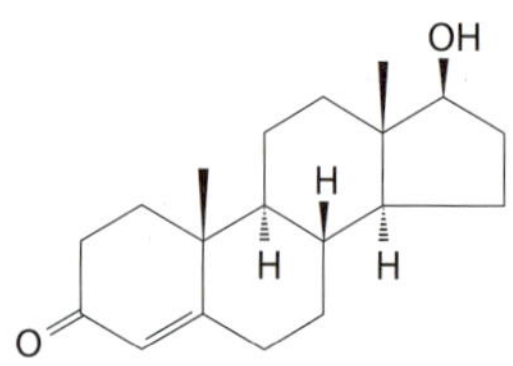

테스토스테론

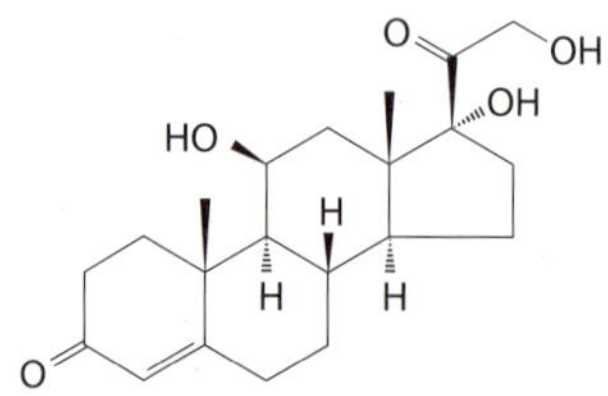

코티솔

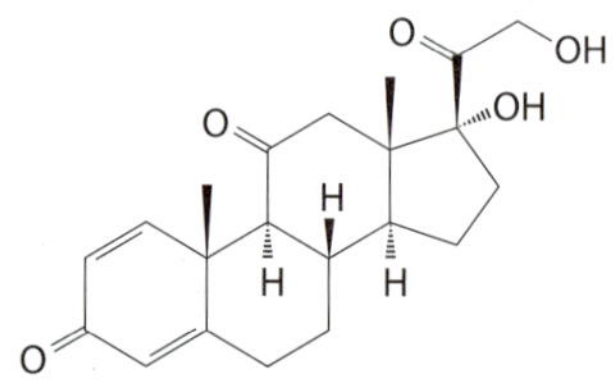

프레드니손

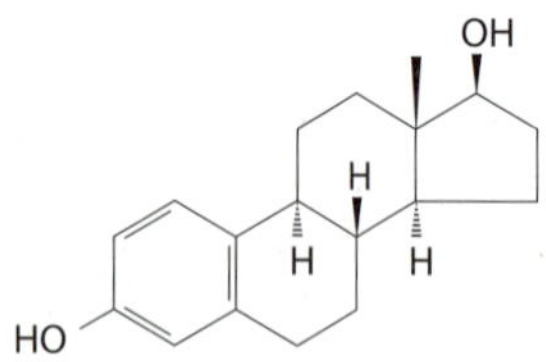

β-에스트라다이올

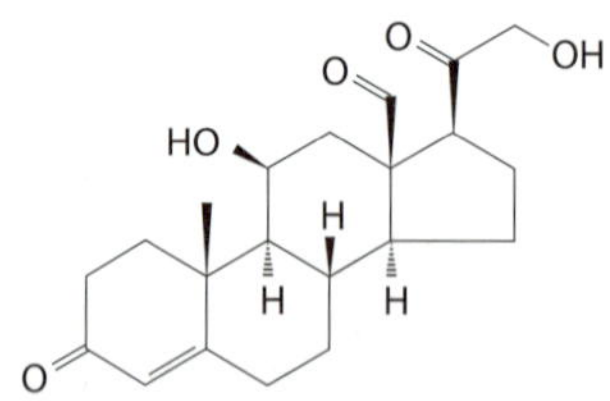

알도스테론

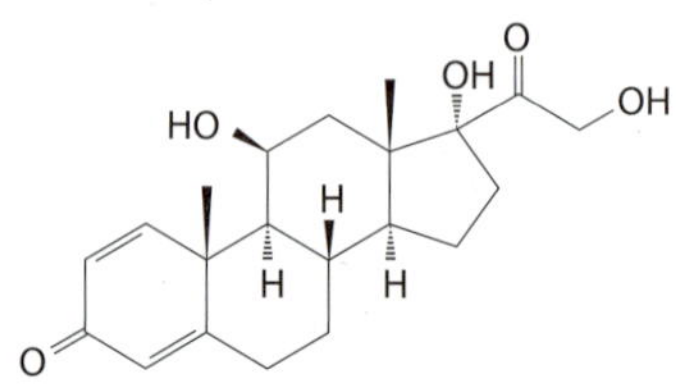

프레드니솔론

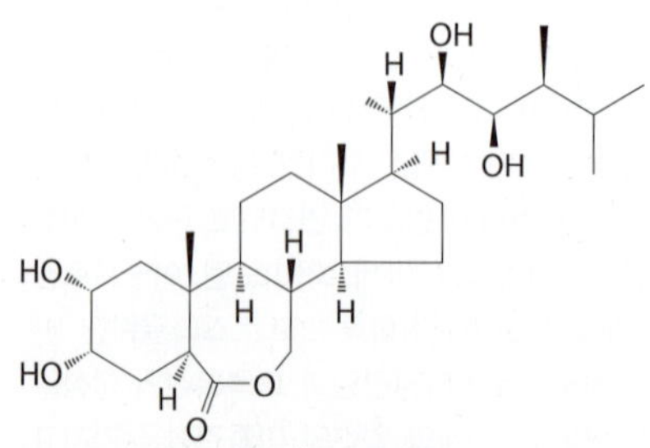

브라시놀라이드
(브라시노스테로이드)

그림 10-18 콜레스테롤에서 유래된 스테로이드. 남성 성호르몬인 테스토스테론은 고환에서 만들어진다. 여성 성호르몬의 하나인 에스트라다이올은 난소와 태반에서 만들어진다. 코티솔과 알도스테론은 부신겉질에서 만들어져 각각 당질 대사와 염의 배설을 조절한다. 프레드니솔론과 프레드니손은 항염증제로 사용되는 스테로이드이다. 브라시놀라이드는 관속식물에서 발견되는 성장 조절자이다.

방어를 촉발한다. 자스몬산의 메틸에스터는 자스민(jasmine) 기름의 독특한 향을 내는 물질이며, 향수 산업에 널리 사용된다. 많은 식물성 휘발물질은 지방산이나 오탄소 아이소프렌(isoprene) 단위의 축합에 의해 만들어진 화합물, 예를 들어 제라니올(geraniol, 제라니움의 특정 향기), β-파이넨(β-pinene, 소나무), 리모넨(limonene, 라임), 멘톨(menthol), 카르본(carvone, 그림 1-25a 참조) 등으로부터 유래한다.

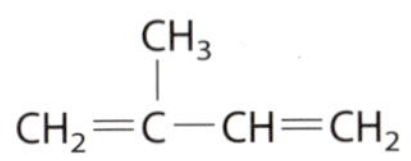

아이소프렌

비타민 A와 D는 호르몬의 전구체이다

20세기의 처음 30년 동안에 생리화학의 주요 연구 분야는 **비타민(vitamin)**을 동정하는 것이었다. 비타민은 사람과 다른 척추동물의 건강에 필수적인 물질이지만 그 자체가 체 내에서 합성되지 않으므로 음식물을 통하여 섭취해야 한다. 초기의 영양학 연구에서 비타민은 비극성 유기 용매에 녹는 것(지용성 비타민)과 수용성 용매를 이용해 식품으로부터 추출할 수 있는 것(수용성 비타민) 2가지 종류로 일반적으로 분류하였다. 그 후에 지용성 비타민군은 비타민 A, D, E, K 등의 4군으로 세분되는데, 이들은 모두 아이소프렌 단위의 축합으로 합성된 아이소프레노이드(isoprenoid) 화합물이다. 이들 중 A와 D는 호르몬 전구체로 활용된다.

비타민 D_3[콜레칼시페롤(cholecalciferol)이라고도 부름]는 정상적으로 태양 빛의 자외선 성분에 의하여 7-데하이드로콜레스테롤로부터 피부에서 일어나는 광화학(photochemical) 반응으로 합성된다(**그림 10-19a**). 비타민 D_3 자체는 생물학적 활성이 없으나 간이나 콩팥의 효소에 의하여 1α,25-다이하이드록시비타민 D_3 [1α,25-dihydroxyvitamin D_3(calcitriol)]로 전환되어 창자의 칼슘의 흡수와 뼈나 콩팥의 칼슘 농도를 조절하는 역할을 한다. 비타민 D가 결핍되면 뼈대 형성에 장애를 초래하여 구루병(rickets)이 된다. 구루병 환자에 비타민 D를 보충해 주면 극적인 회복을 보인다(그림 10-19b). 비타민 D_2[어고칼시페롤(ergocalciferol)]은 효모의 어고스테롤에 자외선을 조사함으로써 만들어지며, 상품으로 시판된다. 스테롤의 D 고리에 붙은 곁사슬이 약간 다르다는 것을 제외하고 비타민 D_3와 구조적으로 유사하다. 둘 다 동일한 생물학적 효능을 보이며, 일반적으로 D_2를 식품 첨가제의 용도로 우유나 버터에 첨가한다. 스테로이드 호르몬과 마찬가지로 비타민 D의 대사산물인 1α,25-다이하이드록시비타민 D_3가 특정 핵수용체 단백질과 상호작용하여 유전자 발현을 조절한다(1156~1157쪽 참조).

비타민 A_1(all-*trans*-retinol)와 산화 대사체인 레티노산(retinoic acid), 레티날(retinal)은 발생과정, 세포 성장과 분화, 시각 등에 필요하다(**그림 10-20**). 식이에서 섭취한 비타민 A_1 또는 β-카로틴은 체내에서 효소반응을 거쳐 전-트랜스-레티노산(all-*trans*-retinoic acid)으로 전환된다. 전-트랜스-레티노산은 레티노이드 호르몬으로

(a)

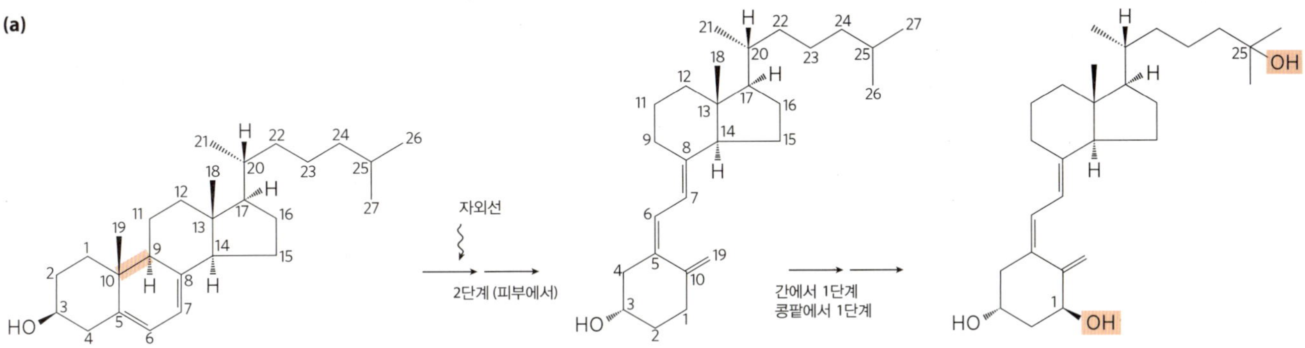

7-데하이드로콜레스테롤 콜레칼시페롤 (비타민 D_3) 1α,25-다이하이드록시비타민 D_3 (칼시트리올)

(b)

그림 10-19 비타민 D_3의 생성과 대사. (a) 7-데하이드로콜레스테롤이 피부에서 자외선에 의하여 분홍색으로 된 결합이 깨지면서 콜레칼시페롤(비타민 D_3)로 된다. 간에서 C-25에 하이드록실기가 첨가되고, 다시 콩팥으로 운반되어 C-1에 두 번째 하이드록실기가 결합함으로써 활성형인 1,25-다이하이드록시콜레칼시페롤로 된다. 이 호르몬은 콩팥, 창자, 뼈 등에서 Ca^{2+} 대사를 조절한다. (b) 음식을 통해 비타민 D를 섭취함으로써 구루병의 발생을 예방할 수 있다. 구루병은 한때 추운 지방에서 흔한 질병이었다. 추운 지방에서 옷을 두껍게 입으므로 피부에서 비타민 D_3를 만드는 데 필요한 자외선을 충분히 쬘 수가 없었기 때문이다. John Steuart Curry의 *The Social Benefits of Biochemical Research*(1943)라는 대형 벽화를 살펴보면 왼쪽 사람과 동물에서 영양 불량의 영향을 보여 주는데, 남자아이가 구루병으로 다리가 휘어 있는 것을 볼 수 있다. 오른쪽 사람과 동물은 "연구에 의한 사회적 혜택"으로 건강해 졌으며, 비타민 D의 투여로 구루병이 예방되고 치료되었음이 나타나 있다. 이 벽화는 Wisconsin-Madison 대학의 생화학부서에 보관되어 있다. [출처: (b) Courtesy of Media Center, University of Wisconsin–Madison, Department of Biochemistry.]

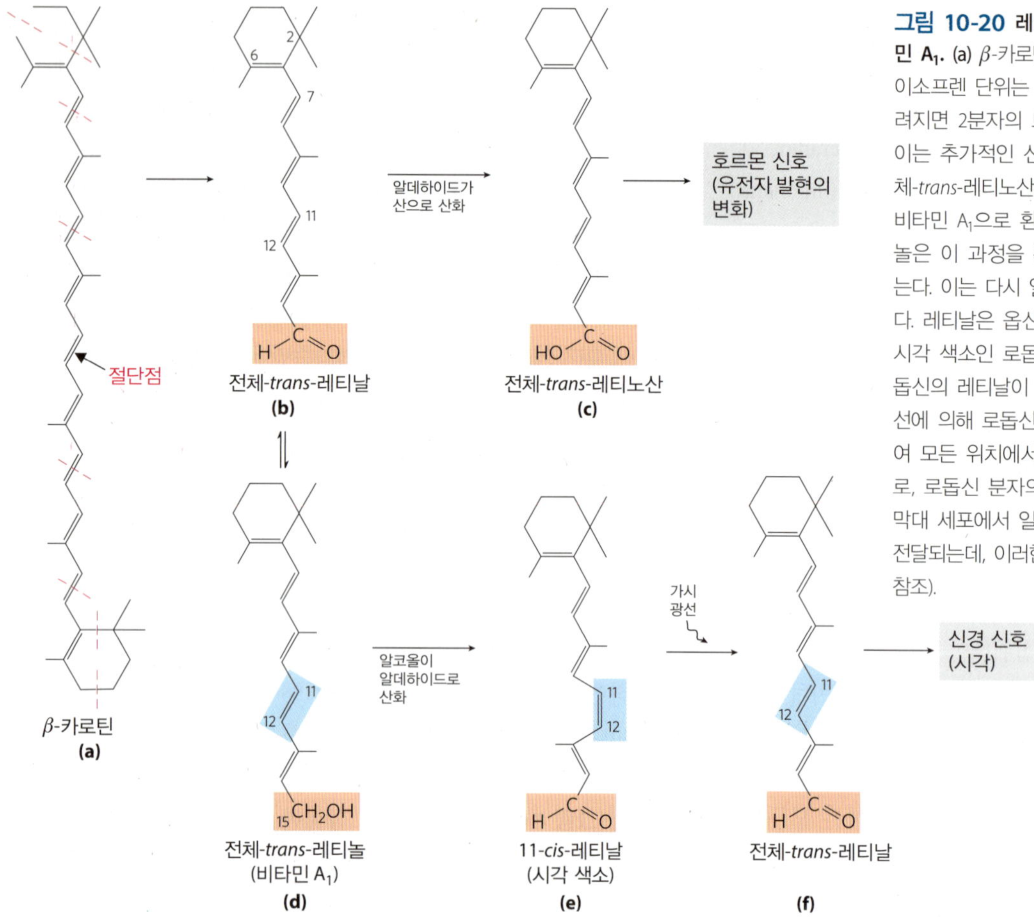

그림 10-20 레티노이드의 전구체로서 식이 β-카로틴과 비타민 A_1. (a) β-카로틴은 아이소프렌 구조 단위로 구성되며, 각 아이소프렌 단위는 빨간색의 점선으로 구분하였다. β-카로틴이 잘려지면 2분자의 트랜스형 레티날(all-*trans*-retinal)이 생긴다**(b)**. 이는 추가적인 산화과정으로 통하여 레티노이드 호르몬인 전체-*trans*-레티노산**(c)**이 되거나, 트랜스형 레티놀(all-*trans*-retinol), 비타민 A_1으로 환원된다**(d)**. 시각 전달경로에서 전체-*trans*-레티놀은 이 과정을 통해 합성되거나 식이를 통하여 직접 공급받는다. 이는 다시 알데하이드 11-*cis* 형 레티날**(e)**로 전환될 수 있다. 레티날은 옵신 단백질과 결합하여 자연계에 널리 존재하는 시각 색소인 로돕신(표시되지 않음)이 된다. 어두운 곳에서 로돕신의 레티날이 11-*cis* 형(11-*cis*-retinal, c)를 하고 있다. 가시광선에 의해 로돕신 분자가 자극되면 일련의 광화학 반응을 통하여 모든 위치에서 트랜스형(전체-*trans*-레티날) **(f)**을 하게 되므로, 로돕신 분자의 전체 구조가 변하게 된다. 척추동물 망막의 막대 세포에서 일어나는 이러한 변화는 전기 신호가 되어 뇌로 전달되는데, 이러한 과정이 시각 전달의 기초가 된다(그림 12-14 참조).

서 핵 수용체 단백질(RAR, RXR, PPAR)에 작용하여 배아 발달, 줄기세포 분화, 세포 성장에 필요한 필수 유전자들을 조절한다. 전-트랜스-레티노산은 특정한 백혈병의 치료에도 사용되며, 트레티노인(tretinoin, Retin-A) 약물의 활성 성분으로서 심한 여드름과 피부 주름의 치료에 사용된다. 척추동물에서 레티날은 옵신 단백질과 결합하여 광수용체 색소인 로돕신을 만든다. 11-시스-레티날이 전-트랜스-레티날로 전환되는 광화학반응은 시각의 기본 반응이다(그림 12-14 참조).

다른 비타민들과 달리 비타민 A는 체내에서 일정 시간 동안 저장이 가능하다(주로 간에서 팔미트산과 에스터결합된 형태로 저장된다). 비타민 A는 생선의 간 기름으로부터 처음 분리되었으며, 간, 계란, 전유, 버터 등에 많이 함유되어 있다. 또 다른 비타민 A 공급원으로 당근, 고구마나 다른 노란색을 띠는 채소들에서 발견되는 색소 β-카로틴이 있다(그림 10-20). 카로틴은 **카로티노이드(carotenoid)** 화합물의 일종인데, 700여 가지가 넘는 이 화합물들은 공액 이중결합이 길게 연결되어 450~470 nm 구간의 가시광선을 강하게 흡수한다.

산모에서 비타민 A가 결핍된 경우 선천성 기형이나 태아의 발육부진이 일어날 수 있으며, 성인에서도 비타민 A는 시각, 면역, 생식에 필수적이다. 비타민 A 결핍은 피부, 안구, 점막의 건조, 야맹증(비타민 A 결핍시 초기 증상) 등의 다양한 증상을 나타낸다. 개발도상국가에서는 비타민 A 결핍으로 인해 백만 명 이상이 실명 또는 사망하는 것으로 추정된다. 비타민 A 공급을 위한 효과적인 전략으로 β-카로틴이 보강된 쌀 품종이 개발되었다. 쌀의 잎에는 β-카로틴의 생합성에 필요한 모든 효소들을 갖고 있지만, 이들 효소들의 활성이 낟알에서는 높지 않다. 2개의 유전자를 쌀에 삽입한 결과 β-카로틴이 보강된 "황금쌀"의 생산이 가능해졌다**(그림 10-21)**. ■

비타민 E와 K 그리고 지질 퀴논은 산화-환원 반응의 보조인자이다

비타민 E는 **토코페롤(tocopherols)**이라고 불리는 매우 유사한 지질에 대한 총칭이며, 이것들은 모두 치환된 방향족 고리(substituted aromatic ring)와 긴 아이소프레노이드 곁사슬을 가지고 있다**(그림 10-22a)**. 소수성이기 때문에 토코페롤은 세포막이나 축적된 지질 그리고 혈액의 지질단백질과 결합되어 있다. 토코페롤은 생물학적 항산화제이다. 방향족 고리가 산소 라디칼이나 다른 유리 라디칼과 반응하여 제거함으로써, 불포화지방산이나 세포막 지질의 산화를 방지하여 세포 손상을 막는다. 토코페롤은 계란과 식물성 기름에 존재하며, 특히 밀의 배아에 많다. 비타민 E가 결핍된 먹이로 사육한 실험동물에서 비늘과 같은 피부, 근육의 약

그림 10-21 카로틴-보강 쌀. 주로 쌀이 주식인 국가들에서 매년 비가역적인 실명으로 50만 명이 고통 받고, 2백만 명이 사망하는 등 전 세계에서 2억 명의 여성과 어린이들이 비타민 A 결핍으로 고통 받는다. 인도주의 활동 중 하나인 황금쌀 프로젝트는 이 문제를 해결하기 위해서 유전공학을 이용하였다. 즉, *β*-카로틴을 생산하지 않는 야생 쌀 품종(왼쪽)의 낟알에서 *β*-카로틴을 생산하도록 유전자 변형을 도입하였다. 유전자 변형된 쌀 품종은 카로틴의 노란색을 띤다(오른쪽). 황금쌀 식이 보충은 비타민 A 결핍을 예방하여 비극적 참사를 피할 수 있을 만큼 충분한 카로틴을 공급한다. [출처: © Golden Rice Humanitarian Board (www.goldenrice.org).]

화, 쇠약 및 불임증 등이 나타난다. 비타민 E의 결핍은 사람에서는 매우 드물지만 주요 증상은 취약 적혈구가 나타나는 것이다.

비타민 K(vitamin K, 그림 10-22b)의 방향족 고리는 정상적인 혈액 응고(blood clotting)에 필수적인 단백질인 활성 프로트롬빈(prothrombin)이 생성되는 과정에서 산화 및 환원의 순환 과정을 거친다. 프로트롬빈은 단백질 분해효소로 섬유소원(fibrinogen) 단백질의 펩타이드 결합을 끊어 섬유소(fibrin)로 전환시킨다. 섬유소는 혈액 응고가 서로 얽히게 만드는 불용성의 섬유단백질이다(그림 6-40 참조). Henrik Dam과 Edward A, Doisy는 각각 비타민 K의 결핍이 혈액 응고를 더디게 만들어 치명적일 수 있다는 사실을 발견하였다. 비타민 K 결핍증은 치명적일 수 있는 소수의 신생아 출혈 질환을 제외하고 사람에서 보기 드물다. 미국에서는 신생아에게 일상적으로 1 mg의 비타민 K를 주사한다. 비타민 K_1(필로퀴논, phylloquinone)은 녹색 식물의 잎에서 발견되었고, 관련 물질인 비타민 K_2(menaquinone)는 척추동물의 창자에 있는 세균에 의하여 만들어진다.

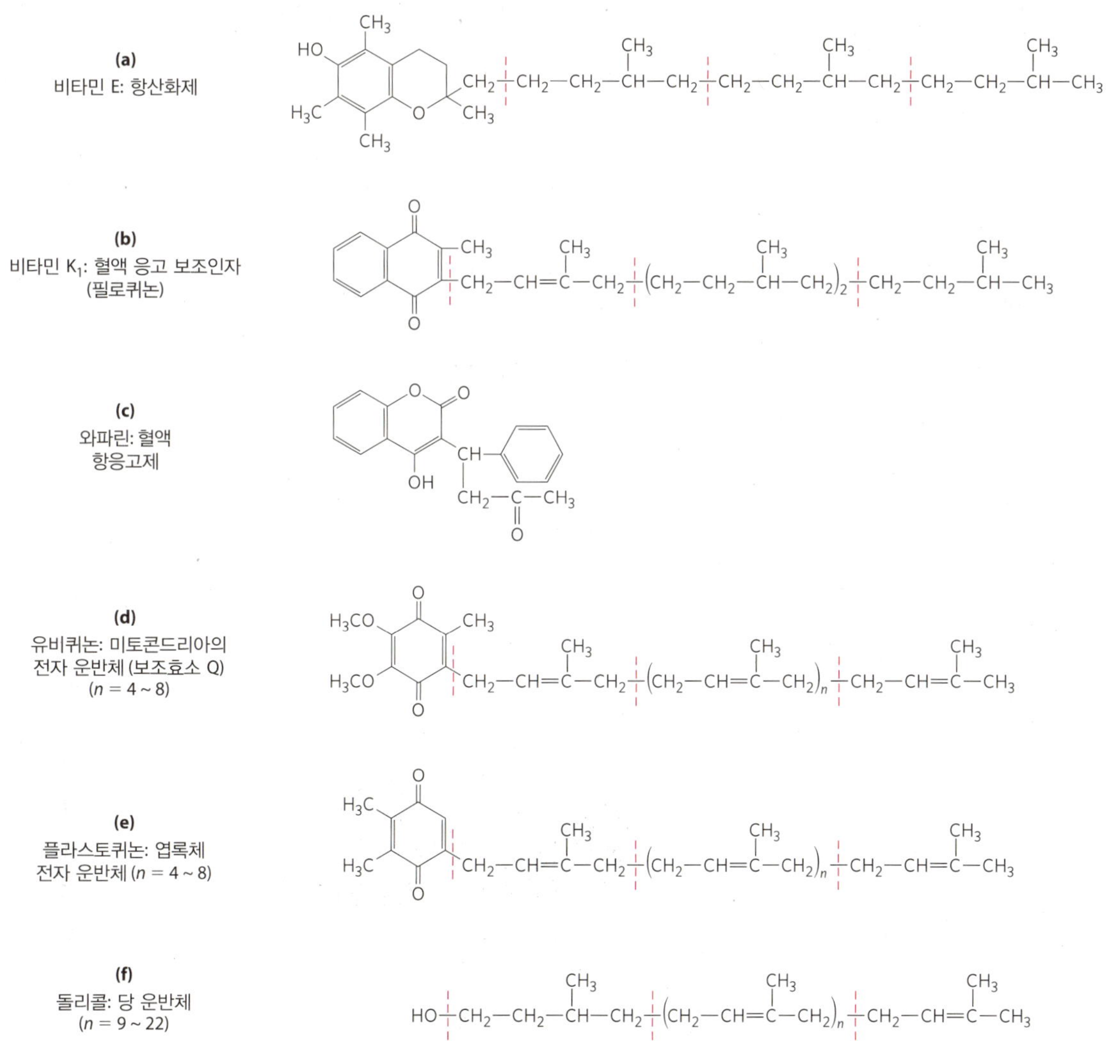

그림 10-22 그 밖의 몇 가지 생물학적 활성을 가진 아이소프레노이드 화합물과 그 유도체. 아이소프렌의 구조적 기본 단위들이 빨간색 점선으로 구분되어 있다. 대다수의 포유류에서 유비퀴논(ubiquinone, 또는 보조효소 Q라고 불림)은 10개의 아이소프렌 단위를 가지고 있다. 동물에서 나타나는 돌리콜은 17개에서 21개의 아이소프렌 단위(85개에서 105개의 탄소원자)를 가지고 있다. 세균에서 돌리콜은 11개, 그리고 식물이나 곰팡이에서는 14개에서 24개를 가지고 있다.

Henrik Dam, 1895–1976
[출처: Science Source.]

Edward A. Doisy, 1893–1986
[출처: National Library of Medicine/Science Photo Library/Science Source.]

와파린(warfarin, 그림 10-22c)은 활성 프로트롬빈 합성을 억제하는 합성물이다. 와파린은 특히 쥐에 있어서 독성이 매우 강하게 작용하여 내출혈로 죽게 한다. 이와 모순되지만 이런 강력한 쥐약(rodenticide)이 사람에게는 매우 유용한 항응고제로 쓰이는데, 수술 환자나 심장동맥 혈전증(coronary thrombosis) 환자와 같이 과도한 혈액 응고의 위험이 있는 환자에게 사용된다. ■

유비퀴논[ubiquinone, 보조효소 Q(coenzyme Q)라고도 함]과 플라스토퀴논(plastoquinone, 그림 10-22d, e)은 아이소프레노이드(isoprenoid) 유도체이며, 미토콘드리아와 엽록체의 ATP 생성을 유발하는 산화(미토콘드리아) 및 환원(엽록체) 반응에 작용하는 지방 친화 전자 운반체이다. 유비퀴논과 플라스토퀴논은 모두 1개 내지 2개의 전자 또는 1개 내지 2개의 양성자를 받아들일 수 있다(그림 19-3 참조).

돌리콜은 생합성에 필요한 당 전구체를 활성화시킨다

세균 세포벽의 복합 탄수화물이 합성되는 동안, 그리고 진핵세포에서 다당은 어떤 특정 단백질(당단백질)이나 지질(당지질)에 첨가될 때, 첨가될 당들은 **돌리콜(dolichol)**이라 불리는 아이소프레노이드 알코올에 부착되어 화학적으로 활성화된다(그림 10-22f). 이 화합물은 막 지질과 매우 강한 소수 상호작용을 하여 부착되어 있는 당들을 당-전이 반응(sugar-transfer reaction)이 일어날 막 부위에 고정시킨다.

많은 천연 색소는 지용성의 교대로 나타나는 복합 다이엔(Conjugated Dienes)이다

복합 다이엔은 교차하는 단일과 이중결합으로 이루어진 탄소사슬을 가지고 있다. 이러한 구조적 배열은 전자를 전이되도록 하며, 화합물이 낮은 에너지의 전자기선(가시광선)에 의해 자극되어 사람이나 다른 동물들이 색을 볼 수 있도록 한다. 카로틴(그림 10-20)은 노란색-주황색이다. 이와 유사한 화합물은 새의 깃털이 두드러진 빨간색, 주황색, 노란색을 나타내도록 한다(**그림 10-23**). 스테롤, 스테로이드, 돌리콜, 비타민 A, E, D, K, 유비퀴논, 그리고 플라스토퀴논과 같은, 이러한 색소들은 오탄소 아이소프렌 유도체로부터 합성된다. 생합성 과정은 제21장에서 자세히 다룬다.

폴리케타이드는 강력한 생물학적 활성을 갖는 자연적 산물들이다

폴리케타이드(polyketides)는 지방산의 생합성 경로와 유사한 생합성 경로(Claisen, 축합)를 갖는 다양한 지질의 그룹이다. 이것들은 생명체의 대사에 중심적이지는 않지만, 이것들을 생산하는 것들에게 생태학적 환경에서 이점을 주는 일부의 부가적인 기능을 담당하는 **이차대사체(secondary metabolites)**들이다. 많은 폴리케타이드들은 의학에서 항생제[에리스로마이신(erythromycin)], 항진균제[암포테리신 B(amphotericin B)] 또는 콜레스테롤 생합성의 억제제[로바스타틴(lovastatin)] 등에 활용되고 있다(**그림 10-24**). ■

요약 10.3 신호, 보조인자, 색소 등으로 작용하는 지질

- 상대적으로 적은 양에도 불구하고 몇 가지 종류의 지질은 보조인자나 신호로서 결정적인 역할을 한다.
- 이중인산 포스파티딜이노시톨은 가수분해되어 2개의 세포내

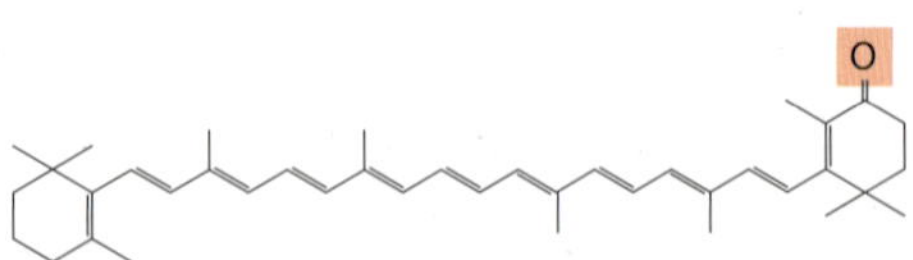

칸타잔틴
(밝은 빨간색)

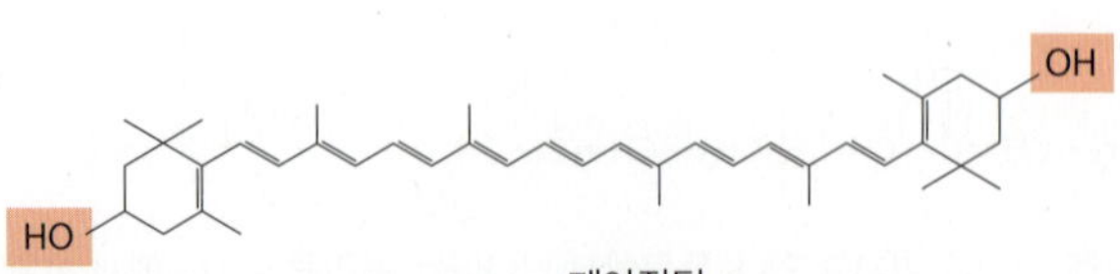

제아잔틴
(밝은 노란색)

그림 10-23 식물이나 새의 깃털에서 색소인 지질들. 교대로 나타나는 이중결합을 길게 가진 물질은 가시광선 범위에서 빛을 흡수한다. 이 물질들의 화학적 미묘한 차이가 서로 다른 색소를 생성한다. 새들은 칸타잔틴(Canthaxanthin)과 제아잔틴(Zeaxanthin) 등과 같은 카로티노이드(Carotenoid) 색소 성분이 포함된 식물을 먹음으로써, 그들의 깃털이 빨간색 또는 노란색을 띠게 하는 색소를 얻는다. 수컷과 암컷 새의 깃털 착색의 차이는 장내 흡수의 차이와 카로테노이드 대사의 차이에서 기인한다. [출처: Cardinal: Dr. Dan Sudia/Science Source. Goldfinch: Richard Day/VIREO.]

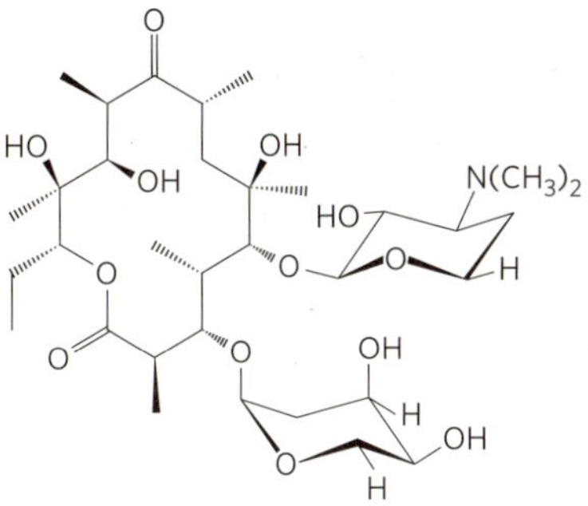

에리스로마이신 (항생제)

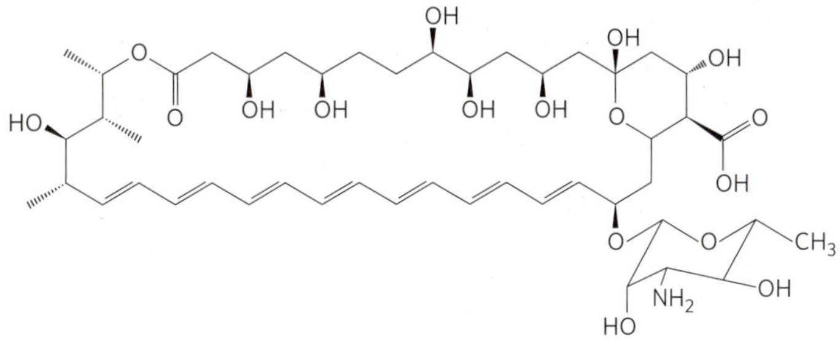

암포테리신 B (항진균제)

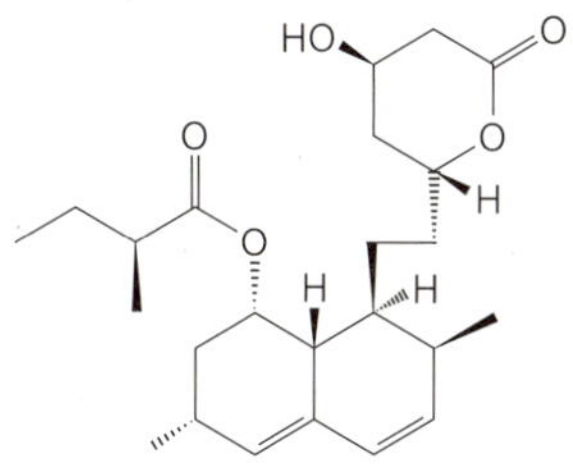

로바스타틴 (스타틴)

그림 10-24 약제로 사용되는 3가지 폴리케타이드 자연산물.

전령, 즉 다이아실글리세롤과 1,4,5-삼중인산 이노시톨을 생성한다. 3,4,5-삼중인산 포스파티딜이노시톨은 세포의 신호전달에 관여하는 초분자 단백질로 핵형성 점(nucleation point)이 된다.

■ 프로스타글란딘, 트롬복산, 류코트라이엔 등의 아이코사노이드는 아라키돈산에서 유래되는 매우 강력한 호르몬이다.

■ 스테로이드 호르몬은 스테롤에서 합성되고 성호르몬과 같은 강력한 세포 신호의 역할을 한다.

■ 비타민 A, D, E, K 등은 아이소프렌 단위로 구성된 지용성 화합물이다. 이것들은 모두 동물의 대사와 생리 작용에서 필수적인 역할을 한다. 비타민 D는 칼슘 대사를 조절하는 호르몬의 모체가 된다. 비타민 A는 척추동물의 안구에 시각 색소를 공급하며, 상피세포 성장에 관련하는 유전자의 발현을 조절한다. 비타민 E는 산화성 손상으로부터 막 지질을 보호하며, 비타민 K는 혈액 응고 과정에서 중요한 역할을 한다.

■ 유비퀴논과 플라스토퀴논도 역시 아이소프레노이드의 유도체로서, 각각 미토콘드리아와 엽록체에서 전자 운반체의 기능을 갖는다.

■ 돌리콜은 몇 가지 복잡한 탄수화물과 당지질 및 당단백질의 생합성에 필요한 당질을 활성화시키고, 이를 세포막에 고정시키는 역할을 한다.

■ 지용성을 가진 교대로 나타나는 다이엔(conjugated dienes)은 꽃이나 과일의 색 또는 새의 깃털의 인상적인 색을 나타내는 구성 성분으로서 작용한다.

■ 폴리케타이드는 의학에서 널리 사용되는 자연적 산물이다.

10.4 지질 연구방법

지질은 물에 녹지 않기 때문에 조직에서 지질을 추출하고 분류하기 위하여 유기 용매를 사용하며, 단백질이나 당질과 같은 수용성 분자를 정제하는 데 일반적으로 사용하지 않는 기술을 필요로 한다. 일반적으로 복잡한 지질 혼합물은 비극성 용매에서 성분의 극성도과 용해도의 차이에 의하여 분리된다. 에스터결합 또는 아마이드결합을 한 지방산을 포함한 지질은 산이나 알칼리 또는 특정 가수분해효소(인지질분해효소, 글라이코시데이스) 등을 처리하면 가수분해되어 분석을 위한 성분을 얻을 수 있다. 지질 분석에 흔히 사용되는 몇 가지의 방법이 **그림 10-25**에 나와 있으며 아래에서 설명한다.

지질의 추출에는 유기 용매가 필요하다

트라이아실글리세롤, 밀랍, 색소 등의 중성 지질은 에틸 에터, 클로로폼, 벤젠 등과 같은 용매를 이용하여 쉽게 추출할 수 있는데, 이 용매들에서 지질이 소수 상호작용에 의하여 덩어리지지 않아 추출이 쉽게 된다. 막 지질은 에탄올이나 메탄올과 같이 극성이 좀 더 높은 유기 용매를 써서 추출하는데, 이 용매들은 지질 분자 간의 소수 상호작용을 저하시킬 뿐 아니라 지질이 막 단백질과 결합하는 데 필요한 수소결합의 강도와 정전기 상호작용도 역시 저하시킨다. 일반적으로 사용되는 추출 용매는 클로로폼, 메탄올, 물의 혼합액 등으로 부피 비는 1:2:0.8이다. 이 혼합액은 서로 잘 섞여 단일상을 형성한다. 이 혼합 용매로 조직을 균질화하여 모든 지질을 추출한 후 추출물에 물을 조금 더 첨가하면 상부의 메탄올/물층과 아래의 클로로폼 층으로 2개의 층이 나누어진다. 지질들은 클로로폼 층에 남게 되고 단백질과 당류 등의 극성이 큰 분자들은 메탄올/물의 극성 층에 남게 된다(그림 10-25a).

흡착 크로마토그래피는 극성의 차이에 따라 지질을 분리한다

조직 지질의 복합 혼합물은 각 종류별 지질의 극성도가 서로 다르기 때문에 크로마토그래피를 통하여 더 분리할 수 있다(그림 10-25b). 흡착 크로마토그래피(adsorption chromatography)에서 실리

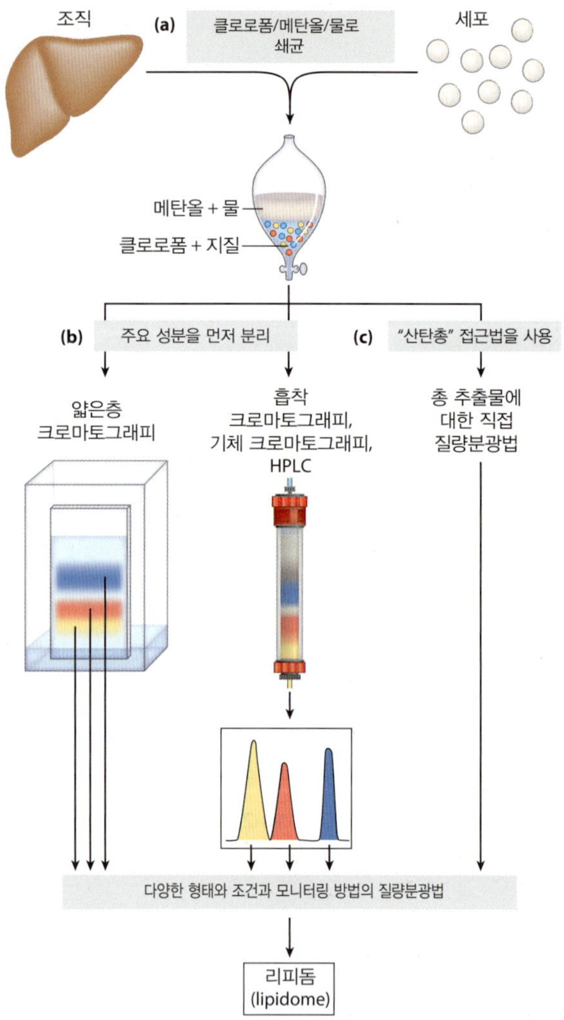

그림 10-25 세포 지질을 추출, 분리, 동정하는 일반적인 과정들. (a) 조직을 클로로폼/메탄올/물의 혼합액으로 쇄균한 다음, 물을 첨가하여 원심분리로 추출되지 않는 침전물을 제거하고 나면 2개의 층으로 분리된다. (b) 클로로폼 층에서 분리된 지질의 주부류들은 먼저 얇은층 크로마토그래피(TLC)나 흡착 크로마토그래피법에 의해 분리되기도 한다. TLC에서는 지질이 실리카 젤로 피막을 입힌 유리판 위에서 용매를 따라 올라가는데, 극성이 낮은 지질이 극성이 높은 지질이나 전하를 띤 지질보다 더 많이 이동하여 올라간다. 실리카 젤이 충진된 관을 이용한 흡착 크로마토그래피에서는 극성이 증가하는 용매가 통과한다. 예를 들어, 적절한 용매를 사용하면 매우 유사한 지질들(전하를 띠는 지질인 포스파티딜세린, 포스파티딜글리세롤, 포스파티딜이노시톨 등과 같은)을 쉽게 분리할 수 있다. 분리가 되면 지방산의 각 지질 성분은 질량분광법에 의해 결정된다. (c) 또 다른 방법인 "산탄총" 접근 방식에서는 분획화되지 않은 지질 추출물을 바로 다양한 종류와 조건의 고-해상도 질량분광법에 적용하여 모든 지질, 즉 리피돔의 총성분을 결정할 수도 있다.

카 젤[silica gel; 규산(silicic acid, $Si(OH)_4$)의 한 형태] 같은 극성 물질을 유리관에 채우고 그 관의 상부에 혼합된 지질(클로로폼 추출용액)에 넣는다. [고성능 액체 크로마토그래피(HPLC)에서는 관의 직경은 더 가늘고 용매는 높은 압력으로 흘려 준다.] 극성 지질은 극성의 규산에 단단하게 결합하는 반면, 중성 지질은 흡착되지 않고 관을 통과하기 때문에 다음 단계에서 클로로폼으로 관을 씻어 주면 제일 먼저 세척액과 같이 빠져 나온다. 그 다음 점차로 극성이 높은 용매로 관을 씻어 주면 극성도가 낮은 것부터 높은 순서로 지질이 용출되어 나온다. 전하를 띠지 않는 극성 지질(예를 들어, 세레브로사이드)은 아세톤으로 용출되며, 매우 극성이 크거나 전하를 띠는 지질(글리세로인지질 같은)은 메탄올에 용출된다.

규산을 이용한 얇은층 크로마토그래피(thin-layer chromatography, TLC)도 같은 원리를 이용한다(그림 10-25b). 실리카 젤을 유리판에 얇게 펴서 바르면 그것이 유리판에 흡착한다. 적은 양의 지질 시료를 클로로폼에 녹여 판의 한쪽 끝 부근에 발라 준 다음, 유기 용매를 얕게 넣은 용기에 판을 담근다. 용기는 용매의 증기로 포화될 수 있도록 밀폐해야 한다. 모세관 현상에 의하여 용매가 얇은층 유리판을 따라 올라가면서 지질도 같이 이동하게 된다. 극성이 가장 작은 지질이 극성인 규산과 결합하는 경향이 가장 적기 때문에 제일 멀리 이동한다. 분리한 후 유리판에 지질과 반응하여 형광을 내는 로다민(rhodamine) 색소를 뿌리거나 아이오딘(iodine) 기체에 노출시키면 지질을 확인할 수 있다. 아이오딘은 지방산의 이중결합과 가역적으로 반응하여 불포화지방산을 포함한 지질이 노란색 또는 갈색의 색깔을 띠게 만든다. 여러 종류의 분무 시약들이 특정 지질의 확인에 사용된다. 그 다음 분석을 위하여 TLC 판에서 분리된 지질이 포함된 부위를 긁어내어 유기 용매로 추출하면 된다.

기체-액체 크로마토그래피로 휘발성 지질 유도체의 혼합물을 분석할 수 있다

기체-액체 크로마토그래피(gas-liquid chromatography)는 헬륨(helium)과 같은 불활성 기체를 흘리면서 분석시료 중의 휘발성 성분들이 관에 충전된 불활성 물질에 녹는 정도와 휘발되어 관을 따라 이동하는 정도의 상대적인 차이에 따라 분리하는 것이다. 몇몇 지질은 본래 휘발성인 것도 있으나, 그 대부분은 휘발성을 높이기 위하여 먼저 유도체를 만들어야 한다(즉, 끓는점을 낮춰야 한다). 인지질의 시료에 있는 지방산을 분석하기 위하여 우선 메탄올/HCl 또는 메탄올/NaOH 혼합액에 지질을 넣고 가열하면 글리세롤에 에스터화된 지방산이 메틸 에스터로 에스터 교환(trans-esterification)이 일어난다. 이 지방산 아실 메틸 에스터들을 기체 크로마토그래피 관에 부하하고 이 화합물들을 휘발시키기 위하여 관을 가열한다. 지방산 아실 에스터 대부분은 관 충전제에 녹아 충전제 분획으로 들어가고(즉, 녹아들게 된다), 충전제에 잘 녹지 않는 지질은 불활성 기체의 흐름을 따라 관에서 먼저 용출된다. 용출되는 순서는 관 충전제의 성질과 혼합 지질 성분의 끓는점에 따라 결정된다. 이 방법을 이용하면 다양한 사슬의 길이와 불포화 정도를 가진 지방산 혼합물을 완벽하게 분석할 수 있다.

특이적 가수분해가 지질의 구조를 결정하는 데 도움이 된다

어떤 종류의 지질은 특정 조건에서 손쉽게 분해된다. 예를 들면,

트라이아실글리세롤, 인지질, 스테롤 에스터에서 모든 에스터-결합 지방산들은 약한 산 또는 알칼리를 처리하면 유리되고, 조금 더 가혹한 조건에서 가수분해하면 스핑고지질로부터 아마이드 결합이 된 지방산이 유리된다. 또한 몇몇 지질을 특이적으로 가수분해하는 효소들은 지질 구조의 결정에 유용하다. 인지질분해효소 A, C, D (그림 10-15) 등은 각각 인지질의 고유한 결합을 절단하는데, 그 결과 생성된 산물은 각각 특징적인 용해도와 크로마토그래피 분석 양상을 나타낸다. 예를 들면, 인지질분해효소 C는 수용성의 인산 알코올(포스파티딜콜린으로부터 인산콜린)과 클로로폼에 녹는 다이아실글리세롤이 만들어지는데, 각각의 특성을 따로따로 확인하여 온전한 인지질의 구조를 결정할 수 있다. 특이적인 가수분해를 통해서 생성된 산물을 가지고 얇은층 크로마토그래피, 기체-액체 크로마토그래피, 고성능 액체 크로마토그래피 등에 의한 분석을 병행하면 지질의 구조를 결정할 수 있다.

질량 분광법으로 완벽하게 지질의 구조를 알 수 있다

탄화수소 사슬의 길이나 이중결합의 위치를 정확하게 입증하기 위해서는 지질 또는 그것의 휘발성 유도체에 대한 질량 분광분석법(mass spectrometric analysis)이 매우 유용하다. 유사한 지질들(예를 들어, 유사한 길이를 갖고 서로 다른 위치에 불포화된 2개의 지방산, 서로 다른 개수의 아이소프렌 단위를 가진 2개의 아이소프레노이드 등)의 화학적 특성은 매우 유사하며, 다양한 크로마토그래피 과정에서 용출되는 순서만 가지고 구분이 안 될 수도 있다. 그러나 크로마토그래피 관을 통과한 시료들을 질량 분광계를 이용해 지속적으로 분석하면 혼합 지질의 성분들을 분리함과 동시에 그들의 독특한 단편의 모양을 이용하여 동정할 수 있다(**그림 10-26**). 질량분광법의 향상된 해상력의 결과, 조추출물에서 지질의 분획화 없이도 매우 복잡한 혼합물에서 각 지질을 동정하는 것이 가능하다. 이러한 "산탄총(shotgun)" 기법(그림 10-25c)은 지질의 분획을 나누는 과정에서 생기는 손실을 피할 수 있고, 더 빠르다.

지질체학(Lipidomics)은 모든 지질과 그의 기능을 목록화하여 탐색한다

세포와 조직에서 지질의 생물학적 역할을 이해하기 위해서는 어떤 지질이 어떤 비율로 존재하는지, 배의 발달(embryonic development), 질병(disease), 약물 처리(drug treatment) 과정 중에 지질 구성이 어떻게 변화하는지 연구할 필요가 있다. 지질 생화학자는 지질의 데이터베이스를 좀 더 쉽게 편찬하고 찾기 위한 목적을 가지고 수천 개의 천연 지질을 조사하고, 새로운 명명 체계를 구축하고 있다. 이 시스템은 각 지질을 2개의 문자로 표현되는 8개의 화학물질 그룹 중 한 그룹에 배치한다(표 10-2). 이 그룹 안에서, 최종적인 구분은 숫자화된 그룹과 그의 하위 그룹으로 좀 더 정교한 구분이 되도록 표시한다. 예를 들면, 모든 글리세로인산콜린은 GP01이고, 에스터결합되어 있는 2개의 지방산을 가진 글리세로인산콜린의 하위 그룹은 GP0101로 표현하고, 그 중 1개의 지방산은 1번 위치가 에터결합이고, 1개의 지방산은 2번 위치가 에스터결합인 것이 GP0102가 된다. 특정 지방산은 그들의 매 지질마다 주어지는 그들의 고유한 식별자로 표현되기 때문에 각 개별 지질은 12개의 특징적인 식별자, LM_ID로 정확하게 표현될 수 있다. 식별자 중 한 가지는 생합성 전구체의 성질이다. 예를 들면, 프레놀(prenol) 지질들(예를 들면, 돌리콜과 비타민 E, K)은 이소프레닐 모체들로

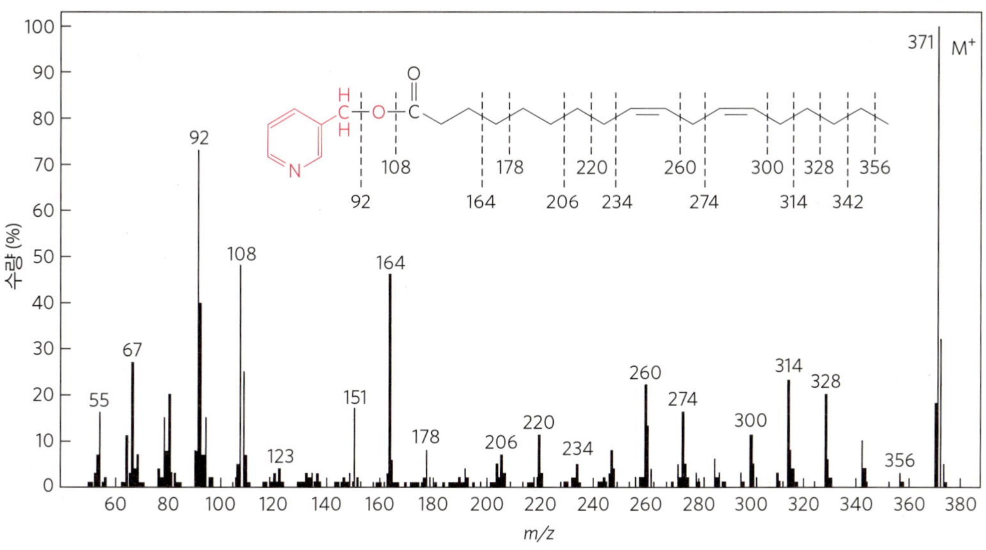

그림 10-26 질량 분광법에 의한 지방산 구조의 결정. 지방산은 우선적으로 분자가 전자 충격에 의하여 조각날 때 처음에 이중결합의 이동을 최소화하는 유도체로 전환된다. 여기에 보이는 유도체는 리놀레산[(18:2($\Delta^{9,12}$), 분자량 371]의 피콜린일 에스터이다. 전자류의 충격으로 이 분자는 증발되어 N 원자가 양전하를 갖게 되는 어미 이온(M^+, 분자량 371)과 지방산 C—C 결합의 파괴에 의하여 생성되는 일련의 더 작은 조각들로 전환된다. 질량 분광계는 질량/전하 비(*m/z*)에 따라 이 전하를 띠는 조각들을 분리한다. (질량분광법의 원리에 대해서는 101~102쪽 참조.)

각각의 *m/z* = 92, 108, 151, 164에서 눈에 띄는 이온들은 피콜린올의 피리딘 고리와 여러 가지 카복실기 조각들을 함유하며, 실제로 그 화합물이 피코린일 에스터임을 보여 준다. 분자 이온(*m/z* = 371)은 2개의 이중결합을 가진 C_{18} 지방산의 존재를 확인해 준다. 14 원자 질량 단위(atomic mass units, u)만큼 떨어져 있는 일정한 일련의 이온들은 C_{18} 지방산의 시작점(이 분자의 오른쪽 끝)에서부터 이온이 *m/z* = 300에 도달할 때까지 각각 연속적으로 메틸기와 메틸렌기를 소실한다는 것을 나타낸다. 이것은 *m/z* = 274에서 말단 이중결합의 탄소에 대하여 26 u의 틈이 뒤따르고; *m/z* = 260에서 C-11 메틸렌기에 대하여 14 u의 더 큰 틈이 생기며, 그 후 그런 식으로 계속 진행된다. 비록 이 자료만으로 이중결합의 입체배열(시스 또는 트랜스)을 보여 주지 못하지만 이러한 방법을 통해 전체 구조가 결정된다. [출처: W. W. Christie, *Lipid Technol.* 8:64, 1996.]

표 10-2 생물학적 지질의 8개의 주된 그룹들

그룹	그룹 번호	예
지방산(Fatty acids)	FA	올레산(Oleate), 스테아로일-CoA(Stearoyl-CoA), 팔미토일카니틴(Palmitoylcarnitine)
글리세로지질(Glycerolipids)	GL	다이(Di) 또는 트라이아실글리세롤(Triacylglycerols)
글리세로인지질 (Glycerophospholipids)	GP	포스파티딜콜린(Phosphatidylcholine), 포스파티딜세린(Phosphatidylserine), 포스파티딜에탄올아민(Phosphatidylethanolamine)
스핑고지질(Sphingolipids)	SP	스핑고마이엘린(Sphingomyelin), 강글리오사이드 GM2(Ganglioside GM2)
스테롤 지질(Sterol lipids)	ST	콜레스테롤(Cholesterol), 프로게스테론(Progesterone), 쓸개즙산(Bile acids)
프레놀 지질(Prenol lipids)	PR	파네솔(Parnesol), 제라니올(Geraniol), 레티놀(Retinol), 유비퀴논(Ubiquinone)
복합다당 지질(Saccharolipids)	SL	리포폴리사카라이드(Lipopolysaccharide)
폴리케타이드(Polyketides)	PK	테트라사이클린(Tetracycline), 에리스로마이신(erythromycin), 아플라톡신 B_1(Aflatoxin B_1)

부터 생성된다. 폴리케타이드(polyketides)는 지방산들과 생합성 경로를 공유하는 일부 천연물질들을 포함하는데, 상당수가 독성을 갖고 있다.

표 10-2에 있는 8개의 화학적 분류는 우리가 이 장에서 사용하는 생물학적 기능에 따른 구분과 완벽하게 일치하지 않는다. 예를 들면, 막 구성 지질은 글리세로인지질과 스핑고지질을 모두 포함하지만, 표 10-2의 분류표에서는 분리된다. 각 분류법은 각자의 이점을 가지고 있다.

높은 처리량과 분리도를 가진 질량분광분석법(mass spectrometric techniques)의 적용은 분화(differenciation)나 암(cancer)과 같은 질병 또는 약물 처리 등과 같은 특별한 상황에서 특정 세포 안에 존재하는 모든 지질—**리피돔(lipidome)**—의 정량적인 목록을 제공할 수 있다. 1개의 동물세포는 1천 개 이상의 다양한 지질 종류를 가지고 있고, 각각의 특정한 기능을 가지고 있다. 이 기능들은 지질의 증가로 알려져 있으나, 여전히 조사되지 않은 리피돔은 다음 세대의 생화학자와 세포학자들에게 풀어야 할 무궁무진하고 새로운 숙제를 제공한다.

요약 10.4 지질 연구방법

■ 지질의 성분을 결정할 때, 우선 조직에서 유기 용매로 지질을 추출하여 얇은층 크로마토그래피, 기체-액체 크로마토그래피, 고성능 액체 크로마토그래피 등으로 분리한다.

■ 인지질의 결합 중 하나에 특이적으로 결합하는 인지질분해효소는 다음 단계의 분석을 위한 더 단순한 화합물을 생성하는 데 사용된다.

■ 각각의 지질은 크로마토그래피 분리 양상, 특이적 효소에 의한 가수분해에 대한 감수성, 질량 분광분석법 등으로 식별할 수 있다.

■ 고해상도 질량분광법은 분획화를 하지 않고 조추출물에서 지질을 분석할 수 있게 해 준다—"산탄총(shotgun)" 방법.

■ 지질체학은 세포나 조직 내의 지질(리피돔)의 전체 구성요소를 분석하고, 다른 세포 유형의 지질과 다른 조건들 하에서 비교해 놓은 해석이 달린 데이터베이스를 정리하기 위해 강력한 분석적 기법들을 묶은 것이다.

핵심용어

굵게 표시된 용어들은 용어해설에 정의되어 있다.

갈락토지질(galactolipid) 369
강글리오사이드(ganglioside) 370
글로보사이드(globoside) 370
글리세로인지질 (glycerophospholipid) 367
다불포화지방산(polyunsaturated fatty acids, PUFAs) 362
당스핑고지질(glycosphingolipid) 370
당지질(glycolipid) 367
돌리콜(dolichol) 380
류코트라이엔(leukotrienes, LT) 376
리폭신(lipoxin, LX) 376
리피돔(lipidome) 384
비타민(vitamin) 377
비타민 A(vitamin A; 전체-*trans*-레티놀, retinol) 377
비타민 E(vitamin E) 378
비타민 K(vitamin K) 379
세라마이드(ceramide) 370
세레브로사이드(cerebroside) 370
스테롤(sterol) 372
스핑고마이엘린(sphingomyelin) 370
스핑고지질(sphingolipid) 370
에테 지질(ether lipid) 369
인지질(phospholipid) 367
지방산(fatty acid) 361
지질분해효소(lipase) 364
콜레스테롤(cholesterol) 372
콜레칼시페롤(cholecalciferol) 377
토코페롤(tocopherols) 378
트라이아실글리세롤 (triacylglycerol) 364
트롬복산(thromboxanes, TX) 375
폴리케타이드 (polyketide) 380
프로스타글란딘(prostaglandin, PG) 375
플라스마로젠(plasmalogen) 369

문제

1. **조작상의 지질의 정의.** 지방산의 정의는 우리가 검토했던 아미노산이나 핵산 그리고 단백질 같은 다른 생체분자들을 정의하던 방법과 어떻게 다른가?

2. 오메가-6 지방산의 구조. 오메가-6 지방산 16:1의 구조를 그리시오.

3. 지질의 녹는점. 탄소 18개의 일련의 지방산들의 녹는점은 다음과 같다: 스테아르산 69.6°C; 올레 산 13.4°C; 리놀레산 −5°C; 리놀렌산 −11°C 등이다.

(a) 18개의 탄소로 구성된 지방산의 어떤 구조적 특징이 녹는점과 관련이 있는가?

(b) 글리세롤, 팔미트산 및 올레산으로부터 만들어질 수 있는 가능한 트라이아실글리세롤을 도시하고 그들을 녹는점이 낮은 것부터 순서를 매겨라.

(c) 분지된 사슬을 가진 지방산은 어떤 세균들의 세포막에서 발견된다. 그것의 존재가 세포막의 유동성을 증가시킬지 아니면 감소시킬지 여부를 써라(즉, 그런 지방산은 녹는점이 높겠는가 아니면 낮겠는가?) 그 이유는?

4. 식물성 유지의 촉매 수화. 식품공업에서 사용되는 촉매수화는 지질 트라이아실글리세롤의 지방산에서 이중결합을 —CH_2—CH_2—로 바꾼다. 이것은 그 지질의 물리적 특성에 어떻게 영향을 미치는가?

5. 밀랍의 불투수성. 식물의 잎을 덮고 있는 밀랍의 상피세포의 어떠한 특성이 상피에 물이 투과하지 못하는 성질을 만드는가?

6. 지질 입체이성질체 명명. 아래 2개의 합성물은 서로 다른 특성을 지니는 탄소의 입체이성질체이다. 왼쪽 합성물은 스피아민트향이 나고, 오른쪽 합성물은 캐러웨이향이 난다. 이 2개의 합성물을 RS 체계를 이용하여 명명하여라.

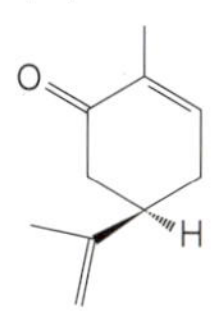

스피아민트
(Spearmint)

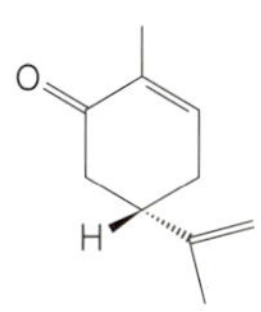

캐러웨이
(Caraway)

7. 알라닌(alanine)과 젖산(lactate)의 RS 지정. 2-아미노프로파논 산(2-aminopropanoic acid, 알라닌)과 2-하이드로프로파논 산(2-hydroxy-propanoic acid, 젖산)의 이성질체를 그리고[쐐기(wedge) 결합 지정을 이용] 그 이성질체의(*R*), (*S*)를 지정하시오.

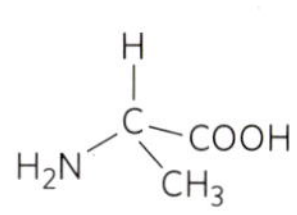

2-아미노프로파논 산
(알라닌)

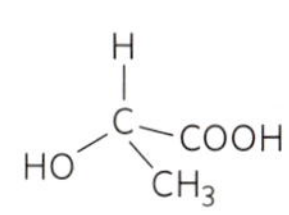

2-하이드로프로파논 산
(젖산)

8. 막 지질의 소수성 및 친수성 성분. 세포막 지질 분자에 공통적인 구조적 특징은 그들의 양극성 성질이다. 예를 들면, 포스파티딜콜린에 있어서 2개의 지방산 사슬은 소수성이고 인산콜린의 머리 부분은 친수성이다. 아래 각각의 막 지질에서 소수성 및 친수성 부위로 작용하는 성분의 명칭을 써라: (a) 포스파티딜에탄올아민(phosphatidylethanolamine); (b) 스핑고마이엘린(sphingomyelin); (c) 갈락토실세레브로사이드(galactosylcerebroside); (d) 강글리오사이드(ganglioside); (e) 콜레스테롤(cholesterol).

9. 물질의 조성으로부터 지질의 구조 추론. 어떠한 지질의 구조적인 분석은 무기 인산염의 1몰당 지방산이 정확하게 1몰을 가지고 있음을 보여 주었다. 이것은 글라이세로인지질(glycerophospholipid)인가? 강글리오사이드(ganglioside)인가? 스핑고마이엘린(sphingomyelin)인가?

10. 구성성분의 몰 비율로부터 지질의 구조 추론. 글라이세로인지질(glycerophospholipid)를 정확하게 가수분해하면, 글리세롤(glycerol), 2개의 지방산(16:1(Δ^9)과 16:0), 인산, 세린의 몰 비율이 1:1:1:1:1이 된다. 이 지질의 이름을 쓰고 구조를 그리시오.

11. 혈액형 별 지질 측정. 우리는 그림 10-14에 사람의 혈액형인 A, B, O 타입에 따라 당스핑고리피드(glycosphingolipids)의 구조가 결정된다고 명시하였다. 또한 당단백질(glycoprotein)이 혈액형 별로 결정되어 있다. 어떻게 위 2가지 진술을 맞다고 할 수 있을까?

12. 인지질분해효소의 작용. 동부 방울뱀과 인도 코브라의 독소에 글리세로인지질 C-2 위치의 지방산을 가수분해하는 인지질분해효소 A_2가 포함되어 있다. 이 반응으로 생성되는 인지질 분해산물은 라이소레시틴(레시틴은 포스파티딜콜린이다)이다. 이 라이소인지질들은 높은 농도에서 세정제로 작용하며, 적혈구의 세포막을 분해하여 세포를 용해시킨다. 광범위한 용혈은 치명적일 수 있다.

(a) 세정제는 양극성을 가지고 있다. 라이소레시틴에서 친수성 부분과 소수성 부분을 각각 설명하라.

(b) 뱀에 물렸을 때 생기는 통증이나 염증 반응은 어떤 종류의 스테로이드로 치료가 되는데, 이런 치료의 근본 원리는 무엇인가?

(c) 고농도의 인지질분해효소 A_2가 치명적임에도 불구하고, 정상적으로 많은 대사 과정에 필수적인 효소이다. 이들이 관여하는 대사 과정에 어떤 것들이 있는가?

13. 포스파티딜이노시톨에서 생성되는 세포내 전령. 호르몬인 바소프레신에 의하여 활성화된 호르몬 민감 인지질분해효소 C에 의하여 4,5-이중인산 포스파티딜이노시톨이 분해되어 2개의 생성물이 만들어진다. 그 2가지의 생성물은 무엇인가? 이들의 특성과 물에 대한 용해성의 차이를 비교하고 어떤 것이 세포 속에서 신속하게 확산될 수 있을지 예측해 보아라.

14. 아이소프레노이드(Isoprenoids) 내에 아이소프레(Isoprene) 단위. 게라니올(Geraniol), 파네솔(farnesol), 스쿠알렌(squalene)은 5개의 탄소가 붙은 아이소프렌(isoprene) 단위로부터 합성되었기 때문에 아이소프레노이드라고 불린다. 각각의 합성물에서 아이소프렌 단위를 나타내는 5개의 탄소에 동그라미 치시오(그림 10-22 참조).

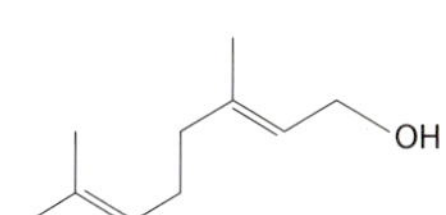

게라니올

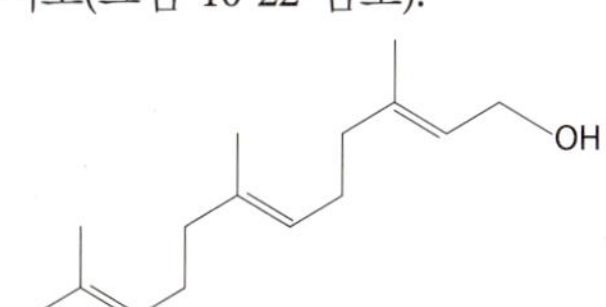

파네솔

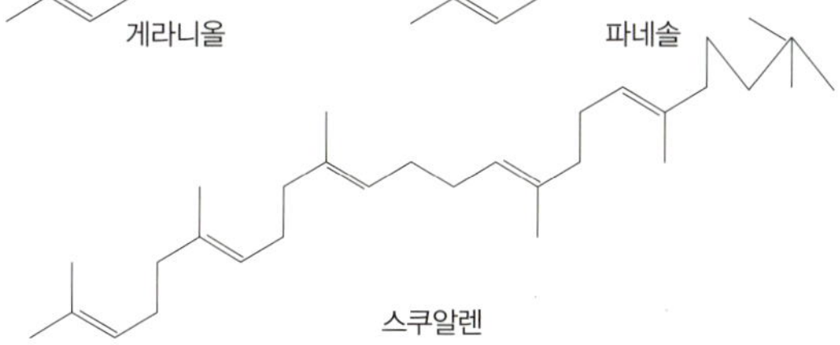

스쿠알렌

15. 지질의 가수분해. 희석된 NaOH를 이용하여 가볍게 가수분해할 경우 생성되는 산물들을 적어라. (a) 1-스테아로일-2,3-다이팔미토일글리세롤(1-stearoyl-2,3-dipalmitoylglycerol); (b) 1-팔미토일-2-레일포스파티딜콜린(1-palmitoyl-2-oleylphos-phatidylcholine).

16. 용해도에 미치는 극성의 효과. 모두 팔미트산을 가지고 있는 트라이아실글리세롤, 다이아실글리세롤, 모노아실글리세롤 등을 물에 대한 용해성이 높아지는 순서로 열거하라.

17. 크로마토그래피법에 의한 지질의 분리. 지질 혼합물을 실리카 젤 관에 주입한 후 관을 극성이 작은 용매부터 점차 극성이 큰 용매를 이용하여 단계적으로 세척하였다. 지질 혼합물에 포스파티딜세린, 포스파티딜에탄올아민, 포스파티딜콜린, 콜레스테롤 팔미트산염(스테롤 에스터의 일종), 스핑고마이엘린, 팔미트산염, *n*-테트라데카놀, 트라이아실글리세롤, 콜레스테롤 등이 포함되어 있다. 관에서 용출되는 순서를 예상하여 기술하고 그 이유도 적으시오.

18. 미지의 지질의 확인. 100년 전쯤, 런던에서 의사 개원을 하고 있던 Johann Thudichum은 시간이 나면 취미 삼아 지질의 화학적 성질에 대하여 알아보곤 했다. 그는 신경 조직에서 각종 지질을 추출하여 특성을 연구하여, 그들의 성상을 밝히고 이름을 붙였다. 그가 추출한 지질을 조심스럽게 밀봉해 넣고 표찰을 붙인 작은 병들이 수년 뒤에 발견되었다.

(a) 그가 “스핑고마이엘린” 그리고 “세레브로사이드”라고 쓰인 병의 내용물이 실제로 그 화합물인지를 Thudichum이 사용하지 않는 방법을 사용하여 확인하고자 한다면 어떻게 하면 좋겠는가?

(b) 스핑고마이엘린과 포스파티딜콜린을 화학적으로나 물리학적으로 또는 효소를 이용한 실험을 통하여 어떻게 구분할 수 있는가?

19. TLC 판에서 지질을 확인하기 위하여 사용되는 닌히드린(ninhydrin). 닌히드린은 일차 아민과 반응하여 청보라색의 산물이 생성된다. 쥐의 간에서 추출한 인지질을 얇은층 크로마토그래피로 분리한 다음, TLC 판에 닌히드린을 분사하여 발색시켰다. 이 방법으로 동정할 수 있는 인지질은 무엇인가?

자료 분석형 문제

20. 타이-삭스(Tay-Sachs)병에서 비정상적인 지질의 구조 측정. 별도설명 10-1의 그림 1은 건강한(정상적인) 사람과 특정 유전병을 가진 사람의 강글리오사이드의 분해 경로를 보여 준다. 그림에 바탕을 둔 몇몇 자료는 Lars Svennerholm의 논문에 의한 것이다. 별도설명 10-1 내의 그림 ◆이 나타내는 당 Neu5Ac, *N*-아세틸뉴라민산(acetylneuraminic acid)은 시알산(sialic acid)이다.

Svennerholm은 “정상인의 뇌에서 분리한 모노시알리오강글리오사이드의 약 90%”는 세라마이드, 육탄당, *N*-아세틸갈락토사민, *N*-아세틸뉴라민산의 몰 비율이 1:3:1:1로 구성되어 있다고 보고하였다.

(a) 별도설명 10-1, 그림 1 내에 어떤 강글리오사이드(GM1에서 GM3과 강글리오사이드)가 이 설명과 부합하는가? 그 이유를 설명하라.

(b) Svennerholm은 타이-삭스병을 가진 환자로부터 추출된 강글리오사이드의 90%가 1:2:1:1의 몰비율(위에 제시한 4개의 구성성분과 같음)을 갖는다고 보고하였다. 별도설명 10-1의 그림과 일치하는가? 그 이유를 설명하라.

더 자세한 구조를 분석하기 위해 Svennerholm은 *N*-아세틸뉴라민산을 제거한 뉴라미니데이스를 강글리오사이드에 처리하였다. 그 결과, 더 분석하기 쉬운 아시알로강글리오사이드(asialoganlioside)를 얻었다. 그는 산을 첨가하여 가수분해하고, 세라마이드를 함유한 생성물을 모으고, 각각의 생성물 내의 당의 몰 비율을 분석하였다. 그는 정상인의 강글리오사이드와 타이-삭스 병을 가진 사람의 강글리오사이드에 대해서도 똑같이 하였다. 결과는 아래와 같다.

강글리오사이드	세라마이드	포도당	갈락토스	갈락토사민
정상				
단편 1	1	1	0	0
단편 2	1	1	1	0
단편 3	1	1	1	1
단편 4	1	1	2	1
타이-삭스				
단편 1	1	1	0	0
단편 2	1	1	1	0
단편 3	1	1	1	1

(c) 이러한 자료를 바탕으로 정상 강글리오사이드의 구조에 대하여 어떠한 결론을 지을 수 있겠는가? 별도설명 10-1에 나온 구조와 일치하는가? 그 이유를 설명하라.

(d) 타이-삭스의 강글리오사이드 구조에 대하여 어떠한 결론을 지을 수 있겠는가? 별도설명 10-1에 나온 구조와 일치하는가? 그 이유를 설명하라.

Svennerholm은 또한 정상의 아시알로강글리오사이드를 과메틸화하는 다른 실험자의 업적을 보고하였다. 과메틸화는 소모적인 메틸화와 같다. 메틸 그룹은 각각의 자유 수산기 그룹마다 당을 더한다. 그들은 다음과 같은 과메틸기 당을 발견하였다: 2,3,6-트라이메틸글리코피라노스(trimethylglycopyranose); 2,3,4,6-테트라메틸갈락토피라노스(tetramethylgalactopyranose); 2,4,6-트라이메틸갈락토피라노스(trimethylgalactopyranose); 4,6-다이메틸(dimethyl)-2-데옥시(deoxy)-2아미노갈락토피라노스(aminogalactopyranose).

(e) 과메틸화된 당과 GM1의 어떤 당이 각각 부합되는가? 그 이유를 설명하라.

(f) 지금까지의 모든 자료를 바탕으로 정상의 강글리오사이드 구조에 대한 정보 중 어떠한 것이 누락되었는가?

참고문헌

Svennerholm, L. 1962. The chemical structure of normal human brain and Tay-Sachs gangliosedes. *Biochem. Biophys. Res. Comm.* 9:436–441.

CHAPTER 11

생체막과 수송

최초의 세포는 아마도 막이 형성된 후 소량의 수용액을 둘러싸고 이것을 우주에 있는 나머지 부분과 분리시켜 주었을 때 생겨났을 것이다. 막은 세포의 외부를 경계 짓고 그 경계를 통과하는 분자들의 출입을 조절한다(**그림 11-1**); 진핵세포에서 막은 세포 내부 공간을 개별 구획으로 나눠서 여러 가지 대사과정과 세포 성분들을 분리시킨다. 막에 박혀서 막과 결합되어 있는 단백질들은 복잡한 반응들을 유기적으로 통합하고, 생체 에너지 보존과 세포 사이의 정보전달에서 중추적인 역할을 수행한다. 막의 생물학적 작용은 막의 독특한 물리적 특성으로부터 나온다. 막은 유연성이 있고, 자가 복구가 가능하며, 극성 용질을 선택적으로 통과시킬 수 있다. 막의 유연성으로 인해 세포가 성장하고 이동(아메바 운동 같은)하는 데 필요한 모양의 변화가 가능하다. 또한 막이 깨지고 다시 봉합되는 능력이 있어서 세포외팽출(exocytosis)의 경우처럼 2개의 막이 다시 융합될 수 있으며, 세포내함입(endocytosis)이나 세포분열의 경우처럼 내용물을 세포 표면을 통해 밖으로 누출시키지 않고 하나의 막으로 둘러싸인 구획을 2개의 밀봉된 구획으로 나눌 수 있다. 막이 선택적인 투과성을 가지고 있기 때문에 어떤 화합물이나 이온들은 세포 안이나 특정 세포 구획 안에 보유하고 다른 것들은 세포 밖으로 내보낸다.

막은 단순히 수동적인 장벽이 아니다. 막에는 다양한 세포 반응들을 촉진하거나 촉매 작용을 하는 특별한 세포 단백질들이 배열되어 있다. 세포 표면에 있는 수송체는 막을 통해 특이적인 유기 용질과 무기 이온을 세포 속으로 이동시킨다; 수용체는 세포 밖 신호를 감지하여 세포 안의 분자적 변화를 일으킨다; 부착 분자들은 인접한 세포들을 서로 연결시킨다. 세포 안에서 막은 지질과 특정 단백질의 합성이나 미토콘드리아와 엽록체에서의 에너지 변환과 같은 세포 반응들을 관리한다. 막은 두 층의 분자들로 이루어져 있기 때문에 매우 얇으며—근본적으로 2차원적이다. 3차원의 공간보다 2차원의 공간에서 막 단백질이나 지질의 분자 간 충돌이 일어날 가능성이 훨씬 더 크기 때문에 막에서 조직화된 효소 촉매 반응이 일어나면 그 효율성이 매우 커진다.

이 장에서 먼저 세포막의 조성과 화학적 구조, 즉 세포막의 생물학적 기능을 가능하게 하는 분자 구조에 대하여 설명한다. 다음에 우리는 지질과 단백질이 서로 상대적으로 움직이는 세포막의 두드러진 역동적 특징에 대하여 설명한다. 세포 부착(cell adhesion), 세포내함입, 그리고 신경전달물질(neurotransmitter)의 분비에 동반된 막 융합(membrane fusion)을 예로 들어 막 단백질의 역동적인 기능을 보여준다. 그리고 수송체나 이온 통로와 같은 단백질들의 매개에 의해서 용질이 막을 통과하는 과정에 대하여 설명한다. 뒷 장에서는 신호전달(제12장과 제23장), 에너지 변환(제19장과 제20장), 지질 합성(제21장), 그리고 단백질 합성(제27장) 과정에 있어서 막의 역할에 대하여 설명할 것이다.

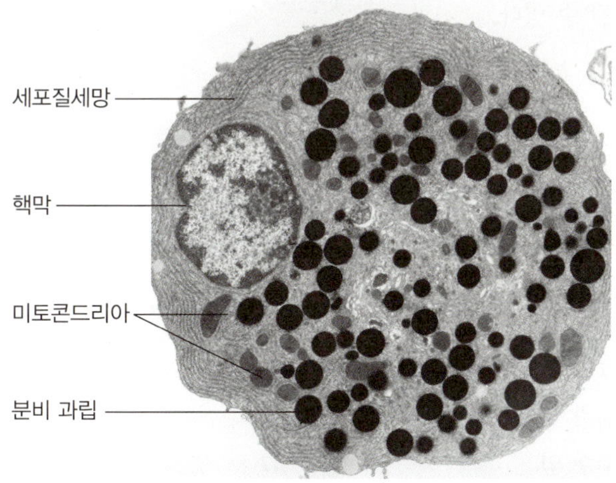

그림 11-1 생체막. 얇게 잘린 외분비 이자 세포의 전자현미경 사진은 막으로 구성되거나 막에 의해 경계 지어진 여러 구획(compartments), 즉 세포질세망, 핵, 미토콘드리아, 분비 과립 등을 보여주고 있다. [출처: Don W. Fawcett/Science Source.]

11.1 막의 조성과 구조

막의 기능을 이해하기 위한 접근 방법 중의 하나는 막의 조성을 연구하는 것이다. 예를 들면, 모든 막에 공통으로 존재하는 성분은 무엇이고 특별한 기능을 하는 막에만 있는 성분은 어떤 것인지를 알아보는 것이다. 따라서 막의 구조와 기능에 관하여 설명하기 전에 막의 분자 성분들을 먼저 알아보기로 하자: 막은 생체막 전체 무게의 대부분을 차지하는 단백질과 극성을 띠는 지질로 이루어져 있고 당단백질(glycoprotein)과 당지질(glycolipid)의 일부분을 차지하는 탄수화물도 포함되어 있다.

막은 유형에 따라 특징적인 지질과 단백질을 가지고 있다

단백질과 지질의 상대적인 비율은 막의 유형에 따라 다르며(표 11-1), 이것은 막의 다양한 생물학적 기능을 반영한다. 예를 들면, 어떤 신경세포는 말이집(myelin sheath)을 가지고 있는데 이는 연장된 형질막으로서 세포 주위를 여러 번 감싸고 수동적인 전기 절연체로 작용한다. 말이집은 주로 지질(좋은 절연체)로 이루어져 있는 반면에 각종 효소 촉매 반응들이 일어나는 곳인 세균의 형질막과 미토콘드리아나 엽록체의 막은 지질보다 단백질을 더 많이 포함한다(전체 중량 대비 비율).

막의 조성을 연구하기 위하여 우선 대상이 되는 막을 분리 및 정제해야 한다. 진핵세포에 물리적인 힘을 가하면 형질막이 찢어지고 조각이 나서 세포질의 내용물과 미토콘드리아, 엽록체, 라이보솜 및 핵과 같은 막으로 둘러싸인 세포 소기관들이 모두 세포 밖으로 방출된다. 형질막 조각들과 온전한 세포 소기관들은 제1장(그림 1-9 참조)과 57쪽의 연습문제 2-1에 기술한 방법들에 의하여 분리될 수 있다.

세포들은 합성하는 막 지질의 종류와 양을 조절하는 기전뿐만 아니라 특별한 지질을 특정 세포 소기관으로 보내는 기전도 갖고 있다. 각각의 영역(domain), 종(species), 조직(tissue)과 세포 유형, 그리고 각 세포 유형의 소기관들은 고유의 특징적인 막 지질 성분을 갖고 있다. 예를 들면, 형질막에는 콜레스테롤과 스핑고지질(sphingolipid)의 함량이 많지만 카디오리핀(cardiolipin)의 함량은 거의 없다(**그림 11-2**); 반면, 미토콘드리아의 막은 콜레스테롤과 스핑고지질의 함량이 매우 낮다. 대신 포스파티딜글리세롤과 카디오리핀은 미토콘드리아 안에서 합성되므로 세포 내에 존재하는 거의 대부분이 미토콘드리아에 포함되어 있다. 몇몇 경우를 제외하고 많은 경우에 이러한 다른 막 지질 조성이 기능상으로 어떤 중요성이 있는지는 아직 잘 알려져 있지 않다.

여러 다른 세포에서 분리된 막의 단백질 조성은 지질 조성보다 훨씬 더 다양하며, 이것은 막에서 단백질이 전문적인 기능을 갖고 있음을 반영한다. 이에 더하여, 일부 막 단백질들은 올리고당류에 공유결합으로 연결되어 있다. 예를 들면, 적혈구의 형질막에 있는 당단백질의 하나인 글라이코포린(glycophorin)은 질량의 60% 정도가 특정 아미노산 잔기와 공유결합으로 연결된 복합 올리고당류(complex oligosaccharide)로 구성되어 있다. 대부분의 당이 부착되는 공통 지점은 세린(Ser), 트레오닌(Thr), 그리고 아스파라진(Asn) 잔기이다(그림 7-30 참조). 세포 표면의 당단백질에 연결된 당 부분은 단백질의 안정성뿐만 아니라 접힘(folding), 세포 속의 목적지, 그리고 막에서의 위치배열(orientation)에 영향을 미친다. 또한 이 당 부분은 리간드가 당단백질 표면 수용체(receptor)와 특이적으로 결합하는 데에도 중요한 역할을 한다(그림 7-37 참조).

막 단백질 중에는 하나 이상의 지질과 공유결합되어 있는데, 나중에 알게 되겠지만 이 지질들은 단백질을 막에 부착시키기 위한 소수성 닻(anchor)의 역할을 한다.

표 11-1 여러 생명체에서 형질막의 주요 구성원

	구성원(무게 %)				
	단백질	인지질	스테롤	스테롤 형태	다른 지질
사람 말이집(수초)	30	30	19	콜레스테롤	갈락토지질, 플라스마로젠
생쥐의 간	45	27	25	콜레스테롤	—
옥수수 잎	47	26	7	시토스테롤	갈락토지질
효모	52	7	4	어고스테롤	트라이아실글리세롤, 스테릴 에스터
짚신벌레(Paramecium)	56	40	4	스티그마스테롤	—
대장균(*E. coli*)	75	25	0	—	—

주의: 모든 경우의 수치를 모두 더한 값이 100%가 되지 않는다. 왜냐하면 단백질, 인지질, 스테롤 이외의 성분들이 있을 수 있기 때문이다; 예를 들면, 식물들은 높은 수준의 당지질을 함유하고 있다.

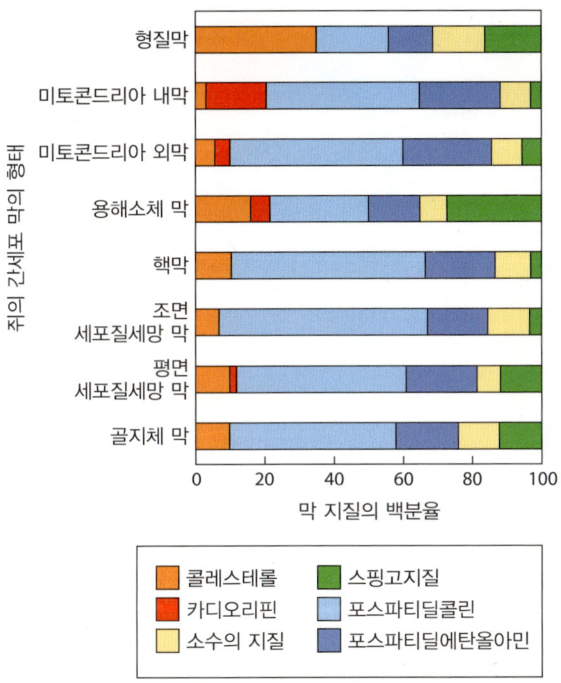

그림 11-2 쥐 간세포의 형질막과 세포 소기관 막의 지질 조성. 각 유형의 막이 기능적으로 특화되는 것은 각각의 독특한 지질 조성에 따른다. 콜레스테롤은 형질막에서 풍부하지만 미토콘드리아막에서는 거의 찾아볼 수 없다. 카디오리핀은 미토콘드리아 내막의 주요 성분이지만 형질막을 구성하지는 않는다. 포스파티딜세린과 포스파티딜이노시톨 및 포스파티딜글리세롤은 대부분의 막에 비교적 적은 양으로 존재하지만 중요한 기능을 수행한다. 예를 들면, 포스파티딜이노시톨과 그 유도체들은 호르몬에 의하여 시작되는 신호전달 과정에서 중요한 역할을 한다. 스핑고지질, 포스파티딜콜린, 그리고 포스파티딜에탄올아민은 대부분의 막에 존재하지만 그 비율은 다양하다. 식물에서 엽록체 막의 주성분인 당지질(glycolipids)은 실제로 동물세포에 존재하지 않는다.

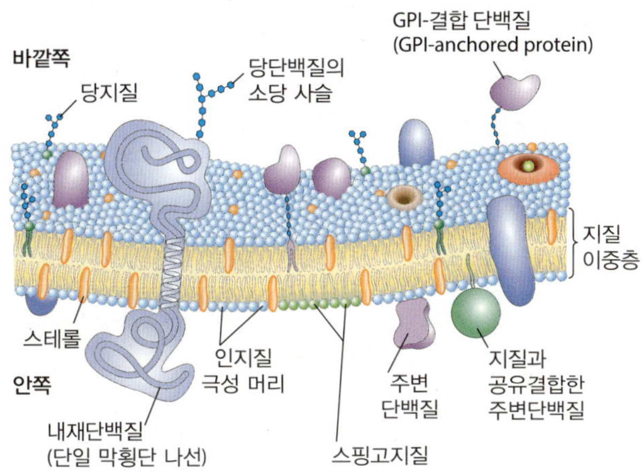

그림 11-3 형질막 구조에 대한 유동 모자이크 모형. 막 안쪽의 지방산 사슬은 액체상의 소수성 구역을 형성한다. 내재단백질(integral protein)은 이러한 지질 바다에 떠 있으며 비극성 아미노산 사슬과 소수성 상호작용으로 묶여 있다. 단백질과 지질은 둘 다 지질 이중층의 면을 따라 옆으로 자유롭게 움직인다. 그러나 지질 이중층의 한쪽 면에서 반대쪽 면으로 움직이는 것은 제한을 받는다. 형질막의 일부 단백질과 지질에 부착된 탄수화물 부분은 세포 바깥쪽 면에 노출되어 있다.

모든 생체막은 몇 가지 기본적인 성질을 공유한다

막은 대부분의 극성 또는 하전된 용질에 대하여 비투과적이지만 비극성의 화합물에 대하여는 투과성을 갖는다. 생체막의 두께는 양쪽 면으로 튀어나와 있는 단백질을 포함해서 5~8 nm(50~80 Å)이다. 투과성 및 막 단백질과 지질의 움직임에 관한 물리적인 연구뿐만 아니라 전자현미경 관찰과 화학적 조성에 관한 연구로 얻어진 증빙 자료들을 통합하여 생체막의 구조에 관한 **유동 모자이크 모형(fluid mosaic model)**이 발전하였다(**그림 11-3**). 인지질(phospholipid)이 지질 이중층을 구성하고 있는데 각 층에서 지질의 비극성 부위는 막의 중심을 향해 서로 마주보고 있고 극성을 띤 부분은 막의 바깥쪽으로 향하여 있어 양쪽에서 수용성 환경과 상호작용하고 있다. 단백질은 지질 이중층 판(bilayer sheet)에 박혀 있는데 이들의 소수성 영역이 막지질의 지방산 아실기와 접촉하고 있다. 일부의 단백질들은 막의 한쪽 면으로만 돌출되어 있고, 다른 단백질들은 막 양쪽으로 노출되어 있다. 지질 이중층에서 단백질의 위치배열은 비대칭적이기 때문에 막의 "이면성(sideness)"이 생긴다. 즉, 막의 한쪽으로 노출된 단백질 부분이 반대쪽으로 노출된 부분과 다르므로 기능적 비대칭(asymmetry)이 나타난다. 막에 있는 개별적인 지질과 단백질 단위들은 유동 모자이크 구조를 이루는데 이는 도자기 타일과 모르타르의 경우와 달리 막 안에서 자유롭게 항상 변할 수 있는 양식이다. 막 모자이크가 유동성을 갖는 이유는 막을 구성하는 성분들이 대부분 비공유결합으로 상호작용하고 있고 각각의 지질과 단백질 분자가 막의 평면을 따라 측면으로 자유롭게 움직일 수 있기 때문이다.

이제 우리는 막 구조의 특징을 좀 더 자세히 알아보고 이 모형을 뒷받침하는 실험적 증거들을 살펴보기로 하자.

지질 이중층은 생체막의 기본적인 구조 요소이다

글리세로인지질(glycerophospholipid), 스핑고지질 및 스테롤은 실제로 물에 녹지 않는다. 이것들을 물과 섞으면 저절로 미세한 지질 덩어리(lipid aggregates)를 형성하며, 소수성 부분은 서로 접촉하고 친수성 부분은 주변을 둘러싼 물과 상호작용하는 방식으로 함께 뭉친다. 이러한 뭉침(clustering)은 물에 노출된 소수성 표면을 감소시키고 이에 따라 지질-물의 경계면에서 질서정연한 물 겉껍질(shell)에 있는 분자 수도 최소화된다(그림 2-7 참조). 이는 엔트로피의 증가를 초래하게 된다. 이러한 소수성 상호작용 효과에 의하여 지질 분자 뭉치를 형성하고 유지하기 위한 열역학적 추진력이 생긴다. **소수성 상호작용**이란 용어는 때때로 수용액 환경에서 소수성 분자 표면들의 뭉침을 설명하는 데 사용되지만, 분자들이 화학적으로 상호작용하는 것이 아니라는 것을 이해해야 한다; 이것들은 단지 물에 노출된 소수성 또는 비극성 표면을 줄임으로써 가장 낮은 에너지 환경을 찾고 있는 것이다.

양친매성(amphipathic) 지질이 물과 섞이면 정확한 조건과 지

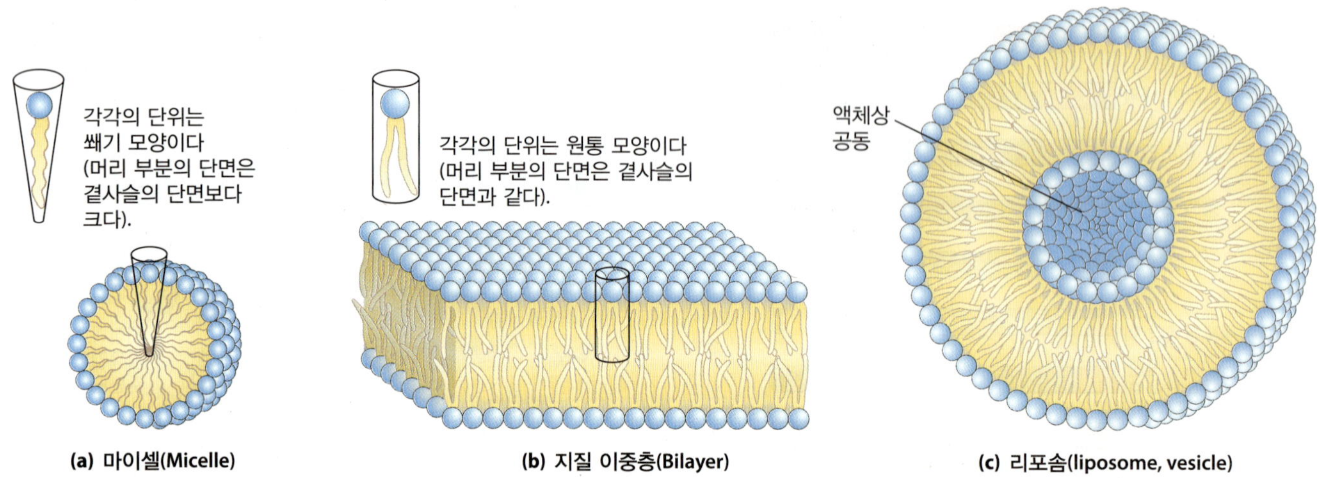

그림 11-4 물에서 형성된 양친매성 지질 덩어리. (a) 마이셀(micelle)에서 지방산의 소수성 사슬은 구(sphere)의 가운데에 모여 있다. 이 소수성 내부에는 실제로 물이 존재하지 않는다. (b) 펼쳐진 지질 이중층에서는 지질 판(sheet)의 모서리를 제외한 모든 아실 곁사슬이 물과 상호작용하지 않도록 보호된다. (c) 이차원적 지질 이중층이 자체적으로 겹쳐서 닫힌 이중층을 만들면 수용성 공간을 둘러싼 3차원적 속이 빈 소포(vesicle) 또는 리포솜(liposome)을 형성한다.

질의 특성에 따라 여러 유형의 지질 덩어리를 형성할 수 있다(**그림 11-4**). **마이셀(micelles)**은 어느 곳에서나 수십 개에서 수천 개의 양친매성 분자들을 포함하고 있는 공 모양의 구조물이다. 이 분자들의 소수성 부위는 물을 밀쳐내며 안쪽에 모여 있고, 친수성의 머리 부분은 바깥 표면에서 물과 접촉하고 있다. 마이셀은 유리 지방산(free fatty acid), 라이소인지질(lysophospholipid, 지방산이 1개 결여되어 있는 인지질), 그리고 도데실 황산 소듐(sodium dodecyl sulfate, SDS; 93쪽)과 같은 세제(detergents)처럼 머리 부분의 단면적이 아실 곁사슬의 단면적보다 클 때 잘 형성된다.

물에서 형성되는 지질 덩어리의 두 번째 유형은 **이중층(bilayer)**인데 이는 2개의 지질 단일층(monolayer 또는 leaflets)이 모여 이차원적 판을 형성한 것이다. 이중층은 글리세로인지질과 스핑고지질처럼 지질의 머리 부분의 단면적과 아실 곁사슬의 단면적이 비슷할 때 쉽게 형성된다. 각 단일층의 소수성 부위는 물로부터 배척되어 서로 상호작용을 한다. 친수성 머리 부분은 이중층의 양쪽 표면에서 물 분자와 상호작용을 한다. 이중층의 가장자리에 있는 소수성 구역(그림 11-4b)이 물 분자와 접촉하고 있기 때문에 이중층 판은 비교적 불안정하므로 저절로 자기자신과 다시 겹쳐져서 속이 빈 구(sphere), 즉 **소포(vesicle)** 또는 리포솜(liposome)을 형성하게 된다(그림 11-4c). 이렇게 연속적인 표면을 가진 소포를 형성함으로써 노출된 소수성 부분이 제거되면 이중층은 수용액 환경에서 최대한의 안정성을 갖는다. 또한 소포의 형성은 분리된 내부의 수용액 구획을 만든다(소포의 내강). 최초의 살아있는 세포까지의 조상들은 아마 지질 소포처럼 소수성 겉껍질에 의하여 수용성 내용물이 주변의 환경으로부터 격리되었을 것이다.

지질 이중층은 3 nm(30 Å) 두께로 되어있다. 지방산 아실기의 —CH_2—와 —CH_3로 구성된 막의 탄화수소 중심부는 데케인(decane)처럼 비극성이며, 실험실에서 순수한 지질로부터 만들어진 소포(리포솜)은 생체막의 지질 이중층처럼 극성 용질에 대하여 본질적으로 비투과성이다(그러나 나중에 알게 되겠지만, 생체막은 특정 수송체(transporters)를 갖는 극성 용질에 대하여 투과성을 부여한다).

대부분의 막 지질과 단백질은 세포질세망(endoplasmic reticulum)에서 합성되며 그곳에서 목적지인 세포 소기관이나 형질막으로 이동한다(**그림 11-5a**). 이러한 "막 이동(trafficking)" 동안, 작은 막 소포가 싹처럼 세포질세망에서 나와 시스 골지로 이동하여 융합한다. 지질과 단백질이 골지를 가로 질러서 트랜스 골지로 이동하면서 세포 내의 최종 목적지와 기능을 결정하는 다양한 공유결합성 변화를 겪게 된다. 예를 들면, 올리고당 사슬이나 팔미테이트 같은 지방산은 특정 막 단백질에 공유결합으로 연결된다. 인지질은 지방산 조성을 재배치하여 성숙한 형태가 된다. 많은 경우에 이러한 변형은 변형단백질의 궁극적인 위치를 결정한다. 막이동은 지질 조성 및 이중층의 배치에 현저한 변화를 동반한다(그림 11-5b). 포스파티딜콜린(phosphatidylcholine)은 골지막 내강 쪽 단일층의 중요한 인지질이지만, 트랜스 골지를 떠나는 수송 소포에서는 포스파티딜콜린이 스핑고지질과 콜레스테롤에 의해서 대부분 대치된다. 이들은 수송 소포와 형질막이 융합된 후에 세포막의 바깥쪽 단일층에 있는 주요 지질 성분을 구성하게 된다. 형질막 지질은 이중층을 이루는 2개의 단일층 사이에 비대칭적으로 분포되어 있다. 예를 들면, 진핵세포의 형질막에서 콜린 함유 지질[포스파티딜콜린과 스핑고마이엘린(sphingomyelin)]은 전형적으로 바깥쪽(세포 밖 또는 형질막 외부) 층에서 발견되는 반면, 포스파티딜세린(phosphatidylserine), 포스파티딜에탄올아민(phosphatidylethanolamine), 포스파티딜이노시톨(phosphatidylinositol) 등은 안쪽(세포질 쪽) 층에 거의 전적으로 존재한다. 이곳에서 음전하를 가지는 세린과 이노시톨 인산의 머리 부분은 주변 또는 양친매성 막 단백질

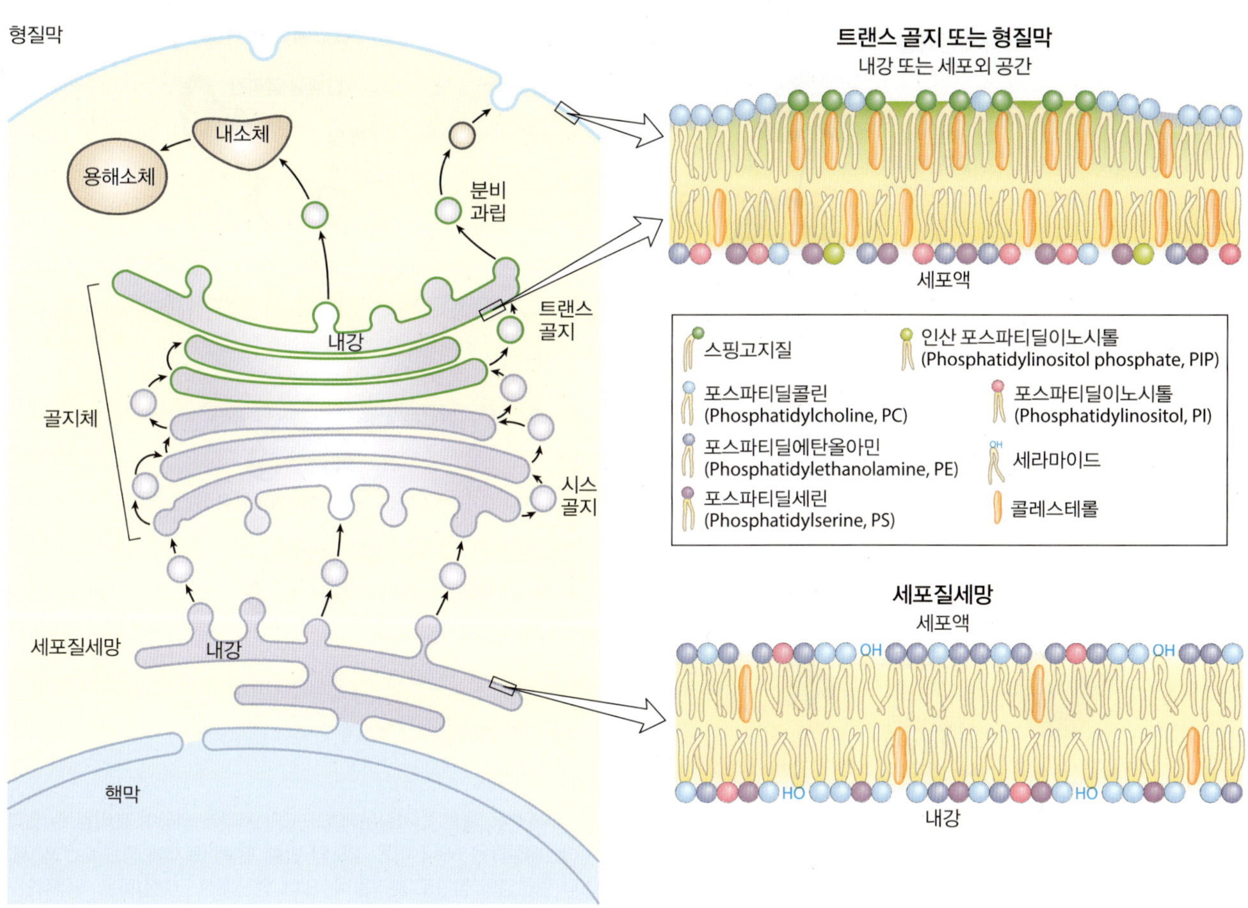

그림 11-5 막 수송에 동반되는 조성 변화. (a) 합성 장소(세포질세망)로부터 골지 기구를 경유하여 세포 표면(또는 용해소체와 같은 세포 소기관)으로의 막 수송 과정에서 지질과 단백질의 경로. 세포질세망에서 작은 소포가 싹처럼 나와서 시스 골지로 이동하여 융합하고, 트랜스 골지에서 분비 또는 수송 소포로 떨어져 나와서 내소체(엔도솜, endosome)와 융합하는데, 이는 곧 형질막 또는 용해소체를 만들게 된다. (b) 수송 과정 중에 이중층의 지질 조성과 안쪽 면과 바깥쪽 면 사이에 특정 지질의 배치는 현저하게 변한다. [출처: (b) Information from G. Drin, *Annu. Rev. Biochem.* 83:51, 2014, Fig. 1.]

의 양전하를 띤 영역과 정전기적으로 상호작용할 수 있다(아래에서 기술). 지질의 합성장소에서 목적지 막까지 재분배하는 두 번째 길은 특별한 단백질이 중개하는 경로로서 접합(junctions)이라 하며 세포질세망-형질막 접합과 세포질세망-미토콘드리아 접합을 포함한다.

형질막 특정 인지질의 이중층 분포를 결정하는 초기 방법은 세포에 인지질분해효소 C(phospholipase C)를 처리하는 것이었는데, 이 효소는 안쪽 층에 있는 지질에는 도달하지 못하고 바깥쪽 층에서 머리 부분만 제거한다. 방출된 각 머리 그룹의 비율은 형질막 바깥쪽 층에 있는 각 지질의 비율에 대한 추정치를 제공해 준다. 오늘날 형질막이나 다른 세포막에서 각 지질의 위치는 더 높은 해상도로 측정될 수 있는데, 이는 형광 지질 유사체를 이용하거나 또는 한 지질 유형에 높은 결합 친화도와 특이성을 갖는 항체, 독소, 또는 지질 결합 영역에 대한 형광 유도체를 이용함으로써 가능하다. 결합된 표지 탐식자의 위치는 고해상도 형광현미경에 의해 측정된다.

형질막 단일층 사이의 지질 분포의 시간별 변화는 생물학적 중요성을 가진다. 예를 들면, 혈소판에서 형질막에 있는 포스파티딜세린이 바깥쪽 층으로 이동할 때에만 혈전 형성 기능을 수행할 수 있다. 많은 다른 세포 유형에서는 바깥쪽 표면으로 포스파티딜세린이 노출되면 그 세포가 예정된 세포 죽음에 의해 파괴되고 있다는 것을 표식한다. 인지질 분자들이 하나의 층에서 다른 층으로 이동하는 것은 특별한 단백질에 의해 촉매되고 조절된다(그림 11-15 참조).

세 유형의 막 단백질들은 막에 결합하는 성질이 다르다

내재 막 단백질(integral membrane protein)은 지질 이중층에 박혀 있으므로, 세제, 유기 용매, 또는 변성제(denaturant)와 같은 소수성 상호작용을 방해하는 시약들에 의해서만 제거될 수 있다(**그림 11-6**). 내재 막 단백질은 이중층의 한 층에만 상호작용하는 일원적(**모노토픽, monotopic**)이거나 막을 한번 이상 관통하는 다원적(**폴리토픽, polytopic**)이다. **주변 막 단백질(peripheral membrane protein)**은 내재단백질의 친수성 영역이나 막 지질과 정전

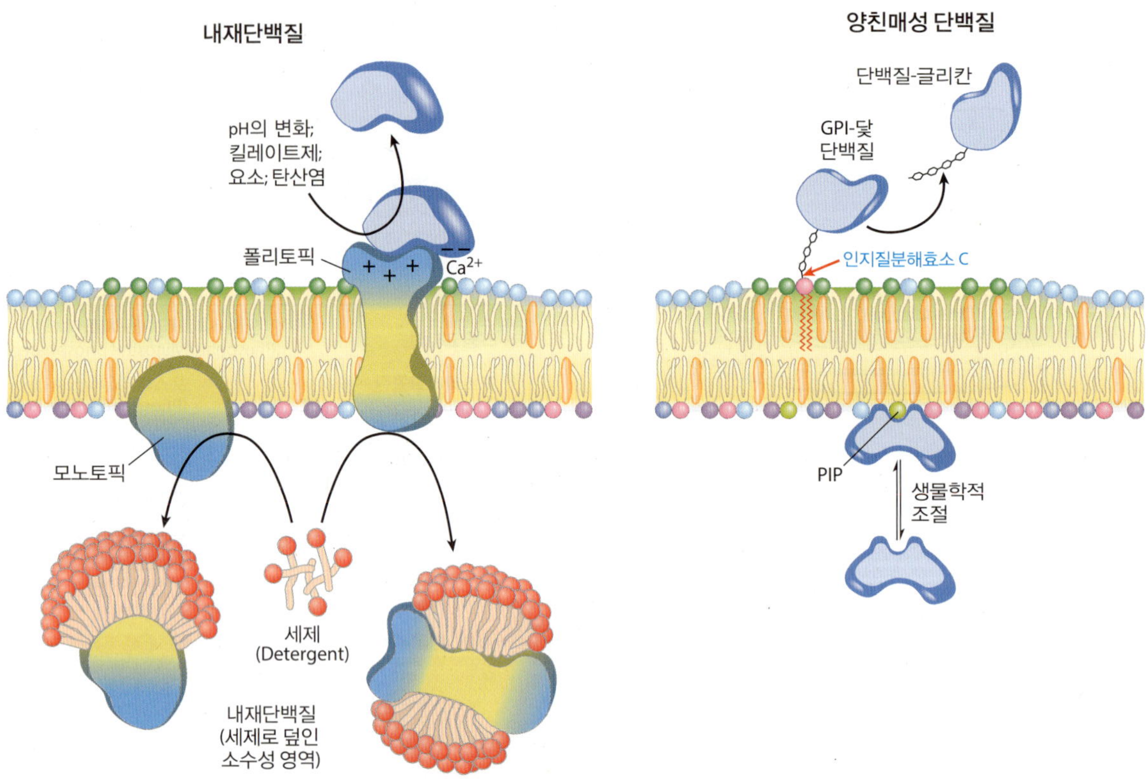

그림 11-6 내재단백질, 주변단백질, 그리고 양친매성 단백질. 막 단백질은 편의상 막에서 그것들을 분리시키는 조건에 의해 구별될 수 있다. 모노토픽(막의 한쪽 면에만 결합)과 폴리토픽(막횡단, 지질양층결합) 내재단백질은 모두 세제로 추출할 수 있는데, 이 세제들은 단백질과 지질 이중층 사이의 소수성 상호작용을 파괴하고 개별 단백질 분자들을 마이셀과 비슷한 덩어리 형태로 만들어 준다. 당화 포스파티딜이노시톨(GPI, 그림 11-13 참조)과 같은 막 지질에 공유결합으로 부착되어 있는 내재단백질들은 인지질분해효소 C의 처리에 의하여 분리될 수 있다. 대부분의 주변단백질들은 pH나 이온 강도의 변화, 킬레이트제에 의한 Ca^{2+}의 제거, 또는 요소나 탄산염의 첨가로 분리될 수 있다. 양친매성 단백질들은 가역적인 팔미토일화(palmitoylation)와 같이 어떤 유형의 조절 과정에 의존하여 때로는 막에 결합하고 때로는 막에서 떨어져 나온다.

기적 상호작용(electrostatic interaction)과 수소결합을 통해 막에 부착되어 있다. 실험실에서 정전기 상호작용을 방해하거나 수소결합을 깨는 정도의 비교적 약한 처리를 해 주어도 주변단백질을 막으로부터 추출할 수 있다; 흔하게 쓰이는 시약은 높은 pH의 탄산(carbonate)이다. **양친매성 단백질(Amphitropic proteins)**은 막과 가역적으로 결합되어 있어서 막과 세포액에서 모두 발견된다. 어떤 경우에는 이 단백질의 막에 대한 친화성이 막 단백질이나 지질과 비공유성 상호작용을 하고 있을 때 생기고, 다른 경우에는 하나 이상의 지질이 양친매성 단백질과 공유결합을 하고 있을 때 생긴다(그림 11-13 참조). 일반적으로, 막과 양친매성 단백질의 가역적인 결합은 조절된다; 예를 들면, 인산화 또는 리간드 결합은 단백질의 구조적인 변화를 일으켜서 이전에 접근하기 어려웠던 막 결합 부위를 노출시킬 수 있다. 또한 하나 이상의 지질 부위가 가역적인 공유결합으로 부착되어도 양친매성 단백질의 막에 대한 친화도가 변화될 수 있다.

많은 내재 막 단백질들은 지질 이중층을 횡단한다

막 단백질의 공간배열(topology, 지질 이중층에 대한 단백질 영역의 상대적인 위치)은 단백질의 곁사슬과 반응하지만 막을 통과할 수 없는 시약들을 이용하여 측정할 수 있다; 예를 들면, 라이신 잔기의 일차 아민(primary amine)과 반응하는 극성 화학 물질 또는 단백질은 분해하지만 막을 통과하지 못하는 트립신(trypsin)과 같은 효소들이 이에 해당한다. 만일 살아 있는 적혈구의 막 단백질이 막을 통과하지 못하는 시약과 반응한다면 그 단백질은 막 바깥쪽(세포 바깥면)에 노출된 단백질 영역을 최소한 1개 이상 가지고 있다. 예를 들면, 트립신은 막의 바깥쪽 표면에 노출된 단백질 영역은 분해하지만 지질 이중층에 묻혀 있거나 안쪽 표면에 노출된 것은 분해하지 못한다. 단지 형질막이 파괴되어, 이러한 단백질 영역에 효소가 접근할 수 있을 때에만 분해시킬 수 있다.

이러한 공간배열-특이적인(topology-specific) 시약을 이용한 고전적 실험에 의하여 적혈구 당단백질인 **글라이코포린**이 형질막을 횡단하고 있음을 알 수 있었다. 이 단백질의 아미노 말단 영역(여러 탄수화물 사슬을 함유)이 막의 바깥쪽 표면에 존재하여 트립신에 의하여 분해된다. 한편으로 카복실 말단은 세포 안쪽으로 돌출되어 있어서 불투과성 시약과 반응할 수 없다. 아미노 말단 영역과 카복실 말단 영역은 모두 극성을 갖거나 전하를 가진 아미노산 잔기를 많이 갖고 있기 때문에 친수성을 띄고 있다. 그러나 단백질의 중앙에 있는 한 분절(75번에서 93번 잔기)은 주로 소수성 아

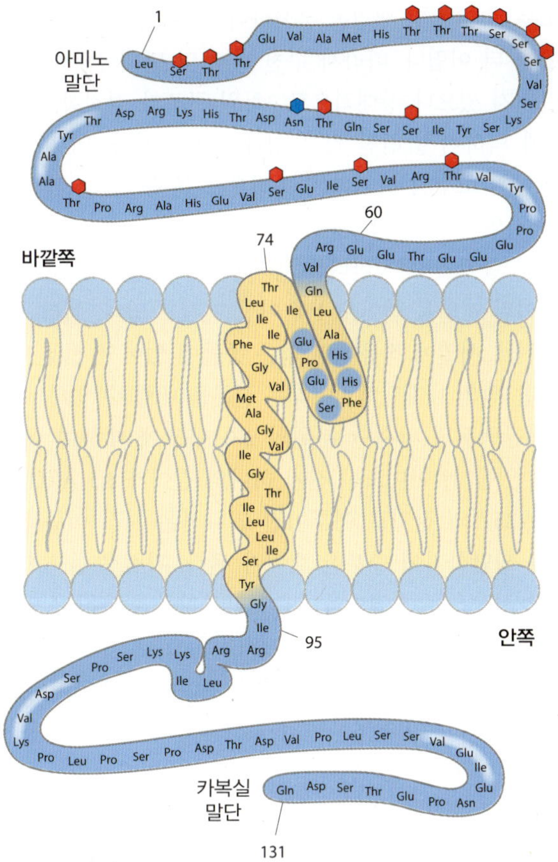

그림 11-7 적혈구 횡단 이중층에서 글라이코포린의 배치. 모든 당 잔기를 갖고 있는 친수성 영역 중의 하나는 막의 바깥쪽 표면에 있고 다른 친수성 영역은 막의 안쪽 면에서 돌출되어 있다. 각각의 빨간색 육각형은 Ser이나 Thr 잔기에 *O*-결합으로 연결되어 있는 사당류(tetrasaccharide: 2개의 Neu5Ac(사이알산), Gal과 GalNAc을 포함하는)를 나타낸다; 파란색 육각형은 Asn 잔기에 *N*-결합으로 연결된 올리고당을 나타낸다. 올리고당 단위의 상대적 크기는 여기서 보이는 것보다 더 크다. 19개의 소수성 잔기로 이루어진 분절(잔기 75에서 93까지)은 막 이중층을 횡단하는 α 나선을 형성한다(그림 11-10a 참조). 잔기 64에서 74까지의 분절은 몇 개의 소수성 잔기를 갖고 있으며 아마 지질 이중층의 바깥쪽 면을 뚫고 들어갈 것이다. [출처: Information from V. T. Marchesi et al., *Annu. Rev. Biochem.* 45:667, 1976.]

미노산 잔기를 갖고 있어서, 글라이코포린이 **그림 11-7**에서 보여주는 것처럼 막횡단 분절을 하나 갖고 있다는 것을 시사한다. 철저한 물리적 그리고 화학적 연구들을 통해 글라이코포린의 공간배열이 확인되었고 또 다른 많은 막 단백질들의 공간배열도 확립하고 있다.

이러한 공간배열에 관한 위상학적 연구는 또한 막에 존재하는 글라이코포린의 위치배열이 비대칭적이라는 것을 나타낸다: 글라이코포린의 아미노 말단 부분은 항상 바깥쪽에 있다. 많은 다른 내재 막 단백질들의 유사한 연구에서 각 단백질은 이중층에서 특정 위치배열을 가지고 있고, 이는 막에 뚜렷한 측면성(sidedness)을 제공한다. 글라이코포린과 형질막의 다른 모든 당단백질의 경우에 당화된 영역은 항상 이중층의 세포 바깥쪽 면에서 발견된다. 곧 알게 되는 것처럼 막 단백질이 비대칭적으로 배치되면 기능적으로도 비대칭성을 갖게 된다. 예를 들어, 어느 한 이온 펌프(ion pump)를 구성하는 모든 분자들은 막에서 같은 방향으로 배열하고 있으므로 모두 같은 방향으로 이온을 운반한다.

내재단백질의 소수성 영역은 막 지질과 결합한다

내재단백질이 막에 단단하게 부착되어 있는 이유는 소수성 상호작용 효과 때문이다: 단백질의 소수성 영역을 이동시켜서 막 지질과 접하는 것을 막고 수용성 환경에 접하도록 하는 것은 열역학적으로 비용이 클 것이다. 어떤 폴리토픽 단백질(예: 글라이코포린)은 분자의 중간 부위나 아미노 말단 또는 카복실 말단에 단 하나의 소수성 서열을 갖고 있다. 다른 단백질들은 여러 개의 소수성 서열을 갖고 있으며, 각각의 서열이 α 나선 입체 구조에서 길이가 충분하여(약 20개 잔기) 지질 이중층을 횡단할 수 있다(연습문제 4-1에서 α 나선에 있는 각 잔기는 길이가 1.5 Å인 것을 기억하라).

지금까지 가장 잘 연구된 폴리토픽 단백질 중의 하나인 박테리오로돕신(bacteriorhodopsin)은 내부에 매우 소수성이 큰 아미노산 서열이 7곳 있고, 지질 이중층을 7번 관통한다. 박테리오로돕신은 호염균 *Halobacterium salinarum*의 보라색 막에 일정한 간격으로 조밀하게 박혀 있고 빛에 의하여 작동되는 양성자 펌프(proton pump)이다. X선 결정학을 이용하여 7개의 α 나선 분절의 구조를 볼 수 있었는데, 이 나선들은 각각 지질 이중층을 통과하고 막의 안쪽과 바깥쪽 면에서 비나선 루프에 의하여 연결된다(**그림 11-8**). 박테리오로돕신의 아미노산 서열에서 약 20개의 소수성 잔기로 이루어진 7개의 분절은 볼 수 있으며 각각의 분절은 충분히 길어서 지질 이중층을 횡단하는 나선을 이룰 수 있다. 이 7개의 나선은 함께 뭉쳐져 있고 지질 이중층의 면에서 완전한 수직이 아닌

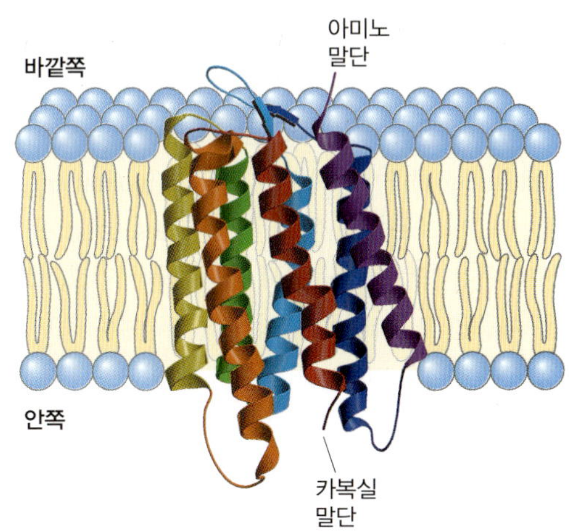

그림 11-8 막횡단 단백질인 박테리오로돕신(bacteriorhodopsin). 이 단일 폴리펩타이드 사슬은 7개의 소수성 α 나선으로 접혀 있으며, 각 나선은 막의 평면에서 대략 수직 방향으로 지질 이중층을 횡단하고 있다. 7개의 막횡단 나선은 서로 뭉쳐 있고 이들 주변이나 사이의 공간들은 막 지질의 아실 사슬로 채워져 있다. 빛을 흡수하는 색소 레티날(retinal: 그림 10-20 참조)은 여러 나선 분절과 접촉한 채 막 내부에 깊숙히 파묻혀 있다(이 그림에서는 보이지 않음). 이 나선들은 그림 11-10b의 소수성 도표에 맞추어 색깔이 들어가 있다. [출처: PDB ID 2AT9, K. Mitsuoka et al., *J. Mol. Biol.* 286:861, 1999.]

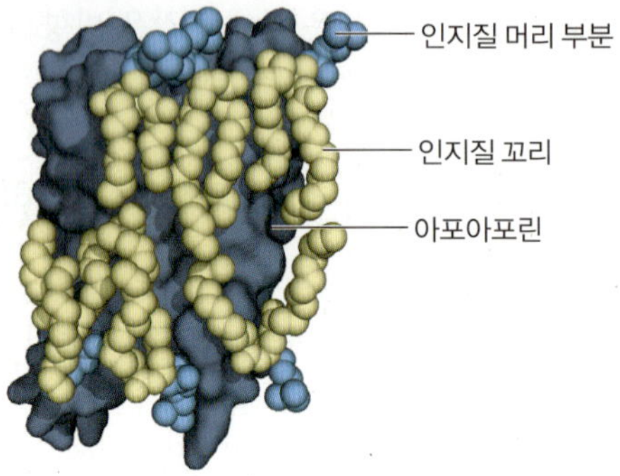

그림 11-9 내재 막 단백질과 결합된 고리 모양의 지질. 막횡단 물 통로인 양(sheep) 아쿠아포린의 결정 구조는 인지질로 구성된 겉껍질을 포함하고 있는데 이 인지질의 머리 부분(파란색)은 막의 안쪽과 바깥쪽 표면에 있는 예상 위치에 놓여 있고, 소수성 아실기 사슬(황금색)은 지질 이중층에 노출된 단백질 표면과 긴밀하게 결합되어 있다. 지질은 이 그림에서 진한 파란색 면으로 묘사된 단백질의 주변을 둘러싸서 "기름 봉인(grease seal)"을 형성한다. [출처: PDB ID 2B6O, T. Gonen et al., *Nature* 438:633, 2005.]

방향으로 배열하고 있다. 이러한 모양은(제12장에서 보게 되겠지만) 신호를 받아들이는 막 단백질들에 있어서 매우 공통적인 모티프(motif)이다. 비극성 아미노산 잔기와 막 지질의 지방산 아실기 사이의 소수성 상호작용 효과에 의하여 단백질이 막에 견고하게 부착한다.

결정학에 의해 한번 구조가 밝혀진 많은 막 단백질들은 종종 인지질 분자를 포함하고 있는데, 단백질 결정에 놓여 있을 때 원래의 막에 위치해 있는 것처럼 예측한다. 이러한 수많은 인지질 분자는 단백질 표면에 위치해 있고 그들의 머리 부분은 막-물 경계면의 안과 밖에서 극성 아미노산 잔기와 상호작용하고 있으며, 그들의 곁 사슬은 비극성 잔기와 결합하고 있다. 이런 **고리 모양의 지질(annular lipids)**은 단백질 주위에 이중층 겉껍질(annulus)을 형성하고 있다. 이는 이중층의 인지질에서 예상되는 위치배열처럼 대략적으로 배열하고 있다(**그림 11-9**). 다른 인지질들은 다중소단위(multisubunit) 막 단백질의 단일체(monomer) 사이의 경계면에서 발견되고, 그곳에서 "기름 봉인(grease seal)"을 형성한다. 그러나 다른 것들은 막 단백질 안에 깊게 박혀 있고, 종종 그들의 머리 부분은 이중층 면 아래쪽에 박혀 있다. 예를 들면, 싸이토크롬 산화효소(복합체 IV, 미토콘드리아에서 발견)는 결정구조에서 보여준 13개 지질 분자를 가지고 있다: 2개의 카디오리핀, 1개의 포스파티딜콜린, 3개의 포스파티딜에탄올아민, 4개의 프로스타그랜딘, 3개의 트리아실글리세롤로 각각 사이토크롬 산화효소의 특정자리에 결합한다. 자리의 일부는 안쪽에 있으나 13개 지질분자의 대부분은 이중층 지질에 위치하고 배열되어 있다.

내재 막 단백질의 공간배열은 흔히 아미노산 서열로 예측될 수 있다

일반적으로 막 단백질의 3차원 구조, 즉 공간배열을 밝히는 것이 직접 또는 그 유전자 서열을 분석하여 아미노산 서열을 밝히는 것보다 훨씬 더 어렵다. 따라서 수천 가지 막 단백질의 아미노산 서열은 알려져 있으나 상대적으로 3차원 구조가 결정학 또는 NMR 분광법에 의하여 밝혀진 것은 상대적으로 적다. 막 단백질에서 20개 이상의 소수성 잔기가 연속적으로 존재한다는 것은 일반적으로 이 서열이 지질 이중층을 횡단하여 소수성 닻으로 작용하거나 막횡단 통로를 형성한다는 증거가 된다. 실제로 모든 내재단백질은 이런 서열을 적어도 1개 이상 가지고 있다. 이러한 원칙을 모든 유전체 서열에 적용하면 많은 종들에 있어서 전체 단백질의 20~30%는 막의 내재단백질이라는 결론을 내릴 수 있다.

내재단백질의 막횡단 부위의 2차 구조에 대하여 어떤 추정을 할 수 있을까? 아미노산 잔기 하나의 길이가 1.5 Å(0.15 nm)이므로 20~25개의 잔기로 이루어진 α 나선은 지질 이중층의 두께(30 Å)를 횡단하기에 충분한 길이가 된다. 지질로 둘러싸인 폴리펩타이드 사슬은 수소결합을 하는 물 분자를 함유하고 있지 않으므로 사슬 안에서 수소결합이 최대화되는 α 나선이나 β시트를 형성하려는 경향이 있다. α 나선에 있는 모든 아미노산의 곁사슬들이 비극성을 띠고 있다면 주변의 지질과 소수성 상호작용이 일어나므로 나선이 더 안정화된다.

아미노산 서열을 분석하는 간단한 방법을 몇 가지 활용하면 막횡단 단백질들의 2차 구조를 상당히 정확하게 예측할 수 있다. 각 아미노산의 상대적 극성도는 그 아미노산 곁사슬을 소수성 용매에서 물로 옮길 때 발생하는 자유에너지 변화를 측정하는 실험을 통하여 구할 수 있다. 이와 같은 전이를 위한 자유에너지는 **소수성 지표(hydropathy index**, 표 3-1 참조)로 나타내는데, 전하나 극성을 띠는 아미노산 잔기에서 일어나는 높은 자유에너지 감소반응(exergonic)부터 방향족 또는 지방족 탄화수소 곁사슬에서 일어나는 높은 자유에너지 흡수반응(endergonic)까지 그 범위가 넓다. 일정한 아미노산 서열에 있어서 전체 소수성 지표(소수성, hydrophobicity)는 각 아미노산 잔기의 전이 자유에너지를 합산함으로써 예측할 수 있다. 막횡단 분절을 갖고 있을 가능성이 있는 폴리펩타이드 서열을 찾기 위하여 연구자들은 보통 7~20개의 잔기에 해당하는 정해진 길이의 연속적인 분절[창(window)이라고 부른다]들에 대한 소수성 지표를 계산하게 된다. 예를 들면, 7개의 잔기를 가진 창을 설정한다면 잔기 1에서 7, 2에서 8, 3에서 9, 계속 이런 식으로 창을 설정하고 각 창에 대한 소수성 지표 값을 **그림 11-10**에서처럼 도표로 그린다(각 창의 중간 잔기 번호에 대한 평균값으로 넣어 그린다. 예를 들면, 창 1에서 7이라면 잔기 4가 된다). 약 20개 이상의 잔기에서 높은 소수성 지표를 나타내는 서열 부위가 관찰되면 이를 막횡단 분절이라고 추정할 수 있다. 3차원 구조가 이미 알려진 막 단백질의 아미노산 서열을 온라인에서 제공되는 이 간단한 생물정보학적 방법으로 분석해 보면 추정치와 실제로 알려진 막횡단 분절이 상당히 잘 일치하는 것을 알 수 있다. 소수성 분석법에 의하면 글라이코포린(그림 11-10a)은 단

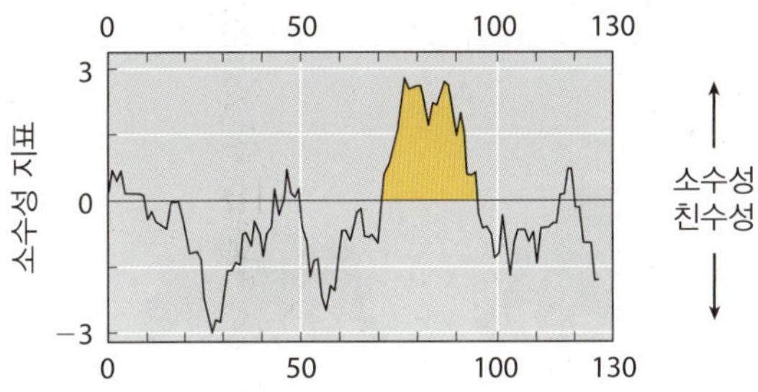

(a) 글라이코포린

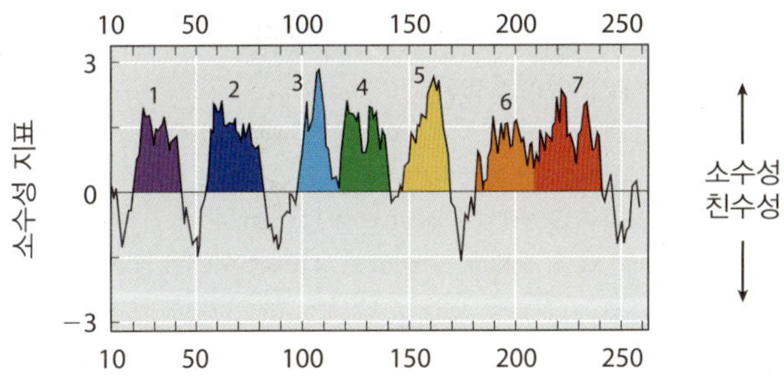

(b) 박테리오로돕신

그림 11-10 소수성 도표(hydropathy plot). 2개의 내재 막 단백질에 대하여 잔기 번호당 평균 소수성 지표(표 3-1 참조)를 그래프로 그렸다. 한정된 길이의 서열이나 "창(window)"에서 평균 소수성을 계산하기 위해 각 아미노산 잔기에 대한 소수성 지표를 이용한다. 수평 축은 창의 가운데에 있는 잔기의 번호를 나타낸다. **(a)** 사람 적혈구의 글라이코포린은 잔기 75와 잔기 93 사이에 소수성 서열(노란색)을 단지 하나만 가지고 있다; 이것을 그림 11-7과 비교해 보라. **(b)** 박테리오로돕신은 독립적으로 수행한 물리적 연구를 통해 7개의 막횡단 나선(그림 11-8 참조)을 갖고 있는 것이 밝혀졌는데, 여기에서도 7개의 소수성 영역을 보여준다. 그러나 소수성 도표에서는 분절 6과 7 영역이 조금은 모호하게 보인다. X-선 결정학 연구를 통해 이 부위에 2개의 막횡단 분절이 있다는 사실이 확인되었다.

하나의 소수성 나선을 갖고 있고, 박테리오로돕신(그림 11-10b)은 7개의 막횡단 분절을 갖고 있는 것으로 예측되는데, 이것들은 실제로 X 선 결정학으로 알려진 구조들과 일치한다.

내재 막 단백질이 모두 막횡단 α 나선 구조로 이루어진 것은 아니다. 세균의 막 단백질에서 흔히 볼 수 있는 다른 구조 모티프는 **β 통(β barrel**, 그림 4-18b 참조)이며, 이 구조에서는 20개 이상의 막횡단 분절들이 원통(cylinder)을 둘러싸는 β 판(sheet)을 형성한다(**그림 11-11**). 소수성을 띠고 있는 지질 이중층의 내부에서 쉽게 α 나선 형성을 도와주는 것과 같은 요인들이 β 통도 안정화시킨다: 물이 없어서 펩타이드 결합의 카보닐 산소나 질소와 수소결합을 할 수 없으므로 분자 자체 내에서 최대한의 수소결합이 일어나야 가장 안정된 입체 구조를 이룰 수 있게 된다. 평면적인 β 판은 이러한 상호작용을 극대화시키지 못하므로 일반적으로 막 안쪽에서 발견되지 않는다; β 통은 가능한 모든 수소결합을 허용하며 막 단백질들 사이에 공통적으로 나타난다. **포린(porin)**은 대장균과 같은 그람 음성균의 외막에서 어떤 극성 용질들을 통과시키

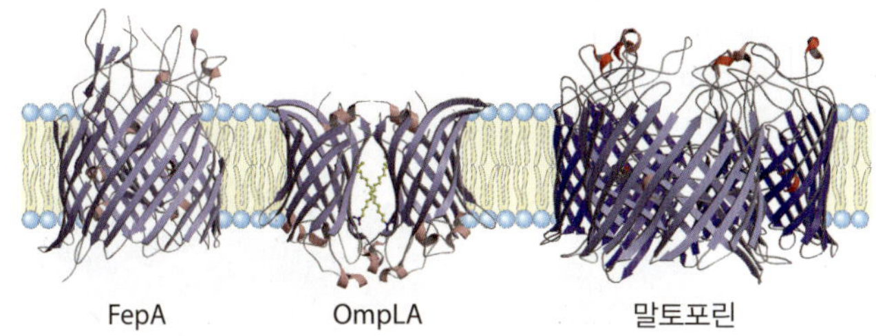

그림 11-11 β−통(β−barrel) 구조를 가진 막 단백질. 대장균의 바깥쪽 막에 있는 3 종류의 단백질을 막 평면에서 관찰하여 보여준다. 철 흡수에 관여되는 FepA는 22개의 막횡단 β 가닥을 갖는다. 바깥쪽 막의 인지질분해효소 A(phospholipase A) 또는 OmpLA는 12가닥의 β 통 단백질이며, 이것은 막에서 이합체로 존재한다. 말토스의 수송체인 말토포린(maltoporin)은 삼합체인데 각 단일체는 16개의 β 가닥으로 구성되어 있다. [출처: FepA: PDB ID 1FEP, S. K. Buchanan et al., *Nature Struct. Biol.* 6:56, 1999. OmpLA: modified from PDB ID 1QD5, H. J. Snijder et al., *Nature* 401:717, 1999. Maltoporin: modified from PDB ID 1MAL, T. Schirmer et al., *Science* 267:512, 1995.]

는 단백질인데, 이것은 극성 막횡단 통로를 둘러싸는 여러 가닥의 β 통을 갖고 있다. 미토콘드리아와 엽록체 바깥쪽 막도 역시 다양한 β 통을 포함하고 있는데, 아마도 이들의 기원이 세균의 내공생체(endosymbionts)였기 때문이라 여겨진다(그림 1-40 참조).

α 나선보다 β 입체형태(conformation)의 폴리펩타이드가 더 펼쳐져 있다; β 입체형태에서는 막을 횡단하기 위해 단지 7~9개의 잔기들만 필요하다. β 입체형태에서 곁사슬들이 판의 아래위로 번갈아 돌출되어 있다는 것을 상기하라(그림 4-6 참조). 막 단백질의 β 가닥에서 막횡단 분절의 모든 두 번째 잔기가 소수성을 띠고 있어서 지질 이중층과 상호작용을 하고 있다; 방향족 곁사슬은 주로 지질-단백질 경계면에서 발견된다. 그 밖의 다른 잔기들은 친수성을 가질 수도 있고 아닐 수도 있다.

많은 막횡단 단백질의 더 놀라운 특징은 지질과 물 경계면에 Tyr과 Trp 잔기가 존재한다는 것이다(**그림 11-12**). 이 잔기들의 곁사슬들은 막 경계면의 닻으로 작용하여 중심의 지질상과 막 양쪽의 수용액상에 동시에 상호작용할 수 있다. 이중층에서 아미노산의 상대적인 배치는 또 다른 일반화, 즉 **양성-안쪽(positive-inside) 법칙**에 의해 설명된다: 극성 전하를 띠는 막 단백질의 Lys, His, Arg 잔기는 막의 세포질 면 쪽에서 흔하게 발견된다.

일부 막 단백질들은 공유결합으로 부착된 지질을 통해 매달려 있다

어떤 막 단백질들은 여러 유형의 지질 중 1개 이상과 공유결합으로 연결되어 있다: 긴사슬 지방산, 아이소프레노이드(isoprenoid), 스테롤, 포스파티딜이노시톨의 당화 유도체(glycosylated derivatives of *p*hosphatidyl*i*nositol, GPIs; **그림 11-13**) 등이 포함된다. 부착된 지질 부분은 소수성 닻이 되어 지질 이중층에 끼어 들어가 있고 막 표면에서 단백질을 매달고 있다. 지질 이중층과 단백질에 연결

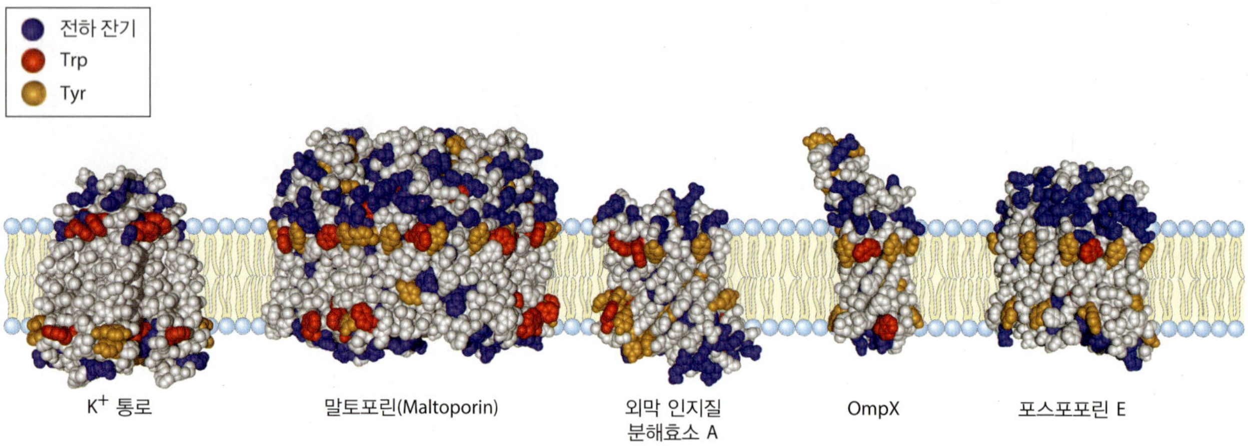

그림 11-12 물-지질 경계면에 모여있는 막 단백질들의 Tyr과 Trp 잔기. 여기에서 5개의 내재 막 단백질의 자세한 구조는 결정학 연구로부터 알려졌다. K^+ 통로는 세균 사슬알균(*Streptomyces lividans*)의 것이며(그림 11-45 참조); 말토포린(maltoporin), OmpLA, OmpX, 포스포포린(phosphoporin) E는 대장균의 외막에 있는 단백질들이다. Tyr과 Trp 잔기는 아실 사슬의 비극성 부위가 극성 머리 부분과 만나는 곳에서 주로 발견된다. 전하를 띠는 잔기(Lys, Arg, Glu, Asp)들은 거의 모두 수용성 국면에서 발견된다. [출처: K^+ channel: PDB ID 1BL8, D. A. Doyle et al., *Science* 280:69, 1998. Maltoporin: PDB ID 1AF6, Y. F. Wang et al., *J. Mol. Biol.* 272:56, 1997. OmpLA: PDB ID 1QD5, H. J. Snijder et al., *Nature* 401:717, 1999. OmpX: PDB ID 1QJ9, J. Vogt and G. E. Schulz, *Structure* 7:1301, 1999. Phosphorin E: PDB ID 1PHO, S. W. Cowan et al., *Nature* 358:727, 1992.]

된 하나의 탄화수소 사슬 사이에서 일어나는 소수성 상호작용의 힘은 충분하지 못하여 단백질을 안전하게 붙들고 있지 못하지만 많은 단백질들이 하나 이상의 지질 부분에 부착되어 있다. 더구나, 단백질의 양전하를 띤 Lys 잔기와 음전하를 띤 지질 머리 부분 사이에 일어나는 이온성 인력(ionic attraction) 같은 다른 상호작용들도 아마 공유결합된 지질의 닻 효과를 더해 줄 것이다. 예를 들면, 형질막 단백질 MARCKS는 세포 이동과정 중에 액틴 필라멘트(actin filaments)와 상호작용하는데, 공유결합으로 연결된 미리스토일 부분(myristoyl moiety)을 가질 뿐만 아니라 다음과 같은 서열을 포함한다.

그림 11-13 지질에 연결된 막 단백질. 공유결합으로 부착된 지질은 막 단백질을 지질 이중층에 닻으로 연결시킨다. 팔미토일기는 Cys 잔기와 싸이오에스터(thioester) 결합으로 부착된다; *N*-미리스토일기는 전형적으로 소수성 막횡단 분절을 가지는 단백질의 아미노 말단 Gly 잔기에 부착되며; 파네실(farnesyl)기와 제라닐제라닐(geranylgeranyl)기는 각각 15개와 20개의 탄소로 이루어진 아이소프레노이드로서 카복실 말단의 Cys 잔기에 부착된다. 카복실 말단의 Cys 잔기는 항상 메틸화되어 있다. 당화 포스파티딜이노시톨(GPI)-닻은 포스파티딜이노시톨의 유도체로 이노시톨은 길이가 짧은 올리고당을 가지고 있으며, 이것은 인산에탄올아민을 통하여 단백질의 카복실 말단 잔기와 공유결합으로 연결되어 있다. GPI-닻 단백질은 항상 형질막의 바깥쪽에 위치한다. 파네실과 팔미토일기가 연결된 막 단백질은 형질막의 안쪽 표면에서 발견되고, 미리스토일기 단백질은 형질막의 안쪽과 바깥쪽 모두에 영역을 갖고 있다.

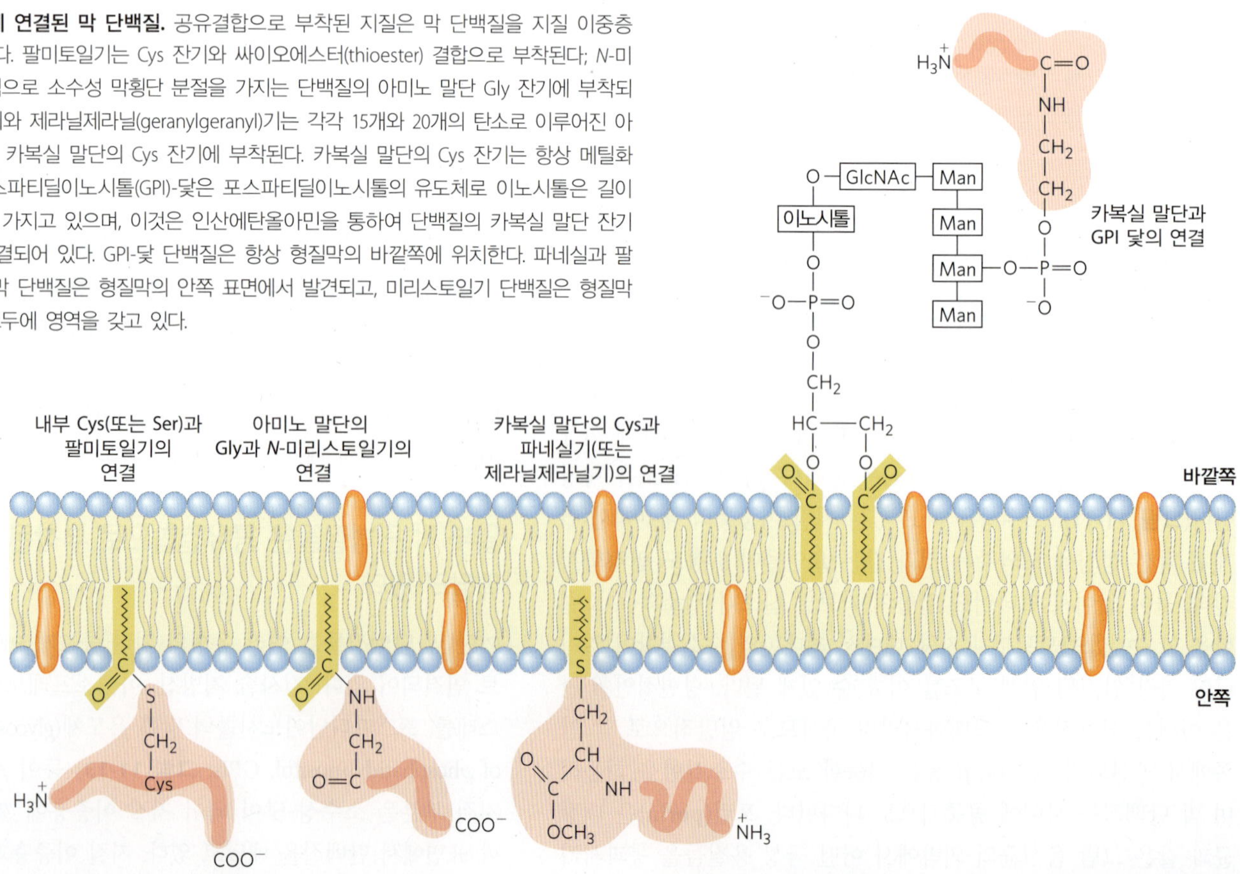

KKKKKRFSFKKSFKLSGFSFKKNKK
151 175

이 서열은 단백질의 막에 대한 친화도를 높여준다. 양전하를 가지는 Lys와 Arg 잔기(파란색 칠)들은 형질막의 세포질쪽에 있는 포스파티딜이노시톨-4,5-이인산(phosphatidylinositol-4,5-bisphosphate, PIP_2)의 음전하를 띤 머리 부분과 상호작용한다; 5개의 방향족 잔기(노란색 칠)는 지질 이중층으로 끼어 들어간다. PIP_2의 머리 부분 인산이 효소에 의해 잘려지면 MARCKS는 형질막에 붙어 있지 못하고 분리된다.

부착된 지질은 단지 단백질을 막에 붙들고 있는 것 이상으로 더 중요한 역할을 한다. 형질막에서 **GPI-닻 단백질**들은 절대적으로 바깥쪽 면에 존재하며, 이 장의 뒷부분에서 설명하듯이(401쪽) 어떤 구역에 뭉쳐 있다. 반면에 다른 형태의 지질 결합 단백질들 [파네실(farnesyl) 또는 제라닐제라닐(geranylgeranyl)기가 부착된 단백질들; 그림 11-13]은 전적으로 안쪽 면에 존재한다. 극성 상피세포(예: 장내 상피세포, 그림 11-41 참조)에서는 표면의 꼭대기 면과 표면 바닥에서 서로 다른 역할을 한다. GPI-닻 단백질은 특히 꼭대기 면으로 향하고 있다. 따라서 새로 합성된 막 단백질에 특정 지질이 부착한다는 것은 단백질을 올바른 세포내 장소로 이동하도록 지정하는 표적 기능(targeting function)을 하는 것이다.

양친매성(amphitropic) 단백질은 막과 가역적으로 결합한다

일부 양친매성 단백질들은 PH(pleckstrin homology) 영역을 포함하고 있는데, 이는 형질막의 세질쪽 면에 있는 포스파티딜이노시톨-3,4,5-삼인산(phosphatidylinositol-3,4,5-triphosphate)과 특이적으로 결합하는 포킷(binding pocket)이다. PIP3는 호르몬이나 다른 신호에 대한 반응으로 생성되고 분해된다. 다른 보존된 단백질 영역인 SH(Src homology)는 인산화된 타이로신(phosphotyrosine) 잔기를 가진 단백질에 결합하며 인산화되지 않은 형태에는 결합하지 않는다(PH와 SH2 영역에 관해서는 제12장에서 더 자세히 논의될 것이다). 따라서 많은 양친매성 단백질과 형질막의 결합은 포스파티딜이오시톨이나 단백질 Tyr 잔기에 있는 단일 인산기를 효소로 첨가하거나 제거함으로써 조절된다. 특정 단백질이 막과 일시적으로 결합하는 것은 많은 신호전달 경로에서 중심적이 된다. 한 신호전달 반응에서 2개 이상의 단백질들이 상호작용할 필요가 있을 때 이들을 막 표면의 2차원적 공간으로 밀어 넣으면 이들 사이의 상호작용이 더 활발하게 진행될 것이다.

요약 11.1 막의 조성과 구조

- 생체막은 세포의 경계를 정의하고, 세포를 여러 구획으로 나누며, 복잡한 반응 단계를 체계화하고, 신호를 받아들이며, 에너지를 전환하는 작용을 한다.
- 막은 지질과 단백질로 이루어져 있으며, 그 조성은 매우 다양하여 생물의 종, 세포의 유형, 세포 소기관마다 각각 다르다. 지질 이중층을 기본 구조 단위로 하는 유동성 모자이크 모델에서는 단순화되고 일반화된 막 그림을 제공해 준다.
- 막 이동은 막 구성분들이 세포질세망에서부터 골지로 그리고 골지를 통과하여 움직이는 것이다. 막 구성분들은 골지에서 공유성 변형에 의해 최종 목적지로 표적화된다.
- 내재 막 단백질들은 막 안에 박혀 있으면서 비극성 아미노산 곁사슬들이 수용성 환경이 아닌 지질 이중층에 접해 있어 안정화된다. 주변 막 단백질은 막 인지질이나 내재단백질과의 정전기적 상호작용 및 수소결합을 통하여 막에 결합해 있다. 양친매성 단백질은 생체 신호에 반응하여 막과 가역적으로 결합한다. 생체 신호는 막 지질 또는 단백질을 인산화하거나 공유적으로 부착된 지질을 제거하는 것을 포함한다.
- 많은 막 단백질들은 막횡단 α 나선을 형성하는 약 20개의 아미노산 잔기로 이루어진 소수성 서열들을 갖고 있어서 지질 이중층을 여러 번 횡단한다. 여러 가닥의 β 통도 역시 박테리아 막의 내재단백질에서 흔한 구조이다. 막횡단 단백질의 Tyr과 Trp 잔기들은 지질-물 경계면에서 공통적으로 발견된다.
- 어떤 막 단백질들은 공유결합으로 부착된 지질을 포함하고 있는데 이것이 이중층과의 상호작용을 매개한다.

11.2 막의 역동학

모든 생체막의 한 가지 두드러진 특징은 막의 유연성, 즉 막의 본모습을 잃거나 누출되는 일이 없이 형태를 바꾸는 능력이다. 이러한 특성은 이중층 지질 사이의 비공유성 상호작용과 각 지질들이 서로 공유결합으로 연결되어 있지 않아서 허용되는 움직임 때문에 생겼다. 이제 막의 역동학에 대한 주제로 바꾸어 보자: 이는 막에서 일어나는 움직임과 이 움직임에 의하여 허용되는 일시적 구조를 포함한다.

이중층 내부 아실기는 다양한 정도의 질서로 배열되어 있다

지질 이중층의 구조는 안정적이지만 각각의 인지질 분자들은 온도와 지질 조성에 따라 많은 이동의 자유를 누린다(**그림 11-14**). 정상 생리적 온도보다 낮은 경우에 이중층 지질은 젤 같은(gel-like) **액체-질서 상태(L_o state, liquid-ordered state)**를 유지하며, 이 상태에서 각 지질 분자들은 모든 형태의 움직임이 강하게 억제된다; 이중층은 준결정상(paracrystalline)이다(그림 11-14a). 생리적 온도보다 높은 경우에 지방산의 개별 탄화수소 사슬들은 항상 움직이고 있는데, 이는 긴 아실 곁사슬의 탄소-탄소 결합이 회전하고 있으며 이중층 판에 있는 개별 지질 분자들이 측면 확산(lateral diffusion)을 하고 있기 때문이다. 이러한 상태를 **액체-무질**

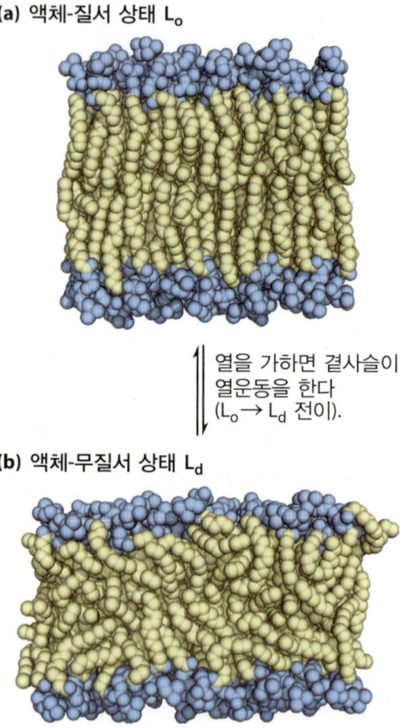

그림 11-14 이중층 지질의 2가지 극단적 상태. (a) 액체-질서(liquid-ordered, L_o) 상태에서 극성 머리 부분은 표면에 일정하게 배열되어 있고, 아실 사슬은 거의 움직이지 않고 규칙적인 입체 모양으로 채워져 있다. **(b)** 액체-무질서(liquid-disordered, L_d) 상태 또는 액체 상태에서는 아실 사슬들이 열운동을 많이 하여 규칙적인 배열을 갖지 못한다. 생체막에서 막지질의 상태는 이러한 2가지 극단 사이에 있는 어느 지점에서 유지되고 있다. [출처: H. Heller et al., *J. Phys. Chem.* 97:8343, 1993.]

서 상태(L_d state, liquid-disordered state)(그림 11-14b)라고 한다. L_o에서 L_d로의 전이상태에서 지질 이중층의 일반적인 모양과 크기가 유지된다; 변하는 것은 개별 지질 분자에게 허락된 움직임의 정도(측면 이동과 회전)이다.

포유동물의 생리적인 온도 범위(약 20~40°C)에서 긴사슬 포화지방산(예: 16:0과 18:0)은 L_o 젤 상으로 꽉 채우는 경향이 있지만 불포화지방산(그림 10-1 참조)에 있는 구부러짐(kinks)은 이러한 채움을 방해하여 L_d 액체-무질서 상태를 선호한다. 더 짧은 지방산 아실기는 더 긴 지방산 아실기보다 움직임이 자유로우므로 L_d 상태를 선호한다. 막의 스테롤 함량은 생물의 종류와 소기관에 따라 다양하며(표 11-1), 이것은 지질 상태에 대한 또 다른 중요한 결정인자가 된다. 스테롤(예: 콜레스테롤)은 지질 이중층의 유동성에 역설적인 효과를 미친다; 이들은 불포화지방산 사슬을 포함하는 인지질과 상호작용하여, 이들을 밀집시키고 이중층 내 이동을 제한한다. 반대로, 긴 포화지방산 사슬을 가지는 스핑고지질 및 인지질과 결합하는 스테롤은 오히려 지질 이중층을 유연하게 하는데, 콜레스테롤이 없는 경우라면 이러한 스핑고지질과 인지질은 L_o 상태를 가졌을 것이다. 다양한 인지질과 스핑고지질로 구성된 생체막에서는 콜레스테롤이 스핑고지질과 결합하는 경향이 있으며, 이를 통해 L_o 상태 부위를 형성하는데 이것이 L_d 상태인 콜레스테롤이 없는 지역으로 둘러싸여 있다(아래 막 유동성에 관한 논의 참조).

세포는 여러 성장 조건에서도 일정하게 막의 유동성을 유지하기 위해서 지질의 조성을 조절한다. 예를 들면, 세균은 높은 온도에서 배양될 때보다 낮은 온도에서 배양될 때 더 많은 불포화지방산을 합성하고 포화지방산을 적게 합성한다(표 11-2). 지질 조성의 조절 결과로서 배양 온도가 높을 때나 낮을 때나 세균 막의 유동성을 일정한 상태로 유지한다. 이것은 아마도 막에 박힌 많은 단백질들(효소, 수송체 및 수용체)의 기능에 필수적이기 때문인 것으로 생각된다.

지질의 이중층 횡단 이동에는 촉매가 필요하다

생리적인 온도에서 이중층의 평면에서 일어나는 측면 확산은 매우 빠르지만(그림 11-15b) 한 지질 분자가 이중층의 한 면(단일층)에서 다른 면으로 횡단하는 확산(**그림 11-15a**)은 대부분의 막에서 매우 느리게 일어난다. 이중층 횡단(transbilayer) 또는 엎침뒤침(flip-flop) 이동이 일어나려면 극성 또는 전하를 띤 머리 부분이 물

표 11-2 다양한 온도에서 배양한 대장균 세포의 지방산 조성

	전체 지방산 비율[a]			
	10°C	20°C	30°C	40°C
미리스트산(14:0)	4	4	4	8
팔미트산(16:0)	18	25	29	48
팔미톨레산(16:1)	26	24	23	9
올레산(18:1)	38	34	30	12
하이드록시미리스트산	13	10	10	8
불포화 대 포화지방산 비율[b]	2.9	2.0	1.6	0.38

출처: Data from A. G. Marr and J. L. Ingraham, *J. Bacteriol.* 84:1260, 1962.
[a]정확한 지방산 조성은 단지 성장 온도뿐만 아니라 성장 단계나 성장 배지의 조성에 따라 달라진다.
[b]16:1과 18:1 지방산 합계의 전체 비율을 14:0과 16:0 지방산 합계의 전체 비율로 나누어 계산된 것. 하이드록시미리스트산은 이 계산에서 제외되었다.

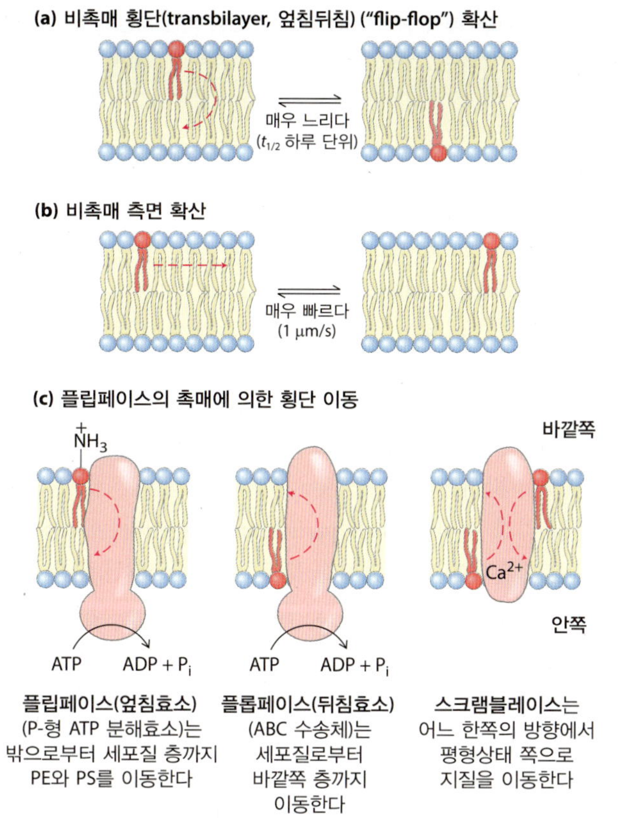

그림 11-15 이중층에서 단일 인지질의 운동. **(a)** 한 면에서 다른 면으로의 비촉매성 이동은 매우 느리다. 하지만, **(b)** 같은 면 안에서 측면 확산은 매우 빠르고 촉매를 필요로 하지도 않는다. **(c)** 3가지 유형의 인지질 수송체가 원형질막에 있다. PE는 포스파티딜에탄올아민(phosphatidylethanolamine)이고; PS는 포스파티딜세린(phosphatidylserine)이다.

환경을 떠나서 소수성 이중층의 내부로 들어가는 것이 필요하다. 이 과정은 커다란 양(+)의 자유에너지 변화 값을 갖는다. 하지만 이러한 이동이 반드시 필요한 경우가 있다. 예를 들면, 세포질세망에서 막 글리세로인지질은 세포질쪽 표면에서 합성된다. 반면에 스핑고지질은 내강 표면에서 합성되고 변형된다. 이러한 지질들이 합성 위치로부터 최종 배치 위치에 도달하기 위해서는 엎침뒤침 확산을 겪어야만 한다.

플립페이스(flippases), 플롭페이스(floppases), 스크램블레이스(scramblases, 그림 11-15c)와 같은 단백질들은 개별 지질 분자들의 이중층 횡단 이동(자리바꿈, translocation)을 촉진시키는데, 이것은 비촉매 확산보다 에너지 면에서 유리하고 더 빠른 경로를 제공함으로써 가능해진다. 막 지질의 비대칭적 생합성과 매우 느린 비촉매성 엎침뒤침 확산, 그리고 선택적인 에너지-의존 지질 수송체의 존재가 조합을 이루어서 11.1절에서 논의한 것과 같은 지질 조성의 이중층 횡단 비대칭을 형성하게 된다. 에너지-의존 지질 수송체는 이러한 지질의 비대칭 분포에 기여하는 것 외에도 이중층의 한쪽 표면을 넓게 만듦으로써 소포가 싹트는 것(budding)에 필수적인 막 굴곡을 형성한다.

플립페이스(flippases)는 아미노인지질인 포스파티딜에탄올아민과 포스파티딜세린을 원형질막의 바깥쪽 층으로부터 세포질쪽 층으로의 자리바꿈을 촉매함으로써 인지질의 비대칭 분포에 기여한다: 포스파티딜에탄올아민과 포스파티딜세린은 일차적으로 세포질쪽 층에 존재하고 스핑고지질과 포스파티딜콜린은 바깥쪽 층에 우선적으로 존재한다. 포스파티딜세린을 세포 바깥쪽 층에 있지 않도록 지키는 것은 중요하다: 세포 바깥쪽 층에 포스파티딜세린이 노출되면 세포예정사[apoptosis, 예정된 세포 사망(programmed cell death; 12장 참조]를 일으키며, 포스파티딜세린 수용체를 가진 대식세포(macrophages)에 의한 포식작용을 유도하기도 한다. 플립페이스는 또한 세포질세망에서 작용한다. 거기서 그들은 세포질쪽에 있는 새로 합성된 인지질을 합성 위치로부터 내강쪽까지 운반한다. 플립페이스는 인지질 한 분자를 이동시킬 때 ATP 한 분자를 사용한다. 이들은 구조적으로 그리고 기능적으로 414쪽에 설명된 P형 ATP분해효소(능동수송체)와 연관되어 있다.

두 가지 다른 종류의 지질 자리바꿈 활성이 알려져 있지만 특성이 잘 밝혀지지는 않았다. **플롭페이스(floppase)**는 형질막의 인지질을 세포질쪽 층으로부터 세포 바깥쪽 층으로 이동시키고 플립페이스처럼 ATP 의존적이다. 플롭페이스는 414쪽에 설명된 ABC 수송체 족 중의 하나이다; 모든 ABC 수송체는 소수성 기질을 형질막을 통해 세포 밖으로 능동적으로 수송한다. **스크램블레이스(scramblase)**는 어떤 막 인지질을 그들의 농도 기울기에 따라(순응하여) 이중층을 통해 이동시킨다(높은 농도를 갖는 층에서 낮은 농도를 갖는 층으로); 이들의 활성은 ATP에 의존적이지 않다. 스크램블레이스 활성은 이중층의 두 층에서 머리 부분의 조성을 불규칙하게 만든다. 이 활성은 세포질 Ca^{2+} 농도의 증가와 함께 급격히 올라간다. 이는 세포의 활성화, 세포 상처, 또는 세포예정사에 의해 일어날 수 있다; 앞서 언급했듯이 바깥쪽 표면에 포스파티딜세린이 노출되는 것은 세포예정사와 대식세포에 의한 포식작용을 위한 표지가 된다. 로돕신은 척추동물의 눈에서 빛을 인식하는 단백질이지만 다른 두 번째 활성도 갖는다: 이 단백질은 일초에 단백질당 10,000개가 넘는 인지질을 빠르게 운반하여 불규칙하게 만든다. 마지막으로 포스파티딜이노시톨 운반 단백질들은 포스파티딜이노시톨 지질을 이중층을 통해 이동시키는 단백질 군으로서 지질 신호전달과 막 이동에서 중요한 역할을 하는 것으로 여겨진다.

지질과 단백질은 이중층에서 측면으로 확산한다

각각의 지질 분자들은 막의 평면에서 인접한 지질 분자들과 자리바꿈에 의해 측면으로 움직일 수 있다; 즉, 이들은 이중층 내에서 브라운 운동을 하는 것이며, 매우 빠르게 진행될 수 있다(그림 11-15b). 예를 들면, 적혈구 형질막의 바깥쪽 층에 있는 분자는 매우 빠르게 측면으로 확산할 수 있어 몇 초 만에 적혈구 표면을 완주한다. 이렇게 빠르게 이중층의 평면에서 일어나는 측면 확산은 개별 분자들을 몇 초 만에 불규칙하게 배열하는 경향이 있다.

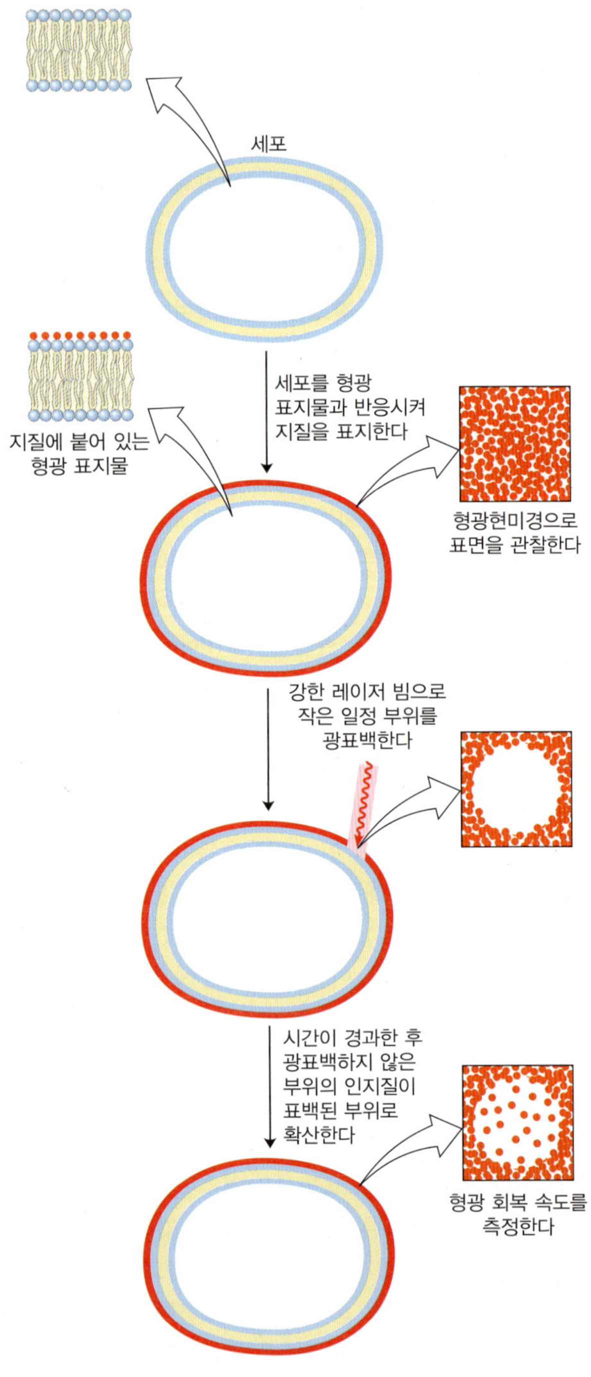

그림 11-16 광표백 후 형광 회복(FRAP) 측정법에 의한 지질의 측면 확산 속도 측정. 형질막 바깥쪽 면은 막을 통과하지 못하는 형광 표지물(빨간색)과 반응시켜서 표지한다. 표면을 형광현미경으로 관찰했을 때 균일하게 표지되도록 한다. 작은 영역에 강한 레이저 빔을 조사하여 표백시키고 형광을 띄지 않게 만든다. 시간이 지나면 점점 표지된 지질분자가 표백된 구역으로 확산되어 다시 형광을 띄게 된다. 연구자들은 형광이 돌아오는 시간을 추적해서 표지된 지질의 확산 상수를 구할 수 있다. 확산 속도는 전형적으로 높다; 이 속도로 움직이는 지질은 대장균 세포를 1초만에 세계 일주를 시킬 수도 있을 것이다. (FRAP 방법은 또한 막 단백질의 측면 확산을 측정하는 데 사용할 수 있다).

측면 확산은 실험적으로 형광 표지물을 지질의 머리 부분에 붙이고 시간에 따른 표지물의 이동을 형광현미경으로 관찰함으로써 알 수 있다(**그림 11-16**). 하나의 기술에서 형광 꼬리표가 붙은 지질로 이루어진 세포 표면의 작은 부위(5 μm^2)에 강력한 레이저를 조사하여 표백함으로써 형광현미경의 약한 강도의 빛으로 관찰했을 때 형광을 띠지 않도록 만든다. 그러나 몇 밀리초(millisecond, 천분의 1초) 후에 표백되지 않은 지질 분자들이 표백된 부위로 확산하고, 표백된 지질 분자들은 그곳에서 확산되어 나가면서 표백된 부위가 다시 형광을 띠게 된다. **광표백 후 형광 회복**(***f****luorescence* ***r****ecovery* ***a****fter* ***p****hotobleaching* 또는 **FRAP**) 기술은 지질의 측면 확산 속도를 측정하는 방법이다. FRAP 기술을 이용함으로써, 일부 막 지질들이 1 μm/s 정도까지의 속도로 측면 확산되는 것이 밝혀졌다.

단일 입자 추적법(single particle tracking)이라는 다른 기술을 이용하면 형질막에서 단일 지질 분자의 이동을 훨씬 짧은 시간 단위로 추적할 수 있다. 이러한 연구 결과들은 지질분자가 세포 표면의 작고 일정한 범위에 국한되어 빠르게 측면 확산한다는 사실을 확인해 주었지만 하나의 그러한 부위를 넘어 인접 부위로 이동하는 것(도약 확산, "hop diffusion")은 더 드물게 일어난다는 것을 보여 주었다; 마치 지질이 담장 안에 가둬져 있고 가끔 도약 확산으로 담장을 넘어가는 것처럼 보인다(**그림 11-17**).

많은 막 단백질들은 마치 지질의 바다에 떠 있는 부유물처럼 보인다. 막 지질처럼 이 단백질들도 이중층의 평면을 따라 자유롭게 측면 확산하며, 형광 꼬리표를 단 표면 단백질들을 이용

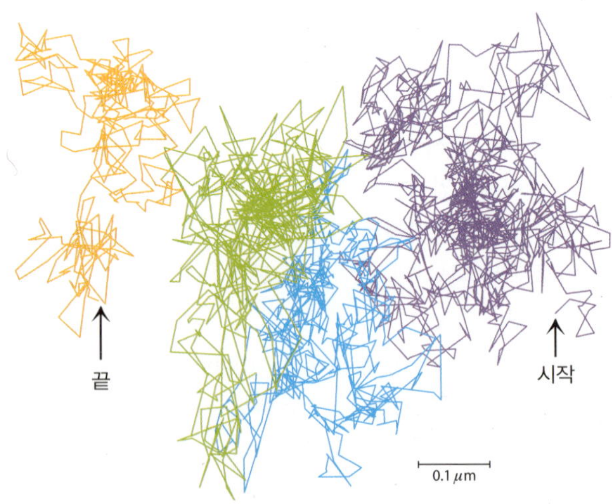

그림 11-17 개별 지질 분자의 도약 확산(Hop diffusion). 세포 표면에서 형광으로 표지된 단일 지질 분자의 운동이 형광현미경에 부착된 비디오를 이용해 25 μs [초당 40,000 영상(frame)에 해당] 시간 단위로 녹화되었다. 여기에서 보여준 추적 그림은 56 ms(모두 2,250 영상) 동안 한 분자의 이동을 나타낸다; 보라색 부위에서 추적하기 시작하여 파란색, 초록색, 주황색으로 계속된다. 이동 양상은 정해진 구역(단일 색으로 표시된 지름 약 250 nm) 안에서 빠른 확산을 나타내고 가끔은 인접 구역으로 도약을 한다. 이러한 발견은 지질이 분자 담장 안에 갇혀 있고 가끔 도약하여 이 담장을 넘어가기도 한다는 사실을 시사해 준다. [출처: Courtesy of Takahiro Fujiwara, Ken Ritchie, Hideji Murakoshi, Ken Jacobson, and Akihiro Kusumi.]

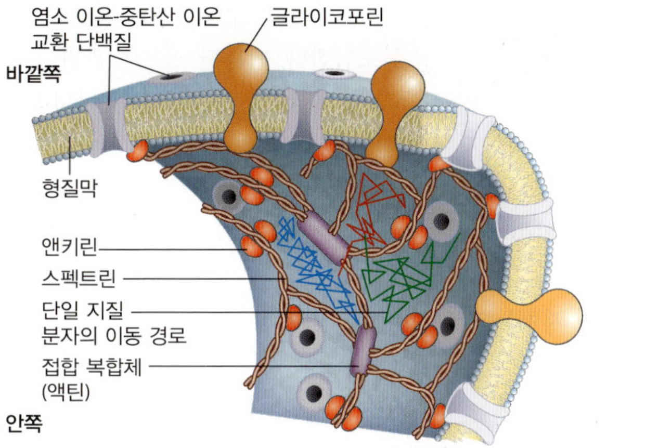

그림 11-18 적혈구 Cl^--HCO_3^- 교환체와 글라이코포린의 제한된 움직임. 이 단백질들은 막을 횡단하고 있으며 다른 단백질 앤키린(ankyrin)에 의하여 세포골격 단백질인 스펙트린(spectrin)에 묶여 있어서 측면 이동에 제한을 받는다. 앤키린은 막의 팔미트산 곁사슬과 공유결합으로 막에 부착되어 있다(그림 11-13 참조). 긴 실 모양의 단백질인 스펙트린은 액틴을 포함하는 접합 복합체(junctional complex)에서 교차 결합으로 연결되어 있다. 형질막의 세포질쪽에 부착하고 있는 교차결합된 스펙트린 그물망은 막을 안정화시켜서 변형되는 것을 방지한다. 이러한 고정된 막 단백질 그물망이 그림 11-17에서 보여주듯이 "울타리(corral)"를 형성한다; 여기서 보여준 지질 추적은 연결된 막 단백질들에 의해 정의된 각기 다른 구역들로 한정된다. 때때로 지질 분자(초록색 추적)는 한 울타리에서 다른 울타리로(파란색 추적), 그리고 또 다른 울타리로(빨간색) 도약한다.

한 FRAP 기술에 의하여 보여 준 바와 같이 계속 움직이고 있다. 일부 막 단백질들은 세포나 세포 소기관의 표면에서 서로 결합하여 큰 덩어리(패치 'patches')를 이루며, 그곳에서 개별 단백질 분자들이 서로 상대적으로 움직이지는 않는다. 예를 들면, 아세틸콜린(acetylcholine) 수용체는 시냅스(synapse)의 신경세포 형질막에서 밀집된 거의 결정에 가까운 패치를 이루고 있다. 다른 막 단백질들은 이들의 자유로운 확산을 방지하는 세포 속 구조물에 부착되어 있다. 적혈구 막에서 글라이코포린과 Cl^--HCO_3^- 교환체(chloride-bicarbonate exchanger, 410쪽)는 둘 다 섬유 모양의 세포골격 단백질인 스펙트린(spectrin)에 붙들려 있다(**그림 11-18**). 그림 11-17에 나타낸 지질 분자들의 측면 확산의 양상을 설명해 보자면 스펙트린과 결합하여 고정된 막 단백질들이 "담장"을 형성하여 상대적으로 지질 이동에 제한이 없는 영역을 한정하는 것이다.

스핑고지질과 콜레스테롤은 막 유동섬에 함께 밀집해 있다

우리는 막 지질이 지질 이중층의 한 층에서 다른 층으로 이동하는 확산은 촉매 작용이 없으면 매우 느리며, 형질막의 다른 지질 종류가 이중층의 두 층에 비대칭적으로 분포하고 있음을 보았다(그림 11-5). 심지어 단일 층 내에서도 지질의 분포는 균일하지 않다. 당스핑고지질[세리브로사이드(cerebroside)와 강글리오사이드(ganglioside)]은 전형적으로 긴사슬 포화지방산을 가지고 있는데

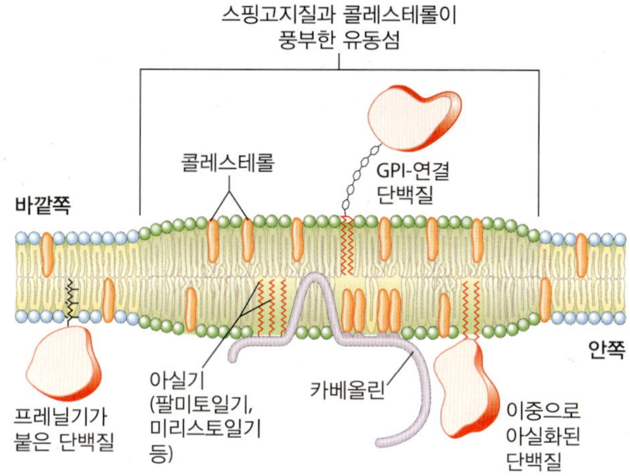

그림 11-19 막 미세 영역(유동섬). 바깥층에서 스핑고지질과 콜레스테롤의 안정된 결합은 다른 막 부위보다 약간 두꺼운 미세 영역, 즉 유동섬을 만들게 된다. 이곳에는 특별한 종류의 막 단백질이 풍부하게 존재한다. GPI-닻 단백질들은 유동섬의 바깥층에서 흔하게 발견되며, 하나 또는 여러 개의 긴사슬 아실기가 공유결합한 단백질들은 안쪽 면에서 흔하게 발견된다. 카베올린은 카베올라라고 불리는 안쪽으로 굽혀진 유동섬에서 특히 흔하다(그림 11-20 참조). 프레닐기가 붙은 단백질[예: 래스(Ras); 별도설명 12-1 참조]들은 유동섬에서 밀려나는 경향이 있다.

일시적으로 바깥층에 밀집되어 있다. 이 바깥층에는 하나의 불포화지방산 아실기와 더 짧은 포화지방산 아실기를 함유하고 있는 글리세로인지질(glycerophospholipid)이 존재하지 않는다. 스핑고지질의 길고 포화된 아실기는 더 짧고 종종 불포화된 인지질 사슬과 비교해서 콜레스테롤의 긴 고리 구조와 더 촘촘하고 안정된 결합을 할 수 있다. 형질막의 콜레스테롤-스핑고지질 **미세 영역(microdomain)**은 인지질이 풍부한 주위 영역보다 약간 더 두껍고 더 규칙적(덜 유동적)으로 배열되어 있고 비이온성 세제로 용해시키기가 더 어렵다; 그들은 액체-무질서 인지질의 바다에 떠있는 액체-질서 스핑고지질 **유동섬(raft)**처럼 행동한다(**그림 11-19**). 비교적 짧은 소수성 나선 부분(19~20개 잔기)은 유동섬의 더 두꺼운 이중층을 횡단할 수 없어서 배제되는 경향이 있다. 더 긴 소수성 나선(24~25개 잔기)을 가진 단백질들은 유동섬의 더 두꺼운 이중층으로 격리되며 이곳에서 나선의 전체 길이가 소수성 결합에 의해 안정화된다.

지질 유동섬에는 특징적으로 2가지 부류의 내재 막 단백질들이 풍부하며 이들은 공유결합으로 부착된 두 종류의 특정 지질을 포함하고 있다. 한 부류의 내재단백질은 2개의 긴사슬 포화지방산(2개의 팔미토일기 또는 하나의 팔미토일기와 하나의 미리스토일기)이 Cys 잔기를 통하여 공유결합으로 부착되어 있다. 두 번째 부류의 내재단백질은 GPI-닻 단백질로서 당화 포스파티딜이노시톨이 카복실 말단 잔기에 부착되어 있다(그림 11-13). 아마도 이런 지질 닻들은 스핑고지질의 긴 포화 아실 사슬처럼 주위의 인지질보다는 유동섬에 있는 콜레스테롤이나 긴 아실기와 더 안정된 결합을 할 것이다(파네실기와 같은 아이소프레닐기가 공유결합된 다른 지질-연결 단백질들이 스핑고지질/콜레스테롤 유동섬의 바깥

쪽 층과 우선적으로 결합하지 않는다는 것은 주목할 만하다; 그림 11-19 참조). 형질막의 "유동섬"과 "바다" 영역은 정확하게 나누어져 있지 않다; 막 단백질들은 지질 유동섬의 안과 밖으로 몇 초만에 이동할 수 있다. 그러나 많은 막-매개 생화학적 과정들과 더 관련이 깊은 더 짧은 시간(마이크로초, microseconds) 동안에, 이러한 많은 단백질들은 주로 유동섬에 머물러 있다.

우리는 세제에 의한 용해에 저항성을 갖는 형질막 분획에서 유동섬이 차지하는 세포 표면의 비율을 측정할 수 있는데, 어떤 경우엔 50%만큼 높은 비율을 차지하기도 한다: 이 경우 유동섬이 바다의 절반을 덮는 것이다. 배양한 섬유아세포를 이용한 간접적인 측정에 의하면, 각 유동섬의 직경은 대략 50 nm로 추정되며, 이것은 수천 개의 스핑고지질과 아마도 10~50개의 막 단백질을 포함하고 있는 패치에 해당한다. 대부분의 세포들은 50개 이상의 다른 종류의 형질막 단백질을 발현하고 있으므로 단일 유동섬은 막 단백질들의 일부만을 포함하고 있으며, 이와 같은 막 단백질의 격리는 기능적으로 중요하다. 2개의 막 단백질들 사이의 상호작용을 포함하는 과정에서 이 두 단백질들이 단일 유동섬에 존재하는 것 자체가 이 단백질들의 충돌 확률을 크게 증가시킬 것이다. 예를 들면, 어떤 막 수용체와 신호전달 단백질들은 막 유동섬에 함께 분리된 것처럼 보인다. 이런 단백질들을 통한 신호전달이 형질막에서 콜레스테롤을 없애거나 지질 유동섬을 파괴함으로써 차단될 수 있음이 실험을 통해 밝혀졌다.

카베올린(caveolin)은 머리핀 모양의 소수성 영역으로 연결된 2개의 구상 영역(globular domain)을 가진 막 내재단백질이며, 이는 형질막의 세포질쪽 층에 결합되어 있다. 카복실 말단 구상 영역에 연결된 3개의 팔미토일기가 이 단백질을 막에 단단히 부착시킨다. 카베올린은 이합체를 형성하고 막의 콜레스테롤이 풍부한 구역에 결합되어 있다. 카베올린 이합체가 존재하면 결합된 지질 이중층을 안쪽으로 구부러지게 하여 세포 표면에 "작은 동굴"과 같은 구조(**카베올라, caveolae**)를 형성한다(**그림 11-20**). 카베올라는 독특한 유동섬이다: 이것은 이중층의 두 층과 모두 관련이 있는데, 세포질쪽 층에서는 카베올린 구상 영역이 돌출하고, 세포질 바깥층에는 GPI-닻 단백질과 결합된 전형적인 스핑고지질/콜레스테롤 유동섬이 있다. 카베올라는 다양한 세포의 기능에 관련되어 있는데, 이것은 세포 안에서의 막 수송과 외부 신호를 세포 반응으로 전달하는 과정을 포함한다. 막횡단 신호와 관련이 있는 특정 GTP 결합 단백질들과 단백질 인산화효소뿐만 아니라 인슐린과 다른 성장인자에 대한 수용체들도 유동섬과 아마도 카베올라에 위치하는 것으로 보인다. 우리는 제12장에서 신호전달 과정 중에 작용 가능한 유동섬의 일부 역할에 대하여 알아 볼 것이다.

카베올라는 또한 세포 표면을 넓히는 수단을 제공한다. 지질 이중층 자체는 탄력적이 아니지만, 조절 신호의 결과로써 기존의

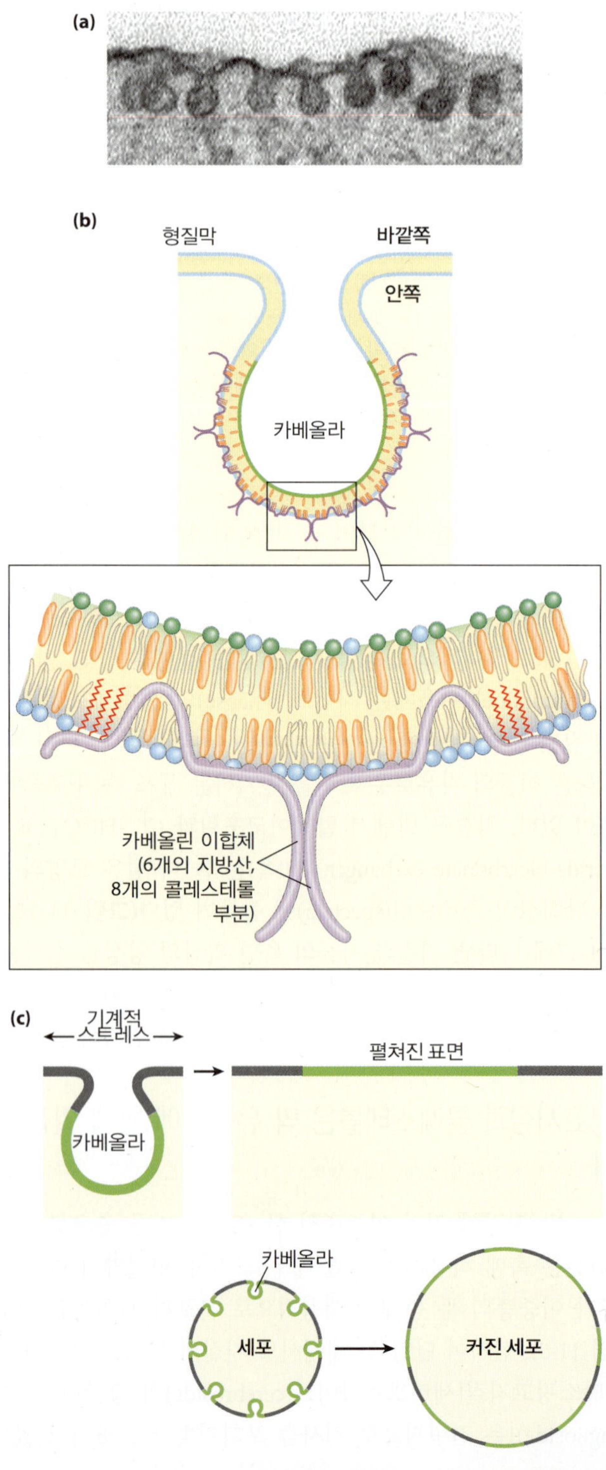

그림 11-20 카베올린은 막을 안쪽으로 굽히게 한다. 카베올라는 형질막에 있는 작은 함입부로서 전자-조밀한 표지물로 표면을 표시한 지방세포의 전자현미경 사진**(a)**에서 볼 수 있다. **(b)** 안쪽으로의 막 굴곡을 유도한 카비올린 이합체의 위치와 역할을 보여주는 그림. 각 카베올린 단일체는 가운데에 소수성 영역이 있으며 3개의 긴사슬 아실기(빨간색)를 가지고 있어 이것이 각 분자를 형질막의 안쪽에 붙들어 두고 있다. 여러 개의 카베올린 이합체들이 작은 부위(유동섬)에 집중적으로 모여 있을 때 이것들이 지질 이중층의 굴곡을 일으켜 카베올라를 만든다. 이중층의 콜레스테롤 분자들은 주황색으로 보여진다. **(c)** 카베올라를 납작하게 펼치는 것은 형질막이 다양한 스트레스에 반응하여 넓어질 수 있도록 만든다. [출처: (a) Courtesy of R. G. Parton. Reprinted with permission from Macmillan Publishers, Ltd.: *Nature Rev. Mol. Cell Biol.* 8:185–194, Fig. 1a. ©2007]

카베올라가 결합된 카베올린을 잃으면, 카베올라는 형질막으로 납작해진다(그림 11-20c). 이 효과는 세포 표면적을 더해 주는 것으로 삼투압이나 다른 스트레스에 반응하여 세포가 터지지 않고 확장하도록 만든다.

막 굴곡과 융합은 많은 생물학적 과정에서 중심적인 역할을 한다

카베올린은 막 굴곡을 유도할 수 있는 능력만 있는 것이 아니다. 생체막의 가장 뚜렷한 특징 중에 하나는 막 굴곡의 변화이다: 즉, 그들의 연속성의 변화 없이 다른 막과 융합되는 능력을 말한다. 비록 막은 안정하지만 고정적이라는 것을 의미하는 것이 아니다. 진핵세포의 내막계(핵막, 세포질세망, 골지 복합체, 그리고 다양한 소포를 포함)에서 막 구획은 끊임없이 재구성된다. 소포는 새롭게 합성된 지질과 단백질들을 다른 세포 소기관들과 형질막으로 운반하기 위해 세포질세망으로부터 싹처럼 분리되어 나온다. 세포외팽출(exocytosis), 세포내함입(endocytosis), 세포분열, 난자와 정자 세포의 융합, 그리고 막으로 둘러싸인 바이러스가 숙주세포로 침입하는 것이 모두 세포막의 재구성을 포함하고 있는데, 이는 연속성을 상실하지 않고 두 세포막들을 융합시키는 과정이다(**그림 11-21**). 대부분의 이런 과정들은 세포막 굴곡의 국소적 증가로 시작된다. 본래 휘어진 단백질이 이중층에 결합함으로써 굴곡을 형성하게 할 수도 있다(**그림 11-22**); 결합 에너지가 이중층의 굴곡을 증가시키기 위한 추진력을 제공한다. 또 다른 대안으로, 지지대 단백질의 많은 소단위들이 휘어진 초분자적 복합체로 결합되어 이중층 내에서 자발적으로 형성된 휘어진 형태를 안정화시킬 수 있다는 것이다. 예를 들면, **BAR 영역**(처음 발견된 3개의 단백질 족 구성원들, *B*IN1, *a*mphiphysin 및 *R*VS167의 이름 첫 글자에서 유래한)을 포함하는 단백질 초족은 초승달-모양 지지대로 조합될 수 있고 막의 표면에 결합하여 막 굴곡을 강제로 만들거나 특정 굴곡을 선호하게 된다. BAR 영역은 이중 코일로 구성되어 있는데 이는 양전하를 띤 오목한 표면을 가진 길고 가는 굴곡의 이합체를 형성한다. 이 영역은 막 인지질 PIP_2와 PIP_3의 음전하 머리 부위와 이온결합을 형성하려는 경향이 있다(그림 11-22). 이러한 이노시톨을 포함하는 지질들을 효소로 합성하는 것은 BAR 단백질에 의한 안쪽 굴곡을 만들기 위해 형질막을 표시하는 것이다(그림 11-22).

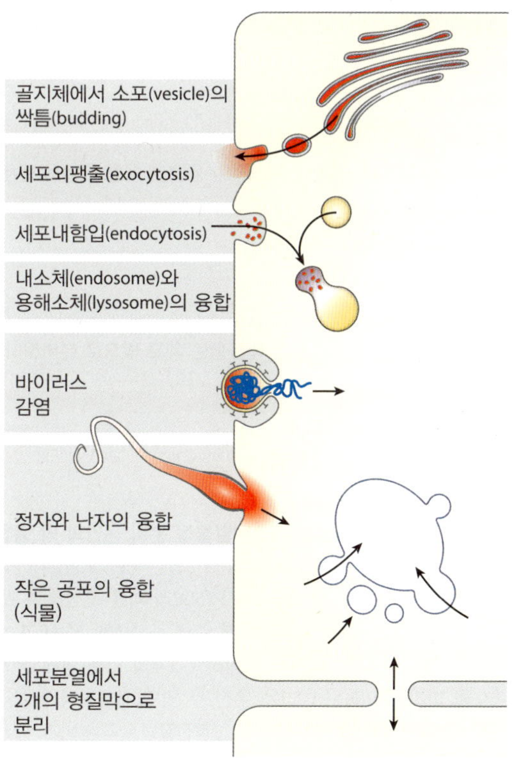

그림 11-21 막 융합(fusion). 두 막의 융합은 세포 소기관과 형질막이 관여하는 다양한 세포 작용에서 중심적 역할을 수행한다.

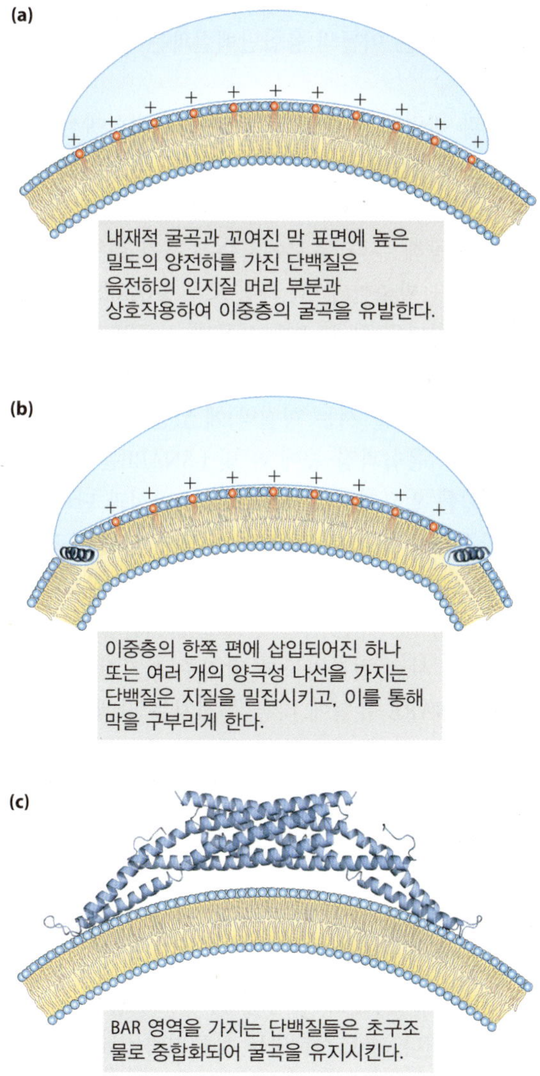

그림 11-22 단백질에 의해 유도되는 막 굴곡의 3가지 모델. [출처: (a, b) Information from B. Qualmann et al., *EMBO J.* 30:3501, 2011, Fig. 1. (c) Information from B. J. Peter et al., *Science* 303:495, 2004, Fig. 1A.]

이 BAR 단백질들 중 몇몇은 또한 지질 이중층의 한쪽 층에 쐐기(Wedge)처럼 삽입되는 나선 부위를 가지기도 하는데, 이는 다른 쪽 층에 비해서 면적을 더 확장함으로써 강제로 굴곡을 형성하게 만든다.

2개의 막이 특이적으로 융합하려면 (1) 두 막이 서로 인지해야 하고; (2) 두 표면이 아주 근접하여 정상적으로는 지질의 극성 머리 부분과 결합하던 물 분자를 배제시켜야 하고; (3) 두 막의 지질 이중층 구조가 지엽적으로 파괴되어 두 막의 바깥쪽 층들이 융합[반융합(hemifusion)]되어야 하며; (4) 두 이중층이 모두 융합되어 하나의 연속적인 지질 이중층을 만들어야 한다. 수용체-매개 세포내함입이나 조절되는 분비 과정에 있어서는 특별히 더 (5) 융합 과정이 적절한 시간에 또는 특정 신호에 반응하여 시작되어야 한다. **융합단백질(fusion protein)**이라 부리는 내재단백질들이 이러한 과정을 매개하여 융합할 막을 인지하고 지질 이중층의 일시적이고 지엽적인 뒤틀림을 초래하여 막 융합을 선호하도록 만든다. (이 융합단백질들은 제9장에서 언급된 2가지 융합된 유전자에서 나오는 것과 같은 이름의 융합단백질과는 관계가 없음에 주목하라.)

막 융합과 관련해서 잘 연구된 예는 시냅스에서 볼 수 있는데, 이 경우는 신경전달물질로 채워진 세포내(신경세포의) 소포가 형질막과 융합된다. 효모 세포는 또 다른 실험적으로 평가가 가능한 시스템을 제공해 준다. 효모에서는 소포가 형질막과 융합하면서 분비 생성물을 방출한다. 두 과정 모두 SNARES라고 불리는 단백질 족이 관여한다(**그림 11-23**). 세포내 소포의 세포질쪽 표면에 있는 SNARE를 **v-SNARE**(*v* for vesicle)라고 하며; 소포가 융합하는 대상 막(세포외팽출 시는 형질막)에 있는 것을 **t-SNARE**(*t* for target)라고 한다. 융합과정 중에 v- 및 t-SNARE는 서로 결합하여, 구조적인 변화를 일으켜서 두 SNARES의 나선과 단백질 SNAP25의 2개의 나선으로 구성된 길고 가는 막대 다발을 만든다(그림 11-23). 두 SNARES는 초기에 먼저 양 말단에서 상호작용을 시작하여 지퍼를 채우 듯 나선 다발 안으로 들어간다. 이러한 구조적 변화는 두 막이 서로 접촉하도록 당겨주고 지질 이중층의 융합을 시작한다. SNARE 유형에 따른 목적지는 단백질의 구조적 특성에 따라 달라진다: R-SNAREs는 기능에 필수적인 Arg 잔기를 가지고 있으며, Q-SNAREs는 중요한 Gln 잔기를 가진다. 전형적으로 R-SNAREs는 v-SNAREs처럼 작용하고 Q-SNAREs는 t-SNAREs처럼 작용한다. James E. Rothman, Randy W. Schekman, Thomas C. Südhof는 막이동과 융합에 대한 분자적 기초를 밝힌 공로로 2013년 노벨 생리의학상을 함께 받았다.

SNAREs와 SNAP25의 복합체는 여러 강력한 신경독소의 표적이 된다. 클로스트리듐 보툴리눔(*Clostridium botulinum*)은 세균 단백질 분해효소(protease)로 SNARE 단백질의 특정 결합을 절단하여 신경전달을 억제함으로써 생명체를 마비시키고 죽음에 이르게 한다. 이 단백질들이 매우 높은 특이성을 가지

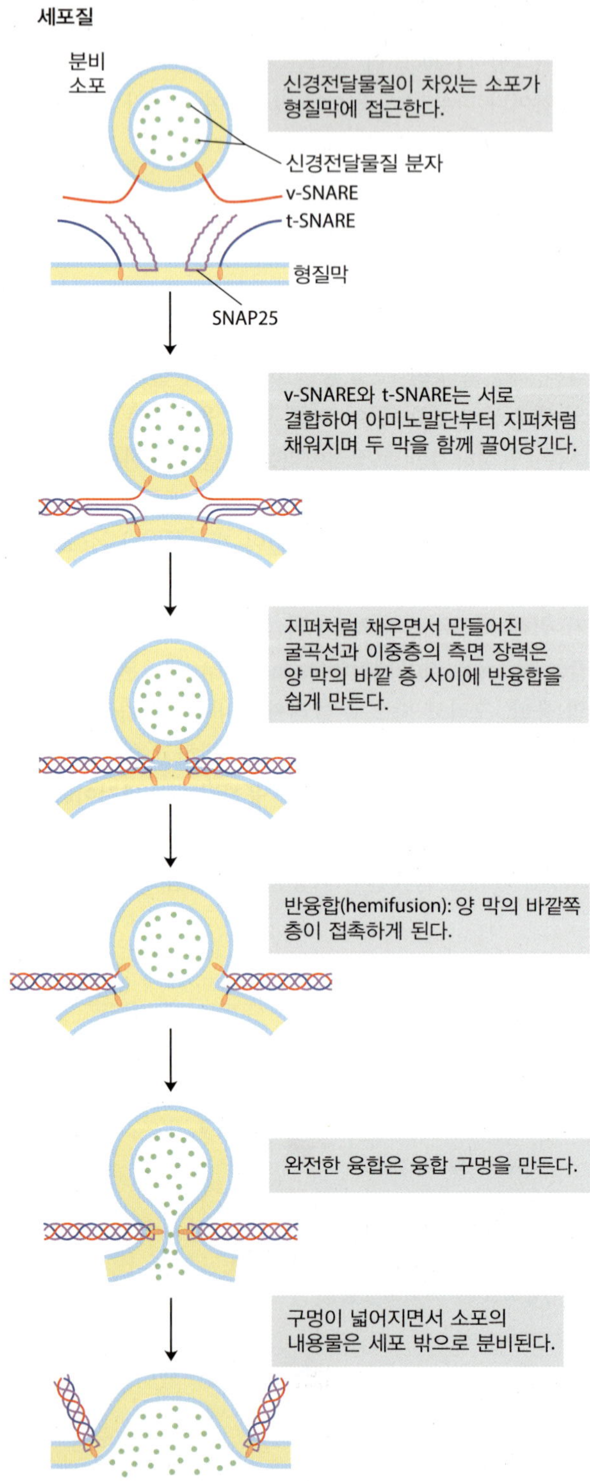

그림 11-23 신경세포 연접부에서 신경전달물질 분비 동안의 막 융합. 분비 소포의 막은 v-SNARE 시냅토브레빈(synaptobrevin, 빨간색)을 포함한다. 표적(형질)막은 t-SNARE 신택신(syntaxin, 파란색)과 SNAP25(보라색)를 포함하고 있다. 국소적인 [Ca^{2+}]의 증가로 신경전달물질 분비신호를 주면, v-SNARE, SNAP25, t-SNARE 등이 상호작용하여 4개의 α 나선 다발을 형성하고 2개의 막을 함께 끌어당겨 국소적으로 이중층을 파괴한다. 이런 방법은 우선 두 막의 바깥쪽이 연결되는 반융합(hemifusion)이 유도되고 완전한 막 융합과 신경전달물질의 분비가 일어나게 된다. NSF(*N*-ethylmaleimide-sensitive *f*usion factor)는 융합이 완료될 때 SNARE 복합체의 해체 과정에서 작용한다. [출처: Information from Y. A. Chen and R. H. Scheller, *Nature Rev. Mol. Cell Biol.* 2:98, 2001.]

Thomas C. Südhof, Randy W. Schekman, and James E. Rothman [출처: Alban Wyters/Sipa USA/AP Images.]

므로 정제된 보툴리늄 독소는 생체 및 시험관 내에서 신경전달물질 분비의 기전을 밝히는 데 좋은 도구로 이용되어 왔다. 소량 사용되는 경우 보툴리늄 독소(Botox)는 눈과 목 근육의 장애를 치료하거나, 피부 주름을 없애기 위한 미용 목적으로 사용된다. 세균(*Clostridium tetani*)에서 생성된 파상풍 독소도 SNARE 단백질들에 매우 특이적인 단백질 분해효소이다. 이는 통증을 동반하는 근육 경련과 자발 근육의 경직을 유도하여 "파상풍(lockjaw)"의 특징적인 증상을 나타낸다. ■

형질막의 내재단백질들은 표면 부착과 신호전달 및 기타 세포 과정에 관여한다

형질막에 있는 여러 내재단백질 족들은 세포와 세포 사이에서 또는 세포와 세포 밖 바탕질 사이에서 특이적인 부착점이 된다. **인테그린(Integrins)**은 표면 부착 단백질로서 세포와 세포 밖 바탕질이나 몇몇 병원체를 포함하는 다른 세포와 상호작용하는 것을 매개한다. 또한 인테그린은 형질막을 통해 양쪽 방향으로 신호를 전달하여 세포 안과 밖의 환경에 대한 정보를 통합 조절한다. 모든 인테그린은 이질이합체(heterodimeric) 단백질이며, 2개의 다른 α와 β 소단위로 구성되어 있고 각각은 단일 횡단 나선에 의해 형질막에 닻으로 연결되어 있다. α와 β 소단위의 커다란 세포외 영역은 서로 합쳐져서 콜라젠(collagen)이나 파이브로넥틴(fibronectin)과 같은 세포 외 단백질들이 부착할 수 있는 특정 결합자리를 형성한다. 이 결합자리는 인테그린 결합을 결정하는 공통적인 요소, 즉 Arg-Gly-Asp(RGD) 서열을 포함한다.

표면 부착과 관련된 다른 형질막 단백질은 **카드헤린(cadherin)**이다. 카드헤린은 인접 세포에 있는 동일한 카드헤린과 친동종성(homophilic, "같은 종류와") 상호작용을 한다. **셀렉틴(selectin)**은 세포외 영역을 갖고 있어 Ca^{2+}이 존재할 때 인접 세포의 표면에 있는 특정 다당류와 결합한다. 셀렉틴은 일차적으로 여러 가지 혈액 세포와 혈관 안쪽 면을 싸는 내피 세포(endothelial cell)에 존재한다(그림 7-32 참조). 이들은 혈액 응고 과정에서도 중요한 부분을 차지한다.

내재 막 단백질은 수많은 다른 세포 반응에서 중요한 역할을 한다. 그것은 수송체 및 이온 통로(11.3절 부분에 논의되어 있다)로서, 그리고 호르몬과 신경전달물질 및 성장인자에 대한 수용체로 작용한다(제12장). 또한 산화인산화(oxidative phosphorylation) 및 광인산화(제19장과 제20장) 그리고 면역계의 세포-세포 및 세포-항원 인식 과정(제5장)에서 중심적인 역할을 한다. 그 밖에도 세포외팽출(exocytosis), 세포내함입(endocytosis), 그리고 여러 바이러스 유형의 숙주세포 침입에 동반되는 막 융합에서도 역시 중요한 역할을 수행한다.

요약 11.2 막의 역동학

■ 생체막 지질은 액체-질서 또는 액체-무질서 상태로 존재할 수 있다; 액체-무질서 상태에서 아실 사슬의 열운동은 이중층 내부를 유동 상태로 만든다. 유동성은 온도와 지방산 조성 및 스테롤 함량의 영향을 받는다.

■ 막의 안층과 바깥층 사이에서 지질의 엎침뒤침 확산은 플립페이스, 플롭페이스, 또는 스크렘블레이스가 특이적으로 촉매하는 경우를 제외하고는 매우 느리다.

■ 단백질과 지질은 막 평면 안에서 측면 확산을 하지만 이 운동은 막 단백질들과 내부 세포골격 구조의 상호작용과 지질과 지질 유동섬 사이의 상호작용에 의하여 제한된다. 한 종류의 지질 유동섬은 스핑고지질과 콜레스테롤이 풍부하며, 이에 더하여 GPI-닻으로 연결되거나 또는 몇 개의 긴사슬 지방산 아실기를 통해 부착된 일부의 막 단백질도 함께 존재한다.

■ 카베올린은 내재 막 단백질로서 형질막의 안쪽 층과 결합하여 이를 안쪽으로 구부러지도록 힘을 가하여 카베올라를 형성한다. 이 카베올라는 막 수송과 신호전달, 그리고 형질막의 확장에 관여한다.

■ BAR 영역을 포함하는 특정 단백질들은 지엽적인 막 굴곡을 유도하고 두 막의 융합을 매개하며, 이것은 세포내함입과 세포외팽출, 그리고 바이러스의 침입과 같은 과정들에 동반되어 일어난다. 이노시톨 인지질인 PIP_2와 PIP_3는 특별히 BAR 단백질에 의해 인식되기 때문에 이들의 형성은 막 굴곡을 요구하는 세포내 과정들에 있어서 신호로 작용한다.

■ SNAREs는 신호에 반응하여 소포가 형질막에 융합되는 데 작용하는 막 단백질이다.

■ 인테그린, 카드헤린, 셀렉틴은 형질막의 막횡단 단백질로서 세포들을 서로 부착시키고 세포 밖 바탕질과 세포질 사이에 신호를 전달하는 역할을 한다.

11.3 막을 통한 용질의 수송

살아 있는 모든 세포는 생합성과 에너지 생성을 위하여 원료 물질을 주변 환경으로부터 얻고, 대사의 부산물을 환경으로 내보내야 한다; 두 과정은 모두 작은 화합물 또는 무기 이온이 형질막을 통과하는 것을 요구한다. 진핵세포는 내부에 여러 개의 다른 구획을 갖고 있으며, 이 구획들에서 대사 중간체와 생성물이 각각 다른 농도로 유지되고 있다. 이들 역시 매우 정밀하게 조절되는 과정들에 의하여 세포 소기관의 막들을 통과하여 이동한다. 몇 가지 비극성 화합물들은 지질 이중층에 용해될 수 있어서 다른 도움 없이 막을 통과할 수 있다. 하지만 어떤 극성 또는 전하를 띤 화합물이나 이온들의 경우에는 특별한 막 운반체(carrier)가 필수적이다. 사람 유전체에는 약 2,000개의 유전자가 있어서 막을 통과하여 용질을 수송하는 기능을 하는 단백질을 암호화한다. 일부의 경우에 막 단백질은 단순히 농도 기울기에 순응하여 용질의 확산을 촉진시키지만 수송은 또한 농도 기울기나 전위차, 또는 둘 다에 역행하여 일어날 수 있다. 이 경우 앞으로 보게 되겠지만 수송 과정에 에너지를 필요로 한다. 이온도 역시 단백질로 이루어진 이온 통로를 통하여 막을 통과하거나 이온운반체(ionophore)에 의하여 운반될 수 있다. 이온운반체는 이온의 전하를 가려줘서 이온들이 지질 이중층을 통해 확산될 수 있게 만드는 작은 분자이다. **그림 11-24**는 이 절에서 논의될 예정인 여러 유형의 수송 기전들을 요약하고 있다.

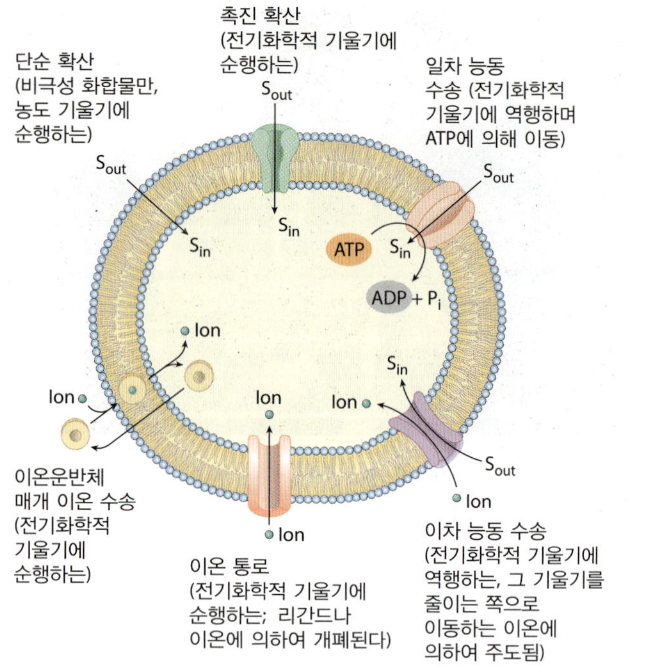

그림 11-24 수송체(Transporter) 유형의 요약. 어떤 유형(이온운반체, 이온 통로 및 수동수송체)은 용질을 단순히 전기화학적 기울기에 따라서 막횡단 이동 속도를 증가시킨다. 반면에 다른 유형(능동수송체)은 농도 기울기에 역행하여 용질을 펌프할 수 있고, 이때 ATP나 에너지를 제공하는 이차 용질의 기울기를 이용한다.

수송은 수동적이거나 능동적이다

농도가 다른 수용성 화합물이나 이온을 함유한 2개의 수용성 구획이 투과성이 있는 벽(막)으로 나뉘어져 있을 때 용질은 **단순 확산(simple diffusion)**에 의하여 두 구획의 농도가 같아질 때까지 막을 통하여 농도가 높은 쪽에서 낮은 쪽으로 이동한다(**그림 11-25a**). 반대로 전하를 띠는 이온들이 투과성이 있는 막으로 격리될 때 막횡단 전기 기울기, 즉 **막 전위(membrane potential), V_m**(단위는 millivolt를 사용한다)이 발생한다. 이 막 전위는 V_m을 증가시키는 이온의 이동을 억제하고 V_m을 감소시키는 이온의 이동을 증가시키는 힘을 발생한다(그림 11-25b). 따라서 전하를 띠는 용질이 막을 통과하여 자발적으로 움직이는 방향은 막 사이의 화학적 기울기(chemical gradient, 용질의 농도 차이)와 전기적 기울기(V_m)에 의존하여 결정된다. 이 2가지 요소를 합하여 **전기화학적 기울기(electrochemical gradient)** 또는 **전기화학적 전위(electrochemical potential)**라고 부른다. 이와 같은 용질의 움직임은 열역학 제2법칙에 따른 것이다: 즉 모든 분자는 무질서도가 최대로 되고 에너지가 최소가 될 때까지 자발적으로 분포되려는 경향을 갖는다.

막을 통한 용질의 이동 속도를 높이는 막 단백질을 수송체 또는 운반체라고 한다. 수송체에는 두 가지 유형이 있다. 수동 수송은 단순히 농도 기울기가 낮은 쪽으로 이동을 촉진하는 것으로 수송 속도를 증가시킨다. 이러한 과정을 **수동 수송(passive transport)** 또는 **촉진 확산(facilitated diffusion)**이라 한다. **능동수송체**(때로는 펌프라 불린다)는 기질을 농도 기울기 또는 전기 전위에 역행해서 막을 통과하게 하는 것으로 **능동 수송(active transport)**

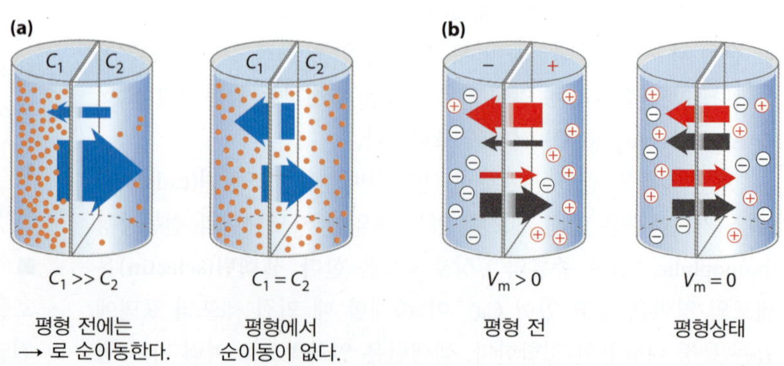

그림 11-25 투과막(permeable membrane)을 통과하는 용질의 이동. (a) 전기적으로 중성인 용질의 순이동(net movement)은 평형이 될 때까지 낮은 농도 쪽으로 이동한다. 막의 왼쪽과 오른쪽에 있는 용질의 농도는 C_1과 C_2로 표시한다. 막관통 용질의 이동 속도(화살표로 표시한 것처럼)는 농도 비율에 비례한다. (b) 전기적으로 하전된 용질의 순이동은 막 전위(V_m)와 막 사이의 화학적 농도 비율(C_2/C_1)을 모두 고려하여 표현된다; 이온의 순이동은 전기화학 전위가 0이 될 때까지 계속된다.

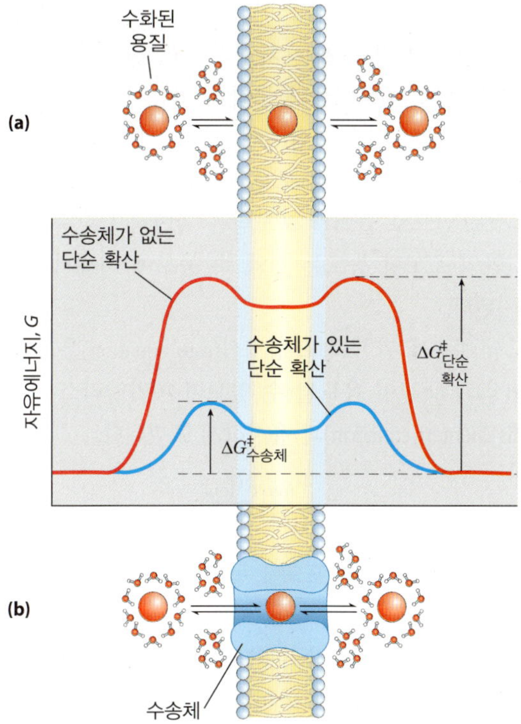

그림 11-26 친수성 용질이 생체막 지질 이중층을 통과할 때 수반되는 에너지 변화. (a) 단순 확산에서 수화 겉껍질(hydration shell)을 제거하는 것은 강한 자유에너지 증가(endergonic) 반응이며 이중층을 통과하는 확산에 대한 활성화 에너지($\Delta G^{\ddagger}$)는 매우 높다. (b) 수송체 단백질은 용질의 막횡단 확산에 대한 $\Delta G^{\ddagger}$를 감소시킨다. 이것은 탈수된 용질과 비공유결합 상호작용을 하여 물과 이루어졌던 수소결합을 대체하고 친수성 막횡단 경로를 제공함으로써 가능해진다.

이라는 과정을 매개한다. **일차적인 능동수송체**는 화학반응에 의해 제공된 에너지를 사용하고; **이차 능동 수용체**는 한 기질의 농도 기울기에 역행하는 수송과 다른 기질의 농도 기울기에 순응하는 수송을 서로 짝짓는다.

수송체와 이온 통로는 몇 가지 구조적 특성을 공유하지만 각기 다른 기전도 갖는다

극성이나 전하를 띤 용질이 지질 이중층을 통과하기 위해 먼저 자신의 수화 껍질(hydration shell)에서 물 분자와의 상호작용을 포기하고 난 후 잘 녹지 않는 용매(지질) 속에서 3 nm(30 Å) 정도 확산되어야 한다(**그림 11-26**). 수화 껍질을 벗겨 버리고 극성 물질을 물에서 지질로 통과시키고 지질 이중층을 통과하는 데 사용된 에너지는 물질이 반대쪽에서 막을 떠나 재수화될 때 다시 회수된다. 하지만 막을 통과하는 중간 단계는 효소가 촉매하는 화학 반응의 전이상태(transition state)에 비교될 만큼 높은 에너지 상태에 있다. 즉, 이 2가지 경우에 모두 중간 단계에 도달하기 위하여 활성화 장벽(activation barrier)을 극복해야만 한다(그림 11-26; 그림 6-3과 비교). 극성 용질이 이중층에서 자리바꿈하는 데 필요한 활성화 에너지($\Delta G^{\ddagger}$)가 매우 커서 순수한 지질 이중층은 극성이나 전하를 띤 물질에 대하여 세포의 성장 및 분열과 관련한 시간 범위 안에서 보면 실제로 투과성이 전혀 없다.

막 단백질들은 극성 화합물과 이온을 수송하기 위한 활성화 에너지를 낮추어 주는데 이것은 특정 용질이 막을 통과하는 대체 경로를 제공해 줌으로써 가능해진다. 활성화 에너지를 크게 낮추면 막횡단 이동 속도(식 6-6, 192쪽)가 크게 증가된다. 수송체는 일반적인 의미의 효소가 아니다; 즉 그 "기질들"은 하나의 세포 구획에서 다른 구획으로 이동할 뿐 화학적으로 변형되지는 않는다. 그러나 효소처럼 수송체는 여러 가지 약한 비공유결합성 상호작용에 의한 입체화학적 특이성을 갖고 기질과 결합한다. 이 약한 상호작용들에 의해 생성된 음의 자유에너지 변화값($\Delta G_{binding}$)은 기질로부터 수화수(water of hydration)의 상실에 동반하는 양의 자유에너지 변화값($\Delta G_{dehydration}$)과 거의 맞먹기 때문에 막의 통과 과정에 대한 활성화 에너지($\Delta G^{\ddagger}$)를 떨어뜨리게 된다(그림 11-26). 수송체는 지질 이중층을 여러 번 횡단하여 친수성 아미노산 곁사슬이 통로의 안쪽 면에 배열하는 막횡단 통로(transmembrane channel)를 형성한다. 이 경로는 특정 기질들을 지질 이중층에 용해시키지 않고 막을 통과시키는 또 다른 통로를 만들어 막횡단 확산에 필요한 $\Delta G^{\ddagger}$를 좀 더 낮게 해준다. 결과적으로 기질의 막 통과 속도는 수십 수백 배가량 증가한다.

이온 통로(ion channel)는 수송체와 다른 기전으로 무기이온의 막통과 속도를 증가시킨다. 이들은 무기 이온이 아주 높은 속도로 확산하는 수용성 통로를 제공한다. 대부분의 이온 통로는 생물학적 신호에 의해 조절되는 "관문(gate, **그림 11-27a**)"을 갖는다. 관문이 열릴 때 이온이 통로를 통해 전하와 전기화학적 기울기에 따라 결정되는 방향으로 막을 통과한다. 이동은 방해 없는 확산의 최대 속도에 근접한 속도로 일어난다(통로마다 초당 수천만 개의 이온들이 확산—전형적인 수송체의 속도보다 훨씬 더 빠르게). 이온 통로는 전형적으로 한 이온에 대해 어느 정도의 특이성을 보이지만, 이온 기질로 포화되지는 않는다. 관문 개폐 기전이 닫혔을 때(다시, 생물학적 신호에 의해) 또는 이동을 위해 추진력을 제공하는 전기화학적 기울기가 더 이상 존재하지 않을 때 통로를 통한 이온 흐름은 멈춘다. 반대로, 수송체는 "기질"과 높은 입체특이성을 가지고 결합하여 자유 확산의 최고 속도보다 훨씬 느린 속도로 수송을 촉매하며 효소와 같은 개념으로 포화될 수 있다: 즉 어느 기질 농도 이상에서는 수송 속도의 증가가 일어나지 않는다. 수송체는 막의 어떤 쪽이든 관문을 가질 수 있고 2개의 관문은 절대 같은 시간에 열리지 않는다(그림 11-27b).

수송체와 이온 통로는 둘 다 다양한 유형의 단백질 족들을 구성하고 있는데, 이들은 단지 일차 서열뿐만 아니라 2차 구조에 의해서 정의된다. 우리는 다음으로 주된 수송체와 통로 초족에서 몇 가지 연구가 잘된 대표적인 것들에 대하여 알아볼 것이다. 여러분들은 막횡단 신호전달을 설명하는 제12장에서 이 수송체들의 일부를 만나게 될 것이고 이 책 후반부의 수송체들이 관여하는 대사 경로 부분에서 다시 학습하게 될 것이다.

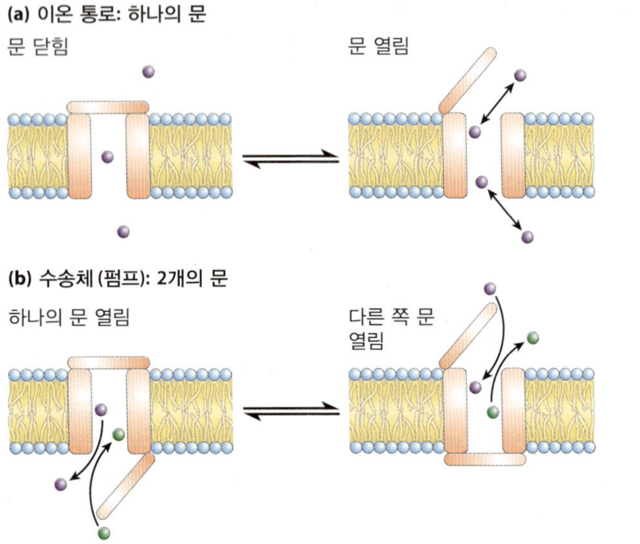

그림 11-27 통로와 수송체의 차이점. (a) 이온 통로에는 관문이 하나 있으며 이 관문의 위치에 따라서 막통과 구멍이 열리거나 닫힐 수 있다. 관문이 열려 있을 때는 이온이 확산 최대속도에 의해서만 제한을 받으며 이동한다. (b) 수송체는 2개의 관문을 가지며, 절대로 2개가 동시에 열리지는 않는다. 따라서 기질(이온이나 작은 분자)의 막을 통한 이동은 하나의 관문(막의 한쪽 편)을 열고 닫는 데 필요한 시간과 두 번째 관문을 여는 데 필요한 시간에 의해서 제한을 받는다. 이온 통로를 통한 이동 속도는 수송체를 통한 이동 속도보다는 수백 또는 수천 배 이상 빠르지만, 이온 통로는 전기화학적 기울기에 순행해서만 이온을 이동시킬 수 있는 반면에 능동수송체(펌프)는 기질을 농도 기울기에 역행해서 이동시킬 수 있다. [출처: Information from D. C. Gadsby, *Nature Rev. Mol. Cell Biol.* 10:344, 2009, Fig. 1.]

적혈구의 포도당 수송체는 수동 수송을 매개한다

적혈구에서 에너지를 생성하는 대사는 혈장으로부터 지속적인 포도당 공급 여부에 따라 달라지는데 혈장의 포도당 농도는 약 4.5~5 mM 정도로 유지되고 있다. 포도당은 GLUT1이라 불리는 특별한 포도당 수송체를 통한 수동 수송에 의해 적혈구로 들어간다. 이는 촉매되지 않고 막을 통과하는 것보다 50,000배 더 빠른 속도로 진행한다.

포도당의 수송 과정은 효소 반응과 유사하게 설명할 수 있는데, 여기서는 세포 밖의 포도당(S_{out})이 "기질"이 되며, 세포 속의 포도당(S_{in})은 "생성물"이 된다. 그리고 수송체(T)는 "효소"에 해당한다. 포도당 유입의 초기 속도를 세포 밖 포도당 농도에 따라 측정하면(**그림 11-28**) 쌍곡선을 얻게 되고, 세포 밖 포도당 농도가 매우 클 때 유입 속도는 V_{max}에 가까워진다. 공식적으로 이와 같은 수송 과정은 한 세트의 방정식으로 나타낼 수 있다.

$$\begin{array}{ccc} S_{out} + T_1 & \underset{k_{-1}}{\overset{k_1}{\rightleftharpoons}} & S_{out} \cdot T_1 \\ k_{-4}\Big\Uparrow\Big\Downarrow k_4 & & k_{-2}\Big\Uparrow\Big\Downarrow k_2 \\ S_{in} + T_2 & \underset{k_{-3}}{\overset{k_3}{\rightleftharpoons}} & S_{in} \cdot T_2 \end{array}$$

여기서 k_1, k_{-1} 등은 각 단계의 정방향이나 역방향의 속도 상수(rate constant)이다; T_1은 포도당-결합자리가 밖을 향하고 있는(혈당과 접하고 있는) 수송체 구조이며, T_2는 안을 향하고 있는 구조이다. 이 순서에서 각 단계는 가역적이고, 원칙적으로 수송체는 세포 안과 밖으로 포도당을 동등하게 이동시킬 수 있다. 그러나 GLUT1과 함께, 포도당은 항상 농도 기울기에 순응하여 농도가 낮은 곳으로 이동한다. 이것은 보통 세포 안으로 들어가는 것을 의미한다. 세포 안으로 들어간 포도당은 일반적으로 즉시 대사되므로 세포 안의 포도당 농도는 혈액 속 농도에 비해서 상대적으로 낮게 유지된다.

포도당 수송에 관한 속도 방정식(rate equation)은 효소의 촉매 반응(제6장)과 똑같이 유도될 수 있으며 미카엘리스-멘텐 방정식(Michaelis-Menten equation)과 유사하게 표현된다:

$$V_0 = \frac{V_{max}[S]_{out}}{K_t + [S]_{out}} \tag{11-1}$$

여기에서 V_0는 주변 배지 포도당 농도가 $[S]_{out}$일 때 세포 속에 포도당이 축적되는 초기 속도이며, $\boldsymbol{K_t(K_{transport})}$는 미하엘리스 상수와 거의 비슷한 상수로서 각 수송계(transport system)에 특징적인 여러 속도 상수를 조합해서 얻어진다. 위의 식은 $[S_{in}] = 0$일 때 관찰되는 속도, 즉 초기 속도(*initial* velocity)를 말한다. 효소 촉매 반응처럼 식의 경사-교차점 형태(slpoe-intercept form)는 좌표에서 $1/[S]_{out}$에 대한 $1/V_0$의 직선 도표(linear plot)가 되는데, 이것으로

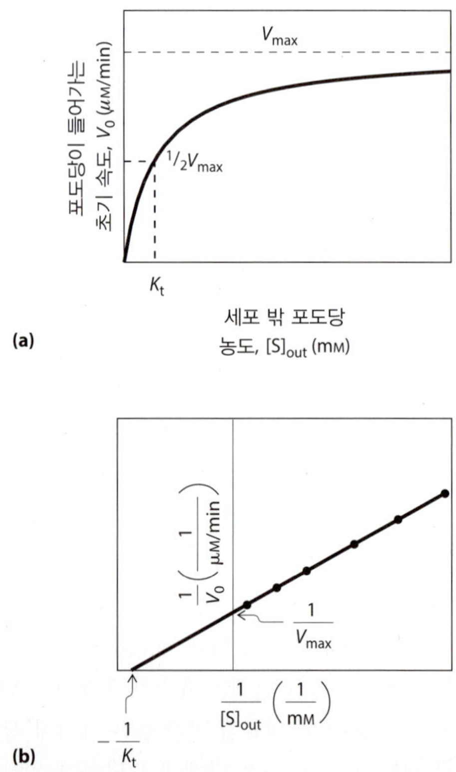

그림 11-28 적혈구에서 포도당 수송의 속도론. (a) 적혈구에서 포도당 유입의 초기 속도(V_0)는 세포 밖의 초기 포도당 농도($[S]_{out}$)에 따라 달라진다. (b) (a)의 자료를 이용해서 그린 이중역수 도표(double-reciprocal plot). 수동 수송의 속도론은 효소 촉매 반응의 속도론과 비슷하다. (이 도표와 그림 6-11 및 별도설명 6-1의 그림 1을 비교하라.) K_t는 K_m, 즉 미카엘리스 상수(Michaelis constant)와 비슷하다.

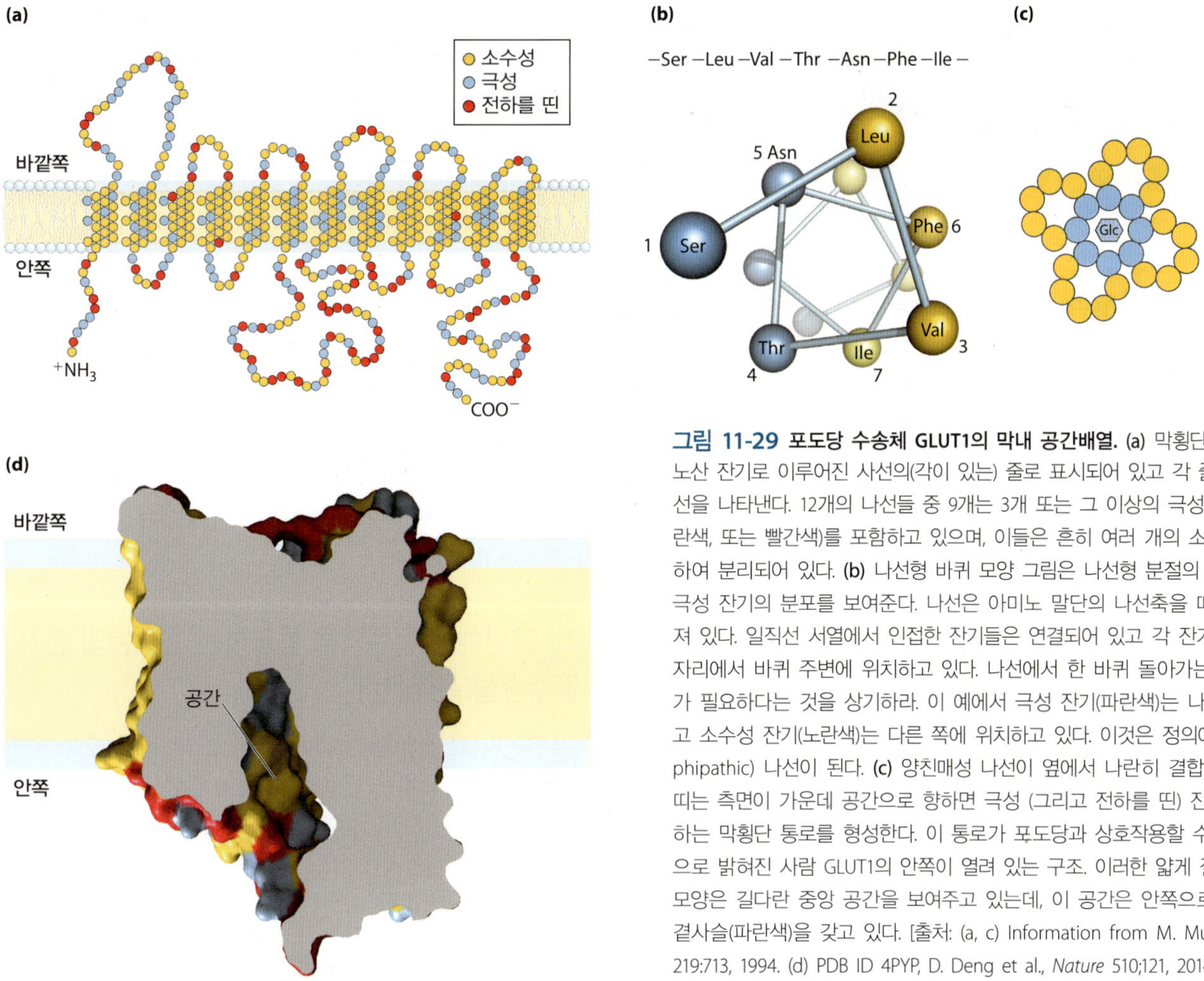

그림 11-29 포도당 수송체 GLUT1의 막내 공간배열. (a) 막횡단 나선은 3~4개의 아미노산 잔기로 이루어진 사선의(각이 있는) 줄로 표시되어 있고 각 줄은 한 바퀴 또는 α 나선을 나타낸다. 12개의 나선들 중 9개는 3개 또는 그 이상의 극성이나 전하를 띤 잔기(파란색, 또는 빨간색)를 포함하고 있으며, 이들은 흔히 여러 개의 소수성 잔기(노란색)에 의하여 분리되어 있다. (b) 나선형 바퀴 모양 그림은 나선형 분절의 표면에 있는 극성과 비극성 잔기의 분포를 보여준다. 나선은 아미노 말단의 나선축을 따라 볼 수 있도록 그려져 있다. 일직선 서열에서 인접한 잔기들은 연결되어 있고 각 잔기들은 나선에 해당하는 자리에서 바퀴 주변에 위치하고 있다. 나선에서 한 바퀴 돌아가는 데에 약 3.6개의 잔기가 필요하다는 것을 상기하라. 이 예에서 극성 잔기(파란색)는 나선의 한쪽 면에 위치하고 소수성 잔기(노란색)는 다른 쪽에 위치하고 있다. 이것은 정의에 의하여 양친매성(amphipathic) 나선이 된다. (c) 양친매성 나선이 옆에서 나란히 결합하고 그 중에서 극성을 띠는 측면이 가운데 공간으로 향하면 극성 (그리고 전하를 띤) 잔기들이 안쪽 면에 위치하는 막횡단 통로를 형성한다. 이 통로가 포도당과 상호작용할 수 있다. (d) X-선 결정학으로 밝혀진 사람 GLUT1의 안쪽이 열려 있는 구조. 이러한 얇게 잘려지고 펼쳐진 단백질 모양은 길다란 중앙 공간을 보여주고 있는데, 이 공간은 안쪽으로 열려 있고 많은 극성 곁사슬(파란색)을 갖고 있다. [출처: (a, c) Information from M. Mueckler, *Eur. J. Biochem.* 219:713, 1994. (d) PDB ID 4PYP, D. Deng et al., *Nature* 510;121, 2014.]

부터 K_t 값과 V_{max} 값을 구할 수 있다(그림 11-28b). $[S]_{out} = K_t$일 때의 흡수 속도는 $1/2V_{max}$이다; 이 수송 과정은 절반이 포화된 것이다. 혈당의 농도인 4.5~5 mM은 K_t 값에 거의 근접하며, 이것은 GLUT1이 거의 기질로 포화되고 V_{max} 근처에서 확실하게 작동하도록 해 준다.

S_{out}에서 S_{in}으로의 전환은 어떤 화학 결합도 생성되거나 파괴되지 않으므로, 기질이나 생성물은 본질적으로 어느 것이 보다 안정적이라고 할 수 없으며 따라서 유입 과정은 완전히 가역적이다. $[S]_{in}$이 $[S]_{out}$에 가까워지면 유입 속도와 유출 속도는 같아진다. 그러므로 이와 같은 시스템에서는 세포 속의 포도당 농도를 주변 배지의 농도 이상으로 축적할 수 없고 단지 특정 수송체가 없을 때보다 훨씬 빠른 속도로 막 양쪽의 포도당 농도가 평형에 도달할 뿐이다. GLUT1은 D-포도당에 특이성을 갖고 있으며 그 K_t 값은 6 mM이다. 포도당과 —OH기의 위치가 한 곳만 다른 아주 유사한 D-만노스(D-mannose)와 D-갈락토스(D-galactose)의 K_t 값은 각각 20 mM과 30 mM이다. 그리고 L-포도당에 대한 K_t 값은 무려 3,000 mM을 초과한다. 따라서 GLUT1은 수동 수송의 3가지 특징을 보여 준다. 이는 농도 기울기에 순응하는 높은 확산 속도, 포화성 및 입체특이성을 포함한다.

GLUT1은 12개의 소수성 분절을 갖고 있는 내재 막 단백질(분자량 56,000)에 속하며, 각 분절은 막횡단 나선을 형성한다(**그림 11-29a**). 포도당이 막횡단하는 경로에 배열된 나선들은 **양친매성**이다: 각 나선에서 한쪽 편에 있는 잔기들은 주로 비극성이고 다른 쪽 편에 있는 것은 극성이다. 양친매성 구조는 나선 바퀴(helical wheel) 그림으로 명백하게 보여준다(그림 11-29b). 양친매성 나선들이 여러 개 뭉치면서 극성 면들은 서로 마주보며 친수성 구멍을 배열하고 이 구멍을 통해 포도당이 통과한다(그림 11-29c). 반면에 소수성 면들은 주변의 막지질과 상호작용하며 이러한 소수성 효과가 전체 수송체 구조를 안정화시킨다.

포유류 GLUT1과 다른 생명체 유사 단백질의 구조에 관한 연구는 이 단백질들이 일련의 입체배열의 변화를 통하여 순환한다는 것을 제시해 주었다. 즉, 포도당 결합자리가 세포 밖에서만 접근 가능한 형태(T1)에서 결합된 포도당이 격리되고 양쪽면에서 접근이 안되는 형태로, 포도당 결합자리가 세포 안쪽으로만 열린 형태(T2)로 순환한다(**그림 11-30**). 결정학으로 구조가 밝혀진 유일한 인간 GLUT1(그림 11-29d)은 안쪽 방향으로 열린 형태인 T_2이다.

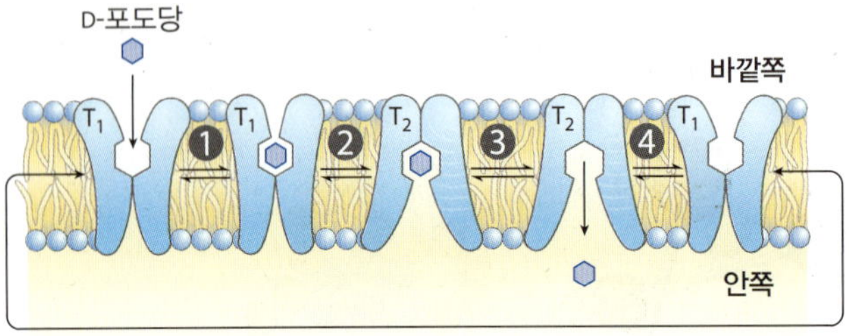

그림 11-30 GLUT1에 의하여 적혈구로 들어가는 포도당 수송에 대한 모형. 이 수송체는 2가지의 극단적인 형태로 존재한다: T_1은 형질막의 바깥쪽 표면에 노출된 포도당 결합자리를 가지고 있고, T_2는 안쪽 표면에 노출된 결합자리를 가지고 있다. 포도당 수송은 4단계로 진행된다. ❶ 혈장의 포도당은 T_1의 입체특이적 자리에 결합한다; 이것은 ❷ 단계를 위한 활성화 에너지를 낮추어 준다. 이는 $S_{out}T_1$에서 $S_{in}T_2$로 바뀌는 입체형태의 변화로서 포도당이 막을 통과하는 과정에 영향을 준다. ❸ 포도당은 T_2로부터 세포질로 방출되고, ❹ 수송체는 T_1 구조로 되돌아가 다른 포도당 분자를 운반할 준비 상태가 된다. T_1과 T_2 사이에는 중간 형태(여기에는 보여주지 않음)가 있는데, 이 구조에서는 포도당이 수송체 안에 격리되어 양쪽 면에서 접근이 불가능하다.

12개의 포도당 수송체가 인간 유전체에서 암호화되고 있으며, 각각은 독특한 반응속도론적 특성과 조직 분포 및 기능을 갖는다(표 11-3). GLUT1은 적혈구에 포도당을 제공하는 것 이외에도 혈액-뇌 장벽(blood-brain barrier)을 통해서 포도당을 수송하여 정상 뇌 대사에 필요한 포도당을 제공한다. 아주 드물게 GLUT1 결함을 가진 개인은 발작, 운동과 언어 장애, 그리고 발달 장애를 포함하는 다양한 뇌관련 증상을 보인다. 이런 사람들에게 시행하는 표준치료는 케톤체 식사(ketogenic diet)로서 케톤은 뇌를 위한 대체 에너지원으로 작용할 수 있다(668쪽). 간에서 GLUT2는 간의 글리코겐이 분해되어 혈당을 보충할 때 포도당을 간세포에서 밖으로 내보낸다. GLUT2는 매우 높은 K_t 값(약 17 mM)을 가지고 있으므로 세포 속 포도당 농도가 증가할 때(글리코겐의 분해로 생산됨) 포도당을 밖으로 내보냄으로써 이에 대한 반응을 할 수 있다. 하지만 골격근과 심장근육, 그리고 지방 조직은 인슐린(insulin)에 반응하는 것으로 구별되는 다른 포도당 수송체인 GLUT4(K_t = 5 mM)를 갖고 있다: 인슐린이 혈당 농도가 높다는 신호를 보낼 때 이 GLUT4의 활성이 증가되어 근육과 지방 조직으로 포도당의 유입 속도가 증가된다. 별도설명 11-1은 이 수송체에 대한 인슐린의 효과를 기술하고 있다. ■

Cl^--HCO_3^- 교환체는 형질막을 통과하는 음이온의 전기중성적 공수송을 촉매한다

적혈구는 음이온 교환체(anion exchanger)라는 또 다른 수동 수송계를 갖고 있다. 이 수송계는 근육이나 간과 같은 조직에서 폐로 이산화탄소(CO_2)를 운반하는 데 필수적인 역할을 한다. CO_2는 조직의 호흡 결과 혈장으로 방출되는 폐기물로서 혈장에서 적혈구

표 11-3 사람의 포도당 수송체

수송체	발현되는 조직	K_t(mM)*	기능/특징[a]
GLUT1	적혈구, 혈관-뇌 장벽, 태반, 대부분 조직에 낮은 분포	3	기본적인 포도당 흡수, 디 비보(De Vivo) 질환에서 결손
GLUT2	간, 이자 섬, 창자, 콩팥	17	간과 콩팥에서, 혈액의 과다한 포도당 제거; 이자에서 인슐린 분비 조절
GLUT3	뇌(신경세포의), 고환(정자)	1.4	기본적인 포도당 흡수, 높은 변환수
GLUT4	근육, 지방, 심장	5	인슐린에 의하여 활성 증가
GLUT5	창자(일차적), 고환, 콩팥	6[b]	일차적으로 프럭토스 수송
GLUT6	지라, 백혈구, 뇌	>5	아마 수송체 기능이 없다
GLUT7	작은창자, 결장, 고환, 전립선	0.3	—
GLUT8	고환, 정자 첨단체(acrosome)	~2	—
GLUT9	간, 콩팥, 창자, 허파, 태반	0.6	간과 콩팥에서 요산염(urate)과 포도당 수송체
GLUT10	심장, 폐, 뇌, 간, 근육, 이자, 태반, 콩팥	0.3[c]	포도당과 갈락토스 수송체
GLUT11	심장, 골격근	0.16	포도당과 과당 수송체
GLUT12	골격근, 심장, 전립선, 태반	—	—

출처: M. Mueckler and B. Thorens, *Mol. Aspects Med.* 34:121, 2013. 포도당에 대한 K_t는 다음의 자료를 참고로 함. R. Augustin, *IUBMB Life* 62:315, 2010.

[a]선(—)은 아직 기능이 불확실함을 나타낸다.

[b]과당에 대한 K_m

[c]2-데옥시글루코스에 대한 K_m

별도설명 11-1 의학 2가지 형태의 당뇨병에서 결손된 포도당과 물의 수송

탄수화물이 풍부한 음식을 먹어서 혈당이 공복 상태의 평소 농도(5 mM)보다 높아질 때 초과되는 포도당은 심장근육 및 골격근의 근육세포(글리코겐으로 저장)와 지방세포(트라이아실글리세롤로 전환)에 흡수된다. 근육세포와 지방세포로의 포도당 흡수는 포도당 수송체 GLUT4에 의하여 매개된다. 식사 사이의 공복 상태에서는 GLUT4가 이 세포들의 형질막에 일부 남아 있지만 대부분은 세포 안 소포막에 격리되어 있다(그림 1). 높은 혈당 농도에 반응하여 이자에서 인슐린이 분비되면 이 소포들이 형질막으로 이동하기 시작하고 세포막과 융합하여 대부분의 GLUT4 분자를 막으로 가져온다(그림 12-20). 더 많은 GLUT4 분자가 작용함으로써 포도당의 흡수 속도는 15배 이상으로 증가한다. 혈당 농도가 정상으로 되돌아오면 인슐린 분비가 감소되고 대부분의 GLUT4 분자들은 형질막으로부터 제거되어 소포에 저장된다.

제1형(인슐린 의존형) 당뇨병에서는 인슐린 분비가 되지 않고 (따라서 포도당 수송체의 이동이 이루어지지 않아) 근육과 지방 조직에서 포도당을 흡수하는 속도가 떨어진다. 그 결과 중의 하나가 탄수화물이 풍부한 식사를 한 후 오랫동안 혈액에 고농도의 포도당이 유지되는 것이다. 이 현상은 당뇨병을 진단할 때 사용하는 포도당 견딤 검사(glucose tolerance test, 포도당 내성검사)의 기초가 된다(제23장).

콩팥 집합관(renal collecting duct)의 안쪽 면에 배열된 상피세포의 물에 대한 투과성은 이 세포 형질막의 꼭대기(apical, 관의 내강쪽을 향하고 있는 부분)에 있는 한 아쿠아포린(AQP2)에 의해 이루어진다. 바소프레신(vasopressin; 항이뇨호르몬 antidiuretic hormone, ADH)은 이 상피세포의 소포 막에 저장된 AQP2 분자를 이동시킴으로써 물의 체류를 조절한다. 이것은 인슐린이 근육과 지방 조직에서 GLUT4를 이동시키는 것과 매우 비슷하다. 소포가 상피세포의 형질막과 융합하면 물의 투과성은 크게 증가하고 집합관으로 더 많은 물이 재흡수되어 혈액으로 되돌려진다. 바소프레신의 농도가 떨어지면 AQP2는 소포 안으로 재격리되고 물의 체류는 감소한다. 사람에서 비교적 희귀한 질병인 요붕증(diabetes insipidus)에서는 AQP2 유전자의 결함으로 인하여 콩팥에서 물의 재흡수가 잘 안된다. 결과적으로 매우 농도가 낮은 오줌이 대량으로 배설된다. 이 사람이 만약 소변으로 소실되는 양을 대체할 만큼 충분한 물을 마시면, 심각한 임상적 문제는 발생하지 않는다. 하지만 불충분한 수분 섭취는 탈수증과 혈액 전해질의 불균형을 초래하여 피로, 두통, 근육통증 또는 심지어 사망에 이를 수도 있다.

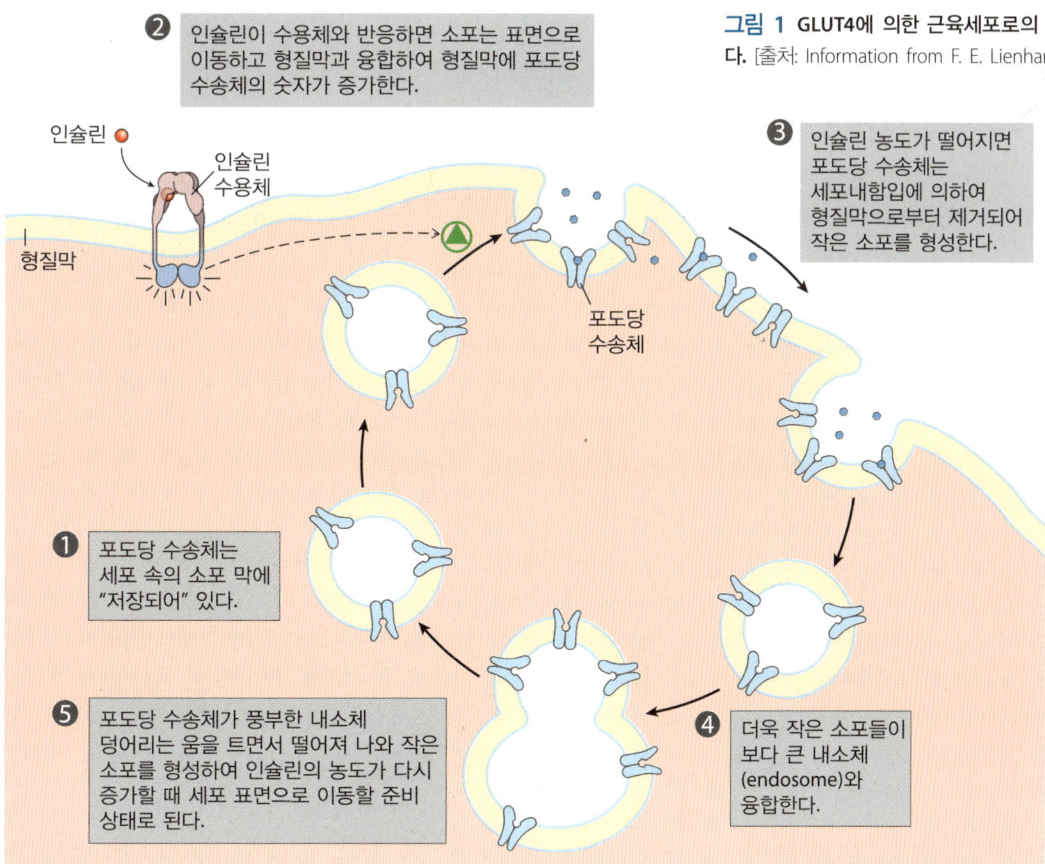

그림 1 GLUT4에 의한 근육세포로의 포도당 수송은 인슐린에 의하여 조절된다. [출처: Information from F. E. Lienhard et al., *Sci. Am.*266 (January):86, 1992.]

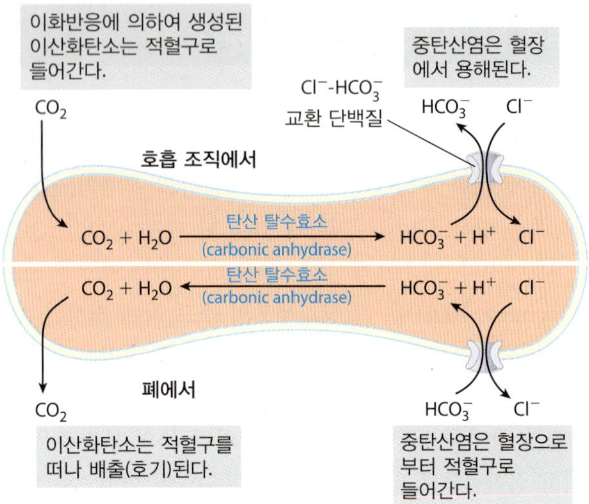

그림 11-31 적혈구막의 Cl^--HCO_3^- 교환체. 이 공수송계는 막전위를 변화시키지 않고 HCO_3^-의 출입을 가능하게 만든다. 이는 혈액의 CO_2 운반 능력을 증가시키는 역할을 수행한다. 그림의 위쪽 반은 호흡하고 있는 조직에서 일어나는 반응을 도식화하고 있다; 아래쪽 반은 폐에서 일어나는 반응이다.

로 들어가 탄산탈수효소(carbonic anhydrase)에 의하여 HCO_3^-로 전환된다. (HCO_3^-는 혈액 pH의 중요한 완충제임을 기억하라. 그림 2-21 참조). HCO_3^-는 다시 혈장으로 들어가 폐로 운반된다(**그림 11-31**). 혈장에서 HCO_3^-가 CO_2보다 훨씬 더 잘 용해되기 때문에 이러한 우회로는 조직에서 폐로 이산화탄소를 운반하는 혈액의 능력을 증가시킨다. 폐에서 HCO_3^-는 다시 적혈구로 들어가 CO_2로 전환되는데 이 CO_2는 결국 폐 공간으로 방출되어 날숨을 통해 밖으로 내보내진다. 이와 같은 왕복 회로(셔틀)가 효율적으로 돌아가기 위해서는 HCO_3^-가 적혈구 막을 매우 빠르게 통과해야 한다. (제5장, 169~171쪽에서 설명했던 것처럼 조직에서 폐로 CO_2를 운반하는 두 번째 기전이 있는데 그것은 CO_2가 헤모글로빈에 가역적으로 결합하는 것이다.)

Cl^--HCO_3^- 교환체(chloride-bicarbonate exchanger)는 음이온 교환(AE) 단백질이라고도 하는데, HCO_3^-의 적혈구 막을 통과하는 이동 속도를 백만 배 이상으로 증가시킨다. 포도당 수송체처럼 이것도 내재단백질로서 아마도 막을 12번 정도 횡단하는 것 같다. 이 단백질은 2개의 음이온을 동시에 이동시키는 것을 매개한다: 하나의 HCO_3^-이 한쪽 방향으로 이동함에 따라 Cl^- 하나가 반대 방향으로 이동하며, 이때 전하의 순이동은 없다: 따라서 이 교환을 **전기중성적(electroneutral)**이라 한다. Cl^- 이동과 HCO_3^- 이동의 짝지움은 필수적이다; Cl^-이 없으면 HCO_3^-의 운반이 멈춘다. 이러한 관점에서 음이온 교환체는 막을 가로 질러 2개의 용질을 동시에 운반하는 **공수송계(cotransport system)**라고 불리는 시스템들의 전형이 되고 있다(**그림 11-32**). 이 경우처럼 2가지 기질이 동시에 서로 반대 방향으로 이동할 때 그 과정을 **역수송(antiport)**이라고 한다. **동반 수송(symport)**에서는 두 기질이 동시에 같은 방향으로 이동한다. 적혈구의 포도당 수송체처럼 단지 하나의 기질만을 운반하는 수송체를 **단수송(uniport)**계라 한다.

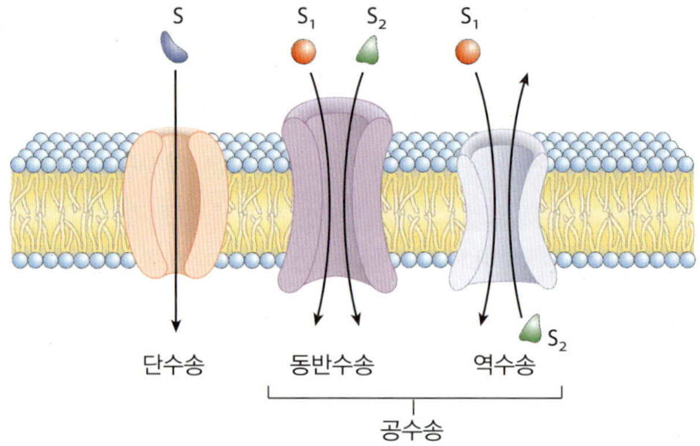

그림 11-32 일반적인 3가지 종류의 수송계. 수송체는 운반되는 용질(기질)의 숫자나 운반되는 방향에 따라 구별된다. 3가지 유형의 수송체에 대한 예들이 본문에서 설명되어 있다. 이러한 분류는 이들이 에너지를 사용하는(능동 수송) 과정인지 아니면 에너지와 무관한(수동 수송) 과정인지에 관한 정보를 제공하지 못한다.

사람의 유전체에는 서로 밀접하게 연관되어 있는 3개의 Cl^--HCO_3^- 교환체 유전자가 들어 있다. 이들은 모두 똑같은 가상 막 횡단 공간배열을 갖고 있다. 적혈구는 형질막에 AE1 수송체를 가지고 있고, 간은 AE2를, 그리고 뇌, 심장 및 망막은 AE3를 가지고 있다. 유사한 음이온 교환체가 식물이나 미생물에서도 발견된다.

능동 수송은 농도나 전기화학적 기울기에 역행하여 용질을 이동시킨다

수동 수송에서는 운반되는 물질이 항상 전기화학적 기울기에 순응하여 이동하기 때문에 결과적으로 평형 농도 이상으로 축적되지는 않는다. 반면에 능동 수송(active transport)에서는 평형점 이상으로 용질이 축적될 수 있다. 능동 수송은 세포에게 필요한 주요 기질이 세포 외부에 아주 낮은 농도로만 존재하는 환경에서 세포가 제기능을 하기 위해 필수적이다. 예를 들면, 대장균은 1 μM P_i만 포함된 배지에서도 자랄 수 있지만 세포는 mM 범위로 내부 P_i 수준을 유지해야 한다. (아래의 연습문제 11-2에서는 또 다른 비슷한 상황을 설명하고 있는데, 이 경우에는 세포가 형질막을 통해 Ca^{2+}을 세포 밖으로 내버려야 한다.) 능동 수송은 열역학적으로 불리하기 때문에(자유에너지 증가 반응, 에너지 흡수 반응, endergonic), 자유에너지 감소 반응들(에너지 방출 반응, exergonic)과 (직접 혹은 간접적으로) 짝지움이 일어날 때에만 일어날 수 있다. 자유에너지 감소 반응에는 태양 빛의 흡수, 산화 반응, ATP 분해, 또는 다른 화학물질들의 전기화학적 기울기에 순응한 이동과의 동반 이동(concomitant flow) 등이 포함된다. **일차 능동 수송(primary active transport)**에서는 ATP가 ADP + P_i로 전환되는 것과 같은 하나의 자유에너지 감소 반응과 직접적으로 짝짓기 할 때 용질의 축적이 일어난다(**그림 11-33**). **이차 능동 수송(secon-**

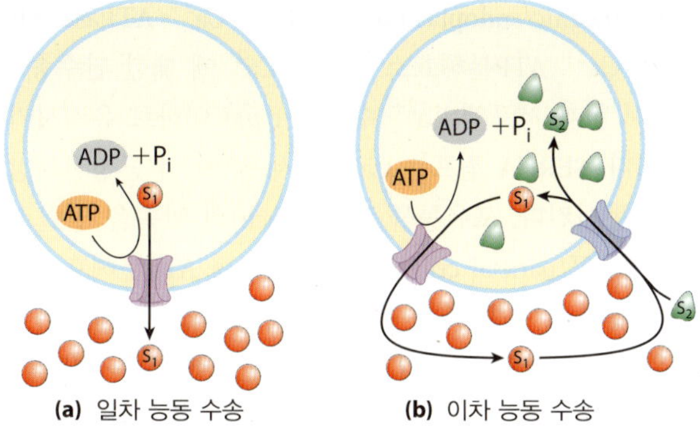

그림 11-33 2가지 유형의 능동 수송(active transport). **(a)** 일차 능동 수송에서 ATP의 가수분해에 의하여 방출되는 에너지는 전기화학적 기울기에 역행하는 용질(S_1)의 이동을 가능하게 한다. **(b)** 이차 능동 수송에서 이온(S_1으로 표기; 보통은 Na^+)의 농도 기울기는 일차 능동 수송에 의해 발생한다. S_1이 전기화학적 기울기에 순응하여 이동할 때 생성되는 에너지는 이제 전기화학적 기울기에 역행하여 이동하는 두 번째 용질(S_2)의 공수송을 가능하게 만든다.

dary active transport)에서는 처음 일차 능동 수송에 의하여 오르막(uphill)으로 운반되었던 한 용질이 내리막(downhill)으로 수동 이동을 할 때 짝짓기를 함으로써 또 다른 용질의 자유에너지 증가 반응과 같은 오르막(uphill) 운반이 일어난다.

한 용질이 농도 기울기에 역행하여 이동하는 데 필요한 에너지의 양은 초기 농도 기울기로부터 계산할 수 있다. 기질 S가 생성물 P로 전환되는 화학 반응의 자유에너지 변화(free-energy change)를 구하는 일반식은 아래와 같다.

$$\Delta G = \Delta G'^{\circ} + RT \ln([\text{P}]/[\text{S}]) \qquad (11\text{-}2)$$

여기서 $\Delta G'^{\circ}$는 표준 자유에너지 변화이고, R은 기체 상수(8.315 J/mol·K)이고 T는 절대 온도이다. 이 "반응"은 단순히 하나의 용질을 농도가 C_1인 장소에서 C_2인 다른 장소로 이동시키는 것이기 때문에 어떤 화학 결합이 생기거나 파괴되지 않으므로 표준 자유에너지 변화 $\Delta G'^{\circ}$는 0이 된다. 따라서 운반에 대한 자유에너지 변화 ΔG_t는 아래와 같다.

$$\Delta G_t = RT \ln(C_2/C_1) \qquad (11\text{-}3)$$

만약 두 구획 사이의 농도 기울기가 10배로 차이가 있을 때 전하를 띠지 않은 용질이 구획의 격리막을 통과할 때 필요로 하는 용질 1몰당 에너지 비용은 25°C에서 아래와 같다.

$$\begin{aligned}\Delta G_t &= (8.315\ \text{J/mol·K})(298\ \text{K})\ \ln(10/1) = 5{,}700\ \text{J/mol}\\ &= 5\ 7\ \text{kJ/mol}\end{aligned}$$

식 11-3은 전하를 띠지 않은 모든 용질에 적용된다.

연습문제 11-1 전하를 띠지 않는 용질의 수송을 위한 에너지 비용

25°C에서 10^4배의 농도 기울기에 역행하여 전하를 띠지 않는 용질을 수송하는 데 드는 에너지 비용(자유에너지 변화)을 계산하라.

풀이: 식 11-3으로 시작하자. (C_2/C_1)에는 1.0×10^4을, R에는 8.315 J/mol·K를, T에는 298 K를 대입하면:

$$\begin{aligned}\Delta G_t &= RT \ln(C_2/C_1)\\ &= (8.315\ \text{J/mol·K})(298\ \text{K})(1.0 \times 10^4)\\ &= 23\ \text{kJ/mol}\end{aligned}$$

용질이 이온일 경우 동반하는 상대 이온(counterion) 없이 이동이 일어나면 결국 음전하와 양전하의 자유에너지 증가 반응 같은 분리가 일어나서 전위(electrical potential)가 발생한다. 이와 같은 수송을 **전기생산적(electrogenic)** 과정이라 일컫는다. 이온의 이동에 대한 에너지 비용은 전기화학적 전위(electrochemical potential)에 의존하며(그림 11-25), 화학적 및 전기적 농도 기울기의 합은 아래와 같다.

$$\Delta G_t = RT \ln(C_2/C_1) + ZF\Delta\psi \qquad (11\text{-}4)$$

여기서 Z는 이온의 전하, F는 패러데이 상수(Faraday constant, 96,480 J/V·mol), $\Delta\psi$는 막 전위(volt 단위)를 나타낸다. 진핵세포는 전형적으로 형질막에 약 0.05 V 정도의 막 전위를 갖고 있기 때문에 (바깥쪽에 비해 안쪽이 상대적으로 음성을 띈다) 식 11-4의 오른쪽 두 번째 항은 이온 운반에 의한 총자유에너지 변화에 크게 기여한다. 대부분의 세포는 형질막이나 세포 소기관의 막에서 10배 이상의 이온 기울기를 유지하고 있기 때문에 많은 세포나 조직에서 능동 수송은 주로 에너지를 소비하는 과정이다.

연습문제 11-2 전하를 띠는 용질의 수송을 위한 에너지 비용

농도가 1.0×10^{-7} M인 세포액의 Ca^{2+} 이온을 대략 농도가 1.0 mM인 세포 바깥액으로 수송하는 데 필요한 에너지 비용(자유에너지 변화)을 계산하라. 온도를 37°C(포유동물의 체온)라고 가정하고, 형질막의 표준 막횡단 전위는 50 mV(안쪽이 음성)라고 가정한다.

풀이: 이것은 수송하려는 이온에 작용하는 2가지 힘을 극복하기 위해 에너지를 쓰는 경우에 해당한다: 즉 막을 사이에 둔 전위차와 농도 기울기가 계산에 포함되어야 한다. 2가지 힘은 식 11-4의 오른쪽에 있는 2항으로 표시된다:

$$\Delta G_t = RT \ln(C_2/C_1) + ZF\,\Delta\psi$$

여기서 첫 번째 항은 화학적 기울기이고 두 번째 항은 전기적 전위를 나타낸다.

이 방정식 11-4에서 R은 8.315 J/mol·K로, T는 310 K로, C_2는 1.0×10^{-3}로, C_1은 1.0×10^{-7}로, F는 96,500 J/V·mol로, Z는 +2(칼슘이온의 전하)로, 그리고 $\Delta\psi$는 0.050 V를 대입한다. 막 전

위가 50 mV(내부는 음전하)인 것을 고려하면, 이온이 내부에서 외부로 이동할 때 차이의 변화는 50 mV이다.

$$\begin{aligned}\Delta G_t &= RT\ln(C_2/C_1) + ZF\,\Delta\psi \\ &= (8.315\text{ J/mol}\cdot\text{K})(310\text{ K})\ln\frac{(1.0\times10^{-3})}{(1.0\times10^{-7})} \\ &\quad + 2(96{,}500\text{ J/V}\cdot\text{mol})(0.050\text{ V}) \\ &= 33\text{ kJ/mol}\end{aligned}$$

능동 수송의 기전은 생물학에서 본질적으로 중요하다. 제19장과 20장에서 보게 되겠지만 미토콘드리아나 엽록체에서 ATP가 생성되는 기전은 본질적으로 ATP로 추진되는 이온 운반과 반대로 진행하는 것이다. 막을 통과하는 양성자의 자발적인 흐름에 의하여 생성될 수 있는 에너지는 식 11-4로 계산할 수 있다; 전기화학적 기울기에 순응하여 아래로 흐르는 경우 ΔG는 음의 값을 갖고, 그 기울기에 역행하여 운반되는 경우 ΔG는 양의 값을 갖는다는 것을 기억하라.

P형 ATP분해효소는 촉매 주기(catalytic cycle) 동안 인산화된다

P형 ATP분해효소(P-type ATPase)라 불리는 능동수송체는 양이온 수송체이며, 수송 회로의 일부분에서 ATP에 의하여 가역적으로 인산화된다(그래서 P-형이란 이름이 붙음). 인산화는 입체구조의 변화를 일으켜서 막을 가로 질러 양이온이 움직이는 데에 중심적인 역할을 하게 된다. 인간 유전체는 적어도 70개의 P형 ATP분해효소를 암호화하고 있으며, 이들은 유사한 아미노산 서열과 공간배열을 갖고 있는데, 특히 인산화되는 아스파트산(Asp) 잔기 근처의 서열은 매우 유사하다. 이들은 모두 내재단백질이고 8 ~ 10개의 가상 막 통과 영역을 하나의 폴리펩타이드 내에 가지고 있다. 또한 이들은 모두 전이상태 유사체인 **바나드산염(vanadate)**에 의하여 민감하게 저해되는데 이것은 물 분자에 의해 친핵성 공격을 받을 때 인산염(phosphate)처럼 작용한다.

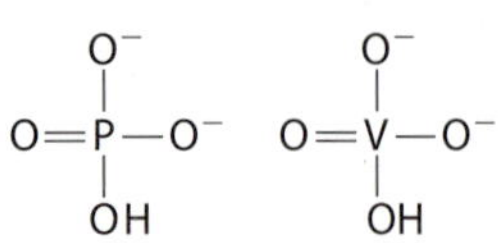

인산염 바나드산염

P형 ATP분해효소는 진핵 생물과 박테리아에서 매우 광범위하게 분포되어 있다. 동물 세포의 Na^+K^+ ATP분해효소(Na^+과 K^+ 이온에 대한 역수송체)와 식물과 곰팡이의 형질막 H^+ ATP분해효소는 형질막을 가로지르는 이온 농도 기울기를 형성하여 막통과 전기화학적 기울기를 형성한다. 이러한 기울기는 이차 능동 수송을 위한 추진력을 제공하고, 이는 또한 신경세포에서 전기적 신호전달의 기초가 된다. 동물 조직에서 **근형질 및 세포질세망 칼슘 펌프(*sarcoplasmic/endoplasmic reticulum* Ca^{2+} ATPase, SERCA)**와 형질막 Ca^{2+} ATP분해효소 펌프는 Ca^{2+}에 대한 단수송체(uniporter)로서 함께 세포액 Ca^{2+} 수준을 1 μM 이하로 유지시키는 데에 기여한다. **SERCA** 펌프는 Ca^{2+}을 세포액에서 근형질세망의 내강으로 이동시킨다. 포유동물 위(stomach)의 안쪽을 일렬로 채우고 있는 벽세포(parietal cell)는 형질막에 P형 ATP분해효소를 갖고 있어서 이것이 H^+ 와 K^+을 세포 밖, 즉 위 내부로 분비하여 위의 내용물을 산성화시킨다. 우리가 앞에서 언급했듯이 지질 플립페이스는 구조적으로 그리고 기능적으로 P-형 수송체와 연관되어 있다. 세균과 진핵생물은 Cd^{2+}와 Cu^{2+} 같은 유독성 중금속 이온을 배출시키기 위하여 P형 ATP분해효소를 사용한다.

Jens Skou
[출처: Lars Moeller/AP Images]

모든 P형 펌프는 유사한 구조와**(그림 11-34)** 유사한 기전을 가진다. P형 ATP분해효소를 위한 가상 기전으로 커다란 입체형태 변화와 촉매 회로 동안 일어나는 P 영역(P는 phosphoryltion이라는 단어에서 유래)의 결정적인 아스파트산 잔기의 인산화-탈인산화 반응이 설명되고 있다. SERCA 펌프를 위한 가상 기전에서는**(그림 11-35)** 각각의 촉매 주기마다 2개의 Ca^{2+} 이온이 막을 가로 질러 이동하고, ATP가 ADP와 P_i로 전환된다. ATP는 이 기전에서 2가지 역할을 하게 되는데 하나는 촉매 작용이고 다른 하나는 조절 작용이다. 효소에 ATP가 결합하고 인산기가 전달되면 수송체의 2가지 입체구조, 즉 E1과 E2 사이에 상호전환이 일어난다. E1 입체구조에서는 2개의 Ca^{2+} 결합자리가 세포질세망과 근형질세망의 세포질쪽에 노출되어 높은 친화도로 Ca^{2+}에 결합한다. ATP의 결합과 Asp의 인산화는 E1에서 E2로 구조적인 변화를 가져 온다. 이것은 Ca^{2+} 결합자리를 막의 내강쪽으로 노출시키고, 그들의 Ca^{2+} 친화력이 감소되므로 결국 Ca^{2+}이 내강으로 방출된다. 이런 기전에 의해 하나의 인산화-탈인산화 주기 동안 ATP 가수분해로 방출된 에너지는 커다란 전기화학적 기울기에 역행하여 막을 가로질러 Ca^{2+}을 배출하는 것이다.

1957년 Jens Skou에 의하여 발견된 효소 **Na^+K^+ ATP분해효소**에서도 이런 기본적인 기전의 변형을 볼 수 있다. 공수송체(cotransporter)는 중요한 Asp 잔기의 인산화-탈인산화 반응을 전기화학적 기울기에 역행하여 Na^+와 K^+ 모두를 동시에 이동시키는 일에 연결시킨다. 이 Na^+K^+ ATP분해효소가 세포외액과 비교해서 세포 내부의 Na^+ 농도는 낮고 K^+ 농도는 높게 유지시킨다**(그림 11-36)**. 각 ATP 분자가 ADP + P_i로 전환되면서, 수송체는 형질막을 가로 질러 2개의 K^+ 이온을 세포 안으로 넣고, 3개의 Na^+ 이온을 세포 밖으로 배출시킨다. 따라서 이 공수송체는 전기생산적

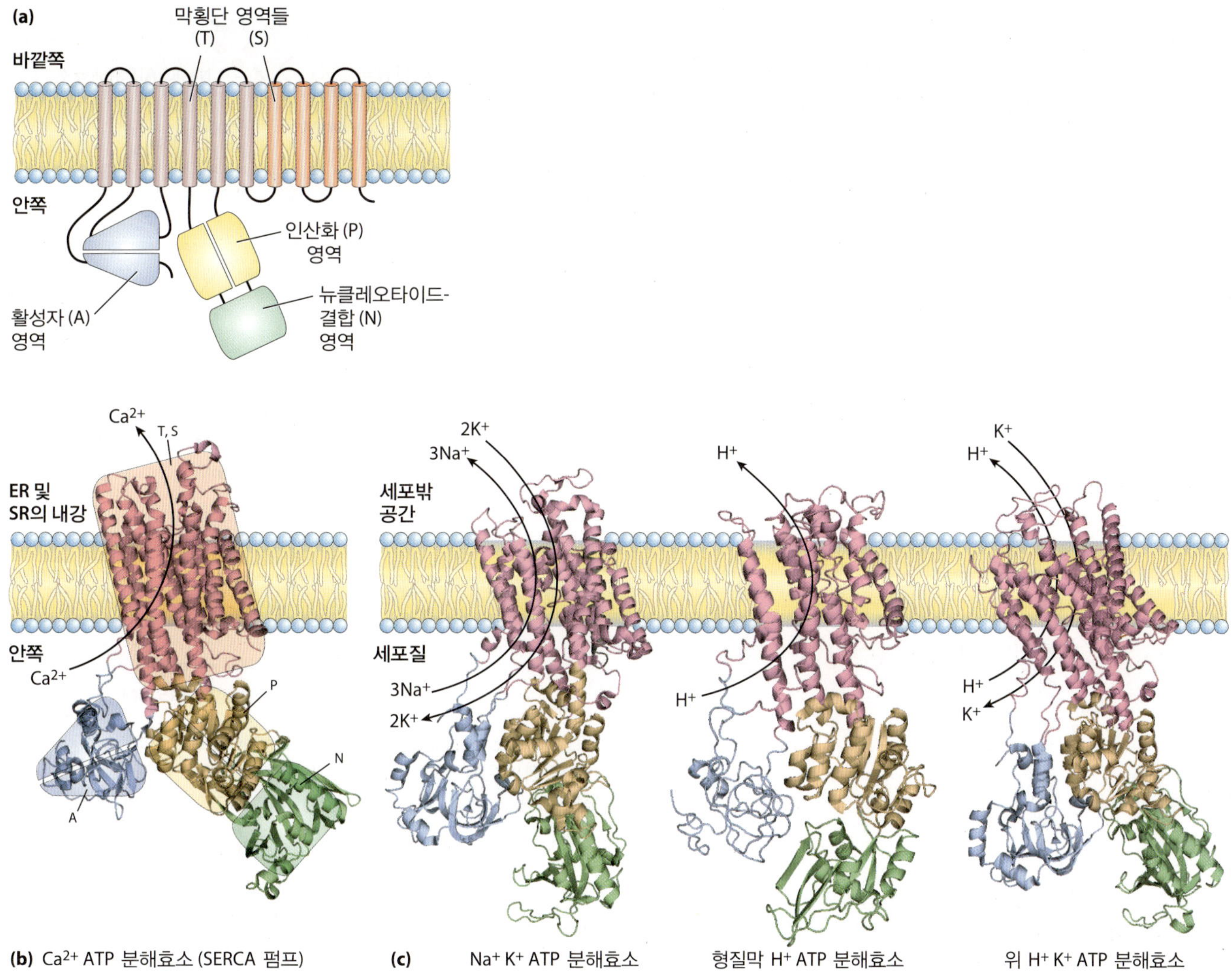

그림 11-34 P형 ATP분해효소의 일반적인 구조. (a) P형 ATP분해효소는 3개의 세포질 영역(A, N 및 P) 및 다중 나선으로 구성된 2개의 막횡단 영역(T와 S)을 가진다. N(뉴클레오타이드-결합, nucleotide-binding) 영역은 ATP와 Mg^{2+}에 결합하고, 단백질 인산화효소 활성을 가진다. 이는 모든 P형 ATP분해효소의 P(인산화, phosphorylation) 영역에서 발견되는 특정 Asp 잔기를 인산화시킨다. A(작동기, actuator) 영역은 단백질 인산염분해효소 활성을 가지며, 펌프의 각 촉매 주기에서 Asp 잔기로부터 인산기를 제거해 준다. 6개의 막횡단 나선을 포함하는 수송 영역(transport, T)은 이온을 수송하는 구조를 포함하고 있으며, 4개의 추가적인 막횡단 나선이 보조(support, S) 영역을 구성한다. S 영역은 수송 영역에 물리적 지원을 해 주고, 어떤 P형 ATP분해효소의 경우엔 다른 특별한 기능을 가질 수도 있다. 막의 중심부 근처에서 수송되는 이온의 결합 부위는 인산화된 Asp 잔기로부터 40~50 Å 떨어져 있다. 따라서 Asp 잔기의 인산화-탈인산화는 이온 결합에 직접 영향을 미치지는 않는다. A 영역은 N과 P 영역의 움직임을 이온-결합자리로 연결시키는 역할을 한다. (b) Ca^{2+} ATP분해효소(SERCA 펌프) 구조의 리본형 표현. ATP는 N 영역에 결합하고 수송될 Ca^{2+} 이온은 T 영역에 결합한다. (c) 다른 P형 ATP분해효소도 아마 SERCA 펌프와 비슷한 영역과 작용 기전을 가질 것으로 예상된다; 여기에서는 Na^+K^+ ATP분해효소, 형질막 H^+ ATP분해효소 및 위 H^+K^+ ATP분해효소의 구조를 보여주고 있다. [출처: (a) Information from M. Bublitz et al., *Curr. Opin. Struct. Biol.* 20:431, 2010, Fig. 1. (b) PDB ID 1SU4, C. Toyoshima et al., *Nature* 405:647, 2000. (c) Na^+K^+ ATPase: PDB ID 3KDP, J. Preben Morth et al., *Nature* 450:1043, 2007; H^+ ATPase: PDB ID 3B8C, B. P. Pedersen, et al., *Nature* 450:1111, 2007; Na^+K^+ ATPase: modified from PDB ID 3IXZ, K. Abe et al., *EMBO J.* 28:1637, 2009, modeled following PDB ID 3B8E, J. Preben Morth et al., *Nature* 450:1043, 2007.]

(electrogenic)이다. 즉, 막을 가로질러 전하의 순 분리를 일으킨다; 그 결과 동물에서 −50~−70 mV 정도의 막 전위가 발생한다(세포 내부가 외부에 비해 음의 값을 갖는다). 이것은 거의 모든 세포의 특징이며 신경세포에서 활동 전위(action potential)의 전도에 필수적이다. Na^+K^+ ATP분해효소의 주요 역할은 이 한 가지 반응에 투자된 에너지로 그 중요성을 설명할 수 있다: 바로 이 반응에만 사람의 경우 휴식 상태에서 소비되는 총에너지의 약 25%를 소비한다는 것이다.

V형과 F형 ATP분해효소는 ATP-주도 양성자 펌프이다

양성자 펌프인 **V형 ATP분해효소(V-type ATPases)**는 많은 유기체(여기서 V는 공포, vacuolar)들의 세포내 구획을 산성화하는 기능을 한다. 이 유형의 양성자 펌프는 곰팡이와 고등식물의 공포에

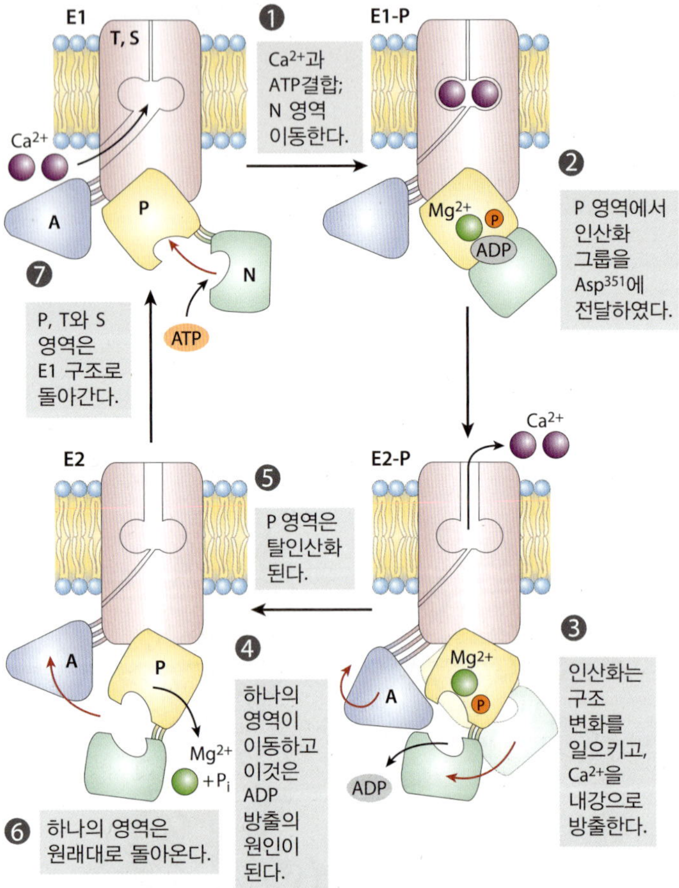

그림 11-35 SERCA 펌프의 제안 기전. 수송 회로는 E1 형태의 단백질에서 시작하는데, 이 형태에서는 Ca^{2+} 결합자리가 세포질에 접해 있다. 여기에 2개의 Ca^{2+} 이온이 결합하면, 이 수송체에 ATP가 결합하고 Asp^{351}을 인산화시켜서 E1-P 형태를 이룬다. 인산화는 두 번째 형태인 E2-P로 전화시켜 주는데 이 형태에서 Ca^{2+} 결합자리의 Ca^{2+} 친화도가 감소하고, 막의 다른 쪽(내강 또는 세포 밖 공간)에서 접근하기 쉬워지며, 방출된 Ca^{2+}은 멀리 확산된다. 마지막으로, E2-P가 탈인산화되면 E1 형태로 돌아가서 다음 수송 과정을 준비한다. [출처: Information from W. Kühlbrandt, *Nature Rev. Mol. Cell Biol.* 5:282, 2004.]

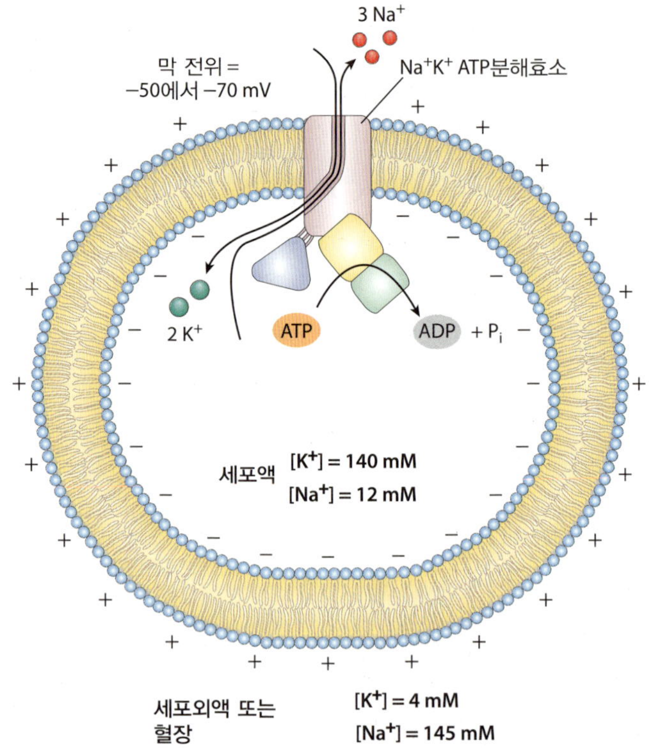

그림 11-36 동물세포에서 Na^+K^+ ATP분해효소의 역할. 이 능동 수송계는 동물세포에서 일차적으로 Na^+과 K^+의 세포 속 농도를 결정하고 유지하며, 또한 막 전위를 생성하는 기능을 한다. 이것은 3개의 Na^+을 세포 밖으로 내 보내고 2개의 K^+을 안으로 이동시킴으로써 가능하다. 이 형질막을 통한 전기적 전위는 신경세포에서 전기 신호의 중심이 되고, Na^+ 농도 기울기는 다양한 유형의 세포에서 용질을 역방향으로 공수송하는 원동력이 된다.

서 주변 세포질의 pH(pH 7.5) 보다 낮은 편인 3~6으로 pH를 유지한다. V형 ATP분해효소는 또한 동물세포에서 용해소체, 내소체(endosomes), 골지 복합체, 분비 소포(secretory vesicle) 등의 산성화에도 관여한다. 모든 V형 ATP분해효소는 비슷한 복합체 구조를 갖고 있는데, 이는 내재(막횡단) 영역(V_o)과 주변 영역(V_1)으로 구성된다. V_o는 양성자 통로를 제공하고 V_1은 ATP 결합자리와 ATP 분해효소 활성을 갖고 있다(**그림 11-37a**). 이 구조는 매우 잘 알려진 F형 ATP분해효소의 구조와 유사하다.

F형 ATP분해효소는 양성자의 막횡단 오르막 이동을 촉진하는데 이는 ATP 가수분해로 추진된다. F형이란 명칭은 이 ATP분해효소를 에너지 짝지움 인자(energy-coupling *f*actor)로 발견한 것에서 유래한다. F_o 내재 막 단백질 복합체(그림 11-37b; 아래첨자 o는 약물인 올리고마이신 oligomycin에 의하여 억제된다는 것을 의미함)는 양성자의 막횡단을 위한 통로를 제공하고 주변단백질 F_1(아래첨자 1은 미토콘드리아로부터 분리한 여러 인자들 중 첫 번째를 의미함)은 양성자를 오르막 이동(높은 H^+ 농도 쪽으로)시키기 위해 ATP 에너지를 이용한다. 양성자 펌프 수송체들의 F_oF_1 조직은 진화의 매우 초기 단계에 발달되었을 것이다. 대장균과 같은 세균은 원형질막에 있는 F_oF_1 ATP분해효소 복합체를 이용하여 양성자를 바깥으로 퍼내는 데, 고세균(archaea)에서는 매우 비슷한 양성자 펌프인 A_oA_1 ATP분해효소를 이용한다.

모든 효소들과 같이, F형 ATP분해효소는 양 방향으로 반응의 진행을 촉매한다. 따라서 충분히 큰 양성자 기울기는 ATP 생산이라는 역반응을 추진하기 위해 필요한 에너지를 공급할 수 있다(그림 11-37b). 이 방향으로 작용하는 경우에 F형 ATP분해효소는 **ATP 생성효소(ATP synthase)**라고 불리는 것이 더 적절하다. ATP 분해효소는 일반 세균이나 고세균에서와 마찬가지로 산화적 인산화 과정 중의 미토콘드리아에서, 그리고 광인산화 과정 중의 엽록체에서도 ATP 생성을 위해 중심적인 역할을 하게 된다. 이러한 ATP 합성을 추진하기 위해 필요한 양성자 기울기는 기질의 산화나 햇빛에 의하여 힘을 받은 다른 유형의 양성자 펌프에 의해 형성된다. 이러한 과정에 대해서는 제19장과 20장에서 각각 더 자세히 설명할 것이다.

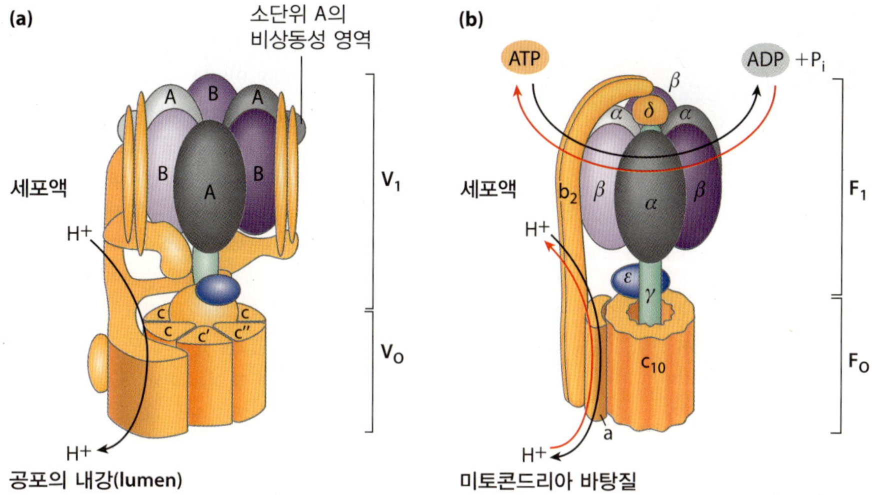

그림 11-37 유사한 구조를 가진 2개의 양성자 펌프. **(a)** V_oV_1 H^+ ATP분해효소는 ATP를 이용하여 양성자를 공포(vacuoles) 및 용해소체(lysosome)로 보냄으로써 내부의 pH를 낮추는 기능을 한다. 이는 내재(막에 묻힌) 영역인 V_o를 가지고 있으며, 여기에는 여러 개의 동일한 c 소단위가 포함되어 있다. 한 주변 영역은 세포액 쪽으로 돌출되어 있으며, 이곳에는 ATP 가수분해 자리가 포함되어 있는데 이는 3개의 동일한 B 소단위(보라색)로 구성되어 있다. **(b)** 미토콘드리아의 F_oF_1 ATP분해효소/ATP 생성효소는 c 소단위의 여러 복사본을 갖는 내재 영역 F_o(주황색)와 주변 영역 F_1으로 구성되어 있는데, F_1은 3개의 α 소단위와 3개의 β 소단위 및 내재 영역과 연결된 중심축으로 이루어져 있다. F_o와 아마도 V_o는 F_1의 β 소단위(V_1의 B 소단위)에서 ATP를 가수분해하여 양성자를 내보낼 때 막횡단 통로 역할을 하는 것으로 여겨진다. ATP 가수분해가 양성자 이동과 연계되는 이 놀라운 기전은 제19장에서 더 자세히 기술되어 있다. 이것은 막 평면 위에서 F_o의 회전과 연관되어 있다. V_oV_1 ATP분해효소와 그 유사체인 A_oA_1 ATP분해효소(고세균에서) 및 CF_oCF_1 ATP분해효소(엽록체에서)의 구조는 모두 F_oF_1의 구조와 유사하며, 그 기전도 보전되어 있다. ATP-추진 양성자 수송체는 또한 ATP 합성(빨간색 화살표)을 촉매할 수도 있는데, 이때 양성자는 전기화학적 기울기에 순응하여 이동한다. 이는 산화적 인산화 및 광인산화 과정의 핵심 반응이며, 더 자세한 내용은 제19장과 제20장에 기술되어 있다.

ABC 수송체는 ATP를 이용하여 아주 다양한 기질의 능동 수송을 추진한다

ABC 수송체(ABC transporter)는 수많은 ATP 구동 수송체 족에 해당한다. 이것은 아미노산, 펩타이드, 단백질, 금속이온, 다양한 지질, 쓸개즙염, 그리고 약물 등을 포함하는 다양한 소수성 화합물을 농도 기울기에 역행하여 수송한다. 대부분의 ABC 수송체는 형질막에 위치하지만 어떤 것은 세포질세망이나 미토콘드리아 및 용해소체의 막에도 위치한다. 이 족에 속한 모든 구성원은 2개의 ATP 결합 영역("카세트, casette")과 2개의 막횡단 영역을 갖고 있다. ATP 결합영역 때문에 이 족의 이름을 ATP 결합 카세트 수송체(*ATP-binding cassette transporters*), 즉 약자로 ABC 수송체라고 붙여졌다. 반면에 막횡단 영역은 각각 6개의 막횡단 나선을 포함하고 있는 특징을 보인다. 어떤 경우에는 이 모든 영역들이 하나의 긴 폴리펩타이드에 들어 있다; 하지만 다른 ABC 수송체의 경우 2개의 소단위체를 가지고 있어서, 각각 뉴클레오타이드 결합 영역(NBD)과 6회 막횡단 나선 영역을 하나씩 제공한다. 선충류인 예쁜꼬마선충(*Caenorhabditis elegans*)과 세균류인 황색포도알균(*Staphylococcus aureus*)의 ABC 수송체에서 유사 형태에 대한 구조가 밝혀졌는데(**그림 11-38**), 이들이 한 단백질의 수송 주기 과정에서 예상될 수 있는 2개의 극적인 형태를 나타내는 것으로 여겨진다. 하나는 막의 한쪽 면에 노출된 기질 결합자리를 갖고 있으며, 다른 것은 다른 쪽에서 접근할 수 있는 기질 결합자리를 가지고 있다. 2가지 형태가 상호 전환되었을 때 기질이 막을 가로질러 이동하는데 이것은 ATP 가수분해(그림 11-38c)에 의해 추진된다. 모든 ABC 단백질의 NBD 영역은 아미노산 서열이 비슷하고 아마도 단백질 3차원 구조도 비슷할 것이다. 이것은 보존된 분자 모터(molecular motor)를 구성하는데, 다양한 막횡단 영역과 짝지워져서 하나의 특별한 기질이 막을 가로질러 나갈 수 있도록 만든다. 이러한 방식으로 짝지워지면, ATP 구동 모터는 농도 기울기에 역행하여 용질을 이동시킬 수 있으며, 이때 화학량식에 따라 수송된 기질 한 분자당 약 1개의 ATP가 가수분해된다.

인간 유전체에는 ABC 수송체를 암호화하는 적어도 48개 이상의 유전자가 포함되어 있다(표 11-4). 몇몇 이러한 수송체들은 1개의 기질에 대한 높은 특이성을 갖지만 다른 것들은 이것저것 되는 대로 식이다. 이 후자가 있어서 진화과정 중에 세포가 만나지 못했던 약물들이 이동할 수 있게 된다. 많은 ABC 수송체들이 지질 이중층의 조성 유지에도 관여하는데, 예들 들면 플롭효소(뒤침효소, floppases)는 막 지질을 이중층의 한 쪽에서 다른 쪽으로 이동시킨다. 여러 다른 수송체들은 체내 전반에 걸쳐서 스테롤과 스테롤 유도체 및 지방산을 혈액으로 수송하는 데 필요하다. 예를 들면, 과잉의 콜레스테롤을 내보내는 세포 기구도 ABC 수송체를 포함하고 있다(그림 21-47 참조). 이 몇몇 단백질들을 암호화하고 있는 유전자에 돌연변이가 생기면 유전질환이 발생하는데, 간부전(liver failure), 망막 변성증(retinal degeneration), 그리고 탄지에르병(Tangier disease)이 포함된다. 형질막의 CFTR(cystic

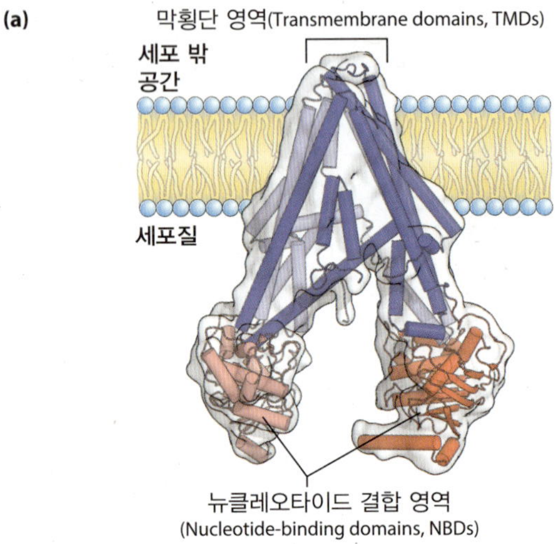

그림 11-38 ABC 수송체. (a) 사람의 MDR1과 유사한 예쁜꼬마선충(*C. elegans*)의 다약제 수송체 ABCB1이 안쪽으로 향하고 있는 형태. 이 단백질은 2개의 상동성 절반으로 구성되어 있는데, 2개의 막횡단영역(TMDs; 파란색)에 각각 6개의 막횡단 나선과 하나의 세포질 뉴클레오타이드-결합 영역(NBD; 빨간색)을 가지고 있다. **(b)** 유사한 단백질인 황색포도알균(*S. aureus*)의 Sav1866이 바깥쪽으로 향하고 있는 형태. 이 단백질의 기질 결합자리는 세포 밖 공간에서만 접근할 수 있다. **(c)** ATP 가수분해를 수송과 연계시키기 위해 제안된 기전. 기질은 NBD 자리에 결합한 ATP와 함께 세포질 밖 공간쪽에서 수송체에 결합한다. 기질이 결합하고 ATP가 ADP로 가수분해되면, 수송체에 형태적 변화가 일어나서 세포질쪽으로 기질을 노출시키고, 수송체의 기질 친화력이 감소한다; 기질은 수송체에서 떨어져 나가 세포질로 확산된다. 이 과정을 그림 11-30의 포도당 수송체 모델과 비교해 보라. [출처: (a) PDB ID 4F4C, M. S. Jin et al., *Nature* 490:566, 2012. (b) PDB ID 2HYD, R. J. Dawson and K. P. Locher, *Nature* 443:180, 2006.]

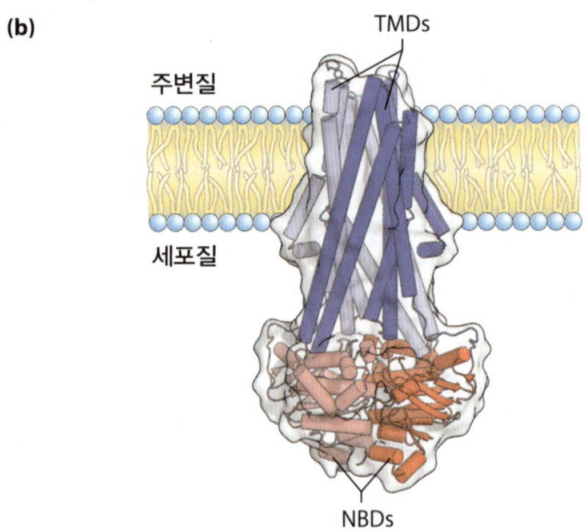

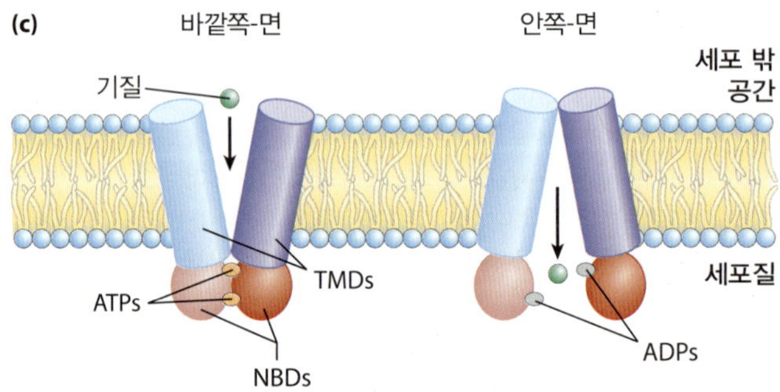

*fi*brosis *t*ransmembrane *c*onductance *r*egulator)은 흥미로운 ABC 단백질에 해당한다. 이것은 Cl^-의 통로이면서 ATP 가수분해에 의해 조절되지만 능동 수송의 특성인 펌프 기능을 하지는 않는다(별도설명 11-2).

매우 광범위한 기질 특이성을 갖는 1개의 사람 ABC 수송체는 *ABCB1* 유전자에 의해 암호화되는 **다약제 수송체(multidrug transporter, MDR1)**이다. 태반막 및 혈관-뇌 장벽에 있는 MDR1은 태아나 뇌의 손상을 일으키는 독성 물질을 배출시키는 기능을 갖는다. 하지만, 이는 특정 종양이 일반적으로 효과적인 항암제에 대해 내성을 갖는 기전에도 관여한다. 예를 들면, MDR1은 화학치료제인 독소루비신(doxorubicin)과 빈블라스틴(vinblastine)을 세포 밖으로 배출시킴으로써 이 약물들이 종양 조직 속에 축적되는

표 11-4 사람의 일부 ABC 수송체

유전자	기능/특성	교재 중 논의
ABCA1	콜레스테롤 역수송; 결함은 탄지에르병(Tangier disease) 유발	851~852쪽
ABCA4	시각 수용체에서만 모두-트랜스 레티날의 배출	456쪽, 그림 12-14
ABCB1	다약제 내성 P-당단백질 1; 혈관-뇌 장벽을 통한 수송	—
ABCB4	다약제 내성; 담즙에서 포스파티딜콜린의 수송	—
ABCB6	헴 합성을 위해 포피린을 미토콘드리아로 수송	880~882쪽
ABCB11	간세포에서 담즙산염의 수송	650쪽, 그림 17-1
ABCC6	설포닐유레아(sulfonylurea) 수용체; 제2형 당뇨병에 쓰이는 약물 글리피자이드(glipizide)의 표적	933쪽, 그림 23-29
ABCG2	유방암 내성 단백질(BCRP); 항암제의 주된 배출자	420쪽
ABCG5, ABCG8	장에서 스테롤 흡수를 제한하기 위해 함께 작용	—
ABCC7	CFTR (Cl^- 통로); 결함은 낭성섬유증(cystic fibrosis) 유발	417쪽, 별도설명 11-2

별도설명 11-2 의학 낭성섬유증에서 결손된 이온 통로

낭성섬유증(cystic fibrosis, CF)은 매우 심각한 유전 질환이다. 미국에서 CF의 발생 빈도를 보면 백인의 경우 출산아 3,200명 중에 1명이라는 높은 비율에서부터 아시아계 미국인 출산아 31,000명 중에 1명이라는 비교적 낮은 비율까지 다양한 범위에 놓여 있다. 백인의 약 5%가 보인자로서 유전자 하나는 결함이 있고 다른 하나는 정상이다. 두 유전자가 모두 결함이 있을 때 이 병과 관련된 심한 증상이 나타난다: 즉 위장관과 호흡기가 막히고, 기도(airways)에 세균 감염이 잘 된다.

CF와 연관된 유전자 결함은 1989년에 처음 발견되었다. 이 유전자는 낭성섬유증 막횡단 전도 조절자(*c*ystic *f*ibrosis *t*rans*m*embrane conductance *r*egulator, CFTR)라는 막 단백질을 암호화하고 있다. 이 단백질은 2개의 분절을 갖고 있는데 각 분절은 6개의 막횡단 나선과 2개의 뉴클레오타이드 결합 영역(nucleotide-binding domains, NBDs), 그리고 이들을 연결시켜주는 조절 영역을 포함하고 있다(그림 1). 따라서 CFTR은 펌프가 아니라 이온 **통로**(Cl^-를 위한)로 작용한다는 사실을 제외하고는 다른 ABC 수송체 단백질들과 매우 비슷하다. 이 통로는 NBDs가 모두 ATP에 결합하고 있을 때 형질막을 통해 Cl^-을 전달한다. NBDs 중의 하나에 결합된 ATP가 ADP와 Pi로 분해되면 통로 관문이 닫힌다. Cl^- 통로는 조절 영역에 있는 여러 Ser 잔기가 인산화됨으로써 조절되기도 하는데, 인산화 반응은 cAMP-의존 단백질 인산화효소(cAMP-dependent protein kinase)에 의하여 촉매된다(제12장). 조절 영역이 인산화되지 않으면 Cl^- 통로는 닫힌다.

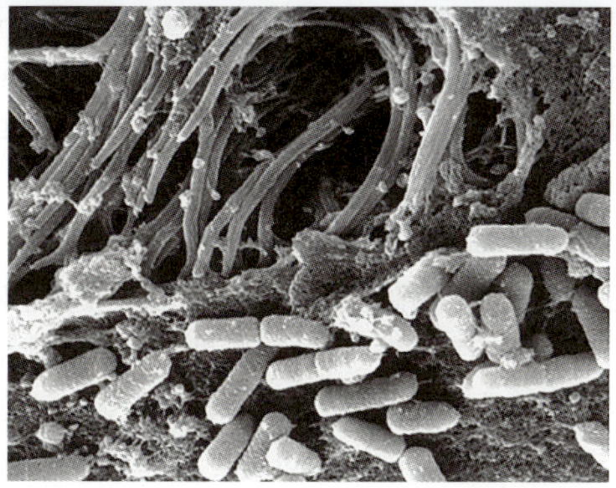

그림 2 폐의 표면을 덮고 있는 점액(mucus)은 세균을 붙들어 둔다. 건강한 폐(여기 보이는)에서는 섬모 작용으로 세균은 죽게 되고 밖으로 쓸려 나가게 된다. CF 환자에서는 이 기전이 장애를 받기 때문에 감염이 반복되고 점차적으로 폐 손상이 일어난다. [출처: Tom Moninger, University of Iowa, Iowa City.]

CF 환자의 70%에서 볼 수 있는 유전자 돌연변이는 위치 508에 있는 Phe 잔기의 결손이다(이것을 F508del이라 표기). 이 돌연변이 단백질은 제대로 접히지 않아서 단백질분해소체(proteasome, 프로테아솜)에서 분해되어 버린다. 결과적으로 기도, 소화관, 외분비샘(이자, 땀샘), 담관, 그리고 정관(vas deferens)

(*다음 페이지에 계속*)

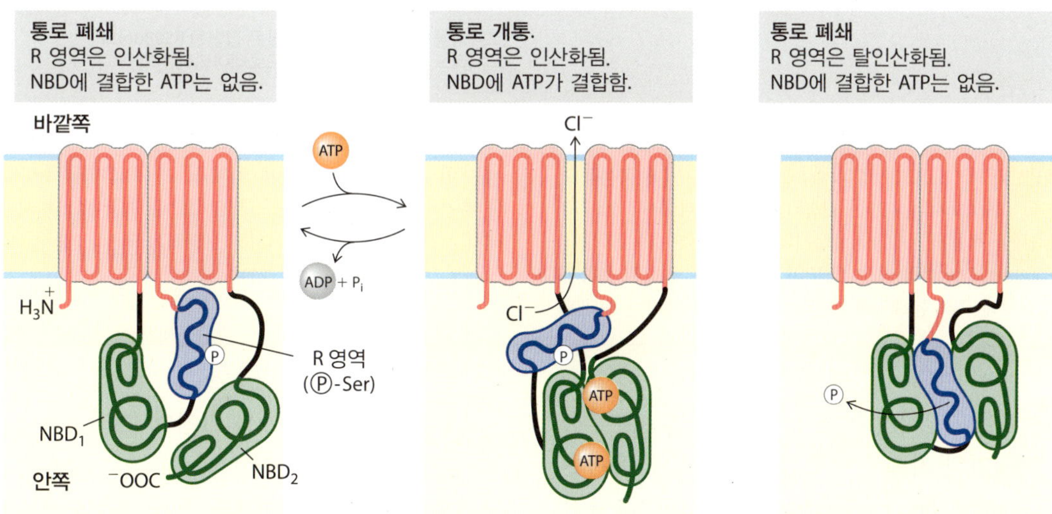

그림 1 CFTR 단백질의 3가지 상태. 이 단백질은 2개의 분절로 구성되어 있는데, 각 분절은 6개의 막횡단 나선을 갖고 3개의 기능적으로 중요한 영역들이 세포질쪽으로 뻗어 있다: NBD_1과 NBD_2(초록색)은 뉴클레오타이드 결합 영역으로 ATP가 결합한다. 그리고 조절 R 영역(파란색)은 cAMP-의존 단백질 인산화효소에 의해 인산화가 일어나는 자리이다. R 영역이 인산화되지만 ATP가 NBD에 결합하지 못하면(왼쪽), 통로는 닫힌다. 이 형태에 ATP가 결합하면 통로는 열리고(가운데), 이 통로는 결합된 ATP가 가수분해될 때까지 유지된다. 조절 영역이 탈인산화되면(오른쪽) 이것이 NBD 영역에 결합해서 이 NBD 영역의 ATP 결합 및 통로 열림을 막게 된다. CFTR은 전형적인 ABC 수송체이지만 2가지 면에서는 다르다; 즉, 대부분의 ABC 수송체는 조절 영역이 없으며, 전형적인 수송체와는 다르게 CFTR은 이온(Cl^- 이온) 통로 역할을 한다는 점이다.

별도설명 11-2 의학 낭성섬유증에서 결손된 이온 통로 (계속)

을 덮고 있는 상피세포의 형질막을 통한 Cl^- 이동이 줄어든다. G551D(Gly[551]이 Asp로 변환)과 같이 더 흔치 않은 돌연변이가 있을 경우 정상적으로 접혀서 막에는 삽입되지만 Cl^-의 수송에는 결함이 있다.

CF 환자에서 Cl^-의 배출이 감소하면 동시에 세포에서 물의 배출도 감소하게 되어 세포 표면에 있는 점액이 탈수되고 두꺼워지며 심하게 딱딱해진다. 정상적인 환경에서는 폐의 안쪽 면을 덮고 있는 상피세포의 섬모가 이 점액에 붙은 세균을 지속적으로 쓸어내 보낸다(그림 2). 하지만 CF 환자의 두꺼운 점액은 이 과정을 방해하므로 폐가 병원성 세균을 위한 천국이 된다. 황색포도알균(*Staphylococcus aureus*)이나 녹농균(*Pseudomonas aeruginosa*) 같은 세균에 의한 감염이 빈번하게 일어나서 점차적으로 폐에 손상이 오고 호흡 효율이 떨어지며, 결국은 부적절한 폐기능 때문에 죽음에 이르게 되는 것이다.

치료법의 발달로 CF 환자의 평균 예상 수명이 1960년대의 10년에서 오늘날에는 거의 40년으로 증가되었다. 이바카프터(Ivacaftor, VX-770)와 같은 CFTR 강화제들은 정상적으로 접혀서 제대로 형질막에 위치하는 돌연변이체 G551D 단백질의 기능을 증가시켜 준다. 정상적으로 접히지 못한 결손 변이체 F508del를 가진 환자를 위해서는 CFTR 보정제(correctors)를 이용해서 돌연변이 단백질을 가공하고 세포 표면으로 운반하는 것을 향상시킬 수 있다; 강화제와 보정제를 복합적으로 이용하면 보정제 단독으로 사용하는 것보다 이 환자들을 더 효과적으로 치료할 수 있다(그림 3).

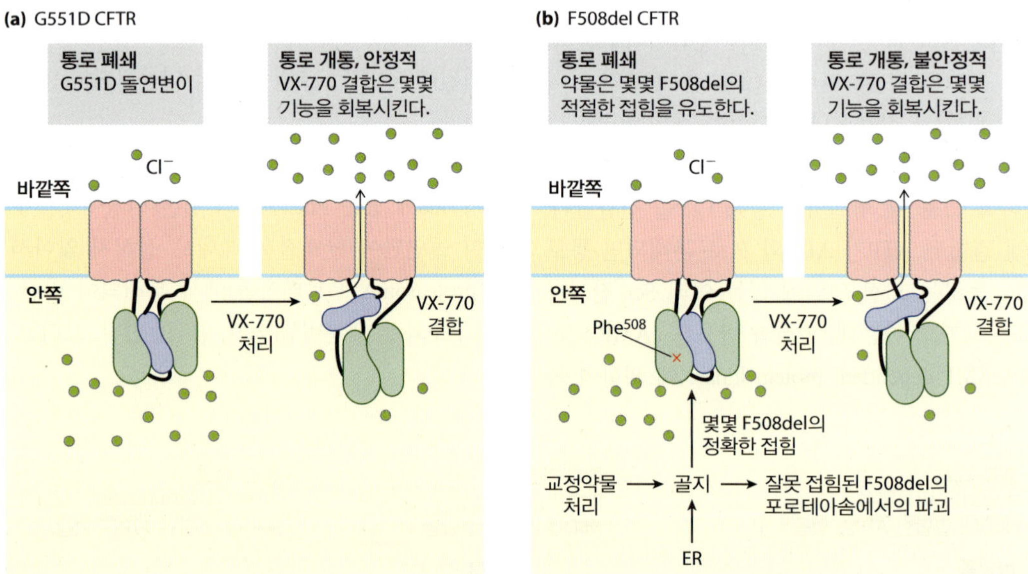

그림 3 **(a)** CFTR 돌연변이체 G551D(Gly[551]이 Asp로 대치됨)은 막에 정상적으로 끼어들 수 있지만 Cl^- 통로로서의 기능은 감소되어 있는 단백질이다. VX-770 (ivacaftor)와 같은 강화제를 복용하면 Cl^- 통로로서의 기능이 일부 회복된다. 더 흔한 돌연변이체인 F508del (Phe[508]의 삭제) CFTR이 정상적으로 접히지 못하게 함으로써 단백질분해소체에 의해 분해되어 버린다. 보정제가 존재하는 상태에서는 이 돌연변이체가 제대로 접히고 막으로 삽입될 수도 있다; 여기에 강화제를 추가하면 Cl^- 통로 기능도 부분적으로 회복된다. 하지만 이 통로는 불안정해서 시간이 지남에 따라 서서히 분해되어 버린다. [출처: Information from J. P. Clancy, *Sci. Transl. Med.* 6:1, 2014.]

것을 막아서 치료 효과를 저해하게 된다. MDR1의 과발현은 흔히 간암과 신장암 및 대장암의 치료 실패와 연관되어 있다. 유사한 ABC 수송체인 BCRP(*breast cancer resistance protein, ABCG2* 유전자에 의해 암호화됨)는 유방암 세포에서 과발현되어 항암제에 대한 약제 내성을 제공하고 있다. 다약제 수송체의 매우 선택적인 억제제들은 항암제의 유효성을 향상시킬 것으로 기대되며, 이것은 최근 약물을 발견하고 디자인하는 데 있어서 표적이 되고 있다.

ABC 수송체는 단순 동물 및 식물과 미생물에도 존재한다. 효모는 ABC 수송체를 암호화하는 31개의 유전자를 가지며, 초파리는 56개, 대장균도 80개를 가지며, 대장균의 경우 전체 유전체의 2%에 해당한다. *E. coli*나 다른 세균이 사용하는 ABC 수송체는 비타민 B_{12}(그림 11-40b)와 같은 필수 영양소를 섭취하는데, 이는 동물세포 MDR의 진화적 전구체인 것으로 예상된다. ABC 수송체의 존재는 병원성 미생물들(슈도모나스 *Pseudomonasaeruginosa*, 포도상구균 *Staphylococcus aureus*, 캔디다증 *Candida albicans*, 임질균 *Neisseria gonorrhoeae* 및 말라리아 *Plasmodium falciparum*)의 항생제 내성을 제공하며, 이는 심각한 보건학적 문제가 되어 이 수송체들은 매력적인 약물 디자인의 표적이 되고 있다. ■

이온 기울기는 이차 능동 수송에 필요한 에너지를 제공한다

Na^+이나 H^+의 일차 수송(primary transport)에 의하여 형성된 이온 기울기는 다른 용질의 공수송(cotransport)을 위한 추진력을 제공할 수 있다. 많은 세포들은 이러한 이온들이 내리막 방향으로 자발적으로 이동하는 것과 다른 이온이나 당, 또는 아미노산을 오르막 방향으로 동시에 퍼내는 것을 서로 짝지워 주는 운반계를 갖고 있다(표 11-5).

대장균의 **젖당 수송체(lactose transporter**, 젖당 투과효소 또는 갈락토화물 투과효소라고도 일컫음)는 양성자 구동 공수송체로 잘 알려진 원형이다. 이 단백질은 단일 폴리펩타이드 사슬(417개의 잔기)로 구성되어 있는데 1개의 양성자와 1개의 젖당 분자를 세포 안으로 수송하여 최종적으로 젖당이 축적되게 만든다(**그림 11-39**). 대장균은 정상적인 상태에서 형질막 사이에 양성자와 전하의 기울기를 갖고 있는데 이는 연료를 산화시키고 산화 에너지를 이용해서 양성자를 밖으로 뿜어냄으로써 가능해진다. (이 기전은 제19장에서 자세히 논의할 것이다). 양성자는 형질막을 투과할 수 없지만 젖당 수송체가 양성자의 세포내 재진입 경로를 제공하므로 양성자 이동의 동반 수송에 의하여 젖당이 세포 속으로 동시에 운반된다. 따라서 자유에너지증가 반응인 젖당이 축적되면 자유에너지감소의 양성자 흐름과 짝짓기되어 전체적인 자유에너지의 변화는 음의 값으로 나타난다.

젖당 수송체는 수송체의 분류 중 **주요 촉진자 초족(major facilitator superfamily, MFS)**의 한 구성원이며, 여기에는 약 28개 족이 포함되어 있다. 이 초족에 속하는 거의 모든 단백질들은 12개의 막횡단 영역을 가지고 있다(극히 일부에서 14개를 가지기도 한다). 이 단백질들은 비교적 낮은 염기 서열 상동성을 보이지만, 2차 구조의 유사성과 국소적 공간배열을 살펴볼 때 공통적인 3차 구조를 갖고 있다고 예상할 수 있다. 이 대장균 젖당 수송체의 결정 구조를 밝힌 것은 이러한 일반적인 구조를 엿볼 수 있는 기회를 제공한다(**그림 11-40a**). 이 단백질의 12개 막횡단 나선은 세포질 또는 세포질주변(periplasmic) 공간으로(형질막과 세포외막 또는 세포벽 사이로) 뻗어져 나가 있는 고리로 연결되어 있다. 전체 6개의 아미노 말단과 6개의 카복실 말단 나선은 매우 유사한 영역을 형성하여 대략적으로 이중 대칭 구조를 만든다. 이 단백질의 결정 형태에서 거대한 수용성 구멍이 막의 세포질 쪽으로 노출되어 있다. 기질 결합자리가 이 구멍에 존재하며 대략 막의 중간에 위치하게 된다. 수송체의 바깥쪽 노출 부위(세포질주변 쪽)는 단단히 닫혀 있어서 젖당이 들어가기에 충분히 큰 통로를 형성할 수 없다. 기질의 막횡단 통과를 위해 제안된 기전(그림 11-40b)에는 기

표 11-5 Na^+나 H^+의 농도 기울기에 의해 추진되는 동반 수송계

유기체/조직/세포	운반되는 용질(기울기에 역행하여 이동)	공수송되는 용질(기울기에 순응하여 이동)	운반의 형태
대장균 (*E. coli*)	젖당	H^+	동반 수송
	프롤린	H^+	동반 수송
	다이카복실산	H^+	동반 수송
척추동물의 소장, 콩팥	포도당	Na^+	동반 수송
	아미노산	Na^+	동반 수송
척추동물 세포 (많은 유형)	Ca^{2+}	Na^+	역수송
고등식물	K^+	H^+	역수송
붉은빵 곰팡이 (*Neurospora*)	K^+	H^+	역수송

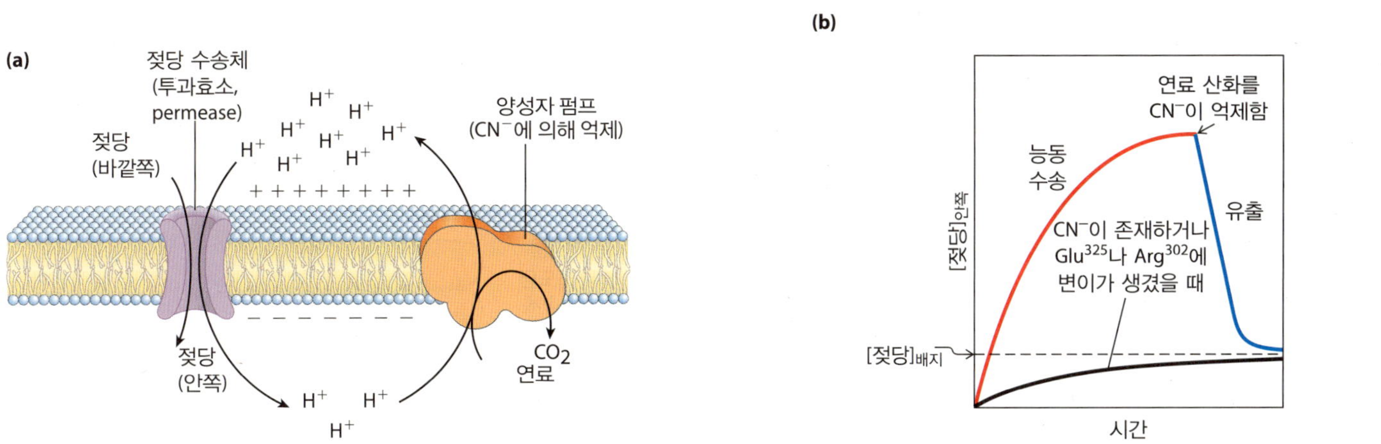

그림 11-39 대장균에서 젖당의 유입. (a) 연료가 산화될 때 유리되는 에너지를 이용하여 H^+이 세포 바깥쪽으로 나가는 일차 수송이 일어난다. 이 일차 수송에 의하여 양성자의 농도 기울기와 막 사이에(안쪽이 음성인) 전위가 형성된다. 젖당이 세포 속으로 유입되는 이차 능동 수송은 젖당 수송체를 통한 H^+과 젖당의 동반 수송에 의하여 이루어진다. 농도 기울기에 역행하는 젖당의 유입은 전기화학적 기울기에 의하여 추진되는 양성자의 유입에 전적으로 의존한다. (b) 에너지를 생성하는 대사인 산화 반응이 사이안화물(CN^-)에 의하여 차단되면 젖당 수송체는 수동 수송을 통하여 세포막 안과 밖의 젖당 농도를 평형으로 만든다. Glu^{325}나 Arg^{302}에 돌연변이가 생기면 사이안화물 처리와 똑같은 효과를 보게 된다. 여기에서 점선은 주변 배지의 젖당 농도를 나타낸다.

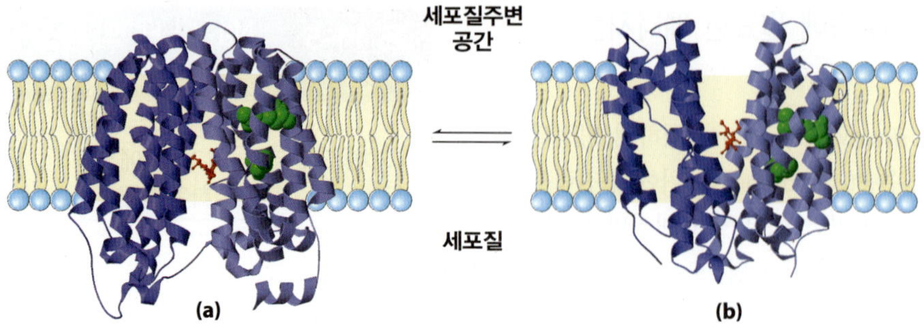

그림 11-40 대장균의 젖당 수송체(젖당 투과효소). (a) 세포막 평면과 평행하게 보이는 리본 표시는 2개의 거의 대칭인 영역에 배열된 12개의 막횡단 나선을 보여주고 있다. 이 대칭 영역은 다른 음영의 보라색으로 표시되었다. 결정 구조가 밝혀진 단백질의 형태에서 기질인 당(빨간색)은 막의 중심 근처에서 결합하게 되고 그곳에서 당이 세포질에 노출된다. (b) 이것은 수송체에서 볼 수 있는 이차 입체형태의 예상 구조이다. 이 수송체의 첫 번째 구조에 크고 가역적인 입체구조의 변화가 일어나면 기질 결합자리가 처음으로 주변질 쪽으로 노출되며, 이곳에서 젖당과 결합하고 젖당을 세포질 쪽으로 운반하여 방출시킨다. 이러한 2가지 형태의 상호 전환은 Glu^{325} 및 Arg^{302}(초록색)와 같은 전하를 띤 곁가지 아미노산 사이의 짝지움 변화에 의해 추진된다. 이러한 변화는 막횡단 양성자 기울기에 의해 영향을 받게 된다. [출처: (a) Modified from PDB ID 1PV7, J. Abramson et al., *Science* 301:610, 2003. (b) PDB ID 2CFQ, O. Mirza et al., *EMBO J.* 25:1177, 2006.]

질 결합과 양성자 이동에 의하여 추진된 두 영역 간의 흔들림 운동(rocking motion)이 포함된다. 이 흔들림 운동을 통해 기질 결합 영역이 세포질과 세포질주변 쪽으로 번갈아서 노출되는 것이다. 이 모델은 GLUT1을 위해 그림 11-30에서 소개된 것과 비슷하다.

창자 상피세포에서 포도당과 어떤 아미노산들은 Na^+과 동반수송에 의하여 축적되는데, 이것은 형질막에 있는 Na^+K^+ ATP분해효소에 의하여 형성된 Na^+의 기울기에 순행하여 이동한다(**그림 11-41**). 창자 상피세포의 꼭대기쪽(apical) 표면(창자 내용물을 향하는 표면)은 미세융모(microvilli)로 덮여 있는데, 이것은 형질막이 길고 가늘게 돌출된 것으로 창자 내용물에 노출되는 표면적을 크게 증가시켜 준다. 창자 상피세포의 꼭대기쪽 형질막에 있는 **Na^+-포도당 동반수송체**는 Na^+의 내리막 흐름에 의하여 추진되는 과정을 통하여 창자에서 포도당을 다음과 같이 유입한다:

$$2Na^+_{out} + 포도당_{out} \longrightarrow 2Na^+_{in} + 포도당_{in}$$

이 과정에 필요한 에너지는 2가지 급원으로부터 나온다. 하나는 세포 안쪽보다 바깥쪽에서 월등하게 높은 Na^+의 농도(화학적 전위, chemical potential)이고, 다른 하나는 안쪽에 음의 값을 갖고 있기 때문에 Na^+을 안쪽으로 끌어당기는 막 전위(전기적 전위, electrical potential)이다. Na^+이 세포 내로 이동하는 강한 열역학적 경향은 농도 기울기에 역행하여 세포 내부로 포도당을 운반하는 데 필요한 에너지를 제공한다. 젖당 투과효소의 경우에서처럼, 에너지 의존적인 이온 방출에 의해 이온 기울기가 생기고 지속되면 잠재적 에너지로 작용하여 다른 물질종을 농도 기울기에 역행하여 공수송되도록 만든다.

연습문제 11-3 동반 수송(symport)에 의한 수송의 에너지학

$[Na^+]_{in}$이 12 mM, $[Na^+]_{out}$이 145 mM, 막 전위가 −50 mV(내부 음전하), 그리고 온도가 37°C일 때, 상피세포 형질막의 Na^+-포도당 동반수송체(symporter)에 의해 형성되는 최대 $\frac{[포도당]_{in}}{[포도당]_{out}}$의 비율을 구하라.

풀이: 식 11-4(413쪽)를 이용하여, 하나의 Na^+ 이온이 전기화학적인 Na^+ 기울기 내에서 이동하는 데 필요한 고유의 에너지—즉, 기울기에 역행한 Na^+ 이온의 수송 비용을 계산할 수 있다.

$$\Delta G_t = RT \ln \frac{[Na^+]_{out}}{[Na^+]_{in}} + ZF\,\Delta\psi$$

이 식에 R, T, 그리고 F에 대한 상수를 대입하고, 주어진 $[Na^+]$(몰농도로 표현) 값, Z에 +1(Na^+가 양전하이므로), 그리고 $\Delta\psi$에

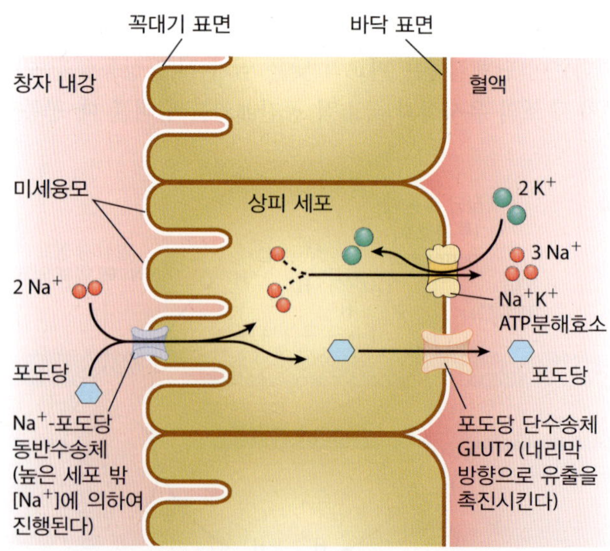

그림 11-41 창자 상피세포에서 포도당의 운반. 포도당은 미세융모의 꼭대기(apical) 쪽 형질막을 통과하여 상피세포 속으로 Na^+과 함께 공수송된다. 포도당은 세포를 통과하여 바닥 표면(basal surface) 쪽으로 이동하고 다시 수동 포도당 단수송체인 GLUT2를 경유하여 혈액으로 보내진다. Na^+K^+ ATP분해효소는 Na^+을 계속 밖으로 퍼내어 Na^+ 농도 기울기를 유지함으로써 포도당 유입을 위한 추진력을 제공한다.

0.050 V를 대입한다. 막 전위가 −50 mV(내부 음전하)이므로, 하나의 이온이 내부에서 외부로 이동할 때 생기는 전위차는 50 mV이다.

$$\Delta G_t = (8.315\ \text{J/mol}\cdot\text{K})(310\ \text{K})\ln\frac{1.45\times10^{-1}}{1.2\times10^{-2}} + 1(96{,}500\ \text{J/V}\cdot\text{mol})(0.050\ \text{V})$$
$$= 11.2\ \text{kJ/mol}$$

Na^+가 세포로 다시 들어갈 때 이것을 퍼낼 때 생긴 전기화학적 전위가 방출된다; Na^+의 재진입을 위한 ΔG_t 값은 −11.2kJ/mol이다. 이것은 Na^+ 1 mol이 포도당을 수송할 수 있는 잠재에너지(potential energy)가 된다. 2개의 Na^+ 이온이 전기화학적인 기울기를 통과하여 이동하고, 포도당이 공수송체를 통하여 세포 내부로 이동할 때, 1 mol의 포도당을 수송하기 위해 필요한 에너지는 2 × 11.2 kJ/mol = 22.4 kJ/mol이다. 이제 이 수송체에 의해 형성되는 포도당의 최대 농도비를 구할 수 있다(식 11-3, 413쪽).

$$\Delta G_t = RT\ln\frac{[\text{포도당}]_{\text{in}}}{[\text{포도당}]_{\text{out}}}$$

식을 재배치하고 ΔG_t, R, 그리고 T를 대입하면 아래와 같은 식이 주어진다.

$$\ln\frac{[\text{포도당}]_{\text{in}}}{[\text{포도당}]_{\text{out}}} = \frac{\Delta G_t}{RT} = \frac{22.4\ \text{kJ/mol}}{(8.315\ \text{J/mol}\cdot\text{K})(310\ \text{K})} = 8.69$$
$$\frac{[\text{포도당}]_{\text{in}}}{[\text{포도당}]_{\text{out}}} = e^{8.69}$$
$$= 5.94\times10^3$$

따라서 공수송체는 상피세포 내부의 포도당 농도가 외부보다 6,000배 가량 높아질 때까지 포도당을 내부로 수송할 수 있다(창자의 경우). (이것은 이론적인 최대 비율이며, 포도당 섭취와 Na^+ 재진입 사이에 완벽하고도 효율적인 짝지움이 있다고 가정할 때 얻을 수 있는 값이다.)

포도당 분자가 창자로부터 꼭대기쪽 표면의 상피세포 속으로 유입됨에 따라, 바닥면(basal surface)의 포도당 수송체(GLUT2)를 통한 수동 수송이 동시에 일어나서 세포에서 혈액으로 포도당이 이동한다(그림 11-41). 이와 같은 동반 수송과 역수송계에서 Na^+이 결정적인 역할을 하려면 Na^+을 지속적으로 밖으로 퍼내어야 한다. 그래야 막 사이에 Na^+ 기울기를 유지할 수 있다.

신장에서 제2형 당뇨병을 치료하는 데 사용되는 약물의 표적은 다른 Na^+ 포도당 동반수송체이다. 글리플로진(gliflozins)은 이러한 Na^+ 포도당 동반수송체의 특이적 억제제이다. 이것은 신장에서 포도당 재흡수를 억제하여 혈당을 낮춰 주고, 결과적으로 혈당 상승으로 인한 손상을 예방할 수 있다. 신장에서 흡수되지 않은 포도당은 소변으로 배출된다.

능동 수송과 에너지 보존에서 이온 기울기는 필수적인 역할을 하기 때문에 세포막 사이의 이온 기울기를 무너뜨리는 물질은 효과적인 독물(poisons)이 되므로 감염성 미생물에 특이성을 갖는 물질들은 항생제(antibiotics)로 이용할 수 있다. 이러한 물질들 중 하나는 발리노마이신(valinomycin)이다. 발리노마이신은 작은 고리형 펩타이드로서 6개의 카보닐 산소를 가지고 K^+을 둘러쌈으로써 K^+의 양전하를 중화시킨다(**그림 11-42**). 이 소수성 펩타이드는 농도 기울기에 순응하여 막을 통해 K^+을 운반하고 그 기울기를 감소시키는 왕복수송체(shuttle)로 작용한다. 이와 같이 막을 관통하여 이온을 왕복 수송하는 화합물을 **이온운반체(ionophore,** "이온 전달자", ion bearer)라고 한다. 발리노마이신(valinomycin)이나 모넨신(monensin, Na^+을 운반하는 이온운반체)은 모두 이차 수송 과정과 에너지 보존 반응을 방해함으로써 미생물을 죽일 수 있는 항생물질이다. 모넨신은 항진균제나 항기생충제로도 널리 쓰이고 있다. ■

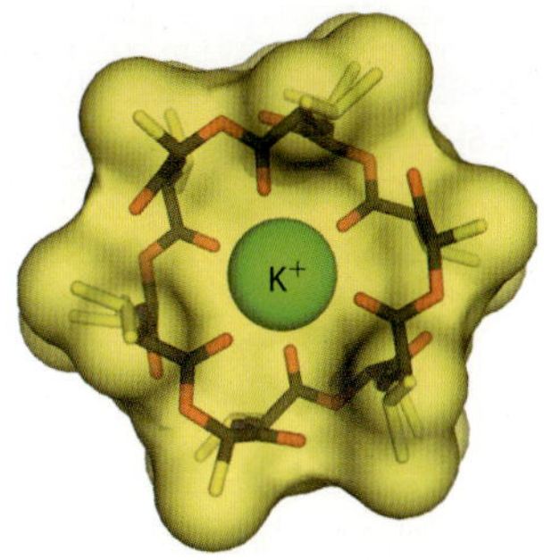

그림 11-42 발리노마이신; K^+와 결합하는 펩타이드 이온운반체(ionophore). 이 그림에서 표면 윤곽선이 노란색 봉지 모양으로 그려져 있어서 이를 통해 펩타이드의 막대 구조와 K^+ 원자(초록색)를 선명하게 볼 수 있다. K^+와 결합하는 산소 원자(빨간색)는 가운데 친수성 공간의 일부가 된다. 소수성 아미노산 곁가지(노란색)는 분자의 바깥 부분을 감싸고 있다. K^+-발리노마이신 복합체의 바깥쪽은 소수성이므로 쉽게 막을 통과하여 확산되고, K^+을 농도 기울기에 순응하여 운반한다. 그 결과 막 이온 농도 기울기가 소멸되어 미생물 세포가 죽게 되므로 발리노마이신은 강력한 항생물질이 된다. [출처: 무기질과 분자 가상 박물관을 위한 웹사이트, http://virtual-museum.soils.wisc.edu/valinomycin/index.html, by Phillip Barak, University of Wisconsin–Madison, Department of Soil Science, 데이터 이용: K. Neupert-Laves and M. Dobler, *Helv. Chim. Acta* 58:432, 1975.]

아쿠아포린은 물의 통과를 위해 친수성 막횡단 통로를 형성한다

Peter Agre
[출처: Courtesy Dr. Peter Agre, Johns Hopkins University.]

Peter Agre에 의하여 발견된 막 내재단백질 족인 **아쿠아포린(aquaporins, AQPs)**은 모든 형질막을 횡단하는 물 분자의 빠른 이동을 위해 통로(channels)를 제공한다. 아쿠아포린은 모든 유기체에서 발견되며, 일반적으로 유사하지만 동일하지 않은 단백질을 암호화하는 다수의 아쿠아포린 유전자가 존재한다. 포유류에는 11개의 아쿠아포린이

표 11-6 알려진 포유동물 아쿠아포린의 투과 특성과 주요 분포

아쿠아포린	삼투하는(투과성)	조직 분포	주요 세포 안 분포[a]
AQP0	물 (낮다)	수정체	원형질막
AQP1	물 (높다)	적혈구, 콩팥, 폐, 혈관 내피, 뇌, 눈	원형질막
AQP2	물 (높다)	콩팥, 정관	꼭대기(apical) 원형질막, 세포 안 소포들(vesicles)
AQP3	물 (높다), 글리세롤 (높다), 요소 (보통)	콩팥, 피부, 폐, 눈, 결장	아래옆(Basolateral) 원형질막
AQP4	물 (높다)	뇌, 근육, 콩팥, 폐, 위, 작은 창자	아래옆 원형질막
AQP5	물 (높다)	침샘, 눈물샘, 땀샘, 폐, 각막	꼭대기 원형질막
AQP6	물 (낮다), 음이온 ($NO_3^- > Cl^-$)	콩팥	세포 안 소포들
AQP7	물 (높다), 글리세롤 (높다), 요소 (높다)	지방 조직, 콩팥, 정소	원형질막
AQP8[b]	물 (높다)	정소, 콩팥, 간, 이자, 작은 창자, 결장	원형질막, 세포 안 소포들
AQP9	물 (낮다), 글리세롤 (높다), 요소 (높다)	간, 백혈구, 뇌, 정소	원형질막
AQP10	물 (낮다), 글리세롤 (높다), 요소 (높다)	작은 창자	세포 안 소포들

참고: L. S. King et al., *Nature Rev. Mol. Cell Biol.* 5:688, 2004.

[a]꼭대기(apical) 원형질막은 분비샘이나 조직의 내강을 향하고 있다; 아래옆(basolateral) 원형질막은 분비샘이나 조직의 내강을 향하지 않고 세포의 옆이나 바닥을 따라 분포한다.

[b]AQP8은 요소에 의해 투과될 수도 있다.

알려져 있는데, 이들은 각각 특별한 위치와 기능을 갖는다(표 11-6). 부신 수질을 통해 혈액이 이동할 때 세포 외부 삼투압에 있어서 급격한 변화를 직면하게 되는 적혈구는 이에 반응하여 재빨리 팽창하거나 수축해야 한다. 따라서 적혈구는 형질막에 높은 농도로 아쿠아포린을 갖고 있다(세포 1개당 2×10^5 AQP1 복사물). 땀이나 침 및 눈물을 생성하는 외분비선은 아쿠아포린을 통해서 물을 분비한다. 7개의 다른 아쿠아포린이 네프론(신장의 기능적 단위)에서 소변의 생성과 물의 보유를 위해 역할을 수행한다. 각 신장의 AQP는 네프론에 특이적으로 위치하고 각각 특이적인 성질과 조절 양상을 보인다. 예를 들면, 신장 수집관의 상피세포에 있는 AQP2는 바소프레신(vasopressin, 항이뇨호르몬 antidiuretic hormone이라고도 부름)에 의해 조절된다: 바소프레신 수준이 높을 때에 관에서 신장 조직으로 좀 더 많은 물이 재흡수된다. AQP2 유전자가 없는 돌연변이 생쥐에서는 근위요세관(proximal tubule)의 물 투과성이 감소하여 결과적으로 소변을 더 자주 누고(다뇨증 polyuria) 더 희석된 소변을 배출하게 된다. 사람에게서 AQP의 유전적인 결손이 일어나면 다양한 질병의 원인이 된다고 알려져 있는데 이중에는 다뇨증을 수반하는 비교적 드문 형태의 당뇨병이 포함된다(별도설명 11-1).

물 분자는 $10^9 s^{-1}$ 속도로 AQP1 통로를 통과한다. 다른 것과 비교해 보자면, 효소 중에서 가장 높은 전환수(turnover number)를 갖는 것으로 알려진 과산화수소분해효소(catalase)의 속도는 $4 \times 10^7 s^{-1}$이며, 대부분의 효소들이 $1\ s^{-1}$에서 $10^4\ s^{-1}$ 사이의 전환수를 갖는다(표 6-7 참조). 아쿠아포린 통로를 통과하는 물의 이동에 필요한 활성화 에너지는 매우 낮아서($\Delta G^\ddagger < 15$ kJ/mol) 물 분자가 삼투 기울기에 의해 제시된 방향으로 통로를 통과해서 지속적으로 흐르게 될 것임을 알 수 있다(삼투 현상에 대한 논의는 56쪽 참조). 아쿠아포린이 양성자(하이드로늄 이온, H_3O^+)를 이동시키지 않는다는 사실은 중요한데, 이것은 막의 전기화학적 기울기가 변하지 않는다는 것을 의미한다. 무엇이 이런 놀라운 선택성을 위한 기반이 되는가?

우리는 X-선 결정술을 통해 알게 된 AQP1의 구조에서 답을 찾았다. AQP1은 4개의 동일한 단일체(각각의 분자량은 28,000)로 구성되었으며, 각각의 단일체는 물 분자가 한 덩어리로 통과할 수 있도록 충분한 직경의 막횡단 구멍을 만들어 준다**(그림 11-43a)**. 각 단일체는 6개의 막관통 나선 부분과 2개의 더 짧은 나선을 갖고 있는데, 이들은 모두 Asn–Pro–Ala(NPA)이라는 서열을 포함하고 있다. 6개의 막관통 나선은 단일체를 통과하는 구멍을 만들어 주고 NPA 서열을 포함하는 2개의 짧은 고리는 반대편에서 이중층의 중간으로 뻗어 있다. 이 NPA 영역이 막 중앙부분에서 겹쳐져서 특이성 필터 부분, 즉 오직 물 분자만이 통과하는 구조를 형성하는 것이다(그림 11-43b).

물 통로는 막 중간 근처에서 직경이 2.8 Å으로 좁아지므로 통과할 수 있는 분자의 크기가 엄격하게 제한된다. 이런 좁은 병목 통로에서 높게 보존된 Arg 잔기의 양전하는 H_3O^+ 같은 양이온의 통과를 막는다. 각 AQP1 단일체의 통로에 배열된 잔기들은 대개 비극성이지만 펩타이드 골격에 있는 카보닐기의 산소는 일정 간격을 두고 통로의 좁은 부위로 삐져나와 물이 통과할 때 각 물 분자와 수소결합을 형성할 수 있다; 또한 NPA 고리에 있는 2개의 Asn 잔기(Asn^{76}과 Asn^{192})도 물 분자와 수소결합을 형성한

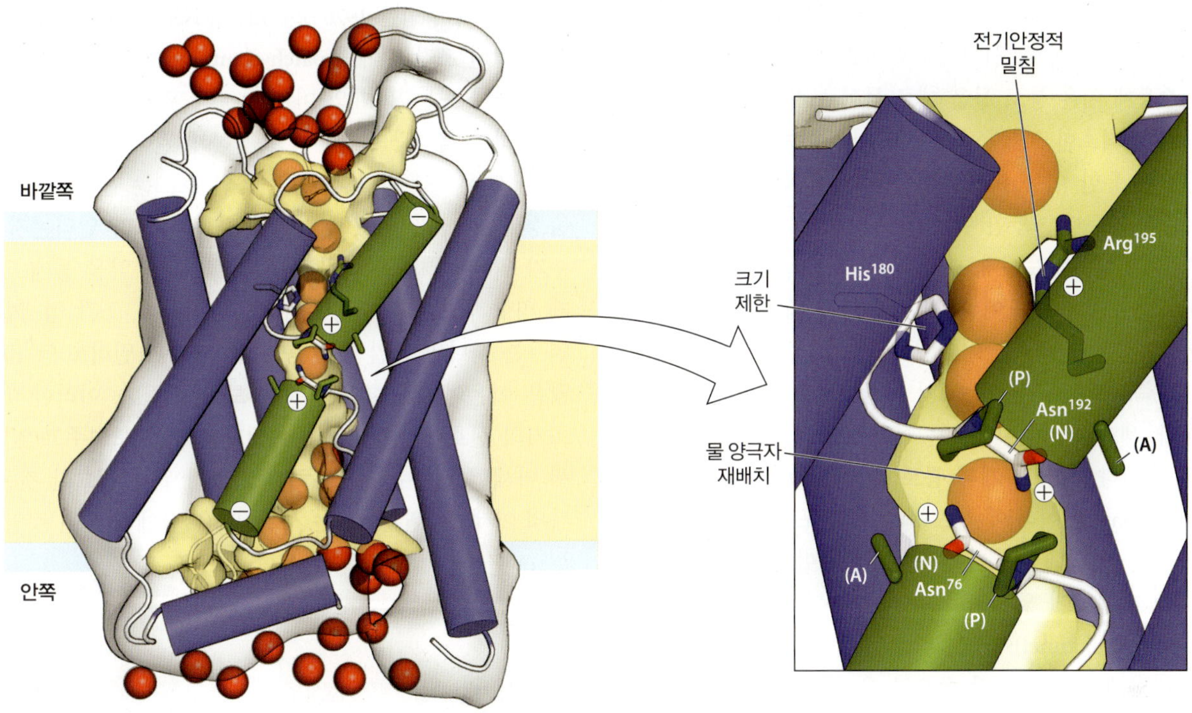

그림 11-43 아쿠아포린. 이것은 동일한 소단위 4개로 구성된 사합체 단백질이다. 각각의 단일체가 막횡단 구멍을 형성한다. **(a)** 막 평면에서 바라본 소의 아쿠아포린 단일체. 나선들이 가운데 구멍(노란색)을 형성하면 이 구멍을 통하여 물(빨간색)이 통과한다. **(b)** 이 근접 보기 그림은 구멍이 His^{180}에서 직경 2.8 Å으로 좁아져서 물보다 큰 분자들의 이동을 제한한다는 것을 보여준다. Arg^{195}의 양전하는 H_3O^+를 포함한 양이온을 쫓아버려서 구멍을 통한 이들의 이동을 막는다. 초록색으로 보여지는 2개의 짧은 나선은 Asn-Pro-Ala (NPA) 염기서열을 포함하는데 이는 모든 아쿠아포린에서 발견되며 물 통로의 일부분을 형성한다. 이 나선들은 구멍에서 양전하를 띤 쌍극자와 함께 배열되는데 이들은 물 분자가 통과할 때 강제로 물 분자를 재배치하는 방식으로 역할을 한다. 이들은 물 분자의 수소결합 사슬을 깨고 양성자 건너뛰기(proton hopping)에 의한 양성자 수송을 막아 준다. [출처: (a) Modified from: PDB ID 2B5F, S. Tornroth-Horsefield et al., *Nature* 439:688, 2006. (b) Modified from: PDB ID 1J4N, H. Sui et al., *Nature* 414:872, 2001.]

다. 이 통로의 구조는 양성자 건너뛰기(proton hopping, 그림 2-14 참조)를 허용할 정도로 충분히 물 분자 사슬을 서로 가깝게 허용하지 않는다. 만약 그것이 허용되었다면 양성자가 막을 통과해서 효과적으로 이동할 수 있었을 것이다. 중요한 Arg과 His 잔기, 그리고 NPA 고리의 짧은 나선에 의해 형성된 전기 쌍극자는 양전하를 제공해서 그 위치에서 구멍을 통하여 새어 나올지 모르는 어떠한 양성자도 밀어내고 인접한 물 분자 사이의 수소결합을 방해하게 된다.

시금치로부터 분리된 아쿠아포린은 "개폐되는, gated" 것으로 알려져 있다—통로의 세포 안쪽 끝 가까이에 있는 2개의 중요한 Ser 잔기가 인산화되면 열리고, 탈인산화되면 닫힌다. 열리고 닫힌 두 구조는 모두 결정학에 의해 밝혀졌다. 인산화는 2개의 인접한 Leu 잔기와 하나의 His 잔기를 통로 쪽으로 밀어내는 입체 구조를 형성하도록 유도하여 물이 그 지점을 통화하지 못하게 흐름을 방해하며 효과적으로 통로를 닫아버린다. 다른 종류의 아쿠아포린은 또 다른 방법으로 조절되는데, 이러한 기전을 통해 물에 대한 막 투과성이 빠르게 변화되는 것이다.

일반적으로 물에 대한 높은 특이성에도 불구하고, 몇몇의 AQP들은 글리세롤과 요소(urea)도 빠른 속도로 통과시킬 수 있다(표 11-6); 이런 AQP들은 글리세롤의 대사에서 중요한 것으로 여겨진다. 예를 들면, 지방세포(adipocytes)의 형질막에서 발견되는 AQP7은 글리세롤을 효과적으로 수송한다. 이것은 아마도 중성지방(triacylglycerol) 합성을 위해 글리세롤을 유입하거나 중성지방을 분해하는 동안 이를 세포에서 방출하기 위해 필요한 것이다. AQP7에 결함이 있는 생쥐는 비만과 비인슐린성 당뇨병을 얻게 된다.

이온 선택 통로(ion-selective channel)는 막을 가로질러 이온을 빠르게 이동시킨다

이온 선택 통로(ion-selective channel)는 막을 통해 무기 이온을 이동시키는 또 다른 기전을 제공한다—이것은 최초에 신경세포에서 발견되었고, 이제는 모든 세포의 형질막과 진핵세포 내부 소기관 막에 존재하는 것으로 알려져 있다. 이온 통로는 Na^+K^+ ATP 분해효소와 같은 이온 펌프와 함께 특정 이온에 대한 형질막의 투과성을 결정하고, 세포질의 이온 농도와 막 전위를 조절한다. 신경세포에서 이온 통로의 활성이 매우 빠르게 변하면 신경세포의 한쪽 끝에서 다른 쪽으로 신호를 전달하는 막 전위(활동 전위)에 있어서 변화가 초래된다. 근육세포의 근세포질세망에 있는 Ca^{2+} 통로가 갑자기 열리면 근육 수축을 촉발하는 Ca^{2+}이 방출된다. 이온 통로의 신호전달 기능은 제12장에서 설명하기로 하고, 여기에서는 이온 통로의 기능에 대한 구조적인 측면을 다루기로 한다. 이것을 위해서 전압 개폐 K^+ 통로, 신경세포의 Na^+ 통로(Na^+ channel), 아세틸콜린 수용체 이온 통로 등을 예로 들어 보자.

이온 통로는 최소한 3가지 측면에서 이온수송체와 구별된다. 첫 번째, 통로를 통한 이동 속도가 수송체의 전환수보다 비교가 안 될 정도로 더 빠르다. 즉, 한 이온 통로를 통하여 초당 10^7~10^8개의 이온이 이동할 수 있는데, 이것은 무제한 확산에서나 나올 수 있는 이론적인 최고 속도에 가깝다. 반면에 Na^+K^+ ATP분해효소의 전환 속도는 약 100 s^{-1}이다. 두 번째, 이온 통로는 포화되는 일이 없다: 즉, 그 속도가 고농도의 기질에서도 최고 속도에 도달하지 않는다. 세 번째, 이온 통로는 어떤 유형의 세포 작용에 반응하여 열고 닫힌다. **리간드 개폐 통로**[**ligand-gated channel**, 보통 소중합체(oligomeric)이다]에 세포 속이나 세포 밖에 있는 작은 분자가 결합하면 이 단백질에 다른자리조절 전이(allosteric transition)가 일어나서 통로가 열리거나 닫힌다. **전압 개폐 이온 통로(voltage-gated ion channel)**에서는 하전된 단백질 영역이 막관통 전위(V_m)의 변화에 반응하여 막 쪽으로 움직임으로써 이온 통로를 열거나 닫는다. 이 두 유형의 개폐는 매우 빠르게 진행된다. 일반적으로 한 통로는 몇 밀리초 이내에 열리고 또한 이 시간 동안만 열린 채로 유지된다. 그래서 이러한 분자 기구가 신경계의 매우 빠른 신호 전파에 효과적일 수 있다.

이온 통로 기능은 전기적으로 측정된다

각각의 이온 통로는 일반적으로 몇 밀리초 정도만 열린 상태로 있기 때문에 이 과정을 모니터링하는 것은 대부분의 생화학적 측정 방법의 한계를 벗어나게 된다. 그러므로 이온의 교류는 전기적으로 측정해야 하는데, 미세전극과 적절한 증폭기를 사용하여 V_m의 변화[밀리볼트(millivolt) 범위에서]나 전류 I [마이크로암페어(microampere)나 피코암페어(picoampere) 정도의 범위)]로 측정될 수 있다. 이 방법은 1976년에 Erwin Neher와 Bert Sakmann에 의하여 개발된 **조각 집게법(patch-clamping)**이다. 이러한 조각 집게법에서 하나 또는 몇 개의 이온 통로가 포함된 아주 작은 면적의 막을 통하여 극미량의 전류를 측정하게 된다(**그림 11-44**). 연구자들은 한 이온 통로가 열려 있는 동안 흐르는 전류의 크기와 기간을 측정할 수 있게 되었고 얼마나 자주 통로가 열리는지와 그 주파수가 막 전위, 조절 리간드, 독소 및 기타 약물 등에 의하여 어떻게 영향 받는지를 측정할 수 있게 되었다. 조각 집게법을 이용한 연구는 하나의 단일 이온 통로를 통하여 1밀리초 당 10^4개 만큼의 많은 이온이 이동한다는 것을 보여 주었다. 이러한 이온 이동은 초기의 신호가 엄청나게 증폭된다는 것을 보여주고 있다; 그 예로써 아세틸콜린 수용체 통로가 열리기 위해 필요한 것은 단지 2분자의 아세틸콜린뿐이라는 사실이다(다음에 기술될 것임).

Erwin Neher
[출처: Courtesy Boettcher-Gajewski/Max Planck Institut für Biophysikalische Chemie.]

Bert Sakmann
[출처: Courtesy of Max Planck Institut für Neurobiologie.]

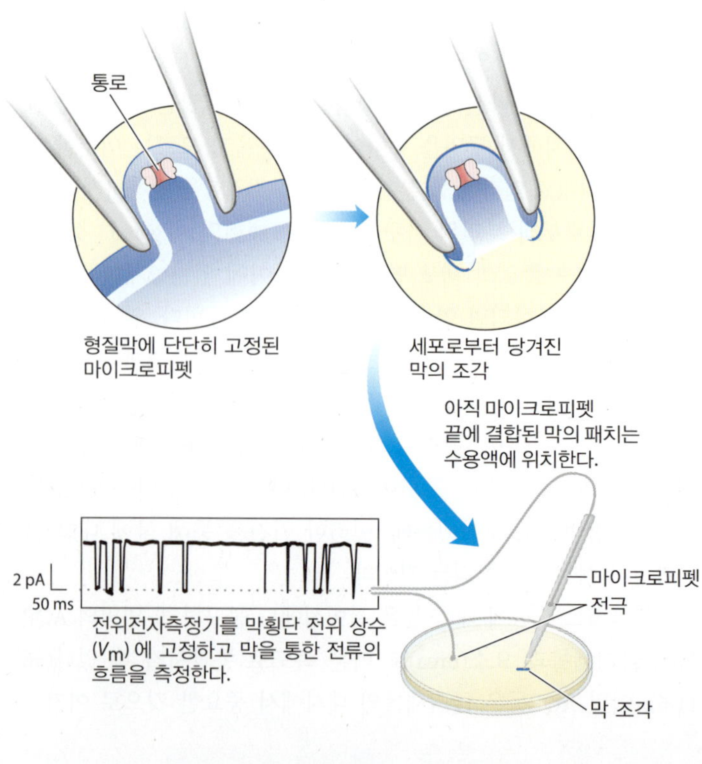

그림 11-44 이온 통로 기능의 전기적 측정 방법. 이온 통로의 "활성"은 조각-집게 기술(patch-clamping technique)을 사용하여 그 통로를 통과하는 이온의 양을 측정하여 평가한다. 아주 가늘게 뽑힌 피펫(마이크로피펫)으로 세포의 표면을 누르고 피펫에 음압을 걸어 주면 피펫과 막 사이에 압력에 의한 밀봉(pressure seal)이 이루어진다. 이후 피펫을 세포로부터 끌어당기면 막은 작은 조각으로 떨어져 나온다(여기에 하나 또는 몇 개의 이온 통로가 포함될 수 있다). 피펫과 함께 여기에 부착된 막 조각을 용액에 넣고 피펫의 내용물과 수용액 사이에 흐르는 전류를 측정하여 통로 활성을 알 수 있다. 실제로 주어진 값을 갖는 막횡단 전위를 "고정하고(clamp)" 이 전압을 유지하기 위하여 흐르는 전류를 측정하는 회로가 만들어졌다. 아주 예민한 전류 검출기를 사용하여 연구자들은 1개의 이온 통로를 통해 흐르는 전류를 피코암페어 단위로 측정할 수 있게 되었다. 추적 장치를 이용해 시간(밀리초)의 함수로서 아세틸콜린 수용체 통로를 통한 전류를 볼 수 있으며, 이것은 그 통로가 얼마나 빨리 열리고 닫히는지, 얼마나 자주 열리는지, 그리고 얼마나 오랫동안 열린 채 지속되는지를 알려준다. 아래쪽으로 처진 경우는 통로가 열려 있음을 나타낸다. 여러 가지 다른 값으로 V_m을 고정하면서 전류를 측정하면 각각의 조건에서 통로 기능에 대한 막 전위의 효과를 알아낼 수도 있다. [출처: V. Witzemann et al., *Proc. Natl. Acad. Sci. USA* 93:13,286, 1996.]

K^+ 통로 구조는 이 특이성에 대한 기본 원리를 밝혀준다

Roderick MacKinnon
[출처: Courtesy Dr. Roderick Mackinnon, Laboratory of Molecular Neurobiology and Biophysics, The Rockefeller University.]

사슬알균 *Streptomyces lividans*의 K^+ 통로의 구조는 1998년에 Robert MacKinnon의 X-선 결정학 실험으로 밝혀졌는데, 이는 이온 통로가 작동하는 방식에 대한 중요한 통찰력을 제공해 주었다. 이 세균의 이온 통로는 이미 알려진 다른 모든 K^+ 통로의 아미노산 서열과도 관련이 있으며, 신경세포의 전압 개폐 K^+ 통로를 포함하여 여러 통로들의 원형이 되고 있다. 이 단백질 족들 사이에는 "구멍 영역(pore region)"에서 아미노산 서열의 유사성이 가장 높다. 이 영역은 이온 선택성 필터를 포함하고 있어서 K^+(반지름 1.33 Å)이 Na^+(반지름 0.95 Å) 보다 10^4 배나 훨씬 쉽게 통과할 수 있다. 이 이온의 이동 속도는 무제한 확산 상태에서나 나올 수 있는 이론적인 최고 속도에 가깝다(초당 약 10^8의 이온이 통과).

K^+ 통로는 막을 가로지르는 4개의 동일한 소단위로 구성되어 있는데, 각 소단위는 이온 통로를 둘러싸고 있는 원뿔 구조의 내부에 한 원뿔을 형성하여 이중 원뿔의 넓은 쪽 끝이 세포 바깥쪽 공간을 향하고 있다(**그림 11-45a**). 각 소단위는 2개의 막횡단 α 나선과 구멍 영역을 구성하는 세 번째 더 짧은 나선을 가지고 있다. 바깥쪽의 원뿔은 각 소단위의 막횡단 나선 중의 하나에 의하여 형성된다. 안쪽의 원뿔은 나머지 4개의 막횡단 나선에 의하여 형성되며, 이온 통로를 둘러싸서 이온 선택성 필터를 구성한다. 막의 평면에서 수직으로 보았을 때, 중앙 통로는 칼륨과 같은 무수화물(unhydrated) 금속 이온을 수용할 만큼 충분히 넓게 보인다(그림 11-45b).

통로의 구조를 살펴 봄으로써 이온 특이성과 통로를 통한 대량의 이온 이동 둘 다 이해할 수 있다(그림 11-45c). 형질막의 안과 밖의 표면에서 통로로 들어가는 입구는 음전하를 띤 아미노산 잔기를 여러 개 갖고 있어서 아마도 K^+이나 Na^+ 같은 양이온 농도를 국소적으로 증가시키는 것 같다. 막에서 이온이 통과하는 길은 이온이 수화구(hydration sphere)를 유지할 정도의 물로 채워진 넓은 통로(안쪽 면)에서 시작된다. 각 소단위의 구멍 영역에 있는 짧은 나선이 안정성을 더욱 높여주는데, 이는 전기 쌍극자들의 부분적인 음전하가 통로에서 K^+과 결합하려는 경향을 갖고 있기 때문이다. 막을 통과하는 길의 약 2/3 지점, 즉 선택성 필터(selectivity filter)가 있는 영역에서 이 통로가 좁아지고 이온이 둘러싸고 있는 물 분자를 벗어나게 만든다. 선택성 필터의 골격에 있는 카보닐기 산소원자가 K^+의 수화구에 있는 물 분자를 대체하여 K^+이 이동할 수 있도록 일련의 완벽한 조율 껍질(coordination shell)을 형성하게 된다. 이런 필터와의 유리한 상호작용이 Na^+에서는 일어날

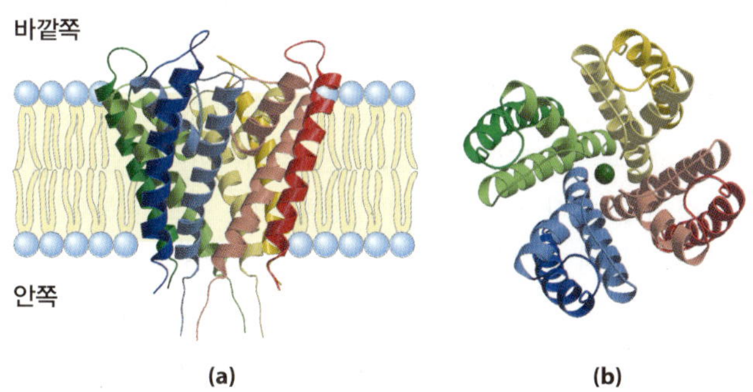

그림 11-45 사슬알균(*Streptomyces lividans*)의 K^+ 통로. **(a)** 막 평면에서 보면 이 통로는 8개의 막횡단 나선으로 (4개의 동일한 소단위로부터 2개씩) 구성되며, 세포 바깥쪽에 넓은 끝이 위치한 원뿔 구조를 이룬다. 원뿔의 안쪽 나선(좀 더 밝은 색)은 막횡단 통로의 안쪽 면에 줄을 지어 있고 바깥쪽 나선은 지질 이중층과 상호작용한다. 각 소단위의 짧은 분절은 원뿔의 입구 끝에 모여 선택성 필터(selective filter)를 만든다. **(b)** 막 평면에 수직인 쪽에서 보면 4개의 소단위가 가운데 중심 통로 주변에 정렬되어 있고, 이 통로는 하나의 K^+이 충분히 통과할 수 있을 정도로 넓다. **(c)** 횡단면에서 관찰한 K^+ 통로 그림은 기능을 위해 중요한 구조적 특징들을 보여주고 있다. 펩타이드 뼈대의 카보닐 산소(빨간색)가 통로 안쪽으로 튀어 나와 K^+ 이온과 상호작용함으로써 이 이온이 통과하는 것을 안정화시킨다. 이 리간드들은 4개의 K^+ 이온 각각과 상호작용할 수 있는 위치에 완벽하게 자리잡고 있지만 크기가 더 작은 Na^+ 이온과는 상호작용할 수 없다. 이러한 K^+과의 우선적인 상호작용은 통로의 이온 선택성을 설명하는 기초가 된다. [출처: (a, b) PDB ID 1BL8, D. A. Doyle et al., *Science* 280:69, 1998. (c) Information from G. Yellen, *Nature* 419:35, 2002, and PDB ID 1J95, M. Zhou et al., *Nature* 411:657, 2001.]

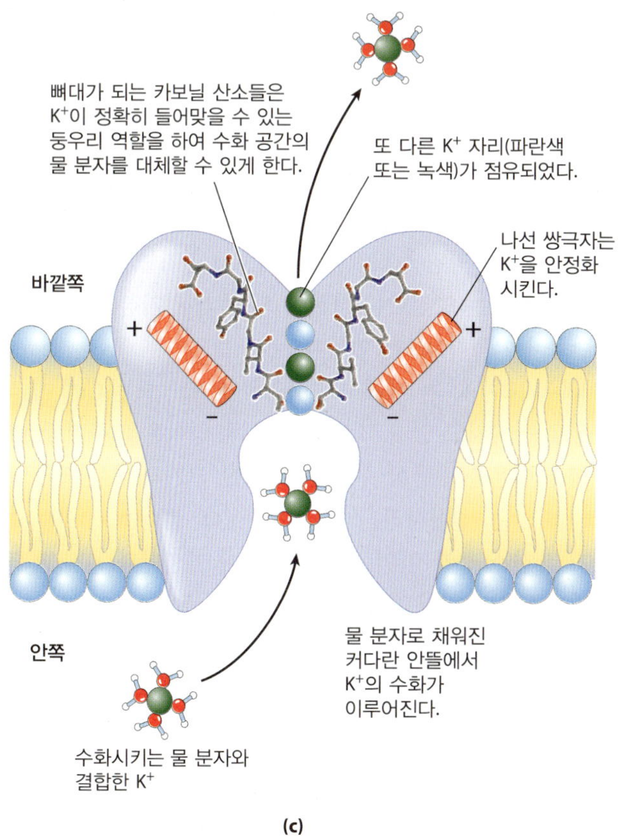

수 없다. 왜냐하면 Na^+는 너무 작아 모든 잠재적인 산소 리간드들과 접촉할 수 없기 때문이다. K^+에 우선적으로 부여되는 안정성은 필터의 이온 선택성을 위한 기초가 되며, 단백질의 이 부위에서 잔기들을 변화시키는 돌연변이가 일어나면 통로가 갖고 있던 이온 선택성이 사라진다. 필터의 K^+-결합자리는 통로로 들어가는 그 어떤 Na^+에도 맞추어 붕괴될 정도로 충분히 유연하며 이러한 입체구조의 변화는 통로를 막게 된다.

선택성 필터를 따라 4개의 잠재적인 K^+ 결합자리가 있으며, 각각은 K^+ 이온에 대한 리간드를 제공해 주는 산소 "둥우리(cage)"로 구성되어 있다(그림 11-45c). 결정 구조에서 2개의 K^+이 선택성 필터 안에서 약 7.5 Å의 거리를 두고 서로 떨어져 있는 것을 볼 수 있다. 이곳에서 채워지지 않은 부위는 2개의 물 분자가 차지하고 있다. K^+ 이온은 단일 파일로서 필터를 통과한다; 그것들의 상호 정전기적 반발은 아마도 각 이온의 상호작용과 선택성 필터와의 균형을 잡아주어 연속적으로 움직이게 할 것이다. 2개의 K^+ 이온의 움직임은 협조적인데, 이들은 먼저 1과 3의 위치를 차지하고 이어서 2와 4의 위치로 건너뛰게 된다. 이 2가지 입체배열(1, 3과 2, 4) 사이의 에너지 차이는 매우 작다; 에너지적 관점에서 볼 때 선택성 구멍은 일련의 언덕과 골이 아니라 평평한 면이다. 이 점은 통로를 통한 재빠른 이온 이동을 위해 이상적이다. 통로의 구조는 진화 과정 중에 최적화되어 최대 이동 속도와 높은 특이성을 제공하는 것처럼 보인다.

전압 개폐 K^+ 통로는 그림 11-45에서 설명한 것 보다 훨씬 더 복잡한 구조를 갖지만, 그들은 동일한 구조에서 변형된 것이다. 예를 들면, *Shaker* 족에서 볼 수 있는 포유류 전압 개폐 K^+ 통로는 그림 11-45에서 보여 준 세균 통로와 같은 이온 통로를 가지고 있다. 그러나 막 전위를 인지하는 부가적인 단백질 영역은 전위의 변화에 반응하여 움직이고, 이 움직임에 따라 K^+ 통로를 열거나 닫는 동작이 시작된다(**그림 11-46**). *Shaker* K^+ 통로의 전압 인지 영역에서 중요한 막관통 나선은 4개의 Arg 잔기를 포함한다; 이러한 잔기들에 있는 양전하는 나선이 막 통과 전기장(막전위)의 변화에 반응하여 움직이도록 만든다.

세포는 또한 K^+를 배제하고 독특하게 Na^+ 또는 Ca^{2+}에 작용하는 통로도 가지고 있다. 각각의 경우에, 양이온을 구별할 수 있는 능력은 이온을 수용할 수 있는 적당한 크기의(너무 크지도 너무 작지도 않은) 결합자리 구멍과 이온 수화 껍질을 대체할 수 있는 카보닐 산소 공간 안의 정확히 위치에 기인한다. 이러한 적합성은 단백질보다 훨씬 작은 분자들에 의해 달성될 수 있다; 예를 들면, 발리노마이신(valinomycin, 그림 11-42)은 다른 이온보다는 오히려 하나의 이온 결합에 더 높은 특이성을 허용하는 정확한 적합성을 제공할 수 있다. 화학자들은 Li^+(반지름 0.60 Å), Na^+(반지름 0.95 Å), K^+(반지름 1.33 Å) 또는 Rb^+(반지름 1.48 Å)의 결합을 위해 매우 높은 특이성을 가진 소형 분자들을 고안해냈다. 그러나 생물학적 버전인—통로 단백질은—특이적으로 결합할 뿐만 아니라 개폐 방식으로 막을 통해 이온들을 이동시킨다.

개폐 이온 통로는 신경 기능의 중심이다

사실상 신경과 그것의 표적 조직들(예: 근육) 사이에서 일어나는 모든 신속한 신호전달은 세포막에서 이온 통로의 재빠른 개폐에 의해 달성된다. 예를 들면, 신경세포 형질막에서의 Na^+ 통로는 막 횡단 전기적 기울기를 감지하고 통로를 열고 닫음으로써 변화에 반응한다. 이 전압 개폐 이온 통로(voltage-gated ion channel)는 전형적으로 다른 1가나 2가 양이온에 비하여 Na^+에 대하여 매우 선택적이며(100가지 이상의 요인에 의하여), 이것은 매우 높은 이동 속도를 갖는다(초당 10^7 이상). Na^+ 통로는 휴식상태에서는 닫힌 구조를 갖는데, 막 전위가 감소되면 활성화되어 열린다. 통로는 열린 후 밀리초 이내에 다시 닫히고, 수 밀리초 동안 불활성화 상태로 유지된다. Na^+ 통로가 활성화되고 난 뒤의 불활성화가 신경세포에 의한 신호전달의 기초가 된다(그림 12-29 참조).

아주 잘 알려진 또 다른 이온 통로는 **니코틴성 아세틸콜린 수용체(nicotinic acetylcholine receptor)**로서 이것은 운동 신경으로부터 신경근육 접합부(neuromuscular junction)의 근육섬유까지 전기 신호를 전달하는 기능(근육이 수축하는 신호 전달)을 한다. 아세틸콜린이 운동신경에서 분비되면 몇 마이크로미터까지 확산되어 근세포의 형질막으로 간 후 그곳에서 아세틸콜린 수용체에 결합한다. 그러면 수용체의 입체형태에 변화가 일어나 이온 통로가 열리게 된다. 결과적으로 양전하 이온이 근세포의 안쪽으로 이동하여 근세포의 형질막을 탈분극시키고(depolarize) 수축을 촉발시킨다. 아세틸콜린 수용체는 같은 정도로 쉽게 Na^+, Ca^{2+}, K^+ 등의 이온을 통과시키지만 그 밖의 다른 양이온이나 모든 음이온을 통과시킬 수는 없다. 아세틸콜린 수용체 이온 통로를 통한 Na^+의 이동은 포화되지 않으며(그 속도는 세포 밖의 Na^+ 농도에 대하여 직선적으로 비례한다), 생리적 상태에서 초당 약 2×10^7개의 Na^+가 통과할 정도로 매우 빠르다.

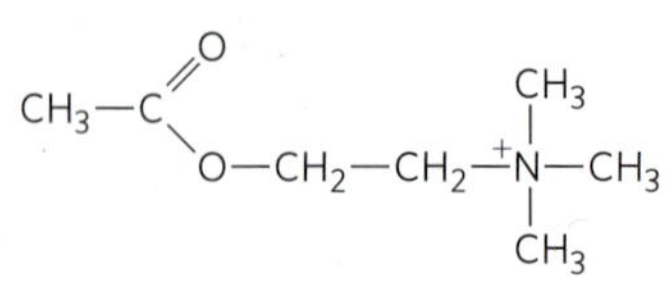

아세틸콜린

이 아세틸콜린 수용체 통로는 전기 신호를 발생하거나 전기 신호에 반응하는 다른 많은 이온 통로 중에서 대표적이다: 이것은 신호 분자(이 경우엔 아세틸콜린)의 자극에 반응하여 열리는 "관문"과 1초도 되지 않는 시간에 관문을 닫을 수 있는 내재성 시간 조절기전(intrinsic timing mechanism)을 갖고 있다. 따라서 아세틸콜린 신호는 일시적인데, 이것은 모든 전기 신호 전달의 본질적인 양상이 된다.

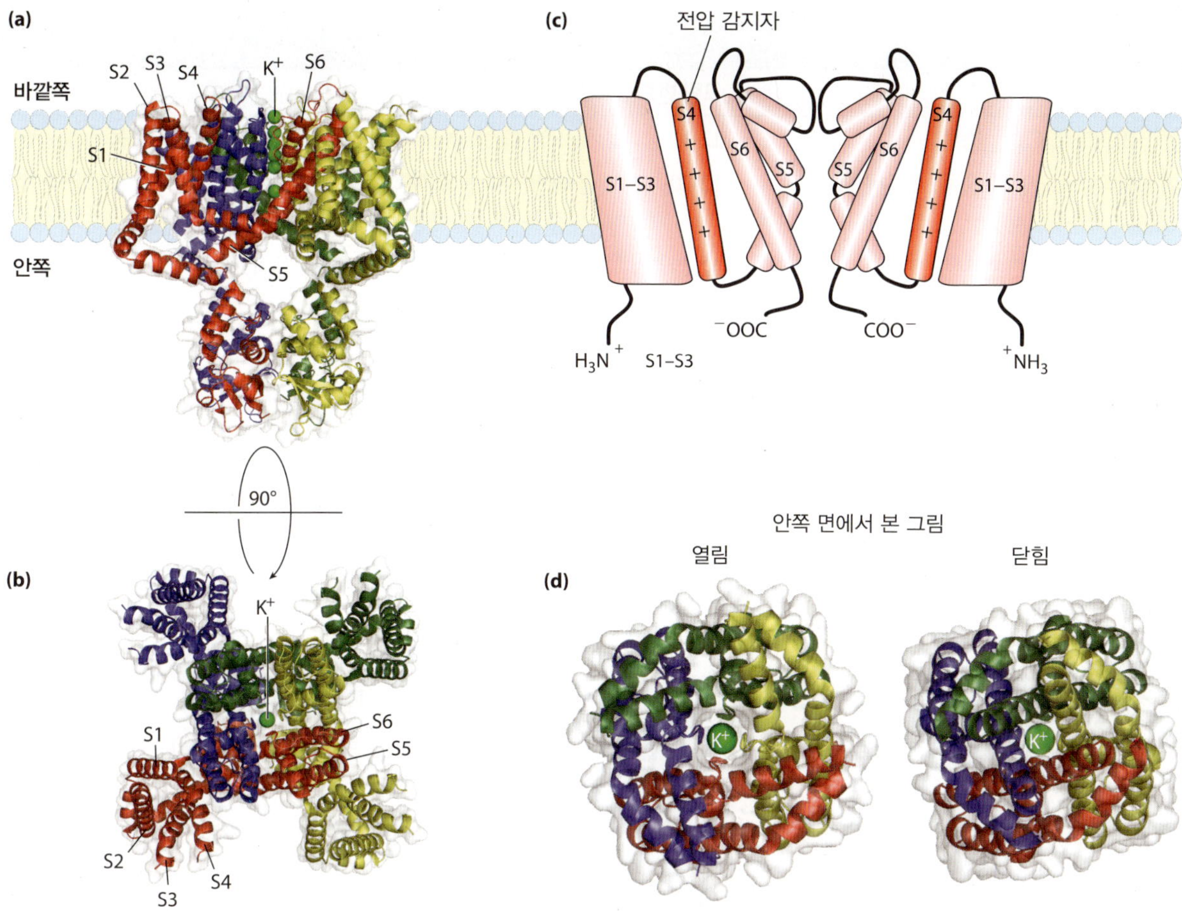

그림 11-46 **쉐이커(*Shaker*) 족의 K^+ 통로에서 전압 개폐를 위한 구조적 기초.** 쥐 뇌로부터 얻은 Kv1.2-β2 소단위 복합체의 결정 구조는 기본적인 K^+ 통로(그림 11-45에서 보여 준 것과 일치)임을 보여 주고 있다. 이 구조는 통로가 막 전위에 의한 개폐에 민감하도록 만드는 여분의 장치를 함께 보여준다: 이는 각 소단위에 있는 4개의 막횡단 나선의 연장선과 4개의 β 소단위들을 포함한다. 전체 구조는 막 평면에서(**a**) 그리고 막 평면의 수직 방향에서(**b**) (막 바깥쪽으로부터 보기) 관찰되었다. 그림 11-45에서 볼 수 있는 것처럼 각 소단위는 각기 다른 색깔로 표시되었다. 4개의 β 소단위도 각각 결합하는 소단위와 같은 색으로 표시되었다. (b)에서, 한 소단위(빨간색)의 막횡단 나선은 S1부터 S6까지 번호를 매겼다. 각 4개의 소단위로부터 S5와 S6은 통로 자체를 형성하며, 이들은 그림 11-45에서 보여준 각 소단위들의 2개의 막관통 나선들과 비교될 수 있다. S1에서 S4까지는 4개의 막횡단 나선이다. S4 나선은 보존성이 높은 Arg 잔기를 포함하고 있으며, 전압-인지 작용 기전에서 주된 이동 부분으로 여겨지고 있다. (**c**) 전압 개폐 통로의 도식은 기본적인 구멍 구조(중간)와 통로를 전압에 민감하도록 만드는 여분의 구조를 보여 주고 있다; Arg을 포함하는 나선인 S4는 주황색이다. 명확한 설명을 위해 β 소단위는 이 그림에서 표시하지 않았다. 휴식 중인 막에서 막횡단 전위(안쪽이 음전하)는 S4에서 양전하를 띠는 Arg 곁사슬을 세포질 쪽으로 끌어 당긴다. 막이 탈분극되고, 끌어 당기는 힘이 줄어 들 때, 그리고 막 전위가 완전히 역전되었을 때 S4는 세포 바깥쪽으로 끌어당겨진다. (**d**) 이런 S4의 움직임은 K^+ 통로의 열림과 닫힘 현상과 물리적으로 연계되어 있다. 여기에 열리고 닫힌 구조에서 S4의 이동 상태를 보여준다. 비록 K^+이 닫힌 통로에 존재할지라도 아래쪽 세포질 가까이에서 구멍이 닫히게 되며, 이는 K^+ 수송을 막아 준다. [출처: (a, b, d) PDB ID 2A79, S. B. Long et al., *Science* 309:897, 2005. (c) Information from C. S. Gandhi and E. Y. Isacoff, *Trends Neurosci.* 28:472, 2005.]

다른 리간드 개폐 이온 통로의 아미노산 서열과 아세틸콜린 수용체 사이의 유사성에 기반하여, 세포 밖 신호인 γ-아미노뷰틸산(γ-aminobutyric acid, GABA)과 글라이신(glycine) 및 세로토닌(serotonin)에 반응하는 신경세포의 수용체 통로들은 모두 함께 아세틸콜린 수용체 초족에 속한다. 이들은 아마도 3차 구조와 개폐 기전을 공유할 것이다. 이런 $GABA_A$와 글라이신 수용체는 Cl^-와 HCO_3^-에 특이적인 음이온 통로이다. 반면에 세로토닌 수용체는 아세틸콜린 수용체처럼 양이온에 특이적이다.

다른 종류의 리간드 개폐 이온 통로는 **세포 속의** 리간드에 반응한다: 여기에 해당하는 리간드로서 척추동물 눈의 3′,5′-고리 구아노신 모노뉴클레오타이드(3′,5′-cyclic guanosine mononucleotide, cGMP), 후각 신경세포(olfactory neuron)의 cGMP와 cAMP, 많은 종류의 세포에 있는 ATP와 1,4,5-삼중인산 이노시톨(1,4,5-trisphosphate, IP_3) 등을 예로 들 수 있다. 이 통로들은 여러 개의 소단위로 구성되며, 각 소단위는 6개의 막횡단 나선 영역을 갖고 있다. 이 이온 통로들의 신호전달 기능에 관한 내용은 제12장에서 논의할 것이다.

표 11-7은 다른 장에서 토의되고 있는 일부의 수송체를 보여주고 있다. 이 수송체들은 그들이 작용하는 경로에 관한 내용이 나올 때 접하게 될 것이다.

표 11-7 이 책의 다른 곳에서 기술된 수송계

수송계와 위치	그림 번호	역할
세포질세망의 IP_3 개폐 Ca^{2+} 통로	12-11	세포액 Ca^{2+} 농도의 변화를 통한 신호전달 기능
동물세포 형질막의 포도당 수송체; 인슐린에 의하여 조절	12-20	근육 및 지방 조직에서 혈액으로부터 과다한 포도당의 섭취 능력 증가
신경세포의 전압 개폐 Na^+ 통로	12-29	신경신호전달 과정에서 활동 전위 생성
근세포 형질막의 지방산 수송체	17-3	연료로서 지방산을 유입
미토콘드리아 내막의 아실-카니틴/카니틴 수송체	17-6	β-산화를 위해 미토콘드리아 기질로 지방산 유입
미토콘드리아 내막의 복합체 I, III, IV 양성자 수송체	19-16	산화적 인산화에 의한 에너지 보존 기전으로 작용. 전자의 흐름을 양성자 기울기로 전환.
미토콘드리아 내막의 F_oF_1 ATP분해효소/ATP 생성효소, 엽록체 틸라코이드 및 세균 형질막	19-25 20-20a 20-24	산화적 인산화 및 광인산화 과정 중에 양성자 기울기의 에너지와 ATP의 상호전환
미토콘드리아 내막의 아데닌 뉴클레오타이드 역수송체	19-30	산화적 인산화를 위한 기질인 ADP의 유입 및 생성물인 ATP 배출
미토콘드리아 내막의 P_i-H^+ 공수송체	19-30	산화적 인산화를 위한 P_i 공급
미토콘드리아 내막의 말산-α-케토글루타르산 수송체	19-31	미토콘드리아 기질로부터 세포액으로 환원당량(예: 말산)의 왕복 운반
미토콘드리아 내막의 글루탐산-아스파트산 수송체	19-31	말산-α-케토글루타르산 왕복 수송체에 의하여 시작되는 왕복 이동의 완성
미토콘드리아 내막의 양성자 구멍, 짝풀림 단백질 UCP1	19-36, 23-35	미토콘드리아의 양성자 기울기의 소멸, 열발생 및 과도한 연료의 폐기 수단으로 작용
사이토크롬 *bf* 복합체, 엽록체 틸라코이드의 양성자 수송체	20-19	양성자 펌프로 작용. Z 구조를 통한 전자 흐름에 의하여 추진; 광합성을 통한 ATP 생성을 위한 양성자 기울기의 원천
박테리오로돕신, 빛에 의하여 추진되는 양성자 펌프	20-27	호염성 세균에서 ATP 생산을 위한 빛-추진 양성자 기울기의 급원
엽록체 내막의 P_i-인산 삼탄당 역수송체	20-42, 20-43	엽록대(stroma)로부터 광합성 산물의 배출; ATP 생산을 위해 P_i의 유입
미토콘드리아 내막의 시트르산염 수송체	21-10	지질 합성을 위한 아세틸-CoA의 원료로서 세포액 시트르산염 제공
미토콘드리아 내막의 피루브산 수송체	21-10	바탕질에서 세포질로 시트르산염을 왕복 운반시키는 기전의 일부분
동물세포 형질막의 LDL 수용체	21-41	수용체 매개 세포내함입에 의한 지질 운반 입자들의 유입
ER의 단백질 트랜스로케이스	27-40	형질막, 분비, 또는 세포 소기관으로 위치가 정해진 ER 단백질의 유출
핵 구멍 단백질 트랜스로케이스	27-44a	핵과 세포질 간의 단백질의 왕복 운반
세균 단백질 수송체	27-46	형질막을 통한 분비 단백질의 배출

결함이 있는 이온 통로는 심각한 생리적 결과를 초래할 수 있다

특정 이온 통로 단백질의 돌연변이 효과를 보면 생리적 과정에 대한 이온 통로의 중요성이 더욱 분명해진다(표 11-8, 별도설명 11-2). 근세포 형질막에 있는 전압 개폐 Na^+ 통로에 유전적 결함이 생기면 근육이 주기적으로 마비되거나[고칼륨혈증 주기성 마비(hyperkalemic periodic paralysis)처럼] 뻣뻣해진다[선천 이상근육긴장증(paramyotonia congenita)처럼]. 낭성섬유증은 Cl^- 이온 통로인 CFTR 단백질에서 1개의 아미노산이 바뀌는 유전자의 돌연변이에 의하여 초래된다. 이 경우에 신경전달 과정에 결함이 있는 것이 아니라 Cl^- 이온 이동과 연계된 활성을 가진 여러

표 11-8 이온 통로의 결함으로 초래되는 몇 가지 질병

이온 통로	결함 유전자	질병
Na^+ (전압 개폐, 골격근)	*SCN4A*	과칼륨성 주기성 마비(periodic paralysis) 또는 선천 이상근육긴장증 (paramyotonia congenita)
Na^+ (전압 개폐, 신경)	*SCN1A*	열성 경련을 동반한 전신성 간질(Generalized epilepsy)
Na^+ (전압 개폐, 심근)	*SCN5A*	긴 QT 증후군 3(Long QT syndrome 3)
Ca^{2+} (신경)	*CACNA1A*	가족성 반마비 편두통(Familial hemiplegic migraine)
Ca^{2+} (전압 개폐, 망막)	*CACNA1F*	선천청 고정성 야맹증(Congenital stationary night blindness)
Ca^{2+} (폴리시스틴-1)	*PKD1*	다낭신장병(Polycystic kidney disease, 뭇주머니콩팥병)
K^+ (신경)	*KCNQ4*	우성 난청(Dominant deafness)
K^+ (전압 개폐, 신경)	*KCNQ2*	양성 가족성 신생아 경련(Benign familial neonatal convulsions)
비특이적 양이온 (cGMP 개폐, 망막)	*CNCG1*	색소성 망막염(Retinitis pigmentosa)
아세틸콜린 수용체 (골격근)	*CHRNA1*	선천 근무력 증후군(Congenital myasthenic syndrome)
Cl^-	*ABCC7*	낭성섬유증(Cystic fibrosis)

외분비샘(exocrine gland) 세포의 분비 작용에 결함이 있다.

수많은 자연계에 존재하는 독소는 이온 통로에 작용하고 이러한 독소의 효과는 정상적인 이온 통로 기능이 매우 중요하다는 것을 잘 보여 주고 있다. 테트로도톡신[tetrodotoxin, 복어(puffer fish)인 *Sphaeroides rubripes*에서 분비]과 삭시톡신[saxitoxin, 가끔 "적조(red tide)" 현상을 일으키는 해양 생물(marine dinoflagellate)인 고니오락스(*Gonyaulax*)에서 분비]은 신경세포의 전압 개폐 Na^+ 통로에 결합하여 정상적인 활동 전위를 억제함으로써 독성을 나타낸다. 복어는 일본의 맛있는 복어요리(fugu)에 들어가는 재료인데, 복어요리는 치명적인 독으로부터 즙이 많은 살을 분리하도록 특별히 훈련된 요리사 만이 준비할 수 있다. 고니오락스를 먹고 자란 조개류를 먹는 것도 치명적일 수 있다. 조개류는 삭시톡신에 민감하지 않지만 그것을 조갯살에 농축시키므로 먹이 사슬에서 상위 단계의 생물에게 강한 독성을 나타낼 수 있다. 흑색 코브라(black mamba snake)의 독(venom)은 덴드로톡신(dendrotoxin)을 함유하고 있는데, 이것은 전압 개폐 K^+ 통로를 차단한다. 식물 큐라레(curare, 아마존 지역에서 화살 독으로 사용되었다)의 활성 성분인 튜보큐라린(tubocurarine), 2개의 다른 종류의 뱀독인 코브로톡신(cobrotoxin)과 붕가로톡신(bungarotoxin)은 아세틸콜린 수용체를 차단하거나 이 수용체의 이온 통로가 열리는 것을 방해한다. 이 모든 독소들은 신경에서 근육으로 가는 신호를 차단함으로써 마비를 일으키고 심지어 사망에 까지 이르게 한다. 긍정적인 측면에서 붕가로톡신은 아세틸콜린 수용체에 극단적으로 높은 친화력(K_d = 10^{-15} M)을 갖고 있어서 실험적으로 유용한 것으로 입증되었다. 예를 들면, 방사능으로 표지된 붕가로톡신은 아세틸콜린 수용체를 정제할 때 수용체 함량을 정량하기 위해 활용되었다. ■

요약 11.3 막을 통한 용질의 수송

■ 생체막을 통과해서 이동하는 많은 극성 화합물 및 이온들의 움직임에는 수송체 단백질이 필요하다. 몇몇 수송체들은 단순히 촉진성 수동 확산에 의하여 높은 농도에서 낮은 농도로 용질을 이동시킨다. 다른 수용체들은 전기화학적 기울기에 역행해서 용질을 이동시킨다; 이러한 수송체는 대사 에너지의 공급원을 필요로 한다.

■ 수송체는 효소들처럼 포화되고 기질에 대한 입체특이성을 나타낸다. 이 수송체계를 통한 운반은 수동적일 수도 있고 능동적일 수도 있다. 일차 능동수송체들은 ATP나 전자전달 반응에 의하여 추진된다; 이차 능동수송체들은 2개의 용질의 짝지움 이동에 의하여 추진되는데, 그 중 하나(흔히 H^+나 Na^+)가 전기화학적 기울기에 역행하여 이동할 때 다른 하나가 그 기울기에 순응하여 이동하는 방식이다.

■ 적혈구의 GLUT1 같은 GLUT 수송체는 수동 이동에 의하여 세포 내로 포도당을 운반한다. 이 수송체들은 단지 하나의 기질을 운반하는 단수송체들(uniporters)이다. 동반수송체(symporters)들은 2가지 물질을 같은 방향으로 동시에 이동시킨다; 대장균의 젖당 수송체와 창자 상피세포의 포도당 수송체를 예로 들 수 있다. 젖당 수송체는 양성자 기울기로부터 얻은 에너지에 의해 추진되며(젖당-H^+ 동반 수송), 포도당 수송체의 경우 Na^+ 기울기에 의하여 추진된다(포도당-Na^+ 동반 수송). 역수송체(antiporters)는 2가지의 물질을 동시에 반대 방향으로 이동시킨다; 적혈구의 Cl^--

HCO_3^- 교환체와 널리 존재하는 Na^+K^+ ATP분해효소가 이러한 역수송체의 예가 된다.

■ 동물세포에서 Na^+K^+ ATP분해효소는 세포액과 세포 밖의 Na^+와 K^+의 농도 차이를 유지시켜준다. 그 결과 얻어진 Na^+ 농도 기울기는 다양한 이차 능동 수송 과정을 위한 에너지 공급원으로 이용된다.

■ 형질막의 Na^+K^+ ATP분해효소와 근세포질세망과 세포질세망의 Ca^{2+} 수송체(SERCA 펌프)는 P형 ATP분해효소에 해당한다. 이들은 촉매 회로 과정 중에 가역적으로 인산화된다. F형 ATP분해효소 양성자 펌프(ATP 생성효소)는 미토콘드리아와 엽록체에서 에너지 보전 기전의 중심이다. V형 ATP분해효소는 식물의 공포막을 포함한 여러 가지 세포 소기관 막을 가로지르는 양성자 농도 기울기를 생성한다.

■ ABC 수송체는 ATP를 에너지원으로 이용하여 다양한 종류의 기질들(많은 약제들을 포함)을 세포 밖으로 운반한다.

■ 이온운반체(ionophore)는 지질 용해성 분자로서 특정 이온과 결합하여 이들을 막을 가로질러 수동적으로 운반한다. 결과적으로 이온의 전기화학적 기울기를 소멸시킨다.

■ 물은 아쿠아포린을 통하여 막을 통과한다. 일부 아쿠아포린은 조절된다; 몇몇은 또한 글리세롤이나 요소도 수송할 수 있다.

■ 이온 통로는 친수성 구멍을 제공하여 선택된 이온이 확산되어 전기적 또는 화학적 농도 기울기에 순응하여 이동할 수 있다; 이 통로들은 불포화적이고 매우 빠른 이동 속도를 가지며, 하나의 이온에 대하여 높은 특이성을 갖는다는 특징이 있다. 대부분의 통로는 전압이나 리간드에 의하여 개폐된다. 신경의 Na^+ 통로는 전압에 의해 개폐되고, 아세틸콜린 수용체 이온 통로는 아세틸콜린에 의해 개폐되는데, 아세틸 콜린은 막횡단 경로를 열고 닫을 수 있도록 입체형태의 변화를 일으켜서 작동한다.

핵심용어

굵게 표시된 용어들은 용어해설에 정의되어 있다.

ABC 수송체(ABC transporters) 417
ATP 생성효소(ATP synthase) 416
BAR 영역(BAR domain) 403
β 통(β barrel) 395
F형 ATP분해효소(F-type ATPase) 416
FRAP 400
GPI-닻 단백질(GPI-anchored protein) 397
K_t($K_{transport}$) 408
Na^+ 포도당 동반수송체(Na^+ glucose symporters) 421
Na^+K^+ ATP분해효소(Na^+K^+ ATPase) 414
P형 ATP분해효소(P-type ATPase) 414
SERCA 펌프(SERCA pump) 414
t-SNAREs 404
V형 ATP분해효소(V-type ATPases) 415
v-SNAREs 404
고리 모양 지질(annular lipid) 394
공수송(cotransport) 412
내재단백질(integral proteins) 391
능동 수송(active transport) 406
니코틴성 아세틸콜린 수용체(nicotinic acetylcholine receptor) 428
다약제 수송체(multidrug transporters) 418
다원적(폴리토픽, polytopic) 391
단수송(uniport) 412
단순 확산(simple diffusion) 406
동반 수송(symport) 412
동반수송체(symporters) 422
리간드-개폐 통로(ligand-gated channel) 426
마이셀(micelle) 390
막 전위(membrane potential, V_m) 406
미세 영역(microdomains) 401
셀렉틴(selectins) 405
소수성 지표(hydropathy index) 394
소포(vesicle) 390
수동 수송(passive transport) 406
수송체(transporters) 406
스크램블레이스(scramblases) 399
아쿠아포린(aquaporins, AQPs) 423
액체-무질서 상태(liquid-disordered state, L_d) 397
액체-질서 상태(liquid-ordered state, L_o) 397
양성-안쪽 법칙(positive-inside rule) 395
양친매성 단백질(amphitropic proteins) 392
역수송(antiport) 412
유동 모자이크 모형(fluid mosaic mode) 389
유동섬(rafts) 401
융합단백질(fusion proteins) 404
이온 통로(ion channel) 407
이온운반체(Ionophores) 423
이중층(bilayer) 390
일원적(모노토픽, monotopic) 391
전기생산적(electrogenic) 413
전기중성적(electroneutral) 412
전기화학적 기울기(electrochemical gradient) 406
전기화학적 전위(Electrochemical potential) 406
전압-개폐 통로(voltage-gated channel) 426
젖당 수송체(lactose transporter) 421
조각 집게법(patch-clamping) 426
주변단백질(peripheral proteins) 391
주요 촉진자 초족(major facilitator superfamily, MFS) 421
카베올라(caveolae) 402
카베올린(caveolin) 402
포린(porin) 395
플롭페이스(floppases) 399
플립페이스(flippase) 399

문제

1. 지질 분자의 단면적 결정. 인지질을 수면 위에 조심스럽게 올려 놓으면 공기와 물의 경계에서 정렬하여 인지질의 머리 부분은 물로 향하고 소수성 꼬리 부분은 공기 중으로 향하게 된다. 실험장치 **(a)**는 하나의 지질층을 만들기 위하여 표면적을 감소시키는 장치이다. 지질을 밀어 넣는데 필요한 힘을 측정함으로써 연속적인 층이 만들어지는 시기를 결정할 수 있다; 연속 층이 생기는 면적에 가까워질수록 그 면적을 더 줄이는 데 필요한 압력은 급격하게 증가된다**(b)**. 그러면 이 장치를 어떻게 사용하면 지질 층에서 지질 한 분자가 차지하는 평균 면적을 구할 수 있을까?

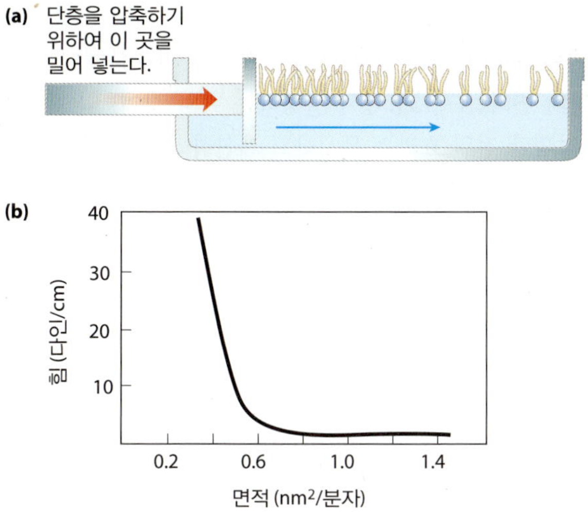

2. 지질 이중층의 증거. 1925년에 E. Gorter와 F. Grendel은 문제 1에서 설명한 장치를 사용하여 몇 가지 동물종의 적혈구로부터 추출한 지질로 만들어진 지질 층의 표면적을 측정했다. 그들은 현미경을 사용하여 각각의 적혈구 크기를 측정하고 이것으로부터 적혈구 1개의 평균 표면적을 계산할 수 있었다. 그들이 얻은 데이터는 아래 표와 같다. 그러면 이 연구자들은 이 결과에서 "색소 세포(적혈구)가 두 분자 정도 두께의 지방질 물질로(예들 들면, 지질 이중층)으로 덮여 있다"는 결론을 어떻게 정당화시켰는가?

동물	압축된 세포의 부피 (ml)	세포의 수 (mm^3 당)	세포에 있는 지질 층의 총 표면적 (m^2)	한 세포의 총 표면적 (μm^2)
개	40	8,000,000	62	98
양	10	9,900,000	6.0	29.8
사람	1	4,740,000	0.92	99.4

출처: E. Gorter and F. Grendel, *J. Exp. Med.* 41:439, 1925.

3. 마이셀(micelle)당 세제(detergent) 분자의 수. 소량의 세제 SDS(sodium dodecyl sulfate, $Na^+CH_3(CH_2)_{11}OSO_3^-$)가 물에 녹으면 이 세제 분자는 단일체 종으로서 용액으로 들어간다. 세제를 좀 더 가하면 그 농도는 단일체들이 모여서 마이셀을 이루는 농도(임계 마이셀 농도)까지 도달한다. SDS의 임계 마이셀 농도는 8.2 mM이다. 마이셀 1개의 평균 입자 무게(마이셀을 구성하는 단일체의 분자량을 합한 값)는 18,000이다. 평균적으로 1개의 마이셀에 들어 있는 세제 분자의 수를 계산하라.

4. 지질과 지질 이중층의 특성. 두 액체 사이에 형성된 지질 이중층은 이런 주요 특징을 가지고 있다: 이들은 이차원 판을 형성하며, 끝 부분에서 서로 만나 닫히면서 자가 봉합(self sealing)에 의하여 리포솜(liposome)을 만든다.

(a) 지질의 어떤 특징이 이런 지질 이중층의 특성을 나타내는지 설명하라.

(b) 생체막의 구조에서 이런 특성의 중요성은 무엇인가?

5. 지방산 분자의 길이. 포화지방산 사슬처럼 단일결합으로 연결된 탄소와 탄소 사이의 길이는 약 1.5 Å이다. 완전히 펼쳐진 상태의 팔미트산염 한 분자의 길이를 추정해 보라. 만일 팔미트산 두 분자의 끝과 끝이 연결되었을 때 그 전체의 길이와 생체막의 지질 이중층의 두께를 비교해 보라.

6. 막 단백질의 위치(location). 미지의 막 단백질 X에 관해 다음과 같은 관찰이 이루어졌다. 막 단백질 X가 파괴된 적혈구에서 농축된 염 용액으로 추출될 수 있고 단백질분해효소에 의하여 몇 조각으로 나눠질 수 있다. 먼저 적혈구에 단백질분해효소를 처리한 후 막을 파괴하고 막 구성원을 추출하면 완전한 형태의 X를 얻었다. 하지만 적혈구 "고스트(ghost)"(세포를 파괴하고 헤모글로빈을 씻어낸 단지 형질막으로만 구성된)에 단백질분해효소를 처리한 후 파괴해서 추출하면 광범위하게 분해된 조각 X를 얻게 된다. 이 실험 결과는 형질막에 존재하는 X의 위치에 대하여 무엇을 알려주는가? X의 특성은 막의 내재단백질 또는 주변단백질의 특성과 비슷한가?

7. 아미노산 서열로부터 추정하는 막 단백질의 공간배열. 사람 적혈구에서 막 단백질이라고 예상되는 단백질에 대한 유전자를 복제하였다. 이 유전자의 뉴클레오타이드 서열에서 아미노산 서열을 알 수 있었다. 이 서열만으로 과연 이 단백질이 내재단백질일 가능성을 어떻게 평가할 수 있는가? 이 단백질이 하나의 막횡단 부위를 가진 내재단백질임이 입증되었다고 가정하자. 이 단백질이 아미노 말단이 세포의 밖에 있는지 아니면 안쪽에 있는지를 결정해 주는 생화학적 또는 화학적 실험 방법을 제시하라.

8. 막 단백질의 표면 밀도. 대장균을 자극하면 세포 하나당 젖당 수송체(분자량 31,000)를 약 10,000개 정도 만들 수 있다. 대장균을 직경 1 μm와 길이 2 μm의 원통이라고 가정하자. 젖당 수송체 분자가 형질막 표면을 차지하는 비율은 얼마인가? 어떻게 이런 결론이 나왔는지 설명해 보라.

9. 대장균 세포막에 있는 분자종. 대장균의 형질막은 무게로 계산해서 75%의 단백질과 25%의 인지질로 이루어져 있다. 각각의 세포막 단백질당 몇 개씩의 세포막 지질 분자가 있겠는가? 평균 단백질 분자량을 50,000, 평균 지질 분자량을 750으로 가정해 보자. 지질로 덮여 있는 막 표면의 비율을 측정하기 위해 어떠한 것들을 더 알아야 하는가?

10. 수평확산에 미치는 온도의 영향. 그림 11-16에 기술된 실험은 37°C에서 수행되었다. 만일 이 실험이 10°C에서 수행되었다면 세포의 확산 속도에 어떤 영향을 줄 것이라고 예상하는가? 왜 그렇다고 생각하는가?

11. 막의 자가봉합(self-sealing). 세포막은 자가봉합을 한다. 만일

막에 구멍이 뚫리거나 기계적으로 파괴되어도 막은 신속하게 자동적으로 재봉합될 수 있다. 막의 어떤 성질이 이러한 중요한 특성을 위해 필요한가?

12. 지질의 용해 온도(Melting Temperatures). 순록(reindeer) 다리의 여러 다른 부위로부터 얻은 조직 표본의 막 지질은 지방산 조성이 서로 다르다. 발굽(hoove)에 가까운 조직에서 얻은 막 지질은 다리 상부 조직에서 얻은 지질보다 불포화지방산의 함량이 높다. 이와 같은 관찰의 중요성은 무엇인가?

13. 엎침뒤침 확산. 사람 적혈구 막의 안쪽 표면(층)은 주로 포스파티딜에탄올아민과 포스파티딜세린으로 구성되어 있다. 바깥쪽 표면은 주로 포스파티딜콜린과 스핑고마이엘린으로 되어 있다. 막의 인지질 성분은 유동성 이중층에서 확산될 수 있을지라도 이 측면성은 항상 유지되고 있다. 이것은 어떻게 유지될 수 있는 것인가?

14. 막의 투과성. pH 7에서 트립토판은 구조가 매우 유사한 인돌(indoles)보다 1,000배 이상 지질 이중층을 통과하는 속도가 느리다. 이 관찰에 대하여 설명해 보라.

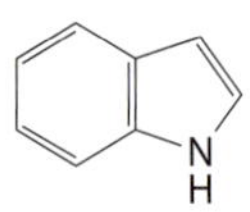

15. 나선형 바퀴 도표의 사용. 나선형 바퀴는 나선을 이차원적으로 표현한 형태로 그것의 중심축을 따라 보여진다(그림 11-29b 참조; 또한 그림 4-4d 참조). 여기 보여준 나선형 바퀴 도표를 이용하여 아래의 아미노산 잔기의 분포를 결정해 보라. −Val−Asp−Arg−Val−Phe−Ser−Asn−Val−Cys−Thr−His−Leu−Lys−Thr−Leu−Gln−Asp−Lys−

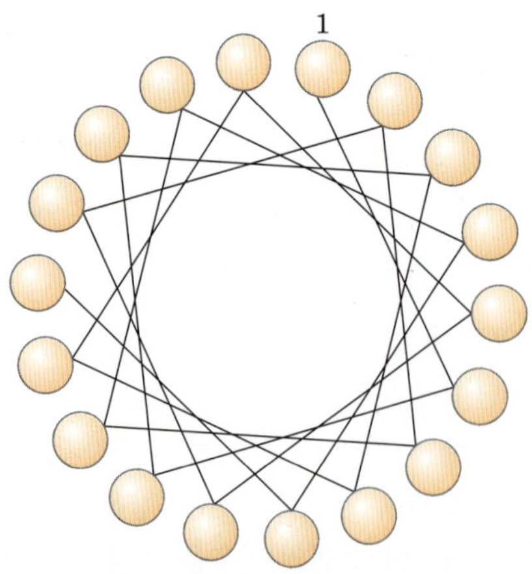

이 나선이 나타내는 표면적 특성은 무엇인가? 내재 막 단백질의 4차 구조에서 나선이 시작되는 위치를 어떻게 예측할 수 있는가?

16. 위액의 합성: 에너지론. 위액(pH 1.5)은 혈장(pH 7.4)으로부터 위로 HCl을 펴와서 생성된다. 37°C에서 위액 1 L에 들어 있는 H^+을 현재 상태까지 농축하는 데 필요한 자유에너지의 양을 계산하라. 그 정도의 자유에너지를 공급하기 위하여 세포는 몇 몰의 ATP를 가수분해해야 하는가? 세포에서 ATP의 가수분해에 대한 자유에너지의 변화는(제13장에서 설명하는 바와 같이) 약 −58 kJ/mol이다. 막횡단 전위 효과는 무시하고 계산하라.

17. Na^+K^+ ATP분해효소의 에너지론. 막 전위가 −0.070 V(안쪽이 음의 값)인 전형적인 척추동물 세포에서 37°C, 1 mol의 Na^+을 혈액으로 운반하는 데 필요한 자유에너지의 변화는 얼마인가? 척추동물에서 세포 속의 Na^+ 농도는 약 12 mM이고 혈장의 농도는 약 145 mM라고 가정하고 계산해 보라.

18. 콩팥 조직에서 와베인(ouabain)의 작용. 와베인은 동물조직의 Na^+K^+ ATP분해효소 활성을 특이적으로 저해하고 다른 효소는 저해하지 않는 것으로 알려져 있다. 살아 있는 콩팥 조직의 얇은 절편에 와베인을 가해 주면 산소 소비를 66%까지 억제한다. 그 이유를 설명하라. 이 관찰 결과는 콩팥 조직의 호흡 에너지의 이용에 대하여 무엇을 말하고 있는가?

19. 동반 수송(symport)의 에너지론. 실험적에서 Na^+의 동반 수송에 의하여 추진되는 포도당 수송계는 세포내 포도당을 외부 환경보다 25배의 농도까지 축적하는 반면, 세포 밖의 $[Na^+]$는 세포 안보다 단지 10배 밖에 높지 않은 결과를 얻었다고 가정해 보자. 이 결과는 열역학의 법칙을 위반하는 것인가? 만일 그렇지 않다면 이 관찰을 어떻게 설명할 수 있는가?

20. 젖당 수송체(lactose transporter)의 표지. 젖당에 특이성이 높은 세균의 젖당 수송체는 수송 작용에 필수적인 Cys 잔기를 갖고 있다. 이 Cys 잔기와 NEM(*N*-ethylmaleimide)이 공유결합을 하면 수송체를 비가역적으로 불활성화시킨다. 배지에 고농도의 젖당이 있으면 NEM에 의한 불활성화를 방지할 수 있다. 이것은 젖당 결합자리 또는 그 가까이에 Cys 잔기가 위치하고 있어 젖당이 공간배치에 의하여 Cys 잔기를 보호하는 것으로 보인다. 그 밖에는 수송 단백질에 대해 아는 것이 없다. 이 Cys를 포함하는 수송체 폴리펩타이드의 분자량을 알아낼 수 있는 실험 방법을 제시해 보라.

21. 창자에서 류신(leucine)의 흡수. 생쥐의 창자 상피세포의 L-류신의 흡수에 관한 연구를 하고 있다. 분석 용액에 Na^+이 있을 때와 없을 때를 구별하여 L-류신이나 그 유사체들의 흡수 속도를 측정한 결과는 아래 표와 같다. 류신 수송체의 특성이나 기전에 관하여 어떤 결론을 내릴 수 있는가? L-류신의 흡수가 와베인에 의하여 저해 받는다고 생각하는가?

	Na^+이 있을 때의 흡수		Na^+이 없을 때의 흡수	
기질	V_{max}	K_t(mM)	V_{max}	K_t(mM)
L-류신	420	0.24	23	0.24
D-류신	310	4.7	5	4.7
L-발린	225	0.31	19	0.31

22. 능동 수송에 미치는 이온운반체(ionophore)의 효과. 문제 21에서 기술한 류신 수송체를 생각해 보라. Na^+을 포함하는 분석 용액에 Na^+ 이온운반체를 첨가한다면 V_{max}나 K_t가 변하겠는가? 설명해 보라.

23. 아쿠아포린(aquaporin)을 통한 물의 이동. 사람의 적혈구는 1개 당 약 2×10^5개의 AQP1 단일체를 갖고 있다. 만약 물이 1초당 5×10^8/AQP1 사합체의 이동 속도로 형질막을 통과하고, 하나의 적혈구 부피가 5×10^{-11} mL이라면, 적혈구가 콩팥속질(renal medulla)의 세포사이 액체(interstitial fluid)에서 높은 삼투압(1 M)에 노출되었을 때 어떻게 즉각적으로 그 부피를 반으로 줄이겠는가? 적혈구가 완전히 물로 채워져 있다고 가정해 보라.

인터넷을 활용한 생화학 학습

24. 막 단백질의 공간배열 예측 I. 단백질의 아미노산 서열을 알면 온라인 생물정보학 기법을 이용해서 쉽게 소수성 분석을 할 수 있다. 단백질 데이터 뱅크(www.pdb.org)에서 단백질 특성 보기(Protein Feature View)를 누르면 UniProt 및 SCOP2와 같은 다른 데이터베이스에서 수집한 단백질에 대한 추가 정보를 얻을 수 있다. 15개의 잔기로 구성된 하나의 창을 이용하여 소수성 도표의 단순한 그래프 보기가 생성되는데 여기서 소수성 영역은 붉은색으로 친수성 영역은 파란색으로 표시된다.

(a) 단백질 특성 보기에 표시된 소수성 도표를 보면, 글라이코포린 A(PDB ID 1AFO), 마이오글로빈(PDB ID 1MBO), 그리고 아쿠아포린(PDB ID 2B6O)과 같은 단백질들의 막 공간배열에 대해 어떤 예측을 할 수 있을까?

(b) 이제 ExPASy 생물정보학 리소스 포털의 ProtScale 도구를 사용하여 정보를 수정해 보라. 각 PDB 단백질 특성 보기는 UniProt Knowledgebase ID로 생성된다. 글라이코포린 A를 위한 UniProtKB ID는 P02724, myoglobin를 위한 것은 P02185, 아쿠아포린을 위한 것은 Q6J8I9이다. ExPASy 포털(http://web.expasy.org/protscale)에 들어가서 7개의 아미노산 창과 함께 Kyte & Doolittle 소수성 분석을 선택하라. 아쿠아포린을 위한 UniProtKB ID (Q6J8I9, 이것은 PDB의 단백질 특성 보기 창에서도 얻을 수 있음)를 입력하고 난 후 전체 사슬(잔기 1부터 263까지)을 분석하는 옵션을 선택하라. 다른 옵션은 기본값을 사용하고 제출 버튼을 눌러서 소수성 도표를 얻는다. 이 도표의 GIF 이미지를 저장하라. 이제 15개의 아미노산 창을 이용하여 분석을 반복하자. 7개 잔기 창과 15개 잔기 창을 이용한 분석 결과를 서로 비교해 보자. 어느 것이 신호-대-잡음비(signal to noise ratio)에 있어서 더 좋은 결과를 주는가?

(c) 더 좁은 창을 사용하는 것이 어떤 상황에서 중요한 것인가?

25. 막 단백질의 공간배열 예측 II. 동물세포에서 호르몬인 에피네프린의 수용체는 내재단백질(분자량 64,000)로서 7개의 막횡단 영역을 갖고 있다고 생각된다.

(a) 이 정도 크기의 단백질이 막을 7회 횡단할 수 있다는 것을 설명하라.

(b) 만일 이 단백질의 아미노산 서열을 알고 있다면 단백질의 어느 부위가 막을 횡단하는 나선을 형성하는지를 예측할 수 있는가?

(c) 단백질 데이터 뱅크 웹사이트(www.pdb.org)로 들어가라. 칠면조로부터 분리된 β-아드레날린성 수용체(한 종류의 에피네프린 수용체)의 일부를 위한 데이터 페이지를 검색하기 위하여 PDB identifier 1DEP를 사용하라. 그 구조를 탐색하기 위하여 JSmol을 사용하여 이 수용체의 일부가 막의 내부에 위치 하는지 아니면 막 표면에 위치하는지를 예측해 보라. 그리고 이러한 대답을 얻게된 이유를 설명해 보라. 이제 단백질 특성 보기를 사용하여 아미노산 서열의 소수성 분석을 실시해 보라. 이것이 학생의 대답을 지지해 주고 있는가?

(d) PDB identifier 1A11을 사용하여 다른 수용체, 즉 신경세포와 근세포의 아세틸콜린 수용체의 일부를 위한 데이터를 검색해 보라. (c)에서와 같이 그 수용체의 일부가 어디에 위치하는지 예측해 보고 그 대답을 설명해 보라.

만일 PDB를 사용하지 않는다면 별도설명 4-4(132쪽)를 보고 더 많은 정보를 얻자.

자료 분석형 문제

26. β 생체막 구조의 유동 모자이크 모형. 그림 11-3은 최근에 인정되고 있는 생체막 구조의 유동 모자이크 모형을 보여 준다. 이 모형은 1971년 S. J Singer의 리뷰 논문에서 자세히 설명되었다. 이 논문에서 Singer는 그때까지 제안되어 왔던 막 구조 모형 3가지를 제시하였다:

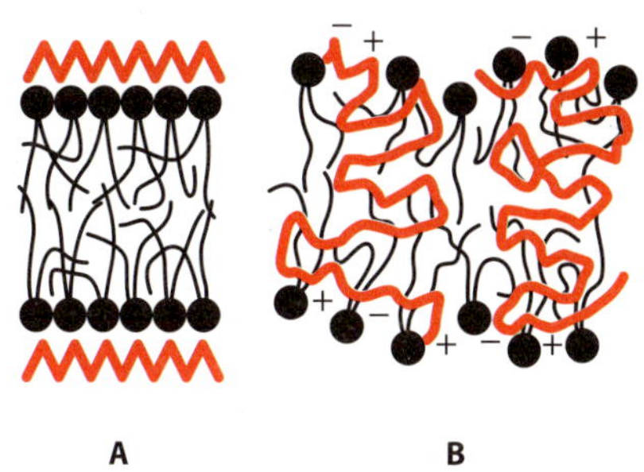

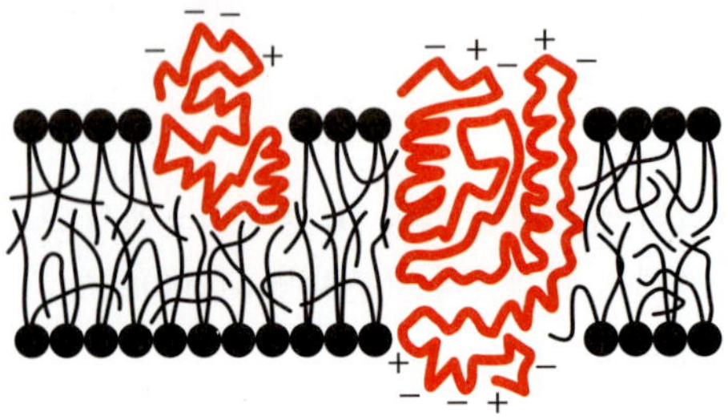

C

A. Davson-Danielli-Robertson 모형. 이 모형은 Singer의 리뷰 논문이 발표된 1971년에 가장 널리 인정된 모형이었다. 이 모형에서 인지질은 이중층으로 배열된다. 단백질은 이중층의 양쪽 표면에서 발견되는데 인지질의 전하를 띤 머리 부분과 단백질의 전하를 띤 그룹들이 서로 이온결합으로 상호작용하며 이중층에 붙어 있다. 치명적으로 이중층의 안쪽에는 단백질이 존재하지 않는다.

B. 벤슨(Benson) 지질단백질 소단위 모형. 이 모형에서 단백질은 구형이고 막은 단백질-지질 복합체이다. 지질의 소수성 꼬리는 단백질의 소수성 부분에 파묻혀 있다. 지질의 머리 부분은 용매에 노출되어 있으며 지질 이중층은 존재하지 않는다.

C. 지질-구형 단백질 모자이크 모형. 이것은 그림 11-3에 제시된 모형이다. 이 모형에서 지질은 이중층을 형성하고 단백질은 이러한 이중층에 파묻혀 있다. 일부 단백질은 지질 이중층을 관통하고, 그렇지 않은 단백질도 있다. 단백질의 소수성 부분과 지질의 소수성 꼬리의 소수성 상호작용에 의해 단백질은 이중층에 고정되어 매달려 있다.

아래 주어진 데이터를 가지고 막 구조의 3가지 모형 중에 각각 어떤 모형을 말하는지 생각해 보라. 이것이 어떤 모형을 뒷받침하는지, 어떤 모형을 뒷받침하지 않는지, 데이터와 그들의 해석에 관하여 어떠한 예상을 할 수 있는가? 그 이유를 설명해 보라.

(a) 세포를 고정하고 사산화 오스뮴(osmium tetroxide)으로 염색한 후에 전자현미경으로 관찰하여 그림 11-1을 얻었다: "기찻길" 모습을 한 막 구조를 보여 주었는데 그것은 2개의 진하게 염색된 선이 밝은 구역과 구분된 모습을 보여 준다.

(b) 같은 방법으로 고정하고 염색한 세포에서 막의 두께가 5~9 nm 임이 밝혀졌다. 단백질이 없고 "벌거벗은(naked)" 인지질 이중층의 두께는 4 ~ 4.5 nm이다. 단백질 층의 두께는 약 1 nm 이다.

(c) Singer는 그의 논문에서 다음과 같이 적었다: "막 단백질의 평균적인 아미노산 조성은 용해성 단백질의 조성과 구별되지는 않는다. 특히, 잔기의 상당 부분은 소수성이다"(165쪽).

(d) 이 장의 문제 1과 2에서 설명한 것처럼 연구자들은 세포에서 막을 분리하고, 지질을 추출해서 원래 세포막 면적과 지질 층 면적을 비교하였다. 이런 결과에 대한 해석은 문제 1의 그래프에서 예시된 것처럼 복잡하다: 지질 층의 면적은 얼마나 세게 밀었느냐에 따라 달라진다. 매우 가벼운 압력을 가하면, 세포막 면적에 대한 지질 층 면적의 비율은 약 2이다. 더 높은 압력을 가하면—세포에서 발견된 것들과 더 가깝다고 여겨진다—이 비율은 상당히 낮아진다.

(e) 선회 이색성 분광 분석(Circular dichroism spectroscopy)은 UV 빛에 대한 편광 변화를 이용하여 단백질의 2차 구조(그림 4-10 참조)를 추측한다. 평균적으로 이 기술은 막 단백질이 많은 양의 α-나선을 갖지만 β 판은 아주 적거나 거의 없다는 것을 보여 준다. 이러한 발견은 대부분의 막 단백질이 구형 구조를 갖는다는 사실과 일치한다.

(f) 인지질분해효소 C(phospholipase C)는 인지질로부터 극성 머리 부분(인산기를 포함)을 제거하는 효소이다. 여러 연구에서 온전한 막에 인지질분해효소 C를 처리하면 막의 "기찻길" 구조의 파괴 없이 약 70% 정도의 극성 머리 부분이 제거된다.

(g) Singer는 그의 연구 논문에서 다음과 같이 설명하고 있다: "분자량이 31,000 정도되는 인간 적혈구 막에 존재하는 한 당단백질에 트립신을 처리하면 분자량 10,000 정도의 용해성 당 펩타이드로 절단되고 남은 부분의 단백질은 꽤 소수성인 형태다"(199쪽). 트립신 처리는 막에 큰 변화를 일으키지 않았고 온전한 상태로 남아 있었다.

Singer의 리뷰는 또한 이 영역에서 더 많은 연구를 포함하고 있다. 하지만, 결과적으로 1971년에 얻은 데이터들이 모형 C가 옳다는 것을 완전히 증명하지 못했다. 좀 더 많은 연구가 축적됨에 따라 이 막 구조 모형은 과학계에서 인정되고 있다.

참고 문헌

Singer, S.J. 1971. The molecular organization of biological membranes. In *Structure and Function of Biological Membranes* (L. I. Rothfi eld, ed.), pp. 145–222. New York: Academic Press, Inc.

CHAPTER 12

생체 신호전달

세포가 형질막 밖에서 신호를 받고 그 신호에 반응하는 능력을 갖추는 것은 생명을 유지하기 위한 기본 조건이다. 세균은 정보 수용체로 작용하는 세포막 단백질을 통하여 계속해서 정보를 받아들인다. 예를 들면, 주변 용액의 PH, 삼투압, 영양물질과 산소와 빛의 유용성, 해로운 화학물질이나 약탈자의 존재 여부, 또는 영양물질에 대한 경쟁자의 존재 여부 등이 이에 해당한다. 이 신호들은 영양물질을 향한 움직임, 독성물질로부터 멀리 떨어지려는 움직임, 또는 영양소가 부족한 용액에서 휴면 상태의 포자를 형성하는 일과 같은 적절한 반응을 일으킨다. 다세포 생물에서는 기능이 다른 세포들이 다양한 종류의 신호를 서로 교환한다. 식물 세포들은 성장 호르몬과 햇빛의 변화에 반응한다. 동물세포들은 세포 밖 액체의 이온과 포도당의 농도, 각기 다른 조직에서 일어나는 상호 의존적인 대사활동, 그리고 초기 배아의 발생 과정 중 세포의 올바른 배치에 관한 정보를 교환한다. 이 모든 경우에 신호는 특별한 수용체에서 감지되고 세포 반응으로 전환되는 정보를 의미하는데, 이 세포 반응은 항상 화학적인 과정을 포함한다. 이러한 정보를 화학적 변화로 전환하는 것, 즉 **신호전달(signal transduction)**은 살아 있는 세포의 보편적인 특성이다.

12.1 신호전달의 일반적인 양상

신호전달은 놀라울 정도로 특이적이고 매우 민감하다. **특이성(specificity)**은 신호와 수용체 분자 사이의 정교한 분자적 상보성에 의하여 보장되는데(**그림 12-1a**), 이것은 효소-기질 사이나 항원-항체 사이의 상호작용에서 볼 수 있었던 것과 똑같은 종류의 약한 힘(비공유결합)에 의해 이루어진다. 다세포 생물에서는 신호를 받아들이는 수용체 또는 세포 안 신호전달경로의 표적이 특정 세포에만 존재하기 때문에 특이성이 더욱 높아진다. 예를 들면, 갑상샘자극호르몬-분비 호르몬(thyrotropin-releasing hormone)은 앞쪽 뇌하수체(anterior pituitary)에 있는 세포에 작용하지만 이 호르몬에 대한 수용체가 없는 간세포에는 작용하지 못한다. 에피네프린은 간세포에 작용하여 글리코겐 대사를 변화시키지만 지방세포에는 이러한 작용을 하지 못한다. 이 경우에는 간세포와 지방세포가 모두 호르몬에 대한 수용체를 갖고 있지만 간세포에는 글리코겐과 에피네프린에 의하여 활성화되는 글리코겐 대사 효소가 존재하고 지방세포에는 존재하지 않기 때문에 이러한 특이성을 보인다. 지방세포는 에피네프린에 반응하여 중성지방을 대사하여 지방산을 방출하는데 이후에 다른 조직으로 이동된다.

신호전달의 고도의 민감성을 설명할 수 있는 3가지 인자로서 신호 분자에 대한 수용체의 높은 친화도(affinity), 그 리간드와 수용체가 상호작용할 때의 협동성(cooperativity, 흔한 일이지만 항상 그렇지는 않다), 그리고 효소 연쇄반응(enzyme cascade)에 의한 신호 증폭(amplification)을 들 수 있다. 신호(리간드)와 수용체 사이의 **친화도(affinity)**는 해리상수 K_d로 표시되며, 이 값은 보통 10^{-7} M 이하이다. 이것은 수용체가 마이크로몰에서 나노몰 농도의 신호물

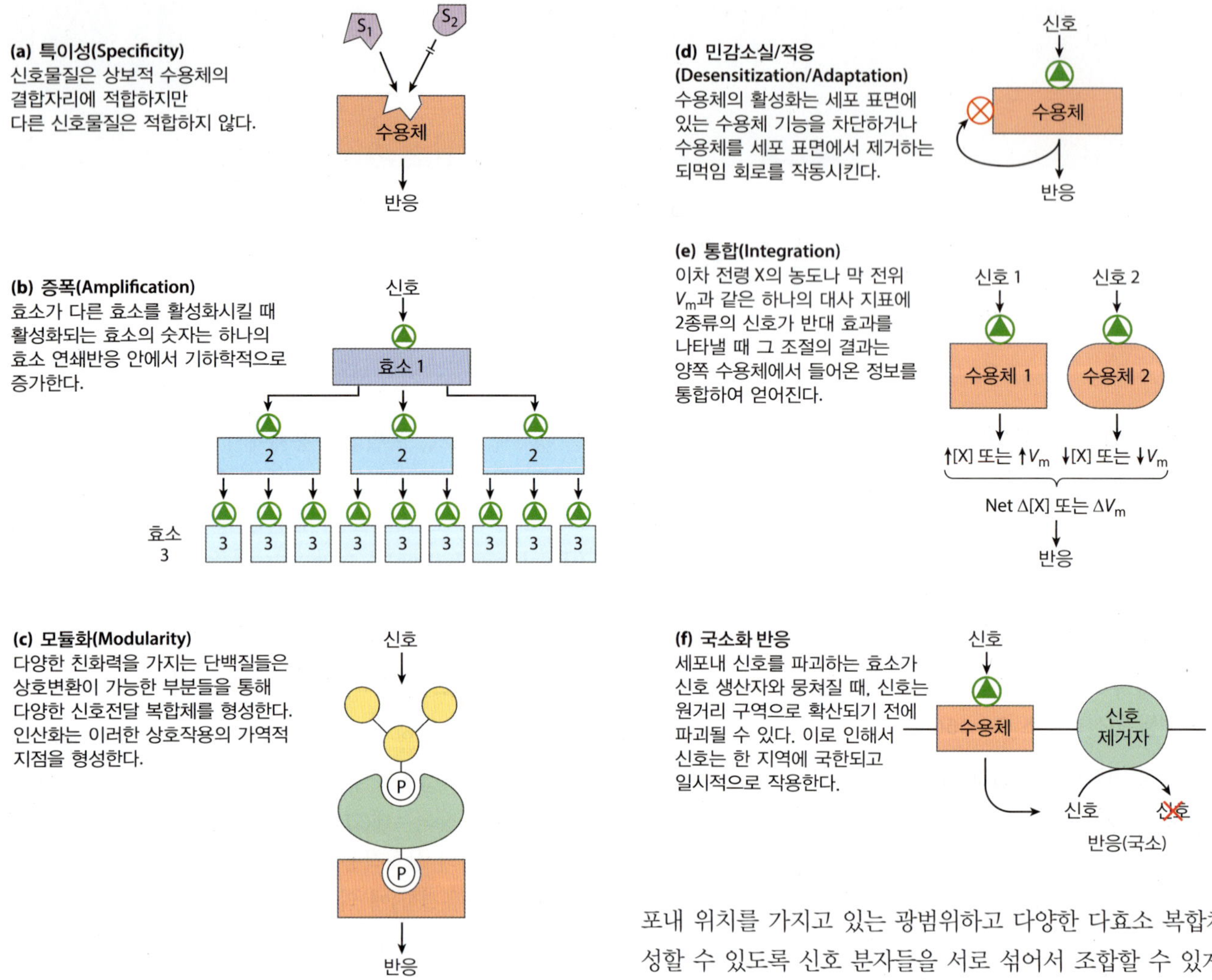

그림 12-1 신호전달계의 6가지 특징.

질을 감지할 수 있다는 것을 의미한다.

수용체-리간드 상호작용의 **협동성** 때문에 리간드 농도가 조금만 변하더라도 수용체의 활성화에 많은 변화가 초래된다(산소가 헤모글로빈에 결합할 때 협동성의 효과를 상기해 보라; 그림 5-12 참조). **신호증폭(Amplification)**은 신호 수용체에 연결된 하나의 효소가 활성화되면 그 효소는 수많은 두 번째 효소의 활성화를 초래하고 이어서 각각의 두 번째 효소는 또 다른 수많은 세 번째 효소의 활성화를 일으키는 방식으로 작용함으로써 가능하게 된다(그림 12-1b). 이러한 일련의 단계를 **효소 연쇄반응(enzyme cascade)**이라 일컫는다. 몇 십만 배에서 몇 백만 배 크기의 신호증폭이 이러한 효소 연쇄반응에 의하여 천분의 1초 단위의 짧은 시간에 발생할 수 있다. 신호에 대한 반응은 또한 종료되어 하류에서 나타나는 효과가 원래의 자극 강도에 비례하게 된다.

신호전달 단백질 사이의 상호작용은 **모듈식**이다. 많은 신호전달 단백질들이 다른 단백질들이나 세포골격 또는 형질막에 있는 특별한 특성을 인식할 수 있는 다양한 영역을 가지고 있다. 이러한 **모듈화(Modularity)**는 세포로 하여금 다른 기능 또는 다른 세포내 위치를 가지고 있는 광범위하고 다양한 다효소 복합체를 형성할 수 있도록 신호 분자들을 서로 섞어서 조합할 수 있게 한다. 이러한 상호작용에서 하나의 공통된 특징은 모듈화된 신호 단백질들이 또 다른 단백질의 인산화 잔기에 결합된다는 것이다; 그 결과 상호작용은 단백질 파트너의 인산화 및 탈인산화에 의해서 조절될 수 있다(그림 12-1c). 연쇄반응에서 상호작용하는 많은 효소들과 친화도를 가지는 비효소적 **지지대 단백질(scaffold protein)**들은 이 효소들을 가까이 묶어서 특이적 시기 및 특이적인 세포내 위치에서 상호작용할 수 있게 만든다. 단백질-단백질 상호작용에 관련된 많은 도메인들은 본질적으로 무질서하다(그림 4-22 참조). 그들이 상호작용하는 단백질들이 어느 것이냐에 따라 달리 접힐 수 있다. 결과적으로 한 단일 단백질이라도 신호전달 경로에서 다양한 기능을 수행할 수 있다.

수용체계(receptor system)의 민감성은 쉽게 변화된다. 신호가 계속적으로 존재하면 수용체계에는 **민감소실(desensitization)**이 일어나고(그림 12-1d), 자극이 일정 기준치 이하로 떨어지면 수용체계는 다시 민감해진다. 밝은 햇볕에서 깜깜한 방으로 들어갔을 경우 또는 그 반대일 경우 시각 변환계(visual transduction system)에 무슨 일이 일어나는지를 생각해 보라.

신호 **통합(integration)**은 신호전달계가 여러 종류의 신호를 받아들여 세포 또는 개체의 요구에 알맞게 일정한 반응을 일으키는 능력을 말한다(그림 12-1e). 서로 다른 신호전달경로가 여러 단계에서 각각의 상황에 알맞게 서로 연결되어 세포와 개체의 항상성을 유지시키기 위한 복잡한 상호작용을 나타낸다.

신호전달계에서 마지막으로 주목할 만한 현상은 한 세포 안에서 일어나는 **반응의 국소화(response localization)**이다(그림 12-1f). 신호전달계의 구성원이 세포의 특정 하부구조(예를 들면, 형질막에 있는 뗏목)에 한정될 때 세포의 다른 원거리 구역에 영향을 미치지 않으면서 국소적으로 반응을 조절할 수 있다.

신호전달의 연구로 밝혀진 중요한 사실 중의 하나는 신호전달 기전이 진화 과정 중에 매우 놀랍게 보존되어 왔다는 것이다. 각기 다른 생물학적 신호들의 수는 수천 개에 이르지만(표 12-1에는 단지 몇 개의 중요한 유형만 나열되어 있다), 이러한 신호들이 일으키는 반응의 종류는 비교적 셀 수 있을 정도의 수이다. 이 모든 신호를 변환하는 장치는 약 10개의 기본 유형 단백질 성분으로 구성되어 있다.

이 장에서 몇 가지 종류의 중요한 신호전달 기전에 대하여 알아보고, 이러한 신호들이 어떻게 호르몬과 성장인자에 대한 반응, 시각과 냄새 및 맛의 감별, 신경신호의 전달, 그리고 세포주기의 조절과 같은 특정 생물학적 기능으로 통합되는지 살펴보고자 한다. 흔히 신호전달경로의 최종 결과는 표적 세포의 몇몇 특정 표적-세포 단백질들이 인산화되어 그 활성이 변하게 되고 따라서 세포의 활성도 변하는 것이다. 이 장 전반에 걸친 논의에서 생물학적 신호전달의 근본적인 기전이 보존되어 있다는 점과 이러한 기본적인 기전이 다양한 범위의 신호전달경로에 적용된다는 점이 강조되고 있다.

우리는 수용체 유형에 따라 분류되는 몇 가지 대표적인 신호전달계를 분자 수준에서 자세히 살펴보게 된다. 각 신호전달계의 촉발자(trigger)는 다르지만 신호전달의 일반적인 양상에는 공통점이 있다. 즉, 신호는 수용체와 상호작용하고 활성화된 수용체는 다시 세포 안의 반응 장치들과 상호작용하여 이차 신호를 만들어 내거나 세포 단백질의 활성을 변화시킨다. 따라서 표적 세포의 대사 활동도 변하게 되며, 최종적으로 신호전달 과정이 끝난다. 신호전달계의 일반적인 양상을 보여 주기 위하여 우리는 4가지의 기본 수용체 유형을 예로 들어 살펴보고자 한다(**그림 12-2**).

1. **G 단백질 짝지음 수용체**(*G protein-coupled receptor*), 세포 안 이차 전령(second messenger)을 생산하는 효소를 간접적으로(GTP-결합 단백질 또는 G 단백질을 통하여) 활성화시키는 수용체. 이 유형의 수용체는 에피네프린(아드레날린)을 감지하는 β-아드레날린 수용체계(β-adrenergic receptor system)를 통하여 설명된다(12.2절). 시각과 후각 및 미각도 G 단백질 짝지움 수용체를 통해 작용하는 감각계이다(12.3절).
2. **수용체 효소**(*Receptor enzymes*), 형질막에 존재하는 수용체로서 세포막 안쪽에 있는 부위에는 효소활성을 보유하고 있으며, 세포 밖의 리간드 결합에 의해 신호가 시발되는 수용체. 예를 들면, 타이로신 인산화효소(*Receptor tyrosine kinase*) 활성을 지닌 수용체는 세포 안 특정 표적 단백질들에 있는 타이로신 잔기에의 인산화를 촉매한다. 인슐린 수용체가 한 예이고(12.4절), 표피 성장인자(epidermal growth factor receptor, EGFR)는 또 다른 예가 된다. 구아닐산 고리화효소 활성을 보유한 수용체도 이러한 일반 분류 유형에 포함된다(12.5절).
3. **개폐 이온 통로**(*Gated ion channel*), 화학물질 리간드가 결합하거나 막횡단 전위가 변하는 것에 반응하여 열리고 닫히는 (따라서 "관문 개폐"라는 용어를 사용) 형질막의 이온 통로. 이들은 가장 단순한 신호전달 조절자에 해당한다.
4. **핵 수용체**(*Nuclear receptor*), 특정 리간드(예; 호르몬 에스트로젠)와 결합했을 때 특정 유전자가 전사되고 세포 단백질로 번역되는 속도를 조절하는 수용체. 스테로이드 호르몬은 유전자 발현 조절과 밀접하게 관련된 기전을 통하여 작용하므로, 이 장에서는 단지 간단히 언급만 하고(12.8절), 이들의 역할에 대한 더 자세한 논의는 제28장으로 미루기로 한다.

생물학적 신호전달에 관한 논의를 시작함에 따라 신호전달 단백질에 관한 전문 용어는 일반적인 규칙에 따른다. 이 신호전달 단백질들은 전형적으로 한 상황에서 발견되어 이에 따라 이름이 붙여졌고 그 이후에 원래의 이름과 무관한 광범위한 생물학적 기능에 관여한다는 사실이 입증되었다. 예를 들면, 망막모세포종(retinoblastoma) 단백질 pRb는 처음에 망막 종양을 일으키는 돌연변이 자리로 알려졌다. 하지만 이제는 망막뿐만 아니라 모든 세포에서 세포분열에 필수적인 여러 경로에 작용한다는 사실이 밝혀졌다. 일부 유전자와 단백질에는 그 기능을 알 수 없는 모호한 이름도 붙여졌다. 예를 들면, 종양억제 단백질인 p53은 크기가 53 kDa에 해당하는 단백질이기 때문에 붙여진 이름이다. 이 이름만으로는 p53이 세포주기 조절과 암 발달 과정에서 얼마나 중요한 역할을 하는지 예측할 수도 없다. 이 장에서 이러한 단백질들을 만나면 일반적인 정의를 내리고 이 분야의 연구자들에 의해 흔히

표 12-1 세포 반응을 유도하는 몇 가지 신호들

항원	빛
세포 표면 당단백질/소당 (oligosaccharides)	물리적 접촉 미생물, 곤충병원체들
발생 과정의 신호	신경전달물질
세포 밖 바탕질 성분	영양소
성장인자	냄새 유발물질
호르몬	페로몬
저산소증(hypoxia)	맛 유발물질

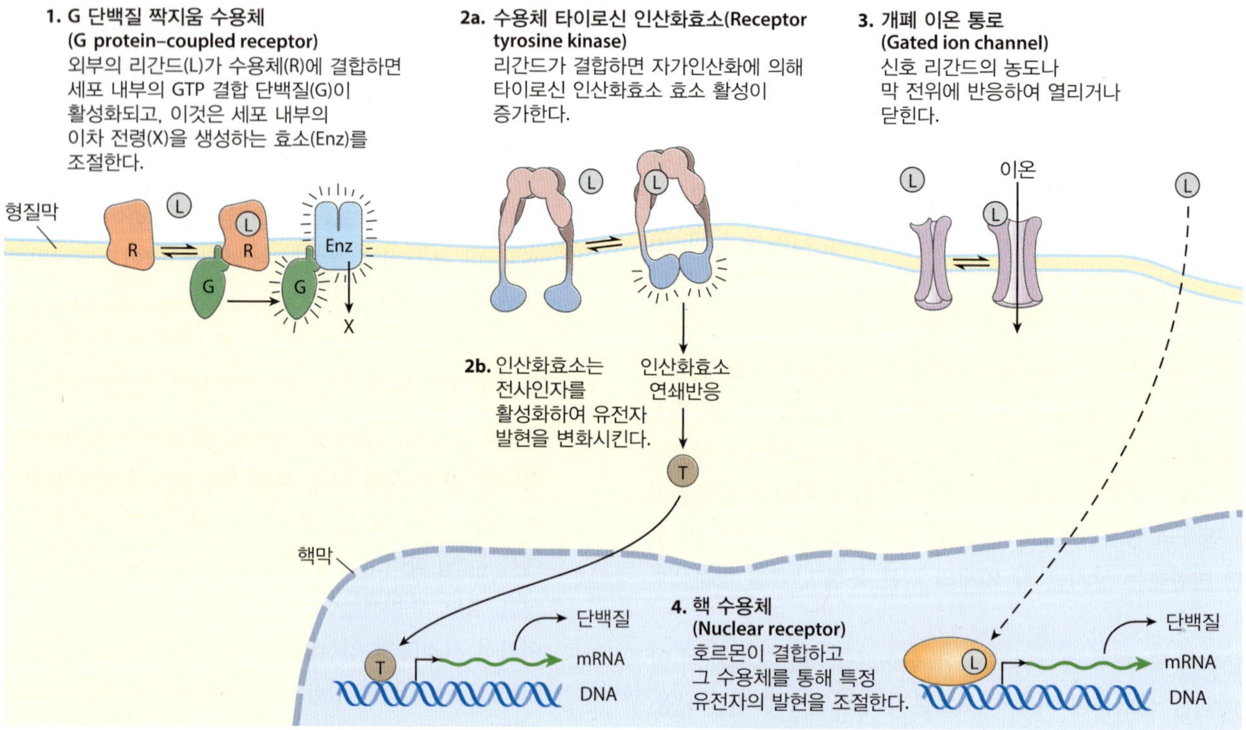

그림 12-2 4가지 일반적인 유형의 신호전달 조절자.

사용되고 있는 이름을 소개하고자 한다. 처음 마주친 자리에서 이 이름들을 확실히 머리에 새기지 못하더라도 실망하지 말라.

요약 12.1 신호전달의 일반적인 양상

■ 모든 세포는 특이적이고 매우 민감한 신호전달 기전을 가지고 있으며, 이것은 진화하는 동안 보존되었다.

■ 다양한 자극은 형질막에 존재하는 특정 단백질인 수용체를 통하여 작용한다.

■ 수용체는 신호 분자와 결합하여 신호를 증폭시키고, 이것을 다른 수용체에서 오는 정보와 통합하여 세포 안으로 또는 특별한 경우에 세포 안의 특별한 위치로 전달한다. 만약 이 신호가 계속 지속된다면 수용체 민감소실이 일어나서 반응이 줄어들거나 끝나게 된다.

■ 다세포 생물은 4가지 유형의 일반적인 기전을 가지고 있다: G 단백질을 통하여 작용하는 형질막 단백질; 내부에 효소 활성(타이로신 인산화효소와 같은)을 보유한 수용체; 개폐 이온 통로; 그리고 스테로이드에 결합하여 유전자 발현을 조절하는 핵 수용체.

12.2 G 단백질 짝지움 수용체와 이차 전령

G 단백질 짝지움 수용체(GPCRs)는 그 이름이 의미하듯이 **구아닌 뉴클레오타이드-결합 단백질(guanosine nucleotide-binding protein)** 또는 **G 단백질(G protein)** 족을 통해 작용하는 수용체이다. GPCR을 통한 신호전달은 3가지의 필수적인 요소들에 의하여 규정된다. 이것은 7개의 막횡단 나선 분절을 갖고 있는 형질막 수용체, 활성형(GTP-결합 상태)과 불활성형(GDP-결합 상태)을 순환하는 G 단백질, 그리고 활성형 G 단백질에 의해 조절되는 형질막 실행 효소(또는 이온 통로)를 포함한다. 호르몬, 성장인자, 또는 신경전달물질과 같은 세포 밖 신호물질들이 수용체를 활성화시키는 "일차 전령"이 된다. 활성화된 수용체에 의하여 자극된 G 단백질은 결합된 GDP가 GTP로 교체되고, GTP-단백질 복합체는 수용체에서 분리된 후 인접한 실행 효소에 결합하여 그 활성을 변화시킨다. 실행 효소는 세포액에서 분자량이 작은 대사물질이나 무기 이온 농도를 바꾸어 주는데 이러한 대사물질이나 이온들은 **이차 전령**으로 작용하여 1개 이상의 하류 표적들, 흔히 단백질 인산화효소들을 활성화시키거나 억제한다.

인간 유전체는 약 800여 종 이상의 GPCRs을 암호화하고 있는데 이 중에 약 350여 종의 GPCRs은 호르몬과 성장인자 그리고 다른 내인성 리간드를 인식하며, 약 500여 종은 후각(냄새) 및 미각(맛)의 수용체로 작용한다. GPCRs은 알레르기, 우울증, 시각상실, 당뇨병, 그리고 건강에 심각한 영향을 미치는 여러 심혈관계 이상 등 인간에게 흔한 수많은 질병과 연관되어 있다. 또한, 약 20%의 암에서도 GPCR의 돌연변이가 발견되었다. 예를 들면, 시장에 나와 있는 3분의 1에 가까운 약물이 하나 또는 그 이상의 GPCRs을 대상으로 작용하고 있다. 예를 들면, 에피네프린(epinephrine)의 효과를 매개하는 β-아드레날린 수용체는 고혈압, 심장 부정맥, 녹내장, 불안, 편두통과 같은 다양한 증상을 치료하기 위해 처방되는 "베타-차단제(beta blockers)"의 표적이 된다. 인간 유전체에서 발견된 최소한 100여 개의 GPCRs은 아직도 자연적인 리간드가 밝혀져 있지 않고 이들의 생물학에 관해서도 전혀 알려져 있지 않은 "고아 수용체(orphan receptors)"이다. β-아드레날린 수용체의 경우엔 생물학과 약리학적인 특성이 잘 이해되고 있어서 모든 GPCRs의 대표적인 예가 된다. 따라서 이 수용체로부터 신호전달계에 관한 논의를 시작하고자 한다. ■

β-아드레날린 수용체계는 이차 전령인 cAMP를 통하여 작용한다

에피네프린은 생물체에 에너지 생성장치를 동원해야 하는 위협이 가해졌을 때 경보를 울려준다. 즉 싸울 것인지 아니면 도피할 필요가 있는지를 알려준다. 에피네프린의 작용은 이 호르몬에 민감한 세포의 형질막에 있는 수용체 단백질에 이 호르몬이 결합하면서 시작된다. **아드레날린 수용체(adrenergic receptor)**("adrenergic"은 에피네프린의 다른 이름인 아드레날린을 반영한 것이다)는 한 그룹의 작용제(agonists)와 길항제(antagonists)에 대한 반응과 친화도의 차이에 따라 4가지 일반적인 유형, 즉 α_1, α_2, β_1, 그리고 β_2로 나뉜다. **작용제(agonists)**는 수용체에 결합하여 원래의 리간드와 비슷한 효과를 나타내는 물질들(천연 리간드 또는 이들의 구조적인 유사체)을 말하고, **길항제(antagonists)**는 수용체에 결합하지만 정상적인 효과를 나타내지 않고 천연 리간드를 포함하는 작용제의 효과를 오히려 차단하는 리간드 유사체를 말한다. 어떤 경우에는 합성 작용제 또는 길항제의 수용체에 대한 친화도가 천연 작용제의 친화도보다 더 크다(**그림 12-3**). 4종류의 아드레날린 수용체가 각기 다른 조직에서 발견되었으며, 이들은 에피네프린에 대하여 서로 다른 반응을 매개한다. 여기에서는 근육, 간, 그리고 지방조직에 있는 ***β*-아드레날린 수용체**를 중점적으로 다루게 된다. 이 수용체는 제23장에서 설명되는 것처럼 글리코겐과 지방의 분해 증가를 포함하는 연료 대사의 변화를 매개한다. 아드레날린 수용체 종류 중 β_1과 β_2는 동일한 기전을 통하여 작용한다. 따라서 여기에서 사용되는 "β-아드레날린"은 2종류 모두에 적용된다.

모든 GPCRs 처럼, β-아드레날린 수용체는 20~28개의 아미노산 잔기로 구성된 소수성 나선 영역이 7개가 있어서 "뱀"처럼 형질막을 횡단하며 왔다갔다 7회 반복하는 구조를 갖고 있는 내재단백질(integral protein)이다. 따라서 이 GPCRs은 **7회 나선구조(heptahelical) 수용체**라는 또 다른 이름을 갖는다. 에피네프린이 형질막 깊숙이 박혀있는 수용체의 한 자리에 결합하면(**그림 12-4a**, 단계 ❶), 수용체의 세포 내부 영역의 입체형태 변화를 초래하여 G 단백질과의 상호작용에도 영향을 미친다. 그 결과 G 단백질에서 GDP가 분리되고 GTP가 결합하게 된다(단계 ❷). 모든 GPCRs의 경우에, G 단백질은 이종삼합체이며, 이는 3개의 소단위들; α, β, 그리고 γ로 이루어진다. 그래서 이러한 G 단백질들은 **삼합체 G 단백질**들로 알려졌다. 이 경우에 α 소단위는 GDP 또는 GTP에 결합하여 신호를 활성화된 수용체에서 실행 단백질로 전달한다. 이 G 단백질은 실행인자(effector)를 활성화시키기 때문에 이를 **자극 G 단백질(stimulatory G protein)** 또는 G_s라고 한다. 다른 G 단백질들(별도설명 12-1)과 유사하게, G_s는 생물학적 "스위치"로서 기능을 한다; 즉, G_s의 뉴클레오타이드 결합자리에(α 소단위에 있는 자리) GTP가 결합하면 G_s는 스위치가 켜져서 실행인자(여기서는 아데닐산 고리화효소)를 활성화시키며; 그 자리에 GDP가 결합하면 G_s는 스위치가 꺼진다. 활성형에서 G_s의 β와 γ 소단위는 α 소단위에서 $\beta\gamma$ 이합체(dimer)로서 떨어지고, GTP가 결합된 $G_{s\alpha}$는 막 평면을 따라 움직여서 수용체로부터 벗어나 인접한 아데닐산 고리화효소 분자 가까이 다가간다(단계 ❸). $G_{s\alpha}$는 공유결합으로 연결된 팔미토일기(palmitoyl group)를 통하여 막에 부착하고 있다(그림 11-13 참조).

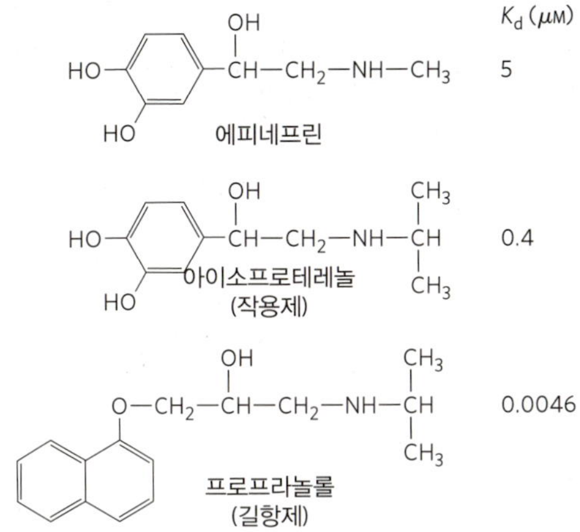

그림 12-3 에피네프린과 합성 유사물. 아드레날린이라고도 불리는 에피네프린은 부신에서 분비되고 근육, 간, 그리고 지방조직에서 에너지 생성 대사를 조절한다. 에피네프린은 또한 아드레날린 신경세포에서 신경전달물질로도 작용한다. 이 물질의 수용체에 대한 친화도는 수용체-리간드 복합체의 해리상수(K_d)로 표시된다. 아이소프로테레놀(isoproterenol)과 프로프라놀롤(propranolol)은 합성 유사물이다. 첫 번째 물질은 작용제로서 수용체에 대한 친화도가 에피네프린보다 더 높고, 길항제인 두 번째 물질은 더욱 더 높은 극단적인 친화도를 보여 준다.

아데닐산 고리화효소(Adenylyl cyclase)는 세포액 쪽에 활성자리를 가지고 있는 형질막 내재단백질이다. 활성형 $G_{s\alpha}$는 아데닐산 고리화효소와 결합하여 이를 자극하고 ATP로부터 cAMP의 합성을 촉진하여 세포 안 cAMP의 농도를 증가시킨다(그림 12-4a, 단계 ❹; 또한 그림 12-4b 참조). $G_{s\alpha}$와 아데닐산 고리화효소의 상호작용은 $G_{s\alpha}$에 GTP가 결합되어 있을 때에만 가능하다. 포유류의 유전체는 9개의 이소형 막결합 아데닐산 고리화효소를 암호화하고 있는데, 이들은 모두 매우 보존적인 서열을 가지고 있지만 그 기능들은 분명하게 구별된다.

$G_{s\alpha}$에 의한 자극은 자가 제한(self-limiting)의 특성을 가지고 있다. 즉, $G_{s\alpha}$는 결합된 GTP를 GDP로 전환시켜서 스스로 불활성화시키는 *GTP* 분해효소 활성을 보유하고 있다(**그림 12-5**). 불활성

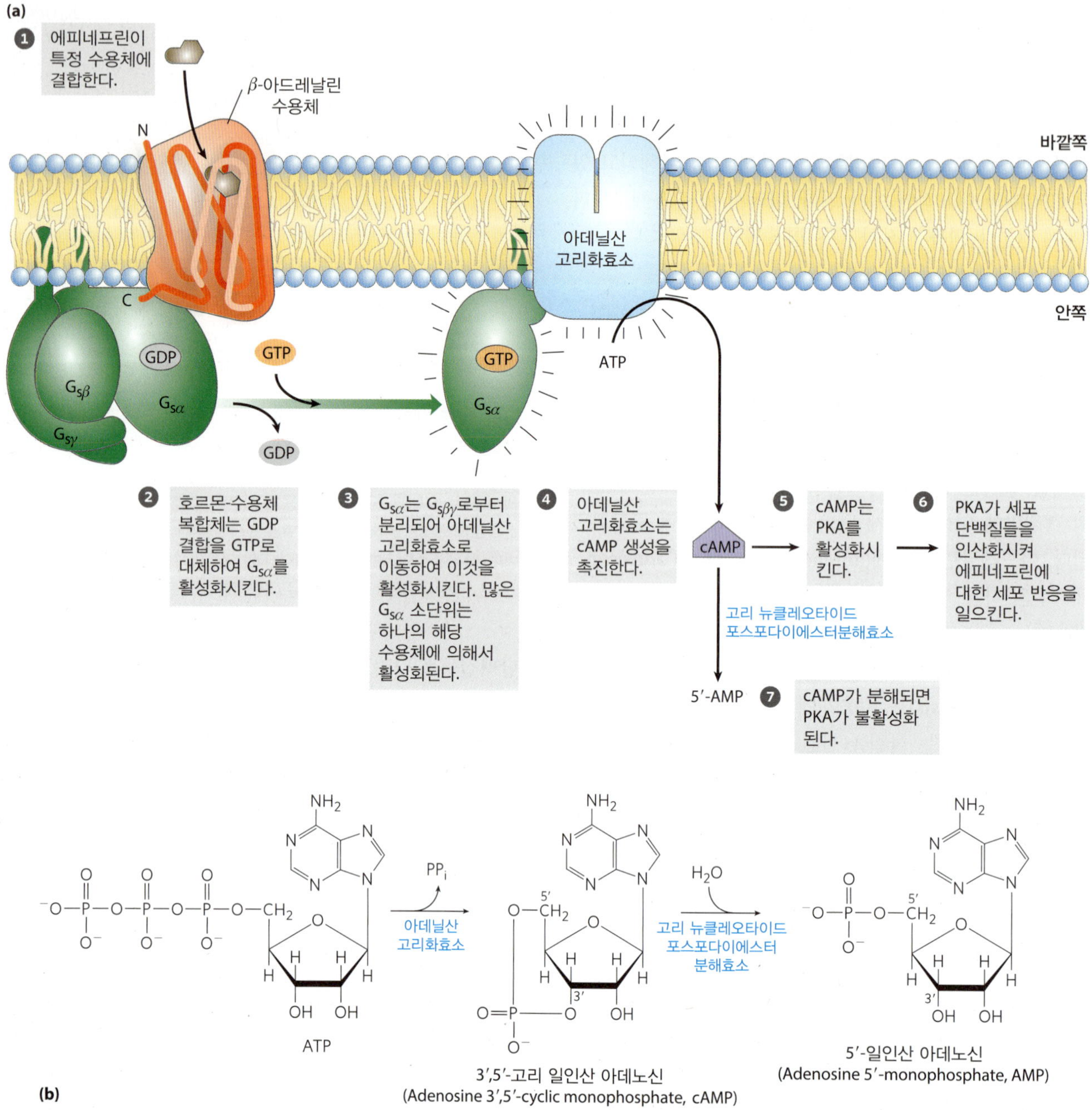

그림 12-4 에피네프린의 신호전달: β-아드레날린 경로. (a) 에피네프린(E)이 수용체(Rec)와 결합하여 아데닐산 고리화효소(AC)를 활성화시키는 기전. 이 7단계의 기전은 본문에서 자세히 설명된다. 형질막에 있는 동일한 아데닐산 고리화효소 분자가 자극 G 단백질(G_s, 그림에서 보임)이나 억제 G 단백질(G_i, 그림에는 보이지 않음)에 의하여 조절될 수 있다. G_s와 G_i는 다른 호르몬들의 영향을 받는다. GTP를 G_i에 결합시키는 호르몬들은 아데닐산 고리화효소를 억제하여 세포 안 cAMP의 농도를 감소시키는 결과를 초래한다. (b) 단계 ❹와 ❼을 촉매하는 효소들의 연계 작용, 즉 아데닐산 고리화효소와 cAMP 포스포다이에스터분해효소를 통해 각각 이차 전령인 cAMP를 생성하고 분해한다.

형 $G_{s\alpha}$가 아데닐산 고리화효소로부터 분리되면 이 고리화효소는 활성을 잃게 된다. 이어서 $G_{s\alpha}$가 $\beta\gamma$ 이합체($G_{s\beta\gamma}$)와 재결합하면 G_s는 다시 호르몬 결합 수용체와 상호작용할 수 있도록 준비 상태에 있게 된다.

생물학적 스위치 단백질로 작용하는 $G_{s\alpha}$의 역할이 독특한 것은 아니다. 여러 다양한 G 단백질들은 GPCRs을 포함하는 신호전달계와 막 융합 및 분열을 포함하는 많은 과정에서 이중 스위치로 작용한다(별도설명 12-1).

에피네프린은 아데닐산 고리화효소를 활성화시켜서 고리형 AMP(cAMP) 농도를 증가시킴으로써 하류 단계에 영향을 미친다. cAMP는 이차 전령으로서 다른자리입체성 조절 기전을 통해 **단백질 인산화효소 A** 또는 **PKA**라고도 불리는 **cAMP-의존 단백질 인산화효소(cAMP-dependent protein kinase)**를 활성화시키게 된다(그림 12-4a, 단계 ❺). PKA는 글리코겐 가인산분해효소 *b* 인산화효소(glycogen phosphorylase *b* kinase)를 포함하는 다른 단백질들의 특이적인 세린 또는 트레오닌 잔기에서의 인산화를 촉매한다.

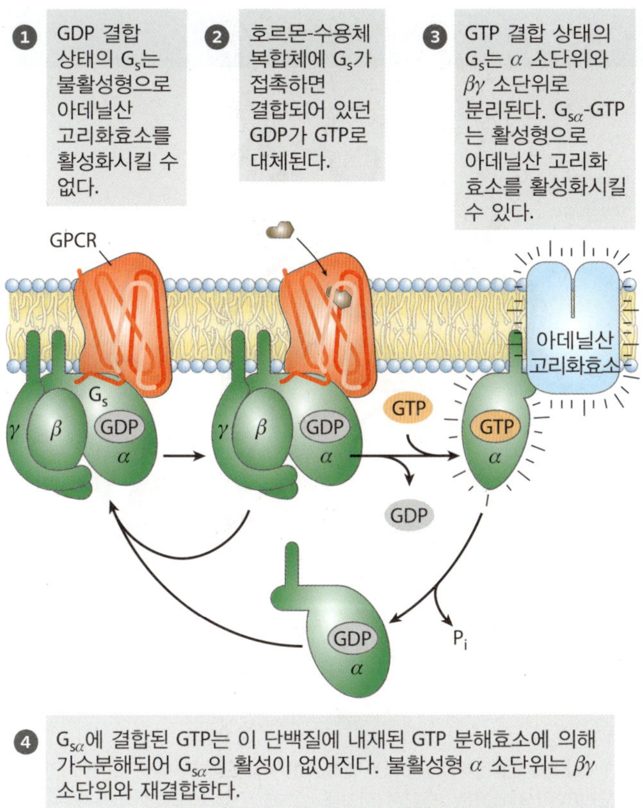

그림 12-5 GTP 분해효소 스위치(switch). G 단백질은 GDP 결합(중지상태, off)과 GTP 결합(작동상태, on) 사이를 순환한다. 이 G 단백질에 내재된 GTP 분해효소 활성은 많은 경우에 RGS 단백질(regulators of G-protin signaling; 별도설명 12-1 참조)에 의하여 자극되는데, 이것은 얼마나 빨리 결합된 GTP를 GDP로 가수분해하는지, 그리고 결과적으로 얼마나 오랫동안 G 단백질이 활성형으로 유지되는지를 결정해 준다.

이 효소가 에피네프린에 의해서 전달된 신호에 의해 인산화되면 활성화되어 에너지 필요에 대비해서 근육과 간에 저장해 둔 글리코겐을 유리시킬 수 있다.

불활성형 PKA는 2개의 동일한 촉매 소단위(C)와 2개의 동일한 조절 소단위(R)를 포함하고 있다(**그림 12-6a**). 사합체인 R_2C_2 복합체는 각각의 R 소단위에 있는 자가억제 영역이 각각의 C 소단위에 있는 기질 결합자리를 차지하고 있어서 촉매활성이 없다. cAMP는 PKA에 대한 다른자리 활성촉진자이다. cAMP가 각각의 R 소단위에 결합하면 R 소단위의 입체형태가 변하게 되고 R의 자가억제 영역이 C의 촉매 영역으로부터 떨어져 나간다. R_2C_2 복합체는 서로 분리되어 촉매활성을 갖는 2개의 유리 C 소단위를 생성한다. 이와 같은 기본적인 자가억제 영역 치환 기전은 많은 종류의 단백질 인산화효소가 그들의 이차 전령에 의하여 다른자리

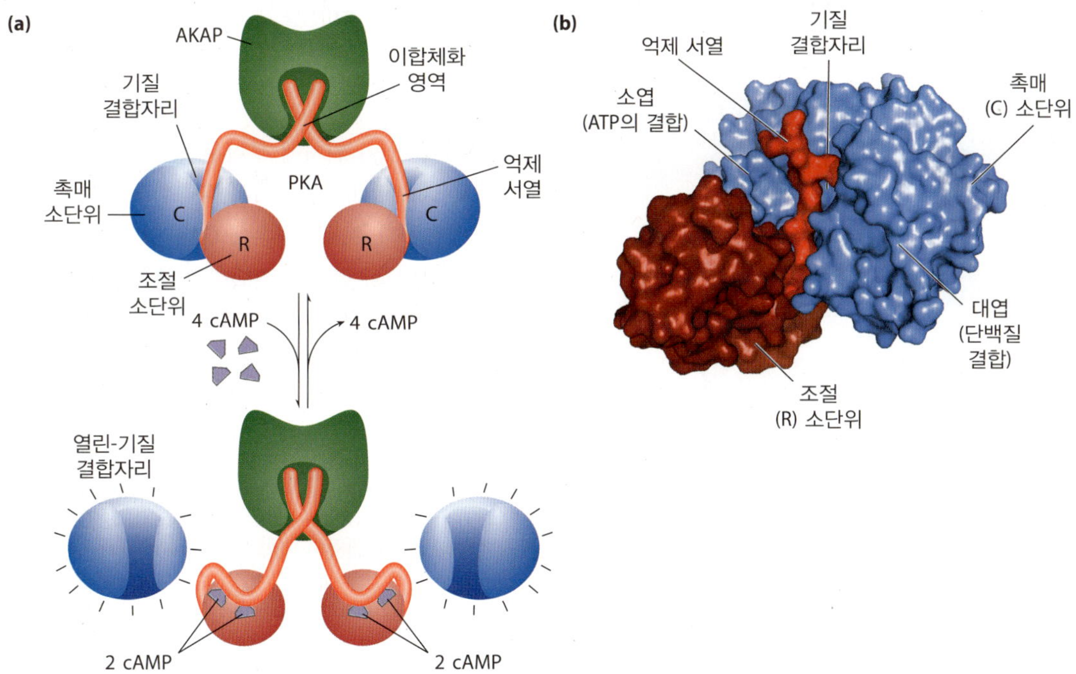

그림 12-6 cAMP-의존 단백질 인산화효소(PKA)의 활성화. **(a)** cAMP의 농도가 낮은 경우, 2개의 동일한 조절 소단위(R; 빨간색)가 2개의 동일한 촉매 소단위(C; 파란색)와 결합되어 있다. 이 R_2C_2 복합체에서 R 소단위의 억제 서열이 C 소단위의 기질 결합자리를 차지하고 있어서 단백질 기질이 결합하는 것을 막는다. 따라서 이 복합체는 촉매활성이 없는 불활성형이다. R 소단위의 아미노 말단 서열은 상호작용하여 R_2 이합체를 형성하는데, 이곳은 'A 인산화효소 닻 단백질(A kinase anchoring protein; AKAP)'이 결합되는 부위이기도 하다. 이 단백질에 대해서는 본문에서 나중에 설명된다. 호르몬 신호에 반응하여 cAMP 농도가 증가하면 각각의 R 소단위는 2개의 cAMP 분자와 결합하여 극적인 재배치가 일어난다. 이러한 변화는 R 소단위의 억제 서열을 C 소단위로부터 끌어내서 기질 결합자리를 열어주고 촉매활성을 지닌 각각의 C 소단위를 분리시키게 된다. **(b)** R_2C_2 복합체의 일부를 보여 주는 결정 구조. 이 그림은 하나의 C 소단위와 R 소단위의 일부를 보여 주고 있다. R 소단위의 아미노 말단의 이합체화 영역은 단순화시키기 위해서 나타내지 않았다. C의 소엽은 ATP 결합자리를 포함하고 대엽은 단백질 기질이 결합하는 자리를 둘러싸서 그 영역을 규정하고 ATP로부터 인산기를 세린 또는 트레오닌 잔기에 전달하여 인산화를 시킨다. 이 불활성형 단백질에서는 R의 억제 서열이 C의 기질 결합자리를 막아서 불활성화시키고 있다. [출처: (b) PDB ID 3FHI, C. Kim et al., *Science* 307:690, 2005.]

별도설명 12-1 G 단백질: 건강과 질병에서의 이중 스위치

Alfred G. Gilman과 Martin Rodbell은 감각기관의 인식작용, 세포 분열과 증식 및 분화의 신호전달, 단백질과 막 소포(vesicle)의 세포 안 이동, 그리고 단백질 합성 등을 포함하는 매우 다양한 세포 반응에서 구아노신 뉴클레오타이드-결합 단백질(G 단백질)의 중요성을 발견하였다. 인간 유전체는 200여 종의 G 단백질들을 암호화하고 있는데 이들은 크기와 소단위 구조, 세포 안에서의 위치, 그리고 기능이 각기 다르다. 하지만 모든 G 단백질들은 공통적인 특징을 보인다. 즉, 이들은 모두 활성화 될 수 있고 짧은 기간 후에는 다시 스스로를 불활성화시킬 수 있는 시계가 부착된 이중 분자 스위치로 작용한다는 것이다. 이러한 단백질계는 아드레날린 신호전달(G_s와 G_i)과 시각(트랜스듀신, transducin)에 관련된 삼합체 G 단백질; 인슐린 신호전달에 포함된 소형 G 단백질(Ras)과 소포 이동(ARF와 Rab), 핵의 안과 밖으로의 이동(Ran; 그림 27-44 참조), 그리고 세포주기의 시간 조절(Rho) 등에서 역할을 하는 다른 소형 G 단백질; 그리고 단백질 합성 과정에 관련된 여러 단백질들(개시 요소 IF2와 연장 요소 EF-Tu 및 EF-G; 제27장 참조)을 포함한다. 많은 G 단백질들은 공유결합으로 지질에 연결되어 있는데, 이 결합을 통해 이들의 세포막에 대한 친화력이 생기고 세포내 위치도 결정된다.

Alfred G. Gilman, 1941–2015 [출처: Shelly Katz/Liaison Agency/Getty Images.]

Martin Rodbell, 1925–1998 [출처: Courtesy Andrew M. Rodbell.]

모든 G 단백질은 그 핵심 구조가 같으며 GDP가 결합할 때의 불활성형 입체형태에서 GTP가 결합할 때의 활성형 입체형태로 전환하는 스위치 기전도 같다. Ras 단백질(~20 kDa)은 최소의 신호전달 단위로서 이러한 G 단백질 초족(superfamily)의 모든 구성원에 대한 전형적인 예로 이용되고 있다(그림 1).

G 단백질은 GTP와 결합된 입체형태로 변하면 전에는 숨겨져 있던 영역(**스위치 I**과 **스위치 II**라 일컬음)이 노출된다. 이 영역은 G 단백질에 결합된 GTP를 GDP로 가수분해하여 자체적으로 불활성화될 때까지 신호경로 하부에 위치한 단백질들과 상호작용한다. G 단백질의 입체형태에서 가장 중요한 결정인자는

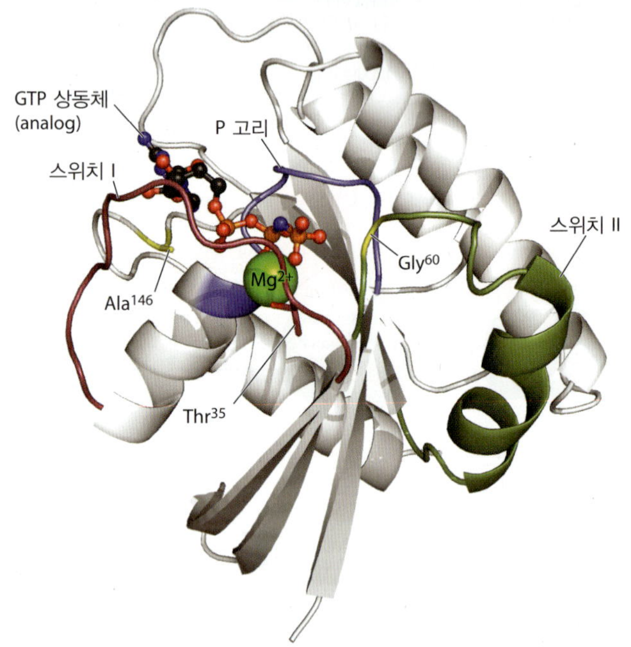

그림 1 모든 G 단백질의 전형적인 예가 되는 Ras 단백질. Mg^{2+}-GTP가 인산-결합 P 고리(파란색)에 있는 중요한 잔기들, 그리고 스위치 I(빨간색)에 있는 Thr^{35}와 스위치 II(녹색) 영역에 있는 Gly^{60}에 의해 고정되어 있다. Ala^{146}은 ATP보다 더 강한 GTP에 대한 특이성을 제공한다. 여기서 보여주고 있는 구조에는 비가수분해성 GTP 유사물 Gpp(NH)p가 GTP 결합자리에 결합되어 있다. [출처: PDB ID 5P21, E. F. Pai et al., *EMBO J.* 9:2351, 1990.]

GTP의 감마(γ) 위치에 부착된 인산기이다. 이 인산기는 **P 고리**(*p*hosphate-binding의 *p*에서 유래함; 그림 2)라고 불리는 영역과 상호작용한다. Ras의 경우에 GTP 의 감마 인산기는 P 고리에 있는 라이신(Lys) 잔기와 결합하고, 또한 GTP의 감마 인산기에 있는 산소와 수소결합하는 2개의 중요한 잔기들, 즉 스위치 I의 트

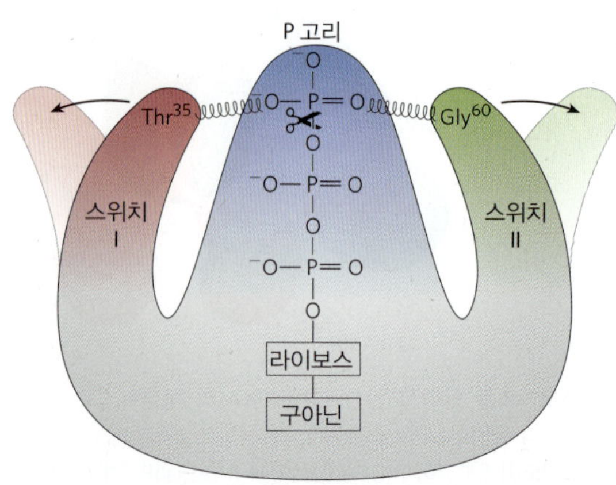

그림 2 결합된 GTP가 Ras의 GTP 분해효소 활성과 GAP에 의해 가수분해되면 Thr^{35}와 Gly^{60}과의 수소결합이 상실되고 결과적으로 스위치 I과 스위치 II 영역은 하류의 표적단백질들과 더 이상 상호작용을 할 수 없는 입체형태로 이완된다. [출처: Information from I. R. Vetter and A. Wittinghofer, *Science* 294:1299, 2001, Fig. 3.]

레오닌(Thr^{35})과 스위치 II의 글라이신(Gly^{60})에도 결합한다. 이들 수소결합은 한 쌍의 스프링처럼 작용하여 이 단백질을 활성형 입체형태로 유지시킨다. GTP가 GDP로 분해되어 P_i가 방출되면 이 수소결합이 사라지고 이 단백질은 불활성형 입체형태로 이완된다. 활성 상태에서 다른 단백질들과 상호작용하던 부위는 다시 숨겨진다. 구아닌의 산소와 알라닌(Ala^{146}) 사이의 수소결합은 ATP가 아닌 GTP가 결합할 수 있도록 한다.

G 단백질에 내재한 GTP 분해효소 활성은 **GTP 분해효소 활성화 단백질(GTPase activator proteins, GAPs)**에 의해 10^5 배까지 증가한다. 이 GTP 분해효소 활성화 단백질은 이종삼합체 G 단백질의 경우, **G 단백질 신호전달 조절자(regulators of G protein signaling, RGSs)**라고도 불린다(그림 3). GAPs(또는 RGSs)는 스위치가 얼마나 오래 "작동 상태(on)"로 유지되는지를 결정해 준다. 이들은 중요한 아르지닌(Arg) 잔기를 G 단백질의 GTP 분해효소 활성자리에 근접시켜서 촉매작용을 돕는다. G 단백질을 활성형으로 전환시키는 결합된 GDP를 GTP로 대체하는 반응도 원래는 느리게 진행되지만 G 단백질과 결합되어 있는 **구아노신 뉴클레오타이드-교환 요소(guanosine nucleotide-exchange factors, GEFs)**에 의해 촉매되어 빠르게 진행될 수 있다(그림 3). 리간드-결합 β-아드레날린 수용체는 많은 GEFs 중의

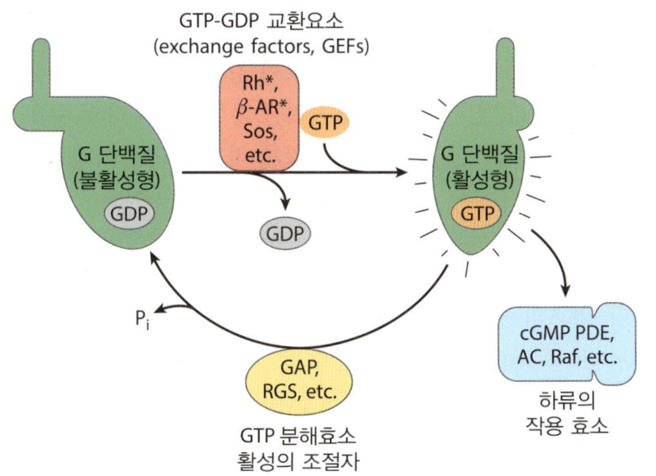

그림 3 단백질의 활성을 조절하는 여러 요소(녹색). 불활성형 G 단백질(Ras와 같은 소형 G 단백질과 Gs와 같은 이종삼합체 G 단백질 모두 포함)은 상류의 GTP-GDP 교환 요소인 GEFs(빨간색)와 상호작용한다. 주로 로돕신(Rh)이나 β-아드레날린 수용체(AR)와 같은 활성형 수용체가 이러한 교환 요소에 해당한다. G 단백질들은 GTP 결합으로 활성화된다. 이러한 활성형 G 단백질은 GTP 결합상태에서 하류의 작용 효소(파란색), 즉 cGMP 포스포다이에스터분해효소(PDE), 아데닐산 고리화효소(AC), 그리고 Raf와 같은 효소를 활성화시킨다. GTP 분해효소 활성화 단백질(GTPase activator proteins; 소형 G 단백질의 경우엔 GAPs)과 G 단백질 신호전달 조절자(Regulators of G protein signaling: RGSs, 노란색)는 G 단백질의 GTP 분해효소 활성을 조절하여 G 단백질의 활성이 얼마나 오래 유지될 것인지를 결정해 준다.

하나이며, 다양한 범위의 단백질들이 GAPs으로 작용한다. 이들의 종합적인 효과가 GTP-결합 G 단백질의 농도를 결정해 주며, 이 결과로서 수용체에 도달한 신호들에 대한 반응 강도가 결정된다.

G 단백질이 매우 많은 신호전달 과정에서 중요한 역할을 하기 때문에 G 단백질이 결핍되면 여러 가지 질병이 발생할 수 있다는 것은 놀라운 사실이 아니다. 모든 인체 암의 약 25%에서(어떤 종류의 암에서는 더 높은 비율로) Ras 단백질의 돌연변이를 볼 수 있다. 이 돌연변이는 주로 GTP 결합 부위 주변이나 P 고리에 있는 중요한 잔기 중의 하나에서 일어나며 실질적으로 내재된 GTP 분해효소 활성을 제거하게 된다. 한번 GTP 결합에 의해 활성화되면 이 Ras 단백질은 영구적으로 활성형이 되어 분열되어서는 안 되는 세포에서도 세포분열을 촉진하게 된다. 종양억제유전자 *NF1*은 정상적인 Ras의 GTP 분해효소 활성을 촉진하는 GAP 단백질을 암호화한다. *NF1*에 돌연변이가 발생하면 기능을 하지 않는 GAP을 생성하며 Ras는 오직 내재하는 GTP 분해효소 활성만을 갖게 된다. 한번 GTP 결합에 의해 활성화되면 Ras는 활성형으로 유지되고 계속해서 분열하라는 신호를 보내게 된다.

이종삼합체 G 단백질의 결핍도 역시 질병을 유발한다. G_s(호르몬 자극에 반응하여 cAMP 농도 변화를 매개하는)의 α 소단위를 암호화하는 유전자의 돌연변이는 G_α를 영구적으로 활성화시키거나 불활성화시킨다. "활성화" 돌연변이는 일반적으로 GTP 분해효소 활성에 필수적인 잔기에서 일어난다. 이들은 cAMP 농도를 계속 증가시키고 불필요한 세포 증식 등의 치명적인 결과를 초래한다. 예를 들면, 약 40%의 뇌하수체 종양(샘종 adenomas)에서 이러한 돌연변이가 발견되었다. G_α의 "불활성화" 돌연변이를 가진 사람은 cAMP를 통해 작용하는 호르몬(예를 들면, 갑상샘 호르몬, thyroid hormone)에 반응하지 못한다. 시각신호전달에 관여하는 트랜스듀신 α 소단위(T_α)의 유전자 돌연변이는 한 형태의 야맹증(night blindness)을 일으킨다. 이는 분명 활성화된 T_α 소단위와 막대세포 바깥 분절에 존재하는 포스포다이에스터분해효소와의 상호작용에 문제가 발생하였기 때문이다(그림 12-14 참조). 이종삼합체 G 단백질의 β 소단위를 암호화하는 유전자 서열의 변화도 고혈압 환자에게서 흔히 볼 수 있으며 비만과 동맥경화증 환자와도 관련된다는 의문이 제기되고 있다.

콜레라(cholera)를 유발하는 병원성 세균은 G 단백질을 표적으로 하여 숙주세포의 정상적인 신호전달을 방해하는 독소(toxins)를 생성한다. 감염자의 소장에서 *Vibrio cholerae*에 의하여 분비되는 **콜레라 독소**는 이종이합체 단백질이다. 소단위 B는

(다음 페이지에 계속)

별도설명 12-1 G 단백질: 건강과 질병에서의 이중 스위치 *(계속)*

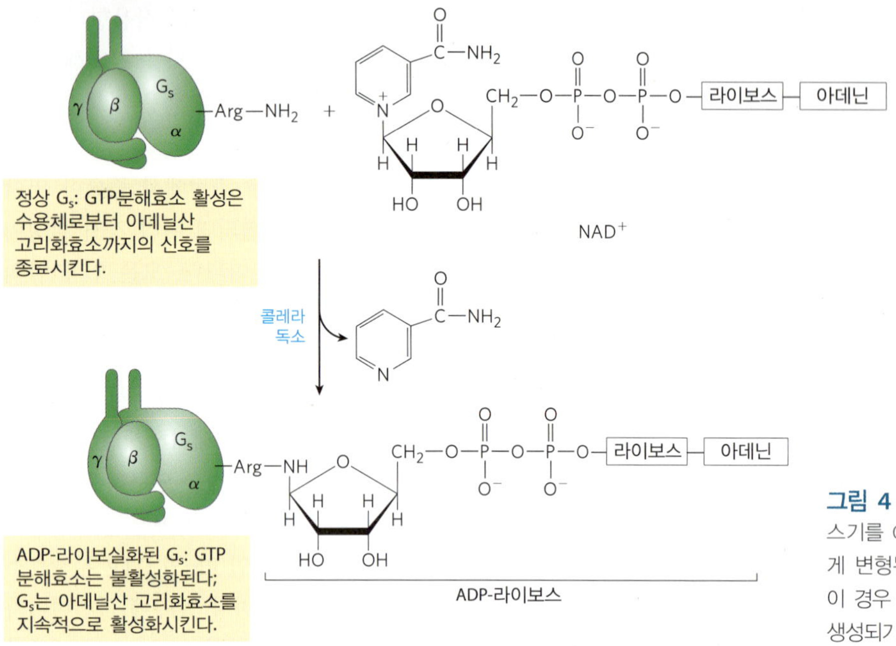

그림 4 콜레라를 유발하는 세균성 독소는 NAD^+의 ADP-라이보스기를 G_s의 아르기닌 잔기(Arg)로 옮기는 반응을 촉진한다. 이렇게 변형된 G 단백질은 정상적인 호르몬 자극에 반응할 수 없다. 이 경우 아데닐산 고리화효소의 조절이 안 되어 cAMP가 과잉으로 생성되기 때문에 콜레라 병이 생긴다.

창자 상피세포 표면에 있는 특정 강글리오사이드(gangliosides)를 인식하여 결합하고 소단위 A가 이 세포로 들어갈 수 있도록 길을 제공한다. 소단위 A는 세포로 들어간 후에 두 조각, 즉 A1과 A2 분절로 분해된다. A1은 숙주세포에서 소형 G 단백질에 해당하는 ADP-라이보실화 요소(ADP-ribosylation factor) ARF6와 결합한다. 이 결합은 ARF6의 스위치 I과 스위치 II에 있는 잔기들을 통해 이루어지는데 GTP가 결합된 활성형에서만 접근이 가능하다. ARF6와 결합하면서 A1이 활성화되어 NAD^+의 ADP-라이보스기를 G_s의 α 소단위의 P 고리에 있는 중요한 아르지닌(Arg) 잔기에 옮기는 작용을 촉진한다(그림 4). 이 ADP-라이보실화 반응에 의하여 G_s의 GTP 분해효소 활성이 억제되어 G_s는 영원히 활성화된 상태로 유지된다. 따라서 창자 상피세포의 아데닐산 고리화효소도 계속적으로 활성화되어 세포 안의 cAMP 농도가 계속 올라가고 PKA 활성도 계속 유지된다. PKA는 CFTR 염소이온(Cl^-) 통로(별도설명 11-2 참조)와 나트륨-수소이온 교환제(Na^+-H^+ exchanger)를 인산화시킨다. NaCl의 방출로 계속되는 삼투압 불균형에 세포가 반응함으로써 창자에서 대량의 수분 손실이 일어난다. 심각한 탈수와 전해질 손실이 콜레라의 주요 병리 현상이다. 재빠른 수분 보충 치료를 하지 않으면 치명상이 될 수 있다. ■

활성화가 되는 것을 매개한다(예를 들면, 그림 12-18과 12-25 참조). PKA의 기질 결합자리의 구조는 지금까지 알려진 모든 단백질 인산화효소의 전형적인 예이다(그림 12-6b). 즉, 이 결합자리에 있는 특정 잔기는 사람 유전체에서 암호화되어 있는 모든 알려진 544개의 단백질 인산화효소에 있어서 동일한 자리가 된다. 각각의 촉매 소단위에 있는 ATP-결합자리는 ATP의 말단(γ) 인산기를 표적단백질의 세린 또는 트레오닌 잔기의 곁사슬에 존재하는 —OH 기에 전달할 수 있도록 배치한다.

그림 12-4a(단계 ❻)에 표시된 것처럼 PKA는 신호경로의 하류에 있는 수많은 효소들을 조절한다. 이러한 하류의 표적들이 다양한 기능을 가질지라도 인산화되는 세린 또는 트레오닌 잔기 주변의 서열은 유사성을 갖는다. 이 서열이 있으면 PKA에 의하여 조절된다는 표시가 된다(표 12-2 참조). PKA의 기질 결합자리는 이 서열을 인식하여 이들의 트레오닌 또는 세린 잔기를 인산화시킨다. PKA의 수많은 단백질 기질의 서열을 비교해 보면 **공통서열(consensus sequence)**이 존재함을 알 수 있다. 이러한 특별한 주변 잔기들은 인산화되는 세린 또는 트레오닌 잔기를 표시하기 위하여 필요하다.

아데닐산 고리화효소에 의한 신호전달은 원래의 호르몬 신호를 증폭시키는 여러 단계를 포함하고 있다(**그림 12-7**). 먼저 호르몬 한 분자가 하나의 수용체 분자에 결합하면 촉매가 되어 여러 분자의 G_s를 활성화시킨다. 다음으로 활성화된 각각의 $G_{s\alpha}$ 분자가 아데닐산 고리화효소 한 분자를 활성화시킴으로써 여러 분자의 cAMP 합성을 촉진한다. 이차 전령인 cAMP는 PKA를 활성화시키고 PKA는 **수많은** 분자의 표적단백질(그림 12-7에서 가인산분해효소 b 인산화효소)의 인산화를 촉진한다. 이 인산화효소는 글리코겐 가인산분해효소 b를 활성화시켜서 글리코겐에서 포도당이 빠르게 떨어져 나오게 한다. 이러한 연쇄반응의 최종적인 효과는 호

표 12-2 cAMP-의존 인산화(PKA에 의한)에 의하여 조절되는 몇 가지 효소와 단백질

효소/단백질	인산화되는 서열[a]	조절되는 경로/과정
글리코겐 생성효소	RASCTSSS	글리코겐 합성
가인산분해효소 *b* 인산화효소		
α 소단위	VEFRRLSI	글리코겐 분해
β 소단위	RTKRSGSV	
피루브산 인산화효소 (쥐의 간)	GVLRRASVAZL	당분해
피루브산 탈수소효소 복합체 (L형)	GYLRRASV	피루브산에서 아세틸-CoA로
호르몬-민감성 지질분해효소	PMRRSV	트라이아실글리세롤 이동과 지방산 산화
인산과당인산화효소-2/2,6-이중인산과당 인산염분해효소	LQRRRGSSIPQ	당분해/포도당신생성
타이로신 수산화효소	FIGRRQSL	L-dopa, 도파민, 노에피네프린, 에피네프린의 합성
히스톤 H1	AKRKASGPPVS	DNA 축합
히스톤 H2B	KKAKASRKESYSVYVYK	DNA 축합
심장 포스포람반(phospholamban) (심장 펌프 조절자)	AIRRAST	세포 안 [Ca^{2+}]
단백질 인산염분해효소-1 억제자-1	IRRRRPTP	단백질 탈인산화
PKA 공통서열[b]	xR[RK]x[ST]B	다양함

[a]인산화된 S 또는 T 잔기는 빨간색으로 표시되었다. 모든 잔기들은 그들의 한 글자 약자로 나타내었다(표 3-1 참조)

[b]x는 비특정 아미노산, B는 비특정 소수성 아미노산에 해당한다. 공통서열을 나타내는 관례에 대해서는 별도설명 3-2를 참조하라.

르몬 신호를 수천 수만 배까지 증폭시키는 것이며 이것은 호르몬 활성을 위하여 아주 적은 농도의 에피네프린(혹은 다른 호르몬)만으로도 충분하다는 것을 의미한다. 이러한 신호 경로는 매우 빠르게 일어난다. 신호가 시작된 후 일천 분의 1초 내지 백만 분의 1초 만에 세포 안의 변화를 일으킬 수도 있다.

β-아드레날린 반응이 여러 분자적 기전을 통해 종결된다

호르몬이나 다른 자극이 중단된 후에는 신호전달계도 종결되어야만 유용하게 이용될 수 있다. 신호를 차단하는 기전은 모든 신호계에 내재되어 있다. 대부분의 시스템에 있어서는 또한 민감소실이라는 과정에 의해 그 신호에 덜 민감하게 됨으로써 신호가 계속해서 존재할 때에도 적응하게 된다. β-아드레날린 시스템은 이 2가지 경우를 모두 설명하고 있다. 여기에서는 신호 종결에 초점을 맞출 것이다.

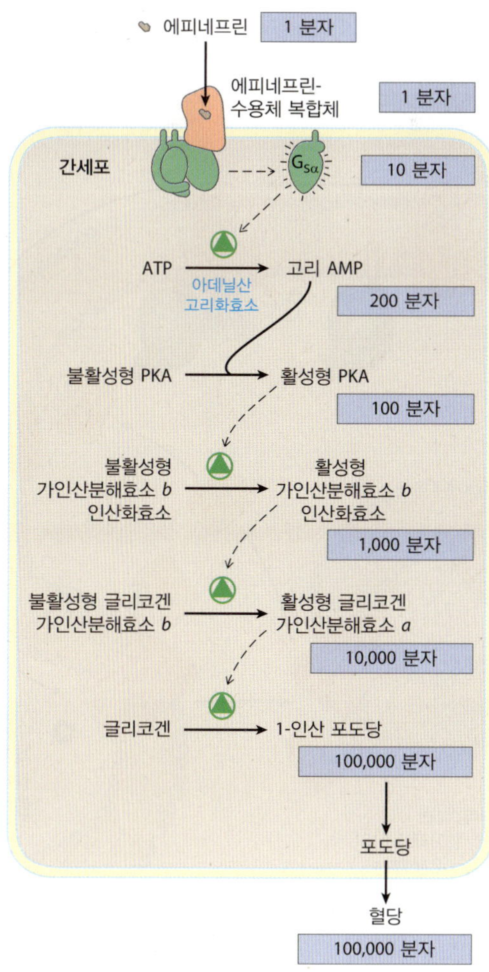

그림 12-7 에피네프린 연쇄반응. 에피네프린은 간세포에서 촉매들이 다른 촉매들을 활성화시키는 일련의 반응들을 촉발시켜서 신호를 매우 크게 증폭시킨다. 여기 표시된 분자들의 수는 증폭 효과를 나타내기 위하여 단순화시킨 것이고, 거의 확실히 실제보다 크게 과소평가되고 있는 것 같다. 세포 표면에서 하나의 에피네프린 분자가 하나의 β-아드레날린 수용체와 결합하면 수많은(약 수백 개) G 단백질들을 활성화시키고, 이는 다시 이어서 아데닐산 고리화효소를 활성화한다. 아데닐산 고리화효소는 촉매 기능을 통하여 각각의 활성화된 아데닐산 고리화효소마다 많은 수의 cAMP를 생성한다. (2개 분자의 cAMP가 1개 분자의 PKA 활성 소단위를 활성화시키기 위해 필요하므로 이 단계에서는 신호를 증폭하지 못한다.)

혈중 에피네프린 농도가 수용체의 K_d 값 이하로 떨어지면 β-아드레날린 자극에 대한 반응은 끝난다. 호르몬은 수용체에서 분리되고, 수용체는 불활성형 입체형태로 돌아가 더 이상 G_s를 활성화시킬 수 없게 된다.

β-아드레날린 자극을 중단하는 두 번째 수단은 G_α 소단위에 결합된 GTP의 가수분해이다. 이는 G 단백질에 내재된 GTP 분해효소 활성에 의해 촉매된다. 결합된 GTP가 GDP로 교체되면 G_α가 $G_{\beta\gamma}$ 소단위와 결합하는 입체형태, 즉 아데닐산 고리화효소와 결합하거나 자극할 수 없는 입체형태로 되돌아간다. 이것은 cAMP의 생성을 중단시킨다. G_s의 불활성화 속도는 GTP 분해효소 활성에 따라 달라지며, G_α 단독에 내재한 효소 활성은 아주 약하다. 하지만, GTP 분해효소 활성화 단백질(GAPs)은 이 GTP 분해효소 활성을 강하게 촉진하여 G 단백질이 더욱 빠르게 불활성화되도록 한다(별도설명 12-1 참조). GAPs 자체는 다른 요소들에 의해 조절될 수 있어서 β-아드레날린 자극에 대한 반응이 정교하게 조율된다. 반응을 종결시키는 세 번째 기전은 이차 전령을 제거하는 것이다. 이는 **고리 뉴클레오타이드 포스포다이에스터분해효소(cyclic nucleotide phosphodiesterase)**에 의하여 cAMP가 5′-AMP(이차 전령의 활성을 갖지 않는)로 가수분해되는 것을 포함한다(그림 12-4a, 단계 ❼; 12-4b).

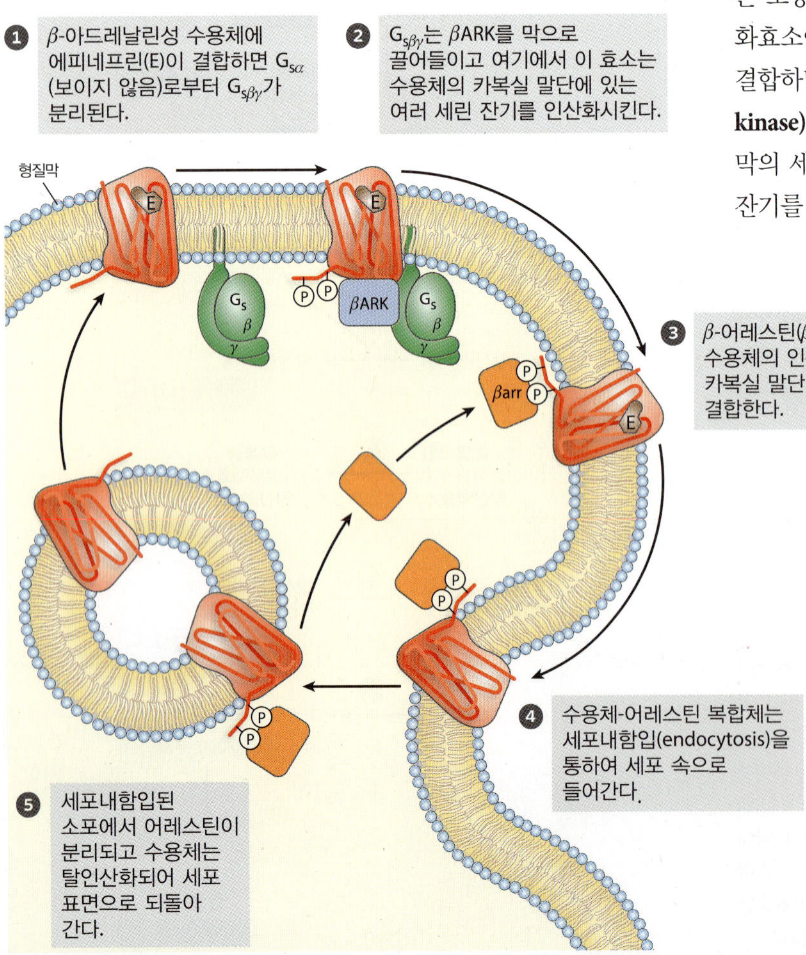

최종적으로, 신호경로의 끝에서 효소의 인산화로부터 초래되는 대사적 효과는 인단백질에 대한 인산염분해효소(phosphatase)의 작용으로 역전된다. 이 효소는 인산화된 세린, 트레오닌, 타이로신 잔기들을 가수분해시켜서 무기인(P_i)을 방출한다. 사람의 유전체에는 약 150개의 유전자가 인단백질에 대한 인산염분해효소를 암호화하고 있지만 단백질 인산화효소를 암호화하는 유전자 수(544개)보다는 적다. 이는 인산염분해효소가 대체적으로 상대를 가리지 않고 작용한다는 것을 의미한다. 하나의 인단백질 인산염분해효소는 약 200개의 다른 인단백질 표적에서 인산기를 제거한다. 이 인산염분해효소의 일부는 조절되는 것으로 알려져 있고, 나머지는 항상 작용하는 것이다. 세포 안 cAMP 농도가 감소하고 PKA가 불활성형으로 되돌아가면(그림 12-4a, 단계 ❼), 인산화와 탈인산화 사이의 균형은 이 인산염분해효소에 의한 탈인산화 방향으로 기울어진다.

β-아드레날린 수용체는 인산화와 어레스틴(arrestin)과의 결합에 의해 민감소실이 일어난다

앞에서 언급한 것과 같이, 신호의 종결 기전은 자극이 중단될 때 효과를 나타낸다. 다른 기전의 하나인 민감소실은 신호가 지속되는 동안에도 반응을 약화시킨다. β-아드레날린 수용체의 민감소실은 보통 G_s와 반응하는 세포 안 영역을 인산화시키는 단백질 인산화효소에 의하여 이루어진다(**그림 12-8**). 수용체에 에피네프린이 결합하면 **β-아드레날린 수용체 인산화효소(β-adrenergic receptor kinase)** 또는 **βARK**(흔히 **GRK2**라고도 불리움; 아래 참조)는 형질막의 세포질 쪽에 위치한 수용체의 카복실 말단 근처의 여러 세린 잔기를 인산화시킨다. cAMP 농도가 올라가면 PKA가 활성화되어

그림 12-8 에피네프린이 계속 존재할 때의 β-아드레날린 수용체의 민감소실. 이 과정은 2가지 단백질인 β-아드레날린 수용체 인산화효소(βARK)와 β-어레스틴(β-arrestein, barr, 어레스틴 2라고도 알려짐)에 의하여 매개된다. 여기에는 PKA에 의한 βARK의 인산화와 활성화는 표시되지 않았다. PKA는 초기 신호인 에피네프린에 반응하여 증가한 cAMP에 의해 활성화된다.

βARK를 인산화를 통해 활성화시킨다. βARK는 $G_{s\beta\gamma}$ 소단위와 결합함으로써 형질막으로 이동하여 그곳에서 수용체를 인산화시킨다. 수용체의 인산화는 **β-어레스틴(β-arrestin)** 또는 **βarr**(어레스틴 2라고도 불림)를 위한 결합자리를 만든다. β-어레스틴의 결합은 수용체와 G 단백질 사이의 상호작용을 효과적으로 억제시킨다(**그림 12-9**). 또한 β-어레스틴의 결합은 수용체 분자의 격리를 촉진하고 세포내함입(endocytosis)을 통하여 형질막에서 수용체를 제거하여 세포 안에서 작은 소포를 형성한다. 어레스틴-수용체 복합체는 클라트린과 소포형성 과정에 관여하는 다른 단백질들을 끌어 모으고(그림 27-27 참조), 이들은 막의 함입 과정을 시작하여 아드레날린 수용체를 포함하는 내소체(endosome)의 형성을 유발한다. 이 상태에서 수용체들은 에피네프린에의 접근이 어렵고, 그래서 불활성화된다. 세포내 함입된 소포에 있는 수용체는 탈인산화되고, 형질막으로 되돌아가서 회로를 완성하며, 이 체계가 다시 에피네프린에 반응할 수 있도록 민감회복(resensitization)이 일어난다. β-아드레날린 수용체 인산화효소는 **G 단백질 짝지움 수용체 인산화효소(G protein-coupled receptor kinases, GRKs)**라는 효소 족에 속한다. 모든 GRKs는 GPCR의 세포질 영역의 카복실 말단을 인산화시키며 수용체의 민감소실과 민감회복에 있어서 βARK와 유사한 기능을 한다. 적어도 5개의 다른 GRKs와 4개의 다른 어레스틴이 인간 유전체에 암호화되어 있다. 각 GRK는 일부 GPCR의 민감소실을 일으킬 수 있고, 각 어레스틴은 많은 다른 형태의 인산화된 수용체와 상호작용할 수 있다.

수용체-어레스틴 복합체는 또 다른 중요한 역할을 한다: 이는 다른 경로, 즉 다음에 설명될 예정인 MAPK 경로를 통한 신호전달을 개시한다. 따라서 하나의 단일 GPCR을 경유하여 작용하는 에피네프린이 2개의 다른 신호전달 경로를 활성화시키는 것이다. 이 두 경로들 중 하나는 수용체의 G 단백질과의 상호작용에 의해 개시되고, 다른 하나는 어레스틴과의 상호작용으로 개시되기 때문에 두 경로는 작용제에 의해 다르게 영향을 받는다; 어떤 경우를 살펴보더라도, 한 작용제는 G 단백질 경로를 선호하고 다른 작용제는 어레스틴 경로를 선호한다. 이처럼 한편으로 치우친 효과는 GPCR을 통해 작용하는 약물 개발에 있어서 중요한 고려 사항이 된다. 예를 들면, 아편(오피오이드) 약물 남용 중 가장 중독성이 있는 약물은 어레스틴을 통하기 보다는 G 단백질 신호전달을 통해 더 강하게 작용한다. 하지만 이상적인 아편 유사 진통제는 중독을 초래하는 경로를 통하지 않고 치료 효과를 주는 경로에서 하나의 분지 경로를 통해 작용한다. ■

cAMP는 수많은 조절 분자들을 위한 이차 전령으로 작용한다

에피네프린은 세포 안의 cAMP 농도를 변화시키고 이로 인해 PKA 활성을 변화시켜서 작용하는 많은 호르몬, 성장인자, 그리고 다른 조절 분자 중의 하나에 불과하다(표 12-3). 예를 들면, 글루카곤(glucagon)은 지방세포 형질막에 있는 수용체에 결합하고 G_s 단백질을 통하여 아데닐산 고리화효소를 활성화시킨다. 결과적으로 증가된 cAMP에 의하여 PKA가 활성화되고, 이것은 저장된 지방의 지방산을 유리시키는 데에 관여하는 중요한 2가지 단백질을 인산화시켜서 활성화시킨다(그림 17-3 참조). 마찬가지로, 펩타이드 호르몬인 ACTH[부신피질자극 호르몬(adrenocorticotropic hormone), 또한 코티코트로핀(corticotropin)이라고도 불림]도 뇌하수체 앞쪽에서 생산되어 부신겉질의 특정 수용체와 결합하고, 아데닐산 고리화효소를 활성화시켜서 세포 안 cAMP의 농도를 증가시킨다. 활성형 PKA는 코티솔(cortisol)이나 다른 스테로이드 호르몬의 합성에 필요한 여러 가지 효소들을 인산화시켜서 활성화시킨다. 또한 많은 종류의 세포에서 PKA의 촉매 소단위는 핵 안으로 이동하여

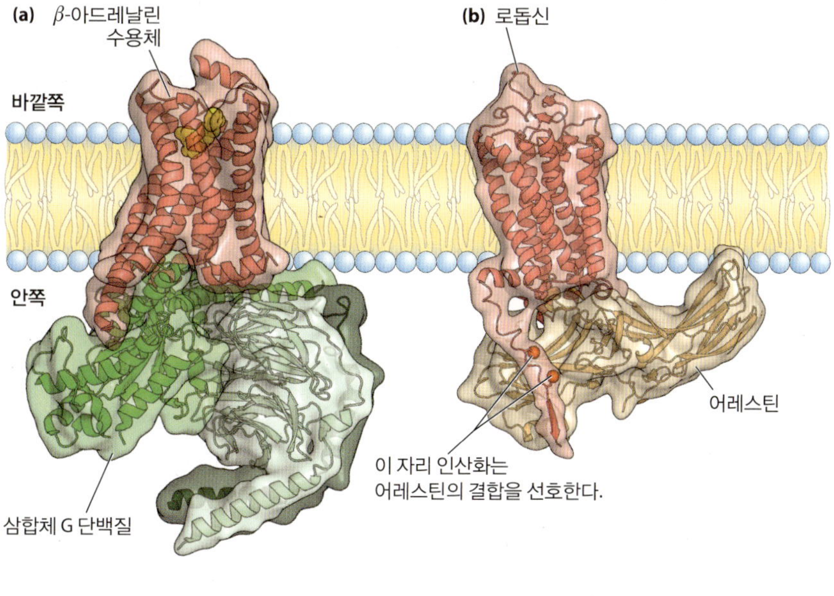

그림 12-9 GPCR과 상호작용하는 삼합체 G 단백질과 어레스틴의 상호 배제. **(a)** β-아드레날린 수용체와 삼합체 G 단백질인 Gs의 복합체. **(b)** β-어레스틴과 β-아드레날린 수용체의 복합체 구조는 아직 분명히 밝혀지지 않았지만 매우 비슷한 다른 GPCR인 시각 로돕신과의 복합체 구조는 밝혀졌고 여기에 보여준다. (로돕신은 이 장의 뒷 부분에서 설명될 것이다.) 이 두 구조를 비교해 보면, 어레스틴의 결합이 G 단백질의 결합을 막아서 G 단백질이 더 이상 활성화되지 않도록 방해한다는 것을 분명히 알 수 있다. 이것은 초기 신호(에피네프린)에 대한 반응을 효과적으로 종결시킨다. [출처: (a) PDB ID 3SN6, S. G. F. Rasmussen et al., Nature 477:549, 2011, Fig. 2c. (b) PDB ID 4ZWJ, Y. Kang et al., *Nature* 523:561, 2015, Fig. 2b.]

표 12-3 이차 전령으로 cAMP를 사용하는 몇 가지 신호물질
코티코트로핀 (ACTH)
코티코트로핀 분비호르몬 (CRH)
도파민 [D_1, D_2]
에피네프린 (β-아드레날린)
난포-자극 호르몬 (FSH)
글루카곤
히스타민 [H_2]
황체 형성 호르몬 (LH)
멜라닌세포-자극 호르몬 (MSH)
냄새 유발물질 (다수)
부갑상샘 호르몬
프로스타글란딘 E_1, E_2 (PGE_1, PGE_2)
세로토닌 [5-HT_1, 5-HT_4]
소마토스타틴(somatostatin)
맛 유발물질 (단맛, 쓴맛)
갑상샘-자극 호르몬 (TSH)

주석: 수용체의 아형(subtype)은 대괄호로 나타내었다. 이 아형들은 서로 다른 신호전달 기전을 갖는다. 예를 들면, 세로토닌은 일부 조직에서 아데닐산 고리화효소와 cAMP를 통하여 작용하는 수용체 아형, 5-HT_1와 5-HT_4로 존재하지만, 다른 조직에서는 인지질분해효소 C-IP_3 기전을 통하여 작용하는 수용체 아형 5-HT_2로 존재한다(표 12-4 참조).

그곳에서 **cAMP 반응 요소 결합단백질(cAMP response element binding protein, CREB)**을 인산화시키고, 이것은 cAMP에 의해 조절되는 특정 유전자들의 발현을 조절한다.

일부의 호르몬은 아데닐산 고리화효소를 **억제하고**, 세포 안 cAMP의 농도를 **낮추며**, 단백질의 인산화를 **억제함으로써** 그 작용을 나타낸다. 예를 들면, 소마토스타틴(somatostatin)이 췌장에 있는 수용체에 결합하면 G_s와 구조적으로 유사한 **억제 G 단백질(inhibitory G protein)** 또는 **G_i**를 활성화시켜서 아데닐산 고리화효소를 억제하고 세포 안 cAMP 농도를 낮춘다. 따라서 소마토스타틴은 글루카곤을 포함하는 여러 호르몬 분비를 억제한다. 지방세포에서는 프로스타글란딘 E_2(prostaglandin E_2, PGE_2, 그림 10-17 참조)가 아데닐산 고리화효소를 억제하고, 세포 안 cAMP의 농도를 낮추어, 에피네프린과 글루카곤에 의한 저장 지방의 유리 속도를 낮춘다. 또 다른 어떤 조직에서는 PGE_2가 cAMP의 합성을 증가시키는데, 이것은 PGE_2의 수용체가 자극 G 단백질인 G_s를 통하여 아데닐산 고리화효소에 연결되기 때문이다. α_2 아드레날린 수용체를 갖고 있는 조직에서는 에피네프린이 세포 안 cAMP의 농도를 낮추는 작용을 하는데, 이것은 α_2 수용체가 억제 G 단백질인 G_i를 통하여 아데닐산 고리화효소에 연결되기 때문이다. 결론적으로 간단히 말하면, 에피네프린이나 PGE_2와 같은 세포 밖 신호는 다른 조직이나 세포에서 매우 다른 효과를 나타낼 수 있는데 이것은 3가지 요인, 즉 각 조직에 있는 수용체의 종류, 수용체와 연결된 G 단백질의 종류(G_s 또는 G_i), 그리고 세포에서 PKA에 의하여 인산화되는 표적 효소의 종류에 의해 결정된다. 신호전달 기전의 일반적 양상에서 언급하였듯이(그림 12-1e), 세포 안 cAMP 농도를 증가시키거나 감소시키는 영향들이 모두 합해져서 세포는 통합적인 신호를 보낸다.

얼마나 많은 종류의 신호가 단일 이차 전령(cAMP)에 의하여 매개될 수 있는 지를 설명하는 또 다른 요인은 **연결자 단백질(adaptor proteins)**을 통해 세포 안 특정 지역에 신호전달 과정을 국한시키는 것이다. 연결자 단백질은 촉매활성을 갖지 않은 단백질로서 협동적으로 작용하는 다른 단백질들을 서로 묶어 주는 역할을 한다(뒤에서 좀 더 설명됨). **A 인산화효소 닻 단백질(A kinase anchoring proteins, AKAPs)**은 다가성 연결자 단백질이다; 한 부분은 PKA의 R 소단위에 결합하고(그림 12-6a 참조), 다른 한 부분은 세포 안의 특정 구조물에 결합한다. 이것은 그 특정 구조물의 근처에 PKA를 잡아 두는 역할을 한다. 예를 들면, 특정 AKAP은 미세소관(microtubules), 액틴 잔섬유(filaments), 이온통로, 미토콘드리아, 또는 핵 등에 PKA를 결합시킨다. 세포의 종류마다 각기 다른 AKAP를 갖고 있어서 어떤 세포에서는 cAMP가 미토콘드리아 단백질의 인산화를, 또는 다른 세포에서는 액틴 잔섬유의 인산화를 촉진할지도 모른다. 어떤 경우에는 AKAP이 PKA 활성을 유도하는 효소(아데닐산 고리화효소)나 PKA 작용을 종결시키는 효소(cAMP 포스포디에스터분해효소나 인단백질 인산염분해효소)에 PKA를 연결시킨다(**그림 12-10**). 아마도 활성화시키거나 불활성화시키는 효소들과 매우 가까이 있음으로써 고도로 국한된, 매우 짧은 반응을 나타낼 수 있을 것이다.

이제 분명한 사실은 연구자들이 세포 신호전달을 충분히 이해하기 위해서는 아세포 수준에서 실시간에 일어나는 신호전달 과정의 시공간적(spatiotemporal) 양상을 측정하고 연구할 수 있는 정확한 도구가 필요하다는 것이다. 생화학적 변화가 일어나는 세포 안 위치에 대한 연구에서 생화학은 세포생물학과 접목되었고, 이 경계를 뛰어 넘는 기술들은 이제 신호전달경로를 이해하는 데에 있어 없어서는 안 될 필수적인 요소가 되었다. 하나의 예로서 신호전달 연구에 널리 응용되고 있는 형광성 탐침(probe)을 들 수 있다. 녹색 형광 단백질(green fluorescent protein, GFP)과 같은 형광성 인식표를 특정 기능 단백질에 붙여 표시하면 이들의 세포 안 위치를 알 수 있다(그림 9-16 참조). 두 단백질(예를 들면, PKA의 R과 C 소단위와 같은) 사이의 결합 상태의 변화도 각 단백질에 형광 탐침을 부착시키고 형광 공명 에너지 이동(fluorescence resonance energy transfer, FRET)이라고 불리는 기술로 두 탐침 사이의 비방사성 에너지 이동을 측정함으로써 알 수 있다(별도설명 12-2).

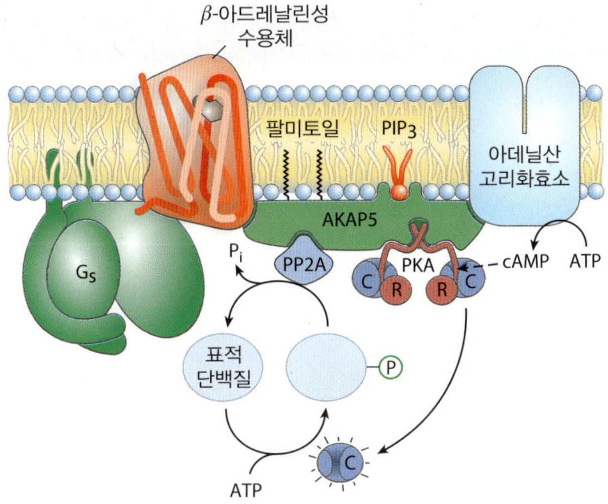

그림 12-10 A 인산화효소 닻 단백질(AKAPs)에 의한 초분자 복합체의 핵형성(nucleation). AKAP5는 세포의 특정 영역이나 구조 가까이로 PKA 촉매 소단위를 붙들어 주는 작용을 하는 다가성 지지대(multivalent scaffold) 단백질 군의 하나이다. 이는 AKAP과 PKA 조절 소단위의 결합을 통하여 이루어진다. AKAP5는 2개의 공유결합된 팔미토일(palmitoyl) 기에 의해서 형질막의 세포질 쪽 표면에 있는 유동성(raft)을 표적으로 이동하며, 여기서 막에 있는 포스파티딜이노시톨 3,4,5-삼중인산(PIP_3)에 결합한다. AKAP5는 또한 β-아드레날린 수용체, 아데닐산 고리화효소, PKA 및 인산단백질 탈인산화효소(PP2A)에 대한 결합 장소이기도 하다. 이를 통해 막의 평면 안으로 모든 것들이 모아진다. 에피네프린이 β-아드레날린 수용체에 결합할 때 아데닐산 고리화효소는 cAMP를 생성하고, cAMP는 매우 적게 희석된 상태로 즉시 근처에 있는 PKA에 도달한다. PKA는 표적단백질을 인산화하여 활성을 변화시키며, 이는 인산단백질 탈인산화효소가 인산기를 제거하고 자극 전 상태로 표적단백질을 돌리기 전까지 진행된다. 이 경우 및 다른 경우의 AKAPs은 효소나 이차 전령이 일부 영역에서 매우 높은 농도로 유지되도록 하여 신호전달망을 이 영역에만 국한시키며, 신호의 지속 기간을 제한하기도 한다.

다이아실글리세롤, 삼중인산 이노시톨, 그리고 Ca^{2+}은 이차 전령으로서 서로 연관된 역할을 수행한다

두 번째 종류의 GPCR은 G 단백질을 통하여 형질막의 **인지질분해효소 C(phospholipase C, PLC)**와 짝을 짓고 있다. PLC는 형질막의 지질인 4,5-양인산 포스파티딜이노시톨(phosphatidylinositol 4,5-bisphosphate 또는 PIP_2)을 특이적으로 분해한다(그림 10-15 참조). 이 기전으로 작용하는 호르몬(표 12-4) 중의 하나가 형질막의 특정 수용체에 결합하면(**그림 12-11**, 단계 ❶), 수용체-호르몬 복합체는 결합된 G 단백질인 $\mathbf{G_q}$에서 GTP-GDP 교환을 촉진시켜서(단계 ❷), β-아드레날린 수용체가 G_s를 활성화시키는 것(그림 12-4)과 똑같이 G_q를 활성화시킨다. 이어서 활성화된 G_q는 PIP_2에 특이적인 PLC를 활성화시켜서(그림 12-11, 단계 ❸), 2개의 강력한 이차 전령인 **다이아실글리세롤(diacylglycerol)**과 **1,4,5-삼중인산 이노시톨(inositol 1,4,5-trisphosphate)** 또는 $\mathbf{IP_3}$(463쪽의 PIP_3와 혼돈하지 말 것) 생성을 촉매한다(단계 ❹).

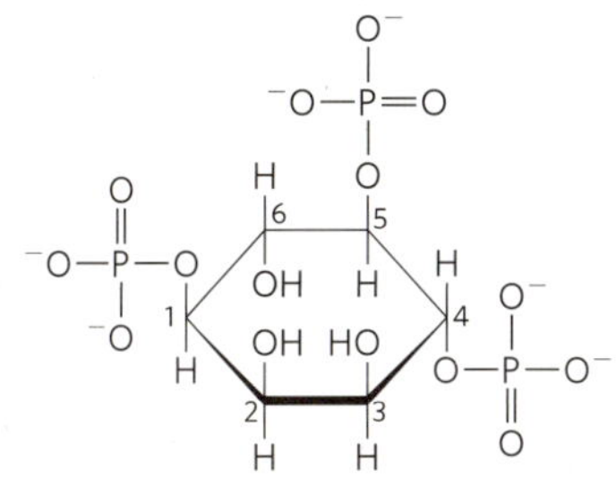

1,4,5-삼중인산 이노시톨(IP_3)

삼중인산 이노시톨은 수용성이므로 형질막에서 세포질세망(ER)까지 확산되고 이곳에서 특정 IP_3 개폐 Ca^{2+} 통로와 결합하여 열리도록 한다. SERCA 펌프의 작용으로(414쪽) Ca^{2+}이 세포액보다 ER에 수천 수만배 높은 농도로 존재한다. 따라서, 이 개폐 Ca^{2+} 통로가 열리면 격리되어 있던 Ca^{2+}이 세포액으로 급격히 빠져나와(그림 12-11, 단계 ❺) 세포액의 Ca^{2+} 농도는 약 10^{-6} M까지 급격하게 상승한다. Ca^{2+} 농도 증가의 한 효과는 **단백질 인산화효소 C(protein kinase C, PKC**; *C*는 Ca^{2+}을 나타냄)를 활성화시키는 것이다. 다이아실글리세롤도 Ca^{2+}과 협력하여 PKC를 활성화시키므로 이차 전령으로 작용한다(단계 ❻). PKC의 활성화는 특정 영역(가짜 기질 영역)이 기질 결합 영역에서 빠져 나가는 것을 포함하고 있으며, 결과적으로 PKC 공통서열을 가진 단백질과 결합하여 숨겨진 세린과 트레오닌 잔기를 인식하여 인산화시킬 수 있게 된다(단계 ❼). PKC는 수많은 동종효소(isozymes)로 존재하는데, 각각 독특한 조직 분포도, 특이적인 표적단백질, 그리고 독특한 역할 등을 갖는다. 골격단백질, 효소, 그리고 유전자 발현을 조

표 12-4 인지질분해효소 C, IP_3, 그리고 Ca^{2+}을 통하여 작용하는 몇 가지 신호물질

아세틸콜린 [머스카린성 M_1]	가스트린-분비 펩타이드	혈소판-유래 성장인자 (PDGF)
α_1-아드레날린 작용제	글루탐산	세로토닌 [5-HT_2]
안지오제닌	고나도트로핀-분비 호르몬 (GRH)	갑상샘자극호르몬-분비 호르몬 (TRH)
안지오텐신 II	히스타민 [H_1]	바소프레신
ATP [P_{2x} 및 P_{2y}]	빛 (초파리 *Drosophila*)	
옥신(auxin)	옥시토신	

주석: 수용체 아형은 대괄호 안에 표기하였다; 표 12-3의 각주 참조.

별도설명 12-2 실험방법 살아 있는 세포를 보여 주는 생화학

일반적으로 살아 있는 단일 세포에서 매우 빠른 생화학적 변화를 관찰하기 위하여 형광 탐침이 사용된다. 그것들은 세포 안 이차 전령의 농도나 단백질 인산화효소의 활성 변화를 본질적이고도 즉각적으로(10^{-9} 초 이내) 보여 주기 위해 특별히 설계될 수 있다. 더구나 형광현미경은 이러한 변화가 세포의 어디에서 일어나고 있는지를 알려주기에 충분한 해상력을 갖는다. 많이 사용되고 있는 한 방법에서의 형광 탐침은 천연 형광 단백질인 **녹색 형광 단백질(green fluorescent protein, GFP)**로부터 얻어진다. GFP에 관해서는 9장에서 설명되었다(그림 9-16 참조). 다른 형광 빛띠를 갖는 이 GFP 변형체들은 GFP 유전자의 유전공학적 변형에 의하여 생성되거나 각종 해양 강장동물(coelenterates)에서 얻어졌다. 예를 들면, 노란색 형광 단백질(yellow fluorescence protein, YFP)은 GFP의 알라닌[206]이 라이신 잔기로 대체됨으로써 빛의 흡수와 형광 파장이 변한다. 다른 GFP 변형체들은 푸른색(BFP) 또는 청록색(CFP) 형광을 내고, 관련된 또 다른 단백질(mRFP1)은 붉은색 형광을 낸다(그림 1). GFP와 그 변형체들은 조밀한 구조를 갖는데, 다른 단백질들과 융합되었을 때에도 본래의 β-통 입체형태로 접히는 능력을 보유하고 있다. 연구자들은 서로 상호작용하고 있는 세포 안 구성원들 사이의 거리를 측정하고, 간접적으로 두 단백질 사이의 간격을 변화시키는 화합물의 국소 농도를 측정하기 위해서 이러한 형광 혼성 단백질들을 분광학적 잣대로 이용하고 있다.

GFP나 YFP와 같은 흥분된 형광 분자는 다음과 같은 2가지 방식 중의 하나로 흡수된 광자의 에너지를 처리할 수 있다: (1) 흥분시킨 빛보다 약간 더 긴 파장(낮은 에너지)의 광자를 형광으로 방출하는 방식, 또는 (2) 흥분된 분자(donor, 공여 분자)의 에너지를 **광자의 방출 없이** 인접 분자(acceptor, 수용 분자)에 직접 전달하여 그 수용 분자를 흥분시키는 **형광 공명 에너지 이동(fluorescence resonance energy transfer, FRET)** 방식이 있다(그림 2). 이 수용 분자는 형광을 방출하며 바로 바닥 상태로 내려갈 수 있다. 이때 방출되는 광자는 흥분된 공여 분자의 형광 방출과 흥분을 일으키는 원래의 빛보다 더 긴 파장(낮은 에너지)을 갖는다. 이 두 번째 양상의 처리(FRET)는 공여 분자와 수용 분자가 서로 가까울 때(1~50 Å 이내)만 가능하다. FRET의 효율은 공여 분자와 수용 분자 사이 거리의 6제곱에 반비례한다. 따라서 공여 분자와 수용 분자 사이 거리의 매우 작은 변화는 공여 분자가 흥분되었을 때 수용 분자의 형광을 측정하는 FRET에서 매우 큰 변화로 기록된다. 아주 민감한 빛 검출기를 이용해서 이러한 형광 신호가 살아 있는 단일 세포의 특정한 위치에서 일어난다는 것을 규명할 수 있다.

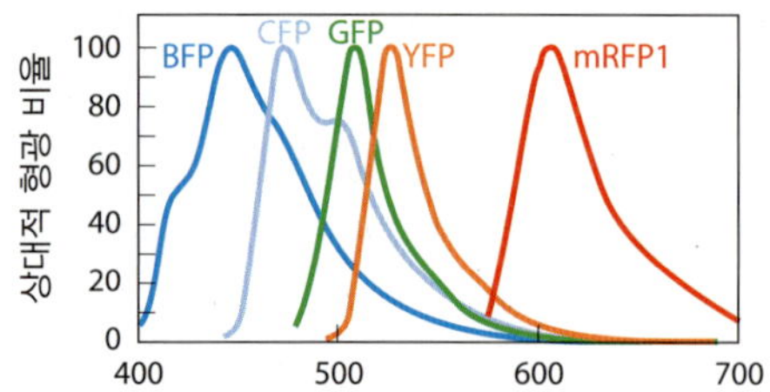

그림 1 몇몇 GFP 변형체들의 방출 빛띠들.

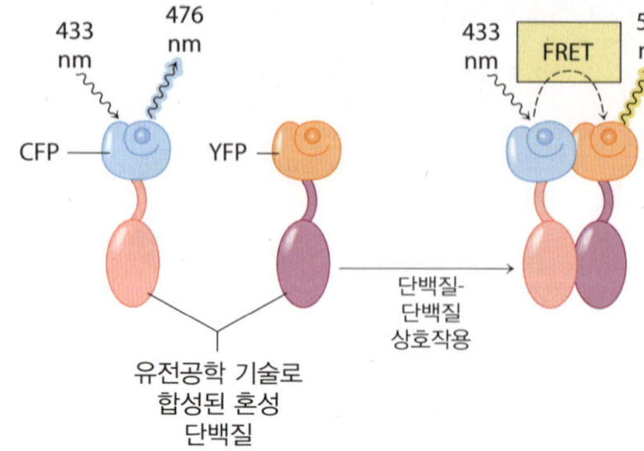

그림 2 공여 단백질(CFP)은 파장 433 nm의 단색광에 의하여 흥분되고 476 nm의 형광을 방출한다(왼쪽). CFP와 융합된 단백질(빨간색)은 YFP와 융합된 단백질(보라색)과 상호작용을 한다. 그 상호작용은 CFP와 YFP 사이에 형광 공명 에너지 이동(FRET)이 가능하도록 CFP와 YFP를 충분히 가까이 가도록 한다. CFP가 파장 433 nm의 빛을 흡수할 때 476 nm의 형광을 내는 대신에 YFP에 에너지를 직접 이동시키면 YFP의 독특한 방출 파장인 527 nm의 형광을 낸다. 따라서 527과 476 nm의 빛 방출 비율은 빨간색과 보라색 단백질 상호작용의 척도가 된다.

FRET은 살아 있는 세포에서 cAMP의 농도를 측정하기 위

절하는 핵단백질 등이 그 표적이 된다. 결론적으로 말하면, 이 효소계는 다양한 범위의 세포 작용을 나타내는데, 예를 들면 신경계와 면역 기능, 그리고 세포분열의 조절 등에 영향을 미치게 된다. PKC의 과발현을 유도하거나 비정상적인 수준으로의 활성을 증가시키는 화합물은 종양 촉진제(tumor promoters)로 작용한다; 이 물질들에 노출된 동물들은 암 발생률이 높다.

칼슘은 공간과 시간에 한정된 이차 전령이다

칼슘 신호에 대한 이와 같은 기본 개념 위에 많은 변형이 이루어졌다. 외부 신호에 반응하는 많은 세포에서 Ca^{2+}은 세포 반응을 유발하는 이차 전령으로 작용한다. 그 예로서 신경세포와 내분비세포에서의 세포외팽출(exocytosis), 근육의 수축, 아메바 운동 중의 세포골격(cytoskeleton)의 재배열 등을 들 수 있다. 흥분되지 않은

하여 사용되어 왔다. BFP 유전자는 cAMP-의존 단백질 인산화효소의 조절 소단위(R) 유전자와 융합하고, GFP 유전자는 그 촉매 소단위(C) 유전자와 융합한다(그림 3). 이 2가지 혼성 단백질이 세포에서 발현될 때, 불활성형 PKA(R_2C_2 사합체)에서는 BFP(공여 분자, 파장 380 nm에서 흥분, 460 nm에서 방출)와 GFP(수용 분자, 파장 475 nm에서 흥분, 545 nm에서 방출) 사이의 거리가 FRET이 일어나기에 충분히 가깝다. 세포에서 cAMP 농도가 증가한 곳에서는 언제나 R_2C_2 복합체가 R_2와 2 C로 해리되고, 공여 분자와 수용 분자가 너무 멀어지기 때문에 FRET 신호를 잃게 된다. 형광 현미경에서 보여 주는 cAMP 농도가 높은 영역은 낮은 GFP 신호와 높은 BFP 신호를 갖는다. 파장 460 nm와 545 nm에서의 방출 비율의 측정은 cAMP 농도 변화의 민감한 척도가 된다. 세포의 모든 구획에 걸쳐서 이 비율을 측정함으로써 연구자들은 색의 명암으로 나타나는 세포 안 cAMP 농도의 비율 또는 그 관계에 대한 임의적 색상 이미지를 만들 수 있다. 시간 간격에 따라 기록된 영상들은 시간에 따른 cAMP 농도 변화를 나타낸다.

이 기술을 변형하여 살아 있는 세포에서 PKA의 활성을 측정하는 데에도 사용되었다(그림 4). 연구자들은 YFP(수용 분자); PKA 공통서열에 의하여 둘러싸인 세린 잔기를 가지고 있는 짧은 펩타이드; 인산화된 세린에 결합하는 영역(14-3-3이라 불림); CFP(공여 분자)의 4가지 요소를 포함하는 혼성 단백질을 합성하여 PKA에 의하여 인산화되는 표적을 만든다. 세린 잔기가 인산화되지 않으면 14-3-3의 세린 잔기 친화성이 없어져 혼성 단백질은 FRET 신호를 생성하기에 공여 분자와 수용 분자가 너무 멀리 뻗쳐 있는 형태로 존재한다. 세포 안 어디든 PKA가 활성화되면 혼성 단백질의 세린 잔기를 인산화시키고 인산화된 세린 잔기는 14-3-3에 결합한다. 결과적으로 YFP와 CFP가 함께 끌어당겨져 활성형 PKA의 존재를 나타내는 FRET 신호가 형광현미경을 통하여 측정된다.

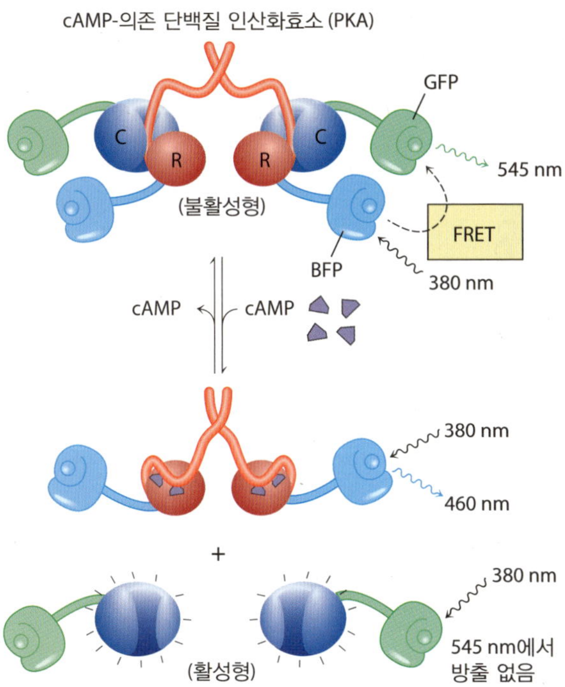

그림 3 FRET를 이용한 cAMP 농도 측정. 유전자 융합 기술을 이용하여 PKA의 조절 소단위(R)와 촉매 소단위(C)가 결합되었을 때 (낮은 농도의 cAMP에서) FRET를 내는 혼성 단백질을 만든다. cAMP의 농도가 올라갈 때 이 소단위들은 해리되고 FRET은 멈춘다. 따라서 460 nm(해리)와 545 nm(결합)에서의 방출 비율을 조사하는 것이 cAMP 농도를 민감하게 측정하는 한 방법이 될 수 있다.

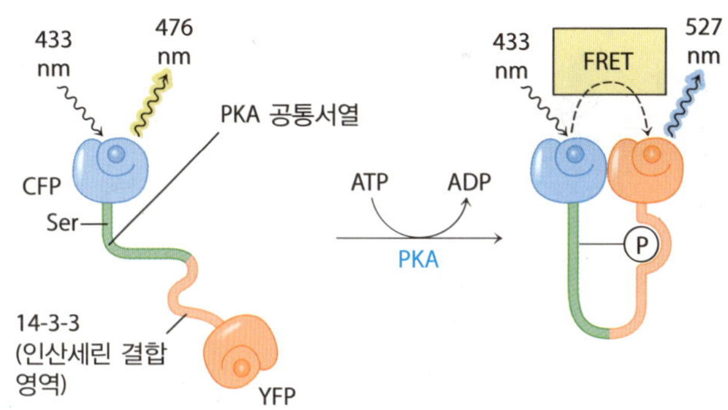

그림 4 FRET를 이용한 PKA 활성 측정. PKA의 인산화 공통서열에 의하여 둘러싸인 세린 잔기를 포함한 펩타이드와 14-3-3 인산세린 결합 영역을 YFP와 CFP 단백질에 유전 공학적으로 연결시킨 단백질을 만든다. 활성형 PKA는 세린 잔기를 인산화시켜서 14-3-3 결합 영역에 결합하도록 하고, 이것은 형광 단백질들을 충분히 가깝게 하여 FRET이 발생하도록 한다. 이는 활성형 PKA의 존재를 드러내는 한 방법이 된다.

세포에서는 세포액 Ca^{2+}의 농도는 세포질세망, 미토콘드리아, 형질막 등에 있는 Ca^{2+} 펌프의 작용에 의하여 매우 낮게(10^{-7} M 이하로) 유지된다(아래에서 좀 더 논의할 예정임). 호르몬, 신경자극, 그 밖의 다른 자극 등은 형질막의 특정 Ca^{2+} 통로를 통하여 Ca^{2+}을 세포 안으로 유입시키거나 세포질세망이나 미토콘드리아에 격리된 Ca^{2+}을 방출하도록 하여 세포질 Ca^{2+} 농도를 증가시키고 이것은 한 세포 반응을 일으킨다.

세포 안 Ca^{2+}의 농도 변화는 많은 Ca^{2+} 의존 효소를 조절하는 Ca^{2+}-결합 단백질(Ca^{2+}-binding protein)에 의하여 감지된다. **칼모듈린(calmodulin, CaM**; 분자량 17,000)은 산성 단백질로서 높은 친화도를 가진 4개의 Ca^{2+} 결합자리를 가지고 있다. 세포 안 Ca^{2+} 농도가 약 10^{-6} M(1 μM) 정도까지 올라가면 Ca^{2+}은 칼모듈린과

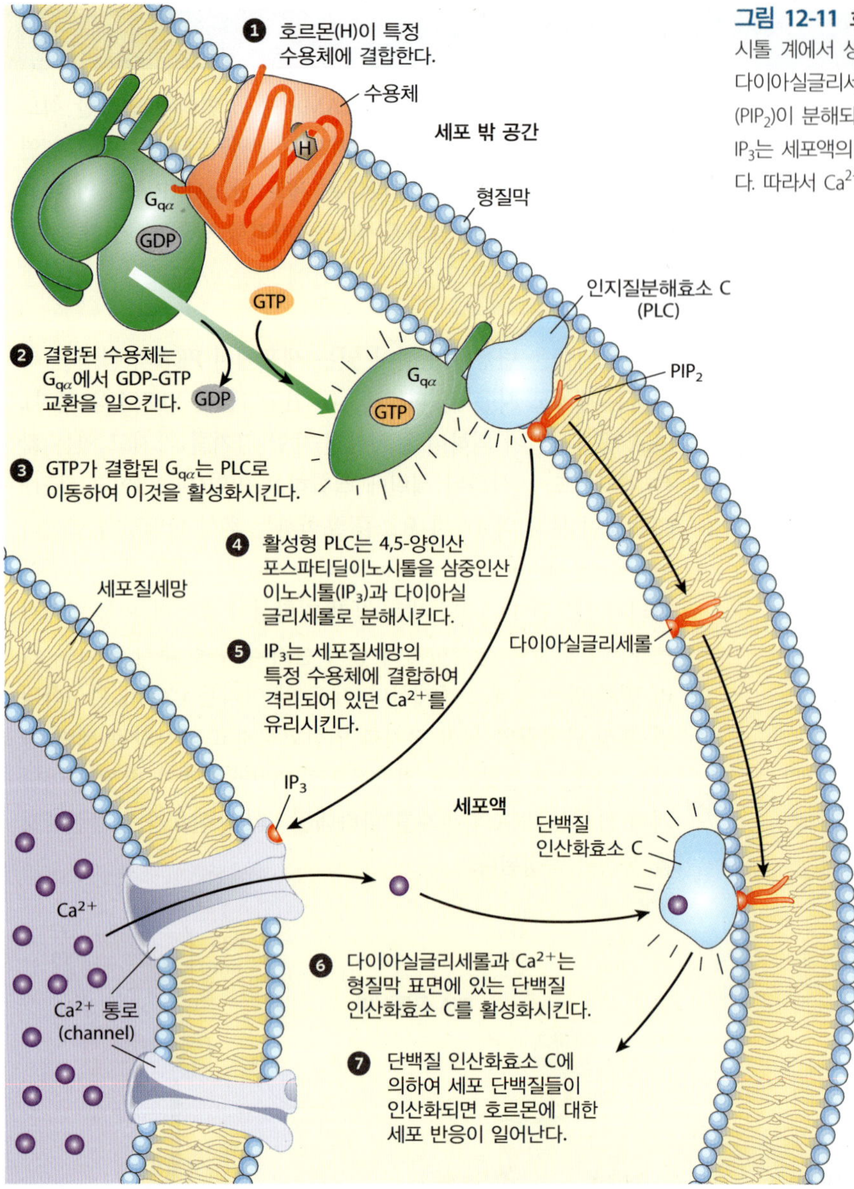

그림 12-11 호르몬 활성 인지질분해효소 C와 IP_3. 호르몬 민감 포스파티딜이노시톨 계에서 생성되는 2개의 세포 안 이차 전령은 1,4,5-삼중인산 이노시톨(IP_3)과 다이아실글리세롤(diacylglycerol)이다. 이들은 모두 4,5-양인산 포스파티딜아노시톨(PIP_2)이 분해되어 생성된 것으로 단백질 인산화효소 C(PKC)의 활성화에 기여한다. IP_3는 세포액의 Ca^{2+} 농도를 증가시킴으로써 다른 Ca^{2+}-의존 효소들을 활성화시킨다. 따라서 Ca^{2+}도 또한 이차 전령으로 작용한다.

결합하여 그 입체형태를 변화시킨다(**그림 12-12a**). 칼모듈린은 많은 종류의 단백질과 결합하는데, Ca^{2+}과 결합된 상태에서 이 단백질들의 활성을 조절한다(그림 12-12b). 칼모듈린은 Ca^{2+}-결합 단백질 족에 속하는데, Ca^{2+} 증가에 반응하여 골격근의 수축을 초래하는 트로포닌(troponin, 그림 5-32)도 여기에 해당한다. 이 Ca^{2+}-결합 단백질 족은 독특한 Ca^{2+}-결합 구조인 EF 손(EF hand, 그림 12-12c)을 가지고 있다.

칼모듈린은 **Ca^{2+}/칼모듈린 의존 단백질 인산화효소(Ca^{2+}/calmodulin-dependent protein kinases; CaM kinases**, I~IV 유형) 족의 한 통합 소단위이다. 자극에 대한 반응으로 세포 안 Ca^{2+} 농도가 올라가면 Ca^{2+}과 결합하여 입체형태의 변화를 일으키고 CaM 인산화효소를 활성화시킨다. 이 인산화효소는 많은 표적 효소를 인산화시켜서 그 활성을 조절한다. 칼모듈린은 또한 Ca^{2+}에 의하여 활성화되는 근육의 가인산분해효소 *b* 인산화효소의 한 조절 소단위이다. 따라서 Ca^{2+}은 ATP를 요구하는 근육 수축을 유발하는 동시에 글리코겐의 분해를 촉진시켜 ATP 합성을 위한 연료를 제공한다. 많은 다른 효소들도 칼모듈린을 통해서 Ca^{2+}에 의하여 조절되는 것으로 알려져 있다(표 12-5). cAMP의 작용처럼 이차 전령인 칼슘의 작용도 공간적으로 제한될 수 있다. 칼슘은 방출되어 국소적인 반응을 시작한 후 세포에서 먼 곳으로 확산되기 전에 보통 제거된다.

일반적으로 Ca^{2+}의 농도는 단순히 올라갔다가 내려가는 것이 아니라, 세포 밖 호르몬의 농도가 일정하게 유지될지라도 오히려 몇 초 간격을 두고 주기적으로 오르내리는 변화를 보인다(**그림 12-13**). Ca^{2+}의 농도가 오르내리는 기전에는 아마도 일부의 Ca^{2+} 방출 과정에 대한 Ca^{2+}의 되먹임 조절(feed back regulation)이 관여할 것이다. 그 기전이 무엇이든 간에 그 효과는 한 종류의 신호(예; 호르몬 농도)가 다른 종류의 신호(세포 안 [Ca^{2+}] "극

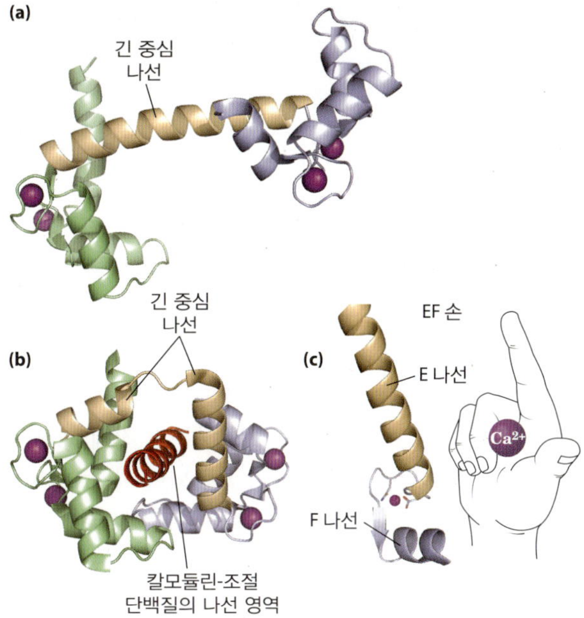

그림 12-12 칼모듈린(calmodulin). 이것은 많은 Ca^{2+}-자극 효소반응의 단백질 매개자이다. 칼모듈린은 높은 친화도를 갖는 4개의 Ca^{2+} 결합자리를 갖는다(K_d 값은 약 0.1에서 1 μM 사이이다). **(a)** 리본 모형의 칼모듈린 결정 구조. 4개의 Ca^{2+} 결합자리는 Ca^{2+}으로 채워져 있다(보라색). 왼쪽이 아미노 말단 영역이고 오른쪽이 카복실 말단 영역이다. **(b)** 칼모듈린이 조절하는 많은 효소 중의 하나인 칼모듈린-의존 단백질 인산화효소 II의 나선 영역(빨간색)에 결합된 칼모듈린. (a)에서 중심부에 위치한 긴 α 나선이 뒤로 휘어져 나선의 기질 영역과 결합하고 있는 것을 주목하라. 칼모듈린의 중심 나선은 결정체 내에서 보다 용액 내에서 더 가변적이다. **(c)** 4개의 Ca^{2+} 결합자리는 각각 EF 손(EF hand)이라고도 부르는 나선-고리-나선(helix-loop-helix) 모티프 안에 존재하며, 이것은 또한 많은 다른 Ca^{2+}-결합 단백질에서도 발견된다. [출처: (a) PDB ID 1CLL, R. Chattopadhyaya et al., *J. Mol. Biol.* 228:1177, 1992. (b, c) PDB ID 1CDL, W. E. Meador et al., Science 257:1251, 1992.]

표 12-5 Ca^{2+}과 칼모듈린에 의하여 조절되는 몇 가지 단백질
아데닐산 고리화효소 (뇌)
Ca^{2+}/칼모듈린-의존 단백질 인산화효소 (CaM 인산화효소 I-IV)
Ca^{2+}-의존 Na^+ 통로 (해파리 *Paramecium*)
근육세포질세망의 Ca^{2+}-유리 통로
칼시뉴린(calcineurin, 인산단백질 인산염 분해효소 2B)
cAMP 포스포다이에스터분해효소
cAMP-개폐 후각 통로
cGMP-개폐 Na^+, Ca^{2+} 통로 (막대세포 및 원뿔세포)
글루탐산 탈카복실기효소
마이오신 가벼운 사슬 인산화효소
NAD^+ 인산화효소
일산화질소 생성효소
포스포이노시톨 3-인산화효소
형질막 Ca^{2+} ATP분해효소(Ca^{2+} 펌프)
RNA 나선효소 (p68)

파(spike)"의 빈도와 크기)로 바뀌는 것이다. Ca^{2+}이 초기 공급원(Ca^{2+} 통로)으로부터 확산되어 퍼지면 Ca^{2+} 신호는 약화되고 세포질 소체에 격리되거나 세포 밖으로 내보내진다.

Ca^{2+}과 cAMP 신호계 사이에는 중요한 상호 교류(cross talk)가 있다. 일부 조직에서 cAMP를 생성하는 효소(아데닐산 고리화효소)와 cAMP를 분해하는 효소(포스포다이에스터분해효소)는 모두 Ca^{2+}에 의해 활성화된다. Ca^{2+} 농도가 일시적이고 국소적인 변화를 보이면 cAMP 농도에도 일시적이고 국소적인 변화를 초래한다. 우리는 이미 cAMP에 반응하는 효소인 PKA가 AKAP과 같은 지지대 단백질과 함께 구성된 고도로 국소화된 초분자 복합체

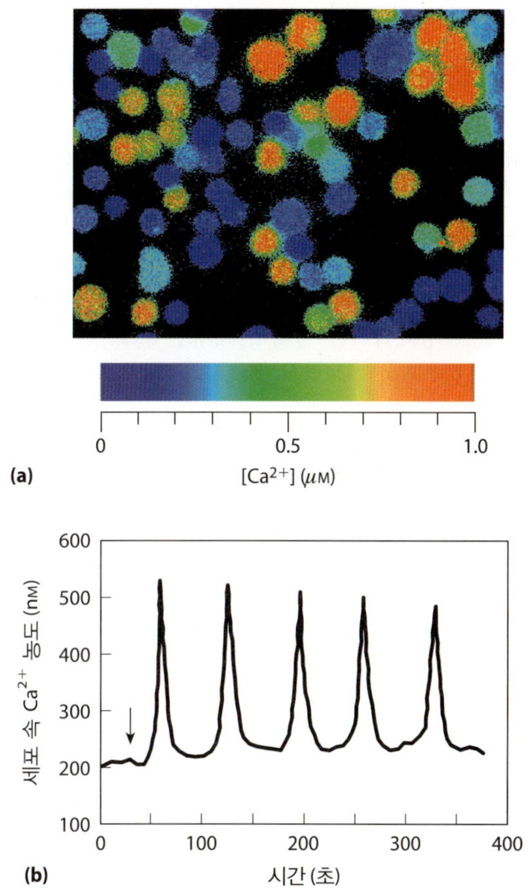

그림 12-13 세포 밖의 신호에 의한 세포 안 Ca^{2+} 농도의 주기적 진동 현상. (a) Ca^{2+}에 결합하면 형광이 변하는 염료인 퓨라(fura)를 세포 안으로 확산시키고 순간적인 빛의 발산을 형광현미경으로 측정한다. 형광의 강도는 색깔로 표시되고 색척도로서 색의 강도를 Ca^{2+} 농도와 연계시켜서 절대적인 Ca^{2+} 농도를 측정한다. 이 경우 가슴샘세포(thymocyte)가 세포 밖 ATP에 의하여 자극되고 이것은 세포 안 Ca^{2+}의 농도를 올린다. 이 세포들은 각기 다르게 반응한다. 즉, 한 세포는 세포 안 Ca^{2+} 농도가 높고(빨간색), 다른 세포는 훨씬 낮다(파란색). **(b)** 하나의 간세포에 위와 같은 탐침을 도입하여 Ca^{2+} 농도를 측정하면, 작용제인 노어에피네프린에 의하여 (화살표 지점에서 첨가됨) Ca^{2+} 농도가 200에서 500 nM 사이에서 주기적으로 진동(oscillation)하는 것을 볼 수 있다. 다른 종류의 세포에서도 비슷한 현상이 세포 밖 다른 신호에 의하여 유도될 수 있다. [출처: (a) Courtesy Michael D. Cahalan, Department of Physiology and Biophysics, University of California, Irvine. (b) T. A. Rooney et al., *J. Biol. Chem.* 264:17,131, 1989.]

의 일부분이라는 사실을 지적해 왔다. Ca^{2+}과 cAMP 농도 기울기가 일시적이고도 일정 공간에 한정되어 있다는 사실에 더하여, 이러한 표적 효소들이 세포 안에서 특별한 위치에 존재함으로써 세포가 하나 또는 여러 신호들에 반응하여 공간과 시간에 한정된 미묘한 차이를 보이면서 대사를 변화시킬 수 있다.

요약 12.2 G 단백질 짝지움 수용체와 이차 전령

■ G 단백질 짝지움 수용체(GPCRs)는 공통의 7회 막횡단 나선 구조 배열을 포함하며, 이종삼합체인 G 단백질을 통하여 작용한다. 리간드가 결합함에 따라 GPCRs은 G 단백질에 있는 GDP를 GTP로 교환시킴으로써 G_α소단위를 분리시킨다. 이 소단위는 이차 전령 생성물의 농도를 변화시키는 작용 효소의 활성을 자극하거나 또는 억제한다.

■ β-아드레날린 수용체는 자극 G 단백질인 G_s를 통하여 형질막에 있는 아데닐산 고리화효소를 활성화시켜서 이차 전령인 cAMP 농도를 증가시킨다. cAMP는 cAMP 의존 단백질 인산화효소를 자극하여 주요 표적 효소들을 인산화시키고 이들의 활성을 변화시킨다.

■ 한 분자의 호르몬이 한 촉매를 활성화시키고 이 촉매는 다시 다른 촉매를 활성화시키는 식의 단계적인 효소 연쇄반응을 통하여 커다란 신호증폭이 일어난다. 이것은 모든 호르몬 수용체 계의 특성이다.

■ cAMP 농도는 결국 cAMP 포스포다이에스터분해효소에 의하여 감소하고, G_s는 결합되어 있던 GTP가 자체의 가수분해 활성에 의하여 GDP로 분해되어 본래의 모습으로 되돌아온다. 이것은 자가 억제 이중 스위치로 작용한다.

■ 에피네프린 신호가 계속될 때 β-아드레날린 수용체 특이 단백질인산화효소와 β-어레스틴의 작용으로 수용체가 일시적으로 민감소실이 일어나고 세포 안의 소포로 이동된다.

■ 일부 수용체는 G_s를 통하여 아데닐산 고리화효소를 **활성화**시키고, 일부는 G_i를 통하여 그 활성을 **억제**한다. 따라서 세포의 cAMP 농도는 2가지 (또는 그 이상의) 신호를 통합한 결과를 반영한다.

■ AKAPs와 같은 비촉매성 연결자 단백질들은 신호전달 과정에 포함된 단백질들을 서로 가까이 묶어 주어서 이들의 상호작용이 효율적으로 일어나도록 하며, 어떤 경우에는 이 과정을 세포 소기관의 특별한 위치에 한정해 주는 역할을 한다.

■ 일부의 GPCRs은 형질막의 인지질분해효소 C와 연결되어 PIP_2를 다이아실글리세롤과 IP_3로 분해한다. IP_3는 세포질세망에 있는 Ca^{2+} 통로를 열어 세포액의 Ca^{2+} 농도를 올리고, 다이아실글리세롤은 Ca^{2+}과 함께 단백질 인산화효소 C를 활성화시킨다. PKC는 특정 세포 안 단백질들을 인산화시켜 그 활성을 변화시킨다. 세포 안 Ca^{2+} 농도는 또한 (흔히 칼모듈린을 통하여) 분비나 세포골격 재배열 또는 수축에 관여하는 많은 다른 효소나 단백질들을 조절한다.

12.3 시각, 후각, 그리고 미각에서 G 단백질 짝지움 수용체

동물은 특수하게 발달된 감각 신경세포를 통하여 빛, 냄새, 맛을 감지한다(순서대로 시각, 후각, 미각). 이 신경세포는 호르몬, 신경전달물질, 성장인자 등을 감지하는 경우와 근본적으로 유사한 신호전달 기전을 사용한다. 최초의 감각신호(sensory signal)는 개폐 이온 통로와 세포 안 이차 전령을 포함하는 기전에 의하여 크게 증폭된다; 이 신호전달계에서 자극이 계속되면 자극에 대한 민감성을 변화시켜 적응하고(민감소실); 여러 수용체로부터 들어온 감각신호는 종합되어 최종적으로 뇌로 전달된다.

척추동물의 눈은 고전적인 GPCR 기전을 이용한다

시각 신호전달(**그림 12-14**)은 빛이 **로돕신(rhodopsin)**에 닿을 때부터 시작된다. 로돕신은 척추동물 눈의 막대세포(rod cells)의 원반막에 있는 일종의 GPCR이다. [막대세포는 색을 감지하지 못하지만 원뿔세포(cone cells)는 색을 감지할 수 있다. (아래 설명 참조)] 빛을 흡수하는 색소(발색단, chromophore)인 11-*cis*-레티날(11-*cis*-retinal)은 로돕신을 구성하는 단백질 부분인 **옵신(opsin)**에 공유결합으로 연결되어 있다. 이 레티날은 디스크 막 양층의 거의 중간에 자리 잡고 있다. 로돕신의 레티날 부분이 광자(photon)를 흡수하면(단계 ❶), 그 에너지에 의하여 11-*cis*-레티날이 전체-*trans*-레티날(all-*trans*-retinal)로 전환되는 광화학적 변화가 일어난다(그림 1-20b와 10-20 참조). 이 발색단의 구조적 변화가 로돕신 분자의 입체형태의 변화를 초래하고, 이것이 삼합체 G 단백질인 트랜스듀신(transducin)을 활성화시킨다. 로돕신은 트랜스듀신과 반응하여 트랜스듀신에 결합된 GDP를 세포액 GTP로 대체시키고(그림 12-14, 단계 ❷), 활성화된 트랜스듀신은 억제 소단위를 제거함으로써 막단백질인 cGMP 포스포다이에스터분해효소(cGMP phosphodiesterase, PDE)를 자극한다(단계 ❸). cGMP PDE는 이차 전령인 3′,5′-cGMP를 5′-GMP로 분해하여 cGMP 농도를 낮춘다(단계 ❹). 결과적으로, 형질막에 있는 cGMP 의존 Na^+-Ca^{2+} 이온 통로는 닫힌다(단계 ❺). 반면에 활성형 Na^+-Ca^{2+} 길항이온 통로는 형질막 밖으로 Ca^{2+} 이온을 계속해서 뿜어 내보낸다(단계 ❻). 이는 형질막 안쪽의 음 전위를 더욱 강하게 만든다(즉, 막대세포의 과분극). 이러한 전위의 변화는 일련의 특화된 신경세포를 따라 뇌의 시각 겉질까지 전달된다.

시각 신호전달에서 신호는 몇 단계를 거치면서 크게 증폭된다. 하나의 흥분된 로돕신 분자는 최소한 500분자 이상의 트랜스듀신을 활성화시키고, 활성화된 트랜스듀신은 각각 cGMP PDE 분

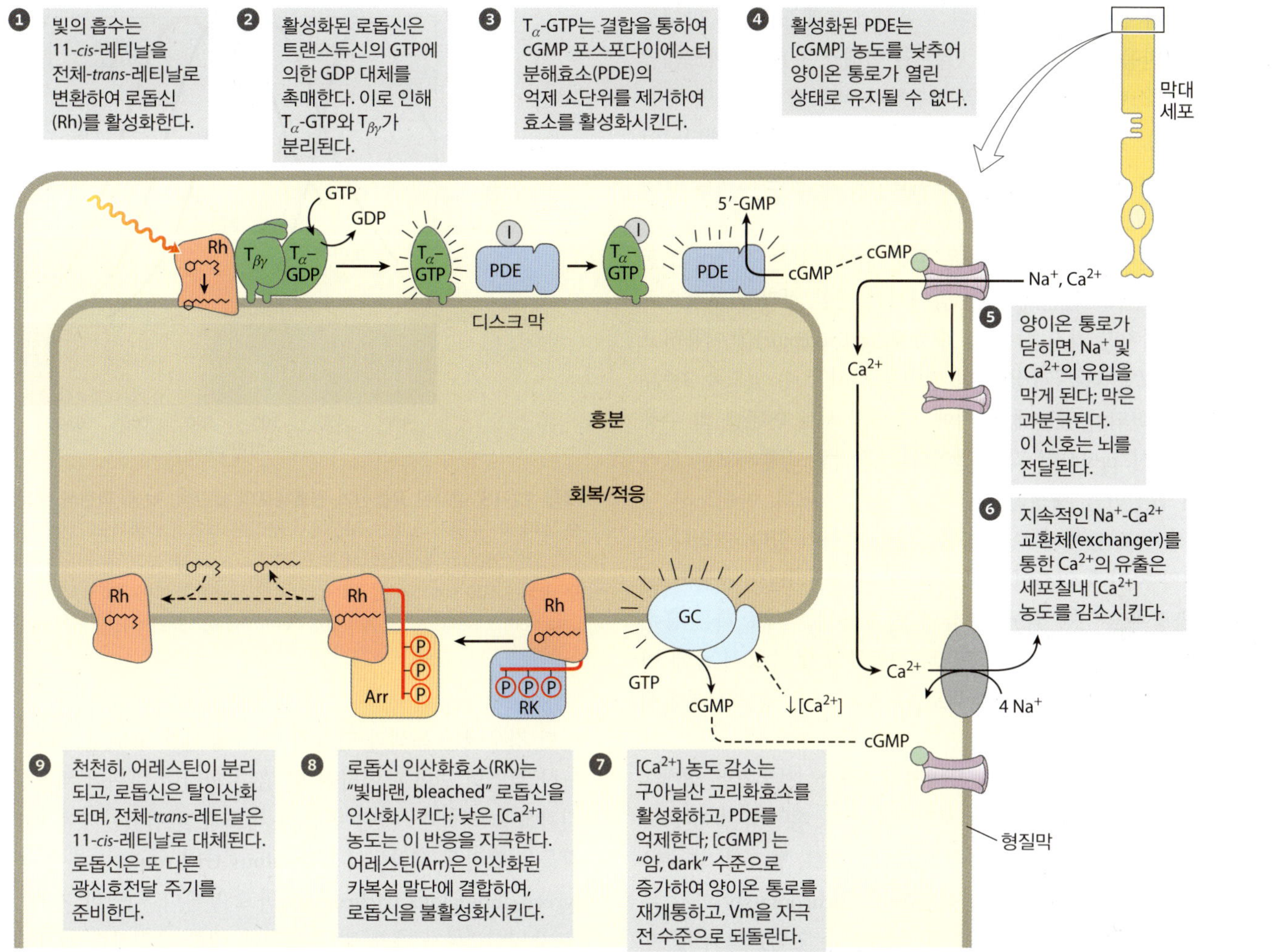

그림 12-14 막대세포 바깥 분절에서 로돕신의 광자 흡수에 따른 분자 수준의 결과. 그림의 상반부(단계 ❶~❺)는 빛이 들어왔을 때의 흥분에 관한 설명이고; 하반부는 조명 이후의 단계들, 즉 회복(단계 ❻과 ❼)과 적응(단계 ❽과 ❾)을 보여 준다.

자 하나씩을 활성화시킨다. 이 포스포다이에스터분해효소는 단위 시간 동안 놀라울 정도로 많은 수의 분자 변화를 일으키는데, 하나의 활성화된 PDE 분자는 1초에 4,200개의 cGMP 분자를 가수분해시킬 수 있다. cGMP 개폐 이온 통로에 cGMP가 결합할 때 협동성을 갖는다. 따라서 cGMP의 농도가 조금만 변해도 이온의 전도성(conductance)에는 많은 변화가 일어난다. 이러한 신호의 증폭에 의하여 아주 조그만 빛의 변화에도 매우 민감하게 반응할 수 있다. 하나의 광자만 흡수해도 1,000개 이상의 Na^+-Ca^{2+} 이온 통로를 닫게 하여 세포의 막 전위가 약 1 mV 가량 과분극으로 변한다.

당신의 눈이 이 문장의 줄을 따라 움직여 나아갈 때 다음에 연속으로 나오는 단어들을 보기 전에 첫 번째 단어들의 망막 상은 재빠르게 사라지게 된다. 이 짧은 시간에 대단히 많은 생화학 반응이 일어난다. 막대세포나 원뿔세포에 빛이 들어오는 것이 멈추면 그 즉시 순식간에 빛 감각계(photosensory system)는 닫히게 된다. GTP가 결합된 트랜스듀신의 α 소단위(T_α)는 자체에 GTP 분해효소 활성을 갖고 있다. 빛의 세기가 감소되면 수천 분의 1초 이내에 GTP는 가수분해되고 T_α는 다시 $T_{\beta\gamma}$와 재결합하게 된다. T_α-GTP와 결합되어 있던 PDE의 억제 소단위는 유리되어 다시 PDE와 재결합하여 PDE의 효소 활성을 강력히 억제함으로써 cGMP의 분해 속도를 낮춘다.

동시에 빛에 대한 반응을 종결시키는 두 번째 요소는 Na^+-Ca^{2+} 교환 통로를 통한 Ca^{2+} 유출과 이로 인한 세포 안 Ca^{2+} 농도의 감소이다(그림 12-14, 단계 ❻). 고농도의 Ca^{2+}은 cGMP를 만드는 효소(구아닐산 고리화효소; 단계 ❼)를 억제하므로 Ca^{2+} 농도의 감소는 cGMP의 생성을 증가시켜서 재빨리 자극 전의 수준으로 되돌린다.

로돕신이 오랫동안 빛에 노출되면 스스로 신호전달 활동의 지속 기간을 제한하는 변화를 겪게 된다. 로돕신에 입체형태의 변화가 일어나면 카복실 말단 영역에서 여러 트레오닌 잔기와 세린 잔기가 노출된다. 노출된 잔기는 **로돕신 인산화효소(rhodopsin kinase)**에 의하여 재빨리 인산화된다(단계 ❽). 로돕신 인산화효소는 기능적으로나 구조적으로 모두 β-아드레날린 수용체의 민감소실을 일으키는 β-아드레날린 수용체 인산화효소(βARK)와 비슷하다. 로돕신의 인산화된 카복실 말단 영역에 단백질 **어레스틴 1**

(arrestin 1)이 결합하면 활성화된 로돕신과 트랜스듀신을 방해하여 더 이상 반응하지 못하도록 만든다. 어레스틴 1은 β-아드레날린 계의 어레스틴 2(βarr)와 매우 비슷하다. 비교적 오랫동안 빛을 쬐면(단계 ⑨), 빛-탈색 로돕신 분자에 결합된 전체-*trans*-레티날이 제거되고 11-*cis*-레티날로 대체되어 로돕신은 또 다른 광자를 감지할 수 있도록 준비 상태로 되돌아간다.

색깔을 인식하는 시각 기능은 원뿔세포에 있는 감각 신호전달경로를 포함하고 있는데 이는 앞에서 설명한 것과 기본적으로 똑같은 과정이지만 약간 다른 빛 수용체(light receptor)를 이용하고 있다. 원뿔세포는 다른 파장의 빛 영역을 감지할 수 있도록 3종류의 세포로 분화되어 있는데, 여기에 3종류의 서로 연관된 빛 수용체 단백질(옵신, opsin)이 각각 관여한다. 각각의 원뿔세포는 오직 한 종류의 옵신만을 생성한다. 각각의 옵신은 크기, 아미노산 서열, 3차원적 구조 등에서 로돕신과 밀접한 관련이 있다. 그러나 옵신들 사이의 차이에 의하여 발색단인 11-시스-레티날이 조금씩 서로 다른 환경에 놓이게 되어 3종류의 빛 수용체는 서로 다른 흡수 파장을 갖게 된다(**그림 12-15**). 인간은 3종류의 빛 수용체 중에 어느 하나를 포함한 3종류의 원뿔세포들로부터 나온 정보를 통합해서 색과 색조를 구별한다.

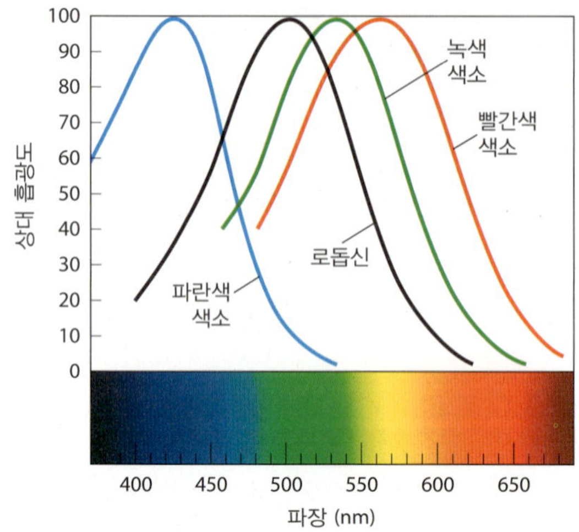

그림 12-15 정제된 로돕신과 원뿔세포의 빨간색, 녹색, 파란색 수용체들의 흡수 빛띠. 이 수용체 빛띠는 시신에서 분리한 개개의 원뿔세포에서 얻었는데, 각각 420, 530, 560 nm의 파장에서 최고 봉우리(peak)를 보여 준다. 로돕신의 최대 흡수 파장은 500 nm이다. 참고로 인간의 가시광선 빛띠는 380~750 nm이다. [출처: Data from J. Nathans, *Sci. Am.* 260 (February):42, 1989.]

녹색으로부터 빨간색을 구별하지 못하는 경우처럼 색맹은 인간에게 비교적 흔한 유전적 결함이다. 옵신의 변이에 따라 여러 종류의 색맹이 발생할 수 있다. 한 예로, 빨간색 빛 수용체가 없을 때 이 사람을 **빨간색 색맹(red⁻ dichromats)**이라고 부른다(이들은 두 종류의 기본적인 색만을 볼 수 있다). 녹색 빛 수용체가 없을 때는 **녹색 색맹(green⁻ dichromats)**이라고 부른다. 어떤 경우에는 녹색과 빨간색 빛 수용체가 모두 존재하지만 아미노산 서열의 변화로 인하여 빛 흡수 파장이 바뀌어 비정상적인 색 시각을 초래한다. 어떤 종류의 색조가 바뀌었는가에 따라 이 사람들을 **빨간색 색약(red-anomalous trichromats)** 혹은 **녹색 색약(green-anomalous trichromats)**라고 부른다. 사망한 지 백 년이 넘은 유명한 "환자"에게 빛 수용체에 대한 유전자를 검사하여 색맹을 진단한 경우도 있다(별도설명 12-3). ■

별도설명 12-3 의학 색맹: 사망 후에 진행된 John Dalton의 실험

(원자이론으로 유명한) 화학자 John Dalton은 색맹이었다. 그는 정상적인 사람의 눈에 들어 있는 유리체액(수정체 뒤의 안구를 채우고 있는 액체)은 무색이지만 자신의 유리체액은 아마 파란색을 띠고 있을 것이라 생각했다. 그래서 자신이 죽고 나면 눈을 꺼내 유리체액이 어떤 색인지를 알아보라고 제안했다. 그의 뜻에 따라 1844년 7월 그가 죽은 바로 다음날에 Joseph Ransome이 그의 눈을 잘라 확인하여 보니 완전하게 무색이었다. 그러나 Ransome은 다른 과학자들과 마찬가지로 그 눈을 그대로 내던지고 싶지 않았다. 그는 Dalton의 눈을 보존액이 들어 있는 유리에 넣어 두었고, 이 병 속에서 150년 동안 보관되었다(그림 1).

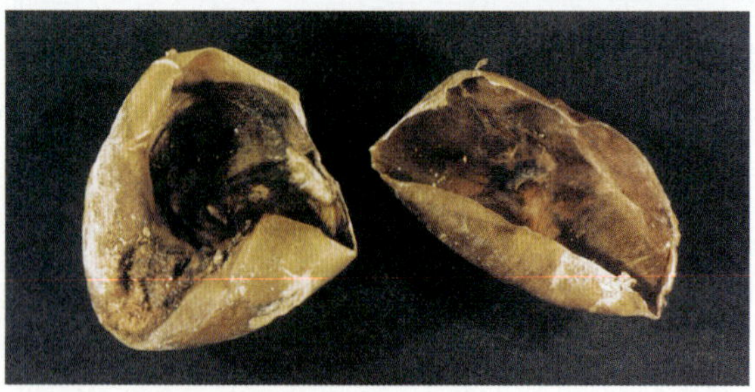

그림 1 달턴의 눈. [출처: Professor J. D. Mollon, Department of Experimental Psychology, Cambridge University.]

그 이후 1990년대 중반에 영국의 분자생물학자들이 Dalton의 망막을 조금 떼어 내어 DNA를 추출하였다. 빨간색 및 녹색 빛 수용체 옵신(opsins)에 대하여 알려진 유전자 서열을 기준으로 관련된 부분을 증폭하여 (제8장에서 설명한 기술들을 사용함) 비교한 결과 Dalton은 빨간색 빛색소에 대한 옵신 유전자는 정상이었지만 녹색 빛색소에 대한 옵신 유전자는 결핍되어 있었다. Dalton은 녹색 색맹이었던 것이다. 죽은 지 150년이 지나서야 Dalton이 시작했던, 즉 자신의 색맹의 원인에 대한 가설로 시작되었던 실험이 마침내 완성되었다.

척추동물의 후각과 미각은 시각계와 비슷한 기전을 사용한다

냄새와 맛을 감지하는 감각 세포는 빛 수용체계와 공통점이 많다. 냄새 유발물질(odorant) 분자가 그의 특정 GPCR 수용체에 결합하면 수용체의 입체 형태가 변하여 G 단백질인 G_{olf}를 활성화시킨다. G_{olf}는 트랜스듀신이나 β-아드레날린 작동계의 G_s와 비슷한 유사체이다. 활성화된 G_{olf}는 아데닐산 고리화효소를 활성화시켜서 국소적으로 cAMP 농도를 올려준다. 형질막에 있는 cAMP 개폐 Na^+와 Ca^{2+} 이온 통로가 열려, Na^+와 Ca^{2+} 이온이 유입되면 **수용체 전위(receptor potential)**라고도 일컫는 작은 탈분극(depolarization)이 일어난다. 만약 충분한 수의 냄새 유발물질이 수용체와 결합하면 수용체 전위가 충분히 강하게 되어 신경세포에서 활동 전위가 발생한다. 이것은 여러 단계를 거친 후 뇌로 전달되어 특별한 냄새로 기록된다. 이러한 일련의 모든 과정은 100~200 ms 이내에 일어난다. 냄새 자극이 사라지면 여러 가지 방법으로 신호전달 기구가 스스로 차단된다. cAMP 포스포다이에스터분해효소에 의하여 cAMP의 농도는 자극 받기 전의 상태로 돌아가고, G_{olf}는 결합된 GTP를 GDP로 가수분해 시켜서 스스로 불활성화된다. 수용체는 특정 인산화효소에 의하여 인산화되어 G_{olf}와 작용을 못하게 되는데, 이 과정은 β-아드레날린 수용체와 로돕신의 민감소실을 일으키는 과정과 비슷하다. 몇몇의 냄새 유발 물질들은 다른 신호전달 과정, 즉 인지질 분해효소의 활성화와 IP_3 생성으로 인한 세포 안 Ca^{2+} 농도의 증가에서 보여준 것처럼 또 다른 기전으로 감지되기도 한다.

척추동물에서 맛을 느끼는 것은 혀 표면의 맛봉오리(taste bud)에 분포되어 있는 미각 신경세포에 의하여 이루어진다. 예를 들면, 단맛을 내는 분자는 "단맛"을 담당하는 맛봉오리의 수용체와 결합을 한다. 이 맛 감각 신경세포에서 GPCR 수용체는 **거스트듀신(gustducin)**이라는 이종삼합체 G 단백질과 짝지고 있다. 이러한 맛을 내는 분자(tastant)가 수용체와 결합을 하면 거스트듀신이 활성화되고, 아데닐산 고리화효소에 의한 cAMP 생성이 증가한다. 고농도의 cAMP는 PKA를 활성화시키고, PKA는 형질막의 K^+ 통로를 인산화시켜 닫히게 만든다. 결과적으로 초래되는 전기적 신호는 뇌로 보내진다. 다른 맛봉오리들은 쓴맛, 신맛, 짠맛, 또는 감칠맛(umami)을 내는 물질을 감지하도록 각각 특화되어 있다. 이들도 마찬가지로 다양한 조합의 이차 전령이나 이온 통로들을 신호전달 과정에 이용한다.

모든 GPCR 시스템은 여러 가지 특성을 공유한다

지금까지 우리는 세포막 수용체가 G 단백질을 통하여 이차 전령을 생성하는 효소와 짝지어진 4가지 종류의 신호전달계(호르몬 신호, 시각, 후각, 미각)를 살펴보았다. 분명하게 신호전달계는 진화의 초기부터 발달되어 왔다는 것을 알 수 있다; 포유동물과 절지동물(초파리 *Drosophila*와 모기), 그리고 예쁜꼬마선충(*Caenorhabditis elegans*)의 유전체 연구로부터 수백 개의 GPCR 수용체 유전자가 존재함을 알 수 있다. 일반적으로 양조에 쓰이는 효모(*Saccharomyces*)에서 조차도 역교배형을 발견하기 위해서 GPCR 수용체와 G 단백질을 사용하고 있다. 전체적인 신호전달 유형은 보전되어 있으며, 현대 생물들에게는 다양한 종류의 자극에 반응할 수 있도록 그 능력을 후천적으로 부여받았다(표 12-6). 인간의 유전체에 존재하는 20,000개 가량의 유전자 중 약 1,000개 정도의 유전자에 GPCR 수용체가 암호화되어 있다. 이 중에는 냄새 자극에 대한 수백 개의 수용체도 있고, 아직 그 리간드가 밝혀지지 않은 많은 "고아 수용체(orphan receptor)"도 포함되어 있다.

잘 알려진 바처럼 이종삼합체 G 단백질을 통한 신호전달계는 진화상의 연관성을 반영하는 몇 가지 공통점을 가지고 있다(**그림 12-16**). 이 수용체들은 7개의 막횡단 분절, G 단백질과 반응하는 영역(일반적으로 막횡단 나선 6번과 7번 사이의 고리), 여러 곳의 세린과 트레오닌 잔기에 가역적으로 인산화될 수 있는 세포질 쪽의 카복실 말단 영역 등을 공통적으로 가지고 있다. 리간드 결합 자리(빛 전달 과정에서 빛 수용체가 해당됨)는 막의 깊숙한 곳에 위치하고 여기에 여러 막횡단 분절의 아미노산 잔기들이 관여한

표 12-6 GPCRs을 통해 작용하는 몇 가지 신호들

아민류	태키키닌(tachykinin)
아세틸콜린(머스카린성)	갑상선자극호르몬-분비 호르몬 (TRH)
도파민	유로텐신 II
에피네프린	
히스타민	**단백질 호르몬**
세로토닌	난포-자극 호르몬(FSH)
펩타이드	생식샘자극호르몬(gonadotropin)
안지오텐신	류트로핀(lutropin)-융모생식샘 자극 호르몬
봄베신(bombesin)	갑상샘자극호르몬
브래디키닌	**프로스타노이드**
케모카인(chemokine)	프로스타사이클린
콜레시스토키닌 (CCK)	프로스타글란딘
엔도셀린(endothelin)	트롬복산
생식샘자극호르몬-분비 호르몬(GnRH)	**기타**
인터류킨-8	카나비노이드
멜라노코틴	라이소스핑고지질
신경 펩타이드 Y	멜라토닌
뉴로텐신	후각 자극
오렉신(orexin)	마약 유사물(오피오이드, opioids)
소마토스타틴	로돕신

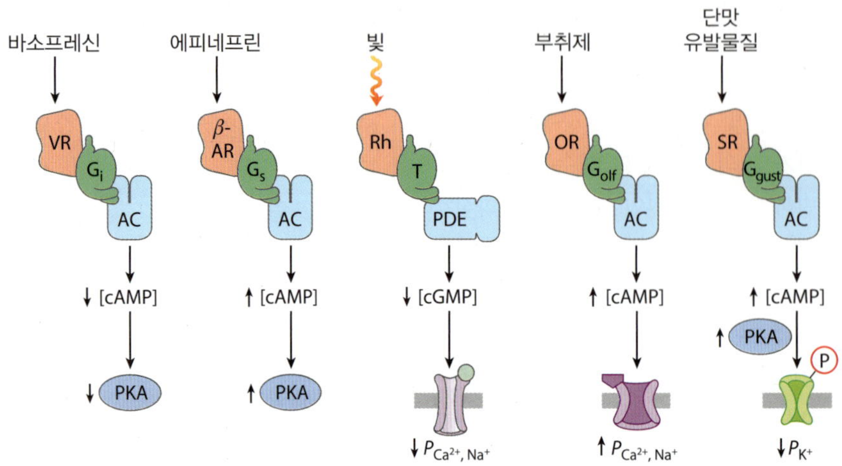

그림 12-16 호르몬, 빛, 냄새, 맛을 감지하는 신호전달계의 공통적인 특징. GPCR 수용체는 신호를 특이적으로 제공하고, G 단백질과 반응하여 신호를 증폭시킨다. 이종삼합체 G 단백질은 실행자로서의 효소, 즉 아데닐산 고리화효소(AC)와 cAMP나 cGMP를 분해하는 포스포다이에스터분해효소(PDEs)를 활성화시킨다. 이차 전령(cAMP, cGMP, IP_3)의 농도가 변하면 인산화에 의하여 효소의 활성이 변하거나 Ca^{2+}, Na^+ 및 K^+에 대한 막의 투과성(P)도 변하게 된다. 결과적으로 감각세포의 탈분극이나 과분극에 의한 신호는 여러 단계의 신경세포를 거쳐 뇌의 감각중추까지 전달된다. 가장 잘 연구된 예에서 보면, 탈분극되면 수용체가 인산화되고 단백질(어레스틴)이 결합하여 수용체-G 단백질의 상호작용을 방해한다. (IP_3를 생성하고 세포 안 Ca^{2+} 농도를 증가시키는 냄새 감지 경로는 본문에서 설명하고 있지만 이 그림에는 보이지 않는다.) VR은 바소프레신 수용체(vasopressin receptor); β-AR은 β-아드레날린 수용체; Rh는 로돕신; OR은 후각 수용체(olfactory receptor); SR은 단맛 수용체이다.

다. 리간드 결합(혹은 빛 자체)은 수용체의 입체형태에 변화를 초래하여 G 단백질과 반응할 수 있는 영역을 노출시킨다. 이종삼합체 G 단백질은 작용 효소(아데닐산 고리화효소, PDE, 또는 PLC)를 촉진하거나 억제하여 이차 전령(cAMP, cGMP, IP_3, 또는 Ca^{2+})의 농도를 변화시킨다. 호르몬에 반응하는 세포 신호전달의 마지막 단계에서는 활성화된 단백질 인산화효소가 중요한 역할을 하는 단백질을 인산화하여 몇 개의 세포 반응을 조절한다. 감각 신경세포에서는 막 전위가 변하는 결과가 초래되는데 이는 전기 신호를 생성하여 다른 신경세포로 전달되는 일련의 경로를 통해 감각세포에서 뇌까지 전달된다.

이러한 모든 신호전달계는 스스로 불활성화된다. G 단백질은 자체로 GTP 분해효소 활성을 갖고 있어 결합된 GTP를 GDP로 바꿔준다. 이 반응은 가끔 GTP 분해효소 활성화 단백질(GAP)이나 G 단백질 신호전달 조절자(RGS)에 의하여 강화될 수 있다(그림 12-5 및 별도설명 12-1의 그림 4 참조). 몇몇의 경우에 G 단백질에 의한 조절작용의 표적이 되는 작용 효소가 GAP으로 작용하기도 한다. 카복실 말단 영역의 인산화와 뒤따른 어레스틴의 결합에 의한 민감소실 기전도 널리 보급되어 광범위하게 이용되고 있다.

척추 동물에 존재하는 1,000여 개의 GPCRs 각각은 특정 세포 유형에 따라 또는 특정 조건 아래서 선택적으로 발현된다. 더불어 이들은 세포와 조직이 외부의 다양한 자극에 반응할 수 있도록 해준다. 이러한 자극들에는 작은 분자량의 아민, 펩타이드, 단백질, 에이코사노이드 및 기타 지질이 있으며 마찬가지로 빛이나 냄새 및 미각에 의해 감지되는 많은 화합물에 의한 자극이 해당된다. 결정분석법(crystallography)으로 β-아드레날린 수용체와 히스타민 수용체를 포함하여 몇몇 GPCR의 구조가 밝혀졌다(**그림 12-17**). 이들은 신호전달 기전에 대한 연구뿐만 아니라 약물을 통한 수용체 활성의 조절 가능성 측면에서 매우 높은 관심을 불러일으켰다. 이 2가지 수용체들은 각각 광범위하게 사용되고 있는 다양한 베타-차단제와 항히스타민 약물의 표적으로 이용되고 있다. GPCRs 구조의 유사성은 공통적인 7회 막횡단 나선 형태를 넘어서는 그 이상이다; 그림 12-17d에서 볼 수 있는 것처럼, 5개의 서로 다른 GPCR의 구조는 거의 중첩되는 형태이다. 분명 이러한 3차원 구조에 존재하는 어떤 것이 많은 이질적인 신호들을 전달하는 한 매개체로 작용할 수 있도록 만들 것이다.

요약 12.3 시각, 후각, 그리고 미각에서 G 단백질 짝지움 수용체

- 척추동물에서 시각, 후각, 미각 등은 GPCR 수용체를 이용하는데, 이는 이종삼합체 G 단백질을 통해 작용하여 감각 신경세포의 막 전위(V_m)을 변화시킨다.
- 망막의 막대세포와 원뿔세포에서 빛은 로돕신을 활성화시키고, 로돕신은 G 단백질인 트랜스듀신을 활성화시킨다. 떨어져 나온 트랜스듀신의 α 소단위는 cGMP 포스포다이에스터분해효소를 활성화시켜 cGMP의 농도를 낮추고 이 신경세포들의 바깥분절에 있는 cGMP 의존 이온 통로를 닫는다. 결과적으로 막대세포와 원뿔세포가 과분극되어 옆에 있는 신경세포로 신호를 전달하고 이는 결국 시각 경로를 따라 뇌까지 전달된다.
- 후각 신경세포에서 냄새 자극은 GPCR 수용체와 G 단백질을

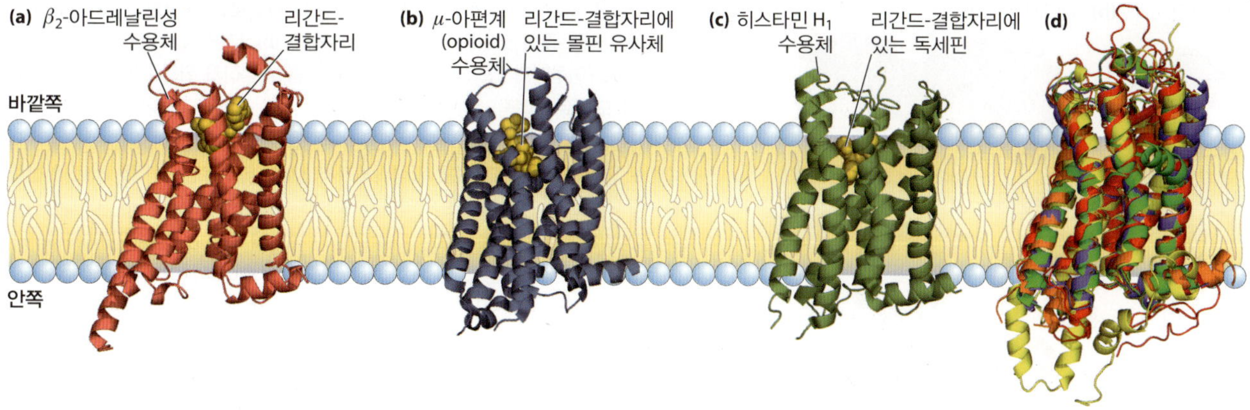

그림 12-17 β**-아드레날린 수용체 및 몇 가지 다른 GPCRs.** **(a)** 리간드 결합자리에 노란색 에피네프린 작용제가 결합되어 있는 β_2-아드레날린 수용체. **(b)** 리간드-결합자리에 몰핀 유사체가 결합한 몰핀과 코데인의 표적 μ 아편계(opioid) 수용체. **(c)** 약물 독세핀(doxepin)과 결합된 히스타민 H1 수용체. **(d)** 5개의 GPCR 구조들은 독특한 보존성을 보이면서 중첩되고 있다. 여기에는 인간 A2A 아데노신 수용체(주황색); 칠면조 β_1-아드레날린 수용체(파란색), 인간 β_2-아드레날린 수용체(녹색), 오징어 로돕신(노란색) 및 소 로돕신(빨간색)이 표시되었다. [출처: (a) PDB ID 3SN6, S. G. F. Rasmussen et al., *Nature* 477:549, 2011. (b) PDB ID 4DKL, A. Manglik et al., *Nature* 485:321, 2012. (c) PDB ID 3RZE, T. Shimamura et al., *Nature* 475:65, 2011. (d) Human A2A adenosine receptor: PDB ID 3EML, V. P. Jaakola et al., *Science* 322:1211, 2008; turkey β_1-adrenergic receptor: PDB ID 2VT4, A. Warne et al., *Nature* 454:486, 2008; human β_2-adrenergic receptor: PDB ID 2RH1, V. Cherezov et al., *Science* 318:1258, 2007; squid rhodopsin: PDB ID 2Z73, M. Murakami and T. Kouyama, *Nature* 453:363, 2008; bovine rhodopsin: PDB ID 1U19, T. Okada et al., *J. Mol. Biol.* 342:571, 2004.]

거쳐 cAMP 농도를 올리거나(아데닐산 고리화효소의 활성화를 통하여) Ca^{2+}의 농도를 올린다(PLC의 활성화를 통하여). 이 이차 전령들은 이온 통로에 영향을 미쳐서 V_m을 조절한다.

- 미각 신경세포들은 cAMP 농도를 바꿈으로써 맛 유발물질에 반응하는 GPCR 수용체를 가지고 있다. cAMP 농도 변화는 이온 통로를 개폐함으로써 V_m을 변화시킨다.
- 신호전달 단백질과 신호전달 기전은 모든 신호전달계와 모든 종에 있어서 고도로 보존되어 있다.

12.4 수용체 타이로신 인산화효소

수용체 타이로신 인산화효소(RTKs)는 매우 많은 형질막 수용체 계로서 내부에 단백질 인산화효소(kinase) 활성을 보유하고 있다. 이 단백질은 GPCRs과는 근본적으로 다른 신호전달 기전에 의해 세포 밖 신호를 전달한다. 이 RTKs는 형질막 바깥쪽에 리간드 결합 영역(ligand-binding domain)이 있고 세포질 쪽에 효소의 활성자리가 있으며, 두 영역은 세포막을 횡단하는 하나의 분절에 의하여 연결되어 있다. 세포질 영역은 특이적 표적단백질의 타이로신 잔기를 인산화시키는 단백질 인산화효소(타이로신 인산화효소, Tyr Kinase)이다. 인슐린과 표피 성장인자(EGF)에 대한 수용체가 사람에게 있는 60여 개 RTKs의 전형적인 예에 해당한다.

인슐린 수용체의 자극은 단백질 인산화 연쇄반응을 시작한다

인슐린은 대사 효소와 유전자 발현을 모두 조절한다. 인슐린은 세포 안으로 들어가지 않고 한 줄기의 경로를 따라 이동하는 신호를 시작한다. 인슐린에 의한 신호는 형질막의 수용체로부터 세포질에 있는 인슐린 민감 효소(insulin-sensitive enzyme)로 그리고 핵으로까지 전달되어 그곳에서 특정 유전자의 발현을 촉진한다. 활성형 인슐린 수용체(INSR, insulin receptor) 단백질은 형질막 바깥쪽으로 돌출된 2개의 동일한 α 소단위와 카복실 말단이 세포액 쪽으로 돌출되어 세포막을 횡단하는 2개의 β 소단위, 즉 α와 β 단일체(monomer)의 이합체로 구성되어 있다(**그림 12-18**). α 소단위는 인슐린 결합자리를 갖고 있고, β 소단위의 세포 안 영역은 단백질 인산화효소의 활성을 갖고 있어서 ATP의 인산기 하나를 특정 표적단백질에 있는 타이로신 잔기의 하이드록실기에 전달한다. 한 인슐린이 이합체의 두 소단위 사이에 결합하면 β 소단위의 타이로신 인산화효소 활성을 촉진시킴으로써 다른 β 소단위의 카복실 말단 근처에 위치한 3개의 주요 타이로신 잔기를 인산화시켜 INSR를 통한 신호전달 과정이 시작된다. 이러한 **자가인산화(autophosphorylation)**에 의하여 효소의 활성자리가 노출되어 다른 표적단백질의 타이로신 잔기를 인산화시킬 수 있다. INSR 단백질 인산화효소의 활성화 기전은 PKA와 PKC에서 설명된 것과 유사하다: 정상적으로 활성자리를 차단하고 있던 세포질 영역의 일부분(자가 억제 서열)이 인산화되면서 활성자리에서 빠져 나가 표적단백질과 결합할 수 있도록 이 자리를 열어 준다(그림 12-18).

INSR이 자가인산화되어(**그림 12-19**, 단계 ❶) 활성형 타이로신 인산화효소로 전환되었을 때 이 효소의 표적단백질 중의 하나는 인슐린 수용체 기질-1(insulin receptor substrate-1, IRS-1; 단계 ❷)이다. 일단 여러 타이로신 잔기가 인산화되면 IRS-1은 단백질 복합체의 핵심점이 되어(단계 ❸) 인슐린 수용체의 신호를 일

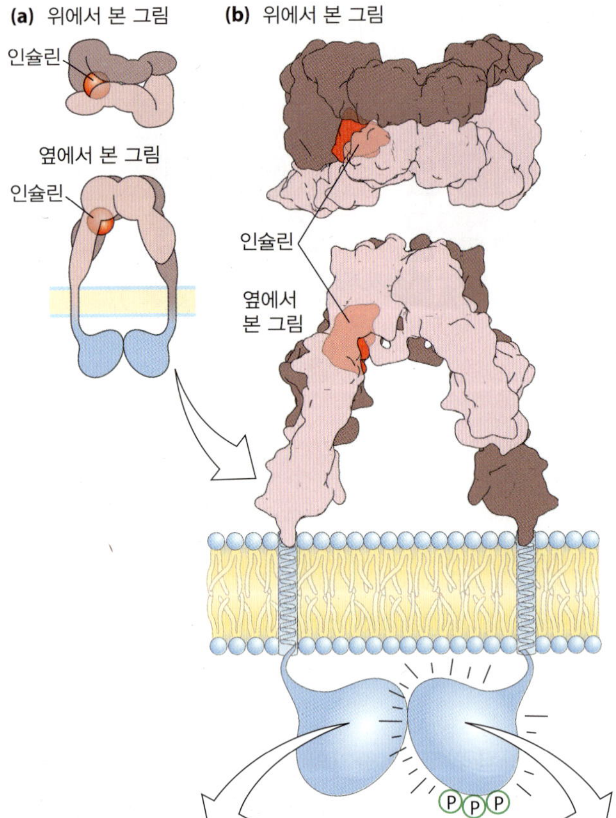

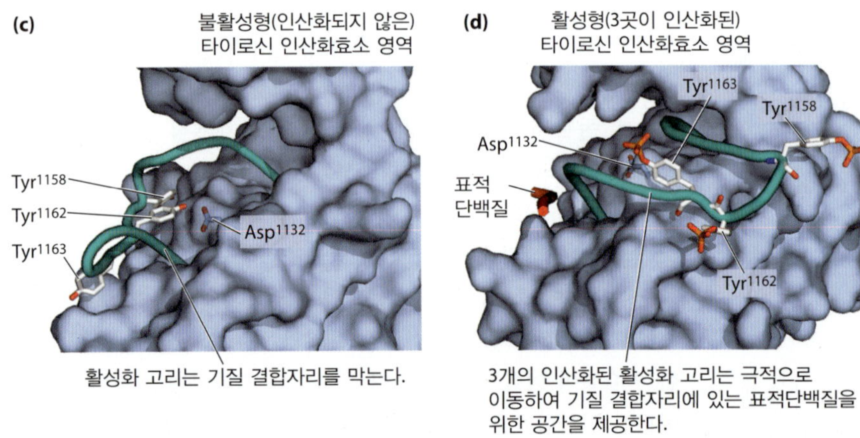

그림 12-18 자가인산화에 의한 인슐린-수용체 타이로신 인산화효소의 활성화. **(a)** 인슐린 수용체의 인슐린 결합 부위는 세포 밖에 위치하고 **(b)** 2개의 α 소단위와 2개의 β 소단위의 세포 밖 부위로 이루어져 있으며, 인슐린 결합자리를 형성하기 위해 서로 엮여 있다(결정 구조의 표면 윤곽 모델로 보여줌). (형질막 횡단 영역의 구조는 아직 결정학으로 입증되지 않았다.) 인슐린의 결합은 각 β 소단위의 일회 막관통 나선을 통해 세포 안에 있는 한 쌍의 타이로신 인산화효소 영역과 교신하고 이를 활성화시켜서 3개의 타이로신 잔기를 서로 인산화시킨다. **(c)** 불활성형 타이로신 인산화효소 영역에서 활성화 고리(activation loop, 골격은 청록색으로 표시)는 활성자리에 위치하며, 중요한 타이로신 잔기(막대 구조)는 전혀 인산화되어 있지 않다. 이러한 입체형태는 타이로신 잔기(Tyr[1162])와 아스파트산 잔기(Asp[1132]) 사이의 수소결합에 의하여 안정화된다. **(d)** 타이로신 인산화효소가 활성화되면 각 β 소단위는 다른 β 소단위에 있는 3개의 타이로신 잔기(Tyr[1158], Try[1162], Tyr[1163])를 인산화시킨다(인산기는 여기에서 붉은색과 주황색으로 표시되었다.) 고도의 전하를 띤 3개의 Ⓟ-Tyr 잔기가 생기면서 활성화 고리의 위치가 30 Å 바뀌어 기질 결합자리에서 떨어져 나가고 결국은 표적단백질에 결합하여 이를 인산화시킬 수 있게 된다. [출처: (b) Insulin receptor: derived from PDB ID 2DTG, N. M. McKern et al., *Nature* 443:218, 2006; insulin: PDB ID 2CEU, J. L. Whittingham et al., *Acta Crystallogr. D Biol. Crystallogr.* 62:505, 2006. (c) PDB ID 1IRK, S. R. Hubbard et al., *Nature* 372:746, 1994. (d) PDB ID 1IR3, S. R. Hubbard, *EMBO J.* 16:5572, 1997.]

련의 중간 단백질(intermediate protein)들을 통하여 세포액과 핵에 있는 최종 표적까지 전달한다. 먼저 IRS-1의 Ⓟ-Tyr 잔기는 Grb2 단백질의 **SH2 영역**에 결합한다(SH2는 *S*rc *h*omology *2*의 약자인데 SH2 영역의 아미노산 서열이 Src(싸크, 다른 단백질 타이로신 인산화효소)에 존재하는 한 영역과 비슷하기 때문에 붙여진 이름이다). 수많은 신호 단백질들이 SH2 영역을 가지고 있는데 이들은 모두 짝 단백질에 있는 Ⓟ-Tyr 잔기와 결합한다. Grb2(growth factor *r*eceptor*b*ound protein *2*)는 자체에 효소 촉매활성을 갖지 않은 연결자 단백질이다. 이 단백질의 기능은 신호전달을 위해 상호작용해야 하는 2 단백질들(이 경우엔 IRS-1과 단백질 Sos)을 함께 모으는 것이다. Grb2는 SH2 (Ⓟ-Tyr 결합) 영역에 더하여 두 번째 단백질 결합자리인 SH3 영역도 가지고 있다. SH3는 Sos의 프롤린 잔기가 풍부한 부위에 결합하여 점점 커져가는 수용체 복합체로 Sos를 끌어들인다. Sos가 Grb2에 결합하면 구아노신 뉴클레오타이드-교환 요소(guanosine nucleotide-exchange factor, GEF)로 작용하여 G 단백질의 일종인 Ras에 결합된 GDP를 GTP로 치환시키는 반응을 촉매하게 된다.

Ras는 **소형 G 단백질(small G proteins)** 족의 전형적인 예로서 다양하고도 광범위한 신호전달 과정에 관여한다(별도설명 12.1 참조). β-아드레날린 계에서 일을 하는 삼합체 G 단백질처럼 (그림 12-5) Ras는 GTP 결합(활성형)이나 GDP 결합(불활성형) 입체형태로 존재할 수 있다. 하지만 Ras(~20 kDa)는 단일체이다. GTP가 결합하면 Ras는 단백질 인산화효소의 일종인 Raf-1을 활성화시킨다(그림 12-19, 단계 ❹). 이 Raf-1은 하나의 단백질 인산화효소가 다음 단계의 인산화효소를 인산화하여 활성화시키는 일련의 연쇄반응(단계 ❺)을 수행하는 3개의 단백질(Raf-1, MEK, 그리고 ERK) 중에서 첫 번째에 해당한다. 단백질 인산화효소인 MEK과 ERK는 트레오닌과 타이로신 잔기에 모두 인산화되어 활성화된다. 활성화된 ERK는 핵으로 들어가 Elk1과 같은 전사인자(transcription factor)를 인산화시킴으로써(단계 ❻) 인슐린의 생물학적 효과를 매개하는데, 이로써 약 100여 개의 인슐린에 의하여 조절되는 유전자들의 전사를 조절하게 되고(단계 ❼), 이들 중 일부는 세포분열에 필수적인 단백질들을 암호화한다. 그래서 인슐린은 성장인자로 작용한다.

Raf-1, MEK, 그리고 ERK 단백질들은 여러 개의 명명법이 쓰이고 있는 3개의 큰 족의 일원이다. ERK는 분열촉진물질(mitogen) 활성화 단백질 인산화효소(*m*itogen *a*ctivated *p*rotein *k*inases, **MAPKs**; 분열촉진물질은 세포 외부로부터 핵의 유사분열과 세포

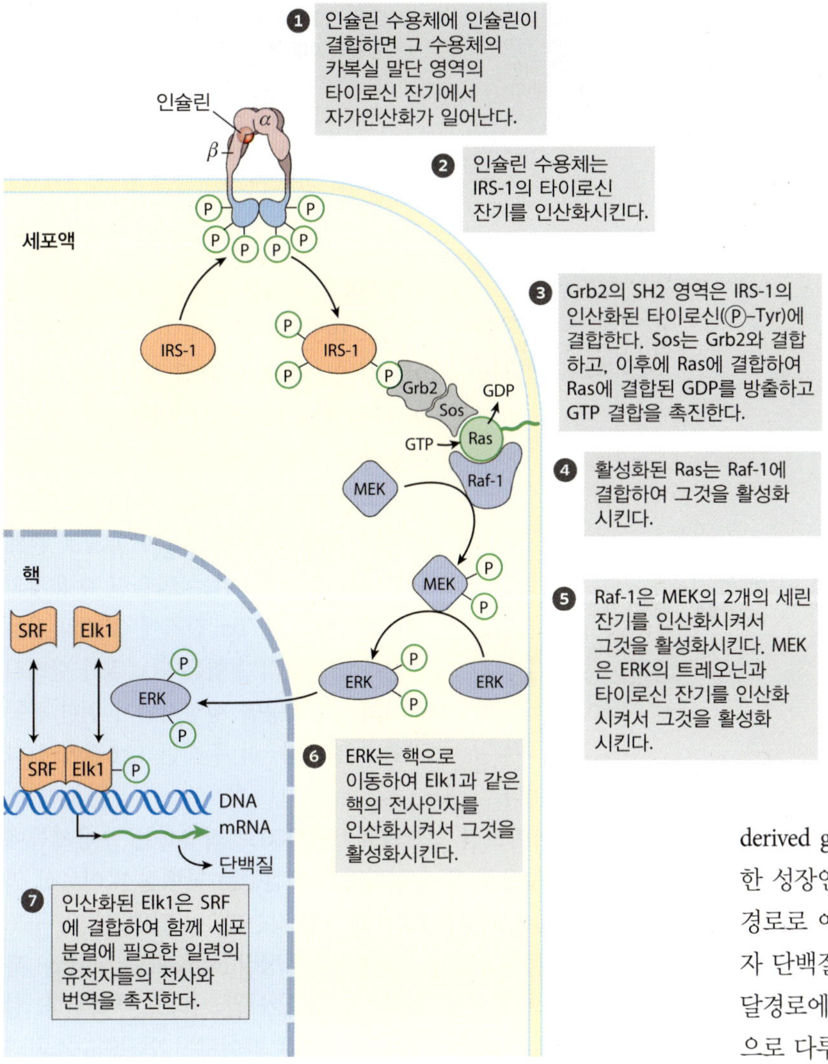

그림 12-19 MAP 인산화효소 연쇄반응을 통하여 인슐린에 의한 유전자 발현의 조절. 인슐린 수용체(INSR)는 형질막 바깥쪽에 있는 2개의 α 소단위와 막을 횡단하여 세포액 쪽으로 돌출되어 있는 2개의 β 소단위로 구성되어 있다. 인슐린이 α 소단위에 결합하면 입체형태가 변하여 β 소단위의 카복실 말단 영역에 있는 타이로신 잔기에 자가인산화가 일어난다. 자가인산화는 타이로신 인산화효소 영역을 더욱 더 활성화시켜서 다른 표적단백질들의 인산화를 촉진한다. 인슐린이 특정 유전자 발현을 조절하는 신호전달경로에는 단백질 인산화효소 연쇄반응이 있는데, 각각의 효소는 다음 단계의 효소를 활성화시킨다. INSR은 타이로신에 특이적인 인산화효소이고 다른 인산화효소들(파란색으로 나타낸)은 세린이나 트레오닌 잔기를 인산화시킨다. MEK는 이중-특이성 인산화효소(dual-specificity kinase)로서 ERK(*e*xtracellular *r*egulated *k*inase)의 트레오닌 잔기와 타이로신 잔기를 모두 인산화시킨다. MEK는 분열촉진물질(mitogen)에 의하여 활성화되는 ERK 활성 인산화효소(*m*itogen-activated *E*RK-activating *k*inase); SRF는 혈청 반응 인자(*s*erum *r*esponse *f*actor)의 약자이다.

분열을 유도하는 신호를 일컫는다) 족의 일원이다. 첫 MAPK 효소를 발견한 이후에 곧 이 효소가 다른 단백질 인산화효소에 의하여 활성화될 수 있다는 것을 알았는데, 이것은 MAP 인산화효소 인산화효소(MAP kinase kinase)라 불리게 되었다(MEK는 이 족에 속한다); 그리고 MAP 인산화효소 인산화효소를 활성화시키는 세 번째 인산화효소가 발견되었는데, 그것은 다소 우스꽝스러운 이름인 MAP 인산화효소 인산화효소 인산화효소(MAP kinase kinase kinase)로 명명되었다(Raf-1은 이 족의 일원이다). 편의상 세 족을 MAPK, MAPKK, MAPKKK라는 약자로 부르고 있다. MAPK와 MAPKKK 족에 속하는 인산화효소들은 세린 또는 트레오닌 잔기에 특이적이지만 MAPKK(여기서는 MEK)는 그 기질인 MAPK(여기서는 ERK)의 세린과 타이로신 잔기를 모두 인산화시킨다.

생화학자들은 이제 인슐린 신호 경로가 좀 더 보편화된 주제의 한 예에 불과하다는 것을 알고 있다. 즉, 그림 12-19에서 보여주는 것과 유사한 경로를 통하여 호르몬 신호는 단백질 인산화효소나 인산단백질 탈인산화효소를 통해 표적단백질들의 인산화 상태를 변화시킨다. 이 인산화의 표적들은 종종 다른 단백질 인산화효소가 되며, 이것은 다시 제3의 단백질 인산화효소를 인산화시키는 등 이와 같은 연속 작용이 계속된다. 결과적으로 초기 신호를 수백 수천 배의 크기로 증폭시키는 연쇄반응이 일어난다(그림 12-1b 참조). **MAPK 연쇄반응**(그림 12-19)은 혈소판 유래 성장인자(platelet-derived growth factor, PDGF)와 표피 성장인자(EGF)와 같은 다양한 성장인자에 의해 시작되는 신호도 매개한다. 이 인슐린 수용체 경로로 예를 들 수 있는 또 다른 보편화된 주제는 비촉매성 연결자 단백질들의 이용이다. 이 연결자 단백질들은 한 줄기의 신호전달경로에 있는 구성원들을 함께 모으는 역할을 하며 이 주제를 앞으로 다루게 될 것이다.

막 인지질 PIP_3는 인슐린 신호경로의 한 분지점에서 작용한다

인슐린으로부터의 신호전달경로는 IRS-1의 분지점에서 여러 지류로 뻗어 나간다(그림 12-19, 단계 ❷). 인산화된 IRS-1과 결합하여 활성화되는 단백질은 Grb2 외에도 많다. 포스포이노시타이드-3 인산화효소(phosphoinositide 3-kinase, PI3K)도 PI3K의 SH2 영역을 통하여 IRS-1과 결합하여 활성화된다(**그림 12-20**). 활성화된 PI3K는 ATP로부터 인산화기를 전달하여 막 지질 4,5-양인산 포스파티딜이노시톨(phosphatidylinositol 4,5-bisphosphphate, PIP2)을 3,4,5-삼중인산 포스파티딜이노시톨(phosphatidylinositol 3,4,5-trisphosphate, PIP_3)로 전환시킨다. PIP_3의 다가(음으로)로 전하된 머리 부위는 형질막의 세포질 쪽으로 돌출되어 있어 다른 단백질 인산화효소 연쇄반응을 포함하는 이차 신호전달 지류의 시발점이 된다. PIP_3와 결합한 단백질 인산화효소 B(protein kinase B, PKB; 또한 Akt라고도 불림)는 다시 다른 단백질 인산화효소인 PDK1에 의하여 인산화되어 활성화된다. 활성화된 PKB는 표적단백질의 세린이나 트레오닌 잔기를 인산화시키는데, 글리코겐 생성효소 인산화효소 3

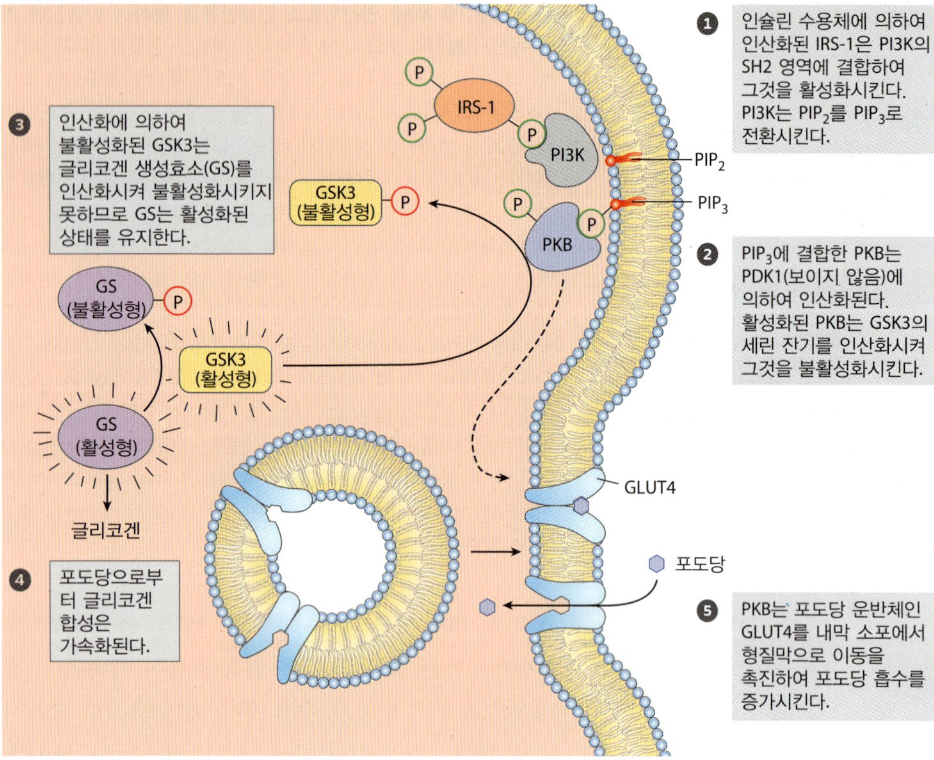

그림 12-20 글리코겐 생성효소와 GLUT4의 형질막 이동에 관여하는 인슐린 작용. 인산화된 IRS-1 신호(단백질 인산화효소 B, PKB를 경유)에 의한 PI-3 인산화효소의 활성화는 포도당 수송체 GLUT4의 형질막으로의 이동을 유발하고 글리코겐 생성효소의 활성화를 초래한다.

(glycogen synthase kinase 3, GSK3)가 바로 이러한 표적단백질 중의 하나이다. 활성형인 탈인산화된 GSK3는 글리코겐 생성효소를 인산화시켜서 불활성 형태로 전환시킴으로써 글리코겐 합성 속도를 늦춘다(이 기전은 글리코겐 대사에 대한 인슐린의 작용을 설명하는 일부분에 불과하다; 그림 15-42 참조). PKB에 의하여 인산화되면 GSK3는 불활성화된다. 따라서 간과 근육에서 글리코겐 생성효소의 불활성화를 막음으로써 인슐린에 의하여 시작된 단백질 인산화 연쇄반응은 글리코겐 합성을 촉진하게 된다(그림 12-20). 근육과 지방조직에 있는 제3의 신호전달 지류에서는 PKB가 포도당 운반체(GLUT4)를 내부 소포에서 형질막으로 이동시켜 혈액으로부터 포도당이 흡수되는 것을 촉진시킨다(그림 12-16, 단계 ❺, 또한 별도설명 11-1 참조).

모든 신호전달경로처럼 PI3K-PKB 경로에도 신호전달을 종결시키는 기전이 있다. PIP_3 특이 인산염분해효소(phosphatase, 사람의 경우에 PTEN)는 PIP_3의 3번 위치에 있는 인산기를 제거하여 PIP_2를 생성하므로 더 이상 PKB의 결합자리가 제공되지 않아 신호 사슬이 깨진다. 다양한 종류의 진행한 암에서 종양세포는 흔히 PTEN 유전자의 변이와 이로 인하여 결함이 있는 조절회로와 비정상적으로 높은 수준의 PIP_3와 PKB 활성을 보인다. 결과적으로 세포분열을 위한 신호가 계속되므로 종양이 계속 커진다. ■

인슐린 수용체는 구조적으로 유사하고 RTK 활성을 갖고 있는 많은 수용체 효소 중의 전형적인 예에 불과하다(**그림 12-21**). 표피성장인자(EGF)와 혈소판 유래 성장인자(PDGF)에 대한 수용체들은 INSR과 유사한 구조와 아미노산 서열 그리고 IRS-1을 인산화시키는 단백질 타이로신 인산화효소 활성 등을 갖고 있는 또 다른 예에 해당한다. 대부분의 이러한 수용체는 리간드와 결합한 후 이합체를 이루지만 INSR은 예외로서 인슐린이 결합하기 전부터 이미$(\alpha\beta)_2$ 이합체로 존재한다(하나의 $\alpha\beta$단위는 인슐린 수용체의 기본형이다). Ⓟ-Tyr 잔기에 Grb2와 같은 연결자 단백질의 결합은 단백질과 단백질 사이의 상호작용을 향상시키기 위한 공통적인 기전이다. 이 주제는 12.6절에서 다시 다뤄질 것이다.

단백질 타이로신 인산화효소(RTKs)로 작용하는 수용체들에 더하여 많은 수용체 유사 형질막 단백질들은 단백질 타이로신 인산염분해효소 (탈인산화효소) 활성을 갖는다. 이 단백질들의 구조를 근거로 이들의 리간드가 세포 밖 바탕질(extracellular matrix) 혹은 다른 세포의 표면을 구성하는 요소가 될 거라고 추측된다. 신호전달 과정에서 이들의 역할은 수용체 타이로신 인산화효소처럼 잘 이해되지 않지만 그들은 분명 이 인산화효소를 자극하는 신호작용에 역행하는 능력이 있다.

이처럼 복잡한 조절계가 무엇 때문에 빠르게 진화하게 되었을까? 이 조절계는 활성화된 수용체 하나가 여러 개의 IRS-1 분자들을 활성화시켜 인슐린 신호를 증폭시킬 수 있으며, 또한 EGFR이나 PDGFR과 같은 IRS-1을 인산화시키는 다른 수용체로부터 들어온 신호를 통합할 수 있다. 더구나 IRS-1은 SH2 영역을 갖고 있는 어떠한 단백질도 활성화시킬 수 있기 때문에 하나의 수용체라가 IRS-1을 통하여 2개 혹은 그 이상의 신호전달경로를 시작할 수 있다; 인슐린은 Grb2-Sos-Ras-MAPK 경로를 통하여 유전자 발현에 영향을 주고 PI3K-PKB 경로를 통하여 글리코겐 대사와 포도당의 이동에도 영향을 미친다. 마지막으로 서로 관련이 깊은 IRS 단백질도 여러 개가 존재하며(IRS2, IRS3), 각각은 독특한 조직 분포와 기능을 가지고 있어서 RTKs에 의해 시작되는 경로에서 신호전달의 실현 가능성이 더욱 많아진다.

신호계 사이의 교차반응은 공통적이고도 복합적이다

단순화시키기 위해서 우리가 개별적인 신호 경로를 별도의 대사

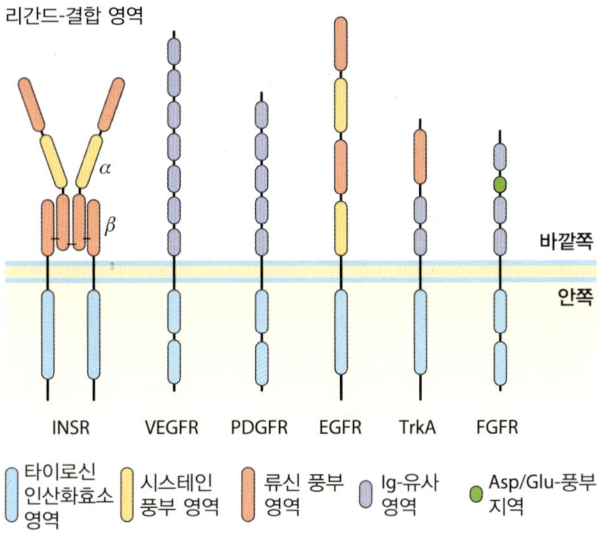

그림 12-21 수용체 타이로신 인산화효소(Receptor tyrosine kinases). 타이로신 인산화효소 활성을 통해서 신호를 전달하는 성장인자 수용체에는 인슐린 수용체(INSR), 혈관내피 성장인자 수용체(vascular endothelial growth factor, VEGFR), 혈소판 유도 성장인자 수용체(PDGFR), 표피 성장인자 수용체(EGFR), 고-친화 신경 성장인자(TrkA), 그리고 섬유모세포 성장인자 수용체(FGFR) 등이 있다. 이 모든 수용체들은 형질막의 세포질 쪽에 타이로신 인산화효소 영역(파란색)을 가지고 있다. 세포 밖 영역은 수용체 유형에 따라 독특하며 각기 다른 성장인자에 대한 특이성을 제공한다. 이러한 세포 밖 영역은 보통 시스테인이나 류신이 풍부한 분절, 그리고 면역 항체에 공통되는 분절(Ig 유사 영역)과 같은 구조 요소들(structural motifs)의 조합으로 이루어졌다. 이 유형의 많은 다른 수용체들은 인간 유전체 내에 암호화되어 있고, 각각은 다른 세포 밖 영역과 리간드 특이성을 지닌다.

적 결과를 초래하는 사건의 순서대로 분리해서 다루어 왔지만 실제로 신호전달계 사이에는 광범위한 교차반응(cross talk)이 일어나고 있다. 대사를 관리하는 조절 회로는 고도로 뒤섞이고 여러 겹으로 짜여져 있다. 우리가 인슐린과 에피네프린의 신호전달경로를 분리해서 논의해 왔지만 이들은 독립적으로 작용하지 않는다. 인슐린은 대부분의 조직에서 에피네프린의 대사에 미치는 영향에 반대 효과를 나타내고 인슐린 신호전달경로가 활성화되면 직접적으로 β-아드레날린 신호계를 통한 신호전달을 약화시킨다. 예를 들면, INSR 인산화효소는 직접 β_2-아드레날린 수용체의 세포질 쪽 말단에 있는 2개의 타이로신 잔기를 인산화시키고 인슐린에 의해 활성화된 PKB는 같은 영역에 있는 2개의 세린 잔기를 인산화시킨다(**그림 12-22**). 이처럼 4개의 잔기가 인산화되면 β_2-아드레날린 수용체의 세포내 이동이 시작되어 이것을 더 이상 이용할 수 없게 만들며 세포의 에피네프린에 대한 민감도를 떨어뜨리는 결과를 초래한다. 이 수용체들 사이에서 일어나는 두 번째 유형의 교차반응은 INSR에 의해 β_2-아드레날린 수용체가 인산화되고, 이 Ⓟ–Tyr 잔기가 Grb2와 같은 SH2 영역을 포함하는 단백질을 끌어들이는 핵심점으로 작용하는 것이다(그림 12-22, 왼쪽). 인슐린에 의해서 MAPK 일종인 ERK가 활성화되는 것(그림 12-19)은 β_2-아드레날린 수용체가 존재할 때 5배에서 10배 이상 크다. 이것은 아마도 교차반응에 의한 것으로 설명된다. cAMP와 Ca^{2+}을 이용하는 신호전달계도 광범위한 상호작용을 보여 주고 있다. 각 이차 전령은 다른 이차 전령의 생성과 농도에 영향을 미친다. 이러한 상호작용이 대사 전반에 미치는 영향을 구별하는 것이 계통생물학(systems biology)의 주된 도전 중의 하나이다. 기세가 꺾이는 고된 과업이다!

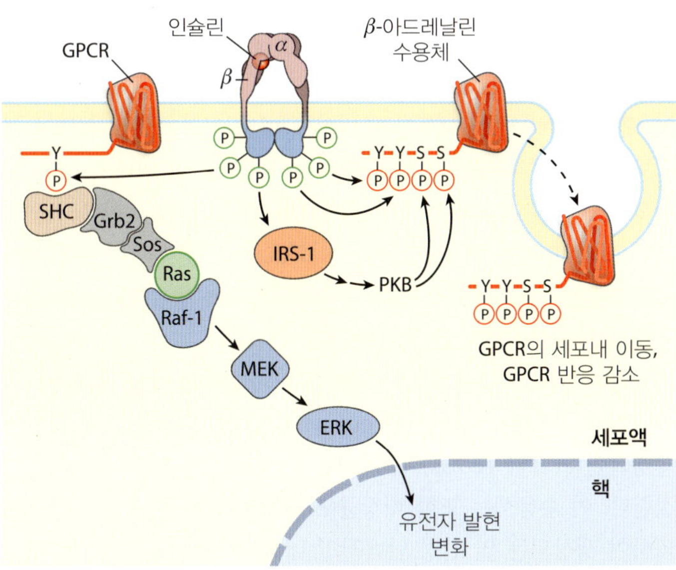

요약 12.4 수용체 타이로신 인산화효소

■ 인슐린 수용체 INSR는 타이로신 인산화효소 활성을 보유한 전형적인 수용체 효소이다. 인슐린이 그 수용체에 결합할 때 수용체의 각 $\alpha\beta$ 단위는 짝이 되는 β 소단위를 인산화시켜서 수용체의 타이로신 인산화효소 활성을 촉진한다. 이 인산화효소는 IRS-1과 같은 다른 단백질의 타이로신 잔기의 인산화를 촉매한다.

■ IRS-1의 인산화된 타이로신 잔기는 SH2 영역을 갖는 단백질을 위한 결합자리를 제공한다. Grb2와 같은 일부 단백질들은 2개 이상의 단백질 결합자리를 가지므로 2개의 단백질을 근접하도록 하는 연결자로 작용할 수 있다.

■ Grb2에 결합한 Sos는 Ras(소형 G 단백질의 일종)에서 GDP와 GTP의 교환을 촉매하여 활성화시키고, 이것은 다시 MAPK 연쇄

그림 12-22 인슐린 수용체와 β_2-아드레날린 수용체 (또는 다른 GPCR) 사이의 교차반응. 인슐린 결합에 의해 INSR이 활성화되면 그것의 타이로신 인산화효소는 β_2-아드레날린 수용체(오른쪽)의 카복실 말단 근처에 위치한 2개의 타이로신 잔기(Tyr^{350}과 Tyr^{364})를 직접 인산화시킨다. 또한 이 수용체 효소는 단백질 인산화효소 B(protein kinase B, PKB; 그림 12-20 참조)를 통해서 간접적으로 같은 영역에 있는 2개의 세린 잔기를 인산화시킨다. 이러한 인산화 결과 아드레날린 수용체는 세포내 이동이 일어나고 아드레날린 자극에 대한 반응이 감소하게 된다. 다른 한편 (왼쪽) GPCR(아드레날린 수용체나 또 다른 수용체)이 INSR에 의해 촉매되어 카복실 말단에 있는 타이로신 잔기가 인산화되면 Grb2를 연결자 단백질로 이용하는 MAPK 연쇄반응을 활성화시키는 핵심점을 제공하게 된다(그림 12-19 참조). 이 경우에는 GPCR을 INSR 자체의 신호전달을 더욱 증진시키기 위한 수단으로 이용한 것이다.

반응을 활성화 시켜서 결과적으로 세포액과 핵에 존재하는 표적 단백질들의 인산화를 초래한다. 그 결과는 특이적인 대사적 변화와 유전자 발현 변화를 초래한다.

- IRS-1과 상호작용을 하여 활성화되는 효소 PI3K는 막 지질인 PIP_2를 PIP_3로 전환하고 이것은 인슐린 신호전달에서 2차와 3차 지류에 있는 단백질들을 위한 핵심점이 된다.
- 신호전달경로 사이에는 광범위한 상호연계가 일어나서 다양한 호르몬 효과들이 통합되고 정교하게 조율된다.

12.5 수용체 구아닐산 고리화효소, cGMP, 그리고 단백질 인산화효소 G

구아닐산 고리화효소(guanylyl cyclase, **그림 12-23**)는 수용체 효소로서 활성화되면 GTP로부터 이차 전령인 3′,5′-고리 일인산 구아노신(cyclic GMP, cGMP)을 생성한다:

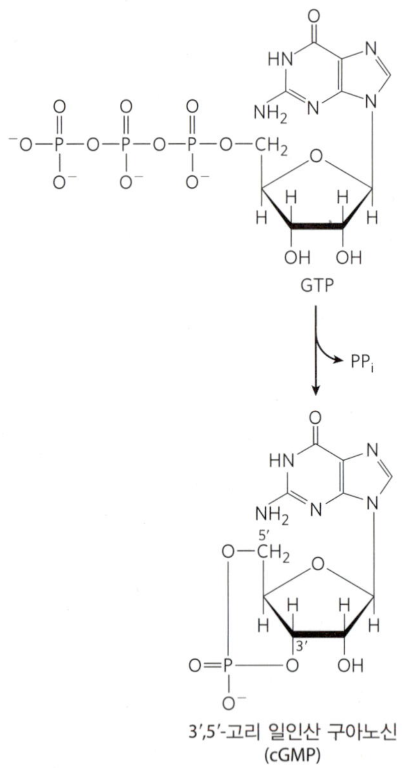

동물에서 cGMP의 대부분의 작용은 **단백질 인산화효소 G(protein kinase G, PKG)**라고도 불리는 **cGMP 의존 단백질 인산화효소(cGMP-dependent protein kinase)**에 의하여 매개된다. PKG가 cGMP에 의하여 활성화되면 표적단백질의 세린과 트레오닌 잔기를 인산화시킨다. 이 효소의 촉매 영역과 조절 영역은 하나의 같은 폴리펩타이드 안에 존재한다(분자량이 약 80,000). 조절 영역의 일부분은 기질 결합자리에 꼭 맞게 결합한다. cGMP의 결합은 이 조절 영역의 가상 기질이 기질 결합자리에서 떨어져 나가도록 하여 이 자리를 PKG 공통서열을 포함하는 표적단백질이 접근할 수 있도록 열어 준다.

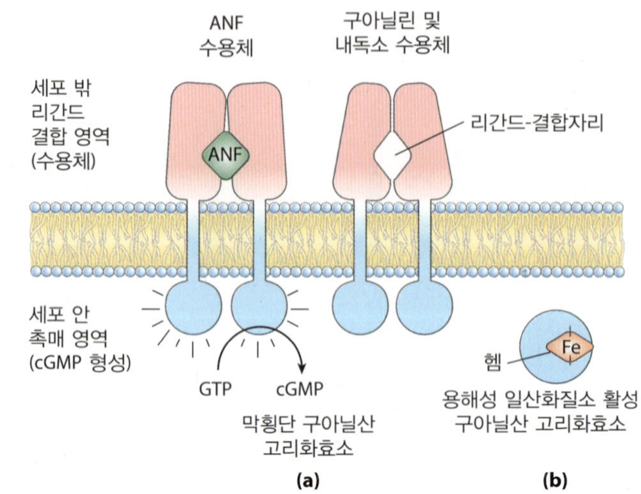

그림 12-23 신호전달에 참여하는 구아닐산 고리화효소의 2가지 유형. (a) 하나의 유형은 각각의 단일체에 있는 하나의 막횡단 부위를 가지는 동종이합체이고, 막횡단 부위는 세포 밖 리간드-결합 영역과 세포내 구아닐산 고리화효소 영역을 연결한다. 이 유형의 수용체들은 2개의 세포 밖 리간드를 검출하기 위해 사용된다; 심방 나트륨뇨배설 인자(ANF)에 대한 수용체(콩팥의 집합관과 혈관의 민무늬근 세포에 존재하는 수용체)와 구아닐린(guanylin, 작은창자에서 생성되는 펩타이드 호르몬)에 대한 수용체(작은창자 상피세포에 존재하는 수용체)를 들 수 있다. 구아닐린 수용체는 또한 심한 설사를 유발하는 세균 내독소(endotoxin)의 표적이 되기도 한다. (b) 또 다른 유형은 세포 안의 일산화질소(NO)에 의하여 활성화되며, 헴(heme)을 포함하는 수용성 효소로서 심장과 혈관의 민무늬근을 비롯한 여러 조직에서 발견된다.

cGMP는 조직마다 각기 다른 신호를 전달하는 이차 전령이다. 예를 들면, 콩팥과 작은창자에서 이온의 이동과 수분 보유의 변화를 시도하고, 심장근육(민무늬근의 일종)에서는 이완을 위한 신호를 전달하며, 뇌에서는 발달 과정과 성인의 뇌 기능 등에 모두 관여한다고 알려져 있다. 콩팥에서 구아닐산 고리화효소는 혈액량의 증가로 심장이 늘어날 때 심장의 심방에 있는 세포에서 방출되는 펩타이드 호르몬인 **심방 나트륨뇨배설 인자(atrial natriuretic factor, ANF)**에 의하여 활성화된다. ANF는 혈액을 따라 콩팥으로 가서 집합관(collecting ducts) 세포에서 구아닐산 고리화효소를 활성화시킨다(그림 12-23a). cGMP의 농도가 올라가면 콩팥에서 Na^+의 배설이 증가하고, 삼투압의 변화에 따라 결과적으로 수분의 배설도 촉진된다. 수분의 손실로 혈액량이 줄어들면 원래의 ANF 분비를 초래하던 자극을 반대로 억제하게 된다. 혈관의 민무늬근 세포에도 ANF 수용체-구아닐산 고리화효소가 있어서 이 수용체에 ANF가 결합하면 혈관을 이완(혈관 확장)시켜 혈류(blood flow)를 증가시키는 반면 혈압을 떨어뜨린다.

이와 유사한 수용체 구아닐산 고리화효소는 창자 상피세포의 형질막에 존재하며 **구아닐린(guanylin)**이라는 펩타이드에 의하여 활성화된다(그림 12-23a). 구아닐린은 창자에서 Cl^-의 분비를 조절한다. 이 수용체는 또한 대장균(*E. coli*)이나 다른 그람 음성균에 의하여 생성되는 열 안정 단백질인 내독소(endotoxin)에 의해서도 활성화될 수 있다. 내독소에 의하여 cGMP 농도가 증가하면 Cl^-의 분비가 증가하고 결과적으로 창자 상피세포에 의한 물의 재흡수는 감소하여 설사가 유발된다.

이와 완전히 다른 형태의 구아닐산 고리화효소는 헴 기(heme group)와 단단하게 결합되어 있으며 일산화질소(nitric oxide, NO)에 의하여 활성화되는 세포질 단백질이다(그림 12-23b). NO는 포유류의 여러 조직에 존재하는 Ca^{2+} 의존 **일산화질소 생성효소(NO synthase)**에 의하여 아르지닌(arginine)으로부터 생성되어 주변의 세포로 확산된다.

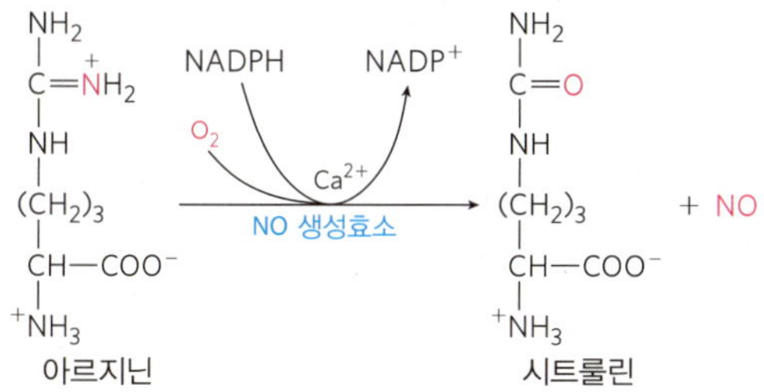

NO는 충분히 비극성이기 때문에 형질막을 운반체 없이도 쉽게 통과한다. 표적 세포에서 NO는 구아닐산 고리화효소의 헴 기와 결합하여 cGMP 생성을 촉진한다. 심장에서 cGMP 의존 단백질 인산화효소(cGMP-dependent protein kinase)는 Ca^{2+}을 세포액에서 세포 밖으로 퍼내는 이온 펌프(ion pump)를 자극하여 심장의 수축력을 감소시킨다.

이렇게 NO에 의하여 유도되는 심장근육의 이완 작용은 심장동맥 폐쇄에 의하여 산소가 공급되지 않은 심장이 수축할 때 느끼는 통증, 즉 **협심증(angina pectoris)**을 완화하기 위하여 복용하는 나이트로글리세린(nitroglycerin) 제제나 다른 나이트로 함유 혈관확장제(nitrovasodilator)에 의하여 일어나는 반응과 같다. NO는 불안정하여 그 작용 시간이 매우 짧으며; 생성 후 수초 이내에 아질산염(nitrite)이나 질산염(nitrate)으로 산화된다. 나이트로 함유 혈관확장제는 수 시간에 걸쳐 분해되면서 일정하게 NO를 생성하기 때문에 심장근육의 이완 작용을 오랫동안 지속시킬 수 있다. 나이트로글리세린의 협심증 치료제로서의 가치는 1860년대에 폭발물인 나이트로글리세린을 합성하는 공장에서 우연히 발견되었다. 협심증이 있는 노동자의 상태가 일을 하는 주중에는 더 좋아지고 주말에는 다시 악화된다는 것을 보고하였다. 이 환자들을 치료하는 의사들은 이 이야기를 자주 듣게 되었고 이를 연계시켜서 치료제를 만들게 된 것이다.

cGMP에 특이적인 포스포다이에스터분해효소(cGMP PDE)는 cGMP를 불활성형인 5′-GMP로 바꾸어 버리기 때문에 cGMP 합성 증가 효과는 이 합성에 대한 자극을 중단시키면 자연히 감소하게 된다. 인체에는 여러 종류의 cGMP PDE 동종형이 있고 이들의 조직 분포가 다르다. 음경의 혈관에 있는 동종형은 약물 실데나필(sildenafil, Viagra)과 타다라필(tadalafil, Cialis) 의하여 억제된다. 따라서 이 약물을 복용하면 적절한 자극에 의하여 일단 증가된 cGMP 농도가 증가된 상태로 유지된다. 이러한 기전은 발기부전(erectile dysfunction)의 치료에 이 약물을 복용하면 효과적인 이유를 설명해 주고 있다.

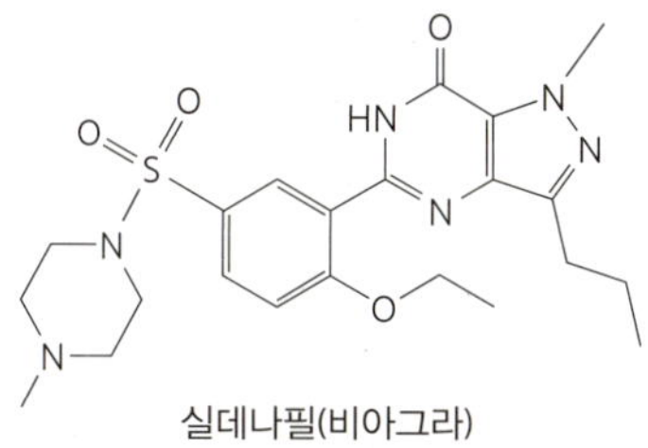

실데나필(비아그라)

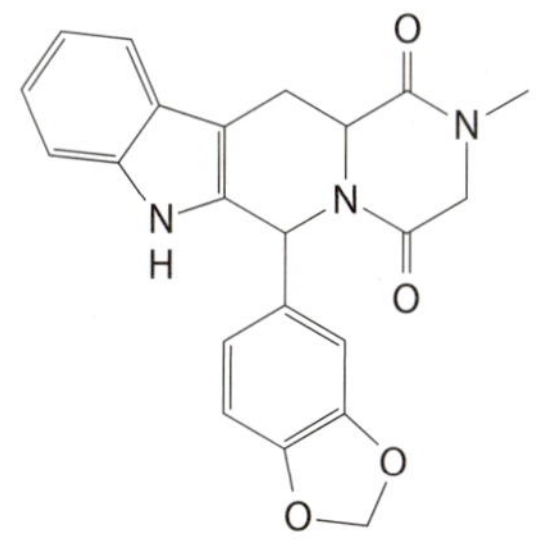

타달라필(시알리스)

cGMP는 척추동물의 눈에서 또 다른 작용을 하는데, 그것은 바로 망막의 막대세포와 원뿔세포에서 이온 특이 통로를 열게 하는 것이다. 이러한 cGMP의 역할은 12.13절의 시각에 대한 논의에서 다시 다뤄지게 된다.

요약 12.5 수용체 구아닐산 고리화효소, cGMP, 그리고 단백질 인산화효소 G

- 심방 나트륨뇨배설 인자(ANF)와 구아닐린을 포함하는 여러 종류의 신호들은 구아닐산 고리화효소 활성을 보유하는 수용체 효소를 통하여 작용한다. 형성된 cGMP는 이차 전령으로 작용하여 cGMP 의존 단백질 인산화효소(PKG)를 활성화시킨다. 이 효소는 특별한 표적 효소들을 인산화시켜서 대사를 변화시킨다.
- 일산화질소(NO)는 수명이 짧은 전령으로서 수용성 구아닐산 고리화효소를 자극함으로써 결과적으로 cGMP 농도를 증가시키며 PKG를 활성화시켜서 그 효과를 나타낸다.

12.6 다가성 연결자 단백질과 막 유동섬

지금까지 논의된 신호전달계의 연구 결과를 일반화시키면 다음과 같은 2가지 일반화가 된다. 첫 번째, 타이로신, 세린, 그리고 트레오닌 잔기를 인산화시키는 단백질 인산화효소와 탈인산화하는 인산염분해효소는 신호전달의 중심이 된다. 이들은 많은 기질 단백질의 인산화/탈인산화에 의해 활성에 직접적으로 영향을 준다. 두 번째, 신호전달 단백질의 타이로신, 세린, 그리고 트레오닌 잔기를 가역적으로 인산화시켜서 가역적인 단백질-단백질 상호작용이 일어나고 이것은 다른 단백질들의 결합자리(*docking sites*)를 제공한다. 이는 신호전달경로의 하류에 있는 단백질에 대한 간접적 효과를 유발한다. 실제로 많은 신호전달 단백질들이 다가성(*multivalent*)을 갖는다: 이들은 동시에 여러 다른 단백질들과 상호작용을 하여 다가단백질 신호전달 복합체를 만든다. 이 장에서 우리는 신호전달경로에 존재하는 인산화의존 단백질 상호작용의 일반적 원리를 설명하기 위해 몇 가지 예를 제시하고자 한다.

단백질 모듈은 짝 단백질의 인산화된 타이로신, 세린, 또는 트레오닌 잔기에 결합한다

인슐린 신호전달경로(그림 12-19와 12-22)에서 단백질 Grb2는 SH2 영역을 통하여 노출된 Ⓟ-Tyr 잔기를 가진 다른 단백질에 결합한다. 인간 유전체는 적어도 87개의 SH2 함유 단백질을 암호화하고 있으며, 이 중 많은 것들이 신호전달에 참여하고 있다는 것은 이미 잘 알려진 사실이다. Ⓟ-Tyr 잔기는 SH2 영역의 깊은 주머니에 결합된다. 인산기에 있는 산소는 수소결합 또는 정전기적 상호작용에 참여한다; 2개의 아르지닌(Arg) 잔기의 양전하는 이 결합에서 두드러지게 나타난다. SH2 영역 구조의 미세한 차이는 SH2 함유 단백질들과 다양한 Ⓟ-Tyr 함유 단백질들 사이의 상호작용에 특이성을 제공한다. 전형적으로 SH2 영역은 Ⓟ-Tyr(여기서 자리를 0으로 정하자) 및 다음에 위치하는 카복실 말단 쪽의 3개의 잔기(+1, +2, +3으로 명명)와 상호작용한다. 몇몇 SH2 영역들(Src, Ryn, Hck, Nck)은 +1 및 +2 위치에 음전하의 잔기를 선호한다; 다른 것들(PLCγ1, SHP2)은 +1에서 +5 위치에 해당하는 지방족 잔기들에 결합하는 긴 소수성 홈을 가진다. 이러한 차이들은 SH2 영역의 아형을 정의하며, 이를 통해 짝 단백질의 특이성이 제공된다.

인산 타이로신 결합 영역(Phosphotyrosine binding domains, **PTB 영역**; **그림 12-24**)들은 Ⓟ-Tyr에 결합하는 또 다른 짝 단백질이다. 그러나 그들의 중요한 서열과 3차원적 구조가 SH2 영역과 구별된다. 인간 유전체는 PTB 영역을 함유하는 24개 단백질을 암호화하는데, 우리가 이미 살펴보았던 인슐린 신호전달에서 연결자 단백질로 역할을 하는 IRS-1을 포함한다(그림 12-19). Ⓟ-Tyr 결합자리는 짝 단백질들의 SH2 및 PTB 영역에 대한 결합자리이며, 단백질 타이로신 인산분해효소(PTPases)에 의해서 제거된다.

PKA, PKC, PKG, 그리고 MAPK 연쇄반응의 구성원을 포함한 다른 신호전달 단백질 인산화효소들은 그들의 표적단백질의 세린 또는 트레오닌 잔기를 인산화시킨다. 이 단백질들은 어떤 경우에 인산화된 잔기를 통하여 짝 단백질들과 상호작용할 수 있는 능력을 얻음으로써 하류(downstream) 과정을 유발한다. Ⓟ-Ser 또는 Ⓟ-Thr 잔기에 결합하는 영역들의 한 집단(알파벳 스프)은 동정되었으며, 이어서 더 많은 것들이 찾아질 것이다. 각각의 영역은 인산화된 잔기 주변의 어떤 서열을 선호하므로, 그 영역들은 특이성이 아주 높은 인식 자리를 가진 족들을 나타내며, 이들은 특정 소그룹의 인산화된 단백질에 결합할 수 있다.

어떤 경우에 기질 단백질의 Ⓟ-Tyr에 결합할 단백질 부위가

그림 12-24 PTB 영역과 짝 단백질의 Ⓟ-Tyr 잔기와의 상호작용. PTB 영역은 파란색 표면 굴곡으로 표시된다. 짝 단백질은 다수의 비공유결합에 의해서 인산화효소에 밀착되어 있으며, 이 비공유결합들은 상호작용의 특이성을 제공하고 Ⓟ-Tyr 잔기를 효소의 활성자리에 있는 결합 주머니에 있도록 한다. [출처: PDB ID 1SHC, M. M. Zhou et al., *Nature* 378:584, 1995.]

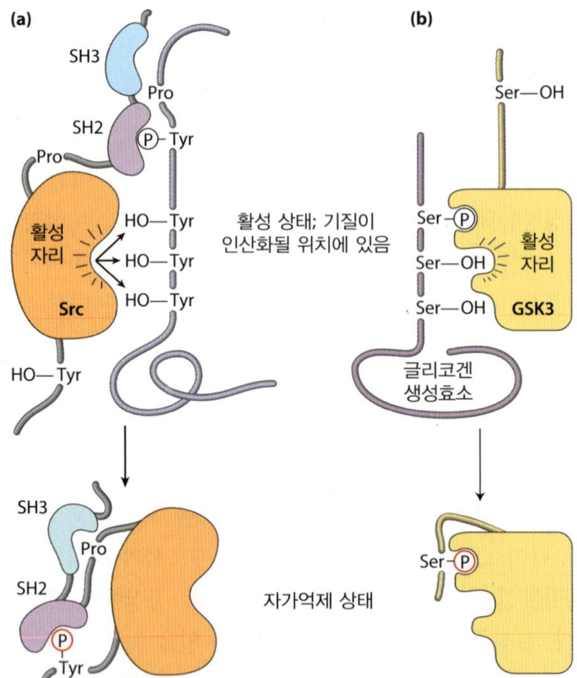

그림 12-25 Src와 GSK3의 자가억제 기전. **(a)** 타이로신 인산화효소 Src의 활성형에서 SH2 영역은 단백질 기질의 Ⓟ-Tyr과 결합한다. 그리고 SH3 영역은 기질의 프롤린이 풍부한 부위에 결합하며 인산화효소의 활성자리에 기질의 몇몇 타이로신 잔기가 줄서게 된다(위). Src가 특정 타이로신 잔기에 인산화되었을 때(아래) SH2 영역은 기질의 Ⓟ-Tyr 대신에 내부의 Ⓟ-Tyr에 결합하고, SH3 영역은 내부의 프롤린 풍부 지역에 결합하여, 생산적인 효소와 기질 사이의 결합을 막는다; 따라서 효소는 자가억제된다. **(b)** 글리코겐 생성효소 인산화효소 3(GSK3)의 활성형에서는 기질(글리코겐 생성효소)에 있는 Ⓟ-Ser에 결합할 수 있도록 내부에 Ⓟ-Ser 결합 영역이 존재한다. 따라서 인산화효소가 주변의 세린 잔기를 인산화시킬 수 있도록 자리를 잡는다(위). 내부의 특정 세린 잔기가 인산화되면서 이 내부 인산화효소 부위는 Ⓟ-Ser 결합자리를 채우고 기질 결합을 방해한다(아래).

같은 단백질에 있는 Ⓟ-Tyr과 상호작용을 함으로써 덮여 가려져 있다. 예를 들면, 수용성 단백질 타이로신 인산화효소 Src는 특정 타이로신 잔기가 인산화되었을 때, 기질 단백질에 결합하는 데 필요한 SH2 영역은 기질 단백질 대신에 내부의 Ⓟ-Tyr에 결합하여 스스로 불활성화된다. 이 Ⓟ-Tyr 잔기가 인단백질 인산염분해효소에 의해 가수분해되면 Src의 타이로신 인산화효소 활성이 촉진된다(**그림 12-25a**). 글리코겐 생성효소 인산화효소 3(GSK3)도 마찬가지로 자신의 자가억제 영역에 있는 세린 잔기가 인산화되었을 때 불활성화된다(그림 12-25b). 그 영역의 탈인산화는 결합되어 있는 효소를 자유롭게 하여 표적단백질들에 결합(그러고 나서 인산화)한다.

단백질에 있는 3개의 공통적인 인산화 잔기에 더하여 신호전달 단백질의 초분자 복합체를 형성할 수 있도록 핵이 되는 네 번째의 구조, 즉 막 포스파티딜이노시톨의 인산화된 머리 부분이 있다. 많은 신호전달 단백질들은 형질막의 안쪽 지질층에서 세포질 쪽으로 돌출되어 있는 인지질 PIP_3에 강하게 결합하는 SH3와 플렉스트린 유사 영역(pleckstrin homology domain, PH)을 포함하고 있다. 효소 PI3K가 이러한 머리 부분을 생성하는 곳(인슐린 신호에 반응하는 것처럼)에서는 어디서나 결합 단백질을 막 표면에 끌어 모을 수 있다.

형질막에서 신호전달과 연관된 대부분의 단백질들은 하나 이상의 단백질 또는 인지질 결합 영역을 갖는다; 많은 경우 3개 이상이므로 다른 신호전달 단백질들과의 상호작용에서 다가성을 띤다. **그림 12-26**은 신호전달에 참여하는 것으로 알려져 있는 몇 가지의 다가성 단백질들을 보여 주고 있다. 많은 복합체들은 막 결합 영역을 위한 구성원을 가지고 있다. 형질막의 안쪽 표면에 매우 많은 신호전달 과정이 위치하면 신호 반응이 나타나기 위해 부딪혀야 할 분자들이 효율적으로 이차원적 공간인 막 표면에 한정된다. 이는 세포액의 3차원적 공간에서 보다 훨씬 더 부딪힐 가능성을 높여 준다.

요약하면, 신호전달경로의 주목할 만한 그림은 많은 신호전달 단백질과 그들이 가지는 다중 결합 영역의 연구에서 부상하였다. 시작 신호는 수용체나 표적단백질을 인산화시켜, 다가성 결합 능력을 가진 연결자 단백질로부터 만들어진 지지대를 함께 유지하는 거대 다단백질 복합체의 조립을 촉발한다. 이런 복합체들 중 어떤 것은 여러 가지의 단백질 인산화효소를 포함하고 있어서 서

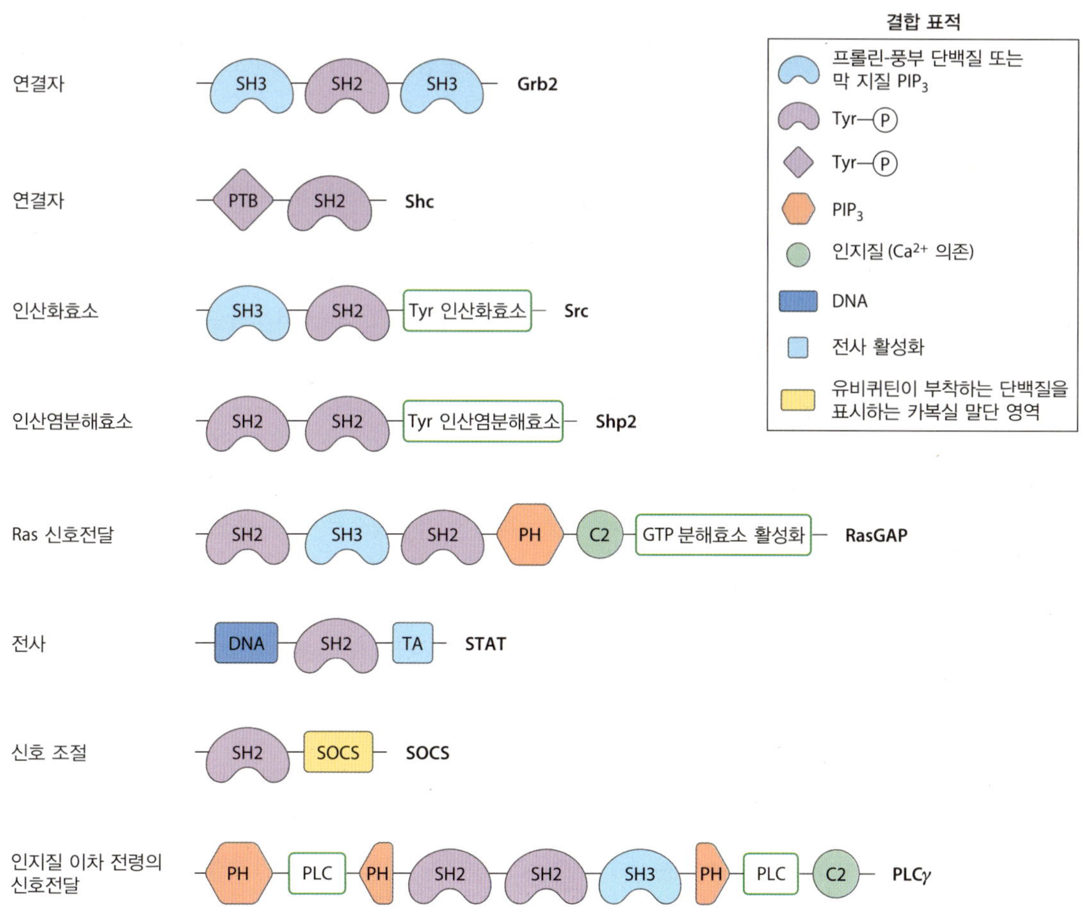

그림 12-26 신호전달 단백질의 몇 가지 결합 모듈들. 각각의 단백질은 하나의 선으로 표시되었다(왼쪽에 아미노 말단이 있음); 기호들은 보존된 결합 영역의 위치를 나타낸다(각 특이성은 요약하여 목록으로 나열하였다; 다른 약자들은 본문에서 설명하였다); 녹색 상자는 효소 활성을 나타낸다. 각 단백질의 이름은 카복실 말단 뒤에 나타내었다. 이 신호전달 단백질들은 인산화된 단백질이나 인지질들과 상호작용을 하는데 이것은 통합된 신호전달 복합체를 형성하기 위해 많은 순열과 조합으로 이루어진다. [출처: Information from T. Pawson et al., *Trends Cell Biol.* 11:504, 2001, Fig. 5.]

로를 활성화시켜, 인산화의 연쇄반응을 일으키고 시작 신호를 크게 증폭하는 효과를 나타낸다. 연쇄반응 인산화효소들 사이의 상호작용은 3차원적인 공간에서처럼 일시적이고도 무작위로 부딪혀서 얻어지는 것이 아니다. 예를 들면, MAPK 연쇄반응에서는 지지대(scaffold, KSR) 단백질이 모든 3개의 인산화효소(MAPK, MAPKK, 그리고 MAPKKK)와 결합하여 이들의 근접도와 올바른 위치 배열, 그리고 심지어는 입체다른자리 특성을 제공하게 된다. 이는 매우 작은 자극에도 민감하게 대응하여 일련의 인산화 반응을 초래한다(**그림 12-27**).

인산타이로신 인산염분해효소(PTPase)는 Ⓟ−Tyr 잔기로부터 인산기를 제거하여 인산화의 효과에 반하는 작용을 한다. 인간 유전체에는 적어도 37개 유전자가 인산타이로신 인산염분해효소(PTPase)를 암호화한다. 이 중의 절반은 아직 동정되지 않은 세포 밖 인자에 의하여 조절되는 수용체 유사 막단백질들(receptor-like membrane proteins)이다; 또 다른 PTPase는 수용성이며 분자짝과 세포내 위치를 결정하는 SH2 영역을 갖는다. 더구나 동물세포는 단백질 Ⓟ−Ser 및 Ⓟ−Thr 특이 인산염분해효소를 갖는데 이들은 세린이나 트레오닌에 특이적으로 작용하는 단백질 인산화효소의 효과에 반하는 작용을 한다. 따라서 신호전달이 **단백질 회로(protein circuits)**에서 나타나는 것을 볼 수 있는데, 이 회로는 신호 수용체로부터 반응 실행자까지 강한 줄로 효과적으로 연결되어 있으며 하나의 상위 인산에스터 결합을 가수분해하여 즉시 스위치를 끌 수도 있다. 이러한 회로에서 단백질 인산효소는 작가이고, SH2 같은 영역은 독자이며, PTPs와 다른 인산염분해효소는 지우개이다.

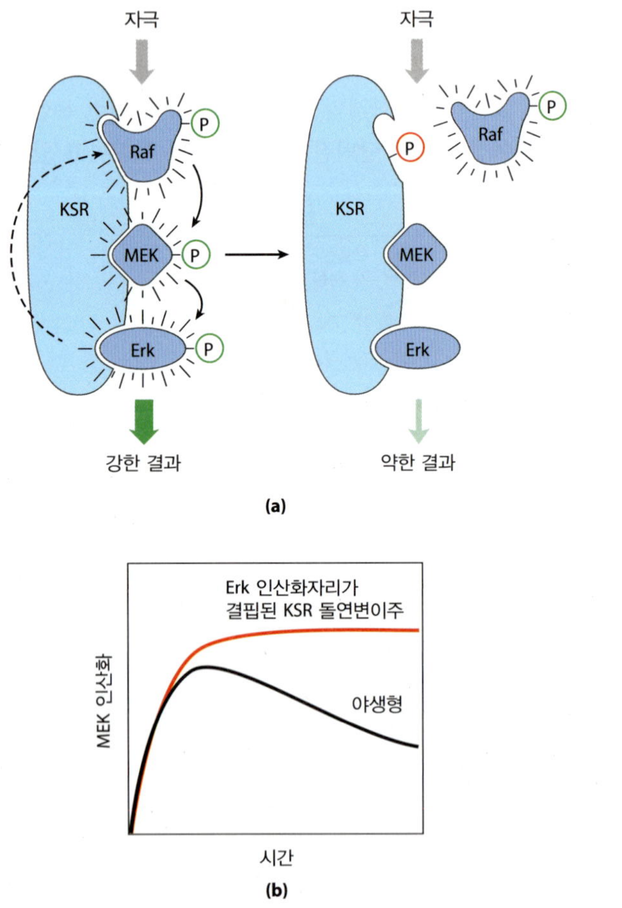

그림 12-27 단백질 인산화효소 연쇄반응을 조절하고 조직화하는 효모의 지지대(scaffold) 단백질. (a) 지지대 단백질 KSR은 Raf/MEK/Erk 연쇄반응의 3가지 모든 인산화효소에 대한 결합자리를 가진다. 적절한 방향으로 3개의 효소가 결합하게 되면, 지지대는 각 단백질들 간의 상호작용을 빠르고 효율적으로 만든다. Erk가 활성화되면(왼쪽), 이는 Raf(오른쪽)에 대한 결합자리를 인산화하여 이를 통해 Raf를 대체시키는 입체 구조의 변화를 초래하게 되고 이는 MEK의 인산화를 막게 된다. 이러한 되먹임(feedback) 조절의 결과로 MEK 인산화는 일시적인 반응이 된다. **(b)** 돌연변이 KSR을 통해 인산화 부위가 결핍된(빨간선) 효모세포에서는 되먹임이 나타나지 않고, 이를 통해 신호전달 과정이 다른 시간 양상을 보이게 된다. [출처: Information from M. C. Good et al., *Science* 332:680, 2011, Fig. 2E.]

신호전달 단백질의 다가성은 레고 같은(Lego-like) 신호전달 단위의 많은 다른 조합을 허용한다. 각각의 조합은 특정 신호에 따라, 세포 유형에 따라, 그리고 대사 상황에 따라 다르게 적용되어 대단히 복잡성을 띈 다양한 신호전달 회로를 만들게 된다.

막 유동섬(raft)과 카베올라(caveolae)는 신호전달 단백질들을 격리한다

막 유동섬(제11장)은 스핑고지질, 스테롤, 그리고 GPI 닻에 의하여 이중층에 부착하는 많은 단백질을 포함하여 특정 단백질들이 풍부한 이중층 막의 부분이다. β 아드레날린 수용체는 G 단백질, 아데닐산 고리화효소, PKA, 그리고 특정 단백질 인산염분해효소 PP2를 포함하고 있는 유동섬에 격리되고, 이들은 함께 매우 통합된 신호전달 단위를 제공한다. 신호에 반응하고 신호를 종결짓는 데에 필요한 모든 요소들을 형질막의 작은 부위에 격리시킴으로써 세포는 매우 집중되고 일시적인 이차 전령의 "부풀은 신호(puff)"를 초래한다.

표피 성장인자 수용체(EGFR)와 혈소판 유래 성장인자 수용체(PDGFR)와 같은 몇 가지 RTK들도 유동섬에 위치하며 이러한 격리는 기능적으로 매우 중요한 의미를 갖는다. 분리한 섬유모세포에서, 위치한 EGFR은 보통 카베올라(caveola)라고 부르는 특수한 유동섬에 집중되어 있다(그림 11-20 참조). 세포에 EGF를 처리하면 유동섬에서 수용체가 떠나게 되고, 다른 EGF 신호전달 경로에서 분리된다. 이런 이동은 수용체의 단백질 인산화효소 활성도에 의존한다; 이 활성이 부족한 돌연변이 수용체는 EGF를 처리하여도 유동섬에 남아 있게 된다. 카베올라에 있는 내재 막단백질인 카베올린(caveolin)은 인슐린에 대한 반응으로 타이로신 잔기가 인산화되고, 이 인산화에 의하여 이제 활성화된 EGF 수용체가 유동섬으로 그 결합 짝을 끌어들이는 것이 허용된다. 유동섬에서 신호전달 단백질들을 공간적으로 격리하는 것은 세포 밖의 신호에 의하여 시작된 기왕의 복잡한 과정에 또 다른 차원의 복합성을 더하는 것이다.

요약 12.6 다가성 연결자 단백질과 막 유동섬

- 많은 신호전달 단백질들은 다른 단백질의 인산화된 타이로신, 세린, 또는 트레오닌 잔기와 결합하는 영역을 갖는다; 각 영역들의 결합 특이성은 기질의 인산화된 잔기와 접하고 있는 서열에 의하여 결정된다.
- SH2와 PTB 영역은 Ⓟ-Tyr 잔기를 포함하는 단백질에 결합한다; 또 다른 영역들은 다양한 상황에서 Ⓟ-Ser과 Ⓟ-Thr 잔기와 결합한다.
- SH3와 PH 영역은 막의 인지질인 PIP_3와 결합한다.
- 많은 신호전달 단백질들은 몇 개의 다른 결합 모듈(module)을 가지는 다가성이다. 다양한 단백질 인산화효소의 기질 특이성에다가 인산화된 세린, 트레오닌, 또는 타이로신 잔기와 결합하는 영역의 특이성을 더하고, 또한 신호전달경로를 빠르게 불활성화시킬 수 있는 인산염분해효소를 더하여 이들의 조합들에 의하여 세포는 거대한 수의 다단백질 신호전달 복합체를 만든다.
- 막 유동섬과 카베올라는 형질막의 작은 부분에 신호전달 단백질 군을 격리시킴으로써 그들의 상호작용을 촉진시키고 더 효과적으로 신호전달을 수행한다.

12.7 개폐 이온 통로

이온 통로는 흥분성 세포의 전기 신호전달에 필요하다

다세포 유기체에서 특정 세포가 "흥분성(excitable)"이라고 하면 이것은 외부 신호를 감지할 수 있고, 이를 전기 신호(특히, 막 전위의 변화)로 바꿀 수 있으며 이 신호를 전달할 수 있다는 것을 의미한다. 흥분성 세포는 신경 전도, 근육 수축, 호르몬 분비, 감각 과정, 그리고 학습과 기억에서 주된 역할을 수행한다. 감각세포, 신경세포, 근육세포 등의 흥분성은 신호전달자인 이온 통로에 의하여 결정되는데, 이것은 다양한 자극에 반응하여 Na^+, K^+, Ca^{2+}, Cl^- 등과 같은 무기 이온들이 형질막을 통과하는 것을 조절하는 것이다. 제11장에서 이온 통로는 "관문"처럼 되어 있다고 한 것을 상기해 보라. 이 통로는 연계된 수용체가 특정 리간드(예; 신경전달물질)와 결합하거나 혹은 막횡단 전위의 변화에 의하여 활성화되고, 이에 따라 이온 통로가 열리거나 닫히게 된다. Na^+K^+ ATP분해효소는 2개의 K^+을 세포 안으로 이동시키고 동시에 3개의 Na^+을 세포 밖으로 이동시킴으로써 형질막의 안팎에 전하의 불균형을 초래한다(**그림 12-28a**). ATP분해효소의 작용으로 세포 안쪽이 밖에 비하여 음전하를 띠게 한다. 이때 막이 분극되었다(polarized)고 표현한다. 세포 안에서 $[K^+]$는 더 높고 $[Na^+]$는 세포 밖보다 더 낮다(그림 12-28b). 분극화된 막을 자연스럽게 통과하는 이온의 방향은 막에서 그 이온의 전기화학적 전위에 의하여 결정된다. 이 전기화학적 전위는 막 안팎의 이온 농도 차이와 밀리

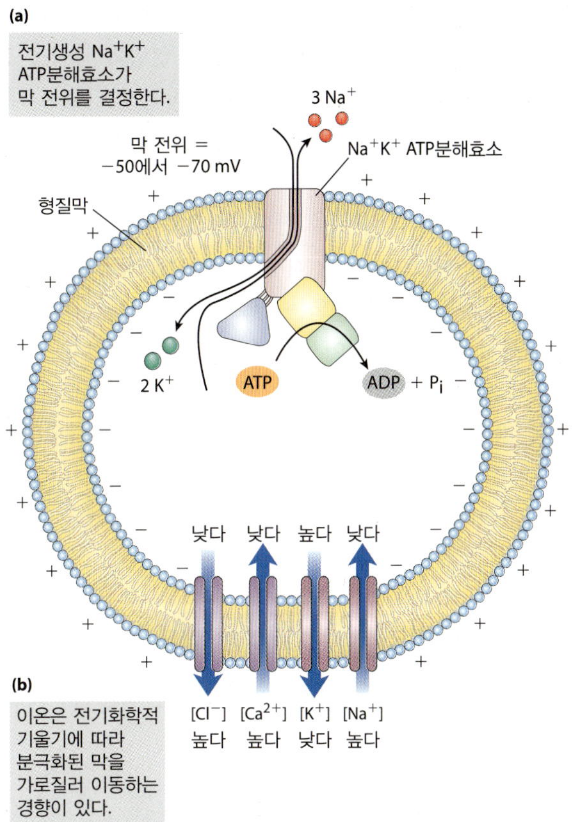

그림 12-28 막횡단 전위. (a) 전기를 생성하는 Na^+K^+ ATP분해효소는 막횡단 전위를 −60 mV로 만든다(안쪽이 음의 값). (b) 파란색 화살표는 동물세포의 형질막을 자연스럽게 통과하는 이온들의 방향을 보여 주고 있는데, 전기화학적 기울기의 총합에 따라 결정된다. 화학 기울기는 Na^+와 Ca^{2+}을 안쪽으로(탈분극 초래), K^+을 바깥쪽으로 (과분극 초래) 전기 기울기에 역행하여 이동하도록 유도한다. 전기 기울기는 Cl^-을 농도 기울기에 역행해서 바깥쪽으로 유도한다(탈분극 초래).

볼트(millivolt, 식 11-4 참조, 413쪽)로 보통 표시되는 전위(electrical potential) 차이와 같은 2가지 구성원으로 이루어진다. 이 이온들의 농도 기울기와 V_m = −60 mV(안쪽 음전하)라면, Na^+ 통로나 Ca^{2+} 통로가 열릴 때 Na^+과 Ca^{2+}은 자연스럽게 세포 안으로 이동하고(탈분극을 일으킴), 반면에 K^+ 통로가 열릴 때 K^+이 세포 밖으로 자연스럽게 이동할 것이다(과분극됨) (그림 12-28b). 이 경우에 K^+가 전위차에 반하여 세포 밖으로 이동하는데, 이는 큰 농도차가 전위차 V_m보다 더 강한 효과로 작용하기 때문이다. Cl^- 경우에 막 전위가 주로 작용하여 Cl^- 통로가 열리면 Cl^-가 바깥쪽으로 흐른다.

세포 안팎의 액체에 존재하는 Na^+, K^+, Cl^- 등의 농도에 비하여 막 전위를 변화시키기 위하여 이동하는 이온의 수는 무시할 수 있을 만큼 작기 때문에 흥분성 세포의 신호전달 과정 중에 일어나는 이온 이동은 이들의 이온 농도에는 전혀 영향을 미치지 않는다. 하지만 Ca^{2+}의 경우엔 상황이 달라진다. 일반적으로 세포 안의 Ca^{2+} 농도는 매우 낮기 때문에(~10^{-7} M) 세포 안으로 Ca^{2+}이 이동하면 세포 안 $[Ca^{2+}]$ 농도는 심하게 변화되므로 이차 전령으로 사용할 수 있다.

어느 순간의 세포막 전위는 그 순간에 열려 있는 이온 통로의 수와 종류에 의하여 결정된다. 이온 통로의 열림과 닫힘을 정확하게 조절함으로써 막 전위가 순간적으로 변화하게 되고, 그때 신경계의 전기 신호가 전달되어 근육세포가 수축하고, 심장이 박동하며, 분비세포가 저장된 물질을 분비하도록 자극한다. 또한 많은 호르몬도 표적 세포의 막 전위를 변화시킴으로써 그 효과를 나타낸다. 이러한 이온 통로를 통한 작용 기전은 동물에게만 국한되는 것이 아니고 주변 환경에서 오는 신호에 대한 세균이나 원생생물 그리고 식물들의 반응에 있어서도 중요한 역할을 한다.

세포와 세포 사이의 신호전달 과정에서 이온 통로가 어떤 작용을 하는지를 보여 주기 위하여 신경전달물질인 아세틸콜린을 예로 들어 신경세포가 그 신호를 세포 길이를 따라 이동시키고, 연접을 통과하여 세포 회로에 있는 다음 신경세포(혹은 근육세포)로 전달하는 기전이 설명된다.

전압-개폐 이온 통로는 신경세포의 활동 전위를 생성한다

신경계에서 신호전달은 특수한 신경세포 그물망을 통하여 이루어지는데, 이 신경세포는 세포의 한쪽 끝(세포체, cell body)에서 길게 뻗쳐 있는 세포질(축삭, axon)을 따라 전기 충격(활동전위, action potential)을 전달한다. 전기 신호는 연접에서 신경전달물질(neurotransmitter)을 방출시켜 이 회로에서 신호를 다음 세포로 전달한다. 3가지 유형의 **전압-개폐 이온 통로(voltage-gated ion channels)**는 이러한 신호전달 기전에 필수적이다. 전체 축삭을 따라 존재하는 **전압-개폐 Na^+ 통로(voltage-gated Na^+ channels)(그림 12-29)**는 막이 안정 상태(V_m = −60 mV)에서 닫히고, 세포막이 아세틸콜린(혹은 다른 신경전달물질)에 반응하여 부분적으로 탈분극될 때에 잠깐 동안 열린다. Na^+ 통로가 열려서 탈분극되면 축삭을 따라 분포되어 있던 **전압-개폐 K^+ 통로(voltage-gated K^+ channel)**가 열린다. Na^+가 축삭으로 이동하여 (유입) 탈분극을 유도하면 재빨리 K^+이 세포 밖으로 이동하여 (방출) 재분극이 일어난다. 축삭의 끝에는 **전압-개폐 Ca^{2+} 통로(voltage-gated Ca^{2+} channels)**가 존재하여 Na^+와 K^+ 통로 활성으로 인한 탈분극(그림 12-29, 단계 ❶)과 재분극(단계 ❷)의 파동이 도달할 때 이 통로가 열리고 신경전달물질인 아세틸콜린을 방출한다. 아세틸콜린은 다른 신경세포로 (활동전위의 촉발!) 또는 근육 섬유로 (수축!) 신호를 전달한다.

전압-개폐 Na^+ 통로는 다른 양이온에 비해 Na^+에 대해 100배 이상 매우 선별적이다. 이 통로는 또한 매우 높은 이동 속도(>10^7 이온/초)를 갖는다. 막횡단 전위의 감소로 열렸을 때 Na^+ 통로는 매우 빨리, 천분의 수초(milliseconds) 이내에 닫히며 천분의 수초 동안 다시 열수 없는 상태로 유지된다. Na^+ 통로가 열리면서 막에 국소적으로 일어난 탈분극에 반응하여 전압-개폐 K^+ 통로가 열린다(그림 12-29, 단계 ❶). K^+ 이온이 방출되면 결과적으로 부분적인 막의 재분극이 일어나 내부-음의 막전위를 재형성한다(단계 ❷). (전압-개폐 K^+ 통로의 구조와 기전에 대해서는 11.3절에서 어느

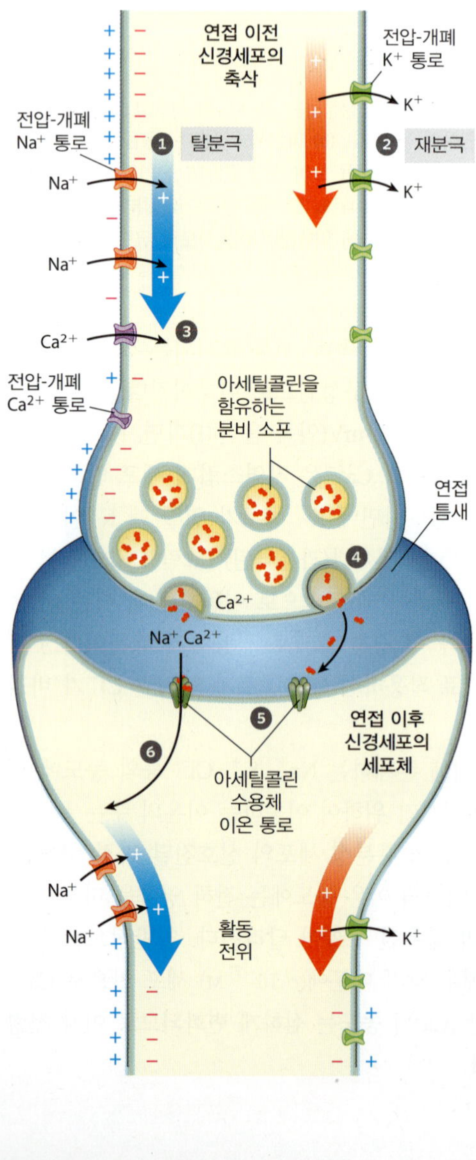

그림 12-29 신경 전도에서 전압-개폐 이온 통로와 리간드 개폐 이온 통로의 역할. 처음에 연접 이전 신경세포의 형질막은 전기를 생성하는 Na^+K^+ ATP분해효소의 작용에 의하여 분극된다(세포 안쪽이 음의 값). Na^+K^+ ATP분해효소는 세포 밖으로 3개의 Na^+를 내보내고 2개의 K^+를 안으로 끌어들여 분극을 유도한다(그림 12-28 참조). ❶ 이 신경세포가 자극을 받으면 (보여 주지 않음) 활동 전위가 세포체로부터 멀리 축삭을 (파란색 화살표) 따라 이동한다. 전압-개폐 Na^+ 통로 중 하나가 열려 Na^+가 세포 안으로 들어오면 부분적으로 탈분극이 일어나 주변의 Na^+ 통로를 열게 하는데, 이 과정이 계속 반복된다. 활동 전위가 진행되는 방향은 각각의 전압-개폐 Na^+ 통로가 열린 후에 생기는 짧은 무반응 기간(refractory period)에 의하여 결정된다. ❷ 활동 전위가 신경세포 축삭의 지점을 통과한 지 수초 뒤에 전압 개폐 K^+ 통로가 열리고, 이를 통해 막의 재분극을 유발하는 K^+ 유출이 이루어진다(빨간색 화살표). 이는 다시 다음 번 활동 전위를 위한 준비 과정이 된다. (설명을 돕기 위하여 N^+ 통로와 K^+ 통로는 축삭의 반대편에 표시하였다. 실제로는 2개의 통로 모두 축삭의 막에 균일하게 분포한다; 또한 양과 음전하가 왼쪽에서만 보이지만, 전위 파장이 축삭을 휙 지나갈 때, 막전위는 축삭을 따라 주어진 지점에서 다 같다.) ❸ 탈분극 파장이 축삭 끝에 도달하면 전압-개폐 Ca^{2+} 통로가 열려 Ca^{2+}이 연접 이전 신경세포로 들어오게 된다. ❹ 결과적으로 세포 안의 Ca^{2+} 농도가 높아져 신경전달물질인 아세틸콜린을 연접 틈새로 세포외팽출시킨다(exocytosis). ❺ 아세틸콜린은 연접 이후 신경세포(또는 근육세포) 막에 있는 수용체에 결합하여 리간드 개폐 이온 통로를 열게 한다. ❻ 이 통로를 통하여 세포 밖의 Na^+와 Ca^{2+}이 세포 안으로 유입되어 연접 이후 신경세포를 탈분극시킨다. 결국 전기 신호는 연접 이후 신경세포(또는 근육세포)의 세포체로 전달되었고 같은 순서의 과정을 통하여 축삭을 따라 세 번째의 신경세포(또는 근육세포)까지 이동할 것이다.

정도 자세히 논의하였다: 그림 11-45와 11-46 참조). 이 짧은 탈분극은 축삭을 따라 계속 이동하는데, 부분적인 탈분극은 그 순간마다 짧은 시간 동안 바로 옆의 Na^+ 통로가 열리고 이어서 K^+ 통로가 열린다. Na^+ 통로가 한 번 열린 후에 다시 열릴 때까지 짧은 기간(short period)이 뒤따르는데, 이 기간 동안에 통로가 다시 열릴 수 없다. 따라서 탈분극—활동 전위—은 신경세포체에서 축삭 끝 쪽으로 한 방향으로만 진행하게 된다.

탈분극의 파장이 전압-개폐 Ca^{2+} 통로에 도달하면 이 통로가 열리고(단계 ❸) Ca^{2+}이 세포 밖 공간으로부터 세포 안으로 들어온다. 세포질 Ca^{2+} 농도가 증가하면 세포외팽출(exocytosis) 기전을 통하여 아세틸콜린이 연접 틈새로 방출된다(단계 ❹). 아세틸콜린은 연접 이후 세포(다른 신경세포이거나 근육세포)로 확산되어 아세틸콜린 수용체와 결합하여 탈분극을 일으킨다(아래에서 설명). 결과적으로 신호 메시지는 이 회로에 있는 다음 세포로 전달된 것이다. 개폐 이온 통로는 2가지 방법 중에 어느 하나로 신호를 전달한다는 것을 알았다. 첫 번째는 세포 안의 이차 전령으로 작용하는 세포질의 이온(예; Ca^{2+}) 농도를 변화시키는 것이고, 두 번째는 V_m을 변화시켜 이 변화에 민감한 다른 막 단백질에 영향을 주는 것이다. 하나의 신경세포에서 다음 신경세포로 전기 신호가 이동할 때에 이 2가지 유형의 기전을 모두 볼 수 있다.

신경세포는 다른 신경전달물질에 반응하는 수용체 통로들을 가지고 있다

동물세포, 특히 신경세포에는 리간드, 전압, 혹은 둘 다에 반응하는 많은 종류의 이온 통로가 존재한다. 수용체들은 그 자체가 이온 통로로서 작용하며 이차 전령을 만드는 수용체들(**대사성** 수용체, **metabotropic** receptors)과 구분하여 **이온성(ionotropic)**으로 분류된다. 아세틸콜린은 연접 후 세포에 있는 이온성 수용체에 작용한다. 아세틸콜린 수용체는 양이온 통로이다. 아세틸콜린이 자리잡으면 수용체는 양이온(Na^+, K^+, 그리고 Ca^{2+}) 통로를 열고 세포의 탈분극을 유발한다. 신경전달물질인 세로토닌(serotonin), 글루탐산, 그리고 글라이신은 모두 아세틸콜린 수용체와 구조적으로 연관되어 있는 이온성 수용체 통로를 통하여 작용할 수 있다. 세로토닌과 글루탐산은 양이온(Na^+, K^+, Ca^{2+}) 통로를 열게 하는 반면 글라이신은 Cl^-에 특이적인 통로를 연다.

어떤 이온이 통로를 통과하느냐에 따라서 이 통로에 결합하는 리간드(신경전달물질)는 표적 세포를 탈분극시키거나 과분극시킨다. 1개의 신경세포는 보통 많은 다른 신경세포로부터 신호를 받는데, 각각의 신경세포는 독특한 탈분극 또는 과분극 효과를 나타내는 고유의 신경전달물질을 방출한다. 따라서 표적 세포의 V_m은 여러 신경세포로부터 들어온 **통합적** 신호 정보를 반영한다(그림 12-1e). 통합적 신호 정보가 더해져서 충분한 크기의 탈분극 효과를 나타낼 때에만 활동 전위에 반응한다.

아세틸콜린, 글라이신, 글루탐산, 그리고 γ-아미노부티르산(GABA) 등의 수용체 통로는 세포 밖의 리간드에 의하여 열리고 닫힌다. cAMP, cGMP, IP_3, Ca^{2+}, 그리고 ATP 등과 같은 **세포 안의** 이차 전령들은 시각, 후각, 미각 등의 감각 신호전달에 관여하는 종류의 이온 통로를 조절한다.

독소는 이온 통로를 표적으로 삼는다

자연계에서 발견되는 많은 강력한 독소들은 이온 통로에 작용한다. 예를 들면, 11.3절에서 살펴본 것처럼 덴드로톡신(dendrotoxin; 남아프리카산의 코브라과의 큰 독사인 검은색 맘바로부터 유래함)은 전압-개폐 K^+ 통로 활성을 억제하고 테트로도톡신(tetrodotoxin; 복어에 의해 생성됨)은 전압-개폐 Na^+ 통로에 작용하며 코브로톡신(cobrotoxin)은 아세틸콜린 수용체 이온 통로에 작용하여 그 기능을 억제한다. 진화 과정에서 이러한 독소들이 에너지 대사에 필수적인 효소와 같은 일부 치명적인 대사 표적을 갖지 않고 오히려 이온 통로를 선호하는 표적으로 삼은 이유는 무엇일까?

이온 통로는 대단히 강력한 증폭기이다; 단지 하나의 통로만 열려도 1초당 천만 개의 이온이 이동할 수 있다. 결과적으로 신경세포에서는 신호전달을 위해서 비교적 적은 분자의 이온 통로가 필요하다. 이러한 사실은 이온 통로에 친화력이 높은 독소 분자가 비교적 적은 수로 세포 밖에서 작용하더라도 신체 전체의 신경 전달에 매우 심각한 영향을 미칠 수 있다는 것을 의미한다. 한 대사 효소의 경로에 비슷한 영향을 미치기 위해서는 이 효소가 보통 이온 통로보다 훨씬 더 높은 농도로 존재해야 하므로 더욱 많은 수의 독소 분자가 필요할 것이다.

요약 12.7 개폐 이온 통로

- 막 전위나 리간드에 의하여 개폐되는 이온 통로는 신경세포와 다른 세포들의 신호전달 과정에서 중추적 역할을 담당한다.
- 신경세포막의 전압-개폐 Na^+와 K^+ 이온 통로는 탈분극(Na^+ 유입)과 뒤따르는 재분극(K^+ 방출)을 반복하는 파장으로서 축삭을 따라 활동 전위를 운반한다.
- 활동 전위가 도착하면 연접 이전 세포의 말단 끝에서 신경전달물질의 방출이 시작된다. 신경전달물질(예; 아세틸콜린)은 연접 이후 세포(또는 신경근육 접합부에서는 근육세포)로 확산 이동하여 형질막에 존재하는 특정의 수용체에 결합하며, 이것은 V_m의 변화를 유발한다.
- 많은 생물에 의해 생성되는 신경독소들은 신경세포의 이온 통로를 공격하므로 매우 빠르게 작용하고 치명적이 된다.

12.8 핵 호르몬 수용체에 의한 전사 조절

많은 스테로이드, 레티노산(레티노이드), 갑상선 호르몬 등은 거대한 수용체 리간드를 형성하는데 이들은 다른 호르몬과 근본적으

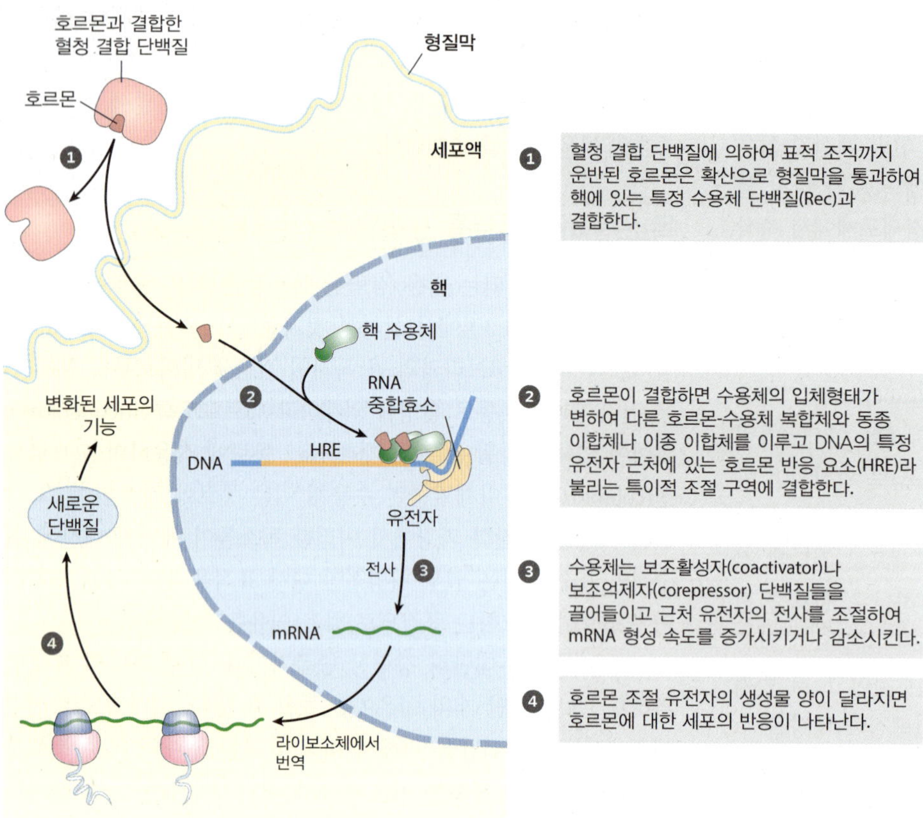

그림 12-30 스테로이드와 갑상샘 호르몬, 레티노이드, 비타민 D 등이 유전자 발현을 조절하는 일반적인 기전. 전사와 단백질 합성에 관한 자세한 내용은 제26장과 제27장에 설명되어 있다. 몇 가지 스테로이드는 완전히 다른 기전으로 형질막 수용체를 통하여 작용하기도 한다.

로 다른 기전을 통하여 효과의 일부를 수행한다: 이것들은 핵 안에서 유전자 발현을 변화시키는 작용을 한다. 제28장에서는 다른 유전자 발현의 조절 기전과 함께 이들의 작용 양상에 대하여 자세히 다루고 있다. 여기에서는 간단히 언급하고 넘어가기로 한다.

스테로이드 호르몬(예를 들면, 에스트로젠, 프로제스테론, 코티솔 등)은 소수성이 커서 혈액에 쉽게 녹지 못하기 때문에 운반 단백질과 결합하여 호르몬이 분비된 지점에서 작용을 하는 조직으로 혈액을 타고 이동하게 된다. 표적 세포에서 이들은 단순 확산으로 형질막을 통과하여 세포의 핵 속으로 들어가 거기에 존재하는 수용체와 결합한다(**그림 12-30**). 호르몬이 결합하면 수용체 단백질의 입체형태의 변화가 일어나 **호르몬 반응 요소(hormone response element, HRE)**라고 부르는 DNA의 특이적 조절 서열과 상호작용할 수 있게 되고, 따라서 유전자 발현을 변화시키게 된다(그림 28-33 참조). 결합된 수용체-호르몬 복합체는 유전자 전사에 필수적인 다른 단백질들의 도움을 받아서 HRE 근처에 있는 유전자의 발현을 증폭시킬 수 있다. 이러한 호르몬의 작용이 나타나려면 수 시간 혹은 며칠이 필요한데, 그것은 유전자에 의하여 새로운 RNA가 합성되고 그에 따른 단백질이 합성되어야만 변화된 대사가 나타나기 때문이다.

유방암의 치료에 사용되는 **타목시펜(tamoxifen)** 약을 이용하여 스테로이드와 수용체 사이의 결합 특이성을 밝혔다. 일부 유형의 유방암에서는 에스트로젠 호르몬이 계속적으로 존재해야만 암세포가 분열하는 경우가 있다. 타목시펜은 에스트로젠과 그 수용체를 놓고 경쟁을 한다. 에스트로젠 수용체에 결합된 타목시펜은 에스트로젠과 달리 유전자 발현에 적은 영향을 주거나 혹은 아무런 영향을 미치지 않는다. 즉, 타목시펜은 에스트로젠의 길항제로서 작용을 한다. 그러므로 유방암 수술 후나 혹은 호르몬의 영향을 받는 유방암의 화학요법 치료에 타목시펜을 사용하면 암세포의 성장을 늦추거나 멈추게 한다. 또 다른 스테로이드 유사체인 **미페프리스톤(mifepristone 또는 RU486)**은 프로제스테론 호르몬의 길항제로서 프로제스테론 수용체와 결합하여 수정란이 자궁에 착상할 수 있도록 도와주는 프로제스테론의 작용을 차단함으로써 피임약으로 기능한다.

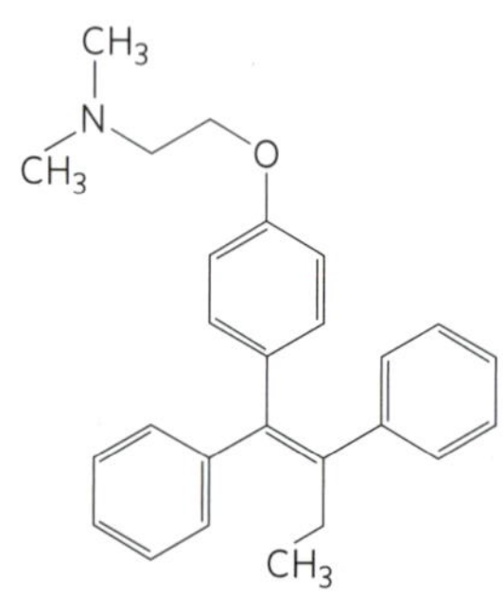

타목시펜

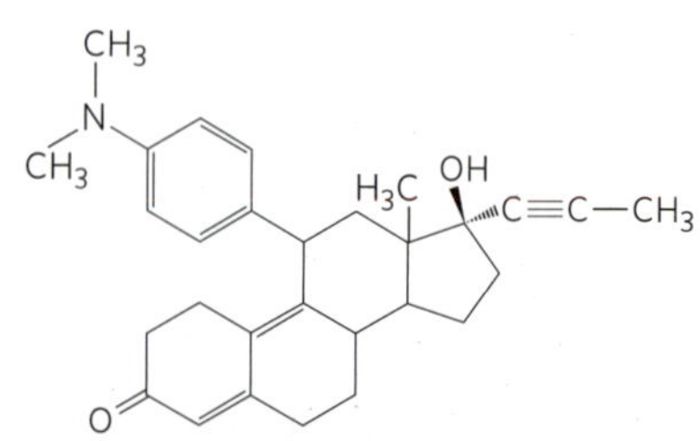

미페프리스톤
(RU486)

요약 12.8 핵 호르몬 수용체에 의한 전사 조절

- 스테로이드 호르몬은 단순 확산에 의해 세포 안으로 들어가 특정 수용체 단백질과 결합한다.
- 호르몬-수용체 복합체는 호르몬 반응 요소(HRE)라고 불리는

특정 DNA 구역에 결합하고 다른 단백질들과 상호작용을 하여 근처의 유전자 발현을 조절한다.

12.9 미생물과 식물의 신호전달

우리가 여기서 말해 왔던 신호전달의 대부분은 포유동물의 조직 또는 그 조직에서 유래한 배양 세포와 관련되어 있다. 세균, 시원세균(archaea), 진핵미생물, 그리고 관다발 식물도 또한 O_2, 영양분, 빛, 유해한 화학물질 등과 같은 다양한 외부 신호에 반응하여야 한다. 우리는 여기서 미생물과 식물들이 사용하는 몇 가지 중요한 신호전달 기구에 대하여 간단히 소개한다.

세균의 신호전달은 두 성분 신호전달계의 인산화를 수반한다

세균의 화학주성에 관련한 선도적인 연구결과들을 통해 줄리우스 아들러는 대장균이 주위 환경의 설탕과 아미노산을 포함한 많은 영양분에 대하여 반응하는데, 편모에 의하여 추진되는 힘으로 헤엄쳐서 영양분을 향해 다가간다는 사실을 밝혔다. 막 단백질 중 한 부류는 특정 **유인체**(**attractants**, 설탕 또는 아미노산)에 결합하는 결합 영역을 형질막의 바깥쪽에 갖는다(**그림 12-31**). 신호는 이른바 **두 성분 신호전달계**(**two-component system**)에 의해 전달된다. 첫 번째 구성원인 **수용체 히스티딘 인산화효소**(**receptor histidine kinase**)는 인산기를 히스티딘 잔기로부터 두 번째 수용성 단백질인 **반응 조절자**(**response regulator**)의 아스파트산 잔기로 전달하는 반응을 촉매한다. 이 인산화된 단백질은 편모의 밑동으로 이동하여 막 수용체로부터의 신호를 전달한다. 편모는 모터의 회전 방향에 따라 세포를 매개체를 통하여 추진시킬 수 있는 또는 멈추도록 하는 회전 모터에 의하여 이동한다. 시간에 따라 유인체의 농도 변화는 수용체를 통하여 신호가 되어 유인체(attractant)의 근원으로부터 멀어질지 가까이 갈지를 세포가 결정하도록 한다. 만약 그 움직임이 유인체를 향하는 것이라면 반응 조절자는 세포에 일직선으로 가는 신호를 전달한다. 만약 유인체로부터 멀어지는 것이라면 순간적으로 굴러 뒤집어서 새로운 방향으로 향한다. 이런 행위의 반복은 유인체 농도가 증가되는 방향으로의 움직임을 기초로 한 무작위 궤도를 갖는다.

Julius Adler
[출처: Courtesy Hildegard Wohl Adler.]

대장균은 이러한 기초적인 두 성분 신호전달계를 사용하여 설탕과 아미노산뿐만 아니라 O_2, 극한 온도, 다른 환경 요인 등을 감지한다. 두 성분 신호전달계는 많은 다른 세균들, 그람 양성 및 그람 음성 세균들과 시원세균들 뿐만 아니라 원생생물과 곰팡이에서도 감지된다. 분명 이러한 신호전달 기전은 세포의 진화 과정에서 초기에 개발되었고 또한 보존되어 왔다.

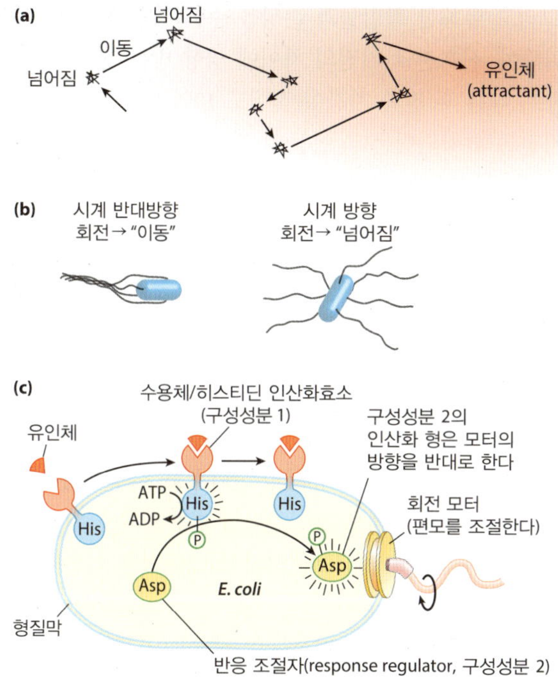

그림 12-31 세균 화학주성의 2개 성분(component) 신호전달 기전. (a) 유인체 물질 근처에 놓여지게 되면, 대장균은 무작위 보행을 수행하게 되며 이를 통해 유인체로 향해간다. (b) 편모는 본연의 나선구조를 가지며, 모든 편모가 시계 반대방향으로 회전할 때 편모 나선은 동시에 작용하여 세포를 한쪽 방향으로 "이동"시키는 작용을 한다. 편모가 시계 방향으로 회전하면, 편모 묶음은 따로 움직이며, 세포는 시계 반대방향으로 편모가 작동하기 전까지 넘어지며, 세포는 새로운 방향으로 다시 헤엄치기 시작한다. 유인체로 향하는 움직임에서 세포는 몇 번의 넘어짐을 겪고, 그래서 일직선의 이동보다 긴 이동거리를 가진다; 멀어질 때 자주 넘어지는 것은 궁극적으로 유인체를 향한 움직임이도록 한다. (c) 편모 회전은 2개의 성분으로 구성된 체제에 의해서 조절되며, 각각은 수용체-히스티딘 인산화효소와 작용기(effector) 단백질이다. 유인체 리간드가 막-결합 수용체의 수용체 영역에 결합할 때, 세포질 영역의 단백질 인산화효소(구성성분 1)가 활성화하여 히스티딘 잔기를 자가인산화시킨다. 이 인산기는 반응 조절자(구성성분 2)의 아스파트산 잔기로 이동한다. 인산화 이후에, 반응 조절자는 편모의 기저 부위로 이동하고, 이는 편모의 시계 반대방향 회전을 유발하여 최종적으로 이동한다.

동물세포가 사용하는 다양한 신호전달계는 세균에서와 비슷하다. 세균에서 전체 유전체 서열이 더욱 더 다양하다는 사실이 밝혀지면서 연구자들은 세린 또는 트레오닌 인산화효소와 유사한 단백질, GTP 결합에 의하여 조절되는 Ras 유사 단백질, SH3 영역을 가진 단백질 등과 유사한 단백질들을 암호화하는 유전자를 발견하였다. 아직도 수용체 타이로신 인산화효소는 세균에서 감지되지 않았다. 하지만 Ⓟ-Tyr 잔기는 어떤 세균의 단백질에 존재한다.

식물의 신호전달계는 미생물과 포유류가 사용하는 성분들과 같은 몇 가지를 갖고 있다

동물처럼 관다발 식물도 성장과 발달을 조화롭게 하고 그 방향을 결정하기 위하여 조직 간에 정보를 교류하는 수단을 가진다. O_2, 영양분, 빛, 온도, 그리고 물의 유용성과 같은 조건에 적응하기 위하여, 그리고 유해한 화합물과 손상을 주는 병원체의 존재를 경고하기 위하여. 신호전달 기전의 차이에 영향 받는 진핵생물이 식물과 동물로 나뉜 후 진화 기간이 적어도 10억 년은 지났다: 어떤 식물의 기전은 유지되었는데, 동물의 것과 비슷하다(단백질 인산화효소, 연결자 단백질, 고리 뉴클레오타이드, 전기생성 이온 펌프, 개폐 이온 통로 등); 어떤 것은 세균의 두 성분 신호전달계와 비슷하다; 또 어떤 것은 식물에게만 유일하다(예를 들면, 색깔 및 각도에 따르는 계절적 변화를 반영하는 빛 감지 기전). 예를 들어, 폭넓게 연구된 식물 애기장대(*Arabidopsis thaliana*)의 유전체는 약 1,000개의 단백질 Ser/Thr 인산화효소 등을 암호화하고 있는데 여기에는 약 60개의 MAPK와 세린 또는 트레오닌 잔기를 인산화시키는 400여 개의 막 결합 수용체 인산화효소; 다양한 단백질 인산염분해효소; 고리 뉴클레오타이드의 합성과 분해를 위한 효소; 약 20개의 고리 뉴클레오타이드에 의하여 개폐되는 이온 통로를 포함하여 총 100여 개 이상의 이온 통로 등이 포함되어 있다. 이노시톨 인지질이 존재하는데, 인산화효소들이 이노시톨 머리 부분을 인산화시켜 이들을 상호전환시킨다. 애기장대가 많은 유전자의 여러 번의 복제본을 가진다는 사실에서, 이들 유전자들의 존재는 확실히 광범위한 신호전달의 역량을 가지고 있음을 알 수 있다.

그러나 동물조직에서 흔히 존재하는 신호전달 단백질 중 어떤 유형들은 식물에 존재하지 않거나 또는 오직 몇 가지의 유전자로 대표된다. 예를 들면, 고리 뉴클레오타이드 의존 단백질 인산화효소(PKA와 PKG)는 존재하지 않는다. 이종삼합체 G 단백질과 단백질 타이로신 인산화효소 유전자들은 식물 유전체에서 훨씬 적게 나타나며, 이런 단백질들의 작용방법도 동물세포와 다르다. 인간 유전체에서 가장 큰 유전자 족인 G 단백질 짝지움 수용체(GPCRs)는 식물 유전체에 없다. DNA 결합 핵 스테로이드 수용체는 거의 드러나지 않으며 아마도 식물에는 존재하지 않는 것 같다. 비록 식물들은 거의 대부분의 동물에 존재하는 빛 감지 기전(색소로서 레티날을 포함하는 로돕신)은 부족할지라도 동물의 조직에서 발견되지 않는 다른 빛 감지 기전을 다양하게 가지고 있다. 파이토크롬(phytochromes)과 크립토크롬(cryptochromes)은 이것의 좋은 예가 된다(제20장).

요약 12.9 미생물과 식물의 신호전달

■ 세균과 진핵 미생물은 환경의 변화에 대하여 그것을 판단하고 반응하는 다양한 감지계를 갖고 있다. 두 성분 신호전달계에서 수용체 히스티딘 인산화효소는 신호를 감지하고 히스티딘 잔기를 자가인산화하여 반응조절자의 아스파트산 잔기를 인산화시킨다.

■ 식물은 많은 환경적인 자극에 반응하고 발생과 조직의 대사활성을 조화시키기 위하여 호르몬과 성장인자를 도입하였다. 식물 유전체는 포유동물세포의 신호전달에 사용되는 것과 비슷한 일부의 단백질에 더하여 수백 개의 신호전달 단백질들을 암호화한다.

■ 식물은 G 단백질 짝지움 수용체(GPCRs) 또는 cAMP 또는 cGMP에 의해 활성화하는 단백질 인산효소를 가지지 않는다.

12.10 단백질 인산화효소에 의한 세포주기의 조절

신호전달경로에서 가장 극적인 효과 중의 하나는 진핵세포의 세포주기 조절이다. 배아가 자라고 발달하는 동안에 모든 조직에서 세포의 분열이 일어난다. 그러나 성장한 개체는 거의 대부분의 조직에서 세포분열이 일어나지 않고 정지된다. 개개의 세포가 분열하는가 아닌가 하는 "결정"은 개체 전체로 볼 때 매우 중요하다. 각 세포의 분열을 조절하는 작용에 이상이 생기게 되면 세포는 제멋대로 자라게 되어 결과적으로 재앙인 암이 발생하게 된다. 그러므로 온전하게 세포분열이 일어나기 위해서는 정교하게 짜여진 순서에 따른 생화학적 반응이 필요하며 모든 딸세포는 생존에 필요한 모든 구성 분자들을 수용하게 된다. 여러 진핵세포의 세포분열을 연구한 결과 모든 세포에는 공통적인 조절 기전이 존재함을 밝혀내었다. 위에서 논의한 것과 같은 신호전달 기전은 한 세포에서 과연 세포분열이 일어날 것인지 그렇다면 언제 일어날 것인지를 결정하는 주요 요인이 되며 또한 세포주기의 단계를 통하여 질서있게 통과하도록 한다.

세포주기에는 4단계가 있다

진핵세포에서 유사분열(mitosis)을 동반한 세포분열은 4개의 잘 정의된 단계로 일어난다(**그림 12-32**). S(synthesis, 합성) 단계에서는 DNA가 복제되어 양쪽의 딸세포에 필요한 복사물을 생성한다. G2 단계(G는 여기서 분열 사이의 간격, 즉 gap의 약자)에서 새로운 단백질이 합성되고, 세포의 크기는 약 2배로 커지게 된다. M(mitosis, 유사분열) 단계에서 모세포의 핵막이 분해되고 염색체는 각각 하나씩 양쪽으로 갈라지고, 2개의 딸세포 염색체는 새로 생성된 핵막으로 둘러싸이게 된다. 다음에 세포질 분열에 의하여 세포가 둘로 갈라져서 2개의 딸세포가 된다(그림 24-23 참조). 배아나 혹은 활발하게 분열하는 조직에서는 생성된 딸세포가 곧 다시 세포분열을 계속하는데 이는 G1의 대기 기간 후에만 가능하다. 배양된 동물세포의 경우에 이러한 모든 과정은 약 24시간이 걸린다.

유사분열이 끝나고 G1기로 진입한 후에 세포는 다른 세포분열을 계속하거나 세포분열을 멈추고 휴지기 상태(G0기)로 들어간다. 이 휴지기는 몇 시간, 며칠, 혹은 평생 동안 지속될 수 있다. G0기에 있는 세포가 다시 분열하기 시작할 때 G1기를 통과하여 다시 세포분열 주기로 들어간다. 간세포나 지방세포와 같이 분화된 세포는 특별한 기능과 형태를 획득하고 G0기에 머물게 된다. 줄기세포는 분열할 수 있고, 또 여러 세포 유형으로 분화할 수 있는 능력을 보유하고 있다.

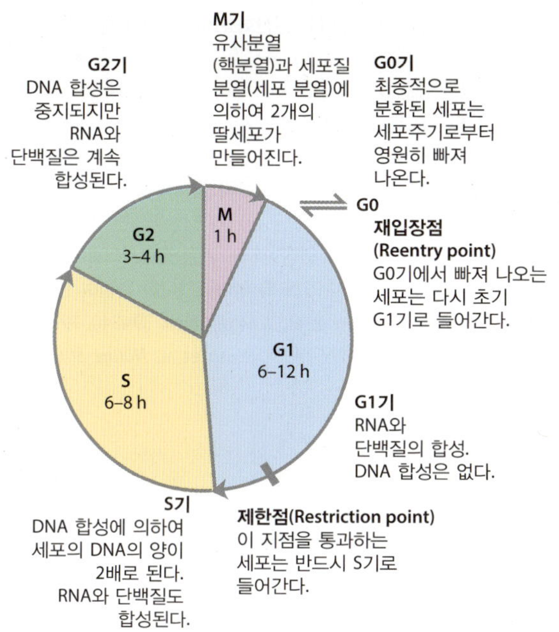

그림 12-32 진핵세포의 세포주기. 4기의 기간(시간)은 다양하지만 여기에는 대표적인 예를 보여 주고 있다.

사이클린 의존 단백질 인산화효소의 양은 주기성을 갖고 변화한다

세포주기의 시기는 세포의 신호에 반응하여 그 활성이 변하는 단백질 인산화효소 족에 의하여 조절된다. 이러한 단백질 인산화효소는 정확한 시간 간격으로 특정 단백질을 인산화시킴으로써 세포의 대사 활성을 조정하여 질서 있게 세포분열이 일어나도록 한다. 이 인산화효소의 이종이합체로 조절 소단위인 **사이클린(cyclin)**과 촉매 소단위인 **사이클린 의존 단백질 인산화효소(cyclin-dependent protein kinase, CDK)**로 이루어져 있다. 사이클린이 없으면 촉매 소단위인 CDK는 실제로 불활성화 상태로 유지된다. 사이클린이 결합하면 촉매자리가 열리고 촉매작용에 필수적인 잔기가 접근할 수 있게 되며, 촉매 소단위의 활성은 10,000배로 증가한다. 동물에서 적어도 10종류의 다른 사이클린(A, B 등으로 표시)과 적어도 8종류의 CDKs(CDK1에서 CDK8까지 알려짐)가 발견되었으며 세포주기의 특정 지점에서 서로 다양한 조합을 이루어 작용을 한다. 식물에서도 여러 종류의 CDK가 존재하여 세포분열이 일어나는 주요 조직인 뿌리와 새싹의 분열 조직에서 세포주기를 조절한다.

한 집단의 동물세포가 동시에 분열할 때 일부의 CDK의 활성이 현저하게 주기적으로 변하게 된다(**그림 12-33**). 이 주기성은 CDK의 활성을 조절하는 4가지의 기전에 의하여 나타난다. 즉 CDK의 인산화와 탈인산화, 사이클린 소단위의 조절된 분해, CDK와 사이클린의 주기적인 합성, 특정 CDK 억제 단백질(CDK-inhibiting protein)의 작용 등이다. 일련의 CDK에 대한 정확한 시간에 설정된 활성과 비활성은 정상적인 세포분열 과정에서 일어나는

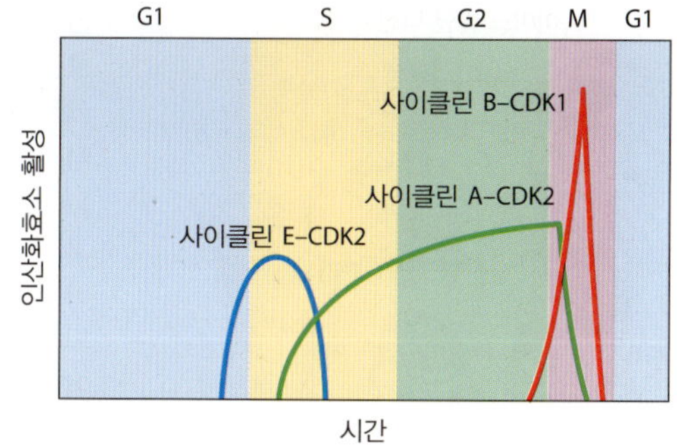

그림 12-33 동물의 세포주기에서 특정 CDKs 활성의 변화. 사이클린 E-CDK2의 활성은 G1기-S기 경계에서 최고점을 이루고 활성화된 효소들이 DNA 합성에 필요한 효소를 합성하기 시작한다(그림 12-37 참조). 사이클린 A-CDK2는 S기와 G2기에서 증가하다가 M기에서 급격히 떨어지는 동시에 사이클린 B-CDK1은 최고점을 이룬다. 사이클린 D는 성장인자가 존재하는한 활성이 있다(보여주지 않음). [출처: Data from J. Pines, *Nature Cell Biol.* 1:E73, 1999.]

사건이며 다음 단계가 시작되기 전에 한 단계를 완성하도록 하는 마스터(mater) 시계 같은 역할을 한다.

인산화에 의한 CDK의 조절 CDK의 활성은 두 곳의 아미노산 잔기의 인산화와 탈인산화에 의하여 놀라울 정도로 잘 조절된다(**그림 12-34**). CDK2의 트레오닌(Thr160) 인산화는 자가 억제(autoinhibitory) "T 고리(loop)"가 기질 결합 틈새에서 비켜나게 되어 기질이 결합할 수 있도록 구조를 안정화사킨다. CDK2의 인산화된 타이로신(Ⓟ-Tyr^{15})의 탈인산화는 음전하를 제거하여 ATP가 결합자리에 접근하는 것을 막는다. CDK를 활성화하는 기전은 자가-강화(self-reinforcing)이다; Ⓟ-Tyr^{15} 잔기에서 탈인산화하는 인산염분해효소(PTPase)는 그 자체가 CDK의 기질이고 인산화에 의해 활성화한다. 이런 요소들의 조합은 CDK를 여러 배 활성화시켜 세포주기 진행(**그림 12-35a**)에 중대한 하위 단백질 표적을 인산화한다.

DNA에 한 가닥 절단(single-strand break)이 생기는 경우에 두 단백질(ATM과 ATR; 그림 12-37 참조)을 활성화하여 G2에서 세포주기가 멈추는 신호를 보낸다. 이러한 단백질은 CDK의 타이로신(Tyr^{15}) 잔기를 탈인산화시키는 인산염분해효소(PTP)의 불활성화도 포함하는 연쇄반응을 시작한다. DNA가 복구되고 연쇄반응에 의한 효과가 본래 대로 되돌아올 때까지 CDK는 불활성형으로 유지되고 세포주기는 G2에 멈추어 세포는 분열하지 않는다.

사이클린 분해의 조절 유사분열의 사이클린은 매우 특이적이고 정교하게 정해진 시간에 분해되어 전체 세포주기에서 CDK의 작용을 조절한다(그림 12-35b). 세포의 유사분열이 진행되기 위하여 우선 M기에서 CDK의 촉매 소단위를 활성화시키는 사이클린 A와 B가 활성화된 후 다시 분해가 되어야 한다. 이 사이클린 A와 B의 아미노 말단 부근에는 "파괴 상자(destruction box)"라고 하는 –Arg–Thr–Ala–Leu–Gly–Asp–Ile–Gly–Asn– 아미노산 서열이 있어서 이 사이클린들이 분해되는 표적이 된다(이 "상자"라는 용어

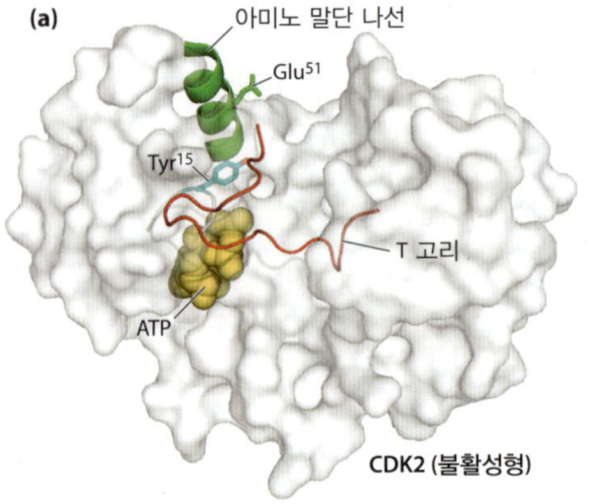

그림 12-34 사이클린과 인산화에 의한 사이클린 의존 단백질 인산화효소(CDKs)의 활성화. CDKs는 사이클린과 결합했을 때만 활성을 갖는다. CDK2에 사이클린이 붙거나 붙지 않은 결정 구조를 통하여 이 활성화 기전을 알 수 있다. **(a)** 사이클린이 붙지 않았을 때, CDK2의 한분절 T 고리 부분이 단백질 기질이 결합하는 자리를 가로막아 단백질 인산화효소의 활성을 억제한다. ATP가 붙는 자리도 역시 T 고리 근처에 위치하며, Tyr^{15}가 인산화될 때 가로막혀 있다(보여주지 않음). **(b)** 사이클린이 결합하면, 입체 구조의 변화가 일어나 T 고리를 활성자리로부터 밀어내고 아미노 말단의 나선 구조가 제대로 자리 잡게 되어 촉매작용에 꼭 필요한 아미노 잔기(Glu^{51})를 활성자리로 이동시킨다. **(c)** T 고리의 트레오닌 잔기가 인산화되면 음전하 잔기가 형성되어 3개의 아르지닌 잔기와의 반응에 의하여 음전하 잔기가 안정화되며 기질-결합자리로부터 T 고리를 밀어낸다. Tyr^{15}에서 인산화기의 제거는 ATP가 결합자리에 갈 수 있도록 하여 CDK2를 완전히 활성화시키다(그림 12-35 참조). [출처: (a) PDB ID 1HCK, U. Schulze-Gahmen et al., *J. Med. Chem.* 39:4540, 1996. (b) PDB ID 1FIN, P. D. Jeffrey et al., *Nature* 376:313, 1995. (c) PDB ID 1JST, A. A. Russo et al., *Nature Struct. Biol.* 3:696, 1996.]

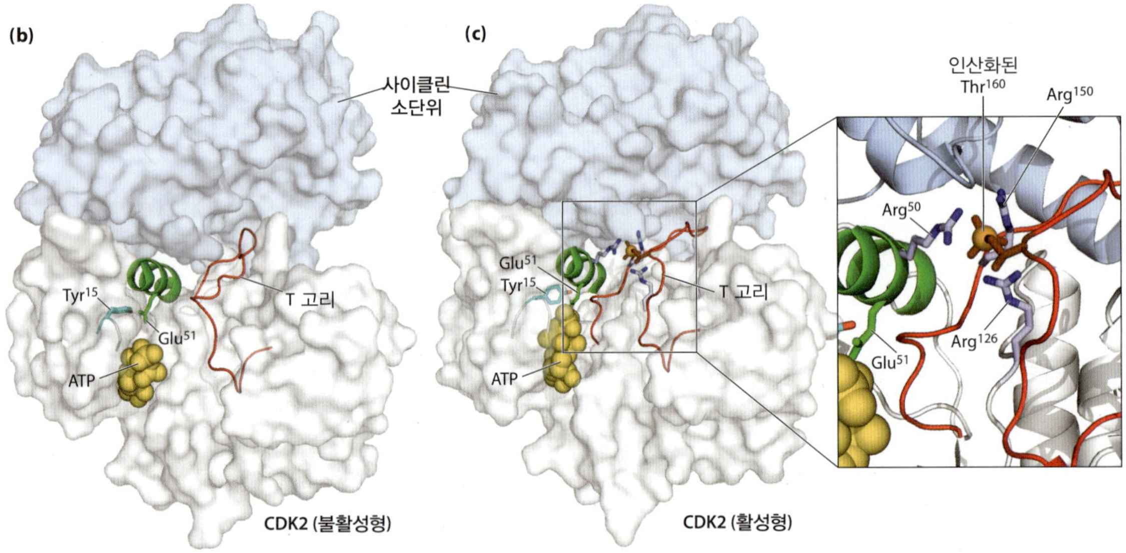

는 핵산이나 단백질의 서열을 도식화할 때 특정한 기능을 갖고 있는 뉴클레오타이드 혹은 아미노산 잔기의 서열이 짧은 길이의 상자 안에 담겨 있어서 습관적으로 사용되고 있다. 이 용어는 3차원 구조와는 아무 상관이 없다). 단백질 DBRP(destruction box recognizing protein: 파괴 상자 인지 단백질)이라 불리는 단백질은 이 서열을 인식하여 **유비퀴틴(ubiquitin)**이라는 또 다른 단백질과 사이클린을 서로 근접시킴으로써 사이클린의 분해 과정을 시작한다. 사이클린과 활성화된 유비퀴틴은 유비퀴틴 연결효소의 효소 작용에 의하여 서로 공유결합으로 연결된다. 여러 개의 유비퀴틴 분자가 더 결합하여 단백질 분해효소 복합체인 **프로테아솜(proteasome)**이 사이클린을 분해할 수 있도록 신호를 제공한다.

사이클린이 분해되는 시기는 어떻게 조절되는 것일까? 그림 12-35에서 보는 바와 같이 전체 과정에서 되먹임 맴돌이(feedback loop)가 일어난다. CDK의 활성이 증가하면(단계 ❹) 사이클린 분해가 촉진되도록(단계 ❽) 이끈다. 새로 합성된 사이클린은 CDK에 결합하여 활성화시키고 활성화된 CDK는 DBRP를 인산화시켜 활성화시킨다. 활성화된 DBRP는 다시 사이클린 분해를 유도한다. 따라서 사이클린의 농도가 떨어지면 CDK의 활성도 떨어지고 DBRP가 DBRP 인산염분해효소에 의하여 서서히 계속적으로 탈인산화되어 마찬가지로 DBRP의 활성도 떨어진다. 최종적으로 사이클린의 농도는 새로운 사이클린 분자의 합성으로 보충된다.

유비퀴틴과 프로테아솜의 작용은 단지 사이클린의 조절에만 있는 것이 아니다. 제27장에서 다시 언급하겠지만, 이들은 모든 세포가 정상적으로 작용하는 데에 필수적인 과정 중의 하나인 세포 단백질들의 분해에도 관여한다.

성장인자는 CDK와 사이클린 합성을 촉진한다 CDK의 작용을 조절하는 세 번째 기전은 사이클린이나 CDK, 또는 이 두 단백질 모두의 합성 속도를 조절하는 것이다. **성장인자(growth factor)**나 사이토카인(세포분열을 유도하는 발달 신호물질)과 같은 세포 밖의 신호가 인산화에 의해 핵 전사인자 Jun과 Fos를 활성화 시키면 이들은 많은 유전자 생성물들, 사이클린 D, CDKs, 전사인자 E2F의 합성을 촉진한다. E2F는 다시 DNA와 데옥시뉴클레오타이드의 합성에 필요한 여러가지 효소의 생성을 증가시키고, CDKs와 사이클린은 세포가 S기로 들어가도록 한다(**그림 12-36**).

CDK의 억제 마지막으로 특정 단백질 억제제가 특정 CDKs에 결합하여 억제한다. 그런 단백질의 하나가 p21이며, 이것에 관하여 아래에서 설명한다.

위에서 언급한 4가지 기전에 의하여 특정 CDKs의 작용이 조절되어 세포의 분열, 분화, 휴지기 상태, 또는 휴지기 후의 새로

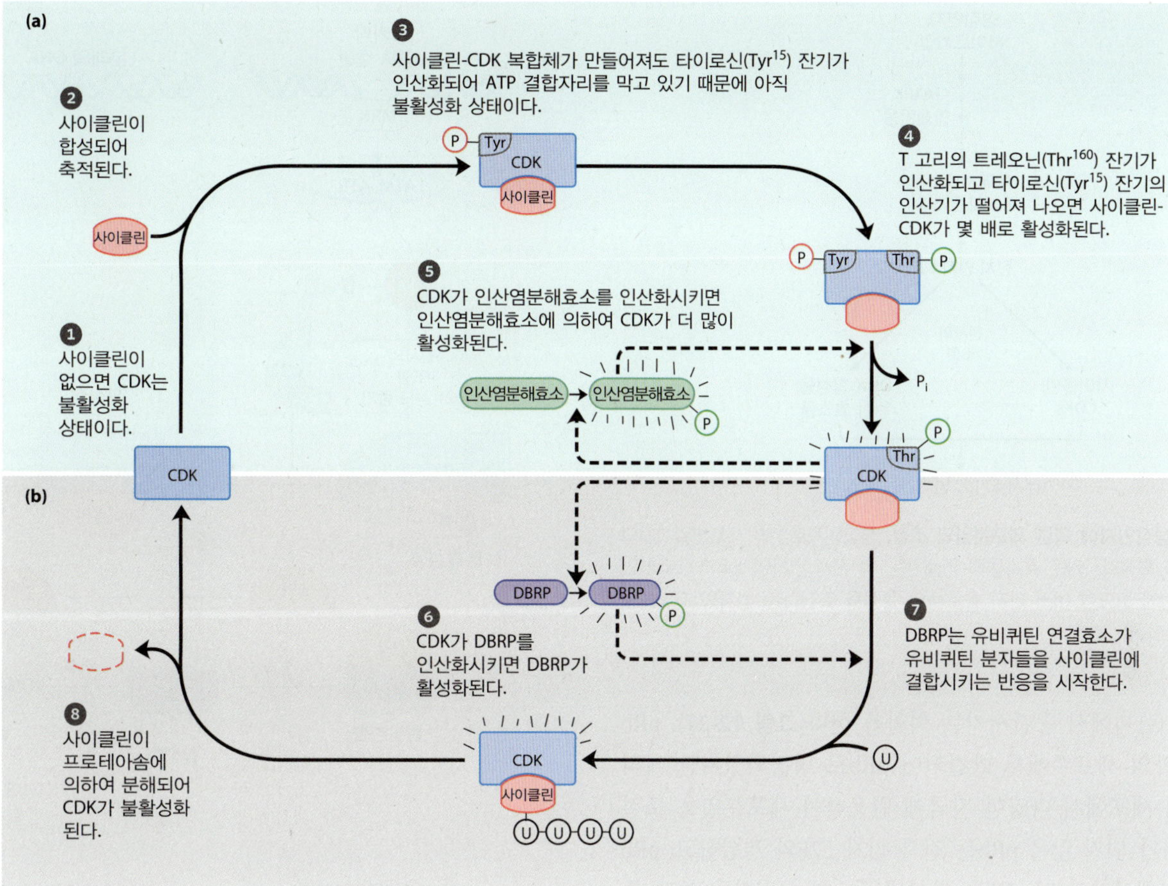

그림 12-35 인산화와 단백질 분해에 의한 CDK의 조절. (a) 유사분열 시기, M 기에, CDK는 활성이 없다(단계 ❶). 사이클린이 합성됨에 따라(단계 ❷), 사이클린-CDK 복합체가 생긴다(단계 ❸). T 고리는 CDK의 기질-결합 자리 안으로 들어가 있고, 타이로신 인산화(Ⓟ-Tyr^{15})는 ATP-결합 자리를 막아서 복합체가 활성이 없도록 유지한다. T 고리의 트레오닌(Thr^{160}) 잔기가 인산화되면 고리가 기질-결합 자리에서 빠져 나가 Tyr^{15}가 탈인산화되고 ATP는 결합할 수 있다. 이러한 2가지 변화로 사이클린-CDK는 몇 배로 활성화된다(단계 ❹). CDK가 P-Tyr^{15}를 탈인산화하는 효소를 인산화하여 활성화시키면 CDK는 더 활성화된다(단계 ❺). (b) 활성형 사이클린-CDK 복합체는 DBRP(destruction box recognizing protein)를 인산화시켜서 그 DBRP에 의하여 자신이 불활성화된다(단계 ❻). 다음에 DBRP와 유비퀴틴 연결효소(ligase)에 의하여 여러 개의 유비퀴틴(U) 분자가 사이클린에 부착되면(단계 ❼) 그것이 단백질분해 효소 복합체인 프로테아솜(proteasome)에 의해 파괴될 수 있는 표적이 된다(단계 ❽).

운 세포주기의 시작 등이 결정된다. 사용되는 사이클린과 인산화효소의 수와 조합 같은 세포주기 조절의 세부적 내용은 개체 종(species)에 따라 다르지만 기본적인 기전은 진화 과정에서 보존되고 있다.

CDK는 중요한 단백질을 인산화시켜 세포분열을 조절한다

지금까지는 CDK의 활성이 어떻게 조절되는지를 살펴보았다. 이제 CDK가 어떻게 세포주기를 조절하는지에 대하여 알아보자. CDK가 작용하는 표적단백질은 지금까지 많이 밝혀져 왔지만 아직도 다른 단백질들을 찾기 위하여 연구가 진행되고 있다. 여기서는 일반적인 형태로 CDK가 라민(lamin)과 마이오신(myosin)의 구조에 미치는 영향과 망막모세포종(retinoblastoma) 단백질의 작용에 미치는 영향에 대하여 알아보기로 한다.

핵막은 **라민(lamin)**이라는 단백질로 구성된 중간 잔섬유(intermediate filaments)가 안쪽에서 고도로 조직화된 그물망을 이루기 때문에 일정한 구조가 유지된다. 유사분열에서 자매 염색분체가 서로 분리되기 전에 핵막이 분해되는데, 이 분해 과정은 CDK가 부분적으로 라민을 인산화시킴으로써 라민 잔섬유가 탈중합화되어 일어난다.

CDK에 의하여 인산화되는 두 번째 인산화효소 표적은 ATP를 사용하여 작동되는 수축 기구(액틴과 마이오신)이다. 이 기구는 세포질 분열이 일어나는 동안 분열되는 세포를 똑같이 두 부분으로 잘라낸다. 세포분열이 일어난 후에 CDK는 마이오신의 작은 조절 소단위를 인산화시켜 액틴 잔섬유로부터 마이오신을 분리시켜서 이 수축 기구를 무력화시킨다. 그 후 마이오신이 탈인산화되면 수축 기구가 재구성되어 다시 세포질 분열을 일으킨다.

세 번째 CDK의 중요한 기질로 작용하는 것은 **망막모세포종 단백질(pRb)**이다; pRb는 DNA가 손상을 받으면 이것을 감지하여

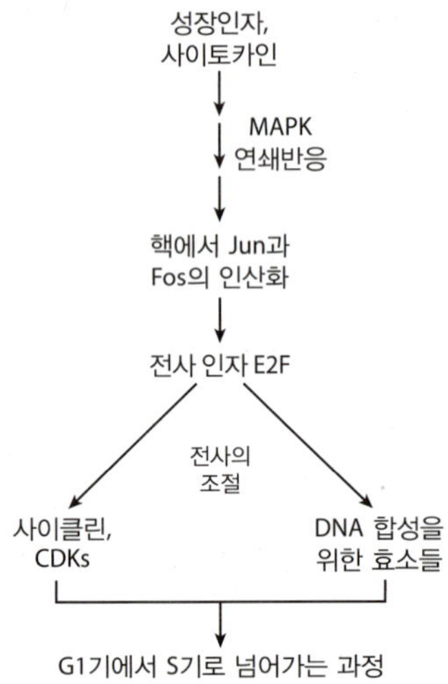

그림 12-36 성장인자에 의한 세포분열의 조절. 성장인자로부터 세포분열까지의 경로는 MAPK를 활성화시키는 효소들의 연쇄반응, 핵 전사 인자인 Jun과 Fos의 인산화, DNA 합성에 필요한 여러 가지 효소들의 합성을 촉진하는 전사 인자 E2F의 활성화 등을 통하여 진행된다.

세포주기를 G1기에서 중단시키는 역할을 한다(**그림 12-37**). pRb는 망막 종양의 세포주에서 발견되어 pRb로 명명되었지만 거의 모든 유형의 세포에서 다양한 자극에 반응하여 세포분열을 조절한다. 인산화가 되지 않은 pRb는 전사 인자 E2F와 결합하고; pRb와 결합한 상태에서 E2F는 DNA 합성에 필요한 유전자들(DNA 중합효소 α의 유전자, 라이보뉴클레오타이드 환원효소와 또 다른 단백질의 유전자 등; 제25장 참조)의 전사를 촉진하지 못한다. 이 상태에서는 세포주기가 G1기에서 S기로 진행이 안 되어 유사분열과 세포분열이 일어나지 않게 된다. pRb-E2F에 의한 억제 기전은 pRb가 사이클린 E-CDK2에 의하여 인산화될 때 풀어진다. 이러한 변화는 세포분열을 진행시키는 신호에 반응하여 나타난다.

ATM이나 ATR과 같은 단백질 인산화효소가 DNA 손상을 감지하면 (두 가닥 절단 부위에서 MRN 단백질의 존재로 그 신호가 전달됨) 이 인산화효소들은 p53을 인산화시켜서 활성화시키고 p53은 전사 인자로 작용하여 p21 단백질의 합성을 촉진한다(그림 12-37). p21은 사이클린 E-CDK2의 단백질 인산화효소 작용을 억제한다. p21이 존재할 때 pRb는 인산화되지 않고 E2F와 결합하여 이 전사 인자의 활성을 억제시키고 세포주기는 G1기에서 머물게 된다. 이 작용에 의하여 세포는 S기로 들어가기 전에 DNA의 결함을 복구할 수 있는 시간이 주어지고 결함이 있는 유전체가 딸세포로 전해지는 재난이 일어날 가능성을 피할 수 있다. DNA 손상이 너무 심해서 효과적으로 복구할 수 없을 때 바로 이 기구는 세포사멸을 유도하는 과정(세포자멸사, 아래에서 설명될 예정임)을 시작하여 암으로 발전할 가능성을 없앤다.

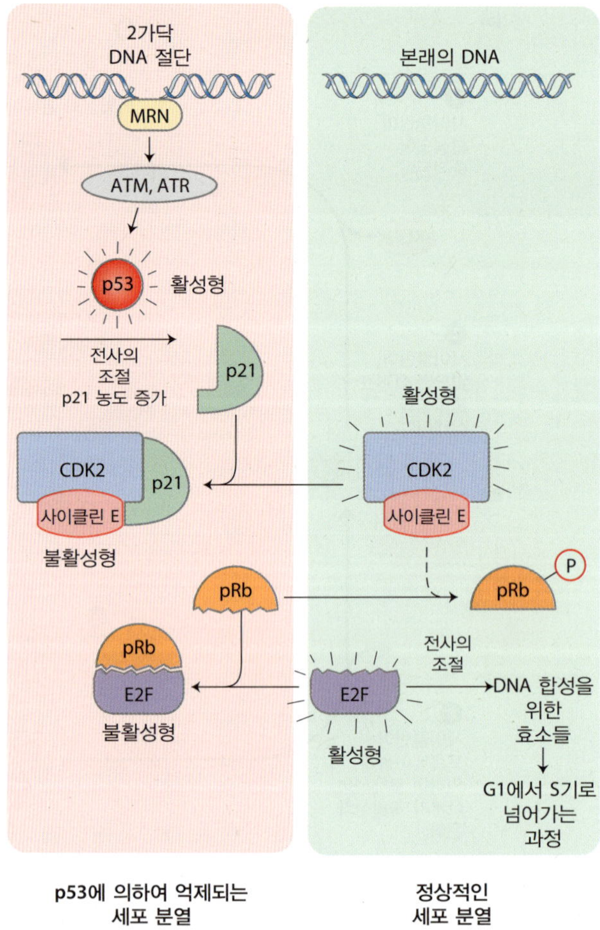

그림 12-37 pRb의 인산화에 의해 G1기에서 S기로 넘어가는 과정의 조절. 전사 인자 E2F는 DNA 합성에 필수적인 효소들의 유전자 전사를 촉진한다. 망막모세포종 단백질(pRb)은 E2F(왼쪽 아래)에 결합할 수 있고 E2F를 불활성화시켜서 이러한 유전자들의 전사를 억제한다. pRb가 CDK2에 의해 인산화되면 E2F에 결합하지 못하여 E2F를 억제하지 못한다. 따라서 이 유전자들은 전사되고 세포분열이 진행될 수 있다. 세포 DNA가 손상되면(왼쪽 위) 일련의 반응이 일어나서 CDK2를 불활성화시키고 세포분열을 억제한다. MRN 단백질은 DNA 손상을 감지한 후 2개의 단백질 인산화효소인 ATM과 ATR을 활성화시키고 이들은 전사인자인 p53을 인산화시켜서 활성화시킨다. 활성형 p53은 CDK2의 억제자인 p21의 합성을 촉진한다. CDK2가 억제되면 pRb의 인산화는 중단되고 결과적으로 E2F에 계속 결합함으로써 그 활성을 억제한다. E2F가 불활성화되면 세포분열에 필수적인 유전자들의 전사가 일어나지 않고 세포분열은 억제된다. DNA가 복구되면 이러한 일련의 반응은 역전되어 세포가 분열한다.

요약 12.10 단백질 인산화효소에 의한 세포주기의 조절

■ 세포주기의 진행은 세포주기의 특정 시기에 작용하는 사이클린 의존 단백질 인산화효소(CDKs)에 의하여 조절되는데, 이 효소들은 주요 단백질을 인산화시켜 그 활성을 조절한다. 이 CDKs의 활성 소단위는 조절 소단위인 사이클린과 결합해야만 활성화된다.

■ 세포주기가 진행되는 동안 사이클린-CDK 복합체의 활성은 차별적인 CDK의 합성, 사이클린의 특이적인 분해, CDK의 특정 잔기의 인산화와 탈인산화, 특정 사이클린-CDK에 대한 억제 단백질의 결합 등의 요인에 따라 변한다.

■ 사이클린-CDK에 의해 인산화되는 표적에는 핵막의 단백질들과 세포분열(cytokinesis) 및 DNA 복구에 필요한 단백질들이 있다.

12.11 종양유전자, 종양억제유전자, 세포예정사

종양과 암은 조절되지 않은 세포분열의 결과로 일어난다. 보통 세포분열은 세포 밖의 성장인자들에 의하여 조절되는데, 이 성장인자들은 휴지기에 있는 세포를 분열시키고 어떤 경우에는 분화시킬 수도 있다. 결과적으로 새로운 세포의 형성과 세포의 파괴 사이에서 정확한 균형이 이루어진다. 세포분열의 조절은 피부세포는 몇 주 만에 치환되고 백혈구 세포는 몇 일만에 치환되도록 한다. 조절 단백질들의 결함으로 이 균형이 깨지면 결과적으로 조절되지 않고 계속 분열하여 복제 세포 집단(종양)이 형성되고, 이들이 정상 조직의 기능을 방해하여 암이 발생한다. 대부분의 경우 세포분열을 조절하는 하나 또는 그 이상의 단백질들의 유전적 결함이 직접적인 원인이 된다. 어떠한 경우에는 결함이 있는 유전자가 한 부모에게서 유전되었고 다른 경우에는 돌연변이에 의해 유전적 결함이 일어난다. 환경으로부터의 독성물질(돌연변이원 또는 발암원)이나 고에너지 방사선은 단일 세포의 DNA에 작용하여 DNA를 손상시키고 돌연변이를 삽입한다. 대부분의 경우에 유전과 환경적 기여가 모두 관여하며, 또한 대부분의 경우에 완전히 조절되지 않은 세포분열과 완전히 성숙한 암을 일으키는 데에는 하나 이상의 돌연변이가 필요하다.

종양유전자는 세포주기를 조절하는 단백질에 대한 유전자의 돌연변이형이다

종양유전자(oncogene)는 세포주기 조절과 관련있는 신호전달 단백질을 암호화하는 유전자의 돌연변이 형태이다. 종양유전자는 원래 종양을 유발하는 바이러스에서 발견되었는데 나중에 동물 숙주세포에 있는 **원종양유전자(proto-oncogene)**라 불리는 유전자와 매우 흡사하다는 것이 밝혀졌다. 이 원종양유전자들은 세포 성장을 조절하는 단백질들을 암호화하고 있다. 바이러스에 의하여 감염될 때 가끔 숙주 원종양유전자의 DNA 서열은 바이러스에 의하여 복사되어 바이러스 유전체로 끼어 들어가 바이러스와 함께 증식한다. 바이러스에 의한 감염이 지속되는 동안 어느 시점에서 바이러스 안에 복사된 원종양유전자에서 변이가 일어나거나 일부 잘려 나가는 결함이 발생할 수 있다. 동물세포와 달리 바이러스에는 DNA 복제 과정의 실수를 수정할 수 있는 효과적인 기전이 없기 때문에 돌연변이가 빠르게 축적된다. 새로운 숙주세포가 종양유전자를 보유하고 있는 바이러스에 감염되었을 때 이 바이러스 DNA(그리고 종양유전자)는 숙주세포의 DNA로 끼어들어 가서 그곳에서 숙주세포분열의 조절작용을 방해할 수 있다. 또 다른 경우로 비바이러스성 기전에서는 한 조직에 있는 하나의 세포가 발암원에 노출되어 DNA에 손상이 일어나면 조절 단백질 중의 하나에 결함이 생겨서 바이러스 종양유전자에 의한 발암 기전과 같은 효과를 준다: 즉, 세포분열의 조절을 실패한다.

종양유전자를 만드는 돌연변이는 우성 유전에 해당한다; 즉 한 쌍의 염색체 중에서 어느 하나라도 결손된 유전자를 포함하면 이 유전자 생산물은 세포 "분열"의 신호를 전달하여 종양이 발생할 수 있다. 세포 "분열" 신호를 전달하는 데에 관여하는 어느 단백질이라도 유전자에 결함이 생기면 종양유전자가 될 수 있다. 지금까지 발견된 종양유전자는 신호물질로 작용하는 분비 단백질, 성장인자, 막횡단 단백질(수용체), 세포질 단백질(G 단백질, 단백질 인산화효소), 세포분열에 필수적인 유전자의 발현을 조절하는 핵 전사 인자(Jun, Fos) 등을 암호화하는 유전자들을 포함한다.

어떤 종양유전자는 신호-결합(signal-binding) 자리가 결손되었거나 또는 없는 수용체를 암호화하며, 이들은 내재되어 있는 타이로신 인산화효소 활성이 증가되어 있다. 예를 들면, 종양 단백질인 ErbB는 정상적인 표피 성장인자(EGF)의 수용체와 근본적으로는 동일하다. 하지만 ErbB는 정상적으로 EGF가 결합하는 아미노 말단 영역이 없어서(**그림 12-38**) 활성형태로 고정되어 있다. 따라서 ErbB 돌연변이 단백질은 EGF의 존재 유무와 상관없이 세포 "분열"의 신호를 계속 보낸다. ErbB와 연관된 수용체 단백질 인산화효소 유전자의 일종인 *erbB2*의 돌연변이는 보통 유방, 위, 난소 등의 샘 상피세포 암과 관계가 있다. (유전자와 그 생산물의 약자에 대한 설명은 제25장을 참조하라.)

단백질 인산화효소들은 정상과 비정상 세포분열에 관련된 신호전달 과정에서 중요한 역할을 담당하기 때문에 이들이 암 치료를 위한 약물 개발에서 중요한 표적이 되고 있다(별도설명 12-4). G 단백질인 Ras의 변이형도 종양세포에서 흔하게 발견된다. 이 ras 종양유전자에서 생성되는 이 단백질은 정상적으로 GTP 결합자리가 있지만 GTP 분해효소 활성이 없다. 따라서 이 돌연변이형 Ras 단백질은 정상적인 수용체를 통하여 신호가 전달되는 것에 관계없이 항상 활성형(GTP와 결합된 형태)으로 존재한다. 그 결과로 조절되지 않

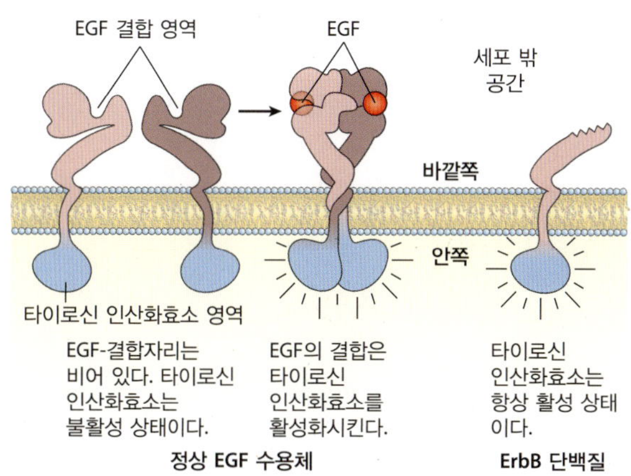

그림 12-38 종양유전자가 암호화하는 불완전한 EGF 수용체. *erbB2* 종양유전자의 생산물(ErbB 단백질)은 정상 EGF 수용체의 일부가 잘려 나간 형태이다. 이 단백질의 세포 안쪽의 영역은 EGF가 결합했을 때 생기는 정상적인 구조를 갖고 있지만 세포 바깥쪽의 영역은 EGF가 결합할 자리가 없다. EGF에 의한 조절을 받지 않고 ErbB는 끊임 없이 세포분열의 신호를 보낸다.

별도설명 12-4 의학 암 치료를 위한 단백질 인산화효소 억제제의 개발

단일세포가 어떠한 제한도 없이 분열을 계속하면 이것은 결국 매우 큰 복제 세포 집단을 만들어서 정상적인 생리 기능을 방해하게 된다(그림 1). 이것을 암이라 하는데, 암은 선진국의 사망원인 1위이며 개발도상국에서도 점차적으로 사망원인 1위가 되고 있다. 모든 유형의 암에서 한두 가지의 유전자 결손 때문에 세포분열이 정상적으로 조절되지 않는다. 예를 들면, 간헐적으로 세포분열의 신호를 보내는 단백질의 유전자가 종양유전자로 변하여 지속적으로 활성화된 신호단백질이 생성되거나, 정상적으로는 세포분열을 억제하는 단백질의 유전자(종양억제유전자)가 변이되어 이 억제 기능이 부족한 단백질을 만든다. 많은 종양에서 이 2가지 돌연변이가 모두 발생하고 있다.

여러 종양유전자와 종양억제유전자는 단백질 인산화효소를 생성하거나 단백질 인산화효소의 상위 경로에서 작용하는 단백질들을 합성한다. 따라서 단백질 인산화효소의 특별한 억제제로 암 치료를 할 수 있다는 희망을 갖는 것이 합리적이다. 예를 들면, 돌연변이형 EGF 수용체는 지속적으로 활성 상태를 유지하는 수용체 타이로신 인산화효소(RTK)로서 EGF의 존재와 상관없이 세포분열의 신호를 보낸다(그림 12-38 참조). 악성 유방암을 앓고 있는 여성 중 약 30%에서 수용체 유전자인 HER2/neu의 돌연변이가 생겨서 약 100배까지 활성이 증가하는 RTK를 생성하게 된다. RTK의 일종인 **혈관내피 성장인자 수용체(vascular endothelial growth factor receptor, VEGFR)**는 활성화되어 고형 종양 자체에 필요한 혈액을 공급하기 위해 새로운 혈관을 형성한다. VEGFR을 억제하면 종양에 필수적인 영양소를 고갈시키게 된다. 비수용체성 타이로신 인산화효소도 변이될 수 있고 결과적으로 지속적인 신호전달과 조절되지 않는 세포분열이 일어난다. 예를 들면, 종양유전자 *Abl*(*Ab*elson *l*eukemia virus로부터 유래함)은 비교적 드문 혈액 질환인 (미국에서는 1년에 약 5,000 사례가 발생) 급성 골수성 백혈병과 연관되어 있다. 또 다른 부류의 종양유전자들은 조절되지 않는 사이클린-의존 단백질 인산화효소들을 합성한다. 이러한 각각의 사례에서 특별한 단백질 인산화효소 억제제들은 해당 질병에 대한 소중한 화학치료제가 될 수 있다. 따라서 이러한 억제제를 개발하는 일에 많은 노력을 기울이는 것은 놀라운 일이 아니다. 그렇다면 사람들은 어떻게 이러한 도전에 접근하고 있는가?

그림 1 대장에 있는 단일세포가 조절되지 않는 세포분열로 인해 1차 암이 되고 간으로 전이되었다. 부검으로 얻어진 간에서 2차 암이 흰색 조각으로 보인다. [출처: CNRI/Science Source.]

모든 유형의 단백질 인산화효소에서는 활성 부위의 구조가 놀라울 정도로 보존되어 있는 것을 볼 수 있다. 이들은 모두 그림 2에서 보여 준 모습처럼 대표가 되는 PKA 구조와 유사하다. 이 그림은 활성자리를 둘러싸고 있는 2개의 소엽을 보여 주고 있는데 이것은 ATP의 인산기를 정렬하여 결합하는 것을 돕는 P 고리, 단백질 기질로 이동하여 활성자리를 열어 주는 활성화 고리, 그리고 효소가 활성화되면서 기질-결합 틈에 있던 잔기들을 이들의 결합 위치로 자리를 옮기는 C 나선 등을 포함한다.

가장 단순한 단백질 인산화효소 억제제는 ATP 유사물로서 ATP 결합자리를 채우지만 인산기를 제공하지 못한다. 이러한 화합물은 많이 알려져 있지만 임상에 활동하기에는 한계가 있는데 그 이유는 선별성의 부족이다. 즉, 이들은 모든 단백질 인산화효소를 억제하여 받아들이기 어려운 부작용을 유발할 수 있기 때문이다. 한 화합물이 ATP 결합자리뿐만 아니라 그 표적단백질 인산화효소에 유일한 주변 영역과도 상호작용을 하면 선별성이 더 높아지는 것을 볼 수 있다. 모든 단백질 인산화효소의 활성형 입체형태는 모두 비슷할지라도 이들의 불활성형 입체형태는 다르다는 사실에 입각하여 세 번째 전

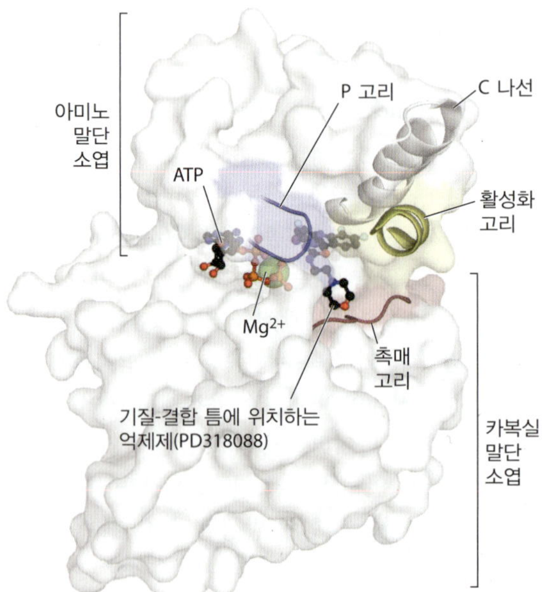

그림 2 단백질 인산화효소 활성자리의 보존된 모습. 아미노 말단과 카복실 말단의 소엽은 이 효소의 활성자리를 둘러싸고 있으며, 근처에 촉매 고리와 ATP 결합자리가 있다. 이 효소와 다른 많은 인산화효소들의 활성화 고리가 인산화되면 활성자리로부터 멀어져서 기질결합 틈을 노출시킨다. 이 그림에서는 이 효소의 특별한 억제제인 PD318088이 기질 결합 틈을 채우고 있다. P 고리는 ATP 결합을 위해 필수적이며 C 나선도 역시 ATP 결합과 인산화효소 활성을 위해서 올바르게 정렬되어 있어야 한다. [출처: PDB ID 1S9I, J. F. Ohren et al., *Nature Struct. Mol. Biol.* 11:1192, 2004.]

략을 세우는 것이 가능하다. 특정 단백질 인산화효소의 불활성형 입체형태를 표적으로 하고 이들이 활성형으로 전환되는 것을 막는 약물은 그 작용에 있어서 더 높은 특이성을 보여 줄 것이다. 네 번째의 전략은 높은 특이성을 보이는 항체를 이용하는 것이다. 예를 들면, 특정 RTK의 세포 밖 부위에 결합하는 단클론 항체(177쪽)는 이합체 형성을 방해하거나 세포 표면에서 이들을 없앰으로써 수용체의 인산화효소 활성을 제거할 수 있다. 어떠한 경우에는 항체가 선택적으로 암세포의 표면에 결합하여 면역계가 이 암세포들을 공격할 수 있도록 만든다.

특이적인 단백질 인산화효소에 대응하는 효과적인 약물에 대한 연구는 상당한 성과를 이루게 되었다. 예를 들면, 이매티닙 메실레이트(imatinib mesylate, 글리벡 Gleevec; 그림 3a)는 작은 분자 억제제의 하나로서 초기 단계의 만성 골수성 백혈병 환자의 증상을 완화시키는 데 거의 100% 효과가 있다는 사실이 입증되었다. 엘로티닙(erlotinib, 탈세바 Tarceva; 그림 3b)은 EGFR을 표적으로 하며 진행된 비소형폐세포암(non-small-cell lung cancer, NSCLC) 치료에 효과적이다. 많은 세포분열 신호전달계에는 하나 이상의 단백질 인산화효소를 포함하고 있기 때문에 여러 단백질 인산화효소에 작용하는 억제제들이 암 치료에 더 유용할 수 있다. 서니티닙(sunitinib, 서턴트 Sutent)과 소라페닙(sorafenib, 넥사바 Nexavar)은 VEGFR과 PDGFR을 포함하는 여러 단백질 인산화효소를 표적으로 삼는다. 이 두 단백질들은 위장관 바탕질 종양(gastrointestinal stromal tumors)과 진행성 신장 세포종(advanced renal cell carcinoma)의 치료에 각각 이용되고 있다. 트라스투츄맙(trastuzumab, 허셉틴 Herceptin), 세툭씨맙(cetuximab, 에르비툭스 Erbitux), 그리고 베바씨츄맙(bevacizumab, 아바스틴 Avastin)은 각각 HER2/neu, EGFR, 그리고 VEGFR을 표적으로 하는 단클론 항체이다; 이 3가지 약물들은 특정 유형의 암 치료를 위해 임상에서 활용되고 있다. ATP-결합자리에 대한 구조의 구체적인 지식은 이들 약물을 개발할 수 있도록 가능하게 되었다. 즉, 이들 약물들은 특정 단백질 인산화효소에 대해서 (1) 결정적인 ATP-결합자리를 막아서, (2) 특정 단백질 인산화효소에 특이적인 자리 주변의 아미노산 잔기들과 상호작용함으로써 기능을 억제하게 한다.

최소한 수백 개 이상의 화합물들이 전임상시험 단계에 있다. 평가되고 있는 약물 중에 일부는 천연 원료로부터 얻어지기도 하고 일부는 화학적으로 합성되기도 한다. 인디루빈(indirubin)은 전통적으로 특정 백혈병을 치료하기 위해 이용되고 있는 중국산 약용식물 추출물의 한 구성성분이다; 이 약물은 CDK2와 CDK5를 억제한다. 로스코바틴(roscovatine, 그림 3d)은 치환된 아데닌으로 벤질 고리를 가져 CDK2의 억제제로서 특이성을 매우 높도록 한다. 수백 개의 잠재적인 항암 약물들이 임상 시험을 향해 나아가고 있다. 이들 중의 일부가 지금 사용되고 있는 약물보다 표적단백질에 더 특이적으로 작용하고, 더욱 더 효과적인 약물이라는 사실이 입증되기를 바라는 것이 현실이다.

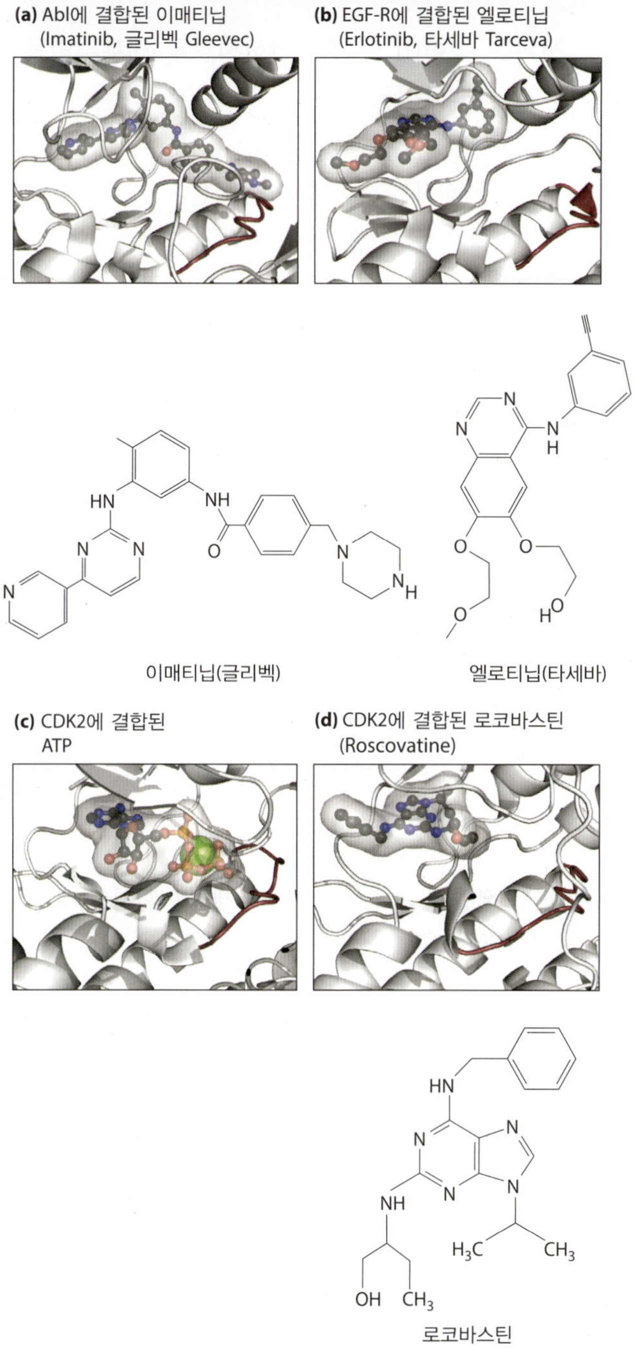

그림 3 임상시험 단계에 있거나 임상에 이용되고 있는 일부 단백질 인산화효소 억제제와 이들의 표적단백질에 결합된 모습. **(a)** 이매티닙(Imatinib)은 Abl 종양유전자 인산화효소 활성자리에 결합한다; 이것은 ATP 결합자리와 그 근처의 영역을 모두 채우고 있다. **(b)** 엘로티닙(Erlotinib)은 EGFR의 활성자리에 결합한다. **(c), (d)** 로스코바틴(Roscovatine)은 싸이클린-의존 인산화효소 CDK2, CDK7, CDK9의 억제제이다; 여기서는 활성자리에 있는 Mg^{2+}-ATP 결합(c), ATP 결합을 방해하는 로스코바틴의 결합(d)을 보여 주고 있다. [출처: (a) PDB ID 1IEP, B. Nagar et al., *Cancer Res.* 62:4236, 2002. (b) PDB ID 1M17, J. Stamos et al., *J. Biol. Chem.* 277:46,265, 2002. (c) PDB ID 1S9I, J. F. Ohren et al., *Nature Struct. Mol. Biol.* 11:1192, 2004. (d) PDB ID 2A4L, W. F. De Azevedo et al., *Eur. J. Biochem.* 243:518, 1997.]

는 세포 증식이 일어난다. 이러한 *ras* 유전자의 돌연변이형은 폐암과 대장암의 30~50%, 그리고 췌장암의 90% 이상에서 발견된다. ■

특정 유전자에 결함이 생기면 정상적으로 세포분열을 제한하는 작용이 상실된다

종양억제유전자(tumor suppressor gene)는 정상적으로 세포분열을 제한하는 단백질을 암호화한다. 이 유전자 중 하나 또는 그 이상에서 변이가 발생하면 종양이 생길 수 있다. 종양억제유전자의 결함에 의해서 증가된 증식은 종양유전자에 의하여 발생하는 것과는 달리 유전적으로 열성이다; 즉, 한 쌍의 염색체 둘 다 결함이 있는 유전자를 가지고 있을 때만 종양이 발생한다. 이것은 이러한 유전자들이 세포분열을 금지하는 기능을 가졌고, 만약 이러한 유전자 중 하나라도 정상이면 세포분열의 억제가 정상적으로 일어날 수 있기 때문이다. 한 사람이 한 쌍의 유전자 중에 하나가 정상이고 다른 하나에 결함이 있는 유전자를 부모로부터 물려 받았다면 신체의 모든 세포는 하나의 결함이 있는 유전자를 갖고서 시작한다. 이 신체의 10^{12}개의 체세포 중의 하나에서 나머지 정상적인 유전자에 변이가 생긴다면 한 쌍의 유전자 둘 다 결함이 생기는 것이므로 이 세포로부터 종양이 발생할 수 있다. pRb, p53, 또는 p21이 암호화되어 있는 유전자 쌍에서 둘 다 변이가 생기면 그 세포는 정상적으로 세포분열을 제한하는 작용이 없어지므로 종양이 발생하게 된다.

망막모세포종은 어린 소아에게서 발생하며 외과적 수술로 치료하지 않으면 실명을 하게 된다. 망막모세포종 환자의 세포는 2개의 결손 *Rb* 유전자(2개의 결손 대립유전자)를 가지고 있다. 보통 망막모세포종을 앓는 아주 어린 소아들은 양쪽 눈에 다발성 종양을 가지고 있다. 이 소아들은 하나의 결손 *Rb* 유전자를 부모로부터 물려받았고 이 결손 유전자는 모든 세포에 존재한다; 각각의 종양은 정상적인 *Rb* 유전자에 돌연변이가 발생한 하나의 망막세포로부터 유래된다(모든 세포에 2개의 돌연변이 대립유전자를 가지고 있는 태아는 생존하지 못한다). 이 망막모세포종 환자가 어린 시절을 잘 넘겨서 살아 남았을지라도 인생의 후반부에 폐암, 전립선암, 유방암 등이 발생할 확률이 높아진다.

확률이 매우 희박하지만 2개의 정상적인 *Rb* 유전자를 부모로부터 물려 받은 사람이 하나의 같은 세포에서 2개의 유전자 모두에 독립적인 돌연변이가 발생할 수 있다. 어린 시절 후반부에 망막모세포종이 발생한 일부 환자들은 한 눈에 오직 하나의 종양만을 갖는다. 이 환자의 경우에는 태어날 때 부모로부터 2개의 정상적인 유전자(대립유전자)를 물려 받았지만 망막 세포 하나에서 2개의 *Rb* 대립유전자에 돌연변이가 발생하여 종양으로 진행되었다. 세 살 이후에는 망막세포가 분열하는 것을 멈추기 때문에 그 이후의 나이에 망막모세포종이 발생하는 것은 매우 드문 일이다.

안정화 유전자[stability genes, 또한 관리자 유전자(caretaker genes)라고도 불림]는 비정상적인 DNA 복제, 이온화 방사선, 환경성 발암물질 등에 의해 초래되는 주된 유전자 결손의 복구에 역할을 하는 단백질을 암호화한다. 이 유전자들에 돌연변이가 발생하면 원종양유전자나 종양억제유전자를 포함하는 다른 유전자들에 복구되지 않은 손상(돌연변이)이 발생할 확률이 높아지고 따라서 암으로 발전하게 된다. 안정화 유전자에는 *ATM*(그림 12-37 참조), 돌연변이되면 색소성 건피증(xeroderma pigmentosum)을 일으키는 *XP* 유전자족, 그리고 일부 유형의 유방암과 관련이 있는 *BRCA1* 유전자(별도설명 25-1 참조) 등이 포함된다. *p53* 유전자에 돌연변이가 생겨도 종양이 발생한다; 인간의 피부 편평세포암종(피부암)의 90% 이상과 다른 인체 암의 50% 이상에서 *p53*의 결함이 발견된다. 매우 드물지만 *p53* 하나에 결함을 갖고 태어나는 사람들은 다발적으로 여러 암(유방암, 뇌종양, 골암, 혈액암, 폐암, 피부암 등)을 갖는 Li-Fraumeni 암 증후군이 특히 어릴 때 흔하게 발생한다. 다발적으로 암이 발생하는 이유는 *Rb* 변이의 경우와 같다. 즉 모든 체세포의 *p53* 유전자 중 하나에서 변이를 갖고 태어난 사람에게서 일생을 통하여 나머지 하나의 *p53* 유전자에도 돌연변이가 일어나기 쉽기 때문이다.

요약해 보면 다음과 같은 세 부류의 결손이 암의 발생에 기여한다: (1) 종양유전자, 즉 자동차의 가속페달이 아래에 고정되어 계속해서 엔진이 가동되는 것과 같은 유전자 결손이다; (2) 변이된 종양억제유전자, 즉 자동차의 제동장치의 고장과 같은 결손이다; (3) 변이된 안정화 유전자, 숙련되지 못한 자동차 기술자와 같이 세포 복제 기구의 손상을 복구하지 못하는 결손이다.

종양유전자나 종양억제유전자의 변이는 전부가 아니면 아예 효과가 없는(all-or-none) 형식으로 영향을 미치는 것이 아니다. 거의 대부분의 경우 정상적인 세포에서 악성종양으로 발전하기 위해서는 (때로는 수십 년 동안) 돌연변이의 축적이 필요하다. 어느 하나의 변이 단독으로 최종적인 효과를 나타내지는 않는다. 예를 들면, 결장직장암(colorectal cancer)의 경우 인식할 수 있는 여러 단계를 거쳐 발생하는데 각 단계마다 돌연변이와 연계되어 있다(**그림 12-39**). 결장의 어느 한 상피세포에서 한 쌍의 종양억제유전자 *APC*(adenomatous polyposis coli)에 동시에 변이가 일어나면 이 세포는 다른 정상적인 세포보다 빠르게 분열하여 같은 세포덩어리인 양성 용종(polyp, 초기 선종)을 형성한다. 이유를 알 수 없지만 *APC*의 돌연변이에 의하여 염색체가 불안정하게 되고 세포분열이 진행되는 동안 염색체 전체가 상실되거나 재배열한다. 이러한 염색체의 불안정성에 의해 또 다른 변이가 발생하여 (보통 *ras*에 발생) 양성 용종은 중간 단계의 선종으로 변한다. 세 번째로 일어나는 변이의 발생으로(종양억제유전자 *DCC*에 흔히 발생) 후기 선종으로 진행된다. 그 다음 한 쌍의 *p53*에 동시에 변이가 발생하면 후기 선종은 생명을 위협하는 악성 종양, 즉 암종(carcinoma)으로 변한다. 따라서 이러한 일련의 암 발생 과정은 최소한 7단계의 유전자 "타격(hit)"을 필요로 한다: 즉 3개의 종양억제유전자(*APC*, *DCC*, *p53*) 쌍에 각 2회 씩, 그리고 원종양유전자인 *ras* 유전자 쌍

중 하나에 1회 돌연변이를 포함한다. 마찬가지로 여러 다른 경로로 결장직장암이 발생할 수 있지만 이러한 경로들도 모두 여러 단계의 돌연변이를 거쳐야만 악성 암을 유발할 수 있다는 원칙을 고수하고 있다. 돌연변이가 시간에 걸쳐 축적되기 때문에, 만발한 전이암이 발생할 가능성은 나이에 따라 증가한다(그림 12-39).

초기 선종의 단계에서 첫 번째 변이만을 가지고 있는 용종을 외과 수술로 제거하면 후기 선종과 악성 종양은 발생하지 않는다; 따라서 암의 조기 발견의 중요성이 여기에 있다. 세포와 생물체는 또한 초기 감지 장치를 가지고 있다. 예를 들면, 12.10절에서 설명된 ATM과 ATR 단백질이 DNA 손상을 감지하여 그 손상이 너무 커서 효과적으로 복구될 수 없다는 사실을 알게 되면 이들은 p53을 포함한 경로를 통해 세포자멸사 과정을 시작한다. 이 과정에 의해 생물체에 위협을 가하는 세포는 자살을 시도하게 된다.

빠르고 저렴한 서열분석 방법의 개발은 암이 발생하는 과정에 대한 새로운 창을 열고 있다. 전형적인 사람의 암연구에서 모든 20,000개 유전자의 서열이 약 3,300가지의 다른 암에서 결정되었고 같은 환자의 암이 아닌 조직의 유전자 서열과 비교하였다. 전체에서 약 300,000 변이가 발견되었다. 이러한 변이의 단지 작은 비율—**운전자 변이(driver mutation)**—만이 증가된 세포분열을 유도하였다; 막대한 대부분(>99.9%)이 "승객변이(passenger mutation)"이며, 이는 무작위로 발생하고, 발생했을 때 조직에 선택적 성장의 이점을 제공하는 것은 아니다. 운전자 변이 가운데 75 암억제유전자와 약 65 종양유전자가 있다. 이러한 140개 운전자 변이는 3가지 일반적인 부류에 속한다: 세포 생존에 영향을 주는 유전자들(예를 들면, Ras, PI3K, MAPK를 암호화하는 유전자), 고유의 유전체를 유지하는 세포의 능력에 영향을 주는 유전자들(ATM, ATR), 세포의 분열, 분화, 휴지기를 유도하는 세포의 운명에 영향을 주는 유전자들(예를 들면 APC). 다양한 종류의 암에서 상대적으로 적은 수의 변이가 매우 흔하다. 예를 들면 Ras, p53, pRb 유전자에서. ■

세포자멸사는 예정된 세포의 자살이다

많은 세포들은 **예정된 세포 사망(programmed cell death)** 또는 **세포자멸사(apoptosis)**라는 과정을 통하여 죽는 시간이 아주 정교하게 조절된다(세포자멸사의 어원은 그리스어에서 비롯된 단어로 가을에 나뭇잎이 떨어지는 것과 같이 "떨어짐"이란 의미를 나타내며

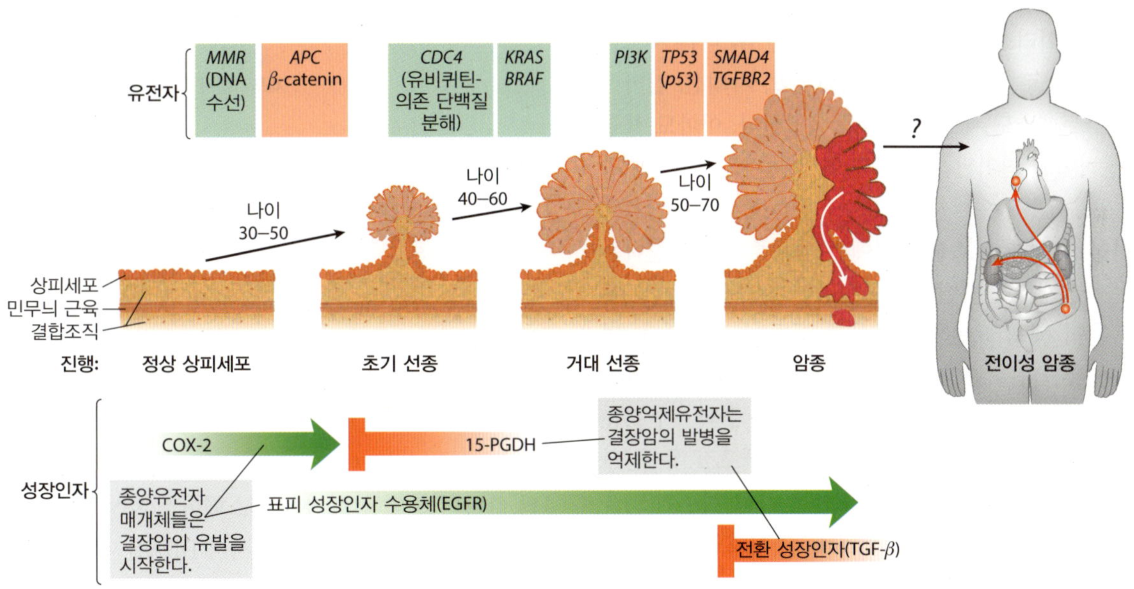

그림 12-39 정상 상피세포로부터 결장직장암(colorectal cancer)의 다단계 전이(transition) 과정. 종양유전자 (녹색) 및 종양억제유전자(빨간색)의 일련의 돌연변이는 세포분열 조절의 점차적인 소실을 초래하고 최종적으로 활성화된 종양을 형성하게 되며, 이는 때때로 전이(신체의 초기 부위에서 다른 부위로 퍼져나가는 것)를 유발하게 된다. MMR 유전자의 돌연변이는 DNA 수선 기전의 손상을 유발하고 결과적으로 높은 빈도의 돌연변이를 보이게 된다. 결장에서 양쪽 쌍의 종양억제유전자 *APC*에 동시에 변이가 생기면 매우 빠르게 증식하는 양성 상피세포 덩어리가 생긴다(초기 선종). *CDC4* 종양유전자는 유비퀴틴화의 손상을 초래하고, 이는 사이클린-의존 인산화효소(그림 12-35 참조)의 조절에 필수적이다. 종양유전자 *KRAS*와 *BRAF*는 Ras와 Raf 단백질(그림 12-19 참조)을 암호화한다. 이들의 신호전달 과정에서 추가적인 손상은 거대 선종의 형성을 유발하며, 이는 직장경에 의해서 양성 용종(polyp)으로 검출될 수 있다. 인산이노시타이드-3 인산화효소를 암호화하는 *PI3K* 유전자와 이 효소의 합성을 조절하는 *PTEN* 유전자의 돌연변이는 지금 분열하라는 신호를 추가적으로 강화시켜서 세포분열을 촉진한다. 용종의 하나에 있는 세포가 추가적인 돌연변이, 즉 예를 들어 종양억제유전자인 *DCC* 및 *p53*(그림 12-37 참조)의 돌연변이를 겪게 되면 더 공격적인 형태의 종양으로 변화하게 된다. 최종적으로, 다른 종양억제유전자들인 *SMAD4*와 같은 유전자 돌연변이는 악성종양을 유발하게 되고 때때로 다른 조직으로 전이할 수 있는 전이성 종양으로 변모시킨다. 치명적인 효과를 추가할 수 있는 돌연변이의 두 번째 유형은 성장인자 또는 수용체(아래)의 생성이나 작용에 영향을 미치는 것들이다. 표피 성장인자 수용체(Epidermal Growth Factor Receptor, EGFR) 또는 TGF-β(전환 성장인자, Transforming Growth Factor-β)의 돌연변이는 조절되지 않는 성장을 초래하며, 이는 특정 프로스타글란딘을 생산하는 효소(COX-2; 사이클로옥시게네이스; 그림 10-17 참조) 또는 효소 15-PGDH(15-hydroxyprostaglandin dehydrogenase)의 돌연변이에서도 마찬가지이다. 이들 특정 유전자가 필수적이거나 이 순서대로 돌연변이가 발생하는 것은 아니더라도, 다른 조직에서 발생하는 대부분 악성종양들도 이러한 일련의 돌연변이들로부터 유래된다. [출처: Information from S. D. Markowitz and M. M. Bertagnolli, *N. Engl. J. Med.* 361:2449, 2009, Fig. 2.]

[app′-a-toe′-sis]로 발음한다). 세포자멸사를 시작하는 한 가지 중요한 요인은 복구될 수 없는 DNA 손상이다. 예정된 세포 사망은 또한 배아가 자라는 과정 중에 발생하는데, 한 조직이나 기관의 최종적인 모습을 형성하기 위해서 몇몇 세포들은 어떤 시기에 반드시 죽어야 한다. 예를 들면, 뭉툭한 팔다리 봉오리에서 손가락이 형성되기 위하여 자라나는 손발가락 뼈 사이의 세포들이 죽어야 한다. 선충류인 *Caenorhabditis elegans*(배아시기에 총 1,090개의 체세포를 갖고 있는데)는 수정란에서 성체가 되기 위하여 정확하게 131개의 체세포가 이미 예정된 사망 과정을 겪어야 한다.

세포자멸사는 발생 과정 외의 다른 과정에도 작용한다. 항체를 생산하는 세포가 만약 체내에 정상적으로 존재하는 항원에 대한 항체를 만들게 되면 이 세포는 흉선에서 세포자멸사에 의하여 죽게 된다. 이것은 자가 항원(anti-self)에 대한 항체를 제거하는 필수적인 기전이다[많은 자가면역질환(autoimmune dieases)의 원인]. 자궁 속막의 세포가 매달 떨어져 나가는 것(생리, menstruation)도 정상적인 세포 사망을 매개하는 세포자멸사의 한 예가 된다. 가을에 떨어지는 낙엽도 줄기에 있는 특정 세포자멸사의 결과이다. 가끔 세포는 세포자멸사가 아닌 세포의 생존을 위협하는 생물학적 환경의 변화에 반응하여 죽기도 한다. 예를 들면, 바이러스에 의하여 감염된 세포는 바이러스가 세포 안에서 증식한 후 다른 세포를 감염시키기 전에 스스로 죽는다. 고열, 과삼투압, 자외선, 감마선 등과 같은 강한 스트레스도 세포의 자살을 촉발한다; 아마도 생물체에게는 비정상적이고 변이된 세포가 죽어 없어지는 것이 더 나을 것이다.

세포자멸사를 촉발하는 조절 기전에는 세포주기를 조절하는 단백질과 똑같은 몇 개의 단백질들이 포함된다. 세포의 자살을 유도하는 신호는 흔히 세포 표면의 수용체를 통하여 전달된다. 면역계의 세포에서 생산되는 종양 괴사 인자(tumor necrosis factor, TNF)는 TNF 수용체를 통하여 세포와 상호작용을 한다. 이 TNF 수용체는 형질막 바깥쪽 부위에 TNF 결합자리와 세포질 쪽에 "사망 영역"(death domain, 약 80개의 아미노산 잔기로 이루어진)을 갖고 있다. 이 영역은 자기 파괴(self-destruction) 신호를 세포막을 경유하여 TRADD(*T*NF *r*eceptor-*a*ssociated *d*eath *d*omain)와 같은 세포질 단백질까지 전달한다(**그림 12-40**).

"개시자(initiator)" 캐스페이스인 캐스페이스 8이 TRADD를 통하여 운반된 세포자멸사 신호에 의하여 활성화되면 효소전구체의 형태로 존재하는 자신을 스스로 절단하여 더욱 활성화된 상태가 된다. 캐스페이스 8의 표적 중의 하나는 미토콘드리아이다. 캐스페이스 8은 미토콘드리아의 외막과 내막 사이에 존재하는 사이토크롬 *c*와 여러 "실행자(effector)" 캐스페이스들을 미토콘드리아 밖으로, 즉 세포질로 유출시킨다. 사이토크롬 *c*는 다른 실행자 캐스페이스 9의 효소전구체에 결합하여 단백질 가수분해 활성을 촉진한다. 활성화된 캐스페이스 9은 세포 단백질을 대량으로 분해하게 되는데 이는 세포자멸사의 중요한 원인이 된다. 캐스페이스 작용의 하나의 특별한 표적은 캐스페이스-활성 데옥시리보뉴클레이스(deoxyribonuclease)를 활성화시켜 DNA를 분해시킨다.

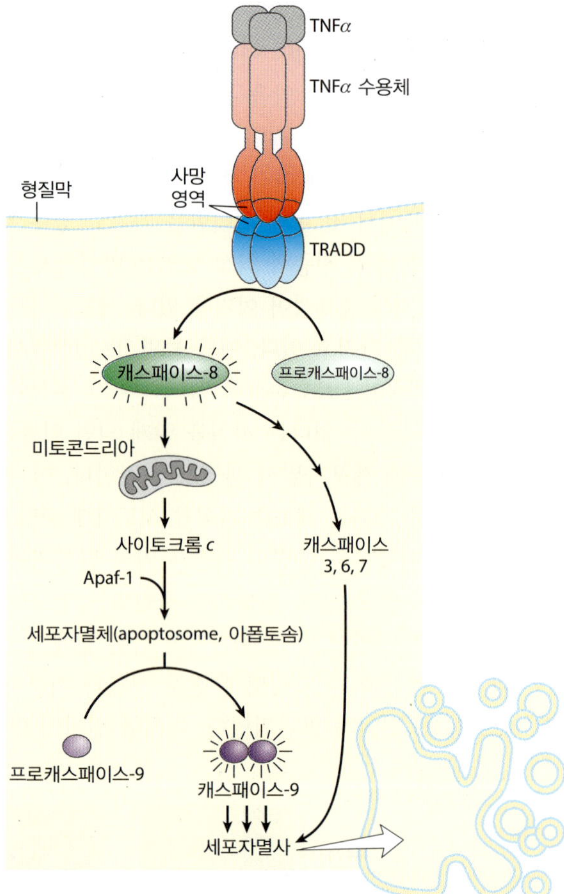

그림 12-40 세포자멸사의 초기 현상. 형질막에 위치하고 있는 특이 수용체는 세포 밖으로부터 (TNFα로부터) 세포자멸사 촉발 신호를 받는다. 리간드가 붙은 수용체는 "사망 영역"(80개 잔기로 구성된 영역으로서 TNFα 수용체와 TRADD에 둘 다 있음)을 통하여 세포질 단백질인 TRADD의 사망 영역이 서로 반응하도록 촉진한다. TRADD의 활성화는 세포자멸사를 유발하는 단백질분해 연쇄반응을 시작하게 한다: TRADD는 세포질에서 캐스페이스 8이라는 단백질 분해효소를 활성화시키고 이 효소는 미토콘드리아에서 사이토크롬 *c*의 유리를 유발하고, 동시에 Apaf-1과 함께 캐스페이스-9를 활성화하여 세포자멸사를 초래한다(그림 19-39 참조).

세포자멸사에서 단백질과 DNA의 분해산물(아미노산과 뉴클레오타이드)은 세포 밖으로 배출되어 주위의 다른 세포에 의하여 흡수되어 재사용된다. 그러므로 세포자멸사는 생물체에서 그 구성 성분을 없애지 않으면서 필요 없거나 잠재적으로 위협을 가하는 세포를 제거할 수 있도록 해 준다.

요약 12.11 종양유전자, 종양억제유전자, 세포예정사

■ 종양유전자에는 결함이 있는 신호 단백질이 암호화되어 있다. 이들은 계속적으로 세포분열 신호를 보냄으로써 종양을 형성할 수 있다. 종양유전자는 유전적으로 우성이며 결함이 있는 성장인자, 수용체, G 단백질, 단백질 인산화효소, 핵의 전사 조절자 등을 암호화한다.

■ 종양억제유전자에는 정상적으로 세포분열을 억제하는 조절 단백질을 암호화되어 있다; 이 유전자들의 돌연변이는 유전적으로 열성을 나타내지만 종양 형성을 유도할 수 있다.

■ 암은 일반적으로 종양유전자와 종양억제유전자에 돌연변이가 생겨 누적될 때 발생한다.

■ 안정화(stability) 유전자는 유전자 손상의 복구에 필요한 단백질들을 암호화하고 있다. 이 유전자가 돌연변이되면 원종양유전자나 종양억제유전자와 같은 다른 유전자들의 돌연변이를 복구하지 못하므로 암이 발생할 수 있다.

■ 세포자멸사는 계획되고 조절된 죽음으로 정상 발달과정에서 기능하고, 성인에서는 불필요하거나, 손상받고 감염된 세포를 제거하는 기능을 한다. 세포자멸사는 종양 괴사 인자(TNF)와 같이 형질막 수용체를 통한 외부 신호에 의하여 유발될 수 있다.

핵심용어

굵게 표시된 용어들은 용어해설에 정의되어 있다.

1,4,5-삼중인산 이노시톨(inositol 1,4,5-trisphosphate, IP_3) 451
7회 나선구조 수용체(heptahelical receptors) 441
β-아드레닐성 수용체(β-adrenergic receptors 441
β-에레스틴(β-arrestin, βarr; arrestin 2) 449
A 인산화효소 닻 단백질(A kinase anchoring proteins, AKAPs) 450
Ca^{2+}/칼모듈린 의존 단백질 인산화효소(Ca^{2+}/calmodulin-dependent protein kinases (CaM kinases) 454
cAMP 반응 요소 결합단백질 (cAMP response element binding protein, CREB) 450
cAMP 의존 단백질 인산화효소 (cAMP-dependent protein kinase; 단백질 인산화효소 A, protein kinase A; PKA) 442
G 단백질(G proteins) 440
G 단백질 신호전달 조절자 (regulator of G protein signaling, RGS) 445
G 단백질 짝지움 수용체 (G protein-coupled receptors, GPCRs) 440
G 단백질 짝지움 수용체 인산화효소(G protein-coupled receptor kinases, GRKs) 449
GTP 분해효소 활성화 단백질 (GTPase activator protein, GAP) 445
P 고리(P loop) 444
SH2 영역(SH2 domain) 462
거스트듀신(gustducin) 459
공통 서열(consensus sequence) 446
구아노신 뉴클레오타이드-교환 요소(guanosine nucleotide-exchange factor, GEF) 445
구아닌 뉴클레오타이드 결합 단백질(guanosine nucleotide-binding proteins) 440
길항제(antagonist) 441
녹색 형광 단백질(green fluorescent protein, GFP) 452
단백질 인산화효소 C(protein kinase C, PKC) 451
라스(Ras) 461
로돕신 인산화효소(rhodopsin kinase) 457
로돕신(rhodopsin) 456
모듈화(modularity) 438
민감소실(desensitization) 438
반응 국소화(response localization) 439
수용체 전위(receptor potential) 459
수용체 타이로신 인산화효소 (receptor Tyr kinase, RTK) 461
신호전달(signal transduction) 437
아데닐산 고리화효소(adenylyl cyclase) 441
억제 G 단백질(inhibitory G protein, Gi) 450
연결자 단백질(adaptor proteins) 450
옵신(opsin) 456
이차 전령(second messenger) 440
인지질분해효소 C(phospholipase C (PLC) 451
자가인산화(autophosphorylation) 461
자극 G 단백질(stimulatory G protein, G_s) 441
작용제(agonist) 441
증폭(amplification) 438
지지대 단백질(scaffold proteins) 438
칼모듈린(calmodulin, CaM) 453
통합(integration) 438
특이성(specificity) 437
협동성(cooperativity) 438
형광 공명 에너지 이동(fluorescence resonance energy transfer, FRET) 452
효소 연쇄반응(enzyme cascade) 438

문제

1. **세포가 없는 상태(systems)에서 호르몬의 실험.** 1950년대에 Earl W. Sutherland, Jr.와 그의 동료들은 에피네프린과 글루카곤의 작용기전을 알아내기 위하여 개척자적인 실험을 수행하였다. 이 장에서 호르몬의 작용에 대하여 배운 것을 바탕으로 아래의 각 단계의 실험을 해석하여 보라. 미지의 물질 X의 실체를 밝히고 실험 결과의 중요성을 지적하라.

(a) 정상 간 균질액에 에피네프린을 가했을 때 글리코겐 가인산분해효소(phosphorylase)의 활성이 증가하였다. 그러나 균질액을 고속으로 원심분리한 후 가인산분해효소가 함유된 맑은 상층액(supernatant)에 에피네프린이나 글루카곤을 가했을 때 그 활성이 증가하지 않았다.

(b) 원심분리로 얻어진 침전물 분획에 에피네프린을 가했을 때 물질 X가 생성되었다. 이 물질이 분리되고 정제되었다. 에피네프린과는 달리 물질 X를 상층액에 가했을 때 글리코겐 가인산분해효소의 활성이 증가하였다.

(c) 물질 X는 열에 안정적이었다; 즉 열처리를 해도 가인산분해효소를 활성화시키는 능력이 변하지 않았다. (힌트: 이 상황에서 물질 X가 단백질이라고 말할 수 있을까?) 물질 X는 ATP를 수산화바륨으로 처리했을 때 얻는 화합물과 거의 같았다. (그림 8-6이 도움이 될 것이다.)

2. **원래의 세포에서 다이부티릴 cAMP와 cAMP의 효과.** 에피네프린의 생리적 효과는 기본적으로 표적 세포에 cAMP를 가했을 때와 거의 같아야 한다. 하지만 실제로는 원래의 표적 세포에 cAMP를 가했을 때 생리적 반응이 단지 최소로 밖에 나타나지 않았다. 왜 그럴까? cAMP와 구조적으로 유사한 다이부티릴 cAMP(dibutyryl cAMP)(아래

그림에서 보여 줌)를 원래의 세포에 가하면 예상한 대로 생리적 반응이 쉽게 일어난다. 두 물질에 대한 세포 반응이 다르게 나타나는 기전을 설명하라. 다이부티릴 cAMP는 cAMP 기능을 연구하는 데에 널리 쓰이고 있다.

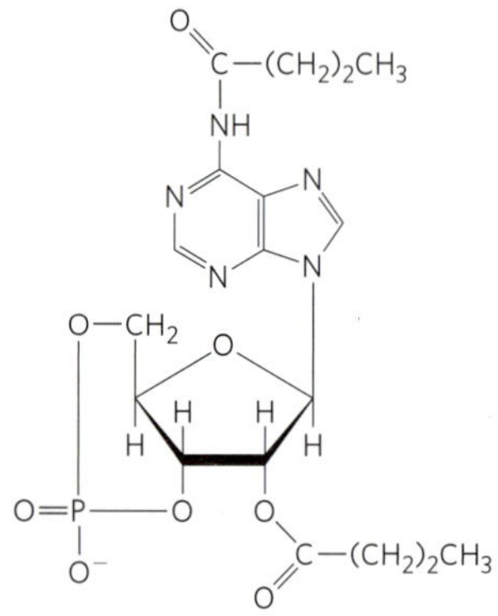

다이부티릴 cAMP
(3′,5′-고리 단일인산 N^6,$O^{2'}$-다이부티릴 아데노신)

3. 아데닐산 고리화효소에 미치는 콜레라 독소의 효과. 그람 음성균인 *Vibrio cholerae*는 콜레라 독소 단백질(분자량 90,000)을 생산한다. 이 독소에 의하여 콜레라의 특징적인 증상: 즉 지속적이고 탈진시키는 설사와 이로 인한 수분과 Na^+의 대량 손실이 나타난다. 체액과 Na^+을 보충하지 않으면 아주 심한 탈수 증상이 초래되어 제대로 치료하지 않으면 가끔 사망하는 수도 있다. 콜레라 독소가 사람의 창자에 도달하면 작은 창자 상피세포 형질막의 특정한 자리에 단단하게 결합하여 아데닐산 고리화효소를 오랫동안(몇 시간에서 며칠 동안) 활성화시킨다.

(a) 작은 창자 세포의 cAMP 농도에 미치는 콜레라 독소의 효과는 무엇인가?

(b) 위의 정보를 참고하여 cAMP가 어떻게 정상적으로 작은 창자 상피세포에서 작용하는지를 제시하라.

(c) 콜레라에 대한 가능한 치료법을 제시하라.

4. PKA의 변이. PKA의 R 소단위나 C 소단위의 변이가 PKA를 어떻게 지속적으로 (a) 활성화시키거나 (b) 불활성화시키는지를 설명하라.

5. 알부테롤의 치료 효과. 천식 환자의 경우 폐의 기관지 벽의 민무늬근이 수축함에 따라 기관지와 세기관지가 좁아져서 호흡기 천식 증상이 초래된다. 이 수축 현상은 민무늬근의 cAMP 농도를 올리면 완화될 수 있다. 천식에 사용하는 알부테롤은 β-아드레날린 작용제(흡입에 의해)인데, 그 치료 효과를 설명하라. 이 약물이 어떠한 부작용을 나타낼 것이라고 예상하는가? 어떻게 하면 그런 부작용을 갖지 않는 더 좋은 약을 만들 수 있는가?

6. 호르몬 신호의 종료. 호르몬에 의한 신호는 결국 종료되어야 한다. 신호가 종료되는 여러 가지 다른 기전들을 기술하라.

7. 생체 내에서 단백질-단백질 상호작용을 연구하기 위한 FRET의 활용. 그림 12-8은 β-어레스틴과 β-아드레날린 수용체 사이의 상호작용을 보여 주고 있다. FRET을 이용하여 어떻게 살아 있는 세포에서 이들의 상호작용을 보여 줄 수 있는가? (별도설명 12-2를 참조하라.) 어떠한 단백질을 융합시키겠는가? 세포에 빛을 비추기 위해 어느 파장을 사용하고 어느 파장을 측정할 것인가? 상호작용이 일어났다면 무엇을 기대할 수 있는가? 만약 상호작용이 일어나지 않았다면? 이러한 상호작용을 보여 주는 접근이 실패한 것을 어떻게 설명할 수 있겠는가?

8. EGTA 주입. EGTA(ethylene glycol-bis(β-aminoethyl ether)-*N,N,N′,N′*-tetraacetic acid)는 Ca^{2+}에 대한 높은 친화도와 특이성을 갖는 킬레이트제(chelating agent)이다. 적절한 Ca^{2+}-EGTA 용액을 세포 안으로 미세주입하면 세포질의 Ca^{2+} 농도를 10^{-7} M 이상으로 올리지 못한다. 바소프레신(vasopressin)에 대한 세포의 반응이 EGTA를 미세주입했을 때 어떻게 달라질 것인가? (표 12-4를 참조하라.) 또 글루카곤의 경우는 어떠할 것인가?

9. 호르몬 신호의 증폭. 인슐린 수용체계에서 신호가 증폭되는 모든 단계를 기술하라.

10. *ras*의 돌연변이. GTP 분해효소 활성이 소실되는 Ras 단백질이 만들어지도록 *ras* 유전자의 돌연변이가 생길 경우 인슐린에 대한 세포의 반응에는 어떤 영향을 주겠는가?

11. G 단백질들의 차이점. G 단백질 중에서 β-아드레날린 수용체로부터 신호를 변환시키는 G_s와 Ras를 비교하라. 어떤 특성을 공유하고 있는가? 서로 어떻게 다른가? G_s와 G_i 사이의 기능적인 차이점은 무엇인가?

12. 단백질 인산화효소를 조절하는 기전. 진핵세포에서 일반적으로 볼 수 있는 단백질 인산화효소의 8가지 종류를 조사하고, 어떤 인자가 각각의 효소를 활성화시키기 위해 직접적으로 작용하는지를 설명하라.

13. 가수분해될 수 없는 GTP 유사체. 많은 효소들은 GTP의 β 인산과 γ 인산 사이를 가수분해한다. 아래에서 볼 수 있듯이, GTP 유사체인 5′-삼인산 β,γ-이미도구아노신(β,γ-imidoguanosine 5′-triphosphate, Gpp(NH)p)은 β 인산과 γ 인산 사이에서 가수분해되지 않는다.

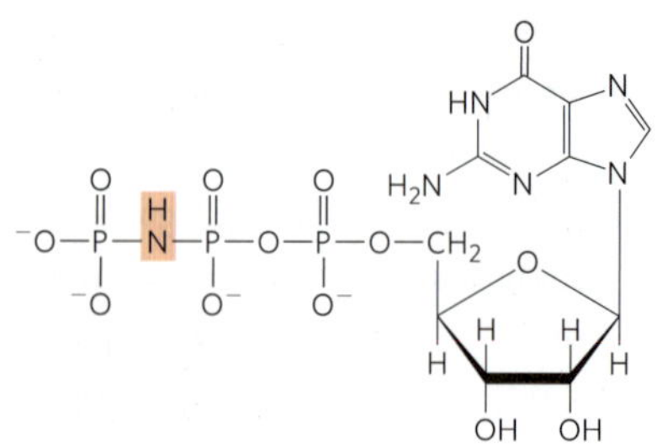

Gpp(NH)p
(5′-삼인산 β,γ-이미도구아노신)

β-아드레날린 자극에 반응하는 근육세포 안으로 Gpp(NH)p를 미세주입했을 때의 효과를 예측해 보라.

14. 통로 단백질을 정제하기 위해 결합하는 독소의 이용. α-붕가로톡신(α-Bungarotoxin)은 독이 있는 뱀(*Bungarus multicinctus*)의 독액에서 발견되는 강력한 신경독소이다. 이것은 아세틸콜린 수용체 단백질(AChR; 내재 막단백질)에 매우 특이적으로 결합하여 이온 통로가 열리는 것을 막는다. 이러한 상호작용은 시끈가오리(torpedo fish)의 전

기기관에서 AChR를 정제하기 위해 사용되었다.

(a) AChR 단백질을 정제하기 위해 크로마토그래피 구슬에 공유결합된 α-붕가로톡신을 사용하는 전략을 요약해 보라. (힌트: 그림 3-17c를 참조하라.)

(b) AChR 단백질을 분리하기 위하여 $[^{125}\mathrm{I}]\alpha$-붕가로톡신을 사용하는 전략을 요약하라.

15. 과분극(hyperpolarization)에 의하여 시작되는 흥분. 대부분의 신경세포에서 막이 탈분극(*depolarization*)되면 전압 의존 이온 통로가 열리면서 활동 전위가 발생하고 결국 Ca^{2+}이 유입되어 축삭의 말단에서 신경전달물질이 방출된다. 막대세포가 과분극 상태로 되면 시각 경로의 흥분이 시작되어 뇌까지 시각 신호가 전달되는데, 이때 일어나는 세포의 전략을 설명하라. (힌트: 고등동물에서 신경전달경로는 뇌까지 정보를 전달하는 일련의 신경세포들로 구성되어 있다. 한 신경세포에서 방출된 신호는 다음 연접 이후 신경세포에 흥분성 신호가 되거나 또는 억제성 신호가 될 수 있다.)

16. 시각의 민감소실. 오구치 병(Oguchi's disease)은 유전성 야맹증이다. 이 환자는 고속도로에서 헤드라이트 불빛을 받았을 때와 같이 밝은 섬광을 받은 후에 시력이 매우 느리게 회복된다. 오구치 병의 원인이 되는 분자적 결함은 무엇인지를 제시하라. 이 결함이 야맹증과 어떻게 결부되는지 분자적 용어로 설명하라.

17. 막대세포에서 세포막을 통과하는 cGMP 유사체의 효과. cGMP 유사체의 일종인 8-Br-cGMP는 세포막을 침투하여 들어가 막대세포의 PDE 활성에 의해 단지 서서히 분해되며 세포의 바깥 분절에 있는 개폐 통로를 여는 데 있어서는 cGMP와 같은 효과를 나타낸다. 비교적 고농도의 8-Br-cGMP를 포함하고 있는 완충액에 막대세포를 유지하고 이후에 세포에 빛을 조사하면서 이들의 막전위를 측정한다면 무엇이 관찰될 것인가?

18. 뜨겁거나 차가운 맛 감각. 열과 추위에 대한 감각은 온도 개폐 양이온 통로 군에 의해 변환된다. 예를 들면, TRPV1, TRPV3, 그리고 TRPM8은 보통 닫혀 있지만 다음과 같은 조건에서는 열린다: TRPV1은 43°C 이상; TRPV3는 33°C 이상; 그리고 TRPM8은 25°C 미만. 이러한 통로들은 온도 감각에 책임이 있는 것으로 알려진 감각신경에서 발현된다.

(a) TRPV1을 포함하는 감각신경을 고열에 노출시키면 어떻게 열감을 느끼는지를 설명하는 적당한 모델을 제시하라.

(b) "매운" 고추의 활성 성분 중의 하나인 캡사이신(capsaicin)은 TRPV1의 작용제(agonist)이다. 캡사이신은 32 nM의 농도에서 TRPV1 반응의 50% 활성을 나타낸다—EC_{50}로 알려진 성질. 실제로 불에 타지 않았음에도 단지 몇 방울의 매운 고추소스만으로도 매우 "뜨거운(매운)" 맛을 느낄 수 있는 이유를 설명해 보라.

(c) 민트의 활성 성분인 멘톨(Menthol)은 TRPM8(EC_{50} = 30 μM)와 TRPV3(EC_{50} = 20 mM)의 작용제이다. 낮은 농도의 멘톨과 접촉하였을 때는 어떠한 감각을 느끼겠는가? 높은 농도로 멘톨이 존재하면 어떠하겠는가?

19. 종양유전자, 종양억제유전자, 그리고 종양. 다음의 각 조건에 대하여 이것이 어떻게 조절되지 않는 세포분열을 초래하는지 그럴듯한 설명을 제시해 보라.

(a) 결장암 세포는 종종 프로스타글란딘 E_2 수용체를 암호화하는 유전자의 돌연변이를 포함한다. PGE_2는 위장관에 있는 세포의 분열을 위해 필요한 성장인자이다.

(b) 카포시 육종(Kaposi sarcoma)은 치료되지 않은 AIDS 환자에게 흔한 종양으로서 케모카인(chemokine) 수용체 CXR1과 CXR2와 유사한 단백질의 유전자를 운반하는 바이러스로 인해 발생한다. 케모카인은 세포 특이적인 성장인자이다.

(c) 일종의 종양 바이러스인 아데노바이러스는 단백질 E1A의 유전자를 운반한다. E1A는 망막모세포종 단백질인 pRb에 결합한다. (힌트: 그림 12-37를 참조하라.)

(d) 여러 종양유전자나 종양억제유전자에 있어서 중요한 양상 중의 하나는 이들이 세포 유형에 따라 특이성을 나타낸다는 것이다. 예를 들면, PGE_2 수용체의 돌연변이는 폐종양에서는 일반적으로 발견되지 않는다. 이러한 관찰에 대해 설명하라. (PGE_2는 형질막에서 GPCR를 통해 작용한다는 것을 주목하라.)

20. 종양억제유전자와 종양유전자의 돌연변이. 왜 종양억제유전자의 돌연변이가 유전적으로 열성인 반면에(이 경우 세포분열에 이상이 생기려면 한 쌍의 유전자가 모두 결함이 있어야 한다), 종양유전자의 변이는 우성인지를 설명하라.

21. 소아의 망막모세포종. 망막모세포종 소아 환자의 일부에서 양쪽 눈에 다수의 종양이 발생하고 다른 일부에서 한쪽 눈에만 하나의 종양이 발생하는 이유를 설명하라.

22. 단일 세포에 대한 신호전달의 특이성. 다음의 제안에 대하여 타당성을 논의하라. 신호 물질(호르몬, 성장인자, 신경전달물질)은 표적 세포와 다른 종류의 세포가 똑같은 수용체를 갖고 있다면 표적 세포와 같은 세포 반응을 유도한다.

자료 분석형 문제

26. 생쥐에서 맛 감각의 조사연구. 기분 좋은 맛은 동물이 영양적인 음식을 섭취하도록 독려하는 진화상의 적응에 해당한다. Zhao와 그 동료들(2003)은 2종류의 기분 좋은 맛 감각, 즉 단맛과 감칠맛(umami)에 대해 조사하였다. 감칠맛는 아미노산, 특히 아스파트산과 글루탐산에 의해 유발되는 "독특한 풍미가 있는 맛(distinct savory taste)"으로서 아마도 동물로 하여금 단백질이 풍부한 식품을 섭취하도록 독려한다. 단일 소디움 글루탐산(monosodium glutamate, MSG)은 이러한 민감도를 높여주는 풍미 촉진제이다.

논문이 발표되었을 때 단맛과 감칠맛에 대한 특별한 맛 수용체 단백질들의 특성이 대략적으로 규명되었다. 3개의 그러한 단백질들, 즉 T1R1, T1R2, 그리고 T1R3가 알려졌는데 이들은 이종이합체 형태로 수용체 복합체를 형성하여 기능을 수행한다: 대략 T1R1-T1R3는 감칠맛 수용체이며 T1R2-T1R3는 단맛에 대한 수용체로 밝혀졌다. 어떻게 맛감각이 암호화되고 뇌로 전달되는지는 분명히 알 수 없지만 2가지의 가능한 모델이 제안되었다. 세포에 기초한 모델(cell-based model)에서는 개별적인 맛을 감지하는 세포가 각기 한 종류의 수용체를 발현한다는 것이다; 즉, "단맛 세포", "쓴맛 세포", "감칠맛 세포" 등등이 존재한다는 것이다. 각 세포는 해당 정보를 다른 신경을 통해서 뇌로 전달한다. 뇌는 메시지를 전달한 신경섬유를 인식함으로써 어느 맛이 감지되었는지를 "알게 된다". 수용체에 기초한 모델(receptor-based model)에서는 맛을 감지하는 개별 세포는 여러 종류의 수용체를 가지고 있으며 같은 신경섬유를 통해서 다른 메시지가 뇌로 전달된다. 어떠한 수용체가 활성화되었느냐에 따라 메시지는 달라진다. 그 당시에는 서로 다른 맛 감각 사이에 상호작용이 있는지 또는 하나의 맛 감지계의 일부가 다른 맛 감각을 위해서도 필요한지 아닌지가 분명치 않았다.

(a) 선행 연구에서 여러 다른 맛 수용체 단백질들이 서로 겹치지 않게 세트로 맛 수용체 세포에서 발현되고 있음을 보여 주었다. 이 실험 결과는 어느 모델을 지지하는가? 그 이유를 설명하라.

Zhao와 동료들은 3가지 수용체 단백질, T1R1, T1R2, 그리고 T1R3 중 하나에 존재하는 기능상실 대립유전자와 유사한 한 쌍의 유전자 제거 생쥐(knockout mice)를 만들었고 또한 기능이 없는 T1R2와 T1R3 둘 다 포함하고 있는 이중 유전자 제거 생쥐도 만들었다. 연구자들은 이 유전자 제거 생쥐들에게 각기 다른 맛 분자를 포함하는 용액을 제공하고 "핥는 속도(lick rate)"를 측정함으로써 이들의 맛에 대한 인식력을 조사하였다. 생쥐들은 먹이통에 기분 좋은 맛을 내는 용액을 담았을 때 기분이 좋지 않은 맛을 내는 용액을 담았을 때 보다 먹이통 꼭지를 더 자주 핥았다. 연구자들은 상대적 핥는 속도: 즉 생쥐들이 물에 비교해서 시료 용액을 얼마나 더 자주 핥았는지를 측정하였다. 상대적 핥는 속도가 1이라면 특별한 선호도가 없는 것이며; <1이라면 혐오(aversion)하고 있다; >1이라면 선호도가 있다는 것을 의미한다.

(b) 모든 4종류의 유전자 제거 생쥐들이 정상 대조군과 짠맛과 쓴맛에 대해 똑같은 반응을 보였다. 이 실험은 위에 제시한 주제 중에서 어느 것을 주장하고 있는가? 이러한 결과들의 결론은 무엇인가?

다음으로 연구자들은 다른 생쥐 변종들을 이용하여 감칠맛에 대한 연구를 수행하였는데 이때에는 먹이 용액에 다양한 양의 MSG를 첨가해서 상대적 핥는 속도를 측정하였다. 이 용액에는 또한 감칠맛 인식을 강화시키는 단일 인산 이노신(inosine monophosphate, IMP), (그리고 MSG와 함께 라면 국물에 공통으로 들어가는 성분들), 그리고 MSG의 소디움염으로 인해 주어진 기분 좋은 짠맛을 억제하기 위해서 아멜로라이드(ameloride)도 포함하고 있다. 이 실험 결과는 아래 그래프에 제시하였다.

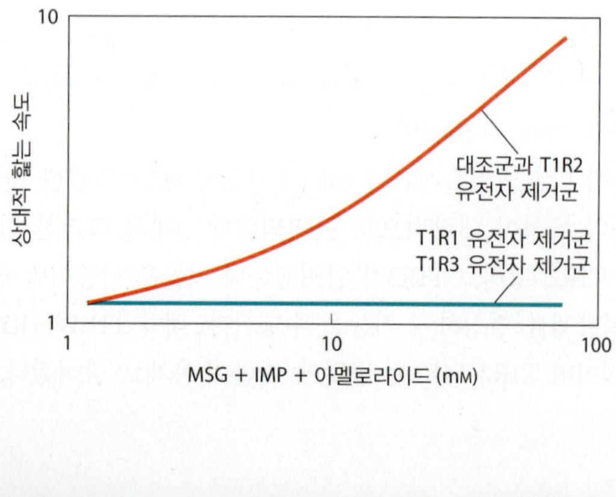

(c) 이 실험 결과는 감칠맛 수용체가 T1R1과 T1R3의 이종이합체로 구성되어 있다는 주장과 일치하는가? 그렇다면 왜 그런지, 그렇지 않다면 왜 그렇지 않은지 설명하라.

(d) 이 실험 결과는 맛을 암호화하는 어느 모델을 더 지지하고 있는가? 그 이유를 설명하라.

Zhao와 동료들은 단맛으로 설탕(sucrose)을 이용하여 동일한 실험을 수행하였다. 이 결과는 아래와 같다.

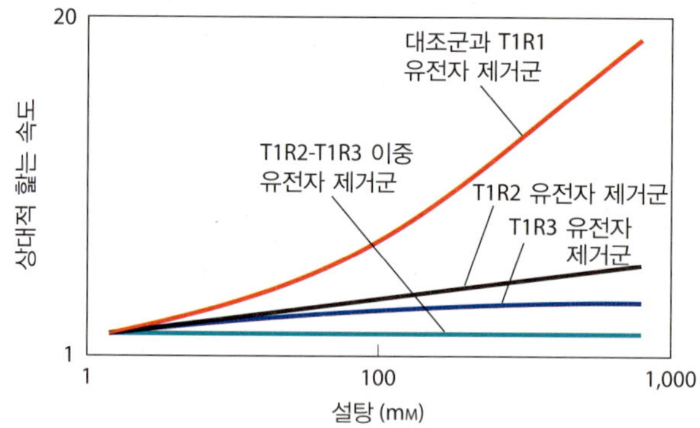

(e) 이 실험 결과는 단맛 수용체가 T1R2와 T1R3의 이종이합체로 이루어졌다는 주장과 일치하는가? 그렇다면 왜 그런지, 그렇지 않다면 왜 그렇지 않은지 설명하라.

(f) 매우 높은 농도의 설탕이 있을 때 예상하지 못한 반응이 있었다. 이러한 결과는 위에 제시한 이종이합 체계의 개념을 얼마나 복잡하게 만드는가?

사람들은 설탕에 더하여 다른 화합물들(예를 들면, 펩타이드 모넬린 monellin과 아스파탐 aspartame)도 단맛으로 느낀다; 생쥐는 이 화합물들을 단맛으로 느끼지 못한다. Zhao와 동료들은 T1R2 유전자 제거 생쥐에 생쥐 T1R2 촉진자를 포함하는 인간 T1R2 유전자를 주입하였다. 이렇게 변형된 생쥐는 이제 모넬린과 사카린(saccharin)을 단맛으로 느끼게 되었다. 이 연구자들은 계속해서 T1R1 유전자 제거 생쥐에 RASSL 단백질을 주입하였다. RASSL은 합성 아편제인 스피라돌린(spiradoline)에 대한 G 단백질 짝지움 수용체이다; RASSL 유전자는 테트라사이클린(tetracycline)의 섭취로 유도될 수 있는 촉진자의 조절을 받도록 하였다. 이 생쥐는 테트라사이클린이 없으면 스피라돌린을 선호하지 않았다; 테트라사이클린이 존재하면 이 생쥐들은 나노몰 농도의 스피라돌린에도 강한 친화도를 보였다.

(g) 이 결과들은 맛감각의 기전에 대한 당신의 결론을 얼마나 강하게 뒷받침하고 있는가?

참고문헌

Zhao, G.Q., Y. Zhang, M.A. Hoon, J. Chandrashekar, I. Erlenbach, N.J.P. Ryba, and C. Zuker. 2003. The receptors for mammalian sweet and umami taste. *Cell* 115:255–266.

문제에 대한 간략한 해답

Fuller solutions to all chapter problems are published in the *Absolute Ultimate Study Guide to Accompany Principles of Biochemistry*. For all numerical problems, answers are expressed with the correct number of signifi cant figures.

Chapter 1

1. **(a)** 확대된 세포의 지름은 500 mm **(b)** 2.7×10^{12} 액틴 분자 **(c)** 36,000 미토콘드리아 **(d)** 3.9×10^{10} 포도당 분자 **(e)** 육탄당인산화효소 1분자당 50 포도당 분자

2. **(a)** 1×10^{-12} g = 1 pg **(b)** 10% **(c)** 5%

3. **(a)** 1.6 mm; 세포보다 800배 길다; DNA는 단단하게 꼬여야 한다. **(b)** 4,000 단백질

4. **(a)** 대사 속도는 확산에 의해 제한되고 확산은 표면적에 제한된다. **(b)** 세균에 있어서 12 μm^{-1}; 아메바에 있어서 0.04 μm^{-1}; 세균에 있어서 표면적 대 부피의 비율이 300배 더 높다.

5. 2×10^{6}초 (약 23일)

6. 2가지 원료로부터 얻은 비타민 분자는 동일하다; 신체는 그 원료를 구별하지 못한다; 단지 정제할 때 원료에 따라 불순물이 달라질 수 있다.

7. **(a)**

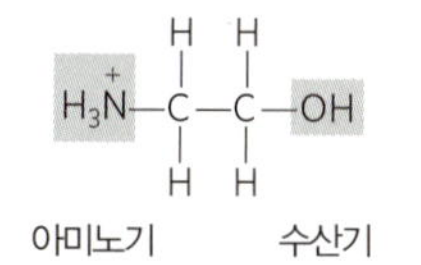

(b)

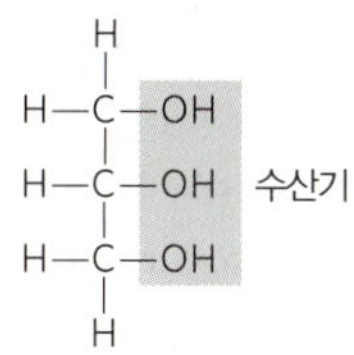

(c)

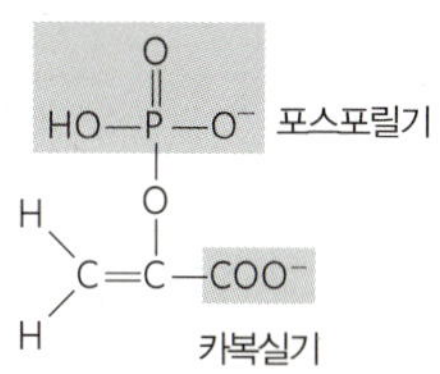

(d)

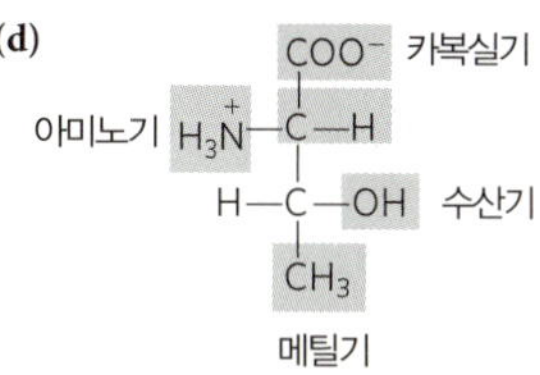

(e)

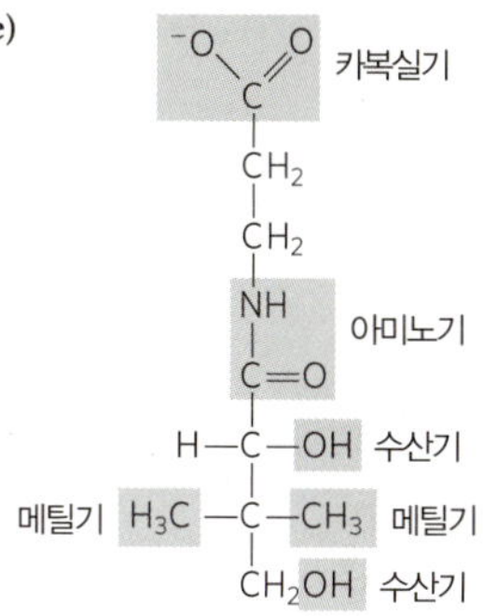

(f)

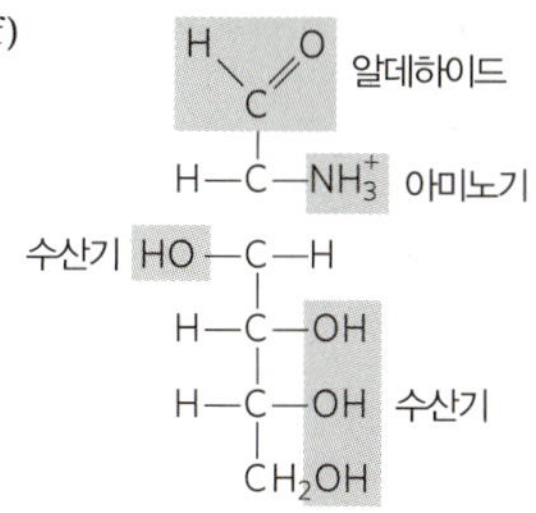

8.

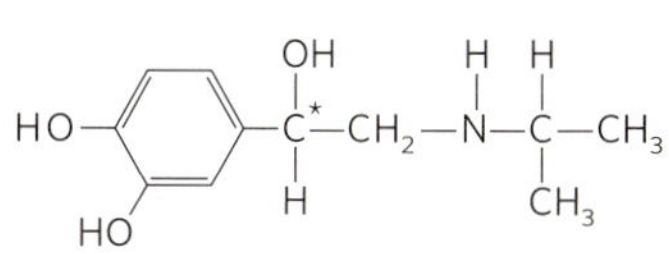

2개의 거울상이성질체는 하나의 손대칭 생물학적 "수용체"(단백질)와 각각 다른 반응을 한다.

9. **(a)** 아미노산만 아미노기를 갖고 있다; 분리 기전은 전하나 이 작용기의 결합 친화력에 근거한다. 지방산은 아미노산보다 물에 덜 녹고, 2개의 분자는 크기와 모양에서 다르기 때문에 이 다른 성질 어느 것이라도 그 차이가 분리의 근거가 된다. **(b)** 포도당은 뉴클레오타이드보다 작은 분자이다; 크기에 의하여 분리된다; 질소성 염기나 인산기도 역시 뉴클레오타이드에게 포도당과 분리될 수 있는 특성(용해도, 전하 등)을 부여한다.

10. 규소가 특히 지구와 같이 산소를 포함하는 대기 속에서 생활할 때 중심적으로 유기체화 하는 요소로 제공된다는 것은 불가능할 것 같다. 규소의 긴 사슬은 쉽게 합성되지 않는다; 보다 복잡한 기능에 필요한 중합체 거대분자는 쉽게 만들어지지 않는다. 산소가 규소 원자 사이의 결합을 파괴하며, 규소-산소 결합은 지극히 안정하기 때문에 파괴되기 어렵고, 따라서 생명 현상에 필요한 결합을 만들거나 파괴하는 것이 불가능해진다.

11. 하나의 약물 거울상이성질체만이 생리학적으로 활성을 갖는다. 덱세드린은 단일 거울상이성질체로 구성된다; 벤제드린은 라세미 혼합물로 구성된다.

12. **(a)** 3 인산기; α-D-라이보스; 구아닌 **(b)** 콜린; 인산; 글리세롤; 올레산; 팔미트산 **(c)** 타이로신; 2 글라이신; 페닐알라닌; 메티오닌

13. **(a)** CH_2O; $C_3H_6O_3$

(b)

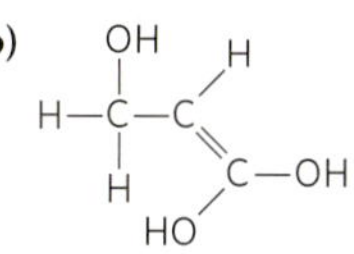

1

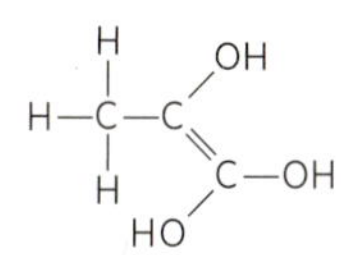

2

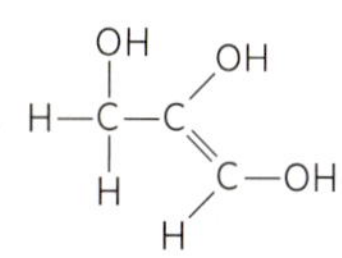

3

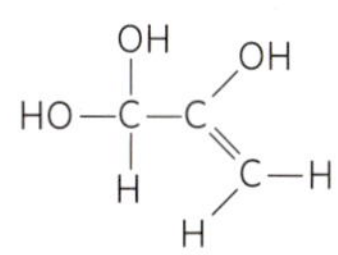

4

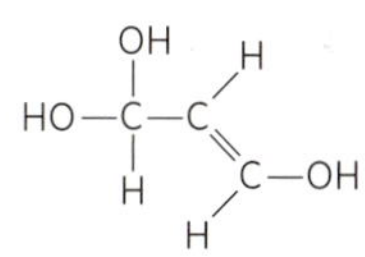

5

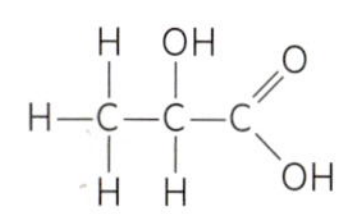

6

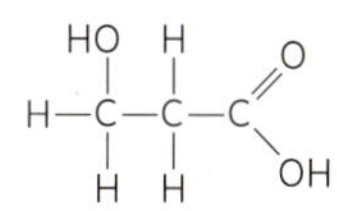

7

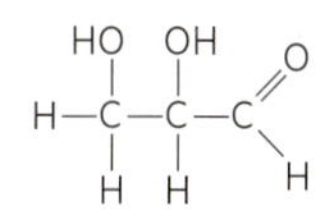

8

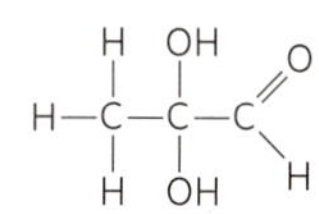

9

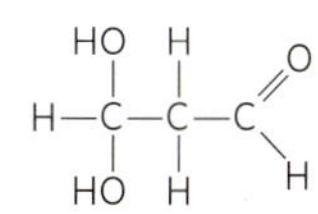

10

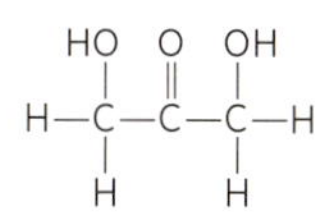

11

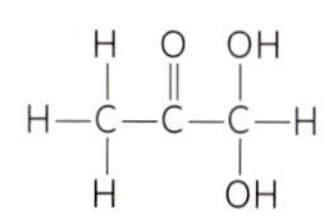

12

(c) X는 손대칭 중심을 갖고 있다; **6**과 **8**을 제외하고 모두 제거한다; **(d)** X는 산성 작용기를 갖고 있다; **8**을 제거한다; 구조 **6**은 모든 자료와 일치한다 **(e)** 구조 **6**; 우리는 가능한 2개의 거울상이성질체를 구별할 수 없다.

14. 보여 주는 화합물은 (*R*)-프로프라놀롤(propranolol); 수산기를 갖는 탄소가 손대칭 탄소이다. (*S*)-프로프라놀롤은 다음의 구조이다;

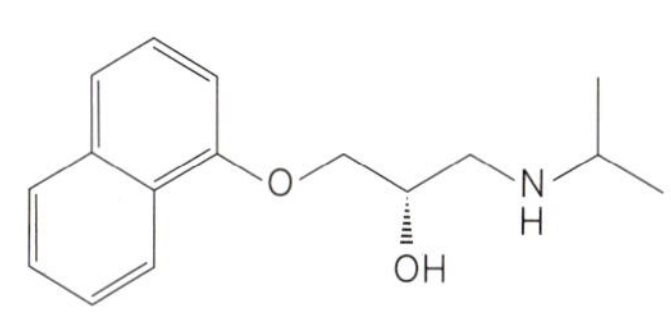

15. 보여 주는 화합물은 (*S,S*)-메틸페니드산(methylphenidate)이다. (*R,R*)-메틸페니드산은 다음의 구조를 갖는다;

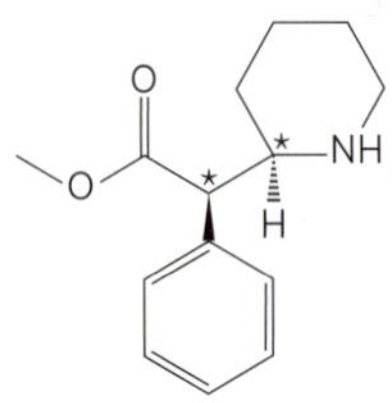

손대칭 탄소들은 별표로 표시되었다.

16. (a) 더 큰 음의 $\Delta G°$는 결합 반응의 더 큰 K_{eq}에 해당하므로 평형은 산물 쪽으로 강한 결합으로 더 많이 이동한다—즉, 더 달고 더 큰 MRS. **(b)** 동물-기반 단맛 측정법은 시간-소모적이다. 컴퓨터 프로그램이 언제나 완전히 정확하지는 않더라도 화학자들이 더 빨리 효과적인 감미제를 설계하도록 해 준다. **(c)** 0.25에서 0.4 nm의 범위는 1.5에서 2.5 단일-결합 길이에 해당한다. 아래의 그림은 적절한 자를 만드는 데 사용될 수 있다; 옅은 빨간색 사각형 안에 있는 원자는 어떤 것이든 자의 시작으로부터 0.25에서 0.4 nm 사이에 있다.

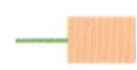

분자에서 많은 AH-B기가 가능하다; 몇 가지를 아래에 보여 주었다.

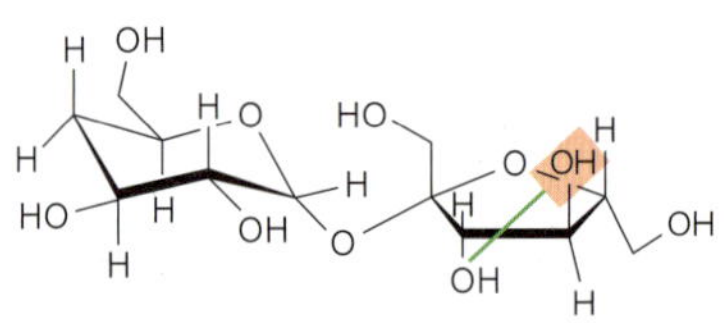

데옥시슈크로스

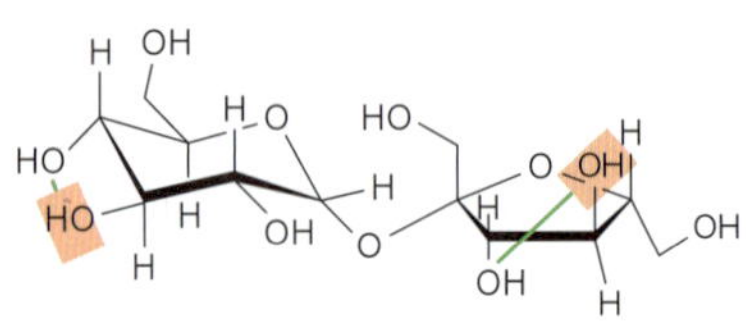

슈크로스

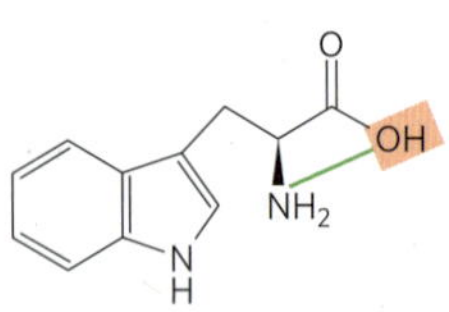

D-트립토판

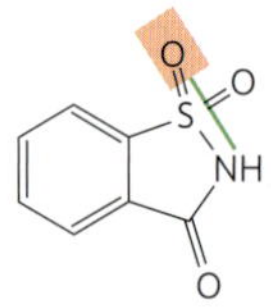

사카린

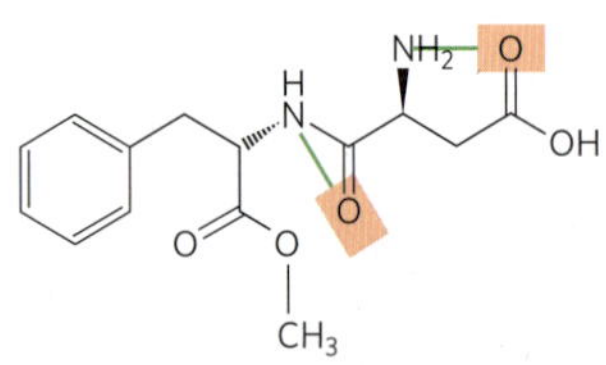

아스파탐

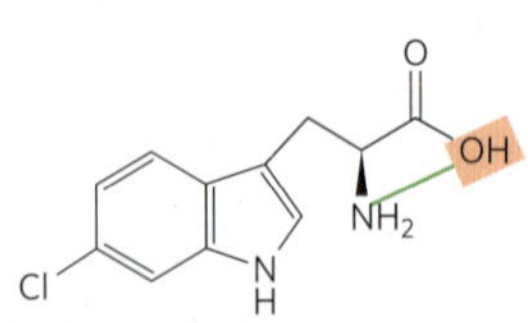

6-클로로-D-트립토판

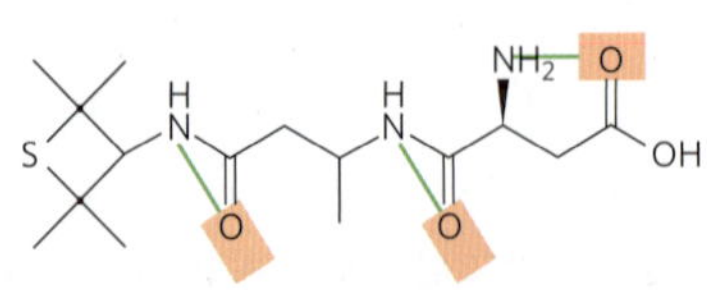

알리탐

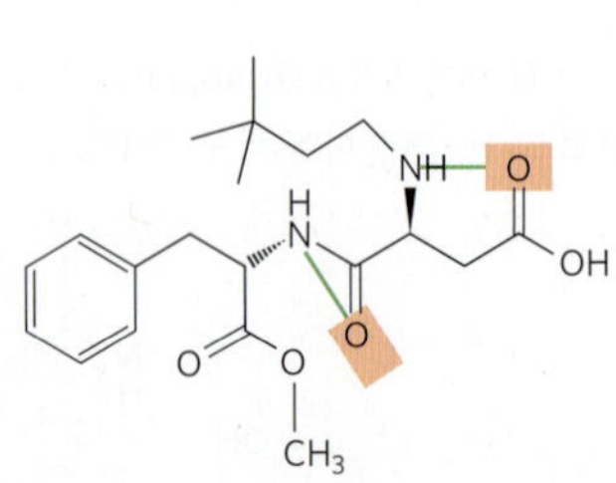

네오탐

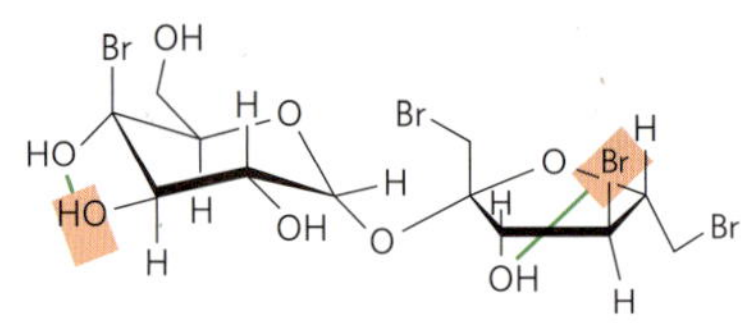

테트라브로모슈크로스

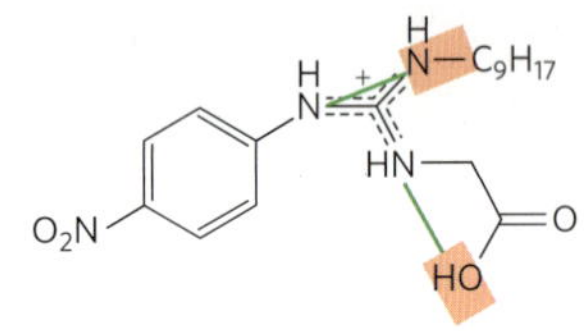

슈크론산

(d) 먼저, 각 분자들은 몇 개의 AH-B기를 갖고 있어 어느 것이 중요한 것인지를 알기가 어렵다. 두 번째, AH-B 모티프는 매우 단순하여 달지 않은 많은 분자들이 이 기를 가질 것이다. **(e)** 슈크로스와 데옥시슈크로스. 데옥시슈크로스는 슈크로스에 있는 AH-B기 중에서 하나가 없고 슈크로스보다 약간 낮은 MRS를 갖는다—AH-B기들이 단맛에 중요하다면 예상되는 것처럼. **(f)** 이와 같은 많은 예들이 있다; 여기에 몇 가지가 있다: (1) D-트립토판과 6-클로로-D-트립토판은 같은 AH-B기를 갖고 있지만 매우 다른 MRS 값을 갖는다. (2) 아스파탐과 네오탐은 같은 AH-B기를 갖지만 매우 다른 MRS 값을 갖는다. (3) 네오탐은 두 AH-B기를 갖고 알리탐은 3개를 갖는다, 그렇지만 네오탐은 알리탐보다 5배 이상 달다. (4) 브로민은 산소보다 덜 전기음성이다. 즉, AH-B기를 약하게 할 것으로 예상되지만, 테트라브로모슈크로스가 슈크로스보다 훨씬 더 달다. **(g)** 척도들을 충분히 조정하면 정해진 데이터 세트에 맞도록 어느 모델이든지 만들 수 있다. 생체 내에서 테스트되지 않은 분자에 대한 $\Delta G°$를 예상하기 위한 모델을 만드는 것이 목적이므로 연구자들은 이 모델이 사용해 보지 않았던 분자들에 대하여 잘 작동하는지 보여줄 필요가 있다. 테스트에 대한 부정확도의 정도는 연구자들에게 이 모델이 새로운 분자들에 대하여 어떻게 행동할 지에 대한 아이디어를 줄 수 있을 것이다. **(h)** MRS는 K_{eq}에 관련되고, K_{eq}는 지수적으로 $\Delta G°$에 관련되므로,, $\Delta G°$에 일정한 양을 추가하여 MRS에 일정량을 곱한다. 구조에 주어진 값에 기초하여 $\Delta G°$의 1.3 kcal/mol의 변화는 MRS의 10배 변화에 해당한다.

Chapter 2

1. 더 강하다. 이온 흡인력은 유전 상수의 역으로 비례하며, 단백질 내부 환경과 같은 소수성 "용매"는 물과 같은 극성 용매보다 낮은 유전 상수를 갖는다.

2. 생체분자 상호작용은 일반적으로 가역적일 필요가 있다; 약한 상호작용은 가역성을 제공한다.

3. 에탄올은 극성이고 에탄은 그렇지 않다. 에탄올-수산기는 물과 수소-결합할 수 있다.

4. (a) 4.76 **(b)** 9.19 **(c)** 4.0 **(d)** 4.82

5. (a) 1.51×10^{-4} M **(b)** 3.02×10^{-7} M **(c)** 7.76×10^{-12} M

6. 1.1

7. (a) $HCl \rightleftharpoons H^+ + Cl^-$ **(b)** 3.3 **(c)** $NaOH \rightleftharpoons Na^+ + OH^-$ **(d)** 9.8

8. 1.1

9. 아세틸콜린 1.7×10^{-9}몰

10. 0.1 M HCl

11. (a) 더 크다 **(b)** 더 높다 **(c)** 더 낮다

12. 3.3 mL

13. (a) $RCOO^-$ **(b)** RNH_2 **(c)** $H_2PO_4^-$ **(d)** HCO_3^-

14. (a) 5.06 **(b)** 4.28 **(c)** 5.46 **(d)** 4.76 **(e)** 3.76

15. (a) 0.1 M HCl **(b)** 0.1 M NaOH **(c)** 0.1 M NaOH

16. (d) 중탄산염, 약염기의 하나, —OH부터 —O^-까지 적정한다. 화합물을 더 극성으로 띠게 하고 더 수용성으로 만든다.

17. 위; 낮은 pH에서 아스피린은 중성 형태로 존재하는데, 극성을 적게 띠므로

막을 더 쉽게 통과한다.

18. 9

19. 7.4

20. **(a)** pH 8.6에서 10.6까지 **(b)** 4/5 **(c)** 10 mL **(d)** $pH = pK_a - 2$

21. 8.9

22. 2.4

23. 6.9

24. 1.4

25. $NaH_2PO_4 \cdot H_2O$, 5.8 g/L; Na_2HPO_4, 8.2 g/L

26. $[A^-]/[HA] = 0.10$

27. 0.10 M의 아세트산 나트륨 150 mL를 0.10 M의 아세트산과 혼합

28. 아세트산; 이것의 pK_a 값이 원하는 pH에 가장 근접하다.

29. **(a)** 4.6 **(b)** 0.1 pH 단위 **(c)** 4 pH 단위

30. 4.3

31. 0.13 M 아세트산염과 0.07 M 아세트산

32. 1.7

33. 7

34. **(a)**

완전히 양성자화된 완전히 탈양성자화된

(b) 완전히 양성자화된 **(c)** 양쪽성 이온 **(d)** 양쪽성 이온 **(e)** 완전히 탈양성자화된

35. **(a)** 혈액의 pH는 이산화탄소-중탄산염 완충계($CO_2 + H_2O \rightleftharpoons H^+ + HCO_3^-$)에 의하여 조절된다. 저호흡을 하는 동안 $[CO_2]$는 폐와 동맥혈에서 증가하는데, 평형을 오른쪽으로 진행시키며, $[H^+]$를 올리고 pH를 낮춘다. **(b)** 과호흡을 하는 동안, $[CO_2]$는 폐와 동맥혈에서 감소하고, $[H^+]$를 낮추고 pH를 정상치인 7.4보다 높인다. **(c)** 락트산은 중간 정도 강산으로서 생리적 조건에서 완전 해리되고 혈액이나 근육에서 pH를 낮춘다. 과호흡은 H^+을 제거하여 혈액과 조직에서 pH를 높인다.

36. 7.4

37. 혈액에서 더 많은 CO_2를 녹이는 것은 혈액과 세포외 체액에서 $[H^+]$를 증가시켜 pH를 낮춘다: $CO_2(d) + H_2O \rightleftharpoons H_2CO_3 \rightleftharpoons H^+ + HCO_3^-$

38. **(a)** 엎질러진 기름을 유화하는 데에 이 물질의 계면활성제 형태를 사용하고, 유화된 기름을 모으고 나서 비계면활성제 형태로 바꿔라. 기름과 물은 분리되고 기름은 더 많이 사용되기 위해 모아질 수 있다. **(b)** 평형은 오른쪽으로 강하게 위치한다. 더 강한(더 낮은 pK_a) 산 H_2CO_3가 양성자를 더 약한(더 높은 pK_a) 산, 아미딘의 짝염기로 공여한다. **(c)** 계면활성제의 강도는 머리 기들의 친수성에 의존한다; 친수성이 더 강할수록 더 강한 계면활성제가 된다. s-surf의 아미디니움(amidinium) 형태는 아미딘 형태보다 훨씬 더 친수성이어서 더 강한 계면활성제이다. **(d)** 지점 A: 아미디니움; CO_2는 아미딘과 작용하여 아미디니움 형태를 만드는 데 충분한 시간을 갖고 있다. 지점 B: 아미딘; Ar은 CO_2를 용액에서 제거하여 아미딘 형태를 남긴다. **(e)** 전도성이 하전되지 않은 아미딘이 CO_2와 반응하여 하전된 아미디니움 형태를 만듦에 따라 증가한다. **(f)** 전도성은 Ar이 CO_2를 제거함에 따라 떨어져 평형을 하전되지 않은 아미딘 형태로 이동시킨다. **(g)** s-surf를 CO_2로 처리하여 계면활성제 아미디니움 형태를 만들고, 이것을 방출된 기름을 유화하는 데 사용하라. 유화물에 Ar을 처리하여 CO_2를 제거하고 비계면활성제 아미딘 형태를 만들어라. 기름은 물로부터 분리되고 회수될 수 있다.

Chapter 3

1. L; α-탄소에서 절대 입체배열을 결정하고 D- 및 L-글리세르알데하이드와 비교한다.

2. **(a)** I **(b)** II **(c)** IV **(d)** II **(e)** IV **(f)** II, IV **(g)** III **(h)** III **(i)** V **(j)** III **(k)** V **(l)** II **(m)** III **(n)** V **(o)** I, III, V

3. **(a)** α-카복실기가 $pI > pK_a$이고, α-아미노기가 $pI < pK_a$이므로, 둘 다 전하를 띤다(이온화된다). **(b)** 2.19×10^7의 1. 알라닌의 pI는 6.01이다. 표 3-1과 헨더슨-하셀발흐 식에 의하여 1/4,680의 카복실기와 1/4,680의 아미노기는 전하를 띠지 않는다. 2개의 기가 전하를 띠지 않는 알라닌 분자의 분획은 이 분획들의 산물이다.

4. **(a), (b), (c)**

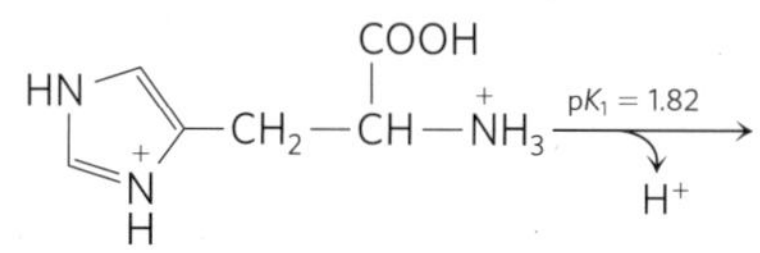

1

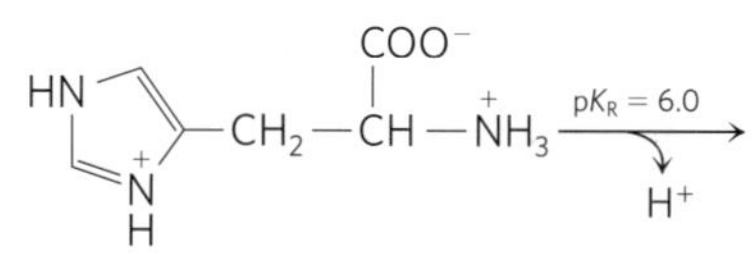

2

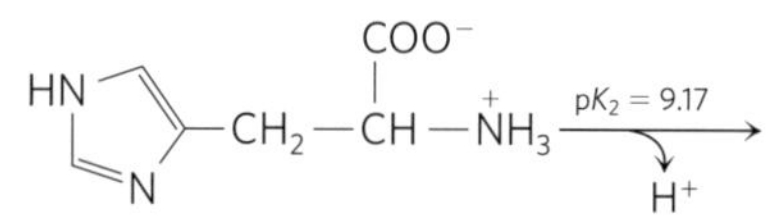

3

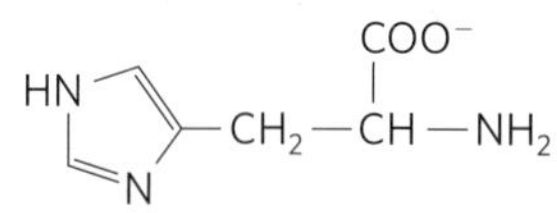

4

pH	구조	알짜 전하	이동 방향
1	**1**	+2	음극
4	**2**	+1	음극
8	**3**	0	이동 없음
12	**4**	−1	양극

5. **(a)** Asp **(b)** Met **(c)** Glu **(d)** Gly **(e)** Ser

6. **(a)** 2 **(b)** 4 **(c)**

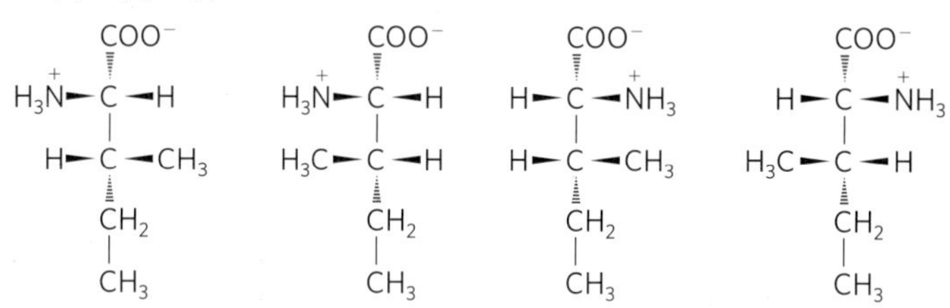

7. **(a)** pH 7에서의 구조:

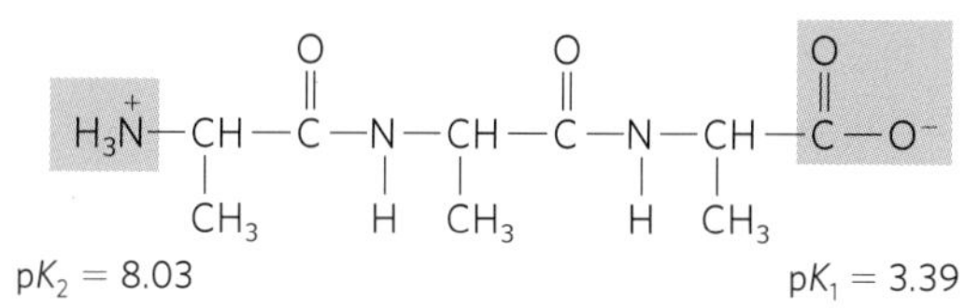

(b) 알라닌 양쪽성이온에서 카복실화 된 음이온과 양성자화된 아미노기 사이의

정전기 상호작용은 카복실기의 이온화에 유리하게 작용한다. 이 유리한 정전기 상호작용은 폴리알라닌의 길이가 길어짐에 따라 감소하여 pK_1의 증가를 초래한다. **(c)** 양성자화된 아미노기의 이온화는 (b)에서 언급한 유리한 정전기 상호작용을 파괴한다. 하전된 기 사이의 거리가 멀어짐에 따라 폴리알라닌의 아미노기에서 양성자를 제거하는 것이 보다 쉬워져 pK_2는 낮아진다. 아마이드(펩타이드 결합) 결합의 분자내 효과는 pK_a 값을 알킬-치환 알라닌에 대한 값보다 더 낮게 유지하는 것이다.

8. 75,000

9. **(a)** 32,000. 물의 원소들이 펩타이드 결합이 형성될 때 소실되어 Trp 잔기의 분자량은 유리 트립토판의 분자량과 같지 않다. **(b)** 2

10. 단백질은 분자량이 160, 90, 90, 60 kDa인 4개의 소단위들을 갖는다. 2개의 90 kDa 소단위들(같을 수도 있다)은 하나 이상의 이황결합으로 연결되어 있다.

11. **(a)** pH 3에서 +2, pH 8에서 0, pH 11에서 −1 **(b)** pI = 7.8

12. pI ≈ 1; 카복실기; Asp와 Glu

13. Lys, His, Arg; 음전하를 띠는 DNA의 인산기가 양전하를 띠는 히스톤의 곁가지 기와 상호작용을 한다.

14. **(a)** $(Glu)_{20}$ **(b)** $(Lys\text{-}Ala)_3$ **(c)** $(Asn\text{-}Ser\text{-}His)_5$ **(d)** $(Asn\text{-}Ser\text{-}His)_5$

15. **(a)** 1단계 후 비활성은 200 단위/mg, 2단계 후 600 단위/mg, 3단계 후 250 단위/mg, 4단계 후 4,000 단위/mg, 5단계 후 15,000 단위/mg, 6단계 후 15,000 단위/mg, **(b)** 4단계 **(c)** 3단계 **(d)** 그렇다. 비활성은 6단계에서 증가되지 않는다; SDS 폴리아크릴아마이드 젤 전기영동

16. **(a)** [NaCl] = 0.5 mM **(b)** [NaCl] = 0.05 mM.

17. C가 맨 먼저, B가 두 번째, A가 마지막에 용출된다.

18. Tyr–Gly–Gly–Phe–Leu

19.

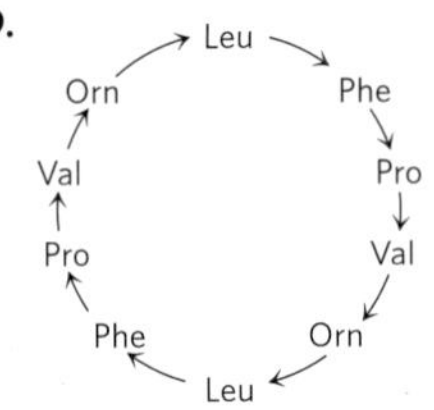

화살표는 펩타이드 결합의 방향에 해당한다. —CO → NH—.

20. 88%, 97%. 주기 *n*에서 분리되는 정확한 아미노산 잔기들의 백분율(*x*)은 x_n/x이다 첫 번째 주기에서 분리되는 모든 잔기들은 절단의 효율이 완전하지 않더라도 정확하다.

21. **(a)** Y (1), F (7), R (9) **(b)** 위치 4와 9; K(Lys)이 4에서 더 흔하고 R(Arg)은 9에서 항상 나온다. **(c)** 위치 5와 10; E(Glu)가 양쪽 위치에서 더 흔하다. **(d)** 위치 2; S(Ser).

22. **(a)** 펩타이드 2 **(b)** 펩타이드 1 **(c)** 펩타이드 2 **(d)** 펩타이드 3

23. **(a)** 모든 폴리펩타이드 사슬은 단 2가지의 유리 아미노기를 갖고 있다; 아미노 말단의 α-아미노기와 존재하는 각 Lys 잔기의 ε-아미노기. 이 아미노기들은 FDNB와 반응하여 DNA-아미노산 유도체를 형성한다. 인슐린은 2개의 다른 α-아미노-DNP 유도체를 만들어 2개의 아미노 말단, 즉 2개의 폴리펩타이드 사슬을 갖고 있다는 것을 시사해 준다 — 하나는 아미노-말단 Gly이고, 다른 하나는 아미노-말단 Phe. DNP-Lys 산물은 ε-DNA-Lys이므로 Lys은 아미노 말단에 있지 않다. **(b)** 그렇다. A 사슬은 아미노 말단 Gly; B 사슬은 아미노-말단 Phe; 그리고 (말단이 아닌) B 사슬에 있는 잔기 29는 Lys. **(c)** Phe–Val–Asp–Glu–. 펩타이드 B1은 아미노 말단 잔기가 Phe임을 알게 해 준다. 펩타이드 B2는 또한 Val을 포함하지만 DNP-Val이 형성되지 않았으므로, Val이 아미노 말단에 있지 않고 Phe의 카복실 말단 쪽에 있을 것이다. 즉, B2의 서열은 DNP–Phe–Val이다. 유사하게 B3의 서열은 DNP–Phe–Val–Asp일 것이고, A 사슬의 서열은 Phe–Val–Asp–Glu–로 시작할 것이다. **(d)** 아니오. A 사슬의 알려진 아미노-말단 서열은 Phe–Val–Asn–Gln–이다. Asn과 Gln은 생거의 분석에서 단계 7에서 과도한 가수분해가 Asn과 Gln의 아마이드 결합을 가수분해하여 Asp와 Glu을 형성하므로 Asp와 Glu로 나타난다. 생거는 이 단계에서 Asn에서 Asp를, Gln에서 Glu를 구분할 수 없었다. **(e)** 서열은 정확하게 그림 3-24의 것과 일치한다. 표의 각 펩타이드는 어떤 Asx 잔기가 Asn인지 아니면 Asp인지 그리고 어떤 Glx 잔기가 Glu인지 Gln인지에 대한 특정한 정보를 제공한다.

Ac1: 잔기 20–21. 이것은 A 사슬의 Cys–Asx 만이다; 이 펩타이드에 ~1 아미도기가 있다. 따라서 이것은 Cys–Asn일 것이다.

N–Gly–Ile–Val–Glx–Glx–Cys–Cys–Ala–Ser–Val–
1 5 10
Cys–Ser–Leu–Tyr–Glx–Leu–Glx–Asx–Tyr–Cys–**Asn**–*C*
15 20

Ap15: 잔기 14–15–16. 이것은 A 사슬에 Tyr–Glx–Leu 만이다; ~1 아미도기가 있어 펩타이드는 Tyr–Gln–Leu일 것이다.

N–Gly–Ile–Val–Glx–Glx–Cys–Cys–Ala–Ser–Val–
1 5 10
Cys–Ser–Leu–Tyr–**Gln**–Leu–Glx–Asx–Tyr–Cys–Asn–*C*
15 20

Ap14: 잔기 14–15–16–17. ~1 아미도기를 갖고 있고, 우리는 이미 잔기 15가 Gln이라는 것을 알고 있으므로, 잔기 17은 Glu일 것이다:

N–Gly–Ile–Val–Glx–Glx–Cys–Cys–Ala–Ser–Val–
1 5 10
Cys–Ser–Leu–Tyr–Gln–Leu–**Glu**–Asx–Tyr–Cys–Asn–*C*
15 20

Ap3: 잔기 18–19–20–21. ~2 아미도기를 갖고 있고, 잔기 21이 Asn이라는 것을 이미 알고 있으므로, 잔기 18은 Asn일 것이다.

N–Gly–Ile–Val–Glx–Glx–Cys–Cys–Ala–Ser–Val–
1 5 10
Cys–Ser–Leu–Tyr–Gln–Leu–Glu–**Asn**–Tyr–Cys–Asn–*C*
15 20

Ap1: 잔기 17–18–19–20–21. 잔기 18과 21은 Asn이라는 것도 일치한다.

Ap5pa1: 잔기 1–2–3–4. 아미도기가 없어, 잔기 4는 Glu일 것이다.

N–Gly–Ile–Val–**Glu**–Glx–Cys–Cys–Ala–Ser–Val–
1 5 10
Cys–Ser–Leu–Tyr–Gln–Leu–Glu–Asn–Tyr–Cys–Asn–*C*
15 20

Ap5: 잔기 1에서 13까지. ~1 아미도기를 갖고 있고, 잔기 4가 Glu라는 것을 이미 알고 있으므로, 잔기 5는 Gln일 것이다.

N–Gly–Ile–Val–Glu–**Gln**–Cys–Cys–Ala–Ser–Val–
1 5 10
Cys–Ser–Leu–Tyr–Gln–Leu–Glu–Asn–Tyr–Cys–Asn–*C*
15 20

Chatper 4

1. **(a)** 짧은 결합이 더 높은 결합 차수를 가지고 있고 더 강한 결합이다. 펩타이드의 C—N 결합은 단일결합보다 강하여 단일결합과 이중결합의 중간이 되는 성질을 가지고 있다. **(b)** 펩타이드 결합은 부분적으로 이중결합이기 때문에 생리적 온도에서 펩타이드 결합에 대하여 회전은 어렵다.

2. **(a)** 양모 섬유의 폴리펩타이드(α-케라틴)에 있어서 주된 구조적 단위체는 5.4 Å 간격으로 회전하는 연속적인 α 나선이며, 5.2 Å 공간을 두고 감긴 코일 구조

로 되어 있다. 증기로 가열하여 잡아 늘이면 β 입체형태를 가진 폴리펩타이드 사슬은 신장되어 이웃하는 R기 사이의 거리는 7.0 Å가 된다. 폴리펩타이드 사슬이 다시 α 나선으로 돌아오면 섬유가 짧아진다. **(b)** 가공된 양모는 젖은 상태에서 가열되면 신장된 β 입체형태로부터 자연 α-나선으로 전환될 때 수축된다. 명주의 β 판은 아미노산의 곁가지들이 매우 작고 가까이 배열되어 있어 양모에서보다 더 안정적이다.

3. 초당 약 42 펩타이드 결합

4. pH > 6일 때, 폴리글루탐산(Glu)의 카복실기는 탈양성자화된다; 카복실산 기의 음전하 사이에 반발력이 풀림(unfolding)을 유도한다. 마찬가지로 pH = 7일 때 폴리라이신의 아미노기가 양성자화된다; 이 양전하기 사이의 반발력이 역시 풀림을 유도한다.

5. **(a)** 이황결합은 공유결합으로 대부분의 단백질을 안정화시키는 비공유결합 상호작용보다 매우 강하다. 이는 단백질 사슬을 교차연결하여 기계적 강도와 경도를 증가시킨다. **(b)** 시스틴 잔기(이황결합)는 단백질의 완전한 풀림을 방지한다.

6. φ = (f) 그리고 ψ = (e)

7. **(a)** 굽이가 있을 가능성이 가장 큰 곳은 7번과 19번 잔기이다; 시스 입체배열로 존재하는 프롤린이 굽이에 가장 잘 어울린다. **(b)** 13번과 24번 위치에 있는 시스테인 잔기가 이황결합을 이룰 수 있다. **(c)** 외부 표면: 극성이고 전하를 가진 잔기(아스파트산, 글루타민, 라이신); 안쪽: 비극성 지방족 잔기(알라닌, 아이소류신); 트레오닌은 극성이긴 하지만 소수성 지표가 0에 가까워 단백질의 외부나 내부에 둘 다 나타날 수 있다.

8. 30 아미노산 잔기; 0.87

9. 마이오글로빈은 모두 3가지이다. 접힌 구조, "글로빈 주름(fold)"은 모든 글로빈에서 발견되는 모티프이다. 폴리펩타이드는 단일 영역으로 접히고, 이것이 이 단백질에 대한 전체적인 3차원 구조를 나타낸다.

10. 단백질 (a), β-원통은 라마찬드란 도표 (c)에서 기술되고, β-입체형태의 특징적인 결합각들이 집중되어 있는 위의 왼쪽 사각형에서 대부분의 허용되는 입체형태를 보여 준다; (b) 일련의 α 나선들은 도표 (d)에 의하여 기술되고, 여기서 대부분의 허용되는 입체형태들은 아래의 왼쪽 사각형에 존재한다.

11. 세균의 효소는 콜라게네이스(collagenase)이다; 이것은 숙주의 결합조직에 의한 보호벽을 파괴하여 세균이 조직 내로 침투할 수 있도록 한다. 세균은 콜라겐을 가지고 있지 않다.

12. **(a)** 단백질의 몰(mole)당 생성된 DNP-발린의 몰수는 아미노 말단의 수, 즉 폴리펩타이드 사슬의 수와 같다. **(b)** 4. **(c)** 서로 다른 사슬들은 SDS-폴리아크릴아마이드(polyacrylaminde) 젤에서 뚜렷이 구별되는 다른 띠(band) 를 만든다.

13. (a); α-나선 구조를 선호하는 아미노산 잔기들을 더 많이 갖는다(표 4-1 참조).

14. **(a)** 방향족 잔기들이 아밀로이드 섬유를 안정화하는 데 중요한 역할을 하는 것으로 보인다. 즉, 방향족 성분의 분자들이 방향족 곁사슬들의 치쌓임이나 연합을 억제하여 아밀로이드 형성을 저해할 것이다. **(b)** 아밀로이드는 제2형 당뇨병과 연관되어 췌장에서 형성되고, 알츠하이머 질환에서는 뇌에서 형성된다. 두 질환의 아밀로이드 섬유에는 다른 단백질들이 관여하지만 아밀로이드의 기본적인 구조는 유사하고, 비슷하게 안정화된다. 그래서 이러한 구조를 망가뜨리는 것으로 디자인되는 유사한 약물들의 가능한 표적이 된다.

15. **(a)** NFκB 전사인자. **(b)** 아니오. 당신은 아주 비슷한 결과를 얻을 것이다. 그러나 관련된 단백질의 목록이 추가되어 있을 것이다. **(c)** 이 단백질은 2개의 소단위를 가지고 있다. 그리고 이 소단위의 많은 변이형이 존재하는데, 50, 52, 그리고 65 kDa 단백질의 특성이 가장 잘 알려져 있다. 이들로부터 짝을 이루어 여러 가지 동형 이합체나 이형 이합체를 만든다. 서로 다른 변이형의 구조는 PDB 데이터베이스에서 찾아 볼 수 있다. **(d)** NFκB 전사 인자는 이합체 단백질로 특정 DNA 서열에 결합하여 근처 유전자의 전사를 촉진시킨다. 이런 기능으로 인해 전사 인자라는 이름이 유래했다. 이와 같이 NFκB 전사 인자의 조절을 받는 유전자의 예로 면역글로불린 κ 경사슬(light chain)이 있다.

16. **(a)** Aba와 Cys은 크기가 거의 같고, 같은 정도로 소수성이므로 Aba가 적당한 대체물이 된다. 그러나 Aba는 이황결합을 형성하지 못하여 이 결합이 필요하다면 적당한 대체물이 되지 않을 것이다. **(b)** 합성 단백질과 사람 세포에 의해 만들어지는 HIV 단백질분해효소 사이에는 중요한 차이점이 많이 있어, 이것 중의 어느 것이든 비활성의 합성 효소가 될 수 있다: (1) Aba와 Cys의 크기가 유사하고 소수성이 비슷하지만, Aba가 단백질이 적절하게 접힐 정도로 충분히 유사하지는 않을 것이다. (2) HIV 단백질분해효소는 적절한 기능을 위하여 이황결합이 필요할 것이다. (3) 라이보소체에서 만들어지는 많은 단백질들은 합성되면서 접힌다: 이 연구의 단백질은 사슬이 완전하게 된 이후에만 접힌다. (4) 라이보소체에 의하여 합성되는 단백질은 접히면서 라이보소체와 상호작용할 것이다; 이것은 이 연구의 단백질에는 가능하지 않다. (5) 세포질은 연구에 사용되는 완충액보다 훨씬 더 복잡하다; 어떤 단백질들은 적절한 접힘을 위하여 특정의 알려지지 않은 단백질을 필요로 하기도 한다. (6) 세포에서 합성되는 단백질들은 적절한 접힘을 위하여 샤페론을 흔히 필요로 한다; 이런 샤페론들은 연구용 완충액에 포함되어 있지 않다. (7) 세포에서 HIV 단백질분해효소는 큰 사슬의 일부로 만들어지고 이 큰 사슬이 단백질가수분해로 가공된다; 연구에서의 단백질은 단일 분자로 합성된다. **(c)** 효소가 Cys을 Aba로 바꾸어도 기능을 하므로 이황결합은 HIV 단백질분해효소의 구조에서 중요한 역할을 하지 않는다. **(d)** 모델 1: L-단백질분해효소처럼 접힐 것이다. **찬성하는 주장**: 공유 구조는 동일하다(손대칭을 제외하고). 따라서 L-단백질분해효소처럼 접혀야 한다. **반대하는 주장**: 손대칭은 하찮은 것이 아니다; 3차원 형태가 생물학적 분자들의 핵심 특징이다. 합성된 효소는 L-단백질분해효소처럼 접히지 않을 것이다. 모델 2: L-단백질분해효소의 거울상으로 접힐 것이다. **찬성**: 각 구성성분들은 생물학적 단백질의 구성성분들의 거울상이므로 거울상 형태로 접힐 것이다. **반대**: 단백질 접힘에 관여하는 상호작용은 매우 복잡하여 합성 단백질은 또 다른 형태로 접힐 것 같다. 모델 3: 다른 어떤 형태로 접힐 것이다. **찬성**: 단백질 접힘에 관여하는 상호작용은 매우 복잡하여 합성 단백질은 또 다른 형태로 접힐 것 같다. **반대**: 각 구성성분들은 생물학적 단백질의 구성성분들의 거울상이므로 거울상 형태로 접힐 것이다. **(e)** 모델 2. 효소는 활성을 띠지만 생물학적 기질의 거울상이성질체에 대해서 이고 생물학적 억제제의 거울상이성질체에 의해서는 억제된다. 이것은 L-단백질분해효소의 거울상인 D-단백질분해효소와 일치한다. **(f)** 에반스 블루는 손대칭이 아니다; 이것은 효소의 2가지 형태에 모두 결합한다. **(g)** 그렇지 않다. 단백질분해효소는 L-아미노산만을 포함하고 L-펩타이드만을 인식하므로 카이모트립신은 D-단백질분해효소를 소화하지 않을 것이다. **(h)** 필수적이지 않다. 각 개별적 효소에 의존하여 (b)에 나열된 어떤 문제들도 비활성의 효소가 될 수 있다.

Chapter 5

1. 단백질 B가 리간드 X에 대하여 더 높은 친화도를 갖는다; 이것은 단백질 A보다 X의 농도가 훨씬 낮을 때 절반이 포화될 것이다. 단백질 A의 K_a = 10^6 M^{-1}. 단백질 B의 K_a = 10^9 M^{-1}이다.

2. **(a)**, **(b)**, **(c)** 모두 n_H < 1.0. 겉보기 음성 협동성은 같은 용액에 있는 같거나 다른 단백질에 대한 리간드의 다른 친화도를 갖고 있는 2가지 이상의 리간드 결합자리 유형에 의하여 생길 수 있다. 이 겉보기 음성 협동성은 보통 이질성 단백질 시료에서도 잘 나타나는 현상이다. 진성 음성 협동성에 대하여 잘 정리된 경우는 별로 없다.

3. **(a)** 감소, **(b)** 증가, **(c)** 감소, **(d)** 증가.

4. k_d = 8.9×10^{-5} s^{-1}

5. **(a)** 0.13 pM **(b)** 0.6 pM **(c)** 7.6 μM

6. (a) 0.5 nM (Y가 0.5일 때 K_d는 리간드의 농도에 해당한다.) **(b)** 단백질 2는 가장 낮은 K_d를 가지므로 가장 큰 친화도를 갖는다.

7. 헤모글로빈의 협동적 양상은 소단위 상호작용에 의하여 일어난다.

8. **(a)** 모체 HbA에서 pO_2가 4 kPa일 때 60% 포화되고, 태아 HbF에서 같은 생리적 조건일 때 90%가 포화된 것으로 관찰되었다면, HbF가 HbA보다 더 높은 산소 친화도를 갖고 있다는 것을 의미한다. **(b)** HbF의 산소 친화도가 더 높기 때문에 산소는 태반에서 모체 혈액에서 태아 혈액으로 흐르게 된다. **(c)** HbA의 산소 포화 곡선이 BPG가 결합했을 때 HbF보다 더 크게 이동하는 것으로 관찰되었다면, HbA가 HbF보다 더 단단하게 BPG와 결합한다는 것을 암시한다. 두 헤모글로빈 대한 BPG의 차별적인 결합이 산소 친화도의 차이를 결정할 것이다.

9. **(a)** Hb Memphis **(b)** HbS, Hb Memphis, Hb Providence, (Hb Cowtown도 가능) **(c)** Hb Providence

10. 더 단단히. 사합체를 형성할 수 없는 능력은 이러한 변이체들이 협동성을 제한할 것이고 결합곡선은 더 쌍곡선이 될 것이다. 또한 BPG-결합자리는 망가질 것이다. 산소 결합은 결합한 BPG가 없을 때의 기본(default) 상태가 단단한 결합 R 상태이므로 아마도 더 단단해 질 것이다.

11. **(a)** 1×10^{-8} M **(b)** 5×10^{-8} M **(c)** 8×10^{-8} M **(d)** 2×10^{-7} M. 식 5-8을 재정리하면 $[L] = YK_d/(1 - Y)$으로 되는 것에 주목하라.

12. 항원결정 부위는 G-액틴이 F-액틴으로 중합화될 때 속으로 묻히는 구조가 될 것이다.

13. HIV를 포함한 많은 병원체들은 숙주의 면역계 성분들이 먼저 결합하는 표면 단백질을 반복적으로 바꾸는 기전으로 진화하였다. 따라서 숙주는 규칙적으로 새로운 항원을 대하게 되어, 이것에 대한 면역 반응을 일으키는 시간이 필요하게 된다. 면역계가 한 변이체에 적응하는 동안 새로운 변이체가 만들어진다.

14. 마이오신에 ATP가 결합하면 액틴 가는 잔섬유에서 마이오신이 떨어지는 것을 촉발한다. ATP가 없으면 액틴과 마이오신은 서로 단단하게 결합한다.

15.

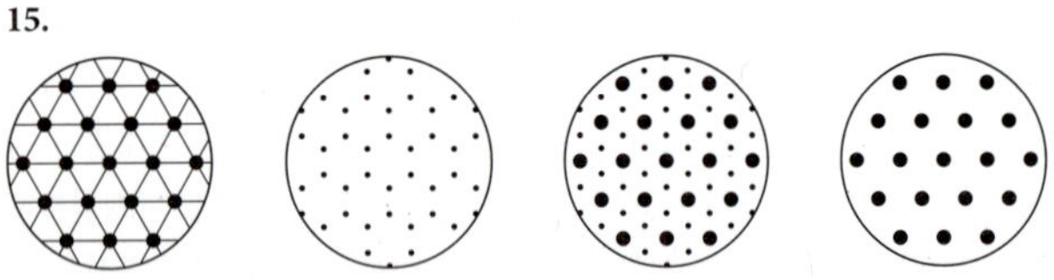

(a) (b) (c) (d)

16. **(a)** 이 항체 분자의 Fab 조각에서, 사슬 L은 가벼운 사슬이고 사슬 H는 무거운 사슬이다. 사슬 Y는 라이소자임이다. **(b)** β 구조는 이 조각의 가변 및 불변 영역에서 우세하다. **(c)** Fab 무거운 사슬 조각, 218개의 아미노산 잔기; 가벼운 사슬 조각, 214개; 라이소자임, 129개. 라이소자임 분자의 15% 이하가 Fab 조각과 접하고 있다. **(d)** H 사슬에서 라이소자임과 접하는 것으로 보이는 잔기는 Gly^{31}, Tyr^{32}, Arg^{99}, Asp^{100}, Tyr^{101} 등이다. L 사슬에서 라이소자임과 접하는 것으로 보이는 잔기는 Tyr^{32}, Tyr^{49}, Tyr^{50}, Trp^{92} 등이다. 라이소자임에서는 Asn^{19}, Gly^{22}, Tyr^{23}, Ser^{24}, Lys^{116}, Gly^{117}, Thr^{118}, Asp^{119}, Gln^{121}, Arg^{125} 등이 항원-항체 접촉면에 위치할 것으로 보인다. 이 모든 잔기들은 1차 구조에서 인접하고 있지 않다. 폴리펩타이드 사슬이 보다 고차원적 구조로 접힘으로써 연관성이 없는 잔기들을 함께 모아 항원 결합자리를 형성하게 된다.

17. **(a)** 2개 **(b)** 전혀 시간이 없다. 적절한 항체는 바이러스로부터 어떠한 공격이 있기 전에 이미 거의 존재한다. **(c)** $>10^8$. **(d)** 많은 가능한 답들이 있다.

18. **(a)**

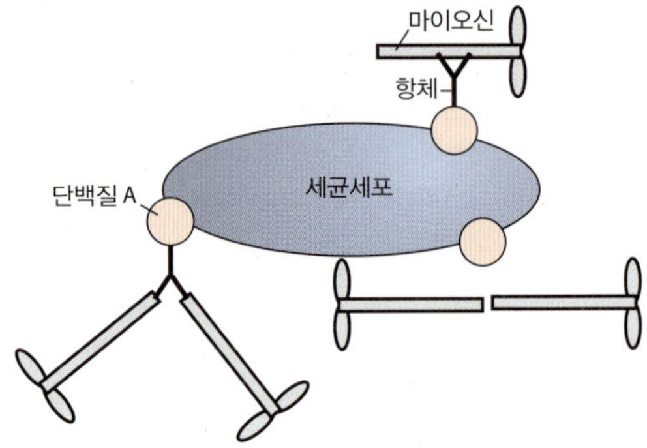

그림은 정확한 비율대로 그려진 것은 아니다; 어떤 세포들은 표면에 더 많은 마이오신 분자들을 가질 수도 있다. **(b)** ATP는 이동을 일으키기 위한 화학적 에너지를 제공하는 데 필요하다(제13장 참조) **(c)** 액틴-결합자리인 마이오신 꼬리에 붙어 있는 항체는 액틴의 결합을 막아 이동을 억제할 것이다. 액틴에 결합하는 항체도 또한 액틴-마이오신 상호작용을 차단하여 이동을 막을 것이다. **(d)** 2가지의 설명이 가능하다: (1) 트립신은 Lys과 Arg 잔기만을 자르므로(표 3-6 참조) 단백질의 많은 자리를 자르지 않을 것이다. (2) 모든 Arg 또는 Lys 잔기들이 동일하게 트립신에 접근가능하지는 않을 것이다; 가장 잘 노출된 위치들이 먼저 잘릴 것이다. **(e)** S1 모델. 경첩 모델은 비드-항체-HMM 복합체(경첩과 함께)가 움직이지만 비드-항체-SHMM 복합체(경첩이 없는)는 움직이지 않을 것이라고 예상한다. S1 모델은 두 복합체가 모두 S1을 포함하므로 모두 움직일 것이라고 예상한다. 비드가 SHMM(경첩이 없는)과 움직인다는 결과는 S1 모델하고만 일치한다. **(f)** 더 적은 마이오신 분자들이 결합하면서 비드는 마이오신이 비드를 움직이게 해줄 때, 일시적으로 액틴에서 떨어질 수 있다. 그러면 두 번째 비드가 결합할 때까지 시간이 필요하여 비드는 더 천천히 움직이게 될 것이다. 마이오신의 농도가 높을 때는 마이오신 하나가 움직이면 또 다른 것이 빨리 결합하여 신속한 이동을 일으킨다. **(g)** 일정한 농도 이상에서 이동의 속도를 제한하는 것은 마이오신 분자들이 비드를 움직이게 하는 내재적 속도이다. 마이오신 분자들은 최대 속도로 움직이고 더 많은 마이오신 분자들을 첨가하는 것은 속도를 증가시키지 않을 것이다. **(h)** 힘은 S1의 머리에서 만들어지므로 S1 머리의 손상은 결과적인 분자들을 불활성화시킬 것이고 SHMM은 이동을 할 수 없을 것이다. **(i)** S1 머리는 분자의 활성화 형태를 유지하는데 충분히 강한 비공유 상호작용에 의하여 서로 붙잡혀 있어야 한다.

Chapter 6

1. 당을 녹말로 전환시키는 효소의 활성이 열 변성에 의하여 파괴된다.

2. 2.4×10^{-6} M

3. 9.5×10^8년

4. 효소-기질 복합체는 효소 혼자보다 더 안정적이다.

5. **(a)** 190 Å **(b)** 효소의 3차원적 접힘은 아미노산 잔기를 가깝게 만든다.

6. 반응 속도는 반응이 진행함에 따라 340 nm에서 NADH의 흡광도가 감소하는 것에 의하여 측정할 수 있다. K_m 값을 정하고, 거기에 기질 농도를 적용하여 알고 있는 효소 농도에서 초기 속도(분광광도계로 측정한 시간에 따른 NADH의 감소 속도)를 측정하고, 초기 속도 대 효소 농도의 도표를 만든다. 도표는 LDH 농도를 측정할 수 있는 기울기를 가진 직선일 것이다.

7. (b), (e), (g)

8. **(a)** 1.7×10^{-3} M **(b)** 0.33; 0.67; 0.91 **(c)** 위의 곡선은 효소 B(이 효소에 대하여 $[X] > K_m$)에 해당한다; 아래 곡선은 효소 A.

9. **(a)** 0.2 μM s^{-1} **(b)** 0.6 μM s^{-1} **(c)** 0.9 μM s^{-1}

10. **(a)** 2,000 s^{-1} **(b)** Measured V_{max} = 1 μM s^{-1}; K_m = 2 μM

11. **(a)** 400 s^{-1} **(b)** 10 μM **(c)** $\alpha = 2$, $\alpha' = 3$ **(d)** 혼합 억제제

12. **(a)** 24 nM **(b)** 4 μM (V_0 정확히 V_{max}의 절반이어서, [A] = K_m이다) **(c)** 40 μM (V_0는 정확히 V_{max}의 절반이어서 억제제가 존재할 때, [A]는 K_m의 10배이다) **(d)** 아니오. $k_{cat}/K_m = (0.33\ s^{-1})/(4 \times 10^{-6}\ M) = 8.25 \times 10^4\ M^{-1}s^{-1}$, 확산-조절 한계보다 훨씬 낮다.

13. $V_{max} \approx 140$ μM/분, $K_m \approx 1 \times 10^{-5}$ M

14. **(a)** V_{max} = 51.5 mM/분, K_m = 0.59 mM **(b)** 경쟁 억제

15. V_{max} = 0.50 μmol/분; K_m = 2.2 mM

16. 곡선 A

17. $k_{cat} = 2.0 \times 10^7\ min^{-1}$

18. 미하엘리스-멘텐식의 기본적인 가정은 아직 유효하다. 반응은 항정상태이고, 속도는 $V_0 - k_2$[ES]에 의하여 결정된다. [ES]를 해결하기 위하여 필요한 반응식은 다음과 같다.

$$[E_t] = [E] + [ES] + [EI] \quad \text{and} \quad [EI] = \frac{[E][I]}{K_I}$$

[E]는 6-19 식을 재정리하면 얻을 수 있다. 나머지는 본문에 있는 미하엘리스-멘텐식의 유도식의 양상을 따른다.

19. 계산은 효소 분자 당 하나의 필수 시스테인 잔기 만이 있다고 가정한다.

20. 전립선 효소의 활성은 혈액 포스파테이스의 총활성에서 전립선 효소를 완전히 억제하는 타타르산이 충분히 존재할 때의 포스파테이스 활성을 뺀 값과 같다.

21. 억제 형태는 혼합형이다. K_m 값이 분명히 변화하지 않기 때문에 이것은 비경쟁 억제라고 불리는 혼합형 억제의 특별한 예이다.

22. 모든 항이 식 6-30의 오른쪽에서 V_{max}를 제외했을 때 (즉, $[S]/\alpha K_m + \alpha'[S]$) $V_0 = V_{max}/2\alpha'$이 얻어지는 [S]는 1/2 α'과 같다. $[S]/\alpha K_m + \alpha'[S] = 1/2\alpha'$로 시작하여 [S]의 값을 구한다.

23. 최적의 활성은 Glu^{35}가 양성자화되고 Asp^{52}가 불양성자화될 때 나타난다.

24. **(a)** 정상형의 효소에서, 기질은 수소결합과 Arg^{109}의 하전된 곁사슬과 피루브산의 극성 카보닐 사이의 이온-쌍극자 상호작용에 의해 고정된다. 촉매작용 동안, 하전된 Arg^{109}의 곁사슬은 또한 극성 카보닐 전이상태를 안정화시킨다. 돌연변이에서 결합은 감소하여 수소결합만 남고 기질결합은 더 약해지고, 전이상태의 이온 안정화는 소실되어 촉매활성을 감소시킨다. **(b)** Lys과 Arg는 대략 같은 크기이고 비슷한 양전하를 갖고 있으므로, 이것들은 아마도 매우 유사한 성질을 갖고 있을 것이다. 또한 피루브산은 Arg^{171}에 (추측하건데) 이온 상호작용으로 결합할 것이므로, Arg에서 Lys으로의 돌연변이는 기질 결합에 별 효과가 없을 것이다. **(c)** "forked" 배열은 Arg 잔기들의 2개의 양전하기를 피루브산의 음전하 산소들과 일직선에 배열하여 2개의 수소결합과 이온-쌍극자 상호작용의 결합을 촉진한다. Lys이 존재할 때 단 하나의 수소결합과 이온-쌍극자 상호작용의 결합이 가능하므로 상호작용의 힘이 감소한다. 기질의 위치 잡기가 덜 정확하다. **(d)** Ile^{250}은 NADH의 고리와 소수성으로 상호작용한다. 상호작용의 이런 형태는 Gln의 친수성 곁사슬과는 가능하지 않다. **(e)** 구조는 아래에 보인다. **(f)** 돌연변이 효소는 피루브산의 소수성 메틸기가 Arg^{102}의 고도로 친수성의 구아니디늄기와 상호작용할 수 없어 피루브산에 작용하지 않는다. 돌연변이는 Arg^{102}의 곁사슬과 옥살아세트산의 카복실 사이의 강한 이온 상호작용에 의하여 옥살아세트산에 결합한다. **(g)** 단백질은 곁사슬과 더 큰 기질의 증가된 크기를 수용할 수 있을 정도로 충분히 유연해야 한다.

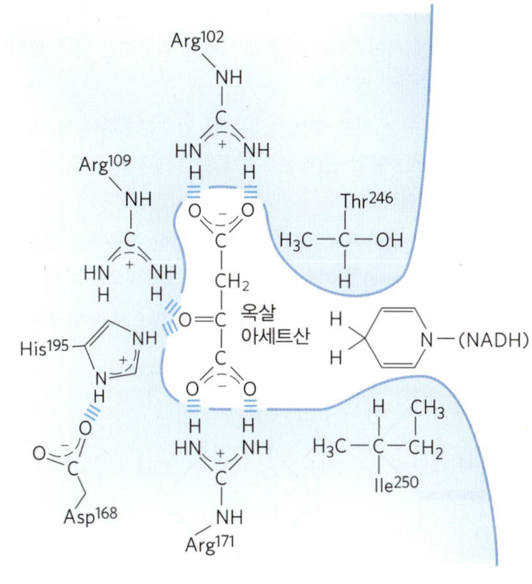

Chapter 7

1. 카보닐 산소가 수산기로 환원되면서 C-1과 C-3의 화학은 동일하다; 글리세롤 분자는 손대칭 중심이 없다.

2. 에피머들은 하나의 탄소에 대해서만 입체배열이 다르다.
(a) D-알트로스 (C-2), D-포도당 (C-3), D-굴로스 (C-4) **(b)** D-이도스 (C-2), D-갈젖당 (C-3), D-알로스 (C-4) **(c)** D-아라비노스 (C-2), D-자일로스 (C-3)

3. 오사존 유도체는 알도스 C-2 주변의 위치배열을 파괴한다. 알도스들은 오직 C-2 위치배열에서만 차이가 있으므로 동일한 유도체를 생성하게 되므로 녹는점이 같다.

4. α-D-포도당을 β-D-포도당으로 전환하기 위한 C-1과 C-5의 수산기의 결합(그림 7-6에 있는 것처럼). D-포도당을 D-만노스로 전환하기 위하여 C-2의 —H 또는 —OH. 의자 입체형태 사이의 전환에는 결합의 절단이 필요하지 않다; 이것이 입체배열과 입체형태의 결정적인 구분이다.

5. 아니오. 포도당과 갈젖당는 C-4에서 다르다.

6. **(a)** 2가지 모두 D-포도당의 중합체이지만 당화결합이 다르다; 셀룰로스에 대해서는 (β1→4), 글리코겐에 대해서는 (α1→4). **(b)** 2가지 모두 육탄당이지만, 포도당은 알도헥소스이고 프럭토스는 케토헥소스이다. **(c)** 2가지 모두 이당류이지만 말토스는 2개의 (α1→4)-연결 D-포도당 단위를; 슈크로스는 (α1↔2β)-연결 D-포도당과 D-프럭토스를 갖는다.

7.

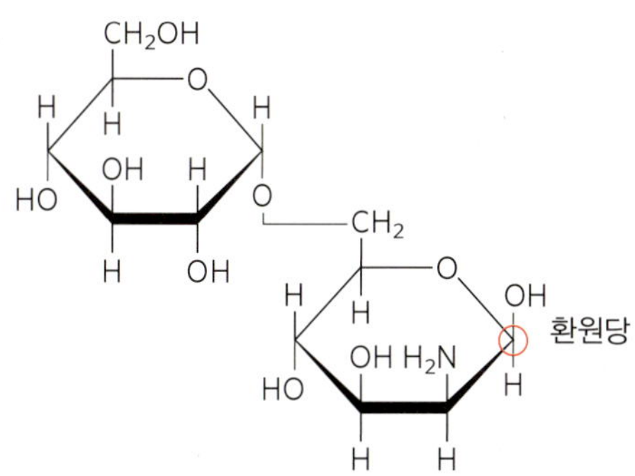

8. 알도스 또는 케토스가 알코올과 축합될 때 헤미아세탈이 형성된다; 글리코사이드는 헤미아세탈이 알코올과 축합될 때 형성된다(그림 7-5 참조)

9. 프럭토스는 피라노스나 퓨라노스의 2가지 형태로 고리화될 수 있다. 온도를 증가시키면 단 맛이 덜 나는 퓨라노스 형태로 평형이 이동한다.

10. 변광회전이 일어나는 속도는 매우 빨라서, β-D-포도당이 산화됨에 따라 더

많은 α-D-포도당이 β형으로 전환되어 결국은 모든 포도당이 산화된다. 포도당 산화효소는 포도당에 특이적이어서 펠링 시약과 반응하는 다른 환원당갈젖당(갈락토스 같은)을 검출하지 않는다.

11. 설탕 용액을 끓이는 것은 설탕의 일부를 가수분해하여 당(sugar)으로 전환시킨다. 저온에서 적은 양의 산(레몬주스 또는 타르타르 크림)을 첨가하여 가수분해가 촉진되고, 일어난다.

12. 핵심부를 만들기 위하여 슈크로스와 물의 진한 부유액을 만든다. 여기에 소량의 인버테이스(invertase)를 가한 다음 곧바로 초콜릿으로 코팅한다.

13. 슈크로스는 유리 아노머 탄소를 가지고 있지 않으므로 변광회전이 없다.

14.

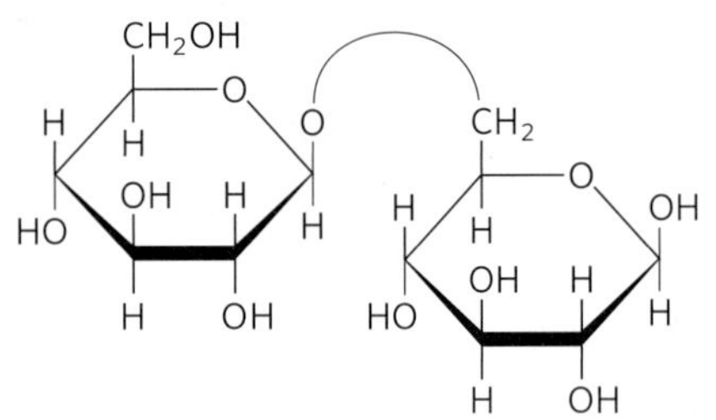

예; 예

15. *N*-아세틸-D-글루코사민은 환원당이다; 이것의 C-1은 산화될 수 있다(249~250쪽 참조). D-글로코네이드는 환원당이 아니다; 이것의 C-1은 이미 카복실산의 산화 상태에 있다. GlcN(α1↔1α)Glc은 환원당이 아니다; 두 단당의 아노머 탄소는 당화결합에 관여한다.

16. 사람은 장에 셀룰레이스가 없어서 셀룰로스를 분해할 수 없다.

17. 천연 셀룰로스는 (β1→4) 당화결합에 의하여 연결된 포도당 단위체들로 이루어져 있는데, 이 결합은 중합체 사슬을 곧게 뻗은 모양의 입체형태로 유지하게 한다. 이러한 일련의 곧은 사슬들이 평행으로 배열되어 분자 간에 수소결합을 형성하여 길고, 질긴 불용성의 섬유를 형성한다. 글리코겐은 (α1→4) 당화결합에 의하여 연결된 포도당 단위로 구성되어 있는데, 이 결합은 중합체 사슬을 구부러지게 하여 긴 섬유 형성을 방해한다. 더구나 글리코겐은 고도로 분지되어 있고 대부분의 수산기가 밖으로 노출되어 수화되어 있어서 물 속에 잘 섞여 고루 분포한다.

셀룰로스는 불용성 섬유질이 나란히 응집되어 있는 모양이어서 식물의 구조를 이루는 물질이다. 글리코겐은 동물에서 저장된 연료이다. 여러 개의 비환원 말단을 가진 고도로 수화된 글리코겐 과립은 글리코겐 가인산분해효소에 의하여 재빨리 가수분해되면서 1-인산 포도당을 유리시킨다.

18. 셀룰로스는 몇 배가 더 길다; 아밀로스는 나선 구조를 갖는 반면, 이것은 확장된 입체형태를 취한다.

19. 6,000잔기/초

20. 11초

21. 그림 7-18b의 이당의 공-막대 구조 모델은 입체 상호작용이 없음을 보여 주지만, 원자들의 상대적 크기를 보여 주는 공간-채움 모델은 −170°와 −170° 콘포머에서 30°와 −40° 코퍼머에는 있지 않은 강한 공간 장애를 보여줄 것이다.

22. 황산 콘드로이틴에 있는 음전하들이 서로 반발하여 분자가 곧게 뻗은 입체형태를 갖도록 한다. 이 분자는 극성이 강하여 많은 물 분자를 끌어당기고, 이로 인하여 분자의 부피가 커진다. 탈수된 고체 상태에서 각각의 음이온들은 양이온에 의하여 상쇄되어 분자가 응축된다.

23. 양전하를 띠는 아미노산 잔기들이 헤파린의 강한 음전하기와 결합한다. 실제로 항트롬빈 III의 라이신 잔기가 헤파린과 상호작용한다.

24. 8개의 가능한 서열들, 144개의 가능한 결합들과 64개의 입체화학적 가능성 따라서 73,728개의 순열!

25.

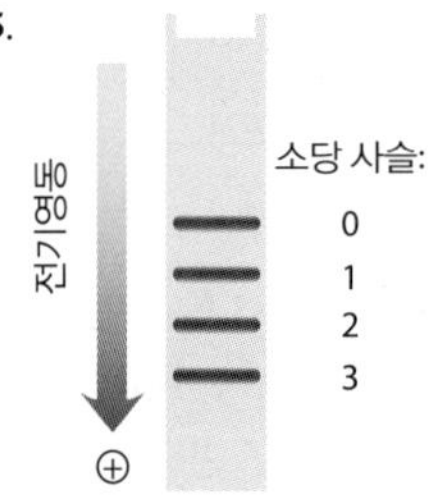

26. 소당이다; 이것의 단위체는 올리고펩타이드의 단위체보다 더 여러 가지 방법으로 결합될 수 있다. 각각의 수산기가 당화결합에 참여할 수 있고, 그 당화결합의 위치배열이 α와 β의 2가지 형태를 취할 수 있다. 그리고 선형일 수도 있고 가지를 가질 수도 있다.

27. **(a)** 분지점에 있는 잔기로부터 2,3-다이-*O*-메틸포도당이 얻어지고, 가지가 없는 위치의 잔기로부터 2,3,6-트라이-*O*-메틸포도당이 얻어진다. **(b)** 3.75%

28. D-포도당 잔기들은 (1→6) 결합으로 연결된 사슬이며, 약 20잔기마다 하나 정도씩 (1→3) 결합된 가지가 있다.

29. **(a)** 이 시험법은 다양한 종류의 용매에 녹아 있는 시료의 일부분만을 용해하여, 녹은 것과 녹지 않은 재료들을 모두 분석하여 성분이 다른지를 알아보는 것이다. **(b)** 순수한 기질에 대하여 모든 분자들은 똑같고 용해된 분획의 어느 것이나 녹지 않은 분획과 동일한 성분을 갖게 될 것이다. 순수하지 않은 물질들은 한 가지 이상의 화합물의 혼합체이다. 특정 용매로 처리하면 한 가지 이상의 성분이 녹아서 다른 성분들을 남길 것이다. 결과적으로 용해된 것과 용해되지 않은 분획들은 서로 다른 성분을 갖는다. **(c)** 정량적인 분석은 연구자들이 활성이 분해를 통하여 소실되지 않는다는 것을 확신하게 해 준다. 분자의 구조를 결정할 때, 분석 중인 시료는 완전한(분해되지 않은) 분자들만으로 구성되어 있다는 것이 중요하다. 시료가 분해된 재료로 오염된다면, 이것은 혼란을 초래하여 해석할 수 없는 구조 결과를 낳을 것이다. 정성적인 분석은 이것이 유의하게 분해되더라도 활성의 존재를 검출할 수 있게 해 줄 것이다. **(d)** 결과 1과 2. 결과 1은 B형 항원이 갈젖당로 구성된 3개의 분자들을 가지므로 이미 알려진 구조와 일치한다; A형과 O형은 각각 2개만을 갖는다. A형이 2개의 아미노 당(*N*-아세틸갈락토사민과 *N*-아세틸글루코사민)을 갖고 있으므로, 결과 2도 또한 일치한다; B형과 O형은 오직 하나의 *N*-아세틸글루코사민을 갖고 있다. 결과 3은 알려진 구조와 일치하지 않는다; A형에 대하여 글루코사민:갈락토사민 비율은 1:1이고, B형에 대하여는 1:0이다. **(e)** 시료는 아마도 순수하지 않고 부분적으로 분해되었을 것이다. 처음 2개의 결과는 방법이 대략적으로만 정량적이기 때문에 측정이 부정확성에 민감하지 않으므로 옳을 가능성이 있다. 세 번째 결과는 더 정량적이어서 순수하지 않고, 분해된 시료 때문에 예상한 값보다 더 다를 것 같다. **(f)** 엑소글리코시데이스. 엔도글리코시데이스가 있다면 O 항원에 대한 이 효소 작용의 산물 중의 하나는 갈젖당, *N*-아세틸글루코사민 또는 *N*-아세틸갈락토사민을 포함할 것이며, 최소한 이 당 중에서 하나는 분해를 억제할 수 있을 것이다. 이 효소가 이러한 당들로 억제가 되지 않는다면, 이것은 사슬의 말단 당만을 제거하는 엑소글리코시데이스일 것이다. O 항원의 말단 당은 퓨코스이다. 즉, 퓨코스만이 O 항원의 분해를 억제할 수 있는 유일한 당이다. **(g)** 엑소글리코시데이스는 A항원으로부터 *N*-아세틸갈락토사민과 B 항원으로부터 갈젖당을 제거한다. 퓨코스는 이 반응 중의 어떤 것들의 산물이 아니므로, 이 당들의 제거를 방지하지 않을 것이고 결과적인 산물들은 A나 B 항원만큼 활성을 띠지 않을 것이다. 그러나 분해가 퓨코스에서 멈추므로 산물들은 O 항원처럼 활성을 가져야 한다. **(h)** 모든 결과들은 그림 10-14와 일치한다. (1) D-퓨코스와 L-갈젖당는 분해로부터 보호할 것이며, 항원의 어디에도 존재하지 않는다. (2) A 항원의 말단 당은 *N*-아세틸갈락토사민이고, 이 당은 단독으로 이 항원의 분해를 막는다. (3) B

항원의 말단 당은 갈젖당이며, 이 항원을 보호할 수 있는 유일한 당이다.

Chapter 8

1. N-3와 N-7

2. (5′) GCGCAATATTTTGAGAAATATTGCGC(3′); 이것은 회문 구조를 포함한다. 각각의 가닥은 머리핀 구조를 형성할 수 있다; 2개의 가닥은 십자형 구조를 형성할 수 있다.

3. 9.4×10^{-4} g

4. **(a)** 40° **(b)** 0°

5. RNA 나선은 A 입체형태이고; DNA 나선은 보통 B 입체형태이다.

6. 진핵세포 DNA에서 C 잔기의 약 5%가 메틸화된다. 5-메틸사이토신은 자발적으로 탈아미노화되어 타이민을 형성할 수 있다; 결과적으로 생기는 G–T 쌍은 진핵세포에서 가장 흔한 틀린 짝 중의 하나이다.

7. 더 높다.

8. 염기 없이 라이보스 고리는 열려서 비고리형 알데하이드를 만들 수 있다. 이것과 염기-치쌓임 상호작용의 소실은 DNA 골격의 유의한 유연성에 기여할 수 있다.

9. CGCGCGTGCGCGCGCG

10. 핵산의 염기 쌓임은 자외선 흡광도를 감소시키는 경향이 있다. 변성은 염기 쌓임을 무너뜨리고 자외선 흡광도는 증가한다.

11. 0.35 mg/mL

12.

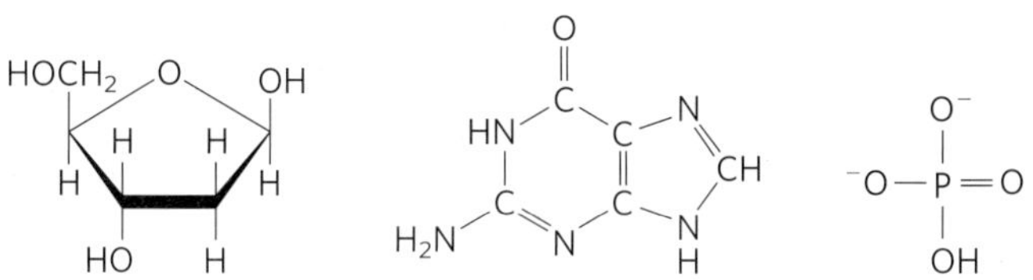

데옥시라이보스　　구아닌　　인산염

용해도: 인산염 > 데옥시라이보스 > 구아닌. 높은 극성의 인산기와 당 부분은 이중나선의 바깥쪽에 있어 물에 노출된다. 소수성 염기들은 나선의 안쪽에 있다.

13. 시발체 1: CCTCGAGTCAATCGATGCTG

시발체 2: CGCGCACATCAGACGAACCA

모든 DNA 염기 서열은 왼쪽에서 오른쪽으로 5′→3′ 방향으로 쓰여 있다는 사실을 명심하라; DNA 중합효소는 5′→3′ 방향으로 DNA를 합성한다; DNA 분자의 2개의 가닥은 역평행한다는 것; 양쪽 PCR 시발체는 3′ 말단이 증폭될 분절을 향하도록 말단 서열을 표적해야만 한다.

14. 시발체는 긴 유전체 클론을 포함하는 라이브러리를 조사하여 서로 가깝게 위치한 컨티그(contig) 말단을 확인하는 데 사용할 수 있다. 간격의 측면에 있는 컨티그가 충분히 가깝다면 시발체는 컨티그를 분리하는 개입(intervening) DNA를 직접 증폭하기 위해 PCR에 사용될 수 있으며, 그 다음에 클론화되고 서열분석할 수 있다.

15. 3′-H는 임의의 후속 뉴클레오타이드의 첨가를 방지하므로, 각각의 클러스터에 대한 서열은 첫 번째 뉴클레오타이드가 첨가된 후에 종결될 것이다.

16. dCTP를 포함하지 않는다면, 첫 번째 G 잔기가 주형에서 만날 때, ddCTP가 첨가되고 중합반응이 멈출 것이다. 오직 하나의 밴드만이 서열분석 젤에서 보일 것이다.

17.

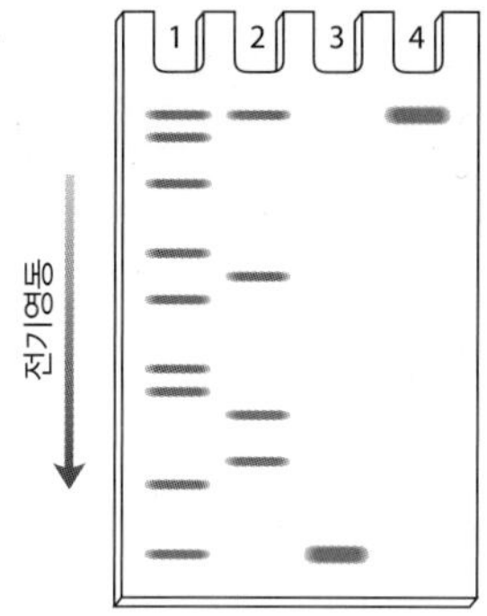

18. (5′)P—GCGCCAUUGC(3′)—OH
(5′)P—GCGCCAUUG(3′)—OH
(5′)P—GCGCCAUU(3′)—OH
(5′)P—GCGCCAU(3′)—OH
(5′)P—GCGCCA(3′)—OH
(5′)P—GCGCC(3′)—OH
(5′)P—GCGC(3′)—OH
(5′)P—GCG(3′)—OH
(5′)P—GC(3′)—OH

그리고 5′-인산 뉴클레오사이드

19. **(a)** 물은 변이를 유발하는 반응을 포함한 대부분의 생물학적 반응에 참여한다. 내생포자의 적은 물 함유량은 변이 유발 효소의 활성을 감소시키고 가수분해 반응인 비효소적 탈퓨린화 반응의 속도를 느리게 한다. **(b)** 자외선은 사이클로뷰테인 피리미딘 이합체의 형성을 유발한다. 고초균은 흙에서 자라기 때문에 포자는 흙 위나 공기 중으로 쳐올려질 수 있어 지속적으로 자외선에 노출될 수 있다.

20. DMT는 접근하는 염기와의 반응을 억제하는 차단기이다.

21. **(a)** 오른손 방향 감기. 하나의 5′ 말단의 염기는 아데닌이다; 나머지 하나의 5′ 말단은 사이티딘이다. **(b)** 왼손 방향 감기. **(c)** 입체적으로 구조를 볼 수 없다면 확장된 해설집에서 부가적인 설명을 참고하거나 온라인으로 찾아보라.

22. **(a)** 쉽지 않을 것이다! 같은 생명체로부터의 다양한 시료들에 대한 자료는 유의한 변동을 나타내고 수율은 절대로 100%가 아니다. C와 T의 수가 A와 G에 대한 수보다 훨씬 더 일관성을 보여 C와 T에 대해서 같은 생명체로부터 시료들이 같은 성분을 더 쉽게 가질 것이다. 그러나 A와 G에 대하여 덜 일관적인 값이라도 (1) 다양한 조직에 대한 값들의 범위가 실제적으로 중복된다; (2) 같은 조직의 다양한 조제법 사이의 차이는 다양한 조직들의 시료 간의 차이와 거의 같다; 그리고 (3) 회수율이 높은 시료에서 그 숫자들이 더 일정하다. **(b)** 이 방법은 정상과 암 세포 간의 차이를 검출할 정도로 충분히 예민하지는 않을 것이다. 암은 돌연변이에 의해 발생하지만, DNA에서 이러한 변화들은 너무 작으므로 이러한 기술들로 검출할 수 없을 것이다. **(c)** A:G와 T:C의 비율은 다양한 종들 사이에서 광범위하게 다양하다. 예를 들어, 세균 *Serratia marcescence*에서 2가지의 비율은 0.4로 DNA가 G와 C를 많이 포함하고 있다는 것을 알게 해 준다. *Haemophilus influenzae*에서는 대조적으로 1.74와 1.54로 DNA가 A와 T를 많이 포함하고 있다는 것을 알게 해 준다. **(d)** 결과 4는 3가지 필요조건을 갖고 있다. (1) A = T: 표는 A:T 비율이 모든 경우에 1에 매우 근접한다는 것을 보여 준다. 확실히 이 비율의 변동은 A:G와 T:C 비율의 변동보다 실제적으로 더 작다. (2) 다시 G:C 비율은 1에 G = C: 매우 근접하고 다른 비율들은 광범위하게 변한다. (3) A + G = T + C: 이것은 퓨린:피리미딘 비율로 또한 1에 매우 근접한다. **(e)** 다양한 중심 분획들은 밀맥아의 다양한 부분을 나타낸다. DNA가 단조롭게 반복되는 서열이라면 모든 부분의 염기 조성이 같게 될 것이다. 다른 중심 구역이 다른 서열을 갖고 있으므로 DNA 서열은 더 복잡할 것이다.

Chapter 9

1.

(a) (5′)---G(3′)　　과　(5′)AATTC---(3′)
(3′)---CTTAA(5′)　　　(3′)G---(5′)

(b) (5′)---GAATT(3′)　과　(5′)AATTC---(3′)
(3′)---CTTAA(5′)　　　(3′)TTAAG---(5′)

(c) (5′)---GAATTAATTC---(3′)
(3′)---CTTAATTAAG---(5′)

(d) (5′)---G(3′)　과　(5′)C---(3′)
(3′)---C(5′)　　　(3′)G---(5′)

(e) (5′)---GAATTC---(3′)
(3′)---CTTAAG---(5′)

(f) (5′)---CAG(3′)　과　(5′)CTG---(3′)
(3′)---GTC(5′)　　　(3′)GAC---(5′)

(g) (5′)---CAGAATTC---(3′)
(3′)---GTCTTAAG---(5′)

(h) 방법 1: (a)에서와 같이 *Eco*RI으로 DNA를 절단한다. 이 지점에서, DNA를 (b)나 (d)로 처리할 수 있다. 그 후 2개의 결과적인 비점착성 끝 사이에 있는 *Bam*HI 인식 부위에 합성된 DNA를 연결시킨다. 방법 2 (더 효과적임): DNA를 다음과 같이 합성한다.

(5′)AATTGGATCC(3′)
(3′)CCTAGGTTAA(5′)

이것은 *Eco*RI의 절단에 의해 생긴 점착성 끝에 효과적으로 연결되고, *Bam*HI 부위에 도입되지만, 다시는 *Eco*RI 부위가 생성되지 않는다. **(i)** 이 문제에 토론된 순서대로 4개의 조각(N은 어떤 뉴클레오타이드든 관계없음)을 나열하면,

(5′)AATTCNNNNCTGCA(3′)
(3′)GNNNNG(5′)
(5′)AATTCNNNNGTGCA(3′)
(3′)GNNNNC(5′)
(5′)AATTGNNNNCTGCA(3′)
(3′)CNNNNG(5′)
(5′)AATTGNNNNGTGCA(3′)
(3′)CNNNNC(5′)

2. 효모 인공 염색체(YAC)는 2개의 종말절(telomere)-함유 말단과 큰 DNA 단편이 염색체에 클로닝되지 않는 한 세포에서 안정화되지 못한다. 10,000 bp 미만의 YACs는 지속적으로 유사 분열과 세포 분열 과정에서 손실된다.

3. **(a)** 외래 DNA의 삽입이 없이도 재생된 원래의 pBR322 플라스미드는 암피실린에 대한 저항을 아직도 가지고 있다. 또한, 2개 또는 그 이상의 pBR322 분자가 외래 DNA의 삽입에 관계없이 함께 연결된다. **(b)** 레인 1과 2에 있는 클론 다른 방향으로 삽입된 하나의 DNA 조각을 가지고 있다. 레인 3에 있는 클론은 2개의 DNA 조각을 가지고 있어서, *Eco*RI의 가까운 끝 부의 결합과 같이 연결된다.

4. (5′)GAAAGTCCGCGTTATAGGCATG(3′)
(3′)ACGTCTTTCAGGCGCAATATCCGTACTTAA(5′)

5. 진단을 위해서는 시발체, 열에 안정적인 DNA 중합효소, dNTP, 그리고 PCR 기계가 필요할 것이다. 시발체는 CAG 반복서열을 포함하고 있는 부분에서 단순하게 고안할 수 있다. 보여 주고 있는 DNA 나선은 암호화 나선으로서 5′→3′ 좌에서 우이다. 반복 부위의 좌측 DNA를 표적으로 하고 있는 시발체는 CAG 반복 부위의 좌측 부위에서 보이는 어떠한 25-뉴클레오타이드 크기의 서열과 같을 것이다. 우측의 시발체는 CAG 반복 부위의 우측에 있는 25-뉴클레오타이드 크기의 서열과 상보적이고 반대방향으로 평행하게 이루어졌을 것이다. 이 시발체들을 이용하여, CAG 반복서열을 가진 DNA는 증폭되고, 그 크기는 전기영동 후 크기표지인자와 비교하여 결정될 것이다. DNA의 길이는 CAG 반복서열의 길이를 반영하고, 이 질환에 대한 간단한 진단방법이 된다.

6. 결손된 부위의 DNA에 상보적인 PCR 시발체들을 고안하지만, 서로 반대편에서 DNA 합성에 관여한다. 결손된 부위의 끝이 연결되어 원형을 이루지 않는다면 PCR 산물은 생산되지 않는다.

7. 반딧불 루시퍼레이스를 발현하는 식물은 빛을 낼 수 있게 되기 전에 루시퍼레이스의 기질인 루시페린을 흡수해야 한다. 녹색형광단백질을 발현하는 식물은 다른 어떤 성분을 필요로 하지 않고 빛이 난다.

8.

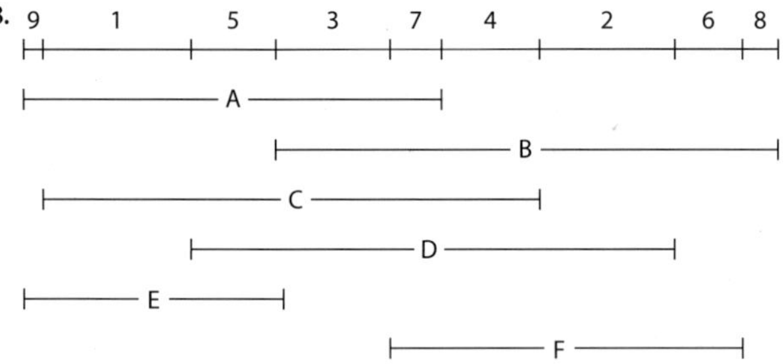

9. 표지된 항체를 생산하는 것은 어렵고 비싸다. 모든 단백질 표적에 대한 모든 항체의 표지는 비현실적일 것이다. 특정한 종류의 모든 항체에 결합하는 하나의 항체를 표지함으로써 같은 표지된 항체가 다양한 면역형광실험에 사용될 수 있다.

10. 효모 균주 1에서 DNA-결합 영역인 Gal4p의 영역 중의 하나와 융합된 단백질의 형태로 단백질을 발현시킨다. 효모 균주 2를 사용하여 진균의 모든 단백질이 Gal4p의 상호작용 영역과 융합된 형태로 발현되는 라이브러리를 제작한다. 균주 1과 균주 2를 교배하고 유전자의 발현으로 색깔을 나타내는 콜로니를 찾는다. 이 콜로니들은 여러분의 표적단백질과 상호작용하는 융합단백질을 포함하는 교배된 세포에서 생긴 것이다.

11. 4번 점을 덮고, 활성화된 T를 가진 용액을 가하여, 빛을 조사하고, 세척한다.

1. A–T　2. G–T　3. A–T　4. G–C

2와 4번 점을 덮고, 활성화된 G가 포함된 용액을 가하여, 빛을 조사하고, 세척한다.

1. A–T–G　2. G–T　3. A–T–G　4. G–C

3번 점을 덮고, 활성화된 C가 포함된 용액을 가하여, 빛을 조사하고, 세척한다.

1. A–T–G–C　2. G–T–C　3. A–T–G　4. G–C–C

1, 3, 4번 점을 덮고, 활성화된 C가 포함된 용액을 가하여, 빛을 조사하고, 세척한다.

1. A–T–G–C　2. G–T–C–C　3. A–T–G　4. G–C–C

1과 2번 점을 덮고, 활성화된 G가 포함된 용액을 가하여, 빛을 조사하고, 세척한다.

1. A–T–G–C　2. G–T–C–C　3. A–T–G–C　4. G–C–C–C

12. ATSAAG**W**DEWEGGK**V**LIHL**DG**KLQNRGALLELDIGAV

13. 알류트(Aleut)와 에스키모(Eskimo) 인구의 일배체형(haplotypes) 유형은 조상의 미국 북극 지역으로의 이주가 북미와 남미의 나머지 지역을 차지하는 이주와는 별개임을 시사한다.

14. 데니소반(Denisovans)과 인류(*Homo sapiens*)의 상호 번식은 인간이 아프리카에서 아시아로, 그리고 호주와 멜라네시아(Melanesia)로 이주한 수천 년 동안 아시아에서 발생했을 것이다.

15. 똑같은 질환이 다른 염색체에 존재하는 2가지 이상의 유전자의 결손에 의해 발생할 수 있다.

16. **(a)** DNA 용액은 긴 DNA 분자들이 용액에서 엉켜 있어 매우 끈적거린다. 더 짧은 분자들은 덜 엉키게 되어 덜 끈적거리는 용액을 만든다. 즉, 점도의 감소는 핵산가수분해효소의 활성에 의해 일어나는 중합체의 단축과 일치하게 된다. **(b)** 내부핵산가수분해효소. 외부핵산가수분해효소는 5′ 또는 3′ 말단으로부터 하나의 뉴클레오타이드를 제거하여 TCA-용해가능 ^{32}P-표지 뉴클레오타이드를 만든다. 내부핵산가수분해효소는 DNA를 올리고뉴클레오타이드 절편으로 잘라서 TCA-용해가능 ^{32}P-표지 뉴클레오타이드가 거의 생기지 않는다. **(c)** 5′ 말단. 인산이 3′ 말단에 남아 있다면 인산화효소는 인산을 5′ 말단에 첨가하는 것처럼 유의한 양의 ^{32}P를 포함시킬 것이다; 인산분해효소의 처리는 여기에 아무런 효과가 없을 것이다. 이 경우에 시료 A와 B는 유의한 양의 ^{32}P를 포함시킬 것이다. 인산이 5′ 말단에 남아 있다면 인산화효소는 ^{32}P를 끼워 넣지 못할 것이다: 하나가 이미 존재한다면 그것은 인산을 첨가하지 못한다. 인산분해효소의 처리는 5′ 인산을 제거하고 인산화효소는 유의한 양의 ^{32}P를 포함시킨다. 시료 A는 ^{32}P를 거의 갖지 않을 것이고, B는 실제적인 ^{32}P의 포함을 보여줄 것이다 — 관찰된 것처럼. **(d)** 무작위적 절단은 다양한 크기의 절편을 만들 것이다. 특정 절편의 생산은 효소가 자리-특이적이라는 것을 말해 준다. **(e)** 인식 자리에서의 절단. 이것은 절편의 5′ 말단에서 특정 서열을 만든다. 절단이 인식자리 내부가 아니라 근처에서 일어난다면, 절편의 5′ 말단의 서열은 무작위적일 것이다. **(f)** 결과는 아래에서 보여 준 바와 같이 2개의 인식 서열과 일치한다. 절단되는 위치는 화살표로 표시되었다.

```
                ↓
(5′) – – – GTT  AAC – – – (3′)
(3′) – – – CAA  TTG – – – (5′)
                ↑
```

(5′)pApApC와 (3′)TpTp 절편을 만들고

```
                ↓
(5′) – – – GTC  GAC – – – (3′)
(3′) – – – CAG  CTG – – – (5′)
                ↑
```

(5′)pGpApC와 (3′)CpTp 절편을 만든다.

Chapter 10

1. "지질"이라는 용어는 특이적인 화학적 구조를 지정하지 않는다. 화합물은 지질이 물보다 유기 용매에서 더 잘 녹는다는 근간에 따라 일반화된다.

2.

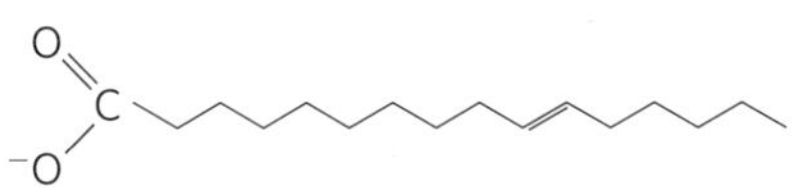

3. **(a)** 시스형의 이중결합의 수. 각 시스형의 이중결합은 탄화수소 사슬을 구부러지게 하므로 녹는점을 낮춘다. **(b)** 6개의 다른 트라이아실글리세롤이 형성될 수 있다. 녹는점은:

$$\text{OOO} < \text{OOP} = \text{OPO} < \text{PPO} = \text{POP} < \text{PPP}$$

이고, 여기에서 O는 올레산이며, P는 팔미트산이다. 포화 지방산의 내용물이 많아지면 녹는점은 낮아진다. **(c)** 가지 사슬 지방산은 막 지질 채움의 범위를 감소시키기 때문에 막의 유동성을 증가시킨다.

4. 이는 지방산을 포함하는 지질의 녹는점을 상승시키는 이중 결합을 감소시킨다.

5. 상온에서 거의 고체인 길고 포화된 지방산 사슬은 물과 같은 극성 용매에 용해되거나 확산될 수 없는 소수성 층을 형성한다.

6. 스피어민트는 (*R*)-탄소이고, 캐러웨이는 (*S*)-탄소이다.

7.

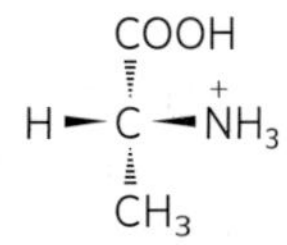

(*R*)-2-아미노프로파논 산

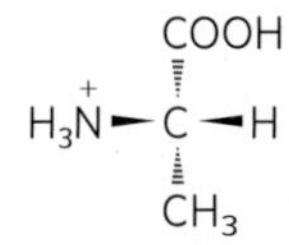

(*S*)-2-아미노프로파논 산

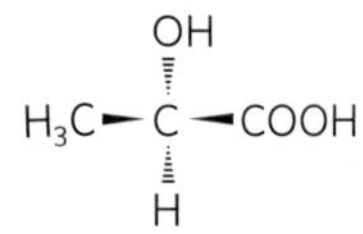

(*R*)-2-하이드록시프로파논 산

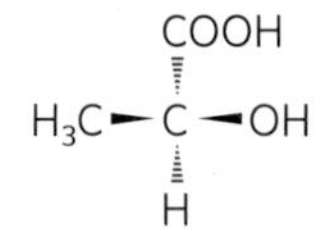

(*S*)-2-하이드록시프로파논 산

8. **소수성 단위(*Hydrophobic units*):** (a) 2개의 지방산; (b), (c), 그리고 (d) 하나의 지방산과 스핑고신의 탄화수소 사슬; (e) 탄화수소 뼈대. **친수성 단위(*Hydrophilic units*):** (a) 인산에탄올아민; (b) 인산콜린; (c) D-갈젖당; (d) 몇 분자의 당; (e) 알코올기(—OH)

9. 이것은 오직 스핑고지질(스핑고마이엘린)일 수 있다.

10.

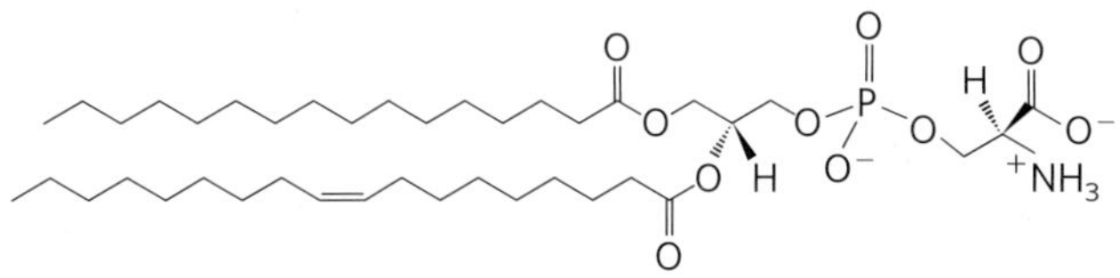

포스파티딜세린

11. 혈액형을 결정하는 막 지질의 부분은 막 스핑고지질의 머리 부분의 소당이다(그림 10-14 참조). 동일한 소당이 특정 막 당단백질에 결합하여 혈액형을 구분하는 항체들의 인식 부위로도 작용한다.

12. **(a)** C-2의 결합하지 않은 —OH기와 C-3의 인산콜린 머리 부분의 친수성이다; 라이소레시틴의 C-1에 있는 지방산의 소수성이다. **(b)** 프레드니손과 같은 어떤 스테로이드는 C-2로부터 아라키돈산의 유리를 억제하면서 인지질분해효소 A_2의 작용을 억제시킨다. 아라키돈산은 여러 가지의 아이코사노이드로 변환되고 아이코사노이드의 일부는 염증과 통증을 일으킨다. **(c)** 인지질분해효소 A_2는 인체에서 활성적인 방어 기능을 가진 다른 아이코사노이드의 전구체인 아라키돈산을 유리시킨다; 그것은 또한 식이성 글리세로인지질을 분해시킨다.

13. 다이아실글리세롤은 소수성이며 막 지질에 남는다. 1,4,5-삼중인산 이노시톨은 고도의 극성을 가지면서 물에 매우 가용성이므로 세포질에서 더 쉽게 확산한다. 둘 다 이차 전령이다.

14.

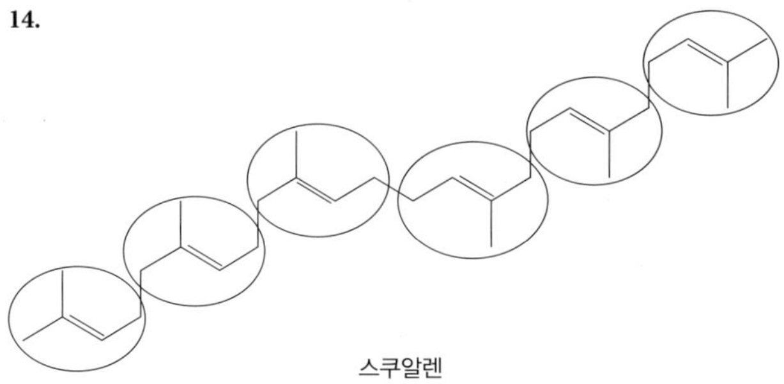

스쿠알렌

15. **(a)** 팔미트산, 스테아르산의 글리세롤과 그것의 나트륨 염. **(b)** 팔미트산, 올레산의 D-글리세롤 3-포스포릴콜린과 그것의 나트륨 염

16. 물에 대한 용해도: 단순아실글리세롤> 다이아실글리세롤> 트라이아실글리세롤

17. 최초의 용출로부터 최후의 용출 순서: 콜레스테릴 팔미트산과 트라이아실글리세롤; 콜레스테롤과 *n*-테트라데카놀; 포스파티딜콜린과 포스파티딜에탄올아민; 스핑고마이엘린; 포스파티딜세린과 팔미트산.

18. **(a)** 각 화합물의 산 가수분해물(acid hydrolysates)을 크로마토그래피(GLC 또는 실리카 젤 TLC)로 받게 하고 알려진 표준물의 결과와 비교하라. 스핑고마이엘린 가수분해물: 스핑고신, 지방산, 인산콜린, 콜린, 인산; 세레브로사이드 가수분해물: 스핑고신, 지방산, 당(그러나 인산은 아니다). **(b)** 스핑고마이엘린의 강알칼리 가수분해는 스핑고신을 생성한다; 포스파티딜콜린은 글리세롤을 생성한다. 표준과 비교함으로써 또는 FDNB의 차별 반응으로써 얇은층 크로마토그램으로 화합물을 검출한다(단지 스핑고신만 색깔 있는 생성물을 형성하기 위하여 반응한다). 인지질분해효소 A_1 또는 A_2의 처리는 포스파티딜콜린에서 유리 지방산을 유리시키지만 스핑고마이엘린에서는 유리시키지 않는다.

19. 포스파티딜에탄올아민과 포스파티딜세린

20. **(a)** GM1과 글로보사이드. 포도당과 갈젖당는 모두 육탄당이어서 몰 비율에서의 "육탄당"은 포도당 + 갈젖당을 의미한다. 4개의 강글리오사이드에 대한 비율은 GM1, 1:3:1:1; GM2, 1:2:1:1; GM3, 1:2:0:1; globoside, 1:3:1:0이다. **(b)** 그렇다. 비율은 GM2에 해당한다. 강글리오사이드는 테이-작스 질환에서 축적될 것으로 예상된다(별도설명 10-1, 그림 1 참조). **(c)** 이 분석은 생거가 인슐린의 아미노산 서열을 결정하는 데 사용한 방법과 유사하다. 각 절편의 분석은 서열이 아니라 성분만을 알게 해주지만, 각 절편이 당 하나씩 순차적인 제거에 의해 형성되므로 우리는 서열에 대한 결과를 그려볼 수 있다. 정상적인 아시알로강글리오사이드의 구조는 세라마이드-포도당-갈젖당-갈락토사민-갈젖당으로 별도설명 10-1과 일치한다(가수분해 전에 제거되는 Neu5Ac를 제외하고). **(d)** 테이-작스 아시알로강글리오사이드는 세라마이드-포도당-갈젖당-갈락토사민으로 별도설명 10-1과 일치한다. **(e)** 정상적인 아시알로강글리오사이드, GM1의 구조는 세라마이드-포도당-[당화 연결에 관여하는 2 —OH; 고리 구조에 관여하는 1 —OH; 메틸화를 위해서 아무 변형이 되지 않은 3 —OH(2, 3, 6)]-갈젖당 [결합에 2 —OH; 고리에 1 —OH; 메틸화를 위해서 아무 변형이 되지 않은 3 —OH (2, 4, 6)]-갈락토사민 [결합에 2 —OH; 고리에 1 —OH; —OH 대신에 1 —NH_2; 메틸화를 위해서 아무 변형이 되지 않은 2 —OH (4, 6)]-갈젖당 [결합에 1 —OH; 고리에 1 —OH; 메틸화를 위해서 아무 변형이 되지 않은 4 —OH (2, 3, 4, 6)] **(f)** 2가지 정보의 핵심이 빠져 있다; 당 사이의 연결은 무엇인가? Neu5Ac는 어디에 부착하는가?

Chapter 11

1. 분자당 면적은 사용된 지질의 알려진 양(분자 수)과 압축에 저항하기 시작할 때 단일층이 차지한 면적(필요한 힘이 대폭 증가할 때, 힘 대 면적의 표에서 보이는 것과 같이)에 의해 계산될 수 있다.

2. 자료는 개의 적혈구에서 지질 이중층을 지적한다. 하나의 세포의 표면적은 98 μm^2이고 지질 단일층의 면적은 200 μm^2이다. 양과 사람의 적혈구의 경우, 자료는 이중층이 아니라 단일층을 나타낸다. 사실 이런 초기 실험에서 중요한 실험적 오류가 있었지만, 최근에 수행된 더 정확한 측정은 모든 경우에서 이중층을 지지한다.

3. 63개

4. **(a)** 이중층을 형성하는 지질은 양극성 분자이다; 그것들은 친수성과 소수성 단위를 포함한다. 물의 표면에 노출된 소수성 구역을 최소화하기 위하여, 이러한 지질들은 물에 노출된 친수성 단위와 판의 내부에 묻혀 있는 소수성 단위를 가진 2차원의 판을 형성한다. 더욱이 물에 판의 소수성 끝이 노출되는 것을 피하기 위하여 지질 이중층은 스스로 닫힌다. 마찬가지로 판에 구멍이 뚫렸다면 구멍은 막이 반유동성이기 때문에 봉해져야 할 것이다. **(b)** 이러한 판은 세포 내에 있는 세포와 구획(세포내 소기관)을 봉하는 닫힌 막 표면을 형성한다.

5. 2 nm. 2개의 팔미트산은 끝에서 끝까지 약 4 nm의 거리로 배치되고 있으며, 이 거리는 전형적인 이중층의 폭과 거의 같은 것이다.

6. 염 추출은 주변 부위를 나타내고, 온전한 세포에서 단백질분해효소가 접근하지 못하는 곳은 내부 부위를 나타내고 있다. X는 막의 주변 단백질과 유사하다.

7. 소수성 표를 구성하라; 20개 이상 잔기의 소수성 영역은 막횡단 분절을 제시한다. 손상되지 않은 적혈구 단백질이 1차 아민에 특이적인 막-불투과성 시약과 반응하는지 확인하라. 만약 그렇다면, 수송체의 아미노 말단은 세포 외부에 존재한다.

8. ~1%; 세포와 10,000개의 수송 분자의 표면적을 계산함으로써 측정된다(모델의 구단백질로서 헤모글로빈(5.5 nm 직경, 163쪽 참조)의 크기를 사용한다).

9. ~22. 인지질에 덮인 막 표면 부위를 추정하기 위해, 이중층에서 인지질 분자 횡단면의 평균과(이 단원 문제 1에 있는 도식과 같은 실험에서), 50 kDa인 단백질 횡단면의 평균을 알아야 한다.

10. 감소한다. 세포 간 융합은 개개 지질을 이중층으로 이동할 필요가 있으므로, 이 과정은 지질이 "고체상"일 때의 10°C보다 "액체상"일 때의 37°C에서 보다 빨리 일어난다. 이 효과는 낮아진 온도에서 브라운 운동의 일반적인 감소보다 더 뚜렷하다.

11. 막 지질 간의 상호작용은 비공유 결합적이고 가역적이다. 그들은 자동적으로 형성된다.

12. 말굽과 같은 말단 부위의 조직 온도는 몸의 중심부에 가까운 조직의 온도보다 일반적으로 낮다. 만일 지질이 이보다 낮은 온도에서 유동체가 되면 유동 모자이크 모형에서 요구되는 바와 같이 높은 비율로 불포화지방산을 가지고 있지 않으면 안 된다. 불포화지방산은 지질 혼합물의 녹는점을 낮춘다.

13. 극성이 높은 때로는 하전된 머리 부분이 이중층의 소수성 내부를 통하여 이동할 때의 에너지 소비는 억제되어 있다.

14. pH 7에서, 트립토판은 양과 음의 전하를 가지고 있으나 인돌은 하전되어 있지 않다. 극성이 낮은 인돌이 이중층의 소수성 중심을 통하여 이동하는 것은 에너지 적으로 유리한 것이다.

15.

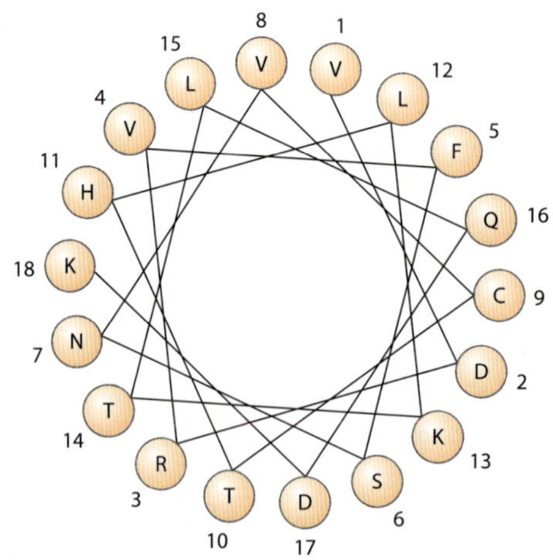

많은 hydropathy index(V, L, F, and C)를 가지는 아미노산은 나선의 한쪽 면에 밀집되어 있다. 이런 양극성 나선형 구조의 소수성 표면은 지질 이중층에 박혀 있고, 반면 다른 쪽 표면은 용액 쪽으로 노출되어 있다. 대신 나선형 구조 집단은 서로의 극성 표면을 접한 상태로 밀집하여 있고, 이들의 소수성 표면은 지질 이중층 쪽으로 향하여 존재한다.

16. 35 kJ/mol. 막을 가로지르는 전기 전위(막횡단 전위)의 영향을 무시한다; 0.60 mol

17. 13 kJ/mol

18. 조직에서 소비되는 산소의 대부분은 거의 ATP의 기원이 되는 산화인산화에 사용된다. 따라서 콩팥에서 합성되는 ATP 중 약 2/3는 K^+와 Na^+의 능동수송에 사용된다.

19. 아니다. 동반수송체는 운반된 포도당 각 분자에 대하여 1당량 이상의 Na^+을 운반할 지도 모른다.

20. 과도한 젖당의 존재 상태에서 표지되지 않은 NEM을 가진 세포의 쇄균액을 처리하고, 젖당을 제거하고, 그 후에 방사선으로 표지된 NEM을 첨가하라. 방사선으로 표지된 띠(수송체)의 분자량을 결정하기 위하여 SDS-PAGE를 사용하라.

21. 류신 운반체는 L 이성체에 특이적이지만, 결합자리는 L-류신이나 L-발린을 받아드릴 수 있다. Na^+가 없는 V_{max}의 감소는 류신(또는 발린)이 Na^+를 가진 동반수송체에 의하여 운반된다는 것을 가리킨다.

22. V_{max} 감소; K_t 영향 없음

23. 3×10^{-2}초

24. **(a)** 글라이코포린 A : 1 막횡단 분절; 마이오글로빈: 막(막단백질은 아님)을 통과하기에 충분히 긴 분절; 아쿠아포린: 6개의 막횡단 부위(막 통로 또는 수용체 단백질일 수 있음). **(b)** 15-잔기 창이 더 나은 신호 대 잡음비(signal-to-noise ratio)를 제공한다. **(c)** 좁은 창은 막횡단 서열(transmembrane sequence)이 단백질의 양쪽 끝 근처에서 발생할 때 "가장자리 효과(edge effects)"의 영향을 줄인다.

25. **(a)** α 나선(제4장)에 대한 잔기당 오름은 약 1.5 Å = 0.15 nm이다. 4 nm의 이중층으로 확산하기 위하여 α 나선은 약 27개의 잔기를 가지고 있어야 한다; 그러므로 7번의 막통과를 위하여 약 190개의 잔기가 필요하다. 분자량 64,000의 단백질은 약 580개의 잔기를 가지고 있다. **(b)** 막횡단 구역의 위치를 알기 위하여 소수성 도표가 사용된다. **(c)** 에피네프린 수용체 약 절반이 하전된 잔기로 이루어져 있기 때문에 단백질 부위 중 2개의 근접하는 막을 통과하는 구역을 연결하는 세포내 고리를 나타내는 것 같다. **(d)** 이 나선이 대부분 소수성 잔기로 구성되어 있기 때문에 이 수용체 부분은 단백질의 막을 통과하는 구역의 하나를 나타내는 것 같다.

26. **(a)** 모델 A: 제시된다. 2개의 진한 선은 단백질 층과 인지질 머리 부분이고, 빈 공간은 각 각 이중층과 소수성 코어(core)이다. 모델 B: 제시되지 않는다. 이 모델은 세포 주위에서 다소 일정하게 염색된 선을 요구한다. 모델 C: 한 가지 제안과 함께 제시된다. 2개의 진한 선은 인지질 머리 부분이다; 빈 공간은 꼬리이다. 이것은 막 단백질이 보이지 않는 것으로 가정한다. 그것은 오스뮴이 염색되지 않거나 또는 시각적으로 보여지는 부분에서는 일어나지 않기 때문이다. **(b)** 모델 A: 제시된다. "벌거벗은(naked)" 이중층 (4.5 nm) + 단백질의 2개의 층(2 nm)의 합은 6.5 nm이다. 이것은 간주되고 있는 두께 범위 안의 값이다. 모델 B: 제시되지 않았다. 이 모델은 막 두께에 대한 언급이 없다. 모델 C: 명확하지 않다. 이 결과는 이 모델과 일치하기 어렵고 이것은 "벌거벗은" 이중층만큼 두껍거나 약간 더 두껍다고 예상된다(박혀 있는 단백질 끝의 구조 때문에). 이 모델은 막 두께의 최소값이 정확하거나 이중층으로부터 돌출된 단백질의 상당한 양이 정확할 경우 제안된다. **(c)** 모델 A: 명확하지 않다. 이 결과는 이 모델과 일치시키기 어렵다. 단백질이 이온결합에 의해 세포막에 붙어 있을 경우, 이 모델은 관찰된 것과는 반대로 높은 비율의 전하를 띤 아미노산을 포함하고 있다. 또한 단백질 층이 매우 얇기 때문에 ((b) 참조) 소수성 단백질 코어의 충분한 공간이 없을 수 있다. 따라서 소수성 잔기는 용매에 노출 될 수 있다. 모델 B: 제시된다. 단백질은 소수성 잔기(지질과 상호작용하는)와 전하를 띤 잔기(물과 상호작용하는)의 혼합물이다. 모델 C: 제시된다. 단백질은 소수성 잔기(막에 박혀 있는)와 전하를 띤 잔기(물과 상호작용하는)의 혼합물이다. **(d)** 모델 A: 명확하지 않다. 이 결과는 이 모델과 일치시키기 어렵다. 이것은 정확히 2.0의 비율로 예상된다; 이는 물리적으로 적절한 압력 이하에 도달하기 어렵다. 모델 B: 아니다. 이 모델은 막에서 지질의 양을 알 수 없다. 모델 C: 제시된다. 몇몇의 막 표면 부위는 단백질로 이루어져 있고 그 비율이 2.0 이하일 것이다. 이것은 좀 더 적절한 조건 아래서 관찰되어졌다. **(e)** 모델 A: 명확하지 않다. 이 모델은 구형보다는 더 확장된 구조에 있는 단백질이라 예상된다. 따라서 나선 조각을 포함하는 표면에 단백질 층이라고 가정할 경우 제시된다. 이 모델은 거의 구형 단백질이라 예상된다(몇몇의 나선 조각을 포함하고). 모델 C: 제시된다, 이 모델은 거의 구형 단백질일 것이다. **(f)** 모델 A: 명확하지 않다. 단백질이 표면을 완전히 덮거나 인지질분해효소(phospholipase)로부터 인지질이 완전히 보호될 경우 포스포릴 아민의 머리 부분은 단백질 층에 의해 보호받는다. 모델 B: 제시된다. 많은 머리 부분은 인지질분해효소(phospholipase)에 접근하기 쉽다. 모델 C: 제시된다. 모든 머리 부분은 인지질분해효소에 접근하기 쉽다. **(g)** 모델 A: 지시되지 않는다. 단백질은 전적으로 트립신분해를 하기 쉽고 실질적으로 보호된 소수성 부분없이, 모든 것이 복합적인 분열을 겪는다. 모델 *B*: 제시되지 않는다. 실질적으로 모든 단백질이 이중층에 있고 트립신에 접근하기 어렵다. 모델 C: 제시된다. 이중층을 관통하거나 걸쳐져 있는 단백질 조각은 트립신으로부터 보호된다; 표면에 노출되어 있는 것들은 분열된다. 트립신-저항성 부분은 소수성 잔기의 높은 비율로 되어 있다.

Chapter 12

1. X는 cAMP이다; 이의 생산은 에피네프린에 의하여 촉진된다. **(a)** cAMP 형성을 촉매하는 아데닐릴 고리화효소는 원심분리에 의해서 고형분획으로 침전한다. **(b)** 첨가된 cAMP는 글리코겐 가인산분해효소를 자극한다. **(c)** cAMP는 열에 안정적이다; 이는 수산화바륨으로 ATP를 처리함으로써 생성될 수 있다.

2. cAMP와 달리, 다이부티릴-cAMP는 형질막을 쉽게 통과한다.

3. **(a)** 이는 cAMP의 농도를 증가시킨다. **(b)** cAMP는 Na^+ 투과도를 조절한다. **(c)** 손실된 체액과 전해질을 보충한다.

4. **(a)** 변이로 인해 R이 C 소단위에 결합하여 억제하지 못하면 C는 지속적으로 활성화된 상태를 유지한다. **(b)** 변이로 인해 cAMP가 R에 결합하지 못하면 C는 결합된 R에 의해 계속해서 억제된 상태를 유지한다.

5. 알부테롤은 cAMP의 농도를 증가시켜서 기관지와 세기관지의 이완과 확장을 유도한다. β-아드레날린성 수용체는 많은 다른 과정을 조절하기 때문에 다른 바람직하지 못한 부작용을 일으킬지도 모른다. 부작용을 최소화하기 위해서 기관지의 평활근에서 발견되는 β-아드레날린성 수용체의 아형(subtype)에 특이적인 작용물질을 찾아야 한다.

6. 호르몬 분해; G-단백질에 결합한 GTP의 가수분해; 이차 전령의 분해, 대사 또는 격리; 수용체 탈감작; 세포 표면으로부터 수용체의 제거.

7. β-어레스틴을 CFP로 β-아드레날린성 수용체의 세포질 영역을 Y단계로 또는 각각 반대로 융합시킨다. 어느 경우에든 433 nm 파장의 빛을 조사하고, 476 nm와 527 nm의 파장에서 방출된 빛을 관찰한다. 만약 상호작용이 일어난다면 융합단백질을 발현하고 있는 세포에 에피네프린을 처리한 후 방출된 빛의 강도가 476 nm에서 감소하고, 527 nm에서는 증가할 것이다. 만약 상호작용이 일어나지 않는다면 방출된 빛의 파장이 476 nm에서 유지될 것이다. 실패한 이유를 설명하자면 이 융합단백질이 (1) 불활성형 또는 상호작용을 하지 못하거나, (2) 정상적인 세포 내부 위치로 이동하지 못하거나, (3) 단백질 분해작용에 안전하지 못할 가능성이 있다.

8. 바소프레신은 세포질의 Ca^{2+} 농도를 10^{-6} M로 올리고 단백질 인산화효소 C를 활성화시킴으로써 작용한다. EGTA 주입은 바소프레신의 작용을 억제한다. 하지만 세포내 이차 전령으로 Ca^{2+}이 아닌 cAMP를 사용하는 글루카곤의 반응

에는 영향을 주지 않는다.

9. 증폭은 한 분자의 촉매가 많은 다른 분자 촉매들을 활성화시키는 것으로 이들을 증폭 연쇄반응에 있는 순서대로 나열하면 인슐린 수용체, IRS-1, Raf, MEK, ERK 등을 들 수 있다. ERK는 mRNA 생산을 자극하는 전사인자를 활성화시킨다.

10. GTPase를 불활성화시키는 *ras*의 돌연변이는 GTP의 결합에 의해 일단 활성화되어 Raf를 경유하여 인슐린-반응 신호를 계속적으로 주는 단백질을 생성한다.

11. *Ras*와 G_s의 공유되는 성질: 둘 다 GDP 또는 GTP에 결합할 수 있다; 둘 다 GTP에 의해서 활성화된다; 활성화되었을 때 둘 다 하류의 효소들을 활성화시킨다; 둘 다 짧은 기간의 활성 후에 그들을 불활성화 시키는 내인성 GTPase의 활성을 갖는다. *Ras*와 G_s의 다른 성질: Ras는 소형 단일체 단백질이고, Gs는 이형 삼합체이다. G_s와 G_i의 기능상의 차이: G_s는 아데닐기 고리화효소를 활성화시키고 G_i는 이것을 억제시킨다.

12. 인산화효소 (괄호 안은 인자): PKA (cAMP); PKG (cGMP); PKC (Ca^{2+}, DAG); Ca^{2+}/CaM 인산화효소 (Ca^{2+}, CaM); 사이클린-의존 인산화효소 (사이클린); 단백질 타이로신 인산화효소 (인슐린 같은 수용체에 대한 리간드); MAPK (Raf); Raf (Ras); 글리코겐 가인산분해효소 인산화효소 (PKA)

13. G_s에 가수분해될 수 없는 유사체가 결합하면 활성화된 형태로 유지된다. 따라서 유사체의 주입은 주입된 세포의 에피네프린 효과를 오래 지속시킨다.

14. **(a)** 친화도를 이용한 AChR의 정제법으로 α-분가로톡신이 결합된 구슬을 이용하라(그림 3-17c 참조). 전기 기관으로부터 단백질을 추출하여 이 혼합액을 크로마토그래피 원통을 통과시킨다; AChR은 원통속의 구슬에 선별적으로 결합한다. α-분가로톡신과의 상호작용을 약화시킬 수 있는 용매를 이용하여 AChR을 유리시킨다.

(b) 다양한 기술에 의한 정제 과정 중에 AChR에 정량적 측정을 위해 $[^{125}I]\alpha$-분가로톡신의 결합을 이용하라. 각 정제 단계에서 시료의 단백질에 $[^{125}I]\alpha$-분가로톡신이 결합한 정도를 측정함으로써 AChR의 양을 측정한다. 정제 과정에서 AChR에 대한 가장 높은 특이 활성(결합된 $[^{125}I]\alpha$-분가로톡신 count/min/mg 단백질)을 가진 것을 활용한다.

15. 과분극은 막대세포(rod cell)의 시냅스 전 영역(presynaptic region)에서 전압 의존성 Ca^{2+} 통로를 닫는 결과를 만든다. 결과적으로 $[Ca^{2+}]$의 감소는 시각 회로의 다음 뉴런에서 활동을 억제하는 억제성 신경전달물질의 방출을 감소시킨다. 이 억제가 가벼운 자극에 반응하여 제거되면, 회로는 활성화되고 뇌의 시각 중심이 흥분된다.

16. 오구치병(Oguchi's disease)을 가진 사람은 로돕신 인산화효소나 어레스틴의 결함을 가지고 있다.

17. 막대세포에서는 빛에 반응하여 더 이상 막전위의 변화를 관찰할 수 없을 것이다. 이 실험은 이미 수행되었다. 빛을 조사하면 PDE를 활성화시켰지만, 이 효소는 유의적으로 8-Br-cGMP 농도를 감소시키지 못하여, 개폐 이온 통로를 열어놓기 위해 필요한 농도 이상으로 유지되었다. 따라서 빛은 막 전위에 어떠한 영향도 미치지 못하였다.

18. **(a)** 열에 노출되면 TRPV1 통로가 열리고, Na^+와 Ca^{2+}이 감각신경으로 유입된다. 이것은 신경세포를 탈분극시켜서 활동전위를 시작하도록 한다. 활동전위가 축삭 말단에 도달하면 신경전달물질이 방출되어 신경계에 열이 감지되었다는 신호를 보낸다. **(b)** 캡사이신은 낮은 농도에서 TRPV1을 열어서 가열의 효과를 흉내내기 때문에 잘못된 열감을 느끼도록 한다. EC_{50}가 매우 낮다는 사실은 아주 적은 양의 캡사이신도 극적인 감각 효과를 나타낼 수 있다는 것을 의미한다. **(c)** 맨톨은 저농도에서 TRPM8 통로를 열어 주어 시원한 감각을 느끼게 해준다; 고농도에서는 TRPM8과 TRPV3 통로를 모두 열어 주어 시원함과 열감이 혼합된 감각을 유발하게 되는데, 이러한 감각은 사람들이 매우 강한 페퍼민트를 섭취하였을 때 경험해 보았을 것이다.

19. **(a)** 이러한 돌연변이는 PGE_2 수용체를 영구적으로 활성화시켜서 조절되지 않은 세포분열과 종양 형성을 초래할 것이다. **(b)** 바이러스 유전자는 지속적으로 활성형 수용체를 발현시켜서 세포분열과 종양 형성을 위한 신호를 계속 보낼 것이다. **(c)** E1A 단백질은 pRb와 결합하여 E2F와 결합하는 것을 방해할 것이다. 따라서 E2F는 항상 활성형으로 유지되어 세포가 조절되지 않고 계속해서 분열하도록 한다. **(d)** 폐세포는 보통 PGE_2 수용체를 발현하지 않기 때문에 PGE_2에 반응하지 않는다. 따라서 돌연변이로 인해 영구적인 활성형 PGE_2 수용체가 생성되어도 폐세포에는 영향을 미치지 않는다.

20. 정상적인 종양억제유전자는 세포분열을 억제하는 단백질을 암호화한다. 단백질의 돌연변이형은 세포분열을 억제할 능력을 소실하지만 정상 단백질이 하나만 있어도, 즉 2개의 대립유전자 중 하나만 정상이어도 정상기능은 유지될 것이다. 정상적인 종양유전자는 세포분열을 촉진하는 조절단백질을 암호화한다. 그러나 적절한 신호(성장인자)가 있을 때에만 작용한다. 종양유전자의 변이형은 지속적으로 성장인자가 있든지 없든지 세포분열을 촉진하는 신호를 보낸다.

21. 양쪽 눈에 다수의 종양이 발생한 어린이들은 이미 태어날 때부터 망막세포에 결함이 있는 *Rb* 유전자의 복사물을 가지고 있다. 이 아이들은 생애 초기에 망막세포가 분열하면서 좋은 정상적인 *Rb* 대립유전자의 복사물을 가지고 있는 쪽에도 손상을 주는 이차 돌연변이가 여러 개의 세포들에 독립적으로 진행되어 종양으로 발전한다. 단일 종양을 가진 아이는 모든 세포에 정상적인 2개의 좋은 *Rb* 유전자의 대립유전자 쌍을 가지고 태어난다; 1개의 세포에 2개의 *Rb* 대립유전자 모두가 손상되는 변이는 극히 드물게 발생하고 이것은 1개의 종양을 형성한다.

22. 2개의 세포가 같은 표면 수용체를 발현하고 있다고 하더라도 이 두 세포는 단백질 인산화를 위한 표적단백질 집단이 다를 수 있다.

23. **(a)** 세포를 기초로 하는 모델에서는 다른 세포에는 다른 수용체가 존재한다고 가정한다. **(b)** 이 실험은 각기 다른 맛감각의 독립성에 대한 주제를 중점적으로 다루고 있다. 비록 단맛과 우마미에 대한 수용체가 없을지라도 동물의 다른 맛감각은 정상이다. 따라서 기분 좋은 맛과 불쾌한 맛감각은 독립적이다. **(c)** 그렇다. T1R1이나 T1R3 소단위 중 하나를 상실하면 거의 완전히 우마미 맛감각도 상실된다. **(d)** 두 모델 모두. 어느 모델에서든지 하나의 수용체를 제거하면 맛감각이 상실될 것이다. **(e)** 그렇다. T1R2나 T1R3 소단위 중 하나를 상실하면 단맛의 감각을 거의 상실하게 된다; 단맛이 완전히 제거되기 위해서는 두 소단위 모두가 제거되어야 한다. **(f)** 고농도의 설탕용액에서는 T1R2 수용체와 적게는 T1R3 수용체가 동형이합체를 형성하여 단맛을 감지할 수 있다. **(g)** 이 결과는 맛의 암호화 모델 중 어느 것과도 일치하지만 연구자의 결론을 강화시키고 있다. 리간드 결합은 맛감각과 완전히 분리될 수도 있다. 만약 맛을 느끼는 세포에서 수용체에 대한 리간드가 한 분자에 결합한다면 생쥐는 단맛을 내는 화합물로서 그 분자를 선호하게 된다.

용어해설

a

ABC transporter(ABC 수송체): *ATP-binding*(결합) *c*assettes(카세트)를 이루고 있는 염기서열을 가지고 있는 막 수송체의 구성원. 이들 수송체는 무기이온, 지질 및 비극성 약물들과 같은 많은 기질들을 형질막 바깥으로 ATP를 에너지원으로 이용하여 이동시킨다.

absolute configuration(절대 위치배열): 비대칭성 탄소원자의 주위에 있는 4개의 서로 다른 치환 기의 공간적 배치. D-와 L-글리세르알데하이드의 관계.

absorption(흡수): 장관으로부터 혈중으로의 소화된 물질의 운반.

accepter control(수용체 제어): 인산 수용체로서의 ADP의 이용률에 따른 호흡 속도의 조절.

accessory pigments(보조 색소): 식물이나 광합성 세균에 있는 가시광선을 흡수하는 색소(카로티노이드, 크산토필, 파이코빌린)로 태양광으로부터 에너지를 얻는 데 있어서 클로로필을 보조하는 것.

acid dissociation constant(산 해리상수): 양성자와 짝염기로 해리되는 능력을 의미하는 산의 해리상수 (K_a).

acidosis(산증): 신체의 H^+ 완충능이 감소된 대사상태. 일반적으로 혈중 pH의 저하가 수반된다.

actin(액틴): 근육의 가느다란 잔섬유를 구성하는 단백질. 많은 동물세포의 세포골격의 중요한 구성성분이다.

action spectrum(활성 스펙트럼): 파장의 기능으로서 광합성과 같은 빛-의존 과정을 촉진하는 빛의 효율에 대한 도표.

activation energy($\Delta G^{\ddagger}$, 활성화에너지): 1몰 반응물질의 모든 분자를 바닥상태로부터 전이상태로 만드는 데 필요한 에너지의 양[줄(J)].

activator(활성제): (1) 1가지 이상의 유전자 발현을 플러스로 조절하는 DNA-결합성 단백질. 이것이 DNA와 결합하면 전사 속도가 증가된다. (2) 다른 자리 입체성 효소의 플러스의 조절인자.

active site(활성자리): 기질 분자와 결합하여 촉매적으로 그것을 변화하는 효소 표면상의 영역. 촉매자리(catalytic site)라고도 한다.

active transport(능동수송): 농도가 높은 방향으로 막을 통과하여 용질을 이동시키기 위해서 에너지를 필요로 하는 수송.

activity(활성도): 물질의 참(true)의 열역학적 활성도(activity) 또는 포텐셜. 그의 몰 농도와는 다르다.

acyl phosphate(아실 인산): $R{-}\underset{\underset{O}{\|}}{C}{-}O{-}OPO_3^{2-}$의 일반 화학식을 가지고 있는 모든 분자.

adaptor proteins(접합자 단백질): 일반적으로 자신의 효소활성은 없는 신호전달 단백질들로, 2개 또는 그 이상의 세포 구성요소에 대한 결합자리를 가지며 이들 구성요소를 함께 데리고 오는 기능.

adenosine 3′,5′-cyclic monophosphate(3′,5′ 일인산 고리형 아데노신): cyclic AMP를 보시오.

***S*-adenosylmethionine(adoMet, *S*-아데노실메티오닌):** 메틸기 전달에 관여하는 보조효소.

adipocyte(지방세포): 지방(트라이아실글리세롤)을 저장하기 위해서 특수화된 동물세포.

adipose tissue(지방 조직): 다량의 트라이아실글리세롤을 저장하는 특수한 결합 조직. brown adipose tissue; white adipose tissue를 보시오.

ADP(adenosine diphosphate, 이인산 아데노신): 세포의 에너지 회로에서 인산기의 수용체로서 작용하는 5′-이인산 리보뉴클레오사이드.

aerobe(호기성 생물): 공기 중에서 생존하며, 호흡의 최종 전자수용체로서 산소를 이용하는 생물.

aerobic(호기성): 산소의 존재를 필요로 하는 또는 산소의 존재 하에서 일어나는 것.

aerobic glycolysis(호기성 당분해): 산소가 이용 가능할지라도, 당분해 단독으로(피루브산의 후속 산화 과정 없이) 세포가 에너지를 생성하는 것. 당분해를 보시오.

agonist(작용제): 특이적인 수용체와 결합할 때, 생리적 반응을 유발하는 혼합물로 전형적인 호르몬이나 신경전달물질이 있다.

alcohol fermentation(알코올 발효): 해당 경로를 거치는 포도당의 에탄올로의 혐기적 변환. ethanol fermentation을 보시오.

aldose(알도스): 카보닐 탄소원자가 알데하이드인 단순당. 즉, 카보닐 탄소는 탄소 사슬의 말단에 있다.

alkalosis(알칼리증): 신체의 OH^- 완충능이 감소되는 것 같은 대사상태; 일반적으로 혈중의 pH가 상승된다.

allosteric enzyme(입체다른자리 효소): 활성 중심 이외의 부위에 특이적인 대사물질이 비공유결합하므로, 촉매활성이 조절되는 조절 효소.

allosteric protein(입체다른자리 단백질): 한 자리의 리간드 결합이 다른 자리의 리간드 결합에 영향을 주는 다수의 리간드 결합자리를 가지고 있는(일반적으로 많은 소단위를 가진) 단백질.

allosteric site(입체다른자리): 조절인자나 효과인자가 결합하는 입체다른자리 단백질 분자의 표면에 있는 특이한 자리.

α helix(α 나선): 최대의 사슬 내 수소결합을 가지고 있는 폴리펩타이드 사슬의 나선구조로 보통은 오른쪽 감기이다. 단백질에서 가장 일반적으로 볼 수 있는 2차 구조의 하나가 된다.

α oxidation(α 산화): 과산화소체(peroxisome)에서 β-메틸 지방산의 산화에 필요한 우회 경로.

alternative splicing(교대로 이어맞추기): 비연속적인 엑손들이 다른 성숙한 mRNA를 만들기 위해 다른 방식으로 선택적으로 이어맞춰지는(연결) 과정.

Ames test(에임스 검사): 발암성 물질의 간단한 세균시험. 발암 물질은 돌연변이원성 물질이라는 가정에 기초한 것이다.

amino acid activation(아미노산의 활성화): ATP-의존성 효소에 의해, 아미노산의 카복실기를 그것에 대응하는 tRNA의 3′-OH 기로 에스터화하는 것.

amino acids(아미노산): α-아미노기가 치환된 카복실산으로 단백질의 구성 단위가 된다.

aminoacyl-tRNA(아미노아실-tRNA): tRNA의 아미노아실 에스터.

aminoacyl-tRNA synthetases(아미노아실-tRNA합성효소): ATP의 에너지를 사용하여 아미노아실-tRNA를 합성하는 효소.

amino-terminal residue(아미노-말단 잔기): 폴리펩타이드의 아미노 말단을 지칭하며, 유리-α-아미노기를 가지는 폴리펩타이 사슬의 유일한 아미노산 잔기.

aminotransferases(아미노전달효소): α-아미노산으로부터 α-케토산으로의 아미노기의 전달을 촉매하는 효소. 트랜스아미네이스(transaminase)라고도 한다.

ammonotelic(암모니아 배출성): 과잉의 질소를 암모니아의 형으로 배설하는 것.

AMP-activated protein kinase(AMPK, AMP-활성 단백질 인산화효소): 일인산 5′-아데노신(AMP)에 의해 활성화되는 단백질 인산화효소. AMPK는 일반적으로 생합성 대사과정을 에너지 생산 대사과정으로 변경시키는 작용을 한다.

amphibolic pathway(양방향성 경로): 이화와 동화 중 어느 쪽에나 사용되는 대사경로.

amphipathic(양친매성): 극성과 비극성 양쪽의 영역을 가지고 있는 것.

amphitropic proteins(양쪽성 단백질): 세포액, 및 세포막, 또는 양쪽에 존재할 수 있으며, 막과 가역적으로 결합하는 단백질.

ampholyte(양성 전해질): 염기 또는 산성으로 작용할 수 있는 물질.

amphoteric(양성): 양성자의 공여와 수용의 양쪽을 할 수 있으므로, 산 또는 염기로서 작용할 수 있는 것.

AMPK: AMP-activated protein kinase를 보시오.

amyloidoses(아밀로이드증): 하나 이상의 장기 또는 조직에 잘못 접힘 단백질의 비정상적 침착의 특징을 보이는 다양한 진행성 질병

anabolism(동화): 에너지를 사용하여 비교적 소분자의 전구체로부터 세포 성분의 에너지 요구성 생합성을 하는 중간 대사과정.

anaerobe(혐기성 생물): 산소 없이 살 수 있는 생물. 진성 혐기성 생물은 산소에 노출되면 죽는다.

anaerobic(혐기성): 공기도 산소도 없는 상태에서 반응이 일어나는 것.

analyte(분석물): 질량분석계에 의해서 분석되는 물질.

anammox(아나목스): 특별한 화학무기영양 세균에 의해서 수행되는 과정으로 암모니아를 질소기체로 혐기성 산화; 이때 전자수용체로서 아질산염을 사용.

anaplerotic reaction(보충대사 반응): 시트르산 회로에 있어서 중간체의 공급을 보충할 수 있는 효소촉매 반응.

angstrom(Å, 옹스트롬): 분자의 크기를 나타내는 길이의 단위(10^{-8} cm).

anhydride(무수물): 2개의 카복실기 또는 인산기의 축합물이고, 물분자가 제거되어, 일반식 $\mathrm{R{-}\underset{\underset{O}{\|}}{X}{-}O{-}\underset{\underset{O}{\|}}{X}{-}R}$를 가지는 화합물이 형성된다. 이 식에서 X는 탄소 또는 인이다.

anion-exchange resin(음이온 교환수지): 양이온 기를 고정한 중합체 수지이며, 크로마토그래피에 의한 음이온의 분리에 사용되는 것.

anomeric carbon(아노머 탄소): 헤미아세탈을 형성하기 위해 당질이 고리화하여 만들어진 입체이성체의 당질에 있는 탄소원자. 이는 알데하이드 및 케톤의 카보닐 탄소.

anomers(아노머): 한 카보닐(아노머성) 탄소원자에 대한 위치배열만이 다른, 당의 2가지 입체 이성체.

anorexigenic(식욕부진유발): 식욕과 음식 섭취를 줄이는 경향이 있다. *Compare*과 비교.

antagonist(길항제): 호르몬 또는 신경전달물질 수용체와 같은 작용제(agonist)의 생리적 작용을 방해하는 화학물질.

antibiotic(항생물질): 여러 가지 미생물이나 식물에 의해 생성. 분비되는 많은 종류의 유기 화합물의 하나로, 다른 생물종에 대해서는 독성을 나타내고, 스스로에 대해서는 방어적인 역할을 하는 물질.

antibody(항체): 척추동물의 면역계에서 합성되는 방어 단백질. 또한 immunoglobulin(면역글로불린)을 보시오.

anticodon(대응코돈 또는 역코돈): mRNA 중의 아미노산에 대한 코돈에 상보적인 tRNA 중 3종류의 뉴클레오타이드의 특이적인 서열.

antigen(항원): 척추동물에서 특이적인 항체의 합성을 일으킬 수 있는 분자.

antiparallel(역평행): 2개의 곧은 사슬 중합체의 경우에 극성 또는 방향성이 반대인 것.

antiport(역수송): 3가지의 용질이 막을 가로질러서 반대방향으로 공수송(cotransport)되는 것.

apoenzyme(아포효소): 촉매활성에 필요한 유기성 또는 무기성 보조인자 또는 보결단을 제외한 효소의 단백질 부분.

apolipoprotein(아포지질단백질): 지질단백질 중의 단백질 성분.

apoprotein(아포단백질): 활성을 필요로 하는 유기나 무기 보조인자 또는 보결단을 제외한 단백질의 단백질 부분.

apoptosis(세포자멸사): (app′-a-toe′-sis) 세포가 그 스스로의 사망이나 분해를 일으키는 예정된 세포의 죽음으로, 그 자신의 거대분자를 조직적으로 분해함으로써 외부로부터 신호를 받거나 그 자신의 유전자에서 프로그램된다.

aptamer(압타머): 한 분자의 표적에 특별히 결합하는 올리고뉴클레오타이드, 흔히 친화도를 기반으로 한 상황에서(SELEX) 반복주기로 선택되어진다.

aquaporin(AQP, 아쿠아포린): 막을 가로지르는 물의 흐름을 중개하는 막 내재단백질 족의 구성원.

archaea(고세균): 생물의 5가지 계중의 하나, 높은 이온 강도, 높은 온도 또는 낮은 pH 등과 같은 극단적인 환경에서 살아가는 생명체를 많이 포함.

arcuate nucleus(궁상핵, 활꼴핵): 배고픔과 먹이 행동 조절에 작용하는 시상하부의 신경세포군.

asymmetric carbon atom(비대칭성 탄소원자): 4가지의 서로 다른 기에 의해 공유결합된 탄소원자를 말하며, 2개의 서로 다른 정사면체 구조를 취할 수 있는 것.

ATP(adenosine triphosphate, 삼인산 아데노신): 세포의 에너지 회로에 있어서, 인산기 공여체로서 기능하는 리보뉴클레오사이드-5′-삼인산. 자유에너지증가 반응과 자유에너지감소 반응에 짝지어진 공통 중간체로서 작용하여 대사경로 간에서 화학 에너지를 운반하는 것.

ATPase(ATP 분해효소): ATP를 가수분해하여 ADP와 인산을 생성하는 효소. 일반적으로, 어떤 에너지 요구 반응과 짝지어져 있다.

ATP synthase(ATP 생성효소): 미토콘드리아 내막 또는 세균의 원형질막에서의 산화적 인산화와 엽록체에서의 인산화 때에, ADP와 인산으로부터 ATP를 생성하는 효소 복합체.

attenuator(전사감쇠자): 어떤 유전자의 발현 조절에 관여하는 1가지 RNA 서열. 일종의 전사 종결인자로서 기능을 한다.

autophagy(자가포식): 세포내 단백질 및 기타 구성 성분에 대한 이화성 용해소체의 분해 과정.

autophosphorylation(자가인산화): 엄격하게 말하면 동일분자에 의해 촉매되는 단백질의 아미노산 인산화반응. 흔히 다른 소단위에 의한 동종이합체의 한 소단위가 인산화되는 것을 포함하는 용어로 활용된다.

autotroph(독립영양생물): 이산화탄소나 암모니아와 같은 매우 단순한 탄소원과 질소원으로부터 자신의 복잡한 분자를 합성할 수 있는 생물.

auxin(옥신): 식물의 성장 호르몬.

auxotrophic mutant(auxotroph)[영양요구 돌연변이체(영양요구균)]: 생물의 정상적인 생육에 필요한 어떤 생체 분자의 합성이 결손된 돌연변이체.

Avogadro's number(*N*, 아보가드로 수): 1 그램분자의 화합물 중에 포함되는 분자의 수(6.02×10^{23}).

b

bacteria(세균): 생물의 5가지 계 중의 하나; 세균은 형질막을 가지지만 내부 소기관이나 핵을 따로 가지지는 않는다.

bacteriophage(phage, 박테리오파지): 세균의 세포 안에서 복제하는 능력을 가진 바이러스. 파지(phage)라고도 함.

baculovirus(배큘로바이러스): 이중-가닥 DNA 바이러스의 일종으로 생명공학에서 무척추동물(특히 곤충)에 감염하여 원하는 단백질을 발현시키는 데 많이 사용됨.

basal metabolic rate(기초 대사율): 식사 후 일정 시간이 지나고 나서의 안정 상태에 있는 동물체의 산소 소비 속도.

base pair(염기쌍): 서로 다른 핵산 사슬의 2개의 뉴클레오타이드 염기가 수소결합에 의해 쌍으로 되어 있는 것. 예를 들면, A와 T, 또는 U 및 G와 C.

BAT: brown adipose tissue를 보시오.

B cell: B lymphocyte를 보시오.

beige adipose tissue(베이지 지방조직): 인체의 냉각에 의해 활성화되어지는 열형성 지방 조직; 짝풀림 단백질(uncoupling protein)인 UCP1(thermogenin)을 높은 수준으로 발현한다. 갈색 지방조직 및 백색 지방조직과 비교.

β conformation(β 입체형태): 폴리펩타이드 사슬의 신장된 지그재그 구조. 단백질의 공통의 2차 구조.

β oxidation(β 산화): 지방산의 β 위치에 있는 탄소원자의 연속적인 산화에 의한 아세틸-CoA로의 산화적인 분해.

β turn(회전): 단단한 회전으로 정돈된 4개의 아미노

산 잔기로 이루어진 폴리펩타이드의 2차 구조의 형태로 폴리펩타이드가 그 자신으로 되돌아오게 한다.

bilayer(이중층): 양친매성 지질 분자가 서로 마주 보고 있는 이중의 층으로, 생체막의 기본 구조를 형성한다. 탄화수소 부분은 안쪽으로 향하고, 연속되는 비극성의 상을 형성한 것.

bile acids(쓸개즙 산): 콜레스테롤의 극성 유도물질이며, 간에서 창자로 분비되어 음식물 중의 지방을 유화하여 지질분해효소의 작용을 돕는다.

bile salts(쓸개즙 염): 계면활성 작용의 성질을 가진 양친매성의 스테로이드 유도체이고, 지질의 소화나 흡수에 관여한다.

binding energy(결합 에너지): 효소와 기질, 또는 수용체와 리간드 사이에 비공유결합성 상호작용으로부터 생긴 에너지.

binding site(결합자리): 리간드가 결합하는 단백질의 간극 또는 구멍.

bioassay(생물학적 분석): 생물학적 활성을 가진 물질(예, 호르몬)의 양을 측정하는 방법으로 시료의 양에 해당하는 생물학적 반응을 정량화하여 진행한다.

bioinformatics(생물정보학): 생물학적 자료를 컴퓨터를 통하여 분석하는 것으로, 통계학, 언어학, 수학, 화학, 생화학, 물리학에서 유래한 방법론을 활용한다. 보통 자료들은 핵산, 단백질의 서열 정보나 구조 정보들이며, 많은 종류의 실험자료들도 분석될 수 있다. 즉 환자들의 통계나 과학 문헌 검색과 같은 자료들을 활용하여 분석할 수 있다. 생물정보학 연구는 자료의 저장, 검색 및 분석과 같은 방법론에 집중된다.

biosphere(생물권): 지상, 지하, 해저, 대기 등 또는 생물이 서식하는 모든 장소.

biotin(바이오틴): 비타민의 일종으로, 카복실화반응에 관여하는 보조효소.

B lymphocyte(B cell, B 림프구): 순환하는 항체의 생산에 관여하는 혈액세포의 한 종류

body mass index(BMI, 신체질량지수): 비만도의 정도. 체중(kg)을 키(m)^{2}으로 나눈 값. 27.5 이상의 BMI는 과체중으로 정의된다; 30 이상인 경우는 비만.

bond energy(결합 에너지): 결합을 절단하는 데 필요한 에너지.

branch migration(분기점 이동): 같은 서열을 가지고 있는 2개의 DNA 분자로부터 형성된 DNA 중에서 분기점의 이동. 또한 Holliday intermediate(홀리데이 중간체)를 보시오.

brown adipose tissue(BAT, 갈색지방조직): 발열성 지방조직으로 미토콘드리아가 풍부하고, 여기에는 짝풀림 단백질인 터모제닌을 포함하고 있다. 터모제닌은 ATP 합성과정과 호흡사슬의 전자전달의 짝풀림을 통해서 열을 발생시킨다. 비교 백색 지방조직.

buffer(완충액): pH의 변화에 저항하는 성질을 가진 시스템이며, 양성자 수용체와 공여체의 비가 1에 가까운 짝지음 산-염기쌍으로 이루어진 것.

C

calorie(칼로리): 물 1.0 g을 14.5°C에서 15.5°C로 온도를 올리는 데 필요한 에너지. 1 cal는 4.18 J이다.

Calvin cycle(칼빈 회로): 식물에서 이산화탄소를 고정하고 인산삼탄당을 생성하는 고리상 경로.

CAM plants(CAM 식물): 고온, 건조 기후에서의 수분이 많은 식물들이며, 이산화탄소는 어두운 곳에서 옥살아세트산으로 고정된다. 스트로마가 산소를 배출하기 위하여 닫힐 때 빛에서 루비스코에 의해서 고정된다.

cAMP(고리형 AMP): cyclic AMP를 보시오.

cAMP receptor protein(CRP, cAMP 수용체 단백질): 유전자의 전사의 개시를 조절하는 특이한 조절 단백질로 포도당이 부족할 때 세균 세포가 다른 영양소를 사용하도록 하는 데 필요한 효소를 생산한다. 또한 이화산물 유전자 활성화 단백질(CAP)이라고도 불린다.

CAP: cAMP receptor protein을 보시오.

capsid(캡시드): 비리온 또는 바이러스 과립의 단백질 껍질.

carbanion(카반이온, 탄소음이온): 마이너스로 하전된 탄소원자.

carbocation(카보카타이온, 탄소양이온): 플러스로 하전된 탄소원자. 카보니움 이온(carbonium ion)이라고도 함.

carbohydrate(탄수화물): 가수분해에 의해서 다중수산기 알데하이드 또는 케톤과 같은 물질을 만드는 화합물. 많은 탄수화물은 에피머 구조 $(CH_2O)_n$을 가진다; 몇몇은 또한 질소, 인, 또는 황을 가진다.

carbon-assimilation reactions(탄소 동화 반응): CO_2 기압이 유기 화합물로 변환되는 반응 서열.

carbon-fixation reactions(탄소 고정 반응): 광합성 동안에 루비스코에 또는 다른 카복실화효소에 의한 반응 대기 중의 CO_2가 유기 화합물로 결합된다.

carbonium ion(카보늄 이온): carbocation를 보시오.

carboxyl-terminal residue(카복실 말단 잔기): 유리의 α-카복실기를 가지고 있는 폴리펩타이드 사슬 중의 아미노산 잔기. 폴리펩타이드의 카복실 말단이라고 정의된다.

cardiolipin(카디오리핀): 하나의 글리세롤 머리 잔기를 공유하는 2개의 파스파티드산 잔기가 있는 막의 인지질.

carnitine shuttle(카니틴 왕복통로): 카니틴의 지질 에스터로서 세포액에서 미토콘드리아 바탕질로 지방산의 이동에 관여하는 기전.

carotenoids(카로티노이드): 아이소프렌 단위로 이루어지는 지용성 광합성 색소.

cascade(연쇄증): enzyme cascade를 보시오.

catabolism(이화 또는 이화작용): 영양물질 분자를 분해하여 에너지를 생성하는 중간 대사과정.

catabolite gene activator protein(CAP, 이화산물 유전자 활성화 단백질): cAMP receptor protein을 보시오.

catalytic site(촉매자리): active site(활성자리)를 보시오.

catecholamines(카테콜아민): 에피네프린과 같은 호르몬이며, 카테콜의 아미노 유도체.

catenane(카테네인): 사슬의 결합과 닮은 비공유결합성 위상학적 결합을 가진 고리형의 다합체 분자.

cation-exchange resin(양이온 교환수지): 마이너스 전하를 고정한 불용성 중합체이며, 양이온 물질을 크로마토그래피에 의해서 분리하는 데 사용되는 것.

CD spectroscopy(CD 분광법): circular dichroism spectroscopy를 보시오.

cDNA: complementary DNA를 보시오.

cDNA library(cDNA 자료실): 특정한 환경의 세포 유형 및 특정 조직에서 발현되는 전체 mRNA의 상보적인 DNA로 구성된 클론 DNA 집합체.

cellular differentiation(세포 분화): 전구 세포가 특정한 기능을 가지는 세포로 변화하는 과정으로, 새로운 종류의 단백질 및 RNA를 필요로 한다.

central dogma(중심원리): 유전정보가 DNA로부터 RNA를 거쳐 단백질로 전해지는 분자생물학을 지배하는 원리.

centromere(중심절): 유사분열과 감수분열의 방수체가 결합하는 자리로서 작용하는 염색체 내의 특정 자리.

cerebroside(세레브로사이드): 머리부분에 1개의 당 잔기를 가지고 있는 스핑고지질.

channeling(통로 형성): 연속되는 경로에 있어서, 어떤 효소의 활성자리로부터 다음 반응을 촉매하는 별도의 효소 활성자리로 반응 생성물(공통의 중간체)을 직접적으로 자리를 옮기는 것을 말한다.

chaperone(샤페론): 모든 세포의 단백질의 정확한 접힘을 촉매하는 단백질 복합체 또는 이런 종류의 단백질 족들.

chaperonin(샤페로닌): 모든 생명체에서 발견되는 샤페론의 2가지 주요 유형 중 하나; 단백질 접힘의 기능을 하는 단백질들의 복합체로서 세균에서는 GroES/GroEL 또는 진핵생물의 Hsp60이 여기에 해당된다.

chemiosmotic coupling(화학삼투 짝지음): 막을 가로질러서 전기화학적 H^+의 경사를 거쳐 전자전달에 대한 ATP 합성의 짝지음.

chemiosmotic theory(화학삼투설): 전하와 pH의 막횡단 차이에 의하여 전자의 이동과 ATP 합성이 짝지어지는 현상으로부터 에너지가 생성되는 이론으로, 이는 산화인산화 및 광인산화 과정에 의한 연속적인

ATP 합성의 근거가 된다.

chemotaxis(화학주성): 특정한 화학물질 쪽으로 접근하거나 또는 그것으로부터 멀어지거나 하는 세포의 인식과 운동.

chemotroph(영양생물): 다른 생물로부터 유래된 유기 화합물을 대사함으로써 에너지를 획득하는 생물.

chiral center(손대칭 중심): 분자가 그것의 거울상에 겹쳐지지 않도록 배열된 대치물을 가진 원자.

chiral compound(손대칭 화합물): 1개의 비대칭 중심(손대칭 원자 또는 손대칭 중심)을 가지고 있으며, 2개의 겹칠 수 없는 거울상 이성체(enantiomer)로 존재하는 화합물.

chlorophylls(클로로필): 광합성에서 빛 에너지의 수용체로 작용하는 녹색 색소이며, 마그네슘-포르피린 복합체.

chloroplasts(엽록체): 어떤 진핵세포에 존재하는 클로로필을 함유하는 광합성 세포소기관.

chondroitin sulfate(황산 콘드로이틴): 황산화된 당아미노글라이칸의 일종이며, 세포외 바탕질의 주요 구성성분이다.

chromatin(염색질): 진핵세포의 염색체를 구성하는 DNA, 히스톤 및 그 밖의 단백질로 되는 섬유상의 복합체.

chromatography(크로마토그래피): 이동상과 고정상 사이의 분배를 여러 차례 되풀이함으로써, 복잡한 분자의 혼합물을 분리하는 방법.

chromatophore(크로마토포어): 가시광선이나 자외선을 흡수할 수 있는 혼합물 또는 잔기들(자연적 또는 합성).

chromosome(염색체): 단일의 거대한 DNA 분자. 많은 유전자를 함유하고 있으며, 유전정보의 보존과 전달을 한다.

chromosome territory(염색체 영토): 특정 염색체가 우선적으로 차지하는 핵 영역.

chylomicron(암죽미립): 단백질과 인산지질의 외피에 의해 안정화된 트라이아실글리세롤의 커다란 입자로 이루어지는 일종의 혈장 지질단백질로, 소장으로부터 조직으로 지질을 운반한다.

circular dichroism (CD) spectroscopy(원형 광이색성 분광법): 단백질의 접힘 정도를 특징짓기 위하여 사용되는 실험방법이며, 원형 편광을 쪼여서 오른손대 왼손 편광의 흡수도 차이를 기반으로 분석한다.

***cis* and *trans* isomers(시스-트랜스 이성체):** geometric isomers를 보시오.

cistron(시스트론): 1개의 유전자에 대응하는 DNA 또는 RNA 단위.

citric acid cycle(시트르산 회로): 아세틸 잔기를 CO_2로 산화하기 위한 회로적인 효소 반응계. 시트르산의 생성은 이 경로의 제1단계가 된다. Krebs 회로 또는 트라이카복실산 회로(tricarboxylic acid cycle)라고도 부른다.

Cleland nomenclature(클리란드 명명법): W. W. Cleland가 다중 기질 및 생성물과의 효소 반응 진행을 기술하기 위해 개발한 속성 표기법.

clones(클론): 1개의 세포의 자손(descendants).

cloning(클론화, 클로닝): 단일의 선조 DNA 분자, 세포 또는 유기체로부터 동일한 DNA 분자, 세포 또는 유기체의 많은 수를 생성하는 것.

closed system(폐쇄계): 물질과 에너지를 그 주위와 교환하지 않는 계.

cobalamin(코발라민): coenzyme B_{12}(보조효소 B_{12})를 보시오.

coding strand(암호화 가닥): DNA 전사에서, DNA 가닥은 RNA의 염기서열과 동일하게 전사되며, 이때 DNA의 T 대신 RNA에서는 U가 이용된다; 본틀 가닥(template strand)과는 다르고, 다른 이름으로는 비틀 가닥(nontemplate strand)이라고 한다.

codon(코돈): 특정한 아미노산의 암호를 가지고 있는, 핵산 중에서 서로 이웃하는 3개의 뉴클레오타이드 서열.

coenzyme(보조효소): 어떤 종류의 효소작용에 필요한 유기 보조인자 성분. 비타민을 함유하는 경우가 많다.

coenzyme A(보조효소 A): 판토텐산을 함유하는 보조효소이며, 어떤 종류의 효소 반응에 아실기 운반체로 작용.

coenzyme B_{12}(보조효소 B_{12}): 비타민인 코발라민으로부터 유도된 효소의 보조인자이며, 어떤 종류의 탄소골격의 재배열 반응에 관여하는 것.

cofactor(보조인자): 효소 활성에 필요한 무기 이온 또는 보조효소.

cognate(동계열물질): 보통 상호작용을 하는 2가지의 생체 분자를 말한다. 예를 들면, 효소와 그의 일반적인 기질 또는, 수용체와 그의 리간드.

cohesive ends(점착 말단): sticky ends를 보시오.

cointegrate(이중 짜낳음체): 어떤 DNA 트랜스포손이 이입된 중간체로 공여체 DNA와 표적 DNA는 공유결합을 하고 있다.

colligative properties(총괄성): 단위 용적당의 용질 입자 수에 의존하는 용액의 성질. 예를 들면, 어는점의 강하.

combinatorial control(복합 조절): 조절 단백질의 제한된 조합을 통하여 많은 개별 유전자들의 유전자-특이적 조절을 제공한다.

competitive inhibition(경쟁적 저해): 기질의 농도가 높아지면, 저해가 약해지는 효소 저해 형식. 일반적으로, 경쟁적으로 저해제는 효소 단백질의 결합자리에서 정상적인 기질과 리간드와 경쟁한다.

complementary(상보적): 다른 분자의 화학 기와 특이적으로 상호작용을 하게 배치된 화학 기가 있는 어떤 분자 표면을 갖는 것.

complementary DNA(cDNA, 상보성 DNA): DNA 클로닝에 사용되는 DNA로 보통, 역전사효소에 의해서 만들어진다. mRNA에 상보적이다.

condensation(축합): 두 화합물이 서로 결합하면서 물 분자가 제거되는 유형의 반응.

configuration(위치배열): (1) 자유회전이 되지 않는 이중결합과 (2) 치환기가 특정의 서열을 취하고 있는 손대칭 중심에 의해서 취하는 유기 분자의 공간배치. 위치배열 상에서 이성체는 1개 이상의 공유결합을 깨지 않으면 상호변환이 되지 않는다.

conformation(입체형태): 결합 회전이 자유롭기 때문에 결합을 파괴하지 않고 공간 내에서 여러 가지의 위치를 자유로이 취할 수 있는 치환기의 공간배치.

conjugate acid-base pair(짝지음 산-염기쌍): 양성자 공여체와 그에 대응하는 탈양성자체. 예를 들면, 아세트산(공여체)과 아세트산염(수용체).

conjugated protein(복합 단백질): 하나 또는 그 이상의 보결단(prosthetic groups)을 가지는 단백질.

conjugate redox pair(짝지음 산화-환원 쌍): 전자 공여체와 그에 대응하는 전자 수용황체. 예를 들면 Cu^{+}(공여체)와 Cu^{2+}(수용체)나 NADH(공여체)와 NAD^{+}(수용체).

consensus sequence(공통서열): 한 쌍의 유사한 서열 내에서 각 잔기의 위치가 공통된 DNA 서열 또는 아미노산 서열.

conservative substitution(보존 치환): 폴리펩타이드 내의 어떤 아미노산 잔기가 성질이 유사한 다른 아미노산 잔기와 치환되는 것. 예를 들면, 글루탐산(Glu)이 아스파트산(Asp)에 의해 치환된다.

constitutive enzymes(구성 효소): 세포에서 항상 필요한 효소로, 어떤 일정한 농도에서 존재한다. 예를 들면, 중심적 대사경로의 많은 효소. 때로는 살림 효소(housekeeping enzymes)라고 한다.

contig(컨티그): 염색체의 인접하는 조각을 의미하는 연속적인 염기서열 또는 중복된 클론의 모음.

contour length(외형 길이): 분자의 나선축을 따라 측정된 나선의 중합체 분자의 길이.

cooperativity(협동성): 첫 번째 리간드 분자의 결합이 두 번째 분자의 결합력에 영향을 주는 효소 또는 단백질의 특징. 양의 협동성에서는 두 번째 리간드 분자의 결합이 증가되고, 음의 협동성에서는 감소된다.

cotransport(공동 운반): 1가지 운반체에 의해 2가지의 용질이 막을 가로질러 동시에 운반되는 것. antiport, symport를 보시오.

coupled reactions(짝지음 반응): 공통 중간체를 가지고 있고, 한쪽으로부터 다른 쪽으로 에너지를 전달하는 수단이 되는 화학 반응.

covalent bond(공유결합): 전자쌍을 공유하는 화학 결합.

C_4 pathway(C_4 경로): 이산화탄소가 PEP 카복실화효소에 의해 처음으로 인산엔올피루브산(phosphoenolpyruvate)에 첨가되어 엽초(mesophyll) 세포 내에서 4탄소 화합물을 생산하는 대사 경로. 이는 나중에 캘빈회로에서 사용하기 위해 이산화탄소가 방출되는 다발-집 세포(bundle-sheath cells)로 운반된다.

C_4 plants(C_4 식물): 이산화탄소가 루비스코를 경유하는 캘빈 회로에 들어가기 전에 4-탄소 혼합물(옥살아세트산 또는 말산)로 우선 고정되는 식물(보통 열대식물)

CRISPR/Cas(CRISPR/Cas): 박테리오파지 감염에 대한 방어를 목적으로 진화된 세균의 체계. CRISPR은 뭉쳐진(clustered), 일정 간격을 둔 짧은 회문 반복(palindromic repeats)을 나타낸다. Cas는 CRISPR과 관련이 있다. 조작된 CRISPR/Cas 체계는 다양한 생물체에서 효율적인 표적 유전체 편집에 사용된다.

cristae(내부주름): 미토콘드리아 내막의 접힌 주름.

CRP: cAMP receptor protein을 보시오.

cruciform(십자형): 이중가닥 RNA나 DNA의 2차 구조, 이중나선은 각 나선의 회문 반복서열부위에서 변성되어진다. 각각의 분리된 나선은 내부적으로 쌍을 이루어 머리핀 구조를 형성할 수 있다. 머리핀 구조(hair pin structure)를 보시오.

cryo-electron microscopy(cryo-EM, 냉동 전자현미경): 단백질 또는 단백질 복합체의 구조를 결정하는 기술; 개별 분자는 무작위 방향으로 그리드 위에 놓이며, 샘플의 무결성을 유지하기 위해 신속하게 동결 고정되고 전자현미경으로 관찰한다. 개별 분자의 영상은 일치를 최적화하기 위해 계산으로 회전하여 3차원 구조를 산출한다.

cyclic AMP(cAMP, 아데노신 3′-5′-고리형 일인산 AMP): 세포 내의 이차전령. 아데닐산 고리화효소에 의한 cAMP의 생성은 어떤 종류의 호르몬이나 그 밖의 분자 신호에 의해 촉진된다.

cyclic electron flow(순환 전자 흐름): 엽록체에서 광화학계 I로부터 나와 그 곳으로 다시 되돌아가는 빛에 의해 유도되는 전자전달.

cyclic photophosphorylation(순환성 광인산화): 광화학계 I을 통한 순환 전자 흐름에 의해서 추진되는 ATP 생합성.

cyclin(사이클린): 사이클린 의존성 단백질 인산화효소를 활성화하여 세포주기를 조절하는 단백질 족(family)의 하나.

cytochrome P-450(사이토크롬 P-450): 헴 포함 단백질 족의 하나로, 450 nm에서 특징적인 흡광 띠를 보이며, 산소의 생물학적 수산화에 참여한다.

cytochromes(사이토크롬): 호흡 및 광합성에 있어서 전자운반체로 작용하는 헴 단백질.

cytokine(사이토카인): 민감한 세포에서 원형질막에 결합함으로써 세포분열 또는 분화를 활성화하는 인터루킨이나 인터페론과 같은 조그만 분비 단백질 족(family)의 하나.

cytokinesis(세포질 분열): 유사분열에 이어서 일어나는 딸세포의 최종 분리.

cytoplasm(세포질): 핵 이외의 원형질막의 안쪽에 있는 세포 내용물의 부분으로, 미토콘드리아 등의 세포소기관을 함유하고 있다.

cytoskeleton(세포골격): 세포질에 구조와 조직을 마련하는 잔섬유상의 그물과 같은 구조로, 액틴 잔섬유, 미세소관. 그리고 중간 잔섬유를 함유하고 있다.

cytosol(세포액): 세포질의 연속되는 용액상이며, 용질이 용해되어 있는 것. 미토콘드리아와 같은 세포소기관을 제외한 것이다.

d

dalton(달톤): 수소 1원자의 중량(1.66×10^{-24} g)에 해당되는 무게의 단위.

dark reactions(암반응): carbon-assimilatior reactions를 보시오.

deamination(탈아미노기 반응): 아미노산이나 뉴클레오타이드와 같은 생체 분자로부터 아미노기의 효소적 제거.

degenerate code(축퇴 코드): 한 암호의 언어 중에서 단일 요소가 다른 제2의 암호 언어에서 하나 이상의 요소에 의해 규정되는 코드(암호).

dehydrogenase(탈수소효소): 기질로부터 수소원자쌍의 제거를 촉매하는 효소.

deletion mutation(결실 돌연변이): 유전자 또는 염색체로부터 1개 이상의 뉴클레오타이드의 결실에 의한 돌연변이.

ΔG: free-energy change를 보시오.

$\Delta G^{\ddagger}$: activation energy를 보시오.

$\Delta G'^{\circ}$: standard free-energy change를 보시오.

denaturation(변성): 폴리펩타이드 사슬. 단백질, 또는 핵산의 특정의 천연 입체형태가 일부 또는 완전히 풀리는 것.

denatured protein(변성 단백질): 열이나 변성제와 같은 불안정화 인자에 노출됨으로써 그 천연의 입체형태가 상실된 단백질.

de novo pathway(신생합성 경로): 단순한 전구체로부터 뉴클레오타이드와 같은 생체 분자를 합성하는 경로, salvage pathway와 대조되는 말이다.

deoxyribonucleic acid(데옥시리보핵산): DNA를 보시오.

deoxyribonucleotide(데옥시리보뉴클레오타이드): 오탄당의 성분으로서 2-데옥시-D-라이보스를 가지고 있는 뉴클레오타이드.

desaturases(데새튜레이스): 지방산의 탄화수소 부분에 이중결합을 도입하는 효소.

desensitization(탈감작): 감지되는 특이 자극에 장기적인 노출로 반응에 대한 감각기전이 멈추는 보편적 반응.

desolvation(탈용매화): 수용액에서 용질의 주위에 있는 결합수가 유리되는 것.

diabetes mellitus(당뇨병): 인슐린의 결핍에 의해 일어나는 대사병. 이는 정상 포도당 농도에서 혈액으로부터 세포 내로 포도당을 운반하는 데 결함이 있는 것이 특징이다.

dialysis(투석): 반투막을 통해 물로 확산됨으로써 거대분자 용액으로부터 작은 소분자를 제거하는 것.

dideoxy sequencing(다이데옥시 염기서열분석법): Sanger sequencing를 보시오.

differential centrifugation(분획 원심분리법): 원심력의 장에서 각각 서로 다른 침강 속도를 이용하여 세포소기관이나 다른 입자를 분리하는 것.

differentiation(분화): 배아가 성장, 발육하는 동안에 세포의 구조와 기능이 특수화되는 것.

diffusion(확산): 농도가 낮은 쪽으로 분자의 순 이동.

digestion(소화): 주요한 영양소가 위장관에서 효소적으로 가수분해되어, 각각의 보다 단순한 성분을 생성하는 것.

diploid(이배체): 2쌍의 유전정보를 가지고 있는 것. 각각 2가지 형태의 염색체를 가지고 있는 세포를 말한다.

disaccharide(이당): 2개의 단당 단위가 공유결합으로 이루어진 당질.

dissociation constant(해리상수, K_d): 2개 이상의 생체 분자의 복합체가 그의 성분으로 해리될 때의 평형상수. 예를 들면, 효소로부터의 기질의 해리.

disulfide bond(이황화 결합): 시스테인 잔기(2잔기)에 의해서 형성된 동일 또는 다른 폴리펩타이드 사슬 간의 시스틴 잔기를 형성하는 공유결합.

DNA(deoxyribonucleic acid, 데옥시리보핵산): 3′,5′-인산다이에스터결합으로 공유결합된 데옥시리보뉴클레오타이드 단위가 특이적으로 배열된 폴리뉴클레오타이드이며, 유전정보의 운반체의 역할을 한다.

DNA chimera(DNA 키메라): 2종의 생물에서 유래된 유전정보를 가지고 있는 DNA.

DNA chip(DNA 칩): DNA 미세배열(microarray)을 위한 정보학적 용어. 흔히 전형적인 미세배열을 위한 작은 크기를 말함.

DNA cloning(DNA 클로닝): cloning을 보시오.

DNA library(DNA 라이브러리): 클론화된 DNA 단편의 집합.

DNA ligase(DNA 연결효소): 1개의 DNA 단편의 3′ 말단과 다른 DNA 단편의 5′ 말단과의 사이에 인산다이에스터결합을 형성하는 효소.

DNA looping(DNA 루핑): DNA 분자의 서로 다른 장소에 결합되어 있는 단백질의 상호작용에 의해서, DNA가 접히고 굽어져서 하나의 루프를 형성하는 것.

DNA microarray(DNA 미세배열): 혼성(잡종교배)에 의해서 탐침할 수 있는 일정화된 배열의 개개의 서열을 가진 고형의 표면에서 고정된 DNA 서열의 집합.

DNA polymerase(DNA 중합효소): 5′-삼인산 데옥시리보뉴클레오타이드를 전구체로 해서, DNA의 주형 의존성 합성을 촉매하는 효소. 대장균은 I부터 V까지 번호가 매겨진 5개의 DNA 중합 효소를 가지고 있으며, 진핵 생물의 경우에는 더 많은 수의 중합효소가 있다.

DNA sequencing technologies(DNA 염기서열분석 기술들): 단일 유전자의 일부에서 전체 유전체에 이르기까지 DNA를 신속하고 저렴하게 염기서열분석이 가능하도록 하는 현대적 자동화 분석방법들. 다음 사항 참조. 이온 반도체 염기서열분석법 참조. 파이로 염기서열분석법; 가역성 터미네이터 염기서열분석법; 생거 염기서열분석법; 단일 분자 실시간 (SMRT) 염기서열분석법.

DNA supercoiling(DNA 초나선 형성): DNA 그 자체가 또다시 비틀려진 나선구조. 일반적으로, DNA 나선구조가 굽어져서 조금 또는 지나치게 감겨진 결과로 생긴 것이다.

DNA transposition(DNA 전위): transposition을 보시오.

domain(영역): 어떤 폴리펩타이드의 뚜렷한 구조 단위. 영역은 서로 다른 기능을 가지고 있으며 독립된 촘촘한 단위를 구성한다.

double helix(이중나선): 2개의 상보적인 DNA 가닥이 역평행을 유지하며 자연적으로 코일상태로 서로 꼬인 입체형태.

double-reciprocal plot(이중역수 플롯): 1/[S]에 대한 $1/V_0$의 플롯. 이것은 [S]에 대한 V_0의 플롯보다도 V_{max}와 K_m을 정확하게 결정할 수 있다. 이것을 라인웨버-버크 도표(Lineweaver-Burk plot)라고도 한다.

e

E'°: standard reduction potential을 보시오.

ECM: extracellular matrix를 보시오

electrochemical gradient(전기화학적 경사): 막을 가로지르는 이온의 농도 경사와 전하 경사의 합계로 산화적 인산화와 광인산화의 추진력이 된다.

electrochemical potential(전기화학적 포텐셜): 어떤 막을 가로질러서 생기는 하전과 농도의 분리를 유지하는 데 필요한 에너지.

electrogenic(전기생성): 막을 가로질러서 생긴 전기적 포텐셜에 기여하는 것.

electron acceptor(전자수용체): 산화-환원 반응에 있어서 전자를 받아들이는 물질.

electron carrier(전자운반체): 전자를 가역적으로 주고받을 수 있는 플라보단백질과 사이토크롬과 같은 단백질. 유기 영양물질로부터 산소나 그 밖의 말단 수용체에 전자를 옮기는 기능을 가지고 있는 것.

electron donor(전자 공여체): 산화-환원 반응에 있어서 전자를 공여하는 물질.

electron transfer(전자전달): 호흡사슬(또는 전자전달 사슬)의 운반체를 거쳐서 기질로부터 산소로의 전자의 이동.

electrophile(구전자기): 전자 밀도가 높은 시약으로부터 전자를 받아들이는 경향이 강한 전자 밀도가 낮은 시약.

electrophoresis(전기영동): 하전된 용질이 전장에 응답해서 이동하는 것. 종종 이온, 단백질 또는 핵산의 혼합물의 분리에 사용된다.

ELISA: enzyme-linked immunosorbent assay를 보시오.

elongation factors(신장 인자): (1) 진핵세포 전사의 연장 단계에서 기능하는 단백질. (2) 라이보소체에 의한 폴리펩타이드 사슬의 신장에 필요한 특이적 단백질.

eluate(용출액): 크로마토그래피의 컬럼으로부터 용출되는 액.

enantiomers(거울상 이성체): 서로 겹칠 수가 없는 거울상 관계에 있는 입체 이성체.

endergonic reaction(자유에너지증가 반응): 에너지를 소비하는(ΔG가 플러스인) 화학 반응.

endocannabinoid(내인성 대마초): 대마초(cannabinoid) 수용체에 결합하여 기능적으로 활성화시킬 수 있는 내인성 물질.

endocrine(내분비): 호르몬을 만들고, 혈중으로 분비하도록 분화된 세포군으로, 다른 세포를 조절한다.

endocytosis(세포내함입): 원형질막이 함입되어 만들어진 소포(endosome) 내로 들어가는 세포 외 물질의 섭취.

endonucleases(핵산내부분해효소): 핵산 내의 인산다이에스터결합을 가수분해하는 효소. 말단 결합 이외의 부분에서 작용한다.

endoplasmic reticulum(세포질세망): 진핵세포의 세포질에 널리 존재하는 이중막계이며, 분비경로를 봉입하고, 흔히 라이보소체가 점으로 덮여 있는 것(조면 세포질세망).

endothermic reaction(흡열 반응): 열을 흡수하는 화학 반응(ΔH는 플러스이다).

end-product inhibition(최종산물 저해): feedback inhibition을 보시오.

enhancers(증강자): 어떤 유전자의 발현을 촉진하는 DNA 서열. 그 유전자로부터 몇 백 또는 몇 천 개의 염기쌍이 떨어진 곳에 있는 것.

enthalpy(H, 엔탈피): 어떤 계의 열 용량.

enthalpy change(ΔH, 엔탈피 변화): 어떤 반응에서 결합의 분해에 사용되는 에너지와 새로운 결합의 형성에 의해서 얻어진 에너지와의 차는 거의 같다.

entropy(S, 엔트로피): 어떤 계의 무질서, 혼란의 정도.

enzyme(효소): 특정의 화학 반응을 촉매하는 생체 분자이고, 단백질 또는 RNA이다. 촉매하는 반응의 평형에는 영향을 주지 않는다. 반응계에 낮은 활성화에너지를 주고 반응 속도를 높인다.

enzyme cascade(효소 연쇄증폭): 한 효소가 다른 효소를 활성화하여(보통 인산화에 의해) 또 다시 세 번째 효소 등등을 활성화하는 것을 조절하는 일에 종종 관여하는 일련의 반응. 촉매를 활성화하는 촉매의 효과는 연쇄증폭을 시작하는 신호의 커다란 증폭이다.

enzyme-linked immunosorbent assay(ELISA, 효소면역측정법): 특정 단백질을 검출하기 위해 항체 또는 항원에 연결된 효소를 사용하는 민감한 면역 측정법.

epigenetic(후생유전성의): 생체의 유전적 특징이 후천적으로 획득되어 유전되는 경우이며, 부모 염색체의 뉴클레오타이드 서열이 관여하지는 않는다; 예를 들어 히스톤의 공유 변형의 예가 있다.

epimerases(에피머화효소): 2개의 이성체의 가역적인 상호변환을 촉매하는 효소.

epimers(에피머): 2개 이상의 비대칭 중심을 가진 화합물에서, 1개의 비대칭 중심에 대해 입체배치를 달리하는 2종의 입체 이성체.

epithelial cell(상피세포): 생물과 기관의 외피 부분을 형성하는 세포.

epitope(항원결정부위): 항원결정기. 항체와 결합하는 거대분자(항원) 내의 특정한 화학 기.

epitope tag(항원결정부위 꼬리표): 잘 특성화된 항체에 의해서 결합하는 단백질 서열 또는 영역.

equilibrium(평형): 1개의 계가 그 이상 변화를 일으키지 않는 상태. 그 자유에너지는 최소가 된다.

equilibrium constant(K_{eq}, 평형상수): 개개의 화학 반응에 특유한 상수, 일정한 온도와 압력에 있는 평형계의 반응물 및 생성물의 농도와 관련된 특정된 값.

erythrocyte(적혈구): 대량의 헤모글로빈을 함유하고 있는 세포로, 산소를 운반하도록 특수화되어 있는 것.

essential amino acids(필수 아미노산): 사람(및 다른 척추동물)에 의해 합성되지 않는 아미노산이며, 음식물로부터 섭취해야 되는 것.

essential fatty acids(필수 지방산): 식물에서 생성되고, 사람에서는 생성되지 않는 1군의 과불포화지방산으로, 사람의 음식물에 필요한 것.

ethanol fermentation(에탄올 발효): 당분해 과정을 통한 포도당이 에탄올로 무산소성으로 전환되는 과정; 다른 이름으로는 알코올 발효라고도 한다. alcohol fermentation을 보시오.

euchromatin(진정염색질): 간기 염색체에서 약하게 염색이 되는 부위로서 강하게 염색되는 이질염색질(heterochromatin)과 반대되는 부위. 보통 이 부위에 존재하는 유전자들은 발현이 활발하다.

eukaryote(진핵세포): 막으로 둘러싸인 핵, 여러 개의 염색체, 세포소기관을 가진 세포로 된 단일세포 생물 또는 다세포 생물.

excited state(들뜬 상태): 빛 에너지를 흡수함으로써 생기는 원자 또는 분자의 에너지가 풍부한 상태.

exergonic reaction(자유에너지감소 반응): 유리 에너지의 방출을 수반하는 화학 반응(ΔG는 마이너스이다).

exocytosis(세포외유출): 세포 내의 소포(vesicle)가 원형질막과 융합해서, 소포의 내용물을 세포 밖으로 방출하는 것.

exon(엑손): 유전자의 최종산물 부분을 암호화하고 있는 진핵생물의 유전자 단편. 전사후 과정 뒤에도 남아 있는 부분으로, 단백질로 전사되기도 하고, RNA 구조에 들어가기도 하는 부분. intron을 보시오.

exonuclease(핵산외부분해효소): 핵산의 말단 부위에 결합된 인산다이에스터결합만을 가수분해하는 효소.

exothermic reaction(발열 반응): 열을 방출하는 화학 반응(ΔH는 마이너스이다).

expression vector(발현 매개체): vector를 보시오.

extracellular matrix(ECM, 세포외 바탕질): 당아미노글라이칸, 단백글라이칸 및 단백질들의 엉킨 조합으로 구성되며, 형질막의 바깥쪽에 위치한다. 세포 고정, 위치 인식 및 세포 이동 동안 당김의 부위로서 기능한다.

extrahepatic(간외조직의): 간 바깥에 있는 모든 조직을 일컫는 용어로 사용; 대사에 있어서 간의 중심적 위치를 의미.

f

FAD(flavin adenine dinucleotide, 플라빈 아데닌 다이뉴클레오타이드): 어떤 옥시도리덕테이스의 보조효소. 라이보플라빈을 함유한다.

F_1 ATPase(F_1 ATP합성효소): ATP 합성을 촉매하는 부위를 가지는 ATP 생성효소의 다중 단백질 소단위. 이는 ATP 생성효소의 F_o 소단위와 상호작용하며, ATP 합성을 위한 양성자 움직임과 짝짓기되어 있다.

fatty acid(지방산): 천연의 지방이나 기름 중에 존재하는 긴사슬 지방족의 카복실산. 막 인산지질과 당지질의 성분이기도 하다.

feedback inhibition(되먹임 억제): 대사경로의 최종산물에 의해서 그 경로의 최초의 입체다른자리 효소를 저해하는 것, 최종산물 억제(end-product inhibition)라고도 한다.

fermentation(발효): 실제 산화를 수반하지 않으며, 에너지를 생성하면서 포도당과 같은 영양분자를 혐기적으로 분해하는 것. 락트산, 에탄올, 그 밖의 단순한 생성물을 만든다.

fibrin(섬유소): 피떡 형성에서 교차결합하는 섬유소를 형성하는 단백질 인자.

fibrinogen(섬유소원): 섬유소 단백질의 불활성 전구단백질.

fibroblast(섬유아세포): 콜라겐과 같은 결합 단백질을 분비하는 결합 조직의 세포.

fibrous proteins(섬유단백질): 보호적, 구조적 역할을 하는 불용성 단백질. 공통의 2차 구조에 관여하는 폴리펩타이드 사슬을 가지고 있다.

first law of thermodynamics(열역학 제1법칙): 모든 과정에서 우주의 총에너지는 일정하게 보존된다는 것을 설명한 법칙.

Fischer projection formulas(피셔 투영식): 손대칭 중심 주위의 입체배열을 나타내는 방식; 다른 이름으로는 projection formulas(투영식)이라고 한다.

5′ end(5′ 말단): 핵산의 말단으로 말단 잔기의 5′번 위치에 결합되어 있는 1개의 뉴클레오타이드가 없는 것.

flagellum(편모): 추진력으로 사용되는 세포 부속기관. 세균의 편모는 진핵세포의 편모(이것은 융모와 비슷함)보다도 훨씬 단순한 구조를 하고 있다.

flavin-linked dehydrogenases(플라빈-결합 탈수소효소): FMN이나 FAD와 같은 라이보플라빈을 보조효소로서 필요로 하는 탈수소효소.

flavin nucleotides(플라빈 뉴클레오타이드): 라이보플라빈을 함유하는 뉴클레오타이드 보조효소(FMN 및 FAD).

flavoprotein(플라보단백질): 강하게 결합된 보결단으로 플라빈 뉴클레오타이드를 함유하는 효소.

flippases(플리페이스): 막이중층의 한쪽 편에서 다른 쪽으로 지질이 이동하는 것을 촉매하는 막단백질.

floppases(플로페이스): 막이중층의 세포질 쪽에서 세포밖 쪽으로 인지질의 이동을 촉매하는 ABC 수송체 족에 속하는 막단백질.

fluid mosaic model(유동 모자이크 모델): 유동성의 지질 이중층에 단백질 분자가 박혀 있는 생체막의 모델. 이중층은 구조적으로나 기능적으로 비대칭이다.

fluorescence(형광): 들뜬 분자가 바닥상태로 되돌아갈 때 생기는 빛의 방출.

fluorescence recovery after photobleaching(광표백 후 형광 회복): FRAP를 보시오.

fluorescence resonance energy transfer(형광 공명 에너지 전달): FRET를 보시오.

FMN(flavin mononucleotide, 플라빈 모노뉴클레오타이드): 라이보플라빈 인산을 말하며, 어떤 옥시도리덕테이스의 보조효소.

fold(접힘): motif를 보시오.

footprinting(발자국술): DNA 또는 RNA 결합 단백질에 결합된 핵산 서열을 확인하는 방법.

fraction(분획): 분자량, 순전하, 그리고 용해성과 같은 물리적 성질의 차이에 기초한, 단백질이나 다른 복합 분자 혼성물의 성분의 일부분

fractionation(분획화): 분자량, 순전하, 그리고 용해성과 같은 물리적 성질의 차이에 기초한, 단백질이나 다른 복합 분자 혼성물의 성분을 작은 부분으로 분리하는 과정.

frame shift(틀 이동): 한 쌍 이상의 뉴클레오타이드의 삽입 또는 결실로 인해 생기는 돌연변이. 그 결과 단백질 합성 중에 코돈의 판독 본틀이 변화된다. 생성물의 폴리펩타이드는 돌연변이 코돈에서 시작되는 잘못 짝지은 아미노산 서열을 가지고 있다.

FRAP(Fluorescence return after photobleaching): 이중층의 판에 있는 지질이나 단백질과 같은 막구성물의 확산을 정량화하는 방법

free energy(G, 자유에너지): 일정한 온도와 압력하의 어떤 계의 전체 에너지 중에서, 일에 이용할 수 있는 부분.

free energy of activation($\Delta G^{\ddagger}$)(활성화의 자유에너지): activation energy를 보시오.

free-energy change(ΔG, 자유에너지 변화): 일정한 온도와 압력 하에서 반응에 의해 방출되는 자유에너지(마이너스의 ΔG) 또는 흡수되는 자유에너지(플러스의 ΔG)의 양.

free radical(유리 라디칼): radical(라디칼)을 보시오.

FRET(fluorescence resonance energy transfer, 형광 공명 에너지 전달): 단백질의 두 영역 또는 두 단백질 사이의 거리를 추정하는 기술로서 한 분자가 흥분하고 형광을 발산할 때 보고 물질 사이의 에너지 전달을 측정하여 정량한다.

functional group(기능기): 생체 분자에 특유한 화학적 성질을 나타내는 특이한 원자 또는 원자단.

furanose(퓨란당): 5개의 원자로 구성된 퓨란(furan) 고리구조를 가지는 간단한 당질.

fusion protein(융합단백질): (1) 막 융합을 촉진시키는 일종의 단백질. (2) 서로 다른 2가지 유전자의 융합에 의해서 만들어진 유전자로 생산된 단백질.

futile cycle(낭비 회로): ATP의 가수분해에 의해 열에너지를 방출하는 회로적인 효소 반응계.

g

G_i: inhibitory G protein를 보시오

G_s: stimulatory G protein를 보시오

gametes(배우자): 일배체 유전자를 가지고 있는 생식세포로, 정자와 난세포를 말한다.

gangliosides(강글리오사이드): 스핑고지질의 일종으로, 머리부분에 복잡한 올리고당을 가지고 있는 것. 특히 신경 조직에서 볼 수 있다.

GAPs: GTPase activator proteins를 보시오.

GEFs: guanosine nucleotide-exchange factors를 보시오.

gel filtration(겔 여과): size-exclusion chromatography를 보시오.

gene(유전자): 단일의 기능성 폴리펩타이드 사슬 또는 RNA 분자에 대한 암호를 가지고 있는 염색체상의 단위.

gene expression(유전자 발현): 유전자 산물을 생성하기 위한 전사와 단백질의 경우에는 번역이 되며, 유전자는 생물학적 생성물이 존재하고 활성일 때 발현된다.

gene fusion(유전자 융합): 하나의 유전자에 다른 유전자의 일부분을 효소로 결합하는 것.

general acid-base catalysis(일반적인 산-염기 촉매작용): 물 이외의 분자로의 양성자 전달 또는 이 분자로부터의 양성자 전달을 포함하는 촉매작용.

genetic code(유전암호): 단백질의 아미노산을 규정하는 DNA(또는 mRNA) 중의 3개 염기 세트의 암호용어.

genetic engineering(유전자 조작): 분자생물학자에 의해서 유전물질(특히, DNA)을 변화시키는 여러 가지 과정.

genetic map(유전자 지도): 염색체 분자를 따라 특정한 유전자의 상대적 서열과 위치를 한 눈에 볼 수 있도록 나타낸 그림.

genome(유전체): 세포와 바이러스에 있어서 암호화된 모든 유전정보.

genome annotation(유전체 주석): 유전체 DNA 염기서열분석법 프로젝트 동안 발견된 유전자에 실제 또는 가능성 있는 기능을 정리하는 과정.

genomic library(유전체 라이브러리): DNA 분절을 함유하는 DNA 라이브러리는 유기체의 유전체에서 모든(또는 대부분의) 서열을 나타낸다.

genomics(유전체학): 세포나 개체의 유전체에 대한 광범위한 이해를 돕기 위한 학문.

genotype(유전형): 생물의 유전 구성. 물리적 특성 또는 표현형(phenotype)과는 다른 것.

geometric isomers(기하 이성체): 이중결합의 주위에서 회전과 관계가 있는 이성체. 시스-트랜스 이성체(cis와 trans isomers)라고도 함.

germ-line cell(생식세포): 배형성(embryo-genesis)의 초기에 형성되는 동물세포인데, 유사분열로 증식하거나, 감수분열로 생성되기도 한다. 배우자[gametes(난세포 또는 정자)]로 발달하는 세포.

GFP: green fluorescent protein을 보시오.

globular proteins(구단백질): 구형으로 된 가용성 단백질.

glucogenic(포도당 생성): 포도당신생성을 거쳐서 포도당 또는 글리코겐으로 대사적으로 변환되는 탄소 사슬을 가지고 있는.

gluconeogenesis(포도당신생성): 옥살로아세트산과 피루브산과 같은 비당질인 전구체로부터 당질의 생합성.

GLUT: 포도당 수송에 관여하는 막단백질 군에 대한 명명.

glycan(글라이칸): 다당의 또 다른 이름. 글라이코실결합으로 결합된 단당 단위의 중합체.

glyceroneogenesis(글리세롤신생성): 지방세포에서 트리아실글리세롤 합성에 사용되는 3-인산 글리세롤을 피루브산으로부터 합성하는 과정.

glycerophospholipid(글리세로인지질): 글리세롤 골격을 가지고 있는 지방족의 지질로 지방산이 글리세롤의 C-1과 C-2에 에스터결합을 하고 극성 알코올이 C-3에 포스포다이에스터결합으로 연결된 것.

glycoconjugate(당 결합물): 단백질 또는 지질에 공유결합적으로 결합하여 당단백질 또는 당지질을 생성하는 당질 화합물을 함유하는 화합물.

glycogenesis(글리코겐합성): 포도당을 글리코겐으로 바꾸는 과정.

glycogenin(글리코게닌): 새로운 글리코겐 사슬의 생성을 위한 시작 및 글리코겐 생성효소의 연장반응 전에 각 사슬의 초기 몇몇 당을 중합하는 데 필요한 단백질.

glycogenolysis(글리코겐분해): 저장된(식이성이 아닌) 글리코겐의 효소적 분해.

glycolate pathway(글라이콜산 경로): 광호흡과정에서 생산된 글라이콜산을 3-인산글리세르산으로 전환시키는 광합성 생물의 대사경로.

glycolipid(당지질): 당질을 함유하는 지질.

glycolysis(해당): 포도당 분자가 2분자의 피루브산으로 분해되는 이화 경로. *Compare aerobic glycolysis.*

glycome(당체): 특정 환경이나 조건에서 세포나 조직의 탄수화물 및 탄수화물-함유 물질 전체.

glycomics(당체학): 당체에 대한 체계적인 특성화.

glycoprotein(당단백질): 당질을 함유하고 있는 단백질.

glycosaminoglycan(당아미노글라이칸): 2가지 종류의 서로 다른 단위로 된 헤테로(이질) 다당이고, 하나는 *N*-아세틸글루코사민이거나 *N*-아세틸갈락토사민이고, 다른 하나는 우론산(보통, 글루큐론산)이다. 종전에는 점액다당(mucopolysaccharide)이라고 불렀다.

glycosidic bonds(당화결합): *O*-glyosidic bonds를 보시오.

glycosphingolipid(당스핑고지질): 긴사슬 지방산과 극성 알코올에 결합하는 스핑고신 뼈대로 이루어진 친양쪽성 지질.

glyoxylate cycle(글리옥실산 회로): 시트르산 회로의 변형으로, 아세트산으로의 실 변환을 하고, 최종적으로 당질을 새로 만든다. 세균이나 어떤 종류의 식물에 존재한다.

glyoxysome(글라이옥시솜): 글리옥시산 회로의 몇 가지의 효소를 함유하는 특수화된 과산화소체(peroxisome)이고, 발아 종자의 세포 중에서 볼 수 있다.

Golgi complex(골지 복합체): 진핵세포의 복잡한 막을 가지고 있는 세포소기관. 단백질의 번역 후 변형과 그들의 세포로부터 분비 또는 원형질막과 세포소기관의 막으로 짜여져 들어가는 기능을 가지고 있다.

GPCRs(G protein-coupled receptors): G protein-coupled receptors를 보시오.

GPI-anchored protein(GPI-닻 단백질): 형질막 외막에 짧은 소당 사슬을 막내 포스파티딜이노시톨에 공유결합시키는 단백질.

G protein-coupled receptor kinases(GRKs, G 단백질-짝지음 수용체 인산화효소): G 단백질-짝지음 수용체의 카복실 말단 근처의 세린 및 트레오닌 잔기를 인산화시키는 단백질 인산화효소의 일종으로 세포 내 부화의 시작 단계에 관여한다.

G protein-coupled receptors(GPCRs, G 단백질-짝지음 수용체): 7개의 막횡단 나선 영역을 가지는 막수용체 단백질의 거대 족. 보통 세포 외부의 신호를 전달하여 세포 대사의 변화를 초래하게 한다.

G proteins(G 단백질): 세포내 신호 경로에서 작용하는 이형삼합체 GTP 결합 단백질의 한 족(family). 보통 구불구불한 수용체에 결합한 리간드가 결합된 GDP를 위해 GTP의 교환을 유도하여 신호 경로에서 G 단백질이 하위의 효소를 활성화하게 한다. G 단백질은 내인성 GTPase 활성을 가지고 있으므로 자가 불활성이다.

gram molecular weight(그램 분자량): 분자량과 수학적으로 같은 화합물의 중량(g)이며, 1몰의 무게에 해당된다.

grana(그라나): 엽록체에 존재하는 평평한 막으로 된 낭(주머니) 또는 원판인 틸라코이드의 층상 구조.

green fluorescent protein(GFP, 녹색형광 단백질): 광학적으로 밝은 녹색형광을 띄는 수중 생물체로부터 얻는 작은 단백질. GFP와 융합단백질을 만들면 형광현미경에 의해 융합단백질의 세포내 위치를 쉽게 판정할 수 있어서 많이 사용된다.

GRKs: G protein–coupled receptor kinases를 보시오.

gRNA: guide RNA를 보시오.

ground state(바닥상태): 원자 또는 분자의 정상적으로 안정된 형. 여기 상태와 구별이 된다.

group transfer potential(기 전달 포텐셜): 화합물이 활성기(인산기나 아실기 등)를 공여하는 능력의 정도. 일반적으로는, 가수분해의 표준 자유에너지로 표시된다.

growth factors(성장인자): 세포의 성장 및 분열을 촉진하기 위해 세포 외부로부터 작용하는 단백질이나 기타 분자들.

GTPase activator proteins(GAPs, GTP 분해효소 활성자 단백질들): 활성화된 G 단백질들에 결합하여 내재 GTP분해효소 활성을 촉진시켜 자가-억제를 가속화하는 조절 단백질들.

guanosine nucleotidebinding proteins(구아노신 뉴클레오타이드-결합 단백질들): G proteins를 보시오.

guanosine nucleotideexchange factors(GEFs, 구아노신 뉴클레오타이드-교환 인자들): GTP를 위해 결합된 GDP의 교환을 자극하는 G 단백질 활성을 위한 조절 단백질들.

guide RNA(gRNA, 안내 RNA): CRISPR 체계에서 발견되는 RNA로, 파지 DNA와 같은 표적 DNA 서열과 상보적 서열을 가진다.

h

hairpin(머리핀): 단일가닥의 RNA나 DNA가 형성하는 2차 구조. 이는 회문 반복 구조의 상보적 결합에 의해서 역평행나선의 두 가닥이 짝을 이루는 것이다.

half-life(반감기): 어떤 계에서 어떤 성분의 절반이 소실 또는 붕괴되는 데 소요되는 시간.

haploid(일배체): 단일의 한 쌍 유전정보를 가지고 있으며, 각 유형의 염색체를 가지고 있는 세포. 이배체와 비교.

haplotype(일배체형): 함께 유전되는 경향을 가지는 매우 가까운 위치에 있는 염색체 내부 두 유전자의 대립유전자쌍 조합.

hapten(합텐): 커다란 분자와 결합할 때 면역반응을 이끌어 내는 조그만 분자.

Haworth perspective formulas(하워드 투시식): 고리상의 화학 구조를 나타내는 방법으로, 각 치환기의 배치를 명시할 수 있다. 보통 당의 구조를 나타내는 데 사용된다.

helicase(나선효소): 복제하기 전에 DNA 사슬의 분리를 촉매하는 효소.

heme(헴): 헴 단백질의 철-포르피린 보결단.

heme protein(헴 단백질): 보결단으로서 헴을 함유하는 단백질.

hemoglobin(헤모글로빈): O_2 운반 기능을 가진 적혈구 중의 헴 단백질.

Henderson-Hasselbalch equation(헨더슨-하셀발흐식): 용액의 pH, pK_a, 및 양성자 수용체(A^-)와 양성자 공여체(HA)의 농도비에 관계가 있는 식,

$$\mathrm{pH} = \mathrm{p}K_a + \log \frac{[\mathrm{A}^-]}{[\mathrm{HA}]}$$

heparan sulfate(황산 헤파란): *N*-아세틸글루코사민, 유론산, 글루큐론산 또는 아이듀론산으로 구성된 황산 중합체. 보통 세포외 바탕질에서 발견된다.

hepatocyte(간세포, 간실질세포): 간 조직의 주요 세포.

heterochromatin(이질염색질): 응축된(뭉쳐진, condensed) 염색체 영역. 일반적으로 유전자 발현이 억제된다. 진정염색질(euchromatin)과 비교.

heteropolysaccharide(이종다당): 2가지 이상의 당을 함유하는 다당.

heterotroph(종속영양생물): 포도당과 같은 복잡한 영양물을 에너지원 및 탄소원으로 사용하는 생물.

heterotropic(헤테로트로픽, 이형): 정상 리간드와 구분되는 입체다른자리 조절인자를 설명한다.

heterotropic enzyme(이질효소): 기질 이외의 조절인자를 필요로 하는 입체다른자리 효소.

hexose(육탄당): 6개의 탄소원자를 골격으로 하는 단순당.

hexose monophosphate pathway(일인산 육탄당 경로): Phosphogluconate pathway(인산글루콘산 경로)를 보시오.

high-performance liquid chromatography(HPLC, 고성능 액체 크로마토그래피): 크로마토그래피의 조작법. 정교하고 재현성이 높은 크로마토그래피의 상을 얻을 수 있으며 자동화 장치를 사용해서, 비교적 높은 압력으로 조작한다.

Hill coefficient(Hill 상수): 단백질 소단위 간의 협동적 상호작용을 측정하는 데 사용되는 상수.

Hill reaction(힐 반응): 이산화탄소가 존재하지 않는 경우. 엽록체에 의해 산소의 발생과 인공적 전자수용체의 광환원을 일으키는 반응.

histones(히스톤): 진핵세포 염색체 중의 DNA에 강하게 결합한 5종류 염기성 단백질의 일군.

Holliday intermediate(홀리데이 중간체): 유전자 재조합의 중간체로 2가닥 사슬 DNA 분자가 분자의 1가닥 사슬에 들어 있는 역교차력(reciprocal crossover)으로 결합하고 있는 것.

holoenzyme(완전효소): 모든 필요한 소단위, 보결단, 보조인자를 함유하는 촉매적으로 활성인 효소.

homeobox(호메오 상자): 많은 단백질에서 볼 수 있는 단백질 영역의 암호가 되고 있는 180 염기쌍이 보존되어 있는 DNA 서열로, 발생에 조절적인 역할을 한다.

homeodomain(호메오 영역): 호메오 상자에 의해서 암호로 바뀌 쓴 단백질 영역.

homeostasis(항상성): 외부환경의 변화를 보상하는 조절기전에 의해서 동적인 항정상태(steady state)를 유지하는 것.

homeotic genes(호메오틱 유전자): 초파리(*Drosophila*) 체구의 설계도(body plan)에 있는 분절의 발생을 조절하는 유전자. 이것과 같은 유전자는 대부분의 척추동물에서도 볼 수 있다.

homologs(상동체): 서로 간에 명확한 서열 및 기능 관련성을 가지는 유전자 또는 단백질.

homologous genetic recombination(상동 유전자 재조합): 모든 세포 중에서 일어나는, 같은 서열을 가지고 있는 2가지 DNA 분자간의 재조합. 진핵세포의 감수분열과 유사분열시에 일어난다.

homologous proteins(상동 단백질): 서로 다른 생물 중에 있는 같은 서열과 기능을 가지고 있는 단백질. 예를 들면, 헤모글로빈.

homopolysaccharide(단일단당류): 1종류의 단당 단위로 이루어진 다당류.

homotropic(호모트로픽, 동형): 정상 리간드와 동일한 입체다른자리 조절인자를 설명한다.

homotropic enzyme(동질효소): 조절인자로서 기질을 이용하는 입체다른자리 효소.

hormone(호르몬): 어떤 내분비 조직에 의해 미량이 합성되는 화학물질이고, 혈액에 의해서 다른 조직으로 운반되고, 표적 조직이나 표적 장기의 기능을 조절하기 위한 전령으로 작용하는 것.

hormone receptor(호르몬 수용체): 세포 표면 또는 세포 안에 존재하는 단백질이고, 특이적인 호르몬과 결합해서 세포 응답을 일으키는 것.

hormone response element(HRE, 호르몬 반응 인자): 수용체가 스테로이드, 레티노이드, 갑상선, 그리고 비타민 D 호르몬에 결합하여 근접한 유전자의 발현을 바꾸는 짧은(12~20 bp) DNA 서열. 각 호르몬은 동족 수용체에 의해 선호되는 공통서열을 가지고 있다.

housekeeping genes(살림유전자): 세포가 항상 필요로 하는 생성물들(예 : 에너지-생성 중심 경로의 효소들과 같은)을 암호화하는 유전자; 모든 조건 하에서 표현되기 때문에 구성 유전자라고도 한다.

HPLC: high-performance liquid chromatography를 보시오.

HRE: hormone response element를 보시오.

hyaluronan(하이알유로난): 교대하는 이당 GlcUA(β1→3)GlcNAc로 구성된 고분자의 무게의 전형적인 산성 다당. 하이알유로난은 세포외 바탕질의 주된 성분이고 단백질과 다른 산성의 다당을 가진 커다란 복합체(단백글라이칸)를 형성한다. 다른 이름으로는 하이알유론산이라고 한다.

hydrogen bond(수소결합): 어떤 전기음성 원자(산소와 질소 등)와 다른 전기음성 원자에 공유결합한 수소원자와의 사이에 작용하는 약한 정전기적 인력.

hydrolases(가수분해효소): 가수분해를 하는 효소[예를 들면, protease(단백질분해효소), lipase(지질분해효소), phosphatase(인산염분해효소), nuclease(핵산분해효소)].

hydrolysis(가수분해): 물 분자가 들어가서 무수물이나 펩타이드 결합 등의 결합을 분해하여, 2분자 이상의 생성물을 만드는 것.

hydronium ion(하이드로늄 이온): 수화된 수소 이온(H_3O^+).

hydropathy index(소수성 지표): 화학 기의 소수성과 친수성의 상대적인 성향을 나타내는 척도.

hydrophilic(친수성): 극성이 있는 또는 하전을 하고 있는 것. 물과 결합하는(물에 쉽게 녹는) 분자 또는 기.

hydrophobic(소수성): 물에 용해되지 않는, 비극성인 분자 또는 기.

hydrophobic effect(소수성 효과): 물 분자를 제외한 수용액에서 비극성 분자들의 뭉침. 주변 물의 수소결합 구조와 관련된 엔트로피 효과에 크게 기인한다.

hyperchromic effect(흡광증가 효과): 이중나선 DNA가 융해될 때 260 nm에서의 광흡수가 크게 증가되는 것.

hypoxia(저산소증): 산소의 공급이 심하게 제한된 대사상태.

i

immune response(면역반응): 척추동물이 자체에 의해서 이종의 거대분자인 항원에 대해서 항체를 생성하는 능력.

immunoblotting(면역블롯팅): 생물학 시료에서 단백질의 존재를 검출하기 위하여 항체를 이용하는 실험방법. 보통 전기영동을 통하여 단백질을 분리하고, 이를 막에 이동시킨 뒤 고정한 후에 진행한다. 다른 이름으로는 웨스턴 블롯팅이라고도 한다.

immunoglobulin(면역글로불린): 항원에 대해 생성되는 항체 단백질로 그 항원에 대해서 특이적으로 결합한다.

induced fit(유도 적합): 효소를 촉매적으로 활성화하는 기질의 결합에 응답하는 효소의 입체구조 변화. 거대분자의 결합자리가 리간드의 형에 잘 적합하게끔 리간드의 결합에 응답해서 거대분자의 입체구조가 변화하는 것을 나타내는 데 사용된다.

inducer(유도자): 조절 단백질에 결합되어, 어떤 유전자의 발현을 촉진시키는 신호 분자.

induction(유도): 조절 단백질의 활성의 변화에 따라서 유전자의 발현이 증가되는 것.

informational macromolecules(정보 거대분자): 여러 가지 단일체의 특이적인 서열을 가진 형에 정보를 내장하고 있는 생체 분자. 예를 들면, 많은 단백질, 지질, 다당, 핵산 등.

inhibitory G protein(G_i, 억제 G 단백질): 형질막 수용체에 의해 활성화되는 삼합체 GTP-결합 단백질로 아데닐 사이클레이스와 같은 주변 막 효소들을 억제하는 기능을 가진다. G_i는 G_s의 반대 작용을 한다.

initiation codon(개시 코돈): AUG(때때로 원생생물에서는 GUG); 이는 폴리펩타이드 사슬의 최초의 아미노산에 대한 암호이다. 이 최초의 아미노산은 원핵세포에서는 *N*-포밀메티오닌, 진핵세포에서는 메티오닌이다.

initiation complex(개시 복합체): mRNA와 개시 Met-tRNA^{Met} 또는 개시 fMet-tRNA^{fMet}를 가지고 있는 라이보소체의 복합체이며 신장 단계를 준비하고 있다.

inorganic pyrophosphatase(무기 파이로인산염분해효소): 무기 파이로인산을 가수분해해서 2분자의 오토 인산을 생성하는 효소. 때로는 그냥 pyrophosphatase라고도 쓴다.

insertion mutation(삽입 돌연변이): DNA 중의 2개의 연속하는 염기 간에 1개 이상의 외래성 또는 돌연변이 물질을 삽입해서 생기는 돌연변이.

insertion sequence(삽입 서열): DNA의 이동성 단편의 양쪽 말단에 있는 특정한 염기서열.

in situ(제자리): 원래의 자리 또는 위치를 의미함.

integral proteins(내재단백질): 소수성 상호작용에 의해 막에 단단히 결합된 단백질: 주변단백질과 구분된다.

integrin(인테그린): 세포가 다른 세포 또는 세포 외기질에 결합하는 것을 매개하는 이형이합체의 막횡단 단백질의 커다란 족(family)의 하나.

intercalation(삽입): 2개로 싸여진 층을 이룬 방향족고리 또는 평면고리 사이에 삽입되는 것. 예를 들면 핵산의 2가지 연결된 염기 간으로의 평면 분자의 삽입.

intermediary metabolism(중간 대사): 세포에서 영양분자로부터 화학 에너지를 끄집어 내고, 그것을 사용하여 세포 성분의 합성이나 집합에 이용하는 효소 촉매 반응.

intrinsically disordered proteins(내재 무질서 단백질): 수용액에서 3차원 구조가 명확하게 없는 단백질 또는 단백질 부분)

intron(intervening sequence, 인트론): 유전자 중의 뉴클레오타이드 서열로 전사는 되지만 번역되기 전에 잘려 버려지는 것. 엑손을 보시오.

in vitro: "유리의 내부". 즉, 시험관 내라는 의미.

in vivo: "생체 내". 즉, 생세포내 또는 생물 내라는 의미.

ion channel(이온 통로): 특정의 이온을 조절해서 운반하는 내재단백질로 막을 가로질러 존재한다.

ion-exchange chromatography(이온 교환 크로마토그래피): 고정된 하전기를 가지고 중합체 수지로 구성된 고정상과 유동상 사이의 반복적인 분획과정을 통하여 이온성 혼합물을 분리하기 위한 과정.

ionizing radiation(이온화 방사선): X-선과 같은 방사선을 말한다. 어떤 유기 화합물로부터 전자가 소실되어 그 반응성을 높인다.

ionophore(이온운반체): 한 가지 이상의 금속 이온을 결합하고 막을 가로질러서 확산할 수 있는 화합물로 결합한 이온을 운반한다.

ion product of water(K_w, 물의 이온적): 순수 중의 H^+ 농도와 OH^- 농도의 곱. $K_w = [H^+][OH^-] = 1 \times 10^{-14}$ (25°C).

ion semiconductor sequencing(이온 반도체 염기서열분석법): 뉴클레오타이드 첨가를 방출된 전자 측정을 통해 검출하는 DNA 염기서열분석법 기술.

iron-sulfur protein(철-황 단백질): 전자전달 단백질군의 하나로 전자전달체는 하나 또는 그 이상의 철이온과 2개 또는 그 이상의 황 분자가 연관되어 있다. 황분자의 시스테인 잔기나 무기 황산화물 이온과 결합한다.

isoelectric focusing(등전점 전기영동): 거대분자를 그 등전점에 의해서 분리하는 전기영동 방법.

isoelectric pH(등전점, isoelectric point, pI): 용질이 알짜전하를 가지고 있지 않으며, 따라서 전장에서 이동하지 않는 pH.

isoenzymes(동종효소): isozymes를 보시오.

isomerases(이성화효소): 어떤 화합물을 그의 위치 이성체(positional isomers)로 변환시키는 효소.

isomers(이성체): 같은 분자식을 가지고 있는 분자의 치환기에 대한 배치가 다른 분자.

isoprene(아이소프렌): 탄화수소인 2-메틸-1,3-부타다이엔. 터페노이드계 생체 분자의 반복 구조 단위가 된다.

isoprenoid(아이소프레노이드): 효소가 2개나 그 이상의 아이소프렌 단위로 중합함으로써 합성된 많은 수의 자연적인 생성물; 또한 터페노이드라고 불린다.

isozymes(동종효소): 같은 반응을 촉매하지만 아미노산 서열, 기질 친화성, V_{max}, 조절작용이 서로 다른 효소의 여러 가지 형. isoenzymes이라고도 한다.

k

K_a: acid dissociation constant를 보시오.

K_d: dissociation constant를 보시오.

K_{eq}: equilibrium constant를 보시오.

K_m: Michaelis constant를 보시오.

K_t($K_{transport}$, $K_{이동}$): 효소반응의 미하엘리스 상수 K_m과 같은 개념의 막 이동에 관련된 운동 상수. 기질 획득의 속도는 기질 농도가 K_t가 되었을 때 최대 속도의 1/2이 된다.

K_w: ion product of water를 보시오.

ketoacidosis(케토산증): 케톤체들인 아세토아세트산 및 D-β-하이드록시뷰티르산이 조직, 소변 및 혈액(케톤증)에서 높은 수준에 도달하여 혈액 pH를 낮추는 (산증) 상태로, 치료받지 않은 당뇨병 환자들에서 종종 나타나는 병리상태.

ketogenic(케톤생성): 케톤체의 전구체가 될 수 있는 탄소골격을 가지고 있는.

ketone bodies(케톤체): 아세토아세트산, D-β-하이드록시부티르산 및 아세톤을 말한다. 간장에서 정상적으로 운반되는 수용성의 연료로 기아와 치료하지 않은 당뇨병에서 과잉으로 생성된다.

ketose(케토스): 카보닐기가 케톤인 단순당.

ketosis(케톤증): 혈액, 조직, 요 중의 케톤체 농도가 높아진 상태.

kinases(인산화효소): 어떤 분자가 ATP에 의해서 인산화를 촉매하는 효소.

kinetics(속도론 또는 반응속도론): 반응속도의 연구.

Krebs cycle(크렙스 회로): citric acid cycle을 보시오.

l

lagging strand(뒤처지는 가닥): 복제 시 복제 분기점의 이동과 반대방향으로 합성되는 DNA 사슬.

law of mass action(질량작용의 법칙): 모든 화학 반응 속도는 반응물의 활성도(또는 농도)의 곱에 비례한다는 법칙.

leader(선도자): 단백질의 아미노 말단 또는 RNA의 5′ 말단의 근처에 있는 짧은 서열로 특이적인 표적(targeting) 기능과 조절 기능을 가지고 있는 것.

leading strand(앞서는 가닥): 복제 시 복제 분기점의 이동과 같은 방향으로 합성되는 DNA 사슬.

leaky mutant(유출성 돌연변이체): 검출할 수 있을 정도의 생물학적 활성을 가지고 있는 생성물을 만드는 돌연변이 유전자.

leaving group(이탈 기): 1개의 분자가 이탈 반응과 2분자 치환 반응에 의해서, 이탈되든지 치환하든지 하는 기(group).

lectin(렉틴): 매우 고친화도와 특이성을 가진 당질(보통 소당)과 결합하는 단백질로 세포와 세포 상호작용을 매개한다.

lethal mutation(치사 돌연변이): 세포나 생물의 생명에 필수적인 생물학적 기능을 불활성으로 만드는 돌연변이.

leucine zipper(류신 지퍼): 많은 진핵생물의 조절 단백질에 존재하는 단백질-단백질 상호작용을 가지고 있는 단백질 구조. 2가지 상호작용을 하는 α-나선구조로 되어 있으며, 7개의 잔기마다에 존재하는 류신 잔기가 상호작용 표면의 특징을 이루고 있다.

leukocyte(백혈구): 포유동물의 면역반응에 관여하는 백혈구.

leukotrienes(류코트라이엔): 아라키돈산으로부터 유도되는 일군의 분자. 폐에 들어간 공기를 압축하는 근육 수축제이고, 천식에 관계한다.

ligand(리간드): 큰 분자에 특이적으로 결합하는 작은 분자. 예를 들면, 호르몬은 그의 특이적인 단백질성 수용체의 리간드가 된다.

ligases(연결효소): ATP 에너지 또는 다른 에너지가 풍부한 화합물을 사용함으로써 2개의 원자가 결합된 축합반응을 촉매하는 효소.

light-dependent reacions(광의존 반응): 빛을 필요로 하는 광합성 반응에서 일어나며 어두운 곳에서는 일어나지 않는다. 또한 광반응(light reaction)이라고도 한다.

Lineweaver-Burk equation(라인웨버-버크 식): 미하엘리스-멘텐 식을 수학적으로 변형한 식으로 [S]를 무한대로 가정함으로써 V_{max} 및 K_m을 보다 정확하게 결정할 수가 있다.

$$\frac{1}{V_0} = \frac{K_m}{V_{max}[S]} + \frac{1}{V_{max}}$$

linking number(감김 수): 하나의 폐쇄된 고리상 DNA 사슬이 다른 DNA 사슬 주위에 감겨지는 횟수 원형의 고리를 서로 유지하고 있는 토폴로지 결합의 수.

lipases(지질분해효소): 트라이아실글리세롤의 가수분해를 촉매하는 효소.

lipid(지질): 지방산, 스테롤 또는 아이소프레노이드 화합물을 함유하며, 보통 거의 물에 녹지 않는 생체 분자.

lipidome(지질체): 특별한 조건하의 세포, 기관, 조직 내의 지질-함유 분자들의 전체 모음.

lipidomics(지질체학): 지질체에 대한 체계적인 특성화를 진행하는 학문.

lipoate(lipoic acid, 리포산): 어떤 종류의 미생물에 대한 비타민이며, α-케토산 탈수소효소의 수소원자와 아실기의 중간 운반체가 되는 것.

lipoprotein(지질단백질): 혈중의 물에 불용성인 지질을 운반하는 역할을 하고 있는 지질-단백질 집합체. 단백질 성분은 아포지질단백질(apolipoprotem)이라고 한다.

liposome(지질소체): 인산지질 이중층으로 구성된 작고, 구형의 소포로 인산지질이 수용성 완충액에서 일시 정지할 때 자발적으로 형성된다.

lipoxin(리폭신): 아라키돈산의 수산화 선형 유도체의 한 종류로서 강력한 항염증 작용을 한다.

long noncoding RNA(lncRNA, 긴 비암호 RNA): 일반적으로 단백질을 암호화하는 해독틀(open reading frame)이 결여된 200개 이상의 길이를 가지는 RNA 뉴클레오타이드; lncRNA는 염색질의 유전자 조절과 구조 유지에 있어서 수많은 다양한 기능을 가진다.

lyases(분해효소): 어떤 분자로부터 1개의 기(group)를 제거해서 이중결합을 형성하든지 이중결합에 기를 부가하는 효소.

lymphocytes(임파구): 면역반응에 관여하는 백혈구의 세부 분류. B 임파구는 항체를 합성하고 분비한다. T 임파구는 면역을 조절하는 역할을 하고 이물과 바이러스 감염세포를 죽인다.

lysis(용해): 세포의 원형질막 또는 세균의 세포벽 분해를 통해 세포 내용물을 방출하고 세포를 죽인다.

lysosome(용해소체): 진핵세포의 세포질에 존재하는 막으로 둘러싸인 세포소기관. 많은 가수분해효소를 함유하고 있으며 불용성분의 분해와 재생의 중심적인 역할을 한다.

m

macromolecule(거대분자): 분자량이 몇 천에서 몇 백만의 범위에 있는 분자.

mass-action ratio(Q, 질량작용비): 반응 aA + bE $\rightleftharpoons$ cC + dD에 있어서 $[C]^c[D]^d/[A]^a[B]^b$

matrix(바탕질): 세포 또는 세포소기관(예를 들면, 미토콘드리아)의 수용성 내용물로 용질이 녹아 있는 것.

mechanistic target of rapamycin complex 1: mTORC1를 보시오

meiosis(감수분열): 이배체(diploid) 세포가 배우자(gamete)가 되는 일배체(haploid) 세포를 만드는 세포분열의 양식.

membrane potential(V_m, 막 전위): 미세전극을 삽입함으로써 보통 측정되는 생물학적 막을 통과한 전자 포텐셜의 차이. 전형적인 막 전위는 −25 mV(관례상, 음의 부호는 안쪽이 바깥쪽에 비해 음이라는 것을 나타낸다)에서부터 어떤 식물의 소포막을 통해서는 −100 mV 이상까지 다양하다.

membrane transport(막 운반): 특이적인 막 단백질(운반체)을 통해서, 극성 용질이 막을 가로질러서 이동하는 것.

messenger RNA(mRNA, 전령 RNA): RNA 분자의 일종으로, DNA의 1가닥 사슬에 상보적인 것. 유전정보를 염색체로부터 라이보소체로 운반한다.

metabolic control(대사제어): 대사경로를 통하여 흐름이 변화함으로써 외부 환경이 달라지는 것에 대해서 세포가 반응하는 것.

metabolic regulation(대사조절): 반응경로를 통한 흐름을 조절하는 기전이 발생하거나 개별 대사물의 농도 변화가 일어날 때 이에 저항하는 기전.

metabolic syndrome(대사증후군): 2형 당뇨병과 심혈관 질환에 잘 걸리는 복합적인 의학적 조건들. 여기에는 고혈압, 고농도의 LDL 및 트리아실글리세롤 혈중농도, 약간 증가한 공복 혈당농도 및 비만과 같은 상황들이 해당된다.

metabolism(대사): 생세포에서 유기 분자의 변환을 촉매하는 완전한 효소계로 이화와 동화의 합.

metabolite(대사산물): 대사에서 효소 반응의 화학적 중간체.

metabolome(대사체): 특별한 조건하의 세포, 기관, 조직 내의 작은 대사 산물(대사 중간물질, 신호전달, 이차 대사물들)들의 전체 모음.

metabolomics(대사체학): 세포나 조직의 대사체에 대한 체계적인 특성화를 진행하는 학문.

metabolon(메타볼론): 연속적인 대사 효소들의 거대 분자적 집합체.

metabotropic(대사향진): 이차 전령(second messenger)을 통해 작용하는 막 수용체를 기술한다. ionotropic(이온지향성)과 비교.

metalloprotein(금속단백질): 보결단으로서 금속(metal)을 함유하는 단백질.

metamerism(메타메리즘): 체질을 분절로 분할하는 것. 예를 들면 곤충에서와 같다.

micelle(미셀): 양친매성 분자가 물 속에서 회합하여 그의 비극성 부분은 안쪽으로 향하고, 그 밖의 극성 부분은 물에 노출된 바깥쪽을 향하는 구조를 이룬 것.

Michaelis constant(K_m, 미하엘리스 상수): 효소 반응이 그의 최대 속도의 1/2로 진행되는 기질 농도.

Michaelis-Menten equation(미하엘리스-멘텐식): 많은 효소 반응에 있어서, 기질 농도 [S]에 대한 초기 속도. V_0의 쌍곡선을 나타내는 식으로 다음과 같이 나타낼 수 있다.

$$V_0 = \frac{V_{max}[S]}{K_m + [S]}$$

Michaelis-Menten kinetics(미하엘리스-멘텐의 반응속도론): 효소촉매 반응의 초기 속도가 기질 농도에 대해서 쌍곡선적 의존성을 나타내는 동력학적인 패턴.

microRNA(미세 RNA): 특정 mRNA의 분해를 촉진하거나 번역을 억제하는 방식으로 유전자 침묵을 유발하는 작은 RNA 분자들의 종류로서 대개 미세 RNA 생성과정이 종료되면 20~25개의 뉴클레오타이드 크기가 된다.

microsomes(미세소체): 진핵세포의 세포질세망의 단편으로 이루어지는 막으로 된 소포. 분획 원심에 의해 회수된다.

miRNA: microRNA를 보시오.

mismatch(틀린 짝): 정상적인 Watson-Crick 쌍을 형성하지 못하는 핵산의 염기쌍.

mismatch repair(틀린 짝 복구): DNA에서 잘못 짝지어진 염기의 복구를 위한 효소 시스템.

mitochondrion(미토콘드리아): 진핵세포의 세포질에 존재하는 막으로 둘러싸인 세포소기관으로, 시트르산 회로, 지방산산화, 전자운반 및 산화적 인산화에 필요한 효소계를 가지고 있다.

mitosis(유사분열): 진핵세포에서, 염색체의 복제와 세포분열을 일으키는 다단계 과정.

mixed-function oxygenases(혼합기능 산화효소): 두 개의 다른 기질이 동시에 산소분자에 의해 산화되지만, 산소원자는 산화된 산물에 나타나지 않는 반응을 촉매하는 효소.

mixed-function oxidases(혼합기능 산화효소): 두 개의 다른 기질이 동시에 산소분자에 의해 산화되지만, 산소원자는 산화된 산물에 나타나지 않는 반응을 촉매하는 효소.

mixed inhibiton(혼합 저해): 저해 분자가 유리 효소 또는 효소-기질 복합체(같은 친화도를 필요로 하는 것은 아니다)에 결합하도록 하는 비가역적 저해 패턴.

modulator(조정자): 효소의 입체다른자리 부위에 결합해서, 효소의 동력학적 성질을 변화시키는 대사물.

molar solution(몰 용액): 1몰의 용질을 물에 녹여 총량을 1,000 mL로 한 용액.

mole(몰): 어떤 화합물의 1그램 분자량. Avogadro's number를 보시오.

monocistronic mRNA(단시스트론성 mRNA): 단지 1개의 단백질로만 번역될 수 있는 mRNA.

monoclonal antibodies(단클론 항체): 클론화된 혼성(hybridoma) 세포로 만들어진 항체. 그 때문에 이 항체는 동일하며, 항원의 같은 항원결정부위에 대해서 작용한다. (혼성세포는 골수세포와 항체 생산 B세포를 융합하여 생성되고, 조직 배양에서 잘 자라는 안정적인 항체-생산 세포주이다.)

monosaccharide(단당): 1개의 단당 단위로 이루어지는 당질.

moonlighting enzymes(이중겸업 효소들): 효소의 역학이 독특한 2가지 역할을 하는 경우로서, 적어도 한 가지 역할은 촉매로서의 기능이고, 나머지는 촉매, 조절 및 구조적인 역할이다.

motif(모티프): 초이차구조나 접힘이라고도 하는 하나 또는 그 이상의 단백질에서 관찰되는 2차 구조의 구성요소에서 관찰되는 특이한 접힘 형태.

mRNA: messenger RNA를 보시오.

mTORC1(mechanistic target of rapamycin complex 1, 라파마이신 복합체의 기계적 표적): mTOR(mechanistic target of rapamycin)의 다중단백질 복합체와 세린/트레오닌 단백질 인산화효소 기능을 동시에 가지는 몇 가지 조절 소단위로 구성. 영양물질과 에너지-충분 조건에 의해서 자극받으며, 세포의 성장과 증식을 촉발한다.

mucopolysaccharide(점액다당): glycosaminoglycan의 옛날 이름.

multidrug transporters(다약제 수송체들): ABC 수송체 족의 일종인 형질막 수송체들로서 항암제로 흔히 사용되는 약제들을 세포 밖으로 배출함으로써 항암 치료를 방해하는 단백질들.

multienzyme system(다효소계): 어떤 대사경로에 관여하는 관련 효소군.

mutarotation(변광회전): 당의 피라노스형, 퓨라노스형, 또는 글라이코사이드가 α-형과 β-형의 평형에 이를 때에 볼 수 있는 비선광도(specific rotation)의 변화.

mutases(변위효소): 기질의 기능 기 전위(transposition)를 촉매하는 효소.

mutation(돌연변이): 염색체의 뉴클레오타이드 서열에 있어서의 유전적 변화.

myocyte(근세포): 근육세포.

myofibril(근육원섬유): 근육 섬유의 굵은 잔섬유와 가느다란 잔섬유의 단위.

myosin(마이오신): 수축성 단백질이고, 근육이나 그 밖의 액틴-마이오신계의 굵은 잔섬유의 주요한 성분.

n

NAD, NADP(nicotinamide adenine dinucleotide, nicotinamide adenine dinucleotide phosphate, 니코틴아마이드 아데닌 다이뉴클레오타이드, 니코틴아마이드 아데닌 다이뉴클레오타이드 인산): 니코틴아마이드를 함유하는 보조효소. 어떤 종류의 산화-환원 반응에서 수소원자나 전자의 운반체로서 기능한다.

Na^+K^+ ATPase: 대부분의 동물 형질막에 위치하는 전기 발생의 ATP-주도 능동 수송체로서 3분자의 Na^+를 세포 밖으로 내보내고 이때 2분자의 K^+을 세포 안으로 끌어들인다.

native conformation(천연 입체형태): 거대분자의 생물 활성을 가지고 있는 입체형태.

ncRNA(noncoding RNA, 비암호화 RNA): 단백질 산물에 대한 암호를 가지고 있지 않는 RNA.

negative cooperativity(마이너스의 협동작용): 여러 개의 소단위로 된 효소 또는 단백질의 현상으로, 리간드와 기질이 1개의 소단위에 결합하면 다른 소단위로의 결합이 감소된다.

negative feedback(음 되먹임): 반응 생성물이 그 경로의 초기 단계를 저해할 때 생기는 생화학적 경로의 조절.

neuron(뉴론): 신경의 활동 전위를 전달하기 위해서 특수화된 신경 조직의 세포.

neurotransmitter(신경전달물질): 신경세포의 말단으로부터 분비되며, 다음의 신경세포의 특이적인 수용체에 결합하는 저분자량의 화합물(보편적으로 질소를 함유한다)을 말한다. 신경자극을 전달한다.

NHEJ: nonhomologous end joining을 보시오.

nitrogenase complex(나이트로저네이스 복합체): ATP 존재하에서 대기 중의 질소를 암모니아로 환원할 수 있는 효소계.

nitrogen cycle(질소 순환): 대기나 지중에서 식물계, 동물계, 미생물계를 통해서 생물학적으로 이용할 수 있는 여러 가지 질소형의 순환.

nitrogen fixation(질소 고정): 대기 중의 N_2를 질소고정균에 의해 생물학적으로 이용할 수 있는 환원형으로 변환하는 것.

noncoding RNA(비암호 RNA): ncRNA를 보시오.

noncyclic electron flow(비순환식 전자 흐름): 산소의 발생을 수반하는 광합성에서, 물로부터 $NADP^+$로의 빛에 의해 유발되는 전자의 흐름. 이것은 광화학계 I 또는 II가 포함된다.

nonessential amino acids(비필수 아미노산): 사람 및 다른 척추동물에 의해, 비교적 간단한 전구체로부터 만들어지는 단백질 중의 아미노산. 따라서 음식물 중에는 필요가 없다.

nonheme iron proteins(비헴 철단백질): 산화-환원 반응에 작용하는 단백질로, 철을 포함하지만 포르피린 기가 없는 것.

nonhomologous end joining(NHEJ, 비상동성 끝 연결): 염색체의 이중가닥 절단을 끝-처리 및 결합에 의해 교정하는 과정. 보통 결합부위에 돌연변이를 일으키게 된다.

nonpolar(비극성): 소수성 기로, 물에 매우 녹기 어려운 분자 또는 기를 말한다.

nonsense codon(무번역 코돈): 아미노산을 규정하지 않는 코돈을 말하며, 폴리펩타이드 사슬의 정지를 지시한다.

nonsense mutation(무번역 돌연변이): 폴리펩타이드 사슬의 미성숙의 정지를 일으키는 돌연변이.

nonsense suppressor(무번역 억압자): 종결 코돈(termination codon)에 대응해서 아미노산이 폴리펩타이드 중으로 삽입되게 되는 돌연변이로, 보통 tRNA에 대한 유전자에 존재한다.

nontemplate strand(비틀 가닥): coding strand를 보시오.

nuclear magnetic resonance(NMR) spectroscopy(핵자기 공명 분광학): 분자의 구조와 역학을 연구하기 위해 원자 핵 중의 양자의 기계적 성질을 이용하는 기술.

nucleases(핵산분해효소): 핵산의 뉴클레오타이드 사이의 (인산다이에스터) 결합을 가수분해하는 효소.

nucleic acids(핵산): 생물학적으로 생기는 폴리뉴클레오타이드로, 그 뉴클레오타이드 잔기는 인산다이에스터결합에 의해서 특정한 서열을 하고 있다; DNA와 RNA.

nucleoid(핵양체, 핵체): 세균의 핵역(nuclear zone)을 말하며, 염색체를 가지고 있으나 그것을 싸는 막이 없다.

nucleolus(인): 진핵세포의 핵에 존재하는 짙게 염색되는 구조체; rRNA 합성이나 라이보소체 형성에 관여하고 있다.

nucleophile(구핵기): 전자 밀도가 낮은 핵[구전자기(electrophile)]에 전자를 공여하는 경향이 강하고 2분자 치환 반응(bimolecular substitution reaction)의 개시 반응물이다.

nucleoplasm(핵질): 핵막으로 둘러싸인 세포 내용물의 한 부분. 핵 바탕질(nuclear matrix)라고도 부른다.

nucleoside(뉴클레오사이드): 오탄당에 공유결합한 퓨린 염기 또는 피리미딘 염기를 함유하는 화합물.

nucleoside diphosphate kinase(뉴클레오사이드 이인산 인산화효소): 5′-삼인산 뉴클레오사이드의 말단 인산기를 5′-이인산 뉴클레오사이드로 옮기는 효소.

nucleoside diphosphate sugar(뉴클레오사이드 이인산 당): 보조효소와 같은 당 분자의 운반체로 다당과 당 유도체의 효소적 합성에 기능한다.

nucleoside monophosphate kinase(뉴클레오사이드 일인산 인산화효소): ATP의 말단 인산기를 뉴클레오사이드 5-일인산으로 전달하는 효소.

nucleosome(뉴클레오솜): 염색질(chromatin)을 싸서 집어 넣는 구조 단위. 히스톤을 중심에 가지고 있고 그 주위는 DNA 사슬이 감고 있다.

nucleotide(뉴클레오타이드): 오탄당 하이드록실기의 하나에 인산화되어진 뉴클레오사이드.

nucleus(핵): 진핵세포에서, 염색체를 함유하는 막으로 둘러싸인 세포소기관.

O

***O*-glycosidic bonds(*O*-당화결합):** 산소를 중간에 두고 어떤 분자들(전형적으로는 알코올, 퓨린, 피리미딘, 또는 당)과 당 간의 결합.

oligomer(소중합체): 아미노산, 당, 뉴클레오타이드의 짧은 중합체. "짧다"는 정의는 좀 애매하지만 보통, 50 소단위 이하가 된다.

oligomeric protein(소중합체 단백질): 2개 이상의 폴리펩타이드 사슬을 가진 여러 개의 소단위로 된 단백질.

oligonucleotide(올리고뉴클레오타이드): 뉴클레오타이드의 짧은 중합체(보통 50잔기 이하).

oligopeptide(올리고펩타이드): 몇 개의 아미노산이 펩타이드 결합으로 된 것.

oligosaccharide(소당): 몇 개의 단당 잔기가 당화결합으로 된 것.

ω oxidation(ω 산화): 카복실 탄소로부터 가장 멀리 떨어진 탄소에서 초기 산화과정이 진행되는 지방산 산화과정의 형태. β 산화와는 다름.

oncogene(종양유전자): 암을 일으키는 유전자. 급속하고 조절할 수 없는 증식을 세포에 일으키는 몇 가지의 돌연변이 유전자(mutant gene)가 있다. 또한 proto-oncogene을 보시오.

open reading frame(ORF, 열린 판독 틀): DNA와 RNA 분자에 존재하는 인접해 있는 중복되지 않은 코돈의 일군으로 종결 코돈을 함유하지 않는 것.

open system(개방계): 물질과 에너지를 그것을 둘러싸는 환경과의 사이에서 교환하는 계. system 참조.

operator(작동자): 억제 단백질과 상호작용하는 유전자 또는 유전자군의 발현을 조절하는 DNA 영역.

operon(오페론): 유전자 표현의 단위. 1개 이상의 관련 유전자와 그의 전사를 조절하는 오퍼레이터와 촉진자 서열로 이루어진 것.

opsin(옵신): 크로마토포어 레티날의 추가에 의해서 로돕신이 되는 시각 색소의 단백질 부분.

optical activity(광학 활성): 어떤 물질이 평면 편광의 면을 회전시키는 힘.

optimum pH(최적 pH): 효소가 최대 활성을 나타내는 pH.

orexigenic(식욕유발의): 음식물의 소비 및 식욕을 촉진하는 경향이 있는. anorexigenic와 비교.

ORF: open reading frame를 보시오.

organelles(세포소기관): 진핵세포에 존재하는 막으로 둘러싸인 구조체로 분화된 세포 기능에 필요한 어떤 종류의 효소나 다른 구성성분을 함유한다.

origin(복제기점): 복제가 개시되는 DNA 상의 뉴클레오타이드 서열 또는 부위.

orthologs(동일조상단백질): 서로 간에 명확한 염기서열의 공통점 및 기능적 연관성을 가지는 다른 종의 단백질.

osmosis(삼투): 반투막을 통해서 고농도의 용질을 함유하는 수용액 쪽으로 다량의 물이 유입되는 것.

osmotic pressure(삼투압): 반투막을 통해서 고농도의 용질을 포함하는 수용액 쪽으로 물의 유입에 의해서 생기는 압력.

oxidases(산화효소): 분자의 산소가 전자수용체로서 작용을 하지만 산소원자 둘 다 생성물에 결합하지 않는 산화 반응을 촉매하는 효소. 산소화효소(Oxygenases)와 비교하라.

oxidation(산화): 어떤 화합물로부터의 전자의 소실.

oxidation-reduction reaction(산화-환원 반응): 전자가 공여체 분자로부터 수용체 분자로 옮겨지는 반응.

oxidative phosphorylation(산화인산화): 기질로부터 분자상 산소로의 전자 운반에 짝지어진 ADP의 ATP로의 효소적 인산화.

oxidizing agent(oxidant, 산화성 물질, 산화제): 산화-환원 반응에서의 전자수용체.

oxygenase(산소화효소): 산소원자가 직접 생성물에 결합하여 하이드록실 또는 카복실기를 형성하는 반응을 촉매하는 효소. 모노산소화효소에 의해 촉매된 반응에서, 2개의 산소원자에서 하나만이 결합되고 나머지 하나는 물로 환원된다. 다이산소화효소에 의해 촉매된 반응에서는, 2개의 산소원자 모두 생성물에 결합된다. 산화효소(oxidases)와 비교하라.

oxygenic photosynthesis(산소발생 광합성): 빛에 의해 주도되는 ATP와 NADH 합성과정으로 전자 제공자로서는 물을 사용하고 산소를 생산한다.

p

palindrome(회문구조): 2가닥 사슬의 염기서열이 축의 주위에서 2회 회전대칭을 나타내는 2가닥 사슬 DNA의 단편.

paradigm(패러다임): 생화학에 있어서 실험 모델 또는 예시.

paralogs(이원체, 다른 조상 단백질): 서로 간의 명확한 서열 및 구조적 연관성을 가지는 동일 종에 존재하는 유전자 또는 단백질.

partition coefficient(분배 계수): 어떤 용질이 2개의 서로 섞이지 않는 액체 사이에서 분배 또는 분포되어 평형상태에 있을 때, 그 양자의 분배 비율을 나타내는 상수.

passive transporter(수동 수송체): 에너지 추가 없이 전기화학적 농도 차이를 따라 막을 횡단하는 용질의 이동속도를 증가시키는 막단백질.

pathogenic(병원성): 질병의 원인이 되는 것.

PCR: polymerase chain reaction을 보시오.

PDB(Protein Data Bank): 모든 거대분자의 삼차 구조를 기술한 자료들을 모아놓은 국제적인 데이터베이스(www.pdb.org).

pentose(오탄당): 5개의 탄소원자를 골격으로 하는 단당.

pentose phosphate pathway(인산오탄당 경로): 육탄당과 오탄당의 상호변환을 가능하게 하고, 생합성 과정에 필요한 환원당량(NADPH)과 오탄당의 공급원이 되는 경로로 대부분의 생물에 존재한다; 6-인산 포도당으로부터 시작되고 중간대사물로 6-인산글루콘산이 포함된다. 인산글루콘산 경로(phosphogluconate pathway)또는 일인산 육탄당 경로라고도 한다.

peptidases(펩타이드분해효소): 펩타이드 결합을 가수분해하는 효소.

peptide(펩타이드): 2개 이상의 아미노산이 펩타이드 결합으로 공유결합된 것.

peptide bond(펩타이드 결합): 어떤 아미노산의 α-아미노기와 또 다른 한 아미노산의 α-카복실기 사이에서 물분자가 제거되어 생긴 아마이드 결합.

peptidoglycan(펩티도글라이칸): 세균 세포벽의 주요한 성분. 일반적으로 짧은 펩타이드 사슬과 교차된 평행적인 이질다당(heteropolysaccharide)으로 구성되어 있는 것.

peptidyl transferase(펩타이드 전달효소): 라이보소체에서 합성되어지는 단백질의 펩타이드 결합을 할 수 있는 효소 활성. 펩타이드 전달효소 활성은 큰 라이보소체 소단위의 rRNA에서 기능을 하는 것으로 알려져서 라이보자임이라고도 한다.

peripheral proteins(주변단백질): 수소결합과 정전기적 인력으로 막에 느슨하게 또는 가역성으로 결합되어 있는 단백질. 일반적으로, 일단 물에 녹으면 막으로부터 유리된다. 내재 단백질과 비교.

permeases(투과효소): transporters를 보시오.

peroxisome(과산화소체): 진핵세포의 세포질에 있는 세포소기관으로, 과산화물(peroxide)의 생성과 분해를 하는 효소를 함유하고 있는 것.

peroxisome proliferator-activated receptor(과산화소체 증식-활성 수용체): PPAR를 보시오.

pH: 수용액 중의 수소 이온 농도, $[H^+]$의 마이너스의 대수.

phage(파지): bacteriophage를 보시오.

phenotype(표현형): 어떤 생물의 관찰할 수 있는 성질.

phosphatases(인산염분해효소): 인산 에스터나 무수물을 가수분해하여 무기 인산인 P_i를 유리시키는 효소.

phosphodiester linkage(인산다이에스터결합): 1분자의 인산에 에스터화된 알코올 2분자를 함유하는 화학 기로, 인산은 알코올 사이에서 다리결합으로서의 역할을 하고 있다.

phosphogluconate pathway(인산글루콘산 경로): 6-인산 포도당에서 시작되는 산화적 경로로, 6-인산글루콘산을 경유하여 인산오탄당으로 유도되고 NADPH를 생성한다. 인산오탄당 경로(pentose phosphate pathway)라고도 한다.

phospholipid(인산지질): 1개 또는 그 이상의 인산기를 함유하는 지질.

phosphoprotein phosphatases(인산단백질 인산염분해효소): protein phosphatases를 보시오.

phosphorolysis(가인산분해): 인산을 공격기로서 가지고 있는 어떤 화합물을 분해하는 것. 가수분해와 유사하다.

phosphorylases(가인산분해효소): 가인산분해(위에 설명)를 촉매하는 효소.

phosphorylation(인산화): 생체 분자에 ATP로부터 인산기를 효소적으로 전달하여 그의 인산 유도체를 형성하는 것.

phosphorylation potential(ΔG_p, 인산화 포텐셜): 세포 내의 비표준 조건하에서 ATP 가수분해의 실제 자유에너지 변화.

photochemical reaction center(광화학 반응 중심): 광합성 복합체(photosynthetic complex)의 일부 흡수된 광자(photon)의 에너지가 하전의 분리를 일으키고, 전자전달을 개시하는 것.

photon(광자): 빛 에너지의 최소 단위(양자).

photophosphorylation(광인산화): 광합성 세포에 있어서 광의존성 전자전달과 짝지은 ADP로부터 ADP의 효소적 생성.

photoreduction(광환원): 광합성 세포에 있어서, 전자수용체가 빛에 의해 유도되는 전자수용체의 환원.

photorespiration(광호흡): 빛의 조사를 받는 온난한 지대의 식물에서 생기는 산소 소비로, 인산글리콜산의 산화에 의한 경우가 많다.

photosynthesis(광합성): 빛 에너지를 이용하여 CO_2와 물과 같은 환원제로부터 당질을 생성하는 것.

photosynthetic phosphorylation(광인산화, 광합성 인산화): photophosphorylation을 보시오.

photosystem(광화학계): 광합성 세포에서, 광흡수성 색소와 그의 반응 중심의 기능적인 조합. 반응 중심에서는 흡수된 양자의 에너지가 전기적인 힘으로 분리되어 전달된다.

phototroph(광영양생물): CO_2, O_2, H_2O 등의 단순한 분자로부터 자기 스스로의 연료를 합성하는 데 광 에너지를 이용할 수 있는 생물. 화학영양생물(chemotroph)과는 다르다.

pI: isoelectric pH를 보시오.

pK_a: 평형상수의 마이너스의 대수.

plasmalogen(플라즈마로겐): 글리세롤의 C-1에 알케닐 에터(alkenyl ether) 치환 기를 가지고 있는 인산지질.

plasma membrane(원형질막): 세포에서 세포질을 직접 둘러싸는 외막.

plasma proteins(혈장 단백질): 혈장 중에 존재하는 단백질.

plasmid(플라스미드): 염색체 밖에 있으며, 독립적으로 복제되는 작은 고리상의 DNA 분자. 보통 유전자 공학에서 사용된다.

plastid(플라스티드, 색소체): 식물에서 자기중심적인 세포소기관. 엽록체로 분화된다고 한다.

platelets(혈소판): 혈액 응고를 일으키는 작은 탈핵세포(enucleated cell). 골수의 거대핵세포(megakaryocytes)라고도 불리는 세포로부터 생긴다.

pleated sheet(병풍 구조): 뻗어 있는 β 입체형태를 하고 있는 폴리펩타이드 사슬이 나란히 수소결합으로 배열된 것.

plectonemic(꼰 실형): 간단하고 규칙적인 방법으로 서로에 대해 실제로 꼬여 있는 가닥이 있는 분자의 중합체의 구조.

PLP: pyridoxal phosphate를 보시오.

polar(극성의 기): 친수성. "물을 좋아한다"는 뜻. 물에 녹는 분자 또는 기.

polarity(극성): (1) 화학에서는, 분자 중의 전자의 균일하지 않은 분포를 말하고 극성 분자는 보통 물에 녹는다. (2) 분자 생물학에서는, 핵산의 5′ 말단과 3′ 말단과의 사이의 거리를 말한다.

poly(A) site choice(poly(A) 자리 선택): 다른 성숙한 mRNA를 생성하기 위해 mRNA 전사물의 다른 위치에 3′-poly(A) 꼬리의 추가와 가닥 절단이 진행되는 것.

poly(A) tail(폴리(A) 꼬리): 진핵생물(그리고 때때로 세균)에서 많은 mRNA들의 3′ 말단에 더해지는 아데노신 잔기의 길이.

polycistronic mRNA(다시스트론성 mRNA): 단백질로 번역될 수 있는 2개의 유전자 이상을 가진 인접한 mRNA.

polyclonal antibodies(다클론 항체): 항원에 응답해서 여러 가지의 B 임파구에 의해 동물이 만든 불균질 항체의 집합. 이 집합체 중에 있는 여러 가지의 항체는 항원이 서로 다른 부위를 인식한다.

polylinker(폴리링커): 여러 가지 종류의 제한 핵산내부분해효소에 대한 인식 서열을 가지고 있는 DNA의 짧은 단편.

polymerase chain reaction(PCR, 중합효소 사슬 반응): 특정의 DNA 서열을 기하학적으로 증폭시키는 반복 반응.

polymorphic(다형의): 생물의 한 집단에 존재하는, 돌연변이형 아미노산 서열을 가지고 있는 단백질을 말한다. 이 변이(variation)는 단백질의 기능을 손상하지 않는다.

polynucleotide(폴리뉴클레오타이드): 1개의 뉴클레오타이드의 오탄당의 3′OH 기가 다음 뉴클레오타이드의 오탄당에 있는 5′OH 기와 인산다이에스터결합에 의해 공유결합된 뉴클레오타이드 서열.

polypeptide(폴리펩타이드): 펩타이드 결합에 의해 이어진 아미노산의 긴 사슬. 분자량은 일반적으로 10,000 이하이다.

polyribosome(폴리라이보소체): polysome을 보시오.

polysaccharide(다당): 다수의 단당이 당화결합으로 연결된 곧은 사슬 또는 가지가 있는 중합체.

polysome(polyribosome, 폴리솜): mRNA 분자와 2개 이상의 라이보소체와의 복합체.

polyunsaturated fatty acid(다불포화 지방산): 2개 이상의 이중결합을 가진 지방산이며, 일반적으로 비결합 형태. PUFA를 보시오.

P/O ratio(P/O 비): 환원된 1/2 O_2당(그러므로, O_2에 전달된 전자쌍당) 산화적 인산화에서 형성된 ATP의 몰수. 본문에서 사용된 실험값은 NADH로부터 O_2로 2.5개의 전자의 통과와 FADH로부터 O_2로 1.5개의 전자의 통과를 나타내었다.

porphyria(포르피린증): 포르피린을 합성하는 데 필요한 하나 또는 그 이상의 효소가 부족함으로써 나타나는 유전적 상태.

porphyrin(포르피린): 4개의 치환된 피롤(pyrrole)이 고리상으로 공유결합한 복잡한 질소 화합물. 흔히 중심의 금속 원자와 복합체를 형성한다.

positive cooperativity(양의 협동작용): 하나의 소단위에 리간드와 기질이 결합하는 것이 다른 소단위로의 결합을 촉진시키는 것 같은 것이다. 다수의 소단위 효소(multisubunit enzymes) 또는 단백질의 현상.

positive-inside rule(양성-안쪽 법칙): 대부분의 형질막에 대한 관찰결과 양성 전하를 띠는 잔기들인 라이신, 아르지닌 잔기의 대부분은 세포액 쪽 면으로 향한다는 사실을 법칙으로 제시함.

posttranscriptional processing(전사후 과정): 일차 mRNA 전사의 효소적 변형. 기능적인 mRNA, tRNA, rRNA를 생성한다.

posttranslational modification(번역후 변형): mRNA로부터 번역후 폴리펩타이드 사슬의 효소적인 변형.

PPAR(peroxisome proliferator-activated receptor, 과산화소체 증식자-활성 수용체): 핵 전사인자 족에 속하며, 지질 리간드에 의해서 활성화된다. 특정 유전자의 발현의 변화를 주는데, 이들 유전자에는 지질의 합성과 분해에 관련된 효소들을 암호화하는 유전자가 해당된다.

prebiotic(프리바이오틱): 건강 증진용 세균의 성장을 지원하는 선택적 발효가 된, 소화되지 않는 식품 성분.

pre-steady state(전항정상태): 효소촉매반응에서 항정상태 확립 이전의 기간으로, 종종 최초 효소 전환율만을 포함한다.

primary structure(1차 구조): 중합체(거대분자)의 공유결합을 한 골격을 말하고, 단일체 소단위의 서열과 사슬 내 또는 사슬 간의 공유결합을 가지고 있다.

primary transcript(일차 전사물): 전사후 반응 전, 전사를 통해 바로 생산된 RNA 산물.

primase(시발효소): 시발체로 사용하는 RNA 올리고뉴클레오타이드의 DNA 중합효소에 의해 생성을 촉매하는 효소.

primer(시발체): 효소가 별개의 단일체 소단위를 부가하는 짧은 소중합체(예를 들면, 당과 뉴클레오타이드의 소중합체).

primer terminus(시발체 말단): 단일체 소단위가 더해지는 시발물질의 끝.

priming(애벌처리, 일차처리): (1) 단백질 인산화에서 아미노산 잔기의 인산화를 통해서 결합부위의 형성이나 동일 단백질의 인산화를 위한 참고자리를 형성하는 과정. (2) DNA 복제에서, 짧은 뉴클레오타이드 생성을 통해 DNA 중합효소가 추가되는 뉴클레오타이드를 합성하는 과정.

primosome(시발소체): 지체하는 가닥 DNA 합성에 필요한 시발물질을 합성하는 효소 복합체.

probiotic(프로바이오틱스): 적당량의 살아있는 미생물 투여는 숙주에게 건강상 이익을 준다.

processivity(진행도): 생물학적 중합체의 합성을 촉매하는 효소에 대해서, 기질로부터 해리하지 않는 중합체에 부가되어 있는 많은 소단위의 성질을 말한다.

prochiral molecule(전구손대칭 분자): 비대칭성의 활성자리를 가지고 있는 효소와 비대칭적으로 반응하는 대칭 분자이고, 손대칭인 생성물을 만든다.

projection formulas(투영식): Fisher projection formulas를 보시오.

prokaryote(원핵세포): 역사 용어로 세균과 고세균(Archaea)의 모든 종을 지칭하는 용어. 세균(이전에 "진세균, eubacteria")과 고세균의 차이는 충분히 크다. 세균만 언급할 때 "원핵생물"을 사용하는 경향은 일반적이며 오해의 소지가 있다. "원핵생물"은 또한 진핵생물과의 조상 관계를 암시한다. 우리는 여기서 "prokaryote, 원핵생물"과 "prokaryotic"을 사용하지 않는다.

promoter(촉진자): RNA 중합효소가 결합하여, 전사를 개시하는 DNA 상의 서열 부위.

proofreading(교정판독): 성장하고 있는 중합체에 공유결합으로 첨가된 후에 정확하지 않은 단량의 소단위를 제거함으로써 정보를 포함하고 있는 생중합체(biopolymer)의 합성에서 오류를 교정하는 것.

prostaglandin(프로스타글란딘): 아라키돈산이나 다른 과불포화지방산으로부터 만들어진 화합물. 지용성 호르몬과 같은 조절 분자의 일군.

prosthetic group(보결단): 단백질과 공유결합하여, 그의 활성에 필수인 금속 이온이나(아미노산 이 외의) 유기 화합물.

proteases(단백질분해효소): 단백질 내의 펩타이드 결합을 가수분해할 수 있는 효소들.

proteasome(단백소체, 프로테아솜): 손상된 또는 필요하지 않은 세포 단백질의 분해에 기능하는 효소 복합체의 거대분자의 집합체.

protein(단백질): 1개 이상의 폴리펩타이드 사슬로 이루어지는 거대분자이며, 펩타이드 결합으로 연결된 특징적인 아미노산 서열을 가지고 있는 것.

Protein Data Bank(단백질 데이터 은행): PDB를 보시오.

protein kinases(단백질 인산화효소): ATP의 말단 인산기 또는 다른 뉴클레오사이드 삼인산을 표적단백질의 Ser, Thr, Tyr, Asp 또는 His 곁사슬로 전달하여 그 단백질의 활성 또는 다른 성질을 조절하는 효소.

protein phosphatases(단백질 인산염분해효소): 단백질 내의 에스터 또는 무수물(anhydride) 결합을 가수분해하는 효소이며, 무기 인산(P_i)을 유리한다. phosphoprotein phosphatases라고도 한다.

protein targeting(단백질 표적화): 새로 합성된 단백질이 구분되고, 세포 안의 적당한 장소로 운반되는 과정.

proteoglycan(단백글라이칸): 폴리펩타이드에 결합된 헤테로(이질) 다당을 가지고 있는 혼성 거대분자로 다당이 그의 주성분이다.

proteome(단백체): 주어진 세포에서 발현하는 단백질의 전체 조성 또는 주어진 유전체에 의해서 발현될 수 있는 모든 단백질의 모음.

proteomics(단백체학): 세포나 개체의 단백질 전체를 광범위하게 연구하는 학문.

proteostasis(단백질정체): 특정 조건에서 세포 기능에 필요한 단백질의 세포내 항정상태 조합으로 유지되는 것.

protomer(원형체, 기본단위체): 커다란 단백질 구조물 내의 하나 또는 그 이상의 안정된 단백질 소단위의 반복을 지칭하는 용어. 만약 원형체가 여러 개의 소단위로 구성된다면 이들 소단위는 동일하거나 다를 수 있다.

proton acceptor(양성자 수용체): 양성자 공여체로부터 양성자를 수용하는 음이온성 화합물. 예를 들면, 염기.

proton donor(양성자 공여체): 산-염기 반응에 있어서 양성자의 공여체. 예를 들면, 산.

proton-motive force(양성자 추진력): H^+ 농도의 막을 가로지른(transmembrane) 기울기를 가지고 있는 고유의 전기화학적 포텐셜. ATP 합성을 하기 위해서 산화적 인산화와 광인산화에서 쓰인다.

proto-oncogene(원종양유전자): 세포성 유전자로 보통 조절 단백질을 암호로 바꿔 쓰고 있다. 돌연변이에 의해서 암유전자로 변환된다.

PUFA(다중불포화지방산): polyunsaturated fatty acid를 보시오.

purine(퓨린): 뉴클레오타이드나 핵산 중에 존재하고 질소를 포함하는 헤테로 고리형 염기로, 피리미딘과 이미다졸이 융합된 구조를 가지고 있다.

puromycin(퓨로마이신): 신장하고 있는 폴리펩타이드 사슬에 들어감으로써, 폴리펩타이드 합성을 저해하는 항생물질. 폴리펩타이드 사슬을 미완성으로 끝내게 한다.

pyranose(피란당): 6개의 피란 고리를 함유한 단순당질.

pyridine nucleotide(피리딘 뉴클레오타이드): 피리딘 유도체가 되는 니코틴아마이드를 가지고 있는 뉴클레오타이드 보조효소; NAD와 NADP.

pyridoxal phosphate(PLP, 인산 피리독살): 비타민 B_6인 피리독신을 함유하는 보조효소. 아미노기 전달 등의 반응에 관여한다.

pyrimidine(피리미딘): 뉴클레오타이드나 핵산 중에서 찾아볼 수 있는 질소를 함유하고 있는 헤테로 고리형 염기.

pyrimidine dimer(피리미딘 이합체): DNA 중 인접한 2개의 피리미딘 잔기가 공유결합된 이합체(dimer)로 자외선의 흡수에 의해서 유도된다. 2개의 인접한 티민(티민 이합체)으로부터 생긴다.

pyrophosphatase(파이로인산염분해효소): inorganic pyrophosphatase를 보시오.

pyrosequencing(파이로염기서열분석법): DNA 중합효소에 의한 각 뉴클레오타이드 첨가시 루시퍼레이스-생성 빛 반짝임으로 끝나는 일련의 반응을 통해 DNA 염기서열분석을 하는 기술.

q

Q: mass-action ratio를 보시오.

quantitative PCR(qPCR, 정량 PCR): 원래 재료에 있는 틀가닥 DNA의 증폭 정도를 파악하여 정량적인 비교를 하게 하는 PCR 과정. real-time PCR라고도 한다.

quantum(양자): 에너지의 최소 단위.

quaternary structure(4차 구조): 여러 개의 소단위로 되어 있는 단백질의 3차원 구조. 특히, 소단위가 서로 집합될 때의 양식.

r

racemic mixture(racemate, 라세미체): 광학 활성 화합물의 D 및 L 입체 이성체의 등량 혼합물.

radical(라디칼): 쌍을 이루지 않는 전자(unpaired electron)를 가지고 있는 원자 또는 원자단. free radical이라고도 함.

radioactive isotope(방사성 동위원소): 스스로 이온화된, 방사선을 내면서 안정화되어 가는 불안정한 원자핵을 가진 원소의 동위체.

radioimmunoassay(RIA, 방사선 면역측정법): 극미량의 어떤 생체 분자를 검출하기 위한 감도가 좋은 정량법으로, 특이적인 항체와의 결합에 의해 방사능으로 표지한 분자와 치환할 수 있는 능력에 기초를 둔 것.

Ras superfamily of G proteins(G 단백질의 Ras 초족): 분자량 20,000 이하의 단일체 구아노신 뉴클레오타이드-결합 단백질로서 막의 교통 경로 및 신호전달을 조절하는 기능을 한다. GDP 결합에 의해서 불활성화되고, GDP를 GTP로 대체하면서 활성화되고, 이어서 내부 GTPase의 기능을 불활성화시킨다. 작은 G 단백질이라고도 한다.

rate constant(속도상수): 반응물의 농도에 화학적 반응의 속도가 관계하는 비례 상수.

rate-limiting step(속도조절 단계): (1) 일반적으로는, 효소 반응에서 최대의 활성화에너지를 가지는 단계, 또는 자유에너지가 가장 높은 전이상태(transition state)에 있는 단계. (2) 대사경로에서 가장 느린 단계.

reaction intermediate(반응 중간체): 반응경로에 존재한 화학종으로, 유한의 화학적 생애를 가지고 있다.

reactive oxygen species(ROS, 활성산소종): 산소의 부분적인 환원과정으로 생긴 매우 강한 활성을 가지는 산물들로 여기에는 과산화수소(H_2O_2), 초과산화물(superoxide, $\cdot O_2^-$) 및 수산기 유리 라디칼과 같은 물질이 있으며, 이들은 대부분 산화인산화 과정 동안 소수의 부산물로서 생성된다.

reading frame(판독 틀): DNA와 RNA 분자에 있어서 인접해 있지만 중복되지 않는 한 쌍의 3개의 뉴클레오타이드로 되어 있는 코돈.

receptor Tyr kinase(RTK, 수용체 타이로신 인산화효소): 세포외 영역에 리간드-결합 부위를 가지고 있는 형질막 단백질의 큰 족(family). 하나의 막통과 나선과 세포액 영역에 세포외 리간드에 의해서 조절되는 단백질 타이로신 인산화효소 활성을 가지고 있다.

recombinant DNA(재조합 DNA): 유전자가 새로이 결합하여 형성된 DNA.

recombination(재조합): 염색체에서 핵산 서열의 선형 배열이 분해와 재결합에 의해 변경되는 효소의 과정.

recombinational DNA repair(재조합 DNA 수선): DNA 가닥의 절단이나 교차연결, 특별히 불활성화 재조합 복제 분기점에서의 직접적인 재조합 프로세스.

redox pair(산화환원 쌍): 전자 공여체와 그에 대응하는 산화형. 예를 들면 NADH와 NAD^+.

redox reaction(산화-환원 반응): oxidation-reduction reaction을 보시오.

reducing agent(reductant, 환원성 물질, 환원제): 산화-환원 반응에서의 전자 공여체.

reducing end(환원 말단): 다당의 말단에서 유리의 아노머 탄소를 가지고 있는 말단의 당을 말한다. 이 말단 잔기는 환원당으로 작용한다.

reducing equivalent(환원당량): 전자 또는 전자 당량을 수소원자 또는 하이드라이드 이온의 형으로 나타내는 일반적 또는 애매한 용어.

reducing sugar(환원당): 카보닐 탄소가 당화결합에 들어 있지 않으며, 그것 때문에 산화되는 당.

reduction(환원): 어떤 화합물 또는 이온으로부터 전자를 획득하는 것.

regulator of G protein signaling(RGS, G 단백질 신호전달 조절자): 이종삼합체 G 단백질의 GTPase 활성을 자극하는 단백질의 구조영역.

regulatory cascade(조절 연쇄증폭): 하나의 신호가 연속적으로 단백질을 활성화시키도록 진행되는 다단계 조절 경로, 연속적인 경로에 있는 각각의 단백질들은 다음 번 경로의 단백질을 활성화하도록 촉매하여 최초 신호를 기하급수적으로 증가시킨다. enzyme cascade를 보시오.

regulatory enzyme(조절효소): 입체다른자리 조절 기전과 공유결합에 의한 변형으로 촉매활성이 변화를 입게 되는 것 같은 조절 기능을 가지고 있는 효소.

regulatory gene(조절 유전자): 다른 유전자의 발현의 조절에 관여하는 생성물을 만드는 유전자. 예를 들면, 억제자 단백질에 대한 암호를 가지고 있는 유전자.

regulatory sequence(조절 서열): 유전자의 표현 조절에 관여하는 DNA 서열. 예를 들면, 촉진자(promotor) 또는 작동자(operator).

regulon(레귤론): 염색체 또는 유전체 중에서 공간적으로 떨어져 있어도, 협동적으로 조절되는 1군의 유전자 또는 오페론.

relaxed DNA(이완된 DNA): 대부분의 세포 상태에서 일반적으로 B형인 대부분의 안정되고 긴장되지 않은 구조에 존재하는 DNA.

release factors(유리 인자): 라이보소체로부터 완성된 폴리펩타이드 사슬의 유리에 필요한 세포액내 단백질 인자; 다른 이름으로는 종결 인자(termination factors)라고 한다.

renaturation(재생): 풀려진(변성된) 구단백질이 다시 감겨서 천연의 구조와 단백질의 기능을 회복하는 것.

replication(복제): 어버이 핵산과 동일한 딸 핵산 분자와의 합성.

replication fork(복제 분기점): DNA가 결합되는 곳에서 일반적으로 발견되는 Y형의 구조.

replicative form(복제형): 뚜렷한 복제 중간체로서 작용하는 바이러스 염색체의 전체 길이의 구조형.

replisome(리플리솜): 복제 분기점(replication fork)에서 DNA 합성을 촉진시키는 다수의 단백질 복합체(multiprotein complex).

repressible enzyme(억제 효소): 세균에서 그 반응 생성물에 의해 신속하게 이용될 때 그 합성이 저해되는 효소.

repression(억제): 조절 단백질의 활성의 변화에 따라서 유전자 발현이 저하되는 것.

repressor(억제자): 유전자의 조절 서열 또는 작동자에 결합하여, 그 전사를 억제하는 단백질.

residue(잔기): 중합체 중의 단일 단위. 예를 들면, 폴리펩타이드 사슬 중의 아미노산. 이 용어는 당, 뉴클레오타이드, 아미노산이 각각의 중합체에 들어갔을 때 2~3의 원자(일반적으로는 물분자)를 잃게 되는 사실을 나타낸다.

respiration(호흡): 산소의 흡수와 CO_2의 유리에 이르게 하는 대사과정.

respiration-linked phosphorylation(호흡연결 인산화): ATP 생성효소에 의한 순환적인 촉매를 일으키는 직접적인 에너지원으로서의 양자 기울기를 가진 일련의 막-결합 운반체를 통과하는 전자의 흐름에 의해 유발되는 ADP와 P_i로부터의 ATP 형성.

respiratory chain(호흡사슬): 전자전달 사슬(electron transfer chain)이라고도 함. 호기적 세포에 있어서, 기질로부터 분자상 산소로 전자를 전달하는 전자 운반 단백질의 서열.

response element(반응 요소): 유전자 전사 속도에 영향을 주는 특이 단백질이 결합하는 유전자 주변(보통 유전자 상류에 위치)에 있는 DNA 부위.

restriction endonucleases(제한 핵산내부분해효소): 이 효소에 의해서 인식되는 특이적인 부위 또는 그 근방에 DNA의 2가닥 사슬을 개열하는 부위 특이성의 데옥시리보핵산내부분해효소. 유전공학에서 중요한 수단이 된다.

restriction fragment(제한 단편): 큰 DNA 분자로의 제한 핵산내부분해효소의 작용에 의해서 생성되는 이중사슬 DNA의 단편.

retinal(레티날): 20-탄소 아이소프렌 알데하이드로스 카로틴에서 유래된다. 기능으로는 시각-색소인 로돕신의 빛-민감 요소로서 작용한다. 빛을 비추면 11-*cis*-레티날이 모두-*trans*-레티날로 전환된다.

retrovirus(레트로바이러스): 역전사효소를 가지고 있는 RNA 바이러스.

reverse transcriptase(역전사효소): 레트로바이러스의 RNA-의존성 DNA 중합효소. RNA의 상보적인 DNA를 만들 수가 있다.

reversible inhibition(가역 억제): 효소에 역으로 결합하는 분자에 의한 저해작용, 이러한 경우는 저해제가 사라지는 경우 효소활성은 돌아오게 된다.

reversible terminator sequencing(가역 종료 염기서열분석법): 제거 가능한 염기서열 종료자가 있는 표지된 뉴클레오타이드를 첨가할 때 표시되는 형광으로 뉴클레오티드 첨가를 검출하고 분석되는 DNA 염기서열분석 기술.

R group(R기): (1) 원래 알킬기를 축약하여 나타내는 약어. (2) 때로는 유기 치환 기(예를 들면, 아미노산의 R 기)를 표시하기 위해서 일반적인 의미로 사용된다.

RGS: regulator of G protein signaling를 보시오.

rhodopsin(로돕신): 크로마토포어 레티날과 단백질 옵신으로 구성된 시각 색소.

RIA: radioimmunoassay를 보시오.

ribonuclease(리보핵산분해효소): RNA의 어떤 뉴클레오타이드 사이의 결합을 가수분해하는 효소.

ribonucleic acid(리보핵산): RNA를 보시오.

ribonucleotide(리보뉴클레오타이드): 오탄당 성분으로 D-라이보스를 가지고 있는 뉴클레오타이드.

ribosomal RNA(rRNA, 라이보소체 RNA): 라이보소체의 성분으로 작용하는 일군의 RNA.

ribosome(라이보소체): rRNA와 단백질로 이루어진 지름 약 18~22 nm인 거대분자의 집합체. 단백질 합성부위가 된다.

ribosome profiling(라이보소체 프로파일링): 주어진 시간에 어떤 mRNA가 번역되는지를 결정하기 위해 세포질 라이보소체에 결합된 RNA로부터 유래된 cDNA 분절을 차세대 DNA 염기서열분석법을 이용하여 분석하는 기술.

riboswitch(라이보스위치): 특이적 리간드가 결합하는 mRNA의 구조 부분으로 mRNA의 번역 및 가공에 영향을 준다.

ribozymes(라이보자임): 촉매활성을 가지고 있는 리보핵산: RNA enzyme이라고도 함.

ribulose 1,5-bisphosphate carboxylase/oxygenase (rubisco, 루비스코): 무기 이산화탄소를 유기 형태인 3-인산글리세르산으로 고정시키는 효소이며, 식물이나 몇몇 미생물에서 이산화탄소를 고정시킬 수 있다.

Rieske iron-sulfur protein(Rieske 철-황 단백질): 2개의 리간드가 His 곁사슬인 중심 철 이온에 결합한 철-황 단백질의 형태. 이 단백질들은 산화인산화와 광인산화를 포함하는 많은 전자전달 서열에서 작용한다.

RNA(ribonucleic acid, 리보핵산): 연속된 3′,5′-인산 인산다이에스터결합에 의해 연결된 특이적인 서열의 폴리리보뉴클레오타이드.

RNA editing(RNA 편집): mRNA의 전사변형은 번역과정 동안 하나 또는 더 많은 코돈의 의미를 변화시킨다.

RNA polymerase(RNA 중합효소): 주형으로서 DNA 사슬 또는 RNA 사슬을 사용하여, 5′-삼인산 리보뉴클레오사이드로부터 RNA를 합성하는 효소.

RNA recognition motif(RRM, RNA 인식요소): 한 면에 2개의 나선이 있는 4가닥 역평행 β-병풍구조(sheet)로 구성된 DNA 또는 RNA 결합 요소(motif).

RNA splicing(RNA 이어맞추기): 일차 전사(primary transcript)에 있어서 인트론(intron)의 제거와 엑손(exon)의 결합.

ROS: reactive oxygen species를 보시오.

rRNA: ribosomal RNA를 보시오.

RTK: receptor Tyr kinase를 보시오.

rubisco(루비스코): ribulose 1,5-bisphosphate carboxylase/oxygenase를 보시오.

S

salvage pathway(회수 경로, 재이용 경로): 생체 분자의 분해 경로의 중간체로부터 뉴클레오타이드와 같은 생체 분자를 합성하는 경로. de novo 경로와는 다르다.

Sanger sequencing(생거 염기서열분석법): Frederick Sanger가 개발한 삼인산 다이데옥시뉴클레오사이드(dideoxynucleoside triphosphates) 사용을 기본으로 하는 DNA 염기서열분석법; dideoxysequencing이라고도 한다.

sarcomere(근육원섬유마디): 근육 수축계의 기능적 구조적 단위.

satellite DNA(위성 DNA): 진핵세포의 염색체에 존재하는 고도로 반복된 비전사성 DNA 단편. 때때로, 중심절(centromere) 영역에 결합되어 있다. 그의 기능은 불명이다.

saturated fatty acid(포화지방산): 완전히 포화된 알킬 사슬을 가진 지방산.

scaffold proteins(지지대 단백질): 다중효소 복합체의 핵심을 형성하는 비촉매 단백질들로서 이들 복합체 단백질의 2개 또는 그 이상의 특이적인 결합자리를 제공한다.

scramblases(스크렘블레이스): 지질 이중층을 가로지르는 인지질의 움직임을 촉매하는 막 단백질들이며, 2개의 막 소엽(leaflets) 사이의 지질의 균일한 분포를 유발한다(monolayers).

secondary metabolism(이차 대사): 모든 생체 세포에서 발견되지 않는 특이 산물을 합성하는 경로.

secondary structure(이차 구조): 중합체(폴리펩타이드 또는 폴리뉴클레오타이드) 사슬의 한 분절에 있는 주-가닥 원자의 국소적 공간 배열.

second law of the thermodynamics(열역학 제2법칙): 모든 화학적, 물리적 과정에서 우주의 엔트로피가 증대되는 경향이 있다는 것을 설명하는 법칙.

second messenger(이차 전령): 호르몬과 같은 외부 신호에 응답해서 세포 안에서 합성되는 작동자(effector) 분자.

sedimentation coefficient(침강 계수): 특정한 조건의 원심력 하에서의 입자의 침강 속도를 규정하는 물리상수.

selectins(셀렉틴): 다른 세포에 단단하게 그리고 특별하게 소당을 결합시키는 막 단백질, 렉틴의 커다란 족(family)으로서 원형질막을 경유하여 신호를 운반하는 역할을 한다.

SELEX(셀렉스): 특별한 촉매 또는 리간드 결합 성질을 가지는 핵산 서열(보통 RNA)의 빠른 실험적 인지의 방법.

sequence polymorphisms(서열 다형성): 유전체 서열 내의 어떤 변화(염기쌍 변화, 삽입, 결실, 재배열)를 말하며, 이는 종들 간의 독특한 특징이 되기도 하고, 개인들 사이의 구별되는 특징으로 작용할 수 있다.

sequencing depth(염기서열분석법 깊이): 특정 유전체 뉴클레오타이드가 서열화된 DNA 단편에 포함되는 횟수.

serine proteases(세린 단백질분해효소): 단백질분해효소의 큰 4종류 중 하나로서, 공유 촉매로서 작용하는 활성-부위 세린 잔기를 반응기전의 특징으로 가지고 있다.

sgRNA: single guide RNA를 보시오.

Shine-Dalgarno sequence(샤인-달 가노 서열): 원핵세포의 라이보소체의 결합에 필요한 mRNA 중의 서열.

short tandem repeat(STR, 짧은 직렬반복): 염색체의 특정 부위에 존재하는 많은 수의 반복이 있는 짧은(전형적으로 3-6염기) DNA 서열.

SH2 domain(SH2 영역): 수용체 타이로신 인산화효소와 같은 어떤 단백질에서 포스포타이로신 잔기에 단단하게 결합하는 단백질 영역으로 신호 경로에서 작용하는 다단백질 복합체의 형성을 개시한다.

shuttle vector(왕복통로 매개체): 2가지 이상의 서로 다른 숙주에서 복제할 수 있는 재조합 DNA 매개체. 또한 vector를 보시오.

sickle-cell anemia(낫적혈구성 빈혈증): 결함이 있는 헤모글로빈 분자에 의해 특정지어지는 사람의 유전병. 헤모글로빈의 β 사슬을 암호화하는 호모접합 대립유전자(homozygous allele)에 의해서 일어난다.

σ: (1) 세균 RNA 중합효소의 소단위로서 보통 그 크기를 의미하는 윗첨자로 표시된다(예를 들어, σ^{70}은 분자량 70,000을 의미한다). (2) 초나선 밀도(superhelical density)를 보시오.

signal sequence(신호서열): 새로 합성된 단백질의 세포의 운명을 신호하는, 종종 아미노 말단에서의 아미노산 서열.

signal transduction(신호변환): 세포 외의(화학적, 기계적 또는 전기적인) 신호가 세포 응답에 의해서 증폭되거나 변환되는 등의 과정.

silent mutation(침묵 돌연변이): 유전자 생성물의 생물학적 특성에서 검출될 수 있는 현저한 변화를 일으키지 않는 유전자의 돌연변이.

simple diffusion(단순확산): 용질 분자가 막을 가로질러서 저농도의 영역으로 이동하는 것. 이때 단백질 운반체의 도움을 받지 않는다.

simple protein(단순 단백질): 가수분해에 의해서, 아미노산만을 생성하는 단백질.

simple sequence DNA(단순 서열 DNA): satellite DNA를 보시오.

single guide RNA(sgRNA, 단일 안내 RNA): 하나의 RNA가 Cas 핵산분해효소(nucleases, 특히 Cas9)를 활성화시키고, 시스템을 특정 DNA 서열로 표적화시키는 gRNA와 tracrRNA의 조합. RNA 일부는 시스템을 원하는 DNA 서열로 표적화하도록 조작할 수 있다.

single-molecule real-time (SMRT) sequencing(단일-분자 실시간 염기서열분석법): 뉴클레오타이드 첨가를 검출하는 형광색 빛 섬광을 활용하는 DNA 염기서열분석법 기술로 긴 DNA 분자(최대 15,000개의 뉴클레오타이드)를 염기서열분석할 수 있고, 분석 결과를 실시간으로 표시할 수 있다.

single nucleotide polymorphism(SNPs, 단일 염기 다형성): 주어진 종 내의 다른 개체와 한 개체를 구별할 수 있는 한 유전체 염기쌍의 변화.

site-directed mutagenesis(부위 특이적 돌연변이유발): 유전자의 서열에 특이적인 변화를 일으키는 데 사용되는 방법의 한 가지.

site-specific recombination(부위 특이적 재조합): 특정의 서열에서만 일어나는 유전자 재조합의 양식.

size-exclusion chromatography(크기 배제 크로마토그래피): 크기에 기초한 분자의 혼합물의 분리 과정으로 유공성 중합체가 어떤 크기 이상으로 용질을 배제하는 능력에 기초를 두고 있다. 또한 겔 여과라고도 부른다.

small G proteins(작은 G 단백질): Ras superfamily of G proteins를 보시오.

small nuclear RNA(snRNA, 핵내 소분자 RNA): 핵에 존재하는 작은 RNA 분자로 그의 대부분은 mRNA, tRNA, rRNA로부터 인트론(intron)을 제거하는 이어맞추기(splicing) 반응에서 역할을 한다.

small nucleolar RNA(snoRNA, 작은 핵소체 RNA): 대략 60-300 뉴클레오타이드 길이의 짧은 RNA 종류를 말하며, 핵소체 내에 rRNA의 변형을 유도한다.

SMRT sequencing(SMRT 서열): single-molecule real-time sequencing를 보시오.

SNP: single nucleotide polymorphism를 보시오.

somatic cells(체세포): 생식세포 이외의 모든 신체의 세포.

SOS response(SOS 응답): 세균에 있어서, 고도의 DNA 손상에 응답한 여러 가지 유전자의 협동적 유도.

Southern blot(서던 탁본법): 1개 이상의 특정의 DNA 단편을 상보적인 표지 핵산 탐침(probe)에 의해서 많은 단편 중으로부터 검출하는 DNA 혼성체 형성법.

specialized pro-resolving mediator(SPM, 특별한 염증반응해결 중재자): 염증반응 해결 과정을 촉진시키는 필수 지방산으로부터 추출한 아이코사노이드중 하나.

specific acid-base catalysis(특이 산-염기 촉매 작용): 물의 성분(수산화물 또는 하이드로니움 이온)과 관계되는 산 또는 염기의 촉매작용.

specific activity(비활성): 25°C에서 효소의 단백질 1 mg당 1분 동안 변환되는 기질의 마이크로몰(μmol) 수. 즉, 효소 정제의 척도.

specificity(특이성): 효소 또는 수용체가 경쟁하는 기질 또는 리간드를 식별하는 능력.

specific rotation(비선광도): 일정한 농도의 광학 활성 화합물을 일정한 광도에 두었을 때, 25°C에서 평면 편광(나트륨의 D선)의 면을 회전시키는 각도(도수).

sphingolipid(스핑고지질): 스핑고신(sphingosine) 골격을 가지고 있는 양친매성의 지질로 긴 사슬 지방산과 극성 알코올이 결합되어 있다.

spliceosome(접합소체): 진핵세포에서 mRNA의 이어맞추기에 관련된 RNA와 단백질의 복합체.

splicing(이어맞추기): RNA splicing을 보시오.

SMP: specialized pro-resolving mediator를 보시오.

standard free-energy change($\Delta G°$, 표준 자유에너지 변화): 온도는 298 K; 압력은 1 atm 또는 101.3 kPa; 총용질 농도는 1 M의 반응물이 1 M의 생성물로 변화되었을 때, 일어나는 반응의 자유에너지 변화.

$\Delta G'^{\circ}$은 pH 7.0에서의 표준 자유에너지 변화를 나타낸다.

standard reduction potential(E'°, 표준환원전위): 25°C, pH 7.0에서 1 M의 환원제와 그의 산화형에 의해서 전극에 주어지는 기전력을 말한다. 환원제의 전자가 상실되는 상대적 경향을 나타낸다.

statin(스타틴): 스테롤 합성의 초기 단계인 HMG-CoA 환원효소를 억제함으로써 작용하여, 사람의 혈중 콜레스테롤 수치를 낮추는 데 사용되는 약의 종류.

steady state(항정상태): 물질의 출입은 있지만, 모든 성분이 일정 농도로 유지되어 있는 계의 비평형상태.

stem cells(줄기세포): 흔히, 골수에 존재하는 자기 재생성 세포로 적혈구와 임파구 등의 분화된 혈액 세포를 만든다.

stereoisomers(입체 이성체): 같은 조성과 같은 원자 배열을 가지고 있으나, 분자의 배치가 서로 다른 화합물.

sterols(스테롤): 스테로이드 골격을 가진 지질.

sticky ends(점착 말단): 같은 DNA 분자 또는 서로 다른 DNA 분자에 있는 2개의 DNA 말단으로, 짧게 돌출된 단일 사슬의 DNA 단편을 가지고 있다. 이것은 또 하나의 단일 사슬 DNA 단편과 상보적이고 이 말단의 연결반응을 촉진시킨다. 점착 말단(cohesive ends)이라고도 한다.

stimulatory G protein(G_s, 자극 G 단백질): 형질막 수용체에 의해 활성화 되는 삼합체 GTP-결합 단백질로 아데닐 사이클레이스와 같은 주변 막 효소들을 자극하는 기능을 가진다. G_s는 G_i의 반대 작용을 한다.

stop codons(정지 코돈): termination codons를 보시오.

STR: short tandem repeat를 보시오.

stroma(스트로마): 엽록체의 내막 안에 있는 수용액으로 채워진 공간으로 틸라코이드 막 중에는 그 내용물이 없다.

structural gene(구조 유전자): 단백질의 암호를 가지고 있는 유전자, 또는 RNA 분자. 조절 유전자와 구별이 된다.

substitution mutation(치환 돌연변이): 1개의 염기가 다른 염기로 치환됨으로써 일어나는 돌연변이.

substrate(기질): 효소의 작용을 받는 특정의 화합물.

substrate channeling(기질 통로화): 한 효소의 활성 부위에서 다음 번 효소의 활성 부위로 이어지는 연속적인 효소-촉매반응에서 화학 중간체의 이동방식으로, 2개 이상의 효소로 이루어진 단백질 복합체의 표면을 이탈하지 않고 기질이 움직이는 경우.

substrate cycle(기질 회로): ATP 가수분해에 의해 열에너지가 방출되는 효소 촉매 반응의 주기. 때로는 무익회로(futile cycle)라고도 한다.

substrate-level phosphorylation(기질수준 인산화): 어떤 유기 기질의 탈수소와 짝지어진 ADP, 또는 다른 5′-이인산 뉴클레오사이드의 인산화. 이는 전자운반 사슬과는 독립적으로 일어난다.

suicide inactivator(자살 저해제): 효소의 활성자리에서, 효소를 비가역적으로 불활성화하는 반응성 물질로 변환되는 비교적 불활성의 분자.

sulfonylurea drugs(설포닐유레아 약물): 이자 β-세포에서 K^+ 통로를 닫음으로써 작용하여 인슐린 분비를 촉진시키고 이를 통해 2형 당뇨병의 치료에 활용되는 경구 투여 약물군을 지칭.

supercoil(초코일): 그 자신이 나선 분자로 꼬인 것; 나선으로 꼬인 코일.

supercoiled DNA(초코일 DNA, 과도하게 감긴 DNA): B형의 DNA에 관련되어 덜 감기거나 너무 감겼기 때문에(그러므로 긴장된) 그 자신이 꼬인 DNA.

superhelical density(σ, 초나선 밀도): DNA와 같은 나선형의 분자에서 이완된 분자에 존재하는 코일의 수(회전)에 대한 초코일의 수(초나선 회전).

supersecondary structure(초이차구조): motif를 보시오.

suppressor mutation(억제 돌연변이): 1차 돌연변이에 의해 상실된 기능이 완전히 또는 일부 회복되는 돌연변이. 이것은 1차 돌연변이와는 다른 유전자 부위에서 일어난다.

Svedberg(S. 스베드베리 단위): 원심력장에서 입자가 침강하는 속도를 나타내는 단위.

symbionts(공생생물): 상호 의존하는 2가지 종류 이상의 생물. 보통 생리적으로 연결되어 생활하고 있다.

symport(동반수송): 막을 가로질러서 같은 방향으로 용질을 운반하는 공수송(cotransport).

syndecan(신데칸): 황산 헤파란(경우에 따라 황산 콘드로이틴)의 3개 내지 5개의 가지를 갖는 세포외 영역 및 단일 막횡단 영역을 갖는 황산 헤파란 단백 글리칸(heparan sulfate proteoglycan)과.

synteny(신테니): 다른 종의 염색체를 따라서 유전자의 순서가 역전된 경우.

synthases(생성효소): 에너지원으로서 삼인산 뉴클레오타이드를 필요로 하지 않는 축합반응을 촉매하는 효소.

synthetases(합성효소): 에너지원으로 ATP나 그 밖의 삼인산 뉴클레오타이드를 사용해서 축합반응을 하는 효소.

system(계 또는 반응계): 물질의 격리된 집합체. 이 계 이외의 우주(universe)의 다른 물질은 모두 외계(surroundings)라고 불린다.

systems biology(시스템 생물학): 유전체학, 단백체학 및 대사체학에서 정보를 통합하는 복잡한 생화학 시스템을 연구하는 학문.

t

tag(꼬리표): 유전자의 변형을 거쳐서 융합단백질을 만들 수 있는 단백질의 추가적인 부분을 말하며, 관심 있는 단백질을 분리할 목적으로 활용한다.

T cell(T 세포): T lymphocyte를 보시오.

telomere(종말절): 진핵생물의 직선적인 염색체 말단에서 볼 수 있는 특별한 핵산 구조.

template(본틀): 정보 거대분자의 합성에 필요한 거대분자로 이루어지는 주형 또는 패턴.

template strand(본틀 가닥): 주형이 상보적 가닥을 합성하게 하는 중합효소에 의해 사용되어지는 핵산의 가닥.

terminal transferase(말단 전달효소): DNA 사슬의 3′ 말단에 한 가지 종류의 뉴클레오타이드 잔기를 부가하는 효소.

termination codons(종결 코돈): 단백질 합성에 있어서 폴리펩타이드 사슬의 종결을 신호하는 3종류의 코돈; UAA, UAG, 그리고 UGA.

termination factors(종결 인자): release factors를 보시오.

termination sequence(종결 서열): 전사 단위의 말단에 존재하며, DNA 서열에서 전사의 종결을 신호한다.

tertiary structure(3차 구조): 자연적으로 접힌 상태에 있는 중합체의 3차원 입체형태.

tetrahydrobiopterin(사수소바이오테린): 바이오테린(biopterin)의 환원형 보조효소.

tetrahydrofolate(사수소폴산): 비타민인 폴산의 활성 보조효소의 환원형.

thermogenesis(열발생): 근육활동에 의한 열의 생물학적 생산(떨기, shivering), 낭비회로의 작동이나 짝풀림된 산화인산화 과정으로 생성.

thermogenin(터모제닌): uncoupling protein 1을 보시오.

thiamine pyrophosphate(TPP, 타이아민 파이로인산): 비타민 B_1의 활성형 보조효소로 알데하이드의 자리옮김 반응에 관여한다.

thiazolidinediones(싸이아졸리딘다이온): 2형 당뇨병 치료에 사용되는 약물의 한 종류; 순환 지방산을 줄이거나 증가시키는 작용을 한다.

thioester(싸이오에스터): 카복실산과 싸이올 또는 머캅탄과의 에스터.

3′ end(3′ 말단): 핵산의 말단으로, 말단 잔기의 3′ 위치에 결합된 1개의 뉴클레오타이드가 없는 것.

thrombocytes(혈소판): platelets를 보시오.

thromboxanes(트롬복산): 아라키돈산으로부터 유도된 분자로, 혈액 응고에서 혈소판 응집에 관여하는 것.

thylakoid(틸라코이드): 폐쇄된 주머니 또는 원판으로 된 구조. 엽록체(chloroplast)의 색소 결합 내막에 형성되어 있다.

thymine dimer(타이민 이합체): pyrimidine dimer (피리미딘 이합체)를 보시오.

tissue culture(조직 배양): 다세포 생물로부터 얻은 세포를 액체 배지에서 배양하는 방법.

titration curve(적정곡선): 산의 적정에 있어서 첨가된 염기와 같은 양에 대한 pH의 도표.

T lymphocyte(T cell, T 림프구): 흉선 기원의 림프구의 한 종류로 세포 매개 면역반응에 관여한다.

tocopherols(토코페롤): vitamin E의 형태.

topoisomerases(국소이성화효소): 고리상의 2가닥 사슬 DNA에 플러스 또는 마이너스의 초코일(supercoil)을 도입하는 효소.

topoisomers(국소이성체): 공유결합적으로 닫힌 고리모양 DNA 분자의 다른 형으로 감기는 수만 다르다.

topology(위상학): 꼬임이나 구부러짐과 같은 연속적인 변형하에서 변하지 않는 대상물의 성질을 연구하는 것.

topology diagram(국소구조표): 2차구조의 요소들 간의 연결을 2차원으로 묘사한 구조 표현.

TPP: thiamine pyrophosphate를 보시오.

trace element(미량 원소): 생물에 있어서 극히 미량만이 필요한 원소.

tracrRNA: trans-activating CRISPR RNA를 보시오.

trans-activating CRISPR RNA(tracrRNA, 트랜스-활성화 CRISPR RNA): 인간 병원체 Streptococcus pyogenes에서 비교적 단순한 CRISPR/Cas 시스템의 활성화 및 기능을 위해 필요한 세균의 암호화된 RNA.

transaminases(아미노기 전달효소): aminotransferases를 보시오.

transamination(아미노기 전달반응): α-아미노산으로부터 α-케토산으로의 아미노기의 효소 전달반응.

transcription(전사): DNA의 1가닥 사슬에 함유되어 있는 유전정보가 mRNA의 상보적인 염기서열을 규제하는 효소적 반응.

transcriptional control(전사 조절): mRNA의 생성의 조절에 의한 단백질 합성의 조절.

transcription factor(전사인자): 진핵생물에서, RNA 중합효소 및 전사인자들의 상호작용과 유전자 근처 및 내부에 위치한 조절 염기서열에 결합함으로써 유전자의 전사 시작 및 조절에 영향을 줄 수 있는 단백질.

transcriptome(전사체): 특정 조건하에서 주어진 세포나 조직에 존재하는 RNA 전사체의 전체 모음.

transduction(형질도입): (1) 일반적으로는, 에너지 또는 정보를 어떤 형으로부터 다른 형으로 변환하는 것. (2) 바이러스 매개체에 의해서 유전정보를 어떤 세포로부터 다른 세포로 옮기는 것.

transfer RNA(tRNA, 전달 RNA): 분자량 25,000~30,000인 RNA의 한 종류로 단백질 합성의 최초의 단계에서 특정의 아미노산과 공유결합한다.

transformation(형질전환): 외래성 DNA가 세포 안으로 도입되는 것. 이로써 세포는 새로운 표현형을 획득한다.

transgenic(유전자변형의): 유전체에 삽입된 다른 동물의 유전자를 가지고 있는 생물을 말하고, 재조합 DNA 조작으로 만든다.

transition state(전이상태): 분자의 활성화된 형으로 이러한 분자는 부분적인 화학 반응을 받을 수가 있다. 반응 좌표에서 가장 높은 점에 있다.

transition-state analog(전이상태 유사체): 특정 반응의 전사체를 닮은 안정적인 분자들로서 이들은 효소가 촉매하는 반응에서 ES 복합체의 기질의 결합보다 더 강하게 결합하는 특징을 가진다.

translation(번역): mRNA 분자에 존재하는 유전정보가 단백질 합성시에 아미노산 서열을 규정하는 과정.

translational control(번역 조절): 라이보소체 상에서의 번역 속도에 의한 단백질 합성의 조절.

translational frameshifting(번역 틀이동): 다양한 기전에 의해서 이루어지는 라이보소체의 mRNA 번역 과정 동안 읽기 틀이 계획적으로 바뀌는 경우.

translational repressor(번역 억제자): mRNA에 결합된 억제자로, 번역을 저지한다.

translocase(자리옮김효소): mRNA를 따라 일어나는 라이보소체의 이동과 같은 운동을 일으키는 효소에 대해서도 사용된다.

transpiration(증산): 도관계나 잎의 기공을 통해 식물의 뿌리로부터 대기로 수분을 방출.

transporters(운반체): 막을 관통 또는 막을 가로질러서 특정의 영양소, 대사물, 이온, 단백질을 운반하는 단백질. 때로는 투과효소(permease)라고도 부른다.

transposition(전위): 유전자 또는 유전자의 조합이 유전체의 한 위치로부터 다른 위치로 이동하는 것.

transposon(transposable element. 트랜스포손 전위요소): 유전체의 한 위치로부터 다른 위치로 이동할 수 있는 DNA 단편.

triacylglycerol(트라이아실글리세롤): 3분자의 지방산과 글리세롤의 에스터. 트라이글리세리드, 중성 지방이라고도 한다.

tricarboxylic acid (TCA) cycle(트라이카복실산 회로): citric acid cycle을 보시오.

trimeric G proteins(삼합체 G 단백질): 3개의 소단위로 구성된 G 단백질 족의 구성원들로서 다양한 신호전달기전에서 기능한다. GDP 결합시에는 불활성화되고, GTP에 의해서 GDP가 교체되면 활성화하여, 내부 GTPase 활성을 억제하게 된다.

triose(삼탄당): 탄소원자 3개를 골격으로 하는 단당.

tRNA: transfer RNA를 보시오.

tropic hormone(tropin, 자극 호르몬, 트로핀): 특정의 표적 선조직을 자극하여 호르몬을 분비시키는 펩타이드 호르몬. 예를 들면, 뇌하수체에서 만들어지는 타이로트로핀은 갑상선으로부터의 타이록신 분비를 촉진한다.

t-SNAREs: 표적 막과 소포(vesicle)의 형성을 매개하고, 분비 과립 막의 v-SNAREs에 결합하는 표적막(보통 형질막)에 존재하는 단백질 수용체.

tumor suppressor gene(종양억제유전자): 세포의 분열을 정상적으로 억제하는 단백질을 암호화하는 유전자의 한 종류. 만약 DNA에 손상이 있으면 정상 유전자는 종양억제유전자가 되며 2개의 복사본이 모두 손상을 입을 때 세포는 어떤 제한이 없이 지속적인 분열을 해서 종양세포가 된다.

turnover number(전환수): 효소분자가 포화 기질농도의 최대 활성을 주는 조건하에서 나타나는 단위 시간당 기질 분자를 변형시키는 횟수.

two-component signalling systems(2가지 요소 신호전달계): 원핵세포 및 식물에서 관찰되는 신호전달계로 여기에는 수용체 His 인산화효소가 있다. 이 효소는 리간드에 의해 점유된 내부 His 잔기들을 인산화시킨다. 이는 이차 구성요소인 반응 조절자에게 인산기 전이를 촉매하며 인산화되는 경우 신호전달계의 결과가 바뀌게 된다.

type 2 diabetes mellitus(제2형 당뇨병): 인슐린 저항성과 혈당 수치 조절이 불충분해서 나타나는 대사장애; 성인 발병 당뇨병 또는 비인슐린 의존 당뇨병(NIDD)으로도 알려짐.

U

ubiquitin(유비퀴틴): 프로테아솜에 의한 분해를 위해 세포내 단백질을 표적하는 작고 고도로 보존된 단백질. 여러 유비퀴틴 분자들은 특별한 유비퀴틴화된 효소에 의해 표적단백질에서 Lys 잔기에 직렬로 공유결합에 의해 부착되어 있다.

ultraviolet(UV) radiation(자외선 조사): 200~400 nm 범위의 전자파 방사선.

uncompetitive inhibition(비경쟁적 저해): 저해 분자가 유리 효소가 아닌 효소-기질 복합체에 결합할 수 있을 때 나타나는 비가역적 저해 패턴.

uncoupling protein 1(UCP1, 짝풀기 단백질): 양성자의 막횡단 이동(transmembrane movement)을 허용하고, 양성자의 ATP 합성을 유도하는 정상적 사용을 분리시키는 작용을 통하여, 기질 산화 에너지를 열로 발산시키는 갈색 및 베이지 지방조직 미토콘드리아내막의 단백질. 터모제닌(thermogenin)이라고도 함.

uniport(단수송): 한 가지의 용질만을 나르는 운반계. 공수송(cotransport)과는 다르다.

unsaturated fatty acid(불포화지방산): 1개 이상의 이중결합을 가지고 있는 지방산.

urea cycle(요소 회로): 아미노기와 CO_2로부터 요소를 합성하는 척추동물의 대사경로로 간장에 있다.

ureotelic(요소배출성): 과잉의 질소를 요소의 형으로 배설하는 것.

uricotelic(요산배출성): 과잉의 질소를 요산의 형으로 배설하는 것.

V

V_m: membrane potential을 보시오.

V_{max}: 기질 결합자리가 기질로 포화되었을 때의 효소의 최대 반응 속도.

van der Waals interaction(반데르발스 상호작용): 서로의 극성을 유발하는 결과로 인하여 발생하는 분자간의 약한 분자상호간 힘.

vector(매개체): 숙주세포 안에서 자율적으로 복제한다고 알려져 있는 DNA 분자. 이 DNA 단편은 숙주세포로 들어가 그 복제를 일으킨다. 예를 들면, 플라스미드나 용원성 파지 DNA.

vectorial(매개체의): 기질이 되는 물질이 막의 한쪽에서 다른 쪽으로 이동을 하는 과정에서 단백질이 특이적인 방향성을 가지는 운반과정이나 효소반응에 사용하는 용어.

vectorial metabolism(매개체의 대사): 기질의 위치(화학적 조성이 아닌)가 2개의 부분으로 나누는 세포막에 관계되는 변화의 대사적 변형. 운반체는 산화적 그리고 광인산화 작용의 양성자 펌프와 마찬가지로 매개체 반응을 촉매한다.

vesicle(소포): 작은 원형막-경계의 물질로서 안쪽의 수용액 구획은 호르몬 또는 신경전달물질과 같은 요소들을 담고 있어서, 이를 세포 안 또는 세포 밖으로 이동시키는 역할을 한다.

viral vector(바이러스 매개체): 재조합 DNA의 매개체로 작용할 수 있는 변형된 바이러스 DNA.

virion(비리온): 바이러스 입자.

virus(바이러스): 자기 복제를 하는, 감염성인 핵산-단백질 복합체로, 그의 복제에는 살아 있는 숙주세포가 필요하며, 그의 염색체는 DNA 또는 RNA가 된다.

vitamin(비타민): 어떤 종의 생물의 먹이 중에 미량을 필요로 하는 유기 물질: 일반적으로는, 보조효소 성분으로 작용한다.

v-SNAREs: 표적막과 소포의 융합을 매개하고 분비 과립의 표적막(보통 형질막) t-SNARE에 결합하는 분비 과립막의 단백질 수용체.

W

Western blotting(웨스턴 블로팅): immunoblotting를 보시오.

White adipose tissue(WAT, 백색지방조직): 호르몬 신호전달에 반응하여 유리되고 저장 트리아실글리세롤이 많은 열발생이 없는 지방조직. 미토콘드리아의 호흡사슬의 전자전달이 ATP 합성과 밀접하게 결합되어 있다. 비교를 위해서 갈색지방조직(brown adipose tissue)을 보시오.

wild type(야생형): 정상의(돌연변이되지 않은) 표현형.

wobble(동요): 코돈의 3′ 말단의 염기와 그 역코돈 5′ 말단의 상보적인 염기 사이에 비교적 헐겁게 결합된 염기쌍.

X

x-ray crystallography(X-선 결정학): 결정 화합물의 X-선 회절상을 해석하는 학문 분야로, 분자의 3차원 구조를 결정하는 데 사용된다.

Z

zinc finger(아연 손가락): 어떤 DNA 결합 단백질에 의해서 DNA 인식에 관여하는 특별한 단백질. 아연(zinc) 1원자가 4개의 라이신 잔기 또는 2개의 히스티딘 잔기와 2개의 라이신 잔기에 배위결합되어 있다.

Z scheme(Z 구도): 물로부터 광계 II와 사이토크롬 b_6f 복합체를 통해 광계 I 및 최종적으로 NADPH로 진행되는 산소 발생 광합성의 전자 흐름. 전자 수송체의 궤도가 환원 전위에 역행하여 진행될 때, 전자 경로가 꼭 Z자 경로처럼 보이게 된다.

zwitterion(양쪽성 이온): 공간적으로 양전하와 음전하로 나눠지는 쌍극자 이온.

zymogen(효소원): 효소의 불활성형 전구체. 예를 들면, 펩신의 전구체인 펩시노겐.

찾아보기

F

G

H

I

Q

R

S

Abbreviations for Amino Acids

A	Ala	Alanine	N	Asn	Asparagine
B	Asx	Asparagine or aspartate	P	Pro	Proline
			Q	Gln	Glutamine
C	Cys	Cysteine	R	Arg	Arginine
D	Asp	Aspartate	S	Ser	Serine
E	Glu	Glutamate	T	Thr	Threonine
F	Phe	Phenylalanine	V	Val	Valine
G	Gly	Glycine	W	Trp	Tryptophan
H	His	Histidine	X	—	Unknown or nonstandard amino acid
I	Ile	Isoleucine			
K	Lys	Lysine	Y	Tyr	Tyrosine
L	Leu	Leucine	Z	Glx	Glutamine or glutamate
M	Met	Methionine			

Asx and Glx are used in describing the results of amino acid analytical procedures in which Asp and Glu are not readily distinguished from their amide counterparts, Asn and Gln.

The Standard Genetic Code

UUU	Phe	UCU	Ser	UAU	Tyr	UGU	Cys
UUC	Phe	UCC	Ser	UAC	Tyr	UGC	Cys
UUA	Leu	UCA	Ser	UAA	Stop	UGA	Stop
UUG	Leu	UCG	Ser	UAG	Stop	UGG	Trp
CUU	Leu	CCU	Pro	CAU	His	CGU	Arg
CUC	Leu	CCC	Pro	CAC	His	CGC	Arg
CUA	Leu	CCA	Pro	CAA	Gln	CGA	Arg
CUG	Leu	CCG	Pro	CAG	Gln	CGG	Arg
AUU	Ile	ACU	Thr	AAU	Asn	AGU	Ser
AUC	Ile	ACC	Thr	AAC	Asn	AGC	Ser
AUA	Ile	ACA	Thr	AAA	Lys	AGA	Arg
AUG	Met*	ACG	Thr	AAG	Lys	AGG	Arg
GUU	Val	GCU	Ala	GAU	Asp	GGU	Gly
GUC	Val	GCC	Ala	GAC	Asp	GGC	Gly
GUA	Val	GCA	Ala	GAA	Glu	GGA	Gly
GUG	Val	GCG	Ala	GAG	Glu	GGG	Gly

*AUG also serves as the initiation codon in protein synthesis.

1 **H** 1.008																		2 **He** 4.003
3 **Li** 6.94	4 **Be** 9.01												5 **B** 10.81	6 **C** 12.011	7 **N** 14.01	8 **O** 16.00	9 **F** 19.00	10 **Ne** 20.18
11 **Na** 22.99	12 **Mg** 24.31												13 **Al** 26.98	14 **Si** 28.09	15 **P** 30.97	16 **S** 32.06	17 **Cl** 35.45	18 **Ar** 39.95
19 **K** 39.10	20 **Ca** 40.08		21 **Sc** 44.96	22 **Ti** 47.90	23 **V** 50.94	24 **Cr** 52.00	25 **Mn** 54.94	26 **Fe** 55.85	27 **Co** 58.93	28 **Ni** 58.71	29 **Cu** 63.55	30 **Zn** 65.37	31 **Ga** 69.72	32 **Ge** 72.59	33 **As** 74.92	34 **Se** 78.96	35 **Br** 79.90	36 **Kr** 83.30
37 **Rb** 85.47	38 **Sr** 87.62		39 **Y** 88.91	40 **Zr** 91.22	41 **Nb** 92.91	42 **Mo** 95.94	43 **Te** 98.91	44 **Ru** 101.07	45 **Rh** 102.91	46 **Pd** 106.4	47 **Ag** 107.87	48 **Cd** 112.40	49 **In** 114.82	50 **Sn** 118.69	51 **Sb** 121.75	52 **Te** 126.70	53 **I** 126.90	54 **Xe** 131.30
55 **Cs** 132.91	56 **Ba** 137.34	57–70 *	71 **Lu** 174.97	72 **Hf** 178.49	73 **Ta** 180.95	74 **W** 183.85	75 **Re** 186.2	76 **Os** 190.2	77 **Ir** 192.2	78 **Pt** 195.09	79 **Au** 196.97	80 **Hg** 200.59	81 **Tl** 204.37	82 **Pb** 207.19	83 **Bi** 208.98	84 **Po** (209)	85 **At** (210)	86 **Rn** (222)
87 **Fr** (223)	88 **Ra** 226.03	89–102 **	103 **Lr** 262.11	104 **Rf** 261.11	105 **Db** 262.11	106 **Sg** 263.12	107 **Bh** 264.12	108 **Hs** 265.13	109 **Mt** 268	110 **Ds** 281	111 **Rg** 281	112 **Cn** 285	113 **Nh** 286	114 **Fl** 289	115 **Mc** 289	116 **Lv** 293	117 **Ts** 293	118 **Og** 294

*Lanthanides	57 **La** 138.91	58 **Ce** 140.12	59 **Pr** 140.91	60 **Nd** 144.24	61 **Pm** 144.91	62 **Sm** 150.36	63 **Eu** 151.96	64 **Gd** 157.25	65 **Tb** 158.93	66 **Dy** 162.50	67 **Ho** 164.93	68 **Er** 167.26	69 **Tm** 168.93	70 **Yb** 173.04
**Actinides	89 **Ac** 227.03	90 **Th** 232.04	91 **Pa** 231.04	92 **U** 238.03	93 **Np** 237.05	94 **Pu** 244.06	95 **Am** 243.06	96 **Cm** 247.07	97 **Bk** 247.07	98 **Cf** 251.08	99 **Es** 252.08	100 **Fm** 257.10	101 **Md** 258.10	102 **No** 259.10

National and international bioinformatics resources that provide access to databases, tools, and literature critical to practitioners of biochemistry	
National Center for Biotechnology Information (NCBI)	www.ncbi.nlm.nih.gov
UniProt	www.uniprot.org
ExPASy Bioinformatics Resource Portal	www.expasy.org
GenomeNet	www.genome.jp
Some useful structure databases	
Protein Data Bank (PDB)	www.pdb.org
EMDataBank Unified Resource for 3DEM	www.emdatabank.org
National Center for Biomedical Glycomics	http://glycomics.ccrc.uga.edu
LIPIDMAPS Lipidomics Gateway	www.lipidmaps.org
Nucleic Acid Database (NDB)	http://ndbserver.rutgers.edu
Modomics database of RNA modification pathways	http://modomics.genesilico.pl
Some other resources and tools mentioned in this text	
Structural Classification of Proteins database (SCOP2)	http://scop2.mrc-lmb.cam.ac.uk
PROSITE Sequence logo	http://prosite.expasy.org/sequence_logo.html
ProtScale hydrophobicity and other profiles of amino acids	http://web.expasy.org/protscale
Predictor of Natural Disordered Regions (PONDR)	www.pondr.com
Enzyme nomenclature	www.chem.qmul.ac.uk/iubmb/enzyme
Ensembl genome databases	www.ensembl.org
PANTHER (Protein ANalysis THrough Evolutionary Relationships) Classification System	www.pantherdb.org
Basic Local Alignment Search Tool (BLAST)	https://blast.ncbi.nlm.nih.gov/Blast.cgi
Kyoto Encyclopedia of Genes and Genomes (KEGG)	www.genome.jp/kegg
KEGG pathway maps	www.genome.ad.jp/kegg/pathway/map/map01100.html
Biochemical nomenclature	www.chem.qmul.ac.uk/iubmb/nomenclature
Online Mendelian Inheritance in Man	www.omim.org

Unit Abbreviations

A	ampere	L	liter
Å	angstrom	M	molar (concentration)
atm	atmosphere	m	meter
°C	degree Celsius	min	minute
cal	calorie	mm Hg	millimeters of mercury (pressure)
cpm	counts per minute	mol	mole
Da	dalton	*N*	normal (concentration)
dpm	disintegrations per minute	Pa	pascal
F	faraday	r	revolution
g	gram	S	Svedberg unit
h	hour	s	second
J	joule	V	volt
K	kelvin	yr	year

Prefixes

10^{9}	giga	G
10^{6}	mega	M
10^{3}	kilo	k
10^{-1}	deci	d
10^{-2}	centi	c
10^{-3}	milli	m
10^{-6}	micro	μ
10^{-9}	nano	n
10^{-12}	pico	p
10^{-15}	femto	f

Some Conversion Factors

Length	1 cm = 10 mm = 10^{4} μm = 10^{7} nm = 10^{8} Å = 0.394 in 1 in = 2.54 cm 1 yard = 0.9144 meters 1 mile = 1.609 kilometers
Mass	1 g = 10^{-3} kg = 10^{3} mg = 10^{6} μg = 3.53×10^{-2} oz 1 oz = 28.3 g
Temperature	°C = 5/9(°F − 32) K = °C + 273
Energy	1 J = 10^{7} erg = 0.239 cal 1 cal = 4.184 J
Pressure	1 torr = 1 mm Hg = 1.32×10^{-3} atm = 1.333×10^{2} Pa 1 atm = 758 torr = 1.01×10^{5} Pa

Some Physical Constants, With Symbols and Values

Atomic mass unit (dalton)	amu	1.661×10^{-24} g
Avogadro's number	*N*	6.022×10^{23}/mol
Boltzmann constant	**k**	1.381×10^{-23} J/K; 3.298×10^{-24} cal/K
Faraday constant	*F*	96,480 J/V • mol
Gas constant	*R*	1.987 cal/mol • K; 8.315 J/mol • K
Planck's constant	*h*	1.584×10^{-34} cal • s; 6.626×10^{-34} J • s
Speed of light (in vacuum)	*c*	2.998×10^{10} cm/s